Energie aus Biomasse

Martin Kaltschmitt · Hans Hartmann
Hermann Hofbauer (Hrsg.)

Energie aus Biomasse

Grundlagen, Techniken und Verfahren

2. neu bearbeitete und erweiterte Auflage

Prof. Dr.-Ing. Martin Kaltschmitt
Institut für Umwelttechnik und Energiewirtschaft (IUE)
Technische Universität Hamburg-Harburg (TUHH)
Eissendorfer Straße 40
D-21073 Hamburg
kaltschmitt@tu-harburg.de
Deutsches BiomasseForschungsZentrum (DBFZ)
Torgauer Straße 116
D-04347 Leipzig

Dr. Hans Hartmann
Technologie- und Förderzentrum (TFZ)
im Kompetenzzentrum für Nachwachsende Rohstoffe
Schulgasse 18
D-94315 Straubing
hans.hartmann@tfz.bayern.de

Univ.-Prof. Dipl.-Ing. Dr. techn. Hermann Hofbauer
Institut für Verfahrenstechnik, Umwelttechnik und technische Biowissenschaften
Technische Universität Wien
Getreidemarkt 9
A-1060 Wien
hermann.hofbauer@tuwien.ac.at

ISBN 978-3-540-85094-6   e-ISBN 978-3-540-85095-3
DOI 10.1007/978-3-540-85095-3
Springer Dordrecht Heidelberg London New York

Die Deutsche Nationalbibliothek verzeichnet diese Publikation in der Deutschen Nationalbibliografie; detaillierte bibliografische Daten sind im Internet über http://dnb.d-nb.de abrufbar.

© Springer-Verlag Berlin Heidelberg 2001, 2009
Dieses Werk ist urheberrechtlich geschützt. Die dadurch begründeten Rechte, insbesondere die der Übersetzung, des Nachdrucks, des Vortrags, der Entnahme von Abbildungen und Tabellen, der Funksendung, der Mikroverfilmung oder der Vervielfältigung auf anderen Wegen und der Speicherung in Datenverarbeitungsanlagen, bleiben, auch bei nur auszugsweiser Verwertung, vorbehalten. Eine Vervielfältigung dieses Werkes oder von Teilen dieses Werkes ist auch im Einzelfall nur in den Grenzen der gesetzlichen Bestimmungen des Urheberrechtsgesetzes der Bundesrepublik Deutschland vom 9. September 1965 in der jeweils geltenden Fassung zulässig. Sie ist grundsätzlich vergütungspflichtig. Zuwiderhandlungen unterliegen den Strafbestimmungen des Urheberrechtsgesetzes.
Die Wiedergabe von Gebrauchsnamen, Handelsnamen, Warenbezeichnungen usw. in diesem Werk berechtigt auch ohne besondere Kennzeichnung nicht zu der Annahme, dass solche Namen im Sinne der Warenzeichen- und Markenschutz-Gesetzgebung als frei zu betrachten wären und daher von jedermann benutzt werden dürften.

Einbandentwurf: WMXDesign GmbH, Heidelberg

Gedruckt auf säurefreiem Papier

Springer ist Teil der Fachverlagsgruppe Springer Science+Business Media (www.springer.de)

Vorwort

Ein wesentlicher Bestandteil einer nachhaltigen Energieversorgung ist der schonende Umgang mit den der Menschheit insgesamt zur Verfügung stehenden natürlichen Ressourcen. Hierzu kann die Nutzung regenerativer Energien (z. B. Biomasse, Solarstrahlung, Windenergie, Wasserkraft, Erdwärme) in Europa einen anerkannt hohen Beitrag leisten. Deshalb wird auch die Nutzung dieser umweltfreundlichen und klimaverträglichen Energien durch umfangreiche administrative Maßnahmen auf europäischer und nationaler Ebene z. T. erheblich unterstützt. Dadurch wurde und wird erreicht, dass regenerative Energien zunehmend mehr zur Deckung der Energienachfrage beitragen.

Biomasse ist der regenerative Energieträger, der bisher am meisten genutzt wird; beispielsweise wird rund 10 % der weltweiten Primärenergienachfrage durch Biomasse gedeckt. Auch in Europa etabliert sich die Biomasse zunehmend als eine feste Größe im Energiesystem. Nach dem Wunsch der Kommission der Europäischen Union soll Biomasse – aufgrund der großen unerschlossenen Potenziale und der relativen Marktnähe im Vergleich zu anderen Optionen zur Nutzung regenerativer Energien – in Zukunft einen noch größeren Beitrag im Energiesystem leisten und damit merklich am Aufbau einer zukünftig umwelt- und klimaverträglicheren und damit nachhaltigeren Energieversorgung mitwirken.

Zur schnellen und zielorientierten – und damit letztlich auch erfolgreichen – Umsetzung dieser politischen Zielvorgaben müssen die physikalischen, chemischen und biologischen Grundlagen einer Energiegewinnung aus Biomasse sowie deren verfahrens- und systemtechnische Umsetzung zur End- bzw. Nutzenergiebereitstellung schnell und einfach – nach dem aktuellen Stand des Wissens und der Technik – verfügbar sein. Diese darzustellen ist das Ziel des vorliegenden Buches. Dazu werden zunächst die Grundlagen der Biomasseentstehung sowie die verschiedenen Energiepflanzen bzw. verfügbaren Biomassefraktionen dargestellt und ausgehend davon die Techniken und Verfahren zur Produktion bzw. Bereitstellung der Biomasse an die Konversionsanlage lehrbuchartig diskutiert. Anschließend werden die vielfältigen Möglichkeiten einer thermo-chemischen, physikalisch-chemischen und bio-chemischen Umwandlung von Biomasse in End- bzw. Nutzenergie – und damit in Bioenergie – detailliert erörtert. Damit liegt der Schwerpunkt auf der Diskussion der zum Verständnis einer Energiebereitstellung aus Biomasse notwendigen physikalischen und chemischen Grundlagen und der nach dem aktuellen Stand der Technik existierenden Verfahren und Prozesse. Ökonomische und ökologische Gesichtspunkte sowie energiewirtschaftliche Analysen sind – ebenso wie sonstige nicht technische Aspekte – damit nicht Gegenstand der in dem vorliegenden Buch gemachten Ausführungen.

Die Herausgeber möchten den Autoren, die zum Gelingen des vorliegenden Buches beigetragen haben, sehr herzlich danken. Ohne ihr hohes Engagement und ihre sehr weitgehende Kooperationsbereitschaft sowie ihr über das übliche Maß deutlich hinausgehende Entgegenkommen wäre diese Publikation in ihrer jetzigen Form nicht möglich gewesen.

Besonderer Dank gilt auch Frau Helga Nielsen und Heike Eismann (Bayerische Landesanstalt für Landwirtschaft in Freising) sowie Herrn Prof. Dr. Milan Martinov (University Novi Sad, Serbien) und Frau Michaela Scherle (Technologie- und Förderzentrum im Kompetenzzentrum Nachwachsende Rohstoffe (TFZ), Straubing) für die Erstellung zahlreicher Bilder und Grafiken. Bedanken möchten wir uns außerdem bei Frau Petra Bezdiak und Frau Barbara Eckhardt vom Institut für Umwelttechnik und Energiewirtschaft der Technischen Universität Hamburg-Harburg für ihre Unterstützung bei der Erstellung des Sachverzeichnisses.

Neben den genannten Autoren, die z. T. auch an Kapiteln mitgewirkt haben, für die sie nicht verantwortlich zeichnen, waren weitere Fachleute an der Durchsicht der Texte beteiligt. Ihnen sei an dieser Stelle sehr herzlich gedankt. Auch gilt unser ganz besonderer Dank den Autoren der ersten Auflage, die an der hier vorliegenden zweiten Auflage nicht mitarbeiten konnten; ohne ihre wertvolle Vorarbeit hätte dieses Buch nicht erarbeitet werden können. Außerdem ist vielen weiteren ungenannten Mitarbeitern unser aufrichtiger Dank auszusprechen; ohne ihre tatkräftige Unterstützung wäre die Realisierung dieses Buches nicht möglich gewesen. Nicht zuletzt gilt unser Dank auch unseren jeweiligen Institutionen.

Trotz der hohen Sorgfalt, mit der die Autoren und Herausgeber sowie die Lektoren sich bemüht haben, die dargestellten Zahlen und Fakten sowie die aufgezeigten Zusammenhänge nach dem aktuellen Stand des Wissens und der Technik zu recherchieren, können Fehler leider niemals ganz ausgeschlossen werden. Über konstruktive Anmerkungen und zielorientierte Verbesserungsvorschläge für eine mögliche Neuauflage würden sich die Herausgeber und Autoren deshalb sehr freuen.

Leipzig/Hamburg, Straubing, Wien; im März 2009

Martin Kaltschmitt, Hans Hartmann und Hermann Hofbauer

Liste der Autoren

Prof. Dr. Dr. h.c. Garabed Antranikian, Institut für Technische Mikrobiologie, Technische Universität Hamburg-Harburg, Deutschland

Dr. Constanze Böhmel, KWS SAAT AG, Einbeck, Deutschland

Dr. Werner Edelmann, arbi GmbH, Baar, Schweiz

Dr. Christian Elend, Institut für Technische Mikrobiologie, Technische Universität Hamburg-Harburg, Deutschland

Dipl.-Forstwirt Hermann Englert, Institut für Ökonomie der Forst- und Holzwirtschaft, Johann Heinrich von Thünen-Institut, Hamburg, Deutschland

Ao. Univ.-Prof. Dipl.-Ing. Dr. techn. Anton Friedl, Institut für Verfahrenstechnik, Umwelttechnik und technische Biowissenschaften, Technische Universität Wien, Österreich

Dr. Jürgen Good, Verenum – Ingenieurbüro für Verfahrens-, Energie- und Umwelttechnik, Zürich, Schweiz

Dipl.-Ing. Arne Gröngröft, Deutsches BiomasseForschungsZentrum (DBFZ), Leipzig, Deutschland

Dr. Hans Hartmann, Technologie- und Förderzentrum im Kompetenzzentrum für Nachwachsende Rohstoffe (TFZ), Straubing, Deutschland

Univ.-Prof. Dipl.-Ing. Dr. techn. Hermann Hofbauer, Institut für Verfahrenstechnik, Umwelttechnik und technische Biowissenschaften, Technische Universität Wien, Österreich

Prof. Dr.-Ing. Martin Kaltschmitt, Deutsches BiomasseForschungsZentrum (DBFZ), Leipzig, und Institut für Umwelttechnik und Energiewirtschaft, Technische Universität Hamburg-Harburg, Deutschland

Univ.-Prof. Dr.-Ing. Jürgen Karl, Institut für Wärmetechnik, Technische Universität Graz, Österreich

PD Dr.-Ing. habil. Ina Körner, Institut für Umwelttechnik und Energiewirtschaft, Technische Universität Hamburg-Harburg, Deutschland

Dipl.-Ing. Volker Lenz, Deutsches BiomasseForschungsZentrum (DBFZ), Leipzig, Deutschland

Dr. habil. Iris Lewandowski, Shell Global Solutions International BV, Amsterdam, Niederlande

Dr.-Ing. Jan Liebetrau, Deutsches BiomasseForschungsZentrum (DBFZ), Leipzig, Deutschland

Prof. Dr. Andreas Liese, Institut für Technische Biokatalyse, Technische Universität Hamburg-Harburg, Deutschland

Dr. Dietrich Meier, Institut für Holztechnologie und Holzbiologie, Johann Heinrich von Thünen-Institut, Hamburg, Deutschland

Dipl.-Ing. Jakob Müller, Institut für Technische Biokatalyse, Technische Universität Hamburg-Harburg, Deutschland

Liste der Autoren

Dipl.-Ing. Franziska Müller-Langer, Deutsches BiomasseForschungsZentrum (DBFZ), Leipzig, Deutschland

Dr. Ernst W. Münch, Lippro Consulting, Verden, Deutschland

Prof. Dr.-Ing. Thomas Nussbaumer, Hochschule Luzern – Technik & Architektur, Horw, und Verenum – Ingenieurbüro für Verfahrens-, Energie- und Umwelttechnik, Zürich, Schweiz

Univ.-Prof. Dipl.-Ing. Dr. techn. Ingwald Obernberger, Ingenieurbüro BIOS, Graz, und Institut für Prozesstechnik, Arbeitsgruppe "Energetische Biomassenutzung", Technische Universität Graz, Österreich

Dr. Edgar Remmele, Technologie- und Förderzentrum im Kompetenzzentrum für Nachwachsende Rohstoffe (TFZ), Straubing, Deutschland

Dr.-Ing. Marco Ritzkowski, Institut für Umwelttechnik und Energiewirtschaft, Technische Universität Hamburg-Harburg, Deutschland

Dr.-Ing. Frank Scholwin, Deutsches BiomasseForschungsZentrum (DBFZ), Leipzig, Deutschland

PD Dr. Thomas Senn, Institut für Lebensmitteltechnologie, Universität Hohenheim, Deutschland

Prof. Dr.-Ing. Hartmut Spliethoff, Institut für Energietechnik, Technische Universität München, Deutschland

Dr.-Ing. Daniela Thrän, Deutsches BiomasseForschungsZentrum (DBFZ), Leipzig, Deutschland

Dr. Klaus Thuneke, Technologie- und Förderzentrum im Kompetenzzentrum für Nachwachsende Rohstoffe (TFZ), Straubing, Deutschland

Dr. Armin Vetter, Thüringer Landesanstalt für Landwirtschaft, Dornburg, Deutschland

Dr.-Ing. Alexander Vogel, EON-Ruhrgas, Essen, Deutschland

Dr. Johannes Welling, Institut für Holztechnologie und Holzbiologie, Johann Heinrich von Thünen-Institut, Hamburg, Deutschland

Prof. Dr.-Ing. Joachim Werther, Institut für Feststoffverfahrenstechnik und Partikeltechnologie, Technische Universität Hamburg-Harburg, Deutschland

Dr. Bernhard Widmann, Technologie- und Förderzentrum im Kompetenzzentrum für Nachwachsende Rohstoffe (TFZ), Straubing, Deutschland

MSc Dipl.-Ing. Janet Witt, Deutsches BiomasseForschungsZentrum (DBFZ), Leipzig, Deutschland

Dipl.-Ing. Bernward Wosnitza, proFagus GmbH, Bodenfelde, Deutschland

Inhaltsübersicht

1 Einleitung und Zielsetzung
  1.1 Biomasse als nachwachsender Energieträger
  1.2 Biomasse im Energiesystem
  1.3 Aufbau und Abgrenzungen
2 Biomasseentstehung
  2.1 Aufbau und Zusammensetzung
  2.2 Primärproduktion
  2.3 Standortfaktoren
  2.4 Acker- und pflanzenbauliche Grundlagen
  2.5 Zeitliche und räumliche Angebotsunterschiede
3 Angebaute Biomasse
  3.1 Forstwirtschaftlich produzierte Lignocellulosepflanzen
  3.2 Landwirtschaftlich produzierte Lignocellulosepflanzen
  3.3 Ölpflanzen
  3.4 Zucker- und Stärkepflanzen
4 Nebenprodukte, Rückstände und Abfälle
  4.1 Holzartige Biomasse
  4.2 Halmgutartige Biomasse
  4.3 Sonstige Biomasse
5 Bereitstellungskonzepte
  5.1 Randbedingungen und Anforderungen
  5.2 Bereitstellungsketten für Holzbrennstoffe
  5.3 Bereitstellungsketten für Halmgutbrennstoffe
  5.4 Bereitstellungsketten für Biogassubstrate
  5.5 Bereitstellungsketten für Ölsaaten
  5.6 Bereitstellungsketten für zucker- und stärkehaltige Stoffe
6 Ernte
  6.1 Holzartige Biomasse
  6.2 Halmgutartige Biomasse
  6.3 Ölhaltige Pflanzen
  6.4 Zucker- und stärkehaltige Pflanzen
7 Mechanische Aufbereitung
  7.1 Zerkleinern
  7.2 Sieben und Sortieren
  7.3 Pressen
8 Transport, Lagerung, Konservierung und Trocknung
  8.1 Transport
  8.2 Lagerung

8.3 Feuchtkonservierung (Silierung)
8.4 Trocknung
9 Grundlagen der thermo-chemischen Umwandlung biogener Festbrennstoffe
9.1 Brennstoffzusammensetzung und -eigenschaften
9.2 Thermo-chemische Umwandlungsprozesse
9.3 Schadstoffbildungsmechanismen
9.4 Feste Konversionsrückstände und deren Verwertung
10 Direkte thermo-chemische Umwandlung (Verbrennung)
10.1 Anforderungen und Besonderheiten
10.2 Handbeschickte Feuerungsanlagen
10.3 Automatisch beschickte Feuerungen
10.4 Abgasreinigung und -kondensation
10.5 Stromerzeugungstechniken
10.6 Mitverbrennung in Kohlekraftwerken
11 Vergasung
11.1 Vergasungstechnik
11.2 Gasreinigungstechnik
11.3 Gasnutzungstechnik
12 Pyrolyse
12.1 Bereitstellung flüssiger Sekundärenergieträger
12.2 Bereitstellung fester Sekundärenergieträger
13 Produktion und Nutzung von Pflanzenölkraftstoffen
13.1 Rohstoffbereitstellung
13.2 Pflanzenölgewinnung
13.3 Weiterverarbeitung von Pflanzenölen
13.4 Produkte und energetische Nutzung
14 Grundlagen der bio-chemischen Umwandlung
14.1 Grundlagen der Mikrobiologie
14.2 Stoffwechsel und Energieerzeugung
14.3 Grundlagen des enzymatischen Polymerabbaus
14.4 Biologische Grenzen für die Verfahrenstechnik
15 Ethanolerzeugung und -nutzung
15.1 Bio-chemische Grundlagen
15.2 Verfahrensschritte
15.3 Anlagenkonzepte
15.4 Produkte und energetische Nutzung
16 Biogaserzeugung und -nutzung
16.1 Grundlagen
16.2 Verfahrenstechnik
16.3 Produkte und energetische Nutzung
16.4 Exkurs: Deponiegas

Inhaltsverzeichnis

1 Einleitung und Zielsetzung 1
  1.1 Biomasse als nachwachsender Energieträger 1
    MARTIN KALTSCHMITT
    1.1.1 Definition "Biomasse" 2
    1.1.2 Aufbau typischer Bereitstellungsketten 3
    1.1.3 Wandlungsmöglichkeiten in End- bzw. Nutzenergie 5
        Thermo-chemische Umwandlung 5; Physikalisch-chemische Umwandlung 6; Bio-chemische Umwandlung 6
  1.2 Biomasse im Energiesystem 7
    MARTIN KALTSCHMITT, DANILEA THRÄN
    1.2.1 Definition der Energiebegriffe 7
        Energien und Energieträger 8; Energievorräte und -quellen 9 (Energievorräte 9, Energiequellen 9)
    1.2.2 Potenziale und Nutzung 10
        Begriffsdefinitionen 10; Welt 11 (Potenziale – Stand 11, Potenziale – Entwicklung 14, Nutzung 19); Europa 22 (Potenziale – Stand 22, Potenziale – Entwicklung 23, Nutzung 27)
    1.2.3 Energiesystem 28
        Welt 28 (Energieverbrauch 29, Anteile 31); Europa 33 (Energieverbrauch 33, Anteile 34)
  1.3 Aufbau und Abgrenzungen 36
    MARTIN KALTSCHMITT, HANS HARTMANN, HERMANN HOFBAUER
    1.3.1 Gebiet "Biomasseaufkommen" 37
    1.3.2 Gebiet "Biomassebereitstellung" 38
    1.3.3 Gebiet "Direkte Verbrennung und thermo-chemische Umwandlung" 39
    1.3.4 Gebiet "Physikalisch-chemische Umwandlung" 40
    1.3.5 Gebiet "Bio-chemische Umwandlung" 40

2 Biomasseentstehung 41
  2.1 Aufbau und Zusammensetzung 41
    IRIS LEWANDOWSKI
    Aufbau 41; Zusammensetzung 43 (Aufgabe der verschiedenen Elemente 43, Gebildete Verbindungen 45)

2.2 Primärproduktion 46
IRIS LEWANDOWSKI
Photosynthese 47 (Lichtreaktion 47, Dunkelreaktion 48); Atmung 50 (Dunkelatmung 50, Lichtatmung 51); Wirkungsgrad der Primärproduktion 52

2.3 Standortfaktoren 54
IRIS LEWANDOWSKI
Einstrahlung 54; Temperatur 55; Wasser 56; Boden und Nährstoffe 59; Humusreproduktion 60

2.4 Acker- und pflanzenbauliche Grundlagen 61
ARMIN VETTER

    2.4.1 Anbausysteme und Fruchtfolgegestaltung 61
Grünland-Anbausysteme 62; Ackerbau-Anbausysteme 63; Agroforstsysteme 66

    2.4.2 Einflussfaktoren im Produktionssystem 67
Bodenbearbeitung und Bestellung 67; Düngung und Nährstoffkreislauf 67 (Bemessung der Düngung 68, Nebenprodukte- und Rückstandsverwertung 69); Pflanzenschutzmaßnahmen 70; Beregnung 70; Erntemaßnahmen 72

2.5 Zeitliche und räumliche Angebotsunterschiede 72
IRIS LEWANDOWSKI

    2.5.1 Zeitliche Angebotsunterschiede 72
    2.5.2 Räumliche Angebotsunterschiede 73

3 Angebaute Biomasse 75

3.1 Forstwirtschaftlich produzierte Lignocellulosepflanzen 75
HERMANN ENGLERT
Energieträgerrelevante Eigenschaften 77; Standortansprüche und Anbau 77; Nutzung und Ertragspotenzial 79 (Begriffsfestlegungen 80, Ertragspotenziale 85)

3.2 Landwirtschaftlich produzierte Lignocellulosepflanzen 88
IRIS LEWANDOWSKI, CONSTANZE BÖHMEL, ARMIN VETTER, HANS HARTMANN

    3.2.1 Schnellwachsende Baumarten 88
Energieträgerrelevante Eigenschaften 89; Standortansprüche und Anbau 89; Nutzung und Ertragspotenzial 91; Rekultivierung 91; Ökologische Aspekte 92

    3.2.2 Miscanthus 92
Energieträgerrelevante Eigenschaften 93; Standortansprüche und Anbau 93; Nutzung und Ertragspotenzial 94; Rekultivierung 95; Ökologische Aspekte 96

    3.2.3 Rutenhirse 96
Energieträgerrelevante Eigenschaften 96; Standortansprüche und Anbau 97; Nutzung und Ertragspotenzial 97; Ökologische Aspekte 98

Inhaltsverzeichnis XIII

   3.2.4 Rohrglanzgras 98
     Energieträgerrelevante Eigenschaften 98; Standortansprüche und
     Anbau 99; Nutzung und Ertragspotenzial 99; Rekultivierung 99;
     Ökologische Aspekte 99
   3.2.5 Futtergräser 99
     Geeignete Arten 100 (Weidelgras 100, Knaulgras 100, Glatthafer
     100, Rohrschwingel 100); Energieträgerrelevante Eigenschaften
     100; Standortansprüche und Anbau 101; Nutzung und Ertragspo-
     tenzial 102; Ökologische Aspekte 102
   3.2.6 Getreideganzpflanzen 103
     Geeignete Arten 103 (Weizen 103, Roggen 104, Tricicale 104);
     Energieträgerrelevante Eigenschaften 104; Standortansprüche und
     Anbau 105; Nutzung und Ertragspotenzial 107; Ökologische As-
     pekte 108
 3.3 Ölpflanzen 109
   3.3.1 Raps 109
     Energieträgerrelevante Eigenschaften 109; Standortansprüche und
     Anbau 110; Nutzung und Ertragspotenzial 112; Ökologische As-
     pekte 112
   3.3.2 Sonnenblume 112
     Energieträgerrelevante Eigenschaften 112; Standortansprüche und
     Anbau 113; Nutzung und Ertragspotenzial 115; Ökologische As-
     pekte 115
 3.4 Zucker- und Stärkepflanzen 115
   Iris Lewandowski, Constanze Böhmel
   3.4.1 Zuckerpflanzen 115
     3.4.1.1 Zuckerrübe 116
       Energieträgerrelevante Eigenschaften 116; Standortan-
       sprüche und Anbau 116; Nutzung und Ertragspotenzial
       118; Ökologische Aspekte 118
     3.4.1.2 Zuckerhirse 119
       Energieträgerrelevante Eigenschaften 119; Standortan-
       sprüche und Anbau 119; Nutzung und Ertragspotenzial
       120; Ökologische Aspekte 121
   3.4.2 Stärkepflanzen 121
     3.4.2.1 Kartoffel 121
       Energieträgerrelevante Eigenschaften 121; Standortan-
       sprüche und Anbau 122; Nutzung und Ertragspotenzial
       123; Ökologische Aspekte 124
     3.4.2.2 Topinambur 124
       Energieträgerrelevante Eigenschaften 124; Standortan-
       sprüche und Anbau 125; Nutzung und Ertragspotenzial
       126; Ökologische Aspekte 126
     3.4.2.3 Getreide 126
       Energieträgerrelevante Eigenschaften 127; Standortan-
       sprüche und Anbau 127; Nutzung und Ertragspotenzial
       129; Ökologische Aspekte 129

3.4.2.4 Mais 129
Energieträgerrelevante Eigenschaften 129; Standortansprüche und Anbau 130; Nutzung und Ertragspotenzial 133; Ökologische Aspekte 133

4 Nebenprodukte, Rückstände und Abfälle 135

4.1 Holzartige Biomasse 137
DANIELA THRÄN

4.1.1 Landschaftspflegeholz 137
Straßenbegleitholz 137; Gehölze in der freien Landschaft 138; Baumschnitt aus Parks, Anlagen und Friedhöfen 139; Baumschnitt aus Obstplantagen, Streuobstwiesen und Rebflächen 139 (Obstplantagen 140, Streuobstwiesen 140, Rebflächen 141); Schwemmholz 141

4.1.2 Industrierestholz 141
4.1.3 Altholz 143
Stoffliche Nutzung 147; Energetische Nutzung 147

4.2 Halmgutartige Biomasse 148
DANIELA THRÄN

4.2.1 Stroh 149
Getreidestroh 150; Ölsaatenstroh 153; Maisstroh 153; Körnerleguminosenstroh 154

4.2.2 Weitere Ernteeste aus der Landwirtschaft 154
4.2.3 Halmgüter aus der Landschaftspflege 155
Straßengrasschnitt 155; Grasschnitt aus Parks, Anlagen und Friedhöfen 156; Grasschnitt von Naturschutzflächen 156

4.3 Sonstige Biomasse 157
DANIELA THRÄN, FRANK SCHOLWIN, INA KÖRNER

4.3.1 Exkremente aus der Nutztierhaltung 158
4.3.2 Siedlungsabfälle 159
4.3.3 Produktionsspezifische Rückstände, Nebenprodukte und Abfälle 162
Getreideverarbeitung 163; Obst-, Gemüse- und Kartoffelverarbeitung 164; Zuckerherstellung 164; Pflanzenölherstellung 164; Bierherstellung 165; Weinherstellung 165; Brennereien 165; Milchverarbeitung 165; Fleischverarbeitung 166; Zellstoff- und Papierindustrie 166

4.3.4 Organisch belastete Abwässer 167
Kommunal-Abwasser 168; Industrielle Abwässer 169

5 Bereitstellungskonzepte 171

5.1 Randbedingungen und Anforderungen 173
DANIELA THRÄN, MARTIN KALTSCHMITT
Energieinhalt und Inhaltsstoffe 173; Wassergehalt 174; Ernte-Zeitfenster 175; Lagerung 175; Dichte 176; Transport 177; Qualitätsmanagement 177; Brennstoffmengen, Flächenbedarf und Einzugsgebiete 179

| 5.2 | Bereitstellungsketten für Holzbrennstoffe | 184 |

HANS HARTMANN, MARTIN KALTSCHMITT

- 5.2.1 Stückholz (Brennholz) 184
  Stückholz aus dem Wald 185; Stückholz aus Industrierestholz 187; Stückholz aus Altholz 187
- 5.2.2 Holzhackgut 188
  Hackgut aus dem Wald 188 (Hackgut aus Schwachholz – Motormanuelle Verfahren 188, Hackgut aus Schwachholz – Teilmechanisierte Verfahren 190, Hackgut aus Schwachholz – Vollmechanisierte Verfahren 190, Hackgut aus Waldrestholz 191); Hackgut aus Kurzumtriebsplantagen 192 (Kontinuierliche Verfahren 193, Absätzige Verfahren 194); Hackgut aus Industrierest- und Altholz 195; Hackgut aus Landschaftspflegeholz 196
- 5.2.3 Restholz-Ballen und Holzbündel 197
- 5.2.4 Sonstige Holzbrennstoffe 197
  Wurzelstöcke und Stubben 197; Rinde 198; Schwarten und Spreißel 198; Späne und Stäube 199; Holzpellets und -briketts 199

| 5.3 | Bereitstellungsketten für Halmgutbrennstoffe | 199 |

HANS HARTMANN, MARTIN KALTSCHMITT

- 5.3.1 Ballen 201
  - 5.3.1.1 Stroh-Ballen 203
  - 5.3.1.2 Getreidepflanzen-Ballen 203
  - 5.3.1.3 Miscanthus-Ballen 205
  - 5.3.1.4 Halmgut-Ballen von Grünlandflächen 205
- 5.3.2 Häckselgut 206
  - 5.3.2.1 Miscanthus-Häcksel 207
    Absätzige Ernteverfahren 207; Kontinuierliche Ernteverfahren 208
  - 5.3.2.2 Straßengrasschnitt 208
- 5.3.3 Sonstige Halmgutketten 209
  - 5.3.3.1 Pellets und Briketts 209
  - 5.3.3.2 Feuchtgut 211

| 5.4 | Bereitstellungsketten für Biogassubstrate | 211 |

HANS HARTMANN, MARTIN KALTSCHMITT

- 5.4.1 Silagen 212
- 5.4.2 Weitere Biogassubstrate 213

| 5.5 | Bereitstellungsketten für Ölsaaten | 213 |

HANS HARTMANN

| 5.6 | Bereitstellungsketten für zucker- und stärkehaltige Stoffe | 214 |

HANS HARTMANN

Zuckerrüben 214; Zuckerhirse 215; Kartoffeln und Topinambur 215; Winterweizen 216; Mais 216

6 Ernte 217
HANS HARTMANN

6.1 Holzartige Biomasse 217
    6.1.1 Holz aus dem Wald 217
        6.1.1.1 Manuelles Fällen und Aufarbeiten 218
            Axt 218; Motorsäge 219; Fällen 221; Aufarbeiten 222; Ablängen 223
        6.1.1.2 Teil- und vollmechanisierte Verfahren 223
            Teilmechanisierte Verfahren 223; Vollmechanisierte Verfahren 223
        6.1.1.3 Rücken und Vorliefern 225
    6.1.2 Holz aus Kurzumtriebsplantagen 226
        Fäll-Lege-Maschinen 227; Fäll-Bündel-Maschinen 227; Hackgut-Vollerntemaschinen 229
    6.1.3 Holz aus der Landschaftspflege 231
6.2 Halmgutartige Biomasse 232
    6.2.1 Mähgut 233
        Mähverfahren 233; Wendeverfahren 233; Schwadverfahren 234; Schwadmähverfahren 234
    6.2.2 Häckselgut 234
    6.2.3 Ballen 236
        Hochdruckballenpressen 236; Quaderballenpressen 237; Rundballenpressen 238; Pressen mit Zusatzfunktionen 239
6.3 Ölhaltige Pflanzen 239
    6.3.1 Raps 239
    6.3.2 Sonnenblumen 240
6.4 Zucker- und stärkehaltige Pflanzen 240
    6.4.1 Getreidekörner 241
    6.4.2 Körnermais 242
    6.4.3 Zuckerrüben 242
    6.4.4 Zuckerhirse 243
    6.4.5 Kartoffeln und Topinambur 243

7 Mechanische Aufbereitung 245

7.1 Zerkleinern 245
    HANS HARTMANN
    7.1.1 Scheitholzbereitung 245
        7.1.1.1 Sägen 246
            Kettensägen 246; Kreissägen 246; Bandsägen 246
        7.1.1.2 Spalten 247
            Manuelles Spalten 247; Mechanische Keilspalter 247; Spiralkegelspalter 248; Messerradspalter 249; Kombinierte Säge-Spaltmaschinen 249

7.1.1.3 Stapel- und Umschlagshilfen 250
Stapelrahmen 250; Stapelrad 251; Stückholz Bindeapparate 251
7.1.2 Hack- und Schreddergutbereitung 252
7.1.2.1 Hacker 253
Scheibenhacker 253; Trommelhacker 254; Schneckenhacker 255; Einsatzbereiche 255
7.1.2.2 Schredder 258
7.1.2.3 Zerspaner 258
7.1.3 Mahlzerkleinerung 259
7.1.4 Ballenauflöser 260
7.2 Sieben und Sortieren 262
HANS HARTMANN
Scheiben- und Sternsiebe 262; Plansiebe 262; Trommelsiebe 263
7.3 Pressen 264
HANS HARTMANN, JANET WITT
7.3.1 Brikettierung 265
Strangpressverfahren 265; Presskammerverfahren 267; Walzenpressverfahren 267
7.3.2 Pelletierung 267
Auswahl des Rohmaterials 268; Trocknen 270; Zerkleinern 270; Konditionieren 270; Presshilfsmittelzugabe 271; Pressen 271 (Kollergangpressen 271, Hohlwalzen- oder Zahnradpressen 273); Kühlen und Sieben 274; Abfüllen, Lagern und Transportieren 275; Qualitätsanforderungen 275

8 Transport, Lagerung, Konservierung und Trocknung 277
HANS HARTMANN

8.1 Transport 277
8.1.1 Straßentransporte 277
8.1.1.1 Land- und forstwirtschaftliche Transporte 279
Allzweckkipper 279; Hochkipper 280; Silieranhänger 280; Sonderbauarten von Anhängern 281; Pumpwagen-Anhänger 281; Transport auf Erntemaschinen 281
8.1.1.2 Lkw-Transporte 282
Lkw mit Plattformanhänger 282; Sattelkipper 282; Abrollcontainer 282; Pumpwagen-Lkw 283
8.1.2 Schienentransporte 284
8.1.3 Schiffstransporte 284
8.2 Lagerung 285
8.2.1 Biologische Vorgänge 285
Selbsterhitzung 286; Pilzwachstum und Sporenbildung 287 (Holz 287, Halmgut 288)
8.2.2 Lagerungsrisiken 289
Substanzabbau 289 (Holzhackgut 290, Rinde 291, Stangenholz, Ganzbäume und Scheitholz 291, Halmgut 291, Körner und Öl-

saaten 292, Zuckerhaltige Erntegüter 292); Selbstentzündung und Brandrisiko 292; Explosionsrisiken 293; Gesundheitliche Risiken 294; Entmischung und Feinabrieb 295

    8.2.3 Lagerungstechniken 295
        8.2.3.1 Bodenlagerung im Freien.. 295
        Bodenlagerung ohne Witterungsschutz 295; Bodenlagerung mit Witterungsschutz 296
        8.2.3.2 Lagerung in Gebäuden... 297
        Hallen 297; Behälter 298
        8.2.3.3 Kurzzeitlagerung... 300
    8.2.4 Lagerbeschickung 302
        8.2.4.1 Lagerein- und -austragssysteme............................... 302
        Ladefahrzeuge 302; Blattfederrührwerke 303; Drehschnecken, Konusschnecken, Austragsfräsen 303; Schubböden 204; Wanderschnecken 305; Krananlagen 305
        8.2.4.2 Fördersysteme.. 306

8.3 Feuchtkonservierung (Silierung) 309
    8.3.1 Prinzipien und Voraussetzungen................................. 309
    Wassergehalt 310; Zerkleinerung 311; Verdichtung 311; Luftzutritt 311; Verschmutzung 311
    8.3.2 Silagetechniken... 311
    Flach-/Fahrsilo 311; Hochsilo 313; Ballen-/Schlauchsilo 313
    8.3.3 Anwendungen 314

8.4 Trocknung.. 314
    8.4.1 Grundlagen 314
    Trocknungsvermögen von Luft 316; Trocknungsverlauf und Dauer 317; Strömungswiderstand 318
    8.4.2 Trocknungsverfahren 320
        8.4.2.1 Natürliche Trocknung.. 320
        Bodentrocknung 320; Trocknung durch natürliche Konvektion 321; Trocknung durch Selbsterwärmung 322
        8.4.2.2 Technische Trocknung... 323
        Belüftungskühlung 323; Belüftungstrocknung 323; Warmlufttrocknung 325; Heißlufttrocknung 326
    8.4.3 Trocknungseinrichtungen... 326
        8.4.3.1 Systeme ohne Gutförderung...................................... 326
        8.4.3.2 Systeme mit Gutförderung... 329
        Schubwendetrockner 329; Bandtrockner 330; Drehrohrtrockner 331

9 Grundlagen der thermo-chemischen Umwandlung biogener Festbrennstoffe.. 333

9.1 Brennstoffzusammensetzung und -eigenschaften 333
HANS HARTMANN
Charakterisierung nach qualitätsrelevanten Eigenschaften 333; Charakterisierung nach Herkunft 334

	9.1.1	Molekularer Aufbau	336
	9.1.2	Elementarzusammensetzung	338
		9.1.2.1 Hauptelemente	339
		Kohlenstoff, Sauerstoff, Wasserstoff 339; Stickstoff 339; Kalium 340; Kalzium, Magnesium, Phosphor 341; Schwefel 343; Chlor 344	
		9.1.2.2 Spurenelemente	345
	9.1.3	Brennstofftechnische Eigenschaften	348
		9.1.3.1 Heizwert und Brennwert	348
		Definition 348 (Definition Heizwert 348, Definition Brennwert 349, Unterschied 349); Bestimmung 350; Heizwert trockener Brennstoffe 351; Einfluss Wassergehalt 352; Einfluss Aschegehalt 352; Energiemengenabschätzung 353	
		9.1.3.2 Flüchtige Bestandteile	355
		9.1.3.3 Wassergehalt	356
		9.1.3.4 Aschegehalt	358
		9.1.3.5 Ascheerweichungsverhalten	359
	9.1.4	Physikalisch-mechanische Eigenschaften	362
		9.1.4.1 Stückigkeit	363
		9.1.4.2 Größenverteilung und Feinanteil	365
		9.1.4.3 Fließeigenschaften und Brückenbildungsneigung	367
		9.1.4.4 Lagerdichte	368
		Definition 368; Bestimmung 368; Umrechnung auf Bezugswassergehalte 369; Umrechnung von Verkaufsmaßen 370; Energiedichte 371	
		9.1.4.5 Rohdichte	372
		9.1.4.6 Abriebfestigkeit	373
9.2	Thermo-chemische Umwandlungsprozesse		375

HERMANN HOFBAUER, MARTIN KALTSCHMITT, THOMAS NUSSBAUMER

	9.2.1	Begriffe	376
		Luftüberschusszahl (Luftüberschuss, Luftzahl) 376; Verbrennung 377; Vergasung 378; Pyrolytische Zersetzung 378; Verflüssigung 379; Verkohlung 379; Torrefizierung 379	
	9.2.2	Phasen der thermo-chemischen Umwandlung	380
		9.2.2.1 Aufheizung und Trocknung	381
		9.2.2.2 Pyrolytische Zersetzung	382
		Verlauf 382; Zersetzungsmechanismen 385; Reaktionskinetik 387; Anwendungen 388	
		9.2.2.3 Vergasung	389
		Vergasungsreaktionen 390; Reaktionskinetik 391; Anwendung 394 (Wärmehaushalt 394, Vergasungsreaktionen 395, Produktgaseigenschaften 395)	
		9.2.2.4 Oxidation	397
		Verlauf 397; Verbrennungsrechnung 400 (Gesamtzusammenhänge 401, Verbrennungstemperatur 403, Taupunkt der Abgase 405)	

9.3. Schadstoffbildungsmechanismen.. 407
    9.3.1 Stoffe aus vollständiger Oxidation der Hauptbrennstoffbestandteile 408
    THOMAS NUSSBAUMER
    Kohlenstoffdioxid 408; Wasserdampf 409
    9.3.2 Stoffe aus unvollständiger Oxidation der Hauptbrennstoffbestandteile 409
    THOMAS NUSSBAUMER
    Entstehung 410 (Ascheausbrand 410, Synthese- und Abbaumechanismen von CO, Ruß und Kohlenwasserstoffen 410, Bildung höherer aromatischer Kohlenwasserstoffe und Ruß 413, Heterogene Reaktionen von Kohlenstoff 414, Luftüberschuss und CO/Lambda-Diagramm 414); Beeinflussung 416
    9.3.3 Stoffe aus Spurenelementen bzw. Verunreinigungen.............. 417
        9.3.3.1 Stickstoffoxide 417
        THOMAS NUSSBAUMER
        Entstehung 417 (Thermisches NO_x 417, Promptes NO_x 418, NO_x aus Brennstoffstickstoff 419); Beeinflussung 421 (Abgasrezirkulation 422, Luftstufung 423, Brennstoffstufung 425)
        9.3.3.2 Emissionen aus Schwefel, Chlor und Kalium 427
        THOMAS NUSSBAUMER
        Entstehung 427 (Schwefel 427, Chlor 427, Kalium 427); Konsequenzen 428
        9.3.3.3 Emissionen fester und flüssiger Teilchen.................. 428
        VOLKER LENZ
        Entstehung 430 (Aerosole aus dem Brennstoff 430, Aerosole aus unvollständiger Verbrennung 430, Aerosole aus vollständiger Verbrennung 432, Aerosole durch Mitreißen von Aschepartikeln 434); Beeinflussung 435
        9.3.3.4 Emissionen polychlorierter Dioxine und Furane....... 437
        THOMAS NUSSBAUMER
        Entstehung 438; Beeinflussung 440

9.4 Feste Konversionsrückstände und deren Verwertung......................... 441
    INGWALD OBERNBERGER
    9.4.1 Eigenschaften... 442
        9.4.1.1 Aschefraktionen und -anfall, Dichten und Korngrößen.. 442
        Aschefraktionen und -anfall 442; Dichte 443; Schüttdichte 444; Korngröße 444
        9.4.1.2 Nährstoffgehalte 445
        Holz-, Stroh- und Ganzpflanzenaschen 445; Industrierest- und Altholzaschen 446
        9.4.1.3 Schwermetallgehalte 446
        Holz-, Stroh- und Ganzpflanzenaschen 446; Industrierest- und Altholzaschen 447

9.4.1.4 Organische Schadstoffe und Gehalte an
organischem Kohlenstoff 448
Holz-, Stroh- und Ganzpflanzenaschen 448; Industrierest- und Altholzaschen 449
9.4.1.5 pH-Wert und elektrische Leitfähigkeit 449
9.4.1.6 Gehalte an Si, Al, Fe, Mn, S und Karbonat 450
9.4.1.7 Eluatverhalten 451
9.4.2 Verwertung 452
9.4.2.1 Nutzung in der Land- und Forstwirtschaft 453
Anfall und Aufbereitung 454; Ausbringungstechnik 455; Ausbringungsmengen und sonstige Randbedingungen 456
9.4.2.2 Nutzung im Straßen- und Forstwegebau 458
9.4.2.3 Verwertung im Landschaftsbau 458
9.4.2.4 Industrielle Nutzung 458
9.4.2.5 Deponierung 459
9.4.3 Rechtliche Rahmenbedingungen 459
Deutschland 459; Österreich 459; Dänemark 460; Schweden 461; Finnland 461

10 Direkte thermo-chemische Umwandlung (Verbrennung) 463

10.1 Anforderungen und Besonderheiten 463
THOMAS NUSSBAUMER, HANS HARTMANN
Grundlegender Ablauf der Verbrennung 464; Allgemeine konstruktive Anforderungen 464; Unterschiede von hand- und automatisch beschickten Feuerungen 466

10.2 Handbeschickte Feuerungsanlagen 468
HANS HARTMANN, THOMAS NUSSBAUMER, HERMANN HOFBAUER

10.2.1 Feuerungsprinzipien und Bauartenüberblick 468
Durchbrand 469; Oberer Abbrand 470; Unterer Abbrand 471
10.2.2 Einzelfeuerstätten 473
Offene Kamine 474; Geschlossene Kamine 475; Zimmeröfen 475; Kaminöfen 476; Speicheröfen 477; Küchenherde 479
10.2.3 Erweiterte Einzelfeuerstätten 480
Zentralheizungsherde 481; Erweiterte Kachelöfen, Kamine oder Kaminöfen 481; Pelletöfen mit Wasserwärmeübertrager 483
10.2.4 Zentralheizungskessel 484
Funktionsweise 484; Anwendungsbereiche und Varianten 485
10.2.5 Integration in häusliche Energiesysteme 486
Lastvariabilität 486; Wärmespeicher 486; Kombination mit Solarwärme 488; Kombination mit anderen Wärmeerzeugern 490
10.2.6 Regelung handbeschickter Feuerungsanlagen 491

10.3 Automatisch beschickte Feuerungen 492
HANS HARTMANN, THOMAS NUSSBAUMER, HERMANN
HOFBAUER, JÜRGEN GOOD

    10.3.1 Feuerungsprinzipien 492
    10.3.2 Festbettfeuerungen 495
        10.3.2.1 Pellet- und Getreidefeuerungen 497
            Abwurffeuerung für Pellets mit Schalenbrenner 497; Abwurffeuerung für Pellets mit Kipprost 500; Getreidefeuerungen 501
        10.3.2.2 Hackgut- und Rindenfeuerungen 502
            Unterschubfeuerungen 502; Vorschubrostfeuerungen 504; Unterschubfeuerungen mit rotierendem Rost 506; Vorofenfeuerungen (Voröfen) 507; Feuerungen mit Wurfbeschickung 507; Feuerungen mit Rotationsgebläse 508
        10.3.2.3 Halmgutfeuerungen 509
            Chargenweise beschickte Ganzballenfeuerungen 510; Zigarrenabbrandfeuerungen 512; Ballenfeuerungen mit Ballenteiler 514; Ballenauflöser- und Schüttgutfeuerungen 515
    10.3.3 Wirbelschichtfeuerungen 515
        Stationäre Wirbelschichtfeuerungen 516; Zirkulierende Wirbelschichtfeuerungen 519;
    10.3.4 Staubfeuerungen 520
        Einblasfeuerungen 520; Staubbrenner für Biomasse in mit fossilen Brennstoffen befeuerten Kraftwerken 521
    10.3.5 Wärmeübertrager 521
        Rauchrohrkessel 523; Wasserrohrkessel 524; Zusatz-Wärmeübertrager zur Brennwertnutzung 524
    10.3.6 Regelung automatisch beschickter Feuerungsanlagen 526
        Unterdruckregelung 527; Leistungsregelung 528 (Leistungsregelung bei Einkesselanlagen mit Speicher 529, Leistungsregelung bei bivalenten Anlagen 529, Leistungsregelung bei monovalenten Mehrkesselanlagen 529); Verbrennungsregelung 529 (Lambda-Regelung 531, Verbrennungstemperatur-Regelung 531, CO/Lambda-Regelung 532, Schichthöhenregelung 532); Kombination von Leistungs- und Verbrennungsregelung 533

10.4 Abgasreinigung und -kondensation 533
THOMAS NUSSBAUMER

    10.4.1 Staubabscheidung 534
        Zyklon 535; Gewebefilter, Schüttschichtfilter, Keramikfilter 536; Elektrostatischer Abscheider (Elektrofilter) 538; Wäscher 541
    10.4.2 Stickstoffoxidminderung 543
        Selektive nicht-katalytische Reduktion (SNCR) 543; Selektive katalytische Reduktion (SCR) 544
    10.4.3 HCl-Minderung 546
        Trockensorption 546; Wäscher 547
    10.4.4 Minderung von Dioxinen und Furanen 547

10.4.5 Abgaskondensation 548
Funktionsprinzip 548; Anwendung 549; Staubabscheidung und Kondensatbehandlung 550

10.5 Stromerzeugungstechniken 551
MARTIN KALTSCHMITT, JÜRGEN KARL, HARTMUT SPLIETHOFF

10.5.1 Dampfkraftprozesse 553
10.5.1.1 Wirkungsgrade 554
10.5.1.2 Betriebsweisen 555
Kondensationsbetrieb 556; Gegendruckbetrieb 556; Entnahme-Kondensations-Betrieb 557
10.5.1.3 Arbeitsmaschinen 558
Dampfturbinen 559; Dampfmotoren 561 (Dampfkolbenmotor 561, Dampfschraubenmotor 563)
10.5.2 ORC-Prozesse 564
10.5.3 Stirlingprozesse 567
10.5.4 Direkt gefeuerte Gasmotoren- und Gasturbinenprozesse 571
10.5.4.1 Direkt gefeuerte Gasmotorprozesse 571
10.5.4.2 Direkt gefeuerte Gasturbinenprozesse 572
Druckaufgeladene direkt gefeuerte Gasturbinenprozesse 572 (Einsatz staubförmiger Brennstoffe 572, Einsatz stückiger Brennstoffe 573); Atmosphärische direkt gefeuerte Gasturbinenprozesse 573
10.5.5 Indirekt gefeuerte Gasturbinenprozesse 575
Indirekt gefeuerte Gasturbinenprozesse mit rekuperativen Wärmeübertragern 575; Indirekt gefeuerte Gasturbinenprozesse mit regenerativen Wärmeübertragern 579

10.6 Mitverbrennung in Kohlekraftwerken 581
HARTMUT SPLIETHOFF, MARTIN KALTSCHMITT, JOACHIM WERTHER

10.6.1 Biomasseaufbereitung 582
Aufbereitung für Staubfeuerungen 583; Aufbereitung für Wirbelschichtfeuerungen 584
10.6.2 Staubfeuerungen 584
Brennstoff- und Abgasvolumenstrom 585; Verbrennungsablauf 587; Verschlackung und Verschmutzung 588; Korrosion und Erosion 589; Emissionen 589; Abgasreinigung 591 (Entstickungs-Anlage 591, Abgas-Entschwefelungs-Anlage (REA) 592); Aschenfall und -verwertung 592 (Ascheanfall 592, Ascheverwertung 592)
10.6.3 Wirbelschichtfeuerungen 594
Verbrennungsablauf 594; Verschlackung und Verschmutzung 595; Korrosion und Erosion 596; Emissionen 597; Ascheanfall und -verwertung 597

11 Vergasung 599

11.1 Vergasungstechnik 600
HERMANN HOFBAUER, ALEXANDER VOGEL, MARTIN KALTSCHMITT

11.1.1 Vergasertypen 601
    11.1.1.1 Festbettvergaser 603
        Gegenstromvergaser 603 (Funktionsweise 604, Stand der Technik 605); Gleichstromvergaser 606 (Funktionsweise 606, Stand der Technik 607); Doppelfeuervergaser 607 (Funktionsweise 608, Stand der Technik 608); Mehrstufige Verfahren 608 (Funktionsweise 608, Stand der Technik 609)
    11.1.1.2 Wirbelschichtvergaser 609
        Stationäre Wirbelschicht 611 (Funktionsweise 611, Stand der Technik 612); Zirkulierende Wirbelschicht 613 (Funktionsweise 613, Stand der Technik 614); Zweibett-Wirbelschicht 614 (Zweibett-Wirbelschicht mit umlaufendem Wärmeträger 614, Zweibett-Wirbelschichten mit Hochtemperatur-Wärmeübertrager 616)
    11.1.1.3 Flugstromvergaser... 617
        Funktionsweise 617; Stand der Technik 618

11.1.2 Produktgaseigenschaften... 618
    11.1.2.1 Hauptkomponenten... 619
        Vergasungsmittel 619; Vergaserbauart 620; Temperatur 621; Druck 622; Biomasseart 623
    11.1.2.2 Verunreinigungen 623
        Partikel 624; Teere 625; Alkalien 626; Stickstoff-, Schwefel- und Halogen-Verbindungen 626 (Stickstoff(N)-Verbindungen 626, Schwefel(S)-Verbindungen 627, Halogen(Cl)-Verbindungen 628); Schwermetalle 628

11.2 Gasreinigungstechnik 628
HERMANN HOFBAUER, ALEXANDER VOGEL, MARTIN KALTSCHMITT

11.2.1 Anforderungen.. 630
    Nutzung zur Wärmebereitstellung 630; Nutzung in Motoren 630; Nutzung in Gasturbinen 631; Nutzung in Brennstoffzellen 631; Nutzung als Synthesegas 632

11.2.2 Partikelentfernung... 633
    Fliehkraftabscheider 633; Filternde Abscheider 633 (Gewebefilter 633, Schüttschichtfilter 634, Kerzenfilter 635); Elektrostatische Abscheider (Elektroabscheider) 634; Wäscher 635

11.2.3 Teerentfernung.. 636
    Physikalische Teerentfernung 636 (Wäscher 636, Nasselektroabscheider 637, Filter mit Filtermedium 637); Katalytische Teerentfernung 637; Thermische Teerentfernung 638

11.2.4 Entfernung sonstiger Verunreinigungen............................ 639
Entfernung von Schwefel(S)-Verbindungen 639 (Absorptive Verfahren 639, Adsorptive Verfahren 639); Entfernung von Stickstoff(N)-Verbindungen 639; Entfernung von Alkalien 639; Entfernung von Halogen(Cl)-Verbindungen 640

11.3 Gasnutzungstechnik... 640
HERMANN HOFBAUER, FRANZISKA MÜLLER-LANGER, MARTIN KALTSCHMITT, ALEXANDER VOGEL

11.3.1 Wärmebereitstellung.. 640
Nutzungstechnik 640; Anwendungsbeispiele 641 (Nahwärmebereitstellung 641, Prozesswärmebereitstellung 642)

11.3.2 Stromerzeugung... 642
11.3.2.1 Stromerzeugung mit externer Verbrennung.............. 643
Nutzungstechnik 643; (Dampfkraftprozess 643, Stirlingmotor 643, Indirekt befeuerte Gasturbine (Heißluftturbine) 643); Anwendungsbeispiel 644

11.3.2.2 Stromerzeugung mit interner Verbrennung.............. 645
Nutzungstechnik 645 (Gasmotor 645; Gasturbine 646; Brennstoffzelle 648); Anwendungsbeispiele 649 (KWK-Anlage mit Gegenstromvergasung und Gasmotor 649, KWK-Anlage mit Gleichstromvergasung und Gasmotor 650, KWK-Anlage mit Wirbelschichtdampfvergasung und Gasmotor 651, IGCC-Anlage mit Wirbelschicht-Druckvergasung 651)

11.3.3 Kraftstoffbereitstellung.. 653
Einstellung des Wasserstoff(H_2)/Kohlenstoffmonoxid(CO)-Verhältnisses 655; Kohlenstoff(CO_2)-Entfernung 655; Kohlenwasserstoff-Reformierung 656

11.3.3.1 Fischer-Tropsch-Synthese... 656
Nutzungstechnik 656; Anwendungsbeispiel 660

11.3.3.2 Methanolsynthese 662
Nutzungstechnik 662; Anwendungsbeispiel 663

11.3.3.3 SNG-Synthese... 664
Nutzungstechnik 664; Anwendungsbeispiel 665

11.3.3.4 Dimethylether-Synthese 666
Nutzungstechnik 666; Anwendungsbeispiel 667

11.3.3.5 Hythane und Wasserstoff.. 668

12 Pyrolyse.. 671

12.1 Bereitstellung flüssiger Sekundärenergieträger................................... 671
DIETRICH MEIER

12.1.1 Flash-Pyrolyse.. 671
12.1.1.1 Reaktoren mit stationärer Wirbelschicht.................. 672
12.1.1.2 Reaktoren mit zirkulierender Wirbelschicht 675
12.1.1.3 Reaktoren mit ablativer Wirkung............................. 675
Reaktor mit heißer Scheibe 676; Reaktor mit Konus 677
12.1.1.4 Reaktor mit horizontalem Zylinder 678
12.1.1.5 Reaktoren mit Vakuum 679

12.1.1.6 Reaktoren mit Doppelschnecke 680
12.1.2 Druckverflüssigung 681
12.1.3 Produkte und deren Nutzung................................... 684
Charakterisierung 684; Aufbereitung 687 (Physikalische Methoden 687, Chemische Methoden 687); Nutzung 688 (Thermische bzw. energetische Nutzung 688, Chemische bzw. stoffliche Nutzung 689)

12.2 Bereitstellung fester Sekundärenergieträger... 690
12.2.1 Verkohlung 691
JOHANNES WELLING, BERNWARD WOSNITZA

12.2.1.1 Meilerverfahren 691
Erdmeiler 691; Gemauerte Meiler 692; Transportierbare metallische Meiler 693
12.2.1.2 Indirekt beheizte Retortenverfahren......................... 694
Chargenweise Retortenverkohlung 694; Kontinuierliche Retortenverkohlung 694
12.2.1.3 Direkt beheizte Retortenverfahren oder Spülgasverfahren 696
Reichert-Retorte 696; SIFIC-Prozess 697; CISR-Lambiotte-Retorte 698
12.2.1.4 Sonstige Verfahren 698
Verkohlung in zwangsbewegten Wanderschichten 698; Wirbelschicht-Verkohlung 698; Flugstaubreaktor 698; Flash-Karbonisierung 699
12.2.1.5 Produkte... 699
Charakterisierung 700; Energetischer Wirkungsgrad 700; Produktion 701; Nutzung 701 (Energetische Nutzung 701, Stoffliche Nutzung 702)

12.2.2 Torrefizierung 703
HERMANN HOFBAUER

12.2.2.1 Technische Umsetzung 703
12.2.2.2 Produkte... 707

13 Produktion und Nutzung von Pflanzenölkraftstoffen 711

13.1 Rohstoffbereitstellung 711
BERNHARD WIDMANN

13.2 Pflanzenölgewinnung 712
13.2.1 Pflanzenölgewinnung in Großanlagen 712
MARTIN KALTSCHMITT, ERNST W. MÜNCH, FRANZISKA MÜLLER-LANGER

13.2.1.1 Vorbehandlung 714
13.2.1.2 Pressung... 715
13.2.1.3 Extraktion 716
Vorbereitung 716; Lösemittel 716; Extraktion 717; Miscella-Destillation 719; Schrot-Entbenzinierung 719

13.2.1.4 Raffination 720
Chemische Raffination 721 (Entschleimung 721, Entsäuerung (Neutralisation) 722, Bleichung 723, Desodorierung/Dämpfung 723); Physikalische Raffination 724; Miscella-Raffination 725; Extraktive Raffination mit überkritischen Lösemitteln 725

13.2.2 Pflanzenölgewinnung in Kleinanlagen 725
EDGAR REMMELE, BERNHARD WIDMANN

13.2.2.1 Pressen 727
13.2.2.2 Ölreinigung 729
Sedimentationsverfahren zur Hauptreinigung 730 (Sedimentation im Erdschwerefeld 730, Sedimentation im Zentrifugalfeld 731); Filtrationsverfahren zur Hauptreinigung 731 (Kuchenbildende Filtration 731, Tiefenfiltration 733); Filterapparate zur Endreinigung 735 (Beutelfilter 735, Kerzenfilter 735, Tiefenschichtenfilter 735); Verfahren zur Reduzierung unerwünschter Fettbegleitstoffe 735

13.3 Weiterverarbeitung von Pflanzenölen 736
FRANZISKA MÜLLER-LANGER, MARTIN KALTSCHMITT

13.3.1 Umesterung 736
Grundlagen 737; Katalysatoren 739; Biodieselaufbereitung 740; Methanolaufbereitung 740; Glycerinaufbereitung 740; Anforderungen an die Rohstoffqualität 741; Verfahrenstechnische Umsetzung 741 (Diskontinuierliche Verfahren 742, Kontinuierliche Verfahren 743)

13.3.2 Hydrierung 746
Hydrierung in Mineralölraffinerien 746; Hydrierung in speziellen Anlagen 747

13.4 Produkte und energetische Nutzung 748
BERNHARD WIDMANN, KLAUS THUNEKE, EDGAR REMMELE, FRANZISKA MÜLLER-LANGER

13.4.1 Pflanzenöle und Biodiesel 748
13.4.1.1 Chemischer Aufbau 748
13.4.1.2 Lagerung 751
13.4.1.3 Kenngrößen 753
13.4.1.4 Nutzung als Kraftstoff 757
Fettsäuremethylester (FAME, Biodiesel) 757; Hydrierte Pflanzenöle 758; Naturbelassener Pflanzenölkraftstoff 758 (Vor- bzw. Wirbelkammermotoren 759, Motoren mit Direkteinspritzung 759)
13.4.1.5 Feuerungstechnische Nutzung als Brennstoff 762
13.4.2 Kuppel- und Nebenprodukte 763
13.4.2.1 Stroh 764
13.4.2.2 Presskuchen und Extraktionsschrot 764
Futtermittel 764; Düngemittel 765; Verbrennung 765; Biogasproduktion 766; Weitere Einsatzmöglichkeiten 766

    13.4.2.3 Glycerin 766
    13.4.2.4 Sonstige Kuppelprodukte 768

14 Grundlagen der bio-chemischen Umwandlung 769

14.1 Grundlagen der Mikrobiologie 769
CHRISTIAN ELEND, GARABED ANTRANIKIAN

 14.1.1 Einteilung der Mikroorganismen 769
   Eukaryonten 769; Prokaryonten 770
 14.1.2 Aufbau der bakteriellen Zelle 770
   Nukleinsäuren 771; Proteine 771; Lipide 771; Polysaccharide 772; Zellwandaufbau 772
 14.1.3 Nährstoffe und Wachstum 772
   Energiegewinnung 772; Kohlenstoff 773; Kultivierungsbedingungen 773

14.2 Stoffwechsel und Energieerzeugung 774
CHRISTIAN ELEND, GARABED ANTRANIKIAN

 14.2.1 Möglichkeiten der ATP-Erzeugung 774
   Substrat-Ketten-Phosporylierung 774; Elektronen-Transport-Phosporylierung 775
 14.2.2 Energiegewinnung durch Atmung 776
   14.2.2.1 Aerobe Atmung 776
   14.2.2.2 Anaerobe Atmung 776
     Atmung mit alternativen Elektronenakzeptoren 777; Methanogenese 777
 14.2.3 Gärung 778
   14.2.3.1 Alkoholische Gärung 779
   14.2.3.2 Weitere Gärungstypen 780
     Milchsäuregärung 781; Gemischte Säuregärung 781; Essigsäure/Buttersäure-Gärung 781; Butandiol- und Aceton/Butanol-Gärung 781; Wasserstoffproduktion während der Gärung 782

14.3 Grundlagen des enzymatischen Polymerabbaus 782
CHRISTIAN ELEND, GARABED ANTRANIKIAN

 14.3.1 Stärke-hydrolysierende Enzyme 782
 14.3.2 Cellulasen 783
 14.3.3 Xylanasen 784
 14.3.4 Lignin-abbauende Enzyme 785
 14.3.5 Pektinasen 785
 14.3.6 Proteasen und lipolytische Enzyme 786

14.4 Biologische Grenzen für die Verfahrenstechnik 786
JAKOB MÜLLER, ANDREAS LIESE, CHRISTIAN ELEND, GARABED ANTRANIKIAN

 Biogasproduktion 789; Biodieselproduktion 790; Stärkeabbau 790

15 Ethanolerzeugung und -nutzung 793

15.1 Bio-chemische Grundlagen 793

THOMAS SENN, ANTON FRIEDL

Zuckerabbau durch alkoholische Gärung 793; Stärkeabbau zu Zucker 794 (Enzymatische Stärkeverflüssigung 794, Enzymatische Stärkeverzuckerung 796, Stärkeverflüssigung und -verzuckerung durch Malz 796, Stärkeverflüssigung und -verzuckerung durch Autoamylolyse 797); Lignocelluloseabbau zu Zucker 798 (Enzymatische Hydrolyse 799, Säurekatalysierte Hydrolyse 799)

15.2 Verfahrensschritte 800

ANTON FRIEDL, THOMAS SENN, ARNE GRÖNGRÖFT

15.2.1 Rohstoffreinigung und -aufbereitung 800
Zuckerrüben 800; Zuckerrohr 801; Getreide 801 (Mühlen 801, Dispergiermaschinen 802); Kartoffeln 803; Lingnocellulosehaltige Rohstoffe 803

15.2.2 Aufschlussprozesse 803
Drucklose Stärkeaufschlussverfahren 803 (Mahl-Maischprozesse 804, Dispergier-Maischverfahren 805); Stärkeaufschlussverfahren unter Druck 807; Lignocelluloseaufschluss-Verfahren 808 (Enzymatisch katalysierte Hydrolyse 808, Säurekatalysierte Hydrolyse 811)

15.2.3 Fermentation 813
Hefebereitstellung 814; Konstruktionsmerkmale von Fermentern 814; Absatzweise Fermentation 815; Kontinuierliche Fermentation 817

15.2.4 Ethanol-Abtrennung, Reinigung und Absolutierung 818
Destillation und Rektifikation 818 (Grundlagen 818, Absatzweise Rektifikation 824, Kontinuierliche Rektifikation 826); Entwässerung und Absolutierung 828 (Adsorptionsverfahren 829, Azeotroprektifikation 830, Membranverfahren 831)

15.2.5 Schlempebehandlung 832
Entwässerung 832; Eindampfung 833; Trocknung 834; Biogasgewinnung 835

15.3 Anlagenkonzepte 835

ANTON FRIEDL, THOMAS SENN

15.3.1 Kleiner und mittlerer Maßstab 835

15.3.2 Großtechnischer Maßstab 836
Zuckerhaltige Rohstoffe 837; Stärkehaltige Rohstoffe 838; Lignocellulosehaltige Rohstoffe 840 (Ethanol-Lignocelluloseprozess mit verdünnter Schwefelsäure 840, Ethanol-Lignocelluloseprozess mit konzentrierter Schwefelsäure (Arkenol-Prozess) 841, Ethanol-Lignocelluloseprozess mit enzymatischer Hydrolyse (Iogen-Prozess) 842, Ethanol-Prozess mit Multi-Feedstock-Verfahren 843)

15.4 Produkte und energetische Nutzung 844

THOMAS SENN, ANTON FRIEDL

15.4.1 Ethanol 844
Kraftstoffrelevante Eigenschaften 844; Einsatzmöglichkeiten als Kraftstoff 845 (Reinkraftstoff 845, Zumischung als Reinkomponente 847, Zumischung nach chemischer Umwandlung 848)

15.4.2 Schlempe 849
Flüssiges Futtermittel 849; Festes Futtermittel 849; Düngemittel 849; Energiegewinnung 849

15.4.3 Kohlenstoffdioxid 850

16 Biogaserzeugung und -nutzung 851

16.1 Grundlagen 851

FRANK SCHOLWIN, JAN LIEBETRAU, WERNER EDELMANN

16.1.1 Substratcharakterisierung 851
Temperatur 851; Nährstoffangebot 851; Konzentration organischer Stoffe 852; Zusammensetzung der organischen Fraktion 852; Hemmstoffe 852; Feststoffgehalt 852; Korngrößenverteilung 853

16.1.2 Grundlagen des anaeroben Abbaus 853

16.1.3 Prozesskinetik 855

16.1.4 Prozess- und verfahrenstechnische Messgrößen 860
Prozesstechnische Kenngrößen 860 (Trockenmasse- und CSB-Gehalt 860, Gehalt an suspendierten und anderen Inhaltsstoffen 861, Hemmstoffgehalt 862, Prozesstemperatur 864, pH-Wert 864, Redoxpotenzial 865, Gehalt an niederen Fettsäuren 865, Gehalt an Ammonium 866, Gaszusammensetzung 868); Verfahrenstechnische Kenngrößen 869 (Nutzvolumen Fermenter 869, Spezifische Rührleistung 870, Eigenenergiebedarf 870, Aufenthaltszeit 870, Durchflussrate 871, Raumbelastung 871, Abbauleistung 872, Gasausbeute 874, Biogasproduktivität 874, Massenspezifischer Energieertrag 875)

16.2 Verfahrenstechnik 875

FRANK SCHOLWIN, WERNER EDELMANN, JAN LIEBETRAU

16.2.1 Substrataufbereitung 875
Aufbereitung flüssiger Substrate 875; Aufbereitung pastöser und fester Substrate 876; Hygienisierung 878

16.2.2 Fermenterbeschickung 879
Transport pumpfähiger Substrate 880; Transport stapelbarer Substrate 880

16.2.3 Gärtechniken 880
Einteilung 880 (Trockenmassegehalt 881, Beschickung 882, Temperatur 882, Durchmischung 882, Rückhalt aktiver Biomasse 883, Prozessauftrennung 883); Typische Gärverfahren 885 (Kontaktprozess 885, Schlammbettreaktoren 885, Wirbelbettreaktoren 886, Anaerobfilter 886, Nassfermentationsverfahren 887, Verfahren mit getrennter Flüssigkeitsvergärung 888, Diskontinuierliche Feststoffvergärung 888); Elemente von Fermentern 889 (Fermenter-

materialien 890, Durchmischung 890, Beschickung und Austrag 893, Beheizung 893)

16.2.4 Biogasreinigung und -aufbereitung 895
Gasreinigung 895 (Gastrocknung 895, Entschwefelung 896); Gasaufbereitung 897 (Kohlenstoffdioxid-Abtrennung 897, Konditionierung 900)

16.2.5 Gasspeicherung 900
Fermenterexterne Foliengasspeicher 901; Foliengasspeicher im Fermentergasraum 901; Nassgasometer mit Glocke 901; Speichertanks und -flaschen 902

16.2.6 Prozessoptimierung 902
Prozessüberwachung und -regelung 902; Prozesshilfsstoffe 904

16.2.7 Anlagenkonzeption 906
Substrate 906; Logistik 907; Verfahrensauswahl 907; Anlagensicherheit 909

16.3 Produkte und energetische Nutzung 910
FRANK SCHOLWIN, WERNER EDELMANN

16.3.1 Biogas 911
Gaseigenschaften 911 (Methan (CH_4) 911, Kohlenstoffdioxid (CO_2) 912, Wasser (H_2O) 912, Schwefelwasserstoff (H_2S) 913, Stickstoff und stickstoffhaltige Verbindungen 913, Weitere Spurenelemente 913); Gasnutzung 914 (Wärmebereitstellung 914, Nutzung in Verbrennungsmotoren 914, Nutzung in Blockheizkraftwerken (BHKW) 916, Nutzung als Fahrzeugtreibstoff 917, Einspeisung in Erdgasnetze 917, Weitere Möglichkeiten 918)

16.3.2 Weitere Gärprodukte 918
Gärkompost 918; Gülle 919; Düngewert 921; Industrieabwässer und Klärschlämme 921; Presswasser 922

16.4 Exkurs: Deponiegas 923
MARCO RITZKOWSKI, INA KÖRNER

16.4.1 Entstehung 924
16.4.2 Erfassung 927
16.4.3 Behandlung und Nutzung 929
Energetisch nutzbares Deponiegas 930; Energetisch nicht nutzbares Deponiegas 930

Literatur **933**

Sachverzeichnis **991**

1 Einleitung und Zielsetzung

1.1 Biomasse als nachwachsender Energieträger

Die auf der Erde insgesamt nutzbaren Energieströme entspringen drei grundsätzlich unterschiedlichen primären Energiequellen. Dies sind die Planetengravitation und -bewegung, aus denen die Gezeitenenergie resultiert, die Erdwärme und die Sonnenenergie. Dabei ist die von der Sonne eingestrahlte Energie mit Abstand die größte Quelle des regenerativen Energieangebots. Es folgen die Erdwärme, die im Vergleich dazu eine deutlich geringere flächenbezogene Energiedichte (z. B. die auf einen Quadratmeter Erdoberfläche bezogene Energiemenge im Jahresverlauf) hat, und die Gezeitenenergie, die – bezogen auf die im Energiesystem "Erde" umgesetzte Energie – die mit Abstand geringste Bedeutung hat.

Aus diesen drei Quellen werden durch verschiedene natürliche Umwandlungen innerhalb der Erdatmosphäre eine Reihe sehr unterschiedlicher weiterer Energieströme hervorgerufen. So stellen beispielsweise die Windenergie und die Wasserkraft wie auch die Meeresströmungsenergie und die Biomasse umgewandelte Formen der Sonnenenergie dar (Abb. 1.1).

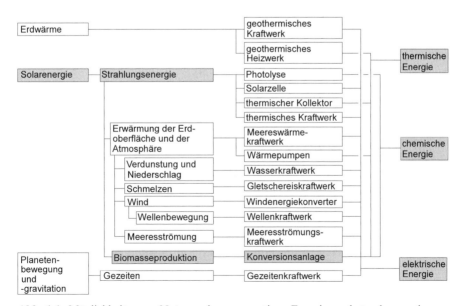

Abb. 1.1 Möglichkeiten zur Nutzung des regenerativen Energieangebots, das aus den regenerativen Quellen Solarenergie, Erdwärme sowie Planetengravitation und -bewegung resultiert (die Möglichkeiten der Biomassenutzung sind grau unterlegt) (nach /1-12/)

Werden nur die in Mitteleuropa nutzbaren regenerativen Energien betrachtet, reduzieren sich die in Abb. 1.1 dargestellten Optionen aufgrund der klimatischen und geographischen Bedingungen im Wesentlichen auf
- die solare Strahlung,
- die Windenergie,
- die Wasserkraft,
- die Erdwärme und
- die Biomasse (photosynthetisch fixierte Energie).

Alle anderen Möglichkeiten, die theoretisch verfügbar sind, haben unter den im deutschsprachigen Raum vorliegenden Gegebenheiten kaum Bedeutung. In anderssprachigen Teilen der Welt kann dies aber durchaus unterschiedlich sein (z. B. Gezeitenkraftwerk in St. Malo in Frankreich).

Bei der Biomasse wird die solare Strahlung mit Hilfe von Pflanzen über den Prozess der Photosynthese in organische Materie umgewandelt (Kapitel 2). Biomasse stellt damit gespeicherte Sonnenenergie dar, die dann genutzt werden kann, wenn die entsprechende Energienachfrage gegeben ist. Dies unterscheidet sie grundsätzlich von anderen Optionen der direkten und indirekten Sonnenenergienutzung (z. B. solarthermische Nutzung, Windkraft), da diese Energiewandlungsmöglichkeiten an die von der Sonne eingestrahlte Energie direkt gekoppelt sind und daher z. T. erheblichen Angebotsschwankungen innerhalb vergleichsweise kurzer Zeiträume unterliegen. Derartige Angebotsschwankungen, die für einige regenerative Energien typisch sind, erschweren deren technische Nutzbarmachung und erfordern zusätzliche Speicher- oder Backup-Systeme, wenn eine Energieversorgung mit einem hohen Maß an Versorgungssicherheit realisiert werden soll.

Im Folgenden werden die wesentlichen Möglichkeiten zur Nutzung von photosynthetisch fixierter Energie dargestellt. Zuvor wird jedoch definiert, was unter dem Begriff Biomasse zu verstehen ist.

1.1.1 Definition "Biomasse"

Unter dem Begriff "Biomasse" werden sämtliche Stoffe organischer Herkunft (d. h. kohlenstoffhaltige Materie) verstanden. Biomasse beinhaltet damit
- die in der Natur lebende Phyto- und Zoomasse (Pflanzen und Tiere),
- die daraus resultierenden Rückstände (z. B. tierische Exkremente),
- abgestorbene (aber noch nicht fossile) Phyto- und Zoomasse (z. B. Stroh) und
- im weiteren Sinne alle Stoffe, die beispielsweise durch eine technische Umwandlung und/oder eine stoffliche Nutzung entstanden sind bzw. anfallen (z. B. Schwarzlauge, Papier und Zellstoff, Schlachthofabfälle, organische Hausmüllfraktion, Pflanzenöl, Alkohol).

Die Abgrenzung der Biomasse gegenüber den fossilen Energieträgern beginnt beim Torf, dem fossilen Sekundärprodukt der Verrottung. Damit zählt Torf im strengeren Sinn dieser Begriffsabgrenzung nicht mehr zur Biomasse; dies widerspricht der in einigen Ländern (u. a. Schweden, Finnland) üblichen Praxis, wo Torf durchaus als Biomasse bezeichnet wird.

Biomasse kann zusätzlich in sogenannte Primär- und Sekundärprodukte unterteilt werden.

- Primärprodukte entstehen durch die direkte photosynthetische Ausnutzung der Sonnenenergie; dazu zählt im Wesentlichen die gesamte Pflanzenmasse wie z. B. die land- und forstwirtschaftlichen Produkte aus einem Energiepflanzenanbau (u. a. schnellwachsende Bäume, Energiegräser) oder pflanzliche Rückstände und Nebenprodukte aus der Land- und Forstwirtschaft sowie der Weiterverarbeitungsindustrie (u. a. Stroh, Wald- und Industrierestholz).
- Sekundärprodukte beziehen dagegen ihre Energie nur indirekt von der Sonne; sie werden durch den Ab- oder Umbau organischer Substanz in höheren Organismen (z. B. Tiere) gebildet. Zu ihnen gehören z. B. die gesamte Zoomasse, deren Exkremente (z. B. Gülle und Festmist) und Klärschlamm.

1.1.2 Aufbau typischer Bereitstellungsketten

Eine Bereitstellungs- oder Versorgungskette, mit der Energie aus Biomasse bereitgestellt werden kann, umfasst alle Prozesse beginnend mit der Produktion der Energiepflanzen bzw. der Verfügbarmachung von Rückständen, Nebenprodukten oder Abfällen organischer Herkunft bis zur Bereitstellung der End- (z. B. Fernwärme, Strom) bzw. Nutzenergie (z. B. Heizwärme). Sie beschreibt damit den "Lebensweg" der organischen Stoffe von der Produktion und damit der Primärenergie bis zur Bereitstellung der entsprechenden End- bzw. Nutzenergie (Abb. 1.2); dabei handelt es sich im Wesentlichen um Wärme und/oder Kraft (zu den Begriffsdefinitionen siehe Abb. 1.3).

Das Ziel einer derartigen Bereitstellungs- bzw. Versorgungskette besteht darin, eine gegebene, ggf. schwankende End- bzw. Nutzenergienachfrage sicher zu decken und die dazu erforderliche(n) Konversionsanlage(n) mit der jeweils benötigten Menge und Qualität der eingesetzten organischen Stoffe zu versorgen.

Jede Bereitstellungskette besteht aus den Lebenswegabschnitten Biomasseproduktion bzw. -verfügbarmachung, Bereitstellung, Nutzung sowie Verwertung bzw. Entsorgung der anfallenden Rückstände bzw. Abfälle. Jeder einzelne Abschnitt setzt sich im Regelfall wiederum aus zahlreichen Einzelprozessen zusammen. Beispielsweise erfordert die Biomasseproduktion u. a. eine Saatbettbereitung, die Ausbringung von Düngemitteln und bestimmte Pflegemaßnahmen. Da die verschiedenen Lebenswegabschnitte im Normalfall nicht am gleichen Ort angesiedelt sind, müssen die jeweiligen Entfernungen durch entsprechende Transporte (z. B. mit Lkw, über Rohrleitungen) überbrückt werden.

Eine bestimmte Bereitstellungskette wird damit letztlich durch die Randbedingungen festgelegt, die von der Biomasseproduktion (Angebotsseite) einerseits und der End- bzw. Nutzenergiebereitstellung (Nachfrageseite) andererseits vorgegeben werden. Dazu kommen als weitere wesentliche Bestimmungsgrößen ökonomische, ökologische und technische (und administrative) Randbedingungen, welche die praktische Umsetzung bzw. Realisierung einer bestimmten Kette signifikant beeinflussen. Beispielsweise wird die Wahl der Konversionstechnologie u. a. durch den oder die bereitzustellenden Endenergieträger (z. B. thermische Energie, elektrische Energie) bzw. die entsprechende Nutzenergie (z. B. Wärme, Kraft), daneben aber auch durch die gesetzlichen Umweltschutzvorgaben und das jeweils ökonomisch Machbare ganz wesentlich beeinflusst. Zusätzlich kann die erforderliche Entsor-

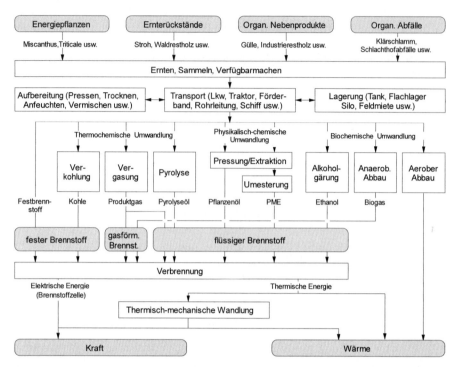

Abb. 1.2 Schematischer Aufbau typischer Bereitstellungsketten zur End- bzw. Nutzenergiebereitstellung aus Biomasse (grau unterlegte Kästen: Energieträger, nicht grau unterlegte Kästen: Umwandlungsprozesse; vereinfachte Darstellung ohne Licht als Nutzenergie; PME Pflanzenölmethylester; die in Brennstoffzellen ablaufenden Reaktionen werden dabei als eine "kalte" Verbrennung angesehen)

gung von Stoffen, die im Verlauf der Bereitstellung und/oder bei der Nutzung anfallen (z. B. ausgefaulte Gülle bei der Biogasgewinnung, Asche bei der Verbrennung von Festbrennstoffen), für eine bestimmte Bereitstellungskette ebenfalls bestimmend sein. Aus den möglichen Entsorgungswegen für die entstehenden Abfälle und/oder der Konversionstechnologie leiten sich wiederum Anforderungen an die Eigenschaften der Biomasse ab (z. B. Stückigkeit, Wassergehalt), die im Regelfall durch eine vorherige Aufbereitung bereitgestellt werden muss. Hier ist es u. U. erforderlich, zunächst einen entsprechenden Sekundärenergieträger mit definierten Eigenschaften zu produzieren; dies kann mit technischen, energetischen, ökonomischen und/oder ökologischen Vorteilen verbunden sein. Daneben sind Art (z. B. holz- oder halmgutartig) und Qualität (z. B. Wassergehalt, Anteil an Spurenelementen) der verfügbaren Biomasse von Bedeutung sowie der zeitliche Verlauf der Biomassenachfrage vor dem Hintergrund des jahreszeitlich unterschiedlichen Anfalls. Daraus resultieren wiederum möglicherweise bestimmte Lagernotwendigkeiten; u. U. kann auch eine Trocknung der Biomasse notwendig werden. Zusätzlich muss die letztlich gefundene Kombination unter den gegebenen Randbedingungen vor Ort ökonomisch tragfähig, genehmigungsfähig sowie sozial akzeptabel sein.

1.1.3 Wandlungsmöglichkeiten in End- bzw. Nutzenergie

Die verfügbare Biomasse kann im Verlauf einer Bereitstellungskette auf sehr unterschiedliche Weise aufgearbeitet und letztlich in die gewünschte End- bzw. Nutzenergie umgewandelt werden.

Im einfachsten Fall wird beispielsweise lignocellulosehaltige Biomasse im Anschluss an eine mechanische Aufbereitung (u. a. Zerkleinerung, Verdichtung) direkt in einer Feuerungsanlage verbrannt. Für zahlreiche Anwendungen (z. B. die mobile Kraftbereitstellung im Pkw- oder Lkw-Motor, die Stromerzeugung mit einer Gasturbine) ist es aber sinnvoll oder sogar notwendig, flüssige oder gasförmige Sekundärenergieträger herzustellen. Der Umwandlung in Nutzenergie werden somit Veredelungsprozesse vorgeschaltet, bei denen die Energieträger hinsichtlich einer oder mehrerer der folgenden Eigenschaften aufgewertet werden: Energiedichte, Handhabung, Speicher- und Transporteigenschaften, Umweltverträglichkeit der energetischen Nutzung, Potenzial zur Substitution fossiler Energieträger, Verwertbarkeit von Nebenprodukten und/oder Rückständen.

Bei den Verfahren zur Umwandlung organischer Stoffe in feste, flüssige oder gasförmige Sekundärenergieträger als Zwischenstufe vor der Umwandlung in die letztlich gewünschte End- bzw. Nutzenergie kann zwischen thermo-chemischen, physikalisch-chemischen und bio-chemischen Veredelungsverfahren unterschieden werden (Abb. 1.2).

Thermo-chemische Umwandlung. Durch thermo-chemische Veredelungsverfahren (z. B. Vergasung, Pyrolyse und Verkohlung) werden feste Bioenergieträger in erster Linie unter dem Einfluss von Wärme in feste, flüssige und/oder gasförmige Sekundärenergieträger transformiert. Ziel einer derartigen Umwandlung kann sowohl die Bereitstellung von gut transportfähigen Zwischenprodukten mit hoher Energiedichte als auch – und das ist der primäre Anwendungsfall – von Energieträgern mit klar definierten Eigenschaften sein.

Bei der Vergasung wird Biomasse bei hohen Temperaturen möglichst vollständig in brennbare Gase (d. h. in ein sogenanntes Synthesegas) umgewandelt. Dabei wird dem Prozess unterstöchiometrisch ein sauerstoffhaltiges Vergasungsmittel (z. B. Luft, Wasser) zugeführt, durch das u. a. der in der Biomasse enthaltene Kohlenstoff in Kohlenstoffmonoxid überführt werden kann. Gleichzeitig wird durch die teilweise Verbrennung des Einsatzmaterials die erforderliche Prozesswärme bereitgestellt, damit der Vergasungsprozess überhaupt stattfinden kann. Das entstandene niederkalorische Gas kann in Brennern zur Wärmebereitstellung und u. a. in Gasmotoren oder -turbinen zur Stromerzeugung eingesetzt werden. Alternativ dazu kann das erzeugte Produktgas durch weitere Umwandlungen auch in flüssige (z. B. Methanol, Fischer-Tropsch-Diesel) oder gasförmige Sekundärenergieträger (z. B. Methan, DME, Wasserstoff) umgewandelt werden, die dann außer in stationären Anwendungen (z. B. in Blockheizkraftwerken (BHKW) zur gekoppelten Strom- und Wärmeerzeugung) insbesondere im Verkehrssektor als flüssige bzw. gasförmige Kraftstoffe einsetzbar sind.

Bei der Pyrolyse werden feste organische Stoffe unter dem Einfluss von Wärme mit dem Ziel einer möglichst hohen direkten Ausbeute an flüssigen Komponenten veredelt bzw. verflüssigt. Derartigen Verfahren liegen der pyrolytische Abbau der

Biomasse und damit ihre Zersetzung bei hohen Temperaturen unter Sauerstoffabschluss zugrunde. Die so produzierten flüssigen Sekundärenergieträger können – wenn die dafür benötigte Technologie verfügbar ist – nach einer entsprechenden Aufbereitung als Brennstoff in den jeweiligen Feuerungsanlagen oder – und dieser Pfad ist aus systemtechnischer Sicht vielversprechender – als Treibstoff in Motoren zur Kraft- (u. a. für die Stromerzeugung) bzw. gekoppelten Wärme- und Kraft-Bereitstellung und insbesondere im Verkehrssektor zur Deckung der dort gegebenen Energienachfrage eingesetzt werden.

Unter der Verkohlung von fester Biomasse wird eine thermo-chemische Umwandlung mit dem Ziel einer möglichst hohen Ausbeute an einem veredelten Festbrennstoff mit definierten Eigenschaften (Holzkohle) verstanden. Auch dazu wird die organische Masse thermisch zersetzt. Die erforderliche Prozesswärme wird dabei auch hier häufig durch eine Teilverbrennung des Rohstoffs bereitgestellt. Die Verkohlung unterscheidet sich damit nicht grundsätzlich von der Vergasung oder der Pyrolyse; die Bedingungen, unter denen die thermo-chemische Umwandlung hier realisiert wird, werden aber so gesetzt, dass bei den Reaktionsprodukten der Feststoffanteil maximiert wird. Die dadurch gewonnene verkohlte Biomasse kann anschließend in entsprechenden Anlagen zur Wärmebereitstellung eingesetzt werden. Alternativ ist auch eine stoffliche Nutzung möglich (z. B. Aktivkohle).

Physikalisch-chemische Umwandlung. Zu den Verfahren der physikalisch-chemischen Umwandlung zählen alle Möglichkeiten zur Bereitstellung von Energieträgern auf Pflanzenölbasis. Ausgangsmaterial stellen jeweils ölhaltige Biomassen dar (z. B. Rapssaat, Sonnenblumensaat). Dabei muss zunächst immer die flüssige Ölphase von der festen Phase abgetrennt werden. Beispielsweise kann dies durch ein mechanisches Auspressen realisiert werden, bei dem z. B. das Rapsöl von dem Rapskuchen (d. h. dem festen Pressrückstand) abgetrennt wird. Bei der alternativ oder additiv möglichen Extraktion wird der ölhaltigen Saat oder dem noch ölhaltigen Presskuchen der Ölinhalt mit Hilfe eines Lösemittels entzogen. Öl und Lösemittel werden anschließend durch Destillation getrennt. Als Feststoff bleibt nach der Extraktion das sogenannte Extraktionsschrot zurück, das beispielsweise stofflich (z. B. als Futtermittel) genutzt werden kann. Das derart gewonnene Pflanzenöl ist sowohl in seiner Reinform als auch z. B. nach einer chemischen Umwandlung zu Pflanzenölmethylester (PME) in bestimmten Dieselmotoren und in Heiz- bzw. Heizkraftwerken (d. h. Blockheizkraftwerken) als Treib- oder Brennstoff energetisch nutzbar.

Bio-chemische Umwandlung. Bei den bio-chemischen Veredelungsverfahren erfolgt die Umwandlung der Biomasse in Sekundärenergieträger bzw. in End- oder Nutzenergie mit Hilfe von Mikroorganismen und damit durch biologische Prozesse.

Zucker-, stärke- und cellulosehaltige Biomasse kann durch eine alkoholische Gärung mit Hilfe z. B. von Hefen in Ethanol (C_2H_5OH) überführt werden, das anschließend durch eine Destillation bzw. Rektifikation aus der Maische abgetrennt und im Anschluss daran durch eine Absolutierung in Reinform gewonnen werden kann. Ethanol kann dann als Treib- und Brennstoff in Ottomotoren oder Verbrennungsanlagen zur End- bzw. Nutzenergiebereitstellung eingesetzt werden.

1.1 Biomasse als nachwachsender Energieträger   7

Beim anaeroben Abbau organischer Stoffe (d. h. dem Abbau unter Sauerstoffabschluss) wird durch den Abbau organischer Masse durch bestimmte Bakterien ein wasserdampfgesättigtes Mischgas (Biogas) freigesetzt, das zu rund zwei Dritteln aus Methan besteht. Es kann – nach einer ggf. notwendigen entsprechenden Aufbereitung – in stationären Gasbrennern oder Motoren als Energieträger genutzt werden. Alternativ dazu ist auch eine Aufbereitung auf Erdgasqualität möglich, wobei dann das Ziel verfolgt wird, das aufbereitete Gas ins Erdgasnetz einzuspeisen. So kann es dann – wie Erdgas auch – in vielfacher Hinsicht zur Energienachfragedeckung eingesetzt werden. Aus systemtechnischer Sicht besonders vielversprechend erscheint hierbei ein Einsatz im Verkehrssektor (d. h. in Erdgasfahrzeugen).

Beim aeroben Abbau wird die Biomasse mit Luftsauerstoff unter Wärmefreisetzung ebenfalls mit Hilfe von Bakterien oxidiert (Kompostierung). Die frei werdende Wärme kann beispielsweise mit Hilfe von Wärmepumpen gewonnen und in Form von Niedertemperaturwärme verfügbar gemacht werden.

1.2 Biomasse im Energiesystem

Unser derzeitiger Lebensstil ist mit einem hohen Energieeinsatz verbunden. Dabei ist die Bereitstellung der jeweils nachgefragten End- bzw. Nutzenergie (z. B. Raumwärme, Kraft, Licht) mit einer Reihe von Umweltfolgen verbunden, die von einer zunehmend technikkritischeren Gesellschaft am Beginn des 21. Jahrhunderts immer weniger toleriert werden. Deshalb war und ist dieses sogenannte "Energieproblem" – im Zusammenspiel mit dem ursächlich damit zusammenhängenden "Umwelt- und Klimaproblem" – in den nationalen und internationalen energie- und umweltpolitischen Diskussionen nach wie vor eines der bestimmenden Themen. Daran wird sich auch in absehbarer Zukunft aller Voraussicht nach nichts ändern, wie sich u. a. an der Kontroverse um die globalen Gefahren des anthropogen verursachten Treibhauseffekts zeigt. Vielmehr ist mit steigendem Wissensstand und fortschreitendem wissenschaftlichen Erkenntnisprozess davon auszugehen, dass weitere aus der Deckung der gegebenen Energienachfrage im weiteren Sinne resultierende negative Effekte auf den Menschen und die natürliche Umwelt erkannt und problematisiert werden.

Vor diesem Hintergrund werden im Folgenden – nach einer Definition der wesentlichen Energiebegriffe – die vorhandenen Biomassepotenziale – soweit quantifizierbar – und deren gegenwärtige Nutzung dargestellt. Zusätzlich werden die Dimensionen des Energiesystems "Welt" und des Energiesystems "Europa" aufgezeigt.

1.2.1 Definition der Energiebegriffe

Unter Energie wird nach Max Planck die Fähigkeit eines Systems verstanden, äußere Wirkungen hervorzubringen. Dabei kann zwischen mechanischer Energie (d. h. potenzielle und kinetische Energie), thermischer, elektrischer und chemischer Energie, Kernenergie und Strahlungsenergie unterschieden werden. In der

8   1 Einleitung und Zielsetzung

praktischen Energieanwendung äußert sich diese Fähigkeit, äußere Wirkungen hervorzubringen und damit Arbeit zu verrichten, in Form von Kraft, Wärme und Licht. Die Arbeitsfähigkeit der chemischen Energie sowie der Kern- und Strahlungsenergie ist erst durch Umwandlung dieser Energieformen in mechanische und/oder thermische Energie gegeben.

Energien und Energieträger. Unter einem Energieträger – und damit einem "Träger" der oben definierten Energie – wird ein Stoff verstanden, aus dem direkt oder durch eine oder mehrere Umwandlungen Nutzenergie gewonnen werden kann. Energieträger können nach dem Grad der Umwandlung unterteilt werden in Primär- und Sekundärenergieträger sowie Endenergieträger (Abb. 1.3). Der jeweilige Energieinhalt dieser Energieträger ist die Primärenergie, die Sekundärenergie und die Endenergie; aus letzterer wird die Nutzenergie gewonnen. Diese einzelnen Begriffe sind wie folgt definiert /1-12/.

– Unter der Primärenergie (bzw. unter Primärenergieträgern) werden Energieformen verstanden, die noch keiner technischen Umwandlung unterworfen wurden (z. B. Rohsteinkohle, Rohbraunkohle, Roherdöl, Rohbiomasse, Windkraft, Solarstrahlung, Erdwärme).
– Sekundärenergieträger (bzw. Sekundärenergie) werden durch Umwandlungen in (energie-)technischen Anlagen aus Primär- oder anderen Sekundärenergieträgern bzw. -energien hergestellt (z. B. Steinkohlebriketts, Benzin, Heizöl, Rapsöl, elektrische Energie). Dabei kommt es u. a. zu Umwandlungs- und Verteilungsverlusten. Sekundärenergieträger bzw. Sekundärenergien können in andere Sekundär- oder Endenergieträger bzw. -energien umgewandelt werden.
– Unter Endenergieträgern (bzw. Endenergie) werden die Energieformen verstanden, die der Endverbraucher bezieht (z. B. Heizöl oder Rapsöl im Öltank vor dem Ölbrenner, Holzhackschnitzel an der Feuerungsanlage, elektrische Energie vor dem Stromzähler, Fernwärme an der Hausübergabestation). Sie resultieren

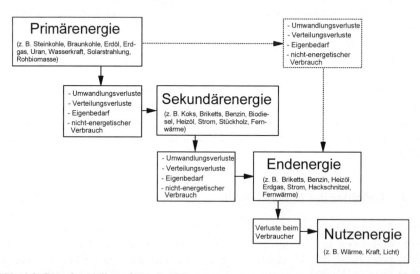

Abb. 1.3 Energiewandlungskette /1-12/

aus Sekundär- oder ggf. Primärenergieträgern bzw. -energien, vermindert um die Umwandlungs- und Verteilungsverluste, den Eigenverbrauch und den nichtenergetischen Verbrauch. Sie sind für die Umwandlung in Nutzenergie verfügbar.
- Als Nutzenergie wird letztlich die Energie bezeichnet, die nach der letzten Umwandlung in den Geräten des Verbrauchers für die Befriedigung der jeweiligen Bedürfnisse (z. B. Raumtemperierung, Nahrungszubereitung, Information, Beförderung) zur Verfügung steht. Sie wird gewonnen aus Endenergieträgern bzw. der Endenergie, vermindert um die Verluste dieser letzten Umwandlung (z. B. Verluste infolge der Wärmeabgabe einer Glühbirne für die Erzeugung von Licht, Verluste in einer Hackschnitzelfeuerung bei der Nutzwärmebereitstellung).

Energievorräte und -quellen. Die gesamte der Menschheit grundsätzlich zur Verfügung stehende Energie wird als Energiebasis bezeichnet. Sie setzt sich aus den (gemessen in menschlichen Dimensionen begrenzten) Energievorräten und den (gemessen in menschlichen Dimensionen unbegrenzten) Energiequellen zusammen.

Energievorräte. Bei den Energievorräten wird unterschieden zwischen fossilen und rezenten Vorräten.
- Fossile Vorräte sind Energievorräte, die in geologisch vergangenen Zeiten durch biologische und/oder geologische bzw. geophysikalische Prozesse gebildet wurden. Dabei wird unterschieden zwischen fossil biogenen und fossil mineralischen Energievorräten; erstere Energievorräte sind biologischen und letztere mineralischen Ursprungs. Zu den ersteren zählen u. a. die Kohle-, Erdgas- und Erdöllagerstätten und zu den letzteren u. a. die Energieinhalte der Uranlagerstätten und die Vorräte an Kernfusionsausgangsstoffen.
- Rezente Vorräte sind Energievorräte, die in gegenwärtigen Zeiten durch biologische und/oder geologische bzw. geophysikalische sowie sonstige natürlich ablaufende Prozesse (d. h. ohne Möglichkeit der signifikanten Einflussnahme durch den Menschen) gebildet werden. Hierzu gehören z. B. der Energieinhalt der Biomasse oder die potenzielle Energie des Wassers eines natürlichen Sees.

Energiequellen. Energiequellen liefern im Verlauf eines sehr langen (d. h. in menschlichen Dimensionen "unerschöpflich" oder "unbegrenzt"), aber letztlich immer endlichen Zeitraums (d. h. in geologischen Zeiträumen) Energieströme. Diese Energieflüsse werden durch einen natürlichen, autonomen und vom Menschen nicht merklich beeinflussbaren Prozess aus einem fossilen (begrenzten) Vorrat kontinuierlich und technisch nicht steuerbar gebildet (u. a. die Strahlung der Sonne).
Unter regenerativen oder erneuerbaren Energien werden die Primärenergien verstanden, die laufend aus diesen Energiequellen gespeist und damit als – in menschlichen Dimensionen – unerschöpflich bzw. unbegrenzt angesehen werden. Hierbei handelt es sich um die eingestrahlte Energie von der Sonne (Solarstrahlung), die für eine Vielzahl weiterer erneuerbarer Energien verantwortlich ist (u. a. Windenergie, Wasserkraft, Biomasse). Weiterhin gehört dazu die Gezeitenenergie,

die aus der Planetengravitation und -bewegung resultiert, sowie die geothermische Energie oder Erdwärme. Die in Abfällen enthaltene Energie ist nur dann als erneuerbar zu bezeichnen, wenn die Abfälle nicht ursächlich aus der Nutzung fossiler Energieträger resultieren; beispielsweise sind Abfälle organischer Stoffe aus der Land- und Forstwirtschaft oder den Haushalten im Sinne der obigen Definition erneuerbar, Abfälle von auf Erdölbasis hergestellten Kunststoffen oder Altreifen jedoch nicht.

Regenerativ im eigentlichen Sinne sind außerdem nur die natürlich vorkommenden erneuerbaren Primärenergien, nicht aber die daraus resultierenden Sekundär- oder Endenergien bzw. -träger. Beispielsweise ist der von einer technischen Umwandlungsanlage bereitgestellte elektrische Strom aus erneuerbaren Energien (z. B. Hackschnitzel, Solarstrahlung) nicht regenerativ; er ist nur so lange verfügbar, wie auch die Energiewandlungsanlage betrieben wird. Trotzdem werden umgangssprachlich vielfach auch die aus erneuerbaren Energien gewonnenen Sekundär- und Endenergieträger als regenerativ oder erneuerbar bezeichnet.

1.2.2 Potenziale und Nutzung

Die Möglichkeiten regenerativer Energien und damit auch die der Biomasse im Energiesystem werden ganz wesentlich durch die verfügbaren Potenziale bestimmt. Ziel der folgenden Ausführungen ist daher eine Darstellung der technischen Potenziale biogener Energieträger und deren gegenwärtige Nutzung weltweit und in Europa. Zuvor werden die entsprechenden Potenzialbegriffe definiert.

Bei den folgenden Ausführungen können – aufgrund der unsicheren Datenlage – nur grobe Größenordnungen der tatsächlich vorhandenen Potenziale angegeben werden. Auch können – insbesondere bei der Potenzialabschätzung – nur die wesentlichen Biomassefraktionen analysiert werden, da aufgrund der Vielzahl unterschiedlichster Biomasseströme (u. a. Waldrestholz, Dung, organische Müllfraktion) und nur sehr vereinzelt vorhandener belastbarer statistischer Daten eine vollständige Erhebung bisher nicht möglich ist.

Die insgesamt vorhandenen Potenziale werden – da Biomasse in vielen Teilen der Welt ein wichtiger Energieträger ist – zu einem regional sehr unterschiedlichen und kaum verlässlich abschätzbaren Anteil bereits genutzt. Da im Unterschied zu den fossilen Energieträgern die genutzte Biomasse nur in Ausnahmefällen und dann nur teilweise statistisch erfasst wird, handelt es sich bei den im Folgenden ausgewiesenen Größenordnungen ebenfalls notwendigerweise nur um grobe Schätzungen.

Begriffsdefinitionen. Bei den Potenzialen wird zwischen den theoretischen, den technischen, den wirtschaftlichen und den erschließbaren Potenzialen unterschieden.
- Theoretisches Potenzial. Das theoretische Potenzial beschreibt das in einer gegebenen Region innerhalb eines bestimmten Zeitraumes theoretisch physikalisch nutzbare Energieangebot (z. B. die in der gesamten Pflanzenmasse gespeicherte Energie). Es wird allein durch die gegebenen physikalischen Nutzungsgrenzen bestimmt und markiert damit die Obergrenze des theoretisch realisier-

baren Beitrages zur Energiebereitstellung. Wegen unüberwindbarer technischer, ökologischer, struktureller und administrativer Schranken kann das theoretische Potenzial meist nur zu sehr geringen Teilen erschlossen werden. Ihm kommt daher zur Beurteilung der tatsächlichen Nutzbarkeit der Biomasse keine praktische Relevanz zu; es wird deshalb im Folgenden nicht ausgewiesen.
- Technisches Potenzial. Das technische Potenzial beschreibt den Teil des theoretischen Potenzials, der unter Berücksichtigung der gegebenen technischen Restriktionen nutzbar ist. Zusätzlich dazu werden die gegebenen strukturellen und ökologischen Begrenzungen sowie gesetzliche Vorgaben berücksichtigt, da sie letztlich auch – ähnlich den technisch bedingten Eingrenzungen – "unüberwindbar" sind. Es beschreibt folglich den zeit- und ortsabhängigen primär aus technischer Sicht möglichen Beitrag einer regenerativen Energie zur Deckung der Energienachfrage. Da das technische Potenzial wesentlich durch die technischen Randbedingungen bestimmt wird, ist es im Unterschied beispielsweise zu dem wirtschaftlichen Potenzial deutlich geringeren zeitlichen Schwankungen unterworfen. Deshalb wird bei den folgenden Potenzialbetrachtungen ausschließlich das technische Potenzial ausgewiesen.
- Wirtschaftliches Potenzial. Das wirtschaftliche Potenzial beschreibt den zeit- und ortsabhängigen Anteil des technischen Potenzials, der unter den jeweils betrachteten Randbedingungen wirtschaftlich erschlossen werden kann. Da es sehr unterschiedliche Möglichkeiten gibt, die Wirtschaftlichkeit einer Option zur Deckung der Energienachfrage zu bestimmen, existieren immer eine Vielzahl unterschiedlichster wirtschaftlicher Potenziale. Zusätzlich dazu kommen noch sich laufend ändernde wirtschaftliche Randbedingungen hinzu (z. B. Ölpreisänderung, Veränderung der steuerlichen Abschreibungsmöglichkeiten, Energie-, Öko- oder CO_2-Steuer). Das wirtschaftliche Potenzial wird daher im Folgenden nicht betrachtet.
- Erschließbares Potenzial. Das wirtschaftliche Potenzial kann nur innerhalb eines sehr langen Zeitraumes auch erschlossen werden (aufgrund existierender Restriktionen wie z. B. noch vorhandener, aber noch nicht abgeschriebener Altanlagen). Deshalb ist das erschließbare Potenzial i. Allg. kleiner als das wirtschaftliche Potenzial. Auch das erschließbare Potenzial wird im Folgenden nicht ausgewiesen.

Welt. Ziel der folgenden Ausführungen ist eine Diskussion der weltweiten technischen Potenziale der Biomasse. Dazu wird zunächst der gegenwärtige Stand diskutiert und dann analysiert, inwieweit sich dies in den kommenden Jahren ändern könnte.

Potenziale – Stand. Weltweit fallen eine Vielzahl von Biomassefraktionen an, die energetisch genutzt werden könnten und auch werden. Hier wird unterschieden zwischen den Potenzialen an holzartiger Biomasse, an halmgutartigen Rückständen und Nebenprodukten, an Dung bzw. dem daraus gewinnbaren Biogas und an einem zusätzlichen Energiepflanzenanbau. Dabei wird der heutige Stand zugrunde gelegt.

Die bei der nachhaltigen Waldbewirtschaftung zusätzlich zu dem Hauptprodukt (z. B. Stammholz) anfallenden Rückstände und Nebenprodukte, die nicht stofflich genutzt werden, sind als Energieträger einsetzbar; dies gilt grundsätzlich auch für den bisher nicht genutzten Holzzuwachs. Hinzu kommen Holzrückstände und -nebenprodukte, die während der industriellen Holzweiterverarbeitung anfallen und ebenfalls nicht stofflich genutzt werden. Darüber hinaus sind die aus dem Nutzungsprozess ausscheidenden Holzfraktionen (u. a. Altholz) potenziell als Energieträger einsetzbar. Daneben fallen auch außerhalb der eigentlichen Wälder holzartige Biomassen an, die ggf. nutzbar wären (z. B. Straßenbegleitholz, Baumschnitt aus Parks und Friedhöfen). Werden diese Holzfraktionen weltweit u. a. auf der Basis verfügbarer Einschlagszahlen bzw. der vorhandenen Waldflächen und mittlerer, regional unterschiedlicher Holzzuwächse ermittelt, errechnet sich ein technisches Potenzial von rund 41,6 EJ/a (Abb. 1.4). Davon resultieren etwas mehr als die Hälfte aus dem bisher ungenutzten und damit theoretisch energetisch nutzbaren Holzzuwachs, etwa 17 bzw. 13 % aus den beim Einschlag bzw. der industriellen Weiterverarbeitung anfallenden Produktionsrückständen und rund 7 bzw. 8 % aus dem jährlich anfallenden Altholz bzw. aus dem sonstigen Holz. Die größten energetisch nutzbaren Holzpotenziale aus dem bisher ungenutzten Holzzuwachs sind in Nordamerika vorhanden. Deutlich geringere Potenziale ergeben sich für Asien sowie für Afrika und Lateinamerika (Tabelle 1.1). In Europa liegt das potenzielle Energieträgeraufkommen aus holzartiger Biomasse (einschließlich Altholz, bisher ungenutzter Holzzuwachs und sonstigem Holz) bei rund 4,0 EJ/a.

Rückstände und Nebenprodukte aus der Landwirtschaft sind zumeist Halmgüter (z. B. Stroh). Aber auch bei der Weiterverarbeitung landwirtschaftlicher Produkte fallen energetisch nutzbare Nebenprodukte (z. B. Reisspelzen, Bagasse) an. Werden derartige Fraktionen weltweit erhoben und die gegebenen Restriktionen berücksichtigt, errechnet sich ein technisches Potenzial von rund 17,2 EJ/a

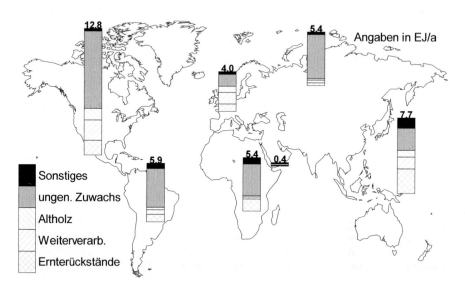

Abb. 1.4 Technische Potenziale energetisch nutzbarer holzartiger Bioenergieträger nach Regionen (Weiterverarb. Weiterverarbeitungsrückstände; ungen. Zuwachs ungenutzter Zuwachs)

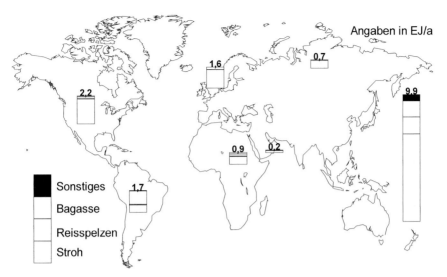

Abb. 1.5 Technische Potenziale energetisch nutzbarer halmgutartiger Rückstände und Nebenprodukte

(Abb. 1.5). Dabei liegen die größten Energiepotenziale in Asien (überwiegend in Form der Biomassefraktionen Stroh, Reisspelzen und Bagasse); sie sind in den anderen geografischen Großräumen deutlich geringer. In Nordamerika und Europa trägt Stroh und in Lateinamerika Bagasse am meisten zu diesem Potenzial bei (Tabelle 1.1). In Europa ist ein technisches Potenzial halmgutartiger Rückstände und Nebenprodukte von rund 1,6 EJ/a gegeben.

Weiterhin ist der bei der Nutztierhaltung anfallende Dung in getrocknetem Zustand als Festbrennstoff nutzbar. Wird vereinfachend unterstellt, dass rund die Hälfte der weltweit bei der Rinder- und Schweinehaltung anfallenden Exkremente als Festbrennstoff nutzbar wäre, errechnet sich ein technisches Brennstoffpotenzial von rund 7,6 EJ/a (ca. 93 % Rinder- und etwa 7 % Schweineexkremente). Die mit Abstand größten Potenziale sind in Asien (ca. 2,7 EJ/a) gegeben. Alternativ zu einer solchen Nutzung als Festbrennstoff kann der Dung auch durch eine anaerobe

Tabelle 1.1 Technische Biomassepotenziale nach Regionen

	Nord-amerika	Lateinamerika und Karibik	Asien	Afrika	Europa und Eurasien	Mittlerer Osten	*Summe*
				in EJ/a			
Holz	12,8	5,9	7,7	5,4	9,4	0,4	*41,6*
Halmgut	2,2	1,7	9,9	0,9	2,3	0,2	*17,2*
Dung	0,8	1,8	2,7	1,2	1,0	0,1	*7,6*
(Biogas)[a]	(0,3)	(0,6)	(0,9)	(0,4)	(0,4)	(0,0)	*(2,6)*
Energiepflanzen	4,1	12,1	1,1	13,9	6,2	0,0	*37,4*
Summe[b]	*19,9*	*21,5*	*21,4*	*21,4*	*18,9*	*0,7*	*103,8*

[a] Potenziale bei einer Biogasgewinnung aus den aufgezeigten Dungpotenzialen; [b] bei der Summenbildung wurde eine thermische Nutzung des Dungs unterstellt

Fermentation in Biogas umgewandelt werden. Mit ähnlich vereinfachenden Annahmen errechnet sich ein Biogaspotenzial von etwa 2,6 EJ/a; auch hier sind in Asien mit rund 0,9 EJ/a die größten Potenziale gegeben (Tabelle 1.1).

Bestimmend für die technischen Potenziale der Energiepflanzen sind die für einen Anbau verfügbaren Flächen. Sie resultieren aus den gegenwärtig nicht landwirtschaftlich genutzten und grundsätzlich nutzbaren Flächen. Entsprechende Angaben bewegen sich weltweit zwischen 350 und 950 Mio. ha. Diese erheblichen Schwankungen liegen u. a. darin begründet, dass die Nutzbarmachung derartiger Flächen für eine Energiepflanzenproduktion mit erheblichen Unsicherheiten verbunden ist. Infolge sehr vielfältiger Ursachen (z. B. ungünstige agrar-ökonomische Rahmenbedingungen u. a. in den GUS-Nachfolgestaaten, klimatisch bedingte Ertragsrückgänge u. a. in Spanien und in den USA) sind aber die Möglichkeiten der Nutzbarmachung von Brachflächen für die Energiepflanzenproduktion sehr unterschiedlich. Auch wurden bei der Reduktion der Agrarflächen zur Verminderung der landwirtschaftlichen Überschussproduktion (d. h. Stilllegung) in der Vergangenheit Flächen von sehr unterschiedlicher Qualität freigesetzt (z. B. stehen in Australien bei Abbau der Überschussproduktion an Rindfleisch und Milch rechnerisch 155 Mio. ha zur Verfügung. In der Regel handelt es sich hier jedoch um sehr extensiv bewirtschaftetes Grasland, das für den Energiepflanzenanbau kaum geeignet sein dürfte). Dadurch ist es schwierig, belastbare Abschätzungen zu machen.

In den Entwicklungsländern ist die theoretisch verfügbare und für einen Energiepflanzenanbau geeignete Fläche meist deutlich höher. Allerdings bestehen hier zusätzliche Unsicherheiten (hinsichtlich u. a. klimatischer Risiken, agrarpolitischer Rahmenbedingungen, Landnutzungspolitiken bzw. Landrechte der Landwirte). Dies führt dazu, dass – trotz eines theoretisch ausreichenden Flächenpotenzials und ohne einen bisher nennenswerten Energiepflanzenanbau – in den vergangenen Jahren in einigen Ländern die Ackerflächen kontinuierlich ausgedehnt wurden, während andere Länder trotz guter klimatischer Randbedingungen zunehmend zu Nahrungsmittel-Nettoimporteuren wurden.

Bei einer gesamten statistisch weltweit ausgewiesenen landwirtschaftlichen Nutzfläche von knapp 50 Mio. km^2 (ca. 30 % Anbauflächen und knapp 70 % Grasflächen) wird hier unterstellt, dass derzeit rund 10 % dieser Fläche für einen Energiepflanzenanbau verfügbar sein könnten. Würde darauf ein Mix der an den jeweiligen Standorten einsetzbaren Pflanzen zur Lignocelluloseproduktion angebaut, errechnet sich ein technisches Energiepotenzial von rund 37,4 EJ/a. Davon ist das höchste Potenzial in Afrika gegeben. In Europa ist es verglichen damit eher begrenzt. Ähnliches gilt auch für Asien, da dort kaum nutzbare Flächen für einen Energiepflanzenanbau verfügbar sind.

Potenziale – Entwicklung. Vorliegende Abschätzungen der zukünftigen Potenziale der gesamten energetisch nutzbaren Biomasse unterscheiden sich infolge unterschiedlicher Einschätzungen der künftigen Energiepflanzenpotenziale teilweise erheblich. So wird beispielsweise für das Jahr 2050 ein Potenzial in einer Bandbreite von weniger als 50 bis mehr als 400 EJ/a angegeben (Abb. 1.6) /1-10/, /1-20/.

Im Vergleich dazu ist die erwartete Bandbreite der Potenziale an organischen Rückständen, Nebenprodukten und Abfällen aus der Land- und Forstwirtschaft

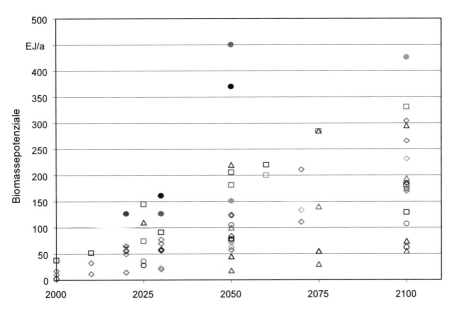

Abb. 1.6 Abschätzungen der weltweiten Biomassepotenziale für bestimmte Eckjahre (17 Studien im Vergleich) /1-1/

und den diesen nachgelagerten Industriesektoren sowie den organischen Siedlungsabfällen mit 30 bis 90 EJ/a deutlich geringer /1-24/. Deshalb kann näherungsweise unterstellt werden, dass diese Fraktionen auch zukünftig zumindest in der heute vorhandenen Größenordnung verfügbar sein werden.

Wegen der vielfältigen Einflussfaktoren, aus denen die in Abb. 1.6 deutlich werdenden Unterschiede der dargestellten Ergebnisse von 17 Studien resultieren, erscheint für eine qualifizierte Abschätzung der zukünftig weltweit verfügbaren Energiepotenziale ein szenarienorientierter Ansatz unumgänglich. Aufgrund einer ungenügenden Datenbasis beschränkt sich dieser auf die Analyse wesentlicher Einflussfaktoren, welche die Entwicklung der Biomassepotenziale – und hier primär auf die Energiepflanzenpotenziale – bis zum Jahr 2050 aus gegenwärtiger Sicht bestimmen.

Entscheidend für die Entwicklung der Energiepflanzenpotenziale sind die für den Anbau verfügbaren Flächen. Diese wiederum werden u. a. durch die Flächenproduktivität, den Nahrungsmittelverbrauch sowie durch den Flächenbedarf für andere Zwecke (z. B. für Infrastruktur) bestimmt. Für einzelne Einflussfaktoren auf das künftig für den Energiepflanzenanbau verfügbare Flächenpotenzial lassen sich die sich abzeichnenden Entwicklungstendenzen wie folgt einordnen.

– Bevölkerungsentwicklung. Die Entwicklung der Weltbevölkerung beeinflusst u. a. den Nahrungsmittelverbrauch und den Verbrauch von nachwachsenden Rohstoffen zur stofflichen Nutzung. Die erwartete Bevölkerungsentwicklung variiert aber erheblich und liegt zwischen 7,7 und 10,6 Mrd. Menschen bis 2050. Dies entspricht im Vergleich zu heute einem potenziellen Flächenmehrverbrauch von 25 bis 70 %.

1 Einleitung und Zielsetzung

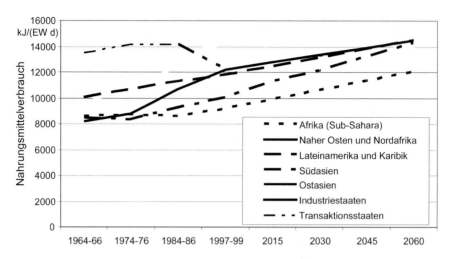

Abb. 1.7 Entwicklung des Pro-Kopf-Verbrauchs an Nahrungsmitteln in unterschiedlichen Regionen der Welt (EW Einwohner; /1-5/)

- Pro-Kopf-Verbrauch. Der Pro-Kopf-Verbrauch an Nahrungsmitteln verändert sich weltweit nur langsam (Abb. 1.7) und scheint sich langfristig einem Grenzwert anzunähern. Einen deutlich höheren Einfluss als der Pro-Kopf-Verbrauch auf die zukünftige Flächeninanspruchnahme hat deswegen der Anteil tierischer Produkte an der pro Person konsumierten Energie, da diese um mindestens den Faktor 6 flächenintensiver zu produzieren sind als die gleiche Energiemenge auf pflanzlicher Basis /1-16/. Zu beachten ist hier, dass beispielsweise der Verbrauch an tierischen Lebensmitteln in den Entwicklungsländern zwischen 1970 und 2000 um mehr als den Faktor 2 zugenommen hat, während pflanzliche Nahrungsmittel nur um etwa den Faktor 1,2 mehr nachgefragt wurden /1-5/. Geht man davon aus, dass die Ernährungsgewohnheiten der Entwicklungsländer sich bis 2050 an die der Industrienationen weitgehend annähern, entspricht dies einem Flächenmehrverbrauch von 18 bis 28 %.
- Klimawandel: Auch der zu erwartende Klimawandel beeinflusst die Flächenverfügbarkeit. Dies kann sowohl positive (z. B. höhere Niederschläge, milderes Klima) als auch negative Folgen (z. B. Versteppung, Wüstenbildung) haben. Deshalb liegt der nach dem gegenwärtigen Kenntnisstand zu erwartende Flächenmehrverbrauch infolge von Mindererträgen nur zwischen 0 und 7 % für die Jahre 1990 bis 2025 /1-3/; bis 2050 dürfte er aus derzeitiger Sicht auch nicht signifikant zunehmen. Plötzlich eintretende "Überraschungen" infolge des Klimawandels (z. B. Veränderung beispielsweise der Strömung des Golfstroms) sind dabei aber nicht berücksichtigt.
- Flächenverluste. Flächenverluste für die Biomasseproduktion können durch Bodendegradation (u. a. Erosion, Versalzung) und durch einen zusätzlichen Flächenbedarf für nicht landwirtschaftliche Zwecke entstehen.

Die – nur sehr schwer quantifizierbaren – Flächenverluste durch Bodendegradation können die landwirtschaftliche Produktion erheblich beeinflussen.

Auch sind u. a. in Asien und Afrika bereits erhebliche Flächen primär infolge von Wasser- und Winderosion degradiert /1-19/. Schätzungen gehen davon aus, dass der dadurch bedingte jährliche Verlust an Ackerland weltweit bei 5 bis 12 Mio. ha liegt /1-17/, /1-15/. Wesentlich wird die Flächendegradation auch durch die landwirtschaftliche Praxis beeinflusst, wobei Flächen mit geringeren Erträgen im Vergleich zu solchen mit höheren Erträgen tendenziell stärker degradieren. Zusammenfassend kann ein Flächenverlust von 1 bis 5 % bis 2050 abgeschätzt werden. Unberücksichtigt bleibt dabei, dass in der Vergangenheit die landwirtschaftlich genutzte Fläche z. T. zugenommen hat /1-5/; beispielsweise liegt im subsaharischen Afrika das jährliche Nutzflächenwachstum bei geschätzten 0,77 %.

Flächenbedarf für nicht-landwirtschaftliche Zwecke entsteht z. B. durch einen zunehmenden Bedarf an Infrastrukturflächen (z. B. Siedlungsgebiete, Straßenflächen) oder durch Nutzungseinschränkungen z. B. infolge von Naturschutzstrategien. Verglichen mit den anderen aufgezeigten Effekten ist dieser Einfluss jedoch gering (/1-9/, /1-21/) und wird hier mit einem Flächenverlust von 1 bis 4 % bis 2050 abgeschätzt /1-3/.

In Summe liegt damit der bis 2050 zu erwartende Verlust landwirtschaftlicher Flächen bei 2 bis 9 %.

- Pflanzenzüchtung. Ertragssteigerungen durch verbessertes Pflanzmaterial haben in den vergangenen 40 Jahren weltweit zu einer deutlichen Erhöhung der flächenspezifischen Nahrungsmittelproduktion geführt (Abb. 1.8). Jedoch gehen seit etwa 1990 die Ertragssteigerungen zurück; der Getreideertrag beispielsweise ist von 1961 bis 1989 durchschnittlich um 3,8 %/a gestiegen, jedoch nur um 2 %/a von 1989 und 1999. Aus gegenwärtiger Sicht ist bis 2030 von einem Rückgang der Ertragssteigerungen z. B. von Getreide auf 1,2 %/a auszugehen

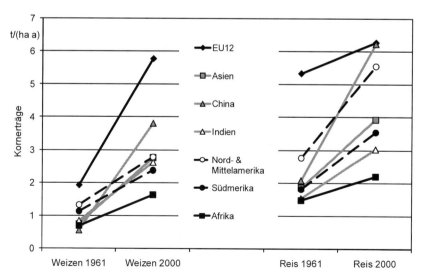

Abb. 1.8 Entwicklung der flächenspezifischen Erträge ausgewählter Nahrungsmittel zwischen 1961 und 2000 in verschiedenen Regionen der Welt /1-6/

/1-5/. Unterstellt man, dass durch verbessertes Pflanzmaterial (d. h. Züchtung) bis 2050 Ertragssteigerungen zwischen 0,5 und 2,2 %/a möglich sind, errechnet sich global bis zu diesem Zeitpunkt ein Mehrertrag zwischen 60 und 120 % bzw. ein Flächenminderverbrauch zwischen 37 und 54 %, verglichen mit den heutigen Gegebenheiten.
- Produktionstechnik. Neben dem Pflanzgut ist auch die Agrartechnik und damit die Produktionspraxis in der Landwirtschaft wesentlich. Diese ist in vielen Teilen der Welt weit vom jeweils technisch Machbaren entfernt. Beispielsweise liegt der durchschnittliche Weizenertrag in Rumänien gegenwärtig nur bei rund 30 % des deutschen Ertrags. Auch in vielen Entwicklungsländern sind noch deutliche Zuwächse bei der Pflanzenproduktion durch technische Maßnahmen möglich. Unterstellt man, dass 2050 infolge einer standortabhängig technisch optimierten Pflanzenproduktion weltweit die durchschnittlichen Erträge an das Niveau der weit entwickelten Landwirtschaften der westlichen Welt angenähert werden können (d. h. Angleichung der Produktionssysteme), resultiert daraus ein Mehrertrag – jedoch bei erheblichen Unsicherheiten – zwischen 25 und 50 %. Diese Einflussgröße ist aber immer im engen Zusammenhang mit der Pflanzenzüchtung zu sehen.

Abb. 1.9 zeigt eine Gesamtschau der diskutierten Einflussgrößen. Aus dem dargestellten Saldo wird ersichtlich, dass – je nach Entwicklung der Einzelparameter – der künftige Flächenbedarf für die Nahrungsmittelproduktion sowohl zunehmen als auch abnehmen kann. Allerdings kommen selbst konservative Abschätzungen zu dem Ergebnis, dass für die Versorgung einer steigenden Weltbevölkerung absehbar keine zusätzlichen Landwirtschaftsflächen notwendig sind /1-4/, /1-8/.

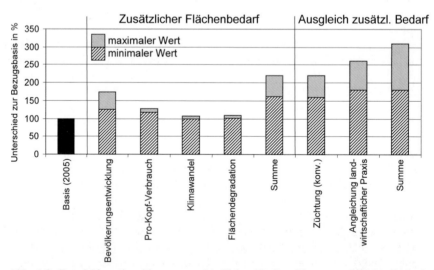

Abb. 1.9 Entwicklungskorridore unterschiedlicher Einflussfaktoren auf die Verfügbarkeit landwirtschaftlicher Nutzflächen bis 2050 (die Summe aus "Züchtung (konv.)" und "Angleichung landwirtschaftlicher Praxis" entspricht nicht der arithmetischen Summe, da beide Größen voneinander abhängen; Züchtung (konv.) konventionelle Züchtung (d. h. keine Gentechnik); nach /1-24/)

1.2 Biomasse im Energiesystem

Unterstellt man eine gleichgerichtete Entwicklung der verschiedenen Einflussgrößen und vereinfachend eine Unabhängigkeit der einzelnen Einflussparameter, resultiert daraus bis 2050 ein gegenüber heute um 15 bis 30 % geringerer Flächenbedarf für die Nahrungsmittelproduktion. Dies gilt aber nur dann, wenn die angenommenen züchterischen Erfolge erzielt und ein hoher standortangepasster Produktionsstandard in der Landwirtschaft weltweit realisiert werden kann. Die unter diesen optimistischen Annahmen frei werdende landwirtschaftliche Nutzfläche wäre dann u. a. für einen Energiepflanzenanbau verfügbar. Daneben müssen auf diesen Flächen aber auch zusätzliche nachwachsende Rohstoffe für die stoffliche Nutzung zur Verfügung gestellt werden (z. B. Baumwolle, Dämmstoffe, Rohstoffe für Basischemikalien) /1-24/.

Wird ausgehend davon unterstellt, dass bis 2050 rund ein Fünftel der derzeit weltweit vorhandenen landwirtschaftlichen Nutzfläche für einen Energiepflanzenanbau verfügbar wäre und dass im weltweiten Durchschnitt – da eine Nahrungsmittel- im Vergleich zu einer Energiepflanzenproduktion tendenziell immer eine höhere Anbaupriorität haben dürfte und deshalb Energiepflanzen eher auf schlechteren Böden produziert werden würden – mit dann verfügbaren züchterisch optimierten Energiepflanzen rund 10 t/(ha a) Biomasse geerntet werden könnten, entspricht dies einem maximalen Energiepflanzen- bzw. Biomassepotenzial (einschl. Rückstände, Nebenprodukte und Abfälle) von rund 174 bzw. 241 EJ/a.

Eine solche Abschätzung berücksichtigt aber nur eingeschränkt, dass die Mehrheit der landwirtschaftlichen Nutzfläche gegenwärtig Grasland darstellt, auf das infolge sich ändernder Ernährungsgewohnheiten (d. h. erhöhter Konsum an Milch- und Fleischprodukten) ein zusätzlicher Nachfragedruck erwartet wird /1-4/, /1-8/. Wird deshalb nur von einem verfügbaren Flächenpotenzial von global maximal 10 % und einem mittleren Ertrag von nur 7 t/(ha a) bis 2050 ausgegangen, würde dies einem Energiepflanzen- bzw. Biomassepotenzial von knapp 61 bzw. 127 EJ/a entsprechen.

Selbst unter diesen deutlich restriktiveren Annahmen stellen aus globaler Sicht damit die Energiepflanzen- bzw. die Biomassepotenziale durchaus eine energiewirtschaftlich relevante Option dar, mit der substanziell zur Deckung der globalen Energienachfrage beigetragen werden könnte.

Nutzung. Biomasse lässt sich als fester, flüssiger oder gasförmiger Brennstoff zur Wärmebereitstellung und/oder Stromerzeugung sowie als Kraftstoff einsetzen und ist damit der am vielfältigsten nutzbare regenerative Energieträger /1-26/.

Zur Wärmeerzeugung wird Biomasse in Form biogener Festbrennstoffe (u. a. Stückholz, Schredderholz, Hackschnitzel, Pellets), als Biogas und in sehr geringem Umfang in Form von flüssigem Brennstoff eingesetzt.

- Biogene Festbrennstoffe. Weltweit werden zwischen 40 und 60 EJ/a an fester Biomasse zur Wärmebereitstellung genutzt; durchschnittlich dürften 2007 rund 51 EJ/a – bei steigender Tendenz – an biogenen Festbrennstoffen (u. a. Brennholz, Dung) verwendet werden (Abb. 1.10). Dabei wird ein guter Teil dieser Festbrennstoffe vorwiegend in den ärmeren Regionen der Erde zu großen Anteilen (bis zu 80 %) zur Deckung der täglichen Energienachfrage – zum Kochen und Heizen – genutzt, da hier oft kein (kostengünstiger) Zugang zu anderen Energiequellen bzw. modernen Technologien besteht. Die meisten biogenen

20　1 Einleitung und Zielsetzung

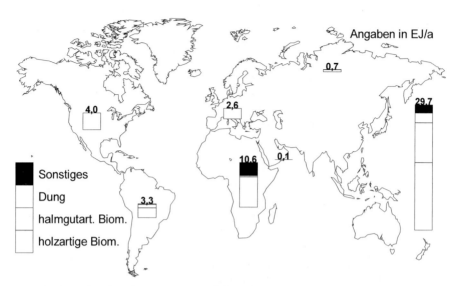

Abb. 1.10 Weltweite Biomassenutzung differenziert nach Regionen (Daten aus verschiedenen Quellen auf das Jahr 2007 hochgerechnet; halmgutart. halmgutartige; Biom. Biomasse)

Festbrennstoffe werden deshalb mit knapp 60 % in Asien, gefolgt von Afrika und Amerika mit etwa 20 bzw. 15 % genutzt. Allein in China stellen etwa ein Fünftel der weltweit eingesetzten biogenen Festbrennstoffe die einzige Energiequelle für über 800 Mio. Menschen sowie eine halbe Million ländlicher Gewerbebetriebe dar. Auch in einigen afrikanischen Ländern südlich der Sahara tragen biogene Festbrennstoffe z. T. mit über 50 % zur Deckung der Gesamtenergienachfrage bei. Die weitere Zunahme der (bisher sehr ineffizienten) Nutzung biogener Festbrennstoffe in Entwicklungsländern wird u. a. durch die nicht unbegrenzt vorhandenen Biomasseressourcen limitiert, die bereits in der Vergangenheit oft nicht nachhaltig genutzt wurden.
- Biogas. Biogas trägt insbesondere in Entwicklungsländern zur Deckung der Wärmenachfrage – und hier primär zum Kochen – bei. Schätzungsweise mindestens 17 Mio. vorrangig kleine Biogasanlagen werden derzeit vor allem in Indien, China, Nepal, Sri Lanka und Vietnam betrieben. 2006 wurden damit allein in China etwa 8 Mrd. m^3 Biogas erzeugt. Bei einer durchschnittlichen Anlagenleistung von rund 5 m^3/d werden so insgesamt jährlich weltweit etwa 673 PJ Biogas (d. h. ca. 536 PJ/a Wärme) erzeugt.
- Pflanzenöl. In einigen Industriestaaten gewinnt die Kraft-Wärme-Kopplung bei Biomasseanlagen – wenn auch auf geringem Niveau – zunehmend an Bedeutung. Heute werden beispielsweise in Europa in Pflanzenöl-basierten BHKW's bereits 4,2 PJ an Wärme bereitgestellt.

Eine Stromerzeugung aus Biomasse ist auf der Basis biogener Festbrennstoffe sowie mit Biogas oder mit flüssigen Bioenergieträgern möglich. Nachfolgend wird die jeweilige Nutzung kurz diskutiert.

1.2 Biomasse im Energiesystem

- Biogene Festbrennstoffe. Weltweit werden Biomassekraftwerke mit einer installierten elektrischen Leistung von etwa 40 GW betrieben; davon sind etwa 50 % in Entwicklungsländern wie China (2 GW) und Indien (1 GW) vorhanden. Mit durchschnittlichen Volllaststunden zwischen 4 000 und 7 000 h/a ergibt sich daraus eine potenzielle Stromerzeugung zwischen 160 und 280 TWh/a. Wird näherungsweise unterstellt, dass die in Entwicklungsländern vorhandenen Kraftwerke ähnlich denen in den OECD-Ländern betrieben werden, errechnet sich eine mittlere globale Stromerzeugung von rund 220 TWh. In vielen Staaten wird auch die organische Müllfraktion zur Biomassenutzung gezählt. In den OECD-Staaten werden damit 2006 in Müllverbrennungsanlagen mit einer elektrischen Leistung von ca. 9,5 GW rund 26,1 TWh erzeugt (davon knapp 40 % in KWK).
- Biogas. Biogas zur Stromerzeugung wird aus organischen Rückständen der Landwirtschaft und der Industrie (u. a. Lebensmittelbe- und -verarbeitung), aus Abfällen der Abwasserreinigung (Klärgas) sowie aus abgelagerten organischen Siedlungsabfällen (d. h. Deponiegas) gewonnen. In den OECD-Staaten wurden 2006 in Biogasanlagen bei einer installierten elektrischen Leistung von 4,1 GW etwa 30 TWh Strom erzeugt. Aufgrund mangelnder Daten bleibt die Stromerzeugung aus Biogas in Nicht-OECD-Staaten offen.
- Pflanzenöl. In Europa hat in den vergangenen Jahren die Nutzung pflanzenölbasierter BHKW's im Leistungsbereich bis etwa 2 MW stark zugenommen; damit wurden 2006 in Deutschland, Schweden, Österreich und Belgien 1,8 TWh Strom produziert. Viele dieser Anlagen nutzen importiertes Palmöl bzw. im kleinen Leistungsbereich auch heimisches Rapsöl.

Neben der Wärme- und/oder Stromerzeugung ist mit Biomasse auch eine Kraftstoffbereitstellung möglich.

- Bioethanol. Bioethanol wird aus zucker- oder stärkehaltigen Biomassen (z. B. Zuckerrohr, Zuckerrüben, Getreide, Mais) bzw. Rückständen der Alkoholproduktion (z. B. Weinalkohol) produziert und entweder als Reinkraftstoff genutzt (eher geringe Marktbedeutung) oder mit unterschiedlichen Anteilen zu konventionellem Otto-Kraftstoff (große Marktbedeutung) beigemischt und mit diesem vermarktet. 2006 wurden weltweit rund 52,7 Mrd. l Bioethanol für den Kraftstoffsektor erzeugt (1 115 PJ/a; das sind knapp 60 % mehr als 2005). Bioethanol kommt weltweit in mindestens 30 Ländern auf 5 Kontinenten im Kraftstoffsektor zum Einsatz. Allein Brasilien und die USA realisieren jedoch rund 70 % der Weltproduktion – wobei in den USA (20 Mrd. l) 2006 erstmals mehr Bioethanol als in Brasilien (17 Mrd. l) hergestellt wurde. Im Vergleich dazu tragen China mit 7 % (3,8 Mrd. l) und Indien mit 4 % (1,9 Mrd. l) zur weltweiten Produktion bei.
- Pflanzenöl/Biodiesel. Pflanzenöl kann als Reinölkraftstoff oder nach einer Umesterung zu Biodiesel – und dieser sowohl als Reinkraftstoff als auch zugemischt zu konventionellem Diesel – im Verkehrssektor oder in Stationäranlagen eingesetzt werden. Reiner Biodiesel kann nur in angepassten Motoren genutzt werden, während eine Beimischung zu fossilem Kraftstoffdiesel bis zu einem Anteil von 5 % in der EU auch für konventionelle Motoren zugelassen ist. Die Biodieselproduktion wird weltweit auf etwa 6,0 Mrd. l (2006) bzw. 208 PJ/a geschätzt. Dabei dominiert die EU mit inzwischen etwa 120 Biodieselproduk-

tionsstätten in 23 Ländern und einer Gesamtproduktion von rund 4,9 Mrd. l (170 PJ/a) diesen Markt.

Europa. Aufgrund der für Europa vorliegenden besseren Datenbasis können die Potenziale und deren gegenwärtige Nutzung hier auf der Grundlage einer detaillierteren und disaggregierteren Vorgehensweise abgeschätzt werden.

Potenziale – Stand. Das verfügbare technische Biomassepotenzial setzt sich aus den forstwirtschaftlichen Potenzialen, aus den Potenzialen aus Rückständen, Nebenprodukten und Abfällen und aus den auf landwirtschaftlichen Flächen bereitstellbaren Energiepflanzenpotenzialen zusammen /1-22/.

Die Potenziale an Rückständen, Nebenprodukten und Abfällen umfassen alle energetisch nutzbaren organischen Stoffströme, die in der Landwirtschaft, bei der Holz- und Lebensmittelweiterverarbeitung sowie am Ende der Nutzungskette anfallen. Damit sind grundsätzlich die Biomassen als Energieträger verfügbar, die nicht zur stofflichen Nutzung vorgesehen sind und/oder aus dieser ausscheiden. Dabei wird zwischen holzartigen, halmgutartigen und sonstigen Rückständen, Nebenprodukten und Abfällen unterschieden.

- Das Potenzial holzartiger Rückstände, Nebenprodukte und Abfälle beläuft sich in der EU 28 (EU 25, Bulgarien, Rumänien, Türkei) auf rund 1 550 PJ/a. Die Verteilung über Europa wird von den in einer ausgeprägten Holz verarbeitenden Industrie in Skandinavien anfallenden Industrieholzpotenzialen, deutlichen Altholzpotenzialen in den bevölkerungsreichen Nationen sowie einem punktuell relevanten Aufkommen an Gehölzschnitt in den südlichen Ländern bestimmt.
- Das verfügbare Strohpotenzial beträgt rund 470 PJ/a bei einer anaeroben Vergärung bzw. 870 PJ/a bei thermo-chemischer Umwandlung (d. h. Verbrennung). Die größten Strohpotenziale weisen die großen Flächenländer Frankreich und Deutschland auf.
- An sonstigen Stoffen fallen Exkremente, andere Rückstände aus der Landwirtschaft (u. a. Ernterückstände, nahrungs- und futtermitteluntaugliches Getreide) und industrielle Substrate, Klärschlamm sowie organische Abfälle an. Das Energieträgerpotenzial aus solchen Stoffen beträgt 1 350 bis 1 710 PJ/a. Europaweit besitzen dabei die Exkremente die größte Bedeutung innerhalb dieser Stoffgruppe.

Die gesamten Potenziale an Rückständen, Nebenprodukten und Abfällen in der EU 28 liegen damit zusammengenommen bei rund 3 742 PJ/a. Dieses Potenzial wird wesentlich von den EU 15 Ländern geprägt, während die neueren EU-Mitglieds- und Beitrittsanwärter-Staaten (mit Ausnahme von Polen und der Türkei) nur vergleichsweise geringe Potenziale aufweisen.

Die forstwirtschaftlichen Potenziale umfassen zum einen die nicht stofflich genutzten Anteile des Einschlags (Brennholz und Waldrestholz), im Folgenden als technisches Rohholzpotenzial aus Einschlag bezeichnet, und zum anderen der Anteil des jährlichen Zuwachses, der nicht eingeschlagen und damit genutzt worden ist (hier als technisches Rohholzpotenzial aus Zuwachs bezeichnet). In der Vergangenheit ergaben sich technische Rohholzpotenziale in den EU 28 Staaten von nahezu 165 Mio. t oder 3 046 PJ. Sie setzen sich zu 66 % aus dem ungenutzten Zuwachs und zu 34 % aus Brenn- und Waldrestholz zusammen. Die größten Po-

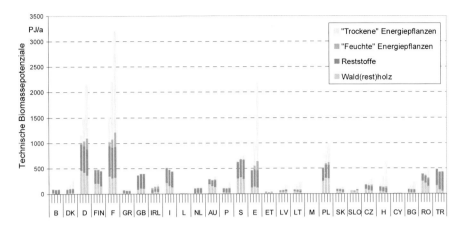

Abb. 1.11 Stand (linke Säule) und kurz- (mittlere Säule) und mittelfristige Entwicklung (rechte Säule) der technischen Biomassepotenziale (unter Reststoffen werden hier Rückstände, Nebenprodukte und Abfälle verstanden) /1-21/

tenziale finden sich in Deutschland, gefolgt u. a. von Frankreich, Schweden, Polen, Rumänien, Italien und Österreich.

Die Potenziale an Energiepflanzen werden wesentlich durch die landwirtschaftlichen Nutzflächen bestimmt, die für eine Nahrungsmittelproduktion nicht (mehr) benötigt werden. Eine Abschätzung dieser potenziell für einen Energiepflanzenanbau nutzbaren Flächenpotenziale berücksichtigt zum einen Brachflächen (d. h. stillgelegte Flächen) und zum anderen mögliche Flächenfreisetzungen durch den Abbau von Überschüssen bei der Produktion von Marktfrüchten. Werden auf diesen Flächen Energiepflanzen mit Erträgen angebaut, wie sie in der Landwirtschaft heute erreichbar sind, errechnet sich ein Energiepflanzenpotenzial von rund 1 182 PJ/a. Bei der Analyse der regionalen Verteilung wird deutlich, dass die Potenziale insbesondere in den großen Flächenländern der EU (z. B. Deutschland, Frankreich) vergleichsweise hoch sind.

Zusammengenommen errechnet sich daraus ein gesamtes Potenzial für Bioenergieträger für die Länder der EU 28 von rund 8 450 PJ/a (Abb. 1.11). Hohe Potenziale weisen demnach insbesondere Deutschland und Frankreich auf.

Potenziale – Entwicklung. Das technische Biomassepotenzial ist zwangsläufig in den kommenden Jahren Veränderungen unterworfen. Diese Veränderungen werden im Wesentlichen dominiert durch die zukünftig verfügbaren Flächenpotenziale für den Energiepflanzenanbau. Im Unterschied zu der weltweiten Situation kann der Einfluss dieser Potenziale auf die Gesamtpotenziale als relativ richtungssicher eingeordnet werden. Bei stagnierender Nachfrage und damit eingeschränkten Absatzmöglichkeiten der in Europa produzierten Nahrungs- und Futtermittel auf dem Weltmarkt sowie gleichzeitigem technischen und züchterischen Fortschritt bei der Nahrungs- und Futtermittelproduktion werden die für den Energiepflanzenanbau verfügbaren Landwirtschaftsflächen vermutlich zunehmen.

Tabelle 1.2 Technische Biomassepotenziale nach Ländern /1-22/

	Wald(rest)holz[a]		Reststoffe[b]		Energiepflanzen[c]			
	2010	2020	2010	2020	2010		2020	
					min.	max.	min.	max.
			Angaben in PJ/a					
EU - 15								
Belgien	8	8	72	74	1	2	2	5
Dänemark	19	19	70	69	31	86	68	165
Deutschland	421	366	458	452	186	561	486	1 274
Finnland	202	154	268	287	5	19	7	34
Frankreich	307	320	550	542	410	292	888	2 281
Griechenland	13	11	44	43	0	0	0	0
Großbritannien	108	104	249	251	0	0	0	0
Irland	43	39	58	60	44	45	58	80
Italien	161	130	263	261	0	0	0	0
Luxemburg	0	0	6	6	0	0	0	0
Niederlande	16	16	83	84	7	7	7	9
Österreich	152	137	107	120	9	26	23	82
Portugal	24	23	72	75	2	2	4	118
Schweden	325	290	346	367	7	40	10	79
Spanien	139	124	289	286	112	576	390	1 733
EU - neue Mitgliedsstaaten								
Estland	23	23	10	10	2	6	6	17
Lettland	41	46	26	28	16	41	38	93
Litauen	36	25	28	29	36	78	86	175
Malta	0	0	1	1	0	0	0	0
Polen	306	299	233	235	52	195	123	457
Slowakei	45	33	38	41	9	24	19	60
Slowenien	38	63	15	16	1	1	0	1
Tschechien	70	55	78	80	23	66	54	152
Ungarn	36	28	73	71	80	232	209	524
Zypern	0	0	3	3	0	0	0	0
Weitere europäische Staaten (Auswahl)								
Bulgarien	27	24	45	43	23	68	57	158
Rumänien	211	147	125	126	21	65	64	232
Türkei	78	51	299	327	0	31	16	65
Summe	2 849	2 533	3 908	3 988	1 076	3 464	2 614	7 795

[a] das Potenzial setzt sich aus Waldrestholz und dem ungenutzten Zuwachs an Rohholz zusammen; [b] die Kategorie Reststoffe setzt sich hier aus Restholz, Stroh, Exkremente, Ernterückstände und Klärschlamm zusammen; angenommen wurde die thermo-chemische Konversion von Holz und Stroh und die biochemischen Konversion der übrigen Stoffströme; [c] für die Betrachtungen wurden zwei Szenarien zu Grunde gelegt: Beibehaltung der gegenwärtigen agrar- und umweltpolitischen Rahmenbedingungen (maximaler (max.) Wert) bzw. weitergehende Umweltanforderungen für die Agrarproduktion (minimaler (min.) Wert)

Tabelle 1.2 zeigt die entsprechenden Energieträgerpotenziale für die einzelnen Länder der EU 28 (EU 25 sowie Bulgarien, Rumänien und Türkei) für die Jahre 2010 und 2020.

In Hinblick auf die Potenziale an Rückständen, Nebenprodukten und Abfällen kann in den kommenden Jahren von den nachfolgend skizzierten Entwicklungen ausgegangen werden.

– Die zukünftige Entwicklung der Potenziale holzartiger Rückstände, Nebenprodukte und Abfälle orientiert sich für Industrierestholz und Schwarzlauge an der

künftigen Rundholznachfrage und -verarbeitung, für die eine Zunahme erwartet wird. Das Potenzial für Altholz und Gehölzschnitt in der EU 28 dürfte demgegenüber im Vergleich zu heute näherungsweise mit rund 1 550 PJ/a konstant bleiben.
- Das Strohpotenzial geht EU-weit bis 2020 – zumeist durch Steigerung der Erträge und einer daraus resultierenden Verschiebung des Korn-Stroh-Verhältnisses zu Ungunsten von Stroh – um ca. 6 % zurück. Die größten Strohpotenziale weisen die großen Flächenländer Frankreich und Deutschland auf.
- An sonstigen Stoffen fallen Exkremente, andere Rückstände aus der Landwirtschaft (u. a. Ernterückstände, nahrungs- und futtermitteluntaugliches Getreide) und industrielle Substrate, Klärschlamm sowie organische Abfälle an. Europaweit besitzen dabei die Exkremente die größte Bedeutung innerhalb dieser Stoffgruppe. Bei den sonstigen Stoffen wird bis 2020 – infolge der erwarteten leichten Nachfragesteigerung nach Nahrungsmitteln – EU-weit eine leichte Potenzialzunahme erwartet. Hohe Potenziale an derartigen Stoffen weisen insbesondere die bevölkerungsstarken Länder auf.

Insgesamt ist damit zu erwarten, dass sich die Potenziale an Rückständen, Nebenprodukten und Abfällen in den kommenden Jahren in der EU nicht signifikant verändern.

Die forstwirtschaftlichen Potenziale umfassen zum einen die nicht stofflich genutzten Anteile des Einschlags (Brennholz und Waldrestholz). Zukünftig wird ein größerer Rundholzbedarf und damit Einschlag insbesondere in den zehn neuen EU-Mitgliedstaaten erwartet. Mit steigendem Einschlag steigt zwar auch die Verfügbarkeit an Waldrestholz, gleichzeitig sinkt jedoch das Vorhandensein an ungenutztem Zuwachs, so dass das forstwirtschaftliche Biomassepotenzial auf rund 137 Mio. t/a bzw. 2 535 PJ/a sinken dürfte. Für einzelne Länder wie beispielsweise Belgien, Lettland, Portugal, die Tschechische Republik und die Türkei wird erwartet, dass der Einschlag über dem theoretischen Rohholzpotenzial liegt. In diesen Ländern stehen daher 2020 voraussichtlich keine Reserven aus ungenutztem Zuwachs mehr für die energetische Nutzung zur Verfügung. Zusammengenommen dürften die forstwirtschaftlichen Potenziale damit tendenziell abnehmen.

Die Potenziale eines Energiepflanzenanbaus auf landwirtschaftlichen Nutzflächen werden voraussichtlich durch die folgenden Veränderungen bestimmt.
- Der Nahrungsmittelverbrauch hängt primär von der Bevölkerungsentwicklung und dem Pro-Kopf-Verbrauch ab; ein Mehrverbrauch reduziert, ein Minderverbrauch vermehrt die verfügbaren und für den Anbau von Bioenergieträgern nutzbaren Flächenpotenziale.
- Die erwartbare Umwidmung von bisher landwirtschaftlich genutzten Flächen zu Siedlungs- und Verkehrsflächen und anderen Zwecken reduziert das für einen Energiepflanzenanbau nutzbare Flächenpotenzial; ebenso wirken ein ggf. zunehmender ökologischer Landbau und mögliche weitergehende naturschutzrechtliche Anforderungen (z. B. extensive Grünlandnutzung) potenzialmindernd.
- Die Ertrags- und Leistungssteigerungen in der Pflanzen- und Tierproduktion führen zu einer Freisetzung von Potenzialen an Ackerland bzw. Grünland für Bioenergieträger.

Daraus ergibt sich ein erhebliches zukünftiges Flächenpotenzial, das für eine Bioenergieträgerproduktion zur Verfügung stehen dürfte. Dabei müssen aber u. a. die folgenden Entwicklungen in einzelnen EU-Mitgliedsstaaten berücksichtigt werden.

- In Frankreich und Deutschland gibt es aufgrund der umfangreichen landwirtschaftlichen Nutzflächen mit hohem Ertragsniveau und infolge weiterer Ertragssteigerungen bei nur noch gering zunehmender bzw. leicht abnehmender Bevölkerungszahl sowie einer nur noch moderaten Zunahme bzw. geringen Abnahme des gesamtwirtschaftlichen Nahrungsmittelverbrauchs deutlich zunehmende Flächenpotenziale.
- Für Großbritannien ergeben sich – ausgehend von einer insgesamt defizitären Selbstversorgung – bei künftig weiter wachsender Bevölkerung und erheblichen Flächenumwidmungen trotz beachtlicher Ertragssteigerungsraten – bis 2020 keine nennenswerten Flächenpotenziale für Bioenergieträger.
- Die Länder Italien, Niederlande, Belgien-Luxemburg und Griechenland spielen eine untergeordnete Rolle für Biomassepotenziale.
- Spanien ist ein Sonderfall mit zukünftig auffallend hohen Flächenfreisetzungspotenzialen. Gründe liegen in der stagnierenden Bevölkerungsentwicklung und kräftig steigenden Ertragserwartungen. Auch dürfte ein wesentlicher Teil der Brachflächen technisch für Bioenergieträger nutzbar gemacht werden können. Gleichzeitig bestehen aber große Unsicherheiten durch den Klimawandel.
- Dänemark verfügt ebenfalls über vergleichsweise hohe Flächenpotenziale für Bioenergieträger, die vor allem aus einem Abbau der Überschüsse in der Milchproduktion resultieren.
- Extrem hohe Potenziale sind auch für Irland, dem Land mit den höchsten einwohnerspezifischen Agrarüberschüssen und vor allem subventionierten tierischen Produkten, zu erwarten.
- Deutlich zunehmend sind die Freisetzungspotenziale für Agrarflächen auch in den baltischen Ländern und in Ungarn, wo hohe Ertragszuwachsraten auf niedrigem absolutem Ertragsniveau, abnehmende Bevölkerung und eine vergleichsweise große Flächenausstattung mit landwirtschaftlich genutzter Fläche zusammentreffen.
- Hoch ist auch das verfügbare Flächenpotenzial für Bioenergieträger in Polen. Dies ist auf die im Transformationsprozess brach gefallenen umfangreichen Flächen sowie die in der Endphase des Transformationsprozesses vergleichsweise hohen Ertragsfortschritte zurückzuführen.
- Von den Beitrittsanwärter-Staaten verfügt die Türkei wegen des starken Bevölkerungswachstums und des langfristig erwarteten Anstiegs des Pro-Kopf-Verbrauchs über keine nennenswerten Flächenpotenziale für Bioenergieträger. Bulgarien und Rumänien als Agrarländer mit abnehmender Bevölkerung werden nach der Angleichung an den EU-Standard größere Potenziale für Bioenergieträger besitzen.

In welchem Umfang das landwirtschaftliche Flächenpotenzial in einzelnen europäischen Staaten ansteigt, hängt stark von den umwelt- und agrarpolitischen Rahmenbedingungen ab. Bei Fortführung der gegenwärtigen Agrarpolitik kann das für einen Anbau von Bioenergieträgern verfügbare Flächenpotenzial im Jahr 2020 auf knapp 60 Mio. ha steigen. Der Anteil des Grünlandes an der Flächenfreisetzung liegt dann bei rund 25 %. Unter der Annahme einer stärker umweltorientierten

Landwirtschaft (d. h. höhere Anteile an extensivem Grünland und ökologischem Landbau) fällt das Flächenpotenzial bis zum Jahr 2020 nur etwa halb so hoch aus.

Die aus dem Flächenpotenzial ermittelten Energiepflanzenpotenziale steigen entsprechend auf 2 614 bis 7 795 PJ/a (vgl. Tabelle 1.2). Der Anbau an Getreide bzw. Lignocellulosepflanzen ist dann – bei Beibehaltung der gegenwärtigen Anbaustrukturen – der wesentliche Potenzialgeber.

Zusammengenommen verändern sich die in der EU insgesamt verfügbaren Biomassepotenziale damit in den kommenden Jahren z. T. beachtlich. Insgesamt beträgt das Energieträgerpotenzial für die EU 28 im Jahr 2020 bis zu 14 750 PJ/a. Dann sind – insbesondere durch die großen Energiepflanzenpotenziale – über die Hälfte der europäischen Biomassepotenziale in Frankreich, Spanien, Deutschland und Polen lokalisiert. Beim Waldholz finden sich die größten Potenziale in den nordeuropäischen Ländern (Schweden, Finnland), während bei den Rückständen, Nebenprodukten und Abfällen die bevölkerungsreichen Länder Mitteleuropas (Deutschland, Frankreich) die höchsten Potenziale aufweisen.

Nutzung. Biomasse ist eine der am vielfältigsten nutzbare Option bei den regenerativen Energien. Hier ist ein Einsatz als fester, flüssiger oder gasförmiger Brennstoff zur Wärmebereitstellung und/oder Stromerzeugung sowie als Kraftstoff möglich /1-26/.

Biomasse wird in Form biogener Festbrennstoffe, als Biogas und in sehr geringem Umfang in Form von flüssigem Brennstoff zur Wärmeerzeugung eingesetzt.

- Biogene Festbrennstoffe. In der EU 25 werden etwa 2 228 PJ/a an Wärme aus fester Biomasse bereitgestellt. Ein wesentlicher Anteil davon (39 %) stammt aus organischen Biomasseabfällen (z. B. aus Müllverbrennungsanlagen). In waldreichen Staaten wie z. B. Schweden und Frankreich werden mit 18 bzw. 17 % in der Regel deutlich mehr biogene Festbrennstoffe genutzt als in Deutschland (12 %) oder Spanien (7 %).
- Biogas. 2006 wurden in den EU 25-Staaten mindestens 26,4 PJ/a an Nutzwärme aus Biogas bereitgestellt.
- Pflanzenöl. In der EU 25 werden von Pflanzenöl-basierten BHKW's 4,2 PJ an Wärme bereitgestellt.

Biomasse kann und wird auch zur Stromerzeugung eingesetzt. Nachfolgend werden die einzelnen Optionen kurz diskutiert.

- Biogene Festbrennstoffe. In der EU 25 sind etwa 27 % (10,4 GW) der weltweit bekannten Biomasseheizkraftwerke installiert, die 2006 rund 49 TWh Strom erzeugten. Während in Skandinavien ein Großteil dieser Anlagen in der Papier- und Zellstoffindustrie installiert sind, tragen z. B. in Deutschland vor allem die rund 160 EEG-förderfähigen Biomasse(heiz)kraftwerke mit einer elektrischen Leistung von rund 1,1 GW mit rund 7,2 TWh bei.
- Biogas. In der EU 25 werden Biogasanlagen (inklusive Deponie- und Klärgasnutzung) mit mindestens 2,7 GW elektrischer Leistung betrieben, die 2006 rund 15,8 TWh produzierten. Die größten Beiträge leisteten dabei Deutschland (7,3 TWh/a) und Großbritannien (3,1 TWh/a); dabei wird in Deutschland Biogas vorrangig aus landwirtschaftlichen Substraten (z. B. Gülle, Maissilage) und aus Abfällen der Abwasserreinigung (d. h. Klärgas) erzeugt, während in Großbritannien das Biogas fast ausschließlich aus Deponien stammt. Weiterhin wird

Biogas in Europa zunehmend auch in Spanien (1,6 TWh), Italien (1,2 TWh), Frankreich (0,5 TWh) und in Österreich (0,4 TWh) genutzt, während in den 10 neuen EU-Mitgliedstaaten der Anteil der Biogasnutzung zur Stromerzeugung in Summe nur bei 1 % des EU-weiten Aufkommens liegt.
- Pflanzenöl. In der EU 25 hat in den vergangenen Jahren die Nutzung Pflanzenöl-basierter BHKW's im Leistungsbereich bis etwa 2 MW stark zugenommen; damit wurden 2006 in Deutschland, Schweden, Österreich und Belgien 1,8 TWh Strom produziert.

Aus Biomasse kann auch Kraftstoff bereitgestellt werden. Die entsprechende Nutzung wird nachfolgend diskutiert.
- Bioethanol. In der EU wurden 2006 etwa 1,5 Mrd. l (32 PJ/a) Bioethanol produziert; damit wird in der gesamten EU 25 unter 3 % des weltweiten und im Transportsektor genutzten Bioethanols erzeugt. Dabei wurden insbesondere in Deutschland und in Spanien (je 0,4 Mrd. l), in Frankreich (0,3 Mrd. l) sowie in Italien und Polen (0,1 Mrd. l) größere Bioethanolkapazitäten aufgebaut. In vielen der weiteren neuen EU Mitgliedsstaaten werden ebenfalls kleinere Mengen an Bioethanol produziert, so beispielsweise in Tschechien, Lettland und Litauen.
- Pflanzenöl/Biodiesel. In der EU sind etwa 120 Biodieselproduktionsstätten in 23 Ländern (9 davon erst seit 2005) und einer Gesamtproduktion von rund 4,9 Mrd. l (170 PJ/a) in Betrieb. Deutschland weist mit rund 2,3 Mrd. l (2006) die höchste Biodieselproduktion in Europa und weltweit auf, gefolgt von Frankreich (je 0,8 Mrd. l). Trotzdem werden die vorhandenen Produktionskapazitäten bisher nicht ausgeschöpft (z. B. in Deutschland allein 3,6 Mrd. l Ende 2006).
- Weitere Optionen. Zusätzlich zu Pflanzenöl/Biodiesel und Bioethanol wird – meist jedoch im Rahmen von Versuchs- und Demonstrationsvorhaben – im Verkehrssektor auch Biogas, BtL und Bio-SNG eingesetzt. Obwohl derartige Aktivitäten bezogen auf die europaweiten Dimensionen des Energiesystems bisher praktisch bedeutungslos sind, könnten sie zukünftig energiewirtschaftliche Relevanz erlangen. Beispielsweise wird in Schweden und in der Schweiz Biogas ins Erdgasnetz eingespeist und kann von dort als "grünes" Gas an der Zapfsäule mit konventionellen erdgasbetriebenen Fahrzeugen getankt werden. Ähnliches gilt für die BtL-Aktivitäten u. a. in Freiberg/Deutschland und die Bio-SNG-Aktivitäten in Güssing/Österreich.

1.2.3 Energiesystem

Biomasse trägt weltweit nur Deckung eines (kleinen) Teils der Energienachfrage bei. Der überwiegende Teil der verbleibenden Nachfrage nach Energie wird primär durch die Nutzung fossiler Energieträger gedeckt. Vor diesem Hintergrund wird im Folgenden die Dimension des gesamten Energiesystems aufgezeigt und der gegenwärtige und mögliche Beitrag der bisher betrachteten Biomassefraktionen analysiert.

Welt. Nachfolgend wird kurz das weltweite Energiesystem dargestellt und anschließend die Beiträge der Biomasse zur derzeitigen Energienachfragedeckung aber auch zu den geschätzten Potenzialen diskutiert. Dabei wird ausschließlich auf den gegenwärtigen Stand eingegangen.

Energieverbrauch. Der weltweite Verbrauch an fossil biogenen (d. h. Kohle, Erdöl, Erdgas) und fossil mineralischen Primärenergieträgern (d. h. Kernkraft) sowie an Wasserkraft lag 2007 bei rund 465 EJ /1-2/. Von diesem gesamten Primärenergieverbrauch aus konventionellen Energieträgern (Abb. 1.12) entfielen 26,9 % auf Europa und Eurasien, 25,5 % auf Nordamerika, knapp 5 % auf Zentral- und Südamerika, 5,2 % auf den Mittleren Osten, 3,1 % auf Afrika und 34,3 % auf Asien und den pazifischen Raum (im Wesentlichen Australien und Neuseeland). Damit verbrauchen Nordamerika und Europa (einschließlich Eurasien) mehr als die Hälfte der derzeit weltweit eingesetzten Primärenergie aus fossilen Energieträgern und aus Wasserkraft.

Abb. 1.12 zeigt die Entwicklung dieses weltweiten Primärenergieverbrauchs an fossilen Energieträgern (einschl. Kernenergie) und an Wasserkraft nach Regionen seit 1965. Demnach ist es in diesem Zeitraum fast zu einer Verdreifachung des weltweiten Primärenergieeinsatzes an fossilen Energieträgern (einschl. Kernenergie) und der Wasserkraft gekommen. Eine merkliche Zunahme ist in praktisch allen dargestellten Regionen zu erkennen. Deutlich wird auch, dass diese Zuwächse nicht stetig verlaufen sind, sondern durch die beiden Ölpreiskrisen 1973 und 1979/80 spürbar beeinflusst wurden. Auch hat sich Anfang der 1990er Jahre der Anstieg des weltweiten Energieverbrauchs signifikant verlangsamt; dies ist u. a. auf die schlechte konjunkturelle Lage der Weltwirtschaft und die Umstrukturierungsprozesse im ehemaligen Ostblock einschließlich der ehemaligen UdSSR zurückzuführen. Gleichzeitig ist es im asiatischen Raum insbesondere seit etwa Mitte

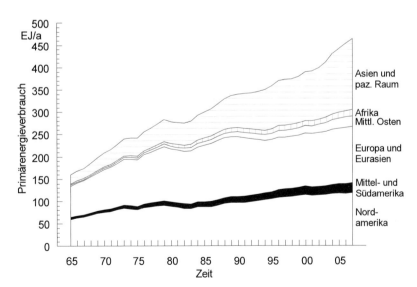

Abb. 1.12 Entwicklung des weltweiten Verbrauchs an fossilen Primärenergieträgern (einschl. Kernenergie) sowie an Wasserkraft nach geografischen Großregionen (Daten nach /1-2/; Mittl. Osten Mittlerer Osten; paz. Raum pazifischer Raum)

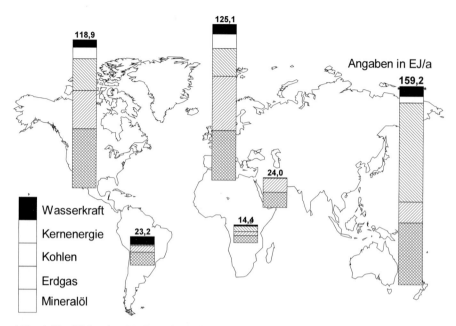

Abb. 1.13 Weltweiter Verbrauch an fossilen Primärenergieträgern (einschließlich Kernenergie) sowie an Wasserkraft nach Regionen und Energieträgern im Jahr 2007 (Daten nach /1-2/)

der 1990er Jahre zu einem deutlichen Anstieg des fossilen Primärenergieeinsatzes gekommen; dies ist primär auf die gute wirtschaftliche Entwicklung in China zurückzuführen.

Der Gesamtenergieverbrauch an fossilen Energieträgern und an Wasserkraft wurde im Jahr 2007 zu 35,6 % durch Erdöl, zu 23,8 % durch Erdgas, zu 28,6 % durch Kohlen und zu 5,6 % durch elektrische Energie aus Kernkraftwerken und zu 6,4 % durch elektrische Energie aus Wasserkraftwerken gedeckt. Dabei variieren die Anteile jedoch erheblich in Abhängigkeit von regionalen und nationalen Gegebenheiten, die aus der nationalen Energiepolitik bzw. den regional unterschiedlichen Primärenergievorkommen resultieren (Abb. 1.13). Beispielsweise wird in Asien ein Großteil der fossilen Primärenergie durch Kohle bereitgestellt (im Wesentlichen in der Volksrepublik China), während dieser Energieträger z. B. im Mittleren Osten kaum Bedeutung hat. Aufgrund der dortigen großen Vorkommen an Erdöl und -gas dominieren hier die flüssigen und gasförmigen fossilen Kohlenwasserstoffe. Entsprechend ist der hohe Erdgaseinsatz in Europa und Eurasien auf die u. a. in Russland, in den Niederlanden und in der Nordsee vorhandenen Vorkommen zurückzuführen.

In den letzten 30 Jahren hat sich dieser weltweite Energieträgermix merklich verändert (Abb. 1.14). Dies gilt insbesondere für Erdgas, das 1965 nur einen Anteil am Gesamtverbrauch der fossilen Energieträger (einschließlich der Kernenergie) sowie der Wasserkraft von rund 17 % hatte und 2007 fast 24 % bereitstellte. Die Kernenergie war im Jahr 1965 noch nahezu bedeutungslos; im Jahr 2007 wer-

1.2 Biomasse im Energiesystem 31

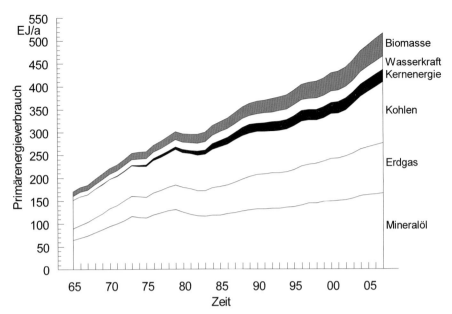

Abb. 1.14 Entwicklung des weltweiten Primärenergieverbrauchs nach Energieträgern (Daten nach /1-2/, verschiedene Quellen)

den damit etwa 5,6 % der weltweiten fossilen Primärenergienachfrage (einschließlich Wasserkraft) gedeckt. Der Verbrauch von Kohlen ist zwar von 62 EJ (1965) auf rund 133 EJ (2007) deutlich angestiegen, bezogen auf den Gesamtverbrauch an fossilen Energieträgern jedoch von 40 % im Jahr 1965 auf knapp 29 % im Jahr 2006 zurückgegangen. Beim Mineralöl stieg der Verbrauch im gleichen Zeitraum von rund 65 EJ (1965) auf etwas mehr als 165 EJ (2007) und ist damit um rund den Faktor 2,5 angestiegen; der Anteil am Gesamtverbrauch ist aber weitgehend gleich geblieben.

In den bisher dargestellten Angaben sind nur die auf den Weltenergiemärkten gehandelten (konventionellen) Energieträger sowie die Stromerzeugung aus Wasserkraft und Kernenergie enthalten; d. h. andere regenerative oder unkonventionelle Energien wie beispielsweise Brennholz oder Wind- und Solarenergie sind darin nicht berücksichtigt. Über Höhe und regionale Verteilung des Einsatzes an biogenen Energieträgern – und nur diese sind bisher global gesehen energiewirtschaftlich relevant – liegen nur grobe Schätzungen vor, die zwischen 20 und über 60 EJ/a liegen. Demnach trägt die Biomasse mit rund 4 bis 13 % des weltweiten Primärenergieeinsatzes an fossilen Energieträgern (einschließlich Kernenergie) und an Wasserkraft zur Deckung der Energienachfrage bei.

Anteile. Die regional vorhandenen technischen Energieträgerpotenziale, deren gegenwärtige Nutzung sowie der Primärenergieeinsatz an fossilen Energieträgern (einschließlich Kernenergie) und an Wasserkraft sind in Tabelle 1.3 vergleichend zusammengestellt. Zusätzlich sind die jeweiligen Anteile angegeben.

Tabelle 1.3 Technische Potenziale (Stand heute), Biomassenutzung, fossiler Primärenergieverbrauch und Wasserkraftnutzung sowie die entsprechenden Anteile weltweit nach Regionen

	Nord-amerika	Lateinamerika und Karibik	Asien[b]	Afrika	Europa & Eurasien	Mittlerer Osten	*Summe*
Potenziale in EJ/a	19,9	21,5	21,4	21,4	18,9	0,7	*103,8*
Nutzung in EJ/a	4,0	3,3	29,7	10,6	3,3	0,1	*51,0*
PEV[a] in EJ/a	118,8	23,2	159,2	14,4	125,1	24,0	*464,8*
Anteile in %							
Nutzung/Potenzial	20	15	139	50	17	14	*49*
Nutzung/PEV[a]	3	14	19	74	3	0	*11*
Potenzial/PEV[a]	17	93	13	149	15	3	*22*

PEV – Primärenergieverbrauch; [a] Primärenergieverbrauch 2007 ohne Bioenergie (d. h. ausschließlich Erdöl, Erdgas, Kohlen, Kernenergie und Wasserkraft); [b] Asien einschließlich pazifischer Raum; hier übersteigt die derzeitige Nutzung die vorhandenen Potenziale (d. h. in Asien wird momentan mehr Biomasse genutzt, als nachwächst; folglich wird Biomasse nicht nachhaltig genutzt)

Bei einem Vergleich der vorhandenen Potenziale mit der gegenwärtigen Nutzung wird deutlich, dass – mit Ausnahme von Asien – in allen betrachteten Regionen die verfügbaren Potenziale bisher nur teilweise genutzt werden. In Asien übersteigt derzeit jedoch die Nutzung die vorhandenen Potenziale; dies liegt – auch aufgrund der hohen Bevölkerungsdichte – an der traditionell sehr weitgehenden Biomassenutzung (d. h. nicht nachhaltige Nutzung der vorhandenen Biomasseressourcen). Im Weltdurchschnitt liegt der Anteil der bereits genutzten (ca. 51 EJ/a) an den hier quantifizierten derzeit verfügbaren technischen Biomassepotenzialen (ca. 104 EJ/a) bei rund 49 %. Einer weitergehenden Biomassenutzung steht damit seitens der vorhandenen Potenziale nichts entgegen; die einzige Ausnahme bilden die asiatischen Staaten (ohne ehemalige UdSSR).

Die Gegenüberstellung zwischen der Biomassenutzung (ca. 51 EJ/a) und dem Energieeinsatz an fossilen Energieträgern (einschl. Kernenergie) und an Wasserkraft (ca. 465 EJ/a) zeigt, dass der energetische Biomasseeinsatz den Energieverbrauch an fossilen Energieträgern (einschl. Kernenergie) und an Wasserkraft in keiner der untersuchten Regionen übersteigt. Damit trägt Biomasse weltweit insgesamt derzeit nur mit rund 11 % des Energieträgereinsatzes an fossilen Energieträgern (einschl. Kernenergie) und an Wasserkraft zur Deckung der Energienachfrage bei – jedoch bei großen Unterschieden zwischen einzelnen Kontinenten und Regionen. Während beispielsweise in Afrika dieser Biomasseanteil bei knapp 75 % liegt, sind es in Nordamerika bzw. in Europa lediglich rund 3 %.

Der Beitrag der insgesamt vorhandenen und aus technischer Sicht heute nutzbaren Biomassepotenziale (ca. 104 EJ/a) zur Deckung der gegenwärtigen Energienachfrage (ca. 465 EJ/a) liegt weltweit bei rund 22 %. Es ist jedoch regional sehr uneinheitlich. Beispielsweise könnte in Lateinamerika und der Karibik sowie in Afrika der derzeitige Verbrauch an fossilen Primärenergieträgern (einschl. Kernenergie) und an Wasserkraft theoretisch durch die verfügbaren Biomassepotenziale gedeckt werden. In allen anderen betrachteten Gebieten übersteigt der Energieeinsatz an fossilen Energieträgern (einschl. Kernenergie) und an Wasserkraft die Biomassepotenziale deutlich.

Innerhalb Europas und Eurasiens werden die vorhandenen Biomassepotenziale derzeit zu rund 17 % genutzt. Insgesamt trägt hier Biomasse jedoch nur mit rund 3 % der eingesetzten fossilen Energieträger (einschl. Kernenergie) und der Wasserkraft zur Deckung der Energienachfrage bei. Doch auch hier gibt es zwischen einzelnen Staaten erhebliche Unterschiede.

Europa. Vergleichbar zu der weltweiten Betrachtung werden nachfolgend kurz die Dimensionen des europäischen Energiesystems aufgezeigt. Im Anschluss daran werden die Beiträge der Biomasse – sowohl der Nutzung als auch der vorhandenen Potenziale – diskutiert. Dabei wird auch hier nur auf den gegenwärtigen Stand eingegangen.

Energieverbrauch. In der EU 25 wurden 2007 an fossil biogenen und fossil mineralischen Primärenergieträgern (d. h. einschließlich der Kernenergie) sowie an Wasserkraft rund 73 EJ eingesetzt /1-2/. Von diesem gesamten Primärenergieverbrauch aus konventionellen Energieträgern entfielen rund 17,8 % auf Deutschland, etwa 14,6 % auf Frankreich, ca. 12,4 % auf Großbritannien, rund 10,3 % auf Italien und etwa 8,6 % auf Spanien; der Rest verteilt sich auf die verbleibenden Mitgliedsstaaten der EU. Damit wird aber in diesen 5 Staaten knapp 64 % der in der EU eingesetzten fossilen Primärenergie (einschl. Kernenergie und Wasserkraft) verbraucht.

Der Gesamtenergieverbrauch an fossilen Energieträgern (einschl. Kernenergie) und an Wasserkraft wurde im Jahr 2007 zu rund 40 % durch Erdöl, zu knapp 25 % aus Erdgas, zu rund 18 % durch Kohlen und zu rund 12 bzw. knapp 5 % durch elektrische Energie aus Kernkraft- bzw. Wasserkraftwerken gedeckt. Dabei variieren die Anteile jedoch erheblich in Abhängigkeit von nationalen Gegebenheiten, die aus der jeweiligen Energiepolitik bzw. den national unterschiedlichen Primärenergievorkommen resultieren. Beispielsweise wird in Frankreich die Kernenergie zu einem erheblichen Anteil genutzt und in Österreich trägt die Wasserkraft signifikant zur Deckung der Nachfrage nach elektrischer Energie bei. Auch wird in Großbritannien vergleichsweise viel Erdgas und in Deutschland relativ gesehen viel Kohle genutzt.

In den letzten Jahrzehnten hat sich dieser Energieträgermix merklich verändert (Abb. 1.15). Dies gilt insbesondere für Erdgas, das 1965 nur einen Anteil am Gesamtverbrauch an fossilen Energieträgern (einschließlich der Kernenergie) sowie der Wasserkraft von 3,9 % hatte und 2007 knapp 25 % bereitstellte. Beim Mineralöl stieg der Verbrauch im gleichen Zeitraum von rund 17 EJ (1965) auf 29,5 EJ (2007). Damit hat er sich innerhalb dieser Zeitspanne rund verdoppelt; der Anteil am Gesamtverbrauch ist aber mit rund 40 % weitgehend gleich geblieben. Im Unterschied dazu ist der Verbrauch an Kohlen von 21,4 EJ (1965) auf rund 13,3 EJ (2007) deutlich gesunken; bezogen auf den Gesamtverbrauch an fossilen Energieträgern (einschl. Kernenergie und Wasserkraft) ging damit der Anteil von knapp 51 % (1965) auf rund 18 % im Jahr 2007 zurück. Demgegenüber hatte die Kernenergie im Jahr 1965 noch fast keine Bedeutung; im Jahr 2007 wurden damit etwa 12 % der Primärenergienachfrage in der EU 25 gedeckt.

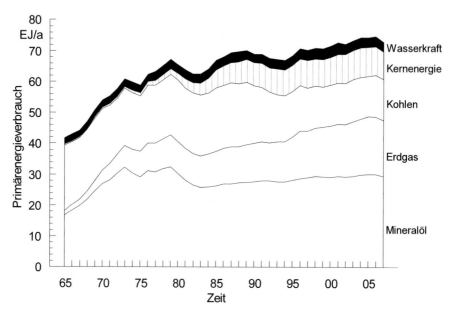

Abb. 1.15 Entwicklung des fossilen Primärenergieverbrauchs (einschl. Kernenergie) und Wasserkraft nach Energieträgern in der EU 25 (Daten nach /1-2/, verschiedene Quellen)

In den bisher dargestellten Angaben sind nur die auf den kommerziellen Energiemärkten gehandelten (konventionellen) Energieträger sowie die Stromerzeugung aus Wasserkraft und Kernenergie enthalten; d. h. andere regenerative oder unkonventionelle Energien wie beispielsweise Brennholz oder Windenergie sind nicht berücksichtigt. Über die Höhe und die regionale Verteilung des Einsatzes beispielsweise der biogenen Energieträger – und nur diese sind mit Ausnahme der Wasserkraft europaweit gesehen bisher energiewirtschaftlich relevant – liegen auch für die EU 25 nur z. T. sehr grobe Schätzungen vor. Diese sind in Tabelle 1.4 unterteilt in verschiedene europäische Großregionen dargestellt.

Anteile. Tabelle 1.4 zeigt neben den vorhandenen technischen Energieträgerpotenzialen und der entsprechenden Nutzung sowie den Primärenergieeinsatz an fossilen Energieträgern (einschl. Kernenergie) und an Wasserkraft die jeweiligen Anteile.

Bei einem Vergleich der vorhandenen Potenziale mit der gegenwärtigen Nutzung wird deutlich, dass in allen betrachteten Regionen die verfügbaren Potenziale bisher nur teilweise genutzt werden. Jedoch werden in Nordeuropa die vorhandenen Potenziale bereits vergleichsweise weitgehend ausgeschöpft; dies liegt an der hier traditionell sehr weitgehenden Biomassenutzung insbesondere für die Papier- und Zellstoffproduktion (deshalb ist das energetisch nutzbare Biomassepotenzial relativ zu den vorhandenen Waldressourcen gering). Im europäischen Durchschnitt liegt demgegenüber der Anteil der bereits genutzten (ca. 4,4 EJ/a) an den derzeit verfügbaren technischen Biomassepotenzialen (ca. 9,3 EJ/a) bei rund 47 %. Einer weitergehenden Biomassenutzung steht damit seitens der vorhandenen

1.2 Biomasse im Energiesystem

Tabelle 1.4 Technische Potenziale, Biomassenutzung, fossiler Primärenergieverbrauch und Wasserkraftnutzung sowie die entsprechenden Anteile in der EU nach Regionen /1-23/

	Nordeuropa[A]	Mittel- und Westeuropa[B]	Südeuropa[C]	Osteuropa[D]	*Summe*
Potenziale in EJ/a	1,48	4,10	1,38	2,35	*9,31*
Nutzung[b] in PJ/a	1,33	1,82	0,55	0,72	*4,42*
PEV[a] in EJ/a	4,67	41,80	16,53	10,04	*73,04*
Anteile in %					
Nutzung/Potenzial	90	44	40	31	*47*
Nutzung/PEV[a]	28	4	3	7	*6*
Potenzial/PEV[a]	32	10	8	23	*13*

PEV – Primärenergieverbrauch; [a] Primärenergieverbrauch ohne Bioenergie (d. h. ausschließlich Erdöl, Erdgas, Kohle, Kernenergie und Wasserkraft); [b] Biomassekonversionsnutzungsgrad: 60 %
[A] Schweden, Finnland, Dänemark, Baltische Staaten (Estland, Lettland, Litauen)
[B] Österreich, Belgien und Luxemburg, Frankreich, Deutschland, Irland, Niederlande, United Kingdom, Slowenien
[C] Griechenland, Italien, Spanien, Portugal, Malta, Zypern
[D] Bulgarien, Tschechei, Ungarn, Polen, Rumänien, Slowakei

Potenziale nichts entgegen; insbesondere in den Ländern mit großen Landwirtschaftsflächen (d. h. Mittel-, West- und Osteuropa) sind die Ausbaumöglichkeiten erheblich.

Die Gegenüberstellung zwischen der Biomassenutzung (ca. 4,4 EJ/a) und dem Energieeinsatz an fossilen Energieträgern (einschl. Kernenergie) und an Wasserkraft (ca. 73 EJ/a) zeigt, dass der energetische Biomasseeinsatz mit etwa 6 % des Energieverbrauchs an fossilen Energieträgern (einschl. Kernenergie) und an Wasserkraft in Europa bisher nur eine untergeordnete Rolle spielt. Regional sind jedoch erhebliche Unterschiede zu verzeichnen: Beispielsweise wird in Nordeuropa bereits eine relativ sehr weitgehende Biomassenutzung realisiert; dies trägt den umfangreichen Biomassepotenzialen aus der Forstwirtschaft und der Holzverarbeitung und deren bereits seit Jahren forcierter Erschließung Rechnung. Deshalb trägt hier die Biomasse mit rund einem Drittel des Energieeinsatzes an fossilen Energien (einschl. Kernenergie) und an Wasserkraft zur Energienachfragedeckung bei. Demgegenüber liegt dieser Anteil in den übrigen europäischen Regionen lediglich bei rund 3 bis 5 %.

Der Beitrag der insgesamt vorhandenen und aus technischer Sicht heute nutzbaren Biomassepotenziale (ca. 4,4 EJ/a) zur Deckung der gegenwärtigen Energienachfrage (ca. 73 EJ/a) liegt bei rund 13 %. Die größten Deckungsbeiträge können dabei gegenwärtig in Nord- und Osteuropa erreicht werden (32 % bzw. 23 %), allerdings mit deutlich steigenden Trends in den landwirtschaftlich geprägten Regionen Ost-, Mittel- und Westeuropas.

Beispielhaft für Deutschland, wo viele Biomassesortimente bereits relativ weitgehend genutzt werden, findet sich eine exemplarische Gegenüberstellung der Potenziale zur Nutzung in Abb. 1.16. Deutlich wird dabei u. a., dass bereits heute nicht unerhebliche Biomassemengen importiert werden. Dieser weltweit zu beobachtende Trend dürfte sich in den kommenden Jahren noch verstärken.

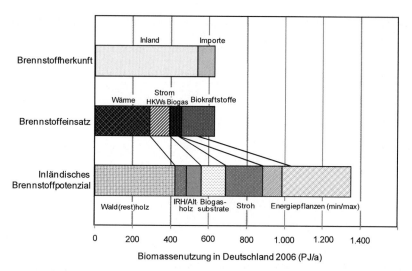

Abb. 1.16 Biomassepotenzial und -nutzung in Deutschland (Stand 2006; IRH Industrierestholz; HKW's Biomasse(heiz)kraftwerke); die Bandbreite bei den Energiepflanzen bezieht sich auf die gleiche Fläche, unterstellt jedoch verschiedene Anbaukulturen mit unterschiedlichen flächenspezifischen Energieerträgen

1.3 Aufbau und Abgrenzungen

Das regenerative Energieangebot und insbesondere das der Biomasse ist durch eine große Bandbreite hinsichtlich der Energieträgercharakteristik, der Energiedichte, der gewinnbaren Sekundär- oder Endenergieträger und anderer Bestimmungsgrößen gekennzeichnet. Daher muss jede technische Möglichkeit zur Nutzbarmachung an die jeweilige Charakteristik des Energieangebots angepasst sein. Daraus resultiert eine Vielzahl möglicher Nutzungstechniken und -systeme (vgl. /1-13/). Diese Vielfalt sowohl des biogenen Energieangebots als auch der verfügbaren Konversionstechniken verursacht methodische Probleme bei einer systematischen Darstellung der verschiedenen Optionen. Ein einheitlicher Aufbau bei einer umfassenden Darstellung der gegebenen Möglichkeiten, die allen Optionen adäquat Rechnung trägt und in sich logisch konsequent strukturiert ist, ist deshalb schwierig und im Sinne einer verständlichen Darstellung z. T. nicht möglich.

Dennoch wird im Folgenden versucht, die verschiedenen Möglichkeiten zur Energiebereitstellung aus Biomasse nach einer weitgehend vergleichbaren Vorgehensweise und Struktur darzustellen und zu diskutieren. Zur Gewährleistung einer besseren Verständlichkeit und einer klareren Struktur kann jedoch von dieser nachfolgend beschriebenen prinzipiellen Vorgehensweise ggf. abgewichen werden.

Der Aufbau dieses Buches (Abb. 1.17) und die inhaltliche Abgrenzung zwischen den einzelnen Teilen orientiert sich an dem diskutierten Aufbau der Biomasseversorgungsketten bzw. den unterschiedlichen Umwandlungsmöglichkeiten in Sekundärenergieträger (vgl. Abb. 1.2).

1.3 Aufbau und Abgrenzungen

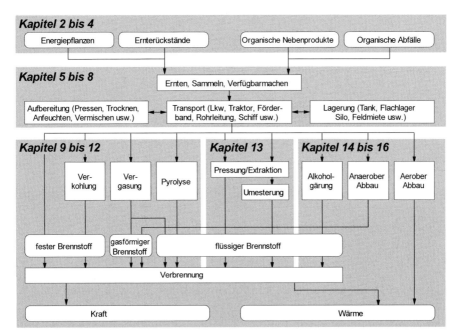

Abb. 1.17 Möglichkeiten der End- bzw. Nutzenergiebereitstellung aus Biomasse und deren Darstellung innerhalb dieses Buches (abgerundete Kästen: Energieträger, eckige Kästen: Umwandlungsprozesse; vereinfachte Darstellung)

- Kapitel 2 bis 4 beschreiben das Aufkommen (Kapitel 1.3.1).
- Kapitel 5 bis 8 beinhalten die Bereitstellung der Biomasse (Kapitel 1.3.2).
- Kapitel 9 bis 12 diskutieren die Bereitstellung von End- bzw. Nutzenergie über die direkte Verbrennung und/oder über eine thermo-chemische Umwandlung, soweit sie "biomassespezifisch" ist und es sich nicht um gängige konventionelle Techniken bzw. Verfahren handelt (Kapitel 1.3.3).
- Kapitel 13 beschreibt Verfahren zur physikalisch-chemischen Umwandlung pflanzenölhaltiger Biomassen in End- bzw. Nutzenergie (Kapitel 1.3.4).
- Kapitel 14 bis 16 beinhalten die End- bzw. Nutzenergiebereitstellung über biochemische Verfahren (Kapitel 1.3.5).

Dargestellt werden die wesentlichen physikalischen, chemischen, biologischen und technischen Grundlagen und Zusammenhänge. Der Schwerpunkt liegt dabei auf der Diskussion der verfügbaren Techniken und Verfahren nach dem gegenwärtigen Stand der Technik. Ökonomische Fragestellungen, Potenzialuntersuchungen und energiewirtschaftliche Betrachtungen sind damit nicht Gegenstand der Ausführungen.

1.3.1 Gebiet "Biomasseaufkommen"

Hier wird zunächst auf die Biomasseerzeugung eingegangen (Kapitel 2). Dies beinhaltet eine Beschreibung des Pflanzenaufbaus und der -zusammensetzung. Außerdem wird die Photosynthese als der wesentliche Prozess dargestellt, durch den aus dem eingestrahlten Sonnenlicht organische Materie gebildet wird. Darüber hinaus wird der Einfluss wesentlicher Größen auf die Biomasseentstehung (u. a. Strahlung, Wasser, Temperatur, pflanzenbauliche Maßnahmen) diskutiert.

Anschließend werden die in Mitteleuropa verfügbaren Energiepflanzen diskutiert (Kapitel 3). Typische Vertreter gegenwärtig angebauter Kulturen der unterschiedenen Kategorien werden dabei u. a. hinsichtlich ihres Anbaus, ihrer Ansprüche, ihrer Produktion und ihres Ertragspotenzials charakterisiert. Dabei wird unterschieden zwischen

- forst- und landwirtschaftlich produzierten Lignocellulose-Pflanzen, die vor allem als Festbrennstoff eingesetzt werden,
- ölhaltigen Pflanzen z. B. zur Bereitstellung pflanzenölbasierter Flüssigenergieträger und
- zucker- und stärkehaltigen Pflanzen, die u. a. als Ausgangsmaterial für die Ethanolproduktion oder beispielsweise als Biogassubstrate dienen können.

Biomasse ist auch in Form von Rückständen, Nebenprodukten und Abfällen verfügbar (Kapitel 4); dies wird zur Vervollständigung der Darstellung der Ressourcenbasis ebenfalls diskutiert. Dabei wird zwischen holzartiger Biomasse, Halmgütern und sonstigen Biomassen unterschieden. Unter ersterer sind die verschiedenen Holzfraktionen bzw. -sortimente zu verstehen, die im Verlauf der stofflichen Nutzung von Holz als Nebenprodukt oder Rückstand anfallen und ggf. energetisch nutzbar sind. Entsprechend wird u. a. auf Industrierestholz und Gebraucht- bzw. Altholz (d. h. das aus der stofflichen Nutzung ausscheidende Holz) eingegangen. Bei den Halmgütern handelt es sich im Wesentlichen um das in der Landwirtschaft anfallende Stroh und das z. B. bei der Landschaftspflege und bei der Bewirtschaftung von Grünanlagen und Friedhöfen anfallende Gras. Daneben kann aus einer Vielzahl weiterer sehr feucht anfallender organischer Rückstände, Nebenprodukte und/oder Abfälle meist auf bio-chemischem Wege Energie gewonnen werden; darunter sind beispielsweise die bei der Nutztierhaltung anfallenden Exkremente, die organische Abwasserfraktion, die organische Fraktion im Hausmüll o. ä. zu verstehen. Diese unterschiedlichen Fraktionen werden ebenfalls in Kapitel 4 diskutiert.

1.3.2 Gebiet "Biomassebereitstellung"

Sobald Maßnahmen ergriffen werden müssen, um die Biomasse vom Anfallort zu einem Nutzungsort bzw. vom Rohzustand durch mechanische Prozesse in einen nutzbaren Zustand zu überführen, beginnt die Bereitstellungsphase, zu der u. a. die Ernte und die mechanische Aufbereitung gehören. Deshalb werden zunächst die Bestimmungsfaktoren, durch die derartige Bereitstellungskonzepte definiert werden, diskutiert (Kapitel 5). Abschließend werden wesentliche Konzepte, durch welche die Biomasse frei Konversionsanlage verfügbar gemacht werden kann, schematisch dargestellt (Kapitel 5). Dazu zählen alle übergeordneten konzeptionellen Überlegungen, mit denen die jeweils unterschiedlichen Prozesse der Bergung, der Ernte und der Aufbereitung, die mit der Ernte des organischen Materials gekoppelt sein kann, mit dem Transport und der Lagerung kombiniert werden können mit dem Ziel, die gewünschte Biomassequalität und -menge zur geforderten Zeit an einem definierten Ort bereitzustellen. Die dazu notwendigen Erntetechniken und -verfahren werden dann detailliert in Kapitel 6 dargestellt. Zusätzlich wird in Kapitel 7 auf die entsprechenden mechanischen Aufbereitungstechniken eingegangen; dazu zählen beispielsweise Zerkleinerungs-, Sieb- und Sortier- sowie Pressprozesse. Zusätzlich sind – um die Brennstoffnachfrage einer Konversionsanlage jederzeit decken zu können – weitere Prozesse notwendig; dabei handelt es sich im Wesentlichen um den Transport sowie die Lagerung, die Konservierung und die Trocknung der organischen Stoffe; alle damit zusammenhängenden Techniken und Verfahren werden in Kapitel 8 diskutiert. Schwerpunktmäßig werden in Kapitel 6, 7 und 8 damit die Verfahrenstechniken sowie die sie kennzeichnenden physikalisch-technischen Kenngrößen und Zusammenhänge dargestellt. Entsprechend den grundsätzlichen technischen Unterschieden wird dabei – soweit sinnvoll und zielführend und zum Verständnis der teilweise komplexen Materie notwendig – zwischen Holz und Halmgütern unterschieden.

Die Biomassebereitstellung endet mit dem Eingang in die Konversionsanlage bzw. in die Anlage zur Bereitstellung eines Sekundärenergieträgers mit grundsätzlich anderen energie- bzw. verbrennungstechnischen Eigenschaften. Für einen Festbrennstoff heißt das beispielsweise, dass in den Kapiteln 5, 6, 7 und 8 der Lebensweg von der Anbaufläche (z. B. Wald) über die gesamte Bereitstellungskette (z. B. als Hackschnitzel) bis zum Eingang in die z. B. Feuerungs- oder Vergasungsanlage beschrieben wird. Für einen pflanzenölbasierten Brennstoff wird demgegenüber die Bereitstellung der eigentlichen Biomasse (d. h. der Ölsaat) bis zur Ölmühle betrachtet, da hier ein Sekundärenergieträger mit grundsätzlich anderen energietechnischen Eigenschaften bereitgestellt wird.

1.3.3 Gebiet "Direkte Verbrennung und thermo-chemische Umwandlung"

Ziel ist hier die Darstellung der Möglichkeiten einer End- bzw. Nutzenergiebereitstellung über die direkte Verbrennung bzw. eine vorherige thermo-chemische Umwandlung (z. B. Schwachgas durch eine Vergasung, Holzkohle durch eine Verkohlung, Pyrolyseöl durch eine Pyrolyse).

Dazu werden zunächst die brennstofftechnischen Eigenschaften der einsetzbaren festen Bioenergieträger dargestellt, da sie die Konversionsanlagentechnik wesentlich bestimmen. Auch werden die Grundlagen beschrieben (Kapitel 9), die allen thermo-chemischen Verfahren gemein sind; dies umfasst auch die Schadstoffbildungsmechanismen.

Die eigentlichen Ausführungen zu den Konversionsanlagentechniken beginnen mit dem Eingang der Biomasse in die Umwandlungsanlage und enden mit der Bereitstellung von End- bzw. Nutzenergie. Dies beinhaltet die direkte thermische Umwandlung durch Verbrennung (Kapitel 10) sowie die verschiedenen Verfahren der thermo-chemischen Umwandlung mit der Vergasung (Kapitel 11) und der Pyrolyse (Kapitel 12); letzteres umfasst u. a. die langsame (d. h. Holzkohleherstellung) und die schnelle Pyrolyse (d. h. die Herstellung eines Pyrolyseöls). Darin eingeschlossen ist auch die weitergehende energetische Nutzung der produzierten Bioenergieträger, sofern hierfür eine speziell an den bereitgestellten Brennstoff angepasste Konversionsanlagentechnik erforderlich ist. Es wird auf alle wesentlichen Verfahren und Techniken eingegangen; dabei steht die Darstellung der (verfahrens-)technischen Grundlagen und Zusammenhänge sowie die Erläuterung der Unterschiede der biomassespezifischen Technik zu der üblicherweise verfügbaren Technik im Vordergrund.

1.3.4 Gebiet "Physikalisch-chemische Umwandlung"

Ist die verfügbare Biomasse ölhaltig, können durch physikalisch-chemische Verfahren ölhaltige Flüssigenergieträger gewonnen werden; dies darzustellen ist Ziel von Kapitel 13. Auch hier beginnen die Ausführungen mit dem Eingang der ölhaltigen Saat in die Konversionsanlage (z. B. Ölmühle) und enden mit der Bereitstellung von Endenergie (d. h. pflanzenölbasierter Kraftstoff) bzw. Nutzenergie (z. B. Kraft aus Rapsölmotoren). Wieder steht die Darstellung der (verfahrens-)technischen Grundlagen und Zusammenhänge im Vordergrund.

1.3.5 Gebiet "Bio-chemische Umwandlung"

Biomasse kann auch durch bio-chemische Verfahren in End- bzw. Nutzenergie umgewandelt werden. Dazu werden zunächst die wesentlichen biologischen Grundlagen diskutiert (Kapitel 14). Anschließend wird auf die Alkoholerzeugung aus zucker-, stärke- bzw. cellulosehaltiger Biomasse (Kapitel 15) sowie eine Biogasbereitstellung (Kapitel 16) eingegangen. Dabei werden nur die Techniken und Verfahren näher diskutiert, die derzeit und in der übersehbaren Zukunft Bedeutung haben bzw. erlangen könnten. Die Wärmegewinnung aus Verrottungs- bzw. Kompostierungsprozessen (d. h. aerober Abbau) wird nicht betrachtet, da Wärme hier lediglich ein Abfallprodukt darstellt, das in den meisten Fällen nicht genutzt wird.

Auch bei den bio-chemischen Umwandlungsverfahren beginnen die Ausführungen mit dem Eingang der Biomasse in die Konversionsanlage und enden mit der jeweils bereitgestellten End- bzw. Nutzenergie. Analog wie bisher steht insbesondere die Darstellung der (verfahrens-)technischen Grundlagen und Zusammenhänge im Vordergrund.

2 Biomasseentstehung

Unter Biomasse im erweiterten Sinne wird jegliche Phyto- und Zoomasse verstanden (Kapitel 1.1), von der schätzungsweise $1,84 \cdot 10^{12}$ t Trockenmasse auf den Kontinenten existieren. Phyto- oder Pflanzenmasse wird zum größten Teil von Organismen gebildet, die ihre Energie durch Umwandlung der Sonnenenergie im Prozess der Photosynthese gewinnen. Demgegenüber wird die Zoomasse mit dem Energiegewinn aus dem Abbau anderer organischer Substanz gebildet. Das Ziel dieses Kapitels ist es, die Prozesse und Einflussfaktoren bei der Entstehung von Pflanzenmasse darzustellen und zu diskutieren.

Um die Vorgänge während des Pflanzenwachstums nachvollziehbar zu machen, werden im folgenden Abschnitt der grundsätzliche Aufbau von Pflanzen und die Zusammensetzung der Biomasse dargestellt. Anschließend erfolgt die Beschreibung der wesentlichen Prozesse, die zur Primärproduktion bzw. zum Pflanzenwachstum beitragen.

2.1 Aufbau und Zusammensetzung

Aufbau. Die Entwicklung der Samenpflanze beginnt mit der Keimung des im Samen angelegten Embryos. Die Keimung ist an bestimmte Außenbedingungen wie Temperatur und Licht (bei Lichtkeimern) oder Dunkelheit (bei Dunkelkeimern) gebunden. Weiterhin wird von den Samen Wasser aufgenommen.

Die Pflanze besteht aus einem Spross- und einem Wurzelsystem. Diese entspringen verschiedenen Polen des Embryos. Wurzeln wachsen in Richtung der Schwerkraft nach unten, während der Spross dem Licht entgegen nach oben wächst. Bei mehreren Pflanzenarten können sich sogenannte sekundäre Wurzeln auch an Sprossachsen oder selbst an den Blättern bilden. Diese Eigenschaft ist wichtig für die Bewurzelung von Spross- und Blattstecklingen bei der vegetativen Vermehrung von Pflanzen.

Mit der Wurzel ist die Pflanze im Boden verankert. Über sie werden Wasser und Nährstoffe aufgenommen und sie kann Reservestoffe einlagern. Sprossachse und Blätter bilden gemeinsam den Spross. Er bildet in der Regel den oberirdischen Teil der Pflanze. Es können jedoch auch unterirdische Sprossteile, sogenannte Rhizome, auftreten (z. B. bei Gräsern wie Miscanthus oder Rohrglanzgras). Diese Rhizome dienen als Speicherorgane für Nähr- oder Reservestoffe. Weiterhin sind sie die für die Überwinterung notwendigen Organe, aus deren Knospen sich wiederum neue, oberirdische Sprosse bilden.

Weitere unterirdische Sprossorgane sind die Knollen, die sich bei sogenannten Knollenfrüchten (z. B. Kartoffel, Topinambur) ausbilden. Sie dienen ebenfalls der

Einlagerung von Reservestoffen, und aus ihren Knospen (sogenannte Augen) können neue, vollständige Pflanzen mit Spross- und Wurzelsystem entwickelt werden.

Die Sprossachse trägt die Blätter, versorgt sie von der Wurzel her mit Wasser und Mineralien und leitet die in den Blättern gebildeten organischen Substanzen zur Wurzel.

Die Blätter dienen der Absorption des für die Photosynthese notwendigen Sonnenlichts. Die meisten Blattzellen enthalten Chloroplasten. Diese beinhalten die für die Photosynthese notwendigen Enzyme und Farbstoffe, insbesondere Chlorophyll und Carotinoide. In den Blättern erfolgt der Gaswechsel von Kohlenstoffdioxid (CO_2), Sauerstoff (O_2) und Wasserdampf (H_2O) bei Photosynthese, Atmung und Transpiration (Abb. 2.1). Hierfür sind die Blätter insbesondere an ihrer Unterseite mit Spaltöffnungen (Stomata) ausgestattet.

Das Wachstum der Pflanzen wird durch sogenannte Meristeme ermöglicht, in denen die Zellteilung stattfindet. Meristeme befinden sich im Keimling im apikalen Sprosspol. Die Wurzel enthält Meristeme in ihrer Spitze. In der stärker ausdifferenzierten Pflanze finden sich Meristeme im Vegetationskegel und in anderen Sprossteilen (z. B. in den Knospen, die Blätter oder Blüten bilden können).

Zur generativen Vermehrung bildet der Spross Blüten, die die männlichen und weiblichen Fortpflanzungsorgane tragen. Die Bildung von Blüten ist wiederum von den Außenfaktoren Licht (vor allem von der Beleuchtungsdauer bzw. der Tageslänge) und Temperatur abhängig. Hierbei hat jede Pflanze spezifische Ansprüche; dadurch wird gewährleistet, dass die Blüte immer in der gleichen Jahreszeit stattfindet. Pflanzen, die erst nach Überschreitung einer sogenannten kritischen Tageslänge blühen, werden Langtagpflanzen genannt. Bei Kurztagpflanzen wird der Blühbeginn dagegen erst nach Unterschreitung der kritischen Tageslänge ausgelöst. Viele Pflanzen (z. B. Wintergetreide) benötigen zum Blühen neben einer bestimmten Tageslänge zusätzlich eine vorangegangene Kälteeinwirkung (sogenannte Vernalisation).

Die Blüten werden anstelle der vegetativen Blattorgane am Spross ausgebildet. Sie können sehr unterschiedliche Formen haben. Zu ihrem Schutz sowie als Attraktion für bestäubende Insekten besitzen die meisten Blüten eine farbige Blütenhülle. Im Inneren der Blüte befinden sich die Staubblätter bzw. der Frucht-

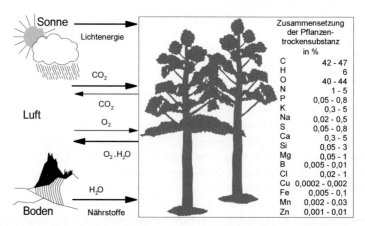

Abb. 2.1 Bildung und mittlere Zusammensetzung der Pflanzensubstanz (nach /2-4/)

hülle. Im Inneren der Blüte befinden sich die Staubblätter bzw. der Fruchtknoten, die die Pollen bzw. die Samenanlage tragen. Zur Befruchtung kommt es, wenn der Pollen zu den Narben gelangt. Dafür muss eine Bestäubung stattfinden. Findet die Befruchtung innerhalb einer Pflanze statt, spricht man von Selbstbefruchtung; muss der Pollen dagegen von einer anderen Pflanze herantransportiert werden, weil die Selbstbefruchtung durch einen bestimmten Mechanismus verhindert wird, handelt es sich um eine Fremdbefruchtung. Dazu muss ein Pollentransport über Wind, Wasser oder Tiere stattfinden. Neben solchen einhäusigen Pflanzenarten, die gleichzeitig männliche und weibliche Blütenteile tragen, gibt es auch zweihäusige Pflanzen, bei denen ein Teil der Pflanzen nur weibliche, ein anderer Teil nur männliche Blütenteile trägt.

Die Befruchtung führt zur Frucht- und Samenreife. Der Samen besteht aus dem Endosperm und dem Embryo und wird meist von einer Samenschale umschlossen. Da das Endosperm die Reservestoffe für die Keimung des Embryos beinhaltet, lagert die Pflanze dort während der Samenreife vermehrt Reservestoffe wie Stärke und Proteine ein.

Zusammensetzung. Die Pflanzentrockenmasse besteht zu ca. 90 % aus den Elementen Kohlenstoff (C) und Sauerstoff (O) sowie zu 6 % aus Wasserstoff (H) (Abb. 2.1); diese werden von der Pflanze gasförmig als Kohlenstoffdioxid (CO_2) oder Sauerstoff (O_2), als Wasser (H_2O) oder auch als HCO_3^- aufgenommen. Weiterhin enthalten Pflanzen verschiedene Elemente, die neben Kohlenstoff, Wasserstoff und Sauerstoff als Pflanzennährstoffe bezeichnet und die, je nach der benötigten Menge, in Makro- und Mikronährstoffe eingeteilt werden. Die wichtigsten Makronährstoffe, von denen Pflanzen bis zu 5 % ihrer Trockensubstanz enthalten können, sind Stickstoff (N), Kalium (K) und Kalzium (Ca). Daneben zählen auch die Elemente Phosphor (P), Magnesium (Mg) und Schwefel (S) zu den Makro- oder Hauptnährstoffen, da die Pflanzen sie in größeren Mengen aufnehmen. Eisen (Fe) kann sowohl den Makro- als auch den Mikronährstoffen zugeordnet werden. Zu den Mikronährstoffen oder Spurenelementen, die in einer Konzentration von 0,001 bis 0,03 % der Trockensubstanz in der Pflanze enthalten sein können, zählen Bor (B), Mangan (Mn), Kupfer (Cu), Zink (Zn) und Molybdän (Mo) /2-4/. Mit Ausnahme von Calcium und einem Teil des Magnesiums, das im Chlorophyll gebunden ist, liegen sie in der Pflanze meistens frei vor (d. h. sie sind nicht in die organische Substanz eingebunden). Ob Chlor (Cl) mit bis zu 1 %, Silizium (Si) mit bis zu 3 % und Natrium (Na) mit bis zu 0,5 % (jeweils bezogen auf die Trockenmasse) zu den unentbehrlichen Nährstoffen der Pflanzen gehören, ist nach wie vor umstritten.

Aufgabe der verschiedenen Elemente. Kohlenstoff, Sauerstoff und Wasserstoff machen die Hauptbestandteile der Pflanzensubstanz aus. Sie sind in allen organischen Verbindungen enthalten (z. B. in den Zuckern, den Fetten und der Stärke, in den Eiweißen, im Lignin, in der Cellulose, in den Pektinen).

Von den Pflanzennährstoffen beeinflusst Stickstoff (N) die Ertrags- und Qualitätsbildung am Stärksten. Die Aufnahme aus dem Boden erfolgt in Form von Nitrat (NO_3^-) oder Ammonium (NH_4^+). Stickstoff ist ein Baustein organischer Stickstoff-Verbindungen wie u. a. Eiweiße, organische Basen, Enzyme, Vitamine, Chlorophyll und Wuchsstoffe. Er greift wesentlich in den Phytohormonhaushalt ein. Aufgrund der vielfältigen Funktion gilt Stickstoff als Motor des Pflanzenwachstums.

Phosphor (P) wird von den Pflanzen vorwiegend in anorganischer Form als Orthophosphat ($H_2PO_4^-$ und HPO_4^{--}) aufgenommen. An allen Prozessen des Energiehaushaltes nimmt Phosphor eine Schlüsselstellung ein. Auch ist Phosphor ein wichtiges Bauelement der Zellmembran, von Adenosin-Triphosphat (ATP), von Nucleotiden und von Coenzymen sowie der Nukleinsäuren. Er ist weiterhin in Zuckerphosphaten, Phosphatlipiden und Coenzymen enthalten und aktiviert verschiedene organische Verbindungen.

Kalium (K) nimmt die Pflanzen als Kation (K^+) aus der Bodenlösung auf. Es ist für die Regulierung des Wasserhaushaltes der Pflanze verantwortlich. Es beeinflusst zahlreiche enzymatische Reaktionen und fördert dadurch den Aufbau von Makromolekülen wie z. B. Cellulose, Stärke und Proteinen. Aufbau und der Transport der Assimilate vom Blatt in die Speicherorgane werden durch Kalium gefördert. Eine ausreichend hohe Kalium-Konzentration in der Zelle verbessert die Winterfestigkeit und vermindert die Trockenstressanfälligkeit.

Calcium (Ca) nehmen die Pflanzen als zweiwertiges Kation (Ca^{++}) aus der Bodenlösung auf. Es ist für die Aktivierung einiger Enzyme und für die Regulierung des Quellungszustandes der Pflanze verantwortlich. Außerdem ist es ein wichtiger Baustein für das Grundgerüst der Pflanzen. Für eine optimale Ernährung ist das Verhältnis der Kationen (Ca^{++} zu K^+ und Mg^{++}) wichtig. Auf landwirtschaftlich genutzten Böden ist die Calcium-Ernährung der Pflanzen selbst auf sauren Standorten gesichert. Für die Erhaltung der Bodenfruchtbarkeit hingegen ist eine optimale Kalkversorgung unerlässlich.

Magnesium (Mg) gelangt als Kation (Mg^{++}) in die Pflanzen. Magnesium als Zentralatom des Chlorophylls ist für die Photosynthese unentbehrlich. Es aktiviert Enzymreaktionen, die den Aufbau von Kohlenhydraten, Fetten und Eiweißen regeln. Auch nimmt Magnesium Einfluss auf den Quellungszustand der Zellen und ist u. a. für die Regulierung des Wasserhaushalts und des pH-Werts verantwortlich.

Schwefel (S) nimmt die Pflanze vorwiegend als Sulfat-Ion (SO_4^{--}) aus der Bodenlösung auf. Auch ist eine Aufnahme in gasförmiger Form als Schwefeldioxid (SO_2) möglich. Er wird von den Pflanzen in ähnlicher Größenordnung benötigt wie Phosphor oder Magnesium. Als Bestandteil von Aminosäuren (u. a. Methionin, Cystin, Cystein), Senf- und Lauchölen (Glucosinolate), Vitaminen und Enzymen ist Schwefel vor allem für die Eiweißbildung und den Chlorophyll-Haushalt bedeutungsvoll. Zwischen Stickstoff und Schwefel besteht eine pflanzenphysiologische Funktionsverwandtschaft.

Der Gehalt verschiedener Elemente kann zwischen den Pflanzenarten, aber auch innerhalb einer Art sehr stark schwanken. Auch verschiedene Pflanzenteile unterscheiden sich stark in ihrer Zusammensetzung. Außerdem kommt es zu Veränderungen im Laufe der Vegetationsperiode bzw. in den verschiedenen Entwicklungsabschnitten der Pflanze. Darüber hinaus wird die Zusammensetzung der Pflanzensubstanz auch von äußeren standörtlich bedingten Faktoren (wie Klima und Boden) oder pflanzenbaulichen Maßnahmen (wie z. B. Düngung) beeinflusst. Davon sind sowohl die Elementarzusammensetzung als auch der Aufbau der Biomasse (d. h. Zucker, Stärke, Öle, Fette, Proteine, Cellulose, Lignin) betroffen.

2.1 Aufbau und Zusammensetzung

Gebildete Verbindungen. Einfache Kohlenhydrate entstehen in einem ersten Schritt der Photosynthese aus Kohlenstoff, Wasserstoff und Sauerstoff. Sie dienen als Grundbausteine für alle weiteren organischen Stoffwechselprodukte, die in primäre und sekundäre Stoffe eingeteilt werden können.
- Die Primärstoffe werden im sogenannten Grund- oder Primärstoffwechsel produziert; hierzu zählen die Kohlenhydrate (Zucker), die Lipide (Fette), die Proteine (Eiweiße) und die Nucleinsäuren.
- Die Sekundärstoffe, die im sogenannten Sekundärstoffwechsel synthetisiert werden, stellen eine heterogene Stoffgruppe dar. Zu der Vielzahl dieser Sekundärstoffe zählen z. B. Lignin und Cellulose.

Im Folgenden werden die wesentlichen organischen Stoffwechselprodukte diskutiert.
- Zucker. Die pflanzlich produzierten Zucker werden in mehrere Kategorien eingeteilt. Die jeweiligen Grundbausteine werden dabei nach der Anzahl der Kohlenstoff(C)-Atome im Molekül benannt. Hier sind vor allem die Pentosen mit 5 C-Atomen (z. B. Fructose, Ribose) und die Hexosen mit 6 C-Atomen (z. B. Glucose) von Bedeutung. Liegt der Zucker als einfacher Baustein vor, wird er als Monosaccharid bezeichnet. Disaccharide bestehen dagegen aus zwei und Oligosaccharide aus mehr als zwei Bausteinen. Das wichtigste Disaccharid im pflanzlichen Stoffwechsel ist die Saccharose, die auch Rohr- oder Rübenzucker genannt wird. Sie ist die Zuckertransportform der Pflanze und wird für wachsendes Gewebe als Baustein oder für die Einlagerung in Reserveorgane (z. B. in den Rübenkörper) benötigt (z. B. wird Saccharose in Topinamburknollen zum Aufbau von Inulin und in Kartoffelknollen oder Getreidekörnern zum Aufbau von Stärke verwendet).
- Stärke. Stärke ist die wichtigste Nahrungsreserve der Pflanze. Hinsichtlich ihres chemischen Aufbaus handelt es sich um ein Polysaccharid. Die polymeren Festkörperteilchen, welche die Stärke aufbauen, bestehen zu 70 bis 90 % aus wasserunlöslichem Amylopektin und zu 10 bis 30 % aus wasserlöslicher Amylose.
- Cellulose. Der Celluloseaufbau erfolgt durch eine Verknüpfung von D-Glucose-Molekülen über Wasserstoffbrücken. Cellulose besteht zu rund 42 % aus Kohlenstoff, 6 % aus Wasserstoff und zu etwa 52 % aus Sauerstoff.
- Lignin. Lignin, auch Holzstoff genannt, ist ein aus Phenyl-Propan-Derivaten aufgebauter hochpolymerer Stoff. Er bildet in den Zellwänden ein dreidimensionales Netzwerk, indem er sekundär zwischen die Cellulosemikrofibrillen der Zellwand eingelagert wird. Lignin erhöht die mechanische Festigkeit der Zellwände. Die lignifizierten bzw. verholzten Zellen sind in der Pflanze vor allem im Holzteil (Xylem) des Sprosses zu finden. Lignin hat einen Kohlenstoffgehalt von rund 64 %, einen Wasserstoffgehalt von etwa 6 % und einen Sauerstoffgehalt von ca. 30 %.
- Fette. Im Pflanzenreich sind Fette und Öle (d. h. Fette, die bei Zimmertemperatur flüssig sind) jene Gruppe von Lipiden, die sich als Ester des dreiwertigen Alkohols Glycerol und höherer Monocarbonsäuren (d. h. mit acht und mehr Kohlenstoff-Atomen im Molekül) darstellen. Fast alle pflanzlichen Öle sind Triglyceride; d. h. sie sind dadurch entstanden, dass alle drei OH-Gruppen des Glycerins durch Fettsäurereste ersetzt wurden. Pflanzliche Öle setzen sich aus Fettsäuren unterschiedlicher Kettenlänge und verschiedener Sättigung zusam-

men. So bedeutet beispielsweise die Bezeichnung C 18:1 für Ölsäure, dass es sich um eine Fettsäure mit 18 Kohlenstoff-Atomen handelt, in der eine Doppelbindung zwischen zwei Kohlenstoff-Atomen vorkommt. Fettsäuren ohne Doppelbindungen werden als gesättigt und Fettsäuren mit Doppelbindung als ungesättigt bezeichnet. Fette und Öle dienen den Pflanzen als Bausteine und als Speicher- und Reservestoffe, welche die Pflanzen in ihren Samen und Früchten einlagern.
- Proteine. Proteine haben vielfältige Funktionen in der Pflanze. Sie wirken z. B. als Enzymproteine oder Hormone, als Transportproteine, als Bausteine für die Pflanzensubstanz oder als Reservestoffe. Sie sind hochmolekulare Substanzen, die aus Aminosäuren aufgebaut sind. Diese enthalten neben Kohlenstoff, Wasserstoff und Sauerstoff auch einen großen Teil des in den Pflanzen enthaltenen Stickstoffs.

2.2 Primärproduktion

Unter Primärproduktion wird die Assimilation organischer Substanz durch autotrophe Organismen, die aus einfachen Substanzen komplexe organische Substanzen synthetisieren können, verstanden. Die wesentlichen Prozesse, die diese Primärproduktion ermöglichen, sind die Photosynthese und die Atmung (Respiration).

Bei der Photosynthese werden mit Lichtenergie Kohlenhydrate aufgebaut, die durch den Prozess der Atmung zur Energiegewinnung wieder abgebaut werden (Abb. 2.2). Dieser Energiegewinn ist Voraussetzung zur Aufrechterhaltung der Stoffwechselvorgänge der Pflanze. Die Prozesse der Photosynthese und Atmung werden im Folgenden erläutert.

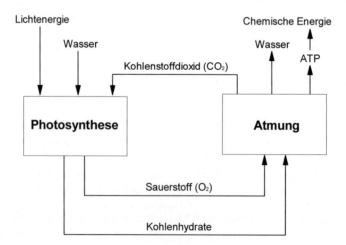

Abb. 2.2 Aufbau von Photosyntheseprodukten und ihr Abbau durch die Atmung (ATP Adenosin-Triphosphat)

2.2 Primärproduktion

Photosynthese. Pflanzen nehmen die für ihr Wachstum notwendigen Stoffe über die Wurzel und/oder die Spaltöffnungen auf. Da diese Stoffe aber einen niedrigen Gehalt an chemischer Energie aufweisen, muss die Pflanze ihren Energiebedarf primär über die Absorption von Licht decken. Der Prozess, bei dem die grüne pflanzliche Zelle Licht absorbiert und mit Hilfe dieser Lichtenergie Kohlenstoffdioxid (CO_2) aufnimmt und in die Pflanzensubstanz einarbeitet (Assimilation), wird Photosynthese genannt. Diese einzigartige Fähigkeit der grünen pflanzlichen und einiger bakterieller Zellen, Lichtenergie in chemische Energie umzuwandeln, stellt die Grundlage der Biomassebildung dar, von der der überwiegende Anteil aller Lebewesen direkt oder indirekt abhängig ist.

Photosynthese und photosynthetische CO_2-Assimilation finden in den Chloroplasten statt. Dies sind von einer Hülle begrenzte linsenförmige Organellen, die sich oft zu Hunderten in einer Pflanzenzelle befinden. Die innen liegende Hüllmembran bildet lamellenartige, flachgedrückte Membransäckchen (sogenannte Thylakoide) im Innenraum der Chloroplasten aus, die ein vielschichtiges Hohlraumsystem bilden. Die Absorption von Licht erfolgt durch Pigmente, den Chlorophyllen und Carotinoiden, die sich in den Membranen der Chloroplasten befinden.

Der Gesamtprozess der Photosynthese umfasst zwei Stufen; auf eine lichtabhängige, jedoch temperaturunabhängige Reaktion, die sogenannte Lichtreaktion, folgt eine weitere, lichtunabhängige und temperaturabhängige Reaktion, die sogenannte Dunkelreaktion. Die Enzyme der Lichtreaktion befinden sich im Chlorophyll und die Enzyme der Dunkelreaktion in der Matrix der Chloroplasten. Beide Stufen werden im Folgenden näher dargestellt. Außerdem wird auf weitere Prozesse, die die Photosynthese direkt und/oder indirekt bestimmen, eingegangen.

Lichtreaktion. In der Lichtreaktion produziert die Zelle durch photochemische Reaktionen die für die Assimilation von Kohlenstoffdioxid (CO_2) notwendige Energie. Hierbei entstehen neben Sauerstoff (O_2) die energiereichen Substanzen Adenosin-Triphosphat (ATP) und Nicotinsäureamid-Adenin-Dinucleotid-Phosphat (NADPH) sowie Wasserstoffionen (H^+).

Die Lichtreaktion wird in zwei Schritten, der Lichtreaktion I und II, realisiert. Die jeweils zu den Reaktionen gehörenden Chlorophylle werden als Chlorophyll aI und Chlorophyll aII bezeichnet (Abb. 2.3).

In der Lichtreaktion II, aus historischen Gründen so benannt, wird Chlorophyll aII durch Licht angeregt; dadurch können leicht Elektronen an den Elektronenüberträger Plastochinon abgegeben werden. Kehrt das angeregte Chlorophyll aII$^+$ in seinen Grundzustand zurück, erhält es Elektronen aus Wasser. Bei diesem Elektronenentzug kommt es zur Wasserspaltung; Wasser wird zu Sauerstoff (O_2) oxidiert und H^+-Ionen werden freigesetzt. Bei dieser Übertragung der Elektronen durch die elektronenübertragenden Substanzen (u. a. Plastochinon) auf das Chlorophyll aI wird Energie frei, die ausgenutzt wird um ADP (Adenosin-Diphosphat) in ATP (Adenosin-Triphosphat) zu überführen (nichtzyklische Photophosphorylierung).

Bei der Lichtreaktion I wird ein Chlorophyll aI Molekül durch Licht angeregt, wodurch wiederum Elektronen auf ein höheres Energieniveau angehoben und leicht abgegeben werden können.

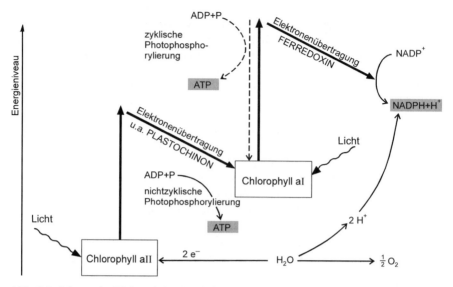

Abb. 2.3 Schema der Lichtreaktion (nach /2-1/)

Für einen Teil der Chlorophyll-Moleküle dient Ferredoxin, ein eisenhaltiges Protein, als Reaktionspartner, der das vom Chlorophyll abgegebene Elektron aufnimmt und dabei reduziert wird. Ferredoxin kann seinerseits Elektronen an NADP abgeben. Dieses wird dadurch reduziert, reagiert sofort mit H^+-Ionen und bildet $NADPH_2$ (Abb. 2.4). Das oxidierte Chlorophyll aI^+ muss nun wiederum ein Elektron aufnehmen, um für eine erneute Anregung durch Licht zur Verfügung zu stehen. Dieses Elektron wird aus der Lichtreaktion II geliefert. Das Plastochinon erhält dieses Elektron vom Chlorophyll aII, welches in der Lichtreaktion II durch Licht angeregt wurde. Es kann ein Rückfluss von Elektronen zum Ausgangsniveau des Chlorophyll aI vor der ersten Lichtreaktion erfolgen. Die dabei frei werdende Energie kann ebenfalls zur Bildung von ATP genutzt werden. Diese Form der Phosphorylierung wird, im Gegensatz zu der oben angeführten nichtzyklischen, als zyklische Phosphorylierung bezeichnet.

Die Lichtreaktion der Photosynthese lässt sich nach Gleichung (2-1) zusammenfassen.

$$2\,H_2O + 2\,ADP + 2\,P + 2\,NADP^+ \xrightarrow[\text{Chlorophyll aI, aII}]{\text{Licht}} 2\,ATP + 2\,NADPH + 2\,H^+ + O_2 \qquad (2\text{-}1)$$

$NADPH_2$ und ATP sind die stabilen Endprodukte der Lichtreaktion. Mit ihrer Bildung ist die Lichtenergie in chemische Energie umgewandelt worden. Danach kann die Dunkelreaktion der Photosynthese stattfinden.

Dunkelreaktion. Bei der Dunkelreaktion wird die in der Lichtreaktion über ATP und $NADPH_2$ fixierte Energie für die Assimilation von Kohlenstoffdioxid (CO_2) wieder verbraucht (Abb. 2.4). Das CO_2, welches durch die Spaltöffnungen der Blätter und die Interzellularen an die photosynthetisch aktiven Zellen herandiffundiert, wird im wässrigen Milieu der Zellwände gelöst und diffundiert in den Chloroplasten. Dort trifft es auf den CO_2-Akzeptor Ribulose-1,5-diphosphat. Zunächst reagiert das aufgenommene CO_2 mit Ribulosediphosphat (d. h. Verbindung des Zuckers Ribulose – eine Pentose mit 5 Kohlenstoff(C)-Atomen – mit zwei Phosphatresten). Durch diese Reaktion entsteht ein Körper mit 6 C-Atomen (C_6-Körper), der sich aber sofort wieder in zwei C_3-Körper, die Phospho-Glycerin-Säure, aufspaltet.

Da hier in der Phase der Dunkelreaktion als erstes Produkt Verbindungen aus C_3-Körpern entstehen, wird dieser Weg der Photosynthese als C_3-Typ bezeichnet. Er ist typisch für einheimische europäische Kulturpflanzen.

Durch die Zufuhr der Energie aus ATP sowie des Wasserstoffs aus $NADPH_2$ wird diese Verbindung zu Glycerin-Aldehyd-Phosphat, der ersten Stufe der Kohlenhydrate, reduziert. Je zwei Moleküle Glycerin-Aldehyd-Phosphat bilden sich dann zum C_6-Körper Fructosephosphat um. Fünf von sechs Fructosephosphate werden in einer komplizierten Reaktionsfolge wieder zu Ribulosediphosphat umgewandelt, damit weiteres CO_2 fixiert werden kann. Dieser Stoffwechselzyklus wird Calvin-Benson-Zyklus genannt (Abb. 2.4).

Nur jedes sechste Fructosephosphat wandelt sich dann zu Glucose-Phosphat um. Dieses Glucose-Phosphat kann anschließend entweder in einer Reaktion mit einem Fructosephosphat Saccharose (sogenannter Rübenzucker) bilden, die als erster freier Zucker den Pflanzen für weitere Stoffwechselvorgänge zur Verfügung steht. Sie kann aber auch als Baustein für die Stärkebildung dienen, wobei die Stärke in den Chloroplasten verbleibt.

Im Prozess der Dunkelreaktion wird damit die im ersten Prozess gewonnene Energie für die Assimilation von CO_2 wieder verbraucht. Das Endprodukt der Photosynthese sind Hexosen bzw. Zucker ($C_6H_{12}O_6$). Die Summenformel für den Gesamtprozess der Photosynthese beschreibt Gleichung (2-2).

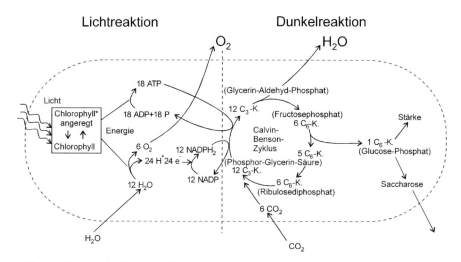

Abb. 2.4 Schema der Dunkelreaktion (nach /2-5/)

$$6\ CO_2 + 6\ H_2O \xrightarrow[\text{Chlorophyll aI, aII}]{\text{Licht}} C_6H_{12}O_6 + 6\ O_2 \qquad (2\text{-}2)$$

Einige Kulturpflanzen (z. B. Mais, Zuckerrohr, Miscanthus), die meist aus subtropischen Gebieten stammen, verwenden als CO_2-Akzeptor nicht Ribulosediphosphat, sondern Phosphoenol-Brenztraubensäure. Sie hat eine größere Affinität zu CO_2 als Ribulosediphosphat; d. h. Phosphoenol-Brenztraubensäure kann die Photosynthese bei CO_2-Konzentrationen in Gang halten, bei denen die Ribulosediphosphat-Carboxylase praktisch nicht mehr arbeiten kann. Dabei entsteht als erstes Produkt C_4-Dicarbonsäure, die aus 4 Kohlenstoff(C)-Atomen zusammengesetzt ist. Dies ist auch der Grund für die Namensgebung. Diese sogenannten C_4-Pflanzen besitzen verschiedene, räumlich voneinander getrennte Chloroplastentypen. Die Chloroplasten befinden sich in den Mesophyllzellen (Abb. 2.5); sie enthalten die Phosphoenol-Brenztraubensäure, durch die CO_2 zunächst fixiert wird. Die hierbei gebildeten C_4-Säuren werden dann in die Chloroplasten der von den Mesophyllzellen umgebenen Bündelscheidenzellen (Abb. 2.5) transportiert. Dort wird das CO_2 wieder freigesetzt und über den oben beschriebenen Weg der Photosynthese (d. h. über Ribulosediphosphat und den Calvin-Benson-Zyklus; Abb. 2.4) verarbeitet. C_3-Pflanzen besitzen dagegen keine Bündelscheiden-, sondern lediglich Mesophyllzellen (Abb. 2.5).

Atmung. Kohlenstoffdioxid (CO_2) hat einen geringeren Energiegehalt als organische Moleküle. Diese Energiedifferenz wird von den Pflanzen bei der Atmung genutzt (d. h. beim Abbau der bei der Photosynthese gebildeten Kohlenhydrate (Dissimilation)). Erfolgt dieser Abbau vollständig, ist Sauerstoff erforderlich; daher wird dieser Vorgang Atmung genannt (Abb. 2.2). Dabei kann zwischen der Dunkel- und der Lichtatmung unterschieden werden.

Dunkelatmung. Die aerobe Atmung bzw. die Dunkelatmung verläuft in speziellen kugel- bis nierenförmigen Organellen, den Mitochondrien. Hierbei wird Wasserstoff über eine Elektronentransportkette auf molekularen Sauerstoff übertragen; es entsteht als Endprodukt Wasser. An drei Stellen dieser Energieübertragungskaskade ist das Potenzialgefälle ausreichend groß für die Bildung von ATP (Adenosin-Triphosphat). In der Summe gilt für die aerobe Atmung Gleichung (2-3), bei der eine Energiemenge von 2 870 kJ/mol freigesetzt wird.

$$C_6H_{12}O_6 + 6\ O_2 + 6\ H_2O \longrightarrow 6\ CO_2 + 12\ H_2O \qquad (2\text{-}3)$$

Dabei werden je Mol Glucose 36 Mol ATP als gespeicherte chemische Energie gewonnen; d. h. beim Abbau von Glucose bleiben 1 055 bis 1 360 kJ/mol in Form von ATP als nutzbarer Anteil erhalten. Die aerobe Atmung arbeitet folglich mit einem Wirkungsgrad von 37 bis 47 %.

Die so gewonnene Energie wird für Stoffwechselvorgänge und den Aufbau verschiedener Bestandteile der Pflanzenmasse wie z. B. die Proteine, Fette und Cellulose verwendet. Weitere Energieaufwendungen entstehen der Pflanze dadurch, dass sie, um die Temperatur auf physiologisch vertretbaren Werten zu halten, langwellige Rückstrahlung und Wärmeabgabe durch Wasserverdampfung betrei-

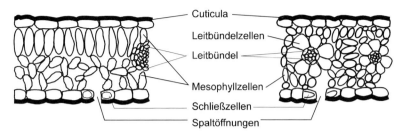

Abb. 2.5 Vereinfachtes Schema eines Querschnitts durch das Blatt einer C_3-Pflanze (links) und einer C_4-Pflanze (rechts)

ben. Die dauernde Wasserabgabe der Pflanze wird als Transpiration bezeichnet. Sie wird über die Spaltöffnungen der Pflanze, die mit Schließzellen versehen sind (Abb. 2.5), reguliert. Bei Wassermangel kann die Pflanze die Wasserabgabe vorübergehend durch das Schließen der Spaltöffnungen einschränken. Diese Spaltöffnungen können allerdings nie völlig geschlossen werden, da sonst kein CO_2 in das Blatt gelangt und damit die Photosynthese nicht stattfinden kann.

Die Atmung, die mit steigender Temperatur zunimmt, ist mit einem Substanzverlust verbunden. In der Regel ist der Substanzgewinn durch die Photosynthese aber größer als der Substanzverlust durch die Atmung.

Lichtatmung. Die meisten C_3-Pflanzen haben im Licht eine höhere CO_2-Abgabe als O_2-Aufnahme. Dieser im Licht erhöhte Gasaustausch wird Photorespiration oder Lichtatmung genannt. Ausgangspunkt der Lichtatmung ist die Doppelfunktion des Ribulosediphosphats. Die relativen Konzentrationen an CO_2 und O_2 in den Chloroplasten bestimmen, ob die Ribulosediphosphat als Carboxylase oder als Oxygenase fungiert. Bei hoher O_2-Konzentration und geringem CO_2-Angebot überwiegt die Oxygenasereaktion. In einer Reihe von Reaktionen entsteht über Glykolsäure letztendlich CO_2, welches freigesetzt wird. Bei niedrigen O_2-Konzentrationen und hohem CO_2-Angebot in der Atmosphäre überwiegt die Carboxylierungsreaktion und die Lichtatmung wird unterbunden. Ein hoher O_2-Partialdruck begünstigt damit die Lichtatmung, ein hohes CO_2-Angebot dagegen die Photosynthese. Im Gegensatz zur Dunkelatmung ist die Lichtatmung nicht mit einer ATP-Bildung verbunden, so dass hierbei die Photosyntheseprodukte "energetisch nutzlos" zu CO_2 umgewandelt werden. Da die Mesophyllzellen der C_4-Pflanzen kein Ribulosediphosphat enthalten, haben C_4-Pflanzen keine messbare Lichtatmung. Hier findet die Lichtatmung nur in den Zellen der Bündelscheiden statt. Das dabei frei werdende CO_2 wird in den Mesophyllzellen refixiert, bevor es das Blatt verlassen kann.

Unter natürlichen Bedingungen gehen bei C_3-Pflanzen rund 20 % und in Extremfällen bis 50 % des photosynthetisch aufgenommenen CO_2 sogleich als photorespiratorisches CO_2 wieder verloren. Die Lichtatmung ruht im Dunkeln. Bei C_4-Pflanzen entstehen dagegen nur geringe Subtanzverluste durch Lichtatmung. Dies ist ein Grund für die höhere Nettostoffproduktion der C_4- im Vergleich zu den C_3-Pflanzen.

Wirkungsgrad der Primärproduktion. Der Wirkungsgrad bzw. der Nutzeffekt der Photosynthese gibt an, welcher Anteil der absorbierten Strahlungsenergie (d. h. der Strahlung im Wellenlängenbereich von 400 bis 700 nm) in Form von chemisch gebundener Energie festgelegt wird. Eine theoretische Berechnung, die den Energiegehalt von Glucose dem Energiegehalt der für die Glucosebildung notwendigen Photonen gegenüberstellt, ergibt einen Nutzeffekt von 33,2 %. Unter optimalen Bedingungen und vollem CO_2-Angebot erreichen isolierte Chloroplasten im praktischen Versuch einen Nutzeffekt von ca. 30 %. Für die tatsächliche Nettophotosyntheseleistung von Pflanzen ergibt sich jedoch ein deutlich geringerer Nutzeffekt.

Nur etwa 50 % der Gesamtstrahlungsenergie liegen im photosynthetisch aktiven Wellenlängenbereich von 400 bis 700 nm und können damit von den Pflanzen für die Photosynthese genutzt werden (Tabelle 2.1). Von der Energie aus der absorbierten Strahlung gehen zusätzlich erhebliche Anteile verloren (u. a. durch Rückstrahlung, durch Energieverluste, durch die Atmung).

Durch die Bruttophotosynthese bzw. die daraus entstehende Bruttoprimärproduktion, welche die gesamte organische Substanz umfasst, die durch die Photosynthese erzeugt wird, könnten demnach maximal bis zu 15 % der eingestrahlten Energie chemisch gebunden werden. Durch die Nettophotosynthese, die sich aus der Bruttophotosynthese abzüglich des Substanzverlustes durch die Atmung ergibt, können bis zu 9 % der eingestrahlten Energie tatsächlich in chemische Energie umgewandelt werden.

Versuche ergaben, dass – bezogen auf die Nettoprimärproduktion – landwirtschaftlich genutzte C_4-Pflanzen den höchsten maximalen Nutzeffekt von 3 (Mais) bis 6 % (Hirse) erreichen können. C_3-Pflanzen erreichen einen Nutzeffekt zwischen 1,5 bis 2 % (z. B. Bohnen) und 2 bis 4 % (z. B. Gräser, Getreide, Zuckerrüben).

Im Durchschnitt über die Vegetationsperiode und bezogen auf den gesamten Pflanzenbestand erreichen selbst die produktivsten Pflanzengesellschaften (z. B. Regenwälder) nur einen Nutzeffekt von 2 %. Die meisten Wälder und Grasgesell-

Tabelle 2.1 Energieverluste im Verlauf der Kohlenstoffassimilation in Pflanzen /2-9/

Energieverluste durch	relativer Verlust[a]
Solarenergie außerhalb der photosynthetisch nutzbaren Wellenlängen	50 %
Remission und Transmission	5 bis 10 %
Absorption durch photosynthetisch unproduktive Gewebe und Strukturen (Zellwände, nicht photosynthetisch wirksame Pigmente)	2,5 %
Energieverluste nach Strahlungsabsorption durch Wärme, Fluoreszenz usw.	8,7 %
Aufwand für Elektronentransporte und Sekundärprozesse der Kohlenstoffassimilation	19 bis 22 %
Lichtatmung	2,5 bis 3 %
Dunkelatmung	
$\quad C_3$-Pflanzen	3,7 bis 4,3 %
$\quad C_4$-Pflanzen	4,9 bis 5,8 %
Summe	*91,4 bis 100 %*

[a] bezogen auf die gesamte Globalstrahlung

2.2 Primärproduktion

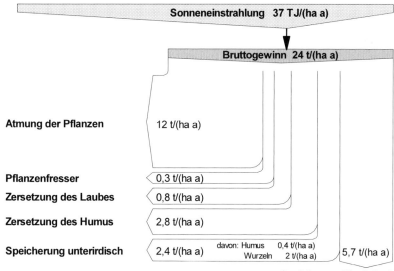

Abb. 2.6 Stoffbilanz einer Pflanzengesellschaft am Beispiel eines Hainbuchenwaldes (nach /2-19/)

schaften liegen nur bei 1 %. In weiten Teilen Europas liegt der Nutzeffekt damit im Mittel bei 0,8 bis 1,2 %.

Abb. 2.6 zeigt den Nettobiomassegewinn eines Ökosystems am Beispiel eines Hainbuchenwaldes. Durch Ausnutzung von 1 % der eingestrahlten Sonnenenergie werden 24 t Biomasse (Trockenmasse) je Hektar gebildet. Die Hälfte davon geht durch Atmung der Pflanzen verloren. Ein Teil wird dem Boden über abfallende Blätter zugeführt und von Mikroorganismen zersetzt. Die Nettospeicherung an Biomasse beträgt pro Hektar und Jahr ca. 5,7 t oberirdisch und rund 2,4 t in Form von Wurzeln und Humus unterirdisch.

Die Effizienz der Photosynthese der Einzelpflanze hängt entscheidend von der Verteilung, Struktur und Arbeitsweise der Chloroplasten ab (C_3- bzw. C_4-Weg der Photosynthese). Die Effizienz wird darüber hinaus unter natürlichen Bedingungen durch vielfältige äußere Faktoren beeinflusst bzw. begrenzt. Beispielsweise ist ein begrenzender Faktor die CO_2-Konzentration der Außenluft. Die CO_2-Aufnahme aus der Luft kann auf null zurückgehen, wenn eine gewisse Grenzkonzentration in der Außenluft erreicht ist (sogenannter CO_2-Kompensationspunkt). Mit zunehmendem CO_2-Partialdruck steigt die Kohlenstoff-Bindungsaktivität der Ribulose-diphosphat-Carboxylase-Oxigenase an und die Sauerstoff-Freisetzung wird gehemmt. Das Enzym ist bei dem natürlichen CO_2-Gehalt der Luft von etwa 0,03 Vol.-% nicht ausgelastet und könnte bei Erhöhung der CO_2-Konzentration mehr leisten. Eine solche Erhöhung verstärkt damit die Syntheseprozesse und verringert die Lichtatmung. Die höchste Kohlenstoffaufnahme wird bei einer CO_2-Konzentration der Luft von 1 bis 2 Vol.-% erreicht.

Eine Limitierung der übrigen Wachstumsfaktoren (Licht, Wasser, Temperatur, Nährstoffe) führt ebenfalls zur Verringerung der photosynthetischen Effizienz. Bei

Wassermangel, beispielsweise, werden die Spaltöffnungen der Blätter geschlossen, um einen Transpirationsverlust zu vermindern. Damit wird auch die CO_2-Aufnahme eingeschränkt bzw. unterbunden.

2.3 Standortfaktoren

Die Biomassebildung wird wesentlich durch die gegebenen Standortfaktoren (Einstrahlung, Temperatur, Wasser, Boden und Nährstoffe, Humusreproduktion) beeinflusst. Diese Größen und ihr jeweiliger Einfluss werden nachfolgend angesprochen.

Einstrahlung. Die Nettophotosynthese steigt mit zunehmender Strahlungsintensität bis zu einem Sättigungspunkt an. Wird die Strahlung sehr gering, übersteigt die Veratmung von Kohlenstoffdioxid (CO_2) dessen Assimilation.

Von der Strahlung, die auf eine Pflanze fällt, wird nur ein Teil absorbiert; der Rest wird reflektiert oder durchgelassen. Die Absorption von Strahlung im pflanzlichen Gewebe erfolgt selektiv, d. h. in Abhängigkeit von der Wellenlänge. Besonders im Bereich der Infrarotstrahlung von 700 bis 1 100 nm durchdringt sehr viel Energie den Pflanzenbestand, ohne absorbiert zu werden (Abb. 2.7).

Die Nettoeinstrahlung ergibt sich aus der nicht reflektierten Gesamtstrahlung und der langwelligen Rückstrahlung. Hierbei stellt der Reflexionskoeffizient das Verhältnis von reflektierter zu eingestrahlter Energie dar. Er hängt vor allem von dem Einstrahlungswinkel, der Oberflächenbeschaffenheit und der Farbe ab. Bei einem grünen Pflanzenbestand liegt der Reflexionskoeffizient bei 0,1 bis 0,4.

Da die Lichtaufnahme von der Größe der gesamten Blattoberfläche abhängt, steigt sie mit zunehmendem Blattflächenindex (d. h. Blattfläche pro Bodenfläche)

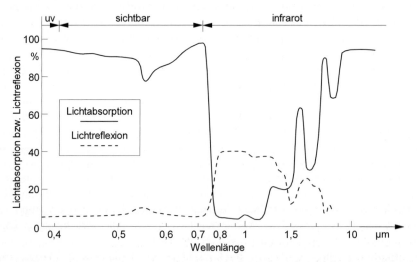

Abb. 2.7 Spektrum der Absorption und der Reflexion von Licht durch Pappelblätter (uv ultra violett; nach /2-8/)

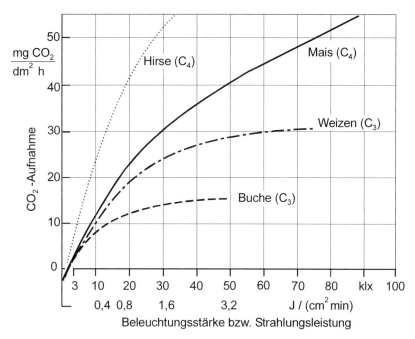

Abb. 2.8 Nettophotosynthese verschiedener Pflanzen in Abhängigkeit von der Strahlungsintensität (nach /2-19/)

an. Dieser verändert sich saisonal, da der Boden nicht während des ganzen Jahres bedeckt ist. Auch die Form und Stellung der Blätter beeinflussen den Anteil der Strahlung, der absorbiert werden kann.

Die Lichtnutzungseffizienz ist der Quotient aus der pro Zeiteinheit gebildeten Trockenmasse und der dabei von den Pflanzen aufgenommenen photosynthetisch aktiven Strahlung (400 bis 700 nm). Sie schwankt in Abhängigkeit von der Pflanzenart, der Pflanzengesellschaft und den Umweltbedingungen. C_4-Pflanzen haben aufgrund ihres effizienteren Photosynthesemechanismus eine höhere Lichtnutzungseffizienz als C_3-Pflanzen (Abb. 2.8). Während bei C_4-Pflanzen ca. 1,4 bis 3 g Trockenmasse (TM) je MJ Strahlung assimiliert werden, liegt dieser Wert für C_3-Pflanzen bei 1 bis 1,4 g Trockenmasse (TM) pro MJ. Die Lichtnutzungseffizienz wird verringert durch suboptimale Wachstumsbedingungen wie Wasserstress, Nährstoffmangel und/oder Krankheitsbefall. Bei einer Strahlung von 250 W/m² sind die Blätter von C_3-Pflanzen lichtgesättigt; die darüber hinausgehende Strahlungsenergie kann nicht mehr genutzt werden. So kann es vorkommen, dass die oberen Blätter einer Pflanze schon lichtgesättigt sind, während die beschatteten Blätter ein Lichtdefizit haben.

Temperatur. Die Temperatur beeinflusst alle Lebensvorgänge. Dies gilt insbesondere für die Photosynthese, die Atmung und die Transpiration. Die Pflanzen zeigen in ihrer Aktivität artspezifisch einen Bereich, an dem sich ein Optimum einstellt. C_4-Pflanzen zeichnen sich dabei durch ein höheres Temperaturoptimum aus (über 30 °C) als C_3-Pflanzen (ca. 20 °C).

Die untere Grenze für Photosyntheseaktivität, das Temperaturminimum, liegt bei den Pflanzen der kalten und gemäßigten Klimaregionen bei wenigen Grad unter null. Mit dem Anstieg der Jahresdurchschnittstemperatur (bis zu ca. 30 °C) steigt – bei gegebener ausreichender Wasserversorgung – auch das Biomasseertragspotenzial eines Standorts. Im oberen Temperaturbereich folgt die Zunahme der Trockenmasseproduktion einer Sättigungskurve (Abb. 2.9). Die Temperaturobergrenze liegt – je nach Pflanze – bei 38 bis 60 °C, da oberhalb dieser Temperatur eine Zerstörung des Eiweißes und dadurch bedingt eine verminderte Enzymaktivität sowie die Beschädigung der Membranen erfolgt. Dies führt zum Erliegen der Stoffwechselprozesse.

Wasser. Grüne Pflanzen bestehen zu ca. 70 bis 90 % aus Wasser, wobei der Wassergehalt sich mit Art und Alter des Pflanzenorgans ändert. Wasser nimmt sehr wichtige Funktionen in der Pflanze wahr; dazu zählen der Transport gelöster Stoffe und die Aufrechterhaltung des hydrostatischen Drucks, der das Gewebe straff hält. Die Verdunstung von Wasser wirkt kühlend und schützt die Pflanze vor Überhitzung bei Sonneneinstrahlung. Wasser stellt auch bei allen Stoffwechselvorgängen (z. B. der Photosynthese) ein wichtiges Ausgangsmaterial dar. Außerdem spielen sich fast alle bio-chemischen Reaktionen in wässriger Lösung ab.

Damit wird die Ertragshöhe und -sicherheit von Pflanzenbeständen wesentlich von der während der Vegetationszeit zur Verfügung stehenden Wassermenge bestimmt (vgl. Abb. 2.9). Der Wasserbedarf steigt dabei mit zunehmender Pflanzenmasse während des vegetativen Wachstums an. Gleichzeitig besteht ein enger Zusammenhang zwischen der Wasser- und Nährstoffversorgung der Kulturpflanzenbestände (d. h. eine ausreichende Nährstoffzuführung zu den Wurzeln für ein op-

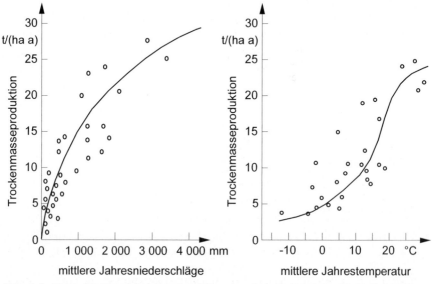

Abb. 2.9 Nettoprimärproduktion von Wäldern in Abhängigkeit vom mittleren Jahresniederschlag (links) und der mittleren Jahrestemperatur (rechts) (nach /2-7/)

2.3 Standortfaktoren

timales Wachstum ist nur bei einer ausreichenden Wasserversorgung gewährleistet).

Der Wasserhaushalt einer Pflanze wird bestimmt durch die Wasseraufnahme – vorwiegend über die Wurzeln – und die Wasserabgabe. Letztere findet hauptsächlich durch die Transpiration der Blätter statt. Die Cuticula (vgl. Abb. 2.5), eine Schicht aus Cutin und Wachs, die auf der Epidermis (d. h. der Oberhaut der Pflanzenorgane) aufliegt, verhindert zum größten Teil eine direkte Verdunstung des Wassers durch die Epidermis-Außenwände. Die Transpiration ist umso stärker, je trockener die umgebende Außenluft und je größer die Blattfläche ist, die mit der Luft in Berührung kommt. Ein Wasserdefizit entsteht, wenn die Wasserabgabe größer ist als die Wasseraufnahme. Dies kann bei starker Transpiration, geringer Wasserverfügbarkeit im Boden oder gehemmtem Stoffwechsel in der Wurzel der Fall sein. Die Wurzel nimmt das Wasser aus dem Boden über die Saugkraft der Wurzelzellen auf. Die Wasseraufnahmefähigkeit endet am Welkepunkt; hier ist der Bodenwassergehalt so gering, dass die Wasserhaltefähigkeit des Bodens die Saugkraft der Wurzeln übersteigt.

Die Kenntnis des artspezifischen Wasserverbrauchs ist damit eine unabdingbare Voraussetzung für die Energiepflanzenproduktion. Als Beurteilungskriterium für die Wasserverwertungseffizienz einer Kulturart gilt das Verhältnis zwischen Wasserverbrauch und dem Trockenmasseertrag, das als Transpirationskoeffizient bezeichnet wird. Der reziproke Wert des Transpirationskoeffizienten ist die vorrangig im englischen Sprachraum verwendete Wasserausnutzungsrate (d. h. Water Use Efficiency (WUE)).

Die für den Transpirationskoeffizienten angegebenen Werte entsprechen häufig dem fachlich korrekten "Evapotranspirationskoeffizienten". Dieser berücksichtigt neben der Pflanzentranspiration die unvermeidbare Bodenevaporation. Bei potenziellen Energiepflanzen wie Winterweizen konnten Werte von ca. 350, bei Winterraps von 300, bei Zuckerrüben von 250 und bei Silomais von 200 l H_2O/kg TM ermittelt werden (u. a. /2-16/). Grundsätzlich gilt, dass C_4-Pflanzen (z. B. Mais, Hirsen) einen bedeutend niedrigeren Evapotranspirationskoeffizienten und damit eine bessere Wasserausnutzung aufweisen als C_3-Pflanzen (z. B. Getreide). Damit erklären sich auch die relativ höheren Erträge in Trockenjahren bzw. trockeneren Standorten von C_4-Pflanzen.

Der Transpirationskoeffizient gibt aber noch keine Auskunft über den Wasserbedarf während der Hauptwachstumsphase. Der Gesamtwasserverbrauch der Kulturen variiert aufgrund der sehr unterschiedlichen Vegetationszeiten erheblich. Beispielsweise benötigt z. B. Welsches Weidelgras mit einer Vegetationszeit von 350 d knapp 700 mm Wasser/m^2 und Silomais mit einer Vegetationszeit von 140 d nur 370 mm Wasser – bei einem Tageswasserverbrauch bei voll entwickelten, gesunden Beständen zwischen 3,7 und 4,3 mm /2-16/. Diese benötigten Wassermengen werden im langjährigen Durchschnitt über den Niederschlag (1,6 bis 2,3 mm/d) in den meisten Ackerbauregionen Deutschlands nicht bereitgestellt. Die klimatische Wasserbilanz ist damit negativ. Zudem ist in den letzten Jahren durch die Klimaänderung eine weitere Verschärfung des Wasserdefizits zu verzeichnen (Abb. 2.10).

Damit kommt dem Wasserspeicher- und Transformationsvermögen des Bodens zur Absicherung einer ausreichenden Wasserversorgung der Pflanzenbestände eine

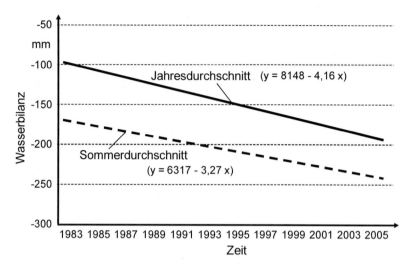

Abb. 2.10 Trend des Wasserdefizits (d. h. negative Wasserbilanz) in der Vegetationsperiode und im Gesamtjahr exemplarisch für den Standort Buttelstedt (nach /2-14/)

große Bedeutung zu. Die Wasserspeicherfähigkeit ergibt sich aus der Feldkapazität (FK) und dem permanenten Welkepunkt (PK) und wird als nutzbare Feldkapazität (nFK) bezeichnet. Sie wird entweder prozentual oder absolut in Liter je dm Bodentiefe angegeben. Die nutzbare Feldkapazität ist extrem standortabhängig und damit ein Merkmal für die Standortgüte. Sie kann zwischen 6 Vol.-% (d. h. 6 l Wasser/dm Bodenschicht) auf Sandböden und 24 Vol.-% auf Lehmböden variieren.

Böden mit einer hohen nutzbaren Feldkapazität können viel Wasser aus dem Wintervorrat für das Wachstum im Frühjahr bereitstellen bzw. größere Niederschlagsmengen während der Vegetationszeit speichern. Wird bei stärkeren Niederschlägen die Feldkapazität überschritten, was auf stark sandigen Standorten sehr häufig vorkommt, versickert das Wasser oder fließt überirdisch ab; es steht damit nicht mehr für das Pflanzenwachstum zur Verfügung. Neben der vor allem von der Bodenart und dem Humusgehalt abhängigen Feldkapazität spielt der effektive Wurzelraum eine entscheidende Rolle. Dieser pflanzen- und bodenartabhängige Parameter gibt die Tiefe an, aus der Pflanzen ertragswirksam Wasser und Nährstoffe aufnehmen können. Er kann zwischen 60 und 200 cm variieren. Der effektive Wurzelraum multipliziert mit der nutzbaren Feldkapazität ergibt das pflanzenverfügbare Bodenwasserspeichervermögen.

Bei verdichteten Böden kann der effektive Wurzelraum extrem eingeschränkt sein (d. h. die Pflanzenbestände sind nicht mehr in der Lage tiefer liegende Wasser- und Nährstoffvorräte zu erreichen). Eine bodenschonende Bodenbearbeitung, die der Erhaltung einer guten Bodenstruktur dient, ist somit nicht nur für den Bodenschutz (d. h. Minderung der Wassererosionsgefährdung), sondern auch für hohe Biomasseerträge notwendig.

Die Zusammenhänge zwischen Bodenwasserspeichervermögen im effektiven Wurzelraum, den Niederschlägen während der Vegetationszeit und den theoretisch

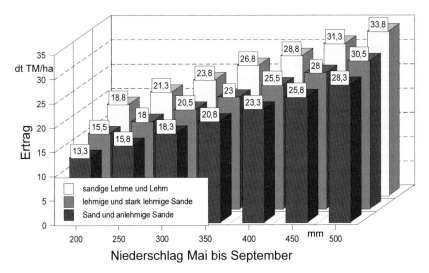

Abb. 2.11 Ertragspotenzial von Mais in Abhängigkeit vom Niederschlag während der Vegetationsperiode und dem pflanzenverfügbaren Bodenwasser (Mai bis September) (nach /2-20/)

erzielbaren Erträgen am Beispiel des Maises mit einem Evapotranspirationskoeffizienten von 200 mm/kg TM zeigt Abb. 2.11.

Bei der gleichen Pflanzenart können die potenziell erzielbaren Erträge zwischen 13 und 34 t TM/ha standort- und niederschlagsabhängig variieren. Dieser Zusammenhang ist für Planungen z. B. von Biogasanlagen und für die Ausschöpfung des von der Pflanzenzüchtung bereitgestellten sortenspezifischen Ertragspotenzials zu berücksichtigen.

Boden und Nährstoffe. Der Boden entsteht durch Verwitterung der Erdkruste unter Mitwirkung von Mikroorganismen (Biosphäre); er besteht aus Mineralien unterschiedlicher Art und Größe sowie dem aus organischen Stoffen gebildeten Humus. Weiterhin enthält er Wasser, Luft und verschiedene lebende Organismen. Den Pflanzen bietet der Boden Wurzelraum, Verankerung und Versorgung mit Wasser, Nährstoffen und Sauerstoff. Wachstum und Entwicklung bzw. das Ertragspotenzial der Pflanzen wird stark von den physikalischen, biologischen und chemischen Eigenschaften des Bodens beeinflusst.

Zu den physikalischen Eigenschaften zählt die Mächtigkeit des nutzbaren Bodenhorizontes (d. h. die Tiefe der oberen, für die Wurzeln der Pflanzen erschließbaren Horizontes). Für ein optimales Pflanzenwachstum ist ein genügend großer Wurzelraum zur Erschließung von Nährstoffen und Wasser wichtig. Eine weitere physikalische Eigenschaft ist die Textur oder Körnungsgröße. Auch der Anteil luftführender Poren und die Fähigkeit des Bodens, Wasser zu halten sowie Wärme zu speichern bzw. abzugeben, sind hier zu nennen. Diese Eigenschaften sind, je nach Standort, erheblichen Variationen unterworfen.

Zu den chemischen Bodeneigenschaften gehören u. a. der Nährstoffgehalt und der pH-Wert.

Die biologischen Eigenschaften des Bodens werden durch das Vorkommen und die Aktivität von Bodenmikroorganismen bestimmt. Diese Organismen leben größtenteils von der organischen Substanz, die dem Boden über abgestorbene Pflanzen zugeführt wird. Durch mikrobielle Aktivität werden Nährstoffe freigesetzt, welche die Pflanzen über ihre Wurzeln aufnehmen können.

Die nicht-mineralischen Nährelemente Kohlenstoff (C) und Sauerstoff (O) werden von den Blättern der Pflanze aus der Luft aufgenommen. Im Gegensatz zum reichlich vorhandenen Sauerstoff ist Kohlenstoffdioxid (CO_2) mit nur rund 0,03 Vol.-% in geringer Konzentration in der Luft vorhanden. Bei stärkerer Einstrahlung kann die CO_2-Versorgung der Chloroplasten die Produktionsrate eines Pflanzenbestands begrenzen.

Die mineralischen Hauptnährelemente Stickstoff (N), Phosphor (P), Kalium (K), Calcium (Ca), Magnesium (Mg) und Schwefel (S) sowie die Spurenelemente Eisen (Fe), Mangan (Mg), Zink (Zn), Kupfer (Zn), Molybdän (Mo), Chlor (Cl) und Bor (B) müssen die Pflanzen weitgehend über die Wurzel aus dem Boden aufnehmen. Hierbei kommt es auf eine möglichst große Wurzeloberfläche an, für deren Entwicklung ein ausreichender Wurzelraum zur Verfügung stehen muss. Die Durchwurzelbarkeit des Bodens sinkt mit zunehmender Dichtlagerung der Bodenbestandteile sowie mit dem Auftreten von Verdichtungszonen im Boden (z. B. durch falsche Bodenbearbeitung, durch zu hohen Bodendruck der Maschinen).

Humusreproduktion. Die Güte oder Fruchtbarkeit eines Bodens wird vor allem durch seine Entstehung (z. B. Löß, Diluvial) und den Humusgehalt bestimmt. Die jeweiligen mineralischen und organischen Bestandteile des Bodens bilden dabei die feste Bodenmasse.

Die organischen Bestandteile setzen sich aus den Bodenorganismen, den lebenden Pflanzenwurzeln sowie den abgestorbenen pflanzlichen und tierischen Biomassen – die als Humus bezeichnet werden – zusammen. Eines der wichtigsten Nachhaltigkeitsprinzipien zur Erhaltung der Bodenfruchtbarkeit ist die Beibehaltung bzw. eine leichte Erhöhung des Humusstatus des Bodens.

Humus macht 80 bis 90 % der Bodenbiomasse aus. Er befindet sich in einem laufenden Abbau-, Umbau- und Aufbauprozess. In den mineralischen Böden Deutschlands beträgt der Humusgehalt 1,5 bis 4 %. Anzustreben ist auf Ackerböden ein Humusgehalt von 2,5 %.

Humus wird in Dauerhumus, der im Wesentlichen nicht angereichert wird, und Nährhumus, welcher andauernden Abbau- und Aufbauprozessen unterliegt, unterteilt. Bei der Zersetzung des Nährhumus (d. h. Mineralisierung) werden Pflanzennährstoffe freigesetzt (u. a. Kohlenstoffdioxid (CO_2), Ammoniak (NH_3), Phosphor(P)- und Schwefel(S)-Verbindungen, K-, Mg-, Ca-Salze, Wasser, Wärme). Durch die Zufuhr von organischem Material (z. B. Gülle, Gärreste, Stroh, Gründüngung) müssen neben den anfallenden Wurzelrückständen die Humusdefizite infolge der Mineralisierung, vor allem bei Kohlenstoff, ausgeglichen werden; d. h. es wird im landwirtschaftlichen Reproduktionsprozess immer eine ausgeglichene Humusbilanz angestrebt und damit sollte der durch die Nutzung entnommene Kohlenstoff dem Kreislauf wieder zugeführt werden. Prinzipiell ist dabei auch kein Unterschied zwischen einer Verwertung als Nahrungsmittel und als Bioenergierohstoff gegeben.

Damit kann zwischen humuszehrenden und humuserhaltenden Bioenergieoptionen unterschieden werden. Beispielsweise wird bei einer Verbrennung von Stroh der Kohlenstoff komplett an die Atmosphäre abgegeben, wohingegen bei einem Einsatz der Pflanzen in Biogasanlagen ein erheblicher Teil des Kohlenstoffs durch die Rückführung der Gärrückstände im Bodenkreislauf verbleibt.

Entscheidend für die Humusbilanz sind somit die nachfolgend dargestellten Aspekte.

- Abbaurate des Humus im Boden, die vom Klima, der Nährstoffversorgung, der Bodenstruktur, der Bodenbearbeitung usw. beeinflusst wird,
- Zufuhr von organischer Substanz über Wurzelrückstände, wobei in Humuszehrer (z. B. Hackfrüchte) und Humusmehrer (z. B. mehrjähriges Ackerfutter) unterschieden wird und
- Zufuhr von organischer Substanz aus organischen Düngern und auf dem Feld verbleibender oberirdischer Biomasse (z. B. Stroh).

Der Fruchtfolge und der Nutzung des aufgewachsenen Kohlenstoffs kommt damit besondere Bedeutung zu. Beispielsweise fließen bei einer Nutzung im Biogasreaktor die schwer abbaubaren Kohlenstoffverbindungen (Lignin, etc.) als Gärrest auf die Flächen zurück. Die Humusbilanz ist damit weitgehend ausgeglichen. Wird die gleiche Biomasse demgegenüber thermo-chemisch mit den Ziel der Kraftstofferzeugung vergast, kommt bei einer Ascherückführung ein erheblicher Anteil der Grundnährstoffe (d. h. Phosphor, Kalium, Magnesium, Spurenelemente) auf die Fläche zurück. Der Kohlenstoff wurde aber komplett verwertet, sodass kein Rückfluss erfolgt. Deshalb ist die Humusbilanz in diesem Fall negativ. Um hier eine ausgeglichene Humusbilanz zu gewährleisten, ist es bei einer Verwertung der Biomasse in Vergasungs- oder Verbrennungsanlagen notwendig, dass in Abhängigkeit von der Fruchtfolge und dem Standort mindestens 25 bis 30 % der aufgewachsenen Biomasse auf dem Acker verbleiben.

2.4 Acker- und pflanzenbauliche Grundlagen

Neben den durch den Standort vorgegebenen Faktoren wie Temperatur oder Niederschlag kann das Pflanzenwachstum auch durch pflanzenbauliche Maßnahmen anthropogen beeinflusst werden. Darunter fallen die Wahl der geeigneten Kulturpflanze und Sorte für die jeweiligen Standortgegebenheiten (d. h. Anbausysteme und Fruchtfolgegestaltung), die Bodenbearbeitung, die Aussaattechnik, die Düngung und der Nährstoffkreislauf sowie der Pflanzenschutz, die Beregnung und die Erntemaßnahmen. Sie werden nachfolgend diskutiert.

2.4.1 Anbausysteme und Fruchtfolgegestaltung

Die wichtigste Voraussetzung für eine standortabhängige erfolgreiche Pflanzenproduktion ist die Wahl einer an die ökologischen Bedingungen des Produktionsstandortes angepassten Pflanzenart. Dies betrifft u. a. die Ansprüche an die Bodenbeschaffenheit, an die Niederschlagsmenge und deren Verteilung sowie die Temperatur und deren Verlauf.

Der Anbau von Energiepflanzen erfolgt dabei nach den gleichen ackerbaulichen Grundsätzen wie der Anbau von Nahrungs- und Futterpflanzen. Dazu zählen eine der Pflanzenart angepasste Standortwahl, die Einhaltung von Fruchtfolgen, die Bodenbearbeitung und die Bestandesführung. Die agrotechnischen Maßnahmen im Anbausystem der einzelnen Fruchtarten richten sich nach dem Produktionsziel. Damit kann in Detailfragen (z. B. der Sortenwahl, der Saatstärke, der Düngung, des Pflanzenschutzes und der Wahl des Erntetermins) das Produktionsregime der Energiepflanzen vom Produktionsregime für die Nahrungsmittelerzeugung abweichen.

Grundsätzlich bestimmt die Fruchtfolge die zeitliche Aufeinanderfolge der geeigneten Kulturpflanzen auf einem Feld. Der Fruchtfolgegestaltung sind biologische Grenzen gesetzt, da der Anbau derselben oder verwandter Kulturarten in aufeinander folgenden Jahren durch das Auftreten von Krankheiten beschränkt sein kann und daher ggf. Anbaupausen einzuhalten sind. Die zeitliche Abfolge der Kulturpflanzen muss so geplant werden, dass zwischen der Ernte der einen und der Aussaat der anderen Frucht genügend Zeit für eine Bodenvorbereitung liegt. Dies wird nachfolgend für unterschiedliche Anbausysteme diskutiert.

Grünland-Anbausysteme. Grünland unterliegt nach der "guten fachlichen Praxis" über verschiedene Vorgaben der EU (z. B. Cross Compliance Regelungen) de facto einem Umbruchverbot (d. h. einem Verbot der Umwandlung von Grünland in Ackerland). Dieses Verbot ist vor allem aus naturschutzfachlicher Sicht mit dem Ziel des Erhaltes und des Status einer vielfältigen Flora und Fauna und auch aus klimapolitischer Sicht begründet. Bei einem Umbruch von Grünland, vor allem auf Moorstandorten, kann es zu einem schnellen Humusabbau und damit zu einem kurzfristigen, deutlichen Anstieg der Kohlenstoffdioxid-Emissionen kommen.

Aber auch Grünlandaufwüchse können energetisch verwertet werden. Dabei gibt es zwei Bewirtschaftungsrichtungen, die durch unterschiedliche Intensitäten geprägt sind:
– Wirtschaftsgrünland und
– Grünland mit Landschaftspflegecharakter.
Zwischen diesen beiden Formen sind die Übergänge fließend. Die Bestandesführung bei Wirtschaftsgrünland hat das Ziel, einen hohen Ertrag an energiereichem Futter bzw. an Biomasse zu produzieren. Dazu erfolgt in Abhängigkeit vom Standort, der Bestandeszusammensetzung und der Jahreswitterung eine drei- bis fünfmalige Schnittnutzung. Die Aufwüchse sind beispielsweise als Co-Substrat für Biogasanlagen geeignet. In der Praxis hat sich das System etabliert, den 1. und 2. Aufwuchs für die Verfütterung sowie den 3. und 4. Aufwuchs für die Biogasproduktion einzusetzen (d. h. auf ein und demselben Standort erfolgt Food- und Non-Food-Produktion).

Auf Grünland mit dem vorwiegenden Produktionsziel "Erhaltung und Förderung einer vielfältigen Flora und Fauna" erfolgt in der Regel eine Ein- bis Zweischnittnutzung. Der erste Schnitt soll möglichst spät erfolgen, um z. B. Wiesenbrüter nicht zu stören und Blütenpflanzen das Aussamen zu ermöglichen. Die Folge ist eine erhebliche Lignifizierung des Erntegutes; d. h. die Aufwüchse sind für die Tierernährung und auch für die Biogaserzeuger nur bedingt bzw. nicht geeignet.

Aus diesem Material sollte Heu bereitet werden, welches anschließend z. B. einer thermischen Verwertung (z. B. Verbrennung, Vergasung) zugeführt werden kann.

Eine Mischform zwischen Grünland und Ackerland ist das sogenannte "Wechselgrünland". Dabei handelt es sich um eine spezielle Form des Acker- oder Feldgrasanbaus, in dem auf Ackerland für 4 bis 5 Jahre Grünland etabliert wird, das nach dieser Zeit gepflügt und dann wieder für einen längeren Zeitraum einer ackerbaulichen Nutzung zugeführt wird. Die Aufwüchse dieser Bewirtschaftungsform sind energiereich und damit hervorragend für eine Verwertung in Biogasanlagen geeignet.

Ackerbau-Anbausysteme. Eine intensive Landnutzung erfolgt im Ackergrasbau. Dabei handelt es sich um die Aussaat von Ackergras bzw. Gras-Leguminosengemenge (z. B. Kleegras oder Luzernegras zur ein- bis zweijährigen, in Ausnahmefällen auch dreijährigen Nutzung). Ebenfalls auf Ackerland kann die Anlage von Dauerkulturen erfolgen. Für die energetische Verwertung kommen unter mitteleuropäischen Bedingungen ausschließlich lignocellulosehaltige Pflanzen (z. B. Miscanthus, Rutenhirse, schnellwachsende Baumarten (Pappeln, Weiden) und Futterpflanzen, wie die Durchwachsene Silphie) in Betracht. In den Tropen und Subtropen ist die Nutzug von Dauerkulturen bedeutend stärker ausgeprägt; typische Beispiele für eine energetische Verwertung von Dauerkulturen sind Eukalyptus (Zellulose), Ölpalme (Pflanzenöl) und Zuckerrohr (Zucker).

Die Einordnung potenzieller Energiepflanzen in Anbausysteme und das Fruchtfolgeregime zeigt Abb. 2.12. Unter mitteleuropäischen Standort- und Klimabedingungen handelt es sich vorwiegend um einjährige, in Ausnahmefällen auch um zweijährige Pflanzen. Die Etablierung von Plantagen (Dauerkulturen) befindet sich im Anfangsstadium und beschränkt sich vorwiegend auf Kurzumtriebsplantagen mit Weiden und Pappeln.

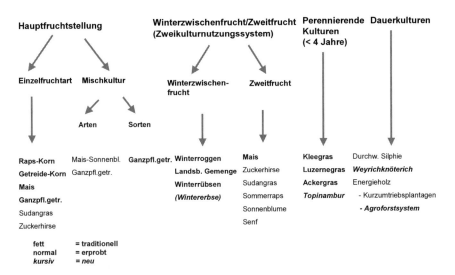

Abb. 2.12 Einordnung potenzieller Energiepflanzen in das Anbauregime (Ganzpfl.getr. Ganzpflanzengetreide; Sonnenbl. Sonnenblumen; Landsb. Gemenge Landsberger Gemenge; Durchw. Silphie Durchwachsene Silphie)

Der Anbau von Energiepflanzen kann sowohl in ausschließlichen Energiepflanzenfruchtfolgen als auch über eine Integration der Energiepflanzen in bestehende Fruchtfolgen eines Betriebes mit Marktfrüchten und Futterpflanzen erfolgen. Unter dem Begriff Fruchtfolge wird dabei der planmäßige Anbauablauf annueller bzw. perennierender Pflanzen auf einem Schlag oder einer Schlageinheit über einen bestimmten Zeithorizont verstanden. Synonym dafür ist auch die Bezeichnung "Rotation".

In einer klassischen Fruchtfolge sollten immer tragende Fruchtarten (in der Regel Blattfrüchte wie Zuckerrüben, Kartoffeln oder Raps oder mehrjähriges Ackergras bzw. Gras-Leguminosengemenge) sowie Hülsenfrüchte mit abtragenden Fruchtarten (in der Regel Halmfrüchte wie Getreide und Mais) kombiniert werden. Mit der Kombination wird den Prinzipien des integrierten Pflanzenbaus /2-11/ Rechnung getragen. Er ist durch folgende Eigenschaften gekennzeichnet:
- möglichst großer Fruchtartenanteil in der Region,
- nicht zu großer Anteil einer Fruchtart in der Fruchtfolge,
- möglichst ständige Bodendeckung durch Anbau von Wintergetreide,
- Einbeziehung von Zwischenfrüchten und mehrjährigen Kulturen und
- Einbindung erosionshemmender Früchte auf gefährdeten Standorten.

Mit diesen Maßnahmen sollen die Bodenfruchtbarkeit gefördert, das Bodenleben sowie der Wasser- und Humushaushalt stabilisiert, die Bodenstruktur verbessert und der Unkraut-, Krankheits- und Schädlingsbefall minimiert werden.

Beispielsweise ist der Vorfruchtwert (d. h. ob die nachfolgende Fruchtart mit Minder- oder Mehrerträgen auf die Vorfrucht reagiert) aus agrotechnischer und aus betriebswirtschaftlicher Sicht zu beachten. So haben Winterraps, mehrjähriges Ackerfutter, Hülsenfrüchte (z. B. Ackerbohne, Erbse) für das in der Fruchtfolge nachfolgende Getreide (Nachfrucht) einen erheblichen Vorfruchtwert, der sich in einem Mehrertrag von 4 bis 8 dt Korn/ha im Vergleich zu einer ausschließlichen Getreidefolge bewegen kann.

Des Weiteren ist bei der Gestaltung auf die Selbstverträglichkeit der Fruchtarten zu achten (d. h., ob die Fruchtart auf den ein- oder mehrmaligen Nacheinanderanbau günstig bzw. ohne wesentliche Ertragseinbußen reagiert). Typische mit sich selbstverträgliche Fruchtarten sind Roggen und Mais. Theoretisch und z. T. auch praktiziert können diese Fruchtarten als Monokultur angebaut werden – wenn auch nur für einen begrenzten Zeitraum. Bei vermehrtem Auftreten von bestimmten Krankheiten oder von Schaderregern sind Pflanzenarten-spezifische Fruchtfolgegrundsätze mit einem maximalen Anteil von 33 % in der Rotation anzustreben. Auch Weizen ist theoretisch mit sich selbst verträglich. So wird Weizen in ausgesprochen kontinentalen Gebieten (z. B. Ukraine, mittlere Westen der USA) aufgrund des geringen Risikos des Auftretens von pilzlichen Krankheitserregern als Monokultur angebaut. Unter mitteleuropäischen Standortbedingungen sind beispielsweise in Deutschland bei einer Monokultur die geringsten Ertragseinbußen auf den fruchtbaren Marschböden Schleswig-Holsteins zu verzeichnen /2-11/. Auf weniger ertragreichen und flachgründigen Standorten mit geringer nutzbarer Feldkapazität sind Ertragseinbußen um die 20 % möglich. Zudem sind bei Getreide – vornehmlich Weizenselbstfolgen – zusätzliche Aufwendungen bei der Stroheinarbeitung und beim Pflanzenschutz durch verstärktes Auftreten von Fuß- und Blattkrankheiten zu tätigen.

2.4 Acker- und pflanzenbauliche Grundlagen

Zwingend notwendig ist die Einhaltung von Anbaupausen bei Zuckerrüben und Kartoffeln von mindestens zwei bzw. drei Jahren. Der Winterraps fordert ebenfalls eine Anbaupause von drei, besser vier Jahren. Ein Anbau dieser Fruchtarten in Selbstfolge ist nicht möglich; er würde zu Ertragseinbußen von mindesten 20 % bis hin zum Totalausfall führen.

Die Einhaltung von Fruchtfolgen ist somit für eine nachhaltige Landbewirtschaftung – vor allem zum Erhalt der Bodenfruchtbarkeit – notwendig. Neben der Anbaukonzentration der einzelnen Fruchtarten in der Fruchtfolge ist ebenfalls die Stellung in der Fruchtfolge zu beachten. Aus Abb. 2.13 ist ersichtlich, dass die Fruchtarten in Haupt- oder Zweitfruchtstellung, als Zwischenfrüchte, als Winter- oder Sommerzwischenfrüchte, als perennierende Kulturen, eventuell als Sorten- oder Artenmischung, aber auch in der Kombination Winterzwischenfrucht (Erstfrucht) mit einer Folgefrucht (Zweitfrucht) im sogenannten Zweikulturnutzungssystem angebaut werden können.

Theoretisch steht eine Vielzahl von Pflanzenarten in den unterschiedlichen Fruchtfolgestellungen für den Energiepflanzenanbau zur Verfügung. Da bei den Körnerfrüchten die Winterformen grundsätzlich höhere Erträge wie die Sommerformen bringen, stehen unter betriebswirtschaftlichen Gesichtspunkten unter den bodenklimatischen Bedingungen Deutschlands für die Ölerzeugung zur Herstellung von Pflanzenölmethylester nur der Winterraps in Hauptfruchtstellung und für die Stärkeproduktion zur Ethanolerzeugung auf der Basis von Getreide Winterweizen, Wintertriticale und Wintergerste in Hauptfruchtstellung zur Verfügung. Bei einer fortschreitenden Erwärmung infolge der Klimaveränderung könnte zukünftig die Körnermaisproduktion ebenfalls in Hauptfruchtstellung zur Stärkeerzeugung als einzige Sommerung an Bedeutung gewinnen. Die in Abb. 2.13 exemplarisch aufgeführten Fruchtartenkombinationen beziehen sich somit ausschließlich auf die Erzeugung von Rohstoffen für die Biogasproduktion.

Der Mischfruchtanbau wird vor allem aus ökologischen Gesichtspunkten bei der Energiepflanzenproduktion angestrebt. Unter dieser Bezeichnung wird die gleichzeitige Aussaat und Ernte verschiedener Arten miteinander auf einem Schlag

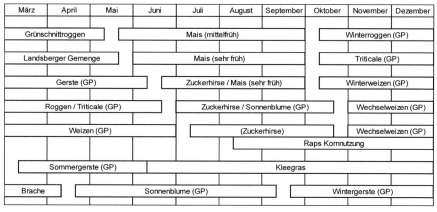

Abb. 2.13 Fruchtfolgeglieder für Energiepflanzen zur Biogasproduktion

verstanden. Seit langem etabliert ist der Anbau von Artenmischungen vorwiegend im Ackerfutterbau. Ackergrasmischungen bzw. Gras-Leguminosengemenge gehören zum klassischen Standardrepertoire des Pflanzenbaus. Bekannt sind ebenfalls Mischungen für den Winterzwischenfruchtanbau, bestehend aus Zottelwicke, Welschem Weidelgras und Inkarnatklee, bezeichnet als "Landsberger Gemenge" oder "Bremer Gemenge" oder eine Mischung von Winterfutterroggen und Zottelwicke, dem sogenannten Wickroggen. Beide Mischungen lassen sich im Zweikulturnutzungssystem mit den Zweitfrüchten Mais, Hirsen oder Sonnenblumen gut kombinieren. Letztgenannte Fruchtarten können ebenfalls als Mischung etabliert werden. Abgeleitet aus der Erkenntnis, dass Mischwälder ökologisch stabiler als reine Laub- oder Nadelwälder sind, sollen über den Mischfruchtanbau im Ackerbau ebenfalls Einspareffekte, vor allem bei Pflanzenschutz- und Düngemitteln realisierbar sein. Des Weiteren sollen Mischkulturen witterungsbedingte Ertragsschwankungen besser tolerieren (d. h. ein eventueller Ertragsausfall durch z. B. Hitze- oder Wasserstress der einen Kultur soll durch den Mischungspartner kompensiert werden). Diese Theorie ließ sich bisher in der Praxis nicht bestätigen, sodass es außer mit den aufgeführten Beispielen aus der Futterproduktion zu keiner größeren Verbreitung des Mischfruchtanbaus kam. Zudem ergeben sich Probleme durch die unterschiedlichen Anforderungen an den Pflanzenschutz, den Zeitpunkt und die Höhe der Nährstoffversorgung und in vielen Fällen eine unterschiedliche Abreife der Mischungspartner.

Eine Kombination von ökologischen Vorteilen mit einer Minimierung der Nachteile stellt der "Mischfruchtanbau-light" dar. Dabei handelt es sich um die Mischung von Getreidearten oder -sorten für die Produktion von Biogassubstraten. Gesündere Bestände und eine bessere Ertragsstabilität sind mit diesem System erreichbar. Bei einer sorgfältigen Auswahl der Mischungspartner lassen sich zudem die agrotechnischen Probleme beherrschen.

Agroforstsysteme. Die Kombination von Dauerkulturen mit annuellen bzw. perennierenden Pflanzen zur Erhöhung der Agrobiodiversität ist mit Agroforstsystemen möglich. Vor allem der Energiepflanzenanbau (in diesem Falle die Kombination von Kurzumtriebsholz mit Energiepflanzenfruchtfolgen) erscheint als eine vielversprechende Option für den ländlichen Raum.

Agroforstliche Systeme weisen zwei Charakteristika auf, die sie von einer reinen land- oder forstwirtschaftlichen Produktion unterscheiden. Es werden auf denselben Flächen mehrere Produkte von verschiedenen Pflanzenarten gleichzeitig produziert, und es findet gleichzeitig eine landwirtschaftliche Nutzung mit laufendem Einkommen und eine Kapitalbildung in Form von Holzzuwachs an Bäumen statt. Dabei wird zwischen zwei System unterschieden.
- Unter silvopastoralen Systemen ist die Kombination von "Baum/Strauch" und "Tier/Futterpflanze" als Unternutzung zu verstehen. Dies ist z. B. die bekannte Streuobstwiese. Dieses System könnte vorrangig für Grünland in Betracht kommen.
- Silvoarable Systeme sind demgegenüber die Kombination "Baum/Strauch" mit einer einjährigen Nutzung zwischen den Baumreihen. Derartige "silvoarable System" sind prädestiniert für Ackerstandorte.

2.4 Acker- und pflanzenbauliche Grundlagen

Neben der Produktion von Rohstoffen für Biokraftstoffe und zur Herstellung von Biogas können mit diesem System zusätzlich holzartige Rohstoffe zur Bereitstellung biogener Festbrennstoffe bereitgestellt werden. Diese sind aufgrund ihrer Zusammensetzung besser als halmgutartige Rohstoffe für thermische Prozesse geeignet und aufgrund der Nachfrage aus dem Wärmesektor gibt es hier bereits einen entsprechenden Markt.

Die Baumreihen sind mit den standortspezifischen Klonen für die Kurzumtriebsproduktion anzulegen. Bei der Etablierung ist zu beachten, dass die landwirtschaftliche Technik an die Arbeitsbreite von mindestens 12 m bzw. einem Vielfachen davon gebunden ist. Die Ackerholzstreifen sollen daher eine Breite von 12 m und die Zwischenflächen eine Breite von 48 m, 72 m etc. aufweisen. Um die positiven Effekte von Agroforstsystemen (u. a. Erosionsschutz, Artenvielfalt bei Flora und Fauna) zu erreichen, ist eine möglichst lange Umtriebszeit zu wählen. Entsprechend hohe Baumreihen, die mit Umtriebszeiten von zehn Jahren zu erreichen sind, ergeben dann den gewünschten Windschutz zur Erosionsvermeidung. Des Weiteren sollten in geringem Umfang Blühsträucher in das System integriert werden. Die Baumreihen bedingen Veränderungen des Kleinklimas, welche die Lebensraumvariabilität für die wild lebenden Tiere und Pflanzen im unmittelbaren Randbereich verändern. Sie beeinflussen zudem die Bewirtschaftung der angrenzenden landwirtschaftlichen Flächen.

2.4.2 Einflussfaktoren im Produktionssystem

Bodenbearbeitung und Bestellung. Bodenbearbeitungsmaßnahmen werden durchgeführt, um den Boden zu lockern, Ernterückstände sowie organische und mineralische Dünger einzuarbeiten, unerwünschte Begleitflora (d. h. Unkraut) zu bekämpfen und den Boden für die Saat vorzubereiten. Je nach Zustand des Bodens sowie den Ansprüchen der Pflanzen müssen Zeitpunkt und Verfahren der Bodenbearbeitung angepasst werden.

Die Aussaattechnik muss an die Anforderungen bzw. Eigenschaften der jeweils auszusäenden Kulturpflanzen optimal angepasst werden. Dies gilt sinngemäß auch für den Aussaatzeitpunkt und die dann vorhandenen standort-spezifischen Randbedingungen.

Düngung und Nährstoffkreislauf. Zur Düngung zählen alle Maßnahmen, die unmittelbar die Nährstoffzufuhr zu den Pflanzen und die Eigenschaften des Bodens verbessern (z. B. Kalkung, Zufuhr von organischer Substanz).

Dabei sind die Nährstoffkreisläufe – und hier insbesondere der Stickstoffkreislauf – sowie der Kohlenstoffkreislauf eng miteinander verbunden. Grundsätzlich gilt, dass die Nährstoffe, die durch die Pflanze aufgenommen werden, dem Boden wieder zurückzuführen sind. Dabei sind nach gegenwärtigem Kenntnisstand mindestens vierzehn mineralische Nährelemente für eine normale Entwicklung der Pflanzen notwendig. Weitere Elemente können für das Pflanzenwachstum nützlich sein; sie sind aber entbehrlich. Hinzu kommen die nicht-mineralischen Elemente Kohlenstoff (C), Sauerstoff (O), und Wasserstoff (H), die für die Photosynthese in Form von Kohlenstoffdioxid (CO_2) und Wasser (H_2O) benötigt werden.

Die stärkste Ertragsbeeinflussung wird durch eine Stickstoffdüngung erreicht, da Stickstoff (N) vor allem das Massenwachstum fördert und im Boden meist ein Faktor ist, der den Ertrag begrenzt. Stickstoff wird dem Boden entweder in Form von mineralischer oder organischer Düngung, über die Stickstoff-Fixierung der Leguminosen oder über Niederschläge als Eintrag aus der Luft (u. a. infolge der Stickstoffoxid(NO_x)-Emissionen beispielsweise aus dem Verkehr) zugeführt. Neben Stickstoff muss regelmäßig noch eine Düngung mit Phosphor (P), Kalium (K) und Calcium (Ca) vorgenommen werden. Calcium (Ca) hat neben seiner Funktion als Pflanzennährstoff auch eine wichtige Funktion für die Bodenfruchtbarkeit. Es beeinflusst den pH-Wert des Bodens und damit seine chemischen Reaktionen bzw. die Verfügbarkeit verschiedener Nährstoffe, und es stabilisiert über seine brückenbildende Funktion das Bodengefüge. Dadurch werden Verschlämmungen, Erosion und Sauerstoffmangel im Boden vorgebeugt. Abgesehen von Magnesium (Mg), das häufig in Kaliumdüngern enthalten ist, sind alle weiteren Nährstoffe meist ausreichend im Boden vorhanden.

Bemessung der Düngung. Die Düngung kann als Mineraldüngung (d. h. mit Rein- oder Mehrnährstoffdüngern) und/oder mit organischen Düngern (z. B. Stalldung, Gülle, Klärschlamm) erfolgen. Dabei muss die "gute fachliche Praxis" beachtet werden.

Der biologisch mögliche Höchstertrag ist nicht identisch mit dem wirtschaftlichen Optimum, da die Kosten für die Düngung den optimalen Aufwand begrenzen. Diese ökonomische Begrenzung wird dann erreicht, wenn die Kosten für die letzte Einheit des Düngeraufwandes durch den Zuwachs gerade noch abgedeckt sind. Abb. 2.14 zeigt als Beispiel den Zusammenhang zwischen der Höhe der Stickstoff-Düngung und dem Pflanzenertrag.

Die Düngung hat, wie andere ackerbauliche Maßnahmen auch, Auswirkungen auf die Umwelt. So können im Sickerwasser gelöste Nährstoffe in tiefere Bodenschichten oder in Oberflächengewässer gelangen. Auch über die Erosion werden an Bodenteilchen gebundene Nährstoffe weitergetragen. Sie sind einerseits für die Pflanze verloren und andererseits können sie in Gewässern zu erhöhten Konzentra-

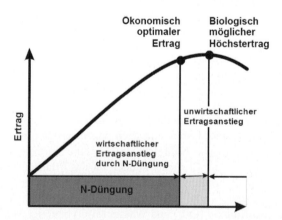

Abb. 2.14 Zusammenhang zwischen Stickstoff(N)-Düngung und Ertrag (nach /2-22/)

tionen mit den Folgen einer Eutrophierung führen. Das Risiko der Auswaschung von Nitrat ist besonders groß. Bei der Düngung ist die Ausbringung daher so zu bemessen, dass der Verlust an Nährstoffen nicht über ein unvermeidbares Maß hinausgeht. Der optimale Düngungsaufwand wird folglich durch die Biologie, die Wirtschaftlichkeit und die Anforderungen an die Umwelt bestimmt.

Der Düngerbedarf wird über den Entzug bestimmt. Letzterer errechnet sich aus der Konzentration des Nährstoffs in der pflanzlichen Trockenmasse multipliziert mit dem zu erwartenden Trockenmasseertrag ggf. zuzüglich von Zuschlägen für bestimmte Qualitätsgehalte (z. B. bei Backweizen). Des Weiteren wird bei Stickstoff und Schwefel der N_{min}- bzw. S_{min}-Gehalt des Bodens mit Abschlägen berücksichtigt. Für Phosphor, Kalium und Magnesium werden entsprechend der Bodenklassen (A bis E) Zu- und Abschläge zum Düngemittelbedarf empfohlen. Calcium ist ein Pflanzennährstoff, der in der Regel für eine optimale Pflanzenernährung in ausreichenden Mengen im Boden vorhanden ist. Die Düngung mit Kalk hat somit vorrangig das Ziel, in der Bodenlösung für die Pflanzen einen optimalen pH-Wert einzustellen.

Damit gelten für die Nährstoffversorgung von Energiepflanzen grundsätzlich die gleichen naturwissenschaftlichen Grundlagen wie für die Nahrungsmittelproduktion. Dies gilt aber auch für die gesetzlichen Vorgaben. Wichtige zu beachtende Gesetze und Verordnungen sind das Düngemittelgesetz, die Düngemittelverordnung, die Klärschlammverordnung sowie die Bioabfallverordnung.

Nebenprodukte- und Rückstandsverwertung. Bei der Verarbeitung von Energiepflanzen fallen Nebenprodukte und Rückstände an. Dies sind im Besonderen:
– Rapskuchen oder Rapsextraktionsschrot bei der Rapsölgewinnung,
– Schlempe bei der Bioethanolherstellung,
– Gärrückstände bei der Vergärung von nachwachsenden Rohstoffen und
– Aschen bei der Verbrennung bzw. Vergasung von Biomasse.

Rapskuchen und -schrot sowie Getreideschlempe haben einen theoretischen Düngewert, der allerdings durch den Futterwert erheblich übertroffen wird. Aus betriebswirtschaftlicher Sicht ist deshalb die Verfütterung der bevorzugte Weg der Verwertung dieser Nebenprodukte.

Zu beachten ist auch, dass durch die Vergärung die Eigenschaften der Gülle und der eingesetzten Co-Substrate hinsichtlich ihrer Düngewirkung z. T. verändert werden. Vor allem der pH-Wert und der Gehalt an Ammonium-Stickstoff werden erhöht. Auch kommt es infolge des Kohlenstoffabbaus zur Reduktion des Trockensubstanzgehaltes sowie zur Verengung des C zu N-Verhältnisses. Aufgrund dessen besitzen Biogasgüllen eine schnelle Stickstoffwirkung. Allerdings wird gleichzeitig das Verlustpotenzial derartiger Substrate erhöht. Im Interesse einer guten Stickstoffverwertung ist daher eine schnelle Einarbeitung in den Boden besonders wichtig.

Die Pflanzennährstoffe Phosphor, Kalium, Magnesium etc. in den Nebenprodukten und Rückständen sind in Bezug auf ihre Düngewirkung mit dem Mineraldüngeräquivalent von 1 anzurechnen. Aus düngemittelrechtlicher Sicht zu beachten ist, dass jeder Sekundärrohstoffdünger einem Düngemitteltyp zuzuordnen ist. Dadurch sollen nur Sekundärrohstoffe mit einem Beitrag zur Förderung des Pflanzenwachstums ausgebracht und die Ackerfläche nicht als "Entsorgungsfläche" oder "Flächendeponie" missbraucht werden.

Dazu sind Mindestgehalte für die typischen Nährstoffe bzw. Grenzwerte für die enthaltenen Schwermetalle einzuhalten. Die Mindestgehalte an Nährstoffen sind in Biomasseaschen oft nicht erreichbar. Holzaschen können u. U. als "kohlensaurer Kalk" und Halmgutaschen als "Kalkdünger" eingesetzt werden. Entsprechende Untersuchungsbelege über die pflanzenverfügbaren Nährstoffe bzw. enthaltene Schwermetallkonzentrationen sind bei einer Verwertung zu erbringen.

Pflanzenschutzmaßnahmen. Pflanzenschutzmaßnahmen während der Vegetationsperiode dienen der Verhinderung oder Bekämpfung von unerwünschter Begleitflora (Unkraut) sowie Krankheits- und Schädlingsbefall. Unkräuter konkurrieren mit den Kulturpflanzen um die Wachstumsfaktoren, vermindern somit i. Allg. deren Wachstum oder drängen die Kulturpflanzen zurück. Hierdurch kommt es meist nicht nur zu einem verminderten Biomasseertrag bei der angebauten Kulturpflanze, sondern auch zu einer geringeren Qualität oder einer unerwünschten Beschaffenheit der Erntemasse. Dieselben Auswirkungen können auch durch den Befall mit Krankheiten und Schädlingen verursacht werden, die von den durch die Pflanze erzeugten Photosyntheseprodukten und Reservestoffen leben. Wichtige vorbeugende Maßnahmen gegen Verunkrautung und Krankheitsbefall sind die Gestaltung der Fruchtfolge (z. B. Vermeidung der Abfolge von Kulturarten, die von denselben Krankheiten befallen werden) oder geeignete Bearbeitungsmaßnahmen (z. B. Einarbeitung von Ernteresten). Die Bekämpfung dieser unerwünschten Begleitflora kann chemisch (über den Einsatz von Herbiziden) oder mechanisch (z. B. durch Hacken) erfolgen. Dem Befall von Schädlingen und Krankheiten, bzw. deren Bekämpfung, wird meist chemisch durch Einsatz von Insektiziden bzw. Fungiziden begegnet. Bei bestimmten Schädlingen gibt es auch die Möglichkeit, eine biologische Bekämpfung durchzuführen. Hierbei werden z. B. Organismen eingesetzt, die den Schädling parasitieren und damit vernichten können.

Beregnung. Die Bereitstellung von fehlendem Wasser kann durch die Bewässerung, vorzugsweise die Beregnung, erfolgen. Bei der zukünftig immer knapper werdenden Ressource Wasser ist aber auch bei vorhandenen Beregnungsmöglichkeiten auf die Bewässerungsbedürftigkeit und die Bewässerungswürdigkeit zu achten.

Die vom Klima und Boden abhängige Bewässerungsbedürftigkeit liegt bei wachsenden Pflanzenbeständen vor, wenn die nutzbare Bodenfeuchte im effektiven Wurzelraum geringer ist als die Differenz zwischen Pflanzenwasserverbrauch und dem Niederschlag; d. h. wenn Wassermangel das Pflanzenwachstum beeinflusst.

Die Bewässerungswürdigkeit ist dahingegen eine betriebswirtschaftliche Maßzahl. Sie gibt an, welche Fruchtart unter bestimmten Standortbedingungen über die Zusatzwasserversorgung den höchsten Gewinn bzw. die niedrigsten Kosten pro verabreichte Wassermenge erreicht. Die Kosten pro verabreichte Zusatzgabe sind dabei den durch Beregnung erzielten Mehrerträgen gegenüber zu stellen. Als Grundregel gilt, dass Gemüse und Obst die höchste Beregnungswürdigkeit aufweisen, gefolgt von Hackfrüchten, Kartoffeln und Zuckerrüben sowie Futterpflanzen

2.4 Acker- und pflanzenbauliche Grundlagen

(Biogassubstrate). Die geringste Beregnungswürdigkeit haben unter mitteleuropäischen Standortbedingungen Getreide und Ölsaaten. Für die Energiepflanzenproduktion lässt sich schlussfolgern, dass die Beregnung vorrangig für die Produktion von Substraten für die Biogaserzeugung zu nutzen ist. Silagen weisen zudem im Vergleich zu Getreide und Ölfrüchten einen hohen Transportwiderstand auf. Die Substrate sind aus betriebswirtschaftlichen Erwägungen daher möglichst im Umfeld der Biogasanlage zu produzieren. Die Beregnung kann zudem neben der Ertragssteigerung wesentlich zur Ertragssicherheit beitragen und damit die im Territorium bereit zu stellende Biomasse planbar gestalten. Die erheblichen witterungsbedingten jährlichen Ertragsschwankungen ohne Beregnung bei Mais und die den Ertrag auf hohem Niveau nivellierende Beregnungswirkung zeigt Abb. 2.15.

Die jährlichen Ertragsschwankungen betragen demnach ohne Beregnung mehr als 10 t Trockenmasse pro ha. Die Beregnung steigert die Erträge in diesen Versuchen auf 22 bis 25 t TM/ha. Gleichzeitig werden die witterungsbedingten jährlichen Ertragsschwankungen auf hohem Niveau weitgehend ausgeglichen.

Innerhalb der potenziellen Pflanzen zur Biogaserzeugung gibt es eine sich tendenziell abweichende Abstufung in der Beregnungswürdigkeit, die von der Zweikulturnutzung über Mais und Ackerfutter bis zu Hirsen und Ganzpflanzengetreide absinkt. Die hohe Beregnungswürdigkeit der im Zweikulturnutzungssystem angebauten Fruchtarten ist darin begründet, dass die Erstfrucht, in der Regel Wintergetreide bzw. Wintergetreide-Leguminosengemenge, den Bodenwasservorrat bis zu ihrer Ernte weitestgehend ausschöpfen kann. Für die Zweitfrucht, in der Regel Mais, Hirsen oder Sonnenblumen, steht dadurch nur noch ein begrenzter Bodenwasservorrat zur Verfügung. Sie ist daher auf Niederschläge bzw. die Beregnung für ein optimales Wachstum während der Sommermonate angewiesen. Als Grenze für dieses Anbausystem gelten daher das Vorhandensein von durchschnittlichen Niederschlägen von mehr als 500 bis 600 mm pro Jahr bzw. die Möglichkeit zur Bewässerung.

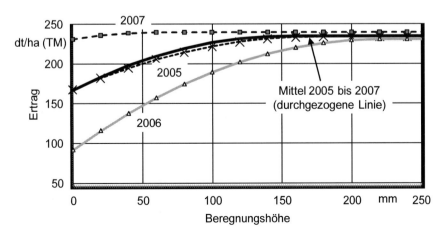

Abb. 2.15 Maiserträge (Sorte Flavi) in Abhängigkeit vom Beregnungswasser (TM Trockenmasse; nach /2-15/)

Erntemaßnahmen. Vom Ernteverfahren hängt es ab, welcher Anteil und mit welcher Qualität der Biomasseaufwuchs einer energetischen Nutzung verfügbar gemacht werden kann, wobei für eine verlustarme Ernte besonders auf den richtigen Erntezeitpunkt und die richtige Erntetechnik zu achten ist. Zudem ist vor allem beim Anbau von Energiepflanzen im Fruchtfolgesystem auf eine schnelle Beräumung des Ackers zu achten, um die optimalen agrotechnischen Termine für die Aussaat oder Pflanzung der Folgekultur einzuhalten. Sogenannte "gebrochene Ernteverfahren" (z. B. das auf Schwad legen des Erntegutes zur Erreichung eines bestimmten Trockenmassegehaltes) sind deshalb möglichst zu vermeiden. Die Ernteverfahren sind extrem fruchtarten- und verwendungsspezifisch (Kapitel 6).

2.5 Zeitliche und räumliche Angebotsunterschiede

Das Biomasseangebot ist zeitlichen und räumlichen Angebotsvariationen unterworfen. Im Folgenden werden diese Unterschiede exemplarisch bezogen auf die in Mitteleuropa bzw. in Deutschland vorliegenden Gegebenheiten diskutiert.

2.5.1 Zeitliche Angebotsunterschiede

Der Zuwachs an Biomasse ist durch einen tages- und jahreszeitlichen Rhythmus gekennzeichnet. Der tageszeitliche Rhythmus der Photosynthese wird, da sie auf die eingestrahlte Sonnenenergie angewiesen ist, vom Verlauf der Solarstrahlung gesteuert (Abb. 2.16). Die photosynthetische Aktivität nimmt mit zunehmender

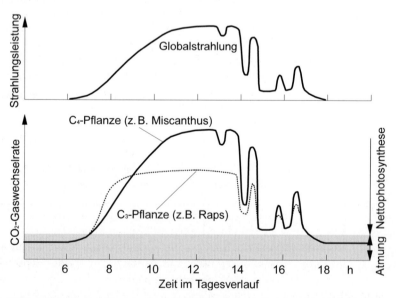

Abb. 2.16 Schematischer Tagesverlauf des CO_2-Gaswechsels (unten) in Abhängigkeit vom Strahlungsangebot (oben) (nach /2-9/)

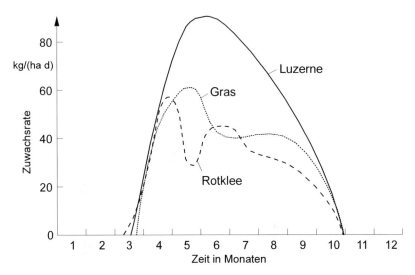

Abb. 2.17 Massezuwachs verschiedener Feldfutterpflanzen im Jahresverlauf (nach /2-10/)

Einstrahlung zu, erreicht beim Höchststand der Sonne zur Mittagszeit ihren Höhepunkt und nimmt zum Abend hin wieder ab. Eine Reduzierung der Einstrahlung (z. B. durch Bewölkung) vermindert die photosynthetische Aktivität. Der jahreszeitliche Verlauf der Biomassebildung wird von der Tageslänge und der Temperaturentwicklung bestimmt.

Je nach Saatzeitpunkt und Entwicklung variiert der Wachstumsverlauf verschiedener Kulturpflanzen während der Vegetationsperiode, wobei die höchsten Nettozuwächse bei allen Pflanzen zur Zeit des höchsten Strahlungsangebotes im Mai bis Juni stattfinden (Abb. 2.17).

2.5.2 Räumliche Angebotsunterschiede

Die räumliche Angebotscharakteristik wird durch die Kombination aus Bodengüte, Niederschlagshöhe und -verteilung sowie den Temperaturverlauf bestimmt. Während die Niederschläge und Temperaturen über größeren Gebieten Deutschlands nur relativ wenig variieren, differenziert die Bodengüte in sehr kleinräumigen Dimensionen.

Gebiete hoher Biomasseproduktivität sind meist gekennzeichnet durch das Vorkommen von Böden mit hoher Güte bei ausreichenden Niederschlagsmengen und Temperaturen. Dabei muss jedoch beachtet werden, dass die jeweiligen Kulturpflanzen sehr unterschiedliche Ansprüche an diese Wachstumsbedingungen stellen (Kapitel 3). Abb. 2.18 zeigt deshalb exemplarisch das Ertragsniveau für Winterweizen und Winterraps am Beispiel der Stadt- und Landkreise Deutschlands.

Treffen Sandböden mit schlechter Wasserhaltekapazität und geringe Niederschlagsmengen zusammen (z. B. in Brandenburg), ist ein geringes Biomasseertragspotenzial zu beobachten. Die Gebiete höherer Biomasseproduktivität beim Wintergetreideanbau sind meist gekennzeichnet durch das Vorkommen von Böden

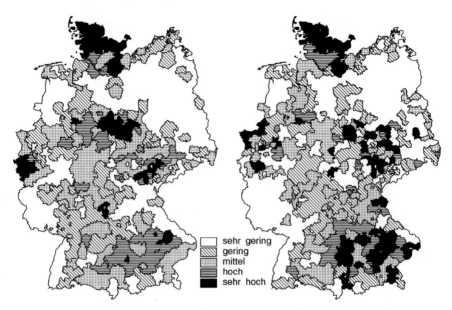

Abb. 2.18 Ertragsniveau von Winterweizen und -raps in Deutschland (Daten nach /2-18/)

mit hoher Güte, wie dies in Bördelandschaften mit Lössböden oder in Regionen mit Marschböden gegeben ist. Das Bundesland Schleswig-Holstein beispielsweise ist hier durch die hohe Bodengüte und die ausgeglichenen Niederschläge besonders begünstigt. Zentren höherer Bodengüte und Biomasseproduktivität liegen auch in der Magdeburger Börde, der Kölner Bucht, in Sachsen und Teilen Thüringens bis zur Saale und großen Gebieten Mittelbayerns vor.

Tendenziell überschneiden sich Zonen höherer Biomasseproduktivität bei Wintergetreide und Ölfrüchten. Abweichungen resultieren aus unterschiedlichen Ansprüchen der Pflanzenarten an Boden und jahreszeitlicher Niederschlagsverteilung.

3 Angebaute Biomasse

Entsprechend ihrer energetischen Nutzungsmöglichkeiten werden Energiepflanzen unterteilt in Lignocellulosepflanzen, die derzeit vornehmlich als Ganzpflanzen der Festbrennstoffbereitstellung dienen, und in Öl- bzw. Zucker- und Stärkepflanzen, deren Einsatz als Energieträger erst nach der technischen Gewinnung des Öls bzw. Ethanols aus bestimmten Pflanzenkomponenten (meist speziellen Ertragsorganen wie Körnern oder Knollen) möglich ist. Im Folgenden werden wesentliche in Mitteleuropa anbaubare Pflanzen, die zu diesen drei Kategorien zählen, dargestellt. Dabei wird kurz auf die für die energetische Nutzung relevanten Eigenschaften eingegangen und es werden die jeweiligen Standortansprüche, die entsprechenden pflanzenbaulichen Produktionsverfahren sowie das unter diesen Bedingungen gegebene Ertragspotenzial diskutiert. Auch erfolgt eine kurze Analyse ausgewählter Umweltaspekte, die mit der Produktion der jeweiligen Pflanze verbunden sind.

3.1 Forstwirtschaftlich produzierte Lignocellulosepflanzen

Die Nutzung von Wald reicht zurück bis zum Beginn der Menschheitsgeschichte. Bis zur großtechnischen Nutzung von Kohle, Erdöl und Erdgas war Brennholz der wichtigste Energieträger, den die Menschheit kannte. Noch um 1800 wurde etwa 90 % des geernteten Holzes energetisch genutzt. Außerdem war Holz ein wesentlicher Grundstoff vieler Gebrauchsgegenstände und wichtigstes Basismaterial für die Bauwirtschaft. Waldwirtschaft wurde in enger Verzahnung mit der Landwirtschaft betrieben (z. B. wurden Schweine in Eichenbeständen gemästet, Blätter und Nadeln wurden als Einstreu für Ställe genutzt). Insgesamt wurden dabei Laubhölzer wegen ihrer Ausschlagsfähigkeit und der besseren verbrennungstechnischen Eigenschaften bevorzugt. Da im Zuge der zunehmenden Industrialisierung lokal die Nachfrage aus dem Schiffsbau, für Salinen, Bergbau sowie Erz- und Glashütten die nachhaltigen Nutzungspotenziale überstieg, kam es regional zu Holzversorgungsnöten. Diese Übernutzungen führten in Verbindung mit den unterlassenen Wiederaufforstungen regional zu Waldverwüstungen. Infolge der daraus resultierenden Probleme entwickelte sich die klassische nachhaltige Forstwirtschaft. Die devastierten und lichten Laubwälder wurden überwiegend durch Saat oder Pflanzung von Nadelbäumen in die heute üblichen schlagweisen Hochwälder umgebaut.

Heute versteht sich die moderne Forstwirtschaft aber nicht nur als Rohholzlieferant, sondern auch als Bereitsteller einer breiten Palette nutzbarer Güter und Leistungen des Ökosystems Wald, um den gestiegenen kommerziellen und gesellschaftlichen Anforderungen an den Wald möglichst umfassend gerecht zu werden. Dies gilt zum Einen im Hinblick auf die Deckung der steigenden Nachfrage nach

Holz für die stoffliche und energetische Nutzung, in deren Folge die Produktivität der Forstwirtschaft zugenommen hat und zukünftig weiter zunehmen wird. Zum Anderen gibt es zunehmend ökologische Anforderungen an den Wald; beispielsweise wird aus Natur- und Klimaschutzgründen vielfach eine Einschränkung der Rohholznutzung gefordert. Die Möglichkeiten einer weitergehenden energetischen Holznutzung sind deshalb immer vor dem Hintergrund dieses Spannungsfeldes zu bewerten.

Eine Abgrenzung von Wald gegenüber anderen Landnutzungsformen ist nicht immer eindeutig möglich. Abgrenzungskriterien sind i. Allg. die Überschirmung, die Mindestflächengröße sowie die Baumhöhe im Reifealter. Beispielsweise fordert die aus dem Bundeswaldgesetz abgeleitete Walddefinition für die Bundeswaldinventur eine mit Waldbäumen überschirmte Grundfläche von mindestens 50 % und eine mit Bäumen bestockte Fläche von mindestens 0,1 ha. Zur Waldfläche zählen dabei auch solche Flächen, die temporär (Blößen) sowie langfristig (z. B. Forststraßen, Holzlagerplätze) unbestockt sind, die aber der forstwirtschaftlichen Produktion dienen. Parks, Christbaumkulturen, Gehölzstreifen an Straßenböschungen unter 10 m Breite und Kurzumtriebsplantagen zählen demgegenüber nicht als Wald. Die Fläche, die mit Waldbäumen bestockt ist und die temporär unbestockten Flächen bezeichnet man als Holzbodenfläche. Flächen, die langfristig unbestockt sind, werden als Nichtholzboden bezeichnet. Daneben kann die Waldfläche unterschieden werden in den Wirtschaftswald, dessen Fläche weitgehend für die Rohholzproduktion verfügbar ist, und den Nichtwirtschaftswald, dessen Fläche aus rechtlichen, ökonomischen und umweltbedingten Beschränkungen nicht für die forstliche Produktion zur Verfügung steht; Beispiele sind u. a. Kernzonen der Nationalparks oder Naturwaldreservate. Die Gesamtwaldfläche in Deutschland beträgt 11,1 Mio. ha (2004) mit einem Flächenanteil des Nichtwirtschaftswaldes von 3 %. Darüber hinaus gibt es eine Reihe von Schutzgebietskategorien, deren jeweilige rechtliche Rahmensetzungen die Bewirtschaftung von Wald beschränken können; Beispiele sind die erweiterten Zonen der Nationalparks, Naturschutz- und Landschaftsschutzgebiete, Naturparks oder das europäische Netz der Natura-2000 Gebiete.

Mitteleuropäische Wälder können nach der Art der Bewirtschaftung in Hochwälder (d. h. Wälder, deren Bäume aus Samen hervorgegangen sind) sowie Nieder- bzw. Mittelwälder unterteilt werden (d. h. Wälder, deren Bäume überwiegend aus Stockausschlag entstanden sind).

− Niederwälder sind historische Formen der Brennholzproduktion und wurden meist mit Umtriebszeiten zwischen 15 und 20 Jahren betrieben. Aus Niederwäldern, in denen einzelne Bäume als Kernwüchse (Lassreitel) zur Bauholzproduktion belassen wurden, gingen Mittelwälder hervor. Nieder- und Mittelwälder kommen in Deutschland nur noch auf ca. 0,7 % der Holzbodenfläche vor und werden zumeist aus historischen Gründen erhalten.
− Hochwälder können in Plenterwälder und schlagweise Hochwälder unterteilt werden.
  • Plenterwälder sind in den Bauernwäldern der Nadelwaldgebiete verbreitet und an das Vorhandensein zumindest einer schattenertragenden Baumart (in der Regel die Tanne) gebunden. Im Idealfall sind Bäume aller Dimensionen kleinstflächig in allen Bestandesschichten gemischt. Die Nutzung erfolgt

einzelstammweise und dient der gleichzeitigen Verjüngung, Pflege und Durchforstung. Plenterwälder (oder Dauerwälder) nehmen nur etwa 0,3 % der Holzbodenfläche in Deutschland ein.
- Beim schlagweisen Hochwald erfolgt die Nutzung kleinflächenweise in Schlägen, so dass einzelne gleichaltrige Bestände entstehen. Waldbauliche Maßnahmen wie Verjüngung, Pflege und Durchforstung finden isoliert voneinander auf unterschiedlichen Flächen statt. Dabei wird zwischen Kahlschlag, Schirmschlag, Saumschlag und Femelschlag unterschieden. Neben der nach Altersklassen orientierten waldbaulichen Vorgehensweise kommt zunehmend die Zielstärkennutzung zum Einsatz. Dabei richtet sich der Erntezeitpunkt eines Baumes nach dem Erreichen eines vorgegebenen Zieldurchmessers. Die Zielstärkennutzung führt zu Beständen, die Strukturmerkmale sowohl von Plenterwäldern als auch schlagweisen Hochwäldern aufweisen. Der schlagweise Hochwald wird auf ca. 99 % der Holzbodenfläche in Deutschland realisiert.

Energieträgerrelevante Eigenschaften. Die wichtigsten Inhaltsstoffe von Holz sind die Elemente Kohlenstoff (C), Wasserstoff (H) und Sauerstoff (O). Hinzu kommen – je nach Baumart – weitere Elemente in unterschiedlichen Konzentrationen. Die Rohdichte von Holz schwankt zwischen 400 und 750 kg/m^3. Der Aschegehalt liegt bei rund 1 % und darunter (vgl. Kapitel 9.1). Er ist abhängig vom Rinden- und Nadelanteil, sowie vom Grad der Sekundärverschmutzung durch anhaftendes Erdreich (z. B. durch Rückearbeiten bei feuchter Witterung).

Der für die energetische Nutzung wichtigste Qualitätsparameter ist der Wassergehalt im Holz (nicht gleichbedeutend mit der Holzfeuchte, vgl. Kapitel 9.1). Der Wasseranteil im frisch gefällten Holz liegt bei einer Winterfällung bei ca. 45 bis 55 %, während er bei einer Sommerfällung auf bis zu 65 % ansteigen kann. Hölzer mit hoher Rohdichte (Harthölzer) besitzen im Frischzustand einen niedrigeren Wassergehalt als Hölzer mit geringer Rohdichte (Weichhölzer).

Der Heizwert von absolut trockenem Holz beträgt bei den meisten Baumarten etwa 18,5 MJ/kg; größere Unterschiede zwischen den Holzarten bestehen nicht. Bezogen auf das Volumen weisen Laubhölzer wegen der höheren Dichte meist einen deutlich höheren Energieinhalt auf als Nadelhölzer. Die brennstoffspezifischen Kenndaten der Hölzer werden ausführlich in Kapitel 9.1 dargestellt.

Standortsansprüche und Anbau. Die klimatischen und standörtlichen Vorraussetzungen für das Waldwachstum sind in Mitteleuropa ausgesprochen günstig. Ohne menschliche Beeinflussung wäre Wald hier die vorherrschende Vegetationsform.

Das Klima im Westen und Norden Deutschlands ist subatlantisch geprägt. Die Ausbildung lang anhaltender Hochdruckzonen wird hier durch atlantische Tiefdruckgebiete gestört. Temperatur- und Niederschlagsverteilung sind im Jahresverlauf weitgehend ausgeglichen. Im Osten und Süden dagegen herrscht eine subkontinentale Klimaprägung vor. Hochdruckgebiete werden dort seltener durch atlantische Tiefausläufer verdrängt. Temperatur- und Niederschlagsverteilung weisen stärkere Gegensätze zwischen Sommer und Winter auf.

Daneben ist auch die Höhenzonierung für das Waldwachstum bedeutsam. Mit zunehmender Höhenlage steigt das Niederschlagsangebot. Gleichzeitig sinken die durchschnittlichen Temperaturen und die Vegetationszeit wird kürzer.

Das Waldwachstum in Mitteleuropa wird am stärksten durch das Wasserangebot während der Vegetationszeit und das Nährstoffangebot der Standorte bestimmt. Beispielsweise beträgt in Deutschland die durchschnittliche Niederschlagsmenge rund 750 bis 800 mm/a. Sie variiert von 400 bis 500 mm/a in der Magdeburger Börde, 500 bis 600 mm/a in weiten Teilen Ostdeutschlands, 900 bis 1 000 mm/a in Teilen Schleswig-Holsteins und Süddeutschlands und bis zu 1 800 bis 2 000 mm/a in den Alpen und im Schwarzwald. Ein geringes Niederschlagsangebot kann durch eine hohe Wasserhaltekapazität des Bodens ausgeglichen werden. Die Menge der meisten verfügbaren Nährstoffe hängt überwiegend vom Ausgangsgestein ab. Das Nährstoffangebot im Boden z. B. über Sandgestein ist eher gering, während Basaltgestein die Bildung nährstoffreicher Böden begünstigt.

Betrachtet man die potenzielle natürliche Vegetation in Mitteleuropa so herrschen vor allem Buchenwaldgesellschaften vor. In Gebieten mit sinkendem Nährstoffangebot verliert die Buche jedoch an Konkurrenzkraft, so dass sich Eiche und Kiefer durchsetzen können (Abb. 3.1). Auf nährstoffreicheren Standorten kommen weitere Laubbaumarten hinzu.

Die aktuelle Verteilung der Baumarten auf der Waldfläche unterscheidet sich in den meisten Regionen aber von der potenziell natürlichen Vegetation. Am Beispiel von Deutschland zeigt Tabelle 3.1 die Verteilung der Holzbodenfläche auf die Baumartengruppen.

Demnach sind derzeit 40 % des Holzbodens mit Laubbaumarten und 58 % mit Nadelbaumarten bestockt; der verbleibende Rest sind Lücken und Blößen. Die am stärksten vertretene Laubbaumart ist die Buche mit 15 %. Danach kommen die

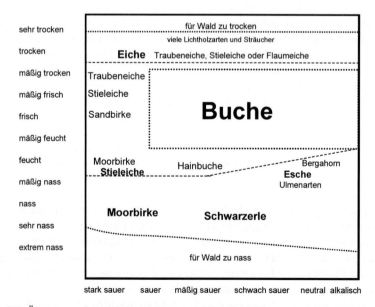

Abb. 3.1 Ökogramm der wichtigsten Baumarten (nach /3-9/)

3.1 Forstwirtschaftlich produzierte Lignocellulosepflanzen

Tabelle 3.1 Verteilung der Holzbodenfläche nach Baumartengruppen am Beispiel Deutschlands /3-48/

	Fläche in 1 000 ha	Anteil in %
Eiche	1 011	10
Buche	1 565	15
andere Laubbaumarten mit hoher Lebensdauer	622	5
andere Laubbaumarten mit niedriger Lebensdauer	1 039	10
Laubbäume insgesamt	*4 237*	*40*
Fichte	2 978	28
Tanne	162	2
Douglasie	180	2
Kiefer	2 467	23
Lärche	298	3
Nadelbäume insgesamt	*6 085*	*58*
Blößen/Lücken	247	2
Holzbodenfläche insgesamt	*10 569*	*100*

Baumartengruppen Eiche und "andere Laubbaumarten mit niedriger Lebensdauer" (z. B. Birken, Erlen, Pappeln). Bei den Nadelbäumen dominiert die Fichte mit 28 % und die Kiefer mit 23 % der Fläche. Die restlichen Nadelbaumarten spielen eine untergeordnete Rolle.

Diese Flächenverteilung ist das Ergebnis der Waldbewirtschaftung während der letzten 200 Jahre. Hier wurden Nadelbaumarten bevorzugt angebaut, da sie schnellwüchsiger sind, sich leichter verjüngen lassen und die Hiebsreife zumeist wesentlich früher als Laubbaumarten erreichen. Die in früheren Jahrhunderten weit verbreitete Streunutzung machte die natürliche Verjüngung von Laubbäumen nahezu unmöglich. Außerdem wurden die großflächigen Kriegs- und Reparationshiebe meist mit Nadelbaumarten wieder aufgeforstet.

Seit einigen Jahrzehnten ändert sich die Flächenverteilung zu Gunsten der Laubbaumarten und zu Lasten von Kiefer und Fichte. Die stärkere Berücksichtigung der Schutz- und Erholungsfunktion von Wäldern führte zu einer Abkehr von der Kahlschlagswirtschaft und hin zum Einsatz von Verjüngungsverfahren, die Laubbäume begünstigen. Außerdem haben sich die durch Streunutzung degradierten Böden inzwischen wieder soweit erholt, dass auch anspruchsvollere Baumarten angebaut werden können. Eine besondere Dynamik zeigt die Flächenentwicklung der Douglasie, einer aus Amerika eingeführten Baumart, die einheimischen Baumarten in der Wuchsleistung deutlich überlegen ist und auch wesentlich früher die Hiebsreife erreicht.

Nutzung und Ertragspotenzial. Das produzierte Rohholz hat ein breites Einsatzspektrum; in der Regel gelangt es erst nach einer Reihe von Be- und Verarbeitungsprozessen zum Endverbraucher, der es stofflich und/oder energetisch nutzen kann. Die wichtigsten industriellen Holzabnehmer sind Unternehmen der Sägeindustrie, die Holzwerkstoffindustrie (Span- und Faserplattenhersteller, Furnierwerke), die Zellstoff- und Papierindustrie sowie Biomasse(heiz)kraftwerke. Ein Teil des Rohholzes gelangt auch als Brennholz direkt zu den privaten Haushalten.

Bevor auf die jeweiligen Ertragspotenziale eingegangen wird, werden nachfolgend zunächst gängige Begriffe der Aufkommensstrukturierung und der Rohholzsortierung erklärt und definiert.

Begriffsfestlegungen. Die Mengenangabe von stehendem Holz erfolgt meist im Volumenmaß. Für die Angabe des stehenden Holzvorrats ist deshalb die Einheit Vorratsfestmeter (Vfm) oder Kubikmeter im Vorratsfestmaß (m^3) gebräuchlich. Sie wird aber meist für Waldbestände oder Baumkollektive verwendet und seltener für Einzelbäume. Die wichtigsten Eingangsgrößen für die entsprechende Volumenberechnung sind der Bestandesmitteldurchmesser, die Bestandesmittelhöhe und die Bestandesformzahl.

Als Bezugsgröße für das stehende Holzvolumen wird in Deutschland traditionell das Derbholz verwendet. Dies bezeichnet die gesamte oberirdische Biomasse mit einem Durchmesser über 7 cm mit Rinde. Dieses Derbholz kann unterteilt werden in Schaftderbholz und Ast- bzw. Kronenderbholz. Bei Nadelbäumen wird wegen des durchgehenden Schaftes nur zwischen Schaft- und Astderbholz differenziert, während bei Laubbäumen bis zum Kronenansatz von Schaftderbholz und darüber von Kronenderbholz gesprochen wird.

Neben der Bezugsgröße Derbholz ist auch die Bezugsgröße Baumholz gebräuchlich, die zusätzlich zum Derbholz auch das Reisholz, also Äste und Zweige mit einem kleineren Durchmesser als 7 cm mit Rinde, einbezieht. Das Baumholzvolumen wird über Expansionsfaktoren aus dem Derbholzvolumen abgeleitet.

Zur Spezifikation der Bezugsgröße Derbholz oder Baumholz wird die Maßeinheit Vorratsfestmeter mit einem "D" bzw. "B" gekennzeichnet (d. h. VfmD bzw. VfmB).

Im Rahmen der Nutzungsplanung wird meist die Einheit Erntefestmeter (Efm) oder Kubikmeter im Erntefestmaß (m^3) gewählt. Die Herleitung der Angabe in Erntefestmetern erfolgt durch Abschläge für Rinde und für Ernteverluste aus dem Vorratsfestmaß. Ein Vorratsfestmeter entspricht ca. 0,8 Erntefestmeter. Rindenabschlag und Ernteverlust haben dabei etwa gleiche Anteile.

Angaben der gesamten Biomasse von Waldbäumen sind sowohl im Volumen- (m^3) als auch im Gewichtsmaß (kg) üblich. Die Herleitung erfolgt über Zuschläge für Laub oder Nadeln aus dem Baumholzvolumen oder über Biomassefunktionen. Diese stellen das Gewicht der Biomasse in Abhängigkeit von Baum- oder Bestandesparametern wie Brusthöhendurchmesser oder Alter dar.

Für die Messung von liegendem Holz, das für den Verkauf bereitgestellt wird, sind die Regelungen des Eichgesetzes (EichG) zu beachten. Das Volumen von Rohholz wird in der Einheit Kubikmeter im Festmaß (m^3(f)) oder im Raummaß (m^3(r)) angegeben. Für Hackschnitzel und Rinde ist zusätzlich das Schüttmaß m^3(s) üblich.

Das Volumen im Festmaß (früher übliche Einheit: Festmeter) wird aus dem Durchmesser in der Mitte eines ausgeformten Rohholzstückes und dessen Länge berechnet. Geschichtetes oder gestapeltes Rohholz wird im Raummaß angegeben. Es ist das Außenmaß eines geschichteten Holzstapels oder Holzpolters und umfasst neben dem festen Holz auch noch die Zwischenräume zwischen den einzelnen Holzstücken, die rund oder gespalten sein können.

3.1 Forstwirtschaftlich produzierte Lignocellulosepflanzen

Diese verschiedenen Volumenmaße können ineinander überführt werden. Für die Umrechnung von Massivholz- in Schüttgutvolumina von Holzhackgut wird meist ein pauschaler Faktor verwendet. Hier gilt:

1 Festmeter (Massivholz) ≈ 2,43 m^3 Holzhackgut
1 Raummeter Schichtholz ≈ 1,7 m^3 Holzhackgut.

Allerdings sind hier größere Abweichungen möglich (vgl. Kapitel 9.1.4.4).

Für die Umrechnung von Festmeter (Fm) in Raummeter (Rm) wurde bei Schichtholz in der Praxis bisher meist ein pauschaler Umrechnungsfaktor von 1,43 verwendet (d. h. 1 Fm entspricht 1,43 Rm Schichtholz). Neuere Ergebnisse zeigen aber, dass hier eine differenziertere Verwendung verschiedener Umrechnungsfaktoren angebracht ist, da sich je nach Holzart und Aufbereitung (d. h. Rundholz, Meterscheite, Kurzscheite) größere Abweichungen ergeben /3-22/. Hierauf wird ausführlich in Kapitel 9.1.4.4 eingegangen.

Bei der Vermarktung großer Rohholzmengen insbesondere von Massensortimenten wird Rohholz häufig nicht mehr am Waldort vermessen, sondern in Werksvermessungsanlagen. Für Industrieholz wird dabei das Gewichtsmaß, meist in Form von Tonnen absolut trocken (t_A, t_{atro}) oder selten in Tonnen lufttrocken (t_L, t_{lutro}) bestimmt.

Der Gehalt an Rohsubstanz (Holztrockenmasse) von waldfrischem Holz wird durch die Raumdichte ausgedrückt. Sie ist in Tabelle 3.2 exemplarisch für einige Holzarten dargestellt. Die Schrumpfung, die unterhalb des Fasersättigungspunktes von ca. 25 % Wassergehalt eintritt und sich auf die Rohdichte auswirkt, bleibt hierbei unberücksichtigt. Auf diese Zusammenhänge wird ausführlich in Kapitel 9.1.4.4 eingegangen.

Hinsichtlich der Nutzung wird zwischen der Derbholz-, der Voll- und der Ganzbaumnutzung unterschieden. Das bisher gebräuchlichste Nutzungsverfahren ist die Derbholznutzung. Dabei werden die gefällten Bäume bis zur Derbholzgrenze zu Rohholz ausgeformt. Die unteren, stärkeren Baumteile werden meist zu Stammholz und die daran anschließenden Teile des Baumes zu Industrieholz aufgearbeitet. Die restlichen Baumteile werden – soweit möglich – als Brennholz verkauft. Nur das Reisholz bleibt unverwertet am Hiebort liegen. Da bei schwächeren Rohholzstücken die erzielbaren Holzpreise nicht immer kostendeckend sind, wird das Derbholz nur bis zu einer bestimmten Aufarbeitungsgrenze (Zopfdurchmesser = Durchmesser am schwächeren Ende) aufgearbeitet (Abb. 3.2). Der Zopfdurchmesser wird vor der Holzernte zwischen Waldbesitzer und Holzkäufer vereinbart. Darüber hinaus werden zwischen Käufer und Verkäufer bestimmte Mindestanforderungen für Länge, Stärkeklassen und Güten (z. B. das Abtrennen rotfauler Erdstammstücke, starker Äste, gekrümmter Stammteile) vereinbart. Durch diese Praxis entsteht neben dem Reisholz zusätzlich nicht verwertetes Derbholz, das im Bestand verbleibt. Insbesondere nach Kalamitäten (z. B. Windbruch durch Sturm) steigt die unverwertete Rohholzmenge häufig stark

Tabelle 3.2 Raumdichtewerte (Holztrockenmasse) ausgewählter Holzarten (berechnet nach /3-36/)

Fichte	379 kg/m^3
Kiefer	431 kg/m^3
Buche	558 kg/m^3
Eiche	579 kg/m^3

an. Nicht verwertetes Rohholz entsteht in geringem Umfang auch bei der Durchforstung jüngerer Bestände und z. T. auch beim Waldpflegen, wenn Stämme aus waldbaulichen Gründen entnommen werden müssen, aber nicht gewinnbringend verkauft werden können.

Der nicht zu Rohholz aufbereitete Teil der Einschlagsmenge bestehend aus unverwertetem Derbholz und Reisholz blieb in der Vergangenheit meist ungenutzt am Einschlagsort liegen (Abb. 3.2). Im Zuge der gestiegenen Nachfrage nach Brennholz wird ein Teil dieser Einschlagsmenge jetzt an Selbstwerber verkauft und auf diese Weise einer energetischen Verwertung zugeführt. Im Wald liegen bleibende Kronen- und Stammteile werden als Schlagabraum bezeichnet. Vor den nachfolgenden Pflanzarbeiten wird der Schlagabraum zu sogenannten Schlauen maschinell zusammengezogen.

In der Praxis werden alle unverwertet im Wald verbleibenden Baumteile (d. h. Äste, Wipfelstücke, fehlerhafte Rohholzstücke) als Waldrestholz bezeichnet. Als Waldrestholz wird damit bei der Angabe in Derbholzkubikmetern die Menge des unverwerteten Derbholzes und bei der Angabe in Baumholzkubikmetern die unverwertete Derbholz- und Reisholzmenge verstanden (Abb. 3.2). Zusätzlich kann bei der unverwerteten Derbholzmenge auch noch das sogenannte X-Holz unterschieden werden. Damit werden Bäume oder Baumteile bezeichnet, die zwar Erntekosten verursachen, aber nicht verwertet werden können (beispielsweise rotfaule Erdstammstücke oder ganze Bäume, die nur gefällt werden).

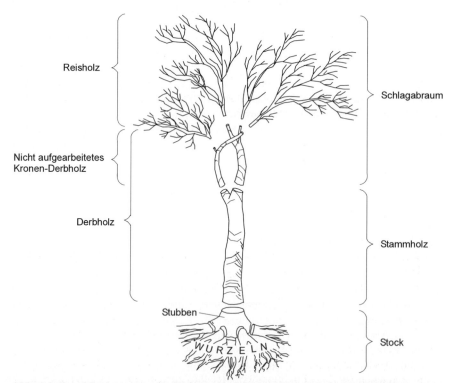

Abb. 3.2 Bezeichnung unterschiedlicher Holzanteile am Beispiel eines Laubbaumes

3.1 Forstwirtschaftlich produzierte Lignocellulosepflanzen

Neben der Derbholznutzung sind auch eine Vollbaum- und eine Ganzbaumnutzung möglich, die aber in Deutschland keine wesentliche Rolle spielen. Dabei wird bei der Vollbaumnutzung die gesamte oberirdische Baumbiomasse und bei der Ganzbaumnutzung zusätzlich die unterirdische Biomasse genutzt. Der unterirdische Teil der nutzbaren Baumbiomasse beschränkt sich dabei auf den Wurzelstock mit Stubben und die Hauptwurzeln. Einer derartigen Voll- bzw. Ganzbaumnutzung stehen in Mitteleuropa aber ökologische Vorbehalte entgegen, da insbesondere auf nährstoffarmen Böden bei einigen Nährstoffen eine negative Bilanz entstehen kann. Aufgrund der steigenden Nachfrage werden derzeit aber auch in Mitteleuropa forstliche Produktionsverfahren unter dem Titel "Stammholz-Plus" diskutiert mit dem Ziel, bestimmte forstliche Behandlungstypen auf die Produktion von Stamm- und Energieholz zu fokussieren.

Der unterschiedliche Gebrauchswert von Rohholz verschiedener Baumarten und verschiedener Baumteile hat dazu geführt, dass sich allgemein anerkannte Konventionen über die Zuordnung von Rohholz zu einheitlichen Sortimenten herausgebildet haben. Wichtigste Grundlage für die Rohholzsortierung in Deutschland ist derzeit noch das Gesetz über gesetzliche Handelsklassen für Rohholz (HdlKlHolzG) vom 25.02.1969 sowie die zugehörigen Rechtsverordnungen. Im Rahmen der Bemühungen um Bürokratieabbau stehen diese Rechtsverordnungen derzeit aber auf dem Prüfstand. Dabei ist abzusehen, dass in der Zukunft Handelssortierungen im Bereich Rohholz nicht mehr gesetzlich, sondern auf der Ebene von Normen geregelt werden. Mit der Zielsetzung, die europäischen Produktionsstrukturen zu harmonisieren und die internationale Zusammenarbeit zu fördern, hat das Europäische Normeninstitut (CEN) Normen für die Sortierung von Rund- und Schnittholz erarbeitet, die den Status einer deutschen Industrienorm haben (d. h. DIN EN 844-1 bis 12 /3-13/ für die Begriffsbestimmungen im Zusammenhang mit der Rundholzsortierung, DIN EN 1315-1 bis 2 /3-14/ für die Dimensionssortierung, DIN EN 1316-1 bis 3 /3-15/ für Qualitätssortierung von Laubholz, DIN ENV 1927-1 bis 3 /3-16/ für Qualitätssortierung von Nadelholz). Diese Normen sind allerdings auf nationaler Ebene noch nicht gebräuchlich.

Nach der derzeit gebräuchlichen Handelsklassensortierung ist festgelegt, dass die Bildung von Handelsklassen getrennt nach Holzart und den Merkmalen Stärke, Güte bzw. dem besonderen Verwendungszweck zu erfolgen hat.

Rohholz ist gefälltes, gezopftes und entastetes Holz, auch wenn es entrindet, abgelängt oder gespalten ist. Die Untergliederung von Rohholz in die Verwendungsbereiche Nutzholz für die stoffliche Verwendung und Brennholz für die energetische Verwendung ist im Zusammenhang mit der Rohholzsortierung veraltet, wird aber in Handelsstatistiken immer noch verwendet.

Langholz ist Rohholz, das mindestens 3 m lang ist und üblicherweise im Festmaß angegeben wird. Es umfasst die Sorten Stammholz lang, Stammholzabschnitte, Stangen-, Masten-, Schwellen-, Paletten- und Industrielangholz. In Ausnahmefällen sind bei einzelnen Güteklassen auch Mindestlängen unter 3 m üblich geworden.

Als Stammholz wird Langholz mit einem Mittendurchmesser über 10 cm ohne Rinde bezeichnet. Es wird sowohl nach Stärke- als auch nach Güteklasse sortiert. Bei der Aushaltung als Stammholz lang (Kurzzeichen L) werden Stammstücke bis zum Erreichen des Zopfdurchmessers, der maximalen Transportlänge oder bis zu

Tabelle 3.3 Stärkeklassen der Mittenstärkesortierung

Klasse	Durchmesser
L0	<10 cm
L1a	10 – 14 cm
L1b	15 – 19 cm
L2a	20 – 24 cm
L2b	25 – 29 cm
L3a	30 – 34 cm
L3b	35 – 39 cm
L4	40 – 49 cm
L5	50 – 59 cm
L6	> 60 cm

einem Wechsel der Güteklasse so lang wie möglich ausgeformt. Zwischen den Stammteilen der Güteklassen B und C wird meist kein Trennschnitt geführt (Klammerstamm). Diese Form der Aushaltung ist insbesondere für Nadelholz gebräuchlich.

Bei der Aushaltung von Stammholzabschnitten (Kurzzeichen LAS) wird an den Güteklassengrenzen bei Beachtung der Mindeststücklänge ein Trennschnitt geführt. Dies ist bei der Laubholzsortierung der Regelfall. Eine Sonderform der Abschnittsaushaltung ist die Standard- oder Fixlängenaushaltung. Dabei werden vom Holzkäufer für alle Stammholzstücke eine definierte Fixlänge und bestimmte Mindestgüteanforderungen vorgegeben. Alle nicht passenden Rohholzstücke müssen in ein gesondertes Verkaufslos sortiert werden.

Stammholz wird nach dem Mittendurchmesser in Stärkeklassen eingeteilt und mit der Bezeichnung L bzw. LAS gekennzeichnet. Tabelle 3.3 zeigt exemplarisch die Stärkeklassen der Mittenstärkesortierung. Beispielsweise bezeichnet man als schwaches Stammholz die Langholzstärkeklasse L1a bis L2a.

Kurzholz ist Rohholz, das kürzer als 3 m ist und üblicherweise im Raummaß angegeben wird. Die wichtigsten Kurzholzsorten sind Schichtholz, Industrieschichtholz und Brennholz.

Industrieholz ist Rohholz, das mechanisch oder chemisch aufgeschlossen werden soll (z. B. in der Zellstoff-, Holzwollen-, Span- oder Faserplattenindustrie); es wird als Industrieholz lang (IL) oder Industrieholz kurz (IS) angeboten. Industrieholz fällt bei der Stammholzernte und bei Durchforstungsmaßnahmen an. Als Industrieholz können beispielsweise Hölzer verkauft werden, die den Anforderungen an das Stammholz nicht genügen.

Schwachholz bezeichnet Waldbestände, deren Bestandesmitteldurchmesser (in Brusthöhe) unter 20 cm liegt. Daneben ist Mittelholz für Bestände mit einem Bestandesmitteldurchmesser zwischen 20 und 50 cm gebräuchlich. Bei höheren Bestandesmitteldurchmessern von über 50 cm spricht man von Starkholz.

Rinde ist definiert als die vom Kambium nach außen abgegebene Schicht, die den eigentlichen Holzkörper – im gesunden Zustand vollkommen – über und unter der Erde umschließt (Abb. 3.3). Sie fällt bei der Stammholzproduktion zusätzlich an, da das Nutzholz im Regelfall ohne Rinde bei der industriellen Weiterverarbeitung (z. B. Möbelherstellung, Verpackungsindustrie) benötigt wird. Die Rinde fällt bei der Werksentrindung in der holzbe- und -verarbeitenden Industrie bei der Herstellung von Halbfertigwaren und bei der Waldentrindung in unmittelbarer Nähe des Hieborts an. Da die Werks- im Vergleich zur Waldentrindung einen immer größeren Anteil einnimmt, ist die Rinde des aufgearbeiteten Holzes in zunehmendem Maße am Standort der industriellen Weiterverarbeitung verfügbar. Die Zusammensetzung der Rinde hängt im Wesentlichen von der Baumart, dem Standort

3.1 Forstwirtschaftlich produzierte Lignocellulosepflanzen

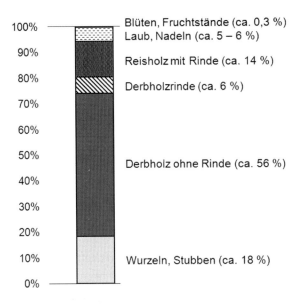

Abb. 3.3 Prozentuale Biomassenanteile von Waldbäumen (nach /3-29/)

und dem Alter des Baumes ab; sie ist durch einen vergleichsweise hohen Wasser und Mineraliengehalt gekennzeichnet.

Ertragspotenziale. Im Vergleich zur Landwirtschaft ist eine Abschätzung der naturalen Nutzungsmöglichkeiten in der Forstwirtschaft komplexer. Dies liegt außer an der Langfristigkeit der forstlichen Produktion auch daran, dass Bäume den Boden wesentlich tiefer und weiträumiger erschließen als landwirtschaftliche Kulturen. Zudem sind forstwirtschaftliche Erträge von der Struktur und Dichte der bisherigen Bestockung abhängig. Hinzu kommt, dass die jährliche Produktion im Wald nicht so leicht wie in der Landwirtschaft über die Ermittlung des Erntegewichts gemessen werden kann; der Holzzuwachs muss erst aufwändig aus der Differenz zwischen dem Holzvolumen am Anfang und Ende einer bestimmten Periode unter Zuhilfenahme von Modellen hergeleitet werden. Auch können ungünstige natürliche Standortvoraussetzungen in der Landwirtschaft leichter durch Bewässerungsmaßnahmen, Bodenbearbeitung oder Düngung ausgeglichen werden.

Bei der Einschätzung des Nutzungspotenzials von Waldbeständen ist zu beurteilen, welcher Teil des stehenden Holzvorrates hiebsreif ist und damit zur Endnutzung ansteht und welche Durchforstungsmengen zu erwarten sind. Für die Beurteilung der zukünftigen Nutzungspotenziale sind darüber hinaus Modelle über das Waldwachstum und über das erwartete Nutzungsverhalten erforderlich.

Bei Forstbetrieben wird das Nutzungspotenzial im Rahmen der mittelfristigen Planung meist im 10-jährigen Turnus durch die sogenannte Forsteinrichtung eingeschätzt. Dabei wird zum Einen eine Inventur der vorhandenen Holzvorräte durchgeführt und zum Anderen die Nutzungsmöglichkeiten in einem sogenannten Hiebssatz zusammengefasst. Dabei können vorratsaufbauende und vorratsabbauende Betriebsklassen unterschieden werden. Bei vorratsaufbauenden Betriebsklassen liegt der geplante Hiebsatz unter dem Zuwachs und bei vorratsabbauenden Betriebsklassen ist das Verhältnis von Hiebsatz und Zuwachs umgekehrt.

Im internationalen Vergleich sind die stehenden Holzvorräte in Deutschland hoch. Beispielsweise liegt der durchschnittliche Vorrat in Deutschland mit 320 m^3/ha (Vorratsfestmaß mit Rinde) im europäischen Vergleich an dritter Stelle hinter der Schweiz (337 m^3/ha (mit Rinde)) und Österreich (325 m^3/ha (mit Rinde)). In absoluten Zahlen weist Deutschland mit 3,38 Mrd. m^3 sogar den größten Holzvorrat in Europa auf und liegt damit vor Frankreich (2,89 Mrd. m^3), Schweden (2,93 Mrd. m^3) und Finnland (1,94 Mrd. m^3).

Der jährliche Holzzuwachs (d. h. der Bruttozuwachs) stellt die biologische Produktion von Wäldern innerhalb eines Jahres dar. Er setzt sich zusammen aus dem Zuwachs, der sich in Form von Jahresringen an die stehenden Stämme anfügt, und dem Einwuchs; letzteres bezeichnet Stämme, die aus der Verjüngung neu in den stehenden Holzvorrat hinein gewachsen sind.

Tabelle 3.4 zeigt Zuwachs und Nutzung im Vorratsfestmaß Derbholz mit Rinde je Hektar nach Baumartengruppen. Die Werte wurden aus dem Vergleich der Ergebnisse der Bundeswaldinventur 1 und 2 für das Gebiet der alten Bundesländer errechnet. Wegen des unterschiedlichen Aufnahmeverfahrens bei den beiden Inventuren werden die Werte für die Nutzung erst ab einem Brusthöhendurchmesser von 10 cm angegeben.

Tabelle 3.4 macht deutlich, dass der durchschnittliche jährliche Zuwachs in den alten Bundesländern zwischen 1987 und 2002 über alle Baumarten bei 12,6 m^3/ha lag. Dieser Zuwachs wird maßgeblich durch die Baumartenzusammensetzung und die Altersstruktur der beteiligten Baumarten bestimmt. Aus dem Saldo zwischen Zuwachs und Nutzung sowie nicht genutztem Abgang ergibt sich netto ein jährlicher Vorratsaufbau von ca. 4 m^3/ha.

Aus Tabelle 3.4 sind auch die unterschiedlichen Zuwachswerte der verschiedenen Baumartengruppen ersichtlich. Von den Hauptbaumarten Fichte, Kiefer, Bu-

Tabelle 3.4 Durchschnittlicher jährlicher Bruttozuwachs, Nutzung und nicht genutzter Abgang im Vorratsfestmaß mit Rinde zwischen 1987 und 2002 nach Baumartengruppen auf dem Gebiet der alten Bundesländer (nach /3-48/)

	Zuwachs	Nutzung[a]	Mortalität/ nicht genutzt[a]
	in m^3/(ha a)		
Eiche	8,7	3,4	0,6
Buche	12,5	6,7	0,3
andere Laubhölzer mit hoher Lebensdauer	10,4	2,8	0,6
andere Laubhölzer mit niedriger Lebensdauer	7,7	2,7	1,1
Fichte	16,8	12,9	0,5
Tanne	17,0	10,9	0,6
Douglasie	19,7	7,4	0,3
Kiefer	9,3	5,8	0,7
Lärche	12,9	7,4	0,7
Alle Baumarten	*12,6*	*8,0*	*0,6*

[a] ab 10 cm Brusthöhendurchmesser

che und Eiche liegt nur der Zuwachs von Fichte mit 16,8 m³/ha über dem entsprechenden Durchschnittswert. Kiefer (9,3 m³/ha) und Eiche (8,7 m³/ha) liegen deutlich darunter, während der Zuwachs der Buche mit 12,5 m³/ha etwa dem Durchschnitt entspricht. Auffallend ist der hohe Zuwachs der Douglasie mit 19,7 m³/ha. Bei der Bewertung der Unterschiede zwischen den Zuwachswerten einzelner Baumarten ist aber zu berücksichtigen, dass diese nicht nur durch die unterschiedliche biologische Leistungsfähigkeit zustande kommen, sondern auch durch die Standortwahl und die Altersstruktur bedingt sind. Die hohe Zuwachsleistung von Douglasie wird z. T. auch durch den hohen Anteil jüngerer und damit zuwachskräftiger Altersklassen verursacht.

Aus den Ergebnissen der Bundeswaldinventur wurde im Rahmen einer Waldentwicklungs- und Holzaufkommensmodellierung (WEHAM) eine Abschätzung der zukünftigen Nutzungsmöglichkeiten in Deutschland für verschiedene Szenarien durchgeführt. Tabelle 3.5 zeigt eine Auswahl der Ergebnisse für die Prognoseperiode 2008 bis 2012 des Basisszenarios bezogen auf den Hauptbestand. Nutzungseinschränkungen durch rechtliche Vorschriften wurden berücksichtigt.

Die potenziell verfügbare Biomasse über alle Baumarten beträgt demnach rund 11,7 m³/(ha a). Davon entfallen 56 % in die Kategorie verwertbare Rohholzsortimente (d. h. Stamm- und Industrieholz). Die nach den Modellparametern unverwertbaren Kompartimente Reisholz und nicht verwertbares Derbholz (Waldrestholz) nehmen ca. 26 % der insgesamt produzierten Biomasse ein. Der Anteil von Rinde und Ernteverlusten beträgt etwa 17 % der Biomasse. Beim Vergleich der Baumartengruppen zeigt sich, dass Nadelhölzer deutlich höhere Stammholzanteile und niedrigere Anteile an nicht verwertbarem Derbholz aufweisen.

Der Begriff "verwertbar" bezieht sich dabei auf die derzeit gängige Holzerntetechnologie. Es ist aber zu erwarten, dass sich diese Einschätzung mit dem zunehmenden Einsatz teil- und vollmechanisierter Holzerntetechnologien deutlich än-

Tabelle 3.5 Biomassekompartimente des Nutzungspotenzials in der Prognoseperiode 2008 bis 2012 nach dem Basisszenario der Waldentwicklungs- und Holzaufkommensmodellierung (Datenbasis nach /3-48/, eigene Berechnungen)

	Biomasse	Reisholz[a]	Derbholz[b]	Ernteverl./ Rinde	Derbholz[c]	Stammholz	Industrieholz	Derbholz[d]
	in m³/(ha a)							
Eiche	9,7	1,8	7,9	2,0	5,9	3,7	1,0	1,2
Buche	13,0	1,9	11,1	1,6	9,5	6,1	2,1	1,3
ALH	11,5	2,1	9,4	2,0	7,4	3,9	1,8	1,7
ALN	8,1	1,3	6,8	1,8	5,0	2,7	1,1	1,2
Fichte	15,1	2,6	12,5	2,5	10,0	8,8	0,3	0,9
Tanne	18,8	3,4	15,4	3,2	12,2	11,6	0,1	0,5
Douglasie	15,3	2,8	12,5	3,2	9,3	8,2	0,4	0,7
Kiefer	8,6	1,2	7,4	1,8	5,6	4,4	0,5	0,7
Lärche	9,8	1,4	8,4	2,5	5,9	5,1	0,3	0,5
Alle Baumarten	*11,7*	*2,1*	*9,6*	*2,0*	*7,6*	*5,8*	*0,8*	*1,0*

[a] einschließlich Nadeln; [b] Vorratsfestmaß; [c] Erntefestmaß; [d] nicht verwertbar; ALH andere Laubbaumarten mit hoher Lebensdauer; ALN andere Laubbaumarten mit niedriger Lebensdauer; Ernteverl. Ernteverluste

dern wird und in Zukunft der Anteil der verwertbaren Kompartimente zunehmen wird.

Die forstliche Produktion ist zusätzlich bestimmten Risiken unterworfen. Dabei wird unterschieden zwischen den Risken durch abiotische und biotische Schäden.
- Abiotische Schäden werden durch Stürme, Dürren, Umwelteinflüsse und z. T. durch Waldbrände verursacht. Dabei besteht der Schaden, der beispielsweise durch Stürme verursacht wird, nicht nur in der Entwertung des Holzes durch Stammbruch, sondern auch durch den meist mit großen Schadereignissen verbundenen Preisverfall. Zudem sind durch Stürme geschädigte Waldbestände prädisponiert für Folgeschäden durch Borkenkäfer und weitere Sturmwürfe. Besonders betroffen von Sturmschäden ist die flachwurzelnde Fichte.
- Biotische Schäden an stehenden Bäumen entstehen durch eine Vielzahl von Schadorganismen. In der Regel können geschädigte Bäume im Rahmen von Durchforstungen entnommen und auf diese Weise größere wirtschaftliche Schäden verhindert werden. Probleme bereiten Schadorganismen, die zu Massenvermehrungen (Gradationen) neigen. Beispiel dafür sind rindenbrütende Borkenkäfer an Fichte und Kiefer. Zu Massenvermehrungen kommt es bei einem reichlichen Angebot an Brutmaterial (z. B. bei großflächigen Sturmschäden) und günstigen Witterungsbedingungen. Daneben entstehen der Forstwirtschaft große Schäden durch Wildverbiss und durch Schäl- und Fegeschäden von Reh-, Rot- und Damwild.

3.2 Landwirtschaftlich produzierte Lignocellulosepflanzen

Lignocellulosepflanzen – darunter werden Pflanzen verstanden, bei denen ein wesentlicher Anteil der von ihnen gebildeten und als biogener Festbrennstoff nutzbaren Biomasse aus unterschiedlichen Anteilen von Cellulose, Lignin und Hemicellulose besteht – können außer in den Forsten (Holz) auch landwirtschaftlich produziert werden. Nachfolgend werden die wesentlichen Möglichkeiten einer Bereitstellung holz- und halmgutartiger Lignocellulosepflanzen mit landwirtschaftlichen Methoden dargestellt.

3.2.1 Schnellwachsende Baumarten

Typische Vertreter von in Kurzumtriebsplantagen anbaubaren schnellwachsenden Baumarten in Mitteleuropa sind die Weide und die Pappel; für leichte Standorte bzw. Rekultivierungsflächen von z. B. ehemaligen Braunkohletagebauen kommen auch Robinien in Betracht. Weiden und Pappeln gehören zur Familie der *Salicales* mit den beiden Hauptgattungen *Populus* (Pappel) und *Salix* (Weide). Weiden haben lanzettlich geformte, längliche Blätter und Pappeln zugespitzte, eher rundlich bis herzförmig geformte Blätter. An den im ersten Jahr eintriebigen Stämmen bilden sich ab dem zweiten Jahr Verzweigungen. Zur Lignocelluloseproduktion in Kurzumtriebsplantagen werden hauptsächlich Klone von *Salix viminalis* und *Salix dasyclados* sowie verschiedene Arten der Schwarzpappel (Gattung *Populus*, Sektion *Aigeiros*) und Balsampappel (Gattung *Populus*, Sektion *Tacamaha*) verwendet.

Energieträgerrelevante Eigenschaften. Die Biomasse schnellwachsender Baumarten enthält, unabhängig vom Erntezeitpunkt, ca. 50 % Wasser in der Rohsubstanz. Der Aschegehalt kann, je nach Alter der Bestände bzw. dem daraus resultierenden Rindenanteil, zwischen 1,0 und 2,2 % schwanken; er übersteigt aufgrund des meist höheren Rindenanteils den von Waldholz. Ebenso können mineralische Inhaltsstoffe wie Stickstoff (N) und Kalium (K) stärkere Schwankungen aufweisen, während die Elementaranalyse für Kohlenstoff (C), Wasserstoff (H) und Sauerstoff (O) relativ gleich bleibende Werte ergibt.

Standortansprüche und Anbau. Weiden und Pappeln können auf Böden ab einer Bodenpunktzahl von 30 (von 100 maximal möglichen Bodenpunkten) angebaut werden. Eine ausreichende Wasserversorgung ist besonders wichtig; sandige, leichte Böden sind daher weniger geeignet. Weiden und Pappeln findet man deshalb häufig als Gehölze der Auenwälder und Ufergebüsche, denn sie bevorzugen Standorte mit Grundwasseranschluss.

Voraussetzung für hohe Biomasseerträge ist eine tiefgründige Durchwurzelbarkeit des Bodens (mindestens 60 cm). Weiden vertragen kühlere Witterung und sind somit besonders gut geeignet für kühl-feuchte Regionen. Pappeln, vor allem die Balsampappeln, haben höhere Temperaturansprüche, so dass sie in Höhenlagen über 600 m nicht anbauwürdig sind. Während die vorhandenen Weidensorten ein höheres genetisches Ertragspotenzial als die verfügbaren Pappelsorten aufweisen, können Pappeln dennoch unter ungünstigen Umweltbedingungen (z. B. zu geringe Wasserversorgung, flachgründiger Boden) vergleichsweise höhere Erträge als Weiden bilden. Beide Arten haben einen sehr hohen Transpirationskoeffizienten und damit einen vergleichsweise hohen Wasserverbrauch.

Bei der Sortenwahl ist neben dem Massebildungsvermögen auch die Resistenz gegen Blattrost und Gallmücken sowie die Anfälligkeit für Wildverbiss und die Frostverträglichkeit zu beachten. Sortenmischungen können die Resistenzeigenschaften des Gesamtbestandes verbessern und dadurch die Ertragssicherheit erhöhen.

Als Ausgangsmaterial für die Pflanzung dienen 20 cm lange Steckhölzer, die im Winter von einjährigen Trieben gewonnen und bei -2 bis -4 °C aufbewahrt werden. Die Etablierung der Pflanzung im ersten Jahr entscheidet maßgeblich über die Ertragsfähigkeit des Bestandes. Vor dem Setzen der Stecklinge sollte deshalb die Anbaufläche sorgfältig vorbereitet werden (d. h. auf die Pflugfurche folgt eine Pflanzbettbereitung z. B. mit der Egge). Der Reihenabstand und der Abstand in der Reihe werden sowohl von der Baumart als auch von der gewählten Umtriebszeit, die wiederum von der Erntetechnik abhängt, bestimmt. Beispiele sind in Tabelle 3.6 angegeben (zu den Erntetechniken vgl. Kapitel 6.1.2).

Gepflanzt wird bei Weide meist in Doppelreihen, wobei für die maschinelle Erntbarkeit ein Abstand von 75 cm innerhalb der Doppelreihen und ein Abstand von 125 bis 160 cm zwischen den Doppelreihen eingehalten werden sollte. Der Pflanzabstand innerhalb der Reihen beträgt 30 bis 100 cm. Für die Pflanzung der 12 000 bis 18 000 Stecklinge je Hektar stehen Handpflanzmaschinen und Geräte,

Tabelle 3.6 Möglichkeiten des Pflanzverbandes von Kurzumtriebsplantagen

Erntetechnik	Vollernter	Mähhacker	konvent. Forsttechnik
geeignete Baumart	Weide, Pappel	Weide, Pappel	Pappel
Umtrieb	2 bis 3 Jahre	3 bis 5 Jahre	> 8 Jahre
Stammdurchmesser	3 bis 7 cm	3 bis 8 (12) cm	> 12 cm
Reihenabstand	Doppelreihe 0,75/1,50 m	1,8 bis 2,0 m	3,0 bis 3,2 m
Abstand in der Reihe	0,50 bis 0,75 m	0,5 bis 0,6 m	1,0 bis 1,5 m
Pflanzenbestand	18 000 bis 12 000 Pfl./ha	11 100 bis 8 300 Pfl./ha	3 300 bis 2 100 Pfl./ha

Pfl. Pflanzen; konvent. konventionelle

die ganze Triebe zerschneiden und direkt einpflanzen, zur Verfügung. Ein Walzengang direkt nach dem Pflanzen fördert die ausreichende Verankerung der Stecklinge. Mit Ausfällen von ca. 15 % muss allerdings gerechnet werden. Pappelstecklinge sollten senkrecht eingepflanzt werden und dabei höchstens 2 bis 3 cm oberirdisch verbleiben.

Da die Stecklinge im ersten Jahr sehr konkurrenzschwach sind, muss eine intensive Unkrautbekämpfung durchgeführt werden. Vor allem in der Vorfrucht sind Wurzelunkräuter chemisch zu bekämpfen. Diese kann chemisch erfolgen, sofern zugelassene Pflanzenschutzmittel existieren bzw. Genehmigungen zur Anwendung von Pflanzenschutzmitteln gemäß § 18b PSchG vorhanden sind. Ebenso sind mechanische Verfahren möglich (z. B. mehrmalige Bearbeitung mit dem Grubber, einer Zinkenegge oder einer Fräse). Vor einer mechanischen Unkrautbekämpfung sollten die Triebe jedoch schon angewachsen sein und ausgeschlagen haben. In den nachfolgenden Jahren ist in der Regel keine weitere Unkrautbekämpfung mehr erforderlich.

Besonders im ersten Jahr kann bei Weiden häufig ein starker Wildverbiss stattfinden; deshalb kann in Waldnähe die Aufstellung eines Zauns notwendig werden. Weitere Schäden können durch Mäusefraß oder den Befall von Blattläusen, Weiden- bzw. Pappelblattkäfern und pilzlichen Schaderregern (z. B. Blattrost) verursacht werden. Eine Bekämpfung ist aber meist nicht notwendig.

Vor der Anlage der Pflanzung sollte die Bodenreaktion untersucht werden; beispielsweise ist auf sauren Böden eine Kalkung vorzunehmen. Der Nährstoffentzug durch schnellwachsende Baumarten liegt bei 4 bis 7 kg Stickstoff (N), 0,8 bis 1,8 kg Phosphor (P) und 2,5 bis 4 kg Kalium (K) je Tonne geernteter Trockenmasse. Im ersten Jahr fördert eine Stickstoffdüngung vor allem das Unkrautwachstum und sollte daher unterbleiben. Insgesamt ist in der Regel eine Stickstoffdüngung auch in den Folgejahren nicht notwendig. Blattfall, Stickstoffimmissionen (u. a. aus den NO_x-Emissionen des Verkehrs) und die jährliche Mineralisation reichen für die Versorgung der Bestände auf den meisten Standorten aus. Nach der Ernte ist der Phosphor- und Kaliumgehalt des Bodens zu untersuchen und ggf. auf die Versorgungsstufe C aufzudüngen.

3.2 Landwirtschaftlich produzierte Lignocellulosepflanzen

Tabelle 3.7 Jährlicher Zuwachs an Trockenmasse (TM) von Weiden und Pappeln bei niedrigem, mittlerem und hohem Ertragsniveau mit Beginn des zweiten Aufwuchses

Ertragsniveau	Niedrig	Mittel	Hoch
		in t TM/(ha a)	
Weiden	4	6 – 9	10 – 18
Pappeln	6	7 – 9	10 – 18

Nutzung und Ertragspotenzial. Im ersten Jahr wird der Bestand ca. 1,5 m hoch. Zur Bestandshomogenisierung und zur Erhöhung der Triebzahl pro Pflanze kann im Winter des Anpflanzjahres ein Rückschnitt des einjährigen Aufwuchses erfolgen ("Schröpfschnitt"). Im vierten Jahr beträgt die Bestandeshöhe ca. 7 m. Der Schnitt und damit die Ernte der aufgewachsenen Biomasse kann alle drei bis vier Jahre im Januar und Februar erfolgen; dabei sollte der Boden möglichst gefroren sein, um Bodenschäden durch die schweren Erntemaschinen zu vermeiden. Im Folgejahr treiben die Stöcke erneut aus und der Bestand kann in Abhängigkeit von der gewählten Umtriebszeit wieder beerntet werden. In Abhängigkeit von der Erntetechnik können 3 bis 4-jährige, 5 bis 6-jährige und 8 bis 10-jährige Umtriebe (Ernteintervalle) gewählt werden. Erfahrungen über die maximale Nutzungsdauer der Baumbestände fehlen bisher. Näherungsweise wird von einer 25- bis 30-jährigen Nutzung ausgegangen /3-31/.

Das Ertragspotenzial (Tabelle 3.7) hängt sehr stark vom Standort ab. Da Pappeln und Weiden einen sehr hohen Wasserverbrauch haben, werden die erzielbaren Erträge wesentlich von der Wasserversorgung der Pflanzen beeinflusst (u. a. Niederschläge, Wasserhaltekapazität des Bodens, Durchwurzelbarkeit des Bodens, um Wasser aus tieferen Schichten zu nutzen). Beim ersten Schnitt werden dabei meist niedrigere Erträge erzielt als bei den nachfolgenden Schnitten.

Rekultivierung. Wenn nach 15 bis 30 Jahren das Ende der Nutzungsdauer einer Kurzumtriebsplantage erreicht ist, wird ein Umbruch der nach der letzten Ernte zurückbleibenden Stockreihen erforderlich. Für eine solche Rekultivierungsmaßnahme eignen sich Mulch- und Rodefräsen, wie sie als konventionelle Schlepperanbaugeräte in der Forst- und Umwelttechnik eingesetzt werden. Die Mulchfräse besteht aus einer ca. 2 m breiten Rotorwalze, auf der sich eine Vielzahl auswechselbarer Meißel befindet. Das Gerät wird ausschließlich zur Zerkleinerung der oberirdischen Stockmasse eingesetzt. Daneben kann eine Rodefräse mit einer meist geringeren Arbeitsbreite (ca. 1 m) verwendet werden. Diese Fräse ist deutlich stärker mit Werkzeugen bestückt als die Mulchfräse und wird für eine Bearbeitungstiefe von ca. 40 cm eingesetzt.

Beim Mulchen wird das oberirdische Stockmaterial in einem Arbeitsgang zerkleinert. Die zertrümmerten Holzteile werden dabei normalerweise nicht wieder in den Boden eingearbeitet, um eine erneute Bewurzelung zu verhindern.

Beim Einsatz einer Rodefräse kann dagegen ein solches Einarbeiten kaum vermieden werden, daher ist hierbei ein hohes Maß an Zerkleinerung und Zersplitterung aller Stockteile wünschenswert. Der Bodenkörper wirkt dabei als Widerlager.

Ein einfacher Mulchgang an der Bodenoberfläche ist dabei weder bei Pappel- noch bei Weidenkulturen ausreichend, da lediglich 35 bis 40 % der Stöcke abgetötet werden. Dagegen wird durch den Arbeitsgang mit einer Rodefräse mit 40 cm Bearbeitungstiefe bereits eine ca. 80 %-ige Abtötung erreicht. Noch effektiver ist die Kombination aus Mulchen und Fräsen, die den Wiederaustrieb nahezu vollständig unterdrückt /3-20/.

Ein einmaliger Arbeitsgang mit der Rodefräse dürfte ausreichend sein, wenn anschließend eine Saatbettbereitung für die Bestellung einer konventionellen annuellen Kultur durchgeführt wird. Dies gilt insbesondere dann, wenn in der Folgekultur Herbizide angewendet werden, da Pappeln und Weiden auf eine solche Maßnahme empfindlich reagieren.

Ökologische Aspekte. Weiden und Pappeln können mit einem vergleichsweise geringen Düngereinsatz produziert werden. Nach derzeitigem Kenntnisstand kann außerdem auf einen Pflanzenschutzmitteleinsatz – abgesehen von Herbizidbehandlungen in den ersten 1 bis 2 Jahren – verzichtet werden. Bei zunehmender Anbauausdehnung ist jedoch mit einem verstärkten Krankheits- und Schädlingsdruck zu rechnen. Ökologisch kritisch ist der hohe spezifische Wasserverbrauch, da bei zugleich tiefer Durchwurzelung des Bodens die Gefahr einer übermäßigen Grundwasserausschöpfung besteht. Die lange Bodenruhe wirkt sich dagegen positiv auf die Bodenfruchtbarkeit aus, denn die Erosionsneigung wird deutlich verringert. Außerdem findet keine mechanische Belastung durch Bodenbearbeitung statt und es kommt zu einer Anreicherung von organischer Substanz im Boden. Hierdurch werden bodenbewohnende Lebewesen gefördert. Aufgrund der späten Ernte und der großen Abstände zwischen den Schnitten finden Wildtiere in den Beständen leicht Deckung und Vögeln wird das ungestörte Brüten ermöglicht. Der im Vergleich zu anderen Kulturpflanzen sehr hohe Aufwuchs kann jedoch auch als störend für das Landschaftsbild empfunden werden.

3.2.2 Miscanthus

Miscanthus *(Miscanthus x giganteus)*, auch Chinaschilf genannt, gehört zur Familie der Süßgräser (*Gramineae*) und hier in die Unterfamilie der Bartgrasgewächse. Es ist ein perennierendes C_4-Gras, das aus dem ostasiatischen Raum stammt. Ab dem dritten Bestandsjahr kann die Kultur eine Höhe von bis zu 4 m erreichen.

Miscanthus x giganteus ist der zurzeit ertragreichste Klon, der in weiten Gebieten Europas verbreitet ist. Da *Miscanthus x giganteus* ein triploider Artbastard ist, kann er keine fertilen Samen bilden und muss über Klonung vermehrt werden. Das geschieht entweder durch Teilung der unterirdisch angelegten Rhizome oder über Mikrovermehrungsverfahren /3-35/. Schon im Anpflanzjahr beginnt die Bildung der sprossbürtigen Rhizome, die der Pflanze als unterirdische Speicher- und Überwinterungsorgane sowie als Ausläufer dienen, aus denen jedes Jahr neue Sprosse gebildet werden. Das geschieht etwa Mitte April bis Mitte Mai, wenn die Bodentemperaturen über 9 °C liegen. Im Herbst findet dann eine Rückverlagerung von Nährstoffen aus den oberirdischen Sprossen in das Rhizom statt, von wo sie im

3.2 Landwirtschaftlich produzierte Lignocellulosepflanzen 93

Frühjahr wieder in die neuen Sprosse eingelagert werden. Der Spross besitzt ca. 2 cm breite und 35 cm lange, wechselständig stehende Blätter.

Energieträgerrelevante Eigenschaften. Der Wassergehalt der geernteten Biomasse ist sehr stark abhängig vom Erntezeitpunkt, den Standortbedingungen sowie von der Witterung /3-34/ und dem Erntekonzept bzw. dem -verfahren. Er kann zwischen 15 und 45 % schwanken. Der Aschegehalt sowie der Kalium- und Chloridgehalt werden ebenfalls vom Erntezeitpunkt, der Witterung und den standörtlichen Bedingungen beeinflusst, da diese Mineralstoffe nach dem Absterben der Sprosse aus der Biomasse durch Niederschläge ausgewaschen werden. Bei der Ernte im Februar/März schwankt der Aschegehalt zwischen 1,5 und 4 %. Dabei sind Asche- und Mineralstoffgehalte in den Blättern höher als in den Stängeln. Da die Blätter im Laufe des Winters vor allem auf windigen Standorten abfallen, beträgt jedoch der Blattanteil an der Gesamtmasse im Februar/März nur noch 10 bis 30 %. Dies hat entsprechende Veränderungen in der Biomassezusammensetzung zur Folge.

Standortansprüche und Anbau. Miscanthus gedeiht auf den meisten Böden, sofern sie nicht zu Staunässe neigen. Jungpflanzen können sich im Anpflanzjahr besser auf leichten Böden etablieren, wohingegen auf schwereren Böden in den Folgejahren aufgrund der besseren Wasserversorgung das höhere Massenwachstum stattfindet /3-45/. Zwar verträgt Miscanthus kurze Trockenperioden, doch wirkt eine gleichmäßige Wasserversorgung während der Vegetationsperiode stark ertragsfördernd. Der Transpirationskoeffizient liegt bei 300 l Wasser je kg gebildeter Trockenmasse. Wie alle C_4-Pflanzen ist auch Miscanthus wärmeliebend, bringt dennoch aber auch in Gebieten mit Durchschnittstemperaturen von 7,5 °C gute Massenerträge, sofern die Wasserversorgung gleichmäßig ist. Je wärmer der Standort ist, desto früher beginnt der Austrieb und desto vollständiger findet die Rückverlagerung der Nährstoffe im Herbst aus den oberirdischen Sprossteilen in das Rhizom statt.

Das Hauptanbauproblem in Nord- und Mitteldeutschland ist das Auftreten starker Auswinterungsverluste während des ersten Jahres; dies wird auf eine unzureichende Jungpflanzenentwicklung im ersten Jahr oder starke Fröste mit vorangegangenen Temperaturschwankungen zurückgeführt. Die Überwinterung des Genotyps *Miscanthus x giganteus* ist gefährdet, wenn die Bodentemperaturen -3,5 °C unterschreiten. Daher werden winterhärtere Genotypen von Miscanthus, deren Genom einen höheren Anteil von *Miscanthus sinensis* enthält, gezüchtet. Alternativ können auch Mehrklonsorten angebaut werden. Auch gefährden Spätfröste die jungen Triebe. Zwar werden, wenn sie absterben, neue Triebe gebildet; dies führt jedoch zu einer erheblichen Schwächung und u. U. sogar zum Absterben der Pflanzen. Je früher die Fröste im Herbst beginnen, desto unvollständiger findet die Rückverlagerung von Nährstoffen in das Rhizom statt. Dies hat neben einem höheren Nährstoffentzug auch eine verminderte Brennstoffqualität (d. h. höherer Mineralstoff- und Aschegehalt) zur Folge.

Die Anpflanzung ist ab Ende Mai bevorzugt in gepflügtem Boden durchzuführen, um den Unkrautdruck so gering wie möglich zu halten und den Jungpflanzen einen leicht durchwurzelbaren Boden mit guten Entwicklungsmöglichkeiten für das Rhizom zu bieten. Der Boden muss bis zur Pflanztiefe homogen gelockert und rückverfestigt werden. Die Pflanzung kann beispielsweise mit teilautomatischen Pflanzmaschinen aus dem Gemüsebau durchgeführt werden /3-23/. Das Pflanzmaterial sollte nicht größer als 30 cm sein und einen gut durchwurzelten, feuchten Ballen haben. Eine Ballengröße von 5 x 5 cm verringert im Gegensatz zu nur 3 x 3 cm großen Ballen die Auswinterungsgefahr. Der Ballen der Pflanze muss auf der Furchensohle abgelegt und mit 2 cm lockerer Erde bedeckt werden. In Gebieten mit gleichmäßiger Wasserversorgung und geringer Auswinterungsgefahr beträgt die Pflanzdichte etwa 1 Pflanze je m^2; zur Risikominderung ist jedoch eine Pflanzdichte von 2 Pflanzen je m^2 zu empfehlen. Inzwischen wurden Verfahren zur Bestandsetablierung auch über Pflanzung von Rhizomstücken direkt ins Feld entwickelt. Hierbei werden die Rhizome mittels einer Spezialmaschine im Mutterrhizomfeld zerkleinert und aufgelesen. Nach möglichst kurzer Lagerung der Rhizome werden diese auf dem neu zu bepflanzenden Feld ausgebracht und oberflächlich eingepflügt. Im Mutterrhizomfeld verbleiben noch so viele Rhizomstücke, dass der Bestand sich wieder regenerieren kann.

Bisher sind noch keine nennenswerten Schäden durch Schädlinge und Krankheiten aufgetreten. Im Anpflanzjahr sind die Jungpflanzen noch wenig konkurrenzstark und durch die Verunkrautung gefährdet. Eine mechanische oder chemische Unkrautbekämpfung ist deshalb im ersten Jahr unerlässlich. Zugelassene Mittel für Miscanthus gibt es derzeit noch nicht; bei einem Pflanzenschutzmitteleinsatz sind die entsprechenden Regelungen im Pflanzenschutzgesetz (§ 18b) zu beachten. Bei schwach entwickelten Beständen kann eine Unkrautbekämpfung auch im zweiten Jahr empfehlenswert sein, jedoch ist sie spätestens ab dem dritten Standjahr nicht mehr notwendig. Im frühen Stadium nach der Pflanzung werden hierfür mechanische Verfahren (z. B. Striegeln) angewendet; später eignen sich auch mechanisch-chemische Kombinationen (z. B. Hacken zwischen und Herbizidbehandlung in der Reihe) /3-46/.

Die Düngung orientiert sich an den Ertragserwartungen sowie an den je nach Standort unterschiedlichen Nährstoffgehalten in der abgeernteten Biomasse. Je Tonne werden 1,2 bis 5,7 kg Stickstoff (N), 0,2 bis 1 kg Phosphor (P) und 4 bis 9 kg Kalium (K) und 1 bis 1,5 kg Kalzium (Ca) entzogen. Da Miscanthus durch das Rhizom ein Nährstoffpuffersystem und durch seine tiefen Wurzeln ein großes Nährstofferfassungsvermögen hat, ist die Düngung selten direkt ertragswirksam. Zur Erhaltung der Bodenfruchtbarkeit und zur Aufrechterhaltung der Nährstoffversorgungsfunktion des Bodens genügt daher eine Bemessung nach den entzogenen Nährstoffen. Bei einem Jahresertrag von 20 t/ha Trockenmasse ist eine jährliche Gabe von 60 kg/ha Stickstoff zum Sprossaustrieb und 9 kg/ha Phosphor sowie 100 kg/ha Kalium nach der Ernte zu empfehlen; auf fruchtbaren Boden kann aber auch auf die Stickstoffdüngung verzichtet werden.

Nutzung und Ertragspotenzial. Die Ernte erfolgt jährlich etwa im Februar bis Mitte April, da dann Trockenmassegehalte von bis zu 80 % erreicht werden können und über den Winter eine Auswaschung von löslichen Mineralstoffen wie Kalium (K) oder Chlor (Cl) stattfindet. Das Ertragspotenzial ist in den beiden Etablierungsjahren gering und erreicht ab dem dritten bis fünften Bestandsjahr sein Maximum. Es schwankt dann, je nach Standortbedingungen, zwischen 10 und 30 t

Trockenmasse je Hektar und Jahr. Dabei steigt die Ertragsfähigkeit im Wesentlichen mit der Gleichmäßigkeit der Wasserversorgung und der Durchwurzelbarkeit des Bodens. Die geschätzte Nutzungsdauer einer Miscanthus-Pflanzung beträgt rund 20 bis 25 Jahre.

Rekultivierung. Wenn nach 10 bis 25 Jahren das Ende der Nutzungsdauer einer Miscanthuskultur erreicht ist, wird nach der letzten Ernte ein Umbruch notwendig. Durch diese Rekultivierungsmaßnahme soll ein Wiederaustrieb verhindert und die Möglichkeit geschaffen werden, dass auf der Fläche ein Wechsel der Kulturart stattfinden kann. Bei Miscanthus muss dafür die relativ kurze Zeitspanne zwischen der letzten Ernte und der noch im gleichen Frühjahr vorgesehenen Folgekultur ausgenutzt werden. Da der unerwünschte Wiederaufwuchs ausschließlich aus vegetativen Pflanzenteilen erfolgt, kommt es bei der Rekultivierung auf eine vollständige Zerstörung der Rhizommasse an, die sich hauptsächlich in einer Bodentiefe von maximal 20 cm befindet. Das kann durch mechanische oder chemische Verfahren erreicht werden, wobei jeweils die unterstützende physiologische Wirkung einer Folgekultur eingeplant werden sollte. Bei deren Auswahl ist daher auf eine möglichst hohe Konkurrenzkraft gegenüber den noch nicht abgetöteten Miscanthustrieben zu achten. Hierbei hat sich beispielsweise Sommerraps als stark deckende Kulturpflanze bewährt.

Bei den mechanischen Verfahren wird eine möglichst feine Zerkleinerung der Rhizome angestrebt, da Teilchen, die leichter sind als 2 g (d. h. 5 mm Kantenlänge) zu dem geringsten Wiederaustrieb führen /3-39/. Günstige Ergebnisse wurden auch durch die Aufnahme der unzerkleinerten Rhizome mit Hilfe eines Steinsammlers und der anschließenden Abfuhr erzielt. Der Einsatz der Tieffräse (30 cm) ist dagegen etwas weniger wirksam (Tabelle 3.8).

Die Anwendung chemischer Verfahren ist zur Unterstützung einer vorhergehenden mechanischen Maßnahme (Pflügen, Grubbern, Fräsen) möglich. Hierbei kommen lediglich solche Wirkstoffe in Frage, die über das Blatt wirken und somit die Pflanzen erst dann schädigen können, wenn sie ausgetrieben haben. Ihr Einsatz kann im Rahmen der üblichen Unkrautbekämpfung in der Folgekultur erfolgen, sofern es sich um ein selektives Herbizid handelt, welches die angebaute Kulturpflanze nicht schädigt /3-39/. Da bei bestimmten Wirkstoffen aber lediglich die getroffenen Pflanzenteile absterben, kommt es zu einem erneuten Wiederaustrieb

Tabelle 3.8 Wirksamkeit mechanischer Umbruchverfahren für Miscanthus (TM Trockenmasse; nach /3-39/)

Prinzip	Verfahren	Wirkung auf Wiederaustrieb
Zerkleinern	Grubber + 1 x Fräsen (12 cm)	275 g TM/m^2
	2 x Fräsen (12 cm)	125 g TM/m^2
	Tieffräse (40 cm, 1,2 km/h)	114 g TM/m^2
	Tieffräse (40 cm, 0,6 km/h)	56 g TM/m^2
Lockern + Aufnehmen + Abfahren	Grubber + Steinsammler	12 g TM/m^2
Lockern + Aufnehmen + Zerkleinern	Grubber + Steinsammler + Schredder	83 g TM/m^2

aus dem Rhizom oder aus der nicht geschädigten Pflanzenmasse, so dass eine mehrmalige Anwendung erforderlich werden kann. Je nach Vorbehandlung und Wirkstoff ist ein Wiederaustrieb noch im Folgejahr feststellbar. Der Einsatz chemischer Mittel als alleinige Umbruchmaßnahme ist nicht sinnvoll, da hierbei in der ersten Vegetationsperiode kein Kulturpflanzenanbau erfolgen kann.

Neben dem Umbruch der Kultur kann die Rhizomrodung auch den Zweck der Gewinnung von Pflanzgut für die Neubegründung einer Miscanthuskultur durch Auspflanzen von Rhizomteilen dienen. Aufbauend auf der Kartoffelrodetechnik sowie einer Kreiselegge wurden hierfür verschiedene Techniken entwickelt und erprobt, die entweder im Rahmen eines kompletten Umbruchs oder auch über eine selektive Rhizomernte in einem Mutterquartier angewendet werden können /3-37/. Um eine hohe Pflanzgutqualität mit Rhizomlängen von ca. 70 bis 80 mm und möglichst wenig anhaftende Erde zu erhalten, sollte dieses Verfahren vorrangig auf Standorten mit leichten Böden eingesetzt werden.

Ökologische Aspekte. Miscanthus ist wegen seiner geringen Wasser- sowie niedrigen Asche-, Stickstoff-, Kalium- und Chlorgehalte durch – im Vergleich zu anderen Halmgütern – günstige Brennstoffeigenschaften gekennzeichnet. Sein geringer Wasser- und Nährstoffverbrauch bedingen seine sehr effiziente Ressourcennutzung. Durch die tiefe Durchwurzelung kann es eventuell zum Angriff auf die Grundwasserreserven kommen. Als mehrjährige Pflanze trägt Miscanthus zur Verringerung von Bodenerosion bei, hat einen positiven Effekt auf die Bodenfruchtbarkeit und unterstützt die Fixierung von Kohlenstoff im Boden. Die geringen Aufwendungen für den Pflanzenschutz sowie die langjährige Bodenruhe wirken sich auf die Fauna und die Bodenfruchtbarkeit günstig aus. Außerdem bieten die hohen Bestände, die auch über den Winter auf dem Feld verbleiben, verschiedenen Tieren Schutz. Demgegenüber kann aber der Blattfall im Winter und die Verwehung der Blätter bei Plantagen in Siedlungsnähe zu Akzeptanzproblemen bei der Bevölkerung führen.

3.2.3 Rutenhirse

Rutenhirse (*Panicum virgatum* L.; Switchgras (engl.)), ein Präriegras aus Nordamerika, ist ein mehrjähriges C_4-Gras, welches ebenfalls ein unterirdisches Rhizomsystem ausbildet. Sorten wie "Kanlow" oder "Cave-in-Rock" haben sich als ertragreich auch in Mitteleuropa erwiesen. Rutenhirse kann bis zu 3 m hoch werden und kommt im Spätsommer zur Blüte. Die Bestandesdichte kann bis zu 700 Stängel je m^2 betragen. Rutenhirse bildet kleine Samen mit einem Tausendkorngewicht von 0,7 bis 2 g.

Energieträgerrelevante Eigenschaften. Die energieträgerrelevanten Eigenschaften hängen auch bei der Rutenhirse stark vom Erntezeitpunkt und von Standorteinflüssen ab. Bei ersten Versuchen in Mitteleuropa wurde Rutenhirse im November bei einem Wassergehalt von 40 bis 60 % und im Februar/März bei Wassergehalten von 17 bis 20 % geerntet. Die Aschegehalte schwankten zwischen 1,7 und 4,9 %

der Trockenmasse, wobei die niedrigen Aschegehalte auf dem Standort mit leichten, tonarmen Böden gemessen wurden.

Standortansprüche und Anbau. Die heute verfügbaren Typen von Rutenhirse werden in Hochland- und Tieflandtypen unterteilt. Die Hochlandtypen sind – da sie aus den wärmeren Gebieten der USA und Mexikos stammen – zwar ertragreicher, aber weniger winterhart. Demgegenüber weisen die Tieflandtypen, welche aus dem Mittleren Westen der USA bzw. Kanadas stammen, eine ausreichende Winterhärte auch für den Anbau in Deutschland auf.

Rutenhirse bevorzugt für ein gutes Massenwachstum als wärmeliebende C_4-Pflanze leicht erwärmbare und gut durchlüftete Böden. Die kleinen Samen benötigen eine feine Saatbettbereitung. Das Pflügen vor der Saat ist zu empfehlen, da Rutenhirse im Jugendstadium aufgrund der sehr zögerlichen Bestandesentwicklung konkurrenzschwach gegenüber Unkräutern ist.

Das Hauptproblem beim Anbau von Rutenhirse liegt in der Etablierung eines guten Bestandes. Da die minimale Keimtemperatur bei 10 °C liegt, sollte Rutenhirse erst ab Ende Mai bei ausreichenden Bodentemperaturen auf eine Tiefe von 1 cm gesät werden. Empfohlen wird eine Saatmenge von 10 kg/ha. Das Saatgut kann einen hohen Anteil von Samen mit Dormanz (Keimruhe) enthalten. Hierdurch wird die Keimung unterdrückt und es kann zu einem schlechten Aufgang der Samen kommen. Um die Dormanz zu brechen, kann man das Saatgut entweder warm und trocken über mehrere Jahre lagern oder es stratifizieren; dazu kühlt man die Saat bis 4 °C und setzt sie für 24 h unter Wasser. Rutenhirse kann in Direktsaat beispielsweise mit dem Drillsaatverfahren ausgebracht werden. Alternativ kann eine Voranzucht der Pflanzen im Gewächshaus und eine Pflanzung, entsprechend des für die Auspflanzung von Miscanthus angewandten Verfahrens, mit einer Pflanzdichte von 4 Pflanzen pro m^2 vorgenommen werden. Dieses Verfahren ist jedoch erheblich teurer als die Aussaat.

Da die Jungpflanzen sehr konkurrenzschwach sind, muss eine Unkrautbekämpfung während der Jugendentwicklung erfolgen. Hierzu können Vorauflaufherbizide angewandt werden. Im Nachauflauf können Herbizide zur Bekämpfung zweikeimblättriger Unkräuter aus dem Maisanbau eingesetzt werden. Dafür gibt es aber ebenfalls bisher keine zugelassenen Mittel; außerdem ist auch hier das Pflanzenschutzgesetz zu beachten. Unerwünschte Gräser können aber durch einen Schröpfschnitt reduziert werden.

Der Nährstoffbedarf von Rutenhirse ist vergleichsweise gering. Im ersten Jahr sollte keine Stickstoff(N)-Düngung verabreicht werden, da diese vor allem das Unkraut fördert. Nach US-amerikanischen Untersuchungen wird eine Stickstoffdüngung von 50 kg/(ha a) empfohlen. Bei einem Ertragsniveau von 10 t Trockenmasse pro Hektar sollten Kalium bzw. Phosphor in Mengen von 100 bzw. 30 kg/(ha a) gedüngt werden.

Nutzung und Ertragspotenzial. Die Nutzungsdauer von Rutenhirsebeständen wird auf 15 bis 20 Jahre geschätzt. Um trockene sowie mineralstoff- und aschearme Biomasse ernten zu können, ist eine späte Ernte im Februar/März zu empfehlen. Dies wird ermöglicht durch die gute Standfestigkeit von Rutenhirse. Die Bestände erreichen ab dem dritten Bestandesjahr ihre Höchsterträge. Sie können auf warmen Standorten (z. B. im Rheintal) Trockenmasseerträge von bis zu 17 t/(ha a) erreichen. Auf kühleren Standorten werden jährlich bis zu 12 t Trockenmasse pro Hektar gebildet.

Ökologische Aspekte. Die Biomasse von Rutenhirse ist bei der Frühjahrsernte durch niedrige Wasser-, Asche-, Stickstoff-, Kalium- und Chlorgehalte gekennzeichnet. Rutenhirse nutzt Wasser und Nährstoffe sehr effizient und kommt mit geringen Düngeraufwendungen aus. Dasselbe gilt für den Einsatz von Pflanzenschutzmitteln, die nur im Ansaatjahr benötigt werden. Die langjährige Bodenruhe kann sich positiv auf die Bodenfruchtbarkeit auswirken; ebenso verringert die ganzjährige Bodenbedeckung die Gefahr von Erosion und führt zur Erhöhung des Kohlenstoffgehaltes in Böden. Mehrjährige Bestände bieten der Fauna gute Entwicklungsmöglichkeiten.

3.2.4 Rohrglanzgras

Rohrglanzgras (*Phalaris arundinacea* L.) ist ein bis zu 2 m hohes, ausdauerndes Gras, das unterirdische, kriechende Ausläufer bildet. Es liebt feuchte Standorte und ist meist an Flussufern, Gräben und Seen zu finden. Aufgrund seines tiefen Wurzelwerkes kann es aber auch auf trockeneren Standorten stehen. Für den Anbau sind nährstoffreiche, mittlere bis gute Böden geeignet. Die hohe Standfestigkeit ermöglicht auch eine Ernte im Winter, wenn die Triebe stark abgetrocknet sind.

Energieträgerrelevante Eigenschaften. Vergleichbar zu anderen Gräsern werden auch beim Rohrglanzgras die Eigenschaften der Biomasse erheblich durch die Wahl des Erntezeitpunktes beeinflusst. Beispielsweise konnte der Wassergehalt von 65 % im August auf 15 % bei einer Ernte im Frühjahr reduziert werden; dies ist jedoch mit Ertragsverlusten von 15 bis 26 % der Trockenmasse verbunden /3-30/. Ebenso reduzierte sich der Gehalt an mineralischen Inhaltsstoffen (Tabelle 3.9). Dabei werden die Aschegehalte auch durch den Standort beeinflusst; vergleichsweise hohe Aschegehalte von 10 % und mehr kommen vor allem beim Anbau auf schweren, tonigen Böden mit hohen Siliziumgehalten vor /3-7/.

Tabelle 3.9 Gehalt an Inhaltsstoffen bei Rohrglanzgras zu unterschiedlichen Ernteterminen (nach /3-30/)

	August	April
	in Gew.-%	
Stickstoff (N)	0,80 – 1,4	0,60 – 1,1
Kalium (K)	0,85 – 1,4	0,10 – 0,4
Chlor (Cl)	0,55 – 0,8	0,05 – 0,2
Asche (Mittelwert)	5,8	4,5

Standortansprüche und Anbau. Saatbettbereitung und Aussaat erfolgen bei Rohrglanzgras wie bei Futtergräsern (Kapitel 3.2.5) im Frühjahr bis Spätsommer. Um eine ausreichende Vorwinterentwicklung zu gewährleisten, sollte die Saat von Rohrglanzgras bis Ende August erfolgt sein. Die Aussaatmenge beträgt 25 kg/ha. Je nach Bodenzustand kann es vorteilhaft sein, nach der Saat zu walzen. Entsprechend der Nährstoffentzüge kann bei einem Ertragsniveau von 10 t/(ha a) Trockenmasse eine Düngung von 100 kg Stickstoff (N), 80 kg Kalium (K) und 30 kg Phosphor (P) je Hektar und Jahr empfohlen werden.

Nutzung und Ertragspotenzial. Die geschätzte Nutzungsdauer von Rohrglanzgrasbeständen beträgt rund 10 Jahre /3-18/. In Versuchen in Deutschland wurden auf einem kühl-feuchten Standort bei einer Stickstoffdüngung von 70 und 140 kg/(ha a) 11 bis 13 t Trockenmasse pro Hektar und Jahr im November geerntet. Eine Verzögerung der Ernte bis Februar/März ist auch hier möglich, wobei dann Ertragseinbußen von 20 bis 25 % zu erwarten sind. Unter finnischen Verhältnissen wurden im Ertrag keine großen Sortenunterschiede gefunden /3-42/.

Rekultivierung. Rohrglanzgras bildet unterirdische Ausläufer; daher müssen eventuell spezielle Maßnahmen zur Beseitigung dieser Rhizome bzw. des Durchwuchses in der Folgefrucht getroffen werden. Hierzu gehört z. B. die Ansaat von Gras oder Kleegras, welches häufig geschnitten wird und damit den Wiederaustrieb von Rohrglanzgras erschöpft.

Ökologische Aspekte. Durch die Mehrjährigkeit kommt es beim Anbau von Rohrglanzgras zu langjähriger Bodenruhe und Verminderung des Erosionsrisikos. Für den Anbau von Rohrglanzgras sind nur geringe Aufwendungen an Pflanzenschutzmitteln notwendig, die sich i. Allg. auf einen Herbizideinsatz im Etablierungsjahr beschränken; Pestizide sind meist nicht notwendig. Im Vergleich zu den mehrjährigen C_4-Gräsern zeichnet sich Rohrglanzgras jedoch durch einen höheren Verbrauch an Wasser und Nährstoffen je Tonne Trockenmasse aus.

3.2.5 Futtergräser

Futtergräser sind mehrjährige, massenwüchsige C_3-Gräser wie z. B. Weidelgras, Knaulgras, Rohrschwingel oder Glatthafer. Sie werden meist für die Wiederkäuerernährung angebaut, wobei hohe Massenerträge bei gleichzeitig hohem Futterwert angestrebt werden. Letzterer wird im Wesentlichen durch einen hohen Protein- und damit auch hohen Stickstoffgehalt sowie eine hohe Verdaulichkeit und damit einen geringen Rohfasergehalt bzw. eine geringe Lignifizierung bestimmt. Bei 4 bis 6 Schnitten und einer Düngermenge von bis zu 300 kg Stickstoff je Hektar und Jahr können bis zu 17 t/(ha a) Trockenmasse geerntet werden.

Sollen solche Gräser als Energiegräser produziert werden, muss das Produktionsverfahren erheblich geändert werden. Beispielsweise sollte mit dem Ziel eines möglichst geringen Stickstoff- und hohen Rohfasergehaltes für eine Energiegrasproduktion eine Verringerung der Stickstoffgaben und die Reduzierung auf ein bis zwei späte Schnitte erfolgen. Besonders die Weidelgrasarten werden zunehmend auch für die Bereitstellung von Substrat für die anaerobe Vergärung eingesetzt.

Geeignete Arten. Eine Reihe verschiedener C_3-Gräser scheinen für eine Biomasseproduktion geeignet. Nachfolgend werden die aus gegenwärtiger Sicht Vielversprechendsten beschrieben.

Weidelgras. Von den Weidelgräsern eignen sich aufgrund ihrer Massenwüchsigkeit und Dauerhaftigkeit insbesondere das Deutsche Weidelgras (*Lolium perenne* L.) und das Welsche Weidelgras (*Lolium multiflorum* Lam.); letzteres wird meist überjährig genutzt. Beide Gräser bilden einen dichten Horst und werden bis zu 90 cm hoch. Aufgrund seines hohen Wasserbedarfs liebt Weidelgras ein luftfeuchtes und niederschlagsreiches Klima. Sommertrockene Lagen sind ungeeignet. Es bevorzugt mittlere bis gute Böden. Je schlechter die Niederschlagsverteilung ist, desto höher sind die Ansprüche an die Wasserhaltekapazität des Bodens. Weidelgras hat relativ hohe Ansprüche an die Nährstoffversorgung.

Knaulgras (Dactylis glomerata L.*).* Knaulgras ist ein ausdauerndes Gras mit dichtem Horst, das bis zu 150 cm hoch wird. Die Ährchen sind zu Knäulen gehäuft. Im Ansaatjahr bringt es meist nur geringe Erträge. Der Vorteil für die Biomasseproduktion hinsichtlich der thermischen Nutzung liegt in der schnellen Lignifizierung; dies ist jedoch für die Verwertung in Biogasanlagen von Nachteil, da Lignin nicht anaerob abgebaut werden kann. Knaulgras ist winterhart und trockenheitsverträglich und daher besonders geeignet für Standorte mit geringen Niederschlägen und niedriger Luftfeuchte. Seine Bodenansprüche sind gering.

Glatthafer (Arrhenatherum elatius (L.) P. Beauv. ex J. Presl & C. Presl*).* Glatthafer ist ein ausdauerndes Gras mit lockerem Horst, das eine Höhe von bis zu 150 cm erreicht. Er ist trockenheitsverträglich und hat mittlere Ansprüche an die Bodenqualität. Glatthafer liebt warme, trockene, lockere, kalkhaltige Mittelböden. Er ist ein sehr raschwüchsiges Gras.

Rohrschwingel (Festuca arundinacea Schreb.*).* Rohrschwingel ist ein mehrjähriges, bis 150 cm hohes Gras. Es bevorzugt schwere, nährstoffreiche Böden, ist aber relativ anspruchslos und kann Überschwemmungs- und Trockenperioden überstehen. Weiterhin zeichnet es sich durch gute Winterhärte und hohe Konkurrenzkraft aus.

Energieträgerrelevante Eigenschaften. Bei den Futtergräsern beträgt der Wassergehalt zum Zeitpunkt des höchsten Biomasseaufwuchses während der Blütezeit 65 bis 80 %. Damit ist für die Bereitstellung eines Festbrennstoffs nach der Ernte eine Feldtrocknung notwendig. Ein verspäteter Erntetermin zur Samenreife der Gräser verringert den Wassergehalt der Gräser um rund 5 %; es kommt jedoch zu Ertragsverlusten von ca. 10 % (z. B. durch Ausfallen von Samen; dies kann außerdem in den Folgekulturen zu Problemen mit Verunkrautung führen).

Soll die geerntete Biomasse der Gräser anstatt als Festbrennstoff in einer Biogasanlage eingesetzt werden, wird die feuchte Biomasse nach der Ernte siliert. Die erzielbare Methanausbeute hängt dabei entscheidend vom Schnittzeitpunkt ab. Ein hoher Gehalt an Rohprotein, Rohfett und stickstofffreien Extraktstoffen (Rohfaser, Zucker, Stärke), ausgedrückt beispielsweise mit den Verdaulichkeitskoeffizienten über den Hohenheimer Futterwert- bzw. Biogastest, sind entscheidende Qualitätskriterien. Eine Lignifizierung des Erntegutes ist unbedingt zu vermeiden. Um dies zu gewährleisten sind im Gegensatz zur Brennstoffnutzung frühe Schnitte notwendig (d. h. vor dem Ährenschieben), da sonst der Rohfaseranteil steigt und die Verdaulichkeit (Umsetzung in der Biogasanlage) sinkt. Der Wassergehalt ist zu diesem frühen Erntetermin relativ hoch; deshalb muss auch für die Silierung das Erntegut angewelkt werden, um durch Verdunstung die Wassergehalte auf ca. 65 % zu senken. Das spezifische Methanertragspotenzial liegt zwischen 320 und 350 l Methan/kg organischer Trockenmasse.

Die Mineralstoffgehalte im Erntegut steigen mit einer Erhöhung der Stickstoffgabe. Die Aschegehalte von Futtergräsern liegen, je nach Grasart, Standorteinflüssen und Erntezeitpunkt, bei 5 bis 10 %. Die Stickstoff(N)-Gehalte variieren, insbesondere in Abhängigkeit von der Höhe der Stickstoffdüngung und vom Erntezeitpunkt, zwischen 0,6 und 3 % und die Kalium(K)-Gehalte zwischen 1,5 und 3 %.

Standortansprüche und Anbau. Mehrjährige C_3-Gräser lassen sich gut in die Fruchtfolge eingliedern, da sie geringe Vorfruchtansprüche haben und ihr Vorfruchtwert aufgrund ihrer guten Durchwurzelungsfähigkeit hoch ist. Nach Ablauf der Nutzungsdauer kommt es auf einen rechtzeitigen Umbruch der Gräser an, damit sich die organischen Rückstände vor Einsaat der Folgefrucht noch genügend zersetzen können.

Die Grassaat erfordert eine mitteltiefe Pflugfurche und ein feines Saatbett mit gutem Bodenschluss. Die Aussaat der Gräser kann im Herbst bis Anfang September, in wärmeren Lagen bis Mitte September, erfolgen. Auch eine Frühjahrsansaat mit Saatzeiten wie bei Sommergetreide ist möglich; jedoch kommt es dann im ersten Jahr zu einer geringeren Massenertragsbildung. Um eine gleichmäßige Ablage der Samen in 1 bis 2 cm Tiefe zu erreichen, sollte eine Drillsaat erfolgen. Der Saatgutbedarf liegt beim Welschen und Deutschen Weidelgras bei 35 kg/ha, beim Knaulgras bei 15 kg/ha, beim Glatthafer bei 30 kg/ha und beim Rohrschwingel bei 35 kg/ha. Je nach Bodenzustand kann es vorteilhaft sein, nach der Saat zu walzen.

Gegenwärtig werden für die thermische Verwertung noch keine speziellen Sorten angeboten. Für die anaerobe Vergärung werden besonders massenwüchsige tetraploide Weidelgrassorten empfohlen. Bei der Sortenauswahl sollte generell auf eine möglichst hohe Widerstandsfähigkeit gegen den Befall mit Krankheiten (z. B. Schneeschimmel, Rost, Blattflecken) und auf die Vegetationsdauer (ein- oder mehrjährige Nutzung) geachtet werden. Für eine gute Massenbildung sollte die gewählte Sorte einen hohen, aufrechten und triebreichen Wuchstyp haben und über eine gute Standfestigkeit verfügen /3-47/. Auch geringe Protein- bzw. Stickstoffgehalte sollten als Auswahlkriterium herangezogen werden.

Pflanzenschutzmaßnahmen gegen Krankheiten und Schädlinge sind beim Anbau mehrjähriger Futtergräser meist nicht erforderlich. In jungen Beständen kann der Unkrautdruck durch mechanische Unkrautbekämpfung (z. B. durch Striegeln im Frühjahr) vermindert werden.

Gräser haben einen hohen Phosphor- und Kaliumbedarf. Jährlich sollten deshalb 25 kg Phosphor (P) und 80 bis 125 kg Kalium (K) gedüngt werden. Stickstoff muss zurückhaltend appliziert werden, da dies die Stickstoffgehalte der Gräser erhöht, das Blatt- im Vergleich zum Stängelwachstum fördert, die Abreife verzögert und das Lagern der Halme unterstützt. Für den Energiegrasanbau sind Stickstoffgaben von bis zu 80 kg/(ha a) empfehlenswert /3-11/. Die Höhe der Stickstoffdüngung richtet sich jedoch auch nach der Schnitthäufigkeit und der Höhe der Ertragserwartung und kann bei intensiv genutzten Grasbeständen bis zu 300 kg/(ha a) betragen. Die Nährstoffversorgung erfolgt in der Praxis zum großen Teil auch durch Verwendung von organischen Düngern wie Gülle, da die Flächen bei mehrjährigem Grasanbau gut befahrbar sind und durch die lange Vegetationszeit eine effiziente Nährstoffausnutzung möglich ist. Besonders bei anfallenden Gärresten aus Biogasanlagen ist die Rückführung der Nährstoffe eine wichtige Maßnahme, um mineralischen Dünger einzusparen und die Nährstoffe über den Kreislauf im Betrieb zu halten. Die Stickstoffmengen können zu 50 bis 80 % und die Kalium- und Phosphormengen zu fast 100 % über die Gärrestausbringung gedeckt werden.

Nutzung und Ertragspotenzial. Bei einer Stickstoffgabe von 80 kg/(ha a) können durchschnittlich 7,1 bis 11,8 t/(ha a) Trockenmasse von Welschem Weidelgras, 7,4 bis 12,7 t/(ha a) von Deutschem Weidelgras und 11,4 bis 13,1 t/(ha a) Trockenmasse von Rohrschwingel geerntet werden /3-11/. In der Regel werden Gräser 3- bis 4-mal geschnitten. Von diesen Erträgen sind die durch die Feldtrocknung und Bergung für die thermische Nutzung entstehenden Verluste abzuziehen. Die Futtergräser können über zwei bis drei Hauptnutzungsjahre genutzt werden.

Auch haben sich regional verschiedene Gräsermischungen bzw. Gräser-Leguminosenmischungen etabliert. Auf den frischen Standorten Nord- und Nordwestdeutschlands kommen vorwiegend Weidelgrasmischungen, auf den feuchten Standorten Mittel- und Süddeutschlands Kleegrasmischungen und auf ausgesprochenen Trockenstandorten Luzernegrasmischungen zum Anbau.

Bei Weidelgras, Rohrschwingel, Knaulgras und Glatthafer beträgt der Wassergehalt zum Zeitpunkt des höchsten Biomasseaufwuchses während der Blüte 65 bis 80 %. Bei der deshalb für einen Einsatz als Festbrennstoff notwendigen Feldtrocknung liegen während der Heuwerbung die Massenverluste bei 10 bis 25 % /3-47/; diese werden bei einer Ernte der feuchten Biomasse mit dem Ziel der Silierung als Substrat für Biogasanlagen weitgehend vermieden. Allerdings treten bei der Silierung ebenfalls Masseverluste von ca. 10 % auf. Da sich mit zunehmender Abreife der Gräser ihr Stickstoffgehalt verringert und der Rohfaser- und Trockenmassegehalt erhöht, ist ein möglichst später Schnitt für die thermische Verwertung anzustreben. Es darf aber dadurch nicht zum Lagern des Bestandes oder zum Ausfallen der Samen kommen. Bei Knaulgras und Glatthafer sind geringere Masseerträge als bei Weidelgras zu erwarten. Sie erbringen jedoch aufgrund ihrer Anspruchslosigkeit auf trockeneren oder ärmeren Standorten höhere Erträge als Weidelgras.

Ökologische Aspekte. Gelingt es, die mehrjährigen C_3-Gräser für die thermische Verwertung möglichst spät zu ernten, ohne dass es zu Lager kommt, kann der Anbau dieser Gräser eine Alternative mit guten Fruchtfolge- und Bodenfruchtbarkeitswirkungen mit allen damit verbundenen ökologischen Vorzügen sein. Gräser als Substrat für die Biogasanlage können in wärmeren Regionen auch als Winterzwischenfrucht angebaut werden; denkbar sind hier ebenfalls Mischungen mit Leguminosen. Ökologisch vorteilhaft sind der geringe Pflanzenschutzaufwand und

3.2 Landwirtschaftlich produzierte Lignocellulosepflanzen

die ganzjährige Bodenbedeckung. Es ist auch die Nutzung von Dauergrünland denkbar. In vielen Regionen wird Grünland aus der zurückgehenden Tierhaltung frei. Dieses überschüssige Grünland kann extensiv sowie intensiv für die energetische Verwertung genutzt werden. Bei extensiv genutztem Grünland für die thermische Verwertung wird besonders die Artenvielfalt gefördert. Intensiv geführtes Grünland ist wiederum für die Biogasproduktion geeignet.

3.2.6 Getreideganzpflanzen

Die Getreidearten Weizen, Roggen und Triticale gehören in die Familie der Süßgräser (*Gramineae*). Diese Getreidearten zeichnen sich durch ein Sprosssystem aus, das zur Bildung von Bestockungstrieben aus dem unteren Bereich des gestauchten Haupttriebes befähigt ist. Je nach Umweltbedingungen können bis zu 50 Bestockungstriebe je Pflanze gebildet werden; im Bestand sind es jedoch durchschnittlich nur fünf Triebe. Die Blütenstände sind jeweils endständige Ähren.

Das Getreidekorn ist ein Nüsschen (Karyopse), das von Spelzen umgeben ist. Bei Weizen, Roggen und Triticale werden die Körner beim Drusch von der Spelze getrennt (nacktdreschend). Die Winterformen der Getreidearten werden im Herbst gesät und benötigen einen Kältereiz (Vernalisation), um in die generative Phase übergehen zu können. Die Sommergetreideformen brauchen keine Vernalisation und werden im Frühjahr möglichst früh gesät (d. h. meist im März).

Geeignete Arten. Von den zur Verfügung stehenden Wintergetreidearten eignen sich aufgrund ihres hohen Gesamtpflanzenertrages insbesondere Weizen, Roggen und Triticale für die Biomasseproduktion, die sowohl als Festbrennstoff als auch als Substrat für die anaerobe Vergärung eingesetzt werden kann. Die Eigenschaften und Ansprüche dieser Getreidearten werden nachfolgend beschrieben; sie sind in Tabelle 3.10 gegenübergestellt.

Weizen (Triticum aestivum L.). Weizen hat die höchsten Ansprüche unter den genannten Getreidearten hinsichtlich des Wärme- und Wasserbedarfs. Winterweizen kann Temperaturen bis -20 °C überdauern, ist jedoch besonders frostempfindlich im 3- bis 5-Blatt Stadium und reagiert empfindlich auf plötzliche Kälteeinbrüche. Nach der Winterperiode beginnt das Wachstum bei Temperaturen von 5 bis 6 °C. Weizen stellt hohe Ansprüche an den Boden. Er liebt nährstoffreiche, tiefgründige

Tabelle 3.10 Vergleich der Ansprüche von Getreide (Mindesttemp. Mindesttemperatur, TM Trockenmasse)

		Weizen Winter-/Sommerform		Roggen	Triticale
Mindestkeimtemperatur	in °C	2 – 4	2 – 4	1 – 2	1 – 3
Wachstumsbeginn	in °C	3 – 5	6 – 8	2 – 3	3 – 4
Mindesttemp. für Netto-Stoffgewinn	in °C	4 – 5	6 – 10	3 – 4	3 – 4
Kältereiz zur Organdifferenzierung	in °C	0 – 3	0 – 8	0 – 3	0 – 3
	in Tagen	40 – 70		30 – 50	35 – 60
Winterfestigkeit ohne Schneedecke	in °C	-20		-25	-20
Transpirationskoeffizient	in l/kg TM	500 – 600		400 – 500	450 – 550

Standorte, die über günstige Wasserhaushaltsverhältnisse und eine gute Pufferkapazität des Bodens verfügen. Weizen ist gegen Fußkrankheiten empfindlich und sollte daher nicht nach Fußkrankheiten-vermehrenden Getreidearten wie z. B. Gerste bzw. Weizen folgen /3-28/.

Roggen (Secale cereale L.*).* Bei Roggen ist grundsätzlich in zwei Nutzungsrichtungen seitens der Züchtung und der Sorten zu unterscheiden. Grünschnittroggen wird als Winterzwischenfrucht zur Ganzpflanzennutzung mit einem zeitigen Erntetermin (ca. 5. bis 15. Mai) genutzt. Demgegenüber handelt es sich bei den anschließend beschriebenen Sorten um solche, die zur Körnernutzung gezüchtet wurden. Sie können aber auch als Ganzpflanzengetreide sowohl für die Futter- als auch für die Biogasproduktion genutzt werden, in diesem Fall liegt der Erntetermin in der Milch- bis Teigreife.

Roggen ist, sofern es sich um Populationssorten handelt, bezüglich Klima und Boden die am wenigsten anspruchsvolle Getreideart. Der Anbau ist auch noch auf armen Standorten mit einem schwachen Nährstoffangebot, geringem Wasserhaltevermögen und pH-Werten bis 5 möglich. Staunässe wird jedoch nicht vertragen. Neben diploiden Sorten hat die Züchtung auch tetraploide Roggensorten sowie Hybridroggen entwickelt. Letztere zeichnen sich durch ein hohes Leistungsvermögen, gute Standfestigkeit und eine mittlere bis gute Auswuchsfestigkeit aus.

Die Winterfestigkeit von Roggen kann über -25 °C hinausgehen, allerdings besteht bei hohen Schneelagen die Gefahr von Schneeschimmelbefall. Aufgrund der geringen Temperaturansprüche ist der Roggenanbau bis in Höhenlagen von über 1 000 m möglich. Bei Roggen als Fremdbefruchter sind Temperaturen über 12 °C und eine trockene Witterung während der Blüte wichtig für einen guten Kornansatz. Im Gegensatz zu Weizen ist Roggen selbstverträglich, kann also auch aufeinander folgend angebaut werden /3-12/.

Triticale (Triticosecale Wittmack*).* Triticale ist durch die Kombination der Gattungen *Triticum* (Weizen) und *Secale* (Roggen) entstanden. Er wurde mit dem Ziel gezüchtet, die hohe Leistungsfähigkeit von Weizen mit der Anspruchslosigkeit von Roggen zu kombinieren. Triticale ist jedoch insgesamt weniger genügsam als Roggen /3-24/, was sich z. B. in dem höheren Transpirationskoeffizienten zeigt. Die Winterfestigkeit liegt nur auf dem Niveau von Weizen, so dass späte und flache Saaten auswinterungsgefährdet sind. Die Erträge steigen mit zunehmender Bodengüte, wobei der höchste Ertrag auf Parabraunerden und Marschböden erzielt wird. Triticale bringt auch noch auf Grenzertragsstandorten des Weizens gute Erträge (z. B. in Vor- und Mittelgebirgslagen). Durch eine hohe klimatische Anpassungsfähigkeit kann Triticale auch in rauen Lagen eine ausreichende Bestandsdichte aufbauen. Im Vergleich zu Roggen ist er anfälliger für Fußkrankheiten; eine sogenannte Blattvorfrucht (z. B. Raps, Zuckerrübe) wird daher besser vertragen als eine Getreidevorfrucht.

Energieträgerrelevante Eigenschaften. Bei der Ernte als Festbrennstoff ist das Stroh abgestorben und hat, je nach Witterung und Getreideart, einen Restwassergehalt von 10 bis 40 %, während der des Korns nur bei 9 bis 20 % liegt. Grundsätzlich gilt, dass mit zunehmend späterer Ernte die verbrennungstechnischen Eigenschaften sukzessive günstiger werden. So hat z. B. unreifes "grünes" Stroh höhere Chlorgehalte als reifes "gelbes" Stroh /3-19/. Ein fester Kornsitz, den vor allem Triticale aufweist, ist daher von besonderer Bedeutung, damit eine späte, qualitätsbetonte Ernte stattfinden kann.

Stroh und Korn unterscheiden sich in ihrem Gehalt an mineralischen Inhaltsstoffen erheblich. Während das Korn 1,0 bis 2,5 % Stickstoff (N) enthalten kann (je nach Höhe der Stickstoffdüngung) und einen Aschegehalt von 1,2 bis 1,7 %, einen Kalium(K)-Gehalt von 0,3 bis 0,6 % und einen Chlor(Cl)-Gehalt von nur 0,07 % in der Trockenmasse aufweist, enthält das Stroh höhere Mengen an Chlor (0,2 bis 1,0 %), Kalium (0,5 bis 2,0 %) und Asche (3 bis 7,5 %). Dagegen liegt der Stickstoffgehalt beim Stroh mit 0,2 bis 0,8 % in der Trockenmasse niedriger als beim Korn. Dabei bestehen zwischen den verschiedenen Getreidearten und ggf. zwischen verschiedenen Sorten Unterschiede.

Getreidearten können auch als Substrat für die anaerobe Vergärung genutzt werden. Hier ist nicht die lignifizierte Biomasse von Bedeutung (Korn und Stroh), sondern die Ganzpflanze als Biomasseproduzent. Die Ernte erfolgt dann vor der Abreife im Stadium der Milch- bis Teigreife des Korns bei Wassergehalten zwischen 65 und 70 %. Hohe Gehalte an leicht fermentierbaren Stoffen, d. h. allen pflanzlichen Inhaltsstoffen, außer den Ascheanteilen und Lignin, sind daher anzustreben. Das Methanertragspotenzial der Ganzpflanze liegt im mittleren Bereich bei 310 bis 350 l Methan/kg organischer Trockenmasse. Das reife Korn kann auch in der Biogasanlage verwertet werden, während das Stroh kaum anaerob abgebaut werden kann.

Standortansprüche und Anbau. Die Sortenwahl für den Anbau von Energiegetreide als Festbrennstoff richtet sich nach den Merkmalen hoher Gesamtbiomasseertrag, geringe Gehalte an verbrennungsrelevanten Inhaltsstoffen, Standfestigkeit und Krankheitsresistenz. Da ein starker Zusammenhang zwischen Stroh- und Kornertrag besteht, hat eine Sorte mit einem hohen Kornertragspotenzial ebenfalls ein hohes Ganzpflanzenertragspotenzial. Um das Infektionsrisiko durch Krankheiten zu verringern, können für die Energiegetreideproduktion auch Sortenmischungen gewählt werden. Hierbei sollten Sorten mit einheitlichem Abreifetermin gewählt werden. Für die anaerobe Vergärung werden ebenso Sorten empfohlen, die ein hohes Gesamtbiomasseertragspotenzial haben.

Die Pflugfurche ist häufig die Grundlage der Saatbettbereitung im Getreidebau. Falls kein zu hoher Unkrautdruck herrscht und die Vorfrucht nur geringe Mengen an Ernterückständen zurückgelassen hat, kann zur Schonung des Bodens auf eine tiefgreifende Lockerung verzichtet werden; statt dessen wird der Boden vor der Saatbettbereitung flach geschält oder gegrubbert bzw. mit einer Kreiselegge bearbeitet.

Die Saatbettbereitung erfolgt mit flach arbeitenden Geräten (z. B. Egge), um ein genügend abgesetztes, nicht zu feinkrümeliges Saatbett zu schaffen. Um eine ausreichende Wasserversorgung zu gewährleisten, muss das Saatgut Anschluss an den abgesetzten Boden finden und mit einer lockeren Erdschicht bedeckt werden.

Das Saatgut wird in einer Tiefe von 2 bis 4 cm und in einem Reihenabstand von 12 bis 20 cm abgelegt. Je enger die Reihen sind, desto gleichmäßiger sind die Pflanzen im Raum verteilt, desto besser ist das Unkrautunterdrückungsvermögen

Tabelle 3.11 Aussaatmerkmale von Wintergetreide

	Weizen	Roggen	Triticale
Optimaler Aussaatzeitpunkt	05.10. – 25.10.	15.09. – 10.10.	25.09. – 15.10.
Blattstadium zur Überwinterung	3 – 5	3 – 4	1 – 3
Saattiefe in cm	2,5 – 3,5	2 – 3	2 – 4
Saatdichte in Anzahl keimfähiger Körner/m^2	350 – 420	280 – 300[a] 200 – 250[b]	250 – 380
Anzahl ährentragender Halme pro m^2	450 – 550	400 – 500	300 – 350

[a] Populationssorten; [b] Hybridsorten

und desto höher ist die Ertragserwartung durch die gute Ausnutzung von Bodenfeuchte und Nährstoffen. Gleichzeitig steigt jedoch die Anfälligkeit für Krankheiten.

Die optimale Saatzeit der verschiedenen Getreidearten (Tabelle 3.11) hängt von den klimatischen Bedingungen ab, wobei Wintergetreide um so früher gesät werden sollte, je ungünstiger diese Bedingungen sind, damit die Überwinterungsfähigkeit gesichert ist. Zu frühe Saaten können eine zu üppige Vorwinterentwicklung und damit erhöhte Krankheitsanfälligkeit bzw. Befall mit Fritfliegen und Läusen vor der Winterruhe zur Folge haben. Die Saatstärke wird umso geringer gewählt, je günstiger die Klima- und Bodenverhältnisse sind und je früher die Aussaat erfolgt. Sommergetreide sollte so früh wie möglich gesät werden (meist im März); pro Tag Saatverzögerung kann es bis zu 0,8 bis 1 % Ertragsverlust kommen.

Die Düngung richtet sich nach dem Versorgungszustand des Bodens mit dem jeweiligen Nährstoff sowie nach der Ertragserwartung bzw. den erwarteten Entzügen (Tabelle 3.12). Bei der Grunddüngung mit Kalium und Phosphor wird nach der Bodenanalyse eine Aufdüngung auf den Versorgungsgrad "mittel" bis "gut" vorgenommen. Magnesium wird meist begleitend mit der Grunddüngung verabreicht.

Die Stickstoffdüngung beeinflusst die Pflanzenentwicklung und den Ertrag am meisten. Während bei der Brot- und Futtergetreideproduktion ein hoher Protein- und damit Stickstoffgehalt des Korns angestrebt wird, soll Energiegetreide zur thermischen Nutzung einen möglichst niedrigen Stickstoffgehalt aufweisen. Bei

Tabelle 3.12 Jährliche Nährstoffentzüge von Getreide bei einem mittleren Ertragsniveau (N Stickstoff; P Phosphor; K Kalium; Mg Magnesium; Ca Kalzium; TM Trockenmasse)

Getreideart	Verhältnis Korn : Stroh	Ertrag in t TM/(ha a)	N	P	K	Mg	Ca
				in kg/(ha a)			
Winter-Weizen	1 : 1,1–1,4	Korn 6	120	22	28	7	3
		Stroh 6,5 – 8,5	27	6	54	5	14
Winter-Roggen	1 : 1,3–1,5	Korn 5	80	13	27	6	3
		Stroh 6,5 – 7,5	27	7	50	4	15
Winter-Triticale	1 : 1,2–1,4	Korn 5	90	23	20	6	3
		Stroh 6 – 7	30	7	65	3	13

der Ermittlung der zu düngenden Stickstoffmengen sind die vorhandenen Boden-Nitratgehalte (N_{min}) mit einzubeziehen. Die zu düngende Menge sollte in mehrere Gaben aufgeteilt werden. Im Herbst ist meist genügend mineralisierter Stickstoff im Boden vorhanden, um die Jungpflanzenentwicklung zu gewährleisten. Die Hauptstickstoffgabe erfolgt dann als Startdüngung im Frühjahr. Zur Vermeidung hoher Biomasse-Stickstoffgehalte und zur Reduzierung des Krankheits- und Unkrautdrucks sollte für die Energiegetreideproduktion ein niedriges Stickstoffdüngungsniveau angestrebt werden. Hierzu kann eine Startgabe von 50 bis 70 kg/ha sowie eine Schossergabe von 30 kg/ha verabreicht werden – jeweils unter Berücksichtigung der entsprechenden Nitratgehalte des Bodens.

Für die Biogasproduktion werden hohe Stärkegehalte, mittlere bis hohe Rohproteingehalte und ein hoher Gehalt an verdaulicher Rohfaser gewünscht. Eine entzugsbetonte Stickstoffgabe, Sorten mit einem hohen Stärkegehalt, z. B. B- und C-Weizen, einem weiten Korn-Stroh-Verhältnis und guter Standfestigkeit garantieren hohe Biogaserträge je Hektar.

Zur Unkrautbekämpfung im Getreidebau stehen Spezialherbizide zur Verfügung. Im Energiegetreideanbau kann jedoch auch eine mechanische Unkrautbekämpfung (d. h. Einsatz von Egge und Striegel) durchgeführt werden. Diese Maßnahmen können ab dem 3-Blattstadium des Getreides erfolgen. Da Unkräuter und -gräser bei den zeitigen Ernteterminen zur Biogasproduktion nicht zur Samenreife gelangen, kann der Herbizideinsatz ggf. reduziert werden.

Die Pflanzengesundheit im Getreidebau wird durch eine Vielzahl von Pilzkrankheiten bedroht /3-21/. Dies sind vor allem die Halmbruchkrankheit, die Schwarzbeinigkeit, Mehltau, Fusarium-Krankheiten (z. B. Schneeschimmel) sowie verschiedene Rostkrankheiten, die insbesondere Weizen befallen. Zwar sind entsprechende Spezialfungizide vorhanden; dem Pilzbefall kann jedoch auch durch die Wahl einer geeigneten Sorte oder von Sortenmischungen und geringeren Bestandesdichten sowie einer angepassten, nicht überhöhten Stickstoffdüngung teilweise vorgebeugt werden. Da die Korn- und Ganzpflanzenqualität im Energiegetreideanbau nicht den gleichen hohen Anforderungen wie in der Nahrungsmittelproduktion genügen muss, kann der Fungizideinsatz deutlich reduziert werden, sofern nicht die Gefahr einer starken Ertragsdepression besteht. Auch ist ein Fungizideinsatz im Energiegetreideanbau unter dem Aspekt des Grenznutzens meist nicht lohnend /3-25/. Da beim Ganzpflanzengetreideanbau das Stroh nicht auf dem Feld verbleibt, kann in getreidebetonten Fruchtfolgen ein Beitrag zur Minimierung der Mykotoxinbelastung geleistet werden. So sollte Stoppelweizen eher als Ganzpflanzengetreide denn als Nahrungsgetreide und noch weniger als Ethanolgetreide angebaut werden.

Neben den Pilzkrankheiten wird Getreide auch von unterschiedlichen Schädlingen wie den Larven der Fritfliege oder der Brachfliege, welche die Jungpflanzen angreifen, befallen. Als Gegenmaßnahme bietet sich die vorbeugende Saatgutbeizung oder ein Insektizideinsatz an. Daneben wirken sich auch die Bekämpfung von Ausfallgetreide und Quecken sowie ein standortangepasster Saattermin vorteilhaft aus.

Nutzung und Ertragspotenzial. In der Totreife ist das Stroh spröde und brüchig und das Korn lässt sich nicht mehr brechen. Dann hat die Biomasse einen Wassergehalt von 14 bis 16 % und die optimale Mähdruschreife ist erreicht. Dieser Reifezustand tritt in warmen, trockenen Gebieten teilweise schon Anfang Juli ein, wobei Roggen noch vor Triticale und Weizen abreift. Durch den im Vergleich zu Weizen und Roggen festeren Kornsitz treten bei Triticale geringere Kornverluste bei einer späten bzw. qualitätsbetonten Ernte auf. In feucht-kühlen Gebieten wird die Ernte meist erst Mitte September beendet. Die Erträge variieren stark in Abhängigkeit von der Güte des Standortes sowie von der Intensität des Produktionsverfahrens (d. h. insbesondere von der Höhe der Stickstoffdüngung und der Effektivität der Pflanzenschutzmaßnahmen; Tabelle 3.13).

Tabelle 3.13 Ertragsniveaus von Korn und Stroh bei Getreide (TM Trockenmasse)

	Kornerträge			Korn-Stroh-Verhältnis	Stroherträge		
	gering	mittel	hoch		gering	mittel	hoch
	in t TM/(ha a)				in t TM/(ha a)		
Winterweizen	4,0–6,0	6,0–7,5	7,5–9,5	1 : 1,1–1,4	4,4–8,4	6,6–10,5	8,3–13,3
Sommerweizen	3,0–5,0	5,0–6,0	6,0–8,5	1 : 1,1–1,4	3,3–7,0	5,5–8,4	6,6–11,9
Winterroggen	3,0–4,5	4,5–5,5	5,5–8,5	1 : 1,3–1,5	3,9–6,8	5,9–8,3	7,2–12,8
Wintertriticale	3,5–5,0	5,0–6,0	6,0–9,0	1 : 1,2–1,4	4,2–7,0	6,0–8,4	7,2–12,6

Ganzpflanzen zur anaeroben Vergärung werden ab Mitte Juni im Stadium der Milch- bis Teigreife mit einem Feldhäcksler geerntet. Das richtige Reifestadium und optimale Wassergehalte im Erntegut bestimmen die Qualität und damit den der Ernte folgenden Silierprozess (vgl. Kapitel 8.3). Besonders Roggen kann in einer Fruchtfolge auch als Winterzwischenfrucht angebaut werden. Der Erntezeitpunkt liegt dann meist früher im Jahr vor dem optimalen Reifestadium. Durch kurzes Anwelken kann aber auch hier ein Wassergehalt um die 70 % erreicht werden. In günstigen Lagen kann nach Ganzpflanzengetreide Mais oder auch Zuckerhirse angebaut werden. Der Erntetermin und damit die Sortenwahl sollten sich in diesem Falle auch nach den Ansprüchen der Zweitfrucht richten. Es ist somit immer das Gesamtsystem, vor allem auch vor dem Hintergrund der Ertragserwartung und -sicherheit der Zweitfrucht, zu betrachten.

Ökologische Aspekte. Da in Mitteleuropa ein hoher Anteil des Ackerlandes mit Getreide bebaut wird, sind die Getreidepflanzen einem hohen Krankheits- und Schädlingsdruck ausgesetzt. Dies erfordert bei hohen Ertragserwartungen einen entsprechenden Einsatz von Pflanzenschutzmitteln. Bei einem extensiven Anbau ohne Pflanzenschutzmitteleinsatz besteht die Gefahr von Ertragsdepressionen durch Krankheitsbefall. Unter dem Gesichtspunkt der Pflanzengesundheit erscheinen daher Triticale und Roggen als die geeigneteren Energiegetreidearten. Im Vergleich zu anderen Lignocellulosepflanzen für den Einsatz als Festbrennstoff ist aber der Aufwand der eingesetzten Produktionsmittel bei der Getreideproduktion relativ hoch.

3.3 Ölpflanzen

Ölpflanzen zeichnen sich dadurch aus, dass sie Speicher- und Reservestoffe vornehmlich als Öl in ihren Früchten und Samen einlagern. Diese Speicherorgane stellen die Rohmaterialien für die Produktion pflanzlicher Öle dar. In Mitteleuropa kommt eine sehr große Zahl solcher Ölpflanzen vor. Eine wichtige Familie ist die der Kreuzblütler (*Cruciferae*), zu der beispielsweise Raps, Rübsen, Ölrettich, Senf, Leindotter und Krambe gehören. Zu der weiteren ebenfalls bedeutenden Familie der Korbblütler (*Compositae*) gehören die Sonnenblume und der Saflor (auch Färberdistel). Daneben gibt es noch andere Familien mit ölhaltigen Pflanzen wie etwa die Hanfgewächse (*Cannabinaceae*), Hülsenfrüchte (*Leguminosae*) oder die Lippenblütler (*Labiatae*) und Doldengewächse (*Umbelliferae*). In Deutschland werden in nennenswertem Umfang Raps, Sonnenblumen und Öllein angebaut. Da für die energetische Nutzung ein hoher Ölertrag angestrebt wird, kommt aufgrund seines hohen Ölertragspotenzials als Energiepflanzen nur der Winterraps und mit Abstrichen eventuell die Sonnenblume in Betracht.

3.3.1 Raps

Raps (*Brassica napus* L.) gehört zur Familie der Kreuzblütler (*Cruciferae*) und zur Gattung *Brassicaceae*. Er ist ein amphidiploider Bastard und ursprünglich aus einer Kreuzung zwischen *Brassica campestris* und *Brassica oleracea* entstanden. Die Rapspflanze hat eine kräftige Pfahlwurzel, einen aufrechten, mehr oder weniger verzweigten Stängel, blaugrüne Blätter und kann bis zu 1,8 m hoch wachsen. Die Blüten sind lockere Trauben. An ihnen bilden sich 5 bis 10 cm lange Schoten mit mehreren kugeligen, blauschwarz bis blaubraunen Samen, die ein Tausendkorngewicht (TKG) zwischen 3,5 und 6,5 g haben. Zwischen Blühbeginn und Abreife liegen etwa 70 Tage. Der Ölertrag wird bestimmt durch den Samenertrag je Hektar sowie den Ölgehalt der Samen. Dieser ist negativ mit dem Eiweißgehalt korreliert.

Energieträgerrelevante Eigenschaften. Der Ölgehalt der Samen von Winter- bzw. Sommerraps liegt durchschnittlich bei 40 bis 45 % bzw. 38 bis 40 %. Rapsöl zeichnete sich, wie auch die anderen Kreuzblütleröle, ursprünglich durch einen hohen Anteil an Erucasäure (C22:1) aus. Nach der Entdeckung deren gesundheitsschädigender Wirkung wurden Sorten mit einem geringen Erucasäure- und einem höheren Ölsäuregehalt (C18:1) gezüchtet. Ein weiteres Zuchtziel in den vergangenen Jahren war ein niedriger Glucosinulatgehalt, um den Futterwert des bei der Pressung anfallenden Schrotes bzw. Kuchens aufzuwerten. Nachdem beide Zuchtziele, d. h. die Doppel-Null-Qualität, erreicht sind, kann sich die Züchtung nun verstärkt der Erhöhung des Ölertrages widmen.

Die Rapssaat kann auch anaerob vergoren werden; dies gilt insbesondere aufgrund des hohen Ölgehalts im Korn. Die spezifischen Methanertragspotenziale mit bis zu 1 000 l Methan/kg organischer Trockenmasse stellen die Obergrenze pflanzlicher Biomasse dar. Jedoch hat Rapssaat eine nur sehr geringe Bedeutung in der anaeroben Vergärung, da es für die Nutzung ökonomisch attraktivere Alternativen gibt, bzw. die Saat bezogen auf den potenziellen Methanertrag sehr teuer ist.

Von den für die Kraftstoffnutzung des Öls relevanten Eigenschaften können einige durch Sortenwahl und agrotechnische Maßnahmen beeinflusst werden. Dazu zählen u. a. die Gesamtverschmutzung (d. h. Besatz durch Unkräuter, Mähdrusch), die Säurezahl, der Phosphor-, Magnesium- und Chlorgehalt (Erntetermin und Reifegrad) sowie die Oxidationsstabilität (Bruchkorn bei Drusch und Reinigung).

Neben der Sortenwahl besitzt auch der Erntezeitpunkt, d. h. der Reifegrad der Rapssaat einen wichtigen Einfluss auf die Qualität des Rapsöls. Hohe Anteile unreifer Körner wirken sich vor allem nachteilig auf die Säurezahl, die Oxidationsstabilität und die Gehalte an Phosphor, Kalzium und Magnesium aus /3-40/, 3-41/. Wenn aus technologischen oder arbeitswirtschaftlichen Gründen zu früh geerntet wird, führt das außerdem zu einem erhöhten Gehalt an freien Fettsäuren im Öl. Die nachteiligen Auswirkungen dieser Wirkungen, die vor allem dann auftreten, wenn das Öl ohne weitere Raffination in Kleinanlagen gewonnen wird und direkt als Rapsölkraftstoff genutzt werden soll, werden in Kapitel 13 beschrieben.

Standortansprüche und Anbau. Raps liebt tiefgründige, milde Lehmböden. Auch schwere Böden und humose Sandböden mit guter Nährstoffversorgung sind bei ausreichenden Niederschlägen sowie gleichmäßiger Niederschlagsverteilung geeignet. Problematisch sind leichte oder flachgründige Böden, da Raps eine gute Durchwurzelbarkeit verlangt und Flachgründigkeit bei Trockenheit zu starken Ertragseinbußen führt.

Zum Keimen benötigt Raps mindestens 2 bis 3 °C. Winterraps ist bis -15 °C winterfest; dennoch besteht die Gefahr des Ausfrierens der Bestände in Gebieten mit starken Kahlfrösten. Winterraps hat einen Vernalisationsbedarf von wenigstens 40 Tagen mit einer Maximaltemperatur von +2 °C. Kühle Sommertemperaturen sind günstig für einen hohen Ölgehalt der Samen. Ebenso wirkt sich eine hohe relative Luftfeuchte (z. B. Küstenklima) günstig auf das Rapswachstum aus. Während der Ausreife führen zunehmende Temperaturen zu einem Abnehmen des Rohölgehaltes bei gleichzeitigem Anstieg des Eiweißgehaltes infolge rascher Abreife und geringerer Öl-Einlagerung. Der spezifische Wasserverbrauch (Transpirationskoeffizient) liegt bei 600 l/kg Trockenmasse. Neben einem hohen Ölgehalt und einer guten Ölqualität sollte bei der Sortenwahl auf die Krankheitsresistenz sowie eine möglichst geringe Neigung zu Lager und zum Platzen der Schoten geachtet werden.

Aufgrund des Auftretens von Krankheiten ist Raps nicht selbstverträglich. Die Anbaupause sollte 3 bis 4 Jahre betragen; in dieser Zeit sollte auch der Anbau von Beta-Rüben und anderen Brassicaceen unterbleiben, da diese als verwandte Arten z. T. von den selben Krankheiten und Nematoden wie Raps befallen werden. Winterraps kann nur nach rechtzeitig räumenden Vorfrüchten (z. B. Wintergerste oder Ganzpflanzengetreide) angebaut werden. Für seine Folgekulturen bietet Raps gute Vorfruchteigenschaften, da er den Boden intensiv durchwurzelt, lange und stark beschattet und so in einem guten Garezustand hinterlässt und eine frühe Weizensaat ermöglicht.

3.3 Ölpflanzen

Nach einer tiefen Lockerung des Bodens durch Pflug oder Tiefengrubber muss ein feinkrümeliges, gut abgesetztes Saatbett hergestellt werden. Zur Verminderung von Erosion und zur Kosteneinsparung kann die Bodenbearbeitung auch im nichtwendenden Verfahren erfolgen. Eine gleichmäßige Strohverteilung bei der Ernte der Vorfrucht und eine sehr gute Einarbeitung sind die Grundvoraussetzungen bei der Minimalbodenbearbeitung und damit für eine erfolgreiche Saat mit hohen Feldaufgangsraten. Der optimale Saattermin liegt zwischen dem 15. und 25. August, wobei die Saat i. Allg. umso früher erfolgen kann, je nördlicher und höher der Standort liegt. Die Saatdichte liegt bei 40 bis 70 Körner je m^2. Sie wird umso geringer gewählt, je früher die Aussaat erfolgt. Hierbei werden ca. 2,5 bis 4 kg/ha Saatgut ausgebracht, bei später Saat auch bis zu 5 kg/ha. Raps verträgt nur eine flache Saat von 2 bis 3 cm Tiefe. Der Reihenabstand wird zwischen 13 und 30 cm gewählt. Vor dem Winter sollte Winterraps eine Rosette mit 8 bis 10 Blättern entwickeln.

Chemische Unkrautbekämpfung kann im Vor- und Nachauflauf bis zum Vegetationsbeginn durchgeführt werden. Bei Reihenabständen wie im Getreidebau kann bis zum Auflaufen und ab dem 4- bis 6-Blattstadium der Hackstriegel zur Unkrautbekämpfung eingesetzt werden. Eine Düngung mit Kalkstickstoff wirkt ebenfalls herbizid.

Raps wird von einer Vielzahl von Krankheiten und Schädlingen befallen /3-8/. Die wichtigsten Pilzkrankheiten sind die Weißstängeligkeit, die Kohlhernie, die Rapsschwärze, die Wurzel- und Stängelfäule sowie die Verticilliumwelke. Ihnen sollte durch die Einhaltung der Anbaupause von 3 bis 4 Jahren vorgebeugt werden.

Gegen den großen Rapserdfloh und den Kohlgallenrüssler kann eine Saatgutbehandlung erfolgen. Rapsstängelrüssler, Rapsglanzkäfer, Kohlschotenrüssler und Kohlschotenmücke können mit Insektiziden bekämpft werden. Besteht die Gefahr des Auftretens von Schnecken, sollte das Saatbett rückverfestigt werden und Schneckenkorn mit der Saat ausgebracht werden. Zu einem Hauptschädling bei Raps haben sich vor allem in trockenen Lagen die Feldmäuse entwickelt, die vornehmlich durch den Pflug zu bekämpfen sind.

Im Herbst benötigt Winterraps 40 bis 60 kg/ha Stickstoff, die unter günstigen Bedingungen auch vollständig aus dem Bodenvorrat zur Verfügung stehen können. Im Frühjahr wird meist eine frühe Stickstoffgabe von 80 bis 120 kg/ha und eine weitere Gabe von bis zu 80 kg/ha nach der Belaubung gegeben. Sommerraps benötigt 110 bis 130 kg/ha Stickstoff, wobei der Hauptteil zur Saat und der Rest nach Reihenschluss gegeben werden kann. Die Phosphor- und Kaliumdüngung erfolgt nach Entzug (Tabelle 3.14) bzw. nach dem Versorgungszustand des Bodens nach

Tabelle 3.14 Nährstoffentzüge durch Raps, exemplarisch für einen Korn- bzw. Strohertrag von 4 bzw. 7 t/(ha a), errechnet nach dem Korn-Stroh-Verhältnis (aufgrund hoher Bröckelverluste liegt die erntbare Strohmasse um 20 bis 50 % niedriger /3-1/)

	Stickstoff (N)	Phosphor (P)	Kalium (K)	Magnesium (Mg)
			in kg/(ha a)	
Korn	134	31	33	12
Stroh	49	12	146	6
Summe	*183*	*43*	*179*	*18*

der Ernte der Vorfrucht auf die Stoppel. Die Magnesiumdüngung kann durch magnesiumhaltige Kalke erfolgen. Kruziferen haben zudem einen hohen Schwefelbedarf, so dass durch die rückläufigen Schwefelimmissionen eine Düngung erforderlich ist. In der Regel wird eine Düngung in Abhängigkeit vom S_{min}-Gehalt des Bodens von ca. 40 kg/ha für ein optimales Wachstum benötigt.

Nutzung und Ertragspotenzial. Raps ist reif für den Mähdrusch, wenn die Körner schwarz sind und in den Schoten rascheln. Der Erntezeitpunkt liegt in der zweiten Julihälfte. Das Kornertragspotenzial von Winterraps liegt zwischen 2,8 und 4,8 t/(ha a) (ca. 1 100 bis 2 000 kg Öl) und bei Sommerraps bei 2,0 bis 2,8 t/(ha a) (ca. 750 bis 1 100 kg Öl). Der zusätzlich zum Korn gegebene Strohaufwuchs beträgt bei Winterraps 1,9 und bei Sommerraps 2,1 t/t Korn (z. B. ca. 7 t/(ha a) Stroh bei 3,5 t/(ha a) Korn). Aufgrund seiner spröden Struktur wird Rapsstroh aber in der Regel nicht geborgen, sondern verbleibt zur Humusanreicherung auf dem Feld.

Neben der Bodengüte wird der Ölgehalt und -ertrag von Raps vor allem von einer kühl-feuchten Sommerwitterung in der Ausreifezeit positiv beeinflusst. Unter den pflanzenbaulichen Maßnahmen wirken sich besonders die bedarfsgerechte Stickstoffdüngung und die Effizienz der Pflanzenschutzmaßnahmen ertragsfördernd aus.

Ökologische Aspekte. Raps hat einen vergleichsweise hohen Stickstoffbedarf. Dies ist als ökologisch kritisch zu bewerten, da der Einsatz von Stickstoffdüngern die Umwelt vielfältig beeinflussen kann wie u. a. durch Nitrateintrag in das Grundwasser, durch Eutrophierung von Gewässern und durch Emissionen klimarelevanter Gase (z. B. N_2O). Durch seine starke Anfälligkeit für Krankheiten und Schädlinge benötigt eine intensive Rapsproduktion einen hohen Einsatz an Pflanzenschutzmitteln. Winterraps wirkt sich allerdings im Vergleich der annuellen Kulturpflanzen günstig auf die Bodenfruchtbarkeit aus. Er ist bei zurückgehendem Kartoffel- und Rübenanbau oft die einzig verbleibende Blattfrucht in der Fruchtfolge.

3.3.2 Sonnenblume

Die Sonnenblume (*Helianthus annuus* L.) gehört zur Familie der Korbblütler (*Compositeae*). Sie ist eine einjährige Pflanze mit 2 bis 5 cm dicken, behaarten und bis über 2 m hohen Stängeln und herzförmigen Blättern. Die markgefüllten Stängel sind bei den deutschen Sorten meist nicht bestockt oder verzweigt. Die Blüten sind in runden Blütenböden, den Körben, eingebettet. Die zwittrigen Einzelblüten blühen vom Rand her kreisförmig ab. Ein Feldbestand blüht 2 bis 3 Wochen, wobei die Bestäubung durch Insekten stattfindet. Das Öl wird aus den Früchten der Sonnenblume, den Achänen, gewonnen.

Energieträgerrelevante Eigenschaften. Der Ölgehalt der Sonnenblumensamen beträgt 35 bis 52 % (mit Samenschale) bzw. 55 bis 60 % (ohne Schale). Neue Sorten weisen aufgrund ernährungsphysiologischer Aspekte einen Linolsäureanteil (C18:2) von 70 bis 80 % auf. Auch gibt es Sorten mit einem Ölsäureanteil (C18:1)

3.3 Ölpflanzen

Tabelle 3.15 Fettsäuremuster des Öls von Linolsäure-betonten (High Linolic) und von Ölsäure-betonten (High Oleic) Sonneblumensorten (Größenordnungen) /3-3/

		Linolsäure-betonte Sorte	Ölsäure-betonte Sorte
		in % der Gesamtmenge an Fettsäuren	
Palmitinsäure	C16:0	6	4
Stearinsäure	C18:0	4	4
Arachinsäure	C20:0	1	1
Behensäure	C22:0	1	1
Ölsäure	C18:1	27	83
Linolsäure	C18:2	61	7

von 80 bis 90 % (High-Oleic-Sonnenblumen). Tabelle 3.15 zeigt die Fettsäuremuster von linol- und ölsäurebetonen Sorten.

Sonnenblumenstroh der ölreichen Sorten kann bei der Samenernte unter günstigen Witterungsbedingungen einen Wassergehalt von weniger als 15 % erreichen; häufig liegen die Wassergehalte jedoch erheblich höher. Es ist außerdem durch einen relativ hohen Aschegehalt von ca. 12 % gekennzeichnet. Sonnenblumen können auch als Ganzpflanze siliert und danach anaerob vergoren werden. Das energiereiche Öl spielt dabei eine große Rolle im Methanertragspotenzial, das jedoch trotzdem nur bei 280 bis 325 l Methan/kg organischer Trockenmasse liegt. Für die anaerobe Vergärung werden besonders massenwüchsige und biomassebetonte Sorten genutzt, die z. B. über die Höhe der Stängel und die Blattmasse relativ hohe Ganzpflanzenerträge liefern können. Erste spezielle Biomassesorten werden derzeit bereits am Markt angeboten.

Standortansprüche und Anbau. Für den Sonnenblumenanbau geeignet sind Böden aus lehmigem Sand bis tonigem Lehm, wobei leichtere Böden bevorzugt werden. Wichtig ist eine gute Durchwurzelbarkeit und Tiefgründigkeit des Bodens. Zu schwere und kalte Böden sind ungeeignet, da auf ihnen die Jugendentwicklung verzögert wird. Aufgrund des späten Bestandesschlusses sollten erosionsgefährdete Lagen gemieden werden.

Die Sonnenblume stellt hohe Temperaturansprüche; die Vegetationszeit sollte 150 frostfreie Tage umfassen. Bei der Saat sollten Mindestbodentemperaturen von 7 bis 9 °C herrschen. Die jungen Pflanzen vertragen Spätfröste bis -5 °C. Für den Anbau wird eine Temperatursumme von 1 500 °C (d. h. Summe der Tagesmitteltemperatur über +6 °C während der Vegetationszeit) benötigt. Auch sollte zur Erntezeit der Körner trockenes Wetter herrschen, damit die Korbböden austrocknen können und nicht von der Botrytisfäule befallen werden. Jedoch sinkt bei hohen Temperaturen während der Ausreife – insbesondere wenn gleichzeitig Wassermangel herrscht – der Ölgehalt.

Eine ausreichende Wasserversorgung ist während der Blüte von Mitte bis Ende Juli wichtig, wobei 300 bis 500 mm während der Vegetationsperiode zur Verfügung stehen sollten. Der Transpirationskoeffizient liegt bei geringem bzw. hohem Wasserangebot bei 450 bzw. 630 l Wasser je kg Trockenmasse; die Sonnenblume geht umso verschwenderischer mit Wasser um, je besser die Wasserversorgung ist.

Sie hat ein gutes Wasseraneignungsvermögen und ein ausgeprägtes Aufschlussvermögen für Bodennährstoffe.

Die Sklerotienkrankheit ist maßgeblich verantwortlich für die Selbstunverträglichkeit der Sonnenblume. Deshalb sollte der Anbauabstand, auch zu anderen Wirtspflanzen der Sklerotienkrankheit (z. B. Raps), 4 Jahre betragen. Mais, Getreide und Hackfrüchte gelten als gute Vorfrüchte der Sonnenblume; Fruchtarten, die große Mengen Stickstoff im Boden zurücklassen (z. B. Leguminosen), sollten dagegen vermieden werden. Die Sonnenblume selbst hat aufgrund ihrer intensiven Durchwurzelung und dem Humusbildungsvermögen eine positive Vorfruchtwirkung; sie erschöpft jedoch sehr stark den Wasser- und Stickstoffvorrat des Bodens. Außerdem kann es zu Problemen mit Ausfall-Sonnenblumen in der Nachfrucht kommen.

Nach einer Pflugfurche kann die Saatbettbereitung wie beim Getreide erfolgen. Aufgrund der hohen Temperaturansprüche für die Keimung kann erst Ende April bis Anfang Mai ausgesät werden. Das Saatgut sollte in einer Tiefe von 3 bis 4 cm und einem Reihenabstand von 40 bis 60 cm abgelegt werden. Anzustreben sind 5 bis 8 Pflanzen je m^2, wobei die Bestandesdichte umso geringer gewählt werden muss, je trockener der Standort ist. Die Saatmenge schwankt, je nach Keimfähigkeit und Tausendkorngewicht, zwischen 4 und 10 kg/ha.

Die Kaliumentzüge beim Sonnenblumenanbau sind relativ hoch (Tabelle 3.16). Eine Stickstoffdüngung wirkt ertragssteigernd, verzögert jedoch auch die Abreife, vermindert die Standfestigkeit, erhöht die Krankheitsanfälligkeit und verringert den Ölgehalt. Daher sollten nur 40 bis 80 kg Stickstoff je Hektar gedüngt werden, die zu zwei Dritteln als Hauptgabe zur Saat und zu einem Drittel bei etwa 15 cm Pflanzenhöhe gegeben werden. Bei N_{min}-Gehalten über 120 kg/ha sollte die Düngung unterbleiben. Als Grunddüngung werden ca. 35 kg/ha Phosphor und, je nach Versorgungszustand des Bodens, 100 bis 150 kg/ha Kalium und 30 bis 50 kg/ha Magnesium gedüngt.

Herbizide werden im Vorauflauf angewendet. Wegen der großen Reihenweite ist aber auch eine mechanische Unkrautbekämpfung möglich. Auf verschlämmungsgefährdeten Böden sollte eine mechanische Unkrautbekämpfung erfolgen. Um eine Verletzung der Wurzeln zu vermeiden, sollte flach gehackt werden. Ein gleichzeitiges Anhäufeln verbessert die Standfestigkeit.

Die Hauptkrankheiten der Sonnenblume sind der Sonnenblumenrost, die Sklerotienkrankheit und der Grauschimmel. Auch die Pilzkrankheit Phomopsis tritt auf. Fungizide sind bisher kaum vorhanden; deshalb empfiehlt sich eine Vorbeugung gegen Pilzbefall über die Kulturführung. Hierzu gehören die Einhaltung ausreichend langer Anbaupausen, die Verringerung der Bestandsdichten auf 6,5

Tabelle 3.16 Nährstoffentzug exemplarisch für einen Korn- bzw. Strohertrag von 3 bzw. 7,5 t/(ha a) Trockenmasse

	Stickstoff (N)	Phosphor (P)	Kalium (K)	Magnesium (Mg)
		in kg/(ha a)		
Körner	87	21	60	13
Stroh	112	29	310	14
Summe	*199*	*50*	*370*	*27*

Pflanzen je m², der Anbau frühreifer Sorten sowie die Vermeidung windgeschützter Lagen und einer Überdüngung mit Stickstoff. Tierische Schaderreger sind von untergeordneter Bedeutung; größere Schäden können nur durch Mäuse- oder Schneckenfraß an den Jungpflanzen bzw. Körnerfraß durch Vögel verursacht werden.

Nutzung und Ertragspotenzial. Die Beerntung der Sonnenblumenbestände erfolgt Ende August bis Mitte September, wobei der richtige Erntezeitpunkt am Absterben der Blätter und der Gelbverfärbung der Korbunterseite zu erkennen ist. Mit dem ersten Kornausfall sollte die Ernte beginnen. Die Hektarerträge liegen bei 2,4 bis 4,0 t/(ha a) Korn (d. h. 850 bis 2 000 kg Öl). Ein hoher Ölertrag wird nur bei ausreichend hohen Temperaturen während der Vegetationsperiode sowie guter Wasserversorgung während der Blüte erreicht. Bei einem Korn-Stroh-Verhältnis von 3,5 fallen zusätzlich zum Korn 8 bis 14 t/(ha a) Stroh an. Sorten mit einem hohen Gesamtertragspotenzial können bis zu 14 t/(ha a) Trockenmasse erreichen. Soll diese Gesamtpflanze als Substrat für Biogasanlagen eingesetzt werden, wird sie nach der Ernte siliert und als Silage genutzt. Die Wassergehalte im Erntegut liegen aber häufig für eine optimale Silierung viel zu hoch, so dass die Sonnenblume als Substrat für die Biogasanlage noch keine große Anbaubedeutung erlangt hat.

Ökologische Aspekte. Beim Anbau von Sonnenblumen kann es durch die späte Saat und den späten Bestandesschluss zu Erosion, Dichtlagerung des Bodens und Nährstoffverlusten kommen. Die Sonnenblume kann als Alternative zu Mais in maisbetonten Fruchtfolgen für die Substratbereitstellung beispielsweise für die anaerobe Vergärung angebaut werden und somit zu mehr Artenvielfalt in der Kulturlandschaft beitragen.

3.4 Zucker- und Stärkepflanzen

Zucker und Stärke können als Ausgangsstoffe für die Gewinnung von Bioethanol verwendet werden. Dies ist zwar grundsätzlich auch aus cellulosehaltigen Pflanzen möglich; hier muss allerdings die Cellulose erst aufwändig aufgeschlossen werden. Deshalb haben – da auch die dafür benötigte Verfahrenstechnik sich noch im Forschungs- und Entwicklungsstadium befindet – primär Zucker- und Stärkepflanzen als Rohstoffe für eine Ethanolerzeugung Bedeutung erlangt; sie werden daher im Folgenden diskutiert. Die kohlenstoffreichen Zucker- und Stärkebestandteile einer Pflanze können aber auch als Grundlage für den anaeroben Aufschluss in Biogasanlagen dienen.

3.4.1 Zuckerpflanzen

Als Pflanzen mit einem technisch nutzbaren Zuckeranteil werden in Mitteleuropa im Wesentlichen Zuckerrüben großtechnisch angebaut. Grundsätzlich wäre aber auch die Zuckerhirse anbaubar. Deshalb werden im Folgenden beide Pflanzen dargestellt.

3.4.1.1 Zuckerrübe

Die Zuckerrübe (*Beta vulgaris* L.) gehört zur Familie der Gänsefußgewächse (*Chenopodiaceae*). Im Ansaatjahr bildet sie eine Rosette aus langgestielten, aufwärtsgerichteten, großen, fleischigen Blättern sowie einen keilförmigen Rübenkörper. Erst im zweiten Jahr oder nachdem die Zuckerrübe einen Vernalisationsreiz erhalten hat, bildet sich ein bis zu 2 m langer Spross, der Blütenstände bildet ("Schosser"). Außer zur Samenerzeugung bei Saatgut-vermehrenden Betrieben ist deren Bildung jedoch unerwünscht. Das Ertragsorgan, der Rübenkörper, besteht aus der verdickten Primärwurzel sowie einem Teil des blättertragenden Kopfes. Er wächst nur wenig aus dem Boden heraus.

Energieträgerrelevante Eigenschaften. Die Zusammensetzung der Zuckerrübe ist in Tabelle 3.17 aufgeführt. Der Zucker macht etwa 70 bis 80 % der Trockenmasse aus; er liegt damit im Durchschnitt bei 17,0 bis 17,5 % der Frischmasse. Der Zuckergehalt ist im Zentrum der Rübe am höchsten und nimmt nach außen hin ab.

Die Zuckerrübe kann nicht nur zur Zuckerextraktion, sondern auch zur anaeroben Vergärung genutzt werden. Der Rübenkörper wird dann gehäckselt und siliert. Zusätzlich kann auch die Blattmasse mit siliert und vergoren werden. Auch ist eine direkte Verwendung gehäckselter Zuckerrüben möglich. Aufgrund der relativ hohen Anbaukosten und der hohen Aufwendungen für die Reinigung vor der Verwertung hat die Zuckerrübe bisher nur eine sehr geringe Bedeutung als Substrat für Biogasanlagen.

Tabelle 3.17 Durchschnittliche Zusammensetzung von Zuckerrüben und Zuckerhirse /3-27/

		Zuckerrüben	Zuckerhirse
Wasser	in % FM	74,0 – 82,0	70 – 76
Zucker	in % TM	68,0 – 82,0	18 – 20
Rohprotein	in % TM	6,5 – 6,9	7,5 – 9,5
Fett	in % TM	0,5 – 0,7	1,1 – 1,5
Rohfaser	in % TM	5,8 – 6,0	32 – 38
Asche	in % TM	5,3 – 5,6	8,0 – 8,5

FM Frischmasse; TM Trockenmasse

Standortansprüche und Anbau. Die Zuckerrübe bevorzugt ein relativ warmes Klima. Für die Keimung werden Temperaturen über 5 °C benötigt. Die jungen Rübenpflanzen sind nur bis zu -5 °C frostverträglich und reife Rüben erfrieren bei -9 °C. Höchste Zuckergehalte werden bei Tagestemperaturen von 20 bis 23 °C erreicht. Warme Herbsttage mit kühlen Nächten fördern die Zuckereinlagerung.

3.4 Zucker- und Stärkepflanzen

Eine gute Wasserversorgung ist notwendig zur Keimung sowie im Zeitraum von Juli bis September, wenn das Blatt voll entwickelt ist. Der Transpirationskoeffizient liegt – je nach Temperatur und Luftfeuchte – bei 180 bis 310 l/kg Trockenmasse.

Zuckerrüben zählen zu den Kulturen mit den höchsten Ansprüchen an die Bodengüte. Die besten Erträge werden auf tiefgründigen Böden mit gleichmäßiger Struktur erreicht (d. h. ohne Verdichtungen, Pflugsohlen, Steine oder Staunässe und bei gleichmäßiger Wasser- und Nährstoffversorgung). Aufgrund der Zunahme von Krankheiten bei häufigem Anbau von Rüben darf ihr Anteil an der Fruchtfolge nur 25 % bzw. maximal 33 % bei Anbau von nematodenresistenten Zwischenfrüchten betragen. Ebenso sollten aus der Fruchtfolge alle Wirtspflanzen der Rübennematoden (z. B. Raps, Kohlarten) ausgeschlossen werden.

Heute wird meist genetisch einkeimiges (monogermes) Saatgut für den Zuckerrübenanbau verwendet, da dadurch das Vereinzeln von Rüben entfällt und ein gleichmäßiger Feldbestand erreicht werden kann. Neben diploiden stehen triploide oder anisoploide Sorten zur Verfügung. Je kürzer die zur Verfügung stehende Vegetationszeit ist, desto eher empfiehlt sich die Wahl zuckergehaltsbetonter Sorten, da sie früher mit der Zuckereinlagerung beginnen als ertragsbetonte Sorten.

Aufgrund der hohen Ansprüche an die Durchwurzelbarkeit der Krume wird meist gepflügt. Vor allem in erosionsgefährdeten Lagen werden Zuckerrüben im Mulchsaat-Verfahren bewirtschaftet. Hierbei wird nach einer Pflugfurche im Herbst eine abfrierende Zwischenfrucht angebaut, in deren Mulch die Zuckerrüben im Frühjahr eingesät werden. Das Saatbett muss so beschaffen sein, dass das pillierte Rübensaatgut mit Anschluss an das Kapillarwasser abgelegt und mit einer 2 bis 4 cm dicken, lockeren, gut erwärmbaren Bodenschicht abgedeckt werden kann. Um hohe Erträge zu erreichen, sollte die Aussaat möglichst früh erfolgen. In den meisten Rübenanbaugebieten Deutschlands kann ab etwa dem 15. März mit der Aussaat begonnen werden. Der Reihenabstand beträgt 45 cm und der Abstand in der Reihe liegt bei 27 cm bei einer angestrebten Dichte von 8 Pflanzen je m^2.

Die Zuckerrübe hat einen hohen Nährstoffbedarf. Bereits in der Keimlingsphase sollten leicht lösliche Nährstoffe zugeführt werden, da die Samen sehr klein sind und kaum Reservestoffe beinhalten. Der Nährstoffentzug ist abhängig vom Blatt-Rüben-Verhältnis, denn die Blätter enthalten ca. 70 % des von den Rüben entzogenen Stickstoffs, 75 % des Kaliums und 50 % des Phosphors.

Die Stickstoffdüngung hat einen großen Einfluss auf die Rübenqualität. Da Stickstoff für den Aufbau eines leistungsfähigen Blattapparates wichtig ist, liegt der Hauptbedarf in der späten Jugendphase bis kurz vor dem Bestandsschluss. Danach sollte die verfügbare Stickstoffmenge zurückgehen, um nicht weiter den Blattapparat zu fördern, da dies die Abreife der Rübe und Einlagerung von Zucker reduziert. Insgesamt benötigt die Zuckerrübe 120 bis 160 kg/ha Stickstoff, wobei die jeweiligen Bodennitratgehalte mit einbezogen werden müssen. Bei Mengen über 80 kg/ha ist eine Teilung der Gabe empfehlenswert. Die erste Gabe sollte dabei vor der Saat gegeben und eingearbeitet werden. Die letzte Stickstoffgabe erfolgt bis Ende Mai bzw. im 2- bis 4-Blatt-Stadium als Kopfdüngung.

Phosphor fördert Rübenertrag und Zuckergehalt und sollte in einer Höhe von 35 bis 70 kg/ha verabreicht werden. Kalium fördert das Blattwachstum und steigert den Rübenertrag und Zuckergehalt, führt jedoch bei zu hohen Gaben zu erhöhten

Kaliumgehalten in den Rüben. Insgesamt benötigen Zuckerrüben ca. 270 kg/ha Kalium. Um Salzschäden zu vermeiden, sollten jedoch nicht mehr als 170 kg/ha Kalium verabreicht werden bzw. sollte die Kaliumdüngung teilweise schon zur Vorfrucht oder im Herbst erfolgen. Magnesium spielt ebenfalls eine wichtige Rolle für das Rübenwachstum und sollte in einer Menge von 35 bis 50 kg/ha verabreicht werden. Mangel an Bor kann insbesondere bei hohen pH-Werten des Bodens auftreten und führt, vor allem bei Trockenheit, zur Herz- und Trockenfäule. Dem kann durch eine Blattdüngung mit einem Bor-Präparat vorgebeugt werden. Organische Düngung sollte nur im Herbst erfolgen.

Durch ihre langsame Jugendentwicklung ist die Zuckerrübe durch Verunkrautung gefährdet und damit auf eine intensive Unkrautbekämpfung angewiesen. Bis kurz vor dem Auflaufen können die Unkräuter durch Eggen und Striegeln bekämpft werden. Neben der rein chemischen Unkrautkontrolle gibt es im Rübenanbau die Möglichkeit des Hackens, was auch mit einer Bandspritzung in den Reihen kombiniert werden kann.

Die Rübe wird von einer Reihe pilzlicher Erreger befallen. So führt der Wurzelbrand zu lückigen Beständen. Das Blatt ist durch die Blattfleckenkrankheit (z. B. *Cercospora*, *Ramularia*) gefährdet. Wichtige Viruserkrankungen sind die Vergilbungskrankheit, die von der grünen Pfirsichblattlaus übertragen wird, sowie die Wurzelbärtigkeit, die ein Bodenpilz überträgt. Der Vergilbung kann vor allem durch Bekämpfung der Blattläuse und das Verhindern lückiger Bestände, die Blattläuse anlocken, vorgebeugt werden. Vielen anderen Krankheiten lässt sich durch Einhaltung der Anbaupausen und durch eine entsprechende Sortenwahl begegnen.

Auch bei tierischen Schädlingen (z. B. Rübennematoden, Rübenkopfälchen) kommt es auf einen möglich großen zeitlichen Abstand zu dem früheren Anbau von Rüben oder anderen Wirtspflanzen an (z. B. Kreuzblütlern). Weitere Schädlinge sind der Moosknopfkäfer, der ein lückiges Auflaufen und Absterben der Jungpflanzen verursacht und durch den Einsatz von pilliertem Saatgut mit Insektizidschutz eingegrenzt wird. Die Maden der Rübenfliege schädigen die Pflanze durch Blattfraß und können durch Insektizide bekämpft werden.

Nutzung und Ertragspotenzial. Im Oktober kommt es kaum mehr zu Ertragszuwächsen oder Zuckergehaltssteigerungen. Die Rübenernte kann deshalb ab Ende September beginnen und wird meist im November abgeschlossen. In Deutschland werden durchschnittlich um die 58 t/(ha a) Rüben geerntet; dies entspricht einem Zuckerertrag von ca. 9 t/(ha a) bzw. einem Ethanol-Äquivalent von ca. 5 000 bis 5 750 l/(ha a). Das Blatt-Rüben-Verhältnis der Frischmasse beträgt etwa 0,8 zu 1,2. Demnach fallen neben den Rüben ca. 40 t/(ha a) frisches Rübenblatt an. Es kann entweder als eiweißreiches Futter, ggf. nach einer Silage, verfüttert oder – ebenfalls nach einer Silage – als Substrat für Biogasanlagen genutzt werden. Es bleibt aber bisher meist als organischer Dünger auf dem Feld zurück.

Ökologische Aspekte. Aufgrund des späten Bestandesschlusses bringt der Rübenanbau ein hohes Erosionsrisiko mit sich, das jedoch erheblich durch die Mulchsaat vermindert werden kann. Durch häufiges Hacken kann es auch zum Humusabbau im Boden kommen. Da die Rüben sehr spät im Herbst geerntet werden, besteht die

Gefahr, dass bei nassem Wetter Bodenstrukturschäden verursacht werden. Allerdings verbessern Blattfrüchte in halmfruchtbetonten Fruchtfolgen die Bodengare.

3.4.1.2 Zuckerhirse

Zucker- oder Futterhirse (*Sorghum bicolor* (L.) Moench) ist ein einjähriges C_4-Gras tropischer Herkunft und gehört zu den Süßgräsern (*Gramineae*). Sie hat eine relativ langsame Jugendentwicklung. Erst im Juli oder August beginnt das verstärkte Längenwachstum. Abhängig vom Standraum und den Umweltbedingungen werden je Pflanze durchschnittlich 3 bis 5 Stängel gebildet, an denen die lanzettlichen Blätter wechselständig stehen. Der Zeitpunkt des Rispenschiebens ist je nach Sorte unterschiedlich und liegt meist im September. Anfang September wird auch die maximale Wuchshöhe von 2,5 bis 3 m erreicht. Zuckerhirse ist vor allem bei feuchtem Boden und starkem Wind stark lagergefährdet.

Energieträgerrelevante Eigenschaften. Die Zusammensetzung von Zuckerhirse zeigt Tabelle 3.17 Der Zuckergehalt liegt bei rund 8,8 % in der Frischmasse; davon sind etwa 5,5 % Saccharose, rund 1,8 % Glucose und ca. 1,4 % Fructose /3-6/. Nach der Ernte kann es jedoch, je nach Ernteverfahren und Lagerungsbedingungen, z. T. zu erheblichen Veratmungsverlusten kommen /3-4/. Der nach der Zuckersaftgewinnung verbleibende Rest, die sogenannte Bagasse, besteht hauptsächlich aus Cellulose, Hemicellulose und Lignin. Nach einer Silierung der Ganzpflanze kann Zuckerhirse auch als Substrat in Biogasanlagen eingesetzt werden. Das spezifische Methanertragspotenzial liegt bei 300 bis 360 l Methan/kg organischer Trockenmasse.

Standortansprüche und Anbau. Der Anbau von Zuckerhirse ist, außer auf extrem tonigen oder sandigen, auf sehr unterschiedlichen Böden grundsätzlich möglich. Da Hirse als wärmebedürftige Pflanze gute Auflauf- und Wachstumsbedingungen benötigt, sind gut durchlüftete, gare Böden, die im Frühjahr rasch abtrocknen und nicht zur Verschlämmung neigen, am besten geeignet. Eine gleichmäßige Wasserversorgung fördert die Ertragsbildung.

Der optimale Temperaturbereich für die photosynthetische Aktivität liegt bei rund 30 °C. Als Minimaltemperatur für das Wachstum sind 12 bis 15 °C Bodentemperatur erforderlich. Besonders kritisch ist das Auftreten niedriger Temperaturen in der Jugendentwicklung und in der Blüte. Zur Erreichung zufrieden stellender Biomasseerträge sollte die Durchschnittstemperatur in den Monaten Juli bis August über 16 bis 18 °C liegen.

Nach den bisherigen wenigen und damit unter mitteleuropäischen Bedingungen nicht abgesicherten Ergebnissen liegt der Transpirationskoeffizient von Zuckerhirse unter dem von Mais (d. h. unter 200 l/kg Trockenmasse). Aufgrund ihres tiefreichenden Wurzelsystems ist sie relativ trockenheitsverträglich; sie geht bei Trockenstress in die Trockenstarre. Deshalb ist Hirseanbau grundsätzlich auch in Gebieten möglich, in denen die Jahresniederschläge nur rund 400 mm betragen. Für die Erzielung eines guten Biomasseertrages sollten allerdings 500 bis 700 l Wasser in der Vegetationszeit zur Verfügung stehen. Den größten Wasserbedarf hat die Pflanze während des Rispenschiebens.

Zuckerhirse ist selbstverträglich und ist durch wenig Einschränkungen bezüglich der Vor- und Nachfrucht gekennzeichnet. Nachfolgende Kulturen mit einer sehr frühen Saatzeit (z. B. Raps, Wintergerste) scheiden aufgrund des späten Erntetermins der Zuckerhirse aber aus. In Maisfruchtfolgen kann es aufgrund ähnlicher Leitunkräuter zu einer verstärkten Verunkrautung kommen.

Zuckerhirse ist bisher eine züchterisch vergleichsweise wenig bearbeitete Kulturpflanze. Allerdings konnte die vormals geringe Anbaueignung für Mitteleuropa erheblich verbessert werden. Beispielsweise sind in der EU ca. 400 Hirsesorten zugelassen.

Derzeit befinden sich aber besondere Sorten zur Biomasseproduktion als Substrat für die anaerobe Vergärung in der Züchtung und erste Sorten auf dem Markt. Neben der Zuckerhirse wird auch das Sudangras (*Sorghum sudanense* (Piper) Stapf.) oder eine Kreuzung beider Arten (Hybriden) zur anaeroben Vergärung genutzt. Der Anbau für Sudangras gestaltet sich ähnlich wie für Zuckerhirse /3-5/.

Für Zuckerhirse wird eine Saatbettbereitung wie für den Anbau von Zuckerrüben empfohlen. Das Korn sollte so abgelegt werden können, dass es Anschluss an das Kapillarwasser hat und mit einer 2 bis 4 cm dicken, lockeren Bodenschicht bedeckt ist. Die Mindesttemperatur für die Keimung beträgt 14 °C. Diese wird, je nach Standort Mitte bis Ende Mai erreicht. Die Bestandesdichte sollte so gewählt werden, dass es nicht zur Ausbildung von zu dünnen Stängeln und zu Lager kommt. Empfehlungen reichen von 70 000 bis 300 000 Pflanzen je Hektar. Bei einem Feldaufgang von 50 % werden für die Aussaat in Deutschland rund 30 Körner je m^2 empfohlen /3-32/. Dies entspricht bei einem Tausendkorngewicht von 30 g einer Aussaatmenge von 9 kg/ha.

Bei einem Trockenmasseertrag von 20 t/(ha a) werden 200 kg/ha Stickstoff, 90 kg/ha Phosphor und 250 kg/ha Kalium entzogen. Bei Gaben von 100 kg/ha Stickstoff und mehr sind einzelne Sorten sehr lageranfällig. Um die ertragssteigernde Wirkung hoher Stickstoffgaben ausnutzen zu können, wäre deshalb eine züchterische Verbesserung der Standfestigkeit wünschenswert.

Aufgrund der geringen Konkurrenzkraft der Jungpflanzen muss das Unkraut bekämpft werden. Die Unkraubekämpfung erfolgt mechanisch oder über spezielle für den Hirseanbau zugelassene Herbizide. Über die Krankheitsanfälligkeit kann aufgrund der geringen Verbreitung des Zuckerhirseanbaus bisher noch keine zuverlässige Aussage gemacht werden. Vereinzelt ist bislang lediglich ein Braunrost- und ein Maiszünslerbefall beobachtet worden.

Nutzung und Ertragspotenzial. Je später die Ernte der Zuckerhirse erfolgen kann, desto höher ist der Zuckergehalt. Allerdings sollte vor dem Einsetzen der Herbstfröste geerntet werden. Die in Deutschland erreichten Erträge schwanken – je nach Standort und Jahreswitterung – zwischen 5 und 32 t/(ha a) Trockenmasse. Der Trockenmassegehalt bei der Ernte im Oktober liegt zwischen 20 und 30 %. Beispielsweise können bei einem Trockenmasseertrag von 15 t/(ha a) 5,1 t/(ha a) Zucker und 8,5 t/(ha a) Fasern geerntet werden. Insbesondere bei kühleren Frühjahrs- bzw. Frühsommertemperaturen kommt es zur Ertragsminderung. Bei Nutzung der Ganzpflanze zur anaeroben Vergärung sind neben dem Ertragspotenzial optimale Wassergehalte von 70 bis 75 % von Bedeutung. Diese können über eine spätere Ernte Anfang bis Mitte Oktober erreicht werden.

Ökologische Aspekte. Zuckerhirse hat als C_4-Pflanze eine effiziente Wasserausnutzung und bei ausreichendem Temperaturangebot ein hohes Ertragspotenzial. Durch den späten Bestandesschluss ist die Gefahr von Erosion, Bodendichtlagerung und Nährstoffverlusten sehr groß. Hirsearten können bei Nutzung der Ganzpflanze zur anaeroben Vergärung eine gute Alternative zu Mais darstellen und die Fruchtfolge bereichern. Sie eignen sich sehr gut für den Anbau im Zweikulturnutzungssystem, d. h. eine Aussaat z. B. nach Grünschnittroggen bzw. Ganzpflanzengetreide.

3.4.2 Stärkepflanzen

Bei den Pflanzen, deren Stärkegehalt technisch nutzbar gemacht werden kann und die in Mitteleuropa großtechnisch anbaubar sind, handelt es sich im Wesentlichen um die Kartoffel, um Getreide, um Mais und um Topinambur. Diese Pflanzen werden im Folgenden dargestellt.

3.4.2.1 Kartoffel

Die Kartoffel (*Solanum tuberosum* L.) gehört zur Familie der Nachtschattengewächse (*Solanaceae*). Die Ertragsorgane, die Knollen, bilden sich an unterirdischen Ausläufern (Stolonen). Die oberirdischen Sprossteile der Kartoffelpflanze (Stängel, Blätter und Blütenstände) geben der Pflanze ein krautiges Aussehen. Die Blätter sind zusammengesetzte Fiederblätter. Die Blüten bestehen aus fünf Kelch-, Blüten- und Staubblättern, die miteinander verwachsen sind. Die Blütenfarbe variiert sortentypisch von weiß bis rötlich oder bläulich. In Abhängigkeit der Sorte werden als Früchte 3 bis 4 cm große Beeren gebildet, die lediglich für Züchtungszwecke genutzt werden.

Energieträgerrelevante Eigenschaften. Neben 75 bis 80 % Wasser und ca. 2 % Eiweiß beinhalten die Kartoffelknollen rund 15 bis 21 % Stärke (Tabelle 3.18); dies ist der für die Ethanolerzeugung wesentliche Inhaltsstoff. Dabei sollte der Stärkegehalt hoch und der Eiweißgehalt möglichst niedrig sein.

Daneben enthält die Kartoffel noch geringe Anteile an vergärbaren Zuckern (primär Saccharose, Glucose und Fructose). Der Stärke- und Zuckergehalt hängt dabei ab von der Sorte und dem Reifegrad der Kartoffeln ebenso wie vom Klima, den Aufwuchsbedingungen und der Lagerung. Infolge des hohen Wassergehaltes der Kartoffeln kommt der Lagerung eine besondere Bedeutung zu; so beträgt

Tabelle 3.18 Durchschnittliche Zusammensetzung von Kartoffeln

Wasser	75,0 – 80,0 %
Stärke	15,0 – 21,0 %
Zucker	0,07 – 1,5 %
Dextrin und Pektin	0,2 – 1,6 %
Pentosane	0,75 – 1,0 %
Rohprotein	1,2 – 3,2 %
Fett	0,1 – 0,3 %
Rohfaser	0,5 – 1,5 %
Asche	0,5 – 1,5 %

der Stärkeverlust im Verlauf der Lagerung unter regulären Bedingungen etwa 8 % nach 6-monatiger Lagerung und rund 16,5 % nach 8 Monaten.

Standortansprüche und Anbau. Besonders geeignet für den Anbau von Stärkekartoffeln sind humose, lehmige Sande bis milde Lehme. Die Kartoffel liebt leicht erwärmbare, lockere und gut durchlüftete Böden mit guter Wasserversorgung. Schwere Böden sind aufgrund der schlechten Erntbarkeit und des starken Erdanhangs an den zu erntenden Knollen nicht gut geeignet. Außerdem sollte der Boden möglichst stein- und klutenfrei sein, um Verletzungen der Knolle bei der Ernte zu vermeiden. Der pH-Bereich des Bodens kann zwischen 4,5 und 7,5 liegen. Die Wasserversorgung sollte vor allem während des Knollenansatzes und in der ersten Phase der Knollenbildung gleichmäßig sein.

Eine warme Frühjahrswitterung fördert die Jugendentwicklung und den Knollenansatz. Für die Gesundheit des Krautes und zur Förderung des Knollenwachstums ist während des Sommers eine hohe Einstrahlung bei kühlen Temperaturen vorteilhaft, da hohe Temperaturen die Veratmung der Assimilate fördern. Die Kartoffel hat einen Transpirationskoeffizienten von 210 bis 230 l/kg Trockenmasse.

Als Vorfrüchte für die Kartoffel eignen sich besonders Kulturarten wie Getreide oder Zuckerrüben. Wichtig ist die Zerkleinerung und frühzeitige Einarbeitung der organischen Substanz (Stroh, Rübenblatt), die meist schon im Herbst erfolgen sollte, damit genügend Zeit für die Verrottung gegeben ist. Vorfrüchte mit sehr stickstoffreichen Rückständen sollten vermieden werden, da eine zu starke Stickstoffversorgung den Stärkegehalt der Kartoffel verringert.

Die Kartoffel hat einen hohen Vorfruchtwert für andere Kulturarten, da durch die Hack- und Pflegearbeiten das Bodengefüge gelockert, die biologischen Tätigkeit des Bodens durch Abbau der organischen Substanz angeregt und das Unkraut, auch durch die starke Beschattungswirkung, bekämpft wird. Bei Kartoffeln sollte eine Anbaupause von 4 bis 5 Jahren eingehalten werden, insbesondere wenn Nematoden auftreten.

Die Kartoffelsorten sind in Reifegruppen aufgeteilt. Für die Stärkekartoffelproduktion sind späte bis sehr späte Reifegruppen mit Vegetationszeiten über 140 Tagen und einem Erntetermin Mitte September bis Ende Oktober geeignet.

Das Pflanzgut wird vor der Pflanzung vorgekeimt oder zumindest in Keimstimmung gebracht, indem die Knollen zwei Wochen lang bei mindestens 10 °C gehalten werden. Die Kartoffelknollen werden in 4 bis 6 cm Tiefe abgelegt. Die Pflanzung kann bei Bodentemperaturen ab 6 bis 8 °C erfolgen; Spätfrostgefahr sollte jedoch nicht mehr bestehen. Eine Bestandsdichte von 40 000 bis 42 000 Pflanzen je Hektar wird angestrebt. Optimale Legeabstände für den Stärkekartoffelanbau sind 75 x 24 cm oder 68 x 27 cm. Der Pflanzgutbedarf ist abhängig von der Knollengröße der Pflanzkartoffeln und liegt bei 1,2 t (28 bis 35 mm Knollengröße) bis 2,8 t (55 mm Knollengröße) je Hektar.

Das Legen der Kartoffeln erfolgt mit automatischen Legemaschinen bei gleichzeitiger Dammausformung. Zu einem späteren Zeitpunkt wird nochmals angehäufelt. Die Dämme dienen der Verbesserung der Wachstumsmöglichkeiten der Knollen und vereinfachen die Rodung.

Häufig wird eine Kombination aus mechanischer und chemischer Unkrautbekämpfung angewandt, wobei die chemische Unkrautbekämpfung nach dem Hochziehen des endgültigen Dammes eingesetzt wird. Ein rein mechanisches Verfahren mit 3 bis 4 Durchgängen ist ebenfalls möglich. Hierzu können beispielsweise eine Häufler-Netzeggen-Kombination, ein Dammformblechgerät mit Winkelscharen oder Sternhackgeräte eingesetzt werden. Dabei sollten die Knollen weder verletzt noch freigelegt werden. Für die mechanische Unkrautbekämpfung stehen somit 3 bis 6 Wochen im Vorauflauf und rund 3 Wochen im Nachauflauf zur Verfügung. Auch die Ausbringung von Kalkstickstoff als Stickstoffdünger unterstützt die Unkrautbekämpfung.

Kartoffeln sind stark durch Virusbefall gefährdet. Daher sollte grundsätzlich virusfreies Pflanzmaterial eingesetzt werden. Auch die Wahl wenig anfälliger Sorten verringert das Risiko. Die Viruskrankheiten werden meist von Blattläusen übertragen. Die wichtigste Pilzkrankheit der Kartoffel ist die Kraut- und Knollenfäule, die chemisch nur vorbeugend bekämpft werden kann (Infektionsdruck). Durch die Wahl wenig anfälliger Sorten, Vorkeimen der Pflanzknollen, effektive Unkrautbekämpfung und gute Erdbedeckung der Knollen durch richtige Dammführung kann der Erkrankung vorgebeugt werden. Weitere Pilzkrankheiten sind die Dürrfleckenkrankheit, die Weißhosigkeit, der Kartoffelschorf und der Kartoffelkrebs. In vielen Fällen lassen sich diese Krankheiten durch nicht-chemische Maßnahmen (z. B. Verwendung von gesundem Pflanzgut, pH-Wert Regulierung, Anbaupausen) begegnen. Das gilt auch für bakterielle Kartoffelkrankheiten (z. B. Schwarzbeinigkeit, Knollennassfäule). Tierische Schaderreger sind – neben den virusübertragenden Blattläusen – der Kartoffelkäfer und die Kartoffelnematode. Dem Nematodenbefall kann z. T. durch die Wahl resistenter Sorten bzw. durch das Einhalten der Anbaupausen vorgebeugt werden.

Die Stickstoffdüngung fördert den Knollenertrag; überhöhte Gaben mindern jedoch gleichzeitig den Stärkegehalt der Knolle. Die Stickstoffmenge sollte deshalb, je nach Ertragserwartung, bei 100 bis maximal 150 kg/(ha a) liegen. Eine Teilung der Gabe verbessert die Stickstoffausnutzung und den Ertrag.

Chlorhaltige Kaliumdünger sollten nicht verabreicht werden, da Chlor den Stärkegehalt der Knollen senkt. Kalium wird für die Ertragsbildung und die Widerstands- und Lagerfähigkeit der Knolle benötigt. Da jedoch ein negativer Zusammenhang zwischen hoher Kaliumverfügbarkeit und dem Stärkegehalt besteht, sollte im Stärkekartoffelanbau nur verhalten gedüngt werden (d. h. 80 bis 150 kg/(ha a) Kalium). Dagegen fördert Phosphor die Stärkebildung und sollte in einer Höhe von 50 kg/(ha a) verabreicht werden. Eine ausreichende Magnesiumversorgung (ca. 40 kg/(ha a) Magnesium) ist wichtig, da Magnesium die Knollen- und Stärkebildung beeinflusst. Organische Düngemittel sollten bereits im Herbst eingesetzt werden.

Nutzung und Ertragspotenzial. Stärkekartoffelsorten benötigen ca. 5 Monate von der Pflanzung bis zur Abreife. Wenn das Kraut abgestorben ist, hat die Kartoffelknolle ihre Reife erreicht und der Stärkegehalt ist am höchsten. Um die Knollen nicht zu schädigen, sollten sie bei einer Bodentemperatur von +10 °C geerntet werden, denn dann sind sie elastischer und widerstandsfähiger gegen mechanische Verletzungen. Der Boden sollte für eine saubere Ernte möglichst trocken sein. Eine mechanische oder chemische Krautminderung vor der Ernte vereinfacht den Rodeprozess, führt zu einem rascheren Abtrocknen der Dämme, zu einer besseren

Siebfähigkeit des Bodens, einem leichteren Lösen der Knollen von den Stolonen und einer erhöhten Schalenfestigkeit.

Der Stärkeertrag wird bestimmt vom flächenspezifischen Knollenertrag und dem Stärkegehalt. Der Knollenertrag beim Stärkekartoffelanbau kann 33 bis 50 t/(ha a) Frischmasse betragen. Bei einem Stärkegehalt von 17 bis 20 % können 5,6 bis 9,6 t/(ha a) Stärke – das entspricht einem Alkoholäquivalent von ca. 3 500 bis 6 600 l/ha – gewonnen werden.

Ökologische Aspekte. Durch den späten Bestandesschluss und die häufige Bodenbearbeitung besteht bei der Kartoffel die Gefahr von Erosion und Humusabbau im Boden. Aufgrund des hohen Anbauanteils in den für Kartoffeln geeigneten Anbauregionen ist sie oft einem hohen Krankheitsdruck ausgesetzt.

3.4.2.2 Topinambur

Topinambur (*Helianthus tuberosus* L.) gehört zur Familie der Korbblütler (*Compositeae*). Je nach Sorte erreicht der markgefüllte Stängel eine Höhe von bis zu 4 m. An den kantigen, verzweigten Stängeln sitzen herzförmige Blätter und endständig gelbe, im Durchmesser 5 bis 10 cm große Blüten. An unterirdischen Sprossausläufern (Stolonen) bilden sich Sprossknollen, die geerntet werden und dann als Ausgangsmaterial für die Ethanolgewinnung dienen können. Der Anbau von Topinambur zur Knollengewinnung wird in Deutschland derzeit in Mittelbaden und Brandenburg betrieben. Die Knollen sowie das Kraut eignen sich auch für die Verwertung in einer Biogasanlage. Topinambur kann bei ausschließlicher Nutzung des Krautes als mehrjährige Pflanze kultiviert werden.

Energieträgerrelevante Eigenschaften. Die Inhaltsstoffe der Topinamburknollen sind denen der Kartoffel sehr ähnlich; jedoch wird als Kohlenhydrat Inulin in großen Mengen gebildet. Inulin ist ein hauptsächlich aus Fructosemolekülen aufgebautes Polysaccharid mit ca. 6 % Glucose. Der daraus gewinnbare Alkoholertrag wird durch den flächenspezifischen Knollenertrag sowie den Gehalt der Knollen an den fermentierbaren Zuckern bestimmt. Diese bestehen zum größten Teil aus dem Inulin, enthalten aber auch Anteile von Mono-, Di- und Oligosacchariden.

Der Gehalt an fermentierbaren Zuckern in der Knolle schwankt – in Abhängigkeit von Sorte, Standort und Stickstoffdüngung – zwischen 60 und 68 % der Trockenmasse. Der Wassergehalt liegt bei 72 bis 81 %. Der Inulingehalt bewegt sich bei 13 bis 18 % und der Rohproteingehalt bei 2 bis 3 % der Knollenfrischmasse. Der Wassergehalt des Krauts liegt im November bei 50 bis 75 %. Wird Topinambur für die anaerobe Vergärung genutzt, ist primär der Gesamtbiomasseertrag von Knolle und Kraut das entscheidende Kriterium. Die Zuckerbildung in der Knolle erhöht jedoch den spezifischen Methanertrag, der bei 390 l Methan/kg organischer Trockenmasse liegt. Allerdings kann der Einsatz von Topinamburknollen durch den anfallenden Schmutz zu technologischen Problemen führen. Der spezifische Methanertrag des Krautes liegt demgegenüber nur bei etwa 290 l Methan/kg organischer Trockenmasse.

Standortansprüche und Anbau. Optimal für den Anbau von Topinambur sind lockere, lehmige, leichte bis mittelschwere Böden. Auf schweren Böden wird die Knollenernte oft erschwert; auch werden die Knollen stark verschmutzt.

Für die Erzielung hoher Erträge benötigt Topinambur vor allem im Spätsommer reichlich Niederschlag. Zwar wirkt eine kontinuierliche Wasserversorgung ertragssteigernd; doch Topinambur verträgt auch anhaltende Trockenheit und erholt sich vom Trockenstress, da die Wurzeln ein gutes Aneignungsvermögen für Wasser und Nährstoffe haben. Topinambur hat keine sehr hohen Temperaturansprüche. Hohe Frühjahrstemperaturen steigern aber den Ertrag, da sie die Entwicklung der Pflanze fördern. Das Topinambur-Kraut erträgt Fröste von bis zu -5 °C und die Knollen von bis zu -30 °C.

Die Sortenwahl beeinflusst den Knollenertrag und den Gehalt der Knollen an fermentierbaren Zuckern. Spät reifende Sorten haben bei ausreichend langer Vegetationszeit eine höhere Leistungsfähigkeit. Bei der Doppelnutzung richtet sich die Sortenwahl hauptsächlich nach dem Gesamtbiomasseertragspotenzial. Die Sorten sind jedoch meist sehr alt und haben häufig noch Wildpflanzencharakter.

Aufgrund des Kurztagcharakters der Pflanze kommt es beispielsweise in Deutschland nicht zur Samenbildung. Zur Anlage eines neuen Bestandes müssen daher Knollen gepflanzt werden. Ab dem zweiten Jahr können die nach der Ernte im Boden verbliebenen Restknollen einen neuen Bestand bilden. Wird nur das Kraut energetisch genutzt, können die Knollen mehrere Jahre im Boden verbleiben. Sie treiben jährlich im April neu aus.

Zur Pflanzung von Topinambur wird gepflügt und geeggt oder gegrubbert. Bei mehrjähriger Nutzung des Bestandes wird das Feld ab dem zweiten Jahr vor dem Wiederaustrieb gegrubbert. Die Pflanzung sollte zwischen März und Mitte April erfolgen. Die Knollen werden mit Kartoffellegemaschinen in einer Tiefe von ca. 10 cm abgelegt. Die angestrebte Bestandesdichte beträgt 3 bis 9 Pflanzen je m^2. Hierfür werden 1 bis 4 t/ha Pflanzgut benötigt.

Die Wahl der Nachfrucht erfolgt vor allem unter dem Aspekt der Bekämpfung des Topinambur-Durchwuchses in der Folgekultur. Häufig wird deshalb Kleegras, Klee oder Gelbsenf angebaut. Hierbei kann Topinambur durch zweimaliges Mähen oder durch Mulchen erschöpft werden. Sommergetreide ist ebenfalls eine geeignete Nachfrucht, da dieses sehr konkurrenzstark ist und den Austrieb teilweise unterdrückt bzw. Herbizide wirksam eingesetzt werden können.

Je Tonne Knollenfrischmasse wird ca. 3 kg Stickstoff, 0,8 kg Phosphor und 6 kg Kalium dem Boden entzogen. Bei einem mittleren Ertragsniveau wird eine Düngung von 80 kg/(ha a) Stickstoff, 45 kg/(ha a) Phosphor und 170 kg/(ha a) Kalium empfohlen. Zwar wirkt eine höhere Stickstoffdüngung ertragssteigernd, doch kommt es gleichzeitig zur Abnahme des Gehaltes an vergärbaren Zuckern in den Knollen.

Unkrautbekämpfung wird nur bei sehr starker Verunkrautung durchgeführt. Hierzu wird meist ein Totalherbizid im Vorauflauf oder schwefelsaurer Ammoniak bzw. Kalkstickstoff eingesetzt. Die Unkrautbekämpfung kann auch mechanisch durchgeführt werden. Meist verdrängt Topinambur durch sein schnelles Wachstum jedoch die Unkräuter /3-10/. Der Sklerotienkrankheit muss durch Anbaupausen und Fruchtwechsel mit Getreide und Mais begegnet werden. Zu dichte Bestände sollten vermieden werden, wenn Grauschimmel oder Weichfäule der Knollen auftreten.

Nutzung und Ertragspotenzial. Die frühesten Sorten können ab Oktober, die meisten Sorten jedoch erst im November geerntet werden, da die Verlagerung von Reservestoffen vom Stängel in die Knolle bis etwa Mitte November dauert. Da die Knollen nicht frostempfindlich sind, kann die Ernte bis April hinausgeschoben werden. Wenn die Knolle der Alkoholgewinnung dienen soll, ist vor der Ernte eine Frostperiode abzuwarten. Durch den Kälteeinfluss wird das Enzym Inulase aktiviert, welches das Inulin, das von Hefen nicht direkt vergoren werden kann, zu vergärbarem Zucker abbaut.

Bei einer Doppelnutzung von Knollen und Kraut zur anaeroben Vergärung wird häufig nicht der optimale Erntezeitpunkt beider Pflanzenpartien erreicht. Das Kraut wird im September bei ausreichend niedrigen Wassergehalten um etwa 70 % für die nachfolgende Silierung geerntet. Zu diesem Zeitpunkt ist aber die Verlagerung der Nährstoffe in die Knolle noch nicht abgeschlossen; dies kann zu Ertragseinbußen der Knollen führen. Die Knollen sollten bis zum Nutzungszeitpunkt im Boden verbleiben, da deren Lagerfähigkeit nur sehr begrenzt ist. Auch müssen die Knollen zur Vergärung vorbehandelt werden (häckseln oder quetschen), damit die Biomasse besser anaerob aufgeschlossen werden kann.

Die Knollenerträge schwanken zwischen 15 und 62 t/(ha a) Frisch- bzw. 4 bis 15 t/(ha a) Trockenmasse. Das entspricht einem Ethanol-Äquivalent von ca. 900 bis rund 5 000 l/ha /3-17/. Der Durchschnittsertrag liegt bei 25 t/(ha a) Frisch- bzw. 7 t/(ha a) Trockenmasse /3-33/. Das Kraut- zu Knollenverhältnis ist stark von der Sorte und der Wasserversorgung des Standortes abhängig. Es kann 0,8 bis 1,4 betragen. Der Krautertrag kann 8 bis 12 t/(ha a) Trockenmasse bei einem Wassergehalt von 60 % im November erreichen. Wird das Kraut schon Mitte September geerntet, können auch Trockenmasseerträge von bis zu 25 t/(ha a) bei Wassergehalten von 75 % geerntet werden.

Ökologische Aspekte. Durch die gute Ausnutzung von Wasser und Nährstoffen ist Topinambur eine Pflanze mit guter Ressourcenausnutzung sowie geringem Düngebedarf bzw. Nährstoffverlusten. Durch die Möglichkeit, den Bestand ohne Nachpflanzung mehrjährig zu nutzen, kann ein extensives Produktionsverfahren realisiert werden. Aufgrund seines bisher nur sehr geringen Anbauumfangs kann Topinambur zu einer Erweiterung der Fruchtfolge und Bereicherung der Agrarlandschaft dienen. Das größte Problem ist die Beseitigung des durch Restknollen entstehenden Durchwuchses in der Folgekultur.

3.4.2.3 Getreide

Das Produktionsziel beim Getreideanbau zur Ethanolproduktion ist ein möglichst hoher Stärkeertrag. Dieser kann durch einen hohen Kornertrag sowie durch einen hohen Stärkegehalt im Korn erreicht werden. Wichtig dafür ist eine gute Kornausbildung, da der Eiweißgehalt des Getreidekorns im Laufe der Kornfüllungsphase ständig abnimmt und Stärke eingelagert wird (Kapitel 3.2.6). Aufgrund ihrer hohen Kornertragspotenziale eignen sich insbesondere Weizen, Gerste, Roggen und Triticale zur Ethanolproduktion.

Energieträgerrelevante Eigenschaften. Zur optimalen Ethanolausbeute werden neben einem hohen Stärkegehalt von möglichst über 60 % eine gute Keimfähigkeit, eine gute Kornausbildung, ein hohes Hektolitergewicht, ein hoher Grad an technischer Reinheit (Verunreinigungen führen zur Störung des Gärungsablaufs) sowie niedrige Fallzahlen und Kornfeuchtegehalte (ca. 15 %) gewünscht /3-43/. Ein leichter Auswuchs bringt gärungstechnische Vorteile, denn je höher die Enzymaktivität der Körner ist, desto geringer ist der Bedarf an Fremdenzymen, die bei der Gärung zugesetzt werden müssen. Das hohe Hektolitergewicht zeigt eine gute Kornausbildung an und weist auf einen geringen Schalenanteil bzw. hohen Stärkegehalt im Korn hin. Weizen weist das höchste und Gerste das niedrigste Hektolitergewicht auf. Niedrige Fallzahlen deuten auf eine hohe Aktivität von korneigenen Enzymen hin.

Damit werden die aus ökonomischer Sicht geforderten hohen Stärkegehalte bei guter Kornausbildung besonders von Winterweizen, Wintergerste und Triticale erfüllt (Tabelle 3.19), wobei letzteres auch aufgrund seiner hohen Eigenenzymaktivität für die Ethanolproduktion interessant ist. Roggen hat aufgrund seiner Kornform, der geringeren Korngröße sowie des höheren Gehalts an nicht vergärbaren Pentosanen eine geringere Alkoholausbeute. Zu beachten ist auch die negative Korrelation zwischen Eiweiß- und Stärkegehalt; mit steigendem Rohproteingehalt nimmt die Alkoholausbeute ab (Abb. 3.4).

Tabelle 3.19 Durchschnittliche Zusammensetzung der Körner der Winterformen von Weizen, Triticale, Roggen und Gerste

	Weizen	Triticale	Roggen	Gerste
		in % der Trockenmasse (TM)		
Stärke	67,5	66,7	64,6	66,1
Rohprotein	13,8	14,6	11,3	12,6
Rohfett	2,0	1,8	1,8	2,3
Rohfaser	2,9	3,0	2,8	1,8
Asche	2,0	2,0	2,0	1,8
Zucker	3,2	4,0	6,3	7,9

Standortansprüche und Anbau. Da die Ethanolausbeute vom Kornertrag abhängt, sind Sorten mit einem hohen Kornertragspotenzial zu bevorzugen. Höchste Erträge werden bei Weizen nur von Sorten mit geringer Backqualität (sogenannte C- bzw. B-Sorten) erreicht.

Neben einer standortgerechten Sortenwahl (Kapitel 3.2.6) ist eine gute Standfestigkeit der Pflanze wichtig. Weitere zu beachtende Sorteneigenschaften sind eine gute Krankheitsresistenz sowie Enzymreichtum. Ob sich der Einsatz von Sortenmischungen bewähren wird, ist noch nicht erwiesen, obwohl phytosanitäre Vorteile und eine bessere Ertragsstabilität erwartet werden können.

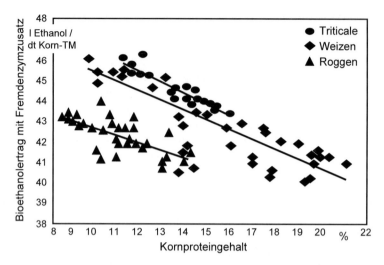

Abb. 3.4 Eignung der Getreidearten für die Ethanolerzeugung, angezeigt durch den Ethanolertrag bei verschiedenen Proteingehalten (TM Trockenmasse; nach /3-2/)

Die Ethanolgetreideproduktion unterscheidet sich von den Produktionsverfahren für Ganzpflanzengetreide (vgl. Kapitel 3.2.6) vor allem durch das Ziel eines hohen Kornertrags, welcher nur durch eine intensive Produktionsweise erreicht werden kann. Da Unkraut bei der Körnerernte hinderlich ist und als Verunreinigung den alkoholischen Gärungsprozess stören kann, sollten die Getreidebestände möglichst unkrautfrei sein. Auch Pilzkrankheiten und Schädlinge sind zu bekämpfen, da sie erheblich den Kornertrag mindern können und ein Befall mit Pilzen die Kornqualität beeinträchtigt. Bei lagergefährdeten Sorten kann der Einsatz von Halmverkürzern notwendig sein.

Die Stickstoffdüngung erfolgt vor allem ertragsorientiert und richtet sich in ihrer Höhe nach dem Entzug (Tabelle 3.12) bzw. dem Ertragsniveau, wobei die Menge des im Boden vorhandenen mineralisierten Stickstoffs berücksichtigt werden muss. Die erste Stickstoffgabe erfolgt als Startgabe im Frühjahr, während die Haupt-Stickstoffgabe zum Schossen gegeben wird. Um hohe Proteingehalte im Korn zu vermeiden, sollte auf eine Stickstoffspätdüngung nach dem Ährenschieben entweder verzichtet oder auf einen Zeitpunkt vor dem Schieben des Fahnenblattes vorverlegt werden.

Die Standortansprüche von Weizen, Roggen und Triticale sind in Kapitel 3.2.6 beschrieben. Zusätzlich ist bei der Bioethanolerzeugung zu beachten, dass die anfallende Schlempe in getrockneter Form bisher vorwiegend in der Tierfütterung eingesetzt wird. Da bei dem Verarbeitungsprozess sich in der Schlempe Mykotoxine im Verhältnis 1 zu 3 verglichen mit dem Ausgangsprodukt Korn anreichern, besteht die Gefahr, dass die für die Verfütterung geltenden Grenzwerte überschritten werden. Stoppelweizen und Minimalbodenbearbeitung erhöhen das Fusariumrisiko und sind daher bei der Anbauplanung für die Ethanolproduktion nicht zu favorisieren, da diese zu einem höheren Befall an Pilzen führen können.

Gerste kann auf leichten bis schweren Böden angebaut werden, ist aber gegen Verschlämmung empfindlich. Nach dem Aufbau der Ähre wird in zwei- bis sechzeilige Gerstensorten unterschieden, wobei mit der Zeiligkeit die Anzahl der Einzelkörner je Ährenstufe zunehmen. Da zweizeilige Sorten eine bessere Kornausbildung haben, werden sie für die Ethanolproduktion bevorzugt.

Die Spelzen sind mit den Früchten verwachsen, so dass das Korn auch nach dem Dreschen bespelzt bleibt. Um genügend Ertragsorgane anlegen zu können, benötigt Wintergerste eine ausreichende Vorwinterentwicklung und wird deshalb von allen Getreidearten als erste gesät (Mitte bis Ende September). Die angestrebte Pflanzenzahl liegt bei 350 bis 400 pro m^2. Die Frostresistenz von Wintergerste liegt bei -15 °C; Gerste ist damit weniger winterhart als andere Getreidearten.

Nutzung und Ertragspotenzial. Die Ernte der Weizen-, Gersten- und Triticalekörner erfolgt in der Totreife, die der Roggenkörner in der Voll- bis Totreife. Die Getreideernte beginnt bei der Wintergerste in günstigen Klimalagen Deutschlands Ende Juni. Die Ertragspotenziale liegen bei Winterweizen zwischen 4 und 9,5 t/(ha a), beim Winterroggen bei 3 bis 8,5 t/(ha a), bei Triticale zwischen 3,5 und 9 t/(ha a) und bei Gerste zwischen 4,5 und 7 t/(ha a) (Tabelle 3.13). Die höchsten Stärkegehalte je Hektar weist Weizen auf.

Ökologische Aspekte. Aufgrund des hohen Getreideanteils an der Ackerfläche in Mitteleuropa ist der Krankheitsdruck für Getreide relativ groß. Dementsprechend ist bei der Körnerproduktion meist ein intensiver Fungizideinsatz notwendig. Im Vergleich zu den Ethanolpflanzen Zuckerrüben, Zuckerhirse und Mais zeichnet sich die Wintergetreideproduktion jedoch durch eine lange Bodenbedeckung auch während des Winters und dem damit verbundenen geringen Erosionsrisiko bei guter Nährstoffausnutzung aus. Wird die während der alkoholischen Gärung anfallende Schlempe als Dünger benutzt oder über eine Biogasanlage anaerob vergoren und der Gärrest ausgebracht, kann ein beträchtlicher Teil der Nährstoffe auf das Feld rückgeführt werden.

3.4.2.4 Mais

Mais (*Zea mays* L.) gehört zur Familie der Süßgräser (*Gramineae*) und ist eine einjährige C$_4$-Pflanze. Sein markgefüllter Stängel wird bis zu 4 m hoch. Die Blätter sind lanzettförmig und können 30 bis 150 cm lang werden. Mais hat eine männliche, endständige Rispe und weibliche Blütenorgane, die als Kolben, in der Regel einer je Pflanze, an gestauchten Seitentrieben aus den Blattachseln hervorwachsen. Er ist eine fremdbefruchtende Pflanze.

Energieträgerrelevante Eigenschaften. Die Zusammensetzung von Körnermais ist in Tabelle 3.20 dargestellt. Aus den hohen Stärkegehalten von 62 bis 65 % resultieren Alkoholausbeuten von mehr als 40 l Ethanol pro 100 kg Mais. In Regionen, in denen die Maiskörner kaum auf dem Stängel trocknen, kann der Mais auch in Form von Körnermais-Silage gelagert werden. Diese Silage kann ebenfalls zu Ethanol verarbeitet werden /3-38/. Für die anaerobe Vergärung in einer Biogasanlage wird die Ganzpflanze gehäckselt und anschließend siliert. Der spezifische

Tabelle 3.20 Durchschnittliche Zusammensetzung von Körnermais und Körnermais-Silage

	Körnermais	Körnermais-Silage
	in %	
Wasser	15,0	41,6
Stärke	62,6	42,4
Anderer stickstofffreier Extrakt	6,7	5,0
Rohprotein	8,4	5,8
Fett	3,7	2,5
Rohfaser	2,0	1,6
Asche	1,5	1,1

Methanertrag der Ganzpflanze liegt je nach Sorte und Reifestadium zwischen 295 und 380 l Methan/kg organischer Trockenmasse. Das Maiskorn kann ebenfalls anaerob vergoren werden; doch ist hier ein Aufschluss vor der Vergärung notwendig. Der spezifische Methanertrag von Maiskorn beträgt 370 bis 420 l Methan/kg organischer Trockenmasse.

Bei der Nutzung als Festbrennstoff kann eine spätere Ernte mit Vorteilen hinsichtlich der Brennstoffqualität verbunden sein, da der Wasser- und Aschegehalt in der Gesamtpflanze sinken und auch bei den Elementgehalten von Stickstoff, Chlor und Kalium eine Minderung eintritt /3-44/. Da es im Herbst zu einer Umverteilung des Stickstoffs vom Stängel in die Körner kommt, verbessern sich die brennstofftechnischen Eigenschaften des Maisstrohs.

Standortansprüche und Anbau. Zum Keimen werden Bodentemperaturen von 8 bis 10 °C benötigt. In der Jugendphase werden Fröste bis -4 °C vertragen, während die Pflanzen im Herbst schon bei -1 °C absterben. Die Vegetationsdauer bis zur Ausreife beträgt je nach Reifegruppe 130 bis 180 Tage.

Als C_4-Pflanze hat Mais einen niedrigen Transpirationskoeffizienten von ca. 200 l pro kg gebildeter Trockenmasse. Der Wasserbedarf ist in der Jugendentwicklung im Mai bis Juni relativ niedrig. Dagegen ist in der Zeit vom Rispenschieben bis zwei Wochen nach der Blüte eine sehr gute Wasserversorgung von 100 bis 150 mm für eine gute Befruchtung wichtig. Ab Mitte August, wenn die Blüte beendet ist, sind die Wasseransprüche wieder geringer. Ertragsfördernd ist dann vor allem eine lange Sonnenscheindauer.

Mais hat relativ geringe Bodenansprüche; auf leichten Böden sollte jedoch die Wasserversorgung gesichert sein. Ebenfalls sollte die Bestandsdichte den Verhältnissen entsprechend angepasst und eine Sorte mit einer geeigneten Reifezeit gewählt werden. Sehr schwere, kalte oder dichtlagernde Böden sind ungeeignet, da auf ihnen die Jugendentwicklung nur zögernd verläuft. Am besten gedeiht Mais auf mittleren und schweren Böden, die sich im Frühjahr leicht erwärmen und nicht zu Verschlämmung neigen.

Mais ist mit sich selbst verträglich, d. h. er kann auch in Folge angebaut werden. Da er nicht von den Getreidefußkrankheiten oder den Getreidenematoden befallen wird, kann er getreidereiche Fruchtfolgen auflockern. Außerdem gilt er als Feindpflanze der Rübennematoden. Allerdings kann zukünftig der Maiswurzelboh-

Tabelle 3.21 Einteilung der Reifegruppen nach Reifezahlen für Silo- und Körnermais und deren Temperaturansprüche

Reifegruppe	Reifezahl	Durchschnittstemperatur (Mai bis September) in °C/d
Früh	S bzw. K 170 – 220	14,0 – 15,0
Mittelfrüh	S bzw. K 230 – 250	15,0 – 15,5
Mittelspät	S bzw. K 260 – 290	15,6 – 16,4
Spät	S bzw. K 300 – 350	16,5 – 17,4

S Silomaissorte; K Körnermaissorte

rer zur Einhaltung von Anbaupausen zwingen. Da er den Boden sehr lange unbedeckt lässt, kann es zu Dichtlagerung, Verschlämmung oder Erosion kommen.

Alle heute verwendeten Maissorten sind Hybriden. Sie werden eingeteilt in unterschiedliche Reifegruppen, die durch Reifezahlen (d. h. Maßzahl für das Abreifeverhalten einer Maissorte) beschrieben werden; letztere werden spezifisch für Körnermaissorten und für Silomaissorten angegeben (Tabelle 3.21). Körnermaissorten sollten standfest sein und eine hohe Kälteresistenz besitzen. Die Kolbenansatzhöhe und Druschfähigkeit sind weitere wichtige Sorteneigenschaften. Für eine Ganzpflanzenproduktion (als Festbrennstoff) oder eine Bereitstellung von Silage als Substrat für Biogasanlagen sind dagegen eher Silomaissorten mit hohem Massenertrag geeignet. Silomais zur anaeroben Vergärung (Energiemais) wird derzeit stark züchterisch bearbeitet. Neue Energiemaissorten versprechen ein deutlich höheres Biomasseertragspotenzial über eine verlängerte vegetative Phase und vermehrte Blattmassebildung. Das Ertragspotenzial ist neben optimalen Wachstumsbedingungen auch von dem Sortentyp und dem Abreifeverhalten abhängig (Abb. 3.5). Die Erreichung einer kritischen Temperatursumme (Summe der tägli-

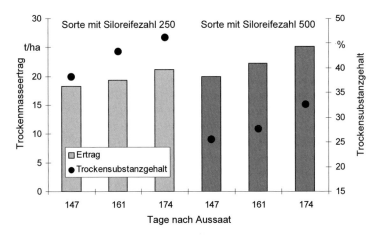

Abb. 3.5 Trockenmasseertrag und Trockenmassegehalt von zwei unterschiedlich reifenden Maissorten (Sorten mit einer Siloreifezahl von 250 gelten als angepasst an den Standort, eine Sorte mit der Siloreifezahl von 500 ist sehr spät reifend) an drei Ernteterminen (147 bis 174 Tage nach Aussaat), Standort Stuttgart-Hohenheim

chen Temperaturmittelwerte oberhalb einer Basistemperatur von 6 °C in einer bestimmten Periode, z. B. von Aussaat bis Ernte) und die standortspezifische Länge der Vegetationszeit bestimmt die Sortenwahl. In Mitteleuropa können Silomaissorten mit Siloreifezahlen von 180 bis 300 standortangepasst sicher angebaut werden. Für eine Sorte mit einer Siloreifezahl von z. B. 250 ist eine Temperatursumme von 1 490 bis 1 540 °C erforderlich, um ca. 32 bis 35 % Trockenmasse bilden zu können. Je höher die erreichbare Temperatursumme eines Standortes, desto später reifende Sorten (d. h. Sorten mit einer höheren Siloreifezahl) können gewählt werden. Eine standortgeeignete Sorte mit entsprechender Siloreifezahl gewährleistet einen Ertrag zu optimalen Trockenmassegehalten für die Silierung. Für den Energiemaisanbau werden momentan Sorten mit Siloreifezahlen, die 30 bis 50 Punkte über dem Standortoptimum für die Futtermaisproduktion liegen, empfohlen. Dadurch erhöht sich das Biomasseertragspotenzial; dies kann jedoch mit Risiken verbunden sein, wenn Frühfröste drohen oder der Mais durch ungünstige Witterung nicht abreifen kann. Bei nicht ausreichender Abreife der Ganzpflanze kann es zu Problemen mit der Silierung kommen, wenn die Trockenmassegehalte unter 28 % liegen.

Das Anbauverfahren zur Bereitstellung von Substrat für die anaerobe Vergärung konzentriert sich auf die Maximierung des Ganzpflanzenertrages, wobei der Kolbenanteil, abhängig von der Sorte und dem Erntetermin sehr schwanken kann.

Im Körnermaisanbau werden Durchschnittstemperaturen von mindestens 13,5 °C von Mai bis September und mindestens 900 h Sonnenscheindauer benötigt, da es sonst nicht zur Ausreife kommt (d. h. zu einer ausreichenden Stärkeeinlagerung in die Maiskörner). Die Stärkemaisproduktion konzentriert sich daher in Deutschland auf Süddeutschland und das Rheintal.

Auf schweren Böden wird meist im Herbst und auf leichten Böden oft auch erst im Frühjahr gepflügt. Die Einsaat kann auch als Mulch- oder Direktsaat in überwinternde Zwischenfrüchte erfolgen; dies reduziert das Erosions- und Verschlämmungsrisiko. Ziel der Saatbettvorbereitung ist eine Krümelschicht von 3 bis 6 cm über einem rückverdichteten Ablagehorizont, auf dem das Korn abgelegt werden kann.

Der günstigste Saattermin liegt standortabhängig zwischen dem 20. April und dem 10. Mai. Die Saattiefe beträgt 4 bis 6 cm. Das Korn sollte umso tiefer abgelegt werden, je leichter der Boden ist. Die angestrebte Bestandsdichte bei der Körnermaisproduktion liegt mit 7 bis 11 Pflanzen je m^2 geringer als bei der Silomaisproduktion mit 9 bis 13 je m^2. Sie kann umso höher sein, je früher die Reifegruppe und je besser die Wasserversorgung ist.

Der Nährstoffertrag über das Korn beträgt ca. 16 kg Stickstoff, 3 kg Phosphor, 4 kg Kalium, und jeweils 2 kg Kalzium bzw. Magnesium je t Trockenmasse. Zur Produktion eines hohen Kornertrages ist ein entsprechend hoher Düngeraufwand erforderlich. Je Hektar werden 160 bis 200 kg Stickstoff, 35 bis 55 kg Phosphor, 125 bis 170 kg Kalium und 25 bis 35 kg Magnesium gedüngt. Dieselbe Menge ist auch für die Produktion von Silomais notwendig. Ein großer Teil der Nährstoffe kann über eine Düngung mit Wirtschaftsdüngern (z. B. Gülle) zugeführt werden, da Mais organische Düngemittel in den Sommermonaten sehr gut verwerten kann. Gärreste aus der Biogasanlage können ebenso als organischer Dünger ausgebracht werden. Über die Rückführung der Nährstoffe kann die mineralische Stickstoffdüngung bis auf 20 % gesenkt werden. Kalium und Phosphor können zu fast 100 % angerechnet werden.

Junge Maispflanzen sind sehr empfindlich gegen Unkrautkonkurrenz. Daher sollte der Bestand bis zum 4- bis 10-Blattstadium möglichst unkrautfrei sein. Neben dem Herbizideinsatz kann die Unkrautbekämpfung auch mechanisch durchgeführt werden, z. B. ganzflächig mit Striegel (bis kurz vor dem Auflaufen) oder mit Federzahnhacken (bis zum 1- bis 2-Blattstadium). Für die Zwischenreihenbehandlung werden Maschinenhacken, Hackstriegel, Rollhacken oder Hackbürsten eingesetzt. Bei zu starker Verunkrautung kann auch eine Bandspritzung mit Herbiziden durchgeführt werden. Das Hacken hat den positiven Nebeneffekt der Bodenlockerung; Verschlämmungen können dadurch aufgebrochen werden, um eine bessere Belüftung der Maiswurzeln zu erreichen.

Mais ist eine relativ gesunde Pflanze. Der Maisbeulenbrand führt nur selten zu größeren Ertragseinbußen. Fusarium kann zu Stängel- und Wurzelfäulen führen. Beide Pilzkrankheiten können jedoch nur präventiv behandelt werden. Die Fritfliege befällt den Mais im 1- bis 2-Blattstadium und schädigt ihn durch den Fraß der Larven. Ein Befall mit dem Drahtwurm, der Larve des Schnellkäfers, tritt vor allem nach Grünlandumbruch auf und kann durch den Einsatz eines insektiziden Granulats bekämpft werden. Maiszünslerbefall wird gelegentlich auch biologisch durch den Einsatz der Schlupfwespe bekämpft.

Nutzung und Ertragspotenzial. Die Körnermaisernte erfolgt nach der Gelbreife im Oktober. Der durchschnittliche Ertrag liegt bei 7 t/(ha a) Korn bzw. 4,4 t/(ha a) Stärke; letzteres entspricht einem Ethanoläquivalent von ca. 2 700 bis 3 000 l/ha. Bei einem Korn-Stroh-Verhältnis von 1 zu 1,3 fallen zusätzlich ca. 9 t/(ha a) Maisstroh an. Der Stärkeertrag wird wesentlich durch die standortspezifische Temperatursumme beeinflusst. Als nährstoffliebende Pflanze benötigt Mais für einen hohen Kornertrag eine ausreichende Düngung, insbesondere von Stickstoff, wobei Gülle gut vertragen wird. Silo- oder Energiemais zur anaeroben Vergärung erreicht je nach Standort, Wasserversorgung und Sorte Erträge von bis zu 25 t TM/(ha a). Der Durchschnittsertrag in Deutschland liegt im Mittel der letzten Jahre bei ca. 15 t TM/ha. Je höher die Reifezahl einer Maissorte, desto höher ist auch das Ertragspotenzial. Bei einem Biomasseertrag von 25 t TM/(ha a) ist ein Methanertragspotenzial von ca. 9 Mio. l/ha Methan erreichbar. Nicht nur bei Mais, sondern auch bei vielen anderen Substraten zur anaeroben Vergärung ist der Biomasseertrag ein entscheidendes Kriterium für einen hohen Methanertrag je Hektar (Abb. 3.6).

Ökologische Aspekte. Aufgrund der späten Aussaat und des späten Bestandsschlusses ist der Boden beim Maisanbau stark erosionsgefährdet. Es kommt häufig zu Dichtlagerung und Verschlämmung. Verdichtungsrisiken bestehen vor allem beim Befahren mit schweren Maschinen, z. B. bei der Ernte. Daneben spricht auch das hohe Erosionsrisiko gegen den Maisanbau in hängigem Gelände. Dies kann jedoch durch eine Untersaat (Gras oder Futterleguminosen) minimiert werden, die in den jungen Maisbestand etabliert wird und bis zur Aussaat der Folgekultur auf dem Feld stehen bleibt. Durch das schlechte Stickstoffaneignungsvermögen der

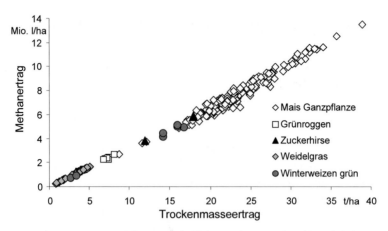

Abb. 3.6 Methanertragspotenzial unterschiedlicher Kulturarten in Abhängigkeit vom Trockenmasseertrag

jungen Maispflanzen ist außerdem bei weiten Reihenabständen oder bei zu frühen und hohen Stickstoffgaben mit Stickstoffverlusten zu rechnen.

4 Nebenprodukte, Rückstände und Abfälle

Unter Rückständen, Nebenprodukten und Abfällen werden hier Stoffe organischer Herkunft (d. h. Biomasse) verstanden, die bei der Herstellung eines bestimmten (Haupt-)Produktes (meist hergestellt mit dem Ziel der stofflichen Nutzung) aus organischen Stoffen anfallen und zur Bioenergiebereitstellung nutzbar sind. Derartige Biomassefraktionen kommen u. a. aus der Land- und Forstwirtschaft sowie der Industrie und dem Gewerbe. Zudem werden Siedlungsabfälle dazu gezählt, welche ebenfalls hohe Anteile an organischen Komponenten aufweisen können.

Derartige Stoffe können grundsätzlich im Verlauf der gesamten Bereitstellungskette von der Produktion über die Bereitstellung und Nutzung des organischen Materials bis zu dessen Entsorgung entstehen. Beispielsweise fällt bei der Stammholzproduktion als Nebenprodukt bzw. Rückstand u. a. Waldrestholz und bei der Weiterverarbeitung des Stammholzes beispielsweise zu Möbeln Industrierestholz an; derartige Sortimente können – und werden heute bereits sehr weitgehend – als Energieträger eingesetzt. Am Ende des Lebensweges des Holzes bleibt – ggf. nach einer erneuten stofflichen Aufarbeitung bestimmter Sortimente zu beispielsweise Span- oder Faserplatten und damit eines weiteren stofflichen Nutzungszyklusses – Altholz übrig, das ebenfalls als Energieträger genutzt werden kann oder – wenn es entsprechend belastet ist – ggf. auch als Abfall thermisch entsorgt werden muss.

Derartige Nebenprodukte, Rückstände und Abfälle organischer Herkunft können – je nach den jeweiligen Eigenschaften der entsprechenden Fraktionen – durch eine thermo-chemische oder bio-chemische Umwandlung zur Energiegewinnung eingesetzt werden. Letztere Option – und hier konkret primär eine Biogaserzeugung über einen anaeroben Biomasseabbau – kommt speziell für die Verwertung von heterogen zusammengesetzten, Lignin-armen und feuchten Stofffraktionen organischer Herkunft und von mit organischen Stoffen belasteten Abwässern in Frage, da durch eine derartige Methangärung ein sehr weites Spektrum von organischen Verbindungen abgebaut werden kann. Lignin-reiche Stoffe können anaerob nicht abgebaut werden. Deshalb wird organisches Material mit einem hohen Ligninanteil (z. B. Holz, bestimmte Halmgüter), das zudem oft vergleichsweise trocken anfällt, im Regelfall thermo-chemisch – und hier in den allermeisten Fällen durch eine Verbrennung z. B. in Biomassekraft- und -heizkraftwerken oder in Müllverbrennungsanlagen – verwertet.

Zur Verdeutlichung der Vielfalt und der z. T. erheblichen Unterschiede, durch die derartige Stoffströme gekennzeichnet sein können, zeigt Abb. 4.1 exemplarisch für eine Auswahl solcher Rückstände, Nebenprodukte und Abfälle typische flächenspezifische Durchschnittswerte des Aufkommens. Deutlich wird dabei u. a., dass das Biomasseaufkommen von Rebflächen vergleichsweise sehr gering und der Wassergehalt von Ernteresten aus dem Hackfruchtanbau relativ hoch ist. Zusätzlich zeigt Abb. 4.2 eine exemplarische Zusammenstellung des einwohner-

136 4 Nebenprodukte, Rückstände und Abfälle

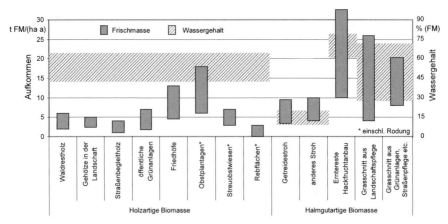

Abb. 4.1 Bandbreiten flächenspezifischer Aufwüchse an Rückständen, Nebenprodukten und Abfällen in Deutschland (FM Frischmasse)

spezifischen Aufkommens wesentlicher organischer Stoffströme, die ebenfalls energetisch genutzt werden können. Demnach weist insbesondere Holz (d. h. Industrierestholz, Altholz aus der Altholzsammlung und aus dem Restmüll) durchaus ein beachtliches einwohnerspezifisches Aufkommen auf; dies ist mit einer der Gründe, weshalb Altholz bereits derzeit merklich zur Energiegewinnung aus Biomasse beiträgt.

Vor diesem Hintergrund ist es das Ziel der folgenden Ausführungen verschiedene derartiger organischer Nebenprodukte, Rückstände und Abfälle näher zu beschreiben. Dabei wird unterschieden zwischen holzartigen, halmgutartigen und sonstigen Biomassefraktionen.

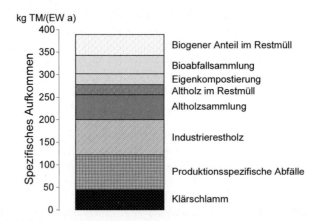

Abb. 4.2 Mittleres einwohnerspezifisches Aufkommen an organischen Rückständen, Nebenprodukten und Abfällen aus Haushalten, Gewerbe und Industrie in Deutschland (Bezugsjahr 2003; regional kann das Aufkommen aber erheblich von diesen Durchschnittswerten abweichen; nicht berücksichtigt sind das landwirtschaftliche Gülleaufkommen (ca. 2 m^3/(EW a)) und organisch belastete Abwässer (ca. 45 m^3/(EW a)), da hier eine Angabe in Trockenmasse nicht sinnvoll ist) (TM Trockenmasse; EW Einwohner)

4.1 Holzartige Biomasse

Holzartige Biomasse fällt in sehr vielen Bereichen der Volkswirtschaft im Verlauf des gesamten "Lebensweges" der stofflichen Nutzung des Werkstoffes Holz als Rückstand, Nebenprodukt oder Abfall an. Dieses Biomasseaufkommen ist für einen Einsatz als Energieträger in vielen Fällen sehr gut geeignet. Je nach Hauptnutzungsprozess und Anfallort wird zwischen Durchforstungs- und Waldrestholz (Kapitel 3.1), Landschaftspflegeholz, Industrierestholz und Gebraucht- bzw. Altholz unterschieden. Derartige holzartige Biomasse wird in erster Linie thermochemisch – und hier bisher im Regelfall als Brennstoff in Feuerungsanlagen zur Wärme- und/oder Stromerzeugung – genutzt.

Die wesentlichen derartigen Biomassefraktionen werden nachfolgend dargestellt und diskutiert. Dabei ist zu beachten, dass die als Nebenprodukt oder Rückstand direkt im Wald anfallenden Biomassefraktionen (d. h. Durchforstungs- und Waldrestholz) bei der Darstellung des Waldholzaufkommens diskutiert werden (Kapitel 3.1), da sie – wenn ein entsprechender Markt vorhanden ist – auch als ein Produkt der Forstwirtschaft verstanden werden können.

4.1.1 Landschaftspflegeholz

Unter dem Begriff Landschaftspflegeholz wird Holz verstanden, das bei Pflegearbeiten, Baumschnittaktivitäten in der Land- und Gartenbauwirtschaft (z. B. Obstplantagen, Weinberge) und/oder sonstigen landschaftspflegerischen oder gärtnerischen Maßnahmen anfällt; es ist i. Allg. als Energieträger zur thermo-chemischen Nutzung gut geeignet. Beim Landschaftspflegeholz handelt es sich um den holzartigen Teil des sogenannten Landschaftspflegematerials. Unter diesem Begriff werden neben dem Landschaftspflegeholz zusätzlich noch die bei der Landschaftspflege anfallenden halmgutartigen Biomassen (Kapitel 4.2.2) zusammengefasst.

Da ein derart definiertes Landschaftspflegeholz an sehr unterschiedlichen Orten anfallen kann (z. B. in Parks, auf Friedhöfen, an Straßen- und Feldrändern, an Schienen- und Wasserstraßen, unter Trassen von Leitungsverbindungen zum Energie- und Informationstransport, in Obstplantagen, in Weingärten, in Privat- bzw. Schrebergärten) sind eine Reihe weiterer Begriffe zur näheren Bezeichnung derartiger Biomassefraktionen gebräuchlich. Dabei handelt es sich um Begriffe wie Pflegeschnittholz, Straßenbegleitholz, landwirtschaftlicher Baumschnitt, Baumschnitt aus Parks und Anlagen, Wasserstraßenrandgehölze, Schwemmholz u. ä. Im Folgenden werden ausgewählte Sortimente des Landschaftspflegeholzes näher diskutiert.

Straßenbegleitholz. Landschaftspflegeholz aus der Straßenrandpflege kann – wenn es nicht, wie in vielen Fällen üblich, in gehäckselter oder gemulchter Form am Straßenrand verbleibt oder vor Ort kompostiert wird – auf Grüngutsammelplätzen zusammengetragen werden. Straßenbegleitholz weist häufig erhöhte Schwermetallgehalte auf; dies kann bei einer Kompostierung ggf. zu Problemen bei der Einhaltung einer bestimmten Kompostqualität führen. Bei ausreichenden lokalen Entsorgungskapazitäten erfolgt deshalb die Verwertung derzeit z. T. in

Müllverbrennungsanlagen. Eine gezielte energetische Nutzung beschränkt sich bisher auf Ausnahmefälle (z. B. wird das in einigen Straßenmeistereien Niederösterreichs anfallende Holz u. a. aus der Pflege von Alleebäumen zu Hackschnitzeln aufgearbeitet und zur Beheizung der Betriebshöfe genutzt /4-35/).

Die Beschneidung der Bäume und Sträucher erfolgt i. Allg. durch die zuständigen Autobahnmeistereien, Straßenmeistereien oder über eigens beauftragte Fremdunternehmer. Sie dient der Sicherung des öffentlichen Verkehrswesens (vor allem zur Freihaltung der Sichtflächen und des Lichtraumprofils in den Bereichen des Straßenrandes) sowie allgemeiner Pflegeaufgaben (u. a. Bestandssicherung der Vegetation, Landespflege, Nachbarschaftsrecht). Eine derartige Beschneidung erfolgt in Zeitabständen von drei bis zehn Jahren /4-40/. Der dabei anfallende Gehölzschnitt ist i. Allg. durch einen geringen Kernholzanteil (innerer Holzteil im stehenden Stamm) und Splintholzanteil (zwischen Kern und Rinde befindliches Holz) gekennzeichnet; stattdessen fallen viele dürre Äste an. Dadurch wird im Vergleich zu Waldgebieten eine geringere Holzmenge pro Fläche erwirtschaftet.

Dieser flächenspezifische Anfall von Straßenbegleitholz ist erheblichen Variationen unterworfen. Näherungsweise kann für das spezifische Aufkommen an Pflegeschnitt aus der Straßenrandpflege von zwischen 1 und 4 t/(km a) Frischmasse ausgegangen werden /4-47/, /4-10/. Der durchschnittliche Anfall ist dabei im Wesentlichen abhängig von der Bepflanzungsdichte und der Grünstreifenbreite bzw. vom Straßentyp (z. B. bei Gemeindestraßen rund 1 t/(km a), bei Bundes-, Landes- und Kreisstraßen ca. 1 bis 2 t/(km a), bei Bundesautobahnen etwa 3 bis 4 t/(km a), jeweils bezogen auf Frischmasse). Von dem anfallenden Material werden ca. 20 bis 70 % abgefahren und stehen damit potenziell für eine energetische Nutzung zur Verfügung /4-40/.

Gehölze in der freien Landschaft. Landschaftspflegeholz aus der freien Landschaft fällt in Feld- oder Windschutzhecken (z. B. "Knicks") sowie in Gebüschen und aus Gehölzaufwuchs auf Schutzgebieten (z. B. Wacholderheiden) an. Bei letzterem wird bei der Biotoppflege derzeit jedoch nur ein sehr kleiner Teil dieses Aufkommens z. B. durch Naturschutzbehörden, Naturschutzverbände oder Landwirte geschnitten. Das gilt allerdings weniger für Windschutzhecken (z. B. "Knicks"), die besonders in küstennahen Gebieten weit verbreitet sind. Damit die Flächennutzung mit z. T. großen Maschinen bis zum Acker- und Wiesenrand problemlos möglich ist, erfolgt in regelmäßigen Abständen ein Totalschnitt dieser Schutzhecken; gleichzeitig ist die Bergung der anfallenden Biomasse aufgrund der guten Zugänglichkeit für Ernte- und Transportfahrzeuge technisch relativ einfach.

Der weitaus größte Teil dieser in Gebüschen und Hecken anfallenden holzartigen Biomasse wird jedoch bisher kaum genutzt, obwohl eine regelmäßige, abschnittsweise Nutzung (z. B. alle 10 bis 20 Jahre auf den Stock setzen) zur Vermeidung von Überalterung und Nährstoffanreicherung sinnvoll wäre.

Das anfallende Holz wird meist entweder vor Ort verbrannt oder gehäckselt; bei letzterer Variante verbleibt es auf der Fläche. Bei einem u. U. notwendigen Abfahren wird das Material im Regelfall z. B. auf kommunalen Kompostplätzen kompostiert bzw. von Landwirten – wenn es sich vorwiegend um leicht verrottendes niederwüchsiges Busch- und Strauchmaterial handelt – im Rahmen einer sogenannten Flächenkompostierung auf Äckern ausgebracht. Dort trägt der Kompost zur Verbesserung der Struktur und des Humushaushalts des Bodens bei.

Belastbare Angaben zu dem jeweiligen Aufkommen liegen aufgrund der erheblichen Variationen u. a. infolge unterschiedlicher Bewuchsdichte, Altersstruktur, Klima- und Bodenbedingungen nicht vor. Nährstoffreiche, feuchte Gewässerränder zeigen i. Allg. einen hohen und trockene, magere Feldweg-Böschungen einen sehr geringen Holzanfall. Als grober Richtwert wird ein mittlerer Aufwuchs von rund 5 t/(ha a) Frischmasse angegeben /4-41/. Für das bei der Knickpflege anfallende Holz liegt der durchschnittliche Biomasseanfall alle 7 Jahre bei ca. 18 kg Frischmasse je Meter Hecke /4-6/.

Baumschnitt aus Parks, Anlagen und Friedhöfen. Auch in Parks, öffentlichen Anlagen und auf Friedhöfen fallen z. T. erhebliche Mengen an holzartiger Biomasse an. Dieses organische Material wird meist mit dem Ziel der stofflichen Nutzung kompostiert. Erhebliche Anteile des Holzes verbleiben dabei am Ende des Kompostierungsprozesses im sogenannten Siebrückstand. Dieser wird zumeist wieder in den Kompostierungsprozess zurückgeführt, um dort als Strukturverbesserer zu dienen. Falls dies nicht erforderlich ist, können Überschüsse nach einer Zerkleinerung auch als Mulch vertrieben werden. Eine Nutzung als Energieträger ist eher selten; der Einsatz in Müllverbrennungsanlagen und ggf. in Biomassekraftwerken ist jedoch denkbar. Teilweise wird dieses Material auch kostenfrei an Interessierte abgegeben, die es dann i. Allg. energetisch nutzen. Eine bewusste und gezielte energetische Nutzung derartiger Stoffe ist aber bisher kaum bekannt geworden.

Ähnlich wie beim Straßenbegleitholz kann die Zusammensetzung dieses meist geringen flächenspezifischen Holzaufkommens sehr heterogen sein, da – insbesondere in botanischen Gärten, städtischen Parkanlagen und in historischen Schlossgärten – eine Vielfalt unterschiedlichster Baumarten wachsen. Deshalb sind auch übertrag- und verallgemeinerbare Aussagen hinsichtlich der Zusammensetzung derartiger Biomassen nicht möglich. Allerdings ist tendenziell bei solchem Material, das nicht immer durch sehr viel versprechende energieträgerrelevante Eigenschaften gekennzeichnet ist, mit erhöhten Aschegehalten bei einer Verbrennung zu rechnen; insbesondere bei privatem Baum- und Strauchschnitt kommen Aschegehalte von bis zu 15 % bezogen auf die Trockenmasse vor /4-23/.

Infolge von Unterschieden bei der Bestandesdichte und der Altersstruktur der Baum- und Strauchbestände bzw. beim realisierten Pflegekonzept /4-47/ sind allgemeingültige Aussagen hinsichtlich des durchschnittlichen Biomasseaufkommens kaum sinnvoll möglich. Näherungsweise kann aber davon ausgegangen werden, dass im Durchschnitt in öffentlichen Grünanlagen zwischen 1,8 und 7,0 t/(ha a) an holzartiger Frischmasse anfällt /4-47/, /4-10/. Auch auf Friedhöfen fallen Holzmengen an, die in der Größenordnung von 4,5 und 13,0 t/(ha a) (Frischmasse) liegen können /4-47/. Die geringsten spezifischen Biomassemengen sind auf den oftmals fast baum- und strauchlosen dörflichen Friedhöfen gegeben, während die baumreichen städtischen Waldfriedhöfe meist durch einen deutlich größeren flächenspezifischen Mengenanfall gekennzeichnet sind.

Baumschnitt aus Obstplantagen, Streuobstwiesen und Rebflächen. Auch auf obst- und weinbaulich genutzten Flächen fällt – ähnlich wie auf baumbestandenen landwirtschaftlichen Nutzflächen – holzartige Biomasse an, die grundsätzlich energetisch nutzbar ist. Ähnlich wie bei den anderen Sortimenten, die unter dem

Begriff des Landschaftspflegeholzes zusammengefasst werden, kommen derartige Biomassen derzeit i. Allg. nicht als Energieträger zum Einsatz. Meist verbleibt – wie z. B. der bei der jährlichen Beschneidung von Rebflächen oder Obstplantagen anfallende Baumschnitt – diese Biomasse u. a. in gehäckselter Form auf der Anbaufläche. Dort dient sie als Mulch, welcher z. B. unerwünschten Unkrautaufwuchs vermindert.

Eine energetische Nutzung wird aber z. B. dann realisiert, wenn bei der Rodung einer älteren Obstplantage viel Holz anfällt, das relativ einfach als Brennholz aufgearbeitet werden kann und/oder eine Holzfeuerung auf dem entsprechenden Obstbaubetrieb vorhanden ist. Eine energetische Nutzung ist auch sinnvoll, wenn z. B. Pflanzenkrankheiten aufgetreten sind, da diese bei einem Verbleib vor Ort im Folgejahr eventuell wieder auftreten könnten.

Die Zusammensetzung dieses Holzaufkommens ist i. Allg. sehr heterogen; insbesondere weisen z. B. ältere Obstplantagen oder Streuobstwiesen oft eine vielfältige Baumartenzusammensetzung auf.

Obstplantagen. Bei modernen mitteleuropäischen Obstanlagen mit 5 000 bis 10 000 Bäumen pro Hektar ergeben sich Holzmengen von – je nach Obstertrag – 4 bis 12 t/(ha a) (Frischmasse). In älteren Anlagen mit ca. 580 Bäumen je Hektar ist das Holzaufkommen mit rund 4,2 t/(ha a) entsprechend geringer /4-52/. Einen großen Stellenwert hat der Obstanbau darüber hinaus in den süd- und südosteuropäischen Ländern (v. a. Zitrusfrüchte); die dabei anfallenden Schnittholzmengen liegen in der Größenordnung von 1 bis 3,5 t/(ha a) (Frischmasse), während z. B. bei den dort ebenfalls weit verbreiteten Olivenplantagen das Aufkommen mit 0,4 bis 1 t/(ha a) (Frischmasse) deutlich geringer ist /4-8/.

Weiteres Restholz fällt bei der Rodung der Obstbaumplantagen an; hier wurden Holzmengen zwischen 80 t/ha (Frischmasse) bei älteren Anlagen mit Rodung im Alter von ca. 30 Jahren und 60 t/ha (Frischmasse) bei modernen Anlagen mit Rodung nach 10 bis 15 Jahren ermittelt. Da bei Obstplantagen i. Allg. auch der Stubben und ein Teil der Wurzeln gerodet werden, ist das anfallende Holz – auch aufgrund der anhaftenden Erde – durch einen entsprechend hohen Aschegehalt gekennzeichnet.

Streuobstwiesen. Für Streuobstwiesen ist eine Abschätzung des anfallenden Holzes schwieriger als für Obstbaumplantagen, da i. Allg. kein regelmäßiger Schnitt und keine flächige Rodung durchgeführt werden. Näherungsweise dürfte sich der Holzanfall an dem älterer Obstanlagen orientieren /4-52/. Obwohl die Anzahl der Bäume in Streuobstwiesen mit ca. 300 Bäumen pro Hektar etwas unterhalb der von älteren Obstplantagen liegt, handelt es sich meist um hochstämmige Bäume mit einer stark wachsenden Unterlage. Deshalb kann hier näherungsweise von einem Frischmasseaufkommen an Holz von rund 2 bis 4 t/(ha a) ausgegangen werden. Dies setzt allerdings voraus, dass eine regelmäßige Pflege des Baumbestandes erfolgt, was in der Praxis nur eingeschränkt der Fall ist /4-60/.

Streuobstwiesen werden i. Allg. nicht auf einmal gerodet. Hier werden vielmehr in unregelmäßigen Abständen Bäume u. a. wegen zu hohem Alter, Krankheiten oder Sturmschäden gefällt. In grober Nährung kann im jährlichen Mittel für Rodungsholz mit einem Frischmasseanfall von rund 3 t/(ha a) ein mit älteren Obstanlagen vergleichbares Biomasseaufkommen unterstellt werden.

Rebflächen. Die beim jährlichen Schnitt in den Weinbergen anfallende Biomasse ist als Energieträger kaum einsetzbar, da eine Sammlung des Rebschnitts in den z. T. schwer zugänglichen Weinbergen sehr aufwändig ist. Der Rebschnitt verbleibt meist in gehäckselter Form als Bodenverbesserer und als Mulch in den Weinbergen.

Zusätzlich fällt auch bei der Rodung von Weingärten Restholz an. Eine Neuanpflanzung bzw. Rodung des Altbestandes wird i. Allg. etwa alle 30 Jahre realisiert; dabei fallen ca. 100 t pro Hektar bzw. im Mittel 3 t(ha a) an frischem Holz an. Dieses Holz muss von der Fläche abgeräumt werden. Es wird heute i. Allg. ebenfalls gehäckselt und meist als Mulchmaterial eingesetzt; kleinere Anteile werden aber auch als Brennholz verwendet oder ggf. stofflich genutzt. Sofern kein Bedarf für eine stoffliche Verwertung besteht könnte dieses bei der Rodung anfallende Holz auch vollständig energetisch genutzt werden.

Schwemmholz. Holz, das an Flussauen, Wasserstraßen, Kanälen o. ä. wächst, fällt nicht nur bei dem direkten Pflegeschnitt im Rahmen von geplanten Pflegemaßnahmen an. Es kann auch durch natürliche Einträge in die Fließgewässer gelangen (z. B. durch Hochwasser, Sturmeinwirkung, Astabwurf von überalterten Uferbaumbeständen). Dieses sogenannte Schwemmholz wird in den Rechenanlagen wasserbaulicher Einrichtung abgeschieden (z. B. Wasserkraftwerke, Schleusen) und muss einer Verwertung bzw. Entsorgung zugeführt werden. Derartiges Material, welches im Regelfall aus naturbelassenem Landschaftsbewuchs stammt, ist allerdings in seiner Zusammensetzung oft besser mit Altholz vergleichbar (Kapitel 4.1.3), da zusammen mit diesem Schwemmholz – je nach Gewässernutzung – eine Vielzahl von Fremdstoffen (z. B. Verpackungsmüll) an der Rechenanlage mit abgeschieden werden. Aufgrund des deshalb erhöhten Grades an Kontaminationen ist eine stoffliche Nutzung nicht erwünscht und daher ein Einsatz als Energieträger nahe liegend. Dies ist auch bereits vielfach Stand der Praxis, zumal der Anfallort der Biomasse oftmals im Zuständigkeitsbereich von Energieversorgungsunternehmen (z. B. als Betreiber von Wasserkraftanlagen oder Kühlwasserkanälen) liegt /4-22/. In einigen Fällen wird hier auch – um die energetischen Nutzungsmöglichkeiten des Schwemmholzes zu verbessern – eine Sortierung mit Fremdstoffabtrennung durchgeführt.

4.1.2 Industrierestholz

In der holzbe- und -verarbeitenden Industrie fallen aus heimischem oder importiertem Holz neben dem eigentlich gewünschten (Haupt-)Produkt (z. B. Möbel) bzw. den für eine stoffliche Nutzung bestimmten Nebenprodukten (z. B. Spanplatten) meist weitere Nebenprodukte, Rückstände und/oder Abfälle an, die für eine energetische Nutzung zur Verfügung stehen können. Abb. 4.3 zeigt deshalb exemplarisch ausgewählte wesentliche Bearbeitungsstufen von Holz sowie typische Nutzungsmöglichkeiten im Verlauf des gesamten Lebensweges. Bei vielen der darin aufgezeigten Teilprozesse und Bearbeitungsstufen fallen energetisch nutzbare Rückstände, Nebenprodukte und/oder Abfälle an. Dabei ist aber zu beachten, dass für viele dieser Stoffströme aber eine stoffliche Nutzung oft zunächst mit einer – im Vergleich zu einem Einsatz als Energieträger – größeren Wertschöp-

142 4 Nebenprodukte, Rückstände und Abfälle

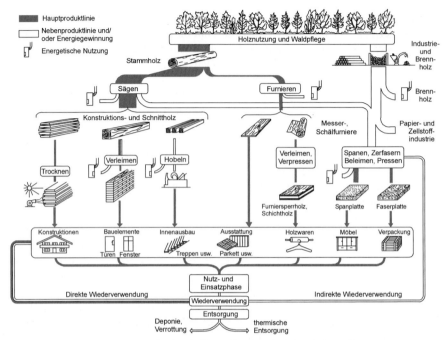

Abb. 4.3 Materialfluss von Holz durch die Volkswirtschaft (nach /4-14/)

fung verbunden ist. Daher werden für die energetische Holznutzung häufig entweder zunächst nur die geringerwertigen Zwischen- und Nebenprodukte sowie Rückstände und Abfälle oder die am Ende der Nutzungskaskade anfallenden Stoffe eingesetzt.

Bei diesem bei der industriellen Weiterverarbeitung anfallenden Holzaufkommen handelt es sich meist um Holz in Form von Hackschnitzeln, Abschnitten, Schwarten, Spreißeln, Rindenstücken (nur bei Werksentrindung), Spänen, Stäuben usw. Zusammengenommen wird dieses Biomasseaufkommen als Industrierestholz bezeichnet. Nachfolgend werden einzelne Fraktionen näher erläutert.

- Schwarten entstehen beispielsweise beim Einschneiden von Rundholz. Abschnitte sind die Holzteile, die z. B. beim Ablängen bestimmter Holzteile "übrig" bleiben. Spreißel fallen u. a. ebenfalls beim Rohholzeinschnitt sowie bei der Formgebung von Sperrholz-, Faser- und Spanplatten an. Derartige Sortimente werden z. T. für die stoffliche Verwertung aufgearbeitet und verkauft bzw. in der holzbe- und -verarbeitenden Industrie selbst verwertet. Hackschnitzel, die aus derartigen Nebenprodukten hergestellt werden können, stellen – insbesondere wenn sie mit einem geringen Wassergehalt vorliegen – einen Rohstoff für die Zellstoff-, Span- und Faserplatten- sowie Papierindustrie dar; sie stehen deshalb nur dann für eine energetische Nutzung zur Verfügung, wenn aus technisch-ökonomischen Gründen keine stoffliche Verwertung möglich ist.
- Späne, Schleifstäube und sonstige Sägenebenprodukte, die bei der mechanischen Bearbeitung des Werkstoffs Holz anfallen, sind ebenfalls für eine stoffliche Nutzung geeignet (z. B. Spanplatten). Gleichzeitig stellen Sägespäne den

wesentlichen Rohstoff für die Holzpellet-Produktion dar. Eine direkte thermochemische Verwertung kommt nur dann in Frage, wenn dies für den jeweiligen Verarbeitungsbetrieb die (kosten-)günstigste Verwertungsalternative bzw. die Alternative mit der größten Wertschöpfung darstellt.
- Rinde ist aufgrund des meist hohen Wassergehaltes und möglicher Verunreinigungen (z. B. Erde) im Gegensatz zu den anderen Industrierestholzsortimenten für eine industrielle stoffliche Nutzung nur sehr eingeschränkt geeignet. Sie wird deshalb zu einem gewissen Anteil zu Rindenkompost verarbeitet, der dann im Garten- und Landschaftsbau als Mulchmaterial bzw. Bodenverbesserer eingesetzt wird. Die anfallende Rinde kann aber auch in entsprechenden Feuerungen thermisch verwertet werden; dies wird insbesondere dann realisiert, wenn die (lokalen) Märkte für Rindenkompost erschöpft sind und/oder aufgrund der betrieblichen Randbedingungen (z. B. hohe Wärmenachfrage zur Holztrocknung) eine energetische Nutzung zu bevorzugen ist.

Diese Industrierestholzsortimente können am gesamten verarbeiteten Stammholz einen Anteil von bis zu 50 % und mehr einnehmen. Beispielsweise beträgt die durchschnittliche Ausbeute der Sägewerke (d. h. zur Herstellung von Halbfertigprodukten bzw. Nutzholz aus Stammholz) rund 65 bis 70 %; der verbleibende Rest ist Industrierestholz, das jedoch z. T. in die stoffliche Nutzung (z. B. Spanplattenindustrie) geht. In Deutschland fallen pro Jahr etwa 8 bis 10 Mio. t Industrierestholz an (entspricht ca. 100 bis 120 kg/(EW a)); davon könnte etwa ein Drittel energetisch genutzt werden /4-24/.

Für die meisten Industrieholzsortimente gilt, dass aus ökonomischen Gründen derzeit eine stoffliche Nutzung wegen der meist höheren Erlöse bzw. wegen der höheren Wertschöpfung bevorzugt wird, so dass nur ein Teil des anfallenden Industrierestholzes für eine energetische Nutzung zur Verfügung steht. Trotzdem wird ein von den Bedingungen vor Ort abhängiger Teil dieses Biomasseaufkommens auch heute schon als Energieträger genutzt; dies wird z. B. in der holzbe- und -verarbeitenden Industrie selbst realisiert, da hier im Regelfall zum Betrieb der Trockenkammern eine entsprechende Prozesswärmenachfrage gegeben ist. Der jeweils energetisch genutzte Anteil des Industrierestholzes wird dabei vor allem durch die jeweilige Marktlage für Holzrohstoffe, Energieträger (einschließlich der fossilen Konkurrenzenergien) und ggf. für die entsprechenden Entsorgungsaufwendungen bestimmt.

4.1.3 Altholz

Altholz fällt in unserer Volkswirtschaft dort an, wo Holz aus dem Nutzungsprozess ausscheidet. Die Definition von Altholz und insbesondere die Abgrenzung zu Industrierestholz ist dabei nicht immer einfach. So wird beispielsweise in Deutschland unterschieden zwischen Gebrauchtholz und Industrieholz. Gebrauchthölzer waren als Endprodukt bereits im Einsatz und stehen am Ende ihrer technischen Lebensdauer zur Entsorgung an. Lässt sich diesen Fraktionen relativ klar eine Abfalleigenschaft zuschreiben, so gestaltet sich das bei Industriehölzern deutlich schwieriger. Das gleiche Produkt kann je nach der beabsichtigten weiteren Verwendung Industrierestholz oder Altholz sein. Beispielsweise sind die in den Sägewerken anfallenden und an die Holzwerkstoffindustrie vermarkteten

4 Nebenprodukte, Rückstände und Abfälle

Tabelle 4.1 Durchschnittliche Schadstoffbeladung von Altholzsortimenten im Vergleich zu naturbelassenem Holz (die beiden Beispiele bei dem Altholz aus Haushalten sollen eine mögliche Bandbreite aufzeigen, innerhalb der die Inhaltsstoffe variieren können) /4-36/

	Altholz aus Haushalten		Baustellenrestholz		Naturbelassenes Holz	
	Beispiel 1	Beispiel 2	Massivholz	Schaltafeln	Waldholz	Späne
			in mg/kg			
Stickstoff (N)	7 900		11 000	16 000		1 500
Schwefel (S)	2 000		200	100		60
Chlor (Cl)	890	1 370	< 100	< 100	72,0	50
Fluor (F)	21	110	< 10	< 10	< 20,0	
Arsen (As)	5	1	1	1	< 0,1	0,1
Cadmium (Cd)	3	3			< 0,1	0,1
Chrom (Cr)	30	50	6	7	0,7	2,4
Blei (Pb)	410	1 030	4	20	4,2	0,4
Kupfer (Cu)	25	1 430	2	3	2,8	1,2
Zink (Zn)	670	1 540	20	20	120,0	11,0

Sägespäne kein Altholz. Dagegen handelt es sich bei den Sägespänen einer Tischlerei ohne Verwendung jedoch um Altholz und damit Abfall im Sinne des Abfallrechtes. Damit wird die Höhe des Altholzaufkommens auch von den Vermarktungsmöglichkeiten der Industrieresthölzer bestimmt /4-44/.

Aufgrund der sehr unterschiedlichen Nutzungsgeschichte kann Altholz zudem vielfältig mit Fremdstoffen belastet sein. Tabelle 4.1 zeigt exemplarisch die Schadstoffgehalte ausgewählter Altholzsortimente im Vergleich zu naturbelassenem Holz. Da eine derartige Belastung eine weitergehende stoffliche bzw. energetische Nutzung erschwert, wird heute meist versucht, durch eine Getrennthaltung der Abfallströme am Anfallort den Anteil an Schadstoffen in derartigen Holzsortimenten zu senken. Weitere Möglichkeiten zur Qualitätssteigerung umfassen ein nachträgliches Sortieren sowie einfache und kostengünstige Aufbereitungsverfahren; beispielsweise kann durch das Abscheiden (z. B. durch Windsichtung) der meist hoch belasteten Beschichtungsmaterialien aus dem gehackten Altholz der Schadstoffanteil insgesamt deutlich gesenkt werden.

Althölzer werden in der Regel von Altholzrecyclingunternehmen gegen Entgelt gesammelt und entsprechend den gesetzlichen Vorgaben entsorgt. In Deutschland ist seit Inkrafttreten der Ablagerungsverordnung zum 1. Juni 2005 die Deponierung von unbehandelten Abfällen aus Haushalten und Gewerbe verboten. Das hat zur Folge, dass auch Holz in Mischabfällen nicht mehr deponiert werden kann.

Der mengenmäßige Anfall von Altholz schwankt lokal innerhalb erheblicher Bandbreiten, er ist abhängig von der Einwohnerdichte und deren jeweiligem Wohlstand, der Industriedichte und einer Vielzahl weiterer Kenngrößen. Im groben Durchschnitt fallen jedoch beispielsweise in Deutschland im Mittel jährlich insgesamt rund 95 kg Altholz (Feuchtmasse) pro Einwohner an; davon liegen etwa 65 kg getrennt vor (Tabelle 4.2) /4-44/. Im europäischen Durchschnitt liegt das getrennt erfasste Altholzaufkommen in einer ähnlichen Größenordnung /4-29/. Der durchschnittliche Wassergehalt von Altholz liegt bei 10 bis 30 %.

Die gesetzlichen Anforderungen an die Verwertung und Beseitigung von Altholz ist in der Altholzverordnung durch eine rechtsverbindliche Klassifizierung in Altholzkategorien sowie eine Regelfallzuordnung der gängigen Altholzsortimente

Tabelle 4.2 Altholzaufkommen in den verschiedenen Anfallbereichen für Deutschland 2003 /4-44/

	Altholzanfall insgesamt		davon separat vorliegend	
	in kt/a	in %	in kt/a	in %
Siedlungsabfälle	974	12,3	385	7,1
Verpackungsabfälle	891	11,2	229	4,2
Bauabfälle	3 623	45,7	2.348	43,5
Abfälle der Holzindustrie	2 441	30,8	2.441	45,2
Summe	*7 929*	*100,0*	*5.403*	*100,0*

zu den Abfallschlüsseln und den Altholzklassen (Tabelle 4.3) geregelt /4-55/. Dabei werden auf der Basis der Schadstoffbelastung vier Altholzkategorien (AI, AII, AIII, AIV) sowie PCB-Holz unterschieden.
– Altholzkategorie A I. Darunter wird naturbelassenes oder lediglich mechanisch bearbeitetes Altholz, das bei seiner Verarbeitung nicht mehr als unerheblich mit holzfremden Stoffen verunreinigt wurde, verstanden.
– Altholzkategorie A II. Unter dieser Gruppe wird verleimtes, bestrichenes, beschichtetes, lackiertes oder anderweitig behandeltes Altholz ohne halogenorganische Verbindungen in der Beschichtung und ohne Holzschutzmittel zusammengefasst.
– Altholzkategorie A III. Dies umfasst Altholz mit halogenorganischen Verbindungen in der Beschichtung, aber ohne Holzschutzmittel.
– Altholzkategorie A IV. Bei dieser Kategorie handelt es sich um mit Holzschutzmitteln behandeltes Altholz (z. B. Bahnschwellen, Leitungsmasten, Hopfenstangen, Rebpfähle) sowie sonstiges Altholz, das aufgrund seiner Schadstoffbelastung nicht den Altholzkategorien A I bis A III zugeordnet werden kann. Ausgenommen aus dieser Gruppe ist mit PCB behandeltes Altholz.
– PCB-Altholz. Diese Gruppe beinhaltet Altholz, das polychlorierte Biphenyle (PCB) enthält und nach den Vorschriften der PCB/PCT-Abfallverordnung zu entsorgen ist.

Anders als in früheren Vorschriften wurden für die einzelnen Altholzklassen keine Schadstoffgrenzwerte mehr festgelegt. Auch wenn eine eindeutige Zuordnung der Abfallströme nicht möglich ist, lassen sich die Anteile der unterschiedlichen Altholzklassen in den wesentlichen Sortimenten dennoch grob abschätzen. Bezogen auf die Gesamtmenge an separat vorliegenden Althölzern sind die Altholzklassen A I und A II mit einem Anteil von 36 bzw. 40 % deutlich überwiegend. Demgegenüber umfassen die Anteile von A III/IV-Hölzern mit 6 bzw. 13 % nur knapp ein Fünftel der Stoffströme (Tabelle 4.4) /4-37/. In der Praxis ist der Anteil der A III und A IV-Hölzer aber ggf. höher, da bei den häufig vorkommenden gemischt vorliegenden Hölzern nach der Altholzverordnung eine Zuordnung zur höheren Kategorie zu erfolgen hat.

Tabelle 4.3 Zuordnung gängiger Holzabfallsortimente im Regelfall (PCB-A. PCB-Altholz) /4-55/

Gängige Holzabfallsortimente	Zuordnung im Regelfall
Holzabfälle aus der Holzbe- und -verarbeitung	
– Verschnitt, Abschnitte, Späne von naturbelassenem Holz	A I
– Verschnitt, Abschnitte, Späne von Holzwerkstoffen und sonstigem behandeltem Holz (ohne schädliche Verunreinigungen)	A II
Verpackungen	
– Paletten	
• Paletten aus Vollholz, wie z. B. Europaletten, Vollholz-Industriepaletten	A I
• Paletten aus Holzwerkstoffen	A II
• Sonstige Paletten, mit Verbundmaterialen	A III
– Transportkisten, Verschläge aus Vollholz	A I
– Transportkisten aus Holzwerkstoffen	A II
– Obst-, Gemüse-, Zierpflanzenkisten u. ä. aus Vollholz	A I
– Munitionskisten	A IV
– Kabeltrommeln aus Vollholz (Herstellung vor 1989)	A IV
– Kabeltrommeln aus Vollholz (Herstellung nach 1989)	A I
Holzabfälle aus dem Baubereich	
– Baustellensortimente	
• Naturbelassenes Vollholz	A I
• Holzwerkstoffe, Schalhölzer, behandeltes Vollholz (ohne schädliche Verunreinigungen)	A II
– Altholz aus dem Abbruch und Rückbau	
• Dielen, Fehlböden, Bretterschalungen aus Innenausbau	A II
• Türblätter und Zargen von Innentüren	A II
• Profilblätter für die Raumausstattung, Deckenpaneele, Zierbalken usw.	A II
• Dämm- und Schalschutzplatten, die mit PCB-haltigen Mittel beh. wurden	PCB-A.
• Bauspanplatten	A II
• Konstruktionshölzer für tragende Teile	A IV
• Holzfachwerk und Dachsparren	A IV
• Fenster, Fensterstöcke, Außentüren	A IV
• Imprägnierte Bauhölzer aus dem Außenbereich	A IV
– Bau- und Abbruchholz mit schädl. Verunreinigungen (Mischsortiment)	A IV
Imprägnierte Altholz aus dem Außenbereich	
– Bahnschwellen	A IV
– Leitungsmasten	A IV
– Sortimente aus dem Garten- /Landschaftsbau, imprägnierte Gartenmöbel	A IV
– Sortimente aus der Landwirtschaft	A IV
Möbel	
– Möbel, naturbelassenes Vollholz	A I
– Möbel, ohne halogenorganische Verbindungen in der Beschichtung	A II
– Möbel, mit halogenorganischen Verbindungen in der Beschichtung	A III
Altholz aus dem Sperrmüll (Mischsortiment)	A III
Altholz aus industrieller Anwendung (z.B. Industriefußböden, Kühltürme)	A IV
Altholz aus dem Wasserbau	A IV
Altholz aus abgewrackten Schiffen und Waggons	A IV
Altholz aus Schadensfällen (z. B. Brandholz)	A IV
Feinfraktion aus der Aufarbeitung von Altholz zu Holzwerkstoffen	A IV

Tabelle 4.4 Aufkommen an separat vorliegendem Altholz (Feuchtmasse) in den verschiedenen Anfallsbereichen und grobe Abschätzung der Anteile der einzelnen Altholzkategorien exemplarisch für Deutschland /4-37/

	Aufkommen in kt/a	Altholzklassen		Anteile in %			
		möglich	vorwiegend	A I	A II	A III	A IV
Siedlungsabfälle	385	A I, A III	A III	20		80	
Verpackungsabfälle	229	A I, A II, A III	A I	70	20	10	
Bauabfälle	2 348	A II, A IV	A II		70		30
Abfälle der Holzindustrie	2 441	A I, A II	A I (A II)	70	30		
Summe	*5 403*						

In der Praxis wurde aber auch deutlich, dass das Erkennen und Aussortieren von mit Holzschutzmitteln behandelten Hölzern aus Mischsortimenten unterschiedlicher Herkunft und unbekannter Zusammensetzung mit hinreichender Sicherheit und mit einem praktikablen Aufwand nicht vollständig möglich ist. Deshalb wird i. Allg. angenommen, dass sich ein geringer Anteil derartiger Hölzer (d. h. der Gruppe A III/IV) auch in den Sortimenten der Gruppe A II befinden kann. Anhaltspunkte für die richtige Zuordnung sind Aussehen und Geruch der Hölzer sowie deren Herkunft und Sortimentszugehörigkeit. Beispielsweise weist eine grünliche, rote, orange oder dunkelbraune Färbung auf eine Holzschutzmittelbehandlung hin. Teerölimprägnierte Hölzer besitzen einen typischen "teerigen" Geruch.

Altholz wird bereits in erheblichem Umfang stofflich und energetisch genutzt. Deshalb werden nachfolgend diese beiden Pfade kurz beschrieben.

Stoffliche Nutzung. Die stoffliche Verwertung von Altholz erfolgt schwerpunktmäßig in der Holzwerkstoffindustrie. Nach der Altholzverordnung ist der Einsatz von A I-Hölzern uneingeschränkt möglich. Aber auch der Einsatz von A II/III-Hölzern ist möglich; dies gilt aber nur dann, wenn Lackierungen und Beschichtungen durch eine Vorbehandlung, z. B. im Rahmen eines vorgeschalteten Prozesses, weitgehend entfernt wurden. Aufgrund der Kostenrelation ist die Aufbereitung und Verwendung von A I/II-Hölzern weit verbreitet. Demgegenüber existiert aber zur Aufbereitung von A III-Hölzern mit dem Ziel, sie für eine stoffliche Nutzung verfügbar zu machen, bisher nur eine Anlage in Deutschland /4-37/. A IV-Hölzer werden dagegen nicht stofflich genutzt.

Stofflich werden belastete Althölzer in Deutschland vorwiegend in der Spanplattenindustrie und in geringerem Maße für die MDF-Herstellung verwendet. Insgesamt variieren die veröffentlichten Zahlen zum Altholzeinsatz für stoffliche Zwecke aber deutlich. Die Spannweite liegt bei 1,7 bis 3,0 Mio. t/a /4-34/. Verwendung findet Altholz in einem geringeren Maße auch in bestimmten Nischenmärkten (z. B. in Reitsporthallen).

Energetische Nutzung. Die energetische Verwertung von Altholz erfolgt vor allem in Feuerungsanlagen zur Stromerzeugung und/oder zur Wärmebereitstellung. Auch hier gibt es z. T. sehr weitgehende gesetzliche Vorgaben. Tabelle 4.5 zeigt exemplarisch für Deutschland die genehmigungsrechtlichen Möglichkeiten

Tabelle 4.5 Einsatzmöglichkeiten einzelner Altholzkategorien in unterschiedlichen Feuerungsanlagengrößen (nach /4-55/)

Altholzkategorie	Anlagengröße (thermische Leistung)		
	< 50 kW	≥ 50 kW und < 1 MW	≥ 1 MW
A I	zulässig[a]	zulässig	zulässig
A II	nicht zulässig	nur in Betrieben der Holzbe- und -verarbeitung zulässig	zulässig
A III	nicht zulässig	nicht zulässig	zulässig
A IV	nicht zulässig	nicht zulässig	zulässig

[a] < 15 kW muss der Brennstoff stückig oder als Pellet bzw. Brikett aufbereitet sein

des Einsatzes der verschiedenen Altholzklassen in unterschiedlichen Feuerungsanlagengrößen. Demnach darf entsprechend den gesetzlichen Vorgaben A I-Holz in sämtlichen Kesseln genutzt werden. Im Unterschied dazu ist der Einsatz von Altholz der Kategorien A II bis A IV nur in Anlagen ab 1 MW Feuerungswärmeleistung erlaubt. A II-Hölzer dürfen darüber hinaus auch in kleineren Anlagen der Holz verarbeitenden Industrie verwertet werden, während für den Einsatz von A III/IV-Holz umfangreiche Abgasreinigungstechnologien gemäß der 17.BImschV (Bundes-Immissionsschutzverordnung) vorzusehen sind (aufgrund des hohen technischen Aufwandes, der dadurch von den Anlagen einzuhalten ist, können derartige Feuerungen i. Allg. erst in einem Leistungsbereich von deutlich über 10 MW Feuerungswärmeleistung sinnvoll betrieben werden).

Zur energetischen Nutzung zählt auch die Zufeuerung als Sekundärbrennstoff in mit anderen Brennstoffen (z. B. fossile Energieträger) betriebenen Feuerungsanlagen. Dieser erfolgt schwerpunktmäßig in der Zementindustrie für das Brennen des Zementklinkers. Beispielsweise kamen in Deutschland hier 2005 etwa 74 kt/a Altholz zum Einsatz.

Die bestehenden Verwertungsmöglichkeiten werden z. B. in Deutschland für das getrennt erfasste Altholz seit einigen Jahren sehr weitgehend genutzt. Die Verwertung erfolgt zu etwa zwei Dritteln energetisch und zu einem Drittel stofflich. Weitere Nutzungsmöglichkeiten können durch eine verbesserte Getrenntsammlung des Altholzes erschlossen werden; diese wird gegenwärtig u. a. durch das Ablagerungsverbot von Altholz infolge der Abfallablagerungsverordnung weiter ausgebaut /4-37/. Europaweit wurden die Altholzströme in 2006 zu rund 38 % stofflich, zu ca. 34 % energetisch und zu etwa 28 % anderweitig verwertet (kompostiert oder gemulcht) oder deponiert /4-29/.

4.2 Halmgutartige Biomasse

Halmgutartige Biomasse, die für eine energetische Nutzung verfügbar ist, fällt im Wesentlichen in der Landwirtschaft und bei der Landschaftspflege an. Die jeweiligen Biomassefraktionen, die darunter zu subsumieren sind, werden im Folgenden kurz dargestellt. Weitere Halmgüter, die in anderen Bereichen anfallen, werden aufgrund ihrer geringen Bedeutung hier nicht diskutiert.

Der Begriff der halmgutartigen Biomasse ist nicht – wie z. B. bei den Hölzern – eindeutig und klar definiert. In der umgangssprachlichen Bedeutung, wie sie oft auch im angelsächsischen Sprachraum verwendet wird, werden unter Halmgütern sämtliche feste Biomassefraktionen zusammengefasst, die nicht zu den Hölzern zu zählen sind (d. h. beispielsweise auch Olivenkerne, Nussschalen, Hülsen von Gemüse). Andere Begriffsverwendungen gehen von einer wesentlich engeren Definition aus und beschränken die unter halmgutartigen Biomassen zu subsumierenden Fraktionen auf ausschließlich solche mit eindeutig Halmgut-artigen Charakter (z. B. Stroh, Gräser). Im europäischen Brennstoff-Klassifizierungsschema gemäß Vornorm CEN/TS 14961 /4-9/ ist Halmgut mit der Hauptgruppe der "Halmgut und krautartige Brennstoffe" (Gruppe 2) vergleichbar, hier werden außerdem die Hauptgruppen "Holzartige Brennstoffe" (Gruppe 1), "Biomasse von Früchten" (Gruppe 3) und "Definierte und undefinierte Mischungen" (Gruppe 4) unterschieden (Kapitel 9.1).

Im Folgenden wird hier unter halmgutartiger Biomasse nur das aus ein- und mehrjährigen Nicht-Holz-Pflanzen resultierende organische Aufkommen diskutiert. Somit werden Halmgutbrennstoffe – im Gegensatz zum Holz, welches aus mehrjährig gewachsenen Pflanzenkomponenten besteht – aus dem saisonalen, maximal einjährigen Aufwuchs oder aus Rückständen und Nebenprodukten bestimmter annueller oder perennierender Feld- und Wiesenkulturen gewonnen. Hierzu zählen Stroh und weitere Erntereste aus der Landwirtschaft sowie Halmgüter aus der Landschaftspflege. Halmgutartige Biomassen können als Energieträger sowohl thermo-chemisch als auch bio-chemisch genutzt werden.

Alle anderen Biomassefraktionen, die gemäß dieser Abgrenzung nicht zum Halmgut oder Holz zählen, werden hier unter "sonstiger Biomasse" zusammengefasst und in Kapitel 4.3 diskutiert.

4.2.1 Stroh

Als Stroh wird gemeinhin der bei der landwirtschaftlichen Produktion von mähdruschtauglichen Körner liefernden Kulturen wie Getreide, Ölsaaten, Körnerleguminosen und Körnermais anfallende Ernterückstand bezeichnet.

Grundsätzlich kann das gesamte als Kuppelprodukt anfallende Stroh als Energieträger eingesetzt werden. In der betrieblichen Praxis wird jedoch insbesondere das bei der Ölsaaten-, Leguminosen- und Maisproduktion anfallende Stroh im Regelfall in die Ackerkrume eingearbeitet; dies trägt zur Schließung der Stoffkreisläufe bei und hat Vorteile für die Erhaltung des Humusgehalts im Boden. Alternativ zur Strohrückführung auf die Anbaufläche bzw. zum Strohverbleib auf der Fläche kann jedoch durch einen Anbau von Zwischenfrüchten ggf. der Abtransport der Strohmasse (und damit der zur Erhaltung des Humusgehalts notwendigen organischen Masse) ausgeglichen werden; dies gilt insbesondere dann, wenn keine Einstreunutzung mit anschließender Mistausbringung vorgesehen ist. Auf trockenen Standorten ist ein solcher Zwischenfruchtanbau aber oft kaum möglich. Hier bereitet teilweise sogar die Stroheinarbeitung selbst Probleme, da die Strohrotte verzögert abläuft und dadurch die mechanische Bodenbearbeitung und die nachfolgenden Bestellarbeiten behindert werden können.

4 Nebenprodukte, Rückstände und Abfälle

Eine (teilweise) Bergung von Stroh mit dem Ziel einer Nutzung findet momentan in der Regel nur beim Getreidestroh statt, das – verglichen mit den anderen genannten Sortimenten – mengenmäßig mit Abstand die größte Bedeutung in Europa hat. Hier sind auch die jeweils eingesetzten Verfahren für Ernte bzw. Bergung am besten erprobt. Außerdem kann das Stroh aufgrund der geringen Wassergehalte (in der Regel unter 20 %) meist ohne weitere Maßnahmen problemlos eingelagert werden.

Nachfolgend werden die wesentlichen Strohfraktionen, die in Mitteleuropa anfallen, kurz dargestellt. Grundsätzlich können diese Biomassefraktionen als Energieträger thermo-chemisch (d. h. als Festbrennstoff beispielsweise in Feuerungsanlagen) und bio-chemisch (d. h. als Substrat für Biogasanlagen) genutzt werden; i. Allg. wird der erstere Nutzungspfad bevorzugt, da er im Normalfall u. a. eine höhere Energieausbeute verspricht.

Getreidestroh. Getreide macht den größten Teil der Stroh liefernden Kulturarten aus. Beispielsweise wird es in Deutschland im Durchschnitt auf rund 6,6 Mio. ha angebaut; das sind 57 % der Ackerfläche. In den meisten anderen europäischen Ländern hat der Getreideanbau noch einen deutlich höheren Stellenwert, so dass auf etwa 70 % der Ackerflächen der EU-25 Getreide produziert wird /4-20/.

In der Regel verbleibt der größte Anteil des anfallenden Strohs direkt auf dem Feld. Dies ist i. Allg. aus Sicht der Erhaltung der Bodenfruchtbarkeit auch sinnvoll. Dieser Nutzen ist aber abhängig von den jeweiligen Boden- und Klimabedingungen. Je humus- und strukturärmer der Boden ist, desto vorteilhafter wirkt sich die Stroheinarbeitung aus. Zusätzlich wird ein Teil des anfallenden Getreidestrohs in der tierischen Produktion als Einstreu und/oder Futter benötigt. Nach dieser stofflichen Nutzung wird es teilweise in Form von Mist (d. h. ohne eine anaerobe Vergärung) oder in Form vergorener Biogassubstrate – ebenfalls unter Schließung der Nährstoffkreisläufe – wieder auf die Anbaufläche ausgebracht.

Für die sonstige und damit z. B. eine energetische Nutzung (d. h. als "freie" Mengen) verbleiben – wenn, wie in der Praxis derzeit im Regelfall üblich, keine speziellen Maßnahmen zur Nährstoffanreicherung (z. B. Zwischenfruchtanbau) getroffen werden – im Mittel der betrieblichen Praxis und im langjährigen Durchschnitt deutlich weniger als die Hälfte des insgesamt anfallenden und technisch nutzbaren Strohs /4-53/. Nur dieser Anteil am gesamten Strohanfall kann i. Allg. auf den entsprechenden landwirtschaftlichen Betrieben aus den betrieblichen Stoffkreisläufen ausgeschleust werden, ohne dass signifikante Probleme (u. a. Rückgang der Bodenfruchtbarkeit, Verminderung des Humusgehaltes) erwartet werden können.

Diese Größenordnung ist jedoch direkt und unmittelbar nur eingeschränkt auf den konkreten Einzelfall übertragbar und stellt eher eine realistische Obergrenze des insgesamt vorhandenen und als Energieträger grundsätzlich einsetzbaren Strohs dar. Das letztlich unter Beachtung der jeweiligen technischen, ökonomischen, ökologischen und sozialen Rand- und Rahmenbedingungen vor Ort voraussichtlich erschließbare Strohaufkommen ist dabei u. a. von folgenden Faktoren abhängig /4-53/.

- Konkurrierende Nutzung. Stroh ist ein wichtiger Rohstoff in der Freizeittierhaltung (z. B. Pferdepensionen, Kleintierzüchter) u. a. als Einstreu und ggf. als Futterzuschlagsstoff. In Regionen mit einem hohen Bestand an nicht zur Nahrungsmittelproduktion gehaltenen Tieren (z. B. Kölner Bucht, Teile der Niederlande) ist deshalb eine entsprechend große Strohnachfrage für derartige Nutzungen gegeben. Sinngemäß gilt dies auch für die Strohnachfrage von Gartenbaubetrieben und Kleingartenkolonien, in denen dieses organische Material u. a. als Bodenverbesserer und Unterlegmaterial eingesetzt wird. Aufgrund dieser und weiterer Nachfrager können – regionalspezifisch – die potenziell energetisch nutzbaren Strohmengen bereits heute nahezu vollständig genutzt werden; beispielsweise importieren die Niederlande aus den genannten Gründen Stroh aus den umliegenden Ländern.

- Wachstumsbedingungen. Die klimatischen und geografischen bzw. standörtlichen Bedingungen vor Ort bestimmen den verfügbaren Strohanfall entscheidend. Deshalb variiert aufgrund unterschiedlicher Temperatur-, Boden- und Niederschlagsverhältnisse das in verschiedenen europäischen Ländern zu erwartende Strohaufkommen sehr stark; es umfasst beispielsweise eine Bandbreite von 2 bis 3,5 t Frischmasse/(ha a) in Griechenland, Portugal, Spanien und Finnland und bis zu 6,5 bis 8 t Frischmasse/(ha a) in Belgien, Frankreich, Großbritannien, Deutschland und den Niederlanden. Zusätzlich dazu sind jahresabhängige Schwankungen zu berücksichtigen, die – gerade in klimatisch ungünstigeren Regionen – an unterschiedlichen Jahren bis zu 40 % des gesamten Biomasseaufkommens ausmachen können. Dies hat zur Folge, dass in Jahren mit schlechter Ernte in manchen Regionen das gesamte Stroh – zu entsprechend hohen Preisen – von der Tierhaltung nachgefragt wird; hier werden dann z. T. in "guten" Jahren Strohlager für die nächste Saison gebildet.
- Erntebedingungen. Voraussetzung für die kostengünstige und umweltverträgliche energetische Strohnutzung ist die Ernte eines lagerfähigen und damit weitgehend trockenen Produktes. Dazu muss zumindest über einen Zeitraum von mehreren Tagen trockenes Wetter herrschen. In Ländern, in denen diese Voraussetzung nicht unbedingt gegeben ist (z. B. Irland, Finnland, Schweden, Dänemark), können die vorhandenen Strohpotenziale in entsprechend "nassen" Jahren nur teilweise erschlossen werden, da das Material bei der Ernte nicht lagerfähig verfügbar gemacht werden kann und eine separate Trocknung auf den landwirtschaftlichen Betrieben i. Allg. infolge ökonomischer Überlegungen ausscheidet bzw. das organische Material aufgrund der hohen Feuchtigkeit auf dem Feld sogar bereits teilweise verrottet. In Schweden geht man beispielsweise davon aus, dass nur etwa ein Fünftel des insgesamt vorhandenen Energiestrohpotenzials realistischerweise auch konkret erschlossen werden kann.
- Räumliche Verteilung der Anbaugebiete. Eine weitere Einschränkung der Nutzung des insgesamt vorhandenen technisch erschließbaren Strohpotenzials kann sich durch Restriktionen infolge der Brennstofflogistik ergeben. Da i. Allg. die Entfernungen zwischen dem Standort der Brennstoffproduktion (d. h. Acker) und dem der Feuerungsanlage infolge der geringen Energiedichte von Stroh aus ökonomischen Gründen nicht zu groß werden dürfen, ist – insbesondere bei größeren Anlagen – eine ausreichende Brennstoffversorgung meist nur an ausgewählten Standorten in Gebieten mit einem hohen spezifischen Strohaufkommen realisierbar.

Insgesamt zeigen diese Aspekte, dass unter bestimmten Bedingungen das realistischerweise erschließbare und als Energieträger einsetzbare Strohaufkommen deutlich unter dem für eine energetische Nutzung grundsätzlich verfügbaren technischen Strohpotenzial liegen kann. Während hierbei in den klimatisch aus Sicht der Strohproduktion und -nutzung ungünstigeren Zonen Europas (z. B. Nordeuropa, Irland) vor allem witterungsbedingte Restriktionen vorherrschen, sind in den klimatisch begünstigteren Regionen primär Einschränkungen infolge der vergleichsweise intensiven Landnutzung (d. h. Konkurrenznutzung und unzureichende Dichte der Anbaugebiete) gegeben.

Zusammengenommen ist damit i. Allg. immer ein Teil des anfallenden Strohs als Festbrennstoff nutzbar. Übertragbare Aussagen über diesen Anteil am insgesamt anfallenden und technisch nutzbaren Stroh sind aber aufgrund der Abhängigkeit von den Bedingungen vor Ort kaum möglich. Näherungsweise kann innerhalb einer größeren Gebietsfläche jedoch davon ausgegangen werden, dass rund 10 bis 40 % des anfallenden Strohs als Energieträger verfügbar sind.

Der mittlere flächenspezifische Strohanfall kann auf der Basis des jeweiligen Kornertrags und des mittleren Korn-Stroh-Verhältnisses abgeschätzt werden. Tabelle 4.6 zeigt deshalb exemplarisch die Durchschnittserträge wichtiger in Deutschland angebauter Getreidearten exemplarisch für das Jahr 2006. Der vor Ort de facto erzielte Kornertrag kann aber aufgrund unterschiedlicher Standortbedingungen (u. a. Boden, Klima) innerhalb einer relativ großen Bandbreite (bis zu einem Faktor 2) im Vergleich zu den dargestellten Mittelwerten variieren. Das zusätzlich benötigte mittlere Korn-Stroh-Verhältnis bewegt sich zwischen rund 0,8 bei Winterweizen und etwa 1,1 beim Hafer. Auch diese Werte unterliegen natürlichen Schwankungen. Außerdem hat sich das Korn-Stroh-Verhältnis mit dem Ziel eines möglichst hohen Kornertrags in den vergangenen Jahren weiter zu Gunsten des Korns und damit zu Ungunsten des Strohs verschoben (bei Roggen z. B. von über 1:1,4 in den 1950er Jahren auf heute 1:0,9). Ausgehend von der Bandbreite des Kornertrags (sehr hohe bzw. sehr geringe Durchschnittserträge) und variierenden Korn-Stroh-Verhältnissen sind aber absolute Schwankungen z. B. beim Roggenstroh um den Faktor 3 durchaus möglich. Bei der Ermittlung des technisch gewinnbaren Strohaufkommens ist zudem ein bestimmter Verlust der gewachsenen Biomasse, der als Stoppel- oder Bröckelverlust auf dem Feld verbleibt, zu berücksichtigen.

Die energetische Nutzung von Getreidestroh erfolgt bisher nur in ausgewählten europäischen Ländern mit klaren politischen Zielvorgaben (z. B. Dänemark, Großbritannien, Spanien). Diese Strohnutzung als Energieträger wird zum Einen

Tabelle 4.6 Durchschnittlicher Kornertrag und durchschnittliches Strohaufkommen exemplarisch für Deutschland sowie das jeweilige mittlere Korn-Stroh-Verhältnis (Basisjahr 2006; Angaben bei üblichen Wassergehalten) /4-11/, /4-4/, /4-42/

	Mittlerer Kornertrag	Mittleres Strohaufkommen	Korn-Stroh-Verhältnis
	in t/(ha a)		
Winterweizen	6,5	5,2	1 : 0,8
Sommerweizen	6,5	5,2	1 : 0,8
Roggen	5,0	4,5	1 : 0,9
Wintergerste	6,0	4,2	1 : 0,7
Sommerfuttergerste	5,0	4,0	1 : 0,8
Hafer	5,0	5,5	1 : 1,1

in Strohkesseln im landwirtschaftlichen Bereich und zum Anderen in Heizwerken und Kraftwerken – letztere vielfach auch als Mischfeuerung mit Hausmüll, Hackschnitzeln oder fossilen Energieträgern – realisiert. Mengenmäßig wird auf diese Weise knapp 1 % des europäischen Strohaufkommens energetisch verwertet. Demgegenüber hat in Deutschland und Österreich die energetische Strohnutzung bisher keine nennenswerte Bedeutung /4-53/.

Ölsaatenstroh. Nach dem Getreide zählen Ölfrüchte zu den an meisten verbreiteten Kulturen in Europa (ca. 16 % der Ackerfläche /4-20/). Beispielsweise liegt die Rapsanbaufläche z. B. in Deutschland bei ca. 1,4 Mio. ha (ca. 13 % der Ackerfläche, Angabe für das Jahr 2006). Dabei liegt das Korn-Stroh-Verhältnis beim Raps bei durchschnittlich 1:2,9 /4-2/; das bedeutet, dass bei einem durchschnittlichen Rapssaatertrag von ca. 3,5 t/(ha a) etwa 10 t/(ha a) Rapsstroh auf dem Feld anfallen. Allerdings handelt es sich bei diesem Strohmaterial z. T. um feine Fruchtstängel und ausgedroschene Schoten, die im Mähdrescher zerkleinert werden und aufgrund ihrer Feinheit oft unerreichbar für einen Pick-up zwischen die Stoppeln auf den Boden fallen. Dadurch beträgt die Bergequote nur etwa 50 bis 80 % der insgesamt anfallenden Stroh-Gesamtmasse /4-2/; d. h. durchschnittlich lassen sich somit nur etwa 5 bis 8 t Rapsstroh pro Hektar überhaupt bergen, was einem effektiven Korn-Stroh-Verhältnis von ca. 1:1,7 gleichkommt. Auch ist das Rapsstroh zum Erntezeitpunkt durch einen vergleichsweise hohen Wassergehalt gekennzeichnet (ca. 45 bis 60 % /4-2/), der i. Allg. eine Nachtrocknung auf dem Feld notwendig werden lässt.

Weniger verbreitet sind Sonnenblumen (ca. 32 000 ha in Deutschland (2006)). Bei durchschnittlichen Kornerträgen von 2,5 t/(ha a) /4-7/ und einem Korn-Stroh-Verhältnis von 1:4,1 /4-26/ liegt hier das mittlere Strohaufkommen theoretisch bei 10 t/(ha a) (lufttrockene Masse). Ernetechnische Restriktionen, wie z. B. der zur Begrenzung des Massendurchsatzes durch den Mähdrescher notwendigerweise hohe Mähdruschschnitt oder Pick-up-Probleme bei der Schwadaufnahme, lassen aber auf eine wesentlich geringere Bergequote schließen; entsprechende Erfahrungen liegen jedoch noch nicht vor. Nachteilig für die energetische Nutzung sind auch der mit mehr als 10 % relativ hohe Aschegehalt /4-23/, der hohe Wassergehalt der dicken Stängel zum Erntezeitpunkt, der durch eine Nachtrocknung reduziert werden muss, sowie ungünstige verbrennungstechnische Eigenschaften (u. a. hoher Kaliumgehalt).

Maisstroh. Maisstroh fällt bei der Ernte von Körnermais oder Korn-Spindel-Gemischen (Corn-Cob-Mix, CCM) für Fütterungszwecke an. Bei einem Korn-Stroh-Verhältnis von 1:1,3 und einem mittleren Kornertrag von 6,8 t/(ha a) /4-26/ errechnet sich eine theoretische Ernterückstandsmenge von durchschnittlich ca. 9 t/(ha a); unter realen Erntebedingungen (die allerdings bislang kaum in der Praxis technisch erprobt wurden) dürfte sie allerdings deutlich niedriger liegen.

Für die Bergung von Maisstroh gelten im Prinzip ähnliche technische Restriktionen wie für Sonnenblumenstroh; hinzu kommt auch hier der zum Erntezeitpunkt (Herbst) relativ hohe Wassergehalt, der u. U. die Entwicklung völlig neuer Bereitstellungskonzepte (z. B. Feuchtgutlinie) notwendig macht. Bei den übrigen Brennstoffeigenschaften weicht Maisstroh allerdings kaum vom Getreidestroh ab.

Körnerleguminosenstroh. Als flächenmäßig relevante Körnerleguminose ist vor allem die Ackerbohne zu nennen, die z. B. in Deutschland auf ca. 23 000 ha (2006) angebaut wird. Die übrigen Leguminosen (Erbsen, Lupinen, Wicken) werden seltener als Körnerfrüchte, sondern überwiegend als Futterpflanzen (d. h. im Rahmen einer Ganzpflanzennutzung) und damit ohne einen nennenswerten Anfall an Rückständen und Nebenprodukten, geerntet. Die Ackerbohne hat mit 1:2,0 unter den Körnerleguminosen das weiteste Korn-Stroh-Verhältnis; bei Lupinen (ca. 1:1,7) und bei Erbsen (1:1,4) ist dieses Verhältnis etwas enger /4-26/. Bei mittleren Kornerträgen von 4,1 t/(ha a) /4-7/ fallen theoretisch somit ca. 8 t/(ha a) Stroh an; über die Höhe der Bergeverluste – und damit den davon technisch gewinnbaren Anteil – liegen aber bislang noch kaum belastbare und abgesicherte Erfahrungen vor.

Ähnlich wie bei Rapsstroh fällt der Erntezeitpunkt noch in die Phase höherer Temperaturen (Spätsommer), so dass eine ggf. notwendige Nachtrocknung im Schwad und damit eine trockene Einlagerung generell möglich erscheint. Nachteilig für eine energetische Nutzung ist der erhöhte Asche- (ca. 8 %) und Kaliumgehalt (ca. 2,8 % bezogen auf die Trockenmasse) /4-23/.

4.2.2 Weitere Erntereste aus der Landwirtschaft

Neben Stroh fallen bei der landwirtschaftlichen Pflanzenproduktion weitere meist relativ feuchte Erntereste an. Beispielsweise wird bei der Erzeugung von Feldgemüse (z. B. grüne Erbsen, Buschbohnen) nur ein Teil der gesamten auf der Anbaufläche gewachsenen oberirdischen Biomasse für die menschliche Ernährung genutzt. Auch bei der Ernte von Hackfrüchten (z. B. Kartoffeln, Zuckerrüben) fallen – neben der eigentlichen Hackfrucht – Rückstände und Nebenprodukte an.

Dieses Biomasseaufkommen kann – wenn es nicht auf der Anbaufläche zur Erhaltung des Humus- und Nährstoffgehalte verbleiben sollte – aufgrund des im Regelfall hohen Wassergehalts u. a. als Substrat in Biogasanlagen (d. h. biochemische Nutzung) eingesetzt werden. Ein Einsatz als Festbrennstoff (d. h. thermo-chemische Nutzung) scheidet demgegenüber im Normalfall aus.

Der Anfall dieses Biomasseaufkommens ist erheblichen Unterschieden unterworfen. Beim Kartoffelanbau beispielsweise fallen bei den heute üblichen Arten etwa 4,5 t/(ha a) Frischmasse an; dieses Biomasseaufkommen kann aber nach erfolgter Ernte der Kartoffelknollen nur mit einem großen technischen Aufwand verfügbar gemacht werden. Demgegenüber wird die bei der Zuckerrübenernte neben der eigentlichen Rübe anfallende erhebliche Blattmasse (ca. 40 bis 50 t/(ha a) (Frischmasse)) in der Praxis z. T. geborgen. Diese Blattmasse ist sehr feucht und weist erhebliche Asche- und Stickstoffgehalte auf. Sie kann aber siliert und dadurch lagerfähig gemacht werden. Im Mittel dürfte rund 10 bis 25 % dieses Aufkommens energetisch nutzbar sein /4-24/.

Weitere landwirtschaftliche Rückstände fallen z. B. bei der Gemüse-, Zierpflanzen- und Hopfenproduktion an. Jedoch sind die nutzbaren Mengen hier im Regelfall sehr gering, so dass ein Einsatz als Energieträger maximal im Einzelfall unter den jeweils spezifischen Rand- und Rahmenbedingungen sinnvoll sein kann /4-24/.

4.2.3 Halmgüter aus der Landschaftspflege

Bei der Landschaftspflege (u. a. an Straßenrändern, Schienentrassen und Wasserstraßen, auf Naturschutzflächen, in Parks und Anlagen, auf Friedhöfen) fällt in einem sehr unterschiedlichen Ausmaß halmgutartige Biomasse an. Hinzu kommen Grasabfälle aus der Pflege von Privat- und Schrebergärten sowie überständiges bzw. nicht für die Verfütterung geeignetes Gras von landwirtschaftlichen Flächen.

Derartige Halmgutsortimente aus der Landschaftspflege werden im Folgenden beispielhaft für Deutschland näher diskutiert. Dabei ist zu berücksichtigen, dass auf diesen der Landschaftspflege unterliegenden Flächen gleichzeitig oft auch holzartige Biomasse anfallen (Kapitel 4.1.1). Gemeinsam mit der jeweiligen halmgutartigen Biomasse wird deshalb das insgesamt anfallende Aufkommen an organischer Masse als Landschaftspflegematerial bezeichnet.

Derartiges Material kann aus energetischer Sicht sowohl thermo-chemisch (d. h. als Festbrennstoff) als aus bio-chemisch (d. h. als Biogassubstrat) eingesetzt werden.

Straßengrasschnitt. Bei der Pflege von Straßenrändern, Schienentrassen und Wasserstraßen fällt – zusätzlich zu holzartiger Biomasse – Grasschnitt an. Dieses Material verbleibt teilweise – je nach den administrativen Vorgaben und den jeweiligen Randbedingungen vor Ort – auf der Anfallfläche. Ein Aufsammeln ist arbeitsintensiv und damit teuer, zumal derartige Flächen meist auch nur relativ schmal sind und Pfosten, Schilder und Hindernisse sowie die räumliche Enge den großtechnischen Einsatz von kostengünstigen Maschinen mit einer hohen Flächenleistung z. T. erheblich erschweren /4-39/. Deshalb wird das aufgewachsene Gras – oft zusammen mit dem ebenfalls anfallenden Gestrüppmaterial – im Regelfall gemulcht und dadurch so weit zerkleinert, dass es auf der Fläche verbleiben kann und dort verrottet. Sind entsprechende Vorschriften (z. B. Sicherheitsaspekte) zu beachten, wird dieses Material z. T. auch – meist als Feuchtmaterial oder seltener nach einer Trocknung – geborgen; es wird derzeit dann meist kompostiert.

Die Zusammensetzung derartigen Materials kann sehr inhomogen sein, da an Straßenrändern, Schienentrassen, Wasserstraßen u. ä. sehr verschiedenartige Gräser wachsen können. Außerdem ist z. T. ein gewisser Fremdstoffanteil (z. B. Plastiktüten und -flaschen) in vielen Fällen kaum zu vermeiden. Zusätzlich ist beim Straßengrasschnitt – u. a. erntetechnisch bedingt – auch der Aschegehalt mit Werten von bis zu 25 % /4-23/ um ein Vielfaches höher als bei konventionellen Grasflächen. Der früher teilweise problematische Gehalt an Schwermetallen ist u. a. mit der Einführung des bleifreien Benzins tendenziell zurückgegangen; allerdings sind bei Blei, wie auch bei den meisten übrigen Schwermetallen, i. Allg. immer noch deutlich erhöhte Gehalte gegeben (z. B. infolge von Reifenabrieb) /4-23/. Ein weiterer Nachteil ist der hohe Wassergehalt, der je nach klimatischen Gegebenheiten und Vegetationszeitpunkt bei 45 bis 70 % liegen kann /4-23/.

Die Pflegeflächen pro Straßenkilometer liegen bei etwa 0,6 ha/km an Bundesstraßen und zwischen 1,2 und 2,3 ha/km an Autobahnen. Die Mehrheit dieser Flächen wurde in den letzten Jahren auf eine extensive Pflege umgestellt; dies reduziert die durchschnittliche jährliche Aufwuchsmenge von 8 t/(ha a) (Frischmasse) gegenüber der intensiven Pflege (13 t/(ha a) (Frischmasse)) deutlich. Bei einer Bergungsrate von 10 bis 30 % stehen damit an Straßengrasschnitt zwischen

0,5 und 2 t/km (Frischmasse) an Bundesstraßen und 1 bis 7 t/km (Frischmasse) an Autobahnen zur potenziellen energetischen Nutzung zur Verfügung /4-40/.

Ein Einsatz von Straßengrasschnitt als Energieträger beispielsweise in Form eines Festbrennstoffs in entsprechenden Feuerungsanlagen ist dabei grundsätzlich möglich, wird bisher aber – primär aus ökonomischen Gründen – so gut wie nicht realisiert. Das gilt auch für den Einsatz in Biogasanlagen.

Grasschnitt aus Parks, Anlagen und Friedhöfen. Auch bei der Pflege von Parks und Anlagen sowie Friedhöfen fallen grasartige Biomassen an. Dabei werden, je nach dem Charakter der Anlage bzw. dem zugrunde liegenden Pflegekonzept, die Grasflächen ein- bis mehrfach im Jahr gemäht. Auch deshalb variiert der jeweilige flächenspezifische Biomasseanfall im Jahresverlauf erheblich in Abhängigkeit der angebauten Gräser und der entsprechenden Bewirtschaftung; allgemeingültige und übertragbare Aussagen sind somit auch hier kaum möglich. Auch ist die Zusammensetzung dieser Biomassen sehr inhomogen und kann – je nach dem der jeweiligen Grünanlage zugrunde liegenden Konzept – innerhalb großer Bandbreiten schwanken. Als Planungswert wird ein Frischmasseaufwuchs von 20 t/(ha a) genannt /4-19/; hinzu kommen insbesondere bei Friedhöfen noch die Biomasseströme, die durch die Benutzer eingetragen werden (u. a. Blumen, Zierzweige) und deshalb kaum verallgemeinerungsfähig quantifiziert werden können. Beim Biomasseaufwuchs ist der Pflegezeitpunkt aber nicht auf eine energetische Nutzung abgestimmt und der Wassergehalt des Materials ist vielfach sehr hoch.

Die anfallende Biomasse verbleibt derzeit entweder auf der Fläche und dient dadurch der Schließung der Nährstoffkreisläufe oder wird abgefahren und dann in der Regel kompostiert. In Deutschland wurden beispielsweise im Jahr 2003 im Mittel 43 kg/(EW a) an Garten- und Parkabfällen getrennt erfasst, wovon ungefähr ein Drittel aus Grasschnitt bestand /4-37/.

Eine Nutzung als Energieträger ist derzeit eher die Ausnahme; jedoch ist ein Einsatz im getrockneten Zustand als Festbrennstoff in geeigneten Feuerungsanlagen oder – als Frischgut – in Biogasanlagen grundsätzlich möglich. In Großstädten, in denen Müllverbrennungsanlagen vorhanden sind, wird bereits ein Teil dieses Materials dort thermisch verwertet.

Grasschnitt von Naturschutzflächen. Grünflächen, die dem Natur- oder Landschaftsschutz unterliegen, müssen aufgrund administrativer Vorgaben in regelmäßigen Abständen geschnitten werden, um die Ziele der Unterschutzstellung (z. B. Biotoperhalt, Förderung bestimmter Pflanzengesellschaften) zu erreichen. Bei den entsprechenden und im Regelfall von der öffentlichen Hand finanziell unterstützten Pflegearbeiten fällt damit Biomasse an, die aus sehr unterschiedlichen Gräsern und Kräutern zusammengesetzt sein kann und damit i. Allg. eine sehr inhomogene Zusammensetzung aufweist.

Die erzielbaren Flächenerträge auf solchen Naturschutzflächen sind abhängig von den auf den jeweiligen Flächen vorherrschenden Pflanzengesellschaften, die u. a. von den klimatischen, bodenökologischen und kulturhistorischen Bedingungen des Standortes geprägt sind. Entsprechend ist auch das verfügbare Biomasseaufkommen u. a. abhängig von der Bestandszusammensetzung, dem Boden, den klimatischen Bedingungen und der Bewirtschaftung.

Bei den zu pflegenden Biotop- und Kulturlandschaftsflächen handelt es sich im Vergleich zu durchschnittlichen Ackerflächen zum gezielten Anbau von Energiepflanzen um in der Regel verhältnismäßig kleine Flächen. Entsprechend fällt das Material aus der Biotop- und Landschaftspflege vorrangig in verhältnismäßig kleinen absoluten Mengen an. Darüber hinaus richtet sich der Zeitpunkt der Biomasseentnahme und damit verbunden die Qualität der Biomasse nach den Zielen der Unterschutzstellung (d. h. des Naturschutzes, der Landschaftspflege). Dadurch sind die Flächenerträge geringer als beim gezielten Biomasseanbau und die Produktionskosten pro Substrateinheit vergleichsweise hoch.

Die optimale Pflegezeitspanne, beispielsweise von Wiesenfuchsschwanz-Wiesen in der Nuthe-Nieplitz-Niederung, liegt zwischen Mitte Juni und Mitte Juli; dann können bis zu 16 t/ha (Frischmasse) geerntet werden /4-39/. Bei insgesamt drei Schnitten pro Jahr fallen zusammengenommen 10 bis 23 t/(ha a) an Frischmasse an. Ähnliche Erträge wurden auch bei Rohrglanzgrasbeständen festgestellt. Pfeifengraswiesen sollten dagegen erst im Oktober geschnitten werden; hier kann ein Ertrag von 12 bis 20 t/(ha a) (Frischmasse) erzielt werden. Bei anderen Naturschutzflächen (z. B. Magerwiesen) kann das flächenspezifische Aufkommen aber auch deutlich geringer sein; beispielsweise fallen auf den Wiesen im Freisinger Moos 3 bis 5 t/(ha a) (Frischmasse) an /4-60/. Der Wassergehalt dieses Materials ist i. Allg. von der Art des Biotops und vom Pflegezeitpunkt abhängig und schwankt in einer großen Bandbreite zwischen 30 bis 70 %.

Die anfallende Biomasse verbleibt teilweise auf der Anbaufläche (und dient damit zur Schließung der Nährstoffkreisläufe bzw. zur Nährstoffrückführung in den Boden). Oft muss das Material aber auch – teilweise im feuchten Zustand – abtransportiert werden, um den Naturschutzauflagen gerecht zu werden (z. B. bei Magerwiesen). Diese organische Masse kann dann entweder als Viehfutter genutzt oder zu Kompost weiterverarbeitet werden. Eine energetische Nutzung in Feuerungsanlagen wird zunehmend angestrebt, scheitert aber oft an den ungünstigen verbrennungstechnischen Eigenschaften (u. a. hoher Wassergehalt, geringer Ascheschmelzpunkt). Möglichkeiten einer Nutzung als Energieträger werden auch im Einsatz als Substrat für Biogasanlagen gesehen. Allerdings ist die Qualität dieses Materials im Regelfall für diesen Einsatzfall z. T. deutlich ungünstiger (d. h. geringerer Gasertrag aufgrund hohem Verholzungsanteil) als bei gezielt angebauten Energiepflanzen.

4.3 Sonstige Biomasse

Unter sonstigen Biomassen werden hier vor allem nasse und feuchte Rückstände, Nebenprodukte und Abfälle aus der Landwirtschaft (z. B. Gülle, Festmist), aus Industrie und Gewerbe (u. a. Abfälle aus der lebensmittelbe- und -verarbeitenden Industrie wie z. B. Schlachthofabfälle, Gemüsereste) und aus den Siedlungsabfällen (z. B. organische Hausmüllfraktion) zusammengefasst. Außerdem fallen mit organischen Stoffen bzw. Verbindungen hoch belastete Abwässer in sehr unterschiedlichen Bereichen an. Diese verschiedenen Fraktionen werden nachfolgend näher dargestellt.

158   4 Nebenprodukte, Rückstände und Abfälle

Dieses in der Regel sehr wasserhaltige organische Material kann in erster Linie bio-chemisch zur Energiegewinnung (d. h. durch eine anaerobe Fermentation) genutzt werden.

4.3.1 Exkremente aus der Nutztierhaltung

Exkremente aus der Nutztierhaltung fallen im Wesentlichen in der Landwirtschaft an; für dieses organische Material werden auch die Begriffe Wirtschaftsdünger oder Hofdünger verwendet. Die Grundstoffe für diese Biomassefraktionen sind Kot, der mehr oder weniger fest anfällt, und der flüssig anfallende Harn. Je nach Aufstallungsart der Nutztiere fallen beide Grundstoffe ggf. zusammen mit dem Einstreumaterial (meist Stroh oder Holzspäne) an; man spricht dann von Festmist (unter Jauche wird der aus dem Festmist auslaufende Sickersaft verstanden). Fallen Kot und Harn zusammen ohne sonstige Zusatzstoffe (außer ggf. Wasser wie z. B. bei Spaltbodenhaltung) an, wird das entstehende Gemisch als Gülle bezeichnet. In modernen Stallkonzepten wird diesen Exkrementen zum Transport und zu Reinigungszwecken normalerweise Wasser beigemengt; das resultierende Gemisch wird dann als Vollgülle bezeichnet. Dieser Vollgülle können ggf. noch weitere Komponenten zugemischt werden (z. B. Stroh(-mehl), Küchen- und Gartenabfälle, Laub).

Die Menge und Zusammensetzung der anfallenden Exkremente schwanken in Abhängigkeit von der Fütterung und anderen Größen z. T. erheblich. Tabelle 4.7 zeigt durchschnittliche Anfallmengen für frische Rinder-, Schweine- und Hühnerexkremente. So sind beispielsweise bei gleichem Trockenmasse-Gehalt (TM-Gehalt) die Ausscheidungen der Rinder zähflüssiger als jene der Schweine und insbesondere der Hühner; das liegt am unterschiedlichen Verdauungssystem bzw. der verschiedenartigen Futtermittel. Aber auch innerhalb derselben Tierart kann es zu erheblichen Unterschieden kommen. Rinderkot ist beispielsweise im Sommer bei Grasfütterung dünner als im Winter bei der Verfütterung von trockenem Heu und Silage. Auch ist Schweinegülle bei der Fütterung von Flüssigfutter (z. B. Molke) entsprechend dünner als bei trockenerem Futter (z. B. Silagemais).

Vollgülle ist damit eine heterogene Mischung von Flüssigkeit und Feststoffen. Die Flüssigkeit besteht hauptsächlich aus Wasser und darin gelösten Salzen sowie organischen Säuren und anderen löslichen Komponenten. Die Feststoffe lassen sich nach ihrem physikalischen Verhalten in die drei folgenden Kategorien einteilen.

– Schwebstoffe, die mehr oder weniger in Suspension verbleiben (z. B. gewisse Kotpartikel, Bakterien, Cellulosefasern).

Tabelle 4.7 Anfall an frischen Ausscheidungen (Kot und Harn) nach Tierart in Großvieheinheiten (GVE) (eine GVE entspricht 500 kg Tierlebendmasse, somit ungefähr einer Kuh bzw. 6 Mastschweineplätzen oder 294 Legehennenplätzen) /4-59/

	Rind	Schwein	Huhn
Aufkommen	18 m^3/(GVE a)	15 m^3/(GVE a)	6,5 t/(GVE a)
Trockenmassegehalt (TM)	11 – 12 %	7 – 8 %	22 – 23 %
Organische Substanz (OS)	1 760 kg/(GVE a)	840 kg/(GVE a)	1 070 kg/(GVE a)

− Schwimmstoffe, die sich aufgrund ihrer geringen Dichte und/oder, weil ihnen entstehende Gasbläschen Auftrieb verleihen, an der Oberfläche ansammeln und eine Schwimmdecke bilden können (z. B. Stroh, Raufutterreste).
− Sinkstoffe, die sich durch Sedimentation am Grund des Sammelbehälters ansammeln (z. B. unerwünschte Sandanteile, aber auch organisches Material).

Exkremente aus der Nutztierhaltung werden auf den landwirtschaftlichen Betrieben meist unbehandelt als Wirtschaftsdünger genutzt und damit − zur Rückführung der darin enthaltenen Nährstoffe − auf landwirtschaftlichen Nutzflächen ausgebracht. Bei einer nicht flächenangepassten Tierhaltung kann eine derartige Nutzung auf den betriebseigenen Flächen ggf. nicht möglich sein, da es dann zu einem Nährstoffüberschuss mit der Gefahr der Stickstoff-Auswaschung ins Grundwasser kommen könnte. Zu der dann ggf. notwendigen Aufbereitung für einen Transport zu weiter entfernten Ackerflächen und zur Verbesserung der Anwendungseigenschaften (z. B. Geruchsminimierung, verbesserte Verteilfähigkeit, Reduzierung des Wassergehaltes) sind unterschiedliche Behandlungsoptionen möglich. Hühnerexkremente können z. B. getrocknet, kompostiert oder pelletiert werden; bei Schweineexkrementen werden Verfahren zur Fest-Flüssig-Trennung angewandt.

Landwirtschaftliche Substrate, d. h. Gülle und Exkremente von Nutztieren, Ernterückstände und Mist sind − als typische für die Biogasgewinnung in der Landwirtschaft einsetzbare Substrate − aus technischer Sicht relativ einfach zu vergären. Probleme kann es jedoch bei den Hühnerexkrementen geben aufgrund der hier relativ hohen Stickstoffgehalte; dieser führt bei der anaeroben Behandlung zur Entstehung von hohen NH_4^+-Konzentrationen, welche den Vergärungsprozess inhibieren können. Trotzdem werden derartige Stoffe bisher noch nicht vollständig genutzt, da landwirtschaftliche Substrate − anders als kommunale oder industrielle organisch belastete Abfälle und Abwässer − nicht gezwungenermaßen behandelt werden müssen und damit auch ohne eine anaerobe Zusatzbehandlung (d. h. nach einfacher Zwischenlagerung und folglich ohne Zusatzkosten) auf die Felder ausgebracht werden können. Durch die Nutzung von Exkrementen aus der Tierhaltung in Biogasanlagen lässt sich jedoch die oft starke Freisetzung von Klimagasen aus der Lagerung dieser Stoffgruppe wesentlich reduzieren. Bei thermophilen Prozessvarianten kann zudem bis zu einem gewissen Ausmaß eine Hygienisierung des Materials erreicht werden.

4.3.2 Siedlungsabfälle

Siedlungsabfälle umfassen Hausmüll, hausmüllähnlichen Gewerbeabfall (z. B. Flächenpflege, Straßenkehricht, Kantinenabfälle, Marktabfälle, Reste aus dem Einzelhandel) und Sperrmüll /4-25/.

Die organische Abfallfraktion − und damit der organische Anteil der anfallenden Siedlungsabfälle − wird teilweise getrennt erfasst bzw. liegt vermischt in den Restmüllfraktionen vor. Bezogen auf die gesamte organische Abfallfraktion ist mengenmäßig bedeutsam das Aufkommen an Bio- und Grünabfällen. Sie können in die folgenden drei Kategorien eingeteilt werden:

Tabelle 4.8 Durchschnittliche einwohnerspezifische Kennwerte für das Aufkommen an Siedlungsabfällen exemplarisch für Deutschland für die Jahre 1996, 2000 und 2005 (nach /4-51/; im Einzelfall können die Werte stark abweichen; EW Einwohner)

	1996	2000	2005
	in kg/(EW a) (Frischmasse)		
Siedlungsabfälle insgesamt	541	609	565
davon: Hausmüll, hausmüllähnliche Gewerbeabfälle	242	219	169
Sperrmüll	37	31	26
Biotonnenabfälle	29	43	46
Garten- und Parkabfälle			48
Papier, Pappe, Kartonagen		88	96

- Material, das bevorzugt anaerob vergoren werden könnte (d. h. Biomüll) wie z. B. Küchenabfälle, Speisereste, Abfälle von Früchten und Gemüse, Rasenschnitt, Haushaltspapier usw.
- Material, das bevorzugt kompostiert und/oder verbrannt werden könnte wie z. B. Holz und stark verholzte pflanzliche Abfälle, Eierschalen, Erde aus Blumentöpfen usw.
- verbleibender Rest (d. h. Restmüll) mit Plastik, Glas, Metall, Steinen usw.

Die getrennte Erfassung von Bioabfällen aus privaten Haushalten und dem Gewerbe erfolgt in der Regel über die Biotonne. Diese Abfälle beinhalten im Wesentlichen Küchenabfälle sowie teilweise Gartenabfälle. Eine Übersicht über das Siedlungsabfallaufkommen zwischen 1996 und 2005 gibt Tabelle 4.8.

Typische einwohnerspezifische Kennwerte als Durchschnittswerte für wesentliche organische Siedlungsabfälle in Deutschland zeigt auch Tabelle 4.9; aufgrund der Mittelwertbildung können die Werte im Einzelfall aber stark von den dargestellten Größenordnungen abweichen. Getrennt erfasst und damit gut für eine Vergärung nutzbar fallen demnach aber im Mittel etwa 100 kg biogene Abfälle pro Einwohner und Jahr an; die höchsten Mengen werden in der Regel in den dicht besiedelten Gegenden der einwohnerstarken Bundesländern erfasst und die

Tabelle 4.9 Durchschnittliche einwohnerspezifische Kennwerte für wesentliche organische Siedlungsabfälle exemplarisch für Deutschland (Bezugsjahr 2000; nach /4-31/; im Einzelfall können die Werte stark abweichen)

	Getrennte Erfassung			Zur Beseitigung		Sperrmüll
	Bioabfallsammlung	Kommunale Garten-/Parkabfälle	Rest-Hausmüll	Hausmüllähnliche Gewerbeabfälle		
	in kg/(EW a) (Frischmasse)					
Bio- und Grünabfälle	49	50	54	5		1
Papier, Pappe, Karton			26	5		1
Windeln			10			
Holz / Möbel			3	8		16
Textilien, Leder			5	<1		1

EW Einwohner

geringsten Mengen in ländlichen Gebieten der dünn besiedelten Flächenländer. Auch ist ein deutliches West-Ost-Gefälle zu beobachten. Während beispielsweise in Niedersachsen und Baden-Württemberg ca. 130 kg/(EW a) gesammelt werden, sind es in Brandenburg noch nicht einmal 20 kg/(EW a) /4-30/.

Weitere 60 bis 100 kg könnten durch eine verbesserte Sammlung bzw. Aufbereitung gewonnen werden. Einzelne Regionen erreichen jedoch auch deutlich höhere Sammelquoten (z. B. Baden-Baden mit 420 kg/(EW a) /4-32/).

Darüber hinaus werden Garten- und Parkabfälle in der Größenordnung von 125 bis 220 kg /(EW a) direkt gemulcht oder kompostiert; dies ist in den abfallwirtschaftlichen Erhebungen nicht berücksichtigt /4-56/. Auch die pro Einwohner etwa 15 bis 20 kg jährlich getrennt gesammelten Alttextilien werden in der Regel stofflich verwertet und sind daher für die energetische Nutzung nicht von Bedeutung /4-32/.

Die kumulierten Mengenströme dürften näherungsweise auch auf andere mitteleuropäische Länder mit vergleichbaren Bevölkerungsstrukturen und ähnlichem Wohlstand übertragbar sein. So wird für Europa angegeben, dass ca. 30 bis 40 % der Siedlungsabfälle aus Lebensmittel- und Gartenabfällen bestehen, weitere 20 bis 30 % aus Papier und Pappe /4-17/ und der biogene Anteil im Siedlungsabfall zwischen 22 und 49 % (d. h. im Mittel bei 32 %) liegt /4-1/. In Ländern mit geringem durchschnittlichen Einkommen ist dieser Anteil aber deutlich höher /4-25/.

In vielen europäischen Ländern werden bisher aber nur die kommunalen Grünabfälle getrennt gesammelt, so dass die getrennt erfassten Mengen deutlich geringer sind. Eine getrennte Erfassung von häuslichen Bioabfällen wird außer in Deutschland u. a. in Österreich, Belgien und den Niederlanden realisiert; in Frankreich und Großbritannien sind beginnende Aktivitäten zu verzeichnen /4-3/.

Der Wassergehalt von getrennt gesammelten Bioabfällen sowie von Restabfällen hängt von einer Vielzahl unterschiedlicher Faktoren ab und kann einen weiten Bereich annehmen. Beispielsweise liegt der mittlere Wassergehalt des Restabfalls bei 35 bis 50 % /4-49/; dabei ist der Wassergehalt der biogenen Fraktionen eher im oberen Bereich anzusiedeln. Einflussfaktoren auf den Wassergehalt sind z. B. das Verhältnis zwischen den eher feuchten Küchenabfällen und den holzartigen Abfällen, welche ein gutes Wasserspeichervermögen aufweisen. Aber auch z. B. die Art und Weise der Erfassung sowie die klimatischen Bedingungen haben einen Einfluss.

Tabelle 4.10 zeigt exemplarisch Analysenresultate von Sortierungen der separat eingesammelten organischen Hausmüllfraktion der Stadt Genf in der Schweiz /4-12/; demnach nehmen Küchenabfälle am gesamten organischen Hausmüllaufkommen einen erheblichen Anteil ein. Dabei ist aber zu beachten, dass an unterschiedlichen Orten die Zusammensetzung der Küchenabfälle stark je nach Jahreszeit (z. B. Weihnachtsbaumproblematik), Siedlungstyp und sozialem Stand der Einwohner variiert. An anderen Orten und unter anderen Randbedingungen können sich deshalb signifikante Veränderungen in der Zusammensetzung der organischen Abfallfraktion ergeben.

Getrennt erfasste organische Siedlungsabfälle werden gegenwärtig in erster Linie kompostiert; nur etwa ein Fünftel wird bisher in Vergärungsanlagen verwertet /4-21/. Beispielsweise werden in Deutschland von 700 bis 900 Kompostierungsanlagen aus rund 8 Mio. t Bioabfällen etwa 4 Mio. t Kompostprodukte hergestellt /4-3/.

Tabelle 4.10 Zusammensetzung der organischen Hausmüllfraktion am Beispiel einer in Genf (Schweiz) durchgeführten Sortierung /4-12/

Abfälle von Obst und Gemüse	27,1 Gew.-%
Abfälle von Zitrusfrüchten	18,2 Gew.-%
Speisereste	8,8 Gew.-%
Verdorbenes Obst und Gemüse	9,0 Gew.-%
Brot	3,6 Gew.-%
Kaffeesatz und Teebeutel	2,4 Gew.-%
Knochen	2,8 Gew.-%
Exkremente von Haustieren, Katzenstreu	2,0 Gew.-%
Zimmerpflanzen und Blumen	7,2 Gew.-%
Topferde	6,1 Gew.-%
Kartongebinde	0,3 Gew.-%
Papier	2,2 Gew.-%
Sonstiges	12,8 Gew.-%
Kehrichtsäcke	1,3 Gew.-%
Plastiksäcke	1,0 Gew.-%
Glas, andere Fremdstoffe	0,2 Gew.-%
Summe	*100,0 Gew.-%*

Spezielle gewerbliche Abfälle stellen Speisereste und Altspeisefette (Fettabscheiderrückstände) dar. Ihr Aufkommen beträgt etwa 20 kg/(EW a) (Frischmasse mit einem organischen Trockensubstanzgehalt von 5 bis 10 %). Diese Abfälle werden in der Regel getrennt gesammelt und aufbereitet bzw. in Biogasanlagen verwertet /4-37/, /4-32/.

Der organische Anteil der Restabfallfraktionen wird in Abfallbehandlungsanlagen, überwiegend Müllverbrennungsanlagen, beseitigt. Etwa 20 % der Abfälle wird jedoch mechanisch-biologischen Abfallbehandlungsanlagen zugeführt, die größtenteils aerob betrieben werden /4-20/. Dies gilt trotz der Tatsache, dass anaerobe Varianten der mechanisch-biologischen Restabfallbehandlung wegen der Möglichkeit der zusätzlichen Energiegewinnung in der Regel umweltverträglicher sind im Vergleich zu den aeroben Verfahren.

Die Deponierung von organischen Abfällen ist infolge der Abfallablagerungsverordnung bzw. des Kreislaufwirtschaftsgesetzes heute nicht mehr zulässig /4-15/. Früher wurden aber auch in Deutschland organische Abfälle – zusammen mit anderen Haushaltsabfällen – deponiert. Diese Deponien sind heute noch vorhanden und stellen im Prinzip eine Form von "Biogasreaktor" dar, da dort der anaerobe Abbauprozess unter Bildung von sogenanntem Deponiegas (ungesteuert) abläuft. In vielen Ländern weltweit ist die Deponierung auch heute noch die gängigste Entsorgungsmethode für organische (und andere) Abfälle.

4.3.3 Produktionsspezifische Rückstände, Nebenprodukte und Abfälle

In Industrie und Gewerbe fallen darüber hinaus erhebliche Mengen an festen, pastösen und flüssigen produktionsspezifischen Abfällen an /4-58/. Tabelle 4.11 gibt einen Überblick über wesentliche organische Abfälle aus der Lebensmittelproduktion sowie weiterer wesentlicher Produktionsbereiche sowie typische

4.3 Sonstige Biomasse

Tabelle 4.11 Anfall produktionsspezifischer organischer Abfälle (Frischmasse) ausgewählter Industriebereiche /4-13/, /4-13/, /4-21/, /4-54/, /4-43/, /4-61/, /4-46, /4-32/, /4-27/, /4-18/, /4-5/ (oTM organische Trockenmasse)

Sektor	Substrat	Typische produktionsspezifische Abfallmengen	Typische oTM-Gehalte in %
Getreideverarbeitung	Kleie, Spelzen, Teigreste, Retourware	0,2 – 0,3 kg/kg Getreide	85 – 97
Obst-, Gemüse- und Kartoffelverarbeitung	Schäl- und Putzreste	0,1 – 0,35 kg/kg angeliefertem Rohstoff	20 – 60
Zuckerherstellung	Schnitzel, Melasse	0,7 kg/kg Zucker	35 – 85
Pflanzenölproduktion	Presskuchen	1 – 3 kg/l Pflanzenöl	80 – 85
Bierherstellung	Treber, Hefe	0,25 kg/l Bier	12 – 25
Weinherstellung	Trester	0,2 – 0,3 kg/l Wein	30 – 55
Trinkalkohol (Brennereien)	Schlempe	1 – 3 kg/l Ethanol	5 – 9
Milchverarbeitung	Molke, gemischt mit Waschwässern	1 – 2 kg/l Kuhmilch	5 – 7
Schlachthöfe/Fleischverarbeitung	Panseninhalt, Tiermehl, Tierfett	15 – 60 kg/Tier	8 – 98
Zellstoffproduktion	Schwarzlauge	2 – 3 kg/kg Zellstoff	35 – 50
Altpapierverarbeitung	Faserschlamm	0,1 – 0,3 kg/kg Altpapier	40 – 55

Kennwerte für das spezifische Abfallaufkommen. Hochgerechnet auf die Produktionsmengen ergibt sich für Deutschland ein Anfall an produktionsspezifischen organischen Abfällen von etwa 300 kg/(EW a) Frischmasse bzw. ca. 80 kg/(EW a) Trockenmasse. Dieses Aufkommen an organischen Stoffen ist vielfach charakterisiert durch hohe Nährstoff- und Wassergehalte. Daher wird ein Großteil der produktionsspezifischen Rückstände, Nebenprodukte und Abfälle als Futtermittel verwertet und steht der energetischen Nutzung daher nicht bzw. nur sehr eingeschränkt zur Verfügung. Weiterhin fallen industrielle Abwässer an, die jedoch durch eine anaerobe Fermentation energetisch genutzt werden können.

Die in Tabelle 4.11 dargestellten sektoralen Abfallquellen werden nachfolgend erläutert. Darüber hinaus entstehen organische Abfälle bei der Tee- und Kaffeeverarbeitung, bei der Produktion von Naturfasern und Textilien, bei der Lederverarbeitung, bei der Champignonproduktion und bei einer Vielzahl weiterer Industriezweige. Da die dabei anfallenden Mengen in Deutschland und Mitteleuropa im Durchschnitt nur von untergeordneter Bedeutung sind, werden Sie hier nicht näher betrachtet. Dies kann aber lokal deutlich anders sein; beispielsweise fallen in Hamburg erhebliche Mengen an organischen Abfällen aus den hier angesiedelten Kaffeeröstereien an.

Getreideverarbeitung. Getreide als Nahrungsmittel wird zunächst in Getreidemühlen gemahlen und dann in der Backwarenindustrie weiterverarbeitet.

In den Mühlen fallen Kleie, Spelzen, Annahmestäube und Reinigungsabfälle an. Von dem etwa 20 %-igen Rückstandsanfall (bezogen auf die angelieferte Menge) bei der Getreidevermahlung macht Kleie über 90 % aus /4-21/. Sie wird heute schwerpunktmäßig als Futtermittel vermarktet. Die zusätzlich anfallenden Spelzen werden demgegenüber über Verbrennungsanlagen, Biogasanlagen und eine Kompostierung entsorgt. Ein Einsatz bei der Pelletproduktion wird gegenwärtig diskutiert. Witterungsbedingt kann es in manchen Jahren darüber hinaus zu einem erhöhten Anfall an mykotoxinbelastetem Getreide (d. h. Getreide, das durch eine entsprechende Pilzbelastung für den menschlichen Verzehr nicht mehr geeignet ist) kommen. Dieses muss – infolge der Ablagerungsverordnung – künftig thermisch entsorgt bzw. energetisch verwertet werden. Eine derartige energetische Nutzung erfolgt dann vor allem im landwirtschaftlichen Bereich. In jüngerer Zeit wurden und werden dafür spezielle Kessel entwickelt und auf dem Markt verfügbar gemacht, welche eine energetische Nutzung derartiger Stoffströme bei geringen Emissionen sicherstellen sollen.

Bei der Weiterverarbeitung des Mehls in der Backwarenindustrie fallen vor allem Teigreste, Retourware und Fehlchargen an, die etwa 10 % der produzierten Backwaren umfassen. Sie können unter bestimmten Bedingungen beispielsweise in Biogasanlagen genutzt werden.

Sämtliche Rückstände aus der Getreideverarbeitung haben einen hohen Trockensubstanzgehalt. Abwässer entstehen in geringem Maße durch Wasch- und Schälprozesse /4-46/.

Obst-, Gemüse- und Kartoffelverarbeitung. Unter dieser Gruppe sind eine Vielzahl von Produzenten und Produkten zu nennen (u. a. Getränke (Fruchtsaft, Alkohol), Essig, Stärke, Trockenfrüchte, Konfitüren, Pektin, Aromastoffe). Diese dazu benötigten Produkte landwirtschaftlichen Ursprungs werden meist in größeren Betrieben der Nahrungsmittelindustrie verarbeitet. Die dabei entstehenden organischen Rückstände, Nebenprodukte und Abfälle können in sehr vielfältigen Formen anfallen (z. B. Schälrückstände, Waschwasser von Früchten vor der Pressung, ausgepresste Fruchthüllen, Filterrückstände bei der Klärung von Most, Schlempen und Trester aus der Destillation fermentierter Früchte, Kartoffelwaschwasser, Kartoffelschalen, Pülpe aus Kartoffelstärkewerken, Nebenprodukte von speziellen Prozessen (Konzentrate, Pektin etc.), Fehlchargen bzw. Retourware). Je nach Produktionsprozess fallen 10 bis 30 % des Rohmaterials als Rückstand oder Abfall an /4-61/. Vielfach entstehen auch organisch belastete Abwässer in der Größenordnung von 1 bis 3 m^3/t erzeugtem Produkt /4-46/, die aber z. T. in der Nutztierhaltung Verwendung finden können. Darüber hinaus kann dieses Material vergoren, kompostiert, verbrannt oder ggf. anderweitig genutzt werden (z. B. zur Herstellung von Alkohol, Pektin, Suppen und Würzen, Aromen sowie Kosmetika).

Zuckerherstellung. Die Zuckerherstellung in Deutschland erfolgt vor allem auf der Basis von Zuckerrüben. Rund 17 % des ursprünglichen Gewichtes der Zuckerrübe wird dabei zu Kristallzucker umgewandelt. Der verbleibende Rest sind Rübenabfälle (ca. 1,5 kg/kg Zucker) bzw. -schnitzel und Melasse (0,24 kg/kg Zucker); beide Fraktionen werden gegenwärtig zur Sirup- und Hefeherstellung und als Viehfutter eingesetzt /4-61/. Zusätzlich fallen bei der Zuckerraffinierung große Mengen organisch stark belasteter Abwässer (u. a. aus der Rübenwäsche und aus dem chemischen Extraktionsprozess von Rohzucker) an, die jedoch überwiegend in Prozesswasserkreisläufen aufbereitet und verwertet werden.

Pflanzenölherstellung. Bei der Herstellung von Pflanzenöl fallen ebenfalls erhebliche Mengen an Rückständen, Nebenprodukten und Abfällen an. Beispielsweise geht die Produktion von einem Liter Rapsöl mit ca. 1,4 kg Rapspresskuchen bzw. Extraktionsschrot einher. Diese Stoffströme werden derzeit vorwiegend im Futtermittelsektor (z. B. als Viehfutter) genutzt. Sollten bei steigender Nachfrage nach Pflanzenölen für die Biokraftstoffproduktion diese Nebenprodukte nicht mehr vollständig auf dem Futtermittelmarkt untergebracht werden können, wäre auch eine energetische Nutzung denkbar (z. B. durch die Zugabe von Rapsextraktionsschrot bei der Pelletproduktion (sogenannte Mischpellets), Monoverbrennung in speziell ausgelegten Heizkraftwerken, Zufeuerung in konventionellen Kohlekraftwerken).

Bierherstellung. Bei der Bierherstellung entsteht vor allem Treber (ca. 20 kg/hl Bier), der als Rückstand des Malzens am Ende des Maischprozesses anfällt und die cellulosehaltigen Hülsen des Malzes beinhaltet. Treber enthält Stickstoff und pflanzliche Fette und wird daher bevorzugt zur Tierernährung eingesetzt (vor allem in der Milchviehhaltung). Daneben fallen während der Endreinigung des Bieres geringe Mengen an Hefe sowie Heiß- und Kühltrub aus den Filterpressen an /4-54/. Zusätzlich entstehen pro Liter Bier etwa 2,5 bis 6 l Abwasser /4-46/, das – ggf. zusammen mit den sonstigen Rückständen – u. U. in Biogasanlagen anaerob behandelt werden kann.

Weinherstellung. Je Hektoliter produziertem Wein fallen etwa 25 kg Trester (u. a. Beerenhülsen, Kerne, Stiele) sowie 2 bis 3 hl Abwasser als Rückstand an. Wegen seiner noch relativ hohen Gehalte an Zucker und Weinsäure wird er bevorzugt für die Herstellung von Trester-Bränden bzw. Tresterweinen in Brennereien verwendet. Der Trester kann auch als Dünge- oder Futtermittel in der Landwirtschaft eingesetzt werden /4-61/. Alternativ ist auch eine Vergärung in Biogasanlagen möglich.

Brennereien. In Brennereien erfolgt die fermentative Umwandlung von Zucker (z. B. aus Obst) und Stärke (z. B. aus Getreide) in Trinkalkohol. Die nach Alkoholgärung und Destillation verbleibenden Abfälle (d. h. Schlempe) können anschließend durch eine anaerobe Vergärung energetisch verwertet werden. Die Schlempe kann im vergorenen und im unvergorenen Zustand entweder verfüttert oder als Dünger auf landwirtschaftlichen Nutzflächen ausgebracht werden. Bei der Herstellung von einem Liter Ethanol aus Getreide werden – je nach Destillationsanlage – ca. 10 bis 14 l (ca. 3 kg) feuchte Schlempe (2 bis 8 % Trockensubstanz) produziert, die zu ca. 0,75 kg Trockenschlempe (88 bis 95% Trockensubstanz) aufkonzentriert und als DGGS (Dried Distillers Grains with Solubles) vermarktet werden kann. Das bei der Eindampfung anfallende Brüdenkondensat wird weitgehend als Prozesswasser wieder eingesetzt /4-45/.

Milchverarbeitung. Bei der Milcherarbeitung fällt vor allem Molke an, die bei der Produktion von Käse, Frischkäse und Quark entsteht. Unterschieden wird zwischen Süßmolke (Labmolke) und Sauermolke, die beim Einsatz von Milchsäure produzierenden Bakterien anfällt. Darüber hinaus entstehen stark verdünnte Abwässer in der Größenordnung von 2 m^3 pro verarbeitetem Liter Kuhmilch mit einem Trockenmassegehalt von rund 1 % (z. B. Butterwaschwasser, Tropfverluste, Fehlchargen). Üblicherweise werden die gemischten festen und flüssigen

166   4 Nebenprodukte, Rückstände und Abfälle

Rückstände mit einem Trockenmassegehalt von 6 bis 6,5 % zur Weiterverarbeitung gegeben (u. a. Fütterung von Schweinen, Molkepulver, Herstellung von Getränken) /4-46/. Vereinzelt werden diese Rückstände aber auch in Biogasanlagen vergoren.

Fleischverarbeitung. Jährlich werden z. B. in Deutschland und der Schweiz pro einer Million Einwohner rund 50 000 Rinder, etwa 500 000 Schweine und rund 28 000 Schafe, Ziegen und Pferde geschlachtet. Die dabei anfallenden Schlachthofabfälle umfassen in Deutschland ein einwohnerspezifisches Aufkommen von ca. 30 kg/(EW a) und finden u. a. als technischer Rohstoff sowie als Energieträger Verwendung. Dabei war infolge der BSE-Krise eine deutliche Zunahme der technischen und energetischen Verwendungen zu verzeichnen; so werden Tiermehle und -fette zunehmend in der Oleochemie und in der Düngemittelherstellung eingesetzt. Auch die Produktion von Tierkörper-Methylester (TME), das die Fahrzeugflotten von Entsorgungsunternehmen antreibt, wird in Deutschland in zwei Anlagen realisiert /4-37/. Künftig könnte darüber hinaus die Phosphatrückgewinnung aus Tiermehl an Bedeutung gewinnen /4-32/.

Zellstoff- und Papierindustrie. Bei der Papierindustrie sind generell zwei Prozesse zu unterscheiden, die Herstellung von Cellulosebrei (aus ca. 2,7 kg Holz können rund 1 kg Cellulosebrei produziert werden) sowie die Produktion von Papier und Karton.

Bei der Zelluloseherstellung fällt sogenannte Schwarzlauge ("Black Liquor") an, bei der es sich hauptsächlich um die Ligninbestandteile handelt, die im Ausgangsmaterial (d. h. dem Holz) enthalten sind und die für die Papierherstellung nicht genutzt werden können. Das Mengenverhältnis von Zellulose und Schwarzlauge liegt dabei bei etwa 1:1 (bezogen auf die Trockensubstanz). Die Schwarzlauge wird bereits in den Papierfabriken als Brennstoff zur Deckung der innerbetrieblichen Energienachfrage genutzt /4-43/.

Bei der Weiterverarbeitung des Cellulosebreis bzw. bei der Aufarbeitung von Altpapier werden kurze Cellulosefasern, die aus verfahrenstechnischen Gründen nicht erwünscht sind, abgetrennt und fallen bei verschiedenen Produktionsschritten als mit Fasern belastete Abwässer bzw. Schlämme an (sogenannte Faserschlämme). Beim Altpapierrecycling fallen außerdem bei der Entfernung von Druckerfarben durch chemische Separation und Flotation sogenannte Deinkingschlämme an. Je nach Produkt kann der Faserschlamm bis zu 30 % des Einsatzmaterials ausmachen. Faserschlämme werden überwiegend energetisch in Feuerungsanlagen genutzt; teilweise erfolgt auch eine Vermischung der feuchten Schlämme mit anderen Brennstoffen. Weiterhin werden Faserschlämme als Porenbildner bei der Ziegelherstellung und als Bodenverbesserer in der Landwirtschaft eingesetzt /4-43/. Daneben fallen in der Papierindustrie trotz Kreislaufführung auch große Mengen an Abwasser (ca. 10 m^3/t produziertem Papier) an; sie entstammen hauptsächlich der Stoffaufbereitung (Reinigungs- und Sortierverfahren) und der Blattbildung an der Papiermaschine /4-50/, /4-57/. Gewisse Gärtechnologien erlauben auch die direkte Behandlung von bestimmten Abwässern der Papierindustrie.

4.3.4 Organisch belastete Abwässer

Organisch belastete Abwässer fallen im Bereich der Haushalte, Gewerbe und Industrie an. Ihre Behandlung erfolgt mit aeroben und anaeroben biologischen Prozessen mit dem Ziel, die gesetzlichen Anforderungen an die Einleitung von Abwässern einzuhalten. Die aerobe Abwasserbehandlung blickt auf eine längere Tradition zurück und ist deutlich weiter verbreitet. Diese Technik hat aber den Nachteil, dass zuerst unter einem hohen Energieaufwand das gesamte ankommende Abwasser belüftet werden muss und gleichzeitig erhebliche Mengen an Klärschlamm anfallen (Tabelle 4.12). Anaerobe Behandlungsverfahren bedürfen demgegenüber vergleichsweise eng definierter Prozessbedingungen und sind insbesondere bei hohen organischen Frachten vorteilhaft. Deshalb wird heute angestrebt, schon bei der Abwassererfassung hoch konzentrierte Ströme abzuzweigen und diese direkt anaerob zu behandeln. Der aerobe Schritt erfolgt dann in einer Nachbehandlung.

Tabelle 4.12 Vergleich aerober und anaerober Verfahren zur Abwasserreinigung (nach /4-16/)

Aerobe Abwasserreinigung	Anaerobe Abwasserreinigung
Voraussetzungen • eher bei geringer Schmutzkonzentration • auch relativ kaltes Wasser • toxische Stoffe bedingt erlaubt	Voraussetzungen • nur bei hoch konzentrierten Abwässern einsetzbar (> 2 000 mg CSB/l) • höhere Wassertemperatur erforderlich (> 25 °C) • keine toxischen Stoffe möglich • alkalische Abwässer ohne Vorneutralisation behandelbar
Verfahrensführung • nur kontinuierlicher Betrieb möglich • bei strengen Auflagen sind Ablaufwerte durch mehrere Stufen erreichbar • integrierte Stickstoff- und Phosphor-Entfernung möglich • viel Überschussschlammproduktion • geringe Raumbelastung • hohe kontinuierliche Energienachfrage • hoher Wartungsaufwand für Belüftung, Schlammentwässerung etc.	Verfahrensführung • Kampagnebetrieb problemlos möglich • bei strengen Auflagen aerobe Nachreinigung erforderlich • keine bedeutende Stickstoff- und Phosphor-Entfernung möglich • sehr wenig Überschussschlamm • hohe Raumbelastungen möglich • wenig Wartungsarbeiten, da wenig Aggregate
Rückstände • Schlamm	Rückstände • Biogas • deutlich weniger Schlamm

Kosten
• geringe Investitionskosten
• hohe Betriebskosten für
   o Strom aus Belüftung
   o Nährstoffe nötig
   o Schlammentsorgung
• auch als Kleinkläranlagen
	Kosten
	• oft höhere Investitionskosten
	• niedrige Betriebskosten, da
	   o geringer Stromverbrauch
	   o kaum Nährstoffe nötig
	   o kaum Überschussschlamm zur Entsorgung
	• nur bei relativ großen Frachten rentabel

4 Nebenprodukte, Rückstände und Abfälle

Für die Auslegung der biologischen Abwasserreinigung sind der Sauerstoffbedarf, der Phosphat- und Stickstoffgehalt sowie der Anteil der absetzbaren Stoffe entscheidend. Der Sauerstoffbedarf wird als chemischer Sauerstoffbedarf (CSB: Sauerstoffbedarf für die vollständige Oxidation der im Abwasser befindlichen Inhaltsstoffe) und biologischer Sauerstoffbedarf (BSB_5: Sauerstoffbedarf für die biologischen Abbauprozesse innerhalb von 5 Tagen) angegeben; der Quotient aus biologischem Sauerstoffbedarf (BSB_5) und chemischem Sauerstoffbedarf (CSB) liefert Hinweise auf die biologische Abbaubarkeit der im Abwasser befindlichen Inhaltsstoffe (gute Abbaubarkeit ist gegeben bei einem BSB_5/CSB-Verhältnis von 0,5 bis 0,85, als praktisch nicht abbaubar gelten Abwässer mit einem Verhältnis unter 0,1) /4-28/.

Bei den organisch belasteten Abwässern kann je nach Anfallort und Zusammensetzung zwischen kommunalen und industriellen Abwässern unterschieden werden.

Kommunal-Abwasser. Unter Kommunal-Abwasser wird das in Haushalten, kommunalen Einrichtungen (z. B. Schulen, Krankenhäuser) und dem Kleingewerbe (z. B. Wäschereien, Gaststätten) innerhalb einer Stadt oder Gemeinde anfallende Abwasseraufkommen verstanden. Im Mittel fallen die in Tabelle 4.13 angegebenen Schmutzmengen an.

Kommunal-Abwasser ist durch z. T. erhebliche und normalerweise stark schwankende Schmutzmengen gekennzeichnet, die sich etwa je zur Hälfte aus mineralischen Bestandteilen (u. a. Sand, Asche) und organischen Komponenten (u. a. Fäkalien, Speisereste) zusammensetzen. Das Abwasseraufkommen zeigt charakteristische Schwankungen im Tages- und Jahresverlauf hinsichtlich der anfallenden Mengen, der Zusammensetzung und der Schmutzfrachten. Der typische Tagesgang des Abwasseraufkommens ist z. B. durch ein Aufkommensminimum in den frühen Morgenstunden und ein Maximum in der Mittagszeit gekennzeichnet. Der Jahresgang zeigt geringe Abwassermengen in den Wintermonaten und ein hohes Wasseraufkommen während des Sommers. Sind entsprechende Gewerbebetriebe angeschlossen, wird die Zusammensetzung und Menge des "Mischabwassers" durch diese zusätzlichen Einleiter – je nach Branche und Größe der Betriebe – zusätzlich beeinflusst.

Für die Bemessung der biologischen Behandlung kommunaler Abwässer werden Erfahrungswerte für einwohnerspezifische Frachten z. B. von 120 g CSB/(EW d), 50 g BSB_5/(EW d) und 70 g TS /(EW d) genannt /4-48/; wichtig ist die Berücksichtigung der realen Gegebenheiten vor Ort.

Tabelle 4.13 Durchschnittliche Schmutzmengen im Kommunalabwasser in Deutschland (EW Einwohner) /4-38/

	Mineralischer Bestandteil	Organischer Bestandteil	*Summe*
	in g/(EW d) bzw. in g/m³ (in Klammer)		
Absetzbare Stoffe	20 (100)	30 (150)	*50 (250)*
Nichtabsetzbare Stoffe	5 (25)	10 (50)	*15 (75)*
Gelöste Stoffe	75 (375)	50 (250)	*125 (625)*
Summe	*100 (500)*	*90 (450)*	*190 (950)*

In kommunalen Abwasserreinigungsanlagen wird in der Regel in der vorgeschalteten mechanischen Reinigung sedimentierbares organisches Material abgetrennt. Danach wird das – in vielen Fällen mit Regenwasser stark verdünnte – Abwasser mit aeroben Mikroorganismen gereinigt; dabei entsteht ein aus Mikroorganismen bestehender Überschussschlamm.

Dieser Schlamm wird – und hier finden sich die Wurzeln der technischen Nutzung anaerober Gärprozesse – zur Volumenreduktion oft zusammen mit dem organisch belasteten Schlamm aus der mechanischen Stufe in einem Faulturm anaerob vergoren (sogenannter Klärschlamm). Dabei entsteht Klärgas, das im Regelfall energetisch genutzt wird. Ursprünglich stand dabei nicht die Erzeugung von erneuerbarer Energie im Vordergrund, sondern eine Stabilisierung des Klärschlamms bei möglichst geringem Schlammvolumen. Heute sind allerdings die Faultürme der Klärwerke zum größten Teil mit Blockheizkraftwerken (BHKW) nachgerüstet worden, die den Energieinhalt des Bio- bzw. Klärgases nutzbar machen und wesentlich zur Energieversorgung des Klärwerks beitragen.

Das einwohnerspezifische Klärschlammaufkommen aus kommunalen Kläranlagen liegt in Deutschland bei ca. 34 kg/(EW a) (Trockenmasse). In der Vergangenheit wurde der Klärschlamm zur guten Hälfte in der Landwirtschaft und im Garten- und Landschaftsbau verwertet; jedoch sind die landwirtschaftlich eingesetzten Mengen aus Umweltschutzgründen gegenwärtig deutlich rückläufig /4-21/. Deshalb stehen derzeit für etwa zwei Drittel des anfallenden Klärschlammaufkommens thermische Verwertungskapazitäten zur Verfügung (u. a. Mono-Klärschlamm-Verbrennungsanlagen, Müllverbrennungsanlagen, Mitverbrennungskapazitäten in Steinkohlekraftwerken, Mitvergasung im SVZ Schwarze Pumpe), die gegenwärtig etwa zur Hälfte genutzt werden. Hier könnten Aspekte der Phosphatrückgewinnung künftig an Bedeutung gewinnen /4-32/.

Das spezifische Klärgasaufkommen liegt bei etwa 0,52 m^3/kg organischer Trockenmasse im Klärschlamm. Klärgas ist in seiner Zusammensetzung ähnlich wie Biogas /4-24/.

Industrielle Abwässer. Organisch belastete Industrieabwässer sind oft durch sehr starke Schwankungen in der Menge sowohl im Jahres- als auch im Tagesverlauf gekennzeichnet. Besonders große Schwankungen, sowohl in der Abwassermenge als auch in dessen organischer Belastung, werden oft in Kampagnebetrieben beobachtet (z. B. Zuckerfabriken, Brennereien, Gemüseverarbeitung). Auch kann der Abwasseranfall u. U. auch innerhalb derselben Wirtschaftszweige – je nach eingesetzter Verfahrenstechnik – stark variieren; beispielsweise führen Prozesswasserkreisläufe zu deutlich reduzierten Abwassermengen. Im groben Durchschnitt fallen pro Einwohner und Jahr rund 2 bis 3 m^3 Industrieabwasser an; die typischen Belastungen liegen zwischen 1 000 und 100 000 g CSB/l (Abb. 4.4). Das industrielle Klärschlammaufkommen aus biologisch behandeltem Abwasser lag beispielsweise im Jahr 2000 bei ca. 10 kg/(EW a) (Trockenmasse) und wurde überwiegend thermisch genutzt /4-21/.

In den letzten Jahren führte die Forschung im Bereich der Vergärung von flüssigen Substraten (z. B. Schlämme) zur Entwicklung von Hochleistungsreaktoren, mit denen organisch belastete Industrieabwässer in einem Bruchteil der Verweilzeit von konventionellen Biogasanlagen vergoren werden können. Anaerobe Pro-

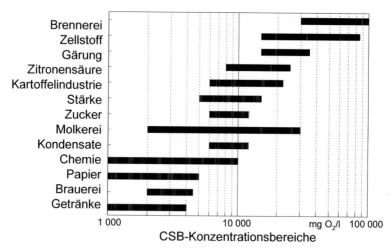

Abb. 4.4 CSB-Konzentrationsbereiche von Abwasser verschiedener Branchen (nach /4-46/)

zesse können damit mit aeroben Verfahren für die Reinigung stark belasteter Industrieabwässer konkurrieren.

Bei einer separaten Behandlung vor Ort kann die organische Fracht einfacher – ggf. unter Bereitstellung eines Energieträgers – reduziert werden, da sie dann i. Allg. unverdünnt genutzt werden kann. Zudem bietet eine Behandlung vor Ort den Vorteil, dass für ein spezifisches Abwasser die jeweils optimale Behandlungstechnik eingesetzt werden kann; beispielsweise können bestimmte industrielle Abfallstoffe durch die aeroben Bakterien einer kommunalen Abwasserbehandlungsanlage nur ungenügend abgebaut werden. Zusätzlich kommen heute vermehrt auch Technologien zum Einsatz, um dünne Abwässer aufzukonzentrieren (z. B. Umkehrosmose, Nanofiltration). Dabei entsteht neben einem weitgehend sauberen Abwasserstrom ein Konzentrat, welches durch Vergärung energetisch genutzt werden kann.

5 Bereitstellungskonzepte

Die Biomassebereitstellung ist der Abschnitt im "Lebensweg" der Biomasse, durch den sichergestellt wird, dass diese zur richtigen Zeit mit der geforderten Qualität und Quantität am Ort der jeweiligen Konversionsanlage (z. B. Feuerungsanlage für Hackschnitzel, Biogasanlage für Exkremente, Ethanolanlage für Zuckerrüben) verfügbar ist. Neben dem Begriff der Biomassebereitstellung wird vielfach auch – in Anlehnung an andere Bereiche unserer Volkswirtschaft – der Begriff der Biomasselogistik verwendet.

Historisch gesehen kommt der Begriff der Logistik aus dem Militärwesen. Sie stellte den Nachschub für das Heer sicher. Ursprünglich als Hauptfunktion der Materialwirtschaft verstanden, wird Logistik heute vor allem als betriebliche Querschnittsfunktion über die Bereiche Beschaffung, betriebliche Leistungserstellung (Produktion im weiteren Sinne) und Absatz gesehen. Konkreter wird Logistik daher gegenwärtig definiert als integrierte Planung, Organisation, Steuerung, Abwicklung und Kontrolle des gesamten Material- und Warenflusses mit den damit verbundenen Informationsflüssen, beginnend beim Lieferanten, durch die (eigenen) betrieblichen Wertschöpfungsstufen (z. B. Produktions- und/oder Distributionsstufen) bis zur Auslieferung der Produkte beim Kunden inklusive der Abfallentsorgung und des Recyclings.

Die Logistik (im weitesten Sinn) sorgt damit für die sichere Verfügbarkeit insbesondere von Gütern und Informationen. Dies umfasst traditionell Prozesse zur Überbrückung von Raum (Transport) und Zeit (Lagerung) und damit alle Maßnahmen zur Sicherstellung des Flusses von Gütern. Deshalb wird die Logistik auch als Teil des Supply Chain Managements verstanden, das den effizienten und effektiven Hin- und Rückfluss von Gütern, Diensten und damit verbundenen Informationen zwischen dem Ursprung und dem Verbrauchspunkt plant, implementiert und steuert, so dass die Anforderungen der Kunden erfüllt werden.

Aufgrund zunehmender Bedeutung hat sich die Logistik zwischenzeitlich zu einem umfassenden Managementkonzept entwickelt. Vor diesem Hintergrund wird unter der Logistik ein spezieller Führungsansatz zur Entwicklung, Gestaltung, Lenkung und Realisation effektiver und effizienter Flüsse von Objekten (Güter, Informationen, Gelder, Personen) in unternehmensweiten und -übergreifenden Wertschöpfungssystemen verstanden. Pragmatischer wird dies auch durch die "6 R" der Logistik ausgedrückt: Es gilt – kundenorientiert und kostenminimal – das richtige Produkt, zur richtigen Zeit, zum richtigen Preis, am richtigen Ort, in der richtigen Menge und der richtigen Qualität bereitzustellen.

Dies kann durch die sogenannte logistische Kette (d. h. der Weg vom Hersteller bis zum Endkunden) oder bezogen auf die Bioenergie durch die Bereitstellungskette realisiert werden, indem Schnittstellen, die Grenzen darstellen und den logistischen Fluss behindern, intelligent miteinander verbunden werden. Das Ziel der

5 Bereitstellungskonzepte

logistischen Kette ist es folglich, diese Schnittstellen in Nahtstellen zu transformieren, indem sie durchgängig abgestimmt und Prozessabläufe systemübergreifend gesteuert werden. Durch dieses Zusammenfassen von Prozessketten wird die Duplizierung logistischer Aktivitäten vermieden. Transporteinheiten werden aufeinander abgestimmt, wodurch der Umschlagsaufwand vermindert wird.

Vor diesem Hintergrund werden nachfolgend wesentliche Bereitstellungskonzepte näher diskutiert. Dabei wird unterschieden zwischen Konzepten für Holz (z. B. Holz aus Kurzumtriebsplantagen) sowie halmgutartige (z. B. Stroh) und sonstige Biomassen (z. B. Exkremente, Rapssaat). Die dabei verfolgten Konzepte werden wesentlich durch die entsprechenden Ernteverfahren (Kapitel 6) und die damit ggf. gekoppelten Aufbereitungstechniken (Kapitel 7) sowie die jeweiligen Transport-, Lagerungs-, Konservierungs- und Trocknungsverfahren (Kapitel 8) bestimmt. Unter den im Folgenden dargestellten Bereitstellungskonzepten wird die jeweils optimale Kombination von Ernte, Transport, Lagerung und ggf. Trocknung, Konservierung und Aufbereitung verstanden (Abb. 5.1). Zuvor werden aber wesentliche Randbedingungen und Anforderungen, durch die solche Bereitstellungskonzepte charakterisiert sind, beschrieben.

Unter der "Aufbereitung" werden hier im Wesentlichen nur mechanische Prozesse zusammengefasst, durch welche die physikalischen Eigenschaften der geernteten bzw. verfügbar gemachten Biomasse u. U. verändert werden. Weitergehende Umwandlungsprozesse, durch die z. B. die chemischen Brennstoffeigenschaften verändert werden, zählen damit nicht zur Aufbereitung im Sinne dieser Definition. Sie werden hier unter der "Umwandlung" zusammengefasst, die sich an die Biomassebereitstellung anschließt (d. h. Verbrennung und thermo-chemische Umwandlung (Kapitel 9 bis 12), physikalisch-chemische Umwandlung (Kapitel 13), bio-chemische Umwandlung (Kapitel 14 bis 16)).

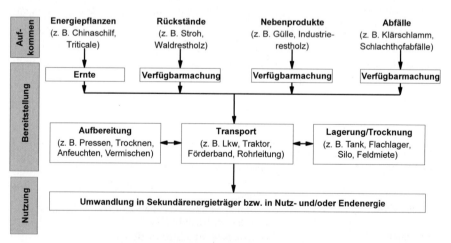

Abb. 5.1 Einbettung der Bereitstellung in die Biomasseversorgungsketten

5.1 Randbedingungen und Anforderungen

Die zu realisierenden Logistiksysteme müssen den Eigenschaften der Biomasse, wie sie von der Konversionsanlage gefordert wird, Rechnung tragen. Ziel ist es dabei, eine Konversionsanlage mit einer bestimmten Menge an Brennstoff bzw. Substrat einer definierten Qualität zu dem jeweils festgelegten Zeitpunkt sicher zu versorgen. Zusätzlich sind aber weitere Anforderungen, denen ein entsprechendes Logistikkonzept Rechnung tragen muss, gegeben.

Derartige, ein Logistiksystem definierende Aspekte werden nachfolgend diskutiert /5-32/. Dazu zeigt Tabelle 5.1 eine Auswahl entsprechender chemisch-stofflicher und physikalisch-mechanischer Merkmale, welche die jeweilige Bereitstellungs- bzw. Logistikkette beeinflussen; sie sind im Einzelnen ausführlich in Kapitel 3 und 4 sowie 9, 13, 15 und 16 beschrieben.

Energieinhalt und Inhaltsstoffe. Der massenspezifische Energieinhalt biogener Festbrennstoffe wird durch den Heizwert beschrieben. Er unterschiedet sich für die im deutschsprachigen Raum potenziell einsetzbaren energetisch nutzbaren Biomassen – bezogen auf die Trockenmasse – kaum und liegt grob zwischen 16,5 und

Tabelle 5.1 Ausgewählte Qualitätsmerkmale von Bioenergieträgern und ihre Auswirkungen (u. a. nach /5-35/)

Eigenschaften	Wichtigste Auswirkung
Chemisch-stoffliche Eigenschaften	
Wassergehalt	Lagerfähigkeit, Heizwert, Verluste, Selbstentzündung, Transportwürdigkeit
Inhaltsstoffe (beispielsweise) - Elementgehalte - vorhandene Stoffgruppen - Aschegehalt	Brennstoffausnutzung (Heizwert, Anlagenauslegung etc.), Emissionen und Störanfälligkeit (Staubemissionen, Ascheerweichung, Korrosion, Abbauhemmungen, Schwimmdeckenbildung etc.), Rückstandsverwertung (Asche, Schlempe, Presskuchen, Gärreste etc.)
Störstoffgehalt	Mechanische Schäden
Pilzsporen, Krankheitserreger	Gesundheitsrisiken für Mensch, Pflanze und Tier
Abbaubarkeit	Lagerungsverluste, Abbaurate, Produktertrag, Anlagenauslegung, Gärverhalten
Gasbildungspotenzial	Produktertrag
Silierverhalten	Lagerfähigkeit, Lagertechnologie
Physikalisch-mechanische Eigenschaften	
Lagerungsdichte	Transport- und Lageraufwendungen, Logistik
Teilchendichte	Umsetzungskinetik (u. a. Feuerungseigenschaften, Abbauraten)
Größenverteilung	Rieselfähigkeit, Brückenbildungsneigung, Trocknungseigenschaften, Staubbildung
Feinanteil	Lagerfähigkeit, Staubentwicklung
Spezifische Oberfläche	Abbaugeschwindigkeit, Aufwuchsfläche für Mikroorganismen, Zündfähigkeit
Temperatur, Wärmekapazität	Wärmebedarf zur Temperierung
Viskosität	Förderfähigkeit, Durchmischbarkeit
Abriebfestigkeit	Entmischung, Verluste, Staubentwicklung

19 MJ/kg Trockenmasse (TM). In der Praxis liegen die Biomassen jedoch mit unterschiedlichen Wassergehalten vor. Diese haben einen starken Einfluss auf den Energieinhalt bzw. den Heizwert. Hinzu kommt, dass unterschiedliche Biomassen z. T. stark verschiedenartige Anteile an unerwünschten Inhaltsstoffen haben können (z. B. kann der Chlorgehalt in Stroh z. T. erheblich schwanken). Auch kann der Ascheerweichungspunkt variieren.

Aufgabe der Biomassebereitstellung muss es vor diesem Hintergrund sein, Biobrennstoffe bzw. Biogassubstrate mit klar definierten und bekannten Inhaltsstoffen und damit vordefinierten physikalisch-mechanischen und chemisch-stofflichen Eigenschaften bereitzustellen. Dazu sind geeignete Kontrollmaßnahmen im Verlauf der gesamten Bereitstellungskette – beispielsweise eingebettet in ein entsprechendes Qualitätsmanagementsystem – zu implementieren.

Wassergehalt. Biomassen sind durch typische Wassergehalte bzw. Wassergehaltsbereiche bei der Ernte charakterisiert (Abb. 5.2), die bei verschiedenen Biomassefraktionen deutlich unterschiedlich sein können. Der Wassergehalt kann z. B. schwanken zwischen 10 % für auf dem Schwad getrocknetes Stroh bis hin zu über 80 % für erntefrische grüne Biomassen (z. B. Silomais, Grasschnitt). Dieser unterschiedliche Wassergehalt beeinflusst die Transporttechniken sowie die Lagerungsmöglichkeiten und -bedingungen und damit auch die benötigten Lager- und Transportkapazitäten.

Der Wassergehalt kann durch Trocknungsmaßnahmen (Kapitel 8) beeinflusst werden. Beispielsweise sind für holzartige Biomassen hier einfache und effektive Methoden verfügbar (z. B. Lagerung als Scheite oder Bündel über den Sommer). Biomassen mit einem hohen Wassergehalt (z. B. Silomais) sind in der Regel sehr aufwändig zu trocknen; sie sollten daher eher in bio-chemischen Konversionspfaden (z. B. zur Biogaserzeugung) und nicht als biogene Festbrennstoffe eingesetzt werden, wenn keine kosten- und energieeffiziente Trocknung realisiert werden kann.

Ausgehend davon muss es ein wesentliches Ziel funktionierender Bereitstellungssysteme sein, den Wassergehalt der jeweiligen Biomasse mithilfe entsprechender Prozesse so einzustellen, dass sowohl eine Lagerung problemlos möglich ist als auch dass die Anforderungen der Endnutzungstechnologie eingehalten werden.

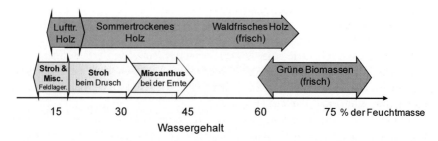

Abb. 5.2 Variation der Wassergehalte unterschiedlicher fester Bioenergieträger zu unterschiedlichen Zeiten (lufttr. lufttrocken; Misc. Miscanthus; Feldlager. Feldlagerung)

Ernte-Zeitfenster. Um einerseits den Aufwand für die Trocknung der Biomasse zu minimieren und andererseits den Vorgaben des Pflanzenbaus Rechnung zu tragen, müssen i. Allg. bestimmte Zeitfenster für die Ernte eingehalten werden. Darunter sind Zeiträume zu verstehen, innerhalb derer die Biomasse aus technischer, ökonomischer und ökologischer Sicht optimal geerntet werden kann. Abb. 5.3 zeigt exemplarisch entsprechende Ernte-Zeitfenster.

Damit ist es die Aufgabe eines angepassten Bereitstellungskonzepts, einen Ausgleich zu finden zwischen diesen unterschiedlichen Ernte-Zeitfenstern und der jeweiligen Brennstoffnachfrage (z. B. nach Wärme; siehe Abb. 5.3). Dazu ist i. Allg. eine Lagerung des Brennstoffs zwingend notwendig. Dies impliziert, dass nahezu jedes Logistikkonzept mit einer entsprechenden Lagerstrategie gekoppelt sein muss.

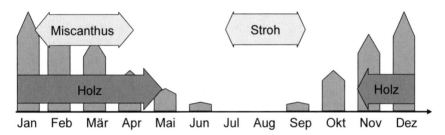

Abb. 5.3 Ernte-Zeitfenster unterschiedlicher biogener Festbrennstoffe und schematische Wärmenachfrage im Jahresverlauf

Lagerung. Die Lagerung dient der Überbrückung der Zeitspanne zwischen dem Anfall der Biomasse und ihrer energetischen Nutzung. Sie trägt zusätzlich zur sicheren Brennstoffversorgung bei und kann z. B. beim Brennstoffproduzenten, beim Zwischenhandel und/oder am Standort der Konversionsanlage erfolgen. Die letztendlich realisierte Lagerstrategie als integraler Bestandteil eines Bereitstellungskonzeptes ist dabei eine Frage der individuellen Optimierung der jeweiligen Bereitstellungskette auf der Grundlage der entsprechenden Randbedingungen vor Ort (u. a. jahreszeitlich unterschiedliches Biomasseangebot, jahreszeitlich verschiedenartige Biomassenachfrage). Somit ist die Lagerung ein unverzichtbarer Bestandteil jeder Biomassebereitstellungskette, zumal der Zeitpunkt des Biomasseanfalls (z. B. Sommer) oft nicht mit dem Zeitpunkt der hauptsächlichen Biomassenutzung (z. B. Heizwärmenutzung im Winter) übereinstimmt (Abb. 5.3).

Biomasse kann mit Hilfe einer Vielzahl unterschiedlicher Verfahren und Techniken gelagert werden. Es kann unterschieden werden zwischen einer Bodenlagerung im Freien, einer Lagerung in Gebäuden und einer Kurzzeitlagerung an der eigentlichen Konversionsanlage (Kapitel 8).

Während der Lagerung von organischem Material laufen immer – in unterschiedlichem Ausmaß – natürliche biologische Ab- und Umbauvorgänge ab. Sie sind im Hinblick auf daraus möglicherweise resultierende Probleme (z. B. Selbsterwärmung und Selbstentzündung von Hackgut) dann von Bedeutung, wenn die sie verursachenden Organismen über eine ausreichend lange Zeitperiode (d. h. Lagerdauer) günstige Lebensbedingungen vorfinden (z. B. eine hohe Materialfeuchte bei ausreichend hohen Temperaturen).

Aufgabe der Bereitstellung ist es in diesem Kontext, die unterschiedlichen Möglichkeiten der Lagerung unter Minimierung der damit verbundenen unerwünschten Auswirkungen in das jeweilige Bereitstellungskonzept sinnvoll zu integrieren

Dichte. Die Schütt-/Stapeldichte beschreibt die Dichte von Häckselgut, Hackschnitzeln oder Pellets in Haufwerken (Schüttdichte) bzw. von gestapelten Ballen oder Bündeln (Stapeldichte). Die Dichte der bereitgestellten Biomasse bestimmt entscheidend die benötigten Lager- und Transportkapazitäten und damit auch die Gestaltung des gesamten Bereitstellungskonzeptes. Dabei ist die Brennstoffdichte weniger von der eigentlichen Biomasse als von der gewählten Aufbereitung (Trocknung, Zerkleinerung, Verdichtung etc.) abhängig. Typische Schütt-/Stapeldichten für ausgewählte biogene Festbrennstoffe zeigt exemplarisch (Abb. 5.4).

Aus diesen Dichten kann – unter Berücksichtigung typischer Heizwerte – die Energiedichte abgeleitet werden. Sie liegt zwischen 1,5 GJ/m^3 für Strohballen und 8 bis 9,5 GJ/m^3 für Pellets und variiert damit um den Faktor 5 bis 6 (vgl. hierzu auch Kapitel 9.1). Für den Transport und die Lagerung z. B. von Strohballen oder Holzhackschnitzeln ist damit das fünf- bis sechsfache Volumen vorzusehen gegenüber dem Transport von Stroh- oder Holzpellets.

Im Vergleich zu flüssigen Bioenergieträgern (z. B. Methanol, Ethanol, Fischer-Tropsch-Diesel) zeigen biogene Festbrennstoffe insgesamt eine deutlich geringere Energiedichte, so dass selbst für Pellets das zwei- bis dreifache Transport- und Lagervolumen gegenüber dem für flüssige Bioenergieträger vorzuhalten ist.

Aufgabe eines integrierten und optimierten Bereitstellungskonzeptes ist es damit, für die jeweilige Biomassefraktion unter den standortspezifischen Randbedingungen die jeweils optimale Aufbereitungsform der Biobrennstoffe zu finden und damit u. a. die widerstrebenden Anforderungen zwischen einer maximalen (teuren)

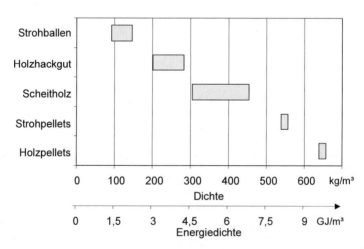

Abb. 5.4 Dichte und Energiedichte unterschiedlicher biogener Festbrennstoffe (bei 15 % Wassergehalt)

5.1 Randbedingungen und Anforderungen

Verdichtung und einer damit möglichen Minimierung der Transportaufwendungen sowie einer weniger aufwändigen Verdichtung und damit ggf. höheren Transportkosten standortspezifisch – jeweils unter Berücksichtigung beispielsweise der entsprechenden Biomasseeigenschaften und der Anforderungen der jeweiligen Konversionsanlage – kostenminimal zu lösen.

Transport. Ein wesentliches Systemelement eines Bereitstellungssystems ist der Transport /5-36/. Dabei wird die Art des Transports einerseits von der Transportentfernung und andererseits von den physikalisch-mechanischen Eigenschaften (u. a. Volumen bzw. Gewicht, Schütt- bzw. Stückgut) und – jedoch deutlich eingeschränkter – von den chemisch-stofflichen Kenngrößen (z. B. toxische Wirkung, kunststofflösende Eigenschaften) der zu transportierenden Biomassen bzw. Bioenergieträger beeinflusst.

Unabhängig von den Brennstoffeigenschaften kommen für unterschiedliche Entfernungen unterschiedliche Transporttechniken zum Einsatz. Im Allgemeinen handelt es sich dabei um Traktor-, Lkw-, Bahn- und Schiffstransporte, die für jeweils unterschiedliche Transportentfernungen eingesetzt werden (Abb. 5.5).

Hinzu kommt, dass die Auslastung des Transportmittels (d. h. Volumen- oder Massenvollauslastung) wesentlich von den Eigenschaften der zu transportierenden Biomassen bzw. Bioenergieträger beeinflusst wird. Beispielsweise ist bei einem Transport von Rundballen auf einem landwirtschaftlichen Anhänger weder eine Volumen- noch eine Massenvollauslastung möglich.

In diesem Kontext ist es die Aufgabe der Logistik, einerseits das am besten geeignete bzw. die am besten geeigneten Transportmittel und andererseits die optimal an die physikalisch-mechanischen (und chemisch-stofflichen) Brennstoffeigenschaften angepasste Konfiguration der jeweiligen Transportmittel zu identifizieren und dadurch die Kosten innerhalb des Gesamtbereitstellungskonzeptes zu minimieren.

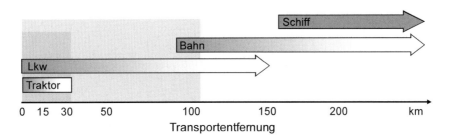

Abb. 5.5 Transportmöglichkeiten für unterschiedliche biogener Festbrennstoffe in Abhängigkeit von der Transportentfernung

Qualitätsmanagement. Entlang einer Bereitstellungskette gibt es eine Vielzahl von Einflussfaktoren, welche die Qualität der Biobrennstoffe frei Endkunden beeinflussen können. Diese Einflussgrößen können einerseits durch die angewandten

Technologien bzw. Prozesse und andererseits durch die Managementstruktur der beteiligten Unternehmen verändert werden; d. h. die Biomasse- bzw. Biobrennstoffqualität wird entscheidend vom Zusammenspiel der einzelnen Prozesse untereinander – in Abhängigkeit von den jeweiligen Einflussgrößen – bestimmt. Ein Qualitätsmanagementsystem muss demnach mögliche Einflussfaktoren auf die Qualität des Brennstoffs bzw. des Substrats durch Analyse der betrachteten Prozesskette identifizieren helfen und erforderliche Maßnahmen zur Sicherung der vom jeweiligen Kunden gewünschten Qualität vorgeben.

Für den Aufbau eines an die jeweiligen Randbedingungen angepassten Qualitätsmanagementsystems /5-33/, /5-34/ ist es erforderlich, den Focus – und damit die anzuwendenden Maßnahmen – Fall-spezifisch festzulegen. Für biogene Festbrennstoffe beispielsweise liegt der Schwerpunkt notwendigerweise auf der Sicherung der Brennstoffqualität. Qualitätskontrolle bedeutet dabei die Auswahl und Anwendung geeigneter Probennahme- und Testverfahren. Damit kann jedoch nicht direkt die Qualität der Brennstoffe beeinflusst, sondern diese lediglich nach vordefinierten Kriterien bewertet werden. Da aber jede Probennahme und jedes Testverfahren Kosten verursacht und daher mit Bedacht anzuwenden ist, sollte durch Maßnahmen der Qualitätssicherung die Testhäufigkeit reduziert werden; damit sind mittel- und langfristig Kosteneinsparpotenziale erschließbar. Qualitätssicherung hat damit zum Ziel, die vom Kunden geforderte Qualität sicher und stetig zu gewährleisten.

Dabei ist zwischen technischer Qualität, also Produktqualität, und der Qualität der Leistungserbringung, also der Performance des Unternehmens, zu unterscheiden. Produktqualität bezieht sich bei biogenen Festbrennstoffen auf die geforderten Brennstoffparameter. Die Qualität der Leistungserbringung bezieht sich u. a. auf die geforderte Rückverfolgbarkeit, Dokumentation und Qualitätsnachweise sowie auf die kostengünstige Bereitstellung des geforderten Brennstoffproduktes und damit auf die Effektivität bzw. Effizienz der Prozesse (Abb. 5.6). Beiden Aspekten kann durch Maßnahmen der Qualitätssicherung als Teil eines übergeordneten Qualitätsmanagementsystems Rechnung getragen werden. Dabei ist jeder Folgeprozessschritt innerhalb der jeweiligen Bereitstellungskette an der Definition

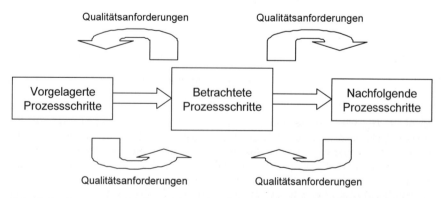

Abb. 5.6 Ansatz zur Qualitätssicherung bei biogenen Festbrennstoffen (nach /5-33/, /5-34/)

der Qualitätsanforderungen beteiligt. Entsprechend müssen die Qualitätsanforderungen seitens der jeweils vor- und vor allem der nachgelagerten Prozesse innerhalb der betrachteten Prozesskette stetig erfüllt werden.

Das Ziel eines derartigen Qualitätsmanagements ist es damit, genau die Qualität sicher zu gewährleisten, auf die sich Anbieter und Abnehmer geeinigt haben. Dabei ist es letztlich gleichgültig, ob die Brennstoffparameter einer Brennstoffnorm folgen oder aber auf bilateralen Vereinbarungen zwischen Anbieter und Abnehmer basieren. Denn was unter Qualität zu verstehen ist, bestimmt letztlich der Kunde. Qualität in diesem Sinne bedeutet also nicht unbedingt eine hohe Brennstoffqualität, sondern die Gewährleistung von stetiger Qualität nach Kundenwunsch.

Aufgabe eines erfolgreichen Bereitstellungskonzeptes muss es damit sein, durch geeignete Maßnahmen sicherzustellen, dass die vom Endkunden gewünschte bzw. geforderte Qualität sicher eingehalten werden kann.

Brennstoffmengen, Flächenbedarf und Einzugsgebiete. Eine wesentliche Anforderung an ein Bereitstellungssystem ist es, die benötigten Brennstoffmengen sicher und zu dem geforderten Zeitpunkt bereitzustellen (Abb. 5.7). Dies geht einher mit einem entsprechenden Flächenbedarf bzw. Einzugsradius, der zusätzlich von den Möglichkeiten der infrastrukturellen Einbindung bestimmt wird. Dabei ergibt sich je nach eingesetzter Konversionstechnik ein unterschiedlicher Biomas-

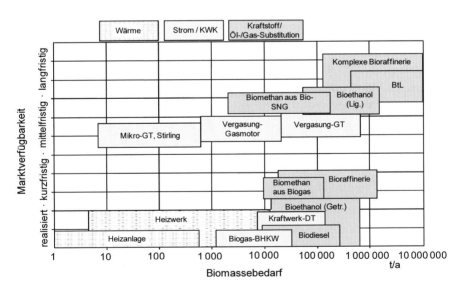

Abb. 5.7 Typischer Biomassebedarf bei unterschiedlichen Biomassenutzungstechnologien (BHKW Blockheizkraftwerk, DT Dampfturbine, Getr. Getreide, Bioraffinerie Biogasanlage mit zusätzlicher Erzeugung von Produkten für die stoffliche Nutzung, GT Gasturbine, Bio-SNG synthetisiertes Methan (d. h. Synthetic Natural Gas), Lig. Lignocellulose, BtL flüssige Bioenergieträger aus fester Biomasse (d. h. Biomass to Liquid), Komplexe Bioraffinerie Anlage mit dem Ziel der Erzeugung von Energie und Produkten zur stofflichen Nutzung bzw. einer Nutzung beliebiger Biomassefraktionen in der chemischen Industrie, KWK Kraft-Wärme-Kopplung)

sebedarf, der – je nach Anlagenleistung und Konversionsanlagentyp – eine sehr große Bandbreite aufweisen kann. Insbesondere die gegenwärtig diskutierten Konversionsanlagen zur Bereitstellung von Synthesekraftstoffen (z. B. Fischer-Tropsch-Diesel) sind durch eine sehr große Biomassenachfrage gekennzeichnet. Die in Abb. 5.7 gezeigte Zusammenstellung von Brennstoffbedarfsmengen ist als Beispiel für unterschiedliche heute verfügbare oder zukünftig mögliche Nutzungskonzepte zu interpretieren.

Außer durch die Anforderungen der Konversionsanlage werden der Flächenbedarf und damit auch das Einzugsgebiet wesentlich von der flächenspezifischen Verfügbarkeit land- und forstwirtschaftlicher Biomassen bestimmt. Dieser Flächenbedarf hängt zunächst ab vom Energieertrag auf der Fläche, d. h. wie viel Biomasse bzw. Bioenergie pro Hektar produziert werden kann. Typische Kennwerte für günstige Produktionsstandorte in Mitteleuropa zeigt Abb. 5.8. Je nach Bodenqualität, klimatischen Bedingungen, der eingesetzten Agrartechnik sowie dem Aufwand für Düngemittel sowie für Pflanzenschutz und -behandlung können die in dieser Grafik angegebenen Erträge aber auch deutlich anders ausfallen. Beispielsweise unterscheiden sich die flächenspezifischen Erträge bei Festbrennstoffen zwischen den betrachteten Kulturen und Technologien um bis zu 40 %.

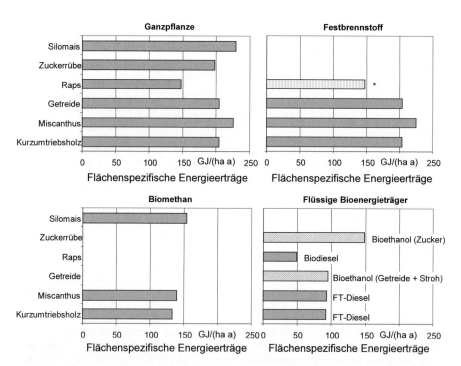

Abb. 5.8 Flächenspezifische Energieerträge unterschiedlicher Biomassen und Bioenergieträger am Beispiel Deutschlands (oben links: kumulierter Energieinhalt von Energiepflanzen (Heizwertbasis); oben rechts: Ertrag an festen Bioenergieträgern; unten links: Ertrag an gasförmigen Bioenergieträgern (Methan); unten rechts: Ertrag an flüssigen Bioenergieträgern) (FT-Diesel Fischer-Tropsch-Diesel; * technisch nur eingeschränkt geeignet)

5.1 Randbedingungen und Anforderungen

Aus den benötigten Brennstoffmengen einerseits und den flächenspezifischen Energieerträgen andererseits resultieren sehr verschiedenartige Produktionsflächen und daraus jeweils unterschiedliche Einzugsgebiete für die biogenen Festbrennstoffe. Tabelle 5.2 zeigt deshalb exemplarisch für Anlagen zur Nutzung biogener Festbrennstoffe mit unterschiedlichen thermischen Leistungen, die für (i) ein Heizwerk bzw. eine kleinere Biogasanlage, (ii) ein (Heiz-)Kraftwerk bzw. eine größere Biogasanlage, (iii) ein (großes) Kraftwerk oder eine (kleine) BtL-Anlage und (iv) eine (große) BtL-Anlage typisch sind, den Biobrennstoffenergiebedarf und den daraus resultierenden Biomasseeinsatz.

Deutlich wird, dass die hier betrachteten Anlagen z. T. erhebliche Brennstoffmengen benötigen. Diese werden wesentlich vom Wassergehalt bzw. der Dichte beeinflusst. Demnach liegt der Biomasseeinsatz – in Abhängigkeit vom Wassergehalt – bei der kleinen bzw. mittleren Anlage um die 9 100 bzw. 91 000 t/a sowie bei der großen Anlage bei ca. 0,91 Mio. t/a und bei der sehr großen Anlage um die 3,6 Mio. t/a – jeweils bezogen auf einen geringen Wassergehalt der Biomasse von 20 %. Liegt der Wassergehalt höher, erhöhen sich die Brennstoffmengen entsprechend. Auch deshalb sind bei den Biogasanlagen die Mengen entsprechend höher.

Bei einer Schüttdichte von rund 400 kg/m^3 umfasst dieser Biomasseeinsatz etwa 22 800 bzw. 228 000 m^3/a für die kleine bzw. mittlere Anlage bis hin zu 9,1 Mio. m^3/a für die sehr große Anlage. Damit wird das zu transportierende Volumen außer von der Schüttdichte auch stark vom Wassergehalt bestimmt. Daraus wird deutlich, dass die Lagerung bei den größeren Anlagen wegen der großen benötigten Kapazitäten sinnvollerweise nur dezentral (z. B. beim Produzenten, an logistisch viel versprechenden Umschlagspunkten) erfolgen kann.

Der Lagerraumbedarf kann grundsätzlich reduziert werden, wenn die Biomassen zu unterschiedlichen Erntezeitpunkten bereitgestellt werden. Allerdings wird die Mehrzahl der hier untersuchten festen Biomassen im Winter bzw. Frühling

Tabelle 5.2 Brennstoffbedarf und Biomasseeinsatz für unterschiedliche Anlagengrößen

		Klein-anlage	Mittlere Anlage	Groß-anlage	Sehr große Anlage
Thermische Leistung	in MW$_{Input}$	5	50	500	2 000
Volllaststunden	in h/a	7 500	7 500	7 500	7 500
Brennstoffenergiebedarf	in GWh/a	37,5	375	3 750	15 000
Masseeinsatz					
Festbrennstoffe	in 1 000 t/a[a]	9,1	91	910	3 650
	in 1 000 t/a[b]	13,5	135	1 350	5 400
Biogassubstrate	in 1 000 t/a[c]	19,2			
	in 1 000 t/a[d]	20,3			
Volumeneinsatz					
Festbrennstoffe	in 1 000 m^3/a[e]	45,6	456	4 560	18 240
(Wassergehalt 20 %)	in 1 000 m^3/a[f]	22,8	228	2 280	9 120
	in 1 000 m^3/a[g]	15,2	152	1 520	6 080
Biogassubstrate	in 1 000 m^3/a[g]	31,9			
(Wassergehalt 65 %)	in 1 000 m^3/a[h]	27,4			

[a] 20 % Wassergehalt; [b] 40 % Wassergehalt; [c] 65 % Wassergehalt; [d] 75 % Wassergehalt; [e] 200 kg/m^3; [f] 400 kg/m^3; [g] 600 kg/m^3; [h] 700 kg/m^3

geerntet, so dass lediglich die Kombination von Stroh mit Holz oder Miscanthus einen Effekt erwarten lässt. Bei einer solchen Kombination wären jeweils nur Biomassen für die Hälfte des Jahres vorzuhalten, so dass sich der Lagerraumbedarf bei einer mittleren Dichte auf ca. 11 400 m³/a für die Kleinanlage bzw. ca. 4,5 Mio. m³/a für die Großanlage vermindert.

Diese Brennstoffmengen müssen dann frei Konversionsanlage verfügbar gemacht werden. Daraus resultiert ein entsprechender Flächenbedarf, der in Tabelle 5.3 dargestellt ist. Der Flächenbedarf für Rückstände, Nebenprodukte und Abfälle beinhaltet Wald- bzw. Ackerflächen, die zur Holzproduktion für die stoffliche Nutzung bzw. zur Getreideproduktion verwendet werden, und wo zusätzlich derartige feste Biomassen (d. h. Waldrestholz, Stroh) anfallen. Für die verschiedenen Anlagenkonzepte errechnet sich der Flächenbedarf aus dem mittleren Biomasseertrag; beispielsweise müssen bei der energetischen Nutzung von Stroh mit einem durchschnittlichen energetisch verfügbaren Ertrag von 3,4 t/(ha a) bei der hier betrachteten Kleinanlage rund 2 700 ha und bei der sehr großen Anlage rund 1 Mio. ha Getreideanbauflächen vorhanden sein.

Der Flächenbedarf für Energiepflanzen beinhaltet Ackerflächen. Er liegt beispielsweise beim Kurzumtriebsplantagenholz zwischen ca. 900 ha für die Kleinanlage und rund 360 000 ha für die sehr große Anlage. Bei Energiepflanzen mit einem spezifisch höheren Biomasseertrag sind die benötigten Flächen entsprechend geringer; grundsätzlich gilt, dass der Flächenbedarf proportional zum steigenden Ertrag abnimmt.

Dabei kann aber nicht davon ausgegangen werden, dass um eine Biomasseanlage nur Flächen vorhanden sind, auf denen Biomasse geerntet werden kann; i. Allg. gibt es immer ein jeweils unterschiedliches Gemisch aus Waldflächen, landwirtschaftlichen Nutzflächen, Siedlungsflächen und sonstigen Flächen. Unter Berücksichtigung dieser sonstigen, nicht zur Biomassenutzung geeigneten Flächen lässt sich das Biobrennstoff-Einzugsgebiet der untersuchten Anlagen ableiten (Tabelle 5.4).

Tabelle 5.3 Jährlicher Flächenbedarf für unterschiedliche Anlagengrößen

	Energieertrag in GJ/(ha a) (in t/(ha a))	Kleinanlage	Mittlere Anlage	Großanlage	Sehr große Anlage
			in 1 000 ha		
Rückstände, Nebenprodukte, Abfälle					
Waldrestholz	15 (1)	9,0	90	900	3 600
Stroh[c]	50 (3,4)[c]	2,7	27	270	1 080
Energiepflanzen					
Kurzumtriebsholz[a]	150 (10)	0,9	9	90	360
Miscanthus[a]	225 (15)	0,6	6	60	240
Mais[b]	255 (22)	0,5			
Ganzpflanzensilage[b]	175 (15)	0,8			

[a] biogene Festbrennstoffe; [b] Biogassubstrate; [c] Annahme: ca. zwei Drittel des gesamten Strohertrags stehen für die energetische Nutzung zur Verfügung

Tabelle 5.4 Biobrennstoff-Einzugsgebiet (Radius) für unterschiedliche Anlagengrößen (Annahme: kreisförmiges Einzugsgebiet)

	Flächenbasis in %	Kleinanlage	Mittlere Anlage	Großanlage	Sehr große Anlage
			in km		
Rückstände, Nebenprodukte, Abfälle[a]					
– in Vorzugsregionen	80	3,3	10,4	32,8	65,6
– in günstigen Regionen	60	3,8	12,0	37,8	75,7
– in ungünstigen Regionen	40	4,6	14,7	46,4	92,7
Energiepflanzen – Festbrennstoffe[b]					
– in Vorzugsregionen	50	2,7	8,5	26,8	53,5
– in günstigen Regionen	20	3,8	12,0	37,8	75,7
– in ungünstigen Regionen	10	5,4	16,9	53,5	107,0
Energiepflanzen – Biogassubstrate[c]					
– in Vorzugsregionen	40	2,1			
– in günstigen Regionen	20	2,9			
– in ungünstigen Regionen	10	4,1			

[a] Stroh; [b] Kurzumtriebsplantagenholz; [c] Mais

In Hinblick auf die Größe der Einzugsgebiete werden verschiedene Regionstypen unterschieden: "Vorzugsregionen" zeigen ein vergleichsweise besonders hohes Biomassepotenzial, "günstige Regionen" ein überdurchschnittliches Potenzial und "ungünstige Regionen" unterdurchschnittliche Ressourcen. Vorzugsregionen für Stroh stellen Regionen mit hoher Getreideproduktion dar und Vorzugsregionen für Waldrestholz Gegenden mit großen, nachhaltig genutzten Waldflächen, wie sie besonders in Nordeuropa gegeben sind. Vorzugsregionen für den Energiepflanzenanbau stellen Regionen mit einem großen für den Energiepflanzenanbau verfügbaren Ackerflächenanteil dar.

Die ermittelten Einzugsradien liegen bei den Energiepflanzen – exemplarisch für Kurzumtriebsplantagenholz – bei knapp 3 bis etwas mehr als 5 km für die Kleinanlage mit Festbrennstoffnutzung und bei 2 bis 4 km für die kleinere Biogasanlage auf der Basis von Maissilage. Bei größeren Anlagen können die Einzugsradien aber auch bis über 100 km für die sehr große Anlage erreichen. Bei Versorgung mit Energiepflanzen in günstigen Regionen sind die Radien i. Allg. deutlich geringer als bei der Versorgung mit Rückständen, Nebenprodukten und Abfällen.

In Hinblick auf die dann real zu überwindenden Transportentfernungen ist zu berücksichtigen, dass diese bei Lkw-Transporten bis zu 1,5-fach und bei Zugtransporten bis zu 2-fach höher sind als die Luftlinie. Damit erhöhen sich die tatsächlich zu überbrückenden Transportaufwendungen entsprechend.

Die Überwindung dieser Transportentfernungen ist aus ökonomischer Sicht umso lohnender, je höher der Heizwert und die Dichte und je besser die Lagerfähigkeit (z. B. niedriger Wassergehalt) ist. Tabelle 5.5 zeigt deshalb die für die Transportwürdigkeit relevanten Eigenschaften unterschiedlicher Biomassen. Demnach ist eine hohe Transportwürdigkeit aufgrund der hohen Energiedichte insbesondere bei holzartigen Biomassen und Saaten sowie bei Biokraftstoffen gegeben.

Tabelle 5.5 Kriterien für die Transportwürdigkeit und deren Erfüllung bei unterschiedlichen Biomassen

		hoher Heizwert	hohe Transportdichte	gute Lagerfähigkeit
Holz	Waldholz (Industrieholzsortimente)	x	x	x
	Waldrestholz / Schwachholz	x		x
	Industrierestholz	x	x	x
	Holzpellets	x	x	x
	Altholz	x	x	x
	Kurzumtriebsplantagenholz	x	x	x
Halmgutartige Biomasse	Stroh (z. B. Ballen)	x		x
	Energiegianzpflanzen (Getreide)	x		x
Früchte und Saaten	Getreidekörner	x	x	x
	Rapssaat (Sonnenblumensaat)	x	x	x
	Zuckerrüben			
Sonstige Biomasse	Industrielle Substrate (für Biogas)			
	Organische Abfälle			
	Klärschlamm			
	Maissilage			x

5.2 Bereitstellungsketten für Holzbrennstoffe

Holz kann als Brennholz in Form von Restholz (z. B. Waldrestholz, Industrierestholz, Altholz) und/oder als Energiepflanzen (d. h. Holz aus Kurzumtriebsplantagen) verfügbar gemacht werden. Aus derartigen Rohstoffen können sowohl Stückgutbrennstoffe (z. B. Stückholz, Holzscheite) als auch Schüttgutbrennstoffe (z. B. Hackgut, Holzpellets) bereitgestellt werden.

Neben dem traditionell genutzten "klassischen" Brennholz hat dabei Restholz aus dem Wald bzw. aus der holzbe- und -verarbeitenden Industrie derzeit die größte Bedeutung. Daneben wird aber auch Holz aus der Landschaftspflege und insbesondere Altholz als Energieträger eingesetzt. Abb. 5.9 zeigt die den verschiedenen Restholzfraktionen entsprechenden und teilweise konkurrierenden Bereitstellungspfade. Deren konkreter Aufbau wird zusammen mit den anderen holzartigen Biobrennstoffen nachfolgend näher diskutiert. Daneben wird auch auf die Bereitstellung von Holz aus Kurzumtriebsplantagen eingegangen.

5.2.1 Stückholz (Brennholz)

Das derzeit eingesetzte Stückholz ("Brennholz") stammt meist direkt aus dem Wald. Darüber hinaus kann Stückholz als Energieträger u. a. auch in der holzbe- und -verarbeitenden Industrie (d. h. Industrierestholz) und gelegentlich sogar aus Alt- und Recyclingholz gewonnen werden. Entsprechende Bereitstellungskonzepte werden exemplarisch nachfolgend erläutert.

5.2 Bereitstellungsketten für Holzbrennstoffe

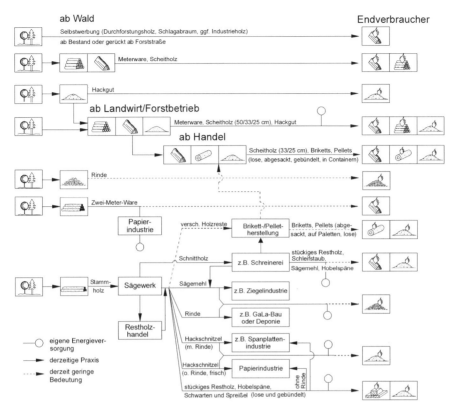

Abb. 5.9 Herkunft von Restholzbrennstoffen und exemplarische Bereitstellungswege vom Wald bis zum Endverbraucher /5-11/

Stückholz aus dem Wald. Die Basis für die Brennholzbereitstellung bilden Waldrest- oder Durchforstungshölzer, die als minderwertige Sortimente kaum einer stofflichen Nutzung zugeführt werden können. Die Holzwerbung im Wald und die Bereitstellung als ofenfertiges Scheitholz erfolgt in bestimmten Arbeitsschritten, die sich bei der praktischen Umsetzung ggf. in ihrer Reihenfolge ändern können, im Grundsatz aber nahezu immer vorhanden sind:
– Fällen,
– Rücken (Sammeln),
– Trocknen,
– Lagern des Rohholzes,
– Zerkleinern (mit Sägen und Spaltern),
– Transport ins End- oder Zwischenlager,
– Lagern des fertigen Brennholzes.

Innerhalb dieses Verfahrensablaufes stellt das Rücken einen wesentlichen die Kosten des Gesamtprozesses beeinflussenden Teilschritt dar. Größere Rückentfernungen sind daher nur dann sinnvoll, wenn das potenzielle Brennholz noch gemeinsam mit dem Nutzholz vom Ort der Fällung (Hiebort) zu einem zentralen

Aufbereitungsort transportiert wird, bevor es dort vom Nutzholz (z. B. Stammholz) getrennt wird. Findet diese Abtrennung jedoch bereits am Hiebort statt, wird grobes Stückholz (z. B. Rollen, Meterholz) meist dort auch aufbereitet. Alternativ dazu können Ernteresten oder Ganzbäume aber auch zur Rückegasse oder Waldstraße gerückt (d. h. transportiert) und dort aufbereitet werden.

Das eigentliche Rücken erfolgt entweder händisch oder mittels Seilwinde und fallweise auch (nach wie vor) mit dem Pferd. Beim manuellen Rücken liegen die Entfernungen bei der Erstdurchforstung aus ökonomischen Gründen kaum über 20 m. Bei späteren Durchforstungen erhöht sich das Gewicht des unzerkleinerten Holzes so sehr, dass das Rücken nur noch mit Seilwinde oder Pferd möglich ist. Harvester (Kapitel 6.1), die normalerweise für die Aufarbeitung zu Industrieholz verwendet werden, kommen dabei prinzipiell auch für die Brennholzgewinnung in Frage; die Reichweite des Kranauslegers solcher Maschinen liegt bei ca. 15 m.

Stückholz kann auch vom Endverbraucher selbst "geworben" werden, indem dieser das Rücken, Spalten, Sägen und Transportieren in Eigenregie übernimmt /5-14/. Stückiges Brennholz wird bereits ab der Waldstraße an Selbstabholer zum Verkauf angeboten. Hierbei handelt es sich meist um einen teilaufbereiteten Brennstoff (z. B. gespaltenes oder ungespaltenes Meter- oder Zwei-Meterholz).

Die Trocknung des Brennholzes (Kapitel 8.4) geschieht entweder noch im Wald (z. B. am Schlagort, im Waldlager) oder – dann liegt das Brennholz aber bereits in einem aufbereiteten Zustand vor – beim Endnutzer.

Die Zwischenlagerung im Wald ist relativ kostengünstig. Im abgedeckten Stapel wird nach ein bis zwei Jahren Lagerdauer der für Kleinfeuerungen geforderte lufttrockene Zustand erreicht (ca. 12 bis 20 % Wassergehalt, Kapitel 8.4). Für die eigentliche Endzerkleinerung wird das Holz anschließend zum Endverbraucher transportiert. Das erfolgt meist mit Hilfe landwirtschaftlicher Fahrzeuge bzw. Pkw-Anhängern oder – im Rahmen der Langholzbergung – auch mit Lkw.

Gewerbliche Anbieter erledigen das Sägen und/oder Spalten meist unmittelbar vor dem Verkauf. Dadurch kann den Anforderungen der jeweiligen Abnehmer bzw. Feuerungstypen individuell begegnet werden. Aufarbeitung, Verladung und Auslieferung können somit unmittelbar aufeinander folgend erledigt werden. Dabei sind Brennstofflängen von 25, 33, 50 und 100 cm üblich; es dominieren aber 33 cm Scheite (d. h. zweimal geschnittenes Meterholz) /5-11/ (zu den Techniken vgl. Kapitel 7.2).

Für den Endverbraucher ist Scheitholz aus dem Wald auch ofenfertig in loser oder abgesackter Form, im Container oder auch folienverschweißt auf Einwegpaletten zu je etwa 2 Rm verfügbar. Meterholz kann auch mit reißfesten Kunststoffbändern zu Bündeln von je einem Raummeter zusammengebunden werden, um das Laden und Umschlagen durch Kran- oder Gabelstapler zu erleichtern. In diesem Fall wird das fertig gespaltene Holz erst beim Endverbraucher mit einer Motorsäge im Bündel auf die gewünschte Länge zugeschnitten.

Einen Überblick über unterschiedliche Mechanisierungsstufen typischer Bereitstellungsketten zeigt Abb. 5.10. Beispielsweise werden bei geringerer Mechanisierung (Selbstwerber) zur Zerkleinerung des aufgearbeiteten Rundholzes einfache kleine bzw. große Senkrechtspalter kombiniert mit einer Kreissäge verwendet, während bei höherer Mechanisierung (z. B. Pfad 3 und Pfad 4 in Abb. 5.10) auch kleine Brennholzmaschinen bzw. große Säge-Spaltautomaten eingesetzt werden

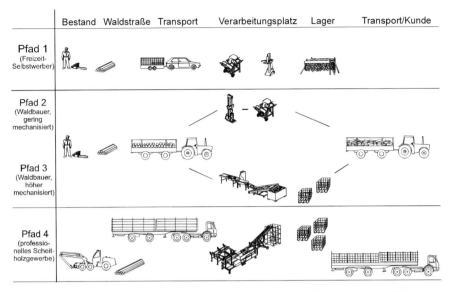

Abb. 5.10 Ernteprozessketten für die Bereitstellung von Scheitholz aus dem Wald (nach /5-14/, geändert)

(vgl. Kapitel 7.1.1), für die wiederum entsprechende Ladeeinheiten (z. B. Gitterboxen, Paletten) und geeignete Fahrzeuge (z. B. Lkw mit Kranausleger) für den Umschlag notwendig sind /5-14/.

Stückholz aus Industrierestholz. Gebündeltes Scheit- oder Stückholz ist z. B. auch ab Sägewerk oder anderen Betrieben der holzbe- und -verarbeitenden Industrie verfügbar. Hier wird es aus den beim Holzzuschnitt anfallenden Abschnitten bereitgestellt (vgl. Abb. 5.15). Dabei kann es sich z. B. um Großbunde aus Schwarten und Spreißeln handeln, die beispielsweise durch Stahlbänder zusammengehalten werden. Auch sie werden erst beim Endabnehmer auf ofentaugliche Längen zurecht geschnitten.

Stückholz aus Altholz. Eine Stückholzbereitstellung, wie sie für Industrierestholz beschrieben wurde, ist auch auf der Basis von (unbelastetem) Altholz möglich. Hier können beispielsweise Altholzverwerter und Recyclingunternehmen als Anbieter fungieren. Generell ist bei der Aufbereitung von derartigem Gebrauchtholz ein erhöhtes Risiko der Verwendung von belastetem Material gegeben, welches zu einer hohen Umweltbelastung beim Einsatz in nicht dafür vorgesehenen – meist privaten – Klein-Feuerungsanlagen führen kann. Daher sind gewerbliche Anbieter von Stückholz aus Recyclingmaterial selten.

5.2.2 Holzhackgut

Holzhackschnitzel oder Holzhackgut können – wie Stückholz – aus dem Wald, aus Industrierestholz und ggf. aus Altholz sowie aus Landschaftspflegeholz und Kurzumtriebsplantagen bereitgestellt werden. Ausgewählte Bereitstellungsketten werden nachfolgend diskutiert.

Hackgut aus dem Wald. Waldhackschnitzel werden derzeit meist aus Durchforstungsrestholz oder Schwachholz gewonnen. Dazu kommen sehr unterschiedliche Verfahrensabläufe zur Anwendung, die sich je nach Mechanisierungsgrad z. T. erheblich unterscheiden können. Für die nachfolgenden Betrachtungen ist es dabei zunächst unerheblich, welche Art von Holz (z. B. Stammholz, Industrieholz, Altholz) aufgearbeitet werden soll, da prinzipiell stets eine Hackschnitzelerzeugung möglich ist.

Die konventionellen Verfahren der Schwachholzernte in Deutschland bestehen aus den Verfahrensabschnitten Fällen, Aufarbeiten und Rücken. Sie unterscheiden sich im Wesentlichen durch ihren Mechanisierungsgrad (d. h. motormanuelle, teilmechanisierte und vollmechanisierte Verfahren). Dabei ist stets entweder eine Nutzung bestimmter Holzsortimente (z. B. nur des Stammes) oder auch eine Vollbaumnutzung möglich.

Neben der Schwachholznutzung kann Hackgut auch aus Waldrestholz produziert werden. Derartige Bereitstellungskonzepte können ebenfalls durch einen sehr unterschiedlichen Mechanisierungsgrad gekennzeichnet sein (d. h. motormanuelle, teilmechanisierte und vollmechanisierte Verfahren).

Die gefällten Vollbäume bzw. der Schlagabraum sollte über einige Monate im Bestand oder in der Rückegasse verbleiben, bis die Nadeln bzw. Blätter abgefallen sind. Diese würden sonst den Wassergehalt erhöhen und die Pilzsporenbildung während der Hackgutlagerung fördern. Außerdem enthalten Nadeln und Blätter relativ große Nährstoffanteile, die der Waldfläche nach Möglichkeit nicht entzogen werden sollten. Eine Zwischenlagerung nach dem Fällen hat aber auch den Vorteil, dass das Holz im belaubten Zustand schneller austrocknet als nach dem Blattabwurf, da ein Großteil des Wassers über die Nadel- und Blattmasse abgegeben wird. Bei Nadelholz kann diese Vorgehensweise in den Sommermonaten jedoch zu Forstschutzproblemen wegen der Gefahr des Borkenkäferbefalls führen. Wenn größere Holzmengen im Wald zwischenzulagern sind, sollte das Fällen im Herbst stattfinden, da das Holz dann bis zum Frühjahr so weit abgetrocknet ist, dass ein Käferbefall nicht mehr möglich ist.

Die letztendliche Ausgestaltung der Logistikkette wird wesentlich durch die Wahl des Ernteverfahrens bestimmt (Kapitel 6.1). Deren Vielfalt bedingt eine große Zahl möglicher Verfahrensabläufe, die sich nicht immer den nachfolgend diskutierten Typen von Bereitstellungsketten eindeutig zuordnen lassen, da eine Vielzahl von Mischformen möglich sind. In Abb. 5.11 sind deshalb exemplarisch nur wenige typische Bereitstellungsketten dargestellt; sie lassen sich um viele Varianten erweitern (vgl. /5-21/).

Hackgut aus Schwachholz – Motormanuelle Verfahren. Beim motormanuellen Verfahren, bei dem meist keine Vollbaumnutzung erfolgt, wird das geschnittene

5.2 Bereitstellungsketten für Holzbrennstoffe

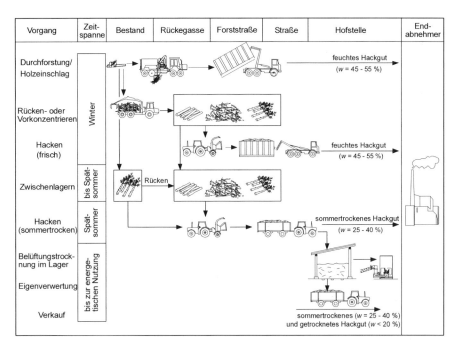

Abb. 5.11 Verfahrensketten zur Bereitstellung von Waldhackgut (Beispiele) /5-11/ (w Wassergehalt)

Holz in Längen von 1, 2 oder 3 m manuell vorgeliefert. Das Fällen des Baumes erfolgt mit der Motorsäge; meist kommt keine darüber hinausgehende technische Unterstützung zum Einsatz. Die Aufarbeitung umfasst das motormanuelle Entasten, das Zopfen und das Ablängen sowie das anschließende manuelle Vorliefern zur Rückegasse. Das Holz kann dann entweder direkt an der Rückegasse oder nach einem Transport an der Waldstraße gehackt werden. Dieser Transport erfolgt beispielsweise mit Hilfe eines Seilschleppers, Klemmbankschleppers oder Forwarders. Wenn das Hacken nicht sofort, sondern erst nach einer Zwischenlagerung stattfindet, kann das Holz abtrocknen. Vom Frühjahr bis zum Spätsommer sinkt der Wassergehalt dabei von ca. 45 bis 60 % auf 20 bis 40 %.

Das Hackgut wird direkt nach dem Hacken mit entsprechenden Transportfahrzeugen zum Zwischenlager oder zum Standort der Konversionsanlage transportiert. Hierfür kommen schleppergezogene landwirtschaftliche Anhänger oder gewerbliche Transportfahrzeuge (z. B. Container-Lkw, Sattelkipper) zum Einsatz (Kapitel 8.1).

Trotz des hohen Arbeitskräftebedarfs – und damit vergleichsweise hoher Kosten – stellt das motormanuelle Verfahren (Kapitel 6) nach wie vor das Standardverfahren der Holzernte im deutschsprachigen Raum dar. Aufgrund seines geringen Investitionsaufwands wird es vor allem bei kleineren privaten Waldbesitzern angewendet. Es ist sehr flexibel und stellt außerdem geringe Ansprüche an den Ausbildungsstand der Arbeitskräfte. Darüber hinaus sind die Schäden am verbleibenden Baumbestand und am Waldboden gering.

Hackgut aus Schwachholz – Teilmechanisierte Verfahren. Hier wird das motormanuelle Verfahren durch den Einsatz einer Seilwinde beim Fällen der Bäume unterstützt. Der Trennschnitt vom Stock erfolgt dabei auch hier mit der Motorsäge. Anschließend wird der Baum durch das angehängte Seil zu Fall gebracht. Nach der motormanuellen Aufarbeitung wird der Baum per Seilwinde zur Rückegasse vorgeliefert; bei schwächerem Holz können auch mehrere Bäume gleichzeitig an ein Seil angehängt und gezogen werden. Alle weiteren Verfahrensschritte entsprechen denen des motormanuellen Verfahrens. Bei einer Vollbaumnutzung, die allerdings selten stattfindet, entfallen die entsprechenden Verfahrensschritte (d. h. das Entasten).

Hackgut aus Schwachholz – Vollmechanisierte Verfahren. Kennzeichnend für vollmechanisierte Verfahren ist der Einsatz von Forstspezialmaschinen (u. a. Harvester). Diese Holzerntemaschinen bestehen aus einem Kranausleger mit einem Entastungsaggregat, das u. a. mit einer Messeinrichtung mit Längeneinstellung und einer Trenneinrichtung (Kettensäge) ausgerüstet ist (Kapitel 6.1). Der Verfahrensablauf dieser Erntemethode setzt sich aus folgenden Teilschritten zusammen:
- Einfahren in die Rückegasse,
- Ausfahren des Krans (Reichweite ca. 15 m), Greifen eines gekennzeichneten Stammes, Trennschnitt,
- Heranziehen des Stammes zur Rückegasse,
- Start der Vorschubwalzen, Umschließen des Stammes mit den Entastungsmessern und Entasten,
- bei Erreichen der Sortimentslänge: Stoppen der Vorschubwalzen und Ablängen der Stammabschnitte,
- Abtrennen des Zopfes und Ablage der Stammabschnitte an der Rückegasse.

In gut erschlossenen Beständen können alle Bäume von den Rückegassen aus mit Hilfe eines Harvesters gefällt werden. Sind die Abstände zwischen den Rückegassen jedoch zu groß, muss aus den nicht erreichbaren Zwischenzonen motormanuell zugefällt werden.

Bei der Vollbaumnutzung vereinfacht sich dieser Verfahrensablauf, da das Entasten sowie das Ablängen und das Abtrennen des Zopfes entfallen. Der Harvester muss jedoch so in die Rückegasse einfahren, dass eine günstige Kranlinie für das Herausziehen und Ablegen des Vollbaumes möglich ist. Für ein anschließend notwendiges Rücken können Seil-, Zangen- oder Klemmbankschlepper bzw. Forwarder eingesetzt werden (Kapitel 6.1).

Das nachfolgende Hacken kann prinzipiell auch auf der Bestandsfläche durchgeführt werden. Allerdings liegt eine ausreichende Konzentration des eingeschlagenen Holzes allenfalls bei einem Kahlhieb vor, so dass ein häufiges Umsetzen des Hackers erforderlich wäre. Außerdem sollte das Befahren der Bestandesfläche durch Maschinen und Hackguttransporter aufgrund der Gefahr von Bodenverdichtungen nach Möglichkeit vermieden werden.

Deshalb erfolgt das Hacken meist in der Rückegasse; hier können die vorgelieferten Vollbäume oft ohne weitere Aufarbeitung von mobilen Hackern verarbeitet werden. Bei der Beschickung dieser Hacker sind unterschiedliche Mechanisierungsgrade möglich. Vor allem mittlere und größere Typen sind oft mit Kran und Greiferzange ausgestattet. Die Hackschnitzel werden dabei teilweise auf einen Spezialanhänger oder in einen Hochkippcontainer eingeblasen (Kapitel 6.1).

Im Vergleich zur Rückegasse ist das Hacken an der Waldstraße nur sinnvoll, wenn leistungsfähige, große Hacker eingesetzt werden und eine entsprechende kontinuierliche Materialzufuhr sichergestellt werden kann.

Für alle drei Einsatzorte (Bestand, Rückegasse, Waldstraße) lassen sich auch selbstfahrende Hacker einsetzen. Hier gliedern sich die Arbeitsschritte wie folgt:
- Einfahren und Greifen von vorgeliefertem Hackmaterial,
- Beschicken des Hackers,
- Weiterfahrt,
- bei gefülltem Container: Fahrt zur Waldstraße und umfüllen des Hackguts in dort abgestellte Lkw-Container. Bei Entfernungen über 300 m oder bei absätziger Hackarbeit in der Rückegasse wird hierfür oft auch ein Forstschlepper mit Anhänger als Shuttle-Fahrzeug eingesetzt.

Erfolgt die Hackgutproduktion im Wald unmittelbar vor dem Liefertermin, ist eine direkte Versorgung des Endverbrauchers möglich. Der Wassergehalt des Brennstoffs kann dann allenfalls durch die Wahl des Hackzeitpunktes (Witterung) beeinflusst werden. Bei einer zeitlich entkoppelten Versorgung ist dagegen eine Zwischenlagerung des Brennstoffs erforderlich. Hier besteht dann die Möglichkeit einer natürlichen oder technischen Trocknung (Kapitel 8.4) (vgl. Abb. 5.11).

Hackgut aus Waldrestholz. Aufgrund des meist geringen flächenspezifischen Waldrestholzanfalls muss das Material vor dem Hacken an der Rückegasse vorkonzentriert werden. Dabei kommen Spezialgeräte bisher nur in Ausnahmefällen (z. B. bei Kahlhieb) zum Einsatz; diese Arbeit erfolgt nach wie vor meist manuell mit den damit verbundenen hohen Arbeitskosten (dies ist der Grund, weshalb das Waldrestholzpotenzial nach wie vor noch nicht vollständig erschlossen ist). Sie umfasst folgende Arbeitsschritte:

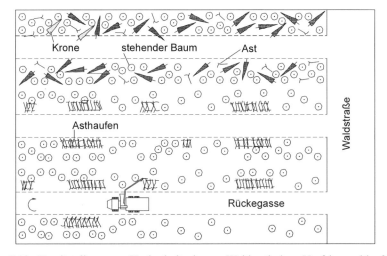

Abb. 5.12 Bereitstellung von Hackschnitzeln aus Waldrestholz – Verfahrensablauf beim Hacken in der Rückegasse

192   5 Bereitstellungskonzepte

- Aufnehmen und Enthaken des Materials,
- manueller Transport zur Rückegasse,
- Bereitlegen des Materials in hackergerechten losen Bündeln oder Wällen.

In diesen Bündeln (Asthaufen) kann das Holz zum Abtrocknen zwischenlagern oder unmittelbar im Anschluss an die Vorkonzentration gemäß dem in Abb. 5.12 dargestellten Ablauf weiterverarbeitet werden. Die Verfahrensschritte hierbei sind:
- Hacken in der Rückegasse,
- Transport zur Waldstraße,
- Umfüllen in Lkw-Wechselcontainer oder andere Transporter,
- Transport zum Zwischenlager oder direkt zur Konversionsanlage.

Hackgut aus Kurzumtriebsplantagen. Holz aus Kurzumtriebsplantagen kann direkt auf der Fläche zu Hackschnitzeln verarbeitet werden (Hackgutlinien) oder es wird zunächst als Ganzbaum geerntet, zwischengelagert und erst danach zu Hackgut aufbereitet (Bündellinien). Bei den Bündellinien (d. h. letzterer Variante) sind – ähnlich wie bei der Schwachholzernte – sehr unterschiedliche Mechanisierungsgrade möglich (z. B. motormanuelle Verfahren, vollmechanisierte Verfahren). Bündellinien sind aber stets absätzige Ernteverfahren, bei denen weitere Verfahrensschritte (Laden, Weitertransport, Hacken) erforderlich sind (Abb. 5.13).

Auch Hackgutlinien können absätzig realisiert werden, wenn die Zerkleinerung erst in einem zweiten – teilweise zeitlich verzögerten – Arbeitsgang auf dem Feld erfolgt. Lediglich bei Maschinen, die das Fällen und Hacken in einem Arbeitsgang erledigen, handelt es sich um kontinuierliche Verfahren oder Vollernteprozesse (z. B. Anbau-Mähhacker, Vollernter; Abb. 5.13).

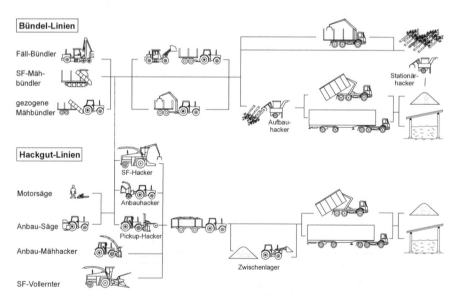

Abb. 5.13 Bereitstellung von Hackschnitzeln aus Kurzumtriebsplantagenholz – Verfahrensablauf bei Bündel- und Hackgut-Linien (SF Selbstfahrer) (teilweise nach /5-26/)

Nachfolgend werden die wesentlichen Verfahrenselemente kontinuierlicher und absätziger Ernteketten für Hackgut aus Kurzumtriebsplantagen dargestellt (vgl. Kapitel 6.1). Die Verfügbarmachung der Hackschnitzel an der Feuerungsanlage – und damit die auf Ernte und Hackguterzeugung folgenden Schritte in Verlauf der gesamten Bereitstellungskette – entsprechen dabei im Wesentlichen den für Waldhackgut dargestellten Verfahrensabläufen.

Kontinuierliche Verfahren. Die Beerntung von Kurzumtriebsplantagen erfolgt bei Vollernteverfahren kontinuierlich. Je nach Bergefahrzeug wird zwischen Bunker-, Umhänge- und Parallelernteverfahren unterschieden (Abb. 5.14) /5-10/.

– Beim Bunkerverfahren sammelt der Holzernter die Hackschnitzel in einem angehängten oder aufgesattelten Transportbehälter. Bei Erreichen der maximalen Ladekapazität wird der Erntevorgang für das Entladen unterbrochen. Das geschieht meist am Feldrand, wo das Hackgut auf bereitgestellte Transportfahrzeuge oder Wechselcontainer überladen wird.

– Das Umhängeverfahren ist durch die Verwendung mehrerer Anhänger ohne Überlademöglichkeit gekennzeichnet. An die Stelle der Bunkerentleerung tritt das Wechseln des gesamten Wagens. Die Abfuhr des vollen und der Rücktransport des leeren Anhängers wird mit Lkw oder Zugmaschinen erledigt, welche die Wagen am Feldrand übernehmen.

– Beim Parallelernteverfahren werden unproduktive Zeiten der Erntemaschine beim Überladen oder beim Umhängen minimiert, indem das Hackgut bereits während der Fahrt kontinuierlich auf ein parallel fahrendes Bergefahrzeug übergeben wird. Dazu wird die Erntemaschine ständig durch ein Transportgespann begleitet, welches den Gutstrom aufnimmt. Ist der Wagen gefüllt, verlässt das Transportgespann das Feld in Fahrtrichtung, während ein zweites leeres Gespann von hinten heranfährt, um die Bergung fortzusetzen. Verfügt die

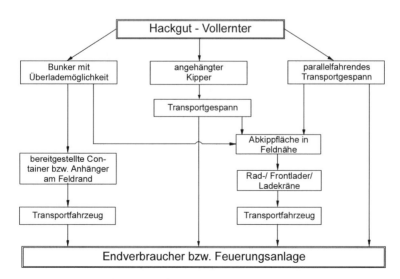

Abb. 5.14 Grundtypen von Vollernte-Verfahrensketten für die Bereitstellung von frischem Holzhackgut aus Kurzumtriebsplantagen /5-10/

194 5 Bereitstellungskonzepte

Erntemaschine über einen Kurzzeit-Pufferspeicher (Kapitel 6.1), kann der Wagenwechsel ohne Unterbrechung stattfinden. Bei optimaler Abstimmung von Ernte- und Transportsystem sind dadurch sehr hohe Verfahrensleistungen möglich. Auch werden Unterbrechungen, die durch das Warten auf Transportfahrzeuge hervorgerufen werden, minimiert, wenn Shuttlefahrzeuge eingesetzt werden, die das Erntegut auf einer feldnahen Fläche abkippen. Für den späteren Transport lassen sich dann ggf. großvolumige Lkw einsetzen (Kapitel 8.1); das Beladen kann mit Front-, Rad- oder Teleskoplader erfolgen (Kapitel 8.2).

Absätzige Verfahren. Bei der Ernte ganzer Bäume und Triebe wird der gesamte Aufwuchs vom Stock getrennt und entweder zunächst in losen Bündeln auf der Fläche abgelegt oder gleichzeitig gesammelt und zu einem Entladeplatz gerückt. Dies kann (motor-)manuell oder mechanisiert erfolgen.
– Beim motormanuellen Verfahren kann zur Reduzierung der hohen Arbeitsbelastung eine Kettensäge eingesetzt werden, die in ein spezielles Bügelgestell eingespannt wird und eine aufrechte und ergonomisch günstige Arbeitshaltung ermöglicht. An einer am Gestell angebrachten Knieplatte wird ein leichter Druck zur Schnittunterstützung ausgeübt, während der Baum mit einer Hand in Fällrichtung gelenkt wird. Alternativ können auch Kreissägen dienen, die ähnlich wie Motorsensen eingesetzt werden. Zum Rücken der Stämme an den Rand der Fläche kommen anschließend konventionelle manuelle oder unterschiedlich mechanisierte Forsttechniken (z. B. Forwarder) zum Einsatz. Das motormanuelle Verfahren ist jedoch insgesamt sehr aufwändig; daher kommt es nur in Ausnahmefällen und bei überalterten Beständen mit größeren Baumdurchmessern zum Einsatz.
– Eine weitergehende Mechanisierung wird erreicht, wenn anstelle der manuellen Fälltechnik eine "Fäll-Lege-Maschine" eingesetzt wird. Dabei handelt es sich um eine kontinuierlich arbeitende zapfwellengetriebene Anbaukettensäge für einen Ackerschlepper, welche die gesägten Bäume über einen Führungsrahmen in Reihenrichtung hintereinander ablegt. Sie werden anschließend mit entsprechendem Aufwand vorkonzentriert.
– Vollmechanisiert kann die Ganzbaumernte mit sogenannten "Fäll-Bündel-Maschinen" erfolgen. Durch solche schleppergezogenen oder selbstfahrenden Geräte werden die Bäume gefällt und zu Bündeln zusammengefasst. Diese werden dann auf der Anbaufläche, am Feldrand oder auf einem zentralen Sammelplatz abgelegt (Kapitel 6). Dazu kann ggf. noch eine entsprechende Transportfahrt notwendig werden.

Das Hacken erfolgt nach mehr oder minder langer Zwischenlagerung auf der Fläche oder am Feldrand bzw. an einem zentralen Aufarbeitungsplatz, der sich auch am Ort der energetischen Verwertung befinden kann. Die Ganzbaumernte erlaubt somit eine kostengünstige Integration der Lagerung in den Verfahrensablauf, wobei günstige Bedingungen für eine Nachtrocknung herrschen sollten. Gute Trocknungseffekte werden beispielsweise erzielt, wenn die abgelegten Bündel zu ca. 2 bis 3 m hohen Wällen aufgestapelt und mit einer Abdeckung (z. B. Spezialpapierplanen) gegen Niederschlag geschützt werden. Dabei sollten die Ganzbäume möglichst parallel ausgerichtet gestapelt werden, damit der Mobilhacker mit einem Greiferkran problemlos und effizient arbeiten kann. Das gilt auch für das Beladen von Transportanhängern mit Rungen- oder Kastenaufbau. Die weitere Bereitstellung des Materials bis zur Konversionsanlage erfolgt wie bei Waldhackgut.

Der Vorteil absätziger Verfahren – im Unterschied zu den kontinuierlichen Verfahren – liegt in der besseren Lagerfähigkeit, da die Verluste durch biologischen Abbau dann gering sind (Kapitel 8.2) und gleichzeitig eine Nachtrocknung der gefällten Ganzbäume erfolgt. Absätzige Verfahren können deshalb dann sinnvoll sein, wenn für die Verwertung relativ geringe Wassergehalte gefordert werden und wenn während der Zwischenlagerung günstige Trocknungsbedingungen herrschen. Auch bei der Wahl der Zerkleinerungstechnik und bei der Anpassung der Hackgutlänge besteht bei der Ganzbaumernte eine höhere Flexibilität als bei der kontinuierlichen Hackguternte mit entsprechenden Vollerntern. Allerdings sind absätzige Verfahren mit einem höheren technischen und organisatorischen Aufwand verbunden und damit durch relativ hohe Bereitstellungskosten gekennzeichnet.

Hackgut aus Industrierest- und Altholz. Das bei der Holzbe- und -verarbeitung anfallende Restholz kann durch stationäre Hacker oder chargenweise von Lohnunternehmern mit mobilen Hackern (Kapitel 7.1) zu Hackgut aufbereitet werden. Rindenfreie Hackschnitzel ("weiße Hackschnitzel"), die z. B. bei der Bearbeitung von vorentrindetem Stammholz anfallen, erzielen oft einen relativ hohen Preis in weiterverarbeitenden Industrien (z. B. zur Spanplattenherstellung), so dass für eine energetische Nutzung zunächst eher Hackgut mit anhaftender Rinde ("schwarze Hackschnitzel") in Frage kommt. Es wird z. B. aus Schwarten und Spreißeln gewonnen (Abb. 5.15).

Das Hackgut kann dann vom Be- und Verarbeitungsbetrieb zur Abholung durch Kleinverbraucher angeboten werden. Meist wird es aber von überregional arbeitenden Großhändlern vermarktet, die zwischen den Holzverarbeitern und Hackgutnutzern operieren und vor allem Transportleistung erbringen. Daneben gleichen sie aber auch saisonale und regionale Angebots- und Nachfrageschwankungen durch eine entsprechende Zwischenlagerung aus. Außerdem kann Restholz von minderer Qualität, wie z. B. Kappholz (Abb. 5.15), durch den Großhändler im Zwischenlager aufbereitet werden (z. B. durch Hacken). Entsprechend groß ist daher auch die Vielfalt von Sortimenten (Tabelle 5.6) und damit der möglichen Bereitstellungsketten.

Ähnlich wie Industrierestholz kann auch (unbelastetes) Altholz von entsprechenden Altholzverwertern in stationären Hackern oder Schreddern zu Hackgut aufgearbeitet und anschließend auf dem Brennholzmarkt abgesetzt werden. Die jeweiligen Verfahrensabläufe entsprechen im Wesentlichen denen der Hackschnitzelbereitstellung aus Industrierestholz.

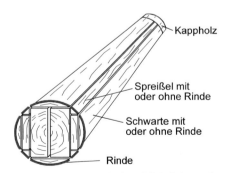

Abb. 5.15 Sägerestholzanfall bei der Rohholzbearbeitung (nach /5-20/)

5 Bereitstellungskonzepte

Tabelle 5.6 Übersicht über Angebotsformen und Beschaffungsmöglichkeiten von Holzbrennstoffen /5-11/

Anbietergruppe	Angebot ab Wald							Angebot ab Lager / Hof / Betrieb / Markt																			
	Selbstwerbung	2 Meter-Ware	Meterholz	Scheitholz 33 cm	Scheitholz 25 cm	Hackschnitzel mit Rinde	Rinde	2-Meter Ware	Meterholz ungespalten	Meterholz gespalten	SH 33 cm ungespalten	SH 33 cm gespalten	SH 25 cm ungespalten	SH 25 cm gespalten	Schwarten und Spreißel	lose Endstücke	Sackware	Holzbriketts	Rindenbriketts	Holzpellets nach DIN	Holzkohle	Sägemehl	Rinde	Hackschnitzel	Hobelspäne	Eigenverbrauch	Lieferservice
Landwirte	(x)	(x)	(x)	-	-	(x)	-	-	x	x	(x)	x	(x)	x	-	-	-	-	-	-	-	-	-	-	-	(x)	x
Forstämter	x	-	x	-	-	(x)	-	-	-	-	-	-	-	-	(x)	-	-	-	-	-	-	-	-	-	-	-	-
Forstbetriebe	x	-	x	(x)	-	(x)	(x)	-	(x)	(x)	(x)	x	-	(x)	-	-	(x)	-	-	-	-	-	-	-	-	(x)	x
Forstliche Zusammenschlüsse	x	-	x	-	-	(x)	(x)	-	x	x	(x)	x	-	-	-	-	-	-	-	-	-	-	-	-	-	-	(x)
Liefergemeinschaften für Waldhackgut	-	-	-	-	-	x	-	-	-	-	-	-	-	-	-	-	-	-	-	-	-	-	-	x	-	-	x
Kommunale Anbieter	x	-	x	-	-	-	-	-	(x)	-	-	-	-	-	-	-	-	-	-	-	-	-	-	-	-	-	-
Forstserviceunternehmen	-	x	(x)	-	-	(x)	-	-	(x)	(x)	-	(x)	-	(x)	-	-	-	-	-	-	-	-	-	-	-	(x)	x
Sägewerke	-	-	-	-	-	-	-	-	-	-	(x)	-	-	x	x	-	(x)	(x)	-	-	x	x	x	(x)	x	(x)	-
Großhändler für Resthölzer	-	-	-	-	-	-	-	-	-	-	-	-	-	-	x	x	-	-	-	-	x	x	x	x	-	-	x
Holz- und Brennstoffhandel	-	(x)	-	-	-	-	-	(x)	x	(x)	(x)	x	(x)	(x)	-	(x)	x	x	x	(x)	(x)	-	-	-	-	-	x
Sekundärverarbeiter von Nutzholz	-	-	-	-	-	-	-	-	-	-	-	-	-	-	x	x	(x)	-	-	-	(x)	-	-	-	-	x	(x)
Bau- und Verbrauchermärkte	-	-	-	-	-	-	-	-	-	-	(x)	-	(x)	-	-	-	x	(x)	-	x	-	-	-	-	-	-	(x)
Nebenerwerbsanbieter	(x)	-	x	-	-	-	-	x	x	(x)	x	(x)	x	-	-	-	-	-	-	-	-	-	-	-	-	(x)	(x)

Erläuterung: x "wird angeboten"   (x) "Angebot möglich, aber selten"   - "Angebot nicht bekannt"
SH = Scheitholz

Hackgut aus Landschaftspflegeholz. Randbäume z. B. an Straßen und Hecken oder Bäume in öffentlichen Parks und auf Friedhöfen sind meist regelmäßig zu beschneiden oder auf den Stock zu setzen. Das dabei anfallende Holz wird gelegentlich kompostiert. Es kann aber auch zu Hackschnitzeln für die energetische Nutzung aufgearbeitet werden.

Zur Gewinnung des Holzes werden vielfach motormanuelle Verfahren eingesetzt (z. B. Ast- und Heckenscheren). Anschließend können manuell oder mit einem Kran beschickte Hacker verwendet werden, die meist an ein Mehrzweckfahrzeug angebaut sind. Bei leicht zugänglichen und befahrbaren Randflächen können die abgetrennten Äste und Bäume auch mit Hilfe eines Reihenhackers, der mit einer Pick-up-Einrichtung ausgestattet ist (Kapitel 7.1.2), aufgenommen und zerkleinert werden. Für den kommunalen Bereich sind auch spezielle Systemfahrzeuge verfügbar, auf denen ein Sammelbunker für das Hackgut aufgesattelt ist. Dabei kommen hier im Wesentlichen die bei der Straßenrandpflege üblichen Maschinen zum Einsatz (Kapitel 6.1.1.3).

5.2.3 Restholz-Ballen und Holzbündel

Das im Wald vorkonzentrierte oder an der Rückegasse in Wällen aufgeschichtete Waldrestholz kann auch in speziellen Pressen unzerkleinert zu Rundballen oder Langbündeln verpresst werden. Derartige Rundballen weisen einen Durchmesser und eine Länge von jeweils ca. 120 cm auf; ein einzelner Ballen erreicht ein Gewicht von ca. 620 kg /5-1/. Gepresste Bündel sind dagegen im Durchmesser kleiner (70 bis 80 cm). Ihre Länge kann variabel eingestellt werden; üblich sind Längen von ca. 3 m. Das Gewicht der Ballen beträgt 400 bis 600 kg.

Die Ballenpresse ist auf einem Forwarder aufgesattelt und wird mit Hilfe des daran aufgebauten Krans beschickt /5-2/. Bei Pressbündeln wird das zugeführte Material zunächst zu einem Endlosstrang gepresst, bevor dieser auf die gewünschte Ballenlänge mittels einer integrierten Kettensäge abgeschnitten wird. Die Ballen sind mit einem Netzbindegarn stabil umwickelt; bei gepressten Bündeln wird dagegen Bindegarn verwendet.

Die Ballen- oder Bündelform ermöglicht eine sehr flexible Zwischen- und Endlagerung, die auch im Freien (z. B. an der Waldstraße) erfolgen kann. Trotz der hohen Pressdichten ist dabei das Lagerrisiko infolge der nur begrenzt auftretenden Holzverletzungen oder wegen der bereits eingetretenen Vortrocknung im Wald gering (Kapitel 8). Allerdings darf das Holz nicht zu trocken sein, da für ein stabiles Bündel eine ausreichende Elastizität der Äste gegeben sein muss. Ist das Astwerk zu trocken, bricht es leicht und führt zu lockeren Bündeln oder Ballen mit entsprechenden Problemen beim Umschlag /5-5/. Daher wird die Bündelkette bevorzugt in frisch geernteten Beständen eingesetzt.

Der Abtransport der Ballen oder Bündel erfolgt entweder sofort oder nach einer Zwischenlagerung zur weiteren Abtrocknung. Die Ladeflächen der dabei eingesetzten Transportmittel benötigen ausreichend hohe Begrenzungen, um ein Abrollen zu verhindern. Bei Langbündeln werden hierfür konventionelle Forwarder bzw. Holzlade-Lkw's verwendet. Am Bestimmungsort wird teilweise das (Netz-)-Bindegarn zertrennt, und das Material kann in stationären Hackern oder Shreddern zerkleinert werden (Kapitel 7.1).

Spezielle Bündelmaschinen werden auch für die Ernte von Holz aus Kurzumtriebsplantagen verwendet. Hierbei werden beispielsweise die Weidentriebe in einem Arbeitsgang geschnitten und in Parallellage mit Netzgarn zu Bündeln gewickelt (Kapitel 6). Zur weiteren Bereitstellung kommen dann ähnliche Arbeitsgänge wie bei Waldrestholzbündeln zum Einsatz.

Das Gleiche gilt auch für Ballen, die aus der Bergung von Strauchwerk aus der Pflege von Weinkulturen stammen. Hierfür können Aufsammelpressen, die eine Materialzuführung in Wirrlage ermöglichen, verwendet werden (Kapitel 6.2).

5.2.4 Sonstige Holzbrennstoffe

Wurzelstöcke und Stubben. Auch der Wurzelstock oder der Stubben (d. h. das nach dem Fällen normalerweise im Boden verbleibende Stammstück ohne Nebenwurzeln) wird insbesondere in Skandinavien bereits vielfach energetisch genutzt. Dazu wird das Wurzelstück des Baumes mit Hilfe eines Kranauslegers, der mit einer speziellen Wurzel-Harke oder mit einem Zangenapparat ausgerüstet ist, durch gleichzeitig reißende und schneidende Werkzeuge ausgerodet.

Fichtenholzstöcke sind für die Rodung durch reißende Werkzeuge besonders geeignet, da sie nur relativ lose im Boden verankert sind; bei Kiefern- und Hartholzstöcken ist das Herausreißen schwieriger /5-29/. Bei der Rodung mit Greifzangen kann der Wurzelstock mit dem gleichen Gerät noch weiter zerspalten werden, um eine Säuberung und eine erleichterte Trocknung zu erreichen. Vor der energetischen Nutzung werden die Wurzelstöcke oft über ca. 1 Jahr abgelagert.

Das Rücken übernehmen meist konventionelle Forwarder. Die Wurzelstöcke werden anschließend entweder unzerkleinert zur weiteren Aufbereitung an die Konversionsanlage geliefert oder die Zerkleinerung erfolgt an einem Sammelpunkt noch im Wald /5-17/. Dazu sind die üblichen Hacker jedoch nicht einsetzbar. Stattdessen werden Schredder mit Fülltrichter (Kapitel 7.1) eingesetzt, da sie relativ unempfindlich gegenüber Fremdkörpern (u. a. Steine, Erde) sind.

Insbesondere in Skandinavien nimmt die Gewinnung und energetische Nutzung der Stubben immer mehr zu. Neben dem beachtlichen Potenzial, das damit erschlossen werden kann, wird als weiterer Vorteil auch angeführt, dass es sich dabei um eine Maßnahme gegen Wurzelpilzbefall von Bäumen handelt /5-29/. Nachteilig sind das möglicherweise erhöhte Erosionsrisiko und der Verlust der Bodenfruchtbarkeit (Humusabbau) insbesondere in den wärmeren Regionen Mittel- und Südeuropas. Daher erfolgt eine energetische Nutzung des Wurzelstocks beispielsweise in Deutschland derzeit nicht.

Rinde. Der größte Teil der Rinde fällt im deutschsprachigen Raum bei der Verarbeitung von Nutzholz im Sägewerk an (d. h. Werksentrindung). Sie wird derzeit u. a. stofflich als Rindenmulch und zur Deckung der innerbetrieblichen Energienachfrage eingesetzt. Rinde kann grundsätzlich aber auch für eine energetische Nutzung außerhalb der holzbe- und -verarbeitenden Industrie verfügbar gemacht und ggf. über den Restholzgroßhandel vertrieben werden. Gängige Praxis ist aber eher, dass die Rinde stofflich als Rindenmulch im Garten- und Landschaftsbau eingesetzt oder kompostiert wird.

Zusätzlich kann Rinde bei der jedoch immer seltener durchgeführten Waldentrindung anfallen. Wenn sie nicht – wie in der Praxis vielfach üblich – durch Verblasen wieder flächig im Bestand verteilt wird, kann sie geborgen werden. Das erfolgt entweder durch Direktübergabe in geeignete Transportanhänger und Wechselcontainer oder durch eine nachträgliche Aufnahme aufgeschütteter Haufen mit entsprechenden Greifern. Da die Menge je Haufen relativ gering ist (ca. 3 bis 6 m^3 je Holzlagerplatz /5-11/) kann es dabei leicht zu Sekundärverschmutzungen mit Erdreich kommen. Die derart verfügbar gemachte Rinde kann dann durch die gleichen Bereitstellungspfade wie bei der Werksentrindung als Energieträger verfügbar gemacht werden.

Schwarten und Spreißel. Bei der Holzbe- und -verarbeitung fallen neben Holzhackgut und Rinde eine Vielzahl weiterer Holzbrennstoffe an, die innerhalb einer Bereitstellungskette als Ausgangsstoff für weitere Aufbereitungsschritte oder als Endnutzungsbrennstoff eine Rolle spielen können. Beispielsweise werden lose Endstücke und Schnittholzabfälle – insbesondere aus getrocknetem Schnittholz –

5.2 Bereitstellungsketten für Holzbrennstoffe

gern von Kleinabnehmern abgeholt und in Scheitholzfeuerungen eingesetzt. Schwarten und Spreißel (Abb. 5.15) können ebenfalls vom Sägewerk direkt an den Endnutzer abgegeben werden; dieser führt den Transport in Form von Großbunden und die Aufarbeitung zu Scheitholz oder Hackschnitzeln dann meist in Eigenregie durch.

Späne und Stäube. Andere bei der Be- und Verarbeitung von Holz anfallende Sortimente wie Schleifstäube, Hobel- und Sägespäne sind aufgrund ihrer geringen Dichte mit hohen Transport- und Lagerkosten verbunden. Wenn keine Nutzung zur Deckung der innerbetrieblichen Energienachfrage möglich ist, kommen sie auch als bevorzugte Rohstoffe für eine Brikettierung und Pelletierung in Frage.

Holzpellets und -briketts. Produzenten solcher "veredelten" Holzbrennstoffe finden sich häufig in der Sägeindustrie und unter den Sekundärverarbeitern von Nutzholz (z. B. Schreinereien, Holzbaufirmen, Fenster- und Parketthersteller); dies gilt insbesondere dann, wenn bereits getrocknetes und oft auch fein zerkleinertes Holz anfällt. Aufgrund des in Mitteleuropa gut entwickelten überregionalen Großhandels für Sägeresthölzern werden zunehmend auch Pelletierkapazitäten "auf der grünen Wiese" (z. B. in Hafennähe oder an Verkehrsknotenpunkten) errichtet. Als Rohstoffe können hier neben Resthölzern auch Holz aus dem Wald, Rinde und ggf. (unbelastetes) Altholz eingesetzt werden. Der zusätzliche Verfahrensschritt der Pelletierung oder Brikettierung (Kapitel 7.3) kann an verschiedenen Stellen innerhalb der Bereitstellungskette eingefügt sein.

Die veredelten Brennstoffe werden entweder direkt vom "Hersteller" oder von Holz- und Brennstoffhändlern sowie Bau- und Verbrauchermärkten meist an Klein- und Kleinstverbraucher abgegeben. Derartige Brennstoffe sind entweder in Kleingebinden von 5 bis 30 kg erhältlich oder sie werden in Containern bzw. großen Säcken ("Big Bags") mit jeweils 600 bis 1 000 kg Füllmenge sowie als lose Ware angeliefert.

5.3 Bereitstellungsketten für Halmgutbrennstoffe

Halmgutbrennstoffe können als trockenes und feuchtes Material bereitgestellt werden; dementsprechend wird zwischen Trocken- und Feuchtgut-Bereitstellungs- bzw. Versorgungsketten unterschieden. Zusätzlich können Stück- bzw. Schüttgüter – gestapelt bzw. lose – bereitgestellt werden. Beim Stückgut handelt es sich primär um Ballen; stückige (d. h. stapelbare) Briketts werden aus Halmgut i. Allg. nicht produziert. Bei der Schüttgutbereitstellung lassen sich im Wesentlichen die folgenden Ketten unterscheiden.
- Häckselketten (trocken). Das trockene oder getrocknete Halmgut wird mit einem Feldhäcksler geerntet und zu Häckselgut verarbeitet, das anschließend mit einem Transportfahrzeug zum Lager und/oder zum Verbraucher transportiert werden kann.
- Häckselketten (feucht). Das Halmgut wird mit einem hohen Wassergehalt konventionell geerntet, siliert (feuchtkonserviert) und gelagert (Kapitel 8.3). Es kann

dann entweder direkt als Substrat für die Biogasgewinnung genutzt werden oder es wird – nach einer mechanischen Entwässerung (Auspressung) – zu einer thermo-chemischen Konversionsanlage transportiert und dort als Festbrennstoff eingesetzt; letztere Variante hat aber bisher praktisch keine Bedeutung.
- Pellet-/Brikettketten. Das Halmgut wird als Häckselgut oder auch in Ballenform zu einer Pelletieranlage (z. B. auf einem landwirtschaftlichen Betrieb) transportiert und dort pelletiert oder zu groben Schüttgut-Briketts verdichtet, bevor ein Weitertransport zum Endverbraucher erfolgt.

Zusätzlich zu den genannten Ketten sind Mischformen möglich; beispielsweise kann die Bereitstellung von Getreideganzpflanzen nach der konventionellen Ernte mit einem Mähdrescher getrennt für Stroh (als Ballen-Stückgut) und Korn (als Schüttgut) erfolgen. Eine vereinfachte Übersicht über exemplarische landwirtschaftliche Bereitstellungsketten zeigt Abb. 5.16.

Prinzipiell kann Halmgut auch als Langgut mit einem gezogenen oder selbstfahrenden Ladewagen geborgen werden (Langgutkette). Dabei wird das Material mit Hilfe einer Pick-up-Trommel vom Feld aufgenommen und mit einem Schubboden in das Wageninnere transportiert. Stroh lässt sich auf diese Weise allerdings nur relativ gering verdichten. Daher wird das Verfahren vor allem bei Heu und feuchtem Gras (Silage) angewendet (hier aber auch nur zur Futterbergung). Wegen des Nachteils der geringen Transportdichten und der schwierigen Mechanisierbarkeit des Umschlags hat sich die Langgutkette für die Bereitstellung von Biogassubstraten (Silage) nicht durchgesetzt (vgl. Kapitel 5.4.1).

Unter den Bereitstellungsketten für trockenes Halmgut dominieren die Großballenketten. Häckselketten weisen im Vergleich dazu zwar eine hohe Schlagkraft bei der Ernte auf. Aufgrund der geringen Schüttdichte werden aber erhebliche (teure)

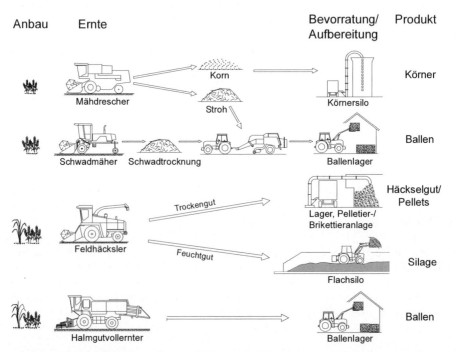

Abb. 5.16 Vereinfachte, exemplarische Ernteprozessketten für die Bereitstellung von Halmgut (nach /5-9/, geändert)

5.3 Bereitstellungsketten für Halmgutbrennstoffe

Lager- und Transportkapazitäten benötigt (Kapitel 8.1). Unter bestimmten Randbedingungen können solche Ketten dennoch für die Festbrennstoffbereitstellung sinnvoll sein (z. B. bei lokaler Brennstoffgewinnung und -verwertung, bei einer Brikettierung oder Pelletierung). Häckselgutketten gewinnen aber vor allem zunehmend an Bedeutung für die Gewinnung von Biogassubstraten aus feuchten Ernteprodukten (z. B. Silomais, grüne Getreideganzpflanzen).

Die Hochdruckverdichtung von trockenem Erntegut zu Pellets oder Briketts wird bislang nur stationär realisiert. Häufig jedoch können die hohen Verdichtungskosten die logistischen Vorteile der Pellets (u. a. beim Laden, Transportieren, Lagern und Beschicken) nicht kompensieren /5-9/. Der in der Vergangenheit verschiedentlich unternommene Versuch, eine Herstellung von hoch verdichteten, schüttfähigen Presslingen (d. h. Pellets, Briketts) schon auf dem Feld oder am Feldrand durch Entwicklung entsprechender Erntemaschinen zu erreichen, ist bislang an den hohen Kosten und an der geringen Auslastung derartiger Verfahren gescheitert (z. B. /5-9/).

Für Halmgutbrenn- und -rohstoffe sind einige Besonderheiten im Vergleich zu konventionellen Ernteprozessen festzustellen. Beispielsweise liegen z. T. höhere oder ungleichmäßigere Wassergehalte vor (z. B. Miscanthus) und die Verlustrisiken bei der Ernte sind höher (z. B. bei Getreideganzpflanzen). Teilweise handelt es sich aber auch um sperrigere oder dickere Halmstrukturen als bei konventionellen Kulturen (z. B. bei Miscanthus) oder es werden vielfältige Naturschutzinteressen berührt, welche die Flexibilität der Prozesskette – beispielsweise durch einen vorgeschriebenen späten Erntezeitpunkt – zusätzlich einschränken (z. B. bei Landschaftspflegeheu). Da aber unter den Halmgütern prinzipiell große Ähnlichkeiten bestehen, sind die Verfahrensketten über weite Phasen deckungsgleich mit den in der Landwirtschaft vorhandenen und angewendeten Standardverfahren. Vor allem bei der Bereitstellung von Stroh und Gräsern handelt es sich dabei um langjährig eingesetzte, praxisübliche Abläufe, die im Wesentlichen auch für die Bereitstellung von Energieträgern zutreffen.

5.3.1 Ballen

Bei der Bereitstellung von Halmgut als Energieträger (Festbrennstoff) hat sich der Ballen als Anlieferungsform durchgesetzt. Je nach eingesetzter Ballenpresse (Kapitel 6.1) kommen eine ganze Reihe verschiedener Ballenketten in Frage.
- Kleinballenkette. Das Halmgut wird zu kleinen Hochdruckballen verpresst, die direkt auf einen Wagen oder mit zusätzlichen Maschinen aufgesammelt und zum Lager bzw. zum Verbraucher transportiert werden.
- Rundballenkette. Das Halmgut wird zu großen Rundballen verdichtet und mit dem Traktor oder speziellen Wagen zum Lager bzw. zum Standort der Konversionsanlage transportiert.
- Quaderballenkette. Das Halmgut wird zu großen Quaderballen (z. B. im Hesston-Ballenformat; Kapitel 6.2) verdichtet und zum Lager transportiert; von dort findet die Versorgung einer Konversionsanlage statt.

Beim Ballenpressen wird das im Schwad liegende und ggf. weiter abgetrocknete Halmgut mit Pick-up-Systemen aufgenommen und dann verdichtet (Kapitel 6.2). Dabei kommen insbesondere Großballenpressen (d. h. Rundballenpressen, Quaderballenpressen) zum Einsatz. Je nach Ballenpresse werden Presslinge mit Querschnittflächen bis zu 1,5 m^2 und bis über 1 t Gewicht produziert (Kapitel 6.2). Die Tendenz geht hin zu einer zunehmenden Mechanisierung; deshalb haben die kleineren Hochdruckballen heute kaum noch Bedeutung.

Auf dem Feld einzeln oder doppelt abgelegte Ballen werden beispielsweise mit Frontladerschleppern, die mit Ballengabel, Greifern oder Klammern ausgestattet sind, aufgenommen und auf ein Transportfahrzeug übergeben (Abb. 5.17). Hierfür können auch selbstfahrende Teleskoplader oder schleppergezogene Ballenladewagen mit Aufnahmezange oder Kranausleger eingesetzt werden (für ca. 8 bis 24 Ballen). Mit diesen Fahrzeugen werden die Ballen beispielsweise zum Feldrand transportiert, wo auch das Zwischenlager eingerichtet werden kann.

In Feldnähe kann die Lagerung in Feldmieten oder einfachen Gebäuden stattfinden. Großballen können mit einer Frontladergabel in ca. 3 bis 4 Ballenschichten (maximal ca. 4 m hoch) übereinander gestapelt werden. Mit Zusatzgeräten (Ballengreifergestänge) sind Stapelhöhen von bis zu 6 m möglich (5 bis 7 Schichten). Selbstfahrende Teleskoplader ermöglichen Ladehöhen von mehr als 10 m (8 bis 13 Ballenschichten).

Bei der Lagerung ist eine erneute Befeuchtung der Ballen beispielsweise durch Niederschlag oder Bodenkontakt möglichst zu vermeiden. Feldmieten werden dazu häufig auf Holzpaletten oder -balken errichtet und mit einer losen Schicht Stroh oder mit Folien abgedeckt (Kapitel 8.2). Unter der Folienabdeckung kann es allerdings zur Kondenswasserbildung und Befeuchtung der oberen Ballenschichten kommen. Bei ungeschützter Niederschlagseinwirkung sind Rundballen wegen ihrer Pressform und der besonders hoch verdichteten Außenschicht weniger empfindlich.

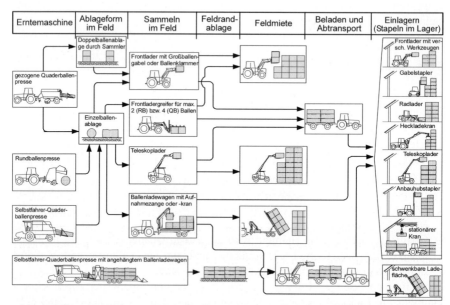

Abb. 5.17 Verfahrensketten für die Ernte und Bereitstellung von Halmgut als Großballen /5-9/ (RB Rundballen; QB Quaderballen)

Mit Ausnahme des Ballenladewagens werden die genannten Geräte für den Ballenumschlag auch in überdachten Lagerräumen eingesetzt. Zusätzlich lassen sich dort aber auch Gabelstapler, Anbauhubstapler, Radlader mit Ballenzinken, Heckladekräne und stationäre Krananlagen verwenden (Abb. 5.17).

Der außerlandwirtschaftliche Weitertransport der Großballen – beispielsweise zur Feuerungsanlage – wird beispielsweise mit Glieder- oder Sattelzügen durchgeführt (Kapitel 8.1). Für eine ausreichende Stabilität beim Transport werden die Ballen mit Bändern auf der Ladefläche festgezogen und zum Schutz vor Witterungseinflüssen mit Planen abgedeckt.

5.3.1.1 Stroh-Ballen

Stroh fällt vor allem als Nebenprodukt der Getreide- und Rapskornerzeugung überwiegend in den Sommer- und frühen Herbstmonaten an. Es wird – wenn eine Nutzung vorgesehen ist – durch den Mähdrescher im Schwad auf dem Feld abgelegt. Zum Druschzeitpunkt können Wassergehalte bis 40 % vorliegen. In der Regel ist aber im Schwad eine Abtrocknung auf Wassergehalte um 15 % möglich.

Für die Schwadaufnahme sind zahlreiche Techniken verfügbar, durch die – je nach Strohart – die Bröckelverluste möglichst minimiert werden sollten. Wegen der geringen Dichte des Ernteguts wird in der Regel eine Verdichtung zu Ballen durchgeführt.

Stroh ist durch relativ hohe Chlorgehalte gekennzeichnet, die in einer Feuerungsanlage zu Korrosion und Schadstoffbildung führen können (Kapitel 9.1). Aus verbrennungstechnischer Sicht ist es daher von Vorteil, wenn das Stroh nach der Ernte noch eine geraume Zeit auf dem Feld verbleibt, damit ein Teil des Chlors durch eventuelle Niederschläge ausgewaschen wird /5-1/.

5.3.1.2 Getreideganzpflanzen-Ballen

Die Bereitstellung von Getreideganzpflanzen als Festbrennstoff stellt eine Option dar, die bislang nicht über das Demonstrationsstadium hinaus gekommen ist. Da aber diese Prozesskette im Vergleich zu konventionellen landwirtschaftlichen Verfahrensketten einige Besonderheiten aufweist, die teilweise für den Energiepflanzenanbau typisch sind, werden die Bereitstellungsketten nachfolgend trotzdem erläutert.

Die Ernte kann mit absätzigen oder kontinuierlichen Verfahren direkt aus dem stehenden Bestand erfolgen. Absätzige Verfahren erledigen die Ernte dabei in mehreren zeitlich entkoppelten Arbeitsschritten. Der Aufwuchs kann entweder als Gesamtmasse einschließlich der Körner bereitgestellt werden (Ganzpflanzenernte) oder es erfolgt eine Separierung in den Korn- und Strohanteil (Mähdruschernte).

Wenn keine Mähdruschernte erfolgt muss bei den dann gewählten Ernteverfahren vor allem die Problematik der unterschiedlichen Abreife der Erntebestandteile beachtet werden. Vor allem bei Weizen ist die Strohmasse in der Regel noch feucht (bis 40 % Wassergehalt), wenn für den Kornanteil bereits die Druschreife (< 20 %) erreicht ist. Der Einsatz chemischer Mittel (Totalherbizide), die als "Vorwelkmittel" eine schnellere Abreife im noch stehenden Bestand ermöglichen, scheidet aus ökologischen Gründen meist aus. Daher wird i. Allg. eine Bodentrocknung erforderlich. Zur Minimierung der dabei auftretenden Verluste kann diese jedoch nicht in breitwürfiger Verteilung erfolgen, sondern sollte im Schwad realisiert werden. Dabei sollte auf weitere mechanische Eingriffe (z. B. Wenden, Schwaden) verzichtet werden, um einen unerwünschten Ausdrusch und damit einen übermäßigen Körnerverlust zu vermeiden. Die Abtrocknung im Schwad verläuft schneller als bei der natürlichen Abreife im Bestand. Wenn die Ernte gar vor dem physiologischen Reifezeitpunkt erfolgen soll, ist eine Bodentrocknung unverzichtbar.

Aufgrund der bei der Druschreife des Korns noch relativ hohen Strohwassergehalte ist es sinnvoll, dass Getreideganzpflanzen zunächst mit Schwadmähern gemäht, auf dem Feld abgelegt und nach einer Trocknungsphase von schwadaufnehmenden Erntemaschinen weiter verarbeitet werden. Problematisch sind dabei die z. T. erheblichen Kornverluste bei der Bodentrocknung und bei der Schwadaufnahme. Das bedeutet beispielsweise, dass die für Heu üblichen Wendeverfahren zur Beschleunigung des Trocknungsvorgangs unterbleiben sollten.

Die Kornverluste beim Ballenpressen sind wesentlich abhängig vom Pressverfahren. Bei Quaderballenpressen werden sie auf ca. 2 bis 5 % der Gesamtmasse beziffert /5-18/. Im Unterschied dazu können sie bei Rundballenpressen bis 15 % betragen /5-28/. Das liegt daran, dass Rundballen während des Press- und Bindevorgangs durch bewegliche Teile (z. B. Walzen) rotiert und in der Presskammer verformt werden, wodurch die äußeren Ballenschichten regelrecht ausgedroschen werden (Kapitel 6.2).

Zur Vermeidung von Schimmel- und Fäulnisbildung ist eine Lagerung unter Dach angebracht. So lässt sich auch ein Auskeimen von Körnern in den äußeren Ballenschichten vermeiden. Erhebliche Verluste können auch durch Nagetierfraß auftreten, insbesondere wenn die Lagerung alljährlich am gleichen Ort stattfindet. Bei feuchter Einlagerung kommt es zu biologischen Abbauprozessen mit Substanz- und Qualitätsverlusten. Eine Belüftungstrocknung ist bei Ballen zwar technisch möglich (Kapitel 8.4), sie findet jedoch aus ökonomischen Gründen meist nicht statt.

Die Transport- und Umschlagprozesse von Getreideganzpflanzenballen verlaufen analog wie bei den Strohballen. Die Ballendichte liegt jedoch aufgrund des rund 50 %-igen Körneranteils meist um 40 bis 50 % höher als bei Getreidestroh /5-4/. Dadurch erhöht sich auch der Materialdurchsatz in den einzelnen Teilverfahrensschritten.

Neben den absätzigen Verfahren kommen prinzipiell auch Vollernte- oder kontinuierliche Verfahren in Frage, bei denen die Erntemaschine mit einem Schneidwerk ausgestattet ist und in einem einzigen Arbeitsgang direkt aus dem stehenden Bestand geerntet wird, sofern eine gleichmäßige Abreife von Korn und Stroh vorliegt. Für die Ballengewinnung sind selbstfahrende Ballenpressen verfügbar (Kapitel 6.2). Die Vollernteverfahren reduzieren die Anzahl der Teilverfahrensschritte und führen somit auch zu geringeren Kornverlusten. Die übrigen Bereitstellungsschritte entsprechen im Wesentlichen denen der absätzigen Verfahren. Direkt aus dem stehenden Bestand kann auch mit selbstfahrenden Feldhäckslern (Kapitel 6.2) geerntet werden.

5.3.1.3 Miscanthus-Ballen

Neben der Häckselgutlinie (Kapitel 5.3.2.1) kommt für Miscanthus auch eine Ballenbergung in Frage. Allerdings ist eine vorherige Schwadablage für die spätere Aufnahme mit einer Aufsammel-Ballenpresse (Kapitel 6.2) meist problematisch, da die im Frühjahr am Boden liegende feuchte, teilzersetzte, schimmelige und oft sekundärverschmutzte Blättermulchschicht mit aufgenommen wird und sich dadurch die Qualität und Lagerfähigkeit des Erntegutes wesentlich verschlechtern können. Aus diesem Grund ist Miscanthus bevorzugt aus dem stehenden Bestand zu ernten. Auch für Ballen-Bereitstellungsketten sind hierzu technische Möglichkeiten gegeben. Beispielsweise haben sich konventionelle selbstfahrende Ballenpressen, die anstelle der üblichen Pick-up für die Schwadaufnahme mit einem reihenunabhängigen Schneidwerk ausgerüstet sind, als prinzipiell einsatztauglich für Miscanthus erwiesen.

Aufgrund der Länge und Formstabilität der Stängel ist die Ballendichte, insbesondere wenn ältere Bestände geerntet werden, jedoch geringer als bei Stroh. Durch den Einbau eines Halmgutaufbereiters, der die horizontal eingezogene Halmgutmatte knickt oder zerkleinert, kann dem jedoch entgegengewirkt werden. Ein entsprechendes Funktionsmuster (190 kW) mit Durchsatzleistungen von ca. 30 t/h Trockenmasse wurde bereits erfolgreich eingesetzt /5-7/.

Durch die Ablage des Ballens auf den Boden besteht allerdings die Gefahr von Qualitätsminderungen, da die Beschaffenheit der Feldoberfläche unter den spätwinterlichen Erntebedingungen oft ungünstig ist. Sekundärverschmutzungen lassen sich jedoch vermeiden, wenn die selbstfahrende Quaderballenpresse zusammen mit einem speziellen Stapelanhänger für maximal 12 Ballen verwendet wird. Diese Ballen können dann analog wie Strohballen an die Feuerungsanlage angeliefert werden. Ihre Trockenmassedichte liegt bei etwa 140 kg/m^3 /5-30/.

5.3.1.4 Halmgut-Ballen von Grünlandflächen

Aus Sicht der Bereitstellungstechnik besteht zwischen der Nutzung von extensiven Grünflächen (z. B. Naturschutzflächen, Landschaftspflegeflächen) und der intensiveren Wiesennutzung bzw. dem Feldgrasanbau kein wesentlicher Unterschied. Aufgrund der zum Schnittzeitpunkt stets relativ hohen Wassergehalte (ca. 60 bis 80 %) wird in fast allen Fällen ein zweistufiges Ernteverfahren mit Bodentrocknung durchgeführt, um einen lagerfähigen Zustand von maximal ca. 15 bis 17 % Wassergehalt zu erreichen. Die hierfür eingesetzten Techniken entsprechen der Heu- und Strohbergung für konventionelle Futter- oder Einstreuzwecke. Dazu werden die Gräser z. B. mit Kreiselmähwerken gemäht und im Schwad abgelegt (Kapitel 6.2).

Zur Beschleunigung des Trocknungsvorgangs und damit zur Verringerung des Risikos unerwünschter Witterungseinflüsse sind verschiedene Techniken im Einsatz. Beim Standardverfahren wird das Schwadgut zur Trocknung ausgebreitet, mehrfach auf dem Feld gewendet, aufgelockert und zur Vereinfachung der Bergung wieder zu Schwaden zusammengerecht. Kleinere Betriebe setzen hierzu Universalgeräte ein (z. B. Kreiselzettwender), die alle Arbeitsgänge erledigen können. Große Betriebe verwenden auch Spezialmaschinen mit hoher Schlagkraft.

Eine beschleunigte Trocknung kann erreicht werden, wenn das Mähwerk zusätzlich mit einem mechanischen Aufbereiter ausgerüstet ist, der das Halmgut quetscht und knickt, wodurch Austrittstellen für die Feuchtigkeit geschaffen werden. Für feinstängelige Gräser kommen insbesondere Rotoren mit schlagenden und knickenden Werkzeugen zum Einsatz. Solche Mähaufbereiter vergrößern allerdings die Materialverluste um rund 1 %, erhöhen die erforderliche Motorleistung und verringern die Arbeitsgeschwindigkeit.

Am Ende der – je nach Witterung – ca. 2- bis 5-tägigen Trocknungsdauer wird das Heu in gleicher Weise wie Stroh nach einem der oben beschriebenen Verfahren geborgen, vom Feld abgefahren und eingelagert. Bei ungünstigem Wetter verzögert sich die Trocknung; allerdings kommt es dann meist zu einer Verbesserung der Brennstoffeigenschaften (Kapitel 9.1), da Auswaschungseffekte zu einem sinkenden Gehalt an aus verbrennungstechnischer Sicht unerwünschten Elementen (z. B. Chlor, Kalium) führen können /5-12/. Allerdings erhöhen längere Feldliegezeiten auch die Bröckel- und Bergungsverluste.

Bei der Nutzung von Pflege- und Naturschutzflächen gelten oft besondere Anforderungen, die auch zu Konsequenzen für den Maschineneinsatz führen können. Aufgrund der speziellen ökologischen Funktionen solcher Flächen muss die Bewirtschaftung boden- und artenschonend erfolgen. Das kann beispielsweise durch eine reduzierte Anzahl von Überfahrten, große Maschinenarbeitsbreiten oder eine angepasste Bereifung erfolgen. Dadurch werden Bodenverdichtungen oder Beschädigungen der Grasnarbe durch übermäßigen Schlupf der Antriebsräder verringert. Auch der Erntezeitpunkt kann unter solchen Bedingungen oft nicht allein nach witterungs- oder ertragsoptimalen Gesichtspunkten gewählt werden, sondern wird mit Rücksicht auf die Bedürfnisse der ansässigen Fauna festgelegt (z. B. auf das Ende der Brutzeit bestimmter Vogelarten).

Die Wirkungen auf die Fauna können auch bei der Wahl der Mähtechnik ausschlaggebend sein. Insbesondere Rotationsmähwerke werden hierbei als nachteilig eingestuft, da sie ein hohes Gerätegewicht und große Umlaufgeschwindigkeiten aufweisen.

5.3.2 Häckselgut

Bei Häckselketten wird das trockene Halmgut entweder gleichzeitig mit dem Schnitt oder nach der Aufnahme aus dem Schwad im Häcksler zerkleinert. Das Häckselgut wird dabei z. B. auf parallel fahrende schleppergezogene Anhänger übergeladen und kann dann zum Lagerplatz transportiert werden.

Die Lagerung erfolgt in Flachlagern oder in Silos, in denen ggf. die Möglichkeit einer Belüftungstrocknung mit Kaltluft besteht. Von dort kann das Häckselgut dann mit Transportfahrzeugen oder ggf. auf kurzem Wege mit automatischen Fördersystemen zur Feuerungsanlage transportiert werden.

Der Nachteil der Häckselketten liegt in der sehr geringen Schüttdichte des Materials. Sie beträgt beispielsweise bei lufttrockenem Stroh bzw. Miscanthus ca. 70 bzw. 110 kg/m^3. Aufgrund der daraus resultierenden entsprechend hohen Lager- und Transportvolumina kommt die Häckselgutkette meist nur bei sehr geringen Entfernungen zwischen der Anbaufläche und der Konversionsanlage in Frage.

5.3 Bereitstellungsketten für Halmgutbrennstoffe

Die nachfolgenden Erläuterungen einzelner Häckselketten beziehen sich dabei ausschließlich auf die Verwendung von Häckselgut als Festbrennstoff. Prozessketten für die Bereitstellung von Biogassubstraten (Silage) werden in Kapitel 5.4 beschrieben.

5.3.2.1 Miscanthus-Häcksel

Wie bei Getreideganzpflanzen kann auch bei Miscanthus zwischen absätzigen und kontinuierlichen Ernteverfahren unterschieden werden. Die darauf aufbauenden Verfahrensketten werden nachfolgend erläutert.

Absätzige Ernteverfahren. Die Stängel werden zunächst gemäht und auf Schwad gelegt. Doppelmesser- und Scheibenmähwerke sind zwar problemlos in der Lage, die eigentliche Grundfunktion des Schnitts zu erfüllen. Sie führen jedoch zu einer ungleichmäßigen Schwadausformung bzw. zu einem unbefriedigenden Gutfluss (Tabelle 5.7). Diese Probleme sind auf das Fehlen schwadbildender Führungselemente und – beim Scheibenmähwerk – auf die störende Wirkung der Schutzabdeckung zurückzuführen, durch welche die stehenden Halme nach vorn gedrückt werden /5-15/. Für das Mähen hat sich deshalb das reihenunabhängige Maisgebiss am besten bewährt; es bietet vor allem in älteren Beständen mit stärker reihenlosem Aufwuchs Vorteile.

Bei der Aufnahme aus dem Schwad mit konventionellen Pick-up-Einrichtungen kann es zu Problemen kommen, da die Miscanthushalme als sperriges, langstängeliges Gut stark verholzen und damit außergewöhnlich stabil sind. Zudem weisen die in Schwadrichtung abgelegten Halme für herkömmliche Geräte sehr schlechte Fördereigenschaften auf, da sie von der Pick-up lediglich durchgekämmt werden, ohne aufgenommen oder weitergefördert zu werden.

Neben technischen Problemen besteht bei Miscanthus zusätzlich der Nachteil, dass mit der Aufnahme des Schwads auch die am Boden liegende Blättermulchschicht mit aufgenommen wird und sich dadurch die Qualität des Erntegutes verschlechtert. Bei hohen Anforderungen an die Biomassequalität ist eine Ernte aus dem stehenden Bestand deshalb von Vorteil, obwohl dann die Biomasse der Blät-

Tabelle 5.7 Bewertung verschiedener Schneidaggregate für Miscanthus (nach /5-15/)

Mähwerk/ Vorsatz	Doppelmesser	Scheibenmähwerk	reihenunabhängiges Maisgebiss
Schneiden	+	+	+
Gutfluss, Schwadformung	–	–	+
Schnitthöhenführung	– (bei Gleitführung)	– (bei Gleitführung)	+

termulchschicht verlustig geht. In den meisten Fällen wird daher eine Ernte ohne Schwadablage als erforderlich angesehen.

Die weitere Bereitstellung entspricht im Wesentlichen der von Stroh. Jedoch ist aufgrund der zum Erntezeitpunkt (Februar bis April) oft ungünstigen Witterung vielfach eine technische Nachtrocknung im Lager notwendig.

Kontinuierliche Ernteverfahren. Zur Miscanthusernte aus dem stehenden Bestand kommen vor allem Häcksel- und Ballenketten zur Anwendung. Der Einsatz eines konventionellen Maishäckslers ist normalerweise problemlos möglich, sofern dieser mit einem reihenunabhängigen Maisgebiss ausgestattet ist (Tabelle 5.7). Im Gegensatz zum absätzigen Verfahren kann somit eine Aufnahme der minderwertigen Blätter-Mulchschicht vermieden werden.

Die Durchsatzleistung eines Feldhäckslers ist hoch; z. B. erreichen Maschinen mit 260 kW Motorleistung einen Materialdurchsatz von ca. 30 t/h (Trockenmasse) /5-16/. Die mechanische Beanspruchung der Schneid- und Mahlwerkzeuge sowie der erforderliche Kraftbedarf sind allerdings deutlich höher als beispielsweise beim Mais. Bergung, Lagerung und Transport des Häckselguts entsprechen im Wesentlichen der üblichen Häckselgut-Verfahrenskette. Aufgrund der relativ geringen Dichte des erzeugten Häckselgutes (ca. 110 kg/m^3) ist dieses Verfahren jedoch nur bei kurzen Transportwegen und besonders günstigen Lagermöglichkeiten geeignet. Miscanthus kann auch mithilfe von selbstfahrenden Ballenpressen mit Schneidwerk aus dem stehenden Bestand geerntet und gleichzeitig verpresst werden (Kapitel 5.3).

5.3.2.2 Straßengrasschnitt

Zum Mähen von Grünstreifen, Parkanlagen o. ä. werden in der Regel rotierende Scheiben- oder Schlegelmäher eingesetzt. Diese Geräte werden im Frontanbau oder an den Kranausleger eines Trägerfahrzeugs (z. B. Lkw, Traktor) montiert. Letzteres ermöglicht auch das Abmähen von Böschungen und abgesperrten Randstreifen mit Hindernissen. Alternativ ist auch eine motormanuelle Ernte mit Freischneidern und/oder Motorsensen möglich; dies gilt insbesondere für Flächen, die maschinell wenig oder kaum geschnitten werden können.

Bei entsprechender Mechanisierung wird das gemähte und ggf. zerkleinerte Material im gleichen Arbeitsgang mit Hilfe eines Absauggebläses über einen Luftkanal in einen aufgesattelten Bunker oder in ein gezogenes Sammelfahrzeug gefördert. Durch den Luftstrom werden allerdings auch Störstoffe (z. B. Bodenmaterial, Müll) mitgerissen. Deshalb kann der Aschegehalt des Straßengrasschnitts bei ca. 20 bis 35 % der Trockenmasse liegen (Kapitel 9.1).

Alternativ ist auch eine Bodentrocknung auf der Erntefläche zur Reduktion des Wassergehalts und damit des Gewichts möglich. Der Wassergehalt, der zum Schnittzeitpunkt zwischen 55 und 80 % liegt, kann unter günstigen Witterungsbedingungen bereits nach zwei bis drei Tagen auf ca. 15 % abgesunken sein.

Während Verkehrswegeränder nur ca. ein- bis dreimal im Jahr gemäht werden, findet auf Freizeitflächen (z. B. Sportplätze, Parkanlagen) in der Regel ein häufigerer Schnitt – meist mit einer vergleichbaren Technik – statt (Tabelle 5.8). Entsprechend kürzer sind dann jedoch die Halmlängen. Auch die Verunreinigung ist

Tabelle 5.8 Einteilung der Grünflächen in Pflegeklassen (nach /5-8/, geändert)

Pflegeklasse	Maßnahme und Häufigkeit	Objekt
1 sehr hoher Aufwand	– wöchentlicher Rasenschnitt – zweimaliger Heckenschnitt	– repräsentative Flächen – botanische Gärten – Zierrasen, Sportrasen
2 hoher Aufwand	– zweiwöchentlicher Rasenschnitt – wöchentlicher Reinigungsdienst	– Spiel- und Liegeflächen – Gebrauchsrasen
3 normaler Aufwand	– dreiwöchentlicher Rasenschnitt – gelegentliche Gehölzpflege	– Kinderspielplätze – einfache Park- und Grünanlagen – Straßenbegleitgrün (Innenstadt)
4 geringer Aufwand	– Rasenschnitt 1- bis 3-mal jährlich – Ausmähen von Forstflächen	– Straßenbegleitgrün – ausstattungsarme Grünanlagen – Wanderwege – Aufforstungsflächen – Landschaftsrasen
5 kaum Aufwand	– Pflegemaßnahmen nach Bedarf	– Ödland – Naturschutzgebiete – Erholungs-, Wirtschaftswälder

geringer, da auf Freizeitflächen oft nicht mit Absaugeinrichtungen gearbeitet wird und eine Sekundärverschmutzung ohnehin weniger vorkommt. Wenn das Material nicht als Mulch auf der Fläche verbleiben soll, werden bodenschonende Selbstfahrer oder Kleinschlepper mit Sammelbunker verwendet. Zum Mähen kommen Sichelmäher oder Mähwerke mit pendelnd auf einer Welle angebrachten Y-Messern zum Einsatz. Bei größeren Mähern mit Sammelbunker ist ein Absauggebläse erforderlich.

5.3.3 Sonstige Halmgutketten

Neben den vorangehend vorgestellten Prozessketten, in denen vor allem die bei der Ernte vorliegende Bergeform weitgehend bis zur Endnutzung erhalten bleibt, kommen Verfahrensketten vor, in denen als Zwischenschritt eine weitere stationäre Rohstoffaufbereitung erfolgt. Sie werden nachfolgend beschrieben.

5.3.3.1 Pellets und Briketts

Mit Hilfe von Pelletier- oder Brikettiermaschinen (Kapitel 7.3) lassen sich auch aus Halmgut Presslinge in verschiedenen Pressformen, Größen und mit unterschiedlichen Dichten herstellen. Dadurch wird ein gleichförmiges, marktfähiges Schüttgut mit günstigen Lager- und Fließeigenschaften und guter Dosierbarkeit in Feuerungen erzeugt. Wichtige Kriterien der Pellet- bzw. Brikettqualität sind die Schütt- und Rohdichte, der Krümelanteil und die Abriebfestigkeit (Kapitel 9.1).

Bei einer Hochdruckverdichtung von Halmgütern kommen im Wesentlichen die Ketten mit stationärer Pelletierung in Frage. Prozessketten mit Pelletier- oder Brikettieranlage wurden in der Vergangenheit vor allem für die Grünfutteraufbereitung realisiert.

Das Material wird als Häckselgut oder Ballen angeliefert. Deshalb wird neben der eigentlichen Hochdruckverdichtung, die beispielsweise aus einer Kollergangpresse bestehen kann (Kapitel 7.3), u. a. eine Ballenauflöse- und Mühlenstation, eine Häckselgutdosieranlage, verschiedene Förderbänder, eine Bindemittelbevorratung und -dosierung sowie die Pelletkühlung benötigt (Abb. 5.18). Wegen dieser Vielzahl von benötigten Anlagenkomponenten konnten Konzepte mit teilversetzbaren Anlagen bislang nicht erfolgreich umgesetzt werden.

Der weitere Transport der Pellets oder Briketts zum Endverbraucher ist mit schleppergezogenen Pritschenwagen oder bei längeren Transportentfernungen mit Lkw möglich und ähnelt damit den bisherigen Bereitstellungslinien. Halmgutpellets haben eine hohe Schüttdichte von ca. 500 bis 600 kg/m^3. Anders als bei den übrigen Prozessketten führt diese hohe Dichte dazu, dass nicht mehr das Ladevolumen der Transportfahrzeuge, sondern die Nutzlast der schlepper- oder Lkw-gezogenen Transportanhänger zum begrenzenden Faktor für den Transport wird (Kapitel 8.1).

Die in der Vergangenheit begonnene Entwicklung selbstfahrender Pelletiermaschinen (z. B. /5-9/) als Bestandteil einer durchgehenden Pelletkette wird inzwischen nicht weiter verfolgt. Derartige Maschinen, die das Halmgut mähen, unter Ausnutzung der Motorabwärme vortrocknen und mittels einer Zahnradpresse (Kapitel 7.3) verdichten, um die erzeugten Pellets anschließend von einem mitgeführten Sammelbunker aus auf ein begleitendes Transportfahrzeug zu übergeben, sind an den hohen Kosten und der nur geringen Maschinenauslastung gescheitert.

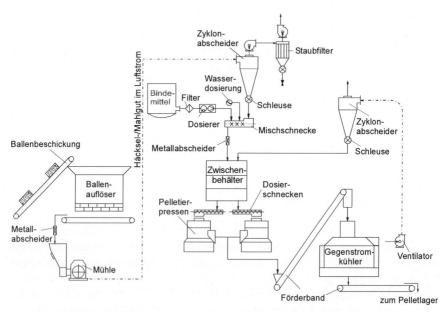

Abb. 5.18 Beispiel einer Anlage zur stationären Pelletierung von Halmgut

5.3.3.2 Feuchtgut

Die Bereitstellung von Feuchtgut für eine Festbrennstoffnutzung basiert auf einem Zweikultur-Nutzungssystem /5-13/, /5-23/, /5-24/. Als Erstkulturen werden die Winterformen annueller Pflanzen wie Gerste, Roggen und Raps angebaut. Sie werden etwa 3 bis 4 Wochen vor ihrer Vollreife im grünen Zustand geerntet. Dazu werden konventionelle Mähwerke eingesetzt. Direkt im Anschluss daran wird das Material ohne weitere Bodentrocknung im frischen oder angewelkten Zustand von der Anbaufläche mit den für die Grünfutterwerbung üblichen Verfahren aufgesammelt und zur Lagerfläche transportiert (vgl. Kapitel 5.4). Alternativ dazu ist auch eine Vollernte aus dem stehenden Bestand möglich (z. B. Häcksler mit integrierter Schneideinrichtung). Das Erntegut wird dann – wie bei der Futterkonservierung – in betriebs- oder feldnahen Silos zur Silagekonservierung (Kapitel 8.3) eingelagert. In die abgeernteten Stoppelfelder können dann Sommerkulturen wie Mais, Sonnenblumen oder Hanf als Zweitkulturen eingesät werden, um die Vegetationsperiode bis in den Herbst hinein auszunutzen und – ebenfalls vor der Vollreife – eine zweite Ernte nach dem oben beschriebenen Verfahren zu ermöglichen /5-13/. Auch bei diesem Erntegut liegt der Wassergehalt noch bei ca. 60 bis 75 %.

Um eine Verbrennung zu ermöglichen, muss der Wassergehalt der erzeugten Silage kurz vor der energetischen Verwertung durch mechanisches Abpressen auf möglichst unter 50 % abgesenkt werden. Nach gegenwärtigem Kenntnisstand sind Schneckenpressen für eine solche Entwässerung am besten geeignet. Mit ihnen wurde beispielsweise mit einer Schneckensteigung von 1 zu 5,4, einem Presskorb mit einer Bohrung von 0,7 mm und einer Pressgeschwindigkeit von 4 U/min ein Trockenmassegehalt im ausgepressten Material von über 50 % erzielt /5-13/. Der ausgepresste Brennstoff muss danach unverzüglich zur Konversionsanlage transportiert werden, um Trockenmasseverluste durch Nachgärung und Veratmung zu vermeiden.

Als günstiger Nebeneffekt der Entwässerung wird bei diesem Verfahren eine deutliche Gehaltsabnahme von unerwünschten Elementen beobachtet. Beispielsweise tritt bei Roggensilage eine Absenkung des Chlorgehaltes – bezogen auf die Trockenmasse – auf nur noch 12 % des Ausgangswertes ein; bei Kalium und Stickstoff wird ein Niveau von nur noch 32 bzw. 47 % des Ausgangsgehaltes erreicht /5-22/.

Der gewonnene Presssaft eignet sich als Substrat für die Biogasgewinnung. Er kann aber auch durch natürliche Sedimentation in den Pressschlamm und das Presswasser getrennt werden. Der Pressschlamm lässt sich anschließend als Tierfutter für Rinder oder Schweine verwenden. Das Presswasser wird zur Schließung der Stoffkreisläufe – ähnlich wie die Asche – auf die Felder ausgebracht oder als Grundstoff für bio-chemische Produktionsverfahren (z. B. Biogasanlagen) eingesetzt.

5.4 Bereitstellungsketten für Biogassubstrate

Als Biogassubstrate kommen eine Vielzahl feuchter Erntegüter bzw. Rückstände in Frage, die entweder in reiner Form oder in Gemischen (Co-Substrate) verwendet

212   5 Bereitstellungskonzepte

werden. Bei frisch geernteten Energiepflanzen hat sich die Silagebereitung als Konservierungsmethode durchgesetzt (Kapitel 8.3). Substrate, die dagegen als Rückstände oder organische Abfälle anfallen, liegen oft auch in flüssiger oder zumindest sehr wasserreicher Form vor. Zu beiden Rohstoffformen werden nachfolgend die Prozesse zur Bereitstellung beschrieben.

5.4.1 Silagen

Beim Silomais wird die Lagerfähigkeit des frischen geernteten Materials durch eine Silagekonservierung (Kapitel 8.3) erreicht. Der relativ hohe Wasserhalt in der Gesamtpflanze stellt deshalb in der Regel kein Problem dar. Wegen der besseren Silierfähigkeit kommt es bei der Ernte auf einen möglichst hohen Zerkleinerungsgrad an. Als Erntemaschine werden daher Feldhäcksler verwendet (Kapitel 6.2). Wegen der geforderten hohen Schlagkraft angesichts der begrenzten Erntezeit und der geforderten Wassergehaltsgrenzen (Kapitel 8.3) werden meist selbstfahrende

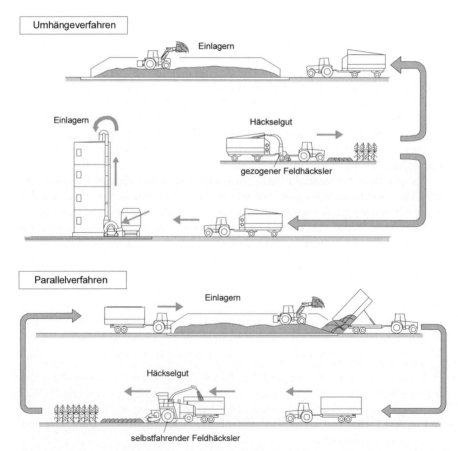

Abb. 5.19 Ernteverfahrensketten zur Bereitstellung von Silage zur Verwendung als Biogassubstrat (SF Selbstfahrer)

Häcksler mit unterschiedlichen Vorsatzgeräten (d. h. Aufnahmeorgane) eingesetzt. Derartige Häcksler sind mit einer Antriebsleistung von 160 bis 700 kW ausgestattet. Ihre hohe Flächenleistung macht meist den Einsatz von ca. 3 bis 5 Traktorgespannen für den Abtransport des Erntegutes zum Silo erforderlich /5-19/.

Bei der Ernteprozesskette werden das Anhänge- und das Parallelverfahren unterschieden. Bei ersterem wird das vom Häcksler aufgenommene und zerkleinerte Material auf einen angehängten Anhänger und bei letzterem Verfahren auf ein parallelfahrendes Transportfahrzeug übergeben (Abb. 5.19). Da die zweite Variante ohne das An- und Abhängen der Wagen erfolgt, ist die Bergeleistung insgesamt höher als beim Anhängeverfahren. Bei entsprechender Maschinenauslastung infolge ausreichend hoher Transportkapazitäten kann eine Bergeleistung von 80 m^3/h erzielt werden (ca. 60 t/ha Frischmasse) /5-19/.

Das gilt jedoch nur dann, wenn die Einlagerungsleistung nicht zum begrenzenden Faktor wird. Insbesondere bei Verwendung von Fahrsilos zur Silagebereitung ist eine solche hohe Einlagerungsleistung aber erzielbar. Das eingelagerte Material wird unmittelbar nach der Anlieferung am Silo verdichtet, beispielsweise durch das Befahren mit dem Schlepper (Kapitel 8.3).

5.4.2 Weitere Biogassubstrate

Außer aus speziell angebauten Energiepflanzen kann Biogas aus einer großen Vielzahl weiterer organischer (Abfall-)Stoffe erzeugt werden, die an sehr unterschiedlichen Orten anfallen können (Kapitel 4.3). Aufgrund der geringen Energiedichte derartiger organischer Abfälle sollten aus Kostengründen die Transportentfernungen möglichst gering sein. Deshalb handelt es sich bei Substraten, die bereits in wässriger Lösung anfallen, meist um Pumpprozesse, durch welche die organischen Stoffe zum Fermenter transportiert werden. Alternativ kann der Transport auch mit Tankwagen oder über offene bzw. geschlossene Rinnen erfolgen. Bei festem Material (z. B. Silage, Festmist, organische Hausmüllfraktion) erfolgt der Transport mit den üblichen Fahrzeugen (z. B. Lkw, Traktorgespann).

Die weitere Aufbereitung des Materials wird meist erst an der Biogasanlage realisiert, da dadurch die benötigten Spezifikationen für den optimalen Ablauf der anaeroben Fermentation sichergestellt werden (Kapitel 16). Aus diesem Grund wird dieser Teil der Verfahrenskette nicht mehr zur Bereitstellung gezählt.

5.5 Bereitstellungsketten für Ölsaaten

Die Standard-Erntemaschine für Ölsaaten ist der Mähdrescher (Kapitel 6.4). Da die Ausfallneigung der Körner auch bei feinkörnigen Saaten durch eine Pflanzenzüchtung inzwischen stark minimiert werden konnte, hat das früher übliche absätzige Schwadmäh- und Schwaddruschverfahren, bei dem die Körnerverluste geringer sind, an Bedeutung verloren. Nach dem Drusch wird das Erntegut zu einem Zwischenlager transportiert, das sich beispielsweise auf dem landwirtschaftlichen Betrieb oder bei einer Genossenschaft bzw. bei einem Händler befinden kann. Hier werden die für eine eventuelle Lagerung meist noch zu feuchten Körner ggf. nachgetrocknet; beispielsweise muss Rapssaat für eine stabile Lagerung einen Wassergehalt von etwa 7 bis 9 % aufweisen. Alternativ zur Trocknung ist bei niedrigen Temperaturen auch eine Belüftung (Kühlung) möglich (Kapitel 8.2).

Das im Schwad nach dem Mähdrusch abgelegte Rapsstroh ist durch brüchige Schoten und Stängel gekennzeichnet. Durch die mechanische Beanspruchung im Mähdrescher wird dieses Material stark zerkleinert und lagert deshalb relativ dicht am Boden. Insbesondere die oberen Pflanzenteile und die ausgedroschenen Schoten sind damit für die Pick-up einer Aufsammelpresse oft unerreichbar. Dadurch kann die Bergequote unter ungünstigen Bedingungen nur 50 % der Stroh-Gesamtmasse betragen /5-3/. Sie steigt auf 70 bis 80 %, wenn die verwendete Pick-up einen geringen Durchmesser besitzt und die Federzinkenabstände klein sind. Die Dichten der gepressten Rapsstrohballen sind mit Getreidestroh vergleichbar.

Der Transport der in Deutschland produzierten Ölsaat zu den Ölmühlen erfolgt gegenwärtig zu einem großen Teil mit Binnenschiffen, da die meisten Ölmühlen an den großen Wasserstraßen liegen. Daneben werden aber auch Bahn und Lkw eingesetzt.

5.6 Bereitstellungsketten für zucker- und stärkehaltige Stoffe

Für die Produktion von Ethanol kommen derzeit im Wesentlichen zucker- und stärkehaltige Produkte zum Einsatz. Davon werden hier exemplarisch die Bereitstellungsketten von Zuckerrüben, Zuckerhirse, Kartoffeln und Topinambur, Winterweizen und Mais betrachtet.

Zuckerrüben. Als Grundstoff für die Ethanolherstellung aus Zuckerrüben dient nur der Rübenkörper. Die Rübenblätter mit dem abgeköpften, zuckerarmen oberen Teil des Wurzelkörpers können als Tierfutter oder als Substrat für Biogasanlagen geborgen werden oder verbleiben auf der Anbaufläche. Die Ernte findet im Herbst oft unter schwierigen Witterungs- und Bodenbedingungen statt, wobei vergleichsweise großen Massen von ca. 50 bis 70 t/(ha a) Rüben und 40 bis 50 t/(ha a) Blatt bewegt werden müssen. Ein- oder zweiphasige Ernteverfahren kommen zum Einsatz (Kapitel 6.4).

Bei allen Erntevarianten werden die Zuckerrüben zunächst geköpft, um das Rübenblatt sowie Teile des oberen Wurzelkörpers zu entfernen. Anschließend wird dieser aus dem Boden gehoben (gerodet). Dabei erweist es sich als technologischer Vorteil, dass die Zuckerkonzentration der Rübe (im Mittel ca. 17 % der Frischmasse) zum Kopf und zur Wurzelspitze hin leicht abnimmt. Nach dem Roden werden Erde, Steine und Blattreste möglichst vollständig abgetrennt. Die geernteten Rüben werden dann entweder in der Erntemaschine zwischengespeichert und bis zum Feldrand mitgenommen oder auf Wagen, die während des Rodevorgangs parallel zur Erntemaschine fahren, übergeladen. Der Abtransport erfolgt entweder unmittelbar mit diesen Begleitfahrzeugen oder nach einer Zwischenlagerung in Feldmieten. Dazu müssen die Rüben jedoch erneut auf Transportfahrzeuge geladen werden. Die Zwischenlagerung, die etwa ein bis zwei Monate betragen kann,

5.6 Bereitstellungsketten für zucker- und stärkehaltige Stoffe 215

ist erforderlich, da für die Ernte nur ein begrenztes Zeitfenster zur Verfügung steht und die Ethanolanlagen auf eine gleichmäßige Auslastung während der Verarbeitungskampagne angewiesen sind. Während der Lagerung kommt es jedoch durch Respirationsprozesse und mikrobielle Aktivität (Kapitel 8.2) zum Zuckerabbau.

Teilweise werden die Zuckerrüben bei der Auslagerung aus der Feldmiete erneut mechanisch von Erdresten gereinigt. Dies erfolgt dann entweder mit Hilfe eines Reinigungsbandes oder mit einem selbstfahrenden Reinigungslader, der die Rüben auf ein Transportfahrzeug überlädt. Der Transport von Zuckerrüben zum Standort der Verarbeitungsanlage (d. h. bio-chemische Umwandlung; vgl. Kapitel 15) findet fast ausschließlich mit Lkw statt.

Zuckerhirse. Bei Zuckerhirse wird die zuckerhaltige Sprossmasse geerntet, wobei die Blätter nach Möglichkeit auf der Anbaufläche verbleiben sollen. Durch die Ähnlichkeit mit Zuckerrohr kommen die entsprechenden ein- oder mehrphasigen Zuckerrohrerntetechniken in Frage (Kapitel 6.4).

Wie bei Zuckerrüben findet auch die Zuckerhirseernte mit Beginn der kühleren Witterung im Herbst statt, wenn Zuckergehalte von 35 % in der Trockenmasse der Gesamtpflanze erreicht sind (8 bis 9 % in der Frischmasse). Bei der Planung und Durchführung der Ernte kommt es nicht nur auf eine hohe Schlagkraft, sondern in besonderem Maß auch auf die Vermeidung von Zuckerverlusten an. Die Erntemasse besteht entweder aus unzerkleinerten Ganzpflanzen oder aus 20 bis 50 cm langen Stängelstücken (engl. "Billets"). Durch die größere Anzahl von Schnitten kommt es bei diesen Stängelstücken zu einem beschleunigten Zuckerabbau (Kapitel 8.2).

Die ebenfalls technisch mögliche Ernte mit einem Maishäcksler, der in Mitteleuropa überall verfügbar wäre, scheidet aufgrund der vergleichsweise hohen Zuckerverluste in den meisten Fällen aus. Bei Häckselgut sinkt der Zuckergehalt unter mitteleuropäischen Klimabedingungen bereits nach 16 h auf unter 90 % der Ausgangskonzentration /5-6/, so dass eine Saftgewinnung und Konservierung bzw. Verarbeitung möglichst feldnah stattfinden müsste /5-31/.

Die unzerkleinerten Ganzpflanzen oder Stängelstücke werden aus dem Schwad aufgenommen oder in Parallelfahrt geladen und mit landwirtschaftlichen Anhängern oder Lkw unmittelbar nach der Ernte zur industriellen Weiterverarbeitung transportiert. Dort erfolgt die Produktion von Zucker bzw. Ethanol unter gleichzeitiger Nutzung der Bagasse als Brennstoff.

Kartoffeln und Topinambur. Die Ernte erfolgt in Deutschland praktisch ausschließlich mit sogenannten Sammelrodern (Kapitel 6.4). Zuvor wird die oberirdische Masse entweder chemisch abgetötet oder mechanisch abgetrennt. Grundsätzlich kommt aber auch eine Bergung für eine spätere Nutzung beispielsweise als Festbrennstoff in Frage. Im Allgemeinen ist mit einer Knollenmasse von 6 bis 8 t/(ha a) Trockenmasse zu rechnen. Die Knollen werden zusammen mit dem Erdreich über ein Rodeschar auf eine Siebeinrichtung gebracht, der Boden abgesiebt und von verbliebenen Pflanzenresten abgetrennt. Aus dem Erntegut werden weitere Beimengungen (u. a. Steine, Erdbrocken) mechanisch und z. T. auch manuell unterstützt aussortiert; danach wird es vom mitgeführten Sammelbunker in Wechselcontainer oder auf parallel fahrende Transportfahrzeuge geladen.

Kartoffel- bzw. Topinamburknollen werden entweder in Feldmieten oder in Lagerhäusern gelagert. Moderne Mieten erlauben eine Lagerung oft nur bis etwa Ende Januar; deshalb findet die längerfristige Lagerung in Lagerhäusern statt, in denen sich die Bedingungen der verschiedenen Lagerphasen individuell einregeln lassen (Veränderung von Luftdurchsatz, Lufttemperatur und Luftfeuchtigkeit). Im Anschluss an die Lagerung werden die Knollen mit landwirtschaftlichen Fahrzeugen oder Lkw zur Ethanolanlage transportiert.

Winterweizen. Die Ernte- und Aufbereitungsschritte von Winterweizen erfolgen im Wesentlichen analog zur Bereitstellung von Rapskörnern. Unter günstigen Wetterbedingungen wird das Weizenkorn mit einem lagerfähigen Wassergehalt von 13 bis 14 % geerntet. Oft liegt jedoch der mittlere Wassergehalt nach der Ernte über 16 %, so dass eine technische Trocknung erforderlich wird. Danach wird das Korn gereinigt, anschließend zur Lagerung in Flach- oder Silolager gefüllt und dort ggf. belüftet. Nach der Lagerung erfolgt der Transport mit marktüblichen Lkw oder ggf. mit Bahn oder Binnenschiff zur Ethanolanlage.

Mais. Wie Winterweizen wird Mais mit konventionellen Mähdreschern geerntet (Kapitel 6.4). Aufgrund der späten Abreife weist frisch geernteter Körnermais einen Wassergehalt von ca. 30 bis 45 % auf. Er ist deshalb nicht lagerfähig und muss sofort nach der Ernte verarbeitet oder konserviert werden. Daher sind in der Bereitstellungskette entsprechend leistungsfähige Trocknungs- oder Verarbeitungsmethoden vorzusehen. Die weiteren Bereitstellungsschritte entsprechen im Wesentlichen denen des Winterweizens.

Die Bergung des Maisstrohs ist in der konventionellen Landwirtschaft nicht üblich, jedoch technisch möglicherweise durchführbar. Allerdings stehen bislang keine erprobten Verfahren zur Verfügung. Generell ist mit ähnlichen Problemen wie bei der Miscanthusernte (Kapitel 5.3.2.1) zu rechnen. Das Pflanzenmaterial ist zum Druschzeitpunkt mit meist über 50 % Wassergehalt nicht ohne weiteres lagerfähig und eine Bodentrocknung scheidet aufgrund der unsicheren Witterung normalerweise aus /5-25/. Außerdem kann eine Aufnahme aus dem Schwad zu Sekundärverunreinigungen des Strohs führen. Maisstroh ist zudem relativ sperrig, so dass mit Ballenpressen ohne eine weitere Aufbereitung nur eine relativ geringe Dichte erreicht wird.

6 Ernte

Mit dem Beginn der Ernte ist die erste Phase der Energiebereitstellungskette (d. h. die der Pflanzenproduktion) abgeschlossen. Es folgt nun die Bereitstellung, durch die die organische Masse am Standort der Konversionsanlage verfügbar gemacht wird. Während vor der Ernte hauptsächlich die durch die Pflanzenart vorgegebenen chemisch-stofflichen Biomassemerkmale ausgeprägt werden, findet im Verlauf der nun folgenden Bereitstellungsphase die Beeinflussung und Veränderung der physikalisch-mechanischen Brennstoffeigenschaften statt; das gilt vor allem bei den Festbrennstoffen.

Der auf die Anbauphase folgende Prozessschritt der Ernte beinhaltet sämtliche Maßnahmen, durch welche die aufgewachsene Biomasse am Wuchsort technisch verfügbar gemacht und bereits teilweise umgeformt oder vorkonditioniert wird. In diesem Kapitel wird hierbei vor allem auf solche Techniken und Verfahren eingegangen, die für die Biomasse mit dem Ziel der energetischen Nutzung typisch sind; konventionelle, bei der Nahrungsmittelbereitstellung gängige Techniken bleiben weitgehend unberücksichtigt. Weitere Prozessschritte der Bereitstellungskette (z. B. Aufbereitung, Transporte, Umschlag, Lagerung und Trocknung) werden, soweit sie nicht bereits in den Ernteprozess integriert sind, in den Kapiteln 7 und 8 beschrieben.

6.1 Holzartige Biomasse

Bei holzartiger Biomasse wird zwischen Holz aus dem Wald, Holz aus Kurzumtriebsplantagen und Holz aus der Landschaftspflege unterschieden. Die entsprechenden Techniken werden nachfolgend diskutiert.

6.1.1 Holz aus dem Wald

Das Hauptziel der Bewirtschaftung unserer heimischen Wälder ist die Produktion von möglichst hochwertigem Stammholz für die anschließende stoffliche Nutzung. Dazu müssen in bestimmten Zeitabständen Durchforstungsmaßnahmen durchgeführt werden, um den Holzzuwachs auf wüchsige und qualitativ hochwertige Bäume zu konzentrieren. Konkurrierende, kranke und/oder minderwertige Bäume werden dabei entfernt. Bei Nadelholz beispielsweise erfolgt die Erstdurchforstung in der Regel dann, wenn in einer Höhe von ca. 4 m keine Grünäste mehr vorhanden sind. Weitere Durchforstungen folgen – je nach Zuwachs – nach unterschiedlich langen zeitlichen Abständen, allerdings meist nicht häufiger als alle 10 Jahre

/6-4/. Bei einer derartigen Durchforstungsmaßnahme können durchschnittlich je Hektar etwa 70 m³ Hackgut als Energieträger gewonnen werden /6-25/. Dadurch kann sichergestellt werden, dass nach mehreren Jahrzehnten schlagreife Bäume verfügbar sind, deren Brusthöhendurchmesser z. B. bei Fichte, Kiefer und Lärche rund 50 cm, bei Buche ca. 60 cm und bei Eiche etwa 70 cm beträgt /6-4/. Diese Bäume werden dann im Rahmen der Endnutzung geerntet.

Um bei geeigneten geographischen Bedingungen (z. B. im Flachland) eine maschinelle Bewirtschaftung des Waldbestandes zu ermöglichen und das Befahren großer Teile des Bestandes zu verhindern, werden im Zuge der Erstdurchforstung meist sogenannte Rückegassen angelegt. Dazu wird in regelmäßigen Abständen jeweils eine einzelne Baumreihe komplett entfernt, um einen etwa 3 bis 4 m breiten Fahrweg für Erntefahrzeuge zu schaffen. Der Abstand solcher parallel angelegten Rückegassen beträgt maximal 40 m und kann beim Einsatz vollmechanisierter Verfahren auf ca. 20 m sinken (d. h. etwa die doppelte Reichweite der Kranausleger von Vollerntern). Die Befahrbarkeit solcher Rückegassen erhöht sich, wenn – wie bei der hoch mechanisierten Holzernte mit Hilfe sogenannter Harvester – das bei der Entastung herabgefallene Astmaterial eine Reisigmatratze bildet, unter der die Bodenschäden durch den Einsatz schwerer Rückefahrzeuge vermindert werden. Die Rückegassen münden entweder auf Lkw-taugliche Waldstraßen oder auf schlepperbefahrbare Maschinenwege.

Ausgehend von den vorgenannten Grundlagen und Voraussetzungen werden im Folgenden die wesentlichen Prozesse, die der eigentlichen Holzernte zuzurechnen sind, beschrieben. Dabei handelt es sich um das Fällen und Aufarbeiten, das motormanuell, teilmechanisiert oder vollmechanisiert durchgeführt werden kann, sowie das Vorliefern bzw. Rücken (als Vollbaum, Stückgut oder Hackschnitzel).

6.1.1.1 Manuelles Fällen und Aufarbeiten

Bei der manuellen Holzernte (d. h. Fällen und Aufarbeiten) im Wald kommen verschiedene Einzelgeräte in Kombination zum Einsatz. Der eigentliche Fällvorgang erfolgt zunächst fast immer mit der Motorsäge, in schwächeren Beständen mit einem Brusthöhendurchmesser bis ca. 13 cm (z. B. Kurzumtriebsplantagen) können auch Freischneider mit einem Kreissägeblatt verwendet werden. Die geringste Mechanisierungsstufe stellt jedoch die klassische Axt dar, die aber nur noch selten für das eigentliche Fällen, sondern vielmehr für das Aufarbeiten im Wald immer noch vielfach verwendet wird. Die eingesetzten Geräte und Hilfsmittel werden nachfolgend beschrieben.

Axt. Für verschiedene Einsatzzwecke sind unterschiedliche Äxte verfügbar. Bei der Arbeit im Forst kommen vor allem die Universal-Forstaxt, die Iltisaxt und die Sappiaxt in Frage (Tabelle 6.1), da diese Äxte leicht sind und für das Entasten verwendet werden können. Die Sappiaxt besitzt einen Sappihaken, um schwächeres Holz zu wenden oder vorzuliefern. Demgegenüber wird die Holzfälleraxt heute kaum noch benutzt. Bei häufigen Keilarbeiten oder wenn bereits im Wald ein manuelles Holzspalten erfolgen soll, sind andere, schwerere Axttypen vorteilhafter (Tabelle 6.1). Bei der Wahl der Axt ist auch auf den richtigen Stiel zu achten. Er ist aus Eschen- oder Hickoryholz, bei Spezialäxten auch aus Vinyl. Die Stiellänge

Tabelle 6.1 Axttypen und ihre Verwendung bei der Holzernte und -aufbereitung (gr. großes; /6-12/)

	Holzfälleraxt	Spalthammer	Spaltaxt	Universal-Spaltaxt	Universal-Forstaxt	Iltisaxt	Sappiaxt
Drauf-/Seitenansicht							
Gewicht in kg	2,1	2,5–3,5	1,3–2,8	2,5–2,8	1,2	0,8–1,0	1,2
Stiellänge in cm	80–90	80–85	45–80	80	64–70	65	65
Verwendung	Fällaxt (hier: beidseitig)	Spalten (gr. Holz), Keilen	Spalten	Spalten, Keilen	Keilen, Entasten, Spalten	Entasten	Forstaxt mit Sappi-Funktion

wird individuell abgestimmt; sie sollte ungefähr gleich der Armlänge sein. Je größer die Kraftausübung sein soll, desto länger ist der Stiel.

Motorsäge. Die Motorsäge (Kettensäge) ist das Standardgerät der manuellen Holzernte /6-14/, sie wird oft auch in Kombination mit einer Axt zur weiteren Holzaufbereitung (z. B. bei zur Brennholzgewinnung) verwendet. Für motormanuelle Fällarbeiten, wie sie beispielsweise von Selbstwerbern durchgeführt werden, kommen Motorsägen mit einer Leistung von 1,5 bis 3 kW zum Einsatz. Diese Sägen sind serienmäßig mit einer elektronischen Zündanlage, einer Kettenbremse und einer automatischen Kettenschmierung ausgestattet. Die Schwertlänge liegt häufig bei 30 bis 40 cm für die Aufarbeitung von Schwachholz und die Entastung. Aber auch längere Schwerte sind verfügbar und werden bei der Nutzholzernte eingesetzt. Moderne Ketten sind als Sicherheitsketten ausgeführt, welche die

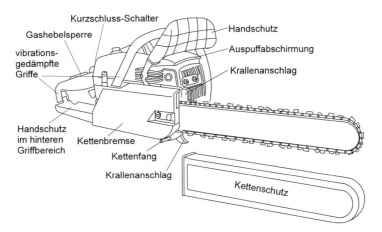

Abb. 6.1 Aufbau einer Motorkettensäge mit Sicherheitsmerkmalen /6-12/

Rückschlaggefahr der Motorsäge vermindern. Die Motorsäge sollte außerdem bestimmte weitere Sicherheitsmerkmale erfüllen (Abb. 6.1), hierzu zählen u. a. Antivibrationsgriffe, Gashebelsperre (verhindert eine Gefährdung durch ungewolltes Gasgeben), Kettenfangbolzen (er ist am Ketteneinlauf montiert und fängt eine gerissene Kette auf) und Kettenbremse (sie bietet Schutz, falls die Säge unerwartet nach oben ausschlägt (z. B. wenn versucht wird, mit der Schienenspitze zu sägen)) /6-12/.

Als Treibstoff wird ein Benzin-Öl-Gemisch für Zweitaktmotoren verwendet. Es wird im Handel auch als Fertigmischung angeboten, die im Waldboden relativ schnell abgebaut wird und weitgehend frei von gesundheitsschädigenden Stoffen wie Benzol und anderen Aromaten ist. Das verwendete Sägekettenöl sollte aus biologisch abbaubarem Pflanzenöl sein. Beispielsweise kann hierfür naturbelassenes Rapsöl – auch ohne Additivierung – verwendet werden, ohne dass hinsichtlich der Schmiereigenschaften mit Nachteilen gegenüber mineralischem Schmieröl zu rechnen ist /6-21/. Eine Additivierung ist i. Allg. nur dann erforderlich, wenn das Öl oder die Säge bei Temperaturen um oder unter minus 10 °C gelagert wird. Bei derartigen Schmierölen sollte außerdem der Schmieröltank bei mehrtägigem Stillstand stets aufgefüllt sein. Auch sollte nach der Motorsägenarbeit (z. B. bei saisonaler Brennholzwerbung) das Pflanzenöl nicht über längere Zeit im Schmieröltank verbleiben, da es zu Verharzungen neigt.

Zu einer vollständigen Ausrüstung für Holzerntearbeiten gehört auch eine zweckmäßige Bekleidung. Für jegliche Kettensägenarbeit ist das Tragen einer sogenannten Schnittschutzhose erforderlich. Sie enthält Fasern, welche die umlaufende Kette einer Motorsäge bei versehentlichem Kontakt sofort zum Stillstand bringen. Ein Schutzhelm mit Gehör- und Gesichtsschutz, Arbeitshandschuhe und Schuhe mit Schnittschutzeinlagen sowie gut sichtbare Kleidung sind ebenfalls erforderlich.

Zur Komplettierung der Ausrüstung können – je nach Standort und Baumbestand – außerdem ein Fällheber, mehrere Fällkeile, ein Hebehaken, ein Sappi, eine Handpackzange, ein Wendehaken und eine Hebelfällkarre erforderlich sein (Abb. 6.2).

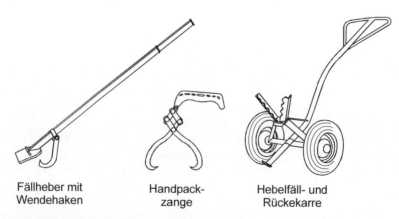

Fällheber mit Wendehaken   Handpackzange   Hebelfäll- und Rückekarre

Abb. 6.2 Hilfsmittel für das Fällen und Rücken /6-12/

Fällen. Beim Fällen wird für den gewählten Baum zunächst die Fällrichtung ausgewählt. Lücken bei den umstehenden Bäumen sind hierfür geeignet, da sie Fällschäden vermeiden. Bei Arbeiten am Hang werden die Bäume quer zum Hang gefällt. Um die Gefährdung von Personen und Gegenständen zu vermeiden, ist die Höhe des Baumes zu schätzen, damit der spätere Liegebereich und damit die Gefahrenzone abgeschätzt und gesichert werden kann. Die Gefahrenzone entspricht dem doppelten Bereich der Baumlänge. Darin darf sich niemand aufhalten, der sich nicht mit dem Fällen beschäftigt. Die Rückzugswege (schräg nach hinten) sollten offen sein. Etwaige Hindernisse müssen vor dem Fällen entfernt werden. Vor Beginn des Trennschnitts schafft man sich einen geeigneten Arbeitsraum, indem eventuelle Äste am Stamm mit der Axt entfernt werden und der Stammfuß von Bewuchs oder Steinen befreit wird. Beim anschließenden Schnitt können die nachfolgend dargestellten Techniken angewendet werden:

- Schräger Sägeschnitt. Für die Bäume mit kleinerem Durchmesser (unter 15 cm Brusthöhendurchmesser), die in einem dichten Bestand eng aneinander stehen, wird kein Fallkerb benötigt. Diese Bäume werden in einem durchgehenden schrägen Schnitt durchgesägt. Dazu stellt man sich ausnahmsweise in Fällrichtung vor den Baum. Der Stamm rutscht über das Sägeschwert.
- Waagerechter Fällschnitt. Ebenfalls für Bäume mit kleinerem Durchmesser (unter 15 cm Brusthöhendurchmesser) kann ein waagerechter Fällschnitt angewendet werden. Zunächst sägt man dabei einen einfachen Einschnitt (Gegenschnitt) anstatt eines Fallkerbs. Dann erfolgt der Fällschnitt in Höhe des Gegenschnitts oder etwas darunter. Dabei wird oft eine zweite Person benötigt, die den Baum aus einem ausreichenden Sicherheitsabstand (Gefährdung durch Motorsäge) mit einer Schubstange in die vorgesehene Fällrichtung drückt.
- Fällen mit Fällheber. Bei schwachem Holz (bis 25 cm Brusthöhendurchmesser) wird auch ein Fällheber (Abb. 6.2) eingesetzt, mit dem versucht wird, den noch stehenden Baum mit Hebelkraft umzudrücken. Dabei wird zunächst ein kleiner Fallkerb oder ein einfacher Gegenschnitt angelegt. Danach folgt ein erster Fällschnitt mit auslaufender Kette bis zur Bruchleiste; die Tiefe des Schnitts beträgt maximal zwei Drittel des Stammdurchmessers. Dann wird der Fällheber in den Schnitt gesetzt. Der zweite Fällschnitt wird nun schräg unterhalb des ersten Fällschnitts von der Gegenseite angesetzt, damit das Schwert nicht mit dem Fällheber zusammentreffen kann. Mit einlaufender Kette wird nun im verbliebenen Stammdrittel bis zur Bruchleiste gesägt. Anschließend wird die Säge zur Seite gelegt und der Baum mit dem Fällheber in die vorgesehene Richtung gekippt.
- Fällen mit Fallkerb. Bei stärkeren Bäumen ab einem Brusthöhendurchmesser von ca. 20 cm wird ein Fallkerb angelegt. Dazu wird zunächst die Fallkerbsohle und danach das Fallkerbdach gesägt (Abb. 6.3). Dann wird die beabsichtigte Fallrichtung überprüft und ggf. entsprechende Korrekturen am Fallkerb vorgenommen. Bei der Überprüfung orientiert man sich entweder am Motorsägenbügel, der im 90° Winkel zum Schwert steht und somit in Fallrichtung zeigt. Der anschließende Fällschnitt liegt mindestens 3 cm über dem Schnitt der Fallkerbsohle. Er wird waagerecht geführt. Damit die Säge nicht eingeklemmt wird, treibt man Keile in den Fällschnitt. Beim Sägen wird eine Bruchleiste stehen gelassen, die den Baum beim Umfallen wie ein Scharnier in die

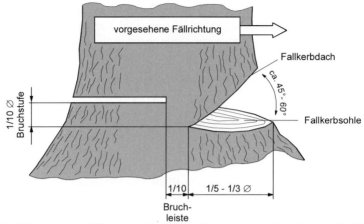

Abb. 6.3 Fällschnitt mit Fallkerb (ab Brusthöhendurchmesser >20 cm) (nach /6-15/)

gewünschte Richtung lenkt. Im Normalfall steht der Baum noch und wird nun durch weiteres Vorantreiben der Keile zu Fall gebracht; er wird folglich umgekeilt, nicht umgesägt. Dabei wird die Krone beobachtet, um die Fallrichtung zu kontrollieren und herunterfallende trockene Äste zu bemerken. Sobald der Baum fällt, weicht man schräg nach hinten zurück.

Hat sich ein Baum beim Fällvorgang in einem anderen Baum verhackt, bieten sich in jüngeren Beständen mit Bäumen bis 20 cm Brusthöhendurchmesser die folgenden Möglichkeiten an, mit denen ein vollständiges Umfallen bewirkt werden kann.

- Mit einem Wendehaken (auch kombiniert mit Fällheber) kann nach dem Absägen der Bruchleiste versucht werden, den Baum durch Drehen abzutragen.
- Eine Hebelfällkarre (Abb. 6.2) kann unten an der Schnittfläche angelegt werden. Der hängende Baum wird dann nach oben gehebelt und gleichzeitig nach hinten gerollt, bis der Baum fällt.
- Der Hänger kann mit dem Sappi (vgl. Tabelle 6.1) vom Stock gehebelt werden.
- Ein verhackter Baum kann auch mit einem Seilzug oder einer Seilwinde vom Stock abgezogen werden.

Aufarbeiten. Beim Aufarbeiten wird zunächst mit dem Entasten begonnen. Das geschieht mit der Säge oder mit der Axt.

Beim Aufarbeiten mit der Axt wird vom Stamm zum Zopf gearbeitet. Die verwendete Axt ist ungefähr 1 kg schwer und besitzt am Stiel einen Knauf, der das Abrutschen erschwert (Tabelle 6.1).

Beim Entasten mit der Motorsäge muss ein sicherer Stand vorliegen. Um unnötigen Kraftaufwand zu vermeiden, wird die Säge am Stamm angelehnt. Bei Bäumen mit dicken, stark verzweigten Ästen ist es oft zweckmäßig, diese von außen nach innen und von oben nach unten schrittweise zu kürzen. Generell wird aber mit der Säge so nah wie möglich am Stamm gearbeitet. Unter Spannung stehende Äste können die Säge einklemmen; solche Äste sägt man daher mit einem Schmälerungsschnitt zunächst von der Druckseite an (Abb. 6.4). Danach folgt der Trenn-

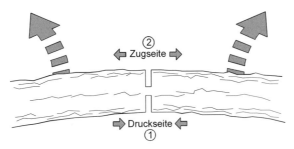

Abb. 6.4 Sägeschnittreihenfolge bei Spannungen im Holz (nach /6-15/) (1: erster Schnitt, 2: zweiter Schnitt)

schnitt auf der Zugseite. Da die Gefahr besteht, dass der Baum oder der Ast hochschlägt, ist der Standplatz während des Sägens immer auf der Druckseite.

Ablängen. Nach der Aufarbeitung werden die Stämme oder Äste auf ein einheitliches von Hand rückbares und ggf. verkaufsfähiges Maß (z. B. 1 m) zugeschnitten ("abgelängt"). Hierfür werden die vorgesehenen Schnitte oft mit einem Reißmeter vorher angerissen. Alternativ dazu können auch während des Ablängens geeignete Messhilfen mit der Motorsäge mitgeführt werden (z. B. fester Meterstab oder Laseranzeige). Das gilt vor allem für verkaufsfähiges Holz.

Auch liegendes Holz kann beim Ablängen unter Spannung stehen. Daher ist die Arbeitsweise in diesem Fall ähnlich wie beim Aufarbeiten (erst Druckseite ansägen, dann Zugseite).

6.1.1.2 Teil- und vollmechanisierte Verfahren

Teilmechnisierte Verfahren. Bei den teilmechanisierten Verfahren wird das manuelle Fällen und Aufarbeiten durch eine schleppermontierte, funkgesteuerte Seilwinde unterstützt. Je ein Waldarbeiter pro Winde zieht das Seil bis zum entferntesten Baum seiner Seillinie und befestigt es vor oder gleich nach dem Fällen am Fuß des Baumes. In dichten Beständen wird der bereits geschnittene Baum durch Zug am Seil zu Fall gebracht, um ihn anschließend am Boden motormanuell zu entasten. Danach wird der Stamm bis zum nächsten Baum entlang der Seillinie gezogen. Jeweils 4 bis 6 Bäume werden auf diese Weise schließlich gemeinsam zur Rückegasse transportiert /6-6/. Diesen Vorgang bezeichnet man als Vorliefern.

Vollmechanisierte Verfahren. Als Vollerntemaschinen werden am häufigsten sogenannte "Harvester" eingesetzt, bei denen eine Vielzahl von Teilprozessen zusammengefasst sind. Dabei handelt es sich um 2- bis 4-achsige Fahrzeuge mit Kranausleger (ca. 10 m Reichweite), an deren Ende ein Vollernteaggregat (Prozessorkopf) angebracht ist (Abb. 6.5). Damit werden die Teilarbeitsschritte Fällen, Entasten, Vorliefern, Vermessen und Einschneiden kombiniert erledigt. Als letzter Schritt wird der Wipfel des Baumes ("Zopf") abgetrennt (d. h. die Krone unterhalb des automatisch erfassten Stammdurchmessers von z. B. 7 cm). Als Schneidaggregat kommen schwenkbare Kettenschwerter und Ketten auf kreisrunder

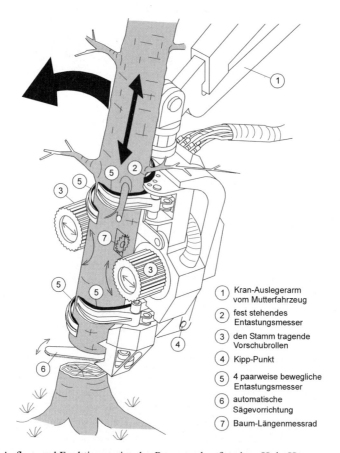

Abb. 6.5 Aufbau und Funktionsweise des Prozessorkopfes eines Holz-Harvesters

Scheibe oder – bei kleineren Durchmessern – auch hydraulische Scheren zum Einsatz. Die Stammabschnitte werden nach dem Schnitt grob vorkonzentriert und meist am Rande der Rückegasse abgelegt. Dort bildet das ebenfalls herabgefallene Astmaterial eine Reisigmatratze, welche die Befahrbarkeit mit Rückefahrzeugen verbessert.

Ein Harvester kann neben den Entastungsmessern auch mit zusätzlichen Greifzangen ausgestattet sein, die ein nachträgliches Bündeln und Laden von abgelegtem Holz ermöglichen. Auf diese Weise können mit der gleichen Maschine auch Schwachholz und Wipfel in Langmieten zur Lagerung aufgeschichtet oder auf Anhänger geladen werden. Ein solcher Vollernter lässt sich dann auch in Kombination mit einem Tragrückeanhänger einsetzen, auf dem Stammabschnitte gesammelt und aus dem Wald heraustransportiert (gerückt) werden.

Harvester können in allen Nadelholzbeständen eingesetzt werden. Im Laubholz kommen jedoch ihre arbeitswirtschaftlichen Vorteile, die mit der gleichzeitigen Entastung gegeben sind, aufgrund von Schaftkrümmungen und verzweigten Wuchsformen kaum zum Tragen. Deshalb ist hier der Einsatz von Harvestern selten.

Ein vollmechanisiertes Fällen kann auch mit sogenannten Fäll-Bündel-Maschinen (auch "Fällersammler", engl.: "Feller-Buncher") erfolgen. Auch hier befindet sich das Fällbündelaggregat auf einem selbstfahrenden Kranauslegerfahrzeug. Hierbei handelt es sich um einen geländegängigen Knickschlepper oder um ein Raupenfahrzeug, das mit einem Ausleger in Knick- oder Teleskop-Form ausgerüstet ist, dessen Reichweite bis zu 15 m beträgt.

Der Baum wird zunächst von einem Greifzangensatz erfasst. Mittels der Anbausägekette erfolgt dann der Trennschnitt. Anschließend wird der Baum über den Auslegerarm kontrolliert am Boden als Ganzbaum (mit Ästen) abgelegt. Bei kleineren Baumdurchmessern können auch mehrere Bäume nacheinander geschnitten und mittels des Mehrzangensystems stehend gebündelt werden, bevor der Auslegerarm zu der vorgesehenen Ablagestelle schwenkt.

Die Aufarbeitung (Entastung) erfolgt in einem nachfolgenden Arbeitsgang. Sie kann aber auch völlig unterbleiben, wenn anschließend – beispielsweise nach einer Abtrocknungsphase – eine Hackschnitzelerzeugung aus Ganzbäumen vorgesehen ist.

Fällersammler werden bisher vorwiegend in Nordamerika eingesetzt. Wegen der in Europa zunehmenden Holzernte auch für eine energetische Nutzung, bei der eine Zwischentrocknung als Ganzbaum oft sinnvoll ist (z. B bei Mittel-Umtriebsplantagen), nimmt ihr Einsatz derzeit auch in Europa zu.

6.1.1.3 Rücken und Vorliefern

Unter dem Begriff "Rücken" wird der Transport des Holzes von der Rückegasse zu den Lager- oder Stapelplätzen an der Waldstraße verstanden. Oft wird dieser Teilschritt mit der Vorlieferung (d. h. Vorkonzentration) kombiniert. Bereits abgelängtes Holz (z. B. Meterholz für die Brennholznutzung) wird beispielsweise mit einem Hebehaken, einer Handpackzange oder einer Seilwinde an den Forstweg gezogen. Bei Vollbäumen oder Langholz geschieht das Rücken mit den nachfolgend beschriebenen Seil-, Zangen- oder Klemmbankschleppern.

- Am Seilschlepper, der auch beim teilmechanisierten Fällen zum Einsatz kommt, werden mehrere Stämme oder Bäume angehängt und zur Schonung des Bodens in leicht angehobenem Zustand zum "Polterplatz" geschleppt. Dabei sind Beschädigungen an stehenden Bäumen und Baumwurzeln möglichst zu vermeiden.
- Dies gilt grundsätzlich auch für den Zangenschlepper, der besonders bei vorkonzentriertem Holz eingesetzt wird. Hier ist das Heck des Fahrzeugs mit einem schwenk- und teleskopierbaren Ausleger versehen, an dessen Ende sich eine Greiferzange befindet.
- Klemmbankschlepper besitzen einen Ladekran. Dieser hebt mehrere Stammenden in die Klemmbank hinein, die fest auf dem hinteren Fahrzeugteil eines 2- bis 4-achsigen Spezialschleppers mit Knicklenkung montiert ist. Es handelt sich dabei um eine zangenähnliche Konstruktion, die aus zwei halbkreisförmigen Rungen besteht. Klemmbankschlepper können im Vergleich zu Seil- und Zangenschleppern die größten Lasten pro Fahrt bewältigen. Mit ihnen lassen sich auch Vollbäume rücken. Sie werden jedoch – ähnlich wie die Zangenschlepper – üblicherweise nicht zur Schwachholzernte eingesetzt.

Rohholz, das als Kurzholz (2 bis 5 m) aufbereitet wurde (z. B. mit Vollerntern), wird meist mit Hilfe von Tragrückeschleppern ("Forwardern") gerückt. Aufgrund ihrer Rahmenknicklenkung sind sie besonders wendig. Sie besitzen einen Ladekran mit Greiferzange, der die liegenden Stammabschnitte in der Rückegasse aufsammelt und auf eine Ladefläche mit Rungenaufbau im hinteren Fahrzeugteil stapelt. Die Zuladekapazität beträgt 7,5 bis 15 t /6-6/. Die gleiche Funktion erfüllen auch Kurzholzrückewagen mit Kranaufbau, die an forsttaugliche Ackerschlepper angehängt werden können.

Anstelle des Rungenaufbaus für Kurzstückgut lassen sich die Forwarder auch mit kippbaren kastenförmigen Aufbauten für das Rücken von Hackschnitzeln ausrüsten. Durch den hohen Übergabepunkt können an der Waldstraße bereitstehende Lkw-Container oder Sattelkipper beladen werden.

An sämtliche Fahrzeuge, die sich im Wald einsetzen lassen, werden deutlich höhere Anforderungen als an die landwirtschaftlichen Produktionsverfahren gestellt. Sie müssen u. a. eine hohe Bodenfreiheit und Kippsicherheit besitzen sowie mit besonderen Schutzvorrichtungen und mit spezieller forsttauglicher Bereifung ausgestattet sein /6-7/. Um Bodenschäden zu vermeiden oder um die Standfestigkeit der Maschinen in hängigem Terrain zu erhöhen, kommen vielfach auch Raupenkettenausführungen zum Einsatz.

6.1.2 Holz aus Kurzumtriebsplantagen

Für die Ernte von Kurzumtriebsplantagen lassen sich die Techniken aus der konventionellen Forstwirtschaft aus Kostengründen meist nicht unmittelbar übertragen. Deshalb wurde die Entwicklung von Spezialmaschinen für die Energiewaldernte in Europa seit Anfang der 1980er Jahre vorangetrieben. Die verfahrenstechnische Nähe zu konventionellen landwirtschaftlichen Produktionsverfahren (z. B. Silomais- oder Zuckerrohrernte) stellte sich hierbei als nützlich heraus. Folglich basieren die heute verfügbaren Erntetechniken häufig auf modifizierten landwirtschaftlichen Erntemaschinen.

Der begrenzte Einsatzzeitraum während der Vegetationsruhe im Winter und die oft mangelhafte Befahrbarkeit des Bodens zwingen zur Verwendung schlagkräftiger Ernteverfahren. Leistungsstarke Maschinen, welche die – je nach Länge der Umtriebszeit – aufgewachsene Holzfrischmasse von 40 bis 100 t/ha bewältigen können, sind allerdings meist durch eine schwere Bauweise gekennzeichnet. Um auch bei ungünstigen Bodenverhältnissen noch einen sicheren Einsatz und eine optimale Auslastung zu erreichen, kommen deshalb Breitreifen oder Kettenfahrwerke zum Einsatz. Aufgrund der geforderten hohen Schlagkraft ist eine genaue Planung und Abstimmung der Brennstoffbergung und des Abtransports mit den jeweiligen Transportmitteln erforderlich.

Damit die Produktivität des Bestandes erhalten bleibt, müssen die Stöcke und der Boden weitestgehend geschont werden. Stockverletzungen können durch eine unsaubere Arbeitsweise des Fällmechanismus oder durch das Überfahren mit Rädern und Ketten entstehen. Bodenschäden werden oft auch von den verwendeten Transportanhängern verursacht. Bei Verwendung von Breitreifen besteht beispielsweise die Gefahr, dass das Einhalten der Fahrspur zwischen den abgeernteten

Baumreihen nicht immer problemlos möglich ist (z. B. bei geneigtem weichem Untergrund, auf schneebedeckten Flächen). Auf gefrorenem Boden entfallen viele dieser Schwierigkeiten. Hier kann es jedoch verstärkt zu Reifenschäden kommen, da die abgeernteten Stöcke beim versehentlichen Überfahren nicht in den Untergrund einsinken können. Aus diesem Grund ist eine robuste Forstbereifung oder zumindest die Verwendung von Diagonalreifen erforderlich.

Ernteverfahren für Kurzumtriebsplantagen müssen prinzipiell die gleichen Arbeitsschritte wie bei der konventionellen Waldbaumernte erledigen. Dazu zählen Fällen (d. h. das Trennen der Stämme vom Stock durch eine Schneidvorrichtung), Vorkonzentrieren (d. h. das Zusammenfassen bzw. Sammeln der Holzmasse), Rücken (d. h. das Transportieren des Holzes vom Ort des Fällens zum Feldrand) und ggf. Hacken (d. h. das Zerkleinern des Holzes zu Hackgut).

Diese Teilaufgaben können kombiniert (Vollernteverfahren) oder in mehreren Arbeitsgängen getrennt erledigt werden (absätzige Verfahren). Letzteres ist beispielsweise bei der Ganzbaumernte der Fall, bei der das Hacken der gerückten Bäume auf einem feldnahen Aufarbeitungsplatz oder beim Endabnehmer stattfindet. Damit können zur absätzigen Ernte von Kurzumtriebsplantagen neben Fäll-Lege-Maschinen auch Fäll-Bündel-Maschinen zu Einsatz kommen.

In der Praxis werden bislang meist Maschinen und Geräte für die Vollernte (d. h. Fällen, Hacken und Laden in einem Arbeitsgang) verwendet. Allerdings sind diese Erfahrungen noch stark von den Brennstoffanforderungen für Konversionsanlagen im größeren Leistungsbereich geprägt. Bei Nutzung in Kleinanlagen kann jedoch aus Gründen der Qualitätssicherung und Lagerstabilität eine Zwischenablage und -trocknung erforderlich sein. Hinzu kommt, dass Erfahrungen zur Ernte im Praxismaßstab wegen der insgesamt noch geringen Nutzung derzeit noch auf wenige Regionen (hauptsächlich Skandinavien) beschränkt bleiben. Die Maschinen für absätzige Verfahren, die sich bei Prototypanwendungen bzw. als Einzelanfertigung prinzipiell als einsatztauglich erwiesen haben, werden daher nachfolgend – trotz der derzeit noch kaum gegebenen Anwendung – ebenfalls beschrieben.

Fäll-Lege-Maschinen. Bei derartigen Maschinen handelt es sich um eine kontinuierlich arbeitende Kettensäge, die an die 3-Punkt-Heck-Hydraulik eines Ackeroder Forstschleppers angebaut und über die Zapfwelle angetrieben wird. Dieses Gerät ist vor allem für Kulturen mit einstämmigem Wuchshabitus wie z. B. Pappeln geeignet. Die in 10 bis 20 cm Höhe über dem Boden abgetrennten Bäume werden über einen Führungsrahmen in Reihenrichtung hintereinander am Boden zwischen den Stockreihen abgelegt. Anschließend – ggf. nach einer Bodentrocknung – sind weitere Arbeitsgänge zum Sammeln und Zerkleinern erforderlich.

Fäll-Bündel-Maschinen. Auch bei den gezogenen oder selbstfahrenden Fäll-Bündel-Maschinen werden die Baumreihen – bei kontinuierlicher Maschinenvorfahrt – mit Kreis- oder Kettensägen gefällt (Tabelle 6.2). Die gefällten Bäume werden im gleichen Arbeitsgang aufgenommen, gesammelt und auf dem Ernter mitgeführt, bis sie – je nach Transportkapazität – entweder auf der Fläche oder am Feldrand bündelweise abgelegt werden. Diese Maschinen werden deshalb auch als Mähbündler bezeichnet. Dabei handelt es sich meist um lose Bündel. Bei jungen Bäumen ist

6 Ernte

Tabelle 6.2 Konzepte für kontinuierlich arbeitende Fäll-Bündel-Maschinen für die Ernte von Kurzumtriebsplantagen (Auswahl), Zahlenangaben beschreiben die Größenordnung. (Ø Durchmesser) (nach /6-11/, /6-16/, /6-18)

Bezeichnung	Herkunft	Erntesystem	Anzahl Reihen	Trägerfahrzeug	Motorleistung in kW	Fällmechanismus	Erntegutaustrag (Entleeren)	Gewicht in t	Erntbare Kultur	Ernteleistung (frisch) in t/h
Loughry Coppice Harvester	GB	Einachsiges Anhängegerät	1	Landwirtschaftlicher Schlepper	>75	1 Kreissägeblatt, 70 cm Ø	Kleiner Bunker, bündelweise Feldablage	3,0	Stecklinge (Weide, Pappel)	5
Fröbbesta	S	Doppelachsiges Anhängegerät, auch als Selbstfahrer	2	Landwirtschaftlicher Schlepper bzw. Selbstfahrer	>80	2 Kreissägeblätter, 65 bzw. 70 cm Ø	Bunkerplattform mit Kratzketten, bündelweise Feldablage	3,0 bzw. 3,5	Weide, 2- bis 5-jährig, auch Stecklinge	25 (schleppergezogen)
Segerslätt Empire	S	Selbstfahrer	2	Spezialfahrwerk	126	2 Kreissägeblätter, 70 cm Ø	Bunkerplattform mit Kratzketten, Feldablage oder Überladen	14	Weide 1- bis 2-jährig	50
ESM 901	S	Selbstfahrer	2	Geräteträger	74	2 Kreissägeblätter	Plattform für stehende Bündel, Feldablage	4	Weide	25

aber auch die Gewinnung von verdichteten, netzgebunden Langbündeln möglich /6-22/.

In der selbstfahrenden Ausführung (z. B. "Segerslatt Empire") werden die doppelreihigen und z. T. seitlich abstehenden Weidentriebe zwischen zwei rotierende, schräg nach hinten aufsteigende Reihenteilerschnecken aufgerichtet und gleichzeitig an der Basis durch ein Doppelkreissägeblatt abgetrennt. Nach dem Passieren der Fälleinrichtung gelangen die Bäume über zwei vertikal übereinander arbeitende Klemmbänder zu einem am Heck mitgeführten Vorratsbunker. Eine um ca. 20 % höhere Transportgeschwindigkeit der oberen Klemmbänder sorgt für ein geordnetes Umkippen der geernteten Bäume am Ende des Transportsystems. Der an seinem Boden mit Kratzketten ausgestattete Bunker fasst ungefähr die Holzmenge einer Doppelreihenlänge von ca. 100 m in zweijährigen Weidenbeständen; das entspricht ca. 2 t Frischmasse. Das Entladen erfolgt durch die Kratzketten des Bunkers entweder direkt auf ein begleitendes Transportfahrzeug oder durch bündelweises Ablegen auf der Fläche. Die mögliche Durchsatzleistung beträgt bis zu 50 t/h Frischmasse /6-18/.

Durch die Kombination von Fällen, Vorkonzentrieren und Rücken erhöht sich die Produktivität solcher Fäll-Bündel-Maschinen gegenüber Fäll-Lege-Maschinen erheblich. Dennoch ist das separate Hacken durch ein erneutes Aufnehmen des

Holzes immer noch relativ zeit- und kostenaufwändig und kann den Grad der sekundären Verschmutzung erhöhen.

Neben den kontinuierlich arbeitenden Fäll-Bündel-Maschinen können auch die aus der konventionellen Forstwirtschaft bekannten absätzig arbeitenden Maschinen (Fäll-Bündler) eingesetzt werden. Sie arbeiten mit einem schwenkbaren Erntevorsatz an einem Kranausleger und legen lose Bündel auf der Fläche ab (vgl. Kapitel 6.1.1). Da dabei aber jeder Baum einzeln angesteuert werden muss ist ein solcher Maschineneinsatz nur bei Energieholzplantagen mit längeren Umtriebszeiten ökonomisch sinnvoll. Allerdings ist hinsichtlich des erntbaren Baumdurchmessers ebenfalls eine Grenze gegeben; sie liegt bei einem Schnittdurchmesser von maximal 300 mm /6-20/.

Hackgut-Vollerntemaschinen. Hackgutvollernter zeichnen sich durch einen einphasigen Verfahrensablauf aus (d. h. Fällen, Hacken und Laden in einem Arbeitsgang). Dies vereinfacht auch den Umschlag und den Transport, da hierfür allgemein verbreitete konventionelle Maschinen verwendet werden können. Wenn allerdings eine längere Lagerung zur Bevorratung des (frischen) Brennstoffs erfolgen soll, können sich Nachteile durch einen biologischen Abbau und durch Pilzwachstum ergeben.

Bei den Hackgutvollerntern werden die Stämme durch Sägeblätter oder Kettensägen in ca. 10 bis 20 cm Höhe von den Stöcken abgetrennt. Spezielle Zuführeinrichtungen befördern das Schwachholz in das integrierte Hackorgan. Der Austrag für das Hackgut erfolgt mittels Luftstrom oder Schubkette. Angehängte Sammelwagen oder parallel fahrende Transportgespanne übernehmen die Bergung der Holzmasse. Es können schlepperabhängige oder selbstfahrende Maschinen unterschieden werden.

Die wichtigsten in Deutschland erprobten Erntemaschinen und ihre Kenndaten und Funktionsweise zeigt Tabelle 6.3. Doppelreihig erntende Maschinen lassen sich zwar auch einreihig einsetzen. Damit ist aber eine größere Anzahl von Überfahrten verbunden, wodurch die Gefahr von Bodenschäden steigt. Zudem führt die einreihige Ernte zu Einbußen bei der Verfahrensleistung. Diese Einbußen sind besonders stark, wenn die technische Leistungsfähigkeit der Maschine insgesamt hoch ist. Schwankungen bei der Holzmasse je Erntemeter können durch die unterschiedliche Anzahl gleichzeitig geernteter Reihen und auch durch Ertragsunterschiede zustande kommen.

Die technische Ernteleistung spiegelt die unterschiedliche Motorleistung der Maschinen wider. Sie liegt beim Feldhäcksler mit Spitzenwerten bis 55 t/h (Frischmasse) am höchsten, gefolgt vom modifizierten Zuckerrohrernter (176 kW) mit 23 bis 37 t/h und dem Mähhacker mit ca. 20 t/h (bezogen auf 55 % Wassergehalt) /6-11/. Durch Anpassung der Fahrgeschwindigkeit kann die Leistung innerhalb bestimmter Grenzen konstant gehalten werden. Das gilt vor allem für den Mähhacker, bei dem die Leistungskapazität des Schleppers schon bei relativ geringen Holzmassen je Erntemeter ausgeschöpft wird. Unterschiede bei der Schnitthöhe und bei den Stockschäden sind gering. Beim Feldhäcksler und beim modifizierten Zuckerrohrernter kommt es lediglich vermehrt zu Rissen in den Trieben; sie erklären sich durch die Art der Fälltechnik, bei der die Bäume mit Hilfe der Abweisergabel in eine Vorspannung versetzt werden (Abb. 6.6).

Tabelle 6.3 Merkmale von Hackgut-Vollerntemaschinen für Kurzumtriebsplantagen (FM Frischmasse; nach /6-10/)

	Mähhacker (Gehölzmähhäcksler)	Feldhäcksler mit Schwachholzvorsatz	modifizierter Zuckerrohrernter
Funktionsweise	vertikale Hackschnecke mit Sägeblatt, Zapfwellenantrieb, Anbau in 3-Punkt-Fronthydraulik, Abtrennen und gleichzeitiges Hacken aufrechter Bäume, Erntegutübergabe über Auswurfkanal	Erntevorsatz mit zwei Sägeblättern, horizontalen und vertikalen Einzugswalzen, Abweisergabel, konventionelle Häckslertrommel mit reduzierter Anzahl Halbmesser, Beschleuniger, Auswurfkanal	Selbstfahrer auf Raupenfahrwerk oder Rädern, Schneidwerk mit 2 überlappenden Sägeblättern, rotierende Abweiserwalze, Reihenteilerschnecken, Einzug wie Feldhäcksler, Flügelradhacker mit 2 Messern, Hackgutzwischenbehälter, Kettenaustrag
geeignete Kulturarten	Pappeln (ab ca. 3 Jahren), Kultur mit Hauptstammausbildung und vertikaler Wuchsform	Pappeln und Weiden (ca. 2 bis 5 Jahre), Kultur mit Hauptstammbildung oder buschiger Wuchsform	wie Feldhäcksler
Anzahl erntbarer Reihen	1	1 – 2	1 – 2
erforderlicher Reihenabstand	ab 0,9 m	Einzelreihen: 1 oder >1,50 m Doppelreihen: 0,75 / 1,25 – 1,60 m	Einzelreihen: ab 1,40 m Doppelreihen: 0,75 / 1,25 – 1,60 m
Basismaschine	Schlepper mit Fronthydraulik, ab ca. 85 kW	selbstfahrender Häcksler 260 – 354 kW	Selbstfahrer 176 kW
Hackgutstruktur	sehr grob (ca. 100 mm)	mittel (15 – 45 mm)	mittel bis grob (ca. 20 – 60 mm)
Schüttdichte (Frischmasse)	260 – 350 kg(FM)/m^3	360 – 440 kg(FM)/m^3	300 – 370 kg(FM)/m^3

Auch bei der Höhe der Verluste sind die Unterschiede gering (ca. 2 bis 5 %). Sie können durch einen zu hohen Schnitt (Stockverluste), Knick- und Bröckelmaterial (Bodenverluste) sowie Fehlschnitte zustande kommen. Fehlschnitte oder gar Blockaden treten beim Mähhacker auf, wenn der Wuchs der Triebe geneigt (z. B. bei Randreihen) oder besonders buschig ist. Gelegentlich verursachen dann die nicht aufgenommenen Bäume Blockaden im Ernteablauf. Deshalb ist das Gerät für die Ernte von Weidenkulturen ungeeignet. Bei der zweireihigen Ernte werden Blockaden, Fehl- und Doppelschnitte vor allem dann beobachtet, wenn der maximal zulässige Abstand der Doppelreihen überschritten wird /6-11/.

Bedingt durch die Art der Zerkleinerung weist das geerntete Hackgut unterschiedliche Schüttdichten und Partikelgrößen auf. Beim Mähhacker liegt die mittlere Schüttdichte von Pappelholz bei ca. 125 kg Trockenmasse pro m^3. Für den Feldhäcksler mit Schwachholzerntevorsatz ist mit 160 kg/m^3 zu rechnen, während

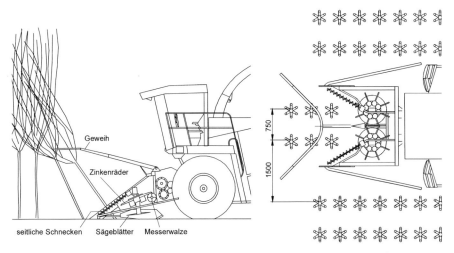

Abb. 6.6 Arbeitsweise eines selbstfahrenden Feldhäcksler mit Erntevorsatz für Kurzumtriebsplantagen (nach /6-5/)

der modifizierte Zuckerrohrernter eine Mittelstellung einnimmt /6-11/. Aufgrund der höheren Rohdichte ist bei Weidenhackgut – im Vergleich zu Pappelhackgut – von etwa 20 % höheren Schüttdichten auszugehen. Der Wassergehalt zum Erntezeitpunkt liegt zwischen 50 und 60 %.

Die Unterschiede bei den Schüttdichten lassen sich in erster Linie durch die verschiedenen Größenverteilungen der Hackgutteilchen erklären, die hauptsächlich auf die Art der verwendeten Hackertechnik zurückgehen. Der Feldhäcksler, dessen Trommelhacker in der Regel auf eine theoretische Schnittlänge von 28 mm eingestellt wird, erzeugt ein Hackgut, das zu ca. 97 % aus Teilchen mit weniger als 45 mm Länge besteht. Mit dem Mähhacker wird dagegen Grobhackgut hergestellt, da dieser mit einer Hackschnecke arbeitet, die mit einem Abstand von 88 mm zwischen den Schneckengängen eine relativ große theoretische Schnittlänge aufweist. Mehr als 70 % der Erntemasse liegen hier oberhalb einer Kantenlänge von 45 mm /6-11/, wobei Längen von 100 mm und mehr noch häufig auftreten (ca. 20 %). Derartige Überlängen kommen dann zustande, wenn die Triebe nicht senkrecht zu den Schneidspiralen eingezogen werden.

6.1.3 Holz aus der Landschaftspflege

Bei der Pflege von Gehölzen, die lediglich zurückgeschnitten werden müssen, werden beispielsweise Ast- und Heckenscheren eingesetzt. Diese können im kleinen Leistungsbereich manuell betrieben werden. Demgegenüber sind die hydraulisch angetriebenen Geräte an einem Auslegerarm oder an einer Frontladerschwinge montiert und ermöglichen eine Arbeitshöhe bis ca. 6,50 m. Kontinuierlich senkrecht oder waagerecht arbeitende Heckenscheren besitzen Schnittbreiten von 1,3 bis 2,2 m. Sie sind entweder wie ein Fingerbalkenmähwerk ausgeführt oder werden aus ca. 7 bis 12 pendelnden Messerscheiben gebildet. Auch Ausleger mit mehreren nebeneinander liegenden Kreissägen sind im Einsatz. Absätzig arbeitende Geräte besitzen eine hydraulische Schere und eine Haltezange, durch die das abgetrennte Holz am Auslegerarm langsam zu Boden geführt und kontrolliert abgelegt werden kann. Diese Geräte ermöglichen ein selektives Beschneiden oder auch das Köpfen in größerer Höhe, insbesondere wenn ein Radbagger als Trägerfahrzeug eingesetzt wird. Je nach Baumart (Hartholz oder Weichholz) lassen sich Durchmesser von bis zu 170 bzw. 220 mm durchtrennen.

Randbäume und Hecken, die regelmäßig auf den Stock zu setzen sind, werden meist motormanuell geerntet. Die hand- oder kranbeschickten Hacker für die anschließende Zerkleinerung sind konventionell und werden meist an ein Mehrzweckfahrzeug an- bzw. aufgebaut. Für den kommunalen Bereich werden daneben aber auch spezielle Systemfahrzeuge angeboten, auf denen ein Sammelbunker für das Hackgut aufgesattelt ist. Dadurch wird die Manövrierfähigkeit erhöht.

Bei leicht zugänglichen und befahrbaren Randflächen können die abgetrennten Äste und Bäume auch mit Hilfe eines Reihenhackers aufgenommen und zerkleinert werden. Dieses Gerät wird an die Fronthydraulik eines Schleppers angebaut und ist mit einer Aufnahmevorrichtung ausgestattet. Das Ast- und Baummaterial kann einen Durchmesser von maximal 25 cm aufweisen und muss mit der Laubseite in Fahrtrichtung abgelegt werden.

6.2 Halmgutartige Biomasse

Bei der Bereitstellung von Halmgutbrennstoffen (z. B. Stroh, Getreideganzpflanzen, Miscanthus, Landschaftspflegeheu) werden vielfach spezielle Anforderungen an die Ernte- und Aufbereitungsverfahren gestellt. Besonderheiten im Vergleich zu konventionellen Ernteprozessen ergeben sich beispielsweise durch in einigen Fällen höhere Wassergehalte, sperrigere oder dickere Halmstrukturen (z. B. Miscanthus) oder durch die gewünschte hohe Transport- und Lagerdichte. Daher waren in der Vergangenheit für verschiedene Einsatzbereiche spezielle Erntemaschinen entwickelt worden (u. a. eine selbstfahrende Pelletiermaschine oder ein Halmgutvollernster für Miscanthus). Wegen der hohen Investitionen bei gleichzeitig geringer Auslastung /6-8/ bzw. wegen der geringen Anwendungsmöglichkeiten und der begrenzten Märkte für die hergestellten Halmgutbrennstoffe konnten sie sich jedoch nicht etablieren. In der Praxis ist man deshalb bestrebt, vorhandene landwirtschaftliche Geräte einzusetzen, damit die Verfahrensabläufe bei der konventionellen und bei der Energieträger-Produktion möglichst weitgehend deckungsgleich sind und Synergieeffekte genutzt werden können.

Für die Ernte halmgutartiger Energieträger stehen im Wesentlichen die in Kapitel 5 dargestellten Prozessketten zur Verfügung. Je nach eingesetzter Maschine wird die Biomasse in unterschiedlichen Ernteformen produziert (z. B. Körner, Ballen, Häckselgut). Im Folgenden werden die hierfür benötigten Erntemaschinen dargestellt und diskutiert.

6.2.1 Mähgut

Mähgut stellt streng genommen keine endgültige Ernteform dar, da es im Regelfall anschließend z. B. zu Ballen, Silagegut oder Pellets weiterverarbeitet wird. Beim Mähgut handelt es sich demnach um ein Zwischenprodukt, das bei dem unverzichtbaren Verfahrensschritt des Mähens anfällt. In vielen Fällen ist die Schneideinrichtung, mit der das Mähen realisiert wird, außerdem zusätzlich mit anderen Erntefunktionen kombiniert, so dass der Schnitt in einem Arbeitsgang mit einer Zerkleinerung zu Häckselgut oder einer Verdichtung zu Ballen oder Pellets erfolgen kann ("Vollerntemaschinen"). Nur bei absätzigen Verfahren stellt das Mähen einen eigenständigen Arbeitsschritt dar.

Mähverfahren. Bei den Mähverfahren kann zwischen Scherenschnitt (Balkenmähwerke) und freiem Schnitt (rotierende Mähwerke) unterschieden werden.

Mähbalken sind entweder als Fingermähwerke mit oszillierenden Messern ausgeführt, wobei die fest stehenden Finger als Gegenschneide wirken, oder sie besitzen als Doppelmessermähwerke eine weitere Messerschiene, die sich gegensinnig bewegt und als Gegenschneide dient.

Rotierende Mähwerke mähen das Material dagegen im freien Schnitt. Als Gegenschneide wirkt hier die Massenträgheit und der Biegewiderstand der Pflanze. Da die aufgebrachte Schnittkraft nur durch eine hohe Messerumfangsgeschwindigkeit erreicht werden kann, ist hier der Kraftbedarf wesentlich höher als bei den Balkenmähwerken. Durch das höhere Gewicht ist die mögliche Arbeitsbreite begrenzt; deshalb werden Vollerntemaschinen bevorzugt mit Balkenmähwerken ausgestattet. Rotierende Mähwerke erlauben dagegen eine hohe Arbeitsgeschwindigkeit bei geringer Störanfälligkeit. Sie sind daher bei absätzigen Halmguternteverfahren weit verbreitet. Es werden Trommelmäher (d. h. Kreiselmäher mit Obenantrieb), Scheibenmäher (d. h. Kreiselmäher mit Unterantrieb) und Schlegelmäher (hauptsächlich für die Landschaftspflege) unterschieden.

Wie die Schlegelmäher können auch Scheibenmäher zur stärkeren Aufbereitung des Schnittgutes an ihrer Messerachse zusätzlich mit Schlegeln bestückt sein. Wenn eine noch stärkere Zerkleinerung des Materials erzielt werden soll, kann alternativ auch ein Schlegelrotor nachgeschaltet werden. Häufig sind Scheibenmäher auch zusätzlich mit Quetschwalzen (Gummi- oder Stahloberfläche) ausgestattet, die entweder glatt oder profiliert sein können und über die volle Breite des Mähwerks montiert sind. Derartige zusätzliche Zerkleinerungstechniken sind z. B. sinnvoll, wenn eine Silagekonservierung von Biogassubstraten stattfinden soll. Auch bei einer Bodentrocknung von Gras führen sie zu einer beschleunigten Abtrocknung um ca. 2 bis 3 Stunden /6-19/.

Wendeverfahren. Mit den beschriebenen Mähverfahren können beispielsweise frische Wiesengräser (Kapitel 3) geerntet werden. Bei der Heubereitung ist die Lagerfähigkeit erst nach einer meist mehrtägigen Bodentrocknung, bei der der Wassergehalt auf maximal 15 % reduziert wird, erreicht. Dazu wird das gemähte Erntegut auf der Fläche ausgebreitet und ggf. mehrmals gewendet. Hierfür hat sich der Kreiselzettwender durchgesetzt, der über mehrere zapfwellengetriebene Zinkenkreisel verfügt, die paarweise gegenläufig rotieren (4, 6 oder 8 Kreisel). Sie nehmen das Grüngut vom Boden auf und schleudern es nach hinten. Durch die Knick- und Quetschvorgänge (Zetten) wird das Material aufbereitet, um so die Trocknung zu beschleunigen. Auch Band-Rechwender und Sternrad-Rechwender kommen zum Einsatz /6-19/.

Schwadverfahren. Vor dem Einsammeln der Biomasse muss das Halmgut geschwadet werden. Hierfür werden ebenfalls zapfwellengetriebene Kreisel- oder Rotorschwader eingesetzt, sie werden im Front- oder Heckanbau eines Schleppers verwendet. Die Arbeitsbreite solcher Geräte liegt zwischen 3 und 8 m.

Schwadmähverfahren. Die beiden Arbeitsschritte Mähen und Schwaden können mit sogenannten Schwadmähern kombiniert werden. Beispielsweise kommen bei der Ernte von Getreideganzpflanzen selbstfahrende Schwadmäher zum Einsatz, die mit Halmteilern und Ährenhebern zur besseren Gutaufnahme bei liegendem Getreide ausgerüstet sind. Für diesen Verfahrensschritt sind die Körnerverluste noch gering. Sie werden auf weniger als 1 % der Gesamtmasse beziffert /6-23/, nehmen jedoch bei den anschließenden Bergearbeiten (Pressen, Laden) deutlich zu.

6.2.2 Häckselgut

Häckselgut wird i. Allg. mit Hilfe sogenannter Feldhäcksler bereitgestellt. Nach ihrer Verwendung lassen sich "schlepperverbundene" Häcksler (d. h. gezogene Feldhäcksler, Seitenwagenfeldhäcksler, Front- oder Heckanbau-Feldhäcksler) und selbstfahrende Feldhäcksler unterscheiden /6-23/. Sie können mit unterschiedlichen, auf die jeweilige Gutart abgestimmten Aufnahmevorrichtungen und Zusatzeinrichtungen (z. B. Pick-up, verschiedene Schneidvorsätze, Abb. 6.7) ausgestattet werden. Sie lassen sich in Schlegel- und Exaktfeldhäcksler einteilen.

- Schlegelfeldhäcksler. Das Erntegut wird aus einem vorher abgelegten Schwad aufgenommen oder direkt aus dem stehenden Bestand in einem Arbeitsgang gemäht, gehäckselt und auf einen angehängten oder parallel fahrenden Wagen geladen. Der eigentliche Häcksler besteht aus einer Schlegelwelle, die gegenläufig zur Fahrtrichtung umläuft. Sie ist gleichzeitig Mäh-, Häcksel- und Förderorgan. Die Häcksellänge kann durch Drehzahlvariation, Fahrgeschwindigkeit und Justierung einer Gegenschneide zwischen 50 und 250 mm grob verstellt werden. Schlegelfeldhäcksler werden wegen der stark beschädigenden Halmgutzerkleinerung und wegen der ungleichmäßigen Schnittgutlänge jedoch nur noch vereinzelt, vor allem in der Landschaftspflege, eingesetzt. Sie sind relativ unempfindlich gegenüber Fremdkörpern im Erntegut (u. a. Steine, Metall).
- Exaktfeldhäcksler. Hier wird der aus dem Schwad aufgenommene oder direkt geschnittene Halmgutstrom den Einzugs- und Presswalzen zugeführt, die es als verdichteten Materialstrom in das Schneidorgan fördern. Dieses besteht stets aus Messern mit Gegenmesser. Je nach Anordnung der Messer werden Scheibenrad- und Trommelfeldhäcksler unterschieden. Deren Arbeitsweise entspricht im Wesentlichen den in Kapitel 7.1 dargestellten Scheiben- bzw. Trommelhackern für Holz. Die Häcksellänge lässt sich durch Verändern der Schnittfrequenz (Drehzahl) und der Einzugsgeschwindigkeit innerhalb weiter Bereiche

6.2 Halmgutartige Biomasse

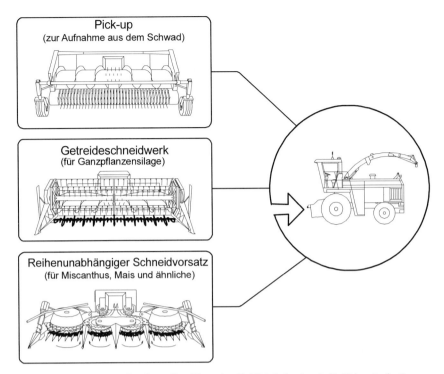

Abb. 6.7 Vorsatzgeräte für den selbstfahrenden Feldhäcksler (nach /6-23/, geändert)

kurzfristig variieren ("Exakthäcksler"). So sind auch sehr kurze "theoretische" Schnittlängen von mindestens 4 mm möglich; sie sind bei einer anschließenden Silagekonservierung sinnvoll. Zusätzlich kann die Materialstruktur auch durch Reduktion der Anzahl Messer auf der Häckslertrommel beeinflusst werden. Dies wird beispielsweise ausgenutzt, wenn der Häcksler für die Ernte von Holz aus Kurzumtriebsplantagen eingesetzt wird. Dabei stellt die damit verbundene Senkung des Kraftbedarfs einen weiteren Vorteil dar. Bei Getreide und bei Miscanthus wird eine Häcksellänge von bis zu 28 mm angestrebt. Größere Häcksellängen sind nicht sinnvoll, da beispielsweise die Verdoppelung auf 56 mm zu einer ca. 30 %-igen Einbuße bei der Lagerdichte führt /6-24/.

Bei allen Häckslertypen gelangt das Material nach der Zerkleinerung in den Auswurfkanal, der auch mit einem Wurfbeschleuniger ausgestattet sein kann, um den sicheren Weitertransport des Gutstromes auf ein parallel neben der Erntemaschine herfahrendes oder ein gezogenes Transportfahrzeug zu gewährleisten. Dabei richtet sich die Anzahl der gleichzeitig benötigten Transportgespanne nach der Schlagkraft des Häckslers und der jeweiligen Transportentfernung.

Feldhäcksler werden für die Ernte von trockenem (z. B. Miscanthus, Getreideganzpflanzen) oder feuchtem Erntegut (z. B. Grünroggen oder Mais-Ganzpflanzen für die Bereitstellung von Biogassubstraten durch Silagekonservierung) verwendet. Wegen der geforderten hohen Schlagkraft werden meist selbstfahrende Häcksler mit unterschiedlichen Vorsatzgeräten (d. h. Aufnahmeorgane) eingesetzt (Abb.

6.7). Derartige Häcksler sind mit einer Antriebsleistung von 160 bis 700 kW ausgestattet. Bei der Maisernte erreichen sie eine entsprechend hohe Flächenleistung, so dass für den Abtransport des Erntegutes zum Silo meist der Einsatz von ca. 3 bis 5 Traktorgespannen erforderlich ist /6-19/.

6.2.3 Ballen

Auch bei der Ballenernte sind sowohl absätzige als auch Vollernte-Verfahren üblich. Dabei werden vor allem Aufsammelpressen eingesetzt, die das zuvor vom Mähdrescher oder Schwadmäher abgelegte oder vom Schwader geformte Schwad aufnehmen. Ein hohes Schwadgewicht und eine saubere Schwadform gewährleisten eine verlustarme Aufnahme und eine hohe Pressleistung.

Unter den Aufsammelpressen dominieren heute Quaderballenpressen für kubische Großballen und Rundballenpressen. Die Hochdruckballenpresse, mit der leichte von Hand umschlagbare Kleinballen hergestellt werden, ist dagegen nur noch von untergeordneter Bedeutung. Die Pressen sind meist als gezogene Maschinen ausgeführt. Selbstfahrende Pressen (für Quaderballen) sind dagegen heute selten; sie werden in Europa mittlerweile nicht mehr verkauft. Eine Übersicht über die derzeit gebräuchlichen Bauarten, die nachfolgend näher diskutiert werden, und die entsprechenden Ballenmaße gibt Abb. 6.8.

Hochdruckballenpressen. Das Pressprinzip entspricht im Wesentlichen dem einer vereinfachten Quaderballenpresse (siehe unten). Der Presskanal ist mit einem Querschnitt von 30 auf 40 cm bzw. 45 auf 50 cm jedoch deutlich kleiner. Das Ballengewicht kann durch die Regulierung des Pressdrucks und durch die Einstellung der Ballenlänge (bis etwa 120 cm) – je nach Materialart – zwischen 8 und 40 kg

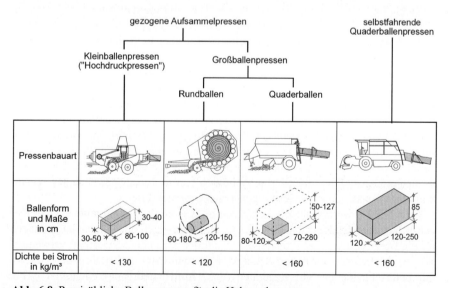

Abb. 6.8 Praxisübliche Ballenpressen für die Halmgutbergung

eingestellt werden. Mit Hochdruckballenpressen wird ein handliches Stückgut gewonnen, das eine gute Raumausnutzung beim Transport und im Lager ermöglicht. Nachteilig sind die schwierige Mechanisierbarkeit des Ballenumschlags und -transports sowie die hohen Pressverluste bei Getreideganzpflanzen von 6 bis 10 % der Gesamtmasse /6-3/. Aufgrund ihrer begrenzten Schlagkraft und wegen des hohen manuellen Arbeitsanfalls haben Hochdruckballenpressen seit Ende der 1970er Jahre stark an Bedeutung verloren.

Quaderballenpressen. In der Ausführung als Aufsammelpresse (Abb. 6.9) wird das Halmgut mit einer Pick-up aufgenommen und durch Vorförderelemente, die als Raffer ausgebildet sind, vorverdichtet. Sobald der Presskolben und die Sensorklappe die Befüllöffnung freigeben, wird das jeweilige Halmgutpaket aus dem Vorpresskanal in den Presskanal geschoben. Die Hauptverdichtung übernimmt der Presskolben, der das zugeführte Halmgut gegen die Stirnfläche eines bereits verdichteten Halmgutpakets presst.

Quaderballenpressen können nach dem Strangpressverfahren sowie dem weniger gebräuchlichen Kastenpressverfahren arbeiten. Während beim letzteren keine Veränderungen der Ballenabmessungen möglich sind (d. h. die Presskammer hat vorgegebene Abmessungen), kann die Ballenlänge bei den Strangpressen innerhalb weiter Grenzen (ca. 1,0 bis 2,8 m) frei gewählt werden. Das erlaubt eine problemlose Anpassung an die Abmessungen vorhandener Transportanhänger.

Übersteigt beim Strangpressprinzip der Pressdruck die Haftreibung zwischen der Presskanalwand und dem Presslingsstrang, schiebt der Presskolben das Halmgutpaket zusammen mit dem mitlaufenden Bindegarn ein Stück weiter (Abb. 6.9). Sobald die vorgegebene Länge erreicht ist, wird der Ballen abgebunden. Je nach Bauart werden hierfür meist zwischen 4 und 6 Bänder aus Polypropylen oder Sisal verwendet. Über eine Auswurfrutsche wird der Pressling (d. h. der Ballen) auf dem Feld abgelegt.

In Abhängigkeit vom Presskanalquerschnitt und der Ballenlänge ergeben sich unterschiedliche Ballengrößen. Häufig liegen die Presskanalbreiten zwischen 0,8

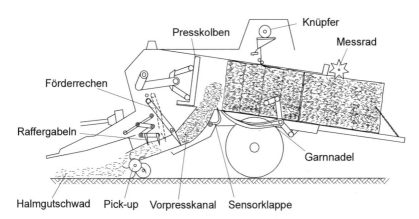

Abb. 6.9 Arbeitsweise einer Quaderballenpresse nach dem Strangpressprinzip

und 0,9 m oder bei ca. 1,2 m. Die Höhe der Ballen liegt meist bei 0,7 bis 0,9 m. Eine Ausnahme bilden Ballen im sogenannten "Hesston-Format", die eine Stirnfläche von 1,2 auf 1,3 m besitzen. Bei einer Presslingsdichte von 150 kg/m^3 und einer Ballenlänge von 2,5 m beträgt das Gewicht eines solchen Strohballens bis zu 600 kg. Bei Heu- oder Getreideganzpflanzen wird dieser Wert aufgrund der höheren Materialdichte noch deutlich überschritten (700 bis 1 000 kg). Quaderballenpressen erreichen unter den Aufsammelpressen mit z. T. mehr als 30 t/h die höchsten Durchsatzleistungen bei der Strohernte.

Rundballenpressen. Im Gegensatz zu den Quaderballenpressen, die nach dem Normaldruckverfahren arbeiten, erfolgt die Verdichtung bei den Rundballenpressen (Abb. 6.10) nach dem Radialdruckprinzip (Wickelverfahren). Das mit einer Pick-up aufgenommene Halmgut wird in eine Presskammer gefördert, die durch rotierende Presswalzen oder umlaufende Riemen bzw. Stabketten gebildet wird. Das Material wird darin ähnlich wie ein Teppich aufgerollt und durch die kontinuierliche Gutzufuhr von außen nach innen "radial" verdichtet. Sobald die endgültige Ballendichte erreicht ist, wird die Zufuhr unterbrochen, um den fertigen Ballen mit Netz- oder Bindegarn (auch kombiniert) abzubinden. Anders als bei der Quaderballenpresse werden hierbei aber keine Garnenden verknotet, sondern der Ballen wird unter ständiger Rotation mehrfach umwickelt. Da die Vorfahrt meist für diesen Vorgang unterbrochen werden muss, ist die Durchsatzleistung gegenüber der Quaderballenpresse deutlich geringer; sie liegt bei ca. 8 bis 15 t/h.

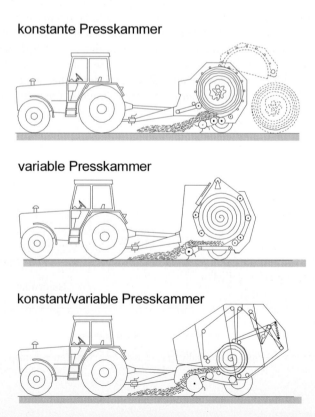

Abb. 6.10 Bauarten von Rundballenpressen /6-23/

Bei den Konstantkammerpressen tritt der maximale Pressdruck kurz vor Erreichen des vorgegebenen Ballendurchmessers auf. Entsprechend nimmt die Ballendichte von außen nach innen ab. Der Ballen besitzt somit einen relativ lockeren Kern, was sich günstig auf eine eventuelle Nachtrocknung auswirkt. Die hoch verdichtete Randzone bietet außerdem einen gewissen Witterungsschutz bei einer Lagerung im Freien.

Im Gegensatz zu den Konstantkammerpressen erreichen Maschinen mit variabler Presskammer eine gleichmäßigere Verdichtung, da sich der Pressraum mit der Halmgutzufuhr vergrößert (Abb. 6.10). Daher lässt sich auch der Ballendurchmesser innerhalb einer Bandbreite von maximal 0,6 bis 1,8 m verändern. Die Ballen der "Variokammerpresse" sind deshalb wegen ihrer gleichmäßigen Lagendicke gut für ein späteres Wiederabrollen als Halmgutmatte geeignet.

Beide Prinzipien können auch miteinander kombiniert werden, indem zunächst das Balleninnere nach dem Konstantkammerprinzip mit lockerem Kern gepresst wird, bevor sich die Presskammer ab einem vorgegebenen Ballendurchmesser zu einem variablen Verdichtungsraum öffnet. Rundballenpressen erzielen mit Getreidestroh Dichten um ca. 110 kg/m^3. Bei Heu und Getreideganzpflanzen werden ca. 50 % höhere Dichten erzielt. Die Verwendung von (fest stehenden) Schneidmessern, die bei der Heu- oder Grassilagebergung im Bereich der Gutaufnahme eingeschwenkt werden können, um das Halmgut zu zerkleinern, bringt eine 10 bis 15 %-ige Dichtesteigerung und erleichtert die spätere Ballenauflösung /6-19/.

Pressen mit Zusatzfunktionen. Durch die Bauart der Ballenpressen und die Ballenform werden die Verfahrensschritte der gesamten Bergekette mitbestimmt. Erste Vereinfachungen in der gesamten Bereitstellungskette können deshalb schon durch zusätzliche Funktionen an der Presse erreicht werden. Beispielsweise sind Maschinen verfügbar, die eine integrierte Stapeleinrichtung für Quaderballen besitzen. Damit können mehrere Ballen gleichzeitig an einer Ablagestelle abgelegt werden. Eine solche Funktion kann auch durch gezogene einachsige Sammelnachläuferwagen für bis zu 4 Ballen erfüllt werden. Die größtmögliche Kombination von Verfahrensschritten bietet die selbstfahrende Quaderballenpresse mit angehängtem Ballensammelwagen, der maximal 12 Ballen in drei übereinander gestapelten Lagen mitführen kann (zur Einbindung in die gesamte Versorgungskette vgl. Kapitel 5).

6.3 Ölhaltige Pflanzen

Ölhaltige Körnerpflanzen werden – wie Getreide – mit dem Mähdrescher geerntet (Kapitel 6.4.1). Je nach Fruchtart ist jedoch eine spezielle Ausrüstung oder Maschineneinstellung erforderlich.

6.3.1 Raps

Die Anforderungen an die Erntetechnik für Raps sind ähnlich wie bei Körnergetreide. Besonderes Augenmerk gilt hier jedoch der Reduzierung der Körnerverluste, da diese aufgrund der ungleichmäßigen Abreife leichter aus den Schoten ausfallen können als beispielsweise Getreidekörner. Zudem ist die Rapssaat mit einem Tausendkorngewicht (TKG) von nur 4 bis 5 g deutlich kleinkörniger als das Getreide (TKG 30 bis 55 g). Da durch pflanzenzüchterische Maßnahmen der Ausfallneigung entgegengewirkt wurde, hat das früher übliche Schwaddruschverfahren an Bedeutung verloren. Auch aus Kostengründen wird daher auf den vorzeitigen Schnitt, der zu einer gleichmäßigen und damit verlustmindernden Abreife im Schwad führen soll, heute verzichtet.

Der Direktdrusch mit einem entsprechenden Mähdrescher erfolgt meist erst zum Totreifezeitpunkt, zumal dann auch ein höheres Tausendkorngewicht und ein um 10 bis 15 % höherer Ertrag erreicht wird. Um einen schonenden und verlustarmen Drusch zu erreichen, wird ein um ca. 0,4 bis 0,6 m verlängerter Mähtisch eingesetzt. Dieser sorgt dafür, dass die Körner bereits auf dem Tisch liegen, wenn die Stängel der Rapspflanze von der Einzugsschnecke bewegt werden. Um den verflochtenen Pflanzenteppich zu trennen, ist außerdem mindestens an einer Seite des Mähwerks ein Seitenmesser erforderlich. Alle weiteren Änderungen gegenüber der Getreideernte (z. B. Anpassung der Trommel-Umfangsgeschwindigkeit, Korbabstand) lassen sich durch die Standardfunktionen eines Mähdreschers erfüllen. Zur Sicherstellung der Lagerfähigkeit sollte der Wassergehalt in den Rapskörnern bei ca. 8 % liegen, da sonst eine technische Nachtrocknung erforderlich wird.

6.3.2 Sonnenblumen

Die Ernte erfolgt auch bei den Sonnenblumen ausschließlich im Direktdrusch. Das normale Getreideschneidwerk eines konventionellen Mähdreschers wird dazu mit einem Vorsatz ausgerüstet, der mit speziellen Halmteilern bestückt ist. Diese ca. 1 m langen und rund 0,23 m breiten schiffchenförmigen Auffangbleche besitzen nach oben gebogene Kanten und werden vor das Messerwerk montiert, um Kerne und Blütenkorbteile aufzufangen. Durch einen möglichst hohen Schnitt knapp unterhalb des Korbansatzes wird versucht, möglichst wenig Stängelteile mit der Maschine aufzunehmen. Nur wenn auch das Stroh als Brennstoff genutzt werden soll, ist ein tiefer Schnitt sinnvoll; jedoch wird dadurch die Flächenleistung des Mähdreschers gesenkt und die Abtrennung der Körner erschwert. Die Einstellung des Dreschwerkes und der Siebvorrichtung ist auf die speziellen Anforderungen dieses grobkörnigen Dreschgutes abzustimmen.

6.4 Zucker- und stärkehaltige Pflanzen

Auch bei der Ernte von zucker- und stärkehaltigen Pflanzen handelt es sich – ähnlich wie bei der Ernte von Ölsaaten – weitgehend um konventionelle, aus der landwirtschaftlichen Pflanzenproduktion bekannte Erntetechniken. Sie werden deshalb im Folgenden nur kurz dargestellt.

6.4.1 Getreidekörner

Der Mähdrescher (Abb. 6.11) stellt das Standard-Ernteverfahren für alle dreschbaren Körnerfrüchte dar; er ist zugleich aber auch die Standarderntemaschine für Stroh, das dabei als Kuppel- oder Nebenprodukt anfällt. Beim Drusch wird das Schneidwerk hydraulisch oder automatisch in der gewünschten Höhe geführt; es kann bei Schnittbreiten über 3 m für die Straßenfahrt abgenommen und auf einem gesonderten Fahrgestell transportiert oder eingeklappt werden. Das Erntegut wird über einen Schrägförderer dem Dreschwerk zugeführt. Es besteht meist aus einer Dreschtrommel mit Schlagleisten, dem Dreschkorb, einer Steinfangmulde, dem Entgranner und der Strohleittrommel. Die Trommelumfangsgeschwindigkeit und der Abstand der Schlagleisten zum Dreschkorb sind individuell auf die Fruchtart abzustimmen. Quer angeordnete Korbleisten und längs verlaufende Korbdrähte bilden eine Art grobmaschiges Sieb, durch welches etwa 80 bis 90 % der geernteten Körner vom Stroh getrennt werden. Über die Strohleittrommel gelangt das Stroh auf die Schüttler; hier werden die noch im Stroh enthaltenen Körner sauber ausgesondert. In der anschließenden Reinigung werden sie von fremden Bestandteilen (z. B. Spreu, Unkrautsamen) gereinigt. Das geschieht in einer kombinierten Druckwind-Sieb-Reinigung, in der das Dreschgut durch den Luftstrom nach dem Gewicht sowie durch zwei oder mehrere Siebe nach der Größe getrennt wird. Die Körner werden dann in einem Bunker gesammelt und können am Feldrand in ein entsprechendes Transportfahrzeug (z. B. landwirtschaftlicher Anhänger) überladen werden. Die Überladung auf ein parallel fahrendes Transportfahrzeug ist ebenfalls möglich. Die Körnerverluste beim Mähdrusch sind mit maximal 2 % des Kornertrags üblicherweise gering /6-23/.

Das ausgedroschene Stroh wird in der Praxis meist mit Hilfe eines an den Mähdrescher angebauten Strohhäckslers zerkleinert und breitwürfig auf dem Feld zur späteren Einarbeitung in den Boden verteilt. Wenn eine Verwendung als Einstreu oder eine energetische Nutzung vorgesehen ist, wird es unzerkleinert auf dem Feld im Schwad hinter dem Mähdrescher abgelegt. Hierbei kommt es u. a. auf eine möglichst hohe Schwadstärke von ca. 4 kg/m an, um beispielsweise eine leistungsstarke Quaderballenpresse voll auslasten zu können. Bei Mähdreschern mit mehr

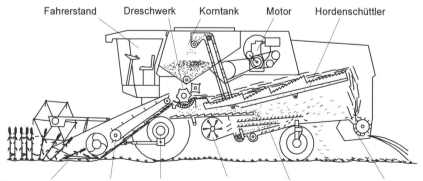

Abb. 6.11 Arbeitsweise eines Mähdreschers /6-23/

als 5 m Schneidwerksbreite ist dies meist gegeben /6-13/; ansonsten müssen vor dem Pressen zwei Schwade zusammengelegt werden (Kapitel 6.2.1).

6.4.2 Körnermais

Beim Maisanbau für die Energienutzung ist zwischen Körnermais (z. B. für die Ethanolerzeugung) und Silomais (z. B. für die Gewinnung von Biogassubstrat) zu unterscheiden. Während Silomais aus der Ganzpflanze erzeugt wird, zu deren Ernte die Häckslertechnik verwendet wird (Kapitel 6.2.2), ist für die Körnergewinnung eine vollkommen andere Erntetechnik erforderlich. Wie beim Getreide kommt hier fast ausschließlich das Mähdruschverfahren zum Einsatz. Dazu wird der konventionelle Mähdrescher (Abb. 6.11) an verschiedenen Baugruppen umgerüstet. Die wesentlichste Veränderung stellt der Anbau eines Maispflückvorsatzes mit fest stehenden Pflückschienen und darunter angeordneten rotierenden Reißwalzen dar. Daneben werden Veränderungen am Dreschkorb und an den Sieben vorgenommen. Dadurch gelangen nur die Kolben (mit Lieschen) in das Dreschwerk, während das Stroh meist entweder über einen Unterbauhäcksler oder über eine Reihe von unterhalb der Reißwalzen angeordneten Messern zerkleinert wird, um es als Strohteppich unterhalb der Erntemaschine abzulegen.

Die beim Mähdrusch entstehenden Körnerverluste sind generell etwas höher als bei der Getreideernte. Sie betragen im Durchschnitt ca. 3 bis 5 % /6-23/. Da Körnermais eine späträumende Fruchtart ist, muss im Herbst unter zunehmendem Wetterrisiko geerntet werden. Deshalb werden an die Erntetechnik besondere Anforderungen bezüglich Schlagkraft und Funktionssicherheit gestellt.

Für die Bergung des Maisstrohs existiert bislang noch keine erprobte Technik. Hierfür wäre es erforderlich, die Strohzerkleinerung außer Funktion zu setzen; um die durch den Erntevorgang stark geknickten und gequetschten Maisstängel (ohne Kolben und Blätter) auf dem Feld stehen zu lassen, damit diese in einem zweiten Arbeitsgang mit einem Mähwerk oder Häcksler geerntet werden könnten. Die Bergung von Maisstroh als Festbrennstoff ist jedoch wegen des meist hohen Wassergehaltes zum Erntezeitpunkt im Herbst problematisch; dies gilt vor allem unter mitteleuropäischen Klimabedingungen.

6.4.3 Zuckerrüben

Die Zuckerrübenernte setzt sich aus folgenden Arbeitsgängen zusammen: Köpfen, Putzen der Rübenköpfe, Roden, Reinigen, Bunkern und Laden. Dabei müssen vergleichsweise großen Massen von ca. 50 bis 70 t/ha Rüben und 40 bis 50 t/ha Blatt bewegt werden. Diese Arbeitsschritte können in unterschiedlichen Kombinationen durchgeführt werden; es lassen sich einphasige und mehrphasige Ernteverfahren unterscheiden.

Einphasige Köpfrodebunker arbeiten als schleppergezogene (1- bis 2-reihig) oder selbstfahrende (2- bis 6-reihige) Erntemaschinen, die das Köpfen, Roden und Sammeln der Rüben (ggf. auch des Blattes) in einem Arbeitsgang erledigen. Die Rüben und teilweise auch das Blatt werden bis zum Feldende mitgenommen und dort auf bereitstehende Transportwagen oder auf Feldrandmieten übergeben. Alternativ dazu können die Rüben während des Rodens auch kontinuierlich auf parallel fahrende Transportfahrzeuge übergeladen werden.

Das zweiphasige Ernteverfahren besteht dagegen aus zwei getrennt hintereinander ablaufenden Arbeitsgängen (z. B. Frontköpfer und Heckrodelader oder Köpfroder und Ladebunker am Traktor).

Entscheidend für die Verluste ist die Präzision des Köpfschnittes. Ein Schnitt, der 1 bzw. 2 cm unterhalb der Optimalhöhe liegt, führt zu einer 8 bzw. 18 %-igen Ertragseinbuße /6-23/. Auch die optimale Tiefenführung der Rodeschare hilft bei der Verlustvermeidung.

6.4.4 Zuckerhirse

Da für die Zuckerhirse ähnliche Rahmenbedingungen gelten wie für Zuckerrohr, lassen sich die dort verwendeten Verfahren teilweise auch auf die Ernte von Zuckerhirse übertragen. Hierfür können ein- und mehrphasige Verfahren unterschieden werden.

Beim mehrphasigen Verfahren werden die zuvor geschnittenen und auf dem Boden abgelegten Ganzpflanzen aufgenommen und gesammelt. Dadurch ist auch die Ernte von Ganzpflanzenmaterial möglich.

Beim einphasigen Ernteablauf werden die Pflanzen möglichst knapp über dem Boden abgetrennt, während gleichzeitig ein weiteres vertikal schwenkbares Hochmesser ("Topper") den Fruchtstand abtrennt, da dessen Stärkegehalt bei der weiteren Verarbeitung störend wirkt. Bei sterilen neueren Zuckerhirsesorten kann auch auf den Topper verzichtet werden. Die Stängel werden dann in horizontaler Lage eingezogen und entweder über eine Messertrommel oder über ein Flügelradmesser in 20 bis 40 cm lange Stücke zerschnitten. Dabei wird auch ein großer Teil der Blattmasse vom Spross abgetrennt, so dass eine Blattabscheidung nach dem Windsichtverfahren mit Hilfe mehrerer Gebläse möglich wird. Die Blätter verbleiben auf dem Feld, während die Stängelstücke über einen Schrägkettenförderer auf ein begleitendes Transportfahrzeug überladen werden.

Zuckerrohrerntemaschinen sind derzeit in Europa nur wenig gebräuchlich. Zudem sind ihre Abmessungen meist für eine großräumige Landnutzungsstruktur ausgelegt, die in Deutschland selten ist. Allerdings besteht die Möglichkeit einer Mehrfachnutzung in anderen Kulturen. Der Zuckerrohrernter wurde beispielsweise nach geringfügigen Veränderungen auch erfolgreich zur Ernte von Kurzumtriebsplantagen eingesetzt (Kapitel 6.1.2). Erntemaschinen mit stark zerkleinernder Wirkung (z. B. Maishäckslser) scheiden wegen der rapiden Zuckerverluste durch Veratmung aus (Kapitel 8.2).

6.4.5 Kartoffeln und Topinambur

Anders als bei der Zuckerrübenernte müssen die unterirdisch gewachsenen Kartoffel- oder Topinamburknollen mit dem gesamten Erdreich aufgenommen werden. Bei einer durchschnittlichen Rodetiefe von 12 bis 15 cm sind somit ca. 1 000 bis

1 400 t/ha Boden zu verarbeiten /6-23/. Zuvor wird die oberirdische Krautmasse entweder chemisch abgetötet oder mechanisch abgetrennt; bei Topinambur kommt bei einer Gesamtmasse von 6 und 8 t/ha Trockenmasse auch eine Bergung für eine spätere Nutzung als Festbrennstoff in Frage. Die bei einer Erntekombination aus Mähwerk und Ballenpresse auftretenden hohen Bröckelverluste können jedoch nur durch den Einsatz eines Feldhäckslers vermieden werden /6-17/.

Bei der Kartoffelernte werden heute vorwiegend gezogene (1- bis 2-reihige) oder selbstfahrende (2- bis 4-reihige) Sammelroder oder auch Rodelader eingesetzt /6-23/. Im Arbeitsablauf besteht Ähnlichkeit zum Rübenrodeverfahren.

Für die Topinambur-Knollenernte sind die vorhandenen Kartoffelroder nicht problemlos einsetzbar, da die Knollen aufgrund ihrer unregelmäßigen Form und der anhaftenden Wurzelreste stärker aussortiert werden. Dadurch erhöhen sich die Verluste /6-1/. Hier empfehlen sich Universalrodemaschinen, die auch in der Gemüseernte (z. B. Möhren, Zwiebeln, Sellerie) zum Einsatz kommen.

7 Mechanische Aufbereitung

Die mechanische Aufbereitung der geernteten Biomasse hat das Ziel, die Biomassemerkmale an die Anforderungen der jeweiligen Konversionsverfahren anzupassen. Alternativ oder zusätzlich soll dadurch auch die Bereitstellungskette möglichst weitgehend vereinfacht bzw. die Bereitstellungskosten minimiert werden. In den meisten Fällen kommt es dabei zu einer Veränderung der physikalischen bzw. mechanischen Eigenschaften der Biomasse (u. a. Abmessungen, Dichte, Korngrößenverteilung).

Die Prozesse der Ölgewinnung werden hierbei nicht als eine mechanische Aufbereitung verstanden, da das Produkt (Kraftstoff) nach einer Pressung meist noch weiteren (z. B. chemischen) Einwirkungen bzw. Umwandlungen unterzogen wird, bis es als Energieträger verfügbar wird. Die Verfahren zur Gewinnung von Pflanzenöl werden daher in Kapitel 13 separat dargestellt. Auch thermo-chemische Aufbereitungsschritte, die der Gewinnung von chemisch veränderten Festbrennstoffen (z. B. Holzkohle) oder der Kraftstoffgewinnung dienen (z. B. Pyrolyse), werden hier nicht betrachtet, da sie über eine ausschließlich mechanische Aufbereitung deutlich hinausgehen.

Vor diesem Hintergrund werden nachfolgend wesentliche mechanische Aufbereitungstechniken und -verfahren diskutiert. Dabei wird zwischen Verfahren für die Zerkleinerung, das Sieben bzw. Sortieren und die Verdichtung (Pressen) unterschieden.

7.1 Zerkleinern

Die Zerkleinerung von Holz oder Halmgut ist erforderlich, wenn für die weiteren Aufbereitungsschritte oder für die Umwandlung in Nutz- bzw. Endenergie oder in Sekundärenergieträger eine definierte Materialstruktur gefordert wird. Je nach Art der Beschickungs- und Verwertungstechnik kann dabei mehr oder weniger stark zerkleinertes Stück- oder Schüttgut verlangt werden.

7.1.1 Scheitholzbereitung

Der Einsatz von Wald(rest)holz in handbeschickten Kleinfeuerungsanlagen macht eine Zerkleinerung bzw. Spaltung des gerückten Holzes zu ofengängigen Holzstücken erforderlich. Die Scheitholzaufbereitung folgt dabei auf die Brennholzwerbung im Wald (Kapitel 6.1.1), bei der der aufgearbeitete Rohstoff (z. B. Stangen, Meterholz, Klötze) für die eigentliche Zerkleinerung zur Verfügung gestellt wird. Die Aufbereitung umfasst das erneute Sägen zur weiteren Einkürzung, das Spalten und den Umschlag der Scheite.

7.1.1.1 Sägen

Vor oder nach dem Spalten werden die Holzabschnitte auf die geeignete "ofenfertige" Länge geschnitten. Hierfür kommen Sägen oder kombinierte Säge-Spaltmaschinen zum Einsatz. Sie werden nachfolgend beschrieben.

Kettensägen. Bei der Scheitholzaufbereitung spielen die Kettensägen, die das Haupthilfsmittel für die Brennholzwerbung im Wald darstellen, nur noch eine untergeordnete Rolle. Neben den benzinbetriebenen Motorsägen, die in Kapitel 6.1.1 beschrieben sind, werden bei der stationären Aufbereitung auch ortsgebundene elektrische Kettensägen verwendet. Diese sind leiser als Benzinmotorsägen, so dass sie auch für die Holzaufbereitung in Siedlungsnähe einsetzbar sind. Außerdem sind sie abgasfrei und eignen sich daher auch für Arbeiten in geschlossenen Räumen. Für diese Sägen wird im Regelfall ein normaler elektrischer Anschluss mit 230 V benötigt; die Leistungsaufnahme liegt zwischen 1,4 und 2,2 kW und das Gewicht zwischen 3 und 5 kg. Die Schwertlänge beträgt 30 bis 40 cm.

Kreissägen. Für die Brennholzaufbereitung werden Tisch-, Rolltisch- und Wippkreissägen oder Kombinationen dieser Sägentypen verwendet. Kleinere Sägen haben einen 3 kW Wechselstrommotor (230 V Wechselstrom). Diese Typen sind aber nur bedingt für die Brennholzaufbereitung geeignet. Die meisten Kreissägen arbeiten daher mit 400 V Drehstrommotor und Anschlussleistungen von 4,2 bis 7,5 kW. Derartige Sägen haben im Mittel einen Stromverbrauch von ca. 0,4 kWh je Raummeter Scheitholz, wobei Hartholz ca. 20 % mehr Energie benötigt als Weichholz /7-18/. Außer mit elektrischem Strom kann der Antrieb auch mit einer Traktorzapfwelle erfolgen.

Als Sägeblätter werden Durchmesser von 315 bis 800 mm verwendet. Die Blattdicke variiert zwischen 1,8 und 3,2 mm. Eine für Brennholzarbeiten typische Ausrüstung stellt beispielsweise eine Wipp-Tischsägenkombination mit optionalem Zapfwellenantrieb, 5,5 kW Motor (400 V Drehstrom), 700 mm Blattdurchmesser und 3 mm Blattdicke dar.

Bei der Arbeit mit der Kreissäge treten Lärmbelastungen von über 90 dB(A) auf. Daher müssen die beteiligten Personen einen Gehörschutz tragen. Bei vorgespaltenen Meterholzscheiten, die auf 33 cm abgelängt werden, liegt die Produktivität des Kreissägeeinsatzes bei ca. 2,5 Raummetern je Arbeitskraftstunde (AKh) /7-18/.

Bandsägen. Bei einer Bandsäge rotiert ein flexibles Sägeband, das um zwei Räder gespannt ist. Die Vorteile einer Bandsäge liegen in der dünnen Schnittbreite und dem sauberen Schnitt. Im Brennholzbereich ist dieser Sägetyp inzwischen seltener geworden. Er wurde früher in fahrbaren Brennholzsägen verwendet, die von Lohnunternehmern zu den Sägeplätzen gefahren wurden.

7.1.1.2 Spalten

Das Spalten von Holz wird weltweit immer noch zu einem großen Teil in Handarbeit erledigt. Mittlerweile werden aber in Mitteleuropa zunehmend rationellere und höher mechanisierte Verfahren angewendet, die nachfolgend vorgestellt werden.

Manuelles Spalten. Für das manuelle Spalten werden Spaltäxte und Spalthämmer mit dazugehörigen Keilen verwendet. Eine Übersicht über die hierbei einsetzbaren Axttypen gibt Kapitel 6.1.1. Bei großen Stammstücken oder Klötzen ist die Verwendung eines Spalthammers mit seinem großen Gewicht zu empfehlen. Bei kleineren Klötzen, die mit einem einzigen Schlag gespalten werden können, wird eine leichtere Spaltaxt verwendet. Für Hartholz wird eine etwas dickere Klinge als für Weichholz gewählt. Oft sind Spaltäxte aber für beide Holzarten geeignet.

Mechanische Keilspalter. Für die rationellere Zerkleinerung bzw. Spaltung von gerücktem Holz zu ofengängigen Holzstücken kommen hauptsächlich Keilspalter zum Einsatz. Sie sind vielfach als Schlepperanbaugeräte mit Zapfwellenantrieb ausgeführt (vgl. Tabelle 7.1).

Beim Keilspalter wird ein Spaltkeil hydraulisch über einen Hubkolben in das eingeklemmte Holz getrieben. Alternativ kann der Rohling auch gegen einen fest stehenden Keil oder eine Klinge gedrückt werden; dann wird nicht der Spaltkeil, sondern die gegenüberliegende Druckplatte bewegt, wobei Spaltdrücke von 5 bis 30 t aufgewendet werden. Beide Bauarten werden sowohl bei vertikal als auch bei horizontal arbeitenden Geräten eingesetzt (Abb. 7.1). Der Spaltkeil kann auch als Spaltkreuz oder Mehrfachspaltklinge ausgestaltet sein. Dadurch können mit einer einzigen Hubbewegung bis zu 8 Scheite gleichzeitig erzeugt werden. Mehrfachspaltklingen werden vor allem bei größeren Holzdurchmessern verwendet; hier

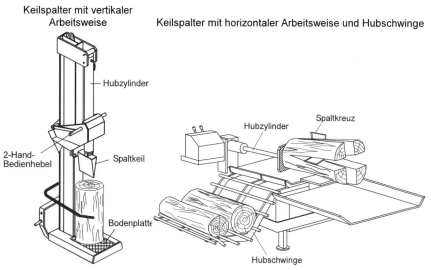

Abb. 7.1 Bauarten von Keilspaltern für die Scheitholzaufbereitung /7-16/

überwiegt eine horizontale Arbeitsweise. Bei einigen Horizontalspaltern ist vor jedem Arbeitsgang zusätzlich eine Höhenanpassung der Mehrfachspaltklinge möglich. Dadurch wird auch bei wechselnden Durchmessern stets die Mitte des Holzquerschnitts angesteuert, um so eine gleichmäßige Scheitstärke sicherzustellen.

Bei größeren Holzdurchmessern kann eine Beschickungshilfe hilfreich sein. Leistungsstarke vertikal arbeitende Keilspalter werden daher gelegentlich mit Greifzange und Seilwinde ausgerüstet, um das Heranrücken schwerer Holzstücke zu erleichtern. Bei Spaltern mit liegender Zerkleinerung werden Hubschwingen eingesetzt. Eine oder mehrere unzerkleinerte Holzrollen werden dabei auf die heruntergelassene Schwinge geladen und anschließend hydraulisch auf eine Höhe angehoben, von wo aus sie sich leicht in den Spalter hineinrollen lassen (Abb. 7.1).

Die Durchsatzleistung derartiger Geräte hängt von der Zahl der Bedienpersonen, der Bauart und Spaltkraft des Gerätes, der Holzart, dem Holzzustand und von der Vor- und Rücklaufgeschwindigkeit des Spaltwerkzeugs ab. Neuere Messungen zeigen, dass unter günstigen Voraussetzungen mit kleinen Senkrechtspaltern ein Holzvolumen von ca. 0,8 Raummetern (Rm) je Arbeitskraftstunde (AKh) gespalten werden kann, wenn vorgesägtes Holz mit 33 cm Länge verwendet wird. Auch beim Axtspalten liegt die mögliche technische Gesamtarbeitsproduktivität kurzfristig auf einem ähnlichen Niveau; dauerhaft fällt sie jedoch ab. Bei größeren Senkrecht- oder Waagerechtspaltern erreicht die in der Praxis gemessene Produktivität (Gesamtarbeitszeit) ca. 3 Rm/AKh /7-18/. Hinzu kommt hier noch die Arbeitszeit für das Sägen auf Endgröße, sofern ofenfertige Kurzscheite (50, 33 oder 25 cm) bereitgestellt werden sollen.

Spiralkegelspalter. Neben den Keilspaltern, welche die bei weitem am häufigsten eingesetzte Spalterbauart darstellen, werden auch Spiralkegelspalter verwendet. Bei diesen Geräten wird das zu spaltende Holz manuell an einen rotierenden Spiralkegel gedrückt, der direkt von einer Schlepperzapfwelle oder von einem Elektromotor angetrieben wird. Der Kegel besteht aus spiralförmigen Windungen, die sich selbsttätig in das arretierte Holzstück hineinbohren und dieses in Faserlängsrichtung aufspalten (Abb. 7.2). Da für die Kraftübertragung keine Hydraulikanlage erforderlich ist, kann die Gerätetechnik stark vereinfacht werden. Allerdings ist das Unfallrisiko vergleichsweise hoch, so dass Neugeräte teilweise nicht mehr in den Handel kommen dürfen. Am häufigsten wird der Spiralkegelspalter als Zusatzfunktion zu einer Kreissäge verwendet, wobei Säge und Spalter an einer gemeinsamen Achse angebracht sind. Bei einer solchen kombinierten Anwendung liegt der maximale Durchmesser der Holzblöcke bei ca. 30 cm (Tabelle 7.1). Spiralkegelspalter haben bisher nur eine begrenzte Verbreitung gefunden.

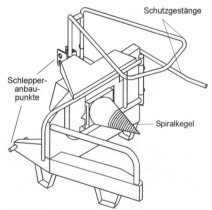

Abb. 7.2 Bauart eines Spiralkegelspalters /7-16/

Messerradspalter. Diese elektrisch oder über eine Schlepperzapfwelle angetriebenen Geräte erledigen das Spalten und Schneiden in einem Arbeitsgang. Der Spaltkeil wird längsseits von der Rindenseite in das Holz hineingetrieben. Mit der gleichen Bewegung wird das aufgespaltete Holz durch zwei weitere, versetzt angebrachte Schneidmesser vom Rest der Stange abgeschnitten (Abb. 7.3). Die Werkzeuge sind dabei an einem langsam rotierenden, nach innen offenen Messerrad angebracht, daher werden die Geräte auch als Rotationskeilspalter bezeichnet.

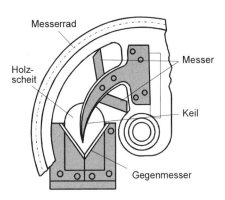

Abb. 7.3 Bauart eines Messerradspalters

Über eine Beschickungsrinne wird Stangenholz von Hand nachgeschoben, sobald sich das Messerrad in die dafür geeignete Position gedreht hat. Der Kraftbedarf für das rechtwinklige Abscheren des Holzes ist allerdings vergleichsweise hoch. Daher lassen sich lediglich Holzstärken bis 22 cm Durchmesser verarbeiten (Tabelle 7.1). Der aus Finnland stammende Messerradspalter ("Klapi-Tuiko") ist vor allem in Skandinavien verbreitet.

Kombinierte Säge-Spaltmaschinen. Inzwischen werden auch zahlreiche kombinierte Systeme angeboten, mit denen das Holz in zwei aufeinander folgenden Arbeitsgängen gesägt und gespalten wird (sogenannte "Brennholzmaschinen", Abb. 7.4). Das Rohholz, das einen Durchmesser von bis zu 30 cm haben kann, wird von Hand oder über ein Ketten- oder Gummiförderband bis zur einstellbaren Anschlagplatte vorgeschoben und mit Hilfe eines Kreissägeblatts abgetrennt. Danach fällt der Holzblock in eine Spaltrinne, wo der Spaltvorgang manuell ausgelöst wird. Die fertigen Scheite werden meist auf ein Transportförderband übergeben.

Tabelle 7.1 Merkmale verschiedener Bauarten von Holzspaltgeräten

Bauart	max. Holz-länge in cm	max. Holz-durchmesser in cm	Antriebsart	Leistung in kW	mögliche Beschickungshilfe
Keilspalter, stehend	55 – 110	35 bis unbegrenzt	– Hydraulikmotor über Schlepperzapfwelle – Hydraulikmotor mit Elektroantrieb	1,5 – 22	Hubschwinge
Keilspalter, liegend	40 – 200	40 bis unbegrenzt	– Schlepperhydraulik direkt	2,2 – 30	Seilzug und Seilwinde
Spiralkegel-spalter	50 – 120	30	– Direktantrieb über Schlepperzapfwelle – Elektromotor direkt	4 – 15	
Messerrad-spalter	60	22	– Schlepperzapfwelle direkt	25	

250   7 Mechanische Aufbereitung

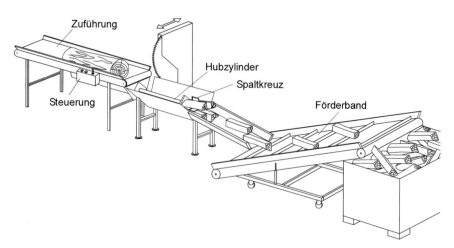

Abb. 7.4 Funktionsweise einer kombinierten Säge-Spaltmaschine (schematisch) /7-16/

Bei den kleinen Maschinen sind meist zwei Arbeitskräfte erforderlich, ein Maschinist und ein Zubringer. Die in der Praxis gemessene Produktivität (Gesamtarbeitszeit) erreicht hier Werte von 2 bis 6 Raummeter (Rm) je Arbeitskraftstunde (AKh) /7-18/. Beim Sägen und Spalten mit einer großen kombinierten Säge-Spaltmaschine ist dagegen nur eine einzelne Bedienperson erforderlich, die auch die Beschickung mit einem Kran durchführt. Hier ist mit Durchsatzleistungen von ca. 10 Rm/AKh zu rechnen /7-18/. Derartige große Maschinen kommen primär bei kommerziellen Brennholzaufbereitern im stationären Einsatz zur Anwendung.

7.1.1.3 Stapel- und Umschlagshilfen

Nach dem Sägen und Spalten muss das aufbereitete Scheitholz gesammelt, umgeschlagen und zwischengelagert werden. Dies geschieht häufig manuell, oder es werden herkömmliche Geräte oder Transportmittel (Förderbänder, Anhänger etc.) verwendet. Speziell für Scheitholz werden häufig auch besondere Stapel- und Umschlagshilfen angeboten. Beispiele dieser Geräte werden nachfolgend dargestellt.

Stapelrahmen. Der Stapelrahmen (Abb. 7.5) besteht aus einem U-förmigen Metallrahmen (meist ca. 1 m x 1 m), in den zunächst mehrere Gewebe- oder Stahlbänder bzw. Spanngurte eingelegt werden, mit denen das Holz nach dem Aufstapeln zusammengezurrt werden soll. Danach werden die Scheite (meist Meterholz) aufgeschichtet. Nun werden die Bänder gespannt und fest verknüpft bzw. verklemmt. Anschließend kann der Stapel an den Bändern hängend (z. B. mit dem Frontlader) zur Lagerstätte oder zum Transportfahrzeug transportiert werden. Gelegentlich werden diese Bunde auch beim Abnehmer mit einer speziellen Motorsäge, die ein extra langes Schwert besitzt, noch im gebundenen Zustand auf die gewünschte Scheitlänge zersägt.

7.1 Zerkleinern   251

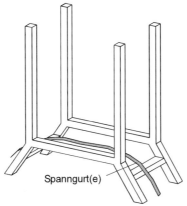

Abb. 7.5 Stapelrahmen für Holzbunde (z. B. je 1 Rm) /7-16/

Stapelrad. Scheitholz kann auch mit dem Stapelrad gebündelt werden. Der Spanngurt oder das Bindegarn wird dazu zunächst in das Stapelrad eingelegt. Anschließend wird das Scheitholz in den Rahmen eingestapelt und verzurrt. Das Stapelrad kann nun geteilt werden, indem die obere Hälfte abgetrennt wird. Danach wird das Scheitholzbündel mit der unteren Hälfte des Stapelrades zur Seite gerollt (Abb. 7.6). Das Stapelrad ist in verschiedenen Größen für Scheitlängen von 25 cm bis 2 m verfügbar. Der Vorteil gegenüber dem Stapelrahmen besteht darin, dass ein bereits in einem runden Stapelquerschnitt erzeugtes Scheitbündel fester gezurrt werden kann als beim eckigen Querschnitt eines Stapelrahmens. Das erleichtert den späteren Umschlag, insbesondere bei Bündeln aus Kurzscheiten.

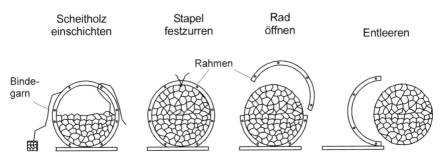

Abb. 7.6 Verwendung eines Stapelrads /7-16/

Stückholz Bindeapparate. Für noch höhere Mechanisierungsgrade können verschiedene Bindeapparate verwendet werden, mit denen auch gestapelte Scheitbündel aus 50 oder 33 cm-Scheiten "geschnürt" werden können. Mit Hilfe einer Wendeplatte werden dabei die Bündel anschließend gekippt, so dass Paletten mit mehreren Bündelringen, bei denen die Holzscheite dann senkrecht stehen, bestückt werden können (Abb. 7.7).

Zum Binden werden (Mehrweg-)Spanngurte oder UV-stabiles Einweg-Garn verwendet. Um beim anschließenden Sägen der zunächst noch längeren Scheite

(z. B. 1 m) auch das unten liegende Holz des Bundes problemlos durchtrennen zu können, sind die Bügel nach dem ersten Säge-Durchgang mit dem gesamten Stapelring auf einer Gleitschiene zu drehen, so dass der Stapel schließlich vollständig geschnitten werden kann. Hierfür wird eine Motorsäge mit 70 cm Schwertlänge verwendet. Wenn der Wenderahmen mit 2 bis 4 gesägten Ringen (je nach gewählter Scheitlänge) voll gestapelt ist, kann er gekippt werden, um die radförmigen Bündel nun liegend auf eine spezielle Palette zu befördern. Die Palette wurde zuvor über die noch senkrecht stehende Palettengabel des Wenderahmens geschoben (Abb. 7.7). Für das Kippen wird beispielsweise ein Hubrahmen verwendet, der als Anbaugerät für die Drei-Punkt-Hydraulik eines Schleppers angeboten wird. Will man die geschnürten Bündel nicht auf einer Palette stapeln, können die einzelnen Rundstapel auch am Bindegurt hängend mit einem entsprechenden Fahrzeug an den gewünschten Lagerort transportiert werden. Der Gurt oder das Garn wird erst am Bestimmungsort (z. B. beim Endverbraucher) entfernt.

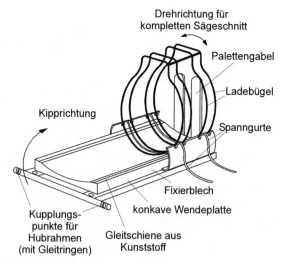

Abb. 7.7 Stückholzbindeapparat, hier mit Wendeplatte für einen Schlepperanbau-Hubrahmen /7-16/

7.1.2 Hackgut- und Schreddergutbereitung

Bei der Herstellung eines groben oder feinen Schüttgutes aus Holz können schnell laufende Hacker und Schredder oder langsam laufende Zerspaner ("Trommelreißer") eingesetzt werden. Bei den Hackern (Trommel-, Scheiben- oder Schneckenhacker) ist in der Regel eine geordnete Längszuführung paralleler Baum- oder Astteile zum Schneidaggregat erforderlich. Schredder und Zerspaner erlauben dagegen auch eine Verarbeitung von Holzresten, die in Wirrlage zugeführt werden. Die unterschiedlichen Techniken werden im Folgenden näher dargestellt.

7.1.2.1 Hacker

Da die Hackschnitzelgröße und -form die Lager-, Transport- und Verwertungseigenschaften (Kapitel 8 und 9) vielfach beeinflusst, werden an die Hackertechnik sehr unterschiedliche Forderungen gestellt. Dazu zählen u. a.
- gleichmäßige Kantenlängen zur Verbesserung der Fließ- und Fördereigenschaften,
- Vermeidung von Überlängen durch vollständige Erfassung auch feiner Zweige zur Reduzierung der Brückenbildungsneigung im Lager,
- saubere Schnittstellen und geringe Faser- oder Rindenbeschädigung zur Verringerung der spezifischen Oberfläche des Hackguts und damit zur Erhöhung der Lagerfähigkeit des feuchten Holzes durch verringerte mikrobielle Aktivität,
- Vermeidung von Fremdstoffeinträgen.

Diese Ziele lassen sich durch Wahl einer geeigneten Hackertechnik und durch eine angepasste Maschineneinstellung, Bedienung und Instandhaltung (z. B. Messerschärfe) erreichen.

Scheibenhacker. Der Scheibenhacker (oder "Scheibenradhacker") arbeitet hauptsächlich nach dem Prinzip der schneidenden Zerkleinerung. Das Hackorgan besteht dabei aus mehreren Messern, die radial auf einer Schwungscheibe angeordnet sind (Abb. 7.8). Bei stationären Hackern kann diese Schwungscheibe mit bis zu 11 Messern bestückt werden und einen maximalen Durchmesser von mehr als 3 000 mm haben. Bei mobilen Systemen sind entsprechend kleinere Abmessungen und nur rund 3 bis 4 Messer üblich. Das Holz wird über eine oder mehrere gegensinnig rotierende, profilierte Einzugswalzen auf das Scheibenrad zugeführt, wobei die Zuführrichtung in einem Winkel von etwa 45° zur Scheibenebene orientiert ist, um den Kraftbedarf beim Schnitt zu senken. Durch Messerschlitze in der Schwungscheibe gelangen die abgetrennten Schnitzel auf die Rückseite der Schei-

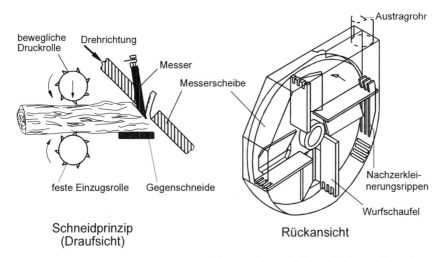

Abb. 7.8 Schneidprinzip und Austragvorrichtung eines Scheibenradhackers mit Nachzerkleinerung (nach /7-19/)

be und werden dort über Wurfschaufeln ("Windflügel") in den Auswurfkanal geschleudert. Dessen Eingang kann durch Prallrippen abgedeckt sein, um ein weiteres Zerschlagen der Schnitzel durch die Wurfschaufeln, die in diesem Fall an ihrer Außenseite mit Fingern versehen sind, zu bewirken. Auch durch Verwendung eines Reibgitters im Scheibengehäuse kann eine höhere Gleichmäßigkeit der Kantenlängen erzielt werden.

Die Schnittlänge wird hauptsächlich durch die Höhe des Überstandes der Messerklingen über dem Scheibenrad bestimmt. Zur Erhöhung der Schnittlänge und zur Anpassung an eine begrenzte Antriebsleistung können einzelne Messer vollständig zurückgesetzt werden. Bei der Herstellung von Grobhackgut bis 150 mm Schnittlänge wird eine Distanzplatte zwischen Scheibe und Messerhalterung angebracht. Durch Variation der Einzugsgeschwindigkeit lässt sich hierbei die tatsächliche Schnittlänge einstellen.

Trommelhacker. Bei diesen Geräten sind 2 bis 8 durchgehende oder 3 bis 20 versetzt angeordnete Einzelmesser auf einer rotierenden Trommel befestigt (Tabelle 7.2). Die Holzzufuhr erfolgt rechtwinklig zur Trommelachse, wobei der Schnitt in einer Position stattfindet, in der ein Winkel von ca. 25 bis 35° zum Gegenmesser vorliegt. Wie bei den Scheibenhackern kann die Hackgutlänge durch Vor- oder Zurücksetzen der Messer verändert werden. Meist werden Trommelhacker jedoch mit einer Nachzerkleinerungseinrichtung in Form eines auswechselbaren Prallsiebes sowie einer zusätzlichen Gegenschneide ausgerüstet. Bei solchen Bauformen wird der Hackgutaustrag durch ein Gebläse unterstützt. Trommelhacker stellen die Bauart dar, die in den höchsten Leistungsklassen angeboten wird; dies betrifft sowohl den maximalen Holzdurchmesser, der bei mobilen Geräten bis zu 450 mm

Tabelle 7.2 Bauarten mobiler Hacker und ihre technischen Merkmale

Bauart	Schneidwerkzeug	Einzugsart	max. Holzstärke in mm	Hacklänge in mm	Kraftbedarf in kW	max. Leistung in m³/h
Scheibenhacker	1–4 Messer	- ohne Zwangseinzug - 1–3 Walzen	100–300	4–80 (meist einstellbar)	8–105	2–60
Trommelhacker	2–8 durchgehende oder 3–20 Einzelmesser	- 2 Walzen - Walze und Stahlgliederband - 2 Stahlgliederbänder	180–450	5–80 (meist einstellbar)	45–325	15–100
Schneckenhacker	Schneckenwindung	- selbsteinziehend	160–270	20–80 (je nach Schnecke)	30–130	5–40

betragen kann, als auch die technische Durchsatzleistung, die bei maximal 100 m^3/h liegen kann (Tabelle 7.2). Beispielsweise werden in der Holz verarbeitenden Industrie technische Leistungen bis 450 Rm/h erreicht. Derartige Maschinen sind mit Antrieben von bis zu 1 500 kW ausgestattet und besitzen einen Trommeldurchmesser von bis zu 2 m mit maximal 40 Einzelmessern.

Schneckenhacker. Bei diesem Hackertyp rotiert eine konisch verlaufende, meist waagerecht liegende Schnecke in einem lang gestreckten, ebenfalls konisch verlaufenden Trichter. Der Grat der Schneckenwindungen besteht aus einer aufgeschweißten Hartmetallkante, die zu einem glatten Messer angeschliffen wurde. Durch Rotation wird das Holz vom spitzen Ende des Schneckenkegels erfasst und eingezogen, wobei es unter ständigem Kraftschluss geschnitten wird (Tabelle 7.2). Der Austrag erfolgt, wie bei den Scheibenhackern, über Wurfschaufeln, die am hinteren Ende an der Schneckenwelle aufgeschweißt sind. Die Hackgutlänge lässt sich beim Schneckenhacker kaum beeinflussen, sondern entspricht der Steigung der Schneckenwindungen. Auch ist die Beschickung aufgrund des relativ engen Einzugstrichters bei sperrigem Material schwieriger als bei anderen Hackertypen.

Einsatzbereiche. Hacker der diskutierten Bauarten können mobil oder stationär eingesetzt werden. In stationären (d. h. nicht versetzbaren) Anlagen kommen meist Trommelhacker und gelegentlich auch Scheibenhacker zum Einsatz. Sie werden im Regelfall mit einem Elektromotor entsprechender Leistung angetrieben; alternativ ist der Antrieb auch mit einem Dieselmotor möglich. Zur Beschickung werden beispielsweise Förderbänder und Mobilkräne verwendet.

In der mobilen (versetzbaren) Ausführung zählen alle drei Bauarten zu den Standardverfahren beispielsweise für die Erzeugung von Waldhackschnitzeln. Je nach Anforderung und Leistung stehen die nachfolgend dargestellten Geräte zur Verfügung.

- An- und Aufbauhacker. Anbauhacker sind meist kleinere und mittlere Hacker für den Zapfwellenbetrieb in der Front- oder Heckaufhängung eines Schleppers (Abb. 7.9). Sie werden von Hand oder gelegentlich auch mit Hilfe eines Anbaukrans beschickt. Aufbauhacker sind dagegen fest oder vorübergehend auf dem Fahrgestell eines Trag- oder Standardschleppers montiert und werden in der Regel über ein Wandlergetriebe durch den Fahrzeugmotor angetrieben. Die Beschickung erfolgt meist durch einen angebauten Kran mit Greiferzange.
- Selbstfahrende Großhacker. Großhacker (Abb. 7.10) sind ausschließlich für die großtechnische Hackgutproduktion geeignet. Sie sind mit einer Kranbeschickung ausgerüstet und besitzen meist einen Ladebunker zur Aufnahme des Hackguts. Dieser Bunker hat ein Fassungsvermögen von maximal 25 m^3; er ist entweder aufgesattelt oder befindet sich auf einem angehängten Fahrwerk. Das Hackgut wird durch Abkippen auf bereitgestellte Lkw-Container oder andere Transportmittel (z. B. auch ein Shuttlefahrzeug) übergeben.
- Anhängehacker. Während die Anbau-, Aufbau- und Selbstfahrhacker vornehmlich für den mobilen Einsatz in der Rückegasse oder auf der Holzeinschlagfläche verwendet werden, sind die versetzbaren Anhängehacker eher für den Betrieb an der Waldstraße oder an einem größeren Holzlagerplatz konzipiert. Bei diesen Geräten befindet sich das Hackaggregat auf einem separaten Anhän-

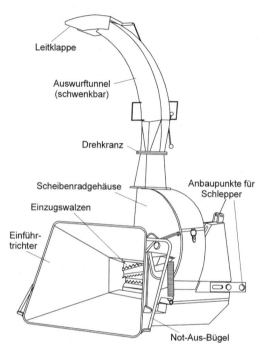

Abb. 7.9 Aufbau eines Anbauhackers für die 3-Punkt-Hydraulik eines Schleppers

ger. Es benötigt einen eigenen Antriebsmotor, da oft unabhängig von der Zugmaschine gearbeitet wird. Mit solchen Geräten sind beispielsweise beim überbetrieblichen Einsatz Jahresdurchsatzleistungen von 15 000 bis 20 000 Festmetern möglich /7-9/. Für kleine Hackgutmengen können Anhängehacker auch auf einachsigen Anhängern aufgebaut und von einem Standardschlepper angetrieben werden. Diese handbeschickten Geräte besitzen teilweise auch einen kippbaren Vorratsbunker für ca. 8 bis 10 m^3 Fassungsvermögen.

- Hackschnitzelharvester. Mittlerweile werden auch Harvester kombiniert mit einem Hacker angeboten. Solche Maschinen übernehmen sowohl die Funktionen eines Holz-Vollernters als auch die Zerkleinerung zu Hackgut. Sie sind ähnlich aufgebaut wie der Großhacker (Abb. 7.10). Am Kranende befindet sich jedoch anstelle der Greiferzange ein Prozessorkopf (vgl. hierzu Kapitel 6.1.1), der zunächst die Säge-, Entastungs- und Ablängarbeiten übernimmt. Wenn z. B. fehlerhafte Holzabschnitte vom Maschinenführer erkannt werden, können sie dem aufgebauten Hacker zugeführt werden. Beim Erreichen der Aufarbeitungsgrenze wird schließlich der Zopf abgetrennt und insgesamt dem Hacker zugeführt. Das geschieht auch mit ganzen Bäumen, wenn deren Durchmesser zu gering ist. Wenn das Baumstück während des Einzugs von den Entastungsmessern umgriffen bleibt, gelangt nur entastetes Holz in den Hacker; dadurch kann eine höhere (nadelfreie) Hackgutqualität mit sehr gleichmäßigen Kantenlängen erreicht werden /7-11/.
- Reihenhacker. Der Reihenhacker kann an die Fronthydraulik eines Schleppers angebaut werden und verfügt über eine Aufnahmevorrichtung (Pick-up) für am

Abb. 7.10 Selbstfahrender Großhacker mit aufgesatteltem Hackschnitzelbunker

Boden liegendes Ast- und Reisigmaterial. Diese Vorrichtung besteht aus zwei seitlich schwenkbaren vertikalen Einzugswalzen, die bodennah arbeiten und das liegende Holz im kontinuierlichen Fahrbetrieb aufnehmen. Zusätzlich wird die Aufnahme über eine liegende Pick-up-Walze erleichtert /7-1/. Damit dies möglichst störungsfrei und effektiv ablaufen kann, muss das Ast- und Baummaterial, das einen Durchmesser von maximal 25 cm aufweisen darf, zuvor mit der Laubseite in Fahrtrichtung abgelegt worden sein. Mit Hilfe einer horizontalen Walze, die vor den Einzugselementen pendelnd über dem Erntegut mit einem Hydraulikarm gehalten wird, kann sperriges Baumwerk für einen sicheren Einzug zu Boden gedrückt werden. Das Material wird anschließend von den vertikal rotierenden Einzugswalzen erfasst und dem dahinter liegenden Hacker zugeführt. Dieser übergibt das erzeugte Hackgut über einen Auswurftunnel auf einen im Heckanbau mitgeführten ca. 10 m^3 fassenden Bunker, der einen hohen Übergabepunkt zur Container- oder Anhängerbeladung besitzt. Alternativ ist auch die Aufnahme durch ein parallel fahrendes Begleitfahrzeug möglich. Die Einsatzschwerpunkte des Reihenhackers liegen bei der Aufbereitung von Gehölzschnitt aus der Landschaftspflege oder von gerodeten Obst- oder Olivenkulturen. Auch der Einsatz zur Aufbereitung in Kurzumtriebsplantagen kommt in Frage.

Der Leistungsbedarf beim Hacken variiert je nach Holzart, eingestellter Schnittlänge und Holzfeuchte. Für waldfrisches Holz liegt der spezifische Energieverbrauch beispielsweise zwischen 2 bis 5 kWh/t /7-3/; bei Verwendung von Dieselkraftstoff im Antriebsmotor mit etwa 30 % Wirkungsgrad entspricht dieser Energiebedarf dem Einsatz von ca. 0,7 bis 1,7 l Kraftstoff pro Tonne Hackschnitzel, d. h. etwa 0,2 bis 0,5 % der im Holz enthaltenen Energiemenge (bei 30 % Wassergehalt). Bei trockenem Holz liegt der Energiebedarf für das Hacken – bezogen auf das Volumen – um ca. 20 % höher als bei waldfrischem Holz.

7.1.2.2 Schredder

Bei Schreddern erfolgt die Zerkleinerung nicht – wie bei Hackern – durch schneidende Werkzeuge, sondern durch eine Prallzerkleinerung. Der Zerkleinerungseffekt beruht damit auf dem Brechen und Zertrümmern des Materials zwischen umlaufenden Schlagwerkzeugen und einer feststehenden, glatten oder kammartig ausgebildeten Brechplatte.

Die Funktionsweise ist mit der einer Hammermühle vergleichbar (vgl. Abb. 7.12 in Kapitel 7.1.3), wenngleich der Schredder grobkörnigeres Material erzeugt und meist nicht mit einem Prallsieb ausgestattet ist. Wenn keine schneidenden Messerklingen benutzt werden, kann ein hoher Anteil an Fremdkörpern (z. B. Steine, Metalle) im Rohmaterial toleriert werden. Dann werden meist keine feststehenden Werkzeuge verwendet, sondern bewegliche Schlegel oder Schlaghämmer, die ausweichen können und dadurch die Stöße elastisch abfangen. Das Schreddern ist aber wesentlich energieaufwändiger als das Hacken.

Das Schreddergut (englisch "hog fuel") wird in der Brennstoffklassifizierung gemeinhin als eine eigene, nicht mit Holzhackschnitzeln vergleichbare Brennstoffklasse angesehen, für die gemäß CEN/TS 14 961 /7-5/ separate Qualitätsabstufungen gelten. Das liegt u. a. daran, dass das Holz bei dieser Zerkleinerungsart stark zersplittert ist und eine besonders raue Oberfläche besitzt. Dadurch weist es relativ ungünstige schüttgutmechanische Eigenschaften auf. Es ist außerdem im Frischzustand einem schnellen biologischen Abbau unterworfen. Deshalb werden Schredder auch bevorzugt zur Aufbereitung von Mulchmaterial oder Kompostsubstraten verwendet. Die Beschickung erfolgt hierbei meist in Wirrlage und oft mit Hilfe eines Krans oder Förderbandes, wobei auch Anlagen mit Füllbehälter verwendet werden können ("Tub Grinder"), die ähnlich wie Ballenhäcksler funktionieren (Kapitel 7.1.4). Schredder können – ähnlich wie Hacker – sowohl stationär als auch mobil eingesetzt werden.

7.1.2.3 Zerspaner

Zerspaner sind langsam laufende Zerkleinerer. Die schneidenden oder brechenden Werkzeuge befinden sich auf einer oder mehreren gegensinnig rotierenden Ringelwalzen, die über Zahnräder, Ketten oder hydraulisch angetrieben werden. Die Arbeitswerkzeuge sind gekrümmte fingerförmige Meißel oder Reißhaken. Bei mehreren gegensinnig arbeitenden Rotoren wird zwischen den Walzen je eine Schneidfurche ausgebildet, in der das Material zersplittert wird (Abb. 7.11). Rotoren, die mit Brechplatten bestückt sind, benötigen dagegen eine Gegenschneide. Zur Kalibrierung der erzeugten Partikelgrößen lassen sich auswechselbare Lochsiebe verwenden.

Eine Vorzerkleinerung zu handtellergroßen Holzstücken wird gelegentlich auch durch zusätzliche langsam laufende Brechschnecken erreicht. Durch die geringe Drehzahl von nur ca. 15 bis 120 U/min lässt sich die Drehrichtung bei Langsamläufern leicht umkehren, wenn eine phasenweise Entlastung oder Störungsbehebung erfolgen soll.

7.1 Zerkleinern

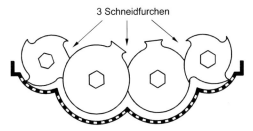

Abb. 7.11 Langsam laufender Zerspaner

Zerspaner werden u. a. zum Brechen sperriger Abfallhölzer (z. B. Palettenholz, Fensterrahmen, Altmöbel) und von grobem Müll aller Art verwendet. Dabei kann meist ein hoher Anteil an Störmaterialien (z. B. Metalle, Steine) toleriert werden.

7.1.3 Mahlzerkleinerung

Mühlenanlagen werden zur Feinzerkleinerung von bereits vorzerkleinertem Material eingesetzt. Im Gegensatz zu den Hackern und Zerspanern werden darin durchweg schüttfähige Güter verarbeitet, die zudem möglichst frei von Störstoffen (z. B. Steine, Metall) sein müssen, damit es nicht zu einem übermäßigen Verschleiß der Mühle kommt. Außerdem erhöhen solche Störstoffe die Gefahr der Funkenbildung, durch die Staubexplosionen ausgelöst werden können (Kapitel 8.2.2). Aus Sicherheitsgründen kann deshalb eine Inertisierung der Mühlenatmosphäre durch sauerstoffarmes Abgas oder eine druckfeste Auslegung sinnvoll sein.

Bei der Mahlzerkleinerung von biogenen Festbrennstoffen werden Schneidmühlen und Prallzerkleinerungsmühlen verwendet.

- Bei den Schneidmühlen erfolgt die Zerkleinerung durch scharfe, fest auf einer rotierenden Welle sitzende Schneidwerkzeuge (Messer), die eine oder mehrere Gegenschneiden besitzen. Durch die schneidende Arbeitsweise lassen sich auch faserreiche Biomassematerialien (z. B. Flachs, Hanf) zerkleinern. Allerdings ist die Fremdstoffanfälligkeit besonders hoch.
- Prallzerkleinerungsmühlen sind – wie die Schneidmühlen – ebenfalls meist schnell laufende Maschinen. Das Mahlgut prallt auf die Mahlwerkzeuge, wobei die Zerkleinerungswirkung durch die hohe Relativgeschwindigkeit der Mahlwerkzeuge in Bezug auf das Mahlgut bewirkt wird. Die Werkzeuge sind an einem Rotor befestigt. Sie werden entweder als fest stehende Prallplatten (Schlagradmühlen) oder als pendelnd aufgehängte, bewegliche Schlegel oder Schlaghämmer ausgeführt (Hammermühlen). Diese Schlaghämmer können ausweichen und dadurch die Stöße elastisch abfangen (Abb. 7.12). Daher sind sie gegenüber nicht-organischen Störstoffen (z. B. Steine, Metallteile) weniger anfällig. Das gilt vor allem dann, wenn die Werkzeuge stumpfe Kanten besitzen, so dass die Mahlwirkung hauptsächlich auf dem Prallzerkleinerungseffekt beruht.

Die Mühlen sind stets mit auswechselbaren Siebeinsätzen bestückt, durch die gewährleistet wird, dass eine bestimmte maximale Partikelgröße nicht überschritten

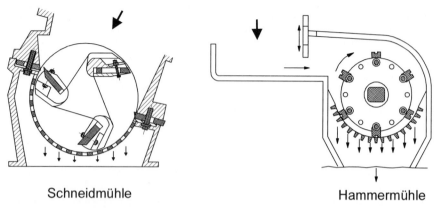

Abb. 7.12 Querschnitt durch eine Schneid- und eine Hammermühle (nach /7-26/)

wird. Der Durchmesser der meist runden Löcher wird je nach gewünschter Feinheit angepasst.

Die Reibe- und Abscherarbeit, die an den Lochkanten der Siebeinsätze stattfindet, trägt ebenfalls zur Zerkleinerungswirkung bei. Das gilt vor allem bei den Schlagradmühlen, bei denen dieses Prinzip hauptsächlich verwirklicht wird. Sie besitzen meist größere Mahlraumdurchmesser von 600 bis 1 400 mm und werden im Bereich elektrischer Leistungen von 30 bis über 300 kW angeboten. Mit Hilfe des rotierenden Flügel- oder Schaufelrads (auch "Schlägerrad") wird das axial zufließende Aufgabegut nach außen gegen die Siebfläche geschleudert. Diese Siebfläche kann auch als Reib- oder Prallrippenboden ausgebildet sein, indem ein spezieller Mahlring verwendet wird, dessen Oberfläche aus Mahlrippen oder Mahlnuten mit unterschiedlicher Weite, Tiefe und Schräglage besteht. Auch Kombinationen von Prall- und Siebringen sind gebräuchlich. Die Schaufelräder sind mit Schlagleisten bestückt, die bei einem entsprechenden Verschleiß ausgewechselt werden können.

Die Öffnungsweite der Sieblöcher bestimmt die Durchsatzleistung und den spezifischen Energieverbrauch, der vor allem bei Lochdurchmessern von weniger als 2 mm stark ansteigt. Auch bei zunehmendem Wassergehalt im Mahlgut sinkt die Leistung, so dass der spezifische Energieverbrauch ansteigt /7-26/. Bei weichem Laubholz kommt es beispielsweise zu einer ca. 20 %-igen Leistungszunahme gegenüber Nadelholz, während hartes Laubholz z. B. zu ca. 25 %-igen Abschlägen führt /7-13/.

7.1.4 Ballenauflöser

Das Auflösen von Halmgutballen hat die Aufgabe, den Zusammenhalt des Materials und die ursprüngliche Dichte rückgängig zu machen, um den Brennstoff in eine dosierfähige Form zu überführen. In der Regel wird dabei ein kontinuierlicher Gutfluss erzeugt, indem das Material aus seinem ursprünglichen Verband gelöst und meist weiter zerkleinert wird. Lediglich beim Scheibentrennprinzip (Abb. 7.13) entsteht als Endprodukt eine Art Stückgut mit unveränderter Einzeldichte.

Dabei müssen die Bindeschnüre in der Regel zuvor entfernt werden, um Betriebsstörungen durch das Aufwickeln an rotierenden Bauteilen zu vermeiden. Der Weitertransport des aufgelösten bzw. zerkleinerten Guts erfolgt meist pneumatisch.

Als Auflösewerkzeuge werden Reißwalzen, Reißtrommeln, Kratzböden oder liegende Schlegelwellen eingesetzt (Abb. 7.13). Um einen übermäßigen Verschleiß zu verhindern, muss dabei sichergestellt werden, dass sich keine größeren Störmaterialien (z. B. Steine, Metall) im Ballen befinden. Daher werden oft Metalldetektoren und Fremdstoffabscheider vorgeschaltet; hierbei besteht aber beispielsweise bei Getreideganzpflanzen die Gefahr, dass auch ein Teil der Körner mit abgetrennt wird.

Derartige Schutzeinrichtungen sind dann besonders wichtig, wenn der Auflösevorgang durch zusätzliche Verfahrensschritte zur weiteren Zerkleinerung ergänzt wird. Beispielsweise können beim Ballenhäcksler Siebeinsätze verwendet werden, durch die eine intensivere Materialaufbereitung erreicht wird. In diesem Fall wird das Ablösen des Strohs sowie der Prallzerkleinerungseffekt im Siebkasten von einer Schlegel- oder Fräswelle erreicht, die durch einen höhenverstellbaren Rost abgedeckt sein kann. Die Welle befindet sich am Boden eines runden Füllbehälters, welcher die Rund- oder Quaderballen durch eine Drehbewegung um seine Vertikalachse über die Fräsöffnung zieht. Je nach Ausführung und Lochdurchmesser der Siebe kommen solche Anlagen (sogenannte "Tub Grinder") auf Durchsatzleistungen von 0,3 bis 12 t/h. Tub Grinder werden auch für die Zerkleinerung von sperrigen Hölzern (z. B bei der Altholzaufbereitung) und zur Zerkleinerung vor einer Kompostierung verwendet.

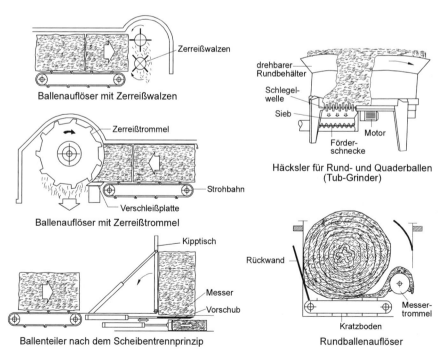

Abb. 7.13 Funktionsprinzipien verschiedener Ballenauflöser

Hohe Durchsatzleistungen werden auch von Ballenauflösern mit Zerreißtrommel erreicht. Je nach Art des zu zerkleinernden Materials ist die Trommel mit auswechselbaren fest stehenden Messern oder Meißeln bestückt. Sie kann aber auch als offene Trommel mit Zahnstangen oder als messer-bestückte Spiraltrommel ausgestaltet sein. Der Auflösegrad lässt sich durch die Vorschubgeschwindigkeit und durch die Spaltbreite zwischen der Verschleißplatte (Abb. 7.13) und den Reißmeißeln einstellen.

Ballenauflöser mit Zerreißwalzen besitzen dagegen keine solche Gegenschneide. Mit Hilfe mehrerer fest stehender Zinken- oder Stabwalzen wird das Stroh lose von der Ballenoberfläche abgekämmt und meist an ein nachgeschaltetes Zerkleinerungsaggregat (z. B. Strohmühle) übergeben. Auf ähnliche Weise können auch Rundballen abgewickelt werden (Abb. 7.13), wobei hier lediglich die Wickelarbeit des Verdichtungsvorganges rückgängig gemacht wird. Derartige Systeme werden beispielsweise auch bei der Mechanisierung der Stroheinstreu in der Tierhaltung und bei der Ausbringung von Mulchmaterial im Gemüse- und Obstbau eingesetzt.

Für die Auflösung von Quaderballen sind vollautomatische Zerkleinerungsstraßen möglich, während Rundballen in der Regel einzeln zugeführt werden müssen. Der spezifische Energiebedarf liegt üblicherweise bei 5 bis 15 kWh/t.

7.2 Sieben und Sortieren

Schüttfähige Biomassen, die nicht das benötigte Korngrößenspektrum aufweisen, müssen zusätzlich aufbereitet werden. Das ist beispielsweise erforderlich, wenn aufgrund zu großer Teilchenlängen die Gefahr des Materialstaus oder der Brückenbildung besteht oder wenn Fremdstoffe abgeschieden werden sollen. Auch die Abtrennung von zu feinen Bestandteilen kann sinnvoll sein, wenn nachgeschaltete Aggregate (z. B. Mühlen) nicht unnötig mit dem bereits ausreichend zerkleinerten Material belastet werden sollen. Dazu können die im Folgenden dargestellten Siebeinrichtungen zum Einsatz kommen.

Scheiben- und Sternsiebe. Sie bestehen aus einer Vielzahl waagerecht hintereinander angeordneter Wellen, die mit nebeneinander liegenden unrunden, flachen oder sternförmigen Scheiben besetzt sind (Abb. 7.14). Zwischen den Scheiben oder Sternen fällt das feinere Material hindurch. Größere Partikel und Steine werden durch die Drehbewegung der angetriebenen Wellen auf der Siebebene weiter transportiert und fallen am Ende der Transportstrecke herunter.

Plansiebe. Hier wird ein geneigter Siebkasten über eine Exzenterwelle in eine Kreisschwingung versetzt (Abb. 7.15, links). Auswechselbare Siebelemente ermöglichen die Änderungen der Korngrößenabscheidung. Standardbaugrößen von 3 bis 15 m^2 erreichen Siebleistungen von 70 bis 350 m^3/h. Ein ähnliches Abscheideprinzip kommt auch zur Anwendung, wenn Siebstrecken zur Abscheidung von Feingut, Schnitzeln oder Splittern in Schwingförderrinnen eingebaut werden. Solche "Vibro-Rinnen" dienen aber vor allem dem innerbetrieblichen Weitertransport des Holzes.

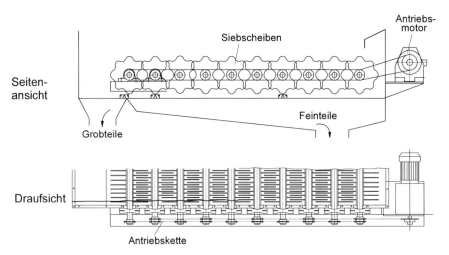

Abb. 7.14 Funktionsweise eines Scheibensiebs (nach /7-12/)

Trommelsiebe. Hier wird ein um seine Längsachse rotierender und in Richtung des Gutflusses leicht geneigter Zylinder von innen mit dem Schüttgut beaufschlagt (Abb. 7.15, rechts). Dieses wandert aufgrund eines leichten Gefälles in Richtung des Trommelendes. Da der Mantel des Zylinders perforiert ist, können kleinere Partikel hindurchtreten, während der Siebrückstand am Ende der Trommel ausgeschieden wird. Durch zunehmende Lochgrößen entlang der Trommelachse können auch unterschiedliche Fraktionen abgeschieden und gewonnen werden. Die Kapazität der Anlage ist von der Länge der Siebtrommel und von der Art des abzusiebenden Materials abhängig.

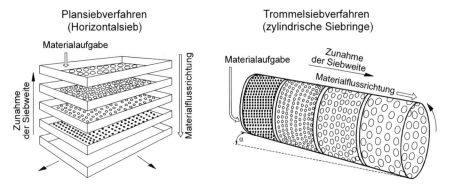

Abb. 7.15 Funktionsprinzipien von Plan- und Trommelsieben am Beispiel von Siebeinrichtungen für die Bestimmung der Größenverteilung von Schüttgutbrennstoffen (α Neigungswinkel des Trommelsiebs)

7.3 Pressen

Durch eine Brikettierung und Pelletierung ist ein Höchstmaß an Homogenität bezüglich der physikalisch-mechanischen Merkmale biogener Festbrennstoffe erreichbar. Die Vorteile dieser Aufbereitungsformen sind u. a.
- hohe volumetrische Energiedichte und die damit verbundenen logistischen Vorteile,
- günstige Fließ- und Dosiereigenschaften,
- geringer Wassergehalt im Brennstoff und deshalb eine hohe Lagerstabilität (kein biologischer Abbau),
- Möglichkeit zur Verwendung von Zuschlagstoffen zur Veränderung der chemisch-stofflichen Brennstoffeigenschaften,
- geringe Staubentwicklung bei Umschlagsprozessen und
- hohe Brennstoffhomogenität (Standardisierung der Qualitätsparameter vergleichsweise einfach möglich).

Diesen Vorteilen steht vor allem der Nachteil erheblich höherer Produktionskosten gegenüber /7-15/. Aufgrund der zunehmend günstigeren Rahmenbedingungen im Energiemarkt (u. a. relativ hohe fossile Energieträgerpreise, hohe Nachfrage nach biogenen Brennstoffen) ist – trotz des hohen damit verbundenen Aufwandes – eine Aufbereitung zu Briketts oder Pellets – bei deutlich steigender Tendenz – inzwischen praxisüblich. Die dazu benötigten Brikettier- und Pelletieranlagen zur Brennstoffproduktion werden z. B. zur Aufbereitung von Holzresten aus Sägewerken oder bei Sekundärverarbeitern von Holz eingesetzt (u. a. Sägemehl, Späne, Holzstaub). In der Futtermittelindustrie ist die Pelletierung bereits seit Jahren eine gängige Technik (z. B. Graspellets).

Die Begriffe "Briketts" und "Pellets" sind im Rahmen der europäischen Biomasse-Normung definiert worden, so dass eine genaue Abgrenzung möglich ist. Demnach handelt es sich bei Pellets um einen mit oder ohne Bindemittel gepressten Biobrennstoff aus zerkleinerter Biomasse, der gewöhnlich eine zylindrische Form hat und gebrochene Enden aufweist; die Streubreite der Länge beträgt typischerweise 5 bis 30 mm /7-6/. Demgegenüber handelt es sich bei Briketts um mit oder ohne Bindemittel gepresste Biobrennstoffe in Form quaderförmiger oder zylindrischer Einheiten /7-6/; gelegentlich kommen auch achteckige Querschnittsformen vor. Die europäische Klassifizierungsnorm CEN/TS 14 961 /7-5/ grenzt Pellets und Briketts nach ihrem Durchmesser voneinander ab. Pellets haben demnach einen Durchmesser von maximal 25 mm, während Briketts darüber liegen. In der umgangssprachlichen Begriffsverwendung wird deshalb unter Pellets ein körniges, verdichtetes Schüttgut verstanden (z. B. zylindrische Pelletformen mit 5 bis 12 mm Durchmesser). Als Holzbriketts werden meist größere, überwiegend stapelbare, längliche Formen von Stückgütern bezeichnet.

Bei der Brikett- und Pelletherstellung werden prinzipiell die gleichen Bindemechanismen wirksam, durch welche die Biomassekomponenten zusammengehalten werden. Der Zusammenhalt der gepressten Teilchen beruht im Wesentlichen auf den folgenden drei Prinzipien.

- Herstellung einer formschlüssigen Bindung durch Vernetzung von Fasern
- Bildung von Festkörperbrücken durch die verklebende Wirkung von Inhaltsstoffen (Lignin, Eiweiß, Pektin, Wachs, Stärke) oder speziellen Zuschlagstoffen
- Anziehungskräfte zwischen den Feststoffteilchen in Form von Wasserstoffbrückenbindungen

Nachfolgend werden die technischen Verfahren, die hierfür zum Einsatz kommen, beschrieben.

7.3.1 Brikettierung

Bei der Brikettierung wird zerkleinertes Rohmaterial unter hohem Druck komprimiert. Durch die dabei entstehende Reibung wird Wärme freigesetzt und die Bindungskräfte zwischen den Teilchen aktiviert. Eine Zugabe von zusätzlichen Bindemitteln ist deshalb bei der Brikettierung meist nicht notwendig.

Die Brikettierung von Biomasse kann nach dem Strangpress- oder dem Presskammerverfahren erfolgen. Beide Verfahren werden nachfolgend kurz dargestellt.

Strangpressverfahren. Bei den Strangpressen werden überwiegend sogenannte Kolbenstrangpressen eingesetzt. Dabei wird das zu verpressende Material z. T. vorverdichtet und in den zylindrischen Presskanal eingeführt, worin sich ein Kolben hin und her bewegt. Dieser Kolben wird entweder mechanisch über einen mit Schwungmassen versehenen Kurbeltrieb oder hydraulisch angetrieben (Abb. 7.16). Das zugeführte Material wird gegen das bereits verdichtete Material gedrückt, so dass ein Materialstrang entsteht, der im Rhythmus der Kolbenstöße aus dem Pressraum austritt. Der benötigte Gegendruck wird durch Reibung im Presskanal aufgebaut. Er lässt sich durch eine einstellbare Verjüngung im hinteren Presskanalabschnitt regeln. Durch Reibung und Druck (bis ca. 1 200 bar) kommt es zu einer starken Aufheizung des Presslingsstranges. Deshalb ist eine gezielte Kühlung erforderlich. Bei größeren Brikettieranlagen wird daher Kühlwasser durch spezielle Kühlkanäle im Austrittskopf des Formkanals geleitet. Zusätzlich wird der austretende Brikettstrang über eine nachgeschaltete Auskühlschiene geleitet, die eine Gesamtlänge von bis zu 40 m besitzen kann. Am Ende dieser Schiene wird der Strang meist auf eine vorgegebene Länge gebrochen bzw. zugeschnitten. Je nach Abmessung wird dadurch entweder ein Schüttgut oder ein Stück- bzw. Stapelgut erzeugt.

Für das Erreichen einer möglichst hohen Dichte und Abriebfestigkeit ist eine ausreichende Vorzerkleinerung (unter 10 mm) und Trocknung (unter 15 % Wassergehalt) des Ausgangsmaterials notwendig. Unter diesen Bedingungen werden Rohdichten einzelner Presslinge zwischen 1,0 und 1,25 g/cm^3 erzielt.

Die Durchsatzleistung der Kolbenstrangpresse hängt vom Presskanaldurchmesser und von der Art und Aufbereitung des Ausgangsmaterials ab. Es sind Anlagen im Leistungsspektrum von 25 bis 1 800 kg/h verfügbar. Bei Briketts betragen die Presslingsdurchmesser zwischen 40 und 100 mm, wobei der Bereich zwischen 50 und 70 mm besonders häufig ist. Der spezifische Energiebedarf liegt bei 50 bis 70 kWh/t (ohne Zerkleinern und Trocknen) /7-24/.

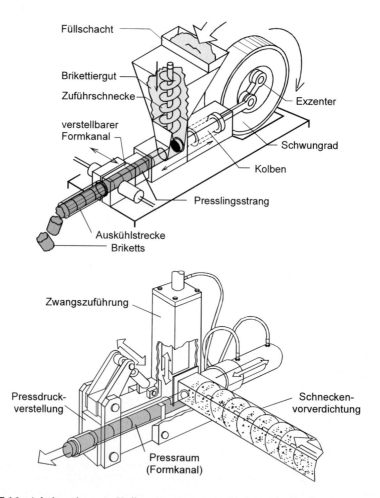

Abb. 7.16 Arbeitsweise von Kolbenstrangpressen mit einem durch eine Schwungmasse unterstützten mechanischen Antrieb (oben) bzw. einem hydraulischen Kolbenvortrieb (unten) (unteres Bild nach /7-28/)

Neben dem runden Querschnitt lassen sich auch eckige Formen mit oder ohne abgerundeten Kanten herstellen. Hierfür ist allein die Querschnittsform des Formkanals verantwortlich. Deshalb ist mit Kolbenstrangpressen prinzipiell auch die Herstellung von Pellets möglich. Das kann erfolgen, indem die sonst übliche Einloch-Öffnung durch einen Matrizenkopf mit mehreren Presskanalbohrungen im gewünschten Durchmesser ersetzt wird. Mit einer einzigen Presse kann so ein vielfältiges Brennstoffangebot hergestellt werden. Die Durchsatzleistungen und die Effizienz der eingesetzten Energie liegen bei einer solchen "Multifuel"-Produktion jedoch unter den Werten einer modernen Pelletpresse.

Ebenfalls zu den Strangpressen zählen die Extruderpressen. Hier erfolgt die Brikettierung durch eine Schneckenverdichtung. Der Pressling erhält seine endgültige Querschnittsform durch die Wahl der Öffnung am Extruderkopf. Mit Mehrfachöffnungen lassen sich auch hier anstelle von Briketts Pellets erzeugen. Aufgrund der höheren Verformarbeit ist der Energieaufwand gegenüber den Kolbenstrangpressen aber höher; diese Pressen werden daher nur selten für die Brennstoffaufbereitung eingesetzt.

Presskammerverfahren. Im Unterschied zu den Strangpressen erfolgt die Verdichtung beim Presskammerverfahren diskontinuierlich. Das zu verpressende Material wird zunächst vorverdichtet und dann der eigentlichen Presskammer zugeführt. Diese besteht aus einer festen Form mit unveränderlichen Abmessungen, in die das Material meist hydraulisch eingepresst wird. Nach Abschluss des Pressvorgangs wird das Brikett ausgestoßen, um eine erneute Befüllung zu ermöglichen. Die Presslinge haben in der Regel einen rechteckigen Querschnitt und sind aufgrund der guten Stapelbarkeit platzsparend lagerbar.

Bei diesem Verfahren sind geringere Reibungskräfte zu überwinden als bei den Strangpressen. Daher ist der spezifische Energiebedarf mit ca. 20 kWh/t relativ niedrig /7-24/. Wegen der geringen Aufheizung der Presslinge kann außerdem auf eine aufwändige Kühleinrichtung verzichtet werden. Allerdings sind die Durchsatzleistungen und die Abriebfestigkeit meist geringer als bei den Strangpressen.

Walzenpressverfahren. Das für die Herstellung von "Eierkohle" (d. h. verdichteter Kohle) häufig angewendete Walzenpressverfahren ist bislang noch nicht erfolgreich für Biomassebrennstoffe eingesetzt worden. Aufgrund der geringen Verweilzeit und niedrigen Guttemperatur in der Presszone können offenbar die hohen Rückstellkräfte von Biomasse mit dieser Technik nicht überwunden werden, so dass sich damit bislang keine dauerhaft haltbaren Presslinge erzeugen lassen.

7.3.2 Pelletierung

Die Pelletierung von Biomasserohstoffen erfolgt derzeit vor allem zur Herstellung von Holzpellets. Die hierfür eingesetzte Pelletiertechnik wurde ursprünglich in Kanada entwickelt und in den 1990er Jahren den europäischen Marktanforderungen angepasst. Inzwischen werden Biomassepellets aus den unterschiedlichsten Rohstoffen und für sehr verschiedenartige Einsatzbereiche von der Einzelfeuerstätte über Zentralheizungsanlagen bis hin zum Kraftwerkseinsatz produziert. Neben den bereits dargestellten Verfahren, die ihren Einsatzschwerpunkt bei der Brikettierung haben, kommen zur Pelletierung vor allem die nachfolgend beschriebenen Kollergangpressen mit Ring- oder Flachmatrizen zum Einsatz. Daneben ist jedoch auch das Pressverfahren mittels Zahnradpresse bekannt. Mit beiden Techniken können Presslinge mit unterschiedlichen Abmessungen hergestellt werden. Dabei hängen die Qualitätsmerkmale (z. B. Rohdichte, Schüttdichte Abriebfestigkeit oder Feinanteil), durch welche die Pellets gekennzeichnet sind, von vielerlei Einflussgrößen ab, die häufig auf das Verdichtungsverfahren zurückzuführen sind.

Generell gilt, dass die Presskanalgeometrie und die Verweilzeit der Biomasse in der Presse optimal auf das Rohmaterial abgestimmt sein müssen, um eine möglichst hohe Qualität der Presslinge zu erreichen. Für eine konstante Endproduktqualität ist außerdem eine möglichst hohe Homogenität des Ausgangsmaterials entscheidend. Sie wird durch die Art und Intensität der Aufbereitung der Biomasse bestimmt.

Neben dem Feinheits- oder Vermahlungsgrad sind besonders der Brennstoffwassergehalt, die -temperatur sowie die Zugabe von Pelletierhilfsmitteln (Zuschlagstoffe) von Bedeutung für den Pelletiererfolg. Der einfachste Zuschlagstoff ist Wasser, welches in Form von Heißdampf oder vortemperiertem Wasser zur Rohstoffaktivierung sowie zur Einstellung des geeigneten Wassergehaltes verwendet wird. Weiterhin können durch die Zugabe von Presshilfsmitteln die Bindungseigenschaften des Rohmaterials und die Abriebfestigkeit der Pellets verbessert werden. Derartige Optimierungen des Rohmaterials können Leistungssteigerungen der Presse von bis zu 75 % bewirken und verringern den Energieverbrauch z. T. erheblich /7-14/. Eine alleinige Verwendung von Pelletierhilfsmitteln ohne weitere Rohstoffoptimierung zeigt jedoch bei Holzbrennstoffen häufig nur eine geringe leistungssteigernde oder energiesparende Wirkung. Dessen ungeachtet kommt es in jedem Fall zu einer verbesserten Abriebfestigkeit der Pellets /7-17/.

Bei der Herstellung von Pellets für den Brennstoffmarkt erfolgt die exakte Abstimmung aller prozesstechnischen Komponenten oft auf Basis jahrelanger Erfahrung im Umgang mit den variablen Parametern des Rohmaterials (z. B. Biomasseart, schwankende Wasser- und Ligningehalte im Holz) sowie der Art und Menge der Zuschlagstoffe. Die Qualität des Endproduktes wird somit von den relevanten Kenngrößen entlang der Prozesskette bestimmt, die von der Biomassebereitstellung, ihrer Aufbereitung und Konditionierung bis zur eigentlichen Pelletierung und Nachbehandlung sowie der anschließenden Zwischenlagerung und ggf. Verpackung sowie Beladung für den Transport zum Lieferanten oder Endverbraucher reicht (Abb. 7.17).

Das Schema einer kompletten Pelletsproduktionsanlage mit den einzelnen Verfahrenskomponenten ist exemplarisch in Abb. 7.18 dargestellt. In einem solchen Anlagenkonzept sind die wesentlichen Systemschritte, die Abb. 7.17 zeigt, integriert. Nachfolgend werden diese Systemschritte erläutert.

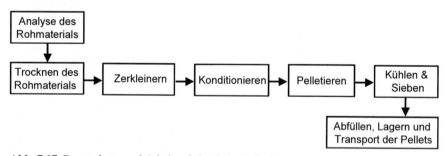

Abb. 7.17 Prozesskette und Arbeitsschritte beim Pelletieren

Auswahl des Rohmaterials. In Abstimmung mit dem vorgesehenen Verwendungsprozess (z. B. Pelletofen, Zentralheizungskessel, Kraft-Wärme-Kopplung in größeren Anlagen) werden die Qualitätsanforderungen an die Brennstoffpellets definiert und es erfolgt eine Auswahl und ggf. eine chemische Analyse des Rohma-

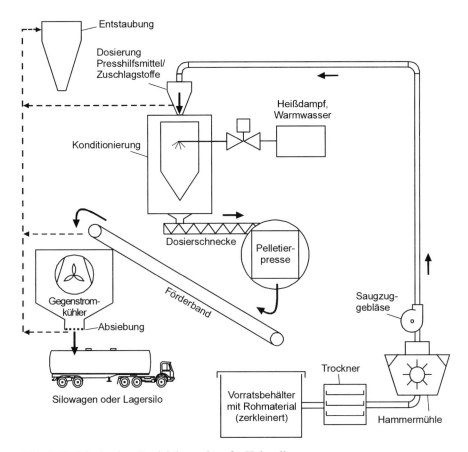

Abb. 7.18 Prinzip einer Produktionsanlage für Holzpellets

terials. Prinzipiell gilt, dass alle elementaren Inhaltsstoffe im Rohmaterial auch im Endprodukt wiederzufinden sind. Besondere Sorgfalt ist deshalb erforderlich, wenn beispielsweise Biomasse mit einem kritischen Chlor-, Stickstoff- und/oder Alkaliengehalt (z. B. Mg, K, Si) eingesetzt wird, da es bei der energetischen Umwandlung in der Feuerungsanlage dann zu entsprechenden Problemen (z. B. Emissionsgrenzwertüberschreitung, Korrosion) kommen kann.

Für den Pelletierprozess selbst stellen der Wassergehalt und die Form bzw. Stückigkeit des Rohmaterials sowie dessen Faserstruktur (holz- oder halmgutartige Struktur) im Anlieferungszustand wichtige Ausgangsgrößen dar. Ebenfalls von Bedeutung ist die verwendete Biomassespezies (z. B. Buchen- oder Fichtenholz), deren Rindenanteil sowie die Lagerdauer des Materials vor der Anlieferung. Diese Parameter entscheiden darüber, welche Techniken zur weiteren eventuell notwendigen Entrindung, Zerkleinerung und Trocknung zum Einsatz kommen und schließlich welcher Energieaufwand dazu benötigt wird. Der Abschluss entsprechender Biomasselieferverträge, mit denen sichergestellt wird, dass ein möglichst homogenes Rohmaterial mit bekannten Eigenschaften erhalten wird, ist hierbei vorteilhaft. Saisonale und witterungsbedingte Schwankungen des Wassergehaltes sind jedoch kaum zu vermeiden. Für die Produktion von Holzpellets erfolgt die Anlieferung des Rohmaterials meist in Form von Spänen und Holzmehl aus Sägewerken bzw. der Holzwerkstoffindustrie mit einem durchschnittlichen Wassergehalt zwischen 35 und 45 %.

Trocknen. Vor der Zerkleinerung in einer Mühle muss das feuchte Rohmaterial (energieintensiv) getrocknet werden. Diese Trocknung erfolgt meist in direkt oder indirekt befeuerten Trommel- oder Bandtrocknern. In direkt befeuerten Trocknern wird heißes Abgas mit hohen Temperaturen direkt auf die Biomasse geleitet; dadurch besteht ein hohes Brandrisiko und die Gefahr einer Übertrocknung. Bei indirekt befeuerten Trocknern wird die Wärme indirekt (d. h. über einen weiteren Wärmeübertrager) auf das Trockengut gebracht. Dazu wird häufig Abwärme (z. B. aus Dampf-, Kraft- oder ORC-Prozessen) verwendet. Die Dimensionierung eines indirekt befeuerten Trockners ist deshalb von dem Temperaturniveau der verfügbaren Abwärme abhängig. Bei der Herstellung von Holzpellets werden die Späne auf einen Wassergehalt zwischen 10 und 14 % reduziert.

Zerkleinern. Nach der Trocknung des groben Ausgangsmaterials müssen zunächst unerwünschte Verunreinigungen und Störstoffe im Rohmaterial (z. B. Steine, Metallteile von Bearbeitungswerkzeugen) ausgeschleust werden, um einen erhöhten Verschleiß und Defekte an den Schneidwerkzeugen zu vermeiden. Zur Zerkleinerung von Biomasse haben sich dabei in der Praxis robuste Hammermühlen (Kapitel 7.1.3) als besonders geeignet herausgestellt.

Ziel der Aufmahlung ist es, eine möglichst gleichmäßige Korngrößenverteilung mit einer definierten Stückigkeit des Rohstoffs zu erhalten. Für die meisten Anwendungsfälle (z. B. Herstellung von Pellets für Kleinfeuerungsanlagen) ist die optimale Zerkleinerung dann erreicht, wenn die Korngröße etwa 1 mm kleiner ist als der zukünftige Pelletdurchmesser (d. h. bei einem Pelletdurchmesser von 6 mm liegt die geeignete Spangröße bei 5 mm). Ist demgegenüber eine Verwendung zur Verbrennung im Flugstrom vorgesehen (z. B. in Kraft-Wärme-Koppelungsanlagen in Skandinavien), legen die Abnehmer Wert auf eine möglichst hohe Ausgangszerkleinerung, da die Pellets für die Einblasung in den Verbrennungsraum erneut zu staubförmigem Brennstoff rückvermahlen werden.

Durch die Zerkleinerung erhöht sich die spezifische Oberfläche der Späne. Dadurch kann das im Holz enthaltene natürliche Bindemittel Lignin während der Pressung besser aufgespalten werden. Dies hat zur Folge, dass sich die natürlichen Bindungseigenschaften des Holzes beim Pelletieren verbessern. Außerdem kann der Pelletierdurchsatz gesteigert werden, da der Rohstoff vor seinem Eintritt in die Presskanäle nicht zusätzlich durch die rotierenden Presswerkzeuge (z. B. Koller) weiter vermahlen werden muss.

Konditionieren. Das Ziel der Konditionierung ist die Aktivierung der Bindungseigenschaften im biogenen Material, um die Festigkeit der Pellets zu verbessern. Dazu wird das zerkleinerte Rohmaterial meist mittels eines Saugzuggebläses über einen Zyklon in den Konditionierer gefördert, worin sich ein Rührwerkzeug befindet. Mit Hilfe von Feuchtigkeitssensoren wird ermittelt, ob das Rohmaterial im Konditionierer zusätzlich befeuchtet werden muss. Dafür wird Wasser oder Heißdampf verwendet. Eine Befeuchtung ist dann notwendig, wenn der Wassergehalt der zerkleinerten Biomasse etwa 10 % unterschreitet. Umgekehrt muss die technische Vortrocknung verstärkt werden, wenn die Brennstoffe einen Wassergehalt von mehr als 15 % aufweisen. Im Konditionierer (auch als Reifebunker bezeichnet) verbleibt das Material über eine kurze Verweilzeit, bis sich ein gleichmäßiger Wassergehalt eingestellt hat; dies sind i. Allg. nicht mehr als 10 bis 20 min. Bei der Konditionierung bzw. Aktivierung von Holz wird das im Span enthaltene Lignin erweicht und dadurch die Bindungseigenschaften der Späne weiter erhöht.

Presshilfsmittelzugabe. Während der Konditionierung können durch die gezielte Zugabe von Presshilfs- bzw. Zuschlagstoffen (außer Wasser) die natürlichen Bindungseigenschaften der Biomasse zusätzlich verbessert werden. Solche Bindemittel sind in der Regel ebenfalls biogenen Ursprungs. In Deutschland sind hierfür laut Bundes-Immissionsschutzgesetz lediglich Mittel aus Stärke, pflanzlichem Paraffin oder Melasse zugelassen /7-10/. Bei der Produktion von zertifizierten Pellets müssen zusätzlich die maximalen Grenzwerte für die Zumischung von Presshilfsmitteln entsprechend den gültigen Produktstandards beachtet werden. Vorbehaltlich einer Zulassung kommen als weitere Zuschlagstoffe auch Ligninsulfonate ("Sulfitablauge" als Rückstand der Papierherstellung) oder Branntkalk in Frage. Durch solche Bindemittel bzw. Zuschlagstoffe sind neben physikalisch-mechanischen auch chemisch-stoffliche Veränderungen der Brennstoffeigenschaften möglich. So könnte z. B. bei der Pelletierung von halmgutartiger Biomasse durch die Verwendung von Kalk als Zuschlagstoff das ungünstige Ascheerweichungsverhalten der Biomasse positiv beeinflusst werden. Bei der Anwendung praxisüblicher Mengen an chemisch unveränderten Presshilfsmitteln von maximal 2 % werden jedoch in der Regel neben der Veränderung der Abriebfestigkeit kaum signifikante Änderungen der Brennstoffeigenschaften auftreten. Zur Produktion von Holzpellets wird derzeit vorrangig handelsübliche Weizen- oder Maisstärke verwendet. Auch die Verwendung von thermisch modifiziertem Stärkemehl zur Erhöhung der Stärkekonzentration des Presshilfsmittels ist möglich.

Pressen. Im Anschluss an die Konditionierung wird das aufbereitete Pressgut zu Pellets gepresst. In Europa werden zylindrische Pelletformen mit ca. 6 bis 8 mm Durchmesser verwendet. Zu deren Herstellung haben sich Kollergangpressen mit Lochmatrizen durchgesetzt. Darüber hinaus ist jedoch auch die Herstellung von Pellets mit Hilfe von Hohlwalzenpressen bekannt.

Kollergangpressen. Bei diesem Verfahren sind 2 bis 5 Rollen ("Koller") an einer bzw. mehreren gekreuzten Achsen angebracht, welche in ihrer Mitte eine gemeinsame vertikale (bei Flachmatrizenpressen) oder horizontale (bei Ringmatrizenpressen) Drehachse besitzen.
- Bei der Flachmatrizenpresse (Abb. 7.19) überfahren die Koller mit ihrer profilierten Lauffläche berührungslos eine Matrizenoberfläche mit Bohrungen von einigen Millimetern Durchmesser. Durch die Rotationsbewegung wird die Biomasse über die Matrizenoberfläche gerieben und teilweise weiter zerkleinert. Die einzelnen Koller rotieren dabei um die eigene Achse; sie werden meist passiv durch Reibung mit der Matrize bzw. deren Pressgutauflage angetrieben. Das

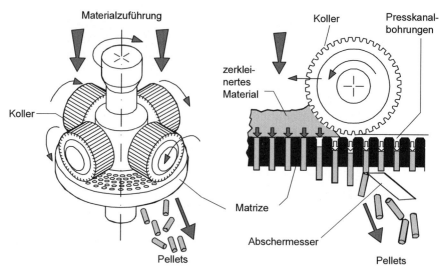

Abb. 7.19 Arbeitsprinzip einer Kollergangpresse mit Flachmatrize

entstehende Feinmaterial wird dann unter dem in der Schüttgutauflage aufgebauten Druck in die Bohrungen der Matrize hineingepresst und dort verdichtet. Die am Ende der Bohrungen austretenden Presslinge können auf der anderen Seite der Matrize auf die jeweils gewünschte Länge abgeschert werden. Der Abstand der Koller von der Matrizenlauffläche ("Rollenspaltabstand") ist abhängig von der Gutart und den vorherrschenden Betriebsbedingungen; meist wird er automatisch eingestellt.

– Bei der Ringmatrizenpresse (Abb. 7.20) verharren die Kollerachsen in starrer Position, während stattdessen die Matrize angetrieben wird. Dadurch kommt es ebenfalls zu einem Verpressen des Materials in die ringförmige Matrize, wobei ein gleichmäßiger Verschleiß erreicht wird. Wie bei den Flachmatrizenpressen befinden sich am Austritt der Bohrungen Abschermesser, durch die der Pelletstrang auf eine vorgegebene Länge abgebrochen werden kann. Das Ringmatrizenprinzip wird weltweit unter den Pelletiertechniken am häufigsten eingesetzt.

Die Leistung der Kollergangpressen ist von verschiedenen Einflüssen abhängig. Eine wichtige Bestimmungsgröße ist der Feinheitsgrad der zu verpressenden Mischung, da bei gut aufbereitetem Material die Nachzerkleinerungswirkung der Kollerreibung weniger strapaziert wird. Auch die Größe der Matrize (Durchmesser und Breite), deren offene Fläche sowie die geometrische Anordnung der Bohrungen stellen einen Leistungsfaktor dar. Grundsätzlich ist es das Ziel, so viel Lochfläche wie möglich auf der gegebenen Matrizenoberfläche anzuordnen, um einen möglichst hohen Materialdurchsatz zu erreichen. Jedoch wirkt hier die Materialfestigkeit der Matrize begrenzend. Hinzu kommt, dass die Lochöffnungsweite im Eingangsbereich zunächst meist etwas größer sein sollte und erst konisch abnimmt, bevor der eigentliche Presskanal beginnt. Diese trichterförmige Einführstrecke wird als "Schluck" bezeichnet. Der Presskanal endet im Auslauf der Bohrung meist mit einer Aufweitung, die konisch oder auch stufenförmig ausgeführt sein

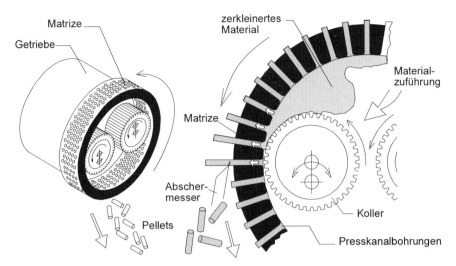

Abb. 7.20 Arbeitsprinzip einer Kollergangpresse mit Ringmatrize

kann. Generell handelt es sich bei den Bohrungen in der gewählten Matrize um eine meist genau auf den einzusetzenden Rohstoff abgestimmte Geometrie.

Auch die Motorleistung muss an die Matrizenfläche angepasst werden. Als Anhaltswert gilt eine spezifische Lochbahnfläche (freier Querschnitt) von 30 cm^2/kW Antriebsleistung /7-25/.

Bei Matrizen mit größeren Bohrungsdurchmessern steigt die Materialdurchsatzleistung. Dies gilt auch bei geringeren Kanallängen der Bohrungen oder bei einem kleineren Verhältnis aus Durchmesser und Länge ("Lochlängenverhältnis"). In den meisten Fällen sind die damit erzielten Leistungssteigerungen jedoch mit Einbußen bei der Pelletqualität verbunden. Dies kann aber durch die Konditionierung des Pressgutes mit Hilfe von Wasser, Heißdampf und/oder Presshilfsmitteln – zumindest zu einem bestimmten Anteil – ausgeglichen werden, da sich dadurch die Gleitfähigkeit der Pellets in der Presse verändert. Neben der Leistungssteigerung dient diese Maßnahme auch einer erhöhten Betriebssicherheit, indem die Gefahr von Verstopfungen in der Matrize reduziert wird.

Der spezifische Verbrauch von elektrischem Strom bei der Pelletherstellung liegt bei ca. 1,5 % bezogen auf den Energiegehalt der Pellets. Wenn für die Trocknung zusätzlich thermische Energie benötigt wird, erhöht sich der Energieverbrauch erheblich; beispielsweise wird für die Pelletierung von feuchtem Material mit 43 % Wassergehalt ein Fremdenergiebedarf von insgesamt mehr als 14 % benötigt /7-17/.

Hohlwalzen- oder Zahnradpressen. Anders als bei den Kollergangpressen wird das zu verdichtende Halmgut bei den Zahnradpressen (Abb. 7.21) zunächst vorverdichtet, bevor es von den Stegen zweier gegensinnig rotierender Zahnräder erfasst wird. Diese Pressorgane sind als Hohlwalzen ausgebildet. Im Mantel der Walzen befinden sich die Presskanäle, deren radiale Wandungen außen zu hervorstehenden Pressstempeln ("Zähne") geformt sind. Diese Pressstempel greifen wäh-

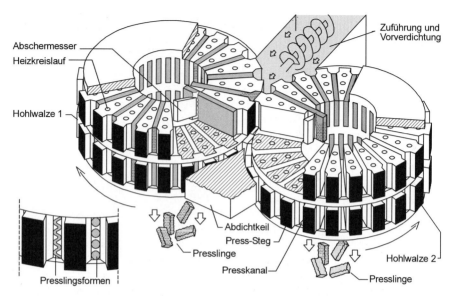

Abb. 7.21 Querschnitt durch das Hohlwalzenpaar einer Zahnradpresse mit ineinander greifenden Stegen und Zuführschnecke /7-15/

rend der Rotation berührungslos und formschlüssig in die jeweils gegenüberliegende Presskanalöffnung ein. Dadurch wird bei längeren Halm- oder Pflanzenteilen ein Abschereffekt erzielt. Je nach Querschnittsform des Presskanals lassen sich so zylindrische und platten- oder wellplattenförmige Presslinge erzeugen. Zum Erreichen und Stabilisieren eines materialspezifisch gewählten Temperaturniveaus in der Presse kann ggf. durch spezielle Bohrungen ein Wärmeträgermedium in die Presskanalwandungen geleitet werden; hierfür kann z. B. die Abwärme heißer Motorabgase verwendet werden.

Die erzielbare Durchsatzleistung der Pressen beeinflusst den spezifischen Energieaufwand des gesamten Verfahrens. Dabei ist es von Vorteil, wenn das Pressgut bereits vor der eigentlichen Pressung vorgewärmt aus der Vorbehandlung (z. B. Zerkleinerung, Trocknung, Konditionierung) zur Verarbeitung kommt.

Kühlen und Sieben. Durch die im Pelletierprozess erzeugte Reibung werden die Presslinge auf Temperaturen von bis zu 130 °C aufgeheizt. Sobald sie die Presse verlassen, müssen sie zur Aushärtung möglichst rasch auf ca. 25 °C abgekühlt werden. Dieser Prozessschritt wird üblicherweise in einem Gegenstromkühler realisiert. Er vermindert auch die stets auftretende Rückdehnung der Presslinge, die beispielsweise bei Miscanthus durchschnittlich eine um ca. 8 % verminderte Schüttdichte bewirken kann /7-27/. Durch die Abkühlung mit Luft wird außerdem Restfeuchte von den Pellets abgeführt; der Wassergehalt nach der Pelletierung liegt deshalb üblicherweise um 1 bis 2 %-Punkte niedriger als vorher.

Anschließend wird unverpresstes Material bzw. nur locker anhaftende Ecken und Kanten an den Pellets mit Hilfe eines Rüttelsiebes abgetrennt. Dieser sogenannte Abrieb oder Feinanteil wird später erneut dem Pelletierprozess zugeführt (Abb. 7.18).

Abfüllen, Lagern und Transportieren. Über eine Abfüllanlage können nun die Pellets als Sackware (zu je 15 bis 25 kg) oder als "Big Bags" (ca. 500, 750 oder 1 000 kg) abgepackt werden. Lose Pellets werden entweder direkt zur Auslieferung an Kunden in ein Silofahrzeug befüllt (vgl. Kapitel 8.1) oder in einem Pelletlager (z. B. Hochsilo, Lagerhalle) zur späteren Auslieferung zwischengelagert. Bei einer Zwischenlagerung der Pellet erfolgt vor der Auslieferung eine erneute Absiebung des Brennstoffs. Um eine definierte Pelletqualität bis zum Einsatz in der Feuerungsanlage sicherzustellen, müssen die jeweiligen Anforderungen an Brennstofflagerung und -transport unbedingt beachtet werden.

Qualitätsanforderungen. In einigen europäischen Ländern sind die Qualitätsanforderungen an Holzpellets durch Normen geregelt. Beispielsweise wurde für Deutschland bzw. Österreich die DIN 51 731 /7-4/ bzw. die ÖNORM M 7135 /7-20/ für Pellets für den Einsatz in kleinen und mittleren Feuerungsanlagen erarbeitet. Den bedeutendsten Unterschied zwischen den Normen stellt die Zulassung von Presshilfsmitteln bei der Pelletierung dar, der gemäß DIN 51 731 (Deutschland) ausgeschlossen, aber gemäß ÖNORM M 7135 (Österreich) zulässig ist, sofern hierfür chemisch unveränderte Produkte aus der Land- und Forstwirtschaft bis zu einem maximalen Anteil von 2 Gew.-% verwendet werden. Eine Kombination beider Normen findet inzwischen im deutschsprachigen Raum im Zertifizierungsprogramm "DIN plus-Pellets" Anwendung /7-8/. Dadurch sind nun auch in Deutschland Pelletierhilfsmittelbeimischungen möglich.

Auch in anderen Ländern existieren z. T. entsprechende Qualitätsstandards (z. B. Schweden, Italien), in denen beispielsweise die zulässigen Brennstoffparameter wie Wassergehalt, Heizwert, Dichte, Festigkeit und Abmessungen definiert werden. Hinzu kommen z. T. auch Normen für Halmgüter; beispielsweise erfolgt in Österreich derzeit die Einführung einer Produktnorm für Miscanthuspresslinge /7-23/.

Auf europäischer Ebene wird derzeit im Rahmen des CEN TC 335 ("Solid Biofuels") an der Festlegung von Produktnormen gearbeitet. Das geschieht durch Erweiterung der bestehenden (Vor-)Norm zur Klassifizierung und Spezifizierung von Biomasse-Festbrennstoffen (CEN/TS 14 961 /7-5/, vgl. Kapitel 9.1). Für den fachgerechten Transport und die Lagerung von Pellets können darüber hinaus weitere Normen zur Anwendung kommen (vgl. /7-21/, /7-22/). Für die Errichtung eines vollständigen Qualitätsmanagementsystems über die komplette Prozesskette – von der Biomassebereitstellung bis zur Pelletauslieferung beim Endkunden – kann die Vornorm CEN/TS 15234 /7-7/ zur Qualitätssicherung herangezogen werden.

8 Transport, Lagerung, Konservierung und Trocknung

Nach der Ernte bzw. Bergung muss das gewonnene Erntegut bzw. der Rohstoff am Standort der thermochemischen, physikalisch-chemischen oder biochemischen Umwandlungsanlage verfügbar gemacht werden. Das heißt, die zwischen Biomasseanfall und -verwertung liegende zeitliche und räumliche Distanz muss möglichst effizient und verlustfrei überbrückt werden. Dazu sind entsprechende Transport-, Lagerungs- und Konservierungsprozesse erforderlich. Auch die Trocknung zählt zu den Konservierungsmethoden, sie bewirkt aber zusätzlich eine Wertsteigerung und soll daher in den nachfolgenden Kapiteln als eigenständiger Prozess dargestellt und diskutiert werden. Die genannten Verfahrensschritte können – je nach den Randbedingungen vor Ort – in unterschiedlicher Reihenfolge aufeinander folgen. Zwischen ihnen kommt es an verschiedenen Stellen innerhalb der Bereitstellungskette zu Umschlagvorgängen, die als Bindeglied zwischen einzelnen Teilprozessen wirken können und daher im Folgenden in ihrem jeweiligen funktionalen Zusammenhang diskutiert werden.

8.1 Transport

Im Verlauf der Bereitstellung finden meist mehrere Transportvorgänge statt. Dabei handelt es sich entweder um Transporte mit Fahrzeugen oder um automatische Förder- bzw. Austragsprozesse. Erstere finden meist am Produktions- bzw. Anfallort der Biomasse statt oder sind für die Anlieferung zum Verwertungs- bzw. Aufbereitungsort erforderlich. Diese unterschiedlichen Möglichkeiten eines Transports organischer Stoffe werden nachfolgend beschrieben. Die innerbetrieblichen Transportvorgänge – z. B. am Ort der Lagerung oder am Standort der Konversionsanlage – werden, da es sich dabei um grundsätzlich andere Transportverfahren handelt, in Kapitel 8.2.3 dargestellt.

8.1.1 Straßentransporte

Je nach Art und Eigenschaften des Transport- und Umschlaggutes sowie den lokalen Rahmenbedingungen (u. a. Entfernungen) werden für Straßentransporte unterschiedliche Fahrzeuge eingesetzt. Stückige Güter werden vorwiegend mit Lkw- und/oder schleppergezogenen Plattformwagen transportiert. Schüttgut wird dagegen überwiegend in Containern oder Anhängern mit hochwandigen Kastenaufbauten befördert. Der Materialumschlag erfolgt bei Stückgütern meist mit Kränen oder Frontladern; bei Schüttgütern kommen Radlader, Förderbänder oder pneumatische Fördereinrichtungen zum Einsatz (Kapitel 8.2.4). Die Entscheidung, welches Transportgerät letztlich verwendet wird, hängt dabei wesentlich von den lokalen Randbedingungen, der Verfügbarkeit geeigneter Fahrzeuge, der Charakteristik der zu transportierenden Biomasse und den jeweiligen ökonomischen Gegebenheiten ab.

Grundsätzlich kann beim Transport organischer Stoffe der jeweils vorhandene Transportraum meist nur dann voll ausgenutzt werden (d. h. Volumenvollauslastung), wenn es sich bei dem zu transportierenden Material um ein Schüttgut mit geringer Dichte (z. B. gehäckseltes Halmgut, Holzhackgut) bzw. um ein Stückgut mit großen Abmessungen und vergleichsweise geringer Dichte (z. B. Quaderballen) handelt. Beim Transport von Gütern mit hoher Dichte (z. B. Pellets) wird dagegen oft die maximale Nutzlast zum begrenzenden Faktor (d. h. Massenvollauslastung). Dies ist bei Schüttgütern vergleichsweise oft (z. B. bei frischem Holzhackgut, Pellets, Rapssaat) und bei Stückgütern seltener der Fall (z. B. bei Getreideganzpflanzen-Ballen im Hesstonformat, d. h. 1,2 x 1,3 m Querschnitt).

Im Allgemeinen können sich die eingesetzten Transportfahrzeuge bzw. -techniken bei der Überwindung kurzer und längerer Entfernungen unterscheiden.

– Die Überbrückung kurzer Entfernungen (bis ca. 15 km) erfolgt meist mit den Fahrzeugen, die schon bei der Bergung auf dem Feld oder im Wald eingesetzt wurden. Dies können z. B. land- oder forstwirtschaftliche Fahrzeuge sein, deren zulässiges Gesamtgewicht von 4 bis 18 t reicht. Sie sind üblicherweise für Fahrgeschwindigkeiten von 25 bis 40 km/h zugelassen und stellen die übliche Transporttechnik für nahezu alle praxisüblichen Biomassen dar. Neuere Entwicklungen beim Schlepper erlauben inzwischen auch Geschwindigkeiten bis 80 km/h, so dass – beim Einsatz entsprechender schnell laufender Anhänger und mit der entsprechenden Fahrerlaubnis – sogar ein Autobahntransport möglich ist und der Wechsel des Transportmittels bei größeren Entfernungen dann nicht mehr zwingend erforderlich ist.
– Bei größeren Entfernungen kommen für den Transport der Biomasse in den allermeisten Fällen Lkw mit unterschiedlichen, an die Transportaufgabe angepassten Aufbauten zum Einsatz.

Tabelle 8.1 gibt eine Übersicht über die wichtigsten Transportverfahren für biogene Rohstoffe. Einzelheiten werden im Folgenden näher dargestellt.

Tabelle 8.1 Transportmittel für die Bergung und den Transport biogener Rohstoffe /8-14/

	Allzweckkipper	Hochkipper	Silieranhänger	Sattelkipper	Wechselcontainer
max. Füllvolumen	18 m^3	14 m^3	20 m^3	100 m^3	40 m$^{3\,a}$
max. Nutzlast	14 t	10 t	10 t	27 t	13 t^b 23 t^c

[a] je Container; [b] Zugmaschine; [c] mit Anhänger; max. maximales bzw. maximale

8.1.1.1 Land- und forstwirtschaftliche Transporte

Ein Transport von Biomasse in der Land- und Forstwirtschaft wird im Regelfall mit Schlepper gezogenen Anhängern und/oder mit auf Erntemaschinen montierten Bunkern realisiert. Nachfolgend werden die wichtigsten hierfür verwendeten Bauarten kurz dargestellt.

Allzweckkipper. Der Allzweckkipper oder Universalanhänger ist das typische Transportgerät in der Landwirtschaft. Es handelt sich dabei entweder um Einachs- oder Tandemachs-Plattformwagen oder um zwei- bis dreiachsige Anhänger mit gelenkter Vorderachse. Sie können als Zweiseiten- oder Dreiseitenkipper ausgeführt sein. Ihr zulässiges Gesamtgewicht liegt beispielsweise in Deutschland zwischen 4 und 18 t (bei mehr als zwei Achsen: 24 t); der Anteil der Nutzmasse beträgt ca. 75 %. Die Plattformbreite liegt bei 1,8 bis 2,2 m bei Einachs- oder Tandemachsanhängern bzw. 1,8 bis 2,3 m bei Zweiachsanhängern. Sie ist begrenzt durch die maximal zulässige Fahrzeugbreite (z. B. in Deutschland: 2,55 m) /8-1/. Einachsanhänger weisen eine Länge von rund 3,5 bis 4,5 m auf, während Zweiachsanhänger zwischen 4,5 und 7,5 m lang sind. Das jeweilige Nutzvolumen hängt von der Höhe der Aufbauten (Bordwände) ab. Diese Aufbauten beeinflussen insbesondere die Transportmöglichkeiten von stapelbaren Gütern (z. B. Ballen) oder Biomassen mit einer sehr geringen Dichte (z. B. Häckselgut) (Tabelle 8.2).

Mit landwirtschaftlichen Transportanhängern darf in Ausnahmefällen die gesetzlich zulässige Gesamthöhe von 4 m überschritten werden. Das gilt auch für die maximale Fahrzeugbreite von 2,55 m, die bei Beladung mit landwirtschaftlichen Gütern z. B. in Deutschland auf 3 m ansteigen darf, allerdings ist dann eine besondere Kenntlichmachung erforderlich /8-1/. Bei Straßentransporten von Stückgütern ist die Ladung gegebenenfalls durch Spannbänder oder Befestigungsstangen zu sichern, die Fahrzeuge müssen dann über entsprechende Aufnahmen für Bänder oder Haken verfügen. Bei Schüttgütern verhindern Abdeckplanen ein Abwehen oder Herabfallen von Ladung. Auch eine Erhöhung der Seitenklappen über die Schütthöhe hinaus gilt als Ladungssicherung /8-1/.

Die Verwendung von zwei traktorgezogenen, maximal zweiachsigen Anhängern in einem Zug ist abhängig vom Gewicht des Schleppers, der dazu beispielsweise in Deutschland mindestens eine Eigenmasse von 4,5 t aufweisen muss. Außerdem muss die Motorleistung mindestens 5 kW pro Tonne maximal zulässiger Gesamtmasse des Zuges (maximal 40 t) betragen und die Zuglänge soll unter 18 m betragen /8-1/. Im landwirtschaftlichen Bereich sind auch hier Ausnahmegenehmigungen möglich.

Die Auslastung eines Allzweckkippers im Speziellen und eines Transportfahrzeugs im Allgemeinen ist eine wesentliche Kenngröße eines Transportvorgangs (d. h. es wird immer eine Volumen- oder Massenvollauslastung angestrebt). Beispielsweise liegt bei Rundballen die Auslastung des Transportvolumens eines Universalanhängers zwischen 50 und 60 %. Dagegen ermöglichen Quaderballen eine vollständige Raumausnutzung. Noch deutlichere Unterschiede zwischen den Ballenformen zeigen sich bei der Nutzlast- oder Massenausschöpfung. Bei den in der Landwirtschaft weit verbreiteten 8-t-Anhängern beträgt die Ausladung mit Rundballen je nach Halmgutart nur 30 bis 60 %, während mit Quaderballen 80 bis

Tabelle 8.2 Transport von Rund- und Quaderballen auf einem landwirtschaftlichen Universalanhänger (Beispiel hier: 8 t zulässiges Gesamtgewicht, ausgewählte Ballenmaße)

	Rundballentransport			Quaderballentransport		
Ballenausrichtung	quer	quer	längs	quer	quer	quer
Ballenmaße in m $\varnothing \times h$ bzw. $b \times h \times l$	1,2×1,2	1,5×1,2	1,5×1,2	0,8 × 0,8 × 2,5	1,2 × 0,7 × 2,5	1,2 × 1,3 × 2,5
Anzahl Ballen je Wagen[a]	14	10	8	24	16	8
Volumenausladung in % (100 % = 35 m³)	54	61	48	110[b]	96	89
Ballendichte in kg/m³, lufttrocken	Getreidestroh 110 Getreideganzpflanzen 150 überständiges Heu 135			Getreidestroh 150 Getreideganzpflanzen 210 überständiges Heu 180		
Ballengewicht in kg						
– Stroh	149	233		240	315	585
– Getreideganzpflanzen	206	318		336	441	819
– Heu	183	286		288	378	702
Gewichtsauslastung in % (100 % = 6 t)						
– Stroh	35	38	31	96	84	78
– Getreideganzpflanzen	48	53	42	134	118	109
– Heu	43	48	38	115	101	94

[a] Abmessung der Plattform: Länge 5 m, Höhe 1,2 m; [b] Ladehöhen über 4 m sind bei landwirtschaftlichen Transportmitteln in Ausnahmen zulässig; $\varnothing$ Durchmesser; h Höhe; b Breite; l Länge

135 % Ausladung erreicht werden können (Tabelle 8.2). Das liegt jedoch – außer an der Form – auch an den höheren Pressdichten von Quaderballen. Entsprechend gilt auch für hoch verdichtete Pellets oder für Raps- und Getreidekörner, dass die Ladekapazität vor allem durch die zulässige Nutzlast begrenzt wird (d. h. Massenvollauslastung).

Hochkipper. Der Hochkipper unterscheidet sich vom Allzweckkipper zum einen durch die Höhe der Bordwände und zum anderen durch die relativ weit oben liegende Kipphöhe (d. h. der Übergabepunkt). Diese Fahrzeuge sind damit weniger für die Überbrückung größerer Entfernungen, sondern primär für Parallelarbeiten während der Ernte konzipiert (z. B. als Shuttle-Fahrzeug zwischen Erntemaschine und anderen Transportmitteln wie u. a. Containern). Aus Stabilitätsgründen beim Abkippvorgang sind die Nutzlasten geringer als bei den Allzweckkippern. Dies bedingt vergleichsweise kleine Bauarten. Baugrößen mit maximalen Nutzlasten von 10 t oder Füllvolumina bis zu 14 m³ (Tabelle 8.1) werden daher nur selten verwendet.

Silieranhänger. Auch der Silieranhänger stellt eine Bauform dar, die vor allem für begleitende Transportarbeiten während der Ernte von großvolumigen Gütern (z. B.

Silage-Grüngut) – beispielsweise für Kurztransporte von der Erntemaschine zu einem Zwischenlager (z. B. Silierlager) – verwendet wird.

Der Silieranhänger ist ein Einachs- oder Tandemachsanhänger mit besonders hohen Aufbauten (bis 2,3 m Bordwandhöhe) und Plattformbreiten bis 2,5 m. Das (rückseitige) Entladen kann durch am Plattformboden befindliche bewegliche Schubstangen realisiert werden ("Kratzboden"). Alternativ ist auch ein Abkippen des Ladegutes möglich, wobei die Heckklappe meist vom Fahrersitz aus hydraulisch zu öffnen ist.

Sonderbauarten von Anhängern. Für besondere Transportarbeiten in der Land- und Forstwirtschaft kommen auch Sonderbauarten und Spezialanhänger zum Einsatz. Für die Feldbergung von Halmgutballen beispielsweise, können schleppergezogene Ballenladewagen mit Aufnahmezange oder Kranausleger verwendet werden (für rund 8 bis 24 Ballen), um z. B. Feld-Hof- oder Feld-Feldrand-Transporte durchzuführen. Einige Bauarten sind mit einer um 90° schwenkbaren Ladefläche ausgerüstet, durch die die zuvor nebeneinander liegend transportierten Ballen übereinander gestapelt abgestellt werden können. Dadurch kann eine Stapelung beispielsweise durch einen Front- oder Teleskoplader entfallen.

Auch bei der Waldbewirtschaftung werden Anhänger-Sonderbauarten eingesetzt. Je nach Transportgut kommen spezielle Anhänger als Shuttlefahrzeuge mit einem hohen Kipp-Punkt (für Hackschnitzel) oder Anhänger mit Rungenaufbauten für Langholz oder Fixlängen zum Einsatz. Solche Forstfahrzeuge werden besonders robust ausgeführt und müssen über forsttaugliche Bereifungen verfügen. Auch für land- oder forstwirtschaftliche Traktoren sind inzwischen Spezialanhänger mit Hydraulikkran für den Transport von Abroll-(Wechsel-)containern verfügbar (vgl. Kapitel 8.1.1.2).

Pumpwagen-Anhänger. Auch der Pumpwagen-Anhänger für die Anlieferung von Holzhackgut zum Endkunden ist als Abroll-(Wechsel-)container (vgl. Kapitel 8.1.1.2) ausgeführt. Mit diesem Spezialfahrzeug wurde die bisher aus der Pelletlieferlogistik bekannte Einblastechnik inzwischen auch für die leichteren und weniger fließfähigen Holzhackschnitzel adaptiert. Derartige Traktor gezogene Anhänger mit einem oben offenen Spezialcontainer erlauben den Transport von ca. 30 m^3 Hackgut. Über ein Zapfwellen betriebenes Druckluftgebläse und einen maximal 25 m langen Schlauch wird das Hackgut pneumatisch in bis zu 10 m höher gelegene Lagerräume gefördert. Beim Entladen wird der Container angekippt. Über einen im hinteren Teil des Containers quer arbeitenden Schneckenaustrag mit Zellradschleuse wird der Brennstoff dem Förder-Luftstrom zudosiert. Hierfür werden maximal 60 Minuten Entladezeit benötigt /8-54/. Ein mitgeführtes versetzbares Zusatzgebläse mit Gewebesackfilter reinigt die aus dem Lagerraum austretende Förderluft von Staub. Alternativ zur Einblastechnik kann der Spezialcontainer auch durch einfaches Abkippen entleert werden, wenn ebenerdige Räume oder Kellerraumlager befüllt werden sollen. Die Heckklappe wird dazu hydraulisch geöffnet.

Transport auf Erntemaschinen. Ernteprodukte können auch mit der Erntemaschine selbst transportiert werden. Das gilt vor allem für solche Produkte, die eine hohe Schüttdichte besitzen (z. B. Körnerfrüchte). Dazu wird im Regelfall ein auf der Maschine aufgebauter Bunker verwendet, von dem aus das Erntegut noch auf dem Feld oder am Feldrand auf andere Transportfahrzeuge oder Behältnisse übergeben wird. Ähnliches gilt auch bei der Bereitstellung von Holzhackschnitzeln (z. B. bei selbstfahrenden oder gezogenen Hackern (Kapitel 7) oder bei Hackschnitzelvollerntern). Bei Halmgutballen kommen z. B. spezielle angehängte Ballenstapel- und Sammelanhänger zum Einsatz (Kapitel 5 und 6).

8.1.1.2 Lkw-Transporte

Ein Transport von Biomasse außerhalb der Land- und Forstwirtschaft erfolgt meist mit Hilfe von Lkw. Das zulässige Gesamtgewicht eines Lastzuges ist in Europa sehr unterschiedlich, es reicht von 28 t in der Schweiz über 38 bzw. 40 t in Österreich und Deutschland bis hin zu 60 t in Schweden. Lediglich bei der Beförderung von ISO-Containern sind Ausnahmen möglich (z. B. in Deutschland bis 44 t). Für Biomasse kommen primär die nachfolgend dargestellten Bauarten zum Einsatz.

Lkw mit Plattformanhänger. Beim Lkw mit Plattformanhänger ist die Höhe der Plattform (Pritsche) bei der Zugmaschine meist größer als beim Anhänger. Typische Plattformabmessungen liegen für den Zugwagen bei 2,4 x 7,2 m und 1,1 m Pritschenhöhe, während der Anhänger Abmessungen von 2,4 x 8,4 m bei 0,8 m Pritschenhöhe aufweisen kann. Beispielsweise können damit pro Lastzug je nach Ballenmaß ca. 67 (bei 0,8 x 0,8 m Ballen), 53 (bei 1,2 x 0,7 m Ballen) bzw. 26 Quaderballen mit "Hesston"-Abmessungen (1,2 x 1,3 m Stirnfläche) transportiert werden. Bei Stroh entspricht das einer Nutzlast von ca. 16 t. Bei solchen Materialien wird der Transport somit selten durch die Nutzlastbeschränkung limitiert. Generell können Züge mit Plattformanhängern Nutzlasten von maximal ca. 27 t transportieren (z. B. Getreide und Pellets).

Sattelkipper. Während Plattformanhänger vor allem bei Stapelgut eingesetzt werden, kommen Sattelkipper (Tabelle 8.1) primär für den Transport von Schüttgut zum Einsatz. Bei Biomassebrennstoffen werden vor allem Fahrzeuge mit hohen Aufbauten verwendet, dadurch ist das maximale Füllvolumen mit ca. 80 bis 100 m^3 sehr hoch. Die Nutzlast kann ca. 22 bis 29 t betragen. Das Entladen erfolgt durch Roll- und Kratzböden oder durch Abkippen.

Abrollcontainer. Lkw-beförderte Wechsel- oder Abrollcontainer verkürzen i. Allg. die Wartezeiten für das Fahrzeug beim Umschlag, da das eigentliche Transportfahrzeug beim Befüllen und Entleeren des Containers nicht anwesend sein muss. Damit erlauben Container eine hohe Flexibilität bei Transportvorgängen und können in einem begrenzten Umfang auch eine Funktion als Zwischenlager erfüllen.

Abrollcontainer besitzen einen genormten Unterrahmen. Sie benötigen keine stationäre Ladehilfe, statt dessen erfolgt das Aufladen auf das eigentliche Transportfahrzeug durch den Zugwagen selbst, der mit einem Hydraulikarm versehen ist. Er hebt den Container an einer Seite an und zieht ihn auf den Laderahmen. Dabei wird das Containergewicht über Stahlrollen auf dem Fahrzeug und am Container-Ende abgestützt. Falls ein mitgeführter Anhänger mit einem zweiten Container beladen werden soll, wird dieser vom Zugwagen aus auf den Anhänger herübergeschoben. Das Abladen (z. B. durch Abkippen) ist ebenfalls nur durch den Zugwagen möglich, d. h. der Container des Anhängers muss zuvor auf die leere Pritsche des Zugwagens geschoben werden.

Container werden in sehr verschiedenen Größen eingesetzt; maximal beträgt das Füllvolumen bis zu 40 m^3. Insgesamt können beispielsweise in Deutschland Nutzlasten von bis zu 13 t (auf der Zugmaschine) bzw. bis zu 23 t (bei einem kompletten Lastzug) transportiert werden. Auch für landwirtschaftliche Traktoren sind inzwischen Spezialanhänger mit Hydraulikkran für den Wechselcontainertransport verfügbar. Hierzu zählt beispielsweise auch der Pumpwagen-Anhänger (Kapitel 8.1.1.1).

Pumpwagen-Lkw. Für den Transport von hochdichten und gut schüttfähigen Biomassen wie Holzpellets, Getreidekörnern oder Rapssaat lassen sich auch Pumpwagen-Lkw einsetzen (Abb. 8.1). Sie erleichtern den Umschlag beim Verwerter oder Endabnehmer, indem das Schüttgut durch einen Luftstrom über einen bis zu 50 m langen flexiblen Schlauch auch in weniger leicht zugängliche oder erhöhte Lagerräume eingeblasen werden kann. Dadurch wird eine nahezu vollständige Lagerraumausnutzung erreicht. Über eine On-Board-Waage (Wiegezellen) wird die Liefermasse vor Ort bestimmt oder der Abnehmer erhält jeweils die komplette (vorgewogene) Füllung einer oder mehrerer Kammern des Pumpwagens (je ca. 6 bis 8 m^3).

Der Einsatz spezieller Pumpwagen-Lkw ist mittlerweile auch für die Vermarktung von Holzhackgut möglich. Neben den relativ hohen Kosten und der erhöhten Staubentwicklung muss dabei das Hackgut zusätzlich bestimmte Anforderungen an die Homogenität und Feinheit erfüllen. Auch ist die Dauer bis zum vollständigen Entladen relativ hoch; sie kann bei einem Ladevolumen von 38 m^3 bis zu 1,5 h betragen /8-48/. Die dafür eingesetzte Einblasetechnik entspricht dem Verfahren bei Pumpwagen-Anhängern (Kapitel 8.1.1.1). Beim Anschluss an die Einblaslei-

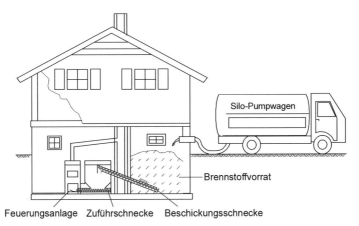

Abb. 8.1 Pumptankwagen für Pellets

tungen zum Lager werden – wie bei Pellets – sogenannte Storz-Kuppelungen verwendet, allerdings meist mit größerem Durchmesser (150 mm Nennweite).

8.1.2 Schienentransporte

Wenn Konversionsanlagen für Biomasse an das Schienennetz angebunden sind, kann ggf. auch ein Bahntransport sinnvoll sein. Allerdings muss das Biomasse-(zwischen)lager bzw. der -lieferant dann möglichst ebenfalls an einer Bahnverladestelle liegen, um aus ökonomischen Gründen weitere Umschlagprozesse, z. B. durch Straßenanlieferung, möglichst zu vermeiden. Diese Voraussetzungen sind jedoch beispielsweise bei Festbrennstoffen zumindest in Deutschland selten gegeben. Bahntransporte von festen Bioenergieträgern sind daher allenfalls in ausgedehnten entlegenen Waldgebieten denkbar, wenn das Holz nur durch einen Langstreckentransport zum Zielort gebracht werden kann. Dies kann anders sein, wenn es beispielsweise um den Transport von Getreidekörnern zur Ethanolanlage oder von Rapssaat zur Ölmühle geht; hier können sowohl das Zwischenlager als auch die Konversionsanlage oder die Ölmühle an das Schienennetz angebunden sein.

Der Bahntransport erfolgt meist mit Hilfe verschiedener Standardwaggons. Beispielsweise setzt die Deutsche Bahn für Holztransporte 6 Waggontypen ein, von denen aber nur zwei für den Transport von Hackschnitzeln geeignet sind /8-11/:
- Waggontyp E: Ladegewicht bis 28 t, für Hackschnitzel, Stammholz, Fixlängen,
- Waggontyp Eao: Ladegewicht bis 57,5 t, für Hackschnitzel, Stammholz und Fixlängen.

Die übrigen holztauglichen Waggontypen sind mit Rungenaufbauten für Stamm- oder Industrieholz (Fixlängen) ausgestattet. Im Restholzgroßhandel sind zusätzlich auch spezielle Hackschnitzel-Großraumwaggons im Einsatz, die im Auftrag des Händlers gebaut und im grenzüberschreitenden Verkehr eingesetzt werden.

8.1.3 Schiffstransporte

Für Transporte mit Frachtkähnen im Binnenschifffahrtsnetz müssen ähnliche Voraussetzungen wie für einen Schienentransport gegeben sein. Bei biogenen Festbrennstoffen ist deshalb ein Binnen-Schiffstransport noch relativ selten. Er erfolgt dagegen häufiger vor allem bei Getreide oder Ölsaaten, insbesondere zur Überbrückung längerer Entfernungen. Die verwendeten Motorgüterschiffe haben üblicherweise eine Länge von 39 bis 110 m und eine Breite von 5 bis 11,4 m. Ihre Ladekapazität liegt zwischen 220 und 3 000 t bei einem Tiefgang von 2,0 bis 3,5 m. Ähnliche Angaben gelten für Motortankschiffe der Binnenschifffahrt (Länge: 50 bis 110 m, Breite: 6,6 bis 11,4 m, Tragfähigkeit: 400 bis 3 200 t, Tiefgang: 2,2 bis 3,5 m) /8-5/. Für kälteempfindliche Güter (z. B. Pflanzenöle) ist auch eine Beheizung der Tanks möglich.

Auch Seetransporte werden mit Biomasse durchgeführt. Hier ist sowohl der Transport von Ölsaaten oder Getreidekörnern als auch der von Holz für die stoffliche Verwertung (z. B. Tropenhölzer) üblich. In jüngster Zeit nehmen aber auch die Seetransporte von Holzpellets oder stückigem Holz für die Aufbereitung zu Hackschnitzeln stark zu. In Europa dominiert hierbei der Ostseehandel. Bei Holzpellets kommt es jedoch auch im Überseehandel – vor allem zwischen Europa und Kanada – zu beachtlichen Zuwachsraten; für 2007 wird hier von einem Volumen von 3 Mio. t ausgegangen, wobei Belgien, die Niederlande und Schweden derzeit als Hauptabnehmerländer genannt werden /8-7/.

Die verwendeten Schiffstypen für derartige Transporte richten sich nach der Route. Bei Fahrten durch den Panamakanal (beispielsweise von British Columbia nach Schweden) kommen nur Schiffe der "Panamaxklasse" mit maximal 32,2 m Breite und einer Nutzladekapazität von 60 000 bis 80 000 t in Frage. Die größeren Hochsee-Schiffsklassen für den Schüttguttransport sind üblicherweise für mindestens 100 000 t (maximal bis 200 000 t) ausgelegt.

8.2 Lagerung

Die Lagerung dient der Überbrückung der Zeitspanne zwischen dem Anfall der Biomasse und ihrer energetischen Nutzung. Sie trägt zusätzlich zu einer sicheren Brennstoffversorgung bei und kann beim Brennstoffproduzenten, beim Zwischenhandel und/oder am Standort der Konversionsanlage erfolgen. Die letztendlich realisierte Lagerstrategie ist dabei eine Frage der individuellen Optimierung der jeweiligen Versorgungskette auf der Grundlage der entsprechenden Randbedingungen vor Ort. Somit ist die Lagerung ein unverzichtbarer Bestandteil von Biomassebereitstellungsketten, zumal der Zeitpunkt des Biomasseanfalls (z. B. Sommer) oft nicht mit dem Zeitpunkt der hauptsächlichen Biomassenutzung (z. B. Heizwärmenutzung im Winter) übereinstimmt.

Grundsätzlich kann die Lagerung der Biomasse mit einem hohen Risiko des Substanzverlustes und der Qualitätsveränderung durch biologische Abbauprozesse verbunden sein. Vor diesem Hintergrund werden im Folgenden zunächst die vielfältigen bei der Lagerung ablaufenden biologischen Vorgänge sowie die damit verbundenen Risiken diskutiert. Anschließend werden die wesentlichen Lagerungstechniken vorgestellt.

8.2.1 Biologische Vorgänge

Während der Lagerung von organischem Material laufen immer – in unterschiedlichem Ausmaß – natürliche biologische Ab- und Umbauvorgänge ab. Sie sind im Hinblick auf daraus möglicherweise resultierende Probleme (z. B. Verderb einer Ölsaat) dann von Bedeutung, wenn die sie verursachenden Organismen über eine ausreichend lange Zeitperiode (d. h. Lagerdauer) günstige Lebensbedingungen vorfinden (z. B. eine hohe Materialfeuchte bei ausreichend hohen Temperaturen). Da viele biogene Materialien (z. B. Getreidekörner, Ölsaaten) aber entweder unmittelbar nach der Ernte weiterverarbeitet werden oder von vorn herein trocken oder getrocknet anfallen, haben derartige biologische Ab- und Umbauvorgänge im ordnungsgemäßen Betrieb – insbesondere bei landwirtschaftlichen Produkten, die auch als Nahrungsmittel genutzt werden – oftmals kaum größere Bedeutung.

In den nachfolgenden Ausführungen werden deshalb hauptsächlich die bei lignocellulosehaltigen Materialien (d. h. Holz, Stroh) während der Lagerung beobachteten biologischen Vorgänge diskutiert. Sie laufen in ähnlicher Weise zwar prinzipiell auch bei der Lagerung zucker- und stärkeliefernder Pflanzen oder auch bei Ölsaaten ab. Ihre Auswirkungen sind hier jedoch i. Allg. geringer, da der höhere Wert derartiger Produkte meist aufwändigere Lagertechniken und -verfahren rechtfertigt. Die Konservierung und Lagerung von Erntegut durch den biologischen Prozess der Silierung wird in Kapitel 8.3 beschrieben.

Selbsterhitzung. Frisch eingelagerte feuchte lignocellulosehaltige Biomasse erhitzt sich zunächst hauptsächlich durch die Respiration der noch lebenden Parenchymzellen. Ab einer Temperatur von 40 °C kommt diese Respiration dann weitgehend zum Erliegen. Die tatsächlich beobachtete weitere Wärmeentwicklung dürfte deshalb auf den Metabolismus von Pilzen und Bakterien zurückzuführen sein /8-19/. Pilze können Temperaturen bis etwa 60 °C überleben, während thermophile Bakterien ihre Aktivität erst bei mehr als 75 bis 80 °C einstellen. Trotzdem kann sich lignocellulosehaltige organische Substanz während der Lagerung unter bestimmten Bedingungen auf noch höhere Temperaturen erwärmen. Die Ursachen für diesen weiteren Temperaturanstieg bis 100 °C und ggf. darüber sind jedoch noch nicht vollständig geklärt. Es werden hierfür aber Wasserdampfadsorptions-, Pyrolyse- und Hydrolysevorgänge sowie katalytische Effekte bestimmter Metalle vermutet /8-52/. Oberhalb von 100 °C setzt schließlich die thermochemische Umwandlung bzw. die chemische Oxidation (vgl. auch Kapitel 9.2) ein, die bis zur Selbstentzündung führen kann (Kapitel 8.2.2).

Eine Hygienisierung des Materials durch Temperaturen um 80 °C findet nicht statt. Die Mikroorganismen verharren statt dessen in einem Ruhezustand; deshalb ist nach der Abkühlung eine rasche Wiedererwärmung möglich /8-4/.

Die Geschwindigkeit, mit der der Temperaturanstieg verläuft, hängt – neben dem Luftzutritt zum Lagergut – von verschiedenen Kriterien ab. Hierzu zählen
- Wassergehalt,
- Materialstruktur (spezifische Oberfläche und Größenverteilung),
- Materialdichte,
- eingelagerte Menge (Lager- bzw. Schütthöhe),
- Ort und Art der Lagerung (z. B. mit/ohne Abdeckung, außen/innen, Luftzutritt),
- Brennstoff- bzw. Biomasseart (Zusammensetzung),
- Verunreinigungen,
- Einlagerungs- und Umgebungstemperatur,
- Sauerstoffkonzentration im Lager (d. h. mit geringer werdender Sauerstoffkonzentration steigt die erforderliche Minimaltemperatur für eine Selbstentzündung /8-19/) und
- Anfangsbefall mit Bakterien und Pilzen.

Bei optimalen Wachstumsbedingungen für Pilze und Bakterien (z. B. bei Wassergehalten um 40 %) erfolgt die Erwärmung bereits nach wenigen Tagen (Abb. 8.2). Dagegen findet bei entsprechend niedrigen Temperaturen (z. B. unter Dauerfrostbedingungen) kein Abbau des organischen Materials statt, wenn der Brennstoff nicht bereits erwärmt ist.

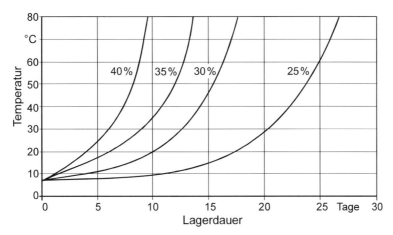

Abb. 8.2 Typischer Verlauf des Temperaturanstiegs bei der Hackgutlagerung in Abhängigkeit vom Wassergehalt /8-4/

Pilzwachstum und Sporenbildung. Bei der Lagerung fester Biomasse können sich auch Pilze und damit auch die entsprechenden Sporen bilden. Die jeweilige Zusammensetzung verschiedener Spezies derartiger Pilzgemeinschaften variiert i. Allg. erheblich und ist abhängig von der Materialart, der Teilchengröße, der Haufengröße und den klimatischen Rahmenbedingungen.

Holz. Bei Holz wird unterschieden zwischen Pilzen, die die Moderfäule verursachen (d. h. *Ascomyceten, Deuteromyceten*) sowie Braun- und Weißfäulepilzen (d. h. *Basidiomyceten*). Bei längerfristiger Lagerung sind Letztere hauptverantwortlich für den mikrobiellen Holzabbau /8-28/. Während Moder- und Braunfäulepilze hauptsächlich Cellulose und Hemicellulose zerstören, können Weißfäulepilze auch Lignin abbauen. Dieser Abbau des lignocellulosehaltigen Materials kann demnach auch selektiv erfolgen, so dass der Massenverlust mit einer überproportionalen Reduktion des Heizwertes verbunden sein kann, da beispielsweise Lignin einen deutlich höheren Heizwert als z. B. Cellulose aufweist (Kapitel 9.1). Lignin ist jedoch normalerweise nur schwer abbaubar, so dass sich sein Anteil in den meisten Fällen – unter normalen Bedingungen – während der mehrmonatigen Lagerung um ca. 1 bis 3 %-Punkte erhöht /8-28/.

Schimmelpilze (d. h. *Aspergillus, Penicillium*) tragen nur unwesentlich zum Substanzabbau bei, da sie zunächst nur die auf der Oberfläche der Biomasse befindlichen Nährstoffe nutzen. Es kommt damit i. Allg. nicht zum Abbau von Zellwandkomponenten.

Das gesamte Pilzwachstum wird von einer Vielzahl unterschiedlicher Größen beeinflusst.
– Die Temperaturen, bei denen ein Pilzwachstum stattfinden kann, können innerhalb eines relativ weiten Bereichs schwanken. Allerdings liegt bei den meisten Pilzen das Temperaturoptimum zwischen 20 und 35 °C (Abb. 8.3).

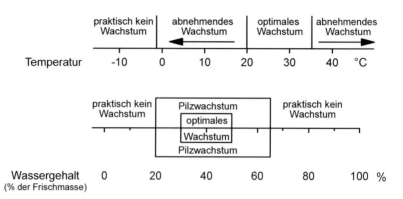

Abb. 8.3 Temperatur- und Wassergehaltsansprüche Holz abbauender Pilze (nach /8-10/)

- Erst ab einem Wassergehalt von ca. 20 % kann es zu einem Pilzwachstum kommen. Optimale Bedingungen herrschen zwischen 30 und 50 %. Ab einer absoluten Wassersättigung (ca. 65 %) kommt es erneut zu einem Wachstumsstillstand (Abb. 8.3).
- Holz zerstörende Pilze gedeihen am besten im Bereich von pH 4,5 bis 5,5. Das entspricht den natürlich im Holz vorkommenden pH-Werten.
- Die in manchen Hölzern enthaltenen flüchtigen Öle oder auch die im Eichenholz enthaltene Gerbsäure können sich hemmend auf das Pilzwachstum auswirken. Dagegen wirkt Baumharz lediglich als mechanischer Eindringwiderstand gegen Pilzhyphen.

Halmgut. Auch halmgutartige Biomasse bietet trotz des zum Erntezeitpunkt i. Allg. geringen Wassergehaltes oft günstige Voraussetzungen für ein Pilzwachstum. Da das Erntegut durch die praxisübliche Ballenpressung sehr stark verdichtet wird, kommt der Luftaustausch und der damit verbundene Wasserverlust aus dem Material (d. h. die Austrocknung) fast vollständig zum Erliegen. Deshalb ist auch z. B. Wiesenheu aufgrund der größeren Verdichtbarkeit und der durchschnittlich höheren Wassergehalte bei der Ernte tendenziell stärker verpilzungsgefährdet als Stroh oder andere Halmgüter. Bei der Strohernte ist daher auf eine möglichst geringe Verunreinigung durch grüne Begleitflora zu achten; der meist erhöhte Wassergehalt von grünen Gräsern und Kräutern kann z. B. in einem Strohballen zu nesterartiger Schimmelbildung führen.

Für eine sichere Langzeitlagerung werden Wassergehalte von ca. 15 % gefordert. Die Einhaltung dieser Forderung ist aber aus erntetechnischen und klimatischen Gründen nicht immer möglich; beispielsweise sind deshalb Miscanthusballen besonders gefährdet für einen Pilzbefall, da die natürliche Abtrocknung aufgrund des ungünstigen Erntezeitpunkts im Frühjahr oft nicht ausreicht (Kapitel 5 und 6). Feucht eingelagerte Chinaschilfballen und Häckselgut gehen z. B. nach ca. 70 bis 160 h in eine beschleunigte Phase der Selbsterwärmung über, in der die Temperaturzunahme maximal bei 1 bis 2 K/h liegen kann /8-53/. Eine Selbstentzündung des Materials kann die Folge sein.

8.2.2 Lagerungsrisiken

Die Lagerung biogener Materialien ist mit einer Reihe von Risiken verbunden. Im Einzelnen sind dies:
- Substanzverlust durch biologische Prozesse (Verlustrisiko),
- Selbstentzündung (Gefährdungsrisiko),
- Pilzwachstum und Pilzsporenbildung (Gesundheitsrisiko),
- Geruchsbelästigung (Umweltrisiko),
- Wiederbefeuchtung bzw. Umverteilung des Wassergehaltes (Qualitätsrisiko),
- Agglomerationen durch Frostwirkung (technisches Risiko),
- Entmischung und Feinabrieb (Qualitätsrisiko) und
- austretendes Wasser bzw. Sickersaft (Umweltrisiko).

Viele dieser Risiken (Substanzabbau, Selbstentzündung, gesundheitliche Risiken) sind auf die in Kapitel 8.2.1 dargestellten biologischen Vorgänge zurückzuführen. Aufgrund ihrer großen Bedeutung bilden sie auch den Schwerpunkt der nachfolgenden Betrachtungen. Dabei wird vor allem auf biogene Festbrennstoffe (d. h. lignocellulosehaltige Biomasse) eingegangen, bei denen große Mengen über meist vergleichsweise lange Zeiträume (z. B. beim Stroh von der Ernte im Spätsommer bis zum Ende der darauf folgenden Heizperiode im Frühjahr des nächsten Jahres) bevorratet werden müssen. Bei den übrigen Biomassen erfolgt die Verarbeitung meist unmittelbar nach der Ernte (z. B. bei Zucker liefernden Pflanzen wie u. a. Zuckerrüben) oder es werden trockene bzw. technisch nachgetrocknete Ernteprodukte (z. B. Rapssaat, Getreidekörner) eingelagert; unter diesen Bedingungen sind die Lagerungsrisiken i. Allg. gering und werden im Rahmen konventioneller landwirtschaftlicher Weiterverarbeitungsverfahren problemlos beherrscht.

Substanzabbau. Infolge des Pilzwachstums und der bakteriellen Aktivitäten, die bei ungünstigen Lagerbedingungen auftreten (Kapitel 8.2.1), kann es zu einem Abbau von organischer Masse kommen (d. h. zu Verlusten an brennbarer organischer Substanz bzw. Heizwert bestimmenden Inhaltsstoffen). Gleichzeitig verändert sich die Zusammensetzung des Brennstoffs; tendenziell erhöht sich der Aschegehalt, da nur das organische Material abgebaut wird und die anorganische Masse erhalten bleibt.

Zur Minimierung möglicher Verluste während der Lagerung sollten deshalb die Bedingungen für eine hohe biologische Aktivität möglichst ungünstig gestaltet werden. Dazu sind die folgenden Möglichkeiten gegeben:
- Geringer Wassergehalt bei der Einlagerung (auch durch Vermeidung von frischen Blättern oder frischem Gras in Strohballen z. B. infolge einer Verunkrautung der Anbaufläche),
- Vermeidung von Nadeln und Blättern als leicht mikrobiell angreifbares Material (auch in feucht eingelagerten Brennstoffen),
- Minimierung der Lagerdauer,
- Vermeidung einer Wiederbefeuchtung (u. a. Schutz vor Niederschlag),
- guter Luftzutritt und dadurch maximale Wärme- und Feuchtigkeitsabfuhr,
- optimale Schütthöhe,

8 Transport, Lagerung, Konservierung und Trocknung

- möglichst grobe Materialstruktur bei Langzeitlagerung zur Verbesserung des Luftzutritts und damit der Wärme- und Feuchtigkeitsabfuhr,
- Vermeidung von stumpfen Schneidwerkzeugen bzw. von Prallzerkleinerungstechniken bei feucht einzulagernder Biomasse,
- Realisierung einer aktiven Trocknung oder Belüftungskühlung.

Die Ausschöpfung dieser Möglichkeiten ist allerdings nicht immer möglich oder oft mit einem vergleichsweise hohen Aufwand verbunden, so dass ein mehr oder weniger hoher Substanzabbau in den meisten Fällen einzukalkulieren bzw. unvermeidbar ist. Er wird nachfolgend quantifiziert.

Holzhackgut. Der Substanzabbau von Holzhackgut ist im Einzelfall – je nach Materialart und Lagerungsbedingungen – erheblichen Abweichungen unterworfen. Die folgenden Angaben können deshalb nur eine mögliche grobe Größenordnung aufzeigen.

Bei frischem feinem Waldhackgut (50 bis 55 % Wassergehalt), das beispielsweise über 7 bis 9 Monate im Freien in Haufen von ca. 60 m^3 unabgedeckt gelagert wird, gehen ca. 20 bis 23 % der Trockenmasse (TM) verloren. Dagegen liegt der Verlust bei abgedeckt gelagertem, getrocknetem Hackgut (15 % Wassergehalt) im Verlauf der gleichen Lagerdauer nur bei ca. 2 % /8-19/.

Damit beträgt der monatliche Verlust von frischem Hackgut (50 bis 55 % Wassergehalt) rund 2,9 %. Er lässt sich auf etwa ein Zehntel reduzieren (0,3 % Verlust pro Monat), wenn das frische Holz nur zu grobstückigem Schüttgut mit ca. 7,5 bis 15 cm Länge zerkleinert wird /8-2/. Infolge der dadurch realisierbaren günstigeren Belüftung ermöglicht dies eine natürliche Konvektion durch das Material, wodurch die Trocknung unterstützt wird.

Eine Lagerung der Hackschnitzel unter Abdeckung mindert die Verluste. Versuche mit frischem Hackgut bei 6- bis 12-monatiger Lagerung in abgedeckten Haufen von ca. 100 bis 300 m^3 zeigen, dass der Wassergehalt in diesem Zeitraum deutlich um bis zu 15 %-Punkte abnehmen kann. Durch diese Feuchteabnahme kommt es zu einer Heizwerterhöhung bezogen auf den aktuellen Wassergehalt. Dies kompensiert den Substanzabbau teilweise, so dass die energetischen Gesamtverluste im Mittel pro Monat nur noch ca. 1,5 % (Feinhackgut) bzw. 0,8 % (Grobhackgut) betragen /8-32/. Sind allerdings Lignin abbauende Weißfäulepilze am Substanzabbau beteiligt, geht mit dem Massenverlust ein überproportionaler Brennstoffwert verloren, da Lignin einen etwa um das 1,5-fache höheren Heizwert als Cellulose besitzt (Kapitel 9.1).

Auch bei der Trocknung durch eine aktive Belüftung bleibt das frisch eingelagerte Material noch eine Weile lang biologisch aktiv, so dass es auch hier zu Trockenmasseverlusten kommt. Beispielsweise führt selbst eine kontinuierliche Trocknung mit Umgebungsluft bei Pappelhackgut während einer 11-wöchigen Lagerung zu Gesamtverlusten von ca. 3,5 % /8-36/. Bei intermittierender Belüftungskühlung, die ein gewisses Maß an Selbsterwärmung zulässt (Kapitel 8.2.1), verdoppeln sich diese Verluste auf ca. 7 bis 8 %. Ein völliger Verzicht auf eine Belüftung ist sogar mit einem um das 5-fache höheren Trockenmasseverlust verbunden /8-36/.

Allerdings werden diese Verluste vielfach durch die Erhöhung des Heizwertes infolge der Austrocknung überkompensiert. Das ist vor allem dann der Fall, wenn

Waldrestholz nicht als Hackschnitzel, sondern verlustarm in Form von speziellen Rundballen oder gar als loses Haufwerk zwischengelagert wird. Beispielsweise ist bei der Lagerung von zu Rundballen verpressten, unzerkleinerten Forstabfällen mit geringeren Substanzverlusten zu rechnen als bei Hackgut; sie liegen nur bei 14 bis 19 % im Verlauf von 10 Monaten, obwohl die Dichte in den gepressten Ballen mit ca. 400 kg/m^3 (Frischmasse) höher ist als bei Hackschnitzeln /8-26/.

Rinde. Bei mehrmonatiger Lagerung von Rinde liegen die Trockenmasseverluste mit 1,3 bis 1,8 %-Punkten pro Monat deutlich niedriger als bei frisch eingelagertem Holzhackgut /8-50/. Bei Außenlagerung ohne Abdeckung haben sich Schütthöhen von ca. 5 m bewährt; eine höhere Aufschüttung führt aufgrund des ungünstigeren Verhältnisses von Oberfläche zu Volumen zu einem verminderten Feuchteentzug im Mietenkern. Größere Lagerhöhen steigern auch die Gefahr der Selbstentzündung.

Stangenholz, Ganzbäume und Scheitholz. Der Substanzabbau bei der Lagerung von Stangenholz im Freien beträgt meist nur 1 bis 3 % pro Jahr (Tabelle 8.3). Dagegen zeigen Versuche mit als Ganzbäume gelagerten Pappeln und Weiden Massenverluste von ca. 0,5 bis 1,5 %-Punkten (TM) pro Monat /8-33/. Allerdings kommt es dabei meist zu einer deutlichen Abnahme des Wassergehalts um ca. 15 bis 30 %-Punkte. Zweijährige Lagerversuche mit frisch eingelagertem Scheitholz (Buchen-, Kiefern- oder Fichtenholz), die unter den Klimabedingungen Südbayern durchgeführt wurden, zeigen, dass die Lagerung unter Dach mit durchschnittlich 2,6 % nur mit etwas halb so hohen Verlusten verbunden ist, wie eine Außenlagerung (5,7 % Verlust) /8-17/.

Tabelle 8.3 Trockenmasseverlust bei der Lagerung von Stangenholz im Freien /8-10/

Lagerdauer in Jahren	1	2	3
		Verluste in %	
Fichte	0,6 – 1,3	1,2 – 2,8	1,9 – 4,2
Kiefer	0,8 – 2,6	2,4 – 5,9	4,0 – 9,2

Halmgut. Bei trockenem Halmgut liegen die Substanzverluste durch biologische Abbauprozesse ähnlich niedrig wie bei lufttrockenem Holz. Bei feuchtem Stroh oder Heu kommt es dagegen zu einer raschen Selbsterwärmung, so dass mit einem entsprechend hohen Substanzabbau zu rechnen ist. Allerdings sollte dieser grundsätzlich vermieden werden, da die Biomasse dann für eine Verbrennung meist ungeeignet ist; solche fehlgelagerten Halmgutballen müssen deshalb oft anderweitig entsorgt werden (z. B. Rückführung auf die Anbaufläche). Das betrifft unzureichend abgedeckte einzelne Ballen (z. B. unter leckgeschlagenen Planen) oder auch komplette Ballenlagen in Sammelmieten (z. B. die oberste Ballenlage, wenn keine wasserfeste Mietenabdeckung realisiert wurde). Derartige Verluste können leicht 5 bis 10 % des gesamten eingelagerten Halmgutes erreichen.

Bei körnerhaltiger Biomasse (z. B. Getreideganzpflanzen, Saatgutreinigungsabgänge, Mühlennebenprodukte) ist zusätzlich mit Verlusten durch Ratten- und Mäusefraß zu rechnen. Diese Vorratsschädlinge müssen bei längerer und am gleichen Ort wiederholter Lagerung deshalb wirkungsvoll bekämpft werden.

Chinaschilf unterliegt wegen der ungünstigen Klimabedingungen während der Ernte einem besonderen Verlustrisiko. Zwischen einem frühen Erntetermin (Mitte Januar) und dem möglichen Beginn einer Trocknung mit Außenluft im Frühjahr kann es beispielsweise bei Häckselgut zu Verlusten zwischen 4 und 10 % kommen /8-53/.

Körner und Ölsaaten. Getreide- und Maiskörner sind bei weniger als 16 % Wassergehalt lagerfähig; bei Rapskörnern liegt diese Grenze schon bei 8 bis 9 % /8-46/. Die Trockenmasseverluste durch Veratmung sind bei derart geringen Wassergehalten dann meist vernachlässigbar. Das gilt auch für jegliche Biomasse, die luftdicht eingelagert und durch Silieren konserviert wird (Kapitel 8.3).

Bei allen Körnern und Saaten muss das Lager zudem vor dem Eindringen von Schädlingen wie Vögel, Mäuse und Ratten geschützt werden. Voraussetzung hierzu ist die Einlagerung einer gesunden Saat, die frei von Besatz ist und einen geringen Wassergehalt aufweist.

Zuckerhaltige Erntegüter. Die Lagerung von zuckerhaltigen Rohstoffen (z. B. für die Ethanolherstellung) ist dagegen problematisch, da der Zucker, der den Wert bestimmenden Bestandteil in derartigen Pflanzen darstellt, innerhalb kurzer Zeit veratmet werden kann. Durch Respirationsprozesse und mikrobielle Aktivität treten beispielsweise bei gerodeten Zuckerrüben im Herbst je Tonne Rübenmasse Zuckerverluste in der Größenordnung von rund 200 g/d auf /8-39/.

Bei Zuckerhirse ist dieser Zuckerabbau in der geernteten Biomasse nochmals beschleunigt; dies gilt vor allem dann, wenn anstelle von Ganzpflanzen oder Stängelabschnitten stark zerkleinertes Material zwischengelagert wird. Unter Außentemperaturbedingungen sinkt der Zuckergehalt bei Schnittlängen von 25 bis 40 cm nach etwa dreiwöchiger Zwischenlagerung auf 90 % des Ausgangsgehaltes. Bei unzerkleinerten Ganzpflanzen verlängert sich dieser Zeitraum auf vier Wochen, während er bei Häckselgut (Maishäcksler) schon nach etwa 16 h erreicht ist /8-3/; niedrige Temperaturen zum Zeitpunkt der Einlagerung (1 bis 6 °C statt 12 bis 15 °C) verzögern dabei lediglich den Beginn des Zuckerabbaus um 2 bis 3 Tage. Deshalb sollten derartige Rohstoffe nach der Ernte mit möglichst geringer Verzögerung weiterverarbeitet werden.

Selbstentzündung und Brandrisiko. Die Gefahr einer übermäßigen Selbsterwärmung mit Selbstentzündung (Kapitel 8.2.1) besteht vor allem bei der Einlagerung von feuchten Heuballen sowie – wenngleich seltener – bei fein zerkleinertem feuchten Holz (z. B. Sägemehl, Rinde). Bei solchen Sortimenten kann die entstehende Wärme aufgrund der behinderten natürlichen Konvektion und der geringen Wärmeleitung oft nicht ausreichend abgeführt werden. Aber auch in regulären Großmieten für Holzhackschnitzel im Außenbereich, die beispielsweise im Frühsommer frisch eingelagert wurden und dabei durch Befahren mit Fahrzeugen ca. 5 bis 6 Meter hoch aufgeschüttet und verdichtet wurden, sind Fälle von Selbstentzündung bekannt geworden. Ein Löschen derartiger Brände ist in exponierter Freilage mangels Löschwasser meist kaum noch möglich. Wenn das Lager zur Brandbekämpfung geöffnet oder abgetragen wird, kann der Sauerstoffzutritt zu einem offenen Brand führen. Die Brandbekämpfung ist daher von der zuständigen Feuerwehr zu koordinieren.

Neben dieser durch biologische Prozesse bedingten Selbstentzündung geht eine weitere Brandgefahr bei der Lagerung vor allem von äußeren Faktoren (d. h. von Fremdentzündung) aus. Als leicht entzündlich gelten beispielsweise Brennstoffe, die sowohl einen niedrigen Wassergehalt als auch ein ungünstiges (d. h. großes) Verhältnis von Oberfläche zu Volumen besitzen, da beide Faktoren die Wärmeleitfähigkeit beeinflussen. Diese Bedingungen sind besonders beim Halmgut gegeben, während z. B. grobstückiges Holz über eine längere Zeit einer kritischen Wärmeeinwirkung widerstehen kann, indem die Wärme nach innen abgeleitet und so das Erreichen der Zündtemperatur hinausgezögert wird.

Aus rechtlichen und versicherungstechnischen Gründen ist der Rauminhalt eines Lagerplatzes für lignocellulosehaltiges Material auch im Freien in der Regel begrenzt. Meist wird für offen gelagerte leicht entzündbare Ernteerzeugnisse wie Halmgutballen eine sicherheitstechnische Obergrenze von 1 500 m^3 Lagergut genannt /8-56/. Außerdem sind hierbei in der Regel Sicherheitsabstände von 100 m zwischen den Lagerplätzen und 50 m zu Wald bzw. 25 m zu Gebäuden, Verkehrswegen oder Hochspannungsleitungen einzuhalten. Vielfach ist die Lagerung brennbarer fester Stoffe im Freien generell auf 3 000 m³ Lagergut in einem Lager begrenzt und es muss ein Mindestabstand von 10 m zu Gebäuden oder anderen Lagern eingehalten werden /8-56/.

Explosionsrisiken. Im Bereich des Brandschutzes wird zwischen brennbaren und entflammbaren Stoffen unterschieden. Brennbare Stoffe können sich weniger leicht entzünden und führen zu einer verhältnismäßig langsamen Brandausbreitung. Entflammbare Stoffe sind dagegen leicht entzündlich, was zu einer schnellen, teilweise explosionsartigen, Brandausbreitung führt. Je kleiner ein Holzteilchen ist, desto leichter kann es von Zündquellen mit niedriger Energie auf Zündtemperatur erwärmt werden. Wenn das Holz in Teilen von weniger als 2 mm Durchmesser vorliegt, gilt es als entflammbar. Explosions- oder Verpuffungsgefahr besteht, wenn zumindest ein Teil der Partikel im Durchmesser weniger als 0,3 mm misst /8-31/. Bei aufgewirbelten Stäuben kann die Verbrennung mit großer Geschwindigkeit in Form einer Explosion erfolgen, weil die für die Reaktion erforderliche Energie mit der Teilchengröße abnimmt.

Zu einem derartigen Brand bzw. zu Explosionen kann es aber nur dann kommen, wenn ein Gemisch aus Luft und brennbaren Stäuben in einem Mischungsverhältnis vorliegt, welches zwischen der unteren und oberen Explosionsgrenze liegt. Bereits eine Konzentration von wenigen g/m³ kann hierfür genügen. Kritische Konzentrationen treten vorwiegend in Filteranlagen und Spänesilos sowie in pneumatischen Förderleitungen, Mühlen (z. B. bei Pelletieranlagen) und Hackern auf. Ein großer Harz- und Fettgehalt des Holzes sowie eventuelle Beimischungen von Lackstaub, Kunststoffen, Lösungsmitteln oder deren Dämpfe erhöhen das Explosionsrisiko. Bei Biomassebrennstoffen ist eine besondere Gefahr beim Lager und Umschlag von Holzspänen und -stäuben gegeben, die als sehr feine Bearbeitungsrückstände bei der mechanischen Bearbeitung von trockenem Holz mit Säge-, Fräs-, Bohr-, Hobel-, Schleif- und ähnlichen Werkzeugen entstehen. Bereits 12 g derartigen Holzstaubs in einem Kubikmeter Luft sind gefährlich /8-31/.

Eine häufige Brandursache in Holzspänesilos sind glimmende Holzteilchen aus Bearbeitungsmaschinen, die durch die Verwendung ungeeigneter, stumpfer oder verharzter Werkzeuge und durch falsche Schnittgeschwindigkeiten entstehen. Außerdem können bereits einzelne Funken brand- bzw. explosionsauslösend sein. Funken entstehen beispielsweise in Zerkleinerungsmaschinen, wenn Fremdkörper im Holz vorhanden sind (z. B. Steine oder Nägel), oder durch Reibung von Abdeckungen und Schutzvorrichtungen mit rotierenden Werkzeugen. Auch Fremdkörper in pneumatischen Fördersystemen oder elektrostatische Aufladungen sind hier als funkenauslösend zu nennen. Hinzu kommt die Entzündung durch Funkenflug beim Schweißen oder Trennschneiden, durch fehlerhafte elektrische Installationen und durch nicht geschützte Beleuchtungskörper in Lagerräumen. Auch in kleineren Pelletlagerräumen bei einem Endverbraucher sollten ggf. notwendige Beleuchtungen daher in Explosionsschutzausführung verwendet werden. In der Nähe derartiger Lager- oder Umschlagsorte mit Staubentwicklung sollte außerdem ein generelles Rauchverbot herrschen, worauf durch entsprechende Beschilderung deutlich hinzuweisen ist. Dem Explosionsrisiko kann durch regelmäßige Kontrolle und Wartung der Maschinen und Werkzeuge, der Ventilatoren, Beschickungseinrichtungen aber auch durch Schutzeinrichtungen wie Zellradschleusen, Brandabschlüsse, Funkenerkennungs- und Löschanlagen vorgebeugt werden. Um Zündungen durch Entladung von statischer Elektrizität zu vermeiden, müssen die metallischen Anlageteile einer Lagereinrichtung (Zyklone, Filter, Förderleitungen u. ä.) durch elektrische Leiter verbunden und geerdet sein. Transportgebläse sind außerdem in einer für explosive Stoffe geeigneten Schutzklasse zu verwenden.

Gesundheitliche Risiken. Risiken für die menschliche Gesundheit gehen vor allem von den Pilzsporen aus, die sich bei der Lagerung bilden können und die bei der Manipulation des Brennstoffs (d. h. bei Um- bzw. Auslagerungsvorgängen) in die Atemluft gelangen können. Sie sind Auslöser für drei Arten von Gesundheitsschäden, die Mykosen, Mykoallergosen und die Mykotoxicosen.
- Bei den Mykosen kommt es zu einem Pilzwachstum am oder im Wirt (hier: dem Menschen), wobei die inneren Organe oder die Haut befallen werden können. Als besonders pathogen im Organtrakt gilt hierbei *Aspergillus fumigatus* (daher "Aspergillose").
- Mykoallergosen sind allergische Erkrankungen, die sich in Niesanfällen, Schnupfen, Husten, Durchfall, Erbrechen oder sogar asthmoider Bronchitis äußern. Sie kommen durch Kontakt der Pilzelemente mit feuchten Schleimhäuten (z. B. Atemwege) zustande. In der Reihenfolge der klinischen Wertigkeit von Schimmelpilzsensibilisierungen treten als Verursacher u. a. *Fusarien, Penicillium, Aspergillus, Aureobasidium, Alternaria* und *Mucor* auf /8-42/. Zu den bekanntesten Krankheitsbildern von Mykoallergosen in der Landwirtschaft gehört die sogenannte Farmerlunge, die durch Atemnot, Fieber und Lungenstauung gekennzeichnet ist und häufig von Pilzsporen aus fehlgelagertem Heu verursacht wird. Hierfür werden vor allem *Aktinomyceten* (Strahlenpilze) verantwortlich gemacht.

– Bei den Mykotoxicosen handelt es sich um eine Vielfalt von Vergiftungserscheinungen durch Giftstoffe (Mykotoxine), die im Stoffwechsel der Pilze entstehen. Diese Vergiftungen können in ihrer Folge zu schweren Krankheitsbildern wie Lungenkrebs, Hepatitis usw. führen. Die Toxine werden nicht nur über die Nahrungsmittel aufgenommen, sondern können auch an Staubpartikeln angelagert sein, die vom Menschen eingeatmet werden.

Zur Vermeidung von Erkrankungen sind – neben der Behinderung des Pilzwachstums – sekundäre Schutzmaßnahmen möglich und teilweise nötig. Hierzu zählen u. a. die Vermeidung von Luftbewegungen, die Mechanisierung und Automatisierung von Umschlagprozessen, die Ausrüstung von Fahrzeugkabinen mit Mikrofiltern und die Benutzung von Schutzhelmen mit mikrofiltrierter Atemluft.

Entmischung und Feinabrieb. Transport- und Umschlagprozesse beim Ein- und Auslagern schüttfähiger Brennstoffe können zur Entmischung und damit einer Separierung verschiedener Brennstofffraktionen führen. Hiervon sind primär solche Materialien betroffen, die sich durch ein weites Spektrum bei der Länge und der Dichte der Partikel auszeichnen (d. h. der Korngrößenverteilung). Besonders gefährdet sind beispielsweise gehäckseltes Getreideganzpflanzenmaterial oder Pellets mit einem hohen Feinanteil.

Auch Holzhackgut kann sich während der Lagerung in seinen physikalischen Eigenschaften verändern; beispielsweise nimmt der Feinanteil (5 bis 16 mm) und vor allem der Feinstanteil (unter 5 mm) bei einer Langzeitlagerung über 12 Monate zu /8-28/. Dies ist größtenteils auf Veränderungen der anhaftenden Rinde zurückzuführen, die sich mit zunehmender Lagerdauer vom Holz löst bzw. zerfällt.

8.2.3 Lagerungstechniken

Biomasse kann mit Hilfe einer Vielzahl unterschiedlicher Verfahren und Techniken gelagert werden. Nachfolgend werden wesentliche Systeme dargestellt und diskutiert. Dabei wird unterschieden zwischen einer Bodenlagerung im Freien, einer Lagerung in Gebäuden und einer Kurzzeitlagerung an der Konversionsanlage.

8.2.3.1 Bodenlagerung im Freien

Die Biomasse kann auf einer geeigneten Fläche im Freien gelagert werden. Hierbei werden Lager ohne und mit Witterungsschutz unterschieden.

Bodenlagerung ohne Witterungsschutz. Eine Lagerung auf Freiflächen ist in der Praxis beispielsweise bei unaufbereitetem Holz und bei Rinde weit verbreitet. Dabei sollte sichergestellt werden, dass Sekundärverschmutzungen des Lagergutes möglichst nicht auftreten; das Gleiche gilt für eine mögliche Wiederbefeuchtung. Während grobstückige Brennstoffe (z. B. Scheitholz, Ballen) auf Holzplanken, Paletten oder trockenem Kiesboden gestapelt werden können, sind Schüttgüter nach Möglichkeit stets auf einem befestigten und gegen Feuchtezutritt geschützten Untergrund zu lagern. Erfolgt die Beschickung und Entnahme mit Hilfe von Fahrzeugen (z. B. Frontlader, Radlader), ist zusätzlich eine belastbare Bodenplatte (z. B. Beton, Asphalt, Verbundsteinpflaster) erforderlich. Alternativ können hierfür auch Holzkonstruktionen in Frage kommen; beispielsweise haben sich bei der Lagerung von Grobhackgut in Gebäuden Lagerböden aus hohl liegenden Rundhölzern bewährt, da über den Spalt zwischen den Hölzern der Trocknungsprozess – z. B. durch die natürliche Thermik des Selbsterwärmungsprozesses – beschleunigt werden kann (Kapitel 8.4.2.1).

Bodenlagerung mit Witterungsschutz. Aufbereitete Brennstoffe sollten möglichst nicht ohne Regenschutz im Freien lagern. Das gilt beispielsweise auch für stückiges Brennholz, das – je nach Lagerbedingungen – den geforderten lufttrockenen Zustand (ca. 12 bis 20 % Wassergehalt) erst nach einer 0,5- bis 2-jährigen Lagerdauer erreicht (Kapitel 8.4.2.1). Auch muss – vor allem bei bereits abgetrockneten Brennstoffen – eine Wiederbefeuchtung weitgehend verhindert werden. Dies ist entweder durch eine mobile Abdeckung (z. B. Plane) oder eine fest installierte Überdachung möglich; Letztere sollte entweder einen natürlichen Luftzutritt oder eine Zwangsbelüftung erlauben, damit die im Lager entstehende Wärme und die feuchte Luft abgeführt werden können.

Stückige Lagergüter (Scheitholz), die noch nicht ausreichend getrocknet sind, sollten an einer windexponierten Fläche mit geringer Luftfeuchtigkeit lagern (z. B. Lagerung am Waldrand anstatt im Wald). Bei noch trocknenden Holzstapeln sollte der Abstand zu Gebäudewänden mindestens ca. 10 cm betragen (Abb. 8.4); hier ist die sonnenzugewandte Seite zu bevorzugen.

Als Abdeckungen können verschiedene Materialien eingesetzt werden. Hierzu zählen z. B. Dachpappen oder Eindeckmaterialien aus Profilblech für Holzstapel. Bei Verwendung dünner Kunststoffplanen wird die Abdeckung eines Stapels sinnvollerweise haubenartig ausgeführt, indem die Plane an den Kanten des Stapels nach unten um ca. 20 bis 30 cm abknickt, damit sie mit einer Holzlatte festgenagelt werden kann. Die Seiten des Stapels müssen dabei aber weitgehend offen bleiben, um die Durchlüftung nicht zu behindern.

Für Schüttguthaufen oder Halmgutballen (z. B. als Feldmieten) können ebenfalls Kunststoffplanen verwendet werden. Bei der Verwendung gasdichter Materialien (z. B. Plastikplanen) zur vollständigen Abdeckung ist allerdings kaum eine Reduzierung des Wassergehaltes möglich. Auch die Verwendung von gasdurchlässigen Geweben (z. B. semipermeable Tarpaulin-Planen) bringt keine befriedigenden Ergebnisse; hier kommt es lediglich zu einer unerwünschten Umverteilung des Wassergehaltes im Haufwerk, da

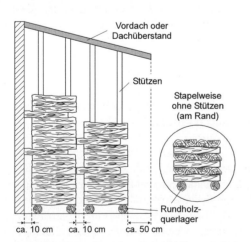

Abb. 8.4 Stapelung von Scheitholz an Gebäudewand (ab ca. 0,5 m Scheitlänge)

im Innern der Schüttung zwar eine Trocknung stattfindet, gleichzeitig aber auch eine Anreicherung bis zur Wassersättigung im Randbereich erfolgt /8-18/.

Alternativ zu solchen Lösungen können auch spezielle Einwegplanen auf Papier-Bitumen-Basis mit Verstärkungsgewebe eingesetzt werden. Derartige Materialien eignen sich auch zur Abdeckung von unaufbereitetem Durchforstungsholz oder Schlagabraum im Wald, wenn diese für die Lagerung in ca. 2 bis 3 m hohen Wällen aufgestapelt werden /8-41/. Hier erfolgt dann die Abdeckung mechanisiert durch entsprechende Fahrzeuge mit Ausleger und Abrollvorrichtungen. Dabei wird aber nur die Wallkrone in einer Breite von ca. 3 m bedeckt, während die Seiten für den Luftzutritt (Windbewegung) zur weiteren Trocknung des Materials offen bleiben. Ein Vorteil derartiger Einwegplanen ist, dass die Abdeckung am Ende der Lagerung zusammen mit dem Holz zerkleinert und energetisch genutzt werden kann.

8.2.3.2 Lagerung in Gebäuden

Im Vergleich zu der Verwendung von beweglichen Abdeckungen bietet die Lagerung in Gebäuden einen deutlich verbesserten Witterungsschutz bei gleichzeitig geringerem Arbeitszeitbedarf für die Ein- und Auslagerung. Hierbei kann grundsätzlich die gesamte Vielfalt der gewerblichen bzw. landwirtschaftlichen Bauformen genutzt werden; dies gilt insbesondere auch für die Verwendung von landwirtschaftlichen Altgebäuden /8-13/.

Hallen. Neben der Nutzung ggf. vorhandener Gebäude kommt z. B. auch die Errichtung einfacher Rundholzbergehallen in Frage (Abb. 8.5), bei denen für den Gebäuderahmen entrindete, ansonsten aber unbearbeitete Rundhölzer verwendet werden. Kann – wie bei der Ballenlagerung – auf eine massive Bodenplatte verzichtet werden, sind hierfür Punktfundamente ausreichend. Derartige Gebäude sind – je nach relevanter Landesbauordnung – innerhalb bestimmter Abmessungen genehmigungsfrei.

Grundsätzlich ist dabei zu beachten, dass bei Brennstoffen mit einem relativ hohen Wassergehalt ein größtmöglicher Luftzutritt sichergestellt ist, um einer Kondenswasserbildung und den daraus möglicherweise resultierenden Gebäudeschäden vorzubeugen. Für Schüttgüter ist außerdem eine Umhausung des Gebäudes und ggf. eine Aufteilung des Gebäudegrundrisses erforderlich, die den jeweiligen Anforderungen an eine ausreichende Seitendruckstabilität genügen. Beispielsweise werden die auftretenden Wandlasten nach DIN 1055 /8-6/ primär durch die Schüttdichte und den inneren Reibungswinkel der Biomasse bestimmt. Behelfsweise kann auch der Böschungswinkel (des Biomasse-Schüttkegels) bei der Auslegung herangezogen werden; bei einem geringen Böschungswinkel ist die auftretende Wandlast tendenziell höher als bei einem hohen. Im Einzelnen werden für den Böschungswinkel der verschiedenen Schüttgüter die folgenden Orientierungswerte genannt /8-30/, /8-45/, /8-47/:

- Grobhackgut   39 bis 46°
- Feinhackgut   41 bis 45°
- Pellets (zylindrisch, $\varnothing = 10$ bis 20 mm)   32 bis 35°
- Briketts (zylindrisch, $\varnothing = 60$ bis 70 mm)   ca. 37°

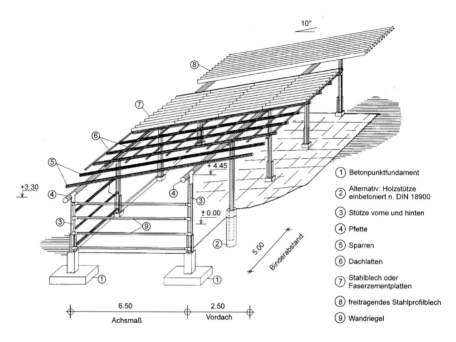

Abb. 8.5 Rundholz-Pultdachhalle mit Rundholzverbindern /8-43/

- Sägemehl ca. 36°
- Getreidekörner ca. 30°

Der Böschungswinkel der Schüttgüter steigt in der Regel mit zunehmendem Wassergehalt bis 40 % an; das gilt auch bei zunehmender Brückenbildungsneigung /8-30/ (Kapitel 9.1).

Behälter. Schüttgüter können auch in Flachlagerzellen oder Hochbehältern (Rund- oder Viereck-Silos) gelagert werden (Abb. 8.6). Derartige Behälter werden in vorhandenen Gebäuden oder – mit einer entsprechenden Bedachung – im Freien aufgestellt. Sie bestehen meist aus Holz, Kunststoff oder Metall; bei Letzterem handelt es sich überwiegend um Wellblechkonstruktionen, die ab einer Höhe von rund 5 m mit Seitenstützen verstärkt werden /8-6/. Der Einbau von Belüftungssystemen zur Kühlung und/oder Trocknung (z. B. für empfindliche Materialien wie Getreide) ist hierbei leicht möglich. Die Befüllung derartiger Hochbehälter kann pneumatisch oder mit mechanischen Fördersystemen erfolgen (vgl. Tabelle 8.6 in Kapitel 8.2.4.2). Bei der Entnahme kann auf ein spezielles Austragssystem verzichtet werden, wenn es sich um leicht rieselfähige Biomasse handelt (z. B. Holzpellets, Getreidekörner, Rapssaat) und ein trichterförmiger oder ein Schrägboden-Auslauf vorhanden ist. Dieser übergibt das Lagergut in der Regel auf eine Schnecke oder in eine Luftstromförderung. Andernfalls werden die in Kapitel 8.2.4.1 (Tabelle 8.4) dargestellten Austragssysteme verwendet (z. B. Drehschneckenaustrag, Schubbodenaustrag).

8.2 Lagerung

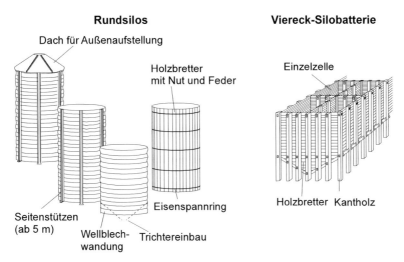

Abb. 8.6 Hochbehälterbauformen als Rundsilos oder Viereck-Silobatterie (Hochlagerzelle) mit Schrägauslauf (nach /8-46/)

Hochbehälter können auch mit flexiblen Wänden ausgeführt sein; dann wird ein großvolumiger, gewebeverstärkter Kunststoff-Schlauch in einem entsprechenden Stahlgerüst, das im Wesentlichen aus einem quadratischen Spreizrahmen besteht, aufgehängt (z. B. Trevira Silos). Derartige Silos werden in Größen bis ca. 2,5 x 2,5 m und bis zu 5 m Höhe angeboten. Der Vorteil dieser Lagerart, die ausschließlich für fließfähige trockene Güter in Frage kommt, liegt in der atmungsaktiven Silowand und der Möglichkeit, dass bei der Siloentleerung eventuell gebildete Brennstoffbrücken und -schächte manuell durch Verformung der Silowand von außen leicht gelockert werden können. Solche Hängesilos bieten sich deshalb z. B. für eine Lagerung von Holzpellets an.

Bei Lagerung von Getreide und Ölsaaten gelten erhöhe Anforderungen an die genannten Behälterformen. Die Oberflächen und Böden der Lagerbehälter sollten möglichst glatt und hygienisch einwandfrei sein, Ritzen sind zu vermeiden. Dadurch wird eine einfache effiziente Reinigung der Lagerbehälter ermöglicht. Der Boden von erdnahen Lagerbehältern muss isoliert sein, damit ein Feuchteübergang vermieden wird. Außerdem sind Belüftungskanäle vorzusehen. Bei großen Flachlagerzellen ist eine Chargentrennung oft nur schwer möglich ist. Deshalb – und wegen der Hygienevorteile und dem erleichterten Lagermanagement – sind Hochlagerzellen meist vorteilhafter.

Die ggf. notwenige Kühlung der Körner und Ölsaaten kann über die Lagerbelüftung mit kalter Nachtluft erfolgen, häufig ist dies jedoch nicht ausreichend, so dass ein Kühlaggregat zum Wärmeentzug eingesetzt werden muss. Fest eingebaute Temperaturfühler mit elektronischer Datenübermittlung erleichtern die Temperaturüberwachung im Lager /8-35/. Bei den Saatfördereinrichtungen ist darauf zu achten, dass die Saat vor allem bei der Einlagerung nicht beschädigt wird. Für die exakte Mengenerfassung und Durchsatzbestimmung der weiterverarbeitenden Prozesse (z. B. Ölpresse) ist es vorteilhaft, eine Durchlaufwaage einzubauen.

8.2.3.3 Kurzzeitlagerung

Durch eine Kurzzeitlagerung, die meist am Standort der Konversionsanlage stattfindet, wird die Brennstoffversorgung auch an anlieferungsfreien Tagen (z. B. Wochenende, Feiertage) für zumindest 3 bis 7 Tage sichergestellt. Zusätzlich kann – je nach örtlichen Gegebenheiten und Logistikkonzept – eine Brennstoffbevorratung auch für einen größeren Zeitraum sinnvoll sein.

Auch für Lager an der Konversionsanlage gelten die bereits dargestellten Bedingungen und Anforderungen an die Lagergestaltung. Dies trifft insbesondere dann zu, wenn derartige Brennstofflager nicht nur die Betriebsbereitschaft der Anlage sicher stellen sollen (Kurzzeitlager), sondern – z. B. bei Kleinanlagen –

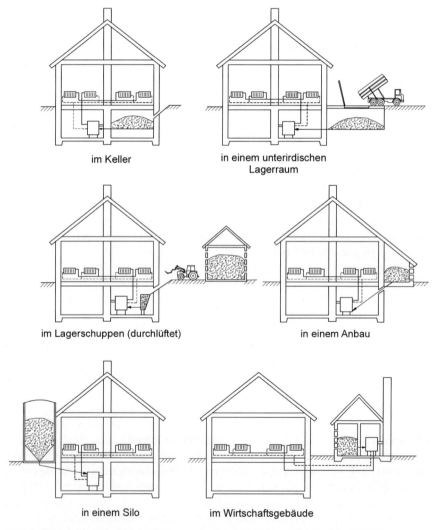

Abb. 8.7 Varianten der Brennstoffbevorratung an der Konversionsanlage /8-15/

gleichzeitig auch das saisonale Lager selbst darstellen und somit kein weiterer Umschlag vorgesehen ist.

Abb. 8.7 zeigt verschiedene Lagervarianten in ihrer funktionalen Verknüpfung mit der Konversionsanlage; dabei lassen sich die in diesen Beispielen dargestellten Anordnungen prinzipiell auch auf größere Anlagenleistungen übertragen. Demnach kann der Brennstoff an der Konversionsanlage z. B. in einem oberirdischen Rundsilo (oberhalb oder neben einem Kessel), in einer oberirdischen Lagerhalle (neben einem Kessel) oder in einem unterirdischen Lagerraum gelagert werden. Zusätzlich ist auch der Einsatz von Wechselcontainern (ca. 32 m^3 Inhalt) mit integriertem Schubboden möglich.

- Bei kleineren Anlagen (bis etwa 1 MW thermischer Leistung) wird der Brennstoff aufgrund der einfacheren Austragung meist im oder neben dem Kesselraum in einem Standardbehälter bevorratet. Für den Vorgang der Brennstoffeinlagerung bestehen unterschiedliche technische Lösungen. Bei unterirdischen Lagern ist eine direkte Befüllung vom Transportfahrzeug durch Abkippen möglich (z. B. durch die Füllöffnung eines befahrbaren Deckels oder eines niedrigen Einfüllschachtes mit hydraulischem Deckel). Stationäre Lagereintragssysteme können hier bei kleineren Anlagen meist entfallen. Ist dies nicht möglich (d. h. oberirdische Lager), wird der Brennstoff nach dem Abkippen manuell oder mechanisch in das Lager befördert.
- Bei kleinen bis mittleren Anlagenleistungen bis etwa 2 MW dienen dazu häufig Rad- und Frontlader (Kapitel 8.2.4.1).
- Bei größeren Anlagen wird das Lager dagegen meist automatisch befüllt. Dazu ist neben dem Lager eine Abladegrube bzw. -mulde vorzusehen, in die der Brennstoff vom Lieferfahrzeug abgekippt wird. Über Förderbänder, Schnecken, Kratzkettenförderer, Krananlagen und andere Einrichtungen wird er dann in das Lager befördert (Kapitel 8.2.4.2).

Zur besseren Auslastung von oberirdischen oder unterirdischen Lagerräumen an der Konversionsanlage werden gelegentlich Verteilsysteme für den Brennstoff verwendet, mit denen auch entfernte Lagerräume ausgefüllt werden können. Über horizontale Fördersysteme (z. B Kratzkettenförderer, Schubstangen mit Querstreben) wird der Brennstoff über die bereits vorhandene Brennstoffschüttung transportiert und an der gewünschten Position abgeworfen (Abb. 8.8). Andere Systeme arbeiten mit Wurfeinrichtungen (Schleuderräder), die den kontinuierlichen Gutstrom möglichst gleichmäßig im Lager verteilen. Noch höhere Füllgrade werden bei pneumatischer Befüllung erreicht (z. B. bei der Holzpellet-Anlieferung mit Pumpwagen; vgl. Abb. 8.1). Derartige Systeme erhöhen allerdings die Abladezeit.

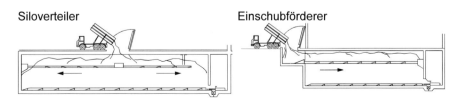

Abb. 8.8 Systeme zur Verteilung des Brennstoffs im Lager (nach /8-34/)

8.2.4 Lagerbeschickung

Allen Lagersystemen gemeinsam ist die Notwendigkeit der Ein- und Auslagerung sowie der Förderung des zu lagernden Materials. Die hierfür eingesetzten Techniken werden nachfolgend diskutiert.

8.2.4.1 Lagerein- und -austragssysteme

Für die automatisierte Beschickung bzw. Entnahme des Brennstoffs aus dem Lager werden entsprechende Lagerein- und -austragssysteme eingesetzt, die je nach Größe, Lagerart, Form und Brennstoff unterschiedlich konzipiert sein können. Sie werden nachfolgend beschrieben und – mit Ausnahme der Fahrzeuge – in Tabelle 8.4 zusammengestellt.

Ladefahrzeuge. Eine Lagerbeschickung und -entnahme erfolgt häufig durch entsprechende Ladefahrzeuge. Im landwirtschaftlichen Bereich wird dabei bevorzugt auf den Schlepper als Grundgerät zurückgegriffen; das gilt vor allem für Stapelgut

Tabelle 8.4 Merkmale und Kenndaten ausgewählter automatischer Lageraustragssysteme

Austragssystem	Lagergrundriss	Lagergröße	Art des Lagergutes	max. Lagerhöhe in m	max. Leistung in m³/h
Schrägboden/Trichterauslauf	rund, eckig	Ø 4 m	Körner, Pellets (Brennstoffe mit guten Fließeigenschaften)	> 20	variabel
Blattfederrührwerk	rund, eckig	Ø 1,5 bis 4 m	feine/mittlere Hackschnitzel (rieselfähig)	6	3
Konusschnecke	rund (eckig)	Pendelwirkdurchmesser 2 bis 5 m	trockene, feine bis mittlere Hackschnitzel, bis ca. 50 mm Länge	10	5
Dreh- oder Austragsschnecke	rund (eckig)	Ø 4 bis 10 m	feine bis mittlere Hackschnitzel bis 100 mm Länge, Späne	20	50
Austragsfräse	rund	Ø 3 bis 6 m	feine bis grobstückige Brennstoffe, Späne, Rinde (geringe Fließfähigkeit)	20	40
Schubboden	rechteckig, länglich	keine Begrenzung (mehrere Schubböden parallel)	leichte bis schwerste Güter, auch sehr grob (bis ca. 600 mm Länge)	10	20
Wanderschnecke	rechteckig	max. 6 x 12 m	leichte bis schwerste Güter, auch sehr grob (bis ca. 300 mm Länge)	15	100
Kran	beliebig	variabel	Schüttgut, Ballen (keine Beschränkungen)	je nach Hubhöhe	variabel

8.2 Lagerung

wie z. B. Halmgutballen. Zusätzlich oder alternativ können jedoch auch Spezialfahrzeuge (z. B. Gabelstapler, Radlader) eingesetzt werden. Die hierbei üblichen Hubhöhen sind nachfolgend zusammengestellt:
- Frontlader mit Zinken-/Palettengabel   3 bis 4 m
- Frontlader mit Spezialhubgerüst   bis 6 m
- Schlepperanbaukran   4 bis 8 m
- Teleskoplader   4,5 bis 13 m
- Gabelstapler   3 bis 7 m
- Radlader (ohne/mit Hochkippausführung)   bis 4 bzw. 6 m

Bei Verwendung von Schaufeln liegt die freie Abwurfhöhe um ca. 0,7 m niedriger als die genannte Hubhöhe. Der Schaufelinhalt bei Front- und Radladern liegt meist zwischen 0,5 und 3 m^3. Radlader können bei extrem großvolumigen Schüttgütern auch mit Schaufelgrößen von bis zu 12 m^3 ausgerüstet werden.

Die maximalen Hubhöhen lassen sich allerdings meist nur bei reduzierter Hublast oder auf befestigtem Untergrund ausnutzen. Daher sind beispielsweise Gabelstapler wegen ihres engen Spurabstands und des meist kleineren Raddurchmessers nur eingeschränkt im Außenbereich einsetzbar.

Neben der Hubhöhe kommt es bei Stapelarbeiten auch auf die Überladeweite an. Hier bietet der Teleskoplader die größten Vorteile unter den selbstfahrenden Arbeitsmaschinen /8-9/. Mit Gabelstaplern kann dagegen fast keine Überladeweite erzielt werden. Front- und Radlader nehmen hierbei eine Mittelstellung ein.

Blattfederrührwerke. Bei Hochbehältern, die vor allem bei kleineren und mittleren Konversionsanlagen zum Einsatz kommen, werden vorgefertigte Silo-Unterbau-Austragseinrichtungen eingesetzt (Abb. 8.9). Um Förderunterbrechungen durch Brückenbildung (Kapitel 9.1) zu vermeiden, wird dabei ein möglichst großer Entnahmequerschnitt angestrebt. Das wird beispielsweise durch Blattfederrührwerke erreicht, bei denen sich ein Blattfederpaar im Falle einer Hohlraumbildung am Siloboden entspannt und während der Rührarbeit radial ausbreitet. Dadurch werden auch weiter außen liegende Brennstoffschichten gelockert und ausgetragen, bis die hohl liegende Schüttung von oben nachrutscht. Unterhalb der Rotationsebene der Blattfedern verläuft die Entnahmeschnecke, die sich in einem nach oben offenen Bodenschacht befindet. Die Austragsebene ist entweder waagerecht oder als schiefe Ebene angeordnet, je nach dem, wie der Zugang für Wartung oder Reparatur an den beweglichen Teil realisiert wird.

Drehschnecken, Konusschnecken, Austragsfräsen. Die gleiche Funktion wie der Blattfeder-Schneckenaustrag erfüllen auch Dreh- oder Konusschnecken (Abb. 8.9). Erstere bewerkstelligen neben der Lockerungsarbeit auch den radialen Transport beispielsweise der feuchten oder trockenen Hackschnitzel zum zentralen Entnahmepunkt. Letztere arbeiten dagegen in geneigter Stellung und erfüllen eher eine Rührwerksfunktion für den selbsttätig nachrutschenden, meist trockenen Hackschnitzelbrennstoff. Der Wirkdurchmesser dieser auch als Pendelschnecke bezeichneten Rühreinrichtung kann bei 2 bis 5 m liegen. Bei rechteckigen Siloquerschnitten besteht bei diesen Austragssystemen jedoch der Nachteil, dass der Lagerraum nie vollständig entleert werden kann.

304   8 Transport, Lagerung, Konservierung und Trocknung

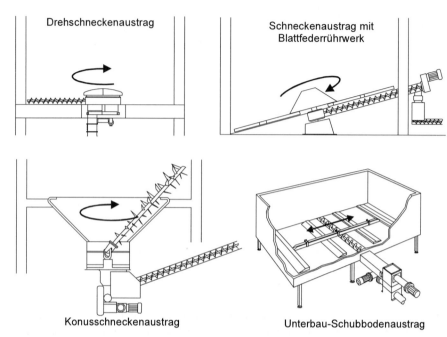

Abb. 8.9 Silo- und Raumaustragssysteme für quadratische und runde Lagerquerschnitte bei kleineren und mittleren Lagergrößen

Dreh- oder Austragsschnecken sind am äußeren Grat der Schneckenwendel meist mit Mitnehmern bestückt, die das Lockern und Ablösen des Brennstoffs aus dem Materialverbund im Lager unterstützen. Für besonders hohe Förderleistungen werden auch Schneckenpaare verwendet, die den Brennstoff von zwei Seiten her zum Drehpunkt hin fördern. Bei sperrigen, großstückigen oder vernetzten Materialien kann anstelle einer Drehschnecke auch eine Austragsfräse verwendet werden.

Solche Austragsfräsen, aber auch Dreh- und Konusschnecken, werden häufig mit einem stufenlos regelbaren Elektromotor angetrieben. Der Antrieb der Vorschubbewegung erfolgt meist hydraulisch.

Schubböden. Im Unterschied zu den genannten Techniken decken Schubbodenausträge (Abb. 8.10) den gesamten (rechteckigen) Lagerbodenbereich ab. Sie besitzen eine oder mehrere Schubstangen mit Mitnehmern, die horizontal vor- und zurückbewegt werden. Sie werden mit Hydraulikzylindern angetrieben, die außerhalb des Lagerraums arbeiten. Durch die keilförmige Form der Mitnehmer wird der Brennstoff in Richtung einer stirnseitig oder mittig verlaufenden Querrinne geschoben, in der sich z. B. ein Schnecken- oder Kettenförderer befindet (vgl. Tabelle 8.6), der den Brennstoff dann zur Konversionsanlage transportiert. Idealerweise werden die Schubstangen gemeinsam in Förderrichtung bewegt und einzeln zurückgeführt; dadurch verringern sich die Schubkräfte der Schubstangen.

Schubböden zeichnen sich u. a. durch hohe Betriebssicherheit und Unabhängigkeit von Form und Größe des Brennstoffs aus. Sie werden vor allem als stationäre Einbauten in größeren meist aus Stahlbeton errichteten Brennstofflagern verwen-

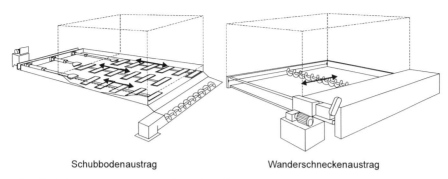

| Schubbodenaustrag | Wanderschneckenaustrag |

Abb. 8.10 Lageraustragssysteme für rechteckige Lagerraum-Grundflächen

det; Gebäudefundamente und Wände müssen hierbei für die Aufnahme der hohen Kräfte entsprechend massiv ausgeführt werden. Das Schubbodenprinzip wird aber auch in vorgefertigten Unterbauten für kleinere Hochlager (vgl. Abb. 8.9) oder in Wechselcontainern eingesetzt.

Wanderschnecken. Auch Wanderschneckenausträge decken den rechteckigen Lagerboden vollständig ab (Abb. 8.10). Sie bestehen aus vorderen und hinteren Schneckenkästen, die durch Profilleisten auf Abstand gehalten werden und den Schneckenrahmen bilden. In diesem Rahmen wandert eine Schnecke oder ein gekoppeltes Schneckenpaar horizontal hin und her; der Vorschub der Schnecke kann z. B. über eine Zugkette oder eine Zahnstange realisiert werden. Durch einen hydraulischen Antrieb werden die Schnecken in Rotation versetzt; dadurch wird der Brennstoff in einen quer verlaufenden Schneckentrog gefördert, von wo aus er – wie beim Schubboden – zur Konversionsanlage transportiert wird.

Die Entnahme mit einer offenen Schnecke ist allerdings wegen der über die gesamte Schneckenlänge auftretenden Reibung relativ energieaufwändig. Daher kann die Wanderschnecke auch mit einem gelochten Rohr umkleidet und geschützt sein, wobei auch das Rohr angetrieben wird. Das Material tritt über Öffnungen, die gleichmäßig über den Rohrumfang verteilt sind, in das Rohrinnere ein. Beim anschließenden Schneckentransport im Rohrinneren treten Scherbelastungen kaum noch auf.

Krananlagen. Bei größeren Anlagenleistungen werden auch stationäre Krananlagen eingesetzt, die den Brennstoff vom Zwischenlager aus mit Greifern oder Schaufeln zum Teil vollautomatisch in den Kurzvorratsbunker befördern. Von hier aus wird der Brennstoff mit kontinuierlichen Fördersystemen zur Konversionsanlage transportiert. Der Kran ist bei Störungen leicht zugänglich und stellt nur geringe Anforderungen an die Beschaffenheit des Brennstoffs.

Krananlagen kommen auch für Halmgutbrennstoffe (als Großballen) ab ca. 1 MW Feuerungswärmeleistung zur Anwendung. Dazu müssen die Ballen bei vollautomatischen Systemen bei der Einlagerung systematisch auf markierten Feldern abgestellt werden, von denen sie der Hallenkran aufnehmen kann.

Soll loses oder gehäckseltes Stroh verwendet werden, muss der Ballen mit einem Häcksler oder einem Ballenauflöser (Kapitel 7) zerkleinert werden. Diesem

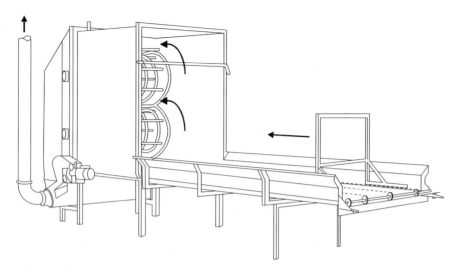

Abb. 8.11 Ballenaustrag mit Strohbahn, Ballenauflöser und pneumatischer Strohabfuhr (nach /8-27/)

ist eine Strohbahn vorgelagert, die z. B. ebenfalls von einem Kran beschickt werden kann. Die Strohbahn ist vollständig oder auch nur an ihrem Ende meist als Kettenfördereinzug ausgeführt. Häufig wird der Auflagebereich vor dem Einzug als Rollboden gestaltet, auf dem die Ballen mit Hilfe eines leichten Gefälles selbsttätig nachschieben. Der Weitertransport des aufgelösten Strohs erfolgt dann mit Schnecken oder pneumatisch (Abb. 8.11).

8.2.4.2 Fördersysteme

Bei der Förderung von Biomasse wird zwischen pneumatischen und mechanischen Systemen unterschieden. Während erstere als Transportmedium einen Luftstrom verwenden, kommt bei allen übrigen Förderarten ein mechanisches System zum Einsatz, welches das Fördergut entweder durch Berührung mitreißt (z. B. Schnecken, Schieber) oder ohne Schlupf und ohne Reibung transportiert (z. B. Förderband, Becher) bzw. durch Schwingungen der Transportebene einen Vorwärtsimpuls ausübt (z. B. Schwingförderer).

Häufig im praktischen Einsatz sind – insbesondere bei kleineren Leistungen – vor allem Schnecken, die sowohl zur Lagerbeladung und -entnahme als auch zur Beschickung der Konversionsanlage verwendet werden. Der Förderdurchsatz ist dabei unter anderem von der Neigung der Förderstrecke abhängig; sie bestimmt die Füllhöhe zwischen den Schneckenwindungen. Feinere Materialien (Pellets, Körner) neigen bei Gefällestrecken zudem zum Zurückrieseln (Schlupf), was ebenfalls die Förderleistung mindern kann. Die Merkmale von Förderschnecken sind in Tabelle 8.5 zusammengestellt. Die übrigen Systeme mit ihren Einsatzbereichen zeigt Tabelle 8.6.

8.2 Lagerung

Tabelle 8.5 Bauart und Verwendung von Schneckenfördersystemen (teilweise nach /8-46/)

Bauart	Merkmal bzw. Einsatzzweck
Trogschnecke	– U-förmiger Querschnitt, nach oben flach, Deckel abnehmbar – für horizontale oder leicht geneigte gerade Förderstrecken – Einsatz für feine bis grobe homogene Schüttgüter (ohne Überlängen)
Rohrschnecke	– Bauart wie Trogschnecke, aber runder Förderquerschnitt (Rohr) – für horizontale oder leicht geneigte gerade Förderstrecken – Einsatz für trockene, leicht rieselfähige Güter (Pellets, Körner)
achsenlose Förderspirale	– Ausführung der Förderwendel als achsenlose Spirale (daher auch "seelenlose Schnecke") – für gebogene Förderwege – Einsatz für trockene, leicht rieselfähige Güter (Pellets, Körner)

Je nach Art der Förderung wird das Fördergut unterschiedlich starken Belastungen ausgesetzt. Diese sind bei Kratzkettenförderern oder Schnecken erheblich größer als bei Elevatoren oder Förderbändern. Bei pneumatischen Systemen kann außerdem noch der Effekt der Prallbeanspruchung in Rohrwinkeln oder beim Aufprall gegen eine Prallplatte mit Geschwindigkeiten von bis zu 80 km/h hinzukommen. Dies ist vor allem bei bruchempfindlichen Brennstoffen (z. B. Pellets) zu berücksichtigen.

Die unterschiedlichen Systeme werden oft miteinander kombiniert. Dabei lassen sich beispielsweise auch Sternsiebe einsetzen, die im weiteren Sinn ebenfalls zu den Fördersystemen gerechnet werden, da sie nach dem Abscheiden von Feinanteilen einen großen Teil der Biomasse horizontal weiterfördern (Kapitel 7).

Tabelle 8.6 Bauart und Verwendung von Fördersystemen (außer Schnecken) (teilweise nach /8-46/)

Bauart	Merkmal bzw. Einsatzzweck
Kratzkettenförderer	– für horizontale bis stark geneigte gerade Förderstrecken – wird auch als Siloverteiler oder in Annahmegruben eingesetzt – für alle Schüttgüter – geringer Leistungsbedarf
Vibrorinne (Schwingförderer) Antrieb, Schwingarm	– nur horizontale, gerade Förderstrecken – Kombinationsmöglichkeit mit Siebstrecke zur Abscheidung von Überlängen bzw. Feinmaterial – für alle Schüttgüter
Kettenrundförderer Kette, Mitnehmer	– nur waagerechte Förderung – viele Abnahmestellen möglich – gerade und gebogene Förderstrecken – für gut rieselfähige Schüttgüter (Pellets, Getreidekörner, Rapssaat)
Förderband Auslauf, Antrieb und Bandspannvorrichtung	– für horizontale oder (bei profiliertem Gurt) leicht geneigte gerade Förderstrecken – für alle Schüttgüter – geringer Leistungsbedarf
Becherelevator Becher, Gurt	– nur senkrechte Förderung – für leicht rieselfähige Schüttgüter (mit geringem Risiko von Staubexplosionen) Variante "Kettenelevator": – anstelle von Riemenscheiben werden Ketten mit Gummi-Mitnehmerscheiben verwendet
Luft, Ausblaskopf, Gut, Körnergebläse, Einfülltrichter, Dosierschieber, Injektorschleuse	– horizontale oder vertikale Förderung – auch gebogene Förderstrecken – flexibler Aufbau – für trockene Materialien (Pellets, Feinhackgut, Späne, Körner, loses Halmgut) – hoher Leistungs- und Energiebedarf – Gefahr der Staubentwicklung

8.3 Feuchtkonservierung (Silierung)

Bei der Feuchtkonservierung von Biomasse sind generell zwei Vorgehensweisen zu unterscheiden, die Konservierung durch Silierung unter Luftabschluss und die Verwendung von Konservierungsmitteln. Letztere bezeichnet die Verwendung von Zuschlagstoffen (z. B. Ameisensäure, Essigsäure), durch die die bei der Lagerung von fester Biomasse auftretenden Umsetzungsprozesse und damit letztlich auch die Schimmelbildung (z. B. bei Festbrennstoffen) verhindert werden soll. Problematisch ist hierbei jedoch u. a. die dazu notwendige gleichmäßige Applikation derartiger Konservierungsmittel /8-53/. Da auch die Handhabung solcher Stoffe aus Umwelt- und Arbeitsschutzgründen problematisch ist, hat die chemische Konservierung in der Praxis der Biomassebereitstellung bisher keine Bedeutung erlangt.

Auch bei der Silierung beruht die konservierende Wirkung vor allem auf einer starken Absenkung des pH-Wertes. Die hierfür benötigte Einsäuerung ist jedoch das Ergebnis eines Gärungsprozesses, er wird durch gezielte Gestaltung der Lagerbedingungen herbeigeführt bzw. beeinflusst. Eine solche Silagekonservierung, die mit der wachsenden Bereitstellung von Biogassubstraten von Acker- und Grünlandkulturen zunimmt, wird nachfolgend beschrieben.

8.3.1 Prinzipien und Voraussetzungen

Durch eine Silierung unter Luftabschluss wird der aerobe Stoffabbau möglichst rasch unterbunden, während gleichzeitig der anaerobe Stoffabbau durch Förderung der Milchsäuregärung so gesteuert wird, dass er energiesparend erfolgt und von selbst zum Erliegen kommt /8-35/. Das Verfahren der Silierung beruht auf einem Gärprozess, bei dem durch anaerobe Mikroorganismen (hauptsächlich Milch- und Essigsäurebakterien) organische Säuren gebildet werden, durch die der pH Wert im Lagergut typischerweise auf etwa pH 4 bis 4,5 absinkt und wodurch die Zellatmung und die Eiweißspaltung auf ein Minimum reduziert /8-46/ und vor allem anaerobe oder fakultativ anaerobe Mikroorganismen (Bakterien, Hefen, Schimmelpilze) am Wachstum gehindert werden. Die Milchsäuregärung ist damit der einzige in größerem Umfang erwünschte Stoffabbauprozess im Lagergut. Daneben werden auch kleinere Mengen Essigsäure gebildet. Unter Abwesenheit von Sauerstoff und bei einem ausreichenden Gehalt an leicht vergärbaren Zuckern (ca. 3 % in der Frischmasse /8-35/) ist der Verlust an Trockenmasse während der Lagerung vertretbar gering. Er liegt beispielsweise in einem folienabgedeckten Fahrsilo mit Maissilage bei 17 % der Trockenmasse über die gesamte Lagerdauer /8-37/. Allerdings sind diese Trockenmasseverluste nicht mit entsprechenden Einbußen bei der Methanerzeugung gleichzusetzen, da bisherige Erfahrungen zeigen, dass häufig höhere Methanausbeuten mit siliertem Material verglichen mit dem unsilierten Ausgangsmaterial erreicht werden. Dies lässt einen Aufschlusseffekt durch den Silierprozess vermuten, der durch längere Lagerzeiten verstärkt wird. Dadurch kann die Silagekonservierung auch als Vorbehandlungsschritt für die anschließende Biogasproduktion angesehen werden /8-16/.

310   8 Transport, Lagerung, Konservierung und Trocknung

Die Silierung kommt prinzipiell ohne Zuschlagstoffe aus. Bei schwierigeren Rohstoffen kann es allerdings sinnvoll sein, durch Verwendung von Siliermitteln (z. B. Milchsäurebakterien, chemische Siliermittel /8-16/) den Gärprozess in die gewünschte Richtung zu beeinflussen. Die Beimischung erfolgt meist schon während der Ernte mit dem Feldhäcksler (vgl. Kapitel 6), der mit einer entsprechenden Dosiereinrichtung ausgerüstet ist. Neben der Vermeidung von Trockenmasseverlusten bei der Silagekonservierung ist die Verwendung bestimmter Silierhilfsmittel auch mit einer Steigerung der Methanausbeute bei der Biogaserzeugung verbunden /8-16/.

Bei gegebenen Rohstoffeigenschaften (d. h. Nährstoffgehalt, vor allem wasserlösliche Kohlenhydrate) sind vor allem verschiedene technische Bedingungen für einen erfolgreichen Silierprozess zu beachten bzw. möglichst günstig zu gestalten, dies sind vor allem

- ein Wassergehalt bei der Einlagerung von ca. 55 bis 70 %,
- eine hohe Zerkleinerung der Biomasse,
- die Verdichtung im Lager (Silo),
- die Vermeidung von Luftzutritt während der Lagerung und
- die Vermeidung von Verschmutzungen.

Diese Bedingungen werden nachfolgend erläutert.

Wassergehalt. Der Mindestwassergehalt von ca. 50 % (bezogen auf die Gesamtmasse) stellt sicher, dass die im wässrigen Milieu ablaufenden Gärprozesse überhaupt eintreten können und dass eine gute Verdichtbarkeit ermöglicht wird. Kulturen oder Sorten, die zum Erntezeitpunkt zu trocken sind, scheiden daher für die Silagekonservierung aus. Andererseits soll der Wassergehalt zu Silierbeginn auch nicht zu hoch sein (maximal bis 75 %), da sonst erhebliche Mengen an Sickersaft austreten, die einerseits oberflächen- und grundwasserschonend entsorgt werden müssen und andererseits einen Verlust an vergärbarer Biomasse darstellen. Außerdem sinkt dann die Nährstoffkonzentration (d. h. wasserlösliche Kohlenhydrate) für die Milchsäurebakterien ab, wodurch das Risiko von Fehlgärungen steigt. Die bei vielen Ernteprozessen notwenige Anwelkphase, in der z. B. frisches Gras mit 80 bis 85 % Wassergehalt nach dem Schnitt durch Bodentrocknung über 1 bis 2 Tage vorgetrocknet wird, stellt somit eine Gratwanderung zwischen der oberen und der unteren Wassergehaltsgrenze dar. Da diese Prozesse zudem in einem engen zeitlichen Rahmen ablaufen, kommt es außerdem auf eine hohe Schlagkraft der eingesetzten Mechanisierungsverfahren für die Bergung und Einlagerung an.

Bei vielen grobstängeligen Kulturen scheidet aber eine Bodentrocknung (d. h. Anwelken) aufgrund der Beschaffenheit des Materials aus (z. B. bei Mais oder Hirse). Hier kommt es daher darauf an, dass der technologisch optimale Wassergehalt im Verlauf der natürlichen Abreife der Kultur eintritt. Neue, derzeit noch nicht züchterisch bearbeitete Kulturen oder auch bestimmte Maissorten, die aufgrund der hohen Lichtausnutzung bzw. Trockenheitsresistenz derzeit als Biogassubstrate untersucht werden, weisen zum üblichen Erntezeitpunkt im Herbst vielfach noch zu hohe Wassergehalte für eine Silierung auf /8-44/. Sie kommen daher trotz zum Teil hoher Massenwüchsigkeit nur bedingt für eine Biogas-Rohstoffgewinnung in Frage.

Zerkleinerung. Durch die geforderte intensive Zerkleinerung des Erntegutes wird eine hohe Dichtlagerung bzw. Verdichtbarkeit im Silo erreicht. Außerdem wird dadurch auch die spezifische Oberfläche erhöht, wodurch die Bakterien Zugang zu den leicht vergärbaren Substanzen (u. a. Zucker) erhalten und eine rasche Milchsäuregärung eintritt, durch die Fehlgärungen vermieden werden.

Verdichtung. Die geforderte Verdichtung im Silo verdrängt Luftsauerstoff und behindert einen eventuell möglichen nachträglichen Sauerstoffzutritt während der Lagerung. Sie dient somit einer besseren Haltbarkeit der Silage nach dem Öffnen des Silos und verbessert die Lagerraumausnutzung durch Volumenreduzierung. Außerdem vermindert sich das Risiko der Nacherwärmung und der Trockenmasseverluste durch biologischen Abbau.

Luftzutritt. Ein Luftzutritt sollte während der Lagerung vermieden werden, um die anaeroben Bedingungen aufrecht zu erhalten und Fäulnisbakterien keine günstigen Lebensbedingungen zu ermöglichen. Mit einem Luftzutritt kommt es zur CO_2-Bildung und somit zu erhöhten Verlusten.

Verschmutzung. Die Vermeidung von Verschmutzungen verhindert den Eintrag von Buttersäurebakterien, die zu Fehlgärungen führen können. Bei der Ernte sollte daher unter anderem auch ein allzu niedriger Mähschnitt (z. B. weniger als 6 cm Schnitthöhe bei der Grasernte) vermieden werden.

8.3.2 Silagetechniken

Die Silagekonservierung stellt ein in der Landwirtschaft übliches und praxisgängiges Verfahren dar und ist mit relativ einfachen Mitteln realisierbar. Für das Erzielen einer hohen Silagequalität bei geringen Lagerungsverlusten können aber auch zum Teil höhere bauliche Aufwendungen notwendig werden. Bei den Silierbehältern wird generell in Hochsilos, Flachsilos und Ballen-/Schlauchsilos unterschieden. Diese Techniken werden nachfolgend beschrieben.

Flach-/Fahrsilo. Die weitaus häufigste Silagekonservierung von Biogassubstraten erfolgt im Flachsilo, das wegen seines ebenerdigen Zugangs auch mit Fahrzeugen befahrbar ist. Es wird im Außenbereich oder hofnah ohne Überdachung errichtet und besteht meist aus einer betonierten befahrbaren Betonfläche mit drei Seitenwänden von jeweils maximal 3 m Höhe (Abb. 8.12). Darin kann das Lagergut unter Kunststofffolien gasdicht abgedeckt werden. Vielfach werden Seitenwände mit einer leichten Neigung nach außen verwendet, damit eine ausreichende Verfestigung der besonders gefährdeten Randzonen durch den Walz- oder Einlagerungsschlepper problemlos erreicht werden kann. Das Fahrsilo sollte außerdem über eine Ableitungs- und Auffangvorrichtung für evtl. anfallenden Sickersaft verfügen.

Alternativ zum Flachsilo mit festen Wänden können auch unbefestigte oder betonierte Flächen ohne Seitenwandungen für großvolumige Materialschüttungen verwendet werden. Diese werden dann rundum in gasdichte Folien eingepackt.

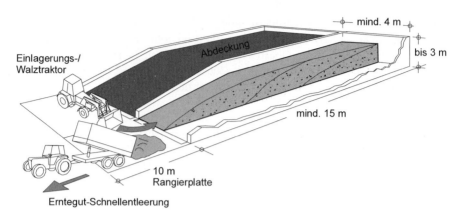

Abb. 8.12 Einlagerungstechniken im Flachsilo, hier Abkippen vor dem Silo (nach /8-46/)

Gegebenenfalls muss die Folie nach unten durch eine feste Plane oder ein zusätzliches Stützgewebe gegen mechanische Verletzungen geschützt werden.

Die Silobeschickung (Einlagerung) kann durch direktes Überfahren mit dem Transportwagen oder durch Einlagern mit einem Rad- oder Frontlader aus einem vor dem Flachsilo abgeworfenen Erntegutstapel erfolgen (Abb. 8.12). Das Lagergut wird dabei in dünnen Schichten von ca. 20 cm über die Silooberfläche verteilt /8-46/. Bei längeren Fahrsilos wird diese Arbeit erleichtert, wenn ein Ladewagen mit Dosiereinrichtung verwendet wird. Zur Ausbreitung des Erntegutes können auch Siloverteiler eingesetzt werden. Dabei handelt es sich um landwirtschaftliche Anbaugeräte für Traktoren, sie bestehen aus einer zapfwellengetriebenen, mit Zinken oder Blechen besetzten, waagerechten Trommel, mit der das Silogut beim Befahren des Silos verteilt wird. Bei diesem Vorgang wird durch das Eigengewicht des Schleppers gleichzeitig das darunter lagernde Material verdichtet. Dafür sollten mindestens 2 bis 3 Minuten Walzzeit je Tonne Erntegut aufgewendet werden. Bei hoher Ernte- und Bergeleistung muss hierzu ggf. mehr als ein Walzschlepper eingesetzt werden.

Das Silo wird unmittelbar nach der Einlagerung mit Hilfe einer Silofolie möglichst sorgfältig gasdicht abgedeckt. Dadurch soll außerdem das Eindringen von Niederschlagswasser verhindert werden. Für die Abdichtung wird reißfestes Material verwendet, die Deckfolie muss außerdem UV-lichtbeständig sein. Gelegentlich werden zusätzlich Schutzabdeckungen in Form von Netzen oder Vliesen verwendet. Sie schützen die Unterfolie vor dem Flattern im Wind und vor mechanischen Beschädigungen (z. B. durch Vögel). Zur Einschwerung der Abdeckungen werden z. B. Sandsäcke verwendet.

An den Wandungen ist besondere Sorgfalt zum Erreichen einer gasdichten Abdeckung erforderlich. Hierbei hat sich vor allem die in Abb. 8.13 dargestellte Dichtungstechnik bewährt.

Bei der Entnahme aus dem Silo ist die unvermeidliche Lufteinwirkung auf ein Minimum zu begrenzen. Die Entnahme erfolgt mit Hilfe von Traktoranbaugeräten, mit denen eine möglichst glatte senkrechte Anschnittfläche erzielt wird (z. B. Siloblockschneider). Eine Auflockerung des Lagerstocks ist dabei wegen des beschleunigten Stoffabbaus zu vermeiden. Die Entnahmemenge sollte so gewählt werden, dass der entnommene Biogasrohstoff nicht zwischengelagert werden muss. Siloform und Entnahmemenge sind außerdem so abzustimmen, dass ein Mindestvorschub von 1,5 m/Woche (Winter) bzw. 2,5 m/Woche (Sommer) eingehalten werden kann, damit die aerobe Stoffumsetzung minimiert wird. /8-35/. Die zur Entnahme zurückgerollte Siloabdeckung sollte als Wind- und Niederschlagsschutz wieder über die Anschnittfläche geschlagen werden.

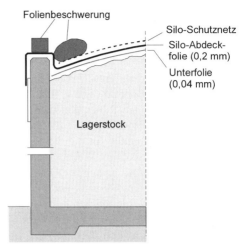

Abb. 8.13 Seitliche Abdichtung von Flachsilos (nach /8-46/)

Hochsilo. Als platzsparende Bauweise können auch die aus der Silofutterkonservierung bekannten Hochsilos eingesetzt werden. Hierbei handelt es sich um zylindrische Beton- oder Metallkonstruktionen, die von oben befüllt werden. Sie sind als offene Hochsilos (Oben-Entnahme mit Greifer), Silos mit Tauchdeckel (Oben-Entnahme mit Fräse) oder geschlossene Silos (Unten-Entnahme mit Fräse) ausgeführt /8-46/. Vor allem letztere Silobauart erfordert einen hohen Kapitalaufwand. Derartige Silos werden deshalb für die Biogassubstratkonservierung kaum eingesetzt.

Ballen-/Schlauchsilo. Bei dieser Silagekonservierung wird auf den Bau aufwändiger Silobauten verzichtet, indem zu Ballen gepresstes angewelktes Erntegut in Folien gasdicht eingewickelt wird. Hierzu eignen sich sowohl Rundballen als auch Quaderballen, die mit herkömmlichen Ballenpressen gepresst wurden (Kapitel 6). Das Einwickeln erfolgt mit Hilfe eines Ballenwickelgerätes, dabei wird PE-Stretchfolie (0,025 mm) in ca. 6-facher Überlappung verwendet /8-46/. Um Beschädigungen der Wickelballen zu vermeiden, sind zum Laden und Stapeln spezielle Frontladerzangen erforderlich.

Eine weitere Variante der Ballensilage stellt das Schlauchsilo dar. Hierbei wird loses Material mit einer speziellen Presse in einen langen Schlauch gepresst. Im Unterschied zu den Ballen ist die Silage dann nicht mehr in einfachen Portionen zu transportieren, aber der Platz- und Folienbedarf ist geringer. Die Befüllung ist jedoch teurer als bei einem Fahrsilo. Ballen- und Schlauchsilos werden derzeit für die Konservierung von Biogassubstraten kaum eingesetzt.

8.3.3 Anwendungen

Die Silierung gewinnt vor allem bei der Lagerung von Biogassubstraten aus dem Energiepflanzenanbau oder aus der Grünlandbewirtschaftung an Bedeutung. Grundsätzlich sind für diese Art der Konservierung alle grün geernteten Ackerkulturen oder Nebenprodukte wie z. B. Silomais, Gras, Ganzpflanzengetreide, Luzerne, Ackerbohnen und Rübenblätter geeignet, sofern sie mit den geforderten Wasser- und Nährstoffgehalten für die Silierung (Kapitel 8.3.1) gewonnen werden können. Generell gelten für die Silierung die gleichen Grundregeln, die auch bei der Futterkonservierung (Wiederkäuerernährung) gelten, zumal auch der Biogas-Fermentationsprozess gegenüber Qualitätsschwankungen (z. B. schimmelige Biomasse, Nährstoffschwankungen) empfindlich reagiert.

Wegen des geforderten Mindestwassergehaltes kommt die Silierung bei nicht für die Vergärung vorgesehenen Rohstoffen derzeit in der Praxis nicht zum Einsatz. Sie ist grundsätzlich aber auch bei frischen Holzhackschnitzeln aus Waldrestholz oder aus Kurzumtriebsplantagen anwendbar. Erste Praxiserprobungen zeigen, dass hierdurch gegenüber einfachen abgedeckten Hackgutschüttungen vor allem die folgenden Vorteile zum Tragen kommen /8-22/:

- sehr geringe Substanzverluste bis 1 % Trockenmasse pro Monat,
- keine Selbsterwärmung im Gutstock,
- keine Umverteilung des Wassergehalts,
- vernachlässigbarer Pilzbefall (im anaeroben Milieu wachsen hauptsächlich Hefepilze, die nur die sofort verfügbaren Nährstoffe verwerten und nur wenige luftbürtige Sporen bilden).

Für eine direkte thermische Verwertung des Lagergutes ist der während der Lagerung gleichbleibend hohe Wassergehalt ungünstig. Zur weiteren Aufbereitung derartiger Rohstoffe kann es somit erforderlich werden, dass der Wassergehalt vor der energetischen Umwandlung z. B. durch Zumischung von trockenen Brennstoffen (z. B. Stroh) eine mechanische Entwässerung oder durch Trocknung weiter reduziert wird.

8.4 Trocknung

Auch die Trocknung kann als eine Konservierungsmethode angesehen werden. Allerdings sind mit ihr weitergehende Vorteile (u. a. Heizwertsteigerung, Gewichtsminderung, Qualitätssteigerung) verbunden, so dass dieser Verfahrensschritt – je nach Konversionsverfahren – eine zusätzliche Bedeutung erhält bzw. zum Teil sogar unverzichtbar ist. Im Folgenden werden zunächst die Grundlagen und anschließend die technische Umsetzung der Trocknung dargestellt.

8.4.1 Grundlagen

Das in der Biomasse enthaltene Wasser kann auf sehr unterschiedliche Weise gebunden sein (Tabelle 8.7). Dabei nehmen die Bindungskräfte, mit denen es in der organischen Masse "festgehalten" wird, von der Kapillarsorption über die

Tabelle 8.7 Art der Wasserbindung im Holz /8-4/

Bindung	Wassergehalt	Merkmale
Kapillarsorption und Adhäsion	> 25 %	feines, ungebundenes Wasser in den Zellhohlräumen, gebundenes Wasser in den Holzfasern
Fasersättigungspunkt	19 % – 25 %	in den Holzfasern (Zellwänden) gebundenes Wasser, Holzschwund bei Wasserentzug
Kapillarsorption	13 % – 25 %	kolloidal gebundenes Wasser, Feuchtigkeitsbewegung durch Diffusion und Kapillarkräfte
Elektrosorption	5,7 % – 13 %	Wasser an der Micelle durch elektrische Kräfte gebunden
Chemosorption	0 % – 5,7 %	molekulare Anziehungskräfte

Elektrosorption bis hin zur Chemosorption zu. Diese Bindungskräfte müssen durch die Trocknung zumindest teilweise überwunden werden.

Bei der Trocknung durch Konvektion, bei der das Trocknungsmedium (z. B. Luft, Abgas, Dampf) meistens durch bzw. seltener auch über das Trocknungsgut hinweggeleitet wird, ist die Wasseraufnahmefähigkeit des Trocknungsmediums entscheidend. Beispielsweise kann Luft, als das übliche Trocknungsmedium, umso mehr Wasser aufnehmen, je wärmer und trockener sie ist.

Durchströmt Luft das feuchte Gut, ist sie bestrebt, in einen Gleichgewichtszustand zu gelangen, bis sich auch bei Fortsetzung der Belüftung keine weiteren Veränderungen in der Luftfeuchte oder im Wassergehalt des Gutes mehr ergeben. Dies gilt im umgekehrten Sinne auch, wenn feuchte Luft durch einen trockenen Gutstock geleitet wird. Der letztlich erreichbare Wassergehalt ist damit davon abhängig, ob ein Gleichgewichtszustand am Ende eines Trocknungsvorganges oder einer Befeuchtung erreicht wird. Bei einer Trocknung liegt dabei im Gleichgewichtsfall der Wassergehalt des Gutes höher als beim umgekehrten Vorgang (der Befeuchtung). Dieser sogenannte Hysterese-Effekt kann in der Praxis beispielsweise bei Holz einen Unterschied von 1 bis 4 %-Punkten im Wassergehalt ausmachen /8-23/.

Im Gleichgewichtszustand ist der Wassergehalt vor allem von der relativen Luftfeuchtigkeit abhängig. Für Holz lässt sich diese Beziehung durch die sogenannten Sorptionsisothermen beschreiben, die in Abb. 8.14 bei der Desorption (Trocknung) bestimmt wurden.

Außer von der relativen Luftfeuchtigkeit ist die erzielbare Endfeuchtigkeit eines Trocknungsvorganges auch von der Trocknungstemperatur abhängig (Abb. 8.14). Beispielsweise kann bei der Trocknung mit 20 °C warmer Luft und 80 % relativer Luftfeuchtigkeit ein Wassergehalt im Trocknungsgut von ca. 15 % nicht unterschritten werden.

Auf Halmgut sind die in Abb. 8.14 dargestellten Funktionen nicht unmittelbar übertragbar. Für Chinaschilf wurden beispielsweise Gleichgewichtswassergehalte bestimmt, die im Bereich von über 50 % Luftfeuchte um einige Prozentpunkte höher liegen /8-53/.

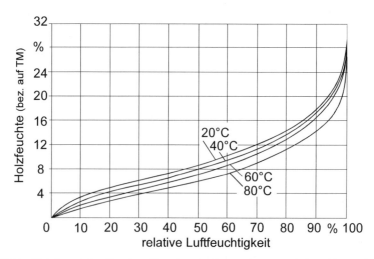

Abb. 8.14 Gleichgewichts-Feuchte (Sorptionsisothermen) von Holz in Abhängigkeit von der relativen Luftfeuchtigkeit und der Trocknungstemperatur (TM Trockenmasse; nach /8-23/)

Trocknungsvermögen von Luft. Eine Grundlage für die Planung und Dimensionierung von Trocknungsanlagen bildet das H,x-Diagramm von Mollier (z. B. /8-25/). Es zeigt die Abhängigkeiten von Temperatur, Wassergehalt, relativer Luftfeuchtigkeit und Energiegehalt (Enthalpie) der Luft (Abb. 8.15). Damit lässt sich die maximal erreichbare Wasseraufnahme der Trocknungsluft bestimmen. Daraus wiederum ergibt sich die notwendige Luftmenge und die erforderliche Gebläseleistung.

Beispielsweise hat Außenluft mit 18 °C und 50 % relativer Luftfeuchtigkeit einen Wassergehalt von ca. 6,3 g/kg Luft (Abb. 8.15). Bei der Belüftungstrocknung wird diese Luft dann mit Wasser möglichst maximal aufgesättigt. Ohne Enthalpieänderung könnte Luft unter diesen Bedingungen maximal 8,8 g/kg aufnehmen; das entspricht in diesem Fall einem maximalen Trocknungsvermögen von 2,5 g/kg.

Durch eine Erwärmung dieser Luft um beispielsweise 3 K auf 21 °C sinkt die relative Luftfeuchtigkeit auf 40 % und die maximal mögliche Wasseraufnahmefähigkeit steigt auf 9,5 g/kg Luft. Dadurch steigert sich das (theoretische) Trocknungsvermögen – verglichen mit dem der nicht angewärmten Luft – um 0,7 auf 3,2 g/kg Luft. Daraus errechnet sich mit dem spezifischen Gewicht der Luft (1,2 kg/m^3) ein maximales Wasseraufnahmevermögen der angewärmten Trocknungsluft von 3,8 g/m^3 Trocknungsluft. In der Praxis kommt jedoch eine 100 %ige Aufsättigung der Trocknungsluft kaum vor. Um die Trocknungsdauer zu verkürzen, wird meist eine niedrigere relative Luftfeuchte der Abluft von ca. 80 % in Kauf genommen.

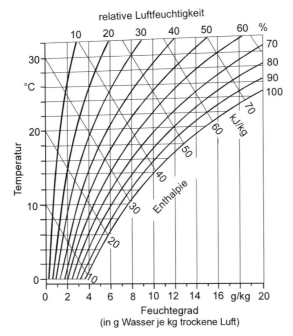

Abb. 8.15 Ausschnitt aus dem H,x-Diagramm nach Mollier (vgl. /8-25/)

Trocknungsverlauf und Dauer. Bei der Verdunstung wird der Trocknungsluft je Kilogramm Wasser eine Wärmemenge von 2,44 MJ (ca. 0,7 kWh/kg) entzogen. Eine weitere Abkühlung erfolgt meist an kühleren Gutschichten oder an der kalten Wand des Trocknungsbehälters. Bei Zwangsbelüftungssystemen mit ruhender Schüttung kommt es daher vor allem bei frisch eingelagerter Biomasse zur Ausbildung von Trocknungs- und Kondensationszonen, die mit der Luftführung im Gutstock voranschreiten. Solche Kondensationseffekte treten zu Beginn des Trocknungsvorganges auf und sind bei einer großen Schütthöhe besonders ausgeprägt. In diesem Fall befindet sich der äußere Teil des Brennstoffs über eine lange Zeit im Kondensationsbereich, wo es durch die zusätzliche Befeuchtung z. B. zu einem vermehrten Pilzwachstum kommen kann.

Die zulässige Schichthöhe hängt damit von der Anfangsfeuchte des Gutes, dem Temperaturniveau und der Temperaturerhöhung der Trocknungsluft sowie vom Luftdurchsatz ab. Je nach Luftrate wird beispielsweise für Hackgut bei einem Temperaturniveau von ca. 30 °C eine maximale Schichthöhe von ca. 1 bis 2 m angegeben /8-55/. Bei kontinuierlich arbeitenden Trocknerbauarten besteht dagegen kein Risiko der Schimmelbildung. Derartige Systeme werden vor allem für die Trocknung hochwertiger Körnerfrüchte (z. B. Raps, Getreide) eingesetzt. Bei Festbrennstoffen kommen sie vornehmlich zur Trocknung von Sägespänen vor einer Pelletierung oder Brikettierung zum Einsatz.

Die maximale mögliche Trocknungsleistung einer Anlage (in kg Wasser/h) ergibt sich aus dem Trocknungspotenzial der Luft (in kg Wasser je m^3 Luft) multipliziert mit dem Volumenstrom der Trocknungsluft (m³/h). Für die Abschätzung der Mindest-Trocknungsdauer wird außerdem die insgesamt abzutrocknende Wassermasse eines Gutstocks benötigt (Δm). Sie errechnet sich nach der in Gleichung (8-1) dargestellten Zahlenwertgleichung; dabei beschreibt w_1 den Ausgangswassergehalt und w_2 den Endwassergehalt in % (Nassbasis) und m_1 die Frischmasse bei Trocknungsbeginn.

$$\Delta m = m_1 \cdot \frac{w_1 - w_2}{100 - w_2} \tag{8-1}$$

Die Mindesttrocknungsdauer ergibt sich dann aus der Trocknerleistung (in kg Wasser/h) multipliziert mit der insgesamt abzutrocknenden Wassermasse (Δm). Da aber der Sättigungsgrad der Abluft im Verlauf der Trocknung durch zunehmende Wasserbindungskräfte sinkt, entspricht das tatsächliche Trocknungspotenzial nicht immer dem maximalen Aufnahmevermögen der Luft. Somit stellt die Mindest-Trocknungsdauer lediglich einen Orientierungswert dar.

Strömungswiderstand. Beim Durchleiten der Gebläseluft durch eine Schüttung oder einen Ballen muss der jeweilige Strömungswiderstand des Materials überwunden werden. Er ist abhängig von der Durchströmlänge (Schichthöhe), der gewünschten Strömungsgeschwindigkeit und der Gutart. Letztere wiederum wird durch die Größe und die Form der Einzelteilchen sowie durch die Schüttdichte (Verdichtung) charakterisiert. Da bei Schütthöhen von weniger als 2 m näherungsweise ein linearer Zusammenhang zwischen dem Strömungswiderstand und der Durchströmlänge angenommen werden kann /8-29/, wird der spezifische Strömungswiderstand meist bezogen auf 1 m Schichthöhe angegeben (Abb. 8.16). In der Praxis werden dazu aber meist Sicherheitszuschläge hinzuaddiert, da – je nach Schichthöhe – im Trockner eine mehr oder weniger starke Verdichtung des gelagerten Materials stattfindet. Bei Holzhackgut, beispielsweise, wird i. Allg. von einem etwa 20-prozentigen Zuschlag ausgegangen /8-4/.

Ähnlich sind die Verhältnisse auch bei gehäckseltem Halmgut. Messungen für Chinaschilf kommen zu annähernd damit vergleichbaren Strömungswiderständen. Sie lassen sich nach den Zahlenwertgleichungen (8-2) und (8-3) abschätzen /8-57/, wobei y der Strömungswiderstand in Pa/m und v die Luftgeschwindigkeit (hier als "Leerraumgeschwindigkeit") in m/s ist; w ist der Wassergehalt und ρ die Dichte.

Teilchengröße 5 mm: $\qquad y = 11\,500\,v^2 + 1\,600\,v$ \qquad (8-2)
($w = 50\,\%$, $\rho = 128\,kg/m^3$)

Teilchengröße 10 mm: $\qquad y = 5\,360\,v^2 + 300\,v$ \qquad (8-3)
($w = 50\,\%$, $\rho = 114\,kg/m^3$)

Bei derartigen Halmgütern haben sich Luftgeschwindigkeiten von mehr als 0,4 m/s als nicht praktikabel erwiesen; bei solchen hohen Strömungsgeschwindigkeiten werden bereits Feinanteile ausgeblasen, die dann eine aufwändige Filterung der Abluft erforderlich machen würden /8-57/.

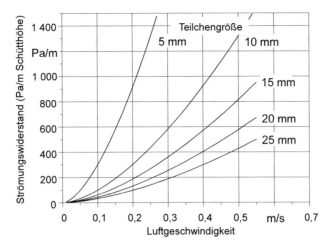

Abb. 8.16 Strömungswiderstand von Holzhackgut bei unterschiedlichen Teilchengrößen und verschiedenen Luftgeschwindigkeiten (nach /8-12/)

Bei gröberem Häckselgut (28 mm theoretische Schnittlänge, $w = 30\,\%$, $\rho = 130\,\mathrm{kg/m^3}$) liegen die Strömungswiderstände nochmals niedriger (z. B. bei 130 Pa/m bei $v = 0{,}2\,\mathrm{m/s}$) /8-21/.

Bei unzerkleinertem Halm- und Blattgut lassen sich die Abmessungen, denen die Strömungswiderstände zugeordnet werden können, kaum festlegen. Hier zeigen grundsätzlich blattreiche, kantige und raue Güter (z. B. Luzerneheu) einen höheren Widerstand als das blattarme, runde und glatte Stroh. Bei blattreichem Material nimmt außerdem der Druckverlust mit der Schüttdichte stärker zu als bei blattarmen Stoffen. Gegenüber Häckselgut ist der Druckverlust von unzerkleinertem Material geringer. Unter praxisüblichen Bedingungen ($v = 0{,}2\,\mathrm{m/s}$, $w = 20\,\%$, $\rho = 50$ bis $120\,\mathrm{kg/m^3}$) liegt der Druckverlust beispielsweise nur noch zwischen 30 und 80 Pa/m (z. B. Roggenstroh) oder 40 bis 200 Pa/m (z. B. Luzernestroh) /8-29/. Auch erhöht sich mit zunehmender Gutfeuchte normalerweise der Druckverlust; er steigt beispielsweise in einem losen Heustapel von 35 bis 55 % Feuchte (bezogen auf TM) von 150 auf 250 Pa/m an (bei $v = 0{,}2\,\mathrm{m/s}$) /8-25/.

Der Strömungswiderstand in gestapelten Ballen ist kaum messtechnisch korrekt zu erfassen, da die Stoßfugen und Ballenunregelmäßigkeiten leicht zu Abströmverlusten führen. Versuche mit Miscanthus-Quaderballen (0,7 m Ballenhöhe) ergaben, dass bei einem statischen Druck im Zuluftkanal von 300 Pa innerhalb der vierten Ballenschicht noch eine Strömungsgeschwindigkeit von mindestens 0,03 bis 0,06 m/s herrscht /8-53/.

Wie bei Hackgut hängt der Strömungswiderstand von Getreide- und Rapskörnern stark vom Korndurchmesser ab. Bei Rapssaat tritt ein Druckverlust von 100 Pa/m schon bei einer Luftgeschwindigkeit von 0,1 m/s auf, während bei Getreide dieser Wert erst bei 0,2 m/s erreicht wird. Wie für Hackgut wird auch bei Körnern eine Luftgeschwindigkeit von 0,1 bis 0,2 m/s empfohlen /8-51/.

Die Strömungswiderstände sind für die Auswahl und Auslegung des benötigten Gebläses bzw. dessen Leistung entscheidend (Kapitel 8.4.2.2). Aus der jeweiligen

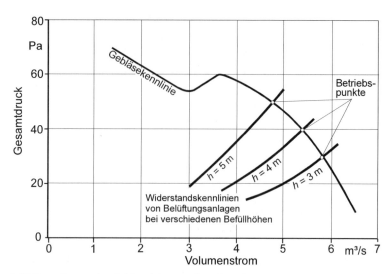

Abb. 8.17 Berechnung der Gebläseleistung (h Befüllhöhe; nach /8-46/)

Gebläsekennlinie lässt sich dann die tatsächliche Lüfterleistung in Abhängigkeit vom jeweils vorliegenden Gesamtdruck ablesen (Abb. 8.17).

8.4.2 Trocknungsverfahren

Die Trocknung kann ohne und mit Zuhilfenahme von technischen Einrichtungen für die Belüftung bzw. Beheizung durchgeführt werden. Folglich wird bei den Trocknungsverfahren unterschieden zwischen einer natürlichen Trocknung (d. h. ohne technische Hilfe) und einer Belüftungstrocknung (d. h. mit entsprechenden technischen Verfahren). Beide Varianten werden nachfolgend dargestellt und diskutiert.

8.4.2.1 Natürliche Trocknung

Ohne trocknungstechnische Einrichtungen können organische Stoffe durch Bodentrocknung, natürliche Konvektionstrocknung oder durch Selbsterwärmung getrocknet werden. Oft werden diese unterschiedlichen Varianten miteinander kombiniert. Sie werden nachfolgend erläutert.

Bodentrocknung. Das Überstreichen von Trocknungsluft über das am Boden ausgebreitete Trocknungsgut stellt das häufigste natürliche Trocknungsprinzip dar. Es ist z. B. in der Halmgutverfahrenstechnik weit verbreitet (z. B. Bodenheutrocknung).

Auch die Trocknung von Restholz im Wald ist hauptsächlich diesem Prinzip zuzuordnen. Waldholz beispielsweise fällt im Frischzustand mit einem durchschnittlichen Wassergehalt von ca. 45 (Buche) bis 55 % (Fichte) an /8-4/. Wird das Holz im belaubten Zustand gefällt ("Sauerfällung"), verläuft die Austrocknung schneller als nach dem Blattabwurf, da ein großer Teil des in der Holzmasse enthaltenen Wassers über die Blattmasse abgegeben wird. Auch entrindetes oder gespaltenes Holz trocknet – aufgrund der größeren Oberfläche – schneller aus. Eine mehrmonatige Lagerung von unaufbereitetem Nadelholz sollte im Wald aber aus forsthygienischen Gründen während der Sommermonate unterbleiben, da sie zur Vermehrung von Borkenkäfern beitragen kann.

Prinzipiell ist auch bei Holzhackgut eine Bodentrocknung möglich. Bei guter Sonneneinwirkung und sehr geringer Schütthöhe kann eine Abtrocknung auf Wassergehalte von ca. 20 % bereits innerhalb eines Tages erfolgen /8-55/. Allerdings wird dazu eine große befestigte Fläche benötigt, und das Material muss ggf. gewendet werden.

Trocknung durch natürliche Konvektion. Bei Stapelgut erfolgt die Trocknung hauptsächlich durch eine natürliche Luftströmung durch das Material. Diese Trocknung ist vor allem für geschichtetes Scheitholz von Bedeutung. Unmittelbar mit Lagerbeginn setzt beim frisch geschlagenen Scheitholz schon in den Wintermonaten die Trocknung ein. Ab März steigen die maximalen monatlichen Trocknungsraten auf bis zu 10 Wassergehalts-Prozentpunkte /8-17/. In einem warmen Sommer (z. B. in Deutschland im Jahr 2003) kann das im Winter frisch geschlagene Holz bei günstigen Lagerungsbedingungen bereits im Juli den für die Verbrennung in Scheitholzfeuerungen geforderten Maximalwassergehalt von 20 % unterschreiten (Abb. 8.18). Die Unterschiede zu einem feuchteren Sommer (z. B. 2004) sind dabei eher gering. Trotz teilweise etwas unterschiedlichem Trocknungsverlauf tritt bei Buchen- und Fichtenholz das Erreichen der 20 % Marke etwa gleichzeitig ein. Im April werden monatliche Trocknungsraten von bis zu 90 Liter pro Raum-

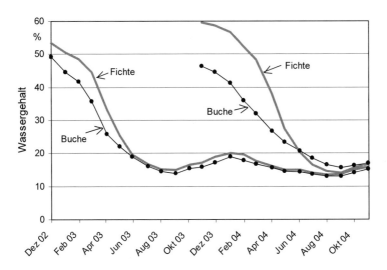

Abb. 8.18 Beispiel für Wassergehaltsverläufe bei der Lagerung von gespaltenem, frisch geschlagenem Meterholz (Lagerart: außen, abgedeckt, gespalten; klimatischer Standort: Freising-Weihenstephan /8-17/)

meter (l/Rm) erreicht. Ab September nimmt das Holz wieder Feuchtigkeit aus der umgebenden Luft und durch Niederschläge auf, so dass zwischen Oktober und Dezember eine Rückbefeuchtung von monatlich ca. 5 l/Rm eintritt /8-17/.

Ungespaltenes Scheitholz muss im Vergleich zu gespaltenem Holz etwa zwei (Sommer-)Monate länger trocknen, um unter 20 % Wassergehalt zu gelangen /8-17/. Um eine höhere Sicherheit über das Erreichen der 20 % Zielmarke bis zum Herbst zu erhalten, ist es daher empfehlenswert, die Rundlinge mit mehr als ca. 10 cm Durchmesser noch vor Lagerbeginn zu spalten.

Abgedecktes Holz trocknet in den Wintermonaten zunächst etwas rascher; diesen Vorsprung kann das nicht abgedeckte Holz jedoch in den Sommermonaten wieder aufholen /8-17/. Eine Abdeckung ist aber dennoch als Niederschlagsschutz sinnvoll, insbesondere an regenreichen Standorten. Ab September kann dadurch auch die über das Winterhalbjahr beobachtete Wiederbefeuchtung reduziert werden. Unter diesem Gesichtspunkt ist eine überdachte Lagerung am besten geeignet, vorausgesetzt, dass es sich um einen halb-offenen Schuppen oder um winddurchlässige Außenwände handelt.

Unter günstigen Lagerungsbedingungen kann somit abgedecktes gespaltenes Scheitholz, das im Winter geschlagen und gespalten wurde, im späten Sommer nach einer Lagerdauer von neun Monaten schon ofenfertig getrocknet sein. Voraussetzung hierzu ist allerdings die Wahl eines trockenen windigen Lagerortes mit ausreichendem Abstand der Holzstapel voneinander und von Hauswänden; diese Bedingungen sind beispielsweise bei einer Lagerung im Wald nicht gegeben.

Auch grobes Schüttgut (Holzhackgut) kann durch natürliche Konvektion in speziellen Behältern getrocknet werden. Solche freistehend aufgestellten, überdachten Lagerbehälter ("Harpfen") besitzen als Seitenwände einen Lattenrost oder ein Gitterwerk. Sie sind meist einige Meter hoch (Frontladerhöhe) und nicht breiter als 1 m. Als Aufstellort ist ein möglichst sonniger, windiger Platz zu wählen. Die Harpfen, die zum Teil auch vom Hacker direkt befüllt werden können, dienen gleichzeitig auch als Lagerplatz. Sie kommen vor allem für Kleinverbraucher in Frage.

Trocknung durch Selbsterwärmung. Bei Schüttgütern wird die natürliche Konvektion in vielen Fällen durch die Selbsterwärmung im Gutstock unterstützt. Die aus dem Abbau von organischer Substanz stammende Wärme (Kapitel 8.2.1) erzeugt in der Schüttung eine aufwärts gerichtete Luftbewegung, so dass kühlere Luft von unten oder von der Seite nachströmt. Dazu ist es von Vorteil, wenn der Lagerboden luftdurchlässig ist (z. B. durch Luftschächte oder Rundholzboden mit Schlitzen, vgl. Abb. 8.19). Bei sehr grobem Hackgut kann auf diese Weise eine effiziente Austrocknung des Brennstoffs ohne größere Substanzverluste stattfinden, wobei die Selbsterwärmung im Lagergut lediglich zu einer Temperaturerhöhung von maximal 20 K über der jeweiligen Außentemperatur führt /8-8/.

Generell ist aber die unterstützende Wirkung der Selbsterwärmung ohne aktive Belüftung mit erheblichen Risiken verbunden (Kapitel 8.2.2), die insbesondere bei mittlerem und feinkörnigerem Schüttgut zum Tragen kommen können, da hier der Luftaustausch besonders stark eingeschränkt ist. Dies gilt insbesondere bei zusätzlich verdichtetem Material. Auch haben Techniken, die bei feinem Hackgut auf eine Zwangsbelüftung völlig verzichten, um den Trocknungseffekt ausschließlich

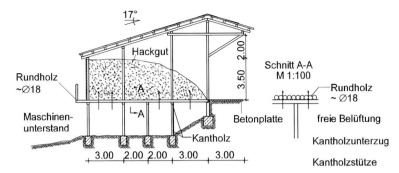

Abb. 8.19 Beispiel für Lagerhalle mit durchlüfteten Boxen zur erleichterten Selbstdurchlüftung (Längenangaben in m, Durchmesserangaben in cm)

durch die Eigenerwärmung – z. B. in einem wärmeisolierten Silobehälter – zu erreichen, bislang noch keine befriedigenden Trocknungsergebnisse geliefert /8-40/; zusätzlich kann dabei auch die Schimmelbildung nicht vermieden werden. Aus Sicherheitsgründen werden Selbsterwärmungseffekte daher meist nur in Kombination mit den im nachfolgenden Kapitel beschriebenen, technischen Belüftungssystemen ausgenutzt.

8.4.2.2 Technische Trocknung

Zur Beschleunigung der Trocknung und zur Minimierung der Lagerrisiken werden technische Belüftungssysteme für eine aktive Trocknung eingesetzt. Die wesentlichen Möglichkeiten werden nachfolgend beschrieben.

Belüftungskühlung. Bei der Belüftungskühlung findet eine Zwangsbelüftung mit kalter Außenluft statt. Durch die Selbsterwärmung im Brennstoff erhöht sich das Sättigungsdefizit der Luft und damit steigt ihr Wasseraufnahmevermögen (Kapitel 8.4.1). Durch intermittierende Belüftung wird nun die feuchte Luft im Brennstoff durch neu zugeführte Gebläseluft verdrängt. Dadurch kühlt sich der Brennstoff ab. Die Belüftungszyklen sind meist temperaturgesteuert und setzen erst ab einer Temperaturdifferenz zur Außenluft von ca. 5 bis 10 K ein. Dadurch bleibt der Fremdenergieeinsatz für den Gebläsebetrieb gering, allerdings ist hierfür ein gewisser Substanzverlust des gelagerten Materials in Kauf zu nehmen (Kapitel 8.2.2). In der kalten Jahreszeit ist der Wasserentzug bei dieser Methode zwar gering, dennoch ermöglicht sie auch im Winter einen schnelleren Trocknungsfortschritt im Lagergut als bei einer kontinuierlichen Kaltbelüftung. Da die Selbsterwärmung mit zunehmender Trocknungsdauer abnimmt, verlangsamt sich auch der Trocknungsprozess.

Belüftungstrocknung. Mit Beginn der warmen Jahreszeit steigt das Sättigungsdefizit der Außenluft an, so dass auch durch eine kontinuierliche Belüftung eine Trocknung realisiert werden kann. Eine derartige Belüftungstrocknung kann deshalb beispielsweise im Anschluss an eine Belüftungskühlung erfolgen. Bei der Belüftungstrocknung wird mit einem Trocknungsgebläse entweder Außenluft ohne

8 Transport, Lagerung, Konservierung und Trocknung

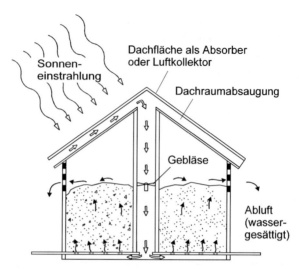

Abb. 8.20 Prinzip der Belüftungstrocknung mit vorgewärmter Luft aus der Dachraumabsaugung

Anwärmung oder mit einer geringen Vorwärmung durch das Trocknungsgut gedrückt. Dabei beschleunigt sich der Trocknungsvorgang mit zunehmenden Außentemperaturen; auch technische Maßnahmen, durch die die Lufttemperatur geringfügig um 5 bis 8 K erhöht wird, wirken sich positiv aus. Hierzu leistet bereits die Wärmeentwicklung aus dem Gebläsebetrieb und die Luftreibung einen kleinen Beitrag zur Luftvorwärmung; er wird auf unter 1 bis maximal 5 K beziffert /8-4/, /8-55/. Empfehlenswert ist die Verwendung von Lüftungsabwärme (z. B. aus der Raum- oder Stallbelüftung). Auch solar aufgewärmte Trocknungsluft ist nutzbar; hierzu zählt auch die Luftabsaugung aus dem Dachraum von Betriebsgebäuden (Abb. 8.20). In Witterungsperioden mit hoher relativer Luftfeuchtigkeit sollte aber die Belüftung unterbrochen werden, um eine Wiederanfeuchtung des Brennstoffs zu verhindern (Kapitel 8.4.1).

Damit eine optimale Luftführung in der Schüttung erreicht und Unterschiede im Strömungswiderstand minimiert werden, sollte ihre Oberfläche möglichst eben sein. Deshalb wird für unterschiedliche Trocknungsgüter eine bestimmte Mindestschütthöhe empfohlen; beispielsweise liegt sie für Hackgut bei ca. 1 m.

Als Planungsgröße für die benötigte Luftmenge kann der spezifische Luftdurchsatz bezogen auf die Grundfläche der Schüttung herangezogen werden. Diese Größe besitzt die Dimension einer Geschwindigkeit, die bei Holzhackgut zwischen 180 und 540 m^3/h je m^2 Grundfläche bzw. zwischen 0,05 und 0,15 m/s liegen sollte /8-55/. Als weitere Planungsgrundlage wird auch der auf das Schüttvolumen bezogene Luftdurchsatz, d. h. die Belüftungsrate, verwendet. Beispielsweise sollten bei Hackgut pro Stunde mindestens 40 m^3 Luft je m^3 Holz aufgewendet werden. Zur Beschleunigung des Trocknungsvorganges in der Praxis können die Belüftungsraten auf bis zu 150 m^3/(h m^3) erhöht werden /8-4/. Entsprechend steigt auch die erforderliche Gebläseanschlussleistung an, wenn die Trocknungsgut-

Menge nicht reduziert wird. Für die Belüftung von Ballen wird eine Belüftungsrate von 80 bis 120 m³/(h m³) empfohlen /8-21/.

Zur Berechnung des Gebläseleistungsbedarfs (P_G in kW) in einem Trocknungsprozess ohne Gutförderung ist der spezifische Luftdurchsatz (in m³ Luft/(h m²)), die Trocknerfläche (in m²) sowie als weitere Größen der Belüftungswiderstand der gesamten Schütthöhe (in Pa) und die Wirkungsgrade η des Lüfters und des Motors erforderlich. Gleichung (8-4) beschreibt diesen Zusammenhang anhand einer praxisüblichen Zahlenwertgleichung.

$$P_G = \frac{\text{spez. Luftdurchsatz} \cdot \text{Trocknerfläche} \cdot \text{Belüftungswiderstand}}{\eta_{\text{Motor}} \cdot \eta_{\text{Gebläse}} \cdot 3,6 \cdot 10^6} \tag{8-4}$$

Die Belüftungstrocknung eignet sich prinzipiell für alle Biomasse-Schüttgüter; bei feinkörnigen Trocknungsgütern mit Wassergehalten über 25 % ist sie jedoch i. Allg. nicht mehr ausreichend. Das gilt vor allem für feuchte Rapssaat.

Warmlufttrocknung. Durch eine Luftvorwärmung kann der Trocknungseffekt der Belüftung deutlich verbessert und die Trocknung effizienter gestaltet werden. Die Warmlufttrocknung arbeitet folglich – im Unterschied zur Belüftungstrocknung – mit einer Luftanwärmung um 20 bis 100 K durch eine Wärmequelle höherer Leistung (abhängig u. a. von der zu trocknenden Menge, der verfügbaren Trocknungszeit und dem Anfangswassergehalt). Auch hier wird die Trocknungsluft mit einem Gebläse durch das Trocknungsgut gedrückt, in Einzelfällen auch gesaugt. Für den Trocknungsvorgang ist dafür jedoch neben dem Lagerbehälter i. Allg. ein eigener Trocknungsbehälter bzw. eine Durchlauftrocknungseinrichtung erforderlich (Kapitel 8.4.3).

Neben speziellen Heizsystemen bietet sich für die Luftvorwärmung auch die Nutzung von Abwärme an. Letztere kann beispielsweise als Niedertemperaturwärme von Feuerungsanlagen (z. B. aus der Abgaskondensationsanlage) anfallen. Daneben ist auch der Einsatz von Fremdenergieträgern (Öl-, Gas- oder Holzfeuerung) zur Erwärmung der Trocknungsluft möglich und üblich.

Die Entscheidung, ob eine Belüftung mit Umgebungsluft ausreichend ist oder eine Warmlufttrocknung benötigt wird, hängt u. a. wesentlich von der maximal verfügbaren Trocknungszeit ab. Diese wiederum wird durch die meteorologischen Bedingungen, die Verderbsgefahr des Trocknungsgutes und die betrieblichen Rahmenbedingungen bestimmt.

Der Leistungsbedarf eines Brenners oder einer Heizung (P_B in kW) errechnet sich unter Einbeziehung des spezifischen Luftdurchsatzes (in m³ Luft/(h m²), der Trocknerfläche (in m²) sowie der realisierten Temperaturerhöhung ΔT (in K), den spezifischen Luftkenngrößen Dichte ρ_L (in kg/m³, z. B. bei 30 °C und 1 013 mbar: 1,165 kg/m³) und der spezifischen Wärmekapazität c_L (in kJ/(kg K)) sowie dem Wirkungsgrad η der Heizung nach der Zahlenwertgleichung (8-5).

$$P_B = \frac{\text{spez. Luftdurchsatz} \cdot \text{Trocknerfläche} \cdot \Delta T \cdot \rho_L \cdot c_L}{\eta_{\text{Heizung}} \cdot 3600} \tag{8-5}$$

Heißlufttrocknung. Im Bereich der Pelletierung von Holz oder Gras wird gelegentlich auch das Prinzip der Heißlufttrocknung eingesetzt. Hierbei werden feuchte Güter, z. B. Sägemehl oder frisches Gras, mit Trocknungsluft im Temperaturbereich zwischen 300 und 600 °C in sogenannten Trommel- oder Drehrohrtrocknungsanlagen getrocknet. Durch die hohe Wasserabgabe bei Trocknungsbeginn erwärmt sich das Trocknungsgut trotz der hohen Temperaturen nur wenig. Am Ende der Trocknungstrommel liegt die Materialtemperatur am höchsten, es erreicht jedoch nie die Ablufttemperatur sondern steigt auf 60 bis 85 °C, je nach Trocknungsbedingungen /8-46/.

Bei der Heißluft-Drehrohrtrocknung muss aus technischen Gründen die Direktbeheizung angewendet werden; das bedeutet, dass heiße Verbrennungsabgase zusammen mit angesaugter Frischluft das Trocknungsgut durchströmen. Als Energiequelle dienen leichtes oder schweres Heizöl, Erdgas sowie Holzbrennstoffe. Bei Letzteren besteht ein erhöhtes Brandrisiko durch Funkenflug (vgl. Kapitel 8.2.2). Heißlufttrocknungsanlagen weisen mit 2 000 bis 25 000 kg Wasserverdampfung pro Stunde die höchsten Durchsatzleistungen auf. Die Trocknungsdauer liegt bei 5 bis 10 Minuten /8-46/.

8.4.3 Trocknungseinrichtungen

Die Trocknung biogener Rohstoffe erfolgt meist in Kombination mit der Lagerung und Bevorratung. Anlagen zur aktiven Trocknung stellen daher in der Regel lediglich eine Ergänzung zu den baulichen Lagerungseinrichtungen dar. Nur in Ausnahmefällen erfolgt die Trocknung als ein zeitlich und räumlich von der Lagerung getrennter Verfahrensschritt. Eine solche Ausnahme ist dann gegeben, wenn der Brennstoff unmittelbar nach der Trocknung noch weiter aufbereitet werden soll.

Die im Bereich der Biomassetrocknung eingesetzten technischen Belüftungs- und Trocknungseinrichtungen arbeiten durchweg nach dem Durchströmprinzip, das heißt, dass die Feuchtigkeit aus dem Trocknungsgut von der durchströmenden Trocknungsluft aufgenommen wird (Konvektion). Hierbei werden Systeme ohne und mit Gutförderung unterschieden.

8.4.3.1 Systeme ohne Gutförderung

Bei den meisten Trocknerbauarten für Biomassebrennstoffe befindet sich das Trocknungsgut in Ruhe, während es über einen Belüftungsboden oder über spezielle Luftkanäle von unten her belüftet wird ("Satztrockner"). Dabei handelt es sich entweder um Silos, die im Innen- und Außenbereich aufgestellt werden können, oder um kastenförmige Einbauten in Gebäuden. Nach Möglichkeit werden dabei Teile der Gebäudehülle als Trocknerwandung mitverwendet, oder das komplette Gebäude ist mit einem belüfteten Boden ausgestattet ("Stapelraumtrockner"). In der Regel werden jedoch verschiedene Boxen oder Kästen abgetrennt, in denen die unterschiedlichen Partien separat voneinander getrocknet werden können (Abb. 8.21). Dadurch lässt sich bei Schüttgütern mit hohem Strömungswiderstand die erforderliche Gebläse- und damit die elektrische Anschlussleistung relativ niedrig halten.

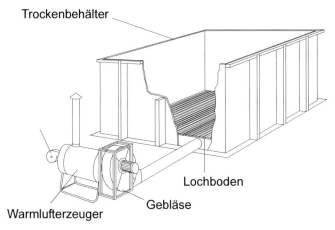

Abb. 8.21 Grundprinzip eines Satz- bzw. Kastentrockners /8-46/

Durch geregelte Rezirkulation der noch nicht gesättigten Trocknungsluft kann – insbesondere gegen Ende der Trocknung – die Ausnutzung der zugeführten Wärme deutlich verbessert werden. Dazu ist es erforderlich, dass der Trockner gasdicht ausgeführt ist, damit eine geregelte Zuspeisung von Abluft zur Trocknungsluft möglich wird. Zur gleichmäßigen Durchströmung des Trocknungsgutes ist es außerdem sinnvoll, dass der hohle Bodenraum, durch den die Trocknungsluft zum Lochboden geleitet wird, einen im Verlauf abnehmenden Querschnitt aufweist. Ähnliches gilt auch bei Verwendung von Trocknungsschächten als Zuluftkanäle.

Zur Minimierung von Umschlagsprozessen können Satztrockner auch mobil ausgeführt sein ("Wagentrocknung"). Dabei wird der Boden eines Transportanhängers mit einem abnehmbaren verwindungsfähigen Lochboden oder horizontalen Belüftungsschächten ausgerüstet, die über einen flexiblen Schlauch mit Schnellspannverschluss an einen Lufterzeuger angeschlossen werden. Eine solche mobile Trocknung kann auch in Wechselcontainern (bis 40 m^3 Füllvolumen) verwirklicht werden, wenn diese Teil des Logistikkonzeptes sind und an der Konversionsanlage ggf. Abwärme genutzt werden kann.

Satztrockner, die als Flachtrocknungsanlagen ausgeführt sind, lassen sich meist über vorhandene Front- und Radlader (z. B. bei abnehmbaren Seitenwänden) oder durch Förderbänder bzw. durch Abkippen vom Transportfahrzeug relativ leicht befüllen bzw. entleeren. Bei Hochsilos ist die Beschickung und Entnahme dagegen aufwändiger. Für die Beschickung kommen Fördergebläse, Elevatoren oder Schnecken zum Einsatz. Die Entnahme des getrockneten Gutes erfolgt dagegen mit Drehschnecken, durch Blattfederausträge oder ähnliche Techniken (Kapitel 8.2.3).

Am Trocknerboden strömt die Luft über spezielle Belüftungsschächte ein. Fest eingebaute Unterflurschächte besitzen den Vorteil, dass das Befahren des Trocknerbodens mit Fahrzeugen problemlos möglich ist; dies erleichtert die Beschickung und die Entnahme des Trocknungsgutes. Ein Befahren ist dagegen nicht möglich, wenn Dachreiter oder flexible Dränrohre als Ausströmer verwendet werden.

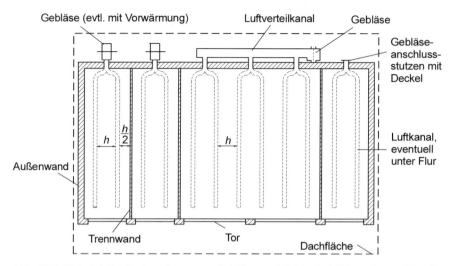

Abb. 8.22 Beispiel für die Anordnung von Belüftungsschächten bei Satztrocknern (Draufsicht) h = Lagerhöhe = maximaler Kanalabstand (nach /8-51/)

Ideale Luftverhältnisse herrschen, wenn der gesamte Trocknergrund als Lochboden ausgeführt ist. Bei einer Luftzufuhr über Schächte sollte der Kanalabstand nicht größer sein als die Schütthöhe im Trockner, damit in Bodennähe keine Bereiche mit unzureichender Durchlüftung entstehen (Abb. 8.22). Versuche mit Miscanthus zeigen, dass dieser Mindestabstand auch für Halmgut einzuhalten ist /8-21/.

Sind bei Halmgütern die Feldtrocknungsbedingungen zum Erntezeitpunkt sehr ungünstig (z. B. bei Miscanthus), kann auch hier eine Belüftungstrocknung erfolgen. Wenn es sich um Quaderballen handelt, werden diese – bei günstiger Anordnung über einem Belüftungsschacht – von der Trocknungsluft nicht nur umströmt, sondern auch durchströmt. Dazu müssen die Ballen in ihrer Form und Dichte möglichst einheitlich gepresst werden. Sie sind in Längs- und Querrichtung versetzt zu stapeln, um Abströmverluste in den Fugen weitgehend zu minimieren (Abb. 8.23). Da die Luftgeschwindigkeit radial zur Mantelfläche des Stapels hin abnimmt, sollte die Stapelhöhe maximal rund 3,5 m betragen. Der aktive Teil des freitragenden Belüftungskanals beginnt bzw. endet etwa 1,4 m vor dem Ende des Gesamtkanals. Die spezifische Ventilatorleistung liegt bei ca. 0,15 kW/t Trockenmasse /8-53/.

Zur Erzeugung des Luftstroms werden Axial- und Radialgebläse eingesetzt. Letztere kommen dann zum Einsatz, wenn es bei größeren Trocknerleistungen auf eine stabile und relativ hohe Druckerzeugung ankommt. Allerdings ist hierbei auch die Geräuschentwicklung höher als bei Axial-

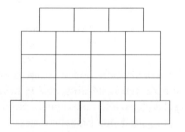

Abb. 8.23 Günstige Anordnung von Quaderballen (Stirnseitenansicht) zur Belüftung im Stapel /8-53/

gebläsen, die bei kleineren Gesamtdrücken zwischen 100 und ca. 500 Pa eingesetzt werden. Für die Dimensionierung der Gebläseleistung ist u. a. der Strömungswiderstand des jeweiligen Trocknungsguts zu beachten (Kapitel 8.4.1). Die Gebläse können stationär oder versetzbar eingesetzt werden.

Zusätzlich zum Gebläse wird eine Mess- und Regeleinrichtung sowie ggf. ein Warmlufterzeuger benötigt. Hierfür werden u. a. Öl- und Gasbrenner eingesetzt. Sie kommen zur Direktbeheizung mit Abgasbeimischung oder zur indirekten Beheizung mittels Wärmeübertrager zum Einsatz. Beim Betrieb mit festen Brennstoffen sind Direktbeheizer aufgrund der Brandgefahr durch Funkenflug selten; eine Ausnahme stellen lediglich die Drehrohr- oder Trommeltrockner dar (Kapitel 8.4.3.2).

8.4.3.2 Systeme mit Gutförderung

Bei höherwertigen Trocknungsgütern (z. B. Ölsaaten, Getreide) oder bei der Rohstoffkonditionierung für eine Pelletierung kommen auch Systeme mit Bewegung im Trocknungsgut (d. h. mit Gutförderung) zum Einsatz. Hier verläuft der Trocknungsvorgang gleichmäßiger und kann auch als getrennter Verfahrensschritt vor einer Weiterverarbeitung realisiert werden. Der Aufwand ist jedoch deutlich höher, da mit Warmluft getrocknet werden muss, um eine möglichst hohe Durchsatzleistung zu erzielen.

Systeme mit Gutförderung können im Umlauf- oder im Durchlaufverfahren arbeiten. Umlauftrockner sind Satztrockner (Kapitel 8.4.3.1), in denen eine Trocknungsgutcharge lediglich kontinuierlich umgeschichtet wird. Bei den Durchlauftrocknern wird dagegen ein kontinuierlicher Gutstrom getrocknet. Zur Anwendung für Biomasserohstoffe kommen hierbei vor allem Schubwendetrockner, Bandtrockner und Drehrohrtrockner (Trommeltrockner). Sie werden nachfolgend beschrieben.

Schubwendetrockner. Wie beim Satztrockner handelt es sich beim Schubwendetrockner (Abb. 8.24) um einen kastenförmigen Aufbau mit einem Gitter- oder Lochboden, durch den die erwärmte Trocknungsluft geblasen wird. Die Durchmi-

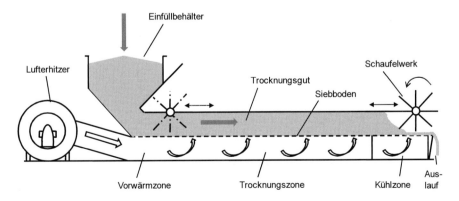

Abb. 8.24 Funktionsweise eines Schubwendetrockners (nach /8-24, /8-49/)

schung und der Transport der eingefüllten, bis 0,6 m hohen Schüttung erfolgen hierbei durch ein Schaufelwerk, welches mit Hilfe eines Fahrwerkes kontinuierlich während der gesamten Trocknung mehrmals über die gesamte Trocknerlänge hin- und-her-bewegt wird. Bei Holzhackschnitzeln kann hierzu auch eine mit Federzinken besetzte Rührwelle eingesetzt werden. Das Trocknungsgut wird auf diese Weise vom Aufgabepunkt bis zur Entnahmeschnecke transportiert und dabei ständig durchmischt. Am Trocknerende kann bei Bedarf Frischluft zur Kühlung des getrockneten Materials eingesetzt werden. Bei kleineren Chargen besteht auch die Möglichkeit, im Satzbetrieb (d. h. chargenweise) zu trocknen.

Durch große Trocknungsflächen und geringe Luftgeschwindigkeiten wird eine möglichst hohe Sättigung der Trockenluft erreicht, so dass der Energiebedarf relativ gering bleibt. Nachteilig ist dabei allerdings der insgesamt hohe Grundflächenbedarf für die Aufstellung. Außerdem kommt es zu Staubemission, die bei der Mischung und beim Transport des Trocknungsgutes entstehen. Eine Reinigung der Abluft ist daher erforderlich /8-25/.

Schubwendetrockner werden sowohl für feinkörnige Schüttgüter (z. B. Getreide) als auch für gröberes Material (z. B. Holzhackschnitzel) eingesetzt. Auch ein mobiler Einsatz auf entsprechenden Spezialfahrzeugen ist üblich.

Bandtrockner. Beim Bandtrockner handelt es sich um ein umlaufendes luftdurchlässiges Trocknerband, auf dem das Trocknungsgut transportiert wird, während es von einem Warmluftstrom, der durch das Band geleitet wird, getrocknet wird. Das feuchte Trocknungsgut wird über Förderbänder oder Vibrorinnen zugeführt und am Aufgabepunkt in einer dünnen Schicht mit Hilfe von Schneckenverteilern oder Verteilrechen gleichmäßig auf dem Band ausgebreitet. An dessen Ende wird der Wassergehalt des Trocknungsgutes kontinuierlich gemessen, um über die Bandgeschwindigkeit gegebenenfalls die gewünschte Endfeuchte nachzuregeln. Bei Bedarf kann hier auch Frischluft zur Kühlung des getrockneten Materials eingesetzt werden. Um eine gleichförmige Luftdurchlässigkeit zu gewährleisten, ist eine kontinuierliche Abreinigung des Bands (z. B. durch Bürsten) erforderlich. Das Band selbst ist je nach Anwendungsfall als Kunststoffgewebeband ausgeführt (z. B. bei feinkörnigen und staubhaltigen Materialien wie Hobel- oder Sägespäne), oder es besteht aus metallischen Bauteilen (z. B. kettenlos laufende Stangengewebe oder kettengeführte Metallplatten, die mit einer an das jeweilige Trocknungsgut angepassten Perforation versehen sind).

Bandtrockner kommen in verschiedenen Varianten zum Einsatz. Einfache Ausführungen bestehen aus einem einzelnen Trocknerband, welches über die Trans-

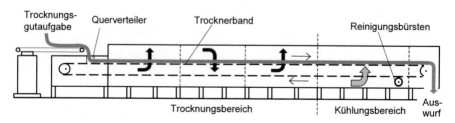

Abb. 8.25 Funktionsweise eines (Ein-)Bandtrockners (nach /8-49/)

portlänge ggf. mehrere Abteilungen für eine differenzierte Luftzuführung durchläuft (Einbandtrockner, vgl. Abb. 8.25). Eine kompaktere Bauweise ist aber auch durch Verwendung mehrerer übereinander arbeitender Trocknungsbänder möglich. Dabei durchwandert das Trocknungsgut den Trockner serpentinenförmig, indem es auf das jeweils darunter liegende Band übergeben wird (Mehrbandtrockner). An den Übergabestellen kommt es somit auch zu einer Materialdurchmischung.

Bandtrockner eignen sich für große kontinuierliche Durchsätze. Sie werden meist bei relativ geringen Trocknungstemperaturen (ca. 75 bis 110 °C) eingesetzt. Somit kann auch Niedertemperaturabwärme für die Trocknung verwendet werden.

Drehrohrtrockner. Eine weitere Variante des Durchlaufverfahrens stellt der Drehrohrtrockner (auch Trommeltrockner) dar (Abb. 8.26). Das Trocknungsgut wird hier durch dass Innere einer liegenden, leicht geneigten Trommel geleitet, die mit ca. 2 bis mehr als 10 U/min rotiert. Durch die Neigung und zum Teil über die im Gleichstrom mit dem Trocknungsgut zugeführte Heißluft, die auch aus einem Abgas-Luft-Gemisch bestehen kann, wird es allmählich zum Trommelausgang transportiert und dabei getrocknet. Als Trocknungsmedium kann auch Dampf zugeführt werden; beispielsweise werden Heißdampf-Trommeltrockner üblicherweise zur Trocknung von Spänen bei der Faserplattenherstellung verwendet.

Der Trockner ist im Trommelinneren meist mit Hubschaufeln ausgestattet, diese heben das Trocknungsgut an, um es im Trocknungsverlauf mehrmals durch den freien oder mit Umlenk- oder Rieseleinbauten versehenen Querschnitt des Drehrohres fallen zu lassen und somit zu durchmischen und umzulagern. Dabei ist die Verweilzeit des Trocknungsgutes im Trockner abhängig von der Trommeldrehzahl, der Trommelneigung, der Strömungsgeschwindigkeit des Trocknungsgases und von einer gegebenenfalls vorhandenen Stauvorrichtung am Trommelende.

Je nach Anforderung sind Trommeldurchmesser von 2,4 bis 4,0 m gebräuchlich, wobei ein Durchmesser-Längenverhältnis von 1:5 überwiegt. Die Trocknungstemperatur kann – je nach Trocknungsgut – relativ hoch sein (bis 600 °C).

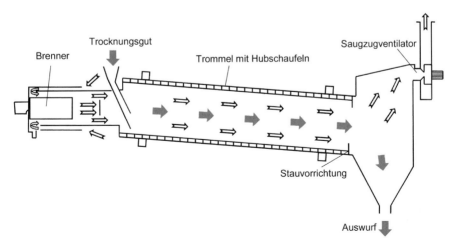

Abb. 8.26 Funktionsweise eines Drehrohrtrockners (nach /8-49/)

Bei sehr stark zerkleinertem Material (z. B. Sägespäne) besteht die Gefahr von Verpuffungsreaktionen und Bränden im Drehrohrtrockner. Außerdem kann es zu Ansätzen einer thermochemischen Umwandlung kommen. Daher müssen die Temperaturen entsprechend an das Trocknungsgut angepasst werden.

Wegen der hohen Trocknungstemperaturen stellen Drehrohrtrockner die leistungsstärkste und kompakteste Bauart dar. Sie sind vor allem bei der Trocknung von frisch geerntetem Halmgut (hauptsächlich als Grünfutter) gebräuchlich, werden aber zunehmend auch für Holzbrennstoffe verwendet, insbesondere, wenn diese für eine weitere Aufbereitung (z. B. Pelletierung) vorgesehen sind.

9 Grundlagen der thermo-chemischen Umwandlung biogener Festbrennstoffe

Die Bereitstellung von End- bzw. Nutzenergie aus biogenen Festbrennstoffen erfolgt entweder direkt durch Verbrennung oder durch eine vorherige Umwandlung in entsprechende Sekundärenergieträger, wobei thermo-chemische, physikalisch-chemische oder bio-chemische Verfahren zum Einsatz kommen können. Im Folgenden werden die physikalischen und chemischen Grundlagen der thermo-chemischen Umwandlungsverfahren dargestellt; ihnen liegen letztlich vergleichbare Mechanismen zugrunde. Zuvor werden jedoch die wesentlichen Brennstoffeigenschaften definiert und zusammenfassend dargestellt.

9.1 Brennstoffzusammensetzung und -eigenschaften

Der Ablauf eines thermo-chemischen Umwandlungsprozesses wird bei biogenen Festbrennstoffen wesentlich durch die Eigenschaften beeinflusst, die diese Brennstoffe kennzeichnen. Das gilt auch und insbesondere für die Prozesse, die der Schadstoffbildung zugrunde liegen. Bei der energetischen Umwandlung muss daher den jeweiligen Besonderheiten des verwendeten Brennstoffs adäquat Rechnung getragen werden. Hierfür können die Brennstoffe sowohl mittels qualitätsrelevanter Eigenschaften als auch nach ihrer Herkunft bzw. Rohstoffart beschrieben werden.

Charakterisierung nach qualitätsrelevanten Eigenschaften. Für die energetische Nutzung sind vor allem die Elementarzusammensetzung, brennstofftechnische und physikalisch-mechanische Eigenschaften von Bedeutung (Tabelle 9.1). Die meisten der darunter zusammengefassten Kenngrößen gelten auch als Merkmale, welche die Brennstoffqualität bestimmen, da sie die thermo-chemischen bzw. schadstoffbildenden Prozesse beeinflussen bzw. die Nutzungsmöglichkeiten für die anfallenden Rückstände (d. h. Aschen) mitbestimmen. Nachfolgend werden daher nicht nur die Zusammensetzung und Merkmale biogener Festbrennstoffe diskutiert, sondern auch die Bedeutung und der Einfluss dieser Merkmale für die Brennstoffbereitstellung und die thermo-chemische Umwandlung. Das betrifft vor allem die in Tabelle 9.1 angeführten Parameter. Zum besseren Verständnis der bei der pyrolytischen Zersetzung, Vergasung und Oxidation ablaufenden thermo-chemischen Vorgänge werden auch die wichtigsten Verbindungen und Komponenten, aus denen sich die lignocellulosehaltige Biomasse zusammensetzt, beschrieben.

Tabelle 9.1 Qualitätsrelevante Eigenschaften biogener Festbrennstoffe mit ihren jeweiligen Auswirkungen

Qualitätsmerkmal	Wichtige Auswirkungen
Elementgehalte	
Kohlenstoff (C)	Heizwert, Brennwert, Luftbedarf, Partikelemissionen
Wasserstoff (H)	Heizwert, Brennwert, Luftbedarf
Sauerstoff (O)	Heizwert, Brennwert, Luftbedarf
Stickstoff (N)	NO_x-, und N_2O-Emissionen
Kalium (K)	Ascheerweichungsverhalten, Hochtemperaturkorrosion, Partikelemissionen
Magnesium (Mg)	Ascheerweichungsverhalten, Ascheeinbindung von Schadstoffen, Ascheverwertung, Partikelemissionen
Kalzium (Ca)	Ascheerweichungsverhalten, Ascheeinbindung von Schadstoffen, Ascheverwertung, Partikelemissionen
Schwefel (S)	SO_x-Emissionen, Hochtemperaturkorrosion, Partikelemissionen
Chlor (Cl)	Emissionen von HCl und halogenorganischen Verbindungen (z. B. PCDD/F), Hochtemperaturchlorkorrosion, Partikelemissionen
Schwermetalle	Ascheverwertung, Schwermetallemissionen, z. T. katalytische Wirkung (z. B. bei PCDD/F-Bildung), Partikelemissionen
Brennstofftechnische Eigenschaften	
Wassergehalt	Heizwert, Lagerfähigkeit (Verluste durch biologischen Abbau, Selbstentzündung), Brennstoffgewicht, Verbrennungstemperatur
Heizwert	Energieinhalt des Brennstoffs, Anlagenauslegung
Aschegehalt	Partikelemission (Staub), Rückstandsbildung und -verwertung
Ascheerweichungsverhalten	Schlackebildung und -ablagerungen, Betriebssicherheit und -kontinuität, Wartungsbedarf
Physikalisch-mechanische Eigenschaften	
Stückigkeit (Abmessung, Geometrie)	Zuordnung zu mechanischen Systemen und Feuerungsanlagentypen, Aufbereitungsbedarf, Zündfähigkeit, Trocknungsvermögen
Größenverteilung / Feinanteil	Störungen in Förderelementen, Rieselfähigkeit, Brückenbildungsneigung, Belüftungs- und Trocknungseigenschaften, Staubentwicklung, Explosionsgefahr
Brückenbildungsneigung	Fließfähigkeit, Störungen bei Umschlagprozessen und Lagerentnahme
Schütt- bzw. Lagerdichte	Lager- und Transportaufwendungen, Leistung der Förderelemente, Vorratsbehältergröße usw.
Rohdichte (Teilchendichte)	Schütt- und Lagerdichte, pneumatische Fördereigenschaften, Brenneigenschaften (spezifische Wärmeleitfähigkeit usw.)
Abriebfestigkeit	Feinanteil (Staubentwicklung, Entmischung)

Charakterisierung nach Herkunft. Viele der nachfolgend vorgestellten messbaren Brennstoffeigenschaften und deren Schwankungsbreiten sind allein schon durch die Herkunft des Brennstoffs, die durch die Kultur- bzw. Rohstoffart und/oder durch Ernte- und Verarbeitungsprozesse beschrieben werden kann, festgelegt. Die Beschreibung oder auch die Rückverfolgbarkeit des Brennstoffs zu

9.1 Brennstoffzusammensetzung und -eigenschaften

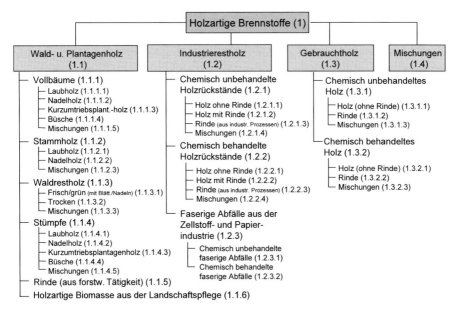

Abb. 9.1 Klassifizierungsschema für Holzbrennstoffe nach Herkunftsmerkmalen, mit Kennzeichnungsziffern (nach CEN/TS 14 961 /9-43/)

seinem Ursprung stellen daher einen unverzichtbaren Bestandteil eines wirksamen Qualitätsmanagementsystems für biogene Festbrennstoffe dar. Deshalb wurde hierfür im Rahmen der europäischen Normungsaktivitäten für Biomasse-Festbrennstoffe ein einheitliches Kennzeichnungssystem entwickelt /9-43/. Darin sind die möglichen Herkunftsmerkmale eines Brennstoffs mittels eines umfassenden Klassifizierungsschemas definiert. Dabei kann die Kennzeichnung des Biofestbrennstoffs – je nach Kenntnis – in unterschiedlicher Detailtiefe über den Ursprung erfolgen. Dazu werden zunächst vier Hauptgruppen unterschieden /9-43/:
− Holzartige Brennstoffe (Ziffer 1)
− Halmgut und krautartige Brennstoffe (Ziffer 2),
− Biomasse von Früchten (Ziffer 3) und
− definierte und undefinierte Mischungen (Ziffer 4).

Die genannten Hauptgruppen werden in eine Vielzahl weiterer Gruppen und Untergruppen unterteilt. Abb. 9.1 und Abb. 9.2 zeigen hierzu die Klasseneinteilung für die holzartigen bzw. die halmgut- und krautartigen Brennstoffe. Die darin angegebenen Kennzeichnungsziffern erlauben eine vereinfachte Bezugnahme auf bestimmte Brennstoffe oder Brennstoffgruppen (z. B. in Verträgen oder Verordnungen).

Die dritte Hauptgruppe (Biomasse von Früchten) ist ebenfalls weiter unterteilt. Hier wird unterschieden nach Obst und Gartenfrüchten sowie in Nebenprodukte und Rückstände aus der verarbeitenden Industrie. Beide Untergruppen besitzen weitere Unterteilungen /9-43/.

336   9 Grundlagen der thermo-chemischen Umwandlung

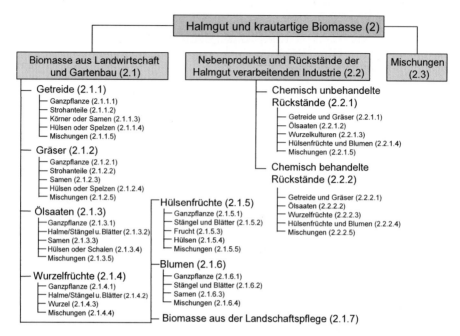

Abb. 9.2 Klassifizierungsschema für Halmgut und krautartige Brennstoffe nach Herkunftsmerkmalen, mit Kennzeichnungsziffern (nach CEN/TS 14 961 /9-43/)

Der Begriff "definierte und undefinierte Mischungen", mit dem neben der vierten Hauptgruppe auch einzelne Untergruppen bezeichnet werden, bezieht sich auf Rohstoffe unterschiedlicher Herkunft. Als definierte und undefinierte Mischungen werden demnach absichtlich bzw. unabsichtlich gemischte Biobrennstoffe bezeichnet, wobei eine Mischung aus chemisch behandeltem und chemisch unbehandeltem Material stets als chemisch behandelter Brennstoff zu klassifizieren ist /9-43/.

9.1.1 Molekularer Aufbau

Biogene Festbrennstoffe bestehen primär aus den drei Biopolymeren Cellulose, Hemicellulose und Lignin. Sie machen bei Holzbrennstoffen zusammen mehr als 95 % der Pflanzentrockenmasse aus. Als weitere Stoffgruppen kommen in geringen Mengen Extraktstoffe (u. a. Fette und Harze) und Asche vor. Sie werden als akzessorische Bestandteile bezeichnet. Die jährlich erntbaren Pflanzen enthalten außerdem Proteine. Die gewichtsmäßige Verteilung der Hauptbestandteile für unterschiedliche holz- und halmgutartige Brennstoffe zeigt Tabelle 9.2.

Unter allen organischen Stoffen ist die Cellulose in der Natur am weitesten verbreitet. Sie bildet die Gerüstsubstanz der unverholzten Zellwand und ist für die Zugfestigkeit der Biomasse verantwortlich. Cellulose besteht nahezu vollständig aus gleichartigen D-Glukosemolekülen, die über ß-(1-4)-Bindungen zu einem unverzweigten Polysaccharid verknüpft sind (Abb. 9.3). Der Polymerisationsgrad

Tabelle 9.2 Anteile der Cellulose, der Hemicellulose und des Lignins sowie der übrigen Bestandteile unterschiedlicher Biomassen (nach /9-63/, /9-115/, /9-111/; zu den an 100 % fehlenden Massenanteilen werden keine Angaben gemacht; k.A. keine Angaben)

Brennstoff	Cellulose	Hemicellulose	Lignin	Harze/Fette	Protein	Asche
Holzbrennstoffe (Angaben in Gew.-%)						
Tanne	42,3	22,5	28,6	2,3	–	1,2
Kiefer	41,9	21,5	29,5	3,2	–	1,3
Fichte	41,0	24,3	30,0	k.A.	–	k.A.
Esche	40,2	25,0	26,0	2,2	–	1,3
Buche	45,4	22,2	22,7	0,7	–	1,6
Birke	40,9	27,1	27,3	2,2	–	1,8
Pappel	48,4	18,2	21,6	2,4	–	1,3
Weide	42,9	21,9	24,7	2,0	–	1,2
Halmgutartige Brennstoffe (Angaben in % der Trockenmasse (TM))						
Weizenstroh	38	29	15	–	4	6
Präriegras	37	29	19	–	3	6
Miscanthus	43	24	19	–	3	2
Zuckerhirse	23	14	11	–	k.A.	5
Rohrschwingel	25	25	14	–	13	11
Maisstroh	38	26	19	–	5	6

bzw. die Kettenlänge variieren sehr stark; er kann in Abhängigkeit von der Holzart bis zu 14 000 betragen /9-133/.

Unter dem Sammelbegriff der Hemicellulose (auch Polyosen) wird eine zweite wichtige Gruppe von Biopolymeren zusammengefasst. Im Unterschied zur Cellulose sind Hemicellulosen verzweigte Polysaccharide, die aus verschiedenen monomeren Einheiten aufgebaut sind. Ihre Funktionen in der Pflanze sind vielfältig, sie reichen von der stützenden Wirkung in der Zellmembran bis zur Reservestoff- sowie Quell- und Klebstoffwirkung zur Verkittung der Zellwände. Im Einzelnen handelt es sich hierbei um Hexosen (Glucose, Mannose und Galactose), Pentosen (Arabinose, Xylose), Desoxyhexosen und verschiedene Hexuronsäuren. Die Darstellung einer einzigen Strukturformel für Hemicellulose ist wegen der Vielfalt der unter diesem Begriff subsumierten Verbindungen nicht möglich.

Der eigentliche Füllstoff von Lignocellulosematerialien ist jedoch das Lignin, welches nicht als selbstständiger Baustoff, sondern als Begleiter der Cellulose auftritt. Durch seine verkittende und versteifende Wirkung ist es z. B. beim Holz für die Druckstabilität verantwortlich. Lignin ist eine dreidimensional vernetzte aromatische Polymerverbindung mit Alkylbenzolstruktur. Sie besteht aus unterschiedlich gebundenen, mit Hydroxyl- und Methoxylgruppen substituierten Phenylpro-

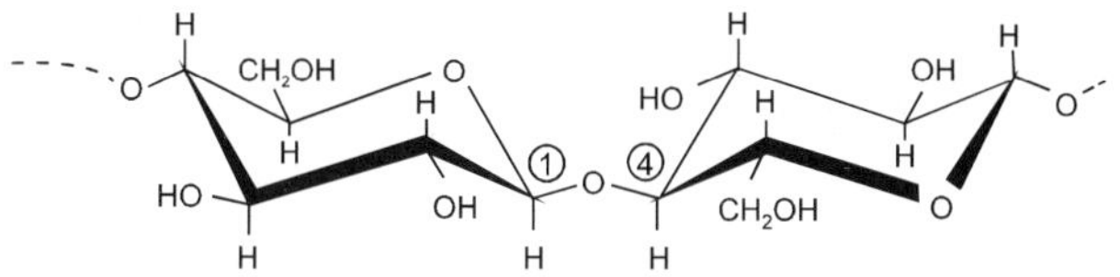

Abb. 9.3 Chemische Struktur der Cellulose

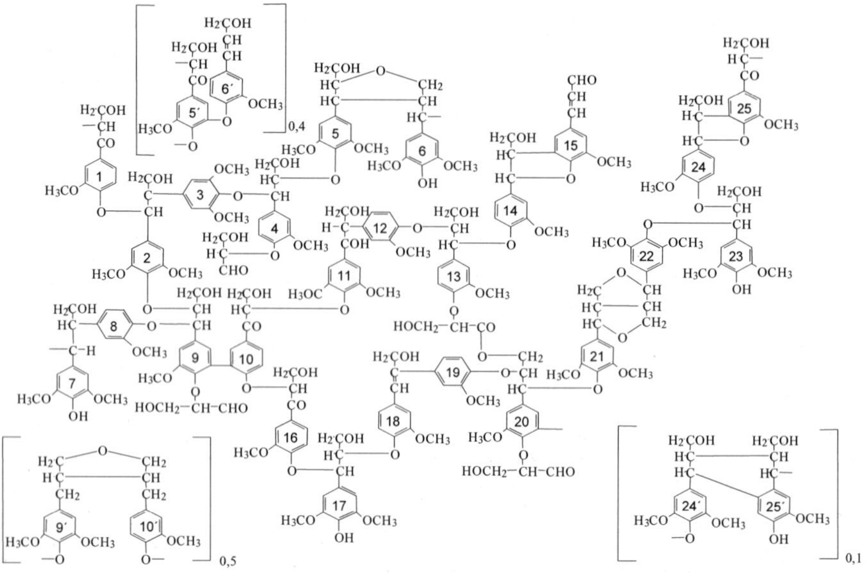

Abb. 9.4 Chemische Struktur eines Buchenholzlignins /9-129/

pan-Einheiten (Abb. 9.4). Eine starke Lignifizierung sorgt dafür, dass der Spross der Pflanze auch dann aufrecht stehen bleibt, wenn der Wasserdruck (Turgor), der bei weniger stark lignifizierten Pflanzen maßgeblich für die Stabilität sorgt, absinkt. Dies bedingt, dass stark lignifizierte Biomasse (z. B. Holz) relativ geringe Wassergehalte aufweist oder dass die Biomasse nach dem Absterben der Pflanzensubstanz abtrocknen kann (z. B. Getreide bei der Reife auf dem Feld). Entsprechend den Stabilitäts- und Dauerfestigkeitsanforderungen weisen Holzbrennstoffe Ligningehalte zwischen 20 und 30 % auf, während jährlich erntbare Pflanzen meist einen Ligningehalt von unter 20 % besitzen (vgl. Tabelle 9.2).

Mit 64 % ist der Kohlenstoffgehalt des Lignins deutlich höher als der von Cellulose (42 %). Unterschiede in der makromolekularen Zusammensetzung schlagen sich somit auch im Gesamtkohlenstoffgehalt und folglich auch im Energiegehalt der Biomasse nieder, da der Kohlenstoffgehalt die wesentliche Bestimmungsgröße für den Heizwert der Trockenmasse darstellt. Ein hoher Ligningehalt oder auch ein hoher Extraktstoffgehalt wirken wegen ihres hohen Kohlenstoffgehaltes demnach erhöhend auf den Heizwert (Kapitel 9.1.3).

9.1.2 Elementarzusammensetzung

Pflanzliche Biomasse setzt sich aus einer Vielzahl chemischer Elemente zusammen. Von den auf der Erde natürlich vorkommenden Elementen gelten 26 für die Pflanzen als biologisch notwendig; hierbei kann zwischen den sogenannten Haupt- und Spurenelementen unterschieden werden.

9.1 Brennstoffzusammensetzung und -eigenschaften 339

Zu den Hauptelementen zählen außer den Elementen Kohlenstoff (C), Sauerstoff (O) und Wasserstoff (H), die aus der CO_2-Assimilation und der H_2O-Aufnahme stammen (Kapitel 2), vor allem die sechs Hauptnährstoffe Stickstoff (N), Kalium (K), Phosphor (P), Kalzium (Ca), Magnesium (Mg) und Schwefel (S) sowie das ebenfalls relativ häufige Chlor (Cl), das aber nicht als Nährstoff zu bezeichnen ist. Diese Elemente sind wesentlich am stofflichen Aufbau der Biomasse beteiligt und/oder spielen als Düngemittelbegleitstoffe eine wichtige Rolle.

Neben diesen Hauptelementen enthält die pflanzliche Biomasse zusätzlich eine ganze Reihe unterschiedlicher Spurenelemente, u. a. Silizium (Si), Natrium (Na), Eisen (Fe), Mangan (Mn), Zink (Zn), Kupfer (Cu), Molybdän (Mo), Kobalt (Co), Blei (Pb), Aluminium (Al), Chrom (Cr), Cadmium (Cd), Nickel (Ni), Quecksilber (Hg), Arsen (As), von denen einige als essenzielle (lebensnotwendige) Mikronährstoffe gelten, während andere auch pflanzenschädlich wirken können.

Die Gehalte der jeweiligen Elemente in biogenen Festbrennstoffen und deren Bedeutung bei der thermo-chemischen Umwandlung werden nachfolgend diskutiert.

9.1.2.1 Hauptelemente

Kohlenstoff, Sauerstoff, Wasserstoff. Feste pflanzliche Biomasse besteht im Wesentlichen aus Kohlenstoff, Wasserstoff und Sauerstoff. Die Komponente biogener Festbrennstoffe, durch deren Oxidation die freigesetzte Energie weitgehend bestimmt wird, ist der Kohlenstoff. Daneben liefert der Wasserstoff bei der Oxidation ebenfalls Energie, während der Sauerstoff lediglich den Oxidationsvorgang unterstützt (Kapitel 9.1.3).

Mit 47 bis 50 Gew.-% in der Trockenmasse (TM) haben Holzbrennstoffe den höchsten Kohlenstoff(C)-Gehalt, während die Mehrzahl der Nicht-Holz-Brennstoffe meist einen C-Gehalt von 43 bis 48 % aufweisen. Der Sauerstoffgehalt liegt zwischen 40 und 45 % in der TM und der des Wasserstoffs zwischen 5 und 7 % (vgl. Tabelle 9.3). Daraus errechnet sich für Holz eine mittlere Zusammensetzung von $CH_{1,44}O_{0,66}$. Deutliche Abweichungen nach oben weisen Biomassen mit beispielsweise einem höheren Ölgehalt (z. B. Rapskörner) auf. Der geringe Kohlenstoffgehalt bei Straßenbegleitholz ist durch nicht brennbare Verunreinigungen bei der Bergung bedingt, was z. B. am Aschegehalt erkennbar ist.

Anders als bei den Kohle-Brennstoffen (z. B. Steinkohle, Braunkohle, Holzkohle), die das Ergebnis eines natürlichen oder technischen Inkohlungsprozesses darstellen, liegt der (organische) Kohlenstoff in biogenen Festbrennstoffen in teiloxidierter Form mit einem entsprechend hohen Sauerstoffgehalt vor; somit ist auch der Kohlenstoffgehalt insgesamt niedriger. Dies erklärt den gegenüber trockener Stein- bzw. Braunkohle geringeren Heizwert der Biomasse (vgl. Tabelle 9.6).

Stickstoff. Der Stickstoffgehalt variiert zwischen verschiedenen Biomassen deutlich. In diesen Differenzen werden die Unterschiede im stofflichen Aufbau der jeweiligen Biomasse sichtbar. Pflanzen oder Pflanzenteile mit einem hohen Eiweißgehalt haben grundsätzlich höhere Stickstoffgehalte als typische Lignocellulosematerialien wie Holz oder Stroh. Das gilt vor allem für die generativen Organe bei Getreide, Ölsaaten und Proteinpflanzen oder für Halmgüter mit einem hohen Futterwert. Entsprechend hoch ist damit der Stickstoffgehalt in Getreidekörnern, Getreideganzpflanzen und Futtergräsern. Fichtenholz weist dagegen mit 0,1 bis 0,2 % (1 000 bis 2 000 mg/kg) sehr geringe Stickstoffgehalte in der Trockenmasse (TM) auf, während der Stickstoffgehalt von Getreidestroh in der Regel bei 0,5 % liegt (Tabelle 9.3). Der ebenfalls höhere Stickstoffgehalt bei Kurzumtriebsplantagen ist auf den vergleichsweise hohen Rindenanteil im Vergleich zum Holzanteil zurückzuführen.

Die Schwankungen innerhalb eines bestimmten Biomassesortiments sind dabei i. Allg. relativ gering. Das zeigt die Häufigkeitsverteilung der Messwerte (Abb. 9.6), die beispielsweise für Holz nur sehr wenige Werte oberhalb von 0,6 % und unterhalb von 0,3 % in der Trockenmasse (TM) aufweist. Deutlich darüber liegen allerdings Raps-, Mais-, Sonnenblumen- und Hanfstroh. Vor allem aufgrund der Unterschiede bei der Stickstoffdüngung (u. a. Düngungsniveau, Düngungszeitpunkt) sind die Schwankungsbreiten der Stickstoffgehalte bei allen Nicht-Holzbrennstoffen größer als beim Holz.

Der Stickstoffgehalt des Brennstoffs wirkt sich direkt auf die Stickstoffoxid(NO_x)-Bildung aus, da dieses Element im Regelfall bei der Verbrennung nahezu vollständig in die Gasphase übergeht. Die Oxidation der im Brennstoff gebundenen Stickstoffmenge stellt bei der Biomassenutzung den mit Abstand wichtigsten NO_x-Bildungsmechanismus dar (Kapitel 9.3.3.1). Daher nimmt die Stickstoffoxidbildung i. Allg. mit steigendem Stickstoffgehalt im Brennstoff zu. Eine Ascheeinbindung findet kaum statt. In geringem Maß kann der Brennstoffstickstoff auch die Bildung von N_2O (Lachgas) begünstigen.

Kalium. Ähnlich wie beim Stickstoff- kommt es auch beim Kaliumgehalt in der Biomasse zu deutlichen Unterschieden zwischen den regelmäßig gedüngten Feldkulturen und den meist ungedüngten Holzkulturen (z. B. Wald, Kurzumtriebsplantagen). Anders jedoch als beim Stickstoff befindet sich das Kalium weniger in den generativen Organen, sondern vermehrt in Stängeln und Blättern. Das zeigen die niedrigen Kaliumgehalte in Getreidekörnern (ca. 0,5 bis 0,7 % bzw. 5 000 bis 7 000 mg/kg in der Trockenmasse (TM)), während Getreidestroh meist Gehalte um oder über 1 % aufweist (Tabelle 9.3). Holzbrennstoffe zeigen demgegenüber Kaliumgehalte von kaum über 0,35 % in der TM. Letztere weisen zudem nur eine sehr geringe Schwankungsbreite auf, während bei Getreidestroh eine große Bandbreite zwischen 0,2 und 2,5 % in der TM vorkommt. Das wird auch anhand der Häufigkeitsverteilung der Messwerte für die in Abb. 9.6 gezeigten Beispiele erkennbar. Diese große Bandbreite resultiert nicht nur aus der verschiedenartigen Düngung an unterschiedlichen Standorten, sondern ist vielfach auch auf den Auswaschungseffekt von Niederschlägen nach der Abreife bzw. nach dem Mähdrusch zurückzuführen /9-72/, /9-167/.

Kalium ist an Korrosionsvorgängen in den Wärmeübertragern und abgasführenden Bestandteilen von Feuerungsanlagen beteiligt. Die Mitwirkung an Korrosionsvorgängen resultiert bei Kalium (und Natrium) daraus, dass diese Elemente bei der Verbrennung gasförmige Alkalichloride bilden können, die bei der Abkühlung an Wärmeübertragerflächen oder an Flugstaubpartikeln kondensieren. Auf den Wärmeübertragern reagieren sie dann mit Schwefeldioxid (SO_2) aus dem Abgas zu Alkalisulfaten und elementarem Chlor (Cl_2). Letzteres kann durch die porösen

9.1 Brennstoffzusammensetzung und -eigenschaften 341

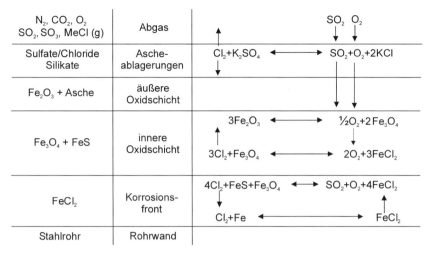

Abb. 9.5 Mechanismus der Hochtemperatur-Chlorkorrosion an einem Wärmeübertrager /9-151/

Zunderschichten an die Rohrwand des Wärmeübertragers diffundieren, auf der es wegen der dort vorherrschenden reduzierenden Bedingungen zur Bildung von Eisenchlorid ($FeCl_2$) kommt. Aufgrund der großen Temperaturunterschiede innerhalb der Ablagerungsschicht auf dem Wärmeübertrager kommt es dabei zu unterschiedlichen $FeCl_2$-Partialdrücken, die dazu führen, dass diese bei den herrschenden Bedingungen gasförmige Verbindung wiederum von der Rohrwand wegdiffundiert und auf ihrem Weg wieder unter oxidierende Bedingungen gerät. Dabei wird das Eisen oxidiert, so dass ein Teil des freigesetzten Chlors erneut für den Korrosionsprozess zur Verfügung steht (sogenannte Hochtemperatur-Chlorkorrosion, Abb. 9.5) /9-151/.

Da Kalium in oxidierter Form bei der Verbrennung leicht flüchtig ist und erst bei der späteren Abkühlung der Abgase wieder als Feinpartikel auskondensiert, zählt es zu den aerosolbildenden Elementen /9-23/, die einen Anstieg der Partikelemissionen bei der Verbrennung bewirken können /9-78/ (Kapitel 9.3.3.3).

Kalium beeinflusst auch das Erweichungsverhalten der Asche, indem es den Schmelzpunkt erniedrigt (Kapitel 9.1.3.5). Dabei wird meist ein großer Teil des Kaliums in die Asche eingebunden.

Kalzium, Magnesium, Phosphor. Biomassen enthalten auch Kalzium (Ca), Magnesium (Mg) und Phosphor (P).

Der Kalzium(Ca)-Gehalt ist mit 0,3 bis ca. 1 % (bei Rinde noch darüber) insgesamt vergleichsweise hoch. Kalzium ist zwar beispielsweise in Getreidestroh, -ganzpflanzen und -körnern kaum enthalten, im Stroh anderer Feldkulturen (z. B. Rapsstroh, Sonnenblumenstroh) kommen jedoch deutlich erhöhte Gehalte in der Trockenmasse (TM) vor (Tabelle 9.3). Im Verbrennungsprozess wirkt Kalzium auf die Biomasseasche schmelzpunkterhöhend (Kapitel 9.1.3.5). Bei Brennstoffen mit ungünstigem Ascheerweichungsverhalten kann deshalb durch Verwendung von Ca-haltigen Zuschlagstoffen (z. B. Kalk) der Ascheschmelzpunkt erhöht werden

342 9 Grundlagen der thermo-chemischen Umwandlung

/9-179/. Hohe (Erd-)Alkaligehalte (vor allem Ca) führen u. a. auch dazu, dass große Teile des Schwefels in der Asche verbleiben und sich somit nicht im Abgas als Schwefeldioxid (SO_2) wiederfinden.

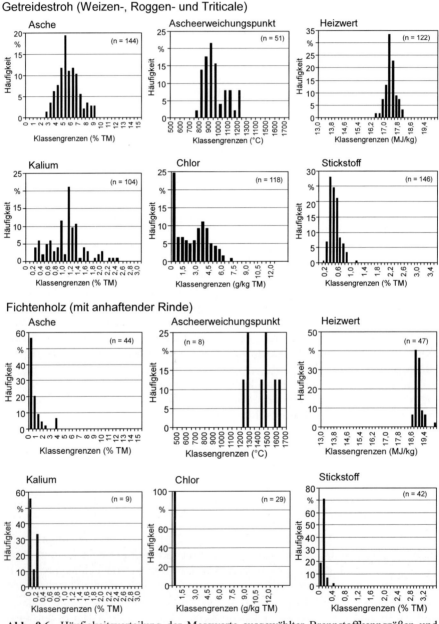

Abb. 9.6 Häufigkeitsverteilung der Messwerte ausgewählter Brennstoffkenngrößen und Inhaltsstoffe bei Getreidestroh und Fichtenholz (n Anzahl der Versuche, TM Trockenmasse) /9-72/

9.1 Brennstoffzusammensetzung und -eigenschaften

Der Magnesium(Mg)-Gehalt in den Holzbrennstoffen ist mit ca. 0,04 bis 0,1 % relativ niedrig. Gleiches gilt auch für Phosphor (P); es ist in Konzentrationen von < 0,1 % (Holz) bis ca. 0,2 % (Halmgut) in der Biomasse vorhanden. Alle drei genannten Elemente erhöhen den Düngewert in der Asche (Kapitel 9.4).

Schwefel. Der Schwefel(S)-Gehalt in biogenen Festbrennstoffen hängt stark von der jeweiligen makromolekularen Zusammensetzung ab, da Schwefel auch am Aufbau einiger Aminosäuren und Enzyme beteiligt ist. Außerdem ist er ein häufiger Begleitstoff in Düngemitteln. Daher ist die Schwefelzufuhr bei den Feldkulturen deutlich höher als bei ungedüngten Waldflächen oder bei den kaum gedüngten schnellwachsenden Hölzern (Kurzumtriebsplantagen). Rapsstroh besitzt mit durchschnittlich ca. 0,3 % in der Trockenmasse (TM) den höchsten Schwefelgehalt, während die meisten Holzbrennstoffe im Bereich von 0,02 bis 0,05 % und Getreidestroh meist unter 0,1 % liegen (Tabelle 9.3). Insgesamt weisen Biomassen vergleichsweise sehr geringe Schwefelgehalte auf.

Tabelle 9.3 Gehalte an Hauptelementen in naturbelassenen Biomasse-Festbrennstoffen im Vergleich zu Stein- und Braunkohle (Mittelwerte nach /9-72/, Kohle nach /9-186/)

Brennstoff/Biomasseart	C	H	O	N	K	Ca	Mg	P	S	Cl
				in % der Trockenmasse						
Steinkohle	72,5	5,6	11,1	1,3					0,94	<0,13
Braunkohle	65,9	4,9	23,0	0,7					0,39	<0,1
Fichtenholz (mit Rinde)	49,8	6,3	43,2	0,13	0,13	0,70	0,08	0,03	0,015	0,005
Buchenholz (mit Rinde)	47,9	6,2	45,2	0,22	0,15	0,29	0,04	0,04	0,015	0,006
Pappelholz (Kurzumtrieb)	47,5	6,2	44,1	0,42	0,35	0,51	0,05	0,10	0,031	0,004
Weidenholz (Kurzumtrieb)	47,1	6,1	44,3	0,54	0,26	0,68	0,05	0,09	0,045	0,004
Rinde (Nadelholz)	51,4	5,7	38,7	0,48	0,24	1,27	0,14	0,05	0,085	0,019
Roggenstroh	46,6	6,0	42,1	0,55	1,68	0,36	0,06	0,15	0,085	0,40
Weizenstroh	45,6	5,8	42,4	0,48	1,01	0,31	0,10	0,10	0,082	0,19
Triticalestroh	43,9	5,9	43,8	0,42	1,05	0,31	0,05	0,08	0,056	0,27
Gerstenstroh	47,5	5,8	41,4	0,46	1,38	0,49	0,07	0,21	0,089	0,40
Rapsstroh	47,1	5,9	40,0	0,84	0,79	1,70	0,22	0,13	0,27	0,47
Maisstroh	45,7	5,3	41,7	0,65					0,12	0,35
Sonnenblumenstroh	42,5	5,1	39,1	1,11	5,00	1,90	0,21	0,20	0,15	0,81
Hanfstroh	46,1	5,9	42,5	0,74	1,54	1,34	0,20	0,25	0,10	0,20
Roggenganzpflanzen	48,0	5,8	40,9	1,14	1,11		0,07	0,28	0,11	0,34
Weizenganzpflanzen	45,2	6,4	42,9	1,41	0,71	0,21	0,12	0,24	0,12	0,09
Triticaleganzpflanzen	44,0	6,0	44,6	1,08	0,90	0,19	0,09	0,22	0,18	0,14
Roggenkörner	45,7	6,4	44,0	1,91	0,66		0,17	0,49	0,11	0,16
Weizenkörner	43,6	6,5	44,9	2,28	0,46	0,05	0,13	0,39	0,12	0,04
Triticalekörner	43,5	6,4	46,4	1,68	0,62	0,06	0,10	0,35	0,11	0,07
Rapskörner	60,5	7,2	23,8	3,94					0,10	
Miscanthus	47,5	6,2	41,7	0,73	0,72	0,16	0,06	0,07	0,15	0,22
Landschaftspflegeheu	45,5	6,1	41,5	1,14	1,49	0,50	0,16	0,19	0,16	0,31
Rohrschwingel	41,4	6,3	43,0	0,87	1,94	0,38	0,17	0,17	0,14	0,50
Weidelgras	46,1	5,6	38,1	1,34					0,14	1,39
Straßengrasschnitt	37,1	5,1	33,2	1,49	1,30	2,38	0,63	0,19	0,19	0,88

Bei der vollständigen thermo-chemischen Umwandlung (Verbrennung) bestimmt der Schwefelgehalt primär die Schwefeldioxid(SO_2)-Emission; der Schwefel geht dabei unter Bildung von SO_2, SO_3 und Alkalisulfatstufen größtenteils in die gasförmige Phase über /9-151/. Wie beim Chlorid kommt es während der Abkühlung der Abgase im Kessel teilweise zu einer Rückkondensation, bei der sich Alkali- und Erdalkalisulfate entweder an den mitgeführten Flugaschepartikeln oder an den Wärmeübertragerflächen niederschlagen können. Ein großer Teil des Schwefelgehaltes im Brennstoff (ca. 40 bis 90 %) wird so – je nach Abscheidegrad der Entstaubungseinrichtungen – in die Asche eingebunden.

Schwefel kann indirekt auch für erhöhte Korrosion (z. B. an Wärmeübertragerbauteilen) verantwortlich sein. Das liegt bei höheren SO_2-Konzentrationen im Abgas an einer höheren Sulfatbindung der vorhandenen Alkali- und Erdalkalichloridionen, wodurch korrosionsförderndes Chlor (Cl_2) freigesetzt wird /9-151/.

Schwefel kann aber auch die bei der Dioxin- und Furanbildung (PCDD/F) katalytisch wirkenden Kupferoxide verändern und inaktivieren. Bei Kohle-Brennstoffen setzt eine PCDD/F-mindernde Wirkung ein, sobald das Cl/S-Verhältnis im Brennstoff unterhalb von eins fällt; die bei der PCDD/F-Bildung stattfindende Chlorierung von Aromaten wird bei einem Cl/S-Verhältnis von < 0,1 im Regelfall sogar ganz unterbunden /9-66/, /9-186/.

Chlor. Chlor (Cl) – ein bedeutender Begleitstoff in Kalium-Düngemitteln /9-72/ – kommt in Biomassen aus gedüngten Feldkulturen in deutlich höheren Anteilen vor als im Holz, da im Waldbau und meist auch in Kurzumtriebsplantagen in der Regel keine Düngemittel eingesetzt werden. Holzbrennstoffe zeigen folglich mit ca. 0,005 bis 0,02 % in der Trockenmasse (TM) so niedrige Chlorgehalte, dass oft die Nachweisgrenze einiger Bestimmungsmethoden unterschritten wird. Dagegen ist der Chlorgehalt im Getreidestroh mit ca. 0,2 bis 0,5 % um ein Vielfaches höher; in küstennahen Gebieten sind sogar Werte über 1 % möglich. Sehr hohe Konzentrationen kommen meist in Raps- und Sonnenblumenstroh (ca. 0,5 bzw. 0,8 %) bzw. im Wiesenheu (z. B. Weidelgras) vor (Tabelle 9.3).

Auffällig sind auch die relativ hohen Spannweiten, innerhalb der die Chlorgehalte in den Nicht-Holzbrennstoffen streuen können /9-72/. Diese Variationen werden zum einen durch die Chlorfrachten, die über die ausgebrachten Düngemittel auf die Anbaufläche eingetragen werden, und zum anderen durch die Chlor-Auswaschung infolge von Niederschlägen aus dem bereits abgestorbenen Pflanzenmaterial beeinflusst. Durch eine solche Auswaschung kann der Chlorgehalt um 60 bis 80 % gesenkt werden /9-72/, /9-167/; aus verbrennungstechnischer Sicht ist deshalb ausgewaschenes "graues" Stroh gegenüber frischem "gelben" Stroh zu bevorzugen. Da beide Stroharten jahreszeitlich und regional gemeinsam anfallen können, ergibt sich für die Chlormesswerte eine extrem "linksgipfelige" Kurve (vgl. Abb. 9.6).

Die Bedeutung des Chlors beruht u. a. auf dessen Beteiligung an der Bildung von Chlorwasserstoff (HCl) und Dioxinen/Furanen (PCDD/F) /9-91/, /9-108/, /9-151/. Trotz relativ hoher Chloreinbindungsraten in die Asche von 40 bis 95 % /9-151/ können beispielsweise die HCl-Emissionen bei bestimmten chlorreichen Brennstoffen (z. B. Getreidestroh) problematisch werden und Sekundärmaßnahmen erforderlich machen. Zusätzlich wirkt Chlor im Zusammenspiel mit Alkali-

und Erdalkalimetallen und mit Schwefeldioxid (SO_2) z. B. an der Oberfläche der Wärmeübertrager korrosiv. Darüber hinaus zählt es zu den aerosolbildenden Elementen /9-23/, die einen Anstieg der Partikelemissionen bei der Verbrennung bewirken können /9-78/ (Kapitel 9.3.3.3).

9.1.2.2 Spurenelemente

Zu den Spurenelementen zählen alle verbleibenden Elemente, bei denen es sich in der Mehrzahl um Schwermetalle handelt. Sie bestimmen im Wesentlichen die Eigenschaften und Nutzungsmöglichkeiten der bei der thermo-chemischen Umwandlung anfallenden Aschen. Insbesondere die relativ leicht flüchtigen Schwermetalle (Cadmium (Cd), Blei (Pb), Zink (Zn)) zählen aber auch zu den aerosolbildenden Elementen, die den Partikelausstoß bei der Verbrennung erhöhen können /9-23/.

Im Unterschied zu den Hauptelementen sind die Schwankungsbreiten bei den Spurenelementen deutlich größer. Dennoch zeigen naturbelassene Biomasse-Brennstoffe einige Besonderheiten. Im Allgemeinen sind z. B. Holzbrennstoffe aus dem Wald gegenüber den Kulturen, die jährlich geerntet werden können, meist höher mit Schwermetallen belastet. Beispielsweise nimmt die Rinde von Nadelhölzern bei den meisten Schwermetallgehalten eine Spitzenstellung ein (bei Arsen, Cadmium, Kobalt, Eisen, Quecksilber, Mangan, Molybdän, Nickel und Zink; Abb. 9.7 und Abb. 9.8). Bei den übrigen Holzbrennstoffen muss zwischen den langjährig wachsenden Waldhölzern und Kurzumtriebsplantagenkulturen differenziert werden. Waldhölzer weisen fast durchweg – meist um ein Vielfaches – höhere Schwermetallgehalte auf als Holz aus Kurzumtriebsplantagen (z. B. Pappeln, Weiden). Dies liegt primär zum einen an der langen Umtriebszeit, in der die Waldbäume die Schwermetalleinträge aus der Atmosphäre akkumulieren können, und zum anderen an den niedrigen pH-Werten der Waldböden, wodurch sich die Schwermetall-Löslichkeit und damit auch die Pflanzenaufnahme erhöhen. Eine Ausnahme bildet hier der Cadmium(Cd)-Gehalt, der aufgrund eines offenbar spezifischen Aneignungsvermögens bei Weiden besonders hoch ist; dadurch kommt diese Baumart auch für die Melioration (d. h. Inwertsetzung) von mit Cadmium belasteten Flächen in Frage /9-72/, /9-168/. Ansonsten werden bei Holz aus Kurzumtriebsplantagen bei Nickel, Chrom und vor allem Quecksilber, Blei und Molybdän vergleichsweise niedrige Konzentrationen gemessen (Abb. 9.7 und Abb. 9.8).

Die Schwermetallgehalte stellen ein wesentliches Merkmal für die Unterscheidung zwischen naturbelassenen und nicht-naturbelassenen Brennstoffen dar. Hier kann es bereits im Grenzbereich zwischen diesen beiden Fraktionen (z. B. bei Straßengrasschnitt) zu einem beträchtlichen Konzentrationsanstieg kommen /9-72/. Einige Schwermetalle werden auch als Indikatoren für eine nicht-naturbelassene Brennstoffherkunft verwendet. Beispielsweise kann lassen sich mit Hilfe von Schnelltestverfahren für Zink und Blei sowie für das Element Chlor in der Asche von Feuerungsanlagen Anhaltspunkte für eine Verwendung nicht-naturbelassener Brennstoffe ableiten /9-132/. Auch bei Presslingen aus naturbelassenem Holz ist der Nachweis für die Verwendung unbelasteter Rohstoffe dadurch zu erbringen, dass Grenzwerte für bestimmte Schwermetallgehalte und andere Stoffe unterschritten werden müssen. Beispielsweise müssen Holzbriketts oder -pellets nach DIN 51 731 /9-35/ folgende Schadstoffgehalte in der Trockenmasse unterschreiten:

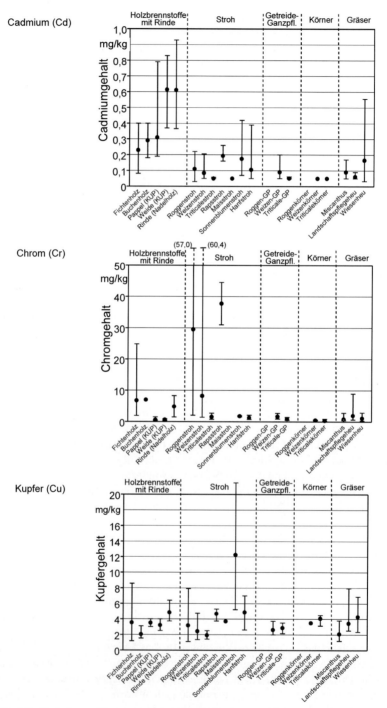

Abb. 9.7 Cadmium-, Chrom- und Kupfergehalte in naturbelassenen biogenen Festbrennstoffen /9-72/

9.1 Brennstoffzusammensetzung und -eigenschaften 347

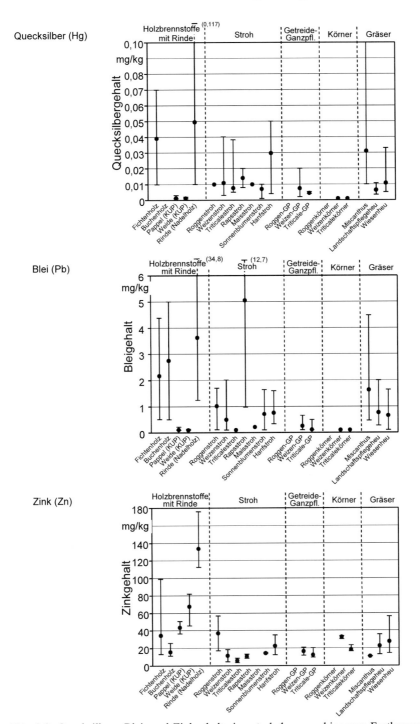

Abb. 9.8 Quecksilber-, Blei- und Zinkgehalte in naturbelassenen biogenen Festbrennstoffen /9-72/

Schwefel (S)	< 0,08 %
Chlor (Cl)	< 0,03 %
Stickstoff (N)	< 0,3 %
Arsen (As)	< 0,8 mg/kg
Cadmium (Cd)	< 0,5 mg/kg
Chrom (Cr)	< 8 mg/kg
Kupfer (Cu)	< 5 mg/kg
Quecksilber (Hg)	< 0,05 mg/kg
Blei (Pb)	< 10 mg/kg
Zink (Zn)	< 100 mg/kg
EOX	< 3 mg/kg (d. h. extrahierbare organ. gebundene Halogene)

Schwermetalle beeinflussen primär die Aschequalität, da sie zum großen Teil in den Verbrennungsrückständen zurückbleiben und dadurch deren Verwendbarkeit z. B. als Düngemittel bestimmen. Dabei sind Cadmium, Zink und Blei relativ leicht flüchtig. Sie werden daher nach der thermo-chemischen Umwandlung des Brennstoffs in der Abkühlungsphase der Abgase an den Flugaschepartikeln kondensiert und finden sich dadurch vermehrt in der Flugasche wieder (z. B. im Gewebe- oder Elektrofilter). Durch eine getrennte Verwertung bzw. Entsorgung der Bett-, Zyklon- und Feinstflugaschen können deshalb die Schadstoffeintragsrisiken einer Ascheverwendung als Düngemittel minimiert werden (Kapitel 9.4) /9-151/.

Einige Schwermetalle wirken bei der Bildung von Dioxinen und Furanen (PCDD/F) katalytisch. Kupfer- und Eisenchloride spielen hierbei eine wichtige Rolle. Sie dienen u. a. als Chlorquelle. Insbesondere die Cu^{2+}-Ionen katalysieren aber auch die Bildung von C-Cl-Bindungen und die Oxidation des Kohlenstoffes /9-2/.

9.1.3 Brennstofftechnische Eigenschaften

Bei den im Folgenden zusammengefassten brennstofftechnischen Eigenschaften handelt es sich um solche Kenngrößen, welche die Möglichkeiten und Grenzen der thermo-chemischen Umwandlung bestimmen oder dabei eine entscheidende Rolle spielen. Neben dem Heiz- und Brennwert zählen hierzu der Gehalt an flüchtigen Bestandteilen, der Wasser- und Aschegehalt sowie das Ascheerweichungsverhalten. Diese Eigenschaften werden nachfolgend diskutiert.

9.1.3.1 Heizwert und Brennwert

Definition. Nachfolgend werden zunächst die Begriffe "Heizwert" und "Brennwert" definiert, bevor die gegebenen Unterschiede diskutiert werden.

Definition Heizwert. Unter dem Heizwert (engl. net calorific value, q_{net}) wird die Wärmemenge verstanden, die bei der vollständigen Oxidation eines Brennstoffs ohne Berücksichtigung der Kondensationswärme (Verdampfungswärme) des im Abgas befindlichen Wasserdampfes freigesetzt wird. Gemäß der entsprechenden Prüfnorm CEN/TS 14 918 /9-41/ ist der Heizwert konkret definiert als der absolute Wert für die in Joule angegebene spezifische Verbrennungswärme, die freigesetzt wird, wenn eine Masseneinheit des Biobrennstoffes in Sauerstoff bei konstantem Volumen bzw. bei konstantem Druck unter Bedingungen verbrannt wird, unter denen das gesamte Wasser in den Reaktionsprodukten in dampfförmigem Zustand vorliegt (hypothetisch unter einem Druck von 0,1 MPa). Würde man die Verdampfungswärme des Wasserdampfes durch Kondensation gewinnen, wäre die abgegebene Wärmemenge etwas höher. Deshalb wurde der Heizwert früher auch als "unterer" Heizwert (H_u) bezeichnet /9-39/.

Definition Brennwert. Im Unterschied zum Heizwert ist der Brennwert H_o (engl. gross calorific value, q_{gr}) als die bei der vollständigen Oxidation eines Brennstoffs freigesetzte Wärmemenge definiert, die verfügbar wird, wenn auch die Kondensationswärme des bei der Verbrennung gebildeten Wasserdampfs nutzbar gemacht wird. Dazu müssen die Abgase abgekühlt werden, damit der Wasserdampf kondensieren kann. Als Bezugstemperatur gilt hierfür gemäß der europäischen Bestimmungsnorm CEN/TS 14 918 /9-41/ ein Wert von 25 °C. Verglichen mit dem Heizwert erhöht sich die Wärmeausbeute unter diesen Bedingungen entsprechend. Daher wurde der Brennwert früher auch als "oberer" Heizwert (H_o) bezeichnet.

Unterschied. Der bei der thermo-chemischen Umwandlung entstehende Wasserdampf, der die Ursache für die begriffliche Trennung darstellt, entstammt zum einen aus der chemischen Reaktion des im Brennstoff gebundenen Wasserstoffs mit Sauerstoff und zum anderen aus dem im biogenen Festbrennstoff vorhandenen freien und gebundenen Wasser.
– Für jeden Prozentpunkt Wasserstoffgehalt in der Trockensubstanz ergibt sich eine Kondensationswärmemenge von 218,3 J bezogen auf 1 g Brennstoff (bei 25 °C).
– Beim in der Biomasse vorhandenen freien und gebundenen Wasser beträgt die Kondensationswärmemenge für einen Prozentpunkt Wassergehalt bezogen auf 1 g Brennstoff 24,43 J.

Mit diesen spezifischen Werten kann die Abweichung zwischen Brennwert und Heizwert berechnet werden.

Brennwert und Heizwert können somit nicht alternativ zueinander verwendet werden. Für die Beurteilung der Energiemenge, die im Brennstoff chemisch gebunden ist, stellt der Heizwert die maßgebliche Bestimmungsgröße dar. Das liegt daran, dass die Kondensationswärme bei einer Feuerungsanlage zur Wärmebereitstellung nur dann sinnvoll genutzt werden kann, wenn sowohl das Wärmenutzungssystem auf ein ausreichend niedriges Temperaturniveau als auch die Konversionsanlage sowie das Kaminsystem für den Anfall von Kondensat ausgelegt sind (z. B. "Brennwertkessel"). Dies trifft jedoch im Regelfall für Anlagen zur Nutzung biogener Festbrennstoffe bisher nicht zu.

Bei der üblichen Verwendung des Heizwerts handelt es sich also um eine technische Konvention, die den gegenwärtigen Marktgegebenheiten Rechnung trägt. Diese Festlegung führt aber zu dem Paradoxon, dass Konversionsanlagen, die mit einem entsprechenden technischen Aufwand eine Nutzung der Kondensationswärme ermöglichen (sogenannte "Brennwertkessel"), Wirkungsgrade von mehr als 100 % erzielen können /9-77/. Würde demgegenüber der Brennstoffinput mit dem

Brennwert anstelle des Heizwertes bewertet, läge der Wirkungsgrad auch in einem solchen Anwendungsfall immer unter 100 %.

Der Brennwert (H_o) biogener Festbrennstoffe liegt durchschnittlich um ca. 6 (Rinde), 7 (Holz) bzw. 7,5 % (Halmgut) über dem Heizwert (H_u) (vgl. Tabelle 9.6). Das gilt jedoch nur für Festbrennstoffe im absolut trockenen Zustand (d. h. bezogen auf Trockenmasse (TM)). Bei feuchter Biomasse vergrößert sich dieser relative Abstand, so dass der durch Rekondensation des entstehenden Wasserdampfes erzielbare Energiegewinn dann entsprechend ansteigt (Abb. 9.9).

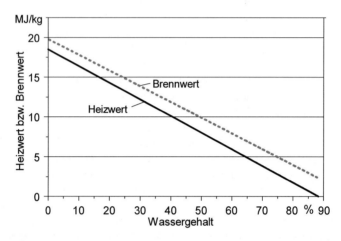

Abb. 9.9 Differenz zwischen Heiz- und Brennwert bei unterschiedlichen Wassergehalten

Bestimmung. Die Bestimmung des Brennwertes – aus dem sich anschließend der Heizwert errechnen lässt – erfolgt durch das kalorimetrische Verfahren gemäß CEN/TS 14 918 /9-41/. Es besteht aus zwei getrennten Prüfungen: i) die Verbrennung einer Kalibriersubstanz (Benzoesäure) und ii) die Verbrennung der Biobrennstoffprobe. Für beide Verbrennungen sind die gleichen Versuchsbedingungen zugrunde zu legen.

Bei der Brennwertbestimmung wird eine quantitative Verbrennungsreaktion (in reinem Sauerstoff unter hohem Druck) herbeigeführt, in der sich die Verbrennungsprodukte anschließend in einem definierten Zustand befinden. Die Verbrennung erfolgt in einer sogenannten Bombe, die von einem Wassermantel (ca. 25 °C) umschlossen ist (Bombenkalorimeter). Hier kann die Temperaturänderung gemessen werden. Sie entspricht der bei der Verbrennung freigesetzten Wärme.

Nach der (experimentellen) Brennwertbestimmung kann der Heizwert berechnet werden. Dazu sind die genannten Abzüge für jeden Prozentpunkt des Wasserstoffgehalts vorzunehmen. Auch für den Wassergehalt sind entsprechende Abzüge erforderlich, um auch hier den Wärmeertrag durch Kondenswasserbildung zu berücksichtigen (siehe oben: Unterschied Heizwert und Brennwert). Deshalb ist für die Heizwertbestimmung immer auch eine Analyse des Wasserstoff- und des Wassergehaltes im Brennstoff erforderlich. Außerdem werden Angaben zum Sauerstoff-, Schwefel- und Stickstoffgehalt im Brennstoff benötigt.

Heizwert trockener Brennstoffe. Bei biogenen Festbrennstoffen liegt der Heizwert bezogen auf die wasserfreie Masse ($H_{u\,(wf)}$) normalerweise zwischen 16,5 und 19 MJ/kg (vgl. Tabelle 9.6). In der Praxis gilt die Faustregel, dass 2,5 kg lufttrockenes Holz etwa einem Liter Heizöl ($\approx$ 10 kWh bzw. $\approx$ 36 MJ) entsprechen. Für Nadelholz wurde ein – im Vergleich zu Laubholz – durchschnittlich ca. 2 % höherer Heizwert festgestellt /9-72/. Diese Zunahme – wie auch der um weitere 2 % höhere Heizwert der Nadelholzrinde – ist auf den höheren Ligningehalt der Nadelhölzer bzw. z. T. auch auf den erhöhten Gehalt an Holzextraktstoffen (z. B. Harze, Fette, Öle) zurückzuführen. Beide Stoffgruppen zeichnen sich dadurch aus, dass ihr Teilheizwert mit ca. 27,0 bzw. 35,9 MJ/kg deutlich höher ist als für Cellulose (ca. 17,3 MJ/kg) oder Hemicellulosen (ca. 16,2 MJ/kg) /9-116/.

Holzbrennstoffe zeigen insgesamt einen durchschnittlich ca. 9 % höheren Heizwert im Vergleich zu Halmgutbrennstoffen. Er schwankt hier zwischen 16,5 und 17,5 MJ/kg (Abb. 9.6). Merkliche Unterschiede zwischen Getreidestroh und -körnern sind dabei nicht erkennbar; das gilt auch für Heu und Gräser. Ölhaltige Brennstoffe (z. B. Rapskörner, Rapspresskuchen) besitzen je nach Ölgehalt einen insgesamt erhöhten Heizwert, da der Heizwert des Öls im Reinzustand mit ca. 36 MJ/kg deutlich höher liegt als der der übrigen Pflanzenmasse (vgl. Tabelle 9.6).

Der Heizwert trockener biogener Festbrennstoffe ist hauptsächlich durch den Gehalt an oxidierbaren Elementen (primär Kohlenstoff (C) und Wasserstoff (H)) festgelegt. Zusätzlich dazu wird auch durch die Oxidation bestimmter Hauptnährstoffe Energie freigesetzt (z. B. Schwefel (S), Stickstoff (N)). Aufgrund der meist nur geringen Anteile derartiger Elemente in biogenen Festbrennstoffen beeinflusst dies den Heizwert i. Allg. jedoch kaum. Der Sauerstoff(O)-Gehalt reduziert – insgesamt gesehen – dagegen den Heizwert, da die oxidierbaren Komponenten in sauerstoffhaltigen Verbindungen bereits in einer höheren Oxidationsstufe vorliegen und oft nur eingeschränkt unter Energieabgabe weiter oxidiert werden können.

Folglich lässt sich der Heizwert näherungsweise aus der Elementarzusammensetzung abschätzen. Hier wird häufig Gleichung (9-1) (Näherungsformel nach BOIE /9-127/) verwendet, die für Biomasse meist relativ genaue Werte liefert /9-72/. Der Heizwert biogener Festbrennstoffe im wasserfreien Zustand ($H_{u\,(wf)}$) in MJ/kg errechnet sich demnach aus den Elementgehalten von Kohlenstoff (C) und Wasserstoff (H) sowie den Hauptnährstoffen Schwefel (S) und Stickstoff (N) sowie dem Gehalt an Sauerstoff (O) in % der Trockenmasse (TM). Bei Verwendung dieses Zusammenhangs (Gleichung (9-1)) ist für biogene Festbrennstoffe mit einem mittleren Fehler von 4 % zu rechnen /9-72/.

$$H_{u\,(wf)} = 34{,}8\,C + 93{,}9\,H + 10{,}5\,S + 6{,}3\,N - 10{,}8\,O \tag{9-1}$$

Eine neuere Korrelation für den Brennwert (d. h. oberer Heizwert H_o) wurde speziell auf Basis von 122 Datensätzen für Biomasseproben abgeleitet /9-57/ Gleichung (9-2))

$$H_{o\,(wf)} = 1{,}87\,C^2 - 144\,C - 2802\,H + 63{,}8\,C\,H + 129\,N + 20147 \tag{9-2}$$

wobei H_o in kJ/kg ausgegeben wird, wenn für Kohlenstoff (C), Wasserstoff (H) und Stickstoff (N) die Werte in Massen-% aus der Elementaranalyse der trockenen Biomasse eingesetzt werden.

Einfluss Wassergehalt. Der Heizwert eines biogenen Festbrennstoffs wird wesentlich stärker vom Wassergehalt beeinflusst als von der Art der Biomasse. Deshalb werden die Heizwerte unterschiedlicher Brennstoffarten stets für absolut trockene Biomasse verglichen. Gelegentlich wird auch der wasser- und aschefreie Wert (waf) angegeben; z. B. wird bei Holzpresslingen nach DIN 51 731 ein Heizwert von 17,5 bis 19,5 MJ/kg (waf) gefordert /9-35/. Zwischen dem Wassergehalt und dem Heizwert der Gesamtsubstanz besteht ein linearer Zusammenhang (vgl. Abb. 9.9).

Für die eigentliche Energiemengenabschätzung muss der tatsächliche Heizwert des Biobrennstoffs für den jeweils gegebenen Wassergehalt im Anlieferungszustand errechnet werden. Hierzu wird der in Gleichung (9-3) dargestellte Zusammenhang verwendet. Dabei ist H_u der Heizwert der Biomasse (in MJ/kg) bei einem bestimmten Wassergehalt w (in %); $H_{u\,(wf)}$ ist der Heizwert der biogenen Trockenmasse im "wasserfreien" (absolut trockenen) Zustand und die Konstante 2,443 resultiert aus der Verdampfungswärme des Wassers in MJ/kg, bezogen auf 25 °C.

$$H_u = \frac{H_{u(wf)}(100-w) - 2,443\,w}{100} \qquad (9\text{-}3)$$

Einfluss Aschegehalt. Auch der Aschegehalt beeinflusst den Heizwert. Dies wird beispielsweise am verminderten Heizwert von Sonnenblumenstroh und Straßengrasschnitt im Vergleich zu Holz sichtbar (vgl. Tabelle 9.6). Abb. 9.10 zeigt diesen Zusammenhang zwischen Aschegehalt und Heizwert. Deutlich wird u. a., dass

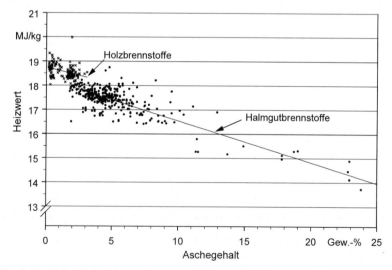

Abb. 9.10 Abhängigkeit des Heizwertes vom Aschegehalt von Holz- und Halmgutbrennstoffen (jeweils bezogen auf die Trockenmasse (TM); nach /9-72/)

wegen der üblicherweise geringen Bandbreite beim Aschegehalt in nicht verunreinigten Brennstoffen dessen Auswirkung auf den Heizwert normalerweise gering bleiben. Lediglich bei starken Sekundärverunreinigungen (z. B. bei Straßengrasschnitt oder bei Rinde) kann dies anders sein.

Energiemengenabschätzung. Auf der Basis des Heizwertes und des Wassergehaltes kann die Energiemenge, die in einer bestimmten Brennstoffcharge vorliegt, bestimmt werden.

Dazu muss zunächst ihr Gewicht festgestellt bzw. abgeschätzt werden. Für Scheitholz, das überwiegend in Volumeneinheiten (d. h. Raummeter) gehandelt wird, erfolgt eine grobe Mengenabschätzung zunächst durch Umrechnung in Festmeter (d. h. in massives Holz z. B. mit Umrechnungsfaktoren nach Tabelle 9.12). Vom Festmeter lässt sich wiederum auf die vorliegende Holzmasse schließen; dazu muss die Holzdichte bekannt sein (Tabelle 9.14).

Da Holz aber in der Natur nie im absolut wasserfreien Zustand vorkommt, sollte nicht die in Tabelle 9.14 dargestellte Darrdichte, sondern die Holzdichte beim jeweils vorliegenden Wassergehalt verwendet werden. Für drei verschiedene Holzarten (Buche, Fichte und Kiefer) ist dies bei der Berechnung der in Tabelle 9.4 dargestellten Raumgewichte berücksichtigt /9-69/. Die Umrechnung erfolgt dabei mithilfe einheitlicher Umrechnungsfaktoren (1 fm = 0,65 Rm Scheitholz bzw. 1 fm = 2,43 m^3 Hackschnitzel).

Die Abschätzung der Energiemenge einer Charge ergibt sich schließlich aus der festgestellten Masse (z. B. Tabelle 9.4) multipliziert mit dem Heizwert der jeweiligen Biomasseart beim vorliegenden Wassergehalt (vgl. Gleichung (9-3)). Tabelle 9.5 zeigt hierzu einige Planungszahlen für die Energiemengen typischer Brennstoffarten und -sortimente. Zur Umrechnung der Angaben von Megajoule (MJ) in

Tabelle 9.4 Raumgewichte verschiedener Holzarten und Aufbereitungsformen (Festgehalt, 33 cm-Scheitholz-Raummeter, Hackschnitzel-Schüttkubikmeter) in Abhängigkeit vom Wassergehalt. Fest Festgehalt, Fm Festmeter, SH Scheitholz (33 cm, geschichtet), HS Hackschnitzel, Rm Raummeter

Wassergehalt in %	Buche			Fichte			Kiefer		
	Fest 1 Fm	SH 1 Rm	HS 1 m^3	Fest 1 Fm	SH 1 Rm	HS 1 m^3	Fest 1 Fm	SH 1 Rm	HS 1 m^3
	Raumgewicht[a] in kg								
0	680	422	280	430	277	177	490	316	202
10	704	437	290	457	295	188	514	332	212
15	716	445	295	472	304	194	527	340	217
20	730	453	300	488	315	201	541	349	223
30	798	495	328	541	349	223	615	397	253
40	930	578	383	631	407	260	718	463	295
50	1 117	694	459	758	489	312	861	556	354

[a] mit Berücksichtigung der Tatsache, dass Holz bei der Trocknung maximal um das Schwindmaß schrumpft; die hier gewählten trockenen Holzdichten (Festmetermasse bei einem Wassergehalt von 0 %) ergeben sich aus den Rohdichten nach Tabelle 9.14; die jeweilige Holzdichte (mit Wasser) wurde korrigiert um das Schwindmaß (Buche 17,9 %, Fichte 11,9 %, Kiefer 12,1 %), wobei zwischen Darrdichte und dem jeweiligen Fasersättigungspunkt (Wassergehalt 25/25/21 % bei Buche, Fichte, Kiefer, nach /9-115/) eine lineare Volumenänderung angenommen wurde

9 Grundlagen der thermo-chemischen Umwandlung

Tabelle 9.5 Planungszahlen zur Beurteilung des Energiegehaltes einer Brennstoffmenge (bei Scheitholz und Hackschnitzeln wurde die unterhalb 25 % Wassergehalt eintretende Volumenänderung berücksichtigt; beschr. beschränkt)

Brennstoff	Menge/ Einheit	Wassergehalt w in %	Masse (bei w) in kg	Heizwert (bei w) in MJ/kg	Brennstoffmenge in MJ	in kWh	Heizöl-äquival. in l
Scheitholz (geschichtet)							
Buche 33 cm, lufttrocken	1 Rm	15	445	15,3	6 797	1 888	189
Buche 33 cm, angetrocknet	1 Rm	30	495	12,1	6 018	1 672	167
Fichte 33 cm, lufttrocken	1 Rm	15	304	15,6	4 753	1 320	132
Fichte 33 cm, angetrocknet	1 Rm	30	349	12,4	4 339	1 205	121
Holzhackschnitzel							
Buche, trocken	1 m³	15	295	15,3	4 503	1 251	125
Buche, beschr. lagerfähig	1 m³	30	328	12,1	3 987	1 107	111
Fichte, trocken	1 m³	15	194	15,6	3 032	842	84
Fichte, beschr. lagerfähig	1 m³	30	223	12,4	2 768	769	77
Pellets							
Holzpellets, nach Volumen	1 m³	8	650	17,1	11 115	3 088	309
Holzpellets, nach Gewicht	1 t	8	1 000	17,1	17 101	4 750	475
Brennstoffe nach Gewicht							
Buche, lufttrocken	1 t	15	1 000	15,3	15 274	4 243	424
Buche, angetrocknet	1 t	30	1 000	12,1	12 148	3 374	337
Fichte, lufttrocken	1 t	15	1 000	15,6	15 614	4 337	434
Fichte, angetrocknet	1 t	30	1 000	12,4	12 428	3 452	345
Halmgut (z. B. Stroh)	1 t	15	1 000	14,3	14 254	3 959	396

Kilowattstunden (kWh) wird durch 3,6 geteilt. Ein Liter Heizöläquivalent (Heizöl EL (extra leicht)) errechnet sich näherungsweise, indem die Kilowattstundenangabe durch 10 geteilt wird (10 kWh ≈ 1 l Heizöl EL).

Die Erhöhung der Energiemenge durch Trocknung des Brennstoffs wird meist überschätzt. Zwar führt der Wasserverlust zu einem linearen Anstieg des Heizwerts (vgl. Abb. 9.9). Dabei handelt es sich aber um eine spezifische Angabe, die auf die Brennstoffmasse inklusive des gegebenen Wasseranteils bezogen wird. Mit der Abtrocknung vermindert sich jedoch gleichzeitig auch die Gesamtmasse einer betrachteten Brennstoffcharge (einschließlich Wasser). Daher verläuft der Energiemengenanstieg nicht proportional zum spezifischen Heizwert.

Abb. 9.11 zeigt die tatsächliche Auswirkung einer Trocknung auf die Brennstoffenergie eines Raum- bzw. Kubikmeters Holzbrennstoff. Beispielsweise führt die Abtrocknung einer Fichten-Scheitholzcharge (1 Rm) von 50 auf 15 % Wassergehalt zu einer um 135 kWh höheren energetischen Bewertung; das entspricht einer Energiemengenzunahme von 13 % (Variante B in Abb. 9.11, links). Bei Hackgut erhöht sich der Energieinhalt beispielsweise in einem Kubikmeter frisch gehacktem Fichtenmaterials (Wassergehalt von 50 %) durch eine Trocknung auf 15 % Wassergehalt um 85 kWh (d. h. ebenfalls 13 % Zuwachs, vgl. Variante B in Abb. 9.11, rechts). Soll allerdings (luft-)trockenes Material bewertet werden, hat die Schrumpfung bereits eingesetzt. Dann erfolgt die Bewertung der Energiemenge in einem gegebenen Raum- oder Kubikmeter gemäß Variante A in Abb. 9.11.

9.1 Brennstoffzusammensetzung und -eigenschaften   355

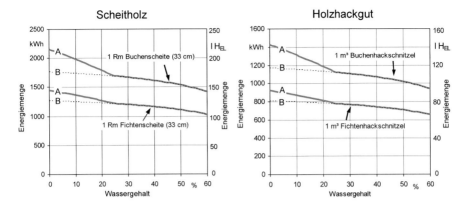

Abb. 9.11 Energieinhalt in einem Raummeter (Rm) Scheitholz bzw. in einem Kubikmeter Holzhackgut bei unterschiedlichen Wassergehalten; Variante A und B: mit bzw. ohne Berücksichtigung der Volumenänderung durch Quellen und Schrumpfen (d. h. bei Variante A wird das Schwundvolumen aufgefüllt, bei Variante B ist die Trockenmasse gleich bleibend) (H_{EL} Heizöl extra leicht)

Damit ist die Trocknung von Scheitholzbrennstoffen nur bei sehr feuchten Brennstoffen mit einer nennenswerten Steigerung der Energiemenge verbunden. Im unteren Wassergehaltsbereich dient die Trocknung dagegen hauptsächlich der Qualitätsverbesserung und der Verlustminimierung. Häufig sind danach auch höhere Verbrennungstemperaturen möglich, die insbesondere bei Kleinfeuerungen zu einer besseren Verbrennungsqualität führen können. Für einige thermo-chemische Umwandlungsprozesse ist die Verwendung trockener Brennstoffe sogar zwingend notwendig (z. B. bei handbeschickten Einzelfeuerstätten).

9.1.3.2 Flüchtige Bestandteile

Unter flüchtigen Bestandteilen werden flüchtige Produkte verstanden, die bei der pyrolytischen Zersetzung der trockenen organischen Substanz, d. h bei der Erhitzung biogener Festbrennstoffe unter definierten Bedingungen entstehen. Je nach Biobrennstoff ist ihr Anteil unterschiedlich. Der Gehalt an flüchtigen Bestandteilen charakterisiert somit die Eigenschaft des biogenen Festbrennstoffs, unter Wärmeeinwirkung in brennbare gasförmige Bestandteile zu zerfallen.

Der Gehalt an flüchtigen Bestandteilen ist keine absolute, sondern eine durch Konvention festgelegte Messgröße. Er wird unter genormten Bedingungen gemäß CEN/TS 14 148 /9-45/ durch Erhitzen einer Probe für 7 min bei 900 °C unter Luftabschluss festgestellt. Dabei wird der Masseverlust abzüglich der Masse des zeitgleich festgestellten Wassergehaltes bestimmt. Um eine reproduzierbare Messung zu erhalten, müssen hierbei die Endtemperatur und die Gesamtdauer der Prüfung sorgfältig überwacht werden. Außerdem ist der Zutritt von Luft auszuschließen, um Oxidation zu verhindern.

Der Gehalt an flüchtigen Bestandteilen erlaubt Rückschlüsse z. B. auf die Flammenbildung (bei der Verbrennung) bzw. auf die Gasbildung (bei der Vergasung). Er ist somit ein Brennstoffmerkmal, das für die Feuerungskonstruktion maßgeblich ist. Beispielsweise wird der Anteil der Sekundärluftzugabe bei der Verbrennung deutlich gesteigert, wenn es sich um einen Brennstoff mit einem hohen Flüchtigengehalt handelt. Auch der Feuerraum muss dann größer sein, weil für die vermehrt gebildeten Gase eine angemessene Verweildauer angestrebt wird.

Der Anteil der flüchtigen Bestandteile am gesamten Brennstoff liegt bei Lignocellulosebrennstoffen meist bei 74 bis 83 % der Trockenmasse. Holzbrennstoffe markieren mit durchschnittlich 82 % das obere Ende dieser Bandbreite; Getreidestroh und Wiesenheu liegen mit 76 bzw. 74 % dagegen im unteren Bereich (Tabelle 9.6). Im Vergleich dazu weisen Kohlen-Brennstoffe mit 6 bis 45 % (verschiedene Steinkohlen) bzw. 45 bzw. 63 % (Hart- bzw. Weichbraunkohlen) deutlich niedrigere Werte auf.

9.1.3.3 Wassergehalt

Der Gehalt an Wasser, der sich unter definierten Bedingungen aus dem Brennstoff entfernen lässt, wird als Wassergehalt w (z. T. fälschlicherweise auch Feuchtegehalt) bezeichnet /9-42/. Er wird auf die Frischmasse (d. h. Nassbasis) bezogen und beschreibt damit das in der feuchten Biomasse befindliche Wasser, wobei sich diese feuchte Biomasse aus der trockenen Biomasse (d. h. Trockenmasse) m_B und der darin enthaltenen Wassermasse m_W zusammensetzt (Gleichung (9-4).

$$w = \frac{m_W}{m_B + m_W} \tag{9-4}$$

Im Bereich der Forstwirtschaft wird häufig anstelle des Wassergehaltes der Begriff der Brennstoff-Feuchte u (zum Teil auch "Holzfeuchte") verwendet. Anders als der Wassergehalt wird die Brennstoff-Feuchte auf die Trockenmasse bezogen (d. h. Trockenbasis). Sie ist definiert als die im Brennstoff gebundene Wassermasse m_W bezogen auf die trockene Biomasse m_B nach Gleichung (9-5). Die Feuchte kann damit in den Wassergehalt umgerechnet bzw. aus ihm berechnet werden. Demnach entspricht z. B. ein Wassergehalt von 50 % einer Brennstoff-Feuchte von 100 %. Bei den Angaben zur Feuchte sind somit auch Werte von über 100 % möglich.

$$u = \frac{m_W}{m_B} = \frac{w}{1 - w} \tag{9-5}$$

Bei der energetischen Biomassenutzung hat sich international der Wassergehalt durchgesetzt /9-42/. Er wird bestimmt, indem eine Probe in einem Trockenschrank bei 105 °C bis zur Massenkonstanz (d. h. bis keine weitere Gewichtsabnahme feststellbar ist) getrocknet wird (CEN/TS 14 774-1 /9-44/).

Dabei ist zu beachten, dass unbehandelte Biomasse-Brennstoffe geringe Mengen an flüchtigen energiereichen Verbindungen (Extraktstoffen) enthalten können. Diese können bei der Bestimmung des Wassergehaltes durch Ofentrocknung entweichen. Am häufigsten handelt es sich dabei um α-Pinene, die beispielsweise bei einer üblicherweise realisierten Trocknung der Brennstoffprobe bei 105 °C im Vergleich zu einer Trocknung bei 80 °C vermehrt freigesetzt werden. Allerdings

9.1 Brennstoffzusammensetzung und -eigenschaften

macht der dabei gemessene, vermeintliche Wassergehaltsunterschied fast durchweg deutlich weniger als 1 %-Punkt aus; lediglich bei ölhaltigen Materialien (z. B. Rapspresskuchen) sind etwas höhere Abweichungen möglich /9-166/. Bei den üblichen festen Brennstoffen kann i. Allg. jedoch der Fehler, der sich daraus bei der energetischen Bewertung (d. h. Heizwertberechnung) ergeben könnte, vernachlässigt werden.

Größere Messfehler sind allerdings möglich, wenn – wie in der Praxis häufig gefordert – anstelle der oben beschriebenen Trockenschrankmethode ein Schnellverfahren für die Wassergehaltsbestimmung eingesetzt wird. Zwar kann der Wassergehalt von Schüttgutbrennstoffen (z. B. Holzhackschnitzel) mithilfe vieler gängiger kapazitiver oder vor allem mit infrarot-reflektometrischen Verfahren (NIR) noch hinreichend genau abgeschätzt werden (hier können die mittleren Messwertabweichungen mit ca. 3 bis 10 % über einen relativ großen Wassergehaltsbereich bis ca. 50 % noch relativ gering sein /9-31/, /9-13/). Jedoch ergeben sich bei stückigem Holz mit den hier üblicherweise eingesetzten Leitfähigkeitsmessverfahren deutlich größere Streuungen. Hier liegt der mittlere Messfehler bei den marktgängigen Geräten mit Einstechnadeln im Durchschnitt bei ca. 20 %. Das gilt selbst dann wenn der zu messende Wassergehalt auf maximal 30 % begrenzt ist /9-159/. Zudem wird der tatsächliche Wassergehalt mit diesen Geräten fast durchweg zu niedrig eingeschätzt.

Derartige Fehleinschätzungen wirken sich direkt auf die Bewertung der Energiemenge einer Brennstoffcharge aus, da der Wassergehalt die wesentliche Einflussgröße ist, die den aktuellen Heizwert biogener Festbrennstoffe im jeweiligen Trocknungszustand bestimmt. Da wasserfreie Biomasse in der Natur praktisch nicht vorkommt, müssen stets mehr oder weniger große Mengen Feuchtigkeit während der thermo-chemischen Umwandlung verdampft werden. Die hierfür benötigte Wärme wird der durch die Umwandlung freigesetzten Energie entnommen und mindert dadurch die Nettoenergieausbeute, wenn – und das ist der Regelfall – keine Rückkondensation des entstandenen Wasserdampfes im Abgas durch eine Abgaskondensationsanlage realisiert wird.

Dieser Einfluss des Wassergehalts auf den Heizwert biogener Festbrennstoffe im Rohzustand wird aus Gleichung (9-3) deutlich. Abb. 9.9 (Kapitel 9.1.3.1) zeigt diesen Zusammenhang. Demnach nimmt beispielsweise der Heizwert von Holz (hier: 18,5 MJ/kg) mit zunehmendem Wassergehalt bzw. ansteigender Brennstoff-Feuchte linear ab; er ist bei rund 88 % Wassergehalt bzw. etwa 730 % Brennstoff-Feuchte gleich null.

Der Wassergehalt hat bei relativ trockenen Brennstoffen auch einen gewissen Einfluss auf das Volumen von Holz (Kapitel 9.1.4); er verändert aber vor allem die Masse und die unter adiabaten Bedingungen erreichbare Verbrennungstemperatur. Neben dem Heizwert beeinflusst er auch die Lagerfähigkeit des Brennstoffs. Wassergehalte von deutlich mehr als 16 % führen in der Regel zu biologischen Ab- oder Umbauprozessen, die mit Energieverlusten verbunden sind. Hinzu kommt die Brandgefahr, die aus einer möglichen Selbsterwärmung und daraus folgenden Selbstentzündung resultieren kann (Kapitel 8.2).

In Abhängigkeit von Biomasseart, Jahreszeit und dem Zeitraum zwischen der Verfügbarmachung und der energetischen Nutzung ist der Wassergehalt erheblichen Schwankungen unterworfen; die Bandbreite reicht üblicherweise von ca. 8

bis 65 %. Waldfrisches Holz liegt je nach Baumart, Alter und Jahreszeit zwischen 45 und 60 %, wobei Harthölzer geringere und Weichhölzer höhere Werte aufweisen. Auch Splintholz, in dem die Leitungsgefäße zur Versorgung des Baumes verlaufen, besitzt einen höheren Wassergehalt, als das Kernholz, in dem zugleich auch die jahreszeitlichen Schwankungen niedriger sind. Bei Nadelhölzern ist der Wassergehalt im Baum aufgrund der geringeren Assimilationstätigkeit im Winter höher als im Sommer /9-21/. Für Laubholz kann dies nicht bestätigt werden. In Kurzumtriebsplantagenkulturen (z. B. Pappeln, Weiden) ist zu Beginn der Vegetationsperiode sogar mit einem Wassergehaltsanstieg von ca. 5 %-Punkten zu rechnen /9-72/; daraus resultieren bei verspäteter Ernte im Frühjahr entsprechend höhere Wassergehalte im Erntegut.

Im Gleichgewichtszustand schwankt der Wassergehalt beispielsweise von "lufttrockenem" Holz in Mitteleuropa – je nach Jahreszeit – etwa zwischen 10 und 20 %. Daraus resultiert ein Heizwert zwischen 14,5 und 16,5 MJ/kg. Abgestorbenes oder bodengetrocknetes Halmgut und Getreidekörner werden in der Regel mit maximal ca. 15 % Wassergehalt eingelagert. Normgerechte Holzpresslinge nach DIN 51 731 haben einen Wassergehalt von maximal 12 % /9-35/, er liegt in der Regel jedoch bei ca. 7 bis 10 %. Durch geeignete Lagerbedingungen oder durch Trocknung können aber bei allen biogenen Festbrennstoffen geringere Wassergehalte erreicht werden (Kapitel 8.2).

9.1.3.4 Aschegehalt

Der anorganische Rückstand, der nach der Verbrennung eines biogenen Festbrennstoffs zurückbleibt, wird als Asche bezeichnet. Dieser Rückstand kann direkt vom Brennstoff stammen (bei nicht verunreinigten Brennstoffen). Er kann aber auch zusätzlich aus nicht vom Brennstoff stammenden mineralischen Verunreinigungen bestehen, die im Verlauf der Bereitstellungskette (z. B. bei der Ernte, der Aufbereitung, beim Transport, bei der Lagerung) hinzukommen können.

Der Aschegehalt wird durch Berechnung aus der Masse des Rückstandes bestimmt, der nach dem Erhitzen einer Probe unter klar definierten Bedingungen (CEN/TS 14 775 /9-46/) anfällt. Dabei ist die Ofentemperatur über eine Dauer von 50 min gleichmäßig auf 250 °C zu erhöhen (Anstieg von 5 K/min). Diese Temperatur ist dann über 60 min aufrechtzuerhalten, damit die flüchtigen Stoffe vor dem Verbrennen aus der Probe entweichen können. Anschließend ist die Ofentemperatur bei einem Anstieg von 5 K/min weiter gleichmäßig auf 550 °C zu erhöhen, um schließlich diese Temperatur über mindestens 120 min beizubehalten.

In früheren Messvorschriften (z. B. ISO 1 171) wurde für die Aschegehaltsbestimmung mit 815 °C eine deutlich höhere (bei Kohlebrennstoffen auch heute weiterhin übliche) Temperatur angewendet. Dadurch können Abweichungen zu entsprechenden früheren Messungen zustande kommen, die sich durch den Verlust flüchtiger anorganischer Verbindungen oder durch eine weitere Oxidation anorganischer Verbindungen (höhere Oxidationsstufe) erklären lassen. Auch eine Aufspaltung von Carbonaten, aus denen CO_2 freigesetzt wird, kann zu unterschiedlichen Messergebnissen beider Methoden führen. Je nach Brennstoffart und Niveau des Aschegehaltes kann diese systematische Messwertabweichung zwischen Null und mehreren Prozentpunkten ausmachen /9-72/.

Von allen biogenen Festbrennstoffen besitzt Holz (einschließlich Rinde) mit ca. 0,5 % der Trockenmasse (TM) den geringsten Aschegehalt. Größere Überschreitungen dieses Wertes sind meist auf Sekundärverunreinigungen (z. B. anhaftende Erde) zurückzuführen. Das lässt sich auch aus der stark linksgeneigten Verteilkurve für die Messwerte bei Fichtenholz schließen (Abb. 9.6). Demnach sind Aschegehalte von über 1 % bei Holzbrennstoffen selten. Beispielsweise dürfen Holzpresslinge nach DIN 51 731 auch nur einen Aschegehalt von maximal 1,5 % in der Trockenmasse (TM) aufweisen /9-35/. Lediglich Holz aus Kurzumtriebsplantagen (z. B. Pappeln, Weiden) liegt mit ca. 2 % Aschegehalt deutlich darüber, da der Rindenanteil beim jungen Holz noch relativ hoch ist und die Rinde selbst z. T. deutlich höhere Aschegehalte besitzt als das Kern- und Splintholz. Für Fichtenrinde liegt z. B. der Aschegehalt zwischen 2,5 und 5 % (Tabelle 9.6). Noch höher ist er bei den meisten Halmgutbrennstoffen.

Der Aschegehalt eines Brennstoffs hat sowohl Auswirkungen auf die Umweltbelastungen (d. h. Schadstoffemissionen) als auch auf die technische Auslegung einer Feuerungsanlage. Mit zunehmendem Aschegehalt steigen häufig die freigesetzten Staubfrachten bzw. der Aufwand für eine ggf. notwendige Entstaubung. Hinzu kommt der verstärkte Aufwand für die Entaschung und die Reinigung der Wärmeübertragerflächen. Außerdem erhöhen sich die Aufwendungen für die Verwertung bzw. Entsorgung der anfallenden Verbrennungsrückstände.

In der Asche finden sich viele der in Kapitel 9.1.2 genannten Elemente wieder. Sie besteht vorwiegend aus Kalzium (Ca), Magnesium (Mg), Kalium (K), Phosphor (P) und Natrium (Na). Die mittlere Zusammensetzung beispielsweise der Grobasche von Holz liegt bei rund 42 % CaO, ca. 6 % K_2O, etwa 6 % MgO, ca. 3 % P_2O_5 und rund 1 % Na_2O sowie kleineren Mengen an Eisen und Mangan. Bei Stroh- und Getreideganzpflanzenasche sind die Anteile von K_2O und P_2O_5 höher (Kapitel 9.4).

9.1.3.5 Ascheerweichungsverhalten

Infolge der wärmeinduzierten Prozesse, die bei der thermo-chemischen Umwandlung ablaufen, kann es im Glutbett zu physikalischen Veränderungen der Asche kommen. Je nach Temperaturniveau ist ein Verkleben ("Versintern") bis zum völligen Aufschmelzen der Aschepartikel möglich. Dies kann mit erheblichen technischen Nachteilen in der Konversionsanlage verbunden sein und muss bei der technischen Realisierung des Verbrennungsprozesses berücksichtigt werden (Kapitel 10.3).

Das Erweichungsverhalten von Biomasseaschen – auch als Schmelzverhalten bezeichnet – hängt von der Aschezusammensetzung und somit vor allem vom Brennstoff und seiner Zusammensetzung ab; daher zählt es zu den brennstoffspezifischen Merkmalen. Als Messgrößen gelten vier bestimmte charakteristische Temperaturen, bei denen bestimmte Beobachtungen an der Asche festzustellen sind. Dies ist der Beginn der Schrumpfung, die Erweichungstemperatur, die Halbkugeltemperatur und die Fließtemperatur. Zu deren Bestimmung wird eine Brennstoffprobe zunächst nach den gleichen Vorschriften wie bei der Aschegehaltsbestimmung (d. h. bei 550 °C) verascht /9-46/, um anschließend von der gemahlenen und mit einem Bindemittel (Wasser, Dextrin oder Ethanol) vermengten Brenn-

Tabelle 9.6 Verbrennungstechnische Kenndaten von naturbelassenen Biomasse-Festbrennstoffen im Vergleich zu Stein- und Braunkohle (Mittelwerte nach /9-72/, Kohle /9-186/; jeweils bezogen auf die wasserfreie Substanz)

Brennstoff/ Biomasseart	Heizwert in MJ/kg	Brennwert in MJ/kg	Aschegehalt in %	flüchtige Bestandteile in %	Ascheerweichung[b]		
					DT^a in °C	HT^a in °C	FT^b in °C
Steinkohle	29,7[c]		8,3	34,7	1 250		
Braunkohle	20,6[c]		5,1	52,1	1 050		
Fichtenholz (mit Rinde)	18,8	20,2	0,6	82,9	1 426		1 583
Buchenholz (mit Rinde)	18,4	19,7	0,5	84,0			
Pappelholz (Kurzumtrieb)	18,5	19,8	1,8	81,2	1 335		1 475
Weidenholz (Kurzumtrieb)	18,4	19,7	2,0	80,3	1 283		1 490
Rinde (Nadelholz)	19,2	20,4	3,8	77,2	1 440	1 460	1 490
Roggenstroh	17,4	18,5	4,8	76,4	1 002	1 147	1 188
Weizenstroh	17,2	18,5	5,7	77,0	998	1 246	1 302
Triticalestroh	17,1	18,3	5,9	75,2	911	1 125	1 167
Gerstenstroh	17,5	18,5	4,8	77,3	980	1 113	1 173
Rapsstroh	17,1	18,1	6,2	75,8	1 273		1 403
Maisstroh	17,7	18,9	6,7	76,8	1 050	1 120	1 140
Sonnenblumenstroh	15,8	16,9	12,2	72,7	839	1 178	1 270
Hanfstroh	17,0	18,2	4,8	81,4	1 336	1 420	1456
Roggenganzpflanzen	17,7	19,0	4,2	79,1			
Weizenganzpflanzen	17,1	18,7	4,1	77,6	977	1 155	1 207
Triticaleganzpflanzen	17,0	18,4	4,4	78,2	833	982	1 019
Roggenkörner	17,1	18,4	2,0	80,9	710		810
Weizenkörner	17,0	18,4	2,7	80,0	687	887	933
Triticalekörner	16,9	18,2	2,1	81,0	730	795	840
Rapskörner	26,5		4,6	85,2			
Miscanthus	17,6	19,1	3,9	77,6	973	1 097	1 170
Landschaftspflegeheu	17,4	18,9	5,7	75,4	1 061		1 228
Rohrschwingel	16,4	17,8	8,5	72,0	869	1 197	1 233
Weidelgras	16,5	18,0	8,8	74,8			
Straßengrasschnitt	14,1	15,2	23,1	61,7	1 200	1 270	1 286

[a] DT Erweichungs("deformation"-)temperatur, HT Halbkugel("hemisphere"-)temperatur, FT Fließ ("flow"-)temperatur (nach CEN/TS 15 370-1 /9-40/); [b] hier: Bestimmung nach DIN 51 730 /9-34/, Abweichungen zu Ergebnissen nach neuer Standardmethode sind möglich; [c] typischer Wassergehalt Steinkohle 5 %; Rohbraunkohle 50 % /9-186/

stoffasche einen scharfkantigen, aufrecht stehenden zylinderförmigen Probenkörper von 3 bis 5 mm Höhe und gleichem Durchmesser zu pressen. Dieser Probenkörper wird nun in einem vorgeschriebenen Temperaturverlauf erhitzt, wobei die eintretenden Veränderungen mittels Digitalkamera festgehalten werden (CEN/TS 15 370-1 /9-40/). Die Temperaturen, bei denen sich dieser Probenkörper durch Erweichung und Verformung der Aschepartikel auffällig verändert, beschreiben das jeweilige Erweichungsverhalten. Sie sind wie folgt definiert:

9.1 Brennstoffzusammensetzung und -eigenschaften

- Beginn der Schrumpfung (engl. Shrinkage Starting Temperature, SST). Bei dieser Temperatur beginnt das Schrumpfen des Probekörpers. Die Fläche des Probekörperprofils sinkt unter 95 % der Ausgangsfläche des Probekörperprofils bei 550 °C (Abb. 9.12). Das Schrumpfen kann infolge der Freisetzung von Kohlenstoffdioxid, flüchtigen Alkaliverbindungen und/oder Sintern erfolgen. Der Beginn der Schrumpfung ist aber nicht immer eindeutig feststellbar. Seine Erfassung stellt eine Zusatzinformation im Rahmen des Normprüfverfahrens dar. Zurzeit liegen hierzu noch wenige Messdaten vor, daher macht Tabelle 9.6 noch keine Angaben zum Schrumpfungsbeginn.
- Erweichungstemperatur (engl. Deformation Temperature, DT). Bei dieser Temperatur treten erste Anzeichen einer Abrundung von Kanten des Probekörpers infolge Schmelzens auf (Abb. 9.12).
- Halbkugeltemperatur (engl. Hemisphere Temperature, HT). Bei dieser Temperatur ist die Form des Probekörpers annähernd halbkugelförmig (d. h. die Höhe ist gleich der Hälfte des Durchmessers der Grundfläche (Abb. 9.12)).
- Fließtemperatur (engl. Flow Temperature, FT). Bei dieser Temperatur ist die erweichte Asche auf der sie tragenden Platte in einer Schicht ausgebreitet, deren Höhe die Hälfte der Höhe des Probekörpers bei der Halbkugeltemperatur beträgt. Diese Definition in der (neuen) Bestimmungsmethode für Biomasse-Brennstoffe (CEN/TS 15 370-1 /9-40/) weicht geringfügig von der bisher auch bei Biomasse verwendeten Prüfnorm für Kohlebrennstoffe (DIN 51 730 /9-34/) ab, bei der der Probenkörper zum Fließpunkt auf ein Drittel seiner ursprünglichen Höhe auseinandergeflossen sein soll (Abb. 9.12).

Geringe Abweichungen zwischen den Ergebnissen beider Methoden sind daher insbesondere für die Fließtemperatur möglich. Weitere Abweichungen können auch aus den unterschiedlichen Temperaturen bei der Veraschung (Biomasse 550 °C, Kohle 815 °C) resultieren.

Bei Brennstoffen mit niedrigen Ascheerweichungstemperaturen besteht ein hohes Risiko von Anbackungen und Ablagerungen in der Konversionsanlage (z. B. im Feuerraum, am Rost, an den Wärmeübertragerflächen). Derartige Anbackungen können u. a. zu Störungen, Betriebsunterbrechungen und Veränderungen bei der Verbrennungsluftzufuhr führen. Außerdem begünstigen sie die Hochtemperaturkorrosion. Sie können durch aufwändige Zusatzeinrichtungen wie z. B. wassergekühlte Rostsysteme oder Brennmulden, Bewegungselemente im Glutbett, Abgasrückführung, Aschebrecher, Brennstoffverwirbelung oder durch Brennstoffadditivierung vermieden werden.

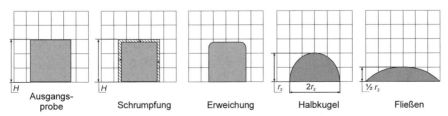

Abb. 9.12 Charakteristische Phasen während des Schmelzvorgangs des zylindrischen Asche-Probekörpers gemäß Normprüfverfahren nach /9-40/ (Ausgangsform = Form und Größe bei 550 °C; H Höhe der Probe, r_2 Radius der Halbkugel)

Während Holz und Rinde mit ca. 1 300 bis über 1 400 °C Erweichungstemperatur (DT) aus technischer Sicht für die meisten Einsatzfälle unkritisch sind (Tabelle 9.6), liegt die Erweichungstemperatur bei halmgutartigen Brennstoffen fast durchweg unter 1 200 °C. Dadurch kann es insbesondere bei der Verbrennung zu den beschriebenen Nachteilen kommen. Beim Getreidestroh liegt beispielsweise der Erweichungspunkt häufig zwischen 900 und 950 °C (Abb. 9.6). Besonders kritisch sind Getreidekörner, bei denen selbst die Fließtemperatur meist noch unter 900 °C liegen kann (Tabelle 9.6).

Ähnlich wie der Heizwert kann auch die Ascheerweichungstemperatur näherungsweise aus dem Gehalt der relevanten Elemente abgeschätzt werden. Hierfür scheint aus gegenwärtiger Sicht vor allem der Kalzium- und der Kaliumgehalt im Brennstoff entscheidend zu sein; dabei erhöht nur der Kalziumgehalt die jeweilige Temperatur, während vor allem der Kaliumgehalt eine stark gegenteilige Wirkung zeigt. Für Magnesium ist nur ein geringer (senkender) Einfluss erkennbar; gelegentlich wird ihm aber auch eine schmelzpunkterhöhende Wirkung zugesprochen. Eine näherungsweise Abschätzung der Erweichungstemperatur (DT) und Fließtemperatur (FT) in °C ist durch die Gleichungen (9-6) und (9-7) möglich /9-72/, wobei die Anteile an Kalium (K), Kalzium (Ca) und Magnesium (Mg) in % der Brennstofftrockenmasse angegeben werden.

$$DT = 1172 - 53{,}9\,K + 252{,}7\,Ca - 788{,}4\,Mg \tag{9-6}$$

$$FT = 1369 - 43{,}4\,K + 192{,}7\,Ca - 698\,Mg \tag{9-7}$$

Aus dieser Abhängigkeit des Ascheerweichungsverhaltens von der Brennstoffzusammensetzung lässt sich beispielsweise ableiten, dass durch die Verwendung von kalziumhaltigen Zuschlagstoffen (z. B. dolomitischem Kalk) und vor allem von alkalien-bindenden Hilfsstoffen (z. B. Kaolin) der Ascheerweichungspunkt gesteigert werden kann /9-179/. Deshalb kann die Auswaschung des Kaliums durch Niederschläge während der Bodentrocknung von Feldkulturen (z. B. Stroh, Heu) einen entsprechenden positiven Effekt haben; unter praxistypischen Bedingungen erhöht sich dadurch die Erweichungstemperatur der Asche um 100 bis 150 °C /9-72/.

9.1.4 Physikalisch-mechanische Eigenschaften

Physikalisch-mechanische Kenngrößen kennzeichnen die Merkmale biogener Festbrennstoffe, die wesentlich durch die Ernte- und Aufbereitungstechnik bestimmt werden. Sie lassen sich durch Parameter wie Abmessungen, Oberflächenbeschaffenheit und Geometrie ("Stückigkeit"), Größenverteilung der Brennstoffteilchen, Feinanteil, Fließeigenschaften und Brückenbildungsneigung, Schütt- und Rohdichte sowie Abriebfestigkeit beschreiben. Wie für die in Kapitel 9.1.3 genannten Kenngrößen Heizwert, Wasser- und Aschegehalt sowie Ascheerweichungsverhalten liegen auch für die Bestimmung der meisten physikalisch-mechanischen Eigenschaften umfangreiche Prüfmethoden europaweit als sogenannte "Technical Specifications (TS)" vor; sie werden derzeit überarbeitet und demnächst als europäische Normen publiziert.

9.1 Brennstoffzusammensetzung und -eigenschaften

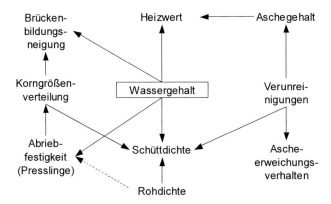

Abb. 9.13 Wechselwirkungen zwischen den physikalisch-mechanischen Eigenschaften von Biomasse-Festbrennstoffen /9-75/

Im Unterschied zu den bisher diskutierten Merkmalen stehen die physikalisch-mechanischen Brennstoffeigenschaften in hohem Maße in Wechselwirkung zueinander. Dabei kommt dem Wassergehalt eine zentrale Rolle durch seine Wirkung auf die übrigen Kenngrößen zu (Abb. 9.13). Gemeinsam mit den übrigen brennstofftechnischen Kenngrößen (Heizwert, Aschegehalt, Ascheerweichungsverhalten; Kapitel 9.1.3) wird er oft ebenfalls den physikalisch-mechanischen Kenngrößen zugeordnet. Hier ist die Abgrenzung bisher weder in der Literatur noch in der Praxis eindeutig.

Nachfolgend werden wesentliche physikalisch-mechanischen Kenngrößen biogener Festbrennstoffe diskutiert.

9.1.4.1 Stückigkeit

Festbrennstoffe werden u. a. durch deren Form beschrieben. Diese wird bestimmt durch die Abmessungen (d. h. Länge, Höhe, Breite) bzw. das Volumen und die geometrische Form (d. h. geometrischer Körper) bzw. die Oberflächenbeschaffenheit (d. h. Rauhigkeit der Partikeloberfläche).

Bei handbeschickten Feuerungsanlagen für Scheitholz (z. T. auch für Briketts oder Ballen) werden z. B. spezifische Anforderungen an die maximalen Abmessungen des Brennstoffs gestellt. Brennholz wird traditionell zu Scheiten (d. h. zu "Stückgut" oder "Stapelgut") aufgearbeitet. Je nach Tiefe des Feuerraums haben solche Scheite in der Endnutzungsform eine Länge von maximal einem Meter (für "Meterholzkessel"). Meist kommt aber ein- bis dreimal geschnittenes und gespaltenes Meterholz mit Stücken von entsprechend 50, 33 bzw. 25 cm Länge zum Einsatz, wobei 33 cm Stücke eindeutig dominieren /9-71/ (Kapitel 7.1). Die international im Brennholzhandel verwendeten Bezeichnungen für die Scheitholzgrößenklassen zeigt Tabelle 9.8.

Auch bei Briketts, die durch mechanische Komprimierung von Biomasserohstoffen produziert wurden, werden aufgrund der unterschiedlichen Herstellungsprozesse vielfältige Größen und Formen im Handel angeboten. Der Unterschied

Tabelle 9.8 Größenklassen für Holzscheite aus naturbelassenem Holz nach CEN/TS 14 961 /9-43/

Bezeichnung, Größengruppe	Länge (L) in mm	Durchmesser (D) in mm	Scheitformen
P200-	< 200	< 20 (Anzündholz)	
P200	200 ± 20	40 – 150	
P250	250 ± 20	40 – 150	
P330	330 ± 20	40 – 160	
P500	500 ± 40	60 – 250	
P1000	1 000 ± 50	60 – 350	
P1000+	>1 000	L und D sind anzugeben	

zwischen Pellets und Briketts ist dabei vor allem durch den Durchmesser definiert. Ab einem Durchmesser von 25 mm handelt es sich um Briketts, darunter sind es Pellets /9-43/. Die im Handel möglichen Brikettformen und ihre Abmessungen zeigt Tabelle 9.7.

In ähnlicher Weise wie für Briketts werden auch für Pellets verschiedene Größenbezeichnungen vorgegeben. Dabei ist aber zu beachten, dass wegen der laufenden Überarbeitung der derzeit gültigen Klassifizierungs-Vornorm CEN/TS 14 961 /9-43/ mit dem Ziel der Überführung in vollwertige europäische Normen sich die nachfolgend dargestellten Größenklassen für Pellets und auch die Angaben in Tabelle 9.8 und Tabelle 9.7 ändern können:

Klasse D06: Durchmesser ≤ 6 mm ± 0,5 mm und Länge ≤ 5 x Durchmesser
Klasse D08: Durchmesser ≤ 8 mm ± 0,5 mm und Länge ≤ 4 x Durchmesser
Klasse D10: Durchmesser ≤ 10 mm ± 0,5 mm und Länge ≤ 4 x Durchmesser
Klasse D12: Durchmesser ≤ 12 mm ± 1,0 mm und Länge ≤ 4 x Durchmesser
Klasse D25: Durchmesser ≤ 25 mm ± 1,0 mm und Länge ≤ 4 x Durchmesser

Auch Halmgutbrennstoffe lassen sich zu stückigen Brennstoffen (Presslingen) verarbeiten. Dabei handelt es sich meist um Rund- oder Quaderballen mit den unterschiedlichsten Abmessungen (Tabelle 9.9) und in jüngster Zeit auch um Pellets

Tabelle 9.7 Bezeichnung der Größenklassen (Durchmesser (D) bzw. Länge (L)) von Biomassebriketts nach CEN/TS 14 961 /9-43/ (Länge und Durchmesser frei kombinierbar)

Durchmesserklassen		Längenklassen		Brikettformen
Bezeichnung	Abmessung in mm	Bezeichnung	Abmessung in mm	
D40	25 – ≤ 40	L50	≤50	
D50	≤ 50	L100	≤100	
D60	≤ 60	L200	≤200	
D80	≤ 80	L300	≤300	
D100	≤ 100	L400	≤400	
D125	≤ 125	L400+	>400[a]	
D125+[a]	> 125			

[a] maximaler Wert ist anzugeben

9.1 Brennstoffzusammensetzung und -eigenschaften

Tabelle 9.9 Geometrie und Abmessungen verschiedener Formen von Halmgutpresslingen

Presslingsform	Geometrie	Abmessung in cm
Hochdruckballen	Quader	40 x 50 x 50-120
Rundballen	Zylinder	⌀ 80-200 x 120-170
Quaderballen (kubische Großballen)	Quader	80-130 x 80-130 x 120-250
Hoch verdichtete Presslinge Pellets	Zylinder,	⌀ 0,3-2 x variable Länge
Briketts	Quader, etc.	verschiedene Formen

und Briketts. Nicht gebräuchlich ist loses Langgut. Die Aufarbeitung zu Häckselgut (Halmstücke mit ca. 2 bis 40 mm Länge) führt dagegen zu ähnlichen Mechanisierungsvorteilen wie bei Hackgut (vgl. Kapitel 5 und 7).

9.1.4.2 Größenverteilung und Feinanteil

Die Fließ- und Transporteigenschaften von Schüttgütern werden – außer durch Partikelform und -größe – auch durch die Korngrößenverteilung sowie den Feinanteil (z. B. Abrieb von Pellets) bestimmt.

Beispielsweise reicht für die zuverlässige Beurteilung einer Brennstoffcharge von Fein-, Mittel- und Grobhackgut (Nennlänge maximal ca. 30, 50 bzw. 100 mm) die Feststellung des mittleren Teilchendurchmessers oder ihrer Länge nicht aus. Vielmehr müssen auch die Anteile einzelner Größenklassen und vor allem die Maximallänge der Teilchen bekannt sein. Deshalb werden biogene Festbrennstoffe zunehmend nach der Größenverteilung der Teilchen klassifiziert. Ein solches Klassifizierungssystem zeigt Tabelle 9.10. Auf europäischer Ebene werden derzeit ebenfalls entsprechende Vorschläge erarbeitet, die zu Anforderungsnormen für Holzhackgut gemäß dem in Tabelle 9.10 gezeigten Beispiel führen sollen.

Die Größenverteilung der Brennstoffteilchen hat vielfältige technische Auswirkungen. Besonders stark betroffen von einer ungleichmäßigen Größenverteilung sind die mechanischen Entnahme-, Förder- und Beschickungssysteme von Konversionsanlagen.
– Zu große oder zu lange Teilchen führen beispielsweise zu Blockaden und auch Schäden an den Förderaggregaten oder senken die Durchsatzleistung. Auch die

Tabelle 9.10 Anforderungen an die Größenverteilung nach der österreichischen Norm für Holzhackgut (ÖNORM M7133 /9-154/)

	Zulässige Massenanteile und jeweilige Bandbreite für Teilchengröße (nach Siebanalyse)				Zulässige Extremwerte für Teilchen	
	max. 20 %	60–100 %	max. 20 %	max. 4 %	max. Querschnitt	max. Länge
	in mm				in cm^2	in cm
G30	> 16	16–2,8	< 2,8	< 1	3	8,5
G50	> 31,5	31,5–5,6	< 5,6	< 1	5	12
G100	> 63	63–11,2	< 11,2	< 1	10	25

max. maximal

Riesel- bzw. Fließfähigkeit sowie der Luftdurchtrittswiderstand bei der Belüftung und Trocknung werden durch die Größenverteilung bestimmt (Kapitel 8). Eine weitere wichtige Auswirkung einer ungünstigen Korngrößenverteilung stellt auch die Neigung zur Brückenbildung in Silos oder in Austragbehältern dar.
- Zu feine Brennstoffanteile können – z. B. bei Transportvorgängen – entmischt werden, so dass die Homogenität des Brennstoffs sinkt.

Die Korngrößenverteilung wird mittels Siebung bestimmt. Dazu wird eine Brennstoffprobe durch übereinander angeordnete horizontale Rüttelsiebe sortiert. Die Teilchen passieren dabei die Sieblöcher in abnehmender Folge der Sieblochweiten. Anschließend werden die einzelnen Siebfraktionen gewogen und die Korngrößenverteilung ergibt sich aus den Massenanteilen der einzelnen Siebfraktionen. Für die Prüfung von Korngrößenverteilungen, die im Rahmen der derzeit auf europäischer Ebene erarbeiteten Anforderungsnormen für Holzhackgut festgelegt werden, ist ein Siebsatz mit (Rund-)Lochgrößen von 3,15 mm, 16 mm, 45 mm und 63 mm erforderlich; zusätzlich kann es sinnvoll sein, Siebe mit 1 mm (Maschen-) und 8 mm (Rundloch-)Siebweite zu ergänzen /9-47/.

Bei einer Siebung erfolgt die Auftrennung in die einzelnen Korngrößenbereiche größtenteils nach der Teilchenbreite und weniger nach der Teilchenlänge. Daher findet sich in den abgesiebten Größenklassen oft auch eine erhebliche Anzahl Teilchen wieder, die eine deutlich größere Länge aufweisen als die Öffnungsweite der jeweiligen Sieblöcher. Der Medianwert einer solchen durch Horizontalsiebung bestimmten Korngrößenverteilung ist daher beispielsweise bei Holzhackgut meist nur etwa halb so groß wie der Medianwert der tatsächlichen Längenverteilung in einer Probe /9-74/.

Besonders hohe Anteile an Partikeln mit Überlängen finden sich auf den einzelnen Siebstufen immer dann, wenn die Teilchen eines Probenmaterials besonders stark von der Kugelform abweichen. Dies ist beispielsweise dann der Fall, wenn es sich nicht um Holzhackgut (d. h. Zerkleinerung mit scharfen Werkzeugen), sondern um Schreddergut handelt (d. h. Zerkleinerung mit stumpfen oder brechenden Werkzeugen) /9-74/. Letzteres weist bei ansonsten gleichem Siebanalyseergebnis meist ein deutlich größeres Längen-Durchmesserverhältnis auf.

Demnach erfolgt bei der Siebung die Klassifizierung im Wesentlichen nach den maximalen Teilchendurchmessern. Für eine Beurteilung der mechanischen Brennstoffeigenschaften wäre aber die Längenverteilung die eigentlich wichtigere Kenngröße, da dann nach der größten Teilchendimension sortiert wird. Dies ist letztlich auch bestimmend für die mechanischen Eigenschaften des Schüttgutes. Eine solche Messung kann allerdings nur mittels Bildanalyseverfahren hinreichend genau durchgeführt werden /9-74/. Dieses Verfahren ist jedoch derzeit noch kaum verbreitet. Messwerte zur Bestimmung der Korngrößenverteilung, die nach dem derzeitigen Normprüfverfahren, der Siebanalyse gemäß CEN/TS 15 149-1 /9-47/, bestimmt worden sind, dürfen daher nicht als absolute Größenangaben interpretiert werden.

Bei der messtechnischen Feststellung der Größenverteilung durch Siebung wird auch der Feingehalt bestimmt. Er kennzeichnet den Anteil von Brennstoffteilchen mit weniger als ca. 3,15 bzw. 1 mm Durchmesser (international uneinheitlich). Dieser Feinanteil wird oft auch als ein eigenständiges Brennstoffmerkmal angesehen. Diese Brennstoffkenngröße ist besonders bei Holzpellets relevant, da trockener Holzstaub bei der pneumatischen Förderung und Lagerbeschickung zu einer hohen Staubentwicklung führt und zudem das Explosionsrisiko durch Verpuffungsreaktionen erhöht.

9.1.4.3 Fließeigenschaften und Brückenbildungsneigung

Bei der Entnahme aus Silos oder Tagesvorratsbehältern kann es zu technischen Problemen kommen, die mit der Fließ- oder Rieselfähigkeit des Brennstoffs zusammenhängen. Hier kann es zum einen zur Bildung von Hohlräumen (Brücken oder Gewölbe) und zum anderen zu einer Schachtbildung kommen (Abb. 9.14); bei Letzterem stellt sich im Auslauf anstelle des gewünschten Massenflusses ein Kernfluss ein. Beide Störungen führen dazu, dass der Brennstoff früher oder später nicht mehr oder nur noch ungleichmäßig in die darunterliegenden Förderaggregate nachrutscht. Häufig kommt es dabei auch zu einem alternierenden Aufbauen und Zusammenbrechen von Brücken oder Schächten. Hinzu kommt eine unvollständige Ausnutzung des Behältervolumens und eine ungünstige Verweilzeitverteilung; d. h. das Schüttgut verbleibt in den toten Zonen eines (Kernfluss-)Silos z. T. sehr lange, was mit Qualitätsverlusten verbunden sein kann. Dabei ist auch eine Entmischung nach der Partikelgröße, -dichte oder -form möglich; dies hat eine entsprechend schwankende Brennstoffzusammensetzung im Auslauf zur Folge.

Die Probleme, die durch ungünstige Fließeigenschaften und Brückenbildungsneigung bei biogenen Festbrennstoffen entstehen können, nehmen mit dem Wassergehalt, der Schütthöhe und vor allem mit dem Anteil verzweigter oder überlanger Teilchen zu. Gleichmäßige Partikelgrößen und glatte Oberflächen (z. B. Pellets, rindenfreies Hackgut) vermindern dagegen das Brückenbildungsrisiko /9-118/. Eine nachträgliche Sortierung zum Erreichen gleichmäßigerer Materialeigenschaften führt somit zu einer deutlichen Verbesserung bei dieser Brennstoffeigenschaft.

Herkömmliche Schermesszellen sind für die Bestimmung der Fließeigenschaften wegen der oftmals zu großen Einzelteilchen von Biomassebrennstoffen (vor allem bei Holzhackgut) nicht geeignet. Daher wird derzeit an der Entwicklung eines Normprüfverfahrens für die Bestimmung der Brückenbildungsneigung von Brennstoffen gearbeitet. Es basiert auf der Ausbildung einer realen Brennstoffbrücke in einer entsprechenden Apparatur. Hierfür wird ein quaderförmiger Behälter verwendet und in definierter Weise mit 1,5 m³ Brennstoffprobe gefüllt. Der Behälterboden lässt sich stufenlos in seiner Mitte spaltförmig symmetrisch öffnen, ohne dass Reibung mit der darüber lagernden Schüttung eintritt. Ab einer bestimmten Öffnungsweite des Boden-

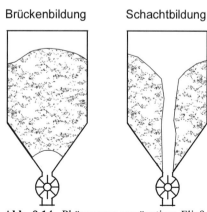

Abb. 9.14 Phänomene ungünstiger Fließfähigkeit von Schüttgütern /9-172/

spaltes bildet sich durch die heraus fallenden Brennstoffteilchen ein durchgehender Fallschacht aus (d. h. die Brücke stürzt ein). Die so gemessene Öffnungsweite des Spaltes zählt als Maß für die Brückenbildungsneigung /9-118/.

9.1.4.4 Lagerdichte

Insbesondere das erforderliche Lager- und Transportvolumen von Brennstoffen wird von der Schüttdichte bzw. bei stückigen Brennstoffen von der Stapeldichte bestimmt. Die hierzu geltenden Definitionen, Bestimmungsmethoden, Einflüsse und Umrechnungsmöglichkeiten werden nachfolgend vorgestellt.

Definition. Die Schüttdichte ist definiert als der Quotient aus der Masse des in einen Behälter eingefüllten Brennstoffs und dem Volumen dieses Behälters /9-33/. Hohlräume zwischen den Brennstoffteilchen werden also vom Volumen nicht abgezogen; das gilt auch bei der Stapeldichte. Typische Werte gibt Tabelle 9.11.

Bestimmung. Zur Bestimmung der Schüttdichte wird eine Brennstoffprobe zunächst in definierter Weise in einen 50 l fassenden, zylindrischen Behälter gefüllt (CEN/TS 15 103 /9-48/). Der bis über den Rand hinaus angefüllte Behälter wird anschließend einer kontrollierten Erschütterung ausgesetzt; das geschieht durch dreimaligen Aufprall des Behälters aus 150 mm Höhe auf eine Holzplatte. Nach anschließendem Auffüllen bzw. Abstreichen der Füllkante des Behälters wird dessen Nettogewicht festgestellt und ins Verhältnis zum Volumen gesetzt.

Durch die Anwendung kontrollierter Erschütterungen bei der Prüfung wird u. a. berücksichtigt, dass die untersuchte Brennstoffprobe eine tatsächlich sehr viel größere Brennstoffmenge repräsentiert. Aufgrund des somit höheren Auflagedrucks, wegen der zusätzlich während des Transports wirksamen Vibrationen und wegen der größeren kinetischen Energie beim Herabfallen aus größerer Höhe während eines Umschlagsvorgangs kommt es in der Praxis zu einer verdichteten Lagerung, der durch diese kontrollierten Erschütterungen Rechnung getragen werden soll.

Die Größenordnung, mit der die Schüttdichte verschiedener Brennstoffe durch Lagerung und Erschütterung gegenüber einer unbeeinflussten kleineren Laborprobe zunehmen kann, zeigt Abb. 9.15. Holzpellets und Getreidekörner werden somit

Tabelle 9.11 Typische Schütt- und Stapeldichten biogener Festbrennstoffe mit einem Wassergehalt von 15 %

Holzbrennstoffe		Dichte in kg/m^3	Halmgutbrennstoffe		Dichte in kg/m^3
Scheitholz	Buche	445	Rundballen	Stroh	85
(gestapelt)	Fichte	305		Heu	100
Hackgut	Weichholz	200	Quaderballen	Stroh, Miscanthus	140
	Hartholz	280		Heu	160
				Getreideganzpflanzen	190
Rinde	Nadelholz	175	Häckselgut	Miscanthus	110
Sägemehl		160		Getreideganzpflanzen	150
Hobelspäne		90	Getreidekörner		750
Pellets		650	Pellets		550

9.1 Brennstoffzusammensetzung und -eigenschaften

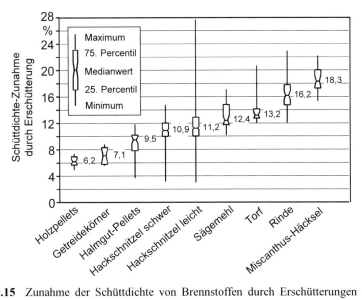

Abb. 9.15 Zunahme der Schüttdichte von Brennstoffen durch Erschütterungen (gemäß Normprüfverfahren) im Vergleich zur unbeeinflussten Bestimmung /9-76/

nur wenig durch die Handhabung im Lager oder während des Transports weiter verdichtet (ca. 6 bis 7 %). Demgegenüber kann dieser Effekt aber z. B. bei gehäckseltem Halmgut wie beispielsweise Miscanthus bis zu 18 % betragen /9-76/. Bei Holzhackgut nimmt die Schüttdichte durch Erschütterung um etwa 11 % zu, wobei es unerheblich ist, ob es sich um leichtes (hier: Schüttdichte bis 180 kg/m³ Trockenmasse) oder um schweres Hackgut handelt (über 180 kg/m³).

Umrechnung auf Bezugswassergehalte. Zum Vergleich müssen die Dichteangaben auf einen einheitlichen Wassergehalt bzw. auf die Trockenmasse (TM) umgerechnet werden. Aus praktischen Gründen wird dabei die Quellung und Schrumpfung, die bei Holz unterhalb des Fasersättigungspunktes eintritt (Kapitel 8.4), häufig nicht berücksichtigt. Dann kann die aktuelle (Frischmasse-)Dichte (ρ_F) bzw. die Trockenmassedichte (ρ_{TM}) nach Gleichung (9-8) und (9-9) errechnet werden. w ist der Wassergehalt bezogen auf die Gesamtmasse (angegeben als Dezimalbruch).

$$\rho_F = \frac{\rho_{TM}}{1-w} \tag{9-8}$$

$$\rho_{TM} = \rho_F (1-w) \tag{9-9}$$

Liegt allerdings der Wassergehalt bei Holzhackgut unter 25 %, sind die Schüttdichtebestimmungen zweier Proben mit einem unterschiedlichen Wassergehalt genau genommen nur vergleichbar, wenn dem Volumenschwund durch einen Korrekturfaktor Rechnung getragen wird. Für jeden Prozentpunkt Unterschied im Wassergehalt kann dazu die Schüttdichte – angegeben in kg/m³ – um 0,7 % korrigiert werden /9-76/. Das bedeutet, dass sich bei Holzbrennstoffen mit jedem Prozentpunkt eines abnehmenden Wassergehalts die Trockenmassedichte um durchschnittlich 0,7 % erhöht. Dies gilt allerdings nur bei Wassergehalten unter 25 %. Bei diesem Wassergehalt liegt in etwa auch der Fasersättigungspunkt. Deshalb wird für darüber liegende Wassergehalte bei Holzbrennstoffen kein Effekt durch Quellen oder Schrumpfen beobachtet.

Umrechnung von Verkaufsmaßen. In der Praxis muss häufig ein in Volumeneinheiten angegebenes Brennstoffaufkommen in die eine oder andere Bezugsform umgerechnet werden. Beispielsweise werden Holzmengen im Rohzustand meist in Festmetern angegeben (d. h. ohne Berücksichtigung von Hohlräumen); bereitgestellte Brennstoffe werden hingegen oft in Raum- bzw. Schüttraummetern bemessen.

Für die Umrechnung von Festmeter (Fm) in Raummeter (Rm) wurde bei Schichtholz in der Praxis bisher meist ein pauschaler Umrechnungsfaktor von 1,43 verwendet (d. h. 1 Fm entspricht 1,43 Rm Schichtholz /9-26/). Neuere Ergebnisse zeigen aber, dass hier eine differenziertere Verwendung verschiedener Umrechnungsfaktoren angebracht ist, zumal sich der pauschale Wert von 1,43 selbst für die relativ dicht lagernden ofenfertigen Kurzscheite als zu niedrig herausgestellt hat /9-85/. Tabelle 9.12 zeigt, dass ein Raummeter Brennholz in Form von geschichteten 33 cm-Scheiten aus durchschnittlich 0,62 Fm Buchenholz bzw. 0,64 Fm Fichtenholz hervorgeht. Für einen Raummeter geschichteter 33-er Scheite werden 1,23 Rm Buchenmeterscheite bzw. 1,16 Rm Fichten-Meterscheite benötigt. Größere Holzartenunterschiede bestehen auch beim lose geschütteten Scheitbrennstoff (Tabelle 9.12).

Tabelle 9.12 Umrechnungsfaktoren für Raummaße bezogen auf unterschiedliche Grundsortimente (mit Rinde) /9-85/ (Fm Festmeter, Rm Raummeter, SRm Schüttraummeter)

Holzart	Festmeter in Fm	Rundlinge geschichtet in Rm	gespalten 1 m, geschichtet in Rm	Scheite 33 cm, geschichtet in Rm	Scheite 33 cm, lose geschüttet in SRm
bezogen auf einen Festmeter (Fm) (mit Rinde)					
Buche	1,00	1,70	1,98	1,61	2,38
Fichte	1,00	1,55	1,80	1,55	2,52
bezogen auf einen Raummeter (Rm) Rundlinge					
Buche	0,59	1,00	1,17	0,95	1,40
Fichte	0,65	1,00	1,16	1,00	1,63
bezogen auf einen Raummeter (Rm) gespaltener Meterscheite					
Buche	0,50	0,86	1,00	0,81	1,20
Fichte	0,56	0,86	1,00	0,86	1,40
bezogen auf einen Raummeter (Rm) gestapelter 33 cm-Scheite (gespalten)					
Buche	0,62	1,05	1,23	1,00	1,48
Fichte	0,64	1,00	1,16	1,00	1,62
bezogen auf einen Schüttraummeter (SRm) 33 cm-Scheite (gespalten)					
Buche	0,42	0,71	0,83	0,68	1,00
Fichte	0,40	0,62	0,72	0,62	1,00

9.1 Brennstoffzusammensetzung und -eigenschaften

Tabelle 9.13 Umrechnung von Schüttraummeter (Rm) auf Festmeter (Fm) Holz; typische Werte für verschiedene Sortimente /9-153/

	ein Rm enthält	Schwankungsbereich
Rollen und Scheiter (1 m, geschichtet)	0,75 Fm	0,70 bis 0,80
Prügel, krumme Rollen und Scheiter (1 m, geschichtet)	0,65 Fm	0,60 bis 0,70
Knüppel, Äste, Reisig (geschichtet)	0,35 Fm	0,20 bis 0,50
Waldhackgut (geschüttet)	0,40 Fm	0,35 bis 0,45
Schwarten (lose, geschichtet)	0,60 Fm	0,50 bis 0,70
Schwarten (gebündelt)	0,65 Fm	0,55 bis 0,75
Spreißel (lose)	0,55 Fm	0,45 bis 0,65
Spreißel (gebündelt)	0,60 Fm	0,50 bis 0,70
Sägehackgut (geschüttet)	0,35 Fm	0,30 bis 0,40
Sägespäne (geschüttet)	0,33 Fm	0,31 bis 0,35
Rinde (geschüttet)	0,30 Fm[a]	0,20 bis 0,40

[a] stark von der zugehörigen Holzart abhängig

Im Einzelfall können jedoch die Umrechnungsfaktoren je nach Aufbereitungs- und Wuchsform stark von den Werten in Tabelle 9.12 abweichen. Das gilt vor allem für die Umrechnung von Massivholz zu Schichtholz. Dies ist aber weniger der Fall für die Umrechnung zwischen zwei Schichtholzsortimenten.

Die Schwankungsbreite, die für derartige Umrechnungsfaktoren in Anrechnung gebracht werden kann, zeigen die Angaben der ÖNORM M7133 /9-153/ (Tabelle 9.13). Darin werden neben den stückigen Sortimenten auch Schüttgutsortimente genannt. Die Angaben zu "Rollen und Scheiter" (d. h. Rundlinge bzw. Scheite) befinden sich allerdings nicht in Übereinstimmung zu den Angaben der Tabelle 9.12 für die Umrechnung von Rundholz-Raummetern zu Festmetern.

Für die Umrechnung von Massivholz in Schüttgutvolumina von Holzhackgut wird meist ein pauschaler Faktor verwendet /9-26/. Hier gilt:

1 Festmeter (Fm) (Massivholz) $\approx 2{,}43$ m^3 Holzhackgut
1 Raummeter (Rm) Schichtholz $\approx 1{,}7$ m^3 Holzhackgut

Auch hier sind größere Abweichungen möglich. Für eine Differenzierung nach Holzarten oder Aufbereitungsformen liegen derzeit aber noch keine Angaben vor. Die Schwindung durch Trocknung sowie der Volumenverlust durch Erschütterungen bzw. Vibrationen (d. h. Absetzen) können gemäß den oben angegebenen Einflussfaktoren abgeschätzt werden.

Energiedichte. Bei der Beurteilung von Brennstoffen und ihrem spezifischen Raumbedarf wird gelegentlich auch von "Energiedichte" gesprochen. Hierbei handelt es sich um die jeweilige Masse bzw. das jeweilige Volumen je Energieeinheit, wobei für die Energiemenge der Heizwert bei gegebenem Wassergehalt verwendet wird. Einen Vergleich der Brennstoffe hinsichtlich ihrer "Energiedichte" zeigt Abb. 9.16.

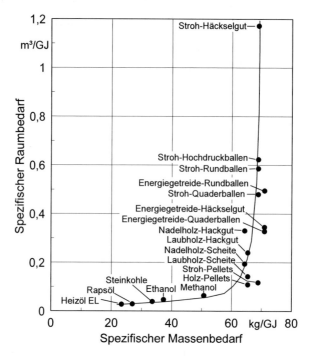

Abb. 9.16 Spezifischer Massen- und Lagerraumbedarf verschiedener Energieträger (Festbrennstoffe bei 15 % Wassergehalt; nach /9-70/)

9.1.4.5 Rohdichte

Die Roh- oder Einzeldichte eines Brennstoffs beschreibt die eigentliche Materialdichte (d. h. ohne Berücksichtigung der Hohlräume zwischen den Teilchen). Sie beeinflusst die Schütt- bzw. Stapeldichte und einige feuerungstechnisch relevante Eigenschaften (z. B. spezifische Wärmeleitfähigkeit) sowie die Eigenschaften bei der pneumatischen Förderung und Beschickung.

Bei der Bestimmung der Rohdichte bei verdichteten Brennstoffen (Pellets und Briketts) wird das Volumen eines oder mehrerer Teilchen durch Bestimmung des hydrostatischen Auftriebs in einer Flüssigkeit (Wasser mit Benetzungsmittel) festgestellt (vgl. CEN/TS 15 150 /9-49/). Anschließend wird die ebenfalls in Umgebungsluft bestimmte Masse dazu ins Verhältnis gesetzt.

Tabelle 9.14 zeigt die Rohdichten verschiedener Holzarten im absolut trockenen Zustand. Bei Aufsättigung mit Wasser bis zum Fasersättigungspunkt (ca. 19 bis 25 % Wassergehalt) erhöht sich das Volumen um das sogenannte Schwindmaß; dies hat auch entsprechende Auswirkungen auf die Dichte des feuchten Brennstoffs. Diese Volumenvergrößerung beträgt bei Buche bzw. Eiche 17,9 bzw. 12,2 % und bei Fichte bzw. Kiefer ca. 11,9 bzw. 12,1 % /9-26/. Im Bereich zwischen 0 und 25 % Holzfeuchte (d. h. bezogen auf Trockenmasse) kann die bei einer Brennstoff-Feuchte u gegebene Rohdichte (ρ_u) näherungsweise aus der Darr-

9.1 Brennstoffzusammensetzung und -eigenschaften

Tabelle 9.14 Rohdichte (einschließlich Volumenschwund) von absolut trockenem Holz ("Darrdichte") /9-115/, /9-153/

Weichhölzer (bis 0,55 g/cm³)		Harthölzer (über 0,55 g/cm³)	
Fichte	0,43 g/cm³	Eiche	0,67 g/cm³
Tanne	0,41 g/cm³	Bergahorn	0,50 g/cm³
Weißkiefer	0,49 g/cm³	Esche	0,67 g/cm³
Douglasie	0,47 g/cm³	Buche	0,68 g/cm³
Lärche	0,55 g/cm³	Birke	0,64 g/cm³
Erle	0,49 g/cm³	Hainbuche/Weißbuche	0,75 g/cm³
Linde	0,49 g/cm³	Schwarzkiefer	0,56 g/cm³
Aspe/Espe/Zitterpappel	0,45 g/cm³	Hasel	0,56 g/cm³
Pappel	0,41 g/cm³	Robinie	0,73 g/cm³
Weide	0,52 g/cm³	Ulme	0,64 g/cm³

dichte ρ_0 (Rohdichte im absolut trockenen Zustand) nach Gleichung (9-10) berechnet werden /9-36/.

$$\rho_u = \rho_0 \frac{100 + u}{100 + 0{,}85\, \rho_0\, u} \quad (9\text{-}10)$$

Die Rohdichte kann nur bei der Herstellung hoch verdichteter Presslinge (d. h. Pellets, Briketts) beeinflusst werden. Daher wird sie vereinfachend auch als Merkmal für die Güte eines derartigen Herstellungsprozesses verwendet. Eine hohe Rohdichte deutet auf eine große Härte des Presslings hin; hier wird gemeinhin mit geringen Abriebeffekten und Feinanteilen gerechnet. Deshalb war bei der Einführung der ersten Norm für Holzpresslinge (DIN 51 731 /9-35/) eine Rohdichte von 1,0 bis 1,4 g/cm³ gefordert, wobei der Wassergehalt von maximal 12 % zur Brennstoffmasse zählt. Da der Zusammenhang zwischen Rohdichte und Abriebfestigkeit jedoch nicht sehr ausgeprägt ist /9-187/, wird die Festigkeit von Pellets mittlerweile bevorzugt mittels eines speziell hierfür entwickelten schüttgutmechanischen Testverfahrens festgestellt (Kapitel 9.1.4.6).

Im Vergleich zu Presslingen ist die Rohdichte von Getreidekörnern meist nicht geringer. Beispielsweise liegt sie bei Haferkörnern (mit Spelzen) bei 1,0 g/cm³; bei Weizenkörnern (ohne Spelzen) sind es im Durchschnitt sogar 1,35 g/cm³. Die Rohdichte von Getreidehalmen liegt dagegen deutlich niedriger; bei Weizenstroh beispielsweise beträgt die Halmdichte (nur Wandmaterial) durchschnittlich 0,20 g/cm³ /9-73/.

9.1.4.6 Abriebfestigkeit

Der Zusammenhalt von Brennstoffteilchen im Verbund eines hoch verdichteten Presslings (Pellets oder Briketts) wird durch dessen Abriebfestigkeit beschrieben. Diese Eigenschaft ist vor allem dann von Bedeutung, wenn die Pellets im Rahmen von Lade- und Umschlagprozessen einer mechanischen Beanspruchung unterliegen, bei der sich kleine Teilchen ablösen und anschließend zur Freisetzung feiner Stäube beitragen können. Derartige Stäube treten insbesondere während der Lagerraumbeschickung durch einen pneumatischen Pellettransport auf. Sie dringen durch feine Ritzen in Räumen oder Silos und tragen somit zu einer allgemeinen Staubbelastung bei. Bei Briketts kann eine ungenügende mechanische Festigkeit zum Zerbrechen des Presslings während der Handhabung führen; außerdem kommt es zur Staubfreisetzung in den Aufstellräumen der Feuerung (z. B. Wohnzimmer). Bei Pellets kann eine hohe Staubentwicklung bei Funkenschlag oder Wärmeeinwirkung auch zu Verpuffungsreaktionen im Lagerraum, im Zuführsystem zur Feuerung oder in der Feuerung selbst führen (Kapitel 8.2).

Bei der Bestimmung der Abriebfestigkeit für Pellets wird eine gesiebte Pelletprobe von 500 g in eine rotierende, staubdichte, quaderförmige Prüfkammer (300x300x125 mm) mit innen liegendem Prallblech eingefüllt und anschließend über 10 min bei 50 U/min einer definierten mechanischen Beanspruchung ausgesetzt. Anschließend wird die Probe erneut mit dem zuvor verwendeten Rundlochsieb (3,15 mm Lochdurchmesser) abgesiebt und die Gewichtsdifferenz zur gesiebten Ausgangsmenge wird festgestellt (CEN/TS 15 210-1 /9-50/). Für Pellets mit hoher Qualität sollte nach dieser mechanischen Behandlung mindestens ein Gewichtsanteil von 97,5 % auf dem Sieb verbleiben. Diese Abriebfestigkeit (engl. "durability", DU) wird gemäß der europäischen Klassifizierungs-(Vor-)Norm CEN/TS 14 961 /9-43/ mit "DU97.5" bezeichnet. Weitere Qualitätsstufen sind "DU95.0" und "DU90.0" mit jeweils 95 bzw. 90 % verbleibendem Masseanteil nach mechanischer Behandlung.

Bei Briketts ist das Bestimmungsverfahren ähnlich (CEN/TS 15 210-2 /9-51/). Nur kommt hier anstelle der quaderförmigen Prüfkammer eine liegende zylindrische Trommel (Durchmesser und Höhe jeweils 598 mm) mit einem entsprechenden Prallblecheinbau über 5 min Rotationsdauer bei 21 U/min zum Einsatz /9-51/. Die verwendete Probenmenge ist mit 2 kg wegen der größeren Presslinge höher. Anders als bei den Pellets ist eine Festlegung von Klassengrenzen für die Beurteilung der Abriebfestigkeit von Briketts bislang noch nicht erfolgt.

Die Festigkeit der Presslinge bei mechanischer Beanspruchung hängt von vielerlei Einflussgrößen ab. Hier wirken sich u. a. die jeweilige Form (bei Briketts), das gewählte Pressverfahren und die Verwendung von Presshilfsmitteln unterschiedlich aus. Eine mangelnde Abkühlung der Presslinge nach dem Pressvorgang mindert ebenfalls die Festigkeit. Ebenso kann eine hohe Luftfeuchtigkeit während der Lagerung den Wassergehalt anheben und damit die Festigkeit vermindern /9-75/.

Eine wichtige Rolle für die Abriebfestigkeit spielt offenbar auch die Materialart selbst, da dessen Zusammensetzung und makromolekulare Struktur bzw. ggf. vorhandene Oberflächenschutzschichten die wirksamen Bindungskräfte bei der Verdichtung beeinflussen. In der Regel sind daher beispielsweise Strohpellets oftmals weniger stabil als Holzpellets /9-187/.

9.2 Thermo-chemische Umwandlungsprozesse

Die Bereitstellung von End- bzw. Nutzenergie aus biogenen Festbrennstoffen auf der Basis einer thermo-chemischen Umwandlung erfolgt entweder direkt durch eine vollständige Verbrennung (z. B. in Kleinfeuerungsanlagen zur Wärmebereitstellung) oder durch eine vorherige Umwandlung in Sekundärenergieträger, die dann in einem zweiten Schritt an einem anderen Ort und zu einer anderen Zeit in End- bzw. Nutzenergie umgewandelt werden können (z. B. Herstellung von Biomethan). Den hierbei ablaufenden thermo-chemischen und damit wärmeinduzierten Umwandlungsprozessen liegen aber letztlich vergleichbare Mechanismen zugrunde, die im Folgenden dargestellt und diskutiert werden, soweit sie zum Verständnis der Ausführungen in den Kapiteln 10, 11 und 12 notwendig sind.

Ziel einer thermo-chemischen Umwandlung biogener Festbrennstoffe ist damit die chemische Veränderung des eingesetzten biogenen Festbrennstoffs unter Wärmeeinwirkung zur Bereitstellung von thermischer Energie und/oder veredelten festen, flüssigen oder gasförmigen biogenen Energieträgern. Die thermo-chemische Wandlung mündet damit letztendlich immer – wenn auch ggf. über mehrere räumlich und zeitlich entkoppelte Umwandlungsschritte – in eine möglichst vollständigen Oxidation (d. h. Verbrennung), bei der gasförmige Oxidationsprodukte (d. h. Abgase) sowie unverbrennbare mineralische Rückstände (d. h. Asche) entstehen.

Die thermo-chemische Umwandlung kann damit auch nach der Bildung bestimmter (energiehaltiger) Zwischenprodukte, die unter Energieabgabe noch weiter aufoxidiert werden können, unterbrochen werden. Die entstandenen Zwischenprodukte bzw. Sekundärenergieträger (z. B. Brenngas, Synthesegas, Pyrolyseöl) können dann – ggf. nach einer Reinigung oder Stabilisierung – gespeichert, transportiert und damit räumlich und zeitlich entkoppelt "weiterverarbeitet" werden; d. h. sie werden letztlich ggf. an einem anderen Ort zu einer anderen Zeit weiter thermo-chemisch unter Energieabgabe umgewandelt und damit vollständig aufoxidiert. Eine solche mehrstufige thermo-chemische Umwandlung von Biobrennstoffen wird auch dadurch unterstützt, dass es infolge der zugrundeliegenden wärmeinduzierten Umwandlungsprozesse zu einer Änderung des Aggregatzustands kommt, indem der ehemals feste Biobrennstoff in einen flüssigen und/oder gasförmigen Energieträger umgewandelt wird; dies kann auch die Einsatz- bzw. Nutzungsmöglichkeiten der entstandenen Sekundärenergieträger erweitern.

Ein typisches Beispiel ist die Vergasung von Biomasse. Die Biomasse wird hier in ein Produktgas (Hauptkomponenten sind Kohlenstoffmonoxid (CO), Wasserstoff (H_2), Kohlenstoffdioxid (CO_2) und Methan (CH_4)) überführt; d. h. es wird eine thermo-chemische Umwandlung eines Festbrennstoffs in einen gasförmigen Sekundärenergieträger realisiert. Das entstandene Produktgas kann anschließend zeitlich und räumlich entkoppelt verwendet werden, wo es letztlich unter weiterer Wärmefreisetzung zu Kohlenstoffdioxid (CO_2) und Wasser (H_2O) aufoxidiert wird.

Ein weiterer "klassischer" thermo-chemischer Umwandlungsprozess – und damit ein zusätzliches Beispiel – ist die Pyrolyse, bei der die wärmeinduzierte Umsetzung ohne Zuführung eines Oxidationsmittels (z. B. Luft, Sauerstoff) realisiert wird. Dazu werden die biogenen Festbrennstoffe unter Ausschluss von Sauerstoff erhitzt. Dabei werden primär flüssige (d. h. Pyrolyseöle) oder feste veredelte Produkte (d. h. Holzkohle) angestrebt, die als Sekundärenergieträger ebenfalls an einem anderen Ort und zu späterer Zeit verwendet (d. h. vollständig oxidiert) werden können.

Bevor auf die einzelnen Phasen der thermo-chemischen Umwandlung – dies sind die Trocknung, die pyrolytische Zersetzung, die Vergasung und die Oxidation – genauer eingegangen wird, werden einige Begriffe definiert.

9.2.1 Begriffe

Energietechnische Verfahren, die thermo-chemische Prozesse zur Umwandlung von fester Biomasse in einen festen, flüssigen oder gasförmigen Sekundärenergieträger nutzen, können nach den erzielten Produkten (d. h. feste, flüssige und gasförmige Energieträger) unterteilt werden in Verbrennung, (hydrothermale) Vergasung, Verflüssigung, Verkohlung und Torrefizierung. Allerdings ist die Begriffsabgrenzung in der Literatur und in der Praxis (d. h. umgangssprachlich) hier nicht einheitlich.

Bei wärmeinduzierten technischen Verfahren laufen jeweils ein oder mehrere thermo-chemische (Teil-)Prozesse (d. h. Aufheizung und Trocknung, pyrolytische Zersetzung, Vergasung, Oxidation) ab, die z. T. mit gleichen Begriffen wie die einzelnen technischen Verfahren bezeichnet werden. Bisher konnten sich hier weder in der Wissenschaft noch bei der industriellen Umsetzung eindeutige Begriffsabgrenzungen durchsetzen.

Deshalb werden nachfolgend die in diesem Zusammenhang primär in den Kapiteln 10, 11 und 12 verwendeten Begriffe näher erläutert und gegeneinander abgegrenzt. Zusätzlich wird die Luftüberschusszahl eingeführt, da diese auch zur Abgrenzung der thermo-chemischen Prozesse untereinander dient.

Luftüberschusszahl (Luftüberschuss, Luftzahl). Um eine vollständige Oxidation der im Brennstoff enthaltenen oxidierbaren organischen Verbindungen sicherzustellen, wird dem Verbrennungsprozess in der Regel Verbrennungsluft im Überschuss zugeführt; d. h. der Reaktion wird mehr Sauerstoff zur Verfügung gestellt, als zur stöchiometrisch vollständigen Oxidation aller im Brennstoff befindlichen organischen Komponenten notwendig wäre. Der Grad des Luftüberschusses wird mit der Luftüberschusszahl λ beschrieben. Sie ist nach Gleichung (9-11) definiert als das Verhältnis zwischen der einem Oxidationsvorgang insgesamt zugeführten Luftmenge $m_{\text{Luft,ges}}$ zu der für die vollständige Oxidation stöchiometrisch minimal benötigten Luftmenge $m_{\text{Luft,min}}$.

$$\lambda = \frac{m_{\text{Luft,ges}}}{m_{\text{Luft,min}}} \qquad (9\text{-}11)$$

Für eine vollständige Oxidation muss somit die Luftüberschusszahl mindestens eins betragen. Tatsächlich liegt sie beispielsweise bei einigen Holzfeuerungen zwischen 1,5 und 2,5; d. h. die Verbrennung erfolgt bei Luftüberschuss. Wird die Oxidation eines Brennstoffs bei Luftüberschusszahlen von wenig unter eins realisiert (d. h. unterstöchiometrische Verbrennung), spricht man z. B. bei Motoren von brennstoffreichen Bedingungen; zur Maximierung der Motorleistung war dieser Zustand früher z. T. erwünscht (maximale Leistung von Otto-Motoren bei Luftunterschuss). Aufgrund der damit verbundenen Emissionen an unverbrannten Bestandteilen ist jedoch eine derartige unvollständige Oxidation aus Umweltschutzgründen heute unerwünscht.

Es gibt aber auch thermo-chemische Prozesse, bei denen die Luftüberschusszahl deutlich kleiner als eins, aber größer als null ist. Bei Festbrennstoffen spricht man dann von Vergasung. Dieser Begriff der Vergasung wird gleichzeitig auch für das entsprechende energietechnische Verfahren zur thermo-chemischen Umwandlung eines festen Energieträgers (z. B. Kohle, Biomasse) in einen gasförmigen Brennstoff verwendet.

Ist die Luftüberschusszahl gleich null (d. h. es wird der thermo-chemischen Umwandlung kein Sauerstoff von außen zugeführt), spricht man von einer pyrolytischen Zersetzung des eingesetzten Festbrennstoffs. Dabei erfolgt dessen Aufspaltung in gasförmige, flüssige und feste Sekundärenergieträger unter Einwirkung von Wärmeenergie.

Verbrennung. Kohlenstoff (C) und Wasserstoff (H_2) wird in Gegenwart von Sauerstoff (O_2) unter Energiefreisetzung zu Kohlenstoffdioxid (CO_2) und Wasser (H_2O) oxidiert. Laufen die Reaktionen vollständig ab und kommt es damit zu einer vollständigen Oxidation sämtlicher oxidierbarer organischer Bestandteile des Brennstoffs, spricht man von vollständiger Verbrennung; die Luftüberschusszahl muss dabei immer gleich oder größer als eins sein (Tabelle 9.15). Läuft dagegen eine derartige thermo-chemische Umsetzung bei Luftüberschusszahlen ab, die kleiner als eins und größer als null sind, verbleiben nach Ablauf der entsprechenden Reaktionen noch un- oder teiloxidierte Brennstoffmengen (z. B. Kohlenstoffmonoxid (CO), Kohlenwasserstoffe (C_nH_m)), die – wird ihnen anschließend der noch benötigte Sauerstoff zugeführt – unter Energieabgabe weiter oxidiert werden

Tabelle 9.15 Luftüberschuss, Temperaturbereich und Produktzusammensetzung für thermo-chemische Umwandlungsverfahren

Technischer Prozess	Thermo-chemische Umwandlung	Sauerstoffangebot	Temperatur in °C	Produkte
Verbrennung	A&T, PZ, Vg, Ox	$\lambda \geq 1$	800 – 1 300	heißes Abgas
Vergasung	A&T, PZ, Vg	$0 < \lambda < 1^a$	700 – 900	brennbares Gas
Hydrothermale Vergasung	A&T, PZ, Vg	$0 < \lambda < 1^b$	400 – 700 (200 – 300 bar)	brennbares Gas, flüssiger Rückstand
Pyrolyse	A&T, PZ	$\lambda = 0$	450 – 600	brennbares Gas, Pyrolyseöl und -koks
Verkohlung	A&T, PZ	$\lambda = 0$	>500	Holzkohle
Torrefizierung	A&T, PZ	$\lambda = 0$	250 – 300	torrefizierte Biomasse

A&T Aufheizung und Trocknung, PZ pyrolytische Zersetzung, Vg Vergasung, Ox Oxidation
[a] Oxidationsmittel ist meist Luft, Sauerstoff (O_2) oder Wasserdampf (H_2O); [b] Oxidationsmittel ist Wasserdampf (H_2O) bei überkritischen Bedingungen

können. In diesem Fall handelt es sich um eine unvollständige Verbrennung, wie sie beispielsweise bei der Vergasung erwünscht ist und deshalb i. Allg. auch so bezeichnet wird.

Umgangssprachlich ist der Begriff der Verbrennung jedoch weiter gefasst; auch ein Großteil der Anlagentechnik zur Oxidation von festen, flüssigen und gasförmigen Energieträgern wird entsprechend benannt (z. B. als Verbrennungsanlage). Hier und in weiterer Folge wird die vollständige Verbrennung (d. h. die thermo-chemische Umwandlung bei einer Luftüberschusszahl größer als eins) als Oxidation bezeichnet.

Vergasung. Wird ein Brennstoff wie beispielsweise Kohlenstoff (C) unter Zugabe eines Oxidationsmittels (z. B. Luft, Sauerstoff, Wasserdampf) nicht zu Kohlenstoffdioxid (CO_2), sondern nur zu Kohlenstoffmonoxid (CO) oxidiert und damit teilverbrannt (d. h. Luftüberschusszahl kleiner als eins und größer als null), spricht man von Vergasung (Tabelle 9.15); teilweise ist auch der Begriff der Teilverbrennung üblich. Das bei einer derartigen Umwandlung entstandene Gas – im genannten Beispiel CO – kann anschließend – ggf. in einem anderen technischen Prozess an einem anderen Ort und zu einer anderen Zeit – unter Energieabgabe weiter oxidiert werden. Damit können mit Hilfe der Vergasung feste Brennstoffe in ein Brenngas und damit einen gasförmigen Sekundärenergieträger umgewandelt werden, der dann mit bestimmten energietechnischen Verfahren bzw. Prozessen z. B. zur Stromerzeugung effizienter (im Vergleich zu dem ursprünglichen Festbrennstoff) nutzbar ist oder z. B. als Treib- bzw. Kraftstoff eingesetzt werden kann (und damit in Bereichen, in denen der Festbrennstoff nicht einsetzbar wäre).

Oft wird neben dem eigentlichen thermo-chemischen Prozess der Vergasung (d. h. die Umwandlung eines Festbrennstoffs unter Teiloxidation in ein Brenngas) auch die anlagentechnische Umsetzung als Vergasung (z. B. als Vergaser, als Vergasungsanlage) bezeichnet.

Eine Sonderform der technischen Umsetzung der Vergasung ist die sogenannte hydrothermale Vergasung. Ziel dieses Verfahrens ist die Konversion von nasser Biomasse zu Wasserstoff (H_2) und/oder Methan (CH_4). Der organische Anteil der Biomasse reagiert hierbei mit überkritischem Wasser bei ca. 400 bis 700 °C und Drücken von etwa 200 bis 300 bar. Unter diesen Bedingungen wird eine nahezu vollständige thermo-chemische Umsetzung der organischen Stoffe erreicht. Beispielsweise kann bei geeigneter Prozessführung und dem Einsatz von entsprechenden Katalysatoren primär Wasserstoff oder Methan erzeugt werden.

Pyrolytische Zersetzung. Bei der pyrolytischen Zersetzung handelt es sich um einen thermo-chemischen Umwandlungsprozess, der im Unterschied zur Verbrennung oder Vergasung ausschließlich unter der Einwirkung von Wärme und ohne Gegenwart von zusätzlich der Reaktion zugeführtem Sauerstoff (O_2) stattfindet (d. h. Luftüberschusszahl ist null; Tabelle 9.15). Da Biobrennstoffe aber Sauerstoff enthalten (bei Holz z. B. ca. 44 Massen-%), kann es sich bei den der pyrolytischen Zersetzung zugrunde liegenden Zersetzungsreaktionen trotzdem um Oxidationsreaktionen handeln.

Bei der pyrolytischen Zersetzung – in der älteren Literatur teilweise auch als Entgasung bezeichnet – werden infolge der dem Biobrennstoff zugeführten thermischen Energie die langkettigen organischen Verbindungen, aus denen sich z. B. lignocellulosehaltige Biomassen zusammensetzen, in kürzerkettige, unter Normalbedingungen meist flüssige und/oder gasförmige Verbindungen aufgespalten; zusätzlich fällt bei diesem thermo-chemischen Prozess auch ein fester Rückstand (d. h. Biomassekoks) an. Diese Produkte der pyrolytischen Zersetzung können dann – ähnlich wie die Produkte aus der Vergasung – räumlich und zeitlich entkoppelt in technischen Anlagen bzw. Prozessen ggf. effizienter im Vergleich zu dem ursprünglichen Festbrennstoff energetisch genutzt werden.

Der Begriff der pyrolytischen Zersetzung wird hier ausschließlich für den beschriebenen thermo-chemischen Prozess einer Umwandlung organischer Substanz (d. h. biogener Festbrennstoffe) unter Wärmeeinwirkung verwendet. Für technische Anlagen, in denen dieser Umwandlungsprozess realisiert wird, kommt i. Allg. der Begriff der Pyrolyse zur Anwendung (z. B. für Anlagen zur Herstellung von Flüssigenergieträgern aus fester Biomasse (d. h. Pyrolyseanlage)). In geringem Ausmaß findet in solchen Anlagen aber meist zugleich auch der thermo-chemische Prozess der Vergasung statt, da dem technischen Prozess z. T. zusätzlich geringe Mengen an Sauerstoff zugeführt werden.

Um Begriffsverwirrungen im Rahmen dieser Ausführungen zu vermeiden, wird damit der eigentliche Prozess der thermo-chemischen Umwandlung ohne zusätzliche Sauerstoffzufuhr (d. h. Luftüberschusszahl ist null) hier als pyrolytische Zersetzung und die technische Umsetzung als Pyrolyse bezeichnet. Letztere dient als Sammelbegriff, unter dem technische Prozesse zur Bereitstellung primär flüssiger und fester Sekundärenergieträger zusammengefasst werden. Zu der ersten Gruppe gehört beispielsweise die Flash-Pyrolyse und zu der zweiten u. a. die Holzkohleherstellung bzw. Verkohlung und die Torrefizierung.

Verflüssigung. Unter der Verflüssigung werden im Zusammenhang mit der energetischen Biomassenutzung Prozesse bzw. Verfahren verstanden, mit deren Hilfe ein fester Biobrennstoff in einen flüssigen Sekundärenergieträger überführt werden kann. Dies wird im Regelfall mit Hilfe thermo-chemischer Prozesse realisiert (d. h. Kombination aus pyrolytischer Zersetzung, Vergasung und Oxidation) mit dem Ziel einer möglichst großen Ausbeute an flüssigen Sekundärenergieträgern (z. B. Pyrolyseöle, Fischer-Tropsch-Treibstoff, Methanol). Eine derartige Verflüssigung kann dabei in einem einzelnen verfahrenstechnischen Schritt (z. B. Flash-Pyrolyse) oder in mehreren Schritten (z. B. Fischer-Tropsch-Synthese oder Methanol-Synthese aus Vergasungsprodukten) realisiert werden.

Verkohlung. Auch bei der Verkohlung handelt es sich um eine thermo-chemische Umwandlung, bei der durch eine entsprechende Prozesssteuerung die vorrangige Bereitstellung fester Produkte (z. B. Holzkohle) angestrebt wird. Auch dabei laufen grundsätzlich die gleichen wärmeinduzierten Vorgänge, insbesondere der pyrolytischen Zersetzung und in geringem Ausmaß auch der Vergasung und der Oxidation, ab.

Torrefizierung. Unter Torrefizierung wird eine "sanfte" thermische Behandlung biogener Festbrennstoffe unter Luftabschluss bei Temperaturen von 250 bis 300 °C bei Verweilzeiten zwischen 15 und 30 min verstanden. Dabei durchläuft die feste Biomasse zunächst einen Trocknungs- und Aufheizungsschritt. Anschließend laufen bestimmte pyrolytische Zersetzungsreaktionen – entsprechend den vergleichsweise geringen Prozesstemperaturen – ab.

Das Ziel einer derartigen Torrefizierung kann unterschiedlich sein. Im Wesentlichen ist zu unterscheiden zwischen den folgenden beiden Varianten:

- Durch die Torrefizierung wird die Masse der Festbrennstoffe reduziert, ohne dass im gleichen Ausmaß der Energieinhalt vermindert wird. Das hat zur Folge, dass der Heizwert steigt. Dies ist möglich, da neben Wasser zunächst vermehrt sauerstoffhaltige Verbindungen (u. a. Kohlenstoffdioxid (CO_2), Kohlenstoffmonoxid (CO), organische Säuren) mit einem niedrigen Heizwert entweichen. Dabei wird angestrebt, dass der Energieverlust möglichst gering ausfällt.
- Durch eine derartige Behandlung wird auch der Energieaufwand zur Zerkleinerung der Biomasse deutlich reduziert. Dies ist z. B. maßgebend bei der Zufeuerung bei Kohlestaubfeuerungen, wo die Biomasse fein aufgemahlen werden muss. Weiterhin gilt dies auch bei der Produktion von Pellets, wo ebenfalls ein feinkörniges Ausgangsmaterial erforderlich ist.

9.2.2 Phasen der thermo-chemischen Umwandlung

Der Ablauf der thermo-chemischen Umwandlung kann in vier unterschiedliche Phasen aufgeteilt werden (Abb. 9.17), die je nach Umwandlungsprozess sowohl weitgehend unabhängig voneinander als auch parallel und in einem engen Zusammenspiel miteinander umgesetzt werden können. Diese unterschiedlichen Phasen unterscheiden sich teilweise sowohl durch die physikalischen und chemischen Reaktionen als auch im Temperaturniveau, auf dem die jeweiligen wärmeinduzierten Prozesse ablaufen. Ein wesentliches Unterscheidungsmerkmal stellt auch der Anteil des von außen zugeführten Sauerstoffs (d. h. die Größe der Luftüberschusszahl) dar.

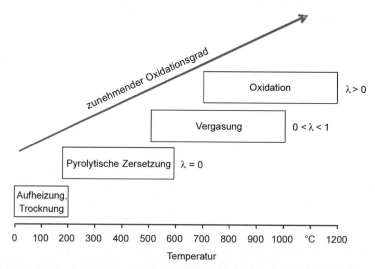

Abb. 9.17 Phasen der thermo-chemischen Umwandlung biogener Festbrennstoffe

9.2 Thermo-chemische Umwandlungsprozesse

Grundsätzlich wird dabei unterschieden zwischen den Phasen "Aufheizung und Trocknung" (Luftüberschusszahl gleich null), "pyrolytische Zersetzung" (Luftüberschusszahl gleich null), "Vergasung" (Luftüberschusszahl größer als null und kleiner als eins) und "Oxidation" (Luftüberschusszahl gleich oder größer eins). Diese verschiedenen Phasen werden im Folgenden näher beschrieben.

9.2.2.1 Aufheizung und Trocknung

Bei Temperaturen von bis zu etwa 200 °C verdampft das in der porösen Struktur der biogenen Festbrennstoffe vorhandene freie und in der organischen Masse gebundene Wasser. Dieser Prozess verläuft endotherm (d. h. er benötigt Energie). Infolge der hohen Verdampfungsenthalpie von Wasser wird dabei der weitere Temperaturanstieg des Festbrennstoffs bis zur vollständigen Trocknung stark gebremst. Die organische Masse bleibt also auf diesem Temperaturniveau weitgehend als solche erhalten; eine Zersetzung findet erst bei höheren Temperaturen in einem signifikanten Ausmaß statt, wenn das Wasser weitgehend aus dem Brennstoff ausgetrieben wurde.

Durch die Erwärmung des Biobrennstoffs entweicht das Wasser in Form von Dampf. Extrem hohe Erwärmungsraten können dabei eine Art Sprengung der Zellwände verursachen. Dies gilt insbesondere bei Nadelhölzern, da oberhalb von etwa 60 °C die in der Holzsubstanz befindlichen Harze erweichen und die radialen Leitungsbahnen verkleben können, die vorher für den Transport des Wassers bzw. des Wasserdampfes aus der Holzmatrix verfügbar waren. Auch zeigt beispielsweise Holz in seinen verschiedenen Raumachsen unterschiedliche Ausdehnungswerte; z. B. dehnt sich Kiefernholz in Faserrichtung zwanzigmal mehr aus als quer zur Faser. Dadurch treten bei der Aufheizung Spannungen in der Holzstruktur auf, die zu Rissbildungen führen können. Über diese Risse können sich der Temperaturausgleich und der Trocknungsprozess schneller einstellen, da die für die Wärme direkt zugängliche Oberfläche des Holzstückes dadurch vergrößert wird.

Der Vorgang der Aufheizung und Trocknung wird auch in der Thermogravimetriekurve deutlich (Abb. 9.18). Diese Kurve zeigt die Massenabnahme einer

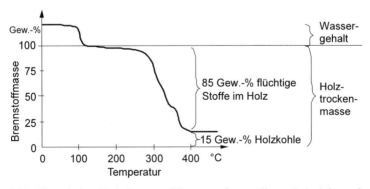

Abb. 9.18 Thermisches Verhalten von Biomasse, dargestellt am Beispiel von feuchtem Holz als Massenabnahme in Abhängigkeit von der Temperatur bei der Erwärmung ohne Sauerstoffzufuhr (nach /9-139/)

Brennstoffprobe in Abhängigkeit der Aufheiztemperatur und gibt damit Aufschluss über die bei den jeweiligen Temperaturen ablaufenden Vorgänge. Die Trocknung der in Abb. 9.18 exemplarisch dargestellten Holzprobe wird durch den Massenverlust infolge des ausgetriebenen Wassers deutlich.

9.2.2.2 Pyrolytische Zersetzung

Die pyrolytische Zersetzung stellt – nach der Phase der "Aufheizung und Trocknung" – einen weiteren Zwischenschritt auf dem Weg zur vollständigen Oxidation biogener Festbrennstoffe dar. Gleichzeitig nimmt sie eine wichtige Funktion bei der Erzeugung von Brenngas bzw. kondensierbaren organischen Verbindungen aus der Biomasse (d. h. Pyrolyseöle) und Holzkohle ein.

Vor diesem Hintergrund wird im Folgenden diskutiert, welche Vorgänge diesem Teilschritt der thermo-chemischen Umwandlung zugrunde liegen. Dabei wird zunächst von der Darstellung unterschiedlicher Beobachtungen oder aus klassischen Prozessen (z. B. Holzkohleherstellung) ausgegangen, um anschließend den Stand des Wissens zu den Zersetzungsmechanismen und deren Kinetik darzustellen. Abschließend wird auf die praktischen Anwendungen dieser Grundlagenerkenntnisse eingegangen.

Verlauf. Wird ein fester Biobrennstoff auf Temperaturen von 150 bis 220 °C erwärmt, werden erste Makromoleküle, aus denen sich die Biomasse zusammensetzt, durch die Wärmeeinwirkung irreversibel zerstört; sie werden aufgebrochen. Dieser Abbau- oder Zersetzungsvorgang – er findet fast immer unter Ausschluss von Sauerstoff statt (d. h. Luftüberschusszahl gleich null) – wird als pyrolytische Zersetzung bezeichnet. Auch wenn Sauerstoff in dieser Phase der thermo-chemischen Umwandlung in der einen Brennstoffpartikel umgebenden Atmosphäre vorhanden wäre, kann dieser i. Allg. nicht an das Partikel heran, da die bei der pyrolytischen Zersetzung entstehenden Zersetzungsprodukte (d. h. Gase und Dämpfe) aus dem Partikel nach außen strömen. Zurück bleibt schließlich – wenn bei Temperaturen von rund 500 °C die pyrolytische Zersetzung weitgehend abgeschlossen ist – noch ein fester Rückstand, der überwiegend aus Kohlenstoff und Asche besteht (Abb. 9.18). Im Allgemeinen werden rund 80 bis 85 % des organischen Materials durch die pyrolytische Zersetzung in gasförmige Produkte umgewandelt /9-164/.

Abb. 9.19 zeigt exemplarisch den pyrolytischen Abbau von trockenem Buchenholz mittels Thermogravimetrie kombiniert mit Massenspektrometrie (Heizrate 20 K/min). Deutlich wird der Gewichtsverlust des biogenen Festbrennstoffs unter gleichzeitiger Bildung ausgewählter niedermolekularer Fragmente (d. h. Gase und Dämpfe).

Die pyrolytische Zersetzung der organischen Masse beginnt in diesem Beispiel bei etwa 200 °C mit der Bildung von Wasser (H_2O), Kohlenstoffdioxid (CO_2), Kohlenstoffmonoxid (CO) und Methanol (CH_3OH). Im Bereich von 320 bis 340 °C sind etwa 30 % der Holzsubstanz abgebaut. Es entstehen weitere Dämpfe an Kohlenwasserstoffverbindungen, die bei Raumtemperatur und Umgebungsdruck auskondensieren und dann als Pyrolyseöl anfallen.

Alle lignocellulosehaltigen Biomassen bestehen überwiegend aus Cellulose, Hemicellulose und Lignin (Kapitel 9.1.1). Diese unterschiedlichen Komponenten

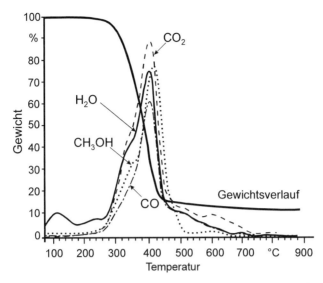

Abb. 9.19 Abbau von trockenem Buchenholz unter Temperatureinwirkung /9-59/

zersetzen sich aber bei verschiedenen Temperaturen. Beispielsweise gibt die bei allen Kurven in Abb. 9.19 auftretende Schulter bei Temperaturen von 320 bis 350 °C das Maximum der Zersetzung der Hemicellulose an. Ab dieser Temperatur nimmt der Beitrag von der Hemicellulose zu den pyrolytischen Zersetzungsprodukten wieder ab. Die Maxima bei den Gasen und Dämpfen bei etwa 400 °C – dies entspricht etwa 70 % Gewichtsverlust – markieren das Maximum des Cellulose-Abbaus, der bei etwa 450 °C beendet ist. Die über 450 °C im Massenspektrometer noch geringen Mengen an messbaren Substanzen stammen aus der Lignin-Zersetzung, die über einen weiten Temperaturbereich erfolgt und in diesem Beispiel erst bei einer Temperatur von 700 °C als vollständig abgeschlossen betrachtet werden kann (Abb. 9.19).

Die Massenanteile an gasförmigen Zersetzungsprodukten werden damit durch die Biomassekomponenten Cellulose, Hemicellulose und Lignin bestimmt. Deshalb zeigt Abb. 9.20 die pyrolytische Zersetzung dieser drei Komponenten und zusätzlich jene von Holz. Demnach kann der Verlauf der pyrolytischen Zersetzung von Holz aus der anteilsmäßigen Aufsummierung des Verlaufs der Einzelkomponenten ermittelt werden. Folglich dürften keine nennenswerten Wechselwirkungen zwischen den einzelnen Holzkomponenten bei der pyrolytischen Zersetzung stattfinden. Aus der Abb. 9.20 ist erkennbar, dass Holzkohle primär aus Lignin gebildet wird, da dieses bei der pyrolytischen Zersetzung nur zu knapp 60 % abgebaut wird.

Das Verhalten der pyrolytischen Zersetzung von Gras und Stroh (d. h. von Halmgütern) in gemahlener Form unterscheidet sich von der in Abb. 9.20 für Holz dargestellten Kurve nur unwesentlich. Bei einer Aufheizrate von 10 K/min beginnt die Zersetzung bei allen festen Biobrennstoffen zwischen 150 und 250 °C und endet zwischen 500 und 700 °C. Mit zunehmenden Aufheizraten verschwinden selbst

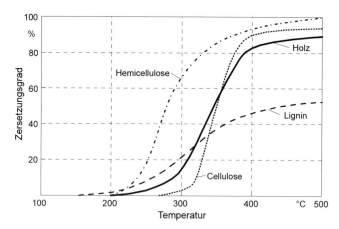

Abb. 9.20 Thermische Zersetzung von Holz und seinen Bestandteilen Cellulose, Hemicellulose und Lignin in Abhängigkeit von der Temperatur /9-83/

diese geringfügigen Temperaturunterschiede zwischen den einzelnen biogenen Festbrennstoffen immer mehr.

Je nach den Bedingungen, unter denen die pyrolytische Zersetzung realisiert wird, können die Spaltungsreaktionen unterschiedlich ablaufen. Bei der Herstellung von Holzkohle – eine "klassische" pyrolytische Umsetzung von Holz – werden phänomenologisch die folgenden Phasen unterschieden:

- In der ersten Umsetzungsphase (bis ca. 220 °C) findet eine Aufheizung und Trocknung des Materials statt. Große Mengen an Wasserdampf sowie Spuren von Kohlenstoffdioxid (CO_2), Essig- und Ameisensäure entweichen.
- In der zweiten Phase (bis ca. 280 °C) beginnt die pyrolytische Zersetzung unter Freisetzung größerer Mengen an Kohlenstoffdioxid (CO_2), Essig- und Ameisensäure. Dieser Prozess ist, wie die Aufheizung und Trocknung, immer noch endotherm. Auch sind die entstehenden Gase (u. a. Wasserdampf, Kohlenstoffdioxid) zum überwiegenden Teil nicht brennbar.
- In der dritten Phase (ca. 280 bis 500 °C) erfolgt eine heftige exotherme Reaktion, bei der eine Wärmemenge von ca. 880 kJ/kg Holzsubstanz freigesetzt wird. Die dabei entstehenden brennbaren Gase, vor allem Kohlenstoffmonoxid (CO), Methan (CH_4), Formaldehyd (CH_3OH), Essig- ($C_2H_4O_2$) und Ameisensäure (CH_2O_2) sowie Methanol (CH_2O) und Wasserstoff (H_2) werden so schnell aus der Feststoffmatrix ausgetrieben, dass der Gasstrom feinste Tröpfchen an kondensierbaren organischen Verbindungen mit sich reißt; sie treten als Rauch in Erscheinung. Als Rückstand verbleibt Holzkohle, in der bis etwa 300 °C die fibrilläre Struktur des Holzes erhalten bleibt. Oberhalb von ca. 400 °C bildet sich die kristalline Struktur des Graphits aus. Ab diesem Zeitpunkt gehen die Reaktionen in den endothermen Bereich über.
- In der vierten Phase, die oberhalb von 500 °C endotherm abläuft, wird der aus dem Holz austretende Gasstrom beim Durchgang durch die bereits verkohlten Schichten aufgespalten. Es entstehen brennbare Gase, vor allem Kohlenstoffmonoxid (CO) und Wasserstoff (H_2).

9.2 Thermo-chemische Umwandlungsprozesse

Zersetzungsmechanismen. Bislang existiert noch kein einheitliches Bild über die pyrolytischen Zersetzungsmechanismen der einzelnen Holzbestandteile (d. h. Cellulose, Hemicellulose, Lignin). Am meisten ist über den thermischen Abbau der Cellulose bekannt, da sie mengenmäßig einen bedeutenden Anteil an der Holzsubstanz ausmacht und chemisch nicht so komplex aufgebaut ist wie die übrigen Komponenten /9-122/, /9-1/, /9-32/, /9-173/.

Demnach erfolgt im Temperaturbereich von 150 bis 220 °C bei der thermischen Zersetzung der Cellulose eine Reduktion des Polymerisationsgrades durch eine wärmeinduzierte Aufspaltung glykosidischer Bindungen zwischen einzelnen Glukoseeinheiten. Die Spaltungsrate korreliert dabei mit der Menge des gebildeten Kohlenstoffmonoxids (CO) und Kohlenstoffdioxids (CO_2), die durch Decarboxylierungs- und Decarbonylierungs-Reaktionen entstehen.

Für den weiteren pyrolytischen Abbau der durch diese Abspaltung von kohlenstoffhaltigen Gasen bei höheren Temperaturen entstehenden Depolymerisierungsprodukte der Cellulose (auch als "aktivierte Cellulose" bezeichnet) lassen sich zwei grundsätzlich verschiedene Abbaumechanismen unterscheiden. Sie laufen parallel ab und werden von vielen Faktoren beeinflusst (z. B. Aufheizrate, Temperatur, Aschegehalt) /9-174/.

- Die Transglykosylierung (Abb. 9.21) führt durch intramolekulare Substitution der glykosidischen Bindung durch eine der freien Hydroxylgruppen zur Abspaltung von Wasser und somit zur Bildung von monomeren und oligomeren Anhydrozuckern (z. B. Lävoglucosan, Cellobiosan). Diese können wiederum zusätzlich Wasser abspalten; dies führt dann letztlich zur Teer- und Kohlebildung /9-161/, /9-174/.
- Die Cyclo- und Aldol-Reversion (Abb. 9.21) verursacht eine Ringspaltung und führt zur Bildung von niedermolekularen Bruchstücken wie u. a. Acetaldehyd, Acetol, Hydroxyacet-Aldehyd, Ethandial, Furfural und Furanon.

Das Lignin mit seiner dreidimensionalen Struktur und der Vielzahl von Bindungstypen ist durch wesentlich komplexere pyrolytische Abbaumechanismen gekenn-

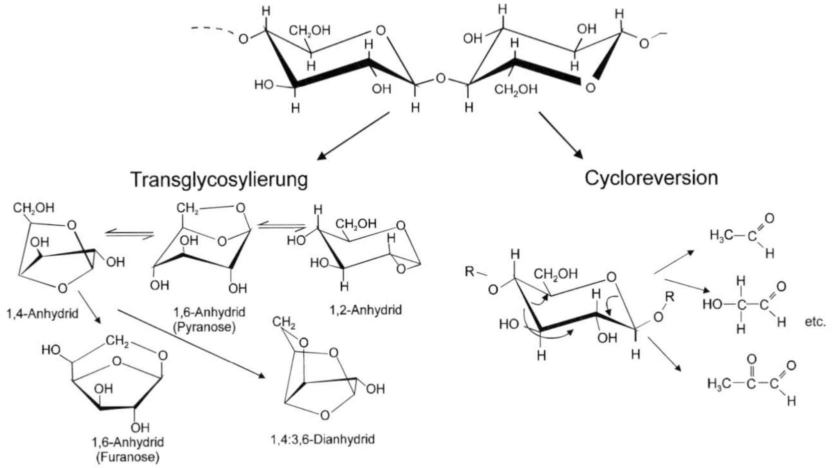

Abb. 9.21 Dissoziationsmechanismen von Cellulose /9-60/

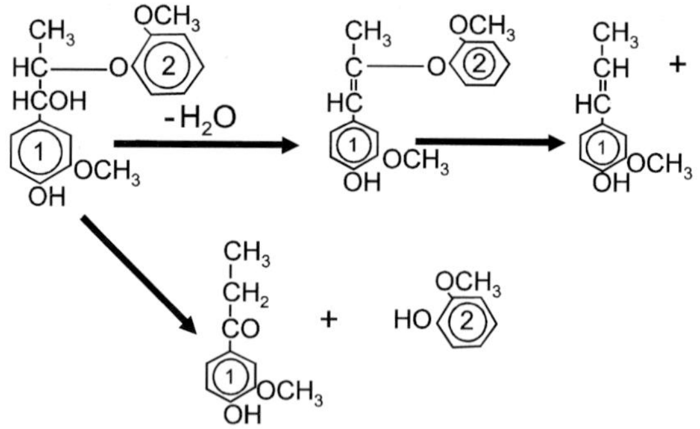

Abb. 9.22 Typische thermische Ligninspaltprodukte

zeichnet, die sich bisher nicht eindeutig bestimmen lassen. Beispielsweise ergibt allein die Pyrolyse eines Lignin-Trimers 42 unterschiedliche Komponenten /9-192/. Abb. 9.22 zeigt deshalb exemplarisch thermische Spaltprodukte eines typischen Lignin-Dimers. Demnach werden überwiegend phenolische Spaltprodukte mit unterschiedlichen Seitenkettenkonformationen erzeugt.

Aufgrund der komplexen Dissoziationsmechanismen lässt sich bisher der genaue thermische Abbau des Lignins nur annähernd beschreiben (Tabelle 9.16). Demnach beginnt der pyrolytische Abbau des Lignins ab etwa 175 °C und ist bei maximal rund 700 °C beendet.

Tabelle 9.16 Übersicht zur Kinetik der Ligninpyrolyse /9-156/

Temperatur	Reaktion
bis 175 °C	Entzug von Adsorptionswasser führt durch Schrumpfung und Verdichtung zu strukturellen Veränderungen.
175 – 250 °C	Spaltung von β-Aryl-Alkyl-Ethern führt zur Abtrennung randständiger Struktureinheiten; die intramolekulare Dehydratation schreitet fort.
250 – 300 °C	Seitenketten mit α-Hydroxyl- und Carbonyl-Gruppen werden zwischen α- und β-C-Atomen gesprengt.
300 – 330 °C	Seitenketten ohne reaktive Gruppen werden sowohl zwischen α- und β-C-Atomen als auch direkt am aromatischen Ring abgespalten.
325 – 330 °C	Die Spaltung von C-C-Bindungen beginnt; Kondensation und Polymerisation der Spaltprodukte setzt ein.
330 – 400 °C	Die Hauptphase des pyrolytischen Abbaus ist erreicht, Demethoxylierung setzt ein und Phenylpropan-Einheiten werden weiter abgebaut; durch Radikalverknüpfungen bilden sich die Hauptbestandteile des Pyrolyseöls.
ab 400 °C	Die Abbaurate geht auf einen konstanten Wert zurück; stabile Strukturen bilden sich aus.
ab 600 °C	Der Rückstand verkohlt und flüchtige Produkte werden weiter thermisch zersetzt.

9.2 Thermo-chemische Umwandlungsprozesse

Reaktionskinetik. Bei der pyrolytischen Zersetzung von lignocellulosehaltiger Biomasse werden die Anteile der Ausbeuten der Hauptprodukte an flüssigen (d. h. Pyrolyseöl), festen (d. h. Kohle) und gasförmigen Komponenten (d. h. Brenngase) primär von der Temperatur, bei der die pyrolytische Zersetzung stattfindet, beeinflusst.

Abb. 9.23 zeigt exemplarisch ein vereinfachtes kinetisches Schema der Zersetzung von Lignin, das die wesentlichen Reaktionswege darstellt. Demnach bestehen drei parallele Reaktionsalternativen mit verschiedenen Geschwindigkeitskonstanten k_1, k_2 und k_3. Die Aktivierungsenergien steigen in der Reihenfolge E_1 bis E_3 (d. h. $E_1 < E_2 < E_3$).

- Reaktion 1 (k_1) dominiert bei niedrigen Temperaturen, die der konventionellen Pyrolyse entspricht; hierbei entsteht vor allem Holzkohle, Kohlenstoffdioxid (CO_2) und Wasser.
- Bei höheren Temperaturen überwiegt Reaktion 2 (k_2), die hauptsächlich zur Bildung flüssiger Produkte führt. Dies ist der Bereich der Flash-Pyrolyse; sie ist die bevorzugte Reaktion für die Erzeugung von flüssigen Energieträgern und Chemierohstoffen. Durch weitergehende, sekundäre Crackreaktionen der dabei entstehenden flüssigen Produkte (k_4) können danach Kohlenstoffmonoxid, Wasserstoff und Methan entstehen.
- Bei noch höheren Temperaturen findet Reaktion 3 (k_3) statt; hier wird die Biomasse vorwiegend zu Gasen konvertiert.

Damit könnte unterstellt werden, dass bei einer bestimmten Temperatur das durch die pyrolytische Zersetzung entstehende Produktspektrum durch eine Berechnung der Geschwindigkeitskonstanten vorhergesagt werden könnte. Dies ist aber nicht der Fall, weil

- die flüchtigen, kondensierbaren Produkte sehr reaktiv sind und bei hohen Temperaturen z. B. aufgrund der vorhandenen Holzkohlepartikel weiter aufgespalten werden können und
- die Biomasse eine sehr niedrige thermische Leitfähigkeit hat, wodurch eine isothermale pyrolytische Zersetzung verhindert wird und praktisch die Aufheizrate der Reaktionsrate entspricht.

Somit existiert also – mit Ausnahme sehr kleiner Partikel – im Pyrolysegut ein zeitabhängiger Temperaturgradient; das Produktspektrum der pyrolytischen Zersetzung spiegelt quasi das Integral der verschiedenen Reaktionen (k_1 bis k_4) wider.

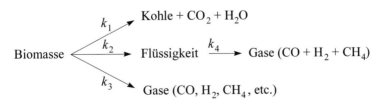

Aktivierungsenergien: $E_1 < E_2 < E_3$ (k_4 sehr langsam bei Temperaturen $< 650\,°C$)

Abb. 9.23 Typische thermische Ligninspaltprodukte /9-143/

Anwendungen. Grundsätzlich können zwei Pyrolysetechnologien unterschieden werden: die langsame Pyrolyse und die Flash-Pyrolyse. Für die Bereitstellung von Pyrolyse- oder Bio-Ölen hat derzeit praktisch nur die Flash-Pyrolyse Bedeutung. Die langsame Pyrolyse wird dagegen zur Herstellung von Holzkohle und für die Torrefizierung verwendet.

Die Zusammensetzung der bei der pyrolytischen Zersetzung entstandenen Produkte wird sehr wesentlich von der Aufheizrate bzw. -geschwindigkeit und dem erreichten Temperaturniveau bestimmt (Abb. 9.24). Demnach werden bei hoher Aufheizrate und vor allem hoher Temperatur (>800 °C) und langer Verweilzeit die entstandenen flüssigen Pyrolyseprodukte, die aus langkettigen oder polyaromatischen Kohlenwasserstoffverbindungen (d. h. Teere) bestehen, zunehmend in gasförmige Produkte (d. h. kürzerkettige Verbindungen wie z. B. Methan) aufgespalten. Daher werden diese Bedingungen eher für die Vergasung verwendet. Zur Herstellung von flüssigen Produkten eignen sich hohe Aufheizraten, kurze Verweilzeiten und Temperaturen im mittleren Bereich (450 bis 600 °C). Für die Herstellung von Holzkohle und torrefizierter Biomasse sind niedrige Temperaturen, geringe Aufheizraten und vergleichsweise lange Verweilzeiten von Vorteil, da sich bei diesen Bedingungen der höchste Anteil an festen Pyrolyseprodukten erzielen lässt (Abb. 9.24).

Neben den bisher betrachteten Zersetzungsreaktionen können bei hohen Temperaturen und/oder Drücken zusätzlich Gleichgewichts- oder Sekundärreaktionen ablaufen, die zur Bildung weiterer bzw. anderer Sekundärprodukte führen. Von Bedeutung sind hier – je nach Temperatur- und Druckniveau – die Methanspaltung, die Boudouard-Reaktion, die heterogene Wassergasreaktion und die hydrierende Vergasung. Sie werden im Kapitel über die Feststoffvergasung diskutiert (Kapitel 9.2.2.3).

Abb. 9.25 zeigt schematisch die verschiedenen Mechanismen einer derartigen pyrolytischen Zersetzung und die dabei entstehenden Produkte. Zu beachten ist, dass der Übergang von der Pyrolyse zur Vergasung fließend ist, da bei der pyrolytischen Zersetzung des organischen Materials Sauerstoff aus der Biomasse verfüg-

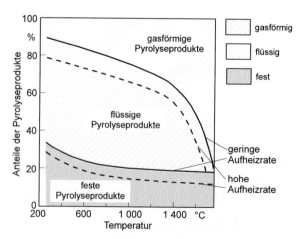

Abb. 9.24 Produkte der thermo-chemischen Umwandlung am Beispiel von Holz /9-22/

9.2 Thermo-chemische Umwandlungsprozesse

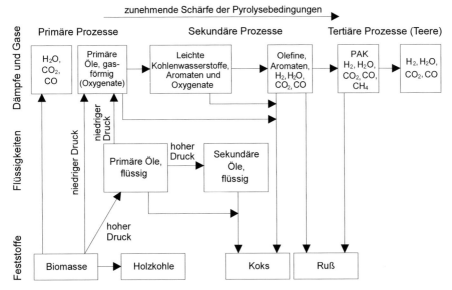

Abb. 9.25 Mechanismen der pyrolytischen Zersetzung von biogenen Festbrennstoffen in Abhängigkeit der Schärfe der Pyrolysebedingungen (d. h. der Aufheizrate); nach /9-54/

bar gemacht werden kann und dadurch zugleich entsprechende Vergasungsprozesse ablaufen können.

9.2.2.3 Vergasung

Die Vergasung stellt – wie die pyrolytische Zersetzung – einen Zwischenschritt hin zur vollständigen Oxidation biogener Festbrennstoffe dar. Sie dient aber gleichzeitig auch zur Erzeugung von Brenn- bzw. Synthesegasen, die räumlich und zeitlich entkoppelt unter Energiefreisetzung weiter aufoxidiert bzw. als energiereiche Verbindungen beispielsweise für die Kraftstoffsynthese eingesetzt werden können.

Bei der Vergasung werden die bei der pyrolytischen Zersetzung entstehenden gasförmigen, flüssigen und festen Produkte durch weitere Wärmeeinwirkung in Gegenwart von einem zusätzlich der Reaktion zugeführten Vergasungsmittel, wobei die Luftüberschusszahl größer als null und kleiner als eins ist, zur Reaktion gebracht. Dabei laufen diese Prozesse im Vergleich zur pyrolytischen Zersetzung aber bei merklich höheren Temperaturen ab.

Die Luftüberschusszahl eignet sich zur Einordnung bei der Verwendung von Luft als Vergasungsmittel. Bei Dampf als Vergasungsmittel kann ein analoger Wert mit Bezug auf die stöchiometrisch notwendige Dampfmenge für den vollständigen Umsatz von Kohlenstoff eingeführt werden.

Wesentlich bei der Vergasung ist insbesondere die möglichst vollständige Umwandlung des bei der pyrolytischen Zersetzung zurückbleibenden Restkohlenstoffes (d. h. Pyrolysekokses) in brennbare Gase. Dazu wird ein sauerstoffhaltiges Vergasungsmittel (z. B. Luft, Sauerstoff, Wasserdampf, Kohlenstoffdioxid) benötigt, damit der feste Kohlenstoff (C) u. a. zu Kohlenstoffmonoxid (CO) umgewandelt werden kann.

Vor diesem Hintergrund werden nachfolgend zunächst die bei der Vergasung ablaufenden wesentlichen Reaktionsgleichungen und deren Gleichgewichtslagen dargestellt. Da bei der großtechnischen Umsetzung der Vergasung ein Gleichgewichtszustand aber meist nicht erreicht wird, ist auch die Betrachtung der Kinetik der Reaktionen von erheblicher Bedeutung. Obwohl eine zusammenfassende Betrachtung von kinetischen Daten unterschiedlicher Quellen für die Reaktionsgesetze immer problematisch ist, werden diese Daten hier trotzdem angeführt, um zumindest eine Abschätzung der Größenordnungen zu ermöglichen. Abschließend werden einzelne Aspekte für die praktische Anwendung in gängigen Vergasungstechniken und bei der hydrothermalen Vergasung diskutiert.

Vergasungsreaktionen. Bei der Vergasung laufen im Regelfall wärmeinduzierte Reaktionen ab, die temperatur- und druckabhängig sind. Da Sauerstoff bereits im Brennstoff enthalten ist und damit auch bei der pyrolytischen Zersetzung sauerstoffhaltige Verbindungen (z. B. Wasser (H_2O), Kohlenstoffdioxid (CO_2)) entstehen, können Vergasungsreaktionen auch bei der pyrolytischen Zersetzung als Sekundärreaktionen bei Temperaturen von zumindest über 600 °C ablaufen.

Dabei sind – je nach den jeweils im Reaktor vorliegenden Temperatur- und Druckbedingungen bzw. dem Angebot an einem bestimmten Vergasungsmittel – die vollständige (Gleichung (9-12)) bzw. partielle Kohlenstoffoxidation (Gleichung (9-13)), die heterogene Wassergas-Reaktion (Gleichung (9-14)), die Boudouard-Reaktion (Gleichung (9-15)) und die hydrierende Vergasung (Gleichung (9-16)) von Relevanz. Daraus ergeben sich auch die gängigen Vergasungsmittel zur thermischen Umwandlung des Pyrolysekokses in brennbare Gase: Sauerstoff (Luft), Wasser(dampf), Kohlenstoffdioxid und Wasserstoff.

$$C + O_2 \rightarrow CO_2 \qquad \Delta H = -393{,}5 \text{ kJ/mol} \qquad (9\text{-}12)$$

$$C + \tfrac{1}{2} O_2 \leftrightarrow CO \qquad \Delta H = -110{,}5 \text{ kJ/mol} \qquad (9\text{-}13)$$

$$C + H_2O \leftrightarrow CO + H_2 \qquad \Delta H = +118{,}5 \text{ kJ/mol} \qquad (9\text{-}14)$$

$$C + CO_2 \leftrightarrow 2\,CO \qquad \Delta H = +159{,}9 \text{ kJ/mol} \qquad (9\text{-}15)$$

$$C + 2\,H_2 \leftrightarrow CH_4 \qquad \Delta H = -87{,}5 \text{ kJ/mol} \qquad (9\text{-}16)$$

Die durch diese Gas-Feststoff-Reaktionen (Gleichung (9-12) bis (9-16)) entstehenden Gase bzw. die aus der pyrolytischen Zersetzung kommenden Gase können durch homogene oder heterogen katalysierte Gas-Gas-Reaktionen weiter umgewandelt werden. Bei diesen wird im Wesentlichen unterschieden zwischen der Wassergas-Shiftreaktion (Gleichung (9-17)), der Methanisierungs-Reaktion (Gleichung (9-18)) und der Reformierung von Kohlenwasserstoffen (Gleichung (9-19)).

$$CO + H_2O \leftrightarrow CO_2 + H_2 \qquad \Delta H = -40{,}9 \text{ kJ/mol} \qquad (9\text{-}17)$$

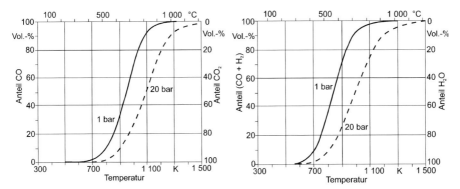

Abb. 9.26 CO/CO$_2$-Gleichgewicht (Boudouard-Reaktion (Gleichung (9-15)), links) und H$_2$O/CO/H$_2$-Gleichgewicht (heterogene Wassergas-Reaktion (Gleichung (9-14)); rechts) /9-170/

$$CO + 3H_2 \leftrightarrow CH_4 + H_2O \qquad \Delta H = -203{,}0 \text{ kJ/mol} \qquad (9\text{-}18)$$

$$C_m H_n + mH_2O \leftrightarrow mCO + (m + \frac{n}{2})H_2 \qquad (9\text{-}19)$$

Je nach Druck und Temperatur ergeben sich unterschiedliche Gleichgewichtlagen. Für die heterogene Wassergasreaktion (Gleichung (9-14)) und die Boudouard-Reaktion (Gleichung (9-15)) sind die Gleichgewichtskurven in Abb. 9.26 dargestellt. Es handelt sich hierbei um endotherme Reaktionen, die aufgrund der dabei stattfindenden Gasbildung mit einer Volumenvergrößerung verbunden sind. Das Reaktionsgleichgewicht verschiebt sich dabei mit steigender Temperatur und fallendem Druck zugunsten von Kohlenstoffmonoxid (CO) bzw. Kohlenstoffmonoxid (CO) und Wasserstoff (H$_2$).

Während der Reduktion von Kohlenstoffdioxid (CO$_2$) und Wasser (H$_2$O) am Kohlenstoff finden noch weitere Reaktionen statt. Von Bedeutung ist die homogene Wassergas-Reaktion (Gleichung (9-17)), deren Gleichgewicht sich mit steigender Temperatur zugunsten von Kohlenstoffmonoxid (CO) und Wasser (H$_2$O) verschiebt. Dabei ist das Gleichgewicht dieser Reaktion vom Druck unabhängig (Abb. 9.27). Wichtig ist auch die Umsetzung von Kohlenstoff (C) und Wasserstoff (H$_2$) zu Methan (CH$_4$) durch die sogenannte Methan-Reaktion (Gleichung (9-16)), deren Gleichgewicht mit steigender Temperatur zu Ungunsten von Methan (CH$_4$) verschoben wird (Abb. 9.27). Dabei verändert eine Erhöhung des Drucks das Gleichgewicht hin zu der Entstehung von weniger Molen an Gasen (d. h. läuft die Methan-Reaktion unter einem zunehmend höheren Druck ab, verlagert sich das Reaktionsgleichgewicht immer mehr in Richtung auf eine Methanbildung); ein Druckanstieg begünstigt folglich die Bildung von Methan (CH$_4$).

Reaktionskinetik. Die Vergasung von Biomasse setzt im Anschluss an die pyrolytische Zersetzung an. Dabei werden die Produkte aus der pyrolytischen Zersetzung weiteren Reaktionen ausgesetzt; d. h. es finden einerseits Sekundärreaktionen der

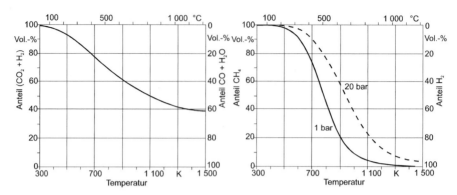

Abb. 9.27 CO/H$_2$O-CO$_2$/H$_2$-Gleichgewicht (homogene Wassergas-Reaktion (Gleichung (9-17)), links) und CH$_4$/H$_2$-Gleichgewicht (Methan-Reaktion (Gleichung (9-16), rechts), /9-170/

Gase und Dämpfe aus der pyrolytischen Zersetzung statt und andererseits erfolgt eine Vergasung des Pyrolysekokses mittels eines zugeführten Vergasungsmittels. Letztere wird nachfolgend näher betrachtet, da es sich um wichtige heterogene Reaktionen im Zusammenhang mit der Vergasung handelt.

Die Vergasung des Pyrolysekokses erfolgt zwingend nach der pyrolytischen Zersetzung, da durch den Austritt der gasförmigen Produkte aus dem Biomassepartikel während der pyrolytischen Zersetzung der Zutritt an Vergasungsmittel – und damit eine Vergasung des Kohlenstoffs – verhindert wird. Dies gilt insbesondere für kleine Partikel. Bei relativ größeren Stücken kann auch eine überlagerte pyrolytische Zersetzung (im Innern des Partikels) und Vergasung (an der Oberfläche) beobachtet werden.

Der Pyrolysekoks liegt in fester Form vor. Deshalb laufen bei der Feststoffvergasung heterogene Reaktionen ab. Die wichtigsten Teilschritte sind:
- Stofftransport der gasförmigen Reaktionspartner (hier vor allem von Vergasungsmittel) in die Reaktionszone des Partikels (Pyrolysekokses),
- Diffusion durch die Gasgrenzschicht zur Oberfläche des Partikels,
- Diffusion in die Poren des Partikels,
- Reaktion des Vergasungsmittels mit dem Feststoff,
- Diffusion der verdampfbaren gasförmigen ("flüchtigen") Vergasungsprodukte aus den Poren des Partikels,
- Diffusion der flüchtigen Produkte durch die Grenzschicht nach außen,
- Stofftransport der Vergasungsprodukte aus der Reaktionszone.

Der langsamste dieser Teilschritte bestimmt die Geschwindigkeit der Gesamtreaktion. Um welchen der Teilschritte es sich dabei handelt, hängt von den jeweiligen Stofftransport- bzw. Reaktionsbedingungen ab. Wenn die Transportgeschwindigkeit viel größer ist als die chemische Reaktionsgeschwindigkeit, kann der Prozess mit den Gesetzen der chemischen Kinetik beschrieben werden. Ist dagegen die Transportgeschwindigkeit viel kleiner als die Reaktionsgeschwindigkeit, ist nur noch der Stofftransport für die beobachtete Reaktionsrate verantwortlich.

9.2 Thermo-chemische Umwandlungsprozesse

Hier wird nur die chemische Reaktionsgeschwindigkeit behandelt. Eine ausführliche Diskussion unter Einbeziehung des Stofftransportes ist im folgenden Kapitel, in dem die Oxidation diskutiert wird, zu finden. Die dort gemachten Aussagen können aber analog auch hier angewendet werden.

Die Pyrolysekoksreaktivität R wird über den Umsatz X pro verbleibende Koksmasse m nach Gleichung (9-20) definiert.

$$R = -\frac{1}{m}\frac{dm}{dt} = \frac{1}{1-X}\frac{dX}{dt} \qquad (9\text{-}20)$$

Der Umsatz X kann über die Koksmasse beschrieben werden (Gleichung (9-21)). m_0 ist dabei die Masse zu Beginn, m die Koksmasse zu einem bestimmten Zeitpunkt und m_∞ nach dem vollständigen Umsatz.

$$X = \frac{m - m_0}{m_0 - m_\infty} \qquad (9\text{-}21)$$

Für die Berechnung der Reaktivität R muss ein Geschwindigkeitsgesetz zugrunde gelegt werden. Das Geschwindigkeitsgesetz besteht aus zwei Teilen, einem Strukturterm r_S, der die verfügbare innere Oberfläche (oder aktive Zentren) berücksichtigt, und einem chemisch-kinetischen Term r_C, der abhängig ist von Temperatur und Konzentration der Reaktanden (Gleichung (9-22)).

$$R = r_C\, r_S \qquad (9\text{-}22)$$

Der Strukturterm r_S ist eine Funktion der sich im Laufe des Umsatzes entwickelnden inneren Oberfläche $S(X)$ bezogen auf die innere Oberfläche zu Beginn S_0 /9-37/. Diesen Zusammenhang beschreibt Gleichung (9-23).

$$r_S = f\left[\frac{S(X)}{S_0}\right] \qquad (9\text{-}23)$$

Für den chemisch-kinetischen Term werden meist empirische Korrelationen verwendet. Er kann beispielsweise mit einem Potenzgesetz nach Gleichung (9-24) beschrieben werden.

$$r_C = k\, p_i^n \qquad (9\text{-}24)$$

p_i beschreibt den Partialdruck des Vergasungsmittels. k ist die von der Temperatur abhängige Reaktionsgeschwindigkeitskonstante. Sie kann durch die Arrhenius-Gleichung berechnet werden (Gleichung (9-25)).

$$k = k_0 \exp\left(-\frac{A}{RT}\right) \qquad (9\text{-}25)$$

R stellt die universelle Gaskonstante (in kJ/(Mol K)) und T die Temperatur (in K) dar. Für die Aktivierungsenergie A und die Reaktionsordnung n für unterschiedliche Vergasungsmittel werden die in Tabelle 9.17 angegebenen Wertebereiche vorgeschlagen. Bezüglich des Frequenzfaktors k_0 wird auf die Literatur verwiesen /9-38/.

Tabelle 9.17 Aktivierungsenergie und Reaktionsordnung für die Vergasung von Pyrolysekoks mittels unterschiedlicher Vergasungsmittel /9-38/

Vergasungsmittel	Aktivierungsenergie in kJ/mol	Reaktionsordnung
Sauerstoff (O_2)	140 – 220	0,5 – 1,0
Dampf (H_2O)	180 – 200	0,4 – 1,0
Kohlenstoffdioxid (CO_2)	200 – 250	0,4 – 0,6

Anwendung. Bei der Vergasung von Biomasse laufen verschiedene physikalisch-chemische Prozesse ab, die in mehr oder weniger starker Ausprägung in fast allen Vergasungsverfahren anzutreffen sind. Die zeitliche und räumliche Zuordnung der Reaktionen kann jedoch in Abhängigkeit u. a. vom Design des Reaktors, von der Prozessführung und der Gegenwart von Katalysatoren unterschiedlich sein. Der Vergasungsprozess lässt sich demnach für ein Brennstoffpartikel grob in die Bereiche "Aufheizung und Trocknung", "pyrolytische Zersetzung" und "Vergasung" aufteilen (Abb. 9.28). Im Folgenden wird auf den Wärmehaushalt einer Vergasungsanlage sowie die eigentlichen Vergasungsreaktionen (d. h. partielle Oxidation und Reduktion) und deren Funktion im Reaktor näher eingegangen. Auch werden die Eigenschaften des entstehenden Produktgases diskutiert.

Wärmehaushalt. Die Gesamtenergiebilanz der bei der Vergasung ablaufenden chemischen Reaktionen ist insgesamt endotherm. Daher wird zur Vergasung von Biomasse Wärme benötigt, die dem Prozess auf sehr unterschiedliche Weise zugeführt werden kann. Je nach der Art der Wärmeeinbringung unterscheidet man deshalb zwischen autothermer und allothermer Vergasung.

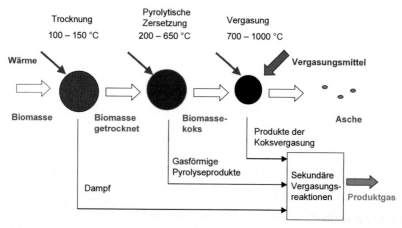

Abb. 9.28 Stufen der Biomassevergasung (Kohlenstoff entspricht dem Pyrolysekoks (d. h. feste Pyrolyseprodukte))

- Bei der autothermen Vergasung wird die Wärme direkt durch eine Teilverbrennung des Einsatzmaterials (d. h. der Biomasse) während der Vergasung zur Verfügung gestellt.
- Im Fall der allothermen Vergasung wird die Wärme indirekt z. B. über einen Wärmeübertrager oder durch ein umlaufendes Bettmaterial (z. B. bei Wirbelschichtverfahren) zugeführt.

Vergasungsreaktionen. Bei den im Reaktor einer Biomassevergasungsanlage ablaufenden Reaktionen kann zwischen Reaktionen der partiellen Oxidation und der Reduktion unterschieden werden.

Bei der partiellen Oxidation (Gleichung (9-12) und (9-13)) werden die entstandenen gasförmigen, flüssigen und festen Produkte durch weitere Wärmeeinwirkung zur Reaktion mit Sauerstoff (soweit verfügbar bzw. zugeführt) gebracht; dadurch erhöht sich die Temperatur auf über 700 °C. Dabei werden der Koks und ein Teil der höheren Kohlenwasserstoffverbindungen in kleinere gasförmige Moleküle (CO, H_2, H_2O, CO_2 und CH_4) gespalten. Die beiden genannten Reaktionen sind exotherm und stellen bei der autothermen Vergasung die erforderliche Wärme bereit, die für die Umsetzung der endothermen Reaktionen (d. h. zur Trocknung und Aufheizung des Brennstoffs sowie die der pyrolytischen Zersetzung) benötigt werden. Bei der Festbettvergasung (vgl. Kapitel 11) treten diese oxidativen Reaktionen beispielsweise in einer klar ausgebildeten Zone (als Oxidationszone bezeichnet) auf, die im Reaktor die höchste Temperatur aufweist.

Bei der Reduktion wird der Hauptteil der brennbaren Bestandteile des Produktgases gebildet. Die bei der partiellen Oxidation entstehenden Verbrennungsprodukte bzw. als Vergasungsmittel zugeführtes Kohlenstoffdioxid (CO_2) und Wasser (H_2O) werden dabei am festen Kohlenstoff zu Kohlenstoffmonoxid (CO) und Wasserstoff (H_2) reduziert. Hauptsächlich laufen dabei die Boudouard-Reaktion und die heterogene Wassergas-Reaktion (Gleichung (9-14) und (9-15)) ab. Beispielsweise bildet sich bei der Festbettvergasung eine räumlich ausgedehnte Reduktionszone aus (vgl. Kapitel 11), in der das eigentliche Produktgas vor dem Austritt aus dem Reaktor erzeugt wird.

Produktgaseigenschaften. Die Vergasung liefert damit infolge der genannten beiden Reaktionsgruppen ein Produktgas, das als Hauptkomponenten Kohlenstoffmonoxid (CO), Kohlenstoffdioxid (CO_2), Wasserstoff (H_2), Methan (CH_4), Wasserdampf (H_2O) sowie – bei der Vergasung mit Luft als Vergasungsmittel – auch erhebliche Anteile an Stickstoff (N_2) enthält. Als unerwünschte Nebenprodukte entstehen – je nach Vergasungsverfahren – in unterschiedlichen Mengen Teere bzw. Kondensate (d. h. hochmolekulare organische Verbindungen), Asche und Staub. Die Zusammensetzung des Produktgases (d. h. der vergasten Biomasse) ist primär abhängig vom eingesetzten Brennstoff, von der Art und Menge des Vergasungsmittels, vom Temperaturniveau, der Reaktionszeit und den Druckverhältnissen im Vergasungsreaktor.

Bei der Vergasung wird jedoch in den wenigsten Fällen ein Gleichgewichtszustand der ablaufenden chemischen Reaktionen erreicht. Beispielsweise zeigt Abb. 9.29 die Gaszusammensetzung in Abhängigkeit von der Temperatur für die Vergasung von Holz bei einer Luftüberschusszahl von 0,25. Die durchgezogenen Linien

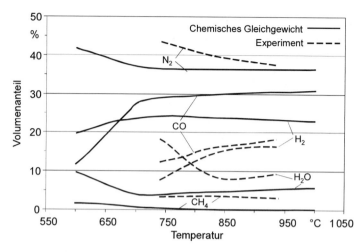

Abb. 9.29 Vergleich des berechneten chemischen Gleichgewichts mit experimentellen Daten (Holzvergasung, Luftüberschusszahl 0,25) /9-121/

stellen das berechnete chemische Gleichgewicht dar, während die gestrichelten Linien experimentell an einem Wirbelschichtvergaser ermittelt wurden /9-121/. Die Unterschiede zwischen Experiment und Berechnung verdeutlichen, dass die Vergasung bei weitem nicht im chemischen Gleichgewicht verläuft. Während die Ausbeuten an Kohlenstoffmonoxid und Wasserstoff erheblich niedriger ausfallen als theoretisch für den Gleichgewichtszustand berechnet, ergeben sich für Wasser, Methan und Kohlenstoffdioxid (nicht dargestellt) deutlich höhere Konzentrationen. Zur Berechnung der realen Gaszusammensetzung sind deshalb nicht die Gleichgewichtsdaten, sondern kinetische Berechnungen anzuwenden.

Die Umwandlung von Biomasse mittels Wasserdampf (Gleichung (9-14), Dampfvergasung) in ein Produktgas wird ebenfalls vom chemischen Gleichgewicht beeinflusst (Abb. 9.30). Demnach dominieren bei niedrigen Temperaturen Methan und Kohlenstoffdioxid und bei hohen Temperaturen Kohlenstoffmonoxid und Wasserstoff.

In der Nähe des kritischen Punktes von Wasser (d. h. 374 °C, 221 bar) ändern sich dessen chemische Eigenschaften dramatisch. Dadurch wird es zu einem interessanten Reaktionsmedium für die Vergasung von Biomasse. Unter diesen sogenannten hydrothermalen Bedingungen kann Biomasse beispielsweise in Gegenwart eines Katalysators in einem Schritt mit hoher Ausbeute zu Methan (CH_4) umgewandelt werden. Da unter diesen Bedingungen das Wasser nicht verdampft werden muss, kann die Reaktion mit geringen Wärmeverlusten durchgeführt werden. Deshalb erscheinen Umwandlungswirkungsgrade >60 % realistisch /9-183/, /9-185/, /9-184/. Auch die Erzeugung von Wasserstoff (H_2) ist mittels einer hydrothermalen Vergasung bei höheren Temperaturen (600 °C, 250 bar) möglich. Beispielsweise wurden mit Glucose bzw. Methanol Wasserstoffausbeuten von ca. 75 % erreicht /9-15/. Und die Ausbeuten können mithilfe geeigneter Katalysatoren noch maximiert werden. Die entsprechenden Entwicklungen stehen aber noch am Anfang.

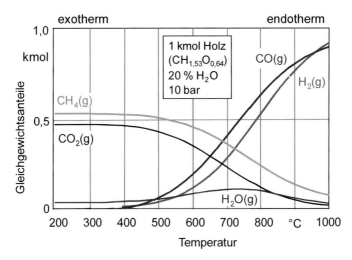

Abb. 9.30 Gleichgewichtskurven für das System Biomasse und Wasser in Abhängigkeit der Temperatur (nach /9-38/, /9-183/, /9-184/)

9.2.2.4 Oxidation

Bei der Oxidation werden die durch die pyrolytische Zersetzung und bei der Vergasung gebildeten Produkte mit Sauerstoff unter Wärmefreisetzung vollständig oxidiert. Als Reaktionsendprodukte verbleiben im Wesentlichen Kohlenstoffdioxid (CO_2) und Wasserdampf (H_2O). Damit eine derartige vollständige Oxidation stattfinden kann, muss genügend Sauerstoff vorhanden sein (d. h. Luftüberschusszahl größer als eins; vgl. Tabelle 9.15); auch muss sichergestellt sein, dass die Temperatur hoch genug ist, die Verbrennungsgase mit der Verbrennungsluft gut durchmischt werden und genügend Zeit für den vollständige Ablauf der Oxidationsreaktionen vorhanden ist.

Nachfolgend wird zunächst der Verlauf der Oxidation – eingebettet in die gesamte Verbrennung – diskutiert. Anschließend wird auf die Verbrennungsrechnung eingegangen, welche die Bestimmung der notwendigen Luftmenge für die Oxidation und die dabei entstehende Abgasmenge ermöglicht. Dabei wird von der Elementaranalyse der Biomasse (Kapitel 9.1) ausgegangen und eine vollständige Oxidation angenommen. Ebenfalls ausgehend von der Brennstoff-Elementaranalyse und den Ergebnissen der Verbrennungsrechnung kann der Taupunkt der Abgase und unter Einbeziehung des Heizwertes der Biomasse über eine Wärmebilanz die adiabate Verbrennungstemperatur ermittelt werden.

Verlauf. Bei der Verbrennung von Festbrennstoffen laufen heterogene und homogene Reaktionen ab. Die pyrolytische Zersetzung und Vergasung des biogenen Festbrennstoffs im Glutbett der Feuerung sind dabei heterogene Prozesse, während die nachfolgende Oxidation in der Gasphase als homogener Prozess abläuft.

Abb. 9.31 zeigt die dabei ablaufenden zeitlichen Vorgänge exemplarisch am Abbrand eines Holzpartikels. In einer kontinuierlich beschickten und stationär betriebenen Feuerungsanlage kann dieses zeitliche Verhalten eines Holzpartikels übertragen werden auf den Weg, den es in der Feuerung zurücklegt. Zunächst erfolgt die Erwärmung und Trocknung des Holzes, anschließend folgen die pyrolytische Zersetzung des Brennstoffs und letztlich die Umsetzung des festen Kohlenstoffs (d. h. Vergasung). Die jeweils in die Gasphase freigesetzten Produkte werden dann mit Luftsauerstoff unter Energiefreisetzung oxidiert.

Betrachtet man die wichtigsten Teilschritte an einem Pyrolysekokspartikel (Abb. 9.31; Abb. 9.32, rechts), können die Vorgänge wie folgt beschrieben werden. Sie entsprechen denen schon bei der Vergasung beschriebenen.

– Stofftransport der gasförmigen Reaktionspartner (hier vor allem Sauerstoff (O_2) und Wasserdampf (H_2O)) in die Reaktionszone des Festbrennstoffs,
– Diffusion durch die Gasgrenzschicht zur Oberfläche des Partikels,

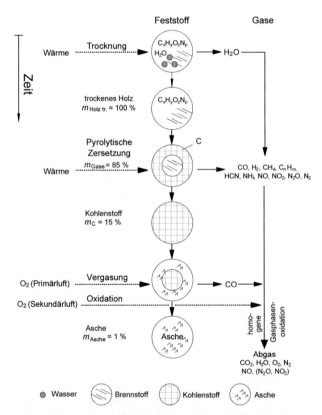

Abb. 9.31 Zeitliche Phasen der Feststoffumsetzung und der Gasverbrennung beim Abbrand eines Holzpartikels in einer Rostfeuerung (auf einem Rost erfolgt die Trennung zwischen Aufheizung und Trocknung, pyrolytische Zersetzung und Vergasung horizontal getrennt auf verschiedenen Rostzonen; die Wärmezufuhr für die Aufheizung und Trocknung erfolgt durch Konvektion der bereits ausgebrannten Gase sowie durch Strahlungsabgabe der umliegenden Feuerraumwände) (nach /9-136/)

9.2 Thermo-chemische Umwandlungsprozesse

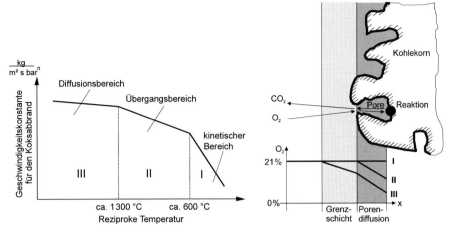

Abb. 9.32 Temperaturabhängigkeit (Arrhenius-Diagramm) der effektiven Geschwindigkeitskonstanten bei der Verbrennung von Pyrolysekoks (im kinetischen Bereich (Bereich I) bestimmt die chemische Reaktion die Geschwindigkeit, im Übergangsbereich (Bereich II) die Porendiffusion und im Diffusionsbereich (Bereich III) die Filmdiffusion durch die Grenzschicht)

- Diffusion in die Poren des Partikels,
- Reaktion des Oxidationsmittels mit dem Feststoff bei gleichzeitiger Wärmefreisetzung,
- Diffusion der verdampfbaren gasförmigen ("flüchtigen") Produkte aus den Poren des Partikels,
- Diffusion der flüchtigen Produkte durch die Grenzschicht nach außen,
- Reaktion der flüchtigen Stoffe mit Sauerstoff in der Reaktionszone,
- Stofftransport der Produkte (vor allem Kohlenstoffdioxid (CO_2)) aus der Reaktionszone.

Der langsamste dieser Teilschritte bestimmt die Geschwindigkeit der Gesamtreaktion. Wenn die Transportgeschwindigkeit viel größer ist als die chemische Reaktionsgeschwindigkeit, kann der Prozess mit den Gesetzen der chemischen Kinetik (siehe Vergasung) beschrieben werden. Ist dagegen die Transportgeschwindigkeit viel kleiner als die Reaktionsgeschwindigkeit, ist nur noch der Stofftransport für das herrschende kinetische Gesetz verantwortlich.

Für die Verbrennung eines Kohlenstoffpartikels zu CO und CO_2 ergibt sich für die effektive Geschwindigkeitskonstante der Gesamtreaktion die folgende Temperaturabhängigkeit.

- Bei Temperaturen bis etwa 600 °C ist die Kinetik der chemischen Reaktion bestimmend, so dass eine starke Temperaturabhängigkeit beobachtet werden kann.
- Zwischen 600 und 1 300 °C wird der Einfluss der Porendiffusion ersichtlich, so dass die Temperaturabhängigkeit abnimmt.
- Oberhalb von 1 300 °C bildet sich eine sauerstoffarme Grenzschicht um das Partikel, so dass nunmehr vorwiegend die Diffusion geschwindigkeitsbestimmend wird und die Temperaturabhängigkeit weiter abnimmt.

Es können deshalb der kinetische Bereich, der Übergangsbereich und der Diffusionsbereich wie folgt unterschieden werden (Abb. 9.32, links).
- Kinetischer Bereich (Bereich I). Bei tiefen Temperaturen ist die Reaktionsgeschwindigkeit klein, so dass der Stofftransport ausreicht, den verbrauchten Sauerstoff zu ersetzen. Die Kinetik des Vorgangs wird durch die Reaktionsgeschwindigkeit bestimmt, welche nach dem Arrhenius-Gesetz mit zunehmender Temperatur stark ansteigt. Aus der Neigung der Geraden kann die Aktivierungsenergie der Reaktion bestimmt werden.
- Übergangsbereich (Bereich II). Bei steigender Temperatur nimmt die Reaktionsgeschwindigkeit zu, so dass die Diffusion des Sauerstoffs in die Poren und die Diffusion der Verbrennungsprodukte aus den Poren die Gesamtkinetik beeinflusst. Die Konzentration des Sauerstoffs in den Poren nimmt gegen den Reaktionsort ab, so dass die effektive Reaktionsgeschwindigkeit mit zunehmender Temperatur weniger rasch zunimmt als bei homogener Gasverteilung.
- Diffusionsbereich (Bereich III). Bei noch höheren Temperaturen wird so viel Sauerstoff verbraucht, dass auch die Grenzschicht an der Kohlenoberfläche an Sauerstoff verarmt. In diesem Bereich ist die Filmdiffusion durch die Grenzschicht geschwindigkeitsbestimmend. Da der Diffusionskoeffizient nicht stark von der Temperatur abhängt (proportional $T^{1,5}$ bis T^2), bleibt die Reaktionsgeschwindigkeit in diesem Gebiet beinahe konstant. Die effektive Verbrennungsgeschwindigkeit ist hier vor allem von der Gasgeschwindigkeit abhängig, da die Diffusionsschichtdicke mit zunehmender Geschwindigkeit abnimmt.

Verbrennungsrechnung. Die eingesetzte Biomasse besteht im Wesentlichen aus Kohlenstoff (C), Sauerstoff (O) und Wasserstoff (H) sowie – in geringen Mengen – aus Schwefel (S), Stickstoff (N) und ggf. anderen Spurenelementen (Kapitel 9.1). Im Rahmen der Verbrennungsrechnung werden üblicher Weise die Elemente Kohlenstoff (C), Wasserstoff (H) und Schwefel (S) betrachtet, die die gasförmigen Oxidationsprodukte Kohlenstoffdioxid (CO_2), Wasser (H_2O) und Schwefeldioxid (SO_2) bilden. Die relevanten chemischen Reaktionen sind in Tabelle 9.18 mit den entsprechenden stöchiometrischen Verhältnissen angeführt. Stickstoff (N) wird, da in der Biomasse kaum enthalten, bei der Verbrennungsrechnung i. Allg. nicht berücksichtigt.

Vor diesem Hintergrund werden im Folgenden zunächst die für eine vollständige Oxidation biogener Festbrennstoffe gegebenen Zusammenhänge diskutiert. Anschließend wird auf die Berechnung der Verbrennungstemperatur und die Bestimmung des Taupunkts der Abgase eingegangen.

Tabelle 9.18 Für die Verbrennungsrechnung relevante chemische Reaktionen

C	+	O_2	=	CO_2	
1 kg		1,87 m³		1,87 m³	
H_2	+	½ O_2	=	H_2O	
1 kg		5,6 m³		11,2 m³	
S	+	O_2	=	SO_2	
1 kg		0,7 m³		0,7 m³	

9.2 Thermo-chemische Umwandlungsprozesse

Gesamtzusammenhänge. Aus der Elementaranalyse eines Brennstoffes lässt sich – eine vollständige Oxidation unterstellt – der zur kompletten Verbrennung erforderliche minimale Sauerstoffbedarf $O_{2,\text{min}}$ (in m^3/kg Biomasse) nach Gleichung (9-26) errechnen. c, h, s und o sind dabei die Massenanteile (in kg/kg) der jeweiligen Elemente aus der Elementaranalyse. Alle Volumenangaben in diesem Kapitel beziehen sich auf Normzustand (1013 mbar, 0 °C), falls nichts anderes angegeben.

$$O_{2,\text{min}} = 1{,}87\,c + 5{,}6\,h + 0{,}7\,s - 0{,}7\,o \tag{9-26}$$

Die zur vollständigen Verbrennung minimal erforderliche Luftmenge L_{min} wird als Mindestluftbedarf bezeichnet. Die Luftüberschusszahl λ beträgt dann genau 1. Die Luftmenge (in m^3/kg Biomasse), die theoretisch zur vollständigen Verbrennung erforderlich ist, kann daher nach Gleichung (9-27) beschrieben werden. Unterstellt wird dabei ein Sauerstoffanteil in der Verbrennungsluft von 21 %.

$$L_{\text{min}} = \frac{O_{2,\text{min}}}{0{,}21} \tag{9-27}$$

Ausgehend davon kann Gleichung (9-28) als Faustformel zur Abschätzung des Mindestluftbedarfs verwendet werden.

$$L_{\text{min}} \approx 0{,}25 \text{ m}^3 \text{ je } 1\,000 \text{ kJ Heizwert} \tag{9-28}$$

Bei allen technischen Feuerungen muss jedoch mehr Luft zugeführt werden als theoretisch erforderlich ist, um eine vollständige Verbrennung zu erhalten. Damit soll sichergestellt werden, dass jedes brennbare Molekül auch den erforderlichen Sauerstoff erhält, da die Durchmischung zwischen den brennbaren Gasen und dem Oxidationsmittel nie perfekt sein kann. Die tatsächlich zuzuführende Verbrennungsluftmenge L (in m^3/kg Biomasse) kann nach Gleichung (9-29) berechnet werden.

$$L = \lambda\, L_{\text{min}} \tag{9-29}$$

Der Luftüberschuss λ soll – um eine hohe Temperatur bei der Oxidation zu erlauben – möglichst gering sein. Typische Werte für die Luftüberschusszahl sind 1,3 bis 2,5. Kontinuierlich beschickte Feuerungen werden dabei mit geringeren Luftüberschüssen betrieben. Demgegenüber sind höhere Werte bei händisch beschickten, chargenweise betriebenen Stückholzfeuerungen anzutreffen.

Bei vollständiger Verbrennung kann das Abgas Kohlenstoffdioxid (CO_2), Wasserdampf (H_2O), Schwefeldioxid (SO_2) und Stickstoff (N_2) (aus der Luft) und Sauerstoff (O_2) enthalten; NO_x und weitere Schadstoffe, die in geringsten Mengen auftreten können, werden in der Berechnung nicht berücksichtigt. Die gesamte auf die Brennstoffmenge bezogene feuchte Abgasmenge $V_{A,f}$ (in m^3/kg Biomasse) berechnet sich dann entsprechend Gleichung (9-30). Sie setzt sich demnach zusammen aus den Abgasmengen V von CO_2, H_2O, SO_2, N_2 und O_2.

$$V_{A,f} = V_{CO_2} + V_{H_2O} + V_{SO_2} + V_{N_2} + V_{O_2} \tag{9-30}$$

Ein Teil dieser Bestandteile entsteht bei der chemischen Reaktion des Brennstoffes entsprechend Tabelle 9.18. Daneben gehen die im Brennstoff und in der Verbrennungsluft vorhandenen Wasser- und Stickstoffmengen und der überschüs-

9 Grundlagen der thermo-chemischen Umwandlung

Tabelle 9.19 Ermittlung der Abgasbestandteile

$V_{CO_2} = 22{,}41\dfrac{c}{12} = 1{,}87\,c$	m³ CO_2/kg Biomasse
$V_{SO_2} = 22{,}41\dfrac{s}{32} = 0{,}7\,s$	m³ SO_2/kg Biomasse
$V_{H_2O} = 22{,}41\left[\dfrac{h}{2} + \dfrac{w}{18}\right]$	m³ H_2O/kg Biomasse
$V_{O_2} = 0{,}21(\lambda - 1)L_{min}$	m³ O_2/kg Biomasse
$V_{N_2} = 0{,}79\,\lambda\,L_{min}$	m³ N_2/kg Biomasse

sige Sauerstoff in das Abgas über. Tabelle 9.19 zeigt die Gleichungen zur Berechnung der einzelnen Abgasbestandteile. c, h, s, w und o sind dabei die Massenanteile (in kg/kg) der jeweiligen Elemente aus der Elementaranalyse und L_{min} der minimale Luftbedarf nach Gleichung (9-27).

Aus Tabelle 9.19 folgt die Mindestabgasmenge $V_{min,tr}$ (in m³/kg Biomasse, $\lambda = 1$, trocken) nach Gleichung (9-31).

$$V_{min,tr} = 1{,}87\,c + 0{,}7\,s + 0{,}79\,L_{min} \qquad (9\text{-}31)$$

Die trockene Abgasmenge V_{tr} (in m³/kg Biomasse) kann nach Gleichung (9-32) berechnet werden.

$$V_{tr} = 1{,}87\,c + 0{,}7\,s + (\lambda - 0{,}21)L_{min} \qquad (9\text{-}32)$$

Unter Verwendung der Gleichung (9-32) kann die Formel für die feuchte Abgasmenge V_f (in m³/kg Biomasse) wie folgt angegeben werden (Gleichung (9-33)).

$$V_f = V_{tr} + 11{,}2\,h + 1{,}24\,w \qquad (9\text{-}33)$$

Die volumetrische Zusammensetzung des Abgases – auch hier wird wieder eine vollständige Oxidation vorausgesetzt – kann auf Basis der in Tabelle 9.20 dargestellten Zusammenhänge ermittelt werden.

Für die trockene Abgaszusammensetzung müssen die einzelnen Abgaskomponenten auf die trockene Abgasmenge bezogen werden.

Für die einzelnen Elemente (C, H) bzw. für einfache Verbindungen (CO, CH_4) laufen die in den Gleichungen (9-34) bis (9-37) dargestellten Oxidationsreaktionen ab. Dabei wird thermische Energie frei; deshalb sind jeweils die Reaktionsenthalpien angegeben.

$$C + O_2 \rightarrow CO_2 \qquad \Delta H = -393{,}5 \text{ kJ/mol} \qquad (9\text{-}34)$$

$$CO + \tfrac{1}{2}O_2 \rightarrow CO_2 \qquad \Delta H = -283{,}0 \text{ kJ/mol} \qquad (9\text{-}35)$$

$$H_2 + \tfrac{1}{2}O_2 \rightarrow H_2O \qquad \Delta H = -285{,}9 \text{ kJ/mol} \qquad (9\text{-}36)$$

$$CH_4 + 2\,O_2 \rightarrow CO_2 + 2\,H_2O \qquad \Delta H = -889{,}1 \text{ kJ/mol} \qquad (9\text{-}37)$$

9.2 Thermo-chemische Umwandlungsprozesse

Tabelle 9.20 Ermittlung der feuchten Abgaszusammensetzung

Abgaskomponente	Formel	Einheit
CO_2	$\dfrac{1{,}87\,c}{V_f}100$	Vol.-%
O_2	$\dfrac{(\lambda-1)\,0{,}21\,L_{min}}{V_f}100$	Vol.-%
N_2	$\dfrac{\lambda\,0{,}79\,L_{min}}{V_f}100$	Vol.-%
H_2O	$\dfrac{11{,}2\,h+1{,}24\,w}{V_f}100$	Vol.-%
SO_2	$\dfrac{0{,}7\,s}{V_f}100$	Vol.-%

Bevor beispielsweise die Kohlenwasserstoffverbindungen genügend Sauerstoff für ihre vollständige Oxidation finden, können sie mit den Verbrennungsgasen im Feuerraum über größere Entfernungen mitgetragen werden. Kohlenwasserstoffmoleküle können dabei – unter der Einwirkung von Wärme – Wasserstoffatome (H) abspalten. Der atomare und sehr reaktive Wasserstoff oxidiert dann mit dem Sauerstoff (O_2) zu Wasserdampf (H_2O), während sich die verbleibenden Kohlenwasserstoffmoleküle (C_nH_m) zu größeren, wasserstoffärmeren Kohlenwasserstoffmolekülen vereinigen. Dieser Abspaltungsprozess kann sich fortsetzen, bis schließlich nur Molekülketten ausschließlich aus Kohlenstoff (C) (d. h. Ruß) übrig bleiben. Dieser Ruß kann, wenn er mit den Verbrennungsgasen durch genügend heiße Flammenzonen gelangt, über den Zwischenschritt der Vergasung weitgehend oxidiert werden. Durch kühle Strähnen im Feuerraum oder eine Abkühlung an kalten Wänden können die Oxidationsreaktionen aber auch "eingefroren" werden; unter diesen Bedingungen können unvollständig verbrannte Stoffe (u. a. auch Ruß) mit den Abgasen ausgetragen werden.

Verbrennungstemperatur. Die Temperatur, bei der die vollständige Oxidation der Biomasse realisiert wird, ist eine zentrale Bestimmungsgröße für die Schadstoffbildung, die Materialbeanspruchung und den Wirkungsgrad von Arbeitsprozessen. Dabei wird die mittlere Gastemperatur ohne Wärmeabfuhr als adiabate Verbrennungstemperatur bezeichnet. Sie wird beeinflusst durch den Luftüberschuss und den Heizwert bzw. den Wassergehalt des Brennstoffs.

Für einen absolut trockenen Brennstoff wird die höchstmögliche Temperatur bei optimaler Vermischung von Brennstoff und Luft bei in etwa stöchiometrischer Verbrennung (Luftüberschuss geringfügig unter eins) erreicht. Die effektiv erzielte Temperatur ist in der Regel aber niedriger als die adiabate Verbrennungstemperatur, weil in der Feuerung immer eine Wärmeabfuhr durch Strahlung und Konvektion stattfindet. Bei nicht-idealer Vermischung im Feuerraum kann lokal jedoch auch eine höhere bzw. niedrigere Temperatur auftreten als die mittlere adiabate

Temperatur, da lokal über- bzw. unterstöchiometrische Bedingungen herrschen können, auch wenn der mittlere Luftüberschuss kleiner oder größer als eins ist. Gerade lokale Temperaturspitzen sind in der Regel jedoch unerwünscht, da sie zu erhöhten Materialbeanspruchungen, zu Verschlackung und z. B. auch zu erhöhter Stickstoffoxidbildung führen können.

Die adiabate Verbrennungstemperatur kann rechnerisch ermittelt werden. Ausgehend von den Verbrennungsgleichungen und unter Kenntnis der Brennstoffzusammensetzung bzw. des Heizwerts kann die Energiebilanz um die adiabate Brennkammer aufgestellt und die Zusammensetzung der Abgase als Funktion der Luftüberschusszahl und des Wassergehalts im biogenen Festbrennstoff bestimmt werden. Für Luftüberschusszahlen über eins wird zur Bestimmung der maximal möglichen Temperatur eine vollständige Oxidation angenommen. Bei unterstöchiometrischen Bedingungen kann vereinfachend mit der Gleichgewichtszusammensetzung der Biomassevergasung gerechnet werden.

Unter folgenden Annahmen (beispielsweise für Holz)
- adiabate Prozessführung,
- Abgase verhalten sich wie ideale Gase,
- Zusammensetzung Holz $CH_{1,4}O_{0,7}$,
- Zusammensetzung Luft mit 79 Vol.-% Stickstoff (N_2) und 21 Vol.-% Sauerstoff (O_2),
- erster Teilschritt: Reaktion von Feststoff zu Gasen mit Freiwerden der Verbrennungswärme bei Umgebungstemperatur,
- zweiter Teilschritt: Erwärmung der Produkte auf Verbrennungstemperatur,
- Vernachlässigung von Stickstoffoxiden, Kohlenwasserstoffen und Ruß,
- Wasser der Edukte liegt flüssig, Wasser der Produkte dampfförmig vor,

ergibt sich nachfolgendes Vorgehen zur Berechnung der adiabaten Verbrennungstemperatur:

Die Energiebilanz zwischen dem Anfangszustand α der Edukte und dem Endzustand ω der Produkte kann nach Gleichung (9-38) beschrieben werden. Dabei bedeuten ΔH die Reaktionsenthalpie (in kJ/kg) von Holz ($CH_{1,4}O_{0,7}$), V_j das Volumen der jeweiligen Abgaskomponente (in m³/kg) entsprechend Tabelle 9.19, c_{pj} die entsprechende spezifische Wärmekapazität der Abgaskomponente (in kJ/m³K) und T ist schließlich die Temperatur (in K).

$$\Delta H + \int_{T_\alpha}^{T_\omega} \sum_j V_j c_{pj}(T)\, dT = 0 \qquad (9\text{-}38)$$

Die Temperaturabhängigkeit der Wärmekapazität $c_p(T)$ der Produktgase kann z. B. als Polynom nach Gleichung (9-39) angesetzt werden. a, b, c und d können für CO_2, CO, H_2O, H_2, O_2 und N_2 aus den Stoffdaten bestimmt werden.

$$c_p(T) = a + bT + cT^2 + dT^3 \qquad (9\text{-}39)$$

Damit kann die adiabate Verbrennungstemperatur T_ω für einen definierten Zustand aus dem Luftüberschuss, dem Wassergehalt des biogenen Festbrennstoffs und der Ausgangstemperatur ermittelt werden. Durch Wiederholung der Berechnung für verschiedene Werte der Luftüberschusszahl und dem Wassergehalt

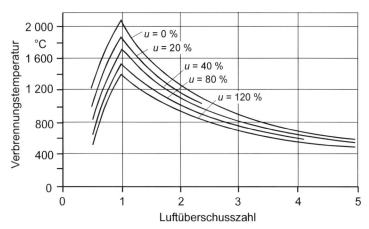

Abb. 9.33 Adiabate Verbrennungstemperatur in Funktion der Luftüberschusszahl für verschiedene Holzfeuchten (u), bezogen auf Trockenmasse (TM)

bzw. der Feuchte kann Abb. 9.33 hergeleitet werden /9-136/; sie zeigt die adiabate Verbrennungstemperatur in Abhängigkeit der Luftüberschusszahl und der Holzfeuchtigkeit.

Die maximale Verbrennungstemperatur wird danach bei einer knapp unterstöchiometrischen Verbrennung erzielt. Für trockenes Holz beträgt sie etwas über 2 000 °C. Im Bereich der Vergasung mit Luftüberschusszahlen unter eins sinkt die Temperatur ab, da noch oxidierbare Komponenten im Gas vorhanden sind. Bei einer Verbrennung (d. h. Luftüberschusszahlen über eins) sinkt die Temperatur ebenfalls ab; dies ist auf die Verdünnung der Gasmenge mit nicht verbrauchter Luft, welche bei einer idealen Mischung ebenfalls auf die Verbrennungstemperatur erwärmt werden muss, zurückzuführen.

Auch mit zunehmendem Wassergehalt des biogenen Festbrennstoffs sinkt die adiabate Verbrennungstemperatur, da zum einen Energie für die Verdampfung des Wassers aufgewendet werden muss (und damit für die Erwärmung der Verbrennungsgase verloren geht) und zum anderen der Wasserdampf zu einer weiteren Verdünnung des Gasgemisches führt. Lokal ist allerdings bei Prozessen im unterstöchiometrischen und im überstöchiometrischen Betrieb immer auch die Erreichung der maximalen adiabaten Temperatur möglich. Bei Brennstoffen mit einem relativ hohen Wassergehalt kann zudem lokal die maximale Temperatur des trockenen Brennstoffs erzielt werden, da in der Feuerung eine Vortrocknung des Brennstoffs stattfindet.

Bei sehr hohen Temperaturen (>1 500 °C) tritt Dissoziation einiger Verbrennungsgasbestandteile (z. B. H_2O, CO_2) auf. Dadurch wird Wärme verbraucht. Deshalb muss die Dissoziation in die Berechnung mit eingehen. Dies wird z. B. in Form von Diagrammen (z. B. h-t-Diagramm nach Rosin-Fehling) berücksichtigt /9-128/.

Taupunkt der Abgase. Der Wasserdampf im Abgas kondensiert beim Unterschreiten des Taupunktes. Da die dann entstehende Feuchtigkeit gemeinsam mit anderen

Verunreinigungen im Abgas (z. B. Flugasche, SO_2) Verschmutzung und Korrosion an den Heizflächen hervorrufen kann, muss die Abgastemperatur bzw. die Temperatur an den Wandflächen i. Allg. über der Taupunkttemperatur liegen. Bei Brennwertgeräten wird dagegen der Taupunkt bewusst unterschritten, um zusätzlich Nutzwärme zu gewinnen. In solchen Anlagen müssen deshalb geeignete Konstruktionen und Werkstoffe eingesetzt werden (vgl. Kapitel 10.3).

Als Abgastaupunkt wird damit die Temperatur bezeichnet, bei welcher der im Abgas enthaltene kondensierbare Wasserdampf die Sättigungstemperatur erreicht. Der Taupunkt ist abhängig von der Brennstoffart, vom Wassergehalt und dem Luftüberschuss.

Um den Taupunkt der Abgase zu ermitteln, wird zunächst die Wassermenge im Abgas V_{H2O} (in m³/kg Biomasse) nach Gleichung (9-40) berechnet.

$$V_{H_2O} = 11,2\,h + 1,24\,w \tag{9-40}$$

Mit Gleichung (9-33) erhält man das Volumen des feuchten Abgases V_f und damit den dem Volumenanteil proportionalen Wasserdampfdruck p_0 (in mbar) im Abgas (Gleichung (9-41)). p_A beschreibt den Gesamtdruck (in mbar) und V_{tr} das Volumen des trockenen Abgases.

$$p_0 = p_A \frac{V_{H_2O}}{V_f} = p_A \frac{V_f - V_{tr}}{V_f} \tag{9-41}$$

Schließlich kann man ausgehend davon aus einer Wasserdampftafel die Sättigungstemperatur, die dem Taupunkt entspricht, ablesen /9-128/.

Alternativ dazu kann die Taupunktstemperatur auch über den Wassergehalt des Abgases X_{H2O} (in g/m³) berechnet werden; dieser wird nach Gleichung (9-42) ermittelt. V_{H2O} ist dabei die Wassermenge im Abgas, V_f das Volumen des feuchten Abgases und ρ_{H2O} die Dichte des Wassers.

$$X_{Wasser} = \frac{V_{H_2O}\,\rho_{H_2O}}{V_f} \tag{9-42}$$

Die Sättigungstemperatur (Taupunktstemperatur in °C) kann dann – ebenso wie die bei einer Abgaskondensation anfallende Wassermenge in g/m³ – aus Abb. 9.34 abgelesen werden.

Eine Feuerungsanlage muss zum einen den physikalischen und chemischen Prozessen, die bei der Verbrennung der Biomasse ablaufen, adäquat Rechnung tragen. Zum anderen muss sie – um bei einem potenziellen Betreiber (und bei seinen Nachbarn) akzeptiert zu werden – den jeweiligen Umweltstandards bzw. Emissionsbegrenzungen Rechnung tragen. Daher ist das folgende Kapitel den Grundlagen der Entstehung der wesentlichen Luftschadstoffe und den wichtigsten Primärmaßnahmen zur Emissionsminderung (Kapitel 9.3) gewidmet (d. h. solche Maßnahmen, die bei der Entstehung ansetzen und damit versuchen zu verhindern, dass unerwünschte Stoffe gebildet werden).

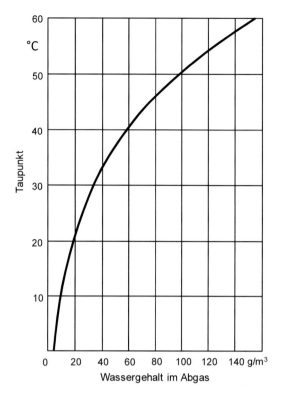

Abb. 9.34 Taupunkt und zugehöriger Wassergehalt im Abgas (nach /9-128/)

9.3 Schadstoffbildungsmechanismen

Bei der Verbrennung von Biomasse entstehen luftgetragene Verbrennungsprodukte. Sie können wie folgt unterteilt werden (Abb. 9.35):
- Stoffe aus vollständiger Oxidation der Hauptbrennstoffbestandteile (C, H, O). Darunter werden Kohlenstoffdioxid (CO_2) und Wasserdampf (H_2O) zusammengefasst.
- Stoffe aus unvollständiger Oxidation der Hauptbrennstoffbestandteile (C, H, O). Dabei handelt es sich im Wesentlichen um Kohlenstoffmonoxid (CO), Kohlenwasserstoffe (C_nH_m, Teere, Ruß), polyzyklische aromatische Kohlenwasserstoffe (PAK) und unverbrannte Kohlenstoffpartikel (brennbarer Teil der Staubemissionen).
- Stoffe aus Spurenelementen bzw. Verunreinigungen. Hierunter werden luftgetragene Staub- und Aschepartikel (d. h. nicht-brennbarer Teil der Staubemissionen) sowie Schwermetalle (z. B. Cu, Pb, Zn, Cd), Stickstoff- (d. h. NO, NO_2, HCN, NH_3, N_2O), Schwefel-, Chlor- und Kaliumverbindungen (d. h. SO_2, HCl, KCl) sowie Dioxine und Furane verstanden.

408   9 Grundlagen der thermo-chemischen Umwandlung

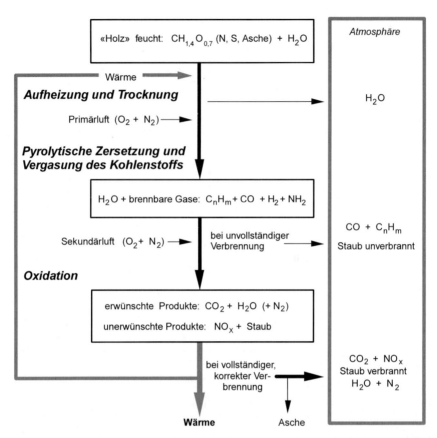

Abb. 9.35 Abbrandverhalten von Holz über Aufheizung und Trocknung, pyrolytische Zersetzung, Vergasung mit Primärluft und Oxidation der Gase mit Sekundärluft (nicht dargestellt ist der parallel zum Gasausbrand ablaufende Abbrand des Kohlenstoffs mit Primärluft) /9-136/

Diese einzelnen Emissionsgruppen werden nachfolgend diskutiert in Bezug auf ihre Entstehungsmechanismen und die gegebenen Möglichkeiten der Einflussnahme.

9.3.1 Stoffe aus vollständiger Oxidation der Hauptbrennstoffbestandteile

Bei luftgetragenen Stofffreisetzungen aus vollständiger Verbrennung der Hauptbrennstoffbestandteile (C, H, O; Kapitel 9.1.2.1) handelt es sich um Kohlenstoffdioxid(CO_2)-Emissionen und Wasserdampf.

Kohlenstoffdioxid. Die Bildung von Kohlenstoffdioxid (CO_2; umgangssprachlich oft als Kohlendioxid bezeichnet) aus dem in der Biomasse enthaltenen Kohlenstoff ist das Ziel der Verbrennung. Die Freisetzung von CO_2 ist damit proportional zur umgesetzten Brennstoffmenge bzw. dem darin enthaltenen Kohlenstoffinventar; sie ist damit direkt abhängig von der bereitzustellenden Nutzenergie und dem Anlagennutzungsgrad. Eine Verminderung der CO_2-Emissionen kann somit – bei gleicher Energienachfrage und vorgegebenem Brennstoff – nur durch eine Verbesserung des Wirkungs- bzw. Nutzungsgrads der Konversionsanlage erzielt werden.

Das bei der Verbrennung von Biomasse freigesetzte CO_2 wird dabei – einen nachhaltigen Anbau der Biomasse vorausgesetzt – nicht als zusätzlich klimawirksam angesehen, da nur jene CO_2-Menge freigesetzt wird, die zuvor durch das Pflanzenwachstum der Atmosphäre entzogen wurde. Völlig klimaneutral ist aber auch eine Energiebereitstellung aus Biomasse nicht, da i. Allg. die Bereitstellung des Brennstoffs und der Betrieb der Feuerungsanlage mit dem Einsatz fossiler Energieträger verbunden ist; das dabei freigesetzte CO_2 verstärkt – da es vor Jahrmillionen der Biosphäre entzogen und in Form fossiler Energieträger biogenen Ursprungs in der Erdkruste eingelagert wurde – den anthropogenen Treibhauseffekt. Im Vergleich zu fossilen Energieträgern können aber die CO_2-Emissionen durch die energetische Nutzung von Biomasse signifikant reduziert werden /9-94/.

Wasserdampf. Wasserdampf entsteht bei der Oxidation des in der Biomasse enthaltenen Wasserstoffs. Außerdem verdampft das in der organischen Substanz befindliche freie und gebundene Wasser.

Die Emission von Wasserdampf ist in der Regel unbedenklich, da Wasserdampf kein Schadstoff, sondern Teil des natürlichen Wasserkreislaufs ist. Der Wasserdampf führt jedoch in erster Linie zu einem erheblichen Energieverlust in Form von Verdampfungswärme und von fühlbarer Wärme des Wassers. Zu hohe Wassergehalte im Brennstoff können durch den Energieverlust außerdem zur Unterkühlung der Flamme führen und damit eine unvollständige Verbrennung fördern. Außerdem kann die lokale Freisetzung großer Mengen an Wasserdampf wegen der Sichtbarkeit der Abgasfahne und ggf. wegen der Beeinflussung des lokalen Klimas unerwünscht sein.

Bei Brennstoffen mit hohem Wassergehalt sollten Anlagen mit Abgaskondensation eingesetzt werden. In solchen Abgaskondensationsanlagen ist zusätzlich eine Abscheidung weiterer unerwünschter Abgaskomponenten möglich. Ein Energiegewinn durch die Abgaskondensation setzt allerdings voraus, dass die Nutzwärme auf einem niedrigen Temperaturniveau verwertet werden kann.

9.3.2 Stoffe aus unvollständiger Oxidation der Hauptbrennstoffbestandteile

Bei einer unvollständigen Umsetzung der Biomasse kann un- oder teilverbrannter Brennstoff mit der Asche und dem Abgas ausgetragen werden. Beides führt zu einer Verminderung des Wirkungs- bzw. Nutzungsgrades und zu unerwünschten Emissionen von Schadstoffen. Deshalb sind durch eine gute Verbrennungsführung unverbrannte Stoffe sowohl im Abgas als auch in der Asche möglichst weitgehend zu minimieren.

Bei der Ausbrandqualität einer Feuerungsanlage muss unterschieden werden zwischen dem Kohlenstoffgehalt der in der Feuerung und den nachgeschalteten Abscheidern zurückgehaltenen Asche sowie den noch oxidierbaren kohlenstoffhaltigen Staubbestandteilen und dem Anteil unverbrannter Gase im Abgas; unter letzteren werden Kohlenstoffmonoxid und Kohlenwasserstoffe zusammengefasst.

Zumindest bei Festbettfeuerungen sind die Ausbrandqualitäten von Rostasche und Abgas weitgehend unabhängig voneinander. So sind auch bei einer vollständigen Umsetzung des Brennstoffs im Glutbett hohe Emissionen an Kohlenstoffmonoxid und Kohlenwasserstoffen möglich, wenn z. B. die freigesetzten Gase nur unzureichend mit Sekundärluft vermischt oder die notwendigen Verbrennungstemperaturen nicht erreicht werden. Unvollständig umgesetzter Brennstoff kann z. B. wegen einer zu hohen Rostgeschwindigkeit mit der Asche ausgetragen werden.

Die Ausbrandqualität von Flugasche und Abgas ist dagegen bis zu einem gewissen Grad gekoppelt. Bei einem unvollständigen Ausbrand der Gase infolge unzureichender Temperatur oder Sekundärluftzufuhr tritt gleichzeitig auch ein Anstieg an Ruß und unverbranntem Kohlenstoff auf, so dass die Flugaschemenge sowie deren Kohlenstoffgehalt ansteigen.

Entstehung. Nachfolgend werden die Entstehungsmechanismen derartiger Emissionen diskutiert.

Ascheausbrand. Ein vollständiger Feststoffausbrand ist je nach Brennstoff und Feuerungsart mehr oder weniger schwierig zu erreichen. Durch eine ausreichende Aufenthaltszeit des Brennstoffs im Glutbett, eine gute Verteilung der Verbrennungsluft sowie hohe Temperaturen in der Zone des Kohlenstoffausbrands kann in der Regel ein Ausbrand der Rostasche auf einen Kohlenstoffgehalt von weniger als 1 % der Asche erreicht werden. Werden allerdings stark zu Versinterung und Verschlackung neigende Brennstoffe eingesetzt, kann der Sauerstoffzutritt durch die Bildung einer kompakten Schicht verhindert werden; dies erschwert die Umsetzung von darunter liegendem Brennstoff. Weitere Ursachen für einen erhöhten Kohlenstoffgehalt der Rostasche können ein zu kurzer Rost, eine zu häufige Rostvorschubbewegung, eine zu hohe Brennstoffauflage oder eine schlechte Durchmischung des Brennstoffbetts mit Luft in der Ausbrandzone sein. Der Kohlenstoffgehalt der Flugasche wird dagegen durch das Aufwirbeln von Brennstoffpartikeln mit der Primärluft erhöht, welche mit den Abgasen mitgerissen werden, jedoch im Flug nicht vollständig ausbrennen. Auch kann bei unzureichenden Ausbrandbedingungen in der Nachbrennkammer die Rußbildung zu einem erhöhten Gehalt von festem Kohlenstoff in der Flugasche führen.

Bei der Verbrennung von staubförmigen Brennstoffen in Einblasfeuerungen ist die Verweilzeit der Brennstoffpartikel im Feuerraum wesentlich kürzer als bei einer Rost- oder Unterschubfeuerung. Durch die Verbrennung im Flug fällt zudem ein Großteil der Asche als Flugasche an, welche in einem Abscheider zurückgehalten werden muss. Weist der zugeführte Brennstoff ein breites Korngrößenspektrum auf – was oft der Fall ist – führt dies zu unterschiedlich langen Abbrandzeiten; dann kann ein gewisser Anteil der Partikel ggf. nur unvollständig ausbrennen.

Synthese- und Abbaumechanismen von CO, Ruß und Kohlenwasserstoffen. Bei der pyrolytischen Zersetzung von biogenen Festbrennstoffen werden neben Kohlenstoffmonoxid (CO) auch gasförmige Kohlenwasserstoffe freigesetzt, bei deren Oxidation wiederum CO als Zwischenprodukt gebildet wird. Diesen Vorgang be-

9.3 Schadstoffbildungsmechanismen

schreibt Gleichung (9-43). α wird allgemein auch als Mechanismusfaktor bezeichnet (α = 0, nur CO wird gebildet; α = 1, nur CO_2 wird gebildet).

$$C_n H_m + O_2 \rightarrow n(1-\alpha)\,CO + n\,\alpha\,CO_2 + \frac{m}{2} H_2O \qquad (9\text{-}43)$$

Die weitergehende Oxidation des gebildeten Kohlenstoffmonoxides zu CO_2 erfolgt dagegen sehr viel langsamer (Gleichung (9-44)).

$$CO + OH^- \leftrightarrow CO_2 + H^+ \qquad (9\text{-}44)$$

Da der oxidative Abbau der Kohlenwasserstoffe wesentlich schneller als die Weiteroxidation des CO abläuft, sind die CO-Emissionen in der Regel eine Größenordnung höher als die Kohlenwasserstoffemissionen. Obwohl hinsichtlich der Umweltrelevanz die Kohlenwasserstoffe bedeutender sind, wird deshalb häufig der relativ einfach und zuverlässig bestimmbare CO-Gehalt der Abgase zur Beurteilung der Ausbrandqualität herangezogen.

Abb. 9.36 zeigt typische Verläufe der Kohlenwasserstoff- und Kohlenstoffmonoxid-Konzentrationen im Abgas in verschiedenen Holzfeuerungen. Im Bereich hoher CO-Emissionen – der bei richtiger Betriebsweise nur während der Anfahr- und Ausbrandphase durchlaufen wird – nehmen die Freisetzungen an Kohlenwasserstoffen mit sinkender CO-Konzentration stark ab. Unterhalb eines bestimmten CO-Wertes sind die Kohlenwasserstoffgehalte bei guten Verbrennungsbedingungen annähernd bei null.

Zur mathematischen Beschreibung des CO-Abbaus existieren verschiedene auf Messungen basierende kinetische Ansätze. Im Temperaturbereich von 580 bis 1 950 °C kann z. B. Gleichung (9-45) angewendet werden /9-113/. R ist die Gaskonstante (8,31451 J/(Mol K)) und T die absolute Temperatur.

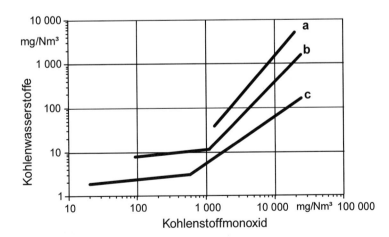

Abb. 9.36 Kohlenwasserstoff- und Kohlenstoffmonoxid-Emissionen in Holzfeuerungen bei 11 Vol.-% Sauerstoff im Abgas (a Kaminofen geschlossen, b Stückholzkessel mit unterem Abbrand, c Unterschubfeuerung) /9-136/

$$-\frac{dCO}{dt} = 1{,}3 \cdot 10^{14} \exp(\frac{-126\,000}{RT}) CO\,(H_2O)^{0,5}\,(O_2)^{0,5} \tag{9-45}$$

Für den Temperaturbereich von 730 bis 890 °C wird Gleichung (9-46) vorgeschlagen /9-113/.

$$-\frac{dCO}{dt} = 4 \cdot 10^{14} \exp(\frac{-167\,000}{RT}) CO\,(H_2O)^{0,5}\,(O_2)^{0,25} \tag{9-46}$$

Die Temperaturabhängigkeit des CO-Abbaus unterstreicht die Bedeutung einer ausreichend hohen Temperatur für die vollständige Verbrennung. Allerdings läuft die Oxidationskinetik bereits oberhalb von 800 °C sehr rasch ab (Abb. 9.38 und Abb. 9.37). In größeren Feuerungsanlagen wird diese Temperatur problemlos überschritten; bei handbeschickten Feuerungen gilt dies jedoch oft nur für den Einsatz von trockenen Brennstoffen. Meist ist deshalb nicht die Temperatur, sondern die Durchmischung der Gase mit Luft für den oxidativen Abbau bestimmend.

In Abb. 9.38 ist der schon beschriebene schnellere Kohlenwasserstoffabbau im Vergleich zum Kohlenstoffmonoxidabbau zu sehen. Dabei werden isotherme Bedingungen und ein Rohrreaktor zugrunde gelegt. In Abb. 9.37 wird zudem der Einfluss der Brennraumgestaltung deutlich. Anzustreben ist demnach eine ideale Mischung der Ausbrandluft mit den heißen Gasen (d. h. das Verhalten eines idealen Rührkessels in der Mischzone) und eine turbulente Strömung in der Nachbrennzone ohne axiale Rückvermischung (d. h. das Verhalten eines idealen Rohrreaktors in der Nachbrennkammer). Demnach sind die Umsätze bei chemischen Reaktionen in einem Rohrreaktor höher als in einem Rührkesselreaktor mit gleichem Volumen.

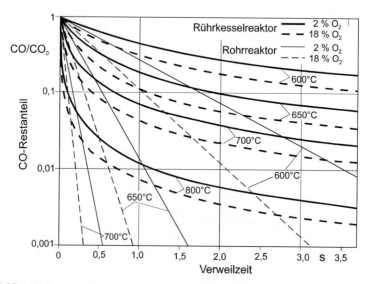

Abb. 9.37 CO-Restanteil in Abhängigkeit der Verweilzeit exemplarisch für ein Brennkammerverhalten eines Rührkessel- und eines Rohrreaktors für verschiedene Temperaturen (nach /9-113/)

9.3 Schadstoffbildungsmechanismen

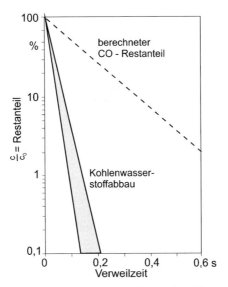

Abb. 9.38 Abbauraten von Restkohlenwasserstoffen und Kohlenstoffmonoxid in Abhängigkeit der Verweilzeit bei einer Nachbrennkammertemperatur von 765 °C (nach /9-113/)

Bildung höherer aromatischer Kohlenwasserstoffe und Ruß. In brennstoffreichen Zonen der Flamme können aus niedrigmolekularen aromatischen Ringverbindungen, die bei der Verbrennung von Biomasse aus dem darin enthaltenen Lignin reichlich vorhanden sind, durch Anlagerung von Ethin-Radikalen weitere Ringe entstehen. Dies kann zur Bildung von polyzyklischen aromatischen Kohlenwasserstoffen (PAK) führen (Abb. 9.39). Verbrennen diese aromatischen Kohlenwasserstoffe durch ungenügende Flammentemperaturen nicht in der Feuerung –

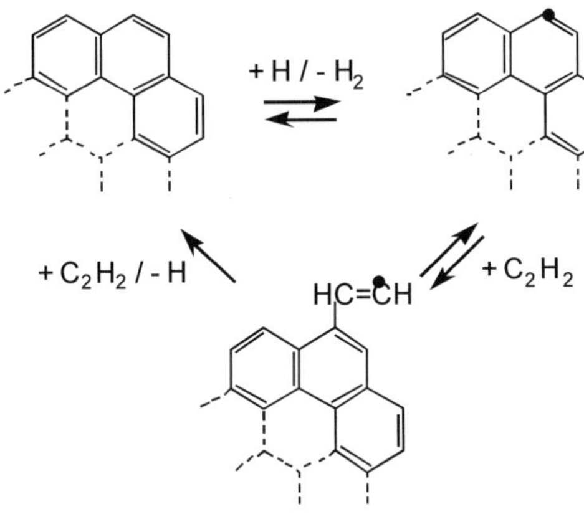

Abb. 9.39 Rußbildung durch Ringwachstum aufgrund radikalischer Anlagerung (nach /9-5/, /9-6/)

beispielsweise können bei schlechter Vermischung der Flammengase kalte Zonen auftreten – können solche Stoffe im Abgas enthalten sein.

Beim Weiterwachsen dieser polyzyklischen aromatischen Kohlenwasserstoffverbindungen können schließlich Makromoleküle entstehen, die so groß sind, dass sie als feinste Partikel freigesetzt werden. Diese Partikel, die durch Agglomeration in ihrer Größe immer weiter wachsen können, werden als Ruß bezeichnet. Frischer Ruß besteht dabei aus Polyzyklen mit Seitenketten mit einem Wasserstoff zu Kohlenstoff-Verhältnis von ungefähr eins.

Die Rußpartikel dienen im Abgas als Kondensationskerne für weitere hoch siedende aromatische Kohlenwasserstoffe. Der sichtbare Rauch, der z. B. bei schlechter Verbrennung von Holz auftreten kann, besteht demnach aus Teilchen von Ruß und darauf kondensierten Teeren (d. h. langkettigen organischen Verbindungen). Derartige Kondensationsaerosole weisen einen aerodynamischen Durchmesser zwischen 0,1 und 0,8 µm auf /9-193/, /9-5/, /9-6/.

Heterogene Reaktionen von Kohlenstoff. Neben den Gasphasenreaktionen ist bei der Verbrennung von Festbrennstoffen zu beachten, dass am festen Kohlenstoff (z. B. im Glutbett einer Holzfeuerung oder an Kohlenstoffpartikeln in einer Holzstaubflamme) CO_2 zu CO reagieren kann (Boudouard-Reaktion; Kapitel 9.2.2.3). Das Gleichgewicht dieser Reaktion liegt bei hohen Temperaturen praktisch vollständig beim CO. Analog kann Kohlenstoff bei hoher Temperatur auch durch die Wasser-Gas-Reaktion (Kapitel 9.2.2.3) zu Kohlenstoffmonoxid (CO) und Wasserstoff (H_2) umgesetzt werden.

Im Bereich der Vergasungszone sind diese Reaktionen erwünscht und notwendig für die Umsetzung des festen Kohlenstoffs. In der Ausbrandzone einer Feuerung müssen sie dagegen vermieden werden, da sonst CO und H_2 in die Atmosphäre freigesetzt werden. Die Konsequenz daraus ist, dass nach der Umsetzung des festen Brennstoffs in Gase eine vom Glut- bzw. Kohlenstoffbett räumlich getrennte Gasphasenoxidation ablaufen muss. In der Feuerung ist deshalb eine Trennung zwischen heterogener Feststoffvergasung und homogener Gasphasenoxidation erforderlich (vgl. Kapitel 9.2). Auch dürfen die der Feuerung nachgeschalteten Anlagekomponenten keine Kohlenstoffablagerungen aufweisen, da sonst z. B. auch im ersten Teil des Wärmeübertragers eine Neubildung von CO stattfinden kann.

Luftüberschuss und CO/Lambda-Diagramm. Der Luftüberschuss (Kapitel 9.2) ist eine wichtige Betriebsgröße, welche die Emissionen und den Wirkungsgrad einer Feuerung entscheidend beeinflusst. Für eine vollständige Verbrennung muss die Luftüberschusszahl größer als eins sein, da sonst örtlich nicht genügend Sauerstoff für den Ausbrand der Gase zur Verfügung steht. Ist der Luftüberschuss dagegen zu groß (größer als zwei bis drei), wird die Flamme durch die unnötig zugeführte Luft gekühlt; die Verbrennung wird infolge zu niedriger Temperatur ebenfalls unvollständig.

Da sich Kohlenwasserstoffe und weitere unvollständig ausgebrannte Produkte ähnlich verhalten wie Kohlenstoffmonoxid wird CO oft als Indikator der Ausbrandqualität verwendet. Das Verbrennungsverhalten von Feuerungen kann deshalb auch durch das CO/Lambda-Diagramm (Abb. 9.40) beschrieben werden /9-136/. Dabei können drei verschiedene Bereiche unterschieden werden, die am

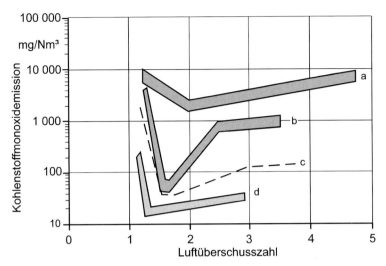

Abb. 9.40 Kohlenstoffmonoxid(CO)-Emissionen in Abhängigkeit der Luftüberschusszahl bei 11 Vol.-% Sauerstoff im Abgas (CO/Lambda-Diagramm) für verschiedene Feuerungstechniken (a Einfache handbeschickte Holzfeuerung, b Stückholzkessel mit unterem Abbrand, c Automatisch beschickte Holzfeuerung mit Verbrennungstechnik – Stand 1990, d Automatisch beschickte Holzfeuerung mit optimierter Verbrennungstechnik – heutiger Standard)

besten in der Abb. 9.40 anhand der Kurve b für einen Scheitholzkessel mit unterem Abbrand zum Ausdruck kommen:

- Ein Bereich mit unvollständiger Verbrennung bei großem Luftüberschuss und tiefer Verbrennungstemperatur (bei $\lambda > 2{,}5$).
- Mit sinkendem Luftüberschuss steigt die Verbrennungstemperatur; da Luft und Gase noch ausreichend vermischt werden, wird die Verbrennungsqualität deutlich besser (bei $1{,}5 < \lambda < 2{,}5$).
- Mit weiter sinkendem Luftüberschuss treten Zonen mit lokalem Sauerstoffmangel auf; die Verbrennungsqualität wird deshalb drastisch schlechter (bei $\lambda < 1{,}5$). Dabei steigt bis zu einer Luftüberschusszahl von eins die theoretische Verbrennungstemperatur weiter an. Dies gilt auch für eine reale Anlage im praktischen Betrieb; hier ist der Anstieg wegen der unvollständigen Verbrennung jedoch weniger stark ausgeprägt. Der starke Anstieg der CO-Konzentration resultiert in diesem Bereich damit nicht aus unzureichenden Temperaturen (und damit zu langsam ablaufender chemischer Reaktionen), sondern ist vielmehr eine Folge der unzureichenden Vermischung der brennbaren Gase mit der Verbrennungsluft.

Aus Abb. 9.40 folgt auch, dass der Ausbrand bei kontinuierlich betriebenen Feuerungen besser beherrscht wird als bei handbeschickten Feuerungen. Außerdem liegt das Optimum (Minimum) des CO-Wertes bei kontinuierlich betriebenen Feuerungen – im Vergleich zu handbeschickten Anlagen – bei kleineren Luftüberschusszahlen.

Beeinflussung. Um einen guten Ausbrand und damit geringe Freisetzungen an Schadstoffen aus unvollständiger Verbrennung zu erzielen, müssen die Feuerraumgestaltung und der Betrieb der Feuerungsanlage optimal auf die Abbrandeigenschaften biogener Festbrennstoffe ausgelegt werden. Daraus resultieren im Wesentlichen folgende Anforderungen.

- Da Biomasse einen hohen Flüchtigengehalt aufweist (Kapitel 9.1) und die Gase und der feste Kohlenstoff getrennt verbrennen, wird die Verbrennungsluft aufgeteilt in Primär- und Sekundärluft. Die Primärluft wird für die Vergasung des Brennstoffs und des Kohlenstoffs benötigt, während die Sekundärluft den Ausbrand der Gase unterstützt. Eine solche Auftrennung der Verbrennungsluft ermöglicht eine verbesserte Regelung der Ausbrandbedingungen. Die Primärluft beeinflusst die Feuerungsleistung und die Sekundärluft den Ausbrand der Verbrennungsgase.
- Für eine vollständige Verbrennung ist die Zufuhr von Oxidationsmittel im Überschuss erforderlich. Bei modernen kontinuierlich betriebenen Biomassefeuerungen liegt die optimale Luftüberschusszahl in der Regel im Bereich von 1,4 bis 1,8. Sinkt der Luftüberschuss unter den optimalen Wert, führen Zonen mit lokalem Sauerstoffmangel zu einem drastischen Anstieg der Emissionen an Kohlenstoffmonoxid und Kohlenwasserstoffen. Bei zu großem Luftüberschuss sinkt andererseits die Verbrennungstemperatur und die Flamme wird durch die Sekundärluft gekühlt; gleichzeitig wird der Wirkungsgrad vermindert. Da der Luftüberschuss die Emissionen erheblich beeinflusst, sollten Feuerungsanlagen über Regelsysteme verfügen, die einen Betrieb bei optimalem Brennstoff/Luft-Verhältnis gewährleisten (z. B. mittels Messung von Temperatur, CO, Lambda oder Kombinationen dieser Größen; Kapitel 10.3).
- Durch die sehr hohe Viskosität der Gase im Feuerraum (im Gegensatz zu Flüssigkeiten steigt die Viskosität von Gasen mit zunehmender Temperatur) wird die Vermischung von brennbaren Gasen und Sekundärluft erschwert. Die Ausbrandqualität in Feststofffeuerungen ist deshalb in den meisten Fällen mischungskontrolliert, während die Kinetik der Oxidationsreaktionen in der Gasphase bereits bei Temperaturen über 850 °C sehr rasch (im Millisekunden-Bereich) abläuft. Um einen vollständigen Ausbrand zu erzielen, muss deshalb die Sekundärluft möglichst homogen mit den brennbaren Gasen vermischt werden; die Bildung von Strähnen in der Nachbrennkammer ist zu vermeiden. Maßnahmen, mit denen die Vermischung verbessert werden kann, sind hohe Einströmgeschwindigkeiten und starke Turbulenz sowie Vermischungseinrichtungen in der Brennkammer.
- Neben der guten Durchmischung ist für eine vollständige Verbrennung eine hohe Temperatur und eine ausreichende Verweilzeit der Gase in der heißen Zone erforderlich. Als Richtwert gilt eine Temperatur von mindestens 850 °C bei einer Verweilzeit von 0,5 s. Neben der Einhaltung einer mittleren Flammentemperatur ist auch auf die Vermeidung von Quench-Effekten (d. h. einem schlagartigen Abkühlen) der Flamme an kalten Wänden oder durch lokal zu große Luftmengen zu achten. In automatischen Feuerungsanlagen ist die Einhaltung hoher Temperaturen meist unproblematisch; dies gilt jedoch nicht notwendigerweise für handbeschickte Kleinfeuerungsanlagen und insbesondere nicht für den Einsatz von sehr feuchten Brennstoffen. Die effektive Verweilzeit der

Gase in der heißen Zone ist dabei nicht nur abhängig von der Größe der Brennkammer, sondern auch von der Gestaltung und dem daraus resultierenden Verweilzeitspektrum der Strömung. Dabei sollte das verfügbare Brennkammervolumen voll ausgenutzt werden; Zonen mit Rückströmung und undurchströmte Bereiche sind zu vermeiden. Auch sollte die Nachbrennkammer nach der Einmischung der Sekundärluft ein möglichst enges Verweilzeitspektrum aufweisen. Zusammengefasst müssen bei einer Feuerung die Gasverweilzeit, die Verbrennungstemperatur, die Gasdurchmischung (Kapitel 10.1, 3T-Kriterium) und das Sauerstoffangebot optimiert werden. Unter der Voraussetzung, dass ausreichend Verbrennungsluft zugeführt wird, stellt eine optimale Durchmischung meistens den begrenzenden Faktor für die Ausbrandqualität dar.

9.3.3 Stoffe aus Spurenelementen bzw. Verunreinigungen

In diesem Kapitel wird die Entstehung der Stoffe aus Spurenelementen bzw. Verunreinigungen, die in biogenen Festbrennstoffen vorhanden sein können, genauer erläutert. Außerdem wird auf die technischen Möglichkeiten einer Reduktion eingegangen. Dabei werden Stickstoffstoffoxide, Schwefel-, Chlor- und Kaliumverbindungen, luftgetragene Aschepartikel (d. h. nicht-brennbarer Teil der Staubemissionen) sowie Dioxine und Furane behandelt.

9.3.3.1 Stickstoffoxide

Stickstoffoxide NO und NO_2 (zusammengefasst NO_x; umgangssprachlich oft als Stickoxide bezeichnet), in besonderen Fällen auch N_2O, werden bei der Verbrennung von biogenen Festbrennstoffen gebildet. Sie tragen zur Bildung von bodennahem Ozon und Niederschlägen mit versauernder Wirkung bei. Quelle des Stickstoffs sind der molekulare Stickstoff aus der Verbrennungsluft sowie der im Brennstoff gebundene Stickstoff. Im Folgenden werden zunächst die verschiedenen Bildungswege für NO_x dargestellt, bevor auf die unterschiedlichen Primärmöglichkeiten einer Minderung in der Feuerungsanlage eingegangen wird.

Entstehung. Im Wesentlichen können drei Bildungswege für NO_x unterschieden werden.
– Thermische Stickstoffoxide entstehen bei hohen Temperaturen aus molekularem Luftstickstoff und dem Sauerstoff der Verbrennungsluft.
– Prompt-Stickstoffoxide werden bei Anwesenheit von Kohlenwasserstoff-Radikalen ebenfalls aus Luftstickstoff und Luftsauerstoff gebildet.
– Stickstoffoxide aus dem im Brennstoff befindlichen Stickstoff entstehen aus chemisch (z. B. in Form von Aminen) gebundenem Stickstoff.
Zusätzlich kann auch die Bildung von Stickstoffoxid in Form von Lachgas (N_2O) erfolgen; dies ist meist jedoch von untergeordneter Bedeutung und wird deshalb hier nicht weiter behandelt.

Thermisches NO_x. Thermische Stickstoffoxide werden bei hoher Temperatur aus dem Luftstickstoff und Sauerstoff in der Nachreaktionszone nach der Flammenfront gebildet. Entscheidend für die thermische NO_x-Bildung sind örtlich auftretende Maximaltemperaturen.

Die thermische Stickstoffoxidbildung /9-196/ führt erst bei Temperaturen oberhalb von 1 300 bis 1 400 °C zu signifikanten NO_x-Gehalten. Dabei können folgende Reaktionen ablaufen (vereinfachter Zeldovich-Mechanismus; Gleichung (9-47) und (9-48)).

$$N_2 + O \leftrightarrow NO + N \qquad (9\text{-}47)$$

$$N + O_2 \leftrightarrow NO + O \qquad (9\text{-}48)$$

Der zweite Reaktionsschritt (Gleichung (9-48)) läuft dabei viel schneller ab als der erste (Gleichung (9-47)); damit ist der erste für die thermische Stickstoffoxidbildung geschwindigkeitsbestimmend. Für die Bildung von atomarem Sauerstoff (O) in der Startreaktion kann das Dissoziationsgleichgewicht angenommen werden.

Zusätzlich dazu kann bei unterstöchiometrischen Bedingungen die Reaktion nach Gleichung (9-49) ablaufen (erweiterter Zeldovich-Mechanismus).

$$N + OH \leftrightarrow NO + H \qquad (9\text{-}49)$$

Für die Geschwindigkeit der NO-Bildung ($\Delta NO/\Delta t$) kann bei großer Entfernung vom Gleichgewicht eine Beziehung nach Gleichung (9-50) hergeleitet werden /9-113/. T beschreibt dabei die Temperatur und NO, N_2 und O_2 die jeweiligen Volumenkonzentrationen.

$$\frac{dNO}{dt} = 5{,}74 \cdot 10^{14} \exp(\frac{-561000}{T}) N_2 (O_2)^{0,5} \qquad (9\text{-}50)$$

Obwohl die Angaben über die Konstanten teilweise erheblich variieren /9-104/, zeigt Gleichung (9-50) den starken Einfluss der Temperatur auf die Bildung der thermischen Stickstoffoxide (Abb. 9.41).

Zusätzlich wird die thermische NO_x-Bildung auch durch den Sauerstoffgehalt in der Reaktionszone beeinflusst (Abb. 9.41); steigt er, nimmt auch die Bildung der Stickstoffoxide zu.

Die Bildung von thermischem NO_x läuft nur bei vergleichsweise hohen Temperaturen ab; diese werden aber in biomassegefeuerten Anlagen nur in Ausnahmefällen erreicht.

Promptes NO_x. Promptes Stickstoffoxid wird vor allem bei Anwesenheit von Kohlenwasserstoff-Radikalen in der Flammenfront gebildet. Bei der Verbindung eines Stickstoffatoms mit einem Kohlenwasserstoff-Radikal wird atomarer Stickstoff freigesetzt (Gleichung (9-51)).

$$HC + N_2 \leftrightarrow HCN + N \qquad (9\text{-}51)$$

Der entstandene Stickstoff reagiert dann nach dem zweiten, schnellen Reaktionsschritt des Zeldovich-Mechanismus weiter zu NO (Gleichung (9-48)). Zusätzlich dazu kann die auf Gleichung (9-51) folgende Oxidation des HCN zur Bildung von weiterem NO_x führen.

9.3 Schadstoffbildungsmechanismen

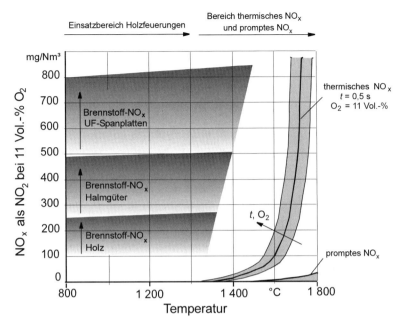

Abb. 9.41 Bildung von Brennstoff-NO_x, thermischem NO_x und promptem NO_x in Abhängigkeit der Feuerraumtemperatur mit typischen Bereichen für Holz, Halmgüter und UF-Spanplatten (Richtwerte)

Die Bildung von promptem NO_x läuft im Bereich von Millisekunden ab und ist – wie diejenige der thermischen Stickstoffoxide – nur bei sehr hohen Temperaturen von Bedeutung (z. B. in Gasturbinen). In Biomassefeuerungen wird folglich kaum promptes NO_x gebildet.

NO_x aus Brennstoffstickstoff. In biogenen Festbrennstoffen ist Stickstoff in Form von Aminen und Proteinen enthalten (Kapitel 2, Kapitel 9.1). Zusätzlich kann beispielsweise in Holzwerkstoffen Stickstoff in Leim oder Bindemitteln enthalten sein (z. B. in Urea-Formaldehyd-gebundenen Spanplatten (UF-Spanplatten) in Form von Harnstoff).

Die Stickstoffoxidbildung aus diesem im Brennstoff enthaltenen Stickstoff verläuft über eine Reihe von Radikalen wie NH_2, NH, CN und N, die in der Flammenzone im Zeitbereich von 1 ms entstehen (Gleichung (9-52) und (9-53)). Daneben läuft auch der zweite, schnelle Schritt des Zeldovich-Mechanismus ab (Gleichung (9-48)).

$$NH + O \leftrightarrow NO + H \quad (9\text{-}52)$$

$$NH + O \leftrightarrow N + OH \quad (9\text{-}53)$$

Abb. 9.42 zeigt die wichtigsten Reaktionswege des Brennstoffstickstoffs bei der Biomasseverbrennung. Demnach wird nicht sämtlicher Brennstoffstickstoff zu NO_x, sondern – je nach Verbrennungsführung – der Großteil in molekularen Stick-

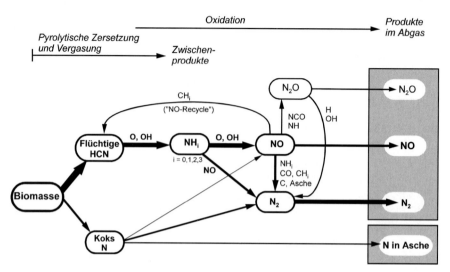

Abb. 9.42 Umwandlung des Brennstoff-Stickstoffs bei der Verbrennung biogener Festbrennstoffe /9-140/

stoff (N_2) umgewandelt. Ein sehr geringer Teil des Stickstoffs kann zudem in die Asche eingebunden werden.

In oxidierender Atmosphäre (d. h. unter Luftüberschuss) wird der Brennstoffstickstoff verstärkt zu NO_x umgesetzt. Diese NO_x-Bildung kann zusätzlich durch die Anwesenheit von Wasser, welches als Quelle von OH-Radikalen die Stickstoffoxidation unterstützt, verstärkt werden.

Die Umsetzung zu molekularem Stickstoff (N_2) erfolgt vermehrt unter reduzierenden Bedingungen – also vor allem in sauerstoffarmen Zonen – über verschiedene Reaktionen. Dabei reagieren einerseits die Zwischenprodukte aus dem Brennstoffstickstoff mit sich selbst; hier kann z. B. NO_x – wie bei den DeNOx-Verfahren mittels Ammoniak-Eindüsung – an NH-Radikalen in der Gasphase zu molekularem Stickstoff (N_2) umgesetzt werden (Gleichung (9-54)) /9-138/. Dabei ist die Reaktion nach Gleichung (9-54) hauptverantwortlich für die NO_x-Reduktion durch Luftstufung in Holzfeuerungen /9-98/. Daneben kann bereits gebildetes NO auch als Oxidationsmittel für unverbrannte Stoffe wirken (CO, C_nH_m, H_2) und dabei zu N_2 reduziert werden (z. B. Gleichung (9-55) bis (9-57)). Bei der Verbrennung von Feststoffen kann NO_x auch an festem Kohlenstoff in der Glutzone und an unverbrannten Partikeln gemäß Gleichung (9-58) reduziert werden. Dieser Reaktion wird z. B. in Wirbelschichtfeuerungen eine wichtige Rolle für den NO_x-Abbau zugeschrieben /9-11/; allerdings ist die heterogene Umsetzung von NO_x an Kohlenstoff bei der Verbrennung von Biomasse von geringerer Bedeutung als bei der von Kohle.

Die homogenen NO-verbrauchenden Reaktionen sind in den Gleichungen (9-54) bis (9-57) zusammengestellt.

$$NO + NH_2 \rightarrow N_2 + H_2O \tag{9-54}$$

$$NO + CO \rightarrow CO_2 + N \tag{9-55}$$

9.3 Schadstoffbildungsmechanismen

$$NO + CH_4 \rightarrow CO + 2H_2 + N \tag{9-56}$$

$$NO + H_2 \rightarrow N + H_2O \tag{9-57}$$

Die heterogene NO-verbrauchende Reaktion kann entsprechend Gleichung (9-58) beschrieben werden.

$$NO + C \rightarrow CO + N \tag{9-58}$$

Beeinflussung. Die beispielsweise aus Holzfeuerungen freigesetzten Stickstoffoxide stammen demnach vor allem aus dem Brennstoffstickstoff /9-135/. Die berechnete thermische NO_x-Bildung lässt für typische Temperaturen (800 bis 1 300 °C) und Verweilzeiten (0,1 bis 1 s) in Holzfeuerungen nur vernachlässigbar geringe Mengen an thermischen Stickstoffoxiden erwarten (< 10 mg/m^3). Auch promptes NO_x hat nur eine geringe Bedeutung, da Holzfeuerungen meist nicht mit so hohen Temperaturen betrieben werden, dass dieser Bildungsmechanismus ablaufen kann. Dies wurde experimentell bestätigt, indem in einem isothermen Laborofen die Temperatur in einem Bereich von 800 bis 1 300 °C keinen signifikanten Einfluss auf die NO_x-Emissionen zeigte und die Verbrennung von Stückholz unter Zufuhr von Luft und unter Zufuhr von Sauerstoff und Argon (d. h. in Abwesenheit von Luftstickstoff) zu gleich hohen NO_x-Werten führte. Daraus lassen sich folgende Haupteinflussgrößen für die Bildung von Stickstoffoxidemissionen aus Holzfeuerungen ableiten.

- Stickstoffgehalt des Brennstoffs. Abb. 9.43 zeigt exemplarisch den Anstieg der NO_x-Emissionen mit zunehmendem Stickstoffgehalt im Brennstoff bei einer konventionellen Verbrennung. Die große Schwankungsbreite der Emissionen ist u. a. auf hier nicht erfasste Faktoren (z. B. Temperatur, Sauerstoffgehalt, Last) zurückzuführen.
- Sauerstoffgehalt im Feuerraum und in der Ausbrandzone. Ein höherer Sauerstoffgehalt begünstigt die Oxidation i. Allg. und damit auch die Stickstoffoxidbildung.
- Ausbrandqualität der Abgase bzw. CO-Gehalt. Die Ausbrandqualität wird ihrerseits u. a. durch die Temperatur beeinflusst, die somit die NO_x-Emissionen indirekt beeinflusst. Der direkte Temperatureinfluss auf die NO_x-Emissionen (d. h. thermische NO_x-Bildung) ist jedoch nur von untergeordneter Bedeutung.

Neben diesen Haupteinflussgrößen können weitere Faktoren die Stickstoffumwandlung bestimmen. So beeinflusst z. B. die Feuerraumbelastung die Stickstoffumsetzung. Bei den meisten Feuerungsanlagen wird beispielsweise bei einer Verminderung der Feuerraumbelastung durch Teillastbetrieb eine Abnahme der NO_x-Emissionen um rund 20 bis 50 % beobachtet (z. B. /9-65/). Auch kann die Homogenisierung der Verbrennungsgase im Rostbereich die Stickstoffoxidbildung beeinflussen; tendenziell niedrige Werte werden häufig bei Feuerungsanlagen gefunden, die ein weitgehend homogenes Brennstoffbett aufweisen (z. B. Feuerung mit Schleuderradbeschickung, Vorschubrostfeuerung mit guter Brennstoffverteilung auf dem Rost). Die Strömungsführung über dem Rost (Gleich-, Mittel- oder Gegenstrom) kann den Abbau der Stickstoffverbindungen ebenfalls beeinflussen.

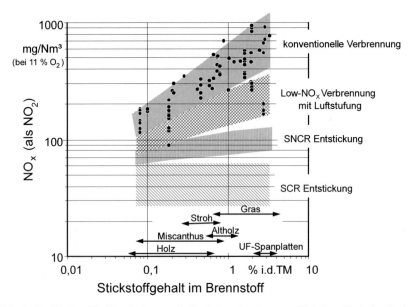

Abb. 9.43 Stickstoffoxidemissionen als Funktion des Brennstoffstickstoffgehalts für konventionelle Verbrennung, Low-NO_x-Verbrennung mit Luftstufung sowie Entstickung mit SNCR und SCR für die Brennstoffe Holz, UF-Spanplatten, Altholz, Gras, Stroh und Miscanthus (TM Trockenmasse, SCR Selektive katalytische NO_x-Reduktion, SNCR Selektive nicht katalytische NO_x-Reduktion) /9-141/

Primärmaßnahmen zur NO_x-Minderung haben damit das vorrangige Ziel, den Brennstoffstickstoff zu molekularem Stickstoff (N_2) umzuwandeln und allenfalls bereits gebildetes NO_x an Zwischenprodukten der Verbrennung zu reduzieren (vgl. Abb. 9.42). Von Bedeutung sind dabei vor allem Reaktionen mit NH- und CH-Radikalen sowie mit Kohlenstoffmonoxid und festem Kohlenstoff. Da die Umwandlung von Brennstoffstickstoff zu N_2 vorwiegend bei Sauerstoffmangel abläuft, kann aus Brennstoffstickstoff resultierendes NO_x durch eine gestufte Verbrennung in Zonen mit reduzierenden Bedingungen (also unter Luftmangel) vermindert werden. Die wichtigsten Verfahren dazu sind die Luft- und die Brennstoffstufung; beide Möglichkeiten erlauben neben einer Verminderung der NO_x-Emissionen aus dem Brennstoffstickstoff auch eine Reduktion von ggf. gebildetem thermischem NO_x. Zusätzlich kann auch durch eine Abgasrezirkulation ein Beitrag zur NO_x-Minderung geleistet werden. Diese verschiedenen Möglichkeiten werden im Folgenden dargestellt.

Abgasrezirkulation. Durch die beispielsweise bei Öl- und Gasfeuerungen häufig angewendete Rückführung von abgekühlten Abgasen in die Flammenzone kommt es zu einer Absenkung des Sauerstoffgehalts und der Verbrennungstemperatur in der Flamme und damit zu einer Minderung der thermischen NO_x-Bildung. Daneben beeinflusst sie jedoch auch die NO_x-Bildung aus dem Brennstoffstickstoff. Wegen letzterem Effekt kann durch eine Abgasrezirkulation auch in Biomassefeuerungen unter bestimmten Bedingungen eine NO_x-Minderung erzielt werden.

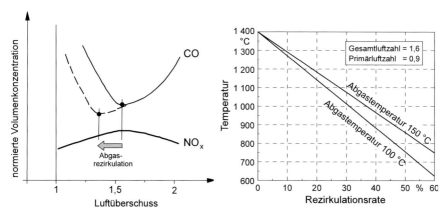

Abb. 9.44 Links: Einfluss der Abgasrezirkulation auf die CO- und NO_x-Emissionen bei Holzfeuerungen (durch die verbesserte Gasmischung im Brennraum ist ein Betrieb bei niedrigerem Luftüberschuss möglich, so dass die NO_x-Emissionen geringfügig vermindert werden können). Rechts: Maximal erreichbarer Einfluss der Abgasrezirkulation auf die Verbrennungstemperatur (berechnete Werte unter idealen Bedingungen; der effektiv im praktischen Betrieb erzielbare Effekt ist geringer; die Rezirkulationsrate ist definiert als das Verhältnis des rezirkulierten Abgases zu dem gesamten der Verbrennung zugeführten Verbrennungsvolumenstrom (d. h. der Summe aus rezirkuliertem Abgas und zugeführter frischer Verbrennungsluft))

Ein gewisses Minderungspotenzial der Abgasrezirkulation ergibt sich auch aus der Möglichkeit, durch eine verbesserte Vermischung der Gase im Brennraum die Feuerung bei einem niedrigeren Luftüberschuss zu betreiben (Abb. 9.44). Brennstoff-NO_x kann somit als Folge des verminderten Sauerstoffgehalts geringfügig reduziert werden. Die Abgasrezirkulation kann zudem die Wirksamkeit der Reaktionen nach Gleichung (9-54) bis (9-58) verstärken, da bereits gebildetes NO_x in die Reaktionszone zurückgeführt wird. Auch kann diese Maßnahme zur Einhaltung einer gewünschten Temperatur in der jeweiligen Reaktionszone eingesetzt werden (z. B. zur Gewährleistung der optimalen Temperatur in der Reduktionszone bei der Luftstufung).

Luftstufung. Als Luftstufung wird die Zufuhr von Verbrennungsluft in mindestens zwei Zonen bezeichnet, wobei der Abbau von Brennstoffstickstoff zu molekularem Stickstoff (N_2) gemäß Gleichungen (9-54) bis (9-58) durch Einhalten unterstöchiometrischer Bedingungen ($\lambda < 1$) vor der Zugabe von Ausbrandluft unterstützt wird (Abb. 9.45).

Mit der Luftstufung ist unter idealen Bedingungen eine NO_x-Minderung von ca. 50 % bei niedrigem Stickstoffgehalt im Brennstoff (naturbelassenes Holz) und von ca. 75 % bei erhöhtem Stickstoffgehalt (z. B. UF-Spanplatten) möglich /9-99/, /9-98/ (vgl. Abb. 9.43). Durch eine Luftstufung ohne Reduktionskammer (d. h. das Einhalten unterstöchiometrischer Bedingungen in der Primärzone einer Feuerung ohne ausgeprägte Reduktionskammer) ist immer noch eine NO_x-Minderung um rund die Hälfte der angegebenen Werte möglich. Minimale NO_x-Emissionen durch Luftstufung mit Reduktionskammer werden dabei unter Einhaltung einer

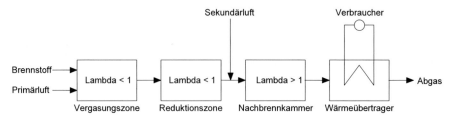

Abb. 9.45 Prinzip der Luftstufung

- Verweilzeit um 0,5 s (> 0,3 s) und einer guten Vermischung der Gase (Turbulenz),
- Temperatur in der Reduktionszone zwischen 1 100 und 1 200 °C und
- Primärluftzahl (d. h. Luftüberschusszahl der Primärluft) zwischen 0,7 und 0,8

erreicht. Insbesondere die Primärluftzahl beeinflusst dabei die Effizienz der NO_x-Reduktion wesentlich:
- Bei einer Primärluftzahl unter 0,7 ist in der Reduktionszone kaum NO verfügbar; die NH-Verbindungen werden deshalb in der Nachbrennkammer zu NO oxidiert.
- Bei einer Primärluftzahl über eins werden die stickstoffhaltigen Zwischenprodukte dagegen bereits in der Vergasungszone zu NO oxidiert, so dass in der Reduktionszone keine NH-Verbindungen zur NO-Reduktion verfügbar sind.

Die Einhaltung enger Bereiche für die Temperatur und die Primärluftzahl hat zur Folge, dass für eine effiziente NO_x-Minderung eine Prozessregelung erforderlich ist, die optimale Bedingungen bezüglich eines NO_x-Abbaus sicherstellt. Dabei hat sich gezeigt, dass die Stickstoffoxidemissionen im Praxisbetrieb bei minimalem Gesamtluftüberschuss am geringsten sind. Der beobachtete Anstieg der NO_x-Werte bei einer zu geringen Primärluftzahl ist in der Praxis meist unbedeutend. Zur Minimierung der NO_x-Emissionen kommt deshalb der Einsatz einer CO-Lambda-Regelung mit Sollwertoptimierung in Frage, welche einen Betrieb der Feuerung bei minimalem Luftüberschuss ohne Anstieg der CO-Emissionen gewährleistet.

In Abb. 9.46 ist die technische Umsetzung dieses Prinzips exemplarisch für eine Low-NO_x-Vorschubrostfeuerung mit horizontal angeordneter Reduktionskammer zur Luftstufung und Sekundärluftzugabe nach der Reduktionskammer dargestellt. Beim Low-NO_x-Betrieb sollte dabei die Primärluftzahl geringfügig unter eins liegen, damit in der Reduktionskammer möglichst hohe Temperaturen (bis über 1 400 °C) erzielt werden. Hierbei ist allerdings ein Überschreiten der thermischen Belastbarkeit der verwendeten Materialien möglich, und es kann zu Schlackebildung und Anbackungen in dieser Zone kommen. Zur Temperaturabsenkung in der Reduktionszone wird deshalb meist ein Teil des kalten Abgases in die Primärzone zurückgeführt, wobei die Abgasmenge in Abhängigkeit von der Temperatur geregelt werden kann. Weitere Maßnahmen zur Temperaturabsenkung umfassen eine Verminderung der Feuerraumbelastung oder eine partielle Wärmeabfuhr vor Eintritt der Gase in die Reduktionszone.

9.3 Schadstoffbildungsmechanismen 425

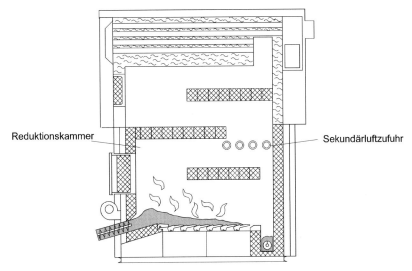

Abb. 9.46 Low-NO$_x$-Vorschubrostfeuerung mit horizontal angeordneter Reduktionskammer zur Luftstufung und Sekundärluftzugabe nach der Reduktionskammer (nach /9-188/)

Für stark verschlackende Brennstoffe sind die Einsatzmöglichkeiten der Luftstufung jedoch beschränkt durch die hohen notwendigen Temperaturen. Dies betrifft bestimmte Restholzsortimente und auch Halmgüter wie Stroh, Gras oder Miscanthus.

Brennstoffstufung. Zur Gewährleistung reduzierender Bedingungen in einer definierten Zone der Feuerung kann neben der Luftstufung auch die Brennstoffstufung eingesetzt werden. Dabei wird der Hauptbrennstoff in einer ersten Stufe mit Luftüberschuss ($\lambda > 1$) verbrannt und anschließend ein Zweitbrennstoff, der auch als Stufen- oder Reduktionsbrennstoff bezeichnet wird, in das Abgas eingemischt (Abb. 9.47). Dadurch wird in der Reduktionszone eine Luftüberschusszahl unter eins erreicht, so dass zuvor gebildete Stickstoffoxide durch NH- und CH-Verbindungen aus dem Zweitbrennstoff reduziert werden. Das betrifft sowohl Brennstoff-Stickstoffoxide als auch thermische Stickstoffoxide aus der Hauptbrennzone. Als Stufenbrennstoff sind alle kohlenstoffhaltigen Brennstoffe geeignet (z. B. Erdgas,

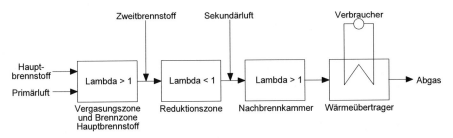

Abb. 9.47 Prinzip der Brennstoffstufung

Erdöl, Kohle, Holz). Von Vorteil ist dabei ein hoher Stickstoffgehalt und bei Festbrennstoffen zudem ein hoher Flüchtigengehalt; biogene Brennstoffe sind deshalb gut geeignet.

Dabei weist die Brennstoffstufung bereits bei Temperaturen um 700 bis 800 °C ein zur Luftstufung vergleichbares Minderungspotenzial auf /9-165/, /9-100/, /9-163/, /9-178/, /9-176/, /9-20/. Die bei der Luftstufung beobachteten Temperaturprobleme in der Reduktionszone können bei der Brennstoffstufung somit zumindest teilweise vermieden werden. Als weiterer Vorteil gegenüber der Luftstufung zeigt sich außerdem, dass der Prozess in einem breiten Bereich der Betriebsparameter wirksam ist.

Ein mögliches Anwendungsgebiet für die Brennstoffstufung bieten beispielsweise Holz verarbeitende Betriebe, in welchen größere Mengen an Stückholz und an Holzstaub anfallen. Das stückige Material kann dann auf einem Rost verbrannt werden, während der Holzstaub als Stufenbrennstoff in das Abgas des Hauptbrennstoffs eingedüst wird (Abb. 9.48). Entsprechende Anwendungen kommen für Anlagen ab einigen MW thermischer Leistung in Frage, da die Realisierung von zwei unabhängigen Brennstoffzuführungen und der entsprechenden Prozessregelung relativ aufwändig ist. Daneben können biogene Brennstoffe als Stufenbrennstoff zur Zufeuerung in Kohlekraftwerken oder industriellen Verbrennungsanlagen eingesetzt werden und die fossilen Brennstoffe z. T. substituieren. Allerdings darf sich die Qualität der Asche durch den Zweitbrennstoff nicht verschlechtern und den betrieblichen Aufwand durch Verschlackung oder Ablagerung nicht erhöhen.

Für biogene Festbrennstoffe kommt neben der direkten Einbringung als Stufenbrennstoff auch die Pyrolyse oder Vergasung zu einem heizwertreichen Produktgas in Frage, welches dann als Reduktionsgas eingedüst wird ("Reburning") /9-137/, /9-163/. Dies ergibt zwar einen erheblichen Mehraufwand für die Gaserzeugung, bietet jedoch den Vorteil, dass die Aschen der beiden Brennstoffe nicht vermischt werden.

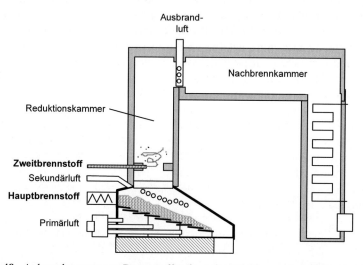

Abb. 9.48 Anlagenkonzept zur Brennstoffstufung für stückige und staubförmige Brennstoffe

9.3.3.2 Emissionen aus Schwefel, Chlor und Kalium

Bei naturbelassenem Holz sind die Gehalte an Schwefel (S), Chlor (Cl) und Kalium (K) gering, so dass die entsprechenden Emissionen in der Regel nur von untergeordneter Bedeutung sind. Bei Halmgutbrennstoffen sind diese Gehalte jedoch höher (Kapitel 9.1); hier können daraus gebildete Stoffe Bedeutung erlangen (z. B. /9-171/, /9-90/), da Schwefel, Chlor und Kalium je nach den Bedingungen in der Feuerung nennenswert freigesetzt werden können und sich dann ein Großteil ihrer Verbindungen im Abgas wiederfinden. Im Folgenden werden zunächst diese Stoffe einzeln diskutiert, bevor auf die feuerungstechnischen Konsequenzen eingegangen wird.

Entstehung. Nachfolgend werden die Emissionen, die aus dem Schwefel-, Chlor- und Kaliumgehalt biogener Festbrennstoffe resultieren, dargestellt.

Schwefel. Der im Brennstoff befindliche Schwefel kann in die Asche eingebunden (z.B. als $CaSO_4$, K_2SO_4) oder mit den Abgasen ausgetragen werden (als SO_2/SO_3 und bei unvollständiger Verbrennung auch als H_2S). Aufgrund der leichten Flüchtigkeit des Schwefels sind hinsichtlich der Schwefeleinbindung in die Asche keine gesicherten Aussagen möglich. Die Einbindung variiert in Abhängigkeit von der Verbrennungs- und Ascheabscheidungstechnik, der Abscheidetemperatur und der Verweilzeit des Abgases im Verbrennungsraum. Aufgrund des geringen Schwefelgehalts biogener Festbrennstoffe sind für das Einhalten der SO_2-Emissionsgrenzwerte meist – auch bei Halmgütern – keine Minderungsmaßnahmen erforderlich /9-96/, /9-141/, /9-194/.

Chlor. Das insbesondere bei Halmgütern in der Biomasse befindliche Chlor (Kapitel 9.1) liegt nach der Verbrennung überwiegend in Form von Salzen vor (d. h. Kaliumchlorid (KCl), Natriumchlorid (NaCl)), die sich in der Asche wiederfinden. Kleinere Anteile können auch als Chlorwasserstoff (HCl) emittiert und geringste Mengen zudem als polychlorierte Dioxine und Furane (PCDD/F) und Organochlor-Verbindungen freigesetzt werden. Typische HCl-Emissionen beispielsweise bei der Verbrennung von Gras liegen im Bereich von 20 bis 120 mg/m^3_n (bei 11 % O_2). Zur sicheren Einhaltung eines Zielwerts von 30 mg/m^3_n (z. B. nach TA-Luft, jedoch in der Regel nicht gültig für Biomassefeuerungen bis 50 MW thermischer Leistung /9-55/) ist bei alleiniger Verbrennung dieses Bioenergieträgers deshalb eine HCl-Abscheidung erforderlich.

Die in einigen Messungen gefundenen Dioxinkonzentrationen liegen im Bereich des Zielwerts von 0,1 ng TE/m^3_n /9-12/, /9-110/, /9-109/, /9-194/ (TE = Toxicity Equivalent); auch die Organochlor-Messungen weisen auf unbedenkliche Mengen hin (bei guter Verbrennung unter 50 $\mu g/m^3_n$) /9-96/. Wichtig zur Vermeidung von Organochlor-Verbindungen ist ein guter Ausbrand und eine gute Vermischung zwischen Luft und Brennstoff.

Kalium. Kalium ist eine Schlüsselkomponente im Zusammenhang mit der Verschlackung und der Bildung von Ablagerungen und Korrosion in Feststoff-Feuerungen. Es liegt im Abgas vor allem in Form von Salzen vor (d. h. KCl,

428 9 Grundlagen der thermo-chemischen Umwandlung

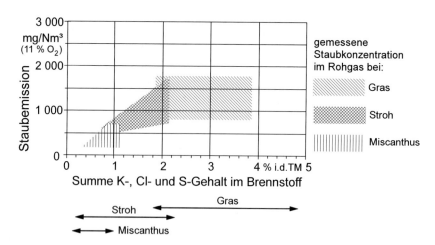

Abb. 9.49 Staubgehalte nach Zyklonabscheidung bei der Verbrennung von Gras, Stroh und Miscanthus einschließlich der jeweiligen Bandbreite des Kalium(K)-, Chlor(Cl)- und Schwefel(S)-Gehalts derartiger biogener Festbrennstoffe (TM Trockenmasse) /9-12/

K_2SO_4); deshalb bietet sich eine Nutzung der Asche als Kaliumdünger an (Kapitel 9.4).

Konsequenzen. Abb. 9.49 zeigt exemplarisch Messwerte der Staubkonzentration unterschiedlicher Brennstoffe nach dem Zyklon. Demnach liegen die Staubemissionen für Stroh und Gras bei 300 bis über 1 000 mg/m^3_n; der Zielwert von 150 mg/m^3_n wird deutlich überschritten. Eine Abscheidung der Feinstäube ist damit zwingend erforderlich.

Neben den hohen Staubfrachten spielt für die Verbrennungstechnik auch das Schmelzverhalten der bei der Verbrennung aus diesen Elementen entstehenden Salze eine Rolle. Kaliumsulfat (K_2SO_4) weist mit 1 070 °C eine vergleichsweise hohe Schmelztemperatur auf; bei Kaliumchlorid (KCl) beträgt sie dagegen nur 760 °C. Für die Verbrennungstechnik kann zudem die Schmelztemperatur des Gemischs von KCl und K_2SO_4, die nur 690 °C beträgt, entscheidend sein /9-12/. Hohe Kaliumgehalte führen dabei generell zu niedrigeren Ascheerweichungstemperaturen (Kapitel 9.1).

Da Kaliumchlorid bei niedrigen Temperaturen einen hohen Dampfdruck aufweist, stellt sich ab rund 600 bis 700 °C ein Gleichgewicht von festem, flüssigem und gasförmigem KCl ein, wobei ein großer Anteil gasförmig vorliegt. Beim Abkühlen stromabwärts kommt es zur Kondensation und damit zum Niederschlag. Abb. 9.50 zeigt exemplarisch den Pfad der Elemente Kalium, Chlor und Schwefel durch die Feuerungsanlage in die Rost-, Zyklon- und Filterasche.

9.3.3.3 Emissionen fester und flüssiger Teilchen

Emissionen von festen und flüssigen Teilchen in die Luft (d. h. Partikel und Tröpfchen), die üblicherweise eine Größe von 1 nm bis 100 µm (z. B. /9-84/, /9-195/,

9.3 Schadstoffbildungsmechanismen 429

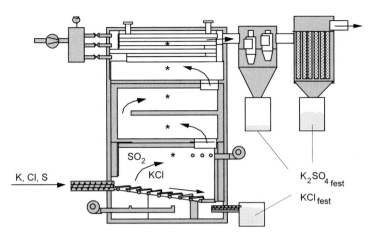

* Ablagerung, Kondensation, Kristallisation

Abb. 9.50 Pfad des Kalium(K)-, Chlor(Cl)- und Schwefel(S)-Inventars im Brennstoff durch die Feuerungsanlage (die Aufteilung in Rostasche und Zyklonasche ist abhängig von der Temperatur und der Feuerungsführung; im Zyklon erfolgt nur eine sehr geringe Abscheidung, so dass ein Großteil der Fracht entweder in einem Gewebefilter abgeschieden werden kann oder ohne Filter in die Atmosphäre gelangt) /9-12/

/9-106/, /9-4/) haben, können das Klima beeinflussen, Pflanzen schädigen und toxisch auf Lebewesen wirken.
- Feste und flüssige Teilchen in der Atmosphäre können zu einer verstärkten Reflexion und Absorption der Sonneneinstrahlung und einem verminderten Lichtdurchgang auf die Erdoberfläche führen. Dadurch kommt es zu einer Abkühlung und einer Minderung des Energieangebots. Auch beeinflussen sie als Kondensationskeime in der Atmosphäre die Anzahl und Größe der Wolkentröpfchen. Steigt die Kondensationskeime, werden im Durchschnitt mehr, aber kleinere Wolkentröpfchen gebildet; diese regnen dann nicht mehr so leicht ab. Da Wolken den Strahlungshaushalt der Erde erheblich mitbestimmen, können Klimaveränderungen die Folge sein.
- Partikel und Tröpfchen können sich auch auf der Blatt- und Nadeloberfläche anlagern und somit die Pflanze direkt schädigen. Unter anderem wird das der Pflanze zur Verfügung stehende Licht vermindert und dadurch die Photosynthese reduziert. Auch können die Poren verstopft und dadurch die Respiration der Pflanze beeinträchtigt werden.
- Für Tiere und Menschen stellen Partikel und Tröpfchen mit einem aerodynamischen Durchmesser von kleiner als 1 µm (d. h. Teilchen mit dem gleichen Sinkverhalten wie eine Kugel mit einem Durchmesser von 1 µm und gleicher Dichte /9-195/) eine besondere Gefahr dar, da sie eingeatmet und bis in die Lungenbläschen transportiert werden können. Gleichzeitig werden sie von den natürlichen Reinigungsmechanismen der Atemwege und der Lunge nur sehr bedingt erfasst /9-175/. Auch können sie unterhalb 0,1 µm sowohl in der Lunge die Luft-Blut-Schranke überschreiten als auch z. T. direkt von der Umgebungsluft über die Nasenschleimhaut in das Flüssigkeitssystem des Körpers übergehen; von dort

werden sie dann praktisch an alle Orte im Körper transportiert und können dort toxisch wirken. Diese Wirkung kann sehr unterschiedlich sein. Die Toxizität wird u. a. von der Größe, der Form, den Bestandteilen sowie den angelagerten Stoffen bestimmt. Bereits die bei einer optimalen Verbrennung biogener Festbrennstoffe entstehenden Salze zeigen aufgrund möglicher Störungen des Immunsystems ein nachweisbares Gefährdungspotenzial. Außerdem sind einige der anorganischen Salze (z. B. KCl) toxisch. Kritisch scheint auch reiner Kohlenstoff zu sein, dessen reizende Wirkung noch etwas höher ist, da er in der Lunge nicht abgebaut werden kann. Gesundheitlich relevant können auch Schwermetalle, Nitrit und Hydrazin sein. Partikel können also reizend, toxisch und mutagen wirken /9-95/, /9-114/, /9-119/, /9-157/, /9-102/.

Entstehung. Das bei der thermo-chemischen Umsetzung biogener Festbrennstoffe entstehende Abgas besteht nicht nur aus gasförmigen Komponenten, sondern erhält auch flüssige und feste Bestandteile; es handelt sich also um ein Aerosol. Die Konsistenz dieses Aerosols hängt u. a. von der Temperatur, den Partialdrücken der Inhaltsstoffe und dem Alter des Aerosols ab.

Derartige Aerosolemissionen können sowohl aufgrund vollständiger und unvollständiger Verbrennung als auch durch Mitreißen von Partikeln aus dem Brennstoff oder der Asche entstehen (Abb. 9.51). Dabei kann zwischen primären und sekundären Partikeln und Tröpfchen unterschieden werden. Erstere werden direkt aus Prozessen freigesetzt, während Letztere sich erst aus freigesetzten Vorläufersubstanzen (z. B. SO_2, NO_x) in der Atmosphäre durch chemische Reaktionen und/oder physikalische Vorgänge (z. B. Absorption, Nukleation, Kondensation) bilden /9-14/. Die entsprechenden Mechanismen werden nachfolgend diskutiert.

Aerosole aus dem Brennstoff. Bei hohen Geschwindigkeiten der Luftströmung in der Feuerung bzw. bei Brennstoffen mit niedriger Dichte, beim oberen Abbrand und bei nicht ausreichender Durchmischung von Verbrennungsluft und Brennstoff sowie bei nicht durchgängig ausreichenden Verbrennungstemperaturen können Teile des Brennstoffs mit dem Gasstrom mitgerissen werden, unverbrannt den Kessel verlassen und in die Atmosphäre gelangen. Die Größe derartiger Partikel liegt deutlich über 1 µm und kann mehrere Millimeter erreichen. Sie erhöhen die Staubfracht sowie den Kohlenstoffanteil des Staubs deutlich; im Extremfall kommt es im unmittelbaren Umfeld des Kamins zu Ablagerungen von deutlich sichtbaren Partikeln mit faserartigen Strukturen, die den ursprünglichen Brennstoff noch erahnen lassen. Diese Partikel sind aus toxikologischer Sicht weniger bedeutend, können aber dazu führen, dass die abgeschiedene Flugasche nicht mehr ohne thermische Vorbehandlung deponierbar ist.

Aerosole aus unvollständiger Verbrennung. Bei den Aerosolen aus unvollständiger Verbrennung handelt es sich um Kohlenstoffverbindungen, die bei der pyrolytischen Zersetzung freigesetzt wurden und danach nicht vollständig ausgebrannt sind. Dabei wird zwischen den Kohlenstoff(C)-haltigen festen oder flüssigen Zersetzungsprodukten sowie den C-haltigen kondensierten Syntheseprodukten unterschieden.

9.3 Schadstoffbildungsmechanismen

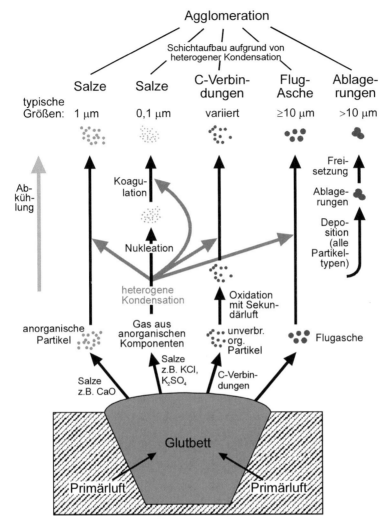

Abb. 9.51 Aerosolbildung aus naturbelassener fester Biomasse in automatischen Feuerungen (nach /9-155/)

- Unter C-haltigen Zersetzungsprodukten sind organische Verbindungen zu verstehen, die bei der pyrolytischen Zersetzung des Brennstoffs (Kapitel 9.2) aufgrund des hohen Flüchtigenanteils der Biomasse entstehen; sie bestehen aus Fragmenten der polymeren Holzbestandteile Cellulose, Hemicellulose und Lignin. Diese Pyrolyseprodukte können in das Abgas gelangen, wenn z. B. die Vermischung mit Sauerstoff, die Verweilzeit oder die Temperatur (Kapitel 10.1, "3-T-Kriterium") im Brennraum ungenügend sind.
- Unter C-haltigen kondensierten Syntheseprodukten ist z. B. Ruß zu verstehen. Er entsteht in der Flamme durch Agglomeration kleinster Kohlenstoff-Cluster, welche ihrerseits aus Fragmenten von z. B. Ethin entstehen. Die Rußbildung

wird durch ungenügende Luftzufuhr, ungleichmäßige Entzündung und schlechte Durchmischung von Brennstoff und Luft begünstigt (Kapitel 9.3.2) /9-30/, /9-101/, /9-64/. Zusätzlich werden darunter auch organische Verbindungen (z. B. PAK) subsumiert, die durch eine Synthese aus thermischen Zersetzungsprodukten bei hohen Temperaturen gebildet werden.

Unter schlechten Verbrennungsbedingungen in einfachen Holzfeuerungen können beträchtliche Mengen unverbrannter Kohlenstoffverbindungen emittiert werden (z. B. /9-25/, /9-29/, /9-56/, /9-67/, /9-24/, /9-124, /9-190/, /9-3/, /9-52/, /9-158/, /9-89/). Diese Aerosolemissionen können zudem aufgrund der unvollständigen Verbrennung organische Substanzen enthalten, die besonders toxikologisch relevant sein können.

Bei einfachen handbeschickten Anlagen können sowohl die Gesamtaerosolemissionen als auch der organische Anteil während des Abbrands erhebliche Schwankungen aufweisen. Insbesondere in der ersten Abbrandphase nach der Brennstoffbeschickung kann bei Biomassefeuerungen ein erhöhter Gehalt an organischen Stoffen in abgeschiedenen Feinstäuben nachgewiesen werden /9-117/. In der Ausbrandphase emittierte Aerosole stammen dagegen nahezu ausschließlich aus den mineralischen Komponenten der Asche.

Aerosole aus vollständiger Verbrennung. Bei den Aerosolen aus vollständiger Verbrennung handelt es sich um die anorganischen Bestandteile des Brennstoffs, die nach einer Fragmentierung und Verdampfung des Brennstoffpartikels bei wieder sinkenden Temperaturen über die Nukleation mit anschließender Koagulation sowie die direkte Kondensation entstehen /9-97/, /9-93/, /9-8/, /9-9/, /9-10/.

Bei Biomassefeuerungen bilden sich auf diesem Weg vor allem folgende Teilchenklassen:

- schwerflüchtige, mineralische Aschebestandteile (z. B. CaO, Al_2O_3, SiO_2),
- Ascheverbindungen, die durch Verdampfung und Kondensation oder Neubildung in der Feuerung entstehen (z. B. KCl, K_2SO_4, Nitrate) und
- Schwermetalle aus der Assimilation der Biomasse oder aus Verunreinigungen (z. B. aus Farben, Beschichtungen).

Unter der Nukleation wird bei der Feinstaubbildung das Wachstum einer Ansammlung von Molekülen, eines sogenannten Clusters zu einem Kern, bezeichnet. Dieser Vorgang ist abhängig vom Dampfdruck der kondensierbaren Spezies. Der Molekülcluster beginnt zu wachsen, sobald die Sättigungsgrenze überschritten ist und damit der Dampfdruck des Gases lokal den Gleichgewichtsdampfdruck übersteigt; d. h. einen Sättigungsgrad S von größer 1 erreicht. Der Sättigungsgrad S ist definiert nach Gleichung (9-59).

$$S = p/p_s \qquad (9-59)$$

p bezeichnet den Partialdruck und p_s den Sättigungsdampfdruck. Dabei ist ein dynamischer Zustand der Übersättigung möglich, der erst nach unendlich langer Zeit in ein thermodynamisches Gleichgewicht gelangt.

Kondensation tritt in einem übersättigten Medium als Resultat eines Zusammenstoßes zwischen einem Gasmolekül und einem bereits existierenden partikulären Keim auf. Da Kondensation – im Gegensatz zur Nukleation – bereits bei sehr geringer Übersättigung in einem relevanten Maß auftritt, ist sie der dominierende

9.3 Schadstoffbildungsmechanismen

Bildungsprozess in einem übersättigten Medium, sofern bereits Kondensationskerne in ausreichender Menge vorhanden sind.

Durch Koagulation von Partikeln und Tröpfchen, welche aufeinander stoßen und durch Oberflächenkräfte aneinander haften bleiben, erfolgt zudem ein Korngrößenwachstum bereits gebildeter Aerosolbestandteile. Dabei nimmt die Anzahl der Partikel und Tröpfchen (d. h. ihre Konzentration) ab, während die Gesamtmasse der festen und flüssigen Teilchen unverändert bleibt.

Im Unterschied zur Koagulation tritt bei der Koaleszenz ein Aufschmelzen von Partikeln auf, das ebenfalls zu einem Korngrößenwachstum führt /9-103/.

Je nach Koagulierungsgrad werden Feinstäube unter 0,1 µm, agglomerierte Aschepartikel oder Tröpfchen mit einer Korngröße zwischen 0,1 und 1 µm sowie größere Flugaschekomponenten zwischen 1 und 20 µm gebildet (Abb. 9.51). Der zeitliche Verlauf der festen und flüssigen Teilchen-Anzahlkonzentration $c_N(\tau)$ beschreibt Gleichung (9-60) (Näherung für monodisperse sphärische Partikel und Tröpfchen) /9-84/.

$$c_N(\tau) = \frac{c_{N,0}}{1+c_{N,0} K \tau} \quad (9\text{-}60)$$

$c_{N,0}$ beschreibt die Anzahlkonzentration der Partikel und Tröpfchen zum Zeitpunkt 0, K den sogenannten Koagulationskoeffizient und τ die Verweilzeit.

Für feste und flüssige Teilchen mit einer Größe zwischen 10 und 100 nm nimmt nach einigen Sekunden Verweilzeit die Anzahlkonzentration um eine Zehnerpotenz ab (z. B. von 10^{10} cm^{-3} auf 10^9 cm^{-3}). Und nach Verweilzeiten von einigen Tagen reduziert sich die Anzahlkonzentration durch Koagulation auf 10^4 cm^{-3}. Abb. 9.52 zeigt diesen Sachverhalt anhand des Zeitverlaufs der Anzahlkonzentration der festen und flüssigen Teilchen.

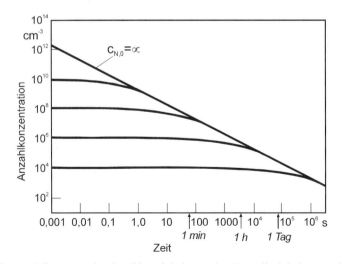

Abb. 9.52 Anzahlkonzentration in Abhängigkeit von der Verweilzeit bei unterschiedlichen Anfangskonzentrationen unter der Annahme einer einfachen, monodispersen Koagulation /9-84/

434   9 Grundlagen der thermo-chemischen Umwandlung

Die Verweilzeiten liegen bei Holzfeuerungen je nach Feuerungsart, technischer Ausführung und Zugbedingungen bei wenigen hundertstel bis zu mehreren Sekunden. Entsprechend liegt die Anzahlkonzentration am Kamin der Feuerung bei 10^6 bis 10^{10} Partikel je cm^3. In vielen Fällen ist eine Zahl von 10^7 bis 10^8 Partikel und Tröpfchen je cm^3 zu beobachten /9-7/.

Aerosole durch Mitreißen von Aschepartikeln. In der Feuerung können Aschepartikel aus dem Glutbett mitgerissen werden. Dieses Mitreißen hängt ab u. a. von der Feuerraum- und insbesondere der Glutzonengestaltung sowie den Strömungsverhältnissen in der Glutzone und den eingesetzten Brennstoffen (z. B. Anteil an schwerflüchtigen Bestandteilen wie Sand und Erde). Werden diese mitgerissenen Partikel nicht innerhalb der Feuerung wieder abgeschieden, tragen sie zu den gesamten Feinstaubemissionen bei.

Bei der Biomasseverbrennung werden die festen und flüssigen Teilchen aus der vollständigen Verbrennung vor allem durch die Aerosolbildner im Brennstoff (u. a. Kalium (K), Schwefel (S), Chlor (Cl), Natrium (Na), Zink (Zn), Silizium (Si) und Phosphor (P)) bestimmt. Die im Brennstoff vorhandenen Aerosolbildner werden zu relativ festen Anteilen freigesetzt und tragen zur Aerosolbildung bei. So wird je nach Verbrennungsbedingungen beispielsweise Kalium zu 16 bis 36 %, Natrium zu 2 bis 10 %, Zink zu 30 bis 82 %, Blei zu 80 bis 100 %, Schwefel zu 87 bis 93 % und Chlor zu 97 bis 99 % in Stäuben freigesetzt /9-152/, /9-68/. Den grundsätzlichen Zusammenhang zwischen ausgesuchten Aerosolbildnern im Brennstoff und den Staubemissionen zeigt Abb. 9.53.

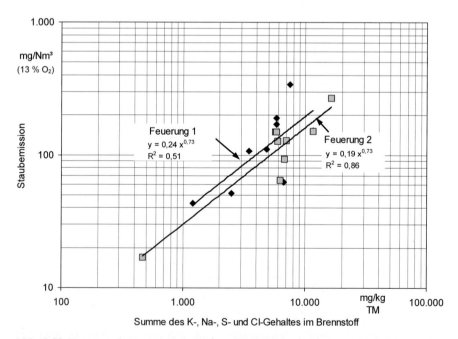

Abb. 9.53 Zusammenhang zwischen Hauptaerosolbildnern und Feinstaubemissionen (TM Trockenmasse) /9-68/

9.3 Schadstoffbildungsmechanismen

Bei der Bildung von Partikeln und Tröpfchen im heißen Feuerraum liegen zunächst Siliziumoxid (SiO_2), Kalziumoxid (CaO) und Zinkoxid (ZnO) vor, die z. T. direkt als Feststoffe aus dem Glutbett herausgerissen werden. Bei einer Temperatur um 1 050 °C kommt es zur Nukleation von Kaliumsulfat (K_2SO_4), das sich an die bereits vorhandenen Partikel anlagert. Kaliumchlorid (KCl) kondensiert dann bei niedrigeren Temperaturen von etwa 650 °C aus /9-182/. KCl und K_2SO_4 tragen zusammen häufig mit 80 bis 90 % zur gesamten Aerosolfracht bei /9-28/.

Das Verhältnis zwischen Kaliumchlorid (KCl) und Schwefeldioxid (SO_2) ist dabei insofern von Bedeutung, als bei der Umwandlung von KCl und SO_2 zu K_2SO_4 in der Feuerung HCl freigesetzt wird /9-177/. Letzteres tritt als toxische, gasförmige Emission auf und fördert zudem die Hochtemperaturchlorkorrosion /9-120/.

Wird die vollständige Verbrennung auch nur partiell gestört, können die mineralischen Flugaschebestandteile mit organischen Verbindungen beladen sein. Diese organischen Verbindungen, die aus der pyrolytischen Zersetzung des Brennstoffs oder durch Synthese von Zersetzungsprodukten entstehen können, liegen bei den üblichen Verbrennungstemperaturen und -konzentrationen meist in einem dampfförmigen Zustand vor. Bei der Abkühlung und/oder in Gegenwart von festen Oberflächen können diese organischen Verbindungen jedoch kondensieren; sie werden somit Teil der partikulären Masse. Die mineralischen Komponenten von Aerosolen können so zu Trägern besonders toxischer organischer Substanzen werden; dies ist besonders unerwünscht, da ihre Größenverteilung im lungengängigen Bereich liegt.

Bei üblichen Verbrennungsbedingungen und Brennstoffen weisen die aus automatisch beschickten Biomassefeuerungen freigesetzten Partikel und Tröpfchen meist eine unimodale Korngrößenverteilung auf. Das Maximum liegt zwischen 0,05 und 0,2 µm mit Verschiebungen zu geringfügig größeren oder kleineren Teilchen für unterschiedliche Brennstoffe oder Verbrennungsbedingungen /9-124/, /9-134/, /9-92/, /9-81/, /9-123/. Beispielsweise handelt es sich bei der bei einer Verbrennung von naturbelassenem Holz, von Spanplatten, von Altholz und von Gras freigesetzten Masse an festen und flüssigen Teilchen zu mehr als 80 % um solche mit einem Durchmesser von unter 1 µm /9-81/, /9-82/. Bei modernen Holzpelletfeuerungen steigt dieser Wert auf deutlich über 90 %. Bimodale Verteilungen mit einem zweiten Maximum bei Werten deutlich über 1 µm treten vor allem bei erheblichen Störungen der Verbrennung bei Kleinfeuerungsanlagen oder bei größeren Kessel mit über 300 kW Nennleistung auf /9-144/.

Beeinflussung. Unter optimalen Bedingungen können mit Stückholzvergaser- und Pelletkesseln Feinstaubemissionen von etwa 20 mg/Nm³ (bei 13 % O_2) und mit Holzhackschnitzelkesseln kleiner Leistung von ca. 30 mg/Nm³ (bei 13 % O_2) erreicht werden. Bei Einzelraumfeuerungen mit Stückholz liegen die Feinstaubemissionen – je nach Feuerung – im ungestörten Betrieb bei rund 60 bis 100 mg/Nm³ (13 % O_2). Feuerungen, die mit Agrarbrennstoffen wie Getreide, Strohpellets oder Rapspresskuchenpellets betrieben werden, zeigen heute Feinstaubwerte von 100 bis 500 mg/Nm³ (bei 13 % O_2); hier sind aber noch nicht alle technischen Verbesserungsmöglichkeiten ausgeschöpft. Automatische Holzfeuerungsanlagen mit 70 bis 500 kW zeigen Feinstaubemissionen von 50 bis 500 mg/Nm³ (13 % O_2) und

500 kW bis 10 MW-Feuerungen 2 bis 200 mg/Nm³; die Unterschiede sind hier u. a. auf unterschiedliche Sekundärmaßnahmen zurückzuführen /9-142/.

Im praktischen Einsatz kommt es aber immer wieder zu deutlich höheren Aerosolemissionen u. a. durch An- und Abfahrvorgänge, dem Einsatz von Brennstoffen mit zu hohem Wassergehalt, falscher Luftregelung, Lastvariationen sowie einer nicht optimalen Reinigung der Feuerung. Im Jahresmittel können die durchschnittlichen Emissionen dadurch um einen Faktor 1,3 bis 3 und höher über den Messwerten bei optimalen Betriebsbedingungen liegen.

Unter optimierten Betriebsbedingungen findet weitgehend eine vollständige Verbrennung statt. Deshalb befinden sich vor allem anorganische Salze mit einem Gesamtkohlenstoffanteil deutlich unter 10 % in den Aerosolen. Im Unterschied dazu kommt es im realen Betrieb immer wieder zu Phasen mit schlechter Verbrennung. In diesen Zeiten steigen der Anteil an Kohlenstoff und der an Kohlenwasserstoffen – insbesondere auch der Anteil an PAK (Polyzyklische Aromatische Kohlenwasserstoffe) – deutlich an, so dass unter diesen Bedingungen z. T. deutlich über 50 % der Stäube aus organischen festen und flüssigen Teilchen bestehen können.

Die Zusammensetzung der Aerosole sowie die Korngrößenverteilung der festen und flüssigen Komponenten hängt damit wesentlich vom Brennstoff, der Feuerungsanlagentechnik und den Verbrennungsbedingungen ab. So wird z. B. der organisch gebundene Kohlenstoff in der Flugasche einer Einzelfeuerstätte von der aufgegebenen Brennstoffgröße beeinflusst /9-124/. Auch kann z. B. durch den Luftüberschuss und die Abgasrezirkulation die Partikel- und Tröpfchenanzahl und deren Verteilung verändert werden /9-92/, /9-81/. Unter anderem aufgrund der Ascheumformungsprozesse ist zudem zu erwarten, dass die Temperatur im Feuerraum ein wichtiger Parameter zur Beeinflussung der Aerosolbildung ist. Vordringlich zur Vermeidung von Aerosolen aus unvollständiger Verbrennung ist auch die Erzielung einer vollständigen Verbrennung durch hohe Temperaturen, einer guten Einmischung der Verbrennungsluft sowie des Einstellens eines optimalen Brennstoff-Luft-Verhältnisses.

Da Primärmaßnahmen zur Vermeidung von Aerosolen aus Aschebestandteilen nur bedingt wirksam sind, müssen zumindest bei größeren Feuerungsanlagen geeignete Abscheideverfahren (d. h. Sekundärmaßnahmen, Kapitel 10.4) vorgesehen werden. Für die submikronen Aerosolbestandteile, die den Hauptanteil der Feststoffemissionen ausmachen, besitzen konventionelle Zyklone jedoch nahezu keine Abscheidewirkung. Eine effiziente Abtrennung ist nur durch Gewebefilter oder elektrostatische Abscheider möglich (Kapitel 10.4). Letztere erreichen unabhängig von der Rohgasbelastung Reingaskonzentrationen von deutlich unterhalb von 10 mg/Nm³ (bei 13 % O_2). Gewebefilter können je nach Gewebematerial noch niedrigere Werte erreichen.

Die meisten der heute am Markt erhältlichen Biomassefeuerungen weisen bei korrekter Einstellung und beim Einsatz geeigneter Brennstoffe im Nennlastbetrieb eine weitgehend vollständige Verbrennung und damit relativ niedrige Staubemissionen auf. Die technischen Unterschiede der Feuerungen – und damit auch erhöhte Feinstaubemissionen – werden häufig erst bei einer Störung der optimalen Betriebsbedingungen wirksam; dies kann u. a. ein Teillastbetrieb, An- und Abfahrvorgänge, ein zu niedriger oder ein zu hoher Kaminzug oder der Einsatz nicht ganz optimaler Brennstoffe sein. Dann können – je nach eingesetzter Technik und Brennstoff – die realen über ein Betriebsjahr gemittelten Emissionen an Staub deutlich von den Werten im Optimalbetrieb (Prüfstands- und Schornsteinfegermessungen) abweichen. Deshalb sollten Störungen weitgehend vermieden oder deren Auswirkungen kompensiert werden; beispielsweise führen technisch einfacher gestaltete Feuerungssysteme genauso wie der Einsatz nicht-holzartiger Brennstoffe häufiger zu Verbrennungsstörungen als ausgereifte, technisch optimierte Anlagen für genormte Holzbrennstoffe.

Maßgeblich für eine geringe Toxizität der Feinstäube scheint derzeit die Vermeidung von Produkten der unvollständigen Verbrennung (d. h. organische Kohlenwasserstoffe, insbesondere PAK) zu sein. Dies kann durch einen optimierten Betrieb der Verbrennung möglichst bei Nennlast (Pufferspeicher), einer definierten Einstellung von Verbrennungsluft und der Brennstoffzufuhr (d. h. automatische Brennstoffzufuhr und Lambda-Regelung sowie Temperaturüberwachung der Verbrennung) und geeignet aufbereiteten Brennstoffen (u. a. Stückigkeit, Wassergehalt) sowie ggf. dem Einsatz katalytischer Staubabscheider erreicht werden. Weitere Optimierungen sind insbesondere durch die Beeinflussung der Anteile an Aerosolbildnern in den Brennstoffen und eine Kontrolle der Glutbetttemperatur sowie des Sauerstoffangebots in der Zone der pyrolytischen Zersetzung (gestufte Verbrennung) möglich /9-155/.

Maßnahmen zur Verminderung der Aerosolbildung haben – neben der verringerten Emission von festen und flüssigen Teilchen – meist weitere Auswirkungen im Feuerungsprozess; hierzu zählen geringere Ablagerungen in der Brennkammer und im Kessel, verminderte Korrosionseffekte sowie Wirkungen auf die Ascheerweichung. Die Aerosolbildung kann somit nicht als isoliertes Problem in der Brennkammer betrachtet werden, sondern steht in Wechselwirkung mit dem gesamten Verbrennungsprozess.

9.3.3.4 Emissionen polychlorierter Dioxine und Furane

Die polychlorierten Dibenzo-p-Dioxine (PCDD) und Dibenzo-Furane (PCDF) umfassen zwei Verbindungsklassen aromatischer Ether, deren Wasserstoffatome durch maximal acht Halogenatome substituiert werden können (Abb. 9.54). Damit existieren insgesamt 75 Dioxin- und 135 Furanverbindungen mit unterschiedlichem Substitutionsgrad. Neben chlorierten Dioxinen und Furanen gibt es auch bromierte sowie gemischt bromiert/chlorierte Abkömmlinge (PXDD und PXDF) und zwar insgesamt 210 bromierte und 5 020 gemischt halogenierte Isomere.

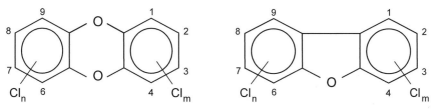

Abb. 9.54 Strukturformel der polychlorierten Dibenzo-p-Dioxine (PCDD, links) und Dibenzo-Furane (PCDF, rechts)

438 9 Grundlagen der thermo-chemischen Umwandlung

Von den PCDD- und PCDF-Isomeren sind die 2,3,7,8-substituierten Kongenere und insbesondere das Tetrachlor-Dibenzo-p-Dioxin (2,3,7,8-TCDD, Seveso-Dioxin) toxikologisch relevant. Aufgrund von Versuchen mit Einzelisomeren an Ratten wurde die toxische Wirkung erfasst und die relative Toxizität der 17 wichtigsten Isomere in Form eines TCDD-Äquivalenzfaktors (TEF) zusammengefasst. Für 2,3,7,8-TCDD mit der höchsten Toxizität wurde der Wert 1 festgelegt.

Dioxine und Furane gelten hauptsächlich als anthropogen verursacht. Die wichtigsten Quellen sind Verbrennungsprozesse (insbesondere die Abfallverbrennung) sowie die metallverarbeitende Industrie und der Verkehr (vor allem aus verbleitem Benzin).

Entstehung. Eine Voraussetzung zur Bildung chlorierter Dioxine und Furane in der Verbrennung ist die gleichzeitige Anwesenheit von Chlor und festem Kohlenstoff. Chlor stammt z. B. aus bestimmten Spanplatten, fester Kohlenstoff tritt bei Festbrennstoffen in Form von Ruß und Partikeln als Zwischenprodukt der Verbrennung auf.

Dioxine können auch ohne Anwesenheit von organischen Chlorverbindungen aus dem Flugstaub entstehen und vor allem im Abhitzebereich in einer Denovo-Synthese gebildet werden. Diese Denovo-Synthese findet in einem Temperaturfenster von 180 bis 500 °C statt, wobei das Bildungsmaximum bei etwa 300 °C liegt (Abb. 9.55); als treibende Kraft für die Dioxin- und Furanbildung gilt dabei der Deacon-Prozess (Gleichung (9-61)).

$$2\, HCl + \tfrac{1}{2}\, O_2 \leftrightarrow Cl_2 + H_2O \qquad (9\text{-}61)$$

Die Bildung von elementarem Chlor (Cl_2) wird im Temperaturbereich von 20 bis 1 200 °C thermodynamisch begünstigt. Metalle, insbesondere Kupfer und in geringerem Ausmaß auch Eisen, wirken dabei als Katalysatoren. Die Dioxinbildung ist ein heterogener Prozess. Es wird vermutet, dass die chlorierten Dioxine und Furane bzw. Aromaten (Ar) nach dem in den Gleichungen (9-62) und (9-63)

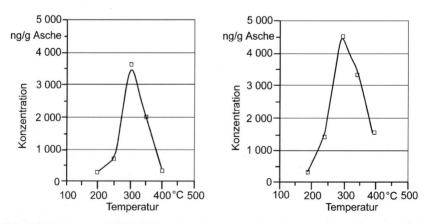

Abb. 9.55 Temperaturabhängigkeit der Bildung von PCDD (links) und PCDF (rechts) bei der thermischen Behandlung von Asche aus der Abfallverbrennung in Luft während drei Stunden (Daten nach /9-191/)

9.3 Schadstoffbildungsmechanismen 439

dargestellten Schema gebildet werden /9-181/; ArHCl* bezeichnet ein adsorbiertes, chlorhaltiges Zwischenprodukt.

$$ArH + Cu(II)Cl_2 \leftrightarrow ArHCl^* + Cu(I)Cl \tag{9-62}$$

$$ArHCl^* + Cu(II)Cl_2 \leftrightarrow ArCl + Cu(I)Cl + HCl \tag{9-63}$$

Damit die Reaktion nicht abbricht, muss das reduzierte Kupfer(I)chlorid oxidiert werden (Gleichung (9-64)).

$$4Cu(I)Cl + 4HCl + O_2 \leftrightarrow 4Cu(II)Cl_2 + 2H_2O \tag{9-64}$$

Die wichtigsten Größen, die die Bildung von Dioxinen und Furanen bestimmen, können wie folgt zusammengefasst werden.
- Anwesenheit von Chlor (z. B. aus mit Ammoniumchlorid gebundenen Spanplatten),
- Unverbrannter Kohlenstoff (z. B. Ruß, kohlenstoffhaltige Stäube). Gemäß Abb.

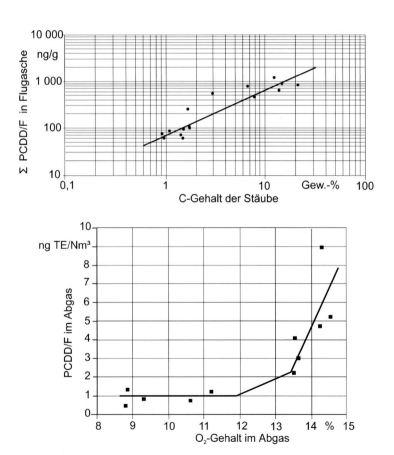

Abb. 9.56 Oben: PCDD- und PCDF-Gehalt auf Flugaschen als Funktion des Kohlenstoffgehalts der Stäube (nach /9-87/); Unten: PCDD- und PCDF-Gehalt im Abgas als Funktion des Sauerstoffgehalts im Abgas (nach /9-112/). TE Toxicity Equivalent

9.56 (oben) steigen die PCDD- und PCDF-Gehalte mit zunehmendem C-Gehalt in den Stäuben deutlich an.
- Anwesenheit von Sauerstoff. Gemäß Abb. 9.56 (unten) ist bei einem Betrieb der Feuerung mit Sauerstoffgehalten unter 11 Vol.-% mit deutlich geringeren Dioxinemissionen zu rechnen als bei höheren Sauerstoffwerten.
- Metalle, insbesondere Kupfer.
- Temperaturen zwischen ca. 180 und 500 °C, wobei das Maximum bei rund 300 °C liegt (Abb. 9.55).

Bei der Verbrennung von naturbelassenen Holzbrennstoffen werden in der Regel nur sehr geringe Mengen von Dioxinen gebildet (typischerweise zwischen 0,01 bis 0,2 ng TE/m^3_n bei 11 Vol.-% O_2). Dagegen können z. B. bei Altholz oder mit Ammoniumchlorid gehärteten Spanplatten auch bei guten Verbrennungsbedingungen deutlich höhere Dioxinemissionen auftreten. Belastbare Messungen bei anderen chlorhaltigen Brennstoffen liegen nicht vor.

Beeinflussung. Die Primärmaßnahmen zur Vermeidung von Dioxinemissionen umfassen einerseits die Brennstoffwahl und andererseits die Anlagentechnik.

Die höchsten Dioxinemissionen treten bei der Verbrennung von brennbarem Siedlungsabfall in handbeschickten Feuerungen und bei der offenen Verbrennung belasteter Materialien (z. B. Altholz, Verpackungsmaterial) auf Baustellen und in Deponien auf. Auch die Verbrennung von Altholz in konventionellen, nicht für Altholz ausgerüsteten Anlagen kann zu hohen Dioxinemissionen führen. Da die Dioxinkonzentrationen hierbei um ein Vielfaches höher sind als bei der sachgemäßen Verbrennung, kommt der Vermeidung der unerlaubten Abfall- und Altholzverbrennung höchste Priorität zu.

Zur Reduktion der Dioxinemissionen aus Holz- und Altholzfeuerungen kommen Maßnahmen im Bereich Feuerungstechnik, Wärmeübertrager/Kessel und Betriebsbedingungen in Frage.
- Primärmaßnahmen im Bereich Feuerungstechnik haben das Ziel, einen maximalen Ausbrand der Kohlenwasserstoffe und Stäube sowie einen Betrieb bei minimalem Sauerstoffgehalt und minimalem Staubgehalt im Rohgas zu erreichen. Dies erfordert eine gute Vermischung der brennbaren Gase mit der Verbrennungsluft, einen Betrieb bei einer Luftüberschusszahl unter zwei (Zielwert 1,5), falls notwendig eine Verlängerung der Verweilzeit in der heißen Zone sowie eine Verhinderung des Mitreißens von Staubpartikeln durch minimale Störung des Glutbetts und gleichmäßige Verteilung der Primärluft. Als weitere Maßnahme kommt die Integration eines SNCR-Verfahrens (d. h. Selektive nichtkatalytische Reduktion der NO_x-Emissionen) mit heißer Reduktionskammer in Frage.
- Im Bereich von Wärmeübertrager und Kessel ist auf die Vermeidung von Ablagerungsmöglichkeiten für Stäube zu achten.

Zur weiteren PCDD/F-Minderung trägt der Einsatz einer Verbrennungsregelung bei, die einen Betrieb bei minimalem Luftüberschuss ohne Anstieg des Unverbrannten durch Luftmangel gewährleistet. Hierfür eignet sich z. B. der Einsatz einer CO/Lambda-Regelung mit Sollwertoptimierung. Weitere Vorteile bietet eine optimale Anlagenauslegung, die auf eine möglichst kontinuierliche Betriebsweise ohne Ein/Aus-Betrieb abzielt und schnelle Leistungsänderungen gewährleistet.

9.4 Feste Konversionsrückstände und deren Verwertung

Bei der Verbrennung von Biomassen fallen notwendigerweise Aschen an. Deshalb werden im Folgenden die physikalischen und chemischen Eigenschaften von Biomasseaschen dargestellt. Außerdem wird auf die Möglichkeiten deren Verwertung eingegangen.

Die in größeren Biomassefeuerungen anfallende Asche setzt sich dabei normalerweise aus drei unterschiedlichen Fraktionen zusammen (Abb. 9.57).

- Grob- oder Rostasche. Darunter wird der im Verbrennungsteil der Feuerungsanlage anfallende überwiegend mineralische Rückstand der eingesetzten Biomasse verstanden. Hier finden sich auch die im Brennstoff enthaltenen Verunreinigungen (z. B. Sand, Erde, Steine) sowie bei Wirbelschichtfeuerungen Teile des Bettmaterials (meistens Quarzsand) wieder. Außerdem können – speziell beim Einsatz von Rinde und Stroh – gesinterte Ascheteile und Schlackebrocken in der Grobasche enthalten sein.
- Zyklonasche. Hierunter werden die als Partikel in den Abgasen mitgeführten festen, überwiegend anorganischen Brennstoffbestandteile verstanden, die als Stäube im Wendekammer- und Wärmeübertragerbereich der Feuerung sowie in dem Kessel nachgeschalteten Fliehkraftabscheidern (Zyklonen) anfallen.
- Feinstflugasche. Darunter wird die in Gewebe- oder Elektrofiltern bzw. als Kondensatschlamm in Abgaskondensationsanlagen anfallende Aschefraktion verstanden. Bei Feuerungsanlagen ohne eine derartige Abgasreinigung wird die Feinstflugasche als Reststaub in die Atmosphäre abgegeben.

Bei Kleinfeuerungsanlagen (z. B. Scheitholzkessel, häusliche Hackschnitzelkessel, Halmgutfeuerungen bis 100 kW Nennwärmeleistung), in denen bisher keine Entstaubungseinrichtungen verwendet werden, ist eine Separierung der Aschen nach

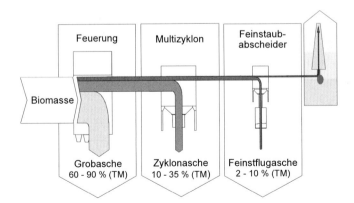

Abb. 9.57 Schema der in Biomassefeuerungen anfallenden Aschefraktionen (die exemplarisch angegebenen Gewichtsanteile der einzelnen Aschefraktionen am Gesamtascheanfall gelten für Rostfeuerungen im größeren Leistungsbereich mit Rinde bzw. Hackgut als Brennstoff; bei Wirbelschichtfeuerungen verschiebt sich der Hauptanteil der anfallenden Asche von der Grobasche zur Zyklon- und Feinstflugasche) (TM Trockenmasse) /9-151/

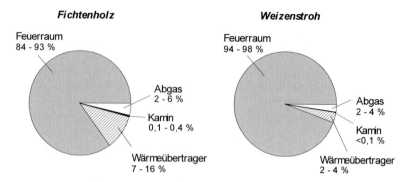

Abb. 9.58 Zuordnung des Ascheanfalls für zwei unterschiedliche Brennstoffe (Fichtenholz (links) und Weizenstroh (rechts)) nach Abscheidebereichen in einer automatisch beschickten Kleinfeuerungsanlage (50 kW) ohne sekundäre Staubabscheidung (Daten nach /9-108/)

Anfallort nur bei der periodischen Reinigung möglich. Der typische Anteil für die Feuerraumasche beträgt 84 bis 98 % des Gesamtascheanfalls; die im Wärmeübertrager abgeschiedene Asche liegt dagegen nur bei 2 bis 16 % und die Asche aus dem Kaminsystem bei 2 bis 4 % (bei Scheitholzfeuerungen) bzw. bei automatisch beschickten Kleinfeuerungsanlagen sogar bei weniger als 0,4 % der Gesamtaschemenge (Abb. 9.58). Im verbleibenden Abgas werden somit meist weniger als 4 % der Gesamtmenge als Staubpartikel ausgetragen /9-110/, /9-108/.

9.4.1 Eigenschaften

In den folgenden Ausführungen werden die physikalischen und chemischen Eigenschaften von Biomasseaschen dargestellt und diskutiert.

9.4.1.1 Aschefraktionen und -anfall, Dichten und Korngrößen

Zu den wesentlichen physikalischen Eigenschaften der anfallenden Aschen zählen Korngröße, Teilchendichte und Schüttdichte. Zunächst werden aber die Anteile der verschiedenen Aschefraktionen an der Gesamtasche und deren durchschnittlicher Anfall dargestellt.

Aschefraktionen und -anfall. Richtwerte für die durchschnittlichen Anteile der einzelnen Aschenfraktionen an der gesamten anfallenden Asche in Abhängigkeit des eingesetzten Brennstoffs und der Anlagentechnologie zeigt Tabelle 9.21. Die tatsächliche Mengenverteilung bei einer konkreten Feuerung kann von den dargestellten Richtwerten aber z. T. auch deutlich abweichen, da sie von sehr vielen Einflussfaktoren abhängig ist (u. a. Gesamtaschegehalt, Korngröße des eingesetzten Brennstoffes, Feuerraumgeometrie, Feuerungstechnik, Wärmeübertragergeometrie, Regelung der Luftzufuhr, Staubabscheidetechnologie).

Den für unterschiedliche Biomassen zu erwartenden durchschnittlichen Gesamtascheanfall zeigt Abb. 9.59. Hier werden insbesondere die großen Bandbrei-

9.4 Feste Konversionsrückstände und deren Verwertung

Tabelle 9.21 Anteile der einzelnen Aschefraktionen an der Gesamtasche /9-147/, /9-148/, /9-162/ (Angaben für Rinde und Hackgut gelten für Rost- bzw. Unterschubfeuerungen; Angaben für Sägespäne gelten für Unterschubfeuerungen; Angaben für Stroh- und Getreideganzpflanzenfeuerungen gelten für Zigarrenbrenner; alle Anlagen sind mit nachgeschaltetem Zyklon- und Feinstaubabscheider ausgestattet) (GP Getreideganzpflanzen)

Brennstoff/ Aschefraktion	Rindenfeuerungen	Hackgutfeuerungen	Sägespänefeuerungen	Stroh- und GP-Feuerungen
		in % der Trockenmasse		
Grobasche	65 – 85	60 – 90	20 – 30	80 – 90
Zyklonasche	10 – 25	10 – 30	50 – 70	2 – 5
Feinstflugasche	2 – 10	2 – 10	10 – 20	5 – 15

ten deutlich, innerhalb derer der Ascheanfall variiert. Bei Wirbelschichtfeuerungen fällt durch den gleichzeitigen Austrag von Bettmaterial deutlich mehr Asche an, als aufgrund des Brennstoff-Aschegehaltes zu erwarten wäre; dieser Austrag von Bettmaterial kann das 1- bis 3-fache des Brennstoff-Aschegehaltes betragen /9-62/. Auch bei der Verbrennung von Altholz kommt es durch den hohen Anteil an mineralischen Verunreinigungen und Fremdanteilen zu einem deutlich höheren Ascheanfall als bei der Nutzung von naturbelassenem Holz.

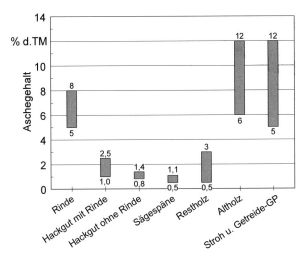

Abb. 9.59 Bandbreite der Aschegehalte unterschiedlicher Biomasse-Brennstoffe (bei Hackgut und Spänen gelten die unteren Werte für Weichholz, die oberen für Hartholz) (GP Ganzpflanzen, d. der, TM Trockenmasse, u. und) (nach /9-151/)

Dichte. Die Teilchendichten der einzelnen Aschefraktionen (Tabelle 9.22) nehmen von der Grobasche bis zur Feinstflugasche leicht ab. Dies kann durch die mit der Feinheit der Flugasche abnehmenden Anteile an mineralischen Verunreinigungen und die zunehmenden Salzgehalte erklärt werden. Mineralische Verunreinigungen

9 Grundlagen der thermo-chemischen Umwandlung

Tabelle 9.22 Mittlere Teilchen- und Schüttdichten von Biomasseaschen /9-151/, /9-147/, /9-146/, /9-27/ (Anlagen sind mit Zyklon- und Feinstaubabscheidern ausgestattet)

	Aschefraktion	Mittlere Teilchendichte in kg/m^3 Trockenmasse	Schüttdichte (Mittelwert)
Rinde[a]	Grobasche	2 600 – 3 000	950
	Zyklonasche	2 400 – 2 700	650
	Feinstflugasche	2 300 – 2 600	350
Hackgut[a]	Grobasche	2 600 – 3 000	950
	Zyklonasche	2 400 – 2 700	500
	Feinstflugasche	2 300 – 2 600	
Sägespäne[b]	Grobasche	2 600 – 3 000	650
	Zyklonasche	2 400 – 2 700	300
	Feinstflugasche	2 300 – 2 600	
Stroh, GP[c]	Grobasche		300
	Zyklonasche	ca. 2 200	150
	Feinstflugasche	ca. 2 200	150

[a] Angaben für Rinde und Hackgut gelten für Rost- bzw. Unterschubfeuerungen.
[b] Angaben für Sägespäne gelten für Unterschubfeuerungen.
[c] Angaben für Stroh- und Getreideganzpflanzenfeuerungen gelten für Zigarrenbrenner.
GP Getreideganzpflanzen

(z. B. Sand, Erde, Steine) besitzen relativ große Korngrößen und Teilchendichten; sie reichern sich dadurch in der Grobasche an. Salzpartikel besitzen dagegen vergleichsweise geringe Teilchendichten und bilden sich z. T. erst während der Abkühlung der Abgase im Kessel durch Kondensation von Salzdämpfen.

Schüttdichte. Die Schüttdichten nehmen mit der Feinheit der Aschefraktionen ab. Aschen aus Stroh- und Ganzpflanzenfeuerungen weisen besonders geringe Schüttdichten auf; dies scheint durch Unterschiede im mineralischen Aufbau und der Kristallstruktur im Vergleich zu Holz- und Rindenaschen begründet zu sein.

Korngröße. Die Korngrößen der anfallenden Aschen nehmen normalerweise mit der Feinheit des eingesetzten Brennstoffs, mit abnehmendem Brennstoff-Aschegehalt und mit sinkendem Anteil an mineralischen Brennstoffverunreinigungen ab. Die Korngrößenverteilung der Grobaschen ist dabei sehr stark vom Anteil und der Größe versinterter oder verschlackter Partikel abhängig. Die Korngrößen der Flugaschefraktionen richten sich nach der Art der verwendeten Staubabscheidetechnologie.

Typischerweise zeigen Flugaschen (Summe aus Zyklonflugaschen und Feinstflugaschen) aus Biomassefeuerungen eine bimodale Korngrößenverteilung. Ein Korngrößenmaximum liegt im Submikronbereich (typischerweise zwischen 0,1 und 0,6 µm) und das zweite deckt einen Bereich zwischen 10 und 150 µm ab. Die submikrone Aschefraktion, auch als Aerosolfraktion bezeichnet, entsteht durch die Sublimation bzw. Kondensation von Aschedämpfen durch chemische Reaktion bzw. Kühlung des Abgases. Die größeren Flugaschepartikel sind durch das Mitreißen von Ascheteilchen mit dem Abgas bedingt.

9.4.1.2 Nährstoffgehalte

Holz-, Stroh- und Ganzpflanzenaschen. Tabelle 9.23 zeigt mittlere Nährstoffkonzentrationen der in Holz- (Mittelwerte aus Rinden-, Hackgut- und Spänefeuerungen) sowie Stroh- und Getreideganzpflanzenfeuerungen (Winterweizen bzw. Triticale) anfallenden Aschen.

Bei den bei der Holzverbrennung anfallenden Aschefraktionen sind demnach bedeutende Mengen an Nährstoffen enthalten, die eine Ausbringung auf land- und forstwirtschaftlichen Flächen als Düngemittel gerechtfertigt erscheinen lassen. Der einzige fehlende Nährstoff ist Stickstoff, der bei der Verbrennung nahezu vollständig mit dem Abgas (in Form von reinem Stickstoff (N_2) und von Stickstoffoxiden (NO_x)) entweicht. Dabei ist Kalzium (Ca) das wesentliche aschebildende Element (d. h. Hauptbestandteil der Holzaschen); es kann durch seine basische Wirkung zur Bodenverbesserung (Anhebung des pH-Wertes) beitragen.

Die Konzentrationen an Kalzium (Ca) in Holzaschen liegen über denen von Stroh- und Ganzpflanzenaschen (der Hauptbestandteil von Stroh- und Getreideganzpflanzenaschen ist nicht Kalzium (Ca), sondern Silizium (Si), ein für Böden und Pflanzen neutrales Element). Bei Magnesium (Mg) sind dagegen kaum Unterschiede gegeben. Kalium (K) kommt in Stroh- und Ganzpflanzenaschen in vergleichsweise hohen Konzentrationen vor. Bei Phosphor (P) sind die Unterschiede in den Aschen von Holz und Stroh gering, während die Ganzpflanzen infolge des erhöhten Gehaltes im Korn durchschnittlich eine um das 4-fache höhere Konzentration aufweisen.

Die Nährstoffgehalte von Aschen aus Wirbelschichtfeuerungen können mitunter deutlich von jenen aus Festbettfeuerungen abweichen. Durch die Vermischung der Asche mit Bettmaterial (meist Quarzsand) ergeben sich hohe Siliziumoxid(SiO_2)-Gehalte in Aschen aus Wirbelschichtfeuerungen. Dadurch werden die Konzentrationen aller anderen Elemente entsprechend reduziert (d. h. Verdünnungseffekt).

Tabelle 9.23 Durchschnittliche Nährstoffgehalte in den einzelnen Aschefraktionen von Holzfeuerungen (d. h. Mittelwerte aus Rinden-, Hackgut- und Spänefeuerungen (Feuerungstechnologie: Rostfeuerung)) /9-147/, /9-148/, /9-162/ und von Stroh- und Getreideganzpflanzen(GP)-Feuerungen (Feuerungstechnologie: Zigarrenbrenner) /9-147/

Nährstoff	Grobasche			Zyklonasche			Feinstflugasche		
	Holz	Stroh	GP	Holz	Stroh	GP	Holz	Stroh	GP
				in % der Trockenmasse					
CaO	41,7	7,8	7,0	35,2	5,9	6,0	32,2	1,2	1,0
MgO	6,0	4,3	4,2	4,4	3,4	3,2	3,6	0,7	0,4
K_2O	6,4	14,3	14,0	6,8	11,6	12,7	14,3	48,0	47,0
P_2O_5	2,6	2,2	9,6	2,5	1,9	7,4	2,8	1,1	10,3
Na_2O	0,7	0,4	0,5	0,6	0,3	0,3	0,8	0,5	0,3

Industrierest- und Altholzaschen. Tabelle 9.24 zeigt Nährstoffgehalte von Aschen aus Industrie- und Altholzfeuerungen. Sie liegen in ähnlicher Größenordnung wie bei der Verbrennung von naturbelassenem Holz.

Auffallend ist hier allerdings der vergleichsweise geringe Magnesium(Mg)- und Phosphor(P)-Gehalt, der möglicherweise auf die uneinheitlichen Probenaufschlüsse für die Analyse zurückzuführen ist. Trotz Anwendung eines Säuretotalaufschlusses weisen die Altholzaschen einen sehr niedrigen Nährstoffgehalt auf. Dies deutet auf einen meist sehr hohen Anteil an Fremdstoffen in der Asche hin; er stammt nicht direkt aus der Biomasse, sondern wird durch die Behandlung bzw. Nutzung des Holzes eingetragen.

Tabelle 9.24 Durchschnittliche Nährstoffgehalte in den Aschefraktionen von Feuerungen, die Industrierest- und Altholz einsetzen /9-189/, /9-131/, /9-130/

Nährstoff	Grobasche		Zyklonasche		Feinstflugasche	
	Restholz	Altholz	Restholz	Altholz	Restholz	Altholz
			in % der Trockenmasse			
CaO	32,6	31,1	32,3	28,5		16,7
MgO	3,0	2,8	3,2	3,0		0,5
K_2O	6,6	2,3	7,5	2,7		7,7
P_2O_5	0,9	0,9	1,3	1,4		0,4
Na_2O		1,1		1,1		3,3

9.4.1.3 Schwermetallgehalte

Holz-, Stroh- und Ganzpflanzenaschen. Tabelle 9.25 zeigt die mittleren Schwermetallkonzentrationen in den einzelnen Aschefraktionen aus Holz-, Stroh- und Ganzpflanzenfeuerungen; verglichen damit weisen die Schwermetallkonzentrationen in den Aschefraktionen aus Wirbelschichtfeuerungen durch den Eintrag von Bettmaterial in die Asche meist etwas geringere Werte auf (d. h. Verdünnungseffekt). Demnach nehmen die Gehalte der meisten umweltrelevanten Schwermetalle von der Grob- bis zur Feinstflugasche deutlich zu (z. B. As, Cd, Pb, Zn, Hg). Das liegt daran, dass diese Elemente bzw. deren Verbindungen in der heißen Brennkammer unter Bildung gasförmiger Produkte oder durch Verdampfung in die Gasphase übergehen. Anschließend erfolgt durch chemische Reaktionen bzw. durch Abkühlung des Abgases eine Nukleation (d. h. Aerosolbildung) bzw. Kondensation dieser Aschedämpfe z. B. auf den Oberflächen bereits gebildeter Aschepartikel bzw. auf den Oberflächen der Wärmeübertrager. Bei den üblichen hohen Verbrennungstemperaturen (zwischen 800 und 1 100 °C) fallen daher relativ schwermetallarme Grobaschen an. Der Schwermetallgehalt steigt folglich in den beiden Flugaschefraktionen mit sinkender Abscheidetemperatur und zunehmender Partikelfeinheit an.

Auch bei Kleinanlagen, bei denen üblicherweise keine Sekundärmaßnahmen zur Entstaubung erfolgen, kann ein mit der Partikelfeinheit zunehmender Schwer-

9.4 Feste Konversionsrückstände und deren Verwertung

Tabelle 9.25 Durchschnittliche Schwermetallgehalte in Aschenfraktionen von Holzfeuerungen (d. h. Mittelwerte aus Rinden-, Hackgut- und Spänefeuerungen (Feuerungstechnologie: Rostfeuerung)) /9-147/, /9-148/, /9-162/ und von Stroh- und Getreideganzpflanzen(GP)-Feuerungen (Feuerungstechnologie: Zigarrenbrenner) /9-147/

Element	Grobasche			Zyklonasche			Feinstflugasche		
	Holz	Stroh	GP	Holz	Stroh	GP	Holz	Stroh	GP
				in mg/kg Trockenmasse					
Cu	165	17,0	47,0	143	26,0	60,0	389	44,0	68,0
Zn	433	75,0	150	1 870	172	450	12 981	520	1 950
Co	21,0	2,0	3,1	19,0	1,0	1,6	17,5	<1,0	<1,0
Mo	2,8	<10,0	<10,0	4,2	<10,0	10,0	13,2	10,0	18,0
As	4,1	<5,0	<5,0	6,7	<5,0	5,0	37,4	22,0	16,2
Ni	66,0	4,0	10,5	59,6	<2,5	7,5	63,4	<2,5	<2,5
Cr	326	13,5	20,5	159	17,5	16,5	231	6,8	5,8
Pb	13,6	5,1	4,5	57,6	21,5	15,0	1 053	80,0	67,5
Cd	1,2	0,2	0,2	21,6	1,8	1,4	80,7	5,2	5,1
V	43,0	<10,0	20,5	40,5	<10,0	16,0	23,6	<10,0	<10,0
Hg	0,01	<0,1	<0,1	0,04	<0,1	0,2	1,47	0,7	0,1

metallgehalt festgestellt werden. Die im Kessel (Wärmeübertrager) und vor allem die im Kaminsystem abgeschiedenen feinen Stäube weisen bei den meisten Brennstoffen einen durchwegs um ein Vielfaches höheren Schwermetallgehalt auf als die Asche, die im Feuerraum abgeschieden wird /9-108/. Die beim periodischen Reinigen der Kleinanlage anfallenden Feinstäube sind somit – wie bei Feuerungen mit größeren thermischen Leistungen – möglichst separat zu entsorgen.

Generell sind die mittleren Schwermetallkonzentrationen von Stroh- und Ganzpflanzenaschen im Vergleich zu denen von Holzaschen deutlich geringer (um den Faktor 3 bis 20). Dies gilt auch für Aschen von Heu, das z. B. von extensiv bewirtschaftetem Grünland stammt /9-141/, /9-149/. Durch die lange Umtriebszeit der Wälder (70 bis 120 Jahre) kommt es beim Holz zu höheren Schwermetallakkumulationen im Brennstoff. Zusätzlich ist der pH-Wert von Waldböden oft niedriger; dies macht den Großteil der Schwermetalle (insbesondere Cadmium (Cd) und Zink (Zn)) mobiler und begünstigt dadurch die Aufnahme durch die Pflanzen /9-162/, /9-126/, /9-150/.

Industrierest- und Altholzaschen. Tabelle 9.26 zeigt Schwermetallkonzentrationen in Aschen aus Industrierest- und Altholzfeuerungen. Im Vergleich zu Aschen aus naturbelassenen Hölzern sind die Schwermetallgehalte in Industrierestholzaschen erhöht; Aschen aus Altholzfeuerungen weisen nochmals deutlich höhere Konzentrationen auf. Dabei ist die Anreicherung der leicht flüchtigen Schwermetalle Cadmium (Cd), Blei (Pb), Arsen (As) und Zink (Zn) mit sinkender Abscheidetemperatur und zunehmender Feinheit der anfallenden Aschefraktionen bei allen Anwendungen gleichermaßen ausgeprägt.

Tabelle 9.26 Durchschnittliche Schwermetallgehalte in Aschegemischen aus Industrierest- und Altholzfeuerungen /9-189/, /9-131/, /9-130/

Element	Grobasche		Zyklonasche		Feinstflugasche	
	Restholz	Altholz	Restholz	Altholz	Restholz	Altholz
			in mg/kg Trockenmasse			
Zn	170	1 234	226	437		422
Cu	503	6 914	3 656	15 667		164 000
Co	25	21	18	30		5
Mo	6,6	7	10	11		11
As		17		59		104
Ni	113	179	61	167		74
Cr	236	466	212	1 415		404
Pb	363	2 144	1 182	8 383		50 000
Cd	3,3	20	16	70		456
V		171		260		153
Hg	<0,5	<0,5	<0,7	0,7		<0,5

9.4.1.4 Organische Schadstoffe und Gehalte an organischem Kohlenstoff

Holz-, Stroh- und Ganzpflanzenaschen. Entsprechend Tabelle 9.27 sind die Gehalte an organischen Schadstoffen (u. a. PCDD/F, PAK) in den Grob- und Zyklonaschen sehr gering und damit – nach derzeitigem Wissensstand – als ökologisch unbedenklich einzustufen. In Feinstflugaschen sind organische Schadstoffe jedoch deutlich angereichert; das gilt auch für die Feinaschen aus Kleinfeuerungsanlagen, die durch Reinigung des Wärmeübertragers oder des Kamins anfallen /9-110/, /9-108/.

Dabei besteht für Holz- und Rindenaschen ein statistisch signifikanter Zusammenhang zwischen dem Restkohlenstoffgehalt der Zyklonaschen und dem Gehalt an polyzyklischen aromatischen Kohlenwasserstoffverbindungen (PAK). Dieser Zusammenhang gilt auch für die Feuerraumaschen aus Kleinfeuerungsanlagen /9-108/. Zur Minderung der PAK-Belastung sollte somit ein möglichst guter Ausbrand der Holzaschen angestrebt werden; der Gehalt an organischem Kohlenstoff sollte 5 % der Trockenmasse (TM) nicht überschreiten /9-162/. Bei höheren Restkohlenstoffgehalten in den Aschen steigt die Gefahr einer Kontamination mit organischen Schadstoffen deutlich an. Außerdem sind die Aschen dann nicht ohne weitere thermische Nachbehandlung deponierbar.

Die PAK-Konzentrationen in Holz- und Rindenaschen weichen von denen der Stroh- und Ganzpflanzenaschen – moderne und gut geregelte Feuerungsanlagen vorausgesetzt – nicht wesentlich ab. Die Toxizitätsäquivalente für PCDD/F der Flugaschefraktionen liegen für Stroh- und Ganzpflanzenbrennstoffe jedoch generell höher; dies ist durch die erhöhten Chlorgehalte dieser Brennstoffe bzw. Aschen erklärbar, die die PCDD/F-Bildung fördern /9-151/, /9-108/.

9.4 Feste Konversionsrückstände und deren Verwertung

Tabelle 9.27 Konzentrationen an organischen Schadstoffen (C_{org}) und Chlorid sowie chlorhaltigen organischen Verbindungen in Aschefraktionen aus Biomassefeuerungen /9-147/, /9-148/, /9-162/

		C_{org} % d. TM	Cl⁻ % d. TM	PCDD/PCDF ng TE /kg TM	PAK mg/kg TM	B[a]P mg/kg TM
Rinde	GA	0,2 – 0,9	<0,06	0,3 – 11,7	1,4 – 1,8	1,4 – 39,7
	ZA	0,4 – 1,1	0,1 – 0,4	2,2 – 12,0	2,0 – 5,9	4,7 – 8,4
	FA	0,6 – 4,6	0,6 – 6,0	7,7 – 12,7	137 – 195	900 – 4 900
Hackgut/	GA	0,2 – 1,9	<0,01	2,4 – 33,5	1,3 – 1,7	0,0 – 5,4
Späne	ZA	0,3 – 3,1	0,1 – 0,5	16,3 – 23,3	27,6 – 61,0	188 – 880
	FA					
Stroh	GA	0,8 – 9,0	0,1 – 1,1	2,3 – 14,0	0,1 – 0,2	0,0
	ZA	2,1 – 16,6	7,4 – 13,6	19,0 – 70,8	0,1 – 15,8	10,0 – 17,0
	FA	1,3 – 16,1	20,5 – 35,1	101 – 353	0,2 – 26,0	10,0 – 500
GP	GA	2,3 – 9,4	0,3 – 1,3	1,0 – 22,0	0,1 – 0,3	0,0
	ZA	1,0 – 9,9	5,2 – 16,8	12,2 – 44,0	0,1 – 0,5	0,0 – 10,0
	FA	0,8 – 4,9	14,2 – 20,8	56,0 – 120	0,1 – 7,3	10 – 400

TE Toxizitätsäquivalent; PCDD/PCDF polychlorierte Dibenzo-p-dioxine und Dibenzofurane; PAK polyzyklische aromatische Kohlenwasserstoffe; B[a]P Benzo-a-Pyren; GA Grobasche; ZA Zyklonasche; FA Feinstflugasche; TM Trockenmasse; d. der; org organischer

Industrierest- und Altholzaschen. Für Aschen aus Industrierest- und Altholzfeuerungen liegen bisher nur Analysenwerte für PCDD/F-Konzentrationen vor. Aschen aus Industrierestholzfeuerungen, die keine erhöhten Chlorgehalte aufweisen, enthalten PCDD/F-Konzentrationen von durchschnittlich 3 bis 5 ng TE/kg TM /9-131/. Die Chloridgehalte liegen bei diesen Aschen zwischen 0,01 und 0,6 % der Trockenmasse (TM).

Bei Aschen aus Altholzfeuerungen liegen die PCDD/F-Konzentrationen für Rostaschen zwischen 8 und 14 ng TE/kg TM, für Zyklonaschen bei rund 825 ng TE/kg TM und für Feinstflugaschen zwischen 2 650 und 3 800 ng TE/kg TM /9-79/, /9-131/, /9-80/. Die mittleren Chloridkonzentrationen betragen für Rostaschen 0,3 %, für Zyklonaschen 3 % und für Feinstflugaschen 13,5 % (jeweils bezogen auf die Trockenmasse). Aschen aus Altholzfeuerungen sind somit oft mit PCDD/F belastet.

9.4.1.5 pH-Wert und elektrische Leitfähigkeit

Die pH-Werte liegen für Holz- und Rindenaschen generell zwischen 12 und 13 und damit im stark basischen Bereich. Grob- und Zyklonaschen aus Stroh- und Ganzpflanzenfeuerungen weisen dagegen aufgrund der niedrigeren Kalzium(Ca)-Gehalte und der höheren Schwefel(S)- und Chlor(Cl)-Konzentrationen etwas geringere pH-Werte zwischen 10,5 und 11,5 auf; die Feinstflugaschen dieser Brennstoffe liegen sogar nur im Bereich von pH 6,0 bis 9,5 (Tabelle 9.28).

Damit wird die Zusammensetzung des wasserlöslichen, leicht beweglichen Anteils der Holz- und Rindenaschen von den Hydroxiden des Kaliums (K), Kalziums

Tabelle 9.28 pH-Werte und elektrische Leitfähigkeiten (elektr. LF) von Biomasseaschen /9-147/, /9-148/, /9-162/

	Grobasche		Zyklonasche		Feinstflugasche	
	pH-Wert	elektr. LF in mS/cm	pH-Wert	elektr. LF in mS/cm	pH-Wert	elektr. LF in mS/cm
Rinde	12,7	8,9	12,7	10,8	12,7	35,6
Hackgut/Späne	12,8	10,2	12,7	13,1	12,6	39,5
Stroh	11,4	9,3	10,8	25,8	9,4	49,5
Ganzpflanzen	10,8	11,4	10,5	21,0	5,9	46,7

(Ca) und Natriums (Na) beherrscht, die eine stark basische Wirkung besitzen. Bei Stroh- und Ganzpflanzenaschen ist diese basische Wirkung aufgrund der höheren Chlorid- und Sulfatanteile geringer.

Nach dem Ausbringen des Materials auf landwirtschaftliche Nutzflächen ist mit einer raschen Umwandlung der Hydroxide in Karbonate durch Reaktion mit dem Kohlenstoffdioxid (CO_2) der Bodenluft zu rechnen. Dadurch wird der pH-Wert aus dem hoch alkalischen in den Neutralbereich gedrückt. Durch diese Karbonatisierung dürfte sich der freie Elektrolytgehalt ebenfalls drastisch verringern und damit auch die elektrische Leitfähigkeit der untersuchten Aschen innerhalb von Tagen auf "Bodennormalwerte" (unter 0,75 mS/cm) absinken. Für den Boden ist durch diese Reaktionen mit einer Säureneutralisierung, also einer Bodenverbesserung durch Hebung des pH-Wertes, zu rechnen.

9.4.1.6 Gehalte an Si, Al, Fe, Mn, S und Karbonat

Tabelle 9.29 zeigt die Mittelwerte von Analysenergebnissen für Aschegemische aus Grob- und Zyklonaschen hinsichtlich Silizium (Si), Aluminium (Al), Eisen (Fe), Mangan (Mn), Schwefel (S) und Karbonat (CO_2) in Abhängigkeit des eingesetzten Biomasse-Brennstoffes.

Silizium (Si) verhält sich im Boden ökologisch gesehen neutral. Es ist schwer löslich und kann zu einer Verbesserung der Bodenstruktur beitragen /9-169/.

Tabelle 9.29 Durchschnittliche Gehalte an Silizium (Si), Aluminium (Al), Eisen (Fe), Mangan (Mn), Schwefel (S) und Karbonat (CO_2) in Aschegemischen aus Grob- und Zyklonasche

	Rinde[a]	Hackgut[a]	Späne	Stroh[b]	Ganzpflanzen[c]
			in % der Trockenmasse		
SiO_2	26,00	25,00	25,00	54,00	45,00
Al_2O_3	7,10	4,60	2,30	1,80	3,30
Fe_2O_3	3,50	2,30	3,80	0,80	3,20
MnO	1,50	1,70	2,60	0,04	0,03
SO_3	0,60	1,90	2,40	1,20	0,80
CO_2	4,00	3,20	7,90	1,60	1,20

[a] Herkunft jeweils Fichte (Verbrennung in einer Rostfeuerung); [b] Winterweizen; [c] Triticale

Stroh- und Ganzpflanzenaschen weisen im Vergleich zu Holz- und Rindenaschen deutlich höhere Silizium-Gehalte auf; dies ist auf die Silizium-Einlagerungen in den Pflanzenhalmen zurückzuführen. Bei Aschen aus Wirbelschichtfeuerungen ist Silizium aufgrund des Eintrags von Bettmaterial (meist Quarzsand) in die Asche meist das dominierende Element.

Die Elemente Eisen (Fe) und Mangan (Mn) stellen für Pflanzen essentielle Mikronährstoffe dar /9-169/. Ihr Gehalt in Aschen ist damit unkritisch.

Die Werte des in den Aschen von Hackgut-, Späne-, Stroh- und Ganzpflanzenfeuerungen enthaltenen Aluminiums entsprechen denen natürlicher Böden /9-180/ bzw. liegen bei Rindenaschen etwa um den Faktor 1,5 darüber. Bei Boden-pH-Werten über 5 ist Aluminium, das wesentlich am Aufbau der Tonminerale beteiligt ist und somit zum natürlichen Bestandteil der meisten Böden gehört, nicht löslich. Erst bei Boden-pH-Werten unter 3,8 (nur bei Waldböden) können freigesetzte Al^{3+}-Ionen zu Schädigungen von Pflanzen führen. Die alkalische Wirkung der Biomasseasche wirkt jedoch einer pH-Wert-Anhebung entgegen und beugt somit einer Aluminium-Toxizität vor /9-61/.

Die Schwefel(S)-Gehalte der untersuchten Aschengemische aus Grob- und Zyklonasche sind gering. Schwefel ist in den vorkommenden Konzentrationen als Pflanzennährstoff zu werten /9-169/.

Wenn man man die Verteilung dieser Elemente auf die einzelnen Aschefraktionen betrachtet, dann zeigt sich, dass Eisen (Fe) und Aluminium (Al) in den Grob- und Zyklonaschen etwa gleich verteilt sind. Schwefel (S) ist sehr leicht flüchtig und reichert sich somit in der Zyklonasche an. Silizium (Si) und Mangan (Mn) sind dagegen stärker in den Grobaschen zu finden.

Die in Grob- und Zyklonaschen aus Biomassefeuerungen enthaltenen Elemente liegen hauptsächlich in oxidischer Form vor. Daneben ist mit Hydroxiden, Karbonaten, Sulfaten und Chloriden zu rechnen. Der mittlere Karbonatanteil der einzelnen Aschefraktionen ist sehr stark davon abhängig, wie lange die Biomasseasche einer feuchten und CO_2-reichen Atmosphäre ausgesetzt ist (im Abgaskanal oder an offener Luft) und bei welcher Brennkammertemperatur die Biomassefeuerung arbeitet. Mit steigender Temperatur nimmt der Karbonatgehalt in der Asche stark ab. Als Referenzprozess kann hier der Prozess des Kalkbrennens angesehen werden (CaO-$CaCO_3$-Gleichgewicht), bei dem ab Temperaturen von 900 °C praktisch kein Karbonat mehr vorliegt. Bei hohen Feuerraumtemperaturen und kurzen Verweilzeiten der Asche in den Abgaskanälen (hoher Anlagenauslastung) ist damit mit geringen Karbonatgehalten in den anfallenden Aschen zu rechnen. Der Hauptbestandteil von Holz- und Rindenaschen, Kalzium (Ca), liegt somit vorwiegend als Brandkalk (CaO) in der Asche vor. In Stroh- und Ganzpflanzenfeuerungen, in denen wegen der niedrigen Ascheschmelzpunkte geringere Feuerraumtemperaturen herrschen, erfolgt dennoch kaum eine Karbonatbildung (Silizium bildet hauptsächlich Oxide, Kalium bevorzugt Hydroxide, Chloride und Sulfate).

9.4.1.7 Eluatverhalten

Abb. 9.60 zeigt das Eluatverhalten von Biomasseaschen. Demnach sind über 30 % des Nährstoffes Kalium (K) aus den Aschen von Stroh und Ganzpflanzen wasserlöslich – nahezu doppelt so viel wie für Rinden- und Hackgutaschen. Die Eluier-

452 9 Grundlagen der thermo-chemischen Umwandlung

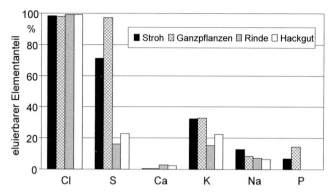

Abb. 9.60 Durchschnittlich in Wasser eluierbare Anteile der Elemente (bezogen auf die jeweilige Gesamtmasse) bei Aschegemischen aus Grob- und Zyklonaschen für unterschiedliche Brennstoffe (nach /9-147/, /9-162/) (Rinde, Hackgut und Späne: Fichte; Stroh: Winterweizen; Ganzpflanzen: Triticale)

barkeit von Kalzium (Ca) beträgt für Stroh und Ganzpflanzen unter 1 % und liegt somit niedriger als für Rinde und Hackgut. Bei Natrium (Na) liegen beide Vergleichsgruppen mit jeweils 6 bis 13 % Auswaschung im selben Bereich. Neben Kalium (K) ist Phosphor (P) einer der Hauptnährstoffe im verwertbaren Aschengemisch. Sein eluierbarer Anteil liegt in Stroh- (ca. 7 %) und in Ganzpflanzenaschen (über 14 %) im Vergleich zu den Rinden- und Hackgutaschen (unter 0,1%) deutlich höher. Damit dürfte die kurzfristige Nährstoffverfügbarkeit von Stroh- und Ganzpflanzenaschen über jener von Rinden- und Hackgutaschen liegen. Chlor (Cl) liegt überwiegend in wasserlöslicher Form vor. Dasselbe gilt bei Stroh- und Ganzpflanzenaschen auch für Schwefel (S), wogegen der Schwefel in den Hackgut- und Rindenaschen schwer lösliche Verbindungen eingeht und nur zu rund 20 % in wasserlöslicher Form vorliegt.

9.4.2 Verwertung

Für die Verwertung oder Entsorgung von Aschen aus Holzfeuerungen kommen folgende Möglichkeiten in Frage.
– Verwendung als Sekundärrohstoff mit düngender und bodenverbessernder Wirkung in der Land- und Forstwirtschaft,
– Verwertung im Straßen- und Forstwegebau,
– Verwertung im Landschaftsbau,
– industrielle Nutzung (z. B. als Zuschlag- oder Rohstoff für Zement; als Chemikalienrohstoff; als Zuschlagstoff in der metallurgischen Industrie) und
– Deponierung.
Die einzelnen Verwertungsmöglichkeiten werden in den folgenden Kapiteln näher erläutert.

9.4.2.1 Nutzung in der Land- und Forstwirtschaft

Die Nutzung von Biomasseaschen als Sekundärrohstoff mit düngender und bodenverbessernder Wirkung für land- und forstwirtschaftliche Flächen stellt den traditionellen Verwertungspfad dar. Die hierzu bestehenden Möglichkeiten werden nachfolgend diskutiert.

Aus den Ascheanalysen wird deutlich, dass einzelne Aschefraktionen unterschiedliche Elementbindungspotenziale besitzen. Daraus lassen sich folgende für Biomassefeuerungen generell gültige Grundsätze ableiten:
- Die Schwermetallkonzentrationen nehmen für fast alle umweltrelevanten Elemente (Zn, Pb, Cd, Hg) mit der Feinheit der Aschefraktionen deutlich zu.
- Cadmium (Cd) und an zweiter Stelle Zink (Zn) stellen die wesentlichen Problemschwermetalle in Aschen aus Biomassefeuerungen dar. In der Feinstflugasche, die meist nur rund 5 bis 10 % der Gesamtasche ausmacht, werden nach dem derzeitigen Stand der Technik durchschnittlich 35 bis 65 % der gesamten mit dem Brennstoff zugeführten Cadmium-Menge gebunden; beim Zink sind es rund 35 bis 55 %.
- In der gemischten Grob- und Zyklonasche sind durchschnittlich rund 80 bis 95 % der gesamten durch den Brennstoff zugeführten Menge der Pflanzenhauptnährstoffe (Ca, Mg, K, P) enthalten.

Vor dem Hintergrund der geltenden administrativen Vorgaben lassen sich daraus am Beispiel Österreich folgende Schlussfolgerungen für die Verwertung von Biomasseaschen (aus der Verbrennung naturbelassener Biomasse) auf land- und forstwirtschaftliche Flächen ableiten.
- Eine Mischung aus Grob- und Zyklonaschen im heizwerksspezifischen Mengenverhältnis sollte zur weitgehenden Schließung des Mineralien- bzw. Nährstoffkreislaufes auf Forst- bzw. Agrarflächen zurückgeführt werden.
- Die Feinstflugaschen, welche die kleinste und schwermetallreichste Aschefraktion darstellt, ist zu deponieren. Das gilt analog auch für die Aschen aus der Reinigung von Kesselwärmeübertragern und Kaminen bei Kleinfeuerungsanlagen.
- Der Trennschnitt zwischen Multizyklon und Feinststaubabscheider ist der ökologisch effizienteste. Dies bedeutet aber, dass Biomasseheizwerke möglichst mit einer Feinststaubabscheidung auszustatten sind und diese dem Multizyklon nachgeschaltet werden sollte, um eine separate Sammlung der verschiedenen Flugaschefraktionen zu ermöglichen.
- Künftige Anlagenentwicklungen sollten eine noch effizientere Einbindung der Schwermetalle in die Feinstflugasche ermöglichen, um damit eine problemlose Rückführung der übrigen Holzasche zu ermöglichen.

In Deutschland ist abweichend von den Bestimmungen in Österreich nur der Einsatz von Rost- bzw. Grobasche in der Land- und Forstwirtschaft erlaubt.

Aschen aus Altholzfeuerungen können aufgrund des Schwermetalleintrages durch die der Verbrennung vorgelagerte Holzbehandlung bzw. Holznutzung nicht ohne vorherige Aufbereitung auf land- oder forstwirtschaftliche Flächen ausgebracht werden. Diese Brennstoffe sind meist weitaus höher mit Schwermetallen belastet, da sie – neben den "natürlichen" Schadstoffeinträgen durch Umweltverschmutzung – im Zuge der Verarbeitung und stofflichen Nutzung mit artfremden

Materialien in Berührung gekommen sind. Dies bedingt, dass beispielsweise eine Schwermetallfraktionierung zwar eine verbesserte Schadstoffselektierung in den einzelnen Aschefraktionen bewirkt. Dies reicht aber nicht aus, um eine effiziente Entfrachtung der Grobasche zu erreichen. Die Ursache hierfür ist darin zu sehen, dass ein Teil der leichtflüchtigen Schwermetalle in oxidischen und somit schwer flüchtigen Bindungsformen im Brennstoff vorliegt bzw. in anderen metallischen oder mineralischen Matrizes eingeschlossen ist (Störstoffanteil). Zusätzlich ist der Anteil an schwerflüchtigen Schwermetallen wie Nickel (Ni), Chrom (Cr), Kupfer (Cu) und Kobalt (Co) durch den Anteil an artfremden Materialien im Brennstoff deutlich erhöht. Aus den angeführten Gründen ist eine sinnvolle Verwertung von Aschen aus Altholzfeuerungen erst nach einer Abtrennung der Schwermetalle durch entsprechende Sekundärmaßnahmen (z. B. Säure-Leaching, thermische Behandlung) möglich. Andernfalls ist eine Deponierung unumgänglich.

Aschen aus Industrierestholzfeuerungen nehmen im Vergleich zu Feuerungen für Altholz und naturbelassenes Holz hinsichtlich ihrer Zusammensetzung und Schadstoffgehalte eine Zwischenstellung ein. Je nach dem Grad der Kontamination des Brennstoffs muss hier von Fall zu Fall entschieden werden, welche Maßnahmen und Verwertungsmöglichkeiten in Frage kommen.

Anfall und Aufbereitung. Bereits während der Verbrennung kann die Aschezusammensetzung durch eine entsprechende Feuerungs- und Abscheidetechnologie beeinflusst werden. Diese zielen neben der Sicherstellung einer möglichst vollständigen Verbrennung insbesondere auf eine fraktionierte Schwermetallabscheidung ab, d. h. die Schwermetalle werden gezielt in der Feinstflugaschefraktion angereichert /9-151/. Durch eine Beeinflussung der Aschezusammensetzung während der Verbrennung kann – ein gut funktionierendes Verfahren vorausgesetzt – eine nachträgliche Ascheaufbereitung zur Schwermetallabtrennung (chemische oder thermische Verfahren) entfallen, da dies sehr aufwändig ist. Solche Verfahren sollten deshalb nur dann in Betracht gezogen werden, wenn eine fraktionierte Schwermetallabscheidung nicht zum gewünschten Ergebnis führt und eine Schwermetallabtrennung wirtschaftlich darstellbar ist.

Um eine problemlose Verwertung sicherzustellen, muss die bei der Verbrennung anfallende Biomasseasche dem Landwirt in geeigneter Form zur Verfügung gestellt werden. Das heißt konkret (z. B. für eine Aschenutzung in Österreich):

- Die im Heizwerk produzierten Aschenfraktionen Grob- und Zyklonasche sind ihrem mengenmäßigen Anfall entsprechend zu vermischen. Dadurch wird ein sogenanntes "Aschengemisch nach Anfall" hergestellt. Die Feinstflugasche ist getrennt zu sammeln und ordnungsgemäß zu deponieren oder entsprechend anderweitig zu verwerten. In Deutschland muss demgegenüber auch die Zyklonasche anderen Verwertungswegen zugeführt werden, da für eine Nutzung in der Forst- und Landwirtschaft nur Rost- bzw. Grobaschen zugelassen sind.
- Die Asche muss in streufähigem Zustand zur Verfügung gestellt werden (d. h. frei von Schlacken- und Steinanteilen mit Korngrößen über 15 bis 20 mm).
- Eventuell in der Asche enthaltene Eisenteile (z. B. Nägel, Draht) sind ebenfalls vor einer Weitergabe abzutrennen.

9.4 Feste Konversionsrückstände und deren Verwertung

Um diesen Anforderungen gerecht zu werden, müssen entsprechende Aschenaustragsvorrichtungen und eventuell auch Ascheaufbereitungsanlagen vorgesehen werden.

Anlagen mit einer thermischen Nennleistung deutlich kleiner 1 MW und Hackgut oder Sägespänen als Brennstoff benötigen keine mechanischen bzw. automatischen Ascheaustragungsvorrichtungen; hier ist eine manuelle Entaschung aufgrund des geringen Ascheaufkommens und der meist feinen Korngröße der Aschen i. Allg. ausreichend.

Bei Heizwerken mit einer thermischen Kesselleistung über 1 MW ist ein automatischer Ascheaustrag generell empfehlenswert. Beträgt der Rindenanteil am Brennstoff mehr als 30 Gew.-% ist meist zusätzlich eine Ascheaufbereitung (Siebung oder Mahlung) notwendig, da der Schlackeanteil in der Asche erhöht ist. Hierfür sind vor allem die in der Rinde enthaltenen mineralischen Verunreinigungen (z. B. Sand, Erde, Steine) verantwortlich; sie wirken schmelzpunkterniedrigend. Auch für Stroh- und Ganzpflanzenfeuerungen sind aufgrund der durch die niedrigen Ascheschmelzpunkte häufig vorkommenden Verschlackungen Ascheaufbereitungsanlagen empfehlenswert. Zur Abtrennung von Eisenteilen (z. B. Nägel) empfiehlt es sich außerdem, einen Permanentmagneten im Ascheförderkanal zu installieren.

Darüber hinaus können weitere Aschenaufbereitungsschritte notwendig sein. Vor allem in Schweden und Finnland wird ein Verfahren zur Reduktion der Reaktivität und zur Homogenisierung der Aschen, die auf Waldflächen ausgebracht werden, empfohlen /9-53/. Dabei wird die Asche zunächst in einem Mischer mit Wasser vermischt (15 % Wasserzugabe bei Grobasche, bezogen auf die Trockenmasse). Die nasse Asche wird anschließend auf befestigtem Gelände zum Aushärten je nach Lagerbedingungen zwischen 2 und 4 Monaten gelagert. Die ausgehärtete Asche wird dann mit einem geeigneten Brecher zerkleinert und schließlich mit entsprechenden Ausbringungsverfahren auf Waldböden aufgebracht.

Eine derart behandelte Asche weist eine geringere chemische Reaktivität auf. Damit können mögliche Schäden an bodennahen Pflanzen (insbesondere Moose) und Organismen verhindert werden. Darüber hinaus wird durch die Zerkleinerung der ausgehärteten Asche ein homogeneres Produkt gewonnen. Dies erleichtert die Ausbringung.

Ausbringungstechnik. Grundsätzlich kann zwischen einer direkten und einer indirekten Ausbringung von Biomasseaschen (z. B. zur Verwendung als Zuschlagstoff in der landwirtschaftlichen Kompostierung) unterschieden werden.

Für eine Ausbringung der Aschen auf Acker- und Grünland erscheinen die normalerweise für Kalkungen verwendeten Düngerstreuer mit Staubschürzen geeignet; sie ermöglichen eine kostengünstige, zeitsparende, gleichmäßige und weitgehend staubfreie Ascheverteilung. Von den Düngerstreuern ohne Staubschutz ist nur der Schneckenstreuer für Biomasseasche gut geeignet; er arbeitet auch bei feuchten klumpenbildenden Aschen problemlos und sehr gleichmäßig, da durch die Förderschnecken verfestigte Aschebrocken wieder zerrieben werden.

Für eine Ascheausbringung im Wald sind beispielsweise Verblasegeräte geeignet. Sie sind von Forststraßen aus einsetzbar und erzielen im horizontalen Gelände gleichmäßige Streuweiten von bis zu 50 m. Eine Schädigung von Baumrinden und

456　9 Grundlagen der thermo-chemischen Umwandlung

Jungbäumen, die aus kurzer Entfernung mit einem Gebläsestreuer von der Biomasseasche direkt angestrahlt werden, konnte bislang nicht festgestellt werden; das gilt auch für Nadelverätzungen von Jungpflanzen durch die stark basisch wirkende Biomasseasche /9-145/. Nachteilig dürfte sich bei Gebläsestreuern, die für eine Kalkdüngung konzipiert wurden, mittelfristig der Materialverschleiß durch kleine Schlacken- und Steinanteile beim Einsatz von Biomasseaschen bemerkbar machen (Strahlwirkung). Deshalb sollte der Gebläseteil des Streuers aus gehärtetem Stahl hergestellt werden, um eine hohe Gerätelebensdauer zu gewährleisten. Eine Alternative, vor allem bei schwer zugänglichem Gelände, stellt die Ascheausbringung mittels Helikopter dar.

Neben der richtigen Ausbringungstechnik ist eine entsprechende Lager- und Transportlogistik eine weitere wichtige Voraussetzung für eine effiziente und wirtschaftlich darstellbare Ascheausbringung. So sollten die Wege vom Lagerplatz bis zur Ausbringungsfläche möglichst klein gehalten werden, um lange Anfahrzeiten mit den Ausbringungsgeräten zu vermeiden. Beispielsweise haben sich in Schweden und Finnland dezentrale Lagerflächen an Waldrändern bewährt, die von einem Zentrallager aus mit Lkw versorgt werden. Bei der Festlegung der Lagerkapazitäten ist außerdem darauf zu achten, dass die hauptsächlich im Winter anfallenden Aschen erst Ende Frühjahr oder Anfang Sommer ausgebracht werden können, da eine frühere Ausbringung aufgrund administrativer Einschränkungen meist nicht erlaubt ist.

Biomasseasche kann auch als Zusatzstoff in der landwirtschaftlichen Kompostierung eingesetzt werden. Eine "Mit"-Kompostierung hat gegenüber einer Direktausbringung den Vorteil, dass sie staubarm ist und beim Kompostieren auch Schlacken- und Steinanteile in der Asche wenig stören, da sie während des Kompostiervorganges durch das Umsetzen der Miete zerkleinert bzw. aussortiert werden. Voraussetzung dafür ist, dass die Verfahrenstechnik der Kompostierung beherrscht wird und eine entsprechende Infrastruktur (u. a. Kompostwendemaschinen, Kompoststreuer) vorhanden ist. Dabei sollen dem Kompostausgangsmaterial aufgrund des Gehalts an Schwermetallen in der Asche nicht mehr als maximal 5 Gew.-% Biomasseasche (bezogen auf die Trockenmasse der zu kompostierenden Stoffe) beigemischt werden /9-125/. Bei ausschließlicher Nutzung der Rostasche erscheint eine Beimischrate von bis zu 16 Gew.-% ökologisch vertretbar /9-105/.

Ausbringungsmengen und sonstige Randbedingungen. Bei der Rückführung von Biomasseaschen auf Böden sollte zur Vermeidung von ökologischen Schäden beachtet werden, dass
− nur Aschen aus der Verbrennung chemisch unbehandelter Biomasse ausgebracht werden,
− die Zyklon- und Feinstflugaschefraktion getrennt gesammelt und die Feinstflugaschen deponiert werden,
− der verwertbare Ascheanteil einer Biomassefeuerung vor der erstmaligen Ausbringung auf Nährstoff- und Schwermetallgehalte analysiert wird und derartige Analysen in regelmäßigen Abständen entsprechend den administrativen Vorgaben wiederholt werden,
− für den verwertbaren Anteil aus Rinden-, Hackgut- und Späneaschen Ausbringmengen von 1 000 kg/(ha a) für Ackerland, 750 kg/(ha a) für Grünland und

9.4 Feste Konversionsrückstände und deren Verwertung

3 000 kg/ha einmalig in 50 Jahren für Waldflächen nicht überschritten werden /9-16/, /9-18/ (diese Mengenlimitierungen basieren auf Frachtenlimitierungen für die mit der Asche ausgebrachten Schwermetalle; die angegebenen Aufwandmengen gelten daher für eine Biomasseasche, die mit zumindest einem Schwermetall den entsprechenden Grenzwert erreicht; werden die Schwermetallgrenzwerte unterschritten, kann entsprechend mehr Asche ausgebracht werden /9-18/),
- für den verwertbaren Anteil aus Stroh- und Ganzpflanzenaschen die Aufwandmengen am Nährstoffbedarf der jeweiligen Kultur ausgerichtet werden.

Die oben genannten Ausbringungsmengen basieren auf den in Österreich veröffentlichen Richtlinien zum sachgerechten Einsatz von Biomasseaschen im Acker- und Grünland sowie im Wald /9-16/, /9-18/. Die empfohlenen bzw. erlaubten Ausbringungsmengen in anderen Ländern können davon abweichen.

Holz- bzw. Rindenasche sollte zusätzlich primär auf Forstflächen bzw. Energieholzflächen zurückgeführt werden. Hierbei sind vor allem jene Böden gut für die Ausbringung von Holzaschen geeignet, die einen niedrigen pH-Wert und/oder über ausreichend Stickstoffvorräte (über einen anthropogenen Eintrag über den Luftpfad z. B. aus den Stickstoffoxid-Emissionen des Verkehrs) verfügen. Außerdem eignen sich Holzaschen sehr gut für die Düngung von Torfböden, die z. B. in Finnland einen erheblichen Anteil an den Forstflächen einnehmen. In solchen Gebieten kann die Ausbringung von Holzaschen neben einer Bodenverbesserung auch zu einer Steigerung des Baumwachstums führen /9-53/.

Um die Nährstoffkreisläufe möglichst weitgehend zu schließen, sollten Agrarflächen nur dann für eine Düngung mit Holz- bzw. Rindenaschen herangezogen werden, wenn eine Ascheausbringung im Wald aufgrund der vorliegenden geographischen Randbedingungen oder aus technisch-wirtschaftlichen Gründen nicht durchgeführt werden kann.

Aufgrund des hohen Anteils an Kalzium (Ca) und Magnesium (Mg) in Holz- und Rindenaschen sind bei einer Ausbringung derartiger Aschen im Wald ähnliche Wirkungen wie bei Kalkungen zu erwarten. Für die Ausbringung auf Forstflächen gelten daher ähnliche Kriterien. Bezüglich des $CaO-CaCO_3$-Verhältnisses und des hohen pH-Wertes kommen Holzaschen einem Mischkalk nahe, wobei die gröbere Körnung allerdings die Aggressivität mildert. Holzasche kann überall dort eingesetzt werden, wo eine Aufbasung und Erhöhung des pH-Wertes erwünscht ist oder der Milieuwechsel zumindest keine nachteiligen Folgen erwarten lässt /9-17/.

Für eine Ausbringung von Biomasseaschen auf Agrarflächen sind – neben den genannten Aspekten – zusätzlich folgende Punkte zu beachten:
- Hinsichtlich ihrer Kalium(K)-Verfügbarkeit sind Biomasseaschen mit Handelsdüngern vergleichbar. Biomasseaschen sind damit vor allem für den Einsatz in chloridempfindlichen Kulturen (z. B. Bäume, Sträucher, verschiedene Gemüsearten) geeignet, wenn diese eine pH-Wert-Erhöhung vertragen. Auch bietet sich Holzasche zur Düngung von Einjahrespflanzen an, die thermisch genutzt werden sollen, da dadurch chlorhaltige Dünger substituiert werden können und die Chlor-Aufnahme der Pflanzen vermindert wird /9-86/, /9-162/.
- Als Phosphatdünger sind Holz- und Rindenaschen nur zur "Erhaltungsdüngung" geeignet, da keine besonders rasche Wirkung erwartet werden darf. Bei Stroh- und Ganzpflanzenaschen ist mit einer besseren Phosphor(P)-Verfügbarkeit zu

rechnen. Besteht jedoch Phosphatmangel, sollte auf rascher wirksame Phosphor-Dünger zurückgegriffen werden /9-86/, /9-162/.

9.4.2.2 Nutzung im Straßen- und Forstwegebau

Für verschlackte Rostaschen ist eine Verwertung im Straßenbau z. B. als Kiesersatz denkbar, wenn nur chemisch unbehandelte biogene Festbrennstoffe eingesetzt wurden. In diesem Fall sind die latent-hydraulischen Eigenschaften von Holzaschen von Vorteil, da sie zu einer sehr guten Abbindung des feuchten Materials am Boden beitragen. Bei Rindenfeuerungen wird z. B. häufig die Grobfraktion der Rostaschen, welche hauptsächlich aus Schlacke und Steinen besteht, ausgesiebt und im Straßenbau verwendet.

Auch die Feinfraktion der Rostaschen sowie die Flugaschen können unter bestimmten Voraussetzungen als Reinstoffe oder in Kombination mit anderen Sekundärrohstoffen (z. B. Schlämme aus der Papierindustrie, Anhydrit aus der Phosphorsäureherstellung, Schlacken aus der Stahlindustrie) im Straßen- und Wegebau eingesetzt werden /9-107/.

9.4.2.3 Verwertung im Landschaftsbau

Durch den meist hohen Gehalt an Kalziumoxid (CaO) können Aschen aus der Verbrennung von unbehandelter Biomasse als Kalkersatz (Bindemittel) bei der Verdichtung von Böden, um sie als Baugrund nutzen zu können, eingesetzt werden /9-88/. Die bautechnische Eignung sowie die Schadstofffreisetzung der Holzaschen sind dabei sowohl von der Art der Aschen als auch von den Bodeneigenschaften abhängig. Aschen aus der Verbrennung von Altholz dürfen aufgrund der erhöhten Schwermetallgehalte aber nicht eingesetzt werden.

Der hohe pH-Wert (aufgrund des hohen CaO-Gehalts), der Salzgehalt sowie die große Härte der Holzaschen ermöglichen deren Einsatz im Zuge von Rekultivierungsmaßnahmen bei Deponien und Bergbauminen. In einer Mischung mit Klärschlamm bilden Holzaschen eine dichte Schicht, die ein Eindringen von Wasser in den Deponiekörper reduziert. Auch bei der Rekultivierung von aufgelassenen Minen wird die Barrierewirkung von Aschen-Klärschlamm-Gemischen ausgenutzt, um das Vordringen von Wurzeln in kontaminierte Bodenschichten zu verhindern /9-160/.

9.4.2.4 Industrielle Nutzung

Eine industrielle Nutzung der in Biomassefeuerungen anfallenden Aschen ist nur dann denkbar, wenn ausreichende Mengen in gleich bleibender Qualität anfallen. Meist haben Holzfeuerungen jedoch eine vergleichsweise geringe Leistung und damit einen relativ niedrigen Ascheanfall. Eine industrielle Verwertung kommt damit oft nicht in Frage. Beispielsweise fallen bei einer 5 MW Rindenfeuerung, die zur Grundlastabdeckung der Wärmenachfrage eines Fernwärmenetzes eingesetzt wird, jährlich maximal rund 900 t Asche an, während für die Verwertung in einem Zementwerk deutlich größere Mengen benötigt werden.

9.4 Feste Konversionsrückstände und deren Verwertung

Ausnahme stellen die Papierindustrie sowie große Biomasse-Kraft-Wärme-Kopplungs-Anlagen dar. In der Papierindustrie wird bereits heute ein Großteil der anfallenden Aschen aus der Ablaugen- und Rindenverbrennung (andere Biomassesortimente werden in der Papierindustrie nur vereinzelt als Zusatzbrennstoff eingesetzt) stofflich verwertet. In Einzelfällen kann eine industrielle Nutzung von Holzaschen aber auch in anderen Sparten (vor allem in der Zement- und Baustoffindustrie) wirtschaftlich sinnvoll sein.

9.4.2.5 Deponierung

Wenn keine der oben genannten Verwertungsmöglichkeiten gegeben ist, verbleibt nur noch eine Deponierung der Aschen. Grob- und Zyklonaschen können üblicherweise auf Massenabfalldeponien abgelagert werden. Feinstflugaschen müssen hingegen meist auf Sondermülldeponien (limitierende Faktoren: Cadmium (Cd)- und Zink (Zn)-Gehalte) abgelagert werden.

9.4.3 Rechtliche Rahmenbedingungen

Deutschland. In Deutschland sind seit ihrer Novellierung im November 2003 Feuerraumaschen (Grobaschen) aus der Monoverbrennung von naturbelassenen pflanzlichen Ausgangsstoffen in der Düngemittelverordnung (DüMV) angeführt /9-19/. Demnach können Holzaschen entweder als selbständige Düngemittel oder als Zuschlag zu anderen Düngemitteln bzw. deren Ausgangsstoff verwendet werden. Düngemittel aus Holzaschen bzw. teilweise aus Holzaschen hergestellte Düngemittel müssen die in Tabelle 9.30 angeführten Grenzwerte für Schwermetalle einhalten.

Davon ausgenommen sind Holzaschen, die ausschließlich auf forstliche Böden aufgebracht werden und entsprechend gekennzeichnet sind. In diesem Fall müssen keine Grenzwerte eingehalten werden. Eine Rückführung von Zyklon- und Feinstflugaschen ist nicht erlaubt. Somit soll der Kreislauf von Nährstoffen aus dem Wald geschlossen und durch das Verbot der Rückführung von schadstoffreicheren Aschefraktionen (Zyklon- und Feinstflugasche) eine Ausschleusung der Schadstoffe aus dem Kreislauf erreicht werden /9-58/.

Neben der Düngemittelverordnung (DüMV) müssen abhängig vom geplanten Verwertungsweg das Forstrecht (Aufbringung der Holzaschen im Wald) oder das Düngemittelrecht und die Düngeverordnung (bei Verwertung der Holzaschen in der Landwirtschaft) berücksichtigt werden. Auch ist eine Zugabe von Holzaschen zu Bioabfällen laut Bioabfallverordnung (BioAbfV) prinzipiell möglich, solange sie einem nach Düngemittelverordnung (DüMV) zugelassenem Düngemittel entsprechen. Allerdings sind Holzaschen nicht explizit in der Bioabfallverordnung (BioAbfV) angeführt.

Österreich. In Österreich ist nur in der Kompostverordnung die Verwertung von Holzaschen gesetzlich geregelt. Die Zuschlagsmenge ist aber auf 2 Gew.-% Holzasche beschränkt. Auch ist eine Rückführung von Feinstflugasche auf Böden generell untersagt.

Tabelle 9.30 Grenzwerte für Nährstoff- und Schwermetallgehalte in Biomasseaschen für die Nutzung auf Forst-, Acker- und Grünflächen in Deutschland, Österreich, Dänemark, Schweden und Finnland

	Deutschland[a]	Österreich	Dänemark	Schweden[b]	Finnland[c]
	in g/kg (Nährstoffe) bzw. in mg/kg (Schwermetalle)				
Nährstoffe (min.)					
Ca				125	80/60
K				30	K+P 20/10
Mg				15	
P				7	K+P 20/10
Zn				0,5	
Schwermetalle (max.)					
As	40	20		30	25/30
B				800	
Cd	1,5	8	5/15[d]	30	1,5/17,5
Cr		250	100	100	300
Cu	70	250		400	600/700
Co		100			
Hg	1,0		0,8	3,0	1,0
Mo		20			
Ni	80	100	30/60[e]	70	100/150
Pb	150	100	120	300	100/150
Tl	1,0				
V		100		70	
Zn	1 000	1 500		7 000	4 500

min. minimal, max. maximal
[a] Holzaschen (nur Grobfraktion), die ausschließlich auf Waldflächen rückgeführt werden, müssen die Grenzwerte nicht einhalten; [b] Grenzwerte gelten nur für die Rückführung auf Waldböden; [c] landwirtschaftliche Böden / forstwirtschaftliche Böden; [d] Stroh-/Holzaschen; [e] 30 mg/kg ist der Grenzwert, bis 60 mg/kg kann eine reduzierte Menge aufgebracht werden.

Als Düngemittel sind Holzaschen nicht zugelassen, da deren Zusammensetzung in Abhängigkeit des eingesetzten Brennstoffs meist relativ starken Schwankungen unterworfen ist. Deshalb wurden Richtlinien für den sachgerechten Einsatz von Biomasseaschen im Wald bzw. im Acker- und Grünland erarbeitet, die Grenzwerte für Holzaschen enthalten (Tabelle 9.30). Prinzipiell können demnach bei Einhaltung der Grenzwerte Grobaschen sowie Gemische nach Anfall von Grob- und Zyklonaschen zur Düngung und Bodenverbesserung (z. B. pH-Wert-Anhebung saurer Böden) unter Berücksichtigung der festgelegten maximalen Aufbringungsmengen eingesetzt werden (Kapitel 9.4.2.1). Böden, auf denen die Aschen ausgebracht werden, sollen jedoch auf pH-Wert sowie Gehalte an Nährstoffen und Schwermetallen untersucht werden. Die Richtlinien enthalten aber auch Aufbringungsverbote und -beschränkungen für sensible Gebiete (z. B. Naturschutz- und Wasserschutzgebiete). Darüber hinaus enthalten die Richtlinien Empfehlungen für die korrekte Art der Ascheausbringung.

Dänemark. In Dänemark wird zwischen Aschen aus der Strohverbrennung und Aschen aus der Verbrennung holzartiger Biomasse unterschieden. Strohasche darf nur auf landwirtschaftliche Böden und Holzasche nur im Wald aufgebracht werden; Gemische aus Stroh- und Holzasche dürfen sowohl auf landwirtschaftlichen als auch auf Waldböden aufgebracht werden. Entsprechend sind für einzelne Schwermetalle unterschiedliche Grenzwerte festgelegt (Tabelle 9.30).

Schweden. Das schwedische Forstrecht legt u. a. fest, dass die Art der aufgebrachten Aschen sowie die Aufbringungszeit so gewählt werden muss, dass die Auswaschung von Stickstoff und der Verlust von Nährstoffen sowie negativen Auswirkungen auf die Umwelt möglichst gering gehalten werden. Ähnlich wie in Österreich gibt es in Schweden aber keine gesetzlich festgelegten Grenzwerte für Biomasseaschen, sondern nur entsprechende Richtlinien. Neben Grenzwerten für Schwermetalle sind dort auch Minimalgehalte für Nährstoffe festgelegt, die erreicht werden müssen (Tabelle 9.30). Diese Richtlinie richtet sich hauptsächlich an Holzaschen, deren Rückführung vor allem bei der Nutzung von Schwachholz (d. h. kleinere Äste einschließlich Nadeln oder Blätter), das im Vergleich zu Rundholz deutlich höhere spezifische Nährstoffgehalte aufweist, im Sinne eines geschlossenen Nährstoffkreislaufs empfohlen wird. Es können prinzipiell aber auch andere Biomasseaschen im Wald eingesetzt werden, sofern die Mindestanforderungen an die Nährstoffgehalte sowie die Grenzwerte für Schwermetalle eingehalten werden.

Neben Anforderungen an die Zusammensetzung der Aschen sind dort auch Empfehlungen für die Ascheaufbereitung und -ausbringung enthalten. So soll die Asche nur im gehärteten und zerkleinerten Zustand aufgebracht werden, um die Reaktivität der Asche zu reduzieren und so Schäden des Waldbodens und der dort wachsenden Organismen zu verhindern.

Daneben gibt es auch Bestrebungen, Richtlinien für den Einsatz von Biomasseaschen im Landschaftsbau und in der Bauindustrie zu erstellen /9-160/.

Finnland. In Finnland sind zwei Aschentypen im Düngemittelrecht definiert: Agroaschen mit Mindestgehalten an Kalzium (Ca) von 8 Gew.-% und an Phosphor und Kalium (P+K) von 2 Gew.-%, die in allen land- und forstwirtschaftlichen Bereichen sowie im Landschaftsbau eingesetzt werden dürfen, und Forstaschen mit Mindestgehalten an Kalzium (Ca) von 6 Gew.-% und an Phosphor und Kalium (P+K) von 1 Gew.-%, die nur in der Forstwirtschaft verwendet werden dürfen (weitere Anforderungen: Tabelle 9.30). Der Cadmium(Cd)-Gehalt legt die maximalen Ausbringungsmengen der Aschen pro Jahr bzw. pro Umtriebszeit fest, da maximale Cadmium(Cd)-Frachten für verschiedene Einsatzgebiete (Landwirtschaft, Landschaftsbau, Forstwirtschaft) definiert sind.

Neben Holz-, Getreide- und Ganzpflanzenaschen dürfen auch Aschen aus der Verbrennung von Torf – wenn die Grenzwerte eingehalten werden – eingesetzt werden. Feinstflugaschen sind von der Nutzung als Düngemittel ausgeschlossen.

10 Direkte thermo-chemische Umwandlung (Verbrennung)

Für biogene Festbrennstoffe (z. B. Holz, Stroh) hat die direkte Verbrennung in Feuerungen bis heute die weitaus größte Bedeutung unter den Energiewandlungsprozessen und -verfahren. Verbrennungsanlagen werden eingesetzt zur Produktion von Wärme, die genutzt werden kann als Sekundärenergie (z. B. Dampf, der dann weiter in elektrische Energie umgewandelt werden kann), als Endenergie (z. B. Fernwärme) oder als Nutzenergie (z. B. Strahlungswärme eines Kachelofens). Unter einer Verbrennung wird dabei hier die Oxidation eines Brennstoffs unter Energiefreisetzung verstanden. Dabei entstehen Abgase und Asche.

Vor diesem Hintergrund werden im Folgenden die mit der direkten thermischen Umwandlung biogener Festbrennstoffe zusammenhängenden Aspekte diskutiert. Der Schwerpunkt liegt dabei auf der Darstellung der Feuerungsanlagentechnik. Auch wird auf die Techniken für die Abgasreinigung eingegangen. Zusätzlich werden die Möglichkeiten einer Stromerzeugung bzw. einer Kraft-Wärme-Kopplung (KWK) diskutiert. Zuvor werden jedoch spezielle Anforderungen und Besonderheiten erläutert.

10.1 Anforderungen und Besonderheiten

Generell muss, um einen hohen Wirkungsgrad und geringe Schadstoffemissionen zu erzielen, die Feuerungstechnik den besonderen Eigenschaften der biogenen Festbrennstoffe adäquat Rechnung tragen. Zu diesen besonderen Eigenschaften zählt vor allem der relativ hohe Gehalt flüchtiger Substanzen (Kapitel 9.1), die während der pyrolytischen Zersetzung freigesetzt werden. Außerdem ist es ein wesentliches Merkmal biogener Festbrennstoffe, dass bei der Verbrennung eine Vielzahl von komplexen chemischen und physikalischen Prozessen (Verbrennungsstufen) teilweise parallel ablaufen. Zum Verständnis der sich daraus ergebenen Konstruktionsmerkmale von Feuerungen sollen daher – ausgehend von den Grundlagen der thermo-chemischen Umwandlung (Kapitel 9.2) – zunächst die Teilschritte der Verbrennung und die sich daraus ergebenen allgemeinen konstruktiven Anforderungen vorgestellt werden. Diese Anforderungen sind für hand- und automatisch beschickte Feuerungen gleichermaßen gültig. Auf deren grundsätzliche Besonderheiten hinsichtlich ihres Verbrennungsablaufes wird anschließend genauer eingegangen.

Grundlegender Ablauf der Verbrennung. Bei der Verbrennung von Biomasse laufen verschiedene Teilschritte physikalischer und chemischer Prozesse teils hintereinander und teils parallel ab (Abb. 10.1). Die wichtigsten Schritte sind:
– Erwärmung des Brennstoffs durch Rückstrahlung von Flamme, Glutbett und Feuerraumwänden,
– Trocknung des Brennstoffs durch Verdampfung und Abtransport des Wassers (ab ca. 100 °C),
– pyrolytische Zersetzung der Biomasse durch Temperatureinwirkung,
– Vergasung des festen Kohlenstoffs zu Kohlenstoffmonoxid mit Kohlenstoffdioxid, Wasserdampf und Sauerstoff,
– Oxidation der brennbaren Gase zu Kohlenstoffdioxid und Wasser bei Temperaturen ab 700 °C bis rund 1 500 °C (real) bzw. maximal rund 2 000 °C (theoretisch),
– Wärmeabgabe der Flamme an die umgebenden Feuerraumwände und an den neu zugeführten Brennstoff.

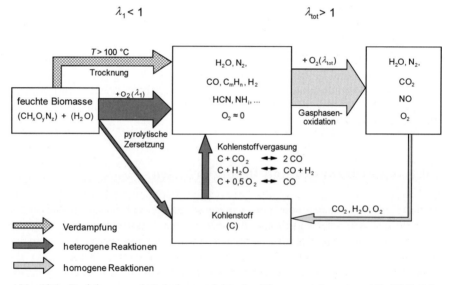

Abb. 10.1 Reaktionen und Zwischenprodukte der Biomasseverbrennung (die Pfeilstärke entspricht den ungefähren Molanteilen bei einem Brennstoffwassergehalt von 20 %)

Allgemeine konstruktive Anforderungen. Als Konsequenz des in Abb. 10.1 dargestellten Verbrennungsablaufs lässt sich ableiten, dass für eine vollständige Oxidation von biogenen Brennstoffen eine räumliche Trennung der pyrolytischen Zersetzung des Brennstoffes und der Vergasung des Kokses von der anschließenden Verbrennung der Pyrolyse- bzw. Vergasungsprodukte erforderlich ist. Ausgehend davon lassen sich die wichtigsten Voraussetzungen für eine vollständige Umsetzung des Brennstoffs – getrennt für die Pyrolyse und Vergasung des festen Kohlenstoffs und der Oxydation der Pyrolyse- und Vergasungsprodukte – wie folgt zusammenfassen:

10.1 Anforderungen und Besonderheiten

- Pyrolytische Zersetzung und Vergasung des Kohlenstoffs zu CO, H_2, CH_4, C_nH_m, CO_2, H_2O. Dies wird erreicht durch eine
  - vollständige pyrolytische Zersetzung des Biobrennstoffs infolge einer guten Verteilung der Verbrennungsluft (Primärluft) in der Reaktionszone und
  - ausreichend hohe Temperaturen bei der pyrolytischen Zersetzung bzw. Vergasung.
- Oxidation der Pyrolyse- und Vergasungsprodukte, d. h. Gasphasenoxidation von CO, H_2 CH_4 und C_nH_m zu CO_2 und H_2O. Eine vollständige Oxidation der freigesetzten Brenngase erfolgt durch:
  - Zufuhr von Oxidationsmittel (Sekundärluft) im Überschuss,
  - ausreichend lange Verweilzeit des Brenngas/Luftgemisches in der Reaktionszone,
  - ausreichend hohe Verbrennungstemperaturen,
  - gute Vermischung der Brenngase mit Verbrennungsluft durch hohe Turbulenz und
  - enge Verweilzeitverteilung in der Nachbrennkammer, d. h. Annäherung an die ideale Verteilung einer sogenannten "Kolbenströmung"

Die oben genannte Forderung nach einer räumlichen Trennung der Feststoffumsetzung (mit der Primärluftzuführung ins Glutbett) vom Gasausbrand (mit der Sekundärluftzuführung in die Nachbrennkammer) stellt somit die Voraussetzung für eine kontrollierte Verbrennung dar. Beide Zuluftströme sollten deshalb getrennt regelbar sein. Die Primärluft beeinflusst damit die Feuerungsleistung, während die Sekundärluft hauptsächlich für die vollständige Oxidation der brennbaren Gase verantwortlich ist.

Die beschriebenen feuerungstechnischen Anforderungen für die Gasphasenoxidation werden gelegentlich als sogenannte "3-T-Regel" für die Feuerungskonstruktion zusammengefasst ("Time–Temperature–Turbulence"); d. h. dass Verweilzeit, Verbrennungstemperatur und Durchmischungsintensität die wesentlichen zu optimierenden Bestimmungsgrößen darstellen. Das gilt insbesondere für biogene Festbrennstoffe mit ihrem hohen Gehalt an flüchtigen Bestandteilen (Kapitel 9.1).

Die Einhaltung der für die in der Sekundärverbrennungszone geforderten hohen Temperaturen ist zumindest bei größeren Feuerungen meist problemlos möglich. Je besser die Vermischung der Brenngase mit der Verbrennungsluft ist, umso geringer kann der Luftüberschuss sein, bei dem die Feuerung (nahezu) ohne Freisetzung unverbrannter Gase betrieben werden kann. Ein geringer Luftüberschuss bedingt dabei auch eine hohe Verbrennungstemperatur; unnötig hohe Luftmengen würden dagegen eine Abkühlung bewirken. Ein niedriger Luftüberschuss stellt somit auch die Voraussetzung für die Nutzung von feuchteren Biobrennstoffen dar, bei denen der Energieverbrauch für die Verdampfung des Wassers das Temperaturniveau im Feuerraum tendenziell weiter absenkt und außerdem der entstehende Wasserdampf den Abgasvolumenstrom und dadurch den Energieaustrag aus der heißen Zone zusätzlich erhöht. Bei einem geringstmöglichen Luftüberschuss, der sich aus dem übergeordneten Ziel der Minimierung von Emissionen an unverbrannten Bestandteilen (d. h. Abgaskomponenten, die noch weitergehend oxidiert werden könnten) ergibt, ist damit gleichzeitig auch der Wirkungsgrad am höchsten.

Bei der Optimierung des Luftüberschusses ist eine ausreichend hohe Verbrennungstemperatur auch dadurch sicherzustellen, dass eine unnötige Wärmeabgabe im Feuerraum vermieden wird. Dies geschieht meist durch eine wärmedämmende Auskleidung des Primär- und Nachverbrennungsraumes. Als feuerseitige Dämmmaterialien werden hierfür beispielsweise Schamotte, feuerfester Beton, Lava-Ton oder Keramikfasermaterialien verwendet.

Für die meisten Feuerungsprinzipien gilt, dass der Hauptteil der Nutzwärme nicht schon im Feuerraum, sondern erst in einem vom Feuerraum getrennten Wärmeübertrager aus den heißen ausgebrannten Verbrennungsabgasen gewonnen wird. Eine frühzeitige Wärmeentnahme kann aber bei trockenen Brennstoffen oder speziellen Einsatzgebieten sinnvoll sein. Das ist der Fall, wenn zur Regulierung der (Glut-)Betttemperaturen eine Abkühlung durch gezielte Nutzwärmeentnahme erwünscht ist (z. B. bei Brennstoffen, deren Aschen zur Verschlackung neigen). Bei Rostfeuerungen kommen dazu wassergekühlte Roste zum Einsatz; dies ermöglicht einen Betrieb ohne überschüssige, als Kühlluft eingesetzte Primärluft. Auch können für trockene Brennstoffe wassergekühlte Feuerraumwände eingesetzt werden, die eine gesteuerte Wärmeabnahme erlauben.

Zusätzlich dazu müssen Feuerungen auch umweltseitige Anforderungen einhalten (Kapitel 9.3), wobei vielfach Sekundärmaßnahmen angewendet werden (Kapitel 10.4). Entscheidend für minimale Schadstofffreisetzungen im praktischen Betrieb ist aber vor allem die Einhaltung optimaler Betriebsbedingungen; das gilt besonders für das optimale Brennstoff-/Luftverhältnis. Hierzu ist der Einsatz einer entsprechenden Regelung erforderlich.

Unterschiede von hand- und automatisch beschickten Feuerungen. Die Feuerungstechnik unterscheidet hand- und automatisch beschickte Anlagen. Dabei versteht man unter handbeschickt, dass der Brennstoff diskontinuierlich von Hand in den Brennraum eingebracht wird. Dagegen wird bei den automatischen beschickten Feuerungen der Brennstoff kontinuierlich und möglichst gleichmäßig dosiert in den Brennraum gefördert. Aufgrund der Unterschiede im Verbrennungsablauf (kontinuierliche bzw. chargenweise Verbrennung), welche die jeweilige Art der Beschickung mit sich bringt, werden diese Unterschiede nachfolgend zunächst erläutert, bevor anschließend die eigentlichen Feuerungstechniken vorgestellt werden.

Chargenweise bzw. diskontinuierlich von Hand beschickte Feuerungen weisen ausgeprägte Unterschiede im zeitlichen Verlauf der Verbrennung auf. Dies gilt insbesondere für Anlagen ohne Gebläse ("Naturzuganlagen"), zu denen die meisten Einzelfeuerstätten zählen (Kapitel 10.2.2), da hier die Randbedingungen der Verbrennung zwischen zwei Nachlegezeitpunkten erheblich wechseln.

Mit dem Einschichten einer neuen Brennstofffüllung bewirken der kalte und noch nicht vollständig getrocknete neue Brennstoff und das Öffnen der Fülltür zunächst eine Abkühlung in der Feuerung. Gleichzeitig nimmt das nutzbare Feuerraumvolumen beim Nachlegen ab und während der daran anschließenden kontinuierlichen Abbrandphase allmählich wieder zu; deshalb spricht man auch vom "Chargenabbrand". Mit dem veränderlichen nutzbaren Feuerraumvolumen ändert sich bei vielen Feuerungsbauarten oft auch die Verweilzeit der durch die pyrolytische Zersetzung gebildeten Brenngase. Diese sich ständig ändernden Verbrennungsbedingungen lassen sich an der Konzentration des gebildeten Kohlenstoffdioxids (CO_2) und Kohlenstoffmonoxids (CO) im Abgas ablesen (Abb. 10.2, oben).

Für die abbrandphasenbezogene Dosierung der Luftzufuhr ergeben sich hieraus bestimmte Konsequenzen. Diese lassen sich am besten umsetzen, wenn hierfür ein

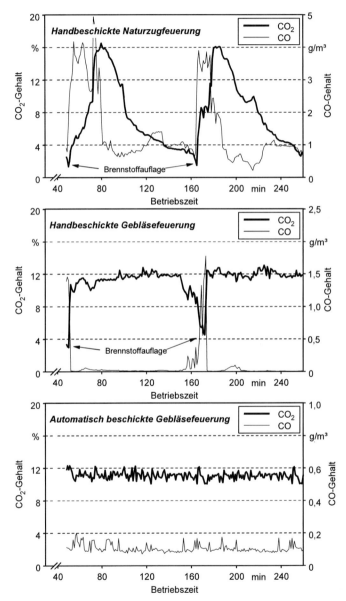

Abb. 10.2 Typischer Verlauf der Kohlenstoffdioxid(CO_2)- und Kohlenstoffmonoxid(CO)-Konzentrationen im Abgas einer Naturzugfeuerung (Kachelofeneinsatz), einer handbeschickten Gebläsefeuerung (Stückholzkessel, unterer Abbrand) und einer automatisch beschickten Feuerung (Hackgutkessel) im betriebswarmen Zustand (Anheizphase nicht dargestellt, bei CO unterschiedliche Maßstäbe bei den verschiedenen Grafiken) (nach /10-64/)

Gebläse verwendet wird, durch welches die Luftmenge an den momentanen Verbrennungszustand angepasst werden kann. Durch geeignete Feuerungskonstruktionen wird außerdem versucht, einen möglichst gleichmäßigen Abbrand mit konstanter Leistung und geringen Emissionen zu erreichen. Das Nachlegen des Brennstoffs und das veränderliche nutzbare Feuerraumvolumen sollen dabei einen möglichst geringen Störeinfluss ausüben. Ein Feuerungsprinzip, bei dem diese Forderungen auch bei handbeschickten Feuerungen besonders konsequent umgesetzt wurde, stellt der sogenannte "untere Abbrand" dar. Hier nimmt nur die unterste Schicht des Brennstoffbetts an der Verbrennung teil (Kapitel 10.2.1). Der Verlauf der CO_2- und CO-Konzentration im Abgas (Abb. 10.2, Mitte) zeigt, dass dadurch eine Annäherung an den weitgehend gleich bleibenden Betriebszustand einer automatisch beschickten Feuerung möglich ist.

In automatisch beschickten Anlagen wird ein ggf. durch Zerkleinerung oder Pelletierung hergestellter, leicht dosierbarer Brennstoff eingesetzt. Dieser kann somit weitgehend kontinuierlich und automatisch in den Feuerraum eingebracht werden, so dass sich ein gleich bleibender Feuerungsbetrieb mit konstanter Leistung einstellen lässt. Die Konstanz der Brennstoffzuführung erlaubt eine an diese Brennstoffmenge angepasste Luftmengendosierung bei gleich bleibenden Temperaturen im Feuerraum. Eine derartige Betriebsweise führt letztlich auch zu gleich bleibenden und relativ geringen Freisetzungen an unverbrannten Komponenten (Abb. 10.2, unten).

Die automatische Zuführung der schüttfähigen Brennstoffe erlaubt außerdem eine automatische Anpassung der Brennstoffmenge an die wechselnde Wärmenachfrage. Automatisch beschickte Anlagen sind daher meist über einen relativ weiten Bereich teillastfähig (ca. 30 bis 100 % der Nennwärmeleistung). Zur Überbrückung von Phasen mit niedriger Wärmenachfrage können Wärmespeicher deshalb entweder relativ klein dimensioniert oder – unter bestimmten Bedingungen – ganz weggelassen werden.

10.2 Handbeschickte Feuerungsanlagen

Handbeschickte Feuerungen stellen bei den privaten Haushalten meist die bedeutendste Gruppe dar. Aufgrund dessen werden die technischen Prinzipien und Bauarten dieser Anlagengruppe nachfolgend erläutert.

10.2.1 Feuerungsprinzipien und Bauartenüberblick

Handbeschickte Holzfeuerungen werden in bestimmten Zeitabständen – je nach Leistung und Füllraumgröße – mit mehr oder weniger großen Brennstoffchargen beschickt. Dadurch kommt es im Verbrennungsablauf zu unterschiedlichen Verbrennungsphasen. Hierbei werden das Anheizen, die nachfolgende betriebswarme Phase und der abschließende Ausbrand der Holzkohle unterschieden. Je nach System (Gebläse oder Naturzug) sind sie unterschiedlich ausgeprägt (Abb. 10.2). Die Diskontinuität im Verbrennungsablauf führt zu den diskutierten Nachteilen (z. B. bei der Regelung der optimalen Luftmenge).

10.2 Handbeschickte Feuerungsanlagen

Dennoch müssen handbeschickte Feuerungen – um eine entsprechende Akzeptanz in der Bevölkerung zu finden – emissionsarm betrieben werden. Neben einer optimierten Feuerungstechnik ist hierfür auch eine korrekte Betriebsweise (u. a. Vermeidung von Bedienfehlern) sowie die Verwendung geeigneter Brennstoffe erforderlich; bei Letzteren handelt es sich um naturbelassenes, lufttrockenes Scheitholz oder aus naturbelassenem Holz ohne Zusätze hergestellte Presslinge (Briketts). Die Verbrennung von Spanplattenresten, behandeltem Holz, gestrichenem oder lackiertem Holz (Kapitel 4.1) sowie brennbaren Abfällen (z. B. Altpapier, Kunststoffverpackungen) ist in Kleinanlagen im Regelfall illegal. Sie führt nicht nur zu hohen und z. T. extrem toxischen Emissionen und giftigen Rückständen, sondern kann auch die Nutzungsdauer der Anlage erheblich verkürzen.

Handbeschickte Holzfeuerungen können anhand der folgenden verschiedenartigen Merkmale unterschieden werden.

- Bauartengruppe: Einzelfeuerstätte, erweiterte Einzelfeuerstätte oder Zentralheizungskessel
- Zugbedingung: Naturzug oder gebläseunterstützter Zug
- Rost: Rostlose Feuerung oder Feuerung mit Rost
- Lage des Rostes: Flachfeuerung oder Füllfeuerung
- Feuerungsprinzip: Durchbrand, oberer Abbrand oder unterer Abbrand.

Zu den wichtigsten Unterscheidungsmöglichkeiten zählen die Feuerungsprinzipien, die nachfolgend erläutert werden. Ihre Anwendung in den einzelnen Bauartengruppen wird in den daran anschließenden Kapiteln 10.2.2 bis 10.2.4 dargestellt.

Die bei handbeschickten Feuerungen üblichen Feuerungsprinzipien (Durchbrand, oberer Abbrand und unterer Abbrand) sind in Abb. 10.3 schematisch dargestellt. Dabei lassen sich die beiden erstgenannten oft nicht eindeutig voneinander abgrenzen. Sie werden deshalb in der Literatur und in der Praxis nicht immer als eigenständige Feuerungsprinzipien betrachtet, sondern oft nur als unterschiedliche Betriebsweisen ein und derselben Feuerung angesehen. Da das Durchbrand- und das obere Abbrandprinzip in unterschiedlichen Bereichen entwickelt wurden – d. h. in der Kohle- (Durchbrand) bzw. in der Holzfeuerung (oberer Abbrand) – und in der Praxis Anlagen mit entsprechender Merkmalausprägung im Einsatz sind, werden sie nachfolgend separat diskutiert.

Durchbrand. Bei der Durchbrandfeuerung wird die Verbrennungsluft (Primärluft) durch den Rost und somit durch die gesamte Brennstoffschichtung geführt. Die Zündung erfolgt von unten, und das Glutbett entwickelt sich über dem Rost unterhalb des restlichen Brennstoffvorrats. Dadurch wird der gesamte Brennstoff erhitzt und befindet sich gleichzeitig in Reaktion (Abb. 10.3, oben). Hierin liegt auch ein wesentlicher Nachteil dieses Prinzips; eine Anpassung der Verbrennungsluftmenge an die unterschiedlichen Brenngasfreisetzungen ist schwierig. Dies gilt insbesondere dann, wenn die Brennstoffauflage sehr groß und dann keine Trennung zwischen Entgasungs- und Nachverbrennungszone mehr möglich ist. Daher sind derartige Feuerungen am besten durch häufiges Nachlegen kleiner Brennstoffmengen zu betreiben, um so einen möglichst gleichmäßigen Verbrennungsablauf zu erzielen. Dennoch ändern sich die Verbrennungsbedingungen mit jedem Nachlegen (und im Laufe des Verbrennungsvorgangs), so dass man bei Durchbrand- und auch bei oberen Abbrandfeuerungen vom "Chargenabbrand" spricht.

470   10 Direkte thermo-chemische Umwandlung (Verbrennung)

In Kleinfeuerungen stellt der Durchbrand das klassische Verbrennungsprinzip der (kurzflammigen) Kohlenbrennstoffe dar, bei denen der Anteil der gebildeten flüchtigen Substanzen ("Brenngase") aus der pyrolytischen Zersetzung relativ gering ist, während der größte Teil der Wärmeenergie aus dem Abbrand des festen Kohlenstoffs stammt. Auch wirkt sich die meist fehlende klare Trennung zwischen der Zone der pyrolytischen Zersetzung und der Vergasung sowie der Oxidationszone bei Kohlenbrennstoffen weniger nachteilig aus. Dennoch wird das Durchbrandprinzip auch bei Holzfeuerungen im Bereich der Einzelfeuerstätten (insbesondere Kaminöfen und Kamine) angewendet, da hier eine problemlose Entaschung durch den Rost und den Aschekasten möglich ist. Bei modernen Scheitholzkesseln ist das Prinzip der Durchbrandfeuerung dagegen heute nicht mehr gebräuchlich.

Oberer Abbrand. Im Gegensatz zur Durchbrandfeuerung wird die Verbrennungsluft (Primärluft) beim oberen Abbrand nicht durch einen Rost geleitet, sondern gelangt seitlich zur Glutbettzone (Abb. 10.3, Mitte). Die erste Brennstoffcharge wird von oben gezündet; in der ersten Abbrandphase bildet sich hier die Glutzone. Indem die Flammen und die heißen Gase aus der pyrolytischen Zersetzung ungehindert nach oben steigen können, werden in der Nachbrennkammer die für einen vollständigen Ausbrand benötigten hohen Betriebstemperaturen relativ schnell erreicht, während sich der Brennstoffvorrat langsam von oben nach unten erhitzt. Die Gasfreisetzungen erfolgen somit gebremst. Der Holzvorrat brennt gleichmäßi-

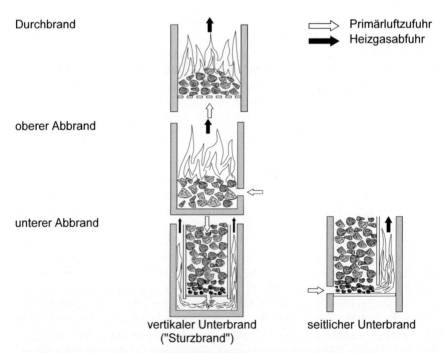

Abb. 10.3 Abbrandprinzipien bei handbeschickten Holzfeuerungen (Sekundärluftführung und Nachverbrennungsbereich nicht dargestellt)

ger und kontrollierter von oben nach unten ab als bei einer Durchbrandfeuerung. Verfügt die Feuerung nicht über eine entsprechende Sekundärlufteinbringung, ist von Nachteil, dass das Feuerraumvolumen mit der Abnahme der Brennstofffüllhöhe variiert und sich somit die Gasverweilzeit für die Nachverbrennung der Pyrolysegase kontinuierlich ändert. Somit liegt die größte Verweilzeit zum Schluss des Abbrands einer Charge vor und nicht – wie es für einen optimalen Verbrennungsablauf wünschenswert wäre – am Anfang.

Beim Nachlegen wird neuer Brennstoff auf die verbliebene Grundglut gelegt; die nachfolgende Abbrandperiode ähnelt somit der Durchbrandfeuerung. Auch beim oberen Abbrand sind kleinere Nachlegemengen in häufigeren Intervallen von Vorteil. Da aber die Verbrennungsluft (Primärluft) nicht durch, sondern über das Glutbett geleitet wird, kann ein übermäßiges Anfachen der (in der Asche liegenden) Glut vermieden werden. Vielfach werden solche Feuerungen daher ohne Rost gebaut, um eine unerwünschte Luftzuführung vermeiden zu können. Dadurch kann die Ascheentnahme aber nur bei abgekühlter Anlage erfolgen.

Das Prinzip des oberen Abbrandes wird in Einzelfeuerstätten (z. B. Grundofenfeuerungen; vgl. Abb. 10.6) eingesetzt. Wie bei den Durchbrandfeuerungen wird auch beim oberen Abbrand in der Regel auf ein Zuluftgebläse verzichtet ("Naturzugbetrieb"). Die Luftmenge wird über Veränderungen der Lufteinlassöffnungen und über Kaminzugklappen geregelt.

Durchbrand- und obere Abbrandfeuerungen kommen selten "reinrassig" vor, sondern sie werden meist miteinander kombiniert. Zur Verwendung verschiedener Brennstoffarten (z. B. Holzscheite, Kohlenbriketts) lassen sich derartige Einzelfeuerstätten (z. B. Kaminöfen) oft auf die jeweils andere Betriebsart umschalten, so dass sie überwiegend nach dem Durchbrandprinzip oder nach dem Prinzip des oberen Abbrands arbeiten. In solchen "Kombibrandanlagen" werden Kohlenbrennstoffe im Durchbrand eingesetzt (überwiegend Rostluft), während bei Holzbrennstoffen die Verbrennungsluft seitlich oder von oben zugeführt wird (oberer Abbrand). Kleinere Rostluftmengen können aber auch beim Holzbrand vorteilhaft sein, da sie den vollständigen Abbrand des Holzkohlerückstandes unterstützen.

Unterer Abbrand. Anders als bei den beiden vorgenannten Verbrennungsprinzipien werden beim unteren Abbrand die Heizgase nicht nach oben abgeführt, sondern die Flammen breiten sich unterhalb des Feuerraumbodens oder zur Seite hin aus ("Unterbrandfeuerungen"). Dadurch nimmt nur die jeweils unterste Schicht des Brennstoffbetts an der Verbrennung teil. Die im Bereich der Primärluftzufuhr freigesetzten Brenngase werden über einen Gebläsezug in eine unten ("Sturzbrand") oder seitlich ("seitlicher Unterbrand") neben dem Brennstoff-Füllraum liegende Brennkammer gelenkt, in der sie unter Sekundärluftzugabe vollständig nachverbrennen (Abb. 10.3, unten). Beim seitlichen Unterbrand kann ein Teil der Primärluft auch durch einen Bodenrost eintreten, der die Entaschung und den vollständigen Holzkohleabbrand unterstützt.

Das über der Glutzone liegende Holz dient als Brennstoffreserve, die im Verlauf des Abbrands der Charge selbsttätig nachrutscht und somit einen quasi-kontinuierlichen Brennstoffnachschub ermöglicht. Im Gegensatz zum Durchbrand- und oberen Abbrand-Prinzip ist beim unteren Abbrand-Prinzip die Füllmenge des Brennstoffschachtes für den Verbrennungsablauf weitgehend unerheblich. Sie beeinflusst jedoch den Bedienkomfort, da bei großen Füllvolumina ein häufiges Nachlegen unterbleiben kann; beispielsweise kann die Abbranddauer einer Charge in einem solchen Scheitholzkessel bis zu fünf Stunden und länger betragen.

Der untere Abbrand ermöglicht eine relativ kontinuierliche pyrolytische Zersetzung und Vergasung des Brennstoffs. Dies verbessert die Anpassung der Verbrennungsluftmenge an die freigesetzte Brenngasmenge, wodurch ein guter Ausbrand und somit eine hohe Verbrennungsqualität erreicht werden.

Das untere Abbrandprinzip stellt aufgrund dieser Vorteile bei Stückholz-Zentralheizungskesseln (Kapitel 10.2.4) das mit Abstand am häufigsten verwendete Feuerungsprinzip dar. Im Gegensatz zum Durchbrand und zum oberen Abbrand kann hierbei jedoch meist nicht auf eine Zwangsbelüftung (Saug- oder Druckgebläse) verzichtet werden. Das ist – neben den optischen Bedürfnissen des Betrach-

Tabelle 10.1 Bauarten und Merkmale handbeschickter Holzfeuerungen

Bauart	Heizleistung in kW	Verbrennungsprinzip	Merkmale
Einzelfeuerstätten (Wärmenutzung bauartbedingt hauptsächlich im Aufstellraum)			
offener Kamin	0 – 5	Durch-/oberer Abbrand	ohne und mit Warmluftumwälzung, ungeeignet als Permanent-Heizung
geschlossener Kamin	5 – 15	Durch-/oberer Abbrand	mit Warmluftumwälzung, Sichtscheibe
Zimmerofen	3 – 10	Durch-/oberer Abbrand	vom Wohnraum aus befeuerter Holzofen ohne feste Installation
Kaminofen	4 – 12	Durch-/oberer Abbrand	wie Zimmerofen, mit Sichtscheibe
Speicherofen, (Grundofen oder Warmluftkachelofen)	3 – 15	Durch-/oberer Abbrand, unterer Abbrand (selten)	langsame Abgabe gespeicherter Wärme über 10 bis 24 h durch Strahlung (Grundofen) oder mit Konvektionsluft (Warmluftkachelofen)
Küchenherd	3 – 12	Durch-/oberer Abbrand unterer Abbrand	Kochwärme (Primärnutzen), Heizwärme oder Sitzbankheizung (Sekundärnutzen)
Pelletofen[a]	2,5 – 10	Schalen-/Muldenbrenner (für Holzpellets)	automatisch beschickt, geregelte Brennstoff- und Luftzufuhr (Gebläse), Nachfüllen ca. alle 1 bis 4 Tage erforderlich
Erweiterte Einzelfeuerstätten (Wärmenutzung bauartbedingt auch außerhalb des Aufstellraums)			
Zentralheizungsherd	8 – 30	Durch-/oberer Abbrand unterer Abbrand	Wärme dient zum Kochen und für Zentralheizung/Brauchwassererwärmung
erweiterter Kachelofen, Kamin und Kaminofen	6 – 20	Durch-/oberer Abbrand	Wasser-Heizkreislauf oder geschlossener Warmluftkreislauf (Hypokaustenheizung)
Pelletofen[a] mit Wasserwärmeübertrager	bis 10	Schalen-/ Muldenbrenner	auch zur alleinigen Hausheizung (z. B. bei Niedrigenergiebauweise)
Zentralheizungskessel (Wärmenutzung nur außerhalb des Aufstellraums)			
Stückholzkessel	10 – 250 (max. 800)	unterer Abbrand Durchbrand (selten)	bis 1 m Scheitlänge, Naturzug- oder Gebläsekessel, Wärmespeicher erforderlich

[a] der Pelletofen ist bauartsystematisch zu den automatisch beschickten Feuerungen zu zählen und wird daher hinsichtlich seiner Funktion in Kapitel 10.3.2.1 behandelt; er ist hier jedoch aufgeführt, da er in die Reihe der typischen Einzelfeuerstätten bzw. Raumheizgeräte dazugehört

ters an das Flammenspiel – einer der Gründe, warum das Prinzip des unteren Abbrands in Einzelfeuerstätten nur selten eingesetzt wird.

In Anlagen nach dem unteren Abbrandprinzip kann neben stückigem Holz meist auch grobes Holzhackgut eingesetzt werden. Anders als bei Durchbrandfeuerungen besteht aber beim unteren Abbrand die Gefahr eines Hohlbrands (d. h. Brückenbildung über dem Glutbett); dies kann – aufgrund der unter diesen Bedingungen gegebenen unvollständigen Verbrennung – zu entsprechend hohen Emissionen führen.

Tabelle 10.1 gibt einen Überblick über gebräuchliche handbeschickte Holzfeuerungen mit Angabe der typischen Heizleistung, der benutzten Verbrennungsprinzipien und ggf. von diversen besonderen Merkmalen. Die angeführten Bauarten werden im Folgenden genauer behandelt.

Bei der Beschreibung der Feuerstätten in den folgenden Kapiteln werden für das Verbrennungsgas beim Durchströmen der Feuerungsanlage und der nachgeschalteten Systemelemente wechselnde Bezeichnungen gewählt. Das heiße Verbrennungsgas, das aus dem Brennraum austritt, wird üblicher Weise zunächst aufgrund seines noch heißen Zustandes als Heizgas bezeichnet. Nach der Wärmeabgabe an den umgebenden Raum bzw. im Kessel wird das Verbrennungsgas, das nun abgekühlt über den Kamin an die Umgebung abgegeben wird, als Abgas bezeichnet.

10.2.2 Einzelfeuerstätten

Einzelfeuerstätten geben ihre Wärme bauartbedingt nur an den umgebenden Raum ab. Das geschieht meist über Wärmestrahlung und zum Teil zusätzlich über Luftkonvektion. Zur Bauartengruppe der Einzelfeuerstätten zählen offene oder geschlossene Kamine, Zimmeröfen, Kaminöfen, Speicheröfen (einschließlich Warmluftkachelöfen) sowie Holzküchenherde und Pelletöfen (vgl. Übersicht in Tabelle 10.1). Sie werden meist nur gelegentlich (d. h. als Zusatzheizung) betrieben.

Im Einzelnen lassen sich die Einzelfeuerstätten nach vielerlei Kriterien unterscheiden (Tabelle 10.2). Beispielsweise können sie in Flach- und Füllfeuerungen eingeteilt werden.
- Bei Flachfeuerungen wird je Nachlegevorgang jeweils nur eine Lage Scheite eingefüllt (bei Küchen- und Zentralheizungsherden werden Flachfeuerungen zusätzlich über den Rostabstand zur Herdplattenoberseite definiert /10-17/, /10-18/). Zu den Flachfeuerungen zählen beispielsweise offene- und geschlossene Kamine, Kaminöfen sowie die Koch- und Heizherde im Kochmodus (Sommerbetrieb, vgl. Abb. 10.9). Bei dieser Art der Feuerung beträgt die typische Einfüllmenge je Auflage zwischen 2 und 5 kg (beim Kochen auch weniger als 2 kg).
- Füllfeuerungen sind dagegen für höhere Einfüllmengen geeignet; dadurch wird eine bestimmte Mindestabbranddauer bei Nennwärmeleistung gewährleistet ("Dauerbrandöfen" /10-19/; z. B. Koch- und Heizherde im Heiz- bzw. Winterbetrieb oder bestimmte Grundofenfeuerungen). Die Einfüllmenge liegt hier bei über 5 kg Brennstoff je Auflage.

10 Direkte thermo-chemische Umwandlung (Verbrennung)

Tabelle 10.2 Unterscheidungsmerkmale von Einzelfeuerstätten

Einbauart	*Vor Ort z. T. aus vorgefertigten Teilen handwerklich errichtet, nicht versetzbar*	*industrielles Fertigprodukt, versetzbar*
	offener/geschlossener Kamin, Grund- und Warmluftkachelofen, Kachelherd	Zimmerofen, Kaminofen, Pelletofen, Küchenherd
Speichermasse	*gering bis mittel*	*hoch ("Speicherofen")*
	offener/geschlossener Kamin, Zimmerofen, Kaminofen, Pelletofen, Warmluftkachelofen, Küchenherd, erweiterte Einzelfeuerstätten	Kachel-/Grundofen, Zimmer- oder Kaminofen mit großem Kachel- oder Specksteinmantel
Beschickungsart	*handbeschickt*	*automatisch beschickt*
	offener/geschlossener Kamin, Kachel-/Grundofen, Zimmerofen, Kaminofen, Küchenherd	Pelletofen, Pellet-Zentralheizungsherd
Typ. Betriebsdauer	*längere Betriebszeit*[a]	*meist kurzzeitiger Betrieb*
	geschlossener Kamin, Zimmerofen, Kaminofen, Pelletofen, Warmluftkachelofen, erweiterte Einzelfeuerstätten	Grundofen (1 h heizen, mindestens 12 h Wärmeabgabe), offener Kamin, Küchenherd
Wärmeabgabe	*strahlungsbetont*	*konvektionsbetont*
	Kachel-/Grundofen, Zimmer- und Kaminofen ohne Zirkulationsschlitze, Küchenherd	Warmluftkachelofen, Pelletofen, Kaminofen mit Zirkulationsschlitzen, Einzelfeuerstätten mit Wassertaschen

[a] mehrmals täglich bzw. permanenter Feuerungsbetrieb durch mehrmaliges Nachlegen

Daneben gibt es eine Vielzahl weiterer Unterscheidungskriterien (Tabelle 10.2), die jedoch nicht immer eine scharfe Trennung der einzelnen Bauarten ermöglichen. Das liegt an der Vielfalt von Abwandlungen oder Mischformen der vorhandenen Bauarten, die eine eindeutige Zuordnung erschweren. Dadurch hat sich eine Vielzahl weiterer, teilweise parallel verwendeter Namen und Bezeichnungen eingebürgert. Deshalb sind auch bei den nachfolgenden Ausführungen begriffliche Unschärfen nicht vollständig vermeidbar.

Obgleich bei fast allen Bauarten auch Varianten mit Außenluftversorgung bestehen, werden Einzelfeuerstätten im Regelfall mit aus dem beheizten Raum entnommener Luft betrieben. Für den Kaminzug kritische Betriebszustände infolge der Raumluftentnahme sind aber in den meisten Fällen nur dann zu erwarten, wenn – wie bei moderner Bauweise mit dichten Türen und Fenstern – der sonst übliche "Verbrennungsluftverbund", d. h. die mit dem Aufstellraum lufttechnisch verbundenen Räume (ca. 4 m³ Raumluft je kW Nennwärmeleistung) nicht ausreicht /10-96/. Das ist am ehesten bei offenen Kaminen, die mit hohem Luftüberschuss betrieben werden, zu erwarten. Schwierigkeiten können aber auch auftreten, wenn für die Wohnraumlüftung Unterdrucksysteme eingesetzt werden, die den natürlichen Kaminzug begrenzen (z. B. Küchenabzug, kontrollierte Lüftung). Feuerungen ohne Gebläse sind in diesem Fall in der Regel mit Außenluft zu versorgen.

Offene Kamine. Im Gegensatz zu allen übrigen Einzelfeuerstätten besitzt der offene Kamin einen zum Wohnraum hin offenen Feuerraum, der meist an seiner Rückwand und teilweise an den Seitenwänden ummauert ist (Abb. 10.4). Er wird entweder aus vorgefertigten Schamotte-Bauteilen aufgebaut oder mit Hilfe eines Fertigbauteils – einem eisernen Kamineinsatz – errichtet. Eine definierte und gestufte Verbrennungsluftzufuhr ist bei einer derartigen Bauweise nicht möglich. Um einen möglichen Gasaustritt in den Wohnbereich zu vermeiden, wird die Feuerung mit einem sehr hohen Luftüberschuss gefahren. Die Verbrennungsluft wird dabei aus dem Wohnraum entnommen; in einigen Fällen wird hierfür aber auch zusätzliche Außenluft über Luftkanäle zugeführt.

Beim offenen Kaminfeuer tritt der bei Einzelfeuerstätten häufige Nutzen als Zusatzheizung in den Hintergrund; eine derartige Feuerung dient vielmehr primär der Wohnwertsteigerung. Die Wärme fällt hauptsächlich über die Abstrahlung an. Aufgrund der hohen Luftmenge ist die Verbrennungsqualität im Regelfall unzureichend (d. h. relativ niedrige Verbrennungstemperaturen, daher niedriger Wirkungsgrad und hohe Schadstoffemissionen). Daher ist auch eine Verwendung als ständiges Heizsystem beispielsweise in Deutschland unzulässig /10-23/. In vielen Siedlungsgebieten wurden deshalb außerdem für offene Kamine und z. T. auch für andere Einzelfeuerstätten Verbrennungsverbote ausgesprochen.

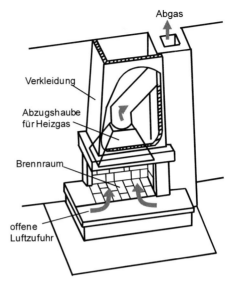

Abb. 10.4 Offener Kamin

Geschlossene Kamine. Wenn für die Errichtung des Kamins ein Einsatz mit selbsttätig schließender Glastür oder Glasscheibe verwendet wird, handelt es sich um einen geschlossenen Kamin; zusätzlich sind dafür auch die Begriffe "Heizkamin" und "Heizcheminée" gebräuchlich. Derartige Heizeinsätze umfassen den Feuerraum mit Aschekasten, den Abgassammler, die Heizgaszüge und den Abgasstutzen. Anders als der offene Kamin besitzen solche Bauformen einen geschlossenen Feuerraum (Abb. 10.5, links). Dadurch kann die Verbrennungsluftzufuhr besser kontrolliert werden. Die Folge davon ist ein Anstieg der Feuerraumtemperatur und damit eine deutliche Steigerung des Wirkungsgrads und der Verbrennungsqualität. Vor allem erfolgt auch kein größerer Anstieg des Luftwechsels im Raum. Um diese Vorteile zu nutzen, können bestehende offene Kamine mit sogenannten "Kaminkassetten" nachgerüstet werden.

Die Wärme geschlossener Kamine wird zum Großteil durch Abstrahlung abgegeben. Viele geschlossene Kamine sind aber auch mit Konvektionskanälen und Warmluftröhren ausgestattet, über die – gelegentlich mit Gebläseunterstützung – warme Luft abgeleitet wird. Dadurch ist auch eine Wärmeabgabe an benachbarte Räume möglich (Kapitel 10.2.3).

Zimmeröfen. Anders als offene oder geschlossene Kamine sind Zimmeröfen (auch "Einzelöfen") frei im Wohnraum stehende, meist gusseiserne Einzelfeuerstätten

10 Direkte thermo-chemische Umwandlung (Verbrennung)

(auch "Eiserne Öfen" genannt, obgleich auch Varianten mit Kachel- oder Specksteinhülle vorkommen). Der Brennstoff wird durch die obere von meist drei Türen in den Feuerraum gegeben, der im unteren Bereich z. T. ausschamottiert ist. Die durch den Rost gefallene Asche wird im Aschekasten aufgefangen, der durch die untere Tür zur Entleerung abgezogen werden kann. Die Reinigung des Rostes kann über eine weitere Tür in Höhe des Rostes erfolgen. Aus praktischen Gründen ist dieser oft auch als Schüttelrost ausgebildet.

Die Zimmeröfen arbeiten in der Regel nach dem Durchbrandprinzip (vgl. Abb. 10.3). Der Anteil der von oben zugegebenen Luftmenge kann oft durch manuelle Klappen oder Schieber eingestellt werden, so dass dann die Oberluftmenge, die als Sekundärluft dient, überwiegt. Bei einfachen Ausführungen wird der Abbrand lediglich durch Drosselung der Gesamtluftzufuhr über einen Schieber oder eine Rosette in der Entaschungstür eingestellt bzw. angepasst.

Zimmeröfen können auch mit Kacheln oder Naturstein verkleidet sein. Dadurch wird die Speichermasse erhöht und die Wärmeabgabe ist gleichmäßiger.

Kaminöfen. Die moderne Variante des Zimmerofens ist der Kaminofen. Er kann ebenfalls frei im Wohnraum aufgestellt werden, besitzt jedoch eine im Betrieb luftdicht verschlossene Tür mit Sichtscheibe (Abb. 10.5, rechts).

Das Verbrennungsprinzip entspricht dem des Zimmerofens. Rost- (Primärluft) bzw. Oberluft (Sekundärluft) werden je nach Brennstoffart zu unterschiedlichen

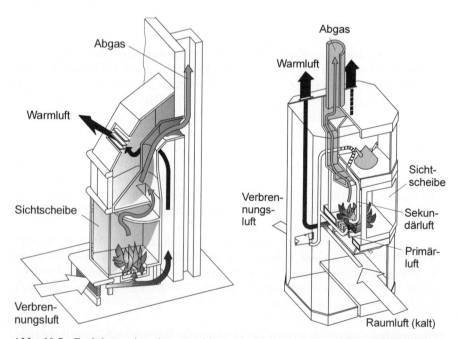

Abb. 10.5 Funktionsweise eines geschlossenen Kamins (links) und eines Kaminofens (rechts) (nach /10-95/)

Anteilen zugeführt. Allerdings dient die Oberluft hier zusätzlich als "Spülluft"; sie wird von oben entlang der Sichtscheibe zugeführt, um eventuelle Ruß- oder Staubablagerungen möglichst zu verhindern.

Wie die Zimmeröfen geben Kaminöfen einen großen Teil der Wärme über Abstrahlung ab (ca. 50 %); die Oberflächentemperatur kann bis 250 °C betragen. Ist ein Konvektormantel (Luftzirkulationsschlitze) vorhanden, kann die Abstrahlung bis auf 10 % der Gesamtnutzwärme sinken /10-96/, wobei vor allem die Tür mit der Sichtscheibe für den Reststrahlungsanteil verantwortlich ist. Für Kaminöfen gilt als spezifische Heizflächenbelastung ein maximaler Wert von 4 kW/m^2 /10-19/. Die Masse je kW Heizleistung liegt meist zwischen 13 und 26 kg. Je Quadratmeter Heizfläche ist mit 40 bis 80 kg Gesamtgewicht zu rechnen /10-96/.

Wie die Kamine oder Zimmeröfen werden auch die Kaminöfen bevorzugt in der Übergangszeit oder als Zusatzheizung verwendet. Die Nachlegeintervalle sind kurz, da nur jeweils eine Lage Brennstoff eingebracht wird, die – anders als bei Kohlebriketts – relativ rasch abbrennt. Öfen, die ausschließlich für die Verwendung von Holz ausgelegt sind, gelten deshalb nicht als "dauerbrandfähig" /10-19/.

Speicheröfen. Das wesentliche Merkmal eines Speicherofens besteht in der vergleichsweise großen Speichermasse für die erzeugte Wärme. Die heißen Gase werden in gemauerten Zügen durch diese Speichermasse geleitet; sie besteht hauptsächlich aus Zementputz, Kacheln, Ton und Mörtel, Schamotte oder Speckstein. Entsprechend sind auch die Begriffe Kachelofen, Kachelgrundofen, Grundofen und Specksteinofen gebräuchlich. Die Oberfläche, über welche die Wärme hauptsächlich als Strahlungswärme abgegeben wird, ist ebenfalls vergleichsweise groß, so dass die Oberflächentemperatur meist relativ niedrig bleibt. Sie liegt bei einem mittelschweren Kachelofen zwischen 70 und 120 °C. Je nach Wanddicke beträgt die Wärmeabgabe zwischen 0,7 (schwerere Bauart) und 1,2 kW/m² (leichte Bauart) /10-96/. Trotz der heute üblichen Verwendung industriell vorgefertigter Bauteile bleibt diese Ofenbauart eine mit hohem handwerklichem Aufwand vom Ofensetzer vor Ort zu errichtende gemauerte (gesetzte) Feuerung.

Die ursprüngliche Bauart des Speicherofens ist der gemauerte Grundofen aus Stein und Putz, der ein Gewicht von über einer Tonne besitzt /10-21/. Heutige Bauarten verwenden für die Feuerung und die Heizzüge meist vorgefertigte Bausätze, bestehend aus Schamotteformsteinen und metallischen Bauteilen (Ofenfrontplatte mit Fülltür und Luftzuführöffnungen, Einlegerost).

Der Grundofen (Abb. 10.6) arbeitet meist nach dem oberen Abbrandprinzip (vgl. Abb. 10.3). Der Feuerraum und die Größe der Nachheizfläche (Abgaszüge) müssen dabei so aufeinander abgestimmt sein, dass die Temperatur der im Schornstein austretenden Abgase typischerweise 160 bis 200 °C beträgt. Das Speichervermögen entspricht häufig genau der Wärmemenge, die bei einer einzigen (von oben gezündeten) Brennstofffüllung frei wird, so dass kein weiteres Holz auf die ausglühende Grundglut nachgelegt werden muss und darf. Durch die hohe Speichermasse erwärmt sich ein kalter Grundofen nur langsam; er strahlt jedoch auch nach dem Erlöschen der Glut noch lange Wärme ab. Grundöfen sind daher für den spontanen Einsatz weniger geeignet. Bei modernen Varianten kann die Luftzufuhr zwar auch automatisch gesteuert werden (z. B. durch elektrische Luftklappeneinstellung). Die Regulierfähigkeit ist u. a. aufgrund der Trägheit der Feuerung je-

478   10 Direkte thermo-chemische Umwandlung (Verbrennung)

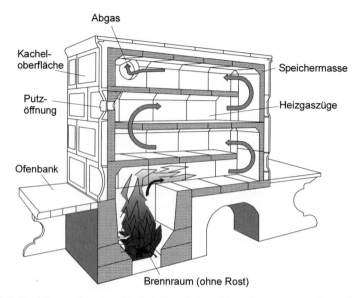

Abb. 10.6 Funktionsweise eines Kachel-Grundofens, hier mit gemauerten liegenden Zügen (nach /10-61/)

doch beschränkt. Auch ist der Platzbedarf relativ groß. Deshalb sind eine Vielzahl mittlerer und leichter Varianten auf dem Markt, zu denen u. a. auch der Warmluft-(Kachel-)ofen zählt (Abb. 10.7).

Dieser Warmluft-(Kachel-)ofen besitzt im Vergleich zum eigentlichen Speicherofen meist weniger Speichermasse; dies gilt insbesondere dann, wenn er nicht

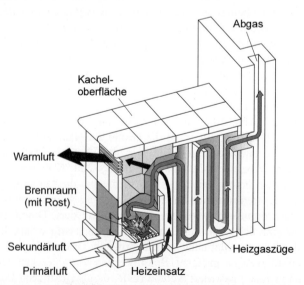

Abb. 10.7 Funktionsweise eines Warmluftkachelofens, hier mit gemauerten stehenden Zügen (nach /10-95/)

über gemauerte Züge verfügt. Bei diesem Ofentyp wird ein gusseiserner Heizeinsatz (sogenannter Kachelofenheizeinsatz) verwendet, um den herum die gemauerte Verkleidung (z. B. Kachelwand) in einem bestimmten Abstand errichtet wird. Im Sockelbereich der Kachelwand befinden sich offene Luftkanäle, so dass kalte Raumluft hinter den Kachelmantel strömen kann. Sie wird dort erhitzt, steigt auf und verlässt den Luftschacht durch oben angebrachte Warmluftgitter. Bei hohem Anteil dieser durch Konvektion abgeführten Wärme ist die Wärmeabstrahlung über die Kacheln entsprechend geringer. Viele Warmluftkachelöfen besitzen zusätzlich einen Nachheizkasten aus Gusseisen, Stahlblech oder Keramikplatten, der ebenfalls von einem hinterlüfteten Kachelmantel umgeben ist und zu etwa 20 % zur Wärmeabgabe beiträgt. Er stellt oft auch einen zusätzlichen Abscheideort für Flugasche dar. Der Nachheizkasten kann auch in einem benachbarten Raum aufgestellt sein, so dass die Feuerung bauartbedingt zu einer Mehrraumheizung wird (Kapitel 10.2.3).

Auch bei den Warmluft-Kachelöfen kann der Speicheranteil bei gemauerten Zügen relativ hoch sein (Abb. 10.7), so dass der Übergang zu den strahlungsbetonten Öfen fließend ist. Wie bei den Zimmer- und Kaminöfen werden Ausführungen mit und ohne Rost verwendet. Warmluft-Kachelöfen können auch mit Saugzuggebläse und abgasgeführter Verbrennungsluftregelung (Mikroprozessorsteuerung) ausgestattet sein. Moderne Kachelöfen werden auch mit Sichtscheibe angeboten, so dass sie ein ähnliches Erscheinungsbild bieten wie geschlossene Kamine oder Kaminöfen. Bei einigen Bauarten kann die Verbrennungsluft über einen Außenluftkanal herangeführt werden, um einen raumluftunabhängigen Heizbetrieb zu ermöglichen.

Küchenherde. Der Küchenherd stellt eine Bauart dar, die vor allem den Bedürfnissen solcher Gemeinschaften entspricht, bei denen die Küche der Mittelpunkt des häuslichen Lebens bildet. Wenngleich die Zahl der neu installierten Herde inzwischen stark rückläufig ist, zählen sie immer noch zu den bedeutenden Bauarten bei Einzelfeuerstätten /10-38/. Küchenherde werden als industrielles Fertigprodukt oder als mehr oder weniger vorgefertigter Bausatz für die Errichtung vor Ort (z. B. als Kachelherd) angeboten.

Im Naturzug betriebene Küchenherde arbeiten nach verschiedenen Verbrennungsprinzipien. Neue Entwicklungen verwenden den unteren Abbrand in Form eines Sturzbrandes (Abb. 10.8). Zum Anheizen ist ein Anheizschieber vorgesehen, der einen kurzen Weg für die Heizgase vom Füllraum unter der Herdplatte zum Kamin freigibt. Im Normalbetrieb ist die Flamme nach unten in den Flammraum gerichtet, wobei in der Düse Sekundärluft zugeführt wird. Die Heizgase strömen unter der Herdplatte bzw. um die Bratröhre und treten danach abgekühlt als Abgas in den Kamin. Mit einem solchen System können die Grundsätze einer guten Verbrennung weitgehend berücksichtigt werden.

Häufig kommt aber auch das Durchbrandprinzip oder das Prinzip des seitlichen Unterbrands (vgl. hierzu Abb. 10.3) zur Anwendung, wobei auch in diesem Fall die Herdplatte durch die darunter entlang geführten heißen Abgase geheizt wird. Über entsprechende Klappen lässt sich auch eine ggf. vorhandene Backröhre aufheizen. Derartige Herde können teilweise auch vom Kochbetrieb auf einen Heizbetrieb umgestellt werden, wobei ein Wechsel vom Durchbrand- zum unteren Ab-

480 10 Direkte thermo-chemische Umwandlung (Verbrennung)

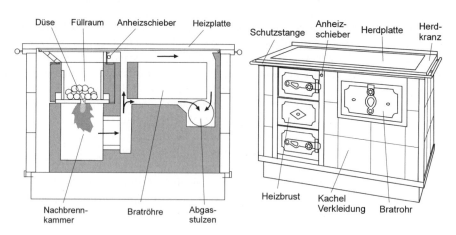

Abb. 10.8 Küchenherd mit unterem Abbrand

brand-Prinzip erfolgt (vgl. hierzu Abb. 10.9). Damit im Kochbetrieb das Feuer möglichst nahe an der Herdplatte brennt, ist der Koch-Feuerraum niedrig ("Flachfeuerung"), da die Rosthöhe entsprechend hoch eingestellt ist. Wenn im Winter jedoch geheizt werden soll, wird der Rost heruntergeklappt, so dass der gesamte Füll- bzw. Feuerraum über dem darunter liegenden zweiten Rost genutzt werden kann und die Heizleistung sich infolge der vergrößerten Wärmeübertragungsflächen etwa verdoppelt (vgl. Abb. 10.9). Wenn es sich um einen Herd handelt, bei dem die Roststellung über eine Hebeeinrichtung variierbar ist, kann die Umstellung auch während des laufenden Betriebs erfolgen.

Im Winterbetrieb erlaubt der vergrößerte Füllraum oft die Verwendung größerer Holzscheite als beim ausschließlichen Kochbetrieb mit relativ engem Brennraum. Die meisten Heizungsherde verfügen über getrennte Primär- und Sekundärluftzuführungen sowie über – allerdings nur eingeschränkte – Möglichkeiten zur Leistungsregelung. Auch kombinierte Herd-Kachelöfen werden angeboten, bei denen die Heizgase über eine Umstellklappe vom Herdbetrieb in Kachelofenzüge (auch in benachbarten Räumen) umgeleitet werden können.

10.2.3 Erweiterte Einzelfeuerstätten

Im Übergangsbereich zwischen Einzelfeuerstätten und Zentralheizungskesseln kommen Mischformen und Sonderbauarten vor, die aus Einzelfeuerstätten hervorgegangen sind. Bei diesen Anlagen wird nur ein Teil der erzeugten Nutzwärme an den umgebenden Raum abgegeben bzw. zum Kochen oder Backen verwendet. Über einen zusätzlich vorhandenen Wasserwärmeübertrager wird zusätzliche Wärme an einen Heizkreislauf oder als Brauchwasser abgegeben. Ggf. kann die Wärmeabfuhr auch mittels heißer Luft erfolgen, die über spezielle Luftschächte entweder direkt (als Konvektionswärme) oder als Wärmeträgermedium zu großflächigen Heizflächen (z. B. hinterlüftete Kachelwände) in benachbarte Räume gelei-

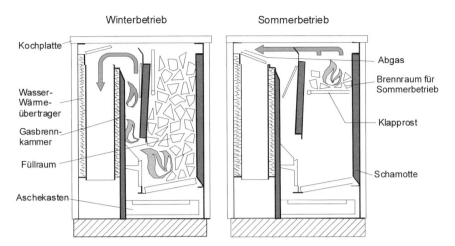

Abb. 10.9 Moderner Zentralheizungsherd mit unterem Abbrand (links: Winterbetrieb zum Kochen und Heizen; rechts: Sommerbetrieb nur Kochen; nach /10-116/)

tet wird (Hypokaustenheizung oder Luft-Zentralheizung). Solche erweiterten Einzelfeuerstätten werden nachfolgend erläutert.

Zentralheizungsherde. Ein großer Teil der heute eingesetzten Holz-Herde dient nicht nur Koch-, Back- und Küchenheizungszwecken, sondern auch für die Zentralheizung und Brauchwassererwärmung. Bei solchen Zentralheizungsherden, die – außer als Scheitholzherde – auch als automatisch beschickte Pellet-Zentralheizungsherde angeboten werden, sind Teile des Feuerraums mit Wassertaschen ummantelt und weitere Wasserwärmeübertrager in den Heizgaszügen untergebracht (Abb. 10.9). Die überschüssige Wärme kann dabei durch die Erwärmung eines Wärmespeichers zwischengespeichert werden. Grundsätzlich gelten dabei die gleichen Randbedingungen wie bei handbeschickten Zentralheizungskesseln.

Zentralheizungsherde werden als vollwertige Wohnhausheizung oder als Zusatzkessel eingesetzt. Sie müssen die sicherheitstechnischen Standards eines Zentralheizungskessels erfüllen. Deshalb verfügen sie beispielsweise über eine thermische Ablaufsicherung gegen Überhitzung. Dabei handelt es sich um eine von der Vorlauftemperatur gesteuerte mechanische Vorrichtung, die beim Erreichen einer bestimmten Vorlauftemperatur (Überhitzung) den Wasserablauf im Wasserkreislauf eines angeschlossenen Sicherheitswärmeübertragers öffnet, um die überschüssige Wärme abzuführen.

Zentralheizungsherde erreichen einen Gesamtwirkungsgrad von mindestens 65 %, wobei die Abstrahlung im Aufstellraum nicht als Verlust gewertet wird /10-18/. Die Asche wird manuell entfernt.

Erweiterte Kachelöfen, Kamine oder Kaminöfen. Während bei den Zentralheizungsherden die Wärmeabgabe an das Heizmedium Wasser überwiegt, kommt es bei den erweiterten Kachelöfen oder Kaminen häufiger zu Bauweisen mit Warmlufttransport, durch den maximal etwa bis zu vier weitere angrenzende Räume beheizt werden können (Abb. 10.10). Das geschieht entweder über eine z. T. ge-

482 10 Direkte thermo-chemische Umwandlung (Verbrennung)

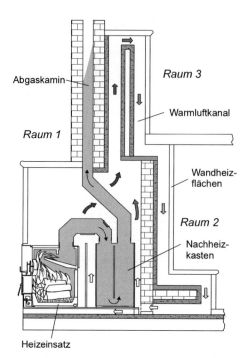

Abb. 10.10 Funktionsprinzip eines Hypokaustensystems mit Kachelofenheizeinsatz (nach /10-15/)

bläseunterstützte Warmluftableitung (Frischluft, Mischluft oder Umluft) oder durch zirkulierende Warmluft in einem geschlossenen Kreislauf. Letzteres System wird als Hypokaustenheizung bezeichnet; hier stellt die zirkulierende Warmluft das Wärmeträgermedium dar. Sie wird an den Wärmeübertragerflächen des Heizeinsatzes erwärmt, durch wählbare Klappeneinstellung einem oder mehreren Warmluftkanälen zugeleitet und gelangt so zu den Heizflächen der entsprechenden Räume. Diese Heizflächen sind als spezielle Hypokausten-Kacheln oder Keramikflächen, Naturstein oder Mauerung mit Putz ausgebildet. An ihnen wird die Strahlungswärme abgegeben. Durch die hohe Speichermasse erfolgt dies gleichmäßig und über einen relativ langen Zeitraum. Die Zirkulation wird meist durch Schwerkraft- und Auftriebseffekte aufrecht erhalten.

Kachelöfen, Kamine und sogar Kaminöfen können auch zur Wassererwärmung genutzt werden. Sie werden dann auch als Kachelofen-Heizkessel, Kaminheizkessel oder wasserführende Kaminöfen bezeichnet. Spezielle Wasser-Wärmeübertrageraufsätze ("Wasserregister"

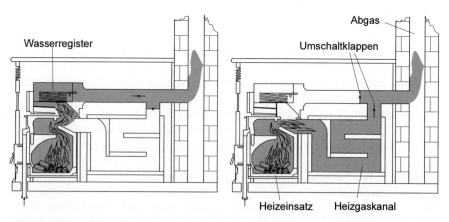

Abb. 10.11 Kachelofen mit Wasserwärmeübertrager (links: zusätzliche Wärmeeinspeisung in den Heizkreislauf; rechts: Heizbetrieb für den Aufstellraum; nach /10-15/)

10.2 Handbeschickte Feuerungsanlagen 483

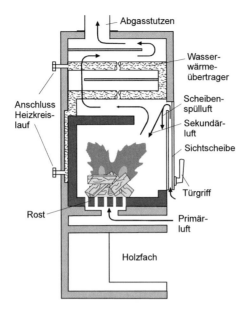

Abb. 10.12 Kaminofen mit Wasserwärmeübertrager

oder "Wassertasche") können – sobald die Feuerung ihre Betriebstemperatur erreicht hat – durch geeignete Klappenstellung vom heißen Abgas durchströmt werden, um einen Teil der Wärme an ein flüssiges Wärmeträgermedium abzugeben; dadurch erfolgt die Brauch- oder Heizwassererwärmung. Diesen Betriebswechsel zeigt Abb. 10.11 für einen Kachelofen. Abb. 10.12 zeigt den Aufbau eines wasserführenden Kaminofens.

Bei Kaminen kann der Wasserwärmeübertrager auch in den geschlossenen Kreislauf einer Warmluftzirkulation eingebaut sein. In allen Fällen ist die Verwendung von Wasserwärmespeichern sinnvoll. Kachelofen- oder Kamin- bzw. Kaminofenfeuerungen mit Wasserwärmeübertrager werden bis zu einer Nennwärmeleistung von rund 20 kW eingesetzt.

Pelletöfen mit Wasserwärmeübertrager. Da die automatische Brennstoffzuführung einen relativ weiten Leistungsbereich von ca. 30 bis 100 % der Nennwärmeleistung ermöglicht, kann die Wärmeabgabe von Pelletöfen besonders gut an die aktuelle Wärmenachfrage eines Hauses angepasst werden. Dieser Vorteil kommt vor allem bei Anlagen mit Wasserwärmeübertragern für die Heiz- und Brauchwassererwärmung zum Tragen. Derartige Öfen werden in Kombination mit anderen regenerativen Energien (z. B. Solarwärme) oder fossilen Energieträgern zunehmend auch als Hauptheizung in Gebäuden mit Niedrigenergiebauweise eingesetzt. Zwischen 50 und 80 % der Wärmeabfuhr erfolgt hierbei über den Wasserwärmeübertrager, während im Wohnraum nicht auf eine sichtbare Holzflamme verzichtet werden muss.

10.2.4 Zentralheizungskessel

Anders als bei den Einzelfeuerstätten oder den erweiterten Einzelfeuerstätten wird bei den Zentralheizungskesseln versucht, jegliche Wärmeabgabe an den umgebenden Raum zu vermeiden, da sich der Aufstellort meist nicht in einem zu beheizenden Raum befindet und auch keine Kochwärmenutzung gegeben ist. Folglich sind Zentralheizungskessel mit einem Wasserwärmeübertrager auszustatten (Abb. 10.13) und an einen Heizwasserkreislauf anzuschließen; über diesen wird ein geregelter Wärmetransport zu den Heizflächen der jeweiligen Räume sichergestellt. Die Wärmeabstrahlung von der Geräteoberfläche ist hier als Verlustgröße anzusehen und muss durch entsprechende Verkleidung und Wärmedämmung minimiert werden.

Funktionsweise. Als Feuerungsprinzip für handbeschickte Zentralheizungskessel kommt heute fast ausschließlich der untere Abbrand zum Einsatz (sogenannte Unterbrandfeuerungen; vgl. Abb. 10.3) /10-63/. In einen Füllschacht wird meist stückiges Holz in Form von Scheiten oder seltener auch grobes Holzhackgut eingefüllt. Bei einer üblichen Nennwärmeleistung von rund 20 bis etwa 40 kW beträgt die typische Einfüllmenge ca. 30 bis 50 kg Brennstoff je Auflage.

Die Verbrennungsluft wird über Saugzug- oder (seltener) durch Druckgebläse zugeführt, so dass die Anlagen entweder mit Unter- oder Überdruck im Feuerraum betrieben werden. Ausschließliche Naturzuganlagen sind heute dagegen weniger häufig. Der Betrieb mit einem Gebläse bietet den Vorteil, dass die Feuerung weitgehend unabhängig von den Umgebungsbedingungen (d. h. Zugbedingungen im Kamin) betrieben werden kann. Außerdem lässt sich dadurch ein größerer Druckverlust im Feuerraum überwinden. Derartige Druckverluste sind notwendig, wenn zur Erzielung einer guten Vermischung von Verbrennungsluft und brennbaren Gasen entsprechende Verwirbelungen durch Verjüngungen oder Umlenkungen erreicht werden sollen.

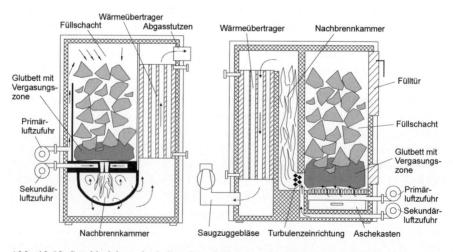

Abb. 10.13 Stückholzkessel mit Sturzbrand (links) und seitlichem Unterbrand (rechts)

10.2 Handbeschickte Feuerungsanlagen

Neben den thermostatisch geregelten Anlagen, bei denen die vom Kessel produzierte Wärmemenge nach der Kesselwassertemperatur an die Nachfrage angepasst wird (Leistungsregelung), werden zunehmend abgasgeführte Verbrennungsluftregelungen verwendet, bei denen der Abgaszustand durch Sensoren überwacht wird, um so eine für die Verbrennungsluftzufuhr geeignete zusätzliche Regelgröße (z. B. Luftüberschusszahl, CO, C_nH_m) zu erhalten. Derartige abgasgeführte Verbrennungsluftregelungen führen auch zu Wirkungsgradverbesserungen (/10-34/, /10-65/), so dass Stückholzkessel heute Wirkungsgrade von z. T. über 90 % erreichen.

Mit Scheitholzkesseln sind auch Teillastbetriebszustände bis 50 % möglich; allerdings ist auch hier der Einsatz eines Wasserwärmespeichers sinnvoll. Dieser gleicht die Schwankungen zwischen Wärmenachfrage und Wärmeangebot aus. Stückholzkessel werden in der Praxis gelegentlich auch mit automatisch beschickten Vorofen-Feuerungen kombiniert; hier übernimmt der Kessel die Funktion der Nachverbrennung und des Wärmeübertragers (Kapitel 10.3.2).

Anwendungsbereiche und Varianten. Handbeschickte Stückholzkessel werden vorwiegend mit Leistungen bis ca. 50 kW eingesetzt; das Leistungsspektrum reicht aber vom häuslichen Kleinkessel mit 10 kW, in dem ausschließlich Scheitholz verwendet wird, bis hin zu Anlagenleistungen von ca. 250 kW, die in der gewerblichen Holzbe- und -verarbeitung zur Verbrennung grobstückiger Industrierestholz-Brennstoffe eingesetzt werden. Seltener kommen auch Leistungen bis 800 kW vor, wobei auch bei solch großen Anlagen das Prinzip des unteren Abbrands verwirklicht wird. Bei solch hohen Anlagenleistungen sind mechanische Hilfsmittel für die Beschickung sinnvoll (Schubkarre, Kleintraktor).

Um den bei Scheitholz relativ hohen Arbeitsaufwand für die Zerkleinerung des Holzes zu reduzieren, werden auch Heizkessel für die Verbrennung von Meterholzscheiten und -rollen angeboten (ab 45 kW Nennwärmeleistung). Dadurch kann der Arbeitsaufwand zur Kesselbeschickung und zur Brennstoffaufbereitung verringert werden.

Im Übergangsbereich zu automatisch beschickten Feuerungen stehen auch technische Lösungen zur Verfügung, in denen das Scheitholz beispielsweise mechanisch aus einem großen Vorratsbehälter dem Arbeitsbereich eines hydraulischen Stanzzylinders zugeführt wird, der das stückige Holz durch eine Matrize presst, es dabei stark zerkleinert und automatisch in den nachgeschalteten Kessel weiterfördert (ab ca. 25 kW). Andere Systeme verwenden unmittelbar vor der Verbrennung einen langsam laufenden Zerspaner (Kapitel 7.1) mit anschließender automatischer Beschickung des zerkleinerten Brennstoffs.

Einige Scheitholzkessel lassen sich zusätzlich auch mit Heizöl oder Gas betreiben. Wenn dazu ein entsprechender Brenner vor die Holzeinfülltür angeflanscht oder eingeschwenkt werden muss, spricht man vom "Umstellbrandkessel". Ist der Brennstoffwechsel ohne Umbau möglich, handelt es sich um einen "Wechselbrandkessel" /10-20/. Ein Sonderfall des Wechselbrandkessels ist der "Doppelbrandkessel", der über zwei voneinander getrennte Feuerungen verfügt. Diese Formen sind aber heute aufgrund der strengen Emissionsgrenzwerte kaum mehr anzutreffen, da eine gleichzeitige Optimierung für verschiedene Brennstoffe fast nicht möglich ist. Dagegen kommen vermehrt Scheitholzanlagen zum Einsatz, die

486   10 Direkte thermo-chemische Umwandlung (Verbrennung)

durch einen einschwenkbaren oder zuschaltbaren Holzpelletbrenner phasenweise im automatischen Betrieb arbeiten können. Damit lässt sich der Bedienungskomfort insbesondere in den Übergangszeiten (wegen der automatischen Zündung) oder bei längerer Abwesenheit des Betreibers deutlich erhöhen.

10.2.5 Integration in häusliche Energiesysteme

Um eine hohe Verbrennungsqualität zu erreichen, sollten handbeschickte Feststoff-Feuerungen mit möglichst hoher Heizlast betrieben werden. Die maximale Auslastung wird aber i. Allg. nur während weniger Heiztage im Jahr benötigt. Daher sind besondere Maßnahmen erforderlich, um eine sinnvolle Integration in die jeweilige Energienachfragestruktur sicherzustellen. Hierzu zählen im Wesentlichen
- die Auswahl einer Heizanlage mit ausreichender Leistungsanpassung ("Lastvariabilität"),
- die Verwendung eines Wärmespeichers ("Pufferspeicher") und
- der Einsatz der Holzfeuerung in Kombination mit anderen Wärmeerzeugern (z. B. Solarenergie).

Nachfolgend werden diese Optionen näher diskutiert.

Lastvariabilität. Automatisch beschickte Holzfeuerungen und moderne Scheitholzkessel werden meist mit einer automatischen Anpassung der Wärmeleistung (d. h. Leistungsregelung) angeboten. Der mögliche Lastbereich ist allerdings bei Scheitholzkesseln mit 50 bis 100 % der Nennwärmeleistung deutlich geringer als bei automatisch beschickten Feuerungen (ca. 25 bis 100 %). Derartige lastvariable Feuerungen besitzen stets ein Saugzuggebläse, dessen Drehzahl in mehreren Stufen bzw. stufenlos regelbar ist. Ausschließliche Naturzuganlagen lassen sich dagegen kaum in ihrer Leistung regeln und sollten daher grundsätzlich bei Volllast betrieben werden. In weitaus größerem Maße als bei teillastfähigen Anlagen muss dabei die überschüssige Wärme zwischengespeichert werden. Diese Notwendigkeit der Wärmespeicherung besteht auch für die meisten Einzelfeuerstätten.

Wärmespeicher. Sobald die Wärmenachfrage unter die niedrigste im Dauerbetrieb erzielbare Leistung eines Heizkessels fällt ("kleinste Wärmeleistung"), muss die Feuerung sich durch Unterbrechen der Luft- und/oder Brennstoffzufuhr selbsttätig abschalten. Alternativ dazu kann die überschüssige Energiemenge in einen Wärmespeicher ("Pufferspeicher") eingespeist werden, da ansonsten die Kesselwassertemperatur so lange weiter ansteigen würde, bis die Sicherheitseinrichtungen des Kessels aktiv werden.

Bei den üblicherweise verwendeten Wärmespeichern handelt es sich um wärmeisolierte Stahlbehälter, die während der Speicherbeladung und -entnahme vom zirkulierenden Wärmeträgermedium durchflossen werden. Der heiße Zulauf im oberen Bereich des Speichers ist so gestaltet, dass die Bildung von Turbulenzen möglichst vermieden wird, damit sich eine gleichmäßige ungestörte Temperaturschichtung ausbilden kann. Das geschieht entweder durch Verwendung von Pralltellereinläufen (bei vertikalem Anschluss) oder durch sanftes Anströmen der Speicherdecke (bei seitlichem Anschluss). Eine besonders ausgeprägte Temperatur-

10.2 Handbeschickte Feuerungsanlagen   487

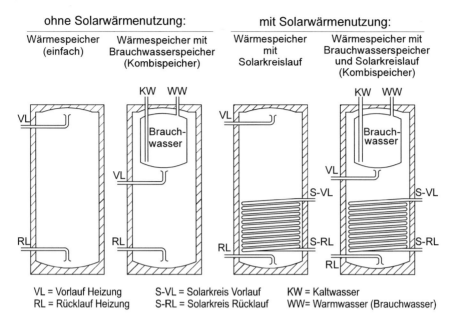

Abb. 10.14 Varianten von Wärmespeichern /10-40/

schichtung wird in sogenannten Schichtenspeichern erreicht. Hierbei strömt das rückfließende Heizungswasser meist durch ein im Speicher integriertes Steigrohr laminar in die unterschiedlichen Temperaturzonen ein. Hohe Kesselvorlauftemperaturen begünstigen die Temperaturschichtung und die Speicherkapazität. Für die Entnahme der Speicherwärme wird entweder die Flussrichtung umgekehrt, oder es werden separate Entnahme- und Rücklaufleitungen verwendet.

Je nachdem, ob die Brauchwassererwärmung separat oder im Wärmespeicher integriert ist oder ob es sich um eine Mehrfachnutzung mit Solarwärmeeinspeisung handelt, werden unterschiedliche Speichertypen angeboten (Abb. 10.14). Wenn es sich um einen Kombispeicher, d. h. um einen Speicher mit integriertem Brauchwasservorrat handelt, ist das effektive Wärmespeichervermögen für den Heizwärmekreislauf um den Brauchwasserinhalt vermindert. Für besonders schwer zugängliche Räume (z. B. Kellerräume) werden auch zerlegbare Wärmespeicher eingesetzt, die erst am Aufstellort errichtet werden.

Ein typisches Schema für die Funktionsweise und die hydraulische Einbindung des Wärmespeichers in die häusliche Energieversorgung ist in Abb. 10.15 dargestellt. Während des Anheizens ist der Heizungsvorlauf mit dem -rücklauf kurzgeschlossen (Ventile B offen, A geschlossen), um die erforderliche Betriebstemperatur (meist ca. 60 °C am Kesselrücklauf) möglichst rasch zu erreichen ("Rücklaufanhebung"). Sobald Ventil A öffnet, kann Heißwasser in den Heizkreislauf und in den Boiler fließen. Wird wenig oder keine Energie benötigt, beginnt die Speicherbeladung. Dazu reduziert die Heizkreispumpe den Durchfluss, so dass das überschüssige Fördervolumen der (Puffer-)Speicherladepumpe in den Wärmespeicher abfließen muss. Sobald die Wärmelieferung aus dem Kessel zum Erliegen kommt (z. B. bei Absinken der Abgastemperatur unter 60 °C), schließen beide Ventile

10 Direkte thermo-chemische Umwandlung (Verbrennung)

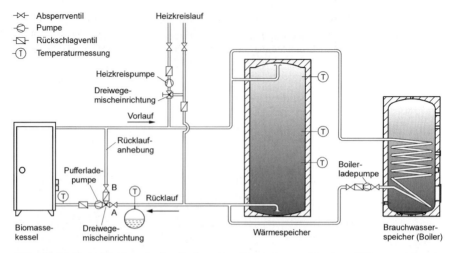

Abb. 10.15 Beispiel eines hydraulischen Anschlussschemas für einen Wärmespeicher in einem Holzheizsystem

(Ventil A und B, Abb. 10.15). Indem die Speicherladepumpe nun ausgeschaltet ist, kann die Heizkreispumpe die Flussrichtung im Wärmespeicher umkehren und die Wärme aus dem oberen Speicherbereich entnehmen.

Kombination mit Solarwärme. In jüngster Zeit werden Holzfeuerungen vermehrt mit solarthermischen Systemen für die Brauch- und Heizwassererwärmung kombiniert. In einem solchen Fall sind spezielle Wärmespeicher mit Zusatzwärmeübertrager und Anschlussmöglichkeit an weitere Kreisläufe erforderlich (vgl. Abb. 10.14), wobei gerade bei diesen Systemen auf Grund der besseren Temperaturschichtung oftmals Schichtenspeicher eingesetzt werden. Zur Bereitstellung von Warmwasser kommen hierbei auch zunehmend Frischwasserstationen zum Einsatz, die das Brauchwasser im Durchlaufprinzip über einen Plattenwärmeübertrager aufheizen. Dies stellt eine sehr hygienische Form der Brauchwasserbereitung dar. Ein einfaches Beispiel für die hydraulische Einbindung einer Solaranlage ins Heizungsnetz gibt Abb. 10.16.

Das erforderliche Speichervolumen wird von mehreren Faktoren bestimmt. Hierzu zählen
- Leistungsbereich (lastvariabler oder ausschließlicher "Volllast-Kessel"),
- Volumen des Brennstoff-Füllraums,
- Nennwärmeleistung,
- Temperaturdifferenz im Speicher (Vorlauf/Rücklauf) und
- Komfortansprüche.

Feuerungen, die hauptsächlich bei Nennwärmeleistung betrieben werden können, benötigen größere Wärmespeicher als lastvariable Feuerungen, bei denen der Wärmeüberschuss aufgrund der kesseleigenen Leistungsanpassung geringer ist. Größere Wärmespeicher werden aber auch benötigt, wenn die Anlagen (Unterbrandfeuerungen) einen relativ großen Brennstofffüllraum (Füllschacht) besitzen und somit je Brennstoffcharge eine hohe Wärmemenge produzieren.

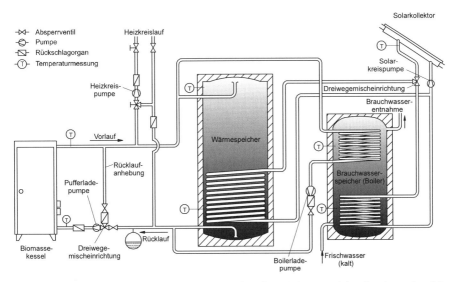

Abb. 10.16 Hydraulisches Anschlussschema für einen Wärmespeicher in einem kombinierten Holz-Solar-Heizsystem /10-40/.

Neben der Füllschachtgröße kann auch die Nennwärmeleistung für die Speicherdimensionierung herangezogen werden. Bei handbeschickten Stückholzkesseln werden meist Speichervolumina von mindestens ca. 55 l je kW installierter Feuerungswärmeleistung empfohlen; als Ziel sollte ein Wert von ca. 100 l je kW angestrebt werden /10-114/. Das gilt auch für leistungsgeregelte (teillastfähige) Scheitholzkessel, die ebenfalls möglichst im Bereich der Nennwärmeleistung betrieben werden sollten, da es sich hierbei um den verbrennungstechnisch günstigsten Betriebszustand mit den niedrigsten Schadstoffemissionen und dem höchsten Nutzungsgrad handelt.

Das Wärmespeichervermögen – und damit das erforderliche Speichervolumen – hängt auch von der wirksamen Temperaturdifferenz zwischen Speichervorlauf und Heizungsvorlauf (nach der Mischeinrichtung des Heizkreislaufs) ab (vgl. Abb. 10.15). Die Entladung des Wärmespeichers endet daher, sobald die Entnahmetemperatur unter die Heizungsvorlauftemperatur sinkt. Die hierbei auftretende Temperaturdifferenz zwischen Speicher (bei maximaler Beladung) und Heizungsvorlauf liegt – je nach Auslegung des Heizungssystems – zwischen 25 und 50 K. Die nutzbare Kapazität des Wärmespeichers ist also abhängig von der Heizungsvorlauftemperatur und somit auch vom verwendeten Heizungssystem. Bei Niedertemperaturheizungen (z. B. Fußboden- oder Wandstrahlerheizungen) steht im Pufferspeicher demnach mehr nutzbare Wärme zur Verfügung. Als Richtwert gilt, dass bei 40 K wirksamer Temperaturdifferenz und einem Speichervolumen von 100 l je kW Nennwärmeleistung ein Volllastbetrieb von ca. 4,5 Stunden ohne gleichzeitigen Betrieb des Scheitholzkessels möglich ist /10-40/.

Große Speichervolumina erhöhen zudem den Betriebskomfort, da während eines vorübergehend andauernden Volllastbetriebs (z. B. tagsüber) ein größerer Wärmevorrat für den späteren Feuerungsanlagenstillstand (z. B. nachts oder bei ausschließlicher Brauchwassernachfrage) angelegt werden kann. Speicher verursachen jedoch stets zusätzliche Wärmeverluste, die sich auf den Jahresnutzungsgrad auswirken können. Sie sollten deshalb möglichst im beheizten Teil des Gebäudes untergebracht werden.

Kombination mit anderen Wärmeerzeugern. Holzfeuerungen werden oft auch mit anderen Wärmeerzeugern (z. B. Heizölfeuerung, Gasfeuerung) kombiniert. Dadurch können die für Scheitholzkessel ungünstigen Phasen niedriger oder wechselnder Wärmenachfrage überbrückt werden. Häufig kann damit auch zeitweise ein unbetreuter Heizbetrieb realisiert werden. Solche Kombinationen werden bei Kleinanlagen meist nicht für den parallelen Betrieb (d. h. gleichzeitiger Betrieb z. B. zur Spitzenlastabdeckung), sondern für eine alternative Betriebsweise ausgelegt.

Hierfür existieren unterschiedliche Systemlösungen (Abb. 10.17). Häufig werden zwei selbstständig arbeitende getrennte Wärmeerzeuger mit getrennten Feuerräumen und getrennten Wärmeübertragern verwendet. Bei Anlagen in Blockbauweise mit feuerseitig und wasserseitig getrennten Wärmeübertragern lassen sich dagegen die Abstrahlungsverluste der einzelnen Kesselbauteile verringern. Allerdings ist das Verhältnis der Teilleistungen beider Feuerungen zueinander nicht variierbar. Werden Blockbauweisen mit feuerseitig getrennten und wasserseitig gemeinsamen Wärmeübertragern verwendet, können die Strahlungs- und Bereitschaftsverluste nochmals reduziert werden, indem der Feuerraum der Holzseite bereits erwärmt wird, bevor der Holzfeuerungsbetrieb einsetzt ("Doppelbrandkessel"). Dadurch kann in manchen Fällen die Anheizphase der Holzfeuerung verkürzt und damit die Emissionen reduziert werden. Für den gleichzeitigen Betrieb

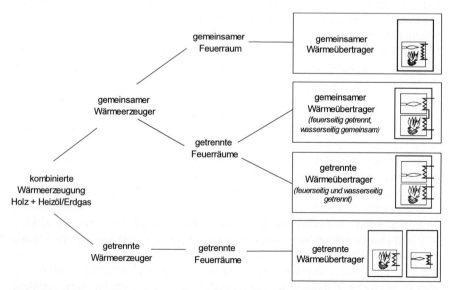

Abb. 10.17 Kombinierter Einsatz von Heizöl- bzw. Erdgasbrennern mit Scheitholzfeuerungen (nach /10-39/)

sind allerdings auch zwei getrennte Schornsteinzüge erforderlich. Bei Kesseln mit einem gemeinsamen Feuerraum und einem gemeinsamen Wärmeübertrager ist dagegen aus Sicherheitsgründen in der Regel nur ein alternativer Betrieb möglich ("Wechselbrandkessel"). Die integrierte Öl-/Gasfeuerung kann jedoch zum Vorheizen des Feuerraums verwendet werden.

10.2.6 Regelung handbeschickter Feuerungsanlagen

Die Regelung von Stückholzfeuerungen muss dem besonderen Verbrennungsablauf des Chargenabbrands Rechnung tragen. Dieser weist für jede Charge drei signifikante Phasen auf: die Anfahrphase, die stationäre (betriebswarme) Phase mit annähernd konstanter Leistung und die Ausbrandphase.

In der Anfahrphase ist die gewünschte Betriebstemperatur noch nicht erreicht, so dass es zu erhöhten Emissionen an unverbrannten Stoffen (u. a. Kohlenwasserstoffe, Kohlenstoffmonoxid) kommen kann.

In der anschließenden stationären Phase ist die Betriebstemperatur erreicht. Bei geeigneter Zuführung der Verbrennungsluft kommt es zu einem guten Ausbrand der biogenen Festbrennstoffe. Durch Störungen sind aber auch hier ungünstige Verbrennungsbedingungen möglich; eine Brücken- oder Kanalbildung im Brennstoffschacht kann beispielsweise zu vorübergehender oder länger andauernder Verminderung der Feuerungsleistung und der Verbrennungstemperatur führen.

In der Ausbrandphase wird schließlich die am Ende des Abbrandes zurückbleibende Holzkohle umgesetzt. Da in dieser Phase die Feuerungsleistung und Verbrennungstemperatur ebenfalls absinken, können die Emissionen unvollständig ausgebrannter Abgase wiederum ansteigen. Im Gegensatz zur Anfahrphase ist während des Ausbrands meist jedoch nur ein Anstieg des Kohlenmonoxidgehalts aus der Holzkohlevergasung festzustellen; dabei bleiben die Kohlenwasserstoffemissionen gering, da kaum noch flüchtige Holzkomponenten vorhanden sind.

Bei handbeschickten Feuerungen scheidet die Brennstoffzufuhr als Stellgröße für die Leistungs- und Verbrennungsregelung aus. Stattdessen kommt für die Regelung die Primär- und Sekundärluftmenge in Frage, sofern eine Trennung zwischen diesen beiden Luftströmen besteht. Mit der Primärluft kann die Rate der pyrolytischen Zersetzung und damit die Feuerungsleistung in einem Bereich von ca. 50 bis 100 % beeinflusst werden, während mit der Sekundärluft der vollständige Ausbrand der brennbaren Gase kontrolliert wird (z. B. Lambdaregelung, vgl. Kapitel 10.2.6).

Vor diesem Hintergrund verfolgen Regelkonzepte bei handbeschickten Holzfeuerungen im Wesentlichen die folgenden Ziele:
- Beeinflussung der Feuerungsleistung, in der Regel zur Erzielung langer Abbrandzeiten,
- Optimieren der Verbrennungsbedingungen während der drei Abbrandphasen,
- bei Systemen mit Speicher: Integrierte Speicherbewirtschaftung mit Restwärmenutzung.

Zur Optimierung der Verbrennungsbedingungen wird im einfachsten Fall die Abgastemperatur als Regelgröße verwendet, indem entsprechend dem Abbrandfortschritt die Verbrennungsluftmenge oder das Verhältnis von Primär- und Sekundärluft angepasst wird. Bei aufwändigeren Regelkonzepten werden auch Verbrennungstemperatur, Lambda-Sonde oder CO-Sensoren verwendet, wobei entweder die Primär- und Sekundärluftmenge getrennt oder die Primärluftmenge und die Drehzahl des Abgasventilators, z. B. auch mit Fuzzy-Technologie /10-46/, beeinflusst werden /10-34/. Bei Systemen mit Speicher wird die Feuerungsleistung des Holzkessels je nach Ladezustand des Speichers, der durch Temperaturfühler erfasst wird, verändert (Kapitel 10.3.6).

Die wichtigsten sicherheitstechnischen Funktionen bei handbeschickten Feuerungen umfassen das kontrollierte Öffnen des Beschickungsraums zur Verhinderung austretender Gase (z. B. durch Kontaktschalter mit Ansteuerung des Abgasventilators) sowie bei geschlossenen hydraulischen Systemen eine thermische Ablaufsicherung des Kessels.

Weitere relevante Grundlagen und Konzepte zur Regelung von Biomassefeuerungen sind in Kapitel 10.3.6 dargestellt.

10.3 Automatisch beschickte Feuerungen

Die Forderung nach rationelleren und automatisierbaren Betriebsabläufen und größeren thermischen Leistungen hat zur Entwicklung von automatisch beschickten Feuerungen für biogene Festbrennstoffe geführt. Deren generelle Unterschiede und technische Vorteile gegenüber handbeschickten Feuerungen wurden bereits im Kapitel 10.1 diskutiert. Nachfolgend werden nun die jeweiligen Anlagentechniken automatisch beschickter Anlagen systematisiert und diskutiert. Nach der Darstellung der wesentlichen Feuerungsprinzipien werden deren Anwendungen für unterschiedliche Brennstoffe wie beispielsweise Pelletfeuerungen, Hackgut- und Rindenfeuerungen, Halmgutfeuerungen sowie Feuerungen für staubförmige Biomasse vorgestellt.

10.3.1 Feuerungsprinzipien

Automatisch beschickte Feuerungsanlagen können durch die Relativgeschwindigkeit zwischen Brennstoffpartikeln und Luft unterteilt werden in Festbett-, Wirbelschicht- und Flugstromfeuerungen (Abb. 10.18; vgl. auch Kapitel 11).
– Bei geringer Anströmgeschwindigkeit wird das Brennstoffbett von der Verbrennungsluft durchströmt, ohne dass dieses dadurch wesentlich aufgelockert wird. Dieser Zustand wird als Festbett bezeichnet und stellt sich beispielsweise in einer Unterschub- oder Rostfeuerung ein. Der Druckabfall beim Durchströmen der Luft durch das Festbett ist zunächst gering und steigt mit der Strömungsgeschwindigkeit an (Abb. 10.18).
– Bei einer weiteren Erhöhung der Anströmgeschwindigkeit wird die Strömungskraft auf die Partikel immer größer und die Brennstoffpartikel werden schließlich aufgelockert und angehoben (Lockerungspunkt), bis sie im Fall der stationären Wirbelschicht (SWS) in einem Schwebezustand gehalten werden.

- Bei weiterer Erhöhung der Gasgeschwindigkeit erfolgt ein partieller Austrag von Brennstoffpartikeln, so dass eine Abscheidung und Rückführung der ausgetragenen Partikel erforderlich ist. Ein solches System wird als zirkulierende Wirbelschicht (ZWS) bezeichnet. Charakteristisch für den Zustand einer Wirbelschicht ist der über einen weiten Bereich der Strömungsgeschwindigkeit annähernd konstante Druckabfall (Abb. 10.18). Die Besonderheit der Wirbelschichttechnik besteht auch darin, dass im Brennstoffbett meist nicht nur Brennstoff vorhanden ist; vielmehr besteht das Bettmaterial in der Hauptsache aus einem inerten Material, das nicht an der Verbrennung teilnimmt. Als Inertmaterial wird in der Regel Quarzsand eingesetzt, wobei bei aschereichen Brennstoffen

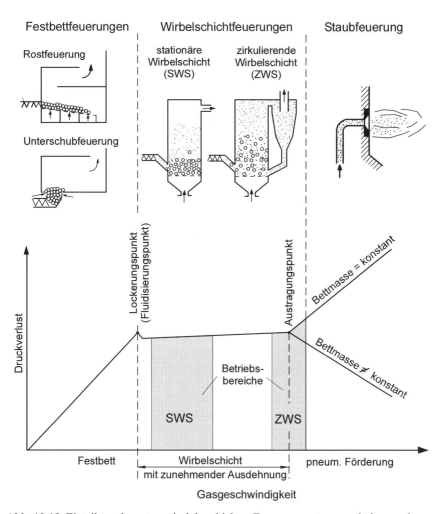

Abb. 10.18 Einteilung der automatisch beschickten Feuerungssysteme nach der zunehmenden Gasgeschwindigkeit: Festbettfeuerung, Wirbelschichtfeuerung (SWS Stationäre Wirbelschichtfeuerung, ZWS zirkulierende Wirbelschichtfeuerung) und Flugstromfeuerung (Staubfeuerung)

auch die im Prozess angereicherte Asche als Bettmaterial dienen kann. Durch die Wärmekapazität dieses inerten Bettmaterials wird eine Temperaturstabilisierung erreicht. Zusätzlich lässt sich die Bildung unerwünschter Schadstoffe bei den Wirbelschichtfeuerungen durch die Verwendung von Zuschlagstoffen reduzieren. Beispielsweise bewirkt eine Kalkzugabe zum Feuerungsprozess eine verstärkte Schwefeleinbindung bereits im Brennraum; auf eine nachgeschaltete Abgas-Entschwefelung kann dann verzichtet werden.
- Werden sämtliche Partikel mit dem Gasstrom transportiert, findet die Umsetzung im Flugstrom statt. Dafür muss der sogenannte Austragspunkt für die Partikel überschritten werden. Im Fall der Flugstromfeuerung erfolgt somit die Verbrennung von trockenen, fein gemahlenen Brennstoffpartikeln im Fluge. Verbrennungssysteme, die dieses Prinzip verwirklichen, werden als Staubfeuerungen bezeichnet.

Nach den genannten Feuerungsprinzipien arbeiten eine Reihe verschiedener Bauarten (Tabelle 10.3) für unterschiedliche Brennstoffe und verschiedenartige Leistungsgrößen.
- Festbettfeuerungen sind in einem weiten Leistungsbereich gebräuchlich und weisen die unterschiedlichsten Ausführungsformen auf. Diese sind primär abhängig vom eingesetzten Brennstoff, wie beispielsweise Pellets, Getreidekorn, Hackgut, Rinde oder auch unterschiedliche Halmgüter.
- Wirbelschichtfeuerungen kommen vorwiegend bei größeren Leistungen zur Anwendung. Hinsichtlich des Brennstoffes weisen Wirbelschichtfeuerungen die größte Flexibilität in Bezug auf Brennstoffart, Aschegehalt und Wassergehalt

Tabelle 10.3 Gegenüberstellung der wichtigsten Bauarten automatisch beschickter Biomassefeuerungen (Aschegehalt bezogen auf Trockenmasse (TM); FM Frischmasse)

Typ	Leistungsbereich	Brennstoffe	Wassergehalt in % FM
Festbettfeuerungen			
Unterschubfeuerung	10 kW – 2,5 MW	Hackschnitzel mit Aschegehalt bis 1 % und Pellets	5 – 50
Feuerungen mit seitlichem Einschub	50 kW – 60 MW	alle Holzbrennstoffe, Aschegehalt bis 50 %	5 – 60
Abwurffeuerung	6 kW – 60 kW	Pellets	bis 20
Wirbelschichtfeuerungen			
Stationäre Wirbelschichtfeuerung (SWS)	5 MW – 50 MW	alle Brennstoffe mit Ascherweichung > 1 000 °C, Partikeldurchmesser unter 100 mm	5 – 60
Zirkulierende Wirbelschichtfeuerung (ZWS)	30 MW – 100 MW	alle Brennstoffe mit Ascherweichung > 1 000 °C, Partikeldurchmesser unter 60 mm	5 – 60
Staubfeuerungen			
Einblasfeuerungen	0,5 – 10 MW	Partikeldurchmesser 1 – 4 mm	< 20
Staubbrenner zur Zufeuerung in mit fossilen Brennstoffen gefeuerten Kraftwerken	gesamt: 0,1 – 1 GW, max. ca. 10 % Biomasseanteil	Holz: Partikeldurchmesser < 2 – 4 mm; Stroh: Partikeldurchmesser unter 6 mm; Miscanthus: Partikeldurchmesser unter 4 mm	meist < 20

auf. Einschränkungen bestehen lediglich beim Ascheschmelzverhalten; d. h., dass der Erweichungspunkt der Asche über der Betriebstemperatur der Wirbelschichtfeuerung liegen muss.
- Staubfeuerungen werden eingesetzt, wenn der Brennstoff trocken und feinkörnig vorliegt. Dies ist beispielsweise bei Holz verarbeitenden Betrieben (z. B. bei Parkettwerken) der Fall. Ein weiteres Einsatzgebiet stellt die Zufeuerung bei Kraftwerken dar, wo der Brennstoff getrocknet und fein aufgemahlen wird (vgl. Kapitel 10.6).

Vor diesem Hintergrund werden die einzelnen Bauarten von automatisch beschickten Feuerungen nach dem Strömungszustand in der Reihenfolge Festbettfeuerungen, Wirbelschichtfeuerungen und Staubfeuerungen dargestellt. Innerhalb dieser Feuerungsarten werden spezielle Formen in Bezug auf den eingesetzten Brennstoff insbesondere bei den Festbettfeuerungen unterschieden werden. Dies erscheint zweckmäßig, da unterschiedliche Brennstoffe (z. B. Pellets und Getreide, Hackgut, Rinde, Halmgüter) auch unterschiedliche konstruktive Erfordernisse nach sich ziehen und damit unterschiedliche Bauformen ergeben (Tabelle 10.3).

10.3.2 Festbettfeuerungen

Festbettfeuerungen lassen sich – vor allem aufgrund der Brennstoffzuführung – den folgenden drei Grundtypen zuordnen: der Unterschubfeuerung, der Feuerung mit seitlichem Einschub und der Abwurffeuerung (vgl. Tabelle 10.3 und Abb. 10.19).

Bei einer Unterschubfeuerung wird der Brennstoff mit einer Förderschnecke von unten in die Feuermulde (Retorte) eingeschoben. Ein Teil der Verbrennungsluft wird als Primärluft in die Retorte eingeblasen. Dort erfolgen die Trocknung, pyrolytische Zersetzung und Vergasung des Brennstoffs. Um die dabei entstehenden brennbaren Gase vollständig zu oxidieren, wird die Sekundärluft vor dem Eintritt in die heiße Nachbrennkammer mit den brennbaren Gasen vermischt. Anschließend geben die Heizgase im Wärmeübertrager ihre Wärme ab und gelangen schließlich als Abgas durch das Kaminsystem in die Atmosphäre. In derartigen Unterschubfeuerungen können aschearme, feinkörnige Holzhackschnitzel mit einem Wassergehalt von 5 bis maximal 50 % verfeuert werden. Für die Verbrennung von Rinde oder Halmgutbrennstoffen ist diese Feuerungstechnik daher nicht geeignet. Das Prinzip der Unterschubfeuerung wird zunehmend auch für die Verbrennung von Holzpellets verwendet (z. B. in Pellet-Zentralheizungskesseln).

Bei Feuerungen mit seitlichem Einschub wird der Brennstoff von der Seite in den Feuerraum, der mit oder ohne Rost ausgestattet sein kann, eingeschoben (Abb. 10.19). Holzhackschnitzel mit kleinen Kantenlängen und relativ gleich bleibender Korngröße werden überwiegend mit Hilfe von Schnecken in die Feuerung eingebracht. Grobkörnige ungleichmäßig geformte Brennstoffe (z. B. zerspantes oder ungesiebtes Schredderholz, Rinde) lassen sich auch mithilfe eines Kolbens in die Feuerung einschieben. Bei Rostfeuerungen mit kleiner Leistung (<100 kW) überwiegen starre Rostsystem. Bei größeren Leistungen (ab etwa 100 kW) kommen demgegenüber unterschiedlich bewegte Roste (z. B. Vorschubrost, Walzenrost) zum Einsatz.

10 Direkte thermo-chemische Umwandlung (Verbrennung)

Prinzip	Variante	Typ	Schema	Nennwärme-leistung	Brennstoffe
Unterschub-feuerung			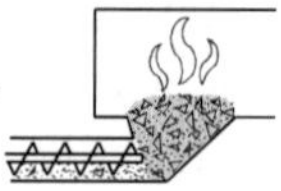	ab 10 kW (bis 2,5 MW)	Holzhackschnitzel, Holzpellets
Feuerungen mit seitlichem Einschub (Schnecke/Kolben)	als Rost-feuerung	starrer Rost, z.T. mit Asche-räumer oder Kipprost	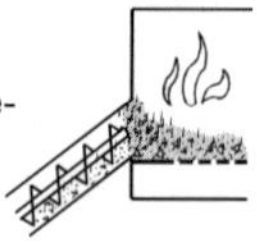	ab 35 kW	Holzhackschnitzel, Holzpellets
		bewegter Rost (Vor-schubrost)	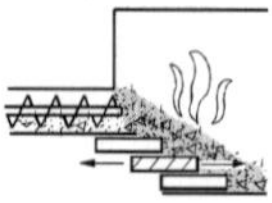	ab 15 kW bis 60 MW	Holzhackschnitzel, Holzpellets, Späne, Rinde
		Walzenrost-feuerung	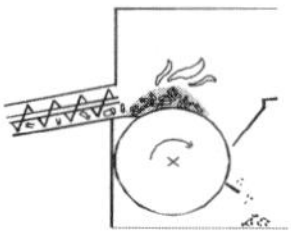	ab 40 kW bis 450 kW	Holzhackschnitzel, Holzpellets
	als Schub-boden-feuerung (ohne Rost)		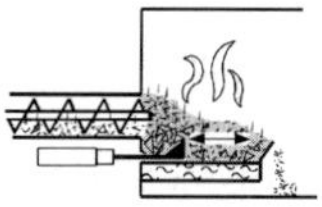	ab 25 kW bis 800 kW	Holzhackschnitzel, Holzpellets (>15 kW) Halmgut, Körner (bei Wasserkühlung)
Abwurf-feuerung	mit Rost	Kipprost-feuerung	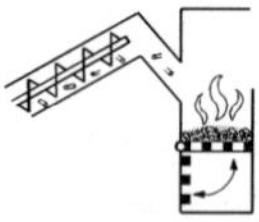	ab 15 kW bis 30 kW	Holzpellets, evtl. Präzisions-hackgut
	ohne Rost	Schalen-brenner	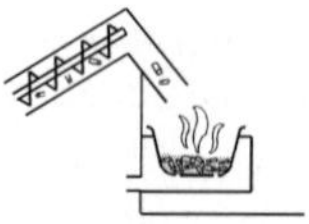	ab 6 kW bis 30 kW	Holzpellets
		Tunnel-brenner	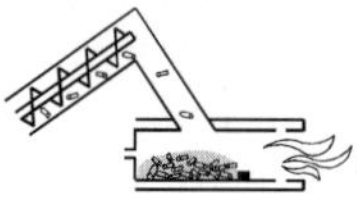	ab 10 kW	Holzpellets
		Sturzbrand-brenner	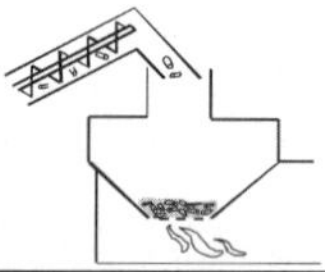	ab 14 kW bis 60 kW	Holzpellets, Scheitholz, Holzhackschnitzel (ab 20 kW)

Abb. 10.19 Systematische Einteilung von Festbettfeuerungen (nach /10-40/)

Ähnlich wie die Unterschubfeuerung funktioniert auch die rostlose Schubbodenfeuerung (auch "Einschubfeuerung"). Wenn sie über eine wassergekühlte Brennmulde verfügt, ist sie – außer für Holzhackschnitzel und Holzpellets – speziell auch für aschereiche und zur Verschlackung neigende Brennstoffe geeignet (z. B. Halmgut, Körner). Ein Teil der Verbrennungsluft wird bei den Feuerungen mit seitlichem Einschub als Primärluft durch den ggf. vorhandenen Rost, durch Luftdüsen im Seitenbereich der Brennmulde oder – bei Vorschubrostfeuerungen – über stirnseitige Luftkanäle in den Rostelementen eingeblasen. Dabei erfüllt die Primärluft auch die Funktion der Rostkühlung; dies mindert das Risiko von Schlackeanbackungen und Materialüberhitzung beim Einsatz kritischer Brennstoffe. Die Sekundärluft wird oberhalb des Rostes bzw. des Glutbetts oder vor Eintritt in die Nachbrennkammer zugeführt.

Für hochverdichtete Holzpellets werden – neben den ebenfalls verwendeten Unterschubfeuerungen – Abwurffeuerungen eingesetzt. Hierbei handelt es sich um eine Bauartengruppe, die speziell für den Einsatz von Pellets entwickelt wurde und sich daher nicht für Hackschnitzel eignet. Die mit einer Förderschnecke zugeführten Pellets fallen über ein Rohr oder einen Schacht von oben auf das Glutbett. Dieses befindet sich entweder in einer herausnehmbaren Brennschale, auf einem Kipprost oder in einem Tunnel (vgl. Abb. 10.19). Dort werden Primär- und Sekundärluft von unten bzw. seitlich ringförmig durch entsprechende Düsenbohrungen eingeleitet. Je nach Ausführung wird bei den rostlosen Varianten zwischen Schalenbrenner, Tunnelbrenner und Sturzbrand-Brenner unterschieden.

Daneben existieren zahlreiche Sonderbauformen, welche sich meist auf eine der erwähnten Bauarten zurückführen lassen. Bei den Feuerungen mit seitlichem Einschub, die einen bewegten Rost besitzen, kommen neben den am häufigsten eingesetzten Vorschubrost- und Walzenrostfeuerungen auch Wanderrost- und Rückschubrostfeuerungen zum Einsatz. Daneben kann zwischen horizontalem und geneigtem Rost unterschieden werden. Zudem werden auch Kombinationen von Unterschub- und Rostfeuerungen eingesetzt (z. B. die Unterschubfeuerung mit rotierendem Rost).

Nach dieser systematischen Darstellung der wichtigsten Grundformen von Festbettfeuerungen werden in den nachfolgenden Kapiteln weitere Details derartiger Verbrennungsanlagen (u. a. Luftführungen, Brennstoffeintrag, Ascheaustrag, Startvorrichtungen, Heizgasführung) und insbesondere die Integration der Brennräume in die Feuerungsanlagen vorgestellt und erläutert. Außerdem wird auf einzelne Besonderheiten (z. B. Verschlackung, Korrosion) eingegangen. Diese Darstellung erfolgt anhand von ausgewählten Beispielen und ist gegliedert nach Brennstoffen, da die konstruktiven Details häufig von den besonderen Eigenschaften der jeweiligen Brennstoffe abhängig sind.

10.3.2.1 Pellet- und Getreidefeuerungen

Für die automatisch beschickte Verbrennung von Pellets existieren spezielle Verbrennungssysteme, welche die gute Riesel- und Dosierfähigkeit von Pellets nutzen. Von diesen werden nachfolgend zwei Grundtypen näher betrachtet. Dabei handelt es sich um die Abwurffeuerung mit Schalenbrenner und die Abwurffeuerung mit Kipprost.

Abwurffeuerung für Pellets mit Schalenbrenner. Mit der Einführung genormter Holzpellets (Kapitel 9.1) wurden die Bauarten der Einzelfeuerstätten um den Pelletofen erweitert (vgl. Tabelle 10.1). Hier kommen die Vorteile einer automatischen Beschickung auch bei den sehr kleinen Leistungen des Wohnraumbereichs zum Tragen. Durch die Verwendung von Pellets mit gleich bleibenden Brennstoffmerkmalen (üblicherweise ca. 6 mm Durchmesser) und einem niedrigen Wassergehalt (< 10 %) werden die Schwankungen im Feuerungsablauf minimiert. Hierin unterscheidet sich der Pelletofen vom Kaminofen, obgleich er ebenfalls über ein Sichtfenster zur Beobachtung des Flammenspiels verfügt und deshalb auch als Pellet-Kaminofen bezeichnet wird.

An der Rückseite des Ofens wird der Brennstoff in einen Vorratsbehälter eingefüllt. Das geschieht bei Einzelfeuerstätten meist von Hand. Aufgrund der hohen Schüttdichte der Holzpellets (ca. 650 kg/m^3) kann eine relativ große Brennstoffmenge eingefüllt werden (ca. 20 bis 50 kg). Je nach Lastzustand genügt dieser Vorrat für ca. 1 bis 4 Tage. Über eine Förderschnecke werden die Pellets in einem Steigrohr bis zur Öffnung einer Fallstrecke gefördert, über welche sie in eine Brennschale (Brenntopf) gelangen (Abb. 10.20). Beim ersten Anzünden wird darin entweder von Hand (Anzündfeuer), meist aber mittels einer elektrischen Zündung (Heißluftgebläse oder Heizstab) gezündet. Details der Primär- und Sekundärluftzufuhr sind in Abb. 10.21 dargestellt. In der Regel wird auch ein kleinerer Zuluftstrom über den Fallschacht eingeleitet, um die Rückbrandgefahr zu mindern. Wie bei den Kaminöfen muss zusätzlich Frischluft ("Spülluft") von oben entlang der Sichtscheibe abwärts geführt werden, um sichtmindernde Staub- oder Rußablagerungen zu vermeiden. Im Hinblick auf eine optimale Verbrennungsluftführung ist eine solche "optische" Maßnahme jedoch stets mit Nachteilen verbunden, da die Spülluft nicht gezielt als Sekundärluft eingesetzt werden kann, sondern durch

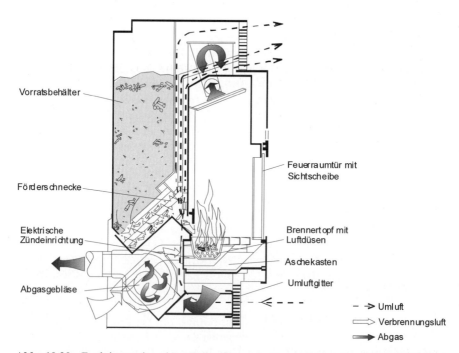

Abb. 10.20 Funktionsweise eines Pelletofens mit Abwurffeuerung und Schalenbrenner (nach /10-125/)

10.3 Automatisch beschickte Feuerungen

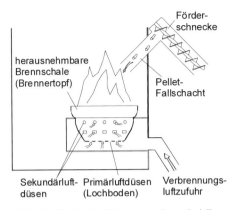

Abb. 10.21 Luftzuführungsvariante bei Feuerungen mit Schalenbrenner

Erhöhung des Luftüberschusses tendenziell emissionserhöhend bzw. wirkungsgradmindernd wirkt. Generell aber nimmt der Pelletofen – nicht zuletzt aufgrund der hohen Brennstoffhomogenität (Kapitel 9.1) – hinsichtlich der folgenden beiden Parameter eine Spitzenstellung ein; der Kohlenstoffmonoxidausstoß liegt weit unter den Werten anderer Einzelfeuerstätten und der Wirkungsgrad erreicht Werte von mehr als 90 % /10-65/.

Die Luft wird durch ein möglichst geräuscharmes gestuftes oder drehzahlgeregeltes Gebläse zugeführt. Der Lufteinlass erfolgt dabei über einen zentralen Ansaugstutzen, so dass Pelletöfen bei Außenluftzuführung auch weitgehend raumluftunabhängig betrieben werden können. Diese Betriebsweise ist besonders bei kontrollierter Wohnraumlüftung von Bedeutung. Lediglich für die Fallschachtkühlung und die Spülluft werden noch kleinere Luftmengen aus dem Aufstellraum entnommen.

Das Erscheinungsbild der Feuerung ähnelt dem einer Gasflamme. Die Wärmeabgabe erfolgt z. T. über Strahlung, größtenteils aber über Konvektionsschächte (Abb. 10.20). Die anfallende Asche wird bei Bedarf aus der Brennmulde und dem Aschekasten von Hand entnommen.

Pelletöfen sind wegen ihrer Lastvariabilität auch für den Dauerbetrieb geeignet. Sie werden mit Wärmeleistungen bis 10 kW angeboten und ermöglichen eine Teillast von ca. 30 % der Nennwärmeleistung ohne wesentliche Einbuße der Verbrennungsqualität.

Details der Luftzufuhr sind exemplarisch für einen Schalenbrenner in Abb. 10.21 dargestellt. Die Primärluft wird demnach mit Hilfe eines Luftgebläses (bzw. durch den Saugzug) über Luftdüsen (Bohrungen) im Brennschalenboden zugeführt, während die Sekundärluft darüber seitlich in Form von ringförmig angeordneten Zuluftdüsen durch die Brennschalenwand einströmt. Bei anderen Ausführungsformen wird die Sekundärluft auch seitlich oberhalb des Brennstoffs bzw. des Glutbetts in Form von ringförmig angeordneten Zuluftdüsen den aus dem Glutbett austretenden Gasen zugemischt.

Pelletbrenner werden auch als Nachrüstkomponenten angeboten, die ähnlich wie ein Erdgas- oder Heizölbrenner an einen bestehenden Heizkessel angeflanscht werden können. Damit wird auch der Umbau einer bestehenden Anlage möglich. Auch solche Anlagen können als Schalenbrenner ausgeführt sein. Alternativ dazu kann auch ein Tunnelbrandprinzip angewandt werden, bei dem die Pellets von oben in ein Verbrennungsrohr hineinrieseln, während die Verbrennungsluft horizontal hindurchstreicht, so dass die Brennerflamme am anderen Ende seitlich in den Kesselraum austreten kann.

Abwurffeuerung für Pellets mit Kipprost. Bei dieser Ausführungsart fallen die mit einer Förderschnecke zugeführten Pellets über ein Fallrohr oder einen Fallschacht von oben auf das Glutbett, das sich auf einem Kipprost befindet. Dort werden Primär- bzw. Sekundärluft von unten bzw. seitlich ringförmig durch entsprechende Düsen eingeleitet (Abb. 10.22).

Bei Kipprostanlagen wird die anfallende Aschemenge bei Bedarf (z. B. alle 16 h) automatisch in den darunter liegenden Rost-

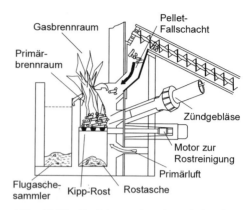

Abb. 10.22 Funktionsweise einer Holzpelletfeuerung mit Fallschacht und Kipprostfeuerung

aschesammler abgeworfen. Um sicherzustellen, dass größere Ascheablagerungen vom Rost vollständig entfernt werden, prallt der als Lochplatte ausgeführte herunterklappende Rost gegen eine vertikale Reinigungsplatte im Bereich des Rostaschesammlers. Diese Reinigungsplatte ist im Abstand der Rostlöcher mit entsprechenden Stiften besetzt. Die zusammen mit der Asche abgekippten noch brennbaren Bestandteile glühen im Aschebett aus, während neu zugeführte Pellets auf dem gereinigten Rost gezündet werden.

Abb. 10.23 zeigt exemplarisch einen Pelletkessel mit einem gemäß Abb. 10.22 ausgeführten Brennraum. Diese Darstellung zeigt auch den Brennstoffvorratsbe-

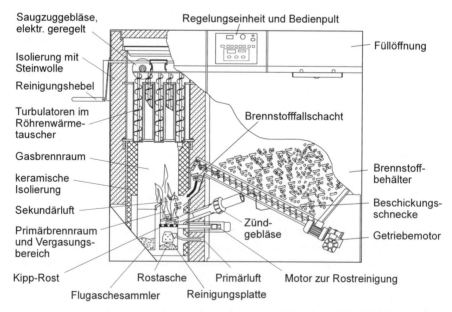

Abb. 10.23 Beispiel eines 15 kW Pelletkessel mit Kipprost und Brennstoffvorratsbehälter (nach /10-36/)

hälter mit Beschickungsschnecke, den Kessel mit den notwendigen Reinigungseinrichtungen, das Saugzuggebläse und die Regelungseinheit mit Bedienpult.

Für die Verbrennung von Holzpellets werden neben den genannten Feuerungen mit Abwurfschacht auch Unterschubfeuerungen oder Schrägrostfeuerungen mit seitlichem Einschub verwendet (ab ca. 10 kW Nennwärmeleistung) /10-37/.

Getreidefeuerungen. Getreide ist ähnlich rieselfähig wie Holzpellets und besitzt eine hohe Schüttdichte. Mit rund 17 MJ/kg ist der Heizwert von Getreide nur geringfügig niedriger als der von Holz (Kapitel 9.1). Getreide hat einen geringen Wassergehalt (<15 %), ist sehr gut lagerfähig, kann leicht transportiert und aus verfahrenstechnischer Sicht gut vollautomatisch dosiert werden.

Getreide als Brennstoff hat aber aufgrund seiner Zusammensetzung auch Nachteile. Der Aschegehalt ist um etwa das Drei- bis Vierfache höher als bei Holzbrennstoffen. Auch beim Stickstoff-, Kalium- und z. T. beim Schwefel- und Chlorgehalt weisen Getreidekörner deutlich höhere Werte auf als Holz. Die genannten Stoffe sind dabei nicht nur an der Bildung von luftgetragenen Schadstoffen beteiligt. Sie bewirken auch Korrosion und Verschlackung im Feuerraum und/oder bei den Wärmeübertragerflächen. Die Feuerungskonstruktion muss deswegen diesen besonderen Eigenschaften adäquat Rechnung tragen.

In Bezug auf die Einsetzbarkeit als Brennstoff in Feuerungen kommt es auch auf das Erweichungsverhalten der anfallenden Aschen an. Hier erweist sich Asche von Getreidekörnern mit Erweichungstemperaturen von unter 700 °C (Kapitel 9.1) i. Allg. als sehr kritisch im Hinblick auf Ascheverbackungen und Anhaftungen in der Feuerungsanlage. Ohne besondere technische Maßnahmen sind diese praktisch nicht zu vermeiden.

Getreidefeuerungen müssen deshalb hinsichtlich bestimmter Merkmale wie z. B. Asche- und Schlackeabtrennung, Temperaturführung oder Brennstoffvorbehandlung einige Besonderheiten aufweisen. Beispielsweise kann den Nachteilen der hohen Verschlackungsneigung durch die Begrenzung der Verbrennungstemperaturen im Glut- oder Bettbereich begegnet werden (z. B. durch gekühlte Rostelemente, wassergekühlte Brennraumoberflächen). Auch durch das kontinuierliche Bewegen von Brennstoff und Asche (vgl. Systematik in Abb. 10.19, z. B. Schubodenfeuerung mit Wasserkühlung) kann teilweise vermieden werden, dass einzelne Schlacketeilchen – trotz ggf. eintretender Ascheerweichung – festhaften.

Grundsätzlich besteht auch die Möglichkeit, den Ascheerweichungspunkt durch die Verwendung bestimmter Zuschlagstoffe (z. B. Branntkalk, Kaolin) zu erhöhen. Alternativ dazu kann man auch definierte Brennstoffmischungen (z. B. Hackschnitzel-Körner-Gemisch) herstellen. Derartige Maßnahmen sind aber recht umständlich und wenig komfortabel; sie haben deswegen bisher kaum praktische Relevanz erreicht.

Zusätzlich muss bei Getreidefeuerungen verstärkt auf die Korrosionsbeständigkeit der Bauteile geachtet werden (z. B. durch Verwendung von Edelstahl für den Wärmeübertrager oder Siliziumcarbid für die Feuerraumauskleidung), wenn die technische Lebensdauer solcher Anlagen nicht signifikant reduziert werden soll. Zudem kann die Einhaltung der gesetzlich geregelten Emissionsbegrenzungen vor allem beim Staubausstoß oftmals nur durch den Einbau aufwändiger Abgasreinigungsanlagen (Kapitel 10.4) erreicht werden. Bei Getreidefeuerungen kommt hier zusätzlich noch das Problem von erhöhten Stickstoffoxidemissionen hinzu, die durch den hohen Stickstoffgehalt im Brennstoff verursacht werden.

10.3.2.2 Hackgut- und Rindenfeuerungen

Zur Verfeuerung von Hackgut- und Rinde im kleinen und mittleren Leistungsbereich (<15 MW) kommen hauptsächlich Unterschubfeuerungen und Rostfeuerungen unterschiedlichster Bauart zum Einsatz. Diese werden nachfolgend näher diskutiert. Für größere Leistungen (>15 MW) werden zusätzlich Wirbelschichtfeuerungen verwendet, die in Kapitel 10.3.3 vorgestellt werden.

Unterschub- und Rostfeuerungen können sehr unterschiedlich ausgeführt werden. Tabelle 10.4 gibt einen Überblick über häufig realisierte Bauformen mit den jeweils typischen Leistungsbereichen und einsetzbaren Brennstoffen, die nachfolgend näher beschrieben werden.

Tabelle 10.4 Beispiele für wichtige Bauarten automatisch beschickter Hackgut- und Rindenfeuerungen im kleinen und mittleren Leistungsbereich (Aschegehalt bezogen auf Trockenmasse (TM); FM Frischmasse)

Typ	Leistungsbereich	Brennstoffe	Wassergehalt in % FM
Unterschubfeuerung	10 kW – 2,5 MW	Holzhackschnitzel mit Aschegehalt bis 1 %	5 – 50
Vorschubrostfeuerung	150 kW – 60 MW	alle Holzbrennstoffe, Aschegehalt bis 50 %	5 – 60
Unterschubfeuerung mit rotierendem Rost	2 MW – 5 MW	Hackschnitzel mit hohem Wassergehalt, Aschegehalt bis 5 %	40 – 65
Vorofenfeuerung mit Rost	20 kW – 1,5 MW	trockene Holzhackschnitzel, Aschegehalt bis 5 %	5 – 35
Feuerung mit Wurfbeschickung	500 kW – 50 MW	feines Hackgut	bis 40
Feuerung mit Rotationsgebläse	80 – 540 kW	Pellets, Sägemehl, Hackschnitzel	bis 40

Unterschubfeuerungen. Bei einer Unterschubfeuerung (Abb. 10.24) wird der Brennstoff mit einer Förderschnecke von unten in die Feuermulde (Retorte) eingeschoben. Ein Teil der Verbrennungsluft wird als Primärluft ebenfalls durch die Retorte in den Brennstoff eingeblasen. Dort erfolgen die Trocknung, pyrolytische Zersetzung und Vergasung des Brennstoffs sowie der Abbrand der Holzkohle. Um die brennbaren Gase vollständig zu oxidieren, wird die oft vorgewärmte Sekundärluft vor dem Eintritt in die heiße Nachbrennkammer mit den brennbaren Gasen vermischt und möglichst vollständig oxidiert. Anschließend durchströmen die heißen Gase den Wärmeübertrager und geben dort ihre Wärme ab, passieren dann

10.3 Automatisch beschickte Feuerungen   503

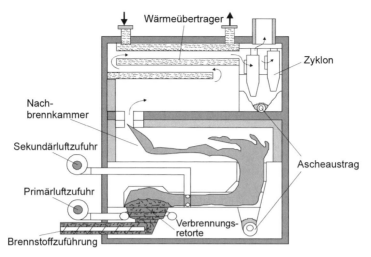

Abb. 10.24 Schematische Darstellung einer Unterschubfeuerung

einen Zyklon, in dem eine Entstaubung erfolgt (Kapitel 10.4), und gelangen durch das Kaminsystem in die Atmosphäre.

In Unterschubfeuerungen können Holzschnitzel mit einem breiten Wassergehalt von 5 bis maximal 50 % verfeuert werden. Feuerraum und Nachbrennkammer müssen dabei aber an die Brennstoffqualität – insbesondere an den Brennstoff-Wassergehalt – angepasst sein, um technische Störungen zu vermeiden. Beispielsweise würde eine Anlage für waldfrische Holzhackschnitzel (50 % Wassergehalt) beim Verbrennen von trockenem Holz eine zu hohe Feuerraumtemperatur erreichen, was zu Materialproblemen und zur Schlackebildung führen kann.

In Abb. 10.24 ist das Prinzip einer an die verbrennungstechnischen Eigenschaften der Biomasse angepassten Brennkammer – gemäß den Erläuterungen in Kapitel 9.2 und 9.3 – gut erkennbar. Es erfolgt eine explizite Trennung der Zone mit der pyrolytischen Zersetzung und Vergasung im Glutbett von der Verbrennung der flüchtigen gasförmigen Bestandteile in einer entsprechend dimensionierten Nachbrennkammer. Die Primärluft wird daher konsequenter Weise in das Glutbett der Verbrennungsretorte eingeblasen und bestimmt die Feuerungsleistung. Die meist vorgewärmte Sekundärluft wird am Eintritt der Nachbrennkammer zugeführt und bestimmt den Ausbrand und damit die Emissionen unverbrannter Bestandteilen im Abgas.

Die Einmischung der Sekundärluft am Eintritt in die Nachbrennkammer (Abb. 10.24) erfolgt durch den Eintrittsimpuls. Zusätzlich ist die Nachbrennkammer als Strömungsrohr ausgebildet. Mit einer derartigen Ausführung ergeben sich aus reaktionstechnischer Sicht die höchsten Reaktionsraten bei einem vorgegebenen Volumen. Zusätzlich kann bei einer entsprechenden Regelung des Luftüberschusses die Temperatur in der Nachbrennkammer auf dem notwendigen Niveau gehalten werden. Dadurch wird auch das 3-T Kriterium (vgl. Kapitel 10.1) gut erfüllt.

Unterschubfeuerungen eignen sich besonders für aschearme Brennstoffe, die wegen der Schneckenbeschickung eine feinkörnige und gleichmäßige Beschaffenheit aufweisen müssen (z. B. Holzhackgut). Das Prinzip der Unterschubfeuerung wird deshalb zunehmend auch für die Verbrennung von Holzpellets verwendet (z. B. in Pellet-Zentralheizungskesseln). Andererseits ist damit die Verbrennung von Rinde oder Halmgutbrennstoffen in dieser Feuerung wegen des hohen Aschegehaltes und/oder der Störungen durch Schlackebildung kaum sinnvoll möglich.

Ähnlich wie die Unterschubfeuerung funktioniert auch die rostlose Schubbodenfeuerung; sie ist speziell für aschereiche und verschlackungsgefährdete Brennstoffe geeignet. Diese Feuerung, bei welcher der Brennstoff nicht von unten, sondern seitlich auf der Höhe des Feuerraumbodens zugeführt wird, ist aber auch für Holzhackschnitzel geeignet /10-66/.

Vorschubrostfeuerungen. Bei einer Vorschubrostfeuerung wird der Brennstoff auf einen horizontalen oder schräg stehenden Vorschubrost aufgebracht; zusätzlich sind auch Planroste, Treppenroste, Wanderroste und Walzenroste möglich. Holzhackschnitzel mit geringen Kantenlängen und relativ gleich bleibenden Korngrößen können z. B. mit Hilfe von Schnecken in die Feuerung eingebracht werden (Abb. 10.25); grobkörnige ungleichmäßige Brennstoffe (z. B. zerspantes oder ungesiebtes Schredderholz, Rinde) werden meist durch Kolbenbeschicker aufgebracht (Abb. 10.26).

Durch Vor- und Rückwärtsbewegungen der einzelnen Rostelemente wandert der Brennstoff auf dem Schrägrost nach unten. Der Transport des Brennmaterials kann auch durch Vibrationen des z. B. auf Weichfedern lagernden Rostkörpers erreicht werden. Am Rostende erfolgt dann eine automatische Entaschung.

Ein Teil der Verbrennungsluft wird als Primärluft z. B. durch stirnseitig in die Rostelemente eingelassene Luftkanäle eingeblasen. Damit kühlt die Primärluft auch den Rost; dies mindert das Risiko, dass es beim Einsatz kritischer Brennstoffe zu Schlackeanbackungen und Materialüberhitzung kommt. Allerdings sind dieser Kühlfunktion bestimmte Grenzen gesetzt, da die Luftmengen nicht durch die

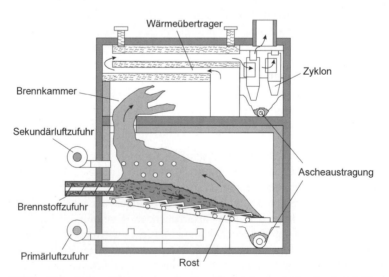

Abb. 10.25 Vorschubrostfeuerung nach dem Gegenstromprinzip (geeignet für nasse Brennstoffe)

10.3 Automatisch beschickte Feuerungen

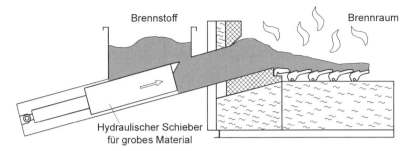

Abb. 10.26 Funktionsweise einer Kolbenbeschickung (nach /10-116/)

Kühlnotwendigkeiten, sondern durch die Anforderungen an eine optimierte Verbrennung bestimmt werden. Daher werden z. T. auch, vor allem für trockene Brennstoffe, wassergekühlte Rostelemente verwendet, so dass die Primärluftzufuhr ausschließlich nach feuerungskinetischen Gesichtspunkten erfolgen kann.

Auf der ersten Zone des Rostes erfolgt die Trocknung und die Aufheizung des Brennstoffs. Im mittleren Bereich – der Hauptverbrennungszone – findet dann die pyrolytische Zersetzung und die Vergasung des Brennstoffs und im letzten Bereich der Ausbrand der Holzkohle statt. Die Asche fällt anschließend in eine Auffangmulde, die auch als Wasserbad ausgebildet sein kann. Der anschließende Weitertransport der Asche erfolgt mittels Schnecken- oder Kratzkettenaustrag.

Die Rostfeuerung ermöglicht eine optimale Anpassung an das Abbrandverhalten des Brennstoffs, indem – zumindest bei größeren Anlagen – die Primärluft entsprechend dem jeweiligen Luftbedarf verschiedenen Zonen des Rostes zugeführt werden kann.

Der Rost erfüllt die Funktion des Transports sowie des Schürens und Umwälzens des Brennstoffs; dadurch wird eine Homogenisierung des Brennstoffbetts und eine Verbesserung des Primärluftdurchtritts erreicht. Die Vielzahl verschiedener Rosttypen wird hauptsächlich durch deren Neigung und Bewegungsart unterschieden. Rostfeuerungen eignen sich vor allem für asche- und schlackereiche Brennstoffe.

Je nach Bewegungsrichtung des Brennstoffs und der Brenngase kann zwischen dem Gegenstromsprinzip mit Umkehrflamme (Abb. 10.25), dem Gleichstromprinzip (Abb. 10.28, links) und dem Mittelstromprinzip (Abb. 10.28, rechts) unterschieden werden. Abhängig von den Brennstoffeigenschaften haben diese Prinzipien ihre jeweiligen Vor- und Nachteile. Beispielsweise wird bei sehr feuchtem Brennstoff ein Teil der bei der Verbrennung freigesetzten Energie zur Verdampfung des Wassers benötigt. Für solche Brennstoffe werden deshalb bevorzugt Feuerungen nach dem Gegenstromprinzip eingesetzt, da hierbei in der oberen Zone des Rostes eine ausgeprägte Brennstoffvortrocknung erfolgt; dies ermöglicht den Einsatz von Brennstoffen mit bis zu 60 % Wassergehalt. Für trockene Brennstoffe kommt dagegen auch die Gleichstromfeuerung zum Einsatz, die sich auch für Brennstoffe mit niedrigen Ascheerweichungstemperaturen eignet.

Die Sekundärluft wird oberhalb des Rostes oder vor dem Eintritt in die Brennkammer zugeführt. Sie wird dort mit den brennbaren Gasen vermischt und dient dazu, einen vollständigen Ausbrand sicherzustellen.

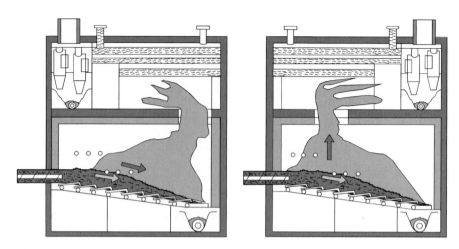

Abb. 10.28 Vorschubrostfeuerungen nach dem Gleichstromprinzip (links) und nach dem Mittelstromprinzip (rechts) (siehe auch Abb. 10.25)

Unterschubfeuerungen mit rotierendem Rost. Für Brennstoffe mit besonders hohem Wassergehalt kann das Unterschubprinzip auch mit einem rotierenden Rost kombiniert werden ("Drehrostfeuerung", Abb. 10.27). Der Brennstoff wird hier in der Mitte der nach außen hin abfallenden kreisförmigen Rostfläche von unten zugegeben. Der Rost übernimmt auch hier die Funktion des Transports, der Vor-

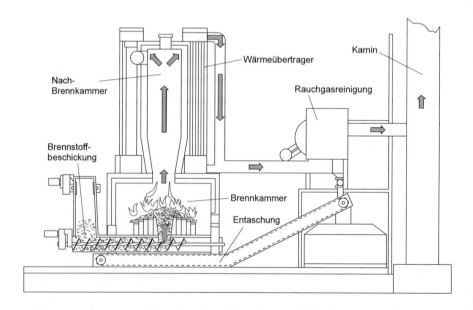

Abb. 10.27 Unterschubfeuerung mit rotierendem Rost (nach /10-98/)

trocknung und der Zündung des Brennstoffs sowie des Ascheabtransports. Der Ausbrand der Gase erfolgt in einer Nachbrennkammer.

Vorofenfeuerungen (Voröfen). Eine Anlagenbauweise, bei der Primär- und Sekundärluft in baulich getrennten Modulen zugeführt wird, stellt die Vorofenfeuerung dar. Der Vorofen umfasst die Brennstoffbeschickung sowie einen meist nach dem Gleichstromprinzip arbeitenden Vorschubrost; bei kleineren Anlagen (unter 100 kW) kommen auch Festroste zum Einsatz.

Die im schamottierten Vorofen (auch z. T. als Entgasungsraum bezeichnet) gebildeten gasförmigen Pyrolyse- und Vergasungsprodukte werden unter Sekundärluftzugabe über einen Flansch oder z. T. auch über einen wärmegedämmten Flammkanal in das nachgeschaltete Kesselmodul geleitet. Hier findet eine Nachverbrennung statt, bevor die Heizgase in den integrierten Wärmeübertrager gelangen und dort ihre Wärme abgeben (Abb. 10.29).

Der Bereich, in dem die pyrolytische Zersetzung und die Vergasung stattfindet, ist damit von dem Ort, an dem die vollständige Oxidation der dabei entstandenen Produkte realisiert wird, stärker als bei den übrigen Feuerungssystemen räumlich getrennt. Dies bietet die Möglichkeit des Einbaus von Verwirbelungszonen im Flammkanal (z. B. durch Umlenkungen oder eine entgegen gesetzte Tertiärlufteindüsung). Dadurch kann die Durchmischung mit Verbrennungsluft und damit der Ausbrand zusätzlich verbessert werden. Allerdings führt eine ungenügend wärmegedämmte und nicht wassergekühlte Vorofenfeuerung zu erhöhten Abstrahlungsverlusten. Im Vergleich zu den übrigen Feuerungsbauarten ist außerdem der Platzbedarf relativ hoch.

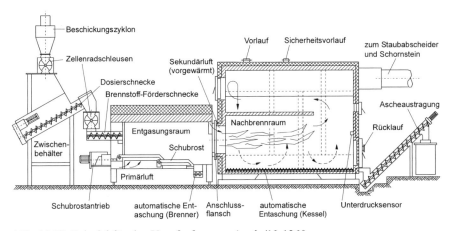

Abb. 10.29 Beispiel für eine Vorofenfeuerung (nach /10-126/)

Feuerungen mit Wurfbeschickung. Die Wurfbeschickung (Abb. 10.30) ist eine spezielle Möglichkeit der Einbringung des Brennstoffs in den Feuerraum. Eine derartige Brennstoffbeschickung wird oft zusammen mit einer Festrost- oder Bewegtrostfeuerung als Gesamtkonzept ausgeführt. Dabei fördert ein Schleuderrad

508   10 Direkte thermo-chemische Umwandlung (Verbrennung)

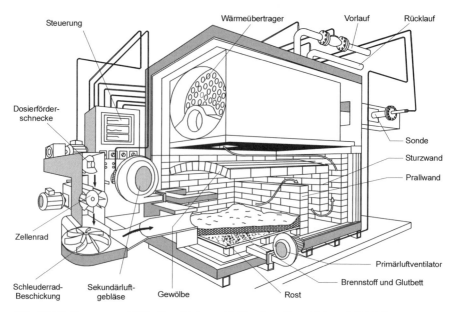

Abb. 10.30 Feuerung mit Wurfbeschickung (Schleuderradbeschickung) /10-86/

das kleinstückige Holz (z. B. Hackgut mit definierten Eigenschaften) in den Feuerraum und verteilt es von oben her gleichmäßig über das gesamte Glutbett. Dies ermöglicht eine Verbrennung der feinen Brennstoffpartikel schon im Fluge, während gröbere Partikel langsamer auf dem Rost abbrennen können. Im Unterschied zu der Einblasfeuerung ist der Beschickungsvorgang hier jedoch nicht mit einer nennenswerten Luftzufuhr verbunden, so dass diese ausschließlich nach den Erfordernissen einer optimalen Verbrennung geregelt werden kann. Allerdings sind der Variabilität der geometrischen Brennstoffabmessungen Grenzen gesetzt, da eine gleichmäßige Schleuderradbeschickung nur mit einer relativ gleich bleibenden Brennstoffkorngröße erreicht werden kann.

Der Brennstoff gelangt durch dieses Hineinschleudern in den Brennraum von oben auf ein bestehendes Glutbett. Das Brennstoffbett befindet sich dabei bei dem in Abb. 10.30 dargestellten Beispiel auf einem Festrost mit Öffnungen am Boden, durch die Primärluft in das Glutbett zugeführt wird, während die Sekundärluft oberhalb eingedüst wird. Bei kleineren Anlagen (z. B. Abb. 10.30) erfolgt die Entaschung des Rostes manuell. Für größere Leistungen wird die Feuerung mit einem Bewegtrost (z. B. einem Vorschubrost) ausgestattet, der eine automatische Entaschung ermöglicht.

Feuerungen mit Rotationsgebläse. Bei dieser Bauart (Abb. 10.31) fällt der zugeführte Brennstoff auf einen bewegten Rost, durch den die Primärluft der Verbrennung zugeführt wird. Die Brenngase gelangen in eine darüber liegende horizontale zylindrisch ausgeführte Nachbrennkammer, in der die Sekundärluft über ein frontseitiges Rotationsgebläse einströmt. Die eingeblasene Luftsäule wird mit Hilfe eines durch einen Elektromotor angetriebenen Rotorkopfes, bestehend aus einem

10.3 Automatisch beschickte Feuerungen

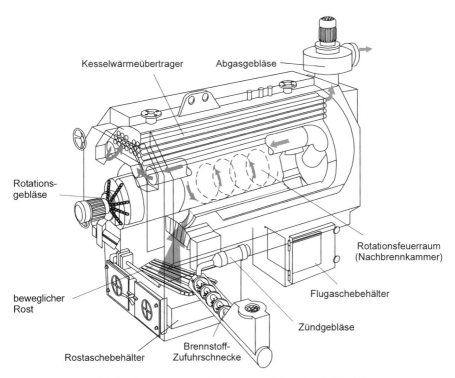

Abb. 10.31 Beispiel für eine Feuerung mit Rotationsgebläse (nach /10-56/)

speziellen gelochten Rad, in Rotation versetzt. Dadurch soll im Nachbrennraum eine intensivere und gleichmäßigere Vermischung der Gase erreicht werden. Somit kann die Feuerung mit einem niedrigen Luftüberschuss betrieben werden; dies begünstigt einen guten Gasausbrand und damit einen insgesamt hohen Wirkungsgrad. Dieses Feuerungssystem ist vor allem für Pellets, Sägemehl, Späne (auch in Form von Briketts) sowie Waldhackschnitzel und Sägerestholz bis zu 40 % Wassergehalt geeignet. Beim Einsatz eines vorgeschalteten Durchlauf-Vortrockners ist auch ein höherer Wassergehalt bis 60 % möglich. Dieses Feuerungsprinzip wird im Leistungsbereich von 80 bis 540 kW angeboten.

10.3.2.3 Halmgutfeuerungen

Halmgutbrennstoffe unterscheiden sich von Holzbrennstoffen in einigen wesentlichen Merkmalen. Aus feuerungstechnischer Sicht sind vor allem
– der deutlich höhere Aschegehalt,
– das merklich ungünstige Ascheerweichungsverhalten und
– der z. T. erheblich höhere Gehalt an Alkalien (K, Na) sowie Chlor (Cl) und Stickstoff (N)

zu nennen. Aufgrund dieser Brennstoffeigenschaften (Kapitel 9.1) weisen Halmgutfeuerungen hinsichtlich verschiedener Merkmale wie Asche- und Schlackeabtrennung, Temperaturführung oder Brennstoffvorbehandlung einige Besonderheiten auf. Deshalb sind generell die speziell für relativ aschearme Holzbrennstoffe eingesetzten Systeme (z. B. Unterschubfeuerungen) für die Verbrennung von Halmgütern ungeeignet; zumindest ist eine leistungsstarke Entaschung erforderlich.

Dagegen sind die stationäre und zirkulierende Wirbelschichtfeuerung (Kapitel 10.3.3) sowie bestimmte Rostfeuerungen für ein breiteres Brennstoffband – und somit z. T. auch für Halmgut – grundsätzlich einsetzbar. Den Nachteilen der hohen Verschlackungsneigung wird dabei durch die Begrenzung der Verbrennungstemperaturen im Glut- oder Bettbereich begegnet (z. B durch gekühlte Rostelemente, wassergekühlte Brennraumoberflächen, Wärmeübertrager im Wirbelbettbereich, unterstöchiometrische Betriebsweise einer stationären Wirbelschicht). Auch durch das kontinuierliche In-Bewegung-Halten von Brennstoff und Asche (z. B in Vorschubrostfeuerungen) wird teilweise vermieden, dass einzelne Schlacketeilchen – trotz ggf. eintretender Ascheerweichung – an den Feuerung festhaften.

Im Bereich der Wärmeübertrager (vor allem Überhitzer und Hochtemperaturwärmeübertrager von Dampferzeugern) ist die Vermeidung möglicher Schlackeablagerungen allerdings deutlich schwieriger. Zusätzlich können hier die in Halmgut im Vergleich zu Holzbrennstoffen erhöhten Chlor- und Alkalien- und Schwefelgehalte (Kapitel 9.1) am Korrosionsprozess an der Wärmeübertrageroberfläche signifikant mitwirken (z. B. durch Hochtemperatur-Chlorkorrosion) /10-83/.

Auch beim Schadstoffausstoß bzw. dessen Begrenzung auf die gesetzlich vorgegebenen Werte bestehen Unterschiede mit anlagentechnischen Konsequenzen. Beispielsweise lassen sich mit der Holzfeuerung vergleichbare Staubemissionen nur durch eine Staubabtrennung in einem filternden Abscheider erzielen. Als Folge des erhöhten Stickstoffgehalts kommt es außerdem meist zu höheren Stickstoffoxidemissionen, die i. Allg. nur durch entsprechende Sekundärmaßnahmen vermindert werden können (Kapitel 10.4). Die Luftstufung als Primärmaßnahme mit Reduktionskammer ist hier nur bedingt geeignet, da hierbei notwendigerweise hohe Temperaturen auftreten, die bei den zur Verschlackung neigenden Halmgutbrennstoffen nachteilig wären; dagegen ist eine Brennstoffstufung zur Stickstoffoxidminderung möglich.

Nachfolgend werden wesentliche Halmgutfeuerungen dargestellt. Zur besseren Orientierung der diskutierten Beispiele gibt Tabelle 10.5 eine entsprechende Übersicht.

Chargenweise beschickte Ganzballenfeuerungen. Bei chargenweiser Beschickung wird der Ballen als Ganzes in den Brennraum eingebracht. Früher wurden derartige Feuerungen für kleinere Hochdruckballen angeboten, die dann von Hand beschickt werden können; derartige Feuerungen sind heute nicht mehr verfügbar, da u. a. der Arbeitsaufwand zu hoch und Kleinballenpressen kaum noch eingesetzt werden.

Bei den heute gebräuchlichen Ballenmaßen (z. B. Rundballen) erfolgt die Beschickung mechanisch (z. B. mit Frontlader-Schleppern), wobei in den größten Anlagen dieser Bauart bis zu drei Großballen (Rund- oder Quaderballen) gleichzeitig in den wassergekühlten Brennraum eingebracht werden können.

In der Feuerung findet – aufgrund dieser Beschickungsweise – eine chargenweise Verbrennung mit den ihr typischen Phasen von Aufheizung und Trocknung,

10.3 Automatisch beschickte Feuerungen   511

Tabelle 10.5 Beispiele von Bauarten für Halmgutfeuerungen

Feuerungstyp	Leistung in MW	Brennstoff	Aufbereitung zur Beschickung
Chargenweise beschickte Ganzballenfeuerung[a]	0,1 – >3	Rundballen, Quaderballen	keine
Ballenfeuerung mit stirnseitigem Abbrand ("Zigarrenabbrand")	≥ 3	Quaderballen	keine
Ballenfeuerung mit Ballenteiler	0,5 – 3	Quaderballen	Ballenteilen durch Abscheren von Teilstücken
Ballenfeuerung mit Ballenauflöser	≥ 0,5	Quaderballen	Ballenauflöser mit Häckselgut oder Langstrohbereitung
Halmguttaugliche Schüttgutfeuerungen		Häckselgut, Pellets (Quaderballen)	Feldhäcksler bzw. Pelletierung, ggf. Ballenauflöser
- Schubbodenfeuerung	0,05 – 3		
- Vorschubrostfeuerung	2,5 – >20		

[a] in den letzten Jahren wurden nur noch kleinere Neuanlagen (ca. 95 bis 300 kW) ausgeführt; zudem handelt es sich dabei im engeren Sinn nicht um eine automatisch beschickte Ausführungsform; sie wird aber sinnvollerweise bei den Halmgutfeuerungen mit behandelt

pyrolytische Zersetzung, Vergasung und Oxidation statt. Wenn es sich um eine Anlage mit einem oberen Abbrand handelt, ist der diskontinuierliche und damit nur schwer regelbare Verbrennungsverlauf besonders ausgeprägt. Der Vorteil dieses Feuerungsprinzips liegt aber darin, dass die Anlagen für die verschiedensten Ballengrößen und -formen geeignet sind. In Mitteleuropa werden Anlagen mit einem oberen Abband – auch aufgrund potenziell zu hoher Emissionen an limitierten Schadstoffen – jedoch derzeit nicht mehr eingesetzt.

In jüngster Zeit wird auch bei Ballenfeuerungen das bei Scheitholzkesseln verwendete Prinzip des unteren Abbrands (vgl. Kapitel 10.2) eingesetzt. Dies hat aber zur Folge, dass aus konstruktiven Gründen eine Festlegung auf die eingesetzte Ballenform erfolgen muss. Obwohl bei allen derartigen Ballenfeuerungen inzwischen Saugzuggebläse und eine separate Primär- und Sekundärluftführung üblich sind, kann der Verbrennungsablauf aufgrund der chargenweisen Beschickung nur bedingt geregelt werden. Daher können während des Abbrands große Schwankungen von Leistung, Temperatur, Luftüberschuss und Schadstofffreisetzungen (z. B. Kohlenstoffmonoxid) auftreten. Hierin besteht Ähnlichkeit mit den handbeschickten Holzfeuerungen. Deshalb sind chargenweise beschickte Ganzballenfeuerungen möglichst immer unter Volllast zu betreiben (vor allem kleinere Anlagen); sie benötigen daher im Regelfall einen Wärmespeicher.

Ein Beispiel für den Aufbau einer kleinen Rundballenfeuerung zeigt Abb. 10.32. Zur Vermeidung von Ascheanbackungen werden – wie bei den Schüttgutfeuerungen für Halmgut – die Temperaturen im Bereich der Bettasche begrenzt. Dazu erfolgt hier eine Kühlung des Glutbetts. Das geschieht mit Hilfe eines Wassermantels, der um den Brennraum herum angebracht ist. Die für die Verbrennung erforderliche Primärluft wird zusammen mit den im oberen Feuerraum abgesaugten Gasen aus der pyrolytischen Zersetzung seitlich über Luftschlitze durch das Stroh hindurch geblasen, um im unteren Bereich der Brennkammer den Abbrand des hohl liegenden Ballens zu ermöglichen. Wie bei den handbeschickten Zentral-

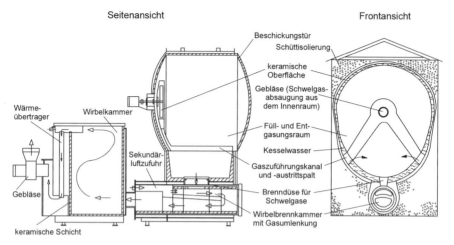

Abb. 10.32 Beispiel für eine chargenweise beschickte Rundballenfeuerung (nach /10-49/)

heizungskesseln wird die Sekundärluft anschließend dem darunter liegenden Nachbrennraum (Wirbelbrennkammer) zugeführt.

Zigarrenabbrandfeuerungen. Halmgutballen können auch in Feuerungen mit einem stirnseitigen Abbrand, dem sogenannten "Zigarrenabbrand" (Abb. 10.33), verbrannt werden. Hier werden die Brennstoffballen unzerkleinert in die Verbrennungszone eingebracht. Dem Vorteil der damit einhergehenden geringen Aufwendungen für die Brennstoffaufbereitung steht der Nachteil eines sehr engen Brennstoffbandes sowie die Festlegung auf bestimmte, klar definierte Ballenabmessungen gegenüber.

Bei den heute marktgängigen Zigarrenabbrandfeuerungen wird der Brennstoff (z. B. Strohballen) über einen horizontalen Förderkanal mit Hilfe hydraulischer Mitnehmer – entsprechend der gegebenen Wärmenachfrage – kontinuierlich in den Brennraum eingeschoben. Damit befindet sich nicht die gesamte Ballenmasse, sondern nur ein gleich bleibender Ballenstrangabschnitt im Feuerraum. Die "in Reaktion" befindliche Brennstoffmenge ist somit ebenfalls relativ gleich bleibend, so dass die Nachteile des bei den chargenweise beschickten Anlagen beschriebenen instationären Abbrands mit seinen wechselnden Abbrandphasen weitgehend vermieden werden können. Ein Zurückbrennen der Ballen wird durch eine Wasserkühlung und entsprechende Rückbrandklappen im Zuführschacht sowie durch eine Mindestvorschubgeschwindigkeit des Ballens verhindert.

Über seitliche im Kopfbereich des Förderkanals eingelassene Lufteintrittsdüsen wird das vordere Ballenende von Primärluft durchströmt, wobei die heißen Brenngase den Brennerkopf in Förderrichtung verlassen. Hier werden ca. 80 % der gebildeten Brenngase freigesetzt. Der noch nicht völlig ausgebrannte Brennstoff – und möglicherweise sich von der Abbrandfläche lösende Brennstoffstücke – sowie die Asche fallen anschließend auf einen wassergekühlten Schrägrost, durch den zusätzliche Primärluft zur weiteren Verbrennung und zum Kohlenstoffausbrand geleitet wird. Im Bereich der Sekundärluftzuführung werden die an der Ballen-

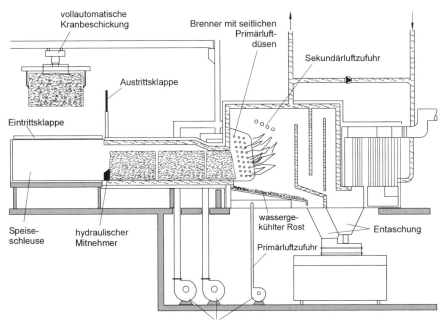

Abb. 10.33 Ballenfeuerung mit stirnseitigem Ballenabbrand ("Zigarrenabbrandverfahren", nach /10-2/)

stirnfläche und auf dem Schrägrost gebildeten Brenngase nachverbrannt. Die ausgebrannte Rostasche fällt über einen Trichter in einen unter der Feuerung liegenden Sammelbehälter, der meist als Wasserbad mit automatischem Wasserstandsausgleich und Ascheaustragsschnecke ausgeführt ist (Nass-Entaschung).

Bei allen Ganzballenfeuerungen ist die Möglichkeit einer Brennstoffvortrocknung im Feuerraum relativ stark eingeschränkt; daher können überhöhte Wassergehalte im Halmgut (z. B. bei fehlgelagerten Ballen) zu emissionskritischen Betriebszuständen führen. Zu feuchte Brennstoffe (ab ca. 20 % Wassergehalt) müssen deshalb bereits bei der Anlieferung abgelehnt oder aussortiert werden.

Zigarrenabbrandfeuerungen lassen sich prinzipiell innerhalb eines Leistungsbereichs von ca. 25 bis 100 % der Nennwärmeleistung betreiben. Niedrige Lastzustände können jedoch zu einem erhöhten Schadstoffausstoß durch unvollständige Verbrennung führen. Je nach Leistungsauslegung oder zulässigem Schadstoffausstoß müssen solche Anlagen daher oft mit einem ausreichend großen Wärmespeicher gekoppelt werden, damit die Anlage stets bei einer hohen Leistung betrieben werden kann.

Aufgrund einheitlicher Ballenabmessungen (1,2 m x 1,3 m Stirnfläche) und der anlagentechnisch notwendigen Mindestvorschubgeschwindigkeit ist die thermische Mindestleistung dieser Feuerungsbauart auf etwa 2 bis 3 MW festgelegt. Höhere Feuerungswärmeleistungen sind damit nicht stufenlos möglich, sondern können nur durch ein Aneinanderreihen mehrerer "Zigarrenbrenner", die parallel einen großen Verbrennungskessel mit nur einem Entaschungsrost beschicken, realisiert werden.

Ein weiteres Grundsatzproblem derartiger Feuerungen liegt in der deutlichen Reduktion der Verbrennungstemperaturen beim Ballenwechsel. Zu einem bestimmten Zeitpunkt ist der aktuell abbrennende Ballen soweit verbrannt, dass die noch verbleibenden Ballenreste auf den Rost fallen. Der neue, nachfolgende Ballen muss aber erst entsprechend anbrennen und die benötigten Temperaturen erreichen. Damit kommt es beim Ballenwechsel zu instationären Zuständen u. a. mit der Folge erhöhter Kohlenstoffmonoxid-Emissionen. Die sichere Einhaltung der beispielsweise in Deutschland gültigen Emissionsgrenzwerte z. B. an Kohlenstoffmonoxid kann deshalb problematisch sein.

Ballenfeuerungen mit Ballenteiler. Um die Vorteile einer kontinuierlichen Beschickung auch bei Anlagen im kleineren Leistungsbereich realisieren zu können, wurden Halmgutfeuerungen mit Ballenteiler entwickelt; hier wird der meist in Ballenform vorliegende halmgutartige Brennstoff in eine – im Vergleich zum Ballen – leichter dosierbare Form überführt (portioniert).

Dazu wird nach dem Scheibentrennprinzip der auf einer Transportbahn herantransportierte Ballen mit Hilfe einer Kippeinrichtung senkrecht gestellt, damit ein horizontal arbeitendes, hydraulisch vorgeschobenes Trennmesser im unteren Ballenteil eine jeweils ca. 30 cm hohe Scheibe abtrennen kann. Unterhalb dieses Trennmessers arbeitet ein Schubzylinder, der den Ballen durch eine Rückbrandschleuse in den Brennraum einer halmguttauglichen Rostfeuerung schiebt (Abb. 10.34).

Der Nachteil dieser Anlagenbauart besteht in der Grobstückigkeit der Ballenstücke, die auf dem Brennrost zunächst ihre ursprüngliche Dichte beibehalten. Sie werden daher von der durch den Rost von unten eingedüsten Primärluft anfangs nur wenig durchströmt, sondern eher umströmt. Dadurch kann es zu einem ungleichmäßigen Abbrand mit den aus dem Chargenabbrand bekannten Phänomenen einer unvollständigen Verbrennung kommen.

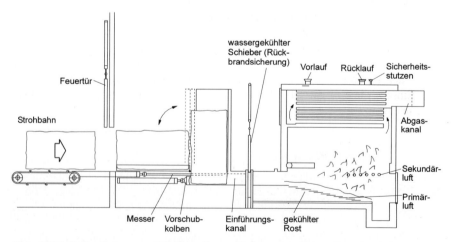

Abb. 10.34 Ballenfeuerung mit Ballenteiler und halmguttauglichem Rost (nach /10-70/)

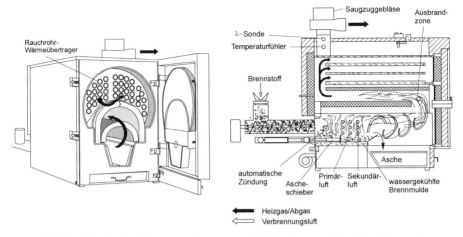

Abb. 10.35 Schubbodenfeuerung mit wassergekühlter Brennmulde, hier ohne automatische Entaschung (nach /10-66/)

Ballenauflöser- und Schüttgutfeuerungen. Bei Anlagen mit Ballenauflösern wird der Strohballen vor der Verbrennung zerkleinert (Kapitel 7.1), so dass loses Stroh in kurzen zeitlichen Abständen (Schneckentakt) automatisch in die Feuerung gefördert wird, um so eine (quasi-)kontinuierliche Beschickung zu ermöglichen. Der Transport des losen Langguts oder des gehäckselten Halmguts erfolgt teilweise mit Schnecken; häufig werden jedoch auch Rohrleitungen eingesetzt, in denen das Material mit Hilfe eines Gebläseluftstroms transportiert wird. Am Rohrende wird das Halmgut in einem Zyklon vom Luftstrom getrennt und über eine Zellradschleuse luftdicht an das Beschickungssystem übergeben. Der Energieverbrauch der Fördergebläse ist zwar höher als der einer Schneckenförderung; dafür bietet die pneumatische Förderung ein hohes Maß an Flexibilität bei der Anordnung des Ballenauflösers zu den übrigen Systemkomponenten.

Die Feuerung selbst kann eine halmguttaugliche Vorschubrostfeuerung mit Wasserkühlung sein. Kleinere Anlagentypen verwenden auch Schubbodenfeuerungen (Abb. 10.35), die ab etwa 50 kW Nennwärmeleistung angeboten werden. In wieder anderen Feuerungen kommen Schubböden mit Lufteinlassöffnungen zum Einsatz, die eine Zwischenstellung zwischen den beiden vorgenannten Bauarten einnehmen.

10.3.3 Wirbelschichtfeuerungen

Im Vergleich zu Rostfeuerungen ist die Anströmung des Feststoffbetts in Wirbelschichtfeuerungen deutlich stärker, so dass das Feststoffbett aufgewirbelt wird. Die energetische Umsetzung des Brennstoffs findet damit in einem heißen Bettmaterial statt, welches aus einem körnigen Inertstoff (meist Sand-Asche-Gemisch) besteht. Durch Düsen, die im sogenannten Anströmboden angebracht sind, wird teilweise vorgewärmte Luft in das Bett eingeblasen und versetzt die Teilchen in eine Art

Schwebezustand ("Fluidisierung"). Dadurch, dass das Bettmaterial die freigesetzte Verbrennungswärme aufnimmt, wird eine homogene Temperaturverteilung im gesamten Wirbelbett sichergestellt.

Wirbelschichtfeuerungen eignen sich daher für eine breite Brennstoffpalette insbesondere in Bezug auf dem Asche- und Wassergehalt. Durch die Zugabe von Additiven (z. B. Kalkstein, Dolomit) können schadstoffbildende Elemente, z. B. Schwefel und Chlor, besser in die Asche eingebunden werden.

Limitierungen sind bei Wirbelschichtfeuerungen bei der Brennstoff-Stückgröße und beim Ascheschmelzverhalten zu beachten. Je nach Wirbelschichtbauart sollte die maximale Stückgröße mehr oder weniger deutlich unter 100 mm liegen. Auch darf in Wirbelschichtfeuerungen die Asche nicht erweichen, da es sonst zu Agglomerationen des Bettmaterials kommen kann. Durch Zugabe von Additiven und insbesondere durch die Absenkung der Verbrennungstemperatur kann dieses Problem heute aber gut beherrscht werden.

Zu beachten ist bei Wirbelschichtfeuerungen der höhere Druckabfall von ca. 100 mbar im Vergleich zu den Rostfeuerungen. Dies hat höhere Gebläseleistungen zur Folge. Darüber hinaus ist auch das Anfahren aufwändiger, da aus dem kalten Zustand erst das Bettmaterial erhitzt werden muss (ca. 600 °C), bevor mit der Beschickung der Biomasse begonnen werden kann. Dies erfolgt durch sogenannte Startbrenner, die i. Allg. mit Erdgas oder Heizöl betrieben werden.

Bei den Wirbelschichtfeuerungen unterscheidet man zwei Ausführungsformen: stationäre und zirkulierende Wirbelschichtfeuerungen. Diese beiden Formen von Wirbelschichtfeuerungen werden in der Folge genauer besprochen.

Stationäre Wirbelschichtfeuerungen. Stationäre Wirbelschichtfeuerungen werden mit Gasgeschwindigkeiten (Leerrohrgeschwindigkeiten) von 1 bis 2 m/s betrieben und beinhalten ein Bettmaterial mit einem mittleren Durchmesser von ca. 0,7 bis 1 mm. Sie werden für Brennstoffe bis ca. 100 mm Stückgröße im Bereich thermischer Leistungen zwischen 5 und rund 50 MW eingesetzt und erlauben eine annähernd vollständige Oxidation des Brennstoffs. Der größte Teil der Asche verbleibt dabei aber nicht im Bett, sondern wird als Flugasche in der Entstaubungseinrichtung, die bei Wirbelschichtfeuerungen aufgrund der hohen Partikelfracht (20 bis 50 g/m^3_n) im Abgasstrom unbedingt erforderlich ist, abgeschieden.

Die Temperatur in der Wirbelschicht kann durch Wärmeabfuhr über in das Bett integrierte Wärmeübertrager (Tauchheizflächen) eingestellt werden oder, was neuerdings immer häufiger angewendet wird, durch unterstöchiometrische Luftzufuhr ins Wirbelbett geregelt werden. Beide Formen sind in der Abb. 10.36 dargestellt.

Bei Anlagen mit Tauchheizfläche wird die Heizflächengröße so ausgelegt, dass bei Nennlast eine Temperatur von etwa 850 °C erreicht wird. Der größte Teil der Luft wird als Fluidisierungsluft (Primärluftzahl $\lambda \approx 1{,}1$) eingesetzt, so dass die Verbrennung praktisch vollständig im Bett stattfinden kann. Nur ein kleiner Teil der Luft wird als Sekundärluft in den Freiraum über der Wirbelschicht eingeblasen. Tauchheizflächen haben aber den Nachteil, dass einerseits bei Teillast die Temperatur des Bettes und damit die Verbrennungstemperatur abnimmt und andererseits die Tauchheizfläche einer großen Abnutzung durch Erosion unterliegt.

10.3 Automatisch beschickte Feuerungen

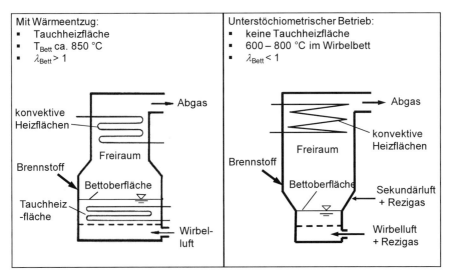

Abb. 10.36 Typen stationärer Wirbelschichtfeuerungen mit (links) und ohne (rechts) Tauchheizflächen (Rezigas Rezirkulationsgas)

Stationäre Wirbelschichtfeuerungen, die in den letzten Jahren errichtet wurden, verzichten daher meist auf Tauchheizflächen. Eine Temperaturregelung des Bettes wird dann durch eine unterstöchiometrische Betriebsweise (Luftzahl λ = 0,6 bis 0,8) erreicht. Um die Temperatur zu regeln und innerhalb der geforderten Grenzen zu halten, muss bei diesem Typ intensiv mit einer Abgasrezirkulation (Rezigas) gearbeitet werden. Dadurch findet im Bettbereich eine Vergasung des Brennstoffs bei 600 bis 800 °C statt. Die Nachverbrennung der dabei entstandenen gasförmigen Produkte erfolgt durch Sekundärluft im Freiraum oberhalb der Wirbelschicht.

Abb. 10.37 zeigt einen derartigen Wirbelschichtkessel ohne Tauchheizflächen /10-113/. Die Fluidisierung des Bettmaterials (Quarzsand mit einer mittleren Körnung von 0,7 bis 1,0 mm, Höhe ca. 1 m) erfolgt mit Hilfe von Primärluft und Hochdruck-Rezirkulationsgas (HD-Rezi). Dabei wird die Gesamtfluidisierung konstant gehalten und die Temperatur des Bettes über den Sauerstoff(O_2)-Gehalt des Fluidisierungsgases geregelt. Das Sauerstoffangebot im Bett ist dabei grundsätzlich unterstöchiometrisch. Soll die Temperatur erhöht werden, wird die Primärluftmenge erhöht und gleichzeitig das Hochdruck-Rezirkulationsgas reduziert. Bei einer erforderlichen Betttemperaturabsenkung geht man umgekehrt vor. Damit ist es möglich, auch bei einer Temperaturänderung im Bett dessen Fluidisierung konstant zu halten.

Der Brennstoff wird im Bereich des Freiraumes eingetragen und fällt zum größten Teil auf das Wirbelbett. Da das Bett unterstöchiometrisch betrieben wird (Vergasung), werden aus dem Bett erhebliche Mengen an unverbrannten Substanzen freigesetzt, die im darüber liegenden Freiraum vollständig aufoxidiert werden müssen. Dazu wird üblicherweise in zwei Ebenen Sekundärluft, die auch in Kombination mit Niederdruck-Rezirkulationsgas (ND-Rezi) eingesetzt werden kann,

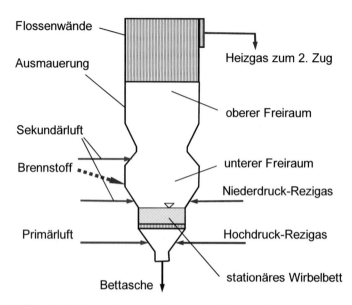

Abb. 10.37 Wirbelschichtbrennkammer mit unterstöchoimetrischer Verbrennung im Wirbelbett (Rezigas Rezirkulationsgas); nach /10-113/)

eingeblasen. Die zurückbleibende Asche kann entweder als Bettasche oder auch als Flugasche ausgetragen werden.

Bei derartigen Anlagen kommt es sehr häufig zu Problemen durch Verschlackung im Freiraum der Wirbelschicht; dies ist insbesondere nach der ersten Ebene der Sekundärlufteindüsung der Fall. Daher ist eine gut geregelte Temperaturführung im Bett und Freiraum Grundvoraussetzung für einen störungsfreien Betrieb.

Der Grund für dieses Problem lässt sich anhand des Temperaturverlaufs in Abhängigkeit vom Sauerstoffangebot erklären (Abb. 10.38). Im dargestellten Fall arbeitet das Wirbelbett bei einer Temperatur von ca. 650 °C (Punkt 1 in Abb. 10.38). Durch die Zugabe von Sekundärluft bzw. Niederdruck-Rezirkulationsgas in der unteren Sekundärluftebene wird die Temperatur durch die Verbrennung der unverbrannten Substanzen, die aus dem Bett kommen, erhöht (Punkt 2 in Abb. 10.38). Wird dabei zuviel Sauerstoff in dieser Ebene eingetragen, würde sich die Temperatur zu weit erhöhen (d. h. über Punkt 2 in Abb. 10.38 hinaus) und zu Verschlackung führen. Daher muss ggf. auch hier Niederdruck-Rezirkulationsgas eingeblasen werden. Damit ein vollständiger Ausbrand sichergestellt werden kann, wird die restliche Luft, dann in der zweiten Sekundärluftebene zugeführt. Die Gesamtmenge an Luft und Rezirkulationsgas ist dabei für die Austrittstemperatur aus der Brennkammer (Punkt 3 in Abb. 10.38) verantwortlich. Um diese Gesamtmenge nicht zu hoch werden zu lassen – was bei trockenen Brennstoffen leicht der Fall sein kann – wird im oberen Bereich der Brennkammer die Ausmauerung weggelassen und so Wärme aus der Brennkammer abgeführt (Abb. 10.37).

Mit Wirbelschichtanlagen ohne Tauchheizflächen können auch Biobrennstoffe mit niedrigen Ascheerweichungstemperaturen gut beherrscht werden, da die Betttemperatur auf den erforderlichen Wert sicher abgesenkt werden kann /10-11/.

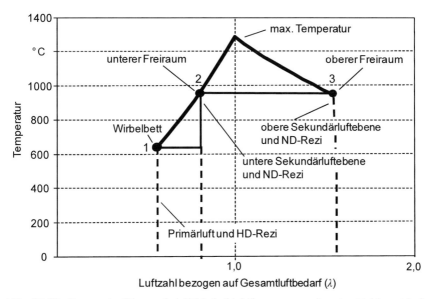

Abb. 10.38 Temperaturführung bei Wirbelschichtfeuerungen mit unterstöchiometrischer Verbrennung im Bett (ND-Rezi Niederdruck-Rezirkulationsgas, HD-Rezi Hochdruck-Rezirkulationsgas, max. maximale), nach /10-87/

Zirkulierende Wirbelschichtfeuerungen. Bei einer weiteren Steigerung der Anströmgeschwindigkeit im Vergleich zur stationären Wirbelschicht erfolgt ein zunehmender Austrag von Bettmaterial und Brennstoff aus dem Wirbelbett (vgl. Abb. 10.18). Bei der zirkulierenden Wirbelschicht muss deshalb das mitgerissene Bettmaterial in das Wirbelbett zurückgeführt werden (Abb. 10.39). Wie bei der stationären Wirbelschichtfeuerung kann auch hier die Betttemperatur durch Wärmeabfuhr aus dem umlaufenden Bettmaterial geregelt werden. In Abb. 10.39 ist exemplarisch ein Fließbettkühler dargestellt, mit dem – je nach abgezogenem Zirkulationsstrom – die gewünschte Temperatur eingestellt werden kann. Im Wirbelbett werden hohe Wärme- und Stoffaustauschraten erreicht und dadurch ideale Bedingungen für die Kohlenstoffumsetzung gewährleistet. Bei der Verbrennung schwefel- und/oder chlorhaltiger Brennstoffe besteht zudem die Möglichkeit der Kalkzugabe, um eine in-situ Entschwefelung bzw. Chlorabscheidung im Wirbelbett zu erreichen.

Zirkulierende Wirbelschichtfeuerungen sind für eine breite Palette von Brennstoffen geeignet, weshalb sie außer zur Kohlenverbrennung vorwiegend für die energetische Nutzung von Rückständen und Abfällen aller Art eingesetzt werden. Allerdings kommt es zu den gleichen Nachteilen, die auch bei der stationären Wirbelschichtfeuerung auftreten.

Trotz der relativ kompakten Bauweise markiert die zirkulierende Wirbelschichtfeuerung das obere Ende der Leistungsskala; aus ökonomischen Gründen kommt sie erst ab ca. 30 MW Feuerungswärmeleistung zum Einsatz.

520　10 Direkte thermo-chemische Umwandlung (Verbrennung)

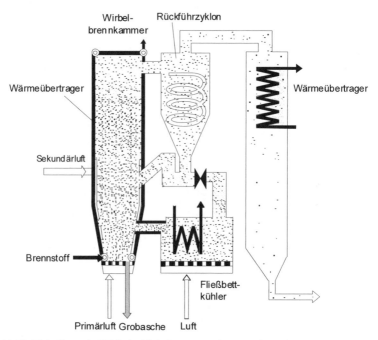

Abb. 10.39 Zirkulierende Wirbelschichtfeuerung mit Dampfkessel

10.3.4 Staubfeuerungen

Einblasfeuerungen. Einblasfeuerungen werden zur Verbrennung von Spänen, Sägemehl und anderen feinkörnigen Holzresten eingesetzt. Der Brennstoff wird dabei pneumatisch gefördert und mit der Trägerluft in den Brennraum oder in einen Vorraum der Hauptbrennkammer (Muffel) eingeblasen. Zusätzliche Verbrennungsluft wird als Mantelluft bei der Brennstoffzuführung oder als Stufenluft im Brennraum zugegeben (Abb. 10.40).

Damit der Brennstoff beim Einblasen in den heißen Brennraum von selbst zündet, muss der Wassergehalt unter 15 bis 20 % liegen. Für das Anfahren der Anlage wird ein Zündbrenner (z. B. mit Heizöl) benötigt, der den Brennraum auf eine Temperatur von ca. 450 bis 500 °C aufheizt /10-74/. Der Ausbrand der eingeblasenen Brennstoffpartikel erfolgt dann teilweise im Flug. Je nach Brennstoff und Konstruktionsprinzip können größere Brennstoffteilchen auch auf einem ggf. vorhandenen Ausbrandrost nachverbrennen. Bei manchen Ausführungen werden Einblasfeuerungen auch mit einer kompletten Rostfeuerung kombiniert, wobei stückige Brennstoffe mechanisch auf den Rost gefördert werden, während darüber die feinkörnigen Brennstoffe pneumatisch zugeführt werden.

Als Folge der Flugstromverbrennung und des großen Feinanteils im Brennstoff weisen Einblasfeuerungen im Rohgas hohe Staubfrachten auf. Zur Einhaltung der

10.3 Automatisch beschickte Feuerungen

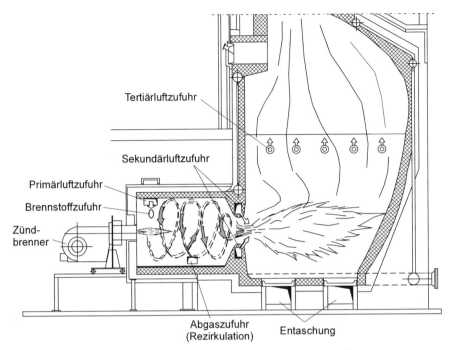

Abb. 10.40 Funktionsweise einer Muffeleinblasfeuerung (nach /10-74/)

Emissionsbeschränkungen an Partikeln ist deshalb neben Zyklonabscheidern meist auch der Einsatz eines Gewebe- und/oder Elektrofilters erforderlich.

Eine Sonderform der Einblasfeuerung stellt der Staubbrenner dar, der auf den Erfahrungen der Kohlestaubverbrennung aufbaut und Ähnlichkeiten mit Öl- bzw. Gasbrennern aufweist. Er wird für Schleifstaub bis 1 mm Durchmesser vorwiegend in der Holzwerkstoffindustrie eingesetzt.

Staubbrenner für Biomasse in mit fossilen Brennstoffen befeuerten Kraftwerken. Große Staubbrenner werden in Skandinavien auch in Großfeuerungsanlagen eingesetzt, in denen kontinuierlich ein etwa 50 %-iger Schwerölanteil zugemischt wird. Der Holzstaub wird dabei z. T. auch aus gemahlenen Holzpellets gewonnen, die in konventionellen Kohlemühlen umgerüsteter Kraftwerke aufbereitet werden. Außerdem wird zur Zufeuerung auch Holzstaub bei Kohlekraftwerken eingesetzt (vgl. Kapitel 10.6).

10.3.5 Wärmeübertrager

Um ihren Zweck zu erfüllen, sind sämtliche Feuerungen mit Wärmeübertragerflächen ausgestattet. Das gilt im weiteren Sinn auch für Einzelfeuerstätten, die einerseits die direkte Wärmeabstrahlung der Feuerung nutzen, und andererseits auch die heißen Verbrennungsgase in den Heizgaszügen oder in Nachheizkästen abkühlen, damit die gewonnene Wärme meist am gleichen Ort über Konvektion oder Strahlung nutzbringend abgegeben werden kann.

Bei den übrigen Feuerungen wird die aus den ausgebrannten Heizgasen gewonnene Nutzwärme allerdings gezielter und möglichst vollständig an ein zirkulierendes Wärmeträgermedium abgegeben. Dieser Wärmeübertrag findet in einem nachgeschalteten Wärmeübertrager (früher auch als Wärmetauscher bezeichnet), dem sogenannten Kessel, statt. Als Wärmeträgermedium wird im Regelfall Wasser oder Dampf verwendet; in Einzelfällen kommt auch Thermoöl zum Einsatz. Je vollständiger der Wärmeübertrag erfolgt, desto höher ist auch der Kesselwirkungsgrad (er ist definiert als das Verhältnis von Wärmeleistung des Kessels zur Brennstoffwärmeleistung; damit werden hier auch die Verluste durch Unverbranntes (in der Asche und im Abgas) sowie die Oberflächen- und Abgasverluste (fühlbare Wärme) berücksichtigt).

Das Heizgas wird möglichst weitgehend abgekühlt, um einen möglichst hohen Wirkungsgrad zu erzielen. Die treibende Kraft für den Wärmeübertrag ist dabei das Temperaturgefälle zwischen dem Heizgas und der Wärmeübertragerfläche. Dieses wiederum hängt von der Rücklauftemperatur des Wärmeträgermediums ab, dessen Temperatur vom jeweiligen Nutzungsprozess bzw. Anwendungsfall bestimmt wird. Beispielsweise können Niedertemperaturanwendungen (z. B. Fußbodenheizungen) die Rücklauftemperatur auf z. T. weniger als 30 °C absenken. Dadurch ist eine deutlich höhere Wärmeausbeute möglich als beispielsweise in Anlagen, die ausschließlich Prozessdampf auf einem entsprechend höheren Temperaturniveau erzeugen.

Allerdings ist die Abgastemperatur meist auch nach unten begrenzt. Kommt keine Anlage mit Abgaskondensation (Kapitel 10.4.5) zum Einsatz (und das ist derzeit eher die Regel), dürfen die Abgase nicht unter den Taupunkt abgekühlt werden. Damit soll ein Ausfall von Feuchtigkeit verhindert werden. Dies kann nämlich – wenn sich bestimmte Abgaskomponenten in dem Kondenswasser lösen und sich dadurch z. B. Säuren bilden – zu Korrosion an den Wärmeübertragerflächen und im Kamin führen. Soll zur Steigerung der Wärmenutzung eine gezielte Abkühlung der Heizgase unterhalb des Taupunktes erfolgen, müssen spezielle kondensierende Wärmeübertrager zum Einsatz kommen (siehe unten).

Die Abgastemperaturen können jedoch nicht nur nach unten, sondern auch nach oben begrenzt werden. Dies ist sinnvoll, wenn die Gefahr von Ablagerungen (d. h. Verschlechterung des Wärmeübergangs) sowie den damit oft einhergehenden Korrosionseffekten an den Wärmeübertragerflächen besteht. Insbesondere beim Einsatz halmgutartiger Brennstoffe entstehen meist kleinere Flugaschepartikel mit niedrigeren Ascheerweichungstemperaturen, was eher zu Heizflächenverschmutzungen führt als beim Einsatz von holzartiger Biomasse. Dies ist auf höhere Asche- und Alkaligehalte im Halmgut zurückzuführen (Kapitel 9.1). Sind derartige Ablagerungen locker und nicht verklebt, spricht man von Verschmutzung. Demgegenüber liegt eine Verschlackung dann vor, wenn an- oder aufgeschmolzene Aschepartikel zusammenbacken. Insbesondere an den Hochtemperaturwärmeübertragerflächen der Dampferzeuger und -überhitzer kann es dabei im Zusammenspiel mit Alkalien zu Heizflächenkorrosion kommen. Da die Korrosionsgeschwindigkeit mit zunehmender Temperatur steigt, kann eine Begrenzung der Überhitzertemperaturen auf deutlich weniger als 500 °C erforderlich werden, um die Lebensdauer der verwendeten Komponenten nicht unnötig stark einzuschränken. Das gilt vor allem für chlor- und alkalihaltige Halmgutbrennstoffe.

Anlagen, die mit biogenen Festbrennstoffen betrieben werden, kommen im Wesentlichen in Kombination mit Kesseln zweier unterschiedlicher Bauarten, dem Rauchrohr- und dem Wasserrohrkessel, zum Einsatz. Sie werden nachfolgend beschrieben.

Rauchrohrkessel. Die in Biomassefeuerungen am häufigsten verwendete Kesselbauart ist der sogenannte Rauchrohrkessel, der vor allem in kleineren und mittleren Anwendungen meist in der Ausführung als Dreizug-Rauchrohrkessel zum Einsatz kommt. Er wird für die Warm- und Heißwasser- sowie die Dampferzeugung verwendet, wobei Dampfleistungen bis 35 t/h /10-27/ und Drücke bis 32 bar üblich sind /10-74/.

Beim Rauchrohrkessel werden die Heizgase durch Rauchrohre geleitet, die vom Wärmeträgermedium umspült sind. Einfache Anwendungen sind einzügig mit horizontalen oder senkrechten Rauchrohren (z. B. Stückholzkessel und kleine Hackgutfeuerungen, vgl. Abb. 10.13). Zur Erzielung gleichmäßiger Gasverweilzeiten können Spiralen ("Turbulatoren") in die Rohre eingehängt bzw. eingelegt sein. Diese Turbulatoren dienen z. T. auch der Reinigung, indem sie von Zeit zu Zeit – z. B. über einen gemeinsamen Hebel oder auch automatisch – auf und ab bewegt werden und dadurch Staubablagerungen entfernen (vor allem bei Kleinanlagen).

Beim typischen Dreizug-Rauchrohrkessel handelt es sich dagegen i. Allg. um liegende Züge, die bei zweifachem Richtungswechsel vom Abgas horizontal durchströmt werden (Abb. 10.41). Bei einer Dampferzeugung sind die Funktionen der Wärmeübertragung und der Phasentrennung dabei in einem Dampfraum kombiniert. Kleinere Leistungseinheiten bis 120 °C und maximal 1 bar Systemüberdruck gelten dabei noch nicht als Druckkörper im Sinne der Betriebssicherheitsverordnung.

Charakteristisch für diese Kesselbauart ist die vordere und hintere Wendekammer, die für die Reinigung der Rauchrohre über entsprechende Wendekammertüren gut zugänglich sind. Mit Hilfe langer Bürsten können so die Ablagerungen aus Asche und Ruß – je nach Brennstoffart mehr oder weniger häufig – entfernt werden (meist alle 2 bis 4 Wochen /10-84/). Von Vorteil ist auch das im Verhältnis zum Abgas große Wasservolumen (daher auch "Großwasserraumkessel")

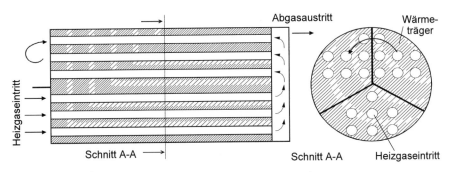

Abb. 10.41 Funktionsprinzip eines Dreizug-Rauchrohrkessels (nach /10-27/)

und die damit verbundene relative Unempfindlichkeit gegenüber Lastschwankungen. Dies wiederum bedingt eine gewisse Trägheit im Aufheiz- und Regelverhalten sowie erhöhte Abkühlungsverluste bei Stillstand des Kessels.

Wasserrohrkessel. Bei den Wasserrohrkesseln (Abb. 10.42) befindet sich das heiße Wasser oder der Wasserdampf in Rohren, die von den Abgasen umströmt werden (d. h. genau die umgekehrte Situation wie bei den Rauchrohrkesseln). Dabei wird hier wie beim Rauchrohrkessel die Wärme über Strahlung und Konvektion vom Abgas zum Wärmeträgermedium übertragen. Systembedingt kann der Überdruck in den Wasserrohren mit bis zu 100 bar deutlich höher sein als bei Rauchrohrkesseln. Jedoch ist der Platzbedarf bei dieser Bauweise i. Allg. größer. Lediglich im kleinen Leistungsbereich und bei Niederdruckanwendungen, bei der insbesondere der Dreizug-Wasserrohrkessel weit verbreitet ist, ist noch eine relativ kompakte Bauweise und damit eine Integration in die Feuerung möglich.

Von Nachteil gegenüber der Rauchrohrvariante ist die deutlich erschwerte Reinigungsmöglichkeit des Wärmeübertragers, wenn nicht – wie bei größeren Anlagen – während des Feuerungsbetriebs automatisch abgereinigt werden kann. Zum Einsatz kommen hierbei Druckstoßabreinigungssysteme mit Pressluft oder Dampf (sogenannte Rußbläser) oder abrasive Abreinigungsverfahren (z. B. durch Kugelregen).

Aufgrund der relativ geringeren Wassermenge im System lässt sich der Wasserrohrkessel schneller anfahren als der Rauchrohrkessel. Er ist dadurch aber auch anfälliger gegenüber Lastschwankungen.

Wasserrohrkessel werden als Umlaufkessel (mit Kesseltrommel) oder als Durchlaufkessel ausgeführt. Letztere werden für höchste Feuerungswärmeleistungen im Kraftwerksbereich verwendet und kommen deshalb bei Biomassefeuerungen nicht vor.

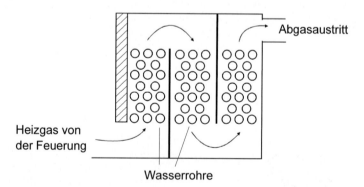

Abb. 10.42 Funktionsprinzip eines Dreizug-Wasserrohrkessels (nach /10-27/)

Zusatz-Wärmeübertrager zur Brennwertnutzung. Durch den Einsatz eines Zusatzwärmeübertragers mit Kondensatabscheider können neue oder bestehende Biomassefeuerungen auch in sogenannte Brennwertfeuerungen umgewandelt werden. Hierbei wird mittels eines entsprechend ausgelegten Wärmeübertragers zum einen die sensible (fühlbare) Wärme des Heizgases durch Abkühlen auf i. Allg. 40 bis 70 °C genutzt und zum anderen dem Heizgas die latente (Kondensations-)Wärme entzogen. Solche Zusatzwärmeübertrager sind allerdings nur sinnvoll, wenn die gewonnene Niedertemperaturwärme auch genutzt werden kann (z. B. bei Fußbodenheizung).

Ein derartiger Kondensationswärmeübertrager kann entweder mit dem kalten Rücklaufwasser des Heizkreislaufs verbunden werden, um eine Vorwärmung des dem Kesselwärmeübertrager zufließenden Kreislaufwassers zu bewirken. Alternativ dazu kann er auch einen eigenen Niedertemperaturheizkreislauf bedienen. Abb. 10.43 zeigt die generelle Funktionsweise.

Wegen der aggressiven Säuren, die sich aus der Lösung bestimmter Heizgaskomponenten im Kondenswasser bilden, muss der kondensierende Wärmeübertrager aus einem säurebeständigen Material bestehen. Hierfür eignen sich bestimmte Edelstahl- und vor allem Keramik-Materialien. Bei kleinen Feuerungen kommen beispielsweise Wärmeübertrager aus Graphitmaterial zum Einsatz. Dieser Werkstoff weist eine um ein Vielfaches höheren Wärmeleitfähigkeit verglichen mit Stahl auf. Dadurch ist auf relativ geringem Raum ein höherer Wärmeübertrag an das Heizwasser möglich, insbesondere wenn die gas- und wasserführenden Leitungswege in den Graphitblock eingefräst bzw. durch Bohrungen eingearbeitet sind /10-42/.

Durch die zusätzliche Heizgaskühlung und die Kondensation des im Heizgas enthaltenen Wasserdampfs kann die Wärmeleistung einer derart ausgerüsteten Anlage um 10 bis 20 % gesteigert werden; dies wird u. a. von der Brennstofffeuchte und der Temperatur des Heizungsrücklaufs beeinflusst /10-41/, /10-42/. Dadurch erhöht sich der Kesselwirkungsgrad häufig auf über 100 % (bezogen auf den Brennstoff-Energieinput, der mit dem unteren Heizwert bewertet wird, vgl. Abb. 10.44). Als Nebeneffekt werden außerdem die Partikel- bzw. Feinstaubemissionen um rund 20 bis 40 % gemindert /10-42/. Zusätzlich fällt je nach Brennstoffwassergehalt und Kondensationsbedingungen – in Abhängigkeit der jeweiligen anlagentechnischen Voraussetzungen vor Ort – ein spezifisches Kondensatvolumen von ca. 0,05 bis 0,2 l/kWh vom Kessel erzeugter Wärmeenergie an /10-41/, /10-42/.

Das anfallende Kondensat resultiert dabei aus dem Wasserdampfgehalt des Heizgases. Und dieses wiederum setzt sich bei der Holzverbrennung sowohl aus dem im Brennstoff enthaltenen Wasser als auch aus dem chemisch gebildeten Wasser zusammen. Letzteres stammt aus dem Wasserstoffanteil im Brennstoff (ca. 6 Gew.-%), der sich im Verbrennungsprozess mit Sauerstoff zu Wasserdampf verbindet. Das auf

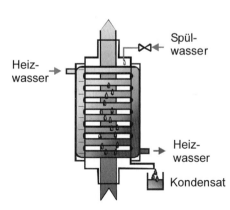

Abb. 10.43 Funktionsweise eines Zusatzwärmeübertragers mit kondensierender Arbeitsweise im Gegenstrombetrieb /10-42/

526 10 Direkte thermo-chemische Umwandlung (Verbrennung)

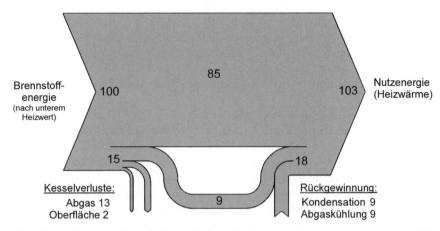

Abb. 10.44 Typisches Energieflussbild einer Hackschnitzel-Brennwertfeuerung mit Wärmerückgewinnung durch nachgeschalteten Kondensationswärmeübertrager (Angaben in Prozent der zugeführten Brennstoffenergie) /10-41/

diese Weise chemisch gebildete Wasser beträgt bei Holzbrennstoffen insgesamt ca. 110 bis 120 g/kWh Brennstoffenergie /10-41/. Bei ca. 35 % Wassergehalt im Brennstoff ist die chemisch gebildete Wassermasse und die aus der Verdampfung des im Brennstoff enthaltenen Wassers resultierende Wassermasse in etwa gleich. In der Summe ist damit bei einem lufttrockenem Holzbrennstoff (bis 20 % Wassergehalt) mit ca. 150 g Wasserdampf je kWh Brennstoffenergie zu rechnen. Bezogen auf die Holzmasse sind das ca. 0,65 kg Wasser je kg Brennstoff.

Die Kondensatqualität ist vor allem abhängig von der verwendeten Brennstoffart. Bei Holzhackschnitzeln ist ein saures Kondensat zu erwarten (pH 2,9 bis 6,4). Bei Halmgutbrennstoffen ist der pH-Wert der anfallenden Kondensate mit 1,4 bis 2,2 noch niedriger; dies ist durch den höheren Chlorgehalt zu erklären /10-41/, /10-42/.

10.3.6 Regelung automatisch beschickter Feuerungsanlagen

Einrichtungen zur Regelung, Steuerung und Überwachung von Heizungsanlagen mit biogenen Brennstoffen umfassen Systeme, die den gesamten Bereich von der Brennstoffförderung bis zur Wärmeverteilung abdecken. Nachfolgend werden jedoch nur die Regeleinrichtungen für die Feuerungsanlagen betrachtet. Bei den anderen Regel-, Steuer- und Überwachungssystemen handelt es sich weitgehend um konventionelle Systeme, die nicht biomassespezifisch sind; sie werden deshalb hier nicht näher diskutiert.

Unabhängig davon, welche Sensoren und Stellgrößen in einer Feuerungsanlage verwendet werden, lassen sich moderne mikroprozessorgesteuerte Regelungen grob in folgende Gruppen einteilen /10-65/.
 – Multivariable Robust-Regelung. Der Prozessor misst mehrere Prozessvariablen innerhalb der Anlage und regelt den Prozess nach einprogrammierten Sollwerten.

10.3 Automatisch beschickte Feuerungen

– Adaptive Regelung. Der Prozessrechner misst mehrere Prozessvariable und regelt den Prozess nach anfänglich einprogrammierten Sollwerten und Entscheidungsregeln, die dem Prozessverlauf dynamisch angepasst werden. Die Regelentscheidung wird umso genauer, je besser die Prozessdynamik mathematisch beschrieben ist und je mehr Parameter der Prozessfunktion durch ständige Messungen aktualisiert werden.
– Fuzzy Logic Regelung (unscharfe Logik). Der Prozessrechner misst mehrere Prozessvariable und regelt den Prozess nach anfänglich einprogrammierten Standardwerten und Regeln. Diese Regeln können im Laufe der Prozessdauer auch an den Prozessablauf angepasst werden. Dabei stehen die Prozessvariablen nicht in einem mathematisch definierten Zusammenhang, sondern sind über das in sogenannten "membership functions", "rules" und "action sets" eingebrachte Expertenwissen empirisch gekoppelt. Diese Regelung mit nicht exakten (unscharfen) Fakten wird in eine rechnergerechte Form übersetzt.

Zur Realisierung dieser Konzepte werden automatisch beschickte Biomassefeuerungen mit verschiedenen Regelkreisen ausgerüstet, die einen störungsfreien und emissionsarmen Betrieb gewährleisten sollen.

Diese Regelkreise übernehmen oft auch sicherheitstechnische Funktionen. Beispielsweise verhindert die Unterdruckregelung den Schwelgasaustritt in den Feuerraum. Aus Sicherheitsgründen sind außerdem Maßnahmen zur Verhinderung eines unzulässigen wasserseitigen Druckanstiegs und Brandschutzvorkehrungen erforderlich. Beispielsweise wird die Brandausbreitung von der Feuerung in den Heizraum in der Regel durch eine Rückbrandsicherung verhindert. Dabei schließt sich entweder eine Rückbrandklappe oder es öffnet sich ein Wasserventil zum Fluten der Brennstoffzuführung, sobald ein dort angebrachter Temperaturfühler das Überschreiten einer vorgegebenen Temperatur meldet.

Die wichtigsten Regelkreise automatisch beschickter Feuerungen umfassen die Unterdruckregelung, die Leistungsregelung sowie die Verbrennungsregelung. Sie werden nachfolgend erläutert.

Unterdruckregelung. Die Unterdruckregelung soll einen konstanten Unterdruck im Feuerraum (bzw. bei stationären Wirbelschichten im darüber liegenden Freiraum) gewährleisten und so das Austreten brennbarer und giftiger Gase in den Heizungsraum verhindern. Sie unterstützt den Durchtritt der Primärluft durch das Glutbett und ermöglicht zudem das Einhalten konstanter Verbrennungsbedingungen unabhängig vom Kaminzug. Ein konstanter Unterdruck erleichtert auch die Grobeinstellung der gewünschten Verbrennungsluftmenge. Dazu wird mit einem Differenzdruckfühler der Unterdruck in der Brennkammer gemessen. Abweichungen zum vorgegebenen Sollwert werden z. B. durch Veränderung der Drehzahl des Abgasventilators korrigiert (Abb. 10.45, links).

Leistungsregelung. Bei der Leistungsregelung wird ein automatischer Betrieb bei mehreren fest vorgegebenen Leistungsstufen oder auch annähernd stufenlos ermöglicht. Anhand leistungsspezifischer Informationen werden die Brennstoff- und Verbrennungsluftzufuhr in Schritten von einigen Prozenten der Nennwärmeleistung variiert oder stufenlos verändert (Abb. 10.45, rechts). Dazu dient beispielsweise die Differenz zwischen dem Istwert und dem außentemperatur-

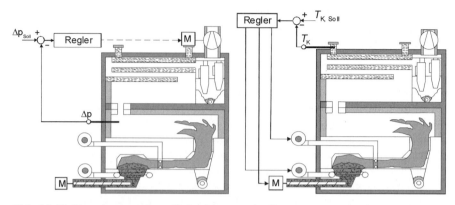

Abb. 10.45 Unterdruckregelung (links; Messung des Feuerraumunterdrucks (Δp) und Regelung des Abgasventilators zur Konstanthaltung des Unterdrucks) und Leistungsregelung (rechts; Messung der Kesseltemperatur (T_K) (Vorlauftemperatur des Wassers) und Regelung der Brennstoff- und Luftmenge in Abhängigkeit von der Wärmenachfrage) (M Motorantrieb)

abhängigen Sollwert der Kesseltemperatur sowie dem Trend dieses Wertes. Bei Anlagen mit konstantem Wassermassenstrom kann als Regelgröße auch die Temperaturdifferenz zwischen Kesselein- und -austritt verwendet werden. Bei Anlagen mit Wärmezählern eignet sich z. B. die momentan erzeugte oder erforderliche Leistung. Die meisten automatischen Holzfeuerungen verfügen heute über eine Leistungsregelung, die einen kontinuierlichen Betrieb zwischen 100 % (Voll-Last) und 50 % (Teil-)Last erlaubt. Sofern nicht Brennstoffe mit einem sehr hohen Wassergehalt eingesetzt werden, ist der Leistungsbereich mit 30 bis 100 % häufig sogar noch weiter. Durch eine solche Leistungsregelung kann der Jahresnutzungsgrad verbessert werden, da die Bereitschaftsverluste infolge längerer Betriebszeiten der Feuerung geringer werden.

Unterhalb der kleinsten Wärmeleistung, die von der Feuerung im kontinuierlichen Betrieb noch erbracht werden kann, arbeiten die Anlagen im Ein-Aus-Betrieb. Für einen vollautomatischen Betrieb muss deshalb die Feuerung bei Bedarf aus dem abgeschalteten Zustand angefahren werden können. Dies wird durch eine automatische Zündvorrichtung z. B. mittels Heißluftgebläse oder durch die Aufrechterhaltung eines Glutbetts durch periodisches Nachschieben von Brennstoff erreicht. Der Ein-Aus-Betrieb führt in der Regel zu höheren Emissionen als der kontinuierliche Dauerbetrieb, während der Gluterhaltungsbetrieb die Stillstandsverluste erhöht.

Generell reagieren Holzfeuerungen auf Änderungen der Wärmenachfrage nur relativ träge. Daher sollten schnelle Änderungen der Wärmenachfrage durch geeignete Maßnahmen vermieden werden. Hierzu zählt z. B. eine zeitliche Staffelung von Beginn und Ende einer Nachtabsenkung bei den Wärmebeziehern oder der Einbau eines Wärmespeichers (Kapitel 10.2.5). Nachfolgend werden exemplarisch ausgewählte Konzepte einer Leistungsregelung dargestellt.

10.3 Automatisch beschickte Feuerungen

Leistungsregelung bei Einkesselanlagen mit Speicher. Ein Wärmespeicher mit einer Speicherkapazität von mindestens einer Stunde Volllastbetrieb reduziert die Anzahl der Anfahr- und Ausbrandphasen, glättet Lastspitzen nach Absenkperioden und gibt der Leistungsregelung einen größeren zeitlichen Spielraum für die Leistungsanpassung. Größere Speicher mit einer Kapazität von mehreren Stunden Volllastbetrieb dienen dagegen vorwiegend der Überbrückung von Störungen oder planmäßigen Auszeiten der Feuerung (z. B. Nacht- oder Sommerbetrieb).

Bei Einkesselanlagen mit Speicher muss die Leistungsregelung den Ladezustand des Schichtspeichers berücksichtigen. Dieser wird durch mindestens drei bis vier über der Höhe des Speichers verteilte Temperaturfühler erfasst. Da grundsätzlich möglichst lange Betriebszeiten der Feuerung erwünscht sind, wird bei steigendem Ladezustand des Speichers die Feuerungsleistung reduziert und bei sinkendem Ladezustand erhöht. Als Variante kann die Feuerungsleistung in Abhängigkeit von der Außentemperatur grob vorgegeben werden, während die Feinregulierung über den Ladezustand des Speichers erfolgt. Dabei ist die Anlage so zu steuern, dass der Speicher vor dem Ausschalten der Feuerung geladen ist. Die Feuerung soll dann erst wieder eingeschaltet werden, wenn der Speicher nahezu entladen ist oder die Speicherentladung sehr schnell erfolgt.

Leistungsregelung bei bivalenten Anlagen. Bivalente Anlagen mit einem Öl- oder Gaskessel zur Spitzenlastdeckung werden bei automatisch beschickten Feuerungen in der Regel ohne Speicher ausgeführt. Die Zuschaltung des Spitzenlastkessels erfolgt über einen Einschaltbefehl, der von der Leistungsregelung der Holzfeuerung ausgeht, sobald die Vorlauf-Solltemperatur unterschritten wird.

Leistungsregelung bei monovalenten Mehrkesselanlagen. Monovalente Mehrkesselanlagen werden oft für den Betrieb von Fernwärmenetzen eingesetzt und sind in der Regel mit einem Leitsystem ausgerüstet, welches als übergeordnetes System eine Kaskadenschaltung der Heizkessel erlaubt. Die Kesseltemperatur des ersten Kessels dient als Signal für das Zu- oder Abschalten eines zweiten Kessels. Die Zuschaltung kann manuell durch den Anlagenwart oder automatisch erfolgen, wobei zur Zündung i. Allg. ein Heißluftgebläse eingesetzt wird. Bei gleichzeitigem Betrieb mehrerer Kessel mit unterschiedlicher Nennleistung kann das Leitsystem durch eine außentemperaturabhängige Leistungsbegrenzung mit einem Kessel die Grundlast decken, während ein zweiter Kessel den restlichen Leistungsbedarf abdeckt. Um möglichst lange Betriebszeiten der Holzfeuerungen zu erreichen, sollte das Leitsystem das Verteilnetz als dynamischen Speicher benutzen. Wegen der großen Wassermenge können durch Anheben oder Absenken der Netzwassertemperatur innerhalb eines Bereichs von ca. 70 bis 90 °C Lastspitzen gebrochen und übertemperaturbedingte Abschaltungen der Heizkessel vermindert werden.

Verbrennungsregelung. Die Verbrennungsregelung dient der Gewährleistung einer hohen Ausbrandqualität und eines hohen Wirkungsgrades. Dabei kommt es für eine effiziente Verbrennung auf die Einstellung eines optimalen Brennstoff/Luft-Verhältnisses an (Kapitel 9.2). Da sich die Brennstoffeigenschaften (z. B. Schüttdichte, Feuchtigkeit, Holzart) verändern können, müsste eine Anlage ohne Verbrennungsoptimierung bei jeder Brennstoffänderung neu einreguliert

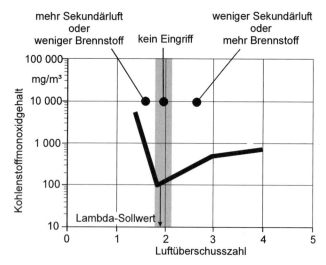

Abb. 10.46 Funktionsprinzip der Verbrennungsregelung anhand der CO/Lambda-Charakteristik

werden. Da dies in der Praxis kaum möglich ist, werden automatische Feuerungen mit einer Regelung ausgestattet, welche die Verbrennungsbedingungen überwacht und die Feuerung selbsttätig optimal einreguliert.

Tabelle 10.6 Varianten der Verbrennungsregelung, eingeteilt nach Regel- und Stellgrößen

Verbrennungsregelung	Regelgröße(n)	Stellgröße(n)	Bemerkungen
Sauerstoff- oder Lambda-Regelung	Sauerstoffgehalt	– Brennstoffmenge	– Standard
		– Verbrennungsluftmenge[a]	– Standard
		– Sekundärluftmenge	– Standard
Verbrennungstemperatur-Regelung	Verbrennungstemperatur	– Brennstoffmenge	– Standard
		– Verbrennungsluftmenge[a]	– geringe Bedeutung
		– Sekundärluftmenge	– geringe Bedeutung
Lambda- und Verbrennungstemperatur-Regelung	Sauerstoffgehalt und Verbrennungstemperatur	– Sekundärluftmenge nach Sauerstoffgehalt und Brennstoffmenge nach Verbrennungstemperatur	– Standard
CO-Regelung	CO-Gehalt	– Sekundärluftmenge	– geringe Bedeutung
CO/Lambda-Regelung	Sauerstoff- und CO-Gehalt	– Brennstoffmenge	– leistungsfähiger neuer Standard mit Sollwertoptimierung
		– Verbrennungsluftmenge[a]	– geringe Bedeutung
		– Sekundärluftmenge	– geringe Bedeutung
Eine der oben genannten Regelungen ergänzt mit Schichthöhen-Regelung (bei Rostfeuerung)	oben genannte Regelgrößen und Schichthöhe	– zusätzlich: Rostbewegung	– einzelne Anwendungen

[a] Primär- und Sekundärluftmenge

Anhand der CO/Lambda-Charakteristik (Abb. 10.46) kann das Funktionsprinzip der Verbrennungsregelung erläutert werden. Bei niedrigem Luftüberschuss bewirkt die Verbrennungsregelung eine Erhöhung der Sekundärluftmenge oder eine Verminderung der Brennstoffmenge. Dagegen wird bei hohem Luftüberschuss die Sekundärluftmenge verringert oder die Brennstoffzufuhr erhöht, um Phasen mit zu niedriger Verbrennungstemperatur und dadurch verringertem Wirkungsgrad und erhöhten Schadstoffemissionen zu vermeiden.

Tabelle 10.6 zeigt die wichtigsten Prinzipien bei der Verbrennungsregelung. Sie lassen sich nach der verwendeten Regelgröße unterscheiden. Diese Prinzipien sowie das Zusammenspiel zwischen Leistungs- und Verbrennungsregelung werden nachfolgend erläutert.

Lambda-Regelung. Bei der Lambda-Regelung erfolgt die Messung des Luftüberschusses z. B. mittels einer Lambda-Sonde. Der Luftüberschuss wird ausgehend davon durch die Brennstoffmenge, die Verbrennungsluftmenge oder die Sekundärluftmenge geregelt, wobei der Sollwert des Luftüberschusses in Abhängigkeit von der Leistung und ggf. von den Brennstoffeigenschaften vorgegeben wird (Abb. 10.47, links). Um Luftmangelsituationen zu vermeiden, muss der Sollwert für Praxisanwendungen vorsichtig – d. h. eher zu hoch – bemessen sein. Dadurch wird eine Einbuße beim Wirkungsgrad bewusst in Kauf genommen.

Verbrennungstemperatur-Regelung. Bei der Verbrennungstemperatur-Regelung (Abb. 10.47, rechts) wird die Flamm- bzw. Feuerraumtemperatur mittels Thermoelementen gemessen. Liegt sie nicht innerhalb eines vordefinierten Bereichs, kann diese Verbrennungstemperatur z. B. durch eine Beeinflussung der Brennstoffmenge geregelt werden. Bei zu tiefer Temperatur wird z. B. die Brennstoffmenge erhöht und bei zu hoher Temperatur vermindert. Anders als bei der Lambda-Regelung muss bei der Verbrennungstemperatur-Regelung aber berücksichtigt werden, dass der Teillastbetrieb und das Anfahren bei kalter oder warmer Feuerung das Temperaturniveau beeinflussen. Deshalb muss der Sollwert der Verbren-

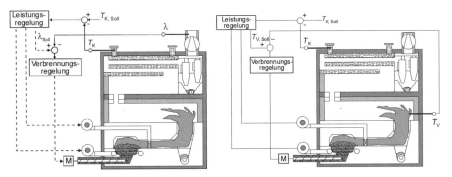

Abb. 10.47 Prinzip der Lambda-Regelung (links; Messung des Luftüberschusses und Regelung der Brennstoffmenge, Vorgabe der Verbrennungsluftmenge durch Leistungsregelung) und der Verbrennungstemperatur-Regelung (rechts; Messung der Verbrennungstemperatur und Regelung der Brennstoffmenge, Vorgabe der Verbrennungsluftmenge durch Leistungsregelung) (M Motorantrieb; T_V Verbrennungstemperatur; T_K Kesseltemperatur; Δp Feuerraumunterdruck)

nungstemperatur in Abhängigkeit von der Leistung vorgegeben werden und das Anfahren bei kalter Feuerung sollte gesteuert ablaufen, bis die Verbrennungstemperatur ein gewisses Niveau erreicht hat.

CO/Lambda-Regelung. Bei der CO/Lambda-Regelung (Abb. 10.48) werden der Luftüberschuss und der Kohlenstoffmonoxid-Gehalt z. B. mittels Lambda- und CO-Sonde gemessen. Gegenüber der Lambda-Regelung ist damit eine zusätzliche Optimierung des Lambda-Sollwertes möglich. Dadurch kann die Verbrennung bei variierenden Brennstoffeigenschaften und bei beliebiger Leistung beim optimalen Sollwert und dadurch bei höchstmöglichem Wirkungsgrad erfolgen /10-34/, /10-46/, /10-69/.

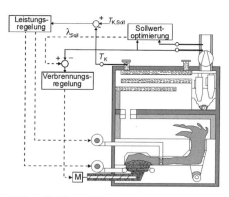

Abb. 10.48 Prinzip der CO/Lambda-Regelung (d. h. Messung des Luftüberschusses und des CO-Gehalts, Optimierung des Lambda-Sollwertes, Regelung der Brennstoffmenge, Vorgabe der Verbrennungsluftmenge durch Leistungsregelung) (M Motorantrieb; T_K Kesseltemperatur)

Schichthöhenregelung. Als Ergänzung zu den erwähnten Leistungs- und Verbrennungsregelungen wird bei Rostfeuerungen auch die Schichthöhenregelung eingesetzt. Dabei wird die Höhe des Glutbetts mit einem oder mehreren Sensoren (z. B. auf Infrarot- oder Mikrowellen-Basis) an verschiedenen Orten des Rostes erfasst. Durch Regelung der Brennstoffzufuhr und Bewegung einzelner Rostsegmente wird das Brennstoffbett auf ein konstantes Niveau geregelt. Dies ermöglicht eine gleichmäßigere Verteilung der Primärluft und eine bessere Trennung der Vergasungs- und Oxidationsprozesse. In anderen Verfahren wird das Glutbett optisch erfasst, um die Grenzlinie zwischen Brennbarem und Asche auf dem Rost zu

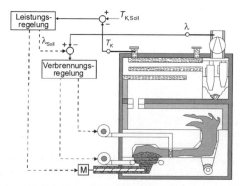

Abb. 10.49 Kaskade von Leistungs- und Verbrennungsregelung (Leistungsregelung als übergeordneter, langsamer Regelkreis und Verbrennungsregelung (z. B. Lambda-Regelung) als innerer, schneller Regelkreis) (M Motorantrieb; T_K Kesseltemperatur)

10.3 Automatisch beschickte Feuerungen

Tabelle 10.7 Kombinationen von Leistungs- und Verbrennungsregelung

Leistungs-regelung via	Verbrennungsregelung	Via
Verbrennungs-luft	– Lambda-Regelung – CO/Lambda-Regelung – Verbrennungstemperatur-Regelung – Verbrennungstemperatur-Regelung und Lambda-Regelung – Verbrennungstemperatur-Regelung und CO/Lambda-Regelung	– Brennstoff (Abb. 10.47, links) – Brennstoff (Abb. 10.48) – Brennstoff (Abb. 10.47, rechts) – Brennstoff und Sekundärluft – Brennstoff und Sekundärluft
Primärluft	– Verbrennungstemperatur-Regelung und Lambda-Regelung – Verbrennungstemperatur-Regelung und CO/Lambda-Regelung – Schichthöhen- und Lambda-Regelung – Schichthöhen- und CO/Lambda-Regelung	– Brennstoff und Sekundärluft – Brennstoff und Sekundärluft – Brennstoff und Sekundärluft – Brennstoff und Sekundärluft
Brennstoff	– Lambda-Regelung – CO/Lambda-Regelung – Verbrennungstemperatur-Regelung – Schichthöhen- und Lambda-Regelung – Schichthöhen- und CO/Lambda-Regelung	– Verbrennungsluft – Verbrennungsluft – Verbrennungsluft – Primärluft und Sekundärluft – Primärluft und Sekundärluft

bestimmen. Mit dieser Information werden die Brennstoffzufuhr und die Bewegung der Rostsegmente so geregelt, dass sich die Grenzlinie möglichst nahe am Rostende befindet.

Kombination von Leistungs- und Verbrennungsregelung. Um einen sicheren Betrieb der Feuerung zu gewährleisten, sollte zwischen der Leistungs- und der Verbrennungsregelung eine klare Aufgabenteilung herrschen. Das Zusammenspiel der beiden Regelkreise erfolgt dabei als Kaskade (Abb. 10.49), in welcher die Leistungsregelung als übergeordneter, langsamer Regelkreis die Leistung beeinflusst und gleichzeitig Vorgabewerte an die Verbrennungsregelung als inneren, schnellen Regelkreis liefert. Die Leistungsregelung gibt entweder die Luft- oder die Brennstoffmenge vor und sie übermittelt einen Sollwert an die untergeordnete Verbrennungsregelung, welche die Feinregulierung der Brennstoff- oder der Luftmenge übernimmt. Tabelle 10.7 zeigt verschiedene Kombinationen von Leistungs- und Verbrennungsregelungen.

10.4 Abgasreinigung und -kondensation

Zur Einhaltung von Emissionsgrenzwerten sollten – soweit möglich – Primärmaßnahmen bei der Feuerungstechnik zur Optimierung der Betriebsbedingungen angewendet werden (Kapitel 9.3). Eine weitergehende Abgasreinigung ist aber dann erforderlich, wenn die jeweiligen Emissionsgrenzwerte durch solche Primärmaßnahmen allein nicht sicher eingehalten werden können.

Bei automatisch beschickten Feuerungsanlagen kleiner und mittlerer Leistung ist die Einhaltung der für diese Leistungsbereiche geltenden gesetzlich geregelten Emissionsbegrenzungen bisher vielfach auch ohne Sekundärmaßnahmen möglich. Beim Einsatz von naturbelassenem Holz, beispielsweise, genügt zur sicheren Einhaltung eines typischen derzeit gültigen Staubgrenzwertes von 150 mg/m^3_n (bei 13 Vol.-% O_2) in der Regel eine Staubabscheidung mittels Zyklon. Bei Anlagen mit größeren Leistungen (über 1 MW) sind aufgrund der meist strengeren Abgasgrenzwerte oft aufwändigere Abgasreinigungsverfahren erforderlich. Dies gilt beispielsweise für die Verbrennung von Halmgutbrennstoffen, die meist durch vergleichsweise hohe Partikel- bzw. Feinstaubemissionen gekennzeichnet ist. Hier kommen daher oft Gewebe- oder Elektrofilter zum Einsatz. Sofern gleichzeitig eine Chlorwasserstoff(HCl)- oder Schwefeldioxid(SO_2)-Abscheidung erforderlich ist, kann zusätzlich ein kalziumhaltiges Absorptionsmittel zudosiert werden. Durch die Zugabe von Aktivkoks als Adsorptionsmittel ist zudem eine Abscheidung organischer Schadstoffe (z. B. Dioxine und Furane) möglich. Dagegen werden nasse Abscheideverfahren mit Wäschern nur selten eingesetzt. Falls erforderlich stehen zudem nicht-katalytische und katalytische Abgasreinigungsverfahren zur Stickstoffoxid(NO_x)-Minderung zur Verfügung; beide Verfahren können gleichzeitig auch zur Dioxinreduktion im Abgas eingesetzt werden.

Im Folgenden werden die wichtigsten Verfahren zur Abscheidung unerwünschter Bestandteile aus dem Abgas erläutert (sogenannte Sekundärmaßnahmen). Auch wird die Abgaskondensation dargestellt, die je nach Einsatzgebiet primär zur Wirkungsgradverbesserung, zur Vermeidung von Dampfschwaden und zur Abgasreinigung dienen kann.

10.4.1 Staubabscheidung

Die Staub- bzw. Partikelemissionen, die bei der Verbrennung von naturbelassener Biomasse freigesetzt werden können, setzen sich zusammen aus Aschepartikeln sowie ggf. Ruß und weiteren unverbrannten Stoffen. Dabei ist zu beachten, dass die beiden letzteren Komponenten durch eine vollständige Verbrennung vermieden werden können. Bei der Verbrennung von belasteten Resthölzern und insbesondere von Altholz können zudem weitere Stoffe als Staub- bzw. Feststoffemissionen auftreten; dies gilt insbesondere für Schwermetalle (z. B. Blei, Zink, Cadmium), wenn der Brennstoff z. B. Farben oder Holzschutzmittel enthält, in denen diese Stoffe enthalten sind, sowie Feststoffe in Form von Salzen (z. B. Ammonium-Chlorid).

Partikelförmige Emissionen können im Wesentlichen abgeschieden werden durch
– eine Schwerkraft- sowie Fliehkraftabscheidung (z. B. Zyklon),
– eine Filtration mit Haftkräften durch Gitterwirkung (z. B. Gewebefilter, Schüttschichtfilter, Keramikfilter),
– eine Abscheidung durch elektrische Feldkräfte (z. B. Elektrofilter) und durch
– eine Nass-Entstaubung, bei der Grenzflächenkräfte wirken (z. B. Wäscher).
Diese verschiedenen Verfahren werden nachfolgend dargestellt /10-117/.

10.4 Abgasreinigung und -kondensation

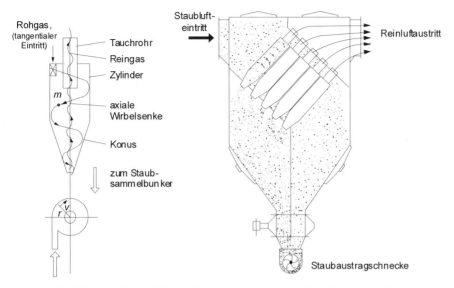

Abb. 10.50 Schema eines Zyklons mit Anordnung zum Multizyklon (*m* Partikelmasse; *v* Partikelgeschwindigkeit; *r* Radius; nach /10-4/)

Zyklon. Ein Zyklon besteht aus einem im oberen Teil zylindrischen und im unteren Teil konischen Abscheideraum (Abb. 10.50), in den das mit Staub bzw. Partikeln beladene Abgas durch einen tangentialen Strömungseinlass im oberen Teil einströmt. Dabei wird das partikelhaltige Abgas in eine Rotationsbewegung versetzt. Auf die Partikel wirken damit hohe Fliehkräfte, die eine Bewegung der Teilchen hin zur Außenwand des Zyklons hervorrufen. Von dort sinken die Teilchen in den darunter liegenden Staubabscheideraum. Das dadurch vom Staub gereinigte Gas wird dann über das Tauchrohr aus dem Zyklon geführt.

Zur Verbesserung der Abscheideleistung können mehrere Zyklone zu sogenannten Multizyklonen parallel geschaltet. Typische Merkmale von Zyklonen in Vergleich zu anderen in der Folge beschriebenen Staubabscheidern zeigt Tabelle 10.8.

Der Entstaubungsgrad eines Rohgases durch einen Zyklon hängt von dessen Geometrie (z. B. vom Tauchrohrradius) sowie von der Größe und Dichte der abzuscheidenden Partikel ab. I. Allg. können je nach Körnung und Staubart Partikel ab

Tabelle 10.8 Typische Merkmale von Staubabscheideverfahren (nach /10-117/)

Abscheideverfahren	Abscheidegrad in %	Gasgeschwindigkeit in m/s	Druckverlust in mbar	Energiebedarf in kWh/1 000 m^3_n
Zyklon	85 – 95	15 – 25	6 – 15	0,30 – 0,65
Gewebefilter	99 – 99,99	0,5 – 5,0	5 – 20	0,75 – 1,90
Trocken-Elektrofilter	95 – 99,99	0,5 – 2,0	1,5 – 3	0,26 – 1,96
Nass-Elektrofilter	95 – 99,99	0,5 – 2,0	1,5 – 3	0,17 – 2,30

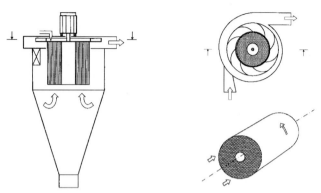

Abb. 10.51 Rotierender Partikelseparator in tangentialer Bauart (nach /10-12/)

ca. 2 bis 5 µm mit einem Zyklon aus dem Abgas abgetrennt werden (vgl. Abb. 10.53). Wichtig dafür ist die Dichtheit des Zyklons und der Staubaustragung, da Falschluft die Abscheideleistung vermindert.

Der derzeit häufig geltende Staubgrenzwert von 150 mg/m^3_n kann bei unproblematischen Brennstoffen (z. B. Holzhackgut) in einer guten Feuerung mit einem (Multi-)Zyklon meist eingehalten werden. Deshalb stellen die relativ kostengünstigen Multizyklone das wichtigste Staubabscheideverfahren für Holzfeuerungen mit thermischen Leistungen von rund 100 kW bis etwa 5 MW dar.

Eine Weiterentwicklung des Zyklons ist der rotierende Partikelseparator. Das zentrale Element dieses Trägheitsentstaubers besteht aus einem rotierenden Wabenelement mit durchgehenden Kanälen (Abb. 10.51). Durch die hohe Drehgeschwindigkeit dieses Wabenelementes wird die Abscheidewirkung für feine Partikel verbessert. Dazu werden die Abgase in einen zyklonähnlichen Abscheideraum eingeleitet und dort vorentstaubt. Statt eines Tauchrohres ist dieses um seine Längsachse rotierende wabenförmige Element in der Mitte eines zyklonartigen Gehäuses angebracht. Durch die parallel verlaufenden Längskanäle strömt das mit Feinstaub beladene Abgas. Aufgrund der durch die Rotation aufgezwungenen Fliehkräfte werden die Partikel in diesen kleinen Röhren abgeschieden. Das gereinigte Gas verlässt den Abscheider, während das an den Wänden der Röhren angesammelte Material durch periodische Druckluftstöße abgereinigt werden kann.

Im Vergleich zu einem Zyklon ist mit dem rotierenden Partikelseparator eine verbesserte Abscheidung der Feststoffe aus Holzfeuerungen möglich /10-47/. Die mit einem Gewebefilter erzielbaren Reingaswerte können damit allerdings nicht erreicht werden. Da der rotierende Partikelseparator im Gegensatz zu einem herkömmlichen Zyklon über bewegte Teile verfügt, sind Aufbau und Betrieb komplizierter. Auch ist eine periodische Abreinigung mittels Druckluftstoß erforderlich.

Gewebefilter, Schüttschichtfilter, Keramikfilter. Bei filternden Abscheidern strömt das zu reinigende Abgas durch eine poröse Gewebe- oder Filzschicht. Die im Abgas befindlichen Partikel werden an der Oberfläche dieser Schicht zurückgehalten; sie dringen also nicht in das Filtermedium ein. Die Ablagerung geschieht teilweise durch einen "Siebeffekt" (d. h. die Partikel können aufgrund ihrer Größe

10.4 Abgasreinigung und -kondensation

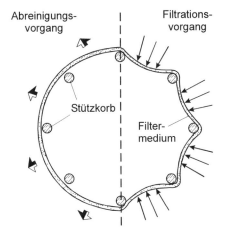

Abb. 10.52 Abreinigungs- (links) und Filtrationsvorgang (rechts) eines Gewebefilters im Querschnitt

nicht durch die Filterporen hindurch) und z. T. durch Adhäsionskräfte zwischen den Partikeln und dem Filtermedium bzw. den Partikeln untereinander, wenn sich bereits ein Filterkuchen aufgebaut hat. Letzteres ist auch die Voraussetzung dafür, dass durch zusätzlich wirkende Adhäsionskräfte auch kleinere Partikel als die Filterporengröße abgeschieden werden können. Die anschließende Abreinigung des Filterkuchens vom Filtermaterial erfolgt durch periodisches Rückspülen mit gereinigtem Abgas oder mit Druckluft (Abb. 10.52).

Je nach Filterart und Staubzusammensetzung können bei Holzfeuerungen Reingaswerte von unter 1 bis 10 mg/m^3_n (bei 11 Vol.-% O_2) erreicht werden. Je nach Filtermaterial lassen sich Partikel im Bereich zwischen 0,1 und 10 µm abscheiden (Abb. 10.53). Durch Zugabe eines kalziumhaltigen Sorptionsmittels können im Filterkuchen gleichzeitig auch gasförmige Schadstoffe (z. B. HCl) abgeschieden werden.

Als Filtermaterialien werden – je nach den jeweils gegebenen Anforderungen – verschiedene Kunststoffmaterialien eingesetzt /10-117/ (d. h. Gewebe- oder Tuch-

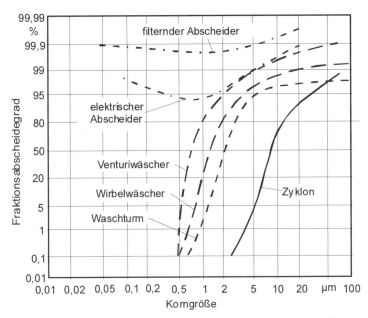

Abb. 10.53 Fraktionsabscheidegrad verschiedener Staubabscheidesysteme /10-28/

filter). Alternativ dazu können auch Metallgewebematerialien aus Edelstahl eingesetzt werden. Daneben werden vereinzelt auch anorganische Fasern oder poröse Stützkörper aus Keramik und Metall verwendet (d. h. Keramik- oder Metallfilter).

Die zulässige Abgastemperatur wird durch die Wahl des Filtermaterials begrenzt. Gewebefilter können bis zu rund 250 °C eingesetzt werden (Metallgewebefilter auch bis 400 °C), während Keramikfilter Temperaturen von über 400 °C (teilweise bis zu 800 °C) vertragen.

Da die meisten Gewebematerialien durch Funkenflug zerstört werden können, werden sie durch Vorschalten eines Zyklons, einer Umlenkung oder durch eine Funkenlöscheinrichtung geschützt. Auch kann eine Taupunktunterschreitung im Filter zu Verklebungen führen. Deshalb muss beim Anfahren der Feuerungsanlage das Filter mittels Bypass umgangen oder das Abgas mittels einer z. B. elektrisch betriebenen Begleitheizung auf einem sicheren Temperaturniveau gehalten werden.

Bei hohen Abgastemperaturen besteht in Gewebefiltern die Möglichkeit einer Dioxinbildung; beispielsweise wurde beobachtet, dass sich bei Abgastemperaturen über 180 °C neben Dioxinen und Furanen auch signifikante Mengen von Chlorphenolen und -benzolen bilden können /10-10/. Um die Entstehung dieser hochtoxischen Verbindungen zu vermeiden, sollten deshalb die Betriebstemperaturen unter 180 °C liegen, Dur sicheren Vermeidung einer Dioxinbildung werden deshalb auch für Gewebefilter Betriebstemperaturen von unter 150 °C empfohlen.

Elektrostatischer Abscheider (Elektrofilter). Das Abscheideprinzip eines Elektrofilters beruht auf einer negativen Aufladung der Staubteilchen und Nebeltröpfchen im Gas unter dem Einfluss eines starken elektrischen Feldes. Die negativ aufgeladenen Teilchen werden dann zu der positiv geladenen Niederschlagselektrode transportiert und dort abgeschieden (Abb. 10.54).

Zwischen den Elektroden liegt eine Gleichspannung, die je nach Filterbauart und Anwendungsfall zwischen 20 und 100 kV betragen kann. In der Nähe der

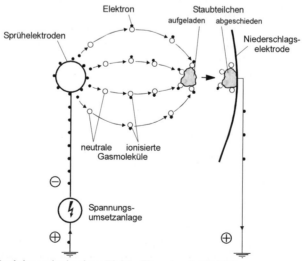

Abb. 10.54 Funktionsprinzip eines Elektrofilters (nach /10-73/)

10.4 Abgasreinigung und -kondensation

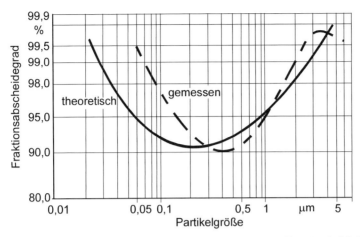

Abb. 10.55 Fraktionsabscheidegradekurve beim trockenen Elektrofilter (nach /10-117/)

Sprühelektroden kommt es aufgrund der hohen Feldstärke zu Corona-Entladungen; dadurch werden Elektronen freigesetzt. Die dabei entstehenden negativen Gasteilchen lagern sich an den Staubteilchen bzw. Partikeln oder Nebeltröpfchen des Abgases an, so dass diese unter dem Einfluss des elektrischen Feldes zur Niederschlagselektrode wandern. Hier geben sie ihre Ladung z. T. ab und bleiben haften. Durch Klopfeinrichtungen wird die Niederschlagselektrode dann periodisch abgereinigt, so dass die Staubteilchen in die Staubaustragung fallen und abgezogen werden können.

Das Abscheideprinzip unterliegt – im Gegensatz zur Trägheitsentstaubung – keiner physikalischen Einschränkung hinsichtlich der Feinheit der abzuscheidenden Partikel. Daher können auch für Feinstäube sehr hohe Abscheidegrade erzielt werden (vgl. Abb. 10.53). Dabei weisen Elektrofilter für Partikel zwischen 0,2 und 0,5 μm ein Abscheideminimum auf (Abb. 10.55), weil für die Abscheidung im Elektrofilter die Stoßionisierung durch das elektrische Feld und die Ionendiffusion durch die Brown'sche Molekularbewegung wirksam sind. Während die Stoßionisierung vor allem für Partikel über 1 μm zu einer relevanten Abscheidung führt, ist die Brown'sche Molekularbewegung vor allem für Teilchen unter 0,1 μm wirksam. Dazwischen liegende Partikel werden deshalb nur unzureichend abgeschieden. Typische Reingaswerte für mehrfeldrige Elektrofilter für Holzfeuerungen betragen 10 bis 20 mg/m^3_n (bei 11 Vol.-% O_2).

Der Abscheidegrad ε kann nach der Elektrofiltergleichung (10-1) bestimmt werden. c ist dabei die Staubkonzentration im Roh- bzw. Reingas, w beschreibt die Wanderungsgeschwindigkeit der Teilchen, A die Niederschlagsfläche und $\dot{V}$ den Volumenstrom.

$$\varepsilon = \frac{c_{Rohgas} - c_{Reingas}}{c_{Rohgas}} = 1 - \exp(-w\frac{A}{\dot{V}}) \qquad (10\text{-}1)$$

Die Wanderungsgeschwindigkeit der Teilchen hängt vor allem von der Temperatur, dem Druck, der Gaszusammensetzung, der Korngrößenverteilung und den elektrischen Feldkräften ab. Aus dem gegebenen Volumenstrom, dem verlangten Abscheidegrad und der Staubkonzentration vor und hinter dem Filter kann mit der Elektrofiltergleichung (10-1) die erforderliche Niederschlagsfläche des Elektrofilters bestimmt werden.

Elektrofilter haben im Vergleich zu Gewebefiltern einen geringen Druckverlust. Sie sind auch unempfindlich gegen Funken. Bei hohen Abgastemperaturen besteht jedoch auch hier die Gefahr einer Dioxinbildung /10-118/, /10-59/. Die Betriebstemperaturen sollten deshalb unter 150 °C liegen.

Die wichtigsten Bauarten von ausgeführten Elektrofiltern sind Platten-, Segment-, Waben- oder Röhrenfilter. Abb. 10.56 zeigt exemplarisch den Aufbau eines zwei-feldrigen Plattenelektrofilters. Nass-Elektrofilter sind eine Sonderbauform zur Reinigung feuchter, gesättigter Gase und haben bei Holzfeuerungen bisher keine Bedeutung erlangt.

Im Zuge der Diskussion um eine Verminderung der Feinstaubemissionen aus Biomasse-Kleinfeuerungsanlagen wurde insbesondere auch bei Einzelfeuerstätten, die bislang keine Staubabscheidung im Abgasstrom besitzen, ein Handlungsbedarf festgestellt /10-1/. Aus Abb. 10.53 ist ersichtlich, dass sich zur Abscheidung von feinsten Staubpartikeln filternde und elektrische Abscheider eignen. Da filternde Abscheider i. Allg. einen zu großen Druckabfall verursachen – dies ist insbesondere für die häufig bei Einzelfeuerstätten verwendeten Naturzuggeräte der Fall – kommen daher nur elektrische Abscheider in Frage.

Bei elektrischen Abscheidern für Einzelfeuerstätten kann beispielsweise eine dünne Elektrode (z. B. Edelstahldraht) in die Mitte eines metallisches Abgasrohres eingebaut werden (Abb. 10.57), an die eine hohe Spannung (bis zu 30 000 V) angelegt wird. Diese hohe Spannung führt zur Aufladung der Staubpartikel, die dann an der Innenseite des metallischen Abgasrohres, das als zweite Elektrode fungiert, abgeschieden werden. Die so aufgebaute Partikelschicht an der Innenseite des Abgasrohres muss dann von Zeit zu Zeit entfernt werden /10-91/.

Mit derartigen Filtern konnte der Ausstoß an Gesamtstaub (inklusive Feinstaub) in Feldversuchen zwischen 43 und 66 % reduziert werden. Bei Messungen am

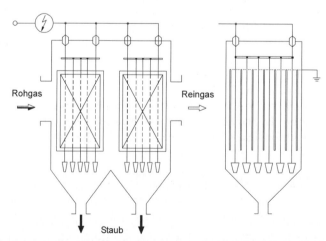

Abb. 10.56 Schematischer Aufbau eines Zwei-Kammer Plattenelektrofilters (nach /10-28/)

10.4 Abgasreinigung und -kondensation

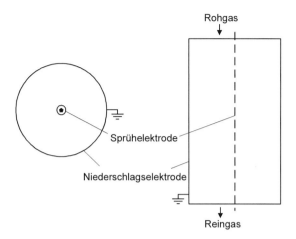

Abb. 10.57 Schematischer Aufbau eines elektrischen Partikelabscheiders (Ein-Rohr-Elektrofilter) für Einzelfeuerstätten

Prüfstand konnten sogar Werte von über 80 % erreicht werden. Der Abscheidegrad ist dabei unabhängig von der Staubkonzentration; bei hoher Staubbeladung wird der gleiche prozentuelle Anteil an Staub zurückgehalten wie bei geringer Beladung /10-29/.

In anderen Varianten dieser Filterbauart werden mehrere parallel arbeitende Filterrohre zu einem kompakten, separaten Filterbauteil kombiniert, bei dem dann mittels einer Klopfeinrichtung und Ascheschublade auch eine regelmäßige Staubentnahme möglich wird. Solche Filtermodule sind für kleine Holz-Zentralheizungsanlagen vorgesehen. Allen Rohrelekrofiltern ist gemeinsam, dass der Bereich der Stromzufuhr zum Sprühelektroden-Draht über ein kleines Gebläse belüftet wird, um zu verhindern, dass anhaftende Partikel einen Kurzschlusskontakt (d. h. Durchschlag) zum Rohr (Niederschlagselektrode) bewirken. Derartige Mehr-Rohr-Filter können Abscheidegrade von bis zu 95 % erreichen.

Wäscher. In Wäschern werden die im Gasstrom dispergierten Partikel mit Tröpfchen einer Waschflüssigkeit in Kontakt gebracht, die etwa um den Faktor 100 bis 1 000 größer sind als die abzuscheidenden Staubteilchen; dadurch werden sie benetzt und agglomerieren. Zusätzlich lösen sich gasförmige oder flüssige Verunreinigungen im Abgas, die eine hohe Wechselwirkung mit der Waschflüssigkeit aufweisen, in der Flüssigkeit. In einem nachgeschalteten Abscheider werden dann die Flüssigkeitstropfen und der benetzte Staub vom Abgasstrom abgetrennt. Zur Abscheidung werden Tropfenabscheider, Fliehkraftabscheider oder Nass-Elektrofilter eingesetzt.

Der Reinigungsgrad wird vom Differenzdruck über die Waschzone bestimmt, der zwischen 2 und 400 mbar betragen kann. Zur Entstaubung auf Reingaswerte von unter 10 mg/m^3_n sind hohe Druckdifferenzen erforderlich; dies ist mit einem entsprechenden Energieverbrauch verbunden. Geringere Druckdifferenzen sind nur dann ausreichend, wenn Nasswäscher zur Schadgasabscheidung oder Konditionierung vor einem Nass-Elektrofilter eingesetzt werden. Grundsätzlich sind damit bei Nasswäschern sehr hohe Abscheidegrade erreichbar (vgl. Abb. 10.53).

Die wichtigsten Wäscher-Bauarten sind Kolonnen-, Venturi- und Radialstrom- sowie Wirbelwäscher. Kolonnenwäscher (Waschtürme) sind aufgrund der beschränkten Abscheideleistung nur bedingt zur Partikelabscheidung geeignet (vgl. Abb. 10.53). Außerdem weisen Partikel aus Abgasen von Holzfeuerungen eine schlechte Benetzbarkeit auf; daher wird hier oft keine befriedigende Abscheidung erzielt /10-110/.

Bei der Verbrennung von organischen Abfällen (z. B. Altholz) werden zur Abscheidung von Schwermetallen aus den Abgasen häufig Venturiwäscher sowie ein- oder mehrstufige Radialstromwäscher eingesetzt (Abb. 10.58). Durch einen verstellbaren Ringquerschnitt kann bei schwankender Gasmenge ein konstanter Druckverlust und damit ein gleich bleibender Reinigungsgrad eingehalten werden. Die Druckverluste variieren zwischen 15 und 400 mbar.

Bei Wirbelwäschern wird das zu reinigende Gas durch eine ruhende Flüssigkeit geleitet wird; dadurch wird der Gasstrom in Blasen zerteilt. Durch diesen Kontakt gelangen die in den Gasblasen befindlichen Partikel in die Waschflüssigkeit. Beim Austritt aus der Flüssigkeitsoberfläche werden meistens Tropfen mitgerissen. In einer üblicherweise nachfolgenden Schikane werden aufgrund der hohen Strömungsgeschwindigkeiten hohe Turbulenzen im Abgasstrom erreicht. Dies führt zu einer guten Staubabscheidung an den aufgewirbelten Tropfen.

Fraktionsabscheidegrade für ausgewählte Wäscher im Vergleich zu Zyklonen sowie elektrischen und filternden Abscheidern zeigt Abb. 10.53.

Eine nicht zu vernachlässigende Staubabscheidung kann bei Holzfeuerungen auch durch nachgeschaltete Abgaskondensationsanlagen erreicht werden. Diese Möglichkeit wird im Kapitel 10.4.5 behandelt.

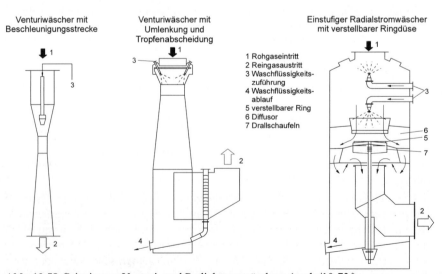

Abb. 10.58 Prinzip von Venturi- und Radialstromwäschern (nach /10-73/)

10.4.2 Stickstoffoxidminderung

Sekundärmaßnahmen zur Stickstoffoxidminderung beruhen auf der Zugabe eines stickstoffhaltigen Reduktionsmittels, das mit Stickstoffmonoxid zu molekularem Stickstoff (N_2) reagiert. Die Reaktion erfolgt entweder bei hoher Temperatur oder im Kontakt mit einem Katalysator.

Die wichtigsten Sekundärmaßnahmen zur Stickstoffoxidreduktion beruhen auf der Umsetzung von NO_x mit NH-Radikalen (vornehmlich mit NH_2). Als Quelle für NH-Radikale (im Folgenden als Reduktionsmittel bezeichnet) können Ammoniak, Harnstoff, Isocyansäure sowie weitere stickstoffhaltige Verbindungen eingesetzt werden /10-112/, /10-97/, /10-88/, /10-72/, /10-60/. Bei Biomassefeuerungen werden bisher aber vorwiegend Harnstofflösungen $(CO(NH_2)_2)_{aq}$ und versuchsweise gasförmiger bzw. gelöster Ammoniak (NH_3, $NH_{3,aq}$) eingesetzt. Die wichtigsten Reaktionen können – exemplarisch für Ammoniak – vereinfacht nach erwünschten (Gleichung (10-2) und (10-3)) und unerwünschten Reaktionen (Gleichungen (10-4) bis (10-6)) zusammengefasst werden.

$$4NO + 4NH_3 + O_2 \rightarrow 4N_2 + 6H_2O \qquad (10\text{-}2)$$

$$2NO_2 + 4NH_3 + O_2 \rightarrow 3N_2 + 6H_2O \qquad (10\text{-}3)$$

$$4NH_3 + 3O_2 \rightarrow 2N_2 + 6H_2O \qquad (10\text{-}4)$$

$$4NH_3 + 4O_2 \rightarrow 2N_2O + 6H_2O \qquad (10\text{-}5)$$

$$4NH_3 + 5O_2 \rightarrow 4NO + 6H_2O \qquad (10\text{-}6)$$

Die erwünschte Reaktion nach Gleichung (10-2) läuft bei Temperaturen oberhalb von ca. 850 °C ab. Das Verfahren wird dann als selektive nicht-katalytische Reduktion (SNCR) bezeichnet. Bei Temperaturen ab ca. 950 °C laufen jedoch vermehrt auch die unerwünschten Reaktionen (Gleichung (10-4) bis (10-6)) ab, während bei Temperaturen unter 850 °C vermehrt unreagiertes Ammoniak als Schlupf ins Abgas gelangt. Die Reaktion nach Gleichung (10-4) produziert zwar kein NO oder N_2O, sondern es wird NH_3 zersetzt, welches somit für die Reduktion von NO verloren geht, so dass diese Reaktion unerwünscht ist. Die Entstickung sollte deshalb im Temperaturfenster zwischen ca. 850 und 950 °C durchgeführt werden.

Demgegenüber kann an einem Katalysator die Reaktion nach Gleichung (10-2) auch schon bei ca. 200 bis 450 °C realisiert werden. Dies wird dann als selektive katalytische Reduktion (SCR) bezeichnet.

Das SNCR und das SCR-Verfahren werden im Folgenden näher dargestellt und diskutiert.

Selektive nicht-katalytische Reduktion (SNCR). Beim SNCR-Verfahren wird Ammoniak (NH_3) oder Harnstoff ($CO(NH_2)_2$) im Temperaturbereich von rund 850 bis 950 °C in die Nachbrennkammer eingedüst (Abb. 10.59). Zur Erzielung einer befriedigenden Entstickungswirkung muss dabei mit einer überstöchiometrischen Reduktionsmittelmenge gearbeitet werden. Beispielsweise liegt bei einer Anlage mit SNCR-Kammer und statischem Mischer das optimale Molverhältnis bei 1,8 bis 2,2 für eine Harnstofflösung und bei 1,5 bis 1,6 für gasförmiges Ammoniak. Bei einer Verweilzeit von 0,5 s für Ammoniak und 1,5 s für eine Harnstoff- oder Am-

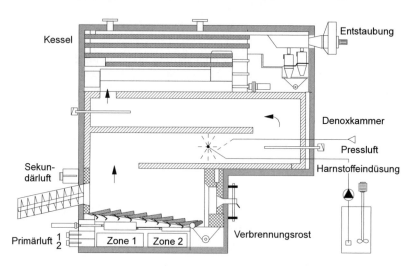

Abb. 10.59 Vorschubrostfeuerung mit SNCR-Verfahren im Bereich thermischer Leistungen von 250 kW bis 4 MW (nach /10-94/)

moniaklösung kann damit eine Entstickung von ca. 80 % bei einem Ammoniakschlupf unter 10 mg/m^3_n erreicht werden. Unter dem Schlupf ist dabei der Anteil des eingedüsten Reduktionsmittels zu verstehen, der ohne zu reagieren mit dem Abgasvolumenstrom an die Atmosphäre abgegeben wird.

Abb. 10.60 zeigt die Ergebnisse aus mehreren mit SNCR ausgerüsteten Anlagen (Abb. 10.59). Das optimale Temperaturfenster wurde hier zwischen 840 und 920 °C gefunden. Damit können mit dem SNCR-Verfahren die NO$_x$-Emissionen um 73 bis 92 % reduziert werden, ohne dass der Ammoniakschlupf 30 mg/m^3_n übersteigt. In der Praxis ist der Reduktionsgrad aber niedriger, weil die Betriebsbedingungen der Feuerungsanlage nicht permanent optimal sind; dies ist auf häufige, rasche Änderungen der Leistung wegen einer oft gegebenen mangelhaften hydraulischen Abstimmung mit dem Wärmeverteilsystem zurückzuführen. Diese Schwankungen haben zur Folge, dass das optimale Temperaturfenster für die SNCR-Reduktion nur ungenügend eingehalten wird.

Als Nebeneffekt kann beim SNCR-Verfahren aufgrund der heißen Reduktionskammer der Ausbrand des Kohlenstoffmonoxids und des festen Kohlenstoffs im Staub im Vergleich zu konventionellen Feuerungen deutlich verbessert werden; es werden CO-Tagesmittelwerte unter 70 mg/m^3_n bei 11 Vol.-% O$_2$ erreicht. Auch vermindert sich der Kohlenstoffgehalt der Flugasche vermindert etwa um den Faktor 9, und bei sonst vergleichbaren Betriebsbedingungen kann damit auch der Gehalt an Dioxinen und Furanen im Abgas reduziert werden /10-35/.

Selektive katalytische Reduktion (SCR). Bei diesem in den meisten Steinkohlekraftwerken realisierten NO$_x$-Minderungsverfahren werden die auf ca. 400 °C abgekühlten Abgase unter Zugabe von Ammoniak durch einen Katalysator geleitet, in dem die Stickstoffoxide zu molekularem Stickstoff abgebaut werden. Die Summenreaktionen zum NO$_x$-Abbau sind dieselben wie beim SNCR-Verfahren (Gleichungen (10-2) bis (10-6)). Im Gegensatz dazu wird die Reaktion von NO$_x$ mit

10.4 Abgasreinigung und -kondensation

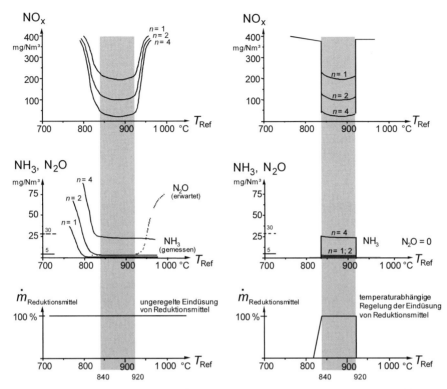

Abb. 10.60 Emissionen an NO_X, NH_3 und N_2O sowie der Massenstrom des Reduktionsmittels in Abhängigkeit der Temperatur für verschiedene Molverhältnisse (n) von 1, 2 und 4 (Brennstoff = Altholz; Luftüberschusszahl λ = 2; Verweilzeit = 1 s; Angaben bei 11 Vol.-% O_2 /10-35/) (links: ungeregelte Eindüsung von Reduktionsmittel führt außerhalb des optimalen Temperaturfensters zu Ammoniak- und Lachgasemissionen; rechts: durch temperaturgeregelte Eindüsung von Reduktionsmittel können Ammoniak- und Lachgasemissionen vermieden werden) (das optimale Temperaturfenster wurde hier zwischen 840 und 920 °C gefunden; da die Messung mittels Thermoelement erfolgte, ist die effektive Gastemperatur etwas höher)

dem Reduktionsmittel jedoch beim SCR-Verfahren an der Katalysatoroberfläche beschleunigt und läuft deshalb bereits bei wesentlich geringeren Temperaturen ab. Auch ermöglicht der Katalysator eine bessere Ausnutzung des Reduktionsmittels und erlaubt damit höhere Abscheidegrade.

Dabei wird unterschieden zwischen Low-Dust-Schaltung (d. h. Staubabscheidung vor dem Katalysator) und High-Dust-Schaltung (d. h. Staubabscheidung nach dem Katalysator). Beide Varianten unterscheiden sich bezüglich der Entstickungswirkung nicht signifikant.

Beim SCR-Verfahren sind das Molverhältnis, die Katalysatortemperatur und die Raumgeschwindigkeit entscheidend für die Stickstoffoxidreduktion. Bei einer Katalysatortemperatur über 260 °C wurde beispielsweise eine NO_x-Reduktion von 80 bis 95 % bei knapp unterstöchiometrischer Zugabe von Ammoniak beobachtet. Der Ammoniakschlupf liegt dabei zwischen 1 und 5 mg/m³$_n$. Bei schwefelhaltigen

Brennstoffen ist zur Vermeidung von Ammoniumhydrogensulfat-Ablagerungen ((NH_4)HSO_4) eine Mindesttemperatur von 310 bis 330 °C erforderlich /10-50/.

In mit einer SCR-Anlage ausgestatteten Praxisanlagen auftretende betriebliche Probleme sind teilweise auf eine ungeeignete Anpassung zwischen Feuerung und Katalysator (z. B. zu niedrige Abgastemperatur bei Teillast) oder auf eine unzureichende Abreinigung der Filter- und Katalysatoreinheit zurückzuführen (Verstopfung durch Partikel). Der Einsatz des SCR-Verfahrens nach einer Biomassefeuerung birgt auch die Gefahr der Deaktivierung des aktiven Katalysatormaterials durch Alkaliverbindungen und Schwermetalle. Zur Vermeidung möglicher Ablagerungen kommen heute anstelle von Wabenkatalysatoren meist Plattenkatalysatoren zum Einsatz.

10.4.3 HCl-Minderung

Das in einigen Biomassen (z. B. Stroh) befindliche Chlor findet sich – abzüglich des in die Asche eingebundenen Anteils von bis zu 80 bis 85 % – hauptsächlich in Form von Chlorwasserstoff (HCl) im Abgas wieder. Wenn trotz der Ascheeinbindung bestehende Grenzwerte nicht eingehalten werden können, ist der Einsatz einer kombinierten Feinststaub-Abscheidung mit Trockensorption oder einer Nasswäsche zur HCl-Minderung möglich /10-27/.

Trockensorption. Bei der Trockensorption wird ein Sorptionsmittel (z. B. Kalkhydrat ($Ca(OH)_2$)) in das Abgas eingemischt. Dieses reagiert mit dem Chlor zu Kalziumchlorid, das dann in einem Filter abgeschieden werden kann. Der HCl-Abscheidegrad bei der Trockensorption beträgt ca. 90 % /10-81/.

Beim Einsatz eines Gewebefilters findet die Reaktion zum Großteil an dem sich aufbauenden Filterkuchen statt. Abb. 10.61 zeigt einen derartigen Gewebefilter mit

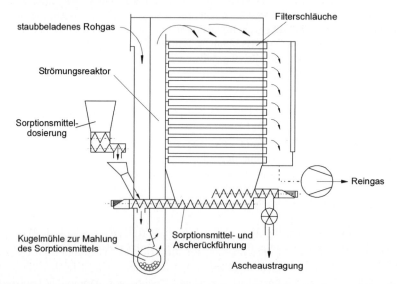

Abb. 10.61 Gewebefilter mit Sorptionsmittelzugabe in einem Kugelreaktor und Sorptionsmittelrückführung (nach /10-4/)

einer Additivzugabe und einer Rückführung für Sorptionsmittel und Asche. Der Sorptionsmittelverbrauch hängt dabei vom Chlorgehalt im Brennstoff und von der Filterart ab.

Beim Einsatz der Trockensorption mit einem Elektrofilter muss eine Reaktionskammer vorgesehen werden, die eine ausreichende Verweilzeit zur Reaktion des Chlors mit dem Sorptionsmittel ermöglicht. Außerdem muss das Filter bei gleichbleibendem Reingasstaubgehalt größer ausgelegt werden, da auch das Sorptionsmittel abgeschieden werden muss. Ein Elektrofilter benötigt dabei gegenüber einem Gewebefilter mehr Sorptionsmittel, da sich kein Filterkuchen aufbaut.

Wäscher. Liegen die Chlorverbindungen in Form von Chlorwasserstoff (HCl) vor, können sie auch durch Wäscher aus dem Abgas entfernt werden. Dabei wird das Abgas im Gegenstrom zum Waschwasser von unten nach oben geführt. Abb. 10.62 zeigt exemplarisch einen einfachen Wäscher ohne Einbauten. Damit kann mit geringem Druckverlust ein Abscheidegrad von rund 90 % erreicht werden. Eine ähnliche Wirkung ist auch mit einer Abgaskondensationsanlage erreichbar.

Die Abscheidung der gasförmigen Schadstoffe erfolgt durch Absorption in den Wassertröpfchen. Dabei entsteht eine salzhaltige Waschlösung, die normalerweise im Kreislauf geführt wird. Eine Abscheidung von sauren Schadgasen ist ohne Zusatzstoffe möglich; die Abscheidung lässt sich durch alkalische Zusätze jedoch steigern /10-106/.

Die Reinigung der entstehenden Abwässer beschränkt sich meist auf eine Neutralisation. Bei einer Kombination von Filter und einem nachgeschalteten einfachen Wäscher, in dem nur noch die sauren Abgasbestandteile abgefangen werden, ist auch ein abwasserfreier Betrieb möglich. Das salzhaltige Abwasser wird dann in einem Sprühtrockner vor dem Filter verdampft; die gelösten Salze fallen als Feststoff an und werden im Filter abgeschieden.

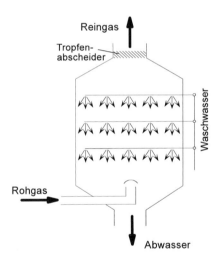

Abb. 10.62 Einfacher Abgaswäscher ohne Einbauten /10-27/

10.4.4 Minderung von Dioxinen und Furanen

Bei den Möglichkeiten zur Minderung von Dioxinen in der Abgasreinigung ist zwischen einer Verhinderung der Dioxinbildung in der Abgasreinigung, einer Zerstörung von Dioxinen z. B. durch katalytische Oxidation sowie einer Abscheidung von Dioxinen zu unterscheiden. Hier ist zu berücksichtigen, dass Dioxine partikelgebunden und als filtergängige Dioxine vorliegen können.

Zur Verhinderung der Dioxinbildung in der Abgasreinigung ist vor allem das Temperaturfenster der Denovo-Synthese zu beachten. Als Konsequenz davon sollten Temperaturen zwischen rund 500 und 150 °C rasch durchlaufen werden. Auch sollten in der entsprechenden Zone des Kessels Ablagerungen verhindert werden. Weiterhin sollten Staubabscheider und Filter bei Temperaturen unter 150 °C betrieben werden.

Durch eine katalytische Oxidation können die partikelgebundenen und filtergängigen Dioxine zerstört werden. Beispielsweise wurden bei Einsatz einer üblichen SCR-Anlage zur NO_x-Minderung nach einer Holzfeuerung Dioxinabbauraten bis über 90 % erzielt /10-79/. Die Abbaurate ist abhängig von der Katalysatortemperatur, der Verweilzeit im Katalysator sowie der Zusammensetzung und Beschaffenheit des Katalysators. Beim Einsatz der SCR-Technik ist auch eine ergänzende katalytische Zerstörung von Dioxinen und Furanen in einer zusätzlichen Katalysatorlage möglich. Insbesondere bei Abfallverbrennungsanlagen werden deshalb kombinierte Verfahren zur Abscheidung von Stickstoffoxiden und Dioxinen eingesetzt; hier wird eine Dioxinminderung von 97 bis 99,5 % erreicht /10-50/.

Partikelgebundene Dioxine können auch in Filtern abgeschieden werden. Deshalb ist z. B. mit einem Gewebe- oder Elektrofilter oftmals bereits eine deutliche Dioxinminderung möglich. Weiterhin kann die Abscheidewirkung eines Gewebefilters durch Zugabe eines Adsorptionsmittels (z. B. Kalkhydrat, Herdofenkoks) deutlich verbessert werden. Dadurch können auch filtergängige Dioxine teilweise abgeschieden werden; beispielsweise wurde durch Zugabe von Kalkhydrat und Herdofenkoks in einem Gewebefilter eine 75 %-ige Reduktion der Dioxinemissionen bei einer Altholzfeuerung erreicht /10-45/. Eine Optimierung der Filterbedingungen durch Erhöhung von Filterschichtdicke und Koksanteil kann den Abscheidegrad noch erheblich verbessern /10-80/. Dabei sollte die Staubabscheidung bei Temperaturen von deutlich unter 150 °C betrieben werden, um die Bildung neuer Dioxine zu verhindern.

10.4.5 Abgaskondensation

Durch eine Kondensation des im Abgas befindlichen Wassers kann der Gesamtwirkungsgrad der Anlage verbessert oder in Verbindung mit einer Entschwadung die (optisch störende) Dampfschwadenbildung bei der Verwertung von nassen Brennstoffen verhindert werden. In beiden Fällen wird durch die Kondensation auch ein Abgasreinigungseffekt für Partikel und weitere Komponenten erzielt.

Nachfolgend werden vor allem die technischen Grundlagen der Abgaskondensation, die zunächst vor allem bei größeren Anlagen eingeführt wurde, beschrieben. Zu den hierfür verwendeten Wärmeübertragern und den bei Holzfeuerungen auftretenden Energie- und Kondensatflüssen finden sich weitere Einzelheiten in Kapitel 10.3.5.

Funktionsprinzip. Bei Abgaskondensationsanlagen wird das Abgas in einem zusätzlichen Wärmeübertrager unter den Taupunkt des Wassers abgekühlt. Dabei kondensiert ein Teil des enthaltenen Wasserdampfes aus. Die bei der Kondensation freigesetzte Energiemenge kann dabei als Nutzwärme verfügbar gemacht wer-

10.4 Abgasreinigung und -kondensation 549

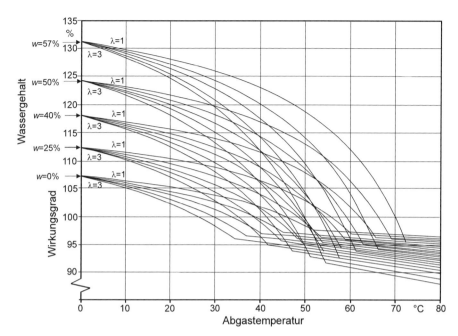

Abb. 10.63 Feuerungstechnischer Wirkungsgrad bezogen auf den Heizwert als Funktion der Abgastemperatur bezogen auf Umgebungsdruck (1 013 mbar), Umgebungstemperatur (0 °C) und eine mittlere Brennstoffzusammensetzung von Holz ($CH_{1,44}O_{0,66}$) (w Wassergehalt; nach /10-78/)

den. Die wichtigsten Parameter, welche die Effizienz der Kondensationseinheit beeinflussen, sind der Luftüberschuss, der Wassergehalt des Brennstoffs sowie die Abgastemperatur nach dem Kondensator bzw. das untere Temperaturniveau der Nutzwärme (z. B. der Rücklauf des Fernwärmenetzes).

Für eine Anlage mit Abgaskondensation ist in Abb. 10.63 die Abhängigkeit des feuerungstechnischen Wirkungsgrades (bezogen auf den Heizwert) von der Abgastemperatur, der Luftüberschusszahl und vom Wassergehalt dargestellt /10-78/. Beispielsweise kann demnach bei einem Luftüberschuss von 1,5, einer Abgastemperatur von 40 °C und einem Brennstoff-Wassergehalt von 50 % ein Wirkungsgrad von rund 112 % erreicht werden, wenn der Heizwert als Bezugsgröße verwendet wird. Demgegenüber ermöglicht eine Abgastemperatur von 80 °C nur einen Wirkungsgrad von 92 %. Unter günstigen Bedingungen erlaubt die Abgaskondensation somit einen merklichen Wirkungsgradgewinn, wenn die Bildung von Dampfschwaden bei der Vermischung der Abgase mit der Umgebungsluft am Kaminaustritt akzeptiert wird. Ist dies nicht akzeptabel und ist eine Entschwadung erforderlich, wird der Wirkungsgradgewinn vermindert, da die Abgase dann entweder wieder aufgeheizt oder mit erwärmter Luft vermischt werden müssen.

Anwendung. Bei Holzfeuerungen mit Abgaskondensation wird das Abgas nach der Feuerung in einen Wärmeübertrager (Kondensator) geführt, wo es durch den Heizwasserrücklauf unter den Taupunkt abgekühlt wird; ein Teil des im Abgas enthaltenen Wasserdampfs kondensiert dabei aus. Deshalb können im Eintrittsbereich des Kondensators abgasseitig Stellen auftreten, die je nach Betriebszustand abwechselnd nass oder trocken sind; sie sind somit ablagerungs- und korrosionsgefährdet. Zur Vermeidung der daraus potenziell resultierenden Probleme kann ein Quench vorgeschaltet werden, in welchem Wasser eingedüst wird. Dadurch wird das Abgas schlagartig bis auf den Taupunkt abgekühlt und mit Wasser gesättigt. Beim Wärmeentzug im Kondensator tritt danach spontane Kondensation auf, so dass der Kondensator kontinuierlich nass betrieben wird.

Damit eine möglichst niedrige Abgastemperatur nach dem Kondensator erreicht werden kann, muss die Rücklauftemperatur des Heizsystems möglichst niedrig sein. Eine weitere Absenkung der Abgastemperatur unter die Rücklauftemperatur des Heizsystems ist möglich, indem die Abgas-Restwärme zur Verbrennungsluftvorwärmung verwendet wird; das geschieht teilweise in Kombination mit einer Verbrennungsluftbefeuchtung. Daneben bietet sich auch der Einsatz von Wärmepumpen an.

Da das Abgas nach dem Kondensator mit Wasserdampf stark angereichert oder sogar gesättigt ist, kann der im Abgas verbliebene Wasserdampf nach dem Austritt aus dem Kamin eine – je nach Witterungsbedingungen gut sichtbare – Dampffahne verursachen. Diese Wasserdampfbildung beim Austritt von gesättigtem Abgas ist physikalisch dadurch bedingt, dass kaltes Gas weniger Wasserdampf aufnehmen kann als warmes. Diese Wasserdampffahne sollte zur Erzielung eines höchstmöglichen Anlagenwirkungsgrades in Kauf genommen werden, zumal die gesamte emittierte Wassermenge durch die Abgaskondensation drastisch verringert wird.

Wenn allerdings eine solche Wasserdampffahne aus ästhetischen Gründen nicht akzeptiert werden kann (z. B. in stark touristisch geprägten Gebieten), ist eine Entschwadung erforderlich. Dazu wird Luft in einem weiteren Kondensator durch den Abgasstrom erwärmt und anschließend mit dem feuchten Abgas (welches wegen der weiteren Abkühlung nun weniger Wasser enthält) vermischt. Bei entsprechender Auslegung der Gasströme und -temperaturen kann die Entschwadungsluftmenge so eingestellt werden, dass bis zu einer geforderten Außentemperatur keine Schwadenbildung auftritt. Abb. 10.64 zeigt exemplarisch eine ausgeführte Anlage mit Abgaskondensation, die mit einer Entschwadungseinrichtung ausgeführt ist.

Staubabscheidung und Kondensatbehandlung. Je nach Brennstoff, Verbrennungsbedingungen und vorgeschaltetem Staubabscheider ist durch die Abgaskondensation eine Staubreduktion zwischen 30 und 90 % möglich. Der obere Wert gilt für hohe Rohgasbeladungen mit einem großen Anteil an Partikeln, die größer als 2 µm sind (z. B. Rindenfeuerungen). Bei anderen Brennstoffen und in Feuerungsanlagen mit geringer Rohgasbeladung mit Partikeln kleiner als 1 µm ist eher mit einer Staubreduktion um 30 bis 50 % zu rechnen.

Infolge der Staubabscheidung durch die Kondensation fallen entsprechende Feststoffe an, die i. Allg. einen hohen Schwermetallgehalt aufweisen. Aufgrund der Abscheidewirkung für Feststoffe ist dieser Kondensatschlamm vergleichbar mit der Zyklon- oder Filterasche. Folglich muss – zumindest bei Anlagen mit größeren Mengen an Kondensatschlamm – der Schlamm durch Sedimentation abgetrennt werden. Da die Löslichkeit der Schwermetalle vom pH-Wert abhängig ist, kann ein Schwermetalleintrag in das Kondensat durch eine entsprechende Steue-

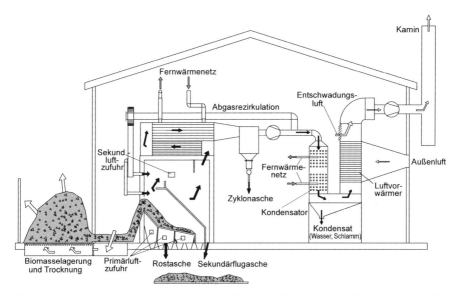

Abb. 10.64 Heizanlage mit Lufterwärmung, Abgasentschwadung und Brennstoffvortrocknung (nach /10-62/) (die Temperatur des Brennstoffs vor der Feuerung ist hier höher als die Umgebungstemperatur)

rung des pH-Wertes verhindert werden. Durch Laugenzugabe wird deshalb häufig ein konstanter pH-Wert von 7,5 eingestellt /10-82/, /10-62/. Der Kondensatschlamm wird anschließend mittels Sedimentation oder Filterbandpresse abgeschieden und kann nach einer Trocknung im Heizraum wie Filterasche behandelt werden.

10.5 Stromerzeugungstechniken

Neben der bisher im Kapitel 10.2 und 10.3 dargestellten Wärmebereitstellung mittels Feuerungsanlagen ist auch die Erzeugung von Kraft bzw. elektrischer Energie aus biogenen Festbrennstoffen möglich. Da die Energie bei den hierbei eingesetzten Prozessvarianten zur Stromerzeugung stets durch eine thermochemische Umwandlung bereitgestellt wird, fällt als Zwischen- oder als Nebenprodukt immer auch Wärme an, die – bei entsprechender Nachfrage – parallel als z. B. über ein Nah- oder Fernwärmenetz zu verteilende Nutzwärme verwendet werden kann. Dies wird als Kraft-Wärme-Kopplung (KWK) bezeichnet.

Bei der getrennten Bereitstellung von Wärme in einer Heizanlage oder einem Heizwerk und von elektrischer Energie in einem Kraftwerk kommt es bei beiden Prozessen zu Verlusten. Diese liegen bei biomassegefeuerten Anlagen zur ausschließlichen Stromerzeugung über konventionelle Dampfprozesse bei rund 65 bis 75 % und insbesondere bei Anlagen im kleineren Leistungsbereich ggf. auch noch darüber und zur alleinigen Wärmeerzeugung bei etwa 10 bis 15 %. Allerdings sind die beiden Wirkungsgrade aufgrund der unterschiedlichen Produkte (d. h. Strom bzw. Wärme), die durch eine deutlich unterschiedliche Exergie gekennzeichnet sind, nicht direkt miteinander vergleichbar.

Bei der gemeinsamen (d. h. gekoppelten) Erzeugung von Strom und Wärme in Kraft-Wärme-Kopplungsanlagen erhöht sich die Brennstoffausnutzung, da die bei der Stromerzeugung anfallende Abwärme nicht als Verlust an die Umgebung abgegeben wird, sondern nach Durchlaufen des Stromerzeugungsprozesses noch zur Bereitstellung von Heiz- oder Prozesswärme oder ggf. Prozessdampf herangezogen werden kann. Bei solchen Prozessen liegen die Gesamtverluste ebenfalls nur im Bereich von rund 10 bis 15 %; allerdings wird durch eine derartige Kraft-Wärme-Kopplung neben dem Produkt Wärme auch das exergetisch höherwertige Produkt Strom erzeugt. Mit der Kraft-Wärme-Kopplung (KWK) sind deshalb – aufgrund der insgesamt höheren Brennstoffausnutzung – oft positive ökonomische und ökologische Folgen verbunden. Dies setzt aber voraus, dass die in KWK erzeugte Wärme einen geeigneten Abnehmer findet.

Sowohl die Wärmebereitstellung als auch die Stromerzeugung aus fester Biomasse ist in der Regel durch deutlich geringere Wirkungsgrade gekennzeichnet im Vergleich zu der Nutzung von flüssigen oder gasförmigen Brennstoffen. Da die Verbrennung fester Biomasse bei wesentlich geringeren Temperaturen betrieben werden muss, als beispielsweise die Verbrennung von Biomethan, sinkt der Wirkungsgrad der Feuerung und es steht weniger Nutzwärme insbesondere für die Stromerzeugung zur Verfügung. Ein weiterer Grund für die oft sehr niedrigen Wirkungsgrade der Stromerzeugung mit biogenen Brennstoffen ist die meist geringe Anlagengröße bzw. die oft relativ kleinen elektrischen Leistungen. Biomassegefeuerte Kraftwerke werden meist aus Gründen der Brennstofflogistik im Regelfall wesentlich kleiner als mit fossilen Brennstoffen gefeuerte Kraftwerksanlagen ausgeführt. Wirkungsgradsteigernde Maßnahmen sind daher wirtschaftlich oft nicht darstellbar. Die wichtigste Maßnahme, um die daraus resultierenden wirtschaftlichen Nachteile einer Stromerzeugung aus Biomasse zu kompensieren, ist die oben genannte Kraft-Wärme-Kopplung.

Bei den meisten bisher realisierten Konzepten zur Kraft-Wärme-Kopplung stehen der erzeugte Strom und die bereitgestellte Wärme in einem festen Verhältnis zueinander. Anlagen, in denen solche Konzepte umgesetzt sind, werden meist wärmegeführt betrieben; d. h. die Anlage wird auf die Deckung der jeweils gegebenen Wärmenachfrage ausgelegt und der bereitgestellte Strom stellt ein wertvolles Nebenprodukt dar. Bei einer Veränderung der Wärmenachfrage verändert sich damit auch die entsprechende Stromererzeugung.

Oft variiert aber die Strom- und Wärmenachfrage z. T. erheblich (z. B. im Winter hohe und im Sommer sehr geringe Wärmenachfrage). Bei Konzepten, die diesen Anforderungen Rechnung tragen sollen, wurde deshalb die technische Möglichkeit geschaffen, das Verhältnis von Strom und Wärme zueinander in einem gewissen Bereich den jeweiligen Betriebsverhältnissen bzw. der jeweils gegebenen Nachfrage anzupassen. Dadurch soll eine zusätzliche Flexibilität bei der kombinierten Erzeugung von Wärme und Strom erreicht werden. Diese höhere Flexibilität setzt allerdings einen größeren technischen Aufwand voraus, bietet aber den Vorteil, dass Strom auch dann erzeugt werden kann, wenn keine Wärme- oder Prozessdampfnachfrage gegeben ist.

Im Folgenden werden die wesentlichen Stromerzeugungs- bzw. Kraft-Wärme-Kopplungs-Prozesse bei der direkten thermo-chemischen Umwandlung (d. h. Verbrennung) dargestellt und diskutiert. Weitere Möglichkeiten einer Kraft-Wärme-Kopplung über andere Optionen einer thermo-chemische Umwandlung fester Bioenergieträger (z. B. Vergasung und Pyrolyse) oder eine Nutzung flüssiger und gasförmiger biomassebasierter Energieträger (z. B. Pflanzenöl, Ethanol, Biogas) – werden in den Kapiteln 11, 12 bzw. 13, 15 und 16 dargestellt.

10.5.1 Dampfkraftprozesse

Der Dampfkraftprozess (Abb. 10.65) ist der am weitesten verbreitete Stromerzeugungsprozess in Wärmekraftwerken. Er ist ein Clausius-Rankine-Kreisprozess, bei dem aus einem flüssigen Arbeitsmedium Dampf erzeugt wird, der in einer Arbeitsmaschine (z. B. Dampfturbine, Dampfmotor) zur Stromerzeugung entspannt, anschließend kondensiert und zum Wärmeerzeuger rückgeführt wird.

Derartige Kreisprozesse stellen seit Jahrzehnten das Standardverfahren zur Stromerzeugung dar /10-111/; sie werden beispielsweise in kohlebetriebenen Wärmekraftwerken fast ausschließlich eingesetzt.

Bei der technischen Umsetzung dieses Prozesses wird zunächst ein Arbeitsmedium (meist gereinigtes Wasser) unter hohem Druck nahezu isobar erwärmt, verdampft und überhitzt. Der Dampf wird danach z. B. zu einer Dampfturbine oder einem Dampfmotor transportiert, wo er unter Verrichtung von Arbeit möglichst adiabat entspannt wird (d. h. die Enthalpie des Wärmeträgers Dampf wird in der Turbine in mechanische Arbeit umgewandelt). Anschließend wird der entspannte Dampf (sogenannter Abdampf) in einem Kondensator niedergeschlagen (d. h. unter Wärmeabgabe verflüssigt). Die hier – je nach Prozessauslegung – auf einem unterschiedlichen Temperaturniveau anfallende Wärme kann grundsätzlich z. B.

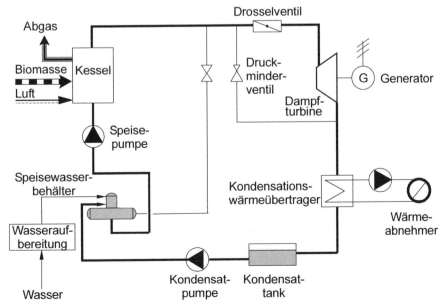

Abb. 10.65 Vereinfachtes Wärmeschaltbild eines Dampfturbinenprozesses (nach /10-84/)

durch die Einkopplung in Fern-, Nah- oder Prozesswärmenetze technisch nutzbar gemacht werden (d. h. Kraft-Wärme-Kopplung). Durch diese parallele Nutzung der erzeugten elektrischen Energie und der Nutzwärme kann der energetische Gesamtwirkungsgrad einer derartigen Konversionsanlage deutlich erhöht werden.

Das kondensierte Wasser wird danach im Speisewasser- oder Kondensatbehälter zwischengelagert und von hier aus mit Hilfe der Speisewasserpumpe wieder auf den Kesseldruck verdichtet, damit es zurück in den Kessel (Dampferzeuger) befördert und so dem Kreislauf erneut zugeführt werden kann (Abb. 10.65); der Kreisprozess ist geschlossen /10-84/.

10.5.1.1 Wirkungsgrade

Der Wirkungsgrad des Dampfkraftprozesses wird im Wesentlichen von den Temperaturniveaus bei der Dampferzeugung und der Kondensation bestimmt. Wie bei allen thermodynamischen Kreisprozessen soll – entsprechend den von Carnot formulierten Zusammenhängen – das mittlere Temperaturniveau der Wärmezufuhr so hoch wie möglich gewählt werden, wogegen für die Wärmeabfuhr im Kondensator möglichst geringe Temperaturen wünschenswert sind.

Für die thermodynamische Beschreibung des Clausius-Rankine-Prozesses werden die Zustandsänderungen üblicherweise in T,s-Diagrammen (Abb. 10.66) dargestellt /10-54/. Die hier gekennzeichneten Zustandsänderungen (isentrope (polytrope) Druckerhöhung ⓪→①, isobare Erwärmung ①→②, Verdampfung ②→③ und Überhitzung ③→④, isentrope (polytrope) Expansion ④→⑤, isobare Kondensation ⑤→⓪) beschreiben den Clausius-Rankine-Prozess für verschiedene Arbeitsmaschinen. Die von den Zustandsänderungen umschlossene Fläche ist ein Maß für die vom Prozess verrichtete Arbeit A (Gleichung (10-7)). Q_{zu} ist dabei als die dem Prozess zugeführte und Q_{ab} die von dem Prozess abgeführte Arbeit definiert.

$$A = Q_{zu} - Q_{ab} \tag{10-7}$$

Der thermodynamische Wirkungsgrad η_{th} des Kreisprozesses kann dann nach Gleichung (10-8) beschrieben werden.

$$\eta_{th} = \frac{A}{Q_{zu}} = \frac{Q_{zu} - Q_{ab}}{Q_{zu}} \tag{10-8}$$

Die Größe der vom Kreisprozess eingeschlossenen Fläche ist also ein Maß für den thermodynamischen und damit auch den elektrischen Wirkungsgrad des Dampfkraftprozesses /10-54/. Abb. 10.66 verdeutlicht diese Bedeutung der Prozessparameter des Dampfkraftprozesses für den Wirkungsgrad einer biomassegefeuerten Anlage. Während mit der in Kapitel 10.5.1.2 beschriebenen Betriebsweise von Kondensationsturbinen, die den Dampf nahezu auf Umgebungstemperatur expandieren, auch für kleine Anlagen elektrische Wirkungsgrade um 30 % und ggf. mehr erreicht werden können, reduziert sich der elektrische Wirkungsgrad erheblich, wenn der Dampf nach einer Gegendruckturbine bereits bei 2 bar oder 120 °C kondensiert wird. Der Strom-Wirkungsgrad reduziert sich zusätzlich, wenn der Dampf beispielsweise in einem Dampfschraubenmotor nicht wie bei konventionellen Dampfkraftprozessen üblich bei 60 bis 120 bar, sondern bei nur 20 bis

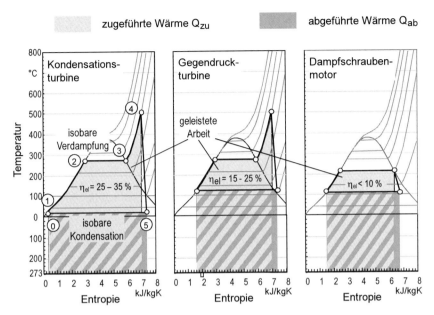

Abb. 10.66 Dampfkraftprozesse im T,s-Diagramm (η_{el} elektrischer Wirkungsgrad

25 bar verdampft wird und die für Dampfturbinen übliche Überhitzung auf 400 bis über 500 °C entfällt. Der erreichbare elektrische Wirkungsgrad reduziert sich dann auf unter 10 %. Anlagen mit Dampfkolbenmotoren oder Dampfschraubenmotoren sind daher i. Allg. im Sinne einer Maximierung der energetischen Gesamtwirkungsgrade und damit einer Minimierung der Energiegestehungskosten nur in Kraft-Wärme-Kopplung sinnvoll einsetzbar.

Die mit Biomasse-Kraftwerken erzielbaren Wirkungsgrade sind also i. Allg. deutlich geringer als die mit fossilen Brennstoffen (z. B. Steinkohle, Braunkohle) gefeuerten Großkraftwerke mit elektrischen Leistungen von 500 bis 800 MW. Das liegt vor allem daran, dass den elektrischen Wirkungsgrad steigernde Maßnahmen, wie beispielsweise die regenerative Speisewasservorwärmung und die Zwischenüberhitzung aus wirtschaftlichen Gründen in Biomasseanlagen in einem wesentlich geringeren Maß realisiert werden als bei Großanlagen. Hinzu kommt, dass zur Vermeidung der Hochtemperatur-Chlorkorrosion bei biomassegefeuerten Dampferzeugern meist nur Frischdampftemperaturen bis 450 °C realisiert werden, wogegen der Frischdampf in großen Kohlekraftwerken bis auf 600 °C überhitzt wird.

10.5.1.2 Betriebsweisen

Bei Dampfkraftprozessen wird – im Hinblick auf die Stromerzeugung – zwischen dem Kondensationsbetrieb, dem Gegendruckbetrieb und dem Entnahme-Kondensationsbetrieb unterschieden (Abb. 10.67). Diese unterschiedlichen Funktionsweisen werden nachfolgend kurz dargestellt.

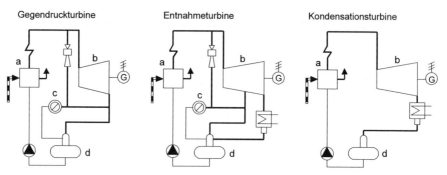

Abb. 10.67 Vereinfachte Wärmeschaltbilder des Gegendruck-, des Entnahme-Kondensations- und des Kondensationsbetriebs; a Kessel, b Turbine, c Wärmeabnehmer, d Speisewasserbehälter

Kondensationsbetrieb. Ziel des Kondensationsbetriebs ist die ausschließliche Stromerzeugung mit einem möglichst hohen (Strom-)Wirkungsgrad. Hierzu wird der Dampf in der Turbine bis auf einen möglichst geringen Druck des die Turbine verlassenden Abdampfes entspannt; dieser Abdampf wird anschließend in einem Kondensator niedergeschlagen (Abb. 10.67, rechts). Beispielsweise sind für Kondensationskraftwerke Abdampfdrücke bzw. Drücke im Kondensator von 20 bis 100 mbar üblich; der Abdampf wird damit unter Umgebungsdruck entspannt. Die dabei anfallende Kondensationswärme muss als Abwärme an die Umgebung abgeführt werden; sie stellt den größten Verlust eines Kondensationskraftwerks dar (bis etwa zwei Drittel der eingesetzten Brennstoffenergie wird mit der Abwärme an die Umgebung als Verlust abgeführt). Dabei bestimmt die Temperatur des Kühlmediums die Bedingungen am "kalten Ende" der Dampfturbine maßgeblich; steht z. B. als Kühlmedium Wasser mit einer Temperatur von 25 °C zur Verfügung, ergibt sich mit dem zugehörigen Dampfdruck ein minimal erzielbarer Abdampfdruck von rund 40 mbar. Bei der Auslegung eines Kondensationskraftwerkes bemüht man sich deshalb, mit einem möglichst kalten Kühlmedium einen möglichst geringen Abdampfdruck in der Turbine einzustellen, um so einen hohen Stromerzeugungswirkungsgrad zu erzielen /10-106/. Aufgrund dieser Zielrichtung fällt beim Kondensationsbetrieb die Abwärme auf einem vergleichsweise sehr niedrigen Temperaturniveau von typischerweise 30 bis 40 °C an und kann damit i. Allg. kaum noch technisch sinnvoll genutzt werden /10-6/.

Gegendruckbetrieb. Beim konventionellen Stromerzeugungsprozess wird im Kondensationsbetrieb zur Erzielung einer maximalen Stromausbeute der unter möglichst hohem Druck und hoher Temperatur stehende Dampf in einer Turbine möglichst vollständig entspannt. Bei gleichzeitiger Erzeugung von Strom und Wärme in einer Kraft-Wärme-Kopplungsanlage kann eine derartige vollständige Entspannung jedoch nicht realisiert werden, da Dampf mit einer bestimmten Temperatur benötigt wird, um beispielsweise Wasser für die Fern- bzw. Nahwärmeerzeugung zu erhitzen oder Prozessdampf bereitzustellen. Daher wird in den üblicherweise eingesetzten Kraft-Wärme-Kopplungs-Dampfprozessen der Dampf nur teilweise bis auf ein bestimmtes Mindestdruckniveau – und damit ein bestimmtes Temperaturniveau – entspannt. Auf diesem definierten Druck- und Temperaturniveau verlässt der gesamte Dampf die Turbine und steht damit vollständig für die Wärmeerzeugung zur Verfügung.

Bei einer derartigen Anlagenkonfiguration wird also der Wasserdampf nur bis zu einem bestimmten Gegendruck entspannt (vgl. Abb. 10.67, links), dessen Höhe sich nach den Erfordernissen des bzw. der Wärmeabnehmer und damit der jeweils gegebenen Wärmenachfragecharakteristik richtet. Wird beispielsweise Heizwärme mit einer Vorlauftemperatur von 90 °C benötigt, beträgt der erforderliche Gegendruck etwa 0,8 bar (absolut).

Diese Technologie wird als Gegendruck-Dampfturbine bezeichnet. Sie zeichnet sich dadurch aus, dass sich die zu erzeugende Wärmemenge ausschließlich an der gegebenen Wärmenachfrage orientiert. Damit stehen Strom- und Wärmeerzeugung in einem festen Verhältnis zueinander. Geht damit beispielsweise die Wärmenachfrage z. B. im Sommer zurück, verringert sich die benötigte Dampfmenge; daraus resultiert zwangsläufig eine Abnahme der Stromproduktion. Somit stellt hier die Stromerzeugung beim Gegendruckbetrieb ein Koppelprodukt der Wärmeerzeugung dar; derartige Anlagen werden deshalb meist im Hinblick auf die Deckung der Wärmenachfrage ausgelegt.

Dieser Prozess ist umso interessanter, je höher und vor allem je gleichmäßiger die Wärmenachfrage über das Jahr ist. Daher lässt sich eine Gegendruckturbine immer dann sinnvoll einsetzen, wenn der oder die Abnehmer eine möglichst konstante Jahreswärmenachfrage aufweisen. Derartige Abnehmer finden sich primär im industriellen Bereich (z. B. in der Holzbe- und -verarbeitung) und weniger im Bereich der Haushalte und Kleinverbraucher.

Je mehr die Wärmenachfrage von jahreszeitlichen Schwankungen beeinflusst wird, desto mehr verändert sich – aufgrund der starren Kopplung der Strom- und Wärmeproduktion – auch die Stromausbeute. Die thermodynamische Gesamteffizienz des Prozesses bleibt dagegen von einer verringerten Wärmenachfrage unberührt, da mit einem Rückgang der Wärmenachfrage direkt auch der Brennstoffeinsatz zurückgeht. Damit zeigt die kombinierte Erzeugung von Strom und Wärme mit einer Gegendruckturbine durchgängig hohe Gesamtwirkungsgrade bis rund 90 %.

Entnahme-Kondensations-Betrieb. Um eine effizientere Stromerzeugung bei schwankender Wärmenachfrage, wie sie z. B. bei der Versorgung von Haushalten und Kleinverbrauchern mit Raumwärme auftritt, zu ermöglichen, kann auf die Entnahme-Kondensations-Turbine zurückgegriffen werden (Abb. 10.67, Mitte).

Hier besteht die Möglichkeit, den Dampf in der Turbine vollständig zu entspannen, also einen ausschließlichen Kondensationsbetrieb – wie in einem konventionellen Kraftwerk zur ausschließlichen Stromerzeugung – zu realisieren. Zusätzlich ist es aber auch möglich, eine bestimmte Menge Dampf auf dem für die weitere Nutzung gewünschten Druck- und Temperaturniveau aus dem Turbinenprozess zu entnehmen und einer anderen Verwendung (z. B. der Erzeugung von Nah- bzw. Fernwärme) zuzuführen. Hierfür können die für die Wärmerzeugung benötigten Dampfmengen aus dem Niederdruckteil oder, bei entsprechend höheren Anforderungen an das Temperaturniveau (z. B. für die Bereitstellung von Prozessdampf), aus dem Mitteldruckteil der Turbine entnommen werden.

Wird keine Wärme benötigt, kann der gesamte Dampf in der Turbine in Strom umgewandelt werden; die Turbine arbeitet dann im ausschließlichen Kondensationsbetrieb. Um dies zu erreichen, muss – z. B. über einen Kühlturm – die anfallende Abwärme abgeführt und z. B. an die Umgebung abgegeben werden. Dann sinkt – im Vergleich zum ausschließlichen Gegendruck-Betrieb – der Gesamtwirkungsgrad, da die gesamte Abwärme ungenutzt bleibt.

Damit ist hier das Verhältnis zwischen Strom und Wärme variabel. Dabei ist eine Auskopplung des Dampfes aus energetischen Gründen aber erst nach einer Teilentspannung in der Turbine auf etwa 20 bar sinnvoll, so dass im Regelfall Prozessdampf mit einer Temperatur von maximal 220 °C zur Verfügung gestellt werden kann.

Der Vorteil dieser Technologie liegt in der weitgehenden Entkopplung der Stromerzeugung von der Wärmebereitstellung. Zwar ist mit einer steigenden Wärmenachfrage ein Rückgang der Stromproduktion zu verzeichnen, da weniger Dampf in der Turbine bis zur vollständigen Entspannung verbleibt. Da jedoch nur ein Teilstrom zur Wärmeerzeugung entnommen und der andere Teilstrom vollständig zur Stromerzeugung genutzt wird, ist die Stromausbeute i. Allg. deutlich höher als beim Einsatz einer Gegendruckturbine. Die gegenüber einer Gegendruckturbine merklich höheren Investitionen machen diese Technologie allerdings i. Allg. erst für Anlagen im größeren Leistungsbereich rentabel.

Besonders flexibel und damit auch für den Einsatz in kleinen Anlagen geeignet, sind Entnahme-Kondensations-Turbinen mit abschaltbarem Niederdruckteil /10-54/. Bei konventionellen Entnahme-Kondensations-Turbinen muss stets ein gewisser Teil des Dampfes im Kondensator kondensiert werden und steht für die Nutzwärmeerzeugung nicht zur Verfügung. Im Gegensatz zu diesen konventionellen Entnahme-Kondensations-Turbinen kann bei Turbinen mit abschaltbarem Niederdruckteil der gesamte Dampf für die Nutzwärmeerzeugung verwendet werden und es können zu Gegendruck-Turbinen vergleichbar hohe Gesamtwirkungsgrade erzielt werden.

10.5.1.3 Arbeitsmaschinen

Für Dampfkraftprozesse können als Arbeitsmaschinen Verdränger- und Strömungsmaschinen eingesetzt werden /10-6/. Unter ersteren sind Dampfkolben- und Dampfschraubenmotoren und unter letzteren Dampfturbinen zu verstehen.
- Verdrängermaschinen arbeiten nach dem Prinzip der Dampfentspannung (Entspannungsmotor); d. h. der Dampf drückt unmittelbar auf einen Kolben und bewegt diesen (d. h. Umwandlung der thermischen Energie des Dampfes in mechanische Energie des Kolbens).
- In Strömungsmaschinen wird der Dampf demgegenüber zuerst entspannt und in fest stehenden Düsen oder in Leitschaufeln beschleunigt; d. h. erst nach der Umwandlung in kinetische Energie wird diese auf die Turbinenschaufeln übertragen und dadurch in mechanische Energie der Turbinenwelle umgewandelt.

Dampfmotoren werden i. Allg. bei kleinen Dampfdurchsätzen und damit eher im Bereich kleinerer thermischer Leistungen eingesetzt – im Gegensatz zu Dampfturbinen, die meist bei größeren Dampfdurchsätzen zur Anwendung kommen. Bei am Markt gängigen Dampfmotoren liegt die elektrische Leistung zwischen 50 kW und maximal etwa 2 MW. Dampfturbinen werden demgegenüber erst ab etwa 2 MW elektrischer Leistung eingesetzt; die wenigen angebotenen Anlagen im kleineren Leistungsbereich ab etwa 0,5 MW zeichnen sich i. Allg. durch relativ geringe Wirkungsgrade und deshalb eine nur eingeschränkte Marktpräsenz aus. Im Übergangsbereich zwischen 0,5 und 2 MW können – je nach Anwendungsfall – Dampfmotoren oder Dampfturbinen verwendet werden /10-109/.

Nachfolgend werden diese beiden wesentlichen Arbeitsmaschinen näher erläutert.

Dampfturbinen. Dampfturbinen sind Strömungsmaschinen, in denen die Energie eines durchströmenden Arbeitsmittels (z. B. Dampf) zunächst in kinetische Energie und diese dann in mechanische Rotationsenergie der Turbinenwelle umgewandelt wird. Zur Stromerzeugung wird diese Rotationsenergie an einen Generator (Turbosatz) übertragen, in dem diese dann in elektrische Energie umgewandelt wird /10-111/.

Turbinen bestehen aus Düsen, die auf stillstehenden Leiträdern angeordnet sind, und Umlenkschaufeln, die auf den Laufrädern angebracht sind. Dabei bildet ein Laufrad zusammen mit einem Leitrad eine Turbinenstufe. Derartige Dampfturbinen werden – außer bei sehr kleinen Leistungen – meist mehrstufig ausgeführt (d. h. sie bestehen aus einer Reihe aufeinander folgender Stufen). Die Stufenanzahl schwankt in Abhängigkeit von der installierten Leistung. Das Arbeitsmittel – im Regelfall Dampf – durchströmt diese Turbinenstufen meist axial und seltener radial in dem Ringspalt zwischen Gehäuse und Rotor, in dem sich auch die Leit- und Laufschaufeln des Leit- und Laufrades befinden. Durch die Bemessung der Durchflussquerschnitte in diesem Ringspalt kann der Druckverlauf längs der Turbine festgelegt werden /10-111/. Meist wird der Dampf überhitzt, da zur Vermeidung von Erosion an den Turbinenschaufeln eine Dampfnässe von etwa 12 bis 15 % nicht überschritten werden sollte.

Zur Umsetzung der Energie des Arbeitsmittels in mechanische Energie wird das Arbeitsmittel in den Düsen beschleunigt, die von den auf dem Umfang des fest stehenden Leitrades angeordneten Leitschaufeln gebildet werden. Danach erfolgt eine entsprechende Umlenkung des beschleunigten Arbeitsmittels in den Schaufeln des sich drehenden Laufrades. Als Reaktion auf die an den Schaufeln angreifenden Impulskräfte entsteht ein Drehmoment in den Schaufeln des Laufrades, das an der Turbinenwelle abgeleitet wird /10-111/.

Turbinen werden – da sie die klassische Arbeitsmaschine für Dampfkraftprozesse sind – in sehr vielfältigen Bauformen bzw. Betriebsweisen und mit sehr unterschiedlichen Leistungen verwendet. Für Anlagen, in denen biogene Festbrennstoffe genutzt werden können, lassen sich die folgenden Varianten unterscheiden /10-6/.

- Gegendruckturbinen. Sie werden dort eingesetzt, wo in einem festen Verhältnis elektrische Energie und Wärme benötigt werden (d. h. in Anlagen mit Kraft-Wärme-Kopplung). Da bei Gegendruckturbinen die Kondensationswärme genutzt wird, ist der Gegendruck (d. h. das Druckniveau nach Durchströmen der Turbine und damit im nachgeschalteten Wärmeübertrager) durch das geforderte

Temperaturniveau, bei dem die Wärme ausgekoppelt bzw. bereitgestellt werden soll, vorgegeben. Der die Turbine durchströmende Dampfstrom ist dann – bei definiertem Druckniveau – durch den benötigten Wärmestrom vorgegeben. Die benötigte Leistung lässt sich damit – in gewissen Grenzen – nur durch eine Veränderung der Frischdampfparameter (d. h. Druck, Temperatur) variieren. Gegendruckturbinen werden daher i. Allg. im Hinblick auf einen konstanten Gegendruck und auf den benötigten auszukoppelnden Wärmestrom geregelt. Die zusätzlich zum erzeugten Strom jeweils benötigte Mehr- oder Minderleistung an elektrischer Energie muss dann aus anderen Quellen (z. B. Netz der öffentlichen Versorgung) bezogen werden. Gegendruck-Dampfturbinen werden bis zu einer elektrischen Leistung von rund 5 MW vorzugsweise als einstufige Radial- oder Axialturbinen ausgeführt. Sie können als Typenkombination aus einem Industrieturbinen-Baukastensystem den individuellen Betriebsparametern angepasst werden. Typische Frischdampfdrücke bei elektrischen Leistungen bis 5 MW betragen 40 bis 60 bar /10-27/.

- Anzapf- und Entnahmeturbinen. Soll neben der Bereitstellung von elektrischer Energie eine variierende Wärmenachfrage gedeckt werden, werden Anzapf- bzw. Entnahmeturbinen eingesetzt. Hier wird der Dampf, mit dem die jeweilige Wärmenachfrage gedeckt werden soll, an einer oder mehreren Zwischenstufen aus der Turbine entnommen. Bei der Anzapfung erfolgt diese Dampfentnahme allerdings ungeregelt; der Druck an der Zwischenstufe wird vom Dampfstrom bestimmt, der durch die nachfolgende Beschaufelung strömt. Bei der Entnahme wird dagegen der Dampf geregelt entnommen; dazu wird der Druck an der Zwischenstufe durch ein nachgeschaltetes Drosselorgan konstant gehalten. Die Anzapfung ist somit technisch einfacher zu realisieren als die Entnahme. Sie hat aber dort ihre Grenzen, wo der geforderte Druck bei großen Anzapfmengen (d. h. kleinen weiterströmenden Dampfmengen) nicht mehr gehalten werden kann.

- Kondensationsturbinen. Kondensationsturbinen werden zur ausschließlichen Stromerzeugung eingesetzt; eine Kraft-Wärme-Kopplung ist i. Allg. mithilfe dieses Turbinentyps nicht möglich. Dabei wird angestrebt, am Ende der Turbine einen möglichst niedrigen Kondensationsdruck zu realisieren, damit die Energie des Arbeitsmittels (d. h. Dampfes) möglichst weitgehend ausgenutzt werden kann. Die Leistung von Kondensationsturbinen P_m wird mit dem Frischdampfmassenstrom $\dot{m}_D$ eingestellt. Die mechanische Leistung P_m der Turbinenwelle ist ebenfalls abhängig vom Frischdampfdruck p_D, vom Öffnungsquerschnitt A oder Hub der Turbineneinlassventile und von der Frischdampftemperatur T_D nach Gleichung (10-9).

$$P_m \sim \dot{m}_D \sim A \frac{p_D}{\sqrt{T_D}} \qquad (10\text{-}9)$$

Die Frischdampftemperatur sollte über den gesamten Leistungsregelbereich konstant sein, um einen hohen Wirkungsgrad auch im Teillastbereich zu gewährleisten und um die Turbine nicht durch Temperaturänderungen zu beanspruchen. Die Turbinenleistung und der Frischdampfmassenstrom zur Turbine werden im Beharrungszustand entweder über den Frischdampfdruck bei konstantem Einlassquerschnitt der Turbineneinlassventile (Gleitdruck) oder über den Einlassquerschnitt bei konstantem Dampfdruck (Festdruck) eingestellt.

- Beim Festdruckbetrieb bleibt der Druck im Dampferzeuger und vor der Turbine bei allen Lastzuständen näherungsweise konstant; bei Teillast wird der Strömungsquerschnitt verkleinert, indem entweder die Turbinenventile angedrosselt oder einige Düsengruppen abgeschaltet werden.
- Beim Gleitdruckbetrieb wird im Unterschied dazu bei konstantem Turbineneinlassquerschnitt die Leistung durch Änderung des Druckes variiert; dies kann z. B. durch eine Änderung des Kesseldruckes erfolgen.

Oft werden aber die Kondensationsturbinen mit einem Kompromiss aus Gleit- und Festdruckfahrweise (sogenannter modifizierter Gleitdruck) betrieben /10-111/.

Der elektrische Wirkungsgrad eines Dampfturbinenkraftprozesses wird primär durch die Dampfparameter vor und hinter der Turbine (d. h. Frischdampfzustand, Abdampfzustand) bestimmt. Er beträgt bei elektrischen Leistungen im Bereich einiger MW bei einem ausschließlichen Gegendruckbetrieb etwa 10 bis 20 %, wenn die zusätzlich verfügbar gemachte Nutzwärme mit Temperaturen von maximal 100 °C benötigt wird. Anlagen größerer elektrischer Leistung im Bereich von rund 10 MW und mehr mit einer entsprechend aufwändigeren Anlagentechnik können Wirkungsgrade zwischen rund 25 und 35 % und ggf. noch ein paar Prozentpunkte mehr erreichen (im Vergleich dazu liegen die elektrischen Wirkungsgrade bei modernen Steinkohlekraftwerken mit elektrischen Leistungen von einigen hundert MW heute bei 45 bis 47 %). Die elektrischen Wirkungsgrade gehen allerdings mit zunehmenden Gegendrücken (d. h. steigender Temperatur der nutzbar gemachten Wärme) zurück; bei Nutzwärmetemperaturen von deutlich über 100 °C können diese zum Teil auch deutlich unter 10 % liegen.

Dampfmotoren. Der Dampfmotor ist die Weiterentwicklung der Kolbendampfmaschine (d. h. Prinzip, Wirkungsgrad, Zuverlässigkeit und Lebensdauer entsprechen diesem Maschinentyp). Durch Schnellläufigkeit und Kompaktbauweise werden im Vergleich zur Kolbendampfmaschine jedoch kleinere Volumina und Gewichte erzielt /10-109/, /10-84/.

Dampfmotoren sind technisch ausgereift und auch für kleinere Leistungen am Markt verfügbar. Als Vorteil wird ein gutes Teillastverhalten angeführt, da sich im Bereich von 50 bis 100 % der elektrische Wirkungsgrad von ca. 15 % kaum ändert. Der Dampfmotor ist daher für Anwendungsfälle mit deutlichen tages- und jahreszeitlichen Schwankungen der Wärme- bzw. Stromnachfrage gut geeignet /10-109/.

Bei Dampfmotoren kann zwischen Dampfkolben- und Dampfschraubenmotoren unterschieden werden. Sie werden nachfolgend diskutiert.

Dampfkolbenmotor. Der Dampfkolbenmotor (Abb. 10.68) arbeitet nach dem Entspannungsprinzip; d. h. der unter Druck stehende Dampf drückt unmittelbar auf einen Kolben, der dadurch bewegt wird und die im Dampf enthaltene Energie wird so in mechanische Energie des Kolbens umgewandelt.

Beim Dampfkolbenmotor strömt der Dampf mit dem Frischdampfdruck in den Zylinder ein, bis durch den Regelkolben der Einlassvorgang beendet wird. Der

562 10 Direkte thermo-chemische Umwandlung (Verbrennung)

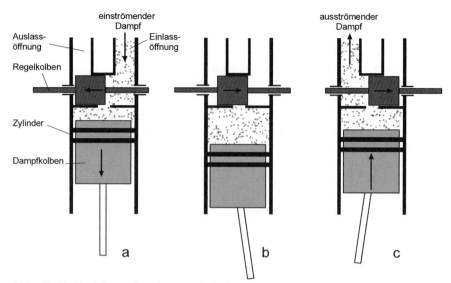

Abb. 10.68 Funktionsweise eines Dampfkolbenmotors (a Dampfeinlass nahe des oberen Todpunktes; b Dampfentspannung unter Verrichtung von Arbeit im Zylindervolumen; c Auslass des abgearbeiteten Dampfes nahe des oberen Todpunktes; nach /10-14/)

Dampf entspannt sich und leistet Arbeit am Kolben. Das Volumen vergrößert sich und der Druck baut sich ab. Danach wird der entspannte Dampf aus dem Zylinderraum ausgeschoben. Der Regelkolben schließt dann das Auslassventil. Beim weiteren Rückfahren des Kolbens in die Ausgangsstellung kommt es deshalb zu einer Verdichtung des Restdampfes, der sich noch im Zylinder befindet; dies hat den Vorteil, dass dadurch mögliche Druckstöße abgedämpft werden. Da bei den verfügbaren Dampfkolbenmotoren der Kolben meist beidseitig wechselweise beaufschlagt wird, findet der gleiche Vorgang parallel auch auf der gegenüberliegenden Seite des Kolbens – allerdings um 180° phasenverschoben – statt. Die dadurch an den Kolben übertragene Energie wird über eine Pleuelstange an die Arbeitswelle übergeben, die dann an einen Generator gekoppelt werden kann und dort in elektrische Energie umgewandelt wird /10-84/.

Solche Verdrängungsmaschinen können im Unterschied zu Dampfturbinen auch mit Sattdampf betrieben werden; dadurch kann der Dampfüberhitzer im Kessel entfallen.

Der Dampfkolbenmotor kann ein bis sechs Arbeitszylinder jeweils mit einem Arbeitskolben und einen entsprechenden Zylinder mit Regelkolben enthalten. Damit gibt es in jedem Dampfkolbenmotor eine Regel- und eine Arbeitswelle. Ein derartiger modularer Aufbau erlaubt eine einfache Anpassung an die konkret benötigten Leistungen.

Der Dampfkolbenmotor kommt bislang nur für kleinere elektrische Leistungen bis rund 2 MW, ggf. auch noch etwas darüber, zum Einsatz. Der Frischdampfdruck derartiger Motoren beträgt je nach Leistung etwa 5 bis 25 bar. Wird er mit Sattdampf betrieben, muss unmittelbar vor dem Dampfeinlass in den Zylinder ein

Wasserabscheider (z. B. Zyklon) in der Frischdampfleitung eingebaut werden, um Wasserschläge im Motor zu vermeiden.

Durch Verwendung bestimmter Materialpaarungen wurde die ehemals nachteilige Belastung des Abdampfes mit Öl (dies führte zu einer aufwändigen Kondensatreinigung), welches der Schmierung des Kolbens und somit der Verschleißminderung diente, inzwischen beseitigt; dadurch können heute Dampfkolbenmotoren ölfrei betrieben werden. Durch diese Kombination bestimmter Materialen an den bewegten Teilen (d. h. an den Kolbenringen und an der Laufbuchse) kommt es zu einem Materialtransfer, durch den ein Trockenfilm erzeugt wird. Das ehemals eingesetzte Öl wird damit durch eine Trockenschmierung ersetzt.

Dampfschraubenmotor. Neben den Dampfkolbenmotoren können auch dampfbetriebene Schraubenmotoren eingesetzt werden. Sie gehören zur Gruppe der mehrwelligen Verdrängungsmaschinen und stellen die Umkehr von Schraubenkompressoren dar. Ein derartiger Schraubenmotor besteht damit aus zwei ineinander greifenden, schraubenförmig verwundenen Rotoren, deren Lagerung sowie einem diese Systemelemente eng umschließenden Rotorgehäuse mit jeweils einer Dampfeinlass- und -auslassöffnung. Typisch für alle Verdrängungsmaschinen ist ein gekapselter Arbeitsraum, der hier durch die Profillückenräume der beiden Rotoren gegeben ist und dessen Volumen sich während eines Arbeitstaktes periodisch ändert /10-84/.

Der Dampf gelangt durch eine Einlassöffnung in das Motorgehäuse und strömt in die Profillückenräume, die zwischen den beiden ineinander greifenden, schraubenförmig verwundenen Rotoren bestehen (Abb. 10.69). Durch die fortschreitende gegeneinander gerichtete Drehung der beiden Rotoren vergrößert sich das Einlassvolumen so lange, bis der Profillückenraum aus dem Bereich der Einlassöffnung gedreht ist und der Dampfeintrittsstutzen von diesem abgetrennt ist. Nun beginnt der Expansionsvorgang des im Hohlraum zwischen den beiden Rotoren eingeschlossenen Dampfes, da sich das Volumen des sich entspannenden Dampfes vergrößert; dadurch werden die beiden Rotoren angetrieben. Der eingeschlossene Dampf bewegt sich dabei in axialer Richtung parallel zu den Rotoren hin zur anderen Seite, wo er dann wieder aus dem Schraubenmotor austritt /10-84/.

Bei Dampfschraubenmotoren wird zwischen nass und trocken laufenden Motoren unterschieden /10-84/.

- Bei nass laufenden Schraubenmotoren wird Öl in den Profillückenraum (d. h. Arbeitsraum) zwischen den beiden Rotoren eingedüst. Es entfaltet im Motor eine Dichtwirkung zwischen den sich berührenden Rotoren; gleichzeitig schmiert es den Motor. Dieses Öl muss aber nach dem Verlassen des Motors möglichst vollständig wieder vom Kondensat abgetrennt werden; dazu wird ein entsprechender Ölabscheider benötigt.

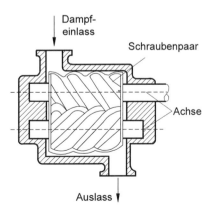

Abb. 10.69 Prinzipbild eines Dampf-Schraubenmotors /10-57/

– Bei trocken laufenden Schraubenmotoren wird das exakte Zusammenspiel der beiden Rotoren zueinander über ein zusätzliches Synchronisationsgetriebe sichergestellt. Dadurch wird eine berührungslose Bewegung der beiden Rotoren ermöglicht; eine Schmierung kann damit entfallen. Die unabhängig davon noch notwendige Schmierung der Lager für die beiden Rotoren kann mit Hilfe von geschlossenen Labyrinthdichtungen realisiert werden. Der Vorteil dieser Bauweise ist, dass der Dampf bzw. das Kondensat nicht mit Öl belastet wird. Der aber immer notwendigerweise vorhandene Spalt zwischen den beiden Rotoren, der aus fertigungs- und materialtechnischen Gründen nicht beliebig klein gestaltet werden kann, bedingt jedoch einen höheren Leckstrom des Arbeitsmediums und damit höhere Verluste als bei nass laufenden Schraubenmotoren.

Ein Vorteil von Schraubenmotoren ist die in Relation zu anderen Expansionsmaschinen hohe zulässige Dampfnässe. Dadurch lassen sich auch Wärmeströme nutzen, die auf einem vergleichsweise niedrigen Temperaturniveau anfallen. Der Dampfschraubenmotor kann damit überhitzten Dampf, Sattdampf, Nassdampf oder ggf. auch unter Druck stehendes Heißwasser nutzen. Er kann folglich fast an jedes Wärmeniveau angepasst werden. Anders als bei Turbinen ist auch eine aufwändige Regelung eines eventuell vorhandenen Überhitzers nicht erforderlich /10-84/. Die einsetzbaren Leistungsbereiche und die erreichbaren elektrischen Wirkungsgrade entsprechen in etwa denen des Dampfkolbenmotors.

10.5.2 ORC-Prozesse

Der ORC-Prozess (Organic Rankine Cycle) basiert ebenfalls – wie der konventionelle Dampfkraftprozess – auf dem Clausius-Rankine-Prozess. Hier wird jedoch anstelle von Wasser ein Arbeitsmedium organischen Ursprungs (z. B. Toluol) eingesetzt, das – im Unterschied zu Wasser – durch geringere Siede- bzw. Kondensationstemperaturen gekennzeichnet ist. Dadurch kann aus Wärme, die auf einem niedrigen Temperatur- und Druckniveau anfällt, elektrische Energie bereitgestellt werden. Daher werden typische Anwendungen des ORC-Prozesses primär bei der Nutzung von Wärme gesehen, die a priori auf einem niedrigen Temperatur- und Druckniveau anfällt (z. B. Abwärme aus Produktionsprozessen, geothermische Wärme, solare Wärme); u. a. wird deshalb der ORC-Prozess zur geothermischen Stromerzeugung weltweit bereits seit Jahren erfolgreich eingesetzt /10-53/.

Bei einem derartigen ORC-Prozess wird folglich – im Unterschied zum klassischen Dampfkraftprozess – in dem Arbeitskreislauf ein Arbeitsmittel meist organischen Ursprungs eingesetzt, das bei den vorherrschenden Prozesstemperaturen, die z. B. durch die Wärmequelle vorgegeben werden (z. B. Abwärme), die geeigneten Dichten, Drücke und Enthalpiedifferenzen aufweist. Lange waren jedoch die verwendeten organischen Arbeitsmittel entweder entflammbar bzw. explosiv (z. B. Toluol, Pentan, Propan) oder umwelt- bzw. klimaschädlich (d. h. Fluorchlorkohlenwasserstoffe). Mittlerweile sind jedoch auch umweltverträgliche Arbeitsmittel in der Erprobung bzw. z. T. kommerziell erhältlich, die auch kein Ozonabbau- und Treibhauspotenzial mehr aufweisen /10-77/.

Bei einem derartigen System fängt die zur Stromerzeugung nutzbare Temperaturspanne der Wärmequelle bei ca. 70 bis 100 °C an; die erzielbaren Wirkungs-

10.5 Stromerzeugungstechniken

grade sind dann aber mit wenigen Prozent sehr gering. Beim Einsatz von Biomasse werden – aufgrund der hier realisierten thermo-chemischen Umwandlung der festen Biomasse – jedoch grundsätzlich höhere Temperaturen erreicht, so dass eine größere Temperaturdifferenz ausgenutzt werden kann; entsprechend höher sind damit auch die grundsätzlich erreichbaren Wirkungsgrade. Jedoch ist das maximal nutzbare Temperaturniveau der Wärmequelle in ORC-Prozessen durch die thermische Stabilität des Kreislaufmediums beschränkt; beispielsweise weisen organische Kreislaufmedien i. Allg. vergleichsweise niedrige Zersetzungstemperaturen auf. Deshalb befinden sich derzeit eine Reihe von technischen Lösungsansätzen in der Erprobung bzw. Entwicklung. Sie zielen auf eine Optimierung und damit Maximierung des Wirkungsgrades solcher Niedertemperatur-Kreisprozesse – insbesondere auch für eine Anwendung bei der geothermischen Stromerzeugung – ab /10-53/ (z. B. Kalina-Prozess /10-52/, Trilateral Flash Cycle /10-99/). Dies gilt teilweise auch in Verbindung mit neuen Arbeitsmitteln für ORC-Prozesse bzw. Arbeitsmittelkombinationen für beispielsweise Kalina-Prozesse (z. B. Wasser/Ammoniak-Mischung).

Bei einem mit Biomasse betriebenen ORC-Prozess (/10-30/, /10-90/) wird zunächst die in der Biomasse-Feuerung bereitgestellte und im Verbrennungsgas befindliche Wärme einem Thermoöl-Kessel zugeführt. Hier wird das in einem geschlossenen Kreislauf geführte Thermoöl auf ein Temperaturniveau erhitzt, welches der maximalen Temperatur entspricht, mit der das eingesetzte organische Arbeitsmittel noch thermisch stabil auf Dauer belastet werden kann. Dieser Thermoölkreislauf wird damit ausschließlich dazu benötigt, sicherzustellen, dass es nicht – wie es bei einer direkten Beheizung des organischen Kreislaufmittels im biomassegefeuerten Kessel zu befürchten wäre – zu einer ggf. auch nur partiellen thermischen Überbelastung (und einer daraus resultierenden Zerstörung) des Arbeitsmediums kommt. Zusätzlich darf auch das Thermoöl nicht thermisch überbeansprucht werden, da es auch hier bei entsprechenden Temperaturen zu wärmeinduzierten Zersetzungsprozessen kommen kann.

Mit Hilfe dieses Thermoöls wird die Wärmeenergie, die aus der Verbrennung der biogenen Festbrennstoffe stammt, auf einem definierten Temperaturniveau in einem Verdampfer auf das organische Arbeitsmittel des ORC-Prozesses übertragen (Abb. 10.70). Dadurch wird das organische Kreislaufmittel in die Dampfphase überführt. Das damit verdampfte und (oft nur leicht) überhitzte organische Arbeitsmedium wird anschließend in einer Dampfturbine, ähnlich wie beim "klassischen" Dampfkraftprozess mit "konventioneller" Dampfturbine, entspannt. Dabei wird mechanische Arbeit abgegeben, an die Turbinenwelle übertragen und von dort an den Generator weitergeleitet. Bei Kraft-Wärme-Kopplung wird der entspannte Arbeitsmittel-Dampf anschließend in einem Heizkondensator kondensiert. Die dabei auf einem vergleichsweise geringen Temperaturniveau frei werdende Nutzwärme kann – z. B. in einem Nahwärmenetz – technisch nutzbar gemacht werden. Das Arbeitsmittel-Kondensat wird mit einer entsprechenden Pumpe wieder dem Verdampfer zugeführt. Der Arbeitsmittel-Kreislauf und damit der Kreisprozess ist geschlossen.

Zur Steigerung des elektrischen Wirkungsgrades von ORC-Prozessen können ein oder mehrere Rekuperatoren zur internen Wärmerückgewinnung in den Kreislauf eingebaut werden. Dabei erfolgt mittels Wärmeübertragung ein Wärmeüber-

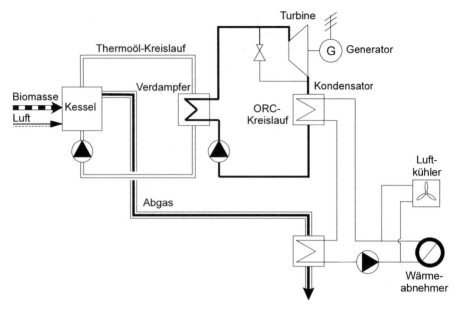

Abb. 10.70 Vereinfachtes Wärmeschaltbild eines ORC-Prozesses (nach /10-84/)

trag zwischen dem aus der Turbine austretenden Abdampf und dem Arbeitsmittelkondensat nach der Arbeitsmittelpumpe.

Das aus der Feuerung austretende Verbrennungsgas durchströmt einen Economiser. Hier wird das aus dem ORC-Kreislauf vorgewärmte Fern- oder Prozesswärmewasser weiter erwärmt und auf die notwendige Vorlauftemperatur gebracht. Das Abgas gelangt dann nach Durchströmen einer Abgasreinigungsanlage in den Kamin und wird an die Atmosphäre abgegeben. Zusätzlich kann ein Luftkühler zu der ausgekoppelten Wärme parallel geschaltet werden und so zur Notkühlung bei einem Ausfall der Wärmenachfrage dienen. Dadurch wird auch eine Stromerzeugung ohne Wärmeauskopplung ermöglicht /10-84/.

Derartige ORC-Prozesse weisen eine gute Regel- und Automatisierbarkeit auf. Im Bereich der Stromerzeugung aus Erdwärme sind sie schon relativ lange im Einsatz; damit liegen viele Erfahrungen mit Bau und Betrieb derartiger Anlagen vor. Beim Einsatz in mit Biomasse gefeuerten Anlagen ist jedoch – im Unterschied beispielsweise zur Abwärmenutzung oder zur Nutzung geothermischer Energie – grundsätzlich Wärme auf einem vergleichsweise hohen Temperaturniveau bereitstellbar, die dann mit dem ORC-Prozess nur auf einem relativ geringen Temperaturniveau genutzt werden kann; deshalb sind die erreichbaren elektrischen Wirkungsgrade aufgrund der relativ kleinen nutzbaren Temperaturdifferenz a priori vergleichsweise gering. Der elektrische Wirkungsgrad der ORC-Anlage wird zusätzlich auch durch den geringen Kesselwirkungsgrad des Thermoölkessels limitiert. Aufgrund der hohen Rücklauftemperaturen des Thermoöls liegen die Kesselwirkungsgrade einer Biomassefeuerung mit Thermoölkessel wesentlich unter denen von Warmwasser- oder konventionellen Dampferzeugern. Um die Abgasverluste des Prozesses zu mindern, wird dem Kessel daher ein Economizer nachgeschaltet (Abb. 10.70). Außerdem verteuert der benötigte Thermoöl-Zwischenkreis die Anlage; auch daraus resultieren die sehr hohen Investitionen, durch die derartige Anlagen gekennzeichnet sind. Zusätzlich sind die bisher oft noch eingesetzten organischen Arbeitsmittel häufig umwelt- sowie klimaschädlich und/oder leicht entflammbar; deshalb wird intensiv an der Entwicklung umweltfreundlicherer Alternativen gearbeitet.

ORC-Anlagen werden mit elektrischen Leistungen ab rund 200 kW in Kompaktbauweise (z. B. vormontiert in Containern) angeboten. Der elektrische Wirkungsgrad ist von der Wahl des Arbeitsmittels – und damit der jeweils nutzbaren Temperaturdifferenz – abhängig. Der elektrische Wirkungsgrad des Gesamtprozesses ist aufgrund der niedrigeren Temperaturen des Arbeitsmittels deshalb auch z. T. deutlich geringer als bei einem konventionellen Dampfkraftprozess /10-84/. Bei einer Fernwärmeauskopplung mit einer Vorlauftemperatur von unter 100 °C und geringen Verdampfungsdrücken sind elektrische Wirkungsgrade in der Größenordnung von rund 10 % erreichbar; unter sehr günstigen Bedingungen sind mit optimierten Anlagen Wirkungsgrade im Bereich von maximal rund 20 % möglich, aber in der Praxis oft nicht üblich.

10.5.3 Stirlingprozesse

Der Stirlingmotor gehört zu den Heißgas- oder Expansionsmotoren. Hier wird der Kolben nicht – wie bei Verbrennungsmotoren – durch die Expansion von Verbrennungsgasen aus einer internen Verbrennung bewegt, sondern durch die Expansion einer konstanten Menge eines eingeschlossenen Gases, welches sich infolge der Energiezufuhr aus einer externen Wärmequelle ausdehnt. Diese Wärmequelle kann z. B. die Verbrennungsgaswärme aus der Verbrennung biogener Festbrennstoffe sein. Damit ist die Krafterzeugung im Stirlingmotor von der Wärmequelle vollkommen entkoppelt; deshalb kann ein derartiger Heißgas- oder Expansionsmotor grundsätzlich mit Wärme aus sehr unterschiedlichen Energiequellen betrieben werden (z. B. Solarenergie, Biomasse, industrielle Abwärme) /10-84/, /10-122/, /10-93/.

Das grundlegende Prinzip des Stirlingmotors basiert auf dem Effekt, dass ein Gas bei einer Temperaturänderung eine entsprechende Volumenänderungsarbeit verrichtet. Eine periodische Temperaturänderung – und damit ein kontinuierlicher Betrieb – kann dabei erreicht werden, indem das Arbeitsgas zwischen einem Raum mit konstant hoher Temperatur und einem Raum mit konstant niedriger Temperatur hin und her bewegt wird.

Die Umsetzung dieses Prinzips kann durch einen zyklischen Ablauf einer temperaturbedingten Expansion und Kompression eines unter Druck stehenden Arbeitsgases realisiert werden (Abb. 10.71). Das im Kreislauf geführte Gas ist dabei zwischen zwei synchronisiert betriebenen Kolben eingeschlossen, welche die auf sie ausgeübte Kraft über Pleuelstangen auf eine Rotationswelle übertragen und die das Arbeitsgas zwischen der Wärmequelle und -senke hin und her bewegen. An die Rotationswelle des Stirlingmotors kann dann ein entsprechender Generator angekoppelt werden.

568 10 Direkte thermo-chemische Umwandlung (Verbrennung)

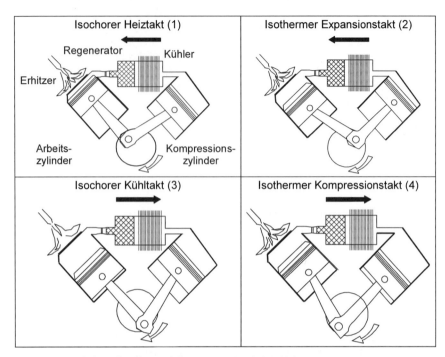

Abb. 10.71 Arbeitsweise eines Stirlingmotors (nach /10-89/)

Grundlegende Systemelemente sind damit der erhitzte Arbeitszylinder, der gekühlte Kompressionszylinder und ein Regenerator, der zur Energiezwischenspeicherung dient, und damit näherungsweise isotherme Zustandsänderungen ermöglicht. Der Regenerator ist meist ein hochporöser Körper mit einer hohen Wärmekapazität; dieser poröse Körper weist i. Allg. eine Masse auf, die bedeutend größer ist als die Gasmasse, die ihn durchströmt. Je vollständiger der wechselnde Wärmeübergang im Regenerator erfolgt, umso größer ist die mittlere Temperaturdifferenz zwischen Arbeits- und Kompressionszylinder, und damit der Wirkungsgrad des Stirlingmotors.

Wird der Kompressionskolben zur geschlossenen Seite bewegt, strömt das kalte Arbeitsgas durch den Regenerator in den warmen Raum. Dabei gibt der Regenerator isochor die zuvor aufgenommene Wärme an das Arbeitsgas ab (isochorer Heiztakt (1)). Es wird dadurch auf die Temperatur des warmen Raums aufgewärmt und der Regenerator kühlt sich auf die Temperatur des kalten Raums ab. Das sich im warmen Raum befindende Arbeitsgas dehnt sich nun isotherm aus und nimmt dabei Wärme von dem warmen Raum auf (isothermer Expansionstakt (2)). Durch das expandierende Arbeitsgas wird der Arbeitskolben zur offenen Seite hin bewegt und verrichtet dabei erneut Arbeit. Durchläuft der Arbeitskolben den unteren Totpunkt und wird nun zur geschlossenen Seite hin bewegt, muss das heiße Arbeitsgas durch den Regenerator in den kalten Raum. Dabei wird isochor Wärme vom Arbeitsgas an den Regenerator abgegeben (isochorer Kühltakt (3)). Das Gas kühlt sich auf die Temperatur des kalten Raums ab und der Regenerator wird auf die Temperatur des warmen Raums erwärmt. Das Arbeitsgas wird anschließend isotherm komprimiert und gibt die dabei entstehende Wärme an den kalten Raum ab (isothermer Kompressionstakt (4)) /10-122/.

Wird der Kompressionskolben über ein Triebwerk oder ein schwingfähiges System im richtigen Phasenwinkel zum Arbeitskolben gekoppelt, kann das gesamte System als selbständige Wärme-Kraft-Maschine arbeiten. Nach der Anordnung der Kolben können dabei zwei unterschiedliche Bauarten von Stirlingmotoren unterschieden werden /10-84/.

- Beim α-Typ sind die zwei Kolben zueinander um einen bestimmten Phasenwinkel (z. B. 90°) verschoben (Abb. 10.71). Dazu sind auf einer Kurbelwelle mit Schwungrad die beiden Kurbelzapfen so angeordnet, dass die notwendige Phasenverschiebung der Kolbenbewegung zustande kommt und eine optimale Drehmomentübertragung ermöglicht wird. Die Zylinder können parallel, V- oder L-förmig angeordnet werden.
- Beim β-Typ sind Arbeits- und Kompressionskolben im selben Zylinder übereinander angeordnet. Die Phasenverschiebung der Kolben zueinander wird durch ein Gestänge und die Kraftübertragung über eine Getriebekonstruktion erreicht, durch welche die linearen Kolbenbewegungen in eine Rotationsbewegung umgelenkt werden. Der Regenerator kann im Ringspalt zwischen Arbeitskolben und Zylinder (dadurch ist eine einfachere Abdichtung möglich) oder in einem Ringspalt außerhalb des Zylinders angebracht werden. Letztere Variante kann doppeltwirkend ausgeführt werden; dann wirkt durch eine entsprechende beidseitige Beaufschlagung derselbe Kolben als Arbeits- und als Kompressionszylinder (d. h. es befindet sich nur ein Kolben im Zylinder). In dem daraus entwickelten doppeltwirkenden gekoppelten Stirlingmotor sind die oberen erhitzten Zylinderräume über die Regeneratoren mit den unteren gekühlten Zylinderräumen der in Serie geschalteten nächsten Zylinder verbunden. Die Kolben fungieren dadurch sowohl als Expansions- als auch als Kompressionskolben.

Der Stirlingmotor ist – da er extern beheizt wird – unabhängig von der Art der Wärmequelle. Beim Einsatz von Biomasse – hier wird der Stirlingmotor z. B. in den Verbrennungsgasvolumenstrom einer Feuerungsanlage eingebunden (Abb. 10.72) – werden deshalb vergleichsweise geringe Anforderungen an die Brennstoffqualität gestellt. Auch ist der eigentliche Motor aufgrund von nur wenig bewegten Teilen und der äußeren Verbrennung relativ wartungsarm. Bislang treten aber oft noch Probleme mit einer zuverlässigen Abdichtung des Arbeitsgases gegen die Umgebung auf. Da man bei der Auslegung eines Stirlingmotors bemüht ist, ein kleines Volumen auf hohe Temperaturen aufzuheizen, wird der Erhitzer-Wärmeübertrager einer hohen thermischen Belastung ausgesetzt. Er wird außerdem durch die heißen aschebeladenen Verbrennungsgase direkt beaufschlagt. Diese Ascheanteile können einerseits korrosiv wirken und andererseits Ablagerungen auf der Wärmeübertrageroberfläche bilden, die den Wärmeübergang reduzieren. Durch eine geringe Wärmebelastung des Wärmeübertragers kann dabei zwar die Ablagerungsproblematik reduziert werden; dies führt jedoch zu größeren Wärmeübertragern und damit zu größeren Gasvolumina. Demzufolge stellt die optimale und betriebssichere Übertragung der beispielsweise im Verbrennungsgas einer Biomassefeuerung enthaltenen Wärme auf das Arbeitsgas ein bislang noch nicht befriedigend gelöstes Problem dar.

10 Direkte thermo-chemische Umwandlung (Verbrennung)

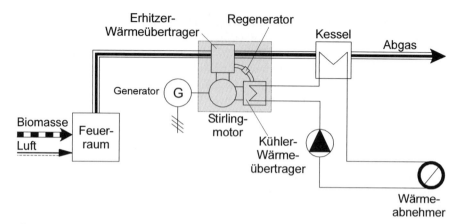

Abb. 10.72 Stromerzeugung aus biogenen Festbrennstoffen mit Hilfe eines Stirlingmotors (nach /10-84/)

Die installierten elektrischen Leistungen existierender Stirlingmotoren liegen bisher zwischen 10 und 40 kW. Neuere Entwicklungen zielen auf die Markteinführung von Stirlingmotoren für einen Einsatz in Kleinfeuerungen. Diese Kleinanlagen sollen eine elektrische Leistung von 1 bis 9 kW liefern und mit Pelletfeuerungen kombiniert werden können. Die daraus resultierende Nutzwärmeleistung von 10 bis 40 kW eignet sich zur Deckung der Wärmenachfrage von Ein- und Mehrfamilienhäusern.

Bei einer entsprechend hohen Verbrennungsgastemperatur werden mit dem Brennstoff Erdgas elektrische Wirkungsgrade (bezogen auf die aufgenommene Wärme) von etwa 25 % (21 bis 28 %) erzielt. Aufgrund der niedrigeren Feuerungstemperaturen sind die erreichbaren elektrischen Wirkungsgrade von biomassegefeuerten Stirlingmotoren aber wesentlich geringer. Während erdgasgefeuerte Stirlingmotoren, die mit adiabaten Feuerungstemperaturen um 2 000 °C bei einer Abkühlung des Verbrennungsgases auf ca. 700 °C etwa zwei Drittel der Verbrennungsgaswärme für den Stirlingprozess nutzen, sind bei den für kleinere Biomassefeuerungen üblichen adiabaten Feuerungstemperaturen um 1 000 °C bei einer Abkühlung des Verbrennungsgases auf ca. 700 °C nur etwa ein Drittel der Verbrennungsgaswärme für den Stirlingprozess nutzbar. Deshalb werden mit biomassegefeuerten Stirlingmotoren, deren Erhitzer mit heißem Verbrennungsgas aus konventionellen Feuerungen beaufschlagt wird, in der Regel nur elektrische Wirkungsgrade um etwa 10 % erzielt. Wesentlich erhöhen lässt sich der Wirkungsgrad dann, wenn die Biomasse zunächst vergast und danach mit deutlich höheren Temperaturen verbrannt wird. Auch die Integration des Erhitzers in Wirbelschichtfeuerungen verbessert die Wärmenutzung und ermöglicht eine erhebliche Wirkungsgradsteigerung. Durch die Wärmeentnahme kann die Wirbelschicht bei moderaten Feuerungstemperaturen mit erheblich geringerem Luftüberschuss betrieben werden als konventionelle Biomassefeuerungen. Dadurch reduzieren sich die Abgasverluste wesentlich /10-54/.

Die weitere Entwicklung des Stirlingmotors für den Einsatz in Biomassefeuerungen zielt u. a. darauf ab, dass die hohen Temperaturen der Verbrennungsgase (rund 1 000 °C) durch geeignete Wärmeübertrager auch betriebssicher an das Arbeitsgas übertragen werden können. Da jedoch – auch infolge der diskutierten Wärmeübertragungsprobleme – immer nur ein (kleiner) Teil der im Verbrennungsgas befindlichen Wärme an den Stirlingmotor letztlich auch übertragen werden kann, sind elektrische Wirkungsgrade – bezogen auf den Gesamtprozess – von kaum mehr als 10 % erreichbar.

10.5.4 Direkt gefeuerte Gasmotoren- und Gasturbinenprozesse

Bei Gasturbinen- und Gasmotorenprozessen wird elektrische Energie durch eine direkte vollständige Verbrennung der Biomasse bereitgestellt; d. h. es handelt sich damit nicht um den Einsatz von Produktgas aus der Biomassevergasung in Gasturbinen (vgl. dazu Kapitel 11.3). Nachfolgend werden derartige direkt gefeuerte Prozesse diskutiert.

10.5.4.1 Direkt gefeuerte Gasmotorprozesse

Sehr stark zerkleinerte Festbrennstoffe zeigen ein Verbrennungsverhalten, das denen von Gasen weitgehend entspricht. Damit ist auch grundsätzlich ein Einsatz biogener Festbrennstoffe als Brennstoff direkt in Motoren möglich, sofern der Brennstoff zuvor durch eine entsprechende Aufmahlung aufbereitet wurde; beispielsweise wird beim Staubmotor mit Teilchendurchmessern der Brennstoffpartikel von rund 8 µm gearbeitet. Dieses Aufmahlen des Biobrennstoffs auf eine Korngröße, die eine problemlose Verbrennung in Motoren ermöglicht, ist aber aus technischer Sicht vergleichsweise aufwändig und verschlechtert die Energiebilanz merklich.

In einem Staubmotor wird ein fester, staubförmig aufbereiteter Brennstoff verbrannt (d. h. interne Verbrennung). Die dabei entstehenden Verbrennungsgase wirken in dem jeweiligen Aggregat direkt als Arbeitsmedium. Wie beim Einsatz eines gasförmigen oder flüssigen Energieträgers – z. B. Produktgas (Kapitel 11) oder Pyrolyseöl (Kapitel 12) – ist damit im Grundsatz eine direkte Umwandlung der im Verbrennungsgas enthaltenen thermischen Energie in mechanische Energie über die bekannten und technisch verfügbaren klassischen Arbeitsmaschinen möglich. Im Unterschied zum Dampfkraft- oder ORC- bzw. Heißluftturbinenprozess ist somit keine vorherige Übertragung der Wärmeenergie vom Verbrennungsgas an ein Arbeitsmedium (z. B. Wasser, organisches Arbeitsmittel, Luft, Helium) erforderlich.

Bei einem derartigen Holzstaubmotor wird sehr fein aufgemahlener Holzstaub mit Luft gut durchmischt dem Motor zugeleitet und in dessen Zylindern nach dem Otto- (Fremdzünder) oder dem Dieselprinzip (Selbstzünder) verbrannt. Die durch die thermische Expansion des entstandenen Abgases im Motor verrichtete mechanische Arbeit kann dann mit Hilfe eines angeschlossenen Generators in elektrische Arbeit umgewandelt werden. Wie bei öl- oder gasgefeuerten Blockheizkraftwerken kann die Abwärme der Motorabgase über einen Wärmeübertrager zusätzlich als Nutzwärme ausgekoppelt werden (Kraft-Wärme-Kopplung).

Staubmotoren können vom Grundsatz her in den gleichen elektrischen Leistungen gebaut werden, wie sie für den Einsatz flüssiger oder gasförmiger fossiler Energieträger heute verfügbar sind. Damit dürften auch die in solchen Anlagen auf der Basis fossiler Energieträger erzielbaren elektrischen Wirkungsgrade grundsätzlich möglich sein.

Während gasförmige Energieträger (z. B. Erdgas, Biogas) jedoch rückstandsfrei verbrennen, besitzen feste Brennstoffe inerte Bestandteile, die sogenannte Asche, die nach der Verbrennung als Flugstaub im Abgas verbleiben. Dieser festen Verbrennungsrückstände können im Motor zu technischen Problemen wie Anbackungen, Korrosion oder Erosion führen.

Das Ausmaß der Probleme ist abhängig von dem Brennstoff und den Verbrennungstemperaturen. Biomassen lassen i. Allg. größere Probleme erwarten, da die Ascheschmelzpunkte z. T. niedrig sind und eine teilweise Verflüchtigung von Aschebestandteilen auftritt, die dann im Motor kondensieren und die Problematik noch verstärken. Dies gilt insbesondere für Nicht-Holz-Brennstoffe mit ihren z. T. erhöhten Aschegehalten und ihrem ungünstigen Ascheerweichungsverhalten. Die technische Lebensdauer derartiger Arbeitsmaschinen kann somit signifikant reduziert werden.

Aufgrund u. a. dieser Probleme sind Staubmotoren bisher nicht über das Forschungsstadium hinausgekommen.

10.5.4.2 Direkt gefeuerte Gasturbinenprozesse

Bei direkt gefeuerten Gasturbinenprozessen kann der biogene Festbrennstoff entweder als Staub in der (ursprünglichen) Turbinenbrennkammer oder in stückiger Form in einer "konventionellen" Biomassefeuerung unter Druck oder atmosphärisch verbrannt werden. Letzteres bietet den Vorteil, dass (i) der Brennstoff nur den Anforderungen der "konventionellen" Biomassefeuerung genügen muss (eine so weitgehende Aufmahlung wie bei den Holzstaubturbinen ist nicht notwendig) und (ii) die Verbrennungsgase einfacher gereinigt werden können. Derartige Prozesse werden nachfolgend kurz diskutiert.

Druckaufgeladene direkt gefeuerte Gasturbinenprozesse. Bei druckaufgeladenen direkt gefeuerten Gasturbinenprozessen kann zwischen einem Einsatz staubförmiger und stückiger Brennstoffe unterschieden werden.

Einsatz staubförmiger Brennstoffe. Bei einer Holzstaubturbine wird der feine Holzstaub unter Zugabe von Luft in einer Turbinenbrennkammer vollständig verbrannt und das entstehende Abgas ggf. nach einer möglichst weitgehenden Entstaubung der Gasturbine zugeführt. Die Holzstaub-Brennkammer ersetzt damit die üblicherweise gas- oder ölbefeuerte Brennkammer einer konventionellen Gasturbinenanlage. Die durch die Entspannung der Abgase gewonnene mechanische Energie wird dann in einem Generator in elektrischen Strom umgewandelt. Die entspannten heißen Abgase (Temperatur ca. 400 bis 500 °C) können in einem nachgeschalteten Wärmeübertrager (Abhitzekessel) auf ca. 90 bis 130 °C abgekühlt und die dabei abgegebene Wärme zu Heizzwecken genutzt werden; ggf. kann auch ein GuD-Prozess (Gas- und Dampfturbinenprozess) realisiert werden.

Beispielsweise wird bei einem derzeit in der Entwicklung befindlichen Konzept einer Holzstaubverbrennung in einer Turbine das möglichst gleichmäßig eingebrachte Holzstaub-Luft-Gemisch in einer zweistufigen Turbinenbrennkammer möglichst vollständig verbrannt. Beide Stufen sind als Zyklonbrennkammern ausgeführt, damit eine hohe Ascheabscheidung aus dem Verbrennungsgas erzielt werden kann. In der ersten Brennkammer erfolgt eine unterstöchiometrische und in der zweiten eine überstöchiometrische Verbrennung. Vor der Entspannung der Verbrennungsgase in einer Gasturbine ist – zur Erhöhung der technischen Lebensdauer der Gasturbine – zusätzlich eine Staubabscheidung erforderlich /10-44/, /10-51/.

Einsatz stückiger Brennstoffe. Bei direkt mit stückigen biogenen Festbrennstoffen gefeuerten Gasturbinen werden die z. B. in druckaufgeladenen Wirbelschichtfeuerungen erzeugten Verbrennungsgase in einer aufwändigen Heißgasreinigung mit Multizyklonen von Staub und Aschepartikeln gereinigt, bevor das heiße Verbrennungsgas in der Turbine entspannt wird (Abb. 10.73). Die maximal zulässigen Verbrennungsgastemperaturen vor der Turbine sind dabei durch die Erweichungstemperatur der im Verbrennungsgas enthaltenen Aschepartikel limitiert und beschränken den erreichbaren Wirkungsgrad des Prozesses. Zusätzlich können die im Verbrennungsgas enthaltenen Alkalien zu Anbackungen in den Zyklonen und Turbinen führen und reduzieren dadurch die Verfügbarkeit der Anlagen.

Atmosphärische direkt gefeuerte Gasturbinenprozesse. Der direkte atmosphärische Gasturbinenprozess, auch als inverser Gasturbinenprozess bezeichnet, entspricht im Prinzip dem konventionellen Gasturbinenprozess mit einer externen Brennkammer; jedoch wird hier das Verbrennungsgas nicht von Hoch- auf Umgebungsdruck, sondern von Umgebungsdruck in den Absolutdruckbereich entspannt (daher der Name "inverser" Gasturbinenprozess) /10-84/.

Das aus der Feuerung austretende etwa 1 000 °C heiße Verbrennungsgas wird zunächst in einem Hochtemperaturzyklon bzw. Heißgasfilter gereinigt und durch eine Dampf- oder Wassereinspritzung auf etwa 700 °C gekühlt; dazu kann auch

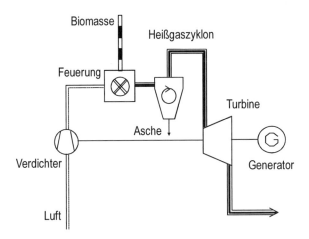

Abb. 10.73 Direkt gefeuerter Gasturbinenprozess (nach /10-123/)

Kondensat eingesetzt werden. Danach wird das heiße Verbrennungsgas in die Gasturbine eingeleitet, wo es auf Unterdruck entspannt wird und dabei mechanische Arbeit leistet, indem es die Turbinenwelle antreibt, die in einem angeschlossenen Generator elektrische Energie erzeugt. Das noch heiße, nun auf einen Unterdruck von 0,3 bis 0,4 bar entspannte Verbrennungsgas wird anschließend in einem Wärmeübertrager abgekühlt. Danach kann – in einem zweiten Wärmeübertrager – eine Nah- bzw. Prozesswärmeauskopplung realisiert werden; ggf. ist anschließend zusätzlich eine weitere Niedertemperaturwärmeauskopplung möglich.

Das aus dem Wärmeübertrager austretende abgekühlte Abgas wird dann in einem Verdichter auf Umgebungsdruck verdichtet; dadurch kommt es zu einer Gaserhitzung. Die dabei frei werdende Wärme kann z. B. zur Vorwärmung der in der Biomassefeuerung eingesetzten Verbrennungsluft genutzt werden, bevor das Abgas – ggf. nach einer u. U. notwendigen Reinigung – über einen Kamin an die Umgebung abgegeben wird (Abb. 10.74).

Das bei der Abkühlung der Verbrennungsgase anfallende Kondensat wird mit Hilfe einer Kondensatpumpe ggf. durch diverse Wärmeübertrager, in denen es in Dampf überführt wird, geleitet und vor dem Heißgasfilter in den Verbrennungsgasstrom eingedüst.

Für Biomasse-KWK-Anlagen kommen drei Prozessvarianten in Frage; sie unterscheiden sich durch die Verwendung des Kondensats aus der Abgaskondensation /10-84/.

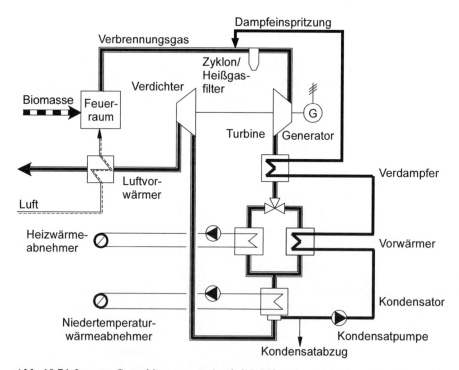

Abb. 10.74 Inverser Gasturbinenprozess (nach /10-84/)

10.5 Stromerzeugungstechniken

- Variante I. Hier wird das Kondensat mittels Kondensatpumpe zum Vorwärmer gefördert, erwärmt und anschließend in flüssigem Zustand direkt in den heißen Verbrennungsgasstrom vor dem Zyklon eingedüst. Ein Verdampfer ist somit nicht erforderlich. Bei diesem Konzept sind elektrische Wirkungsgrade von rund 10 % möglich.
- Variante II. Bei diesem Konzept wird keine Kondensat-, sondern eine Dampfeindüsung zur Temperaturregelung im Verbrennungsgasvolumenstrom realisiert (Abb. 10.74). Der dafür notwendige Verdampfer befindet sich zwischen Turbinenaustritt und Vorwärmer. Durch die Dampfeindüsung erhöht sich der erreichbare elektrische Wirkungsgrad im Vergleich zu Variante I.
- Variante III. Bei dem hier realisierten kombinierten Gas- und Dampfprozess wird der Dampf – wie bei Variante II – über einen zwischen Turbine und Verdampfer befindlichen Wärmeübertrager weiter erhitzt und zu einer Gegendruck-Dampfturbine geführt. Nach der Entspannung wird ein Dampfteilstrom vor dem Zyklon in den heißen Verbrennungsgasstrom eingedüst. Der Großteil des Dampfstromes wird jedoch in einem Kondensator entspannt und verflüssigt. Dieses Konzept erreicht die höchsten elektrischen Wirkungsgrade.

Grundsätzlich gibt es eine Vielzahl derartiger bzw. ähnlicher Schaltungen, die durch jeweils unterschiedliche Wirkungsgrade gekennzeichnet sind. Entscheidend für den erreichbaren elektrischen Wirkungsgrad ist u. a. das Temperaturniveau der Gasturbinenabwärme.

10.5.5 Indirekt gefeuerte Gasturbinenprozesse

Bei den indirekt gefeuerten Gasturbinenprozessen kann zwischen Systemen mit rekuperativen und regenerativen Wärmeübertragern unterschieden werden. Beide Systeme werden nachfolgend diskutiert.

Indirekt gefeuerte Gasturbinenprozesse mit rekuperativen Wärmeübertragern. Beim indirekt gefeuerten Gasturbinenprozess oder Heißluftturbinenprozess wird – im Gegensatz zum direkt gefeuerten Gasturbinenprozess – eine direkte Entspannung der partikelbeladenen Verbrennungsgase in einer Gasturbine vermieden. Die Energie der heißen Verbrennungsgase wird auf ein anderes (sauberes) Medium (z. B. Luft, Helium) übertragen, mit dem eine Gasturbine problemlos und sicher betrieben werden kann. Je nach Betriebsweise des Arbeitsmediums in der Turbine wird die indirekt gefeuerte Gasturbine
- im Falle des Arbeitsmediums Luft (d. h. offener Prozess) als Heißluftturbine und
- im Falle des Arbeitsgases Helium (d. h. geschlossener Arbeitsmedium-Kreislauf) auch als geschlossene Gasturbine

bezeichnet. Bei einer indirekt gefeuerten Gasturbine erfolgt damit – im Unterschied zum klassischen offenen Gasturbinenprozess – die Wärmezufuhr nicht durch eine interne Verbrennung, sondern extern über einen Hochtemperatur-Wärmeübertrager /10-84/.

In indirekt gefeuerten Gasturbinenprozessen wird die in einer adiabat ausgeführten Feuerung (z. B. Holzfeuerung) erzeugte Verbrennungsgaswärme nach einer möglichst weitgehenden Vorentstaubung in einem Heißzyklon einem Hochtemperatur-Wärmeübertrager zugeführt. Dort wird Wärme aus dem Verbrennungsgas an das in einem Verdichter komprimierte Arbeitsmedium des Gasturbinenprozesses (z. B. gereinigte Luft) übertragen. Die Restwärme, die nach dem Durchströmen des Wärmeübertragers noch im Verbrennungsgas enthalten ist, kann anschließend zur Luftvorwärmung für die Feuerungsanlage oder zur Nutzwärmeerzeugung für ggf. angeschlossene Wärmeverbraucher eingesetzt werden. Nach Durchströmen einer u. U. notwendigen nachgeschalteten Abgasreinigungsanlage gelangt das jetzt abgekühlte Verbrennungsgas schließlich als Abgas über einen Kamin an die Atmosphäre.

Das erwärmte Arbeitsmedium wird anschließend in der Gasturbine unter Abgabe mechanischer Energie entspannt, die dann im angeschlossenen Generator in elektrische Energie umgewandelt werden kann (Abb. 10.75).

Entscheidend für die Effizienz des indirekt gefeuerten Gasturbinenprozesses ist die Nutzung der Abwärme von Feuerung und Gasturbine. Die sehr unterschiedlichen Luft-Massenströme in Turbine und Feuerung erschweren dies aber /10-31/.

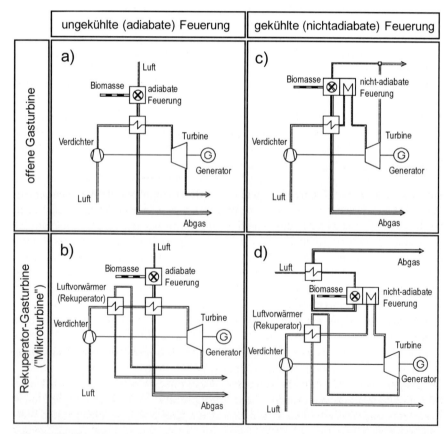

Abb. 10.75 Schaltungsvarianten für Heißluftturbinenprozesse (a) mit ungekühlter (adiabater) Feuerung und offener Gasturbine, b) mit ungekühlter (adiabater) Feuerung und Mikroturbine, c) mit gekühlter (nicht-adiabater) Feuerung mit Nutzung der Turbinenabluft für die Verbrennung, d) mit gekühlter (nicht-adiabater) Feuerung und Luftvorwärmung)

10.5 Stromerzeugungstechniken

Im einfachsten Fall (Abb. 10.75, Fall a) wird die Abwärme der Feuerung ausschließlich für die Erwärmung der Heißluft für die Turbine genutzt. Die Nutzung der Verbrennungsgaswärme ist allerdings durch die Verdichter-Endtemperatur limitiert und die Abwärme des Verbrennungsgases nach dem Verbrennungsgas-Wärmeübertrager kann nur für eine nachgeschaltete Wärmeerzeugung genutzt werden.

Für kleine Leistungen sind Rekuperator-Gasturbinen, sogenannte Mikroturbinen, verfügbar (Abb. 10.75, Fall b). Hier kann die Abwärme der Gasturbine ideal zur Vorwärmung der Arbeitsluft verwendet werden. Dann wird allerdings die Wärme des Verbrennungsgases der Feuerung unzureichend genutzt.

Ideal wäre die Nutzung der Abwärme für die Verbrennungsluftvorwärmung. Allerdings ist dies nur sinnvoll, wenn gleichzeitig die Feuerung gekühlt wird, da ansonsten unzulässig hohe Temperaturen in der Biomassefeuerung entstehen oder ein hoher Luftüberschuss zusätzliche Verluste verursacht. Eine effektive Kühlung der Feuerung mit der Heißluft des Gasturbinenprozesses lässt sich beispielsweise mit Wirbelschichtfeuerungen realisieren /10-31/. Wird die heiße Abluft der Turbine als Verbrennungsluft verwendet, ist kein Wärmeübertrager für die Nutzung der Abwärme notwendig (Abb. 10.75, Fall c). Allerdings beträgt der Luftmassenstrom durch die Turbine ein Vielfaches des für die Verbrennung benötigten Luftmassenstroms. Es kann daher nur ein Teilstrom der Turbinen-Abluft für die Verbrennung genutzt werden.

Die beste Nutzung der Abwärme und damit die höchsten elektrischen Wirkungsgrade werden erreicht, wenn sowohl die Heißluft der Turbine als auch das Verbrennungsgas der Feuerung für die Heißluft- bzw. Verbrennungsluftvorwärmung genutzt wird (Abb. 10.75, Fall d). Dadurch, dass in beiden Rekuperatoren annähernd gleiche Massenströme übertragen werden, treten bei der Wärmeübertragung die geringsten Exergieverluste auf.

Wenn das Arbeitsmedium in einem geschlossenen Kreislauf gefahren wird, kann es nach der Entspannung wieder verdichtet und dem Wärmeübertrager erneut zugeführt werden. Wird die Turbine dagegen in einem offenen Kreislauf betrieben (Abb. 10.75), wird jeweils frisches Arbeitsgas (z. B. gefilterte Luft) aus der Umgebung angesaugt und genutzt. Nach der Entspannung in der Turbine kann die noch warme Luft als vorgewärmte Verbrennungsluft oder zur Erzeugung von zusätzlichem Heizwasser herangezogen werden. Zur Wirkungsgradsteigerung kann sie nach dem Gasturbinenaustritt zusätzlich in einem Abhitzekessel zur Erzeugung von Dampf verwendet werden, der dann in einem nachgeschalteten Dampfturbinenprozess genutzt werden kann (GuD-Prozess).

Ein Vorteil dieses Prozesses liegt in der Verwendung eines sauberen Arbeitsmittels. Probleme mit erosiv wirkenden Staubpartikeln, wie sie z. B. bei dem direkten Gasturbinenprozess auftreten können, werden damit umgangen.

Zentraler Bestandteil und innovative Komponente des indirekt gefeuerten Gasturbinenprozesses ist der Hochtemperatur-Wärmeübertrager, durch den die heiße Verbrennungsgaswärme auf das Gasturbinenarbeitsmedium übertragen wird. Nachfolgend werden die prozesstechnischen Anforderungen, die an einen solchen Wärmeübertrager zu stellen sind, kurz diskutiert.

- Prozesstemperaturen. Moderne Gasturbinen im kleineren Leistungsbereich arbeiten mit Gasturbineneintrittstemperaturen von etwa 1 000 °C oder mehr. Um

derartige Temperaturen auf der Reingasseite des Hochtemperatur-Wärmeübertragers zu erzielen, sind auf der Rohgasseite noch deutlich höhere Verbrennungsgastemperaturen einzustellen.
- Druckbeanspruchung. Bei dem offenen, mit Luft betriebenen indirekt gefeuerten Prozess werden die wärmeübertragenden Wandungen mit dem Druckunterschied zwischen Gasturbinenarbeitsmedium und Verbrennungsgas beansprucht, der aus dem Verdichtungsverhältnis der Gasturbine resultiert.
- Dichtheit. Der Wärmeübertrager sollte dicht sein, da Leckagen zu einer Verminderung des Wirkungsgrads führen. Probleme sind dabei an den Fügestellen Rohr-Rohr bzw. Rohr-Rohrboden zu erwarten.
- Einsatz in Staubfeuerungen. Aufgrund der Beaufschlagung des Wärmeübertragers mit heißem aschebeladenem Verbrennungsgas können Korrosionen und Verschmutzungen auftreten.

Der eingesetzte Wärmeübertragerwerkstoff muss damit bei hohen Temperaturen beständig gegen Verbrennungsgas und Schlacke sein. Die im Betrieb zu erwartende Verschmutzung des Wärmeübertragers muss entweder durch eine geeignete Vorabscheidung vermieden werden oder die Ablagerungen müssen im Betrieb laufend abgereinigt werden können. Dabei ist es entscheidend, bei welchen Temperaturen der Wärmeübertrager betrieben wird und in welchem Zustand die Asche oder Schlacke vorliegt. Bei Temperaturen oberhalb der Ascheließtemperatur wird Schlacke flüssig abgeschieden; sie wirkt dann stark korrodierend und dies schließt auch die Anwendung keramischer Werkstoffe in diesem Temperaturbereich zumeist aus. Bei Temperaturen unterhalb der Ascheerweichungstemperatur ist zu prüfen, ob Rußbläser zur Beseitigung der Verschmutzung ausreichend sind, während bei Temperaturen oberhalb der Ascheerweichung und unterhalb der Ascheließtemperatur ein Aufheizen und Abschmelzen erforderlich werden kann.

Weiterhin müssen sämtliche Betriebszustände beim An- und Abfahren und im Dauerbetrieb – wie auch Störfälle – sicher beherrscht werden; sie dürfen nicht zum Ausfall des Wärmeübertragers führen.

Die Materialeigenschaften des Wärmeübertragers begrenzen die obere Prozesstemperatur und damit auch den Wirkungsgrad eines indirekt gefeuerten Gasturbinenprozesses. Nachfolgend werden deshalb die Eigenschaften einiger ausgewählter metallischer Werkstoffe diskutiert.
- Stähle. Niedriglegierte Stähle (z. B. 15 Mo 3, 13 Cr Mo 4 4, 10 Cr Mo 9 10) können etwa bis zu Temperaturen von 500 °C eingesetzt werden. Höherlegierte ferritische Stähle (z. B. der in Dampfkraftwerken in Endüberhitzern eingesetzte X 20 Cr Mo V 12 1) oder auch martensitische Stähle sind etwa bis 600 °C einsetzbar. Austenitische Stähle erschließen einen Anwendungsbereich bis zu Temperaturen von etwa 850 °C.
- Nickelbasislegierungen. Legierungen, bei denen Nickel das Hauptlegierungselement ist, weisen eine höhere Temperaturbeständigkeit und Festigkeit auf als austenitische Stähle. Die Temperaturgrenze liegt bei etwa 1 000 °C. Aufgrund ihrer Zusammensetzung sind diese Werkstoffe jedoch relativ teuer und anspruchsvoller in ihrer Verarbeitung.
- ODS-Superlegierungen. ODS-Legierungen (Oxide Dispersion Strengthened, oxid-dispersions-gehärtet) sind pulvermetallurgisch hergestellte Superlegierungen auf Nickel- oder Eisenbasis. Sie zeichnen sich durch eine hohe Temperatur-

10.5 Stromerzeugungstechniken

beständigkeit bei vergleichsweise guten Festigkeitseigenschaften aus. Typische Vertreter sind Inconel MA 754 (Nickel-Basis) bzw. PM 2 000 (Eisen-Basis). Letzterer befindet sich in der Entwicklung und weist vielversprechende Eigenschaften wie hohe Temperatur- und Korrosionsbeständigkeit bis 1 300 °C auf.

Keramische Werkstoffe sind bezüglich der Temperaturbeständigkeit und der Festigkeit metallischen Werkstoffen prinzipiell überlegen. Einschränkungen bei der Anwendung keramischer Werksstoffe ergeben sich jedoch durch ihre Sprödigkeit; sie sind aufgrund der Materialeigenschaften nicht in der Lage, Spannungsspitzen durch Verformen abzubauen. Auch tritt bei Erreichen der Elastizitätsgrenze ohne Verformen unmittelbar der Bruch ein. Deshalb sollten geeignete, keramikgerechte Konstruktionen nicht beherrschbare, gefährdende Belastungen vermeiden. Hierbei sind einfache Bauformen (z. B. Rohre, Konstruktionen, durch welche die Keramik lediglich auf Druck beansprucht wird) vorteilhaft.

Für den Bereich der Hochtemperaturwärmeübertragung eignen sich prinzipiell Oxidkeramiken auf Aluminiumbasis und Nichtoxidkeramiken wie Si_3N_4 und SiC. Nach dem derzeitigen Kenntnisstand ist Siliziumkarbid der einzige Werkstoff, der die Anforderungen eines indirekten Gasturbinenprozesses erfüllen könnte.

Faserverstärkte Keramiken befinden sich noch in der Entwicklung; sie kommen grundsätzlich auch für eine Hochtemperaturanwendung in Frage. Probleme bestehen noch bezüglich des langfristigen Oxidationsschutzes. Auch wird der Einsatz von Verbundrohren mit metallischen und keramischen Werkstoffen diskutiert.

Neben der Auswahl geeigneter Werkstoffe und Entwicklung keramikgerechter Konstruktionen werden an Verbindungs- und Fügetechniken keramischer Konstruktionen besondere Anforderungen gestellt /10-106/.

Der elektrische Wirkungsgrad des Gesamtprozesses wird primär von der Konfiguration des Gasturbinen-Kreislaufs und von der Druckdifferenz zwischen Turbinenein- und -austritt bestimmt. Bei einer relativ einfachen Prozessführung liegen die erreichbaren elektrischen Wirkungsgrade bei rund 10 %. Durch entsprechende technische Maßnahmen ist grundsätzlich ein elektrischer Wirkungsgrad von rund 25 % bei einem Gesamtwirkungsgrad von über 90 % erreichbar. Der wesentliche Grund für die geringen Strom-Wirkungsgrade ist die geringe Turbineneintrittstemperatur. Deshalb wird vielfach eine zusätzliche Erwärmung der Heißluft vor der Turbine durch eine Erdgas-Zusatzfeuerung oder durch konzentrierte solare Wärme vorgeschlagen /10-55/.

Der elektrische Wirkungsgrad kann außerdem durch die zusätzliche Einbindung eines Dampfkraftprozesses (GuD-Prozess) grundsätzlich weiter gesteigert werden kann /10-84/.

Indirekt gefeuerte Gasturbinenprozesse mit regenerativen Wärmeübertragern. Eine Alternative zu indirekt gefeuerten Gasturbinenprozessen mit rekuperativen Wärmeübertragern sind indirekt gefeuerte Gasturbinenprozesse mit regenerativer Wärmeübertragung. Bei der regenerativen Wärmeübertragung werden große thermische Speicher wechselweise mit heißen und kalten Medien durchströmt und übertragen dadurch die Wärme vom heißen auf das kalte Medium. Im Vergleich zu einer rekuperativen Wärmeübertragung ist dies potenziell technisch einfacher zu realisieren. Üblich sind regenerative Wärmeübertrager vor allem für die Luftvorwärmung in großen Kraftwerken. Dreh-Luftvorwärmer (Ljungström-Vorwärmer) übertragen als letzte Heizfläche in großen Dampferzeugern die nach der Dampferzeugung im Verbrennungsgas verbliebene Wärme auf die Verbrennungsluft. Dabei werden massive Stahlplatten im heißen Verbrennungsgasstrom erwärmt und kontinuierlich in den kalten, zu erwärmenden Verbrennungsluftstrom gedreht. Für die Integration in Gasturbinenprozesse ist der Dreh-Lufterwärmer druckaufgeladen auszuführen (Abb. 10.76, oben).

Vor allem in der Stahlindustrie wurden zur Nutzung der Abwärme des Hochofenprozesses dagegen überwiegend Schüttungen aus Stahlkugeln oder Gesteinen wechselweise mit heißen Verbrennungsgasen beaufschlagt. Für die Nutzung von heißen Verbrennungsgasen aus der Biomasse-Verbrennung (Abb. 10.76, unten) verspricht vor allem die zweite Variante Vorteile: Durch die Filterwirkung der Schüttung und eine günstige Strömungsführung werden Partikel aus dem Verbren-

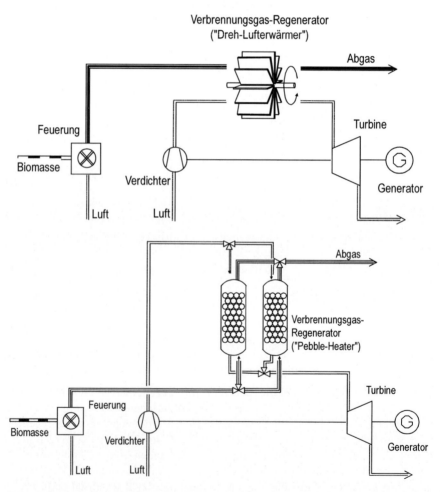

Abb. 10.76 Indirekt gefeuerter Gasturbinen-Prozess mit regenerativen Wärmeübertragern (oben: mit Dreh-Lufterwärmer; unten: mit Schüttschicht-Regenerator ("Pebble-Heater"); nach /10-76/)

nungsgas zurückgehalten. Wird die Schüttung kontinuierlich erneuert, gelangen die abgeschiedenen Partikel nicht zur Turbine /10-76/.

Problematisch sind bei beiden Prozessen die im Verbrennungsgas enthaltenen Alkalien und Schwermetalle. Alkalien (z. B. Kaliumchlorid) und Schwermetalle gehen in der Feuerung in die Gasphase über. Passieren diese Komponenten den regenerativen Wärmeübertrager und kondensieren beispielsweise an den Turbinenschaufeln, führen die entstehenden Beläge unweigerlich zur Schädigung der Turbine. Ein weiterer Nachteil beider in Abb. 10.76 dargestellten Prozesse sind die vergleichsweise geringen Gasturbinen-Eintrittstemperaturen und -drücke. Wie bei den indirekt gefeuerten Gasturbinen-Prozessen mit rekuperativen Wärmeübertragern lassen sich dadurch nur geringe Wirkungsgrade erzielen.

10.6 Mitverbrennung in Kohlekraftwerken

Unter einer Mitverbrennung von Biomasse in Kohlekraftwerken wird hier der Einsatz von festen Biobrennstoffen in vorhandenen mit Stein- oder Braunkohle gefeuerten Kraft- oder Heizkraftwerken zum Ersatz fossiler Energieträger verstanden. Eine derartige Mitverbrennung von Biomasse in konventionellen Kohlekraftwerken wird durch eine Reihe von Randbedingungen beeinflusst, die nachfolgend zunächst kurz diskutiert werden.

Der Anteil der Biomasse an der gesamten thermischen Leistung eines konventionellen mit Stein- oder Braunkohle gefeuerten Kraftwerks ist einerseits begrenzt durch jenen Biomassestrom, der in der Feuerungsanlage ohne zu erwartende signifikante Nachteile (z. B. Korrosion, Emissionen, Strömungsverhältnisse) eingesetzt werden kann. Beispielsweise sollte ein Biomasseanteil von etwa 10 % bei Steinkohlestaubfeuerungen nicht überschritten werden, um Maßnahmen zur Anpassung der vorhandenen Anlage an die dadurch veränderten Bedingungen möglichst gering zu halten. Bei Braunkohlefeuerungen, von Braun- auf Steinkohle umgebauten Feuerungen mit Abgas-Rezirkulation und bei Wirbelschichtanlagen sind demgegenüber auch höhere Anteile möglich. Zusätzlich wird der durch eine Mitverbrennung nutzbare Biomassestrom auch durch die Menge an Biobrennstoffen begrenzt, die an einem bestimmten Kraftwerksstandort kostengünstig bereitgestellt werden kann. Beispielsweise dürfte aufgrund logistischer Begrenzungen die obere Leistungsgrenze der Biomassebereitstellung unter mitteleuropäischen Bedingungen bei etwa 50 bis 100 MW Biomassebrennstoffleistung liegen. Bei höheren Leistungen steigt die Größe des benötigten Einzugsgebietes, so dass der Transportaufwand, der meist über die Straße abgewickelt werden muss, zu stark zunimmt und dadurch die Biomassebereitstellungskosten zu hoch werden.

Bei den Kohlekraftwerken, die vor diesem Hintergrund für eine Mitverbrennung von festen Biomassen in Frage kommen, handelt es sich deshalb einerseits um die vergleichsweise "kleinen" Heizkraftwerke, die üblicherweise von Stadtwerken im Leistungsbereich unterhalb von etwa 100 MW elektrischer Leistung betrieben werden. Andererseits kommen aber auch die großen, ausschließlich der Elektrizitätserzeugung dienenden Kraftwerksblöcke mit installierten elektrischen Leistungen von 500 bis 1 000 MW in Betracht. Angesichts der vergleichsweise großen installierten elektrischen (und damit auch thermischen) Leistungen im Großkraftwerksbereich bedeuten schon Anteile der Zufeuerung von 5 bis 10 % beträchtliche Mengen an festen Biomassen, so dass man sich in der Regel bei der großtechnischen Biomassemitverbrennung um höhere Anteile der Biomasse an der Feuerungswärmeleistung keine Gedanken zu machen braucht.

Die Nutzung von Biomasse in bestehenden Kohlegroßkraftwerken zur Stromerzeugung weist eine Reihe von Vorteilen gegenüber einer Erzeugung elektrischer Energie in kleineren, ausschließlich mit Biomasse gefeuerten Anlagen auf /10-102/.

− Aufgrund der großen vorhandenen Kraftwerkskapazität im Bereich der Kohleverstromung ergibt sich − auch bei relativ geringen Biomasseanteilen am gesamten Brennstoffeinsatz − insgesamt ein hohes und aus technischer Sicht schnell verfügbares Einsatzpotenzial zur Biomassenutzung; Einschränkungen bestehen lediglich durch die Tatsache, dass grundsätzlich nicht alle Standorte von Großkraftwerken für eine Mitverbrennung von Biomasse geeignet sind (z. B. aufgrund logistischer Begrenzungen).
− Die Stromerzeugungs-Wirkungsgrade in Großkraftwerken sind − im Vergleich zu den kleineren, ausschließlich biomassegefeuerten Anlagen − im Normalfall deutlich höher.
− Bei einer saisonalen Nichtverfügbarkeit oder bei witterungsbedingten Versorgungsengpässen von Biobrennstoffen kann die Stromerzeugung durch den Basisbrennstoff Kohle sichergestellt werden (d. h. hohe Versorgungssicherheit bei hoher Brennstoff-Flexibilität).
− Die zur Umsetzung einer Biomasse-Mitverbrennung in vorhandenen Kohlekraftwerken notwendigen zusätzlichen Investitionen sind relativ gering.
− Die Substitution des fossilen Brennstoffs Kohle durch biogene Festbrennstoffe macht den Erwerb einer entsprechenden Menge von CO_2-Emissionszertifikaten entbehrlich und kann dadurch mit finanziellen Vorteilen für den Kraftwerksbetreiber verbunden sein.

Grundsätzlich können (und werden) neben festen Biomassen wie Holz und Stroh auch andere Biomassefraktionen, die in entsprechender Menge und Homogenität (z. B. Klärschlamm) anfallen, in vorhandenen Kohlekraftwerken mitverbrannt werden. Damit eignet sich die Mitverbrennung auch für aus verbrennungstechnischer Sicht eher problematische Biomassearten, für die z. T. noch Entsorgungserlöse bezahlt werden.

Ausgehend davon ist es das Ziel der folgenden Ausführungen, die Möglichkeiten und Grenzen einer Mitverbrennung biogener Festbrennstoffe in konventionellen Kohlekraftwerken auf der Basis der Staub- und Wirbelschichtfeuerung darzustellen und zu diskutieren /10-106/, /10-5/, /10-24/, /10-25/, /10-26/, /10-68/, /10-92/, /10-107/, /10-108/.

10.6.1 Biomasseaufbereitung

Die notwendige Aufbereitung der biogenen Brennstoffe für die Mitverbrennung in vorhandenen Kraftwerken ist abhängig von der Biomasseart und der Feuerungsanlagentechnik.

Grundsätzlich sollten die in Großkraftwerken zugefeuerten biogenen Festbrennstoffe frei von Fremdstoffen (z. B. Steine, Metallteile) sein, um nachgeschaltete Förderorgane, Aufbereitungsaggregate (z. B. Schredder für Grobgut) oder Dosiereinheiten nicht zu beeinträchtigen.

Möglicherweise kann eine Trocknung der Biomasse notwendig werden. Während sie für Holz und Stroh aus verbrennungstechnischer Sicht i. Allg. nicht erforderlich ist, kann sie aus energetischer Sicht jedoch von Vorteil sein. Das gilt insbesondere dann, wenn dazu bisher ungenutzte Abwärme verwendet werden kann. Bei Klärschlamm und anderen Schlämmen biogenen Ursprungs kann dagegen auf eine Reduzierung des Wassergehaltes im Regelfall nicht verzichtet werden. Hierbei wird zunächst durch eine mechanische Entwässerung mittels Zentrifugen oder Kammerfilterpressen der Trockenmasse(TM)-Anteil beispielsweise am Klärschlamm von ca. 3 bis 5 % auf 20 bis maximal 45 % erhöht; dieser Verfahrensschritt findet jedoch i. Allg. bereits an der Kläranlage statt. Die zusätzlich erforderliche Verringerung des Wassergehaltes kann durch eine thermische Trocknung erfolgen. Dies kann entweder an einem beliebigen externen Standort durch die Verwendung eines dort vorhandenen Trocknungsmediums mit geringem Temperaturniveau stattfinden, oder die Trocknung erfolgt im Verbund mit einem Kraftwerk. Bei letzterer Variante ist die Möglichkeit gegeben, dass entweder Dampf oder Verbrennungsluft auf niedrigem Temperaturniveau oder auch bisher nicht genutzte Abwärme eingesetzt werden kann. Ungünstiger ist dagegen meist die Trocknung am Anfallort der Schlämme (z. B. Kläranlage) mit einem klär- bzw. biogas- und/oder erdgasbefeuerten Trockner oder die direkte Verbrennung, bei der für den feuchten Brennstoff im Feuerraum zur Vortrocknung ausreichende Zeiten und Räume vorzusehen sind.

Eventuell zu erwartende Betriebsprobleme (z. B. Korrosion) können durch ein "Waschen" des Brennstoffes ggf. vermieden werden. Dabei werden bestimmte Inhaltsstoffe (z. B. Chlor, Alkalien) beispielsweise mit Wasser aus dem Biobrennstoff (z. B. Stroh, Heu) ausgewaschen. Dadurch kann der Biobrennstoff anschließend problemloser in der Feuerungsanlage eingesetzt werden. Von Nachteil ist der hohe Energieaufwand für die praktische Umsetzung derartiger Überlegungen.

Nachfolgend werden die bei Staub- und Wirbelschichtfeuerungen vorliegenden Besonderheiten hinsichtlich der Aufbereitung der mitzuverbrennenden Biobrennstoffe diskutiert.

Aufbereitung für Staubfeuerungen. Staubfeuerungen erfordern eine weitgehende Zerkleinerung der eingesetzten Biomassen (z. B. Holzhackschnitzel, Halmgutballen), um einen vollständigen Ausbrand zu erreichen. Dazu können Schneid-, Hammer- oder ggf. Walzenmühlen eingesetzt werden.

Die mit einer Schneidmühle gemahlenen Holzpartikel weisen eine eher kubische Form auf, während Partikel aus halmgutartigen Biomassen (z. B. Stroh, Heu) die Form von länglichen, rechteckigen Plättchen besitzen. Der für diese Zerkleinerung notwendige elektrische Energiebedarf steigt mit abnehmender Partikelgröße an und liegt bei Verwendung einer Schneidmühle mit Sieben zwischen 2 und 6 mm Durchgang zwischen ca. 0,8 und 2 % des Heizwertes der Biomasse. Mit einer Hammermühle kann der Energiebedarf demgegenüber auf 0,5 bis 1 % des Heizwertes verringert werden /10-100/. Mit zunehmendem Wassergehalt des Brennstoffes wird dabei grundsätzlich mehr Energie benötigt; bei Wassergehalten von über 10 bis 20 % nimmt der Energiebedarf besonders stark zu. Beispielsweise wurde für Stroh bei einer Siebweite von 2 mm und einem Wassergehalt von 30 % über 8 % des Heizwertes zur Mahlung mit einer Schneidmühle benötigt /10-100/, /10-101/. Dieser Energiebedarf kann auch durch eine vorangegangene Torrefizierung (vgl. Kapitel 12) reduziert werden.

Zur Aufbereitung und Zuführung von mechanisch entwässerten oder zusätzlich thermisch getrockneten Schlämmen (z. B. Klärschlamm) können die vorhandenen Einrichtungen zur Kohleaufbereitung und -beschickung meist mitgenutzt werden. Dazu wird beispielsweise der Klärschlamm vor der Mühle zugegeben und dort gemeinsam mit der Kohle endgetrocknet. Dabei werden Kohle und Klärschlamm bei Mahlung und Trocknung gut vermischt. Die Mühlen sind dafür als kombinierte Mahltrockner ausgeführt, in denen die Trocknung mittels vorgewärmter Verbrennungsluft realisiert wird. Dabei wird Steinkohle mit einem Wassergehalt von typischerweise 10 % auf unter 5 % und Braunkohle von rund 50 % auf 10 bis 15 % Wassergehalt getrocknet. Anschließend werden Kohle und Klärschlamm gemeinsam in die Feuerung eingeblasen. Wenn ein nur mechanisch entwässerter Klärschlamm der Mühle zugegeben wird, ist der Klärschlammanteil durch die noch vorhandene freie Kapazität der Wasserverdampfung in der Mühle limitiert.

Aufbereitung für Wirbelschichtfeuerungen. Holz kann in Wirbelschichtfeuerungen als Hackschnitzel ohne weitere Mahlung eingesetzt werden. Beispielsweise liegen maximale Stückgrößen für Holz in zirkulierenden Wirbelschichtfeuerungen bei rund 60 mm /10-3/ und in stationären Wirbelschichtfeuerungen bei etwa 100 mm /10-75/. Bei halmgutartiger Biomasse müssen die Ballen aufgelöst und auf Längen um 10 bis 30 cm gehäckselt werden. Damit bestehen hinsichtlich der Brennstoffabmessungen praktisch keine Unterschiede zu einer ausschließlichen Biomasseverbrennung. Dies gilt auch für Schlämme. Beispielsweise wird nur mechanisch entwässerter Klärschlamm mittels Dickstoffpumpen zur Kohleaufgabe oder direkt in den Feuerraum gepumpt. Demgegenüber wird getrockneter Klärschlamm mittels pneumatischer Förderung entweder vor der Verbrennung mit der Kohle vermischt oder getrennt von der Kohle in die Feuerung aufgegeben.

Wirbelschichtfeuerungen machen damit nur eine geringe Aufbereitung des zuzufeuernden Brennstoffes erforderlich. Sie sind zusätzlich unempfindlich gegenüber erhöhten Brennstoff-Wassergehalten bzw. geringen Heizwerten sowie Schwankungen im Wassergehalt.

10.6.2 Staubfeuerungen

Von grundlegender Bedeutung für die Möglichkeiten einer Mitverbrennung von Biomasse in vorhandenen Staubfeuerungen sind die sich einstellenden Massen- und Volumenströme und ihre Veränderungen gegenüber der alleinigen Verbrennung des Auslegungsbrennstoffes Kohle. Auch müssen die vorhandenen Brennstofftransport- und -aufbereitungseinrichtungen im Hinblick auf den geänderten Brennstoffvolumenstrom geeignet sein und die notwendige Kapazität aufweisen. Zusätzlich ist die Veränderung des Abgasvolumenstroms zu ermitteln, da dieser durch die unterschiedlichen Wassergehalte im Brennstoff und durch die unterschiedlichen Mengen an Reaktionswasser aus der Oxidation des im Brennstoff enthaltenen Wasserstoffs beeinflusst wird. Hiervon sind das Wärmeübertragungs- und Verweilzeitverhalten im Dampferzeuger und die Funktion der nachfolgenden Abgasreinigungseinrichtungen wesentlich betroffen.

Abb. 10.77 fasst die Auswirkungen der Mitverbrennung auf die Komponenten eines Kohlekraftwerkes mit Staubfeuerung zusammen /10-104/. Sie werden nachfolgend detailliert jeweils für die Zufeuerung von holz- und halmgutartiger Biomasse diskutiert. Zusätzlich wird exemplarisch Klärschlamm als Zusatzbrennstoff betrachtet, da er bisher bei der praktischen Umsetzung die größte Bedeutung erlangt hat.

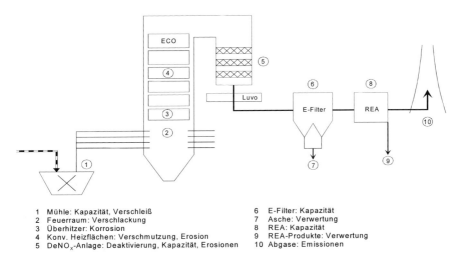

1 Mühle: Kapazität, Verschleiß
2 Feuerraum: Verschlackung
3 Überhitzer: Korrosion
4 Konv. Heizflächen: Verschmutzung, Erosion
5 DeNO$_x$-Anlage: Deaktivierung, Kapazität, Erosionen
6 E-Filter: Kapazität
7 Asche: Verwertung
8 REA: Kapazität
9 REA-Produkte: Verwertung
10 Abgase: Emissionen

Abb. 10.77 Mögliche Auswirkungen und betroffene Anlagenteile bei der Mitverbrennung (ECO Economiser, Luvo Luftvorwärmer, DeNO$_x$-Anlage Abgas-Entstickungs-Anlage, E-Filter Elektrofilter, konv. konvektive, REA Abgas-Entschwefelungs-Anlage; nach /10-107/)

Brennstoff- und Abgasvolumenstrom. Von der Brennstoffversorgung bis zur Brennstoffeinbringung in die Staubfeuerung nimmt der Brennstoffvolumenstrom durch Beimengung von holz- und halmgutartiger Biomasse zur Kohle stark zu (Abb. 10.78). Das hängt u. a. mit dem deutlich geringeren Heizwert und dem dadurch relativ größeren Biomassestrom im Vergleich zur Kohle zusammen. Beispielsweise führt ein 10 %-iger Leistungsanteil der Mitverbrennung von Stroh in einer Steinkohlestaubfeuerung zu einer Verdopplung des Gesamt-Brennstoffvolumenstroms. Daher sollten sowohl die Mahlung der Biomasse als auch die Förderung des Biobrennstoffs in den Feuerraum separat erfolgen. Aufgrund der unterschiedlichen Struktur von Biobrennstoff und Kohle können dabei die Kohle-Mahlanlagen zumeist nicht für die zuzufeuernde Biomasse genutzt werden, so dass hierfür meist eigene Mahleinrichtungen erforderlich sind.

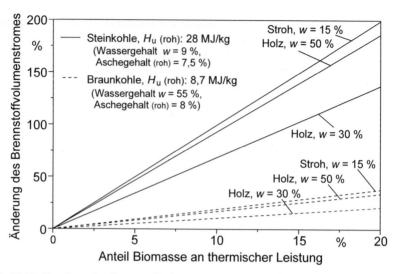

Abb. 10.78 Zunahme des Brennstoffvolumenstromes im Anlieferungszustand (Schüttdichten: Kohle 870 kg/m³, Braunkohle 740 kg/m³, Hackgut 250 kg/m³ (30 % Wassergehalt), Strohballen 150 kg/m³ (15 % Wassergehalt)) /10-106/

Die Gasströme im Kessel verändern sich durch die Mitverbrennung nur wenig. Sowohl die zugeführte Verbrennungsluft als auch das Abgasvolumen bleiben weitgehend konstant. Wird beispielsweise trockenes Holz oder Stroh in einer Steinkohlefeuerung eingesetzt, ändert sich der feuchte Abgasvolumenstrom je nach Biomasse und deren Feuchte um maximal 1 % bei einem Anteil der Biomasse an der installierten thermischen Leistung bis 10 % (Abb. 10.79). Auch bei sehr feuchter Biomasse (z. B. Rinde, frischer Grasschnitt) bleibt die dadurch bedingte Zunahme des Abgasvolumens im Bereich weniger Prozent.

Bei der Mitverbrennung in einer Steinkohlefeuerung beeinflusst der Wassergehalt des Klärschlamms den Brennstoffmassenstrom und den Abgasvolumenstrom /10-32/. Während hier für einen thermisch getrockneten Klärschlamm mit 95 % Trockenmasse (TM) bei einem Klärschlammanteil von 10 % an der installierten thermischen Leistung der Brennstoffmassenstrom um 18 % ansteigt, beträgt der Anstieg bei mechanisch gut entwässertem Schlamm mit 45 % Trockenmasse (TM) bei gleichem Anteil an der thermischen Leistung bereits etwa 70 %.

Bei der Fördertechnik, den Mühlen und der Brennstoffzuführung über den Brenner entsteht damit dann ein hoher Anpassungsbedarf, wenn mit dem Klärschlamm unverhältnismäßig große Wasseranteile eingetragen werden. Im Abgassystem stellt sich der Sachverhalt ähnlich dar. Die erhöhte Strömungsgeschwindigkeit führt hier zu einer Veränderung der Wärmeübertragung sowie zu einer Erhöhung der Druckverluste; außerdem beeinträchtigt sie auch das Abscheideverhalten der Abgasreinigungsstufen.

10.6 Mitverbrennung in Kohlekraftwerken

Haben jedoch Haupt- und Zusatzbrennstoff annähernd gleiche Wassergehalte, sind die notwendigen Änderungen gering. Deshalb bietet sich die Mitverbrennung von feuchter Biomasse (z. B. feuchtes Holz, entwässerter Klärschlamm) mit Rohbraunkohle (Wassergehalt etwa 50 %) an. Das feuchte Abgasvolumen sinkt dabei leicht. Trockene Biomasse oder getrockneter Klärschlamm können mit Steinkohle (Wassergehalt etwa 7 %) verbrannt werden. Feuchtes Holz würde bei höheren Anteilen an der thermischen Leistung zu einer nicht akzeptablen Erhöhung des Volumenstromes führen. Bei den üblicherweise geringen Anteilen an der thermischen Leistung kann jedoch auch mechanisch entwässerter Klärschlamm in Steinkohlefeuerungen eingesetzt werden.

Verbrennungsablauf. Um eine vollständige Verbrennung in der Staubfeuerung zu gewährleisten, muss der Biobrennstoff entsprechend aufgemahlen werden. Für eine sichere Zündung und einen vollständigen Ausbrand liegt die maximal einsetzbare Partikelgröße – beispielsweise in einer 0,5 MW Versuchsanlage für Stroh – bei etwa 6 mm und für Miscanthus aufgrund seiner holzartigen Struktur bei etwa 4 mm (Mühlen-Siebdurchmesser). Für Holz sind bei der Mitverbrennung in Kohlestaubflammen Ausmahlungen zwischen 2 und 4 mm erforderlich. In Anlagen mit höheren thermischen Leistungen von bis zu mehreren 1 000 MW können aufgrund der längeren Verweilzeiten grundsätzlich auch gröbere Biomassepartikel mitverbrannt werden. Beispielsweise wurde in einem Großkraftwerk Stroh mit Halmlängen von bis zu 10 cm vollständig verbrannt /10-100/.

Zusätzlich können aufgrund des hohen Flüchtigengehalts der Biomasse in Staubfeuerungen wesentlich gröbere Brennstoffpartikel als bei Kohle eingesetzt werden. Halmgutartige Biomassen sind dabei reaktiver als Holz und bedürfen

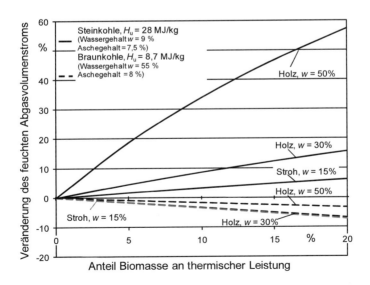

Abb. 10.79 Änderung des feuchten Abgasvolumenstroms bei der Biomasse-Mitverbrennung /10-106/

10 Direkte thermo-chemische Umwandlung (Verbrennung)

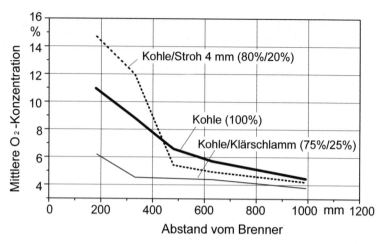

Abb. 10.80 Verbrennungsverlauf einer Biomasse/Kohle-Mischflamme (nach /10-106/)

deshalb einer weniger feinen Aufmahlung. Auf eine Trocknung der Biobrennstoffe kann dabei bei Wassergehalten von bis zu 50 % verzichtet werden.

Die deutlich gröbere Aufmahlung der Biomassepartikel wirkt sich auf den Verbrennungsablauf aus. Dies zeigt Abb. 10.80 exemplarisch in einer Kohlenstaub- bzw. Kohlenstaub/Biomasse-Flamme. Am Verlauf der mittleren Sauerstoff-Konzentration entlang des Verbrennungsweges ist die verzögerte Zündung der groben Strohpartikel zu erkennen. Nach der Zündung wird der Sauerstoff rascher verbraucht, und die Verbrennung verläuft nach der Zündung bis zum Ausbrand schneller als bei der Kohle.

Verschlackung und Verschmutzung. Bedingt durch die niedrigeren Schmelzpunkte der Biomasseaschepartikel im Vergleich zum Hauptbrennstoff Kohle, beispielsweise bei Stroh (Kapitel 9.1), besteht eine erhöhte Gefahr von Schlackenbildung im Feuerraumbereich. Dabei sind die Auswirkungen niedriger Schmelztemperaturen für trocken und schmelzflüssig entaschte Feuerungen unterschiedlich. Während bei Schmelzfeuerungen niedrigere Schmelztemperaturen durchaus erwünscht sein können, kann bei Trockenfeuerungen eine niedrigere Schmelztemperatur zu betriebsbeeinträchtigenden Verschlackungen im Feuerraum, und hier speziell im Brennerbereich, führen.

Mit zunehmend niedrigeren Schmelzpunkten der eingesetzten Biomassen nehmen die aus dem Biobrennstoff resultierenden Verschmutzungen und Verschlackungen an den konvektiven Heizflächen zu. Untersuchungen an einer 0,5 MW Anlage zeigen jedoch, dass die Verschmutzungsrate bei einer Stroh-Mitverbrennung nur unwesentlich höher war als bei der Verbrennung einer wenig zur Verschmutzung neigenden Kohle. Außerdem lassen sich die bei der Verbrennung entstandenen Staubbeläge gut abreinigen. Bei nicht zu hohen Biomasseanteilen dominieren damit die Eigenschaften der Kohlenasche. Lagern sich jedoch größere, unvollständig ausgebrannte Strohpartikel ab, führen sie mit ihrem niedrigen Schmelzpunkt der Strohasche zu entsprechenden Verschlackungen.

Korrosion und Erosion. Halmgutartige Biomasse (z. B. Stroh) weist im Vergleich zu Kohle und Holz einen deutlich höheren Chlorgehalt auf (Kapitel 9.1). Dies kann zu einer verstärkten Hochtemperaturkorrosion mit einer entsprechenden Abzehrung der Heizflächen führen. Davon sind die Überhitzerheizflächen mit ihren hohen Dampf- und Abgastemperaturen am ehesten betroffen (Abb. 10.81). Insgesamt gesehen erscheinen die gemessenen Korrosionsraten an den Heizflächen der Kohlestaubfeuerung jedoch – im Vergleich zu einer ausschließlichen Kohleverbrennung – akzeptabel /10-7/, /10-103/, /10-119/, /10-120/, /10-127/, wenn man sich, wie dargestellt, auf geringe Anteile der Biomasse an der gesamten Feuerungswärmeleistung beschränkt.

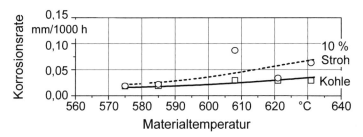

Abb. 10.81 Korrosionsraten bei der Stroh-Mitverbrennung an einer Staubfeuerung mit einer elektrischen Leistung von 130 MW exemplarisch für den Werkstoff X20CrMoV121 (nach /10-106/)

Infolge der niedrigen Ascheanteile in den meisten Biomassen, die für eine Mitverbrennung diskutiert werden, kommt es an den Anlagenteilen, in denen der staubbeladene Abgasvolumenstrom hindurchströmt, kaum zu einer erhöhten Erosion (d. h. Materialabtrag durch abrasive Abgaskomponenten).

Die Chlorgehalte von Klärschlamm liegen dabei in der Größenordnung der Chlorgehalte von Kohlen. Verstärkte Hochtemperaturkorrosion ist deshalb hier bei einer Mitverbrennung nicht zu erwarten. Jedoch kann es im Bereich der konvektiven Heizflächen zu erhöhten Verschmutzungen und zu Erosion kommen.

Emissionen. Die Mitverbrennung von holz- und halmgutartiger Biomasse in Kohlekraftwerken führt zu einer Minderung der Hauptschadgase im Roh-Abgas vor der Abgasreinigung. Schwefeldioxid (SO_2) wird einerseits durch die Einbindung von Schwefel in die Asche und andererseits durch Verdünnung reduziert, da die Biomassebrennstoffe niedrigere Schwefelgehalte aufweisen als Kohle. Auch Stickstoffoxide (NO_x) können – wegen Biomasse-spezifischer Vorteile bei der Verbrennungskinetik – niedrigere Werte erreichen, auch wenn sich der Stickstoffgehalt im Brennstoff insgesamt kaum verändert. Auch die Kohlenstoffmonoxid(CO)-Emissionen steigen bei ausreichender Aufmahlung der Biomassen nicht an /10-7/.

Aufgrund des hohen Flüchtigengehalts eignet sich Biomasse insbesondere zur Anwendung von Stickstoffoxid(NO_x)-Minderungsverfahren wie Luft- und Brennstoffstufung. Obwohl für Stroh der auf den Heizwert bezogene Brennstoffstickstoff etwa dem der Kohle entspricht, bewirkt die höhere Freisetzung von Produkten der pyrolytischen Zersetzung und flüchtigen Stickstoffverbindungen im Verlauf der thermo-chemischen Umsetzung eine geringere Stickstoffoxidbildung. Abb. 10.82 zeigt deshalb exemplarisch die an einer Versuchsanlage ermittelten NO_x-Emissionen bei einem Brennstoffgemisch aus 25 % jeweils unterschiedlichen Biomassen und 75 % Steinkohle (jeweils bezogen auf die gesamte installierte thermische Leistung). Demnach ergeben sich unabhängig vom Stickstoffgehalt in der Biomasse in etwa gleiche NO_x-Emissionen. Dabei ist die Eignung der Biomassen im Rahmen von feuerungstechnischen Maßnahmen zur Stickstoffoxid-Minderung durch Luftstufung anhand der mit abnehmender Luftüberschusszahl in der Primärzone absinkenden NO_x-Emissionen in Abb. 10.82 deutlich zu erkennen.

Die Mitverbrennung von Biomasse in einer Staubfeuerung stellt also keine Anforderungen an den Stickstoffgehalt der Biomasse. Auch höhere Stickstoff-Konzentrationen im Biobrennstoff lassen sich durch feuerungstechnische Maßnahmen beherrschen /10-58/, /10-105/.

Die Mitverbrennung von Klärschlamm führt dagegen für bestimmte Stoffe wie Schwefeldioxid, Stickstoffoxide oder flüchtige Schwermetalle zu einer Konzentrationserhöhung in den Roh-Abgasen, die zusätzliche nachgeschaltete Abgasreinigungsstufen erforderlich machen können. Die Schadstoffkonzentrationen im Abgas sind abhängig vom Anteil des Klärschlamms am gesamten durchgesetzten Brennstoff, dem auf den Heizwert bezogenen Anteil an Schwefel oder Stickstoff und der Konversionsrate. Bei der Mitverbrennung von thermisch getrocknetem Klärschlamm mit Steinkohle ist beispielsweise der Stickstoffeintrag des Klärschlamms bezogen auf den Heizwert etwa 7-mal größer als der der Kohle. Beim Brennstoffschwefel beträgt das Verhältnis rund 3,3.

Die Umwandlungsrate des Schwefels zu Schwefeldioxid (SO_2) ist unabhängig vom Klärschlammanteil und liegt bei etwa 90 %; daraus ergibt sich eine Erhöhung

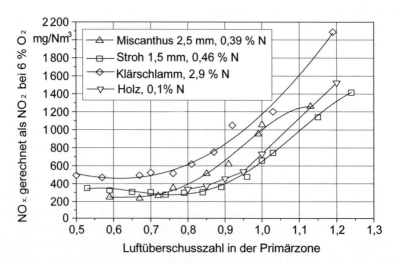

Abb. 10.82 Stickstoffoxid(NO_x)-Emissionen bei unterschiedlichen Luftüberschusszahlen in der Primärzone für verschiedene Biomassen bei Brennstoffgemisch aus 25 % Biomasse und 75 % Kohle, jeweils bezogen auf die thermische Brennstoffleistung (nach /10-106/)

der SO$_2$-Emissionen proportional zum Klärschlammanteil. Der hohe Kalziumoxid(CaO)-Gehalt der Klärschlammasche führt dabei nicht zu einer Reduktion der SO$_2$-Emissionen; dies lässt sich mit einer Inaktivierung des Kalziumoxids durch die Oberflächenversinterung bei den hohen Verbrennungstemperaturen in der Staubfeuerung erklären.

Mit entsprechenden Reduktionsmaßnahmen der Luft- und Brennstoffstufung im Feuerraum sind die Stickstoffoxidemissionen der Klärschlamm-Mitverbrennung vergleichbar zu derjenigen bei ausschließlicher Kohleverbrennung. Der hohe Stickstoffgehalt im Brennstoff sollte jedoch in der Brennerauslegung und -ausführung und bei der Luftverteilung in der jeweiligen Brennkammer berücksichtigt werden.

Die heizwertbezogenen Chlorgehalte für Steinkohle und kommunale Klärschlämme liegen etwa in der gleichen Größenordnung; lediglich bei industriellen Schlämmen ist ein signifikanter Anstieg möglich. Auch bei den PCDD/PCDF-Emissionen, die bei Anwesenheit von Chlor im Brennstoff gebildet werden können, werden i. Allg. keine erhöhten Werte gemessen /10-33/.

Abgasreinigung. Zusätzlich kann die Biomasse-Mitverbrennung Folgen für die Anlagen zur Entstickung und Entschwefelung des Abgases haben. Dies wird nachfolgend analysiert.

Entstickungs-Anlage. Bei der Auswirkung einer Biomasse-Mitverbrennung auf die Entstickung in DeNOx-Anlagen ist zwischen der High-Dust- und der Low-Dust-Anordnung zu unterscheiden. Insgesamt sind dabei die möglichen Auswirkungen (z. B. Katalysator-Deaktivierung) auf den Betrieb einer DeNOx-Anlage bei der Low-Dust-Schaltung infolge der zuvor realisierten Abgasreinigungen mit dem Elektrofilter und der Abgas-Entschwefelungs-Anlage (REA) geringer; deshalb bietet diese Anordnung gegenüber der High-Dust-Anordnung bei der Mitverbrennung Vorteile.

Insbesondere bei einer in Steinkohle-Trockenfeuerungen üblichen Anordnung der DeNOx-Anlage im High-Dust-Bereich ist der Katalysator bei der Mitverbrennung durch eine mögliche Deaktivierung gefährdet; dies gilt vor allem dann, wenn Stroh eingesetzt wird. Dabei können verschiedene Mechanismen beteiligt sein. Der Katalysator kann mit Kalium und Natrium reagieren; deshalb werden von Katalysatorherstellern Grenzwerte des Alkalianteiles vorgegeben (K$_2$O und Na$_2$O unter 4 Gew.-% der Asche), die jedoch – je nach eingesetzter Kohle – schon bei geringen Strohanteilen erreicht werden können. Auch kann es durch Alkalien und Erdalkalien zu einer Porenverstopfung der aktiven Katalysatorzellen kommen. Auch Phosphor kann zur Vergiftung des Katalysators beitragen. Mit einer Katalysator-Anordnung hinter der Abgas-Entschwefelungs-Anlage (REA) (d. h. Low-Dust-Anordnung) kann eine derartige Schädigung vermieden werden. In Braunkohlefeuerungen, bei denen feuerungstechnische Maßnahmen zur Entstickung angewendet werden, tritt dieses Problem nicht auf. Auch sind bei der Verwendung von Holz aufgrund der deutlich niedrigeren Gehalte problematischer Inhaltsstoffe hierbei wesentliche geringere Probleme zu erwarten.

Der hohe Aschegehalt von Klärschlamm kann bei der High-Dust-Schaltung zu Verschmutzungen und zu Erosionen am Katalysator führen. Aufgrund des hohen

Stickstoffanteiles des Klärschlamms können auch die NO_x-Konzentrationen im Roh-Abgas ansteigen; sie müssen dann zusätzlich in der DeNOx-Anlage reduziert werden. Hier können bestimmte Stoffe (z. B. Arsen, Phosphor) zu einer Katalysator-Deaktivierung führen.

Abgas-Entschwefelungs-Anlage (REA). Der geringe Schwefelgehalt der meisten Biobrennstoffe führt zu einer Entlastung der Abgas-Entschwefelungs-Anlage (REA). Der Eintrag anderer Abgasinhaltsstoffe kann jedoch die Funktionsweise der REA ggf. beeinträchtigen oder sie zusätzlich belasten; auch daraus kann sich eine Begrenzung des Biomasseanteiles ergeben. Dies gilt insbesondere für den Chloreintrag in die REA.

In der Abgas-Entschwefelungs-Anlage (REA) werden neben dem Schwefel auch eine Reihe anderer Abgasinhaltsstoffe abgeschieden; dies sind z. B. die mit dem Abgas flüchtigen Ascheinhaltsstoffe wie Quecksilber, Arsen, Blei und andere Schwermetalle. Sie finden sich in den REA-Rückständen (z. B. REA-Gips) wieder; deren Qualität ist deshalb bei einer Vermarktung zu prüfen. Bei den hier betrachteten holz- und halmgutartigen Biomassen sind die Konzentrationen dieser Stoffe im Vergleich zu Kohle jedoch zu vernachlässigen.

Der im Klärschlamm enthaltene Schwefel übersteigt allerdings den üblichen Schwefelgehalt der Kohlen deutlich. Die Entschwefelungsanlage muss deshalb eine ausreichende Kapazität haben, damit die gesetzlichen Grenzwerte sicher eingehalten werden. Beispielsweise steigt bei 25 % Leistungsanteil des Klärschlamms die zu bindende SO_2-Menge auf das 1,6-fache an.

Ascheanfall und -verwertung. Bei den möglichen Auswirkungen einer Mitverbrennung von Biomasse in Kohlekraftwerken sind auch die Folgen für den Ascheanfall und die Ascheverwertung zu berücksichtigen.

Ascheanfall. Die geringen Ascheanteile der Biobrennstoffe Holz und Stroh entlasten die Einrichtungen zur Staubabscheidung. Insgesamt fällt damit im Falle einer Zufeuerung von holz- und halmgutartigen Bioenergieträgern weniger Asche an.

Demgegenüber kann der hohe Aschegehalt des Klärschlamms zu Mehrbelastungen des Elektrofilters führen. Hier ist bei einer Mitverbrennung von 5 bis 25 % thermisch getrocknetem Klärschlamm zu Steinkohle – bezogen auf die Brennstoffleistung – mit der 1,7- bis 4,7-fachen Aschemenge zu rechnen. Beispielsweise stammen bei einem Klärschlammanteil von 5 bzw. 25 % bereits 44 bzw. 84 % der Asche aus dem Klärschlamm. Entsprechende Änderungen der Ascheeigenschaften sind die Folge /10-32/.

Ascheverwertung. Die Zusammensetzung der Flugasche und der Bodenasche von Kohlestaubfeuerungen bestimmt deren Verwertungsmöglichkeiten. Für eine Verwendung der Flugasche in der Zement- und Betonindustrie sind dabei die Konzentrationen an Alkalien, Sulfaten, Chloriden und unverbranntem Kohlenstoff entscheidend.

Aufgrund des sehr geringen Aschegehalts ist eine Zufeuerung von Holz am wenigsten kritisch. Bei Stroh kann der Anstieg des Alkaliengehaltes und der unverbrannten Bestandteile die Ascheverwertung einschränken, sobald ein Strohanteil

10.6 Mitverbrennung in Kohlekraftwerken 593

von 10 % an der thermischen Leistung überschritten wird /10-7/. Ebenfalls können bei Stroh vermehrt unverbrannte Strohnodien (Halmknoten) zurückbleiben, welche die Verwertung der Flugasche erschweren. Bei Braunkohlefeuerungen wird dagegen die Asche meist zur Rekultivierung im Tagebau verwendet, so dass durch entsprechende Maßnahmen sichergestellt werden muss, dass bestimmte Aschebestandteile möglichst nicht ausgewaschen und z. B. ins Grundwasser eingetragen werden können.

Mit zunehmendem Klärschlammanteil wurde ein Absinken des Kohlenstoff-Gehaltes in der Flugasche beobachtet. Insoweit verbessert der höhere Ascheanteil im Klärschlamm das zu vermarktende Produkt Flugasche.

Zur weiteren Beurteilung der Ascheeigenschaften müssen vor allem die weiteren Inhaltsstoffe der Klärschlamm- im Vergleich zur Kohleasche berücksichtigt werden. Neben den Hauptinhaltsstoffen interessieren hier insbesondere die Stoffe mit toxischem Verhalten und/oder einem Akkumulationsverhalten in der Biosphäre. Dabei zeigt sich jedoch trotz der gegebenen Streubreiten, dass nur wenige Schlämme stärker belastet sind, als es für eine landwirtschaftliche Nutzung zulässig ist /10-43/.

Abgesehen von Stoffen wie Quecksilber, Selen und Arsen, die elementar oder in ihren Verbindungen durch niedrige Siedepunkte nennenswerte Anteile über den Abgasstrom emittieren, finden sich die meisten Spurenelemente aus Klärschlämmen in den festen Rückständen der Feuerung oder Abgasreinigung wieder. Abb. 10.83 zeigt einen direkten Vergleich zwischen Klärschlammasche und typischer Steinkohlenasche. Demnach nähern sich die Spurenelement-Konzentrationen unter Berücksichtigung der verschiedenen Aschegehalte einander an. Die Mitverbrennung von Klärschlamm mit Steinkohle führt demnach nicht zu einer gravierenden Änderung der Schadstoffkonzentrationen in der Asche.

Für Schwermetalle, welche die Verbrennungsanlage teilweise über den Abgasstrom verlassen, muss die Abscheidung in den nachfolgenden Reinigungsstufen geprüft werden. In den kraftwerksüblichen nassen Abgas-Entschwefelungs-Anlagen (REA) werden diese nur z. T. abgeschieden, so dass der übrige Teil über den Abgasstrom emittiert wird /10-115/. Für Quecksilber wird hier beispielsweise eine Abscheidung von etwa 50 % angegeben /10-22/; der Rest wird emittiert. Dies kann eine Verbesserung der kraftwerksüblichen Abgas-Entschwefelungs-Anlagen

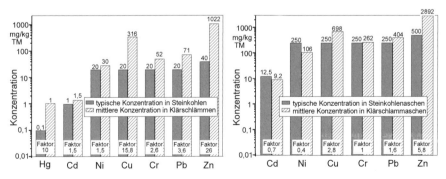

Abb. 10.83 Vergleich von Spurenelementen in trockenen Brennstoffen (links) und Brennstoffaschen (rechts) (TM Trockenmasse; nach /10-13/, /10-22/, /10-32/, /10-43/)

(REA) z. B. durch speziell angepasste Fällungsmittel oder die Nachschaltung einer zusätzlichen Filterstufe (z. B. Aktivkohlefilter) erforderlich machen. Hierbei ist zu beachten, dass bei der Mitverbrennung von Klärschlämmen, die grundsätzlich als Abfälle kategorisiert sind, emissionsrechtlich unterschiedliche Vorschriften gelten; beispielsweise sind in Deutschland für Klärschlamm die Anforderungen der 17. BlmSchV (17. Bundes-Immissionsschutzverordnung) zu erfüllen, die strenger sind, als die der für eine ausschließliche Kohleverbrennung im Kraftwerksbetrieb geltenden 13. BlmSchV.

Die in 2005 geänderte Europäische Norm EN 450, welche die Verwertung von Flugasche als Betonzusatz regelt, schließt nun auch Flugasche von der Mitverbrennung von Brennstoffen wie Holz, Stroh, Klärschlamm oder auch Papierschlamm mit ein, solange der Massenanteil der zugefeuerten Brennstoffe 20 % nicht übersteigt und der Ascheanfall aus dem Zusatzbrennstoff nicht mehr als 10 % beträgt. Neben den genannten Qualitätsanforderungen sind in der EN 450 noch weitere Kenngrößen festgelegt. Mit der Änderung der Norm wurde damit eine wesentliche Hürde für die Verbreitung der Mitverbrennung überwunden /10-121/.

10.6.3 Wirbelschichtfeuerungen

Verbrennungsablauf. Mit ihrem höheren Flüchtigengehalt neigt Biomasse im Unterschied zu Kohlen insbesondere bei stationären Wirbelschichtfeuerungen zur Nachverbrennung im Freiraum der Feuerungsanlage. Außerdem können kleine, leichte Partikel (z. B. Stroh) aus der Wirbelschicht ausgetragen werden, die bei der Nachverbrennung ebenfalls die Temperatur im Freiraum erhöhen. Die gute Vermischung in einer zirkulierenden Wirbelschichtfeuerung vergleichmäßigt zwar die Feuerraumtemperaturen, jedoch kann auch hier eine Temperaturverschiebung nach oben eintreten, wenn Biomassebrennstoffe mitverbrannt werden.

Da Wirbelschichtfeuerungen sich insbesondere auch für ballasthaltige Brennstoffe eignen, bietet sich eine Zufeuerung von mechanisch entwässertem Klärschlamm an; dies dient aber aufgrund des geringen Heizwertes und den erzielbaren Erlösen vornehmlich der Entsorgung und weniger dem Energiegewinn. Während bei der Steinkohle der höhere Wassergehalt des Klärschlamms den Abgasvolumenstrom erhöht, ist die Auswirkung bei der Mitverbrennung mit Braunkohle gering /10-8/. Abb. 10.84 zeigt exemplarisch das Schema eines mit Rohbraunkohle befeuerten Industriedampferzeugers mit zirkulierender Wirbelschichtfeuerung, dem im Versuchsbetrieb mechanisch entwässerter Klärschlamm mit 30 bis 40 % Trockenmasse (TM) zugefeuert wurde. Der Klärschlamm wird dabei über Schlammlanzen in die Rückfallschächte zugegeben. Das Betriebsverhalten von zirkulierenden Wirbelschichtfeuerungen wird durch diese Klärschlamm-Mitverbrennung nicht verschlechtert. In Abhängigkeit vom Heizwert und von der zugeführten Klärschlamm-Menge geht aber die Feuerungsleistung und somit die Dampfproduktion entsprechend zurück.

Andererseits können durch die Mitverbrennung von Biomassen Synergieeffekte eintreten, welche die Effizienz des Kraftwerksbetriebes steigern. Beispielsweise wurde in einem industriellen Wirbelschichtkraftwerk nachgewiesen, dass durch die Mitverbrennung von Holzpellets und die hieraus resultierende feine Holzasche der

10.6 Mitverbrennung in Kohlekraftwerken

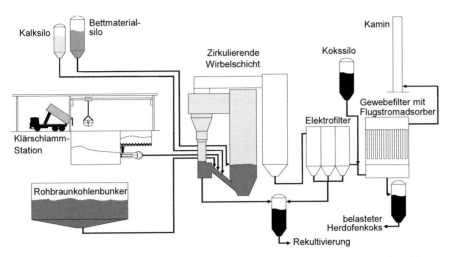

Abb. 10.84 Zirkulierende Wirbelschichtfeuerung zur Mitverbrennung von Klärschlamm
/10-8/

Korngrößenhaushalt des Wirbelschichtsystems in Richtung feinerer Partikelgrößen verschoben wurde. Hierdurch verringerte sich das Feststoffinventar in der Brennkammer signifikant, was zu einer Reduktion des elektrischen Eigenbedarfs der Anlage führte /10-124/.

Verschlackung und Verschmutzung. Während bei der Mitverbrennung von Holz zusätzliche Betriebsprobleme nicht zu erwarten sind, können halmgutartige Brennstoffe zu einer gegenüber Kohle erhöhten Verschlackung und Verschmutzung führen. Dies ist insbesondere auf das in halmgutartigen Biobrennstoffen enthaltene Kaliumchlorid zurückzuführen /10-9/.

Beispielsweise kam es in einer zirkulierenden Wirbelschichtfeuerung (88 MW thermischer Leistung) bei der Verfeuerung von Kohle mit einem Schwefelgehalt von 3 % gemeinsam mit Stroh (Anteil an der thermischen Leistung jeweils 50 %) zu schweren Verschlackungen in der Brennkammer, im Zyklon und im Überhitzerbereich, so dass bereits nach kurzer Zeit die Betriebsparameter nicht mehr einzuhalten waren. Danach wurden nur Kohlen mit einem Schwefelgehalt unter 1 % eingesetzt. Mit den dann höheren Schmelztemperaturen der Ascheablagerungen kam es beim Einsatz eines derartigen schwefelärmeren Brennstoffs nur noch in einem geringen Maße zu Verschlackungen; sie traten lediglich noch im Überhitzerbereich auf, wo sie durch Auslegung des Überhitzers mit geringen Gassenweiten (hier 37 mm) begünstigt wurden. Dieses Problem ließ sich jedoch durch den Einsatz hängender Überhitzer mit einer Gassenweite von 50 mm (zur Vermeidung von Brückenbildung) /10-16/ sowie eine Absenkung der Abgastemperatur am Überhitzer unter den Schmelzpunkt von Kaliumchlorid (770 °C) weitgehend vermeiden /10-9/.

Im Vergleich zur ausschließlichen Kohleverbrennung steigt die Verschmutzungsrate an abgasbeaufschlagten Anlagenteilen; sie erreicht z. B. bei einem Strohanteil von 50 % an der thermischen Leistung das Fünffache des Wertes bei einer ausschließlichen Kohlefeuerung. Diese Verschmutzungen sind jedoch leicht zu entfernen /10-7/.

Korrosion und Erosion. Auch Korrosionsprobleme sind bei der Mitverbrennung von Holz in Wirbelschichtfeuerungen nicht zu erwarten. Dies gilt jedoch wiederum nicht für halmgutartige Brennstoffe insbesondere aufgrund des darin enthaltenen Kaliumchlorids /10-9/.

Bei Korrosionsuntersuchungen mit verschiedenen Materialien an einer zirkulierenden Wirbelschichtfeuerung zeigte sich – obwohl die Versuchsergebnisse bei geringen Versuchszeiten von 500 bis 1 000 h mit Unsicherheiten behaftet sind – an den konvektiven Überhitzerheizflächen erhebliche Korrosion bei der Stroh-Mitverbrennung. Bei der Verwendung eines martensitischen Stahls (X20CrMoV121) lagen beispielsweise die Korrosionsraten bei der Mitverbrennung von Stroh um etwa eine Zehnerpotenz höher als bei der ausschließlichen Kohleverbrennung (Abb. 10.85) und damit ebenfalls deutlich höher als in einer Staubfeuerung bei gleichem Strohanteil. Als Ursache für die hohen Korrosionsraten wird vermutet, dass die In-Situ-Entschwefelung in der Wirbelschicht die Bildung von Kaliumchlorid begünstigt. Es kondensiert dann an den Überhitzerrohren aus und setzt unter Bildung von Kaliumsulfat das korrosionsverursachende Chlor frei /10-48/. Auch die Wahl verschiedener hochlegierter Stähle erbrachte keine wesentliche Verminderung der Korrosionsneigung.

Verschiedene Maßnahmen wurden unternommen, um die Korrosion der konvektiven Heizflächen zu mindern. Als wichtigste Maßnahme erweist sich dabei die Reduzierung der Betttemperatur auf unter 860 °C. Durch diese und andere Modifikationen konnte erreicht werden, dass der Überhitzer nach sieben Jahren noch immer in Betrieb war /10-120/.

Neuere Konzepte zielen deshalb darauf ab, den Überhitzer nicht im Abgasweg, sondern als Tauchheizfläche in einem Fließbettkühler anzuordnen und somit die Besonderheit einer zirkulierenden Wirbelschichtfeuerung zu nutzen. Da sich im Zyklonrücklauf der zirkulierenden Wirbelschicht noch unverbrannte Strohbestand-

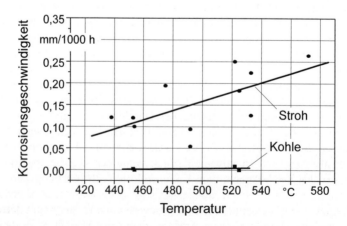

Abb. 10.85 Korrosionsgeschwindigkeit bei der Mitverbrennung von 50 % Stroh in einer zirkulierenden Wirbelschichtfeuerung in Abhängigkeit der Dampftemperatur /10-9/

10.6 Mitverbrennung in Kohlekraftwerken

teile befinden können, die bei ihrer Verbrennung Kaliumchlorid bilden, wurden mit im Rücklauf angeordneten Korrosionssonden vergleichbar hohe Abzehrungsraten ermittelt. Soll Korrosion vermieden werden, ist es deshalb erforderlich, dem Fließbettkühler mit Überhitzer eine ungekühlte Wirbelkammer vorzuschalten, um den Ausbrand vor Erreichen des Überhitzers zu sichern /10-9/. Dieses Design hat sich als erfolgreich erwiesen, jedoch erodierten die Tauchheizflächen nach mehreren Jahren /10-120/.

Sowohl die Korrosions- und Erosionsprobleme als auch die erwähnten Verschlackungs- und Verschmutzungsprobleme können in der Praxis aber am einfachsten durch die Einstellung entsprechend niedriger Biomasseanteile an der Feuerungswärmeleistung (unter 10 %) vermieden werden.

Emissionen. Die Mitverbrennung von Biomasse in kohlegefeuerten Wirbelschichtanlagen wirkt sich mit Ausnahme der Chlorwasserstoff(HCl)-Emissionen bei Strohverwendung überwiegend emissionsmindernd aus /10-7/.

Mit zunehmendem Biomasseanteil an der thermischen Leistung gehen die Schwefeldioxid(SO_2)-Emissionen zurück. Dies ist zum einen auf den geringeren Schwefelgehalt der Biomasse in Vergleich zur Kohle und zum anderen auf die Einbindung des SO_2 in die Biomasseasche zurückzuführen.

Bei den Stickstoffoxid(NO_x)-Emissionen sind die möglichen Auswirkungen uneinheitlich. Bei geringen mitzuverbrennenden Biomasseanteilen kam es in Versuchen nur zu geringfügigen Änderungen bei den NO_x-Emissionen. Andere Erfahrungen zeigen sogar eine NO_x-Reduktion mit zunehmendem Biomasseanteil; dies gilt insbesondere bei der Zufeuerung von Holz. Versuche haben außerdem ergeben, dass die N_2O-Emissionen bei der Biomasse-Zufeuerung deutlich abnehmen.

Ähnlich wie auch bei Staubfeuerungen verursacht die Mitverbrennung von Stroh einen Anstieg der Chlorwasserstoff(HCl)-Emissionen. Beispielsweise war in einer Wirbelschichtfeuerung bei einem Strohanteil von 60 % an der thermischen Leistung der Chloreintrag in die Feuerung rund 20-mal höher als bei einer ausschließlichen Kohleverbrennung. Die eingetragene Chlormenge findet sich fast vollständig im Abgas wieder. Dagegen führt die Mitverbrennung von Holz zu einer Absenkung der HCl-Emissionen.

Bei der Klärschlamm-Mitverbrennung in einer zirkulierenden Wirbelschichtfeuerung liegen die Emissionen an SO_2, NO_x, CO und Staub innerhalb der betriebsüblichen Schwankungsbreite. Die Grenzwerte bei Anwendung der Anteilsregelung gemäß 17. BImSchV werden damit unterschritten. Um allerdings den Grenzwert für Schwermetalle (z. B. Quecksilber) sicher einhalten zu können, kann es erforderlich sein, eine zusätzliche Abgasreinigung (z. B. einen Flugstromabsorber mit Braunkohlekoks) dem Elektrofilter nachzuschalten.

Ascheanfall und -verwertung. Zu der anfallenden Asche und deren Verwertungsmöglichkeiten gelten sinngemäß ähnliche Aussagen, wie sie bei den Staubfeuerungen gemacht wurden.

Da beispielsweise der Ascheanteil im eingetragenen Klärschlamm etwa 50 % bezogen auf die Trockenmasse (TM) beträgt, erhöht sich die in der Wirbelschichtfeuerung anfallende Aschemenge erheblich. Die im Klärschlamm enthaltenen Schadstoffe werden dabei bis auf das abgasgängige Quecksilber in die Asche inert eingebunden. Diese kann damit z. B. für Rekultivierungszwecke im Braunkohletagebau eingesetzt werden, da die Anforderungen an die Deponieklasse 1 der TA (Technische Anleitung) Siedlungsabfall erfüllt werden /10-8/.

11 Vergasung

Neben der "klassischen" Verbrennung, die in Kapitel 10 dargestellt ist, kann feste Biomasse auch über eine thermo-chemische Umwandlung zunächst in einen Sekundärenergieträger umgewandelt werden, der bezüglich der Handhabung und der weitergehenden Konversionsmöglichkeiten in End- bzw. Nutzenergie (z. B. Wärme, Strom, Kraftstoffe) Vorteile aufweisen kann. Dabei laufen grundsätzlich die gleichen Umwandlungsprozesse ab, wie sie auch bei der Verbrennung gegeben sind, da die produzierten Sekundärenergieträger bei der Umwandlung in End- bzw. Nutzenergie letztendlich auch vollständig oxidiert werden. Die einzelnen Stufen der thermo-chemischen Umwandlung werden jedoch – im Unterschied zu der Verbrennung – räumlich und zeitlich getrennt realisiert. Vor diesem Hintergrund ist es das Ziel der folgenden Ausführungen, die Vergasung und damit die Bereitstellung eines gasförmigen Sekundärenergieträgers und dessen weitergehenden Umwandlungsmöglichkeiten in End- bzw. Nutzenergie darzustellen.

Dieses durch eine thermo-chemische Umwandlung aus biogenen Festbrennstoffen produzierte Gas wird oft sehr uneinheitlich bezeichnet; sehr weit verbreitet ist der Begriff des Produktgases, der auch nachfolgend verwendet wird, und der des Schwachgases (LCV- (Low Calorific Value) Gas). Insbesondere in der älteren Literatur wird teilweise auch der Begriff des Holz- oder Generatorgases verwendet; diese Begriffe sind aber heute eher unüblich. Wird durch eine Vergasung ein an Wasserstoff (H_2) und Kohlenstoffmonoxid (CO) reiches Gas erzeugt, kommt auch die Bezeichnung Synthesegas zur Anwendung; dabei ist der Begriff des Synthesegases definiert als Gasgemisch mit einem auf die jeweilige Synthese (z. B. Methanolsynthese, Fischer-Tropsch-Synthese, Methansynthese (vgl. Kapitel 11.3.3) angepassten Verhältnis von Wasserstoff zu Kohlenstoffmonoxid. Die Verwendung des Ausdrucks Synthesegas als Synonym von Produktgas ist folglich nur in bestimmten Fällen wissenschaftlich korrekt /11-123/, /11-48/, /11-96/.

Aufgrund der in Europa und insbesondere global nach wie vor merklich steigenden Nachfrage nach elektrischer Energie und der theoretisch erreichbaren sehr hohen Gesamtwirkungsgrade bei einer Stromerzeugung aus Biomasse über die Vergasung wurde bisher meist angestrebt, das Produktgas – möglichst im Rahmen hoch effizienter KWK-Prozesse – mit einem hohen Wirkungsgrad zu verstromen. Da insbesondere in den letzten Jahren primär aus Klimaschutzaspekten auch das Interesse und damit letztlich die Nachfrage nach weitgehend klimaneutralen Kraftstoffen mit klar definieren Eigenschaften für den Einsatz im Transportsektor zugenommen hat, wird die Biomassevergasung derzeit auch im Hinblick auf die Bereitstellung gasförmiger und flüssiger Biokraftstoffe diskutiert; unter Ersterem wird hauptsächlich die Herstellung eines weitgehend klimaneutralen Erdgasersatzes (d. h. SNG, Synthetic Natural Gas) und Dimethylether, aber auch von Wasser-

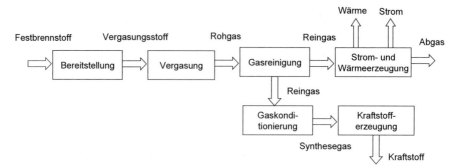

Abb. 11.1 Systemaufbau der Vergasung biogener Festbrennstoffe zur Erzeugung von Wärme, Strom und Biokraftstoff /11-67/

stoff, verstanden und unter Letzterem die Bereitstellung z. B. von Fischer-Tropsch-Diesel (FT-Diesel) und Methanol.

Ausgehend davon wird nachfolgend entlang des Systemaufbaus der Vergasung biogener Festbrennstoffe zur Herstellung von Wärme, Strom und Biokraftstoffen (Abb. 11.1) auf die jeweilige Vergasungs-, die Gasreinigungs- sowie die Gasnutzungstechnik eingegangen. Außerdem werden exemplarisch einige Vergasungs- und Gasnutzungssysteme dargestellt, die als typisch für den jeweiligen Anwendungsbereich dieser Technologie angesehen werden können.

11.1 Vergasungstechnik

Einen idealen Vergaser für die unterschiedlichen vorhandenen Biomassefraktionen gibt es bisher noch nicht. Alle in der Vergangenheit entwickelten Vergasertypen zeigen bestimmte Vor- und Nachteile im Hinblick u. a. auf die zu vergasende Biomassen bzw. die gewünschte Gasqualität.

Ausgehend von den im Kapitel 9.2 dargestellten Vergasungsreaktionen können technisch sinnvolle Vergasungsmittel abgeleitet werden. Im Wesentlichen dient das Vergasungsmittel dazu, den Kohlenstoff in der Biomasse bzw. in der Biomassekohle in ein Gas überzuführen. Tabelle 11.1 fasst die wichtigsten Vergasungsmittel – dies sind Sauerstoff, Wasserdampf, Kohlenstoffdioxid und Wasserstoff – auf Basis der Gleichungen (9-12) bis (9-16) in Kapitel 9.2.2.3 zusammen. Wird demnach beispielsweise Luft als Vergasungsmittel verwendet, enthält das Pro-

Tabelle 11.1 Überblick über mögliche Vergasungsmittel

Ausgangsmaterial	Vergasungsmittel	Produktgas
Kohlenstoff (C)	Sauerstoff (½ O_2)	CO
Kohlenstoff (C)	Wasserdampf (H_2O)	CO + H_2
Kohlenstoff (C)	Kohlenstoffdioxid (CO_2)	2 CO
Kohlenstoff (C)	Wasserstoff (2 H_2)	CH_4
Kohlenstoff (C)	Luft (21 % O_2, 79 % N_2)	CO + N_2

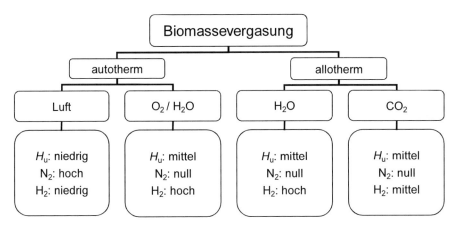

Abb. 11.2 Vergleich unterschiedlicher Vergasungskonzepte in Bezug auf Vergasungsmittel und Art der Wärmebereitstellung (H_u Heizwert des Produktgases) /11-67/

duktgas große Mengen an Stickstoff (ca. 50 bis 60 %), der als Inertgas nicht zum Heizwert beiträgt.

Werden die technisch wichtigsten Vergasungsmittel für die Vergasung von Biomasse mit der Art der Wärmebereitstellung (Kapitel 9.2.2.3) verknüpft, ergeben sich die in Abb. 11.2 dargestellten Vergasungskonzepte. Dabei ist von den möglichen Sauerstoffträgern im Vergasungsprozess Luft der am einfachsten zu handhabende und auch billigste. Luft hat allerdings den Nachteil, dass das Produktgas durch den hohen Stickstoffgehalt stark verdünnt ist. Dieses Problem kann durch die Verwendung von Sauerstoff in einer Mischung mit Dampf vermieden werden; die Bereitstellung eines derartigen Vergasungsmittels ist aber ungleich teurer und daher i. Allg. nur für Großanlagen ökonomisch darstellbar. Eine Alternative, um insbesondere im kleinen Leistungsbereich ein stickstofffreies Gas zu erhalten, ist die Verwendung von Wasserdampf für die Vergasung. Von Nachteil ist hier, dass dabei jedoch die für die endotherme Vergasung notwendige Energie extern zugeführt werden muss. Auch die Verwendung von Kohlenstoffdioxid (CO_2) als Vergasungsmittel ist prinzipiell möglich, jedoch derzeit technisch nicht relevant.

Je nach Auslegungszielgröße und den jeweiligen Randbedingungen wurden Vergasungskonzepte mit allen diskutierten Vergasungsmitteln realisiert. Tendenziell wird aber bei sehr kleinen KWK-Anlagen nahezu ausschließlich Luft eingesetzt. Andere Vergasungsmittel gewinnen erst bei größeren thermischen Leistungen, die auch einen höheren technischen Aufwand rechtfertigen, an Bedeutung.

11.1.1 Vergasertypen

Die einzelnen bisher verfügbaren Vergasertypen /11-101/ lassen sich unterscheiden /11-129/ anhand

- des Reaktortyps, der u. a. durch die Art des Kontakts zwischen dem Vergasungsmittel und der Biomasse (Festbettvergaser, Wirbelschichtvergaser, Flugstromvergaser) definiert wird,
- der Art der Wärmebereitstellung (allotherme bzw. externe Wärmezufuhr oder autotherme Vergasung bzw. interne Wärmezufuhr aus einer Teilverbrennung des Einsatzmaterials),
- des eingesetzten Vergasungsmittels (z. B. Luft, Sauerstoff, Wasserdampf) und
- der Druckverhältnisse im Vergasungsreaktor (atmosphärischer oder erhöhter Druck).

In der Literatur und in der Praxis hat sich eine Unterteilung in Festbettvergaser, Wirbelschichtvergaser und Flugstromvergaser weitgehend durchgesetzt; deshalb werden auch hier die verfügbaren Vergasertypen dementsprechend klassifiziert.

Diese Unterteilung beruht auf dem fluiddynamischen Verhalten des Feststoffes beim Durchströmen des Vergasungsreaktors entgegen der Schwerkraft. Einen Überblick über die Grundprinzipien zeigt Abb. 11.3.

- Beim Festbett werden die Brennstoffpartikel durch die Gasströmung nicht bewegt. Dies ist dann der Fall, wenn große Brennstoffpartikel und/oder kleine Strömungsgeschwindigkeiten verwendet werden. Aufgrund des Austrags des Vergasungsrückstandes im Bodenbereich des Vergasungsreaktors wandert damit der Brennstoff in Form einer Schüttung langsam durch den Reaktor. Je nach Strömungsrichtung des Gases relativ zum Brennstoff wird u. a. zwischen dem Gleichstromvergaser und dem Gegenstromvergaser unterschieden.
- Im Bereich der Wirbelschicht ist die Strömungsgeschwindigkeit des Gases bereits so hoch, dass die Partikel im Reaktor bewegt werden. Damit ergibt sich eine ausgeprägte Durchmischung; dies führt zu einer in etwa konstanten Temperatur im Reaktionsraum. Um einen guten Wirbelschichtzustand zu erreichen, ist es – im Gegensatz zum Festbett – notwendig, in derartigen Vergasungsreaktoren ein Bettmaterial definierter Körnung (z. B. Quarzsand) einzusetzen, in dem die Vergasung des Brennstoffes erfolgt. Arbeitet man mit Strömungsgeschwin-

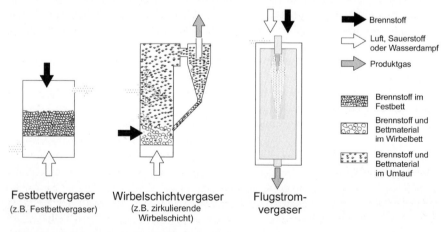

Abb. 11.3 Schematische Darstellung verschiedener Vergasungssysteme hinsichtlich des fluiddynamischen Verhaltens des Feststoffes und Gases

digkeiten, die keinen wesentlichen Austrag von Bettmaterial zur Folge haben, spricht man von einer stationären Wirbelschicht. Wird das Bettmaterial aus dem Reaktor infolge der hohen Gasströmungsgeschwindigkeiten ausgetragen, handelt es sich um eine zirkulierende Wirbelschicht.
- Beim Flugstromvergaser wird der Brennstoff üblicherweise als Staub oder in pastöser Form über einen Brenner in den Reaktor eingetragen; die Vergasungsreaktionen laufen in einer sogenannten Staubwolke ab. Daher muss der Brennstoff vor der Vergasung entsprechend aufbereitet werden (z. B. staubfein gemahlen, in eine Pyrolyseslurry überführt), um einerseits diesen pneumatischen Transport erst zu ermöglichen und andererseits kurze Reaktionszeiten für die Vergasung der einzelnen Partikel zu erreichen. Zusätzliches Bettmaterial, wie es bei den Wirbelschichten benötigt wird, ist hier nicht erforderlich.

Im Folgenden werden die jeweiligen Techniken, die auf der Basis dieser Prinzipien entwickelt wurden, dargestellt.

11.1.1.1 Festbettvergaser

Im Festbettvergaser wird der zu vergasende Brennstoff in einer Schüttschicht, die sich vom Eintragsort über verschiedene Zonen der Schüttung bis zum Ascheaustrag hin bewegt, dem Vergasungsmittel ausgesetzt /11-129/. Dabei werden die Reaktoren in der Regel von oben mit einem stückigem biogenen Festbrennstoff beschickt. Das Rohstoffbett sinkt infolge der Schwerkraft und der kontinuierlichen Materialzersetzung langsam nach unten ab. Das Vergasungsmittel wird in einem vom Vergasertyp abhängigen Bereich mit dem Brennstoff zur Reaktion gebracht und mit dem entstehenden Gas durch das Festbett geleitet. Deshalb laufen in Festbettvergasern die verschiedenen Teilprozesse, durch welche die Vergasung gekennzeichnet ist (d. h. Aufheizung und Trocknung, pyrolytische Zersetzung, Oxidation, Reduktion; Kapitel 9.2), weitgehend räumlich getrennt ab.

In Relation zum sich nach unten bewegenden Brennstoff kann das Vergasungsmittel im Gleich- oder Gegenstrom (d. h. Gleich- oder Gegenstromvergaser) geführt werden. Der Versuch, die Vorteile des Gleichstrom- mit denen des Gegenstromvergasers zu vereinen, führte zur Entwicklung des sogenannten Doppelfeuervergasers. Zusätzlich gibt es eine Reihe von Entwicklungen, bei denen die Phase der pyrolytischen Zersetzung von der der Vergasung der Holzkohle apparativ getrennt wird; dies führt zu den sogenannten zwei- oder dreistufigen Biomassevergasern (Abb. 11.4).

Nachfolgend werden die verschiedenen Bauformen, die am Markt verfügbar sind, näher diskutiert.

Gegenstromvergaser. Beim Gegenstromvergaser handelt es sich meist um einen schachtförmigen Reaktor, bei dem der Brennstoff von oben und das Vergasungsmedium von unten zugeführt werden; deshalb findet sich auch die Bezeichnung aufsteigende Vergasung (updraft gasification). Durch die entgegen gesetzte Bewegungsrichtung von Brennstoff- und Gasstrom bilden sich innerhalb des Reaktors klar abgegrenzte Reaktionszonen aus, in denen primär die jeweiligen Teilprozesse ablaufen (Abb. 11.5).

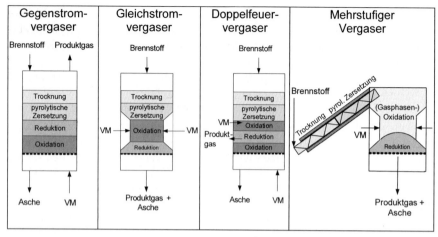

Abb. 11.4 Grundformen von Festbettvergaser (VM Vergasungsmittel) /11-161/

Funktionsweise. In der Oxidationszone, die sich am unteren Ende des Reaktors dort ausbildet, wo das Vergasungsmittel (meist Luft) eingeblasen wird, finden die Oxidationsreaktionen statt. Sie liefern die notwendige Wärme für die Vergasung der Biomasse. Dabei können so hohe Temperaturen entstehen, dass sich die thermisch nicht zersetzbaren Aschekomponenten verflüssigen und als Schlacke abgezogen werden können bzw. zur Verschlackung führen kann.

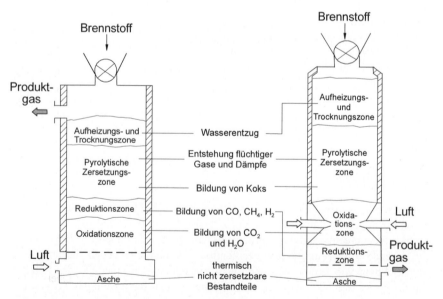

Abb. 11.5 Vergasung biogener Festbrennstoffe in einem Gegenstromvergaser (links) und einem Gleichstromvergaser (rechts)

Durch die aufsteigende Gasführung überträgt das erhitzte Gas einen Teil seiner Wärmeenergie in die darüber befindlichen Zonen und damit an den von oben eingebrachten Brennstoff. Von der Oxidationszone kommend tritt damit das Produktgas in die Reduktionszone ein. Dort wird das bei der Oxidation entstandene Kohlenstoffdioxid (CO_2) teilweise zu Kohlenstoffmonoxid (CO) und ggf. vorhandener Wasserdampf (H_2O) z. T. zu Wasserstoff (H_2) und Kohlenstoffmonoxid (CO) reduziert; der entstehende Wasserstoff kann anschließend mit ggf. noch vorhandenem festem Kohlenstoff weiter in Methan umgewandelt werden.

Auf seinem weiteren Weg durch den Reaktor bis zum Gasauslass am oberen Ende des Vergasers passiert das Gas zunehmend kälter werdende Reaktorzonen. Es wandert dabei zunächst durch die Zone der pyrolytischen Zersetzung (teilweise auch als Verkohlungs- oder Schwelzone bezeichnet); hier findet die thermochemische Aufspaltung des Biobrennstoffes unter Einwirkung der im Gas befindlichen Wärmeenergie statt. Schließlich durchströmt das Produktgas die Aufheizungs- und Trocknungszone. Folglich sinkt die Gastemperatur mit zunehmender Entfernung von der Oxidationszone. Das Gas verlässt den Vergaser schließlich mit relativ niedrigen Temperaturen (100 bis 200 °C).

Der Vorteil des Gegenstromvergasers liegt in seinem vergleichsweise hohen Vergasungswirkungsgrad, der sich aus den niedrigen Austrittstemperaturen des Produktgases ergibt. Durch das geringe Temperaturniveau am Gasaustritt aus dem Reaktor sind außerdem die Alkalimetallgehalte im Produktgas sehr gering. Zudem ist der Partikelgehalt im Gas deutlich geringer als z. B. beim Gleichstromvergaser oder gar beim Wirbelschichtvergaser, da mit dem Rohgasstrom keine Asche oder Flugkoks aus dem Reaktor ausgetragen wird.

Gegenstromvergaser haben außerdem den Vorteil, dass sie keine besonderen Anforderungen an die Brennstoffaufbereitung stellen. Grundsätzlich kann ein breites Spektrum unterschiedlichster fester Biomassen in sehr verschiedenartigen Teilchengrößen (ca. 20 bis 200 mm) eingesetzt werden. Auch können organische Stoffe mit hohen Wassergehalten (bis 60 %) genutzt werden, da das enthaltene Wasser zusammen mit dem Produktgas den Vergaser verlässt, ohne die darunter liegenden Reaktionszonen zu durchströmen.

Der Nachteil dieser Prozessführung ist, dass flüchtige Bestandteile, die in der Zone der pyrolytischen Zersetzung entstehen, nicht durch die heiße Reduktionszone geleitet, sondern vom aufsteigenden Gasstrom mitgerissen werden. Deshalb enthält das Rohgas aus Gegenstromvergasern beachtliche Mengen an unerwünschten, kondensierbaren Bestandteilen (z. B. Teerverbindungen); dies erfordert apparatetechnisch entsprechend aufwändige und/oder energetisch ungünstige Verfahren zum Entfernen dieser kondensierbaren organischen Verbindungen aus den Produktgas. Außerdem enthält das Gas einen – im Vergleich zu dem aus Gleichstromvergasern stammenden Produktgas – relativ hohen Gehalt an Wasserdampf, der zusätzlich vom Wassergehalt im Brennstoff beeinflusst wird.

Stand der Technik. Der Gegenstromvergaser kann aufgrund seines Konstruktionsprinzips typischerweise für Anlagen zwischen 100 kW und 10 MW Brennstoffwärmeleistung verwendet werden. Für Anwendungen zur ausschließlichen Wärmeerzeugung (z. B. zur Bereitstellung von Wärme für Nah- und Fernwärmesyste-

me) hat dieser Vergasertyp bereits in den achtziger Jahren des vorigen Jahrhunderts in einigen skandinavischen Ländern die kommerzielle Reife erreicht.
Grundsätzlich eignet sich der Gegenstromreaktor für eine sehr stabile Gaserzeugung aus einem breiten – und damit kostengünstigen – Brennstoffspektrum. Von Nachteil sind die verfahrensbedingt hohen Teergehalte im Produktgas. Sie müssen mithilfe eines hohen technischen Aufwandes mithilfe entsprechender Gasreinigungssysteme (aufgrund der hohen Anforderungen der heute verfügbaren Konversionsanlagen wie Motor oder Turbine an die Gasreinheit) reduziert werden. Zusätzlich müssen die dabei anfallenden Abfälle (z. B. Teer-Wasser-Gemische) aufbereitet werden.

Gleichstromvergaser. Beim Gleichstromvergaser bewegen sich der Brennstoffstrom und das Vergasungsmittel in gleicher Richtung (damit wird hier das Vergasungsmittel im Vergleich zum Gegenstromvergaser genau in die entgegen gesetzte Richtung geführt; vgl. Abb. 11.5); deshalb wird diese Art der Vergasung auch als absteigende Vergasung (downdraft gasification) bezeichnet.

Funktionsweise. Beim "klassischen" Gleichstromvergaser gelangt der zunächst unter weitgehendem Luftabschluss im oberen Reaktorbereich getrocknete und in weiterer Folge pyrolytisch zersetzte biogene Festbrennstoff in die sehr heiße Oxidationszone, aus der dann Koks und Asche nach unten in die Reduktionszone eintreten (vgl. Abb. 11.5). Die hauptsächlich in der Pyrolysezone infolge der pyrolytischen Zersetzung entstehenden Gase werden in der Oxidationszone ebenfalls stark auf deutlich über 1 000 °C erhitzt. Dabei soll ein weitgehendes Aufbrechen der entstandenen langkettigen organischen Verbindungen in kurzkettige Verbindungen und damit eine Umwandlung teerreicher in teerarme gasförmige Bestandteile erfolgen. Sie können in der anschließenden Reduktionszone mit dem Koks unter weiterer Gasbildung reagieren (d. h. Reduktion von CO_2 zu CO). Das Rohgas entströmt danach im unteren Reaktorbereich der Schüttung.

Von Vorteil bei dieser Prozessführung ist damit, dass die Rohgase vergleichsweise wenig Teerprodukte und andere hoch siedende bzw. langkettige Kohlenwasserstoff-Verbindungen enthalten. Folglich kann mit solchen Vergasern vom Grundsatz her ein Rohgas erzeugt werden, das ohne allzu aufwändige Gasreinigungstechnik für Gasnutzungen unterschiedlichster Art (z. B. Motor, Turbine, Kraftstoffsynthese) herangezogen werden kann bzw. ohne den Anfall umweltbelastender Abfälle auskommt.

Nachteilig ist, dass der hohe Wärmegehalt des aus der Reduktionszone austretenden Produktgases (600 bis 800 °C) nur teilweise mit Hilfe von Wärmeübertragern für die Gaserzeugung genutzt werden kann (z. B. zur Vorwärmung des Vergasungsmittels auf ca. 300 bis 400 °C); dies reduziert aufgrund der dadurch bedingten Wärmeverluste den Konversionswirkungsgrad und damit den Wirkungsgrad des Gesamtprozesses. Außerdem stellt der Gleichstromvergaser relativ hohe Anforderungen an die Stückigkeit (z. B. 3 cm x 3 cm x 5 cm) und den Wassergehalt (< 20 %) des biogenen Festbrennstoffs. Diese hohen Anforderungen an die Brennstoffeigenschaften sind begründet durch die benötigte gleichmäßige Temperaturverteilung, die innerhalb der einzelnen sich im Reaktor ausbildenden Zonen gefordert ist, um eine gute Gasqualität zu erzielen; "kalte" Zonen, durch welche die in der Pyrolysezone entstandenen langkettigen Kohlenwasserstoff-Verbindungen ungespalten hindurchströmen können, müssen sicher vermieden werden. Außerdem muss sichergestellt werden, dass sich bei allen Betriebszuständen eine gut gasdurchlässige Koksschicht einstellt, damit dieses Vergasungsprinzip funktionssicher betrieben werden kann. Feinkörnige Materialkomponenten bzw. feine Brennstoffbestandteile können dagegen nicht verwendet werden, da sie durch den Reaktor durchfallen und zu einer Verstopfung des Brennstoffbetts führen können.

Ein weiterer Nachteil des Gleichstromvergasers ist die vergleichsweise große Gefahr der Schlackenbildung aufgrund der hohen Temperaturen in der Oxidationszone. Dieses Verschlackungsrisiko ist besonders groß bei der Vergasung von Biomassearten mit hohen Alkaligehalten und den damit verbundenen niedrigen Ascheerweichungstemperaturen (Kapitel 9.1). Gleichstromvergaser stellen deshalb hohe Anforderungen an die Temperaturbeständigkeit der eingesetzten Materialien. Außerdem darf nur Biomasse mit einem relativ niedrigen Wassergehalt verwendet werden, da der in der Trocknungszone gebildete Wasserdampf den Wärmehaushalt der anschließenden Vergasung beeinträchtigt.

Stand der Technik. Die thermischen Anlagenleistungen konventioneller Gleichstromvergaser sind wegen der Gefahr der Brücken- und Kanalbildung im Glutbett (d. h. der Ausbildung "kalter" Zonen) sowie der unzureichenden Verteilung der Vergasungsluft im Brennstoffschacht nach oben begrenzt. Dabei muss im Glutbett (d. h. in der Oxidations- und Reduktionszone) über den gesamten Vergaserquerschnitt eine genügend hohe Temperatur sichergestellt werden, damit ein teerarmes Gas erzeugt wird. Je größer die Vergaserleistung und damit der Querschnitt des Reaktors wird, desto höher wird die Wahrscheinlichkeit, dass Zonen mit für eine Teerzerstörung zu niedrigen Temperaturen (d. h. "kalte" Zonen) entstehen und desto mehr nimmt der Gehalt an – unerwünschten – kondensierbaren organischen Bestandteilen im Produktgas zu. Ähnliches gilt auch bei Teillastbetrieb.

Gleichstromvergaser sind damit nur im Bereich thermischer Leistungen von unter etwa 2 MW zur Vergasung von trockenem, stückigem Holz mit einem geringen Feinanteil im konstanten Vollastbetrieb geeignet. Aufgrund des bauartbedingt niedrigen Teer- und auch Partikelgehaltes im erzeugten Produktgas liegen die Einsatzchancen des Gleichstromvergasers vor allem im Bereich der Kraft-Wärme-Kopplung für kleine Leistungen.

In den achtziger Jahren des vorigen Jahrhunderts wurden eine Reihe derartiger Vergaser von europäischen Herstellern für den Einsatz in Entwicklungsländern realisiert. Der Betrieb war aber in den allermeisten Fällen aus technischer, ökonomischer und teilweise auch aus ökologischer Sicht nicht zufriedenstellend. Obwohl in den letzten Jahren insbesondere in Europa weitere Entwicklungsanstrengungen unternommen wurden, ist der kommerzielle Durchbruch und damit eine breite Markteinführung von Gleichstromvergasern bis heute noch nicht gelungen.

Doppelfeuervergaser. Neben den Gleich- und Gegenstromvergasern gibt es eine Vielzahl von Ausführungsformen, bei denen das Vergasungsmittel (im Regelfall Luft) in zwei Stufen in den Vergaser zugeführt wird. Dadurch ergeben sich Vorteile hinsichtlich der Betriebsführung und damit auch im Hinblick auf die erzielbare Gasqualität. Auch die Verstopfungsneigung in der Biomasseschüttung wird deutlich geringer, da der Teergehalt im oberen Bereich der Schüttung reduziert wird /11-7/, /11-109/, /11-149/, /11-151/.

Funktionsweise. Analog zum Gegenstrom- und Gleichstromvergaser wandert die Biomasse infolge der Schwerkraft von oben nach unten durch den Vergasungsreaktor. Im oberen Reaktorbereich wird der Schüttung von der Seite (radial) und ggf. in der Mitte das Vergasungsmittel (z. B. Luft) mittels Lanzen zugeführt. Dadurch bilden sich dort Zonen aus, die denen des Gleichstromvergasers entsprechen (d. h. Trocknung, pyrolytische Zersetzung, Oxidation, Reduktion). Daher müssen die in der Zone der pyrolytischen Zersetzung gebildeten langkettigen Kohlenwasserstoffe (Teere) durch die heiße Oxidationszone und die Reduktionszone strömen. Dort werden sie thermisch gespalten (vgl. Abb. 11.4). Geringe Teergehalte im Produktgas sind die Folge.

Um die beim Gleichstromreaktor typischen hohen Kohlenstoffanteile in der Asche zu reduzieren, wird am unteren Ende des Reaktors zusätzlich Luft zugeführt. Dadurch bilden sich dort dem Gegenstromvergaser entsprechende Zonen aus. Typische Luftverteilungen zwischen Oberluft und Unterluft (Rostluft) liegen bei ca. 2:1.

Stand der Technik. Die technisch möglichen Leistungsgrößen von Doppelfeuervergasern liegen in einem den Gleichstromvergasern vergleichbaren Bereich, da der Hauptteil des Doppelfeuervergasers als Gleichstromvergaser arbeitet. Die bisher realisierten Pilot- und Demonstrationsanlagen zeigen auch, dass die erwarteten Vorteile durchaus beobachtet werden können. Ähnlich wie bei den "klassischen" Gegen- und Gleichstromvergasern steht allerdings auch hier der kommerzielle Durchbruch noch aus /11-7/, /11-18/, /11-79/.

Mehrstufige Verfahren. Bei einer Reihe von in den letzten Jahren vorgeschlagenen neuen Festbettvergasern handelt es sich um sogenannte mehrstufige Verfahren. Dabei wird jeweils versucht, die einzelnen Prozessstufen der Trocknung, pyrolytischen Zersetzung, Vergasung und Oxidation mehr oder weniger zu entflechten und räumlich getrennt ablaufen zu lassen. Dadurch können die Prozessbedingungen in den einzelnen Stufen besser an die physikalisch-chemischen Brennstoffeigenschaften der eingesetzten biogenen Festbrennstoffe angepasst und dadurch letztendlich ein teerärmeres Produktgas produziert werden /11-10/, /11-105/, /11-143/, /11-146/.

Funktionsweise. Abb. 11.6 zeigt exemplarisch das Schema eines zweistufigen Prozesses. Dabei wird die Biomasse zunächst unter Wärmeeinwirkung pyrolytisch zersetzt. Die dabei entstehenden Pyrolysegase werden mit vorgewärmter Luft bzw. einem Luft-/Dampf-Gemisch bei vergleichsweise hohen Temperaturen teiloxidiert; dabei wird der größte Teil des Teers thermisch zersetzt. Das CO_2- und dampffreiche Gas aus dieser Verbrennungskammer wird anschließend dem Vergasungsreaktor zur Vergasung der Holzkohle zugeführt. Das aus dem Vergasungsreaktor letztlich ausströmende Gas wird vor dessen Nutzung abgekühlt /11-10/.

Vergleichbar zu diesem Überlegungen gibt es eine Reihe weiterer Anlagenkonzepte, denen allen gemein ist, dass die durch eine – technisch aufwändige – zwei-

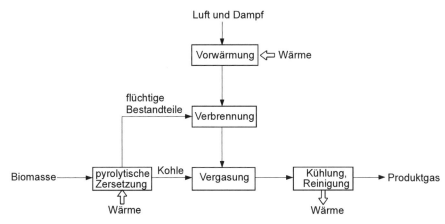

Abb. 11.6 Zweistufiger Vergasungsprozess nach DTU/REKA /11-10/

stufige Prozessführung den Versuch machen, die den einstufigen Verfahren immanenten Nachteile – zumindest teilweise – zu überwinden.

Stand der Technik. Die mehrstufigen Verfahren bieten nach ersten Erkenntnissen als einzige die Möglichkeit, den Teergehalt im Produktgas soweit zu reduzieren, dass keine Sekundärmaßnahmen vor der Gasnutzung ergriffen werden müssen. Hinsichtlich einer Kommerzialisierung bestehen allerdings noch beträchtliche Herausforderungen insbesondere in Bezug auf eine Maßstabsvergrößerung auf kommerzielle Leistungen, da die vorhandenen Erfahrungen auf dem Betrieb von Versuchsanlagen beruhen, die bisher nur im kW-Maßstab realisiert wurden. Ähnlich wie bei den einstufigen Festbettvergasern steht daher der kommerzielle Durchbruch noch aus /11-31/, /11-60/, /11-82/, /11-93/, /11-106/.

11.1.1.2 Wirbelschichtvergaser

Wirbelschichtvergaser enthalten ein Bett aus feinem Bettmaterial (zumeist Quarzsand), das auf einem Anströmboden ruht. Die Wirbelschicht entsteht, wenn das Vergasungsmittel oder das Trägergas hinreichend rasch durch den Vergaser fließt, das inerte Bettmaterial aufwirbelt und dabei den zugegebenen Brennstoff umströmt. Die Brennstoffteilchen, die typischerweise kleiner sind als bei den Festbettreaktoren, werden miteinander und mit dem Bettmaterial vollständig vermischt. Damit können sich bei Wirbelschichtvergasern – im Gegensatz zu Festbettvergasern – keine ausgeprägten Temperatur- und Reaktionszonen ausbilden. Die einzelnen Teilreaktionen, die bei der thermo-chemischen Umsetzung stattfinden, laufen parallel im gesamten Reaktor ab, in dem eine nahezu gleichmäßige, gut regelbare Temperatur von etwa 700 bis 900 °C herrscht. In dieser Temperaturkonstanz und ihrer leichten Regelbarkeit liegen die wesentlichen Vorteile derartiger Vergaser.

Durch die intensive Wärmeübertragung vom Bettmaterial an die Brennstoffteilchen sowie durch die große spezifische Oberfläche der kleinen feinkörnigen Teilchen und die Strömungsführung verringert sich die Aufenthaltszeit des biogenen Festbrennstoffs im Reaktor auf wenige Sekunden bis Minuten. Dadurch wird ein hoher Stoffumsatz auch bei kleineren Abmessungen des Reaktors ermöglicht.

Bei der Wirbelschichtvergasung werden typischerweise Luft, Dampf oder Sauerstoff-Dampf-Mischungen als Vergasungsmittel eingesetzt. Die Vergasung kann unter atmosphärischem oder unter erhöhtem Druck erfolgen. Letzteres hat zwei wesentliche Vorteile: (a) die Reaktorausmaße können bei gleicher Leistung verkleinert werden (d. h. bei zunehmendem Druckanstieg kann in einem immer kleineren Reaktorvolumen die gleiche Gasmenge produziert werden) und (b) es wird ein bereits verdichtetes Gas produziert, das für manche Arten der Gasverwendung Vorteile bietet. Jedoch ist eine druckaufgeladene Wirbelschichtvergasung (z. B. 30 bar) wegen des dafür erforderlichen sehr hohen anlagentechnischen Aufwandes nur für größere Anlagenleistungen interessant. Darüber hinaus eignen sich Wirbelschichtvergaser ausgezeichnet für die allotherme Vergasung, da sie gute Wärmeübertragungseigenschaften besitzen (d. h. die Wärme kann durch das Bettmaterial gut auf die zu vergasenden biogenen Festbrennstoffe übertragen und zusätzlich kann das Bettmaterial aus technischer Sicht vergleichsweise einfach erwärmt werden); der Wärmeübertrager wird hier innerhalb der Wirbelschicht angeordnet.

Das Produktgas verlässt den Reaktor mit hohen Temperaturen. Zur Energierückgewinnung werden deshalb meist entsprechende Wärmeübertrager nachgeschaltet. Der Teergehalt des Produktgases aus Wirbelschichtvergasern ist in der Regel höher als bei Gleichstromvergasern, aber deutlich niedriger als bei Gegenstromvergasern. Im Gegensatz dazu ist der Partikelgehalt im Produktgas deutlich höher als bei Festbettvergasern, da feinkörniger Brennstoff, feinkörnige Asche oder abgeriebenes Bettmaterial bei der Wirbelschichtvergasung mit dem Produktgas mitgerissen werden.

Wirbelschichtverfahren können im Wesentlichen durch drei unterschiedliche verfahrenstechnische Ansätze realisiert werden: (i) die stationäre Wirbelschicht, (ii) die zirkulierende Wirbelschicht und (iii) die Zweibettwirbelschicht (Abb. 11.7). Analog zu den Wirbelschicht-Feuerungsanlagen (Kapitel 10) unterscheiden sich diese unterschiedlichen verfahrentechnischen Lösungen primär durch fluidmechanische Aspekte beim Durchströmen von Gas durch die Feststoffschicht im Wirbelbett.

- Bei der stationären Wirbelschichtvergasung – sie ist durch vergleichsweise geringe Gasgeschwindigkeiten im Wirbelbett gekennzeichnet – ist die Geschwindigkeit des Vergasungsmittels nur so hoch, dass das Bettmaterial (z. B. Sand) sowie der Biobrennstoff im Reaktor lediglich in einen Schwebezustand versetzt werden.
- Bei der zirkulierenden Wirbelschicht ist die Geschwindigkeit des Vergasungsmittels deutlich höher als die zur Fluidisierung des Bettmaterials erforderliche Gasgeschwindigkeit. Deshalb wird eine erhebliche Feststoffmenge mit dem Gas aus dem Reaktor ausgetragen. Diese muss anschließend in einem oder mehreren Zyklonen vom Produktgas abgeschieden werden und wird in den Reaktor zurückgeführt.
- Zur Erzielung eines hochwertigen Produktgases können auch Kombinationen mehrerer Wirbelschichten realisiert werden (z. B. Zweibett-Wirbelschichten).

11.1 Vergasungstechnik 611

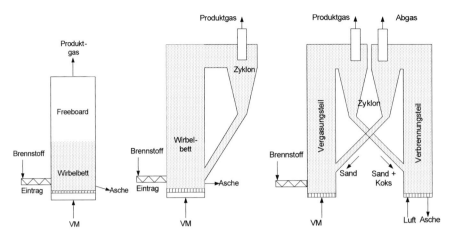

Abb. 11.7 Grundformen von Wirbelschichtvergasern: stationäre Wirbelschicht (links), zirkulierende Wirbelschicht (Mitte), Zweibettwirbelschicht (rechts) (VM Vergasungsmittel) /11-65/, /11-13/, /11-14/

Im Folgenden werden diese unterschiedlichen Wirbelschichtvergaser näher erläutert und der jeweilige Stand der Technik dargestellt.

Stationäre Wirbelschicht. Eine stationäre Wirbelschicht ist dadurch gekennzeichnet, dass die Strömungsgeschwindigkeit des Gases im Reaktor zwischen der Lockerungsgeschwindigkeit (minimale Geschwindigkeit zur Aufrechterhaltung eines Wirbelschichtzustandes) und der Schwebegeschwindigkeit für ein Einzelpartikel des Bettmaterials liegt. Dadurch bildet sich ein klar erkennbares Wirbelbett (Höhe meist zwischen 1 bis 2 m) aus; der Austrag an Bettmaterial wird dadurch gering gehalten. Hierzu hat sich eine Strömungsgeschwindigkeit für das Gas zwischen der 5 bis 15-fachen der Lockerungsgeschwindigkeit bewährt. Aufgrund des genau definierten Bettmaterials werden an Größe, Form und Verteilung der Partikel des zu vergasenden Brennstoffes keine allzu großen Anforderungen gestellt. Die Grenzen liegen üblicherweise bei einer Partikelgröße von 1 bis 70 mm.

Funktionsweise. Der Brennstoff wird entweder in die Wirbelschicht meist mittels einer Schnecke eingespeist oder über das Freeboard (Freiraum; d. h. Raum oberhalb des Wirbelbettes) auf die Wirbelschicht geworfen. Die Einmischung in das 700 bis 900 °C heiße Wirbelbett erfolgt sehr rasch. Durch die guten Wärmeübertragungseigenschaften der Wirbelschicht werden die Brennstoffpartikel schnell getrocknet. Ebenso rasch findet die pyrolytische Zersetzung statt. Daran schließt sich die Vergasung des Pyrolysekokses an, wobei die nunmehr porösen Kokspartikel einem erheblichen Abrieb durch die Bewegung in der Wirbelschicht unterworfen sind.

Durch die gute Durchmischung der Feststoffe in der Wirbelschicht können sich keine Reaktionszonen, wie sie typisch für Festbettvergaser sind, im Vergasungsraum ausbilden. Vielmehr befinden sich die nebeneinander in der Wirbelschicht vorhandenen Partikel in unterschiedlichen Phasen der thermo-chemischen Umsetzung. Je nach beabsichtigter Verwendung des Produktgases werden als Vergasungsmittel Luft, Sauerstoff, Dampf oder Mischungen davon eingesetzt.

Die aus der Wirbelschicht austretenden Gase reagieren im Freeboard des Wirbelschichtreaktors aufgrund der dort vorliegenden hohen Temperaturen weiter. Dabei können sowohl homogene als auch heterogene Vergasungsreaktionen ablaufen. Je größer die Verweilzeit der Gase in dieser heißen Zone, desto geringer sind der Teergehalt und desto mehr nähert sich die Gaszusammensetzung dem chemischen Gleichgewicht bei den jeweiligen Reaktionsbedingungen an.

Der Austrag an feinem Koks und Asche aus der Wirbelschicht ist erheblich. Dies führt zu einem Verlust an Kohlenstoff und zieht deshalb erhöhte Anforderungen an die Partikelabscheidung nach sich.

Als Bettmaterial wird üblicherweise Quarzsand verwendet. Die mittlere Partikelgröße des Bettmaterials wird meist zwischen 0,5 und 1,0 mm gewählt.

Bei der stationären Wirbelschicht herrschen im gesamten Reaktionsraum weitgehend einheitliche Reaktionsbedingungen vor, so dass einer Maßstabsvergrößerung von dieser Seite nichts entgegen steht. Deshalb können bedeutend größere thermische Leistungen im Vergleich zu den Festbettvarianten realisiert werden. Außerdem kann anstelle von Quarzsand ein katalytisch aktives Bettmaterial verwendet und dadurch die primär gewünschten Vergasungsreaktionen gefördert werden. Beispiele für natürlich vorkommende katalytisch aktive Materialien sind Kalkstein, Dolomit oder Olivin. Darüber hinaus befinden sich Katalysatoren für den Einsatz in Wirbelschichten in der Entwicklung, bei denen üblicherweise Nickel (Ni) als aktiver Stoff eingesetzt wird.

Nachteile derartiger Vergaser bestehen in den hohen Gastemperaturen, die beim Austritt des Produktgases aus dem Reaktor bei über 700 °C liegen. Dies lässt eine technisch aufwändige Wärmerückgewinnung notwendig erscheinen, da sonst nur vergleichsweise geringe Vergasungswirkungsgrade möglich sind.

Für biogene Brennstoffe mit niedrigen Ascheerweichungstemperaturen (z. B. Getreidestroh) ist die Wirbelschicht nur bedingt einsetzbar, da sich Agglomerate bilden können. Grundsätzlich sollte nämlich eine Vergasungstemperatur von ca. 700 °C nicht unterschritten werden, da es sonst zu einer erhöhten Bildung langkettiger organischer Verbindungen (d. h. Teere) kommt. Bei den üblichen Vergasungstemperaturen in der stationären Wirbelschicht von rund 800 °C liegen die Teergehalte typischerweise bei 1 bis 20 g/m^3 (bezogen auf trockenes Produktgas und Normzustand).

Stand der Technik. Der erste großtechnisch realisierte Vergaser war der Winkler-Vergaser, eine Kohlevergasung in einer stationären Wirbelschicht /11-4/. Dieses Verfahren wurde anschließend zum sogenannten Hochtemperatur-Winkler-Verfahren (HTW-Verfahren) weiterentwickelt; beispielsweise war ein derartiger Vergaser bis Ende der 1980er Jahre in großtechnischem Einsatz. Als Brennstoff wurden 25 t/h Torf verwendet, der bei einem Druck von 10 bar mit Sauerstoff und Dampf in ein Produktgas überführt wurde. Nach mehreren tausend Betriebsstunden Erfahrung können damit die wesentlichen verfahrenstechnischen Probleme als gelöst angesehen werden, so dass diese Technologie als großtechnisch erprobt zu bezeichnen ist /11-84/.

11.1 Vergasungstechnik 613

Die Anlagenentwicklungen bzw. ausgeführten Anlagen bei den stationären Wirbelschichtvergasern in den darauf folgenden Jahren bezogen sich auf die Vergasung von Holzabfällen, Bagasse, Luzerne und Olivenkernen, wobei sowohl die Druckvergasung als auch die atmosphärische Vergasung angewendet wurden. Die Anlagenleistungen bewegen sich dabei von einigen MW bis zu 50 MW. Als Vergasungsmittel wurde sowohl Luft als auch Sauerstoff/Dampf verwendet /11-12/, /11-134/, /11-135/.

Die Wirbelschichtvergasung in einer stationären Wirbelschicht bei atmosphärischem Druck kann heute als Stand der Technik angesehen werden. Bei Druckbetrieb steht die erfolgreiche Demonstration aber noch weitgehend aus.

In stationären Wirbelschichten sind relativ gut definierte Reaktionsbedingungen insbesondere hinsichtlich der Temperatur gegeben; deshalb erscheinen sie für die Untersuchung der Grundlagen der Vergasung in Form von Laboranlagen als sehr gut geeignet. Insbesondere für Untersuchungen zum Einfluss des erhöhten Druckes bzw. der Wahl des Vergasungsmittels auf die Vergasungsreaktionen und die Produktgasqualität sind stationäre Wirbelschichten deshalb als Versuchsanlagen weit verbreitet.

Zirkulierende Wirbelschicht. In der zirkulierenden Wirbelschicht erfolgt die Vergasung der Biomasse – ähnlich wie bei der stationären Wirbelschicht – bei definierten Temperaturen. Im Unterschied zur stationären Wirbelschicht findet die thermo-chemische Umwandlung jedoch in einer stark expandierten oder zirkulierenden Wirbelschicht statt. Hier kommen Partikeldurchmesser für das Bettmaterial von 0,2 bis 0,4 mm zum Einsatz. Dabei liegen die Gasgeschwindigkeiten in der Wirbelschicht über der Schwebegeschwindigkeit für die Einzelpartikel. Damit existiert bei dieser Art Wirbelschicht keine erkennbare Bettoberfläche mehr, sondern das Wirbelbett ist über den gesamten Reaktor ausgedehnt (expandiert). Die Wirbelschicht bildet sich allerdings über die gesamte Höhe nicht gleichmäßig aus. Vielmehr entsteht im unteren Teil eine dichtere Zone und im oberen Teil eine dünnere Zone.

Durch die hohen Gasgeschwindigkeiten wird das Bettmaterial zudem aus dem Reaktor ausgetragen. Es muss deshalb anschließend mit Hilfe eines oder mehrerer Zyklone wieder vom Gasstrom abgetrennt und in den Reaktor rückgeführt werden. Dadurch entsteht eine geschlossene Zirkulation des Bettmaterials.

Funktionsweise. Die Funktionsweise von Anlagen auf der Basis der zirkulierenden Wirbelschicht ist weitgehend vergleichbar mit der einer stationären Wirbelschicht. Der feinkörnige Brennstoff (1 bis 50 mm) wird in den unteren Teil des zirkulierenden Wirbelschichtreaktors eingespeist. In der Wirbelschicht finden Aufheizung, Trocknung und pyrolytische Zersetzung des Brennstoffs und die Vergasung des entstandenen Pyrolysekokses statt. Je nach Verwendung des Produktgases wird als Vergasungsmittel Luft, Sauerstoff, Dampf oder Mischungen davon eingesetzt. Durch das Zirkulieren von noch unvergasten größeren Partikeln im System aus Reaktor, Zyklonen und Rückführstutzen ergeben sich für praktisch alle Partikelgrößen ausreichende Verweilzeiten.

Ein wesentlicher Vorteil einer zirkulierenden in Vergleich zur stationären Wirbelschicht sind die höheren Querschnittsbelastungen und damit geringeren Querschnittsflächen bei gleicher Leistung. Aufgrund der umfangreicheren Prozesssteuerung und aufwändigeren Anlagentechnik eignen sich zirkulierende Wirbelschichtvergaser bevorzugt für Anlagen mit thermischen Leistungen von mehr als 10 MW Brennstoffwärmeleistung. Der Vergrößerung der thermischen Anlagenleistung (Up-Scaling) sind – wie bei Anlagen auf der Basis der stationären Wirbelschicht und im Gegensatz zu den Festbettvergasern – praktisch keine Grenzen gesetzt; die thermische Leistung derartiger Vergaser kann bis weit über 100 MW liegen.

Stand der Technik. Bei der zirkulierenden Wirbelschichtvergasung handelt es sich um ein bereits mehrfach kommerziell erprobtes Verfahren; beispielsweise sind Biomasse-Wirbelschichtvergasungsanlagen zur Wärmeerzeugung seit Jahren im Einsatz (z. B. im Rahmen der Papier- und Zellstoffherstellung, zum Kalkbrennen, zur Zementherstellung) /11-83/.

Ein weiteres Anwendungsgebiet für die zirkulierende Wirbelschichtvergasung von Biomasse ist die Zufeuerung zu Kohlekraftwerken. Die Anforderungen an die Gasqualität sind dabei gering, da das erzeugte Gas über Brenner in der Brennkammer des Kraftwerkes zugefeuert wird /11-83/.

Der dritte Bereich für eine kommerzielle Anwendung der zirkulierenden Wirbelschichtvergasung ist die Stromerzeugung aus Biomasse mittels der IGCC-Technologie (Integrated Gasification Combined Cycle). Hier wird Biomasse mittels Luft vergast, das Gas gereinigt und einer Gasturbine zugeführt. Die Abwärme der Gasturbine wird anschließend in einem Abhitzekessel zur Dampferzeugung genutzt, um über eine Dampfturbine zusätzlichen Strom zu erzeugen /11-83/, /11-151/.

Zweibett-Wirbelschicht. Zur Erzielung eines Produktgases mit bestimmten Eigenschaften können auch Kombinationen mehrerer Wirbelschichten – z. B. in Form sogenannter Zweibett-Wirbelschichten – realisiert werden. Dabei wird bei einer Zweibett-Wirbelschicht eine als Dampfvergasung betrieben und die für die Vergasungsreaktionen mit Wasserdampf benötigte Wärme in einer parallel betriebenen Verbrennungswirbelschicht erzeugt. Der Wärmetransport von der Verbrennungs- in die Vergasungswirbelschicht kann entweder durch einen umlaufenden Wärmeträger oder mit Hilfe eines Hochtemperatur-Wärmeübertragers erfolgen. Beide Systeme werden nachfolgend näher behandelt.

Zweibett-Wirbelschicht mit umlaufendem Wärmeträger. Derartige Anlagen werden mit zwei räumlich getrennten Wirbelschichten (stationär und/oder zirkulierend) ausgestattet, zwischen denen Wärme durch das umlaufende Bettmaterial ausgetauscht wird. In der einen Wirbelschicht wird die Vergasung der Biomasse realisiert und in der anderen die für die Vergasung notwendige Wärme durch die Verbrennung eines Teiles des biogenen Brennstoffs oder eines Zusatzbrennstoffes erzeugt. Ziel einer derartigen Anlagenkonfiguration ist die Bereitstellung eines mittelkalorigen Produktgases, ohne reinen Sauerstoff zu verwenden oder die Wärme über einen teueren Hochtemperatur-Wärmeübertrager in die Vergasungswirbelschicht einzubringen.

Funktionsweise. Die Biomasse wird in die Vergasungswirbelschicht eingebracht und dort mittels Wasserdampf vergast. Dadurch entsteht ein mittelkaloriges Produktgas, das praktisch frei von Stickstoff ist. Die für die Vergasung notwendige Wärme wird in der Verbrennungswirbelschicht generiert und über das zwischen den beiden Wirbelschichten umlaufende Bettmaterial in die Vergasungswirbelschicht übertragen (Abb. 11.8).

Die Verbrennungswirbelschicht arbeitet typischerweise bei einer um 50 bis 150 °C höheren Temperatur im Vergleich zur Vergasungswirbelschicht und wird mit dem Oxidationsmittel Luft fluidisiert. Der für die Verbrennung notwendige Brennstoff (Pyrolysekoks) kann mit dem umlaufenden Bettmaterial und, falls erforderlich, extern in die Verbrennungswirbelschicht eingebracht werden (d. h. Zusatzbrennstoff). Das bei der Verbrennung entstehende Abgas wird getrennt vom Produktgas aus der Verbrennungswirbelschicht abgezogen. Das Grundprinzip ist schematisch in Abb. 11.8 dargestellt.

Mit einem derartigen Wirbelschichtsystem kann ein hochwertiges, mittelkaloriges Produktgas erzeugt werden, ohne eine Luftzerlegungsanlage zur Bereitstellung von reinem Sauerstoff oder einen technisch aufwändigen Hochtemperatur-Wärmeübertrager zu benötigen. Außerdem kann die Vergasungs- und die Verbrennungswirbelschicht unabhängig voneinander optimal gestaltet werden. Aufgrund der Trennung in Vergasung und Verbrennung ist der Produktgasstrom – da nicht mit dem an Kohlenstoffdioxid (CO_2) und an Stickstoff (N_2) reichen Abgasstrom vermischt – deutlich geringer als bei der herkömmlichen Luftvergasung. Die notwendigen Maßnahmen zur Reinigung des Produktgases fallen daher deutlich günstiger aus.

Nachteilig ist die erhöhte Komplexität derartiger Systeme mit einer zweiten Wirbelschicht und einem zusätzlichen Gasstrom aus der Verbrennungswirbelschicht (d. h. der Abgasvolumenstrom). Der damit verbundene Aufwand ist deshalb nur dann gerechtfertigt, wenn die mit der höheren Produktgasqualität verbun-

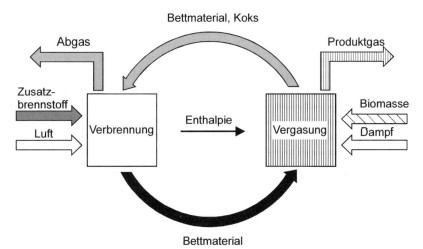

Abb. 11.8 Grundprinzip einer Zweibett-Wirbelschicht mit umlaufendem Wärmeträger zur Erzeugung eines mittelkalorigen Produktgases /11-67/

denen Vorteile bei der Nutzung (z. B. Einsatz in einer Gasturbine oder in einer Brennstoffzelle, Einsatz zur Kraftstoffsynthese) voll zum Tragen kommen.

Zur Erzielung der genannten Vorteile können Kombinationen von stationären und/oder zirkulierenden Wirbelschichten realisiert werden. Die wesentlichen Eigenschaften des Systems – u. a. bezüglich Bettmaterialien, Strömungsgeschwindigkeiten, Brennstoff und der möglichen Baugrößen – entsprechen daher weitgehend denen der stationären bzw. zirkulierenden Wirbelschicht.

Stand der Technik. Systeme mit Zweibett-Wirbelschichten mit umlaufendem Wärmeträger sind am Sprung zur Kommerzialisierung. Betriebserfahrungen werden gegenwärtig an verschiedenen Demonstrationsanlagen gesammelt. Die Anlage in Güssing/Österreich, die nach diesem Prinzip arbeitet, ist seit einigen Jahren in Betrieb und kann als eine der erfolgreichsten Entwicklungen auf dem Gebiet der Biomassevergasung angesehen werden.

Zweibett-Wirbelschichten mit Hochtemperatur-Wärmeübertrager. Alternativ zum Wärmeaustausch über ein umlaufendes Wärmeträgermedium können auch Hochtemperatur-Wärmeaustauscher (z. B. Heatpipes) eingesetzt werden. Dabei wird bei solchen Anlagen die feste Biomasse ebenfalls in einem Wirbelschichtreaktor allotherm vergast. Die dafür notwendige Wärme wird in einem zweiten Reaktor durch die Verbrennung eines Teils des in der Vergasungswirbelschicht eingesetzten Brennstoffes oder eines Zusatzbrennstoffes bereitgestellt.

Ziel dieser Entwicklung ist – wie bei den Zweibett-Wirbelschichten mit umlaufendem Wärmeträger – auch hier die Erzeugung eines wasserstoffreichen Produktgases ohne Sauerstoffbereitstellung. Dabei soll durch das veränderte Prinzip des Wärmeeintrags ein Einsatz im kleinen Leistungsbereich (kW-Maßstab) ermöglicht werden.

Funktionsweise. Die biogenen Festbrennstoffe werden in den Wirbelschichtvergaser eingetragen und mittels Wasserdampf bei Temperaturen um 800 °C vergast. Ein Teil des Brennstoffes wird in Form von Holzkohle in einer zusätzlichen Wirbelschichtbrennkammer bei etwa 900°C mit dem Oxidationsmittel Luft verbrannt. Die Biomasseverbrennung in dieser Wirbelschicht stellt so die Wärme bereit, die schließlich mittels Heatpipes in die Vergasungswirbelschicht übertragen wird.

Bei Heatpipes handelt es sich um geschlossene Rohre, die mit einem Arbeitsfluid – beispielsweise Natrium oder Kalium – gefüllt sind. Durch den Wärmeeintrag – in diesem Fall in der Wirbelschichtbrennkammer – wird dieses Arbeitsfluid verdampft. Der heiße Dampf des Arbeitsfluids kondensiert dann in der sogenannten Kühlzone der Heatpipes und gibt dort Wärme ab – hier an das Bettmaterial des Wirbelschichtvergasers. Mit derartigen Wärmeübertragern können vergleichsweise hohe Wärmeübergangskoeffizienten erreicht werden. Zusätzlich kann zur Minimierung von Wärmeverlusten der Vergasungs- und der Verbrennungsreaktor in einem gemeinsamen Behälter installiert werden /11-75/, /11-76, /11-103/.

Stand der Technik. Zweibett-Wirbelschichten mit Hochtemperatur-Wärmeübertrager befinden sich noch in der Entwicklung. Erste Betriebserfahrungen wurden aber an einem Prototyp gesammelt. Ein weiteres Upscaling sowie die Erhebung von Langzeiterfahrungen sind daher zur Weiterentwicklung dieser Technologie erforderlich /11-54/, /11-77/.

11.1.1.3 Flugstromvergaser

Bei der Flugstromvergasung findet die Vergasung des Brennstoffs "im Fluge" statt. Hier wird der fein gemahlene bzw. pastöse biogene Brennstoff zusammen mit dem Vergasungsmittel im Gleichstrom durch den Reaktor geblasen; dabei findet eine nahezu vollständige Vergasung statt.

Funktionsweise. Der aufbereitete Brennstoff wird zusammen mit dem Vergasungsmittel (z. B. Luft, Sauerstoff) bei Temperaturen über 1 200 °C (bis maximal 2 000 °C) im Gleichstrom durch einen relativ langen Reaktor geblasen. Durch das hohe Temperaturniveau und die geringe Partikelgröße können die Brennstoffpartikel beim Durchflug durch den Reaktor innerhalb weniger Sekunden nahezu vollständig vergast werden. Dadurch sind hohe Vergaserleistungen erzielbar. Wegen der hohen Vergasungstemperaturen, die meist über dem Ascheschmelzpunkt liegen, wird die Asche flüssig abgezogen. Dies ist von Vorteil für Biobrennstoffe mit niedrigen Ascheerweichungs- und Schmelztemperaturen (Kapitel 9.1). Von Nachteil ist aber der relativ hohe technische Aufwand, der zur Beherrschung der sehr hohen Temperaturen notwendig ist (Abb. 11.9).

Bevor die Biomasse in einem derartigen Flugstromvergaser eingesetzt werden kann, muss sie aufbereitet werden Dazu kommen zwei Verfahrenswege in Frage: (i) die fein gemahlenen faserförmigen Biomassepartikel werden direkt vergast /11-139/ oder (ii) es wird zuerst die Biomasse entweder torrefiziert oder pyrolytisch zersetzt (Kapitel 12) und danach der fein vermahlene Koks, das produzierte Pyrolyseöl oder die Slurry (d. h. das Gemisch aus Pyrolyseöl und Koks) vergast /11-143/.

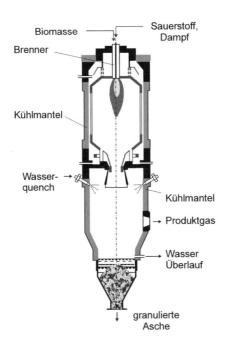

Abb. 11.9 Schema eines Flugstromvergasers /11-36/

Stand der Technik. Die Flugstromvergasung von Biomasse ist bisher – verglichen mit den anderen Vergasungstechniken – nur von untergeordneter Bedeutung. Auch kommt diese Vergasung aufgrund des hohen technischen Aufwandes nur für größere Leistungen in Frage. Beispielsweise wurde über viele Jahre ein Flugstromvergasungsreaktor mit einer thermischen Leistung von 130 MW in der Anlage "Schwarze Pumpe" /11-139/ mit Kunststoffabfällen, Klärschlamm und Althölzern eingesetzt. Weiters wird die Flugstromvergasung für die Herstellung von Synthesegas für z. B. die Fischer-Tropsch-Synthese in verschiedenen Konzepten vorgeschlagen. Vereinzelt werden auch in Laboranlagen Flugstromreaktoren zu Versuchszwecken betrieben (z. B. /11-49/).

11.1.2 Produktgaseigenschaften

Im vorangegangenen Kapitel sind Vergasungsreaktoren systematisch dargestellt. Die verschiedenartigen Reaktoren sind aufgrund ihrer Bauweise und ihres Funktionsprinzips z. T. durch unterschiedliche Reaktionsbedingungen gekennzeichnet, unter denen die Vergasung der biogenen Festbrennstoffe stattfindet. Beispielsweise werden sich in einem Festbettreaktor, wo sich unterschiedliche Reaktionszonen mit verschiedenen Temperaturen ausbilden, im Vergleich zu einem Wirbelschichtreaktor mit einer praktisch idealen Durchmischung im Reaktionsraum, unterschiedliche Reaktionsabläufe einstellen, die sich auf die Produktgaszusammensetzung auswirken.

Das aus dem Vergasungsreaktor kommende Produktgas besteht im Wesentlichen aus

- erwünschten brennbaren Gasen wie Wasserstoff (H_2), Kohlenstoffmonoxid (CO), Methan (CH_4) und ggf. kurzkettigen Kohlenwasserstoffverbindungen,
- nicht brennbaren Inertgasen wie Wasserdampf (H_2O), Kohlenstoffdioxid (CO_2) und Stickstoff (N_2), die einen Verdünnungseffekt bewirken und
- meist unerwünschten Verunreinigungen (z. B. Grob- und Feinpartikel (d. h. Staub, Asche, ggf. Bettmaterial), Alkalien (überwiegend Natrium- und Kaliumverbindungen), langkettigen Kohlenwasserstoffverbindungen (d. h. Teere), Stickstoffverbindungen (d. h. Ammoniak (NH_3), Wasserstoff-Kohlenstoff-Stickstoff-Verbindungen (HCN)), Schwefelverbindungen (d. h. Schwefelwasserstoff (H_2S), Kohlenstoff-Sauerstoff-Schwefel-Verbindungen (COS)), Halogenverbindungen (d. h. Chlorwasserstoff (HCl), Fluorwasserstoff (HF)) und andere).

Die Zusammensetzung des bei der Vergasung von Biomasse erzeugten Produktgases hängt von einer Vielzahl unterschiedlicher Faktoren ab. Beispielsweise ist zu erwarten, dass sich bei einem Hochtemperatur-Flugstromreaktor (> 1 200 °C) andere Reaktionsgeschwindigkeiten und Gleichgewichte im Vergleich zu einer Wirbelschichtvergasung mit rund 850 °C einstellen. Weiters kann das verwendete Vergasungsmittel und ggf. auch die Art der Biomasse die Gaszusammensetzung und damit auch die Produktgaseigenschaften signifikant beeinflussen. Insgesamt wird die Produktgaszusammensetzung beeinflusst durch

- Art und Menge des Vergasungsmittels (z. B. Luft, Sauerstoff, Wasserdampf, Kohlenstoffdioxid, Mischungen davon),
- Art der Wärmebereitstellung,

- Bauart des Vergasungsreaktors (Mischungsintensität von Brennstoff und Vergasungsmittel, Verweilzeit des Brennstoffs und des Produktgases im Reaktor usw.),
- Vergasungstemperatur,
- Druckverhältnisse im Vergasungsreaktor,
- Art und Form des Brennstoffs (z. B. Stückgröße, spezifische Oberfläche der Brennstoffteilchen, Feuchtigkeit, chemische Zusammensetzung) und
- Anwesenheit eines Katalysators.

Allgemein gültige Aussagen über die Produktgaszusammensetzung sind damit kaum möglich. Im Folgenden müssen sich die Ausführungen deshalb notwendigerweise auf durchschnittliche Gegebenheiten der Produktgaszusammensetzung beschränken. Aus Vergleichbarkeitsgründen beziehen sich alle nachfolgenden Volumenangaben auf trockenes Gas im Normzustand (d. h. 1 013 mbar, 0 °C).

11.1.2.1 Hauptkomponenten

Die Hauptkomponenten des aus dem Vergasungsreaktor austretenden Produktgases – in Bezug auf die Menge – sind die brennbaren Gase Wasserstoff (H_2), Kohlenstoffmonoxid (CO), Methan (CH_4) und die nicht brennbaren Inertgase wie Wasserdampf (H_2O), Kohlenstoffdioxid (CO_2) und Stickstoff (N_2). Wesentliche Einflussgrößen auf die Zusammensetzung und Eigenschaften dieser Hauptkomponenten des Produktgases werden in der Folge kurz diskutiert.

Vergasungsmittel. Vergasungsmittel werden hinsichtlich ihres Gehaltes an Stickstoff in stickstoffhaltig (Luft) und stickstofffrei (Sauerstoff, Dampf) eingeteilt. Deshalb ergeben sich bei der Vergasung mit Luft Stickstoffgehalte im Produktgas zwischen 42 und 60 Vol.-%; dies bedingt zwingend eine meist unerwünschte Verdünnung des Produktgases mit der damit verbundenen deutlichen Reduktion des Heizwertes. Das kann nur vermieden werden, indem stickstofffreie Vergasungsmittel (z. B. Sauerstoff, Dampf, Sauerstoff-Dampf-Gemisch) verwendet werden.

Tabelle 11.2 zeigt typische Bereiche der Produktgaszusammensetzung (trockenes Gas, Normzustand) bei der Holzvergasung mit unterschiedlichen Vergasungsmitteln. Sie wurden errechnet, indem aus publizierten Daten die Maximal- und Minimalwerte genommen und aus der Gesamtzahl der Datensätze jeweils der Mittelwert bestimmt wurde. Extreme Einzelwerte wurden nicht berücksichtigt.

Der Heizwert des Produktgases setzt sich aus den Heizwertanteilen der einzelnen Gaskomponenten zusammen. Dabei hat Methan (CH_4, ca. 35,9 MJ/m^3) einen deutlich höheren Heizwert als Kohlenstoffmonoxid (CO, ca. 12,6 MJ/m^3) und Wasserstoff (H_2, ca. 10,8 MJ/m^3). Folglich entsteht bei der Vergasung von Biomasse und der Verwendung von Luft als Vergasungsmittel ein an Stickstoff (N_2) und Kohlenstoffmonoxid (CO) reiches Gas mit einem Heizwert zwischen 3,0 und 6,5 MJ/m^3 (Tabelle 11.2). Wegen dieses niedrigen Heizwertes wird ein derartiges Gas auch als Schwachgas (Heizwert unter 8,5 MJ/m^3) oder LCV- (Low Calorific Value) Gas bezeichnet.

Durch die Verwendung von Sauerstoff bzw. mit Sauerstoff angereicherter Luft als Vergasungsmittel oder durch den Einsatz z. B. eines allothermen Vergasers, der Wasserdampf als Oxidationsmittel nutzt, kann dagegen ein wasserstoffreiches,

Tabelle 11.2 Bereiche typischer Zusammensetzungen des trockenen Produktgases am Beispiel der atmosphärischen Vergasung von Holz mit Luft bzw. Dampf/Sauerstoff (O_2) (Mittelwerte in Klammern, Angaben bezogen auf trockenes Gas und Normzustand, /11-46/, /11-63/)

Gas-Parameter		Luft[a]	Dampf/O_2[b]
H_2	in Vol.-%	6,0 – 19 (12,5)	26 – 55 (38,1)
CO	in Vol.-%	9,0 – 21 (16,3)	20 – 40 (28,1)
CO_2	in Vol.-%	11 – 19 (13,5)	15 – 30 (21,2)
CH_4	in Vol.-%	3,0 – 7,0 (4,4)	4,0 – 14 (8,6)
C_2+[c]	in Vol.-%	0,5 – 2,0 (1,2)	1,5 – 5,5 (3,0)
N_2	in Vol.-%	42 – 60 (52)	0
Heizwert	in MJ/m^3	3,0 – 6,5 (5,1)	12 – 16 (13,2)
Gasausbeute	in m^3/kg	1,7 – 2,2 (1,9)	1,2 – 1,4 (1,3)

[a] Anzahl ausgewerteter Datensätze: 15; [b] Anzahl ausgewerteter Datensätze: 9; [c] Kurzzeichen für alle C_2H_x-Kohlenwasserstoffverbindungen

stickstofffreies bzw. stickstoffarmes, mittelkaloriges Gas mit einem Heizwert von 10 bis 16 MJ/m^3 gewonnen werden.

Tabelle 11.2 zeigt auch Bereiche typischer Gasausbeuten. Auch hier ist primär der Stickstoffgehalt der Luft bzw. des Produktgases für die höhere Gasausbeute bei der Luftvergasung verantwortlich.

Vergaserbauart. Auch die Vergaserbauart beeinflusst die Gaszusammensetzung. Deshalb zeigt Tabelle 11.3 typische Gehalte der Hauptgaskomponenten im Produktgas aus verschiedenen Vergasertypen bei Vergasung von trockenem Holz (Wassergehalt 10-15 %). Dargestellt sind exemplarisch die Gaszusammensetzung und der Heizwert von zwei Festbettvergasern (d. h. Gleichstromvergaser, Gegenstromvergaser) und einem Vergaser mit einer zirkulierenden Wirbelschicht. Die Gaszusammensetzungen weisen demnach keine nennenswerten Unterschiede auf.

Üblicherweise werden bei Gleichstrom- und bei Wirbelschichtvergasern getrocknete Biobrennstoffe mit 10 bis 15 % Wassergehalt eingesetzt. Ein höherer Wassergehalt führt zu einem Anstieg der Kohlenstoffdioxid- und Wasserdampfgehalte bzw. zu einer Verminderung des Heizwertes und des Vergaserwirkungsgrades.

Tabelle 11.3 Zusammensetzung und Heizwerte von Produktgasen aus der atmosphärischen Vergasung von trockenem Holz (Wassergehalt 10-15 %) mit Luft (Angaben mit Bezug auf trockenes Gas und Normzustand, Heizwert berechnet aus den Heizwerten von Wasserstoff, Kohlenstoffmonoxid und Methan, /11-52/)

Gas-Parameter		Festbett		Zirkulierende
		Gegenstrom	Gleichstrom	Wirbelschicht
H_2	in Vol.-%	10 – 14	15 – 21	15 – 22
CO	in Vol.-%	15 – 20	10 – 22	13 – 15
CO_2	in Vol.-%	8 – 10	11 – 13	13 – 15
CH_4	in Vol.-%	2 – 3	1 – 5	2 – 4
Heizwert	in MJ/m^3	3,7 – 5,1	4,0 – 5,6	3,6 – 5,9

Tabelle 11.4 Zusammensetzung und Heizwerte von Produktgasen für ausgewählte typische Vergasungsverfahren (Angaben mit Bezug auf trockenes Gas und Normzustand, in Anlehnung an /11-67/)

Gas-Parameter		Autotherme Luft-Vergasung	Allotherme Zweibettwirbelschicht-Dampfvergasung	Autotherme Sauerstoff-Flugstromvergasung
H_2	in Vol.-%	11 – 20	35 – 40	29 – 35
CO	in Vol.-%	12 – 19	22 – 25	35 – 44
CO_2	in Vol.-%	10 – 15	20 – 25	17 – 22
CH_4	in Vol.-%	2 – 5	9 – 11	< 1
N_2	in Vol.-%	45 – 60	< 1	3 – 9
Heizwert	in MJ/m^3	4 – 6	12 – 14	9 – 11

Vergleicht man typische Produktgaszusammensetzungen aus unterschiedlichen Vergasungsverfahren mit zusätzlich unterschiedlichen Vergasungsmitteln z. B. einer Luftvergasung (Festbett oder Wirbelschicht) für Gasmotoranwendungen, eine allotherme Wirbelschichtdampfvergasung für die Herstellung von Bio-SNG (Biomethan, Synthetic Natural Gas), eine Hochtemperatur-Flugstromvergasung für die Fischer-Tropsch-Synthese), sieht man jedoch deutliche charakteristische Unterschiede (Tabelle 11.4).

Erkennbar ist zunächst der geringe Stickstoffgehalt bei der Sauerstoff bzw. Dampf-Vergasung aufgrund der unterschiedlichen Vergasungsmittel (siehe auch Tabelle 11.2). Bei Verwendung von Dampf als Vergasungsmittel ergibt sich ein höherer Wasserstoffgehalt; dies wird beispielsweise bei der Zweibettwirbelschicht-Dampfvergasung deutlich. Hier erhält man auch die höchsten Methangehalte; deshalb ist dieses Verfahren für die Herstellung von synthetischem Erdgas (Bio-SNG, Biomethan) prädestiniert. Demgegenüber zeichnet sich die Hochtemperatur-Sauerstoff-Flugstromvergasung durch geringere Methangehalte aus; sie eignet sich daher gut für die Herstellung von flüssigen synthetischen Kraftstoffen.

Temperatur. Die Temperatur spielt bei allen chemischen Reaktionen eine wesentliche Rolle; neben dem chemischen Gleichgewicht ist insbesondere die Reaktionsgeschwindigkeit temperaturabhängig. Dies bedeutet für einen bestimmten Vergasungsreaktor, dass mit einem zunehmend höheren Temperaturniveau die Reaktionen näher an den Gleichgewichtszustand herankommen können, da mit steigender Temperatur die Reaktionsgeschwindigkeit ansteigt. Abb. 11.10 zeigt deshalb die Veränderung der Zusammensetzung der wichtigsten Gaskomponenten im Bereich von 700 bis 900 °C am Beispiel der allothermen Dampfwirbelschichtvergasung. Demnach nimmt mit steigender Temperatur der Wasserstoffgehalt deutlich zu und der Kohlenstoffmonoxid- bzw. der Methangehalt nehmen ab (siehe auch Kapitel 9.2). Der Gehalt an Kohlenstoffdioxid zeigt dagegen keine ausgeprägte Tendenz.

Bei der Flugstromvergasung können sehr hohe Temperaturen bis über 1 200 °C realisiert werden; im Unterschied dazu liegen bei der Wirbelschichtvergasung die Vergasungstemperaturen typischerweise zwischen 850 und 950 °C. Bei derart hohen Temperaturen laufen die Vergasungsreaktionen deutlich schneller ab, so

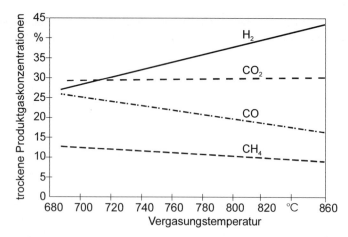

Abb. 11.10 Abhängigkeit der Gaszusammensetzung bei der Vergasung von Hackgut (12 % Wassergehalt) mit Dampf am Beispiel eines Zweibett-Dampfwirbelschicht-Vergasers mit einer thermischen Leistung von 100 kW (Angaben mit Bezug auf trockenes Gas) /11-64/

dass beispielsweise Methan (CH_4) und Teere praktisch vollständig in Kohlenstoffmonoxid (CO) und Wasserstoff (H_2) umgewandelt werden.

Druck. Die Erhöhung des Drucks im Vergasungsreaktor bewirkt auch eine Verschiebung der Reaktionsgleichgewichte, die bei bestimmten Reaktionen (Gleichungen (9-14), (9-15), (9-16) und (9-18) in Kapitel 9.2.2.3 druckabhängig sind. Eine Druckerhöhung lässt demnach höhere CO_2- und CH_4-Gehalte bzw. verminderte H_2- und CO-Anteile im Produktgas erwarten. Je nach dem, wie weit sich die Reaktion an den jeweiligen Gleichgewichtszustand annähern kann (dies wird u. a. von den jeweiligen Randbedingungen im Reaktor beeinflusst), kann diese Veränderung mehr oder weniger stark ausfallen. Diese Zusammenhänge lassen sich auch aus den in Tabelle 11.5 dargestellten Gaszusammensetzungen bei atmosphärischer und druckaufgeladener Vergasung von Hackgut ablesen.

Tabelle 11.5 Bereiche typischer Produktgaszusammensetzungen (Angaben mit Bezug auf trockenes Gas und Normzustand) in Abhängigkeit des Drucks bei der Vergasung von Holz mit Luft (Werte in Klammer geben den Mittelwert der ausgewerteten Datensätze an, Werte der druckaufgeladenen Vergasung stammen aus einer bei unterschiedlichen Drücken (5 bis 20 bar) betriebenen Wirbelschichtanlage) /11-63/

Gas-Parameter		Atmosphärische Vergasung[a]	Druckaufgeladene Vergasung[b]
H_2	in Vol.-%	6 – 19 (12,5)	4 – 15 (8,8)
CO	in Vol.-%	9 – 21 (16,3)	10 – 19 (14,8)
CO_2	in Vol.-%	11 – 19 (13,5)	14 – 19 (16,8)
CH_4	in Vol.-%	3 – 7 (4,4)	5 – 9 (6,7)
N_2	in Vol.-%	45 – 60 (52)	45 – 60 (53)
Heizwert	in MJ/m^3	3,0 – 6,5 (5,1)	3,5 – 6,5

[a] Anzahl ausgewerteter Datensätze: 15; [b] Anzahl ausgewerteter Datensätze: 5

Der Betriebsdruck, mit dem der Vergaser betrieben wird, ist jedoch – neben den genannten Auswirkungen auf die Gaszusammensetzung – vor allem für die Auswahl der Gasnutzungstechniken bzw. deren Druckniveau von Relevanz. Beispielsweise ist für eine motorische Gasnutzung die Vergasung unter Atmosphärendruck zu favorisieren, während für einen Gasturbinenprozess oder die Kombination mit (Hochdruck-)Synthesen eine Druckvergasung von Vorteil sein kann (Kapitel 11.3.2.2 und Kapitel 11.3.3).

Biomasseart. Auch die Biomasseart beeinflusst die Gaszusammensetzung. Bei der Quantifizierung dieses Einflusses ist aber zu beachten, dass die aus dem biogenen Festbrennstoff resultierenden Einflüsse auf die Gaszusammensetzung meist durch die technische Schwierigkeit, bei den Vergasungsversuchen alle anderen Parameter konstant zu halten (z. B. Vergasungstemperatur), etwas verzerrt werden. Jedoch weisen die Hauptkomponenten keine allzu großen Unterschiede in Abhängigkeit der Biomasseart auf. Hier macht sich der Einfluss anderer Parameter – z. B. Vergasungsmittel oder Vergasungstemperatur – deutlich stärker bemerkbar /11-46/, /11-63/, /11-147/. Die Biomasseart beeinflusst jedoch stark die Verunreinigungen im Gas – insbesondere mit Bezug auf Schwefel-, Stickstoff- oder Halogenverbindungen.

11.1.2.2 Verunreinigungen

Aufgrund physikalischer Einschränkungen und der Tatsache, dass Gleichgewichtszustände der chemischen Gleichgewichtsreaktionen meist nicht erreicht werden, können auch bei höheren Vergasungstemperaturen und längeren Gasverweilzeiten im Reaktor nicht alle Produkte der pyrolytischen Zersetzung vollständig in Kohlenstoffmonoxid (CO), Kohlenstoffdioxid (CO_2), Methan (CH_4) und Wasserstoff (H_2) konvertiert werden. Deshalb finden sich im dem den Reaktor verlassenden Rohgas unterschiedliche Mengen verschiedener höher siedender Kohlenwasserstoffverbindungen; sie werden meist als Teere oder als kondensierbare organische Bestandteile bezeichnet.

Je nach Vergasertyp, Vergasungsbedingungen und Art des eingesetzten Biobrennstoffes enthält das Rohgas zusätzlich noch unterschiedliche Mengen an groben und feinen Partikeln, Alkalien, Schwefel-, Halogen- und Stickstoffverbindungen sowie ggf. an Schwermetallen.

Diese meist unerwünschten Verunreinigungen, die im Rohgas enthalten sein können und im Falle der Teere und Partikel meist auch sind, können zu
- Erosionen, Korrosionen und/oder Ablagerungen in nachgelagerten Anlagenteilen,
- Umweltbelastungen durch unzulässige Emissionen und
- Aktivitätsminderung bis hin zu Inaktivierung (Vergiftung) von z. B. Katalysatoren u. a. beim Einsatz in Synthesereaktoren

führen. Daher ist die Kenntnis des Gehaltes dieser unerwünschten Substanzen im Produktgas für die meisten Anwendungen von großer Bedeutung. Zusätzlich muss, um die genannten Auswirkungen zu vermeiden, vor der Nutzung des Rohgases z. B. in Motoren oder Turbinen bzw. in Synthesegasanwendungen ein teilweise

Tabelle 11.6 Partikel- und Teergehalte im ungereinigten Produktgas aus verschiedenen Vergasungssystemen (Angaben bezogen auf trockenes Gas und Normzustand) /11-15/, /11-144/, /11-166/

	Festbett			Wirbelbett[a]			Flugstrom
	Gegenstrom	Gleichstrom/ Doppelfeuer	Mehrstufig	SWS	ZWS	Zweibett WS	
Partikelgehalt in g/m^3							
Bereich	0,1 – 3	0,1 – 8	k.A.	1 – 100	8 – 100	5 – 50	< 0,05
Mittelwert	1	1	k.A.	4	20	20	< 0,05
C-Gehalt	gering	sehr hoch	sehr hoch	gering	hoch	hoch	sehr gering
Teergehalt in g/m^3							
Bereich	10 – 150	0,1 – 6	n.n.	1 – 23	1 – 30	0,5 – 2	n.n.
Mittelwert	50	0,5		12	8	1	

SWS stationäre Wirbelschicht; ZWS zirkulierende Wirbelschicht (Werte bei Wirbelschichtverfahren nach Zyklon); WS Wirbelschicht; n.n. nicht nachweisbar (d. h. < 0,1 g/m^3); k.A. keine Angabe (d. h. bisher nur Zielwerte verfügbar); [a] Bettmaterial Sand bzw. Olivin

erheblicher technischer Aufwand zur Entfernung bzw. Verringerung dieser unerwünschten Gasbestanteile betrieben werden.

Tabelle 11.6 zeigt typische Teer- und Partikelgehalte verschiedener Vergasungssysteme. Daraus ist ersichtlich, dass die Rohgase aus den heute verfügbaren Vergasungssystemen Teer- und Partikelgehalte sowie weitere Verunreinigungen aufweisen, die für die meisten Anwendungen als nicht akzeptabel zu bezeichnen sind, da sie deren technische Lebensdauer signifikant reduzieren. Mit Ausnahme einer ausschließlich thermischen Verwertung (d. h. Verbrennung) erfordern deshalb alle übrigen Anwendungen von Produktgasen (d. h. Konversionsanlagen zur Umwandlung in End- bzw. Nutzenergie) eine wirkungsvolle Gasreinigung zur Abscheidung von Partikeln und Teerverbindungen und teilweise auch weiterer Verunreinigungen aus dem Produktgas.

Nachfolgend werden die verschiedenen möglichen Verunreinigungen im Produktgas näher erläutert.

Partikel. Bei den im Rohgas enthaltenen Partikeln kann es sich um die anorganische Aschen, die aus den Mineralien im Brennstoff resultieren, dem nicht umgesetzten Brennstoff in Form von Koks und dem Bettmaterial handeln. Derartige Partikel können bei ungenügender Abscheidung zu Ablagerungen bzw. Verstopfungen und Erosion (d. h. ggf. auch Beschädigungen von nachgeschalteten Anlagenteilen) sowie zu Problemen bei der Einhaltung der gesetzlich vorgeschriebenen Emissionsgrenzwerte führen.

Demnach zeigt das Produktgas beispielsweise von Festbettvergasern deutlich geringere Partikelgehalte im Vergleich zu dem aus Wirbelschichtverfahren, da der Brennstoff verfahrensbedingt nicht verwirbelt wird und die Strömungsgeschwindigkeiten im Reaktor wesentlich geringer sind. Das ungereinigte Produktgas der zirkulierenden Wirbelschichtvergasung weist – aufgrund der hohen Gasgeschwindigkeiten – beispielsweise Partikelgehalte von typischerweise 20 g/m^3_n auf. Diese im Produktgas enthaltenen Stäube sind dabei extrem fein und lassen sich mit einem

Zyklon kaum ausreichend abscheiden. Zudem enthalten sie ca. 80 Gew.-% Kohlenstoff und weisen deshalb einen großen Energieinhalt auf. Bei den anderen Vergasungstechniken sind entsprechend geringere Partikelgehalte üblich; die in ihrem Kohlenstoffgehalt variieren. Einen qualitativen Überblick gibt Tabelle 11.6.

Teere. Teere – sie entstehen infolge der pyrolytischen Zersetzung (Kapitel 9.2) – sind eine komplexe Mischung aus organischen Kohlenwasserstoff-Verbindungen. I. Allg. werden darunter alle Komponenten mit einem Molgewicht größer als Benzen (78 g/mol) verstanden. Teilweise wird auch eine durchschnittliche Siedetemperatur (z. B. 300 °C) zur Beschreibung von Teer herangezogen.

Teere führen aufgrund ihrer Kondensation in den dem Vergaser nachgeschalteten Systemkomponenten zu Ablagerungen, wenn das Gas vor der Nutzung kühle Anlagenteile durchströmt oder komprimiert wird. Sie müssen daher zwingend aus dem Rohgas entfernt werden. Zudem stellt Teer – im Falle der gezielten Abscheidung – auch aus Umweltgesichtspunkten ein Entsorgungsproblem dar. Daher sollte bereits durch die Auswahl geeigneter Vergasungsverfahren die Teerbildung weitgehend minimiert bzw. technische Maßnahmen zu dessen umweltgerechten Entsorgung getroffen werden.

Die letztlich den Vergaser verlassende Teermenge wird wesentlich von der Temperatur und der Verweilzeit der Partikel und Gase in der heißen Vergasungszone beeinflusst /11-2/. Diese Bedingungen können in verschiedenen Vergasertypen sehr unterschiedlich sein.

Die mit Abstand höchsten Teergehalte finden sich im Produktgas von Gegenstromvergasern. Das heiße Gas strömt hier aus der Oxidations- in die Reduktionszone und stellt von dort aus die pyrolytische Zersetzung sowie die Trocknung und Aufheizung des Brennstoffs sicher. Dadurch werden die beim pyrolytischen Abbau der organischen Stoffe freigesetzten langkettigen organischen Verbindungen nicht mehr gecrackt; erhöhte Kohlenwasserstoff- und Teergehalte im Produktgas sind die Folge.

Im Gleichstrom- und auch im Doppelfeuervergaser passieren die höher siedenden Teerverbindungen dagegen die heiße Reduktionszone und werden dort – zumindest in der Theorie – aufgespalten. Daraus resultieren bei diesen Vergasertypen im Vergleich zum Gegenstromvergaser deutlich geringere Teergehalte. Dabei handelt es sich aber um wesentlich stabilere Substanzen, die in den nachgeschalteten Anlagen schwieriger zu reduzieren sind als die Teere aus Gegenstromvergasern.

Die Teergehalte des Produktgases aus Wirbelschichtreaktoren liegen in etwa zwischen diesen beiden Vergasertypen. Sie werden hier jedoch erheblich von der Temperatur beeinflusst. Hier sind Temperaturen über 800 °C sowie ausreichend lange Verweilzeiten notwendig, um Teergehalte unter 1 g/m^3_n zu erreichen. Bei Wirbelschichtvergasern ist weiters zu beachten, ob das verwendete Bettmaterial katalytisch aktiv in Bezug auf die Teerreduktion wirkt. Ist dies der Fall, können die Teerwerte stark reduziert werden (untere Grenze der Teerwerte in Tabelle 11.6). Dies kann insbesondere mit Vorteil bei Zweibettwirbelschichten mit umlaufendem Wärmeträger angewandt werden, da es in der Verbrennungszone laufend zur Regeneration des Bettmaterials (d. h. des Katalysators) durch Abbrennen von ggf. angelagertem Koks kommt.

Mehrstufige Festbettvergaser wurden primär mit der Zielstellung eines geringen Teergehaltes im Produktgas entwickelt. Dazu werden die biogenen Festbrennstoffe in einem separaten Reaktor zunächst infolge der pyrolytischen Zersetzung in ein teerhaltiges Pyrolysegas und den Pyrolysekoks zersetzt. Das teerhaltige Gas wird anschließend unter hohen Temperaturen oxidiert; dabei werden die Teere thermisch zersetzt. Das dadurch in der anschließenden Reduktionszone (d. h. zweiter Reaktorteil) entstehende Produktgas ist damit sehr teerarm; bisher vorliegende Messwerte liegen unter der Nachweisgrenze von ca. 0,1 g/m^3_n.

Bei Flugstromvergasern – sie wurden ursprünglich für die Synthesegasproduktion (d. h. weitgehend kohlenwasserstofffreie Produktgase) entwickelt – erfolgt die Vergasung auf einem relativ hohen Temperaturniveau. Damit bieten diese nach derzeitigen Erkenntnissen ebenfalls die Möglichkeit, den Teergehalt soweit zu reduzieren, dass keine zusätzliche Teerabscheidung erforderlich ist.

Insgesamt können aber die Angaben der Teergehalte in der Literatur aufgrund unterschiedlicher Messmethoden (und damit verschiedenartiger Definitionen des Begriffs Teere) und nur eingeschränkt angegebener Messrandbedingungen kaum miteinander verglichen werden. Zwar gibt es Ansätze für eine standardisierte Messmethode für Teere; diese wird aber bisher nicht konsequent für die Bestimmung der Teergehalte verwendet. Deshalb ist an dieser Stelle eine weiterführende Diskussion und Analyse der verschiedenen Einflussparameter auf den Teergehalt aufgrund der vorliegenden Resultate in der Literatur nicht sinnvoll. Vor diesem Hintergrund sind die in Tabelle 11.6 angegebenen Werte nur als typische Bereiche zu verstehen, die bei extremer Betriebsführung aber auch deutlich überschritten werden können.

Alkalien. Alkalien kommen im Rohgas überwiegend als Natrium- und Kaliumverbindungen vor. Diese verdampfen aus dem Brennstoff bei über 800 °C – z. B. als Kaliumhydroxid (KOH) oder Kaliumchlorid (KCl) – und können auf kühleren Flächen (ab einer Temperatur von 600 °C) feste Ablagerungen oder kleine Partikel (< 5 µm) bilden. Diese Alkalien-Ablagerungen können bei hohen Temperaturen – wie z. B. in Gasturbinen – (wieder) verdampfen und zur Heißgaskorrosion (z. B. an den Turbinenschaufeln) führen.

Wie viel der in der Biomasse enthaltenen Alkalien letztlich in den Gasstrom übergehen, hängt primär von den Reaktionsbedingungen (d. h. Temperatur, Druck) und vom Reaktortyp ab. Zusätzlich beeinflussen im Reaktor vorhandene Spurenkomponenten – wie z. B. Chlorverbindungen – die Freisetzung von Alkalien ins Produktgas /11-107/.

Stickstoff-, Schwefel- und Halogen-Verbindungen. Im Produktgas aus der Biomassevergasung können sich auch Verunreinigungen finden, die aus Stickstoff-, Schwefel- und Halogenverbindungen der eingesetzten Biomasse resultieren. Ihre Gehalte hängen damit vor allem vom eingesetzten Biobrennstoff und den Reaktionsbedingungen bei der Vergasung ab.

Stickstoff(N)-Verbindungen. Der brennstoffgebundene Stickstoff wird bei der Vergasung zum Großteil in Ammoniak (NH_3) (etwa 50 bis 80 %; kleinere Anteile auch in andere Stickstoffverbindungen wie HCN) umgewandelt. Das Verhältnis

11.1 Vergasungstechnik

Tabelle 11.7 Beispiele für Gehalte an stickstoffhaltigen Komponenten im ungereinigten Produktgas bei der Vergasung von Holz (Angaben bezogen auf trockenes Gas und Normzustand) /11-95/

		Festbett Gegenstrom	Wirbelschicht stationär	Wirbelschicht zirkulierend
Brennstoff				
Wassergehalt	in Gew.-%	35	6 – 11	30
Stickstoff (N)	in Gew.-%	0,4	0,1	0,1
Flüchtiges	in Gew.-%		83	83
Aschegehalt	in Gew.-%	2	0,1 – 0,3	0,3
Betriebsgrößen				
Druck	in MPa	0,1	0,4	0,1
Temperatur	in °C		910 – 995	720 – 840
Vergasungsmittel		Luft/Dampf	Luft/Dampf	Luft
Konzentrationen an stickstoffhaltigen Komponenten				
NH_3	in ppm	120 – 160	310 – 900	200 – 400
HCN	in ppm	210 – 500	5 – 30	6 – 13

der NH_3- zur HCN-Konzentration ist dabei jedoch je nach Vergasungssystem unterschiedlich. Typische Gehalte an Stickstoff-Verbindungen im ungereinigten Produktgas verschiedener Vergasungssysteme für Holz zeigt Tabelle 11.7.

Auch der Stickstoffgehalt des zu vergasenden Brennstoffes beeinflusst die Gehalte der Stickstoffkomponenten im Produktgas. Dabei besteht eine in etwa lineare Abhängigkeit zwischen den stickstoffhaltigen Komponenten im Produktgas und dem Stickstoffgehalt im biogenen Brennstoff /11-59/, /11-159/ (z. B. NH_3-Gehalt von 800 ppm bei einem Stickstoff(N)-Gehalt von 0,1 % in der Biomasse, NH_3-Gehalt von 1 700 ppm bei einem Stickstoff(N)-Gehalt von 0,45 %; gemessen in einer Laborwirbelschicht bei der Vergasung mit Luft, bei 800 °C und bei Umgebungsdruck). Zusätzlich beeinflusst die Vergasungstemperatur und der Vergasungsdruck den Anteil der stickstoffhaltigen Gaskomponenten /11-95/.

Da bei der Verbrennung des Produktgases die Stickstoff-Verbindungen zu NO_x umgewandelt werden, ist eine Entfernung bzw. Reduktion derartiger stickstoffhaltiger Verbindungen aufgrund der gesetzlich geregelten Emissionsgrenzwerte meist notwendig. Auch ist zu vermuten /11-59/, dass der im Rohgas enthaltene Ammoniak bei einer motorischen Nutzung die Schmierfähigkeit des Motorenöls herabsetzen kann.

Schwefel(S)-Verbindungen. Der Gehalt an Schwefel-Verbindungen im Produktgas (v. a. in Form von Schwefelwasserstoff (H_2S)) wird ebenfalls weitgehend vom Schwefelgehalt im Brennstoff sowie den Prozessparametern im Reaktor – beispielsweise der Temperatur – beeinflusst /11-107/.

Bei unbehandeltem Holz ist der Schwefelgehalt in der Regel aber so niedrig, dass beispielsweise bei einer motorischen Nutzung des Produktgases auf eine gesonderte Entfernung von Schwefel-Verbindungen (H_2S-Gehalt ca. 50 bis 100 ppm) verzichtet werden kann. Beim Einsatz von Biobrennstoffen mit höheren Schwefelgehalten (z. B. kontaminiertes Altholz) oder dem Einsatz von Produktgasen in

Brennstoffzellen und nachgeschalteten katalytischen Umwandlungen (d. h. Synthesen) ist allerdings in jedem Fall eine Entfernung der im Produktgas enthaltenen Schwefel-Verbindungen notwendig, da beispielsweise Schwefelwasserstoff (H_2S) für viele in Frage kommenden Katalysatoren ein Gift darstellt; deshalb fordern derartige Gasnutzungstechnologien Konzentrationen von unter 1 ppm bzw. unter 0,1 ppm Schwefel im Produktgas /11-41/.

Halogen(Cl)-Verbindungen. Halogen-Verbindungen treten bei Einsatz naturbelassener Hölzer – aufgrund des sehr geringen Chlorgehalts – üblicherweise kaum auf (HCl-Gehalt < 10 ppm). Daher ist beispielsweise bei einer motorischen Verwendung des Produktgases eine gesonderte Entfernung der Halogen-Verbindungen (hauptsächlich HCl) meist nicht nötig. Beim Einsatz halmgutartiger Brennstoffe, deren Chlorgehalte im Vergleich zu Holz um Größenordnungen höher liegen können, kann eine Entfernung von Halogen-Verbindungen dagegen zwingend erforderlich werden /11-16/, /11-58/, /11-152/.

Schwermetalle. Neben den genannten Spurenkomponenten können diverse Schwermetalle (z. B. Zn, K, Pb) problematisch für die nachgeschalteten Systemkomponenten sein (z. B. für den Oxidations-Katalysator eines Gasmotors). Daher müssen diese – je nach Brennstoffart, Prozessbedingungen sowie Einsatzart des Produktgases – ebenfalls aus dem Rohgas entfernt werden /11-56/.

11.2 Gasreinigungstechnik

Um Erosionen, Korrosionen oder Ablagerungen in nachschalteten Anlagenteilen und emissionsseitige Umweltbelastungen durch die im Produktgas enthaltenen Partikel, Alkalien, Teer-, Stickstoff-, Schwefel- und Halogen-Verbindungen zu minimieren, muss vor der Gasnutzung – z. B. in Gasmotoren oder Gasturbinen, vor allem aber in Brennstoffzellen oder in chemischen Synthesen – ein teilweise erheblicher technischer Aufwand zur Produktgasreinigung betrieben werden. Außerdem enthalten einige Biomassefraktionen so viel Stickstoff, dass die Menge der daraus bei der Vergasung und anschließenden Produktgasnutzung gebildeten Stickstoff-Verbindungen (z. B. NO_x) ein unerwünscht hohes bzw. gesetzlich nicht zulässiges Ausmaß annimmt; deren Verringerung ist deshalb auch aus Umweltschutzgründen zwingend notwendig. Das gilt sinngemäß auch für im Gas möglicherweise – in Abhängigkeit der eingesetzten Biomasse – enthaltene Schwefel- und Halogen-Verbindungen sowie andere Spurenstoffe (z. B. Cadmium, Blei).

Die einzelnen Gasnutzungstechnologien und/oder die gesetzlichen Vorgaben zur Luftreinhaltung machen damit – entsprechend ihren jeweiligen technischen Anforderungen der eingesetzten Konversionsanlagentechnologie – damit eine Abscheidung der potenziell im Produktgas enthaltenen Schadkomponenten erforderlich. Die dazu einsetzbaren Abscheidetechniken bestehen als Gesamtsystem zumeist aus mehreren Schritten; d. h. aus einer Hintereinanderschaltung von Gasreinigungskomponenten wie beispielsweise Zyklone, Filter, Wäscher oder Adsorber.

Derartige Gasreinigungssysteme lassen sich auch in die nasse Gasreinigung bei niedrigen Temperaturen (auch als Kaltgasreinigung bezeichnet) und die trockene

Gasreinigung (auch als Heißgasreinigung bezeichnet) einteilen. Die Auswahl des Temperaturbereiches der Abscheidung wird dabei aber letztlich von der Gasnutzung vorgegeben. So sind beispielsweise für Gasmotoren niedrige Eintrittstemperaturen des Produktgases notwendig; damit kommt hier im Regelfall eine Kaltgasreinigung zum Einsatz. Die Heißgaseinigung ist hingegen dann vorteilhaft, wenn das Produktgas bei hohen Temperaturen weiter verwendet werden kann (z. B. Einsatz in Gasturbinen) und eine Abkühlung thermodynamisch ungünstig wäre.

Nachfolgend werden die einzelnen Techniken zur Abscheidung der wichtigsten Schadkomponenten erläutert. Dabei werden allerdings nur die jeweiligen Besonderheiten in Bezug auf die Reinigung von Produktgas zum Unterschied zu der Abgasreinigung (Kapitel 10.4) dargestellt und diskutiert. Dabei wird deutlich, dass zur Abscheidung von unerwünschten Schadkomponenten aus dem Produktgas einer Biomassevergasung eine Vielzahl an Verfahrensoptionen mit jeweils unterschiedlichen Vor- und Nachteilen zur Verfügung stehen. Ein Überblick dieser Vor- und Nachteile zeigt Tabelle 11.8. Zuvor werden aber die Anforderungen unterschiedlicher Gasnutzungsoptionen an die Produktgasreinheit diskutiert.

Tabelle 11.8 Eigenschaften verschiedener Abscheidetechniken zur Rohgasreinigung /11-42/, /11-69/, /11-97/, /11-111/, /11-121/

Abscheidetyp	Schadkomponente	Vorteile	Nachteile
Zyklon	Staub, (Teer): $d_p > 5$ µm	niedriger Druckverlust, hohe Temperatur, geringe Kosten	geringe Abscheideleistung bei $d_p < 5$ µm
Gewebefilter	Staub, Teer, Alkalien: $d_p < 0,5$ µm	hohe Abscheideleistung	hoher Druckverlust, Abkühlung auf < 250 °C erforderlich
Wäscher, Nassabscheider	Teer, Staub, Alkalien, Stickstoff-, Schwefel-Verbindungen	kommerziell erprobt, universell einsetzbar	Abwasseranfall bei Wassereinsatz, Abkühlung erforderlich, hoher Druckverlust
Elektroabscheider	Teer, Staub, Alkalien	hohe Abscheideleistung, geringer Druckverlust	Abscheideminimum bei $d_p = 5$ µm, teuer in Anschaffung, Abwasseranfall (bei Nasselektroabscheider)
Heißgasfilter	Staub, (Teer), Alkalien: $d_p < 0,5$ µm	Temperatur ≤ 900 °C, hoher Abscheidegrad	hoher Druckverlust, teuer, Problem mit Teer (Verkleben), Alkalien (Korrosion)
Katalysator	Teer, Stickstoffverbindungen	kein Abwasser, keine Kühlung	Deaktivierung durch Katalysatorgifte, noch im F&E-Stadium, hohe Kosten
Thermische Teerreduktion	Teer	kein Abwasser	Wirkungsgradmindernd (Teilverbrennung), unvollständige Teerzerstörung

d_p Partikeldurchmesser

11.2.1 Anforderungen

Produktgase aus der Biomassevergasung, welche die genannten Verunreinigungen aufweisen, können in nachgeschalteten Konversionsanlagen nur eingeschränkt genutzt werden. Beispielsweise beginnen die Teerverbindungen im Produktgas bei einer Abkühlung auf Temperaturen unter ca. 300 °C auszukondensieren und können u. a. Leitungen und Filter zusetzen. Auch können die im Gas befindlichen Partikel bei einem Einsatz z. B. in Gasturbinen oder Gasmotoren Erosionen verursachen und dadurch die technische Lebensdauer derartiger Anlagen signifikant reduzieren. Zusätzlich können die im Gas befindlichen Alkalimetalle zur Heißgaskorrosion und zu Ablagerungen in den Konversionsanlagen führen, in denen das Produktgas verbrannt wird. Schwefel-Verbindungen wirken hingegen vergiftend auf Katalysatoren in Brennstoffzellen oder Synthesereaktoren.

Für eine problemlose und effiziente Gasnutzung in den jeweiligen Konversionsanlagen kommt deshalb der Entwicklung und Realisierung geeigneter Gasreinigungstechniken eine zentrale Bedeutung zu. Vor diesem Hintergrund werden im Folgenden die wesentlichen Forderungen an die Gasreinheit diskutiert, wie sie zum problemlosen Betrieb der wesentlichen Wandlungstechniken nach dem gegenwärtigen Stand des Wissens notwendig sind.

Nutzung zur Wärmebereitstellung. Aufgrund der Robustheit und Unempfindlichkeit vorhandener Brenner ist eine Reinigung des Produktgases beim Einsatz in Gasbrennern im Regelfall nicht erforderlich. Es muss nur sichergestellt werden, dass das den Vergaser verlassende Gas vor dem Eintritt in den Brenner nicht so weit auskühlt, dass die im Gas befindlichen kondensierbaren Bestandteile ausfallen können. Der notwendige Gasreinigungsaufwand wird damit im Wesentlichen von den zulässigen (meist gesetzlich geregelten) Schadstoffgrenzwerten der Abgase bestimmt (z. B. Emissionsvorschriften oder Reinheitsanforderungen an das "Heizgas").

Nutzung in Motoren. Die derzeit verfügbaren Gasmotoren benötigen ein Gas, das möglichst wenig kondensierbare Teerverbindungen und Partikel bzw. andere Verunreinigungen enthält, da diese zu Verklebungen, Erosionen bzw. Korrosionen der Ventilsitze und der Zuleitungen führen können. Je weniger Partikel im Gas enthalten sind, desto kleiner ist die Abnutzung im Motor und damit der Wartungs- und Unterhaltsaufwand. Dies gilt gleichermaßen für den Gehalt an Alkalien und Halogenen sowie Sauergasen (z. B. H_2S) und Ammoniak (NH_3), welche die Betriebszeit des Motorenöls verkürzen können /11-59/.

Für eine sichere Produktgasnutzung in Verbrennungsmotoren ist damit nach Tabelle 11.9 neben der Partikelabscheidung – je nach Vergaserart (Kapitel 11.1.1) und Brennstoff – auch eine Teerabscheidung erforderlich. Dies geschieht in der Regel durch Abkühlung und Kondensation bzw. Auswaschen der Teere bei niedrigen Temperaturen. Dies führt außerdem zu einer Erhöhung der Energiedichte des Gases; dies ist aus motorischer Sicht erwünscht (d. h. höhere Leistungsdichte und höherer Wirkungsgrad).

Tabelle 11.9 Verwendungsspezifische Minimalanforderungen an Produktgase (nicht alle Anforderung wurden bisher definiert; Angaben beziehen sich auf trockenes Gas und Normzustand) /11-8/, /11-32/, /11-52/, /11-55/, /11-56/, /11-71/, /11-80/, /11-87/, /11-112/, /11-125/, /11-130/, /11-157/, /11-158/

Gas-Parameter	Verbrennungsmotor	Gasturbine	Syntheserektoren	Brennstoffzelle (SOFC)
Partikelgehalt	< 50 mg/m^3	< 30 mg/m^3	< 0,1 mg/m^3	k.A.
Partikelgröße	< 3 µm	< 5 µm	k.A.	k.A.
Teergehalt	< 100 mg/m^3	k.A.	< 0,1 mg/m^3	< 100 mg/m^3
Alkaliengehalt	< 50 mg/m^3	< 0,25 mg/m^3	< 10 ppb	k.A.
NH$_3$-Gehalt	< 55 mg/m^3	k.A.	< 1 ppm	< 0,1 mg/m^3
S-Gehalt	< 1 150 mg/m^3	k.A.	< 0,1 ppm	< 200 ppm
Cl-Gehalt	< 500 mg/m^3	k.A.	< 0,1 ppm	< 1 ppm

k.A. keine verlässlichen Angaben verfügbar

Nutzung in Gasturbinen. Für den Einsatz des Produktgases aus der Biomassevergasung in Gasturbinen sind im Vergleich zu einer motorischen Nutzung höhere Anforderungen bezüglich der Partikel- und Alkaligehalte zu erfüllen.

Beispielsweise kann zur Sicherstellung niedriger Alkaligehalte das Gas vor der Gasreinigung auf unter 500 °C abgekühlt werden, da die meisten Alkalimetalldämpfe bei Temperaturen unter 500 bis 550 °C an den Partikeloberflächen von Feinstäuben auskondensieren und dann mit diesen abgeschieden werden können. Die Reinigung des Produktgases von Partikeln kann damit bei diesen Temperaturen erfolgen; dies ist aus energetischen Gründen erwünscht, da dadurch mehr Energie in der Turbine zur Stromerzeugung zur Verfügung steht.

Kondensierbare Bestandteile (d. h. Teere) müssen dagegen nur dann abgeschieden werden, wenn aus verfahrenstechnischer Sicht eine weitergehende Temperaturabsenkung im Produktgas notwendig ist. Durch die Abscheidung wird verhindert, dass diese Komponenten an den Filteranlagen auskondensieren und es dadurch zu einer Verstopfung und Verklebung der Filter kommen kann. Ansonsten verbrennen die Teerbestandteile in der Turbinenbrennkammer.

Bezüglich Stickstoff(N)-, Schwefel(S)- und Halogen(Cl)-Verbindungen im Produktgas sind primär Umweltwirkungen bzw. die einschlägigen Emissionsbeschränkungen zu beachten.

Nutzung in Brennstoffzellen. In Brennstoffzellen, die mit extern oder intern reformiertem Erdgas betrieben werden können, kann grundsätzlich auch reformiertes und konvertiertes Produktgas aus der Biomassevergasung eingesetzt werden /11-128/. Allerdings sind dafür sehr hohe Anforderungen an die Gasreinheit zu erfüllen, um Reaktionshemmungen in der Brennstoffzelle zu verhindern. Diese Anforderungen sind bei den Hochtemperatur-Brennstoffzellen (z. B. MCFC (Molten Carbonate Fuel Cell), SOFC (Solid Oxid Fuel Cell)) geringer als bei den Niedertemperatur-Brennstoffzellen (z. B. PAFC (Phosphoric Acid Fuel Cell)). Das liegt daran, dass bei der ersten Gruppe die Gasreformierung innerhalb der Zelle erfolgt, da die endotherme Reformierreaktion aus der Wärme des exothermen Prozesses der Brennstoffzelle gespeist werden kann; damit muss Energie nicht separat aus dem Brenngas bereitgestellt werden. Außerdem entzieht die Reformierreaktion der Brennstoffzelle Wärme und reduziert dadurch den Kühlbedarf.

Grundsätzlich gelten jedoch Schwefel- und Halogenverbindungen bei allen Brennstoffzellentypen als hoch wirksame Gifte. Sie müssen deshalb auf sehr geringe Anteile reduziert werden.

PAFC (Phosphoric Acid Fuel Cell) reagieren beispielsweise auch empfindlich gegenüber Kohlenstoffmonoxid (CO), da hier die Elektrodenbeschichtungen aus Edelmetallen (z. B. Platin, Gold) bestehen. Kohlenstoffdioxid (CO_2) und Methan (CH_4) verhalten sich bei diesen Brennstoffzellen dagegen inert, reduzieren aber den Wirkungsgrad.

Erfahrungen mit dem Einsatz von reformiertem Erdgas als Brenngas haben gezeigt, dass sich der Stickstoffgehalt im Brennstoff negativ auf die Zellspannung von PAFC (Phosphoric Acid Fuel Cell) und damit den Wirkungsgrad auswirken kann. Dies ist der Fall, wenn der Stickstoff in Ammoniak umgesetzt wird, welches im Zellenstapel mit der Phosphorsäure reagiert und dadurch den chemischen Prozess an der Kathode behindert. Zu den ohnehin hohen Aufwendungen für die Gasaufbereitung kann damit auch noch eine Stickstoffabtrennung aus dem Produktgas hinzukommen.

Zusammengenommen sind die Anforderungen, die das Produktgas für den Einsatz in Brennstoffzellen zu erfüllen hat, sehr hoch. Aufgrund der vielfach noch in der Entwicklung befindlichen Brennstoffzellen sind aber die Anforderungen insgesamt vielfach noch nicht klar definiert. Dies liegt auch darin begründet, dass viele Brennstoffzellentypen noch nicht hinsichtlich aller verfahrenstechnischen Aspekte ausgereift und großtechnisch verfügbar ist. Weiters liegen keine Langzeiterfahrungen mit einem Betrieb von Produktgas in Brennstoffzellen vor, so dass auch von dieser Seite keine quantitativen Festlegungen möglich sind.

Nutzung als Synthesegas. Beim Einsatz des Produktgases als Synthesegas zur Herstellung flüssiger und/oder gasförmiger Kraftstoffe muss u. a. der Stickstoffgehalt des Gases minimal sein. Beispielsweise führt eine – bei Vergasung mit Luft übliche – Stickstoffkonzentration von etwa 50 Vol.-% zu sehr hohen Kompressorleistungen bzw. zu einer Herabsetzung der Partialdrücke der Reaktanden für die anschließende katalytische Synthese (z. B. Fischer-Tropsch-Synthese, Methanolsynthese, Methanisierung).

Bei allen Anlagen zur Synthesegaserzeugung wird daher ein nahezu inertgasfreies Produktgas gefordert; damit scheidet Luft als Sauerstoffquelle aus. Gut geeignet für Synthesen sind insbesondere Produktgase aus der Vergasung mit Dampf bzw. mit Sauerstoff-Dampf-Gemischen. Dies hat den zusätzlichen Vorteil, dass dann außerdem das Verhältnis von Wasserstoff (H_2) zu Kohlenstoffmonoxid (CO) näher bei dem für die jeweilige Synthese stöchiometrisch notwendigen Verhältnis liegt.

Auch die Anforderungen an das Produktgas bezüglich Teer (z. B. < 0,1 mg/m^3_n), Ammoniak (NH_3) (z. B. < 1 ppm) und Schwefel(S)-Komponenten (z. B. < 0,1 mg/m^3_n) sind im Vergleich zu der Anwendung in einem Gasmotor oder einer Gasturbine äußerst hoch (vgl. Tabelle 11.9).

Aufgrund dieser hohen Reinheitsanforderungen werden bei kommerziellen Großanlagen zur Herstellung von Synthesegasen (> 10 000 m^3_n/h) – über die Vergasung von Kohle, Erdgas oder Raffinerierückständen – nahezu ausschließlich Tieftemperaturwäschen (z. B. Rectisol-Wäsche) eingesetzt /11-22/, /11-98/, /11-160/. Für den Einsatzstoff Biomasse werden – auch wegen der potenziell kleineren Anlagenleistungen – derzeit alternative Verfahren mit geringerem anlagentechnischem Aufwand (z. B. Ölwäschen) untersucht /11-22/.

11.2.2 Partikelentfernung

Je nach Partikelgehalt und -größe im Rohgas sowie den Anforderungen aus der Gasnutzung können Zyklone, Filter mit Filtermedium, elektrostatische Filter oder Wäscher zur Partikelentfernung eingesetzt werden (vgl. Tabelle 11.8).

Fliehkraftabscheider. Die wichtigsten Fliehkraftabscheider für die Abscheidung von Partikeln aus Produktgasen sind Zyklone. Zyklone können dabei hohe Partikelbeladungen effizient aus einem Gasstrom abscheiden und werden daher meist für die Erstreinigung eingesetzt bzw. sind in zirkulierenden Wirbelschichten integraler Bestandteil des Systems. Besonders bei großen Partikeln (d. h. > 5 µm; andere Quellen /11-9/ gehen von Partikeln > 50 µm aus) sind diese sehr effektiv und können über einen weiten Temperaturbereich eingesetzt werden, der letztlich durch die beim Apparatebau eingesetzten Materialien bestimmt wird. Zyklone können folglich bei hohen Temperaturen betrieben werden. Damit bleibt die fühlbare Wärme weitgehend erhalten; dies ist beispielsweise bei der Verwendung des Produktgases ohne Abkühlung bei hoher Temperatur z. B. in Brennern oder Turbinen von Bedeutung.

Filternde Abscheider. Zu den trocken arbeitenden Verfahren der Partikelabscheidung mit filternder Wirkung zählen Gewebefilter, Schüttschichtfilter und Kerzenfilter. Sie werden nachfolgend diskutiert.

Gewebefilter. Filter mit Filtermedium können im Unterschied zu Zyklonen auch kleine Partikel von 0,5 bis 100 µm sehr effektiv entfernen. Sie führen aber – je nach abzuscheidender Partikelgröße – zu einem stark ansteigenden Druckverlust. Die Abscheideleistung derartiger Gewebefilter hängt dabei stark von der Dicke des Filterkuchens ab, aus dem ein Großteil der Filterwirkung resultiert.

Gewebefilter aus Standardmaterialien können üblicherweise bis zu einer Temperatur von rund 250 °C eingesetzt werden. Da das Produktgas vor der Reinigung abgekühlt wird, eignet sich dieses Verfahren hauptsächlich für Anlagen, in denen es nicht wichtig ist, die fühlbare Wärme im Gas zu erhalten.

Teere im Produktgas führen beim Gewebefilter zu Problemen, da diese zum Verkleben des Filtermediums führen. Sie müssen daher vorher abgeschieden werden bzw. die Kondensationstemperatur der Teere darf nicht unterschritten werden.

Teere und Staub können mit Gewebefiltern gleichzeitig unter Verhinderung des Verklebens des Filtertuches dann entfernt werden, wenn das Filtermedium precoatisiert wird. Dabei wird vor der eigentlichen Filtration eine dünne Schicht eines

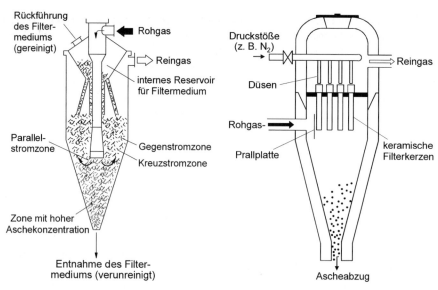

Abb. 11.11 Kontinuierlich betreibbare Wanderbettfilter (links) und Kerzenfilter (rechts) /11-156/, /11-167/

Filterhilfsmittels auf das Filtermedium aufgebracht, welches die Filterwirkung übernimmt und danach mit dem Staub-Teer-Kuchen abgereinigt wird. Mit einem Filter dieser Bauart lässt sich neben einer sehr hohen Staubabscheidungsleistung auch eine Teerabscheidung von bis zu 80 % erzielen.

Schüttschichtfilter. Neben Gewebefiltern werden z. T. – bei Vergasungsverfahren im kleinen Leistungsbereich – sogenannte Schüttschichtfilter (ähnlich einem Polizeifilter) getestet (Abb. 11.11). Diese bieten den Vorteil der Unempfindlichkeit gegen korrosive Gasbestandteile sowie hohe Temperaturen und besitzen einen niedrigen Druckverlust. Allerdings fehlen hier bisher geeignete und praxiserprobte Regenerationskonzepte zur Aufarbeitung des beladenen (d. h. teerhaltigen) Filtermaterials. Deshalb werden diese Verfahren aus Sicht des Abfallanfalls als problematisch eingeschätzt /11-3/, /11-17/. /11-16/, /11-122/, /11-152/.

Kerzenfilter. Zur Partikelabscheidung auf einem hohen Temperaturniveau sind sogenannte Kerzenfilter (d. h. Heißgasfilter) einsetzbar (Abb. 11.11). Als Filtermittel kommt hier Keramik oder Metallgewebe zum Einsatz. Keramikfilter können bei bis zu 900 °C betrieben werden und eignen sich daher vor allem für die Kopplung der Vergasung mit einer Gasturbine und zukünftig ggf. mit einer Hochtemperaturbrennstoffzelle /11-6/.

Elektrostatische Abscheider (Elektroabscheider). Je nach Abreinigungsmethode unterscheidet man zwischen trockenen und nassen Elektroabscheidern (Kapitel 10.4).

11.2 Gasreinigungstechnik

- Beim trockenen Elektroabscheider wird der gesammelte Staub mechanisch (d. h. durch Klopfen) periodisch entfernt (Kapitel 10.4). Derartige Filter können bei Temperaturen bis über 500 °C betrieben werden.
- Nasse Elektroabscheider, welche die abgeschiedenen Partikel mittels eines dünnen Wasserfilmes entfernen, können nur bis zu einer Temperatur von 65 °C betrieben werden.

Mit trockenen und nassen Elektroabscheidern können sehr hohe Abscheidegrade für Partikel und flüssige Aerosole erreicht werden. Auch ist mit Nasselektroabscheidern eine gleichzeitige Staub- und Teerentfernung möglich. Elektroabscheider zeichnen sich durch einen geringen Druckverlust und hohe Filtrationsraten aus /11-3/, /11-16/.

Wäscher. Wäscher benutzen eine Waschflüssigkeit (z. B. Wasser), um Partikel aus dem Gasstrom zu entfernen. Für die Nasswäsche kommen unterschiedliche Apparate in Frage (z. B. Waschtürme, Strahlwäscher, Wirbelwäscher, Rotationswäscher, Venturiwäscher). Häufig verwendete Nassabscheider und ihre wichtigsten Kenngrößen zeigt Tabelle 11.10.

Beispielsweise ist ein häufig angewandter Wäschertyp zur Partikelentfernung der Venturiwäscher, der zwar eine hohe Partikelabscheiderate, jedoch auch einen hohen Druckverlust von 30 bis 200 mbar aufweist. Außerdem benötigt dieser – wie alle Nassverfahren – eine Eintrittstemperatur des Rohgases unter 100 °C. Dies erfordert eine Gaskühlung. Dem Venturiwäscher ist meist ein Demister nachgeschaltet, um die mitgerissenen Flüssigkeitströpfchen abzuscheiden. Mit einem derartigen Wäscher lassen sich Reingaskonzentrationen von 10 bis 20 mg/m^3 erzielen.

Tabelle 11.10 Häufig eingesetzte Nasswäscher mit wichtigen Kenngrößen /11-19/

	Waschturm	Strahlwäscher	Wirbelwäscher	Rotationswäscher	Venturiwäscher
Trenn-Korngröße in µm für ρ=2,42 g/cm^3	0,7 – 1,5	0,8 – 0,9	0,6 – 0,9	0,1 – 0,5	0,05 – 0,2
Relativgeschwindigkeit in m/s	1	10 – 25	8 – 20	25 – 70	40 – 150
Druckverlust in mbar	2 – 25	–	15 – 28	4 – 10	30 – 200
Wasser/Gas in l/m^3	0,05 – 5	5 – 20[a]	unbestimmt	1 – 3[a]	0,5 – 5
Energieverbrauch in kWh/1 000 m^3	0,2 – 1,5	1,2 – 3	1 – 2	2 – 6	1,5 – 6

[a] je Stufe; ρ Dichte

Wäscher mit Einbauten werden aufgrund ihrer geringen Abscheiderate und wegen der Verstopfungsgefahr für die Staubentfernung nur selten eingesetzt. Offene Fragen bei der Partikelabscheidung über Wäscher mit dem Waschmedium Wasser bestehen vor allem bezüglich Aufwand und Kosten für die Behandlung der entstehenden Abwässer /11-149/.

Wäscher, insbesondere in Form von Waschtürmen, dienen meist der kombinierten Partikel- und Teerabscheidung.

11.2.3 Teerentfernung

Durch die Auswahl geeigneter Vergasungstechnologien kann der Teergehalt im Produktgas auf ein gewisses Maß reduziert werden (Kapitel 11.1.1). Jedoch reichen derartige Primärmaßnahmen meist nicht für eine direkte Nutzung der Produktgase in Stromerzeugungs- und insbesondere Syntheseanlagen aus. Deshalb ist eine sekundäre Teerentfernung meist zwingend erforderlich.

Zur Teerentfernung werden größtenteils physikalische Methoden – zumeist Wäscher oder Elektroabscheider – eingesetzt. Diese Verfahren erfordern allerdings eine Kühlung des Gases vor der Abscheidung der Teere in kondensierter Form. Daneben kann Teer prinzipiell auch über die thermische oder katalytische Teerentfernung in stabile Gaskomponenten umgewandelt werden; unter diesen Bedingungen trägt der Teer auch zum Heizwert des Produktgases bei. Diese unterschiedlichen Optionen werden nachfolgend vorgestellt (vgl. Tabelle 11.8).

Physikalische Teerentfernung. Bei Verfahren auf der Basis der physikalischen Teerentfernung wird das Produktgas zunächst abgekühlt. Dabei kondensieren die Teerkomponenten. Die dabei anfallenden Tröpfchen werden aus dem Produktgasstrom mit ähnlichen Verfahren wie die Partikel abgeschieden (z. B. Wäscher, Nasselektroabscheider, Filter mit Filtermedium). Deshalb wird nachfolgend nur auf die spezifischen Eigenheiten der Teerentfernung eingegangen.

Wäscher. Der Wäscher stellt die am häufigsten angewendete Methode der Teerentfernung dar. Dabei können unterschiedliche Waschmedien eingesetzt werden.

Obwohl mit einer Wasserwäsche keine guten Abscheidegrade für Teer erreicht werden können, da der gasförmige Teer lediglich durch den Kühleffekt im Wäscher kondensiert und zur Koaleszenz gebracht wird, wurde diese in der Vergangenheit immer wieder eingesetzt. Der Grund dafür ist, dass das Rohgas im Wäscher gleichzeitig von anderen Verunreinigungen befreit und – für eine motorische Nutzung notwendig – abgekühlt wird. Dabei können mit den verschiedenen Wäschertypen (u. a. Waschtürme, Rotationswäscher, Prallwäscher, Venturiwäscher) Teerwerte im Reingas von ca. 20 bis 40 mg/m^3 erreicht werden; dabei ist nach dem Wäscher zusätzlich ein Tropfenabscheider notwendig.

Wegen der geringen Teerabscheidung, aber auch aufgrund des Anfalls von Kondensaten und belasteten Abwässern, deren umweltverträgliche Entsorgung sehr aufwändig ist, werden derzeit an verschiedenen Anlagen ölbasierte Wäscher eingesetzt /11-5/, /11-89/, /11-124/. Diese haben den Vorteil, dass sich der Teer im Gegensatz zu Wasser in Öl zusätzlich löst, womit Reingaswerte um 10 mg/m^3

11.2 Gasreinigungstechnik 637

erreicht werden können. Gleichzeitig kann das beladene Waschmedium thermisch (d. h. durch Verbrennen) genutzt bzw. entsorgt und damit ein Abwasseranfall (mit allen damit verbundenen Konsequenzen) vermieden werden.

Beispielsweise wird zur Maximierung der Teerabscheidung beim sogenannten OLGA-Prozess /11-85/ in einer gestuften Wäsche anstatt Wasser ein organisches Lösungsmittel eingesetzt. Dieses Waschverfahren arbeitet dabei über dem Taupunkt des Wasserdampfes, damit abgeschiedene Teere und Prozesswasser nicht vermischt werden. Das nach der Teerabscheidung beladene Lösungsmittel wird in einer zweiten Kolonne gestrippt und das teerreiche Gas in den Vergasungsreaktor rückgeführt. Der Vorteil dieses Verfahrens liegt darin, dass kein weiterer Abfallstrom anfällt und die Taupunktstemperatur der Teere im Reingas sehr tief ist (bis zu -17 °C). Deshalb können die entsprechend gereinigten Gases auch für Synthesen eingesetzt werden /11-16/.

Unabhängig vom eingesetzten Waschmittel führen Waschverfahren zu einer Verringerung des Systemwirkungsgrades (d. h. Vernichtung der Latentwärme des Produktgases).

Nasselektroabscheider. Eine klassische Variante zur Teerentfernung ist der Elektroabscheider. Dabei werden für die Teerentfernung aus Produktgasen i. Allg. Draht-Röhren-Elektroabscheider den Platten-Elektroabscheidern vorgezogen.

Das Gas wird vor dem Eintritt in den Elektroabscheider mit Wasser gesättigt. Die entstandenen Flüssigkeitströpfchen und Partikel werden danach im Elektroabscheider abgeschieden. Zur Entfernung der kondensierten Teere von den Elektroden des Abscheiders wird meist Wasser eingesetzt, wobei die erforderliche Wassermenge – und damit der Aufwand zur Wasseraufbereitung – je nach Teerart variiert.

Ein Vorteil dieses Gasreinigungsverfahrens ist die Möglichkeit einer kombinierten Staub- und Teerabscheidung, mit der sehr hohe Reinheitsgrade erreicht werden können (< 10 mg/m^3_n) /11-16/.

Filter mit Filtermedium. Durch die Kondensation der Teere zur klebrigen Partikeln ist die Abreinigung von teerbeladenen Filtermedien im Regelfall schwierig. Durch die genannte Precoatisierung können jedoch diese Effekte weitgehend reduziert und die einfache Abscheidung des Teer-Staub-Filterkuchens ermöglicht werden.

Eine weitere mögliche Lösung bieten noch in der Entwicklung befindliche kontinuierlich arbeitende Schüttschichtfilter (siehe Partikelabscheidung). Derartige Filter können auch bei hohen Temperaturen eingesetzt werden. Dann ist eine kombinierte Teer- und Staubentfernung möglich; dabei kann die Teerentfernung katalytisch bzw. thermisch erfolgen.

Katalytische Teerentfernung. Durch den Einsatz von katalytisch aktiven Mineralien (z. B. Kalziumoxid (CaO), Magnesiumoxid (MgO), Dolomit) oder durch Katalysatoren auf Metallbasis (z. B. Nickel (Ni), Eisen (Fe)) können Teerverbindungen wirksam gespalten (gecrackt) und damit in kürzerkettige stabile Gaskomponenten umgewandelt werden. Hier können bereits bei Temperaturen von 800 bis 950 °C Teerreduktionsraten von über 99 % erreicht werden. Durch die

Zugabe von Dampf lässt sich die Wirkung noch weiter verbessern. Aus ökonomischen Gründen bietet sich der Einsatz relativ billiger und unempfindlicher nicht-metallischer Materialien (z. B. Dolomite, Zeolithe, Kalkspat, Kalziumaluminate) oder von Metallen an /11-148/.

Ein grundsätzliches Problem stellen dabei Koksablagerungen am Katalysator dar, die zur Absenkung der Katalysatoraktivität führen. Sie entstehen bei der Aufspaltung der Teere in kürzerkettige Kohlenwasserstoff-Verbindungen, da diese spezifisch mehr Wasserstoff beinhalten im Vergleich zu den langkettigen Verbindungen (d. h. Teere).

Meist werden diese katalytisch unterstützten Crackreaktionen in einem speziellen Crackreaktor durchgeführt, der direkt hinter dem Vergasungsreaktor angeordnet wird. Dies kann ein Festbett- (z. B. /11-117/, /11-119/, /11-148/) oder Wirbelschichtreaktor sein; hier wurden bereits stationäre und zirkulierende Wirbelschichten untersucht /11-126/.

Beispielsweise wird bei einer innovativen Verfahrenslösung zum Cracken von Teeren ein Festbettreaktor verwendet, bei dem durch ein periodisches umgekehrtes Durchströmen des Reaktors eine hohe thermische Effizienz erzielt wird (reverse flow reactor). Die für die Teerspaltung notwendige Energie wird durch eine partielle Oxidation bereitgestellt, indem gezielt Luft in den Reaktor eingeblasen wird. Dadurch soll – bei entsprechenden Energieverlusten – eine Teerumwandlungsrate von über 98 % realisierbar sein /11-164/.

Bei Wirbelschichtvergasern besteht zusätzlich die Möglichkeit, den Katalysator direkt in der Wirbelschicht als Bettmaterial zu verwenden /11-25/. Dazu muss aber zum Einem ein abriebfester Katalysator zur Verfügung stehen und zum Anderen müssen Koksablagerungen am Katalysator wirksam verhindert werden.

Ein positiver Begleiteffekt beim katalytischen Teercracken ist, dass weitere Verunreinigungen (z. B. Ammoniak) ebenfalls deutlich reduziert werden können. Beispielsweise liegen beim Ammoniak (NH_3) die erzielbaren Konversionsraten zwischen 70 und 80 % /11-20/, /11-23/, /11-24/, /11-26/, /11-27/, /11-28/, /11-29/, /11-70/, /11-86/, /11-148/, /11-152/.

Thermische Teerentfernung. Durch das thermische Cracken können höhere Kohlenwasserstoffe in niedrigere gespalten werden. Eine derartige thermische Teerspaltung wird vornehmlich bei Wirbelschichtvergasern aufgrund der hier gegebenen hohen Austrittstemperaturen auf der Produktgasseite angewandt. Dazu wird hier durch sekundäres Einblasen von Luft oder Sauerstoff eine partielle Oxidation eingeleitet, die mit einer Temperaturerhöhung einhergeht. Dadurch wird allerdings der meist schon niedrige Heizwert des Produktgases geringfügig weiter vermindert.

Als Alternative kann deshalb das Rohgas auch mit einer heißen Oberfläche in Kontakt gebracht werden. Eine derartige thermische Teerspaltung wurde in vergangenen Jahrzehnten bei der Kohlevergasung mit Erfolg angewandt. Unter optimalen Bedingungen (Temperatur > 1 000 °C) sind dadurch Teerreduktionsraten von 80 bis 90 % möglich.

Weitere Alternativen der thermischen Teerentfernung (z. B. partielle Oxidation, Plasmabogen) sind jedoch insgesamt als problematisch einzustufen. Der dazu notwendige Kompromiss zwischen geringen Kosten, sicherem Betrieb und völliger Teerzerstörung wurde bisher nicht gefunden /11-70/, /11-86/, /11-152/.

11.2.4 Entfernung sonstiger Verunreinigungen

Neben der diskutierten Reduktion von Verunreinigungen an Partikeln und Teeren sind beispielsweise für Synthesegasanwendungen u. a. auch Schwefel- und Stickstoff-Verbindungen sowie Alkalien und Halogene von Bedeutung. Sie müssen ebenfalls weitgehend entfernt werden. Deshalb werden nachfolgend die entsprechenden Techniken diskutiert (Tabelle 11.8).

Entfernung von Schwefel(S)-Verbindungen. Schwefel-Verbindungen können absorptiv und adsorptiv entfernt werden; die entsprechenden Verfahren werden im Folgenden dargestellt.

Absorptive Verfahren. Schwefel-Verbindungen können mithilfe eines basischen Wäschers entfernt werden. Von Nachteil ist, dass mit dieser erprobten Technologie Abfälle in Form von Abwasser anfallen, die aufgearbeitet werden müssen.

Für die Abtrennung größerer Schwefelmengen im Produktgas sollten deshalb regenerative Technologien der Kohlevergasung bzw. der Synthesegasproduktion herangezogen werden, in denen durch ein Lösungsmittel der Schwefel entfernt wird (u. a. Rectisol, Purisol, DEA, MDEA). Diese kommerziell erprobten Verfahren sind jedoch nur bei großen Produktgasströmen ökonomisch darstellbar.

Adsorptive Verfahren. Schwefel kann auch durch Adsorption an einen anderen Stoff aus dem Rohgas entfernt werden. Beispielsweise wird im Rahmen eines kommerziellen Prozesses, der sich auch für kleine Schwefelwasserstoff(H_2S)-Frachten eignet, der Schwefel in einem Zinkoxid-Bett bei 350 bis 450 °C adsorbiert. Dadurch können äußerst niedrige Schwefelkonzentrationen im ppb-Bereich erreicht und die fühlbare Wärme des Gases weitgehend erhalten werden. Allerdings ist auch dieser Prozess nicht abfallfrei.

Weitere Prozesse (z. B. Adsorption an Metalloxid-Pellets oder Dolomit bzw. Kalk) befinden sich derzeit noch im Versuchsstadium /11-11/.

Entfernung von Stickstoff(N)-Verbindungen. Stickstoff-Verbindungen können mittels Nasswäsche standardmäßig aus dem Gasstrom entfernt werden. Alternativ dazu können sie auch auf katalytischem Weg mithilfe von Katalysatoren auf Dolomit-, Nickel- und Eisenbasis im gleichen Temperaturbereich umgesetzt werden, in denen diese auch Teer cracken können. Bei letzterer Variante konnten im Labormaßstab bei 900 °C über 99 % der Stickstoff-Verbindungen zerstört werden. Großtechnische Erfahrungen fehlen jedoch bisher.

Entfernung von Alkalien. Standardmäßig werden Alkalien aus dem Produktgas entfernt, indem es auf unter 600 °C abgekühlt und dann die entstandenen Partikel mit den Methoden der Staubabscheidung (siehe Partikelabscheidung) entfernt werden. Durch die Kühlung des Gases geht allerdings fühlbare Wärme verloren. Dies kann den Wirkungsgrad der Anlage vermindern.

Alternativ dazu können Alkalien auch mit aktiviertem Bauxit adsorbiert werden. Ein derartiger noch im Versuchsstadium befindlicher Filter lieferte bei ersten Tests bei Temperaturen zwischen 650 und 750 °C (d. h. Heißgasreinigung) Abscheidegrade für Kalium und Natrium von 95 bzw. 99 % /11-152/.

Entfernung von Halogen(Cl)-Verbindungen. Halogene werden – sofern erforderlich – meist über Wäscher abgeschieden; diese Technologien sind kommerziell verfügbar und erprobt. Dies kann parallel mit der Entfernung von Schwefelverbindungen erfolgen. Dabei können Sorptionsmittel wie z. B. Kalk eingesetzt werden. Allerdings verbleibt damit ein Abfall, der entsorgt bzw. aufgearbeitet werden muss.

11.3 Gasnutzungstechnik

Das aus der Biomassevergasung und anschließenden Reinigung kommende Produktgas lässt sich sehr verschiedenartig zur Bereitstellung von Nutz- oder Endenergie einsetzen. Es kann beispielsweise direkt verbrannt und die dabei erzeugten heißen Verbrennungsgase können zur Erzeugung von Heiz- oder Prozesswärme, zur Produktion von Dampf für den Antrieb eines Dampfmotors oder einer Dampfturbine sowie zum Antrieb eines indirekt beheizten Stirlingmotors oder einer indirekt befeuerten Gasturbine (Heißluftturbine) verwendet werden /11-129/, /11-131/. Das Gas kann aber auch direkt in einem Gasmotor genutzt, zum Antrieb von Gasturbinen (ggf. in Kombination mit einer Dampfturbine) verwendet oder als Brenngas in Brennstoffzellen eingesetzt werden. Schließlich besteht auch die Möglichkeit, das Gas zur Bereitstellung von gasförmigen (z. B. Bio-SNG (Synthetic Natural Gas) oder Biomethan, DME (Dimethylether)) oder flüssigen Kraftstoffen zu nutzen (z. B. Fischer-Tropsch-Treibstoffe, Methanol). Wesentliche derartige Nutzungspfade werden nachfolgend dargestellt.

11.3.1 Wärmebereitstellung

Nutzungstechnik. Bei der ausschließlichen Wärmebereitstellung wird das aus dem Vergasungsreaktor kommende Produktgas verbrannt und die dabei entstehende Wärme zur städtischen Wärmeversorgung oder in industriellen Prozessen zur Deckung der Prozesswärmenachfrage eingesetzt. Dafür ist – aufgrund der ausschließlichen Verbrennung des Produktgases – i. Allg. keine aufwändige Gasreinigung notwendig. Die zum Einsatz kommenden Brenner müssen allerdings an die Brenneigenschaften der meist aus einer Luftvergasung stammenden Schwachgase angepasst werden.

Bei der Verwendung des Produktgases zur städtischen Wärmeerzeugung dienen die aus der Gasverbrennung stammenden Heizgase meist in einem Kessel zur Warmwassererzeugung; dieses erwärmte Wasser kann dann z. B. in ein Nah- oder Fernwärmesystem verteilt werden.

11.3 Gasnutzungstechnik

Bei der industriellen Anwendung wird das aus der Biomassevergasung kommende Produktgas dann in praxisüblichen ggf. an die Gaseigenschaften anzupassenden industriellen Wärmeerzeugern eingesetzt. Beispiele hierfür sind in der Zellstoff-, Papier- und Zementindustrie zu finden.

Anwendungsbeispiele. Im Folgenden werden zwei Beispiele zur Bereitstellung von Nahwärme und industrieller Wärme erläutert.

Nahwärmebereitstellung. Vom Typ Bioneer wurden in der ersten Hälfte der 1980er Jahre insgesamt neun kommerzielle Anlagen mit einer thermischen Leistung von je etwa 5 MW in Finnland und Schweden installiert; einzelne dieser Anlagen sind nach wie vor zur Bereitstellung von Nah- und Fernwärme in Betrieb.

Abb. 11.12 zeigt schematisch den grundsätzlichen Aufbau eines Bioneer-Vergasers. Aus einem überdachten Brennstofflager wird der Brennstoff zum Kopf des Vergasers transportiert, wo er über ein Beschickungssystem dem Reaktor zugeführt wird. Dabei handelt es sich um einen Gegenstromvergaser, der einen Drehrost besitzt. Luft, die als Vergasungsmittel dient, wird mittels Gebläse angesaugt, befeuchtet und von unten dem Reaktor zugeführt. In der Schüttung bilden sich die verschiedenen Reaktionszonen aus (Kapitel 11.1.1.1). Der Brennstoff wandert damit von oben nach unten durch den Reaktor und wird dabei vergast. Das produzierte Gas tritt im oberen Bereich des Vergasungsreaktors aus. Ohne Gasreinigung bzw. Abkühlung wird das Produktgas dem Brenner des Kessels zugeführt, wo heißes Wasser erzeugt wird, das zur Versorgung eines Fernwärmenetzes dient. Aufgrund der ausschließlichen Wärmebereitstellung verursacht der erhebliche Teergehalt des in Gegenstromvergasern produzierten Produktgases keine Probleme. Die zurückbleibende Asche wird am Boden des Vergasers ausgetragen und in einem Aschebunker gelagert.

Der Bioneer-Vergaser wird vollautomatisch und üblicherweise ohne Aufsicht betrieben. Die in Betrieb befindlichen Anlagen zeigen eine technische Verfügbar-

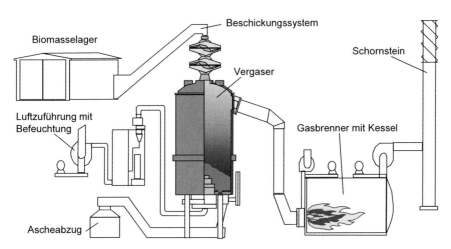

Abb. 11.12 Aufbau eines Gegenstromvergasers zur Wärmebereitstellung (Bioneer-Vergaser) /11-74/

keit von 95 bis 98 %. Die Vergaser weisen eine hohe Brennstoff-Flexibilität auf; in den vorhandenen Anlagen wird aber meist Torf oder Altholz bis zu einem maximalen Wassergehalt von 45 % eingesetzt. Die besten Erfahrungen wurden mit stückigem Brennstoff mit einem Feinanteil unter 30 Gew.-% gemacht.

Prozesswärmebereitstellung. Die Integration eines luftgeblasenen zirkulierenden Wirbelschichtvergasers in den Prozess der Zementklinkerherstellung ist ein Beispiel für die Prozesswärmebereitstellung mithilfe der Biomassevergasung (Abb. 11.13).

Bei dieser Anlage werden die zerkleinerten biogenen Festbrennstoffe – meist kostengünstige Abfälle – in einer zirkulierenden Wirbelschicht (Leistungsgröße bis zu 100 MW Brennstoffwärmeleistung) in ein niedrig kaloriges Gas überführt. Die für die Vergasung eingesetzte Luft wird unter Abkühlung der Asche vorgewärmt und über den Verteilboden der Wirbelschicht dem Reaktor zugeführt. Das erzeugte Produktgas wird vor dem Zyklon zur Vorkalzinierung eingesetzt. Die Asche aus der Vergasung kann getrennt abgeführt werden.

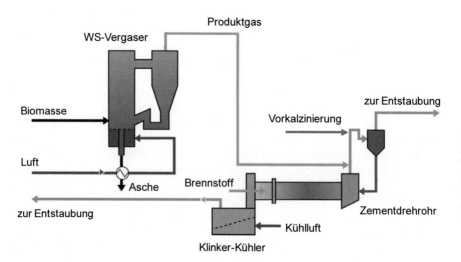

Abb. 11.13 Industrielle Wärmebereitstellung für die Zementklinkerherstellung (WS Wirbelschicht; nach /11-83/)

11.3.2 Stromerzeugung

Bei der Stromerzeugung aus Produktgas der Biomassevergasung kann zwischen Anlagen mit externer und interner Verbrennung unterschieden werden. Beide Optionen werden nachfolgend dargestellt.

11.3.2.1 Stromerzeugung mit externer Verbrennung

Nutzungstechnik. Bei der Stromerzeugung mit externer Verbrennung wird das Produktgas in einem einfachen Brenner verbrannt. Die frei werdende Wärme wird zur Erwärmung eines Fluids und anschließend zum Antrieb einer Kraftmaschine (z. B. Dampfkraftprozess, Stirlingmotor, außenbefeuerte Gasturbine) eingesetzt. Zu dieser Gruppe zählt auch die Zufeuerung des Gases in konventionellen kalorischen Kraftwerken (Kapitel 10.6). Diese unterschiedlichen Optionen werden im Folgenden kurz erläutert.

Dampfkraftprozess. Die Realisierung eines konventionellen Dampfprozesses ausgehend von einer Verbrennung des Produktgases zur Bereitstellung von Heißdampf ist Stand der Technik (Kapitel 10.5); dies gilt gleichermaßen für den – ebenfalls nach dem Rankine-Prozess arbeitenden – ORC-Prozesses (Organic Rankine Cycle), bei dem anstelle von Wasser ein organisches Arbeitsmedium (Kohlenwasserstoffe wie Iso-Pentan, Iso-Oktan, Toluol oder Silikonöl (OctaMethylTriSiloxane)) verwendet wird (Kapitel 10.5) /11-47/, /11-113/, /11-114/, /11-153/. Dennoch werden derartige Anlagen praktisch nicht realisiert, da der Stromwirkungsgrad nicht höher wäre als der einer direkten Festbrennstoffverbrennung; dafür wäre aber ein deutlich höherer anlagentechnischer Aufwand notwendig. Außerdem wird dadurch einer der wesentlichen Vorteile der Vergasung (d. h. das Vorhandensein eines gasförmigen Energieträgers) nicht effizient ausgenutzt.

Stirlingmotor. Der Stirlingmotor ist eine von außen beheizte Kolbenmaschine, die mit einem in den Zylindern verbleibenden Arbeitsgas (z. B. Helium (He)) betrieben wird (vgl. Kapitel 10.5). Das in einem geschlossenen Kreislauf betriebene Arbeitsgas wird in einem kalten Zylindervolumen verdichtet und anschließend in einem heißen Zylindervolumen entspannt. Das Arbeitsgas wird über gasdichte, wärmeübertragende Flächen von einer externen Wärmequelle aus beheizt. Beim Einsatz von Produktgas erfolgt der Wärmetransfer über Konvektion und Wärmestrahlung mittels der heißen Abgase. Der Vorteil ist, dass damit auch teer- und staubhaltige Rohgase einsetzbar sind, da die im Gas enthaltenen Teerverbindungen im Gasbrenner verbrennen und die Partikel mit dem Abgas ausgetragen werden können. Unklar ist aber, inwieweit es bei einem hohen Teer- und Staubgehalt im Gas zu Ablagerungen an den Wärmeübertragerflächen des Stirlingmotors kommen kann, die den Wärmeübergang behindern. Nachteilig sind die im Vergleich zum Gasmotor geringen elektrischen Wirkungsgrade des Stirlingmotors und die Tatsache, dass der Stirlingmotor bisher noch nicht großtechnisch einsetzbar ist /11-115/, /11-140/.

Indirekt befeuerte Gasturbine (Heißluftturbine). Die indirekt befeuerte Gasturbine oder Heißluftturbine (vgl. Kapitel 10.5) ist eine weitere Möglichkeit, die bei der Vergasung vorhandenen Teerprobleme bei der Nutzung z. B. in einem Gasmotor zu umgehen. In diesem Prozess wird das erzeugte Produktgas verbrannt und die entstehende Wärme über einen Wärmeübertrager (Abgas/Luft) auf das Arbeitsmittel (Luft) übertragen. Das Produktgas bzw. Abgas kommt daher nicht direkt mit dem Arbeitsmittel in Berührung; deshalb müssen auch kaum Anforderungen an die Produktgasqualität gestellt werden.

Die Krafterzeugung erfolgt in einem offenen Gasturbinenprozess (Kapitel 10.5). Luft wird durch einen Verdichter, der an derselben Welle wie die Turbine sitzt, angesaugt und auf Prozessdruck verdichtet. Die verdichtete Luft wird über den beschriebenen Wärmeübertrager auf ca. 800 °C aufgewärmt und in der Turbine entspannt. Die dabei freigesetzte Energie wird über die Turbinenschaufeln an die Turbinenwelle und von dort an einen elektrischen Generator weitergeleitet. Die aus der Turbine austretende heiße Luft wird sinnvoller Weise als vorgewärmte Verbrennungsluft verwendet. Zur Erhöhung des Wirkungsgrades kann die Heißluft vor Eintritt in die Turbine durch eine Zusatzfeuerung (z. B. Erdgasbrenner) weiter aufgeheizt werden.

Das Hauptproblem bei diesem Prozess stellt der Heißluft-Wärmeübertrager dar, der schon bei vergleichsweise geringen Temperaturen aus hochwertigen bzw. hoch wärmefesten Werkstoffen gefertigt werden muss und daher sehr kostenintensiv ist. Weiters sind nur vergleichsweise mäßige elektrische Wirkungsgrade möglich.

Anwendungsbeispiel. Das Produktgas aus der Biomassevergasung kann beispielsweise in kalorischen Kraftwerken zugefeuert werden. Dazu wird die feste Biomasse in einer zirkulierenden Wirbelschicht vergast und in der Brennkammer eines Kraftwerkes gemeinsam mit einem fossilen Brennstoff verbrannt. Dies wurde bisher vor allem bei Kohlekraftwerken realisiert, ist aber grundsätzlich auch bei gas- oder ölbefeuerten Kraftwerken denkbar. Ein Ersatz von 10 bis 20 % des fossilen Brennstoffes (gemessen in Heizwert-Äquivalenten) durch biogene Brennstoffe ist dabei i. Allg. weitgehend problemlos möglich (Kapitel 10.6). Ein Beispiel einer derartigen Anlage ist Abb. 11.14 zu sehen.

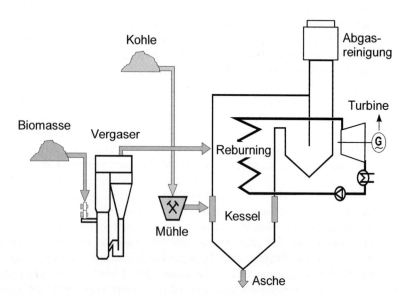

Abb. 11.14 Prinzip der Zufeuerung mittels Biomassevergasung-Vorschaltanlage bei mit fossilen Brennstoffen befeuerten Kraftwerken (nach /11-83/)

11.3.2.2 Stromerzeugung mit interner Verbrennung

Nutzungstechnik. Im Vergleich zur externen Verbrennung ist die Verstromung des Produktgases mit möglichst hohen elektrischen Wirkungsgraden über eine interne Verbrennung thermodynamisch günstiger. Grundsätzlich ist hier ein Motor, eine Gasturbine bzw. Mikro-Gasturbine oder eine Brennstoffzelle einsetzbar /11-66/, /11-122/. Diese unterschiedlichen Optionen werden nachfolgend erläutert.

Gasmotor. Die Technologie der gekoppelten Wärme- und Stromerzeugung über Gasmotoren wurde ursprünglich für den Erdgaseinsatz und in der Folge häufig zur Nutzung von Deponie-, Klär- und Biogas konzipiert und realisiert.

Produktgase aus der Vergasung unterscheiden sich aber hinsichtlich Heizwert und Gaszusammensetzung erheblich von Erdgas (vgl. /11-71/) bzw. von biogenen Gasen aus der bio-chemischen Biomasseumwandlung. Das Brenngas aus der Biomassevergasung kann trotzdem grundsätzlich in Zündstrahldieselmotoren und auf Fremdzündung (Zündkerzen) umgebauten Dieselmotoren sowie in bestehenden Ottomotoren eingesetzt werden. Diese verschiedenen Motorenkonzepte unterscheiden sich voneinander durch ihre technischen Prinzipien (u. a. hinsichtlich Wirkungsgraden, Lebensdauer, Geräuschpegel, Abgasemissionen, Wartungsaufwand) sowie in den Investitionskosten /11-53/, /11-90/.

Wegen der hohen Klopffestigkeit und der geringen Zündwilligkeit von Produktgas aus der Luftvergasung muss der Verbrennungsvorgang im Motor mit entsprechenden Zündvorrichtungen eingeleitet werden. Dagegen besteht bei Produktgasen aus der Vergasung mit Wasserdampf eine erhöhte Klopfneigung, da diese einen hohen Wasserstoffgehalt aufweisen.

Um einen effizienten Motorbetrieb mit guten Wirkungsgraden zu erreichen, sollte der Befüllungsgrad des Brennraumes möglichst hoch sein. Durch Abkühlung des Produktgases auf 30 bis 50 °C kann die Gasmenge einer Zylinderfüllung vergrößert und damit die Ladedichte erhöht werden. Die Abkühlung auf die erforderliche Motoreintrittstemperatur kann über Wärmeüberträger (unter Vorheizen der Vergasungsluft) oder mittels Quench (d. h. Einspritzen von kaltem Wasser) erfolgen. Generell muss sie aber möglichst schnell erfolgen, um eine Russbildung zu vermeiden.

Im Vergleich zu Methan (ca. 36 MJ/m^3) ist der Heizwert von Produktgas bei einer Luftvergasung mit etwa 3,5 bis 6,0 MJ/m^3 gering. Dafür muss beim Betrieb eines Gasmotors mit Methan zur Erzielung einer vollständigen Verbrennung erheblich mehr Luft je Volumeneinheit Gas zugeführt werden als beim Einsatz von Produktgas. Im Ergebnis unterscheiden sich deshalb die den Motorbrennraum füllenden Gas-Luft-Gemische in ihrem Heizwert nicht dramatisch. Der Heizwert im Brennraum liegt beispielsweise bei Erdgas bei 3,6 MJ/m^3 gegenüber 2,2 MJ/m^3 bei Produktgas aus der Biomassevergasung.

Ein Vorteil von Gasmotoren gegenüber Gasturbinen liegt in den höheren Wirkungsgraden im kleinen und mittleren thermischen Leistungsbereich (< 5 MW); beispielsweise liegt der Wirkungsgrad eines guten Gasmotors für die Verstromung von Gasen aus der Biomassevergasung zwischen 35 und 40 %. Die relativ hohen Emissionen bzw. der notwendige Aufwand, diese zu reduzieren, stellen dagegen einen wesentlichen Nachteil von Gasmotoren dar. Zwar werden aufgrund des relativ hohen Wasserstoffanteiles die gesetzlich geregelten Grenzwerte für die NO_x-Emissionen erreicht. Hingegen werden die Grenzwerte für Kohlenstoffmonoxid (CO) oft deutlich überschritten; sie liegen z. T. um das 3- bis 5-fache über dem Grenzwert der TA-Luft (650 mg/m^3_n). Versuche mit einer katalytischen Nachverbrennung ergaben hier eine deutliche Reduktion; jedoch nahm die Aktivität des Oxidationskatalysators nach kurzer Zeit infolge von Schwermetall- bzw. Alkaliablagerungen (u. a. Zn, K, Pb) merklich ab. Die Summe der gesamten Schwermetalle im Produktgas sollte daher vor Eintritt in den Gasmotor weniger als 0,5 mg/m^3_n betragen /11-56/.

Gasturbine. Produktgas aus der Biomassevergasung kann auch in Gasturbinen eingesetzt werden, die für stationäre Industrieanlagen auf Erdgasbasis oder für Flugzeuge konzipiert wurden /11-45/. Voraussetzung dafür ist eine geeignete Konditionierung des Gases und eine Anpassung der Turbinenbrenner, da bei gleicher Leistung der Turbine dem Brenner im Vergleich zum Erdgas deutlich größere Brenngasmengen zugeführt werden müssen.

Die notwendige Konditionierung des Gases aus der Biomassevergasung beinhaltet eine sorgfältige Reinigung des Rohgases (vgl. Kapitel 0) und eine Anpassung an die Druckverhältnisse der Gasturbine. Gelingt dies, werden hierdurch Möglichkeiten zur Nutzung effektiver Kombiprozesse mit Gas- und Dampfturbine erschlossen. Unter mitteleuropäischen Bedingungen kommt dabei hauptsächlich der Bereich zwischen 2 und 20 MW elektrischer Leistung in Frage, da die heute verfügbaren Gasturbinen unter 2 MW elektrischer Leistung nur einen relativ geringen Wirkungsgrad von 15 bis 25 % aufweisen. Dagegen liegen mittlere Turbinen-Wirkungsgrade bei Leistungen zwischen 10 und 20 MW bei rund 30 bis 35 %. Über 20 MW wird die Brennstofflogistik mit festen Biobrennstoffen oft zu aufwändig, so dass solche Leistungen derzeit in Mitteleuropa kaum in Betracht kommen.

Der Vorteil der Gasturbinen gegenüber Gasmotoren liegt in der relativen Unempfindlichkeit gegenüber Veränderungen der Gaszusammensetzung, der hohen Laufruhe und den daraus resultierenden geringen Geräuschemissionen, dem relativ niedrigen Wartungsaufwand und den im Vergleich zu Motoren deutlich niedrigeren Emissionswerten (Tabelle 11.11). Als typische Emissionen werden für Kohlenstoffmonoxid (CO) 60 ppm und für Stickstoffoxide (NO_x) ebenfalls 60 ppm, jeweils bezogen auf 15 % Sauerstoff im Abgas, angegeben. Außerdem steht bei einer Abwärmenutzung das Turbinenabgas auf einem höheren Temperaturniveau (ca. 480 °C; bei Gasmotoren maximal 450 °C) zur Verfügung. Deshalb kommen insbesondere bei einer hohen Wärmenachfrage bzw. bei einem geforderten höheren Wärmeniveau Gasturbinen bevorzugt zum Einsatz /11-110/, /11-153/.

Zusammenfassend bietet sich insbesondere zur Stromerzeugung im größeren Leistungsbereich die Verwendung des Produktgases in einer Gasturbine an. Um die Stromausbeute der Gesamtanlage weiter zu steigern, kann hier auch ein Kombi-Kraftwerk mit Gas- und Dampfturbine (d. h. IGCC Integrated Gasification Combined Cycle) realisiert werden. In Ergänzung zu z. B. mit Erdgas betriebenen GuD-Anlagen (d. h. Gas- und Dampfturbinen-Anlagen) wird in solchen IGCC-Anlagen zusätzlich ein Vergaser benötigt (d. h. IGCC-Anlagen werden mit festen

11.3 Gasnutzungstechnik

Tabelle 11.11 Vergleich relevanter Eigenschaften von Gasmotor und Gasturbine (nach /11-122/); die dargestellten Werte beziehen sich ausschließlich auf das Gasmotoren- oder Gasturbinen-BHKW (d. h. ohne Vergasung, Gasreinigung etc.); Angaben bezogen auf 15 % O_2, trockenes Gas und Normzustand

	Gasmotor	Gasturbine (GT)
Verfügbare elektrische Leistungen	5 – 4 000 kW	0,4 – 100 MW (GT) 20 – 350 kW (Mikro-GT)
Abgaswert CO	2 000 – 4 000 mg/m³	< 170 mg/m³
Abgaswert NO_x	500 – 5 000 mg/m³	< 280 mg/m³
Abgaswert HC	100 – 500 mg/m³	< 80 mg/m³
η_{el} < 0,5 MW	30 – 40 %	20 – 30 %
η_{el} 0,5 – 10 MW	30 – 40 %	30 – 45 %
η_{ges} (BHKW)	80 – 90 %	80 – 90 %
Temperaturniveau Wärme	70 – 450 °C	70 – 480 °C
Schallemission	90 – 120 dBA	60 – 80 dBA
Erfahrung mit Schwachgas (Biogas)	mehr als 10 Jahre	mehr als 10 Jahre >500 kW ca. 5 Jahre < 500 kW

η_{el} elektrischer Wirkungsgrad; η_{ges} Gesamtwirkungsgrad bei Kraft-Wärme-Kopplung

und GuD-Anlagen mit gasförmigen bzw. flüssigen Brennstoffen betrieben). Dazu gibt es zwei grundlegend unterschiedliche technologische Möglichkeiten:
- Vergasung der Biomasse unter Druck, Reinigung des Gases unter Druck und Zuführung des Gases in die Gasturbine;
- atmosphärische Vergasung und Verdichtung des gereinigten Produktgases auf den Druck der Gasturbine.

Dem Nachteil der notwendigen Gasverdichtung bei der Variante mit der atmosphärischen Vergasung steht bei der Druckvergasung die Herausforderung entgegen, Biomasse unter Druck sicher zu vergasen. Deshalb konnte sich bisher weder das eine noch das andere Konzept am Markt etablieren.

Neben den "klassischen" Gasturbinen können auch Mikrogasturbinen (d. h. Kleinturbinen mit variablen und sehr hohen Drehzahlen) zur Produktgasverstromung eingesetzt werden. Kennzeichnend für diese Maschinen sind Drehzahlen zwischen 80 000 und 120 000 U/min (im Vergleich zu unter 15 000 U/min bei "herkömmlichen" Gasturbinen). Auch sind Mikrogasturbinen z. T. mit einer luftgelagerten Welle ausgestattet, die weder Schmier- noch Kühlmittel benötigt. Mikrogasturbinen werden ab elektrischen Leistungen von rund 30 kW mit einem Wirkungsgrad von 20 bis 30 % kommerziell angeboten – dies gilt jedoch nur für den Einsatzstoff Erdgas und sehr eingeschränkt für Biogas. Aggregate für die Kombination mit Reingas aus der Vergasung sind bisher nicht am Markt verfügbar /11-122/. Mikrogasturbinen in dieser Leistungsklasse stehen mit einer motorischen Gasnutzung in Konkurrenz, die (i) durch höhere Stromwirkungsgrade, (ii) geringere Investitionen und (iii) deutlich mehr vorliegenden Erfahrungen gekennzeichnet ist. Deshalb ist es fraglich, ob ein Einsatz derartiger Konversionsanlagen zur Verstromung von Reingas aus der Biomassevergasung Bedeutung erlangen wird.

Brennstoffzelle. Die Brennstoffzelle ist eine elektro-chemische Einheit, bei der die chemische Energie eines Brennstoffes und eines Oxidationsmittels unmittelbar in elektrische Energie umgewandelt wird. Der Brennstoff (Kathode) und die Oxidationsluft (Anode) werden dabei getrennt geführt und nicht gemischt. Das Elektroden-Elektrolyt-System wird hierbei nicht verändert oder verbraucht. Beispielsweise werden bei einer Brennstoffzelle des Wasserstoff/Sauerstoff-Typs die Wasserstoffmoleküle mit Hilfe eines Katalysators an der Anode elektrolytisch gespalten und an der Kathode mit Sauerstoff zu Wasser gebunden. Durch die Zellspannung zwischen den positiv und negativ geladenen Elektroden wird Strom erzeugt und über Bipolarplatten abgeleitet.

Brennstoffzellen können aus physikalischen Gründen grundsätzlich höhere elektrische Wirkungsgrade erreichen, als dies über andere Energiewandlungsprozesse möglich ist. Weitere Vorteile gegenüber konventionellen Wärme-Kraft-Maschinen sind das gute Teillast- und Lastwechselverhalten, die Modularität und die flexible Betriebsweise, die wenigen wartungs- und geräuschintensiven bewegten Teile und die sehr niedrigen Schadstoffemissionen. Von Nachteil ist u. a. die bislang nur eingeschränkte Marktverfügbarkeit.

Brennstoffzellen kommen grundsätzlich auch für die Nutzung von extern oder intern mit Dampf reformierten und konvertierten Gasen aus der Biomassevergasung in Frage. Unter der Dampfreformierung versteht man dabei die Spaltung von Kohlenwasserstoffen (insbesondere von Methan) mittels Dampf bei etwa 800 °C in Synthesegas nach Gleichung (11-1).

$$CH_4 + H_2O \leftrightarrow CO + 3H_2 \qquad \Delta H = 205{,}0 \text{ kJ/mol} \qquad (11\text{-}1)$$

Auch kann in einigen Brennstoffzellentypen nur Wasserstoff (H_2) eingesetzt werden. Daher ist eine möglichst vollständige Konvertierung von Kohlenstoffmonoxid (CO) zu Wasserstoff (H_2) anzustreben (11-2). Diese Umwandlung wird auch als Shift-Reaktion bezeichnet (vgl. Gleichung (9-17) in Kapitel 9.2.2.3).

$$CO + H_2O \leftrightarrow CO_2 + H_2 \qquad \Delta H = -40{,}9 \text{ kJ/mol} \qquad (11\text{-}2)$$

Sowohl die Dampfreformierung als auch die Shift-Reaktion benötigen Katalysatoren, um Stoffumsätze in einer technisch interessanten Größenordnung zu erzielen.

Das Rohgas aus der Biomassevergasung muss jedoch vor seiner Nutzung als Brenngas in Brennstoffzellen gereinigt werden, um dort Reaktionshemmungen durch Schwefel- und Chlorverbindungen sowie bei einigen Zellentypen auch durch Kohlenstoffmonoxid zu verhindern (Kapitel 11.1.2.2).

Dabei sind die Anforderungen an die Gasreinheit bei den Hochtemperatur-Brennstoffzellen MCFC (Molten Carbonate Fuel Cell) und SOFC (Solid Oxid Fuel Cell) geringer als bei den Niedertemperatur-Brennstoffzellen PAFC (Phosphoric Acid Fuel Cell) und PEM-FC (Polymer Electrolyte Membran Fuel Cell oder Protone Exchange Membran Fuel Cell). Dies liegt darin begründet, dass bei den Hochtemperatur-Brennstoffzellen (600 bis 1 000 °C) die Gasreformierung innerhalb der Zelle erfolgen und deshalb auf eine apparativ getrennte Gasreformierung verzichtet werden kann. Im Vergleich zu den weniger gut entwickelten Hochtemperatur-Brennstoffzellen stellen z. B. die PAFC deutlich höhere Anforderungen an die Gasreinheit erzielen aber geringere Wirkungsgrade. Deshalb erscheinen aus gegenwärtiger Sicht die Hochtemperatur-Brennstoffzellen – eine erfolgreiche Weiterentwicklung vorausgesetzt – besser für die Strom- und Wärmegewinnung aus Gasen von Biomassevergasern in stationären Anlagen geeignet. Sie haben außerdem den Vorteil, dass die anfallende Abwärme auf einem hohen Temperaturniveau ausgekoppelt werden kann. Voraussetzung dafür ist allerdings, dass dafür geeignete Hochtemperaturgasreinigungssysteme, insbesondere für Schwefel(S)-Verbindungen, zur Verfügung stehen /11-57/, /11-73/, /11-91/.

Anwendungsbeispiele. Die Vergasung von Biomasse und interne Nutzung des Produktgases (z. B. in Gasmotoren oder -turbinen) stellt damit eine Stromerzeugungsmöglichkeit dar, die vergleichsweise hohe Wirkungsgrade ermöglicht. Daher wurde diese Möglichkeit in den letzten Jahren intensiv erforscht und die Entwicklung derartiger Anlagen vorangetrieben. Darüber hinaus sind hier Bereiche elektrischer Leistungen möglich, die sich für den Einsatz von biogenen Festbrennstoffen unter mitteleuropäischen Bedingungen besonders gut eignen. Nachfolgend werden drei Beispiele von Anlagen mit Gasmotoren sowie einer Anlage mit Gasturbine dargestellt.

KWK-Anlage mit Gegenstromvergasung und Gasmotor. Bei der Anlage "Harboore" (Abb. 11.15) wird gehäckseltes, unbehandeltes Waldholz angeliefert und direkt (d. h. ohne Trocknung oder Fremdstoffabscheidung) über ein automatisches Kransystem und eine Schnecke dem Vergasungsreaktor zugeführt. Der Vergasungsreaktor arbeitet autotherm im Gegenstromprinzip. Als Vergasungsmittel wird Luft eingesetzt, die mit der thermischen Energie aus dem Waschwasser der Gasreinigung vorgewärmt wird. Das am Vergasungsreaktorkopf abgezogene Produktgas wird zur Reduzierung des Wasser- und Teergehaltes einem Wäscher und einem Elektroabscheider zugeführt. Der Teer wird anschließend vom Waschwasser gravimetrisch getrennt, in einem Tank zwischengelagert und im Winter zur Bereitstellung von Wärme in einem Kessel verbrannt; dazu muss der Teertank kontinuierlich auf 50 bis 60 °C beheizt sein, um die Viskosität auf das für die Pumpfähigkeit erforderliche Maß zu reduzieren. Das gereinigte Produktgas wird in zwei Motoren verstromt. Da die Anlage wärmegeführt gefahren wird, ist im Sommer nur ein Motor in Betrieb. Bei einem Motorenausfall kann das Gas in einem Kessel zur Wärmebereitstellung verbrannt werden.

Trotz des Gegenstromprinzips der Vergasung – welches wegen der hohen Teergehalte eher zur ausschließlichen Wärmebereitstellung geeignet ist (Kapitel 11.1.1.1) – überzeugt diese Vergasungsanlage durch eine hohe Betriebsstundenzahl des Vergasungsreaktors und der Motoren. Dabei gestaltet sich der Betrieb des Vergasungsreaktors unempfindlich gegenüber schwankender und hoher Brennstofffeuchte. So kann der Wassergehalt im eingesetzten Festbrennstoff bis zu 55 % betragen; ideal ist aber ein Wassergehalt von rund 40 %. Auch bezüglich der Größe der verwendeten Hackschnitzel ist die Anlage flexibel; es ist keine Siebung oder Störstoffabscheidung notwendig. Die Abscheidegrade der Gasreinigung für Staub und Teer sind ausreichend für einen Motorbetrieb; die zulässigen Grenzwerte des Motorenherstellers werden nicht überschritten. Die speziell für das Anla-

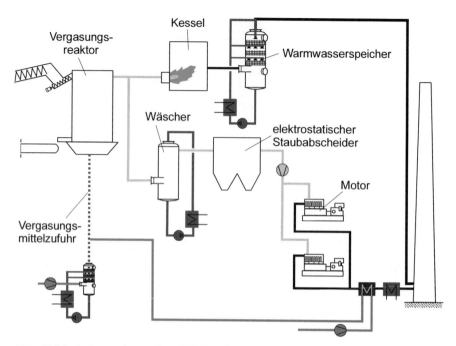

Abb. 11.15 Anlagenschema einer KWK-Anlage mit Gegenstromvergasung und Gasmotor (Harboore) /11-41/.

genkonzept konzipierte thermische Abwassernachbehandlung mittels Teerspaltung ermöglicht einen Dauerbetrieb der Anlage ohne Abfall /11-78/, /11-155/.

KWK-Anlage mit Gleichstromvergasung und Gasmotor. Derartige Anlagen werden für kleine elektrischen Leistungen (50-500 kWel) entwickelt und am Markt angeboten. Das eingesetzte Holz wird zerkleinert (und vorgetrocknet) angeliefert und in einem Bunker zwischengelagert. Über ein Lageraustrags- und ein Zufuhrsystem wird der Brennstoff in den Vergasungsreaktor befördert. Nach Beschickung über eine Schleuse erfolgt dort die Vergasung autotherm mit Luft in einem Gleichstromreaktor. Die anfallende Asche gelangt durch einen Drehrost in den unteren Reaktorteil, in dem durch eine weitere Luftzugabe der noch in der Asche befindliche Kohlenstoff nachvergast wird. Das Produktgas passiert zur Reinigung beispielsweise zunächst einen Zyklon und dann einen Wärmeübertrager. Danach erfolgt eine Partikelabscheidung und in einem nachfolgenden Wäscher wird das Gas unter den Taupunkt abgekühlt und weiter gereinigt. Als Waschmedium wurde zunächst Wasser eingesetzt, häufig wird neuerdings auch Biodiesel verwendet. Die Verstromung des Reingases erfolgt in einem Motoren-BHKW mit Oxidationskatalysator.

Derartige Anlagenkonzepte werden seit mehreren Jahren als Pilot- und Demonstrationsanlage betrieben. Weitere Anlagen sind aktuell im Bau bzw. der Inbetriebnahme /11-44/, /11-102/, /11-138/.

11.3 Gasnutzungstechnik 651

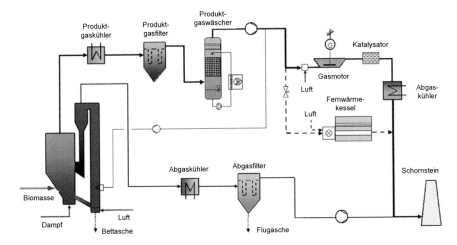

Abb. 11.16 Anlagenschema einer KWK-Anlage mit allothermer Wirbelschichtdampfvergasung und Gasmotor /11-67/

KWK-Anlage mit Wirbelschichtdampfvergasung und Gasmotor. Vor ca. 10 Jahren wurde eine Demonstrationsanlage auf Basis einer Zweibettwirbelschicht-Dampfvergasungsanlage für Holzhackgut zur gekoppelten Strom- und Wärmeerzeugung mittels Gasmotor errichtet und diese ist bis heute erfolgreich in Betrieb (Abb. 11.16). Hackgut mit einer mittleren Korngröße von ca. 40 mm und einem Wassergehalt von 25 bis 40 % wird mittels Schneckensystem in einen Wirbelschichtreaktor eingespeist. Dieser wird mit Dampf fluidisiert, der auch als Vergasungsmittel dient. Zur Bereitstellung der erforderlichen Wärme für die Vergasung wird Bettmaterial im Kreis geführt und in einer Brennkammer erhitzt.

Das Produktgas verlässt den Reaktor mit ca. 800 °C, wird anschließend abgekühlt, von Partikeln befreit und einem Wäscher zur Teerabscheidung zugeführt. Am Eintritt in den Gasmotor besitzt das Reingas eine Temperatur von ca. 45 °C und einen Teergehalt < 0,05 g/m^3. Ein Katalysator dient zur Nachverbrennung der den Gasmotor verlassenden Abgase, wobei deren Wärme in ein Fernwärmesystem eingespeist wird, bevor sie über den Kamin ins Freie abgegeben werden. Die aus der Brennkammer austretenden Abgase werden ebenfalls abgekühlt, wobei die Wärme zur Dampferzeugung und Luftvorwärmung verwendet wird. Ein Schlauchfilter dient zur Abscheidung der Partikel aus dem Abgasstrom. Dort fällt auch die gesamte Asche, die vollständig ausgebrannt ist (C-Gehalt < 0,5 %), an. Der elektrische Wirkungsgrad beträgt knapp über 20 %, der Nutzungsgrad (Strom und Wärme) ca. 75 %.

IGCC-Anlage mit Wirbelschicht-Druckvergasung. Die weltweit erste Demonstrationsanlage zur druckaufgeladenen Wirbelschichtvergasung von Biomasse mit einem Kombi-Prozess zur Gasnutzung in einer Gas- und einer Dampfturbine wurde 1993 in Värnamo/Schweden in Betrieb genommen /11-74/. Der Stromerzeugungswirkungsgrad dieser KWK-Anlage liegt – bezogen auf das Produktgas –

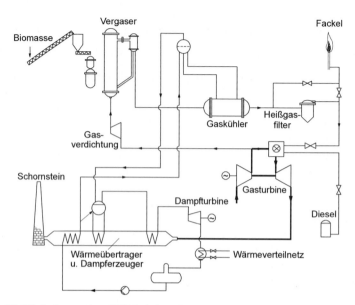

Abb. 11.17 Fließschema einer IGCC-Anlage (Värnamo) /11-74/

zwischen 40 und 45 % bzw. bezogen auf die eingesetzte Biomasse bei etwa 32 %. Das Verhältnis zwischen Strom und Wärme bewegt sich zwischen 0,8 bis 1,2.

Ein Fließbild der Anlage zeigt Abb. 11.17. Demnach wird der Brennstoff auf eine vorgegebene Korngröße zerkleinert und auf einen Wassergehalt von 10 bis 20 % getrocknet. Die getrocknete und zerkleinerte Biomasse wird nun über ein Schleusensystem auf den Betriebsdruck des Vergasers gebracht und mit Hilfe eines Schneckenförderers in den Reaktor eingetragen. Der Vergasungsreaktor, der eine Bauhöhe von 40 m besitzt, ist als zirkulierende Wirbelschicht ausgeführt, die bei einer Temperatur von 950 bis 1 000 °C und einem Druck von 18 bis 20 bar betrieben wird. Alle Teile des zirkulierenden Wirbelschichtreaktors (d. h. Vergaser, Zyklon, Bettmaterial-Rückführung) besitzen eine Ausmauerung.

Das Produktgas verlässt den Vergaser über den Zyklon und wird anschließend auf 350 bis 400 °C abgekühlt und in einem Heißgasfilter vom Staub befreit. Zur Kühlung wird ein Wärmeübertrager verwendet, der in den Dampfkreislauf integriert ist. Als Heißgasfilter werden keramische Filterkerzen, die in einem Druckbehälter eingebaut sind, eingesetzt. Asche wird sowohl aus dem Heißgasfilter als auch vom Boden des Wirbelschichtvergasers abgezogen und gekühlt, bevor sie auf Umgebungsdruck entspannt wird. Als Vergasungsmittel wird Luft verwendet. Etwa 10 % der Luft des Verdichters des Gasturbinensatzes wird für die Fluidisierung benötigt.

Das gereinigte Produktgas wird in der Turbinenbrennkammer verbrannt und anschließend in der Turbine entspannt. Die Gasturbine (EGT Typhoon) weist eine elektrische Leistung von 4 MW auf. Um eine marktgängige Turbine nutzen zu können, musste das Brennstoffeinlass-System etwas modifiziert werden, um es den Eigenschaften des niedrigkalorigen Produktgases (ca. 5 MJ/m^3) anzupassen. Aufgrund der relativ großen Gasvolumenströme wurde beispielsweise die Gasregelstrecke in einem speziellen Gehäuse außerhalb des Turbinencontainers untergebracht. Auch wurde die Brennkammer für den Produktgaseinsatz optimiert; Öl dient als Anfahrbrennstoff.

Das heiße Abgas von der Turbine wird in einen Abhitzekessel geleitet. In diesen ist auch der erwähnte Wärmeübertrager zur Produktgaskühlung integriert. Der dort produzierte Dampf wird auf 470 °C und 40 bar überhitzt und einer Dampfturbine mit einer elektrischen Leistung von 2 MW zugeführt. Aus Kostengründen wurde dabei eine Dampfturbine mit einem relativ geringen Wirkungsgrad verwendet; dies reduziert den erzielbaren elektrischen Gesamtwirkungsgrad.

Der hier erstmals technisch realisierte Kombi-Prozess mit einer elektrischen Leistung von zusammengenommen 6 MW (d. h. 4 MW Gasturbine plus 2 MW Dampfturbine) wird als KWK-Anlage betrieben. Die ausgekoppelte Wärme wird in ein Nahwärmenetz eingespeist.

Nach einer Reihe von Problemen und Modifikationen an der Anlage konnte im Jahr 1998 die Turbine ohne größere Probleme 1 500 h mit Produktgas betrieben werden. Zwischenzeitlich, nachdem die technischen Ziele erreicht waren, wurde der Demonstrationsbetrieb eingestellt.

11.3.3 Kraftstoffbereitstellung

Flüssige und gasförmige Bioenergieträger haben gegenüber biogenen Festbrennstoffen den Vorteil, dass sie als Kraftstoffe vergleichsweise einfach in der bereits vorhandenen Infrastruktur genutzt werden können. Deshalb laufen derzeit umfangreiche Entwicklungsarbeiten, um effiziente Verfahren zur Herstellung derartiger Biokraftstoffe marktverfügbar zu machen.

Biokraftstoffe können aus fester Biomasse auf Basis einer thermo-chemischen Umwandlung erzeugt werden. Neben der Pyrolyse von Biomasse (Kapitel 12) ist dies auch über eine Synthese aus dem Produktgas möglich, das durch die thermochemische Vergasung biogener Festbrennstoffe erzeugt werden kann. Derartige Ansätze wurden insbesondere Anfang der 1980er Jahre infolge der zweiten Ölpreiskrise untersucht. Danach nahmen solche Aktivitäten wieder ab, da in den folgenden Jahren der Schwerpunkt der öffentlichen Forschungsförderung mehr und mehr auf die Kraft-Wärme-Kopplung (KWK) gelegt wurde.

Insgesamt gibt es eine Vielzahl von Synthesen zur Herstellung flüssiger und gasförmiger Kraftstoffe, die auf der Basis eines Produktgases aus biogenen Festbrennstoffen interessant sind. Beispielsweise können mittels der Fischer-Tropschoder der Methanolsynthese flüssige Biokraftstoffe hergestellt werden; zusätzlich ist prinzipiell auch die synthetische Herstellung von Bioethanol oder auch von gemischten Alkoholen möglich. Alternativ dazu können gasförmige Biokraftstoffe wie z. B. synthetisch hergestelltes Erdgas (SNG, Synthetic Natural Gas), Dimethylether (DME), Hythane (Mischungen aus Methan und Wasserstoff) synthetisiert und Wasserstoff hergestellt werden. Derzeit diskutierte Synthesen zeigt Tabelle 11.12.

Tabelle 11.12 Kenngrößen ausgewählter Synthesereaktionen

	H_2/CO-Verhältnis	Katalysatoren (Basismaterial)	Druck in bar	Temperatur in °C
Fischer-Tropsch-Synthese	0,85 – 3	Fe/Co/ZrO$_2$/SiO$_2$	1 – 70	120 – 350
Methanol-Synthese	1 – 2,15	Zn/Cr/Cu	50 – 300	220 – 380
Dimethylethersynthese	≤ 1 – 2,15	Cu/Zn/Al$_2$O$_3$	15 – 100	220 – 300
Methanisierung	2 – 3	Ni/Mg	1 – 10	200 – 450

Für eine derartige Kraftstoffsynthese wird ein Synthesegas benötigt, das möglichst geringe Anteile an Inertgasen (d. h. Stickstoff (N$_2$), Kohlenstoffdioxid (CO$_2$)) besitzt und möglichst frei von Katalysatorgiften ist. Daher ist einerseits eine Wasserdampfvergasung bzw. Sauerstoff-Dampf-Vergasung anzustreben und andererseits eine mehrstufige intensive Gasreinigung und -konditionierung erforderlich (Abb. 11.18).

Die Gasreinigung, die für die Nutzung in Gasmotoren oder Gasturbinen entwickelt wurde, ist deshalb für Synthesegasanwendungen i. Allg. nicht ausreichend. Daher muss hier zusätzlich eine Feingasreinigung vorgesehen werden, um die Anforderungen nach Tabelle 11.9 (Kapitel 11.2.1) zu erfüllen. Insbesondere sind die Schwefel-, Stickstoff- und Chlor-Verbindungen im Produktgas auf Werte typischerweise unter 1 ppm zu reduzieren.

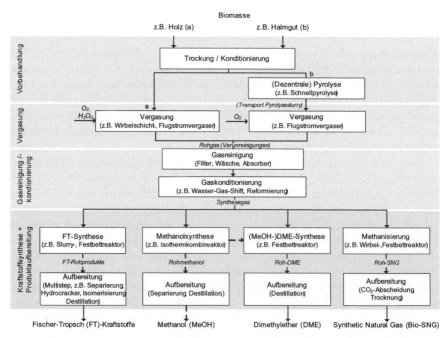

Abb. 11.18 Schematische Übersicht zur Bereitstellung von ausgewählten synthetischen Kraftstoffen aus Biomasse (a bevorzugter Pfad für Holz; b bevorzugter Pfad für Stroh)

11.3 Gasnutzungstechnik

Unter der Gaskonditionierung in Abb. 11.18 wird die Anpassung der Gaszusammensetzung an die Anforderungen des Syntheseprozesses verstanden. Dazu gehören u. a. die Einstellung des für die Synthese optimalen Verhältnisses von Wasserstoff zu Kohlenstoffmonoxid (H_2/CO-Verhältnis), die Entfernung von Kohlenstoffdioxid aus dem Gasstrom und ggf. die Reformierung von Kohlenwasserstoffen.

Danach findet die im Regelfall katalysatorgestützte Synthese statt. Dabei fallen meist Wärme und Restgase an, die verstromt werden können (z. B. Polygenerationsanlage) respektive zur Prozessenergieversorgung zur Verfügung stehen können und/oder als Fern-/Nahwärme an externe Nutzer abgegeben werden können.

Ausgehend davon werden nachfolgend zunächst die Möglichkeiten einer Beeinflussung der Zusammensetzung des Synthesegases näher beschrieben. Anschließend wird auf ausgewählte Synthesen, die gegenwärtig untersucht werden, eingegangen.

Einstellung des Wasserstoff(H_2)/Kohlenstoffmonoxid(CO)-Verhältnisses. Das H_2/CO-Verhältnis kann durch die Wasser-Gas-Shift-Reaktion eingestellt werden (Gleichung (11-2)). Diese Reaktion läuft bei Temperaturen zwischen 300 und 500 °C und Drücken bis zu 30 bar ab. Zusätzlich werden Katalysatoren auf der Basis von Eisen und Chrom (Fe_2O_3/CrO) eingesetzt /11-50/. Die Wasser-Gas-Shift-Reaktion kann im Synthesereaktor parallel zur gewünschten Synthesereaktion (z. B. Fischer-Tropsch-Synthese mit Eisen(Fe)-Katalysator, Methanisierung) oder in einer vorgeschalteten Stufe realisiert werden (z. B. Methanolsynthese). Soll Kohlenstoffmonoxid (CO) vollständig entfernt werden, wird häufig eine zweistufige Wasser-Gas-Shift-Reaktion (Hochtemperatur, Niedertemperatur) realisiert (z. B. zur Herstellung von Wasserstoff).

Kohlenstoffdioxid(CO_2)-Entfernung. Das Produktgas, das den Vergaser verlässt, beinhaltet aus Gründen des chemischen Gleichgewichts einen relativ hohen Anteil an Kohlenstoffdioxid (CO_2), der infolge der Wasser-Gas-Shift-Konvertierung noch zusätzlich ansteigen kann.

Die Abscheidung dieses Kohlenstoffdioxids aus dem Gasstrom kann dann erforderlich sein, weil ein zu hoher CO_2-Anteil im Synthesegas verdünnend wirken kann und sich daher nachteilig auf die Synthese auswirken würde.

Zur Abscheidung von Kohlenstoffdioxid (CO_2) aus dem Gasstrom sind neben anderen physikalischen Absorptionstechnologien das Druckwechsel-Adsorptions-Verfahren sowie Waschverfahren auf der Basis von Rectisol und Selexol gebräuchlich. Vor allem die Gaswäsche mit Rectisol (Einsatz von beladenem Methanol mit -30 bis -45 °C als physikalisches Lösungsmittel bei Drücken zwischen 30 und 60 bar) ist technisch sehr aufwändig, hat jedoch den Vorteil, neben Kohlenstoffdioxid noch ein ganzes Spektrum an Schadstoffen aus dem Produktgasstrom sicher abzuscheiden. Beim Selexol-Verfahren wird als Waschmedium ein spezielles Stoffgemisch (95 % Dimethylether auf der Basis von Polyethylenglycol) eingesetzt. Es arbeitet bei Drücken zwischen 10 und 30 bar sowie in einem Temperaturbereich von 0 bis 175 °C. Es wird ein ähnliches Spektrum an abgeschiedenen Schadstoffen erreicht wie bei dem Rectisol-Verfahren.

Kohlenwasserstoff-Reformierung. Das erzeugte Gas kann einen beachtlichen Anteil von Methan (CH_4) und anderen kurzkettigen Kohlenwasserstoffverbindungen (C_nH_m) enthalten. Dies ist insbesondere der Fall bei der Wirbelschichtvergasung aufgrund der niedrigen Temperaturen zwischen 800 und 950 °C. Diese Komponenten können die Ausbeute der gewollten Syntheseprodukte vermindern (z. B. Fischer-Tropsch-Synthese) und müssen deshalb vor der Synthese durch eine Reformierung bei Temperaturen von 800 bis 1 100 °C an einem auf Nickel basierten Katalysator zu Wasserstoff und Kohlenstoffmonoxid umgewandelt werden (Gleichung (11-1)) /11-51/. Die dabei ablaufenden Reaktionen sind endotherm (d. h. Zufuhr von Reaktionswärme erforderlich).

Die Dampfreformierung und die autotherme Reformierung sind für diesen Prozessschritt die beiden üblichen Verfahren. Bei ersterer wird die aufgrund der stark endothermen Reaktionscharakteristik benötigte Wärme in Form von Dampf zugeführt, während sie bei letzterer Variante intern über die Oxidation eines Teilstroms des zu reformierenden Gases bereitgestellt wird.

11.3.3.1 Fischer-Tropsch-Synthese

Nutzungstechnik. Bereits 1923 stellten Franz Fischer und Hans Tropsch das Synthol-Verfahren vor. Diese Synthese liefert bei Temperaturen von 400 °C und einem Druck von etwa 100 bar unter Verwendung von Eisenspänen und Kaliumkarbonat als Katalysator ein Gemisch aus Kohlenwasserstoffen und Sauerstoffverbindungen. Nach Entwässerung und Destillation erhält man daraus einen Motorenkraftstoff /11-38/. Im Rahmen der weiteren Entwicklungen wurden aktivere Katalysatoren auf Eisen(Fe), Kobalt(Co) und Nickel(Ni)-Basis entwickelt, welche u. a. mit Chrom- und Zinkoxid aktiviert wurden. Der damals quantifizierte Einfluss der Temperatur, des Drucks, der Katalysatoren und deren Promotoren sowie von Katalysatorgiften auf die Reaktionsführung haben nach wie vor Gültigkeit /11-39/.

Bei der Fischer-Tropsch-Synthese entstehen aus einem an Wasserstoff und Kohlenstoffmonoxid reichen Synthesegas verschiedene Paraffine, Olefine und Sauerstoffverbindungen. Die Kettenlänge reicht von Methan (C_1) bis zu festen Wachsen (C_{20}-Ketten und länger). Dabei werden in erster Linie geradkettige Moleküle gebildet; Verzweigungen kommen nur in geringen Anteilen vor /11-32/, /11-100/.

Der Reaktionsmechanismus der Fischer-Tropsch-Synthese ist komplex und konnte noch nicht restlos geklärt werden. Sicher ist aber, dass die Gesamtreaktion aus einer Reihe gleichzeitig und nacheinander ablaufender Einzelreaktionen besteht. Diese laufen mit verschiedenen Reaktionsgeschwindigkeiten ab und werden durch Katalysator, Temperatur und Druck beeinflusst /11-100/; diese unterschiedlichen Einflussgrößen werden nachfolgend kurz diskutiert.

$$CO + 2H_2 \rightarrow -CH_2- + H_2O \qquad \text{Fischer-Tropsch-Reaktion} \qquad (11\text{-}3)$$

$$nCO + 2nH_2 \rightarrow C_nH_{2n+1}OH + (n-1)H_2O \qquad \text{Alkoholbildung} \qquad (11\text{-}4)$$

$$nCO + 2nH_2 \rightarrow C_nH_{2n} + nH_2O \qquad \text{Bildung von Alkenen} \qquad (11\text{-}5)$$

$$nCO + (2n+1)H_2 \rightarrow C_nH_{2n+2} + nH_2O \qquad \text{Bildung von Parafinen} \qquad (11\text{-}6)$$

11.3 Gasnutzungstechnik

- Katalysatoreinfluss. Der eingesetzte Katalysator beeinflusst die entstehenden Produkte. Im Falle z. B. eines Kobalt(Co)-Katalysators kommt primär die Reaktion nach Gleichung (11-3) zum Tragen, während beim Einsatz z. B. eines Eisen(Fe)-Katalysators auch die Reaktionen nach den Gleichungen (11-4) bis (11-6) von Bedeutung sind.
- Temperatureinfluss. Ein Anstieg der Temperatur, bei der die Reaktionen ablaufen, bedeutet für alle Fischer-Tropsch-Katalysatoren eine Verschiebung der Selektivität zu kürzerkettigen Produkten. Zusätzlich steigt der Verzweigungsgrad genauso an wie die Anzahl der sekundären Produkte. Eine Temperaturerhöhung führt auch zur verstärkten Kohlenstoffabscheidung an der Katalysatoroberfläche und damit zu dessen Deaktivierung; dieser Effekt tritt bei Eisen in größerem Maße auf als bei Kobalt /11-141/.
- Druckeinfluss. Für die heterogene katalytische Fischer-Tropsch-Reaktion sind Ab- und Adsorptionsvorgänge von großer Wichtigkeit. Bei erhöhtem Druck laufen diese Vorgänge besser ab; dieser führt deshalb zu einem höheren Umsatz. Auch sind bei der Fischer-Tropsch-Synthese einige Produkte entsprechend ihrem Siedepunkt bei Reaktionstemperatur flüssig und bilden einen Film an der Katalysatoroberfläche. Bei erhöhtem Druck verbessert sich die Gaslöslichkeit in Flüssigkeiten und damit der Gas-Katalysator-Kontakt /11-145/.

Beispielsweise wird Fischer-Tropsch-Kraftstoff auf der Basis vergaster Kohle in einem Druckreaktor (ca. 30 bar) unter Anwesenheit eines Katalysators (Co, Fe) bei Temperaturen von ca. 250 °C erzeugt. Zusammengenommen laufen damit während der Fischer-Tropsch-Synthese verschiedene Reaktionen ab, die durch eine Vielzahl unterschiedlicher Parameter beeinflusst werden.

Bei der mathematischen Modellierung dieser Synthese wird davon ausgegangen, dass das Kettenwachstum einer exponentiellen Funktion folgt. Am häufigsten wird die Anderson-Schulz-Flory-Verteilung (ASF-Verteilung) für die Fischer-Tropsch-Produktverteilung verwendet /11-40/, /11-142/. Grundlage dieser ASF-Verteilung ist die Annahme, dass die Kettenlänge der entstehenden Moleküle vom Geschwindigkeitsverhältnis der Abbruch- zur Polymerisationsreaktion bestimmt wird. Weiters wird angenommen, dass die Kohlenwasserstoff-Kettenwachstums-Wahrscheinlichkeit (KKW) unabhängig von der Kettenlänge ist. Das Wachstum der Ketten erfolgt durch stufenweise Addition von Monomeren. Für typische Werte der Kettenwachstums-Wahrscheinlichkeit zwischen 0,7 und 0,9 ergeben sich die maximalen Ausbeuten der Fraktionen C_4 bis C_9. Für höhere Werte der Kettenwachstums-Wahrscheinlichkeit nimmt der Anteil der Wachse im Produkt zu. Abb. 11.19 zeigt die idealisierte Produktverteilung für ein Fischer-Tropsch-Rohprodukt mit einer Kettenwachstums-Wahrscheinlichkeit von 0,85. Dies entspricht auch dem typischerweise mit Kobalt als Katalysator erhaltenen Produkt.

Die Selektivität, also die Verteilung der Produkte (d. h. Spektrum aus leichten Kohlenwasserstoffen (C_1 bis C_3), Benzinen (C_4 bis C_9), Dieselölen (C_{10} bis C_{19}) und Wachsen (C_{20+})), ist abhängig von der Kettenwachstums-Wahrscheinlichkeit und wird von einer Reihe von Faktoren wie Temperatur, Druck, Katalysator, Reaktortyp und dem H_2/CO-Verhältnis im Synthesegas beeinflusst.

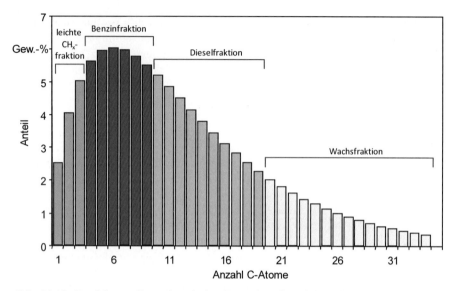

Abb. 11.19 Produktverteilung des Fischer-Tropsch-Rohproduktes für eine Kettenwachstums-Wahrscheinlichkeit von 0,85 (KW Kohlenwasserstoffe)

Die Metalle Eisen (Fe), Nickel (Ni), Kobalt (Co) und Ruthenium (Ru) haben ausreichende Aktivität für die Fischer-Tropsch-Synthese. Aufgrund stark unterschiedlicher Preise und Eigenschaften eignen sich jedoch nicht alle für den kommerziellen Einsatz. Beispielsweise verhalten sich die Preise der Metalle – dargestellt relativ zum Preis von Eisen – wie Fe (1) : Ni (250) : Co (1 000) : Ru (50 000) /11-32/.

- Ruthenium ist dabei der aktivste Fischer-Tropsch-Katalysator. Die Synthese kann im Beisein eines entsprechenden Katalysators bereits bei Temperaturen von 150 °C betrieben werden. Dabei entstehen Produkte mit einem hohen Molekulargewicht /11-141/. Trotz dieser guten Eigenschaften ist Ruthenium aber wegen des hohen Preises für den industriellen Einsatz nicht geeignet /11-32/.
- Nickel ist zwar sehr reaktiv, bildet jedoch unter den Bedingungen der Fischer-Tropsch-Synthese hauptsächlich Methan. Auch werden unter Druck flüchtige Nickelcarbonyle gebildet und der Nickel wird auf diesem Weg laufend aus dem Reaktor ausgetragen. Deshalb ist Nickel ebenfalls nicht für den industriellen Einsatz geeignet.

Für den kommerziellen, großindustriellen Einsatz werden daher Eisen und Kobalt als Basiskatalysatoren verwendet /11-141/.

Derzeit stehen zwei Fischer-Tropsch-Verfahrensweisen – unterschieden primär nach dem Temperaturniveau, bei dem die Reaktionen ablaufen – zur Verfügung.

- Bei der Niedertemperatursynthese (Low Temperature Fischer-Tropsch-Synthesis, LTFT) werden bei Temperaturen von 200 bis 240 °C mit Eisen(Fe)- und Kobalt(Co)-Katalysatoren hauptsächlich lineare langkettige Wachse hergestellt.
- Die Hochtemperatursynthese (High Temperature Fischer-Tropsch-Synthesis, HTFT) wird bei Temperaturen von 300 bis 350 °C mit Eisen(Fe)-Katalysatoren

Tabelle 11.13 Produktverteilung der Nieder- (LTFT) und Hochtemperatur-Fischer-Tropsch-Synthese (HTFT) /11-72/

Komponente	LTFT	HTFT
	in Gew.-%	
CH_4	4	7
C_2 - C_4 Olefine	4	24
C_2 - C_4 Parafine	4	6
Benzin	18	36
Mitteldestillat	19	12
Wachse	48	9
Sauerstoffverbindungen	3	6

durchgeführt. Hergestellt werden hauptsächlich Benzin und kurzkettige lineare Olefine /11-32/.
Tabelle 11.13 zeigt einen Vergleich typischer Produktverteilungen für die Nieder- und Hochtemperatursynthese.
Als Reaktoren werden Rohrbündelreaktoren (Festbett), Wirbelschicht- und Slurry-Reaktoren eingesetzt (Abb. 11.20).
- Rohrbündelreaktoren (Abb. 11.20, links) bestehen aus mehreren tausend langen, dünnen Rohren, die aufgrund des besseren Wärmeübertrags möglichst schnell durchströmt werden. Die Wärmeabfuhr erfolgt an der Außenseite der Rohre durch Verdampfung von Wasser. Die Temperatur im Reaktor wird dabei über den Druck des Kühlwassers, wodurch sich dessen Siedepunkt verändert, geregelt. Dadurch hat auch bei lokal starker Wärmeentwicklung das Kühlmedium immer dieselbe Temperatur /11-141/.
- Zirkulierende Wirbelschicht-Reaktoren (Abb. 11.20, Mitte) bestehen aus einem vertikalen Reaktionsraum. Der Katalysator wird von dem an der Unterseite ein-

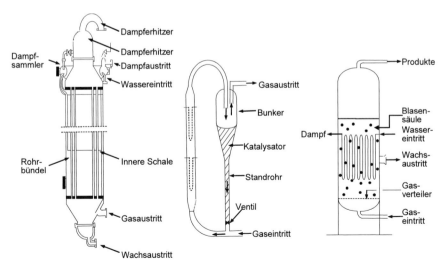

Abb. 11.20 Fischer-Tropsch Reaktortypen (links: Rohrbündel-Reaktor, Mitte: Wirbelschicht-Reaktor, rechts: Slurry-Reaktor; nach /11-33/)

strömenden Synthesegas mitgerissen und weiter zum Bunker befördert, wo er vom Gas abgetrennt wird. Danach gelangt er in das Standrohr.
- Der Slurry-Reaktor (Abb. 11.20, rechts) besteht aus einem zylindrischen Behälter, in dem Kühlschlangen eingebaut sind, die zur Wärmeabfuhr mittels Dampferzeugung dienen. Das Synthesegas wird am Boden verteilt und steigt im Reaktor nach oben /11-33/.

Unabhängig vom Temperaturbereich der Fischer-Tropsch-Synthese und vom Reaktortyp wird zwischen den folgenden zwei möglichen Betriebsweisen unterschieden.
- "Full-conversion"-Betrieb. Dabei wird nicht umgesetztes Synthesegas wieder in den Syntheseprozess zurückgeführt (Kreislaufführung). Diese Fahrweise erhöht die Kraftstoffausbeute.
- "Once-through"-Betrieb. Dies entspricht der Betriebsweise, bei der auf die technisch aufwändigere Rückführung und ggf. Reformierung verzichtet wird. Die dabei entstehenden Restgase werden zur Wärme- und/oder Stromgewinnung genutzt.

Das Spektrum der Produkte, die den Fischer-Tropsch-Synthesereaktor verlassen, muss für eine Nutzung als Motorenkraftstoff aufbereitet werden. Dazu werden die einzelnen Fraktionen destillativ getrennt. Im Ergebnis liegen Rohbenzin (Naphtha, C_4 bis C_9), Fischer-Tropsch-Diesel (C_{10} bis C_{19}) und Wachse (C_{20+}) vor.
- Naphtha ist ein Rohbenzin, das als Rohstoff in der Petrochemie eingesetzt wird. Es kann durch Isomerisierung (d. h. Transformation langkettiger Kohlenwasserstoffe zu verzweigten Kohlenwasserstoffen) in gebrauchsfertiges Benzin umgewandelt werden.
- Um die Klopffestigkeit des Kraftstoffs zu erhöhen und die Fließeigenschaften bei tieferen Temperaturen zu verbessern, muss der Fischer-Tropsch-Diesel isomerisiert werden (d. h. ein Teil der langkettigen (aliphatischen) Kohlenwasserstoffmoleküle werden zu verzweigten Kohlenwasserstoffen umgewandelt). Zusätzlich ist für die Bereitstellung gebrauchsfertigen Dieselkraftstoffs eine Additivierung erforderlich /11-35/.
- Die Aufarbeitung der Wachsfraktion (C_{21+}) erfolgt über den Verfahrensweg des Hydrocrackens. Hier werden die langkettigen Kohlenwasserstoffe in die gewünschten Diesel- und Mitteldestillate unter Anwesenheit von Wasserstoff aufgespalten. Die Hydrocrack-Reaktionen laufen exotherm ab; die Reaktion nach Gleichung (11-7) stellt ein Beispiel dar. Der Wasserstoff dient zur Absättigung freier Bindungen der entstehenden kurzkettigen Produkte und wird bei Drücken von etwa 30 bis 200 bar zugeführt. Die Temperaturen bewegen sich bei diesem Verfahren zwischen 350 und 500 °C. Es werden Nickelkatalysatoren eingesetzt.

$$C_{20}H_{42} + H_2 \leftrightarrow 2\,C_{10}H_{22} \qquad \Delta H = 44 \text{ kJ/mol} \qquad (11\text{-}7)$$

Anwendungsbeispiel. Bei einer Fischer-Tropsch-Anlage (Abb. 11.21), die gegenwärtig als Demonstrationsanlage realisiert wird, wird die feste Biomasse zunächst durch partielle Oxidation (Verschwelung) mit Sauerstoff bei Temperaturen zwischen 400 und 500 °C in ein teerhaltiges Gas und festen Kohlenstoff umgewandelt. Der in Form von Koks anfallende Feststoff wird gekühlt und zu Brennstaub gemahlen. Anschließend wird das teerhaltige Gas in einer Brennkammer –

11.3 Gasnutzungstechnik 661

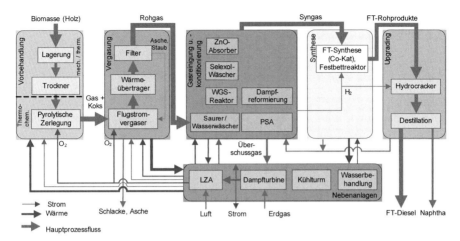

Abb. 11.21 Blockfließbild eines Anlagenkonzeptes zur Produktion von Fischer-Tropsch-Diesel (nach /11-162/)

oberhalb des Ascheschmelzpunktes der Brennstoffe – unterstöchiometrisch nachoxidiert (ca. 1 400 °C). Der Brennstaub wird nachfolgend in das heiße Vergasungsmittel eingeblasen und reagiert zum Rohgas. Die Gasaustrittstemperatur beträgt ca. 800 °C. Aufgrund der hohen Temperaturen im Vergasungsreaktor ist der Teergehalt vernachlässigbar gering und auch der Methangehalt ist niedrig (< 1 %), so dass auf eine Reformierung verzichtet werden kann /11-132/, /11-163/.

Das Rohgas wird nach einer anschließenden Kühlung (Wärmeauskopplung zur Strom- und Wärmeerzeugung) über verschiedene Prozessstufen gereinigt und konditioniert. Dies erfolgt mehrstufig in einer sauren Wasserwäsche (u. a. Entfernung von HCl, NH_3, Reststäube, H_2S) und einer Klarwasserwäsche. Die Einstellung des H_2/CO-Verhältnisses erfolgt in einem Wasser-Gas-Shift-Reaktor, wobei anfallendes CO_2 sowie das CO_2 aus der Vergasung durch eine Selexol-Wäsche ausgewaschen wird. Zur Feinreinigung ist im Anschluss eine adsorptive Entfernung von O-, S- und Cl-Verbindungen vorgesehen.

Die Fischer-Tropsch-Synthese erfolgt in einem Festbettreaktor an Kobalt-Katalysatoren. Zur Erhöhung der Dieselausbeute werden zunächst vorwiegend langkettige Kohlenwasserstoffe (Wachse, C_{21+}) erzeugt, die dann im H_2-Crackingprozess an Katalysatoren in kürzere Ketten der Dieselfraktion gespalten werden.

Restgase und leichte Kohlenwasserstoffe (C_1 bis C_8) aus der Fischer-Tropsch-Synthese sollen u. a. durch eine Dampfreformierungs- und Druckwechseladsorptionsanlage (PSA) zu H_2 aufgearbeitet werden.

Die Aufteilung der Fischer-Tropsch-Rohprodukte in die gewünschten Siedeschnitte erfolgt in der sich anschließenden Destillationsstufe. Im Ergebnis liegen Fischer-Tropsch-Diesel als Haupt- und Naphtha (Rohbenzin) als Nebenprodukt vor.

Zur Prozessenergieversorgung werden die im Prozess nicht genutzten Hochdruck- und Mitteldruck-Sattdampfströme mit Restgas aus der Druckwechseladsorptionsanlage und Erdgas überhitzt und anschließend in einem Dampfturbinenprozess entspannt /11-162/.

11.3.3.2 Methanolsynthese

Nutzungstechnik. Methanol dient als der Grundstoff für die Produktion von Methyl-Tertiär-Butyl-Ether (MTBE), das als Antiklopfmittel zu Mineralölbenzin (max. 15 %) zugemischt wird.

Methanol kann – außer aus fossilen Energieträgern – auch aus vergaster Biomasse hergestellt werden. Ähnlich wie bei der Fischer-Topsch-Synthese muss dazu das Produktgas, das für die Methanolsynthese verwendet wird, sehr aufwändig aufbereitet werden (vgl. Tabelle 11.9).

Die Methanolbildung erfolgt entsprechend der Reaktion nach Gleichung (11-8) aus Kohlenstoffmonoxid und Wasserstoff bzw. nach der Reaktion nach Gleichung (11-9) aus Kohlenstoffdioxid und Wasserstoff.

$$CO + 2H_2 \leftrightarrow CH_3OH \qquad \Delta H = -92 \text{ kJ/mol} \qquad (11-8)$$

$$CO_2 + 3H_2 \leftrightarrow CH_3OH + H_2O \qquad \Delta H = -49 \text{ kJ/mol} \qquad (11-9)$$

Demnach leitet sich der benötigte Anteil an Wasserstoff und CO aus dem H_2/CO-Verhältnis ab. Bei der Methanolsynthese in Festbettreaktoren liegt dies bei 2,05 bis 2,15 /11-133/. Als Alternative zu den Festbettreaktoren wird für den Slurry-Reaktor ein H_2/CO-Verhältnis um den Wert 1 genannt /11-88/.

Die Methanolsynthese läuft bei hohen Drücken (> 50 bar) unter Anwesenheit eines Katalysators (z. B. Zink, Chrom) ab. Die optimale Temperatur liegt bei 350 bis 400 °C. Unter diesen Bedingungen können außer der eigentlichen Methanolbildung eine Reihe von Nebenreaktionen ablaufen /11-120/, /11-136/.

Bei der Verwendung von Kohlenstoffdioxid (CO_2) als Kohlenstoffquelle läuft die Methanolsynthese (Gleichung (11-9)) bei niedrigeren Temperaturen ab im Vergleich zur Verwendung von CO (Gleichung (11-8)). Außerdem begünstigt der Einsatz von CO_2 eine hohe Selektivität des Produktes Methanol; dafür ist aber mit einem Wasseranteil von 60 % in der gesamten Flüssigkeitsmenge zu rechnen /11-136/.

Die Methanolerzeugung kann mit Nieder-, Mittel- und Hochdruckverfahren realisiert werden.
- Die Hochdruck-Synthese, die bei einem Druck von 250 bis 350 bar und einer Temperatur von 320 bis 380 °C mit Zn/Cr_2O_3-Katalysator abläuft, ist das älteste Verfahren zur Methanolsynthese. Die dabei verwendeten Katalysatoren zeigen eine gute Stabilität gegenüber Katalysatorgiften wie Schwefel und sind thermisch sehr stabil.
- Die Mitteldruck-Synthese wird bei Drücken von 100 bis 250 bar und Temperaturen bis 350 °C mit Zn/Cr_2O_3- oder Zn/Cu-Katalysator realisiert. Es finden sich jedoch kaum belegbare Hinweise über eine Realisierung einer großtechnischen Methanolsynthese unter diesen Reaktionsbedingungen.
- Neue Anlagen werden meist als Niederdruckverfahren ausgeführt. Hier liegen die Temperaturen bei 220 bis 280 °C und die Drücke bei 50 bis 100 bar. Die

dabei verwendete Katalysatorzusammensetzung besteht aus Anteilen von Kupfer (Cu), Zink (Zn) sowie Aluminiumoxid (Al_2O_3) und besitzt eine hohe Aktivität wie Selektivität /11-120/.

Für die industrielle Methanolsynthese auf Basis der Biomassevergasung ist letztlich nur das Niederdruckverfahren von Bedeutung, da die dabei gegebenen Betriebsparameter die Nebenproduktbildung vermindern. Hier erweist sich der Cu/Zn/Al_2O_3-Katalysator durch seine hohe Aktivität sowie seine guten Selektionseigenschaften (wenig Nebenprodukte) als optimal für eine kommerzielle Umsetzung.

Der aus dem Synthesereaktor austretende Produktstrom ist i. Allg. aufgrund der Temperatur- und Druckbedingungen gasförmig. Dieses Produktgemisch, welches auch Bestandteile nicht umgesetzten Synthesegases enthält, wird zunächst über einen Ölabscheider geführt, in dem höhere Kohlenwasserstoffe abgeschieden werden, die innerhalb des Syntheseprozesses entstanden sind. Das Produkt Rohmethanol wird anschließend durch Abkühlung in die Flüssigphase überführt und zwischengespeichert. Zur Erhöhung der Reinheit (< 2 Vol.-% H_2O) wird das Rohmethanol dann in einer Destillationskolonne aufgearbeitet. Das dabei verbleibende Restgas wird in zwei Ströme getrennt. Ein Strom wird dem Synthesekreislauf erneut zugeführt. Der zweite Restgasstrom (CH_4-reiches Abgas) kann als Energieträger (z. B. in einer Gasturbine) genutzt werden. Der Heizwert dieses mittelkalorigen Restgases wird mit 14 MJ/m³ angegeben /11-127/.

Methanol kann als Reinkraftstoff (z. B. in Brennstoffzellen) oder als Zumischkomponente eingesetzt werden. Nachteilig bei ersterer Variante sind die korrosiven Eigenschaften des Kraftstoffs Methanol, durch die in der bestehenden Verteilungsinfrastruktur (d. h. Kraftstoffspeicherung, Pipelines, Tankstellen) Anpassungsmaßnahmen notwendig werden. Alternativ dazu kann Methanol auch zu konventionellen Ottokraftstoffen beigemischt werden. Zusätzlich ist ein Einsatz zur Biodieselproduktion sowie zur DME- (Dimethylether) und MTBE-Herstellung möglich. Darüber hinaus kann Methanol für die Produktion von Kohlenwasserstoffen über den sogenannten MTG-(Methanol-to-Gasoline)Prozess eingesetzt werden.

Anwendungsbeispiel. Abb. 11.22 zeigt ein Verfahrensschema einer möglichen Konfiguration zur Erzeugung von Methanol aus Biomasse. Als Vergasungsreaktor wird hier eine Zweibett-Wirbelschicht verwendet, da damit ein praktisch stickstofffreies Gas erzeugt werden kann. Das erhaltene Synthesegas wird gereinigt (u. a. Staub, Schwefelwasserstoff (H_2S), Ammoniak (NH_3)) und reformiert. Mittels der Wasser-Gas-Shift-Reaktion wird das gewünschte H_2/CO-Verhältnis eingestellt. In einer selektiven Wäsche (Selexol) werden dann CO_2, H_2O und H_2S entfernt. Anschließend wird das Gas verdichtet und dem Synthesereaktor zugeführt, in dem das Methanol dann synthetisiert wird.

Das Produkt Rohmethanol wird anschließend durch Abkühlung in Flüssigform gewonnen. Der Reinheitsgrad wird durch eine abschließende Destillation erhöht. Das dabei verbleibende Restgas wird teils rückgeführt und/oder steht für die Verstromung zur Verfügung. Je nach Kombination der geeigneten Systemkomponenten kann Methanol mit energetischen Wandlungswirkungsgraden von 40 bis 55 % erzeugt werden /11-61/.

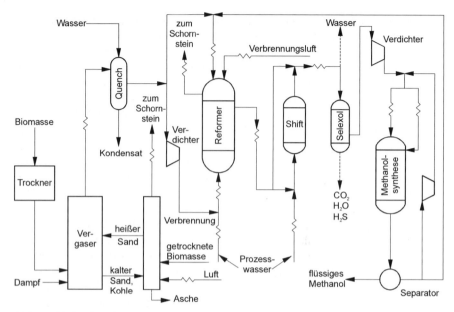

Abb. 11.22 Methanolerzeugung aus Biomasse über den Weg der Vergasung /11-94/

11.3.3.3 SNG-Synthese

Nutzungstechnik. Auch SNG (Synthetic Natural Gas), also Biomethan, Bioerdgas oder Erdgasersatz, kann aus dem Produktgas der Biomassevergasung erzeugt werden. Dieses Verfahren wurde schon 1902 für Kohle entwickelt und in der zweiten Hälfte des vorigen Jahrhunderts intensiv untersucht und demonstriert /11-30/. Beispielsweise wird in der USA in der Great Plains Synfuels Plant auf der Basis von Kohle seit 1984 in 14 parallel arbeitenden Vergasern mit einer thermischen Leistung von je 150 MW Synthesegas für die Methanisierung erzeugt /11-154/.

Die SNG-Synthese ist exotherm (d. h. es muss kontinuierlich Wärme aus der Synthese abgeführt werden). Die Reaktion läuft begünstigt unter Anwesenheit von geeigneten Katalysatoren (vorzugsweise auf Nickel(Ni)-Basis) bei Temperaturen von 300 bis 450 °C und Drücken zwischen 1 und 5 bar ab.

Die Reaktionen nach Gleichung (11-10) und Gleichung (11-11) zeigen die zwei wichtigsten Reaktionen der Methanisierung und die dabei entstehenden Produkte.

$$CO + 3H_2 \leftrightarrow CH_4 + H_2O \qquad \Delta H = -217 \text{ kJ/mol} \qquad (11\text{-}10)$$

$$CO + H_2O \leftrightarrow CO_2 + H_2 \qquad \Delta H = -40,9 \text{ kJ/mol} \qquad (11\text{-}11)$$

Aufgrund der Shiftreaktion (Gleichung (11-11), die auch im Methanisierungsreaktor abläuft, kann das H_2/CO-Verhältnis am Eintritt in die Methanisierungsstufe in relativ weiten Grenzen schwanken. Dabei besteht die Gefahr der Bildung von Kohlenstoff über die Boudouard-Reaktion. Durch höhere Wasserdampfgehalte

kann diese Gefahr vermindert werden und durch niedrigere Temperaturen und höhere Drücke wird sie erhöht /11-30/.
Bei der SNG-Produktion können energetische Wirkungsgrade von ca. 60 bis 65 % erreicht werden. Weitere 20 %-Punkte der im Holz vorhandenen Energie kann zusätzlich in Form von Wärme und/oder Strom gewonnen werden.
Als Reaktoren für die Methanisierung kommen Rohrbündelreaktoren (sog. Festbettreaktoren) oder Wirbelschichtreaktoren (stationär oder zirkulierend) in Frage.

- Für die Kontrolle der exothermen Reaktion bei der Methanisierung im Festbett muss bei hohen Kohlenstoffmonoxid(CO)-Konzentrationen im Synthesegas mit einem Dampfüberschuss und großen Kühlwassermengen gearbeitet werden. Häufig werden die Festbettreaktoren mehrstufig ausgeführt und zwischen den Reaktionsstufen Gaskühlungen vorgesehen, um die entstandene Wärme abzuführen.
- Durch die guten thermischen Eigenschaften der Wirbelschichttechnik ist hier eine einfache Auskopplung der Reaktionswärme auf einem hohen Temperaturniveau (bis zu 450 °C) und eine nahezu isotherme Betriebsweise möglich. Die Entwicklung der Methanisierung in der stationären Wirbelschicht wurde für Synthesegas auf Kohlebasis bereits Mitte der 1970er Jahre in Deutschland vorangetrieben. Die technische Machbarkeit wurde zwischen 1980 und 1985 in einer Pilotanlage ("Comflux") mit einer thermischen Leistung von 20 MW demonstriert. Eine kommerzielle Anwendung in industriellen Prozessen gibt es gegenwärtig aber nicht.

Nach der Methanisierung liegt der Kohlenstoffdioxid(CO_2)-Gehalt im Produktgas bei bis zu 50 Vol.-%. Damit Bio-SNG in das Erdgasnetz unter Einhaltung der dort gegebenen Spezifikationen eingespeist werden kann, muss es deshalb weiter aufbereitet werden. Wesentlich dafür ist die Abtrennung des Kohlenstoffdioxids (CO_2) und ggf. auch von Wasserstoff (H_2) /11-118/.

Anwendungsbeispiel. Aus der Vielfalt der Vergasungsverfahren erscheint die allotherme Wirbelschicht-Wasserdampfvergasung, wie sie beispielsweise in Güssing/Österreich in Betrieb ist, für die Bio-SNG-Erzeugung gut geeignet, da bei diesem Verfahren bereits ca. 10 bis 12 % Methan (CH_4) im Synthesegas enthalten sind. Bezogen auf den Energieinhalt bedeutet dies, dass rund 30 bis 35 % der im Synthesegas erhaltenen Energie bereits in Form von Methan vorliegen.

Abb. 11.23 zeigt ein Blockfließbild einer Bio-SNG-Demonstrationsanlage. Demnach wird das aus der allothermen Biomasse-Dampfvergasung kommende Produktgas von Partikeln, Teeren, Kohlenstoffdioxid (CO_2) und insbesondere von Schwefel- und Chlorverbindungen (< 1 ppm) befreit, bevor das Synthesegas in die Methanisierungsstufe eintritt. Hier kommt ein Wirbelschichtreaktor mit integrierten Tauchheizflächen zum Einsatz, um die bei der Methanisierung entstehende Wärme effizient abführen zu können. Als Bettmaterial findet ein Nickel-Katalysator Verwendung, der mit dem von der Vergasung kommenden H_2/CO-Verhältnis von ca. 1,4 bis 1,7 arbeiten kann; zusätzliche Shift-Reaktionen sind damit nicht notwendig. Das aus der Methanisierungsstufe austretende Gas wird auf Erdgasqualität aufbereitet (d. h. CO_2- und H_2-Abscheidung), damit es in das Erdgasnetz eingespeist und dadurch an Erdgastankstellen als Kraftstoff abgegeben werden kann.

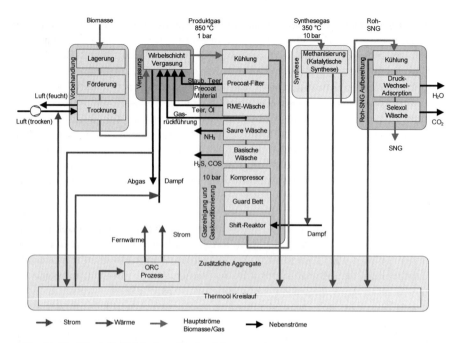

Abb. 11.23 Blockfließbild einer Methanisierung mit Nutzung des Synthesegases aus der Zweibett-Wirbelschicht-Dampfvergasung

11.3.3.4 Dimethylether-Synthese

Nutzungstechnik. Dimethylether (DME) kann außer als Treibgas und Grundstoff für die chemische Industrie auch als synthetischer Kraftstoff in Dieselmotoren eingesetzt werden.

Die Herstellung des gasförmigen Biokraftstoffs Dimethylether kann indirekt über die Konversion von gasförmigem Methanol oder direkt über die katalytische DME-Synthese aus Synthesegas realisiert werden. Während der indirekte Weg über Methanol auf Basis fossiler Energieträger Stand der Technik ist, befindet sich die direkte DME-Synthese noch in der Entwicklung.

Im kommerziellen Maßstab wird DME gegenwärtig über Methanol als Zwischenprodukt durch die katalytische Dehydratation von reinem gasförmigem Methanol hergestellt. Dabei laufen im Wesentlichen die Reaktionen (11-12 bis (11-15)) ab /11-35/.

$$3H_2 + CO_2 \longleftrightarrow CH_3OH + H_2O \qquad \Delta H = -49 \text{ kJ/mol} \qquad (11\text{-}12)$$

$$2H_2 + CO \longleftrightarrow CH_3OH \qquad \Delta H = -91 \text{ kJ/mol} \qquad (11\text{-}13)$$

$$2CH_3OH \longleftrightarrow CH_3OCH_3 + H_2O \qquad \Delta H = -23 \text{ kJ/mol} \qquad (11\text{-}14)$$

$$CO + CO_2 + 5H_2 \longleftrightarrow CH_3OCH_3 + 2H_2O \qquad \Delta H = -164 \text{ kJ/mol} \qquad (11\text{-}15)$$

Für das Erreichen der notwendigen Reaktionstemperatur (Aktivierungsenergie) wird dem Festbettreaktor eine Wärmeübertragereinheit vorgeschaltet, die das Synthese-Methanol vorwärmt. Die Reaktionsparameter für diesen Prozess werden mit 250 bis 300 °C und 15 bar angegeben /11-1/.

Für die DME-Synthese werden Dehydrations-Katalysatoren eingesetzt. Die Synthese findet dann beispielsweise in einem Etagenreaktor statt. Dieser besteht aus einem Druckbehälter, in dem sich adiabate Reaktionszonen befinden, in die das Synthesegas eingespeist wird. Die Kühlung erfolgt durch ein internes Quenchen (d. h. Schockkühlung durch Eindüsen von Kondensat) mit frischem Synthesegas, das über den Reaktorkopf eingespeist wird. Die Reaktionswärme wird am Ausgang des Reaktors, der sich am Boden befindet, zurück gewonnen /11-21/, /11-50/.

Im Gegensatz dazu verläuft die direkte DME-Synthese, welche ein CO-reiches Synthesegas erfordert, über die Methanol-Bildungsreaktion und die anschließende Dehydration. Dabei wird die Wasser-Gas-Shift-Reaktion genutzt, um das entstehende Wasser aus der Methanol- und DME-Synthese zu reduzieren und somit H_2 für die Synthese bereitzustellen. Diese Reaktionen finden alle zusammen in dem selben Reaktor bei Reaktionsbedingungen von ca. 240 bis 280 °C und 3 bis 7 bar statt /11-104/, /11-116/. Der in der Synthese hergestellte Roh-DME enthält neben Wasser und gelösten Gasen noch geringe Mengen höherer Etherverbindungen und Alkohole, die entfernt werden müssen. Die Entfernung gelöster Gasverbindungen, die das Rohprodukt enthält, kann beispielsweise in einer Unterdruck-Atmosphäre erfolgen, in welcher die Löslichkeit sinkt und das entweichende Gas abgezogen werden kann. Daran schließt sich die Destillation an; hier erfolgt die vollständige Reinigung des Produkts. Zunächst werden höhere Etherverbindungen und andere leichtere Komponenten entfernt. Dann erfolgt die Abtrennung von Methanol, höheren Alkoholen und Wasser. Zur Abscheidung von Aminen werden zusätzlich beispielsweise Ionenaustauscher eingesetzt /11-34/.

DME kann bei moderaten Drücken wie LPG (Liquified Petroleum Gas) gehandhabt werden. Wegen seiner hohen Cetanzahl ist es für den Einsatz in adaptierten Dieselmotoren geeignet /11-150/.

Anwendungsbeispiel. Bei einem Anlagenkonzept zur DME-Produktion (Abb. 11.24) wird Schwarzlauge aus der Papierproduktion in einem Flugstromvergaser mit Sauerstoff als Vergasungsmittel bei einem Druck von 32 bar und bei Temperaturen von ca. 950 bis 1 000 °C umgesetzt und anschließend gequencht. Nach weiterer Kühlung wird das Rohgas der Gasreinigung und -konditionierung in einer Vorwascheinheit (u. a. Abscheidung von Teer und Wasser) und einem zweistufigen Rectisol-Prozess zugeführt. In der ersten Stufe erfolgt die Abscheidung von Schadkomponenten wie CO_2, H_2S, COS und Teeren. In der zweiten Stufe wird der Gasstrom geteilt, wobei ein Teil direkt der Synthese zugeleitet wird, während der andere Gasstrom im Wasser-Gas-Shift-Reaktor unter Einstellung des H_2/CO-Verhältnisses weiter konditioniert wird. Dadurch wird CO_2 gebildet, das anschließend ebenso in der Rectisol-Wäsche ausgewaschen wird. Anschließend erfolgt die DME-Synthese auf dem indirekten Weg über Methanol in zwei Reaktoren, wozu das gereinigte Gas auf den erforderlichen Druck von 30 auf 90 bar komprimiert wird. Die Reaktionswärme aus der Synthese wird über Dampferzeuger abgeführt

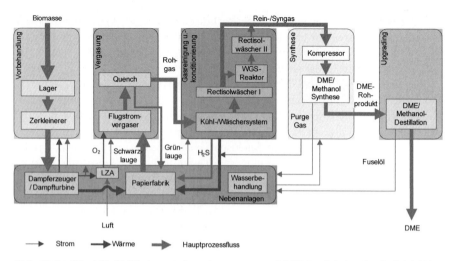

Abb. 11.24 Blockfließbild eines Anlagenkonzeptes zur DME-Produktion (nach /11-162/)

und dient der Prozesswärmebereitstellung. Abschließend wird das Roh-DME in einer dreistufigen Destillationskolonne aufbereitet /11-162/.

11.3.3.5 Hythane und Wasserstoff

Hythane sind Gemische aus Methan und Wasserstoff. Dabei wird Wasserstoff (H_2) in einem Anteil von 8 bis zu 32 Vol.-% zu Methan (CH_4) hinzugegeben und erhöht damit den Heizwert desselben /11-99/. Wasserstoff erniedrigt zwar den Heizwert, erhöht aber die Flammengeschwindigkeit. Dadurch kommt es zu einer besseren Verbrennung.

Methan kann in Form von Synthesegas über den Weg der thermo-chemischen Vergasung bzw. der bio-chemischen Biogasproduktion mit anschließender Gasaufbereitung gewonnen werden.

Wasserstoff auf Biomassebasis kann unter Einsatz von Lignozellulose über die Vergasung sowie anschließender Gasreinigung und -konditionierung erzeugt werden. Die Gaskonditionierung wird dabei optional über eine endotherme Dampfreformierung realisiert mit dem Ziel, noch im Produktgas enthaltenes Methan (CH_4) in Wasserstoff (H_2) und Kohlenstoffmonoxid (CO) umzuwandeln. Letzteres wird dann ein- oder mehrstufig über die exotherme Wasser-Gas-Shift-Reaktion zu zusätzlichem Wasserstoff und Kohlenstoffdioxid konvertiert. Die abschließende Gasreinigung erfolgt nach der Auskondensation von im wasserstoffreichen Gas enthaltenem Wasser im Regelfall über die Druckwechsel-Adsorption. Die Konzepte dazu befinden sich jedoch noch in einem vergleichsweise frühen F&E-Stadium /11-108/.

Wasserstoff wird wegen seiner Eigenschaften als idealer Kraftstoff für den Einsatz in Verbrennungsmotoren und Brennstoffzellen angesehen. Die Nachteile sind jedoch die erheblichen Infrastrukturerfordernisse für Speicherung, Transport und Endnutzung.

Die Nutzung von Hythan als Treibstoff in Verbrennungsmotoren verspricht eine vergleichsweise günstigere Nutzung der bestehenden Infrastruktur sowie bei der Anwendung deutliche Reduktionen der Emissionen von Kohlenstoffverbindungen und Stickstoffoxiden. Der Einsatz von Hythan in Verbrennungsmotoren wurde bereits in Pilotprojekten (z. B. in Kanada, USA, Schweden) getestet /11-68/, /11-99/.

12 Pyrolyse

Biomasse kann durch thermo-chemische Prozesse – und hier im Wesentlichen durch eine pyrolytische Zersetzung unter Ausschluss von Sauerstoff – direkt in überwiegend flüssige (d. h. Pyrolyse- oder Bio-Öle) oder feste Produkte (d. h. Biomassekoks, Holzkohle) umgewandelt werden. Ausgehend davon ist es das Ziel der folgenden Ausführungen, aufbauend auf den in Kapitel 9.2 dargestellten Grundlagen der thermo-chemischen Umwandlung, die jeweilige Verfahrenstechnik sowie die entstandenen Produkte zu erläutern. Dabei wird unterschieden zwischen einer Pyrolyse mit dem primären Ziel der Bereitstellung flüssiger und der zur Bereitstellung primär fester Sekundärenergieträger.

12.1 Bereitstellung flüssiger Sekundärenergieträger

Bei den Möglichkeiten einer Bereitstellung flüssiger Sekundärenergieträger über eine Pyrolyse kann unterschieden werden zwischen der Flash-Pyrolyse und der Druckverflüssigung. Beide Varianten werden nachfolgend diskutiert. Zusätzlich wird auf die Eigenschaften der Endprodukte eingegangen.

12.1.1 Flash-Pyrolyse

Die Flash-Pyrolyse ist ein relativ modernes Verfahren, dessen Grundlagen seit etwa 20 Jahren erforscht werden (vgl. /12-20/, /12-58/); sie stellt eine Sonderform der konventionellen, langsamen Pyrolyse dar.

Typische Elemente einer derartigen Flash-Pyrolyseeinrichtung auf Basis einer Wirbelschichtanlage zeigt Abb. 12.1. Demnach beinhaltet eine derartige Anlage neben der Aufbereitung der Biomasse (d. h. Trocknung, Zerkleinerung) den eigentlichen Pyrolysereaktor einschließlich einer Ölabscheidung und einer integrierten Koksverbrennung zur Gewinnung der Prozessenergie.

Bei einer derartigen Flash-Pyrolyse, die mit dem Ziel der Maximierung der Ausbeute an flüssigen Pyrolyseprodukten betrieben wird, kommt es darauf an,
- die Biomassepartikel sehr schnell aufzuheizen (mit Aufheizraten von über 1 000 °C/s); dabei sollte die Pyrolysetemperatur im Bereich von 450 bis 500 °C liegen;
- die Aufenthaltsdauer der Pyrolyseprodukte in der heißen Reaktionszone möglichst gering zu halten (unter 1 s) und
- die flüssigen Produkte schnell und wirksam abzuscheiden.

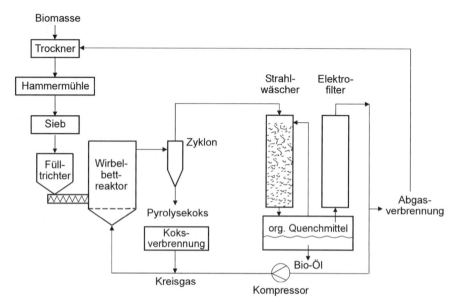

Abb. 12.1 Verfahrensschema eines Flash-Pyrolyseprozesses mit einem stationären Wirbelbettreaktor (org. organisches)

Um diese Randbedingungen technisch zu realisieren, bedarf es spezieller Reaktoren, die eine schnelle und gute Wärmeübertragung sowie einen effektiven Stofftransport ermöglichen. Hierfür werden häufig Reaktoren mit Sand als Wärmeträger eingesetzt, die dann pneumatisch (Reaktoren mit stationärer oder zirkulierender Wirbelschicht) oder mechanisch mit Hilfe rotierender Elemente wie Schnecken oder Konen betrieben werden. Zusätzlich sind aber auch andere Techniken (z. B. Reaktoren mit ablativer Wirkung, Reaktoren mit Vakuum) einsetzbar. Abb. 12.2 zeigt eine Übersicht über die wichtigsten einsetzbaren Techniken und Verfahren, die nachfolgend dargestellt und diskutiert werden.

12.1.1.1 Reaktoren mit stationärer Wirbelschicht

Bei der Flash-Pyrolyse in Reaktoren mit stationärer Wirbelschicht (Abb. 12.2a) wird die Biomasse in dem rund 450 bis 500 °C heißen Sandbett einer stationären Wirbelschicht thermisch zersetzt. Dazu kann grundsätzlich die bekannte Wirbelschichttechnologie – einschließlich der entsprechend benötigten Zusatzaggregate – eingesetzt werden, die jedoch den speziellen Anwendungsfällen entsprechend anzupassen sind. Nachfolgend wird exemplarisch eine typische Umsetzung der pyrolytischen Zersetzung von Biomasse in einer derartigen Anlage diskutiert.

12.1 Bereitstellung flüssiger Sekundärenergieträger 673

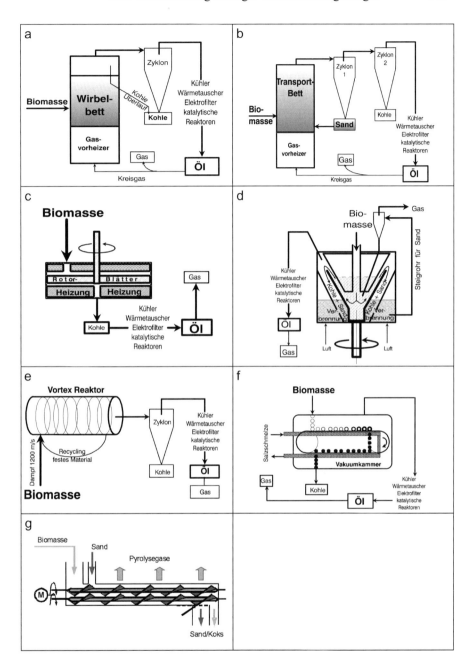

Abb. 12.2 Reaktoren zur Flash-Pyrolyse von Biomasse (a Reaktor mit stationärer Wirbelschicht; b Reaktor mit zirkulierender Wirbelschicht; c, d, e Reaktoren mit ablativer Wirkung; f Reaktor unter Vakuum; g Doppelschnecke; M Motorantrieb; die in den Bildern dargestellte Kohle entspricht dem im Text erwähnten Pyrolysekoks)

Über ein meist zweistufiges Förderschneckensystem wird die getrocknete und zerkleinerte Biomasse seitlich in die heiße Sandwirbelschicht eingebracht (vgl. Abb. 12.1). In dem Wirbelbett werden die organischen Stoffe dann unter Sauerstoffabschluss thermisch zersetzt. Die dabei entstehenden flüchtigen Bestandteile werden anschließend mit dem Wirbelgas am Kopf des Reaktors abgeführt. Aus diesem Massenstrom werden die bei der pyrolytischen Zersetzung entstandenen Kokspartikel und eventuell mitgerissener Sand in entsprechenden Multizyklonsystemen abgeschieden. Danach wird der heiße Gasstrom in Strahlwäschern oder Quenchern schlagartig auf Raumtemperatur abgekühlt. Als Quenchmedium kann entweder zuvor gewonnenes Pyrolyseöl oder ein nicht mit dem Öl mischbarer Kohlenwasserstoff verwendet werden. Die kondensierten Öle werden anschließend in einem Behälter gesammelt. Der aerosolhaltige Kaltgasstrom wird dann durch einen oder mehrere Elektroabscheider geleitet, in denen die noch in der Gasphase verbliebenen Ölbestandteile abgeschieden werden; sie gelangen ebenfalls in den Sammelbehälter. Ein Teil des so gereinigten Pyrolysegases wird anschließend über einen Kompressor als Wirbelgas in den Reaktor zurückgeführt (Abb. 12.1). Da der Pyrolyseprozess weitgehend endotherm verläuft, muss Wärme zugeführt werden. Das kann beispielsweise durch Verbrennen des anfallenden Pyrolysekokses und Aufwärmen des Kreislaufgases erfolgen. Das Pyrolysegas, das vorwiegend aus Kohlenstoffmonoxid (CO), Kohlenstoffdioxid (CO_2) und Methan (CH_4) besteht, wird ebenfalls verbrannt und z. B. zur Vortrocknung des Einsatzgutes verwendet.

Die höchste mit dieser Technik erreichbare Ölausbeute (einschließlich Reaktionswasser) liegt etwa bei etwa 75 %, bezogen auf trockene Biomasse. Der optimale Temperaturbereich liegt im Bereich zwischen 450 bis 500 °C /12-19/.

Unter optimierten Pyrolysebedingungen werden die in Tabelle 12.1 dargestellten Ausbeuten erzielt. Demnach werden beispielsweise bei der pyrolytischen Zersetzung von Fichtenholz bei 500 °C rund 12 Gew.-% Wasser bzw. Koks, knapp

Tabelle 12.1 Ausbeuten einer pyrolytischen Zersetzung verschiedener Holzarten mit Hilfe von Reaktoren mit stationärer Wirbelschicht /12-89/

		Pappel	Fichte	Ahorn
Prozessbedingungen				
Temperatur	in °C	504	500	508
Wassergehalt	in Gew.-%	5,2	7,0	5,9
Partikelgröße	in mm	1,0	1,0	1,0
Aufenthaltszeit	in s	0,47	0,65	0,47
Ausbeuten bezogen auf Holztrockenmasse				
Reaktionswasser	in Gew.-%	9,55	11,90	9,60
Koks	in Gew.-%	16,50	12,90	13,45
Öl (wasserfrei)	in Gew.-%	62,70	67,40	67,45
Gas	in Gew.-%	11,25	7,80	9,50
davon CO		4,70	3,80	4,10
CO_2		5,90	3,40	4,90
H_2		0,02	0,02	0,01
CH_4		0,44	0,38	0,34
C_2H_4		0,19	0,20	0,15

12.1 Bereitstellung flüssiger Sekundärenergieträger 675

67 Gew.-% Pyrolyseöl und knapp 8 % Gase produziert. Bei dem verbleibenden Rest handelt es sich u. a. um Asche.

Die heute weltweit größten Pyrolyseanlagen werden mit Wirbelschichtreaktoren betrieben. Der patentierte BioTherm®-Prozess wird in Anlagen mit 100 t/d Biomassedurchsatz (West Lorne, Kanada) und 200 t/d Maßstab (Guelph, Kanada) realisiert. Die Anlage in West Lorne verarbeitet dabei die Holzreste eines Parkettherstellers. Das gewonnene Bio-Öl wird teilweise in einer Gasturbine verstromt. Das Bio-Öl der Anlage in Guelph soll mit der zusätzlich anfallenden Holzkohle zu einer Slurry vermischt werden und schweres Heizöl ersetzen /12-8/.

12.1.1.2 Reaktoren mit zirkulierender Wirbelschicht

Parallel zu Anlagen mit stationärer Wirbelschicht wurden auch Anlagen zur pyrolytischen Zersetzung organischer Stoffe mit Hilfe einer zirkulierenden Wirbelschicht (vgl. Abb. 12.2b) entwickelt, hier liegen die Durchsatzleistungen derzeit zwischen 20 kg/h (Versuchsanlagen) und 60 t/d (industrielle Anlagen) /12-33/. Zirkulierende Wirbelschichten haben den Vorteil, dass extrem hohe Aufheizraten und kurze Produktverweilzeiten realisiert werden können; der Prozess wird deshalb unter dem Begriff "Rapid Thermal Processing® (RTP)" vermarktet /12-17/.

Bei Anlagen auf Basis der zirkulierenden Wirbelschicht werden die fein aufgemahlenen Biomassepartikel mit einer Korngröße von unter 1 bis 3 mm seitlich in die zirkulierende Sandwirbelschicht hinein gefördert. Gleichzeitig wird der entstehende Koks und das Bettmaterial (Sand) kontinuierlich aus dem Reaktor entfernt. In einem ersten Zyklon wird der Sand vom Gutstrom abgetrennt und in den Reaktor zurückgeführt. Der bei der pyrolytischen Zersetzung entstandene Koks wird in einem zweiten Zyklon separiert und zur Bereitstellung der Wärme im Prozess (u. a. zur Beheizung des Bettmaterials) verbrannt. Die im Gutstrom befindlichen flüssigen Produkte, die das eigentliche Ziel dieses Prozesses darstellen, werden mit konventioneller Technik (d. h. über Wäscher und Quencher) kondensiert.

Bei derartigen Verfahren sind hohe Gasströme erforderlich, um die Feststoffe kontinuierlich zu transportieren. Das Verfahren wird derzeit kommerziell in Kanada und USA zur Gewinnung von Flüssigraucharomen (d. h. "liquid smoke") für die Lebensmittelindustrie eingesetzt (d. h. stoffliche Nutzung der Pyrolyseprodukte). Hierbei wird nicht das komplette Bioöl verwendet, sondern nur die wasserlöslichen, niedermolekularen Bestandteile. Der verbleibende Rest wird zur Energieerzeugung verbrannt.

12.1.1.3 Reaktoren mit ablativer Wirkung

Ablation bedeutet die Entfernung eines Materials durch Hitzeeinwirkung; in der Meterologie spricht man von der Ablation der Gletscher und in der Medizintechnik von Laserablation zum Entfernen von Krebsgewebe. Übertragen auf die Pyrolysetechnologie bedeutet dies, dass Biomassepartikel durch direkten Kontakt mit einer heißen Reaktoroberfläche pyrolytisch zersetzt werden (vgl. Abb. 12.2c, Abb. 12.2d, Abb. 12.2e). Dabei werden die Holzpartikel an ihrer Kontaktfläche durch die eingebrachte thermische Energie – und mit Hilfe des Anpressdruckes – regelrecht zum Schmelzen und Verdampfen gebracht. Damit spielt bei der ablativen

Pyrolyse – im Gegensatz zur Wirbelschichttechnik – die Partikelgröße keine wesentliche Rolle. Es lassen sich sogar Hackschnitzel einsetzen, da aufgrund der schlechten thermischen Leitfähigkeit der Biomasse der übrige Teil des Partikels thermisch kaum belastet wird.

Die Wirkung der Ablation kann intensiviert werden, indem zusätzlich Andruck- und Bewegungskräfte erzeugt werden. Andruckkräfte können z. B. mechanisch oder durch Zentrifugalkräfte aufgebaut werden, während die Bewegungskräfte entweder mechanisch oder hydrodynamisch erzeugt werden.

Dieses Prinzip kann auf unterschiedliche Weise umgesetzt werden. Im Folgenden werden die wichtigsten technischen Lösungsansätze dargestellt, die in den letzten Jahren entwickelt und erprobt wurden. Dabei handelt es sich um die Umsetzung mit Hilfe einer rotierenden Scheibe (vgl. Abb. 12.2c), eines rotierenden Konus (vgl. Abb. 12.2d) und eines horizontalen Zylinder mit tangential eingeblasenen Partikeln (vgl. Abb. 12.2e).

Reaktor mit heißer Scheibe. Bei dem dargestellten Labor-Rotorreaktor (vgl. Abb. 12.2c) fallen die Biomassepartikel durch einen Schacht auf eine heiße rotierende Scheibe und werden mit Hilfe schräg angebrachter Rotorblätter auf die sich bewegende Scheibe gedrückt. Dabei kommt es an der Grenzfläche zwischen der heißen Scheibe und der Biomasse zunächst zur Ausbildung eines flüssigen Filmes (ähnlich wie beim Schlittschuhlaufen zwischen der Kufe und dem Eis), der sich sofort aufgrund der bestehenden Hitze pyrolytisch zersetzt. Die Besonderheit des Verfahrens liegt darin, dass kein Transportgas zur Entfernung der flüchtigen Pyrolyseprodukte notwendig ist, weil die entstehenden Produktgase diese Aufgabe übernehmen.

Bei einer technischen Umsetzung der ablativen Pyrolyse mit einer heißen rotierende Scheibe steht die Scheibe vertikal und die Biomasse wird mit einigen hydraulisch betriebenen Kolben mit Drücken im Bereich von 30 bar gegen die Scheibe gepresst (Abb. 12.3) /12-63/, /12-83/. Diese zunächst im Labor entwickelte BTO-Technologie (Biomass-to-Oil) wurde in eine 6 t/d Anlage in den Pilotmaßstab überführt, die Hackschnitzel in Bioöl umsetzt, das in einem modifizierten Diesel-

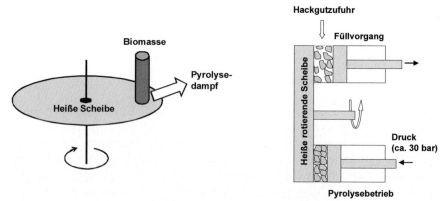

Abb. 12.3 Pyrolytische Zersetzung mittels heißer rotierender Scheibe (links: Grundprinzip, rechts: mögliche technische Ausführung) /12-70/, /12-72/

12.1 Bereitstellung flüssiger Sekundärenergieträger 677

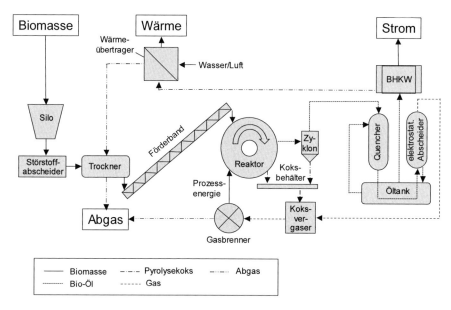

Abb. 12.4 Aufbau des BTO-Prozesses /12-72/

motors eines BHKW zur Strom- und Wärmeerzeugung eingesetzt werden soll /12-61/. Das Anlagenschema einer kommerziellen BTO-Anlage zeigt Abb. 12.4.

Reaktor mit Konus. Die für die pyrolytische Zersetzung der organischen Stoffe benötigte Wärmeenergie kann auch durch einen rotierenden Konusreaktor auf die Biomasse übertragen werden (vgl. Abb. 12.2d) /12-75/, /12-88/, /12-44/. Diese Technologie wurde im Labormaßstab zu Beginn der 1990er Jahre entwickelt. Das Reaktorsystem selbst besteht hier aus einem inneren, rotierenden und geheizten Konus, der durch einen Motor angetrieben wird, und einem äußeren, stationären Konus (Abb. 12.5). Die zerkleinerten organischen Feststoffe (z. B. Sägemehl) werden – zusammen mit aufgeheiztem Sand, durch den ein Teil der benötigten Prozessenergie in den Reaktor eingebracht wird – über eine Röhre in das untere Ende des inneren, rotierenden Konus eingetragen. Durch die dort auf die Biomassepartikel wirkenden Zentrifugalkräfte werden sie an die heiße Innenwand des Reaktors angedrückt und kriechen – infolge der Tatsache, dass sich der Konus in Rotation befindet – aufgrund der Wandneigung aufwärts. Dabei werden sie an der heißen Oberfläche auf dem Weg zum oberen Rand thermisch zersetzt. Der danach zurückbleibende Pyrolysekoks verlässt dann den Reaktor über den Rand. Die entstandenen gasförmigen Pyrolyseprodukte verlassen die heiße Oberfläche und werden abgezogen; aus ihnen können dann – wie bei den anderen Verfahren auch – in einer entsprechenden Kühleinrichtung die unter Standardbedingungen flüssigen Bestandteile (d. h. das Pyrolyseöl) abgetrennt werden. Das danach verbleibende Gas kann auch hier der Deckung der Prozessenergienachfrage dienen. Sand und Pyrolysekoks werden ausgeschleust, der Koks verbrannt, und mit der dadurch

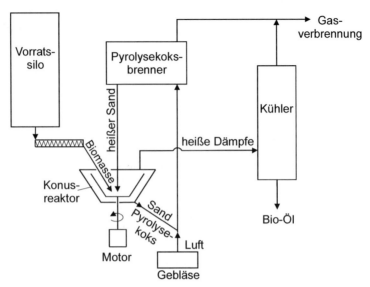

Abb. 12.5 Verfahrensschema für eine Pyrolyseanlage mit Konusreaktor

gewonnenen Wärme wird der Sand aufgeheizt. Dieser wird in einen Vorratsbehälter geleitet und dann wieder dem Prozess zugeführt.

Die technische Umsetzung des Verfahrens wird in einer 6 t/d Pilotanlage und in einer Demonstrationsanlage (50 t/d) realisiert. Bei letzterer Anlage werden ausschließlich die leeren Fruchtstände der Ölpalmen pyrolysiert und das Bio-Öl in einem Brenner zur Wärmegewinnung verbrannt /12-87/.

12.1.1.4 Reaktor mit horizontalem Zylinder

Reaktoren mit einem horizontalen Zylinder (vgl. Abb. 12.2e; sogenannter Vortex-Reaktor) arbeiten quasi wie ein horizontaler Zyklon. Hier werden Holzpartikel mit einer Größe von etwa 5 mm über eine Dosierschnecke in den heißen Gasstrom des Systems eingebracht. Mit zusätzlich eingespeistem Dampf oder Stickstoff, der auf Überschallgeschwindigkeit beschleunigt wird, werden die Biomassepartikel in den Reaktor tangential mit einer Geschwindigkeit von rund 400 m/s hinein geschossen. Infolge dieser hohen Geschwindigkeit und der tangentialen Bewegungsrichtung werden sie durch die entsprechenden Zentrifugalkräfte (2,5 10^5 g) an die Innenwand gepresst und an der heißen Wandung pyrolysiert; beispielsweise ergibt sich für diesen Reaktor für ein Holzpartikel von 5 mm bei einem Reaktordurchmesser von 134 mm und einer Partikelgeschwindigkeit von 420 m/s ein Anpressdruck an der heißen Zylinderoberfläche von 6,58 10^6 N/m². Der nach diesem Prinzip realisierte Versuchsreaktor hat eine Länge von 70 cm und ist innen zusätzlich mit helixartigen Rippen versehen, welche die Aufenthaltsdauer der Partikel im Reaktor wesentlich verlängern. Die Partikel verlassen zusammen mit den gasförmigen Pyrolyseprodukten den Reaktor über eine axiale Öffnung; das geschieht aber erst dann, wenn sie eine Korngröße von etwa 50 µm erreicht haben. Ansonsten werden

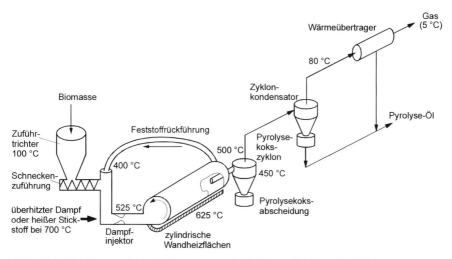

Abb. 12.6 Ablative pyrolytische Zersetzung mittels Vortex-Reaktor /12-71/

sie über eine Leitung zurückgeführt; ein 5 mm Partikel wird im Durchschnitt mehr als 20-mal rezykliert.

Die bei der pyrolytischen Umsetzung entstandenen Produkte werden abgezogen. Anschließend wird zunächst die Holzkohle vom übrigen Gutstrom abgetrennt. Danach erfolgt die Auftrennung in die unter Standardbedingungen gasförmigen und flüssigen Bestandteile. Das Gas kann – ebenso wie die Holzkohle – zur Bereitstellung der benötigten Prozessenergie eingesetzt werden. Den Aufbau zeigt Abb. 12.6.

12.1.1.5 Reaktoren mit Vakuum

Als Sonderform der Flash-Pyrolyse kann auch die Erhitzung unter Vakuum betrachtet werden (vgl. Abb. 12.2f).

Bei diesem System (/12-77/, /12-78/) wird das Eintragsgut (z. B. Hackschnitzel, Rindenstücke) über eine Schleuse in die Vakuumkammer eingebracht, in der ein Druck von rund 15 kPa herrscht. Dort befindet sich ein beheiztes Endlosband, das die Biomasse langsam durch den Reaktor befördert und auch dafür sorgt, dass die Partikel gewendet werden. Die Wärmeübertragung auf das Band, auf dem die pyrolytische Zersetzung des organischen Materials stattfindet, erfolgt über Heizplatten, die von einer Salzschmelze aus Kaliumnitrat, Natriumnitrat und Natriumnitrit durchflossen werden; typischerweise werden dabei Temperaturen von rund 500 °C erreicht. Die Aufenthaltszeit des zu pyrolysierenden Gutes innerhalb des Reaktors kann eine halbe Stunde und länger betragen. Jedoch werden die infolge des thermischen Abbaus freigesetzten Moleküle mit Hilfe der Vakuumpumpe schnell aus der heißen Reaktionszone entfernt. Wie bei den anderen Systemen werden die unter Standardbedingungen flüssigen Komponenten (d. h. das Pyrolyseöl) des abgezogenen Gutstroms in einer Kühlapparatur kondensiert. Die verbleibenden Gase und die nach Abschluss der thermo-chemischen Abbaureaktionen im Reaktor verbleibende Pyrolysekoks können verbrannt werden und sorgen für die Erhitzung des Salzbades /12-79/.

In Kanada wurde bis 2004 eine derartige Versuchsanlage mit einer Verarbeitungskapazität von 3,5 t/h betrieben, die ausschließlich Nadelholzrinde verarbeitete. Die flüssigen Produkte sollten zur Herstellung von Phenol-Formaldehyd-Harzen verwendet werden. Herzstück der Anlage ist ein 13 m langer Reaktor /12-80/.

12.1.1.6 Reaktoren mit Doppelschnecke

Die trockene und zerkleinerte Biomasse wird zur Schnellpyrolyse bei Umgebungsdruck unter Luftausschluss in einem Doppelschnecken-Mischreaktor im Verhältnis von etwa 1:10 bis 1:5 mit heißem, mechanisch fluidisiertem Sand als Wärmeträger gemischt. Aufheizung, pyrolytische Umsetzung der Biomassepartikel bei ca. 500 °C sowie die Kondensation der Pyrolysedämpfe erfolgen im Verlauf von Sekunden. Dabei entsteht zu 40 bis 70 % ein organisches Kondensat (d. h. Pyrolyseöl) und zu 15 bis 40 % Pyrolysekoks, die zusammen den Reaktor über den Kopf verlassen. Den Rest bildet ein nicht kondensierbares Pyrolysegas, dessen Verbrennungswärme entweder alleine oder ggf. mit einem Teil des anfallenden Kokses zum Aufheizen des als Wärmeübertrager im Kreislauf gefahrenen Sandes auf Reaktionstemperatur oder zur Trocknung und Vorheizung der Biomasse verwendet werden kann (Abb. 12.7).

Ziel dieses Pyrolyseverfahrens (vgl. auch Abb. 12.2g) ist es, das Bio-Öl mit dem Koks zu einer Slurry zu vermischen, die dann in einem druckbetriebenen Flugstromvergaser zu Synthesegas umgesetzt werden kann, um daraus beispielsweise synthetisches Methanol zu erzeugen /12-24/, /12-40/, /12-41/. Abb. 12.7 zeigt eine schematische Darstellung dieses Konzeptes.

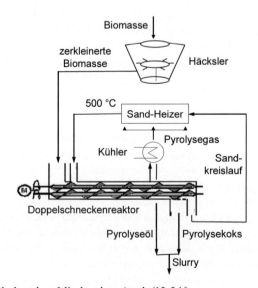

Abb. 12.7 Doppelschnecken-Mischreaktor (nach /12-24/)

12.1.2 Druckverflüssigung

Die Umsetzung von Biomasse unter hohem Wasserstoffdruck in Gegenwart von Katalysatoren stellt – neben der Flash-Pyrolyse – eine weitere Methode der direkten Verflüssigung von Biomasse dar. Diese Technologie ist an die der Kohleverflüssigung angelehnt. Prinzipiell wird dabei die Biomasse ebenfalls thermisch gespalten. Die Aufheizraten sind allerdings im Vergleich zur Flash-Pyrolyse wesentlich länger. Die bei der pyrolytischen Spaltung der langkettigen organischen Moleküle der Biomasse entstehenden Radikale werden durch katalytisch aktivierten Wasserstoff abgesättigt. Dies verhindert die Ausbeute vermindernde sekundäre Rekombinations- und Kondensationsreaktionen und fördert Deoxygenierungsreaktionen, die einerseits die Öle unpolarer und sauerstoffärmer machen, aber andererseits zur Bildung von Wasser und damit zu einem erhöhten Verbrauch von Wasserstoff führen.

Bei der Druckverflüssigung wird zwischen der Hydropyrolyse und dem Hydrocracking unterschieden.

- Wird die Druckverflüssigung ohne Zusatz eines Anmaischöles, das als Lösevermittler und Träger wirkt, durchgeführt, spricht man von "Hydropyrolyse".
- Kommt dagegen ein Lösemittel zum Einsatz, wird das Umsetzungsverfahren "Hydrocracking" genannt (es wird beispielsweise auch zum Aufspalten von Kohle, schwerem Erdöl oder Destillationsrückständen von Raffinerien eingesetzt).

Bereits zu Beginn der 1930er Jahre wurde über die Druckverflüssigung von Holz gearbeitet /12-51/. Später wurde versucht, die Technologie des Hydrocrackens auf technische Lignine anzuwenden, um monomere aromatische Produkte (z. B. Phenol, Benzol, Xylenol) zu erzeugen. Die unzulängliche Wirtschaftlichkeit der Verfahren verhinderte allerdings die großtechnische Umsetzung /26/, /27/, /28/, /29/.

Erst vor dem Hintergrund der beiden Erdölpreiskrisen wurden die Arbeiten an der Direktverflüssigung in den 1980er Jahren wieder aufgenommen. Primär wurden der PERC-Prozess (Pittsburgh Energy Research Center, Pittsburgh, USA) und das LBL-Verfahren (Lawrence Berkeley Laboratory, Berkeley, USA) entwickelt. Bei beiden Verfahren, die in einer Pilotanlage erprobt wurden, wird kein reiner Wasserstoff eingesetzt, sondern ein Gasgemisch aus Kohlenstoffmonoxid und Wasserstoff, das durch die Vergasung eines Teiles des eingesetzten Rohstoffes erzeugt wird.

- PERC-Prozess (Abb. 12.8). Hier wird Holzmehl mit rezykliertem Produktöl vermischt und durch einen Röhrenreaktor gepumpt. Dieses Gemisch verweilt rund 10 bis 30 min im Reaktor bei Temperaturen von 300 bis 340 °C und einem Druck von etwa 200 bar. Die Ölausbeuten liegen je nach den gewählten Reaktionsbedingungen zwischen 40 und 55 Gew.-% bezogen auf die eingesetzte Trockenmasse organischen Materials. Der feste Rückstand beträgt nur etwa 1 %. Bis zu 10 % der organischen Verbindungen sind wasserlöslich, der Rest des Holzes wird zu Kohlenstoffdioxid und Wasser umgesetzt. Das rezyklierte Öl dient während der Reaktion als Wasserstoffdonor.
- LBL-Prozess (Abb. 12.9). Hier wird die Biomasse zunächst durch Zusatz von Schwefelsäure vorhydrolysiert, um die Umsetzbarkeit zu erhöhen. Mit Natriumkarbonat wird dann wieder neutralisiert und in einem Refiner die Mischung

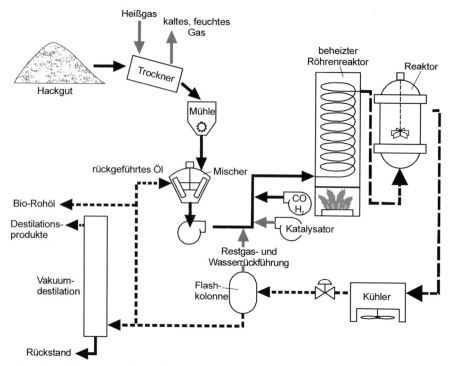

Abb. 12.8 Schematische Darstellung des PERC-Prozesses

homogenisiert. Der wässrige Brei (Feststoffanteil 16 bis 20 %) wird nun durch einen Reaktor gepumpt und bei 170 bis 240 bar und 330 bis 360 °C verflüssigt. In Gegenwart von Wasser und Kohlenstoffmonoxid findet hier unter hohem Druck die Wassergasreaktion statt, die durch Zugabe von Alkali- oder Erdalkalikarbonaten noch unterstützt wird. Der so "in situ" erzeugte Wasserstoff dient zur Sättigung freier Radikale.

Diese Entwicklungen wurden jedoch – vornehmlich aus ökonomischen Gründen – aufgegeben, weil einerseits durch den hohen Sauerstoffanteil der Biomasse während der Hydrierung relativ viel Reaktionswasser gebildet wird und andererseits als Konkurrenzverfahren die technologisch einfachere Flash-Pyrolyse entwickelt wurde.

In Deutschland wurde in enger Anlehnung an das sogenannte Bergius-Pier-Verfahren Holz ebenfalls über die Druckpyrolyse umgesetzt /12-54/, /12-55/, /12-47/. Dabei wurden u. a. verschiedene Katalysatoren unter unterschiedlichen Randbedingungen in einem Autoklavensystem getestet (Abb. 12.10) /12-56/.

Dazu wird Holz mit einer Korngröße von 1 bis 2 mm zusammen mit einem pulverförmigen Katalysator und einem Holzteer angemaischt, so dass es vollständig mit dem Anmischöl benetzt ist. Die Masse wird in einen Hochdruckautoklaven gegeben, etwa 100 bar Wasserstoff aufgedrückt und langsam auf die gewünschte Reaktionstemperatur (z. B. 380 °C) aufgeheizt. Nach 30 bis 60 min bei Reaktionstemperatur wird der Inhalt in einem Heißabscheider, der auf 230 °C vorgewärmt

12.1 Bereitstellung flüssiger Sekundärenergieträger

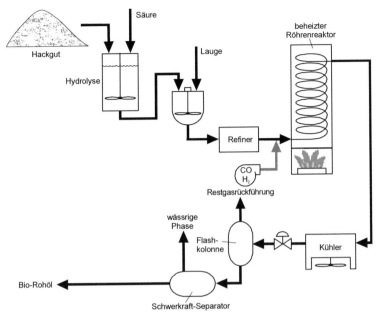

Abb. 12.9 Schematische Darstellung des LBL-Prozesses

ist, entspannt. Dabei kondensieren höher siedende Anteile aus, die wieder als Anmaischöl verwendet werden. Danach werden die restlichen Produkte in einem Kaltabscheider entspannt und als Produktöl zusammen mit dem Wasser abgelassen. Dabei mischt sich das polare Wasser nicht mit dem unpolaren Öl und kann deshalb leicht abgetrennt werden. Die nicht kondensierbaren Gase werden noch durch einen Intensivkühler geleitet, um Reste an Öl zu kondensieren.

Mit der Druckverflüssigung von Holz lassen sich – unter Einsatz von Palladium auf Aktivkohle als Katalysator – aus 100 kg Holz rund 36 kg Produktöl gewinnen.

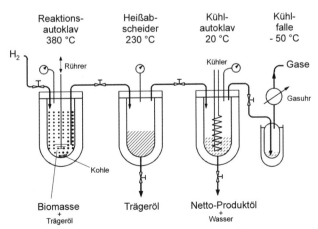

Abb. 12.10 Autoklavensystem zur Druckverflüssigung von Biomasse

12 Pyrolyse

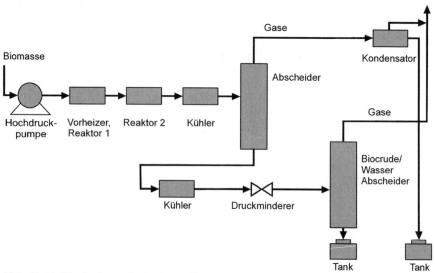

Abb. 12.11 Blockschema des HTU-Verfahrens

Der Rest der flüssigen Produkte wird im Kreis geführt und dient zum Herstellen der pumpfähigen Öl/Holz-Suspension.

Eine Druckverflüssigung ist auch mit dem HTU-Verfahren (Hydrothermal Upgrading) möglich /12-64/, /12-65/, /12-37/, /12-36/ (Abb. 12.11). Als organisches Ausgangsmaterial dient feuchte Biomasse, da die Umsetzung in Wasser bei etwa 300 bis 350 °C (d. h. etwas unterhalb der kritischen Temperatur) erfolgt. Dabei entstehen Drücke von 150 bis 200 bar. Das flüssige Produktöl ist hochviskos und trennt sich von der Wasserphase ab. Der Sauerstoffgehalt liegt bei 10 bis 15 % und ist damit nur halb so hoch wie bei der Flash-Pyrolyse. Der Prozess besitzt – im Vergleich zur Flash-Pyrolyse – eine höhere Flexibilität beim Einsatzgut, da der Wassergehalt und die Partikelgröße kaum eine Rolle spielen; er wurde bislang jedoch nur an einer Anlage mit einer Durchsatzleistung von 1 kg/h erprobt.

In jüngster Zeit sind speziell in Deutschland einstufige Direktverflüssigungsverfahren propagiert worden, die drucklos dieselähnliche Flüssigkeiten produzieren sollen. Die geweckten Erwartungen konnten bisher einer wissenschaftlichen Überprüfung nicht standhalten (vgl. /12-9/).

12.1.3 Produkte und deren Nutzung

Charakterisierung. Bei der pyrolytischen Zersetzung von Biomasse fallen stets vier chemisch verschiedene Produktgruppen an, deren Anteile in Abhängigkeit von den gewählten Prozessbedingungen, unter denen die Pyrolyse realisiert wird, erheblich variieren können:
- eine organische Flüssigkeit, bestehend aus einer Vielzahl von überwiegend sauerstoffhaltigen Verbindungen; entsprechend der Viskosität der Flüssigkeit

12.1 Bereitstellung flüssiger Sekundärenergieträger 685

wird dabei zwischen niedrigviskosem Pyrolyseöl (Bio-Öl) und hochviskosem Teer unterschieden,
- Wasser, das sich je nach Dichte, Viskosität und Polarität der organischen Phase mit dieser vermischt oder abgetrennt anfällt,
- Gas, das überwiegend aus Kohlenstoffdioxid (CO_2), Kohlenstoffmonoxid (CO) und Methan (CH_4) besteht,
- Koks zusammen mit Ascheanteilen.

Pyrolyseöle, die bei der Flash-Pyrolyse entstehen, sind niedrigviskose Flüssigkeiten mit einer dunkelroten bis dunkelbraunen Farbe. Sie können bis zu 38 % Wasser enthalten. In der Hauptsache bestehen die Öle aus einer Mischung von Alkoholen, Furanen, Aldehyden, Phenolen, organischen Säuren sowie oligomeren Kohlenhydrat- und Ligninprodukten. Chemisch gesehen bestehen sie damit aus mehreren hundert Einzelkomponenten mit folgenden funktionellen Gruppen: organische Säuren, Aldehyde, Ester, Acetale, Halbacetale, Alkohole, Olefine, Aromaten und Phenole. Eine typische Zusammensetzung eines Pyrolyseöles aufgeteilt in GC-detektierbare Komponenten, polare Komponenten, Oligomere (Pyrolyselignin) und Wasser ist in der Abb. 12.12 dargestellt. Die Zusammensetzung ist abhängig von Einsatzmaterial, Pyrolyseverfahren, Abscheidungssystem und Lagerbedingungen.

Pyrolyseöle sind im Gegensatz zu Mineralölen nicht mit Kohlenwasserstoffen mischbar; sie lassen sich mit niedrigen Alkoholen unbegrenzt, mit Wasser jedoch nur begrenzt mischen. Wird zu viel Wasser hinzugefügt (über 50 %), tritt Phasentrennung ein und es fällt ein teerartiges Produkt aus, das dem hochmolekularen, ligninstämmigen Anteil entspricht. Der wasserlösliche Teil der Öle stammt überwiegend aus Pyrolyseprodukten der Cellulose und Hemicellulose. Tabelle 12.2 zeigt wichtige physikalisch-chemische Eigenschaften von Pyrolyseölen. Zum Vergleich sind Daten von leichtem und schwerem Heizöl ebenfalls aufgeführt.

Der Wassergehalt der Pyrolyseflüssigkeiten resultiert einerseits aus dem Wassergehalt in der Biomasse und andererseits aus dem Reaktionswasser, das durch Aufbrechen der chemischen Bindungen unvermeidlich ist. Zuviel Wasser in den Ölen (> 40 Gew.-%) führt zur Heizwertminderung. Um den Wassergehalt in den Ölen zu kontrollieren, muss daher der Wassergehalt der eingesetzten Biomasse beachtet werden, der nicht größer als 10 % sein sollte.

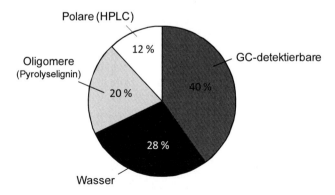

Abb. 12.12 Typische Aufteilung der Hauptfraktionen eines Pyrolyseöls /12-62/

Tabelle 12.2 Physikalisch-chemische Eigenschaften von Flash-Pyrolyseölen und Erdölprodukten

		Pyrolyseöl	leichtes Heizöl	schweres Heizöl
Wassergehalt	in Gew.-%	15 – 30	0,025	max. 7
pH		2,0 – 3,5		
Dichte	in g/cm^3	1,1 – 1,3	0,83	0,9 – 1,02
Viskosität	in cSt bei 50 °C	13 – 80	6	140 – 380
Heizwert	in MJ/kg	16 – 19	42,8	ca. 40
Aschegehalt	in %	0,01 – 0,20	0,01	0,1
Flammpunkt	in °C	45 – 100	70	100
CCR[a]	in %	14 – 23	0,2	
Kohlenstoffanteil	in Gew.-%	32 – 49	90	90
Wasserstoffanteil	in Gew.-%	6 – 8	10	10
Sauerstoffanteil	in Gew.-%	44 – 60	0,01	0.01
Schwefelanteil	in Gew.-%	0,0 – 0,6	0,18	1,0
Feststoffanteil	in Gew.-%	0,01 – 1	0	0
Na-, K-Anteil	in ppm	5 – 500		
Ca-Anteil	in ppm	4 – 50		
Mg-Anteil	in ppm	3 – 12		
Gießpunkt	in °C	-9 – -36	-15	min. 15

[a] Conradson-Kohlenstoff-Rückstand; min. mindestens

Der pH-Wert der Öle liegt im sauren Bereich. Das liegt an den bei der Pyrolyse entstehenden organischen Säuren (u. a. Ameisensäure, Essigsäure), die von den Hemicellulosen und vom Lignin stammen. Daher muss bei der Ölverwendung auf eine entsprechende Säurebeständigkeit der mit dem Pyrolyseöl in Berührung kommenden Werkstoffe geachtet werden.

Die Viskosität der Öle kann stark variieren, sie hängt erheblich vom jeweiligen Wassergehalt, dem Gehalt an leichtflüchtigen Bestandteilen sowie der Lagerdauer ab. Bei mehrmonatiger Lagerung unterliegen die Öle aufgrund der reaktiven Komponenten Polymerisationsreaktionen, welche die Viskosität steigern können. Diese Effekte können jedoch durch geringe Zugaben von Alkoholen stark eingeschränkt werden.

Der Heizwert ergibt sich aus den elementaranalytischen Daten. Er beträgt ca. 42 % des Heizwerts fossiler flüssiger Energieträger (Tabelle 12.2).

Pyrolyseöle haben einen charakteristischen, leicht stechenden Geruch, der an Räucherkammern erinnert. Haut- und Augenkontakt sollten unbedingt vermieden werden. Genaue repräsentative toxikologische Untersuchungen stehen jedoch noch aus. Untersuchungen zu umweltrelevanten Auswirkungen im Falle von Unfällen wurden demgegenüber untersucht /12-15/. I. Allg. sind Bio-Öle wie Holzrauch oder andere Holzdestillate einzuordnen /12-28/. Die Pyrolyseöle enthalten in sehr geringen Mengen polykondensierte Aromate, die nach den bestehenden Richtlinien als krebserregend anzusehen sind.

Bio-Öle lassen sich kaum destillieren, weil sie thermolabil sind und zu Polymerisationsreaktionen neigen. Ebenso sollten die Lagerungstemperaturen 30 °C nicht überschreiten, um die Stabilität der Öle nicht unnötig negativ zu beeinflussen.

12.1 Bereitstellung flüssiger Sekundärenergieträger

Die zunehmende Nachfrage nach Pyrolyseölen führte in den letzten Jahren zur besseren Ermittlung von Brennstoffeigenschaften und der Erstellung von Anforderungsprofilen seitens möglicher Endverbraucher /12-66/, /12-67/, /12-68/.

Aufbereitung. Je nach dem angestrebten Verwendungszweck der Pyrolyseöle sind mehr oder weniger aufwändige Veredelungsschritte notwendig. Hierbei kann zwischen physikalischen und chemischen Aufbereitungsmethoden unterschieden werden.

Physikalische Methoden. Für den Einsatz der Pyrolyseöle in Dieselmotoren müssen die Öle bestimmten Spezifikationen der Motorenhersteller genügen, damit ein problemloser Einsatz und lange Motorenstandzeiten sichergestellt werden. Hierzu zählen vor allem der Partikelgehalt und die Partikelgrößenverteilung sowie die Viskosität.

Partikel – wie z. B. Sandstaub (z. B. aus der Wirbelschicht-Pyrolyse) sowie Kohle- und Aschepartikel – gelangen mit dem von der Pyrolyseanlage kommenden Volumenstrom in das Öl. Die einfachste Möglichkeit, solche Verunreinigungen zu vermeiden, ist die Verwendung von Multizyklonsystemen mit einem Abscheidebereich bis zu 10 µm direkt im heißen Pyrolysegasstrom. Eine Abscheidung derartiger Partikel kann auch mit Heißgasfiltern, die direkt in den von der Pyrolyseanlage kommenden Pyrolysegasstrom integriert werden, realisiert werden. Allerdings ist bei ihnen mit Ölausbeuteverlusten zu rechnen, da der sich bildende Filterkuchen die Pyrolyseprodukte zu Gas und Wasser weitercrackt. Zusätzlich oder alternativ ist auch eine Kaltfiltration der Öle nach deren Kondensation möglich. Dies wurde bisher aber noch nicht im nennenswerten Maßstab durchgeführt; praktische Erfahrungen liegen damit kaum vor.

Die Viskosität der Pyrolyseöle lässt sich sehr einfach durch Zugabe von Wasser oder niedrigen Alkoholen verringern. Allerdings kann sich dadurch der Flammpunkt reduzieren /12-68/.

Chemische Methoden. Zu den chemischen Methoden zählt die Erhöhung des H/C-Verhältnisses durch Absättigung von Doppelbindungen mit Wasserstoff (Hydrierung) sowie durch Hydro-Deoxygenierung. Daneben ist auch ein Einsatz von Katalysatoren möglich.

Bei der Hydrierung soll allein durch die Absättigung reaktiver Doppelbindungen die Stabilität der Pyrolyseöle erhöht werden; dies könnte beispielsweise eine Verbesserung der Lagerstabilität bewirken. Diese Verfahren, die unter relativ milden Reaktionsbedingungen angewandt werden (40 bis 80 °C, 1 bis 5 bar Wasserstoffdruck in Gegenwart von Hydrierkatalysatoren), sind erprobt /12-57/.

Bei der hydrierenden Spaltung (Hydrocracking bzw. Hydro-Deoxygenierung) werden – in Gegenwart von Wasserstoff – langkettige Pyrolyseöle aufgespalten und die entstehenden freien Bindungen mit Wasserstoff abgesättigt; auch wird dadurch der Sauerstoffanteil im Öl reduziert. Diese hydrierende Spaltung wurde bereits im Pilotmaßstab erfolgreich mit dem VCC-Prozess (VEBA Combi Cracking) realisiert; aufgrund des hohen Wasserstoffverbrauchs sind die Kosten jedoch sehr hoch. Auch lag der Sauerstoffgehalt des Produktes unter 0,5 %. Wegen des hohen Sauerstoffanteils der Einsatzöle wurde jedoch viel Reaktionswasser gebildet /12-81/.

Neben dem Einsatz von katalytisch aktiviertem Wasserstoff ist durch oberflächenaktive Katalysatoren auch die Entfernung von Sauerstoff möglich. Hierzu zählen vor allem Zeolithe und andere anorganische Mineralien. Diese Katalysatoren werden entweder in den Pyrolysereaktor oder direkt in den heißen Pyrolysegasstrom eingebracht. Dadurch kann der Sauerstoff der Pyrolyseöle in Form von Kohlenstoffdioxid entfernt werden. Der damit ebenfalls verbundene Verlust an Kohlenstoff führt zur Bildung von freien und kondensierten Aromaten /12-16/, /12-31/.

Nutzung. Eine Übersicht über die möglichen Verwertungslinien von Pyrolyseöl zeigt Abb. 12.13. Demnach kann generell zwischen einer thermischen bzw. energetischen und einer chemischen bzw. stofflichen Nutzung unterschieden werden. Vor diesem Hintergrund werden im Folgenden die wesentlichen Nutzungsmöglichkeiten von Pyrolyseölen diskutiert.

Thermische bzw. energetische Nutzung. Eine thermische bzw. energetische Verwertung von Pyrolyseölen ist durch eine Reihe unterschiedlicher Techniken und Verfahren möglich, die nachfolgend dargestellt und diskutiert werden.
- Einsatz in Heizkesseln. Pyrolyseöle ähneln entfernt schwerem Heizöl; aufgrund des relativ hohen Wasseranteils zünden sie jedoch später als ein Mineralöl mit vergleichbaren verbrennungstechnischen Eigenschaften. Sie können aber grundsätzlich fast wie schwere Heizöle verbrannt werden, wenn geeignete Zerstäubungsdüsen und Verbrennungsparameter gewählt werden /12-39/, /12-84/, /12-93/, /12-25/, /12-85/, /12-86/, /12-18/, /12-92/. Als wichtigstes Einsatzkriterium wird die Viskosität des Öls angesehen, da sie die Zerstäubung und damit auch die Tröpfchengröße beeinflusst /12-48/, /12-49/. Vorteilhaft für die Verbrennung ist es außerdem, wenn die Verbrennungskammer mit fossilen Energieträgern auf 600 bis 800 °C vorgeheizt wird. Als problematisch hat sich dabei die Azidität und Thermolabilität der Öle herausgestellt, die auch die Langzeitstabilität beeinträchtigt /12-22/. Außerdem wurden bei der Verbrennung erhöhte Stickstoffoxid(NO_x)- und Kohlenstoffmonoxid(CO)-Gehalte festgestellt /12-90/.

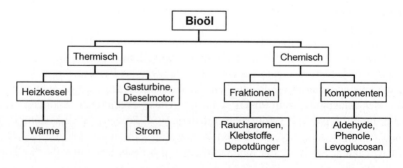

Abb. 12.13 Verwendungsalternativen für Pyrolyseöl aus der Biomasse-Pyrolyse

- Einsatz in Dieselmotoren. Auch der direkte Einsatz von Pyrolyseölen in stationären Dieselmotoren zur Stromerzeugung ist möglich; beispielsweise konnten in einem Blockheizkraftwerk mit einer elektrischen Leistung von 250 kW$_{el}$ und einer Drehzahl von 750 U/min drei von sechs Zylindern mit rohem Pyrolyseöl weitgehend problemlos betrieben werden. Da die Öle jedoch nicht von alleine zünden, muss das An- und Herunterfahren des Motors mit konventionellem Dieselkraftstoff erfolgen. Sobald der Motor erwärmt ist, kann aber die Zuspeisung von Pyrolyseöl beginnen; damit sind zwischen 95 und knapp 100 % des konventionellen Diesels substituierbar. Der volumetrische Verbrauch der Pyrolyseöle liegt allerdings doppelt so hoch wie der von Diesel, da der Heizwert nur etwa halb so groß ist. Wie bei der direkten Verbrennung sind auch beim Einsatz von Pyrolyseöl im Dieselmotor erhöhte NO$_x$- und CO-Werte gemessen worden. Zusätzlich wurden die fehlenden Schmiereigenschaften bemängelt /12-49/. Es wurden aber 1 000 kg Pyrolyseöl in einem 12 h-Versuch in einem modifizierten Dieselmotor eines BHKW's weitgehend problemlos eingesetzt /12-82/.
- Einsatz in Gasturbinen. Pyrolyseöl kann grundsätzlich auch in Gasturbinen eingesetzt werden /12-3/. Bei den wenigen vorliegenden Versuchen wurde jedoch bereits deutlich, dass der Feinkohle- und Ascheanteil im Öl bei der Nutzung problematisch sein kann und die Lebensdauer der Turbine signifikant reduzieren dürfte. Die Größe der noch im Öl verbliebenen Partikel sollte deshalb – nach gegenwärtigem Kenntnisstand – auf jeden Fall unter 40 μm sein.
- Einsatz in Vergasungsanlagen. Feste Biomasse besitzt eine geringe Energiedichte (Kapitel 9.1), so dass die Transportvolumina bei großen Anlagenkapazitäten, wie das beispielsweise bei der Produktion von synthetischen Kraftstoffen der Fall ist, limitierend sein können. Daher wird ein zweistufiges Konzept zur Umwandlung von Biomasse in Synthesekraftstoffe und/oder organische Grundchemikalien vorgeschlagen. Dabei werden biogene Nebenprodukte und Abfälle mit einer geringen volumetrischen Energiedichte ($\approx$ 2 GJ/m³) im Umkreis von ca. 30 km zu lokalen Schnellpyrolyseanlagen (100 MW$_{th}$) transportiert. Die Produkte Pyrolysekoks und -öl werden zu Pasten oder Slurries mit 10-mal höherer Energiedichte vermischt, was einen wirtschaftlichen Transport über weite Strecken (>200 km) z. B. zu einer großtechnischen Flugstromdruckvergasungsanlage (1 bis 5 GW$_{th}$) z. B. per Bahn oder Binnenschiff ermöglicht. Dort werden die Produkte zu einem pumpfähigen Gemisch vorbereitet und bei Drücken > 30 bar mit technischem Sauerstoff ($\lambda \approx 0,3$) zu einem teerfreien und CH$_4$-armen Rohsynthesegas umgesetzt. Nach Feinreinigung und Konditionierung können Methanol-, DME- oder Fischer-Tropsch-Synthese folgen (Kapitel 11) /12-24/, /12-40/, /12-41/.

Chemische bzw. stoffliche Nutzung. Neben dem Einsatz als Energieträger kann Pyrolyseöl auch als Chemierohstoff sowie als Ausgangsmaterial für eine ganze Reihe weiterer stofflicher Nutzungsalternativen eingesetzt werden. Nachfolgend werden exemplarisch wesentliche Optionen kurz dargestellt.
- Einsatz nach Fraktionierung. Durch den Zusatz von Wasser kann das aus der Pyrolyseanlage kommende Öl in eine wässrige und eine organische Phase getrennt werden. Die wasserlösliche Phase kann zur Herstellung von Flüssigrauch ("liquid smoke") verwendet werden; er dient der Konservierung sowie Ge-

schmacks- und Farbgebung bei der Behandlung von Fleisch, Wurstwaren und Käse, um das aufwändige Räuchern zu ersetzen. Darüber hinaus werden Raucharomen zunehmend auch in Suppen, Soßen und Snacks verwendet. Innerhalb der EU erfolgt eine Einsatzkontrolle derartiger flüssiger Raucharomen seitens der Europäischen Behörde für Lebensmittelsicherheit /12-60/. Weitere Verwertungsmöglichkeiten beruhen auf der Isolierung von Lävoglucosan (d. h. die monomere Einheit der Cellulose), dem Hauptprodukt der Cellulosepyrolyse. Lävoglucosan kann z. B. als nützliches chirales Synthon (Fragment) verwendet werden, um stereoselektive Reaktionen während einer Synthese zu kontrollieren. Andere Applikationen beruhen beispielsweise auf der Verwendung als Tenside, biologisch abbaubare Polymere und Harze /12-52/, /12-53/, /12-91/. Aus den Pyrolyseölen können auch neutrale und phenolische Komponenten fraktioniert werden, die sich als Phenolharze zur Formulierung von Leimen in der Holzwerkstoffindustrie einsetzen lassen /12-45/, /12-42/, /12-23/, /12-59/.
- Einsatz ohne Fraktionierung. Unverändertes, komplettes Pyrolyseöl kann Phenol und Formaldehyd als Bindemittel für Spanplatten teilweise ersetzen; der Substituierungsgrad von Phenol beträgt 30 bis 40 % und von Formaldehyd 24 bis 30 % /12-80/, /12-69/, /12-21/, /12-1/, /12-2/. Eine weitere Ganzölnutzung ist die chemische Umsetzung mit stickstoffhaltigen Verbindungen wie Ammoniak oder Harnstoff zu einem Depotdüngemittel mit verzögerter Stickstofffreisetzung. Die vielen funktionellen Gruppen im Öl reagieren dabei mit dem Stickstoff zu einem polymeren Feststoff mit organisch gebundenem Stickstoff, der im Boden langsam zu Nitrat mineralisiert werden kann /12-74/. Auch die Umsetzung von Pyrolyseöl mit Kalk ist untersucht worden /12-95/. Kalk und Wasser werden dabei zunächst zu Kalziumhydroxid umgesetzt, das dann mit Zuckern, Säuren und Phenolen des Öles reagiert. Durch Zugabe von Luft werden weitere Carbonylgruppen zu reaktiven Carboxylverbindungen oxidiert. Das Endprodukt "Biolime" ist im Abgasstrom von Kohleverbrennungsanlagen zur Emissionsreduktion erfolgreich getestet worden; beispielsweise wurde NO um ca. 56 %, NO_2 um bis zu 75 % und SO_2 um etwa 95 % reduziert.

12.2 Bereitstellung fester Sekundärenergieträger

Bei den Möglichkeiten einer Bereitstellung vorwiegend fester Sekundärenergieträger über eine Pyrolyse kann unterschieden werden zwischen Verkohlung und Torrefizierung. Bei der Verkohlung handelt es sich um eine langsame und weitgehend vollständige Pyrolyse bei Temperaturen über 500 °C mit dem Ziel der Gewinnung von Biomassekohle i. Allg. bzw. Holzkohle im Speziellen. Bei der Torrefizierung wird dagegen nur eine Trocknung und eine langsame partielle Pyrolyse bei Temperaturen unter 300 °C angestrebt. Der Prozess der Torrefizierung stellt deshalb i. Allg. einen Aufbereitungsschritt für die nachfolgende thermische Nutzung der Biomasse dar. Für beide Prozesse werden in der Folge die wichtigsten technischen Ausführungsformen und Eigenschaften der erzielbaren Produkte dargestellt.

12.2.1 Verkohlung

Bei der Verkohlung existieren eine Vielzahl unterschiedlichster Techniken und Verfahren, von denen nachfolgend die beschrieben werden, die heute Bedeutung haben /12-7/, /12-5/, /12-6/, /12-4/. Anschließend wird auf die Eigenschaften der Endprodukte eingegangen.

12.2.1.1 Meilerverfahren

Bei den Meilerverfahren wird ein Teil des Kohlgutes durch gezielte Luftzufuhr im Meiler (Reaktor) verbrannt. Die hierbei entstehenden heißen Verbrennungsgase durchströmen das Kohlgut; dadurch findet eine Erwärmung und Trocknung statt. Durch diese Teil-Verbrennung des Kohlgutes sinken die Kohleausbeuten entsprechend.

Der größte Teil der weltweit produzierten Holzkohle wird in solchen Holzkohlemeilern hergestellt /12-32/. Regional haben sich verschiedene Formen entwickelt. Sie werden nachfolgend kurz dargestellt.

Erdmeiler. In ländlichen Gegenden von Entwicklungsländern werden häufig in der Nähe des Rohstoffs Erdmeiler errichtet, in denen Holzmengen von wenigen Kubikmetern verkohlt werden. Hierbei wird Scheitholz entweder in längliche oder runde Gruben eingebracht oder es werden mit Scheitholz runde Haufwerke mit mehreren Metern Höhe aufgesetzt. Unterirdische Erdmeiler werden in der Regel mit Wellblech abgedeckt, auf welches anschließend Erdreich zur besseren Abdichtung aufgebracht wird. Bei oberirdischen Meilern wird auf den Scheitholzhaufen eine Laubschicht aufgebracht, die anschließend mit Erdreich abgedeckt wird.

Die Scheitholzhaufen werden so aufgesetzt, dass in der Mitte ein Freiraum verbleibt, der mit leicht entzündbarem Material (z. B. Reisig) gefüllt wird. Um einen ausreichenden Luftzutritt in der Zündphase zu gewährleisten, muss zusätzlich ein entsprechender Luftkanal freigehalten werden. Vor dem Zünden des Meilers werden an einigen Stellen – gleichmäßig über den Meiler verteilt – Löcher zum Austritt der Schwelgase in die isolierende Erdschicht gestoßen. Nach dem Zünden des Meilers wird der Zuluftkanal so lange offen gehalten, wie heller Dampf aus den Abzugsöffnungen austritt. Erst wenn das Nachlassen der intensiven Dampfentwicklung das Ende der Trocknungs- und Aufheizphase signalisiert (mit dem Einsetzen der exothermen Umsetzungsreaktionen ändert sich die Farbe des austretenden Abgases in Richtung braun-gelb), wird der Zuluftkanal weitgehend geschlossen. Wenn nach einiger Zeit die Farbe der Schwelgase dann von braun-gelb nach eher farblos umschlägt, ist die Verkohlung im Meiler abgeschlossen. Der gesamte Meiler wird dann gut mit Erdreich abgedeckt, um den Zutritt weiterer Luft zu unterbinden, damit es nicht zur Verbrennung der produzierten Holzkohle kommt. Es folgt die Abkühlphase, die je nach Meilergröße ein bis mehrere Tage dauern kann. Danach kann vorsichtig mit der Meileröffnung begonnen werden; eventuell noch vorhandene Glutnester müssen dabei möglichst sofort erkannt und abgelöscht werden.

Sämtliche entstehenden Schwelgase aus dem Meiler werden bei den Erdmeilern in die Atmosphäre abgegeben; dies führt zu einer erheblichen Belastung der damit beschäftigten Personen und ist mit einer entsprechenden Umweltbelastung nicht nur in unmittelbarer Nähe des Meilers verbunden.

Die in Erdmeilern erzielbaren Ausbeuten liegen in der Regel zwischen 20 und 25 % bezogen auf die Trockenmasse des eingesetzten Holzes. Die Ausbeute hängt entscheidend ab von der Güte der Abdeckung, von der Feuchte des Kohlguts und von dem Können des Köhlers, den Prozess zu kontrollieren. Für die Holzkohleherstellung in Erdmeilern sind außer Sägen, Schaufeln und Sieben keine weiteren technischen Hilfsmittel notwendig. Dafür ist der Einsatz manueller Arbeit – unter z. T. extremen Bedingungen – sehr hoch. Näherungsweise müssen etwa 10 % der gesamten Verkohlungszeit für das Errichten des Meilers, 30 % für die Verkohlung, 40 % für die Auskühlung des Meilers und 10 % für die Entnahme der Holzkohle veranschlagt werden. Da während der Verkohlungs- und der Auskühlphase nur Kontrollarbeiten anfallen, werden meistens mehrere Meiler zeitlich versetzt betrieben.

Holzkohle aus Erdmeilern enthält normalerweise einen beträchtlichen Anteil an nicht vollständig durchgekohlten Stücken. Bedingt durch die Abdeckung mit Erdreich ist die Kohle oftmals verschmutzt; dies erhöht den Aschegehalt.

Gemauerte Meiler. Im Gegensatz zu Erdmeilern handelt es sich bei gemauerten Meilern um stationäre Verkohlungseinrichtungen, die für eine längere Betriebszeit eingerichtet werden und zu denen das Kohlgut hintransportiert werden muss. Die isolierende Erdschicht ist hierbei durch Wände aus Mauerwerk oder Lehm ersetzt.

Gemauerte Meiler mit rechteckiger Form hatten nur in Nordamerika für eine kurze Zeit eine gewisse Bedeutung. Bedingt durch die hohe thermische Belastung der Gebäude durch die regelmäßigen erheblichen Temperaturwechsel entstehen leicht Undichtigkeiten am Meiler. Sie sind nur schwer zu vermeiden, da sich Meiler mit dieser Form meist ungleichmäßig erwärmen. Rechteckige Meiler haben sich deshalb am Markt nicht durchsetzen können.

In Brasilien, Argentinien und in Südostasien werden – auch heute noch – runde gemauerte Meiler betrieben /12-32/. Sie haben im Vergleich zu rechteckigen Meilern den Vorteil, dass der Verkohlungsprozess insgesamt gleichmäßiger verläuft und wesentlich besser kontrolliert werden kann. Außerdem hält die runde Bauform mit einer Kuppel als Dach dem ständigen Wechsel der Temperaturen besser stand. Die verwendeten Baumaterialien (meist halbgebrannte Lehmziegel und eine Mischung aus Lehm und Holzkohleasche als Mörtel) erleichtern das Ausbessern von Leckstellen, die sich zwangsläufig im Laufe der Zeit bilden.

Beispielsweise können in einem solchen gemauerten brasilianischen "Bienenkorb"-Meiler mit 5 m Durchmesser (Abb. 12.14), der mit lokal verfügbaren Materialien gebaut werden kann, pro Charge ca. 20 t Holz verkohlt werden. Die Lebensdauer eines derartigen Meilers beträgt etwa 5 Jahre. Ein Verkohlungszyklus dauert etwa 11 bis 13 Tage, wobei 1 bis 2 Tage auf das Be- und Entladen entfallen. Die Kohleausbeute bezogen auf die eingesetzte Holztrockenmasse liegt bei rund 25 % bei einem Wassergehalt von ca. 26 % im Kohlgut. In der Regel werden mehrere solcher Meiler parallel nebeneinander betrieben; für den Betrieb von 36 Meilern sollen 10 Arbeiter ausreichend sein.

12.2 Bereitstellung fester Sekundärenergieträger 693

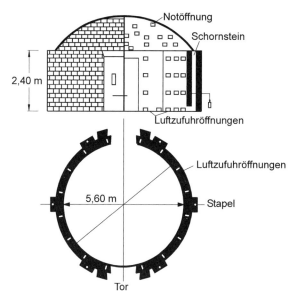

Abb. 12.14 Gemauerter brasilianischer "Bienenkorb"-Meiler /12-32/

Transportierbare metallische Meiler. Um die höheren Ausbeuten von gemauerten Meilern mit der Ortsungebundenheit von Erdmeilern zu kombinieren, wurden transportable Meilertypen (z. B. Mark V /12-30/) entwickelt. Sie bestehen aus aufeinander setzbaren, runden Metallsegmenten (Abb. 12.15), die mittels eines Lkw in die Nähe des Rohstoffes transportiert werden. Auch hier werden in der Regel mehrere Meiler parallel betrieben.

Auch für dieses Meilerverfahren gilt, dass generell nur vorgetrocknetes Holz (d. h. Wassergehalt um 26 %) eingesetzt werden sollte. Wird feuchteres Holz verwendet, erhöht sich die Verkohlungszeit erheblich bei gleichzeitiger Verminderung der Gesamtausbeute und der Holzkohlequalität. Problematisch ist auch – wie bei allen Meilerverfahren – die Belastung des Personals und der Umwelt durch

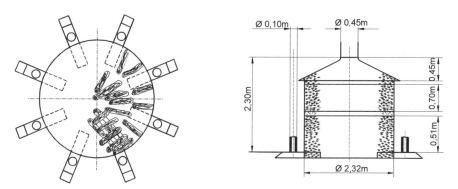

Abb. 12.15 Transportierbarer metallischer Meiler /12-30/

luftgetragene Stofffreisetzungen, da rund ein Drittel des Holztrockengewichtes größtenteils in Form von unverbrannten Kohlenwasserstoffen (d. h. Teerbestandteile) an die Atmosphäre abgegeben werden.

12.2.1.2 Indirekt beheizte Retortenverfahren

Bei der indirekt beheizten Retortenverkohlung erfolgt die Erwärmung und Trocknung des Kohlgutes bis zum Einsetzen der exothermen Zersetzungsreaktionen indirekt durch die Reaktorwand. Hierzu wird das Kohlgut in einen Reaktor eingebracht, der von außen beheizt wird. Dies geschieht meist durch heiße Gase aus der Verbrennung des aus dem Holz austretenden Gasgemisches. Da zu Beginn des Verkohlungsprozesses, also in der Aufheizungs- und Trocknungsphase, noch keine brennbaren Gase entstehen, muss die Heizenergie zunächst aus anderen Quellen kommen (z. B. durch die Verbrennung fossiler Energieträger). Da bei der Retortenverkohlung das Einsatzmaterial nicht – wie bei den Meilerverfahren – zunächst teilverbrannt wird, sind höhere Kohleausbeuten möglich; sie können bei 30 % und mehr liegen (bezogen auf die Holztrockensubstanz) /12-35/.

Bei den Retortenverfahren kann zwischen einer chargenweisen und einer kontinuierlichen Beschickung unterschieden werden. Beide Varianten werden nachfolgend dargestellt.

Chargenweise Retortenverkohlung. Bei der chargenweisen Retortenverkohlung wird die Retorte – wie der Name sagt – chargenweise befüllt und verkohlt. Aufgrund der damit verbundenen Nachteile (d. h. diskontinuierlicher Betrieb mit allen damit zusammenhängenden Konsequenzen) hat dieses Verfahren heute praktisch keine großtechnische Bedeutung mehr. Allerdings wurde dieses System der chargenweisen Verkohlung durch Nutzung mehrerer Retorten mit gemeinsamen Nebenanlagen in einen quasi-kontinuierlichen Betrieb weiterentwickelt und findet in dieser Form heute noch Anwendung.

Kontinuierliche Retortenverkohlung. Mit kontinuierlich betriebenen Retorten kann das – nach einer Anfahrphase – während des Prozesses entstehende, mehr oder weniger homogene, brennbare Gasgemisch zur Deckung des Energiebedarfs für die Erwärmung und die Trocknung des Kohlgutes eingesetzt werden. Solche kontinuierlich arbeitenden Retorten können deshalb als geschlossene Systeme gefahren werden; sämtliche entstehenden flüchtigen Bestandteile werden verbrannt.

Aufgrund des erheblichen technischen Aufwandes, durch den ein derartiges Verfahren gekennzeichnet ist, sind kontinuierlich arbeitende Retorten bisher kaum verwirklicht worden. Die Köhlerei "Neue Hütte" ist ein Beispiel, das nach einem derartigen System konzipiert wurde (Abb. 12.16). Das Verfahren ist unterteilt in die Holzaufbereitung, den Reaktor und die Silos sowie die Kohle-Verpackung.

In dieser Anlage ist der eigentliche Reaktor wie ein großer Wärmeüberträger aufgebaut, bei dem das Holz von oben durch Rohre rutscht und auf dem Weg durch die indirekte Beheizung des Mantelraumes über Brenngase aufgeheizt und so zum Verkohlen gebracht wird. Die entstehenden Holzgase werden am oberen Ende vom Reaktor abgezogen und in einer separat realisierten Brennanlage zur

12.2 Bereitstellung fester Sekundärenergieträger

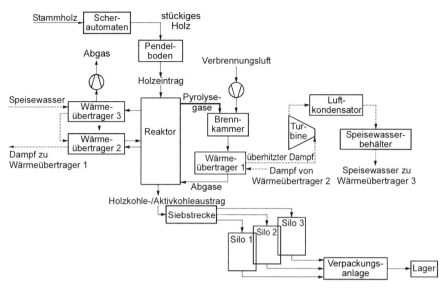

Abb. 12.16 Prinzipschema der Köhlerei "Neue Hütte"

Erzeugung der Heizgase verbrannt. Ein Teil der Wärme-Energie wird zur Dampferzeugung abgezweigt und in einer nachgeschalteten Turbine zur Stromerzeugung genutzt.

Die getrennte Bauweise von Reaktionsraum und Heizraum hat den Vorteil, dass die entstehenden Gase abgezogen werden können ohne mit den Heizgasen in Berührung zu kommen; dadurch stellt sich der Prozess energetisch sehr wirtschaftlich dar. Weiterhin kann durch die Regelung der Heiztemperatur die gewünschte Qualität der Holzkohle gut beeinflusst werden. Von Nachteil ist, dass die Ausführung des Reaktionsraumes als Rohr sehr schnell zu betriebstechnischen Problemen führen kann, da das Holz nach dem Eintritt in die Heizzone bei der Rest-Trocknung als ersten Reaktionsschritt zum Aufquellen neigt; dies kann aber durch den Einsatz sehr klar definierter Hölzer mit einer geringen Feuchte vermieden werden. Auch ist die Entnahme der Holzkohle aus dem Reaktionsraum kritisch, weil die Abkühlung getrennt von der Reaktionszone unter Ausschluss von Luft erfolgen muss. Bei der beschriebenen Anlage ist diese Kühlzone in Form mehrerer Schneckenförderer realisiert, die über entsprechende Doppelmäntel gekühlt werden.

Die bei der Verkohlung entstehenden Teere werden im Reaktorraum teilweise gecrackt und dann in feste Bestandteile und Gase getrennt. Die Pyrolysegase werden verbrannt und die dabei frei werdende Wärme für die endotherme Holzkohlenherstellung benutzt. Neben Holzkohle kann mit einer derartigen Anlage – jedoch unter Zugabe von Wasserdampf – Aktivkohle hergestellt werden. Bei ausreichend hoher Temperatur bewirkt das Einblasen von Wasserdampf eine Vergasung eines Teils des Kohlenstoffgerüstes. Dies ist mit einer – gewünschten – Veränderung der Porenstruktur des Materials verbunden, die eine Nutzung der entstehenden Holzkohle als Aktivkohle ermöglicht.

12.2.1.3 Direkt beheizte Retortenverfahren oder Spülgasverfahren

Bei der Verkohlung in direkt beheizten Retorten nach dem Spülgasverfahren wird ein inertes heißes Spülgas – meist Abgase aus der Verbrennung der entstehenden Pyrolysegase – durch die Schüttung von Kohlgut geleitet. Hierbei wird das Holz erwärmt und getrocknet. Das Spülgas mischt sich dabei mit den Wasserdampfbrüden und den freigesetzten Pyrolysegasen. Der Heizwert des Spülgases wird dabei entscheidend durch den Wassergehalt des Kohlgutes beeinflusst. Um eine kontinuierliche Verbrennung des Gasgemisches sicher zu stellen, ist deshalb in der Regel zusätzlich eine Gaswäsche erforderlich.

Insgesamt sind unterschiedliche technische Umsetzungen dieses Verfahrens möglich, die nachfolgend dargestellt werden.

Reichert-Retorte. Bei der Reichert-Retorte handelt es sich um einen Batch-Prozess, bei dem mehrere Retorten im Verbund betrieben werden, um einen kontinuierlichen Anfall an brennbarem Pyrolysegas zu erreichen (Abb. 12.17). Beispielsweise werden bei einer derzeit in Deutschland in Betrieb befindlichen Anlage sieben parallel geschaltete Retorten betrieben. Die Kapazität dieser Anlage liegt bei ca. 25 000 t/a Holzkohle.

Der Produktionsverlauf beginnt mit der Befüllung der Retorte mit grobstückigem Holz mit Kantenlängen idealerweise zwischen 10 und 40 cm. Die Beheizung des Reaktors erfolgt über die Zugabe von heißen Gasen, die in Gaserhitzern unter der Nutzung von Holzgas als Brennstoff erzeugt wurden. Durch den quasi-kontinuierlichen Betrieb wird gewährleistet, dass immer ausreichend Holzgas zur Wärmeerzeugung vorhanden ist, um auf den Einsatz zusätzlicher Energieträger

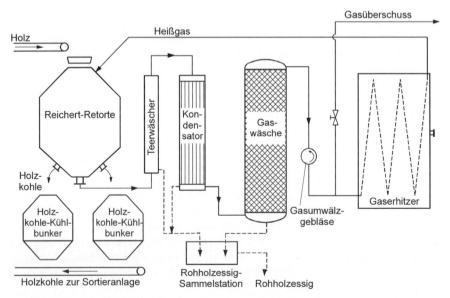

Abb. 12.17 Industrielle Holzkohleherstellung mit der Reichert-Retorte (schematische Darstellung nach /12-35/)

weitgehend verzichten zu können. Zusätzlich wird eine separate Vortrocknung des Holzes realisiert; dazu wird ebenfalls Holzgas als Energiequelle genutzt. Das bei diesem Prozess entstehende Holzgas wird abgekühlt und die anfallenden Kondensate, der sogenannte Rohholzessig, zur Erzeugung von Essigsäure und Flüssigaromen genutzt. Die entstehenden Teere werden bei diesem Verfahren ebenfalls abgezogen und zur Prozessdampferzeugung verwendet.

Die Vorteile dieses Verfahrens liegen in der Flexibilität bei der Stückigkeit des Holzes und der Möglichkeit der Separation der entstehenden Flüssigkeiten. Ein wesentlicher Nachteil ist der relativ hohe Energiebedarf des Prozesses, weil die Kreislaufgase zur Gewinnung des Rohholzessigs abgekühlt und dann wieder komplett aufgeheizt werden müssen. Allerdings reichen die entstehenden Holzgase bei einer mittleren Einsatzstofffeuchte von 18 % aus, um sowohl die Verkohlung als auch die Trocknung ohne Einsatz fossiler Brennstoffe betreiben zu können.

SIFIC-Prozess. Beim SIFIC-Prozess handelt es sich um eine kontinuierlich betriebene Spülgas-Retorte. Die Anlage besteht aus einer rohrförmigen Karbonisationseinheit, in die das vorgetrocknete stückige Kohlgut von oben über eine Schleuse eingebracht wird (Abb. 12.18). Das im unteren Drittel zutretende Spülgas strömt im Gegenstrom durch das abwärts wandernde Kohlgut. Das Gasgemisch aus Spül- und Pyrolysegas wird am Reaktorkopf abgezogen, gewaschen und anschließend verbrannt. Der SIFIC-Prozess kann mit und ohne Gewinnung von Pyrolyseöl betrieben werden /12-43/.

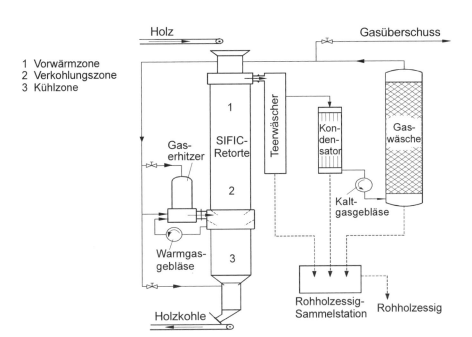

Abb. 12.18 Industrielle Holzkohleherstellung nach den SIFIC-Verfahren /12-35/

CISR-Lambiotte-Retorte. Nach dem gleichen Prinzip wie der SIFIC-Prozess arbeiten kleinere Spülgasretorten, die als CISR-Lambiotte-Retorte bezeichnet werden /12-32/. Dabei wird auf eine aufwändige Pyrolysegasaufbereitung verzichtet. Aber auch hier darf für eine sichere Verbrennung der Wassergehalt des Kohlgutes ca. 23 % nicht übersteigen. Die Verbrennung des Gasgemisches muss genau kontrolliert werden, damit der Sauerstoffanteil im Spülgas nicht zu hoch wird. Andernfalls erfolgt eine Überhitzung der Retorte bzw. die Verbrennung eines unnötig großen Teils des Kohlgutes.

12.2.1.4 Sonstige Verfahren

Zusätzlich zu den diskutierten Verfahren ist eine Holzkohleherstellung auch mit anderen Verfahren möglich. Die aktuell in der Entwicklung befindlichen Prozesse werden aber eher mit dem Fokus auf die Herstellung von Flüssigkeiten (u. a. Bio-Brennstoffe, Flüssigaromen) konzipiert; deshalb ist die entstehende Holzkohle meist von schlechter Qualität (d. h. niedriger Kohlenstoffgehalt) und wird aus Sicht dieser Prozesse eher als Nebenprodukt oder (werthaltiger) Abfall angesehen. Wesentliche derzeit diskutierte Ansätze werden nachfolgend kurz dargestellt.

Verkohlung in zwangsbewegten Wanderschichten. Im kontinuierlich betriebenen Wanderschichtreaktor bewegt sich das Kohlgut entweder aufgrund der Schwerkraft durch kontinuierlichen oder portionsweisen Austrag nach unten oder es wird mechanisch mittels Schnecken oder Schubroste durch den Reaktor gefördert (z. B. Multiple Hearth Furnace, Vertical Flow Converter). Sämtliche derartige Verfahren haben sich bisher jedoch nicht durchsetzen können, da nicht verhindert werden konnte, dass die bei der Verkohlung entstehenden Pyrolysegase innerhalb des Reaktors kondensieren. Durch die dabei entstehenden Teerablagerungen blockieren innerhalb kurzer Zeit die mechanischen Fördereinrichtungen.

Wirbelschicht-Verkohlung. Im Wirbelschichtreaktor wird das Kohlgut durch einen erzwungenen Inertgasstrom fluidisiert. Das im unteren Teil des Reaktors eingetragene Kohlgut mit möglichst gleichmäßiger Korngröße vermindert beim Weg durch den Reaktor durch das Ausgasen sein Gewicht und gelangt so zusammen mit dem Inertgasstrom langsam zum Austrag im oberen Teil des Reaktors. Grundvoraussetzung ist eine ausreichende Zerkleinerung des Kohlgutes bei gleichzeitiger hoher Homogenität hinsichtlich Partikelgröße und Feuchtegehalt. Da sich das im Prozess entstehende Pyrolysegas mit dem inerten Spülgas mischt, entsteht ein Gasgemisch mit sehr geringem Heizwert, was bei der Verbrennung zu Problemen führt. Aufgrund dieser und einer Vielzahl weiterer technischer Probleme wird die Wirbelschicht-Verkohlung mit dem Ziel einer Maximierung der Kohleausbeute industriell bisher nicht eingesetzt.

Flugstaubreaktor. Im Flugstaubreaktor wird staubförmiges Kohlgut zusammen mit dem Inertgasstrom durch den Reaktor gefördert; dabei kommt es zur Verkohlung. Flugstaubreaktoren sind nur zur Verkohlung sehr kleiner Partikel einsetzbar. Sie werden deshalb überwiegend zur Vergasung genutzt und haben für die Verkohlung kaum Bedeutung.

Flash-Karbonisierung. Hier wird die Biomasse in einem speziellen Druckreaktor bei ca. 11 bar elektrisch erhitzt. Dadurch entzündet sich das entstehende Gas nach einer Weile von selbst. Die Exothermie der Gasverbrennung liefert die weitere Energie zur vollständigen Verkohlung. Das überschüssige Produktgas wird am Boden des Reaktors abgezogen, während von oben kontrolliert Frischluft zugeführt wird. Die Flammenfront bewegt sich von unten nach oben, gegen die eintretende Luft und verwandelt die Biomasse in Kohle. Mit diesem Verfahren können bis zu 98 % der theoretischen Kohlenstoffausbeute in Form von Holzkohle erhalten werden /12-6/.

12.2.1.5 Produkte

Aus der verfahrenstechnischen Beschreibung wird deutlich, dass Holzkohle mit sehr unterschiedlichen Verfahren hergestellt werden kann. Die Meilerverfahren zeichnen sich dabei durch sehr geringe Investitionen und einen problemlosen Betrieb aus. Fachpersonal mit spezifischen Kenntnissen ist praktisch nicht erforderlich. Die hoch technisierten indirekt und direkt beheizten Retortenverfahren sowie die sonstigen "High-Tech"-Verfahren dagegen erfordern hohe Anlageninvestitionen, gut ausgebildetes Fachpersonal sowie ständige Wartung und Instandhaltung.

Die bei den Meilerverfahren durch die Freisetzung von großen Mengen an Pyrolysegasen auftretenden z. T. erheblichen Umweltbelastungen und der hohe Bedarf an Arbeitskräften haben dazu geführt, dass die Meilerverkohlung heute nur noch in Ländern mit einem sehr niedrigen Lohnniveau und geringen Umweltstandards (d. h. keine oder nur sehr tolerante behördliche Vorgaben zur Luftreinhaltung) realisiert wird.

In den Industrieländern Europas und Nordamerikas mit teilweise sehr weitgehenden Umweltschutzvorgaben ist deshalb die Produktion von Holzkohle nach dem Meilerverfahren in den letzten Jahrzehnten drastisch zurückgegangen. Weiterhin ist auch die Nachfrage nach Holzkohle für industrielle Zwecke wesentlich niedriger als früher. Die vor Jahren noch als Reduktionsmittel eingesetzte teure Holzkohle wurde mehr und mehr durch Ersatzstoffe wie beispielsweise Ruß ersetzt, weshalb sich die Produktion von Holzkohle im Wesentlichen auf die Herstellung für den Consumer-Markt reduziert hat.

Hinzu kommt, dass indirekt und direkt beheizte Retortenverfahren mit einem geschlossenen System (d. h. ohne Gewinnung von Nebenprodukten) technisch aufwändig und damit teuer sind. Bedingt durch die niedrigen Preise für Holzkohle auf dem Weltmarkt in den vergangenen Jahren erscheint vor diesem Hintergrund der wirtschaftliche Betrieb von umweltgerechten Holzverkohlungsanlagen in hoch technisierten Ländern derzeit kaum möglich. Bestehende, bereits abgeschriebene Anlagen werden zwar in einem gewissen Umfang weiterbetrieben; Neuanlagen werden jedoch kaum verwirklicht. Die einzige in Deutschland derzeit betriebene industrielle Holzverkohlung ist heute wirtschaftlich nur deshalb tragfähig, weil dort einerseits eine Anlage bereits existiert und andererseits die "Nebenprodukte" Essigsäure und Raucharomen einen wesentlichen Beitrag zur Rentabilität leisten.

Der überwiegende Teil der weltweit produzierten Holzkohle wird deshalb in Entwicklungs- oder Schwellenländern nach dem Meilerverfahren hergestellt. Holzkohle ist folglich auf dem Weltmarkt zu günstigen Preisen verfügbar und wird deshalb nach Europa überwiegend importiert. Diese Situation wird sich voraussichtlich erst dann grundlegend verändern, wenn auch in Schwellen- und Entwicklungsländern eine weitergehende Umweltgesetzgebung eingeführt wird; dies hätte die Konsequenz, dass die Meilerverkohlung auch in diesen Ländern nicht mehr realisiert werden darf und dadurch zu erwarten ist, dass der Holzkohlebrennstoff nicht mehr so kostengünstig verfügbar ist – mit allen damit verbundenen sozialen Folgen, da Holzkohle in diesen Ländern insbesondere für die ärmeren Bevölkerungsteile immer noch ein wesentlicher Energieträger z. B. zur Zubereitung von Mahlzeiten darstellt.

Charakterisierung. Holzkohle besteht im Wesentlichen aus fixiertem Kohlenstoff und Asche. Die flüchtigen Bestandteile sind chemisch gebundener Sauerstoff und Wasserstoff, die bei Temperaturerhöhung als Wasserstoff, Kohlenstoffmonoxid und -dioxid oder höherwertige Kohlenwasserstoffe aus der Kohle entweichen können. Teilweise ist in der Kohle noch Teer enthalten.

Holzkohle ist ein kapillar-poröses Gut, welches in nicht unerheblichem Umfang Wasser aufnehmen kann. Deshalb darf beispielsweise der Wassergehalt von Grillholzkohle oder Holzkohlebriketts 8 % nicht übersteigen /12-27/.

Form und Größe der Holzkohle hängen neben der Stückgröße des Kohlgutes entscheidend vom gewählten Verkohlungsverfahren und den jeweiligen Prozessbedingungen ab. Auch sind die Anforderungen an die Körnung je nach Verwendungszweck unterschiedlich. Die Dichte der Holzkohle ist dabei direkt abhängig von der Dichte des Ausgangsmaterials; Kohlgut mit hoher Dichte ergibt eine Holzkohle mit hoher Dichte.

Der Anteil an fixiertem Kohlenstoff ist eine wichtige Qualitätseigenschaft von Holzkohle. Je nach Verwendungszweck werden unterschiedliche Anteile an fixiertem Kohlenstoff gefordert. Beispielsweise muss für Grillholzkohle nach DIN 51 749 /12-26/ der fixierte Kohlenstoffanteil bei über 80 % bezogen auf die wasserfreie Holzkohle liegen; für Holzkohlebriketts werden mindestens 65 % gefordert.

Der Aschegehalt von Holzkohle hängt zum überwiegenden Teil vom verwendeten Ausgangsmaterial und dessen Verschmutzungsgrad ab. Beispielsweise darf für Grillholzkohle nach DIN 51 749 ein Aschegehalt von 4 % bezogen auf die wasserfreie Holzkohle nicht überschritten werden; für Holzkohlebriketts werden 15 % gefordert.

Im Rahmen der europaweiten Angleichung der vorhandenen Normen wurde eine Norm EN 1860-2:2005 erarbeitet, in der die Grenzwerte für Grillkohle auf einen Kohlenstoffgehalt von 75 % und der erlaubte Ascheanteil auf 8 % verändert wurden, da die Werte der DIN 51 749 in vielen Fällen von der Meilerkohle auf dem Markt nicht eingehalten werden konnten /12-26/. Im Gegenzug wurde von der Industrie eine eigene Qualitätsvorschrift "DIN plus" aufgestellt; hier wurde der Kohlenstoffgehalt auf 83 % heraufgesetzt und der zulässige Aschegehalt der Grillholzkohle auf 2 % begrenzt, um die qualitativen Unterschiede der Verfahren auch nach außen hin sichtbar machen zu können /12-29/.

Energetischer Wirkungsgrad. Der energetische Wirkungsgrad einer Holzkohleherstellung kann wegen der unterschiedlichen Bautypen erheblich schwanken. Im

12.2 Bereitstellung fester Sekundärenergieträger

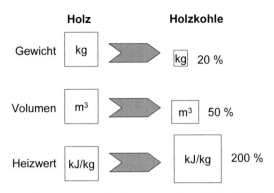

Abb. 12.19 Eigenschaften von Holzkohle im Vergleich zu Holz /12-38/

Mittel liegt er aber bei vorhandenen Anlagen innerhalb einer Bandbreite zwischen rund einem Drittel bis zwei Fünftel bezogen auf den Heizwert der eingesetzten Festbrennstoffe. Zusätzlich ändern sich aber auch weitere den Brennstoff kennzeichnende Größen (u. a. Gewicht, Volumen) (Abb. 12.19).

Produktion. Weltweit werden mehr als 43 Mio. t Holzkohle (2006) primär in Entwicklungs- und Schwellenländern erzeugt /12-94/. Aufgrund der Datenunsicherheit, insbesondere hinsichtlich der Holzkohleproduktion in diesen Ländern, muss jedoch davon ausgegangen werden, dass diese Menge eher eine mögliche Untergrenze darstellt. Demgegenüber wird in den Ländern der Europäischen Union (EU) Holzkohle nur noch in wenigen Anlagen hergestellt. Dies ist zum einen auf die Osterweiterung der EU mit der gleichzeitigen Übernahme der (hohen) Umweltstandards auch in Osteuropa und zum anderen ebenso auf einen Mangel an kostengünstig verfügbarem Holz als Rohstoff zurückzuführen. Der Wegfall dieser in Europa produzierten Mengen wird durch Importe aus Ländern ohne entsprechende Umweltschutzgesetzgebung ausgeglichen.

Nutzung. Holzkohle wird seit mindestens 38 000 Jahren produziert und wird heute noch in vielen Entwicklungsländern als primärer Energieträger zum Kochen benutzt /12-7/. Darüber hinaus wird sie in großen Mengen als Reduktionsmittel – und damit stofflich – in der metallurgischen Industrie verwendet; beispielsweise erfordert auch die Herstellung von Silizium aus Silica große Mengen an Holzkohle /12-5/.

Abb. 12.20 zeigt die Einsatzmöglichkeiten von Holzkohle. Dabei wird zwischen einer energetischen und stofflichen Verwertung unterschieden; beide Optionen werden nachfolgend diskutiert.

Energetische Nutzung. Der größte Teil der weltweit produzierten Holzkohle wird energetisch primär als – im Vergleich zu Holz relativ sauberer (praktisch rauchfreier) – kompakter Brennstoff zur Zubereitung von Speisen genutzt. Deshalb ist Holzkohle neben Brennholz in einigen Ländern der Dritten Welt ein wichtiger Energieträger hauptsächlich für die eher ärmeren Teile der Bevölkerung. In den hoch industrialisierten Staaten beschränkt sich die energetische Nutzung von

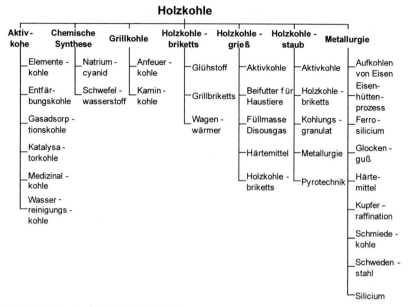

Abb. 12.20 Einsatzgebiete für Holzkohle

Holzkohle auf deren Verwendung als Grillkohle im Freizeitbereich und in der Gastronomie. Hier wird neben stückiger Holzkohle vielfach Holzkohle in Form von Holzkohlebriketts verwendet; letztere werden aus dem bei der Holzkohleherstellung zwangsläufig anfallenden Feingutanteil unter Verwendung von Bindemitteln (z. B. Stärke) hergestellt. Allein in Deutschland werden 150 000 bis 160 000 t/a Holzkohle zu Grillzwecken eingesetzt.

Stoffliche Nutzung. Der Verwendung von Holzkohle als Reduktionsmittel im Bereich der Erzverhüttung und Metallurgie stellt einen Übergang zwischen der energetischen und der stofflichen Verwertung dar; Holzkohle wird hier wegen ihres hohen Kohlenstoffgehalts und dem niedrigen Asche- und Schwefelgehalt geschätzt. In Brasilien basiert ein großer Teil der Eisenerzindustrie u. a. deshalb auch heute noch auf der Verwendung von Holzkohle. Jährlich werden hier mehrere Millionen Tonnen Holzkohle speziell für diesen Zweck hergestellt. Das Ausgangsmaterial stammt aus Eukalyptus-Plantagen und/oder aus der Abholzung von Naturbeständen. Da an Holzkohle für metallurgische Zwecke hohe Anforderungen hinsichtlich fixiertem Kohlenstoffanteil, Reinheit (Aschegehalt), Stückigkeit und Druckfestigkeit gestellt werden, kommen dafür zum überwiegenden Teil mittelschwere bis schwere Laubholzarten zum Einsatz. In Europa wird Holzkohle industriell nur noch vereinzelt genutzt. An vielen Stellen wird die Holzkohle weitgehend durch andere (fossile) Kohlenstoffe (z. B. Ruß) ersetzt, da dieser kostengünstiger ist; nur bei hochwertigen Produkten wie beispielsweise kleineren Kupferschmelzen wird Holzkohle zur Abdeckung der Schmelzen verwendet.

In der chemischen Industrie wurde Holzkohle lange Zeit als Ausgangsmaterial für die Herstellung von Schwefelkohlenstoff, Natriumzyanid und Carbid verwendet. Heute werden diese chemischen Substanzen jedoch meist auf andere Weise kostengünstiger hergestellt /12-32/.

Der wichtigste Bereich für die stoffliche Verwertung von Holzkohle ist deren Verwendung zur Herstellung von Aktivkohle. Aufgrund der kapillarporösen Struktur von Holz weist auch Holzkohle bereits im nicht aktivierten Zustand eine große innere Oberfläche auf. Wird durch eine sogenannte Aktivierung Wasserdampf oder Kohlenstoffdioxid durch glühende Holzkohle (800 bis 1 000 °C) geleitet, kann ihre innere Oberfläche um ein Vielfaches vergrößert werden. Durch eine zusätzliche chemische Aktivierung mit einer Vielzahl von Zuschlagstoffen kann die innere Oberfläche zusätzlich weiter vergrößert werden. Solche Aktivkohlen werden in großem Umfang u. a. zur Filtration, Purifikation und Entfärbung eingesetzt. Aber auch bei der Herstellung von Aktivkohle wird auf Holzkohle aus kostengünstigen Ersatzstoffen (z. B. Kokosnussschalen) zurückgegriffen. Zusätzlich hat insbesondere bei der Wasseraufbereitung Holzkohle als sogenannte Filterkohle weltweit große Bedeutung erlangt. Holzkohle wird darüber hinaus in Zigarettenfiltern, in der Medizin und in einer Vielzahl weiterer Anwendungsbereiche eingesetzt /12-46/, die benötigten Mengen sind jedoch vergleichsweise gering.

12.2.2 Torrefizierung

Unter Torrefizierung versteht man eine milde Pyrolyse bei Temperaturen zwischen 200 und 300 °C mit geringen Aufheizgeschwindigkeiten (<50 °C/min) und Reaktorverweilzeiten im Minutenbereich (<60 min). Primäres Ziel dieses Prozesses ist es, feste Biomasse für die thermische Konversion (insbesondere zur Verbrennung und Vergasung) so aufzubereiten, dass die torrefizierte Biomasse verbesserte Eigenschaften im Vergleich zu naturbelassenen biogenen Festbrennstoffen aufweist.

Die Torrefizierung findet unter Ausschluss von Sauerstoff statt, da sonst die Gefahr besteht, dass zuviel Kohlenstoff oxidiert wird (d. h. Energieverluste). Neben der vollständigen Trocknung wird dabei die zähe und faserartige Struktur der Biomasse verändert. Außerdem wird dadurch der Heizwert erhöht. Allerdings wird bei der Torrefizierung insgesamt Energie benötigt und im Produkt ist in der Summe weniger Energie als im Ausgangmaterial enthalten (d. h. Umwandlungsverluste) /12-14/, /12-50/, /12-73/.

Als Bezeichnung für den beschriebenen Prozess wird hier Torrefizierung verwendet und nicht Rösten oder Dörren, was sich als deutsche Übersetzungen (engl. Torrefaction) anbieten würden. Der Grund dafür ist, dass es sich einerseits um einen eigenständigen Prozess handelt und andererseits Verwechslungen vermieden werden können, indem sich die deutsche Begriffswahl an der international gängigen Terminologie anlehnt.

12.2.2.1 Technische Umsetzung

Der Prozess der Torrefizierung wird für Kaffee- und Kakaobohnen häufig eingesetzt und ist in diesem Bereich seit vielen Jahren etabliert. Auch für holzartige Biomassen ist die Torrefizierung nicht neu; sie wurde in Frankreich schon in den 1930er Jahren untersucht und als Brennstoff für die Vergasung vorgeschlagen. In den 1980er Jahren wurde ebenfalls in Frankreich ein industrieller Prozess (Pechiney-Prozess) für die Torrefizierung von Biomasse als Alternative zur Holzkohle bei der Aluminiumherstellung entwickelt und betrieben. In technischer Hinsicht war die Anlage durchaus erfolgreich, musste aber aus wirtschaftlichen Gründen Ende der 1990er Jahre stillgelegt werden /12-14/, /12-50/, /12-34/.

In den letzten Jahren wurden eine Reihe von Prozessen bzw. Reaktoren für die Torrefizierung von Biomasse vorgeschlagen. Derzeit befindet sich aber keine derartige Anlage im industriellen Einsatz. Trotzdem werden nachfolgend die wichtigsten Reaktoren bzw. Verfahren systematisch dargestellt. Da die Torrefizierung endotherm ist, muss der Reaktion Wärme zugeführt werden. Dabei kann zwischen direkter und indirekter Wärmezufuhr unterschieden werden.

- Direkt beheizte Torrefizierungsreaktoren. Bei der direkten Wärmezufuhr durchströmt heißes Gas eine Schüttung der zu torrefizierenden Biomassepartikel und überträgt dadurch die Wärme auf die Partikel (Abb. 12.21a). Dazu dient meist das bei der pyrolytischen Zersetzung entstehende Gas (z. T. auch als Röstgas bezeichnet), das teilweise im Kreislauf geführt wird. Es wird entweder durch die Verbrennung von Pyrolysegas oder alternativ bzw. additiv über einen zusätzlichen Energieträger bzw. Brennstoff beheizt. Um eine gute und gleichmäßige Durchströmbarkeit des Reaktors sicherzustellen, wird die Biomasse in stückiger Form am Kopf des Wanderbettreaktors aufgegeben und als torrefiziertes Material am Boden des Reaktors wieder abgezogen.

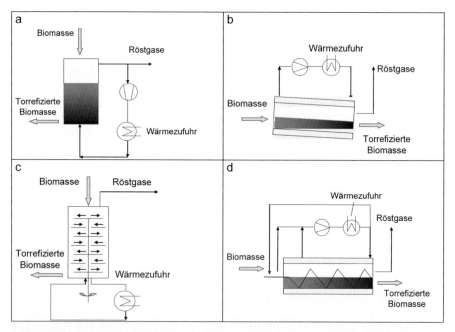

Abb. 12.21 Grundtypen von Reaktoren zur Torrefizierung von fester Biomasse (a Reaktor mit Festbett und direkter Beheizung; b Trommelreaktor mit indirekter Beheizung; c Scheibenreaktor mit indirekter Beheizung; d Schnecken- oder Paddelreaktor mit indirekter Beheizung von Wand und Schnecke oder Rührwerk)

− Indirekt beheizte Torrefizierungsreaktoren. Indirekt kann die Wärme über die Wände des Reaktors (Abb. 12.21b) und teilweise auch über Reaktoreinbauten (Abb. 12.21c, Abb. 12.21d) auf das zu torrefizierende Gut übertragen werden. Die Wärme selbst stammt aus der Verbrennung der bei der pyrolytischen Zersetzung entstehenden Gase oder aus einem externen Brennstoff. Sie wird auf ein geeignetes Wärmeträgermedium übertragen, das durch den Reaktor geleitet werden kann. Entscheidend für den Erfolg der Torrefizierung ist der Wärmeübergang von der Wand auf die Schüttung und die Wärmeleitung in der Schüttung. Neben der Partikelgröße, die deshalb klein gehalten werden muss, müssen die Biomassepartikel laufend umgewälzt und kontrolliert durch den Reaktor transportiert werden. Dazu werden Trommelreaktoren (Abb. 12.21b), Scheibenreaktoren, die ähnlich aufgebaut sind wie Scheibentrockner (Abb. 12.21c) und Schnecken- oder Paddelreaktoren (Abb. 12.21d) vorgeschlagen /12-73/.

Der bisher einzige großtechnisch realisierte Torrefizierungsprozess für Holz ist der Pechiney-Prozess (Abb. 12.22) mit einer Kapazität von 12 000 t/a. Diese Anlage besteht zunächst aus einer Holzaufbereitung, die eine Zerkleinerung und Siebung umfasst. Das Kernstück des eigentlichen Prozesses ist eine Trommeltrocknung und der Reaktor inklusive einer Produktkühlung; erstere wird mittels Heizgasen beheizt, die durch eine Verbrennung der Pyrolysegase aus dem Torrefizierungsreaktor erzeugt werden. Als Reaktor, in dem das eingesetzte Material torrefiziert wird, dient ein indirekt mantelbeheizter Schneckenreaktor (Grundtyp Abb. 12.21d; d. h. indirekt beheizte Torrefizierung). Er wird mittels Thermoöl beheizt, das in einem separaten Kessel erhitzt wird, in dem die Feinanteile der Biomasse, die nach der Zerkleinerung anfallen, verfeuert werden. Die Reaktorverweilzeit beträgt 60 bis 90 min bei 240 bis 280 °C. Die in dieser Anlage erreichten energetischen Wirkungsgrade liegen bei 65 bis 75 % /12-14/, /12-11/.

Alternativ zum Pechiney-Verfahren werden auch Prozesse, die auf der direkten Beheizung der Biomassepartikel beruhen, vorgeschlagen /12-14/, /12-11/, da eine

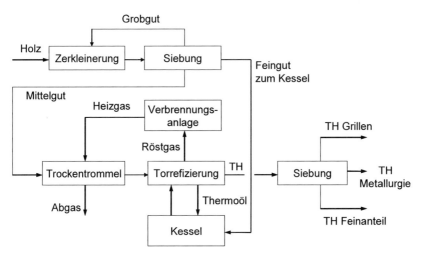

Abb. 12.22 Grundschema des Pechiney-Verfahrens, bei dem ein indirekt beheizter Torrefizierungsreaktor eingesetzt wird (nach /12-14/, TH torrefiziertes Holz)

Maßstabsvergrößerung beim indirekt beheizten Schneckentorrefizierer schwierig möglich ist. Indirekt beheizte Anlagen größerer Leistung müssten dann in mehreren parallelen Linien realisiert werden; dies erlaubt aber nicht die Realisierung der üblichen mit einer Maßstabsvergrößerung verbundenen Reduktion der spezifischen Investitionen.

Abb. 12.23 zeigt ein Beispiel für einen direkt beheizten Torrefizierungsreaktor. Auch hier wird zunächst eine Trocknung realisiert, um den energetischen Wirkungsgrad der eigentlichen Torrefizierung hoch zu halten. Der Reaktor ist typischer Weise nach dem Grundtyp nach Abb. 12.21a als Wanderbettreaktor aufgebaut. Die Biomasseschüttung wird mittels eines Teiles der aus dem Reaktor austretenden Pyrolysegase, das im Kreis geführt wird, durchströmt und die Partikel daher durch den direkten Kontakt mit den heißen Gasen aufgewärmt. Um die nötige Wärme in den Reaktor einzubringen, wird das Kreislaufgas mittels eines Wärmeüberträgers erhitzt; dazu werden die heißen Abgase aus der Verbrennung der Pyrolysegase verwendet. Die Restwärme nach dem Wärmeüberträger für die Kreislaufgaserhitzung dient zur Trocknung der Biomasse. Sollte der Energieinhalt der bei der pyrolytischen Zersetzung entstehenden Gase nicht ausreichen, kann ein Zusatzbrennstoff in der Feuerung eingesetzt werden.

Wesentlich ist auch die Kühlung des torrefizierten Materials, bei der – genauso wie im Torrefizierungsreaktor – eine Sauerstoffzufuhr bei den noch hohen Austrittstemperaturen von meist über 250 °C vermieden werden muss. Deshalb wird die torrefizierte Biomasse meist mittels einfacher Wasserquenchen, manchmal auch mit Kühlschnecken, gekühlt.

Problematisch kann die Verdichtung des kondensat- und staubhaltigen Kreislaufgases sein. Der Ausfall von Kondensat muss deshalb sicher vermieden werden und das Gebläse sowie der Wärmeüberträger müssen staubunempfindlich ausgeführt werden, wenn der Staub aus dem Kreislaufgas nicht abgeschieden werden soll; letzteres würde einen zusätzlichen Verdichtungsaufwand bedeuten.

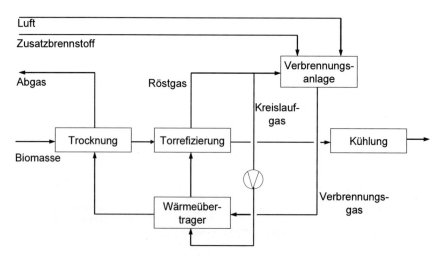

Abb. 12.23 Bespiel für einen direkt beheizten Torrefizierungsreaktor (nach /12-14/, /12-11/)

12.2.2.2 Produkte

Ziel derartiger Torrefizierungsprozesse ist, einen höheren Heizwert und bei einer anschließenden Pelletierung auch eine höhere volumetrische Energiedichte im Vergleich zur unbehandelten Biomasse zu erreichen. Damit wird eine Massenreduktion bei weitgehender Beibehaltung des Energieinhalts angestrebt.

Bei der Torrefizierung wird die feste Biomasse teilweise pyrolytisch zersetzt mit dem Ergebnis einer Teilkarbonisierung der Hemizellulose und einer Depolimerisation von Zellulose und Lignin (vgl. Kapitel 9.2). Dadurch verändern sich die Eigenschaften der biogenen Festbrennstoffe /12-14/, /12-11/, /12-12/, /12-73/, /12-76/, da vor allem sauerstoffhaltige Verbindungen aus dem Holz ausgetrieben werden. In der Folge verringert sich das Sauerstoff zu Kohlenstoff-Verhältnis. Dies führt zu einer Steigerung des Heizwertes von typischerweise 17 bis 19 MJ/kg auf 19 bis 23 MJ/kg /12-11/, /12-73/. Bei einer anschließenden Pelletierung kann die volumetrische Energiedichte um ca. 30 % erhöht werden; dies hat Vorteile bei Transport und Lagerung. Insgesamt ist damit unter idealen Bedingungen eine Reduktion der Masse von 30 % – bei gleichzeitiger Abnahme der Energie um ca. 10 % – möglich.

Biogene Festbrennstoffe zeigen hygroskopische Eigenschaften; d. h. sie nehmen dann kaum noch Feuchtigkeit aus der Luft auf. Deshalb ist vor einer thermischen Nutzung häufig eine aktive Trocknung erforderlich. Im Gegensatz dazu besitzt torrefizierte Biomasse hydrophobe Eigenschaften; d. h. derart behandelte Biomasse nimmt kaum noch Wasser auf (< 5 %). Außerdem wird beim Torrefizierungsprozess das Wasser vollständig ausgetrieben (Restwassergehalt: 1 bis 2 %). Deshalb ist ein biologischer Abbau bei der Lagerung, wie er bei naturbelassener fester Biomasse üblich ist, praktisch ausgeschlossen.

Darüber hinaus kann torrefizierte Biomasse sehr leicht vermahlen werden (Abb. 12.24). Aufgrund der Veränderungen in der Biomassestruktur von faserartig zu spröde wird der Energieaufwand beim Mahlen – was beispielsweise bei einer Zu-

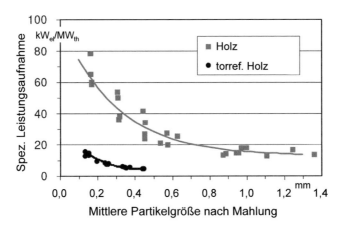

Abb. 12.24 Energieverbrauch bei der Mahlung von naturbelassenem Holz und torrefiziertem (torref.) Holz (nach /12-14/, /12-73/)

feuerung in Kohlekraftwerken häufig erforderlich ist – je nach Biomasseart und Torrefizierungsgrad um 50 bis 85 % reduziert /12-14/.

Einen Vergleich ausgewählter Eigenschaften von naturbelassenem und torrefiziertem Holz zeigt Tabelle 12.3. Demnach ist der Heizwert zwar höher, aber die Schüttdichte deutlich niedriger als bei unbehandelter Biomasse. Deshalb ist die volumetrische Energiedichte (MJ/m^3) ebenfalls geringer als bei unbehandelter Biomasse. Will man sie erhöhen, was meist der Fall ist, muss das torrefizierte Material pelletiert werden.

Tabelle 12.3 Eigenschaften von Holz und torrefiziertem Holz (nach /12-12/)

Eigenschaft		Naturbelassenes Holz	Torrefiziertes Holz
Wassergehalt	in Gew.-%	35	3
Heizwert - roh	in MJ/kg	10,5	19,9
- getrocknet	in MJ/kg	17,7	20,4
Schüttdichte	in kg/m^3	550	230
Energiedichte	in GJ/m^3	5,8	4,6
Wasseraufnahme		hygroskopisch	hydrophobisch
Biologischer Abbau		möglich	unmöglich

Die erste industrielle Anwendung dieses Prozesses ist die Herstellung eines Reduktionsmittels für die Metallurgie. Beispielsweise wurden die mit Hilfe des Pechiney-Prozesses (Abb. 12.22) torrefizierten Holzhackschnitzel bei der Aluminiumherstellung eingesetzt. Als Nebenprodukt erhält man stückiges torrefiziertes Material, das eine Alternative zu Grillholzkohle darstellt oder für Kochzwecke eingesetzt werden kann /12-11/.

Pelletierte, torrefizierte Biomasse, sogenannte "TOP-Pellets", zeigen Schüttdichten von 750 bis 850 kg/m^3 und Energiedichten von 14 bis 18,5 GJ/m^3. Pellets aus Sägespänen liegen im Vergleich dazu bei 7,8 bis 10,5 GJ/m^3 (Tabelle 12.4). Sie zeigen im Vergleich zu Holzpellets eine geringe Wasseraufnahmeneigung und eine höhere mechanische Festigkeit /12-12/. Dafür werden aber höhere Anteile an Additiven benötigt als bei der Pelletierung naturbelassener Biomasse.

Torrefizierte Biomasse hat verbesserte Eigenschaften bei der thermischen Umwandlung, da bereits ein Teil der flüchtigen Bestandteile ausgetrieben wurde. Dies ermöglicht beispielsweise bei der thermo-chemischen Vergasung (Kapitel 11)

Tabelle 12.4 Eigenschaften von Holzpellets und TOP-Pellets /12-12/

Eigenschaft		Holzpellets		TOP-Pellets	
		niedrig	hoch	niedrig	hoch
Wassergehalt	in Gew.-%	7	10	1	5
Heizwert - roh	in MJ/kg	15,6	16,2	19,9	21,6
- getrocknet	in MJ/kg	17,7	17,7	20,4	22,7
Schüttdichte	in kg/m^3	500	650	750	850
Energiedichte	in GJ/m^3	7,8	10,5	14,9	18,4

12.2 Bereitstellung fester Sekundärenergieträger

aufgrund des geringeren O/C-Verhältnises höhere Vergasungswirkungsgrade. Auch hinsichtlich der Teergehalte im Produktgas sollte torrefizierte Biomasse von Vorteil sein /12-76/.

Die Zufeuerung von Biomasse in mit fossilen Brennstoffen gefeuerten kalorischen Kraftwerken erfordert meist den Einsatz fein gemahlener Biomasse (Kapitel 10.4). Aufgrund des geringeren Mahlaufwandes zeigt torrefizierte im Vergleich zu naturbelassener Biomasse Vorteile (Abb. 12.24). Insgesamt kommt die Biomasse durch die Torrefizierung den Eigenschaften der Kohle näher. Deshalb kann die Verwendung von torrefizierter Biomasse in Flugstromvergasern, wo ebenfalls ein feingemahlener Brennstoff vorliegen muss, interessant sein /12-10/, /12-13/.

Bei allen Anwendungen muss aber geprüft werden, inwieweit die zu erzielenden Vorteile nicht durch den Aufwand und den Energieverlust, der mit der Torrefizierung einhergeht, aufgehoben wird.

13 Produktion und Nutzung von Pflanzenölkraftstoffen

13.1 Rohstoffbereitstellung

In Mitteleuropa kommen hauptsächlich Raps und Sonnenblumen als Ölsaaten für die Produktion von Kraftstoffen auf Pflanzenölbasis in Frage. Ziel der verschiedenen Ölgewinnungsverfahren ist es, den Ölanteil aus der Saat effizient abzutrennen; dabei sollen unerwünschte Bestandteile aus dem Samenkorn möglichst nicht in das Öl überführt werden. Hierauf kann bereits beim Transport, bei der Trocknung und bei der Lagerung der Ölsaat Einfluss genommen werden.

Während der Lagerung und z. T. auch während des Transports von Ölsaaten laufen Abbau- und Umsetzungsprozesse ab. Kohlenhydrate und vor allem Fette werden unter Freisetzung von Wärme zu Kohlenstoffdioxid (CO_2) und Wasser (H_2O) veratmet bzw. zu entsprechenden Zwischenprodukten abgebaut. Verantwortlich dafür sind in erster Linie Enzyme, aber auch Hefen und Pilze, deren Wachstum durch Wärme und Feuchtigkeit gefördert wird. Durch solche Mikroorganismen wird zunächst die Samenschale geschädigt und anschließend das Korninnere angegriffen; im Extremfall kann es zum Verderb der Saat kommen /13-65/. Auch bilden sich bei ungünstigen Lagerungsbedingungen erhöhte Gehalte an freien Fettsäuren und nicht hydratisierbare Phospholipide; dies verschlechtert die Qualität des später gewonnenen Öls. Weiter kann es zur Bildung schädlicher Myko- und Aflatoxine kommen, die durch mikrobiellen Befall bei einem Wassergehalt über 9 % entstehen können (d. h. feuchtes Milieu, Erwärmung).

Für eine möglichst hohe Ölausbeute sind derartige Effekte durch geeignete Maßnahmen (u. a. Reinigen, Trocknen, Belüften, Kühlen, Umlagern) möglichst zu minimieren /13-65/. Bis zu einem Wassergehalt von 9 % zeigt beispielsweise Rapssaat ein sehr gutes Lagerverhalten mit Trockenmasseverlusten von nur rund 0,4 %/a; sie verringern sich bei einem Wassergehalt von 7 bis 8 % auf 0,1 bis 0,2 %/a. Zusätzlich verbessert sich die Lagerfähigkeit z. B. unter Belüftung und mit abnehmender Temperatur.

Ölsaaten werden daher für den Transport und die Lagerung gereinigt und auf bestimmte Wassergehalte eingestellt; beispielsweise wird für Handelsware ohne Abzug (EU-Norm) ein maximaler Wassergehalt bei Raps von 9 Gew.-% gefordert. Für die Lagerung werden 7 bis 8 % empfohlen /13-65/.

Die Ölsaat wird in der Regel erst nach der Trocknung gereinigt, da feuchte Körner und Beimengungen die Siebe verstopfen können. Bei der Reinigung werden vorhandene Verunreinigungen wie z. B. Pflanzenreste, Staub, Sand, Holz, Metallteilchen oder Fremdsaaten entfernt; ein zu hoher Anteil an Verunreini-

gungen vermindert die bei der Ölmühle erzielbaren Ölqualitäten und -ausbeuten und führt zu Verschleiß /13-21/. Die Reinigung kann mit Hilfe von
- weit-/engmaschigen Sieben für Teile, die größer/kleiner als die Ölsaat sind,
- Windsichtern für Teile, die leichter bzw. schwerer als die Ölsaat sind,
- Abtrennen von nicht runden Körnern aus der runden Ölsaat mit Hilfe von Trieuren sowie
- Magnet- und Allmetallabscheidern

erfolgen. Die de facto eingesetzten Reinigungstechniken bzw. -verfahren hängen von den jeweiligen Randbedingungen vor Ort und der zu reinigenden Ölsaat bzw. deren Qualität ab.

13.2 Pflanzenölgewinnung

Pflanzenöl kann entweder in Großanlagen mit Ölsaat-Verarbeitungskapazitäten von 500 bis zu mehreren 1 000 t/d oder in Anlagen im kleineren Leistungsbereich mit etwa 0,5 bis 25 t/d, in Einzelfällen auch bis 250 t/d, gewonnen werden. Dies bedingt entsprechende Unterschiede in der Verfahrenstechnik und der Ölqualität. Nachfolgend werden beide Produktionsmöglichkeiten dargestellt.

13.2.1 Pflanzenölgewinnung in Großanlagen

In einer Anlage der industriellen Ölsaatenverarbeitung werden 500 bis zu mehreren 1 000 t Ölsaat pro Tag verarbeitet. Der Transport der Ölsaaten zu den Ölmühlen erfolgt deshalb zu einem großen Teil mit Binnenschiffen, da die meisten Ölmühlen an den großen Wasserstraßen liegen. Daneben werden aber auch Bahn und Lkw eingesetzt.

Grundsätzlich unterscheidet sich die Gewinnung von Pflanzenölen für eine spätere energetische Nutzung nicht von den vorhandenen Verarbeitungstechniken zur Bereitstellung eines Nahrungsmittels. Es bestehen lediglich u. U. veränderte Anforderungen an die Qualität der Öle, die durch eine entsprechende Aufbereitung des Rohöls erfüllt werden können. Deshalb entspricht die nachfolgend dargestellte Vorgehensweise im Wesentlichen dem Verfahrensablauf, wie er derzeit in den vorhandenen Ölmühlen realisiert ist.

Pflanzenöle können entweder durch eine ausschließliche Auspressung (d. h. Fertigpressen), durch eine ausschließliche Extraktion (d. h. Direktextraktion) oder durch eine Kombination beider Verfahren (d. h. Pressung/Extraktion) gewonnen werden.
- Fertigpressen. Das Pflanzenöl wird hier in einer ein- oder zweistufigen Pressung gewonnen. Beim zweistufigen Pressen wird der Ölsaat das Öl zunächst bis auf einen Restölgehalt von etwa 11 bis 25 % entzogen und anschließend erneut gepresst. Dadurch kann der Presskuchen (d. h. die ausgepresste Ölsaat) bis auf einen Restölgehalt von 6 bis 10 % entölt werden /13-21/, /13-129/; dies ist ein etwas geringerer Gehalt als bei der einstufigen Pressung, bei der Restölgehalte von 7 bis 10 % erreicht werden können. Fertigpressverfahren kommen vor allem in Anlagen im kleineren industriellen Leistungsbereich zum Einsatz. In

13.2 Pflanzenölgewinnung

Großanlagen haben sie wegen der vergleichsweise geringen Ölausbeute (d. h. aufgrund des relativ hohen Ölgehalts im Presskuchen, der hier als Verlust anzusehen ist) keine Bedeutung mehr.

- Direktextraktion. Bei der Extraktion wird der aufbereiteten Ölsaat das Öl mit Hilfe eines Lösemittels (z. B. Hexan) entzogen. Diese Vorgehensweise ermöglicht wesentlich niedrigere Restölgehalte als eine Pressung. Zudem ist die Prozessführung einfacher als beispielsweise bei kombinierten Press/Extraktions-Verfahren. Daher kommt die Direktextraktion insbesondere bei Ölsaaten mit einem niedrigen Ölgehalt zur Anwendung, da bei weniger ölhaltigen Rohstoffen das im Schrot beispielsweise bei einer Fertigpressung verbleibende Öl einen erheblichen Verlust darstellt. Deshalb kann hier der Einsatz eines Direktextraktionsverfahrens mit seinen vergleichsweise hohen Ölausbeuten wirtschaftliche Vorteile bieten.
- Kombination Pressung/Extraktion. Bei kombinierten Verfahren wird im Anschluss an die Pressung der Ölsaat die im Presskuchen verbleibende Ölmenge mit einem Lösemittel extrahiert. So wird zunächst der wirtschaftliche Vorteil der Pressen bei sehr hohen Ölgehalten in der Saat gegenüber einer Extraktionsanlage ausgenutzt. Durch die anschließende Extraktion ist zusätzlich ein wesentlich niedrigerer Restölgehalt im Extraktionsrückstand als durch einen weiteren Pressvorgang (d. h. im Vergleich zum Fertigpressen) zu erzielen; gleichzeitig weisen die Pressen im Vergleich zu Fertigpressverfahren größere Standzeiten auf, da die Materialbeanspruchung geringer ist. Beispielsweise lassen sich bei dem hohen Ölgehalt der Rapssaat durch die Kombination von Pressung und Extraktion die Vorteile beider Verfahren optimal miteinander

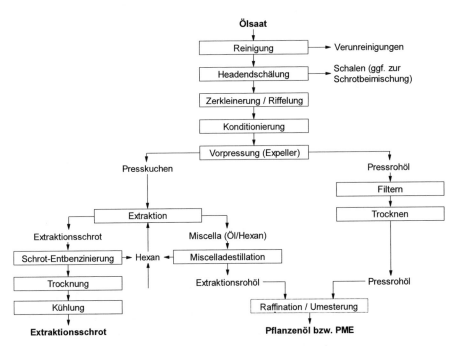

Abb. 13.1 Verfahrensschritte der großtechnischen Pflanzenölgewinnung

verbinden /13-21/. Nachteilig bei einer zusätzlich zum Pressen realisierten Extraktion ist, dass eine aufwändige destillative Trennung von Öl und Hexan einerseits und eine Hexanentfernung aus dem Feststoffrückstand andererseits notwendig wird.

Stand der Technik in großen Ölmühlen ist deshalb bei vielen Ölsaaten mit einem relativ hohen Ölgehalt die Pressung mit anschließender Extraktion; die Ölausbeute beträgt in derartigen Anlagen etwa 98 %.

Abb. 13.1 gibt einen Überblick über den Verfahrensablauf bei der Gewinnung von Pflanzenöl durch eine Kombination aus Pressung und Extraktion. Dieser Ablauf lässt sich grob in die Vorbehandlung der Ölsaat, die Pressung, die Extraktion und die Aufarbeitung der Extraktionsfraktionen unterteilen. Nachfolgend werden diese verschiedenen Schritte dargestellt.

13.2.1.1 Vorbehandlung

Die Ölsaat kann aufgrund schwankender Zusammensetzung und mehr oder weniger geeigneter Behandlung während Ernte, Transport und Lagerung in sehr unterschiedlicher Qualität vorliegen. Daher kann eine zusätzliche Behandlung (u. a. Trocknung, Reinigung) erforderlich sein.

Anschließend kann die Ölsaat – je nach den Anforderungen an die Produkte – geschält werden. Dies wird beispielsweise insbesondere bei der Sonnenblumensaat häufig angewandt, da durch das vorherige Abtrennen der Schalen ein Schrot mit einem besonders hohen Eiweißgehalt hergestellt wird. Die zur Schälung der Ölsaaten verwendeten Spezialmaschinen beruhen im Wesentlichen auf den Wirkungen von Zerkleinerungen und Sichtungen. Die Saathülsen werden dazu aufgebrochen. Dabei sollte aber der Samenkern möglichst nicht zerstört werden. Alternativ können Prallteller zum Einsatz kommen. Hier fällt die Saat auf eine rotierende Scheibe. Beim Aufprall zerplatzt die Saathülse und wird – wie auch der Hülseninhalt – durch die Fliehkräfte nach außen geschleudert. Die leichten Hülsen und Hülsenbruchstücke können dann mit einem Windsichter und über Siebe vom schwereren Hülseninhalt abgetrennt werden. Die Schalen können z. B. als Futtermittel oder als Brennstoff Verwendung finden.

Auch kann ein zu hoher Schalengehalt bei bestimmten Ölsaaten (z. B. bei Sonnenblumenkernen) die Ölqualität herabsetzen, da die Lösemittel auch das Schalenwachs ablösen. Deshalb wird auch bei der Rapssaat das Schälen zur Verringerung der Hexanverluste sowie zur Verbesserung der Ölqualität und insbesondere zur Verbesserung der Schrotqualität diskutiert /13-105/.

Anschließend wird die Ölsaat zerkleinert. Bei der Zerkleinerung werden Speichergewebe und Samenschale zerstört, um zusätzliche Oberflächen zu schaffen und dadurch den Ölaustritt zu erleichtern. Dabei erfolgt die Vorzerkleinerung oft mit Hilfe von Riffel- und die Feinzerkleinerung mit Glattwalzen. Riffelwalzen tragen auf ihrem Umfang Riffeln von sägezahnähnlichem Querschnitt. Die etwas schräg verlaufende Riffelung des Walzenpaares, das mit unterschiedlichen Drehzahlen gegeneinander läuft, führt wiederum zu Schneidbewegungen. Der Abstand der Riffeln beträgt – je nach Ölsaat – 3 bis 30 mm. Glatt- oder Flockierwalzwerke als zweite Zerkleinerungsstufe walzen die Ölsaat zu Flocken von 0,25 bis 0,35 mm Dicke. Die Walzwerke bestehen aus zwei nebeneinander angeordneten, geschliffenen Walzen, die durch eine Hydraulik oder durch Federkraft aneinander gepresst werden und eine um 3 bis 5 % unterschiedliche Umdrehungsgeschwindigkeit haben. Größe und Durchsatz des Mahlgutes lassen sich durch die Walzenlänge, die Umdrehungsgeschwindigkeit und den Walzenabstand einstellen und damit an die nachfolgenden Verarbeitungsschritte (Pressung und Extraktion) anpassen.

Danach wird das Mahlgut konditioniert; d. h. Wassergehalt und Temperatur werden so eingestellt, dass ein gutes Trennergebnis in der Schneckenpresse erreicht werden kann.

- Ein zu hoher Wassergehalt in der Saat verhindert einen guten Druckaufbau, der notwendig ist, um möglichst große Ölanteile aus der Saat zu pressen. Ein zu niedriger Wassergehalt führt demgegenüber zu hohen Trubmengen und damit zu einem hohen Feststoffgehalt im Öl, da der Presskuchen dann sehr "bröselig" wird. Der Wassergehalt sollte deshalb zwischen 4 und 6 % liegen.
- Temperaturen von über 80 °C führen zu Veränderungen des Pressguts, welche die Eigenschaften für die anschließenden Prozesse z. T. positiv beeinflussen.
  • Die in den Ölsaaten befindlichen Enzyme und Mikroorganismen, welche die Haltbarkeit des Presskuchens verringern können, werden inaktiviert.
  • In der Saat befindliche Eiweißstoffe werden koaguliert, wodurch ein Verschmieren der Pressen oder eine Schaumbildung bei der Extraktion vermieden wird. Außerdem kann dann das Lösemittel das Extraktionsgut besser durchdringen.
  • Das Öl wird mit zunehmender Temperatur dünnflüssiger, so dass es beim Pressen leichter abläuft.

Diese Konditionierung des Pressgutes wird vorwiegend in trommelartigen, horizontalen oder geneigten Apparaten durchgeführt. Die Mäntel oder die Rührwerke dieser Konditionierer werden mit Dampf beheizt. Meistens sind Vorrichtungen zum direkten Einblasen von Wasserdampf angebracht. Außerdem ist im Regelfall die Möglichkeit vorgesehen, die eingebrachte Luft zur Trocknung des Pressgutes zu benutzen. Die Ölsaat wird dabei auf eine Temperatur von 80 bis 90 °C und einen von der jeweiligen Ölsaat bzw. den nachfolgenden Verarbeitungsschritten abhängigen Wassergehalt eingestellt.

13.2.1.2 Pressung

Die derart vorbehandelte Ölsaat wird in einem mechanischen Vorgang ausgepresst. Dazu werden heute kontinuierlich arbeitende Schneckenpressen verwendet. Der Pressvorgang kann in die folgenden drei Schritte (a. bis c.) aufgeteilt werden.
a. Kompression ohne Flüssigkeitsabgabe; hier wird die Zelle aufgeschlossen und es entweicht die Luft aus den Hohlräumen des Pressgutes.
b. Kompression mit Flüssigkeitsabgabe als ein instationäres Nicht-Gleichgewicht; in dieser Phase wird das Porenvolumen verringert und gleichzeitig Öl abgetrennt.
c. Gleichgewichtszustand des Pressgutes mit dem aufgezwungenen Pressdruck nach Beendigung der partiellen Flüssigkeitsabgabe; dies ist die Phase der Formgebung.

Die eingesetzten Pressen unterscheiden sich prinzipiell – außer durch die Größe bzw. den Durchsatz – im Hinblick auf Aufbau und Funktionsweise kaum von den

Pressen, wie sie auch für die Ölgewinnung im kleinen Leistungsbereich eingesetzt werden; eine detaillierte Beschreibung findet sich in dem entsprechenden Kapitel 13.2.2.

Die Schneckenpressen, denen eine Extraktion nachgeschaltet ist, werden als Vorpressen bezeichnet. Sie reduzieren den Ölgehalt auf ca. 20 %. Wichtiger als der Ölgehalt im Presskuchen ist aber die Sicherstellung der Extrahierfähigkeit des abgepressten Materials.

Bei der Pressung der Ölsaat entstehen zwei Produkte, das Pressöl und der Presskuchen.

– Das Pressöl enthält verfahrenstechnisch bedingt noch Trub (kleine Saatteilchen), der in nachgeschalteten Trub-Abscheidern und Dekantern oder Filteranlagen entfernt wird. Der abgeschiedene Trub wird anschließend wieder der Schneckenpresse mit der frischen, konditionierten Ölsaat zugeführt. Abschließend wird das gereinigte Pressöl mit dem in der Extraktionsanlage gewonnenen Öl zusammengeführt und der weiteren Aufbereitung zugeführt (Kapitel 13.2.1.4).
– Der Presskuchen hat nach der Pressung einen Restölgehalt von etwa 18 bis 21 %. Er wird zur Extraktionsanlage transportiert und dort nach einer eventuell notwendigen Kühlung in der Extraktion weiter entölt.

13.2.1.3 Extraktion

Bei einer Extraktion wird der erwünschte Stoff durch ein Lösemittel aus seiner Umgebung herausgelöst. Demnach kann mit Hilfe der Extraktion das restliche Öl dem Presskuchen entzogen werden. Nachfolgend werden die dazu notwendigen verfahrenstechnischen Schritte dargestellt und diskutiert.

Vorbereitung. Vor der Extraktion sollte der Presskuchen der Temperatur im Extrakteur angepasst werden. Dabei ist eine Temperatur von 70 °C akzeptabel. Wichtiger ist allerdings, dass die Feuchtigkeit im Extraktionsgut so weit reduziert wird, dass eine Extraktion erst ermöglicht wird. Dazu wird ein Trockner/Kühler zwischen der Presse und der Extraktion installiert. Die Umgebungsluft dient dabei als Kühl- und Trocknungsmedium.

Lösemittel. Als Lösemittel werden überwiegend aliphatische Kohlenwasserstoffe, vor allem n-Hexan, eingesetzt. Hexan erfüllt die an ein Extraktionsmittel zu stellenden Anforderungen aus gegenwärtiger Sicht am besten.

– Das Lösemittel soll nur Triglyceride, nicht aber unerwünschte Begleitstoffe (z. B. Schleimstoffe, Farbstoffe, Wachse) aus dem Presskuchen bzw. der Saat lösen.
– Das Lösemittel darf keine nicht-flüchtigen, toxischen Bestandteile enthalten und muss sicher zu handhaben sein.
– Das Lösemittel muss sich einfach aus dem extrahierten Gut entfernen und sich leicht und nahezu verlustfrei wiedergewinnen lassen.

Industriell fraktioniertes Hexan hat Siedegrenzen zwischen 65 und 70 °C und ist als Lösemittel ein Kompromiss, da die Ölbegleitstoffe mit extrahiert werden. Außerdem kann es ein explosibles Gemisch mit Luft bilden; besondere Sicherheitsmaßnahmen sind daher anzuwenden. Hexan lässt sich aber bei Temperaturen

13.2 Pflanzenölgewinnung

unter 100 °C und im Vakuum relativ leicht aus dem Öl entfernen. Auch aus dem Schrot kann es mithilfe von Dampf einfach ausgetrieben werden.

Dieses Lösemittel wird bei der Extraktion im Kreislauf gefahren. Dabei verbleibt ein sehr geringer Anteil Hexan im Schrot; zusätzlich können geringe Verlustmengen mit der Abluft in die Umwelt gelangen. Typischerweise liegen die Gesamtverluste zwischen 0,6 und 1,5 kg/t Saat /13-124/, /13-21/.

Extraktion. Bei der Extraktion wird das Öl durch das Lösemittel aus dem Presskuchen herausgelöst. Dadurch entstehen zwei Produkte, nämlich das mit Öl angereicherte Lösemittel, die sogenannte Miscella (10 bis 30 % Ölgehalt, 70 bis 90 % Lösemittel), und das mit Lösemittel durchsetzte, weitgehend ölfreie Extraktionsschrot (25 bis 35 % Lösemittel) /13-21/. Sie müssen anschließend aufgearbeitet werden, damit die jeweils gewünschten Produkte in brauchbarer Form vorliegen.

Zur Extraktion können diskontinuierliche und kontinuierliche Verfahren eingesetzt werden. Für die großtechnische Pflanzenölgewinnung haben jedoch in den letzten Jahren nur noch die kontinuierlichen Verfahren Bedeutung.

Bei den derzeit gebräuchlichen kontinuierlichen Extraktionsanlagen wird das Extraktionsgut in einem geschlossenen Extraktionsraum in offenen Behältern (Becher oder Kästen) transportiert. Währenddessen wird der entsprechend auf- bzw. vorbereitete Presskuchen dem auf 50 bis 60 °C temperierten Lösemittel im Gegenstrom ausgesetzt. Das Lösemittel läuft durch den Presskuchen, löst dabei das Öl, wird aufgefangen und anschließend entgegen der Transportrichtung des Extraktionsgutes in die nächste Kammer gepumpt.

Beispielsweise handelt es sich beim Karussellextrakteur (Abb. 13.2) um ein sich im Kreis drehendes Zellenrad, in dessen Zellen sich das Extraktionsgut befindet, das von oben nach unten vom Lösemittel durchströmt wird. Am Ende des Extraktionsprozesses wird das reine Lösemittel auf das zuvor schon fast vollständig extrahierte und damit nahezu ölfreie Extraktionsgut aufgegeben; dadurch wird nur gering konzentrierte Miscella verdrängt und auch das wenige noch im Extraktionsgut befindliche Öl aus dem Feststoff herausgelöst. Das verdrängte Gemisch aus Lösemittel und Öl wird aufgefangen und einem Bereich des Extrakteurs zugeführt, in dem sich Extraktionsgut mit einem höheren Ölanteil befindet (d. h. im Gegenstrom). Dort wird wieder die vorhandene ölreichere Miscella verdrängt und dabei erneut Öl aus dem Extraktionsgut herausgelöst.

Auf diese Weise wird die Miscella in entgegen gesetzter Richtung zum Extraktionsgut immer höher aufkonzentriert (d. h. das Hexan weist einen immer höheren Ölanteil auf). Durch eine kontinuierliche Zugabe von Lösemittel und den Abzug der mit Öl stark angereicherten Miscella ergibt sich ein konstanter Flüssigkeitsstrom. Der Gegenstrom wird in den einzelnen Extraktionsstufen von einem Kreuzstrom überlagert, indem die Miscella innerhalb der Stufe über das Extraktionsgutbett rezirkuliert wird. Dieses Gegenstromverfahren endet vor den Austrittstellen des nahezu vollständig entölten Presskuchens (d. h. des Schrotes) und der Miscella. Hier durchläuft das (nahezu ölfreie) Schrot vor dem Austritt eine Abtropfzone, in der kein weiteres Lösemittel mehr zugeführt wird; wesentliche Anteile des im Extraktionsgut befindlichen Lösemittels können dadurch abtropfen. Auch wird die mit Öl angereicherte Miscella, bevor sie den Extrakteur verlässt, ausnahmsweise nicht im Gegen-, sondern im Gleichstrom durch das Fest-

13 Produktion und Nutzung von Pflanzenölkraftstoffen

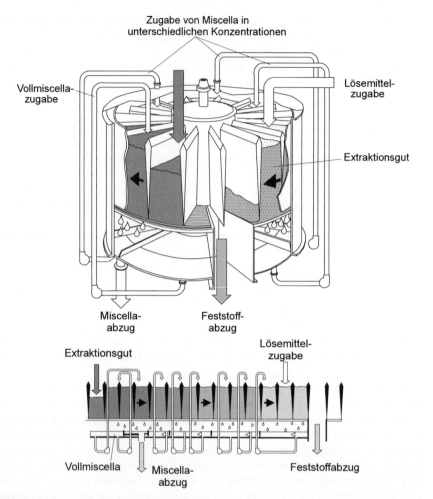

Abb. 13.2 Karussellextrakteur (nach /13-73/)

stoffbett geführt. Dadurch werden die Feststoffanteile in der Miscella reduziert, da sie so zum Schluss in einen Bereich gelangt, der zuvor schon von Miscella durchlaufen wurde und dessen Verunreinigungen damit bereits ausgewaschen wurden. Durch derartige Maßnahmen kann der Aufwand für die nachfolgenden Aufarbeitungsschritte verringert werden.

Beim Gleitzellenextrakteur, einem weiteren in Ölmühlen eingesetzten Extraktionsapparat, wird das aufbereitete Extraktionsgut durch einen Einfüllstutzen eingebracht, der gleichzeitig einen Luftabschluss sicherstellen soll. Es bewegt sich dann in den Gleitzellen entgegen dem Uhrzeigersinn durch den Extrakteur. Nach dem Durchlaufen der oberen Ebene fällt das Extraktionsgut in Zellen, die sich auf der unteren Ebene befinden. Dabei kommt es zu einer erwünschten Umschichtung des teilweise extrahierten Materials. Nach dem Durchlaufen der unteren Ebene fällt das nahezu ölfreie Extraktionsgut dann durch eine Auslassöffnung und kann der nachfolgenden Lösemittelabtrennung zugeführt werden. Das Lösemittel wird –

wie beim Karussellextrakteur – im Gegenstrom zu dem Extraktionsgut geführt. Auch hier wird sichergestellt, dass das Lösemittel aus dem entölten Material vor dessen Transport zur Lösemittelabscheidung (d. h. Schrot-Entbenzinierung) weitgehend abtropfen konnte.

Miscella-Destillation. Die Miscella wird nach der Extraktion zunächst durch Hydrozyklone oder Spaltfilter gereinigt. Anschließend muss der gereinigten Miscella noch das Lösemittel entzogen werden, um das Pflanzenöl in Reinform zu gewinnen. Da das Lösemittel einen niedrigeren Siedepunkt als das Extraktionsöl hat, verwendet man üblicherweise eine mehrstufige Destillation zur Trennung von Öl und Hexan.

Zur Voreindampfung auf bis zu 94 % Ölgehalt werden z. B. Umlaufverdampfer eingesetzt. Danach kommt ein mit Dampf beheizter Verdampfer zum Einsatz, der wie der Vorverdampfer unter Unterdruck (kleiner 0,6 bar) betrieben wird; hier ist ein Ölgehalt von 98 % erreichbar. Die zugeführte Wärme lässt das Lösemittel verdampfen; es entweicht nach oben und gelangt in einen Kondensator, wird dort erneut verflüssigt und dann dem Extrakteur wieder zugeführt. Das aufkonzentrierte Öl wird aus dem Verdampfer unten abgezogen.

Die Endeindampfung geschieht überwiegend mit Dünnschichtverdampfern oder Stripperkolonnen. Anders als bei der Voreindampfung wird jetzt Wasserdampf von unten in die Apparatur eingeblasen; er strömt der nach unten fließenden Miscella entgegen und treibt dabei das Lösemittel aus. Sowohl Dünnschichtverdampfer als auch Stripperkolonnen arbeiten bei vermindertem Druck.

Das Rohöl darf danach noch maximal 300 ppm Lösemittel enthalten /13-124/; in der Praxis wird dieser Wert aber deutlich unterschritten.

Die an verschiedenen Stellen der Extraktion anfallenden hexanhaltigen Dämpfe (Brüden) werden in entsprechenden Kondensatoren verflüssigt und einem Hexan-Wasserscheider zugeführt. Dort und im nachfolgenden Auskocher wird das Hexan vom Wasser abgetrennt und schließlich wieder im Extrakteur als Lösemittel verwendet. Die Apparateabluft wird durch eine Absorption geleitet, in der die noch mitgeführten Lösemittelreste absorbiert werden. Der Resthexangehalt in der Abluft beträgt danach nur noch ca. 5 g/m^3.

Schrot-Entbenzinierung. Um das Extraktionsschrot einer weiteren Verwendung zuführen zu können, muss ihm ebenfalls zunächst weitestgehend das Lösemittel entzogen werden. Beispielsweise darf Rapsschrot maximal 500 ppm /13-124/ Lösemittel enthalten; dies liegt u. a. darin begründet, dass höhere Gehalte in Lagerräumen oder beim Transport zu explosionsfähigen Hexan-Luft-Gemischen führen könnten. In der Praxis wird das Schrot mit einem Anteil von 100 bis 300 ppm Hexan verkauft /13-124/.

Bei der Nutzung des Schrotes als Futtermittel erfolgt der Entzug des Lösemittels z. B. in einem sogenannten Desolventizer-Toaster. Es handelt sich dabei um einen Apparat mit mehreren übereinander liegenden beheizten Böden, den das Schrot von oben nach unten durchläuft. Im Gegenstrom zum Schrot wird Wasserdampf durch den Apparat geleitet, mit dem das im Schrot noch enthaltene Lösemittel ausgetrieben wird. Gegen Ende des Prozesses wird das Schrot zusätzlich bei einem Wassergehalt von mehr als 15 % auf 105 °C erhitzt, um verdauungshemmende oder andere unerwünschte Stoffe zu zerstören.

Das Extraktionsschrot wird anschließend durch eine mit Luft durchgeführte Trocknung und Kühlung auf den erforderlichen Wassergehalt eingestellt und – falls erforderlich – gemahlen oder pelletiert. Es steht nun für eine weitere Verwendung zur Verfügung (z. B. Einsatz als Futtermittel). Das abgetrennte Hexan wird wieder zum Extrakteur zurückgeführt.

In einigen Anlagen sind Trocknung und Kühlung im Desolventizer-Toaster integriert. Hier wird in der Trocknungs- bzw. Kühlungszone Heiß- bzw. Kaltluft durch das Schrotbett geblasen, wobei Feuchtigkeit bzw. Wärme abgeführt werden. Auch werden im Vergleich zum herkömmlichen Vorgehen nicht zwei, sondern nur ein Apparat benötigt. Dadurch fallen die Förderelemente für den Transport des Schrotes zwischen den verschiedenen Anlagenbestandteilen weg und der Dampfverbrauch ist durch eine weitgehende Ausnutzung der im Schrot vorhandenen Wärme geringer.

13.2.1.4 Raffination

Das derart gewonnene Rohöl ist normalerweise nicht direkt für eine weitere Nutzung geeignet. Es enthält unerwünschte Begleitstoffe, von denen viele die Haltbarkeit beeinträchtigen und die Weiterverarbeitung erschweren (z. B. freie Fettsäuren, Farbstoffe, Aldehyde, Ketone, Phospholipide, Glycolipide, freie Zucker, Metallionen, Wachse, Saatteilchen, Schmutzpartikel, Schwermetalle, Pestizide). Die deshalb für bestimmte Anwendungsfälle in einem unterschiedlichen Ausmaß notwendige Abtrennung der Begleitstoffe des Rohöls wird als Raffination bezeichnet. Damit sind Verluste an nutzbarer Ölmasse von etwa 4 bis 8 % verbunden.

Aus Sicht einer Bereitstellung von Kraftstoffen (d. h. naturbelassene Pflanzenöle oder Pflanzenölmethylester) hängt es von den Anforderungen der nachfolgenden Prozesse (z. B. Umesterung) bzw. der Konversionsanlagen (z. B. Kfz-Motor) ab, in welchem Ausmaß das Öl raffiniert werden muss. Da aber in vorhandenen Umesterungsanlagen z. T. Pflanzenöl in Speiseölqualität eingesetzt wird, werden nachfolgend sämtliche Raffinationsschritte unabhängig davon dargestellt, ob sie aus Sicht einer Bereitstellung von pflanzenölbasierten Biokraftstoffen wirklich zwingend notwendig sind.

Die Raffination untergliedert sich in verschiedene Schritte, für die meistens jeweils mehrere Varianten existieren und die teilweise auch ineinander übergehen. Diese sind die Entschleimung, die Neutralisation, die Bleichung, die Winterisierung und die Desodorierung. Die Neutralisation kann dabei destillativ oder durch die Zugabe von Lauge durchgeführt werden. Deshalb unterscheidet man zusätzlich zwischen der physikalischen und der chemischen Raffination. Nachfolgend wird zunächst die chemische Raffination beschrieben, wie sie z. B. für die Rapsölaufbereitung eingesetzt werden kann. Ausgehend von diesem Schema werden die möglichen Varianten und andere Konzepte (physikalische Raffination, Miscella-Raffination, extraktive Raffination mit überkritischen Lösemitteln) dargestellt /13-21/, /13-16/, /13-51/, /13-115/, /13-73/, /13-53/.

13.2 Pflanzenölgewinnung

Chemische Raffination. Der chemische Raffinationsprozess setzt sich z. B. bei der Rapssaat aus den Aufbereitungsstufen Entschleimung, Neutralisation, Bleichung und Desodorierung (Dämpfung) zusammen (Abb. 13.3). Wenn demgegenüber ein wachshaltiges Saatöl wie Sonnenblumenöl raffiniert werden soll, kommt als weitere Raffinationsstufe die Winterisierung hinzu.

Entschleimung. Die in den Saatölen vorhandenen Phospholipide, Glycolipide, freie Zucker und Metallionen werden bei der Entschleimung mehr oder weniger entfernt. Dazu sind verschiedene Entschleimungsverfahren entwickelt worden.

Bei den Phospholipiden unterscheidet man zwischen den hydratisierbaren und nicht-hydratisierbaren Formen. Die nicht hydratisierbaren Phospholipide entstehen durch eine enzymatische Reaktion von beschädigten Zellstrukturen der Saaten mit Phospholipasen. Als wichtige Entschleimungsverfahren sind die Wasserentschleimung, die Säureentschleimung und die enzymatische Entschleimung zu nennen. Auch Glycolipide und freie Zucker können beispielsweise mit Wasser entfernt werden. Die Wasserentschleimung eignet sich aber nur zur Abtrennung der hydratisierbaren Bestandteile. Dieses Verfahren wird heute als Vorreinigungsstufe angesehen (d. h. das in Europa am Markt angebotene Rohöl sollte wasserentschleimt sein).

Bei der Wasserentschleimung wird Öl und 2 bis 4 % Wasser intensiv vermischt. Nach einer kurzen Verweilzeit von etwa 15 min werden die Schleimstoffe mit Zentrifugen abgetrennt. Dadurch können z. B. beim Sojaöl Phosphorgehalte unter 200 mg/kg und beim Rapsöl unter 300 mg/kg erreicht werden. Aus dem Phosphorgehalt kann auch der Gehalt an Phospholipiden bestimmt werden, indem dieser mit 25 bis 30 multipliziert wird. Ein Phosphorgehalt von 200 mg/kg bedeutet demnach ein Phospholipidgehalt von 5 bis 6 g/kg. Die abgetrennten Schleimstoffe können danach durch einen Trocknungsprozess zu einem Rohlecithin verarbeitet werden, das in vielen Bereichen Verwendung findet. Oft werden die Schleimstoffe auch dem entölten Feststoff (d. h. dem Schrot) zugegeben und damit als Futtermittel eingesetzt. Dieses geschieht in der Toasterstufe, also vor der Trocknungs- und Kühlstufe.

Die Säureentschleimung stand am Beginn der Vollentschleimungsverfahren und ist heute noch das wichtigste Verfahren. Mit den davon abgeleiteten Entschleimungsverfahren (Super/Uni-Degumming, UF-Degumming, TOP-Degumm-

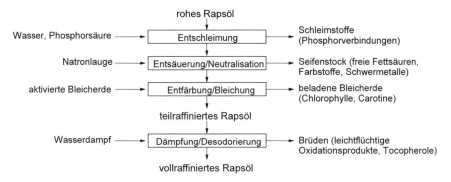

Abb. 13.3 Chemische Raffination am Beispiel von Rapsöl (nach /13-53/)

ing) können die heutigen Anforderungen an die Ölqualität erfüllt werden. Als Säure wird Phosphor- oder Zitronensäure eingesetzt. Sie zerstören die Magnesium- und Calcium-Komplexe und ermöglichen dadurch die Hydratisierung der Phospholipide. Durch einen intensiven Mischvorgang wird die Säure im Öl feinstverteilt und dadurch wirksam. Anschließend wird dem Öl Natronlauge zugegeben. Dadurch werden die Phospholipide neutralisiert und in Natriumsalze umgewandelt. Diese agglomerieren und lassen sich nach einer Verweilzeit von 20 min mit Zentrifugen abtrennen. Eine anschließende Waschung des Öls und der Abtrennung des Waschwassers führt zu Phosphor-Gehalten unter 20 mg/kg im Öl.

Die enzymatische Entschleimung benötigt neben der Phosphor- oder Zitronensäure ein Enzym, das zum partiellen Abbau von Phospholipiden geeignet ist. Durch den Abbau werden die Phospholipide hydratisierbar oder lipophob. Sie können nach der Behandlung mit Zentrifugen abgetrennt werden. Mit diesem Verfahren werden Phosphor-Werte unter 10 mg/kg sicher erreicht.

Entsäuerung (Neutralisation). Freie Fettsäuren (FFA), die mit etwa 0,3 bis 6 % im Rohöl enthalten sind und die Nutzung beeinträchtigen, können beispielsweise durch eine Behandlung der Öle mit alkalischen Medien entfernt werden.

Freie Fettsäuren (FFA) entstehen durch eine enzymatische oder eine mikrobiologische Hydrolyse der Triglyceride in Verbindung mit Oxidationsprozessen. Durch deren alkalische Behandlung entstehen Metallseifen und Wasser, die mit Zentrifugen vom Neutralöl abgetrennt werden. Dabei lassen sich zugleich Farbpigmente und Metallionen entfernen. Als alkalisches Medium wird fast ausschließlich Natronlauge zur Neutralisation eingesetzt; es sind aber auch schon Anwendungen mit Kalilauge erfolgreich durchgeführt worden.

Die alkalische Neutralisation der Öle findet fast ausschließlich kontinuierlich statt. Bei diesem normalerweise mehrstufigen Verfahren wird eine schwach alkalische Lauge (z. B. eine 14 bis 20 %-ige Natronlauge) in der erforderlichen (berechneten) Menge in den Ölstrom gegeben. Anschließend wird die entstehende Seife mit Hilfe einer ersten Zentrifuge abgetrennt. Bei schleimhaltigen Ölen kann sich dieser Schritt wiederholen. In der Folge wird Wasser zum Auswaschen der Seife aus dem Öl zugegeben und über eine zweite (bzw. dritte) Zentrifuge wieder abgetrennt. Danach wird das Öl getrocknet. Es enthält jetzt noch 0,05 % freie Fettsäuren und 60 bis 70 ppm fettsaure Salze. Die bei diesem Prozess anfallende Seife wird mit Schwefelsäure kontinuierlich wieder in Fettsäuren gespalten, die als Rohstoff an die weiterverarbeitende Industrie abgegeben werden können.

Während der Entsäuerung kommt es zu Verlusten an Öl (Neutralölverluste), da bei der Neutralisation mit Laugen die Verseifung eines kleinen Teils der Glyceride eine unvermeidbare Nebenreaktion darstellt. Die dadurch bedingten Verluste sind abhängig von der Konzentration der verwendeten Lauge. Schwächere alkalische Lösungen greifen das Neutralöl weniger an als stärkere. Zusätzlich reißt die Seife eine bestimmte Menge an Öl mit sich. Hier gilt das Umgekehrte; schwächere alkalische Lösungen reißen mehr Neutralöl mit sich. Die Neutralölverluste werden zusammen mit der Seife abgeführt und durch die Schwefelsäure ebenfalls in Fettsäuren zerlegt. Insgesamt entstehen also mehr Fettsäuren, als ursprünglich in Form von freien Fettsäuren im Rohöl enthalten waren.

Mit der Entsäuerung kann die Nachentschleimung verbunden werden. Dabei wird vor Zugabe der Natronlauge Zitronen- oder Phosphorsäure zugegeben. Der

Säureüberschuss wird durch die Lauge neutralisiert; die hydratisierten Schleimstoffe werden in den Zentrifugen mit abgeschieden. Darüber hinaus kann beim Waschen des Öls anstelle von Wasser auch Phosphorsäure oder eine Soda-Wasserglas-Lösung zugegeben werden, um einen zusätzlichen Reinigungs- bzw. Entschleimungseffekt zu erzielen /13-16/, /13-21/.

Bleichung. Bei der Bleichung werden der größte Teil der Farbstoffe und Reste von Schleimstoffen, Seifen, Spurenmetallen und Oxidationsprodukten aus dem Öl entfernt. Ein Teil dieser Stoffe verringert vor allem wegen ihrer prooxidativen Eigenschaften die Haltbarkeit des Öls. Die Bleichung kann mit Adsorptionsmitteln (z. B. Bleicherde) erfolgen. Wenn es aber nur um die Entfernung der Farbstoffe geht, ist auch der Einsatz von Sauerstoff, Ozon, Wasserstoffperoxid oder Wärme (über 250 °C) möglich. Heute haben nur Bleichverfahren mit Adsorptionsmitteln Bedeutung, da während der Bleichung auch unerwünschte Begleitstoffe soweit wie möglich entfernt werden sollen.

Zur adsorptiven Bleichung wird das Öl zunächst im Vakuum bei 80 bis 110 °C entgast, erwärmt und getrocknet. Anschließend wird ein Bleichmittel zugegeben, das die unerwünschten Begleitstoffe adsorbiert. Dabei findet überwiegend Bleicherde, wie z. B. aktiviertes Bentonit, deren Hauptkomponente das Montmorillonit (Aluminiumhydrosilikat) ist, Verwendung. Die Durchmischung von Öl und Bleichmittel erfolgt durch ein Rührwerk oder durch die Zugabe von Dampf. Wesentliche Einflussgrößen für die Bleichung sind die Temperatur (90 bis 110 °C), die Verweilzeit (15 bis 25 min), der Druck (50 bis 200 mbar) und die Menge der eingesetzten Bleicherde (2 bis 20 kg/t Öl). Nach Abschluss der Bleichung wird die beladene Bleicherde durch eine Filtration vom Öl getrennt.

Die kontinuierliche Bleichung ist heute das wichtigste Verfahren. Aber auch diskontinuierliche Verfahren haben noch eine gewisse Bedeutung. Dabei unterscheiden sich die kontinuierlichen Verfahren von dem diskontinuierlichen nur in der Bauart des Bleichers und der Tatsache, dass zwei Filter notwendig sind.

Im Filtrat sind noch ca. 30 bis 40 % Öl enthalten. Die gebrauchte Bleicherde ist somit energiereich und wird deshalb nach Möglichkeit genutzt und nicht nur entsorgt. Ein Einmischen ins Schrot ist dabei nur erlaubt, wenn es sich um eine integrierte Anlage (d. h. Ölgewinnung und Raffination befinden sich auf einem Gelände) handelt. Dann kann die gebrauchte Bleicherde auch mit dem Schrot extrahiert und dadurch der Ölverlust stark reduziert werden. Die Verwendung in Biogasanlagen sowie bei der Zement- und Ziegelproduktion ist ebenso gebräuchlich.

Desodorierung/Dämpfung. Die Dämpfung ist der letzte Verfahrensschritt der vierstufigen chemischen Raffination. Hierbei werden dem Öl die geruchs- und geschmacksintensiven Begleitstoffe (überwiegend Carbonylverbindungen, aber auch Kohlenwasserstoffe und freie niedermolekulare Fettsäuren) entzogen. Das Endprodukt der Destillation bezeichnet man als Vollraffinat. Das Destillat wird als Rohstoff in der Industrie verwendet.

Die Desodorierung wird mit Hilfe einer Wasserdampfdestillation unter Vakuum (2 bis 4 mbar) durchgeführt. Zunächst wird das Öl getrocknet und auf eine Temperatur von 200 bis 230 °C aufgeheizt. Danach wird Strippdampf in das Öl eingeblasen (Desodorieren). Wegen der niedrigen Partialdrücke der zu entfernenden Verbindungen sind 8 bis 12 kg an Wasserdampf erforderlich, um 1 t Öl zu desodorieren (d. h. dieser Verfahrensschritt ist energieintensiv). Die Dämpfung dauert zwischen 20 und 60 min; dies hängt von der Art und Konzentration der zu entfernenden Verbindungen ab. Nach Abschluss der Desodorierung wird das Öl wieder abgekühlt. Heute werden kontinuierlich arbeitende Anlagen eingesetzt. Findet ein häufiger Produktwechsel statt, kommen auch semikontinuierliche Verfahren zur Anwendung.

Die Dämpfung erfordert die Verwendung eines gut vorraffinierten Öls, da sich Eiweißstoffe, Kohlenhydrate, Phospholipide oder Seifen thermisch zersetzen können und die Abbauprodukte störend wirken. Insgesamt werden dem Öl etwa 0,2 % an Fettbegleitstoffen während der Desodorierung entzogen; nur ein kleiner Teil davon ist Neutralöl.

Physikalische Raffination. Bei der physikalischen Raffination erfolgt die Abtrennung der Fettsäuren nicht durch eine Neutralisation, sondern durch eine Destillation. Die beiden destillativen Verfahrensschritte Entsäuerung und Dämpfung werden daher bei der physikalischen Raffination miteinander verbunden. Dabei erweisen sich u. a. Phospholipide als besonders störend, da sie sich thermisch zersetzen und schwer abtrennbare Zersetzungsprodukte bilden. Daher ist eine Vollentschleimung des Rohöls vor der Destillation unbedingt erforderlich.

Bei der physikalischen Raffination werden damit zwei Verfahrensstufen der destillativen Entsäuerung und Dämpfung vorgeschaltet; dies ist die Vollentschleimung und die Bleichung. Manchmal werden auch die Bleichung und die Vollentschleimung gekoppelt, so dass dann bei der physikalischen Raffination nur noch zwei Raffinationsstufen erforderlich sind (Abb. 13.4) /13-21/. Die Kopplung wird nur angewandt, wenn der Phosphor-Gehalt im Öl unter 50 ppm beträgt.

Rapsöl wird wasserentschleimt mit einem Phosphor-Gehalt von unter 300 ppm gehandelt. Dieses wird dann vollschleimt auf Phosphor-Gehalte unter 15 ppm. Dazu werden die genannten Entschleimungsverfahren (Säureentschleimung, enzymatische Entschleimung) eingesetzt. Nach der Vollentschleimung wird die Bleichung durchgeführt. Ein höherer Bleicherdebedarf (5 bis 20 kg) ist naturgemäß gegeben, da während der alkalischen Neutralisation auch Phospholipide und Farbstoffe entfernt werden. Die Bleichtemperaturen und Verweilzeiten entsprechen dem Bleichprozess in der alkalischen Raffination. Das derartig vorraffinierte Rapsöl wird vor der destillativen Entsäuerung und Desodorierung auf 200 bis 240 °C erwärmt. Höhere Temperaturen sind nicht anzuwenden, da sonst erhöhte Gehalte an transisomeren Fettsäuren vorhanden sind. Bei dieser Temperatur finden die Desodorierung und die Entsäuerung statt. Nach Abschluss des

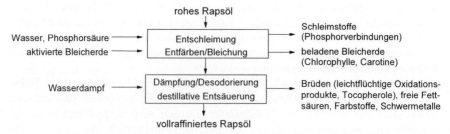

Abb. 13.4 Physikalische Raffination am Beispiel von Rapsöl

Verfahrens wird das Öl abgekühlt und die abdestillierten Fettsäuren werden kondensiert. Im Vergleich zur chemischen Raffination lassen sich die folgenden Vorteile erzielen.
- Verringerter Bedarf an Prozesschemikalien (nur noch Bleichmittel und ggf. Mineralsäure zur Entschleimung).
- Geringere Raffinationsverluste.
- Niedrigere Abwassermengen (vor allem durch den Wegfall der Neutralisationsabwässer und der Abwässer aus der Seifenspaltung).
- Direkte Abtrennung der freien Fettsäuren, die mit dem gleichzeitig anfallenden Deodestillat Verwendung in der Tierernährung finden.

Während früher überwiegend die chemische Raffination zum Einsatz kam, führen in letzter Zeit vor allem die durch höhere Umweltauflagen verursachten Kostensteigerungen zu einer Umstellung auf die physikalische Raffination /13-53/.

Miscella-Raffination. Die auf 40 bis 50 % aufkonzentrierte Miscella kann auch direkt raffiniert werden. Dabei wird zur Hydratation Natronlauge zugegeben und das Gemisch in einem Homogenisator vergleichmäßigt. Anschließend wird die raffinierte Miscella mit Hilfe von Zentrifugen abgetrennt und durch Bleicherde abgeschieden. Sie kann dann weiter aufgearbeitet werden.

Extraktive Raffination mit überkritischen Lösemitteln. Die Speiseölindustrie ist immer auf der Suche nach neuen, umweltfreundlicheren Raffinationsmethoden, bei denen gleichzeitig eine thermisch schonende Aufarbeitung des Öls ermöglicht wird. Problematisch im Hinblick auf den letztgenannten Punkt ist insbesondere die Dämpfung, bei der bestimmte Begleitstoffe sowie die als Antioxidantien und Vitamine bekannten Tocopherole vermindert werden. Deshalb wurde ein Konzept entwickelt, bei dem die Hochdruckextraktion zur Ölraffination eingesetzt wird /13-53/.

13.2.2 Pflanzenölgewinnung in Kleinanlagen

Neben der großtechnischen Ölsaatenverarbeitung kann Pflanzenöl auch in Anlagen im kleinen Leistungsbereich (d. h. dezentral) gewonnen werden. Ein wesentliches Merkmal der dezentralen Ölgewinnung ist der Bezug der Ölsaat aus der Region und die Vermarktung von Öl und Presskuchen in der Region mit dem Ziel, Transportwege und somit Kosten einzusparen. Die Verarbeitungskapazität einer dezentralen Anlage richtet sich vor allem danach, ob ausschließlich eigene Saat verarbeitet werden soll, bzw. wie viel Saat aus der Region bezogen werden kann und welche Mengen der erzeugten Produkte wiederum regional vermarktet werden können. In derartigen dezentralen Anlagen werden durch schonende Ölsaatenverarbeitung sogenannte kaltgepresste Pflanzenöle hergestellt, die keine Raffinationsschritte durchlaufen. Die Ölsaatqualität, der Abpressvorgang und die Ölreinigung (Fest/Flüssig-Trennung) haben deshalb bei der dezentralen Ölsaatenverarbeitung einen großen Einfluss auf die Ölqualität /13-92/, /13-93/. Die Verfahrensschritte der Ölsaatenverarbeitung in Kleinanlagen zeigt Abb. 13.5.

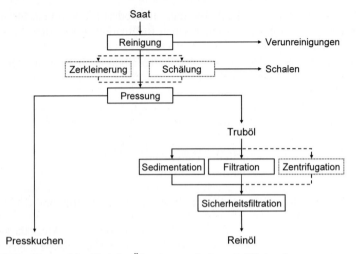

Abb. 13.5 Verfahrensablauf bei der Ölsaatenverarbeitung in Kleinanlagen

Eine kleintechnische Ölmühle besteht im Wesentlichen aus dem Saatlager, der Saatfördereinrichtung, dem Saatzwischenbehälter, ggf. der Saatvorwärmung, der Schneckenpresse, dem Presskuchenlager, dem Trüböltank, dem Apparat zur Hauptreinigung (d. h. Sedimentationsanlage, Filter), dem Sicherheitsfilter, dem End- oder Feinfilter ("Polizeifilter") und dem Reinöltank. Abb. 13.6 zeigt eine vereinfachte schematische Darstellung einer kleineren Ölmühle.

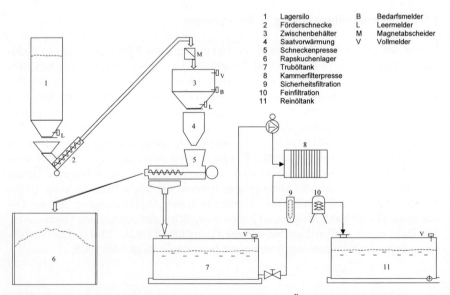

Abb. 13.6 Vereinfachte Darstellung einer kleintechnischen Ölmühle (nach /13-78/)

13.2.2.1 Pressen

Der Saatzwischenbehälter an der Presse sollte die Menge Saat aufnehmen können, die pro Tag verarbeitet wird, damit eine kontinuierliche Versorgung der Ölpresse gewährleistet werden kann. Außerdem ermöglicht der Zwischenbehälter eine Angleichung der Saattemperatur an die Pressenraumtemperatur. Dadurch lässt sich die Kondensation der Luftfeuchte im warmen Pressenraum an der kalten Saat vermeiden. Eine Saatvorwärmung ist dann oftmals nicht mehr erforderlich. Die Nutzung der Abwärme der Ölpresse zur direkten Saatvorwärmung, z. B. mit einem Gebläse, ist nicht empfehlenswert, da bei der Ölpressung Wasserdampf an die Umgebungsluft abgegeben wird und dieser an der (kalten) Saat kondensieren kann.

Die Saatzuführung zur Ölpresse sollte mit einer entsprechenden Dosiereinrichtung ausgestattet sein, um die der Ölpresse zugeführte Saatmenge regulieren zu können. Ein Quetschen oder Brechen der Rapssaat mit einem Walzenstuhl vor der Zuführung zur Ölpresse ist in der Regel nicht sinnvoll, da dadurch die Ausbeute nicht erhöht wird. Zum Schutz der Ölpresse vor unnötigem Verschleiß und größeren Schäden an den Presswerkzeugen sollte die Saatzuführung mit einem Magnetabscheider ausgestattet werden.

Schneckenpressen für die Verarbeitung von Ölsaaten kommen in unterschiedlichen Bauformen vor. Sie lassen sich beispielsweise durch die Gestaltung des Seihers unterscheiden, in dem sich die Schnecke dreht.
– Bei Lochseiher-Schneckenpressen (Abb. 13.7) ist der Presszylinder durch Bohrungen perforiert. Am Presskopf befindet sich eine Pressdüse, welche die zylindrische Form des Presskuchens (Pellets) bestimmt.
– Seiherstab-Schneckenpressen (Abb. 13.8) sowie Seiherscheiben-Schneckenpressen haben demgegenüber Seiherstäbe bzw. -scheiben, die in definierten Abständen parallel zueinander angeordnet sind. Der Ölaustritt erfolgt über die Spalten zwischen den Seiherstäben bzw. -scheiben. Der Presskuchen wird am

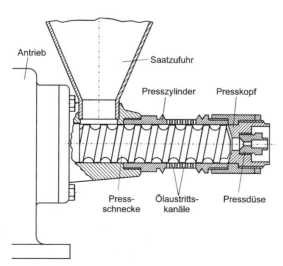

Abb. 13.7 Lochseiher-Schneckenpresse

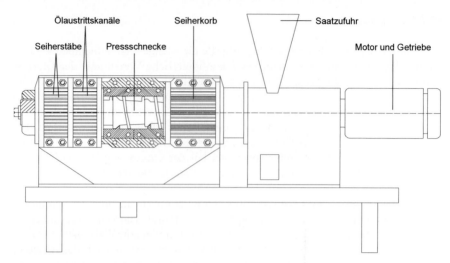

Abb. 13.8 Seiherstab-Schneckenpresse (nach /13-93/)

Ende der Pressschnecke in Form kleiner Plättchen oder, falls eine Pelletiereinrichtung vorhanden ist, als Pellets ausgetragen.

Im Leistungsbereich bis etwa 75 kg/h Rapssaat kommen überwiegend Lochseiher-Schneckenpressen und im größeren Leistungsbereich bis zu 3 000 kg/h Saat vor allem Seiherstab-Schneckenpressen zum Einsatz.

Entscheidend für den Pressvorgang ist der Wechsel zwischen Kompression (Verdichtung) und Relaxation (Entspannung) des Komprimats (Pressgut). Dabei muss verhindert werden, dass sich das Pressgut mit der Schnecke mitdreht. Deshalb muss die Reibungskraft zwischen dem Pressgut und dem Seiher größer sein als zwischen dem Presskuchen und der Schnecke. Dies wird z. B. durch Abstreifer am Seiher oder "auf Keil" gestellte Seiherstäbe erreicht. Die Relaxation des Pressguts fördert den Ölabfluss aus dem Pressgut hin zum Seiher.

Die Stoffflüsse bei der Ölpressung zeigt Abb. 13.9. Demnach erfolgt der Ölaustritt über die Länge des Seiherkorbs in unterschiedlicher Intensität. Deutlich wird auch, dass sich das ausgepresste Öl mit den Feststoffen zu dem letztlich erzeugten Trub- oder Rohöl vermischt. Darunter wird folglich ein zweiphasiges Stoffgemisch aus einer flüssigen (Öl) und einer festen Phase (Partikel) verstanden, das etwa 0,5 bis 6 Gew.-% Feststoffe (ölfrei) enthält. Dieser Feststoffgehalt ist abhängig u. a. von der Bauform und dem Zustand der Ölpresse, der Durchsatzleistung, der verarbeiteten Ölsaat und dem Wassergehalt des Pressguts /13-130/, /13-90/. Zusätzlich entweicht bei der Ölpressung ein Teil der in der Saat enthaltenen Feuchte als Wasserdampf /13-84/, /13-103/, /13-106/.

Tendenziell lassen sich mit Ölpressen, die mit (kurzem) Lochseiher ausgestattet sind, geringere Phosphor-, Calcium- und Magnesium-Gehalte erzielen, als mit Pressen, die mit (langem) Seiherstabkorb ausgeführt sind. Dies liegt möglicherweise an der unterschiedlichen Dauer, in der das Pressgut bzw. das Öl den heißen Bauteilen der beiden Pressentypen ausgesetzt sind.

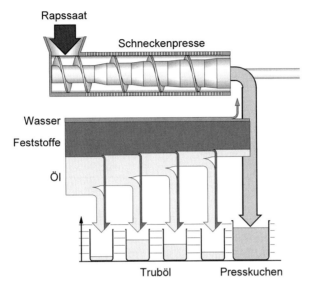

Abb. 13.9 Stoffflüsse bei der Ölpressung (verändert nach /13-103/)

13.2.2.2 Ölreinigung

Unter der Ölreinigung ist hier die Entfernung von festen Verunreinigungen (hauptsächlich Samenbestandteile) aus dem Öl zu verstehen (Fest/Flüssig-Trennung). Dies ist notwendig, da Samenbestandteile Enzyme enthalten, die bei der Keimung den Abbau der Triglyceride ermöglichen. Ein hoher Anteil an Samenbestandteilen in Pflanzenölen birgt deshalb die Gefahr einer vorzeitigen Ölalterung. Zusätzlich können Verunreinigungen im Öl zu Filterverstopfungen oder zu abrasivem Verschleiß an Werkstoffen führen.

Für die Fest/Flüssig-Trennung wichtige physikalische Kenngrößen der flüssigen Phase sind die kinematische Viskosität und die Dichte. Die feste Phase (im Öl suspendierte Partikel) lässt sich durch ihre Menge, Form, Größenverteilung und Dichte beschreiben. Diese Eigenschaften der zu reinigenden Ölsuspension und die Ansprüche an die Effektivität des Verfahrens der Fest/Flüssig-Trennung bestimmen die Auswahl des Trennverfahrens.

Die festen Rückstände im Öl sollten in einer Hauptreinigung (d. h. Grobklärung) und anschließend in einer Sicherheitsfiltration (d. h. Endfiltration) abgeschieden werden. Dabei sollten aber bei der Hauptreinigung die Feststoffe bereits möglichst vollständig entfernt werden. Die Sicherheitsfiltration hat nur die Aufgabe, Störungen bei der Hauptreinigung anzuzeigen und die angestrebte Reinheit der Charge sicherzustellen.

Die bei der Hauptreinigung eingesetzten Verfahren sind die Sedimentation oder die Filtration (/13-89/, /13-91/), in seltenen Fällen auch die Zentrifugation. Sedimentationsverfahren werden dabei aufgrund des hohen Raumbedarfs nur bei Ölpressen mit Verarbeitungskapazitäten bis ca. 50 kg/h Ölsaat eingesetzt. Bei der Sicherheitsfiltration werden ausschließlich Filtrationsverfahren eingesetzt. Abb.

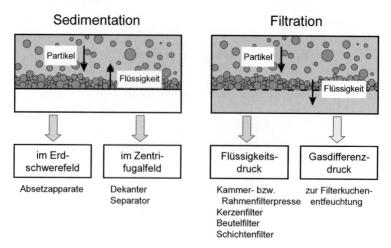

Abb. 13.10 Stoffflüsse bei der Ölpressung (nach /13-93/)

13.10 zeigt die Systematik der Verfahren für die Fest/Flüssig-Trennung und nennt Apparatebeispiele.

Sedimentationsverfahren zur Hauptreinigung. Sedimentationsverfahren nutzen den Dichteunterschied zwischen der Flüssigkeit und den Feststoffen. Das Sedimentationsverhalten wird u. a. beeinflusst durch die Dichtedifferenz, die Partikelgröße und -form, die Viskosität der Flüssigkeit und die Wechselwirkungen zwischen den Partikeln und der flüssigen Phase. Dabei kann zwischen einer Sedimentation im Erdschwerefeld und einer Sedimentation im Zentrifugalfeld unterschieden werden.

Sedimentation im Erdschwerefeld. Bei Ölsaatenverarbeitungsanlagen mit geringer Verarbeitungskapazität wird das Öl häufig durch eine Sedimentation im Erdschwerefeld gereinigt. Es werden diskontinuierliche (Batch-Verfahren) und kontinuierliche Sedimentationsverfahren unterschieden.

Bei der diskontinuierlichen Sedimentation werden einzelne Behälter mit zumeist mehreren hundert Litern Fassungsvermögen mit Truböl befüllt und die Partikel sedimentieren oft über einen Zeitraum von mehreren Wochen. Die geklärte Flüssigkeit wird häufig durch sogenannte Schwimmabsaugung wenige Zentimeter unter dem Flüssigkeitsspiegel entnommen, um Partikel mit geringerer Dichte als die Flüssigkeit nicht mit zu entfernen. Die Entnahme des Sediments erfolgt manuell.

Bei der kontinuierlichen Sedimentation erfolgen die Zugabe der Suspension, die Entnahme der geklärten Flüssigkeit und die Entfernung der aufkonzentrierten Feststoffe zeitgleich. Dies kann beispielsweise mittels eines vierstufigen Absetzverfahren realisiert werden (Abb. 13.11) /13-91/.

Demnach durchströmt das Truböl vier Absetzbehälter, die über Rohrverbindungen miteinander kommunizieren. Der zweite, dritte und vierte Absetzbehälter wird jeweils vom Überlauf aus dem vorigen Behälter im unteren Bereich befüllt. Das Sedimentationssystem sollte in Abhängigkeit der Verarbeitungskapazität der

13.2 Pflanzenölgewinnung

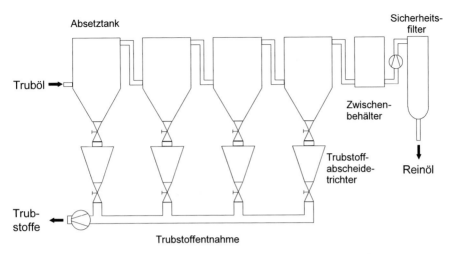

Abb. 13.11 Kontinuierliche Sedimentation für Pflanzenöl im Erdschwerefeld

Ölpresse hinsichtlich seines Behältervolumens auf eine Ölverweilzeit von etwa vier Tagen ausgelegt sein. Ist das Sedimentationssystem nach der Startphase gefüllt, tritt das Ölvolumen, das der von der Presse zugeführten Menge Truböl entspricht, weitgehend gereinigt aus dem vierten Absetztank aus. Die sedimentierten Trubstoffe sammeln sich in den Abscheidebehältern an und können von dort mittels geeigneter Pumpen oder mit Hilfe von Druckluft entnommen werden. Während der Trubstoffentnahme werden die Absetztanks über Absperrventile von den Trubstoffabscheidetrichtern getrennt.

Da dieses Öl noch einen relativ hohen Anteil Partikel (bis zu 250 mg/kg Gesamtverschmutzung) enthält, müssen ein oder mehrere Filter mit definierter Porengröße (in der Regel etwa 1 µm) und ausreichendem Schmutzaufnahmevermögen, die die gewünschte Reinheit sicherstellen, nachgeschaltet werden.

Sedimentation im Zentrifugalfeld. Durch die auf die Partikel wirkende Zentrifugalkraft erhöht sich die Sinkgeschwindigkeit und damit verkürzt sich die Sedimentationsdauer. Eingesetzt werden diskontinuierlich oder kontinuierlich betriebene Dekanter oder Separatoren; meist kommen sie jedoch in Kombination zum Einsatz. Die Auswahl erfolgt in Abhängigkeit vom Feststoffgehalt und den Partikelgrößen.

Filtrationsverfahren zur Hauptreinigung. Nach der Art der Feststoffabscheidung lassen sich Filtrationsverfahren in kuchenbildende Filtration, Querstromfiltration und Tiefenfiltration einteilen /13-4/. Die Querstromfiltration wird hauptsächlich zur Aufkonzentrierung von Suspensionen eingesetzt und hat hier keine Bedeutung.

Kuchenbildende Filtration. Die Feststoffe in der Suspension werden bei der kuchenbildenden Filtration unter der Wirkung eines Druckgefälles an einem porösen Filtermaterial (z. B. Gewebe, Vliese, Metallmembranen) zurückgehalten (Abb. 13.12). Sie bilden dabei Brücken und wachsen zu einem Filterkuchen an.

13 Produktion und Nutzung von Pflanzenölkraftstoffen

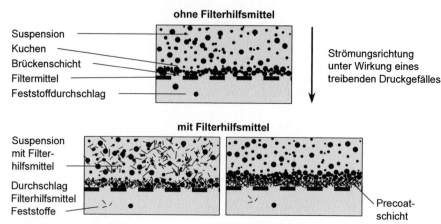

Abb. 13.12 Prinzip der kuchenbildenden Filtration (nach /13-5/)

Um ein schnelles Verstopfen des Filtermaterials zu vermeiden, wird der Porendurchmesser des Filtermittels größer gewählt als der Durchmesser der Partikel, die zurückgehalten werden sollen. Deshalb gelangen zu Beginn des Filtrationsvorganges so lange Partikel in das Filtrat, bis sich über dem Filtermittel stabile Brücken aus den Feststoffpartikeln gebildet haben.

Das Rückhaltevermögen eines Filtermittels wird als absolute oder nominale Filterfeinheit angegeben. Die absolute Filterfeinheit nennt den Durchmesser der größten harten kugelförmigen Partikel, die das Filtermittel unter stationären Durchflussbedingungen passieren können. Die nominale Filterfeinheit gibt eine Partikelgröße an, die sich auf die Abscheidung von in der Regel 98 % der im Ausgangsmaterial vorhandenen Partikel bezieht.

Der Filterkuchen, der sich im Laufe des Filtrationsprozesses aufbaut, übernimmt dabei die Funktion des Filtermittels. Zur Verbesserung der Brückenbildung können Filterhilfsmittel (z. B. Cellulose) eingesetzt werden. Sind die Filterapparate mit zu engmaschigen Filtermitteln bestückt, müssen drainagefördernde Filterhilfsmittel verwendet werden.

Soll eine kuchenbildende Filtration als Hauptreinigungsstufe durchgeführt werden, ist in der Regel keine Vorreinigung durch Sedimentation notwendig. Durch eine Sedimentation werden überwiegend große (schwere) Partikel abgeschieden, die jedoch für einen guten Filterkuchenaufbau benötigt werden. Sind nämlich nur noch kleine Partikel für den Filterkuchenaufbau vorhanden, entsteht ein dünner und sehr dichter Filterkuchen mit schlechten Drainage-Eigenschaften. Als Folge wird der Totraum im Filter für den Filterkuchenaufbau nicht ausgenutzt. Es kommt zu einem schnellen Druckanstieg am Filter, was zu kurzen Filtrationszyklen führt. Bei einer vorgeschalteten Sedimentation ist deshalb in der Regel der Einsatz von Filterhilfsmitteln für den Kuchenaufbau zwingend erforderlich.

Bei der Anschwemmfiltration wird vor dem eigentlichen Filtrationsvorgang eine Filterhilfsmittelschicht auf dem Filter angeschwemmt (Precoatschicht; Abb. 13.12). Die Anschwemmfiltration ist im Übergangsbereich zwischen kuchenbildender Filtration und Tiefenfiltration anzusiedeln.

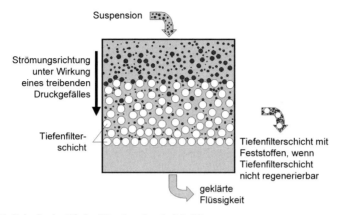

Abb. 13.13 Prinzip der Tiefenfiltration (nach /13-5/)

Tiefenfiltration. Bei der Tiefenfiltration (Abb. 13.13) werden grobporige Filterhilfsmittelschichten eingesetzt, in deren Innerem sich die Feststoffe festsetzen sollen. Die Tiefenfilterschichten können u. a. aus einer Schüttung (z. B. Sand), aus einer Precoatschicht bei der Anschwemmfiltration (z. B. Kieselgur) oder aus maschinell gefertigter Pappe (z. B. Zellstoff) bestehen. Da eine Regenerierung der Tiefenfilterschichten oft nicht möglich ist, werden diese, wenn die innere Oberfläche belegt ist bzw. die Druckdifferenz zu hoch wird, ausgetauscht /13-5/.

Kammer- und Rahmenfilterpressen, in denen dieses Prinzip technisch umgesetzt wird, bestehen aus parallel aufgehängten Filterplatten mit einem dazwischen eingespannten Filtermittel (Filtertücher). Das Filterplattenpaket wird zwischen einer festen und einer beweglichen Druckplatte meist hydraulisch zusammengespannt. Bei Rahmenfilterpressen wird der Raum für die Kuchenbildung durch den Hohlraum zwischen dem eingesetzten Rahmen und den ebenen Filterplatten erzeugt. Bei Kammerfilterpressen (Abb. 13.14) entsteht der Hohlraum durch eine beidseitige Vertiefung im Plattenkörper; Rahmen müssen deshalb nicht eingesetzt werden. Die Zuführung des ungereinigten Öls (Truböl) erfolgt von der Stirnseite durch eine in der Plattenmitte durchgängige Bohrung, die beim Zusammenspannen einen Kanal bildet. Die Oberflächen der Filterplatten sind genoppt, um einen Ablauf des Filtrats zu ermöglichen. Das Filtrat wird in einem weiteren durch Bohrungen gebildeten Kanal oder in einer Rinne abgeführt.

Zusätzlich können auch Vertikal-Druckplattenfilter und Vertikal-Druckkerzenfilter eingesetzt werden. Diese Filter bestehen aus einem Filtergehäuse, in dem zahlreiche Filterplatten oder kerzenförmige Filterelemente vertikal angeordnet sind. Beispielsweise werden bei einem Vertikal-Druckkerzenfilter (Abb. 13.15) die Filterelemente von außen nach innen vom Truböl durchströmt, bis sich ein Filterkuchen gebildet hat, der die Filtration ermöglicht. Ab diesem Zeitpunkt wird das Filtrat abgeleitet. Das Anschwemmen des Filterkuchens erfolgt druck- oder zeitgesteuert. Der Flüssigkeitsdruck wird über eine Pumpe erzeugt. Am Ende des Filtrationsvorgangs wird der Filterkuchen mit Hilfe von Druckluft (Gasdifferenzdruck) getrocknet und durch Vibrationen oder durch Druckluft im Gegenstrom von der Filterkerze entfernt. Der dadurch erzeugte Filterkuchen hat einen Restölgehalt, der dem des Presskuchens vergleichbar ist.

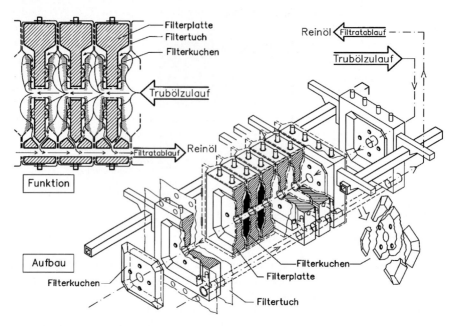

Abb. 13.14 Aufbau (unten rechts) und Funktion (oben links) einer Kammerfilterpresse

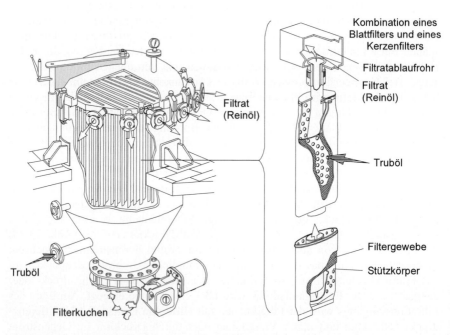

Abb. 13.15 Aufbau und Funktion eines Vertikal-Druckkerzenfilters (nach /13-2/)

13.2 Pflanzenölgewinnung

Filterapparate zur Endreinigung. Zur Endreinigung können Beutel-, Kerzen- und Tiefenschichtfilter eingesetzt werden, die üblicherweise aus einem Zwischenbehälter, der das Öl aus der Hauptfiltration aufnimmt, gespeist werden. Sie werden nachfolgend diskutiert.

Beutelfilter. Beutelfilter (Abb. 13.16, links) sind einfach aufgebaute Filter, die zur Abtrennung großer Mengen an groben Partikeln oder zur Endfiltration (Sicherheitsfiltration) bei sehr geringen Feststoffkonzentrationen eingesetzt werden. Beutelfilter arbeiten mit einem durch eine Pumpe erzeugten Flüssigkeitsdruck. Das Filtermittel besteht häufig aus Nadelvlies oder Mikrofaser. Es ist in Beutelform genäht oder verschweißt und wird in einen stützenden Filterkorb aus Drahtgewebe eingelegt. Das Truböl durchströmt den Filterbeutel von innen nach außen. Filtergehäuse für Beutelfilter werden in unterschiedlichen Bauformen angeboten /13-91/, /13-92/.

Kerzenfilter. Einzel- oder Mehrfachkerzenfilter bestehen aus dem Filtergehäuse und den eigentlichen Filterkerzen (Abb. 13.16, rechts), bei denen ein meist zylindrischer Stützkörper von einem Filtermittel umgeben ist. Als Filtermittel kommen z. B. natürliche und synthetische Fasern zum Einsatz. Die Filterkerze wird von außen nach innen vom Truböl durchströmt.

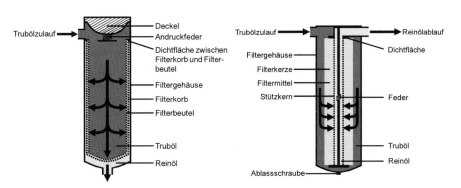

Abb. 13.16 Aufbau und Funktion eines Beutelfilters (links) und eines Einzelkerzenfilters (rechts) (nach /13-93/)

Tiefenschichtenfilter. Tiefenschichtenfilter (Abb. 13.17) sind ähnlich aufgebaut wie Kerzenfilter. Aber anstelle der Filterkerze befinden sich im Filtergehäuse die Tiefenschichtenfiltermodule, die häufig aus gepresster Cellulose bestehen und von außen nach innen vom Öl durchströmt werden.

Verfahren zur Reduzierung unerwünschter Fettbegleitstoffe. Falls zukünftig niedrigere Grenzwerte für die Gehalte der Elemente Phosphor, Kalzium und Magnesium aufgrund der Anforderungen moderner Abgasnachbehandlungsverfahren in pflanzenöltauglichen Motoren erforderlich werden, können diese mit der diskutierten Verfahrenstechnik nicht mehr eingehalten werden. Deshalb sind derzeit Verfahren für den kleintechnischen Einsatz in der Entwicklung und Erprobung,

736 13 Produktion und Nutzung von Pflanzenölkraftstoffen

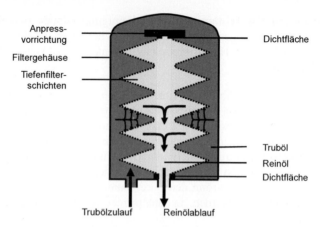

Abb. 13.17 Aufbau und Funktion eines Tiefenschichtenfilters (nach /13-93/)

die entweder über die Entschleimung oder über andere Nachbehandlungsverfahren den Gehalt dieser unerwünschten Fettbegleitstoffe reduzieren sollen.

13.3 Weiterverarbeitung von Pflanzenölen

In den heute üblicherweise angebotenen direkteinspritzenden Dieselmotoren ist der Einsatz von naturbelassenen Pflanzenölen nicht ohne Veränderungen am Motor möglich, da sich das Pflanzenöl in wesentlichen Eigenschaften (vor allem Viskosität) von Dieselkraftstoff deutlich unterscheidet. Als Alternative zur Anpassung des Motors an den Kraftstoff gibt es Möglichkeiten, das Pflanzenöl selbst an die Eigenschaften konventioneller Kraftstoffe auf Mineralölbasis und damit an die Motorentechnik anzupassen. Neben der nachfolgend diskutierten Umesterung von Pflanzenölen (bzw. von sekundären Rohstoffen wie rezyklierten Pflanzenölen (z. B. gebrauchtes Frittierfett) oder tierischen Fetten (z. B. aus Abdeckereien)) zu Fettsäuremethylester (Fatty Acid Methyl Ester (FAME)) ist auch die Verarbeitung von Pflanzenöl in Mineralölraffinerien möglich; auch dies wird nachfolgend dargestellt. Zusätzlich werden z. T. auch Pflanzenöl-Mischkraftstoffe angeboten, bei denen dem Pflanzenöl bestimmte Zusatzkomponenten zugemischt werden. Da aber von deren Einsatz in modernen Dieselmotoren ohne motorseitige Anpassungsmaßnahmen abzusehen ist, wird auf diese Option hier nicht näher eingegangen.

13.3.1 Umesterung

Das am meisten verbreitete Verfahren zur Anpassung von Pflanzenöl an konventionelle Dieselmotoren ist die Umesterung zu Pflanzenölmethylester (PME) bzw. Biodiesel (Abb. 13.18). Hierbei kommen überwiegend Rapsöl – teilweise auch Sonnenblumen-, Soja- und Palmöl – zum Einsatz. Im Folgenden werden zunächst die Grundlagen der Biodieselherstellung auf Basis der Umesterung

13.3 Weiterverarbeitung von Pflanzenölen

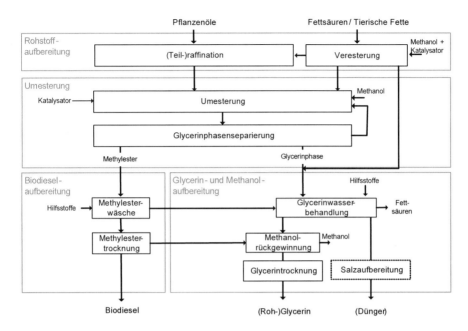

Abb. 13.18 Verfahrensablauf bei der Biodieselproduktion durch Umesterung

erläutert. Anschließend wird auf die verfahrenstechnische Umsetzung eingegangen; dazu werden zunächst die wesentlichen den Prozess bestimmenden Randbedingungen erläutert und abschließend auf Gesamtanlagenkonzepte eingegangen.

Grundlagen. Bei der Herstellung von Biodiesel erfolgt die schrittweise Umesterung (auch Alkoholyse genannt) von pflanzlichen oder tierischen Ölen bzw. Fetten durch die Zugabe eines (einwertigen) Alkohols (z. B. Methanol) sowie eines Katalysators. Dabei wird das relativ hoch-molekulare Triglycerid in drei niedrigmolekulare Verbindungen gespalten. Der dreiwertige Alkohol des Pflanzenöls (Glycerin) wird dabei durch drei einwertige Alkohole aus der Esterbindung verdrängt (Abb. 13.19). Da die ursprüngliche Bindungsform (d. h. die Esterbindung) erhalten bleibt, bezeichnet man diesen Vorgang als Umesterung. Als einwertige Alkohole sind sowohl Methanol als auch Ethanol einsetzbar. Allerdings ist die Umesterung mit Ethanol vielfach kinetisch gehemmt und schwieriger durchzuführen (z. B. vergleichsweise niedrigere Konversionsraten und problematische Rückgewinnung des Ethanols innerhalb des Biodieselprozesses /13-117/), so dass derzeit fast ausschließlich Methanol eingesetzt wird.

Beim Einsatz von Methanol zur Umesterung von aus Fettsäuren bestehenden pflanzlichen (und tierischen) Ölen und Fetten wird das Umesterungsprodukt chemisch exakt als Fettsäuremethylester und landläufig als "Biodiesel" bezeichnet. Mindestanforderungen hinsichtlich der Qualität dieses Kraftstoffs sind in der DIN EN 14 214 /13-33/ festgelegt.

Die Reaktion von Triglyceriden und Methanol zu Pflanzenölfettsäuremethylester und Glycerin ist eine Gleichgewichtsreaktion, die zum Stillstand kommt,

738 13 Produktion und Nutzung von Pflanzenölkraftstoffen

$$
\begin{array}{c}
H \quad O \\
H-C-O-C-R_1 \\
| \\
\quad O \\
H-C-O-C-R_2 \\
| \\
\quad O \\
H-C-O-C-R_3 \\
H
\end{array}
\quad + \quad
\begin{array}{c}
H \\
HO-C-H \\
H \\
H \\
HO-C-H \\
H \\
H \\
HO-C-H \\
H
\end{array}
\quad \longrightarrow \quad
\begin{array}{c}
O \\
H_3-C-O-C-R_1 \\
\quad O \\
H_3-C-O-C-R_2 \\
\quad O \\
H_3-C-O-C-R_3
\end{array}
\quad + \quad
\begin{array}{c}
H \\
H-C-OH \\
| \\
H-C-OH \\
| \\
H-C-OH \\
H
\end{array}
$$

1 Triglycerid + 3 Methanol ⟶ 3 Monocarbon- + 1 Propantriol
(Rapsöl)   säureester   (Glycerin)

Abb. 13.19 Umesterung von Pflanzenöl zu Pflanzenölfettsäuremethylester

wenn etwa zwei Drittel der Ausgangsstoffe reagiert haben. Um die Ausbeute bei der großtechnischen Umsetzung zu erhöhen, kann ein Reaktionsprodukt (in der Regel Glycerin) abgezogen oder ein Reaktionspartner im Überschuss verwendet werden. Meistens wird deshalb mit einem Überschuss an Methanol gearbeitet, um das Gleichgewicht in die gewünschte Richtung zu beeinflussen /13-21/. Der Methanolüberschuss darf jedoch nicht beliebig hoch werden, da Methanol ansonsten als Löslichkeitsvermittler wirkt und sich dadurch Glycerin nicht als schwerere Phase absetzen kann.

Besonders wichtig für die Entwicklung einer geeigneten Prozessführung ist das Phasenverhalten während der Reaktion. Abb. 13.20 zeigt deshalb – stark vereinfacht – den kinetischen Verlauf der Reaktion und das jeweilige Flüssig-Flüssig-Phasengleichgewicht /13-48/.

Für die Reaktion ist demnach anfangs eine sehr gute Vermischung der verschiedenen Komponenten notwendig, da die Löslichkeit von Methanol in Öl

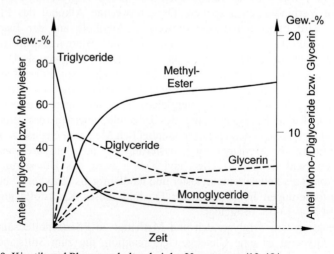

Abb. 13.20 Kinetik und Phasenverhalten bei der Umesterung /13-48/

relativ gering ist. Ist ein bestimmter Teil des Pflanzenöls umgeestert, entsteht – auch aufgrund der emulgierenden Eigenschaften der Partialglyceride – ein nahezu einphasiges System. Am Ende der Reaktion muss dann die Glycerinphase, die sich aufgrund des Dichteunterschieds im Reaktor unten absetzt, abgeschieden werden. Diese Abtrennung muss schnell und vollständig realisiert werden, um Rückreaktionen zu verhindern. Mit der Glycerinphase wird zugleich auch ein großer Teil des nicht reagierten Methanols abgetrennt /13-48/.

Katalysatoren. Ohne Katalysator läuft die Umesterungsreaktion bei Umgebungstemperatur nur sehr langsam ab. Es wären Temperaturen von mehr als 300 °C erforderlich, um technisch nutzbare Geschwindigkeiten zu erreichen. Dies ist jedoch nicht realisierbar, da sich die Triglyceride dann bereits thermisch zersetzen. Die Reaktion erfolgt daher immer unter Einsatz eines Katalysators /13-135/. Hierzu können Säuren sowie Alkalimetalle, -hydroxide und -alkoholate eingesetzt werden; damit lassen sich schon bei Raumtemperatur kurze Reaktionszeiten erreichen. Dann kann auch auf eine Druckerhöhung verzichtet werden, um den Reaktionspartner Methanol in der Flüssigphase zu halten. Nach der Umesterungsreaktion wird der Katalysator nicht mehr benötigt und muss inaktiviert bzw. neutralisiert werden (z. B. mit Säure).

Die Wahl des Katalysators wird im Wesentlichen durch den Anteil der freien Fettsäuren bestimmt. Während bei Fetten und Ölen mit niedrigen Anteilen an freien Fettsäuren hauptsächlich basische Katalysatoren wie Kalium- und Natriumhydroxid sowie Kalium- und Natriummethylat eingesetzt werden, erfolgt die Umesterung von Fetten und Ölen mit hohen Anteilen an freien Fettsäuren in einem zweistufigen Prozess bestehend aus saurer Vorveresterung (z. B. mit Schwefel- oder Phosphorsäure) und anschließender basischer Umesterung. Anders als bei der Umesterung entstehen (Methyl-)Ester bei der Veresterung durch die Umsetzung von Methanol mit den freien Fettsäuren (FFA) unter Wasserabspaltung. Die Veresterung entspricht dem gleichen Verfahren wie der Neutralisationsprozess der Raffination von Ölen und Fetten.

Basische Katalysatoren ermöglichen hohe Umwandlungsraten in kürzerer Zeit bei besseren Reaktionsbedingungen. Ferner kann auf einen stark überstöchiometrischen Anteil an Alkohol verzichtet werden. Über den maximalen Gehalt an freien Fettsäuren, bei dem noch eine rein basische Umesterung möglich ist, variieren die Angaben zwischen 0,1 bzw. 0,5 % und maximal 4 % /13-62/, /13-74/. Demgegenüber ist bei vollraffinierten Ölen die erforderliche Katalysatormenge mit 0,01 bis 0,1 % der umzuesternden Menge deutlich geringer. Die Zudosierung von Alkoholat-Katalysatoren liegt bei ca. 10 bis 18 kg (Katalysatoranteil 5 bis 6 kg) pro Tonne umzuesterndes Öl /13-74/.

Im Gegensatz zu basischen Katalysatoren verläuft die sauer katalysierte Konversion langsamer, unter höheren Temperaturen und bei einem überstöchiometrischen Anteil an Alkohol. Wenn Wasser im Fettrohstoff vorhanden ist, werden bei der sauer katalysierten Veresterung nur sehr schlechte Umwandlungsraten erzielt /13-43/.

Vor der weiteren Verwendung müssen Rohmethylester und Rohglycerin aufbereitet werden. Die Auswahl des Katalysators wirkt sich auch auf die Aufbereitung des Methylesters und des Glycerins aus. Aufgrund unterschiedlicher Löslichkeiten verteilt sich der Katalysator auf die beiden Phasen. Bei der

Verwendung von Alkali-Katalysatoren liegt der Katalysator anschließend in Form von Seife in der Glycerinphase vor und muss separat abgetrennt werden /13-48/. Alkoholat-Katalysatoren haben hierbei einen günstigen Einfluss auf die Glycerinqualität; so beträgt die Reinheit des Rohglycerins etwa 80 bis 85 % (d. h. technische Qualität). In wasserhaltigen Prozessen mit anderen Alkali-Katalysatoren werden dagegen nur etwa 55 bis 60 % erreicht /13-74/.

Biodieselaufbereitung. Die Aufbereitung des produzierten Biodiesels erfolgt mehrstufig. Zuerst wird der Biodiesel gewaschen, um die durch unerwünschte Verseifungsreaktionen entstandenen Seifen zu entfernen. Dies geschieht nach direkter Wasserzugabe zumeist durch die Zugabe von milden sauren Katalysatoren (z. B. Schwefel, Salzsäure), die anschließend abgetrennt werden. Die Waschung erfolgt bei Umgebungsdruck und -temperatur bei kontinuierlicher Durchmischung. Das absedimentierte Waschwasser wird der Glycerinaufbereitung zugeführt. Weitgehend ähnlich erfolgt die Frischwasserwaschung, nach welcher abschließend im Sedimentationsbehälter die Phasentrennung durchgeführt wird /13-30/, /13-62/, /13-79/.

Anschließend erfolgt die Trocknung des Biodiesels. Noch feuchter Biodiesel wird nach einer Vorwärmung in einem Verdampfer (z. B. Fallfilmverdampfer) getrocknet, wobei das im Biodiesel enthaltene Wasser und Methanol bis auf einen Restgehalt von 250 ppm abgetrennt wird. Der entwässerte, heiße Biodiesel dient der Vorwärmung des eintretenden Biodiesels und kühlt sich dabei auf etwa 30 bis 35 °C ab. Das im Verdampfer abgetrennte Methanol-Wasser-Gemisch wird in einem Kondensator abgetrennt /13-30/. Bei Einsatz von Alt-/Tierfetten oder Fettsäuren muss zusätzlich eine Biodieseldestillation durchgeführt werden /13-79/.

Schließlich erfolgen die Aufbereitung der Nebenprodukte und die Rückgewinnung überstöchiometrisch eingesetzten Alkohols, welcher in den Prozess zurückgeführt wird.

Methanolaufbereitung. Das noch methanolhaltige Glycerinwasser wird mittels einer Methanolrektifikation bei Atmosphärendruck aufgearbeitet. Das im Kopf der Rektifikationskolonne kondensierte Reinmethanol steht dann wieder für die Umesterungsreaktion zur Verfügung. Das Glycerinwasser aus dem Kolonnensumpf wird der Glycerineindampfung zugeführt. /13-30/

Glycerinaufbereitung. Die Glycerinphasen aus der Raffinations- und den Umesterungsstufen werden in einem Ansäuerungsbehälter mit Schwefelsäure vermischt. Dabei können je nach eingesetztem Katalysator überschüssiges Kaliumhydroxid (KOH) und entstandene Kaliseifen gespalten und in Wasser, freie Fettsäuren und Kaliumsulfat (K_2SO_4) umgewandelt werden. Die batchweise realisierte Reaktion erfolgt bei ca. 50 °C unter Versauerung der Glycerinphase auf einen pH-Wert von ca. 3. Anschließend wird noch bis zur optimalen Kristallbildung weitergerührt, bevor die flüssigen Phasen (d. h. Fettsäure- und Rohglycerinphase) und die feste Phase (d. h. Kaliumsulfat) in einem Phasen-Dekanter getrennt werden. Das feuchte Kalisalz wird mit Methanol gewaschen, um mitgeführte Glycerinanteile zurückzugewinnen. Nach erneuter Dekantierung wird es in einem Vakuumtrockner aufbereitet, so dass das getrocknete Salz z. B. als Düngemittel genutzt werden kann /13-30/.

13.3 Weiterverarbeitung von Pflanzenölen

Da das aus der Phasentrennung stammende Rohglycerin einen sauren pH-Wert aufweist (d. h. unerwünschte Neigung zur Zersetzung), muss es auf einen pH-Wert von ca. 7,5 gebracht werden. Dies wird in einem Neutralisationsbehälter über die Zugabe von Kaliumhydroxid (KOH) in methanolischer Form bewerkstelligt. Das Gemisch aus dem Nachneutralisationsbehälter wird batchweise mit dem glycerinhaltigen Waschwasser aus der Biodieselwaschung vereinigt und in den Glycerinvorlagentank gepumpt /13-30/.

Bei Anlagen im sehr großen Leistungsbereich kann im Anschluss an die Neutralisation der wässrigen Glycerinphase die weitere Aufbereitung des Glycerins durch Eindampfung zu technischem Glycerin (ca. 90 Gew.-%) erfolgen. Zur weiteren Veredelung kann das Glycerin in einer Vakuumdestillation getrocknet und anschließend in einer kontinuierlich arbeitenden Aktivkohle-Adsorption zu sogenanntem Pharmaglycerin aufgereinigt werden /13-118/.

Anforderungen an die Rohstoffqualität. Abhängig von der Herkunft der umzuesternden Rohstoffe (z. B. rohe, teil- oder vollraffinierte Pflanzenöle gewonnen aus Ölsaaten und -früchten, rezyklierte Pflanzenöle und -fette, tierische Fette) und dem jeweiligen Umesterungsverfahren müssen die Öle und Fette vor der Umesterung aufbereitet werden, um einen möglichst effektiven Verfahrensablauf zu gewährleisten. Dies betrifft u. a. die Entfernung von Verunreinigungen, Wasser, freie Fettsäuren sowie u. a. Phosphatide, Sterole, Tocopherole, Wachse und verschiedene Farbträger (z. B. Chlorophyll, Carotin). Beispielsweise inaktivieren Wasser und Fettsäuren den Katalysator. Auch kommt es bei der Anwesenheit von Wasser zu unerwünschten Verseifungsreaktionen /13-41/, /13-42/. Ein hoher Anteil an freien Fettsäuren führt zudem zu entsprechend höheren Seifenanteilen, wodurch sich die Biodieselerträge reduzieren. Als Erfahrungswerte bezüglich des Biodieselverlustes infolge der Verseifung von freien Fettsäuren werden 1 bis 2 % Verlust je Prozent Gehalt an freien Fettsäuren bis hin zu prozentual etwa doppelt so hohen Verlusten an Biodiesel je Prozent freier Fettsäuren angegeben /13-24/, /13-117/. Daher ist vor der Umesterung je nach Rohstoffqualität eine Entschleimung, Neutralisation und Trocknung (Kapitel 13.2.1.4) sowie – je nach Jahreszeit und Anforderungen an die Biodieselqualität – eine sogenannte Winterisierung (d. h. Verbesserung des Kälteverhaltens des zu produzierenden Methylesters durch Herauskristallisation der enthaltenen Wachse infolge einer Temperaturabsenkung auf unter 8 °C und anschließende Separierung) der Öle und Fette notwendig. Teilweise wird (z. B. bei Rohöl) auch eine Bleichung durchgeführt. Andernfalls müsste z. B. die Katalysatormenge erhöht werden, damit der Reaktion trotz Inaktivierung eine ausreichende Menge des Katalysators zur Verfügung steht. Dies würde jedoch in einem höheren Aufwand resultieren, der erforderlich ist, um u. a. die störenden Komponenten nach der Umesterung wieder abzutrennen.

Verfahrenstechnische Umsetzung. Anlagen zur Biodieselherstellung auf der Basis der sogenannten Niederdruckumesterung umfassen eine vergleichsweise einfache und entsprechend ausgereifte Prozesstechnik, die weltweit kommerziell zum Einsatz kommt. Die einzelnen Verfahren unterscheiden sich hinsichtlich der Betriebsweise, der Prozessparameter Druck (bis zu maximal 5 bar, üblicherweise bei Umgebungsdruck), Temperatur (Niveau von 40 bis 160 °C) und der eingesetzten Katalysatoren (Konzentrationen 0,01 bis 5 Gew.-%) sowie in der überstöchiometrischen Menge Methanol. Am Ende der Reaktion wird der Katalysator über Laugezugabe (z. B. wässrige Natrium- oder Kaliumhydroxid) neutralisiert und durch Separation abgetrennt. Abhängig von der eingesetzten Katalysatorkonzentration und der Reaktionstemperatur beträgt die Reaktionszeit bevorzugt 0,5 bis 25 h /13-108/.

Die Verfahrensauswahl ist abhängig vom Rohstoff und den standortspezifischen Bedingungen und kann diskontinuierlich (Batch-Prozess), semi-kontinuierlich oder kontinuierlich erfolgen /13-49/.

– Beim Batch-Prozess kann auf stark schwankende Rohstoffqualitäten durch Änderung der Prozessparameter sehr flexibel reagiert werden. Weiterhin eignet sich das Batch-Verfahren bei langen Reaktionszeiten und schwer förderbaren Medien. Nachteilig sind einerseits die Rüstzeit, die für das Befüllen und Entleeren des Behälters aufgebracht werden muss, sowie andererseits die höheren Energieaufwendungen für Aufheizen und Kühlen der einzelnen Chargen.
– Beim kontinuierlichen Betrieb werden die Edukte fortdauernd in den Reaktor eingespeist und die Produkte kontinuierlich ausgetragen. Bei konstanten Zulaufbedingungen stellt sich nach einer Anfahrphase ein stationärer Zustand ein, der gekennzeichnet ist durch eine hohe Produktionsleistung bei gleichmäßiger Produktqualität sowie einen hohen Automatisierungsgrad bei geringer Flexibilität der Rohstoffqualitäten.

Der Batch-Prozess kommt aufgrund der einfacheren Prozesstechnik vor allem für kleine Anlagen mit einer Kapazität von etwa 500 bis zu 10 000 t/a oder Anlagen größerer Kapazität, die Rohmaterialien stark schwankender Qualität einsetzen, zum Einsatz. Für größere Anlagen mit Kapazitäten im Bereich von mehr als 30 000 t/a, die Biodiesel auf der Basis von Pflanzenölen herstellen, wird im Regelfall die (semi-)kontinuierliche Prozessführung bevorzugt angewandt. Daneben ist aus wirtschaftlichen Gründen die Erzeugung hochwertiger Kuppelprodukte wichtig.

Für die Produktion von Biodiesel bieten sich je nach Anwendungsfall (z. B. Eigenproduktion für den landwirtschaftlichen Betrieb, Produktion für den deutschen und internationalen Biodieselmarkt) unterschiedliche klein- und großtechnische Anlagenkonzepte an. Dabei zeigen die Entwicklungen der vergangenen Jahre einen deutlichen Trend zu Anlagen großer Kapazitäten (100 bis mehrere 100 kt/a) sowie zu Anlagen, die den Einsatz mehrerer Rohstoffe (sogenannte Multifeedstock-Anlagen) erlauben /13-80/.

Diskontinuierliche Verfahren. Eine insbesondere für die kleintechnische Biodieselproduktion zum Einsatz kommende Anlagentechnik zur Umesterung (typische Kapazitäten von 500 bis 8 800 t/a /13-47/) arbeitet mit diskontinuierlichen Verfahren (auch Batch-Verfahren); d. h. alle Verfahrensschritte laufen nacheinander chargenweise in einem oder mehreren Behältern (meist ein beheizbarer Rührwerksreaktor) ab. Nach der Befüllung des Reaktors mit Pflanzenöl erfolgt das Aufheizen auf Prozesstemperatur. Anschließend werden Methanol und Katalysator (z. B. Natriummethylat oder Kaliumhydroxid) zudosiert. Es erfolgt ein turbulentes Vermischen zur Durchführung der Umesterungsreaktion mit nachfolgendem statischem Absetzen der gebildeten Glycerinphase, die im Folgeschritt sensorgesteuert abgezogen wird.

13.3 Weiterverarbeitung von Pflanzenölen

Zur Erreichung eines normgerechten Umesterungsgrads erfolgen Umesterung und Glycerinabzug mehrfach. Im Anschluss daran werden die Katalysatorreste durch eine Wasserwäsche entfernt, wobei sich das Waschwasser auch absetzt und aus dem Behälter abgezogen wird. Die Entfernung der Methanol- und Wasserreste aus dem Biodiesel erfolgt durch eine Vakuumdestillation (bei Bedarf mit entsprechender Additivzugabe). Der Abzug des heißen Biodiesels findet über Plattenwärmeübertrager bei gleichzeitiger Vorwärmung des neu zu befüllenden Öls statt.

Bei derartigen Prozessen entstehen aus 1 t Pflanzenöl unter Zugabe von 160 kg Methanol und 17 kg Natriummethylat sowie ca. 100 kg Waschwasser verbunden mit einem Aufwand von 12 kWh elektrischer und 38 kWh thermischer Energie etwa 990 kg Biodiesel, 134 kg Glycerinphase (nur bedingt marktgerecht, da anders als bei großtechnischen Anlagen, im Regelfall nicht aufbereitet und daher mit Seifenfraktionen vermischt) und 153 kg Abwasser /13-94/. Für den Einsatz von Ölen und Fetten (z. B. Altspeiseöle, tierische Fette) oder unterschiedliche Rohstoffe mit stark schwankenden Qualitäten kommen diskontinuierliche Verfahren ebenso als sogenannte Multifeedstock-Anlagen zum Einsatz. Einen typischen Verfahrensablauf zeigt Abb. 13.21.

Kontinuierliche Verfahren. Großtechnische Anlagen zur Biodieselproduktion auf der Basis von Pflanzenölen von bis zu mehreren 100 000 t/a arbeiten im Regelfall als kontinuierliche, mehrstufige Umesterungsanlagen. Das in Abb. 13.21 dargestellte Grundschema bleibt somit im Wesentlichen auch hier gültig; es variieren lediglich u. a. die Prozessbedingungen, die Reihenfolge der Verfahrensschritte und die Anforderungen an die Eingangsprodukte.

Ein typisches kontinuierliches Verfahren zeigt Abb. 13.22. Die Reaktion erfolgt hier zweistufig, wobei als Reaktor jeweils ein vertikales Rohr dient. Die Strö-

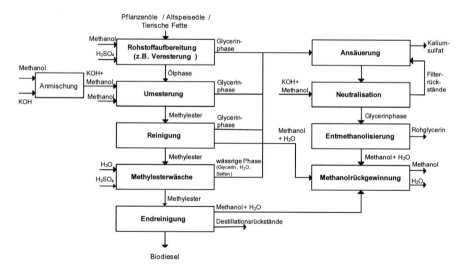

Abb. 13.21 Diskontinuierliches Verfahren zur Biodieselherstellung (Beispiel Multifeedstock, nach /13-68/)

744 13 Produktion und Nutzung von Pflanzenölkraftstoffen

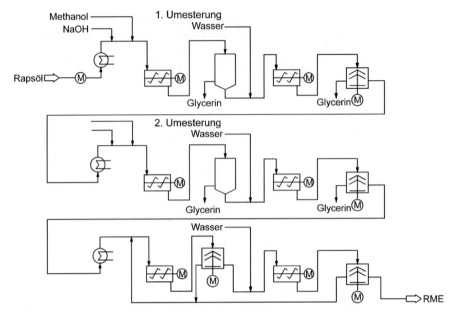

Abb. 13.22 Beispiel für ein kontinuierliches Umesterungsverfahren (nach /13-48/)

mungsgeschwindigkeit ist dabei so niedrig, dass sich im Sumpf des Reaktors eine Glycerinphase absetzen kann. Eine weitere Glycerinabscheidung erfolgt in einem Absetzbehälter und einem Tellerseparator. Die Esterphase wird dann nach der Entmethanolisierung in einer zwei- oder dreistufigen Wäsche in Waschseparatoren gereinigt. Das angesäuerte Waschwasser wird anschließend zur besseren Glycerinabscheidung in die Separatoren der Reaktion gegeben. Eine adsorptive Nachbehandlung des Esters mit Bleicherde kann bei Einsatz von vollraffiniertem Öl entfallen /13-27/, /13-48/.

Eine für eine kontinuierlich arbeitende Biodieselanlage typische Stoff- und Energiebilanz bei Nennleistung zeigt Tabelle 13.1. Voraussetzung dafür ist die

Tabelle 13.1 Typische Stoff- und Energiebilanz einer kontinuierlichen Umesterungsanlage /13-72/

Stoffbilanz (Edukt-Produkt)	Stoff- und Energiemengen (Verbrauchszahlen[b])
Rapsöl[a]: 1 000 kg	Dampf: 415 kg
Biodiesel: 1 000 kg	Kühlwasser (Δ t 10 °C): 25 m³
Rohglycerin: 128 kg	Strom: 12 kWh
Pharmaglycerin: 93 kg	Methanol: 96 kg
Industrieglycerin: 5 kg	Katalysator (Natriummethylat 100 %): 5 kg
	Salzsäure (37 %): 10 kg
	Ätznatron (50 %): 1,5 kg
	Stickstoff (unter Normzustand): 1 m³
	Prozesswasser: 20 kg

[a] trockenes, entschleimtes und entsäuertes Rapsöl; [b] Verbrauchszahlen – ohne Glycerindestillation und Bleichung – bezogen auf 1 000 kg RME bei Nennleistung

13.3 Weiterverarbeitung von Pflanzenölen

Einhaltung einer bestimmten Mindestspezifikationen des Ausgangsmaterials (Gehalt an freien Fettsäuren max. 0,1 %, Wassergehalt max. 0,1 %, unverseifbare Bestandteile max. 0,8 %, Phosphorgehalt max. 10 ppm).

Ziel weiterer Entwicklungen ist auch die Mischnutzung von Pflanzenöl mit Altfettanteilen von rund 35 % bezogen auf das Gesamteinsatzmaterial /13-1/, /13-48/. Hier wird aus dem Umesterungsprozess abgezogenes Glycerin, in dem noch Katalysator (z. B. Schwefelsäure) enthalten ist, mit dem Altfett umgesetzt. Anschließend wird dann das Reaktionswasser entfernt. Dann wird das Reaktionsprodukt mit Pflanzenöl, Methanol und Schwefelsäure in einer zweistufigen Kaskade – jeweils bestehend aus Rührkessel und Abscheider – zu Methylester und Glycerin bei 60 bis 70 °C umgesetzt. Der Methylester wird abschließend mit Methanol gewaschen. Nach Trocknung erfolgen Neutralisation und Filtration.

Auch ein weiteres Umesterungsverfahren arbeitet zweistufig /13-48/. Durch eine gute Vermischung der Reaktionspartner gelingt es hier, bei relativ kurzer Verweilzeit einen hohen Stoffumsatz zu erzielen. Auch wird die Glycerinphase der zweiten Stufe dem Öl vor der Umesterung wieder zugeführt. Nach Ablaufen der Umesterungsreaktion wird der Methylester gewaschen, das methanolhaltige Waschwasser über eine Zentrifuge abgetrennt und zusammen mit dem Glycerin aus der ersten Reaktionsstufe in einer Rektifikationskolonne aufgearbeitet. Dieses Verfahren arbeitet mit entschleimtem und entsäuertem Öl bei Normal- bzw. Niederdruck bei Temperaturen unter 100 °C.

Eine andere Verfahrensvariante stellt die Veresterung eines Großteils der im Prozessverlauf (z. B. bei der Glycerinansäuerung) anfallenden freien Fettsäuren mittels saurer Katalyse dar /13-28/, /13-29/, /13-30/, /13-42/, /13-63/; dies ermöglicht eine Steigerung der Biodieselausbeute.

Von den bisher genannten Verfahrensvarianten (sog. Niederdruckumesterungsverfahren) weicht die "Druckmethanolyse" respektive Hochdruckumesterung deutlich ab. Die Umesterung wird hier bei einem Temperaturniveau von 120 bis 250 °C und einem Druckniveau von maximal 20 bis 200 bar durchgeführt. Für die Hochdruckumesterung werden als Katalysatoren Metallsalze oder Metallseifen eingesetzt (bevorzugt Salze oder Seifen des Zinks, z. B. Zinkacetat oder Zinkstearat in Konzentrationen von 0,01 bis 1 Gew.-%). Am Ende der Reaktion wird der Katalysator abgefiltert. Abhängig von der eingesetzten Katalysatorkonzentration und der Reaktionstemperatur beträgt die Reaktionszeit bevorzugt 0,1 bis 5 h /13-108/. Dieses Verfahren stellt vergleichsweise geringe Anforderungen an die Reinheit des Öls; hier können bereits Öle, die nur entschleimt wurden, eingesetzt werden. Die Zahl der Verfahrensschritte ist sehr gering; es erfolgt lediglich eine einstufige Umesterung (Abb. 13.23). Weitere Vorteile bestehen in der Mitveresterung der vorhandenen freien Fettsäuren und in den kurzen Reaktionszeiten; von Nachteil sind dagegen u. a. der hohe Energieaufwand und der erforderliche Spezialkatalysator /13-108/.

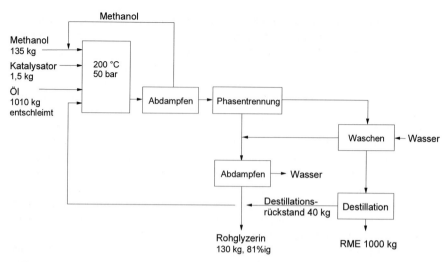

Abb. 13.23 Hochdruck-Umesterungsverfahren (Druckmethanolyse), nach /13-102/

13.3.2 Hydrierung

Eine weitere Möglichkeit, Pflanzenöle durch chemische Umwandlung an die Eigenschaften fossiler Kraftstoffe und damit an die vorhandenen Motoren anzupassen, stellt die katalytische Reaktion mit Wasserstoff (d. h. die Hydrierung) dar. Derartige hydrierte Pflanzenöle werden auch als HVO (Hydrogenated bzw. Hydrotreated Vegetable Oils) bezeichnet.

Zur Herstellung von hydrierten Pflanzenölen werden zwei Herstellungsarten unterschieden: die gemeinsame Hydrierung von Pflanzenölen und anderen organischen Fetten (z. B. tierische Fette) mit Mineralölkomponenten in herkömmlichen Raffinerien und die Hydrierung ausschließlich von Pflanzenölen in speziellen Anlagen; beide Varianten werden nachfolgend diskutiert. Ziel dieser Verfahren ist es, einen dieselähnlichen Kraftstoff teilweise oder ganz auf Basis biogener Energieträger zu produzieren und zugleich die vorhandenen Distributions- und Vermarktungsstrukturen der Mineralölwirtschaft zu nutzen.

Hydrierung in Mineralölraffinerien. Aus mineralischem Rohöl werden in einer Mineralölraffinerie durch Entsalzung, atmosphärische Destillation und Vakuumdestillation sowie weitere Verarbeitungsschritte (z. B. Hydrierung, Cracken) u. a. die Hauptprodukte Benzin und Mitteldestillat (d. h. Heizöl, Diesel) hergestellt. Als Zwischenstufe entsteht nach Entsalzung, atmosphärischer Destillation und Vakuumdestillation des Rückstandes sogenanntes Vakuumgasöl. Diesem Vakuumgasöl können Raps- oder andere Pflanzenöle in Anteilen bis zu etwa 30 % beigemischt werden.

Das Verfahren basiert ursprünglich auf zwei Verfahrensschritten, dem Hydrotreating und dem Hydrocracking. Im sogenannten Hydrotreater werden die Heteroatome (d. h. Schwefel (S), Sauerstoff (O), Stickstoff (N)) des Pflanzenöls

13.3 Weiterverarbeitung von Pflanzenölen

unter Einbindung von Wasserstoff (d. h. Hydrierung) aus den Molekülen entfernt. Es entstehen Kohlenwasserstoffe sowie die gasförmigen Rückstände Schwefelwasserstoff (H_2S), Wasser (H_2O) und Ammoniak (NH_3). Die entstandenen Kohlenwasserstoffketten werden im Hydrocracker wiederum unter Wasserstoffeinbindung (d. h. Hydrierung) in kleinere Strukturen gespalten (d. h. gecrackt); der Bruch der Bindungen erfolgt dabei statistisch. Als Kuppelprodukte entstehen Propan (C_3H_8), Methan (CH_4) und Wasser (H_2O). Die Gesamtkonversion des Einsatzmaterials liegt bei bis zu 90 %.

Ein neueres Verfahren verzichtet auf den Einsatz eines Hydrocrackers und wendet nach der Zumischung von Rapsöl lediglich einen Verfahrensschritt, die Mitteldestillatentschwefelung (MDE) im Hydrotreater, an. Dabei findet bereits ein Cracken der Triglycerid-Moleküle statt. Mit diesem Hydrotreater-Verfahren können Kraftstoffe mit einem Rapsölanteil von 10, 20 bzw. 30 % hergestellt werden; das Rapsöl ist dabei im Endprodukt in Form von gesättigten Kohlenwasserstoffketten (Paraffine) vorhanden. Diese gebildeten Kohlenwasserstoffe sind mineralöltypische Verbindungen (Mitteldestillate), deren Eigenschaften sich – je nach Prozessbedingungen und Ausgangsprodukten – mehr oder weniger stark voneinander unterscheiden. Längerkettige pflanzenölbasierte Paraffine beeinträchtigen die Kältetauglichkeit, so dass der mögliche Beimischungsanteil im Winter stark begrenzt ist. Andernfalls sind spezielle Additive für die Verbesserung der Kälteeigenschaften eines derartigen Kraftstoffs erforderlich. Die Dichte von hydrierten Pflanzenölen ist mit etwa 780 kg/m^3 deutlich geringer und die Cetanzahl (Kapitel 13.4.1.3) ist mit Werten bis zu 99 deutlich höher als von Dieselkraftstoff, Biodiesel oder naturbelassenem Pflanzenöl. Allerdings geht während des Umwandlungsverfahrens die gute biologische Abbaubarkeit pflanzlicher Öle verloren. Außerdem führt der hohe Sauerstoffgehalt des Pflanzenöls sowie die ungesättigten Fettsäuren im Molekül zu einem erhöhten Wasserstoffverbrauch bei der Herstellung im Vergleich zu einer konventionellen Raffinerie.

Bei entsprechender Prozessführung erfüllt der teils auf Pflanzenöl und teils auf Mineralöl basierende Kraftstoff die Normanforderungen an Dieselkraftstoff; er kann damit wie Diesel eingesetzt werden /13-9/, /13-10/, /13-97/, /13-101/.

Hydrierung in speziellen Anlagen. Neben der Verarbeitung in Mineralölraffinerien kann die Hydrierung von Pflanzenölen auch in speziell dafür konzipierten raffinerienahen Anlagen erfolgen. Beispielsweise können mit dem sogenannten NExBTL-Verfahren in einem raffinerieähnlichen Prozess aus verschiedenen Arten von pflanzlichen oder tierischen Ölen bzw. Fetten hochwertige Kraftstoffe mit vergleichsweise günstigeren Eigenschaften (z. B. höhere Cetanzahl bei niedrigerer Viskosität /13-22/) hergestellt werden /13-81/, /13-85/.

In einer ersten Verfahrensstufe werden bei diesem Verfahren bei Bedarf zunächst Feststoffe und Wasser aus dem Pflanzenöl abgeschieden. Dafür kommen die für die Pflanzenölraffination bzw. Biodieselproduktion bekannten Verfahren (Kapitel 13.2.1.4) zum Einsatz /13-42/. Anschließend wird das Pflanzenöl erwärmt und in Hydrotreating-Reaktoren gepumpt. Für diesen Prozess werden üblicherweise Festbettreaktoren verwendet, die bei einem Temperaturniveau von ca. 350 bis 450 °C und einem Wasserstoffpartialdruck von 48 bis 152 bar arbeiten. Dabei werden Standardkatalysatoren (z. B. auf Basis von Kobalt- oder Nickelmolybdän) eingesetzt /13-55/.

Die massespezifische Umsatzrate wird mit etwa 1,23 t Rohmaterial je t Kraftstoff angegeben. Als Kuppelprodukte entstehen als Energieträger nutzbares Brenngas sowie zu einem kleinen Anteil Benzinfraktionen. Der spezifische Wasserstoffbedarf beträgt ca. 0,09 GJ Wasserstoff je GJ Kraftstoff. Das Reaktoreffluent mit Hauptprodukt, Rezykliergas und Kuppelprodukten werden im Anschluss entsprechend separiert. Abhängig von den Eigenschaften des eingesetzten Rohmaterials muss der im Kreislauf gefahrene Wasserstoff entschwefelt werden /13-55/, /13-86/.

Der so hergestellte Premiumkraftstoff ist frei von Sauerstoff, Stickstoff, Schwefel und Aromaten und weist ähnliche Eigenschaften wie synthetisch hergestellter Dieselkraftstoff auf. Die Kennwerte der DIN EN 590 werden mit Ausnahme der Dichte (z. B. 775 bis 785 kg/m³ für HVO gegenüber 820 bis 845 kg/m³ für DIN-Diesel) eingehalten /13-34/, /13-81/.

13.4 Produkte und energetische Nutzung

Pflanzenöle bzw. deren Umwandlungsprodukte lassen sich als Kraftstoffe für Verbrennungsmotoren in mobilen oder stationären Antriebssystemen (z. B. in Blockheizkraftwerken) und als Brennstoff für Feuerungsanlagen zur ausschließlichen Wärmeerzeugung nutzen. Dazu werden nachfolgend die entsprechenden Techniken dargestellt. Außerdem wird auf den Aufbau der flüssigen Energieträger und auf die Kenngrößen eingegangen, welche die Eigenschaften des Energieträgers kennzeichnen. Weiterhin werden die bei der Pflanzenölgewinnung bzw. der Umesterung neben dem Pflanzenöl bzw. dem FAME anfallenden Kuppelprodukte beschrieben und charakterisiert.

13.4.1 Pflanzenöle und Biodiesel

Pflanzenöle unterscheiden sich in einigen wesentlichen Kenngrößen (z. B. Viskosität) von konventionellem mineralischem Dieselkraftstoff. PME (Pflanzenölmethylester) ist dagegen Dieselkraftstoff vergleichsweise ähnlich. Nachfolgend werden die wichtigsten Eigenschaften detailliert dargestellt.

13.4.1.1 Chemischer Aufbau

Die Elementarzusammensetzung ausgewählter Pflanzenöle zeigt Tabelle 13.2. Demnach bestehen alle dargestellten Öle zu 77 bis 78 Gew.-% aus Kohlenstoff (C), zu 11 bis 12 % aus Wasserstoff (H) und zu 10 bis 11 % aus Sauerstoff (O). Sie unterscheiden sich damit signifikant beispielsweise von festen Biomassen (Kapitel 9.1). Pflanzenöle und ihre Ester sind schnell biologisch abbaubar und im Vergleich zu Dieselkraftstoff nicht bzw. weniger toxisch.

Pflanzliche Öle bzw. Fette bestehen vorwiegend aus Triglyceriden, z. T. auch aus Mono- und Diglyceriden. Glyceride sind Ester aus dem dreiwertigen Alkohol Glycerin und in der Regel drei Fettsäuren (Triglyceride), in seltenen Fällen auch ein bis zwei Fettsäuren (Mono- und Diglyceride). Letztere stellen jedoch bereits

Tabelle 13.2 Zusammensetzung einiger Pflanzenöle (nach /13-8/)

	Kohlenstoff (C)	Wasserstoff (H) in Gew.-%	Sauerstoff (O)
Rapsöl	77,5	11,8	10,7
Sonnenblumenöl	77,4	11,6	11,0
Sojaöl	77,7	11,7	10,6

Spaltprodukte dar. Bei der Umesterung von Pflanzenölen zu Biodiesel (Kapitel 13.3.1) wird das Glycerin durch drei einwertige Alkohole aus der Esterbindung verdrängt, ohne dass die Fettsäuren verändert werden.

Die Fettsäuren (Mono-Carbonsäuren) bestehen aus Kohlenstoffketten mit gerader Anzahl an Kohlenstoffatomen (bei den in unseren Breiten produzierten Pflanzenölen meist 16 oder 18 Kohlenstoffatome) und werden durch die Fettsäurebiosynthese der Pflanzen gebildet. An einem Glycerinmolekül können unterschiedliche Fettsäuren gebunden sein. Es sind mehr als 200 verschiedene Fettsäuren bekannt. Bei der überwiegenden Zahl der Fette sind jedoch maximal nur etwa ein Dutzend Fettsäuren in nennenswerten Anteilen vertreten; alle übrigen kommen meistens nur in Spuren vor.

Die Kohlenstoff(C)-Atome sind jeweils an das benachbarte C-Atom gebunden. Damit sind zwei der vier Bindungsstellen belegt. Ist an den beiden anderen Bindungsstellen jeweils ein Wasserstoffatom gebunden ("gesättigt"), liegt eine Einfachbindung zwischen den C-Atomen vor. Daneben treten jedoch auch Doppelbindungen zwischen den Kohlenstoffatomen auf, wobei dann nur eine freie Bindungsstelle mit Wasserstoff besetzt ist ("ungesättigt"). Fettsäuren ohne Doppelbindungen werden somit als gesättigte Fettsäuren, solche mit einer oder mehreren Doppelbindungen als einfach oder mehrfach ungesättigte Fettsäuren (Monoen- bzw. Polyensäuren) bezeichnet. Die Anteile der vorkommenden Fettsäuren an der gesamten Fettsäuremenge in einer Ölsaat, Ölfrucht, in einem Fett oder Öl sind weitgehend genetisch fixiert; sie werden als Fettsäuremuster bezeichnet (Tabelle 13.3, Abb. 13.24).

Tabelle 13.3 Fettsäuremuster verschiedener Öle (Durchschnittswerte) /13-16/, /13-57/, /13-127/

	C16:0[a] Palmitinsäure	C16:1[a] Palmitoleinsäure	C18:0[a] Stearinsäure	C18:1[a] Ölsäure	C18:2[a] Linolsäure	C18:3[a] Linolensäure	Sonstige
Rapsöl (00-Qualität)	4,0		1,5	63	20	9	1,5
Sonnenblumenöl	6,5		5,0	23	63	< 0,5	1,5
Leinöl	6,5		3,5	18	14	58	
Sojaöl	10,0		5,0	21	53	8,0	1,0
Olivenöl	11,5	1,5	2,5	75	7,5	1,0	0,5
Palmöl	43,8	0,5	5,0	39	10	0,2	1,5

[a] Cm:n entspricht Fettsäure mit m Kohlenstoffatomen und n Doppelbindungen

750   13 Produktion und Nutzung von Pflanzenölkraftstoffen

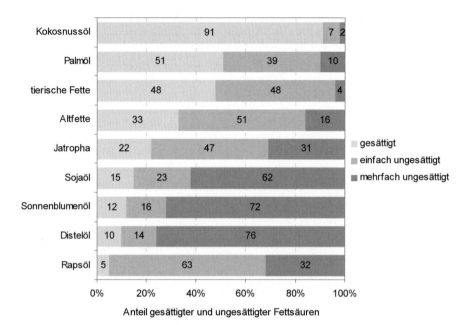

Abb. 13.24 Fettsäuremuster unterschiedlicher pflanzlicher und tierischer Öle und Fette (Durchschnittswerte, vereinfachte Darstellung, nach /13-125/)

Darüber hinaus können die Fettsäuren in unterschiedlicher Reihenfolge am Glycerin angeordnet sein (Triglycerid-Verteilung). Neben den in Triglyceriden gebundenen Fettsäuren können auch sogenannte freie Fettsäuren in pflanzlichen und tierischen Ölen und Fetten vorkommen; sie sind jedoch wie Di- und Monoglyceride in der Regel bereits Spaltprodukte des Fettabbaus.

Neben den Glyceriden sind in den Fetten und Ölen zusätzlich einige Fettbegleitstoffe (vor allem Phospholipide, Tocopherole und Sterine) enthalten, die z. T. auch Auswirkungen auf die technische Verwendbarkeit haben können.

- Phospholipide sind eine vielfältige Stoffgruppe, zu der auch das Lecithin zählt. Sie wirken im Samen stabilisierend auf das als Energiereserve für den Keimprozess gespeicherte Öl. In gewonnenen Pflanzenölen setzen sie jedoch die Oxidationsstabilität herab und verursachen vor allem in technischen Prozessen Störungen durch die Hydratisierbarkeit der meisten Phospholipide (d. h. Quellung mit Wasser, Ausflockung und dadurch z. B. Verstopfung von Filtern oder Einspritzdüsen). Außerdem ist Phosphor in Ablagerungen im Motor oder in Abgasnachbehandlungssystemen (z. B. Rußfilter) nachweisbar und wirkt sich schädlich auf den Oxidationskatalysator aus. Deshalb sollte der Phosphorgehalt technisch genutzter Öle so niedrig wie möglich sein.
- Tocopherole (Vitamin E) liegen in zahlreichen Verbindungen vor und stellen einen natürlichen Oxidationsschutz der Öle dar, der mit zunehmender Alterung des Öls abgebaut wird.
- Sterine stellen den Hauptanteil des "Unverseifbaren" an Ölen dar. Sie sind polyzyklische Alkohole und leiten sich vom Steran ab. Sterine können bei

13.4 Produkte und energetische Nutzung 751

niedrigen Temperaturen in den festen Aggregatszustand übergeführt werden und dadurch zu verfahrenstechnischen Problemen führen.
Die chemischen und physikalischen Eigenschaften der verschiedenen Öle und Fette (z. B. Schmelzpunkt, Viskosität, Löslichkeit) werden wesentlich von ihrer Zusammensetzung bestimmt, insbesondere von der Art der Fettsäuren und von ihrer Verteilung auf die Glycerinmoleküle.
- In Fetten und Ölen ist Wasser kaum löslich. Öle mit kurzkettigen Fettsäuren weisen demgegenüber eine stärkere Löslichkeit von Wasser auf. Liegen in Ölen Hydroxidgruppen (z. B. Rizinusöl) vor, steigt die Löslichkeit für Wasser stark an.
- Pflanzenöle sind löslich in Petrolether, Hexan, Benzol, Trichlorethylen, Tetrachlorkohlenstoff und anderen lipophilen Lösemitteln.
- Ein hoher Anteil ungesättigter Fettsäuren im Öl hat einen niedrigen Schmelzpunkt zur Folge (d. h. Öle mit einem hohen Anteil ungesättigter Fettsäuren sind bei Zimmertemperatur flüssig, mit einem hohen Anteil gesättigter Fettsäuren halbfest oder fest; dabei werden im allgemeinen Sprachgebrauch Pflanzenöle, die bei Raumtemperatur in fester Form vorliegen, als Fette bezeichnet).
- Öle mit einem hohen Anteil gesättigter Fettsäuren sind an der Luft relativ beständig. Autoxidation durch den Einfluss von Licht, Luft, Wasser, Wärme und Mikroorganismen führt zur Bildung von Peroxiden, Aldehyden, Ketonen und Säuren; es schließen sich Isomerisierungs- und Polymerisationsvorgänge an. Dem "Trocknen" oder "Verharzen" liegt die sekundäre Knüpfung von C–C- und C–O–C-Bindungen zugrunde. Pflanzenöle neigen weniger zur Autoxidation als tierische Öle, da sie einen höheren Anteil antioxidativ wirkender Tocopherole aufweisen. Nach der "Verharzungsneigung" werden Öle in trocknende, halbtrocknende und nicht trocknende Öle eingeteilt.
- Mit Hilfe von Katalysatoren können ungesättigte Fettsäuren Wasserstoff anlagern. Der Vorgang wird als Fetthärtung bezeichnet und z. B. bei der Herstellung von Margarine verwendet.

13.4.1.2 Lagerung

Bei der Lagerung von Pflanzenölen und Biodiesel können, abhängig von der Vorgeschichte des Öls und den herrschenden Lagerungsbedingungen (u. a. Tankmaterial, Temperatur, Sauerstoff, Licht, Wasser) Umsetzungsvorgänge stattfinden, die Auswirkungen auf die molekulare Struktur haben können. Sie werden nachfolgend beschrieben.
- Fettspaltung (Hydrolyse, Lipolyse). Pflanzliche Öle sind gegen den alleinigen Angriff von Wasser sehr resistent. In Gegenwart von Enzymen (Lipasen) oder Mikroorganismen kann allerdings eine hydrolytische Spaltung eintreten. Dadurch werden Fettsäuren vom Glyceridmolekül abgespalten. Dabei nimmt die mikrobielle Aktivität mit steigendem Wassergehalt zu oder wird erst möglich. Die entsprechenden Enzyme können aus dem Öl selbst stammen (Samen) oder von Mikroorganismen produziert werden. Eine derartige hydrolytische Spaltung kann dabei sowohl bei der Lagerung der Ölsaaten als auch der Öle auftreten. Fettsäuren werden umso leichter abgespalten, je kürzer

deren Kettenlänge ist. Die Reaktionsgeschwindigkeit nimmt von Triglyceriden über Diglyceride zu Monoglyceriden ab /13-21/.
- Autoxidation. Durch Sauerstoffzutritt, unterstützt von Licht und Wärme (Zufuhr von Energie) und durch katalytisch wirkende Schwermetallionen (z. B. Eisen, Kupfer), werden Pflanzenöle oxidiert. Bei dieser radikalischen Kettenreaktion (Autoxidation) wird zunächst eine Alkyl-Gruppe angegriffen. Daraufhin läuft eine Kettenreaktion ab, welche mit der Bildung einer in die Kette eingefügten Hydroperoxid-Gruppe endet. Die dabei entstehenden Hydroperoxide sind weitgehend geschmacksneutral. Sie reagieren jedoch weiter zu Aldehyden, Ketonen und Fettsäuren, die wiederum Geschmack und Geruch beeinträchtigen können. In Pflanzenölen natürlich vorkommende Antioxidantien können – wenn sie sich noch in dem zu lagernden Öl befinden – solche Autoxidationsvorgänge jedoch weitgehend unterbinden.
- Polymerisierung. Durch die genannten Umsetzungsvorgänge kann es zur Polymerisierung kommen. Dabei werden einzelne Molekülstücke miteinander neu verbunden und vernetzt. Die Viskosität erhöht sich deutlich und es kommt zur Verharzung durch komplexe Molekülverbindungen. Vor allem bei der Erhitzung von Fetten über 250 °C steigt die Wahrscheinlichkeit, dass die Fettsäuren (intermolekular) dimerisieren (d. h. sie verbinden sich untereinander) oder (intramolekular) zyklisieren (d. h. es bilden sich Ringstrukturen). Neben dieser thermischen Polymerisation kann außerdem eine oxidative Polymerisation auftreten. Bei der Abspaltung von Sauerstoff kann es zu Zyklisierung, Dimerisierung oder Polymerisierung kommen. Das Öl verfärbt sich dunkel; die Viskosität steigt an /13-21/.

Diese Vorgänge werden begünstigt durch Sauerstoff, Licht, Temperatur und Wasser sowie katalytisch wirkende Metallionen (z. B. Eisen, Kupfer). Gehemmt werden derartige Prozesse durch natürliche Antioxidantien (z. B. Tocopherole), die in Pflanzenölen in unterschiedlichen Gehalten vorkommen. Sie werden im Zuge der Autoxidation abgebaut, also "verbraucht".

Deshalb sollte bei den Pflanzenölen der natürliche Tocopherol-Gehalt durch eine schonende Ölbehandlung erhalten und die genannten Störfaktoren sollten auf ein Minimum reduziert werden. Insgesamt sind dabei die folgenden Punkte zu beachten.
- Die Ölsaat sollte mit geringer Feuchte (bei Raps maximal 9 Gew.-%, besser 7 Gew.-%) und geringem Fremdbesatz bei ausreichendem Luft- und Wärmeaustausch mit der Umgebung kühl gelagert werden, um die spätere Haltbarkeit des Öls zu erhöhen. Ansonsten kommt es bereits während der Lagerung zur Lipolyse (d. h. Erhöhung des Gehalts an freien Fettsäuren) oder zum mikrobiellen Abbau /13-61/. Ein hoher Reifegrad der Ölsaat erhöht die Lagerungsstabilität des Öls durch einen erhöhten Tocopherol-Gehalt.
- Das zu lagernde Öl muss von Feststoffen gereinigt werden, da Saatteilchen und Zellfragmente fettspaltende Enzyme enthalten, die schon in Spuren zur Spaltung der Fettmoleküle führen können (d. h. Erhöhung des Gehalts an freien Fettsäuren).
- Eine gleichmäßig kühle und dunkle Lagerung des Öls (z. B. im Erdtank) ist anderen Lagerungsbedingungen (z. B. in oberirdischen Tanks im Freien mit direkter Sonneneinstrahlung) vorzuziehen (z. B. beschleunigt Licht die Autoxidation).

13.4 Produkte und energetische Nutzung

- Metalltanks, möglichst aus rostfreiem Stahl, sind – vor allem bei möglichem Lichtzutritt – besser für die Lagerung geeignet als transparente Kunststofftanks. Behälter, Leitungen und Armaturen aus Werkstoffen mit katalytisch wirksamen Metallionen (z. B. Kupfer, Messing) sollten an pflanzenölberührten Teilen unter allen Umständen vermieden werden.
- Der Zutritt von Sauerstoff und Wasser bzw. Wasserdampf ist möglichst zu vermeiden; u. U. kann eine Abdeckung mit Stickstoff (N_2) oder Kohlenstoffdioxid (CO_2) empfehlenswert sein. Beispielsweise kann das Einfüllen von warmem Pflanzenöl in einen kühlen Erdtank zu Kondenswasserbildung führen. Auch sollte beim Befüllen von Lagertanks möglichst wenig Sauerstoff in das Öl eingetragen werden.

Pflanzenöle sind unter diesen Bedingungen etwa 6 bis 12 Monate lagerfähig; die Lagerfähigkeit ist abhängig von der Ausgangsqualität der eingelagerten Öle und den Qualitätsansprüchen seitens der geplanten Verwendung /13-92/, /13-126/. Die Lagerfähigkeit von Ölen sinkt üblicherweise mit ansteigender Jodzahl (Kapitel 13.4.1.3).

13.4.1.3 Kenngrößen

Wichtige Kenngrößen für Verarbeitung, Lagerung und Nutzung von pflanzenölbasierten Flüssigenergieträgern, exemplarisch für verschiedene Pflanzenöle, zeigt Tabelle 13.4. Diese und weitere Kenngrößen werden nachfolgend näher diskutiert (nach /13-12/, /13-16/, /13-21/, /13-89/, /13-116/).

- Die Jodzahl ist ein Maß für die Anzahl an Doppelbindungen. Sie gibt an, wie viel g Jod (J) von 100 g Öl gebunden werden. Je niedriger die Jodzahl ist, desto höher ist der Sättigungsgrad des Pflanzenöls (Tabelle 13.4). Sie gibt Aufschluss über die Neigung zu Ablagerungen im Brennraum und an Einspritzdüsen bei der motorischen Verbrennung; beispielsweise können Pflanzenöle und Fettsäuremethylester mit einer Jodzahl über 120 g/100 g eine verstärkte Verkokung im Motorbrennraum hervorrufen. Außerdem erlaubt die Jodzahl Rückschlüsse über die Gefahr des oxidativen Verderbs (z. B. "Verharzung") des Pflanzenöls während der Lagerung.
- Die Verseifungszahl beschreibt die Menge Kalilauge, die zur Neutralisation der freien Säuren und zur Hydrolyse der Ester im Öl erforderlich ist. Bei Ölen mit

Tabelle 13.4 Kenngrößen einiger Pflanzenöle und -fette (u. a. /13-16, /13-21/, /13-32/ (DIN V 51605) /13-52/, /13-71/, /13-115/, /13-126/)

	Jodzahl	Verseifungszahl	unverseifbarer Anteil	Gesamt-Tocopherol	Dichte (15 °C)	kinemat. Viskosität (20 °C)	Heizwert
	g J/100g	mg KOH/g	%	mg/kg	kg/m^3	mm^2/s	kJ/g
Rapsöl (00)	102–112	188–193	0,5–1,5	800–1 200	ca. 920	ca. 78,8	ca. 37,5
Sonnenblumenöl	ca. 132	ca. 190	0,4–1,4	500–800	920–927	ca. 68,9	36,2–37,1
Sojaöl	ca. 134	ca. 192	0,5–1,5	920–1 800	922–934	ca. 65,4	36,1–37,1
Palmöl	ca. 55	ca. 199	<0,5	400–700	921–947	fest	ca. 37

einem hohen Anteil an niedrigen Fettsäuren als Esterkomponenten treten hohe Verseifungszahlen auf und umgekehrt. Für die Motorentechnik ist die Verseifungszahl nur von geringem Interesse. Die Kenngröße kann aber zur Beschreibung der Lagerfähigkeit der Öle herangezogen werden. Aussagekräftiger hierfür sind jedoch die Oxidationsstabilität und die Neutralisationszahl.
- Unter dem unverseifbaren Anteil ist der nach Verseifen mit Benzin oder Äther extrahierbare Anteil eines Öls zu verstehen. Bei Pflanzenölen besteht dieser im Wesentlichen aus verschiedenen Phytosterinen. Im unverseifbaren Anteil können Fremdverunreinigungen im Pflanzenöl nachgewiesen werden (z. B. Mineralöle, Biozide). In der Regel enthalten Fette 0,2 bis 1,5 % unverseifbare Verbindungen.
- Tocopherole liegen in zahlreichen Verbindungen vor und sind natürliche Antioxidantien (d. h. sie verlängern die Haltbarkeit der Öle).
- Die Säurezahl bzw. Neutralisationszahl ist ein Maß für den Gehalt an freien Fettsäuren im Öl und beschreibt die Menge Kalilauge, die für die Neutralisation des Öls erforderlich ist. Die Säurezahl ist stark vom Raffinationsgrad und dem Alterungsgrad des Öls abhängig. Beispielsweise lässt die hydrolytische Spaltung der Triglyceride, hervorgerufen durch Wasser im Öl, die Neutralisationszahl ansteigen. Solche sauren Verbindungen im Kraftstoff, für die damit die Säure- bzw. Neutralisationszahl ein Indikator ist, führen zu Korrosion, Verschleiß und Rückstandsbildung im Motor.
- Die kinematische Viskosität (Zähflüssigkeit) ist stark temperaturabhängig. Sie ist eine motorentechnische Kenngröße, die das Fließ- und Pumpverhalten des Kraftstoffs beschreibt. Außerdem erlaubt sie Rückschlüsse auf das Verbrennungsverhalten im Motor, da sich mit der Viskosität die Form des Einspritzstrahls im Verbrennungsraum und das Tröpfchenverteilungsspektrum verändert. Abb. 13.25 zeigt exemplarisch das Viskositäts-Temperaturverhalten von Rapsöl. Es wird durch die Ölgewinnungsart und den Grad der Raffination nicht beeinflusst /13-126/. Beispielsweise ist im Vergleich zu Dieselkraftstoff die kinematische Viskosität von Rapsöl z. B. bei 40 °C etwa um den Faktor 10 höher.

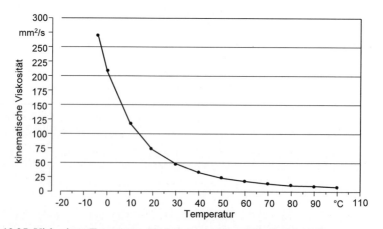

Abb. 13.25 Viskositäts-Temperatur-Verhalten von Rapsöl (nach /13-126/)

13.4 Produkte und energetische Nutzung

- Der Heizwert ist das Maß für den Energieinhalt des jeweiligen Stoffes. Er liegt bei allen Ölen in einer vergleichbaren Größenordnung (Tabelle 13.4). Demnach zählen Pflanzenöle zu den biogenen Energieträgern mit der höchsten Energiedichte (Kapitel 9.1).
- Die Peroxidzahl ist ein Maß für die durch Autoxidationsprozesse gebildete Menge an Peroxiden (d. h. Einbindung von aktivem Sauerstoff). Sie spiegelt den Verdorbenheitsgrad (Ranzidität) eines Öls wider und ist gleichzeitig ein Indiz für den Wirkungsverlust fetteigener Antioxidantien /13-21/. Bei der Ölalterung steigt die Peroxidzahl zunächst an und fällt nach Erreichen eines Maximalwerts wieder ab. Eine Viskositätserhöhung im Öl und die Neigung zu Verharzungen können die Folge sein. Der hierbei deutlich werdende oxidative Verderb des Öls wird gefördert durch Sauerstoff, Licht, erhöhte Temperaturen und katalytisch wirkende Metalle. Beim Eintrag oxidativ geschädigter Pflanzenölkraftstoffe in das Motoröl kann z. B. die Betriebssicherheit von Motoren beeinträchtigt werden.
- Die Oxidationsstabilität ist eine weitere Kenngröße, die den Alterungszustand und gleichzeitig die Lagerfähigkeit eines Pflanzenöls beschreibt. Gemessen wird hierbei die Induktionszeit bis zum schnellen Anstieg der Leitfähigkeit von aufgefangenen Oxidationsprodukten, die hervorgerufen werden durch eine beschleunigte Ölalterung bei hohen Temperaturen und bei Sauerstoffzugabe.
- Der Flammpunkt beschreibt die Temperatur bei Normaldruck, bei der sich ein Gemisch aus Zersetzungsprodukten und Luft in einem geschlossenen Gefäß bei Berührung mit einer Flamme entzündet; er liegt bei Rapsölen bei ca. 230 °C (Verfahren: geschlossener Tiegel nach Pensky-Martens). Der hohe Flammpunkt bedingt, dass im Vergleich zu Dieselkraftstoff bei Lagerung und Transport weniger Sicherheitsvorkehrungen getroffen werden müssen.
- Der CFPP-Wert (Cold Filter Plugging Point) ist ein Maß für die Fließfähigkeit und Filtergängigkeit von Dieselkraftstoff und beschreibt das Kälteverhalten. Er wird als die Temperatur angegeben, bei der ein Prüffilter unter definierten Bedingungen durch ausgefallene Paraffine verstopft. Im Gegensatz zu Dieselkraftstoff verläuft der Übergang von der flüssigen in die feste Phase bei Pflanzenölen unterschiedlich, so dass derart ermittelte Werte auf eine viskositätsbedingte Reduzierung der Pumpfähigkeit zurückzuführen sind; sie sind somit mit denen für Dieselkraftstoff nicht vergleichbar. Für Biodiesel hingegen ist gemäß DIN EN 14 214 der CFPP-Wert maßgeblich. Biodiesel aus Ölen und Fetten mit einem hohen Anteil an gesättigten Fettsäuren (z. B. Palmöl) weisen deutlich höhere CFPP-Werte auf als Biodiesel aus Rapsöl. Durch Winterisierung oder Additivierung kann die Wintertauglichkeit aber verbessert werden. Der Wintertauglichkeit (problemfreier Kaltstart) eines mit Rapsölkraftstoff betriebenen pflanzenöltauglichen Motors muss gemäß DIN V 51 605 /13-32/ durch geeignete technische Maßnahmen (z. B. Vorheizung) hergestellt werden. Andernfalls wird Rapsöl bei unter -10 °C spätestens nach drei Tagen fest; bei -25 °C kann Rapsöl nur bis zu 6 h flüssig gelagert werden.
- Die Cetanzahl beschreibt die Zündwilligkeit von Kraftstoffen. Hohe Cetanzahlen wirken sich positiv auf das Kaltstartverhalten aus. Diese Kennzahl hat für die Güte des Verbrennungsablaufes im Dieselmotor entscheidende Bedeutung. Die Bestimmung erfolgt üblicherweise in einem Prüfmotor für Dieselkraftstoff. Bei Pflanzenöl kann sie nur durch starke Veränderungen der

Prüfbedingungen (z. B. erhöhter Düsenabspritzdruck, Kraftstoffvorwärmung) ermittelt werden; sie ist daher mit der für Dieselkraftstoff bestimmten Cetanzahl wenig vergleichbar.
- Der Wassergehalt im Pflanzenöl wird durch die Feuchte des Ausgangsmaterials (z. B. Ölsaat) beeinflusst. Daneben hängt der Wassergehalt auch vom Raffinationsverfahren und bei Biodiesel vom Umesterungsprozess ab. Bei unsachgemäßer Lagerung kann der Wassergehalt im Kraftstoff deutlich ansteigen. Bei niedrigen Temperaturen führt freies Wasser durch Gefrieren zu Filterverstopfungen. Darüber hinaus kommt es in Lagergefäßen bevorzugt an der Grenzschicht zwischen Wasser und Kraftstoff zum Wachstum von Mikroorganismen, die wiederum die Ölalterung beschleunigen.

Für die Beurteilung der Biodieselqualität sind zusätzlich folgende Eigenschaften relevant (vgl. DIN EN 14 214).
- Biodiesel mit hohen Gehalten an Mono-, Di- und Triglyceriden weisen auf einen unvollständigen Umesterungsprozess hin. Derartige Kraftstoffe neigen zu Verkokungen sowie zu Ablagerungen an den Einspritzdüsen, den Zylindern und den Ventilen. Zudem entstehen durch Hydrolyse der verbleibenden Mono-, Di- und Triglyceride freie Fettsäuren, die im Motor ebenfalls zu den genannten Problemen führen können.
- Methanol ist ein Ausgangsprodukt bei der FAME-Herstellung und kann als Rückstand im Biodiesel verbleiben. Der Methanolgehalt ist aber insbesondere aus sicherheitstechnischen Gründen von Bedeutung, weil dadurch der Flammpunkt abgesenkt wird.

Tabelle 13.5 Auswahl von Mindestanforderungen für Kraftstoffe gemäß den entsprechenden Normen (u. a. /13-9/, /13-10/, /13-77/, /13-97/, /13-126/, /13-32/, /13-33/, /13-34/, /13-50/)

		Dieselkraftstoff (DIN EN 590)	Rapsölkraftstoff (DIN V 51605)	FAME (DIN EN 14214)
Dichte (15 °C)	kg/m³	820 – 845	900 – 930	860 – 900
Kinematische Viskosität (40 °C)	mm²/s	2,0 – 4,5	max. 36,0	3,5 – 5,0
Flammpunkt[a]	°C	über 55	min. 220	min. 120
Schwefelgehalt	mg/kg	max. 50/max. 10[b]	max. 10	max. 10
Säurezahl	mg$_{KOH}$/g		max. 2,0	max. 0,5
Jodzahl	g$_{Jod}$/100g		95 – 125	max. 120
Oxidationsstabilität (110 °C)	h		min. 6	min. 6
Aschegehalt[a]	Gew.%	max. 0,01	max. 0,01	max. 0,02
Gesamtverschmutzung	mg/kg	max. 24	max. 24	max. 24
Cetanzahl		min. 51	min. 39[c]	min. 51
Heizwert	MJ/kg	kein Normparameter[d]	min. 36[e]	kein Normparameter[f]

[a] unterschiedliche Prüfverfahren; [b] schwefelarm/schwefelfrei; [c] Anwendung eines speziellen Prüfverfahrens erforderlich; [d] typischer Wert: ca. 43,1 MJ/kg; [e] typischer Wert: ca. 37,5 MJ/kg; [f] typischer Wert: ca. 37,1 MJ/kg

13.4 Produkte und energetische Nutzung 757

Ähnlich wie in der DIN EN 590 für Dieselkraftstoff /13-34/ sind die Mindestanforderungen an Fettsäuremethylester als Kraftstoff für Kraftfahrzeuge in der DIN EN 14 214 /13-33/ und für Rapsöl für die Verwendung als Kraftstoff in pflanzenöltauglichen Motoren in der Vornorm DIN V 51 605 /13-32/ festgelegt. Da für andere Pflanzenöle bislang noch sehr wenige Erfahrungen für den Einsatz in pflanzenöltauglichen Motoren vorliegen, ist die DIN V 51 605 ausschließlich für Rapsöl gültig.

In Tabelle 13.5 sind wichtige Anforderungen von Dieselkraftstoff, FAME und Rapsölkraftstoff gegenübergestellt; dabei ist zu berücksichtigen, dass die Bestimmung teilweise mit unterschiedlichen Prüfverfahren erfolgt. Nur für normgerechte Kraftstoffe kann bei der Verwendung in dafür freigegebenen Motoren nach dem heutigen Stand der Technik von einem störungsfreien und schadstoffarmen Motorenbetrieb ausgegangen werden. Die verlässliche Einhaltung der Anforderungen für Biodiesel und Rapsölkraftstoff wird durch Qualitätssicherungsmaßnahmen erreicht.

13.4.1.4 Nutzung als Kraftstoff

Grundsätzlich kann Pflanzenöl und Fettsäuremethylester (FAME, Biodiesel) sowohl in mobilen Antrieben (u. a. Pkw-, Nutzfahrzeug-, Landmaschinen- und Schiffsmotoren) als auch in stationären Aggregaten (z. B. Stromaggregate, Blockheizkraftwerke) eingesetzt werden. Allen diesen Einsatzmöglichkeiten gemeinsam ist die motorische Verbrennung.

Fettsäuremethylester (FAME, Biodiesel). Fettsäuremethylester ist als Reinkraftstoff oder in beliebigen Mischungen mit mineralischem Dieselkraftstoff in konventionellen Dieselmotoren einsetzbar, sofern diese eine Freigabe des Herstellers aufweisen. Voraussetzung dafür ist jedoch die Verwendung von biodieselbeständigen Kraftstoffsystemkomponenten (z. B. Schläuche und Dichtungen aus Polytetrafluorethylen (z. B. Teflon) oder Fluorkautschuk (z. B. Viton)). Aufgrund der lösungsmittelähnlichen Eigenschaften können durch Biodiesel Rückstände, die sich beim Betrieb mit konventionellem Dieselkraftstoff im Kraftstoffsystem gebildet haben können, gelöst werden und zur Verstopfung des Kraftstofffilters führen. Ggf. ist deshalb während der ersten Tankfüllungen mit Biodiesel mehrmals ein Filterwechsel erforderlich, wenn zuvor Dieselkraftstoff gefahren wurde. Daneben können Lackflächen angegriffen werden.

Bei ungünstigen Betriebsbedingungen (z. B. Schwachlastbetrieb, Regeneration von Dieselpartikelfiltern) kann sich Biodiesel im Motoröl anreichern. Deshalb schreiben Fahrzeughersteller üblicherweise verkürzte (in der Regel halbe) Ölwechselintervalle vor, um Schäden infolge von Motorölverdünnung zu vermeiden.

Die höhere Schmierfähigkeit von Biodiesel wirkt sich günstig auf den Motorbetrieb aus. Als Beimischkomponente zu schwefelfreiem Dieselkraftstoff oder synthetischen Kraftstoffen verbessert Biodiesel deren ungünstige Schmiereigenschaften.

Die Schadstoffemissionen beim Einsatz von Biodiesel können im Vergleich zu Dieselkraftstoff geringer sein. Die Unterschiede werden u. a. auf den im Fettsäuremethylester enthaltenen Sauerstoffgehalt von etwa 11 % zurückgeführt. So weisen mit Biodiesel betriebene Motoren bei den limitierten Abgaskomponenten Kohlenstoffmonoxid, Kohlenwasserstoffe und Partikelmasse meist entweder gleich hohe oder geringere Konzentrationen auf als beim Einsatz von Dieselkraftstoff. Geringfügig höher sind bei der Verwendung von Biodiesel dagegen die Stickstoffoxidemissionen. Die gesetzlich vorgeschriebenen Abgasgrenzwerte für Dieselmotoren werden üblicherweise aber auch mit Biodiesel erfüllt. Moderne elektronisch geregelte Hochdruck-Einspritzsysteme ermöglichen zusätzlich die Anpassung des Einspritzverlaufs (u. a. Mehrfacheinspritzung, Einspritzdruck und -zeitpunkt) an die spezifischen Kraftstoffeigenschaften. Bei gleichzeitiger Verwendung von Kraftstoffsensoren, die den Biodieselanteil im Kraftstoff kontinuierlich erfassen, kann ein an die jeweilige Kraftstoffmischung angepasster und hinsichtlich Leistung, Verbrauch und Abgasemissionen optimierter Motorbetrieb erfolgen.

Fahrzeuge, die mit einem modernen Abgaspartikelfiltersystem ausgestattet sind, erhalten keine Herstellerfreigaben für Kraftstoffe, deren Biodieselanteil über 7 % beträgt, da die für die Partikelfilterregeneration notwendige späte Einspritzung zu einer verstärkten Biodieselanreicherung im Motoröl führen kann.

Biodiesel eignet sich demgegenüber aufgrund seines geringen Schwefel- und Phosphorgehalts sehr gut bei der Verwendung von Oxidationskatalysatoren im Abgassystem. Dadurch werden neben Kohlenstoffmonoxid und Kohlenwasserstoffen auch effektiv geruchsintensive Abgaskomponenten (z. B. Aldehyde) reduziert.

Biodiesel sollte nur in Fahrzeugen eingesetzt werden, für die eine Freigabe des Herstellers vorliegt. Üblicherweise setzen Freigaben die Verwendung von FAME gemäß DIN EN 14 214 voraus. Mitunter werden zusätzliche Einschränkungen gemacht, wie z. B. die ausschließliche Verwendung von Rapsölmethylester (RME). Ggf. sind die im Vergleich zu einem Betrieb mit Dieselkraftstoff veränderten Wartungsanweisungen zu beachten.

Ein Mischbetrieb von Biodiesel und Dieselkraftstoff in wechselnden Anteilen wird oft als technisch problemlos dargestellt; beide Kraftstoffe können i. Allg. abwechselnd getankt werden. Bei längerer Lagerung von Biodiesel-Diesel-Gemischen sind Kraftstoffveränderungen jedoch nicht ausgeschlossen.

Hydrierte Pflanzenöle. Zum motorischen Einsatz von Kraftstoffen, die durch die Beimischung von hydrierten Pflanzenölen (HVO) im Mineralölraffinerieprozess oder durch die Hydrierung von Pflanzenölen oder tierischen Fetten in speziellen Anlagen hergestellt wurden, sind bislang nur wenige Ergebnisse verfügbar. Es zeichnet sich aber ab, dass Mischungen aus HVO und Dieselkraftstoff bei unverändertem Kraftstoffverbrauch tendenziell zu einer Verringerung limitierter und nicht limitierter Abgasemissionen im Vergleich zu Dieselkraftstoff führen /13-85/.

Naturbelassener Pflanzenölkraftstoff. Naturbelassener Pflanzenölkraftstoff unterscheidet sich in wesentlichen Eigenschaften, vor allem hinsichtlich Viskosität, Zündwilligkeit und Siedeverhalten, von konventionellem Dieselkraftstoff. Ein zuverlässiger Einsatz in konventionellen, nicht adaptierten Dieselmotoren ist aufgrund z. T. unzureichender Pumpfähigkeit, ungenügender Zerstäubungs- und Verdampfungseigenschaften, unvollständiger Verbrennung und verstärkter Rück-

13.4 Produkte und energetische Nutzung

standsbildung dauerhaft nicht möglich. Daher ist eine Anpassung des gesamten Motorsystems an die Anforderungen des Pflanzenöls erforderlich.

Wie bei konventionellen Dieselmotoren werden auch bei pflanzenöltauglichen Motoren Vor- bzw. Wirbelkammer- und Direkteinspritz-Verfahren unterschieden.

Vor- bzw. Wirbelkammermotoren. Beim Vor- oder Wirbelkammerverfahren verläuft die Verbrennung im Motor in zwei Stufen. Zunächst wird der Kraftstoff unter hohem Druck, Kraftstoffüberschuss und Sauerstoffmangel teiloxidiert. Dann wird der restliche Kraftstoff bei geringerem Druck, niedrigerer Temperatur und Sauerstoffüberschuss sowie starker Durchmischung nahezu vollständig oxidiert.

Für die Umrüstung auf den Betrieb mit Pflanzenölkraftstoff sind derartige Motoren aufgrund des großvolumigen Brennraums, der starken Verwirbelung des Kraftstoff/Luft-Gemisches und der relativ langen Verweilzeit des Kraftstoffs in der Brennkammer gut geeignet. Deshalb werden auch heute noch Dieselmotoren mit indirekter Einspritzung, nach meist nur geringfügigen Anpassungen, als zuverlässige Antriebsaggregate eingesetzt (vor allem für kleine rapsölkraftstoffbetriebene Blockheizkraftwerke).

Mit der Weiterentwicklung der Einspritz- und Auflade technik, wodurch die Einsatzgebiete des Direkteinspritzers erweitert wurden, und aufgrund des geringeren Wirkungsgrades werden Vor- und Wirbelkammermotoren jedoch zunehmend vom Markt verdrängt.

Motoren mit Direkteinspritzung. Beim Direkteinspritzer wird der Kraftstoff direkt in den Brennraum eingebracht, der aus einer Mulde im Kolben und dem Raum zwischen Kolben und Zylinderwand gebildet wird. Das Oberflächen zu Volumen-Verhältnis des Brennraums eines direkt einspritzenden Motors ist um ca. 30 bis 40 % kleiner als bei einem Nebenkammermotor. Die Wärmeverluste über die Brennraumwand werden somit gering gehalten. Dies und die fehlenden Strömungswiderstände zwischen Neben- und Hauptkammer ergeben einen um ca. 15 bis 20 % geringeren Kraftstoffverbrauch der Motoren mit direkter Einspritzung. Als Starthilfe dient wie beim Nebenkammermotor häufig eine Glühkerze, die in die Kolbenmulde hineinragt.

Der wohl bekannteste pflanzenöltaugliche Motor mit Direkteinspritzung arbeitet nach dem sogenannten "Duotherm-Verfahren" (Elsbett). Hier wird mit einer Einloch-Zapfendüse der Kraftstoff tangential in die Brennmulde eingespritzt. Der entstehende Gemischwirbel sorgt dafür, dass im Inneren des Brennraums eine zentrale heiße Brennzone entsteht, während im äußeren Bereich die Wärmeübertragung an die Kolbenwand vermindert werden soll (Abb. 13.26, links). Leistungsstärkere Motortypen sind mit zwei gegenüberliegenden Einspritzdüsen ausgestattet (Doppel-Duotherm-Verfahren; Abb. 13.26, rechts). Kolbenoberteil und Kolbenunterteil sind gelenkig mit dem Pleuel verbunden (Gelenkkolben). Aufgrund dieses Verbrennungsverfahrens muss der Motor vergleichsweise wenig gekühlt werden (d. h. auf eine Wasserkühlung kann verzichtet werden). Kolbenboden und Zylinderwand werden durch Öl gekühlt.

Vor allem in den 1980er und 1990er Jahren haben verschiedene Firmen unterschiedliche Motorenkonzepte für Pflanzenölkraftstoffe entwickelt und angeboten. Die Produktion von speziellen Pflanzenölmotoren dieser Baureihen wurde mittlerweile jedoch eingestellt. Jedoch wurde jüngst ein für Rapsölkraftstoff freigegebener Serienmotor mit Common Rail Einspritztechnik entwickelt.

Im Unterschied zu den speziell für einen Pflanzenölkraftstoff konstruierten Dieselmotoren haben Umrüstungen von Seriendieselmotoren auf Pflanzenölbetrieb (überwiegend für Rapsölkraftstoff) eine deutlich größere Marktbedeutung. Die realisierten Umrüstmaßnahmen unterscheiden sich je nach Anbieter z. T. erheblich voneinander. Sie können von nur geringfügigen Veränderungen am Seriendieselmotor bis hin zu weitgehenden Motor-Neuentwicklungen reichen. Zu den wichtigsten technischen Anpassungen zählen:
- Austausch nicht pflanzenölverträglicher Materialien (u. a. Schläuche, Dichtungen),
- Austausch oder Modifikation von Kraftstoffsystemkomponenten (u. a. Leitungen, Kraftstofffilter, Förderpumpe, Einspritzpumpe, Einspritzdüsen),
- Austausch bzw. Modifikation der Vorglüheinrichtung,
- Kraftstoffvorwärmung an Leitungen, Filtern, Pumpen, Düsen entweder elektrisch oder durch kühlwasser- bzw. öldurchflossene Wärmeübertrager,
- externe Vorwärmung des Motors durch Aufheizen des Motorkühlwassers mittels brennstoffbetriebener Standheizung oder elektrisch,
- Modifikation des Brennraums und der Ventile sowie
- Veränderung des Einspritzdrucks und -zeitpunkts.

Daneben lassen sich Ein- und Zwei-Tanksysteme (bzw. Ein- und Zwei-Kraftstoffsysteme) unterscheiden.
- Mit dem Ein-Tank-System (Ein-Kraftstoff-System) wird der Motor in allen Betriebszuständen ausschließlich mit Pflanzenölkraftstoff betrieben. Insbesondere zur Überwindung der kritischen Betriebsphasen (d. h. Kaltstart, Teillast, Winterbetrieb) sind eine Kraftstoffvorwärmung, eine elektrische Motorvorwärmung oder beheizte Einspritzdüsen notwendig. Daneben können aber auch weitere Maßnahmen, wie die Anpassung des Einspritzzeitpunkts und Einspritzdrucks oder eine Änderung der Einspritzdüsen bzw. des Einspritzwinkels erforderlich sein.
- Beim Zwei-Tank-System (Zwei-Kraftstoff-System) befindet sich im Haupttank Rapsölkraftstoff und in einem (meist kleineren) Zusatztank Dieselkraftstoff.

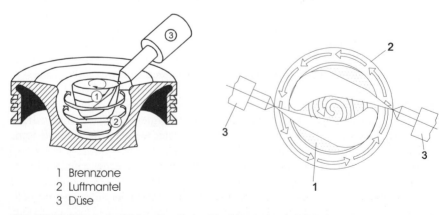

1 Brennzone
2 Luftmantel
3 Düse

Abb. 13.26 Prinzip des Elsbett Duotherm-Verfahrens (nach /13-37/)

13.4 Produkte und energetische Nutzung 761

Der Kraftstoff im Zusatztank wird nur für den Startvorgang und die Warmlaufphase bzw. für ungünstige Betriebszustände (Teillast) benötigt. Nach Erreichen der Betriebstemperatur bzw. bestimmter Betriebspunkte im Motorkennfeld wird auf den ausschließlichen oder anteiligen Betrieb mit Rapsölkraftstoff umgestellt. Vor dem Abstellen des Motors erfolgt der Betrieb wieder mit Dieselkraftstoff, wodurch das Kraftstoffsystem gespült wird und für den nächsten Startvorgang bereit ist. Die Umschaltung erfolgt je nach Ausführung manuell oder automatisch.

Zuverlässige Aussagen zum Betriebsverhalten und zur Betriebssicherheit moderner umgerüsteter Serienmotoren sind aufgrund fehlender Daten kaum möglich. Trotz überwiegend positiver Erfahrungen mit pflanzenölbetriebenen Motoren treten bisweilen auch technische Probleme auf, die meist auf eine mangelnde Abstimmung von Motor- und Umrüstsystem, Betriebsweise und Kraftstoffqualität beruhen (z. B. Verwendung von für den Pflanzenölbetrieb ungeeigneten Komponenten, unzureichender Kraftstofffluss im Kraftstoffsystem, Anreicherung von Pflanzenölkraftstoff im Motoröl). Deshalb sind meist häufigere Motorölwechsel als im Dieselbetrieb notwendig, um etwaige Schäden durch unzureichende Motorschmierung zu vermeiden.

Die Auswahl von technisch ausgereiften Motoren und Umrüstkomponenten in hoher Verarbeitungsqualität ist in Hinblick auf die allgemein stärkere Beanspruchung der Materialien (u. a. höhere Viskosität und Verbrennungstemperatur des Pflanzenölkraftstoffs) sinnvoll. Unbedingt zu vermeiden ist die Verwendung von katalytisch wirksamen Materialien (z. B. Kupfer bzw. kupferhaltige Legierungen), um einer schnellen Alterung des Pflanzenöls vorzubeugen.

Vorteilhaft hinsichtlich der Umrüstung auf Pflanzenölbetrieb können moderne Hochdruck-Einspritzsysteme sein (z. B. Pumpe-Düse- oder Common-Rail-Systeme), da sich bei diesen gute Möglichkeiten zur Angleichung des Brennverlaufs bieten. Vor allem durch elektronisch geregelte Einspritzsysteme besteht bei Pflanzenölbetrieb ein großes Optimierungspotenzial, wenn im gesamten Motorkennfeld exakte Einspritzraten in Abhängigkeit vom Kurbelwellenwinkel eingestellt werden.

Die Adaption von Dieselmotoren für Pflanzenöle empfiehlt sich nicht für Schwachlastbetrieb oder Kurzstreckenfahrzeuge, da der Motor häufig nicht die für den Pflanzenölbetrieb günstige Betriebstemperatur erreicht. Bei allen Umrüstkonzepten ist in der Regel auch weiterhin ein Betrieb mit Dieselkraftstoff möglich. Dies ist insbesondere für den Betrieb im Winter bei Außentemperaturen unter dem Gefrierpunkt von Bedeutung.

Die Abgasemissionen von Kohlenstoffmonoxid, Kohlenwasserstoffen, der Partikelmasse und polyzyklischer aromatischer Kohlenwasserstoffe (PAK) mit Rapsölkraftstoff sind üblicherweise geringer als mit Dieselkraftstoff. Die Konzentrationen von Stickstoffoxiden und Aldehyden sind dagegen meist höher. Im Schwachlastbetrieb oder bei nicht umgerüsteten Motoren kann sich jedoch auch ein entgegen gesetztes Bild ergeben.

Um die zukünftig verschärften Anforderungen der Abgasgesetzgebung zu erfüllen, sind die Weiterentwicklung des Motorsystems sowie nach heutigem Wissen der Einsatz von Abgasnachbehandlungstechnologien (u. a. Partikelfilter und/oder Entstickungskatalysatoren) erforderlich. Derartige Abgasnachbehandlungssysteme (z. B. Oxidationskatalysatoren, Partikelfilter) reduzieren auch im

Pflanzenölbetrieb den Schadstoffausstoß drastisch. Oxidationskatalysatoren haben sich dabei beim Einsatz von normgerechtem Rapsölkraftstoff bewährt und tragen zu einer signifikanten Minderung der Kohlenstoffmonoxid- und Kohlenwasserstoff-Emissionen bei gleichzeitiger Reduktion des typischen Abgasgeruchs bei.

Obgleich die effiziente Partikelabscheidung bereits nachgewiesen wurde, muss die Tauglichkeit von Partikelfiltersystemen hingegen für den Langzeiteinsatz noch unter Beweis gestellt werden. Deshalb ist derzeit eine Umrüstung von Serien-Dieselmotoren, die über ein Partikelfiltersystem verfügen, noch nicht ratsam, da derartige Systeme für den Pflanzenölbetrieb ggf. eine Anpassung erfordern − zumal sich die Abgaspartikel bei Rapsölkraftstoffbetrieb hinsichtlich Größe und Zusammensetzung von Dieselkraftstoff unterscheiden. Ferner sind auch aschebildnerarme Schmieröle und Pflanzenölkraftstoffe erforderlich, um ein frühzeitiges Reinigen des Filterkörpers von unbrennbaren Aschen zu vermeiden. Zur Regeneration des Partikelfilters sollten Systeme eingesetzt werden, die nicht auf der bei Pkw üblichen Späteinspritzung zur Anhebung der Abgastemperatur beruhen. So kann ein überhöhter Eintrag von Rapsölkraftstoff in das Motorenöl vermieden werden.

Ähnlich verhält es sich bei der Anwendung von NO_x-Speicherkatalysatoren zur Stickstoffoxidminderung, wenn das für die Regeneration erforderliche "fette" Gemisch durch eine Späteinspritzung in den Brennraum erzeugt wird. Demgegenüber sind beim Einsatz von SCR-Katalysatoren (Selective Catalytic Reduction), bei dem zur Reduktion der Stickstoffoxide eine wässrige Harnstofflösung in den Abgasstrang eingedüst wird, keine weitreichenden technischen Probleme zu erwarten.

13.4.1.5 Feuerungstechnische Nutzung als Brennstoff

Fettsäuremethylester kann grundsätzlich auch als Brennstoff bzw. Beimischung zu Heizöl in konventionellen Heizölfeuerungen verwendet werden, wenn die in Kapitel 13.4.1.3 aufgeführten Besonderheiten berücksichtigt werden.

In der Vornorm DIN v51 603-6 "Flüssige Brennstoffe − Heizöle − Teil 6: Heizöl EL A, Anforderungen" werden für ein Heizöl mit Anteilen aus nachwachsenden Rohstoffen oder anderen alternativen Komponenten (umgangssprachlich als "Bioheizöl" bezeichnet) Mindestanforderungen und Grenzwerte sowie die anzuwendenden Verfahren zur Prüfung dieser Eigenschaften und die Bezeichnung definiert. Bei nur geringem Biokraftstoffanteil können derartige "Bioheizöle" häufig sowohl in modernen Heizsystemen als auch in Altanlagen eingesetzt werden, ohne dass eine Umrüstung erforderlich ist /13-110/.

Daneben werden spezielle Heizungsbrenner angeboten, die mit beliebigen Mischungen aus herkömmlichem Heizöl und "Bioheizöl" sowie Fettsäuremethylester gemäß DIN EN 14 214 /13-33/ betrieben werden können. Ggf. sind zusätzliche Vorgaben der Hersteller an brennstoffführende Komponenten (insbesondere Tanks und Leitungen) zu berücksichtigen.

Pflanzenöle können ebenfalls als Brennstoff in Feuerungsanlagen eingesetzt werden. Beispielsweise kann Rapsöl in Anlagen für leichtes Heizöl (extra leicht) mit Ölvorwärmung und "heißer Brennkammer" in Beimischungen von 10 bis 20 % zum leichten Heizöl verwendet werden. In Anlagen, welche die genannten Konstruktionsmerkmale nicht aufweisen, können bereits bei einem Beimischungs-

13.4 Produkte und energetische Nutzung

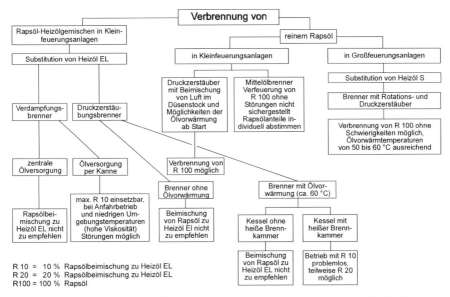

Abb. 13.27 Möglichkeiten der Nutzung von Rapsöl als Heizölersatz (nach /13-126/)

anteil von 5 % Verkokungen an der Düse und der Stauscheibe auftreten. In Brennern für mittelschweres Heizöl (in Deutschland nicht üblich) ist unter gewissen Umständen der Betrieb mit 100 % Rapsöl möglich. Schwerölbrenner sind für den Betrieb mit Rapsöl ohne Heizölbeimischung grundsätzlich geeignet. Abb. 13.27 gibt einen Überblick über die technisch möglichen Einsatzbereiche. Darüber hinaus ist ein Einsatz in rapsöltauglichen Brennertypen möglich.

Im Allgemeinen ist jedoch die Verwendung von Pflanzenölen als Ersatz von Heizöl in Ölbrennern nur in Ausnahmefällen sinnvoll. Wenn ausschließlich stationär Wärme aus Biomasse erzeugt werden soll, sind biogene Festbrennstoffe (z. B. Holz, Stroh) aus Kostengründen und aufgrund des höheren flächenbezogenen Energieertrags im Regelfall besser geeignet. Lediglich dann, wenn biogene Festbrennstoffe nicht verfügbar und andere Wärmebereitstellungsoptionen etwa aus Boden- und Gewässerschutzgründen nur mit einem hohen Risiko verwendet werden können (z. B. Berghütten, hochwassergefährdete Gebiete) kann der Einsatz von Pflanzenölen sinnvoll sein. Der eigentliche Vorteil von Pflanzenölen, die hohe Energiedichte, zeichnet sie vor allem für den Einsatz in Motoren und damit für die Sicherstellung von Mobilität aus.

13.4.2 Kuppel- und Nebenprodukte

Bei der Herstellung von Pflanzenöl bzw. Pflanzenölmethylester fallen verschiedene Kuppel- und Nebenprodukte an, die im Folgenden beschrieben und hinsichtlich ihrer Einsatz- bzw. Nutzungsmöglichkeiten diskutiert werden.

13.4.2.1 Stroh

Stroh, das bei der Ölsaatenernte (d. h. insbesondere bei Raps) als Kuppelprodukt anfällt, wird üblicherweise bereits während der Ernte gehäckselt und anschließend untergepflügt. Es wird somit als organischer Dünger verwertet und trägt zur Erhaltung bzw. Verbesserung der Bodenfruchtbarkeit (d. h. Humusreproduktion) bei /13-109/. Alternativ kann das Stroh auch geerntet, abtransportiert und in geeigneten Feuerungsanlagen energetisch genutzt werden. Dabei muss den beispielsweise verglichen mit Getreidestroh relativ ungünstigeren Brennstoffeigenschaften von Rapsstroh hinsichtlich des Stickstoff-, Schwefel- und Chlorgehaltes sowie des Wassergehaltes von über 20 % aus feuerungstechnischer Sicht adäquat Rechnung getragen werden. Als Futtermittel ist Rapsstroh dagegen nicht geeignet /13-11/; auch die stoffliche Nutzung beispielsweise als Einstreu ist nur eingeschränkt möglich /13-109/.

13.4.2.2 Presskuchen und Extraktionsschrot

Der feste Rückstand aus der Ölgewinnung kann als Futtermittel, als organischer Dünger, als Brennstoff oder als Rohstoff bei der Biogasproduktion verwendet werden. Darüber hinaus ist eine Nutzung des Schrotes zu technischen Zwecken möglich (z. B. Proteinextraktion, Herstellung von Verpackungsmaterial). Aus wirtschaftlichen Gründen wurde bisher praktisch ausschließlich die Verwertung als Futtermittel realisiert.

Futtermittel. Die Rückstände aus der Ölsaatenverarbeitung (d. h. Presskuchen bei Pressverfahren, Extraktionsschrot bei der Lösemittelextraktion) sind reich an Proteinen und stellen somit Eiweißfuttermittel dar, die in Kombination mit Ergänzungsstoffen zu tierartspezifisch optimierten Futterrationen zusammengestellt werden können (Tabelle 13.6).

Aufgrund der spezifischen Zusammensetzung von Presskuchen und Extraktionsschroten sind für die verschiedenen Tierarten unterschiedliche Anteile an der Futterration möglich. Bestimmte giftige oder verdauungshemmende Inhaltsstoffe sowie hohe Gehalte an Rohfasern beschränken die Verwendung in der Tierfütterung. Hohe Glucosinulatgehalte beispielsweise führen zu einer verminderten Futteraufnahme und ggf. zu gesundheitlichen Störungen. Seit der Einführung der sogenannten Doppel-Null-Rapssorten können Schrote und Kuchen aus der Rapsverarbeitung in deutlich höheren Anteilen in der Tierernährung eingesetzt werden. Der Glucosinulatgehalt im fertigen Futter soll z. B. für Mastschweine unter 6 mmol/kg liegen. Grundsätzlich reagieren Wiederkäuer weniger empfindlich auf das Vorhandensein von Glucosinulaten als monogastrische (einmägige) Tiere. Etwa 70 % des Rapsextraktionsschrots werden deshalb in der Rinderfütterung, der Rest vor allem in der Schweinefütterung und nur geringe Anteile beim Geflügel eingesetzt /13-67/.

Über die Einsatzmöglichkeiten von Rapspresskuchen finden sich deutlich weniger Untersuchungen als über die Fütterung mit Rapsextraktionsschrot. Im Wesentlichen sind jedoch die für Rapsextraktionsschrot gefundenen Zusammenhänge auf Rapspresskuchen übertragbar. Es muss allerdings der unterschiedliche Ölgehalt berücksichtigt werden. Wenn die Energiezufuhr mit dem Futtermittel im

13.4 Produkte und energetische Nutzung

Tabelle 13.6 Zusammensetzung von Extraktionsschroten und Presskuchen (Angaben bezogen auf Trockenmasse) /13-15/, /13-58/, /13-67/, /13-99/, /13-100/, /13-107/

		Sojaschrot	Rapsschrot	Rapspresskuchen	Sonnenblumenschro	Sonnenbl.-presskuchen	Leinschrot
Rohprotein	%	44–51	35–41	30–36	26–32	26,4	34
Rohfett	%	1,0–2,0	2,0–2,7	14,0–21,7	2,0–3,6	21,2	2,0
Rohfaser	%	6,9–8,3	12,0–12,9	7,8–13,7	27,4–30,0	29,0	9,0
Rohasche	%	6,0–7,0	7,0–7,9	6,0–6,7	6,0–6,7	5,4	6,0
Kalzium	g/kg	3,1–3,2	7,1	5,6–7,3	2,5–7,5	2,6–5,1	3,7–4,5
Phosphor	g/kg	7,0	12,3	10,0–12,0	6,1–16,7	6,5–14,0	9,0–10,3
Natrium	g/kg	0,2	0,13	0,1–0,3	0,1–0,9	0,1–0,2	0,6–1,3
Kalium	g/kg	21,9	14,5	11,8	9–16	10–12	13–18
Magnesium	g/kg	3,0	6,2	4,5	4,3–8,5	3,9–7,4	5,6–6,5
Schwefel	g/kg	4,8	5,4–17,0		1,8–5,5	3,1–4,6	4,0–4,4
Eisen	mg/kg	160	230		172–690	135–372	207–268
Kupfer	mg/kg	19	11		24–37	18–32	14–29
Mangan	mg/kg	33	62		48–58	47–59	41–51
Zink	mg/kg	70	75		44–75	42–52	55–76
STE[a] (Rind)	MJ	710–803	580–694	846–946	300		660
NEL[b] (MV)	MJ	7,1–8,1	5,8–6,1	7,1	3,9–5,9	6,7	6,6
ME[c] (Schwein)	MJ	13,5–14,9	10,4–11,1	13,7–15,7	9,0–9,7	13,7	11,1
UE[d] (Huhn)	MJ	10,6–11,0	6,7		7,9		8,3

[a] Stärkeeinheiten; [b] Netto-Energie-Laktation (Milchvieh); [c] metabolische Energie; [d] umsetzbare Energie

Vordergrund steht, ist z. B. die Wertigkeit von Presskuchen höher als jene des Extraktionsschrotes.

Düngemittel. Presskuchen bzw. Extraktionsschrot kann prinzipiell auch als organischer Dünger in der Landwirtschaft eingesetzt werden. Je Tonne Rapsextraktionsschrot (11 bis 13 % Wassergehalt) werden dem Boden ca. 50 bis 60 kg Stickstoff (N), 20 bis 25 kg Phosphoroxid (als P_2O_5), 12 bis 18 kg Kaliumoxid (als K_2O), 6 bis 8 kg Calciumoxid (CaO) und ca. 7 bis 8 kg Magnesiumoxid (MgO) zugeführt. Da der Marktpreis für Futtermittel die substituierbaren Düngemittelkosten deutlich übersteigt, spielt diese Verwertung in der Praxis keine Rolle.

Verbrennung. Auch eine Nutzung der Extraktionsschrote bzw. Presskuchen als Energieträger in Feuerungsanlagen ist prinzipiell möglich. Beispielsweise weisen Rapsextraktionsschrot bzw. -presskuchen je kg Trockenmasse einen unteren Heizwert von ca. 18,5 bzw. bis zu 22 MJ und einen mittleren Aschegehalt von 6 bis 8 % auf. Der hohe Stickstoffgehalt und eventuell der Gehalt an Schwefel sowie der hohe Aschegehalt und die Aschezusammensetzung können zu erhöhten Aufwendungen bei der Prozessführung bzw. zu Problemen bei der Einhaltung der Emissionsgrenzwerte führen /13-66/. Die sehr hohen Anteile von Phosphor und Kalium lassen zusätzlich Probleme insbesondere bei einer großtechnischen Verbrennung erwarten. Eine katalytische Entstickung in der Feuerungsanlage kann durch Phosphor deaktiviert werden. Zudem können beide Elemente den Ascheschmelzpunkt reduzieren und dadurch den Betrieb der Feuerungsanlage stören. Verbrennungstechnisch von Vorteil sind dagegen der konstant geringe

Wassergehalt, die Konsistenz und Lagerfähigkeit des Brennstoffs, der relativ hohe Heizwert und der geringe Chlorgehalt.

Alternativ zur Verbrennung von Schrot oder Kuchen besteht die Möglichkeit, die Rapssaat vor der Pressung zu schälen und ausschließlich die Schalen zu verbrennen. Dies hätte verbrennungstechnische Vorteile, da die Schalen lediglich einen Anteil von 1 bis 2 % Stickstoff aufweisen. Gleichzeitig ist ihr Futtermittelwert gering. Durch eine Schälung verringert sich die Schrotmenge um ca. 25 %, das Schrot besitzt dann aber einen höheren Futtermittelwert. Für eine solche Variante sind aber deutliche Verfahrensänderungen in den Ölmühlen erforderlich, um bei der Extraktion weiterhin eine gute Durchdringung des Lösemittels zu gewährleisten.

Biogasproduktion. Extraktionsschrote bzw. Presskuchen können auch als Substrate für eine Biogaserzeugung eingesetzt werden (Kapitel 16). Die Gasausbeute ist dabei höher als z. B. bei Gülle. Beispielsweise ergibt sich bei Rapspresskuchen aus einer Kaltpressung ein Biogasertrag von 610 bis 760 l_{Biogas}/kg organischer Trockenmasse im Vergleich zu ca. 450 l_{Biogas}/kg organischer Trockenmasse bei Gülle /13-45/. Mit dem Biogas erzielbare Methangehalte werden mit 43 bis 57 Vol.-% angegeben /13-14/, /13-82/. Obgleich die Zugabe von Rapspresskuchen die Vergärung (z. B. mit Rindergülle) positiv beeinflusst, ist nicht auszuschließen, dass bei Einsatz von Kosubstratmischungen aus sauren Substraten und neutralen stark eiweißhaltigen Substraten (d. h. Stoffen mit hohem Schwefelgehalt, wie z. B. Rapspresskuchen), die während der Lagerung bereits teilweise anaerob abgebaut wurden, die Gefahr einer spontanen H_2S- und CO_2-Freisetzung bestehen kann. Gleiches gilt hinsichtlich möglicher spontaner NH_3-Freisetzungen für Kosubstratmischungen aus alkalischen und neutralen stickstoffreichen Substraten (z. B. Rapspresskuchen) /13-119/.

Weitere Einsatzmöglichkeiten. Neben den bisher aufgeführten Möglichkeiten ist eine Nutzung des Schrotes zu technischen Zwecken möglich, beispielsweise zur Proteinextraktion oder zur Herstellung von Verpackungs- oder Dämmmaterial /13-70/.

13.4.2.3 Glycerin

Das Kuppelprodukt Glycerin (auch als Glycerol bezeichnet) wird während der Umesterung in Form einer Glycerinphase freigesetzt, die ihrerseits zu Rohglycerin (60 bis 80 Gew.-% Glycerinanteil), technischem (> 80 Gew.-%) oder pharmazeutischem Glycerin (typischerweise > 99,5 bis 99,8 Gew.-%) aufbereitet und vermarktet werden kann. Glycerin ist als Rohstoff z. B. in der Pharma-, Kosmetik-, Nahrungsmittel-, Chemie- und Tabakindustrie vielfältig einsetzbar (weltweit waren es im Jahr 2006 zwischen 930 und 950 kt). Aus wirtschaftlichen Gründen stehen diese Formen der stofflichen Verwertung im Vordergrund.

Glycerin ist eine energiereiche Verbindung und grundsätzlich als eine wertvolle Ergänzung zu herkömmlichen Futtermittel geeignet. Es ist als nicht-toxische Verbindung zur Fütterung für alle Nutztierarten ohne Mengenbegrenzung zugelassen /13-31/; in der Positivliste für Einzelfuttermittel sind Reinglycerin und seit kurzem auch Rohglycerin gelistet. Auch ist die Gylcerinverarbeitung in herkömmlichen Futtermittelanlagen unproblematisch. Es hat sich gezeigt, dass die Fütterung von Glycerin in Anteilen von bis zu 10 % positive Auswirkungen auf den Mastverlauf haben kann, wenngleich ein erhöhter Wasserbedarf der Tiere zu verzeichnen ist /13-69/. Wegen eines vergleichsweise hohen Preisniveaus für Glycerin sowie der Konkurrenz zu herkömmlichen Futtermitteln ist eine flächendeckende Verbreitung aber nicht zu erwarten. Dennoch gibt es einen Markt für Spezialanwendungen bei besonders hohem Energiebedarf der Tiere.

Die energetische Nutzung von Glycerin als Treib- bzw. Brennstoff ist prinzipiell möglich, jedoch aufgrund der glycerinspezifischen Eigenschaften (insbesondere hohe Viskosität, niedriger Heizwert; Tabelle 13.7) technisch sehr anspruchsvoll. Der Einsatz von Glycerin als Ersatzbrennstoff stellt erhöhte Anforderungen an die Brenner- und Anlagentechnik sowie die Lagerhaltung und Führung des Verbrennungsprozesses; dies betrifft insbesondere neue Lösungen im Bereich der Wärmeerzeuger (permanente Heizflächenabreinigung) /13-104/. Beispielsweise zeigen Tests zur thermischen Verwertung von mit Kaliummethylsulfat versetztem Glycerin in einer kleinen stationären Wirbelschichtverbrennung im kleinen Leistungsbereich eine stabile Verbrennung bei einem Temperaturniveau von ca. 820 °C /13-112/.

Demgegenüber ist eine motorische Nutzung von Rohglycerin ohne Beimischung von anderen Kraftstoffen technisch problematisch. Beispielsweise zündet reines Glycerin ohne massive Erhöhung des Verdichtungsverhältnisses und der Ladelufttemperatur nicht; ausreichende Zündbedingungen konnten lediglich für Mischungen von max. 30 Gew.-% mit Rapsölmethylester und Ethanol erzielt werden, wobei die Emissionen im Vergleich zu Dieselkraftstoff oder Rapsölmethylester z. T. deutlich erhöht waren. Darüber hinaus werden Katalysatorreste aus der Umesterung als Salz emittiert, welches Ablagerungen im Brennraum, an den Auslassventilen und im Abgassystem verursacht. Dies führt zu einem erhöhten Verschleiß und kürzeren Wartungs- und Reinigungsintervallen /13-134/.

Rohglycerin kann zur Steigerung des Biogasertrags und Methanausbeute als Kosubstrat in Biogasanlagen eingesetzt werden. Ertragssteigerungen können vor allem dann erreicht werden, wenn Rohglycerin zusammen mit eiweißreichen agrarischen Rohstoffen (z. B. Schweineflüssigmist) eingesetzt wird. Um Hemmungen der Methangärung zu vermeiden, wird ein Rohglycerinanteil am Substratmix von nicht mehr als 6 Gew.-% empfohlen. Ein Rohglycerinanteil von 3 bis 6 Gew.-% zur Biogaserzeugung aus Silomaissilage, Körnermais und Schweinegülle werden als optimal angegeben /13-3/.

Tabelle 13.7 Stoffeigenschaften ausgewählter flüssiger Biobrennstoffe im Vergleich zu Glycerin /13-104/

Eigenschaft	Einheit	Glycerin	Ethanol	Rapsöl	RME	Heizöl EL
Dichte (20 °C)	in kg/l	1,26	0,79	0,92	0,88	0,86
Kinematische Viskosität (20 °C)	in mm²/s	1 176	1,5	74	7,5	6 – 7
Oberflächenspannung	in 10^{-3} J/m²	63	23	31	30	28
Heizwert	in kWh/kg	5,0	7,5	10,4	10,3	11,8
Flammpunkt	in °C	> 180	12	> 200	> 100	> 55

13.4.2.4 Sonstige Kuppelprodukte

Weitere Kuppelprodukte fallen bei der Raffination (z. B. Fettsäuren, Schleimstoffe bzw. Phosphatide) und bei der Aufarbeitung von Rohglycerin an. Die anfallenden Mengen sind aber im Vergleich zu den anderen Kuppelprodukten gering; sie werden zudem gegenwärtig sehr unterschiedlich verwertet. Bleicherden werden in der Regel vor der Extraktion dem Presskuchen bzw. nach der Extraktion dem Schrot wieder zugegeben oder an den Hersteller zurückgegeben. Die übrigen Kuppelprodukte können ebenfalls dem Schrot zugegeben oder aber getrennt vermarktet werden.

So können beispielsweise die bei der Entsäuerung entfernten freien Fettsäuren in der Oleochemie Verwendung finden, aber auch als Futterkomponente eingesetzt werden. Darüber hinaus ist eine Verbrennung, d. h. die Nutzung als Energieträger, möglich; zudem ist es denkbar, sie bei der Raffination nicht zu entfernen, sondern bei der Umesterung nachzuverestern und damit innerhalb des Biodieselprozesses zurückzuführen. Aus den Phospholipiden wiederum, die bei der Entschleimung vom Pflanzenöl abgetrennt werden, lässt sich – vor allem bei Soja, weniger bei Raps – mit Lecithin ein wertvoller Rohstoff gewinnen, der etwa als Emulgator in Kosmetik- oder Lebensmittelprodukten sowie in der Leder- und Textilindustrie eingesetzt werden kann.

14 Grundlagen der bio-chemischen Umwandlung

Bereits seit den Ursprüngen der Menschheit nutzt der Mensch Mikroorganismen in Produktionsprozessen, ohne sich deren Existenz bewusst gewesen zu sein; beispielsweise kommen in der Lebensmittelherstellung Hefen (z. B. Bier, Wein), Schimmelpilze (z. B. Käse) oder Bakterien (z. B. Joghurt, Kefir) zum Einsatz. Die Existenz der jeweiligen Mikroorganismen und die von ihnen realisierten Stoffwechselvorgänge wurden jedoch erst in den letzten 150 Jahren intensiv erforscht und bis auf die molekulare Ebene aufgeklärt. Als erster konnte Louis Pasteur 1860 die Rolle der Hefe für die alkoholische Gärung nachweisen und zeigen, dass die Gärung von lebenden Zellen abhängig ist. Im 20. Jahrhundert wurden Mikroorganismen dann vielfältig in industriellen Produktionsprozessen (z. B. zur Herstellung von Aminosäuren, Antibiotika oder Feinchemikalien) genutzt.

Vor diesem Hintergrund ist es das Ziel der folgenden Ausführungen (vgl. /14-2/, /14-4/, /14-6/, /14-9/, /14-8/, /14-10/, /14-11/, /14-12/, /14-13/, /14-14/), einen Überblick über die Vielfalt der Mikroorganismen, deren Zellaufbau und Stoffwechsel sowie ihre vielfältigen Anwendungsmöglichkeiten u. a. zur Erzeugung energiereicher Verbindungen aus organischen Stoffen zu geben. Gleichzeitig wird aufgezeigt, wo dem Einsatz lebender Zellen und Enzyme als Biokatalysatoren Grenzen gesetzt sind und welche verfahrenstechnischen Konsequenzen daraus resultieren.

14.1 Grundlagen der Mikrobiologie

Ziel der folgenden Ausführungen ist es, die mikrobiologischen und biochemischen Grundlagen darzustellen und zu diskutieren, soweit sie zum Verständnis der nachfolgend diskutierten bio-chemischen Prozesse wesentlich sind.

14.1.1 Einteilung der Mikroorganismen

Als Mikroorganismen werden in der Regel einzellige Organismen bezeichnet, die in Eu- und Prokaryonten unterschieden werden.

Eukaryonten. Zu den Eukaryonten zählen Tiere, Pflanzen und Pilze. Als wichtigstes Unterscheidungsmerkmal gegenüber Prokaryonten weisen sie einen echten Zellkern auf, in dem sich die Chromosomen befinden und der von einer Membran umgeben ist. Unter den Eukaryonten gibt es einzellige Vertreter (meist Hefen, Algen, Protozoen). Mit durchschnittlichen Zellgrößen zwischen 5 und 50 µm bis hin zu mehreren 100 µm sind sie wesentlich größer als Prokaryonten.

Für bio-chemische Umwandlungsprozesse besonders interessante und wertvolle eukaryontische Mikroorganismen sind Hefen (u. a. in der Lebensmittelindustrie, Genussmittelindustrie) sowie Schimmelpilze (z. B. zur Antibiotikaherstellung (u. a. Penicillin), zur Herstellung säurehaltiger Produkte (u. a. Zitronensäure)). Zur Herstellung von Sekundärenergieträgern sind sie jedoch nur von untergeordneter Bedeutung.

Prokaryonten. Prokaryonten sind im Vergleich zu den Eukaryonten bezüglich des Zellaufbaus wesentlich einfachere Mikroorganismen. Sie sind mit durchschnittlichen Zellgrößen von 1 bis 5 µm für das bloße Auge nicht sichtbar. Bislang sind auch nur schätzungsweise bis zu 5 % aller prokaryontischen Arten bekannt. Sie werden unterschieden in Eubakterien (Bacteria) und Archeabakterien (Archaea). Bei den Archaeen handelt es sich um evolutiv sehr alte Organismen, die häufig an extremen Standorten zu finden sind. Sie sind z. B. bei Temperaturen zwischen 80 und 120 °C, extremen pH-Werten von 1 oder 12 bzw. in gesättigter Kochsalzlösung aktiv. Deshalb werden sie bevorzugt für Anwendungen in der biotechnologischen Industrie eingesetzt. Aber auch in gemäßigten (mesophilen) Habitaten spielen sie eine wichtige Rolle (z. B. im strikt anaeroben Milieu, wo sie für die Methanogenese verantwortlich sind). Eubakterien hingegen finden sich überwiegend in mesophilen Habitaten. Durch ihre hohe Anpassungsfähigkeit an extreme Lebensbedingungen sind prokaryontische Mikroorganismen ubiquitär verbreitet. Dies gilt selbst dort, wo kein eukaryontisches Leben mehr möglich ist. Durch die enorm hohe Stoffwechselvielfalt der Prokaryonten sind viele Stoffwechselvorgänge ausschließlich Bakterien und Archaeen vorbehalten. Sie liefern damit einen elementaren Beitrag zu den globalen Stoffwechselkreisläufen der Natur. Viele der Schlüsselreaktionen in den Stickstoff(N)-, Schwefel(S)- und Kohlenstoff(C)-Kreisläufen werden ausschließlich von Mikroorganismen katalysiert, wozu höhere Organismen nicht in der Lage sind. Beispielsweise können Prozesse, die für die biochemische Energiegewinnung aus Biomasse bedeutend sind, ausschließlich durch Prokaryonten bewerkstelligt werden. Die Erzeugung von Methan erfolgt z. B. ausschließlich durch strikt anaerobe Archaeen (z. B. *Methanosarcina*) als letztem Glied der anaeroben Nahrungskette.

14.1.2 Aufbau der bakteriellen Zelle

Bakterielle Zellen sind durch eine Zellwand von der Umgebung und durch eine Cytoplasmamembran von der Zellwand getrennt. Diese bilden zugleich eine Barriere, über die der Stofftransport aktiv oder passiv erfolgen kann. Das Zellinnere bildet das Cytoplasma, in welchem die grundlegenden Stoffwechselaktivitäten und Prozesse für die Zellteilung stattfinden. Im Gegensatz zu eukaryontischen Zellen weisen prokaryontische Zellen keine Kompartimente (z. B. Mitochondrien, Chloroplasten, Zellkern) auf; sämtliche Prozesse laufen hier im Cytoplasma ab (Abb. 14.1).

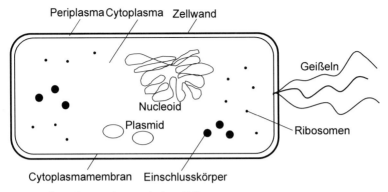

Abb. 14.1 Aufbau einer prokaryontischen Zelle

Die Grundkomponenten der Zelle sind die Makromoleküle Proteine, Nukleinsäuren, Lipide und Polysaccharide. Deren Funktion und Bedeutung werden nachfolgend kurz erläutert.

Nukleinsäuren. In den Nukleinsäuren ist die gesamte genetische Information eines Organismus gespeichert (desoxyribonucleic acid, DNA). Diese ist überwiegend in dem Nucleoid lokalisiert. Es treten aber auch extra-chromosomale Elemente (Plasmide) auf, die häufig zusätzliche Informationen wie Antibiotika- oder Schwermetallresistenzen enthalten und zugleich wichtige Werkzeuge der Molekularbiologie sind. Eine zweite Klasse der Nukleinsäuren ist die RNA (ribonucleic acid), die Funktionen im Ablesen der genetischen Information (Transkription) und deren Übersetzung in funktionsfähige Proteine (Translation) sowie der Biosynthese der Proteine selbst übernimmt. Zudem können Spezialformen der RNA auch regulatorische Funktionen übernehmen.

Proteine. Proteine sind Makromoleküle, die aus α-Aminosäuren aufgebaut sind. Diese Aminosäurekette wird in der Zelle zu einer spezifischen, biologisch aktiven Struktur (Tertiärstruktur) gefaltet; dadurch werden katalytische Zellfunktionen ermöglicht. Der Zusammenhalt der Polypeptidkette und deren Anordnung werden durch intramolekulare elektrostatische und hydrophobe Wechselwirkungen oder auch kovalente Disulfidbrücken ermöglicht. Diese sind jedoch außerhalb der Zelle häufig nicht besonders stabil. Dadurch können Enzyme durch Einflüsse wie Hitze, extreme pH-Werte, Lösungsmittel oder Chemikalien leicht denaturieren und somit ihre biologische Aktivität verlieren.

Lipide. Lipide sind Hauptbestandteile der Zellmembran und bestehen meist aus Glycerin, das mit verschiedenen Fettsäuren verestert ist. Membranlipide weisen einen amphipatischen Charakter auf (d. h. einen stark hydrophoben Rest, sowie eine hydrophile Kopfgruppe). Hierdurch ordnen sie sich in Membranen zu einer Lipiddoppelschicht an, bei der die Fettsäureketten nach innen ragen. Zusätzlich mit Proteinen durchsetzt bilden sie die Cytoplasmamembran, welche aufgrund ihres amphipatischen Charakters eine Permeabilitätsbarriere für gelöste Stoffe aus dem

Cytoplasma, sowie Stoffe von außerhalb der Zelle bildet. Gleichzeitig trägt dies zu einer Ladung der Zelle bei, da Ionen nur selektiv diese Barriere überwinden können. Diese Tatsache nutzt die Zelle zur Energieerzeugung aus, da hierbei eine sogenannte protonenmotorische Kraft erzeugt wird. Diese stark hydrophobe Barriere gilt es bei jedem Transport über die Cytoplasmamembran zu überwinden. Dazu bedient sich die Zelle spezieller Translokatoren oder Kanäle, die in die Membran integriert sind.

Polysaccharide. Polysaccharide (d. h. Mehrfachzucker) sind für die Zelle wesentlich als Energiespeicherstoff und beim Zellwandaufbau. In Bakterien dient dabei in erster Linie Glykogen als Polymer der Glukose analog der pflanzlichen Stärke als Energiespeicher. In der bakteriellen Zellwand spielt das Peptidoglykan als Grundgerüst eine wesentliche Rolle. Hierbei handelt es sich um ein Polymer aus alternierenden Einheiten von N-Acetylglucosamin und N-Acetylmuraminsäure, welche mit kurze Peptiden quervernetzt sind. Auch in den Seitenketten der äußeren Membran haben Zucker eine wichtige Bedeutung.

Zellwandaufbau. Ein wesentliches Differenzierungsmerkmal bei Bakterien ist die Art des Zellwandaufbaus. Hier wird in Gram-positive und Gram-negative Bakterien, benannt nach einer diagnostischen Färbemethode, unterschieden.

Bei Gram-positiven Bakterien ist der Cytoplasmamembran direkt eine dicke Mureinschicht aus bis zu 25 Schichten Peptidoglykan aufgesetzt. Diese übernimmt eine mechanisch-stabilisierende Funktion. Bei Gram-negativen Organismen bildet anstelle dieser mehrschichtigen Mureinschicht eine Lipidmembran die äußere Hülle und somit die mechanische Stütze der Bakterienzelle. Diese ist der Cytoplasmamembran nicht direkt aufgelagert. Dadurch besitzt die Zelle ein weiteres Kompartiment, das sogenannte Periplasma, in dem sich eine Reihe Proteine und extrazellulärer Enzyme befinden; es ist meist von einer dünnen Mureinschicht (1 bis 2 Schichten Peptidoglykan) durchzogen. Die äußere Membran besteht aus einer einfachen Phospholipidschicht und verschiedenen Zuckern und wird daher auch als Lipopoly-Saccharid bezeichnet.

14.1.3 Nährstoffe und Wachstum

Energiegewinnung. In Abhängigkeit davon, woher Organismen ihren Energiebedarf decken, werden sie in drei verschiedene Typen eingeteilt.
- Chemoorganotrophe sind Eukaryonten (bis auf Pflanzen) sowie die meisten bisher bekannten Mikroorganismen. Sie gewinnen ihre Energie aus dem Abbau organischer Stoffe (z. B. Glucose, Acetat).
- Chemolithotrophe können anorganische Substanzen (u. a. H_2, H_2S, S, NH_3, Fe^{2+}) zur Energiegewinnung nutzen; sie konkurrieren damit nicht mit den Chemoorganotrophen um Substrate, sondern können sogar deren Abfallprodukte nutzen.
- Phototrophe können Licht durch eine bakterielle Photosynthese nutzen. Diese Möglichkeit ist jedoch auf eine relativ kleine Gruppe von Bakterien (u. a. Cyanobakterien, Schwefelpurpurbakterien) beschränkt.

14.1 Grundlagen der Mikrobiologie

Kohlenstoff. Hauptbestandteil aller lebenden Zellen ist der Kohlenstoff. Je nach dem, woher die Organismen diesen beziehen, werden sie in Heterotrophe und Autotrophe unterteilt.

- Autotrophe Organismen gewinnen den Hauptanteil ihres Kohlenstoffs über die Fixierung von Kohlenstoffdioxid (CO_2).
- Heterotrophe Organismen beziehen den überwiegenden Teil des benötigten Kohlenstoffs aus organischen Substanzen.

Kultivierungsbedingungen. Bei der Kultivierung von Mikroorganismen muss deren Wachstumsparametern und Nährstoffansprüchen in ausreichendem Maße genüge getan werden. Die benötigten Nährstoffe werden in Makro- und Mikronährstoffe unterteilt.

- Zu den Makronährstoffen zählen als Hauptkomponenten Kohlenstoff und Stickstoff, dazu Wasserstoff, Sauerstoff, Phosphor, Schwefel, Kalium, Magnesium, Natrium, Kalzium und z. T. Eisen. Diese müssen den Bakterien im Wachstumsmedium zur Verfügung gestellt werden, z. B. in Form von Zuckern, anderen organischen Verbindungen und Mineralsalzen. Dies geschieht in der Praxis entweder über ein Vollmedium aus Hefeextrakten und Pepton oder Trypton oder über definierte Medien mit Zuckern und Salzen in unterschiedlicher Zusammensetzung.
- Wenn auch nur in extrem geringen Mengen – aber trotzdem essentiell – werden zudem bestimmte Mikronährstoffe (d. h. Spurenelemente) benötigt. Dazu zählen u. a. Bor, Chlor, Silizium, Eisen, Kobalt, Kupfer, Mangan, Molybdän, Nickel, Selen, Wolfram, Vanadium und Zink. Diese Nährstoffe werden nicht von allen Mikroorganismen benötigt, finden sich jedoch häufig als zentrales Element in bestimmten Enzymen. Dies muss bei dem jeweiligen Organismus individuell beachtet werden. Auch müssen noch bestimmte Aminosäuren oder Vitamine, die von manchen Organismen nicht selbstständig synthetisiert werden können, extern zugeführt werden.

Die wesentlichen Wachstumsparameter sind die Temperatur, der pH-Wert des Mediums, der Salzgehalt und die Gegenwart von Sauerstoff. Die meisten Mikroorganismen sind Mesophile, deren Wachstumsoptimum zwischen 20 und 40 °C, bei einem neutralem pH-Wert (5 bis 8) sowie Salzkonzentrationen zwischen 1 und 2 % liegt. Es sind aber auch viele extremophile Mikroorganismen bekannt, deren Wachstumsbedingungen stark von denen mesophiler Organismen abweichen. Leben kann damit in fast allen Grenzbereichen gefunden werden. Das Wachstum einzelner Organismen findet aber nur innerhalb enger Parameter statt. Bereits geringfügige Temperatur- oder pH-Wert-Abweichungen können das Wachstum hemmen.

Bei einer Überführung in andere Wachstumsmedien oder einer Änderung der Umweltbedingungen müssen Bakterien sich diesen neuen Gegebenheiten immer wieder neu anpassen. Viele Enzyme müssen als Antwort auf neue Umweltbedingungen oder Stress erst neu gebildet werden. Das Wachstum einer mikrobiellen Population ist daher zu Beginn einer Kultivierung sehr langsam (lag-Phase). Bakterienkulturen sind damit keine statischen Kulturen. In technischen Anlagen müssen daher die Kultivierungsparameter kontinuierlich überwacht und ggf. nachreguliert werden, um möglichst konstante Bedingungen zu schaffen.

Ein weiterer wichtiger Wachstumsparameter ist das Verhältnis der Bakterien zum Sauerstoff. Während der Großteil aerob oder wenigstens aerotolerant ist (d. h. in Gegenwart von Sauerstoff kultiviert werden kann), sind auch Organismen bekannt, für die Sauerstoff selbst in geringen Konzentrationen toxisch ist. Für diese Anaerobier sind bei einer technischen Nutzung deshalb besondere Randbedingungen einzuhalten.

14.2 Stoffwechsel und Energieerzeugung

Mikroorganismen zeichnen sich im Gegensatz zu höheren Lebewesen durch eine enorme Stoffwechselvielfalt aus, der jedoch einige grundlegende Prinzipien der Energiegewinnung gemein sind. Die meisten Organismen beziehen ihre Energie aus dem Abbau organischer Substanzen (Heterotrophie), wobei diese Substanzen entweder vollständig zu Kohlenstoffdioxid (CO_2) und Wasser (H_2O) abgebaut werden können (aerober Abbau) oder energiereiche Zwischenstufen als Abbauprodukte entstehen (anaerober Abbau). Gerade der anaerobe Abbau ist daher für die Energiegewinnung aus Biomasse von Bedeutung, da die bei Gärungsprozessen entstehenden energiereichen Abbauprodukte (z. B. Ethanol) zur Energiegewinnung mithilfe technischer Prozesse zur Verfügung stehen. Nachfolgend werden daher diese unterschiedlichen Prinzipien des Stoffwechsels und der Energieerzeugung diskutiert.

14.2.1 Möglichkeiten der ATP-Erzeugung

Die Zelle nutzt für die Kopplung von energieerzeugenden und -verbrauchenden Prozessen Adenosintriphosphat (ATP) als Trägermolekül; es ist quasi die "Energiewährung der Zelle". Hier wird die Energie in Form einer energiereichen Phosphorsäureanhydrid-Bindung bei der Bildung von ATP aus Adenosindiphosphat (ADP) und Phosphat (P_i) gespeichert. Energieverbrauchende Prozesse der Zelle beziehen ihre Energie aus der hydrolytischen Spaltung von ATP in ADP und P_i. Zur Bildung von ATP stehen der Zelle zwei grundlegende Mechanismen zur Verfügung, die Substrat-Ketten-Phosphorylierung (SKP) und die Elektronen-Transport-Phosphorylierung (ETP).

Substrat-Ketten-Phosphorylierung. Im Verlauf des Energiestoffwechsels werden durch Abbauprozesse von organischen Verbindungen (Zucker) diese schrittweise oxidiert. Dies ist gleichzeitig mit Reduktionsreaktionen gekoppelt; deshalb werden diese Reaktionen auch als Redox-Reaktionen bezeichnet. Bei der Substrat-Ketten-Phosphorylierung wird eine Phosphorylgruppe von einem phosphorylierten Zwischenprodukt des Stoffabbaus auf ADP übertragen und somit ATP gebildet. Dies geht meist einher mit der Oxidation einer Carbonyl-Verbindung zu einer Carboxyl-Verbindung. Dies ist eine stark exergone Reaktion und mit der Reduktion von NAD^+ zu $NADH/H^+$ gekoppelt. Energiereiche Zwischenprodukte sind häufig Phosphorsäure-Anhydride oder Phosphorsäure-Enolester, die während des Abbaus von Glucose in der Glycolyse gebildet werden. Die für die Substrat-Ketten-

Phosphorylierung notwendigen Enzyme sind in der Regel im Cytoplasma lokalisiert. Bei gärenden Organismen ist dies die einzige Form der Energiegewinnung, da die Substrate nicht komplett oxidiert werden und Energie in Form energiereicher Zwischenverbindungen erhalten bleibt. Im Rahmen der anaeroben Vergärung von Glucose zu Lactat (homofermentative Milchsäuregärung) kann die Zelle aus einem Mol Glucose maximal 2,5 Mol ATP gewinnen; dies entspricht einem Energiebetrag von etwa 200 kJ/mol Glucose (zum Vergleich: bei kompletter aerober Umsetzung von Glucose werden maximal 38 Mol ATP pro Mol Glucose gebildet, was einem Energiebetrag von 2 870 kJ/mol Glucose entspricht). Dadurch steht Organismen während der aeroben Atmung wesentlich mehr Energie zur Verfügung und sie haben wesentlich schnellere Wachstumsraten als gärende Organismen. Der höhere Energiegewinn während der Zellatmung kommt durch ATP-Bildung über Elektronen-Transport-Phosphorylierung zustande.

Elektronen-Transport-Phosphorylierung. Der initiale Abbau von Glucose während Atmung und Gärung erfolgt über die Glycolyse bis hin zum Pyruvat (Anion der Brenztraubensäure). Ab hier unterscheiden sich Gärung und Atmung grundlegend. Pyruvat ist somit das zentrale Molekül des Stoffwechsels, der nun verschiedene Richtungen nehmen kann. Während der Gärung erfolgen nur noch wenige reduktive Umsetzungen des Pyruvats (z. B. zu Ethanol oder Milchsäure), um Reduktionsäquivalente, auf die im Verlauf der Glycolyse Elektronen übertragen wurden, zu regenerieren. Ohne diese Regeneration würde der Stoffwechsel binnen kurzer Zeit komplett zum Erliegen kommen.

Beim weiteren Abbau des Pyruvats während der Atmung wird dieses im nächsten zentralen Stoffwechselweg, dem Citratzyklus, komplett zu Kohlenstoffdioxid (CO_2) oxidiert. Die Elektronen werden dabei über Reduktionsäquivalente (NADH oder Ubiquinone) und durch die Atmungskette auf einen terminalen Elektronenakzeptor (im Falle der aeroben Atmung: Sauerstoff) übertragen. Diese Transportprozesse, welche durch verschiedene membrangebundene Enzymsysteme der Atmungskette erfolgen, bewirken einen Transport von Protonen aus der Zelle und somit den Aufbau eines elektrochemischen Gradienten ΔH^+ ($[H^+]_{außen} > [H^+]_{innen}$). Die Zelle ist quasi wie ein Kondensator aufgeladen und das Membranpotenzial kann bis zu 100 mV betragen. Dieses Protonenpotenzial über der Membran wird auch als protonenmotorische Kraft bezeichnet.

Durch ein in der Membran eingelagertes Protein, die ATPase, die wie ein kleiner Motor funktioniert, strömen die Protonen nun wieder von außen nach innen in die Zelle zurück. Die ATPase besteht aus einem membranintegrierten F_0-Teil und einem cytoplasmatisch gelegenen F_1-Kopfteil (F_1F_0-ATPase), durch den Protonen in die Zelle strömen. Der Fluss von Protonen treibt diesen winzigen biologischen Motor an. Dabei führt die Rotation des cytoplasmatischen F_1-Teils zur Bildung von ATP aus ADP und P_i. Zur Bildung eines Mols ATP ist der Einfluss von drei Mol Protonen nötig. Das Redoxpotenzial der Atmung ist davon abhängig, welche Stoffe als Elektronendonatoren und welche als terminale Elektronenakzeptoren dienen.

14.2.2 Energiegewinnung durch Atmung

Verglichen mit dem anaeroben Stoffwechsel gewinnen Mikroorganismen mit dem Atmungsstoffwechsel wesentlich mehr Energie. Dies macht sich durch schnellere Zellverdopplung (d. h. stärkere Biomassebildung und einen höheren Nährstoffbedarf sowie schnellere Abbauvorgänge) bemerkbar. Neben der aeroben Atmung mit Sauerstoff gibt es auch noch den Prozess der anaeroben Atmung, wo Energie liefernde Prozesse in Abwesenheit von Sauerstoff (z. B. mit Nitrat oder Sulfat) ablaufen. Der Großteil der Energie wird sowohl bei aerober als auch anaerober Atmung durch ETP gewonnen. Deshalb werden die grundlegenden Prinzipien der verschiedenen Atmungsprozesse im Folgenden kurz erläutert.

14.2.2.1 Aerobe Atmung

Für die Zelle stellt die aerobe Atmung die effektivste Form der Energiegewinnung dar, da hierbei die ATP-Ausbeute aus einem Mol Glucose am höchsten ist. Grundlegende Prozesse der Atmung sind der Transport von Elektronen über spezifische Elektronentransportsysteme und der Transport von Protonen über die Cytoplasmamembran. An diesen Transportprozessen sind Redox-Enzyme beteiligt, deren Zusammensetzung und somit der Aufbau der Atmungskette in verschiedenen Organismen unterschiedlich sein kann. Die grundlegenden Prozesse sind jedoch die gleichen. Nachfolgend werden die wichtigen Komponenten der Atmungskette diskutiert.

NADH-Dehydrogenasen nehmen Elektronen und Protonen aus dem Citratcyclus über Nicotinamin-Dinucleotide (NADH) in Empfang und leiten sie in die Atmungskette ein. Der Transport zum terminalen Elektronenempfänger erfolgt über Moleküle in der Membran, die dabei alternierend reduziert und wieder oxidiert werden. Dies sind Ubiquinone (vitaminähnliche Moleküle), Flavoproteine (enthalten Riboflavin), Cytochrome (enthalten eisenhaltige Porphyrinringe) und Ferredoxin (ein Eisen-Schwefel-Protein). Im Verlauf des Elektronentransportes werden an mehreren Stellen Protonen aus dem Cytoplasma transportiert und es entsteht ein elektrochemischer Gradient. Die Elektronen werden letztendlich auf einen terminalen Elektronenakzeptor transferiert, wofür die terminale Endoxidase verantwortlich ist. Der Sauerstoff wird bei der aeroben Atmung durch die Elektronen aus der Atmungskette und Protonen aus dem Cytoplasma zu Wasser reduziert und Glucose als Substrat komplett zu Kohlenstoffdioxid (CO_2) oxidiert.

14.2.2.2 Anaerobe Atmung

Während unter Eukaryonten die aerobe Atmung die dominierende Lebensweise ist, sind viele Prokaryonten in der Lage auch in Abwesenheit von Sauerstoff zu atmen. Hierbei werden die Elektronen der oxidierten Substrate auf alternative Elektronenakzeptoren übertragen; dies hat zur hohen Stoffwechselvielfalt der Bakterien beigetragen. In Habitaten, in denen kein Sauerstoff zur Verfügung steht, haben Mikroorganismen Strategien entwickelt, alternative Elektronenakzeptoren zu nutzen. Energetisch können sie jedoch nicht so viel Nutzen aus diesen ziehen, als wenn Sauerstoff als Akzeptor zur Verfügung steht, da dieser die höchste Neigung hat,

14.2 Stoffwechsel und Energieerzeugung

Elektronen aufzunehmen. Häufig besitzen Bakterien auch Möglichkeiten zu zwei verschiedenen Atmungstypen, auf die je nach Verfügbarkeit von Sauerstoff umgestellt werden kann.

Atmung mit alternativen Elektronenakzeptoren. Der am weitesten verbreitete alternative Elektronenakzeptor ist Nitrat (NO_3^-, Nitratatmung bzw. Denitrifikation). Dieses kann zu Nitrit (NO_2^-), Stickstoffmonoxid (NO), Distickstoffmonoxid (N_2O) und elementarem Stickstoff (N_2) reduziert werden. Da die letzten drei Elemente gasförmig sind werden sie bei diesem Prozess (Denitrifikation) in die Atmosphäre abgegeben (Emissionen) und sind somit nicht mehr als Stickstoffquelle für andere Organismen (z. B. Pflanzen) verfügbar. Die denitrifizierenden Bakterien sind häufig fakultative Aerobier (d. h. wenn Sauerstoff vorhanden ist, wird dieser bevorzugt zur Atmung genutzt, da die Energieausbeute höher ist).

Ein weiterer Elektronenakzeptor ist Sulfat (SO_4^{2-}, Sulfatatmung), welches über mehrere Zwischenstufen zu Schwefelwasserstoff (H_2S) reduziert wird. Diese Fähigkeit ist auf die sulfatreduzierenden Bakterien beschränkt, welche strikte Anaerobier sind. Als Elektronendonatoren dienen in diesem Fall organische Substanzen (u. a. kurzkettige Fettsäuren, Ethanol) oder auch molekularer Wasserstoff (H_2). An eisenhaltigen Oberflächen (z. B. Pipelines) bewirken sulfatreduzierende Bakterien die mikrobiologische Korrosion dieser Oberfläche, indem sie die Elektronen des Eisens nutzen, um Sulfat zu reduzieren; dabei kommt es zur Bildung von Eisensulfit. Energetisch gesehen ist Sulfat jedoch ein noch ungünstigerer Elektronenakzeptor als Nitrat und Sauerstoff, da er das niedrigste Redoxpotenzial dieser drei Stoffe besitzt.

Weitere Möglichkeiten der anaeroben Atmung sind z. B. die Fumaratatmung, die Schwefelatmung, die Eisenatmung sowie die Carbonatatmung (Methanogese) mit CO_2 als terminalem Elektronenakzeptor.

Methanogenese. Als weit verbreitetes Molekül an allen Standorten steht Kohlenstoffdioxid (CO_2) als alternativer Elektronenakzeptor zur Verfügung. Mehrere streng anaerobe Prokaryoten können diesen Weg zur Energiegewinnung mit Wasserstoff als Elektronendonor nutzen (Carbonatatmung), wobei als Reduktionsprodukte entweder Acetat (Essigsäure, CH_3COOH) oder Methan (CH_4) entstehen.

Der Prozess der Methanogenese stellt das Ende der anaeroben Abbaukette organischer Nährstoffe dar, an welcher immer verschiedene Gruppen von Bakterien beteiligt sind. Diese Methanogenese ist ausschließlich strikt anaeroben Archaeen vorbehalten. Aus dem Reich der Bakterien sind bislang keine Methanbildner bekannt.

Da Methanogene am Ende der anaeroben Nahrungskette stehen, können sie nur kurzkettige Substrate wie Formiat, Acetat, Propionat, Methanol, Ethanol und Methylamine als die am häufigsten vorkommenden Substrate nutzen. Als Elektronendonor fungiert in der Regel molekularer Wasserstoff, der beispielsweise durch Gärungsprozesse vergesellschafteter Mikroorganismen entsteht und direkt von den Methanogenen genutzt werden kann (Gleichung (14-1)).

$$CH_3OH + H_2 \rightarrow CH_4 + H_2O \qquad (14\text{-}1)$$

Natürlich können auch CO_2 und H_2 direkt für die Methanogenese genutzt werden (Gleichung (14-2)).

$$CO_2 + 4\,H_2 \rightarrow CH_4 + 2\,H_2O \qquad (14\text{-}2)$$

Beide Reaktionen sind stark exergon und liefern den Methanogenen die nötige Energie zur ATP-Bildung mittels Elektronen-Transport-Phosphorylierung. ATP-Gewinn durch Substrat-Ketten-Phosphorylierung ist bei Methanogenen bislang noch nicht bekannt. Ein Abbau komplexer Substrate wie Glucose zu Methan ist durch Methanogene in Reinkultur nicht möglich; hierfür sind immer Mischkulturen nötig.

Der Prozess der Methanogenese zeichnet sich durch eine einzigartige, hoch komplexe Biochemie aus. Hieran sind spezielle Coenzyme beteiligt, die ausschließlich in Methanogenen gefunden werden. Die Besonderheiten sind die Übertragung von C1-Einheiten. Als Elektronenüberträger dient im Prozess der Methanogenese das Coenzym F420.

Die Methanogenese und die Freisetzung des Methans werden durch den nickelhaltigen Methylreduktasekomplex katalysiert. Analog der Atmungskette werden bei diesem Prozess Protonen über die Membran nach außen transportiert und ein Membranpotenzial erzeugt, welches durch die ATPase zur Bildung von ATP genutzt wird. Daher ist die Methanogenese im biochemischen Sinne auch als eine Form der anaeroben Atmung (mit CO_2 als Elektronenakzeptor) zu sehen und kein Gärungsprozess.

14.2.3 Gärung

Die Gärung ist ein Prozess, der ausschließlich anaerob abläuft und der sich dadurch definiert, dass die Mikroorganismen ihren einzigen Energiegewinn aus der Substrat-Ketten-Phosphorylierung beziehen. Es dienen keine externen Substrate – wie bei der Atmung – als Elektronenakzeptoren, sondern ausschließlich Abbauprodukte organischer Verbindungen (d. h. organische Verbindungen werden zunächst oxidiert und deren Abbauprodukte später reduziert, um eine ausgeglichene Redoxbilanz zu erhalten, da auf keine externen Elektronenakzeptoren zurückgegriffen wird). Die Abbauprodukte werden wiederum nicht weiter oxidiert. Sie bleiben somit als energiereiche Produkte erhalten und können beispielsweise als Energieträger genutzt werden. Dies geht jedoch mit einem generell langsameren Wachstum gärender Organismen einher (d. h. die Biomassebildung, der Nährstoffbedarf und die Abbaugeschwindigkeiten sind wesentlich geringer). Die Energieausbeute für den Organismus liegt mit 1 bis 4 Mol ATP pro Mol Glucose weit unter dem atmender Zellen.

Im Verlauf von Gärungsprozessen können eine Vielfalt an industriell relevanten Produkten wie organische Säuren, Alkohole, Lösungsmittel und Wasserstoff entstehen. Dies führt in der Regel jedoch auch zu Problemen, da diese Stoffe ausgeschieden werden und insbesondere Säuren und Alkohole für die Zellen an sich toxisch sind. Für andere Mikroorganismen an anaeroben Habitaten stellen diese Stoffwechselprodukte jedoch neue Nahrungsquellen dar. In Kooperation vieler Organismen können Substrate wie Cellulose somit anaerob bis hin zum Methan komplett abgebaut werden. Auf einige ausgewählte Gärungsprozesse wird im Folgenden eingegangen.

14.2.3.1 Alkoholische Gärung

Am weitesten verbreitet in Mikroorganismen ist die alkoholische Gärung. Hier ist die eukaryontische Backhefe der bekannteste und am häufigsten genutzte Organismus. Aber auch Bakterien können zur alkoholischen Gärung genutzt werden. Am bekanntesten ist hierbei das Bakterium *Zymomonas mobilis*, welches ursprünglich aus vergorenem Agavensaft, der für die Herstellung von Tequila genutzt wird, isoliert wurde. Dieses Bakterium stellt eine Alternative zur Hefe dar, da es sich durch eine höhere Alkoholtoleranz von fast 20 % (Hefe etwa 12 %), bessere Zuckeraufnahmesysteme, geringere Biomassebildung, schnellere Produktionsraten und einer Ethanolausbeute von 97 % des theoretisch Möglichen (Hefe 90 bis 92 %) auszeichnet. Limitierungen beim Einsatz des Bakteriums liegen in der begrenzten Stoffwechselkapazität, die nur eine Vergärung von Glucose, Fructose und Saccharose zulässt. Pentosen (C5-Zucker) wie Xylose können hingegen nicht bzw. nur durch genetisch manipulierte Stämme verwertet werden. Da Hefen jedoch die wesentlich robusteren und leichter zu kultivierenden Organismen sind, werden sie nach wie vor noch bevorzugt in der (Bio-)Ethanol-Produktion eingesetzt.

Bei der Ethanol-Gärung handelt es sich meist um einen fakultativen Prozess (d. h. in Gegenwart von Sauerstoff schalten die meisten Organismen auf Atmung um, da sie hieraus einen wesentlich höheren Energiegewinn erzielen). Jedoch werden aufgrund von Regulationsmechanismen von Enzymen der Glycolyse die Umsatzraten der Glucose in Abhängigkeit von Atmung oder Gärung stark unterschiedlich gesteuert. Dieses als Pasteur-Effekt bekannte Phänomen bewirkt, dass in Abwesenheit von Sauerstoff wesentlich mehr Glucose umgesetzt wird, wohingegen in Anwesenheit von Sauerstoff der Glucoseumsatz gedrosselt wird. Dadurch wird der geringere Energieumsatz während der Gärung etwas ausgeglichen. Zudem kann eine zu hohe Glucose-Konzentration unter aeroben Bedingungen ebenfalls zu einer Verminderung der Atmungsrate und einem Einsetzen der Gärung führen. Ab einer Konzentration von etwa 1 g/l sind die Atmungskapazitäten der Hefe ausgeschöpft und es kommt zur Ethanolbildung, um das gebildete Pyruvat zu verstoffwechseln, wodurch gleichzeitig die Wachstumsrate gehemmt wird. Dies wird als Crabtree-Effekt bezeichnet.

Die Verstoffwechselung der Glucose verläuft über die Glycolyse genau wie bei der Atmung bis hin zum Pyruvat, so dass aus einem C6-Zucker zwei C3-Körper entstehen. Im Verlauf dessen werden 2 ATP durch Substrat-Ketten-Phosphorylierung gewonnen, der einzige Energiegewinn der Gärung. Bei *Zymomonas mobilis*, der einen alternativen Stoffwechselweg bis zum Pyruvat nutzt, ist es sogar nur ein ATP. Vom Verzweigungspunkt Pyruvat sind es bis zum Endprodukt Ethanol im Verlauf der alkoholischen Gärung nur noch zwei Reaktionen. Zunächst wird durch die Pyruvat-Decarboxylase, einen Multienzymkomplex, CO_2 abgespalten und Acetaldehyd gebildet, das im letzten Schritt durch die Alkohol-Dehydrogenase zu Ethanol reduziert wird. Hierbei wird gleichzeitig das im Verlauf der Glycolyse gebildete NADH oxidiert und somit die Redoxbilanz der Gärung ausgeglichen (Abb. 14.2).

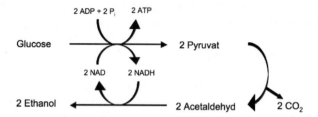

Abb. 14.2 Stofffluss und Energiegewinn in der alkoholischen Gärung am Beispiel der Hefe ADP Adenosindiphosphat; ATP Adenosintriphosphat; P_i Phosphat; NAD Nicotinsäureamid-Adenin-Dinukleotid (oxidierte Form); NADH Nicotinsäureamid-Adenin-Dinukleotid (reduzierte Form))

14.2.3.2 Weitere Gärungstypen

Neben der alkoholischen Gärung findet sich in Mikroorganismen noch eine Vielzahl weiterer Gärungstypen. Meist entsteht jedoch im Gegensatz zur alkoholischen Gärung, wo fast ausschließlich Ethanol und Kohlenstoffdioxid gebildet werden, eine Vielzahl an Produkten gleichzeitig (Abb. 14.3). Die Benennung des Gärungstyps erfolgt meist nach dem gebildeten Hauptprodukt. Deshalb werden nachfolgend die wichtigsten Gärungen sowie einige der daran beteiligten Mikroorganismen vorgestellt. Ihnen allen ist gemein, dass Zucker in der Regel über den Hauptstoffwechselweg bis zum Pyruvat abgebaut wird. Von dort an unterscheiden sie sich dann. Je nach Gärungstyp sind dabei unterschiedliche Enzyme an der weiteren Verstoffwechselung beteiligt.

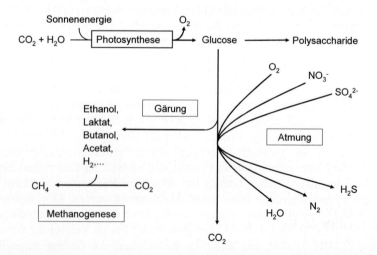

Abb. 14.3 Möglichkeiten des aeroben und anaeroben Glucoseabbaus in Mikroorganismen

14.2 Stoffwechsel und Energieerzeugung

Milchsäuregärung. Die Milchsäuregärung wird z. B. von Gram-positiven Milchsäurebakterien durchgeführt. Sie spielen als Starterkulturen bei der Herstellung von Milchprodukten eine große Rolle. Zudem bewirkt die Ansäuerung des Mediums durch die gebildete Milchsäure gleichzeitig eine Konservierung der Lebensmittel. Es treten zwei Reaktionstypen auf.

Bei der homofermentativen Milchsäuregärung wird Glucose komplett zu Laktat (Salz der Milchsäure) umgesetzt, wobei 2 Mol ATP pro Mol Glucose gebildet werden (Gleichung (14-3)).

$$\text{Glucose} \rightarrow 2\ \text{Laktat}^- + 2\ \text{H}^+ \tag{14-3}$$

Bei der heterofermentativen Milchsäuregärung hingegen entstehen neben Laktat zusätzlich Ethanol und CO_2 (Gleichung (14-4)).

$$\text{Glucose} \rightarrow \text{Laktat}^- + \text{H}^+ + \text{Ethanol} + CO_2 \tag{14-4}$$

Gemischte Säuregärung. Bei der gemischten Säuregärung, die von Enterobakterien in Abwesenheit von Sauerstoff betrieben wird, entstehen aus Glucose gleichzeitig mehrere verschiedene organische Säuren wie Formiat (Ameisensäure), Succinat (Bernsteinsäure), Laktat (Milchsäure) und Acetat (Essigsäure) sowie Ethanol, Kohlenstoffdioxid und Wasserstoff. Im Verlauf der Gärung können bei der Bildung von Acetat sowie Succinat zusätzliche ATP generiert werden. Das ATP, welches während der Reduktion von Fumarat zu Succinat (Fumarat-Reduktase) gebildet wird, wird im Gegensatz zur Substrat-Ketten-Phosphorylierung über die Elektronen-Transport-Phosphorylierung gewonnen (Fumarat-Atmung), da Enterobakterien fakultative Anaerobier sind und über eine Atmungskette verfügen.

Essigsäure/Buttersäure-Gärung. Ein weiterer Typ der Säuregärung ist die Essigsäure/Buttersäure-Gärung, die von saccharolytischen Clostridien betrieben wird. Diese setzen Glucose zu Butyrat, Acetat, Kohlenstoffdioxid und Wasserstoff um. Bei niedrigen Wasserstoffkonzentrationen wird fast ausschließlich Acetat, Kohlenstoffdioxid und Wasserstoff gebildet. Die maximale Energieausbeute für den Organismus beträgt hierbei 4 Mol ATP pro Mol Glucose.

Butandiol- und Aceton/Butanol-Gärung. Von industrieller Bedeutung ist die Produktion von Lösungsmitteln durch gärende Bakterien. Hier werden zwei Gärungstypen diskutiert.

Clostridien bilden im Zuge der Aceton/Butanol-Gärung organische Lösungsmittel als Hauptgärungsprodukte. Nebenprodukte der Vergärung von Glucose sind in geringeren Mengen Acetat, Butyrat, Ethanol, Kohlenstoffdioxid und Wasserstoff.

Bei der Butandiol-Gärung, die beispielsweise von *Enterobacter* und *Klebsiella* betrieben wird, werden neben Butandiol als Hauptgärungsprodukt in geringen Mengen Laktat, Acetat und Formiat sowie Ethanol, Kohlenstoffdioxid und Wasserstoff gebildet.

Die Toxizität der bei den meisten Säure- und Lösungsmittelgärungen entstehenden Produkte auf die Organismen begrenzt jedoch die Einsatzmöglichkeiten der Fermentation zur Gewinnung dieser Stoffe.

Wasserstoffproduktion während der Gärung. Bei der mikrobiellen Fermentation durch Anaerobier können unterschiedlichste organische Substrate und somit auch Abfallprodukte genutzt werden, die zu Säuren, Alkoholen u. ä. fermentiert werden. Wasserstoff ist hierbei häufig ein Nebenprodukt und kein Gärungsprodukt im klassischen Sinne. Da die Fermentation von organischen Substraten zu Wasserstoff in der Regel durch mikrobielle Gemeinschaften erfolgt, dürfen keine acetogenen oder methanogenen Organismen enthalten sein, da diese den entstehenden Wasserstoff direkt als Substrat weiterverwerten können.

Die theoretisch maximale Ausbeute liegt bei strikt anaeroben Bakterien bei 4 Mol Wasserstoff pro Mol Glucose, bei fakultativ anaeroben bei 2 Mol Wasserstoff pro Mol Glucose. Die praktischen Ausbeuten liegen in der Regel jedoch häufig darunter. Zudem entsteht bei den meisten Gärungen CO_2 als zweites Gas, welches anschließend entfernt werden muss. Aus thermodynamischen Gründen ist die Wasserstoffproduktion bei hohen Temperaturen günstiger; deswegen wird häufig versucht, thermophile Organismen hierfür einzusetzen. Nachteil hierbei sind die in der Regel geringen Wachstumsraten thermophiler Organismen verglichen mit mesophilen.

14.3 Grundlagen des enzymatischen Polymerabbaus

Enzyme sind die Katalysatoren der Zelle und an fast allen bio-chemischen Umsetzungen beteiligt. Durch ihre jeweils einzigartige dreidimensionale Struktur können sie hoch spezifisch viele Umwandlungen bewältigen und kleinste chemische Veränderungen in Molekülen erkennen. Diese hohe Spezifität macht Enzyme auch besonders interessant für biotechnologische Prozesse.

Enzyme werden in sechs Klassen unterteilt (EC, enzyme comission), wobei den Hydrolasen (EC 3) die größte Bedeutung beim Abbau pflanzlicher Polysaccharide zukommt. Sie spalten die Substratbindungen hydrolytisch unter Einlagerung von Wassermolekülen.

Auf einige dieser Enzyme und Enzymsysteme, die am Biomasseabbau beteiligt sind, wird nachfolgend eingegangen.

14.3.1 Stärke-hydrolysierende Enzyme

Das pflanzliche Speicher-Polysaccharid Stärke stellt ernährungstechnisch das bedeutendste Polymer dar. Es setzt sich aus Amylose (15 bis 25 %) und Amylopektin (75 bis 85 %) zusammen.
- Amylose ist ein lineares Makromolekül aus bis zu 6 000 α-1,4-glykosidisch verknüpften Glukoseresten.
- Amylopektin besitzt zudem noch ca. 5 % α-1,6-glykosidisch verknüpfte Reste; dadurch kommt es zu Verzweigungen im Molekül.

Am Abbau dieses riesigen Moleküls sind unterschiedliche Enzyme beteiligt, die jeweils verschiedene Angriffspunkte aufweisen.

- α-Amylasen (EC 3.2.1.1) sind die am weitesten verbreiteten Enzyme des Stärkeabbaus und spalten α-1,4-glykosidische Bindungen innerhalb des Moleküls (Endo-Spaltung). Sie produzieren kürzere Oligosaccharide bis hin zu einzelnen Glukosemolekülen.
- β-Amylasen (EC 3.2.1.2) hingegen entfernen Maltoseeinheiten (zwei Glucosereste) nur vom nicht-reduzierenden Ende der Kette (Exo-Spaltung) und auch nur so weit, bis sie an eine Verzweigung geraten.
- Glucoamylasen (EC 3.2.1.3) und α-Glucosidasen (EC 3.2.1.20) spalten einzelne Glucosemoleküle vom nicht-reduzierenden Ende her ab. Sie unterscheiden sich hauptsächlich in der Kettenlänge ihrer Substrate.
- Isoamylasen (EC 3.2.1.68) und Pullulanasen (EC 3.2.1.41), in geringem Maße auch Glucoamylasen, sind überwiegend für die Spaltung der α-1,6-glykosidischen Bindungen zuständig.

Durch das Zusammenspiel dieser Enzyme kann das hoch komplexe Polymer Stärke letztendlich komplett bis in die Einzelbausteine Glucose zerlegt werden.

Die wichtigsten biotechnologischen Anwendungen dieser Enzyme finden sich in der Lebensmittelindustrie (u. a. Herstellung von Maltose, Fructose und Glucose) und in der Waschmittelindustrie (z. B. Zusatz zum Entfernen stärkehaltiger Flecken).

14.3.2 Cellulasen

Cellulose stellt als Hauptpolymer der pflanzlichen Zellwand das mengenmäßig größte Polymer auf Erden dar und nimmt somit auch bei der Biomasse den größten Anteil ein. Der Celluloseanteil in Pflanzen reicht von 40 bis 49 % in Holz (Kapitel 9.1) bis hin zu fast reiner Cellulose in Baumwolle (98 %). Chemisch gesehen besteht Cellulose aus linearen Ketten von bis zu 15 000 Glucosemolekülen, die β-1,4-glykosidisch verknüpft sind. Über Wasserstoff-Brückenbindungen lagern sich bis zu 2 000 Celluloseketten zu Mikrofibrillen zusammen, die sich wiederum zu Cellulosefasern zusammenlagern. Diese Fasern sind überwiegend hoch geordnet (kristalline Bereiche). Sie weisen jedoch teilweise auch gelockerte amorphe Bereiche auf, in denen ein enzymatischer Abbau der Cellulose erfolgen kann. Dies geschieht im Vergleich zu Stärke jedoch nur sehr langsam.

Analog zur Stärke erfolgt auch der komplette Abbau der Cellulose nur durch das Zusammenspiel mehrerer Enzyme in Gemeinschaftsarbeit. Diese Enzyme können entweder einzeln oder gemeinsam in einem hoch komplexen Multienzymkomplex vorliegen, wie es sich überwiegend in Anaerobiern findet. Konkret übernehmen dabei die folgenden Enzyme jeweils unterschiedliche Aufgaben.
- Endoglucanasen (EC 3.2.1.4) spalten die Cellulose im Inneren des Stranges und setzen kürzere Oligosaccharide bis hin zu Glucose frei.
- Cellobiohydrolasen oder auch Exoglucanasen (EC 3.2.1.91) setzen vom nicht-reduzierenden Ende der Kette her Cellobiosereste (zwei Glucoseeinheiten) frei.
- β-Glucosidasen (EC 3.2.1.21) hydrolysieren letztlich Cellobiose und kurze Oligosaccharide (bis sechs Glucoseeinheiten) zum Endprodukt Glucose.

Industriell relevante Anwendungen von Cellulasen sind u. a. der Zusatz in Waschmitteln zur Glättung von Baumwollfasern und dadurch eine Erhöhung der Farbintensität und des Weichheitsgrades der Wäsche. In der Papierindustrie werden sie zum Entfärben von Altpapier eingesetzt. Zusätzlich können sie auch zur Erhöhung der Vergärbarkeit holzartiger Abfälle und somit der Produktion von Bioethanol aus Holz genutzt werden. Von Vorteil ist hier, dass das Endprodukt der Cellulasen Glucose ist, welche von Mikroorganismen am leichtesten verwertet werden kann und somit die bevorzugte C-Quelle für alkoholische Gärungsprozesse ist.

14.3.3 Xylanasen

Xylan, zur Klasse der Hemicellulosen gehörend, stellt neben der Cellulose das zweithäufigste Biopolymer dar und ist Teil der pflanzlichen Primär- und Sekundärwand. Es kann bei einjährigen Pflanzen bis zu 30 % des Trockengewichtes der Zellwand ausmachen. Im Gegensatz zur Stärke und Cellulose handelt es sich bei Xylan um ein Heteropolymer, dessen Hauptbestandteil β-1,4-glykosidisch verknüpfte Xylosereste sind. Diese sind – abhängig von der Pflanzenart – zusätzlich mit Acetyl-, Arabinosyl- und Glucurosyl-Resten substituiert; dies führt zu einer erhöhten Löslichkeit gegenüber Cellulose.

Im Wesentlichen wird in Xylane aus Laubhölzern und aus Nadelhölzern unterschieden. Laubholzxylan weist einen höheren Anteil an Acetylresten auf, wohingegen Nadelhölzer häufig α-L-Arabinofuranose-Reste aufweisen. Xylan ist sowohl kovalent als auch nicht-kovalent mit den übrigen Bestandteilen der Pflanzenzellwand wie Cellulose, Lignin und weiteren Hemicellulosen verbunden.

Dieser hoch komplexe Aufbau bedingt, dass am Abbau des Xylans eine größere Anzahl an Enzymen beteiligt ist, von denen die wichtigsten nachfolgend kurz vorgestellt werden. Dabei ist die Aktivität der einzelnen Enzyme stark vom Polymerisierungsgrad und der Substituierung des Xylans abhängig.

- Endoxylanasen (EC 3.2.1.8) hydrolysieren β-1,4-glykosidische Bindungen innerhalb des Xylanrückgrats und liefern Xylose und Xyloseoligomere als Abbauprodukte.
- β-Xylosidasen (EC 3.2.1.37) spalten Xylose vom nicht-reduzierenden Ende von Xylan-Oligosacchariden ab, häufig jedoch nicht von größeren Xylan-Molekülen.
- α-L-Arabinofuranosidasen (EC 3.2.1.55) spalten Arabinose-Reste an verschieden substituierten Stellen des Xylan-Moleküls ab und α-Glucuronidasen (EC 3.2.1.131) hydrolysieren die α-1,2-Bindungen zwischen Glucuronsäureresten und der Xylankette.
- Acetyl-Xylanesterasen (EC 3.1.1.6) spalten die Esterbindungen zwischen den Acetylgruppen an den C-Atomen C2 und C3 der Xylosereste und ermöglichen dadurch erst die vollständige Aktivität der Xylanasen, welche durch die Acetylreste behindert wird.

Das Hauptanwendungsgebiet von Xylanasen findet sich in der Papierindustrie. Hier werden sie zur Entfernung von Hemicellulosen aus Papierfasern eingesetzt, um reine Cellulose zu erhalten und somit Bleichmittel einzusparen. Auch werden die in der Papierindustrie anfallenden Abwässer ebenfalls mit Xylanasen abgebaut.

14.3.4 Lignin-abbauende Enzyme

Lignin ist ein weiter wichtiger Zellbestandteil der Pflanze und trägt dort zur Verholzung (Lignifizierung) der Zellwände bei. In Bäumen liegt der Anteil bei 20 bis 30 % und bei einjährigen Pflanzen bei 15 bis 20 % (Kapitel 9.1). Im Gegensatz zu Cellulose und Xylan, die überwiegend bzw. ausschließlich aus Kohlenhydraten bestehen, ist Lignin aus aromatischen Komponenten (Phenylpropan-Derivate) aufgebaut, die über Ether und C-C-Bindungen miteinander verknüpft sind. Sie bilden eine sehr komplexe, unregelmäßige Struktur, die selbst von Zelle zu Zelle verschieden sein kann.

Daher gestaltet sich der enzymatische Abbau wesentlich schwieriger und es sind grundlegend andere Mechanismen notwendig als zum hydrolytischen Abbau der Polysaccharide. Deshalb wird Lignin über oxidative Mechanismen abgebaut (d. h. die Enzyme benötigen molekularen Sauerstoff für ihre Funktion). Die drei wichtigsten Enzyme für den Abbau sind Laccasen (EC 1.10.3.2), Mangan-Peroxidasen (EC 1.11.1.13) und Lignin-Peroxidasen (EC1.11.1.14). Sie sind abhängig von Metallen (z. B. Mangan, Kupfer). Zudem benötigen Peroxidasen als Co-Substrat Wasserstoffperoxid (H_2O_2), welches über weitere beteiligte Enzymsysteme gebildet werden muss. Der Abbau von Lignin erfolgt vor allem durch Weißfäulepilze, die diese Enzyme in den Spitzen ihrer Myzelien produzieren, mit denen sie das sich zersetzende Holz zuerst besiedeln. Im Gegensatz zu Cellulose und Hemicellulose kann Lignin Mikroorganismen jedoch nicht als alleinige C-Quelle zum Wachstum genügen.

Zur Energiegewinnung aus ligninhaltiger Biomasse ist eine vorherige Entfernung des Lignins notwendig, um die leicht zu Glucose abbaubare Cellulose bzw. das Xylan freizulegen. Dies kann durch Kombination von enzymatischen Methoden mit den oben beschriebenen Enzymsystemen und chemischen Methoden – ggf. in Kombination mit thermischer Energie – geschehen.

14.3.5 Pektinasen

Etwa ein Drittel der pflanzlichen Primärzellwand besteht aus Pektin. Dies ist ein Sammelbegriff für die sehr heterogene Gruppe verschiedener Polygalakturonsäuren. Das Rückgrat besteht aus α-1,4-verknüpften Galakturonsäure-Molekülen, die mit verschiedenen Anteilen an D-Galactosyl-, L-Arabinosyl- oder L-Rhamnosylresten verbunden sind. Dazu kommen α-1,2-verknüpfte Reste, die Querverbindungen in das Molekül einbauen. Die meisten Carboxylgruppen der Galakturonsäure sind zudem methyliert und es kommen weitere Zucker (u. a. Glucose, Xylose, Galactose, Fucose) als Substituenten vor.

Auch hier ist wiederum eine ganze Reihe von Enzymen am synergistischen Abbau des Moleküls beteiligt. Die wichtigsten sind Polygalacturonasen (EC 3.2.1.15), welche α-1,4-galacturosidische Bindungen im Rückgrat des Moleküls spalten, und Galacturonasen, die eine Abspaltung von ein (EC 3.2.1.67) oder zwei Galacturonsäureresten (EC 3.2.1.82) vom nicht-reduzierenden Ende her katalysieren. Zur Entfernung der verschiedenen Substituenten kommen Pektin-Methylesterasen (EC 3.1.1.11), welche Methoxylgruppen vom C6-Atom abspalten und verschiedene Lyasen (EC 4) zum Einsatz, welche nach anderen Mechanismen arbeiten als die bisher vorgestellten Hydrolasen. Dies sind Endogalacturonasen (EC 4.2.2.2), Exopolygalacturonasen (EC 4.2.2.9) und Endopektin-Lyasen (EC 4.2.2.10), welche Spaltungen über einen β-Eliminations-Mechanismus katalysieren und ungesättigte Galacturonate (mit einer Doppelbindung im Molekül) produzieren.

Zur Anwendung kommen pektinolytische Enzyme hauptsächlich in der Klärung von Fruchtsäften, der Olivenölproduktion, der Vorbehandlung von Zuckerrüben und der Textilindustrie.

14.3.6 Proteasen und lipolytische Enzyme

Eine weitere wichtige Gruppe hydrolytischer Enzyme, die am Abbau biologischer Polymere beteiligt sind und auch für die Biotechnologie eine bedeutende Rolle spielen, sind Proteasen und lipolytische Enzyme, die ubiquitär in fast allen Organismen vorkommen. Proteasen (EC 3.4.x) sind eine große Gruppe Enzyme, die Proteine bis hin zu einzelnen Aminosäuren abbauen. Sie werden je nach ihrem Reaktionstypus bzw. dem Aufbau des aktiven Zentrums unterteilt in Serinproteasen (EC 3.4.21), Cysteinproteasen (EC 3.4.22), Aspartatproteasen (EC 3.4.23) und Metalloproteasen (EC 3.4.24).

Zum Einsatz kommen Proteasen bevorzugt in Wasch- und Reinigungsmitteln zum Entfernen eiweißhaltiger Flecken oder in der Herstellung von hoch nährstoffhaltigen Proteinhydrolysaten. Ein Beispiel ist der Süßstoff Aspartam, der mithilfe von Proteasen hergestellt wird.

Lipolytische Enzyme, zu denen Lipasen (EC 3.1.1.3) und Esterasen gehören (EC 3.1.1.1), hydrolysieren Triglyceride (Fette) und Öle. Triglyceride sind Ester aus Glycerin mit drei gleichen oder verschiedenen Fettsäureresten. Fette und Öle kommen als Energiespeicherstoff in vielen Pflanzen und Tieren vor und sind ein wichtiger nachwachsender Rohstoff.

Je nach Länge der Fettsäuren unterscheidet man Esterasen (kurzkettige Fettsäuren) und Lipasen (langkettige Fettsäuren). Besondere Bedeutung haben Lipasen als Biokatalysatoren in der Herstellung enantiomerenreiner Produkte, da sie sich durch eine hohe Toleranz und Stabilität gegenüber Lösungsmitteln sowie einer breiten Substratspezifität gemeinsam mit hoher Stereospezifität auszeichnen. Dies macht sie zu wertvollen Werkzeugen der synthetischen organischen Chemie. Zudem kommen sie wie Proteasen und Cellulasen in Waschmitteln sowie bei der Lebensmittelherstellung zum Einsatz.

14.4 Biologische Grenzen für die Verfahrenstechnik

Biologischen Systemen sind natürliche, durch die Umwelt gegebene enge Grenzen vorgegeben. Hieraus resultieren verschiedene Aspekte, auf die die Verfahrenstechnik beim Umgang mit biologischen Systemen achten muss. Zum Abschluss der hier vorgestellten Grundlagen der bio-chemischen Umwandlung sollen daher nachfolgend einige technologische Konsequenzen vorgestellt werden.

14.4 Biologische Grenzen für die Verfahrenstechnik

Die meisten Organismen, deren Stoffwechsel vorgestellt wurde, wachsen nur innerhalb bestimmter Umweltparameter; beispielsweise können die Mehrheit der bekannten Organismen nur bei moderaten Temperaturen (30 bis 50 °C) und neutralen pH-Werten existieren. Durch die intensive Erforschung der Extremophilen wurden in den letzten Jahren aber auch vermehrt Organismen isoliert und charakterisiert, die bei höheren Temperaturen, höheren Drücken und extremen pH-Werten leben können. Die aktuell bekannten Grenzen zeigt Tabelle 14.1 Leben in diesen Extrembereichen ist jedoch nur einer kleinen Gruppe von Mikroorganismen vorbehalten. Die meisten technischen Prozesse werden mit mesophilen Mikroorganismen durchgeführt, welche in der Regel nur zwischen 30 und 50 °C sowie pH-Werten zwischen 6 und 8 einsetzbar sind.

Durch diese engen Grenzen müssen technische Prozesse, die mit ganzen Zellen oder einzelnen Enzymen aus Zellen arbeiten, an die Bedürfnisse der Organismen angepasst werden. Ist das nicht der Fall, wäre ein effizienter Prozessablauf nicht zu gewährleisten.

Bioprozesse unterscheiden sich i. Allg. stark von "klassischen" chemischen Prozessen. Die Prozessparameter, die Reaktortypen und die Prozessschritte sind deshalb anders zu wählen und auszulegen. Ein Beispiel ist die Temperatur als entscheidender Einflussfaktor auf die Reaktionsgeschwindigkeit des Zellstoffwechsels. Diese ist bei den Bioprozessen in einem Bereich von maximal 100 °C zu wählen, während bei chemischen Verfahren ein Vielfaches dieser Temperatur eingestellt werden kann. Dies wiederum führt bei biologischen Prozessen zu klaren Nachteilen im Bezug auf die Katalysatoraktivität und bietet einen nur geringen Spielraum, durch Temperaturerhöhung die Viskosität von hoch viskosen Substraten herabzusetzen.

Diese Nachteile lassen sich jedoch ggf. durch eine Reihe von Vorteilen ausgleichen. Hierzu zählen die Selektivität der Prozesse sowie die Möglichkeit, einzigartige, nur durch Enzyme katalysierte Reaktionen zu realisieren. Außerdem ist die Nebenproduktbildung der Prozesse meist gering und es ist ein geringerer Energieeintrag erforderlich. Hinzu kommt, dass die Anzahl von Prozessschritten im Vergleich zu chemischen Prozessen verringert werden kann und es ist ggf. ein vereinfachte Weiterverarbeitung bio-chemisch erzeugter Produkte möglich.

Biologische Prozesse, durch die organische Materialien aerob oder anaerob abgebaut werden, unterliegen selbstverständlich den gleichen natürlichen Grenzen. Beispielsweise wird bei der Kompostierung als ein aerobes Verfahren durch verschiedene Mikroorganismen und niedere Pilze organisches Material zu Produkten

Tabelle 14.1 Definition und Wachstumsgrenzen extremophiler Mikroorganismen (Temp. Temperatur)

Psychrophile	Temp.$_{Bereich}$ -5 bis 20 °C
Thermophile	Temp.$_{Optimum}$ 50 bis 70 °C
Extrem Thermophile	Temp.$_{Optimum}$ 70 bis 85 °C
Hyperthermophile	Temp.$_{Optimum}$ 85 bis 121 °C
Halophile	10 bis 35 % Salz
Acidophile	pH 0,7 bis 4
Alkaliphile	pH 8 bis 12

mit einem sehr geringen Energieniveau abgebaut (CO_2 und H_2O). Diese Prozesse laufen schnell ab und erfordern hohe Nährstoffkonzentrationen. Wichtige Parameter dieser Prozesse sind der Sauerstoffgehalt, die Temperatur, die Feuchtigkeit, die Substratkonzentration und der pH-Wert. Zur Beschleunigung des Abbaus und zur Verhinderung von anaeroben Bedingungen kann mit Luft oder Sauerstoff begast werden. Diese Maßnahme bedingt durch die erhöhte Bakterienproduktivität gleichzeitig einen Temperaturanstieg. Die Abstimmung von Temperatur und Abbaugeschwindigkeit ist hierbei eine verfahrenstechnische Herausforderung. Sie kann nie zur vollständigen Optimierung des einen oder des anderen Parameters führen. Hier muss also ein Kompromiss gefunden werden, der einerseits aerobe Bedingungen gewährleistet und andererseits die Temperatur in einem Bereich hält, bei dem die Organismen existieren können. Dieses Beispiel zeigt die Grenzen und die Sensibilität der biologischen Prozesse. Es wird u. a. deutlich, dass die Arbeit mit biologischen Systemen nur in bestimmten Prozessfenstern möglich ist. Um die Produktivität und damit die Wirtschaftlichkeit derartiger biologischer Systeme zu erhöhen, werden häufig mathematische Optimierungsverfahren (z. B. Simplex-Verfahren, Genetische Algorithmen) eingesetzt. Diese sogenannten Black-Box-Verfahren haben alle gemeinsam, dass ohne Kenntnisse eines funktionellen Zusammenhanges einzelner Prozessparameter eine Optimierung des Prozesses erzielt werden kann.

Ein klassisches anaerobes Verfahren ist z. B. die Vergärung, bei der als Endprodukt Biogas bzw. Ethanol entsteht. Auch an diesem Prozess sind eine Reihe von Mikroorganismen beteiligt (d. h. mikrobielle Gemeinschaft), die in einer Nahrungskette agieren. Diese Prozesse laufen langsam und in Abwesenheit von Sauerstoff ab. Anders als bei den aeroben Prozessen entsteht hierbei kaum Wärme und ein Großteil der insgesamt zur Verfügung stehenden Energie wird in energiereichen Molekülen (d. h. Methan, Ethanol) gespeichert, die das Endprodukt der Umwandlung darstellen. Dies macht diese Prozesse aus energetischer Sicht interessant, denn die in den Umwandlungsprodukten gespeicherte Energie ist technisch nutzbar. Die lange Wachstums- und Umsetzungsdauer ist aber wiederum aus technischer Sicht ein Nachteil. Sie führt dazu, dass kaum Nährstoffe, wie beispielsweise bei der Kompostierung, zugeführt werden müssen. Umgekehrt muss aber – um optimale Wachstumsraten zu gewährleisten – anaeroben Prozessen zunächst Energie von außen in Form von Wärme zugeführt werden. Bei der bakteriellen Umwandlung der Biomasse ist zudem immer darauf zu achten, dass die Durchflussrate durch den Bioreaktor maximal so groß wie die Wachstumsrate der Bakterien sein darf, um eine Austragung aus dem System zu verhindern. Ansonsten muss für eine Rückführung bzw. Rückhaltung der Zellen gesorgt werden. Bei diesem Prozess muss außerdem das enge thermodynamische Fenster berücksichtigt werden, welches nur sehr geringe Wasserstoffkonzentrationsschwankungen zulässt, um eine maximale Biogasproduktivität zu erzielen.

Damit stellt die Arbeit mit biologischen Systemen eine erhöhte prozesstechnische Herausforderung dar, da die Systeme sehr sensibel sind und die Prozesse in engen Grenzen gesteuert werden müssen. Sie sind jedoch inzwischen, gerade was den Biomasseabbau angeht, prinzipiell etablierte Verfahren. Eine große Herausforderung stellt aber nach wie vor der Abbau der Lignocellulose, bzw. des Lignins,

14.4 Biologische Grenzen für die Verfahrenstechnik

Tabelle 14.2 Vergleichende Übersicht aerober und anaerober Prozesse

Aerobe Prozesse		Anaerobe Prozesse	
– Abbau unter Verwendung von O_2 – Exothermie beim Zellwachstum – Vollständiger Abbau zu $CO_2 + H_2O$		– Abbau in Abwesenheit von O_2 – Thermoneutraler Prozess – Abbau zu Biogas oder Bioethanol	
Vorteile	Nachteile	Vorteile	Nachteile
– schnelles Wachstum und Vermehrung der Organismen	– Bildung von Produkten mit niedrigem Energieniveau – Großer Energieeintrag notwendig (Sauerstoffeintrag) – Schwierige Nutzbarkeit der entstehenden Energie	– Bildung von energetisch hochwertigen Produkten	– Langsames Wachstum und Vermehrung der Organismen

dar. Tabelle 14.2 zeigt deshalb zusammenfassend die verfahrenstechnischen Vor- und Nachteile der einzelnen biochemischen Abbaupfade.

Nachfolgend werden exemplarisch drei Bioprozesse herausgegriffen, an denen die bio-chemischen und verfahrenstechnischen Herausforderungen diskutiert werden (Tabelle 14.3).

Tabelle 14.3 Biologische Limitationen und verfahrenstechnische Möglichkeiten, diesen zu begegnen (Beispiele)

Biologische Grenze	Verfahrenstechnischer Ansatz
Lange Wachstumsdauer[a]	Rückhaltung (z. B. durch Immobilisierung), Rückführung der Mikroorganismen
Hohe Substratkonzentrationen im Abwasser[a]	Mehrstufenverfahren, in denen die Bedingungen für verschiedene Mikroorganismen individuell eingestellt werden können
Thermodynamisches Gleichgewicht einer Biotransformation[b]	*In situ* Produktabtrennung, zur Verschiebung des Gleichgewichtes zu den gewünschten Produkten (z. B. Strippen)
Hohe Substrat-Inhibierung des Biokatalysators[b]	Langsames Hinzugeben des Substrates
Langsamer Abbau der Naturstoffe[c]	Zerkleinerung, Kopplung von enzymatischen Prozessen mit thermischen Verfahren

[a] Biogasherstellung, [b] Biodieselproduktion, [c] Stärkeabbau

Biogasproduktion. Die Biogasproduktion stellt ein Standard-Verfahren zur Behandlung von Biomasse dar. Durch innovative Verfahrenstechnik wird hier versucht, die bio-chemischen Prozesse weiter zu verbessern und somit die bisher gegebenen biologischen Limitationen zu umgehen /14-1/.

Beispiele sind innovative Methoden, um den Biomasseaustrag aus dem System zu verringern und somit die Aktivität des Reaktors zu bewahren; dies unterscheidet sich von Verfahren der klassischen Rückführung, bei der ausgetragene Biomasse abgetrennt und zurückgepumpt wird. Hierzu zählen Methoden, wie die Immobilisierung der Zellen auf Trägermaterialien, die Mikrofiltration des Ausgangsstroms, sowie die Verbindung der Zellen zu Zellverbänden durch geschickte Einstellung der Prozessparameter oder die Zugabe von Kationen und Polymeren. Dadurch kann auf den zusätzlichen apparativen Aufwand einer Rückführung verzichtet werden. Beispiele für die Anwendung von diesen Methoden sind Festbett- oder Biofilmreaktoren.

Eine weitere Neuerung ist die Verwendung von zweistufigen Abbauprozessen /14-3/. Diese, besonders bei hoch verschmutzten Abwässern, bevorzugt verwendeten Verfahren, bestehen aus zwei getrennten anaeroben Prozessschritten. Hierbei wird der Umstand genutzt, dass der Biomasseabbau durch mehrere Organismentypen konsekutiv katalysiert wird. Es werden hierbei im ersten Schritt bevorzugt acidogene und im zweiten Prozessschritt methanogene Mikroorganismen, gemäß der natürlichen Abbaukette, genutzt. Diese Trennung führt zu einer erhöhten Prozessstabilität und -effizienz, da z. B. die Reaktionszeiten für beide Teilschritte unterschiedlich sind und so die Bedingungen individuell eingestellt werden können.

Biodieselproduktion. Bei der Biodieselproduktion werden Fette mit Methanol oder anderen Alkoholen unter Verwendung eines Katalysators umgeestert. Es entstehen dabei Glycerin, das abgetrennt wird, und Fettsäuremethylester (d. h. Biodiesel). Diese Verfahren werden vornehmlich mit chemischen Katalysatoren durchgeführt.

Alternativ kann die Umesterung auch biokatalytisch mit verschiedenen Lipasen erreicht werden /14-7/. Eine Herausforderung ist die Wahl des geeigneten Biokatalysators. So hat sich gezeigt, dass der Wassergehalt und der Methanolgehalt in der Öl-Methanol-Mischung unterschiedliche Effekte auf die Aktivität der einzelnen Enzyme hat. Wo das eine Enzym in Abwesenheit des Wassers gänzlich inaktiviert wird, zeigen andere Enzyme einen deutlichen Aktivitätsverlust durch einen erhöhten Wassergehalt. Eine andere Möglichkeit, in den Prozess einzugreifen, ist die Abtrennung vom Reaktionsprodukt Glycerin durch Absorber wie Silica. Diese Entfernung eines Produktes während des laufenden Prozesses (ISPR – in situ product removal) führt zu einer Verschiebung des thermodynamischen Gleichgewichtes zu den Produkten.

Stärkeabbau. Der Abbau von Stärke zu Bioethanol ist ein mehrstufiger Prozess, der ausgehend vom Getreide, die mechanische Zerkleinerung, enzymatische Verflüssigung, die Fermentation, die Destillation und die Aufreinigung beinhaltet /14-5/. An Teilen dieser Prozessschritte sind Enzyme und ganze Zellen beteiligt. So werden die Stärkemoleküle des Getreides durch Amylasen in Zucker für die Fermentation umgewandelt. Die Zucker können dann durch die Fermentation einer Hefe in Ethanol umgesetzt werden. Schon bei der Zerkleinerung der Ausgangsmaterialien zeigen sich Auswirkungen dieses Schrittes auf den gesamten Prozess, denn die Partikelgröße hat entscheidenden Einfluss auf die Aktivität der Enzyme. Sind die Partikel zu groß, haben die Enzyme nicht die nötige Angriffsfläche und

14.4 Biologische Grenzen für die Verfahrenstechnik

das Erreichen eines spezifischen Umsatzpunktes dauert überproportional länger. Sind die Partikel zu klein, resultiert eine erhöhte Viskosität der Lösung und es ergeben sich erschwerende Bedingungen im weiteren Prozessverlauf.

Die enzymatische Stärkeverflüssigung für sich alleine betrachtet ist eine verfahrenstechnische Herausforderung. Dem durch die Prozesswärme verursachten Aktivitätsverlust der Biokatalysatoren kann durch eine mehrmalige Zugabe der Enzyme begegnet werden. Speziell hier bedarf es zukünftig neuer hyperthermophiler industriell einsetzbarer Biokatalysatoren. Zusätzlich angewendete Kochschritte sorgen für einen vollständigen Abbau zu Zuckern, die dann in Standard-Fermentationsprozessen zu Ethanol umgesetzt werden.

15 Ethanolerzeugung und -nutzung

Ethanol ist eine chemische Verbindung, die sehr vielfältig eingesetzt werden kann und wird; die Bandbreite der Möglichkeiten reicht vom Einsatz als Trinkalkohol über chemische und pharmazeutische Anwendungen bis zum Einsatz als Kraftstoff für die Mobilität. Als Bezeichnung sind neben Ethanol auch Bioethanol, Äthanol und Alkohol als Vereinfachung von Ethylalkohol in Verwendung. Obwohl Ethanol auch aus fossilen Energieträgern über Ethen hergestellt werden kann, wird er weltweit hauptsächlich aus biogenen Rohstoffen über eine bio-chemische Fermentation produziert.

Vor diesem Hintergrund ist es das Ziel der folgenden Ausführungen, die Grundlagen und Verfahren der Bioethanolerzeugung darzustellen und zu diskutieren. Dabei wird sowohl auf die heute schon vorhandenen Prozesse (d. h. Erzeugung von Ethanol aus Zucker oder Stärke; z. T. auch als Verfahren oder Kraftstoffe der 1. Generation bezeichnet) als auch auf mögliche zukünftige Verfahren – insbesondere auf der Basis von Cellulose (z. T. auch als Verfahren oder Kraftstoffe der 2. Generation bezeichnet) – eingegangen.

15.1 Bio-chemische Grundlagen

Ausschließlich Zucker kann durch eine alkoholische Gärung in Ethanol und Kohlenstoffdioxid (CO_2) umgewandelt werden (Kapitel 14); dies wird im Folgenden zunächst kurz dargestellt. Da jedoch grundsätzlich auch stärke- und cellulosehaltige organische Stoffe zur Alkoholgewinnung einsetzbar sind, muss der eigentlichen Fermentation bei diesen Ausgangsstoffen ein entsprechender Zwischenschritt vorgeschaltet werden. Deshalb werden nachfolgend auch die Grundlagen des Stärke- und des Celluloseabbaus dargestellt und diskutiert.

Zuckerabbau durch alkoholische Gärung. Die Grundlage jeder Alkoholgewinnung aus Biomasse stellt die alkoholische Gärung dar. Dabei handelt es sich um eine biochemische Spaltung von Kohlenhydraten, die durch das Zusammenwirken von mikrobiellen Enzymen ausgelöst werden und unter Ausschluss von Sauerstoff ablaufen. Als Mikroorganismen werden in der Technik bevorzugt Hefen (*Saccharomyces cerevisiae*) eingesetzt. Dies deshalb, da die Hefe sehr robust und leicht zu kultivieren ist. Die alkoholische Gärung verläuft gemäß der Summenformel nach Gleichung (15-1).

$$C_6H_{12}O_6 + 2\,P_i + 2\,ADP \rightarrow 2\,CH_3\text{-}CH_2OH + 2\,CO_2 + 2\,ATP + 156\,kJ \qquad (15\text{-}1)$$

Aus einem Mol Hexose (z. B. Glucose, Fructose) werden demnach je zwei Mol Ethanol und Kohlenstoffdioxid (CO_2) sowie zwei Mol der energiereichen Verbindung Adenosin-Triphosphat (ATP) und Wärme gebildet. Die in Pflanzen enthaltenen Zucker (z. B. Glucose, Fructose, Saccharose) können von der Hefe direkt vergoren werden. Für technische Prozesse heißt das, dass aus 1 kg Glucose rund 511 g Ethanol und 489 g CO_2 unter Freisetzung von 867 kJ Wärme gebildet werden. Das bei der Fermentation gebildete Kohlenstoffdioxid (CO_2) entweicht gasförmig aus der Fermentationssuspension; aus 1 kg Glucose werden dabei rund 250 l CO_2 gebildet.

Für die größtmögliche Alkoholbildung und damit eine weitestgehende Umsetzung des im Substrat enthaltenen vergärbaren Materials ist es wichtig, dass für den jeweiligen Mikroorganismus (d. h. Hefen, Bakterien) optimale Kulturbedingungen eingestellt werden. Es müssen vergärbare Zucker, Nährsalze und eventuell auch Wuchsstoffe in ausreichender Konzentration vorliegen. Gärtemperatur und pH-Wert sind so zu regulieren, dass sie dem Optimalbereich der Mikroorganismen entsprechen.

Stärkeabbau zu Zucker. Stärke, das Reserve-Kohlenhydrat von Getreide und Kartoffeln, ist ein Polysaccharid, das ausschließlich aus Glucose-Bausteinen aufgebaut ist. Sie kommt (α-1,4-glykosidisch verbunden) als unverzweigte Glucosekette in Form der Amylose und (α-1,6-glykosidisch verbunden) als verzweigte Glucosekette in Form des Amylopektins vor. Hierbei ist vor allem das Amylopektin für die starke Kleisterbildung von Stärke verantwortlich.

Beim Erhitzen von Stärke mit Wasser nehmen die Stärkekörner Wasser auf; sie werden dadurch gelöst und bilden einen Kleister. Dieser Vorgang der Verkleisterung ist von Bedeutung, da nur verkleisterte Stärke mit Enzymen schnell abgebaut werden kann.

Stärke kann mit Hefen nicht unmittelbar vergoren werden. Um sie dennoch für eine Vergärung zugänglich zu machen, muss sie nicht nur, analog zum Zucker, aus dem Zellmaterial freigesetzt, sondern zusätzlich auch vor der Fermentation in vergärbare Zucker umgewandelt werden. Bei diesen Zuckern handelt es sich entweder um Glucose oder um Maltose, die aus zwei Glucose-Bausteinen aufgebaut ist.

Um im technischen Maßstab Stärke möglichst vollständig zu vergärbaren Zuckern abzubauen, sind zwei Gruppen von stärkeabbauenden (amylolytischen) Enzymen erforderlich. Die erste Gruppe umfasst die "verflüssigenden" α-Amylasen und die zweite Gruppe die "verzuckernden" Glucoamylasen und β-Amylasen; d. h. beim Stärkeabbau wird zunächst die Stärke verflüssigt und anschließend verzuckert. Die entsprechenden Prozesse werden nachfolgend dargestellt.

Enzymatische Stärkeverflüssigung. Die in technischen Prozessen eingesetzten Verflüssigungsenzyme sind praktisch alle α-Amylasen (α-1,4-Glucan-4-Glucanohydrolase), die die 1,4-Bindungen der Stärke in Amylose und Amylopektin spalten. Die im Amylopektin enthaltenen α-1,6-Bindungen werden jedoch nicht hydrolysiert. α-Amylase ist ein Endo-Enzym. Dies bedeutet, dass es Bindungen in polymeren Substraten im Innern der Moleküle spalten kann. Im Stärke-Makromolekül werden also willkürlich alle α-1,4-Bindungen angegriffen. Lediglich die α-1,4-Bindungen, die sich an den Kettenenden und in der Nachbarschaft von α-1,6-

15.1 Bio-chemische Grundlagen

Bindungen der Makromoleküle befinden, werden sehr viel langsamer angegriffen. Dadurch werden die Stärke-Makromoleküle sehr schnell in Oligosaccharide mit einem Polymerisationsgrad von 7 bis 10 Glucose-Einheiten zerlegt; dies macht sich technologisch in einer raschen und deutlichen Senkung der Maischeviskositäten bemerkbar.

In der Praxis werden unterschiedliche α-Amylase-Präparate eingesetzt, die sich in ihrer Wirkungsweise je nach Herkunft des Enzyms unterscheiden.

Thermostabile α-Amylase aus *Bacillus licheniformis* hat unter technologischen Bedingungen ein pH-Optimum zwischen 6,2 und 7,5. Bei pH-Werten unterhalb von 5,6 kommt es zu einem rapiden Absinken der Enzymaktivität. Das Temperaturoptimum liegt bei 80 bis 85 °C; es kann jedoch auch bei Temperaturen bis zu 105 °C eingesetzt werden, wo es zeitlich begrenzt durchaus sehr hohe Aktivitäten aufweist. Je höher die Temperatur gewählt wird, desto schneller wird das Enzym inaktiviert.

Bei der Verarbeitung von Weizen und Roggen ist der Einsatz von Bakterien-α-Amylase aus *Bacillus subtilis* weit verbreitet. Dieses Enzym weist ein Temperaturoptimum von 65 °C und ein pH-Optimum von 5,8 bis 6,8 auf. Da ein Einsatz für kurze Zeit auch bis 75 °C möglich ist, kann es problemlos für die Verarbeitung von Getreide eingesetzt werden. Für die Verflüssigung von Mais- bzw. Kartoffelstärke ist es jedoch nicht geeignet, da die Stärke dieser Rohstoffe erst oberhalb von 80 (Mais) bzw. 90 °C (Kartoffeln) vollständig verkleistert werden kann. Dieses Enzym hat zudem die ungünstige Eigenschaft, beim Angriff auf das Stärke-Makromolekül einen relativ hohen Anteil an sogenannten α-Grenzdextrinen zu bilden. Diese Grenzdextrine enthalten meist mehrere durch α-1,6-Bindungen verursachte Verzweigungen und werden vom Enzym dann nicht weiter angegriffen. Außerdem sind diese Grenzdextrine im weiteren Verlauf des Stärkeabbaus auch für die üblicherweise eingesetzten verzuckernden Glucoamylasen nur sehr langsam angreifbar. Dies führt letztlich dazu, dass auch in der vergorenen Maische nicht abgebaute und nicht vergorene Grenzdextrine verbleiben.

Ein weiteres Verflüssigungs-Enzympräparat stellt die Bakterien-α-Amylase aus *Bacillus stearothermophilus* dar. Dieses Enzym ist in seiner Wirkung der *Bacillus licheniformis*-α-Amylase vergleichbar, zeichnet sich jedoch durch ein deutlich niedrigeres pH-Optimum von 5,0 bis 5,5 aus. Es ist bis zu 85 °C temperaturstabil; bei höheren Temperaturen kommt es zu einer raschen Inaktivierung. Dieses Enzym bewirkt eine besonders ausgeprägte Senkung der Maischeviskositäten; für die Verflüssigung von Kartoffelmaischen ist es allerdings nicht geeignet.

Ebenfalls zu den Verflüssigungsenzymen wird auch die aus einem Schimmelpilz gewonnene Fungal-α-Amylase aus *Aspergillus oryzae* gezählt. Aufgrund seiner Herkunft zeigt dieses Enzym ein Temperaturoptimum bei etwa 50 bis 57 °C. Das pH-Optimum liegt zwischen 5,0 und 6,0, jedoch weist es bei einem pH-Wert von 4,5 immer noch 50 % der maximalen Aktivität auf. Es wird den zu verarbeitenden Maischen daher meist erst zur Verzuckerung zugegeben, um einerseits auch während der Verzuckerungsphase noch eine spürbare viskositätssenkende Wirkung und andererseits auf diese Weise auch zum Beginn der Fermentation noch eine ausreichend dextrinierende Wirkung in den Maischen aufrecht zu erhalten /15-54/, /15-49/, /15-15/, /15-19/.

Enzymatische Stärkeverzuckerung. Der geschilderte Angriff der α-Amylasen auf Stärke führt in den verflüssigten Maischen nur zu geringen Mengen an vergärbaren Zuckern. Die bei der Verflüssigung im Wesentlichen gebildeten Dextrine müssen daher einem weitergehenden enzymatischen Abbau durch Glucoamylase unterworfen werden. Glucoamylase ist ein Exo-Enzym, das die Stärkemoleküle von den nicht reduzierenden Enden her angreift und entlang der Glucoseketten aus diesen Glucose freisetzt. Dieses Enzym kann zudem nicht nur die α-1,4-Bindungen, sondern auch α-1,6- und α-1,3-Bindungen hydrolysieren. Je größer die Moleküle sind, desto schneller werden sie von Glucoamylase abgebaut. Für diesen Zweck wird meist Glucoamylase aus *Aspergillus niger* verwendet, das ein Temperaturoptimum von etwa 60 °C und ein pH-Optimum von 3,4 bis 5,0 aufweist. Damit ist dieses Enzym unter den Bedingungen der Fermentation völlig stabil. Mehrfach verzweigte Dextrine können jedoch nur sehr langsam abgebaut werden.

Eine Alternative besteht im Einsatz von Glucoamylase aus *Rhizopus spez*. Dieses Enzym hat ein Temperaturoptimum von 40 °C und kann unter praxisüblichen Bedingungen problemlos bis 55 °C eingesetzt werden. Das pH-Optimum liegt bei 3,4 bis 5,0. Diese Glucoamylase weist zusätzlich eine das Stärkemolekül entzweigende Aktivität auf, die zu einem praktisch vollständigen Abbau auch von Grenzdextrinen führt und damit den vollständigen Abbau der Stärke zu vergärbaren Zuckern sicherstellt.

Während zur Maischeverflüssigung meist nur ein einziges Enzympräparat eingesetzt wird, ist dies bei der Verzuckerung nicht sinnvoll. Die Kombination verschiedener Enzyme zeigt für die Verzuckerung von Maischen deutlich positive synergistische Effekte. Die Kombination von geeigneten Enzymen ist damit mehr als die bloße Addition ihrer Wirkungen. So führt der gemeinsame Einsatz von Glucoamylase aus *Rhizopus spez.* und reduzierter Mengen an Glucoamylase von *Aspergillus niger* in Kombination mit FuFngal-α-Amylase aus *Aspergillus oryzae* zu einer deutlich niedrigeren Viskosität und zu einer wesentlich beschleunigten Angärung der Maischen im Fermenter. Neben einem praktisch vollständigen Abbau der Stärke in vergärbare Zucker führt dies auch zu einer deutlichen Reduzierung der Infektionsgefahr während der Fermentation.

Stärkeverflüssigung und -verzuckerung durch Malz. Das traditionelle Verflüssigungs- und Verzuckerungsmittel der Brennereiindustrie ist Malz (d. h. gekeimte und getrocknete Gerste). Während des Keimens der Gerste werden im keimenden Gerstenkorn alle für den Stärkeabbau notwendigen Enzyme gebildet. Im Unterschied zu Braumalz wird Brennmalz jedoch einer längeren Keimdauer unterzogen, um dadurch die Enzymgehalte im Malz zu erhöhen. Nach beendeter Keimung wird das Malz dann schonend getrocknet, um dabei auftretende Aktivitätsverluste der Enzyme so gering wie möglich zu halten.

Der im Malz gebildete stärkeabbauende Enzymkomplex ist zusammengesetzt aus α-Amylase, β-Amylase, Grenzdextrinase und R-Enzym. β-Amylase ist wie Glucoamylase ein Exo-Enzym, das jedoch vom nicht reduzierenden Ende des Stärkemoleküls Maltose – und nicht Glucose – abspaltet. Die Wirkungsoptima von β-Amylase liegen bei 50 bis 55 °C und bei pH-Werten zwischen 5,0 und 5,2. Grenzdextrinase und R-Enzym sind entzweigende Enzyme, die die α-1,6-Bindungen des Stärkemoleküls angreifen. Dies erfolgt umso schneller, je länger die Stärkemolekülketten sind.

Durch diese den Angriff auf die Stärke ergänzenden Enzyme ist der Malz-Enzymkomplex äußerst effektiv und ermöglicht die Verzuckerung von Maischen in nur 10 bis 15 min. Der Enzymkomplex wird allerdings durch die dabei entstehende Maltose gehemmt, so dass danach ein Maltose-Dextrin Gleichgewicht erreicht wird, bei dem in der Maische etwa 66 % Maltose, 4 % Glucose, 10 % Maltotriose und 20 % Grenzdextrine enthalten sind. Eine weitere Verzuckerung der Maischen kann daher erst dann erfolgen, wenn die Maltose aus dem Substrat entfernt wird. Dies geschieht bei beginnender Fermentation, wenn die Maltose durch die Hefe vergoren wird.

Damit sind beim Stärkeabbau mit Malz zwei Verzuckerungsphasen zu unterscheiden; die Hauptverzuckerung bis zum Gleichgewichtszustand und die Nachverzuckerung während der Gärung. Allerdings bleibt der Stärkeabbau trotzdem unvollständig, so dass die alleinige Verwendung von Malz als Verzuckerungsmittel immer auch mit gewissen Ethanolverlusten verbunden ist.

Stärkeverflüssigung und -verzuckerung durch Autoamylolyse. Einige Getreidearten (u. a. Roggen, Weizen) enthalten bereits im nativen Zustand, also ungemälzt, amylolytische Aktivitäten, die ausreichen, um die im Korn enthaltene Stärke zu vergärbaren Zuckern abzubauen. Der autoamylolytische Enzymkomplex setzt sich aus α-Amylase, β-Amylase und Grenzdextrinase zusammen /15-36/, /15-30/, /15-35/. Früher wurde diese Eigenschaft im sogenannten Kaltmaischverfahren genutzt. Dass dieses Verfahren nicht mehr eingesetzt wird, hat primär zwei Ursachen.

- Es gab keine analytischen Methoden, um das Getreide vor der Verarbeitung verlässlich auf die enthaltenen amylolytischen Enzyme bzw. die autoamylolytische Aktivität hin zu untersuchen. Reicht diese aus irgendwelchen Gründen nicht aus, kommt es im Verarbeitungsprozess zu erheblichen Störungen.
- Durch die Getreidezüchtung der letzten Jahrzehnte wurde das Korn vor allem hinsichtlich der Backqualität verbessert. Deshalb wurden die im Backprozess störenden amylolytischen Enzyme immer weiter herausgezüchtet, so dass es heute kaum noch Weizensorten gibt, die über eine für die Alkoholproduktion ausreichende amylolytische Aktivität verfügen.

Da aber die Kosten für Verzuckerungsenzyme bei der drucklosen Verarbeitung von Weizen, Roggen oder Triticale 30 bis 50 % der Kosten des Maischprozesses ausmachen, gibt es Anstrengungen, das amylolytische Potenzial der Getreidearten wieder für die Alkoholerzeugung nutzbar zu machen.

Um die autoamylolytische Aktivität in Getreide beurteilen zu können, kann der autoamylolytische Quotient (AAQ) bestimmt werden /15-47/, indem das Getreide im Labormaßstab zwei unterschiedlichen Gärversuchen unterzogen wird. Dazu wird einmal unter Verwendung einer optimalen Kombination von Verflüssigungs- und Verzuckerungsenzymen und einmal nur unter Nutzung der im Getreide vorhandenen amylolytischen Aktivität vergoren. Der AAQ ist dann definiert als die prozentuale Alkoholausbeute im autoamylolytischen Gärversuch bezogen auf die Alkoholausbeute im Gärversuch mit optimaler Enzymierung. Getreide mit einem AAQ über 95 % können autoamylolytisch verarbeitet werden.

Bei der technischen Umsetzung muss das Verfahren bezüglich der eingesetzten Temperaturen den jeweiligen Rohstoffen angepasst werden. Hier sind beispielsweise einerseits für eine vollständige Verkleisterung von z. B. Weizenstärke 65 °C notwendig. Andererseits wird aber vor allem die verzuckernde β-Amylase bei dieser Temperatur bereits inaktiviert. Die Verfahrenstemperatur ist also so zu gestalten, dass die für die Verkleisterung notwendige Temperatur mindestens für kurze Zeit erreicht wird; um den Enzymkomplex zu schonen, muss aber nach wenigen Minuten wieder auf eine Verzuckerungs-Temperatur von 52 bis 55 °C abgekühlt werden. Dadurch kann bei geeigneten Getreidepartien ganz auf die Zugabe von Verzuckerungsenzymen verzichtet werden. Um das Verfahren in jedem Falle betriebssicher zu gestalten, empfiehlt sich allerdings die Zugabe von Verflüssigungsenzymen.

Nachfolgend werden die Bedingungen für den autoamylolytischen Stärkeabbau für ausgewählte Getreidesorten diskutiert.

- Weizen. Die optimalen Bedingungen für das autoamylolytische Enzymsystem liegen für Weizen bei 55 °C und einem pH-Wert zwischen 5,3 und 5,4 /15-48/. Zur Verkleisterung der Weizenstärke ist eine Temperatur von 64 °C erforderlich. Die Maischen müssen daher auf diese Temperatur erhitzt werden. Nach maximal 10 min wird auf 55 °C gekühlt und eine Verzuckerungsrast von etwa 30 min bei pH 5,3 eingehalten. Die Weizensorte Alamo ist hierbei am besten geeignet, da sie praktisch unabhängig von Klima- und Aufwuchsbedingungen immer einen autoamylolytischen Quotienten (AAQ) von über 95 % liefert.
- Roggen. Nahezu alle Roggensorten weisen einen autoamylolytischen Quotienten (AAQ) von über 95 % auf /15-6/. Die Wirkungsoptima der Enzyme entsprechen denen von Weizen. Bedingt durch den teilweise hohen Gehalt an Pentosanen in Roggen kommt es im Maischprozess häufig zu hohen Maische-Viskositäten, die durch die Zugabe von Pentosanasen oder die Anwendung geeigneter Temperaturprogramme gesenkt werden können. Um die Viskosität der Roggenmaischen niedrig zu halten, kann auch das korneigene Enzymsystem zum Abbau der Pentosane nutzbar gemacht werden /15-46/. Zu Beginn des Maischprozesses muss hierzu der fein vermahlene Roggen bei 50 °C und einem pH-Wert von 5,0 eingemaischt und bei diesen Bedingungen 30 min gehalten werden. Nach dieser "Pentosan-Rast" kann in üblicher Weise gemaischt werden, ohne dass es zu störenden Maischeviskositäten kommt.
- Triticale. Triticale wird unter autoamylolytischen Bedingungen wie Weizen verarbeitet, da hier keine störenden Mengen an Pentosanen enthalten sind. Die zur Verkleisterung der Stärke angewandte Maximaltemperatur darf allerdings 62 °C nicht überschreiten. Die Aktivität des autoamylolytischen Enzymsystems von Triticale ist so hoch, dass es über die Verzuckerung der im Triticale enthaltenen Stärke hinaus in der Lage ist, zusätzlich noch dieselbe Menge an Fremdstärke zu verzuckern. Dabei kann z. B. die Maische aus 1 t Triticale genutzt werden, um die verflüssigte und auf Verzuckerungstemperatur gekühlte Maische aus 1 t Mais ohne Alkoholverluste mitzuverzuckern /15-59/, /15-53/, /15-54/.

Lignocelluloseabbau zu Zucker. Lignocellulosehaltige Rohstoffe bestehen aus Cellulose, Hemicellulose und Lignin sowie aus Spurenelementen, die bei der thermischen Nutzung in Form von Asche anfallen. Cellulose und Hemicellulose sind – vergleichbar zu Stärke – Kohlenhydrate und stellen zudem die weltweit am häufigsten vorkommenden Stoffwechselprodukte der Pflanze dar.

Cellulose ist aus Glucosemolekülen aufgebaut. Sie kann aber nur sehr schwer hydrolysiert werden. Dies liegt darin begründet, dass sich aufgrund der β-Verknüpfung mehrere Cellulosemoleküle antiparallel über Wasserstoffbrücken zu Mikrofibrillen zusammenlagern können und dabei eine kristalline Struktur ausbilden. Darüber hinaus ist Cellulose sehr eng mit Lignin, Pektin und Hemicellulosen vergesellschaftet; dies erhöht die Hydrolyseresistenz weiter. Die Hemicellulose ist aus verschiedenen Zuckern aufgebaut und enthält neben Hexosen (C6-Zucker) auch Pentosen (C5-Zucker).

Um die in pflanzlichen Rohstoffen wie z. B. Holz und Stroh enthaltenen Zucker für eine Alkoholproduktion verfügbar zu machen, müssen diese zunächst durch eine geeignete Vorbehandlung zugängig gemacht werden. Erst danach können die langkettigen Cellulose- und Hemicellulosemoleküle hydrolysiert werden. Die Hydrolyse kann entweder enzymatisch katalysiert werden oder durch den Einsatz von Säuren erfolgen.

Enzymatische Hydrolyse. Um den Hydrolyseenzymen einen Zugang zu den Cellulosemolekülen zu gewährleisten, müssen diese zunächst aus dem Lignocelluloseverbund freigesetzt werden. Eine schnelle Methode ist die feine Vermahlung des Rohstoffs, die zu einer Zerstörung der kristallinen Struktur und zu einem verminderten Polymerisationsgrad der Lignocellulose führt. Dieses Material ist dann für die Hydrolyse zugänglich. Eine andere Möglichkeit besteht in der Anwendung eines Hochdruck-Dämpf-Verfahrens (auch als Thermodruckhydrolyse oder "Steam Explosion" bezeichnet). Dabei wird das Material unter Druck Temperaturen von 180 bis 230 °C für 5 bis 30 min ausgesetzt. Danach wird ein plötzlicher Druckabfall auf Umgebungsdruck herbeigeführt; dies führt durch die dabei entstehenden Dampfblasen zu einer Explosion der Gewebezellen. Zusätzlich wird aufgrund dieses Druckabfalls auch die Ligninhülle von den Cellulosefibrillen abgesprengt.

Da für einen effektiven enzymatischen Angriff auf das Cellulosemolekül ein Aufquellen der Fibrillen unumgänglich ist, um die einzelnen Molekülstränge zugänglich zu machen, kann das Cellulosematerial vor der Hydrolyse auch mit aufquellenden Agenzien behandelt werden. Dazu gehören u. a. konzentrierte Natronlauge, konzentrierte oder verdünnte Salz- oder Schwefelsäure oder das Imprägnieren mit gasförmigem Schwefeldioxid (SO_2). Diese Prozesse sind jedoch nur wirtschaftlich realisierbar, wenn die verwendete Säure im Prozess zurückgewonnen werden kann. Dies gelingt mit Salzsäure leichter als mit Schwefelsäure.

Der weitere biochemische Abbau der Cellulose und der Hemicellulose erfolgt dann durch Enzyme, die sich aus mehreren synergistisch wirkenden Komponenten zusammensetzen. Insgesamt verläuft der enzymatische Hydrolyseprozess von Cellulose und Hemicellulose verglichen mit der Stärke aber langsamer und immer unvollständig ab.

Säurekatalysierte Hydrolyse. Die Cellulosemoleküle lassen sich auch durch eine Behandlung mit konzentrierter Säure bei Umgebungstemperatur oder verdünnter Säure bei etwa 200 °C hydrolysieren. Dabei werden unspezifisch die chemischen

Bindungen der Makromoleküle hydrolysiert, wodurch neben der gewünschten Glucose auch andere Nebenprodukte entstehen.

Im Vergleich mit der enzymatischen Hydrolyse ist die säurekatalysierte Hydrolyse vom Zeitaufwand her wesentlich effektiver. Sie führt aber unter technischen Bedingungen zu deutlich schlechteren Zuckerausbeuten und zur Bildung von weiteren Abbauprodukten, die in der Ethanolfermentation auch hemmende Eigenschaften aufweisen können. Hinzu kommt, dass neben C6- auch C5-Zucker entstehen. Dabei kann die Verwertung von C6-Zuckern mit herkömmlichen Hefestämmen erfolgen. Jedoch verliert man dann einen Anteil von 10 bis 20 % an Pentosen (C5-Zuckern), da diese nicht ohne weiteres mit den vorhandenen Hefen abbaubar sind und derzeit nur unter Einsatz von genetisch manipulierten Stämmen verwertet werden können. Dies hat zusammen mit den hohen Kosten für die Konversionsprozesse eine großtechnische Alkoholerzeugung aus cellulosehaltigen Materialien bisher verhindert.

15.2 Verfahrensschritte

Bei der Ethanolproduktion sind mehrere Verfahrensschritte erforderlich. So werden die Rohstoffreinigung, -aufbereitung und -hydrolyse auch als "Upstream Processing" bezeichnet. Darauf folgt die eigentliche alkoholische Gärung (auch als Fermentation bezeichnet) inklusive der Hefebreitstellung. Nach der Gärung folgt das "Downstream Processing" mit der Ethanolabtrennung und Konzentrierung sowie der Behandlung des Rückstands der Destillation, der sogenannten Schlempe. Nachfolgend werden diese einzelnen Stufen diskutiert.

15.2.1 Rohstoffreinigung und -aufbereitung

Ziel der folgenden Ausführungen ist die Darstellung der Reinigung und der Aufbereitung der Rohstoffe. Dabei wird unterschieden zwischen Zuckerrüben und Zuckerrohr, die exemplarisch für zuckerhaltige Rohstoffe betrachtet werden, Getreide und Kartoffeln – beispielhaft für stärkehaltige Biomassen – sowie lignocellulosehaltigen Rohstoffen.

Zuckerrüben. Besonders problematisch ist die Reinigung der Zuckerrüben, an denen i. Allg. rund 15 Gew.-% Erde anhaftet. Sie werden deshalb vom Anlieferungsbunker aus zunächst in einer Schwemmrinne zur Rübenwäsche gefördert. Dabei werden die Rüben häufig schon mit einem Wasserstrahl aus einem Strahlrohr abgespritzt bzw. mit Hilfe von Waschwasser transportiert. Zusätzlich dazu sind auch Abscheider für Steine und Blätter vorhanden.

Die derart gewaschen Zuckerrüben werden dann in einer Trommelschneidmaschine in Schnitzel zerkleinert. Im Anschluss daran wird mit Hilfe von 70 °C heißem Wasser den Schnitzeln in Extraktionstürmen der Zucker entzogen. Dadurch gewinnt man den sogenannten Rohsaft mit ca. 16 % Zuckergehalt und etwa 2 % Begleitstoffen. Die Schnitzel werden nach der Extraktion ausgepresst, getrocknet und können u. a. als Tierfutter oder als Biogassubstrat verwendet werden. Nun wird durch die Zugabe von Kalk und Kohlensäure der Rohsaft von unerwünschten Begleitstoffen gereinigt. Dadurch können 30 bis 40 % der Begleitstoffe abgetrennt werden und man erhält den klaren hellgelben Dünnsaft. Er wird danach in einem mehrstufigen Prozess aufkonzentriert. Das Produkt dieses Prozesses ist ein Dicksaft mit etwa 63 bis 65 % Zucker und 4 bis 5 % Verunreinigungen. Diese Dicksaft-Herstellung ist aufgrund des Verdampfungsprozess sehr energieintensiv, aber erforderlich, um ihn über längere Zeit lagern zu können. Dies ermöglicht es beispielsweise, die Ethanolanlage über die Zeitspanne der Rübenkampagne hinaus zu betreiben.

Zuckerrohr. Schon bei der Ernte des Zuckerrohres werden die Blätter der Pflanze entfernt. Traditionell wird dies durch Abbrennen erreicht. U. a. aus Umweltschutzgründen nimmt jedoch eine mechanische Blattentfernung durch Erntemaschinen immer mehr zu und wird mittlerweile auf mehr als 30 % der Anbaufläche eingesetzt.

Die zu verarbeitenden Zuckerrohrhalme werden an der Anlage zunächst gewaschen, um Verunreinigungen zu entfernen. Für die anschließende Gewinnung des Zuckersaftes gibt es zwei Möglichkeiten. Die einfache Variante ist der Einsatz von Walzenpressen, mit denen der zuckerhaltige Saft aus den Halmen gepresst wird. Bessere Zuckerausbeuten sind durch ein mehrstufiges Extraktionsverfahren zu erzielen. Das Zuckerrohr durchläuft dazu eine Kaskade von Walzen, in denen es zerkleinert und ausgepresst wird. Zwischen den einzelnen Walzschritten wird das Material mit im Gegenstrom geführtem Wasser ausgewaschen. Bei diesen Prozessen entstehen zwei Hauptfraktionen: eine vergärbare Zuckerlösung und die faserigen Rückstände, die als Bagasse bezeichnet werden. Die Bagasse wird in der Regel zur Bereitstellung von Prozesswärme und Strom in einem Biomassekraftwerk verbrannt /15-10/, /15-33/.

Getreide. Bei Getreide sind üblicherweise außer einem Sicherheitssieb keine weiteren Reinigungsschritte erforderlich, sodass das Getreidekorn nahezu unmittelbar der Zerkleinerung zugeführt werden kann. Dadurch soll sichergestellt werden, dass die im Rohstoff enthaltenen Stärkeanteile (und damit die vergärbaren Inhaltsstoffe) aus dem Zellverband möglichst vollständig freigesetzt werden können. Dazu ist eine entsprechende Zerkleinerung der Rohstoffe unumgänglich. Dies ist mit Hilfe von Mühlen oder Dispergiermaschinen möglich.

Mühlen. Zur Vermahlung von Getreide werden in Ethanolanlagen fast ausschließlich Hammermühlen zur trockenen und zur nassen Vermahlung eingesetzt.

Bei der trockenen Vermahlung wird ein befriedigender Zerkleinerungsgrad in Hammermühlen mit einem 1,5 mm-Sieb erreicht. Wegen ihrer besseren Stabilität werden dabei meist Schlitzsiebe eingesetzt, obwohl sie zu einem deutlich schlechteren Mahlergebnis als Lochsiebe mit gleichem Durchmesser führen. Auch muss die Mühle mit einer Staubabscheidung ausgerüstet werden. Eine solche trockene Vermahlung hat jedoch den Vorteil, dass sie über Nacht ausgeführt werden kann, da das Schrot in Silos zwischengelagert werden kann und am Tage zur Weiterverarbeitung bereit steht (d. h. Prozessentkopplung).

Bei der Nassvermahlung wird das Wasser zusammen mit dem Rohstoff in die Mahlkammer eingetragen. Der in der Mühle entstehende Maischebrei wird danach sofort in den Maischapparat gepumpt. Die nasse Vermahlung ist damit, anders als bei der entkoppelt stattfindenden trockenen Vermahlung, ein zeitlicher und damit integraler Bestandteil des Maischprozesses. Insgesamt ermöglicht die Nassvermahlung zwar einen erhöhten Materialdurchsatz als die trockene Vermahlung, führt aber bei gleichem Siebeinsatz zu schlechteren Mahlergebnissen.

Als Alternative zu diesen beiden Methoden kann auch eine trockene Vermahlung durchgeführt werden. Hierzu wird lediglich der zu vermahlende Rohstoff in die Mahlkammer gefördert (trockene Vermahlung), während das zur Förderung des Schrotes benötigte Wasser nur in die Mehlkammer der Mühle eingetragen wird.

Dispergiermaschinen. Bei der Rohstoffzerkleinerung sollte im Idealfall jede einzelne Zelle aufgebrochen werden. Dieses Ziel ist mit Hammermühlen nicht annähernd zu erreichen. Deshalb kommen Rotor-Stator-Dispergiermaschinen zum Einsatz. Diese kontinuierlich arbeitenden Inline-Rotor-Stator-Maschinen werden in das Rohrleitungssystem der Anlage integriert und die zu verarbeitende Maische wird – nach einer Vorzerkleinerung der Rohstoffe – durch diese Maschinen hindurchgepumpt. Dadurch werden bei relativ geringem Energieaufwand praktisch alle Teilchen der Maische erfasst.

Die Zerkleinerungswirkung derartiger Rotor-Stator-Dispergiermaschinen beruht darauf, dass infolge der hohen Umfangsgeschwindigkeit des Rotors ein Geschwindigkeitsgefälle zwischen Rotor und Stator erzeugt wird. Das im Scherspalt (Abstand von Rotor und Stator) befindliche Medium erfährt dadurch eine hohe Schergeschwindigkeit. Infolge dessen und der hemmenden Viskosität unterliegt das Medium einer Schubspannung. Ist nun die Festigkeit eines im Medium mitgerissenen Teilchens geringer als die durch die Schergeschwindigkeit resultierende Schubspannung, wird das Teilchen zerkleinert. Diese so entstandenen Teilchen verteilen sich homogen in der gesamten Rohstoff-Suspension. Zusätzlich beanspruchen sich bei ausreichend hoch konzentrierten Suspensionen die Teilchen durch gegenseitige Reibung. Diese führt ebenfalls zu Schubspannungen an der Teilchenoberfläche und dadurch zum Herausbrechen kleinerer Oberflächenpartikel. Die Dispergierwirkung durch Zerlegen des Medienstroms in viele Einzelströme sowie die mechanische Scherwirkung an den Flanken der Werkzeuge sind dabei von untergeordneter Bedeutung.

Die Rotor-Stator-Systeme wirken dabei auf die sie passierenden Stoffströme etwa nach dem folgenden Schema ein (Abb. 15.1).
– Eintritt der Rohstoff-Suspension (Wasser und stärkehaltiger Rohstoff, Maische) axial in die Dispergierkammer.
– Beschleunigung des Mediums auf das Niveau der Rotor-Umfangsgeschwindigkeit.
– Eintritt in den ersten Scherspalt zwischen Rotor und Stator.
– Einwirkung der erzeugten Turbulenzfelder auf die Teilchen.
– Austritt aus dem Scherspalt.
– Eintritt in einen nachfolgenden Scherspalt oder Austritt aus der Maschine.

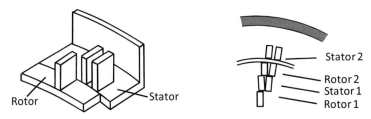

Abb. 15.1 Funktionsprinzip eines Rotor-Stator-Dispergiermaschine (adaptiert nach /15-32/)

Zusätzlich kommt es zu hochfrequenten Kompressions- und Dekompressionskräften, die das Gefüge der suspendierten Teilchen intensiv beeinflussen; dies führt beispielsweise zu einer Lockerung des Hornendosperms von Mais.

Kartoffeln. Kartoffeln werden, um sie im Zeitraum einer Kampagne von Erntebeginn (Ende September) bis etwa April des darauf folgenden Jahres verarbeiten zu können, oft zunächst in großen Lagerhallen in einer Schütthöhe von 6 m und mehr gelagert. Deshalb sollte schon bei dem Einlagern der erntefrischen Kartoffeln über Schüttelroste oder Siebtrommeln möglichst viel der anhaftenden Erde und der mit angelieferten Krautresten abgeschieden werden.

Die Lagerräume sind im Boden mit Luftkanälen durchzogen, über die Frischluft von unten nach oben durch die Kartoffeln gedrückt werden kann. Dies dient zur Kühlung; außerdem wird dadurch ein Schwitzen im Kartoffellager verhindert. Ein Verstopfen der Zwischenräume zwischen den Kartoffeln durch anhaftende Erde führt hierbei zwangsläufig zum Verderb der betroffenen Nester.

Aus dem Lager werden die Kartoffeln zur Verarbeitung über Schwemmrinnen, in die warmes Kühlwasser gepumpt wird, über Steinabscheider zur Kartoffelwäsche gefördert. Neben der Reinigung wird so bereits ein gewisses Anwärmen der kalt aus dem Lager kommenden Kartoffeln erreicht.

Anschließend erfolgt eine Zerkleinerung, die im Wesentlichen der des Getreides entspricht.

Lingnocellulosehaltige Rohstoffe. Eine Vielzahl von unterschiedlichsten lignocellulosehaltigen Roh- und Abfallstoffen sind für den Einsatz zur Ethanolerzeugung denkbar. Darunter fallen z. B. verschiedene Hart- und Weichhölzer, Stroh und entsprechende organische Abfälle. Je nach Art und Beschaffenheit des eingesetzten Stoffes müssen die jeweils erforderlichen Reinigungs- und Zerkleinerungsschritte ausgewählt werden. Dafür kommen neben Mühlen auch Häcksler und Schredder in Betracht.

15.2.2 Aufschlussprozesse

Nachdem zuvor die verschiedenen Verfahren diskutiert wurden, durch welche die Ausgangsstoffe der alkoholischen Gärung für den eigentlichen Gärprozess vorbereitet werden (d. h. Reinigung, Zerkleinerung), werden nun die verschiedenen technischen Möglichkeiten zum Substrataufschluss (Hydrolyse) dargestellt. Dabei wird zwischen drucklosen Stärkeaufschlussverfahren und Stärkeaufschlussverfahren unter Druck sowie Lignocelluloseaufschlussverfahren unterschieden.

Drucklose Stärkeaufschlussverfahren. Bei den drucklosen Aufschlussverfahren wird nachfolgend exemplarisch auf die Mahl-Maischprozesse und das Dispergier-Maischverfahren eingegangen. Der Ablauf der beschriebenen Prozessschritte unterscheidet sich bei Bioethanolanlagen unterschiedlicher Größenklasse nur von der Betriebsweise (d. h. batch oder kontinuierlich) und nicht vom Produktionsmaßstab; d. h., dass auch bei großtechnischen Verfahren die Abfolge der Prozessschritte gleich ist wie beim kleinen oder mittleren Produktionsmaßstab. Jedoch ist bei großtechnischen Produktionsanlagen die energetische Optimierung wesentlich einfacher; daraus resultiert ein wesentlich geringerer spezifischer Energieaufwand für die Rohstoffhydrolyse und für alle Aufbereitungsschritte.

Mahl-Maischprozesse. Diese Verfahren (Abb. 15.2) sind zur drucklosen Aufarbeitung der Rohstoffe in der Brennereitechnologie am weitesten verbreitet. Praktisch alle stärkehaltigen Rohstoffe können mit diesen Prozessen verarbeitet werden.

Zu Beginn des Mahl-Maischprozesses werden die Rohstoffe über eine Hammermühle vermahlen. Das Mahlgut wird nun – nach einer möglichen Zwischenlagerung in einem Schrotsilo – in die Maischanlage gefördert. Wird das in der Mühle produzierte Schrot dagegen unmittelbar unter Wasserzugabe mittels einer Pumpe ausgetragen, kann bereits hier das notwendige Verflüssigungsenzym zudosiert werden. Die Temperatur des Wassers, das zum Schrotaustrag aus der Mühle genutzt wird, sollte dabei nicht über 55 °C betragen, da der in der Mühle sonst entstehende Wasserdampf zum Verkleben und Verstopfen der Mahlsiebe führt.

Die Wassermenge, die benötigt wird, um das Mahlgut aus der Mühle pumpen zu können, ist bei der Verarbeitung von Kartoffeln sehr gering. Bei der Getreideverarbeitung beträgt das Verhältnis von Rohstoff zu benötigtem Wasser etwa eins zu eins. Als Pumpen werden in der Regel Exzenter-Schneckenpumpen eingesetzt.

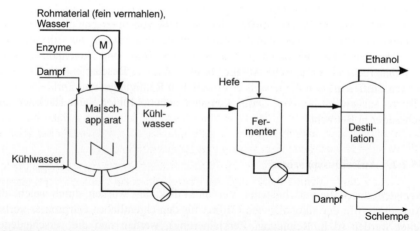

Abb. 15.2 Mahl-Maischverfahren (M Motorantrieb; /15-45/)

Im Maischapparat wird die Maische dann zur Stärkeverkleisterung und -verflüssigung auf die für den jeweiligen Rohstoff erforderliche Temperatur erhitzt (Kartoffeln 90 bis 95 °C; Mais 80 bis 90 °C; Weizen, Roggen und Triticale 65 bis 70 °C). Bei Verwendung von thermostabiler α-Amylase aus *Bacillus licheniformis* muss der pH-Wert auf 6,0 bis 6,2 eingestellt werden. Hierzu wird meist Kalkmilch verwendet. Nach einer Verflüssigungsrast von etwa 30 min wird auf 55 °C abgekühlt. Bevor diese Verzuckerungstemperatur, die für alle Rohstoffe gleich ist, erreicht wird, wird eine pH-Wert-Korrektur auf 5,2 bis 5,4 vorgenommen. Ist diese Temperatur erreicht, werden die Verzuckerungsenzyme zu der Maische gegeben. Danach kann eine Verzuckerungsrast von 15 bis 30 min eingehalten werden, bevor sie auf die Anstelltemperatur abgekühlt wird. Ab etwa 35 °C kann nun Hefe zugegeben werden. Die Anstelltemperatur ist dabei so zu bemessen, dass die Gärtemperatur der Maischen 24 h nach dem Start der Fermentation bei 33 bis 34 °C liegt. Im weiteren Verlauf der Gärung sollte die Temperatur jedoch 35 bis 36 °C nicht übersteigen.

Diese Verfahrensweise kann vielfältig – je nach Ausstattung und Betriebserfordernissen – variiert werden. Beispielsweise ist zusätzlich eine Energie-Einsparung durch die Nutzung von in der Brennerei anfallendem heißem Wasser aus den Kühleinrichtungen und der Nutzung der heißen bei der Destillation anfallenden Schlempe indirekt oder direkt möglich.
- Bei indirekter Nutzung wird diese durch die Kühlschlangen des Maischapparates geleitet, um dadurch die Maische auf die gewünschte Temperatur – unter Abkühlung der Schlempe – zu erhitzen. Die im Maischapparat installierte Kühlschlange wird hierbei zum Erhitzen und zum Kühlen der Maische genutzt.
- Bei direkter Schlempe-Nutzung wird diese entweder direkt vom Destillierapparat kommend als Prozessflüssigkeit genutzt oder in einem isolierten Tank zwischengelagert. Dabei muss sie so gelagert werden, dass sie an keiner Stelle des Schlempetanks unter 80 °C abkühlt. Hier erfolgt rasch eine Sedimentation der Feststoffe in der Schlempe; Dick- und Dünnschlempe trennen sich. Während von der anfallenden Originalschlempe bis zu 25 % direkt in den Prozess zurückgeführt werden können, kann diese Schlempe-Recyclingrate bei Verwendung eines Sedimentationstanks und der Verwendung nur der Dünnschlempe im Prozess bei der Verarbeitung beispielsweise von Mais auf bis zu 75 % gesteigert werden. Bei Weizen und Triticale sind Schlempe-Recyclingraten von bis zu 60 % möglich. Dies bedeutet in der Praxis, dass der Maischprozess bei der Verarbeitung von Weizen oder Triticale praktisch ohne weitere Zufuhr thermischer Energie durchgeführt werden kann /15-54/.

Dispergier-Maischverfahren. Das Dispergier-Maischverfahren, das als einen wesentlichen Verfahrensschritt das Schlempe-Recycling beinhaltet, zeigt Abb. 15.3. Damit können alle stärkehaltigen Rohstoffe und Zuckerrüben verarbeitet werden. Dieses Verfahren ist durch drei wesentliche Punkte charakterisiert.
- Zerkleinerung der Rohstoffe mit Hilfe einer Rotor-Stator-Dispergiermaschine,
- Nutzung des Schlempe-Recyclings zur Energieeinsparung und zur Optimierung der Effektivität der Fermentation,
- Einsatz einer optimierten Enzymkombination für die Verzuckerung der in druckloser Verfahrensweise gewonnen Maischen, die auch zu einem verbesser-

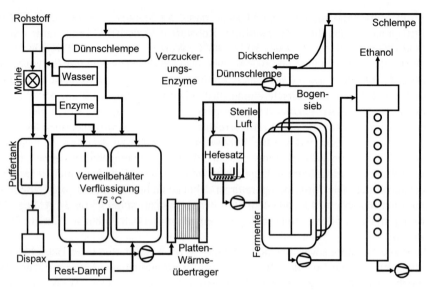

Abb. 15.3 Dispergier-Maischverfahren

ten Destillationsverhalten der Maischen und einer effektiveren Dekantation der anfallenden Schlempen beiträgt.

Der im Dispergier-Maischverfahren zu verarbeitende Rohstoff wird zunächst mittels einer Hammermühle vorzerkleinert, wobei bei der Verarbeitung von Getreide ein 3 mm-Sieb ausreicht. Dieses vorzerkleinerte Gut wird dann in einen Puffertank gefördert, in dem das Einmaischen des Materials erfolgt. Dazu wird dem Mahlgut im Falle von Getreide unter Rühren die 1 bis 1,5-fache Menge an Warmwasser und/oder Dünnschlempe zugegeben. Zugleich erfolgt auch die Zugabe von Verflüssigungsenzymen. Durch die Schlempezugabe kann dabei bereits an dieser Stelle des Prozesses der pH-Wert auf einen Wert von 5,0 eingestellt werden.

Nach einer Verweilzeit von 15 bis 30 min wird die Maische über das Rotor-Stator-System in die Verweilbehälter für die Verflüssigung der in der Maische enthaltenen Stärke gepumpt. Hier wird dann auch der gewünschte Trockensubstanzgehalt der Maische eingestellt, indem die dazu erforderlichen Mengen an Wasser und/oder Schlempe zugegeben werden. Die Verweilzeiten betragen hier 1 bis 2 h. Dabei ist eine intensive Verflüssigung der Maischen sicherzustellen, da dies die Voraussetzung ist für den vollständigen Abbau der Stärke zu vergärbaren Zuckern und für einen zügigen Start und Verlauf der Vergärung. In dieser Verflüssigungs-Phase wird die Maische auf 75 bis 95 °C gebracht und gehalten. Dieses Temperaturniveau hängt ab vom zu verarbeitendem Rohstoff und den betrieblichen Erfordernissen bezüglich der Hygienisierung der Maischen.

Nach Beendigung der Verflüssigungs-Rast wird die Maische über einen Platten-Wärmeübertrager auf Anstelltemperatur gekühlt und unter gleichzeitiger Dosierung der Verzuckerungsenzyme in die Fermenter gepumpt. Dort wird auch zu Beginn der Befüllung eines jeden Fermenters die erforderliche Menge an reifer Hefe mit zugegeben. Nach Beendigung der Hefezugabe wird der Hefesatz wieder mit verflüssigter Maische unter Zugabe von Verzuckerungsenzymen aufgefüllt.

Die Fermentation ist in der Regel nach 42 bis 48 h abgeschlossen. Die Maischen enthalten dann 10 bis 11 Vol.-% Ethanol und werden anschließend destilliert, wobei wiederum Ethanol und Schlempe anfallen. Mit Hilfe eines Bogensiebes werden die festen Bestandteile der Schlempe mit etwa 16 bis maximal 25 % Trockenmasse(TM)-Gehalt abgetrennt. Die Dünnschlempe wird in einen Sammeltank gegeben und dort als Prozessflüssigkeit wieder bereitgehalten, wobei sie nicht unter 80° C abkühlen darf, wenn Infektionen verhindert werden sollen.

Das Dispergier-Maischverfahren führt zu einer nahezu vollständigen Freisetzung von Stärke aus dem Zellverband des Rohstoffs. Darüber hinaus sorgt die eingesetzte Enzymkombination für einen weitestgehenden Abbau der Stärke in vergärbare Zucker und so für optimale Alkoholausbeuten über 64 l Alkohol pro 100 kg Stärke. Das Schlempe-Recycling garantiert einen besonders schnellen Start der Fermentation; zusätzlich wird auch die Fermentationsdauer deutlich reduziert. Es führt zudem zu optimalen Bedingungen für die Hefe bei der Hefe-Fermentation. Außerdem ist der Prozess energieeffizient und die anfallende Schlempemenge, die entsorgt werden muss, wird deutlich reduziert.

Stärkeaufschlussverfahren unter Druck. Bei Stärkeaufschlussprozessen unter Druck erfolgt der Rohstoffaufschluss bei Temperaturen über 100 °C unter Überdruck (Abb. 15.4). Noch bis Mitte der 1970er Jahre war dies die am weitesten verbreitete Verfahrensweise in der Alkoholproduktion und wurde zur Verarbeitung von Kartoffeln, Getreide und anderen stärkehaltigen Rohstoffen eingesetzt.

Der Aufschluss unter Druck wird gewöhnlich in einem Dämpf-Apparat durchgeführt. Der sogenannte Henze-Dämpfer ist ein speziell hierfür entwickelter Druckbehälter mit einem zylindrischen oberen und einem konischen unteren Teil. Er ist mit Ventilen zur Einleitung von Direktdampf in das Dämpfgut ausgestattet, die sich in der Mitte und am unteren Ende des konischen Teils sowie am Kopf des Dämpfers befinden. Am Kopf befindet sich zudem ein Abblasventil, um zu Beginn

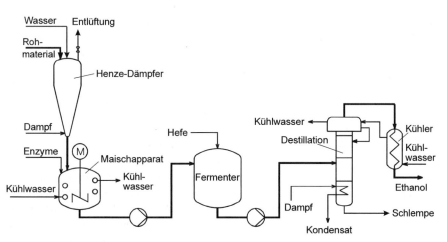

Abb. 15.4 Hochdruck-Dämpf-Verfahren (M Motorantrieb;/15-45/)

des Dämpfprozesses ein Entweichen der Luft zu ermöglichen. Das untere Ende des Dämpfers mündet in das Ausblasventil, das der Entleerung des Dämpfers dient. Die zu verarbeitenden Rohstoffe werden meist ohne vorherige Zerkleinerung zusammen mit der erforderlichen Menge an Wasser in den Dämpfer eingefüllt. Durch Öffnen des unteren Dampfventils wird das Dämpfgut dann langsam erhitzt und auf Druck gebracht. Werden beispielsweise Kartoffeln verarbeitet, die das erforderliche Prozesswasser bereits selbst enthalten, wird von oben angedämpft, während man das anfallende Kondensat zunächst ablaufen lässt. Tritt Dampf aus, wird der Ablaufhahn geschlossen und das Dämpfgut auf Druck gebracht. Dieser Vorgang dauert etwa 45 min. Je nach Rohstoff wird der Dämpferinhalt auf 4 bis 6 bar gebracht, und bei diesem Druck für 40 bis 60 min belassen. Nach Ablauf dieser Dämpfzeit wird das Ausblasventil geöffnet und der Dämpfer entleert sich langsam im Verlauf von 30 bis 40 min.

Druck und Temperatur bewirken bei dieser Verfahrensweise ein weitgehendes Verkleistern und Lösen der Stärke in Wasser, wobei bei Getreide jedoch die äußere Form nahezu erhalten bleibt. Erst beim anschließenden Ausblasen des Dämpfers in den Maischapparat wird durch den plötzlichen Druckabfall im Ausblasventil durch die entstehenden Dampfblasen der Zellverband des Dämpfgutes weitestgehend zerstört. Noch vorhandene Stärkekörner werden dabei freigelegt und sofort verkleistert.

Vor dem Ausblasen wird in einer geringen Menge Wasser gelöste thermostabile α-Amylase aus *Bacillus licheniformis* zur Verflüssigung der Stärke zugegeben. Dabei wird bereits während des Ausblasens die Maische im Maischapparat gekühlt, so dass eine Temperatur von etwa 90 °C gehalten wird. Ist die Maische ausgeblasen, wird weiter gekühlt und bei Erreichen von 55 °C werden die Verzuckerungsenzyme zugegeben. Danach wird auf etwa 35 °C gekühlt. Die Maische wird dann nach Hefezugabe zur Fermentation in die Gärtanks gepumpt.

Dieses Verfahren zeichnet sich vor allem durch seine hohe Betriebssicherheit und einen weitgehenden Aufschluss der vorhandenen Stärke aus. Zudem fallen nahezu "sterile" Maischen an. Der vergleichsweise hohe Energiebedarf ist jedoch der Grund, dass es weitgehend von drucklosen Verfahren verdrängt wurde.

Lignocelluloseaufschluss-Verfahren. Die Verzuckerung von Lignocellulose kann mittels enzymatisch katalysierter und mittels säurekatalysierter Hydrolyse realisiert werden. Eine Übersicht über den Ablauf möglicher Hydrolyseverfahren ist in Abb. 15.5 dargestellt. Derartige Verfahren werden im Folgenden beschrieben.

Enzymatisch katalysierte Hydrolyse. Bei der enzymatisch katalysierten Hydrolyse wird die Cellulose durch die Anwendung von Enzymen in Glucose umgewandelt. Aufgrund der Widerstandsfähigkeit des Lignocelluloseverbundes gegenüber einem enzymatischen Angriff ist davor eine Vorbehandlung notwendig. Diese hat das Ziel, die komplexen Verbindungen von Cellulose, Hemicellulose und Lignin durch den Einsatz von Chemikalien, mechanischer oder thermischer Energie (oder einer Kombination von diesen) aufzuschließen, um ein schnelles und tiefes Eindringen der Enzyme in das Material zu ermöglichen. Dies kann durch "Steam Explosion", Säurevorbehandlung, Behandlung mit organischen Lösungsmitteln, Alkalivorbehandlung, CO_2-Explosion, mechanische Zerkleinerung (Mahlen), Hydrothermoly-

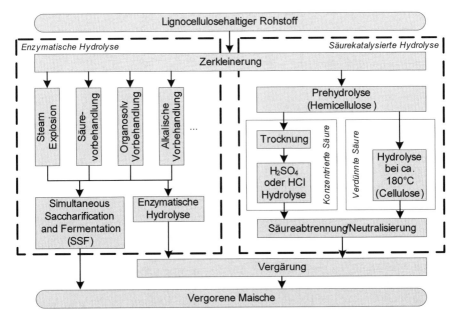

Abb. 15.5 Enzym- und säurekatalysierte Verzuckerungsverfahren

se, Behandlung mit Wasserstoffperoxid (H_2O_2), Bestrahlung und/oder eine mikrobiologische Vorbehandlung realisiert werden. Nachfolgend werden einige ausgewählte Verfahren diskutiert.
- Steam Explosion. Hier wird die Biomasse mit Dampf bei 10 bis 25 bar auf 180 bis 220 °C erhitzt. Dadurch findet eine Autohydrolyse der Lignocellulose statt, indem organische Säuren von der Hemicellulose abgetrennt und als Katalysator einer Hydrolyse wirken, die hauptsächlich die Hemicellulose betrifft. Das Absinken des pH-Wertes von Wasser bei hohen Temperaturen wirkt zusätzlich als Katalysator für eine erste hydrolytische Reaktion. Der Dampf kann auch mit flüssiger Schwefelsäure (H_2SO_4) oder gasförmigem Schwefeldioxid (SO_2) versetzt werden, welche die Vorbehandlung beschleunigen und zu einer größeren Ausbeute der Zucker aus Hemicellulose führen. Nach bis zu 20 min wird der Druck abrupt auf Umgebungsdruck abgesenkt. Dadurch verdampft Wasser in den Poren der Lignocellulose und der Lignocelluloseverbund wird physikalisch zerstört. Gleichzeitig bewirkt die Verdampfung eine rasche Abkühlung, was den thermischen Hydrolyseprozess stoppt. Dies führt dazu, dass die Hemicellulose zu Mono- und Oligomeren hydrolysiert, anschließend im kondensierenden Wasser in Lösung geht und so aus dem Feststoff entfernt wird. Dadurch wird die Biomasse für den Angriff von Enzymen zugänglich /15-7/, /15-39/.
- Säurekatalysierte Vorbehandlung. Biomasse kann auch mit verdünnter Säure vorbehandelt werden. Dazu wird meist eine Suspension des Lignocellulosematerials mit verdünnter Schwefelsäure (H_2SO_4) hergestellt, die eine Feststoffkonzentration von typischerweise 5 bis 10 % aufweist. Dies ist weniger als beim Steam Explosion Verfahren; zudem ist die Partikelgröße kleiner (0,25 bis 1 mm

im Vergleich zu 3,5 bis 32 mm für Steam Explosion). Diese Suspension wird mit Dampf erhitzt und anschließend ebenfalls abrupt entspannt /15-22/, /15-13/.
- Vorbehandlung mit organischen Lösungsmitteln. Verfahren mit organischen Lösungsmitteln zur "Delignifikation" werden als Organosolv-Verfahren bezeichnet. Durch eine Behandlung mit Lösungsmitteln entstehen eine flüssige Phase mit gelöstem Lignin und Hemicellulosezuckern sowie eine cellulosereiche feste Phase. Als Lösungsmittel kommen vor allem Ethanol, aber auch Methanol, Aceton, Ethylenglykol, Triethylenglycol und Tetrahydrofurfuryl-Alkohol in Frage. Neben der Lösung von Lignin in dem Lösungsmittel findet eine mehr oder weniger starke Hydrolyse der Hemicellulose statt. Diese geschieht durch Autohydrolyse bei höheren Prozesstemperaturen oder durch den gezielten Zusatz von Katalysatoren in Form von Säuren oder Basen. Es kann eine Fest-/Flüssigtrennung folgen oder beide Phasen werden zusammen der anschließenden enzymatischen Hydrolyse der Cellulose zugeführt. Wenn das Lösungsmittel von dem Feststoff getrennt werden soll, kann durch Verdünnen mit Wasser die Löslichkeit des Lignins unterschritten werden; dadurch kommt es zur Ausfällung. Es entstehen drei Fraktionen: eine cellulosereiche feste Fraktion, eine wässrige Lösung von Lösungsmittel, Oligomeren und Monomeren der Hemicellulosezucker und eine ligninreiche feste Fraktion als Niederschlag der Fällung. Die Ausbeuten und Zusammensetzungen der Lösungs- und Feststoffphase lassen sich durch Temperatur, Reaktionszeit, Katalysator- und Lösungsmittelkonzentration einstellen. Typischerweise werden für Organosolv-Prozesse Temperaturen von 155 bis 205 °C, Reaktionszeiten von 0,5 bis 1,5 h und Ethanolkonzentrationen von 25 bis 75 % angegeben. Als Katalysator kann Schwefelsäure in Konzentrationen von 0,8 bis 1,7 Gew.-% bezogen auf die Trockenmasse eingesetzt werden /15-20/, /15-43/.
- Alkalivorbehandlung. Lignocellulose kann auch basisch vorbehandelt werden. Dazu gehören die Kalk-Vorbehandlung, die nasse Oxidation und die Ammonia Fibre Explosion (AFEX). Anders als bei der säurekatalysierten Vorbehandlung wird hier das Lignin im Feststoff angegriffen und aus der Struktur gelöst.
  • Bei der Kalk-Vorbehandlung wird eine Lauge aus Calcium- oder Natriumhydroxid eingesetzt. Die Vorbehandlung wird bei Temperaturen von 85 bis 150 °C und Verweilzeiten von 1 h bis zu mehreren Tagen durchgeführt /15-22/, /15-25/.
  • Die thermische Behandlung unter Zugabe von Oxidationsmitteln wie Wasserstoffperoxid (H_2O_2) oder Sauerstoff bei 180 bis 200 °C wird als nasse Oxidation bezeichnet. Das Lignocellulosematerial wird dazu in eine Suspension mit Wasser mit einem Trockenmassegehalt von 5 bis 20 % und einer Verweilzeit von 5 bis 15 min gebracht /15-22/.
  • Die Ammonia Fibre Explosion (AFEX) nutzt die alkalische Wirkung von Ammoniak. Dazu wird die Biomasse mit etwa 1 bis 2 kg flüssigem Ammoniak pro kg Trockenmasse für 10 bis 30 min auf 65 bis 90 °C und 17 bis 20 bar gebracht und danach abrupt auf Atmosphärendruck entspannt. Ammoniak kann vergleichsweise einfach durch Verdampfung zurückgewonnen werden, da er bei Umgebungstemperatur und -druck gasförmig vorliegt /15-13/ /15-57/.

Nach der beschriebenen Vorbehandlung erfolgt durch die Zugabe von Enzymen die Hydrolyse der Cellulose. Dabei spalten Endoglucanasen Verbindungen innerhalb der langen Ketten der Cellulosemoleküle und lassen so freie Enden zurück, an denen die Exoglucanasen wirksam werden können. Diese trennen wasserlösliche Cellobiosemoleküle von den nichtreduzierenden Enden der Cellulose ab. Die Cellobiosemoleküle und andere kurze Oligosaccharide werden schließlich von β-Glucosidase zu Glucosemolekülen gespalten. Jedoch weisen sowohl die Exoglucanasen als auch die β-Glucosidase eine Hemmung durch ihre jeweiligen Reaktionsprodukte Cellobiose bzw. Glucose auf. Die deutlich stärker ausgeprägte Hemmung der Cellobiose kann aber durch eine ausreichende Bereitstellung von β-Glucosidase gelöst werden.

Besonders bei der Hydrolyse von Suspensionen mit hoher Cellulosebeladung kann sich auch die Hemmung durch Glucose negativ auf die enzymatische Aktivität auswirken. Verfahrenstechnisch kann dies durch die gleichzeitige Durchführung von Verzuckerung und Vergärung mit dem sogenannten SSF-Verfahren (Simultaneous Saccharification and Fermentation) gelöst werden. Die enzymatisch hydrolysierten Glucosemoleküle werden direkt in demselben Reaktor von Hefezellen zu Ethanol vergoren, wodurch ein zu starker Anstieg der Glucosekonzentration verhindert wird. Von Nachteil ist, dass ein Kompromiss zwischen den unterschiedlichen optimalen Betriebsbedingungen für Verzuckerung und Vergärung eingegangen werden muss. Die Cellulasen haben ein Optimum der Aktivität bei ca. 50 °C, während die Hefen bei Temperaturen von 32 bis 37 °C die besten Resultate liefern. Außerdem ist auch Ethanol ein Inhibitor, wenn auch weniger stark als Glucose.

Optimale Prozessbedingungen für Verzuckerung und Vergärung können nur durch ein Verfahren mit getrennten Reaktoren, dem sogenannten SHF-Verfahren (Seperate Hydrolysis and Fermentation) erreicht werden. In einem bei 50 °C betriebenen Hydrolysetank lassen sich so in etwa 5 bis 7 Tagen 80 bis 95 % der vorhandenen Cellulose zu Glucose abbauen. Damit verbunden ist allerdings ein höherer apparativer Aufwand.

Säurekatalysierte Hydrolyse. Durch eine Behandlung der Lignocellulose mit Säure kommt es zu einer Hydrolyse der Cellulose und der Hemicellulose. Alle in der Vergangenheit in industriellem Maßstab angewandten Verfahren zur Verzuckerung von Lignocellulose basierten auf diesem Prinzip. Dabei wird unterschieden zwischen Verfahren mit konzentrierter Säure, die bei Umgebungstemperatur durchgeführt werden, und Verfahren mit verdünnter Säure, die Temperaturen um die 200 °C benötigen.
- Hydrolyse mit konzentrierter Säure. Nachfolgend werden einige ausgewählte Verfahren mit konzentrierten Säuren dargestellt.
  • Bergius-Verfahren. Das nach seinem Entwickler benannte Bergius-Verfahren wurde während des 2. Weltkrieges in Deutschland zur Hydrolyse von Holz verwendet. Dazu wird zerkleinertes Nadelholz zunächst zwei Stunden bei 135 °C mit einprozentiger Salzsäure (HCl) vorbehandelt. Anschließend wird die Zuckerlösung abgefiltert und mit Kalk neutralisiert. Der feste Rückstand aus Cellulose und Lignin wird in einer Zentrifuge getrocknet und mit konzentrierter Salzsäure (ca. 41 %) in einem Gegenstromverfahren hydrolisiert. In

Vakuumverdampfern wird die Salzsäure von der entstandenen Zuckerlösung abgetrennt. Die Salzsäure hat nach der Abtrennung noch eine Konzentration von ca. 34 % und kann einem Recyclingverfahren zur weiteren Aufkonzentration zugeführt werden. Trotz der Rückgewinnung der Salzsäure werden 1,2 t frische Säure pro Tonne Holz benötigt. In der Zuckerlösung können Zuckergehalte von ca. 70 % erreicht werden. Die Zuckerlösung enthält auch nach der Trennung im Vakuumverdampfer noch einen Salzsäureanteil, der neutralisiert werden muss. Zudem liegt der entstandene Zucker nach der Salzsäurebehandlung nicht als Glucose, sondern in Form von Oligomeren vor. Diese müssen in einer anschließenden Nachhydrolyse im Autoklaven bei 120 °C zu Glucose umgewandelt werden. Die zurückbleibende Ligninfraktion wird durch Auspressen auf einen Wassergehalt von ca. 60 % gebracht und als Brennstoff im Dampfkessel verwendet /15-61/, /15-42/.

- TVA-Prozess. Die Tennessee Valley Authority (TVA) hat ab 1944 einen Prozess entwickelt, bei welchem Rückstände aus der Maisernte mit konzentrierter Schwefelsäure in einem Gegenstromverfahren hydrolysiert werden. Durch das Gegenstromprinzip und zwischengeschaltete Konzentrationsverfahren nimmt die Säurenkonzentration im Verlauf des Feststoffweges zu, obwohl nur an einer Stelle Säure in das System eingebracht wird. Ziel der Entwicklung sollte eine Minimierung des Säurebedarfs sein. Trotzdem liegt der Verbrauch immer noch bei 850 kg frischer Säure pro Tonne Trockenmasse der eingesetzten Biomasse. Da Schwefelsäure nicht durch Vakuumverdampfung aus der Zuckerlösung getrennt werden kann, wird Kalk zur Neutralisierung eingesetzt. Es entstehen 2 kg Gips pro Liter Ethanol als Nebenprodukt, welcher abgetrennt und entsorgt werden muss /15-61/.

- Arkenol-Prozess. Auch der Arkenol-Prozess setzt konzentrierte Schwefelsäure ein. Allerdings setzt man hier auf eine chromatographische Trennung von Säure und Zuckerlösung, um damit den hohen Verbrauch an Schwefelsäure und Kalk – sowie die großen Mengen an entstehendem Gips – zu reduzieren. Das Hydrolysat wird dazu durch Kolonnen geleitet, die eine Packung aus Ionentauscherharz-Kügelchen enthalten. Das Harz ist von Mikroporen durchzogen, in welche die Zuckermoleküle, nicht jedoch die Säure, eindringen können. So verlässt eine säurereiche Fraktion die Kolonne zuerst, dann folgen eine ungetrennte Säure/Zucker-Mischung und zuletzt eine zuckerreiche Fraktion. Die ungetrennte Mischung wird zurückgeführt. Da die zucker- und die säurereiche Fraktion während der chromatographischen Trennung mit Wasser verdünnt werden, ist anschließend eine Aufkonzentration durch Verdampfen vorgesehen. Im Vergleich zu Prozessen mit einem Neutralisationsschritt steigt dadurch der Energiebedarf deutlich an. Derartige chromatographische Verfahren sind prinzipiell Batch-Verfahren. Um jedoch einen kontinuierlichen Betrieb zu ermöglichen, kann eine Vielzahl von Säulen zu einem sogenannten Simulated-Moving-Bed verschaltet werden /15-40/, /15-62/.

Derartige Verfahren mit konzentrierter Säure zeichnen sich durch hohe Ausbeuten, hohe Zuckerkonzentrationen und kurze Reaktionszeiten aus. Nachteilig sind die hohen Anforderungen an die Materialien aufgrund der korrosiven Eigenschaften, die energieaufwändige Rückgewinnung und Aufkonzentration der Säure sowie die notwendige Trocknung und Zerkleinerung des Rohmateri-

als. Auch die Bereitstellung der großen Mengen an benötigter Säure ist kostenintensiv. Eine Rückgewinnung der Säure mit modernen Trenntechniken wie Chromatographie oder Membrantrenntechniken kann die Attraktivität der Verfahren auf Basis konzentrierter Säuren deutlich erhöhen. Allerdings sind diese Verfahren für die Trennung von Feststoff führenden Flüssigkeiten i. Allg. nur schlecht geeignet, da eine Verschmutzung die Funktionsfähigkeit stark vermindert.
- Hydrolyse mit verdünnter Säure. Die Hydrolyseverfahren mit verdünnter Säure lassen sich unterteilen in Verfahren mit einem Hydrolyseschritt und weiterentwickelten Verfahren mit zwei Hydrolyseschritten.
  • Scholler-Verfahren. Das in den 1920er Jahren von Scholler entwickelte Verfahren zur Hydrolyse von Holz mit verdünnter Schwefelsäure beruht auf der Verwendung sogenannter Perkolatoren, welche mit Holzspänen gefüllt wurden. Durch diese Holzspanpackung wird schubweise 0,8 bis 1,2 %-ige Schwefelsäure gedrückt. Durch die direkte Einleitung von Dampf wird die Holzfüllung auf 175 bis 180 °C aufgeheizt und einem Druck von ca. 8 bar ausgesetzt. Mit dem periodischen Perkolationsverfahren wird ein regelmäßiges Auswaschen der Hydrolyseprodukte erreicht, um eine weitere Degradation der Zuckermonomere bei den hohen Temperaturen zu unterbinden. Die festen Rückstände der Perkolatoren sind in erster Linie Lignin, welches nach abgeschlossener Hydrolyse in einem Zyklon abgetrennt wird. Das flüssige Hydrolysat hat einen maximalen Zuckeranteil von 4 % und muss durch Zugabe von Kalk neutralisiert werden /15-61/, /15-42/.
  • TVA-Madison-Verfahren. Das Scholler-Verfahren wird hier um eine zweischrittige Hydrolyse erweitert, welche die unterschiedlichen Eigenschaften von Hemicellulose und Cellulose bei der Verzuckerung berücksichtigt. Deshalb wird beim TVA-Madison Verfahren eine Imprägnierung und Vorhydrolyse der Biomasse eingeführt. Die Vorhydrolyse wird mit ca. 1 % Schwefelsäure (H_2SO_4) und Dampf bei 12 bar durchgeführt. Dabei wird hauptsächlich Hemicellulose hydrolisiert und liefert eine Pentosenlösung. Der zweite Hydrolyseschritt wird mit etwa 3 % H_2SO_4 und Dampf bei 20 bar durchgeführt und hydrolisiert den Celluloseanteil. Daher enthält die entstehende Zuckerlösung einen hohen Glucoseanteil /15-61/.

Der Vorteil der Verzuckerung mit verdünnten Säuren liegt in den kurzen Verweilzeiten bei gleichzeitig geringen Mengen an eingesetzter Säure. Dafür sind jedoch relativ hohe Prozesstemperaturen notwendig, was in Kombination mit dem sauren Milieu zu erhöhter Korrosion in den benötigten Apparaten führen kann. Der insgesamt größte Nachteil der Verzuckerung mit verdünnten Säuren ist die vergleichsweise geringe Zuckerausbeute, die nur bei etwa 50 bis 60 % der theoretischen Ausbeute liegt.

15.2.3 Fermentation

Unter der Fermentation ist die alkoholische Gärung des eingemaischten Materials zu verstehen. Diese Fermentation kann diskontinuierlich und kontinuierlich realisiert werden. Beide Varianten sowie die Grundlagen der Fermentationstechnik

15 Ethanolerzeugung und -nutzung

werden im Folgenden diskutiert. Zuvor wird aber auf die Bereitstellung der für die Fermentation erforderlichen Hefe eingegangen.

Hefebereitstellung. Die für die Fermentation erforderliche Hefe wird in der Regel in den Ethanolanlagen selbst hergestellt. Dazu werden, von der eigentlichen Fermentation getrennt, Hefemaischen herangeführt. Die erforderliche Menge beträgt je nach Zuschnitt des Verfahrens 5 bis 10 % der täglich erzeugten Maischemenge.

Um die Fermentation erstmalig zu starten kommt meist speziell für diese Zwecke selektierte Trocken-Reinzuchthefe zum Einsatz. Diese wird verzuckerter Maische zugegeben und 12 bis 24 h fermentiert. Diese Hefefermentation erfolgt im Gegensatz zur eigentlichen Alkoholfermentation bei relativ niedrigen Temperaturen von 20 bis 24 °C und pH-Werten von 2,5 bis 3,5. Dies dient dazu, ausreichende Hefemengen verfügbar zu haben, die sich in einem Stadium starker Vermehrung befinden und damit eine schnelle Angärung bei der Alkoholfermentation sicherstellen.

Die Hefefermentation findet in speziellen Hefegefäßen statt, die mit Rührwerken und Kühleinrichtungen versehen sind. In großtechnischen Anlagen müssen diese Hefegefäße zudem sterilisierbar sein. Werden große Hefemengen nach kurzer Fermentationsdauer benötigt, ist auch eine anfängliche Belüftung der Hefemaischen zur Beschleunigung des Hefewachstums erforderlich.

Die reife Hefemaische wird dann zur Animpfung der Hauptmaischen verwendet. Das entleerte Hefegefäß wird anschließend gereinigt bzw. sterilisiert und danach erneut mit verzuckerter Maische befüllt. Es wird dann mit etwa 10 % reifer Hefemaische versetzt und auf die gewünschte Temperatur und den notwendigen pH-Wert gebracht. Dadurch kann der Hefesatz praktisch über die gesamte Produktionskampagne hinweg geführt werden. Wird in einem Hefesatz eine Infektion mit Bakterien festgestellt, darf dieser jedoch nicht mehr für die Hefezüchtung weiterverwendet werden.

Konstruktionsmerkmale von Fermentern. Üblicherweise erfolgt die Fermentation von Maischen in zylindrischen Gärbehältern. Je nach Kapazität der Ethanolanlage reicht das Volumen dieser Gärbehälter von wenigen bis 100 m^3 und mehr. Gärbehälter sollten aus Edelstahl gefertigt sein und folgende Konstruktionsmerkmale aufweisen:
- stehende zylindrische Bauform, dessen Höhe den Durchmesser übersteigen sollte,
- Personenzugänge oben und am unteren Ende des zylindrischen Teils,
- Schauglas über dem unteren Mannloch,
- Thermometer im unteren und im oberen Drittel des Gärbehälters, die etwa 50 cm in den Behälter hineinragen,
- Sammelrohr für das austretende Kohlenstoffdioxid (CO_2) am höchsten Punkt des Fermenters.

Überschreitet das Fermentervolumen etwa 40 m^3 ist eine Kühleinrichtung erforderlich, die für eine schnelle und effektive Reinigung konzipiert sein muss. Derartige Kühleinrichtungen im Innern der Fermenter sind sehr effektiv und erlauben eine optimale Temperaturführung bzw. -kontrolle während der Fermentation. Während bei Fermentern ohne Kühleinrichtung die Fermentation im Wesentlichen über die

Anstelltemperatur gesteuert wird und allenfalls eine Berieselungs-Kühlung möglich ist, kann bei vorhandener Kühlschlange im Fermenter die Fermentation mit höheren Temperaturen gestartet werden; dadurch kommt sie schneller in Gang und nimmt auch weniger Zeit in Anspruch. So muss beispielsweise bei einem Fermentervolumen von 30 m^3 in der Regel die Anstelltemperatur auf 20 bis 22 °C abgesenkt werden. Ist eine Kühleinrichtung vorhanden, kann die Gärung demgegenüber mit 28 bis 30 °C gestartet werden; dies spart nicht nur Kühlwasser und -zeit bei der Maischebereitung, sondern beschleunigt auch die Fermentation insgesamt und macht sie somit auch weniger infektionsanfällig. Allerdings steigt dadurch der Kühlwasserverbrauch während der Fermentation an. Bei großen Fermentern ist aber eine Kühleinrichtung ohnehin unausweichlich.

Absatzweise Fermentation. Traditionell wird die Fermentation absatzweise (d. h. im Batch-Verfahren) durchgeführt. Die vorbereitete Maische wird dazu in einen Gärbehälter gefüllt und mit Gärhefe geimpft. Sie verbleibt in diesen Gärbehältern bis zum Abschluss der Vergärung. Der Vorteil der absatzweisen Fermentation liegt in der einfachen Prozessführung bei gleichzeitig hohem Zuckerumsatz (d. h. 90 bis 95 % des theoretisch möglichen Umsatzes).

Die Fermentation kann unter Verwendung von Hefemaische durch zwei unterschiedliche Vorgangsweisen gestartet werden.

- Die reife Hefemaische wird der süßen Maische im Maischapparat zugegeben, sobald die Temperatur der süßen Maische bei der Kühlung 35 °C unterschreitet. Diese frisch mit Hefe versetzte Maische (frische Maische) wird dann im Maischapparat auf Anstelltemperatur abgekühlt und anschließend in den Gärtank gepumpt. Mit einem Teil der frischen Maischen wird auch das Hefegefäß wieder befüllt und mit der erneuten Hefesatzbereitung begonnen.
- Alternativ dazu können 90 bis 95 % des reifen Hefesatzes direkt in den Fermenter gepumpt werden. Die süße Maische wird dann über den Maischekühler ebenfalls dem Fermenter zugeführt. Dies kann auch zeitgleich mit dem Überpumpen des Hefesatzes geschehen. Ein Teil der süßen Maische wird dann dazu benutzt, den fast entleerten Hefesatz wieder aufzufüllen. Dieses Verfahren wird üblicherweise dort angewandt, wo ein separater Kühler für die Maischekühlung verwendet wird.

Die Anstelltemperatur zum Start der Fermentation ist so zu wählen, dass nach 24 h eine Fermentationstemperatur von 34 °C erreicht wird, ohne während der weiteren Fermentation 36 °C zu überschreiten. Kühleinrichtungen sollten so genutzt werden, dass eine Temperatur von etwa 34 °C in den Gärtanks gehalten wird, nachdem diese einmal erreicht wurde.

Nach 24 h sollten etwa 50 % des vergärbaren Extraktes vergoren sein und der Alkoholgehalt der Maischen 4 bis 5 Vol.-% betragen. Normalerweise liegt dabei der pH-Wert der Maischen bei Beginn der Fermentation bei etwa 5,2, um im Verlauf der ersten 24 h auf 4,6 bis 4,8 abzusinken. Im weiteren Verlauf der Fermentation geht er dann auf 4,2 bis 4,5 zurück, während er zum Ende der Gärung wieder um rund 0,2 Einheiten ansteigt. Kommt es im Zuge der Fermentation zu einer Infektion mit Milchsäurebakterien, fällt dagegen der pH-Wert auf 4,0 und weit darunter.

Durch das Recycling der Schlempe im Maischprozess wird der Start der Fermentation deutlich beschleunigt. Wird dagegen z. B. Maismaische ohne Schlempe-Recycling hergestellt, beginnt die Fermentation mit einer Verzögerungsphase von etwa 4 h. Werden nur 50 % der erforderlichen Prozessflüssigkeit durch Schlempe ersetzt, verkürzt dies die Phase auf nur noch 1,5 h, während bei ausschließlicher Nutzung von Schlempe als Prozessflüssigkeit diese Verzögerungs-Phase praktisch wegfällt. Ein derartiger schneller Start der Fermentation reduziert das Infektionsrisiko deutlich.

Durch das Schlempe-Recycling wird zusätzlich auch eine deutliche Reduzierung der gesamten Fermentationsdauer erreicht. So können Weizen-, Roggen- und Triticale-Maischen problemlos innerhalb von nur 40 h vergoren werden. Wird die Gärtemperatur über Kühleinrichtungen gesteuert, sind sogar Gärzeiten von nur 30 h realisierbar. Die Gärdauer von Maismaischen beträgt dagegen etwa 60 h und die von Körnermais-Silage etwa 40 h. Demgegenüber dauert die Gärung von Maismaischen ohne Schlempe-Recycling 3 bis 4 Tage und bleibt immer unvollständig.

In der Praxis muss die Gärung analytisch verfolgt und kontrolliert werden. Hierzu sollte täglich der Extraktgehalt – als Maß für die Menge an vergorener Glucose – der gärenden Maische sowie der pH-Wert und die Temperatur gemessen und dokumentiert werden. Zudem ist eine tägliche mikroskopische Untersuchung der Maischen notwendig. Allgemein gültige Soll-Werte für die während der Fermentation zu erhebenden Prozessdaten können dabei nicht gegeben werden, da diese vom verwendeten Maischprozess und vom eingesetzten Rohstoff, dem eingestellten Extraktgehalt der Maischen und dem Anteil der in den Prozess zurückgeführten Schlempe abhängen. Nur durch eine tägliche Erhebung und Beobachtung der Prozessdaten können für bestimmte Prozesse und bestimmte Rohstoffe spezifische Verfahrensweisen ermittelt werden. Sie können dann unter den jeweiligen Randbedingungen als maßgeblich angesehen werden, wenn sie bei gleicher Verfahrensweise und identischem Rohstoff auch gleiche Werte liefern und aus diesen Maischen mehr als 64 l Alkohol pro 100 kg Stärke destilliert werden.

Mögliche Infektionen der Maischen werden meist durch Milchsäurebakterien verursacht. Dies führt in der Regel zwar zu deutlichen Ausbeuteverlusten; die Qualität des erzeugten Alkohols wird jedoch nur gering beeinträchtigt, wobei diese Auswirkungen nur bei der Herstellung von Trinkalkohol eine etwas größere Rolle spielen. In Ethanolanlagen treten immer wieder Infektionen mit Milchsäurebakterien auf, die Propenal (Acrolein) bilden können. Propenal wirkt schleimhaut- und tränenreizend und führt außerdem zu einer drastischen Qualitätsverschlechterung des erzeugten Ethanols; es kann auch nur mit großem Aufwand und nur in geringen Konzentrationen bei einer Rektifikation wieder abgetrennt werden.

Da die Propenal-Bildung in Maischen durch das Wachstum sporenbildender Bakterien (Clostridien) induziert wird, müssen derartige Maischen so verarbeitet werden, dass einerseits eine ausreichende Pasteurisation sichergestellt ist und andererseits ein Auskeimen der vorhandenen Sporen verhindert wird /15-29/, /15-9/. Für eine ausreichende Pasteurisation müssen die infektionsgefährdeten Maischen für mindestens 30 min über 65 °C erhitzt werden. Nach erfolgter Verflüssigung werden sie dann auf Verzuckerungstemperatur gekühlt; der pH-Wert wird jedoch vor dem Erreichen von 60 °C auf exakt 4,0 abgesenkt, um ein Auskeimen vorhandener Sporen zu unterbinden. Diese gezielte Ansäuerung der Maischen führt somit zwar zu einer effektiven Verhinderung des Auskeimens von Sporen; Infektionen, die durch Maischereste in Rohrleitungen oder einen infizierten Hefesatz in die Maische eingeschleppt werden (vitale Keime) können dadurch jedoch nicht unterdrückt werden. Eine entsprechende Reinigung der Anlagen ist somit oberstes Gebot zur Vermeidung von Infektionen.

Kontinuierliche Fermentation. Die kontinuierliche Fermentation – aufgrund des höheren anlagentechnischen Aufwandes nur in großtechnischen Anlagen sinnvoll – ist im Vergleich zur absatzweisen oder Batch-Fermentation durch eine deutlich höhere volumenbezogene Produktivität – bezogen auf die Alkoholproduktion pro Zeiteinheit – gekennzeichnet. Beispielsweise beträgt die Produktivität bei einer diskontinuierlichen Fermentation etwa 2 g Ethanol je Liter Fermentervolumen und Stunde. Sie kann in kontinuierlich arbeitenden Anlagen auf bis zu 30 bis 50 g/(l h) gesteigert werden /15-27/. Dadurch sind wesentlich kleinere Fermentervolumina möglich. Ein spezieller kontinuierlicher Prozess stellt das Kaskadenverfahren dar. Hier wird die kontinuierliche Fermentation durch das Hintereinanderschalten und Durchströmen von mehreren Fermentern realisiert /15-51/ Grundsätzlich können bei der Batch-Fermentation höhere Ausbeuten im Bereich von 92 % gegenüber der kontinuierlichen Fermentation mit etwa 89 % erzielt werden /15-12/

Im Gegensatz zur absatzweisen Gärung müssen die zu fermentierenden Substrate sterilisiert und, wegen der erforderlichen Rückführung von Hefezellen, frei von Feststoffen sein. Insbesondere die Sterilisation führt notwendigerweise zu einem zusätzlichen, bei der diskontinuierlichen Fermentation nicht erforderlichen Energieverbrauch.

Die hohen Produktivitäten können in kontinuierlichen Fermentern nur erzielt werden, wenn das Ausspülen der Hefezellzahl verhindert wird. Dies erfordert eine Rückführung von Hefezellen aus der vergorenen Maische in den Fermenter. Einerseits kann dies dadurch realisiert werden, dass die Hefe aus den vergorenen Substraten mit Hilfe von Zentrifugen zurückgewonnen wird. Andererseits können auch spezielle flockulierende Hefestämme verwendet werden; hier wird dem kontinuierlich arbeitenden Fermenter meist ein zylindrokonisch geformter Sedimentationstank nachgeschaltet, aus dem oben die "hefefreie" Maische und unten die zurück zu führende Hefefraktion entnommen werden kann.

Die Abtrennung der Feststoffe aus z. B. Getreidemaischen führt zudem zu einem erheblichen apparativen Aufwand und entsprechenden Verlusten an vergärbarer Substanz, die zwangsweise an der Feststoff-Fraktion anhaftet und damit entweder verloren geht oder in einem aufwändigen Waschprozess zurückgewonnen werden muss. Durch diese Abtrennung verarmen die Gärsubstrate zudem an Nährstoffen; sie müssen deshalb vor der Fermentation zugesetzt werden. Auch ist die aus dem kontinuierlichen Fermenter entnommene vergorene Maische in den seltensten Fällen vollständig endvergoren, so dass einem kontinuierlich arbeitenden Fermenter häufig ein Fermenter zum "Ausreifen" der Maischen nachgeschaltet wird; dies reduziert den Produktivitätsvorteil zusätzlich. Deshalb werden in solchen kontinuierlichen Fermentern meist Zuckerrohr und Melassen verarbeitet, wo von vornherein schon feststofffreie Gärsubstrate anfallen; hierbei ist jedoch die Vergärung von

Melassen in kontinuierlichen Fermentern durch die darin enthaltenen Melanoidine deutlich problematischer als die Fermentation von Zuckersäften.

15.2.4 Ethanol-Abtrennung, Reinigung und Absolutierung

Nach der Fermentation, durch welche die in der organischen Masse vorhandenen vergärbaren Bestandteile möglichst vollständig in Ethanol umgewandelt werden, muss der Alkohol aus dem Gärsubstrat abgetrennt und in Reinform aufkonzentriert werden. Dies wird mit Hilfe der Destillation und Rektifikation bis in die Nähe des azeotropen Punktes erreicht.

Unter der Destillation wird dabei die Herstellung eines Rohalkohols mit etwa 55 Vol.-% mit einfachen kontinuierlichen Maischedestillations-Kolonnen verstanden. Dieses Produkt bedarf vor seiner Verwendung einer weiteren Reinigung. Dies wird durch den Prozess der Rektifikation erreicht. Hierbei wird Alkohol so weit konzentriert und von Begleitstoffen befreit, dass ein Destillat von 93 bis 96 Vol.-% erhalten wird. Ist demgegenüber wasserfreier Alkohol erforderlich – beispielsweise für den Einsatz zu technischen Zwecken (z. B. als Treibstoff) – muss das rektifizierte Destillat zudem einer sogenannten Absolutierung unterzogen werden. Dieser absolutierte Alkohol enthält dann weniger als 0,3 Vol.-% Wasser. Die entsprechenden Prozesse werden nachfolgend dargestellt und diskutiert.

Destillation und Rektifikation. Die Abtrennung, Reinigung und Konzentrierung des Ethanols aus der vergorenen Maische kann über eine Destillation und Rektifikation erfolgen. Diese Begriffe werden im Folgenden zunächst definiert, bevor die Grundlagen und die entsprechende Anlagentechnik dargestellt werden.
- Unter der Destillation versteht man dabei die Trennung eines Zweistoffgemischs durch einfache Trennkolonnen ohne externen Rücklauf. Häufig werden derartige Destillationskolonnen als erste Abtrennstufe für die Entfernung leicht flüchtiger Bestandteile aus einer Lösung eingesetzt. Dazu wird der zu trennende Strom in der Nähe des Kopfes der Kolonne eingespeist und im Abtriebsteil der Kolonne wird die leichtflüchtige Komponente nahezu vollständig aus der Lösung entfernt (d. h. gestrippt) (vgl. Abb. 15.7).
- Die Rektifikation wird zur Aufkonzentrierung und Feinreinigung des aus der Destillation gewonnenen Kopfstroms eingesetzt. Dabei wird ein Teil des gewonnenen Destillats kondensiert und als Rücklauf am Kopf der Rektifikationskolonne aufgegeben. Damit wird in der Rektifikationskolonne ein Flüssigkeitsstrom dem aufsteigenden Dampfstrom entgegen geführt. Durch das eingestellte Rücklaufverhältnis und die eingebauten Trennstufen in der Trennkolonne kann die Reinheit des gewonnenen Destillates beeinflusst werden.

Grundlagen. Das physikalische Verhalten des zu trennenden Zweistoffgemischs bildet die Grundlage für die Destillation und die Rektifikation. Betrachtet man beispielsweise eine Ethanol-Wasser-Mischung, weist diese einen Siedepunkt auf, der sich in Abhängigkeit von der Alkoholkonzentration zwischen dem Siedepunkt des reinen Wassers (100 °C) und dem des reinen Ethanols (78,3 °C) bewegt. Je höher

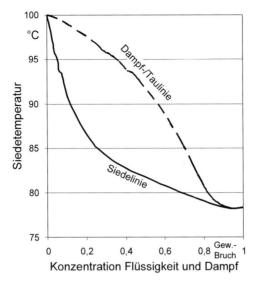

Abb. 15.6 Siedediagramm der Ethanol-Wasser-Mischung (zur Erklärung von Gew.-Bruch siehe Text; Stoffdaten Rohalkoholkolonne nach /15-11/)

die Alkoholkonzentration in der Mischung ist, desto mehr nähert sich der Siedepunkt einer Alkohol-Wasser-Mischung dem Siedepunkt des Alkohols an.

Wird eine Alkohol-Wasser-Mischung nun bis zum entsprechenden Siedepunkt erhitzt, beginnt bei dieser Temperatur das gesamte Flüssigkeitsgemisch zu sieden. Der dabei gebildete Dampf weist ebenfalls die Siedetemperatur auf und die Konzentration befindet sich auf der Dampflinie/Taulinie im Siedediagramm (Abb. 15.6).

Im Falle einer Ethanol-Wasser-Mischung liegt in der Dampfphase eine höhere Ethanolkonzentration vor als in der flüssigen Phase, aus der der Dampf entsteht; man spricht von der Verstärkung. Dabei ist der sogenannte Verstärkungsfaktor definiert durch die Alkoholkonzentration im Dampf bezogen auf die Alkoholkonzentration der siedenden Flüssigkeit. Ist dieser Verstärkungsfaktor größer als eins, wie das beim Ethanol unterhalb des Azeotrops der Fall ist, reichert sich Ethanol im Dampf an.

In der Praxis werden unterschiedliche Konzentrationsmaße verwendet, was häufig zur Verwirrung führt, wenn nicht genau angegeben wird, welches Konzentrationsmaß verwendet wird. Bei der Angabe von Stoffdaten im Siedediagramm (Abb. 15.6) und im Gleichgewichtsdiagramm (Abb. 15.7) wird meist das Konzentrationsmaß auf Gewichtsbasis in Gewichtsbruch (Gew.-Bruch) verwendet. Wird der Bruch mit 100 multipliziert, kommt man zum Konzentrationsmaß in %. Zusätzlich werden die Konzentrationsangaben auch häufig auf Basis des Volumens in Vol.-% und des Molekulargewicht in Mol-% angegeben.

Der Verstärkungsfaktor ist jedoch keine konstante Größe. Er wird vielmehr mit steigender Alkoholkonzentration in der siedenden Flüssigkeit immer kleiner, bis er bei einer Konzentration von 95,57 Gew.-% (Abb. 15.6) Alkohol im Wasser den Wert 1 erreicht; diese Konzentration entspricht etwa 96,5 Vol.-% oder etwa

89,5 Mol-%. Diesen Punkt nennt man den azeotropen Punkt und er weist mit 78,15 °C den niedrigsten Siedepunkt des Stoffsystem Ethanol-Wasser auf. Im Vergleich dazu hat reines Ethanol einen Siedepunkt von 78,3 °C. Eine Alkohol-Wasser-Mischung mit 95,57 Gew.-% Alkohol kann damit auf destillativem Wege nicht weiter aufkonzentriert werden, da die siedende Flüssigkeit und der entstehende Dampf dieselbe Zusammensetzung aufweisen (Abb. 15.6).

Die vereinfachte Auslegung und Darstellung der Verhältnisse bei der Destillation und bei der Rektifikation erfolgt im sogenannten Gleichgewichtsdiagramm (auch McCabe-Thiele-Diagramm genannt). Abb. 15.7 zeigt ein Gleichgewichtsdiagramm im Konzentrationsmaß Gewichtsbruch (Gew.-Bruch). Hier ist die Gleichgewichtslinie für die im Gleichgewicht stehenden Phasen Flüssigkeit und Dampf sowie eine 45° Hilfslinie eingezeichnet.

In solchen Gleichgewichtsdiagrammen können in einer vereinfachten Weise die Vorgänge beim Destillations- und Rektifikationsprozess dargestellt werden. Der Feed-Zugabepunkt unterteilt die Trennkolonne in einen Verstärkungsteil (oberhalb der Feed-Einspeisestelle) und einen Abtriebs- oder Strippkolonne (unterhalb der Feed-Einspeisestelle). Für beide Trennteile werden die Vorgänge innerhalb der Kolonne in Form von Arbeitsgeraden repräsentiert. Der Bereich zwischen der Arbeitsgerade und der Gleichgewichtskurve ist der Arbeitsbereich, in dem die für die erforderliche Trennung notwendigen "idealen Trennstufen" ermittelt werden können. Eine "ideale Trennstufe" weist eine hundertprozentige Gleichgewichtseinstellung auf. In der Realität bewegen sich die Trennstufenwirkungsgrade aber nur im Bereich von 60 bis 90 %. Durch die entsprechende Erhöhung der Anzahl der tatsächlich ausgeführten Trennstufen werden die realen Trennverhältnisse berück-

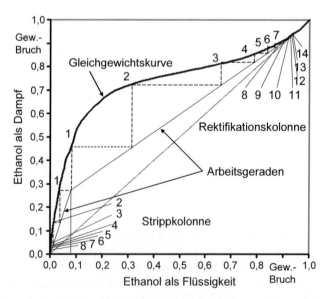

Abb. 15.7 Gleichgewichtsdiagramm der Ethanol-Wasser-Mischung mit idealer Trennstufenkonstruktion bei einem Druck von 760 mm Hg (Stoffdaten nach /15-11/; zur Erklärung der Zahlen siehe Text)

sichtigt. Abb. 15.7 zeigt zwischen der Gleichgewichtskurve und den Arbeitsgeraden die idealen Trennstufen.

In Abb. 15.7 wird deutlich, dass die Gewinnung von Alkohol aus einer Ethanol-Wasser-Mischung nicht in einem einzigen Schritt gelingen kann und für die Gewinnung und Reinigung von Ethanol bei der Destillation von Maischen eine Vielzahl an Destillationsschritten erforderlich ist. Dies ist in Abb. 15.7 an einem Beispiel (nach /15-34/) an den Zahlen 1 bis 8 links unten für eine Strippkolonne und 1 bis 14 im rechten Teil der Darstellung für den Verstärkungsteil der Rektifikationskolonne erkennbar. Die jeweilige Stufe beginnt an der Konzentration des Ethanols in der Maische nach abgeschlossener Fermentation. Die Ausgangskonzentration an Ethanol in der Maische (Feed) beträgt etwa 8 Gew.-% bzw. rund 10 Vol.-%. Ausgehend von dieser Feedkonzentration werden etwa 8 ideale Trennstufen für das Strippen von Ethanol aus der Maische benötigt und etwa 14 Stufen für die Ethanolanreicherung in der Rektifikationskolonne bis zu einer Kopfkonzentration von etwa 92 Gew.-%. In einer technisch realisierten Destillations- oder Rektifikationskolonne werden deshalb sogenannte Glockenböden (oder auch andere Kolonneneinbauten) in Abständen von 20 bis 50 cm eingebaut und dadurch die Trennstufen realisiert. Der aus der siedenden flüssigen Phase gebildete Dampf steigt dabei nach oben und wird durch die dort angebrachte Glocke durch die auf diesem Boden befindliche flüssige Phase hindurchgeleitet. Der aufsteigende Dampf kondensiert hierbei und gibt dabei die Kondensationswärme an diese Flüssigkeit ab. Dadurch wird auch diese am Sieden gehalten. Aufgrund dessen wird, in einem nächsten Destillationsschritt, wiederum ein alkoholischer Dampf erzeugt, der nun zum folgenden Glockenboden aufsteigt (Abb. 15.8). Durch diese Kondensation erhöht sich zudem das auf dem jeweiligen Boden befindliche Volumen der Ethanol-Wasser-Mischung. Wird dieses Volumen aber größer, fließt die Ethanol-Wasser-Mischung über ein Standrohr, das dieses Volumen begrenzt, zum nächst unteren Boden. So wird auf dem Weg des Dampfes zum Kolonnenkopf die gewünschte Alkoholkonzentration (etwa 92 Gew.-% in Abb. 15.7) erreicht, während das Kondensat auf seinem Weg zum Kolonnensumpf letztlich ethanolfrei wird. Zudem ergibt sich durch diese Kolonnendestillation eine kontinuierliche Arbeitsweise.

Für den Betrieb einer Rektifikationskolonne muss als weiteres Charakteristikum auch eine ausreichend große Menge an Kondensat über die Böden nach unten fließen, die durch die Kondensation der gebildeten alkoholischen Dämpfe auf den Böden nicht entsteht. Daher werden die aufkonzentrierten alkoholischen Dämpfe vom Kolonnenkopf einem sogenannten Dephlegmator (Teilkondensator) zugeführt, in dem durch die teilweise

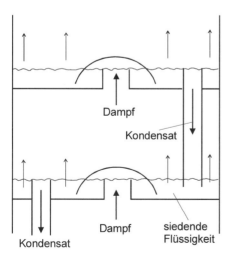

Abb. 15.8 Ausschnitt einer Destillations-Kolonne mit Glockenböden

Kondensation der einströmenden Dämpfe eine weitere Alkoholanreicherung im verbleibenden Restdampf erreicht wird, während zugleich ein alkoholärmeres Kondensat erzeugt wird. Dieses Kondensat wird als Rückfluss auf den Kolonnenkopf gegeben.

In einem zu destillierenden Medium befinden sich jedoch nicht nur Alkohol und Wasser, sondern auch eine Vielzahl von Nebenkomponenten. Jede dieser Nebenkomponenten weist ein eigenes Destillationsverhalten auf, so dass sich insgesamt ein sehr komplexes Geschehen im Verlauf einer Destillation ergibt.

Soll die Destillation der Gewinnung reinen Alkohols dienen – dieser Vorgang wird auch als Rektifikation bezeichnet – ist vor allem die Frage von Bedeutung, wie sich diese Nebenkomponenten im Vergleich zum Alkohol verhalten. Sie können sich in diesem Vergleich genau so in ihren Anreicherungseigenschaften verhalten wie der Alkohol; sie können sich aber auch stärker oder schwächer im Dampf anreichern. Reichert sich beispielsweise eine Komponente im Dampf stärker an als der Alkohol, wird diese Substanz in einer absatzweisen Destillation sehr früh ins Destillat übergehen; man sagt, diese Komponente hat Vorlaufcharakter. Eine Substanz, die sich im Dampf schwächer anreichert als Alkohol wird daher als Nachlaufkomponente bezeichnet, da sie sehr spät übergeht.

Eine besondere Rolle bei der Destillation nehmen dabei die sogenannten Fuselöle (höhere Alkohole) ein. Je nach Alkoholkonzentration weisen diese Fuselöle Vor- oder Nachlaufcharakter auf. Bei einem etwa 40 Vol.-%-igen Alkohol verhalten sie sich jedoch so wie der Alkohol selbst. Dadurch reichern sich diese Fuselöle bei einer kontinuierlichen Destillation in einer Kolonne auf den Böden an, auf denen sich eine Alkoholkonzentration von 40 Vol.-% einstellt, und können an diesen Stellen auch gezielt aus einer Destillationsanlage abgezogen werden.

Mit einfachen Rohbrenngeräten können Alkoholkonzentrationen von 82 bis 87 Vol.-% (etwa 79 bis 84 Gew.-%) erreicht werden; dazu ist ein beispielhaft in Abb. 15.9 dargestellter Aufbau erforderlich. Eine solche kontinuierlich arbeitende Rohalkoholkolonne setzt sich wie folgt zusammen.

- Die eigentliche Maischekolonne dient zur Entalkoholisierung der vergorenen Maische und ist in diesem Fall in der Regel mit 13 bis 15 Glockenböden ausgestattet.
- Die Verstärkerkolonne ist mit weiteren 4 bis 6 Glockenböden versehen, um die aufsteigenden alkoholischen Dämpfe bis zur gewünschten Konzentration anzureichern.
- Der Dephlegmator dient zur Teilkondensation der aufsteigenden angereicherten alkoholischen Dämpfe und macht die Aufkonzentration des Alkohols erst möglich, indem das hier anfallende Kondensat in der Kolonne zurückfließt.
- Der Kühler dient der vollständigen Kondensation der alkoholischen Dämpfe und der Kühlung des gewonnenen Alkohols unter 20 °C.

Die Maischekolonne kann entweder durch direkte Einleitung von Dampf in den Kolonnensumpf oder die Verwendung eines im Kolonnensumpf eingebauten Heizregisters indirekt beheizt werden.

Die Kolonnen sind meist mit Glockenböden in einem vertikalen Abstand von etwa 300 mm ausgestattet. Für Maischekolonnen bis zu einem Durchmesser von 800 mm ist hierbei eine zentral eingefügte Glocke ausreichend. Ab einem Kolonnendurchmesser von 1 m sind mehrere Glocken erforderlich, um die auf den Bö-

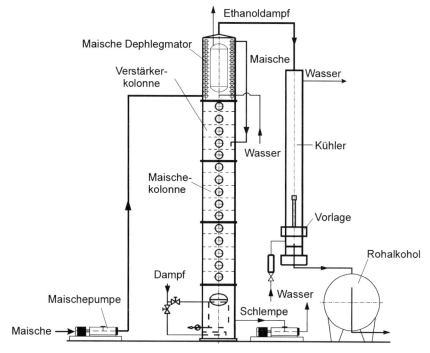

Abb. 15.9 Rohalkoholkolonne /15-21/

den befindliche Maische gleichmäßig am Sieden zu halten. Diese sind dann so anzuordnen, dass es auf den Böden nicht zu beruhigten Zonen kommt, in denen sich Feststoffe ablagern und verfestigen können.

Auch der Verstärkerteil einer einfachen Maischekolonne wird normalerweise mit Glockenböden ausgestattet, deren Abstand auf 200 mm reduziert werden kann. Lediglich der Abstand zwischen dem obersten Boden der Maischekolonne und dem untersten Boden des über der Maischekolonne befindlichen Verstärkerteils muss deutlich größer sein, damit nicht Schaum oder Maische in den Verstärkerteil gelangen kann. Zusätzlich sollte die gesamte Kolonne auf den einzelnen Böden mit Schaugläsern ausgestattet sein, damit die Destillation auch visuell überwacht werden kann.

Über dem Verstärkerteil befindet sich der Dephlegmator (Abb. 15.9). Dieser dient der Teilkondensation der aus dem Verstärkerteil aufströmenden Dämpfe und führt dadurch zu einer weiteren Anreicherung des Alkohols im Dampf. Das zugleich gebildete wasserreichere Kondensat fließt in den Verstärkerteil zurück und damit über die einzelnen Glockenböden dem aufsteigenden Dampf entgegen. Dadurch kommt es zu einem intensiven Wärme- und Stoffaustausch zwischen aufsteigendem Dampf und absteigender Flüssigkeit in der Kolonne; dies ermöglicht erst eine wirkungsvolle Anreicherung des Alkohols in der Dampfphase /15-28/, /15-26/.

In neueren Destillationsgeräten erfolgt die zur Teilkondensation erforderliche Kühlung ausschließlich mittels der zu destillierenden Maische, die in einer Doppelschlange durch den Dampfraum im Dephlegmator geführt und dabei einerseits als Kühlmedium genutzt und andererseits gleichzeitig auch erwärmt wird. Die erhitzte Maische verlässt den Dephlegmator und wird dem obersten Boden der Maischekolonne zugeführt. Ihr wird dann auf ihrem Weg über die Glockenböden zum Kolonnensumpf hin der Alkohol entzogen, während die aufsteigenden alkoholischen Dämpfe im Verstärkerteil und durch die Wirkung des Dephlegmators auf die gewünschte Alkoholkonzentration angereichert werden. Der Wasserbehälter im Inneren des Dephlegmators dient lediglich als Notkühlung, wenn die Kühlwirkung der Maische nicht ausreicht. Dies ist z. B. bei schlechter Vergärung und daraus resultierenden niedrigen Alkoholgehalten in der zu destillierenden Maische der Fall. Die alkoholischen Dämpfe, die den Dephlegmator nach oben verlassen, werden zum Kühler geführt, in dem sie kondensiert und auf unter 20 °C abgekühlt werden.

Unter der Rektifikation wird damit ein mehrfaches Destillieren verstanden, wobei Flüssigkeit und Dampf unter unmittelbarer Berührung im Gegenstrom zueinander geführt werden. Hierbei ist die Trennwirkung besser als beim Destillieren. Eine kontinuierliche Rektifizierkolonne hat deshalb einen oder mehrere Zuläufe und am unteren Säulenende einen Verdampfer, der die durch die Kolonne nach oben strömende Dampfmenge erzeugt. Der oben austretende Dampf wird z. T. kondensiert und als Rückfluss zurückgegeben und teilweise als dampfförmiges oder flüssiges Destillat gewonnen. Im Verdampfer wird das flüssige Sumpfprodukt unten abgezogen.

Absatzweise Rektifikation. Die einfachste Art der Rektifikation von Rohalkohol und in Anlagen mit einer Tageskapazität von bis zu etwa 10 000 l wohl auch die kostengünstigste Methode ist die absatzweise Rektifikation in Blasenapparaten. Diese Apparate sind meist vollständig aus Kupfer gefertigt; ihren Aufbau zeigt exemplarisch Abb. 15.10.

Der zu reinigende Rohalkohol wird in die Rektifizierblase gefüllt und so weit mit Wasser versetzt, dass der Alkoholgehalt etwa 40 Vol.-% beträgt. Über dem Boden der Rektifizierblase sind Heizschlangen installiert, über die das Alkohol-Wasser-Gemisch indirekt erhitzt wird. Die Blase wird zudem bezüglich Druck und Temperatur überwacht.

Die Rektifizierkolonne besteht meist aus mindestens 45 Siebböden, wenn eine Alkoholkonzentration von mindestens 94 Vol.-% erreicht werden soll. Die Alkoholdämpfe verlassen die Rektifizierkolonne an deren oberen Ende und werden zum Hauptkondensator, einem Dephlegmator, geleitet. Dabei sind Haupt- und Aldehydkondensator als Röhrenkondensatoren ausgebildet. Die schwerflüchtigen Komponenten werden dabei im Hauptkondensator niedergeschlagen und fließen zurück zum Kopf der Kolonne. Die leichtflüchtigen Komponenten werden zum Aldehydkühler weitergeleitet, dort ebenfalls kondensiert und zum Kolonnenkopf zurückgeleitet. Von beiden Kondensatströmen können jedoch auch Teilströme abgezweigt und über getrennte Entnahmenventile, den sogenannten Alkoholvorlagen, die eine visuelle Beurteilung der abgezogenen Volumenströme ermöglichen, aus dem System entnommen werden.

Zu Beginn der Rektifikation werden die in den Kondensatoren anfallenden Flüssigkeiten vollständig zum Kopf der Kolonne zurückgeleitet; die Anlage wird

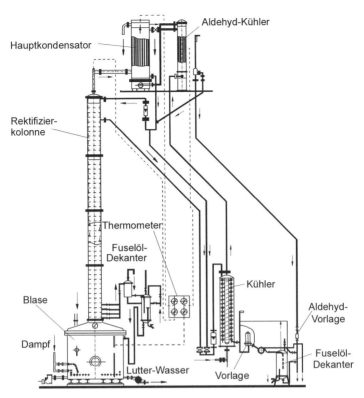

Abb. 15.10 Blasen-Rektifizierapparat /15-28/

in diesem Zustand so lange betrieben, bis sich ein Gleichgewichtszustand in der Flüssigkeits- bzw. Dampfphase eingestellt hat. In diesem Zustand finden keine Temperaturveränderungen mehr auf den Böden und in den Kondensatoren statt; man erreicht dadurch eine optimale Anreicherung der leichtflüchtigen unerwünschten Komponenten im Kopfbereich der Kolonne. Zu Beginn der Produktentnahme wird nun langsam ein Teilstrom des Aldehyd-Rückflusses am Aldehydkühler entnommen und über eine separate Vorlage für die Vorlaufspitze geleitet und auch separat gesammelt.

Nachdem die Vorlaufspitze abgetrennt ist, wird das Kondensat des Aldehydkühlers wieder vollständig zur Kolonne zurückgeführt und mit der Entnahme der eigentlichen Produktfraktionen begonnen. Die Entnahme des Produktes erfolgt aus der flüssigen Phase eines Entnahmebodens, der etwa 3 bis 6 Böden unterhalb des obersten Bodens liegt. Dieses zu entnehmende Produkt wird dann im weiteren Verlauf der Rektifikation in Vorlauf, Mittellauf und Nachlauf fraktioniert, wobei ausschließlich der Mittellauf das zu gewinnende Produkt darstellt. Die flüssig abgezogenen Produktfraktionen werden über den Produktkühler geleitet und unter 20 °C abgekühlt; sie fließen dann über die Vorlage nach Fraktionen getrennt in unterschiedliche Sammelgefäße. Der Nachlauf wird nach der Vorlage im Fuselölabscheider mit Wasser verdünnt, um dadurch das Fuselöl abzutrennen und separat zu gewinnen.

826   15 Ethanolerzeugung und -nutzung

Um die Rektifikation effizient gestalten zu können, ist eine sehr genaue Regelung des Drucks und des Durchflusses von Dampf und Kühlwasser erforderlich. Eine ebenso genaue Durchflussregelung muss auch für die Rückflussmenge und die Menge des entnommenen Produktes vorgesehen werden, da das Rückflussverhältnis die Effizienz der Rektifikation entscheidend beeinflusst.

Die praktische Ausführung solcher Rektifizieranlagen variiert in der Praxis sehr stark. So kann die Rektifizierkolonne direkt auf der Blase aufgesetzt sein oder auch nebenstehend ausgeführt werden. Häufig wird auch ein zweiter Produktkühler eingebaut, um den Mittellauf getrennt von den verunreinigten Vor- und Nachläufen kühlen zu können /15-26/.

Kontinuierliche Rektifikation. Aufgrund des hohen Energieverbrauchs einer getrennten Destillation und Rektifikation und zur Erreichung höherer Durchsatzraten werden bei größeren Anlagenkapazitäten diese beiden Verarbeitungsschritte in einer kombinierten und kontinuierlich arbeitenden Anlage zusammengefasst (Abb. 15.11). Die zu destillierende Maische wird zunächst durch die Kühlschlange des Dephlegmators, der auf der Rektifizierkolonne sitzt, gepumpt und dabei erhitzt. Die heiße Maische wird dann auf den Entgasungsteil am Kopf der Maischekolonne gegeben. Hier werden leichtflüchtige Komponenten abgeführt und in einem Kondensator weitgehend niedergeschlagen. Das Kondensat fließt zur Maischekolonne zurück, während der nicht kondensierende besonders leichtflüchtige Dampfanteil einem Kühler zugeführt, dort kondensiert und über eine Vorlauf-Vorlage abgezogen wird. Die entalkoholisierte Maische verlässt die Kolonne über den Kolonnensumpf.

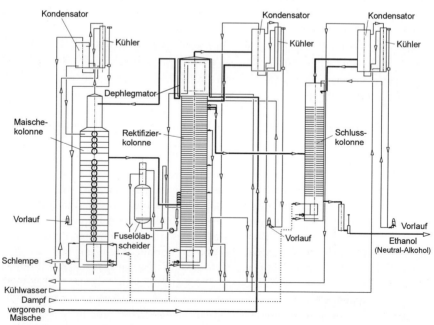

Abb. 15.11 Kontinuierliche Destillation und Rektifikation von Ethanol aus Maische /15-21/

Die alkoholischen Dämpfe werden der Rektifizierkolonne zugeführt, in der nun auch die Rektifikation kontinuierlich stattfindet. Von einem der oberen Böden der Rektifizierkolonne wird das gewünschte Produkt (d. h. der Alkohol) abgeleitet und einer Schlusskolonne zugeführt. Hier findet eine weitere Abtrennung leichtflüchtiger, das Produkt verunreinigender Komponenten statt; damit ist mit diesem System die Herstellung von Neutralalkohol (d. h. geruchs- und geschmacksneutrale Alkohol-Wasser-Mischung von bis zu 96,5 Vol.-% Alkohol) möglich. Sowohl am Kopf der Rektifizier- als auch der Schlusskolonne werden die aufsteigenden Dämpfe einem Kondensator zugeführt; das entstehende Kondensat wird zum großen Teil auf die jeweiligen Kolonnen zurückgeführt, während die kleinere Teilmenge der Kondensate als Vorlauf dem System entnommen wird. Im unteren Teil der Rektifizierkolonne reichern sich in dem Bereich, in dem ca. 40 Vol.-% vorliegen, die Fuselöle an, so dass sie hier auch kontinuierlich entnommen werden können.

Ein konventionelles großtechnisches Anlagenkonzept zeigt Abb. 15.12. Diese beispielhaft dargestellte Anlage besteht aus fünf hintereinander geschalteten Kolonnen, die alle bei Atmosphärendruck betrieben und separat beheizt werden. Die Maischekolonne dient der Entalkoholisierung (d. h. Entgeistung) der vergorenen Maische, während die erzeugten alkoholischen Dämpfe einer Vorlaufkolonne zugeführt werden, in der die leichtflüchtigen Vorlaufbestandteile entfernt werden. Der Hauptproduktstrom wird unten an der Vorlaufkolonne abgezogen und auf die Rektifizierkolonne gegeben. Die Vorlaufbestandteile werden vom Kopf dieser Kolonne dann auf eine weitere Reinigungskolonne, die Fuselölkolonne, gegeben. Über den Kopf der Rektifizierkolonne wird der gereinigte Alkohol einem letzten Reinigungsschritt, der Methanolabtrennung, in der Methanolkolonne zugeleitet. Hier wird das Methanol über den Kopf der Kolonne ausgetrieben und mit dem aus der Fuselölkolonne gewonnenen Vorlauf zusammengeführt. Im unteren Teil der Fuselölkolonne fallen der Nachlauf und die Fuselöle an, während der gereinigte Alkohol am unteren Ende der Methanolkolonne abgezogen wird. Der gesamte Energieverbrauch einer solchen Anlage beläuft sich auf etwa 5,6 kg Dampf bei 6 bar pro Liter Alkohol.

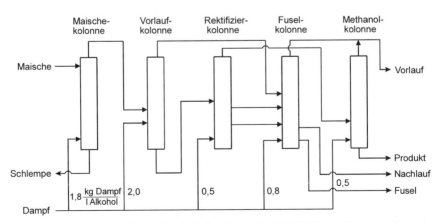

Abb. 15.12 Konventionelles großtechnisches Destillier-/Rektifizierverfahren, stark vereinfacht /15-18/

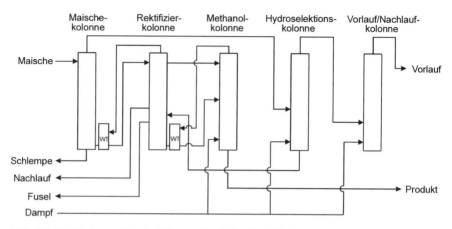

Abb. 15.13 Modernes Druck-Vakuum-Destillier-/Rektifizier-Verfahren (stark vereinfacht, WT Wärmeübertrager) /15-18/

Der wesentliche Fortschritt bei modernen Anlagenkonzepten der Destillation und Rektifikation liegt in der energetischen Koppelung des Kolonnensystems; dabei werden die einzelnen Kolonnen bei unterschiedlichen Drücken betrieben. Bei dem beispielhaft gezeigten Rektifiziersystem in Abb. 15.13 beheizt die Methanol- die Rektifizierkolonne, die ihrerseits die Maischekolonne, die im Vakuum arbeitet, mit Wärmeenergie versorgt, während die Vorlauf- bzw. Nachlaufkolonne von der Hydroselektionskolonne beheizt wird. Dieser Hydroselektionskolonne werden die aus der Maische gewonnenen alkoholischen Dämpfe zugeführt und hier erfolgt eine Herabsetzung der Alkoholkonzentration auf unter 40 Vol.-%; dadurch wird die gleichzeitige Abtrennung von Vorlauf- und Fuselkomponenten ermöglicht. Der vorgereinigte Alkohol wird auf die Rektifizierkolonne gegeben und dort weitgehend bis zum Azeotrop aufgereinigt, um dann der Methanolkolonne zur Schlussreinigung zugeführt zu werden. Der Energieverbrauch einer solchen Mehrstufen-Druck-Destillation und Rektifikation liegt bei nur noch 2,5 kg Dampf bei 6 bar pro Liter Alkohol.

Entwässerung und Absolutierung. Eine Abtrennung einzelner Flüssigkeiten aus einem Flüssigkeitsgemisch durch Destillieren und Rektifizieren kann grundsätzlich nur dann erreicht werden, wenn sich die Dampfzusammensetzung im Gleichgewicht von der Flüssigkeitszusammensetzung unterscheidet. Die Trennung hängt also vom Gleichgewichtsverhalten ab.

Die Destillation des Alkohols aus einem Ethanol/Wasser-Gemisch wird damit dadurch ermöglicht, dass ein im Gleichgewicht zur siedenden Flüssigkeit stehender Dampf eine höhere Ethanolkonzentration aufweist als die Flüssigkeit. Der Dampf reichert sich also mit Ethanol an. Dies geschieht, bis der azeotrope Punkt erreicht ist; hier ist die Konzentration von Dampf und Flüssigkeit gleich. Beim Ethanol/Wasser-Gemisch ist dies bei Normaldruck nicht bei 100 % der Fall, sondern bei der Zusammensetzung von 96,47 Vol.-% (95,57 Gew.-%) Alkohol und 3,53 Vol.-% (4,43 Gew.-%) Wasser. Bei diesem Azeotrop stellt sich ein sogenannter Minimumsiedepunkt von 78,15 °C ein, obwohl reines Ethanol bei 78,3 °C und

Wasser bei 100 °C siedet. Durch einfache Destillation bzw. Rektifikation bei 1 bar kann man deshalb höchstens die azeotrope Konzentration erreichen.

Um das für viele technische Anwendungen notwendige wasserfreie Ethanol zu erhalten, muss das azeotrope Alkohol-Wasser-Gemisch weiter aufgetrennt werden. Dies kann durch Adsorption (d. h. Bindung von Wasser an einen hoch porösen Feststoff) und auf destillative Weise durch Azeotroprektifikation – unter Verwendung eines sogenannten Schleppmittels – realisiert werden. Eine weitere Möglichkeit stellt die Trennung durch Membranen (d. h. Pervaporation oder Dampfpermeation) dar. Diese Möglichkeiten werden nachfolgend diskutiert.

Adsorptionsverfahren. Bei großtechnischen Ethanolanlagen kommt zur Entwässerung meistens die Adsorption mit Molekularsieben zum Einsatz. Als Adsorptionsmittel werden hydrophile Zeolithe mit einer Porengröße von etwa 0,3 bis 0,4 nm eingesetzt. Aufgrund der Größe können nur die Wassermoleküle, aber nicht die größeren Ethanolmoleküle in die Poren eindringen. Deshalb ist ein absatzweiser Betrieb notwendig, indem periodisch die Beladung des Adsorptionsbettes mit Wasser und danach die Entladung des Adsorptionsbettes erfolgt. Damit sind mindestens zwei Adsorptionsbehälter erforderlich, welche wechselnd betrieben werden.

Das zu entwässernde Ethanol-Wasser-Gemisch wird direkt aus der Rektifikationskolonne nach einer Überhitzung dampfförmig dem Adsorptionsbett zugeführt (Abb. 15.14). Das Wasser wird am Bettmaterial adsorbiert und der Ethanol dadurch bis auf etwa 500 ppm Wasser entwässert. Die Zykluszeiten zwischen Beladung und Entladung betragen etwa 5 bis 10 min. Bei der Entladung (Desorption) wird das Bettmaterial mit einem Teilstrom des entwässerten Endproduktes gespült. Der kondensierte Desorptionsstrom wird wieder zur Rektifikationskolonne zurückgeführt, um Ethanolverluste zu vermeiden.

Von Vorteil ist der geringe Energiebedarf dieses Verfahrens. Es werden etwa 1 kg Dampf bei 6 bar pro Liter Alkohol für den Adsorptionsschritt benötigt. Außerdem ist die Adsorption relativ flexibel bezüglich des Wassergehaltes des Ein-

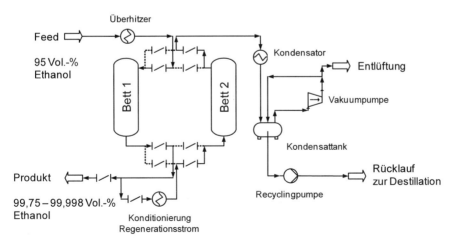

Abb. 15.14 Ethanolentwässerung durch Adsorption /15-1/

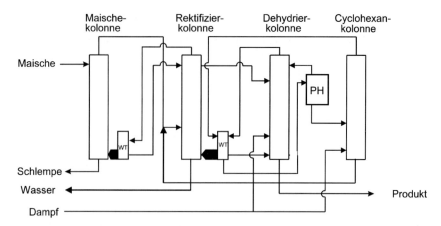

Abb. 15.15 Modernes Druck/Vakuum-Destillier-, Rektifizier- und Absolutier-Verfahren (stark vereinfacht, WT Wärmeübertrager, PH Phasentrennung) /15-18/

gangsstroms; damit können Ethanolkonzentrationen unter 95 Gew.-% eingesetzt werden. Dadurch ist eine energetische Optimierung der gesamten Reinigung mittels Rektifikation und Adsorption möglich. Von Nachteil sind hohe Investitionskosten und hohe Kosten für den Tausch des Bettmaterials.

Azeotroprektifikation. Hier nutzt man zur Absolutierung das Verhalten azeotroper Gemische aus drei (ternäres Gemisch) oder mehr verschiedenen Flüssigkeiten. Als Zusatzstoff wurde früher Benzol verwendet, welches ein ternäres Azeotrop mit Wasser und Ethanol mit einem Siedepunkt von 64,85 °C bildet. Da Benzol karzinogen ist, wird es heute nicht mehr eingesetzt. Als Alternative wurde beim Drawinol-Verfahren Trichlorethylen als azeotropes Schleppmittel eingesetzt. Aufgrund der Klimarelevanz des Stoffes Trichlorethylen wurde ein Verfahren auf der Basis von Cyclohexan entwickelt, das in der Zwischenzeit die genannten Schleppmittel verdrängt hat. Cyclohexan bildet mit Ethanol und Wasser ein niedrig siedendes Azeotrop bei 62,4 °C.

In Abb. 15.15 ist ein derartiges modernes Druck/Vakuum-Destillier-, Rektifizier- und Absolutier-Verfahren dargestellt. Aus energetischen Gründen beheizen dabei die Dehydrier- und die Schleppmittel(Cyclohexan)-Rückgewinnungskolonne die Rektifizierkolonne, welche wiederum die im Vakuum betriebene Maischekolonne heizt. Das in der Rektifizierkolonne gewonnene Ethanol-Wasser-Azeotrop wird auf die Dehydrier- bzw. Absolutierkolonne gegeben und dort mit Hilfe des Schleppmittels Cyclohexan entwässert. Am Boden der Kolonne kann das wasserfreie Ethanol entnommen werden, während eine wasserreiche Phase mit dem Cyclohexan über den Kolonnenkopf abgezogen, über einen Wärmeübertrager kondensiert und zu einer Phasentrenneinrichtung geleitet wird. Die an Cyclohexan reiche Phase wird zurück in die Dehydrierkolonne geführt, während die wasserreiche Phase zur Cyclohexan-Kolonne geleitet wird; hier wird das eingesetzte Schleppmittel zurückgewonnen und über einen Wärmeübertrager wieder in die Dehydrierkolonne zurückgeführt. Der Sumpfstrom der Cyclohexankolonne wird wieder in die Rektifizierkolonne geleitet und enthält vorwiegend das entfernte Wasser und

Restmengen an Ethanol. Über den Sumpf der Rektifizierkolonne wird das gesamte Wasser aus dem Entwässerungskreislauf ausgeschleust. Die dicken Pfeile aus den Wärmeübertragern symbolisieren die Wärmeströme (Abb. 15.15). Der Energiebedarf einer solchen Anlage beträgt zur Herstellung eines Liters absolutierten Ethanols nur 1,8 kg Dampf bei 6 bar.

Membranverfahren. Alkohol kann auch mithilfe von porenfreien Membranen entwässert werden. Derartige Membrantrennverfahren sind relativ flexibel in Bezug auf die Eingangskonzentration und auch den Phasenzustand des Eingangsstroms. Wird das Zweistoff-Gemisch der Membrananlage flüssig zugeführt, spricht man von Pervaporation und im Falle einer dampfförmigen Zufuhr von Dampfpermeation.

Der Stoffdurchgang durch die Membran erfolgt durch einen Lösungs-Diffusions-Mechanismus. Beim selektiven Lösungsschritt nimmt die hydrophile Membran vorwiegend Wasser auf, welches dann die Membran durch Diffusion durchwandert (permeiert). Auf der Permeatseite wird der dampfförmige Strom kondensiert und durch eine Vakuumpumpe ein niedriger Partialdruck aufrechterhalten. Mit derartigen Membrantrennverfahren können problemlos Ethanolkonzentrationen von 99,7 bis 99,9 Vol.-% erreicht werden.

- Bei der Pervaporation wird der flüssige Eingangsstrom nahe am Siedepunkt dem Membranmodul zugeführt. Es folgt die Lösung in der Membran, die Diffusion und auf der Permeatseite die Verdampfung in den Permeatraum. Die Verdampfungswärme der durch die Membran permeierenden Stoffe wird dem Retentatstrom entzogen, was zu einer Abkühlung führt. Daher wird der Retentatstrom mehrmals wieder aufgeheizt, damit der temperaturabhängige Membranfluss nicht zu stark absinkt (Abb. 15.16).
- Bei der Dampfpermeation wird der Kopfstrom aus der Rektifikationskolonne nicht kondensiert. Er wird vielmehr geringfügig überhitzt, dass es zu keiner

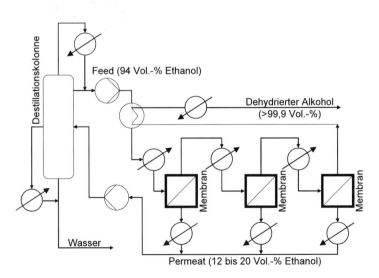

Abb. 15.16 Ethanolentwässerung durch Pervaporation /15-2/

Kondensation im Membranmodul kommt. Dies kann auch unter Druck von etwa 3 bis 4 bar realisiert werden. Dadurch kann der Membranfluss wesentlich gesteigert und dadurch die benötigte Membranfläche verringert werden. Zusätzlich entfällt die Notwendigkeit für die mehrmalige Zwischenaufheizung. Obwohl Membrantrennverfahren durch einen geringen Energiebedarf gekennzeichnet sind, haben sie sich in großtechnischen Anlagen bis jetzt gegenüber der Adsorption nicht durchsetzen können; dies liegt vor allem in der fehlenden Erfahrung bezüglich der Langzeitstabilität der Membranmaterialien und Module. Die Langzeitstabilität ist aber entscheidend für diese Verfahren, da sie teuer sind und deshalb aus ökonomischer Sicht eine Membranlebensdauer von mindestens 3 bis 5 Jahre erforderlich ist. Vorteile bietet die Membrantechnik speziell für Ethanolproduktionsanlagen im kleinen bis mittleren Produktionsmaßstab, da hier die Investitionen im Vergleich zur Adsorption geringer ausfallen.

15.2.5 Schlempebehandlung

Nach der Destillation fällt je erzeugten Liter Ethanol – je nach Produktionsprozess – etwa 8 bis 10 l wässriger Destillationsrückstand an, der als Schlempe bezeichnet wird. Diese Schlempe muss möglichst kostengünstig verwertet werden. Hierfür gibt es eine Vielzahl an Möglichkeiten. Neben einem Einsatz als Futtermittel für Nutztiere in flüssiger und/oder fester Form – dazu ist zumindest bei größeren Anlagen eine entsprechende Aufkonzentrierung (durch Entwässerung und Eindampfung) und ggf. auch Trocknung zwingend notwendig – ist auch ein Einsatz in Biogasanlagen zur Energieproduktion möglich. Nachfolgend werden diese Optionen kurz diskutiert.

Entwässerung. Nach der Entfernung des Ethanols und der weiteren flüchtigen Bestandteile wie Methanol, Aldehyde und Fuselöle aus der wässrigen Lösung, verbleiben in der Schlempe alle von der Hefe nicht umgesetzten Stoffe wie die stickstoffreichen Proteine, Restzucker, Faserstoffe, Salze und die Hefezellen selber. Der Proteingehalt kann je nach eingesetztem Rohstoff etwa 29 bis 36 % des getrockneten Produkts ausmachen.

Die Feststoffabtrennung und Entwässerung erfolgt mittels Separatoren oder Dekantern. Das sind Zentrifugen, in denen durch eine drehende Trommel Fliehkräfte erzeugt werden und dadurch die natürliche Sedimentation von Feststoffen beschleunigt wird. Dadurch können Suspensionen geklärt werden.

Ein Dekanter besteht aus einer sich drehenden äußeren Trommel, die sich mit hoher Rotationsgeschwindigkeit dreht, und einer sich ebenfalls drehenden Schnecke mit geringerer Drehzahl (Abb. 15.17). Die Suspension wird über die Welle zentral dem Dekanter zugeführt. Bedingt durch die Zentrifugalkraft bewegen sich die Feststoffpartikel an die Wand der äußeren Trommel. Die Schnecke befördert die Partikel dann über einen sich konisch verengend ausgeführten Teil des Dekanters in Richtung Austrag. Dadurch erfolgt eine Verdichtung der Partikel. Mit derartigen Systemen kann ein Schlamm mit etwa 25 bis maximal 35 % Feststoffanteil erzeugt werden. Die geklärte Flüssigkeit bewegt sich in entgegen gesetzter Richtung zum Austrag durch einen Überlauf.

15.2 Verfahrensschritte

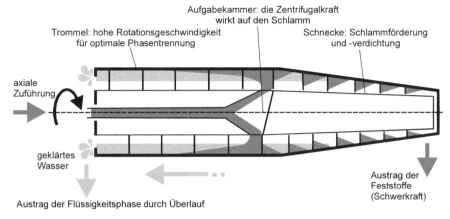

Abb. 15.17 Funktionsweise eines Zweiphasendekanters /15-3/

Der im Dekanter gewonnene Flüssigkeitsstrom (oft auch als Dünnschlempe bezeichnet) wird weiter zur Eindampfung geführt und der Feststoffstrom zur weiteren Trocknung.

Eindampfung. Der aus dem Dekanter kommende Flüssigkeitsstrom (Klarphase, Dünnschlempe) beinhaltet noch alle in der Schlempe enthaltenen löslichen Bestandteile (u. a. Salze, nicht umgesetzte Zuckerbestandteile). Diese Stoffe können durch eine thermische Wasserverdampfung weiter aufkonzentriert werden. Aufgrund der hohen Verdampfungsenthalpie von Wasser ist dieser Eindampfungsprozess aber sehr energieintensiv. Daher werden heute mehrstufige Verdampferanlagen mit interner Wärmerückgewinnung eingesetzt.

Aufgrund der Zusammensetzung der Dünnschlempe neigt sie bei einer thermischen Eindampfung zur Verschmutzung von Heizflächen. Auch weist sie eine mittlere Viskosität auf, die im Zuge der Eindampfung zunimmt. Die Eindampfung erfolgt daher in Zwangsumlauf-Verdampfern (Abb. 15.18), um Ablagerungen an den Heizflächen des Verdampfers zu vermeiden. Dabei wird die Dünnschlempe mittels einer Pumpe mit relativ hoher Geschwindigkeit über die Heizflächen des Verdampfers geführt. Dadurch wird eine Verdampfung direkt an den Heizflächen verhindert. Durch die anschließende Entspannung in einem Abscheider werden die Brüden und eine konzentrierte Flüssigkeit gewonnen (Abb. 15.18). Durch Hintereinanderschaltung mehrerer Verdampferstufen mit unterschiedlichen Druckniveaus können die Brüden zur Beheizung der nächsten Stufe verwendet werden. Dadurch kann der Energieverbrauch entscheidend gesenkt werden kann. Bei 4 und mehr Verdampferstufen ist dadurch eine Reduktion des Dampfbedarfs auf unter 200 kg Dampf pro Tonne verdampftes Wasser möglich.

Durch diese Eindampfung wird ein Sirup gewonnen, der mit dem Feststoffstrom aus dem Dekanter vermischt und dann der Trocknung zugeführt wird. Auch ist eine direkte Ausschleusung dieses vermischten Stroms ohne weitere Behandlung möglich; dieses Produkt wird dann als DGS (Distillers Grains with Solubles) bezeichnet.

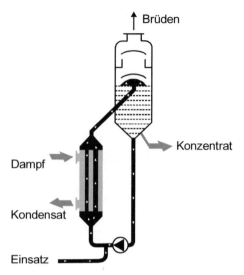

Abb. 15.18 Einstufiger Zwangsumlauf-Verdampfer /15-4/

Trocknung. Die aus dem Dekanter kommende Feststofffraktion und der Sirup aus der Eindampfung wird in einem Trockner zu lagerfähiger Trockenschlempe (DDGS; Dried Distillers Grains with Solubles) weiterverarbeitet. Meist wird das Produkt zusätzlich pelletiert, um eine bessere Handhabbarkeit zu erreichen.

Die Trocknung und damit die DDGS-Erzeugung sind aufgrund der hohen Verdampfungsenthalpie von Wasser sehr energieintensiv. Hinzu kommt, dass das Ausgangsmaterial wegen der hohen Viskosität, des klebrigen Verhaltens und der geringen Rieselfähigkeit relativ schwer zu verarbeiten ist. Darüber hinaus müssen Geruch- und Staub-Emissionen vermieden werden.

Als Apparate werden Drehrohr- bzw. Trommeltrockner verwendet. Durch die Drehbewegung und spezielle Einbauten, die das zu trocknende Gut gleichmäßig verteilen, wird die Bildung von Ablagerungen verhindert. Dabei kann zwischen einer direkten und indirekten Trocknung unterschieden werden.

- Wird das Gut durch einen heißen Abgasstrom getrocknet, spricht man von einer direkten Trocknung. Hier wird meist Erdgas oder Öl als Brennstoff eingesetzt. Dabei muss sichergestellt werden, dass keine im heißen Gasstrom vorhandenen unerwünschten und ggf. toxischen Stoffe sich an das Trockengut anlagern.
- Eine indirekte Trocknung erfolgt mittels Dampfbeheizung der Trockneroberflächen. Dies birgt jedoch die Gefahr der Bildung von Ablagerungen an den Wärmeübergangsflächen. Abb. 15.19 zeigt exemplarisch das Verfahrensschema eines indirekten Trocknungsprozesses. Hier werden die bei der Trocknung erzeugten Brüden in einem Wärmeübertrager erhitzt und im Kreislauf geführt. Durch den hohen Dampfanteil im Trocknungsgas erfolgt ein schonender Trocknungsvorgang. Dadurch kann eine hohe Produktqualität erreicht werden. Die überschüssigen Brüden werden im Brenner mit verbrannt, um Emissionen von Geruch und Staub zu vermeiden.

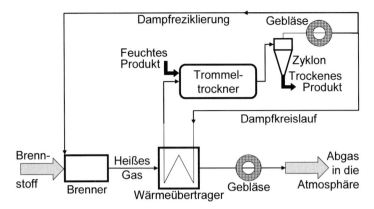

Abb. 15.19 Indirekte DDGS Trocknung /15-5/

Biogasgewinnung. Schlempe kann auch in einer Biogasanlage anaerob vergoren und das produzierte Gas zur Energieproduktion eingesetzt werden, da – je nach eingesetztem Rohstoff – Schlempe unterschiedliche Mengen an organischer Trockensubstanz enthält; so können beispielsweise aus Weizenschlempe 0,380 und aus Maisschlempe 0,347 m_N^3 CH_4/kg oTS erreicht werden /15-31/. Das entstandene Biogas kann dann u. a. in einem Gaskessel zur direkten Prozessdampferzeugung verbrannt werden. Alternativ ist auch eine Stromerzeugung in einem Biogasmotor und die Nutzung der in Kraft-Wärme-Kopplung anfallenden Prozesswärme möglich. Die Kombination der Ethanolproduktion mit einer Biogasproduktion ermöglicht eine Vielzahl von Variationsmöglichkeiten, die an den jeweiligen Bedarfsfall optimal angepasst werden müssen.

15.3 Anlagenkonzepte

Ausgehend von den dargestellten Systemkomponenten, durch die eine Bioethanolerzeugung gekennzeichnet sein kann, werden nachfolgend verschiedene Anlagenkonzepte vorgestellt und diskutiert.

15.3.1 Kleiner und mittlerer Maßstab

In landwirtschaftlichen Kleinbrennereien werden Ethanolmengen von etwa 1 000 bis 4 500 m³/a erzeugt. Die Ethanolproduktion im mittleren Maßstab umfasst Anlagen mit Kapazitäten von etwa 10 000 bis 50 000 m³/a. Diese Anlagen haben gemeinsam, dass üblicherweise Stärke eingesetzt und die Rohstoffaufbereitung, die enzymatische Umsetzung und die Fermentation im Batch-Verfahren abläuft. Erst ab der eigentlichen Destillation wird die Prozessführung kontinuierlich. Die in den Kleinstanlagen erzeugte Ethanolqualität liegt bei 90 bis 92 Vol.-%. Eine Absolutierung des Ethanols ist aus Wirtschaftlichkeitsgründen erst bei größeren Anlagen-

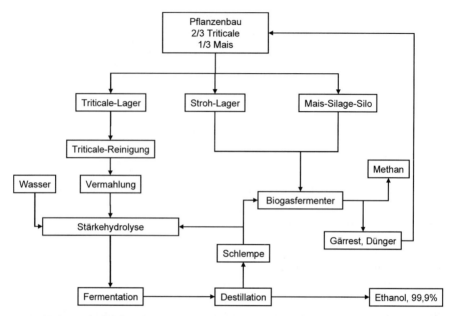

Abb. 15.20 Beispiel für eine gekoppelte Ethanol- und Biogasproduktion im kleinen und mittleren Produktionsmaßstab /15-52/

kapazitäten sinnvoll, sodass hier beispielsweise eine Lohnabsolutierung realisiert werden könnte. Aus energetischen Gründen ist in diesem Leistungsbereich oft auch die Kopplung mit einer Biogasanlage sinnvoll.

Abb. 15.20 zeigt exemplarisch eine derartige landwirtschaftliche Bioethanolanlage mit Biogasproduktion für einen kleinen und mittleren Produktionsmaßstab. Hier wird in dem das Ethanol erzeugenden landwirtschaftlichen Betrieb die erforderliche Getreidemenge produziert. Zusätzlich erfolgt auf rund einem Drittel der Getreideanbaufläche die Produktion einer Blattfrucht (Fruchtfolge) als Co-Substrat für die Biogasproduktion. Das Getreidekorn wird in der Brennerei zu Ethanol verarbeitet. Die anfallende Schlempe wird anschließend von den Feststoffanteilen befreit, die als Futtermittel dienen. Die dabei produzierte Dünnschlempe wird danach zusammen mit dem Co-Substrat in die Biogasanlage gegeben. Zusätzlich wird ein Teil des anfallenden Strohs ebenfalls in die Biogasanlage gegeben. Das entstehende Biogas wird genutzt, um mittels eines Dampferzeugers die Brennerei mit Energie zu versorgen. Das überschüssige Biogas wird in einem BHKW verstromt, wobei wiederum zumindest teilweise nutzbare Wärme entsteht. Die ausgefaulte Schlempe dient als Dünger für die landwirtschaftlichen Flächen, um damit zur Schließung des Kohlenstoff- und Stickstoff-Kreislaufs beizutragen.

15.3.2 Großtechnischer Maßstab

In Europa wird Ethanol großtechnisch in Anlagen von etwa 100 000 bis 260 000 m³/a erzeugt. In den USA und in China sind noch größere Anlagen in

Betrieb. Hierbei konkurrieren batch- und kontinuierlich betriebene Fermentationsverfahren und es hängt von den jeweiligen Standortbedingungen und vom Betreiber ab, welche Kriterien als wichtig erachtet werden, da die durch geringere Investitionskosten gekennzeichneten kontinuierlichen Verfahren kleinere Alkoholausbeuten von etwa 89 % zeigen im Vergleich zu der Batch-Fermentation mit einer Ausbeute von rund 92 % /15-12/. Nachfolgend werden einige Beispiele großtechnischer Bioethanolanlagen diskutiert; dabei wird zwischen zucker-, stärke- und cellulosehaltigen Rohstoffen unterschieden.

Zuckerhaltige Rohstoffe. Beim Einsatz von zuckerhaltigen Rohstoffen (z. B. Zuckerrohr in Brasilien, Zuckerrüben in Europa) ist die Aufbereitungstechnik relativ einfach ausgeführt, da keine enzymatische Behandlung erforderlich ist. Der Rohstoff wird zerkleinert, der Zucker extrahiert und der Rohsaft durch Zugabe von Kalk und Kohlensäure von unerwünschten Begleitstoffen gereinigt. Dadurch ergibt sich eine direkt verarbeitbare Zuckerlösung. In Normalfall kann durch die Verbrennung des extrahierten Zuckerrohrs (d. h. der Bagasse) der Energieverbrauch der Ethanolproduktion gedeckt werden.

Da es sich bei den Zuckerlösungen um klare Lösungen handelt, sind die Hefezellen nach der Fermentation leicht abzutrennen und können vollständig zurückgeführt werden. Dadurch sind hohe Zelldichten und damit hohe Produktivitäten im Fermenter erreichbar. Abb. 15.21 (oben) zeigt exemplarisch einen Batch-Fermen-

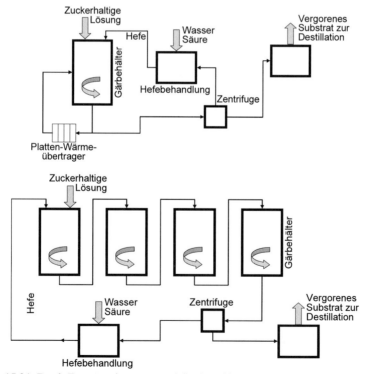

Abb. 15.21 Batch-Fermentationsprozess (oben) und kontinuierlicher Fermentationsprozess (unten) jeweils mit Zellrückführung /15-12/

tationsprozess und Abb. 15.21 (unten) einen kontinuierliche Fermentationsprozess mit Zellrückführung /15-12/.

Die in Abb. 15.21 vereinfacht dargestellten Gesamtprozesse gehen von einer entsprechend vorbereiteten Zuckerlösung aus und zeigen die unterschiedliche Führung des Fermentationsprozesses. Das durch die Zentrifugation gewonnene Hefekonzentrat wird behandelt, um möglichen Infektionen vorzubeugen und anschließend der Fermentation wieder zugeführt. Die von den Hefezellen getrennte Fermentationslösung (d. h. vergorenes Substrat) wird einer üblichen Aufarbeitung – bestehend aus einer Maischekolonne und einer Rektifikation – unterworfen. Die Ethanolabsolutierung erfolgt durch eine Azeotroprektifikation oder durch Adsorption.

Stärkehaltige Rohstoffe. Der prinzipielle Aufbau einer kontinuierlich arbeitenden Anlage auf Basis stärkehaltiger Rohstoffe kann exemplarisch anhand des in Abb. 15.22 gezeigten Blockschemas realisiert werden.
– Am Beginn jeden Verfahrens steht die Vermahlung der Rohstoffe.
– Der Vermahlung folgt die Maischebereitung und damit die Vermischung des Mahlgutes mit der Prozessflüssigkeit; dazu kann Wasser und/oder (Dünn-) Schlempe verwendet werden. Zugleich erfolgt bereits meist hier die Zudosierung des Verflüssigungsenzyms (z. B. α-Amylase) sowie die Erhitzung der Maische. Je nach Anlagendesign können zum Erhitzen direkter Dampf aus einem Dampferzeuger oder verdichtete Brüden aus anderen Prozessschritten eingesetzt werden. Dies kann beispielsweise in einem Rührwerksbehälter oder auch in einem Rohrleitungssystem mit statischen Mischern und Dampfinjektoren gesche-

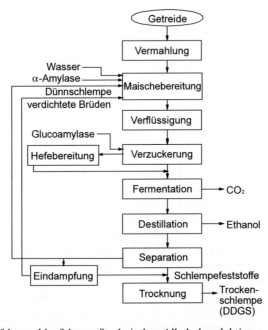

Abb. 15.22 Verfahrensablauf der großtechnischen Alkoholproduktion

15.3 Anlagenkonzepte

hen. Ebenso ist auch der Einsatz von Wärmeübertragern sinnvoll, die eine Erhitzung der Maische im Wärmeaustausch mit z. B. Schlempe ermöglichen. Der Verkleisterungspunkt der jeweiligen Rohstoffstärke sollte jedoch möglichst nicht in einem Rohrsystem oder Wärmeübertrager durchlaufen werden, da die hierbei auftretenden Viskositäten zu einer starken Belagsbildung vor allem an heißen Flächen führen.

- Die anschließende Verflüssigung der Maische erfolgt meist in einem Verweilbehälter, durch den die erhitzte Maische geleitet wird. Die Verweilzeit sollte mindestens 30 min betragen. Hier sind langsam laufende Rührwerke ausreichend. Verweilstrecken vorzusehen ist weniger sinnvoll, da sie entweder sehr lang werden, oder die Strömungsgeschwindigkeit so niedrig wird, dass eine Belagsbildung in den Rohrleitungen unvermeidlich ist.
- Aus dem Verflüssigungsbehälter wird die Maische über eine Kühleinrichtung in den Verzuckerungsbehälter gepumpt. Zur Kühlung auf Verzuckerungstemperatur sind Doppelrohrkühler am besten geeignet. Danach werden die Verzuckerungsenzyme (z. B. Glucoamylase) dosiert, nachdem eventuell eine pH-Wert-Korrektur durchgeführt wurde. Zur Verzuckerung kann entweder wiederum ein Verweilbehälter eingesetzt werden, oder die Maische wird nach der Dosierung der Verzuckerungsenzyme gleich weiter auf Gärtemperatur gekühlt und zum Fermenter gepumpt. Da diese meist sehr groß sind und über mehrere Stunden hinweg befüllt werden, können die Verzuckerungsenzyme, die für das gesamte Fermentervolumen erforderlich sind, im Fermenter selbst zu Beginn der Befüllung zugegeben werden. Dadurch wird eine schnelle Angärung sichergestellt und der frisch befüllte Fermenter befindet sich bereits in Gärung. Die Hefe wird in den gekühlten Maischestrom zudosiert, um eine gleichmäßige Durchmischung im Fermenter sicherzustellen.
- Anschließend erfolgt die Fermentation und damit die Umsetzung des Zuckers in Ethanol unter Freisetzung von Kohlenstoffdioxid (CO_2).
- Die vergorene Maische wird nun destilliert; dabei entsteht einerseits das Produkt Ethanol und andererseits die ethanolfreie Schlempe, die nach einer Separation als sogenannte Dünnschlempe – ebenso wie das erhitzte bei der Destillation und der Kühlung anfallende Kühlwasser – wieder im Prozess genutzt werden kann.
- Die Restschlempe mit den Schlempe-Feststoffen kann unterschiedlich weiter genutzt werden. Beispielsweise kann sie – energieintensiv – zu DDGS getrocknet und z. B. als Futter in der Bullenmast eingesetzt werden. Daneben ist auch die Gewinnung von Biogas möglich; theoretisch kann damit der Energiebedarf der Anlage gedeckt werden /15-55/.

Die hier dargestellte kontinuierliche Arbeitsweise erlaubt eine bessere Wärmerückführung im Prozess und damit eine insgesamt bessere Energiebilanz im Vergleich mit der diskontinuierlichen Arbeitsweise. Dies ist jedoch mit einem erheblichen verfahrenstechnischen Aufwand verbunden. Zusätzlich sind bei kontinuierlichen Prozessen auch Maßnahmen zur Verhinderung von Infektionen notwendig. Beispielsweise muss bei der Verarbeitung von Weizen, Roggen oder Triticale mit Verzuckerungstemperaturen von mindestens 80 °C gearbeitet werden, um die Maischen einigermaßen zu pasteurisieren. Auch sollten die Gefäße zur Bereitung der Hefemaische sterilisiert werden können.

15 Ethanolerzeugung und -nutzung

Lignocellulosehaltige Rohstoffe. Aufgrund möglicher Nutzungskonkurrenzen werden derzeit intensiv Konzepte für die Ethanolproduktion aus lignocellulosehaltigen Rohstoffen entwickelt. Eine Übersicht über die möglichen Hydrolyseverfahren zeigt Abb. 15.5. Ausgehend davon werden nachfolgend einige Beispiele für Gesamtprozesse auf der Basis lignocellulosehaltiger Rohstoffe diskutiert.

Ethanol-Lignocelluloseprozess mit verdünnter Schwefelsäure. Die trockene Biomasse wird zunächst auf eine Größe von 15 mm vermahlen. Danach wird sie einer Behandlung mit verdünnter Schwefelsäure unterzogen und mit Dampf erhitzt. Die säuredurchdrungene Masse wird dann zusammen mit weiterer verdünnter Schwefelsäure in einen Vorbehandlungsreaktor gegeben. Durch Zugabe von Dampf wird der Reaktorinhalt auf 160 bis 180 °C erhitzt (Abb. 15.23). Dadurch werden die Hemicellulosen in monomere Zucker hydrolysiert. Diese hydrolysierte Maische wird gekühlt und einer anschließenden Fest/Flüssigtrennung unterzogen. Das flüssige Hydrolysat wird nun neutralisiert. Dies geschieht in einem kontinuierlichen Prozess des Ionenaustauschs mit anschließender Behandlung mit Kalkmilch. In erster Linie wird hierbei die im Prozess gebildete und für Hefen toxische Essigsäure aus dem Hydrolysat beseitigt. Der dabei entstehende Gips wird danach abgetrennt. Das gereinigte Hydrolysat wird nun auf Fermentationstemperatur gekühlt und der Ethanolfermentation zugeführt.

Für die Produktion von Cellulase wird *Trichoderma reesei* verwendet. Als Substrat für diese Fermentation wird ebenfalls im Prozess gewonnenes Cellulosehydrolysat eingesetzt. Eine weitere Aufarbeitung der gebildeten Cellulase erfolgt nicht, da zur Ethanolfermentation die Verwendung des gesamten Cellulase-Fermentationssubstrats deutlich effizienter ist.

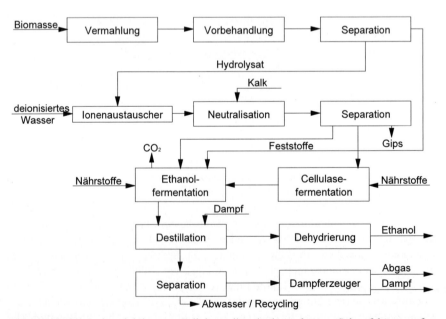

Abb. 15.23 Ethanolproduktion aus Cellulose, die mittels verdünnter Schwefelsäure aufgeschlossen wird /15-23/

15.3 Anlagenkonzepte   841

Der derart vorbereitete Substratstrom wird der Fermentation zugeführt, bei der je nach eingesetzten Mikroorganismen nur die Hexosen oder Hexosen und Pentosen verwertet werden können. Die erreichbare Ethanolkonzentration ist mit etwa 4 bis 5 Gew.-% relativ gering; dies erhöht den Aufwand für die weitere Aufarbeitung des Produktes. Die Schlempe wird einer Separierung unterzogen und die Feststoffanteile in der Schlempe können zur Energieerzeugung verwendet werden. Etwaige Überschussmengen können als Brennstoff aufgearbeitet werden.

Beispielsweise kann aus Stroh durch ausschließliche Verwertung der Hexosen etwa 200 l Ethanol pro Tonne Stroh erzeugt werden. Verwertet man auch noch die Pentosen, dann können zusätzlich noch etwa 120 l Ethanol gewonnen werden. Damit kann aus einer Tonne Stroh je nach Gehalt an Cellulose und Hemicellulose etwa 300 bis 350 l Ethanol hergestellt werden.

Ethanol-Lignocelluloseprozess mit konzentrierter Schwefelsäure (Arkenol-Prozess). Die fein vermahlene Biomasse wird zunächst einer Hydrolyse mit konzentrierter Schwefelsäure unterworfen (Abb. 15.24). Der hierbei aufschließbaren Anteile von Hemicellulose und Cellulose gehen in Lösung und werden anschließend durch eine Filtration von den nicht löslichen Anteilen getrennt. Die hierbei anfallenden Feststoffe werden dann einer zweiten Hydrolyse unterworfen. Die nun immer noch unlöslichen Anteile bestehen im Wesentlichen aus Lignin, das nach der zweiten Hydrolyse von den gelösten und vergärbaren Anteilen abgetrennt wird. Die in beiden Hydrolyseschritten gewonnene Säure-Zucker-Lösung wird nun einer

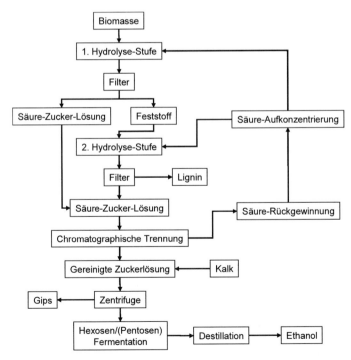

Abb. 15.24 Arkenol-Prozess zur Verarbeitung von cellulosehaltiger Biomasse

chromatographischen Säure-Rückgewinnung zugeführt. Die zurückgewonnene Säure wird erneut aufkonzentriert und im Prozess weiter verwendet. Die erhaltenen Zuckersäfte müssen nun noch mit Kalk neutralisiert werden und können dann – nach Abtrennung des entstandenen Gipses – analog wie bei Ethanolanlagen auf Zucker- oder Stärkebasis vergoren werden. Die ligninhaltigen festen Rückstände werden entwässert und als Brennstoff für die Erzeugung von Dampf eingesetzt. Dadurch kann für den Prozess erforderliche Energie bereitgestellt werden.

Ethanol-Lignocelluloseprozess mit enzymatischer Hydrolyse (Iogen-Prozess). Beim Iogen-Prozess (Abb. 15.25) erfolgt der Cellulose-Aufschluss durch eine enzymatische Hydrolyse. Dazu wird in einem ersten Prozess-Schritt der Rohstoff nach Zugabe von Schwefelsäure einem Hochdruck-Dämpf-Prozess unterzogen. Bei einem Säuregehalt von 0,5 bis 1 % wird diese Mischung für etwa 1 min auf 200 bis 250 °C erhitzt und danach in einen Hydrolyse-Behälter entspannt. Bei diesem Druckabfall entstehen überall im behandelten Biomassematerial Dampfbläschen, die zu einer weitestgehenden Zerstörung der ursprünglichen Zellstruktur des Rohstoffs führen und auch zu einem großen Teil das Lignin von der Cellulose trennen.

Im Hydrolysetank wird diese Cellulose-Maische auf einen pH-Wert von 5 neutralisiert und bei etwa 50 °C mit Cellulasen zu Glucose abgebaut. Diese Hydrolyse dauert etwa 5 bis 7 Tage; dann sind 80 bis 95 % der vorhandenen Cellulose zu Glucose abgebaut. Die hydrolysierte Maische wird von den stark ligninhaltigen Feststoffen abgetrennt und fermentiert. Bei der Fermentation und der anschließenden Ethanolaufreinigung werden herkömmliche Technologien eingesetzt. Die abgetrennte Ligninfraktion wird getrocknet und steht anschließend als Brennstoff für

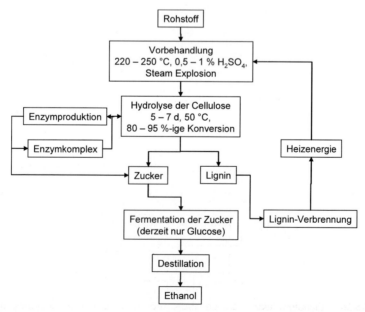

Abb. 15.25 Iogen-Prozess zur Verarbeitung von cellulosehaltiger Biomasse

die Wärmebereitstellung der Anlage zur Verfügung. Der so erschlossene Brennstoff kann ausreichen, um die energieaufwändigen Destillationsschritte zu beheizen.

Ethanol-Prozess mit Multi-Feedstock-Verfahren. Grundsätzlich können auch Anlagenkonzepte realisiert werden, bei denen zucker-, stärke- und/oder cellulosehaltige Biomassen eingesetzt werden. Nachfolgend wird ein derartiges Beispiel diskutiert (Abb. 15.26).

Nach einer mechanischen Vorbehandlung wird die Maissilage einer hydrothermischen Behandlung bei 160 °C unterzogen, der dann eine enzymatische Hydrolyse folgt. Dieser Prozess bedarf nicht der Zugabe von mineralischer Säure. Die Hydrolyse dauert 3 bis 4 Tage. Danach kann die verzuckerte Cellulose-Maische zusammen mit der verzuckerten Stärke-Maische vergoren werden. Dabei kann derzeit rund 60 % der in der Maissilage enthaltenen Cellulose zu Glucose umgesetzt werden.

Cellulose-Maischen können nur bis zu einem Trockensubstanzgehalt von etwa 17 % eingemaischt werden, da das faserige Material sonst nicht mehr gerührt oder gepumpt werden kann. Da diese Biomasse dann aber nur 30 bis 50 % Cellulose enthält, können in solchen Maischen nach der Fermentation nur Alkoholgehalte von 5 Vol.-% im allerbesten Falle erreicht werden. Dadurch steigt der energetische Aufwand in der Destillation stark an.

In dem in Abb. 15.26 dargestellten Beispiel wird nun der so verzuckerten Cellulose-Maische ein fein vermahlener stärkehaltiger Rohstoff (z. B. Triticale) zugegeben. In dieser Maische wird dann mit Hilfe moderner Enzymsysteme bei 55 °C die

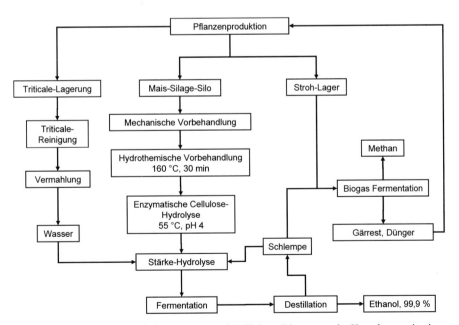

Abb. 15.26 Ethanolproduktion aus unterschiedlichen Biomassen in Kopplung mit einer Biogasproduktion

native Stärke massiv angegriffen und während der Fermentation simultan zur Ethanolbildung vollständig zu fermentierbaren Zuckern abgebaut und vergoren. Auf diese Weise werden vergorene Maischen mit 10 bis 11 Vol.-% Ethanol erhalten.

Von Vorteil ist auch, dass die vorhandene Cellulose nicht vollständig in Ethanol umgesetzt werden muss, da nicht in diesem Prozess aufgeschlossene Cellulose in die Biogasanlage gelangt und dort Energie in Form von Biogas liefert.

15.4 Produkte und energetische Nutzung

Bei der Alkoholproduktion fallen im Wesentlichen zwei Produkte, das eigentlich gewollte Ethanol und – mit etwa der 10 bis 12-fachen Menge – die Schlempe (d. h. das alkoholfreie vergorene Substrat) an. Beide Produkte werden nachfolgend diskutiert.

15.4.1 Ethanol

Alkohol ist ein Sammelbegriff für eine Reihe organischer Verbindungen, die durch eine OH-Gruppe gekennzeichnet sind. Dabei unterscheidet man zwischen ein-, zwei- und dreiwertigen Alkoholen, je nachdem, wie viele OH-Gruppen das Molekül enthält. Alkohole werden in der Regel nach den Kohlenwasserstoffen bezeichnet, von denen sie sich ableiten, und mit der Endung "ol" versehen (z. B. Methanol (CH_3OH) vom Methan (CH_4), Ethanol (C_2H_5OH) vom Ethan (C_2H_6)).

Meistens – und im Rahmen dieser Ausführungen ausschließlich – ist Ethanol gemeint, wenn umgangssprachlich von Alkohol die Rede ist. Ethanol (früher auch Äthanol) ist bekannt als ein Stoffwechselprodukt bestimmter Hefen und Bakterien. Er kann auch technisch durch die sogenannte Alkoholsynthese erzeugt werden, bei der Wasser an das Gas Ethylen (CH_2) zu Ethanol angelagert wird.

Ethanol ist eine leicht entzündliche, klare, farblose Flüssigkeit mit würzigem Geruch und brennendem Geschmack, die sich in jedem Verhältnis mit Wasser, Ether, Chloroform, Benzin und Benzol mischt. Die Mischung mit Wasser führt zur Volumen-Verminderung (sogenannte Volumen-Kontraktion) und zur Erwärmung. Bei der Verbrennung von Ethanol entstehen Kohlenstoffdioxid (CO_2) und Wasser (H_2O). Ethanol wird als absoluter Alkohol bezeichnet, wenn die Flüssigkeit mindestens 99,8 Vol.-% Alkohol enthält, also praktisch wasserfrei ist.

Kraftstoffrelevante Eigenschaften. Ethanol enthält volumenbezogen etwa 65 % des Energiegehaltes verglichen mit konventionellem Ottokraftstoff (Tabelle 15.1). Da Ethanol einen höheren Dampfdruck als Benzin und zudem eine höhere Verdampfungswärme aufweist, sind die Zündeigenschaften bei niedrigen Temperaturen schlechter als bei Benzin. Dadurch ist deutlich mehr Energie erforderlich, um Ethanol zu verdampfen; dies hat zur Folge, dass die vom Motor angesaugte Luft relativ warm sein muss, um genügend Verdampfungswärme bereitzustellen. Beispielsweise muss deshalb zum Starten eines Vergasermotors die Temperatur der angesaugten Luft mindestens 10 °C betragen; auch sollte bei kalter Witterung die

15.4 Produkte und energetische Nutzung

Tabelle 15.1 Kraftstofftechnische Eigenschaften von Ethanol, Benzin und Dieselkraftstoff (u. a. /15-8/)

	Ethanol	Benzin (Normal)	Diesel
Zusammensetzung in Gew.-%			
Kohlenstoff (C)	52	86	86
Wasserstoff (H)	13	14	13
Sauerstoff (O)	35	0	–
Heizwert			
massebezogen in MJ/kg	26,8	42,7	42,5
volumetrisch in MJ/l	21,3	ca. 32,0	ca. 36,0
Dichte (15 °C) in kg/l	0,794	0,72 – 0,78	0,815 – 0,855
Kinematische Viskosität (20 °C) in mm^2/s	1,5	0,6	4
Siedepunkt in °C	78	25 – 215	180 – 360
Flammpunkt in °C	12,8	-42,8	68
Zündtemperatur in °C	420	ca. 300	ca. 250
Spezifische Verdampfungswärme in kJ/kg	904	380 – 500	ca. 250
Theoretische Mindestluftmenge in kg/kg	9	14,8	14,5
ROZ (Oktanzahl)	107	93	–

Luft auf 90 °C vorgewärmt werden, um ein weiches und leistungsadäquates Fahrverhalten sicherzustellen. Diesem Problem kann aber auch durch die Zumischung von Ethern oder Benzin begegnet werden; bei Ethanol-Benzin-Gemischen spielt es damit nur eine untergeordnete Rolle.

Zur Beurteilung der Eignung von Treibstoffen für Ottomotoren ist die Oktanzahl ein wichtiges Kriterium. Sie beschreibt die Resistenz eines Treibstoffes gegen Explosionserscheinungen (Klopfen, Klopffestigkeit) während der Verbrennung. Hierbei weist Ethanol eine im Vergleich zu Benzin deutlich bessere Oktanzahl (ROZ) von 107 verglichen mit 93 auf. Dadurch ist auch der Wirkungsgrad alkoholbetriebener Motoren höher, da sie mit einer höheren Kompression in den Zylindern betrieben werden können.

Bei Dieselmotoren ist demgegenüber die Zündverzögerung des Treibstoffs von Bedeutung, die über die Cetanzahl ausgedrückt wird. Sie ist bei Ethanol jedoch viel zu gering, weshalb der alleinige Einsatz in Dieselmotoren problematisch ist.

Einsatzmöglichkeiten als Kraftstoff. Ethanol kann als Reinkraftstoff, als Mischkraftstoff (d. h. unter Zumischung zu konventionellem Ottokraftstoff) und nach einer chemischen Umwandlung in Motoren eingesetzt werden. Diese verschiedenen Möglichkeiten werden nachfolgend dargestellt. Auf weitere Einsatzmöglichkeiten im Energiesystem wird – da sie gegenwärtig von untergeordneter Bedeutung sind – nicht eingegangen.

Reinkraftstoff. Ethanol kann als Reinkraftstoff nicht in herkömmlichen Motoren, sondern nur in speziell entwickelten Reinethanolmotoren verwendet werden. In solchen Verbrennungskraftmaschinen kann ein Ethanol-Wasser-Gemisch mit 70 bis 100 Vol.-% Ethanol eingesetzt werden; dies wird beispielsweise z. T. in Brasilien realisiert.

Dazu muss – im Vergleich zum benzinbetriebenen Ottomotor – allerdings das Luft-Kraftstoff-Verhältnis im Motor verändert werden. Dazu sind u. a. die Kraftstoffdüsen aufzubohren; dadurch ist aber ein Einsatz von Benzin nicht mehr möglich. Zudem müssen alle kraftstoffberührten Teile unempfindlich gegenüber Ethanol ausgeführt werden, da Ethanol mit bestimmten Materialien, die gegenüber Benzin beständig sind, Reaktionen eingehen kann; dies kann zur Korrosion führen. Dabei greift Ethanol Stahl nicht signifikant und Nylon, HD-Polyethylen und Polypropylen i. Allg. überhaupt nicht an; allerdings sind viele derzeit in konventionellen Benzinmotoren verwendete Dichtungsmaterialien und Pumpenteile nicht gegen Ethanol resistent.

Nach einer eventuell zusätzlich notwendigen Verstellung des Zündzeitpunktes kann der für den Einsatz von Benzin konzipierte Ottomotor dann mit Ethanol betrieben werden, sofern eine ausreichend warme Witterung herrscht. Solche angepassten Motoren weisen einen verbesserten thermischen Wirkungsgrad sowie ein erhöhtes Drehmoment und eine etwas erhöhte Leistung auf – bei einem allerdings höheren volumetrischen Kraftstoffverbrauch.

Diese notwendigen Anpassungen sind vergleichsweise einfach zu bewerkstelligen und relativ billig, führen aber zu Problemen bei kalter Witterung. Dies kann z. B. durch die Installation eines separaten Tanks mit einem Starthilfsmittel (Propan, Ether), mit dessen Hilfe dann der Kaltstart erfolgt, gelöst werden. Nach erfolgtem Motorstart muss dann die angesaugte Luft über einen Wärmeübertrager mit den heißen Abgasen auf rund 90 °C vorgewärmt werden. Dies führt allerdings zu einer geringeren Dichte der angesaugten Luft, wodurch die maximale Leistung des Motors etwas reduziert wird.

Ein derart umgebauter Benzinmotor nutzt allerdings die Eigenschaften des Ethanols nicht zufriedenstellend aus, da durch die hohe Klopffestigkeit des Treibstoffs der Motor bei deutlich höherer Verdichtung betrieben werden könnte, als dies bei einem konventionellen Benzinmotor (6 bis 8 zu 1) der Fall ist. Dies hat im Vergleich zu einem speziell für Ethanol konzipierten Motor mit einem Verdichtungsverhältnis von 12 zu 1 einen höheren Kraftstoffverbrauch zur Folge.

Der Einsatz von Reinethanol in Dieselmotoren ist problematisch, da hierzu eine extrem hohe Verdichtung notwendig wäre. Daher müssen auch in einen Dieselmotor kräftige Zündhilfen eingebaut werden, wenn nicht chemische Selbstentzündungshilfen beigemischt werden sollen. Unter den technischen Zündhilfen sind derzeit im Wesentlichen zwei Verfahren zu unterscheiden, das Zündstrahlverfahren und das Glühzündungsverfahren /15-58/. Im ersten Fall handelt es sich um einen Motor mit einem zweiten Kraftstoffeinspritzsystem, welches eine kleine Menge Diesel (ca. 10 %) zeitlich vor der Hauptmenge (Ethanol) einspritzt. Im zweiten Fall werden günstige Zündbedingungen durch Einbau einer leistungsstarken Glühkerze hergestellt.

Sollen demnach die Vorteile des Ethanols als Motorentreibstoff voll genutzt werden, ist eine spezielle Kraftstoff-Produkt-Linie erforderlich. Dies wäre mit entsprechenden Investitionen einerseits in eine dann notwendige Produktions- und Verteilungs-Infrastruktur und andererseits in die Entwicklung und Produktion von Reinethanolmotoren verbunden. Aufgrund der hohen weltweiten Nachfrage nach Ottokraftstoff, die durch Bioethanol – aufgrund der begrenzten Potenziale – immer nur teilweise gedeckt werden kann, und der Tatsache, dass Ethanol problemlos zu

15.4 Produkte und energetische Nutzung

konventionellem Ottokraftstoff zugemischt und bis zu Anteilen von maximal rund einem Viertel auch ohne signifikante Probleme in vorhandenen Ottomotoren eingesetzt werden kann, ist es unwahrscheinlich, dass der Einsatz von Ethanol in Reinethanolmotoren in den nächsten Jahren eine größere Bedeutung erlangt.

Zumischung als Reinkomponente. Ethanol kann sowohl Otto- als auch Dieselkraftstoff zugemischt werden.

Bei Gemischen mit Dieselkraftstoff kann der Anteil bis zu etwa 30 % betragen. Ähnlich wie bei Reinalkoholmotoren werden aber Motoren für Gemische aus Dieselkraftstoff mit Ethanol nicht in Serie produziert. Bei einer Markteinführung wäre auch hier mit hohen Investitionen für die Ausrüstung der Motoren und die Distributionssysteme zu rechnen; diese Option hat deshalb gegenwärtig keine Bedeutung.

Die direkte Beimischung von Ethanol zu Ottokraftstoff wird vielfach – aus praktischen sowie aus Umwelt- und Klimaschutzgründen – als die vielversprechendste Lösung angesehen. Dies wird auch daran deutlich, dass infolge des US-Alkoholprogramms – bei steigender Tendenz – bereits rund 10 % des Ottokraftstoffs in den USA mit etwa 10 % Ethanolzusatz vertrieben werden. Auch bietet die Automobilindustrie dort mittlerweile Motoren an, in denen konventioneller Ottokraftstoff bis zu einem Ottokraftstoff-Ethanol-Gemisch mit 85 % Ethanol (E85) eingesetzt werden kann. Diese Motoren sind mit Sensoren ausgestattet, welche die jeweilige Kraftstoffzusammensetzung erfassen und dementsprechend Zündzeitpunkt und Luftmenge optimal anpassen. Damit ist die Beimengung von Ethanol zu Ottokraftstoff ein etabliertes Verfahren. Maximal 20 bis 25 Vol.-% Ethanol können dem Ottokraftstoff beigemischt werden, ohne dass signifikante Änderungen am Motor erforderlich werden.

Aufgrund der gesetzlichen Rahmenbedingungen ist der Grad der Zumischung jedoch begrenzt. Die Anforderungen der DIN 51 607 für unverbleiten Ottokraftstoff werden beispielsweise durch den E5-Mischkraftstoff eingehalten; hier sind 3 % Methanol- und 5 % Ethanolzusatz als Obergrenzen vorgesehen. Demnach müssen solche Mischkraftstoffe sicher und mit ähnlicher Leistung wie das heute übliche Benzin in den gegenwärtig im Verkehr befindlichen oder im Handel angebotenen Kraftfahrzeugen mit Ottomotor einsetzbar sein, ohne dass eine Umrüstung erforderlich ist /15-14/.

Die Zugabe von Ethanol zu herkömmlichen Ottokraftstoffen verändert eine Reihe von Kraftstoffkenndaten und kann sich folgendermaßen auswirken (vgl. /15-24/).

- Phasenstabilität. Der Wasseranteil im Ethanol – wird kein wasserfreier Ethanol eingesetzt – destabilisiert die Mischung und kann zu einer Phasentrennung führen. Beispielsweise besteht beim Unterschreiten von 10 °C schon bei Wassergehalten von 0,5 Vol.-% im Gemisch die Gefahr einer Entmischung. Dem kann durch den Zusatz von Lösungsvermittler und Wasserausschluss bei der Lagerung gegengesteuert werden /15-38/.
- Materialverträglichkeit. Auch Ethanol-Mischkraftstoffe haben – ähnlich wie Reinethanolkraftstoffe – Lösemitteleigenschaften für bestimmte Elastomere und können korrosionsfördernd auf Metalle wirken. Dies kann durch modifizierte

Elastomer-Materialien bzw. durch korrosionshemmende Additive verhindert werden /15-38/.
- Klopffestigkeit. Ethanolbeimischungen erhöhen die M- bzw. R-Oktanzahl entsprechend der Zusammensetzung des Grundkraftstoffs. Besonders die Klopffestigkeit gering-oktaniger Grundkraftstoffe kann mit Ethanol wirksam angehoben werden /15-16/. Inwieweit dies auf die Straßenverhältnisse übertragen werden kann, für die die sogenannte S-Oktanzahl maßgeblich ist, hängt zusätzlich noch vom Motortyp ab.
- Betriebsverhalten. Auch beim Einsatz von Mischkraftstoffen in konventionellen Ottomotoren kann es zu den bereits bei einem Einsatz von Ethanol als Reinkraftstoff diskutierten Effekten kommen. Beispielsweise wird das Kaltanfahrverhalten bei Mischungen ab etwa 10 % Ethanolanteil infolge der erhöhten Verdampfungswärme des Mischkraftstoffs kritisch. Dem steht jedoch eine durch Ethanol erhöhte Flüchtigkeit des Mischkraftstoffs im unteren Siedebereich gegenüber, die im heiß gefahrenen Motor Störungen durch Dampfblasenbildung in den motorennahen Kraftstoffleitungen verursachen kann. Kraftstoffseitige Anpassungsmaßnahmen durch entsprechende Additive versagen jedoch erst bei Ethanolgehalten oberhalb von rund 10 Vol.-% und erzwingen dann Veränderungen an der Gemischaufbereitung /15-41/. Auch erhöht der Zusatz von Ethanol zusätzlich den Dampfdruck des Mischkraftstoffs und fördert damit die Verdunstung flüchtiger Kohlenwasserstoff-Komponenten (insbesondere beim Heißstart) infolge der höheren Flüchtigkeit des Gemisches. Außerdem kommt es zu einer Abmagerung des Kraftstoff-Luftgemisches durch den in Ethanol enthaltenen Sauerstoff. Auch kann es zu Zündproblemen bei niedrigen Temperaturen kommen. Insgesamt kommt es auch zu einem höheren volumetrischen Kraftstoffverbrauch infolge der geringeren Energiedichte von Ethanol und damit einer entsprechend geringeren Leistung des Motors. Durch die Ethanolbeimischung und die damit verbundene Erhöhung der Oktanzahl des Gemisches können die Motoren allerdings bei einer höheren Verdichtung (bis 12 zu 1) gefahren werden; dies führt zu einer Steigerung des Motor-Wirkungsgrades. Dadurch wird bei einer Ethanolzumischung auch die Beimischung von Benzol, beim konventionellen Benzin üblich, überflüssig /15-56/, /15-27/, /15-17/.

Zumischung nach chemischer Umwandlung. Aus Ethanol lässt sich auf chemischem Weg Ethyl-Tertiär-Butyl-Ether (ETBE) gewinnen. Dieser wird vornehmlich als Oktanzahlverbesserer Ottokraftstoffen zugesetzt. Hierzu wird Ethanol in petrochemischen Anlagen mit Isobuten verestert. Dieses Isobuten wird aus der Zerlegung von Erdöl oder Erdgas und damit aus fossilen Energieträgern gewonnen. Da in vielen Raffinerien in Europa Anlagen zur Herstellung von MTBE (Methyl-Tertiär-Butyl-Ether) existieren, wurden diese auf die ETBE-Produktion umgestellt. Je nach Produktionskapazitäten und Bedarf werden in den verschiedenen Ländern nur ETBE oder auch ETBE und absolutiertes Ethanol zugesetzt.

Insgesamt gesehen bietet die Zumischung von ETBE jedoch gegenüber einer Zumischung von Ethanol zu Ottokraftstoff praktisch keine quantifizierbaren Vorteile /15-23/.

15.4.2 Schlempe

Nach der Destillation fallen pro erzeugtem Liter Ethanol – je nach Destillationsanlage – 8 bis 10 l Schlempe an. Damit stellt sich die Frage einer kostengünstigen Verwertung bzw. Entsorgung; während beispielsweise in den USA mehr als 85 % der anfallenden Getreideschlempen getrocknet und dann als Futtermittel eingesetzt werden, werden sie in Deutschland und Europa bisher meist direkt verfüttert oder als Dünger genutzt. Dies ist bedingt durch die kleineren Anlagenkapazitäten in Europa, für die sich eine Schlempetrocknung meist nicht lohnt, da der dafür notwendige Energieeinsatz etwa in der selben Größenordnung liegt wie bei der gesamten Ethanolerzeugung /15-44/. Im Folgenden werden die wesentlichen Verwertungspfade für Schlempe kurz dargestellt.

Flüssiges Futtermittel. Schlempe ist als ein hochwertiges Futtermittel anzusehen, das z. B. zur Schweinemast eingesetzt werden kann. Da sie aber schnell verdirbt, muss sie entweder innerhalb von zwei Tagen frisch verfüttert oder zuvor getrocknet werden. Auch deshalb ist das Schlempe-Recycling im Maischprozess von Vorteil, da die anfallende Schlempemenge dadurch einerseits um gut die Hälfte reduziert werden kann (d. h. vermindertes Transportvolumen) und andererseits nach wie vor die in der Gesamtschlempe vorhandene Feststoff- und Nährstoffmenge enthält.

Festes Futtermittel. Die Inhaltsstoffe von getrockneter Schlempe können je nach Getreidequalität etwa 30 % Protein, 6,5 % Rohfaser und 6 % Fett enthalten. Damit stellt das DDGS ein hochwertiges Eiweißfuttermittel dar, das aber möglichst nicht länger als 2 bis 3 Monate gelagert werden sollte.

Düngemittel. Die Schlempe kann aufgrund der in ihr enthaltenen Mineralien auch als Düngemittel eingesetzt werden; beispielsweise liegt der Nährstoffgehalt je m^3 Kartoffelschlempe bei rund 2,7 kg Stickstoff (N), etwa 1,1 kg P_2O_5 und ca. 4,2 kg K_2O /15-37/. Schlempe sollte jedoch nur in frischem Zustand als Dünger auf die landwirtschaftliche Anbaufläche ausgebracht werden, da nur so eine weitgehende Geruchsfreiheit gewährleistet werden kann. Infolge der meist unangenehmen Gerüche, die bei einer Lagerung der Schlempe entstehen und an die Umgebung abgegeben werden, ist dies oft nur unter Zugabe von Konservierungsmitteln möglich. Auch hier macht sich das innerbetriebliche Schlempe-Recycling in einer Halbierung der zu lagernden und auszubringenden Mengen vorteilhaft bemerkbar.

Frische Schlempe enthält kaum freien mineralisierten Stickstoff. Er ist fast vollständig in Proteinen fixiert und wird daher erst während der Vegetationsperiode langsam freigesetzt (mineralisiert). In dieser Form kann er dann von den Pflanzen aufgenommen werden.

Energiegewinnung. Eine weitere Möglichkeit der Schlempeverwertung besteht in der Produktion von Biogas. Dadurch ist es theoretisch möglich, aus der anfallenden Schlempe etwa 120 % der für die Ethanolerzeugung erforderlichen Energie bereitzustellen. Zudem bleibt in der ausgefaulten Schlempe praktisch die vollständige Düngewirkung erhalten; einem anschließenden Einsatz als Dünger steht damit nichts im Wege.

15.4.3 Kohlenstoffdioxid

Kohlenstoffdioxid (CO_2) oder Kohlensäure ist ein farb- und geruchloses Gas, das etwa 1,5-mal schwerer als Luft ist. Es wird bei dem biologischen Abbauprozess von Zucker zu Ethanol freigesetzt.

In der Lebensmittelindustrie wird CO_2 zum Karbonisieren von Getränken eingesetzt. Das gibt den Getränken einen frischen Geschmack und beugt einem raschen Verderben des Getränkes vor. Diese Anwendung ist der häufigste Einsatz von CO_2. Kohlenstoffdioxid, das während der Ethanolfermentation entsteht, ist für den Einsatz im Lebensmittelbereich ausgezeichnet geeignet, da auf Basis seiner Entstehung keine toxischen Nebenprodukte enthalten sind.

Weithin kann CO_2 zum Kühlen und Tiefkühlen, zur Wasseraufbereitung, als Schutzgas und für Gewächshäuser zur Erhöhung der Konzentration und damit zur Steigerung der Photosyntheseleistung eingesetzt werden.

16 Biogaserzeugung und -nutzung

16.1 Grundlagen

Ausgehend von den in Kapitel 3 und 4 diskutierten für eine Biogaserzeugung prinzipiell einsetzbaren organischen Stoffe werden hier – nach einer Substratcharakterisierung – die bio-chemischen Grundlagen der anaeroben Fermentation dargestellt. Dann werden die Grundlagen der Prozesskinetik im Biogasreaktor diskutiert, die für die technische Umsetzung der anaeroben Fermentation bestimmend sind. Darüber hinaus wird auf Mess- und Betriebsgrößen eingegangen, welche die verfahrenstechnische Umsetzung der Biogaserzeugung bestimmen.

16.1.1 Substratcharakterisierung

Die für die Vergärung eingesetzten Substrate bestimmen den Prozessverlauf und die Biogasausbeute. Deshalb werden nachfolgend die für die Charakterisierung von Biogassubstraten (z. B. Abwasser, organisches Nebenprodukt, organischer Rückstand, organischer Abfall, nachwachsender Rohstoff) wesentlichen Größen beschrieben.

Temperatur. Da Vergärungsanlagen normalerweise bei rund 38 °C, ggf. auch bei rund 57 °C, betrieben werden, ist es von Vorteil, wenn die Substrate bereits auf einem hohen Temperaturniveau anfallen, da für ein ansonsten erforderliches Aufheizen ein entsprechender Teil der erzeugten Energiemenge eingesetzt werden muss.

Nährstoffangebot. Die zu vergärenden Ausgangsmaterialien sollten, damit der Gärprozess optimal ablaufen kann, genügend Nährstoffe und Spurenelemente enthalten. Allgemein wird ein Verhältnis von Kohlenstoff (C) zu Stickstoff (N) zu Phosphor (P) von etwa 100 bis 200 zu 4 zu 1 empfohlen. Das häufig betrachtete C/N-Verhältnis ist dagegen kein ausreichender Indikator für die anaerobe Abbaubarkeit. Es gibt höchstens erste Hinweise, da Stickstoff (N) beispielsweise auch immobilisiert in nicht abbaubaren Ligninstrukturen vorliegen kann.

Weitere Elemente, wie Natrium (Na), Kalium (K) und Kalzium (Ca) sowie Spurenelemente (z. B. Fe, Zn, Cu, Mo, Mn, Co, Ni, Se), können in Abhängigkeit von ihrer Bindungsform den Abbauvorgang ebenfalls beeinflussen. Insbesondere beim Einsatz von Monosubstraten sind beispielsweise aus der Vergärung nachwachsender Rohstoffe Mangelerscheinungen mit starkem Einfluss auf die Prozessstabilität bekannt.

Da bei der anaeroben Fermentation insgesamt gesehen aber nur wenig Bakterienbiomasse gebildet wird, ist der Einfluss des Nährstoffangebots auf den Gärprozess in der Regel weniger kritisch als beispielsweise bei aeroben Prozessen.

Konzentration organischer Stoffe. Auch der Gehalt organischer Stoffe, ausgedrückt als Fracht (z. B. in Form von organischer Trockenmasse (oTM)) im zu vergärenden Substrat, beeinflusst die Verfahrenswahl wesentlich. Anaerobe Bakterien bevorzugen nämlich hohe Substratkonzentrationen, in denen sie sich mit relativ wenig (energetischem) Aufwand mit Nahrung versorgen können. Beispielsweise bei der Abwasserbehandlung eignen sich anaerobe Prozesse daher speziell für mittel- und hoch belastete Substrate (d. h. CSB-Konzentrationen (CSB chemischer Sauerstoffbedarf, Kapitel 16.1.4) zwischen einigen g/l und einigen 10 g/l). Unterhalb von CSB-Konzentrationen von 2 g/l werden deshalb eher aerobe Mikroorganismen eingesetzt; aerobe Prozesse können daher gut zur Nachreinigung anaerob vorbehandelter Substrate genutzt werden. Bei der Vergärung von Substraten mit hohen Feststoffgehalten wirkt sich die Konzentration der organischen Stoffe stark auf die Raumbelastung (vgl. Kapitel 16.1.3) aus, die in engem Zusammenhang mit der Stabilität des Vergärungsprozesses steht. Hohe organische Frachten neigen zur verstärkten Säurebildung.

Zusammensetzung der organischen Fraktion. Die Abbaubarkeit und die Dynamik des Abbaus der organischen Anteile der eingesetzten Substrate hängen stark von der Art der zu vergärenden organischen Substanz ab. Sehr gute Hinweise gibt die Klassifizierung der Substrate nach Weender (Rohfaser, Rohprotein, Rohfett und stickstofffreie Extraktstoffe, die in Kombination mit Verdaulichkeitsquotienten die Eignung organischer Stoffe als Futter beschreiben) oder die Einteilung nach van Soest (Cellulose, Hemicellulose und Lignin).

Hemmstoffe. Zusätzlich ist der Gehalt an potenziellen Hemmstoffen zu beachten, die ggf. in gewissen Industrieabwässern und organischen Abfällen vorkommen können. Hier kann es sich beispielsweise um Desinfektionsmittel, Antibiotika, Ammoniumfrachten oder Tenside handeln. Sie erfordern entweder eine entsprechende Adaptation (Anpassung) der Bakterien und/oder eine Vorbehandlung der Substrate bzw. den Ausschluss der Hemmstoffe aus der Substratzufuhr in die Biogasgewinnung.

Feststoffgehalt. Bei mehr als 10 % Feststoffgehalt können anaerobe Hochleistungsprozesse zur Flüssigvergärung i. Allg. nur noch sehr beschränkt eingesetzt werden. Substrate mit derart hohen Feststoffgehalten werden vorteilhaft konventionell vergoren (d. h. bei relativ langer Verweilzeit im Faulraum bzw. im Fermenter und bei niedrigerer Faulraumbelastung). Solche konventionellen Gärprozesse sind besonders interessant bei mehr als 5 % Trockenmassegehalt in den Substraten. Gärsubstrate mit mehr als 40 % Trockenmassegehalt müssen demgegenüber – da der anaerobe Abbauprozess nur im wässrigen Milieu stattfinden kann – in der Regel befeuchtet werden.

Korngrößenverteilung. Die Korngrößenverteilung beschreibt die physikalische Zusammensetzung der Substrate. Diese ist insbesondere vor dem Hintergrund der Nutzung bzw. Behandlung in technischen Anlagen von großer Bedeutung, da der mikrobielle Abbau nur gelöste Komponenten umfasst und von den Oberflächen der im zu vergärenden Substrat befindlichen Partikel her fortschreitet. Daher sind feinkörnige Substrate in der Regel leichter abbaubar als grobkörnige Stoffe. Darüber hinaus ist es von großer Bedeutung für die Förder- und Rührtechnik, ob die Biomasse gelöst, feinkörnig, grobkörnig oder in Faserform vorliegt.

16.1.2 Grundlagen des anaeroben Abbaus

Bei der Methangärung bauen – anders als beim aeroben Abbau – ausschließlich Bakterien organische Masse in sauerstofffreiem Milieu unter Freisetzung des sogenannten Biogases ab; darunter wird ein Gasgemisch verstanden, das im Wesentlichen aus Methan (CH_4) und Kohlenstoffdioxid (CO_2) besteht (Kapitel 16.3.1). Solche anaeroben Gärungs- und Fäulnisprozesse, bei denen methanhaltiges Gas gebildet wird, finden natürlicherweise beispielsweise in Mooren, am Grund von Seen, in Festmistlagerstätten oder Güllegruben sowie in Hausmülldeponien statt. In Biogasanlagen werden diese Gärungs- und Fäulnisprozesse gesteuert mit dem Ziel, ein energetisch nutzbares Biogas zu erzeugen.

Der anaerobe Abbau wird durch verschiedene Bakteriengruppen realisiert, welche in Serie und in Symbiose einzelne Teilschritte des Abbaus vollziehen und aufeinander angewiesen sind (Abb. 16.1). Diese einzelnen Bakteriengruppen haben – u. a. auch in Abhängigkeit des verwendeten Ausgangsmaterials – z. T. unterschiedliche Wachstumsgeschwindigkeiten. Dies hat zur Folge, dass die Geschwindigkeit des Gesamtabbaus durch die jeweils am langsamsten wachsende Bakteriengruppe begrenzt wird.

Nachfolgend werden die verschiedenen Stufen, nach denen der anaerobe Biomasseabbau realisiert wird, beschrieben.
– In einem ersten Schritt, der Hydrolyse, wird die Biomasse, die aus polymeren organischen Verbindungen (z. B. Kohlenhydrate, Fette, Eiweiße) besteht, durch hydrolytische und fermentative Bakterien in eine ganze Reihe niedermolekularer Verbindungen umgewandelt (zunächst in Monomere wie Aminosäuren, Zucker, dann in niedere Fettsäuren, Milchsäure, Alkohole usw.; Abb. 16.1). Die prozentuale Zusammensetzung dieser Zwischenprodukte wird beeinflusst durch den Wasserstoffpartialdruck. Bei niedrigen Wasserstoffkonzentrationen wird viel Essigsäure gebildet, während ein höherer Partialdruck die Bildung von Propion-, Butter- und Milchsäure sowie Ethanol bewirkt.
– In einem zweiten Schritt, der sogenannten Essigsäurebildung, werden die Reaktionsprodukte der ersten Gruppe in Vorläufersubstanzen von Biogas, nämlich in Essigsäure, Kohlenstoffdioxid und Wasserstoff, umgewandelt. Dem Wasserstoff kommt dabei eine Schlüsselrolle zu, denn nur bei sehr niedrigem Wasserstoffpartialdruck können beispielsweise Reaktionsprodukte wie Propion- oder Buttersäure noch mit einem kleinen Energiegewinn in Essigsäure umgewandelt werden.

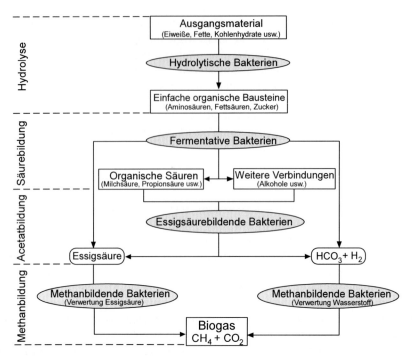

Abb. 16.1 Anaerober Abbau organischen Materials zu Biogas; je nach Art der Zählung werden hierfür zwischen drei und fünf Bakteriengruppen unterschieden (grau unterlegt)

- In der nun folgenden dritten Stufe, der Methanbildung, entsteht durch die eigentlichen Methanbakterien das Biogas. Rund 70 % des Biogases werden dabei durch die Spaltung von Essigsäure in Kohlenstoffdioxid (CO_2) und Methan (CH_4) gebildet und die verbleibenden etwa 30 % entstehen durch die Verbindung von Wasserstoff (H_2) und Kohlenstoffdioxid (CO_2) zu Methan (CH_4) und Wasser (H_2O). Die Methanbildung ist sehr eng an den Abbau von Propionsäure geknüpft, da die Methanbildner dafür sorgen müssen, dass der Wasserstoffpartialdruck nicht zu hoch wird, indem sie den Wasserstoff laufend in Methan umsetzen. Alle Methanbildner können aus Wasserstoff und Kohlenstoffdioxid Biogas erzeugen. Die Bildung von Biogas aus Essigsäure ist demgegenüber energetisch ungünstiger; sie kann daher nur von einem Teil der methanbildenden Bakterien bewerkstelligt werden. Trotzdem entsteht der größere Teil des Biogases aus Essigsäure.

Alle drei erwähnten Prozesse laufen in einer Biogasanlage meist gleichzeitig ab, jedoch oft nicht mit gleicher Geschwindigkeit. Der die Geschwindigkeit bestimmende Schritt ist bei den meisten Vergärungsprozessen die Hydrolyse. Speziell Cellulose und Hemicellulose, die z. B. in biogenen Abfällen normalerweise häufig vorkommen, sind durch die Bakterien nur langsam zu hydrolysieren. Nur wenn große Mengen an leicht abbaubaren Verbindungen vorliegen (z. B. in gewissen Abwässern von Brennereien oder Molkereien, in bestimmten Küchenabfällen, in einigen nachwachsenden Rohstoffen), kann die Methanbildung zum bestimmenden Schritt für die Geschwindigkeit werden, da sich die Säurebildner in diesem Fall relativ rasch vermehren. Unter diesen Bedingungen sollte nicht zuviel Material in den Reaktor gegeben werden, weil durch die hydrolytischen Bakterien ein Übermaß an Säuren produziert wird, die den pH-Wert auf ungünstige Werte absinken lassen. Durch diese Versäuerung wird die Methanbildung verlangsamt. Dies führt zu einer zusätzlichen Anhäufung von Säuren und dies wiederum bewirkt schließlich, dass der Prozess zum Erliegen kommt. Im diesem Fall muss normalerweise die Zufuhr von Frischmaterial vorübergehend eingestellt oder zumindest reduziert werden. Das ist auch der Grund, weshalb viele anaerobe Abwasserreinigungsanlagen – speziell bei sehr leicht abbaubaren Substraten – mit einem Bypass ausgestattet sind, über den das noch unbehandelte Ausgangsmaterial im Fall einer Störung um den Fermenter herum direkt in den Lagertank für das ausgefaulte Substrat geleitet werden kann.

Bei der Methangärung werden je nach Substratzusammensetzung etwa 7 % des Energiegehaltes der abgebauten Rohstoffe in der Bakterienbiomasse, die für den Abbau verantwortlich ist, fixiert. Das bedeutet, dass rund 90 % der Energie des abgebauten Materials im Methan verbleiben. Nur in Prozessen mit langen Aufenthaltszeiten kann ein Teil der abgestorbenen Bakterienbiomasse anaerob weiter zu Methan umgesetzt werden; dies erhöht die mögliche Energieausbeute.

Da die bakterielle Methanbildung z. T. endergonische Prozessschritte aufweist und dies die absolute Grenze dessen ist, was biologisch aus energetischer Sicht überhaupt noch machbar ist, wird beim anaeroben Abbau kaum Abwärme frei. Trotzdem ist aus modernen Vergärungsanlagen der Effekt der Eigenerwärmung bekannt, der insbesondere im Sommer in Anlagen mit sehr hohen Feststoffgehalten und damit geringen Wärmeleitfähigkeiten im Substrat zu einem ungewollten Temperaturanstieg im Fermenter um mehrere Kelvin führen kann. Die Ursache dafür sind exotherme biologische Abbauprozesse, die sowohl anaerob als auch unter Nutzung des mit der Biomasse ggf. eingetragenen Sauerstoffs ablaufen können. Dies wirkt sich entsprechend negativ auf die Prozessbiologie aus, da die Mikroorganismengesellschaften üblicherweise Temperaturschwankungen von mehr als ± 2 K nicht ohne größere Verluste kompensieren können.

16.1.3 Prozesskinetik

Von großer Bedeutung für die Beurteilung des Biogasproduktionsprozesses als auch für das detaillierte Verständnis der verschiedenen Vorgänge beim Abbau organischer Masse zu Biogas ist die Prozesskinetik. Sie setzt die Grenzen und charakterisiert die Möglichkeiten der technischen Umsetzung des Prozesses.

Basis für die Beschreibung der Prozesskinetik ist die Lebenstätigkeit der beteiligten Mikroorganismen. Dabei lassen sich die komplexen Wechselwirkungen zwischen den verschiedenen am anaeroben Abbau beteiligten Organismengruppen heute noch nicht vollständig formulieren. Vereinfachend kann aber davon ausgegangen werden, dass der Substratabbau S pro Zeiteinheit (dt) von der zeitabhängigen Mikroorganismenkonzentration dX/dt und dem spezifischen Biomassezuwachs Y abhängt (Gleichung (16-1)), u. a. /16-8/.

16 Biogaserzeugung und -nutzung

$$\frac{dS}{dt} = -\frac{dX/dt}{Y} \tag{16-1}$$

Die zeitabhängige Mikroorganismenkonzentration dX/dt wiederum kann nach Gleichung (16-2) aus der aktuellen Mikroorganismenkonzentration X und der aktuellen Wachstumsrate μ der Mikroorganismen berechnet werden. Die aktuelle Wachstumsrate ist dabei definiert durch die biologisch maximale Wachstumsrate μ_{max}, die Substratkonzentration S und die Monod-Konstante k_S (Gleichung (16-2)). Sowohl die maximale Wachstumsrate als auch die Monod-Konstante müssen experimentell bestimmt werden.

$$\frac{dX}{dt} = \mu X \quad \text{mit} \quad \mu = \mu_{max} \frac{S}{k_S + S} \tag{16-2}$$

Der Substratabbau selbst findet üblicherweise in kontinuierlich betriebenen Rührkesselreaktoren statt. Um unter diesen Bedingungen die beschriebenen Zusammenhänge anzuwenden, muss zunächst eine Massenbilanz für den stationären Zustand des Reaktors aufgestellt werden. Ein derartiger stationärer Zustand ist dabei als optimal anzusehen, da unter diesen Bedingungen die prozessspezifisch maximalen Umsatzraten erreicht werden können. Unter diesen Gegebenheiten gilt Gleichung (16-3) /16-8/.

$$V\frac{dS}{dt} = Q_{zu} \cdot S_{zu} - Q_{ab} \cdot S + V \cdot r_S = 0 \tag{16-3}$$

Demnach entspricht die Substratmengenänderung dS in Abhängigkeit von der Zeit dt im Reaktionsvolumen V der Substratzufuhr, die sich aus dem zugeführten Volumenstrom Q_{zu} und der Zulauf-Substratkonzentration S_{zu} abzüglich des Substrataustrages ergibt. Letzterer setzt sich aus dem abgeführten Volumenstrom Q_{ab} und der Ablauf-Substratkonzentration S, die der Substratkonzentration S im Reaktor entspricht, zuzüglich des abgebauten Substrates, das aus dem Reaktionsvolumen V und der Reaktionsrate r_S resultiert, zusammen.

Die Reaktionsrate beim Stoffumsatz folgt nach heutigen Erkenntnissen für alle einzelnen Teilschritte der anaeroben Umsetzung organischer Masse zu Methan und Kohlenstoffdioxid, die den zugrunde gelegten Bedingungen genügen, der beschriebenen Monod-Kinetik. Vereinfachend wird die Reaktionskette deshalb nachfolgend als ein einzelner Prozess dargestellt (vgl. /16-24/). Dies kann unter der Annahme geschehen, dass ein Teilprozess, nämlich der dargestellte Prozess, die Geschwindigkeit für den Gesamtprozess bestimmt. Für die Reaktionsrate r_S gilt Gleichung (16-4).

$$-r_S = \frac{\mu_{max}}{Y} \cdot \frac{S}{k_S + S} \cdot I \tag{16-4}$$

Zusätzlich kann ein dimensionsloser Hemmungsfaktor I eingeführt werden. Er beschreibt die in der Praxis nahezu immer vorhandene Abweichung des Ist-Zustandes vom Optimum und muss jeweils experimentell ermittelt werden.

16.1 Grundlagen

Die genannten Zusammenhänge können unter den folgenden Annahmen, die für die meisten Reaktoren gelten, weiter zu einer Kinetik erster Ordnung vereinfacht werden.
- Die Monod-Konstante k_S ist deutlich größer als die Substratkonzentration im Zulauf S_{zu}.
- Die Bakterienkonzentration X ist deutlich größer als die Substratkonzentration im Zulauf S_{zu}.
- Das Produkt aus Durchflussrate D (als Produkt aus Reaktionsvolumen V und Volumenstrom $Q_{zu} = Q_{ab}$) und der Aufenthaltszeit θ entspricht dem Wert 1.

Zusätzlich wird ein substratspezifischer k-Wert definiert, aus dem die Aufenthaltszeit, die notwendig ist, um einen bestimmten Abbaugrad zu erreichen, ermittelt werden kann. Er entspricht dem Quotienten aus der maximalen Wachstumsrate μ_{max} und dem Produkt aus spezifischem Biomassezuwachs Y und Monod-Konstante k_S. Unter diesen Bedingungen kann die Massenbilanz nach Gleichung (16-5) geschrieben werden. S_0 ist dabei die Substratkonzentration des Zulaufs und S_t die vorhandene Konzentration des Substrats.

$$\frac{Q}{V}(S_0 - S_t) - k\, S_t = 0 \tag{16-5}$$

Gleichung (16-5) kann nach der Substratkonzentration im nächsten Zeitschritt S_t umgestellt werden (Gleichung (16-6)).

$$S_t = \frac{S_0}{1+\frac{k}{D}} = \frac{S_0}{1+k\,\theta} \tag{16-6}$$

Die Differenz der Zulaufkonzentration S_0 und der vorhandenen Substratkonzentration S_t ist demnach gleich der abgebauten Substratmenge, die in Bakterienbiomasse und Biogas umgewandelt wird.

Auch wenn eine derartige Kinetik erster Ordnung nicht alle Prozesszustände im Detail abbilden kann, kann sie bei der überschlägigen Dimensionierung von Biogasanlagen wertvolle Informationen liefern. Für die Vergärung und insbesondere die Auslegung der technischen Einrichtungen anhand der diskutierten Zusammenhänge ist zu beachten, dass der Prozess im kontinuierlich betriebenen Rührkessel zwischen 5 und 8 d Aufenthaltszeit in den kritischen Bereich mit der Gefahr der Auswaschung gerät. Der Punkt mit der höchsten Raumbelastung (d. h. dem Maß für die Belastung des Reaktors mit organischem Material), die stabil gefahren werden kann, ist der Punkt, an dem die Kapazitätsauslastung maximal ist und somit die volumenspezifische Gasproduktionsrate ihren größten Wert annimmt. Der substratspezifische Biogasertrag wird im Gegensatz dazu mit steigender Aufenthaltszeit größer (Abb. 16.2).

Für Batch-Reaktoren, die in der Praxis zwar seltener, im Labor aber wegen ihrer einfachen Handhabung häufiger eingesetzt werden, gelten – mit leichten Anpassungen – ebenfalls die diskutierten Zusammenhänge (Gleichung (16-7)) /16-8/.

$$\frac{dS}{dt} = -\frac{\mu_{max}}{Y}\frac{S}{k_S + S} X \tag{16-7}$$

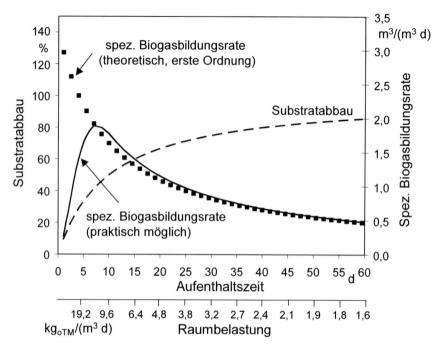

Abb. 16.2 Aufenthaltszeit, Raumbelastung, spezifischer Biogasertrag und Gasbildungsrate nach der Kinetik erster Ordnung für einen Rührkesselreaktor (Inputsubstrat: 12 % TM (Trockenmasse), 80 % oTM (organische Trockenmasse), $k = 0{,}1$, Biogaspotenzial = 0,34 l/g oTM)

Demnach ist der anaerobe Abbau – vergleichbar zu Gleichung (16-1) und (16-4) – von der Reaktionsrate r_S (vgl. Gleichung (16-4) und der Mikroorganismenkonzentration X abhängig.

Diese hier dargestellte Kinetik kann unter den folgenden Annahmen weiter vereinfacht werden.

- Die Monod-Konstante k_S ist deutlich größer als die Substratkonzentration im Zulauf S_{zu}.
- Die Bakterienkonzentration X ist deutlich größer als die Substratkonzentration im Zulauf S_{zu}.
- Der k-Wert entspricht dem Quotienten aus der maximalen Wachstumsrate μ_{max} und dem Produkt aus spezifischem Biomassezuwachs Y und Monod-Konstante k_S.

Ausgehend von diesen meist gültigen Annahmen vereinfacht sich Gleichung (16-7) für diskontinuierliche Reaktoren zu Gleichung (16-8). Demnach ist der anaerobe Abbau durch die Monod-Konstante k_S und die Substratkonzentration S im Fermenter definiert.

$$\frac{dS}{dt} = -k_S S \tag{16-8}$$

16.1 Grundlagen

Nach erfolgter Integration ergibt sich der in Gleichung (16-9) gezeigte Zusammenhang.

$$S_t = S_0 \cdot e^{-k_S t} \tag{16-9}$$

Folglich kann die vorhandene Konzentration des Substrats S_t durch die Substratkonzentration des Zulaufs S_0, der Monod-Konstante k_S und der Verweilzeit t beschrieben werden.

Stellt man den hier diskutierten Substratabbau von diskontinuierlich (d. h. Batch-Betrieb) und kontinuierlich betriebenen Reaktoren vergleichend gegenüber, ergibt sich das in Abb. 16.3 dargestellte Verhalten. Folglich können Reaktoren im Batch-Betrieb den maximalen Gasertrag in kürzester Zeit erzielen, da keine Auswaschung von Substrat bzw. Biomasse eintritt.

Werden mehrere Rührkesselreaktoren in Reihe geschaltet, kann mehr Substrat als in einem Einzelreaktor mit gleichem Volumen umgesetzt werden, da sich in den ersten Reaktoren eine höhere Substratkonzentration einstellt; somit wird insgesamt eine höhere Reaktionsrate erreicht. Je mehr Reaktoren in Reihe geschaltet werden, desto mehr nähert sich die Kurve der des Batch-Reaktors an. Der Abbauprozess in echten Pfropfenstromreaktoren zeigt ein kinetisches Verhalten, das dem des Batch-Reaktors entspricht; zu beachten ist dabei aber, dass ein echter Pfropfenstrom ohne Zonenvermischung im praktischen Betrieb nur sehr schwer zu erreichen ist.

Der zeitliche Verlauf des Substratabbaus hängt jedoch nicht nur vom Reaktordesign, sondern auch vom Substrat ab. Und da die Abbaugeschwindigkeiten verschiedener Substrate erheblich differieren können, hat dies einen großen Einfluss auf die definierten Konstanten und damit auch auf den erreichbaren Abbaugrad.

Abb. 16.4 zeigt deshalb den Zusammenhang von erreichbarem Abbaugrad und Aufenthaltszeit für zwei Substrate mit einem unterschiedlichen k-Wert. Da die Aufenthaltszeit direkt von der notwendigen Behältergröße und damit der Kapazi-

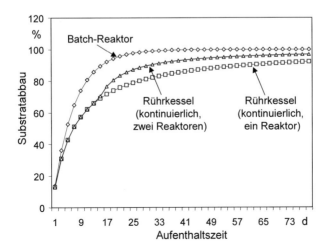

Abb. 16.3 Substratabbau in verschiedenen Fermentertypen

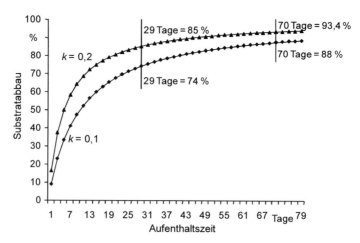

Abb. 16.4 Verlauf des Substratabbaus verschiedener Substrate in einem Rührkessel mit k-Werten von 0,1 bzw. 0,2 (Kinetik erster Ordnung)

tätsauslastung abhängt, sind die kinetischen Abbaueigenschaften des Substrates eine wesentliche Größe, die bei der Anlagenbemessung berücksichtigt werden muss.

Je nach der Abbaucharakteristik kann beispielsweise bei dem leichter abbaubaren Substrat mit dem k-Wert von 0,2 innerhalb einer Aufenthaltszeit von durchschnittlich 29 Tagen bereits ein 85 %-iger Abbau der organischen Substanz erwartet werden (Abb. 16.4). Bei dem Substrat mit dem k-Wert von 0,1 ist nach der gleicher Aufenthaltszeit nur ein Abbau von 74 % zu erwarten. Mit zunehmender Aufenthaltszeit sind grundsätzlich höhere Werte erreichbar, die sich üblicherweise immer weiter aneinander annähern. Mithilfe derartiger Überlegungen kann eine Anlage im Hinblick auf den gewünschten Abbaugrad der Substrate und eine tolerierbare Aufenthaltszeit sowie die damit verbundenen Investitionen optimiert werden.

16.1.4 Prozess- und verfahrenstechnische Messgrößen

Im Folgenden werden wesentliche verfahrens- und prozesstechnische Messgrößen diskutiert, durch die eine anaerobe Fermentation beschrieben werden kann.

Prozesstechnische Kenngrößen. Ziel der nachfolgenden Ausführungen ist eine Darstellung wesentlicher prozesstechnischer Kenngrößen.

Trockenmasse- und CSB-Gehalt. Bei der Vergärung wird zwischen flüssigen Substraten, Schlämmen und festen Substraten unterschieden.
- Flüssige Substrate (z. B. organisch belastete Abwässer) sind normalerweise durch Trockenmassegehalte von unter 6 % gekennzeichnet.
- Schlämme weisen zwischen rund 6 und 15 % Trockenmassegehalt auf und enthalten mehr oder weniger große Mengen freien Wassers bzw. große Konzentrationen von Feststoffen in Suspension. Sie besitzen normalerweise eine relativ hohe Viskosität und werden daher als halbfest oder pastös bezeichnet.

16.1 Grundlagen 861

– Unter festen Substraten versteht man Stoffe mit mehr als 15 % Trockenmassegehalt, die meist kein freies Wasser aufweisen.
Der Trockenmassegehalt derartiger Substrate wird durch Trocknen des Substrats bei 105 °C bis zur Gewichtskonstanz gemessen. Der Anteil der organischen Trockenmasse (oTM) an der Gesamttrockenmasse wird mit dem Glühverlust durch Glühen der gesamten Trockenmasse (TM) bei 550 °C gleichgesetzt. Demgegenüber ist bei Abwässern, deren organische Substanz vorwiegend in gelöster Form vorliegt, die Trockenmassebestimmung sehr ungenau, da z. B. niedere Fettsäuren mit dem Wasser ein azeotropes Gemisch bilden können und daher bei der Trocknung verdampfen. Auch bei anderen Substraten kann der Anteil des abbaubaren Materials (d. h. der organischen Trockenmasse) bisher nur mit vergleichsweise ungenauen chemisch-physikalischen Methoden erfasst werden.

In solchen Fällen wird mit dem chemischen Sauerstoffbedarf (CSB, englisch: chemical oxygen demand (COD)) gearbeitet. Diese Größe gibt an, wie viel Sauerstoff zur Oxidation sämtlicher oxidierbarer Komponenten gebraucht wird, indem sämtliche Verbindungen mit aggressiven Chemikalien vollständig zu Kohlenstoffdioxid (CO_2) und Wasser (H_2O) oxidiert werden. Allerdings können dabei auch bestimmte mineralische Komponenten oxidiert werden, wodurch das Resultat etwas verfälscht werden kann. Trotzdem erweist sich der CSB-Wert meist als der zuverlässigste Indikator für das Verschmutzungs- bzw. Energiepotenzial eines Abwassers.

Der biologische Sauerstoffbedarf (BSB5, englisch: biological oxygen demand (BOD)) beschreibt dagegen die Sauerstoffmenge, die aerobe Mikroorganismen für einen Substratabbau im Verlauf von 5 Tagen benötigen. Dazu wird eine zuvor meist stark verdünnte Probe des Abwassers mit Belebtschlamm über den genannten Zeitraum inkubiert. Dieser Parameter ist aber für Vergärungen kaum aussagekräftig, da er erstens an sich schon eine mit großen Fehlern behaftete Größe ist (d. h. aerobe Mikroorganismen können sich je nach Ausgangslage unterschiedlich verhalten) und zweitens die aerobe Abbaubarkeit kaum einen zuverlässigen Schluss auf die anaerobe Abbaubarkeit zulässt (d. h. anaerobe Bakterien beschreiten im Vergleich zu aeroben Mikroorganismen ganz andere biochemische Abbauwege und bauen daher auch nicht dieselben organischen Komponenten gleich ab).

Eindeutige Aussagen sind nur durch Gärtests möglich, wo der CSB (bzw. TM und oTM) vor und nach der Gärung bestimmt wird.

Gehalt an suspendierten und anderen Inhaltsstoffen. Im Allgemeinen trifft man weder absolut feste noch vollständig feststofffreie Substrate an; meist sind bestimmte Anteile des organischen Materials als Feststoffpartikel suspendiert. Wenn diese Anteile eine bestimmte Größenordnung einnehmen, stellt sich die Frage, ob der Fermenter hinsichtlich der notwendigen Hydrolysezeit dimensioniert werden soll (d. h. Rührkessel oder Kontaktprozess, Kapitel 16.2.3) oder ob die Feststoffe zunächst abgetrennt und separat hydrolysiert werden sollen (d. h. Zweistufen-Prozess). Werden nämlich dem Fermenter mehr Feststoffe zugeführt als hydrolysiert werden können, besteht die Gefahr, dass Feststoffe sich im Reaktorinneren akkumulieren und so den Abbau zunehmend behindern.

Neben organischen können auch mineralische Feststoffe in dem zu vergärenden Substrat vorkommen. Diese sind mit mechanischen Mitteln (d. h. Sieben, Sedimentieren) nach Möglichkeit vor der eigentlichen anaeroben Fermentation zu eliminieren. Werden sie nicht oder nur ungenügend abgeschieden, besteht die Gefahr, dass sie sich ebenfalls im Reaktor akkumulieren und so zur Verringerung des aktiven Fermentervolumens beitragen. Beispielsweise besteht beim Kontaktprozess (Kapitel 16.2.3) die Gefahr, dass derartige Inertstoffe in der anschließenden Sedimentation ausgeschieden und wieder in den Fermenter rückgeführt werden.

Neben von außen eingetragenen mineralischen Stoffen sind auch Ausfällungen von Salzen im Fermenter unerwünscht. Dies kann z. B. bei Abwässern mit hohen Carbonatkonzentrationen der Fall sein; beispielsweise können Anaerobfilter in der Zuckerindustrie durch Carbonatausfällungen nach zwei bis drei Betriebsjahren verstopfen.

Hemmstoffgehalt. In seltenen Fällen können gewisse Substanzen für den Gärprozess hemmend wirken. Die Hemmung ist dabei abhängig von der Konzentration der Hemmstoffe, der Zusammensetzung des Ausgangsmaterials sowie der Anpassung der Bakterien an den Hemmstoff. Gleichzeitig sind anaerobe Bakterien aber auch in der Lage, eine Vielzahl toxischer Verbindungen abzubauen /16-28/.

Tabelle 16.1 zeigt eine Zusammenstellung bekannter Hemmstoffe und deren kritische Konzentrationen. Dabei ist zu beachten, dass über maximal zulässige Konzentrationen toxischer Stoffe in anaeroben Prozessen sehr viele und teilweise sehr widersprüchliche Daten publiziert wurden. Uneinheitliche Beobachtungen können aber u. a. darauf zurückgeführt werden, dass verschiedene Bakterienpopulationen sich unterschiedlich gut an einzelne Hemmstoffe anpassen können. Je nach Fermentertyp, Fahrweise und Wechselwirkungen mit anderen Inhaltsstoffen der Substrate können deshalb stark unterschiedliche Grenzkonzentrationen beobachtet werden. Daher können die in Tabelle 16.1 dargestellten Angaben lediglich der groben Orientierung dienen. Dabei sind auch die folgenden Überlegungen zu berücksichtigen.

− Adaptationszeit. Der überwiegende Teil solcher Hemmstoffe zeigt normalerweise eine reversible Wirkung, die nach einer gewissen Adaptationszeit wieder verschwindet. Wie schnell die Anpassung der Bakterien vor sich geht, hängt von der Zusammensetzung der ursprünglich vorhandenen Biozönose ab.
− Art der Zugabe. Ein zugegebener Hemmstoff hat nicht die gleichen Konsequenzen für den Biogasprozess, wenn er einmalig (punktuell) oder laufend (chronisch) zugegeben wird. Bei einer punktuellen Zugabe entsteht nur dann ein irreversibler Schaden, wenn die Expositionszeit genügend lang und die Konzentrationen genügend hoch waren.
− Fermentertyp. Biogasprozesse in Fermentern mit zurückgehaltener Biomasse (z. B. Hochlastverfahren mit Biomasserückhaltung auf Aufwuchskörpern für stark wechselnde organische Lasten in Abwässern der Lebensmittelindustrie) sind i. Allg. weniger anfällig gegenüber toxischer Substanzen als solche in konventionellen Fermentern, in denen die Biomassekonzentrationen geringer sind (z. B. volldurchmischte Fermenter). Auch dringt bei immobilisierter Biomasse die Giftwirkung − bei kurzer Exposition − normalerweise nicht bis in die Tiefen der Bakterienagglomerate ein. Konventionelle, vollständig durchmischte Reaktoren weisen jedoch eine längere hydraulische Verweilzeit auf; dies hat zur Folge, dass Giftstöße stärker verdünnt werden und so weniger Wirkung zeigen.

Tabelle 16.1 Hemmstoffe und ihre Wirkungen bei der anaeroben Gärung

Natrium	Regulierung des pH-Werts der methanogenen Bakterien; kann zwischen 6 und 30 g/l hemmen; angepasste Populationen ertragen bis zu 60 g/l; Wechselwirkung möglich mit Kalium
Kalium	Regulierung der Osmose der Methanbakterien; hemmend ab 3 g/l; Wechselwirkung mit Natrium und Ammonium
Calcium	Hemmend ab 2,8 g/l $CaCl_2$; Wechselwirkung mit langkettigen Fettsäuren
Magnesium	Hemmend ab 2,4 g/l $MgCl_2$; Wechselwirkung mit Fettsäuren
Ammonium	Im Gleichgewicht mit Ammoniak (je nach pH-Wert); hemmend zwischen 2,7 und 10 g/l; adaptierte Kulturen können bei relativ niedrigem pH-Wert bis zu 30 g/l ertragen; Ammoniak ist ab 0,15 g/l hemmend; Wechselwirkung je nach Organismen mit Ca^{2+} oder Na^+
Schwefel	Schwefelverbindungen hemmend ab 50 mg/l H_2S, 100 mg/l S^{2-} und 160 mg/l Na_2S; adaptierte Kulturen können bis zu 600 mg/l Na_2S und 1 000 mg/l H_2S ertragen; Fällung in Anwesenheit von gewissen Metallionen; ebenfalls hemmend können Thio-Brücken wirken, wobei die Hemmschwellen je nach Substanz recht verschieden sein können
Schwermetalle	Hemmend als freie Ionen: Nickel ab 10 mg/l, Kupfer ab 40 mg/l, Chrom ab 130 mg/l, Blei ab 340 mg/l, Zink ab 400 mg/l
	Hemmend in Carbonatform: Zink ab 160 mg/l, Kupfer ab 170 mg/l, Cadmium ab 180 mg/l, $Chrom^{3+}$ ab 530 mg/l, Eisen ab 1 750 mg/l
	1 bis 2 mg/l Sulfid kann Schwermetalle durch Fällung neutralisieren; Möglichkeit der Elimination von Kupfer, Cadmium, Blei und Zink durch Polyphosphate (Komplexbildner)
Verzweigte Fettsäuren	Schon ab 50 mg/l Iso-Buttersäure hemmend
Höhere Fettsäuren	Der Abbau ist von der Anwesenheit freier Calcium-Ionen abhängig; kleine Mengen von altem Fritieröl können die Gasproduktion drastisch erhöhen; Hemmungen wurden jedoch ab 1,2 mMol C_{12} und C_{18} beobachtet
Petrochemische Produkte	Bei unadaptierten Systemen bereits Hemmungen ab 0,1 mMol Kohlenwasserstoffen, aromatischen und halogenisierten Verbindungen etc.; adaptierte Biozönosen hingegen bauen petrochemische Produkte sehr gut ab (z. B. 1 g/l Phenol)
Cyanid	Hemmend ab 5 mg/l; angepasste Gemeinschaften tolerieren bis zu 30 mg/l
Chlorierte Verbindungen	Anpassung an Chloroform möglich bis zu 40 mg/l; Fluor-Chlor-Kohlenwasserstoffe und andere halogenierte niedermolekulare organische Verbindungen sind toxisch ab ca. 50 mg/l
Formaldehyd	Für nicht adaptierte Kulturen ab 100 mg/l hemmend; Adaptation möglich bis zu 1 200 mg/l
Wasserstoff	Zusammenhang mit der Akkumulierung und dem Abbau von niederen Fettsäuren; für den Propionsäureabbau sind möglichst niedrige Konzentrationen erwünscht; Grenzwert je nach Bedingungen bei rund 1 µMol/l ($\approx$ 1,3 g/l im Gas)
Kohlensäure	Kritisch für Propionatabbau; Hemmung spätestens bei 1 bar CO_2-Partialdruck
Ethen und Terpen	Ungefähr 50 mg/l Öl von Zitrusfrüchten kann hemmend wirken; Schwelle bei ca. 1 mg/l
Stickstoffoxide, Nitrat, Nitrit	Diese Stoffe werden im anaeroben Milieu normalerweise denitrifiziert
Aromatische Aminosäuren	L-Dopa kann wahrscheinlich zu Hemmungen führen (z. B. Abwasser aus der Kartoffelverarbeitung); Wechselwirkung mit Fettsäuren, Adaptation möglich
Desinfektionsmittel und Antibiotika	Können hemmend in Bereichen ab rund 1 bis 100 mg/l wirken; dies muss aber nicht der Fall sein, da die anaeroben Bakterien nicht auf alle Antibiotika ansprechen (z. B. wirkt Penicillin nur auf die Zellwandsynthese von aeroben Bakterien)

– Antagonismen/Synergismen. Die Wirkung verschiedener Hemmstoffe wird durch die Anwesenheit von anderen Komponenten und damit durch antagonistische oder synergistische Effekte beeinflusst. So hängt beispielsweise die hemmende Wirkung von Schwermetallen davon ab, welche Anionen gleichzeitig vorhanden sind, da ggf. Metalle in Anwesenheit von z. B. Schwefelwasserstoff ausgefällt oder in Komplexen gebunden werden können. Zu hohe Sulfidionen-Konzentrationen können aber auch – je nach Temperatur und pH-Wert – selbst wieder toxisch wirken. Die Reduktion eines Schadstoffes durch Zugabe eines antagonistisch wirkenden Stoffes kann daher infolge verschiedener Wechselbeziehungen problematisch sein. Meist sind jedoch anaerobe Prozesse gegenüber Hemmstoffen relativ unempfindlich und in einem großen Teil der Fälle ist eine Anpassung auch an ursprünglich toxische Konzentrationen möglich.

Prozesstemperatur. Höhere Temperaturen ermöglichen generell schnellere Abbauzeiten. Für anaerobe Prozesse unterscheidet man im Wesentlichen
– psychrophile Bakterien, welche in einem Temperaturbereich bis etwa 25 °C gedeihen,
– mesophile Bakterien, welche ein Temperaturoptimum um rund 35 bis 43 °C aufweisen und
– thermophile Stämme, welche ein Optimum bei etwa 57 °C besitzen.

Obwohl auch beispielsweise an einem Seegrund bei 4 °C anaerobe Abbauprozesse stattfinden, kommen so tiefe Temperaturen für technische Prozesse nicht in Frage, da die Abbauvorgänge dort äußerst langsam ablaufen.

Für technische Prozesse werden vor allem mesophile und thermophile Bakterienstämme eingesetzt. Da bei der anaeroben Fermentation kaum Wärme entsteht, muss das Substrat auf Gärtemperatur aufgeheizt werden. Die Wahl des Temperaturbereichs hängt u. a. davon ab, wie hoch der Wassergehalt des Substrats ist. Ist das Substrat kühl und enthält viel Wasser (z. B. Gülle), ist eine hohe Gärtemperatur nicht sinnvoll, da sonst ein zu großer Anteil des produzierten Gases zur Bereitstellung der benötigten Prozessenergie aufgewendet werden muss. Für festere Abfälle mit relativ geringem Wassergehalt kann der thermophile Abbau demgegenüber vorteilhaft sein; dies gilt insbesondere auch deshalb, weil bei diesem im Vergleich zu mesophilen Temperaturen höheren Temperaturniveau Krankheitserreger und Unkrautsamen besser vernichtet werden. Für verdünntere Substrate kann ein thermophiler Prozess z. B. dann interessant sein, wenn ein industrielles Abwasser bereits auf einem sehr hohen Temperaturniveau anfällt (z. B. Abwasser der Papierindustrie). Tabelle 16.2 zeigt die jeweiligen Vorteile mesophiler und thermophiler Vergärung.

pH-Wert. Der optimale pH-Bereich für die Methanbildung liegt in einem engen Fenster zwischen rund 7 und 7,5. Biogas kann auch noch knapp unter- und oberhalb dieses Bereiches gebildet werden. Bei den einstufigen Verfahren stellt sich in der Regel automatisch ein pH-Wert im optimalen Bereich ein, da die Bakteriengruppen ein selbstregulierendes System bilden. Beim Zweistufen-Prozess ist der pH-Wert in der Hydrolysestufe normalerweise zwischen 5 und 6,5, da die säurebildenden Bakterien hier ihr Optimum aufweisen. Bei einem pH-Wert von rund 4,5 hemmen die hydrolytischen und säurebildenden Bakterien ihr Wachstum durch

Tabelle 16.2 Vorteile der mesophilen und thermophilen Vergärung

Mesophile Vergärung	Thermophile Vergärung
– geringerer Wasserdampfgehalt des Gases – weniger CO_2 im Gas (da CO_2 besser in der Flüssigkeit gelöst bleibt) – in der Regel bessere Energiebilanz – größere Vielfalt der Organismen und daher größere Stabilität der Biozönose bzw. des Abbaus – Möglichkeit für den Einsatz von Niedertemperaturabwärme zur Prozessheizung	– schnellere Wachstumsraten – kürzere Verweilzeit – bessere Abtötung von pathogenen Keimen – Reduktion des Schlammvolumens – schlechtere Löslichkeit von Sauerstoff im Substrat; daher schnelles Erreichen anaerober Bedingungen

ihre eigenen Ausscheidungsprodukte. Der pH-Wert wird in der methanogenen Stufe normalerweise dank der Pufferkapazität des Mediums wieder in den neutralen Bereich angehoben.

Ein Absinken des pH-Wertes führt zu einem Aufschaukelungsprozess: Weil bei tieferen pH-Werten die methanogenen Bakterien nicht mehr arbeiten können, konzentrieren sich Säuren zusätzlich auf, was zu einem weiteren Absinken des pH-Wertes führt. Die Folge ist, dass der Prozess versauert. Sobald erste Zeichen einer derartigen Versauerung sichtbar werden (u. a. Ansteigen der Propionsäure-Konzentration), muss die Substratzufuhr gedrosselt oder eingestellt werden, um es den methanogenen Bakterien zu ermöglichen, zunächst einmal die bereits vorhandenen Säuren abzubauen und so wieder günstigere Lebensbedingungen zu schaffen. Im Extremfall einer starken Versauerung – wenn auch die Zugabe von Kalk oder anderen basisch wirkenden Stoffen nichts mehr nützt – muss der Reaktor sogar geleert und neu angefahren werden.

Durch das beim Abbau freigesetzte Kohlenstoffdioxid (CO_2) wird der pH-Wert jedoch im Normalfall im Neutralbereich gepuffert. Das CO_2 befindet sich im Gleichgewicht mit Hydrogencarbonat, das in Konzentrationen von 2,5 bis 5 g/l stark puffernd wirkt. Konzentrationen von weniger als 1,5 g/l Hydrogencarbonat führen deshalb normalerweise zu einem Absinken des pH-Wertes.

Redoxpotenzial. Lebensprozesse sind immer mit Redoxreaktionen verbunden. Für das Gedeihen von Methanbakterien sind niedrige Redoxpotenziale erforderlich; beispielsweise sind bei Reinkulturen Potenziale von -300 bis -330 mV optimal. In einem Fermenter können die Potenziale jedoch deutlich höher sein (im Extremfall bis zu maximal 0 mV). Um niedrige Potenziale zu gewährleisten, ist es sinnvoll, dem Prozess möglichst wenig Oxidationsmittel zuzuführen. Neben Sauerstoff sind dies insbesondere Sulfate, Nitrate und Nitrite.

Gehalt an niederen Fettsäuren. Die organischen Säuren sind ein Zwischenprodukt im Vergärungsprozess. Im Normalbetrieb werden die gebildeten Säuren (im Wesentlichen Essig-, Propion-, Butter- und Valeriansäure) mit der gleichen Rate zu Methan umgewandelt, wie sie gebildet werden. Dadurch sind die vorhandenen Konzentrationen niedrig. Kommt es zu Störungen im Prozess, wie z. B. durch den plötzlichen Eintrag von großen Mengen an Substrat oder hemmenden Substanzen, wird das Gleichgewicht zwischen den Abbauschritten gestört. Die Folge ist, dass die Säuren sich anreichern, da die Säurebildner gegenüber Störungen wesentlich robuster als die Methanbildner sind. Beispielsweise wird dies häufig bei Prozessstörungen infolge von Propionsäure festgestellt. Dabei hängt die Bildung von Propionsäure und von höheren Säuren vom Wasserstoffpartialdruck ab. Und da Propionsäure beim Abbau noch weniger Energie freisetzt als Essigsäure, kann sie sich entsprechend anreichern. Ein solches Ansteigen des Propionsäuregehaltes ist meist ein sicheres Zeichen für einen nicht optimal laufenden Biogasprozess. Die Faulraumbelastung ist dann zu reduzieren, damit es nicht zur Anreicherung und zur Versauerung kommt. Allerdings sind auch Gärprozesse bekannt, wo bei sehr hohen, konstanten Konzentrationen an Propionsäure noch ein guter Abbau erzielt wurde.

Die Akkumulation von Säuren ist trotzdem häufig ein Zeichen für eine Abweichung vom Optimalbetrieb, obwohl bis zu einem gewissen Grad erhöhte Säurekonzentrationen stimulierend wirken, denn entsprechend der Monod-Kinetik verursachen höhere Substratkonzentration auch höhere Wachstumsraten. Insbesondere kontinuierliche Steigerungen von Säurekonzentrationen sollten aber trotzdem als Warnzeichen betrachtet werden, da bei stark erhöhten Säurekonzentrationen der Effekt der Säurehemmung eintritt. Organische Säuren dissoziieren in wässriger Lösung und die hemmende Wirkung wird auf den undissozierten Anteil der Säuren zurückgeführt. Der Grad der Dissoziation und damit der Hemmung ist folglich hauptsächlich abhängig vom pH-Wert. Daraus folgt bei einer fortschreitenden Säureanreicherung, dass nach Überschreiten der Pufferkapazität des Substrates der pH-Wert fällt und sich die hemmende Wirkung der Säuren verstärkt.

Derart erhöhte Säurekonzentrationen müssen im Zusammenhang mit der Prozessführung betrachtet werden. Die impulsartige Beschickung von Reaktoren kann zu einem kurzzeitigen Anstieg der Konzentration führen, der jedoch durch vermehrte Stoffwechselaktivität wieder abgebaut werden kann. Beispielsweise ist bei Reaktoren, die eine hohe Ammoniak- bzw. Ammoniumkonzentration aufweisen, oft eine stabil erhöhte Säurekonzentration zu beobachten.

Die Säurenverteilung wird i. Allg. mit einer Gaschromatographie oder Flüssigkeitschromatographie (HPLC: High Performance Liquid Chromatography) bestimmt. Bei der Gaschromatographie können beispielsweise Säureester mittels Umsetzung stark saurer Fermenterproben mit Methanol quantifiziert werden. Diese relativ aufwändige Analytik ist allerdings nur notwendig, wenn ein Biogasprozess mit einem noch unbekannten Substrat angefahren wird oder hemmende Substanzen vorhanden sind. Unter normalen Bedingungen reicht die Beobachtung der Gasbildungsrate, des pH-Wertes und der Gaszusammensetzung für die Überwachung eines Fermenters aus. Relativ einfach ist der Gesamt-Säuregehalt durch Titrieren zu bestimmen. Hier fehlt dann allerdings die relative Verteilung der einzelnen Säuren.

Gehalt an Ammonium. Ammoniak, eine Stickstoffverbindung, wird freigesetzt, wenn Biomasse im reduktiven Milieu abgebaut wird. Speziell bei eiweißreichen Substraten können hohe Mengen an Ammoniak freigesetzt werden. Dabei wird der Stickstoff für den Zellaufbau benötigt und ist somit ein lebensnotwendiger Nährstoff. Hohe Konzentrationen an Ammoniak bzw. Ammonium im Substrat hemmen den Abbau, wobei diese Prozesse bisher noch nicht vollständig erklärt werden können. Zusätzlich wirkt Stickstoff in höheren Konzentrationen toxisch auf die Bakterien.

In wässriger Lösung steht Ammoniak im chemischen Gleichgewicht mit Ammoniumionen. Das Dissoziationsgleichgewicht von Ammoniak und Ammoniumionen ist abhängig von der Temperatur und dem pH-Wert. Anlagen, die im thermophilen Bereich betrieben werden, reagieren auf hohe Ammoniumkonzentrationen empfindlicher als solche, die bei mesophilen Temperaturen arbeiten (Abb. 16.5).

Obwohl sich anaerobe Bakterien auch bis zu einem gewissen Ausmaß an hohe Ammoniakgehalte anpassen können, beeinflusst der Ammoniakgehalt den anaeroben Abbau merklich. Es ist aber nicht möglich, klare Aussagen zu Grenzwerten zu treffen, da die Reaktion auf erhöhte Ammoniak- bzw. Ammoniumkonzentrationen prozessspezifisch ist. Vieles deutet aber darauf hin, dass die hemmende Wirkung vom undissoziierten Anteil, also vom Ammoniak, ausgeht, wodurch hierbei eine klare Abhängigkeit von der Temperatur und dem pH-Wert besteht (Abb. 16.5).

Im Allgemeinen können mit langen Anpassungszeiten (bis zu einem Jahr) höhere Ammoniumkonzentrationen toleriert werden. Untersuchungen mit Festbett- im Vergleich zu Rührkesselreaktoren haben gezeigt, dass in ersteren eine Anpassung an höhere Konzentrationen leichter möglich ist. Das lässt den Schluss zu, dass das Bakterienalter bei der Adaption eine Rolle spielt. Damit wäre die Erhöhung der Aufenthaltszeiten eine sinnvolle Strategie zur Minderung der Hemmwirkung, insbesondere für Rührkesselreaktoren.

Teilweise werden bei erhöhten Ammoniumkonzentrationen gleichzeitig auch erhöhte Säurekonzentrationen beobachtet /16-25/. Letztere lassen auf eine erhöhte Wachstumsrate der säureverwertenden Populationen schließen. Entsprechend der dem Bakterienwachstum zugrunde liegenden Monod-Kinetik nähert sich die Wachstumsrate mit steigender Substratkonzentration der maximalen Wachstumsrate. Trotz dieser ungünstigen Bedingungen ist ein stabiler Betrieb möglich. Allerdings ist erhöhte Vorsicht bei Belastungsschwankungen geboten, da der Prozess diese nicht mehr durch eine Steigerung der Stoffwechselaktivität abfangen kann.

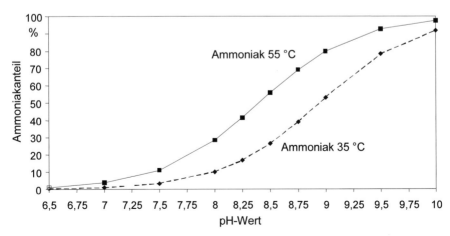

Abb. 16.5 NH_3-Anteil des Ammoniak-Ammonium-Gleichgewichtes in Abhängigkeit von Temperatur und pH-Wert (nach /16-12/)

868 16 Biogaserzeugung und -nutzung

Hohe Ammoniumkonzentrationen wirken als Puffer und somit führen erhöhte Konzentrationen an organischen Säuren nicht unbedingt zu Veränderungen des pH-Wertes.

Gaszusammensetzung. Die Gaszusammensetzung (d. h. primär das Verhältnis von Kohlenstoffdioxid und Methan) ist nur bedingt beeinflussbar. Der Methangehalt, der aus energetischen Gründen vorrangig interessant ist, hängt jedoch u. a. von den folgenden Größen ab.
- Zusammensetzung des Ausgangsmaterials. Hier spielt der Oxidationsgrad eine Rolle. Fettreiches und damit sauerstoffarmes Material ergibt – sofern es nicht in allzu großen Mengen vorhanden ist – pro Masse beispielsweise mehr und besseres Gas als Kohlenhydrate oder Eiweiße (Abb. 16.6). Auch müssen leicht abbaubare Komponenten für den Abbau möglichst gut zugänglich sein. Sind sie in Ligninstrukturen eingebettet, kann die Art des Substrataufschlusses eine wichtige Rolle spielen; hier führt i. Allg. eine Zerkleinerung durch Zerreißen oder Zerfasern zu einem besseren Ergebnis als durch Zerschneiden.
- Wassergehalt des Gärguts. Je dünnflüssiger der Fermenterinhalt ist, desto mehr Kohlenstoffdioxid (CO_2) wird im Wasser gelöst und desto mehr Methan ist im Biogas.
- Gärtemperatur. Je höher die Gärtemperatur, desto weniger Kohlenstoffdioxid (CO_2) wird im Wasser gelöst, d. h. der CO_2-Anteil im Biogas steigt mit zunehmender Gärtemperatur an – bei einer allerdings insgesamt größeren Biogasgesamtmenge (infolge des zusätzlichen CO_2).
- Druck im Fermenter. Je höher der Druck, desto mehr CO_2 wird im Wasser gelöst und desto reicher an Methan ist das Biogas. Positive Auswirkungen auf die Gasqualität wären möglich, wenn Material vom Fermentergrund ausgetragen wird, da dadurch etwas mehr CO_2 mit dem Austrag nach außen gelangt.

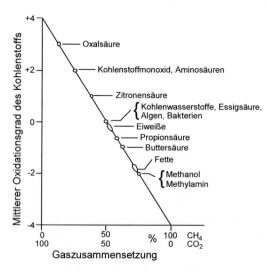

Abb. 16.6 Abhängigkeit der Gaszusammensetzung vom mittleren Oxidationsgrad ("Oxidationszahl") des Kohlenstoffs

- Aufenthaltszeit. Je länger die Aufenthaltszeit, desto besser erfolgt der Abbau. In späten Abbauphasen, wenn die – vor allem CO_2-freisetzende – Hydrolyse abklingt, entsteht überproportional viel Methan und damit ein Biogas mit einem deutlich höheren Heizwert.
- Aufenthaltszeitverteilung. Je besser das Pfropfenstromverhalten, desto kleiner ist die Gefahr, dass ein Teil des Materials nur die CO_2-bildende Hydrolyse durchläuft und dann als unabgebaute Fettsäuren ausgetragen wird, bevor das Methan entstanden ist. Das heißt, je besser das Pfropfenstromverhalten ist, desto besser ist die Gasqualität; denn andernfalls wird u. U. bei einem voll durchmischten Reaktor viel Material zu früh ausgetragen.
- Animpfung. Je besser und homogener das in den Reaktor eintretende Material bereits angeimpft ist, desto schneller und gleichmäßiger beginnt der Gärprozess (d. h. desto besser wird der Abbau und damit die Gasqualität mit der Methanbildung in der zweiten Phase des Prozesses). Durch Animpfen wird die Verweilzeit, während welcher die Gärung effektiv abläuft, drastisch verkürzt.
- Substrataufbereitung. Da 5 cm für ein Bakterium eine "Weltreise" darstellen können, kann bei der langsamen Verdopplungszeit der Bakterien (und damit der biologisch aktiven Biomasse) sehr viel Zeit verstreichen, bis im Innern von nicht angeimpften Substratpaketen der Gärprozess einsetzt. Zur Beschleunigung des Abbaus kann deshalb das Ausgangsmaterial zur Oberflächenvergrößerung beliebig stark zerkleinert werden.

Die Methanausbeute hängt primär von der chemischen Zusammensetzung des Substrates ab. Abb. 16.6 zeigt deshalb den Zusammenhang zwischen dem Methangehalt des Gases und dem mittleren Oxidationsgrad des Kohlenstoffs (theoretische Werte unter der Annahme einer vollständigen Mineralisation der Substanzen, d. h. ohne Bildung von Bakterienmasse).

Verfahrenstechnische Kenngrößen. Ein Fermenter wird normalerweise hinsichtlich ökonomischer Größen ausgelegt; d. h. es wird nicht unbedingt die maximale Gasausbeute bzw. der maximale Abbau der im Substrat enthaltenen organischen Inhaltsstoffe angestrebt, sondern ein mit einem wirtschaftlich vertretbaren Aufwand erreichbarer Abbau. Um die theoretisch maximale Gasausbeute zu erreichen, müsste man sehr lange Aufenthaltszeiten im Reaktor in Kauf nehmen, da schwer abbaubare Komponenten erst im Laufe längerer Zeiträume – wenn überhaupt – zu Biogas umgewandelt werden können. Die Ziele des Anlagenbaus bestehen folglich darin, durch die Wahl der geeigneten Betriebsbedingungen innerhalb ökonomisch vorgegebener Grenzen mit vertretbarem Aufwand das Maximum an Abbauleistung zu erreichen. Vor diesem Hintergrund werden im Folgenden die Größen diskutiert, durch die die verfahrenstechnische Umsetzung des Biogasprozesses beschrieben werden kann.

Nutzvolumen Fermenter. Das Nutzvolumen des Fermenters ist das Volumen, welches von einem Gärbehälter aus baulichen und technischen Gründen maximal aufgenommen werden kann. Es entspricht damit der technisch maximal erlaubten oder technisch möglichen Füllmenge. Es ist als wichtige Bezugsgröße für viele andere Kenngrößen zu verwenden und ist in der Regel kleiner als das umbaute Volumen. Dabei kann das Füllvolumen je nach Betriebsweise einer Anlage kleiner als das

Nutzvolumen sein, aber niemals größer sein. Synonym wird es auch als Nettovolumen des Fermenters bezeichnet (nach /16-41/).

Spezifische Rührleistung. Die spezifische Rührleistung ist der als elektrische Wirkleistung ermittelte durchschnittliche Leistungsbedarf der zur Fermenterdurchmischung eingesetzten Rührsysteme bezogen auf das jeweils genutzte Fermentervolumen. Damit macht diese Kenngröße den Energieverbrauch verschiedener Biogasanlagen vergleichbar (nach /16-41/).

Eigenenergiebedarf. Der Eigenenergiebedarf als ein Maß für die Effizienz einer Biogasanlage hängt in der Regel vom Substrat ab, das vergoren werden soll. Er kann als Kriterium für die Qualität einer Biogasanlage verwendet werden und erlaubt damit auch den Vergleich verschiedener Anlagen. Dieser Eigenenergiebedarf kann nach elektrischer und thermischer Energie, ggf. zusätzlich noch nach Kraftstoff, unterteilt werden. Der Eigenwärmebedarf ist beispielsweise von der Außentemperatur, der Temperatur der Substrate und deren Zusammensetzung sowie der Ausführung der Biogasanlage, insbesondere der Isolierung der Fermenter, abhängig. Daher schwankt insbesondere der Eigenwärmebedarf jahreszeitlich erheblich. In einigen Anlagen kann zusätzlich ein ebenfalls zu berücksichtigender Kühlbedarf bestehen. Der Eigenenergiebedarf wird aus der jährlich zugeführten Energiemenge zur Aufrechterhaltung des Anlagenbetriebs ermittelt (nach /16-41/). Der Eigenenergiebedarf ist (unabhängig davon, ob in Form elektrischer oder thermischer Energie) dabei definiert als die Differenz aus der erzeugten und bis zum Übergabepunkt an den Nutzer transportierten Energie und der innerhalb der Anlage verbrauchten Energiemenge. Zur Erfassung sind demnach mindestens zwei Energiezähler erforderlich. Der Eigenenergiebedarf wird als prozentualer Anteil der erzeugten Energiemenge oder in Energiemenge (d. h. elektrische Arbeit) bezogen auf einen definierten Zeitraum angegeben.

Aufenthaltszeit. Eine weitere Dimensionierungsgröße ist die Aufenthalts- oder Verweilzeit. Hier wird unterschieden zwischen der hydraulischen Aufenthaltszeit (d. h. HRT; Hydraulic Retention Time) und der Aufenthaltszeit der nicht gelösten, partikulären Stoffe (d. h. SRT; Solids Retention Time).

Die hydraulische Aufenthaltszeit muss so gewählt werden, dass nicht mehr Bakterien aus dem Fermenter ausgewaschen werden, als in ihm nachwachsen können bzw. festgehalten werden. Die nachwachsende Bakterienmasse ist abhängig vom Reaktorvolumen, von der vorhandenen Bakterienkonzentration und deren Wachstumsfaktor. Die hydraulische Verweilzeit *HRT* in Tagen ist definiert als das Verhältnis zwischen dem Netto-Reaktorvolumen *V* und der täglichen Durchflussmenge *Q* (Gleichung (16-10)).

$$HRT = \frac{V}{Q} \qquad (16\text{-}10)$$

Je stärker verdünnt ein Substrat ist, desto größer wird die Gefahr des Auswaschens von Bakterien, wenn die Dimensionierung nur auf die Faulraumbelastung mit CSB ausgelegt ist. Beispielsweise liegen die Verdopplungszeiten bestimmter anaerober Bakterien (z. B. Methanbildner) im mesophilen Temperaturbereich bei

10 und mehr Tagen, während die hydraulische Verweilzeit eines dünnen Abwassers in einem Anaerobfilter z. T. nur wenige Stunden betragen kann. Hier ist dann ein gutes Festhaften der Bakterien auf entsprechenden Trägermaterialien Voraussetzung für einen erfolgreichen Gärprozess.

Die Aufenthaltszeit der nicht gelösten, partikulären Stoffe (SRT) kann bei bestimmten Reaktortypen deutlich von der hydraulischen Verweilzeit (HRT) abweichen. Im sogenannten "anaerobic baffeled reactor" werden beispielsweise abwechselnd unten und oben offene Trennwände in einen liegenden Pfropfenstromreaktor als Schikanen eingebaut; sie halten die Feststoffe als Sediment und als Schwimmdecke im Reaktor zurück, während die flüssige Phase ungehindert passieren kann. Dies schafft die nötigen Voraussetzungen, dass die Feststoffe zurückgehalten und hydrolysiert werden können, bevor sie ausgetragen werden. Die Aufenthaltszeit der nicht gelösten, partikulären Stoffe (SRT) ist in diesem Fall um ein Vielfaches größer als die hydraulische Verweilzeit (HRT).

Mit der Aufenthaltszeit des Gärgutes im Fermenter kann der Abbaugrad der organischen Substanz beeinflusst werden. Im mesophilen Temperaturbereich sind infolge langsamen Bakterienwachstums längere Aufenthaltszeiten für denselben Abbaugrad nötig als im thermophilen Temperaturbereich. In verstärktem Maße gilt das auch für psychrophile Bakterienstämme mit einem Temperaturoptimum bei 20 bis 25 °C, die wegen der hierfür erforderlichen großen Fermentervolumina für Industrieabwässer oder feste Substrate in der Regel nicht zum Einsatz kommen.

Aus ökonomischen Gründen werden meist Aufenthaltszeiten gewählt, bei welchen rund drei Viertel des theoretisch maximal abbaubaren CSB bzw. der oTM abgebaut werden. Für eine maximale Gasausbeute wären dagegen Aufenthaltszeiten von mehreren Monaten erforderlich.

Durchflussrate. Die Durchflussrate D (wird z. T. auch als Durchsatz, dann häufig auf die Durchsatzmasse bezogen, bezeichnet) ist definiert als der Quotient aus dem Volumenstrom Q und dem effektiv genutzten Reaktorvolumen V. Alternativ wird sie auch definiert als Reziproke von HRT, der hydraulischen Verweilzeit (Gleichung (16-11)).

$$D = \frac{Q}{V} = \frac{1}{HRT} \tag{16-11}$$

Die Durchflussrate ist aufgrund der dem Prozess zugrunde liegenden Kinetik mit der Wachstumsrate der Bakterien verknüpft. Wird nämlich die Durchflussrate des Substrats durch den Reaktor so stark gesteigert, dass die Bakterien nicht mehr in ausreichendem Maße (nach-)wachsen können, wird die Population ausgespült. Ein Zusammenbruch der Stoffwechselaktivitäten ist die Folge. In der Nähe dieses Grenzwertes ist der Prozess auch anfälliger gegenüber Störungen, da diese nicht mehr durch eine Steigerung der Stoffwechselaktivitäten kompensiert werden können.

Raumbelastung. Als weiterer, mit der Prozesskinetik eng verknüpfter Parameter wird häufig die Raumbelastung B_R als Kennwert für die Anlagenauslegung verwendet. Sie stellt ein Maß für die Belastung des Reaktors mit organischem Material dar (Gleichung (16-12)).

Tabelle 16.3 Typische Raumbelastungen von Vergärungsverfahren (bekannte Abweichungen in spezifischen praktischen Anwendungen sind in Klammern angegeben)

Vergärungsverfahren	Raumbelastung in kg/(m³d)	Hydraulische Aufenthaltszeit in d
Rührkessel	2 – 4 (10)	(5) 10 – 40 (> 50)
Pfropfenstromfermenter	5 – 15 (20)	10 – 40
Kontaktverfahren	5 – 15	3 – 10
UASB	5 – 15	0,2 – 1 (5)
Anaerobfilter	5 – 15 (20)	0,5 – 8
Wirbelbett	bis 40	≤ 0,15

$$B_R = \frac{F}{V} \qquad (16\text{-}12)$$

Die Raumbelastung B_R ist definiert als der Quotient aus der dem Reaktor zugeführten Fracht organischer Trockenmasse F und dem effektiv nutzbaren Reaktorvolumen V. Sie wird oft zur Darstellung von Grenzbelastungen herangezogen. Dabei muss beachtet werden, dass die Raumbelastung sowohl von der Aufenthaltszeit als auch von der Substratkonzentration abhängt. Im idealen, vollständig durchmischten Rührkesselreaktor wird die Wachstumsgeschwindigkeit der Mikroorganismen durch die Aufenthaltszeit und nicht durch die Substratkonzentration des Inputmaterials bestimmt. Kritische Prozesszustände werden in erster Linie bei niedrigen Aufenthaltszeiten erreicht, weil sich die Bakterien dann nicht mehr schnell genug reproduzieren können. Hohe Raumbelastungen, die mit hohen Substratkonzentrationen erreicht werden, können hinsichtlich der Stabilität durchaus unproblematisch sein (z. B. in Trockenvergärung- oder Feststoffvergärungsanlagen). Tabelle 16.3 verdeutlicht den Zusammenhang von Aufenthaltszeit und Raumbelastung am Beispiel typischer Vergärungsverfahren.

Hohe Raumbelastungen resultieren damit aus kurzen Aufenthaltszeiten und/oder hohen Trockensubstanzgehalten des Zufuhrmaterials. Bei hohen Raumbelastungen ergibt sich gleichzeitig eine hohe volumenspezifische Gasproduktionsrate (d. h. das Reaktorvolumen wird mit einer hohen Effizienz genutzt). Dafür wird durch die erhöhten Substratkonzentrationen die Durchmischung schwieriger, was technisch bei der Rührwerksauslegung zu berücksichtigen ist. Zusätzlich sind auch alle anderen Stoffkonzentrationen im Fermenter – und damit auch die hemmend wirkenden Substanzen (z. B. Ammoniak) – erhöht. Auch werden mit steigender Substratkonzentration der Substrattransportaufwand und die Durchmischung im Reaktor aufwändiger.

Abbauleistung. Bei einem gegebenen Substrat hängt die Abbauleistung – wie auch die Faulraumbelastung – stark von der Reaktorgestaltung ab. Je mehr aktive Biomasse pro Fermentervolumen vorhanden ist, desto schneller läuft i. Allg. der Abbau ab. Die Entwicklung neuer Reaktoren hat daher oft das Ziel, die Biomassekonzentration im Reaktor zu erhöhen.

16.1 Grundlagen

Der biologische Prozess der Methanbildung ist biochemisch von der Natur bereits weitestgehend optimiert. Nur in einem sehr kleinen "thermodynamischen Fenster" kann der anaerobe Abbau noch mit einem kleinen Energiegewinn für die Bakterien erfolgen. Daher wachsen anaerobe Bakterien, insbesondere Methanbildner, sehr langsam und setzen beim Wachstum auch keine Wärme frei. Soll daher die Abbauleistung erhöht werden, kann dies primär über eine Erhöhung der Anzahl aktiver Bakterien erfolgen. Ist nämlich eine genügend große Anzahl langsam arbeitender Bakterien im Fermenter, können sie gemeinsam den Abbau des organischen Materials trotzdem sehr rasch durchführen. Die Vergärung (d. h. der biochemische Abbau) kann dabei jedoch durch Manipulationen oder bestimmte Chemikalien kaum beschleunigt werden. Allenfalls sind vorgeschaltete (bio-)chemische und/oder physikalische Prozesse zum Cellulose- oder Ligninaufschluss (z. B. Desintegration) denkbar; in der Praxis lohnt sich dieser Aufwand jedoch meist nicht.

Ein biologischer Dimensionierungsparameter ist die spezifische Abbaurate, d. h. der Abbau pro Kilogramm aktive Biomasse (d. h. Bakterienmasse) je Zeiteinheit. Er wird ausgedrückt als kg $CSB_{abgebaut}/(kg_{aktive\ Biomasse}\ d)$ bzw. kg $oTM_{abgebaut}/(kg_{aktive\ Biomasse}\ d)$. Dieser Parameter ist mehr oder weniger unabhängig vom eingesetzten Reaktortyp. Folglich hängt er vom Substrat ab und damit von

- dem Substratmilieu (d. h. Temperatur, pH-Wert) und
- der Substratzusammensetzung (d. h. Nährstoffgehalt, generelle Abbaubarkeit, vorhandene Hemmstoffe).

Es ist allerdings schwierig, die aktive Biomasse zu bestimmen, da Bakterien im Inneren von Bakterienflocken oder -filmen weniger aktiv sind als diejenigen, die sich an der Oberfläche einer Flocke befinden und dort besser mit abbaubarer organischer Substanz aus dem Gärsubstrat versorgt sind.

Die Abbaugeschwindigkeit der verschiedenen Substratkomponenten ist unterschiedlich groß. So braucht beispielsweise der Abbau von Cellulose deutlich mehr Zeit als jener von Eiweißen, Zuckern oder Fetten. In Wasser gelöste Verbindungen können meist besser abgebaut werden als noch in Feststoffen gebundene Komponenten, da die Säure- und Methanbildner nur gelöste Verbindungen aufnehmen können. Aus diesem Grund ist die Verflüssigung der Feststoffe (d. h. die Hydrolyse) normalerweise der die Abbaugeschwindigkeit bestimmende Schritt. Hydrolytische Bakterien lösen Feststoffe meist so, dass sie sogenannte Exoenzyme nach außen an das Medium (d. h. an die Oberfläche der Feststoffpartikel) abgeben, welche dann die Bindungen von Makromolekülen so auftrennen, dass lösliche Bruchstücke entstehen, die von den Mikroorganismen aufgenommen werden können. Dieses Vorgehen kann speziell bei großen organischen Feststoffpartikeln entsprechend zeitaufwändig sein.

Die Bestimmung der aktiven Biomasse ist mit einem erheblichen technischen Aufwand verbunden. Deshalb wird in der Regel eine spezifische Abbauleistung angegeben, die normalerweise auf das Fermentervolumen bezogen wird. Diese hängt damit einerseits von der spezifischen Aktivität der Biomasse und andererseits von der Biomassekonzentration im Reaktor ab. Sie kann dargestellt werden als $CSB_{abgebaut}/(m^3_{Reaktor}\ d)$ oder Gasproduktion/$(m^3_{Reaktor}\ d)$.

Bei Abwässern bestehen verschiedene Möglichkeiten, die aktive Biomasse im Fermenter zu erhöhen und so die spezifische Abbauleistung zu verbessern. Bei der einstufigen Vergärung fester Abfälle kann die Erhöhung der Bakterienpopulation im Fermenter beispielsweise nur durch die Rückführung von ausgegorenem Material (d. h. vergorenes Substrat) zur Beimpfung des Frischmaterials erfolgen. Dabei muss ein Optimum gesucht werden, damit nicht zuviel Reaktorvolumen durch bereits ausgegorenes Material in Anspruch genommen wird.

Gasausbeute. Die Biogasproduktion hängt primär von der Substratzusammensetzung, der Gärtemperatur und der Aufenthaltszeit des Substrates im Fermenter ab. Die Substratzusammensetzung beeinflusst einerseits den maximal erreichbaren Abbaugrad und andererseits die Abbaugeschwindigkeit. Im Substrat können auch hemmende Stoffe vorkommen, an welche sich die Bakterien erst nach einer bestimmten Zeit oder nur teilweise adaptieren; beispielsweise kann ein zu hoher Salzgehalt die Gasausbeute negativ beeinflussen. Auch besteht ein Zusammenhang zwischen dem Trockenmassegehalt (TM) und der maximal erreichbaren Gasausbeute. Oberhalb von rund 12 % TM kann ggf. die Gasausbeute bereits ein wenig eingeschränkt sein. Bei hohen TM-Gehalten können – speziell bei sehr einseitig zusammengesetzten Monochargen wie beispielsweise Kaffeesatz – Probleme auftreten, welche darauf zurückzuführen sind, dass infolge hoher TM-Gehalte auch die Hemmstoffe in erhöhten Konzentrationen vorliegen. Bei TM-Gehalten von mehr als 35 bis 40 % hört die Gärung praktisch auf, da zu wenig Feuchtigkeit für das Bakterienwachstum vorhanden ist.

Von besonderem Interesse ist die spezifische Gasausbeute. Sie wird normalerweise in Beziehung gesetzt zum CSB bzw. zur organischen Trockenmasse (oTM) und wird angegeben als m^3/kg CSB bzw. m^3/kg oTM.

Beim CSB und der oTM wird in der Regel der in den Reaktor zugeführte Wert angegeben (m^3/kg $CSB_{zugeführt}$). Alternativ dazu kann die Gasausbeute auch in Bezug auf den abgebauten CSB bzw. die abgebaute oTM angegeben werden; dieser Parameter gibt dann Auskunft über den Oxidationsgrad der abgebauten Substratanteile.

Bei der Gasmenge wird normalerweise das produzierte Biogas angegeben. Es wird aber auch die Methanausbeute verwendet; diese erlaubt eine bessere Vergleichbarkeit von Verfahren aufgrund des Ausschlusses von Fehlern durch unterschiedliche Methangehalte im Biogas. Wegen der Vielzahl von Möglichkeiten bei der Wahl der genannten Bezugsgrößen ist die Angabe der spezifischen Gasausbeute in der Praxis mit einigen Unsicherheiten behaftet. Je nachdem, ob gemessene oder in Normkubikmeter umgerechnete Gasmengen angegeben werden, können die Gasausbeuten stark schwanken. Das gilt speziell, wenn das Gas bei thermophiler Vergärung in noch warmem Zustand und mit einem hohen Wasserdampfgehalt gemessen wird. Da keine einheitliche Übereinkunft bezüglich der Angabe von Gasausbeuten besteht und die jeweiligen Bezugsgrößen oft ungenannt bleiben, sind publizierte Werte meist nur eingeschränkt vergleichbar.

Biogasproduktivität. Zur Charakterisierung der Reaktorleistung wird sehr oft auch die Gasausbeute auf das Reaktorvolumen bezogen und als Biogasproduktivität oder bezogen auf die Methanausbeute als Methanproduktivität ausgewiesen. Sie wird angegeben in $m^3_{Gas}/(m^3_{Fermenter}\ d)$. Diese Biogasproduktivität kann ein sehr gutes Maß für den Vergleich verschiedener Verfahren sein (nach /16-41/).

Massenspezifischer Energieertrag. Der massenspezifische Energieertrag berechnet sich aus der real erzeugten Energiemenge bezogen auf die dafür aufgewendete Substratmenge; er erlaubt damit einen guten Vergleich unterschiedlicher Anlagen. Er kann auf die produzierte Gasmenge, die bereitgestellte elektrische Energie oder die erzeugte Wärmeenergie bezogen werden. Er ist damit von Art und Qualität des eingesetzten Substrates abhängig und beinhaltet alle Wirkungsgrade der Biogasanlage und der Verwertung des Biogases. Dieser massenspezifische Energieertrag sollte 95 % des theoretischen Biogaspotenzials nicht unterschreiten (nach /16-41/).

16.2 Verfahrenstechnik

Ziel dieses Kapitels ist eine Darstellung der verfahrenstechnischen Grundlagen der Biogaserzeugung. Dabei wird eingegangen auf alle benötigten Systemkomponenten. Anschließend wird u. a. die Verfahrensauswahl diskutiert.

16.2.1 Substrataufbereitung

Durch die Vorbehandlung des zu vergärenden Substrats kann beeinflusst werden, wie gut das Material für den biologischen Abbau zugänglich ist. Dieser Verfahrensschritt der Substrataufbereitung kann in die nachstehend genannten Teilschritte untergliedert werden, wobei nicht immer alle diese Teilschritte in der Praxis auch tatsächlich erforderlich oder auch sinnvoll sind. Die Auswahl ist im Wesentlichen abhängig von der physikalischen Beschaffenheit der Substrate.
- Zwischenlagerung zum Ausgleich von Schwankungen in der Anlieferung.
- Sedimentation von mineralischen Anteilen (Sand) und Störstoffabtrennung.
- Abscheidung von Fetten.
- Herstellung einer pumpfähigen Masse aus vergleichsweise trockenen Substraten ("Anmaischen").
- Zerkleinerung von grobpartikulären und festen Komponenten durch verschiedenste Technologien.
- Vermischung von mehreren Substraten zu einem Mischsubstrat.
- Hygienisierung des Substrats.
- Erwärmung des Gärsubstrats z. B. durch eine aerobe Vorbehandlung.
- Vorbehandlung unter Druck-Temperatur-Kombinationen.
- Einstellung und Pufferung des pH-Werts (bei stark versauernden Substraten).
- Reduktion von Hemmstoffen (u. a. durch Ausfällen, Strippen).

Ausgehend davon werden im Folgenden wesentliche Aspekte der Aufbereitung von flüssigen sowie pastösen und festen Substraten diskutiert. Auch wird gesondert – da dies oft ein wesentlicher Punkt sein kann – auf die Hygienisierung des Substrats eingegangen.

Aufbereitung flüssiger Substrate. Ein Vorbehandlungsschritt vor der Vergärung flüssiger Substrate kann die Feststoffabtrennung sein. Hierbei können einerseits nicht abbaubare Feststoffe (z. B. Mineralien wie Sand, nicht abbaubare feste Biomasse wie Holzstücke) möglichst gut abgetrennt werden, damit sie nicht unnötig das vorhandene Fermentervolumen reduzieren oder bestimmte Aggregate mechanisch schädigen. Andererseits können organische Feststoffe in Hochleistungsprozessen unerwünscht sein, da sie bei der dort üblichen kurzen Aufenthaltszeit nicht abgebaut werden können. Bei Anaerobfiltern besteht im Falle von groben Feststoffpartikeln zudem die Gefahr des Verstopfens der Filterelemente.

Flüssige Substrate mit gelösten oder feinpartikulären Inhaltsstoffen können oft direkt und ohne zusätzliche Aufbereitung in den Gärbehälter eingebracht werden. Wenn sie – wie beispielsweise bei bestimmten industriellen Abwässern – auf hohem Temperaturniveau anfallen, kann eine thermophile Vergärung gewählt werden.

Damit der Fermenter regelmäßig beschickt werden kann, wird bei unregelmäßigem Substrat- bzw. Abwasseranfall ein Pufferbehälter vor dem Fermenter benötigt. Hier kann auch die Temperatur eingestellt und ggf. benötigte Nährstoffe zugegeben werden. Wenn das Substrat – wie z. B. Abwasser – sehr wenig Feststoffpartikel aufweist, ist die Möglichkeit eines Wärmeübertrags vom warmen, ausgegorenen Substrat auf das zulaufende, noch unvergorene Abwasser möglich; dies verbessert die Energieausbeute der Anlage.

Im Pufferbehälter kann bei stark sauren Substraten auch der pH-Wert durch Zugabe von Lauge angehoben werden. Da ein für die Methanisierung günstiger pH-Wert im neutralen Bereich liegt, kann eine derartige pH-Regulierung vor der Einspeisung in den Fermenter sinnvoll sein. Bei Substraten mit besonders hohen oder niedrigen pH-Werten ist zumindest die Möglichkeit einer pH-Regulierung technisch vorzusehen; diese muss aber in vielen Fällen nicht genutzt werden, da im Methanreaktor durch die Bakterien ein gepuffertes Milieu erzeugt wird, das den pH-Wert normalerweise im günstigen Bereich stabilisiert.

Bei sehr einseitig zusammengesetzten Substraten (z. B. bestimmte Industrieabwässer, nachwachsende Rohstoffe) kann eine Nährstoffzugabe notwendig sein. Dabei handelt es sich insbesondere um die Elemente Stickstoff (N) und Phosphor (P) sowie eventuell auch um gewisse Spurenelemente (Nickel (Ni), Kobalt (Co), Eisen (Fe) usw.). In solchen Fällen, in denen hemmende Substanzen in sehr großen Konzentrationen vorkommen, kann es auch vorteilhaft sein, in einer Vorstufe Hemmstoffe auszufällen oder mit anderen Mitteln (z. B. Strippen) deren Konzentration zu reduzieren (z. B. Reduktion von übermäßig hohen Sulfat- oder Ammoniumgehalten).

Liegen gröbere, leicht hydrolysierbare Feststoffpartikel im Substrat vor, besteht die Möglichkeit eines zweistufigen Abbaus. In einem (bereits beheizten) Vorbehälter erfolgt eine Hydrolyse und Vorversäuerung, bei welcher die Feststoffpartikel aufgelöst werden. Anschließend kann z. B. ein Hochleistungsprozess eingesetzt werden, in dem hohe Konzentrationen an Methanbildnern vorliegen.

Aufbereitung pastöser und fester Substrate. Für grobpartikuläre Stoffe kann es sinnvoll sein, eine große Oberfläche, die dem biologischen Abbau zugänglich ist, oder auch eine Zerstörung schützender Bestandteile wie beispielsweise die Hüllen von Körnern zu erreichen. Bei der Vergärung kann das Rohmaterial beliebig stark zerkleinert werden, da beim Abbau nur die feste und flüssige Phase beteiligt sind.

16.2 Verfahrenstechnik

Vor diesem Hintergrund kann eine gute Zerquetschung und Zerfaserung des Ausgangsmaterials sinnvoll sein, da dies den Abbauprozess beschleunigt. Dabei sind i. Allg. Partikelgrößen von möglichst 1 cm bzw. kleiner bei einem vertretbaren maschinellen und energetischen Aufwand anzustreben.

Grundsätzlich sollten beim Zerkleinern langsam laufende Apparate eingesetzt werden, da dann normalerweise weniger Schwermetallabrieb in das Substrat gelangt. Mechanisch aufgeschlossene Abfälle können anschließend gesiebt werden, um ggf. noch vorhandene grobe Feststoffe abzutrennen. Als Zerkleinerungsaggregate kommen beispielsweise Schnecken-, Trommel- oder Hammermühlen zum Einsatz. Im Fall einer Nassaufbereitung kann einer groben Vorzerkleinerung eine weitere Zerkleinerungsstufe mit einem sogenannten "Mazerator" (d. h. schnell laufende Schneidmühle) nachgeschaltet sein, wodurch die Partikelgröße auf wenige Millimeter reduziert wird. Halbfeste, pastöse Substrate (z. B. Mischungen von Gülle mit Co-Substraten) können in einer Vorgrube z. B. mit Schneidpumpen oder Schneidrührwerken vorbehandelt werden. In einigen Fällen werden auch Extruder zur Zerfaserung und Anlagen zur Thermodruckhydrolyse im Temperaturbereich bis über 200 °C und bei sehr hohem Druck (bis 10 bar) eingesetzt. Von sehr großer Bedeutung bei diesen Aggregaten sind eine hohe Standzeit und eine sehr gute Wartungszugänglichkeit der Schneidwerkzeuge.

Bei festen Abfällen kann eine aufwändige Aufbereitung der Gärreststoffe sinnvoll sein, wenn der beim Abbau anfallende (anaerobe) Rohstoff qualitativ hochwertig sein muss (z. B. zur Vermarktung als Bodenverbesserungsmittel). Dann muss eine möglichst vollständige Fremdstoffabtrennung, ggf. bereits beim Ausgangssubstrat, erfolgen. Die danach eventuell immer noch vorhandenen Fremdstoffe und Verunreinigungen werden dann in der Regel kurz vor dem Gärprozess abgetrennt; dadurch kann ein weitgehend fremdstofffreies Gärsubstrat bereitgestellt werden. Bei einer hierzu beispielsweise möglichen Trockenaufbereitung bewegt sich das Gärgut über ein langsam laufendes Förderband, von dem Fremdstoffe (z. B. Plastik, Glas, Blumentöpfe) meist manuell abgelesen werden. Metallische Störstoffe (z. B. Nägel, Gartenscheren) können zusätzlich mit Magnetabscheidern und Nichteisenmetallabscheidern abgetrennt werden. Solche z. T. auch vollautomatisiert ablaufenden Aufbereitungsprozesse (z. B. Siebung, Windsichten) können auch nach dem Gärprozess zur nachträglichen Abtrennung von Kunststoffen und anderen Fremdkörpern eingesetzt werden; dies ist jedoch nur dann sinnvoll, wenn solche Stoffe den Gärprozess nicht stören und eine Trocknung der Gärreststoffe erfolgt.

Wenn die festen biogenen Abfälle angemaischt werden, besteht die Möglichkeit einer Nassaufbereitung. Hier können mit einer Schwimm-/Sink-Trennung Schwerstoffe (z. B. Steine, Metalle, Glas) bzw. Schwimmstoffe (z. B. Kunststoff) maschinell weitgehend entfernt werden. Derartige Aufbereitungsprozesse können aber auch nach der anaeroben Fermentation realisiert werden.

Da bei cellulosehaltigem Ausgangsmaterial die Hydrolyse der Cellulose der Schritt ist, der die Geschwindigkeit bestimmt, kann eventuell ein Celluloseaufschluss dem Gärprozess vorgeschaltet werden. Hier bestehen unterschiedliche Möglichkeiten, die sich sinnvoll in das Gesamtsystem integrieren lassen.

Von Bedeutung für die Aufbereitung der Substrate ist die dafür benötigte Energie, da unabhängig von der Art der Aufbereitung sichergestellt werden muss, dass der Energiebedarf den erreichbaren Nutzen nicht übersteigt.

Hygienisierung. Die Hygienisierungswirkung einer Biogasanlage ist primär abhängig von der Aufenthaltszeit des Substrates, der Betriebstemperatur und den physikalisch-chemischen Bedingungen im Reaktor. Diesbezüglich sind voll durchmischte Reaktoren nicht optimal, da dort die Möglichkeit besteht, dass ein Teil des Frischmaterials sogleich wieder ausgetragen wird. Dadurch können besonders resistente Keime (z. B. Bandwurmeier, bestimmte Viren) zu kurz in der Anlage verbleiben, um abgetötet zu werden. Sie werden dann mit dem Gärgut ausgetragen und können – im Fall einer landwirtschaftlichen Verwertung der Rückstände – z. B. als pathogene Keime Pflanzenkrankheiten verursachen oder über die Nahrung später wieder zum Menschen gelangen (zur Hygieneproblematik vgl. /16-20/).

Das Fehlen von Sauerstoff (Anaerobie) selbst scheint nur untergeordnete Bedeutung für die Hygienisierungswirkung zu haben. Hingegen wirkt offenbar das allgemeine Milieu bei der anaeroben Gärung (d. h. Exoenzyme, Säuregehalt, Redoxpotenzial) abtötend oder zumindest stark hemmend auf Pathogene. Speziell hygienisierend wirken anscheinend die Bedingungen der Hydrolyse, die bei leicht saurem pH-Wert und gleichzeitig hohen Konzentrationen an Exoenzymen stattfindet, wodurch pathogene Keime und Unkrautsamen effizient angegriffen werden.

Auch die Temperaturen, bei denen der Biogasprozess abläuft, beschleunigen die Absterberate von Pathogenen. Bakterien werden beispielsweise mesophil in der Regel innerhalb von wenigen Tagen um 90 % dezimiert (z. B. *Salmonella typhimurium* 2,4 d, *E. Coli* 1,8 d, *Staphylococcus aureus* 0,9 d). Unter thermophilen Bedingungen beträgt die Dauer bis zur 90 %-igen Elimination höchstens wenige Stunden /16-15/. Dennoch finden sich im Reaktor auch nach durchschnittlich 20 d Verweilzeit bei 35 °C immer bis zu rund 10 % der unerwünschten Bakterien wieder (z. B. Salmonellen). Bei einer Reaktorkaskade steigt diese Reduktion aber bereits auf 99 % an /16-15/; dies legt den Schluss nahe, dass eine unvollständige Abtötung nur auf die ungünstige Aufenthaltszeit-Verteilung im Reaktor zurückzuführen ist. Das Infektionspotenzial verschiedener Wurmeier und -larven (z. B. Spul- Rund-, Faden- und Gastrointestinalwürmer) wird ebenfalls mesophil bereits innerhalb von wenigen Tagen und thermophil innerhalb von wenigen Stunden zerstört. (Schweine-)Bandwurmeier (*Ascaris sp.*) hingegen können in einer mesophilen Einstufenvergärung im Extremfall bis zu über drei Wochen überleben /16-15/.

Bei der Vergärung von Grünabfällen beispielsweise aus Haushalten oder Gärten ist davon auszugehen, dass die Rohstoffe einen hohen Gehalt keimfähiger Unkrautsamen aufweisen. Diese können bei ungeeigneter Behandlung zu einer zusätzlichen Verunkrautung der Kulturflächen führen, auf der das vergorene Substrat ausgebracht wird. Untersuchungen an Versuchs- und an Praxisanlagen zeigen jedoch, dass z. B. Hirse- und Tomatensamen das anaerobe Milieu, insbesondere die hydrolytischen Bedingungen, nicht gut vertragen. In mesophilen einstufigen Anlagen kommt es innerhalb einiger Tage zu einer Keimverzögerung und damit innerhalb der durchschnittlichen Aufenthaltszeit eines konventionellen Fermenters zu einem Absterben der Samen /16-35/. In thermophilen Anlagen sowie unter den hydrolytischen Bedingungen im Zweistufenprozess erfolgt das Absterben noch rascher.

Viren, die beispielsweise für Erkrankungen bei Tieren verantwortlich sind, werden in der Regel mesophil innerhalb von weniger als 24 h inaktiviert (z. B. Schweine-Grippe, Maul- und Klauenseuche, übertragbare Gastroenteritis). Im thermophilen Bereich ist die Resistenz normalerweise sogar auf deutlich weniger als eine Stunde beschränkt. Ausnahme ist der sehr kleine, äußerst resistente Parvovirus, der bei Schweinen zu Fehlgeburten führen kann. Bei mesophiler Vergärung sind hierfür anscheinend mehrere Monate und im thermophilen Bereich ca. 8 d Aufenthaltsdauer für die vollständige Zerstörung notwendig /16-15/.

Ein besonderes Augenmerk muss auf phytopathogene Erreger gerichtet werden, da sonst Pflanzenkrankheiten mit dem Gärgut wieder auf die landwirtschaftliche Nutzfläche ausgebracht werden. Beispielsweise wird der ausgesprochen resistente Erreger der Kohlhernie (*Plasmodiophora brassicae*, Indikatororganismus) bei einer einstufigen Vergärung bei 35 °C über 14 d kaum signifikant abgetötet. Bei thermophiler Vergärung hingegen wird *Plasmodiophora* sowohl nach 14 wie auch nach 7 d entweder vollständig abgetötet oder im Infektionspotenzial auf unter 1 % des Ausgangsmaterials reduziert.

Hinsichtlich der Hygienewirkung sind Pfropfenstromprozesse oder Reaktorkaskaden besonders vorteilhaft, da dort sichergestellt wird, dass alles Gärgut ausreichend lange den hygienisierenden Bedingungen ausgesetzt ist. In einem einstufigen Reaktor mit gutem Pfropfenstromverhalten bzw. in Serie geschalteten Reaktoren lässt sich auch im mesophilen Temperaturbereich eine weitestgehende Hygienisierung erreichen; nur bei sehr wenigen, sehr resistenten Erregern müssen hier gewisse Einschränkungen gemacht werden.

Die größte Sicherheit hinsichtlich der Hygienisierung von Substraten oder Gärresten bietet die zusätzliche Integration einer Hygienisierungseinheit in die Biogasanlagen, die entweder den hygienisch bedenklichen Substrat-Teilstrom oder den Vollstrom behandelt. Hier müssen in Deutschland üblicherweise 70 °C für mindestens 1 h gewährleistet werden. Dabei ist allerdings zu bedenken, dass ein hygienisch unbedenklich aus der Anlage austretender Schlamm bei der Lagerung wieder neu mit Keimen belastet werden kann.

16.2.2 Fermenterbeschickung

Für einen stabilen Gärprozess ist aus prozessbiologischer Sicht ein kontinuierlicher Substratstrom durch die Biogasanlage der Idealfall. Da dieser in der Praxis kaum realisiert werden kann, ist eine quasikontinuierliche Zugabe des Substrates in den Fermenter der Regelfall. Die Substratzugabe erfolgt in der Regel in mehreren Chargen über den Tag verteilt. Daraus folgend werden alle Aggregate, die für den Substrattransport notwendig sind, nicht kontinuierlich betrieben. Dies spielt für die Auslegung eine sehr große Rolle.

Bei der Einbringung der Substrate ist deren Temperatur zu beachten. Bei großen Differenzen zwischen Material- und Fermentertemperatur (beispielsweise bei Einbringung nach einer Hygienisierungsstufe oder im Winter) wird die Prozessbiologie stark gestört. Dies kann zur Verminderung des Gasertrages führen. Als technische Lösungen werden hier zuweilen Wärmeübertrager angewendet.

Die Anlagentechnik für den Transport und die Einbringung hängt im Wesentlichen von der Beschaffenheit des Substrates ab. Deshalb wird zwischen Technik für pumpfähige und stapelbare Substrate unterschieden. Die entsprechenden Optionen werden nachfolgend diskutiert.

Transport pumpfähiger Substrate. Zum Transport pumpfähiger Substrate innerhalb der Biogasanlage werden hauptsächlich über Elektromotoren angetriebene Pumpen verwendet. Sie können über Zeitschaltuhren oder Prozessrechner angesteuert werden. Dadurch ist der Gesamtprozess ganz oder teilweise automatisierbar.

Oft wird der gesamte Substrattransport innerhalb einer Biogasanlage über ein oder zwei zentral in einem Pump- oder Steuerhaus positionierte Pumpen realisiert. Die Verlegung der benötigten Rohrleitungen erfolgt dann so, dass alle eintretenden Betriebsfälle (z. B. Beschicken, vollständiges Entleeren von Behältern, Havariefälle) über gut zugängliche oder automatische Schieber gesteuert werden können. Verwendet werden fast ausschließlich Kreisel- oder Verdrängerpumpen (d. h. Exzenterschneckenpumpen, Drehkolbenpumpen, Balgpumpen).

Die Auswahl geeigneter Pumpen hinsichtlich Leistung und Fördereigenschaften ist in hohem Maß von den eingesetzten Substraten und deren Aufbereitungsgrad bzw. Trockensubstanzgehalt abhängig. Zum Schutz der Pumpen können Schneid- und Zerkleinerungsapparate sowie Fremdkörperabscheider direkt vor die Pumpe eingebaut werden oder Pumpen, deren Förderelemente mit Zerkleinerungseinrichtungen versehen sind, zum Einsatz kommen.

Transport stapelbarer Substrate. Stapelbare Substrate werden bei Biogasanlagen mit Nassvergärung bis zur Materialeinbringung bzw. bis zur Anmaischung transportiert. Die meisten Wege werden dabei mit Radladern zurückgelegt. Erst für die automatisierte Beschickung des eigentlichen Biogasreaktors werden Kratzböden, Schubböden, Overhead-Schubstangen und Förderschnecken eingesetzt.
- Kratzböden, Schubböden und Overhead-Schubstangen sind in der Lage, nahezu alle stapelbaren Substrate horizontal oder mit einer leichten Steigung zu fördern. Sie können jedoch nicht für die Dosierung verwendet werden. Sie ermöglichen die Anwendung von sehr großen Vorlagebehältern.
- Förderschnecken können stapelbare Substrate in nahezu alle Richtungen transportieren. Vorbedingung ist hier nur die Freiheit von großen Steinen und die Zerkleinerung des Substrates, damit es von der Schnecke ergriffen werden kann und in die Schneckenwindungen passt.

Automatische Fördersysteme für stapelbare Substrate stellen in der Regel eine Einheit mit den Einbringungsaggregaten an der Biogasanlage dar /16-33/.

16.2.3 Gärtechniken

Einteilung. Gärprozesse können hinsichtlich
- des Trockenmassegehaltes des Fermenterinhaltes,
- der Art der Beschickung des Gärsubstrates in den Fermenter,

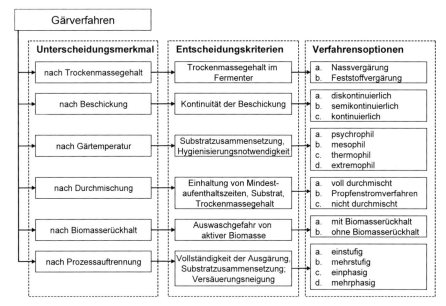

Abb. 16.7 Einteilung der Gärverfahren

- der Vergärungstemperatur,
- der Art der Durchmischung,
- der Art des Rückhaltens von aktiver Biomasse (vor allem bei der Vergärung von Substraten mit geringen Feststoffanteilen (z. B. Abwasser)) und
- der Art des Auftrennens des Prozesses

eingeteilt werden. Diese verschiedenen Optionen (Abb. 16.7) werden im Folgenden näher dargestellt und diskutiert. Die Auswahl einer Verfahrensoption richtet sich dabei in der Regel nach dem Substrat und dessen Verfügbarkeit.

Trockenmassegehalt. Gärverfahren können in Abhängigkeit des Trockenmassegehaltes im Fermenter voneinander unterschieden werden.

- Die Vergärung von Flüssigkeiten (in der Regel bei Trockenmassegehalten unter 3 %) und die Vergärung von festen Substraten kann mit Verfahren der Nassfermentation erfolgen. Dabei ist der Fermenterinhalt immer pumpfähig. Dieser Zustand kann durch die Zumischung von Flüssigkeiten (z. B. Wasser) erreicht werden.
- Bei der Feststofffermentation werden ausschließlich feste Substrate mit hohen Trockenmassegehalten (üblicherweise oberhalb 20 %) verarbeitet. Der Fermenterinhalt ist in diesen Fällen nicht mehr pumpfähig. Er ist jedoch im Normalfall stapelfähig. Eine Verdünnung mit Flüssigkeiten erfolgt in der Regel nicht.

Ein direkter Rückschluss von dem Trockenmassegehalt der Substrate auf Trocken- bzw. Nassvergärungsverfahren ist aber nicht zwingend gegeben. Jedoch werden flüssige Substrate nahezu ausschließlich in der Nassfermentation eingesetzt.

Beschickung. Das Substrat kann entweder diskontinuierlich, semi-kontinuierlich oder kontinuierlich in den Fermenter eingebracht werden.

Bei der diskontinuierlichen Einspeisung wird der Fermenter einmal gefüllt und dann bis zum Abschluss der Vergärung nicht mehr geöffnet (d. h. Batch-Verfahren). Die Gasproduktion steigt zunächst rasch an und klingt anschließend über einen längeren Zeitraum wieder ab. Um trotzdem eine möglichst kontinuierliche Gasproduktion zu erhalten, werden normalerweise mehrere Batch-Fermenter parallel, jedoch zeitlich versetzt betrieben.

Bei kontinuierlichen Verfahren wird dem Fermenter ständig Frischmaterial zugeführt, während eine entsprechende Menge vergorenen Materials gleichzeitig entnommen wird. Speziell bei festen Substraten, welche z. B. tagsüber aufbereitet werden müssen, oder bei unregelmäßig anfallenden Abwässern ist es aber auch möglich, dass das Frischmaterial nicht rund um die Uhr kontinuierlich, sondern vielmehr phasenweise zugespiest wird (d. h. semi-kontinuierlicher Betrieb). Dazu kann ein Vorlagebehälter eingesetzt werden, aus dem dann in regelmäßigen Abständen (z. B. stündlich, alle 4 h) frisches Substrat in den Fermenter transportiert wird.

Die Beschickung sollte dabei möglichst so erfolgen und angeordnet sein, dass in kontinuierlich betriebenen Systemen der Austrag frisch eingebrachten Materials (d. h. Kurzschlussströmung) weitestgehend verhindert wird. Trotzdem wird ein (möglichst kleiner) Teil des Substrats durch die Kurzschlussströmungen unmittelbar nach seinem Einpumpen unausgegoren gleich wieder ausgetragen, während andere Substratteile zu lange in der Anlage verbleiben. Dadurch ist der Gasertrag meist geringer als bei einem Reaktor mit einheitlicher Verweilzeit. Diese Kurzschlussströmung kann sich auch negativ auf die Hygienisierung auswirken.

Temperatur. Gärverfahren können auch nach der Reaktortemperatur eingeteilt werden. Dabei werden im Wesentlichen
– mesophile Anlagen (rund 35 bis 43 °C) und
– thermophile Anlagen (ca. 57 °C)
unterschieden. Beispielsweise überwiegen im landwirtschaftlichen Bereich überwiegen mesophile Anlagen.

Durchmischung. Die meisten Fermenter von Biogasanlagen sind voll durchmischt. Man spricht auch von sogenannten Rührkesseln (d. h. CSTR; continuously stirred tank reactor). Um dies technisch umzusetzen, sind eine Vielzahl von Lösungen verfügbar (vgl. hierzu Abb. 16.16). Voll durchmischte Reaktoren haben den Nachteil, dass die Verteilung der Verweilzeit unregelmäßig ist (d. h. Kurzschlussströmungen sind möglich).

Alternativen zum voll durchmischten Fermenter sind z. B. Pfropfenstromfermenter, die in der Regel länglich geformt sind und von einer Seite zur anderen bzw. vertikal mit Substrat durchströmt werden. Die Durchströmung wird dabei durch die Substratzufuhr verursacht. Zusätzlich erfolgt meist eine quer zur Strömungsrichtung gerichtete Durchmischung (Abb. 16.8). Die technische Umsetzung eines realen Pfropfenstromes ist außerordentlich schwierig und meist nur bei sehr hohen Trockenmassegehalten im Fermenter möglich. Eine Vermischung in Durchströmungsrichtung kann kaum vollständig verhindert werden. Kurzschlussströ-

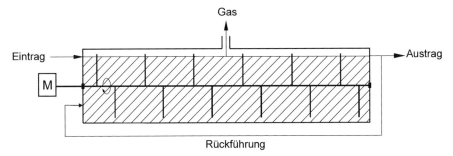

Abb. 16.8 Schema eines Pfropfenstromreaktors; die Durchmischung erfolgt nur senkrecht zur Fließrichtung, um eine einheitliche Verweilzeit zu gewähren (M Motorantrieb)

mungen sind aber eher unwahrscheinlich. In der Regel muss bei Pfropfenstromfermentern eine Rückimpfung von ausgegorenem Material in den Inputstrom erfolgen.

Darüber hinaus existieren noch Verfahren, die im Batchbetrieb laufen und häufig gar nicht durchmischt werden (z. B. Garagenfermenter). Die Vermischung von aktiver Biomasse und Substrat wird hier beispielsweise durch eine Berieselung gewährleistet.

Rückhalt aktiver Biomasse. Beim Rückhalt aktiver Biomasse wird zwischen Prozessen für flüssige und Prozessen für feststoffhaltige Substrate unterschieden.

Bei flüssigen Substraten wird die aktive Biomasse im Fermenter am einfachsten dadurch erhöht, dass die ausgetragenen Bakterien sedimentiert und als Bakterienschlamm wieder in den Fermenter zurückgeführt werden (sogenannte Kontaktreaktoren). Auch können sedimentierbare Bakterienagglomerate schon im Fermenter selbst zurückgehalten werden (UASB-Prozess, upflow anaerobic sludge blanket). Eine andere Möglichkeit besteht darin, Materialien mit großer Oberfläche als Wachstumsfläche für Bakterien in den Fermenter einzubauen (Trägerkörper-Verfahren); als Trägermaterialien bzw. Wachstumsflächen kommen beispielsweise Kunststoffe, Metalle, mineralische Inertstoffe oder auch Holz in Frage.

Bei Feststoffprozessen kann die aktive Biomasse im Reaktor dadurch erhöht werden, dass bakterienreiche Fraktionen des ausgegorenen Materials als Impfmaterial rückgeführt werden. Ein direkter Rückhalt von Biomasse im Fermenter ist nicht möglich, da die Bakterienmasse nicht vom häufig pastösen Gärgut abgeschieden werden kann und daher immer wieder mit der Biomasse aus dem Fermenter ausgetragen wird.

Prozessauftrennung. Unter gewissen Umständen kann es sinnvoll sein, den anaeroben Abbau in unterschiedliche Phasen und/oder in verschiedene Stufen aufzutrennen. Beide Optionen werden nachfolgend diskutiert.

Nach heutigem Kenntnisstand ist die Trennung der Hydrolyse und der Methanbildung möglich. Zukünftig – wenn deutlich mehr Erkenntnisse zur Wechselwirkung zwischen den am Prozess beteiligten Mikroorganismen vorliegen – ist zu erwarten, dass auch noch weitere prozessbiologische Phasen voneinander abgetrennt werden.

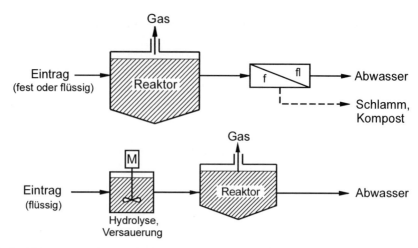

Abb. 16.9 Prozessschema mit einer (oben) und zwei biologischen Prozessphasen (unten) (M Motorantrieb; f fest; fl flüssig)

Laufen die Hydrolyse und Säurebildung von der eigentlichen Methanisierung separat ab, spricht man von einem Prozess in zwei biologischen Prozessphasen (Abb. 16.9). Die Hydrolysestufe wird dann so dimensioniert, dass die Aufenthaltszeit genügend groß ist, um das Wachstum der hydrolytischen und säurebildenden Bakterien zu ermöglichen. Bei leicht hydrolysierbaren organischen Substraten läuft die Hydrolyse dann so rasch – innerhalb von ein bis zwei Tagen – ab, dass sich die Methanisierung in der ersten biologischen Prozessphase nicht entwickeln kann ("Auswaschung" der Methanbildner).

Darüber hinaus kann der Vergärungsprozess in unterschiedliche Stufen, die sich prozessbiologisch nur wenig unterscheiden, unterteilt werden. Hier können beispielsweise bei einer Kaskade von Rührkesseln mehrere Fermenter in Serie hintereinander geschaltet werden. Dies ist z. B. in Klärwerken der Fall (z. B. Vorfaulraum, Hauptfaulraum, Nachgärer). Dabei hat man hier in der Regel keine eindeutige Trennung der biologischen Prozessphasen, obwohl die hydrolytische Aktivität im ersten Fermenter wahrscheinlich etwas größer ist als in den folgenden. Bei solchen Rührkesselkaskaden ist die Wahrscheinlichkeit sehr klein, dass frisch zugeführtes Material gleich wieder ausgetragen wird. Dies trifft ebenfalls auf einen Fermenter mit einem nachgeschalteten, zum Nachgärraum umfunktionierten, Schlammspeicher zu. Zur Aufrechterhaltung einer guten Gasbildung oder auch eines stabilen biologischen Prozesses kann eine Rückimpfung von Vorteil sein, bei der das Frischmaterial durch die Zuführung von vergorenem Material mit Bakterien versorgt wird.

Eine Auftrennung in Prozessphasen und Prozessstufen ist grundsätzlich beliebig miteinander kombinierbar, wobei bei der Anlagenerrichtung die Maßgabe eines wirtschaftlichen Anlagenbetriebes zu berücksichtigen ist.

Typische Gärverfahren. Abgesehen von vielen Sonderverfahren existieren einige typische Gärverfahren, die in der Regel in den üblichen Anwendungsbereichen eingesetzt werden. Wesentliche Verfahren werden nachfolgend vorgestellt.

Kontaktprozess. Beim Kontaktprozess folgt dem Fermenter eine Sedimentationsstufe, in der Bakterienbiomasse von der Flüssigkeit abgetrennt und wieder in den Fermenter zurückgeführt wird (Abb. 16.10). Aufgrund der dadurch erhöhten Konzentration an aktiver Biomasse im Fermenter verläuft der Abbau schneller, so dass die Aufenthaltszeit zwei- bis dreimal kürzer wird als in einem konventionellen, voll durchmischten Reaktor. Teilweise wird die Sedimentationsstufe auch in den Reaktor integriert. Kontaktprozesse werden oft auch dort eingesetzt, wo stark belastete Abwässer eine relativ hohe Menge an partikulärem Kohlenstoff enthalten.

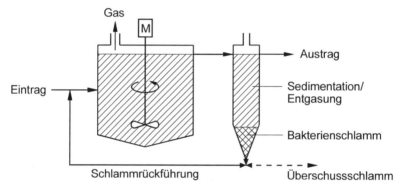

Abb. 16.10 Schematische Darstellung des Kontaktprozesses (Rührkessel mit nachgeschalteter Entgasung, Sedimentierung und Schlammrückführung) (M Motorantrieb)

Schlammbettreaktoren. Bei den sogenannten Schlammbettreaktoren wachsen die Bakterien entweder für sich selbst in kleinen Klümpchen oder auf Trägermaterialien (z. B. feinen Sandkörnern). Die so entstandenen Bakterienagglomerate werden durch eine entsprechend große Strömung in Suspension gehalten. Wenn die Bakterien für sich selbst Klümpchen bilden, spricht man vom UASB-Prozess (upflow anaerobic sludge blanket; Abb. 16.11). Die Bakteriengranulate schweben infolge der kleinen Gasbläschen, die sich an ihrer Oberfläche bilden, im Reaktor nach oben, wo das Gas dann abgegeben wird. Daher muss durch entsprechende Einbauten im oberen Reaktorbereich sichergestellt werden, dass diese Bakteriengranulate nicht ausgetragen werden, sondern im Reaktor verbleiben. Auch wurden "Down flow"-Reaktoren (DASB downflow anaerobic sludge blanket) entwickelt, bei denen die Bakteriengranulate durch ein Sandbett am Grund zurückgehalten und durch mechanische Vorrichtungen in Suspension gebracht werden.

Die für den UASB-Prozess notwendigen Bakterienklümpchen bilden sich besonders gut in Substraten, die reich an Zucker oder an niedrigen Fettsäuren sind. Da das spezifische Gewicht der Bakterienklümpchen sich nur unwesentlich von demjenigen des Wassers unterscheidet und zusätzlich die kleinen Methangasblä-

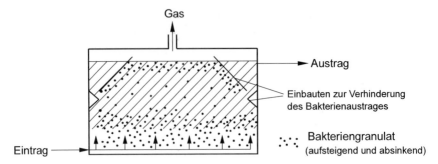

Abb. 16.11 Schematische Darstellung eines UASB-Reaktors

schen den Auftrieb verstärken können, sind nur sehr geringe Strömungsgeschwindigkeiten von 0,5 bis 1 m/h sinnvoll. Der UASB-Prozess eignet sich somit zur Behandlung organisch stark belasteter Abwässer, welche wenig partikulären Kohlenstoff enthalten.

Wirbelbettreaktoren. Wenn die Bakterien auf inerten Feststoffpartikeln (z. B. Sand) wachsen, spricht man vom Wirbelbettreaktor. Da hier die Bakterienklümpchen ein sehr viel höheres spezifisches Gewicht als das Wasser aufweisen, sind höhere Strömungsgeschwindigkeiten erforderlich, um die Teilchen zu suspendieren. Dafür sind hier aber keine Einbauten zur Verhinderung des Austrags von aktiver Biomasse notwendig. Bei einem Wirbelbettreaktor, bei dem die Suspension nur im unteren Reaktorbereich vorliegt (fluidized bed reactor), sind beispielsweise Geschwindigkeiten von 5 bis 8 m/h üblich, während beim sogenannten "expanded bed reactor", bei dem die Bakterienmasse über die gesamte Reaktorhöhe verteilt werden soll, Geschwindigkeiten zwischen 15 und 30 m/h erforderlich sind.

Wirbelbettreaktoren sind in der Regel überdurchschnittlich hohe, stehende Zylinder, in denen die Flüssigkeit ständig umgepumpt wird; dies bewirkt eine vollständige Durchmischung. Da hierzu Energie benötigt wird, ist die Energiebilanz des Wirbelbettreaktors normalerweise deutlich ungünstiger als bei anderen Hochleistungsreaktoren. Deshalb werden Wirbelbettreaktoren heute nur noch relativ selten und vorwiegend zur Behandlung stark belasteter Abwässer mit weitgehend gelösten organischen Komponenten eingesetzt.

Anaerobfilter. Bei Reaktoren mit Anaerobfiltern wachsen die Bakterien als Bakterienfilm auf Trägermaterialien, was sie davor schützt, ausgewaschen zu werden (Abb. 16.12). Die inerten Trägermaterialien (z. B. Kunststoff, Mineralien, Holz) weisen eine große spezifische Oberfläche von 50 bis über 200 m^2/m^3 auf. Dabei unterscheidet man zwischen Upflow- und Downflow-Betrieb; ersterer erzeugt u. U. zugleich ein Schlammbett, neigt aber eher zu Verstopfungen. Daneben sind auch horizontale Auslegungen (Pfropfströmer) möglich, wie sie z. B. bei dynamischen Anaerobfiltern realisiert wurden. Hier wird das Trägermaterial gegenüber dem Abwasser leicht bewegt, so dass der Kontakt zwischen Bakterienfilm und Abwasser intensiviert, das Ausgasen begünstigt und ein Schlammbett erzeugt wird.

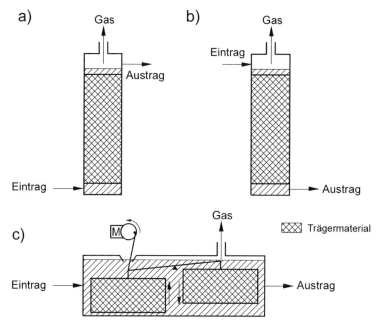

Abb. 16.12 Schematische Darstellung von Anaerobfiltern; a) Upflow-Filter, b) Downflow-Filter, c) liegender pulsierender dynamischer Anaerobfilter (M Motorantrieb)

Man unterscheidet zwischen rotierenden (anaerobe Scheibentropfkörper) und pulsierenden dynamischen Anaerobfiltern.

Im Vergleich zu den Bakterienklümpchen des UASB-Prozesses wachsen auf den Trägermaterialien in der Regel Bakterienbiozönosen mit einer höheren Diversität; dies erhöht die Prozessstabilität und ermöglicht den Abbau von Inhaltsstoffen, welche sich für Schlammbettprozesse weniger eignen. Anaerobfilter werden ebenfalls zur Behandlung von stark belasteten Abwässern ohne gröbere Feststoffpartikel eingesetzt, da letztere besonders bei großen spezifischen Oberflächen des Filtermaterials speziell bei statischen Filtern zu Verstopfungen führen könnten.

Nassfermentationsverfahren. Die meisten Biogasanlagen werden als Nassfermentationsverfahren betrieben. Ein- oder mehrstufige bzw. -phasige Prozesse können mit maximal 40 % Trockenmassegehalt in den Eingangssubstraten betrieben werden (Abb. 16.13). Die Reaktoren sind entweder voll durchmischt oder es handelt sich um mehr oder weniger ausgeprägte Pfropfenstromreaktoren (vgl. Abb. 16.8). Die Fermenter können meist als stehende oder liegende zylindrische bzw. längliche rechteckige Behälter ausgebildet sein.

Stapelbare Substrate (d. h. in der Regel Stoffe mit mehr als rund 20 % Trockenmassegehalt) werden zur Vergärung i. Allg. zerkleinert und befeuchtet, wenn gleichzeitig Abwasser oder flüssige Exkremente vorhanden sind, die ebenfalls vergoren werden sollen (sogenannte Co-Vergärung). Reine Flüssigverfahren, bei denen die festen Abfälle mit Wasser verdünnt werden, haben den Nachteil, dass – bezogen auf die Methanbildung – unnötig viel unproduktives Prozesswasser er-

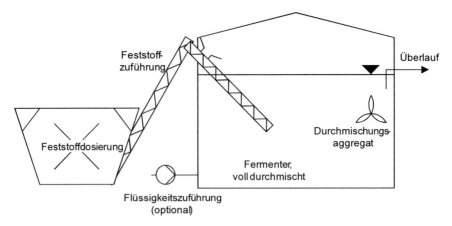

Abb. 16.13 Schema einer Nassvergärung

wärmt werden muss; außerdem ist der Aufwand für die spätere Fest/Flüssig-Trennung oder die Ausbringung des zugeführten Wassers vergleichsweise hoch. Flüssigverfahren können aber dort vorteilhaft sein, wo sich bei einer unverdünnten Feststoffvergärung Hemmstoffe in zu hohen Konzentrationen anreichern würden.

Verfahren mit getrennter Flüssigkeitsvergärung. In Sonderfällen werden Substrate mechanisch vorbehandelt und Stoffströme getrennt voneinander genutzt. Beispielsweise können feste Substrate in einer Hydrolysestufe hydrolysiert werden. Die säurehaltige Prozessflüssigkeit wird danach in einer Fest/Flüssig-Trennung von der festen Phase abgetrennt und separat methanisiert. Dadurch kann in diesem Beispiel für die flüssige Phase ein Hochleistungsprozess mit erhöhter Biomassekonzentration eingesetzt werden, während die feste Phase bei schwach saurem pH-Wert in der Regel innerhalb von Stunden bzw. wenigen Tagen hydrolysiert wird.

Abfälle werden beispielsweise im Fall des BTA-Prozesses (BTA: Firmenbezeichnung) in einem Behälter (modifizierter Pulper aus der Papierindustrie) suspendiert und anschließend jeweils nach zwei Hydrolysestufen wieder entwässert (Abb. 16.14). Feste anaerob abbaubare Abfälle können bei diesem zweiphasigen Ansatz in zwei bis vier Tagen vergoren werden. Allerdings ist zusätzlich zu den Hydrolysestufen nochmals ein – allerdings relativ kleiner – Hochleistungsreaktor zur Behandlung der flüssigen Phase notwendig; dadurch ist das totale Fermentervolumen trotzdem nur etwa halb so groß wie das einer vergleichbaren thermophilen einstufigen Anlage. Der Pulper dient gleichzeitig zur Abtrennung von Störstoffen in einer Sink-/Schwimm-Trennung, wo Schwerstoffe über eine Schleuse entnommen und aufschwimmende Kunststoffe mit einem Rechen abgezogen werden können.

Diskontinuierliche Feststoffvergärung. Systeme mit diskontinuierlicher Beschickung (d. h. Einfachsysteme nach dem Batch-Verfahren) eignen sich eher zur Vergärung fester Substrate (Abb. 16.15). Normalerweise werden mehrere Fermenter zeitlich verschoben nebeneinander betrieben. Jeweils ein Fermenter wird entleert bzw. wieder neu gefüllt. Beim diskontinuierlichen Prozess ist es sinnvoll, Pro-

16.2 Verfahrenstechnik

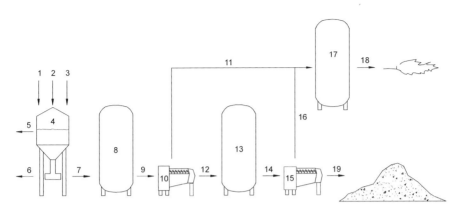

Abb. 16.14 Schematische Darstellung des BTA-Prozesses (1 Nassmüll, 2 Prozessabwasser, 3 Klärschlamm (eventuell), 4 Auflösebehälter ("Pulper"), 5 Kunststofffolien, 6 Schwerstoffe, 7 Suspension mit organischen Feststoffen, 8 Laugenbehandlung, 9 Suspension, 10 und 15 Fest/Flüssig-Trennung, 11 und 16 Flüssigstrom, 12 organische Feststoffe, 13 Hydrolyse der Biopolymere, 14 Suspension, 17 Hochleistungsmethanisierung, 18 Biogas/Energie, 19 Gärkompost)

zesswasser zur Befeuchtung des frischen Ausgangsmaterials zu verwenden, um so das Frischmaterial mit Bakterien anzuimpfen. Batch-Prozesse werden vorwiegend zur Vergärung von Festmist oder von festen Gewerbe- und Haushaltsabfällen eingesetzt.

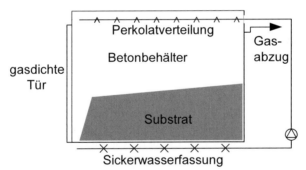

Abb. 16.15 Schematische Darstellung einer Feststoffvergärung

Elemente von Fermentern. Der bzw. die Fermenter sind das Herzstück einer Biogasanlage, die je nach verwendetem Vergärungsverfahren sehr unterschiedlich beschaffen und ausgerüstet sein können. Sie müssen die folgenden Komponenten enthalten:
- einen gasdichten Behälter mit einer Vorrichtung zum Abzug des Gases, in dem die anaeroben Bakterien unter Ausschluss von Sauerstoff den Abbau der Substrate und die Produktion von Biogas realisieren können;

- vorzugsweise eine Möglichkeit zum Beheizen des Gärguts, da die Bakterien Temperaturoptima im meso- und thermophilen Bereich aufweisen, aber selbst beim Abbau kaum Wärme freisetzen;
- möglichst eine Option zur Intensivierung des Kontakts zwischen Bakterien und Substrat sowie zur Verbesserung des Ausgasens, wie z. B. Rührvorrichtungen oder die Möglichkeit der Umwälzung des Substrats;
- eventuell Vorrichtungen zum Rückhalt oder zur Rückführung von Biomasse, um – bei dünnen, feinpartikulären Substraten – die Konzentration der aktiven Biomasse zu erhöhen bzw. den Abbau zu intensivieren;
- weitere Komponenten (z. B. Sicherheitseinrichtungen).

Fermentermaterialien. Als Baumaterial für den Fermenter wird oft bewehrter Beton eingesetzt. Neben relativ hohen Kosten bei Kleinanlagen sind hierbei potenzielle Korrosionsprobleme an der Phasengrenze flüssig/gasförmig und im Gasraum im Fermenterinnern von Nachteil. In diesem Bereich kann aber nicht nur der Beton, sondern auch rostfreier Stahl im Wesentlichen durch schweflige Säure, die sich durch die Dissoziation von Schwefelwasserstoff in Kondensat bildet, angegriffen werden. Beton sollte daher speziell in diesem kritischen Bereich mit einem Schutzanstrich, besser noch mit Folien oder Belägen, abgedeckt werden. Auch sollten weitere Ausrüstungsgegenstände nach Möglichkeit nicht aus Metall bestehen. Weitestgehend korrosionsfest sind bestimmte Edelstähle (z. B. V4A) oder Sonderlösungen wie Holz oder Mineralguss mit Kunstharzanteilen. Emaillierter Stahl wird auch eingesetzt; hier sind aber die hohe Schlagempfindlichkeit und Sprödheit bei der Montage zu beachten.

Ein großer Teil der industriellen Fermenter für die Flüssigkeitsvergärung wird heute aus vorgefertigtem rostfreiem Stahl hergestellt. Bei Betriebsdrücken von -10 bis +30 mbar beträgt die Wanddicke rund 5 mm. Solche vorgefertigten Stahlfermenter können Kapazitäten von 100 bis 500 m^3 aufweisen. Größere Fermenter werden vor Ort aus Einzelteilen montiert. Betonfermenter werden demgegenüber in allen Größenbereichen eingesetzt; die größten bekannten Fermentervolumina liegen zwischen 6 000 und 8 000 m^3. Demgegenüber werden vorgefertigte Kunststoff-Fermenter nur für kleine Anlagen eingesetzt. Bei Fermentergrößen bis zu über 1 000 m^3 kann auch Holz verwendet werden; es wird anaerob nicht abgebaut, ist korrosionsbeständig und kostengünstig. Vorgefertigte Wandelemente werden dann vor Ort zusammengeschraubt. Durch die im Substrat enthaltene Feuchtigkeit quillt das Holz und dichtet dadurch die Fugen ab.

Zur Gasspeicherung werden häufig flexible Kunststofffolien auf der Fermenteroberseite eingesetzt, die gleichzeitig als Dach genutzt werden.

Die Isolierung des Fermenters gegen Wärmeverluste wird mit mineralischen Dämmmatten oder Polyurethan-Schaum bzw. anderen Isoliermaterialien realisiert, die feuchtigkeitsbeständig und schwer entflammbar sein sollten. Eine gute Wärmedämmung stellt die Voraussetzung für einen störungsfreien Betrieb und vor allem eine hohe Energieausbeute bei einem geringen Eigenwärmebedarf dar.

Durchmischung. Während des Gärprozesses wird der Abbau durch eine gute Durchmischung des Gärgutes gefördert; dadurch werden Substrat- und Nährstoffgradienten ausgeglichen und der Kontakt zwischen Bakterien und Substrat wird intensiviert. Darüber hinaus wird die Ausgasung des Substrates gefördert und Sink- bzw. Schwimmschichten können vermieden bzw. zerstört werden.

Eine minimale Durchmischung des Gärsubstrates findet dabei durch das Einbringen von Frischsubstrat, durch thermische Konvektionsströmungen und durch das Aufsteigen von Gasblasen statt. Diese passive Durchmischung ist allerdings in den meisten Fällen nicht ausreichend. Deshalb muss der Durchmischungsprozess aktiv unterstützt werden.

Zur Durchmischung bieten sich u. a. mechanische Rührwerke (z. B. Paddelrührwerk, Propellerrührwerk), Mammutpumpen, externe Rezirkulation des Gärguts, Ausnutzung des bei der Biogasproduktion entstehenden Gasdrucks oder Einblasen von Biogas an (Abb. 16.16). Daneben bestehen noch weitere Konzepte von derzeit untergeordneter Bedeutung. Einige Systeme verzichten aber auch gänzlich auf eine Durchmischung (z. B. Garagenverfahren zur Feststofffermentation). Teilweise soll bei solchen Sonderverfahren der Kontakt von Bakterien und Substrat

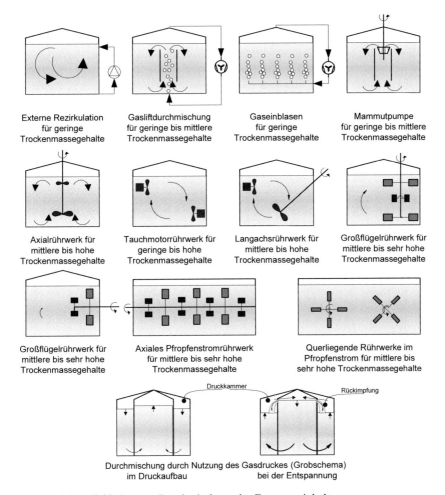

Abb. 16.16 Möglichkeiten zur Durchmischung des Fermenterinhaltes

durch eine Berieselung mit Sickerwasser (d. h. Perkolation) sichergestellt werden.
　　In sehr flüssigen Medien haben sich auch das Umpumpen und das Einblasen von Biogas in den Fermenter (z. B. Gasliftverfahren, Schlammbettreaktoren) sowie Verfahren, welche die Arbeit des Gasdrucks zur Durchmischung nutzen, bewährt. Die größte Herausforderung beim Einblasen von Biogas in den Fermenter ist die Gasdichtigkeit der Verdichterstrecke.
　　Bei Trockenmassegehalten von mehr als 3 % werden meist Rührwerke zur Fermenter-Durchmischung eingesetzt. Eine Alternative können aber auch hier Gasdruckdurchmischungsverfahren sein. Als Rühreinrichtungen werden sehr unterschiedliche Technologien verwendet. Bei sehr hohen Feststoffgehalten (meist > 8 % Trockenmasse) kommen üblicherweise langsam laufende Großflügelrührwerke in verschiedensten Bauformen zum Einsatz. In liegenden Fermentern können dies z. B. längs oder quer installierte Paddelrührwerke sein. Bei geringeren Feststoffgehalten bzw. geringeren Viskositäten können auch schneller laufende Tauchmotor- oder Langachsrührwerke eingesetzt werden, die schräg durch die Behälterwand oder senkrecht aus der Decke geführt werden.
　　In stehenden, nach dem Rührkesselprinzip arbeitenden Fermentern kommen häufig Tauchmotor-Propellerrührwerke (TMR) zum Einsatz. Angetrieben werden sie durch getriebelose Elektromotoren oder hydraulische Systeme, deren Gehäuse druckwasserdicht und korrosionsfest ummantelt sind und durch das Umgebungsmedium gekühlt werden. Bei sehr hohen Feststoffgehalten kann die Kühlung aufgrund mangelhafter Strömung im Fermenter nicht immer gewährleistet werden. Tauchmotor-Propellerrührwerke werden komplett in das Substrat eingetaucht und besitzen meistens geometrisch optimierte zwei- oder dreiflügelige Propeller. Durch ihr Führungsrohrsystem, bestehend aus Galgen, Seilwinde und Leitprofil, lassen sich die Rührwerke meist von außen in ihrer Höhe, seitlich und in ihrer Neigung verstellen.
　　Eine weitere Möglichkeit der mechanischen Fermenter-Durchmischung bieten axiale Rührwerke. Sie werden kontinuierlich betrieben und sind an meist zentrisch an der Fermenterdecke montierten Wellen mit teilweise mehreren Rührflügeln in unterschiedlichen Höhen angebracht. Die Geschwindigkeit des Antriebsmotors, der sich außerhalb des Fermenters befindet, wird durch ein Getriebe auf wenige Umdrehungen pro Minute herabgesetzt. Die axialen Rührwerke sollen im Inneren des Fermenters eine ständige Strömung erzeugen, die innen nach unten und an den Wänden nach oben gerichtet ist.
　　Alternativ sitzt bei Langachsrührwerken der Motor am Ende einer Rührwelle, die schräg in den Fermenter eingebaut wird. Der Motor ist außerhalb des Fermenters angeordnet. Die Wellen können zusätzlich am Fermenterboden gelagert sein und sind mit einem oder mehreren großflächigen, paddelförmigen Rührwerkzeugen ausgestattet. Von größter Bedeutung ist hier die Wellenlagerung am Fermenterboden, die wartungsfrei sein und die Entnahme und den Wiedereinbau des Rührwerkes ermöglichen muss.
　　Paddel- oder Haspelrührwerke sind langsam laufende Rührwerke, die bauartbedingt meist in liegenden Fermentern, die nach dem Pfropfenstromprinzip arbeiten, eingesetzt werden. Zunehmend sind sie aber auch in stehenden Fermentern zu finden. Auf der Rührachse sind Paddel angebaut, welche die Durchmischung realisie-

ren. In den Laufwellen und auch in den Rührarmen der Rührwerke sind teilweise Heizschlangen integriert, mit denen das Gärsubstrat erwärmt wird.

Die Rührwerke werden im Dauer- oder Intervallbetrieb betrieben. Die Rührintervalle müssen an die spezifischen Eigenschaften jeder Biogasanlage (wie Substrateigenschaft, Behältergröße, Neigung zur Schwimmdeckenbildung usw.) empirisch angepasst werden. Die Rührergeschwindigkeit ist von der verwendeten Technologie abhängig. Dabei ist jedoch zu berücksichtigen, dass bei hohen Drehzahlen die auftretenden Scherkräfte zur Schädigung der Mikroorganismengemeinschaften bzw. -agglomerationen führen können.

Für die Durchmischung ist üblicherweise ein hoher Energieaufwand erforderlich, der häufig den Eigenstrombedarf der Anlage mit über 50 % der Gesamtstromnachfrage dominiert.

Beschickung und Austrag. Zur Beschickung des Fermenters müssen Komponenten eingesetzt werden, die zuverlässig sind, einfach unterhalten werden können und eine Ausbildung von sehr begrenzten Fließbahnen im Fermenter nach Möglichkeit verhindern. Beispielsweise wird daher ein UASB-Reaktor durch ein ausgeklügeltes Netz von Verrohrungen auf dem Fermentergrund gleichmäßig beschickt. Anaerobfilter, welche im Downflow-Betrieb arbeiten, weisen z. B. ein Verteilsystem für das zufließende Abwasser auf, das sicherstellen soll, dass die Oberfläche der Trägermaterialien, auf denen sich die Bakterien befinden, gleichmäßig mit Substrat versorgt wird. Für Feststoffvergärungsanlagen werden Förderschnecken, Presskolben, Drehkolbenpumpen oder Exzenterschneckenpumpen für die Substratzufuhr eingesetzt; diese Zuführaggregate fördern – zumindest bei Anlagen zur Vergärung von Energiepflanzen – i. Allg. aus einem Zwischenlager, das wiederum zyklisch beispielsweise mit einem Rad- oder Frontlader nachgefüllt wird.

Der Austrag des vergorenen Materials geschieht normalerweise mit Hilfe der Gravitation bzw. bei der Zufuhr frischen Substrates über einen Siphon bzw. Überlauf; dadurch wird ein unerwünschter Gasaustritt verhindert.

Gelegentlich wird auch das aus dem ausgetragenen Material, welches in einem Gärrestspeicher gelagert wird, noch entstehende Gas genutzt. Der (nicht beheizte und kaum gerührte) Speicher für das vergorene Material wird so zum Nachgärraum und wirkt dabei gewissermaßen als eine zusätzliche, dem Fermenter nachgeschaltete, Speicheranlage. Dies hat den Vorteil, dass die klimawirksamen Methanemissionen, die bei der Lagerung des vergorenen Materials frei werden, nicht in die Atmosphäre gelangen und dort den anthropogenen Treibhauseffekt verstärken, sondern den Energieertrag der gesamten Anlage verbessern.

Beheizung. Normalerweise sind die Fermenter beheizt. Dazu werden meist Wärmeübertrager eingesetzt, in denen die Wärme von einem Heizkreislauf auf das Gärgut übertragen wird. Als Wärmequellen kommen neben Heizkesseln insbesondere Blockheizkraftwerke (BHKW) in Frage. Wird mit Biogas geheizt, ist zusätzlich eine Notheizung notwendig, damit der Fermenter auch bei Ausfall der Biogasproduktion betrieben werden kann. Das Gärgut kann sowohl im Inneren des Fermenters als auch in einem Vorgefäß, in der Zulaufleitung (oft bei Feststoffvergärung) oder in einer externen Schlaufe außerhalb des Fermenters beheizt werden (Abb. 16.17). Dabei sollte die Vorlauftemperatur nicht zu hoch gewählt werden, da sich sonst bei grobpartikulären Substraten Inkrustierungen bzw. Anbackungen

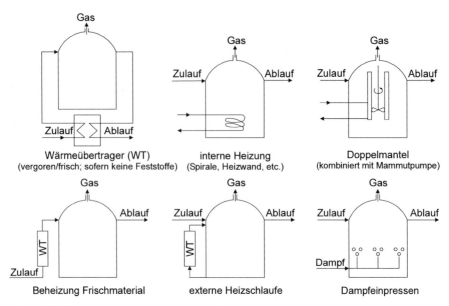

Abb. 16.17 Innen- und außenliegende Beheizungssysteme von Fermentern

auf dem Wärmeübertrager bilden können, die den Wärmeübergang erschweren. Eine ausschließliche Beheizung über den Fermenterboden ist nicht zu empfehlen, da sich absetzende Feststoffe sehr negativ auf den Wärmeübergang auswirken können.

Um möglichst viel Biogas zu gewinnen, ist auf die Wärmedämmung des Gärbehälters und auf den Trockenmasse(TM)-Gehalt des Substrates besonderes Augenmerk zu legen. Tabelle 16.4 zeigt deshalb exemplarisch die Energiebilanz eines mesophilen Rührkessels. Bei kleiner werdendem TM-Anteil wird die Biogasausbeute entsprechend geringer; dann muss ein entsprechend höherer Prozentsatz des Biogases für die Beheizung des Substrates eingesetzt werden.

Tabelle 16.4 Anteil der als Biogas produzierten Bruttoenergiemenge zur Deckung des Energieaufwandes für die wesentlichen Energieverbraucher einer Biogasanlage in einem konventionellen Rührkesselreaktor (exemplarisch)

Heizen des Substrats	11 – 15 %
Wärmeverluste	7 – 9 %
Rühren und Pumpen	2 – 3 %
Sonstige Komponenten	2 – 3 %
Summe	*22 – 30 %*

16.2.4 Biogasreinigung und -aufbereitung

Gasreinigung. In Abhängigkeit des Verwendungspfades von Biogas sind unterschiedliche Reinheitsgrade erforderlich. Tabelle 16.5 fasst zusammen, in welchen Fällen die Entfernung einzelner Komponenten aus dem Biogas notwendig erscheint. Ausgehend davon werden die einzelnen Gasreinigungsverfahren beschrieben.

Tabelle 16.5 Notwendigkeit der Biogasreinigung in Abhängigkeit vom Verwendungszweck (CNG verdichtetes Erdgas)

	H_2S	H_2O	CO_2
Gasbrenner	> 0,1 Vol.-%	nein	nein
Wärme-Kraft-Kopplung	> 0,05 Vol.-%	von Vorteil	nein
Fahrzeugtreibstoff (Verdichtung zu CNG)	ja	ja	ja
(öffentliches) Gasnetz	ja	ja	ja
Fackel	nein	nein	nein

Gastrocknung. Um die Gasverwertungsaggregate vor hohem Verschleiß und Zerstörung zu schützen, muss der im Biogas enthaltene Wasserdampf entfernt werden.

Die relative Feuchte des Biogases beträgt im Fermenter 100 %. Das Gas ist somit wasserdampfgesättigt. Damit ist die absolute Menge Wasser bzw. Wasserdampf, die im Biogas enthalten ist, von der Gär- und somit folglich von der Gastemperatur abhängig. Durch die Kühlung des Gases fällt ein Teil des Wasserdampfes als Kondensat aus.

Die Kühlung des Biogases wird häufig in der Gasleitung durchgeführt. Durch ein entsprechendes Gefälle in der Leitung kann das Kondensat in einem, am tiefsten Leitungspunkt eingebauten, Kondensatabscheider gesammelt werden. Vorraussetzung dafür ist allerdings eine für die Kühlung ausreichende Länge der Gasleitung. Neben dem Wasserdampf wird durch das Kondensat ein Teil weiterer unerwünschter Inhaltsstoffe (u. a. wasserlösliche Gase, Aerosole) aus dem Biogas entfernt. Die Kondensatabscheider müssen regelmäßig oder besser automatisch entleert werden. Ein Einfrieren muss durch einen frostfreien Einbau unbedingt verhindert werden.

Zunehmend findet die Trocknung durch eine Kühlung des Biogases in elektrisch betriebenen Kühlern bei Temperaturen unter 10 °C statt. Zur Minimierung der relativen Luftfeuchte (nicht jedoch der absoluten Luftfeuchte) kann das Gas nach der Kühlung wieder erwärmt werden. Dadurch kann eine Kondensatbildung im weiteren Verlauf der Gasleitung verhindert werden.

Zur Feinabscheidung von Feuchtigkeit werden auch adsorptive Verfahren angewendet, bei denen der Gasstrom durch eine Adsorptionskolonne geleitet und der Wasserdampf z. B. an Molekularsieben adsorbiert wird. Adsorbentien lassen sich in der Regel durch Erhitzung regenerieren. Deshalb werden üblicherweise mindestens zwei parallele Kolonnen vorgesehen. Die Feinabscheidung erfolgt in der Regel nur bei der Bereitstellung von Fahrzeugtreibstoff oder der Aufbereitung von Biogas auf Erdgasqualität vor der Einspeisung in Erdgasnetze.

Entschwefelung. Die Entfernung von Schwefelwasserstoff (H_2S) aus dem Biogas ist für nahezu alle Anwendungen erforderlich, um erhöhte Korrosion in den Nutzungsaggregaten zu vermeiden. Dabei sollte eine Entschwefelung auf unter ca. 300 ppm Schwefelwasserstoff immer realisiert werden. Deutlich geringere Werte erhöhen die Lebensdauer bzw. die Wartungszyklen der Nutzungsaggregate erheblich, so dass sich in vielen Fällen auch eine weitergehende Entschwefelung auf beispielsweise unter 50 ppm H_2S ökonomisch erfolgreich darstellen lässt.

Im einfachsten Fall kann der mikrobiologische Effekt genutzt werden, dass sich Schwefelbakterien (*Thiobacillus*) im Gasraum eines Fermenters dann ansiedeln, wenn geringe Luftmengen zudosiert werden, da sie unter Zufuhr kleiner Mengen von Sauerstoff Schwefelwasserstoff in elementaren Schwefel umwandeln. Als Grundvoraussetzung für diese Lösung muss ausreichend Besiedlungsfläche für die Mikroorganismen vorhanden sein. Obwohl eine Regelung der Entschwefelungsleistung nicht möglich ist, sind bei geringen Schwefelfrachten sehr gute Ergebnisse erreichbar; deshalb wird dieses Verfahren z. T. bei kleineren landwirtschaftlichen Biogasanlagen eingesetzt. Zusätzlich muss aber berücksichtigt werden, dass dann das Biogas einen erhöhten Stickstoff- und ggf. Sauerstoffanteil aufweist.

Ein weiteres vergleichsweise einfaches Entschwefelungsverfahren ist die Bindung von Schwefelverbindungen in der Fermenterflüssigkeit durch die Zugabe von Eisenverbindungen (Sulfidfällung). Eingesetzt werden hier meist Eisensalze (z. B. Eisen-III-Chlorid, Eisen-II-Chlorid). Alternativ kann auch Raseneisenerz verwendet werden. Der Schwefel wird an den Eisenverbindungen chemisch gebunden und damit die Freisetzung von Schwefelwasserstoff verhindert. Die entstehenden Verbindungen finden sich im vergorenen Substrat als düngewirksame Substanz.

Eisenverbindungen können darüber hinaus auch in Waschkolonnen als Adsorptionsmittel für Schwefelwasserstoff genutzt werden. Hierfür kommen Eisen-III-Hydroxid oder Eisen-III-Oxid zur Anwendung.

Die biologische Entschwefelung kann auch außerhalb des Fermenters in biologischen Entschwefelungskolonnen, die in separaten Behältern angeordnet sind, durchgeführt werden. Hier sind auch regelbare Entschwefelungsverfahren verfügbar, die vorwiegend bei größeren Anlagen eingesetzt werden. Häufig wird der Effekt der Schwefelwasserstoffbindung durch Schwefelbakterien auch in Biowäschern eingesetzt. Hier wird jedoch – im Unterschied zu dem oben genannten Verfahren – kein Sauerstoff in den Bereich der eigentlichen Biogasproduktion eingebracht. Mit gleicher Funktionsweise können auch Tropfkörperanlagen eingesetzt werden. Die Entschwefelung erfolgt dabei direkt im Gasstrom oder in einer externen Waschkolonne nach Bindung des Schwefelwasserstoffs aus dem Gasstrom in einem Lösungsmittel (z. B. Wasser). Es besteht so die Möglichkeit, die für die Entschwefelung notwendigen Randbedingungen wie Luft- bzw. Sauerstoffzufuhr genauer einzuhalten. Um die Düngewirkung des vergorenen Substrats zu erhöhen, kann der anfallende Schwefel dem vergorenen Substrat im Gärrestlager wieder zugeführt werden.

Alternativ kann die Entschwefelung auch mit Eisenchelaten vorgenommen werden. Bei derartigen Verfahren wird Schwefelwasserstoff mittels einer Eisen-

Redox-Reaktion zu elementarem Schwefel umgewandelt. Das Verfahren wird in externen Reaktoren unter Zusatz von Sauerstoff realisiert, wobei der Sauerstoffzusatz auch in einem externen Behälter erfolgen kann, der nicht direkt in den Biogasstrom eingekoppelt ist. Dadurch kann eine sehr hohe Entschwefelungsleistung erreicht werden.

Eine noch höhere Entschwefelungsleistung ohne Sauerstoffzusatz ist durch imprägnierte oder dotierte Aktivkohle erreichbar. Die Dotierung kann hier mit Kaliumjodid oder Kaliumkarbonat erfolgen. Grundsätzlich ist dabei die Verfügbarkeit von Feuchtigkeit und Sauerstoff für die Schwefelwasserstoffreduzierung und Adsorption des Schwefels an der Aktivkohlenoberfläche erforderlich. Auch ist eine Regenerierung der Aktivkohlen grundsätzlich möglich.

Gasaufbereitung. Vor einer Einspeisung ins Erdgasnetz muss das ggf. gereinigte Biogas weiter aufbereitet werden, um den vom Gasnetzbetreiber geforderten Spezifikationen zu genügen. Nachfolgend werden die entsprechenden Techniken und Verfahren beschrieben.

Kohlenstoffdioxid-Abtrennung. Biogas enthält bis zu 45 % Kohlenstoffdioxid (CO_2). Da Kohlenstoffdioxid ein inertes Gas ist, beeinflusst es u. a. die brenntechnischen Kenndaten Brennwert, Heizwert, Dichte und Wobbe-Index, die für die Abrechnung mit dem Gasabnehmer relevant sind. Deshalb muss das CO_2 bei der Aufbereitung auf Erdgasqualität abgetrennt werden. Das nach der CO_2-Abtrennung erhaltene Reingas wird deshalb als Biomethan bezeichnet.

Zu diesem Zweck stehen verschiedene Verfahren zur Verfügung (Tabelle 16.6). Die Anordnung der Verfahrensschritte ist dabei von den gewählten Technologien und der vorhandenen bzw. der geforderten Biogasqualität abhängig /16-22/. Die gängigsten Verfahren der Aufbereitung sind die Druckwechseladsorption und die Druckwasserwäsche.

Bei der Druckwechseladsorption wird durch starke und schnelle Druckwechsel im Wesentlichen das Kohlenstoffdioxid (CO_2) an regenerierbare Aktivkohle adsorbiert, um ein Reingas in Erdgasqualität zu erzeugen (Abb. 16.18). Dazu muss das Biogas zuvor im biologischen Wäscher entschwefelt und getrocknet werden.

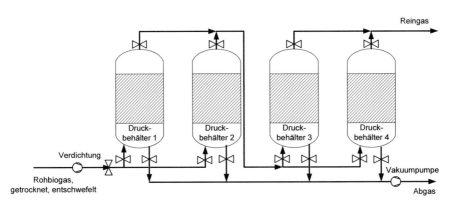

Abb. 16.18 Druckwechseladsorption

Tabelle 16.6 Verfahren zur Gasaufbereitung

Art der Trennung	Verfahren / Technologie	Trenneffekt
Adsorption (trockene Verfahren)	Druckwechseladsorption (PSA)	Adsorption von CO_2 an Kohlenstoffmolekularsieb bei 8 bis 10 bar > 96 % CH_4
Absorption (nasse Verfahren)	Druckwasserwäsche (DWW)	Lösung von CO_2 in Wasser durch Druckerhöhung > 96 % CH_4
	Selexol-, Rectisol-, Purisolverfahren	Physikalische Lösung von H_2S und CO_2 im Absorptionsmittel > 96 % CH_4
Chemische Absorption	Monoethanolamin(MEA)-Wäsche	Chemische Reaktion von CO_2 mit MEA
Membranabtrennung	Polymermembrangastrennung trocken	Membrandurchlässigkeit von H_2S und CO_2 höher als für CH_4 > 96 % CH_4
	Membrantrennung Nassverfahren	Membrandurchlässigkeit von H_2S und CO_2 höher als für CH_4 > 96 % CH_4
	Weitere Verfahren nach Desorption möglich	
Kühlung	Tieftemperaturtrennung (Kyrogentechnik)	Phasentrennung von flüssigem CO_2 und gasförmigem CH_4 > 99,9 % CH_4

Anschließend erfolgt die Druckwechseladsorption in vier Teilschritten:
– Adsorption von Kohlenstoffdioxid (CO_2) aus dem Biogas bei höherem Druck an der Aktivkohle oder dem Molekularsieb in einer Kolonne (ca. 10 bar).
– Entspannung des Druckes nach Umleitung des Biogases auf eine zweite Kolonne (in der Schritt 1 dann erneut stattfindet) bei Spülung mit Umgebungsluft.
– Desorption des Kohlenstoffdioxides von der Aktivkohle oder Molekularsieb im Gleichstrom bzw. Gegenstrom in Umgebungsluft.
– Druckaufbau in der Kolonne und Zufuhr von Biogas, um wieder mit Schritt 1 zu beginnen.

Dabei werden die vier Schritte – je nach geforderter Gasqualität – in der Regel zwei- oder dreimal nacheinander durchlaufen, um eine Gasreinheit von mehr als 97 % Methan zu erhalten. Dies erfordert 4 bzw. 6 Adsorptionskolonnen. Die häufigen Druckwechsel erfordern eine extrem hohe Präzision und Standfestigkeit der Ventilsteuerungen.

Druckwasserwäscheverfahren nutzen dahingegen die bei veränderlichen Drücken unterschiedlichen Löslichkeiten von Methan und Kohlenstoffdioxid in Wasser, um ein Reingas mit mehr als 96 % Methangehalt zu erzeugen (Abb. 16.19). Dazu wird das Biogas ohne vorherige Entschwefelung auf ca. 10 bar verdichtet und einer Absorptionskolonne zugeführt, die es von unten nach oben durchströmt. Die Kolonne ist i. Allg. als Rieselbettreaktor ausgeführt, in der Wasser im Gegenstrom zum Gas von oben nach unten perkoliert. In dieser Absorptionskolonne lösen sich die basischen und sauren Bestandteile im Wasser. Eventuell im Rohgas

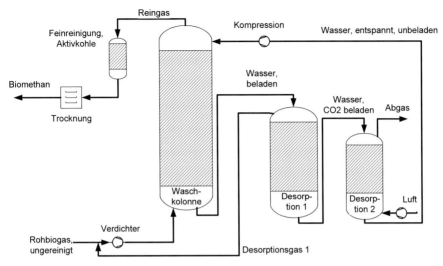

Abb. 16.19 Druckwasserwäsche

enthaltene Stäube und Mikroorganismen werden größtenteils ebenfalls vom Waschwasser aufgenommen. Vor allem gehen aber Kohlenstoffdioxid und Schwefelwasserstoff in Lösung. Das gereinigte Gas verlässt die Kolonne mit einem Methangehalt von bis zu 98 %. Der prozessbedingt im Gas enthaltene Wasserdampf muss anschließend auskondensiert werden. Das Waschwasser wird durch mehrstufige Entspannung wieder vom enthaltenen CO_2 befreit, wobei geringe Anteile von Methan nach der ersten Entspannungsstufe wieder dem Rohgas am Anlageneingang zugeführt werden, um Verluste zu minimieren. H_2S wird aufgrund der guten Wasserlöslichkeit bei diesem Verfahren weitestgehend gleichzeitig mit dem CO_2 aus dem Gas entfernt und wird aus dem Wasser in der letzten Desorptionsstufe in das Abgas abgegeben.

Neben diesen beiden vielfach realisierten Verfahren haben heute im Biogasbereich nur Verfahren der chemischen Adsorption oder Absorption eine praktische Relevanz. Im Wesentlichen sind dies Amin-, Glykol- und Selexolwäschen. Hier erfolgt die Reinigung ähnlich wie bei Druckwasserwäschen in der Form, dass das Kohlenstoffdioxid ebenfalls in einer Kolonne bei unterschiedlichen Drücken (zwischen Normaldruck und über 5 bar) adsorbiert/absorbiert wird. Die chemischen Adsorbentien/Absorbentien werden anschließend in der Regel unter Einsatz von Wärme und/oder Druck in externen Kolonnen regeneriert. Die Wahl der Chemikalie hat entscheidenden Einfluss auf den notwendigen Aufwand bei der Regeneration der Waschflüssigkeit und damit auf die Wirtschaftlichkeit des Verfahrens. Aus energetischer Sicht scheinen diese Verfahren dann vorteilhaft, wenn Wärmeenergie zur Regenerierung des Absorptionsmittels zur Verfügung steht. Von Vorteil sind bei einigen Verfahren die extrem geringen Gasverluste.

Daneben können grundsätzlich auch Membrantrennprozesse zur Gasreinigung eingesetzt werden. Diese Methode basiert auf dem Prinzip der selektiven Durchlässigkeit einer geeigneten Membran: Jedes Gas besitzt eine membranabhängige, spezifische Diffusionsgeschwindigkeit. Unter Ausnutzung dieser Unterschiede lassen sich unerwünschte Gaskomponenten abtrennen.

Konditionierung. Zur Einspeisung in Erdgasnetze bzw. zur Nutzung als Fahrzeugtreibstoff müssen eine Reihe unterschiedlicher Parameter erfüllt werden; dies ist Ziel der Konditionierung. Die einzuhaltende Gasqualität wird im Wesentlichen durch den erforderlichen Brennwert bzw. Wobbe-Index und die maximal zulässigen Spurengasgehalte vorgegeben.

Spurengase werden üblicherweise im Zuge der Kohlenstoffdioxidabscheidung, ggf. mit Hilfe von zusätzlichen Aktivkohlefiltern und Gastrocknern, abgeschieden, so dass die Konzentration der üblichen Spurengase wie Schwefelwasserstoff und Wasserdampf unter den geforderten Grenzwerten liegen. Schwierig kann die Einhaltung der Grenzen für Sauerstoff und Stickstoff sein, wenn diese bei einer biologischen Entschwefelung dem Biogasstrom als Luft zugesetzt werden. Deshalb sollten hier Entschwefelungsverfahren ohne Luftzugabe ausgewählt werden.

Mit aufbereitetem Biogas lassen sich – je nach Herkunft des Erdgases im Erdgasnetz – die geforderten Brennwerte und der Wobbe-Index nicht immer erreichen. In derartigen Fällen kann die Zumischung von Propan zur Brennwertanpassung erforderlich sein.

Alternativ kann auch durch Mischung des aufbereiteten Gases mit dem ggf. viel größeren Erdgasstrom in der Erdgasleitung erreicht werden, dass die zulässigen Toleranzgrenzen der Gasqualität im Erdgasnetz nicht über- bzw. unterschritten werden. Dann ist zwar die Brennwertanpassung nicht notwendig, aber eine Brennwertverfolgung nach dem Einspeisepunkt im Erdgasnetz erforderlich.

Aus Sicherheitsgründen kann es erforderlich sein, zusätzlich eine Odorierung des aufbereiteten Gases vorzunehmen, damit im Havariefall der Nutzer des Gases das unbeabsichtigte Ausströmen feststellen kann.

Auch ist der Druck des aufbereiteten Biogases an die Erfordernisse des Gasnetzes bzw. des Nutzers anzupassen.

Alle genannten Parameter werden üblicherweise in einer sogenannten Gas-Druck-Regel-und-Messstation überwacht, um die Weitergabe von qualitativ minderwertigem Gas ausschließen zu können. Inzwischen häufig eingesetzt werden hier neben Brennwertmessgeräten, Feuchtemessgeräten, Drucksensoren und Volumenstrommessern auch Prozessgaschromatographen zur Qualitätsüberwachung.

Aus technischer Sicht muss zusätzlich ein Anschluss an das Gasnetzes mit entsprechenden Anschlüssen und Leitungen realisiert werden. Deshalb sollte der Standort der Biogasanlage so gewählt werden, dass die Übergabeleitungen möglichst kurz werden.

16.2.5 Gasspeicherung

In der Regel verfügt eine Biogasanlage über einen Gasspeicher ("Gasometer") zum Ausgleich kurzzeitiger Unterschiede zwischen Produktion und Verbrauch. Da Biogas eine niedrige Energiedichte aufweist, wird die Speicherkapazität aus ökonomischen Gründen so gewählt, dass Nachfragespitzen nur innerhalb von einigen Stunden durch den Speicher ausgeglichen werden können. Je nach Verfügbarkeit der Gasverwertungsaggregate liegt dieser Zeitraum in der Praxis zwischen 0,5 und 12 h. Eine längerfristige Speicherung ist aufgrund der geringen Energiedichte und der dadurch zu speichernden großen Volumina kaum ökonomisch darstellbar. Zu beachten ist dabei, dass sichergestellt werden sollte, dass keine Methanemissionen unkontrolliert aus dem Speicher in die Umgebung entweichen können und möglichst das vollständige produzierte Biogas genutzt werden kann. Mindestens sollte jedoch eine schadlose Verbrennung eventuell überschüssigen Gases erfolgen (d. h. durch Verwendung einer Notfackel). Im Wesentlichen kommen vier verschiedene Speichersysteme zum Einsatz.

Fermenterexterne Foliengasspeicher. Diese Gasspeicher werden aus (praktisch) gasdichten Materialien hergestellt. Sie können beispielsweise an einem Bügel aufgehängt oder mittels einer speziellen Vorrichtung am Boden in oder außerhalb von Gebäuden befestigt werden. Teilweise werden die Speicher auch als Doppelmembranspeicher mit Stützgebläse errichtet; sie sind deutlich weniger windanfällig als einschichtige Speicher. Zur Druckerhöhung im Gasraum können sie mit Gewichten belastet werden. Der Druck beträgt je nach Ausführung und Größe zwischen 25 und 50 mbar. Im Bereich zwischen 20 und 80 % Füllung variiert der Druck mit dem Füllgrad nur unwesentlich. Da der benötigte Druck für eine anschließende Nutzung häufig durch eine Gewichtsbelastung des Folienspeichers nicht erreicht werden kann, muss zusätzlich ein Fördergebläse installiert werden. Das Speichervolumen eines externen Foliengasspeichers liegt in der Regel zwischen 100 und 2 000 m^3.

Foliengasspeicher im Fermentergasraum. Die häufigste Nutzung im landwirtschaftlichen und abfallwirtschaftlichen Bereich erfahren Gasspeicher, die als Folienhaube das Fermenterdach bilden. Sie werden in der Regel einschichtig oder mehrschichtig als Tragluftdach installiert. Je nach Fermentergröße werden sie ohne oder mit Mittelstütze errichtet. Sowohl die Befestigung als auch die Abdichtung der Dächer erfolgen auf der Fermenteroberkante. Die Folien für derartige Speicher sind vergleichbar mit den Materialien, wie sie bei fermenterexternen Folienspeichern eingesetzt werden. Durch die Abdeckung von Gärrestspeichern mit derartigen Folien kann zusätzlicher Gasspeicherraum geschaffen, z. T. erhebliche Klimagas- und Geruchsemissionen effizient vermieden und letztlich noch zusätzliches Biogas erfasst werden.

Nassgasometer mit Glocke. Bei dieser Speichertechnologie bewegt sich eine "Glocke" in einem mit Flüssigkeit gefüllten Behälter (z. B. im Gaswerk) oder direkt auf dem Gärgut (z. B. bei Faultürmen in Klärwerken). Damit sich die Glocke ungehindert vertikal bewegen kann, sind spezielle Führungen notwendig. Der notwendige Betriebsdruck kann durch eine entsprechende Belastung der Glocke eingestellt werden. Derartige aus Stahl gefertigte Gasometer müssen vor Korrosion geschützt werden, da das Innere der Glocke dem korrosiv wirkenden Schwefelwasserstoff ausgesetzt und das Metall speziell im Grenzbereich Gärgut/Luft stark korrosionsgefährdet ist. Nassgasometer werden deshalb auch aus hartem, beispielsweise glasfaserverstärktem Kunststoff gefertigt. Befindet sich die Gasglocke direkt auf dem Fermenter, können Wärme- und Gasverluste auftreten, weil eine

Wärmedämmung des in die Flüssigkeit eintauchenden zylindrischen Teils der Glocke schwierig ist, und weil Gasverluste im Randbereich zwischen Glocke und Behälterwand auftreten. Die Speicherkapazitäten von Nassgasometern liegen zwischen 50 und 500 m^3. Nassgasometer werden mit abnehmender Tendenz installiert.

Speichertanks und -flaschen. Eine Speicherung in Tanks und Flaschen ist dann erforderlich, wenn das Biogas komprimiert und als Treibstoff zum Betrieb von Fahrzeugen verwendet werden soll. Bei "idealen" Gasen halbiert sich das Volumen, wenn sich der Druck verdoppelt. Für den Einsatz von Biogas in Kraftfahrzeugen ist eine Hochdruckspeicherung bei 200 bis 300 bar notwendig, um das Treibstoffvolumen auf ein vertretbares Maß zu verringern. Aus energetischen Gründen erfordert dies eine Reinigung des Biogases auf Erdgasqualität (d. h. Vermeidung der Kompression von Kohlenstoffdioxid als energetisch nicht nutzbare Komponente) und entsprechende kostenintensive Einrichtungen zur Komprimierung und Reinigung des Gases.

16.2.6 Prozessoptimierung

Prozessüberwachung und -regelung. Die Effizienz einer Biogasanlage wird definiert durch die Verfügbarkeit und die Auslastung des Gesamtprozesses. Eine hohe Auslastung wird durch die Funktionalität und Betriebssicherheit der eingesetzten Technik sowie von einer konstant hohen Abbauleistung des biologischen Prozesses bestimmt.

Üblicherweise werden in modernen Biogasanlagen alle technischen Komponenten (insbesondere die elektrischen) kontinuierlich überwacht. Damit ist bereits eine wesentliche Voraussetzung geschaffen worden, um Probleme einfach und frühzeitig zu erkennen. Eine Hauptfrage hinsichtlich der optimierten Prozessführung ist aber die Kenntnis und gezielte Beeinflussung des Zustandes des biologischen Abbauprozesses. Dessen direkte messtechnische Überwachung ist dabei nach wie vor sehr begrenzt, da bisher kaum Messverfahren zu vertretbaren Kosten verfügbar sind, die es ermöglichen, die notwendigen Parameter kontinuierlich und ggf. online zu erfassen.

Eine heute verfügbare Basis für die Optimierung und Regelung des Prozesses ist die Überwachung einer Vielzahl von diskontinuierlich und kontinuierlich (d. h online) erfassbaren Parametern, aus denen sich der Zustand der Prozessbiologie ableiten lässt. Damit können auch auftretende biologische Störungen frühzeitig erkannt und der Prozess zurück in einen betriebssicheren Zustand geführt werden.

Bei Biogasanlagen erfolgt die Überwachung und Regelung dabei durch ein Zusammenspiel von elektronischen Sensoren, Stellgliedern und dem Anlagenpersonal – und das bei einem z. T. sehr unterschiedlichen Automatisierungsgrad.

Die Vorteile der Automatisierung von Überwachungs- und Regelalgorithmen liegen in der permanenten Verfügbarkeit und dem Erreichen einer gewissen Unabhängigkeit von Fachpersonal. Durch die bereits häufig in Großanlagen umgesetzte Fernübertragung von Daten kann auf die Anwesenheit von Personal am Anlagenstandort für eine Prozessüberwachung verzichtet werden. Sie ermöglicht damit den zentralen Einsatz von Spezialisten, die beispielsweise gleichzeitig mehrere Anlagen überwachen.

Die Nachteile einer umfangreichen Automatisierung liegen in den anfallenden Kosten für Messtechnik und Datenerfassung sowie der Beschränkung der Automatisierung auf bekannte und modellierte Prozesszustände. Diese Nachteile werden aber in der Regel durch eine erhöhte Verfügbarkeit der Anlage ausgeglichen.

Da diese Vor- und Nachteile je nach Anlagenspezifikationen unterschiedlich zu gewichten sind, gibt es bisher keine standardisierte messtechnische Ausstattung für Biogasanlagen. Die verwendeten Instrumente müssen den jeweiligen spezifischen Bedingungen angepasst werden.

Eine große Rolle spielt dabei die Dimensionierung der Anlage. Biogasanlagen, die im Grenzbereich des technisch und biologisch Möglichen betrieben werden, können schon auf kleinere Störungen mit erheblichen Leistungseinbußen reagieren. Dem sollte mit einem Mehraufwand an Messtechnik Rechnung getragen werden.

Die Überwachung und Regelung von Biogasanlagen kann in die technische und die biologische Funktionalität unterteilt werden.

Die Gewährleistung der technischen Funktionalität umfasst die Überwachung von
- Fermentertemperatur,
- Füllstände in Fermentern und Beschickungsaggregaten,
- Gasqualität des Biogases (d. h. Methangehalt, Sauerstoffgehalt, Schwefelwasserstoffgehalt),
- produzierte Gasmenge,
- Inputmengen,
- Betriebszustand des BHKW und
- Betriebszustände von Pumpen, Rührwerken und Sicherheitseinrichtungen.

Bei Substraten, die zur Schwimmdeckenbildung neigen, sollte zusätzlich die Bewegung der Fermenteroberfläche überwacht werden.

Die Überwachung des Zustandes des biologischen Abbauprozesses ist demgegenüber aufwändiger. Besonders bei Anlagen, die eine hohe Raumbelastung und/oder niedrige Aufenthaltszeiten aufweisen, hemmende Substanzen in hohen Konzentrationen enthalten oder wechselnde Substratmischungen nutzen, besteht ein erhöhtes Risiko der Überlastung des Prozesses. Die frühe Erkennung von entsprechenden kritischen Prozesszuständen (Säureanreicherung, mit folgender Hemmung und verminderter Gasproduktion) ist essentiell, um gravierende Leistungseinbußen zu vermeiden.

Bei landwirtschaftlichen Biogasanlagen wird am häufigsten der Rührkesselreaktor eingesetzt, dessen idealer Betriebszustand stationär ist (d. h. Prozessparameter wie Inputmenge, Substratkonzentration und Bakterienkonzentration sind konstant). Damit sind Raumbelastung, Verweildauer, der erreichbare Abbaugrad und die Gasproduktionsrate durch die Dimensionierung der Anlage vorgegeben und sollten soweit wie möglich konstant gehalten werden.

Der stationäre Zustand ist praktisch jedoch nicht erreichbar, da es unvermeidbar zu Störungen (z. B. Veränderungen der Substrateigenschaften und -mengen, Eintrag von Desinfektionsmitteln) kommt und dadurch der Prozess vom Sollzustand abweicht. Problematisch ist dabei, dass es bisher keinen Parameter gibt, der zuverlässig und kostengünstig eine Störung der biologischen Abbauprozesse erkennbar macht. Wesentlich in diesem Zusammenhang ist die Verfügbarkeit analytischer Methoden. Die Analyse der Säurekonzentration wird beispielsweise auf Basis von Proben durchgeführt, die dem Prozess entnommen und in ein Labor transportiert werden müssen. Solche Analysen sind aufwändig und damit teuer. Auch sind die Ergebnisse zudem nur zeitverzögert verfügbar. Für eine Detektierung schneller Veränderungen im Prozess sind daher kontinuierlich arbeitende Sensoren besser geeignet, die online im Prozess integriert sind und eine hohe Messdichte sowie eine permanente Verfügbarkeit der Messwerte garantieren. Tabelle 16.7 zeigt wesentliche Parameter zur Beurteilung des Prozesszustandes der Biologie.

Kritisch zu bewerten ist die Aussagekraft der derzeit verfügbaren Online-Sensoren. Ein Messwert allein reicht i. Allg. nicht aus, um alle möglichen Prozesszustände zu unterscheiden. Daher ist eine Kombination von mehreren Messwerten notwendig. Hier hat sich die Kombination von Durchflussrate, Gasproduktionsrate, Methangehalt im Biogas und pH-Wert als geeignet gezeigt, den Prozess zu regeln, wenn er keinerlei Hemmung unterliegt, da die Verläufe dieser Messgrößen die Unterscheidung von Prozesszuständen wie Substratmangel, Überlastung oder Optimalbetrieb ermöglichen. Bei einer hohen Konzentration an Ammonium weist die Prozessdynamik aufgrund der Hemmwirkung veränderte Eigenschaften auf, die eine zusätzliche Bilanzierung der Abbauvorgänge oder die Überwachung der Konzentration an organischen Säuren notwendig machen /16-27/.

Beim Einsatz von Online- (d. h. kontinuierliche) und Offline- (d. h diskontinuierliche) Messtechnik zeigt die Erfahrung, dass gerade der regelmäßigen Kalibrierung und Funktionsprüfung sehr große Beachtung zukommt. Darüber hinaus sind bei der Bewertung der erfassten Messgrößen der Messort und ggf. auf die Messung einwirkende Störfaktoren zu berücksichtigen (z. B. Druck und Temperatur bei Gasmessungen).

Prozesshilfsstoffe. Die für die Vergärung organischer Stoffe verantwortlichen Mikroorganismen benötigen eine ausgewogene Nährstoffzufuhr, um eine optimale Biogasproduktion zu ermöglichen. Dies ermöglicht grundsätzlich die Beeinflussung nicht optimal betriebener Biogasanlagen durch die gezielte Zufuhr von Prozesshilfsstoffen. Der Trend zu immer größeren Biogasanlagen und die rechtlich und technisch bedingte Trennung von Substraten hat zu einer immer weiter verbreiteten gemeinsamen Vergärung sehr weniger Stoffgruppen und teilweise sogar zur Monovergärung geführt (z. B. Monovergärung von Maissilage in landwirtschaftlichen Biogasanlagen).

Gerade bei derartigen Anlagen können prozessbiologische Probleme auftreten, die darauf zurückzuführen sind, dass das Nährstoffspektrum, insbesondere das Vorhandensein von bestimmten Spurenelementen, nicht ausgewogen ist. Deshalb wurde inzwischen eine Vielzahl von Produkten auf den Markt gebracht, die einem derartigen Mangel entgegenwirken bzw. gleichzeitig zur Reduktion von Hemmwirkungen anderer Stoffgruppen (z. B. Ammoniak, Schwefelwasserstoff) und/oder der Steigerung der Biogasausbeute führen sollen.

Bis heute sind hinsichtlich der Wirksamkeit der am Markt verfügbaren bzw. grundsätzlich einsetzbaren Zuschlagstoffe keine systematischen und belastbaren Forschungsarbeiten bekannt. Trotzdem scheinen zumindest einige der angebotenen

Tabelle 16.7 Messgrößen zur Prozessbewertung von Biogasanlagen

Messgröße	Aussage zum Prozesszustand	Verfügbare Messtechnik
Gebildetes Gasvolumen	Leistung des Gasbildungsprozesses, volumenbezogen und substratbezogen	Onlinemesstechnik verfügbar
Methan(CH_4)-Gehalt im Biogas	Verhältnis von Methanbildung und Versäuerung	Onlinemesstechnik verfügbar
Kohlenstoffdioxid(CO_2)-Gehalt im Biogas	Verhältnis von Versäuerung und Methanbildung	Onlinemesstechnik verfügbar
Schwefelwasserstoff (H_2S)-Gehalt im Biogas	Hemmwirkung des Schwefelwasserstoff; Garantiewert für den Hersteller von BHKW	Onlinemesstechnik verfügbar
pH-Wert	beeinflusst die Stoffwechselaktivität direkt sowie indirekt die Hemmwirkung der organischen Säuren, des Ammoniums und des Schwefelwasserstoffs	Onlinemesstechnik verfügbar
Temperatur	Einfluss auf Leistungsfähigkeit der Mikroorganismen	Onlinemesstechnik verfügbar
Menge an organischen Säuren	Hemmwirkung, Anreicherung zeigt Ungleichgewicht in den Abbauprozessen	Onlinemessung nicht Stand der Technik, Laboranalyse
Zusammensetzung der organischen Säuren	Hemmwirkung, Art der vorhandenen Säuren lässt Schlüsse auf Art der Störung zu	Onlinemessung nicht Stand der Technik, Laboranalyse
Gehalt an organischer Trockensubstanz	Bestimmung der Raumbelastung, Bilanzierung der Abbauvorgänge	Onlinemessung nicht verfügbar, Laboranalyse
Gehalt an Trockensubstanz	Abschätzung der Raumbelastung, Bilanzierung der Abbauvorgänge	Onlinemesstechnik verfügbar, gebräuchlicher als Laboranalyse
Volumen-Input	Verweilzeit, Durchflussrate	Onlinemesstechnik verfügbar
Gehalt an Ammonium (NH_4)	Hemmwirkung des Stickstoffs	Onlinemessung nicht verfügbar
Säure- und Basekapazität des Gärsubstrates	Neigung zu Veränderungen des pH-Wertes, Säureanreicherung	Onlinemessung nicht Stand der Technik
Gehalt an flüchtigen organischen Säuren(FOS) bzw. an gesamten alkalischen Karbonaten (TAC)	Zweipunkttitration, Abschätzung des Säuregehaltes und der Alkalinität	Onlinemessung nicht Stand der Technik
Gasbildungstest	Substrateigenschaften Abbaugrad, Abbaugeschwindigkeit	Onlinemessung nicht verfügbar

Stoffe, insbesondere hinsichtlich der Prozessstabilisierung, wirksam zu sein. Deshalb werden heute sehr viele Biogasanlagen unter Zusatz von derartigen Prozesshilfsmitteln betrieben. Als vielversprechende Stoffgruppen bzw. Zusatzstoffe, die sich positiv auswirken sollen, sind die folgenden in der Diskussion:
- Metallsalze,
- Enzympräparate und

- Mischungen von Spurenelementen mit Eisen, Molybdän, Mangan, Kobalt, Nickel und Selen.

Ausgehend von den praktischen Erfahrungen in Praxisanlagen zeichnet sich ein Trend zur Ableitung des erforderlichen Prozesshilfsstoffbedarfes aus der detaillierten Analyse des Fermenterinhaltes ab. Über notwendige Spurenelementekonzentrationen können aber bisher noch keine klaren Aussagen gemacht werden.

16.2.7 Anlagenkonzeption

Eine Biogasanlage wird i. Allg. nicht schlüsselfertig aus der Serienproduktion errichtet, da normalerweise für die Konzeption vielfältige Vorüberlegungen notwendig sind. Dazu sollte immer eine Analyse der gesamten Prozesskette einer Biogasanlage durchgeführt werden. Die lokalen Randbedingungen spielen dabei die entscheidende Rolle. Hierbei sind u. a. die folgenden Fragestellungen zu beantworten.
- Welche Substrate können zu welchen Preisen in der Biogasanlage eingesetzt werden?
- Kann der logistische Aufwand zur kontinuierlichen Substratbereitstellung (d. h. Transport, Lagerung) und Gärresteentsorgung (d. h. Transport, Lagerung, Verwertung) geleistet werden?
- Wie kann die Biogaserzeugung technisch optimal realisiert werden und welches Verfahren ist geeignet?
- Wie kann der Energieträger Biogas effektiv genutzt werden?
- An welchem Standort lässt sich die Prozesskette mit maximalem Gewinn realisieren?

Ausgehend davon sind dann die für die Realisierung des Projektes maßgeblichen Fragen der Wirtschaftlichkeit zu beantworten.
- Welche Kosten sind mit der Errichtung, der Einbindung der Anlage in die Energienetzstruktur und dem Betrieb der Anlage verbunden?
- Welche Erlöse können durch den Betrieb der Anlage erzielt werden?

Ausgehend davon ist es das Ziel der folgenden Ausführungen, wesentliche Komponenten für Gesamtanlagenkonzepte darzustellen und zu diskutieren.

Substrate. Neben der zu klärenden örtlichen und zeitlichen Verfügbarkeit von Substraten muss auch deren Eignung für die Vergärung festgestellt werden. Dabei setzt die Eignung zur Biogasgewinnung die Abbaubarkeit durch die am Biogasproduktionsprozess beteiligten Mikroorganismen voraus. Da der Biogasbildungsprozess vom optimalen Zusammenspiel verschiedener Mikroorganismen abhängt, die eine möglichst "vollwertige" Nährstoffzufuhr benötigen, sollte die Mischung der Substrate möglichst ausgewogen sein. Daher sollte auf die vorliegenden Erfahrungen mit bewährten Substraten zurückgegriffen werden oder – wenn dies nicht möglich ist – die Eignung der verfügbaren Substrate analytisch erprobt werden. Je einseitiger die Nährstoffzufuhr für die Organismen ist und je weniger leicht abbaubare Bestandteile im Substrat enthalten sind, desto eher ist ein instabiler oder mit geringen Biogasproduktionsraten verbundener Prozess zu erwarten.

16.2 Verfahrenstechnik

Logistik. Da die mikrobielle Biogasfreisetzung in der Regel ein kontinuierlicher Prozess ist, sollten möglichst ganzjährig Substrate zur Verfügung gestellt werden. Darüber hinaus neigen die üblicherweise eingesetzten Substrate aufgrund hoher Wassergehalte zum Verderben und erfordern deshalb einen zügigen Einsatz in der Biogasanlage. Daher ist i. Allg. eine Lagerung nur für wenige Substratarten problemlos. Sie ist vielmehr i. Allg. mit einem hohen zusätzlichen Aufwand verbunden. Auch ist zu berücksichtigen, dass die Verfügbarkeit der Substrate für den Zeitraum der technischen Lebensdauer der Anlage sichergestellt wird.

Verfahrensauswahl. Ausgehend von den Substrateigenschaften (vorwiegend Trockenmassegehalt, Vergärbarkeit, notwendige Aufenthaltszeit, Pumpfähigkeit) und der Verfügbarkeit von Baufläche können für den konkreten Einsatzfall verschiedene Gärverfahren bzw. Fermentertypen ausgewählt werden. Die möglichen Optionen können Abb. 16.7 entnommen werden. Eine grundsätzliche Zuordnung zeigt auch Abb. 16.20, die nachfolgend diskutiert wird.

UASB-Fermenter (upflow anaerobic sludge blanket (UASB)), in denen der Schlamm durch eine speziell entwickelte Trenneinrichtung oben im Reaktor zurückgehalten wird, werden für die Behandlung mäßig belasteter und feststoffarmer Abwässer eingesetzt. Das konditionierte Abwasser wird über ein am Reaktorboden liegendes Verteilsystem gepumpt und fließt aufwärts durch ein expandiertes Schlammbett. Die Bildung gut absetzbarer Schlammpellets tritt nur unter bestimmten Bedingungen auf. Für die Konditionierung des Abwassers sind konstante Bedingungen (ausreichende Ausgleichung der organischen Belastung und der Massenströme) und eine angemessene Vorversäuerung erforderlich.

Für flüssige Substrate mit geringen Feststoffgehalten, hohen und stark schwankenden Belastungen eignen sich Festbettreaktoren (auch Anaerobfilter genannt), in denen sich die Bakterien auf einem Bewuchsmaterial ansiedeln können und nicht ausgetragen werden.

Für die Behandlung sehr hoch belasteter oder feststoffreicher Abwässer eignet sich das anaerobe Belebtschlamm- oder Kontaktverfahren im grundsätzlich durchmischten Reaktor mit Schlammrückführung.

Zusätzlich sind auch Hochlastverfahren verfügbar, die bei außerordentlich hohen Raumbelastungen bis über 40 kg oTM pro m^3 Fermentervolumen und Tag in vergleichsweise geringen Fermentervolumina arbeiten. Um hier die Bakterienbiomasse nicht auszuspülen sind sowohl besondere Vorrichtungen zum Biomasserückhalt als auch zum Austrag des gebildeten Biogases vorgesehen. Darüber hinaus werden diese Systeme in sehr hohen Türmen (bis über 20 m) mit geringen Durchmessern von unter 3 m installiert, um in etwa eine Pfropfenströmung zu erreichen und Prozessstufen sicher voneinander zu trennen.

Für Substrate mit Trockensubstanzgehalten von mehr als ca. 3 % sind die oben genannten Verfahren, die auch durch geringe Aufenthaltszeiten zwischen mehreren Stunden bis zu 3 oder 4 d gekennzeichnet sind, normalerweise nicht geeignet. Für derartige Substrate werden meist voll durchmischte (CSTR) oder Pfropfenstromfermenter (Plug Flow) in stehender oder liegender Bauweise eingesetzt, die mit Einrichtungen zur kontinuierlichen oder diskontinuierlichen Durchmischung ausgerüstet sind. Aufenthaltszeiten von 15 bis 40 d sind hier üblich; teilweise werden auch Aufenthaltszeiten von über 100 d erreicht. Die Erreichung eines realen Pfrop-

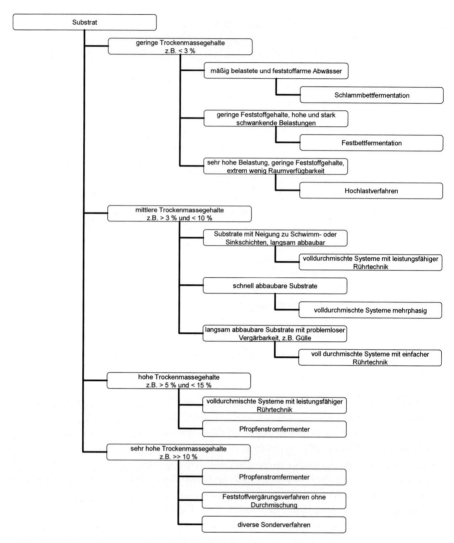

Abb. 16.20 Zuordnung von Vergärungsverfahren

fenstromes scheint hier schwierig zu sein und erfordert meist sehr hohe Trockensubstanzgehalte von mehr als 20 % im Fermenter.

Für Trockensubstanzgehalte von deutlich über 20 % werden auch sogenannte Feststoffvergärungsanlagen eingesetzt, die meist ohne aktive Durchmischung betrieben werden. Die Vergärung läuft dann in einem mehr oder weniger statisch ruhenden Substratkörper ab (z. B. Garagenfermenter). Derartige Verfahren können beispielsweise für Bioabfälle oder Biomasse aus der Park- und Landschaftspflege angewendet werden.

In der Regel findet die Vergärung bei mesophilen Temperaturen statt. Der thermophile Bereich wird wegen der zusätzlichen Hygienisierung und aus energeti-

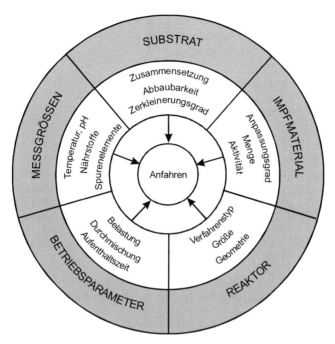

Abb. 16.21 Einflussgrößen auf das Anfahren und den Betrieb eines Fermenters /16-10/

schen Überlegungen vor allem bei einstufigen Verfahren zur Vergärung von festen biogenen Abfällen gewählt, wo ein hoher Trockenmassegehalt vorliegt.

Abb. 16.21 zeigt einige Faktoren, die das Anfahren und den Betrieb des Fermenters beeinflussen. Die Zuverlässigkeit des Abbaus bzw. dessen Kontrolle ist demnach u. a. abhängig von der Instrumentierung der Anlage (u. a. Gaszähler, Instrumente zur Messung von Gaszusammensetzung, Leitfähigkeit, Temperatur, pH-Wert, Belastung), der regelmäßigen Auswertung der erhaltenen Daten sowie der gegebenen Eingriffsmöglichkeiten.

Tabelle 16.8 zeigt weitere Einflussgrößen, die bei der Wahl des Fermenters eine Rolle spielen. Welcher Fermentertyp damit am besten zum Einsatz kommt, hängt demzufolge – neben der Zusammensetzung des Gärsubstrats – vom Zusammenspiel verschiedenster Größen ab /16-34, /16-10/.

Ausgehend von den diskutierten Auswahlkriterien kann aus ökonomischen und ökologischen Erwägungen heraus der Standort ausgewählt werden, wobei vor allem Aspekte der Genehmigungsfähigkeit berücksichtigt werden müssen. Um eine möglichst hohe Akzeptanz der Anlage bei den betroffenen Bürgern zu erreichen, sollte frühzeitig ein Diskurs mit der Öffentlichkeit geführt werden.

Anlagensicherheit. Biogasanlagen sind komplexe technische Anlagen, in denen ein gut brennbares und grundsätzlich explosionsfähiges Gas erzeugt wird. Deshalb ist die Anlagensicherheit von großer Bedeutung, zumal viele Anlagen häufig von prozess- und verfahrenstechnischen Laien betrieben werden. Im Wesentlichen betrifft die Anlagensicherheit folgende Aspekte.

Tabelle 16.8 Einsatzbereiche von verschiedenen Reaktortypen in Abhängigkeit verschiedener Auswahlkriterien (verschiedene Quellen)

Auswahlkriterium	Rührkessel	Kontakt	UASB	Anaerobfilter	Wirbelbett
Anfahren des Fermenters	++	+	-[a]	-	-
Anreicherung von Biomasse	-	+	++	+(+)	++
Pfropfenstromverhalten	-	(+)	+	++	-
Stabilität gegen hydraulischen Schock	+	-	-	++	++
Stabilität gegen organische Belastung	-	-	+	+	+
Verträglichkeit suspendierte Feststoffe	++	+	-	+	++
Verträglichkeit gegenüber Verstopfung	++	+	++	-	++
Überwachungsaufwand	++	+	+	+	-

- unvorteilhaft, + vorteilhaft, ++ sehr vorteilhaft; [a] bei UASB-Reaktoren besteht die Möglichkeit des Anfahrens mit Impfmaterial (Granulat) von einem ähnlich betriebenen, bereits eingefahrenen Reaktor, was den Anfahrprozess sehr vereinfachen kann

– Vermeidung von Zündquellen in explosionsgeschützten Bereichen.
– Vermeidung des unkontrollierten Austritts von Biogas im Havariefall durch Oxidation in einer Notfackel.
– Sicherer Betrieb durch Erfüllung von Mindestanforderungen an die Bauausführung der Anlagenteile, insbesondere Gasleitungen und Sicherheitseinrichtungen.
– Einteilung von Explosionsschutzzonen und Anforderungen an Anlagenteile in diesen Zonen.
– Anforderungen an geschlossene Räume.
– Brandschutzanforderungen.
– Anforderungen an den Anlagenbetrieb.
– Anforderungen an die sicherheitstechnische Dokumentation der Anlage.

Für einen sicheren Anlagenbetrieb muss die Funktionsfähigkeit aller Anlagenkomponenten in allen Betriebszuständen abgesichert sein. Besondere Beachtung sollten hier vollständig geleerte Fermenter (die ggf. einem von außen wirkenden Erddruck oder Grundwasserdruck standhalten müssen), starke Sonneneinstrahlung (kann zu starken Temperaturspannungen und einer zusätzlichen Gasausdehnung führen), Havarien von Anlagenkomponenten und Frost (bei dem beispielsweise die Überdrucksicherungen nicht einfrieren dürfen) erhalten.

Als technische Komponenten sind bei allen Biogasanlagen einige Vorrichtungen vorzusehen, welche der Betriebssicherheit dienen. Hier handelt es sich beispielsweise um eine Über- und Unterdrucksicherung, eine Kondensatabscheidung und eine Flammenrückschlagsicherung. In geschlossenen Räumen sind zusätzlich Methansensoren zur Auslösung von Alarm bei Gasaustritt vorzusehen.

16.3 Produkte und energetische Nutzung

Ziel der folgenden Ausführungen ist es, die verschiedenen Produkte, die den Prozess der anaeroben Fermentation verlassen, zu beschreiben. Dabei wird unterschieden zwischen dem Produkt Biogas als Energieträger und den anderen Gärprodukten (d. h. des ausgefaulten Substrates).

16.3.1 Biogas

Neben den energieträgerspezifischen Eigenschaften des Biogases und dessen Aufbereitung nach Verlassen des Fermenters – sowie dessen Speicherung – werden nachfolgend auch die Möglichkeiten für dessen energetische Nutzung erläutert.

Gaseigenschaften. Biogas ist ein Gasgemisch, das zu rund zwei Dritteln aus Methan (CH_4) und zu etwa einem Drittel aus Kohlenstoffdioxid (CO_2) sowie aus diversen Spurengasen besteht.

Zur Verbrennung von Biogas mit 60 % Methan sind 5,71 m^3_{Luft}/m^3_{Gas} erforderlich. Die Flammenwanderungsgeschwindigkeit dieses Gemisches beträgt maximal 0,25 m/s. Explosionsgefahr besteht, wenn ein explosives Biogas/Luft-Gemisch sowie eine Zündquelle vorhanden sind. Bei einem Methananteil zwischen 5 und 15 Vol.-% ist ein Methan-Luft-Gemisch explosiv; bei einem CO_2-Anteil von 35 % verengen sich diese Grenzen auf 5 bis 12 Vol.-%. Explosionsgefahr besteht insbesondere in geschlossenen und schlecht durchlüfteten Räumen, in die das Biogas ausströmen kann.

Biogas kann störende Bestandteile enthalten (Tabelle 16.9), deren Elimination die Nutzungsmöglichkeiten erweitern kann. Hierbei handelt es sich um Wasser, Schwefelwasserstoff, Ammoniak und Kohlenstoffdioxid sowie diverse Spurenelemente. Hinzu kommt, dass der Betrieb des Fermenters (u. a. Beschickung, Rührwerkseinsatz) zusätzlich z. T. erhebliche, jedoch zeitlich begrenzte, Schwankungen der Gasmenge und -qualität verursachen kann. Nachfolgend werden diese einzelnen Gasbestandteile kurz diskutiert.

Methan (CH_4). Methan ist ein farb- und geruchloses Gas, dessen Dichte kleiner ist als die von Luft. Es ist insbesondere in Mischungen mit Luft brennbar und verbrennt mit bläulicher, nicht rußender Flamme. Der Heizwert liegt bei 35,89 MJ/m^3 /16-6/

Die kritische Temperatur für die Verflüssigung von Methan liegt bei -82,5 °C; oberhalb dieser Temperatur findet auch bei sehr hohen Drücken keine Ver-

Tabelle 16.9 Inhaltsstoffe von Biogas (Durchschnittswerte)

Bestandteil	Konzentration
Methan (CH_4)	45 bis 75 Vol.-%
Kohlenstoffdioxid (CO_2)	25 bis 55 Vol.-%
Wasser (H_2O)	2 (20 °C) bis 7 Vol.-% (40 °C)
Schwefelwasserstoff (H_2S)	20 bis 20 000 ppm (2 Vol.-%)
Stickstoff (N_2)	< 5 Vol.-%
Sauerstoff (O_2)	< 3 Vol.-%
Wasserstoff (H_2)	< 1 Vol.-%

flüssigung statt. Dies ist von Nachteil, da die langfristige Lagerung auf kleinstem Raum für eine spätere Nutzung nur bei unwirtschaftlich tiefen Temperaturen möglich wäre.

Kohlenstoffdioxid (CO$_2$). Kohlenstoffdioxid (CO$_2$) ist ein inerter Biogas-Bestandteil. Dessen Löslichkeit im Kondensat und die daraus resultierende Bildung von Kohlensäure trägt zur Versauerung und damit zur Korrosivität des Kondensats bei. Für die thermische Verwertung des Gases ist eine CO$_2$-Elimination jedoch nicht zwingend erforderlich. In einigen Anwendungsfällen (z. B. Treibstoff für Automobile, Einspeisung als Gemisch ins Erdgasnetz) muss das Kohlenstoffdioxid jedoch zur Qualitätssicherung bzw. Volumenreduktion entfernt werden.

Wasser (H$_2$O). Auch Wasser ist ein mengenmäßig wichtiger Bestandteil des Biogases. Es fällt in Abhängigkeit der Temperatur in Form von Wasserdampf an. Das bei der Abkühlung entstehende Kondensat kann in den Leitungen Verstopfungen verursachen und die Korrosion fördern. Deshalb sollten die Leitungen mit Gefälle in Richtung von Kondensatabscheidern verlegt werden. Der danach noch verbleibende Wasserdampf beeinträchtigt die meisten Verwendungsmöglichkeiten nicht. Die Kondensatmenge erhöht sich mit zunehmendem Gasdruck. Je mehr dieser ansteigt, umso aggressiver sind die Kondensate, da sich die Löslichkeitsgleichgewichte dann zu den in Wasser dissoziierten Produkten verschieben. Die im Biogas enthaltene Wasserdampfmenge lässt sich aus Abb. 16.22 ableiten.

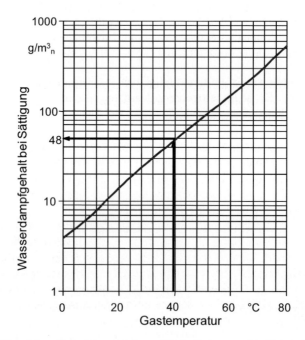

Abb. 16.22 Wasserdampfgehalt in gesättigtem Biogas bei unterschiedlichen Gastemperaturen bezogen auf das trockene Gasvolumen im Normzustand

16.3 Produkte und energetische Nutzung

Schwefelwasserstoff (H_2S). Schwefelwasserstoff wirkt schon bei geringen Gehalten im Biogas (0 bis 2 000 ppm) ätzend auf Kupfer und Kupferverbindungen. Für die Gasableitung sollten daher nur Kunststoff- oder Edelstahlleitungen verwendet werden. Bei Verwendung von H_2S-haltigem Biogas als Brennstoff muss außerdem für das Kaminsystem korrosionsbeständiges Material verwendet werden (z. B. rostfreier Stahl). Außerdem führt die energetische Nutzung eines solchen H_2S-haltigen Gases zur SO_2-Bildung und damit zu Emissionen, die in vielen Ländern limitiert sind. Für noch höhere H_2S-Gehalte, die bei stark schwefelhaltigen Ausgangsmaterialien über 2 % erreichen können (z. B. gewisse Abwässer der Hefeproduktion), kommt es zur Korrosion aller nicht rostfreien, metallischen Teile. Gleichzeitig ist das zufällige Einatmen von Biogas gefährlich, da ein Gehalt von 1 000 ppm H_2S tödlich sein kann.

Stickstoff und stickstoffhaltige Verbindungen. Elementarer Stickstoff im Biogas kann in Form von Luft als Bestandteil des Ausgangsmaterials in die Anlage gelangt sein. Der dabei zusätzlich eingetragene Sauerstoff wird in diesem Fall sogleich von fakultativ-aeroben Organismen aufgezehrt. Generell deutet das gleichzeitige Vorkommen von Stickstoff und Sauerstoff auf den Zutritt von Falschluft hin, welche in den Gasraum der Anlage oder in die Gasleitung gelangt sein kann.

Zusätzlich können im Biogas stickstoffhaltige Verbindungen vorkommen, da im reduktiven Milieu einer Biogasanlage beim bakteriellen Abbau aus Eiweißen oder Nukleinsäuren freigesetzte Stickstoffverbindungen zu Ammoniumionen umgewandelt werden. Diese stehen – je nach pH-Wert – in einem Gleichgewicht mit Ammoniak (vgl. hierzu Abb. 16.5 in Kapitel 16.1.4). Im Bereich von pH 7 bis 7,6, in dem die Biogasbildung vorzugsweise abläuft, ist dieses Gleichgewicht sehr sensibel gegenüber pH-Wert-Änderungen. Schon eine Erhöhung des pH-Wertes um wenige Zehntel-Einheiten lässt den Ammoniakgehalt im Biogas spürbar ansteigen. Das führt bei der Verbrennung zur Bildung von Stickstoffoxiden (NO_x).

Weitere Spurenelemente. Abhängig vom Eingangssubstrat können im Biogas auch höhere Kohlenwasserstoffe (z. B. Toluol, Benzol, Xylol) oder Siliziumorganika (d. h. Siloxane) vorhanden sein /16-40/.

Die Konzentrationen an Benzol, Toluol, Ethylbenzol, Xylol und Cumol im Biogas sind sehr gering und liegen i. Allg. unterhalb der Nachweisgrenze von 1 mg/m^3; in Einzelfällen (z. B. Einsatz bestimmter Co-Substrate) kann eine Toluolbelastung bis 5 mg/m^3 nachgewiesen werden. Konzentrationen von Chlor und Fluor im Biogas liegen ebenfalls – von einzelnen Ausnahmen (Chlor bis 0,15 mg/m^3) abgesehen – unterhalb der jeweiligen Nachweisgrenze von 0,1 mg/m^3. Organische Schwefelkomponenten, wie Methan- oder Ethanthiol können in sehr wenigen Ausnahmefällen ebenfalls in Biogasen enthalten sein; erste Stichprobenmessungen haben Methanthiol-Werte von 30 bzw. 32 mg/m^3 ergeben. Demgegenüber konnte Ethanthiol bisher noch nicht messtechnisch nachgewiesen werden. Siloxane können in sehr geringen Mengen durch die Verwendung von Lebensmittelabfällen in Biogasen auftreten. Bisher wurden nur in wenigen Ausnahmefällen zyklische Siloxanverbindungen im Bereich unter 5 mg/m^3 gemessen /16-40/.

Gasnutzung. Biogas kann durch eine Vielzahl unterschiedlicher Möglichkeiten energetisch genutzt werden. Die wesentlichen Optionen, die Bereitstellung von Wärme, Strom und Kraftstoff, sind schematisch in Abb. 16.23 dargestellt.

Wärmebereitstellung. Über einen weiten Bereich der Zusammensetzung kann Biogas problemlos in den meisten biogastauglichen Industriefeuerungsanlagen, ggf. nach Anpassung der Düsen, zur ausschließlichen Wärmebereitstellung eingesetzt werden. Bei Ölbrennern muss der Brenner lediglich auf einen Zweistoffbetrieb umgerüstet werden. Ursprünglich für andere Brennstoffe vorgesehene Anlagen können häufig an Biogas angepasst werden; meist ist hierbei nur der Brenner zu modifizieren. Bei Verwendung von H_2S-haltigem Biogas muss außerdem für das Kaminsystem ein korrosionsstabiles Material verwendet werden (z. B. rostfreier Stahl). In diesem Fall sind korrosionsfestere Heizkessel aus Gusseisen gegenüber Geräten aus Buntmetall zu bevorzugen. Sinngemäß gilt dies im Wesentlichen auch für Gas-Brennwertgeräte.

In industriellen Feuerungen kann unter Verwendung einer kontinuierlichen Überwachung des Biogasheizwertes die Verbrennungsluftzufuhr geregelt werden, um eine optimale Verbrennung sicherzustellen. Die Biogaszusammensetzung schwankt in der Praxis aber relativ wenig, wenn der Gärreaktor stabil betrieben wird. Der Verbraucher wird außerdem meist so eingestellt, dass auch bei einer extremen Zusammensetzung noch ein sicherer Betrieb gewährleistet wird.

Nutzung in Verbrennungsmotoren. Biogas kann in stationären und mobilen Verbrennungsmotoren eingesetzt und in mechanische Energie umgewandelt werden. Am häufigsten werden Fremdzündmotoren (Gas-Otto-Motoren) verwendet, in denen das zündfähige Luft-Gas-Gemisch mit einem Funken gezündet wird. Bei den Selbstzündungsmotoren (Dieselmotor) ist neben dem Biogas der Einsatz eines zusätzlichen Brennstoffs mit niedriger Zündtemperatur erforderlich. Bei Diesel-Gas-Motoren handelt es sich um sogenannte Zweibrennstoff-Motoren (dual fuel). Das Luft-Gas-Gemisch wird hier vom Motor angesaugt, verdichtet und durch Einspritzen von ca. 8 bis 10 % Diesel-Treibstoff entzündet. Alternativ können bei vielen

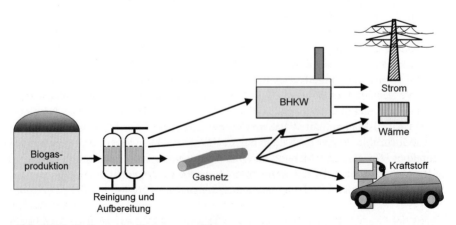

Abb. 16.23 Optionen zur Nutzung von Biogas

16.3 Produkte und energetische Nutzung

neuen Motoren auch biogene Treibstoffe wie Pflanzenöl oder Biodiesel als Zündöl verwendet werden.

Das Gasgemisch, das in einem Gasmotor verwendet wird, muss klopffest sein. Die Klopffestigkeit eines Gases wird durch die Methanzahl angegeben. Die gängigen Qualitäten von Erdgas und Biogas weisen eine Methanzahl zwischen 78 und 98 auf und können deshalb ohne Einschränkungen in marktüblichen Motoren verwendet werden.

Durch den im Biogas ggf. befindlichen Schwefelwasserstoff kann sich bei der Verbrennung im Motor schwefelige Säure bilden, welche – je nach Menge – die Funktion des Motors beeinträchtigen oder ihn sogar beschädigen kann. Motorenhersteller geben für den H_2S-Gehalt im Biogas zulässige Höchstwerte von meist < 200 bis maximal < 500 ppm an. Im Bereich der angegebenen Höchstwerte wird ein häufigerer Wechsel des Motorenöls erforderlich. Der richtige Zeitpunkt für den Wechsel kann aus regelmäßigen Ölanalysen abgeleitet werden. Durch einen höheren Entschwefelungsaufwand auf < 50 ppm H_2S können sowohl die Ölwechselintervalle als auch die Standzeit des Motors deutlich verlängert werden.

Bei geringem Methangehalt und einem mageren Gemisch (λ = 1,4) kann der hohe CO_2-Gehalt im Biogas nachteilig wirken. Prinzipiell wird durch Kohlenstoffdioxid zwar das unerwünschte "Klopfen" verhindert, gleichzeitig reduziert sich aber auch die Verbrennungsgeschwindigkeit, wodurch sich das Ende der Verbrennung verzögert und die Zylindertemperatur gesenkt wird, was letztendlich den Wirkungsgrad des Motors senkt.

Um eine unerwünschte Kondensatbildung während der Kaltstartphase des Motors auszuschließen, sollte der Wasserdampfgehalt im Biogas möglichst gering gehalten werden. Zur Vermeidung von Störungen und Schäden an den Motoren ist auch auf einen möglichst geringen Staubgehalt zu achten. Das Biogas sollte dazu mit Hilfe von Filtern von Staub gereinigt werden.

Für die am meisten verbreiteten Viertakt-Gas-Otto-Motoren existieren verschiedene Möglichkeiten, durch die die Schadstoffemissionen im Abgas auf das gesetzlich geforderte Niveau reduziert werden können. Der Magerbetrieb, beispielsweise, bei dem ein erhöhter Luftüberschuss vorliegt, führt zur Absenkung der Verbrennungstemperaturen und damit zur Minderung der Stickstoffoxid-Emissionen. Er ist aber auch mit einer reduzierten Motorenleistung verbunden. Durch den Einsatz von Abgasturboladern kann diese Reduktion jedoch mehr als ausgeglichen werden. Der Nachteil des Magerbetriebs liegt in der verzögerten Verbrennung, bei der das Entstehen von Kohlenstoffmonoxid und unverbrannten Kohlenwasserstoffen begünstigt wird und es zu Fehlzündungen kommen kann.

Die niedrigsten Schadstoffemissionen werden beim Betrieb von Gasmotoren mit sehr geringem Luftüberschuss ($\lambda \approx$ 1) und einem Dreiwege-Katalysator erzielt. Durch die nicht-selektive katalytische Reduktion (NSCR) lassen sich Werte für NO_x von < 10 mg/m^3, für CO von < 60 mg/m^3 und für HC von < 10 mg/m^3 erzielen. Bei entsprechender Überwachung und Wartung können Katalysatorstandzeiten von über 20 000 h erreicht werden. Allerdings können schon geringe Mengen von Schwefel, Phosphor, Zink, Arsen sowie Chlor und Fluor den Katalysator zerstören. Daher muss bei der Vergärung tierischer Exkremente, industrieller Abwässer oder biogener Abfälle stets – je nach Zusammensetzung – mit der Anwesenheit von Schwefelwasserstoff gerechnet werden. Um eine Zerstörung des Katalysators zu verhindern, ist dann eine möglichst vollständige Entschwefelung des Biogases vorzusehen.

Nutzung in Blockheizkraftwerken (BHKW). Die gekoppelte Erzeugung von Wärme und Kraft (bzw. Strom) aus Biogas erfolgt in Blockheizkraftwerken (BHKW). Als Antrieb werden vor allem Gas-Otto- und Zündstrahl-Motoren eingesetzt. Eher selten sind Mikrogasturbinen (30 bis 100 kW_{el}) oder noch seltener Gasturbinen im Einsatz. Der produzierte Strom wird dabei vor Ort verbraucht oder ins Netz der öffentlichen Versorgung eingespeist. Die Motoren- und Abgasabwärme wird mittels Wärmeübertrager (u. a. Motorenkühler, Abgaskühler, Ölkühler) abgeführt und kann zum Heizen von Gebäuden oder zur Bereitstellung von Prozessenergie verwendet werden.

Aus wirtschaftlichen Überlegungen ist die Verwendung des Biogases in Blockheizkraftwerken besonders interessant; sie stellt die in Europa inzwischen am meisten verbreitete Nutzungsform dar. Bei geringer Wärmenachfrage in den Sommermonaten muss die Stromeinspeisung in das Netz eine stetige Ausnutzung des anfallenden Biogases sicherstellen. Die elektrische Energie wird in vielen Ländern als "Ökostrom" zu einem erhöhten Tarif vergütet (z. B. in Deutschland infolge des Erneuerbare-Energien-Gesetzes (EEG)).

In der nachfolgenden Aufstellung sind typische Kenndaten und Größenordnungen von Blockheizkraftwerken zusammengestellt.
- Industriegasmotoren (Otto, Fremdzündung)
  - Leistung: 20 bis 3 000 kW elektrisch
  - Elektrische Wirkungsgrade laut Herstellerangaben bis 42 %
  - Arbeitsweise als Fremdzünder
  - Lebensdauer: > 60 000 Betriebsstunden
- Zündstrahlmotor (Zündstrahl, dual fuel)
  - Leistung: 5 bis 300 kW elektrisch
  - Elektrische Wirkungsgrade laut Herstellerangaben bis 40 %
  - Zündstrahlkraftstoff: > 5 % Diesel
  - Arbeitsweise als Selbstzünder

Bei Biogasanlagen richtet sich die Auslegung eines BHKW üblicherweise nach der Gasproduktion. Bei größeren Anlagen werden meist zwei oder mehr BHKW parallel betrieben, um im Fall von Havarien und Gasproduktionsschwankungen mit möglichst hohen Wirkungsgraden kontinuierlich arbeiten zu können. Dies resultiert aus im Teillastbereich stark abfallenden Wirkungsgraden im Vergleich zum Volllastbetrieb. Hinzu kommt ein Eigenenergiebedarf des BHKW einschließlich Notkühlanlage, der bis zu 3 % der erzeugten Strommenge betragen kann.

Die Wahl des Generators hängt davon ab, ob die Anlage für den Netzparallelbetrieb, als Notstromanlage bei Netzausfall oder für einen Inselbetrieb ohne Netzanschluss vorgesehen ist. Dabei stellt der netzparallele Betrieb für die Stromerzeugung aus Biogas den Normalfall dar. Bei kleinen Anlagen werden dabei Asynchron-Generatoren eingesetzt. Durch spezielle Regelungseinrichtungen lassen sich diese begrenzt auch an einen Inselbetrieb anpassen. Bei höheren Ansprüchen, größeren Notstromanlagen und in Inselnetzen werden jedoch nur noch Synchron-Generatoren eingesetzt. Spannung, Frequenz und Blindleistung können bei diesem Maschinentyp über eine entsprechende Regelung eingestellt werden.

16.3 Produkte und energetische Nutzung

Zur Wärmegewinnung kommen Wärmeübertrager im Motorkühlwasser- und Schmierölkreislauf sowie im Abgas in Frage. Dazu wird die Motorenabwärme über Wasser/Wasser- bzw. Öl/Wasser- und Gas/Wasser-Wärmeübertrager abgeführt. Damit ist ein Heizungsvorlauf von bis zu 100 °C bei einem Rücklauf zwischen 55 und 70 °C möglich. Bei Auskopplung der Abwärme aus dem BHKW-Abgas ist auch grundsätzlich eine Frischdampfbereitstellung möglich. Sind höhere Vorlauftemperaturen auch aus dem Heißwasserkreislauf notwendig oder genügt die Heizleistung nicht, kann zusätzlich ein Heizkessel in Serie zugeschaltet werden. Ein Teil dieser Abwärme (in Mitteleuropa ca. 10 bis 30 %) ist für die Beheizung des Fermenters und die Erwärmung von frischen Substraten erforderlich. Die überschüssige Wärme kann zur Deckung der Niedertemperaturwärmenachfrage beispielsweise über ein Nahwärmenetz genutzt werden. Eine Alternative kann ein Mikrogasnetz sein, um beispielsweise einen zweiten BHKW-Standort an einer weiter entfernten Wärmesenke zu erschließen. Dies hat den Vorteil, dass eine Gasleitung ohne Energieverluste betrieben werden kann.

Trotz Wärmedämmung strahlen Gasmotor, Generator, Wärmeübertrager und auch die Wärmetransportleitungen Wärme ab, die entweder mit einem speziellen Austauscherkreislauf bzw. mit einer Wärmepumpe zurückgewonnen werden kann oder durch eine Belüftung abgeführt werden muss. Zur Minderung der Lärmbelastung wird die BHKW-Anlage in der Regel in einem schalldämpfenden Gehäuse untergebracht.

Nutzung als Fahrzeugtreibstoff. Inzwischen ist auch die Nutzung von Erdgas als Fahrzeugtreibstoff in Europa verbreitet. Fahrzeuge vom Pkw bis zum Bus oder Lkw werden serienmäßig für Erdgas hergestellt und vertrieben. Beim Gasbetrieb muss dabei eine Leistungseinbuße von wenigen Prozent der installierten Leistung in Kauf genommen werden. Damit das Fahrzeug einen akzeptablen Aktionsradius erhält, muss das Biogas aber auf rund 200 bar komprimiert werden. Parallel dazu ist eine weitgehende Reinigung notwendig; Kohlenstoffdioxid und Wasserdampf müssen ebenso entfernt werden wie u. a. Schwefelwasserstoff. Die meisten Fahrzeughersteller bieten inzwischen mono- oder bivalente Fahrzeuge an, die mit CNG (Compressed Natural Gas) betrieben werden können. Diese Fahrzeuge können problemlos auch aufbereitetes Biogas nutzen.

Interessant ist der Gasbetrieb u. a. für Entsorgungsfahrzeuge, die zum Entladen immer wieder eine Vergärungsanlage anfahren, an der sie betankt werden können. Vorteile bieten hier die geringen Abgasemissionen beim Betrieb mit Biogas im Vergleich zu konventionellem Otto- oder Dieselkraftstoff. Die in vielen Ländern geltende Steuerbefreiung des Biogas-Treibstoffs und die in einigen Ländern vorhandenen finanziellen Anreize für den Erwerb eines Gas-Fahrzeuges begünstigt die Nutzung zusätzlich.

Einspeisung in Erdgasnetze. Eine außerordentlich flexible Möglichkeit der Nutzung von Biogas bietet die Aufbereitung von Biogas auf Erdgasqualität mit anschließender Einspeisung in das Erdgasnetz. Inzwischen bis zu 10 Jahre lange Erfahrungen zeigen, dass dies problemlos technisch möglich ist. In verschiedenen Ländern ist mittlerweile auch der Rechtsrahmen soweit angepasst worden, dass die Biogaseinspeisung in das Erdgasnetz rechtlich unproblematisch ist (z. B. Schweiz,

Deutschland, Schweden). Damit lassen sich alle üblichen Erdgasanwendungen mit Biogas erschließen. Einzige Herausforderung ist dabei die Sicherstellung der notwendigen Qualität des eingespeisten Gases, die so beschaffen sein muss, dass die Gaskunden kontinuierlich eine homogene Gasqualität geliefert bekommen. Dies kann beispielsweise durch messtechnische Überwachung, Brennwertverfolgung im Erdgasnetz (d. h. Zuspeisung von Biogas in Abhängigkeit von der Gasqualität im Erdgasnetz nach der Einspeisestelle) oder Zumischung von Flüssiggas bei sehr hohen Brennwerten im Erdgasnetz erreicht werden. Zu beachten sind bei der Gaseinspeisung insbesondere schwankende Gasabnahmen im Erdgasnetz, die im Sommer in einzelnen Leitungen bis auf Null absinken können sowie die Verteilung unterschiedlicher Qualitäten in verschiedenen Regionen des europäischen Erdgasnetzes.

Weitere Möglichkeiten. Biogas lässt sich ebenfalls zum Beleuchten, Kochen und zum Kühlen einsetzen. Diese Anwendungsfelder werden in der Regel bei Kleinstanlagen angewendet (z. B. in Haushalten in Indien oder China, die nur wenige Rinder halten und deren Exkremente auch direkt genutzt werden). Auch können lokale Biogasnetze neben der Stromerzeugung zur Wärme- und zur Kochgasversorgung errichtet werden. Gerade bei der Verwendung als Kochgas ist jedoch darauf zu achten, dass Biogas erhöhte Schwefelwasserstoffgehalte aufweisen kann, die gesundheitsgefährdend sind. Daher sollte bei der Verwendung in einer geschlossenen Küche das Gas entschwefelt werden.

16.3.2 Weitere Gärprodukte

Das vergorene Material, das den Fermenter verlässt, wird in der Regel – sofern nicht unzulässige Belastungen mit Schadstoffen vorhanden sind – durch Ausbringen auf das Feld in den natürlichen Kreislauf zurückgeführt. Dabei sind die folgenden beiden Aspekte wichtig.

Einerseits kann mit den Inhaltsstoffen des Gärguts Mineraldünger substituiert werden; dies reduziert die Umweltbelastung im Zusammenhang mit der Herstellung von Mineraldüngern. Dadurch kann zusätzlich fossile Energie eingespart werden, da die Mineraldüngerherstellung sehr energieintensiv ist.

Andererseits bleiben bei der Vergärung die schwer abbaubaren Kohlenstoffverbindungen erhalten. Diese sind wichtig für eine langfristige Erhaltung der Bodenqualität. Infolge einer intensiven Landwirtschaft (u. a. Bodenverdichtung, vollständige Nutzung des Biomasseaufwuchses einschließlich Stroh) können landwirtschaftliche Nutzflächen Humus langfristig verlieren, der durch die schwer abbaubaren Kohlenstoffverbindungen des Gärguts ersetzt werden kann.

Neben dem Biogas lassen sich somit auch die weiteren Produkte des anaeroben Abbaus sinnvoll und gewinnbringend nutzen. Diese verschiedenen Produkte werden nachfolgend vorgestellt.

Gärkompost. Beim anaeroben Abbau wird ein Großteil des in den organischen Verbindungen enthaltenen Kohlenstoffs zu Gas abgebaut. Dadurch kommt es zu einer leichten Erhöhung der Konzentration mineralisierter Stoffe. Dies bewirkt einen Anstieg der Ionenkonzentration in der wässrigen Phase; z. B. steigt beim Abbau die Konzentration von Ammonium, während der Gehalt an organischen Stickstoffverbindungen entsprechend sinkt. Obwohl bei der Vergärung temperaturabhängig beträchtliche Wassermengen mit dem Gas entweichen, findet eine Verflüssigung (und auch Homogenisierung) des Substrates statt, da zugleich auch beträchtliche Mengen organischer Feststoffe in Gas umgewandelt werden. Im Ergebnis ist das vergorene Substrat meistens flüssiger als das unvergorene.

Bei der Feststoffvergärung wird für die spätere Verwertung oft ein festes Produkt gefordert, d. h. ein Gärkompost mit einem Trockenmasse(TM)-Gehalt von rund 50 %. Dies bedeutet, dass nach der Vergärung eine Fest/Flüssig-Trennung stattfinden muss, die normalerweise über zwei Stufen realisiert wird. Nach einer ersten mechanischen Entwässerung zur Abtrennung von noch grobpartikulären Stoffen (z. B. mit einer Schneckenpresse) wird in einem zweiten Schritt das noch dickflüssige Presswasser mit Zentrifugen getrennt in eine pastöse Phase, die zu den bereits abgetrennten grobpartikulären Stoffen gegeben wird, und in ein Presswasser, das ggf. weiter behandelt werden muss.

Dieses ausgegorene und abgepresste Gärprodukt einer Feststoffgäranlage ist weitgehend anaerob abgebaut. Es ist aber noch stark mit anaeroben Bakterien durchsetzt und der mineralische Stickstoff liegt als Ammonium oder Ammoniak vor. Wird dieses Material vor dem Ausbringen auf das Feld nur zwischengelagert, kommt es – da die Gärung im gelagerten Material weiter läuft – zu entsprechenden Methanemissionen und auch zum Verlust von Ammoniak. Daher ist nach der Entwässerung eine kurze aerobe Nachbehandlung (Kompostierung) notwendig. Der Übergang vom anaeroben zum aeroben Abbau sollte aber möglichst rasch erfolgen, da sonst außer Ammoniak auch Methan aus dem Mietenkörper emittiert wird.

Für die Nutzung als Düngemittel wäre die Nachkompostierung allerdings nicht erforderlich, zumal das frisch anfallende Gärgut einem Frischkompost hinsichtlich der Pflanzenverträglichkeit mindestens gleichzusetzen ist und gegenüber einem herkömmlichen Stallmist zumindest bezüglich der Hygienisierung deutlich überlegen ist. Allerdings sind die Eigenschaften des Gärprodukts erst nach einer professionell geführten, aeroben Reifephase mit denjenigen eines guten Kompostes vergleichbar. In dieser Reifephase (Nachrotte), die mindestens 10 bis 20 Tage dauert, steigt die Temperatur des Gärguts noch einmal auf ca. 50 °C und Ammonium wird teilweise in Nitrat umgewandelt.

Damit der Gärkompost Absatz findet, ist eine Störstoffabtrennung (z. B. Kunststoffe, andere Inertstoffe) notwendig. Zudem müssen die aktuell gültigen Grenzwerte z. B. bezüglich der Schwermetallgehalte eingehalten werden. Die eigentliche Behandlung in der Biogasanlage trägt allerdings zur Schwermetallbelastung höchstens in einer sehr unbedeutenden Größenordnung bei.

Gülle. Im Vergleich zur Gülleverwendung ohne Behandlung ist die anaerobe Fermentation der Gülle mit Vorteilen verbunden (Tabelle 16.10). Sie sind allerdings nur schwer monetär quantifizierbar. Außerdem wirken sich einige Aspekte betriebswirtschaftlich nicht aus, obgleich sie aus volkswirtschaftlicher Sicht bedeutend sein können (z. B. Reduktion der anthropogenen Treibhausgasemissionen, Reduktion der Nitratbelastung des Grundwassers).

Tabelle 16.10 Vorteile der anaerob vergorenen Gülle gegenüber konventionell gelagerter Gülle (++ großer Vorteil, + Vorteil, +/- Vor- und Nachteil)

Problemkreis	Wirkung	Problemkreis	Wirkung
Geruchsemission	++	Entmischung	+
Verätzung bei Pflanzen	++	Stickstoffverfügbarkeit	+
hygienische (Un-)Bedenklichkeit	++	Unkrautsamen	+(+)
Nitratauswaschung	++	Ammoniakausgasung	+/-
Futterqualität Grünland	+	Methanausgasung	++
Gülleüberschuss	+	Lachgasfreisetzung	++
Absatzchancen	+(+)	Homogenität beim Ausbringen	++

Ohne Vergärung kann die Gülle während der Lagerung – neben für die Gasproduktion wichtigem Kohlenstoff – auch Stickstoff in Form von Ammoniak verlieren, da auch in mehr oder weniger offenen Lagergruben Abbauprozesse stattfinden können. Andererseits wird der organisch gebundene Stickstoff während der Vergärung in Ammonium-Stickstoff umgewandelt, der den Pflanzen sofort als Nährstoff zur Verfügung steht. Allerdings erfolgt eine deutlich stärkere Freisetzung von Ammoniak bei der Lagerung und Ausbringung. Eine mögliche Entgasung von Ammoniak kann durch eine bodennahe, bandförmige Ausbringung z. B. mit der Schleppschlauchtechnik stark vermindert werden; sie liegt um mehr als 80 % niedriger als bei werfender, breitflächiger Ausbringung. Auch wird die Homogenität und dadurch die Fließ- und die Versickerungsfähigkeit von ausgegaster Gülle verbessert.

Flüchtige organische Verbindungen, welche zu Geruchsbelästigungen führen, werden durch die Methangärung größtenteils abgebaut. Auch sind die für das Pflanzenwachstum nicht erwünschten hohen Konzentrationen an organischen Säuren nach einer Vergärung nicht mehr vorhanden, da sie zu Biogas umgesetzt wurden. Die für die Humusanreicherung des Bodens wichtigen schwer abbaubaren Kohlenstoffverbindungen bleiben dagegen erhalten. Da die organischen Säuren umgewandelt werden, geht die häufig von unbehandelter Gülle verursachte ätzende Wirkung auf Pflanzen und Bodenlebewesen weitgehend verloren. Der Abbau von Kohlenstoffverbindungen führt durch die Mineralisierung außerdem zu einer Verengung des C/N-Verhältnisses im Dünger; vergorenes Material ist daher schneller düngewirksam. Ein weiterer Vorteil der Vergärung gegenüber konventionellen Abbauwegen ist die etwa viermal geringere Freisetzung von Lachgas (N_2O), welches im Boden als Nebenprodukt der Denitrifizierung anfällt und ein hoch wirksames Klimagas darstellt. Demgegenüber sind sowohl bei der Lagerung als auch bei der Ausbringung von Biogasgülle höhere Methan- und Lachgasfreisetzungen möglich, denen aber mit entsprechenden Maßnahmen (z. B. gasdicht abgedeckte Gärrestlager) entgegen gewirkt werden kann. Insgesamt ist davon auszugehen, dass eine höhere Düngewirkung von vergorener Gülle ausgeht als von unvergorener. Verschiedentlich wird von rund 20 % zusätzlichem Düngeeffekt ausgegangen.

Während die Ausbringung von vergorener Gülle auf landwirtschaftlichen Flächen keine Probleme bereitet, muss bei der Co-Vergärung von betriebsfremden Substraten u. a. darauf geachtet werden, dass nicht zuviel Nährstoffe auf die Felder gelangen; hier sind z. T. besondere gesetzliche Bestimmungen hinsichtlich der Ausbringungsmengen zu beachten.

Düngewert. Sowohl die höhere Düngewirkung vergorener Gülle als auch die Düngewirkung von Gärresten, die ohne Vergärung nicht als Nährstofflieferant eingesetzt worden wären, sind von hoher Bedeutung bei der Substitution synthetischer Düngemittel. Ausgehend von den Nährstoffgehalten im Ausgangsprodukt bzw. im Gärrest (während der Vergärung finden kaum Verluste an Nährstoffen statt) ist es möglich, den Wert der Gärreste zu ermitteln. Eine Übersicht über Nährstoffgehalte verschiedener Gärreste gibt Tabelle 16.11.

Industrieabwässer und Klärschlämme. Wenn Industrieabwässer vergoren werden, steht meist nicht der Energiegewinn, sondern die Abwasserreinigung im Vordergrund. Soll das gereinigte Wasser direkt in den Vorfluter eingeleitet werden, ist – je nach Herkunft des Abwassers – eine aerobe Nachbehandlung z. B. mit Nitrifizierung/Denitrifizierung unerlässlich, um die gesetzlichen Anforderungen zu erfüllen. Diese Nachbehandlung wird entweder direkt der Vergärung nachgeschaltet oder die Abwässer werden in eine öffentliche Kläranlage geleitet, wo sie gemeinsam mit den häuslichen Abwässern behandelt werden.

Der bei der Vergärung entstehende Überschussschlamm besteht aus nicht abbaubaren oder noch unvergorenen festen und flüssigen Stoffen. Mengenmäßig kann im Vergleich zu vollständig aeroben Prozessen bei der Vergärung mit einem 3 bis 10-fach geringeren Schlammaufkommen gerechnet werden. Bei industriellen Abwässern wird pro kg anaerob abgebautem CSB mit ca. 0,1 bis 0,15 kg Schlamm-Trockenmasse (TM) gerechnet. Nach einer Eindickung können diese

Tabelle 16.11 Mittlere Nährstoffgehalte von Gärresten nach /16-4/ und /16-26/

Ausgangssubstrat	Mischung in Gew.-%	TM in %	Nährstoffgehalt in kg/t FM					
			N_{ges}	NH_4-N	P_2O_5	P	K_2O	K
Silomais (35 %TM) / Rindergülle (8 %TM)	70:30	9	5,8	3,8	2,3	1,0	9,1	7,6
Silomais (35 %TM) / Schweinegülle (6 %TM)	40:60	6	5,5	3,6	2,6	1,1	5,2	4,3
Silomais (35 %TM) / Roggen-Ganzpflanzensilage (29 %TM)	80:20	11	7,0	4,6	2,8	1,2	11,1	9,2
Silomais (35 %TM) / Schweinegülle (6 %TM) / Roggenganzpflanzensilage (29 %TM)	85:10:5	11	7,5	4,9	3,6	1,6	10,1	8,4
Silomais (35 %TM) / Rindergülle (8 %TM) / Grassilage (25 %TM)	40:55:5	7	5,5	3,6	2,1	0,9	8,1	6,7
Rindergülle (8 %TM)	100	5	5,0	3,3	1,8	0,8	6,5	5,4
Schweinegülle (7 %TM)	100	5	7,8	5,3	5,7	2,5	4,3	3,6
Pflanzliche Biomasse allgemein	100	6	4,4	2,6	1,9	0,8	5,0	4,2
Bioabfälle nach BioAbfV	100	6	4,6	2,9	1,8	0,8	3,8	3,2

TM Trockenmasse; FM Feuchtmasse; BioAbfV Bioabfallverordnung

Schlämme als Dünger in der Landwirtschaft verwertet werden, sofern sie keine toxischen Komponenten (z. B. Schwermetalle, gewisse organische Verbindungen) enthalten. Falls ein Düngereinsatz nicht möglich ist, muss auch die Trocknung mit anschließender Verbrennung in Betracht gezogen werden.

Bezüglich des Nährstoffgehalts und der Belastung mit Schwermetallen gilt, dass die Inhaltsstoffe des erzeugten Produktes direkt mit der Zusammensetzung des Ausgangsmaterials korrelieren. Die anorganischen Nährstoffe und die Schwermetalle gehen während der Vergärung nicht verloren, da diese in einem dichten Behälter stattfindet und mit dem Gas (mit Ausnahme von Schwefel in Form von Schwefelwasserstoff sowie kleinen Mengen an Stickstoff) keine Nähr- und Spurenstoffe entweichen können.

Diese Pflanzennährstoffe und Schwermetalle werden – bezogen auf die Trockenmasse (TM) – während der Gärung etwas aufkonzentriert, da ein Teil des Kohlenstoffs das System in Form von Biogas verlässt. Die Schwermetallgrenzwerte für Kompost beispielsweise aus anaerob behandelten Abwässern der Lebensmittelindustrie werden jedoch – wie von Komposten aus separat erfassten biogenen Abfällen – i. Allg. unterschritten.

Presswasser. Bei der Fest/Flüssig-Trennung der Feststoffvergärung fällt Presswasser an, das bei Pfropfenstrom- und pfropfenstromähnlichen Prozessen und beim Batch-Verfahren zur Rückimpfung eingesetzt werden kann. Bei der Flüssigvergärung fester Abfälle kann Presswasser zum Anmaischen der Ausgangsstoffe eingesetzt werden. Ein weiterer Anteil wird insbesondere bei kombinierten Gär- und Kompostierverfahren zur Mietenbewässerung und ggf. zur Nährstoffversorgung holzreicher Kompostmieten eingesetzt. Weil jedoch speziell in Gäranlagen häufig Materialien mit niedrigem Trockenmassegehalt verarbeitet werden, weisen diese Anlagen oft einen Wasserüberschuss auf. Zur Verwertung dieses überschüssigen Presswassers bieten sich verschiedene Möglichkeiten an.

Das Presswasser ist meist mit Nährstoffen (insbesondere Ammonium; hier sind z. T. bis zu 90 % im Presswasser zu finden) sowie mit gelösten und suspendierten organischen Komponenten hoch belastet (Tabelle 16.12). Die Schwermetallgehalte liegen zwar generell höher als im Kompost, aber in der Regel unter den für Kompost geltenden Grenzwerten. Deshalb kann Presswasser ein hochwertiges Düngemittel sein, das beispielsweise in der Schweiz sogar für den Biolandbau zertifiziert wird.

Falls das Presswasser nicht als Dünger in der Landwirtschaft verwertet werden kann, müssen die organischen Schwebstoffe vor einer weitergehenden Reinigung beispielsweise mit einer Dekanterzentrifuge abgetrennt werden. Bei dieser zweiten Fest/Flüssig-Trennung wird neben dem entwässerten Feststoff, der auch dem Rottegut beigemengt werden kann, ein relativ klares Zentrat mit einem Trockenmassegehalt von 1 bis 1,5 % gewonnen. Dieses Zentrat weist in Form von gelösten und fein suspendierten organischen Komponenten nach wie vor hohe Stickstoff- und CSB-Konzentrationen auf (1,5 bis 2 g NH_4-N/l, 12 000 bis 15 000 mg CSB/l). Die Anforderungen an eine weitergehende Reinigung hängen damit primär von den Einleitungsbedingungen in die örtliche Kanalisation oder in den Vorfluter ab.

Wenn eine Direkteinleitung in einen Vorfluter vorgesehen ist, muss ein mehrstufiges Verfahren für die Presswasserbehandlung gewählt werden. Mit einer aero-

Tabelle 16.12 Beispiel der durchschnittlichen Zusammensetzung und Eigenschaften des Presswassers aus 13 Proben von thermophilen Feststoffgäranlagen im Raum Zürich (FM Frischmasse, TM Trockenmasse, oTM organische Trockenmasse, ges. gesamt) /16-35/

Parameter		Mittelwert	Minimum	Maximum	Standardabweichung
TM	in % FM	14,2	8,3	20,4	2,9
oTM	in % TM	44,8	34,9	53,3	4,4
pH-Wert		8,2	7,7	8,6	0,2
C/N-Verhältnis		10,2	8,7	11,9	1,1
NH_4-N	in g/t TM	11,24	5,12	22,88	4,81
N_{min}	in g/t TM	11,25	5,14	22,88	4,81
Nährstoffe					
N (ges.)	in kg/t TM	21,0	13,80	26,10	3,60
P_2O_5 (ges.)	in kg/t TM	12,8	9,2	14,6	1,6
K_2O (ges.)	in kg/t TM	31,6	23,6	42,8	6,5
Ca (ges.)	in kg/t TM	36,4	25,3	52,8	7,8
Mg (ges.)	in kg/t TM	9,7	8,7	11,8	0,8
Schwermetalle					
Cd	in g/t TM	0,62	0,49	0,90	0,10
Cu	in g/t TM	77,9	70,5	90,3	6,3
Ni	in g/t TM	28,2	19,9	41,4	6,7
Pb	in g/t TM	59,5	36,8	111,0	21,9
Zn	in g/t TM	269,7	229,6	336,0	29,0
Cr	in g/t TM	36,7	26,2	53,0	8,2
Hg	in g/t TM	0,18	0,12	0,31	0,06

ben Reinigungsstufe lässt sich insbesondere der hauptsächlich durch Huminsäuren verursachte CSB nur schwer bis auf die Einleitergrenzwerte reduzieren. In Frage kommen Zusatzstufen wie z. B. Eindampfen oder die Behandlung mit Ozon. Eine Nassoxidation mit Ozon scheint jedoch zu kostspielig zu sein. UV-aktiviertes Wasserstoffperoxid ist dagegen in der Regel nicht genügend wirkungsvoll. Gute Resultate wurden mit der Membrantechnologie erzielt.

Eine Endreinigung des Presswassers sollte aber immer die letzte Option bleiben, da dieses Presswasser bezüglich seiner Inhaltsstoffe ein wertvoller Rohstoff sein kann, dessen ökologischer Nutzen auch in der Einsparung von Energieaufwendungen durch die vermiedene anderweitige Ammoniumdünger-Herstellung besteht.

16.4 Exkurs: Deponiegas

Ergänzend zu dem bisher behandelten Biogas wird nachfolgend Deponiegas als ein Sonderfall diskutiert. Deponiegase entstehen aus abgelagerten organischen Abfällen auf Deponien. Sie müssen in erster Linie als zu entsorgende Emission betrachtet werden, sind aber unter gewissen Umständen auch zur Energieerzeugung nutzbar.

Weltweit betrachtet werden die meisten Abfälle nach wie vor mittels einer Deponierung entsorgt; dies gilt sowohl für Abfälle mit größtenteils anorganischen Inhaltsstoffen als auch für Abfallstoffe mit hohen Organikgehalten. Auch werden in vielen Ländern auch heute noch neue Deponien angelegt, auf denen organikreiche Siedlungsabfälle abgelagert werden. Dies gilt aber nicht für viele Staaten der EU; beispielsweise dürfen aufgrund gesetzlicher Vorgaben in Deutschland seit einigen Jahren nur noch Stoffe abgelagert werden, die einen organischen Anteil von unter 5 Massen-% aufweisen /16-1/. Eine Ausnahme bilden hierbei Abfälle, die mechanisch-biologisch vorbehandelt wurden; diese dürfen einen maximalen organischen Anteil von 18 Massen-% aufweisen. Die Bildung von energetisch verwertbarem Deponiegas in Deponien mit reduzierten bzw. stabilisierten Organikfraktionen ist vernachlässigbar. Trotzdem existieren in Staaten mit einem derartigen Ablagerungsverbot für organikreiche Stoffe eine große Anzahl an Altdeponien, die aus der Zeit stammen, bevor derartige gesetzlichen Regelungen in Kraft traten und in denen deshalb – meist bis in die jüngste Vergangenheit – noch organikreiche Siedlungsabfälle abgelagert wurden (und z. T. noch werden). Auch wenn deshalb in den Staaten mit einem Ablagerungsverbot für Organikfraktionen in den kommenden Jahren das in derartigen Deponien erzeugte Gas abnehmen wird, bleibt die Aufgabe, das in den vorhandenen Altdeponien entstehende Deponiegas kontrolliert aufzufangen und zu verwerten bzw. dessen Umwelteinfluss zu minimieren. Typischerweise erstreckt sich der Zeitraum der Deponiegasbildung über 10 bis 50 Jahre; teilweise werden aber auch deutlich längere Entgasungszeiträume beobachtet /16-21/.

Nachfolgend wird zunächst auf die Entstehung und Zusammensetzung von Deponiegas für Deponien, auf denen organikreiche Abfälle abgelagert wurden, eingegangen. Dies schließt den Einfluss der Zusammensetzung der Abfälle, die beteiligten mikrobiologischen Prozesse und die wesentlichen Rahmenbedingungen für den Ablauf dieser Prozesse ein. Anschließend werden Systeme zur Erfassung, zur Behandlung und zur Nutzung von energetisch verwertbaren Deponiegasen vorgestellt. Darüber hinaus werden die Möglichkeiten zum Umgang mit Deponiegasen diskutiert.

16.4.1 Entstehung

Als Deponiegas wird die Gesamtheit der im Deponiekörper durch mikrobielle Abbauprozesse entstehenden gasförmigen Stoffwechselprodukte (z. B. Methan (CH_4), Kohlenstoffdioxid (CO_2), Wasserstoff (H_2), Schwefelwasserstoff (H_2S), Ammoniak (NH_3)) sowie die in die Gasphase übergehenden Komponenten, die direkt den abgelagerten Stoffen (z. B. Fluor-Kohlenwasserstoffe, Siloxane) bzw. der die Stoffe umgebenden Luft (Stickstoff (N_2), Sauerstoff (O_2)), entstammen, bezeichnet /16-32/. Die gilt aber nur für Deponien, in denen Abfälle mit hohen Organikanteilen abgelagert wurden. In quantitativer Hinsicht gehören CO_2, CH_4, N_2, O_2 sowie H_2 zu den Hauptkomponenten des Deponiegases. Es sind jedoch, in Abhängigkeit der Ablagerungsdauer der Abfälle auf der Deponie, zumeist nur zwei bis vier dieser Komponenten im Deponiegas präsent.

16.4 Exkurs: Deponiegas

Bei der mikrobiellen Umsetzung von 1 kg organischem Kohlenstoff können im Idealfall 1,868 m^3_n Gas gebildet werden /16-38/. Die auf einer Deponie tatsächlich entstehende Deponiegasmenge hängt aber hauptsächlich vom Anteil der umsetzbaren Kohlenstoffverbindungen im Abfall ab. Als Erfahrungswerte werden 0,15 bis 0,25 m^3 pro kg abgelagertem Abfall angegeben.

Die Deponiegasbildung ist bezüglich der Menge und hinsichtlich der Zusammensetzung starken zeitlichen Variationen unterworfen. Es können jedoch neun typische Phasen unterschieden werden, für deren Ausprägung neben anaeroben Abbauvorgängen auch aerobe Abbauprozesse sowie Diffusionsprozesse eine Rolle spielen. Auch kann die Deponiegasmenge und -zusammensetzung deponiespezifisch deutlich unterschiedlich ausfallen. Sie wird u. a. entscheidend vom Deponiebetrieb bestimmt, wobei der Grad der erreichten Homogenisierung der Abfälle in der Deponie sowie der Wassergehalt der abgelagerten Abfälle einen entscheidenden Einfluss ausüben /16-21/.

Diese typischen Phasen der Deponiegasbildung werden im Folgenden kurz erläutert (Abb. 16.24).

- Aerobe Phase (I). Die organischen Inhaltsstoffe der Abfälle werden nach der Deponierung zunächst so lange unter aeroben Bedingungen zu Kohlenstoffdioxid abgebaut, bis der Sauerstoff im freien Porenvolumen des Deponiekörpers verbraucht ist. Im gleichen Maße, wie der Sauerstoff verbraucht wird, nimmt die CO_2-Konzentration zu. Die weitere Sauerstoff-Zufuhr aus der Atmosphäre bleibt aber infolge der Überdeckung mit weiteren Abfallschichten bzw. infolge der starken Verdichtung der Abfälle aus. Diese Phase dauert normalerweise einige Monate.
- Saure Gärung (II). Aufgrund des Sauerstoffverbrauches in Phase I stellen sich im Deponiekörper anaerobe Verhältnisse ein. Diese ermöglichen eine saure Gärung, bei welcher zunehmend, neben organischen Säuren, Kohlenstoffdioxid und Wasserstoff als Stoffwechselprodukte produziert werden. Dieses Biogas-

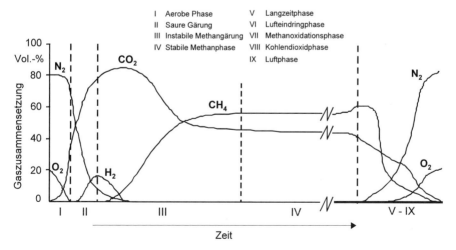

Abb. 16.24 Zeitlicher Verlauf der Konzentrationen der Deponiegas-Hauptkomponenten sowie Benennung der Deponiephasen (verändert nach /16-43/)

gemisch verdrängt allmählich den im Deponiekörper noch vorhandenen Luftstickstoff. Es kommt außerdem zu einer sukzessiven Absenkung des Redoxpotenzials vom positiven in den negativen Bereich. Infolge von exothermen Reaktionen können sich Zonen des Abfallkörpers während dieser sauren Phase auf weit über 60 °C aufheizen /16-45/. Auch diese Phase erstreckt sich über einige Monate.
- Instabile Methangärung (III). In dieser Übergangsphase, die zumeist mehrere Monate andauert, verändert sich die Population der Mikroorganismen im Deponiekörper von Säure verbrauchenden zu Methan bildenden Mikroorganismen. Neben Methan als Metabolismusprodukt entsteht weiterhin Kohlenstoffdioxid. Die sich verändernden Umsetzungsprozesse resultieren insgesamt in einer steigenden Gasproduktion. Da nun jedoch der Methananteil überwiegt, weist das Deponiegas steigende Methan- und sinkende CO_2-Gehalte auf. Die H_2-Produktion wird ebenfalls allmählich eingestellt und aus Phase II stammendes H_2 wird aus dem Deponiekörper verdrängt. Weitere wesentliche Kennzeichen dieser Phase sind steigende pH-Werte und eine allmähliche Abnahme der organischen Sickerwasserbelastungen. Die Gehalte an organischen Säuren im Sickerwasser nehmen ebenfalls allmählich ab.
- Stabile Methanphase (IV). In der nun folgenden stabilen Methanphase, die etwa zwei Jahre nach Ablagerungsbeginn erreicht wird, steht die Säureproduktion nahezu im Gleichgewicht mit der Umsetzung der Säuren zu Methan und Kohlenstoffdioxid. Dieser Gleichgewichtszustand ist relativ stabil und dauert bei Siedlungsabfalldeponien, in Abhängigkeit von der Abfallcharakteristik, der Abfallmasse und dem Wasserhaushalt, etwa 15 bis 25 Jahre. Die Methan- und Kohlenstoffdioxidproduktion erreicht in diesem Stadium ihr Maximum. Die bis dahin verbliebenen bioverfügbaren organischen Verbindungen werden weitgehend, nach ihrer Umsetzung, über den Gaspfad und nur noch in geringem Maße mit dem Sickerwasser ausgetragen. Das Verhältnis der zwei Hauptkomponenten CH_4 und CO_2 des Deponiegases ist weitgehend stabil; der Methangehalt liegt bei etwa 55 bis 60 Vol.-%.
- Post-methanogene Phasen (V bis IX). In den Phasen V bis IX geht der Vorrat an organischen Substanzen zur Neige und die Deponiegasproduktion nimmt stark ab. Gleichzeitig sinkt der Heizwert des Gasgemisches aufgrund der sinkenden Methangehalte deutlich. Solange noch CH_4-Anteile im Gasgemisch enthalten sind, wird dieses i. Allg. als Schwachgas bezeichnet. Langfristig wird die CH_4-Produktion jedoch komplett eingestellt. Der bisher infolge der hohen Gasproduktion im Deponiekörper herrschende Überdruck gleicht sich immer mehr dem Umgebungsdruck an, so dass, sofern keine luftundurchlässige Oberflächenabdeckung vorhanden ist, langsam Umgebungsluft in den Abfallkörper eindringen kann. Es stellen sich daraufhin nach und nach wieder aerobe Verhältnisse ein. Die Zusammensetzung des Gases im freien Porenvolumen des Deponiekörpers gleicht sich damit langfristig der Zusammensetzung atmosphärischer Luft an.

Die Gaszusammensetzung in einer Deponie kann nur als statistisches Mittel vieler verschiedener Gaskompositionen aus verschiedenen Bereichen beschrieben werden. So finden in einem Deponiekörper aerobe und anaerobe Abbauprozesse zeitgleich nebeneinander statt. Erst wenn die stabile Methanphase (Phase IV) erreicht ist, stellt sich eine weitgehend einheitliche Gaszusammensetzung ein. Nur das Deponiegas aus dieser Phase ist i. Allg. für eine energetische Nutzung geeignet. Sowohl die Deponiegasproduktion insgesamt als auch der Methangehalt des Deponiegases sind hier ausreichend hoch.

Das in den Phasen III, V, VI und VII entstehende Deponiegas enthält ebenfalls Methan. Dieses Deponiegas ist jedoch i. Allg. für eine energetische Verwertung ungeeignet, da die Methangehalte und/oder die insgesamt anfallende Deponiegasmenge meist zu gering für eine Nutzung sind.

16.4.2 Erfassung

Damit das Deponiegas energetisch genutzt werden kann, muss es mithilfe von Entgasungseinrichtungen erfasst werden, da es ansonsten über die gesamte Deponieoberfläche ausströmen würde. Da die Deponiegasproduktion bereits während der Ablagerungsphase beginnt, sollte eine Entgasungsanlage schon zu diesem Zeitpunkt betrieben werden, um unkontrollierte Emissionen zu minimieren.

Die Deponieentgasung erfolgt in der Regel durch Absaugung mittels aktiver Systeme, welche eine Induktion negativer Druckgradienten ermöglichen. Diese aktive Entgasung weist im Gegensatz zur passiven, bei welcher die Entgasung durch den Eigendruck der Gasphase im Deponiekörper erfolgt, einen signifikant höheren Erfassungsgrad auf. Als aktive Entgasungs- und Gasfördereinrichtungen werden in der Regel Seitenkanal- oder Drehkolbenverdichter eingesetzt, die den zur Gasabsaugung notwendigen Unterdruck erzeugen, der mindestens 30 mbar am jeweiligen Gaserfassungselement betragen sollte /16-37/.

Das Gas kann mit unterschiedlichen Systemen erfasst werden. Während des Deponieaufbaus können beispielsweise horizontale, flächige oder linienförmige Gasdrainagen eingebaut werden. Daneben kommen sehr häufig auch vertikale Gasbrunnen (Abb. 16.25) zum Einsatz. Während des Deponieaufbaues können diese als Ziehbrunnen zusammen mit der Abfallablagerung hochgezogen werden. In bereits abgeschlossenen Deponien können, ggf. zusätzlich zu den bereits bestehenden Erfassungseinrichtungen, vertikale Gasbrunnen durch das Abteufen von Bohrungen hergestellt werden. Im Regelfall werden hierfür Bohrlochdurchmesser von über 0,5 m gewählt, welche in Abständen von 25 bis 60 m niedergebracht werden; die Abstände sind vor allem von der Mächtigkeit der Deponie sowie deren spezifischer Permeabilität abhängig. Die in die Bohrung eingebrachten Gasbrunnen bestehen i. Allg. aus Polyethylenrohren hoher Dichte (HDPE), die im unteren Bereich perforiert sind. Hier ist das Rohr mit einem Filter aus grobem Kies (Korngröße ca. 16 bis 32 mm) umgeben. Der obere, nicht perforierte Bereich ist dagegen mit bindigem, luftundurchlässigem Material (z. B. Ton) verfüllt. Der Gasbrunnen wird zusätzlich mit einer horizontalen Tonkappe zum Schutz vor dem Ansaugen von Umgebungsluft verschlossen.

Das zum Bau der Gasbrunnen gewählte Material (d. h. HDPE) muss den hohen physikalischen, chemischen und biologischen Anforderungen gut standhalten. Physikalische Belastungen ergeben sich dabei hauptsächlich durch ungleichmäßige Setzungen des Deponiekörpers, aus Auflasten infolge der Abfallverdichtung und des Abfalleigengewichtes sowie durch Temperaturen bis 70 °C. Chemische und

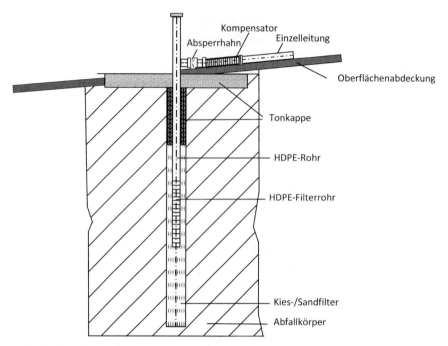

Abb. 16.25 Schema eines vertikalen Gasbrunnens (HDPE Polyethylen mit hoher Dichte)

biologische Belastungen resultieren aus im Abfall enthaltenen aggressiven Komponenten und durch beim mikrobiellen Abbau entstehende aggressive Komponenten (z. B. Säuren).

Oberhalb der Tonkappen der Gasbrunnen und oberhalb der Oberflächenabdichtung der Deponie wird das vertikale Rohr des Gasbrunnens an eine Sammelleitung angeschlossen. Sammelleitungen können, zeitlich begrenzt, während der Schüttphase Überflur verlegt werden. Die endgültigen Leitungen werden aber in der Regel Unterflur verlegt. Im Anschlussbereich an die Sammelleitungen durchdringen die vertikalen Rohre der Fassungselemente die Oberflächenabdichtung in elastischen Rohrdurchführungen. Diese Durchdringungen sind unter geotechnischen Aspekten die empfindlichsten Stellen von Deponiegasfassungs- und von Oberflächenabdichtungssystemen; deshalb ist hier besondere Sorgfalt geboten.

Die Sammelleitungen der verschiedenen Gasbrunnen werden in einer Gasregelstation zusammengeführt. Hier wird der Methangehalt des Gases aus jedem einzelnen Gasbrunnen festgestellt. Auf der Grundlage dieser Messwerte erfolgt die Einstellung des jeweiligen optimalen Absaugvolumens. Die Gasregelstation ist mit der Deponiegasabsaugstation verbunden.

Eine Grundanforderung an die Deponiegaserfassungssysteme ist ihre ständige Betriebssicherheit bei geringer Wartungsbedürftigkeit. Dieses betrifft im Wesentlichen die Möglichkeit zur sicheren Entwässerung, d. h. die Abführung von Kondensat, welches sich in den Sammelleitungen bildet. Ein Wassereinstau in den Gasfassungselementen würde diese teilweise oder vollständig wirkungslos machen. Die Abführung des Kondensats wird durch die Anordnung von Kondensatsammelbehältern an den Tiefpunkten des Erfassungssystems realisiert, in welche das Kondensat abfließt. Als Bemessungsgrundlage für die Kondensatmenge ist die Wassermenge anzusehen, die beim Abkühlen des Gases von 55 auf 20 °C entsteht. Als Richtwert sind dies ca. 100 g Kondensat pro m^3 Deponiegas.

16.4.3 Behandlung und Nutzung

Neben den Hauptbestandteilen Methan (CH_4) und Kohlenstoffdioxid (CO_2) sind im energetisch nutzbaren Deponiegas der stabilen Methanphase (Phase IV) zahlreiche Spurenstoffe enthalten, die aus mikrobiologischen oder chemischen Umsetzungsprozessen stammen oder direkt aus dem Abfall emittieren /16-31/. Es wurden bereits einige hundert verschiedene Substanzen im Deponiegas nachgewiesen, darunter aromatische und aliphatische Kohlenwasserstoffe, sauerstoffhaltige Verbindungen (u. a. Alkohole, Aldehyde, Ketone, organische Säuren, Ester, Ether, Siloxane), schwefelhaltige Verbindungen (z. B. Mercaptane, organische Sulfide) und auch einige flüchtige anorganische Substanzen (u. a. Ammoniak, Schwefelwasserstoff) (u. a. /16-18/, /16-3/, /16-19/, /16-30/).

Einige Spurenstoffe des Deponiegases sind bezüglich ihrer Toxizität für den Menschen und die Umwelt von besonderer Bedeutung. Beispielsweise tragen ggf. im Deponiegas enthaltene halogenierte Fluor-Kohlenwasserstoffe signifikant zur Verstärkung des anthropogenen Treibhauseffektes bei. Hinzu kommen die potenziellen Auswirkungen verschiedener Spurenstoffe auf Anlagen und Systeme zur energetischen Nutzung. So haben z. B. in der Vergangenheit insbesondere Siloxane (organische Siliziumverbindungen) beim Deponiegaseinsatz in Gasmotoren zu Motorschäden infolge von Siliziumoxid-Ablagerungen im Verbrennungsraum geführt /16-5/ und dadurch die technische Lebensdauer der Motoren signifikant reduziert.

Tabelle 16.13 gibt einen Überblick über ausgewählte Spurenstoffe, welche aufgrund negativer Auswirkungen auf die energetische Nutzung des Deponiegases von Bedeutung sind. Diese sollten aus dem Deponiegas entfernt werden, bevor es als Energieträger genutzt wird. Auf die Möglichkeiten zur Gasbehandlung wird im Folgenden kurz eingegangen.

Schwefelwasserstoff (H_2S) und organische Schwefelverbindungen sowie die halogenierten Kohlenwasserstoffe werden durch Adsorption an Aktivkohle aus dem Gasgemisch entfernt. Hierbei wird H_2S in Gegenwart von Sauerstoff unter dem katalytischen Einfluss der in der Regel weitporigen Aktivkohle zu Schwefel oxidiert, während die Halogene der halogenierten Kohlenwasserstoffe an der Oberfläche der Aktivkohle adsorbieren.

Tabelle 16.13 Typische Konzentrationen von Spurenstoffen im Deponiegas sowie potenzielle Wirkungen vor Ort (verändert nach /16-47/)

Stoff	Konzentration in mg/m^3	Wirkung
Schwefelwasserstoff	< 150	Geruch, Korrosion, Toxizität
Fluor-Chlor-Kohlenwasserstoffe	< 100	Korrosion, Toxizität
Siloxane	< 100	Korrosion, Abrieb, Ablagerungen

Organische Siliziumverbindungen (Siloxane) werden meist durch eine Verfahrenskombination aus Gaswäsche, Gastrocknung und nachgeschalteter Aktivkohleadsorption abgetrennt. Die Vorbehandlung des Gasgemisches vor der Adsorption dient hierbei im Wesentlichen der Einstellung optimaler Adsorptionseigenschaften. Wesentliche Parameter sind hierbei z. B. die Feuchtigkeit des Gases sowie dessen Temperatur.

Energetisch nutzbares Deponiegas. Energetisch nutzbares Deponiegas hat bezüglich seiner Hauptkomponenten eine ähnliche Zusammensetzung wie Biogas oder Klärgas. In Deutschland wird es im Regelfall in Verbrennungsmotoren, die eine Wärmenutzung erlauben (Kraft-Wärme-Kopplung, KWK), verwertet. Diese werden in einem breiten Leistungsspektrum von etwa 170 bis 1 700 kW eingesetzt. Die Motoren können damit an die unterschiedlichen Deponiegasproduktionsraten angepasst werden. Je nach Anlagenhersteller werden aus Sicht der Motorentechnik unterschiedliche Anforderungen an die Deponiegasqualität gestellt. Dies gilt im Wesentlichen für die Konzentration von Schwefelwasserstoff, von chlorierten und fluorierten Kohlenwasserstoffen sowie von Siloxanen. Werden die vorgegebenen Maximalkonzentrationen überschritten, ist eine Gasaufbereitung vorzusehen.

Für Deponiegas mit Methankonzentrationen unter 40 Vol.-% sowie beim Vorliegen geringer Gasmengen werden kombinierte Diesel-Gasmotoren (d. h. Zündstrahlmotoren) eingesetzt, die mit etwa 10 % (oder mehr) Dieselzusatz betrieben werden /16-13/.

Aufgrund des relativ geringen elektrischen Wirkungsgrades der Gasmotoren (35 bis 40 %) und der meist fehlenden Wärmenachfrage in Deponienähe (d. h. eine Kraft-Wärme-Kopplung ist aufgrund eines mangelnden Wärmeabsatzes nur z. T. möglich) werden auch Verfahren zur Aufbereitung des Deponiegases auf Erdgasqualität diskutiert. Anwendbar sind hierbei Verfahren, welche auch für die Biogasaufbereitung verwendet werden. Das aufbereitete Deponiegas kann dann in das Erdgasnetz eingespeist und dadurch deutlich effizienter genutzt werden /16-36/.

Wird erfasstes Deponiegas nicht energetisch verwertet, muss es aus Umwelt- und Klimasicht behandelt werden. Wartung oder Defekte des Gasmotors können z. B. die Ursache für einen Deponiegasüberschuss sein. Eine derartige Behandlung kann beispielsweise mit einer biologischen Methanoxidation erfolgen. Übersteigt jedoch die Deponiegasproduktionsrate die Kapazität der biologischen Methanoxidationseinheit, muss es schadlos verbrannt werden. Hierzu kommen i. Allg. Hochtemperaturfackeln zum Einsatz. Deren Betrieb ist in Deutschland aus Emissionsschutzgründen nach der TA Luft sehr weitgehend geregelt /16-17/. Deponiegasfackeln werden deshalb standardmäßig parallel zu einem Gasverwertungssystem installiert, um so einen dauerhaften Betrieb der Deponieentgasungseinrichtung auch in solchen Zeiten zu garantieren, in denen der Gasmotor nicht einsatzfähig ist.

Energetisch nicht nutzbares Deponiegas. Deponiegas mit Methankonzentrationen deutlich unter 40 Vol.-% (Schwachgas) ist nicht für eine motorische oder anderweitige energetische Nutzung geeignet. Dennoch sollte eine Behandlung erfolgen, um Methanemissionen aus Klimaschützgründen weitestgehend zu reduzieren. Hierzu können auf Biofiltration basierende Verfahren eingesetzt werden. Mit der-

16.4 Exkurs: Deponiegas

artigen Verfahren wird Methan durch Bakterien (d. h. durch bio-chemische Prozesse) zu Kohlenstoffdioxid umgesetzt.

Die biologische Methanoxidation kann in einer speziellen Rekultivierungsschicht erfolgen, welche ein Bestandteil der Oberflächenabdichtung ist. Auch kann diese in Biofenstern vonstatten gehen. Biofenster sind in die Oberflächenabdichtung integrierte Bereiche, welche als Biofilter ausgebildet sind. Eine weitere Möglichkeit ist die Methanoxidation in Biofiltercontainern, welche auf der Deponieoberfläche aufgestellt werden und durch welche das Deponiegas geleitet wird.

In Standard-Rekultivierungsschichten können bei niedriger methanotropher Aktivität bereits spezifische Methan-Oxidationsraten von 0,4 bis 10,4 l CH_4 pro m^2 Rekultivierungsschicht und Stunde erreicht werden /16-18/, /16-23/. Dieses bedeutet, dass für eine Deponiefläche von 10 ha ein Volumenstrom von mindestens 80 bis 200 m^3 pro h Deponiegas sicher behandelt werden kann.

Quellenverzeichnis

/1-1/ Berndes, G.M.; Hoogwijk, M; Broek, R. van den: The contribution of biomass in the future global energy system: a review of 17 studies. In Biomass & Bioenergy, Vol. 25(1) 2003, pp 1-28

/1-2/ BP (Hrsg.): BP Statistical Review of World Energy 2008; BP, London, Juni 2008

/1-3/ Döös, B. R.; Shaw, R.: Can we predict the future food production? A sensitive analysis; Global Environmental Change, Vol. 9(1999), S. 261 – 283

/1-4/ Doornbosch, R.; Steenblik, R.: Biofuels – Is the cure worse than the disease? Round Table of the Sustainable Development at the OECD. OECD, Paris, 2007

/1-5/ FAO (Hrsg.): World Agriculture towards 2015/2030, An FAO perspective; Earthscan Publications Ltd, London, UK, 2003

/1-6/ FAO (Hrsg.): Yield of Crop Land and Area Planted for Crops, FAO Database; www.historylink101.com/lessons/farm-city.htm, 2006

/1-7/ FAO (Hrsg.): FAO Database; www.fao.org

/1-8/ FAO (Hrsg.): OECD-FAO Agricultural Outlook 2007-2016; FAO, Rome, 2007

/1-9/ Fritsche, U.R. et al.: Stoffstromanalyse zur nachhaltigen energetischen Nutzung von Biomasse; Bundesministerium für Umwelt, Naturschutz und Reaktorsicherheit, Berlin, 2004

/1-10/ Hoogwijk, M.: On the global and regional potential of renewable energy sources. Chapter Two: Exploration of the ranges of the global potential of biomass for energy. Proefschrift Universiteit Utrecht, 2004

/1-11/ Hulpke, H. et al. (Hrsg.): Römpp Umwelt Lexikon; Georg Thieme, Stuttgart, 2000, 2. Auflage

/1-12/ Kaltschmitt, M.; Streicher, W.; Wiese, A. (Hrsg.): Erneuerbare Energien - Systemtechnik, Wirtschaftlichkeit, Umwelteffekte; Springer, Berlin, Heidelberg, 2006, 4. Auflage

/1-13/ Kaltschmitt, M.: Regenerative Energien; Folien zur Vorlesung. Institut für Umwelttechnik und Energiewirtschaft (IUE), Technische Universität Hamburg-Harburg, SS 2007

/1-14/ Kaltschmitt, M.: Energie aus Biomasse; Folien zur Vorlesung. Institut für Umwelttechnik und Energiewirtschaft (IUE), Technische Universität Hamburg-Harburg, WS 2007/08

/1-15/ Kendall, H.W.; Pimentel, D.: Constrains on the expansion of the global food supply; Ambio 23(1), S. 198 – 205 (1994)

/1-16/ KTBL (Hrsg.): Faustzahlen für die Landwirtschaft; Landwirtschaftsverlag, Münster, 2005, 13. Auflage

/1-17/ Lal, R.; Steward, B.A.: Soil Degradation; Springer, New York, USA, 1990

/1-18/ Smeets, E.; Faaij, A.; Lewandowski, I.; Turkenburg, T.: A bottom-up assessment and review of global bio-energy potentials to 2050; Progress in Energy and Combustion Science 33(2007), S. 56 – 106

/1-19/ Oldmann, L.R. et al.: The global extent of soil degradation. In: Dooge, J.C.I.; Goodman, G.T.; la Rivière, J.W.M. (Eds.): An Agenda of Science for Environment and Development into the 21st Century; Cambridge University Press, Cambridge, UK, 1991, S.79 – 89

/1-20/ Smeets, E.; Faaij, A.; Lewandowski, I.: A quickscan of global bio-energy potentials to 2050. An analysis of the regional availability of biomass resources for export in relation to the underlying factors. Report NWS-E_2004-109, University of Utrecht, Utrecht, Niederlande, 2004

/1-21/ Thrän, D. et al.: Nachhaltige Biomassenutzungsstrategien im europäischen Kontext – Analyse im Spannungsfeld nationaler Vorgaben und der Konkurrenz zwischen festen, flüssigen und gasförmigen Bioenergieträgern; Bundesministerium für Umwelt, Naturschutz und Reaktorsicherheit, Berlin, 2006

/1-22/ Thrän, D. u. a.: Sustainable Strategies for Biomass Use in the European Context. Analysis in the charged debate on national guidelines and the competition between solid, liquid and gaseous biofuels. IE-Report 1/2006. Leipzig 2006

/1-23/ Bundesministerium für Umwelt, Naturschutz und Reaktorsicherheit (Hrsg.): Erneuerbare Energien in Zahlen – nationale und internationale Entwicklung 2007, Berlin, 2008

/1-24/ Thrän, D.; Kaltschmitt, M.; Kircherer, A.; Piepenbrink, M.: Kriterienmatrix zur stofflichen und energetischen Nutzung nachwachsender Rohstoffe; Erich Schmidt Verlag, Berlin, 2008

/1-25/ UNPD (Hrsg.): World Population Prospects – The 2004 revision – highlights. United Nations Population Division, New York, USA, 2004

/1-26/ Witt, J.; Kaltschmitt, M.: Erneuerbare Energien – Stand 2007 weltweit und in Europa; BWK 60(2008), 1/2, S. 67–79

/2-1/ Bornkamm, R.: Die Pflanze; Eugen Ulmer, Stuttgart, 1980, 2. Auflage
/2-2/ Cralle, H.T.; Vietor, D.M.: Solar Energy and Biomass; in: Kitani, O.; Hall, C. W. (Hrsg.): Biomass Handbook; Gordon and Breach Saina Publishers, New York, USA, 1989
/2-3/ Hess, D.: Pflanzenphysiologie; UTB Wissenschaft, Stuttgart, 2008, 11. Auflage
/2-4/ Kaltschmitt, M.: Energie aus Biomasse; Vorlesung, Institut für Umwelttechnik und Energiewirtschaft, Technische Universität Hamburg-Harburg, WS 2007/08
/2-5/ Bayrhuber, H. u. a. (Hrsg.): Linder Biologie; Schroedel, Stuttgart, 2005, 22. Auflage
/2-6/ Lerch, G.: Pflanzenökologie; Akademie, Berlin, 1991
/2-7/ Lieth, H.: Phenology and Seasonality Modelling; Ecol. Studies 8, Heidelberg, 1974
/2-8/ Gates, D.: Energy, Plants and Ecology; Ecology 46 (1965), S. 1-14
/2-9/ Larcher, W.: Ökolophysiogie der Pflanzen; Eugen Ulmer, Stuttgart, 2001, 6. Auflage
/2-10/ Ludlow, M. M.; Wilson, G. L.: Photosynthesis of Tropical Pasture Plants, II; Illuminance, Carbon Dioxide Concentration, Leaf Temperature and Leaf Air Pressure Difference; Australien Journal of Biological Science 24 (1971), S. 449-470
/2-11/ Lütke Entrup, N.; Oehmichen, J.: Lehrbuch des Pflanzenbaus; Band 1: Grundlagen, Th. Mann, Gelsenkirchen, 2000
/2-12/ Marschner, H.: Mineral Nutrition of Higher Plants; Academic Press, London, 1986
/2-13/ Mengel, K.: Ernährung und Stoffwechsel der Pflanze; Gustav Fischer, Stuttgart, 1984, 6. Auflage
/2-14/ Michel, L.; Günther, R.: Witterungsbericht 2006; Eine Datenanalyse ausgewählter Standorte Thüringens. Eigenverlag, Thüringer Landesanstalt für Landwirtschaft, Jena, 2006
/2-15/ Toews, T.; Schittenhelm, S.: Extrawasser für Energiemais? Wirtschaftlichkeitsanalyse zur Bewässerung von Biogasmais. Neue Landwirtschaft. Heft 3/ 2008
/2-16/ Roth, D. et. al.: Wasserhaushaltsgrößen von Kulturpflanzen unter Feldbedingungen – Ergebnisse der TLL-Lysimeterstation; TLL-Schriftenreihe Heft 1/2005, Eigenverlag Thüringer Landesanstalt für Landwirtschaft, Jena, 2005
/2-17/ Sonnenveld, A.: Distribution and Re-Distribution of Dry Matter in Perennial Fodder Crops; Netherlands Journal of Agricultural Science 10 (1962)
/2-18/ Sauer, N.; Reymann, D.: Standarddeckungsbeiträge 1991/92 und Rechenwerte für die Betriebssystematik in der Landwirtschaft; KTBL-Arbeitspapier 181; Landwirtschaftsverlag, Münster-Hiltrup, 1993
/2-19/ Strasburger, E.: Lehrbuch der Botanik; Gustav Fischer, Stuttgart, New York, 1983, 32. Auflage

/2-20/ Vetter, A.: Potenziale und Engpässe für Nachwachsende Rohstoffe auf dem heimischen Markt. 14. CARMEN-Forum, Straubing, März 2007, Tagungsband, S. 21-33
/2-21/ Willms, M.: Persönliche Mitteilung, ZALF, Müncheberg, 2008
/2-22/ Zorn, W. et. al.: Düngung in Thüringen 2007 nach "Guter fachlicher Praxis"; TLL-Schriftenreihe Heft 7/2007, Eigenverlag, Thüringer Landesanstalt für Landwirtschaft, Jena, 2007

/3-1/ Apfelbeck, R.: Raps als Energiepflanze. Dissertation, Technische Universität München, Institut für Landtechnik (Freising-Weihenstephan), Schriftenreihe der Max-Eyth-Gesellschaft (MEG), Nr. 156 (1989), 171 S.
/3-2/ Aufhammer, W. et al.: Zur Eignung des Korngutes unterschiedlich stickstoffgedüngter Getreidebestände als Rohstoff für die Bioethanolproduktion; Journal of agronomy and crop science 177(1996), S. 185 – 196
/3-3/ Aufhammer, W.: Getreide- und andere Körnerfruchtarten; Eugen Ulmer, Stuttgart, 1998
/3-4/ Bludau, D.A.; Turowski, P.: Verfahrensrelevante Untersuchungen zu Bereitstellung und Nutzung jährlich erntbarer Biomasse als Festbrennstoff unter besonderer Berücksichtigung technischer, wirtschaftlicher und umweltbezogener Aspekte. Bayerisches Staatsministerium für Ernährung, Landwirtschaft und Forsten (Hrsg.), Selbstverlag, München, 1992, Reihe "Gelbes Heft" 44, 160 S
/3-5/ Böhmel, C.; Jäger, F.: Sorghum – eine Ergänzung zu Mais? Anbauhinweise und Möglichkeiten der Fruchtfolgegestaltung. Mais 34 (4) (2007), S. 138-142
/3-6/ Bolik, C.-J.: Anbau und Nutzung der Zuckerhirse im süddeutschen Raum. Dissertation, Technische Universität München, Lehrstuhl für Pflanzenbau und Pflanzenzüchtung, 1994
/3-7/ Burvall, J.: Influence of harvest time and soil type on fuel quality in reed canary grass (Phalaris arundinacea L.); Biomass and Bioenergy 12(1997), S. 149-154
/3-8/ Cramer, N.: Raps, Züchtung - Anbau und Vermarktung von Körnerraps. Ulmer, Stuttgart, 1990
/3-9/ Czajkowski, T. (2006): Zur zukünftigen Rolle der Buche in der natürlichen Vegetation. Dissertation. Fakultät für Forstwissenschaften und Waldökologie. Universität Göttingen.
/3-10/ Dambroth, M.: Topinambur – eine Konkurrenz für den Industriekartoffelanbau?; Der Kartoffelanbau 35(1984), S. 450-453
/3-11/ Deutsche Saatveredelung (Hrsg.): Erzeugung standortgerechter zur Ganzpflanzenverbrennung geeigneter Gräser für die Nutzung als nachwachsende Rohstoffe. Deutsche Saatveredelung, Abschlußbericht GFP-Projekt F 46/91 NR-90 NR 026, 1994
/3-12/ Deutsche Landwirtschafts-Gesellschaft (Hrsg.): Winterroggen aktuell. DLG-Verlag, Frankfurt/Main, 1979
/3-13/ Deutsches Institut für Normung (Hrsg.): DIN EN 844 (Terminologie. Rund- und Schnittholz), Teil 1: Gemeinsame allgemeine Begriffe über Rundholz und Schnittholz, Teil 2: Allgemeine Begriffe über Rundholz, Teil 3: Allgemeine Begriffe über Schnittholz, Teil 4: Begriffe zum Feuchtegehalt, Teil 5: Begriffe zu Maßen von Rundholz, Teil 6: Begriffe zu Maßen von Schnittholz, Teil 7: Begriffe zum anatomischen Aufbau von Holz, Teil 8: Begriffe zu Merkmalen von Rundholz, Teil 9: Begriffe zu Merkmalen von Schnittholz, Teil 10: Begriffe zu Verfärbung und Pilzbefall, Teil 11: Begriffe zum Insektenbefall, Teil 12: Zusätzliche Begriffe und allgemeiner Index. Beuth, Berlin
/3-14/ Deutsches Institut für Normung (Hrsg.): DIN EN 1315 (Dimensions-Sortierung), Teil 1: Laub-Rundholz, Teil 2: Nadel-Rundholz. Beuth, Berlin
/3-15/ Deutsches Institut für Normung (Hrsg.): DIN ENV 1316 (Laub-Rundholz Qualitäts-Sortierung), Teil 1: Eiche und Buche, Teil 2: Pappel, Teil 3: Esche und Ahorn. Beuth, Berlin

/3-16/ Deutsches Institut für Normung (Hrsg.): DIN ENV 1927 (Qualitäts-Sortierung von Nadel-Rundholz), Teil 1: Fichten und Tannen, Teil 2: Kiefern, Teil 3: Lärchen und Douglasien, Beuth, Berlin

/3-17/ Diedrich, J.: Einfluss von Standort, N-Düngung und Bestandsdichte auf die Ertragsfähigkeit von Topinambur und Zuckersorghum zur Erzeugung von Cellulose und fermentierbaren Zuckern als Industrierohstoffe; Dissertation, Universität Hohenheim, 1991

/3-18/ Hadders, G.; Olsson, R.: Harvest of grass for combustion in late summer and spring; Biomass and Bioenergy 12(1997), S. 171-175

/3-19/ Hartmann, H.; Böhm, T.; Maier, L.: Naturbelassene biogene Festbrennstoffe – Umweltrelevante Eigenschaften und Einflussmöglichkeiten. Bayerisches Staatsministerium für Landesentwicklung und Umweltfragen (Hrsg.), München, 2000, Rei-he "Materialien", Nr. 154, Download: www.tfz.bayern.de

/3-20/ Hartmann, H.; Mayer, B.: Rekultivierung von Kurzumtriebsplantagen; Landtechnik 52(1997), 1, S. 26-27

/3-21/ Heitefuss, R.; König, K.; Obst, A.; Reschke, M.: Pflanzenkrankheiten und Schädlinge im Ackerbau, Verlagsunion Agrar, Frankfurt/Main, München, Wien, 1993

/3-22/ Höldrich, A.; Hartmann, H.; Decker, T.; Reisinger, K.; Schardt, M.; Sommer, W.; Wittkopf, S.; Ohrner, G.: Rationelle Scheitholzbereitstellungsverfahren. Berichte aus dem TFZ, Nr. 11, Technologie- und Förderzentrum (TFZ), Selbstverlag, Straubing, 2006, 274 S. Download: www.tfz.bayern.de

/3-23/ Isensee. E.; Ohls, J.; Quest, D.: Pflanztechnik für Miscanthus. Landtechnik 47(1992), 11, S. 550-554

/3-24/ Karpenstein-Machan, M.; Hornemeier, B.; Hartmann, F.: Triticale. DLG-Verlag Frankfurt/Main, 1994

/3-25/ Karpenstein-Machan, M.: Konzepte für den Energiepflanzenanbau. Perspektiven eines pestizidfreien Anbaus von Energiepflanzen zur thermischen Verwertung im System der Zweikulturnutzung; DLG-Verlag, Frankfurt/Main, 1997

/3-26/ Kicherer, A.: Biomasseverbrennung in Staubfeuerungen – Technische Möglichkeiten und Schadstoffemissionen; Fortschrittberichte VDI, Reihe 6: Energietechnik, 344. VDI Verlag, Düsseldorf, 1996

/3-27/ Kling, M.; Wöhlbier, W. (Hrsg.): Handels-Futtermittel, Vol. 2a und 2b. Eugen Ulmer, Stuttgart, 1983

/3-28/ Kübler, E.: Weizenbau. Ulmer, Stuttgart, 1994

/3-29/ Kramer, H.: Waldwachstumslehre. Parey, Hamburg und Berlin 1988

/3-30/ Landström, S.; Lomakka, L.; Andersson, S.: Harvest in Spring Improves Yield and Quality of Reed Canary Grass. In: Chartier P. u. a. (Hrsg.): Biomass for Energy and the Environment, Elsevier Science (Pergamon), Oxford, UK, 1996

/3-31/ Larsson, S.: Willow Coppice as Short Rotation Forestry. In: Murphy, D.P.L.; Bramm, A.; Walker, K.C. (Hrsg.): Energy from Crops. Semundo, Cambridge, 1996, S. 221-252

/3-32/ Leible, L.; Kahnt, G.: Untersuchungen zum Einfluss von Standort, Saatstärke, N-Düngung, Sorte und Erntezeitpunkt auf den Ertrag und die Inhaltsstoffe von Zuckerhirse; Z. Acker- und Pflanzenbau 166(1991), S. 8-18

/3-33/ Leible, L.: Ertragspotenziale von Topinambur (Helianthus tuberosus L.); Zuckerhirse (Sorghum bicolor L. Moench) und Sonnenblume (Helianthus annuus L.) für die Bereitstellung fermentierbarer Zucker resp. Öl unter besonderer Berücksichtigung der N-Düngung. Dissertation, Universität Hohenheim, 1986

/3-34/ Lewandowski, I.; Kicherer A.: Combustion quality of biomass: practical relevance and experiments to modify the biomass quality of Miscanthus x giganteus. European Journal of Agronomy (6)1997, S. 163-177

/3-35/ Lewandowski, I.: Micropropagation of Miscanthus x giganteus. In: Bajaj, Y.P.S. (Hrsg.): Biotechnology in Agriculture and Forestry 39(1997), S. 239-255

/3-36/ Lohmann, U.: Handbuch Holz, DRW-Verlag, Stuttgart, 1993, 4. Auflage

/3-37/	Pari, L.: Field Trials on Arundo Donax and Miscanthus Rhizome Harvesting. In: Biomass for Energy and the Environment (Vol. 2). Proceedings of the 9th European Conference on Bioenergy, Copenhagen, June 1996, Elsevier Science, Oxford, 1996, pp. 889-894
/3-38/	Pieper, H.J.; Pönitz, H.: Zur Gewinnung von Gärungsalkohol aus siliertem Körnermais. Chem. Mikrobiol. Technol. Lebensm. 2(1973), S. 174-179
/3-39/	Quas, M.: Landtechnische Belastungen auf Miscanthus sowie verfahrenstechnische Lösungen zum Umbruch. Forschungsbericht Agrartechnik Nr. 271 des Arbeitskreises Forschung und Lehre der Max-Eyth-Gesellschaft (MEG), Dissertation, Universität Kiel, 1995
/3-40/	Remmele, E.: Handbuch Herstellung von Rapsölkraftstoff in dezentralen Ölgewinnungsanlagen. Sonderpublikation des Bundesministeriums für Verbraucherschutz, Ernährung und Landwirtschaft (BMVEL) und der Fachagentur Nachwachsende Rohstoffe (FNR), 2007
3 41/	Remmele, E.; Stotz; K; Witzelsperger, J.; Gassner, T.: Qualitätssicherung bei der dezentralen Pflanzenölerzeugung – Technologische Untersuchungen und Erarbeitung von Qualitätssicherungsmaßnahmen. Berichte aus dem TFZ 12, Straubing 2007: Technologie- und Förderzentrum, Download: www.tfz.bayern.de
/3-42/	Sankari, H.S.; Mela, J.N.: Characteristics of Reed Canary Grass (Phalaris arunina-cea L.) Breedig Lines compared at three Experimental Sites in Finland. In: Kopetz, H. u. a. (Hrsg.): Biomass for Energy and Industry, C.A.R.M.E.N, Würzburg-Rimpar, 1998, S. 894-896
/3-43/	Schäfer, V.: Effekte von Aufwuchsbedingungen und Anbauverfahren auf die Eignung von Korngut verschiedener Getreidebestände als Rohstoff für die Bioethanolproduktion. Dissertation, Universität Hohenheim, 1995
/3-44/	Schneider, C.; Hartmann, H. (2006): Maize as Energy Crop for Combustion. Agricultural Optimisation of Fuel Supply. Berichte aus dem TFZ, Nr. 9. Technologie- und Förderzentrum (TFZ), Selbstverlag, Straubing 2006. Download: www.tfz.bayern.de
/3-45/	Schwarz, K.U.; Greef, J.M.; Schnug, E.: Untersuchungen zur Etablierung und Biomassebildung von Miscanthus giganteus unter verschiedenen Umweltbedingungen. Landbauforschung Völkenrode, Sonderheft 155. Selbstverlag der Bundesforschungsanstalt für Landwirtschaft (FAL), Braunschweig-Völkenrode, 1995
/3-46/	Serafin, F.; Ammon, H.-U.: Unkrautbekämpfung in Chinaschilf. Die Grüne 1/1995, S. 18-19
/3-47/	Wellie-Stephan, O.: Development of Grasses Adapted for Production of Bioenergy. In: Biomass for Energy and Industry. In: Kopetz, H. u. a. (Hrsg.): Biomass for Energy and Industry, C.A.R.M.E.N, Würzburg-Rimpar, 1998, S. 1050-1051
/3-48/	www.bundeswaldinventur.de
/4-1/	Amlinger, F.: Kompostierung in Europa – Trends und Perespektiven. Witzenhausen – Institut. 17. Kasseler Abfallforum, Kassel 2005
/4-2/	Apfelbeck, R.: Raps als Energiepflanze; Dissertation, Forschungsbericht Agrartechnik Nr. 171 des Arbeitskreises Forschung und Lehre der Max Eyth-Gesellschaft (MEG), Technische Universität München-Weihenstephan, 1989
/4-3/	Barth, J.: Biological Waste Treatment in Europe - Technical and Market Developments; http://www.compostnetwork.info, INFORMA Compost Consultants; Oelde, 2005
/4-4/	Bayerische Landesanstalt für Landwirtschaft (Hrsg.): Basisdaten zur Berechnung des KULAP-Nährstoff-Saldos 2006
/4-5/	Bayerische Landesanstalt für Landwirtschaft: Webseite www.lfl.bayern.de; Link: http://www.lfl.bayern.de/ilb/technik/10225/?sel_list=27%2Cb&strsearch=&pos=left, Zugriff 15.Oktober 2007
/4-6/	Brusche, R.: Hackschnitzel aus Schwachholz. KTBL Schrift 290, Landwirtschaftsverlag, Münster, 1983

/4-7/ Bundesministerium für Ernährung, Landwirtschaft und Forsten (BML): Agrarbericht der Bundesregierung; Bundesministerium für Ernährung, Landwirtschaft und Forsten, Bonn, 1999
/4-8/ Dalianis, C.; Panoutsou, P.: Energy Potentials of Agriculture Residues in EU. CRES, PIKERMI, Griechenland 2003
/4-9/ Deutsches Institut für Normung (Hrsg.): CEN/TS 14961:2005: Feste Biobrennstoffe – Brennstoffspezifikationen und -klassen. Beuth Verlag, Berlin
/4-10/ Dinter, S.; Moritz, K.: Untersuchungen zur Schnittgutverwertung; Bundesanstalt für Straßenwesen, Bergisch Gladbach, 1989
/4-11/ Direktzahlungen-Verpflichtungenverordnung (DirektZahlVerpflV) vom 04.11.2004: Richtwerte für das Verhältnis von Haupternteprodukt zu Nebenernteprodukt, Bundesgesetzblatt, Jahrgang 2004, Teil I, Nr. 58
/4-12/ Edelmann W.; Engeli, H. u. a.: Vergärung von häuslichen Abfällen und Industrieabwässern; PACER, Bundesamt für Konjunkturfragen, EDMZ Bern, 1993
/4-13/ Edelmann, W.; Engeli, H.; Pfirter, A. u. a.: Vergärung biogener Abfälle aus Haushalt, Industrie und Landschaftspflege; arbi, Baar, 1993 (www.biogas.ch/arbi)
/4-14/ EMPA (Hrsg.): Broschüre über Holz; Eidg. Materialprüfungs- und Forschungsanstalt, Dübendorf, 1990
/4-15/ Entscheidung 2003/33/EG des Rates vom 19. Dezember 2002 zur Festlegung von Kriterien und Verfahren für die Annahme von Abfällen auf Abfalldeponien gemäß Artikel 16 und Anhang II der Richtlinie 1999/31/EG (ABl. Nr. L 11 vom 16.01.2003 S. 11)
/4-16/ Enviro Chemie, Thomas Weisser, persönliche Mitteilung 2005
/4-17/ European Environmental Agency (EEA). Environment in the European Union at the turn of the century. Environmental assessment report No. 2. (1999) Updated 2002, Waste generation from daily household and commercial activities: http://europa.eu.int/comm/environment/waste/compost/index.htm
/4-18/ Fachagentur Nachwachsende Rohstoffe e.V. (Hrsg.): Handreichung - Biogasgewinnung und -nutzung; Gülzow, 2006
/4-19/ Falkenberg, D.; Merten, D.; Scheuermann, A.; Schneider, S.; Wilfert, R.; Witt, J.: Landesatlas Erneuerbare Energien in Mecklenburg-Vorpommern 2002. Umweltministerium MV, August 2003
/4-20/ FAOSTAT: Agricultural Data. http: faostat.fao.org. 10.10.2007
/4-21/ Fritsche u.a.: Stoffstromanalyse zur nachhaltigen energetischen Nutzung von Biomasse. Öko-Institut. Darmstadt/Freiburg/Berlin 2004
/4-22/ Hartmann, H.; Strehler, A.: Die Stellung der Biomasse im Vergleich zu anderen erneuerbaren Energieträgern aus ökologischer, ökonomischer und technischer Sicht. Schriftenreihe "Nachwachsende Rohstoffe", Band 3, Landwirtschaftsverlag, Münster-Hiltrup, 1995
/4-23/ Hartmann, H.; Böhm, T.; Maier, L.: Naturbelassene biogene Festbrennstoffe – Umweltrelevante Eigenschaften und Einflussmöglichkeiten. Bayerisches Staatsministerium für Landesentwicklung und Umweltfragen (Hrsg.), München, 2000, Reihe "Materialien", Nr. 154
/4-24/ Hartmann, H.; Kaltschmitt, M.: Biomasse als erneuerbarer Energieträger. Schriftenreihe "Nachwachsende Rohstoffe" Band 3. Landwirtschaftsverlag, Münster, 2002
/4-25/ Hermann, T.; Karsten, N.; Pant, R.; Plickert, S.; Thrän, D.: Einführung in die Abfallwirtschaft – Technik, Recht und Politik. 2. überarbeitete und erweiterte Auflage. Verlag Harri Deutsch. Frankfurt, 1997
/4-26/ Hydro Agri Dülmen GmbH (Hrsg.): Faustzahlen für Landwirtschaft und Gartenbau; Landwirtschaftsverlag, Münster-Hiltrup, 1993, 12. Auflage
/4-27/ Järvinen, M.: Black Liquor recovery boilers; Helsinki University of Technology, presentation 20.10.2005
/4-28/ Jekel, M.: Messtechnik der Wasserreinhaltung. TU Berlin, 1992
/4-29/ Joanneum Research: 3rd Conference of Management of Recovered Wood (COST Action E 31) – Reaching a Higher Technical, Economic and Environmental Standard in Europe. Klagenfurt, Mai 2007. Tagungsband

/4-30/	Kern, M.; Raussen, T. : Chancen für die Verwertung biogener Abfälle nach EEG und TEHG. Müll und Abfall (2/2005) S. 2-9
/4-31/	Kern, M.; Sprick, W.: Anschätzung des Potenzials an regenerativen Energieträgern im Restmüll; in: Bio- und Restabfallbehandlung V. Witzenhausen – Institut, Kassel 2001
/4-32/	Knappe, F. et al: Stoffstrommanagement von Biomasseabfällen mit dem Ziel der Optimierung der Verwertung organischer Abfälle. UBA Texte 04/07. Dessau 2007.
/4-33/	Landesenergieverein Steiermark (Hrsg.): Handbuch Nahwärme aus Biomasse, Steiermärkische Landesdruckerei, Graz, 1992
/4-34/	Lang, A.: Charakterisierung des Altholzaufkommens in Deutschland. Rechtliche Rahmenbedingungen, Mengenpotenzial, Materialkennwerte Mitteilungen der Bundesforschungsanstalt für Forst- und Holzwirtschaft Hamburg ; Nr. 215, Hamburg, 2004
/4-35/	Liehr, E.: Sammlung und Aufbereitung von Straßenbegleitgrün. In: Logistik bei der Nutzung biogener Festbrennstoffe; Schriftenreihe "Nachwachsende Rohstoffe", Band 5, Landwirtschaftsverlag, Münster-Hiltrup, 1995, S. 57-62
/4-36/	Marutzky, R.; Seeger, K.: Energie aus Holz und anderer Biomasse; DRW, Stuttgart, 1999
/4-37/	Müller-Langer, F.; Witt, J.; Thrän, D.; Baur, F.; Koch, M.; Fritsche, U.: Monitoring zur Wirkung der Biomasse-Verordnung. Endbericht des Forschungs- und Entwicklungsvorhabens im Auftrag des Umweltbundesamtes, Dessau 2007
/4-38/	Präve, P. u. a. (Hrsg.): Handbuch der Biotechnologie; R. Oldenbourg, München, 1987, 3. Auflage
/4-39/	Prochnow, A.: Verfahrenstechnische Grundlagen für die großflächige Landschaftspflege am Beispiel der Nuthe-Nieplitz-Niederung; Forschungsbericht Agrartechnik des Arbeitskreises Forschung und Lehre der Max-Eyth-Gesellschaft (MEG) Nr. 265, Berlin, 1995
/4-40/	Rommeiß, N.; Thrän, D. et al: Energetische Verwertung von Grünabfällen aus dem Straßenbetriebsdienst. Berichte der Bundesanstalt für Straßenwesen. Verkehrstechnik Heft V 150. Bergisch Gladbach, Dezember 2006
/4-41/	Rösch, C.: Vergleich stofflicher und energetischer Wege zur Verwertung von Bio- und Grünabfällen unter besonderer Berücksichtigung der Verhältnisse in Baden-Württemberg; Dissertation, Universität Hohenheim, 1996
/4-42/	Sächsische Landesanstalt für Landwirtschaft (Hrsg.): Landwirtschaftliche Biomasse, Potenziale an Biomasse aus der Landwirtschaft des Freistaates Sachsen zur stofflich-energetischen Nutzung, 2006
/4-43/	Scheuermann, A.; Wilfert, R.; Falkenberg, D.; Dilger, M.; Thrän, D.: 2. Zwischenbericht Monitoring zur Wirkung der Biomasseverordnung auf Basis des Erneuerbare-Energien-Gesetzes (EEG). Untersuchung des Institutes für Energetik und Umwelt im Auftrag des Bundesministeriums für Umwelt, Naturschutz und Reaktorsicherheit, Leipzig 2003
/4-44/	Scheuermann, A.; Thrän, D.; Müller-Langer, F.: Stromerzeugung aus Altholz – Marktsituation und Perspektiven. In: Müll und Abfall, Heft 11/2006. Erich Schmidt Verlag, Berlin
/4-45/	Schmitz, N. (Hrsg.): Bioethanol in Deutschland - Verwendung von Ethanol und Methanol aus nachwachsenden Rohstoffen im chemisch-technischen und im Kraftstoffsektor unter besonderer Berücksichtigung von Agraralkohol. Studie im Auftrag des Bundesministeriums für Ernährung und Landwirtschaft und des Projektträgers Fachagentur Nachwachsende Rohstoffe (FNR), Schriftenreihe „Nachwachsende Rohstoffe", Band 21, Landwirtschaftsverlag GmbH, Münster, 2003
/4-46/	Scholwin, F.; Witt, J.: Potenziale der Biogaserzeugung aus industriellen Rückständen, Nebenprodukten und Abfällen. Institut für Energetik und Umwelt, unveröffentlichter Bericht, Leipzig 2005
/4-47/	Schürmer, E.; Schemmer, G.: Erfassung und Kompostierung pflanzlicher Abfälle; Staatliche Versuchsanstalt für Gartenbau, Weihenstephan, 1989
/4-48/	Seidel, R.; Mokry. W.; Reichle, E.; Seifert, C.; Mair, K.; Frieß, H.; Pülz, R.: Altholz – Aufbereitung und energetische Verwertung. Arbeitspapier, Stand November 1999.

Bayerisches Staatsministerium für Landesentwicklung und Umweltfragen (Hrsg.), München, 1999

/4-49/ Soyez (Hrsg.): Mechanisch-biologische Abfallbehandlung: Technologien, Ablagerungsverhalten und Bewertung. Erich Schmidt Verlag, Berlin 2001

/4-50/ Statistisches Bundesamt: Umweltökonomische Gesamtrechnungen 2006; Wiesbaden, 2006

/4-51/ Statistisches Bundesamt, August 2007, www.statis.de

/4-52/ Streif, J.: Persönliche Mitteilung; Institut für Obst-, Gemüse- und Weinbau, Universität Hohenheim, Januar 2000

/4-53/ Thrän, D.; Kaltschmitt, M.: Stroh als biogener Festbrennstoff in Europa. In: Energiewirtschaftliche Tagesfragen. 52(2002), 9

/4-54/ Thrän, D. u. a.: Sustainable Strategies for Biomass Use in the European Context. Analysis in the charged debate on national guidelines and the competition between solid, liquid and gaseous biofuels. IE-Report 1/2006. Leipzig 2006

/4-55/ Verordnung über die Anforderungen an die Verwertung und Beseitigung von Altholz vom 15.August 2002

/4-56/ Vogt, R.: Ökobilanz Bioabfallverwertung. Erich Schmidt Verlag, Berlin 2002

/4-57/ Verband deutscher Papierfabriken (VDP): Papier machen; Link: http://www.vdp-online.de/pdf/Papiermachen.pdf, Zugriff 17.10.2007

/4-58/ Verordnung über die Verwertung von Bioabfällen auf landwirtschaftlich, forstwirtschaftlich und gärtnerisch genutzten Böden; BioAbfV – Bioabfallverordnung. 21. September 1998, (BGBl. I 1998 S. 2955; 2001 S. 3379; 25.4.2002 S. 1488; 26.11.2003 S. 2373 03)

/4-59/ Wellinger, A.; Edelmann, W. u. a.: Biogas Handbuch, Wirz, Aarau, 1991

/4-60/ Wiegmann, K.; Heintzmann, A.; Peters, W-.; Scheuermann, A.; Seidenberger, T.: Bioenergie und Naturschutz – Sind Synergien durch die Energienutzung von Landschaftspflegeresten möglich? Untersuchung im Auftrag des Bundesministeriums für Umwelt, Naturschutz und Reaktorsicherheit. März 2007

/4-61/ Wilfert, R.; Schattauer, A.: Biogasgewinnung aus Gülle, organischen Abfällen und aus angebauter Biomasse – Eine technische, ökologische und ökonomische Analyse. Institut für Energetik und Umwelt / Bundesforschungsanstalt für Landwirtschaft (FAL). DBU-Projekt 15071. Leipzig/Hannover 2003

/5-1/ Andersson, G.: Transport of forest energy wood in Sweden. In: Hudson, B.; Kofman, D. (eds.): Harvesting, Storage and Road Transportation of Logging Residues. Proceedings of a workshop of IEA-BA-Task XII, Glasgow, Scotland, 1995, S. 17-21

/5-2/ Andersson, G.; Brunberg, B.: Baling of unchipped logging residues. In: Hudson, B.; Kofman, D. (eds.): Harvesting, Storage and Road Transportation of Logging Residues. Proceedings of a workshop of IEA-BA-Task XII, Glasgow, Scotland, 1995, S. 33-39

/5-3/ Apfelbeck, R.: Raps als Energiepflanze; Dissertation, Forschungsbericht Agrartechnik Nr. 171 des Arbeitskreises Forschung und Lehre der Max Eyth-Gesellschaft (MEG), Technische Universität München-Weihenstephan, 1989

/5-4/ Bludau, D.A.; Turowski, P.: Verfahrensrelevante Untersuchungen zu Bereitstellung und Nutzung jährlich erntebarer Biomasse als Festbrennstoff unter besonderer Berücksichtigung technischer, wirtschaftlicher und umweltbezogener Aspekte. Reihe "Gelbes Heft" 44, Bayerisches Staatsministerium für Ernährung, Landwirtschaft und Forsten, München, 1992

/5-5/ Cuchet, E.; Roux, P.; Spinelli, R.: Performance of a logging residue bundler in the temperate forests of France. Biomass & Bioenergy 27, 2004, S. 31-39

/5-6/ Bludau, D.A.; Turowski, P.: Erarbeitung geeigneter Verfahren zur Ernte, Lagerung und Bagasseverwertung von Zuckerhirse. Reihe "Gelbes Heft" 43, Bayerisches Staatsministerium für Ernährung, Landwirtschaft und Forsten, München, 1992

/5-7/ Frerichs, L.: Erntetechnik für Miscanthus. In: Symposium Miscanthus, Dresden, Dezember 1994, Schriftenreihe "Nachwachsende Rohstoffe", Band 4, Landwirtschaftsverlag, Münster, 1994, S. 113-120

Quellenverzeichnis 941

/5-8/ Harms, H.-H.: Marktanalyse zur Kommunaltechnik und Landschaftspflege. Studie des Instituts für Landmaschinen der TU Braunschweig. Landmaschinen- und Ackerschleppervereinigung im VDMA, Frankfurt, 1995

/5-9/ Hartmann, H.: Analyse und Bewertung der Systeme zur Hochdruckverdichtung von Halmgut. Reihe "Gelbes Heft" 60, Bayerisches Staatsministerium für Ernährung, Landwirtschaft und Forsten, München, 1996

/5-10/ Hartmann, H.; Thuneke, K.: Ernteverfahren für Kurzumtriebsplantagen – Maschinenerprobung und Modellbetrachtungen. Landtechnik Bericht Nr. 29, Landtechnik Weihenstephan, Freising, 1997

/5-11/ Hartmann, H.; Madeker, U.: Der Handel mit biogenen Festbrennstoffen – Anbieter, Absatzmengen, Qualitäten, Service, Preise. Landtechnik Bericht Nr. 28, Landtechnik Weihenstephan, Freising, 1997

/5-12/ Hartmann, H.; Böhm, T.; Maier, L.: Naturbelassene biogene Festbrennstoffe – Umweltrelevante Eigenschaften und Einflussmöglichkeiten. Bayerisches Staatsministerium für Landesentwicklung und Umweltfragen (Hrsg.), München, 2000, Reihe "Materialien", Nr. 154

/5-13/ Heinz, A. u. a.: Feucht- und Trockengutlinien zur Energiegewinnung aus biogenen Festbrennstoffen – Vergleich anhand von Energie- und Emissionsbilanzen sowie anhand der Kosten; Forschungsbericht des Instituts für Energiewirtschaft und Rationelle Energieanwendung, Band 63, Stuttgart, Dezember 1999

/5-14/ Höldrich, A.; Hartmann, H.; Decker, T.; Reisinger, K.; Schardt, M.; Sommer, W.; Wittkopf, S.; Ohrner, G.: Rationelle Scheitholzbereitstellungsverfahren. Berichte aus dem TFZ, Nr. 11, Technologie- und Förderzentrum (TFZ), Selbstverlag, Straubing, 2006, 274 S. Download: www.tfz.bayern.de

/5-15/ Johanning, B.; Wesche, H.: Erntetechnik für Miscanthus; Landtechnik 48(1993), 5, S. 232-236

/5-16/ Kath-Petersen, W.: Leistungsfähige und bodenschonende Erntetechnik für Miscanthus. MEG-Forschungsberichte Agrartechnik Nr. 258, Institut für Landwirtschaftliche Verfahrenstechnik der Universität Kiel, 1994

/5-17/ Laitila, J.; Asikainen, A.; Liiri, H.: Cost calculators for the procurement of small sized thinning wood, delimbed energy wood and stumps for energy. Proceedings World Bioenergy 2006, Jönköping, Sweden, Swedish Bioenergy Association, S. 326-330

/5-18/ Maier, J.; Vetter, R.; Siegle, V.; Spliethoff, H.: Anbau von Energiepflanzen – Ganzpflanzengewinnung mit verschiedenen Beerntungsmethoden (ein- und mehrjährige Pflanzenarten); Schwachholzverwertung; Ministerium Ländlicher Raum Baden-Württemberg, Stuttgart, 1998

/5-19/ Munzert, M. und Frahm, J. (Hrsg.): Pflanzliche Erzeugung. BLV Buchverlag, München, 12. Auflage, 2006

/5-20/ ÖNORM M7132: Energiewirtschaftliche Nutzung von Holz und Rinde als Brennstoff-Begriffsbestimmungen und brennstofftechnologische Merkmale. Österreichisches Normungsinstitut, Wien, 1986

/5-21/ Remler, N.; Fischer, M.: Kosten und Leistung bei der Bereitstellung von Waldhackschnitzeln. Bericht Nr. 11, Bayerisches Staatsministerium für Ernährung, Landwirtschaft und Forsten, München, 1996

/5-22/ Scheffer, K.: Bereitstellung und energetische Nutzung von Biomasse nach dem Konzept der Feuchtgutlinie. In: "Tagungsband Umsichttage '96", Institut für Umwelt-, Sicherheits- und Energietechnik, Oberhausen, 1996, S. 171-176

/5-23/ Scheffer, K.: Möglichkeiten und Chancen eines umweltfreundlichen Gesamtkonzeptes der Erzeugung und Verwertung von feucht-konservierter Biomasse als Energieträger; VDLUFA-Schriftenreihe 38, Kongressband 1994, S. 665 – 668

/5-24/ Scheffer, K.: Ein produktives, umweltschonendes Ackernutzungskonzept zur Bereitstellung von Energie und Wertstoffen aus der Vielfalt der Kulturpflanzen – Ansätze für neue Wege. In "Biomasse: Umweltschonender Energieträger und Wertstofflieferant der Zukunft?", Akademie für Natur- und Umweltschutz Baden-Württemberg, Mannheim, 1998, Tagungsband

/5-25/	Schneider, C.; Hartmann, H. (2006): Maize as Energy Crop for Combustion. Agricultural Optimisation of Fuel Supply. Berichte aus dem TFZ, Nr. 9. Straubing: Technologie- und Förderzentrum im Kompetenzzentrum für Nachwachsende Rohstoffe; Download unter: www.tfz.bayern.de
/5-26/	Scholz, V.: Mechanisierung der Feldholzproduktion. In: Agrartechnik Potsdam-Bornim (Hrsg.): Energiepflanzen im Aufwind – Wissenschaftliche Ergebnisse und praktische Erfahrungen zur Produktion von Biogaspflanzen und Feldholz. Fachtagung Juni 2007, Bornimer Agrartechnische Berichte 61, Potsdam 2007, S. 130-143
/5-27/	Schön, H. et. al.: Landtechnik Bauwesen. Reihe "Die Landwirtschaft", Band 3, BLV-Verlagsgesellschaft, München, 1998, 9. Auflage
/5-28/	Strehler, A.; Apfelbeck, R.; Grimm, A.; Meiering, A.G.; Pontius, P.; Widmann, B.A.: Energetische Nutzung von landwirtschaftlichen Einjahrespflanzen (EJP). Bayerisches Staatsministerium für Ernährung, Landwirtschaft und Forsten, München, 1990
/5-29/	TEKES: Stumps – an unutilised reserve. Wood energy technology programme – Newsletter on Results 4/2004. TEKES, Helsinki, Finland
/5-30/	VEBA-OEL: Projekt Miscanthus – Ein integriertes Demonstrationsprojekt zur Erzeugung, energetischen und stofflichen Nutzung von Miscanthus sinensis Giganteus. Forschungsvorhaben 0310024A, unveröffentlichter Abschlussbericht der VEBA-OEL AG, Gelsenkirchen, 1995
/5-31/	Worley, J.W.; Cundiff, J.S.: System Analysis of Sweet Sorghum Harvest for Ethanol Production in the Piedmont. Transactions of the ASAE 34 (2), 1991, S. 539-547
/5-32/	Kaltschmitt, M.; Thrän, D.: Logistik für die Versorgung von Anlagen zur energetischen Nutzung biogener Festbrennstoffe – Anforderungen und Randbedingungen. In: Zeitschrift für Energiewirtschaft 30. Jg. , Heft 4/2006. Friedr. Vieweg & Sohn Verlagsgesellschaft mbH, Wiesbaden
/5-33/	Langheinrich, C.; Kaltschmitt, M.: Implementation and application of quality assurance systems; Internationale Konferenz "Standardisation of solid biofuels", Leipzig, Oktober 2004
/5-34/	Langheinrich, C.; Kaltschmitt, M.: Qualitätsmanagement bei biogenen Festbrennstoffen durch Maßnahmen der Qualitätssicherung und Qualitätskontrolle; Blickpunkt Energiewirtschaft / Focus Energy Economy (1)2004, 3
/5-35/	Thrän, D.: Anforderungen an Brennstoff- und Substrateigenschaften für die energetische Nutzung von Biomasse. In: Umweltbundesamt (Hrsg.): Materialien zur Anhörung der Kommission Bodenschutz zum Thema "Bodenschutz und Nachwachsende Rohstoffe" vom 9. März 2006 (CD), Dessau.
/5-36/	Thrän, D.; Frick, S.; Müller-Langer, F.: Bereitstellung biogener Festbrennstoffe zur Strom- und Kraftstofferzeugung – Bewertung unterschiedlicher Logistikansätze, Abschlussbericht, Leipzig 2005
/6-1/	Adam, A. u. a.: Bewertung von Topinambur zur Eignung als Rohstoff für die Food- und Non-Food-Anwendung in Brandenburg; Institut für Getreideverarbeitung, Bergholz Rehbrügge, Brandenburg, 1995
/6-2/	Apfelbeck, R.: Raps als Energiepflanze. Dissertation, Forschungsbericht Agrartechnik Nr. 171 des Arbeitskreises Forschung und Lehre der Max Eyth-Gesellschaft (MEG), Institut für Landtechnik der Technischen Universität München-Weihenstephan, 1989
/6-3/	Bludau, D.A.; Turowski, P.: Verfahrensrelevante Untersuchungen zu Bereitstellung und Nutzung jährlich erntbarer Biomasse als Festbrennstoff unter besonderer Berücksichtigung technischer, wirtschaftlicher und umweltbezogener Aspekte. Bayerisches Staatsministerium für Ernährung, Landwirtschaft und Forsten (Hrsg.), Selbstverlag, München, 1992, Reihe "Gelbes Heft" 44
/6-4/	Burschel, P.; Huss, J.: Grundriß des Waldbaus. Parey Verlag, Berlin, 1997, 2. Auflage, Pareys Studientexte Nr. 49
/6-5/	Claas (Hrsg.) Firmenunterlagen, Claas Selbstfahrende Erntemaschinen GmbH, D 33426 Harsewinkel

/6-6/	Dreiner, K.; Frühwald, A.; Küppers, J.-G.; Schweinle, J.; Thoroe, C.: Holz als umweltfreundlicher Energieträger – Eine Kosten-Nutzen-Untersuchung. Bundesministerium für Ernährung, Landwirtschaft und Forsten (Hrsg.), Landwirtschaftsverlag Münster, 1994, Reihe Angewandte Wissenschaft, Nr. 432
/6-7/	Grammel, R.: Holzernte und Holztransport – Grundlagen. Verlag Paul Parey, Hamburg, 1989, Pareys Studientexte 60
/6-8/	Hartmann, H.: Analyse und Bewertung der Systeme zur Hochdruckverdichtung von Halmgut. Bayerisches Staatsministerium für Ernährung, Landwirtschaft und Forsten (Hrsg.), Selbstverlag, München, 1996, Reihe "Gelbes Heft" 60
/6-9/	Hartmann, H.; Madeker, U.: Der Handel mit biogenen Festbrennstoffen – Anbieter, Absatzmengen, Qualitäten, Service, Preise. Landtechnik Bericht Nr. 28, Landtechnik Weihenstephan (Hrsg.), Selbstverlag, 1997, Freising
/6-10/	Hartmann, H.; Thuneke, K. und Mayer, B.: Ernteverfahren für Kurzumtriebsplantagen. Landtechnik 51, 1996, Heft 3, S. 154-155
/6-11/	Hartmann, H.; Thuneke, K.: Ernteverfahren für Kurzumtriebsplantagen – Maschinenerprobung und Modellbetrachtungen. Landtechnik Bericht, Heft 29, Selbstverlag Landtechnik Weihenstephan (Hrsg.), Freising, 1997
/6-12/	Hartmann, H.; Höldrich, A.: Bereitstellung von Festbrennstoffen. In: Hartmann, H. (Hrsg.): Handbuch Bioenergie-Kleinanlagen (2. vollst. überarbeitete Auflage). Sonderpublikation des Bundesministeriums für Verbraucherschutz, Ernährung und Landwirtschaft (BMVEL) und der Fachagentur Nachwachsende Rohstoffe (FNR), Gülzow, 2007, S. 18-55
/6-13/	Heinrichsmeyer, F.: Leistungsfähige Bergung und Abfuhr von Quaderballen. Landtechnik 52 (4), 1997, S. 182-183
/6-14/	Höldrich, A.; Hartmann, H.; Decker, T.; Reisinger, K.; Schardt, M.; Sommer, W.; Wittkopf, S.; Ohrner, G.: Rationelle Scheitholzbereitstellungsverfahren. Berichte aus dem TFZ, Nr. 11, Technologie- und Förderzentrum (TFZ), Selbstverlag, Straubing, 2006 Download: www.tfz.bayern.de
/6-15/	Landwirtschaftliche Berufsgenossenschaft: Unfallverhütungsvorschrift Forsten, VSG 4.3, 1997
/6-16/	Ledin, S.; Willebrand, E. (Eds.): Handbook on How to Grow Short Rotation Forests. Swedish University of Agricultural Sciences, Uppsala, Sweden, 2nd ed., 1996
/6-17/	Maier, J.; Vetter, R.; Siegle, V.; Spliethoff, H.: Anbau von Energiepflanzen – Ganzpflanzengewinnung mit verschiedenen Beerntungsmethoden (ein- und mehrjährige Pflanzenarten); Schwachholzverwertung. Abschlußbericht des Instituts für umweltgerechte Landbewirtschaftung in Müllheim für das Ministerium Ländlicher Raum Baden-Württemberg (Hrsg.), 1998
/6-18/	Mitchell, C.P.: Development of Harvesting and Storage Technologies Essential for the Establishment of Short Rotation Forestry as an Economic Source of Fuel in Europe. Final technical report for the European Comission (AAIR3), Project No. CT 941102. Aberdeen University (Hrsg.), UK, Selbstverlag, 1997
/6-19/	Munzert, M. und Frahm, J. (Hrsg.): Pflanzliche Erzeugung. BLV Buchverlag, München, 12. Auflage, 2006
/6-20/	Scholz, V.: Mechanisierung der Feldholzproduktion. In: Agrartechnik Potsdam-Bornim (Hrsg.): Energiepflanzen im Aufwind – Wissenschaftliche Ergebnisse und praktische Erfahrungen zur Produktion von Biogaspflanzen und Feldholz. Fachtagung Juni 2007, Bornimer Agrartechnische Berichte 61, Potsdam 2007, S. 130-143
/6-21/	Remmele, E. Widmann, B.: Schmierstoffe und Hydrauliköle auf Basis Rapsöl. Raps, Vol. 16, Nr. 4, 1998, S. 142-145
/6-22/	Fa. Salixshere, Heremora, Schweden 2008. Firmeninformationen zur Weidenproduktion. www.salixsphere.se
/6-23/	Schön, H. et. al.: Landtechnik Bauwesen. BLV-Verlagsgesellschaft München, 9. Auflage, Reihe "Die Landwirtschaft", Bd. 3, 1998
/6-24/	VEBA-OEL: Projekt Miscanthus -- Ein integriertes Demonstrationsprojekt zur Erzeugung, energetischen und stofflichen Nutzung von Miscanthus sinensis Giganteus.

944 Quellenverzeichnis

	Forschungsvorhaben 0310024A, (1989 bis 1994), unveröffentlichter Abschlussbericht der VEBA-OEL AG, 1995, Gelsenkirchen
/6-25/	Wippermann, H.-J.: Wirtschaftliche Nutzung von Waldrestholz. Holz-Zentralblatt, 111, 1985, Sonderdruck aus Nr. 95, 96/97 und 98
/7-1/	Anonym: Der Pickup Hacker; Forst & Technik 1996, 9, S. 30-31
/7-2/	Bludau, D.A.; Turowski, P.: Verfahrensrelevante Untersuchungen zu Bereitstellung und Nutzung jährlich erntbarer Biomasse als Festbrennstoff unter besonderer Berücksichtigung technischer, wirtschaftlicher und umweltbezogener Aspekte. Bayerisches Staatsministerium für Ernährung, Landwirtschaft und Forsten (Hrsg.), Selbstverlag, München, 1992, Reihe "Gelbes Heft" 44
/7-3/	Brusche, R.: Hackschnitzel aus Schwachholz. Kuratorium für Technik und Bauwesen in der Landwirtschaft, KTBL (Hrsg.), Landwirtschaftsverlag Münster, 1983, KTBL Schrift 290
/7-4/	Deutsches Institut für Normung (Hrsg.): DIN 51 731 (Prüfung fester Brennstoffe – Presslinge aus naturbelassenem Holz – Anforderungen und Prüfung). Beuth, Berlin, 1996
/7-5/	Deutsches Institut für Normung (Hrsg.): CEN TS 14961 (Feste Biobrennstoffe – Brennstoffspezifikationen und -klassen). Beuth, Berlin, 2005
/7-6/	Deutsches Institut für Normung (Hrsg.): CEN/TS 14588:2003 (Solid Biofuels – Terminology, definitions and descriptions), Beuth, Berlin, 2003
/7-7/	Deutsches Institut für Normung (Hrsg.): CEN/TS 15234 (Feste Biobrennstoffe – Qualitätssicherung von Biobrennstoffen), Beuth, Berlin, 2006
/7-8/	DIN CERTCO: Zertifizierungsprogramm Holzpellets zur Verwendung in Kleinfeuerungsstätten - DINplus, DIN CERTCO, Berlin 2007
/7-9/	Dreiner, K.; Frühwald, A.; Küppers, J.-G.; Schweinle, J.; Thoroe, C.: Holz als umweltfreundlicher Energieträger – Eine Kosten-Nutzen-Untersuchung. Bundesministerium für Ernährung, Landwirtschaft und Forsten (Hrsg.), Landwirtschaftsverlag Münster, 1994, Reihe Angewandte Wissenschaft, Nr. 432
/7-10/	Feldhaus, G.; Hansel, H.D.: Bundes-Immissionsschutzgesetz (BImSchG); C. F. Müller, Heidelberg, 1997, 11. Auflage
/7-11/	Feller, S.; Remler, N.; Weixler, H.: Vollmechanisierte Waldhackschnitzel-Bereitstellung – Ergebnisse einer Arbeitsstudie am Hackschnitzel-Harvester. Bayerische Landesanstalt für Wald und Forstwirtschaft (Hrsg.), Freising, Selbstverlag, 1998, Bericht Nr. 16
/7-12/	Fördertechnik Keitel & Co GmbH (Hrsg.): Firmenunterlagen, D-78467 Konstanz
/7-13/	Gebr. Klöckner GmbH & Co, Hirtscheid-Nistertal, Germany: Produktinformation Mühlentechnik
/7-14/	Geßner, H.: Die Pelletierung von Futtermitteln. Die Mühle + Mischfuttertechnik 122 (34), 1985, S. 457-458
/7-15/	Hartmann, H.: Analyse und Bewertung der Systeme zur Hochdruckverdichtung von Halmgut. Bayerisches Staatsministerium für Ernährung, Landwirtschaft und Forsten (Hrsg.), Selbstverlag, München, 1996, Reihe "Gelbes Heft" 60
/7-16/	Hartmann, H.; Höldrich, A.: Bereitstellung von Festbrennstoffen. In: Hartmann, H. (Hrsg.): Handbuch Bioenergie-Kleinanlagen (2. vollst. überarbeitete Auflage). Sonderpublikation des Bundesministeriums für Verbraucherschutz, Ernährung und Landwirtschaft (BMVEL) und der Fachagentur Nachwachsende Rohstoffe (FNR), Gülzow, 2007, S. 18-55
/7-17/	Hasler, P.; Nusbaumer, T.; Bürli, J.: Herstellung von Holzpellets - Einfluss von Presshilfsmitteln auf Produktion, Qualität, Lagerung, Verbrennung sowie Energie- und Ökobilanz von Holzpellets. Schweizerisches Bundesamt für Energie (Hrsg.), Bern, Eigenverlag 2001
/7-18/	Höldrich, A.; Hartmann, H.; Decker, T.; Reisinger, K.; Schardt, M.; Sommer, W.; Wittkopf, S.; Ohrner, G.: Rationelle Scheitholzbereitstellungsverfahren. Berichte aus

	dem TFZ, Nr. 11, Technologie- und Förderzentrum (TFZ), Selbstverlag, Straubing, 2006, 274 S. Download: www.tfz.bayern.de
/7-19/	Igland Forstmaschinen (Firmeninformation), Bergstraße 30, D-85543 Steinhörning
/7-20/	Österreichisches Normungsinstitut (Hrsg.): ÖNORM M 7135 (Presslinge aus naturbelassenem Holz und naturbelassener Rinde – Pellets und Briketts, Anforderungen und Prüfbestimmungen), Wien, Österreich, 2000
/7-21/	Österreichisches Normungsinstitut (Hrsg.): ÖNORM M 7136 (Presslinge aus naturbelassenem Holz – Holzpellets – Qualitätssicherung in der Transport- und Lagerlogistik), Selbstverlag, Wien, 2002
/7-22/	Österreichisches Normungsinstitut (Hrsg.): ÖNORM M 7137 (Presslinge aus naturbelassenem Holz – Holzpellets – Anforderungen an die Holzlagerung beim Endkunden), Selbstverlag, Wien 2003
/7-23/	Österreichisches Normungsinstitut (Hrsg.): ÖNORM C 4000 (Miscanthuspresslinge – Anforderungen und Prüfbestimmungen) (Entwurf Vornorm). Selbstverlag, Wien, 2007
/7-24/	Seeger, K.: Energietechnik in der Holzverarbeitung. DRW-Verlag Weinbrenner GmbH, Leinfelden-Echterdingen, 1989, 131 S.
/7-25/	Sternowski, S.: Erfahrungen mit Mischpellets und FuE-Bedarf aus der Sicht der (Anlagen-) Hersteller. Firmenpräsentation Amadus Kahl, Fachgespräch FNR am 1. März 2007, Gülzow
/7-26/	Siegle, V.; Spliethoff, H.; Hein, K.R.G.: Aufbereitung und Mitverbrennung von Getreideganzpflanzen mit Steinkohle in einer Staubfeuerung. In: Energetische und stoffliche Nutzung von Abfällen und nachwachsenden Rohstoffen – Tagung am 22.-24.4.1996 in Velen. Deutsche wissenschaftliche Gesellschaft für Erdöl, Erdgas und Kohle e.V.; DGMK (Hrsg.), 1996, S. 425-432
/7-27/	VEBA-OEL: Projekt Miscanthus – Ein integriertes Demonstrationsprojekt zur Erzeugung, energetischen und stofflichen Nutzung von Miscanthus sinensis Giganteus. Forschungsvorhaben 0310024A, (1989 bis 1994), unveröffentlichter Abschlussbericht der VEBA-OEL AG, 1995, Gelsenkirchen
/7-28/	Weima (Hrsg.): Firmenunterlagen, Weima Maschinenbau GmbH, D-74360 Ilsfeld
/7-29/	AID: Landwirtschaftliche Fahrzeuge im Straßenverkehr. aid Infodienst Verbraucherschutz (Hrsg.). Info Heft Nr. 1035/2008. Eigenverlag, Bonn 2008
/7-30/	Baadsgaard-Jensen, J.: Storage and Energy Economy of Chunk and Chip Piles. Report No. 2, EU-Project: "Exploitation of Marginal Forest Resources for Fuel (CEC Nr. EN-3B-069-DK)". Danish Institute of Forest Technology (Hrsg.), Frederiksberg, 1988
/7-31/	Bludau, D.A.; Turowski, P.: Erarbeitung geeigneter Verfahren zur Ernte, Lagerung und Bagasseverwertung von Zuckerhirse; Reihe "Gelbes Heft" Nr. 43, Bayerisches Staatsministerium für Ernährung, Landwirtschaft und Forsten, München, 1992
/7-32/	Brusche, R.: Hackschnitzel aus Schwachholz. KTBL Schrift 290, Landwirtschaftsverlag, Münster, 1983
/7-33/	Bundesverband der Deutschen Binnenschifffahrt e.V., (Homepage), Duisburg, 2000
/7-34/	Deutsches Institut für Normung (Hrsg.): DIN 1055 (Blatt 6: Lastaufnahme für Bauten – Lasten in Silozellen); Beuth, Berlin, 1966
/7-35/	Ekstrom, H.: World wide trade of wood pellets reached a record of 3 million tons in 2007. Wood Resources International, 2008 (Intenetpublikation bei www.newsdesk.se)
/7-36/	Feller, S.; Webenau, B.; Weixler, H.; Krausenboeck, B.; Güldner, A.; Remler, N.: Teilmechanisierte Bereitstellung, Lagerung und Logistik von Waldhackschnitzeln. LWF-Schriftenreihe Nr. 21, Bayerische Landesanstalt für Wald und Forstwirtschaft, Freising, 1999
/7-37/	Fröba, N.: Teleskoplader. KTBL-Arbeitsblatt Nr. 0257; Kuratorium für Technik und Bauwesen in der Landwirtschaft (KTBL), Darmstadt, 1998
/7-38/	Gislerud, O.: Storage and Treatment of Wood Fuel. Norwegian Forest Research Institute, Ås-NLH, Norwegen
/7-39/	Grammel, R.: Holzernte und Holztransport – Grundlagen. Pareys Studientexte 60, Paul Parey, Hamburg, 1989

/7-40/ Gustafsson, G.: Artificial Drying of Wood Chips for Energy Purposes. In: Fazzolare, R.A.; Smith, C.B.: Beyond the Energy Crisis - Opportunity and Challenge; Third International Conference on Energy Use Management, Berlin, 1981, S. A151-A171

/7-41/ Hartmann, H.: Analyse und Bewertung der Systeme zur Hochdruckverdichtung von Halmgut. Reihe "Gelbes Heft" 60, Bayerisches Staatsministerium für Ernährung, Landwirtschaft und Forsten, München, 1996

/7-42/ Hartmann, H.; Thuneke, K.: Ernteverfahren für Kurzumtriebsplantagen – Maschinenerprobung und Modellbetrachtungen. Landtechnik Bericht Nr. 29, Landtechnik Weihenstephan, Freising, 1997

/7-43/ Hartmann, H.; Höldrich, A.: Bereitstellung von Festbrennstoffen. In: Hartmann, H. (Hrsg.): Handbuch Bioenergie-Kleinanlagen (2. vollst. überarbeitete Auflage). Sonderpublikation des Bundesministeriums für Verbraucherschutz, Ernährung und Landwirtschaft (BMVEL) und der Fachagentur Nachwachsende Rohstoffe (FNR), Gülzow, 2007, S. 18-55

/7-44/ Herrmann, C.; Heiermann, M.; Idler, C.; Scholz, V.: Einfluss der Silierung auf die Biogasbildung – Aktuelle Forschungsergebnisse. In: Agrartechnik Potsdam-Bornim (Hrsg.): Energiepflanzen im Aufwind – Wissenschaftliche Ergebnisse und praktische Erfahrungen zur Produktion von Biogaspflanzen und Feldholz. Fachtagung Juni 2007, Bornimer Agrartechnische Berichte 61, Potsdam 2007, S. 86-99

/7-45/ Höldrich, A.; Hartmann, H.; Decker, T.; Reisinger, K.; Schardt, M.; Sommer, W.; Wittkopf, S.; Ohrner, G.: Rationelle Scheitholzbereitstellungsverfahren. Berichte aus dem TFZ, Nr. 11, Technologie- und Förderzentrum (TFZ), Selbstverlag, Straubing, 2006, 274 S. Download: www.tfz.bayern.de

/7-46/ Heding, N.; Jeilso, K.: Improved Tarpaulin Materials for Rain Protection of Small Chip Piles. Research Report No. 1, Exploitation of Marginal Forest Resources for Fuel, CEC Contract No. EN-3B-069-DK. Danish Institute of Forest Technology (Hrsg.), Frederiksberg, 1988

/7-47/ Jirjis, R.: Storage and Drying of Biomass – New Concepts. Proceedings of the 1st International Biomass Summer School 1996, Institut für Verfahrenstechnik, TU-Graz, Selbstverlag, Graz, 1996

/7-48/ Jonas, A.; Görtler, F.; Schuster, K.: Holz und Energie. Niederösterreichische Landes-Landwirtschaftskammer, Wien, 1990, 5. Auflage

/7-49/ Kirschbaum, H.-G.; Tack, F.; Jonkanski, F.: Untersuchungen zur Lagerung von Miscanthus sinensis gigantheus (Chinaschilf); Agrartechnische Forschung (0), 1994, S. 15-28

/7-50/ Kofman, P.D.; Thomsen, I.M.; Ohlsson, C.; Leer, E.; Ravn-Schmidt, E;. Sorensen, M.; Knudsen, P.: Preservation of forest wood chips; Elsamproject, Fredericia, 1999

/7-51/ Krischer, O.; Kast, W.: Die wissenschaftlichen Grundlagen der Trocknungstechnik (Trocknungstechnik, Band 1); Springer, Berlin, 1992, 3. Auflage

/7-52/ Kröll, K.: Trockner und Trocknungsverfahren (Trocknungstechnik, Band 2); Springer, Berlin, 1978, 2. Auflage

/7-53/ Kröll, K; Kast, W. (Hrsg.): Trocknen und Trockner in der Produktion. Springer, Berlin, 1989

/7-54/ Lehtikangas, P.; Jirjis, R.: Storage of logging residues in bales. In: Kopetz, H. u. a. (Hrsg.): Biomass for Energy and Industry; C.A.R.M.E.N., Würzburg-Rimpar, 1998, S. 1013-1016

/7-55/ Linka (Hrsg.): Firmenunterlagen, Linka Maskinfabrik, DK-6940 Lem, Dänemark

/7-56/ Marutzky, R.; Keserü, G.: Herstellung von Spanplatten aus gelagerten Hackschnitzeln. Holz-Zentralblatt 107(1981), 107, S. 1623-1625, 107(1981), 115, S. 1779-1780; 108(1982), 7, S. 81-82; 108(1982), 20, S. 275-276

/7-57/ Matthies, H.J.: Der Strömungswiderstand beim Belüften landwirtschaftlicher Erntegüter; VDI-Forschungsheft Nr. 454, VDI, Düsseldorf, 1956

/7-58/ Mattsson, J.E.: Basic Handling Characteristics of Wood Fuel: Angle of Repose, Friction Against Surfaces and Tendency to Bridge Building for Different Assortments. Scand. J. For. Res. 1990, 5, S.583-597

/7-59/ Menin, G.: Brand- und Explosionsverhütung in Holzspänesilos. Informationsschrift der autonomen Provinz Südtirol, Amt für Brandverhütung, Eigenverlag, Bozen 2006

/7-60/ Mitchell, C.P.; Hudson, J.B.; Gardner, D.N.A.; Storry, P.G.S.; Gray, I.M.: Wood Fuel Supply Strategies. Vol. 1: Contractor Report, ETSU B1176-P1, Department of Energy, UK, 1990

/7-61/ Mitchell, C.P.: Development of Harvesting and Storage Technologies Essential for the Establishment of Short Rotation Forestry as an Economic Source of Fuel in Europe. Technical report for the European Comission (AAIR3), Project No. CT 941102. Aberdeen University, Aberdeen, 1997

/7-62/ Müller (Hrsg.): Holzschnitzelfeuerungen (Firmenunterlagen), Müller AG, Balthal, Schweiz

/7-63/ Munzert, M. und Frahm, J. (Hrsg.): Pflanzliche Erzeugung. BLV Buchverlag, München, 12. Auflage, 2006

/7-64/ Nellist, M.E.; Barlett, D.I.; Moreea, S.B.M.: Storage Trials with Arable Coppice. In: Mattsson, J.E.; Michell, C.P.; Tordmar, K. (Hrsg.): Preparation and Supply of High Quality Wood Fuels; Proceedings of IEA/BA Task IX Workshop in Garpenberg/Sweden, June 1994; Swedisch University of Agricultural Sciences, Garpenberg, Schweden, 1994, S. 60-75

/7-65/ Neureiter, M.; Perez-Lopez, C.; Resch, C.; Santos, J.T.P.; Kirchmayr, R.; Braun, R.: Aspekte zur Lagerung und Vorbehandlung von Energiepflanzen (Präsentation). Universität Bodenkultur Wien, 2007

/7-66/ Nussbaumer, T.; Good, J.; Jenni, A.; Koch, P.; Rutschmann, C.: Projektieren automatischer Holzfeuerungen; Pacer, Bundesamt für Konjunkturfragen, Bern, 1995

/7-67/ Poel, P.W. van der; Schiweck, H.; Schwartz, T.: Sugar Technology - Beet and Cane Sugar Manufacture. Dr. Albert Bartens, Berlin, 1998

/7-68/ Prankl, H.; Weingartmann, H.: Hackguttrocknung Wippenhamm. Forschungsbericht Nr. 40, Bundesanstalt für Landtechnik in Wieselburg, Wieselburg, Österreich, 1994

/7-69/ Produktinformation, UPM-Kymmene Walki Wisa, 37601 Walkeakosi, Finnland

/7-70/ Reiß, J.: Schimmelpilze - Lebensweise, Nutzen, Schaden, Bekämpfung; Springer, Berlin, 1986

/7-71/ Rittel, L.: Einfachgebäude mit Rundholz bauen. Top Agrar 1990, 10, S. 84-88

/7-72/ Roller, A.; Widmann, B.: Cultivation Applicability of Sorghum in Southern Germany. 16th European Biomass Conference & Exhibition - Biomass for Energy, Industry and Climate Protection, Valencia, Spain, 02-07 June 2008

/7-73/ Schiess, C.: Möglichkeiten der Förderung von biogenen Brennstoffen mittels Förderschnecken. Diplomarbeit, Institut für Energietechnik der Eidgenössischen Technischen Hochschule (ETH), Zürich, 1994

/7-74/ Schön, H. et. al.: Landtechnik Bauwesen. Reihe "Die Landwirtschaft", Band 3; BLV-Verlagsgesellschaft, München, 1998, 9. Auflage

/7-75/ Schumacher, W. (Hrsg.): Statische Datensammlung. Werner, Ort, 1966, 12. Auflage

/7-76/ Schuster, K.: Überbetriebliche Aufbringung und Vermarktung von Brennhackschnitzeln. Landtechnische Schriften Nr. 179, Österreichisches Kuratorium für Landtechnik, Wien, 1993

/7-77/ Fa. Stela Laxhuber GmbH, 84323 Massing, Deutschland, Produktunterlagen 2008

/7-78/ Stockinger, H.; Obernberger, I.: Langzeitlagerung von Rinde; Bericht zu Lagerversuchen von Rinde bei unterschiedlichen Randbedingungen. Institut für Verfahrenstechnik der TU-Graz, Graz, 1998

/7-79/ Strehler, A.: Trocknung von Getreide, Körnermais und Raps im landwirtschaftlichen Betrieb. Arbeitsunterlagen D/96, Deutsche Landwirtschafts-Gesellschaft (DLG), Frankfurt, 1996

/7-80/ Thörnqvist, T.: Wood Fuel Storage in Large Piles - Mechanisms and Risks of Self-Ignition. In: Danielsson, B.O.; Gislerud, O.: Production, storage and utilization of wood fuels; Proceedings of IEA/BE Conference, Task III/Activity 6 and 7, Uppsala, Sweden, 1988, S. 193-197

/7-81/ VEBA-OEL (Hrsg.): Projekt Miscanthus - Ein integriertes Demonstrationsprojekt zur Erzeugung, energetischen und stofflichen Nutzung von Miscanthus sinensis Giganteus. VEBA-OEL, Gelsenkirchen, 1995, unveröffentlicht
/7-82/ Vilsmeier Dienstleistungen: Herstellerinformationen 2008. D-93098 Moosham. www.hackschnitzel-vilsmeier.de
/7-83/ Weingartmann, H.: Hackguttrocknung. Landtechnische Schriften Nr. 178, Österreichisches Kuratorium für Landtechnik, Wien, 1991
/7-84/ VVB: Verordnung über die Verhütung von Bränden (VVB). Bayerisches Staatsministerium des Innern, München, 1981
/7-85/ Zaussinger, A.; Dissemont, H.: Trocknung von Miscanthus. Österreichisches Bundesministerium für Wissenschaft, Forschung und Kunst, Wien, 1995

/8-1/ AID: Landwirtschaftliche Fahrzeuge im Straßenverkehr. aid Infodienst Verbraucherschutz (Hrsg.). Info Heft Nr. 1035/2008. Eigenverlag, Bonn 2008, 90 S.
/8-2/ Baadsgaard-Jensen, J.: Storage and Energy Economy of Chunk and Chip Piles. Report No. 2, EU-Project: "Exploitation of Marginal Forest Resources for Fuel (CEC Nr. EN-3B-069-DK)". Danish Institute of Forest Technology (Hrsg.), Frederiksberg, 1988
/8-3/ Bludau, D.A.; Turowski, P.: Erarbeitung geeigneter Verfahren zur Ernte, Lagerung und Bagasseverwertung von Zuckerhirse; Reihe "Gelbes Heft" Nr. 43, Bayerisches Staatsministerium für Ernährung, Landwirtschaft und Forsten, München, 1992
/8-4/ Brusche, R.: Hackschnitzel aus Schwachholz. KTBL Schrift 290, Landwirtschaftsverlag, Münster, 1983
/8-5/ Bundesverband der Deutschen Binnenschifffahrt e.V., (Homepage), Duisburg, 2000
/8-6/ Deutsches Institut für Normung (Hrsg.): DIN 1055 (Blatt 6: Lastaufnahme für Bauten – Lasten in Silozellen); Beuth, Berlin, 1966
/8-7/ Ekstrom, H.: World wide trade of wood pellets reached a record of 3 million tons in 2007. Wood Resources International, 2008 (Intenetpublikation bei www.newsdesk.se)
/8-8/ Feller, S.; Webenau, B.; Weixler, H.; Krausenboeck, B.; Güldner, A.; Remler, N.: Teilmechanisierte Bereitstellung, Lagerung und Logistik von Waldhackschnitzeln. LWF-Schriftenreihe Nr. 21, Bayerische Landesanstalt für Wald und Forstwirtschaft, Freising, 1999
/8-9/ Fröba, N.: Teleskoplader. KTBL-Arbeitsblatt Nr. 0257; Kuratorium für Technik und Bauwesen in der Landwirtschaft (KTBL), Darmstadt, 1998
/8-10/ Gislerud, O.: Storage and Treatment of Wood Fuel. Norwegian Forest Research Institute, Ås-NLH, Norwegen
/8-11/ Grammel, R.: Holzernte und Holztransport – Grundlagen. Pareys Studientexte 60, Paul Parey, Hamburg, 1989
/8-12/ Gustafsson, G.: Artificial Drying of Wood Chips for Energy Purposes. In: Fazzolare, R.A.; Smith, C.B.: Beyond the Energy Crisis - Opportunity and Challenge; Third International Conference on Energy Use Management, Berlin, 1981, S. A151-A171
/8-13/ Hartmann, H.: Analyse und Bewertung der Systeme zur Hochdruckverdichtung von Halmgut. Reihe "Gelbes Heft" 60, Bayerisches Staatsministerium für Ernährung, Landwirtschaft und Forsten, München, 1996
/8-14/ Hartmann, H.; Thuneke, K.: Ernteverfahren für Kurzumtriebsplantagen – Maschinenerprobung und Modellbetrachtungen. Landtechnik Bericht Nr. 29, Landtechnik Weihenstephan, Freising, 1997
/8-15/ Hartmann, H.; Höldrich, A.: Bereitstellung von Festbrennstoffen. In: Hartmann, H. (Hrsg.): Handbuch Bioenergie-Kleinanlagen (2. vollst. überarbeitete Auflage). Sonderpublikation des Bundesministeriums für Verbraucherschutz, Ernährung und Landwirtschaft (BMVEL) und der Fachagentur Nachwachsende Rohstoffe (FNR), Gülzow, 2007, S. 18-55
/8-16/ Herrmann, C.; Heiermann, M.; Idler, C.; Scholz, V.: Einfluss der Silierung auf die Biogasbildung – Aktuelle Forschungsergebnisse. In: Agrartechnik Potsdam-Bornim (Hrsg.): Energiepflanzen im Aufwind – Wissenschaftliche Ergebnisse und praktische

Quellenverzeichnis 949

/8-17/ Erfahrungen zur Produktion von Biogaspflanzen und Feldholz. Fachtagung Juni 2007, Bornimer Agrartechnische Berichte 61, Potsdam 2007, S. 86-99
Höldrich, A.; Hartmann, H.; Decker, T.; Reisinger, K.; Schardt, M.; Sommer, W.; Wittkopf, S.; Ohrner, G.: Rationelle Scheitholzbereitstellungsverfahren. Berichte aus dem TFZ, Nr. 11, Technologie- und Förderzentrum (TFZ), Selbstverlag, Straubing, 2006, 274 S. Download: www.tfz.bayern.de

/8-18/ Heding, N.; Jeilso, K.: Improved Tarpaulin Materials for Rain Protection of Small Chip Piles. Research Report No. 1, Exploitation of Marginal Forest Resources for Fuel, CEC Contract No. EN-3B-069-DK. Danish Institute of Forest Technology (Hrsg.), Frederiksberg, 1988

/8-19/ Jirjis, R.: Storage and Drying of Biomass – New Concepts. Proceedings of the 1st International Biomass Summer School 1996, Institut für Verfahrenstechnik, TU-Graz, Selbstverlag, Graz, 1996

/8-20/ Jonas, A.; Görtler, F.; Schuster, K.: Holz und Energie. Niederösterreichische Landes-Landwirtschaftskammer, Wien, 1990, 5. Auflage

/8-21/ Kirschbaum, H.-G.; Tack, F.; Jonkanski, F.: Untersuchungen zur Lagerung von Miscanthus sinensis gigantheus (Chinaschilf); Agrartechnische Forschung (0), 1994, S. 15-28

/8-22/ Kofman, P.D.; Thomsen, I.M.; Ohlsson, C.; Leer, E.; Ravn-Schmidt, E;. Sorensen, M.; Knudsen, P.: Preservation of forest wood chips; Elsamproject, Fredericia, 1999

/8-23/ Krischer, O.; Kast, W.: Die wissenschaftlichen Grundlagen der Trocknungstechnik (Trocknungstechnik, Band 1); Springer, Berlin, 1992, 3. Auflage

/8-24/ Kröll, K.: Trockner und Trocknungsverfahren (Trocknungstechnik, Band 2); Springer, Berlin, 1978, 2. Auflage

/8-25/ Kröll, K; Kast, W. (Hrsg.): Trocknen und Trockner in der Produktion. Springer, Berlin, 1989

/8-26/ Lehtikangas, P.; Jirjis, R.: Storage of logging residues in bales. In: Kopetz, H. u. a. (Hrsg.): Biomass for Energy and Industry; CARMEN, Würzburg-Rimpar, 1998, S. 1013-1016

/8-27/ Linka (Hrsg.): Firmenunterlagen, Linka Maskinfabrik, DK-6940 Lem, Dänemark

/8-28/ Marutzky, R.; Keserü, G.: Herstellung von Spanplatten aus gelagerten Hackschnitzeln. Holz-Zentralblatt 107(1981), 107, S. 1623-1625, 107(1981), 115, S. 1779-1780; 108(1982), 7, S. 81-82; 108(1982), 20, S. 275-276

/8-29/ Matthies, H.J.: Der Strömungswiderstand beim Belüften landwirtschaftlicher Erntegüter; VDI-Forschungsheft Nr. 454, VDI, Düsseldorf, 1956

/8-30/ Mattsson, J.E.: Basic Handling Characteristics of Wood Fuel: Angle of Repose, Friction Against Surfaces and Tendency to Bridge Building for Different Assortments. Scand. J. For. Res. 1990, 5, S.583-597

/8-31/ Menin, G.: Brand- und Explosionsverhütung in Holzspänesilos. Informationsschrift der autonomen Provinz Südtirol, Amt für Brandverhütung, Eigenverlag, Bozen 2006

/8-32/ Mitchell, C.P.; Hudson, J.B.; Gardner, D.N.A.; Storry, P.G.S.; Gray, I.M.: Wood Fuel Supply Strategies. Vol. 1: Contractor Report, ETSU B1176-P1, Department of Energy, UK, 1990

/8-33/ Mitchell, C.P.: Development of Harvesting and Storage Technologies Essential for the Establishment of Short Rotation Forestry as an Economic Source of Fuel in Europe. Technical report for the European Commission (AAIR3), Project No. CT 941102. Aberdeen University, Aberdeen, 1997

/8-34/ Müller (Hrsg.): Holzschnitzelfeuerungen (Firmenunterlagen), Müller AG, Balthal, Schweiz

/8-35/ Munzert, M. und Frahm, J. (Hrsg.): Pflanzliche Erzeugung. BLV Buchverlag, München, 12. Auflage, 2006

/8-36/ Nellist, M.E.; Barlett, D.I.; Moreea, S.B.M.: Storage Trials with Arable Coppice. In: Mattsson, J.E.; Michell, C.P.; Tordmar, K. (Hrsg.): Preparation and Supply of High Quality Wood Fuels; Proceedings of IEA/BA Task IX Workshop in Garpe-

berg/Sweden, June 1994; Swedisch University of Agricultural Sciences, Garpenberg, Schweden, 1994, S. 60-75
/8-37/ Neureiter, M.; Perez-Lopez, C.; Resch, C.; Santos, J.T.P.; Kirchmayr, R.; Braun, R.: Aspekte zur Lagerung und Vorbehandlung von Energiepflanzen (Präsentation). Universität Bodenkultur Wien, 2007
/8-38/ Nussbaumer, T.; Good, J.; Jenni, A.; Koch, P.; Rutschmann, C.: Projektieren automatischer Holzfeuerungen; Pacer, Bundesamt für Konjunkturfragen, Bern, 1995
/8-39/ Poel, P.W. van der; Schiweck, H.; Schwartz, T.: Sugar Technology - Beet and Cane Sugar Manufacture. Dr. Albert Bartens, Berlin, 1998
/8-40/ Prankl, H.; Weingartmann, H.: Hackguttrocknung Wippenhamm. Forschungsbericht Nr. 40, Bundesanstalt für Landtechnik in Wieselburg, Wieselburg, Österreich, 1994
/8-41/ Produktinformation, UPM-Kymmene Walki Wisa, 37601 Walkeakosi, Finnland
/8-42/ Reiß, J.: Schimmelpilze - Lebensweise, Nutzen, Schaden, Bekämpfung; Springer, Berlin, 1986
/8-43/ Rittel, L.: Einfachgebäude mit Rundholz bauen. Top Agrar 1990, 10, S. 84-88
/8-44/ Roller, A.; Widmann, B.: Cultivation Applicability of Sorghum in Southern Germany. 16th European Biomass Conference & Exhibition - Biomass for Energy, Industry and Climate Protection, Valencia, Spain, 02-07 June 2008
/8-45/ Schiess, C.: Möglichkeiten der Förderung von biogenen Brennstoffen mittels Förderschnecken. Diplomarbeit, Institut für Energietechnik der Eidgenössischen Technischen Hochschule (ETH), Zürich, 1994
/8-46/ Schön, H. et. al.: Landtechnik Bauwesen. Reihe "Die Landwirtschaft", Band 3; BLV-Verlagsgesellschaft, München, 1998, 9. Auflage
/8-47/ Schumacher, W. (Hrsg.): Statische Datensammlung. Werner, Ort, 1966, 12. Auflage
/8-48/ Schuster, K.: Überbetriebliche Aufbringung und Vermarktung von Brennhackschnitzeln. Landtechnische Schriften Nr. 179, Österreichisches Kuratorium für Landtechnik, Wien, 1993
/8-49/ Fa. Stela Laxhuber GmbH, 84323 Massing, Deutschland, Produktunterlagen 2008
/8-50/ Stockinger, H.; Obernberger, I.: Langzeitlagerung von Rinde; Bericht zu Lagerversuchen von Rinde bei unterschiedlichen Randbedingungen. Institut für Verfahrenstechnik der TU-Graz, Graz, 1998
/8-51/ Strehler, A.: Trocknung von Getreide, Körnermais und Raps im landwirtschaftlichen Betrieb. Arbeitsunterlagen D/96, Deutsche Landwirtschafts-Gesellschaft (DLG), Frankfurt, 1996
/8-52/ Thörnqvist, T.: Wood Fuel Storage in Large Piles - Mechanisms and Risks of Self-Ignition. In: Danielsson, B.O.; Gislerud, O.: Production, storage and utilization of wood fuels; Proceedings of IEA/BE Conference, Task III/Activity 6 and 7, Uppsala, Sweden, 1988, S. 193-197
/8-53/ VEBA-OEL (Hrsg.): Projekt Miscanthus - Ein integriertes Demonstrationsprojekt zur Erzeugung, energetischen und stofflichen Nutzung von Miscanthus sinensis Giganteus. VEBA-OEL, Gelsenkirchen, 1995, unveröffentlicht
/8-54/ Vilsmeier Dienstleistungen: Herstellerinformationen 2008. D-93098 Moosham. www.hackschnitzel-vilsmeier.de
/8-55/ Weingartmann, H.: Hackguttrocknung. Landtechnische Schriften Nr. 178, Österreichisches Kuratorium für Landtechnik, Wien, 1991
/8-56/ VVB: Verordnung über die Verhütung von Bränden (VVB). Bayerisches Staatsministerium des Innern, München, 1981.
/8-57/ Zaussinger, A.; Dissemont, H.: Trocknung von Miscanthus. Österreichisches Bundesministerium für Wissenschaft, Forschung und Kunst, Wien, 1995

/9-1/ Antal, M.J.J.; Varhegyi, G.: Cellulose pyrolysis kinetics: The current state of knowledge. Ind. Eng. Chem. Res. 34(1995), S. 703-717
/9-2/ Ballschmiter, K.H.; Bacher, R.: Dioxine – Chemie, Analytik, Vorkommen, Umweltverhalten und Toxikologie der halogenierten Dibenzo-p-Dioxine und Dibenzofurane; VHC, Weinheim, 1996

/9-3/	Baltensperger, U.: Chemische und morphologische Charakterisierung von partikelförmigen Luftfremdstoffen, Dissertation, Universität Zürich 1985
/9-4/	Baltensperger, U.: Analysis of Aerosol; Chimia, 51(1997), 10, S. 686-689
/9-5/	Baumbach, G. u. a.: Luftverunreinigungen aus gewerblichen und industriellen Biomasse- und Holzfeuerungen; ECOmed, Landsberg, 1997
/9-6/	Baumbach, G.: Air Quality Control; Springer, Berlin, Heidelberg, 1996
/9-7/	Bayerisches Landesamt für Umwelt; ZAE Bayern: Praxistest zur Erhebung der Emissionssituation von Pelletfeuerungen im Bestand. Endbericht zum Forschungsvorhaben. 2007
/9-8/	Baxter, L.L.: Char Fragmentation and Fly Ash Formation During Pulverized-Coal Combustion. Combustion and Flame 90(1992), 2, S. 174-184
/9-9/	Baxter, L.L.; Jenkins, B.M.; Miles, T.R. u. a.: Alkalis in alternative biofuels. FACT, Vol. 18, Combustion Modeling, Scaling and Air Toxins, ASME, 1994
/9-10/	Baxter, L.L.; Miles, T.; Miles, T. (Jr.); Jenkins, B.; Dayton, D.; Milne, T.; Bryers, R.; Oden, L.: Alkali Deposits found in Biomass Boilers, Sandia National Laboratory, Livermore (CA, USA) 1996
/9-11/	Beér, J.: Advanced combustion methods for low grade coal utilization, Low-grade fuels; VTT Symposium 108, Vol. 1, Espoo, Finland, 1990, S. 83-112
/9-12/	Biollaz, S.; Nussbaumer, T.: Einsatz von Rostfeuerungen für Holz und Halmgüter. Feuerungstechnik, Ascheverwertung und Wärmekraftkopplung; 4. Holzenergie-Symposium 1996; Bundesamt für Energiewirtschaft, Bern, 1996, S. 9-41
/9-13/	Böhm, T.; Hartmann, H.: Wassergehalt von Holzhackschnitzeln – Ein Vergleich der Bestimmungsmethoden. Landtechnik 55 (4), 2000, S. 280-281
/9-14/	Boubel, R.W.; Fox, D.L.; Tuner, D.B.: Fundamentals of Air Pollution, Academic Press, San Diego, USA, 1994
/9-15/	Boukis, B.; Diem, V.; Galla, U.; D'Jesus, P.; Dinjus, E.: Wasserstofferzeugung durch hydrothermale Vergasung, Tagungsband der FVS Fachtagung, 2003, S. 165-175
/9-16/	Bundesministerium für Land- und Forstwirtschaft (Hrsg.): Der sachgerechte Einsatz von Pflanzenaschen im Wald, Richtlinie; Bundesministerium für Land- und Forstwirtschaft, Wien, Österreich, 1997
/9-17/	Bundesministerium für Land- und Forstwirtschaft (Hrsg.): Die Düngung im Wald, II. Teil; Bundesministerium für Land- und Forstwirtschaft, Wien, Österreich, 1994
/9-18/	Bundesministerium für Land- und Forstwirtschaft (Hrsg.): Der sachgerechte Einsatz von Pflanzenaschen im Acker- und Grünland, Richtlinie; Bundesministerium für Land- und Forstwirtschaft, Wien, 1998
/9-19/	Bundesministerium für Verbraucherschutz, Ernährung und Landwirtschaft: Verordnung über das Inverkehrbringen von Düngemitteln, Bodenhilfsstoffen, Kultursubstraten und Pflanzenhilfsmitteln (Düngemittelverordnung); BGBL Nr. I 2004, S.2767
/9-20/	Burch, T.; Chen, W Lester, T.; Sterling, A.: Interaction of Fuel Nitrogen with Nitric Oxide During Reburning with Coal; Combustion and Flame 98(1994), S. 391-401
/9-21/	Burmester, A.: Holzfeuchtigkeit in Nadelhölzern - Jahreszeitliche Einflüsse auf die Eigenschaften des Splint- und Kernholzes von Nadelbäumen; Holz-Zentralblatt 106(1980), 91, S. 1303-1304
/9-22/	Bridgwater, A.V.: Persönliche Mitteilung; Aston University, Birmingham, UK, 1995
/9-23/	Brunner, T. (2006): Aerosol and coarse fly ashes in fixed-bed biomass combustion. Dissertation an der Eindhoven University of Technology (Faculty of Mechanical Engineering), The Netherlands, Eigenverlag T. Brunner
/9-24/	Butcher, S.; Ellenbecker, M.: Particulate Emission Factors for Small Wood and Coal Stoves; J. Air Pollution Control Association 32(1982), S. 380-384
/9-25/	Butcher, S.S.; Sorenson, E.M.: A Study of Wood Stove Particulate Emissions; J. Air Pollution Control Association 29(1979), 7, S. 724-728
/9-26/	Centrale Marketinggesellschaft der deutschen Agrarwirtschaft (Hrsg.): Holz als Energierohstoff; Centrale Marketinggesellschaft der deutschen Agrarwirtschaft, Selbstverlag, Bonn, 1988, 2. Auflage

/9-27/ Christensen, K.A.: The Formation of Submicron Particles from the Combustion of Straw, Ph.D. Thesis, Department of Chemical Engineering, Technical University of Denmark, Lyngby, Denmark, 1995
/9-28/ Christensen, K.A.; Livbjerg, H.: A Field Study of Submicron Particles from the Combustion of Straw; Aerosol Sci. and Tech. 25(1996), S. 185-199
/9-29/ Cooper, J.: Environmental Impact of Residential Wood Combustion Emissions and its Implications; J. Air Pollution Control Association 30(1980), S. 855-861
/9-30/ Czerwinski, J.: Combustion Particles Number Concentrations with Different Engines and Fuels; 1st Int. ETH-Workshop on Nanoparticle Measurement, ETH Zürich, Laboratorium für Festkörperphysik, 1997
/9-31/ Daugbjerg Jensen, P.; Hartmann, H.; Böhm, T.; Temmerman, M.; Rabier, F.; Morsing, M. (2006): Moisture content determination in solid biofuels by dielectric and NIR reflection methods. Biomass and Bioenergy 30 (2006), pp. 935-943
/9-32/ DeGroot, W.F.; Pan, W.P.; Rahman, M.D.; Richards, G.N.: First chemical events in pyrolysis of wood. J. Anal. Appl. Pyrolysis 13(1988), S. 221-231
/9-33/ Deutsches Institut für Normung (Hrsg.): DIN 51705 (Prüfung fester Brennstoffe - Bestimmung der Schüttdichte); Beuth, Berlin, 1979
/9-34/ Deutsches Institut für Normung (Hrsg.): DIN 51 730 (Prüfung fester Brennstoffe - Bestimmung des Ascheschmelzverhaltens); Beuth, Berlin, 1984
/9-35/ Deutsches Institut für Normung (Hrsg.): DIN 51 731 (Prüfung fester Brennstoffe - Presslinge aus naturbelassenem Holz - Anforderungen und Prüfung); Beuth, Berlin, 1996
/9-36/ Deutsches Institut für Normung (Hrsg.): DIN 52 182 (Prüfung von Holz – Bestimmung der Rohdichte); Beuth, Berlin, 1976
/9-37/ DiBlasi, C.: Modelling Gasification/Combustion of Wood and Char Particles, ThermalNet Deliverable 2F-2, 2008
/9-38/ DiBlasi, C.; Galgano, A.: Literature Review about Fundamental Aspects of Thermal and Chemical Conversion of Biomass, ThermalNet Endbericht, WP2F: Science and Modelling, 2009
/9-39/ DIN 51900, Teil 3 (1977): Prüfung fester und flüssiger Brennstoffe: Bestimmung des Brennwertes mit dem Bombenkalorimeter und Berechnung des Heizwertes. Verfahren mit adiabatischem Mantel. Deutsches Institut für Normung e.V. (Hrsg.), Beuth Verlag, Berlin
/9-40/ Deutsches Institut für Normung (Hrsg.): CEN/TS 15370-1:2006 (Feste Biobrennstoffe – Verfahren zur Bestimmung des Schmelzverhaltens der Asche – Teil 1: Verfahren zur Bestimmung charakteristischer Temperaturen); Beuth, Berlin, 2006
/9-41/ Deutsches Institut für Normung (Hrsg.): CEN/TS 14918:2005 (Feste Biobrennstoffe – Verfahren zur Bestimmung des Heizwertes); Beuth, Berlin, 2005
/9-42/ Deutsches Institut für Normung (Hrsg.): CEN/TS 14588:2003 (Feste Biobrennstoffe – Terminologie, Definitionen und Beschreibungen), Beuth, Berlin, 2003
/9-43/ Deutsches Institut für Normung (Hrsg.): CEN/TS 14961:2005: Feste Biobrennstoffe – Brennstoffspezifikationen und -klassen. Beuth Verlag, Berlin, 2005
/9-44/ Deutsches Institut für Normung (Hrsg.): CEN/TS 14774:2003 (Feste Biobrennstoffe – Verfahren zur Bestimmung des Wassergehaltes – Verfahren der Ofentrocknung – Teile 1 bis 3), Beuth, Berlin, 2003
/9-45/ Deutsches Institut für Normung (Hrsg.): CEN/TS 14148:2005 (Feste Biobrennstoffe – Verfahren zur Bestimmung des Gehaltes an flüchtigen Substanzen), Beuth, Berlin, 2005
/9-46/ Deutsches Institut für Normung (Hrsg.): CEN/TS 14775:2004 (Feste Biobrennstoffe – Verfahren zur Bestimmung Aschegehaltes), Beuth, Berlin, 2004
/9-47/ Deutsches Institut für Normung (Hrsg.): CEN/TS 15149-1:2006 (Feste Biobrennstoffe – Verfahren zur Bestimmung der Teilchengrößenverteilung - Teil 1: Rüttelsiebverfahren mit Sieb-Lochgrößen von 3,15 mm und darüber), Beuth, Berlin, 2006
/9-48/ Deutsches Institut für Normung (Hrsg.): CEN/TS 15103:2005 (Feste Biobrennstoffe – Verfahren zur Bestimmung der Schüttdichte), Beuth, Berlin, 2005

Quellenverzeichnis 953

/9-49/ Deutsches Institut für Normung (Hrsg.): CEN/TS 15150:2005 (Feste Biobrennstoffe – Verfahren zur Bestimmung der Teilchendichte), Beuth, Berlin, 2005
/9-50/ Deutsches Institut für Normung (Hrsg.): CEN/TS 15210-1:2005 (Feste Biobrennstoffe – Verfahren zur Bestimmung mechanischen Festigkeit – Teil 1 – Pellets), Beuth, Berlin, 2005
/9-51/ Deutsches Institut für Normung (Hrsg.): CEN/TS 15210-2:2005 (Feste Biobrennstoffe – Verfahren zur Bestimmung mechanischen Festigkeit – Teil 2 – Briketts), Beuth, Berlin, 2005
/9-52/ Edgerton, S. u. a.: Source Emission Caracterization of Residential Wood-Burning Stoves and Fireplaces; Env. Sci. Technol. 20(1986), S. 803-807
/9-53/ Emilsson, S.: International Handbook – From Extraction of Forest Fuels to Ash Recycling; Swedish Forest Agency, 2006
/9-54/ Evans, R.H.J.; Milne, T.A.: Molecular characterization of pyrolysis of biomass: Fundamentals; Energy & Fuels 1(1987), 2, S. 123-137
/9-55/ Feldhaus, G.; Hansel, H.D.: Bundes-Immissionsschutzgesetz (BImSchG); C. F. Müller, Heidelberg, 1997, 11. Auflage
/9-56/ Fissan, H.; Helsper, C.; Muggli, J.; Scheidweiler, A.: Particle Number Distribution of Aerosols from Test Fires; J. Aerosol. Science 11(1980), S. 439-446
/9-57/ Friedl et. al.: prediction of heating value of biomass fuel from elemental composition, Anal. Chem. 2005; 554:191-8.
/9-58/ Fachagentur Nachwachsende Rohstoffe e.V.: Leitfaden Bioenergie. Planung, Betrieb und Wirtschaftlichkeit von Bioenergieanlagen, Gülzow, 2005
/9-59/ Faix, O.: Mitteilung aus dem Institut für Holzchemie der Bundesforschungsanstalt für Forst- und Holzwirtschaft, Hamburg, 1999
/9-60/ Faix, O.; Meier, D.; Fortmann, I.: Pyrolysisgas chromatography-mass spectrometry of two trimeric lignin model compounds with alkyl-aryl ether structure. J. Anal. Appl. Pyrolysis 14(1988), S. 115-148
/9-61/ Forstliche Bundesversuchsanstalt (FBVA) (Hrsg.): Österreichische Waldboden-Zustandsinventur – Ergebnisse; FBVA-Bericht Nr. 168 / Band II; Österreichischer Agrarverlag, Wien, 1992
/9-62/ Gaderer, M.: Ash behaviour in Biomass Combustion Plants, MS-thesis, Royal Institute of Technology, Stockholm, Sweden and Institute of Chemical Engineering, University of Technology Graz, Austria, 1996
/9-63/ Gammel, R.: Forstbenutzung – Technologie, Verwertung und Verwendung des Holzes. Verlag Paul Parey, Hamburg, Pareys Studientexte 67, 1989
/9-64/ Goldberg, E.: Black Carbon in the Environment; John Wiley & Sons, New York, 1985
/9-65/ Good, J.; Nussbaumer, T.; Bühler, R.; Jenni, A.: Erfolgskontrolle SNCR-Verfahren zur Entstickung von Holzfeuerungen; Bundesamt für Energiewirtschaft, Bern, 1996
/9-66/ Griffin, R.D.: A New Theory of Dioxin Formation in Municipal Solid Waste Combustion. Chemosphere Nr. 9-12, 1986, S. 1987-1990
/9-67/ Hall, R.; De Angelis, D.: EPA's Research Program for Controlling Residential Wood Combustion Emissions; J. Air Pollution Control Association 30(1980), S. 862-867
/9-68/ Hartmann, H.; Roßmann, P.; Turowski, P.; Ellner-Schubert, F.; Hopf, N.; Bimüller, A.: Getreidekörner als Brennstoff für Kleinfeuerungen – Technische Möglichkeiten und Umwelteffekte – Berichte aus dem TFZ 13. Eigenverlag Technologie- und Förderzentrum, Straubing 2007. Download: www.tfz.bayern.de
/9-69/ Hartmann, H. (Hrsg.): Handbuch Bioenergie-Kleinanlagen (2. vollst. überarbeitete - Auflage). Sonderpublikation des Bundesministeriums für Verbraucherschutz, Ernährung und Landwirtschaft (BMVEL) und der Fachagentur Nachwachsende Rohstoffe (FNR), Gülzow, 2007
/9-70/ Hartmann, H.: Analyse und Bewertung der Systeme zur Hochdruckverdichtung von Halmgut; Bayerisches Staatsministerium für Ernährung, Landwirtschaft und Forsten (Hrsg.), Selbstverlag, München, 1996, Reihe "Gelbes Heft" 60

/9-71/ Hartmann, H.; Madeker, U.: Der Handel mit biogenen Festbrennstoffen - Anbieter, Absatzmengen, Qualitäten, Service, Preise. Landtechnik Bericht Nr. 28, Landtechnik Weihenstephan (Hrsg.), Selbstverlag, Freising, 1997

/9-72/ Hartmann, H.; Böhm, T.; Maier, L.: Naturbelassene biogene Festbrennstoffe – Umweltrelevante Eigenschaften und Einflussmöglichkeiten. Bayerisches Staatsministerium für Landesentwicklung und Umweltfragen (Hrsg.), München, 2000, Reihe "Materialien", Nr. 154

/9-73/ Hartmann, H.; Böhm, T.: Messverfahren zur Bestimmung der Rohdichte von biogenen Festbrennstoffen. Bayerische Landesanstalt für Landtechnik, Freising, 2000

/9-74/ Hartmann, H.; Böhm, T.; Daugbjerg Jensen, P.; Temmerman, M.; Rabier, F.; Golser, M.: Methods for size classifiation of wood chips. Biomass and Bioenergy 30, 2006, S. 944-953

/9-75/ Hartmann, H.: Physical-Mechanical Fuel Properties – Significance and impacts. In: Hein, M; Kaltschmitt, M (eds): "Standardisation of Solid Biofuels" – Int. Conf., Oct. 6-7, 2004, Institute for Energy and Environment (IE), Leipzig, 2004, S. 106-115

/9-76/ Hartmann, H.; Böhm, T.; Daugbjerg Jensen, P. Temmerman, M.; Rabier, F.; Jirjis, R. Hersener, J.-L.; Rathbauer, J.: Methods for Bulk Density Determination of Solid Biofuels. In: Van Swaaij, W. P. M.; Fjällström, T.; Helm, P.; Grassi, A. (Hrsg.): 2nd World Conference and Technology Exhibition on Biomass for Energy, Industry and Climate Protection, Rome, 10-14 May 2004, S. 662-665

/9-77/ Hartmann, H.; Roßmann, P.; Link. H.; Marks, A.; Müller, R.; Amann, E. (2004): Secondary Flue Gas Condensation for Domestic Wood Chip Boilers. In: Van Swaaij, W. P. M.; Fjällström, T.; Helm, P.; Grassi, A. (Hrsg.): 2nd World Conference and Technology Exhibition on Biomass for Energy, Industry and Climate Protection, Rome, 10-14 May 2004, S. 1334-1337

/9-78/ Hartmann, H.; Turowski, P.; Roßmann, P.; Ellner-Schuberth, F.; Hopf, N.: Grain and straw combustion in domestic furnaces – Influences of fuel types and fuel pretreatment. In: Maniatis, K.; Grimm, H.-P.; Helm, P.; Grassi, A.: Proceedings 15th European Biomass Conference & Exhibition, 7-11 May, 2007, Berlin, Germany, ETA Renewable Energies, Florence, Italy, S. 1564-1569

/9-79/ Hasler, P.: Rückstände aus der Altholzverbrennung, Charakterisierung und Entsorgungsmöglichkeiten, Teilbericht des DIANE 8 Forschungsprogramms Energie aus Altholz und Papier, Bundesamt für Energiewirtschaft (Hrsg.), Bern, 1994

/9-80/ Hasler, P.; Nussbaumer, T.: Dioxin -und Furanmessungen bei Altholzfeuerungen, Teilbericht des DIANE 8 Forschungsprogramms Energie aus Altholz und Papier, Bundesamt für Energiewirtschaft, Bern, 1994

/9-81/ Hasler, P.; Nussbaumer, T.: Partikelgrößenverteilung bei der Verbrennung und Vergasung von Biomasse, Bundesamt für Energiewirtschaft, Bern 1997

/9-82/ Hasler, P.; Nussbaumer, T.: Particle Size Distribution of the Fly Ash from Biomass Combustion. In: Kopetz, H. u. a. (Hrsg.): Biomass for Energy and Industry; C.A.R.M.E.N., Würzburg-Rimpar, 1998, S. 1330-1333

/9-83/ Hellwig. M.: Zum Abbrand von Holzbrennstoffen unter besonderer Berücksichtigung der zeitlichen Abläufe; Dissertation, Technische Universität München, Landtechnik Weihenstephan, 1988

/9-84/ Hinds, W.C.: Aerosol Technology, Properties, Behaviour, and Measurement of Airborne Particles; John Wiley & Sons, New York, 1982

/9-85/ Höldrich, A.; Hartmann, H.; Decker, T.; Reisinger, K.; Schardt, M.; Sommer, W.; Wittkopf, S.; Ohrner, G.: Rationelle Scheitholzbereitstellungsverfahren. Berichte aus dem TFZ, Nr. 11, Technologie- und Förderzentrum (TFZ), Selbstverlag, Straubing, 2006, Download: www.tfz.bayern.de

/9-86/ Holzner, H.; Ruckenbauer, P.: Pflanzenbauliche Aspekte einer Holzascheausbringung auf Acker- und Grünland. In: Institut für Verfahrenstechnik (Hrsg.): "Sekundärrohstoff Holzasche", Tagungsband, Institut für Verfahrenstechnik, Technische Universität Graz, Österreich, 1994

/9-87/ Horch, K.; Schetter, G.; Fahlenkamp, H.: Dioxinminderung für Abfallverbrennungsanlagen; Entsorgungspraxis 5(1991), S. 235-243

/9-88/ Hottenroth, S.; Hartleitner, B.; Rommel, W.; Kögl, S.; Steinemann, J.; Verwertung von Aschen aus der Biomasseverbrennung – Bioasche als Kalkersatz?, Bayrisches Institut für Angewandte Umweltforschung und Technik GmbH, Augsburg, 2003

/9-89/ Houck, J.E.: Atmospheric emissions of carbon dioxide, carbon monoxide, methane, non-methane hydrocarbons, and sub-micron elemental carbon particles from residential wood combustion; Air Ampersand Waste Management Association; 86th Annual Meeting Ampersand Exhibition, Pittsburgh, USA, 1993, S. 245-246

/9-90/ Hofbauer, H.: Charakterisierung von biogenen Brennstoffen und Verwertung von Holzaschen. Neue Erkenntnisse zur thermischen Nutzung von Holz; 3. Holzenergie-Symposium 1994, Bundesamt für Energiewirtschaft, Bern, 1994

/9-91/ Huber, S.; Friess, H.: Emissions of Biomass Combustion Plants. In: Kopetz, H. u. a. (Hrsg.): Biomass for Energy and Industry; CARMEN, Würzburg-Rimpar, 1998, S. 1405-1408

/9-92/ Hüglin, C.: New Applications of Aerosol Photoemission: Characterisation of Wood Combustion Particles and Time Resolved Thermal Desorption Studies; Dissertation ETH Zürich, 1996

/9-93/ Jokoniemi, J.; Mäkynen, J.; Kauppinen, E.: Aerosol Behaviour in Coal Combustion Processes; J. Aerosol Sci. 21(1990), Suppl. 1, S. 741-744

/9-94/ Kaltschmitt, M.; Reinhardt, G.A. (Hrsg.): Nachwachsende Energieträger – Grundlagen, Verfahren, ökologische Bilanzierung; Vieweg, Braunschweig/Wiesbaden, 1997

/9-95/ Kamens, R.M.; Rives, G.D.; Perry, J.M.; Bell, D.A.; Paylor, R.F. (Jr); Goodman, R.G.; Claxton, L.D.: Mutagenic Changes in Dilute Wood Smoke as It Ages and Reacts with Ozone and Nitrogenic Dioxide: An Outdoor Chamber Study; Environmental Science & Technology 18(1984), 7, S. 523-530

/9-96/ Kaufmann, H.: Chlorine compounds in emissions and residues from the combustion of herbaceous biomass; Dissertation, ETH Zürich, 1997

/9-97/ Kauppinen, E.I.; Pakkanen, T.A.: Coal Combustion Aerosols: A Field Study; Environ. Sci. Technol. 1990

/9-98/ Keller, R.: Primärmaßnahmen zur NO_x-Minderung bei der Holzverbrennung mit dem Schwerpunkt der Luftstufung; Dissertation, ETH Zürich, 1994

/9-99/ Keller, R.; Nussbaumer, T.; Suter, P.: Untersuchung der Luftstufung mit Reduktionskammer als Primärmaßnahmen zur NO_x-Minderung bei der Holzverbrennung, VDI-Berichte 1090, VDI, Düsseldorf, 1993, S. 167-174

/9-100/ Kicherer, A.; Spliethoff, H.; Maier, H.; Hein, K.R.G.: The effect of different reburning fuels on NO_x-reduction; Fuel 73(1994), 9, S. 1443-1446

/9-101/ Kittelson, D.B.: Engines and Nanoparticles, 1st Int. ETH-Workshop on Nanoparticle Measurement, ETH Zürich, Laboratorium für Festkörperphysik, 1997

/9-102/ Klippel, N.; Nussbaumer, T.: Wirkung von Verbrennungspartikeln – Vergleich der Gesundheitsrelevanz von Holzfeuerungen und Dieselmotoren. Verenum. Zürich; März 2007

/9-103/ Koch, W.; Friedlander, S.K.: Particle Growth by Coalescence and Agglomeration; J. Aerosol Sci. 21(1990), Suppl. 1, S. 73-76

/9-104/ Kolar, J.: Stickstoffoxide und Luftreinhaltung; Springer, Berlin, Heidelberg, 1990

/9-105/ Kuba, T.: Verwertung von Holzasche als Zuschlagsstoff zu Kompost, Diplomarbeit; Leopold-Franzens Universität Innsbruck, 2007

/9-106/ Lahl, U.: Feinstaub – eine gesundheitspolitische Herausforderung. Vortrag des Bundesministeriums für Umwelt, Naturschutz und Reaktorsicherheit zum 46. Kongress Deutsche Gesellschaft für Pneumologie. Berlin, 17.03.2005

/9-107/ Lahtinen, P.: Fly Ash Mixtures s Flexible Structural Materials for Low-Volume Roads, Finnish Road Administration, Helsinki, 2001

/9-108/ Launhardt, T.; Hartmann, H.; Link, H.; Schmid, V.: Verbrennungsversuche mit naturbelassenen biogenen Festbrennstoffen in einer Kleinfeuerungsanlage – Emissionen und Aschequalität. Bayerisches Staatsministerium für Landesentwicklung und Umweltfragen (Hrsg.), München, 2000, Reihe "Materialien", Nr. 156

/9-109/ Launhardt, T.: Dioxinemissionen von Biomassefeuerungen. Dioxine bei Feuerungen für Holz und andere Festbrennstoffe, WKI-Bericht Nr. 30, Wilhelm-Klauditz-Institut, Braunschweig 1994

/9-110/ Launhardt, T.; Hurm, R.; Schmid, V.; Link, H.: Dioxin- und PAK-Konzentrationen in Abgas und Aschen von Stückholzfeuerungen. Bayerisches Staatsministerium für Landesentwicklung und Umweltfragen (BayStMLU) (Hrsg.), München 1998, Reihe Materialien 142

/9-111/ Lee, D.; Owens, V.N.; Boe, A.; Jeranyama, P.: Composition of Herbaceous Biomass Feedstocks. North Central Sun Grant Center (Hrsg.), South Dakota State University, Selbstverlag 2007, Brookings, USA

/9-112/ Lenoir, D.; Kaune, A.; Hutzinger, O.; Mützenbach, G.; Horch, K.: Influence of Operation Parameters and Fuel Type on PCDD/F Emissions from a Fluidized Bed Incinerator; Chemosphere 23(1991), 8-10, S. 1491-1500

/9-113/ Leuckel, W.; Römer, R.: Schadstoffe aus Verbrennungsprozessen; VDI-Berichte 346, VDI, Düsseldorf, 1979

/9-114/ Lewis, C.W.; Baumgardner, R.E.; Stevens, R.K.; Claxton, L.D.; Lewtas, J.: Contribution of Woodsmoke and Motor Vehicle Emissions to Ambient Aerosol Mutagenicity; Environmental Science & Technology 22(1988), 8, S. 968-971

/9-115/ Lohmann, U.: Handbuch Holz, DRW-Verlag, Stuttgart, 1993, 4. Auflage

/9-116/ Marutzky, R.: Moderne Holzfeuerungsanlagen. Centrale Marketinggesellschaft der deutschen Agrarwirtschaft (Hrsg.), Selbstverlag, Bonn, 1993

/9-117/ Marutzky, R.: Erkenntnisse zur Schadstoffbildung bei der Verbrennung von Holz und Spanplatten, WKI-Bericht 26, Wilhelm-Klauditz-Institut, Braunschweig, 1991

/9-118/ Mattsson, J.E.: Basic Handling Characteristics of Wood Fuel: Angle of Repose, Friction Against Surfaces and Tendency to Bridge Building for Different Assortments; Scand. J. For. Res. 1990, 5, S. 583-597

/9-119/ McCrillis, R.C.; Randall, R.W.; Warren, S.H.: Effects of Operating Variables on PAH Emissions and Mutagenicity of Emissions from Woodstoves; Journal of the Air & Waste Management Association 42(1992), S. 691-694

/9-120/ Michelsen, H.P.; Larsen, O.H.; Fleming, F.; Dam-Johansen, K.: Deposition and high temperature corrosion in a 10 MW straw fired boiler; Eng. Foundation Conference on Biomass Usage for Utility & Ind. Power, Snowbird, Utah, 1996

/9-121/ Moersch, O.; Spliethoff, H.; Hein, K.R.G.: Untersuchung der Möglichkeiten zur Minderung des Teergehalts bei der Wirbelschichtvergasung von Biomasse; Endbericht im Auftrag der Deutschen Bundesstiftung Umwelt; Institut für Verfahrenstechnik und Dampfkesselwesen, Universität Stuttgart, 1998

/9-122/ Moersch, O.: Entwicklung einer Online-Messmethode zur Bestimmung des Teergehalts im Produktgas der Biomassevergasung; Dissertation, Universität Stuttgart, 2000

/9-123/ Mohr, M.; Schmatloch, V.: Charakterisierung der Partikelemission aus Stückholzfeuerungen mit modernen Messtechniken; 5. Holzenergie-Symposium 1998, Bundesamt für Energie, Bern, 1998, S. 75-84

/9-124/ Muhlbaier, J: Particulate and Gaseous Emissions from Wood-Burning Fireplaces; Environ. Sci. Technol. 16(1982), 10, S. 639-645

/9-125/ Narodoslawsky, M.; Obernberger, I.: Verwendung von Holzaschen zur Kompostierung; Endbericht zum Forschungsprojekt Nr. 4159 des Jubiläumsfonds der Österreichischen Nationalbank; Institut für Verfahrenstechnik, Technische Universität Graz, 1995

/9-126/ Narosdoslawsky, M.; Obernberger, I.: From Waste to Raw Material – The Way of Cadmium and Other Heavy Metals from Biomass to Wood Ash; Journal of Hazardous Materials 50(1996), 2/3, S. 157-168

/9-127/ Netz, H.: Verbrennung und Gasgewinnung bei Festbrennstoffen; Technischer Verlag Resch, München, 1982

/9-128/ Netz, H.: Handbuch Wärme, Resch Verlag München, 3. Auflage, 1991

/9-129/ Nimz, H.: Beech lignin-proposal of a constitutional lignin, Angew. Chem. Internat. Edit. 13 (1974) S. 313-321
/9-130/ Noger, D.; Felber, H.; Pletscher, E.: Zusatzanalysen zum Projekt HARVE, Untersuchungsbericht Nr. 22′032 C, EMPA St. Gallen, Bundesamt für Umwelt, Wald und Landschaft, Bern, 1994
/9-131/ Noger, D.; Felber, H.; Pletscher, E.: Holzasche und Rückstände, deren Verwertung oder Entsorgung; Provisorische Fassung des Schlussberichtes zum Projekt HARVE, EMPA St. Gallen, Bundesamt für Umwelt, Wald und Landschaft, Bern, 1995
/9-132/ Noger, D.; Pletscher, E.: Brennstoffkriminalität - Schnelltest. In: siebtes Symposium Biobrennstoffe und umweltfreundliche Energietechnik, November 1998; OTTI-Technologie Kolleg, Selbstverlag, Regensburg, 1998, S. 173-180
/9-133/ Nultsch, W.: Angewandte Botanik. Thieme, Stuttgart, 1982, 7. Auflage
/9-134/ Nussbaumer, T.: Emissionen von Holzfeuerungen; Institut für Energietechnik, ETH Zürich, Zürich, 1988
/9-135/ Nussbaumer, T.: Stickoxide bei der Holzverbrennung; Heizung Klima 1988, 12, S. 51-62
/9-136/ Nussbaumer, T.: Schadstoffbildung bei der Verbrennung von Holz; Dissertation, ETH Zürich, 1989
/9-137/ Nussbaumer, T.: Grundlagen der Holzverbrennung; Schweizerische Schreinerzeitung 16(1991)
/9-138/ Nussbaumer, T.: Sekundärmaßnahmen zur Stickoxidminderung bei Holzfeuerungen; Brennstoff-Wärme-Kraft 45(1993), 11, S. 483-488
/9-139/ Nussbaumer, T.; Good, J.; Jenni, A.; Koch, P.; Rutschmann, C.: Projektieren automatischer Holzfeuerungen; Pacer, Bundesamt für Konjunkturfragen, Bern, 1995
/9-140/ Nussbaumer, T.: Primär- und Sekundärmaßnahmen zur Stickoxidminderung bei Holzfeuerungen. Moderne Feuerungstechnik zur energetischen Verwertung von Holz und Holzabfällen; Springer-VDI, Düsseldorf, 1997, S. 279-308
/9-141/ Nussbaumer, T.: Verbrennung und Vergasung von Energiegras und Feldholz; Bundesamt für Energiewirtschaft, Bern, 1997
/9-142/ Nussbaumer, T.; Czasch, C.; Klippel, N.; Johansson, L.; Tullin, C.: Particulate Emissions from Biomass Combustion in IEA Countries. Survey on Measurements and Emission Factors. Zürich, Januar 2008
/9-143/ Oasmaa, A.; Czernik, S.: Fuel oil quality of biomass pyrolysis oils. In: Overend, R.P.; Chornet, E. (Hrsg.): Biomass - A growth opportunity in green energy and value-added products, Proceedings of the 4th Biomass Conference of the Americas, Pergamon Elsevier, Oxford, 1999, S. 1247-1252
/9-144/ Obernberger, I.; Brunner, T.; Bärnthaler, G.: Aktuelle Erkenntnisse im Bereich der Feinstaubemissionen bei Pelletsfeuerungen; Graz; 2007
/9-145/ Obernberger, I.; Narodoslawsky, M.: Aschenaustrags- und Aufbereitungsanlagen für Biomasseheizwerke; Endbericht zum gleichnamigen Forschungsprojekt des Landesenergievereins des Landes Steiermark, Institut für Verfahrenstechnik, Technische Universität Graz, 1993
/9-146/ Obernberger, I.; Pölt, P.; Panholzer, F.: Charakterisierung von Holzasche aus Biomasseheizwerken, Teil II: Auftretende Verunreinigungen, Schütt- und Teilchendichten, Korngrößen und Oberflächenbeschaffenheit der einzelnen Aschefraktionen. In: Umweltwissenschaften und Schadstoff-Forschung - Zeitschrift für Umweltchemie und Ökotoxikologie 7(1995), 1
/9-147/ Obernberger, I.; Widmann, W.; Wurst, F.; Wörgetter, M.: Beurteilung der Umweltverträglichkeit des Einsatzes von Einjahresganzpflanzen und Stroh zur Fernwärmeerzeugung; Jahresbericht zum gleichnamigen Forschungsprojekt, Institut für Verfahrenstechnik, Technische Universität Graz, 1995
/9-148/ Obernberger, I.; Biedermann, F.; Kohlbach, W.: FRACTIO - Fraktionierte Schwermetallabscheidung in Biomasseheizwerken; Jahresbericht zum gleichnamigen ITF-Projekt mit Unterstützung der Bund-Bundesländerkooperation, Institut für Verfahrenstechnik, Technische Universität Graz, 1995

/9-149/ Obernberger, I.: Durchführung und verbrennungstechnische Begutachtung von Biomasseanalysen (Heuproben) als Basis für die Vorplanung des Dampferzeugungsprozesses auf Biomassebasis in Neuburg/Donau, Ergebnisbericht, Ingenieurbüro BIOS, Graz, 1996

/9-150/ Obernberger, I.; Panholzer, F.; Arich, A.: System- und pH-Wert-abhängige Schwermetalllöslichkeit im Kondensatwasser von Biomasseheizwerken, Technische Universität Graz, Institut für Verfahrenstechnik, 1996

/9-151/ Obernberger, I.: Nutzung fester Biomasse in Verbrennungsanlagen unter besonderer Berücksichtigung des Verhaltens aschebildender Elemente; Schriftenreihe Thermische Biomassenutzung (1), dbv, Graz, 1997

/9-152/ Obernberger, I.: Aktuelle Forschungergebnisse bei der Feinstaub- und NO_x-Bildung bei der Verbrennung von Stroh. 1. Internationale Fachtagung Strohenergie. Jena, 2008

/9-153/ Österreichisches Normungsinstitut (Hrsg.): ÖNORM M7132 (Energiewirtschaftliche Nutzung von Holz und Rinde als Brennstoff - Begriffsbestimmungen und brennstofftechnologische Merkmale); Selbstverlag, Wien, 1998

/9-154/ Österreichisches Normungsinstitut (Hrsg.): ÖNORM M7133 (Energiehackgut, Anforderungen und Prüfbestimmungen); Selbstverlag, Wien, 1998

/9-155/ Oser, M.; Nussbaumer, T.; Müller, P.; Mohr, M.; Figi, R.: Grundlagen der Aerosolbildung in Holzfeuerungen, Beeinflussung der Partikelemissionen durch Primärmaßnahmen und Konzept für eine partikelarme automatische Holzfeuerung (Low-Particle-Feuerung); i. A. Bundesamt für Energie Bern; 2003

/9-156/ Radlein, D.; Piskorz, J.; Scott, D.S.: Fast pyrolysis of natural polysaccharides as a potential industrial process. J. Anal. Appl. Pyrolysis, 19(1991), S. 41-63

/9-157/ Ramdahl, T.; Alfheim, I.; Rustad, S.; Olsen, T.: Chemical and Biological Characterization of Emissions from Small Residential Stoves Burning Wood and Charcoal; Chemosphere 11(1982), S. 601-611

/9-158/ Rau, J.A.: Composition and Size Distribution of Residential Wood Smoke Particles; J. Aerosol Science and Technology 10(1989), S. 181-192

/9-159/ Reisinger, K.; Hartmann, H.; Turowski, P.; Nürnberger, K.: Schnellbestimmung des Wassergehaltes im Holzscheit – Vergleich marktgängiger Messgeräte. Berichte aus dem TFZ 16. Eigenverlag Technologie- und Förderzentrum, Straubing 2009. Download: www.tfz.bayern.de

/9-160/ Ribbing, C.; Environmentally friendly use of non-coal ashes in Sweden; Waste Management 27 (2007)

/9-161/ Richards, G.N.: Glycolaldehyde from pyrolysis of cellulose; J. Anal. Appl. Pyrolysis 10(1988), S. 251-255

/9-162/ Ruckenbauer, P.; Obernberger, I.; Holzner, H.: Erforschung der Verwendungsmöglichkeiten von Aschen aus Hackgut- und Rindenfeuerungen, Endbericht der Projektphase II, Forschungsprojekt StU 48 der Bund-Bundesländerkooperation, Institut für Pflanzenbau und Pflanzenzüchtung, Universität für Bodenkultur Wien, 1995

/9-163/ Rüdiger, H.; Greul, U.; Spliethoff, H.; Hein, K.R.G.: Pyrolysis Gas of Biomass and Coal as a NO_x-Reductive in a Coal fired Test Facility; 3rd Int. Conference on Combustion Technologies for a Clean Environment 1995, Lisbon, Portugal, 1995

/9-164/ Rüdiger, H.: Pyrolyse von festen biogenen Brennstoffen zur Erzeugung eines Zusatzbrennstoffes für Feuerungsanlagen; Berichte aus der Energiewirtschaft D93, Shaker, Aachen, 1997

/9-165/ Salzmann R.; Nussbaumer, T.: Zweistufige Verbrennung mit Reduktionskammer und Brennstoffstufung als Primärmaßnahmen zur Stickoxidminderung bei Holzfeuerungen; Institut für Energietechnik, ETH Zürich, 1995

/9-166/ Samuelsson, R.; Burvall, J.; Jirjis, R.: Comparison of different methods for the determination of moisture content in biomass. Biomass and Bioenergy 30 (2006), 929-934.

/9-167/ Sander, B.: Fuel Data for Danish Biofuels and Improvement of the Quality of Straw and Whole Crops. In: Chartier, P. u. a.: Biomass for Energy and the Environment; Elsevier Science, Oxford, England, 1996, S. 490-495

/9-168/	Sander, M.-L.; Ericsson, T.: Vertical Distributions of Plant Nutrients and Heavy Metals in Salix Viminalis Stems and their Implications for Sampling; Biomass and Bioenergy 14(1998), 1, S. 57-66
/9-169/	Scheffer, F.; Schachtschabel, P.: Lehrbuch der Bodenkunde, Enke, Stuttgart, 1992, 13. Auflage
/9-170/	Schilling, H.-D.; Bonn, B.; Krauss, U.: Rohstoffwirtschaft International. Band 4 "Kohlevergasung", Glückauf, Essen, 1979, 2. Auflage
/9-171/	Schmidt, A.; Zschetzsche, A.; Hantsch-Linhart, W.: Analysen von biogenen Brennstoffen; Technische Universität Wien, 1993
/9-172/	Schultze, D.: Fließeigenschaften von Schüttgütern und verfahrenstechnische Siloauslegung. Schwedes und Schultze Schüttguttechnik GmbH, Eigenverlag, Braunschweig 2007, www.schwedes-und-schulze.de
/9-173/	Shafizadeh, F.: Introduction to pyrolysis of biomass; J. Anal. Appl. Pyrolysis, 3(1982), S. 283-305
/9-174/	Shafizadeh, F.: Chemistry of pyrolysis and combustion of wood. In: Sarkanen, K.V.; Tillman, D.A.; Jahn, E.C. (Hrsg.): Progress in Biomass Conversion; Academic press, New York, 1982, S. 51-76
/9-175/	Siegmann, K.; Siegmann, H.C.: Molekulare Vorstudien des Rußes und das Gesundheitsrisiko für den Menschen; Phys. Bl. 54(1998), 2, S. 149-152
/9-176/	Smart, J.; Morgan, D.: The effectiveness of multi-fuel reburning in an internally fuel-staged burner for NO_x reduction; Fuel 73(1994), 9, S. 1437-1442
/9-177/	Someshwar, A.V.: A study of kraft recovery furnace hydrochloric acid emissions; Tech. bull., 674, Nat. council of the paper ind. for air and steam improvement (CASI), New York, 1994
/9-178/	Spliethoff, H.: NO_x-Minderung durch Brennstoffstufung mit kohlestämmigen Reduktionsgasen; VDI-Berichte 765, VDI, Düsseldorf, 1989, S. 217-230
/9-179/	Steenari, B.-M.; Lindqvist, O.: High-Temperature Reactions of Straw Ash and the Anti-Sintering Additives Kaolin and Dolomite; Biomass and Bioenergy 14(1998), 1, S. 67 76
/9-180/	Steiermärkische Landesregierung (Hrsg.): Steiermärkischer Bodenschutzbericht 1991; Steiermärkische Landesregierung, Graz, 1991
/9-181/	Stieglitz, L.; Vogg, H.; Zwick, G.; Beck, J.; Bautz, H.: On Formation Conditions of Oganohalogen Compounds from Particulate Carbon of Fly Ash; Chemosphere 23(1991), 8, S. 1255-1264
/9-182/	Strand, M.: Particle Formation and Emission in Moving Grate Boilers Operation on Woody Biomass. Växjö, November 2004
/9-183/	Stucki, S.: Vom Methan zum Holz, Broschüre, Paul Scherrer Institut, 2003
/9-184/	Stucki, S.; Vogel, F.; Biollaz, S.: Thermische Umwandlung von Biomasse zu Methan, Erneuerbare Energien, 10/2004, S.59-61
/9-185/	Stucki, S.; Biollaz, S.; Schildhauer, T.; Seemann, M.; Kopyscinsky, J.: Produktion von synthetischem Erdgas durch katalytische Methanisierung von Holz, ZEA-Symposium „Biomassepolygeneration – die Zukunft ?", Freising, 2006
/9-186/	Spliethoff, H.; Siegle, V.; Hein, K.R.G.: Erforderliche Eigenschaften holz- und halmgutartiger Biomasse bei einer Zufeuerung in existierenden Kraftwerksanlagen; Tagung "Biomasse als Festbrennstoff – Anforderungen, Einflussmöglichkeiten, Normung", Schriftenreihe "Nachwachsende Rohstoffe" Band 6, Landwirtschaftsverlag, Münster, 1996, S. 155-175
/9-187/	Temmerman, M.; Rabier, F.; Daugbjerg Jensen, P.; Hartmann, H.; Böhm, T.: Comparative study on durability test methods for pellets and briquettes. Biomass and Bioenergy 30, 2006, S. 964-972
/9-188/	Tiba-Müller (Hrsg.): Firmenunterlagen; Tiba-Müller AG; Bubendorf, Schweiz
/9-189/	Tobler, H.; Noger, N.: Brennstoff- und Holzverbrennungsrückstände von Altholzfeuerungen; 1. Teilbericht zum Projekt HARVE, EMPA St. Gallen, Bundesamt für Umwelt, Wald und Landschaft, Bern, 1993

/9-190/ Travis, C. u. a.: Health Risks of Residential Wood Heat; Environmental Management 9(1985), 3, S. 209-216
/9-191/ Vogg, H.; Metzger, M.; Stieglitz, L.: Recent Findings on the Formation and Decomposition of PCDD/F in Municipal Solid Waste Incineration; Waste Management and Research 5(1987), S. 285-294
/9-192/ Vorher, W.: Entwicklung eines kontinuierlichen Pyrolyseverfahrens zum Abbau von Phenollignin mit dem Ziel der Ligninverwertung unter besonderer Berücksichtigung der Rückgewinnung von Phenol aus Ablaugen eines Phenolzellstoffprozesses. Dissertation, Universität Hamburg, 1976
/9-193/ Warnatz, J.; Maas, U.; Dibble, R.W.: Technische Verbrennung – Physikalische-chemische Grundlagen, Modellierung und Simulation, Experimente, Schadstoffentstehung; Springer, Berlin, Heidelberg, 1997
/9-194/ Weber, R.; Moxter, W.; Pilz, M.; Pospischil, H.; Roleder, G.: Untersuchungen zum Einfluß der biogenen Brennstoffe und -qualität sowie der Fahrweise der Anlage auf die gas- und partikelförmigen Emissionen des Strohheizwerkes Schkölen; Thüringer Landesanstalt für Umwelt, Jena, 1995
/9-195/ WHO Europe: Health risks of particulate matter from long-range transboundary air pollution. Denmark, 2006
/9-196/ Zeldovich, J.: The Oxidation of Nitrogen in Combustion and Explosions; Acta Physicochimica URSS 21(1946)

/10-1/ Anonymus: Elektroabscheider für häusliche Holzfeuerungen; Der Rauchfangkehrer 58. Jg., Nr. 12, Dez. 2006
/10-2/ Ansaldo Vølund (Hrsg.): Firmenunterlagen; Ansaldo Vølund A/S, Esbjerg, Dänemark
/10-3/ Bauer, F.: Einsatz von Biobrennstoffen in der Wärmeersatzanlage Lübbenau; DGMK-Fachtagung "Energetische und stoffliche Nutzung von Abfällen und nachwachsenden Rohstoffen", Velen/Westfalen, 1994
/10-4/ Baumbach, G.: Luftreinhaltung, Springer, Berlin, 1994
/10-5/ Baxter, L.: "Biomass-coal co-combustion: opportunity for affordable renewable energy" Fuel 84(10): 1295-1302 (2005)
/10-6/ Beitz, W.; Küttner, K.H.: Dubbel – Taschenbuch für den Maschinenbau; Springer, Berlin, Heidelberg, 1981, 14. Auflage
/10-7/ Bemtgen, J.M.; Hein, K.R.G.; Minchener, A: Combined Combustion of Biomass/Sewage Sludge and Coals. Volume II: Final Reports, APAS Clean Coal Technology Programme, EC, Brüssel, 1998
/10-8/ Bierbaum, K.; Lambertz, J.; Thomas G.: Klärschlamm-Mitverbrennung in einem braunkohlegefeuerten Industriekraftwerk; VDI-Seminar Klärschlammentsorgung II. Bamberg, 1996
/10-9/ Binderup Hansen, P.F.; Lin, W.; Dam-Johansen, K.: Chemical Reaction Conditions in a Danish 80 MW_{th} CFB-Boiler Co-firing Straw and Coal; 14th International Conference on Fluidized Bed Combustion, ASME, 1997
/10-10/ Birnbaum, L.; Hunsinger, H.: Experimentelle Untersuchungen zum Verhalten von PCDD/F in Elektrofiltern und Gewebefiltern; Wissenschaftliche Berichte, FZKA 5689, Forschungszentrum Karlsruhe, Technik und Umwelt, 1996
/10-11/ Bolhar-Nordenkampf M.; Kaiser S.; Pröll, T.; Hofbauer, H.: Operating Experiences from two new Biomass fired FBC plants, 9th International Conference on Circulating Fluidized Beds, Hamburg, Mai 2008
/10-12/ Brouwers, J.: Rotational Particle Separator: A New Method for Separating Fine Particles and Mists from Gases; Chem. Eng. Technol. 19(1996), S. 1-10
/10-13/ Bundesministerium für Umwelt, Naturschutz und Reaktorsicherheit (BMU), Referat WAII 5(L) (Hrsg.): Bericht gemäß Artikel 17 der EG-Richtlinie 86/278/EWG über die Klärschlammverwertung in der Bundesrepublik Deutschland, Berichtszeitraum 1991-1994; Bundesministerium für Umwelt, Naturschutz und Reaktorsicherheit, Bonn, 1996

Quellenverzeichnis 961

/10-14/ Bundesministeriums für Verkehr, Innovation und Technologie (bmvit) (Österreich): KWK mit alternativen Prozessen. Plattform für innovative Energietechnologien (www.energytech.at). Download 11/2008
/10-15/ Brunner GmbH (Firmenunterlagen), D-84307 Eggenfelden
/10-16/ Clausen, C.; Sorensen, M.: Anlagen- und Betriebserfahrungen mit strohgefeuerten Kesseln in Heizkraftwerken; VGB Kraftwerkstechnik 77(1997), 10, S. 802-806
/10-17/ Deutsches Institut für Normung e.V. (Hrsg.): DIN 18 880 (Teil 1 und 2: Dauerbrandherde für feste Brennstoffe), Beuth, Berlin, 1991
/10-18/ Deutsches Institut für Normung e.V. (Hrsg.): DIN 18 882 (Heizungsherde für feste Brennstoffe), Beuth, Berlin, 1988
/10-19/ Deutsches Institut für Normung e.V. (Hrsg.): DIN 18 890 (Teil 1 und 2: Dauerbrandöfen für feste Brennstoffe – Verfeuerung von Scheitholz), Beuth, Berlin, 1990
/10-20/ Deutsches Institut für Normung e.V. (Hrsg.): DIN 4702 (Teil 1: Heizkessel – Begriffe, Anforderungen, Prüfung, Kennzeichnung); Beuth, Berlin, 1990
/10-21/ Ebert, H.-P.: Heizen mit Holz in allen Ofenarten. Ökobuch Verlag, Freiburg 1998, 6. Auflage
/10-22/ Fahlke, J.: Spurenelementbilanzierungen bei Steinkohlefeuerungen am Beispiel einer Trocken- und einer Schmelzkammerfeuerung unter Berücksichtigung der Rauchgasreinigungsanlagen; VDI-Fortschrittsberichte Reihe 15 "Umwelttechnik", Nr. 120; VDI, Düsseldorf, 1996
/10-23/ Feldhaus, G.; Hansel, H.D. (Bearb.): Bundes-Immissionsschutzgesetz (BImSchG); C. F. Müller, Heidelberg, 1997, 11. Auflage
/10-24/ Fernando, R.: Experience of indirect cofiring of biomass and coal, CCC/64. London, IEA Clean Coal Centre, 2002
/10-25/ Fernando, R.: Fuels for biomass cofiring, CCC/102. London, IEA Clean Coal Centre, 2005
/10-26/ Fernando, R.: Cofiring of coal with waste fuels, CCC/126. London, IEA Clean Coal Centre, 2007
/10-27/ FNR (Hrsg.): Leitfaden Bioenergie – Planung, Betrieb und Wirtschaftlichkeit von Bioenergieanlagen. Fachagentur Nachwachsende Rohstoffe (FNR), Gülzow, 2000
/10-28/ Fritz, W.; Kern, H.: Reinigung von Abgasen; Vogel, Würzburg, 1990, 2. Auflage
/10-29/ Gaegauf, C.: Staub- und Partikelanalytik an Klein-Holzfeuerungen mit elektrostatischem Partikelabscheider, Bericht des Ökozentrums Langenbruck, Sept. 2006
/10-30/ Gaia, M.; Bini, R.; Manaciana, E.: Three projects for small scale electricity production with efficient Organic Rankine turbogenerators; MEDETEC 2 (1999), 5, S. 43-50
/10-31/ Gallmetzer, G.; Gaderer, M.; Volz, F. Scheffler, F.; Spliethoff, H.; Biomass Fired Hot Gas Turbine with Fluidized bed Combustion, Proc. 9th Int. Conf. on Circulating Fluidized Beds, May, 13 – 16, 2008, Hamburg, Germany
/10-32/ Gerhardt, T.; Spliethoff, H.; Hein, K.R.G.: Thermische Nutzung von Klärschlämmen in Kraftwerksfeuerungen - Untersuchungen an einer Staubfeuerung im Pilotmaßstab; Entsorgungspraxis 3/1996
/10-33/ Gerhardt, T.; Rebmann, M.; Spliethoff, H.; Hein, K.R.G.: Untersuchungen zur Mitverbrennung von kommunalen Klärschlämmen in der Kohlenstaubfeuerung; 9. Internationale VGB Konferenz "Forschung in der Kraftwerkstechnik", Essen, 1995
/10-34/ Good, J.; Nussbaumer, T.: Regelung einer Stückholzfeuerung mit unterem Abbrand, Bundesamt für Energiewirtschaft, Zürich 1993
/10-35/ Good, J.; Nussbaumer, T.; Bühler, R.; Jenni, A.: Erfolgskontrolle SNCR-Verfahren zur Entstickung von Holzfeuerungen; Bundesamt für Energiewirtschaft, Bern, 1996
/10-36/ Guntamatic Heiztechnik GmbH, A 4722 Peuerbach (Firmenunterlagen)
/10-37/ Hahn, B.; Geißlhofer, A.; Whitfield, J.; Kessler, D.; Huber, R.; Strehler, A.; Hartmann, H.; Rapp, S.; Nilsson, B.; Jauschnegg, H.; Schmidl, H.; Malisius, U.: Wood Pellets in Europe - State of the Art, Technologies, Activities, Markets. UMBERA GmbH (eds), St. Pölten, Österreich, 2000, EU-Report DIS2043/98-AT, 87 S.
/10-38/ Hartmann, H.: Feuerungsanlagen für biogene Festbrennstoffe: Bedeutung der Bauarten und ihre Entwicklung im Markt. Wärmetechnik 41 (4), 1996, S. 209-211

/10-39/ Hartmann, H.; Launhardt, T.; Schmid, H.: Combination of Wood Fuel and Natural Gas in Domestic Heating Systems. In: "Biomass for Energy and Industry", Proceedings of the 10th European Conference and Technology Exhibition, 8-11 June 1998 in Würzburg, Published by C.A.R.M.E.N in Würzburg-Rimpar, Germany 1998, S. 1304-1307

/10-40/ Hartmann, H.; Reisinger, K.: Feuerungen und Anlagentechnik. In: Hartmann, H. (Hrsg.): Handbuch Bioenergie-Kleinanlagen (2. vollst. überarbeitete Auflage). Sonderpublikation des Bundesministeriums für Verbraucherschutz, Ernährung und Landwirtschaft (BMVEL) und der Fachagentur Nachwachsende Rohstoffe (FNR), Gülzow, 2007, S. 75-130

/10-41/ Hartmann, H.; Roßmann, P.; Link, H.; Marks, A.: Erprobung der Brennwerttechnik bei häuslichen Holzhackschnitzelfeuerungen mit Sekundärwärmetauscher. Berichte aus dem TFZ, Nr. 2, Technologie- und Förderzentrum, Selbstverlag, Straubing 2004, Download: www.tfz.bayern.de

/10-42/ Hartmann, H.; Roßmann, P.; Turowski, P.; Ellner-Schubert, F.; Hopf, N.; Bimüller, A.: Getreidekörner als Brennstoff für Kleinfeuerungen – Technische Möglichkeiten und Umwelteffekte. Berichte aus dem TFZ, Nr. 13. Technologie- und Förderzentrum (TFZ), Selbstverlag, Straubing 2007, Download: www.tfz.bayern.de

/10-43/ Hartmann, H.; Böhm, T.; Maier, L.: Naturbelassene biogene Festbrennstoffe – Umweltrelevante Eigenschaften und Einflussmöglichkeiten. Bayerisches Staatsministerium für Landesentwicklung und Umweltfragen (Hrsg.), München, 2000, Reihe "Materialien", Nr. 154

/10-44/ Haselbacher, H.: Entwicklung einer holzstaubgefeuerten Gasturbinenbrennkammer; Österreichische Ingenieur- und Architekten-Zeitschrift 140(1995), 10-11

/10-45/ Hasler, P.; Nussbaumer, T.: Optimierung des Abscheideverhaltens von HCl, SO_2 und PCDD/F in einem Gewebefilter nach einer Altholzfeuerung; Bundesamt für Energiewirtschaft, Bern 1995

/10-46/ Hasler, P.: Modern log wood boiler with fuzzy logic control. In: Kopetz, H. u. a. (Hrsg.): Biomass for Energy and Industry; C.A.R.M.E.N., Würzburg-Rimpar, 1998, S. 1441-1444

/10-47/ Hasler, P.; Nussbaumer, T.; Schaffner, H.P.; Brouwers, J.J.H.: Reduction of Aerosol Particles in Flue Gases from Biomass Combustion with a Rotational Particle Separator RPS. In: Kopetz, H. u. a. (Hrsg.): Biomass for Energy and Industry; CARMEN, Würzburg-Rimpar, 1998, S. 1353-1355

/10-48/ Henriksen, N.; Larsen, O.H.; Blum, R.; Inselmann, S.: High-temperature Corrosion When Co-Firing Coal and Straw in Pulverized Coal Boilers and Circulating Fluidized Bed Boilers; VGB-Konferenz "Korrosion und Korrosionsschutz in der Kraftwerkstechnik", Essen, 1995

/10-49/ Herlt, D-17194 Vielist (Firmenunterlagen)

/10-50/ Hums, E.; Joisten, M.; Müller, R.; Sigling, R.; Spielmann, H.: Innovative lines of SCR catalysis: NO_x reduction for stationary diesel engine exhaust gas and dioxin abatement for waste incineration facilities; Catalysis Today 27(1996), S. 29-34

/10-51/ Joppich, A.; Haselbacher, H.: Pneumatic fuel feeding of a directly wood particle fired gas turbine under special consideration of low conveying air ratio; International Gas Turbine & Aeroengine Congress & Exhibition, Indianapolis, Indiana, Oktober 1999, Tagungsband

/10-52/ Kalina, A.; Leibowitz, H.; Lazzeri, L.; Diotti, F.: Recent Development in the Application of KALINA Cycle for Geothermal Plants; Proceedings of the World Geothermal Congress, Florence, Italy, 1995, S. 2093-2096

/10-53/ Kaltschmitt, M.; Huenges, E.; Wolff, H. (Hrsg.): Energie aus Erdwärme; Deutscher Verlag für Grundstoffindustrie, Stuttgart, 1999

/10-54/ Karl, J.: Dezentrale Energiesysteme, Oldenbourg, München, 2006, 2. Auflage

/10-55/ Kautz, M. Auslegung von extern gefeuerten Gasturbinen für dezentrale Energieanlagen im kleinen Leistungsbereich, Dissertation Universität Rostock, 2005

/10-56/ KÖB & Schäfer (Hrsg.): Firmenunterlagen; KÖB & Schäfer AG, Wolfurt, Österreich

Quellenverzeichnis 963

/10-57/ Kötting, J.: Strom aus fester Biomasse – Der neue Dampfschraubenmotor, klein und wirtschaftlich. Seminar Bioenergie – Gepeicherte Sonnenenergie für den Raum Göttingen, Ingenieurbüro IDEU, Neuried, 1999

/10-58/ Kicherer, A.: Biomassemitverbrennung in Staubfeuerungen, Technische Möglichkeiten und Schadstoffemissionen; Dissertation, Universität Stuttgart; VDI-Fortschrittsberichte Reihe 6 "Energietechnik", Nr. 344; VDI, Düsseldorf, 1996

/10-59/ Kilgroe, J.D.: Combustion Control of PCDD/PCDF Emissions from Municipal Incinerators in North America; 10th Int. Conf. on Organohalogen Compounds 1990, Bayreuth

/10-60/ Köbel, M.: Stickoxidminderung in Abgasen; Schweizer Ingenieur und Architekt 38(1992), S. 693-700

/10-61/ KSW Kachelofen GmbH (Firmenunterlagen), D-95666 Mitterteich

/10-62/ Laucher, A.; Brunner, T.; Obernberger, I.: Sägerestholzfeuerung mit Rauchgas-Kondensation und Ascheaufbereitung. Thermische Biomassenutzung - Technik und Realisierung; VDI Berichte 1319, VDI, Düsseldorf, 1997, S. 223-240

/10-63/ Launhardt, T.: Erfahrungen mit Klein-Holzfeuerungen in Prüfstandsmessungen und Ansätze zur Optimierung von Feuerungstechnik und Betrieb. In: Nussbaumer T.; Gaegauf, C.; Völlmin, C. (Hrsg.): 3. Kolloquium Klein-Holzfeuerungen am 20. Nov. 1998 in Klus/Schweiz. Selbstverlag 1998, S. 17-35

/10-64/ Launhardt, T.; Hurm, R.; Schmid, V.; Link, H.: Dioxin- und PAK-Konzentrationen in Abgas und Aschen von Stückholzfeuerungen. Bayerisches Staatsministerium für Landesentwicklung und Umweltfragen (BayStMLU) (Hrsg.), München 1998, Reihe Materialien 142

/10-65/ Launhardt, T.; Hurm, R.; Pontius, P.; Strehler, A.; Meiering, A.: Prüfung des Emissionsverhaltens von Feuerungsanlagen für feste Brennstoffe. Bayerisches Staatsministerium für Landesentwicklung und Umweltfragen (Hrsg.), Selbstverlag, München, 1994, Reihe Materialien, Nr. 109, 198 S

/10-66/ Launhardt, T.; Hartmann, H.; Link, H.; Schmid, V.: Verbrennungsversuche mit naturbelassenen biogenen Festbrennstoffen in einer Kleinfeuerungsanlage – Emissionen und Aschequalität. Bayerisches Staatsministerium für Landesentwicklung und Umweltfragen (Hrsg.), München, 2000, Reihe "Materialien", Nr. 156

/10-67/ Launhardt, T.; Hartmann, H.; Link, H.: Emissionsmessungen an 21 bayerischen Zentralheizungsanlagen für Holzhackgut. Bayerisches Staatsministerium für Ernährung, Landwirtschaft und Forsten (Hrsg), München 1999, Reihe Gelbes Heft, Nr. 65

/10-68/ Leckner, B.: "Co-Combustion - A Summary of Technology." Thermal Science 11(4): 5-40 (2007)

/10-69/ Leiser, O.: Einsatz der CO/Lambda-Regelung an automatischen Holzfeuerungen mit Abgasrezirkulation; 5. Holzenergie-Symposium 1998; Bundesamt für Energiewirtschaft, Bern, 1998, S. 139-156

/10-70/ Linka Maskinfabrik (Firmenunterlagen), Lem, Dänemark

/10-71/ Löffler, F.: Staubabscheiden; Thieme, Stuttgart, New York, 1988

/10-72/ Luder, J.; Stücheli, A.: Rauchgas-Entstickung in Kehrichtverbrennungsanlagen; Schweizer Ingenieur und Architekt 49(1991), S. 1196-1203

/10-73/ Lurgi (Hrsg.): Reinigung von Nutz- und Abgasen – Abscheidung von Stäuben und gasförmigen Stoffen; Firmenpublikation der Lurgi Energie- und Umwelttechnik GmbH, Frankfurt, 1991

/10-74/ Marutzky, R.; Seeger, K.: Energie aus Holz und anderer Biomasse – Grundlagen, Technik, Entsorgung, Recht – DRW-Verlag Weinbrenner, Leinfelden-Echterdingen 1999, 352 S.

/10-75/ McCann, D.; Simons, H.A.: Design Review of Biomass Bubbling Fluidized Bed Boilers; 14th International Conference on Fluidized Bed Combustion, ASME, 1997

/10-76/ Mocker, M.; Quicker, P.; Fojtik, F.; Faulstich, M.: Kraftwerkskonzepte mit Pebble-Heater-Technologie", Tagungsband HolzEnergie 2004, Augsburg, 21.-22. Oktober 2004, S. II-87-III-99

/10-77/ Montreal Protocol 1991 Assessment: Report of the Refrigeration, Air Conditioning and Heat Pumps Technical Options Committee, United Nation Environment Programme, 1991
/10-78/ Neuenschwander, P.; Good, J.; Nussbaumer, T.: Grundlagen der Abgaskondensation bei Holzfeuerungen; Bundesamt für Energie, Bern 1998
/10-79/ Nussbaumer, T.: Sekundärmaßnahmen zur Stickoxidminderung bei Holzfeuerungen; Brennstoff-Wärme-Kraft 45(1993), 11, S. 483-488
/10-80/ Nussbaumer, T.; Hasler, P.: Optimization of the Fabric Filter Operation for the Removal of HCl and PCDD/F from Urban Waste Wood Combustion Plants. In: Kopetz, H. u. a. (Hrsg.): Biomass for Energy and Industry; CARMEN, Würzburg-Rimpar, 1998, S. 245-248
/10-81/ Nussbaumer, T.; Hasler, P.; Jenni, A.; Erny, M.; Vock, W.: Emissionsarme Altholznutzung in 1 bis 10 MW Anlagen. DIANE Energie 2000 Programm, EDMZ-Nr. 805 180 d, Eidgenössische Drucksachen- und Materialzentrale, Bern, 1994
/10-82/ Obernberger, I.; Panholzer, F.; Arich, A.: System- und pH-Wert-abhängige Schwermetalllöslichkeit im Kondensatwasser von Biomasseheizwerken, Technische Universität Graz, Institut für Verfahrenstechnik, 1996
/10-83/ Obernberger, I.: Nutzung fester Biomasse in Verbrennungsanlagen unter besonderer Berücksichtigung des Verhaltens aschebildender Elemente - Habilitation am Institut für Verfahrenstechnik der TU-Graz. Schriftenreihe Thermische Biomassenutzung (1). dbv-Verlag, Graz, 1997
/10-84/ Obernberger, I.; Hammerschmid, A.: Dezentrale Biomasse-Kraft-Wärme-Kopplungstechnologien – Potenzial, Einsatzgebiete, technische und wirtschaftliche Bewertung. Schriftenreihe Thermische Biomassenutzung (4). dbv-Verlag, Graz, 1999
/10-85/ Olsson, E.: Analysis of Wood Powder Burning in Diesel Engine. Final Report, NUTEC Project 566031-1, Chalmers University of Technology, Institute of Thermo and Fluid Dynamics, Göteborg, Schweden, 1993
/10-86/ Padinger, R.: Staubemissionen bei Biomassefeuerungen; Thermische Nutzung von Biomasse; Bundesministerium für Ernährung, Landwirtschaft und Forsten (Hrsg.), Schriftenreihe "Nachwachsende Rohstoffe", Band 2, Landwirtschaftsverlag, Münster-Hiltrup, 1994, S. 165-178
/10-87/ Pröll, T.; Bolhàr-Nordenkampf, M.; Strauss, T.; Hofbauer, H.: Description of local heat release in an industrial scale bubbling bed waste incinerator, Proc. of the 19th Int. Conf. on Fluidized Bed Combustion, May 23-25, 2006, Vienna
/10-88/ Pröll, M.: Untersuchung homogener Gasreaktionen zur Reduzierung von Stickoxiden; Dissertation, Technische Universität München, 1991
/10-89/ Raggam, A.: Ökologie-Energie, Scriptum zur Vorlesung; Institut für Wärmetechnik, Technische Universität Graz, 1997
/10-90/ Roberto, B.; Enrico, M.: Organic Rankine Cycle turbogenerators for combined heat and power generation from biomass; 3. Münchner Diskussionstreffen "Energy Conservation from Biomass Fuels – Current Trends and Future Systems", München, Oktober 1996, Tagungsband
/10-91/ Rüegg, P.: Partikelabscheider; 9. Holzenergie-Symposium, Zürich, Oktober 2006
/10-92/ Sander, B.: Full Scale Experience on Co-firing of Straw. 2nd World Biomass Conference, Workshop 4: Co-firing, 2004, Rome
/10-93/ Schmelz, F.: Die Leistungsformel des Stirlingmotors; Plygon, Buchsheim Eichstätt, 1995
/10-94/ Schmid (Hrsg.): Firmenunterlagen; Schmid, Eschlikon, Schweiz
/10-95/ Schmitz-Günther, T. (Hrsg.): Lebensräume – Der große Ratgeber für ökologisches Bauen und Wohnen. Könemann Verlagsgesellschaft mbH, Köln, 1998, 479 S.
/10-96/ Schramek, E.-R. (Hrsg.): Taschenbuch für Heizung und Klimatechnik ("Reknagel-Sprenger-Schramek"). R. Oldenbourg Verlag, München, 1999, 69. Auflage
/10-97/ Schu, G.: Experimentelle Untersuchungen zur selektiven nichtkatalytischen Reduktion von Stickoxiden in einem Flammrohrkessel; Dissertation, Technische Universität München, 1989

/10-98/ Sermet (Hrsg.): Firmenunterlagen; Sermet OY, Kiuruvesi, Finnland
/10-99/ Smith, I.; Stosic, N.; Aldis, C.: Trilateral Flash Cycle System – A High Efficient Power Plant for Liquid Resources; Proceedings of the World Geothermal Congress, Florence, Italy, 1995, S. 2109-2114
/10-100/ Siegle, V.; Spliethoff, H.; Hein, K.R.G.: Aufbereitung und Mitverbrennung von Ganzpflanzen mit Steinkohle in einer Staubfeuerung; DGMK-Fachtagung "Energetische und stoffliche Nutzung von Abfällen und nachwachsenden Rohstoffen", Velen/Westfalen, 1996
/10-101/ Siegle, V.: Biogene Brennstoffe in Aufbereitung und Verbrennung. Dissertation Universität Stuttgart. Aachen, 2000, Shaker Verlag
/10-102/ Sontow, J.; Siegle, V.; Spliethoff, H.; Kaltschmitt, M.: Biomassezufeuerung in Kohlekraftwerken; Energiewirtschaftliche Tagesfragen 47(1997), 6, S. 338-344
/10-103/ Spliethoff, H.; Hein, K.R.G.: Eignung von Kohlenstaubfeuerungen zur Mitverbrennung von Biomasse und Klärschlamm; VDI-Berichte 1193; VDI, Düsseldorf, 1995, S. 125-133
/10-104/ Spliethoff, H.; Siegle, V.; Hein, K.R.G.: Erforderliche Eigenschaften holz- und halmgutartiger Biomasse bei einer Zufeuerung in existierenden Kraftwerksanlagen; Tagung "Biomasse als Festbrennstoff – Anforderungen, Einflussmöglichkeiten, Normung", Schriftenreihe "Nachwachsende Rohstoffe" Band 6, Landwirtschaftsverlag, Münster, 1996, S. 155-175
/10-105/ Spliethoff, H.; Hein, K.R.G.: Effect of Co-combustion of Biomass on Emissions in Pulverized Fuel Furnaces; Conference "Biomass Usage for Utility and Industrial Power", Snowbird, USA, 1996
/10-106/ Spliethoff, H.: Verbrennung fester Brennstoffe zur Strom- und Wärmeerzeugung; Habilitationsschrift, Universität Stuttgart, 1999
/10-107/ Spliethoff, H.: Verbrennung fester Brennstoffe zur Strom- und Wärmeerzeugung: Verfahren und Stand der Technik - Wirkungsgrad, Betrieb, Emissionen und Reststoffe. VDI Fortschritt-Berichte, Reihe 6 Energietechnik, Nr. 443,. Düsseldorf, 2000, VDI-Verlag
/10-108/ Spliethoff, H.; Unterberger, S.; Hein, K.R.G.: Status of co-combustion of coal and biomass in Europe. Clean Air. 5(4): 1-25 (2004)
/10-109/ Spitzer, J.; Podesser, E.; Jungmeier, G.: Wärme-Kraft-Kopplung (Stirlingmotor, Dampfmotor, ORC-Prozesse); VDI-Berichte 1319, VDI, Düsseldorf, 1997
/10-110/ Stahel, R.; Vock, W.; Kasser, U.; Bühler, R.; Jenni, A.; Nussbaumer, T.: Altholzkonzept Kanton Zürich. Direktion der öffentlichen Bauten des Kantons Zürich, Amt für Gewässerschutz und Wasserbau (AGW), Amt für Technische Anlagen und Lufthygiene (ATAL), Kapitel 17.5, Anhang 17-A, Oktober, 1990
/10-111/ Strauss, K.: Kraftwerkstechnik zur Nutzung fossiler, regenerativer und nuklearer Energiequellen; Springer, Berlin, Heidelberg, 1998, 4. Auflage
/10-112/ Stücheli, A.: Abgasreinigung bei Kehrichtverbrennungsanlagen; Schweizer Ingenieur und Architekt 5(1988), S. 116-124
/10-113/ Strauss, T.; Pröll, T.; Hofbauer, H.: Start up and operation optimization of a 39 MW_{th} bubbling fluidized bed incinerator for domestic waste and sewage sludge, Proc. of the 19th Int. Conf. on Fluidized Bed Combustion, May 23-25, 2006, Vienna
/10-114/ Strehler, A.: Wärme aus Holz und Stroh. DLG Arbeitsunterlagen, Deutsche Landwirtschafts-Gesellschaft e.V. (Hrsg.), Frankfurt, Selbstverlag, 1996
/10-115/ Tauber, C.; Klemm, J.; Schönrok, M.: Mitverbrennung kommunaler Klärschlämme in Steinkohlekraftwerken - Erfahrungen der PreussenElektra aus einem Langzeitversuch; VDI-Seminar Klärschlammentsorgung II; VDI, Düsseldorf, 1996
/10-116/ Tiba-Müller (Hrsg.): Firmenunterlagen; Tiba-Müller AG; Bubendorf, Schweiz
/10-117/ Turegg, R. von: Richtige und effiziente Staubabscheidung - Technologien und Potentiale; VDI-Berichte 1319, VDI, Düsseldorf, 1997, S. 167-198
/10-118/ Vogg, H.; Merz, A.; Stieglitz, L.; Albert, F.W.; Blattner, G.: Zur Rolle des Elektrofilters bei der Dioxinbildung in Abfallverbrennungsanlagen; Abfallwirtschaftsjournal 2(1990), 9, S. 529-536

/10-119/ Wieck-Hansen, K.; Overgaard, P.; et al.: Cofiring coal and straw in a 150 MWe power boiler experiences. Biomass and Bioenergy 19(6): 395-409 (2000)

/10-120/ Wieck-Hansen, K.; Sander, B.: "10 Years Experience with Co-Firing Straw and coal as Main Fuels with Different Types of Biomasses in A CFB Boiler in Grena, Denmark." VGB PowerTech 83(10): 64-67 (2003)

/10-121/ Wiens, U.: Neues aus den Regelwerken zur Verwendung von Flugasche in Beton. VGB PowerTech 5(10): 73-79 (2005)

/10-122/ Werdich, M.: Stirling-Maschinen – Grundlagen, Technik, Anwendung; Ökobuch, Staufen, 1994

/10-123/ Wingelhofer, F.: Directly Wood Particle Fired Gas Turbine Plants: Concept, Experimental Results and Potential Applications for Combined Heat and Power Generation with Moderate Output. 15th European Biomass Conference and Exhibition, Berlin, Germany (May 7 – 11, 2007)

/10-124/ Wischnewski, R.; Werther, J.; Heidenhof, N.: Synergy Effects of the Co-combustion of Biomass and Sewage Sludge with Coal in the CFB Combustor of Stadtwerke Duisburg AG; VGB PowerTech (2006), 12, S. 63-70

/10-125/ Wodtke (Hrsg.): Firmenunterlagen; Wodtke GmbH, D-72170 Tübingen

/10-126/ WVT (Hrsg.): Firmenunterlagen; Wirtschaftliche Verbrennungstechnik GmbH; D-51486 Overath-Untereschbach

/10-127/ Zheng, Y.; Jensen, P.A..; et al.: Ash transformation during co-firing coal and straw. Fuel 86(7-8): 1008-1020 (2007)

/11-1/ Abata, D.; et al.: Ignition Improvements of Lean Natural Gas Mixtures, Michigan Technological University Houghton, Michigan 2003

/11-2/ Abatzoglou, N.: Biomass Gasifier Tars: Their Nature, Formation, and Conversion, NREL/TP-570-25357 Report, Golden, Colorado, 1998

/11-3/ Abatzoglou, N.: Hot gas filtration via a novel mobile granular filter, Progress in Thermo-chemical Biomass Conversion, Expert Meeting, Austria, 2001

/11-4/ Adlhoch, W.; Keller, J.; Herbert, P.K.: Das Rheinbraun-HTW-Kohlevergasungsverfahren. VGB-Konferenz Kohlevergasung 1991, Dortmund, 1991

/11-5/ Aichernig, C.: Project „Wiener Neustadt", International Conference Thermo-chemical biomass gasification for an efficient provision of electricity and fuels – state of knowledge.Leipzig 2007

/11-6/ Alvin, M.A.: Impact of char and ash fines on porous ceramic filter life, Fuel Process Technol., 1998, 143-168

/11-7/ Baaske, W.: Das Projekt „Wiener Neustadt", Schriftenreihe "Nachwachsende Rohstoffe" Band 24, Münster, 2004

/11-8/ Bandi, A.: Verfahrensübersicht Gasreinigungsverfahren, Regenerative Kraftstoffe, Entwicklungstrends, Forschungs- und Entwicklungsansätze, Perspektiven, Fachtagung, Stuttgart, 2003

/11-9/ Baumbach, G.: Luftreinhaltung : Entstehung, Ausbreitung und Wirkung von Luftverunreinigungen; Messtechnik, Emissionsminderung und Vorschriften, Berlin, Heidelberg; New York, 1992

/11-10/ Beenackers, A.A.C.M.; Maniatis, K.: Gasification Technologies for Heat and Power from Biomass. In: Kaltschmitt, M.; Bridgwater, A.V. (Hrsg.): Biomass Gasification & Pyrolysis – State of the art and future prospects; CPL Press, Newbury, 1997, S. 24-52

/11-11/ Berg, M.; Koningen, J.; Nilsson, T.; Sjostrom, K.; Waldheim, L.: Upgrading and cleaning of gas from biomass gasification for advanced applications, Band 2, 1996, 1056-1061

/11-12/ Biomass Power Program Overview – Advanced Biomass Gasification Projects. DOE/GO-10097-412, Washington, Aug. 1997

/11-13/ Bolhar-Nordenkampf, M.: Bewegtbett-Vergaser zur Stromerzeugung – Lessons learned, Schriftenreihe Nachwachsende Rohstoffe Band 24, Münster, 2004

/11-14/ Bolhar-Nordenkampf, M.: Techno-Economic Assessment on the Gasification of Biomass on the Large Scale for Heat and Power Production, Dissertation, TU Wien, 2004

/11-15/	Bolhar-Nordenkampf, M.; Exergetische Analyse und Bewertung von Gasreinigungsverfahren zur Staub- und Teerabscheidung aus Produktgas der thermo-chemischen Umwandlung, DGMK, 2004, Tagungsbericht
/11-16/	Bolhar-Nordenkampf, M.: Gasreinigung – Stand der Technik, Schriftenreihe "Nachwachsende Rohstoffe" Band 24, Münster, 2004
/11-17/	Bridgwater, A.V.: Technical and economic feasibility of biomass gasification for power generation, Fuel, 1995, 631-653
/11-18/	Bühler, R.: IC Engines for LCV Gas from Biomass Gasifiers, Proceedings of the IEA Thermal Gasification Seminar, Zurich, 1997
/11-19/	Bürkholz, A.: Droplet Separation. VHC Verlagsgesellschaft, Weinheim, 1989
/11-20/	Caballero, M.A.; Corella, J.; Aznar, M.P.; Gil, J.: Biomass Gasification with Air in Fluidized Bed. Hot Gas Cleanup with Selected Commercial and Full-Size Nickel-Based Catalysts, 2000, 1143-1154
/11-21/	Cheng, W.H.; Kung, H.H.: Methanol production and use, Marcel Decker Inc., New York 1994
/11-22/	Clariant 2002, Genosorb: http://surfactants.clariant.com
/11-23/	Corella, J.; Narvaez, I.; Orio, A.: Biomass gasification in fluidized bed: Hot and catalytic raw gas cleaning. New developments, Proc. 8th European Bioenergy Conference, Copenhagen, Denmark, 1995, 1814-18
/11-24/	Corella, J.; Orio, A.; Aznar, P.: Biomass Gasification with Air in Fluidized Bed: Reforming of the Gas Composition with Commercial Steam Reforming Catalysts, Ind. Eng. Chem. Res., 1998, 4617-4624
/11-25/	Corella, J.; Orio, A.; Toledo; J.-M.: Biomass Gasification with Air in a Fluidized Bed: Exhaustive Tar Elimination with Commercial Steam Reforming Catalysts. Energy & Fuels 13(1999), 3, S. 702-709
/11-26/	Corella, J.; Orio, A.; Toledo, J.M.: Biomass Gasification with Air in a Fluidized Bed: Exhaustive Tar Elimination with Commercial Steam Reforming Catalysts, Energy Fuels, 1999, 702-709
/11-27/	Corella, J.; Caballero, M.A.; Aznar, M.P.; Gil, J.: Biomass gasification with air in fluidized bed: hot gas cleanup and upgrading with steam-reforming catalysts of big size, 1999, 933-938
/11-28/	Delgado, J.; Aznar, M.P.; Corella, J.: Calcined Dolomite, Magnesite, and Calcite for Cleaning Hot Gas from a Fluidized Bed Biomass Gasifier with Steam: Life and Usefulness, Ind. Eng. Chem. Res., 1996, 3637-3643
/11-29/	Delgado, J.; Aznar, M.P.; Corella, J.: Biomass Gasification with Steam in Fluidized Bed: Effectiveness of CaO, MgO, and CaO-MgO for Hot Raw Gas Cleaning, Ind. Eng. Chem. Res., 1997, 1535-1543
/11-30/	Deurwarder E.P.; Boeringter, H.; Mozaffarian, H.; Rabou, L.P.L.M.; Drift, P. van der: Methanation of Milena Product Gas for Production of BioSNG, 14th European Biomass Conference, Paris, 2005
/11-31/	Devi, L.: A review of the primary measures for tar elimination in biomass gasification processes, Biomass & Bioenergy, Volume 24, 2003
/11-32/	Dry, M.E.: The Fischer-Tropsch process: 1950-2000, Catalysis Today, 71/3-4, 2002, S. 227-241
/11-33/	Dry, M.E.: Present and future applications of the Fischer-Tropsch process, Applied Catalysis A: General 276, 2004, S. 1-3
/11-34/	Ekbohm, T.; Lindblom, M.; Berglin, N.; Ahlvik, P.: Technical and Commercial Feasibility Study of Black Liquor Gasification with Methanol/DME Production as Motor Fuels for Automotive Uses – BLGMF. Nykomb Synergetics AB, Chemrec, Volvo, Ecotraffic, OKQ8, STFi; Methanex, Final Report; Altener Programme, 2003
/11-35/	Ekbohm, T.; Berglin, N.; Lögberg, S.: Black liquor gasification with motor fuel production – BLGMF II, A techno-economic feasibility study on catalytic Fischer-Tropsch synthesis for synthetic diesel production in comparison with methanol and DME as transport fuels. Nykomb Synergetics AB, STFi-Packforsk, KTH Royal Institute of Technology, Statoil, Structor Hulthén Stråth, Final Report, 2005

/11-36/ Larsson, E.K.: Gasification Technologies, Chrisgas summer school, Jülich, 2007
/11-37/ Farris, M.; Paisley, M.A.; Irving, J.; Overend, R.P.: The Battelle/FERCO Biomass Gasification Process. In: Sipilä, K.; Korhonen, M. (Hrsg.): Power Production from Biomass III. Gasification and Pyrolysis R&D&D for Industry; VTT Syposium 192, Espoo, 1999, S. 87-102
/11-38/ Fischer, F.; Tropsch, H.: Über die Herstellung synthetischer Ölgemische (Synthol) durch Aufbau aus Kohlenoxid und Wasserstoff, Brennstoff-Chemie, 4/18, 1923, S. 276-285
/11-39/ Fischer, F.; Tropsch, H.:Die Erdölsynthese bei gewöhnlichem Druck aus den Vergasungsprodukten der Kohlen, Brennstoff-Chemie, 7/7, 1926, S. 97-116
/11-40/ Flory, P.J.: Molecular Size Distribution in Linear Condensation Polymers, Contribution No. 164 from the experimental station of E.I. Du Pont de Nemours & Company, 1936, S. 1877-1885
/11-41/ FNR (Hrsg.): Technologische und verfahrenstechnische Untersuchungen, Schriftenreihe „Nachwachsende Rohstoffe", Band 29, Analyse und Evaluierung der thermochemischen Vergasung von Biomasse, Landwirtschaftsverlag Münster, Seite 6 – 354, 2006
/11-42/ Gartner, B.: Katalytische Spaltung von höheren Kohlenwasserstoffen in Rohgasen aus der Holzverkohlung, Energetische Nutzung von Biomasse, DGMK-Tagung, Velen, 2002
/11-43/ Gatzke, H.: Holzvergasungsanlage für Kraft-Wärme-Kopplung mit Drehrost und Gasmotor am Beispiel der Anlage in Harbore (Dänemark). Fachtagung "Holzvergasung – Teil der Strategie zur CO_2-Minderung", Elsterwerda, April 2000, S. 34-43
/11-44/ Gemperle, H.; Pyroforce Holzverstromungsanlagen eine Technologie mit Zukunft, Marktreife Holzvergasertechnik – Motorische Verbrennung von Holzgas, Fachtagung, Stuttgart, 2005
/11-45/ Gericke, B.; Löffler, J.C.; Perkavec, M.A.: Biomassenverstromung durch Vergasung und integrierte Gasturbinenprozesse. VGB Kraftwerkstechnik 74(1994), 7, S. 595-604
/11-46/ Gil, J.; Corella, J.; Aznar, M.P.; Caballero, M.A.: Biomass Gasification in Athmospheric and Bubbling Fluidized Bed: Effect of the Type of Gasifying Agent an the Product Distribution. Biomass & Bioenergy 16(1999), S. 1-15
/11-47/ GMK, Gesellschaft für Motoren und Kraftanlagen mbH: Firmen und Produktinformation; Kurzbeschreibung ORC-Technologie und Einsatzmöglichkeiten, Bargeshagen, Januar 2005
/11-48/ Gumz, W.: Vergasung fester Brennstoffe, Stoffbilanzen und Gleichgewichte, Eine Darstellung praktischer Berechnungsverfahren, Berlin-Göttingen-Heidelberg, 1952
/11-49/ Hallgren, A.; Andersson, L.A.; Bjerle, I.: High Temperature Gasification of Biomass in an Athmospheric Entrained Flow Reactor. In: Bridgwater, A.V. (Hrsg.): Advances in Thermo-chemical Biomass Conversion; Blackie Academic & Professional, London, 1993, S. 338-349
/11-50/ Hamelinck, C.N.; Faaij, A.: Future prospects for production of methanol and hydrogen from biomass. Journal of Power Sources 111 (2002) 1-22, Department of Science, Technology and Society, Utrecht University, The Netherlands, 2002
/11-51/ Hamelinck, C.N.: Outlook for advanced biofuels, Dissertation, Universität Utrecht, 2004
/11-52/ Hasler, P.; Buehler, R.; Nussbaumer, T.: Gas Cleaning for Biomass Gasification. In: Sipilä, K.; Korhonen, M. (Hrsg.): Power Production from Biomass III. Gasification and Pyrolysis R&D&D for Industry; VTT Syposium 192, Espoo, 1999, S. 371-382
/11-53/ Hatting, U.: Motorentechnik für die Nutzung von Holzgas, 2. Glücksburger Biomasse Forum, 1998
/11-54/ Hein, D.: Der Heatpipe-Reformer – Konzept, Einsatzmöglichkeiten, Markteinführungen; VDI-Wissenforum „Einsatz von Biomasse in Verbrennungs- und Vergasungsanlagen, 23. – 24. Mai 2007, Leipzig
/11-55/ Hellat, J.: Elektrizitätserzeugung aus Schwachgas – Stand der Technik, Schriftenreihe "Nachwachsende Rohstoffe" Band 24, Münster, 2004

/11-56/ Herdin, G.; Wagner, M.: Engine Use of Producer Gas, Experiences and Requirements. In: Sipilä, K.; Korhonen, M. (Hrsg.): Power Production from Biomass III. Gasification and Pyrolysis R&D&D for Industry; VTT Syposium 192, Espoo, 1999, S. 231-248

/11-57/ Herdin, G.: Stand der BHKW Technik im Vergleich zu Brennstoffzellen und Mirkogasturbine, hausinterne Publikation, Jenbacher AG, 2003

/11-58/ Herdin, G.: Stromerzeugung – Biogas & Holzgas, Konzepte für die Zukunft - Erfahrungen, Innovative Biomasse-Nutzung in Blockheizkraftwerken, Konferenzband, Berlin 2005

/11-59/ Herdin, G.: Stromerzeugung aus Schwachgas mittels Gasmotoren, International Conference Biomass gasification for an efficient provision of electricity and fuels – state of knowledge 2007

/11-60/ Hindsgaul, C.: The Viking Gasifier, Strom und Wärme aus biogenen Festbrennstoffen, VDI-Berichte 1891, Düsseldorf, 2005

/11-61/ Höhlein, B. et al.: Methanol als Energieträger. Forschungszentrum Jülich GmbH, Institut für Werkstoffe und Verfahren der Energietechnik (IWV), Schriften des Forschungszentrums Jülich Reihe Energietechnik Band 28, ISBN 3-89336-338-6, Jülich 2003

/11-62/ Hofbauer, H.: Thermische Biomassenutzung in Österreich. VEÖ-Journal 1999, 6-7, S. 66-71

/11-63/ Hofbauer, H.; Fleck, T.; Veronik, G.: Gasification Feedstock Database. IEA Bioenergy Agreement, Task XIII, Activity 3, Technische Universität Wien, 1997

/11-64/ Hofbauer, H.; Rauch, R.: Stoichiometric Water Consumption of Steam Gasification by the FICFB-Gasification Process. In: Bridgewater, A.V. (ed.): Progress in Thermochemical Biomass Conversion, Blackwell Science, 2001, pp. 199-208

/11-65/ Hofbauer, H.; Rauch, R.; Loeffler, G.; Kaiser, S.; Fercher, E.; Tremmel, H.: "Six years experience with the FICFB-Gasification process", 12th European Conference on Biomass and Bioenergy, Amsterdam, The Netherlands, 1, 2002, 982-985

/11-66/ Hofbauer, H.: Stromerzeugung über die Biomassevergasung, Herausforderungen und Perspektiven, Schriftenreihe „Nachwachsende Rohstoffe" Band 24, Münster, 2004

/11-67/ Hofbauer, H.: Conversion technologies: Gasification overview 15th European Biomass Conference & Exhibition, 7-11 May 2007, Berlin, Germany

/11-68/ Huttenrauch, J.; Müller-Syring, G.: Assessment of repair and rehabilitation technologies relating to the transport of hythan (hydrogen- methane-mixture), Report No. R0016-WP4-P-0, EU Project NATURALHY (SES6/CT/2004/502661), 2006

/11-69/ Ising, M.: Der Umsicht-Vergaser – Biomassevergasung für KWK im mittleren Leistungsbereich, Schriftenreihe "Nachwachsende Rohstoffe" Band 24, Münster, 2004

/11-70/ Ising, M.: Zur katalytischen Spaltung teerartiger Kohlenwasserstoffe bei der Wirbelschichtvergasung von Biomasse, Umsicht-Schriftenreihe Band 34, Stuttgart, 2002

/11-71/ Jager, B.: Empfehlungen zur Erzeugung flüssiger Brennstoffe aus Biomasse, Sasol Technology Netherlands B.V., 2003

/11-72/ Jager, B.; Espinoza, R.: Advances in low temperature Fischer-Tropsch synthesis, Catalysis Today, 23/1, 1995

/11-73/ Kabasci, S.: Biogasreinigungsverfahren für den Einsatz in Motoren, Brennstoffzellen und zur Kraftstoffsynthese, VDI-Seminar Einsatz von Biomasse in Verbrennungs- und Vergasungsanlagen, Leipzig, 2005

/11-74/ Kaltschmitt, M.; Rösch, C.; Dinkelbach, L. (Hrsg.): Biomass Gasification in Europe. European Commission, DG XII, Brüssel, Belgien

/11-75/ Karl, J.: Erzeugung wasserstoffreicher Brenngase mit dem Heatpipe-Reformer, Euroheat & Power 33.Jahrgang (2004), Heft 3, S. 32-36

/11-76/ Karl, J.; Erzeugung von Synthesegas mit dem Biomass Heatpipe-Reformer - Betriebserfahrungen und Leistungsgrenzen, Tagungsband 6. DGMK-Fachtagung Energie aus Biomasse", Velen, 2004

/11-77/ Karl, J.: Heatpipe-Reformer – Versuchsergebnisse und Entwicklungsstand, Internationale Tagung „Thermo-chemische Biomasse-Vergasung für eine effiziente Strom-/Kraftstoffbereitstellung – Erkenntnisstand 2007", 27./28.02.2007, Leipzig

/11-78/ Teislev, B.: The Harboore Project, Schriftenreihe "Nachwachsende Rohstoffe" Band 24, Münster, 2004
/11-79/ Kleinhappl, M.: Festbett-Vergasung – Stand der Technik, Schriftenreihe „Nachwachsende Rohstoffe" Band 24, Münster, 2004
/11-80/ Kleinhappl, M.: Berichte aus dem Austrian Bioenergy Centre, Marktreife Holzvergasertechnik – Motorische Verbrennung von Holzgas, Fachtagung, Stuttgart, 2005
/11-81/ Knoef, H.A.M.: Status and Development of Fixed Bed Gasification. Report EWAB 9929, Novem, Utrecht, 2000
/11-82/ Knoef, H.: Practical aspects of biomass gasification, Handbook of biomass gasification, Enschede, 2005
/11-83/ Knoef, H.: Handbook Biomass Gasification, BTG biomass technology group, The Netherlends (2005)
/11-84/ Koljonen, J.; Kurkela, E.; Wilen, C.: Peat-based HTW-plant at Oulu. Bioresource Technology 46(1993), S. 95-101
/11-85/ Köneman, H.W.J.: OLGA Tar removal technology, 4 MW commercial demonstration, Proceedings of the 15th European Biomass Conference and Exhibition, Berlin, 2007
/11-86/ Köppel, W.: Rohgaskonditionierung bei hoher Temperatur – Stand der Technik, Eine Übersicht; DGMK-Tagungsbericht 2004-1, Velen, 2004
/11-87/ Köppel, W.: Gasreinigung – Stand der Technik, am Beispiel der Konditionierung von Synthesegas zu SNG, International Conference Biomass gasification for an efficient provision of electricity and fuels – state of knowledge 2007
/11-88/ Kotowski, W.: Betriebserfahrungen mit einem Kupferkatalysator bei der Methanolsynthese, Chem.-Ing.-Tech., 67, 1995
/11-89/ Kramb, J. H.: Holzverstromung – eine marktfähige Technik, vom Prototypen bis zur Marktreife, Marktreife Holzvergasertechnik – Motorische Verbrennung von Holzgas, Fachtagung, Stuttgart, 2005
/11-90/ Krautkremer, B.: Verfahrensübersicht Biogaserzeugung und Verstromung, Regenerative Kraftstoffe, Entwicklungstrends, Forschungs- und Entwicklungsansätze, Perspektiven, Fachtagung, Stuttgart, 2003
/11-91/ Krewitt, W.: Brennstoffzellen in der Kraft-Wärme-Kopplung : Ökobilanzen, Szenarien, Marktpotenziale, Berlin, 2004
/11-92/ Kubessa, M.: Holzvergasungsanlage mit Blockheizkraftwerk im Biomasse-Verwertungszentrum Espenhain. Fachtagung "Holzvergasung – Teil der Strategie zur CO_2-Minderung", Elsterwerda, April 2000, S. 28-31
/11-93/ Kwant, K.W.: Status of Gasification in countries participating in the IEA biomass gasification and GASNET activity", Utrecht, 2002
/11-94/ Larson, E.D; Katofsky, R.E.: Production of Hydrogen and Methanol via Biomass Gasification. In: Bridgwater, A.V. (Hrsg.): Advances in Thermo-chemical Biomass Conversion; Blackie Academic & Professional, London, 1993, S. 495-510
/11-95/ Leppälahti, J.; Koljonen,T.: Nitrogen Evolution from Coal, Peat and Wood during Gasification: Literature Review. Fuel Processing Technology 43(1995), S. 1-45
/11-96/ Lissner, A.; Thau, A.: Die Chemie der Braunkohle, Band II: Chemisch-Technische Veredlung, Halle (Saale) 1953
/11-97/ Löffler, F.: Staubabscheiden; Lehrbuchreihe Chemieingenieurwesen/Verfahrenstechnik, Stuttgart, New York, 1988
/11-98/ Lurgi 2005, Lurgi's MPG gasification plus rectisol gas purification - Advanced process combination for reliable syngas production. http://www.lurgi.com
/11-99/ Marmoro, R.W.: Hythane in Today's Environment. The Hythane Company LLC, AFVI Conference & Expo Anaheim, Canada, April 2007
/11-100/ Martin, F.: Die Fischer-Tropsch-Synthese. In: Winnacker, K.; Weingartner, E. (Hrsg.); Chemische Technologie, Band 3, Organische Technologie I, Carl Hanser Verlag, München, 1952, S. 776-890
/11-101/ Marutzki, R.: Möglichkeiten zur Vergasung und Verkohlung von Holz und anderen pflanzlichen Reststoffen. Holz-Zentralblatt, Nr. 19, 1981, S. 315-317

/11-102/ Meyer, B.: Optimierung eines Gleichstromvergasungsreaktors im industriellen Maßstab für die Vergasung von feuchtem Holzschnitzeln und Altholz und Entwicklung der trockenen Gasreinigung, Projektnummer 32603, Schlussbericht Juli 2002, Bundesamt für Energie, Schweiz, 2002

/11-103/ Metz, T.: Experimental results of the Biomass Heatpipe-Reformer, 2nd World Conference Exhibition on Biomass Energy, Industry and Climate Protection, May 2004, Rome

/11-104/ Mii, T.; Hirotani, K.: Toyo Engineering Corporation (TEC), Chiba, Japan; Economic Evaluation of a Jumbo DME Plant; Presented to WPC Asia Regional Meeting, Shanghai, China, 2001

/11-105/ Mühlen, H.J.; Schmid, C.: Versuchsanlage zur gestuften Reformierung biogener Reststoffe für eine regenerative Wasserstoffproduktion – Projekt Herten. Fachtagung "Holzvergasung – Teil der Strategie zur CO_2-Minderung", Elsterwerda, April 2000, S. 23-27

/11-106/ Mühlen, H.-J.: Wasserstoff aus Biomasse – Gestufte Reformierung von Agrarreststoffen, Pyrolyse- und Vergasungsverfahren in der Energietechnik Bio-Fuel-Konzepte, Freiberg, 2004

/11-107/ Müller, M.: Gas Phase Emissions, Europena Summer School on Analysis and Treatment in Thermo-chemical Conversion of Biomass, 27-31. August 2007, Jülich. 2007

/11-108/ Müller-Langer, F.; Junold, M.; Schröder, G.; Thrän, D.; Vogel, A.: Analyse und Evaluierung von Anlagen und Techniken zur Produktion von Biokraftstoffen, Bericht SEF, FKZ A 202/04, Institut für Energetik und Umwelt, Leipzig, 2007

/11-109/ Mukunda, H.S.; Dasappa, S.; Paul, P.J.; Rajan, N.K.S; Shrinivasa, U.; Sridhar, H.V.; Sridhar, H.V.: Fixed Bed Gasification for Electricity Generation. In: Kaltschmitt, M.; Bridgwater, A.V. (Hrsg.): Biomass Gasification & Pyrolysis – State of the art and future prospects; CPL Press, Newbury, 1997, S. 105-116

/11-110/ Naccarati, R.; de Lange, H.J.: The Use of Biomass-derived Fuel in a Gas Turbine for the Energy Farm Project. In: Sipilä, K.; Korhonen, M. (Hrsg.): Power Production from Biomass III. Gasification and Pyrolysis R&D&D for Industry; VTT Symposium 192, Espoo, 1999, S. 119-139

/11-111/ Narvaez, I.: Fresh tar (from biomass gasifier) elimination over commercial steam reforming catalyst. Kinetics and effect of different variables of operation; Ind. Eng. Chem. Res. 1997, 36 (2), 1997

/11-112/ Norheim, A.: Electricity generation from producer gas - State of technology - Fuel Cell, International Conference Biomass gasification for an efficient provision of electricity and fuels –state of knowledge 2007

/11-113/ Obernberger, I.: Strom aus fester Biomasse – Stand der Technik und künftige Entwicklungen, hausinterne Publikation, Bios Bioenergiesysteme GmbH, Graz, 2005

/11-114/ Obernberger, I.: Tagungsband zur VDI-Tagung, Thermische Nutzung fester Biomasse; VDI Bericht 1588; Biomasse Kraft-Wärme-Kopplung auf Basis des ORC-Prozesses; 2001

/11-115/ Obernberger, I.: Dezentrale Biomasse-Kraft-Wärme-Kopplungstechnologien: Potenzial, Einsatzgebiete, technische und wirtschaftliche Bewertung, Schriftenreihe Thermische Biomassenutzung Band 4, Graz, 1999

/11-116/ Ogawa, T.; Inoue, N.; Shikada, T.; Ohno, Y.; Direct Dimethyl Ether Synthesis, Journal of Natural Gas Chemistry 12 (2003) 219 – 227

/11-117/ Olivares, A.; Aznar, P.M.; Caballero, M.A.; Gil. J.; Frances, E.; Corella, J.: Biomass Gasification: Produced Gas Upgrading by In-Bed Use of Dolomite. Ind. Eng. Chem. Res. 36(1997), S. 5220-5226

/11-118/ Paul Scherrer Institut: Ecogas - Teilprojekt: Methan aus Holz, Teilprojekt: Energieholzpotential Schweiz. Schlussbericht, September 2003

/11-119/ Perez, P.; Aznar, P.M.; Caballero, M.A.; Gil, J.; Martin, J.A.; Corella, J.: Hot Gas Cleaning and Upgrading with a Calcined Dolomite Located Downstream a Biomass Fluidized Bed Gasifier Operating with Steam-Oxygen Mixtures. Energy & Fuels 11(1997), 6, S. 1194-1203

/11-120/ Petersen, P.: Untersuchung der Deaktivierung von Katalysatoren für die Methanolsynthese aus Kohlendioxid und Wasserstoff, Bericht des Forschungszentrums Jülich-3057, Institut für Energieverfahrenstechnik, 1995
/11-121/ Pfab, F.: Vergasung biogener Feststoffe in einem Wirbelkammerreaktor, www.dissertation.de - Verlag im Internet GmbH, Berlin, 2001
/11-122/ Projektgemeinschaft Biomassevergasung: Analyse und Evaluierung von Anlagen und Verfahren zur thermo-chemischen Vergasung von Biomasse, Abschlussbericht, 2004
/11-123/ Rammler, E.: Technologie und Chemie der Braunkohleverwertung, Leipzig, 1962
/11-124/ Rauch, R.: The Güssing project, International Conference Thermo-chemical biomass gasification for an efficient provision of electricity and fuels – state of knowledge; Leipzig 2007
/11-125/ Renewable fuels for advanced power trains; Final report of the integrated project RENEW, contract no: SES6-CT-2003-502705
/11-126/ Rensfelt, E.K.W.: Athmospheric CFB Gasification – The Greve Plant and beyond. In: Kaltschmitt, M.; Bridgwater, A.V. (Hrsg.): Biomass Gasification & Pyrolysis – State of the art and future prospects; CPL Press, Newbury, 1997, S. 139-159
/11-127/ Roos, H.; Steigelmann, G.; Krause, R.: Proc. 1993 World Methanol Conference 29.11.-1.12.1993, Atlanta/USA
/11-128/ Rösch, C.; Kaltschmitt, M.: Energetische Nutzung von Biomasse in Brennstoffzellen – Grundlagen und Systeme. FNR-Fachgespräch, Güstrow, 1998, Tagungsband
/11-129/ Rösch, C.; Wintzer, D.: Vergasung und Pyrolyse von Biomasse. TAB-Arbeitsbericht Nr. 49; Büros für Technikfolgenabschätzung beim Deutschen Bundestag (TAB), Berlin, 1997
/11-130/ Rösch, C.: Verfahren zur energetischen Nutzung von Biomasse mit Brennstoffzellen – Grundlagen und Systeme. In: Fachagentur Nachwachsende Rohstoffe e.V. (Hrsg.): Energetische Nutzung von Biomasse mit Brennstoffzellenverfahren. Gülzower Fachgespräche, Gülzow, S. 7-33
/11-131/ Rösch, C.; Kaltschmitt, M.: Vergleich von Systemen zur Stromerzeugung mit integrierter Biomassevergasung. DGMK-Fachbereichstagung "Energetische und stoffliche Nutzung von Abfällen und nachwachsenden Rohstoffen". DGMK Tagungsbericht 9802; DGMK, Hamburg, 1998, S. 209-216
/11-132/ Rudloff, M.: First Commercial BTL Production Facility - the Choren ß-Plant Freiberg; Proceedings of the 15th European Biomass Conference and Exhibition, Berlin, 2007
/11-133/ Saller G.: Technisch-wirtschaftliche Bewertung der Methanolerzeugung aus Biomasse mit Hilfe von Prozessmodellen. Universität Siegen, Dissertation, 1999
/11-134/ Salo, K.; Patel, J.G.: Integrated Gasification Combined Cycle Based on Pressurized Fluidized Bed Gasification. In: Bridgwater, A.V.; Boocock, D.G.B. (Hrsg.): Developments in Thermo-chemical Biomass Conversion; Blackie Academic & Professional, London, 1997, S. 994-1005
/11-135/ Salo, K.; Patel, J.G.: Minesota Agri-Power Project (MAP). In: Sipilä, K.; Korhonen, M. (Hrsg.): Power Production from Biomass III. Gasification and Pyrolysis R&D&D for Industry; VTT Syposium 192, Espoo, 1999, S. 141-150
/11-136/ Salzer, C.: Beitrag zur Untersuchung des Methanolsyntheseprozesses. Dissertation, Universität Halle, 1976
/11-137/ Sankol, B.: Energie aus Landwirtschaft – Stand und Potentiale; Fachtagung "Holzvergasung – Teil der Strategie zur CO_2-Minderung". Elsterwerda, April 2000, S. 18-22
/11-138/ Schaub, M.: Die Pyroforce-Technolgie zur Holzverstromung, , Internationale Tagung „Thermo-chemische Biomasse-Vergasung für eine effiziente Strom-/Kraftstoffbereitstellung – Erkenntnisstand 2007", 27./28.02.2007, Leipzig
/11-139/ Schingnitz, N.: Noell-Vergasungstechnologien zur Verwertung von Brenn-, Rest- und Abfallstoffen. Tagungsunterlagen BAT der Pyrolyse und Vergasung von Abfällen – Altholz, Verfahrenskombinationen in Erprobung und Großtechnik, VDI-Bildungswerk, Freiberg, März 2000
/11-140/ Schleder, F.: Stirlingmotoren, Thermodynamische Grundlagen, Kreisprozessrechnung und Niedertemperaturmotoren, Würzburg, 2004

/11-141/ Schulz, H.: „Short history and present trends of Fischer-Tropsch synthesis", Applied Catalysis A: General, 186/1, 2, 1999, S. 3-12

/11-142/ Schulz, G.V.: Über die Beziehung zwischen Reaktionsgeschwindigkeit und Zusammensetzung des Reaktionsproduktes bei Makropolymerisationsvorgängen, Zeitschrift für Physikalische Chemie, Akademische Verlagsgesellschaft, 30/122, 1935, S. 379-398

/11-143/ Schulze, O.: Statusbericht über die Erprobung der 1 MW_{th}-Carbo-V-Anlage mit Holzhackschnitzeln, geschreddertem Altholz und Kohle. Fachtagung "Holzvergasung – Teil der Strategie zur CO_2-Minderung", Elsterwerda, April 2000, S. 8-17

/11-144/ Schulze, O.: Carbo-V-Vergasung Alpha-Anlage Freiberg, Energetische und ökonomische Analyse und Evaluierung der Biomassevergasung zur Stromerzeugung, Workshop, TU Hamburg-Harburg, 2004

/11-145/ Schwister, K.; Leven V.; Groteklaes, M.; Duré, G.: Taschenbuch der Chemie. Fachbuchverlag Leipzig, 2005, 3. Auflage

/11-146/ Senger, W.; Schöppe, G.; Erich, E.: Stand der Vergasungstechnik für die Nutzung von Biobrennstoffen am Beispiel Holz. Holz als Roh- und Werkstoff, Nr. 6, 1997

/11-147/ Simell, P.; Kurkela, E.; Stahlberg, P.; Hepola, J.: Catalytic Hot Gas Cleaning of Gasification Gas. Catalysis Today

/11-148/ Simell, P.; Stahlberg, P.; Solantausta, Y.; Hepola, J.; Kurkela, E.: Gasification Gas Cleaning with Nickel Monolith Catalyst. In: Bridgwater, A.V.; Boocock, D.G.B. (Hrsg.): Developments in Thermo-chemical Biomass Conversion; Blackie Academic & Professional, London, 1997, S. 1103-1116

/11-149/ Sharan, H.N.; Mukunda, H.S.; Shrinivasa, U.; Dasappa, S.; Paul, P.J.; Rajan, N.K.S.: IISc-DASAG biomass gasifiers: Development, technology, experience and economics. In: Bridgwater, A.V.; Boocock, D.B.B. (Hrsg.): Developments in Thermo-chemical Biomass Conversion; Blackie Academic & Professional, London, 1997, S. 1058-1072

/11-150/ Spath, P.L.; Dayton, D.C.: Preliminary Screening - Technical and Economic Assessment of Synthesis Gas to Fuels and Chemicals with Emphasis on the Potential for Biomass-Derived Syngas. National Renewable Energy Laboratory (NREL), Golden, 2003

/11-151/ Spindler, H.; Bauermeister, U.: Fortschritte bei der Festbettvergasungstechnik für Holz – Konzeption einer Demonstrationsanlage für 500 kW_{el}. Fachtagung "Holzvergasung – Teil der Strategie zur CO_2-Minderung", Elsterwerda, April 2000, S. 44-48

/11-152/ Stevens, D.J.: Hot gas conditioning: Recent Progress with Large-Scale Biomass Gasification Systems, Update and Summary of Recent Progress, National Renewable Energy Laboratory, Golden, Colorado, 2001

/11-153/ Strauß, K.: Kraftwerkstechnik: zur Nutzung fossiler, regenerativer und nuklearer Energiequellen, 5. Auflage; Berlin Heidelberg, 2006

/11-154/ Stucki, S.; Biollaz, S.; Schildhauer, T.; Vogel, F.: New Approaches to SNG Production from Biomass, Energy Delta Conference 2007, Green Gas Session Groningen, 20.-21. November 2007

/11-155/ Teislev, B.: Harboore wood chips updraft gasifier and 1500 kW gas engines operating at 32% power efficiency in CHP configuration, 12th European Conference on Biomass for Energy, Industry and Climate Protection, Amsterdam, The Nethaer-lands, 2002

/11-156/ Thambimuthu, K.V.: Gas Cleaning for Advanced Coal-based Power Generation. IEA Coal Research, London, 1993

/11-157/ Tijmensen, M.J.A.; Faaij, Andre P.C.; Hamelinck, C.N.; Hardeveld, M.R.M. van: Exploration of the possibilities for production of Fischer Tropsch liquids and power via biomass gasification. Biomass and Bioenergy, 2002, 23/2, 129-152

/11-158/ Trifiro, F.: Fuels from Syngas, European Summer School on Analysis and Treatment in Thermo-chemical Conversion of Biomass, 27-31. August 2007, Jülich. 2007

/11-159/ Turn, S.Q.; Kinoshita, C.M.; Ishimura, D.M.; Zhou, J.: The Fate of Inorganic Constituents of Biomass in Fluidized Bed Gasification. Fuel 777(1998), 3, S. 135-146

/11-160/ Ullmann's 2002, Ullmann's Encyclopedia of Industrial Chemistry, Gas treatment. http://www.mrw.interscience.wiley.com/ueic/articles/a12_169/sect5-fs.html (Article online posting)

/11-161/ Vogel, A.: Dezentrale Strom- und Wärmeerzeugung aus biogenen Festbrennstoffen: eine technische und ökonomische Bewertung der Vergasung im Vergleich zur Verbrennung, IE Schriftenreihe, Band 2, ISSN 1862-8060, Dissertation, 2007

/11-162/ Vogel, A.; Thrän, D.; Muth, J.; Beiermann, D.; Zuberbühler, U.; Hervouet, V.; Busch, O.; Biollaz, S.: Comparative assessment of different production processes. Scientific report WP5.4. Technical Assessment, SES6-CT-2003-502705 RENEW – Renewable fuels for advanced powertrains, 2008

/11-163/ Vogels, J.: The Carbo-V-gasification process for the production of syngas, Seminar on gasification and methanation in Gothenburg, September 2007

/11-164/ Van de Bled, L.; Wagenaar, B.M.; Prins, W.: Cleaning of Hot Producer Gas in a Catalyctic Adiabatic Packed Bed Reactor with Periodic Flow Reversal. Bridgwater, A.V.; Boocock, D.G.B. (Hrsg.): Developments in Thermochemical Biomass Conversion; Blackie Academic & Professional, London, 1997, S. 907-920

/11-165/ Weiss, H.J.; Hamilton, C.J.: LR Gasification of Dried Sewage Sludge; 4th Annual Update on the Latest Developments & Trends in the Treatment and Disposal of Sewage Sludge. The Scientific Societies Lecture Theatre, London, Oktober 1997

/11-166/ Wiese, L.: Energetische, exergetische und ökonomische Evaluierung der thermochemischen Vergasung zur Stromerzeugung aus Biomasse, Dissertation, TU Hamburg-Harburg, 2007

/11-167/ Zevenhoven, C.A.P.: Particle Charging and Granular Bed Filtration for High Temperature Application. Delft University Press, Delft, 1992

/12-1/ Amen-Chen, C.; Riedl, B.; Wang, X.M.; Roy, C.: Softwood bark pyrolysis oil-PF resols - Part 1. Resin synthesis and OSB mechanical properties. Holzforschung 56, 167, (2002)

/12-2/ Amen-Chen, C.; Riedl, B.; Wang, X.M.; Roy, C.: Softwood bark pyrolysis oil-PF resols - Part 3. Use of propylene carbonate as resin cure accelerator. Holzforschung, 56, 281, (2002)

/12-3/ Andrews, R.G.; Zukowski, S.; Patnaik, P.C.: Feasibility of firing an industrial gas turbine using a biomass derived fuel. In: Developments in Thermo-chemical Biomass Conversion, Bridgwater, A.V.; Boocock, D.G.B. (Eds.): Blackie Academic, London, 1997, p. 495

/12-4/ Antal, M.J.; Croiset, E.; Dai, X.; DeAlmeida, C.; Mok, W.S.L.; Norberg, N.; Richard, J.R.; Al Majthoub, M.: High-Yield Biomass Charcoal. Energy Fuels, 10, 652, (1996)

/12-5/ Antal, M.J.; Allen, S.G.; Dai, X.; Shimizu, B.; Tam, M.S.; Gronli, M.: Attainment of the theoretical yield of carbon from biomass. Ind. Eng. Chem. Res., 39, 4024, (2000)

/12-6/ Antal, M.J.; Mochidzuki, K.; Paredes, L.S.: Flash carbonisation of biomass. Ind. Eng. Chem. Res., 3690, (2003)

/12-7/ Antal, M.J.; Gronli, M.: The art, science, and technology of charcoal production. Industrial & Engineering Chemistry Research, 42, 1619, (2003)

/12-8/ Barynin, J.: The Evolution of Energy: Biomass to BioOil, in: Bio€ - Success and Visons for Bioenergy, Bridgwater, A.V. (Eds.), CPL Scientific, 2007

/12-9/ Behrendt, F.; Neubauer, Y.; Schulz-Tönnies, K.; Wilmes, B.; Zobel, N.: Direktverflüssigung von Biomasse - Reaktionsmechanismen und Produktverteilungen, 08. June 2006, 114-50-10-0337/05-B

12 10/ Bergman P.C.A et al.: Torrefaction for entrained-flow gasification of biomass. In: The 2nd world conference and technology exhibition on biomass for energy, industry and climate protection, Rome, 2004

/12-11/ Bergman, P.C.A.; Boersma, A.R.; Zwart, R.W.H.; Kiel, J.H.A.: Development of torrefaction for biomass co-firing in existing coal-fired power stations", ECN report, ECN-C-05-013, 2005

/12-12/ Bergman, P.C.A.: Combined torrefaction and pelletisation. The TOP process. ECN Report, ECN-C-073, 2005
/12-13/ Bergman, P.C.A.; Boersma, A.R.; Kiel, J.H.A.; Prins, M.J.; Ptasinski, K.J.; Janssen, F.G.G.J.: Torrefied biomass for entrained-flow gasification of biomass, Report ECN-C-05-026, ECN, Petten, 2005
/12-14/ Bergman, P.C.A; Kiel, J.H.A.: Torrefaction for Biomass Upgrading. 14th European Biomass Conference & Exhibition, Paris, 2005
/12-15/ Blin, J.; Volle, G.; Girard, P.; Bridgwater, T.; Meier, D.: Biodegradability of biomass pyrolysis oils: Comparison to conventional petroleum fuels and alternatives fuels in current use. Fuel, 86, 2679, 2007
/12-16/ Bridgwater, A.V.; Catalysis in thermal biomass conversion. Applied Catalysis A, 116, 5, (1994)
/12-17/ Bridgwater, A.V.; Peacocke, G.V.C.: Fast pyrolysis processes for biomass. Renewable and Sustainable Energy Reviews, 4, 1, (2000)
/12-18/ Bridgwater, A.V.; Toft, A.J.; Brammer, J.G.: A techno-economic comparison of power production by biomass fast pyrolysis with gasification and combustion. Renewable & Sustainable Energy Reviews, 6, 181, (2002)
/12-19/ Bridgwater, A.V.: Biomass fast pyrolysis. Thermal Science, 8, 21, (2004)
/12-20/ Bridgwater, T.: Biomass for energy. Journal of the Science of Food and Agriculture, 86, 1755, (2006)
/12-21/ Chan, F.; Riedl, B.; Wang, X.M.; Lu, X.; Amen-Chen, C.; Roy, C.: Performance of pyrolysis oil-based wood adhesives in OSB. Forest Products Journal, 52, 31, (2002)
/12-22/ Czernik, S.; Johnson, D.K.; Black, S.: Stability of wood fast pyrolysis oil. Biomass & Bioenergy, 7, 187, (1994)
/12-23/ Czernik, S.; Bridgwater, A.V.: Overview of applications of biomass fast pyrolysis oil. Energy Fuels, 18, 590, (2004)
/12-24/ Dahmen, N.; Dinjus, E.; Henrich, E.: Synthesis gas from biomass - problems and solutions en route to technical realization. Oil & Gas European Magazine, 1/2007, 31, (2007)
/12-25/ Dayton, D.C.; Milne, T.A.: Alkali, chlorine, SO_x and NO_x release during combustion of pyrolysis oils and chars, Estes Park, CO, 296, 1994
/12-26/ Deutsches Institut für Normung (Hrsg.): DIN 51 749 "Prüfung fester Brennstoffe; Grill-Holzkohle und Grill-Holzkohlenbriketts – Anforderungen, Prüfungen". Beuth, Berlin, 1978
/12-27/ Deutsches Institut für Normung (Hrsg.): DIN EN 1860-2:2005 "Geräte, feste Brennstoffe und Anzündhilfen zum Grillen - Teil 2: Grill-Holzkohle und Grill-Holzkohlebriketts - Anforderungen und Prüfverfahren". Beuth, Berlin 2005
/12-28/ Diebold, J.P.: A Review of the Toxicity of Biomass Pyrolysis Liquids Formed at Low Temperatures. NREL/Tp-430-22739
/12-29/ DIN CERTCO Gesellschaft für Konformitätsbewertung: "Holzkohle Holzkohlebriketts DINPLUS", Berlin
/12-30/ Earl, D.E.: A Report on Charcoal. An Andre Mayer Fellowship Report, FAO, Rome, 1974
/12-31/ Elliott, D.C.: Historical developments in hydroprocessing bio-oils. Energy & fuels, 21, 1792, (2007)
/12-32/ Emrich, W.: Handbook of Charcoal Making – The traditional and Industrial Methods; Solar Energy R & D in the European Community, Series E, Volume 7, Energy from Biomass; D. Reidel Publishing Company, Dordrecht/Boston/Lancaster, 1978
/12-33/ Freel, B.; Graham, R.: Commercial bio-oil production via rapid thermal processing, in: Proceedings of the 1st world conference on biomass for energy and industry, Sevilla, James, James (Eds.), 2001
/12-34/ General Bioenergy: Bioenergy Update, Vol. 2, No 4, (2000)
/12-35/ Gläser, H. u. a.: Chemische Technologie des Holzes. Carl Hanser, München, 1954
/12-36/ Goudriaan, F.; Peferoen, D.G.R.: Liquid fuels from biomass via a hydrothermal process. Chemical Engineering Science, 45, 2729, (1990)

/12-37/ Goudriaan, J.; Kropff, M.J.; Rabbinge, R.: Possibilities and limitations of biomass as energy source. Energiespectrum, 15, 171, (1991)
/12-38/ Grammel, R.: Forstbenutzung - Technologie, Verwertung und Verwendung des Holzes, Verlag Paul Parey, Hamburg und Berlin, 193, 1989
/12-39/ Gust, S.: Combustion of pyrolysis liquids. In: Kaltschmitt, M.; Bridgwater, A.V. (Eds.): Biomass Gasification & Pyrolysis – State of the art and future prospects, CPL Press, Newbury, 1997
/12-40/ Henrich, E.; Dinjus, E.; Meier, D.: Verfahren zur Behandlung von Biomasse, Patentnummer: DE vom: 30.4.2003
/12-41/ Henrich, E.; Dinjus, E.; Meier, D.: Verfahren zur Vergasung von Pyrolysekondensaten, Patentnummer: DE vom: 19.05.2005
/12-42/ Himmelblau, D.A.; Grozdits, G.A.: Production and performance of wood composite adhesives with air-blown, fluidized-bed pyrolysis oil, Elsevier Science, Oxford, UK, 541, 1999
/12-43/ Humphrey, F.R.; Ironside, G.E.: Charcoal from New South Wales Timber Species. Technical Paper 23, Forestry Commission of N.S.W, 1974
/12-44/ Janse, A.M.C.: Biesheuvel, P.M.; Prins, W.; Swaaij, W.P.M. van: A novel interconnected fluidised bed for the combined flash pyrolysis of biomass and combustion of char (vol. 75, p 121, 1999). Chemical Engineering Journal, 76, 75, (2000)
/12-45/ Kelly, S.S.; Wang, X.M.; Myers, M.D.; Johnson, D.K.; Scahill, J.W.: Use of biomass pyrolysis oils for preparation of modified phenol formaldehyde resins. In: Bridgwater, A.V.; Boocock, D.G.B. (Eds.): Developments in Thermo-chemical Biomass Conversion, Chapman & Hall, London, 1997
/12-46/ Kienle, H. von; Bäder, E.: Aktivkohle und ihre industrielle Anwendung. Ferdinand Enke, Stuttgart, 1980
/12-47/ Koecker, H.M.z.; Nelte, A.: Liquid hydrocarbons from lignocellulosic materials. Part 2. Extractive liquefaction of biomass residues, cellulose, and lignin. Holzforschung, 42, 259, 1988
/12-48/ Lédé, J.; Verzaro, F.; Li, H.Z.; Villermaux, J.: Fast pyrolysis of wood in a cyclone reactor. Fuel, 64, 1514, (1985)
/12-49/ Leech, J.; Bridgwater, A.V.; Zarauzo, L.; Maggi, R.: Development of an internal combustion engine for use with crude pyrolysis oil and evaluation of associated processes: publishable Final Report, 1998
/12-50/ Li, J.; Gifford, J.: Evaluation of woody biomass torrefaction. Rotorua, New Zealand: Forest Research, 2001
/12-51/ Lindblad, A.R.: Preparation of oils from wood by hydrogenation. Ing. Vetenskaps Akad. Handl., 107, 7, (1931)
/12-52/ Longley, C.J.; Fung, D.P.: Potential applications and markets for biomass-derived levoglucosan. In: Adv. Thermochem. Biomass Convers., [Ed. Rev. Pap. Int. Conf.], 3rd Meeting Date 1992, Bridgwater, A.V. (Eds.), Blackie, London, 1994
/12-53/ Longley, C.J.; Howard, J.; Fung, D.P.C.: Levoglucosan recovery from cellulose and wood pyrolysis liquids, in: Adv. Thermochem. Biomass Convers., [Ed. Rev. Pap. Int. Conf.], 3rd, Meeting Date 1992, Bridgwater, A.V. (Eds.), Blackie, London, 1994
/12-54/ Meier, D.; Larimer, D.R.; Faix, O.: Direct liquefaction of different lignocellulosics and their constituents. I. Fractionation, elemental composition. Fuel, 65, 910, (1986)
/12-55/ Meier, D.; Larimer, D.R.; Faix, O.: Direct liquefaction of different lignocellulosics and their constituents. II. Molecular weight determination, gaschromatography, IR-spectroscopy. Fuel, 65, 916, (1986)
/12-56/ Meier, D.; Faix, O.: Öl aus Lignocellulosen durch katalytische Druckhydrierung, Hamburg, 432, 1988
/12-57/ Meier, D.; Wehlte, S.; Wulzinger, P.; Faix, O.: Upgrading of bio-oils and flash pyrolysis of CCB-treated wood waste, A.V. Bridgwater and E.N. Hogan, 102, (1996)
/12-58/ Meier, D.; Faix, O.: State of the art of applied fast pyrolysis of lignocellulosic materials - a review. Bioresource Technology, 68, 71, (1999)

/12-59/ Meier, D.: Flash-Pyrolyse zur Verflüssigung von Biomasse - Stand der Technik, 45, 2002
/12-60/ Meier, D.: Flüssigrauch - eine analytische Herausforderung. Fleischwirtschaft, 5, 43, (2005)
/12-61/ Meier, D.; Schöll, S.; Klaubert, H.; Markgraf, J.: Betriebsergebnisse der ersten BTO-Anlage zur ablativen Flash-Pyrolyse von Holz mit Energiegewinnung in einem BHKW, DGMK-Fachbereichstagung "Energetische Nutzung von Biomassen", 24. - 26. August 2006, DGMK, Velen, 2006, p. 115
/12-62/ Meier, D.: Flash-Pyrolyse: Strom, Kraftstoffe und Chemikalien aus Biomasse, Erneuerbare Energien durch Biomasse aus der Phytoextraktion kontaminierter Böden (Eds.), Papierflieger Verlag, Clausthal-Zellerfeld, 2006, p. 115
/12-63/ Meier, D.; Schöll, S.; Klaubert, H.; Markgraf, J.: in Bridgwater, A.V. (Editor), Bio€ - success and visions for bioenergy, CPL Scientific Publishing Service, 2007
/12-64/ Naber, J.E.; Goudriaan, F.; van der Wal, S.; Zeevalkink, J.A.; van de Beld, B.: The HTU process for biomass liquefaction: R&D strategy and potential business development. In: Biomass - A growth opportunity in green energy and value-added products, Proceedings of the 4th Biomass Conference of the Americas, Overend, R.P.; Chornet, E. (Eds.), Pergamon Elsevier, Oxford, 1999, p. 789
/12-65/ Naber, J.E.; Goudriaan, F.; Zeevalkink, J.A.: Conversion of biomass residues to transportation fuels with the HTU process. Abstracts of Papers of the American Chemical Society, 230, U1685, (2005)
/12-66/ Oasmaa, A.; Peacocke, C.; Gust, S.; Meier, D.; McLellan, R.: Norms and standards for pyrolysis liquids. End-user requirements and specifications. Energy & Fuels, 19, 2155, (2005)
/12-67/ Oasmaa, A.; Meier, D.: Norms and standards for fast pyrolysis liquids. 1. Round robin test. J. Anal. Appl. Pyrolysis, 73, 323, (2005)
/12-68/ Oasmaa, A.; Sipila, K.; Solantausta, Y.; Kuoppala, E.: Quality improvement of pyrolysis liquid: Effect of light volatiles on the stability of pyrolysis liquids. Energy & Fuels, 19, 2556, (2005)
/12-69/ Panagiotis, N.: Binders for the wood industry made with pyrolysis oil. PyNE Newsletter, Aston University, Birmingham, UK, 6, (1998)
/12-70/ Peacocke, G.V.C.; Bridgwater, A.V.: Ablative plate pyrolysis of biomass for liquids. Biomass & Bioenergy, 7, 147, (1994)
/12-71/ Peacocke, G.V.C.; Bridgwater, A.V.: Ablative fast pyrolysis of biomass for liquids: results and analysis, In: Bridgwater, A.V.; Hogan, E.N. (Eds.): Bio-Oil Production & Utilization, Proceedings of the 2nd EU-Canada Workshop on Thermal Biomass Processing, CPL Press, Newbury, UK, 1996, p. 35
/12-72/ Persönliche Mitteilung: Firma PYTEC, Lüneburg
/12-73/ Persson, K.; Olofsson, I.; Nordin, A.: Biomass Refinements by Torrefaction. Poster auf der STEM Konferenz in Lidingö, 6.-7. Dezember 2006
/12-74/ Piskorz, J.; Majerski, P.; Radlein, D.: Method of producing slow-release nitrogeneous organic fertilizer from biomass, Patentnummer: Us vom: 14.10.1997
/12-75/ Prins, W.; Wagenaar, B.M.:, Review of the rotating cone technology for flash pyrolysis of biomass. In: Biomass Gasification & Pyrolysis – State of the art and future prospects, Kaltschmitt, M.; Bridgwater, A.V. (Eds.), CPL Press, Newbury, 1997, p. 316
/12-76/ Prins, MJ.: Thermodynamic analysis of biomass gasification and torrefaction, Dissertation, Technische Universität Eindhoven, 2005
/12-77/ Roy, C.; Chornet, E.: Organic products and liquid fuels from lignocellulosic materials by vacuum pyrolysis, Patentnummer: Canada 1,163,595, vom 13.03.1984
/12-78/ Roy, C.; Blanchette, D.; Caumia, B.D.; Labrecque, B.: Conceptual design and evaluation of a biomass vacuum pyrolysis plant, Blackie, 1165, 1994
/12-79/ Roy, C.: The Pyrocycling process: new developments, in: Biomass - A growth opportunity in green energy and value-added products. In: Overend, R.P.; Chornet, E. (Eds.):

Proceedings of the 4th Biomass Conference of the Americas, Pergamon Elsevier, Oxford, 1999, p. 1227

/12-80/ Roy, C.; Calve, L.; Lu, X.; Pakdel, H.; Amen-Chen, C.: Wood composite adhesives from softwood bark-derived vacuum pyrolysis oils. In: Overend, R.P.; Chornet, E. (Eds.): Biomass, Proc. Biomass Conf. Am., 4th, Elsevier Science, Oxford, UK., 1999, p. 521

/12-81/ Samolada, M.C.; Papafotica, A.; Vasalos, I.A.: Catalyst evaluation for catalytic biomass pyrolysis. Energy & Fuels, 14, 1161, (2000)

/12-82/ Schöll, S.; Klaubert, H.; Meier, D.: Holzverflüssigung durch Flash-Pyrolyse mit einem neuartigen ablativen Pyrolysator, in: DGMK Tagungsbericht 2004-1 Beiträge zur DGMK-Fachbereichstagung "Energetische Nutzung von Biomassen", 19.-21. April 2004 in Velen/Westf., p. 47

/12-83/ Schöll, S.; Klaubert, H.; Meier, D.: Bio-oil from a new ablative pyrolyser, in: Science. In: Bridgwater, A.V.; Boocock, D.G.B. (Eds.): Thermal and Chemical Biomass Conversion, CPL Press, Newbury, UK, 2006, p. 1372

/12-84/ Shaddix, C.R.; Huey, S.P.: Combustion characteristics of fast pyrolysis oils derived from hybrid poplar, in: Developments in Thermochemical Biomass Conversion, Bridgwater, A.V.; Boocock, D.G.B. (Eds.), Blackie Academic, London, 1997, p. 465

/12-85/ Stamatov, V.; Honnery, D.; Soria, J.: Combustion properties of slow pyrolysis bio-oil produced from indigenous Australian species. Renewable Energy, 31, 2108, (2006)

/12-86/ Shihadeh, A.; Hochgreb, S.: Diesel engine combustion of biomass pyrolysis oils. Energy & Fuels, 14, 260, (2000)

/12-87/ Venderbosch, R.H.; Gansekoele, E.; Florijn, J.F.; Assink, D.; Ng, H.Y.: Pyrolysis of palm oil residues in Malaysia PyNE Newsletter, 2, (2003)

/12-88/ Wagenaar, B.M.; Prins, W.; Van Swaaij, W.P.M.: Pyrolysis of biomass in the rotating cone reactor: Modelling and experimental justification. Chemical Engineering Science, 49, 5109, (1994)

/12-89/ Wehlte, S.; Meier, D.; Moltran, J.; Faix, O.: The impact of wood preservatives on the flash pyrolysis of biomass, Blackie Academic & Professional, London, 206

/12-90/ Wickboldt, P.; Strenziok, R.; Hansen, U.: Investigation of flame characteristics and emissions of pyrolysis oil in a modified flame tunnel. In: Overend, R.P.; Chornet, E. (Eds.): Biomass – A growth opportunity in green energy and value-added products, Proceedings of the 4th Biomass Conference of the Americas, Pergamon Elsevier, Oxford, 1999, p. 1241

/12-91/ Witczak, Z.J.: Levoglucosenone and Levoglucosans - Chemistry and Applications, ATL Press, Mount Prospect, 219, (1994)

/12-92/ Wornat, M.J.; Porter, B.G.; Yang, N.Y.C.: Single droplet combustion of biomass pyrolysis oils, Estes Park, Colorado, 257, (1994)

/12-93/ Wornat, M.J.; Porter, B.G.; Yang, N.Y.C.: Single droplet combustion of biomass pyrolysis oils. Energy & Fuels, 8, 1131, (1994)

/12-94/ www.fao.org; FAO, Rome

/12-95/ Zhou, J.; Oehr, K.; Simons, G.; Barrass, G.; Put, B.: Simultaneous NO_x/SO_x control using biolime. In: Kaltschmitt, M.; Bridgwater, A.V. (Eds.): Biomass Gasification & Pyrolysis – State of the art and future prospects., CPL Press, Newbury, 1997, p. 490

/13-1/ Ahn, E. u. a.: A low-waste process for the production of Biodiesel; Sep. Sci. Techn. 30(1995), S. 2021-2033

/13-2/ Amafilter (Hrsg.): Firmenunterlagen, Amafilter b.v., Aklmar, Niederlande

/13-3/ Amon, T.; Kryvoruchko, V.; Amon, B.; Schreiner. M.: Untersuchungen zur Wirkung von Rohglycerin aus der Biodieselerzeugung als leistungssteigerndes Zusatzmittel zur Biogaserzeugung aus Silomais, Körnermais, Rapspresskuchen und Schweinegülle. Department für Nachhaltige Agrarsysteme, Institut für Landtechnik, Ergebnisbericht, Wien, Mai 2004

/13-4/ Alt, C.: Filtration. In: Foerst, W.: Ullmanns Enzyklopädie der technischen Chemie; Band 2, Urban und Schwarzenberg, München, 1976, 4. Auflage, S. 154-198

Quellenverzeichnis 979

/13-5/ Anlauf, H.: Physikalische Prinzipien der Fest/Flüssig-Trennung. In: Hess, W.F.; Thier, B. (Hrsg.): Maschinen und Apparate zur Fest/Flüssig-Trennung; Vulkan, Essen, 1991, S. 2-12

/13-6/ Anlauf, H.: Entstehung und Entfeuchtung des Filterkuchens. In: Hess, W.F.; Thier, B. (Hrsg.): Maschinen und Apparate zur Fest/Flüssig-Trennung; Vulkan, Essen, 1991, S. 43-52

/13-7/ Anjou, K.: Manufacture of Rapeseed Oil and Meal. In: Appelqvist, L.A.; Ohlson, R.: Rapeseed – Cultivation, Composition, Processing and Utilisation; Elsevier, Amsterdam, 1972, S. 198-217

/13-8/ Apfelbeck, R.: Raps als Energiepflanze; Dissertation, Forschungsbericht Agrartechnik MEG 156, Technische Universität München, Freising-Weihenstephan, 1989

/13-9/ Baldauf, W.; Balfanz, U.: Herstellung von Kraftstoffen aus Rapsöl in Mineralölraffinerien. In: FNR (Hrsg.): Handbuch Nachwachsende Rohstoffe; Fachagentur Nachwachsende Rohstoffe, Gülzow, 1995, S. 1-3

/13-10/ Baldauf, W.; Balfanz, U.: Verarbeitung von Pflanzenölen zu Kraftstoffen in Mineralöl-Raffinerieprozessen; Tagung "Pflanzenöle als Kraftstoffe für Fahrzeugmotoren und Blockheizkraftwerke", VDI-Berichte 1126; VDI, Düsseldorf, 1994, S. 153-168

/13-11/ Batel, W.; Graef, M.; Mejer, G.-J.; Möller, R.; Schoedder, F.: Pflanzenöle für die Kraftstoff- und Energieversorgung. Grundlagen der Landtechnik 30(1980), 2, S. 40-51

/13-12/ Basshuysen, R. van; Schäfer, F.: Shell Lexikon Verbrennungsmotor, Supplement von ATZ und MTZ; Vieweg, Wiesbaden (ohne Jahr)

/13-13/ Bayerisches Landesamt für Umweltschutz (Hrsg.): Biogashandbuch Bayern – Materialienband. Kapitel 1.4, Dez. 2004, Augsburg

/13-14/ Bayerisches Landesamt für Umweltschutz (LFU): Erfahrungen mit Rapsöl als Brennstoff bei der Gebäudeheizung des LfU – Empfehlungen für Planer und Betreiber. 2002

/13-15/ Bellof, G.: Der Einsatz von Rapskuchen in der Schweinemast; Raps 14(1996), 3, S. 146-149

/13-16/ Belitz, H.-D.; Grosch, W.: Lehrbuch der Lebensmittelchemie; Springer, Berlin, Heidelberg, 1992, 4. Auflage

/13-17/ Berger, P.C.: Best Case Fallbeispiele der Europäischen Biodieselindustrie. Band 42, Schriftenreihe Umweltschutz und Ressourcenökonomie des Institutes für Technologie und Nachhaltiges Produktmanagement, Wien, 2004

/13-18/ Bernesson, S.: Pressning av Rapsfrö pa Gardsniva; Forschungsbericht; Institutionen för Landbrucksteknik, Uppsala, 1990

/13-19/ Blankemeyer, H.: Energielücke mit Sojaöl schließen; Veredlungsproduktion (1989), 3, S. 11-12

/13-20/ Bockey, D.: Biodiesel & Co – Auszüge aus dem UFOP-Bericht 2006/2007. Union zur Förderung von Oel- und Proteinpflanzen e. V., Berlin, Oktober 2007

/13-21/ Bockisch, M.: Nahrungsfette und -öle; Ulmer, Stuttgart, 1993

/13-22/ Böhme, W.: 2nd Generation Biodiesel and Biogas as a Fuel – Research Activities of a Mineral Oil Corporation. OMV AG, Präsentation, 5. Internationaler Fachkongress zu Biokraftstoffen, Berlin, November 2007

/13-23/ Börner, G.; Schönefeldt, J.: Verfahrenstechnik der dezentralen Ölsaatenverarbeitung. In: KTBL-Arbeitsgruppe Dezentrale Ölsaatenverarbeitung (Hrsg.): Dezentrale Ölsaatenverarbeitung; KTBL-Arbeitspapier Nr. 267, Landwirtschaftsverlag, Münster, 1999, S. 16-22

/13-24/ Boyd, M.: Biodiesel in British Columbia – Feasibility Study Report. Eco-Literacy Canada, April 27, 2004

/13-25/ Brautsch, M.: "regOel" – regionales, regeneratives Pflanzenöl als Kraftstoff. Endbericht zum AP 100 Kurzfassung "Technisch wissenschaftliche Grundlagen der Pflanzenöltechnik". FH Amberg-Weiden, März 2004

/13-26/ Brenndörfer, M.: Ergebnisse der bundesweiten Umfrage zum Stand dezentraler Ölsaatenverarbeitung. In: KTBL-Arbeitsgruppe Dezentrale Ölsaatenverarbeitung (Hrsg.): Dezentrale Ölsaatenverarbeitung; KTBL-Arbeitspapier Nr. 267, Landwirtschaftsverlag, Münster, 1999, S. 91-99

/13-27/ Connemann, J.: Biodiesel in Europa 1994; Fat Sci. Techn. 96(1994), S. 536-548
/13-28/ De Smet Ballestra: Generating clean & sustainable energy - Biodiesel Technologies. Brochure, La Hulpe, 2004
/13-29/ De Smet Engineers & Contractors: De Smet Engineers & Contractors and the Biofuels. Brochure, La Hulpe
/13-30/ Deutsche Biodiesel GmbH & Co. KG (DBD): Emissionsprospekt – Biodiesel Kraftstoff der Zukunft. Herausgeber DBD, Berlin, Juni 2005
/13-31/ Deutscher Bundestag: Bekanntmachung der Neufassung der Futtermittelverordnung. Bundesgesetzblatt Jahrgang 2005 Teil I Nr. 15, Bonn, 10. März 2005
/13-32/ Deutsches Institut für Normung (Hrsg.): DIN V 51605: Kraftstoffe für pflanzenöltaugliche Motoren – Rapsölkraftstoff – Anforderungen. Beuth, Berlin, 2006
/13-33/ Deutsches Institut für Normung (Hrsg.): DIN EN 14 214 Kraftstoffe für Kraftfahrzeuge - Fettsäure-Methylester (FAME) für Dieselmotoren – Anforderungen und Prüfverfahren; Deutsche Fassung EN 14214:2003, Beuth, Berlin, 2003
/13-34/ Deutsches Institut für Normung (Hrsg.): DIN EN 590 (Kraftstoffe für Kraftfahrzeuge - Dieselkraftstoff, Mindestanforderungen und Prüfverfahren). Beuth, Berlin, 2000
/13-35/ Dreier, T.: Ganzheitliche Bilanzierung von Grundstoffen und Halbzeugen, Teil V Biogene Kraftstoffe. Forschungsstelle für Energiewirtschaft, München, Juli 1999
/13-36/ Elsbett Technologie GmbH: Elsbett Umrüsttechnologie. Verfügbare Informationen unter www.elsbett.com/de/elsbett-umruesttechnologie/grundsaetzliches.html (Zugriff: Januar 2008)
/13-37/ Elsbett, K.; Elsbett, L.; Elsbett, G.; Behrens, M.: The Duothermic Combustion for D.I. Diesel Engines; SAE Technical Paper Series (860310), S. 13-17, 1986
/13-38/ EurObserv'er: Biofuels Barometer 2006. Systèmes Solaires – Le Journal des Énergies Renouvelables, Paris, June 2007
/13-39/ FNR (Hrsg.): Biokraftstoffe – Basisdaten Deutschland. Informationsflyer, Fachagentur Nachwachsende Rohstoffe, Gülzow, August 2007
/13-40/ Flügge, E.; Harndorf, H.; Wichmann, V.: Rapsölumrüstungen an Dieselmotoren – Anforderungen und deren Umsetzung. Universität Rostock, Lehrstuhl für Kolbenmaschinen und Verbrennungsmotoren, 2006
/13-41/ GEA Westfalia Separator Food Tec.: Vorbehandlung von Ölen und Fetten für die Biodiesel-Produktion. Brochure, Oelde 2005
/13-42/ GEA Westfalia Separator Food Tec.: Separatoren und Dekanter im Biodiesel-Prozess - Take the Best – Separate the Rest. Brochure, Oelde 2006
/13-43/ Gerpen, J. van: Biodiesel Management for Biodiesel Producers, National Renewable Energy Laboratory, NREL/SR-510-36242, July 2004
/13-44/ Gheorghui, M.: New Transesterification Technique for Oils and Fats – Fatty Acid Methyl Ester Production by Transesterification: A Continuous Non-Alkaline Catalytic Process; Proceedings, 21st World Congress of ISF, The Hague, 1995, S. 489-496
/13-45/ Gleißner, M.: Vergärung von kaltgepresstem Rapskuchen; Bericht zum "Gas-Kraft-Projekt 1996"; Eigenverlag, Triesdorf, 1996
/13-46/ Graf, T.; Reinhold, G.; Vetter, A.: Betriebswirtschaftliche Aspekte der dezentralen Ölsaatenverarbeitung. In: KTBL-Arbeitsgruppe Dezentrale Ölsaatenverarbeitung (Hrsg.): Dezentrale Ölsaatenverarbeitung; KTBL-Arbeitspapier Nr. 267, Landwirtschaftsverlag, Münster, 1999, S. 100-107
/13-47/ Graß, C.: Dezentrale Erzeugung von Biodiesel – Möglichkeiten, Wirtschaftlichkeit, Qualitätssicherung. Fachtagung Biokraftstoffe für die Landwirtschaft im Rahmen der IGW 2006, ICC Berlin
/13-48/ Gutsche, B.: Technologie der Methylesterherstellung – Anwendung für die Biodieselproduktion; Fett/Lipid 99(1997), 12, S. 418-427
/13-49/ Hagen, J.: Chemische Reaktionstechnik. VCH Verlagsgesellschaft mbH, Weinheim, 1992
/13-50/ Haupt, J.; Bockey, D.: Fahrzeuge erfolgreich mit Biodiesel betreiben – Anforderungen an FAME aus der Sicht der Produktqualität. Arbeitsgemeinschaft Qualitätsmanagement Biodiesel e.V., Berlin, 2006

/13-51/ Heiß, R. (Hrsg.): Lebensmitteltechnologie - biotechnologische, chemische, mechanische und thermische Verfahren der Lebensmittelverarbeitung; Springer, Berlin, Heidelberg, 1990

/13-52/ Herrmann, S.: Einsatz unveränderter alternativer Treibstoffe und ihrer Mischungen im direkteinspritzenden Dieselmotor; Diplomarbeit, Schweizerische Ingenieurschule für Landwirtschaft, Zollikofen, 1995

/13-53/ Höfelmann, K.: Extraktive Raffination von Rapsöl mit überkritischen Lösemitteln; Dissertation; Universität Erlangen, 1993

/13-54/ HOVAL: HOVAL – Informationsblatt "Allgemeine Informationen Ölheizung und Bioheizöl". URL: http://www.hoval.at/docs/Bilder_AT/Systemberatung/Bioheizoel.pdf (Zugriff: Mai 2007)

/13-55/ Huber, G.W. & Corma, A.: Synergien zwischen Bio- und Ölraffinerien bei der Herstellung von Biomassetreibstoffen. Angew. Chem. 2007, 119, 7320-7338, Wiley-VCH Verlag GmbH & Co KGaA, Weinheim, 2007

/13-56/ IWO e.V.: Neue Normen für Heizöl EL. Presseinformation, Hamburg, 18. Juni 2008

/13-57/ Jansen, H.D.; Steffen, M.C.: Abpressen von Öl aus Nachwachsenden Rohstoffen; Die Mühle & Mischfuttertechnik 129(1992), 17, S. 211-214

/13-58/ Jahreis, G. u. a.: Einsatz von Rapskuchen in der Milchviehfütterung und Einfluss auf die Milchqualität. In: Thüringer Landesanstalt für Landwirtschaft (Hrsg.): 2. Jenaer Rapstag; Tagungsband; Thüringer Landesanstalt für Landwirtschaft, Jena, 1994, S. 59-76

/13-59/ Jeroch, H.; Dänicke, S.; Zachmann, R.: Untersuchungen zu Futterwert und Fütterungseignung von Rapsexpellern bei Legehennen. In: Thüringer Landesanstalt für Landwirtschaft (Hrsg.): 2. Jenaer Rapstag; Tagungsband; Thüringer Landesanstalt für Landwirtschaft, Jena, 1994, S. 94 98

/13-60/ Jurisch, C.; Meyer-Pittroff, R.: Pflanzenölgeeignete Dieselmotoren deutscher Hersteller; Tagung "Pflanzenöle als Kraftstoffe für Fahrzeugmotoren und Blockheizkraftwerke", VDI-Berichte 1126; VDI, Düsseldorf, 1994, S. 89-105

/13-61/ Kern, C.; Widmann, B.A.; Schön, H.; Maurer, K.; Wilharm, T.: Standardisierung von Rapsöl für pflanzenöltaugliche Motoren; Landtechnik 52(1997), 2, S. 68-69

/13-62/ Kinast; J.A.: Production of Biodiesels from Multiple Feedstocks and Properties of Biodiesels and Biodiesel/Diesel Blends, Final Report, Report 1 in a series of 6, Gas Technology Institute, National Renewable Energy Laboratory, NREL/SR-510-31460, March 2003

/13-63/ Kleber, M.: Biodiesel Capabilities. Lurgi PSI, Presentation, Mississippi Renewable Energy Conference, 2003

/13-64/ Kraus, K. et al.: Aktuelle Bewertung des Einsatzes von Rapsöl/RME im Vergleich zu Dieselkraftstoff, Texte Umweltbundesamt 79, Berlin, 1999

/13-65/ Kollmann, I.: Lagerverluste und Qualitätsveränderungen bei Ölraps; Raps 9(1991), 2, S. 92-95

/13-66/ Launhardt, T.; Hartmann, H.; Link, H.; Schmid, V.: Verbrennungsversuche mit naturbelassenen biogenen Festbrennstoffen in einer Kleinfeuerungsanlage – Emissionen und Aschequalität. Bayerisches Staatsministerium für Landesentwicklung und Umweltfragen (Hrsg.), München, 2000, Reihe "Materialien", Nr. 156

/13-67/ Lebzien, P.: Rapsschrot-Einsatz in der Fütterung. In: DowElanco (Hrsg.): Das Rapshandbuch; DowElanco, München, 1991, 5. Auflage, S. 187-198

/13-68/ Linder, H.: Erzeugung und Einsatz von Biodiesel aus tierischen Fetten (FME) unter besonderer Berücksichtigung der ökologischen Wirkungen. Dissertation Universität Rostock, Schriftenreihe Agrarwissenschaftliche Forschungsergebnisse Band 29, Verlag Dr. Kovac, Hamburg, 2007

/13-69/ Löwe, R.: Verarbeitung von Glycerin aus der Rapsmethylester-Produktion in Mischfutterrationen; UFOP-Schriften, Heft 17, Glycerin in der Tierernährung; Bonn 2002

/13-70/ Luck, T.; Borcherding, A.: Evaluierung der technischen Verwertungsmöglichkeiten für die Nebenprodukte der Ölerzeugung aus Raps. Abschlußbericht des Teilvorhabens im BMFT-Verbundprojekt "Kraftstoff aus Raps", Fraunhofer-Institut für Lebensmitteltechnologie und Verpackung (ILV), München, 1994

/13-71/ Lüde, R.: Die Gewinnung von Fetten und Ölen. In: Rassow, B.: Technische Fortschrittsberichte, Band 47; Steinkop, Leipzig, 1954, 3. Auflage

/13-72/ Lurgi AG: Biodiesel. Brochure, Frankfurt, 2006

/13-73/ Lurgi (Hrsg.): Speiseöltechnologie – Ölsaatenextraktion, Speiseölraffination; Lurgi, Frankfurt/Main, 1990

/13-74/ Markolwitz, M.; Ruwwe, J.: Herstellung von Biodiesel mit Alkoholat-Katalysatoren. Degussa AG, Tagungsbeitrag "Alternative Kraftstoffe", Technische Akademie Esslingen (TAE), November 2003

/13-75/ Matthäus, B.: Qualitätssicherung bei der Ölverarbeitung und Lagerung, insbesondere für Speiseöl. Bundesforschungsanstalt für Ernährung und Lebensmittel, Institut für Lipidforschung, Präsentation auf dem 2. Informationstag – Dezentrale Pflanzenölgewinnung 05. November 2005, Trenthorst, 2005

/13-76/ Maurer, K.: Tessol-Rapsölgemisch als Motorkraftstoff. In: CARMEN (Hrsg.): 2. Symposium "Im Kreislauf der Natur – Naturstoffe für eine moderne Gesellschaft", CARMEN, Rimpar, 1993, S. 123-146

/13-77/ Meyer, M.: Dieselmotoren anpassen für andere alternative Treibstoffe; UFA-Revue (1994), 10, S. 42-44

/13-78/ Meyer, M. und Stettler, M.: SHL Zollikofen, Schweiz (2006)

/13-79/ Mittelbach, M.; Remschmidt C.: Biodiesel – The comprehensive handbook. Institute for Chemistry University Graz, 2004

/13-80/ Müller-Langer, F.; Kubessa, M.: Herstellung von Biodiesel - Rahmenbedingungen, technisch-wirtschaftlicher Verfahrensvergleich. Institut für Energetik und Umwelt, Hochschule für Technik, Wirtschaft und Kultur Leipzig, VDI-Wissensforum, Seminar 401007, Einsatz von Biomasse in Verbrennungs- und Vergasungsanlagen, Leipzig. Mai 2007

/13-81/ Nestle Oil Corporation: NExBtL – Renewable Synthetic Diesel. Artikel, 2006

/13-82/ Ohly, N.: Verfahrenstechnische Untersuchungen zur Optimierung der Biogasgewinnung aus nachwachsenden Rohstoffen. Dissertation, TU Bergakademie Freiberg, Oktober 2006

/13-83/ Poeltec: Firmeninformationen; pkw.poeltec.de (Zugriff: Juni 2008)

/13-84/ Raß, M.: Zur Rheologie des biogenen Feststoffs unter Kompression am Beispiel geschälter Rapssaat. Dissertation. Universität Gesamthochschule Essen, 2001

/13-85/ Rantanen, L.; Linnaila, R.; Aakko, P.; Harju, T.: NExBTL – Biodiesel fuel of the second generation. SAE Technical Paper Series 2005-013771 (anlässlich: Powertrain & Fluid Systems Conference & Exhibition, San Antonio, TX, USA Oktober 2005)

/13-86/ Reinhardt, G.: An Assessment of Energy and Greenhouse Gases of NExBTL. Institute for Energy and Environmental Research by order of the Neste Oil Corporation, Porvoo, Finland, Heidelberg, June 2006

/13-87/ Reiser, W.: Ermittlung von motor- und verbrennungstechnischen Kenndaten an einem Dieselmotor mit Direkteinspritzung bei Betrieb mit unterschiedlich aufbereitetem Rapsöl; Dissertation, Universität Hohenheim, Stuttgart, 1997

/13-88/ Remmele, E.; Wanninger, K.; Widmann, B.A.; Schön, H.: Qualitätssicherung von Pflanzenölkraftstoffen. Analytik zur Bestimmung der Partikelgrößenverteilung in Pflanzenölen; Landtechnik 52(1997), 1, S. 34 – 35

/13-89/ Remmele, E.: Ölreinigung bei der Pflanzenölgewinnung in dezentralen Anlagen. In: KTBL-Arbeitsgruppe Dezentrale Ölsaatenverarbeitung (Hrsg.): Dezentrale Ölsaatenverarbeitung; KTBL-Arbeitspapier Nr. 267, Landwirtschaftsverlag, Münster, 1999, S. 23–32

/13-90/ Remmele, E.; Thuneke, K.; Widmann, B.A.; Wilharm, T.: Begleitforschung zur Standardisierung von Rapsöl als Kraftstoff für pflanzenöltaugliche Dieselmotoren in Fahrzeugen und BHKW. Abschlussbericht für das Bayerische Staatsministerium für Ernährung, Landwirtschaft und Forsten; Landtechnik Weihenstephan (Hrsg.); Freising, 2000

/13-91/ Remmele, E.: Reinigung kaltgepresster Pflanzenöle aus dezentralen Anlagen. Gelbes Heft 75. München: Hrsg. und Druck: Bayerisches Staatsministerium für Landwirtschaft und Forsten, 2002

/13-92/ Remmele, E.; Stotz, K.; Witzelsperger, J.; Gassner, T.: Qualitätssicherung bei der dezentralen Pflanzenölerzeugung für den Nicht-Nahrungsbereich – Technologische Untersuchungen und Erarbeitung von Qualitätssicherungsmaßnahmen. Berichte aus dem TFZ 12, Abschlussbericht für Fachagentur Nachwachsende Rohstoffe e.V., FKZ 22012903, Straubing: Technologie- und Förderzentrum, 2007

/13-93/ Remmele, E.: Handbuch Herstellung von Rapsölkraftstoff in dezentralen Ölgewinnungsanlagen. Sonderpublikation des Bundesministeriums für Ernährung, Landwirtschaft und Verbraucherschutz (BMVEL), Berlin, 2007

/13-94/ RMEnergy Umweltverfahrenstechnik: Der RMEnergy Biodieselprozess; www.rmenergy.de/content/rmenergy_biodieselprozess (Zugriff: Juni 2008)

/13-95/ Röhrmoser, G. u. a.: Rapskuchen aus der Rapsölgewinnung in der Fütterung; 1. Mitteilung: Fütterungstest mit Mastbullen; Tierzucht, Fütterung, Haltung (1991), 1, S. 13-18

/13-96/ Roth, L.; Kormann, K.: Ölpflanzen Pflanzenöle. ecomed Verlagsgesellschaft, 2000

/13-97/ Rupp, M.: Verarbeitung von Rapsöl in Mineralölraffinerien; Tagung "Energie aus Nachwachsenden Rohstoffen und organischen Reststoffen", VDI Berichte 794; VDI, Düsseldorf, 1990, S. 97-111

/13-98/ Rushton, A.; Ward, A.; Holdich, R.: Solid-Liquid Filtration and Seperation Technology; VCH-Wiley, Weinheim, New York, Basel, 1996

/13-99/ Salewski, A.: Rapskuchen und Leinkuchen im Schweine- und Wiederkäuerfutter; Veredlungsproduktion (1995), 1, S. 9

/13-100/ Salewski, A.: Sonnenblumenschrot und -expeller in der Schweine- und Wiederkäuerfütterung; Veredlungsproduktion (1995), 2, S. 41

/13-101/ Sauermann, P.: Mobilität und Verkehr im Zeichen des Klimawandels. BP (Beyond Petroleum), Vortrag-Pressekonferenz, Düsseldorf, 22. August 2007

/13-102/ Scharmer, K. u. a.: Umwandlung von Pflanzenölen zu Methyl- und Äthylestern; Tagung "Pflanzenöle als Kraftstoffe für Fahrzeugmotoren und Blockheizkraftwerke", VDI-Berichte 1126; VDI, Düsseldorf, 1994

/13-103/ Schein, C.: Zum kontinuierlichen Trennpressen biogener Feststoffe in Schneckengeometrien am Beispiel geschälter Rapssaat. Dissertation. Universität Duisburg-Essen, 2003

/13-104/ Schmidt, Th.; Sternberg, J.: Thermische Nutzung von flüssigen, biogenen Brennstoffen. Fa. Saacke Bremen, 5. Ölwärmekolloquium Aachen, 14.09.2006

/13-105/ Schneider, F.H.: Die Merkmale der Raps-Saat unter den Aspekten Trennpressen und Schälen. In: KTBL-Arbeitsgruppe Dezentrale Ölsaatenverarbeitung (Hrsg.): Dezentrale Ölsaatenverarbeitung; KTBL-Arbeitspapier Nr. 267, Landwirtschaftsverlag, Münster, 1999, S. 33 – 45

/13-106/ Schneider, F. H.; Raß, M.: Trennpressen geschälter Rapssaat - Zielsetzung und verfahrenstechnische Probleme. Fett/Lipid 99(1997), 3, S. 91 – 98

/13-107/ Schöne, F. u. a.: Rapskuchen in der Schweinemast - Futterwert und Wirtschaftlichkeit. In: Thüringer Landesanstalt für Landwirtschaft (Hrsg.): 2. Jenaer Rapstag; Tagungsband; Thüringer Landesanstalt für Landwirtschaft, Jena, 1994, S. 77-84

/13-108/ Schörken, U.; Meyer, C.; Hof, M.; Cooban, N.; Stuhlmann, C.: Compositions which can be used as biofuel (WO/2006/077023). World Intellectual Property Organization Patentscope, 2006

/13-109/ Schumann, W.; Gurgel, A.; Boelcke, B.; Pellnitz, K.; Krüger, P.; Stein, H.: (Bio-)Energieland M-V – Von der Vision zur Realität. Landesforschungsanstalt für Landwirtschaft und Fischerei Mecklenburg-Vorpommern, Ministerium für Ernährung, Landwirtschaft, Forsten und Fischerei Mecklenburg-Vorpommern, Broschüre, Schwerin, 2006

/13-110/ Shell Deutschland Oil: Shell erweitert Produktpalette um ein Heizöl mit Biokomponente. Pressemitteilung, www.shell-direct.de/_sdg2/news2007-09-04a.html (Zugriff: Oktober 2007)

/13-111/ Sivakumaran, K.; Goodrum, J.W.: Influence of internal pressure on performance of a small screw expeller. Transactions of the ASAE, 65 (4), 1987, S. 1167-1171

/13-112/ Spiegelberg, V.: Konzept zur thermischen Nutzung von Glycerin / Schleimstoff in ES+S − Wirbelschichtverbrennungsanlagen. ES+S Energy Systems & Solutions, Rostock, Mai 2007

/13-113/ Stan, C.: Alternative Antriebe für Automobile − Hybridsysteme, Brennstoffzellen, alternative Energieträger. Springer-Verlag, Berlin, Heidelberg, 2005

/13-114/ Strehler, A.: Trocknung von Getreide, Körnermais und Raps im landwirtschaftlichen Betrieb; DLG Arbeitsunterlagen D/96; Deutsche Landwirtschaftsgesellschaft, Frankfurt, 1996

/13-115/ Thomas, A.F.: Fette und Öle. In: Foerst, W.: Ullmanns Enzyklopädie der technischen Chemie; Band 2, Urban und Schwarzenberg, München, 1976, 4. Auflage, S. 455-548

/13-116/ Thuneke, K.; Kern, C.: Emissionsverhalten von pflanzenölbetriebenen BHKW-Motoren in Abhängigkeit von den Inhaltsstoffen und Eigenschaften der Pflanzenölkraftstoffe sowie Abgasreinigungssystemen − Literatur- und Technologieübersicht. Abschlussbericht: Bayerische Landesanstalt für Landtechnik, Weihenstephan, 1998

/13-117/ Tyson, K.S.: Biodiesel Handling and Use Guidelines. National Renewable Energy Laboratory (NREL), Oak Ridge, 2004

/13-118/ Uhde / Thyssen Krupp: Biodiesel − Produkt der Zukunft. Broschüre, Mai 2006

/13-119/ Umweltbundesamt (Hrsg.): Zur Sicherheit bei Biogasanlagen. Informationspapier, Stand Juni 2006

/13-120/ UfOP (Hrsg.): Erfahrungen mit Biodiesel; Union zur Förderung von Öl und Proteinpflanzen, Bonn, 1999

/13-121/ UOP LL: RCD UnionfiningTM Process. Brochure, Des Plaines, 2007

/13-122/ US Department of Energy: Energy Efficiency and Renewable Energy: Biodiesel Handling and User Guide. Second Edition, March 2006

/13-123/ Verband Deutscher Ölmühlen (Hrsg.): 00-Raps - Praxisgerechte Fütterungsempfehlungen; Verband Deutscher Ölmühlen, Bonn, 1991

/13-124/ VDI (Hrsg.): Emissionsminderung - Anlagen zur Gewinnung pflanzlicher Öle und Fette, VDI-Richtlinie 2592; VDI, Düsseldorf, 1992

/13-125/ Weidmann, K.: Anwendung von Rapsöl in Fahrzeug-Dieselmotoren; ATZ 97(1995), 5, S. 288-292

/13-126/ Widmann, B.A.; Apfelbeck, R.; Gessner, B.H.; Pontius, P.: Verwendung von Rapsöl zu Motorentreibstoff und als Heizölersatz in technischer und umweltbezogener Hinsicht; Gelbes Heft 40; Bayerisches Staatsministerium für Ernährung, Landwirtschaft und Forsten, München, 1992

/13-127/ Widmann, B.A.: Gewinnung und Reinigung von Pflanzenölen in dezentralen Anlagen − Einflussfaktoren auf die Produktqualität und den Produktionsprozess; Gelbes Heft 51; Bayerisches Staatsministerium für Ernährung, Landwirtschaft und Forsten, München, 1994

/13-128/ Widmann, B.A. u. a.: Technische Eignung von naturbelassenem, nicht additiviertem Rapsöl für den Einsatz als Sägekettenöl; Forschungsbericht; Bayerisches Staatsministerium für Landesentwicklung und Umweltfragen; München, 1994

/13-129/ Widmann, B.A.: Verfahrenstechnische Maßnahmen zur Minderung des Phosphorgehaltes von Rapsöl bei der Gewinnung in dezentralen Anlagen; Dissertation; Forschungsbericht Agrartechnik MEG 262; Technische Universität München, Freising-Weihenstephan, 1994

/13-130/ Widmann, B.A.; Schön, H.: Minderung des Phosphorgehaltes von Rapsöl − Verfahrenstechnische Maßnahmen bei der Ölgewinnung in dezentralen Anlagen; Landtechnik 50(1995), 2, S. 84-85

/13-131/ Widmann, B.A.: Pflanzenöle - Gewinnung und Reinigung in dezentralen Anlagen; Landtechnik 50(1995), 4, S. 208-209

/13-132/ Widmann, B.A.: Verwendungsmöglichkeiten von Pflanzenölen, Qualitätsanforderungen und Maßnahmen zur Qualitätssicherung. In: KTBL-Arbeitsgruppe Dezentrale Ölsaatenverarbeitung (Hrsg.): Dezentrale Ölsaatenverarbeitung; KTBL-Arbeitspapier Nr. 267, Landwirtschaftsverlag, Münster, S. 59-76
/13-133/ Widmann, B.A.: Hintergründe und Zielsetzung der dezentralen Ölsaatenverarbeitung. In: KTBL-Arbeitsgruppe Dezentrale Ölsaatenverarbeitung (Hrsg.): Dezentrale Ölsaatenverarbeitung; KTBL-Arbeitspapier Nr. 267, Landwirtschaftsverlag, Münster, S. 7-15
/13-134/ WTZ Roßlau: Motorische Verbrennung von Glycerol. Wissenschaftlich-Technische Zentrum für Motoren- und Maschinenforschung Roßlau, www.wtz.de/Projekte/Ab_733d.htm (Zugriff: Januar 2008)
/13-135/ Zellner, A.: Katalytische Herstellung von Rapsölmethylester; Dissertation, Universität GH Duisburg, 1989
/13-136/ 3D-Biodiesel: Die dezentrale Umesterung. Broschüre, Halle, 2005

/14-1/ Aivasidis, A.; Diamantis, V.I.: Biochemical Reaction Engineering and Process Development; in: Anaerobic Wastewater Treatment. Adv Biochem Engin/Biotechnol 92(2005), S. 49-76
/14-2/ Antranikian, G.: Angewandte Mikrobiologie; Springer, Berlin Heidelberg New York, 2006
/14-3/ Demirel, B.; Yenigün, O.: J Chem Technol Biot 130(2002), S. 743-755
/14-4/ Fritsche, W.: Umwelt-Mikrobiologie; Gustav Fischer, Jena, 1998
/14-5/ Godfrey, T.; West, S.: Industrial Enzymology; Macmillan Press Ltd., 1996, 2. Auflage
/14-6/ Gottschalk, G.: Bacterial Metabolism, Springer, Berlin, Heidelberg, New York, 1998, 2. Auflage
/14-7/ Haas, M.J.; Foglia, T.A.: Alternate Feedstocks and Technologies for Biodiesel Production. in: Knothe, G.; Krahl. J.; van Gerpen, J. (Hrsg.): The Biodiesel Handbook; AOCS press, 2005, D. 42 – 61
/14-8/ Lee, J.: Biological conversion of lignocellulosic biomass to ethanol; J Biotechnol 56(1997), S. 1-24
/14-9/ Lengeler, J. W.; Drews, G.; Schlegel, H. G.: Biology of the prokaryotes; Thieme, Stuttgart, 1999
/14-10/ Liese, A.; Seelbach, K.; Wandrey, C.: Industrial biotransformations; Wiley VCH, Weinheim, 2006, 2. Auflage
/14-11/ Madigan, M. T.; Martinko, J.: Brock Mikrobiologie; Pearson Studium, München, 2006, 11. Auflage
/14-12/ Ottow, J. C. G.; Bidlingmaier, W.: Umweltbiotechnologie; Gustav Fischer, Jena, 1997
/14-13/ Rupprecht. J. et al.: Perspectives and advances of biological H_2 production in microorganisms; Appl. Microbiol. Biotechnol. 72(2006), S. 442-449
/14-14/ Steinbüchel, A.; Doi, Y.: Biotechnology of biopolymers; Wiley-VCH, Weinheim, 2005

/15-1/ Vogelbusch: Firmenunterlagen, 2008
/15-2/ Kujawski, W.; Zielinski, l.: Bioethanol – One Of The Renewable Energy Sources. Environmental Protection Engineering Vol. 32, No1, 2006
/15-3/ Andritz: Firmeninformationen, 2008
/15-4/ GIG Karasek: Firmeninformationen, 2008
/15-5/ Swiss Combi: Firmeninformationen, 2008
/15-6/ Aufhammer, W.; Pieper, H.J.; Sützel, H.; Schäfer, V.: Eignung von Korngut verschiedener Getreidearten zur Bioethanolproduktion in Abhängigkeit von der Sorte und den Aufwuchsbedingungen. Bodenkultur 44(1993), S. 183-194
/15-7/ Ballesteros, I.; Negro, J.; Oliva, J.M.; Cabañas, A.; Manzanares, P.; Ballesteros, M.: Ethanol Production from Steam-Explosion Pretreated Wheat Straw. Applied Biochemistry and Biotechnology, 129-132:496-508, 2006
/15-8/ Bosch, R. (Hrsg.): Kraftfahrtechnisches Taschenbuch. VDI-Verlag, Düsseldorf, 1987

/15-9/ Butzke, C.; Misselhorn, K.: Zur Acroleinminimierung in Rohsprit. Branntweinwirtschaft 132(1992), S. 27-30
/15-10/ Dauriat, A.; Gnansonou, E.: Ethanol-based biofuels. In: Jungbluth, N. (Hrsg.): Life Cycle Inventories of Bioenergy, econinvent-report No. 17, EcoInvent, Uster, 2007
/15-11/ Dechema Chemistry Data Series Vol. 1, Part 1a, 1981, S. 133
/15-12/ Dörfler, J.; Amorim, H.V.: Applied bioethanol technology in Brazil; Sugar Industry / Zuckerindustrie 132, No. 9, 2007, S. 694-697
/15-13/ Duff, S.J.B.; Murray, W.D.: Bioconversion of forest products industry waste cellulosics to fuel ethanol: a review. Bioresource Technology, 55(6):631-636, 1998
/15-14/ EG-Direktive 85/536/
/15-15/ Fogarty, W.M.; Kelly, C.T.: Starch Degrading Enzymes of Microbial Origin. In: Bull, M.J. (Hrsg.): Progress in Industrial Microbiology, Vol. 15, Elsevier, Amsterdam, 1979
/15-16/ Funk, H.; Schmoltzi, M.: Technische und ökonomische Aspekte der Verwendungsalternativen von Äthanol im Kraftstoffsektor. In: IflM Arbeitsbericht 85/3, Institut für landwirtschaftliche Marktforschung, Bundesforschungsanstalt für Landwirtschaft, Braunschweig-Völkenrode, 1985
/15-17/ Gairing, M.: Ethanol – Einsatz in Fahrzeugmotoren aus der Sicht der Automobilindustrie. Kolloquium "Kurzfristige Möglichkeiten zum Einsatz nachwachsender Rohstoffe", Ministerium für Ernährung, Landwirtschaft, Umwelt und Forsten, Stuttgart, 1986
/15-18/ GEA-Wiegand, Karlsruhe
/15-19/ Harris, G.: The Enzyme Content and Enzymatic Conversion of Malt. In: Cook, A.H. (Hrsg.): Barley and Malt - Biology, Biochemistry, Technology; Academic Press, New York, 1962
/15-20/ Hsu, T.-A.: Pretreatment of Biomass. In: Wyman, C. (Hrsg.): Handbook on Bioethanol: Production and Utilization, Kapitel 10. Taylor and Francis, 1996
/15-21/ Jacob Carl (Hrsg.): Firmenunterlagen; Göppingen
/15-22/ Jørgensen, H.; Kristensen, J.B.; Felby, C.: Enzymatic conversion of lignocellulose into fermentable sugars: challenges and opportunities. Biofuels Bioproducts and Biorefining, 1:119-134, 2007
/15-23/ Kadam, K.L.; Camobreco V.J.; Glazebrook, B.E.; Forrest, L.H.; Jacobson, W.A.; Simeroth, D.C.; Blackburn, W.J.; Nehoda K.C.: Environmental Life Cycle Implications of Fuel Oxygenate Production from California Biomass, National Renewable Energy Laboratory, Colorado, USA, 1999
/15-24/ Kaltschmitt, M.; Reinhardt, G. A. (Hrsg.): Nachwachsende Energieträger – Grundlagen, Verfahren, ökologische Bilanzierung. Vieweg, Braunschweig/Wiesbaden, 1997.
/15-25/ Kim, S.; Holtzapple, M.T.: Lime pretreatment and enzymatic hydrolysis of corn stover. Bioresource Technology, 96:1994-2006, 2005
/15-26/ Kirschbaum, E.: Destillier- und Rektifiziertechnik. Springer, Berlin, Heidelberg, 1969, 4. Auflage
/15-27/ Kosaric, N.: Ethanol – Potential Source of Energy and Chemical Products. In: Rehm, H.J.; Reed, G. (Hrsg.): Biotechnology; VCH, Weinheim, 1996, 2. Auflage
/15-28/ Kreipe, H.: Getreide und Kartoffelbrennerei, Handbuch der Getränketechnologie. Eugen Ulmer, Stuttgart, 1981
/15-29/ Krell, U.; Pieper, H.J.: Entwicklung eines Betriebsverfahrens zur acroleinfreien Alkoholproduktion aus stärkehaltigen Rohstoffen. Handbuch für die Brennerei- und Alkoholwirtschaft 42(1995), S. 371-391
/15-30/ Laberge, D.E.; Marchylo, B.A.: Heterogenity of the β-Amylase Enzymes of Barley; J. Am. Soc. Brew. Chem. 41(1983), S. 120-122
/15-31/ Liebmann, B.; Pfeffer, M.; Wukovits, W.; Bauer, A.; Amon, T.; Gwehenberger, G.; Narodoslawsky, M.; Friedl, A.: Modelling of small-scale bioethanol plants with renewable energy supply; 10th Conference on Process Integration Modelling and Optimisation for Energy Saving and Pollution Reduction, Ischia, Naples, Italy; June 2007; "PRES 07", (2007), ISBN: 88-901915-4-6; S. 309-314

Quellenverzeichnis 987

/15-32/ Ludwig, M.; Schöpplein, E.; Kürbel, P.; Dietrich, H,; Dietrich, P,: Erhöhung des Carotinoidtransfers Zweistufiger Zellaufschluss bei Möhren. Getränkeindustrie 28-32, 2003

/15-33/ Macedo, I.C.; Seabra, J.E.A.; Silva, J.E.A.R.: Green house gases emissions in the production and use of ethanol from sugarcane in Brazil: The 2005/2006 averages and a prediction for 2020. Biomass and Bioenergy, 32:582-595, 2008

/15-34/ Madson, P.W.: Ethanol distillation: the fundamentals; Chapter 22 in The Alcohol Textbook 4th Edition, Nottingham University Press 2003

/15-35/ Manners, D.J.; Sperra, K.L.: Studies on Carbohydrate-Metabolizing Enzymes; Part XIV: The Specifity of R-Enzyme from Malted Barley. J. Inst. Brew. 72(1966), S. 360-365

/15-36/ Marchylo, B.A.; Kruger, J.E.; MacGregor, A.W.: Production of Multiple Forms of α-Amylase in Germinated, Incubated, Whole, De-embryonated Wheat Kernels. Cereal Chemistry 61(1984), S. 305-310

/15-37/ Matthes, F.: Bewertung von Schlempe als Bodendünger. Handbuch für die Brennerei- und Alkoholindustrie 42(1995), S. 393-402

/15-38/ Menrad, H.; König, A.: Alkoholkraftstoffe. Springer, Wien, New York, 1982

/15-39/ Mosier, N.; Wyman, C.; Dale, B.; Elander, R.; Lee, Y.Y.; Holtzapple, M.; Ladisch, M.: Features of promising technologies for pretreatment of lignocellulosic biomass. Biomass Technology, 96:673-686, 2005

/15-40/ Nanguneri, S.R.; Hester, R.D.: Acid/Sugar Separation Using Ion Exclusion Resins: A Process Analysis and Design. Separation Science and Technology, 25(13-15):1829-1842, 1990

/15-41/ Nierhauve, B.: Ethanol – Beimischung zu Kraftstoffen. In: Informationen für die Landwirtschaft, Kolloquium "Kurzfristige Möglichkeiten zum Einsatz nachwachsender Rohstoffe", Ministerium für Ernährung, Landwirtschaft, Umwelt und Forsten, Stuttgart, 1986

/15-42/ Osteroth, D.: Holzverzuckerung – Ein historischer Rückblick. Chemie für Labor und Betrieb, 39(4):165-169, 1988.

/15-43/ Pan, X.; Xie, D.; Kang, K.-Y.; Yoon, S.-L.; Saddler, J.N.: Effect of Organosolv Ethanol Pretreatment Variables on Physical Characteristics of Hybrid Poplar Substrates. Applied Biochemistry and Biotechnology, 136-140:367-378, 2007

/15-44/ Pieper, H.J.: Gärungstechnologische Alkoholproduktion. In: Kling, M.; Wöhlbier, W. (Hrsg.): Handels-Futtermittel, Vol. 2a und 2b; Eugen Ulmer, Stuttgart, 1983

/15-45/ Pieper, H.J.; Bohner, X.: Energiebedarf, Energiekosten und Wirtschaftlichkeit verschiedener Alkoholproduktionsverfahren für Kornbranntwein unter besonderer Berücksichtigung des Schlempe-Recycling-Verfahrens. Branntweinwirtschaft 125(1985), S. 286-293

/15-46/ Quadt, A.: Alkoholproduktion aus Roggen nach dem Hohenheimer Dispergier-Maischverfahren. Diplomarbeit, Universität Hohenheim, 1994

/15-47/ Rau, T.; Thomas, L.; Senn, T.; Pieper, H.J.: Technologische Kriterien zur Beurteilung der Industrietauglichkeit von Weizensorten unter besonderer Berücksichtigung der Alkoholproduktion. Deutsche Lebensmittelrundschau 89(1993), S. 208-210

/15-48/ Rau, T.: Das Autoamylolytische Enzymsystem des Weizens, seine quantitative Erfassung und technologische Nutzung bei fremdenzymreduzierter Amylolyse unter besonderer Berücksichtigung der Ethanolproduktion. Dissertation, Universität Hohenheim, 1989

/15-49/ Rosendal, P.; Nielsen, B.H.; Lange, N.K.: Stability of Bacterial α-Amylase in the Starch Liquefaction Process. Starch/Stärke 31(1979), S. 368-372

/15-50/ Schaffert, R.E.: Sweet sorghum substrate for industrial Alcohol. In: Dendy, D.A.V. (Hrsg.): Sorghum and Millets: Chemistry and Technology; American Association of Cereal Chemists, St. Paul, USA, 1995

/15-51/ Schmitz, N,; Bioethanol in Deutschland; Schriftenreihe Nachwachsende Rohstoffe Band 21, Seite 72, 2003

/15-52/ Senn, T.: Produktion von Bioethanol als Treibstoff unter dem Aspekt der Energie-, Kosten- und Ökobilanz; FVS Fachtagung 2003, S. 87-98
/15-53/ Senn, T.; Thomas, L.; Pieper, H.J.: Bioethanolproduktion aus Triticale unter ausschließlicher Nutzung des korneigenen Amylasesystems. Wiss. Z. TH Köthen 2(1991), S. 53-60
/15-54/ Senn, T.; Pieper, H.J.: Ethanol – Classical Methods. In: Rehm, H.J. (Hrsg.): Biotechnology; Chemie, Weinheim, 1991, 2. Auflage
/15-55/ Stelzer, T.: Biokraftstoffe im Vergleich zu konventionellen Kraftstoffen – Lebensweganalysen von Umweltwirkungen. Dissertation, Universität Stuttgart, 1999
/15-56/ Stout, B.A.: Handbook of Energy for World Agriculture. Elsevier, London, New York, 1990
/15-57/ Sun, Y.; Cheng, J.: Hydrolysis of lignocellulosic material for ethanol production: a review. Bioresource Technology, 83:1-11, 2002
/15-58/ Syassen, O.: Situationsanalyse zur Problematik Nachwachsende Kraftsoffe. Rheinland-Pfälzisches Ministerium für Landwirtschaft, Weinbau und Forsten, Mainz, 1991
/15-59/ Thomas, L.: Enzymtechnische Untersuchungen mit Triticale zur technischen Amylolyse unter besonderer Berücksichtigung der fremdenzymfreien Bioethanolproduktion. Dissertation, Universität Hohenheim, 1991
/15-60/ Tolan, J.S.: Alcohol production from cellulosic biomass: the IOGEN process, a model system in operation. In: Jacques, K.; Lyons, T.P.; Kelsall, D.R. (Hrsg.): The Alcohol Textbook, Nottingham University Press, Nottingham, 1999, 3. Auflage
/15-61/ Wayman, M.; Parekh, S.R.: Biotechnology of Biomass Conversion. Open University Press, 1990
/15-62/ Wooley, R.J.: Continuos Countercurrent Chromatographic Separator for the Purification of Sugars from Biomass Hydrolyzate. Final Project Report, National Renewable Energy Laboratory, 1997

/16-1/ AbfAblVO (2003): Entscheidung 2003/33/EG des Rates vom 19. Dezember 2002 zur Festlegung von Kriterien und Verfahren für die Annahme von Abfällen auf Abfalldeponien gemäß Artikel 16 und Anhang II der Richtlinie 1999/31/EG (ABl. Nr. L 11 vom 16.01.2003 S. 11)
/16-2/ AD-Nett (Hrsg.): Hygienic and sanitation requirements in biogas plants treating animal manures or mixtures of manures and other organic wastes. In: Ortenblad, H. (Hrsg.): Anaerobic digestion: Making energy and solving modern waste problems; AD-Nett-Report 2000; Herning Kommunale Vaerker, Herning, 2000, S. 77-87
/16-3/ Allen, M.R.; Braithwaite, A.; Hills, C.C.: Trace organic compounds in landfill gas at seven U.K. waste disposal sites. Environmental Science & Technology 31 (1997), S. 1054 – 1061
/16-4/ Beer. V.; Suntheim, L.: Düngewirkung von Gülle. Schriftenreihe der Sächsischen Landesanstalt für Landwirtschaft. Jhg. 8, Heft 8 Dresden 2003
/16-5/ Beese, J.D.: Betriebsoptimierung der motorischen Gasverwertung durch den Einsatz von Gasreinigungssystemen. In: Trierer Berichte zur Abfallwirtschaft, Bd. 17, Rettenberger / Stegmann (Hrsg.), Verlag Abfall aktuell, Stuttgart, 2007, S. 109 – 119
/16-6/ BGIA: Eintrag zu CAS-Nr. 74-82-8 in der GESTIS-Stoffdatenbank, abgerufen am 13. Januar 2008
/16-7/ Bischofsberger, W.; Rosenwinkel, K.-H.; Dichtl, H.; Böhnke, E.; Seyfried, C.; Bsdok, J.; Schröter, T.: Anaerobtechnik, Springer, Berlin, 2005
/16-8/ Braha, A: Bioverfahren in der Abwassertechnik: Erstellung reaktionskinetischer Modelle mittels Labor-Bioreaktoren und Scaling-up in der biologischen Abwasserreinigung. Udo Pfriemer Buchverlag in der Bauverlag GmbH, Berlin und Wiesbaden, 1988
/16-9/ Clemens, J, Ahlgrimm, H.J.: Greenhouse gases from animal husbandry: mitigation options. In: Nutrient Cycling in Agroecosystems 60: 287-300, 2002
/16-10/ Daniel, J.; Schröder, G.; Majer, S.; Müller-Langer, F.: Energie- und Klimaeffizienz ausgewählter Biomassekonversionspfade zur Kraftstoffproduktion; Endbericht eines Forschungsprojektes für die KWS Saat AG, Leipzig, 2007

/16-11/ Danish Energy Agency (Hrsg.): Progress report on the economy of centralized biogas plants; Danish Energy Agency, Biomass section, Kopenhagen, 1995

/16-12/ Dornack, C.: Möglichkeiten der Optimierung bestehender Biogasanlagen am Beispiel Plauen/Zobes in Anaerobe biologischen Abfallbehandlung, Tagungsband der Fachtagung 21-22.2. 2000, Beiträge zur Abfallwirtschaft Band 12, Schriftenreihe des Institutes für Abfallwirtschaft und Altlasten der TU Dresden, 2000

/16-13/ Drexler, K.: Ergebnisse verschiedener Untersuchungsprogramme in Bayern: Passive Entgasung mit Biofiltern zur Methanoxidation, Einsatz von Zündstrahlmotoren. In: Trierer Berichte zur Abfallwirtschaft, Bd. 16, Rettenberger / Stegmann (Hrsg.), Verlag Abfall aktuell, Stuttgart, 2005, S. 225 – 240

/16-14/ Edelmann, W.; Engeli, H.; Moser, C.: Covergärung von festen und flüssigen Substraten; arbi, Baar, 1997

/16-15/ Edelmann, W.; Engeli, H. (Hrsg.): Biogas aus festen Abfällen und Industrieabwässern - Eckdaten für PlanerInnen; Bundesamt für Konjunkturfragen, EDMZ, Bern, 1996

/16-16/ Engeli, H.; Edelmann, W.; Gradenecker, M.; Rottermann, K.: Survival of plant pathogens and seeds of weeds during anaerobic digestion. In: Cecchi, F. (Hrsg.) Proceedings of International Symposium on Anaerobic Digestion of Solid Waste, Venedig, 14.-17. April 1992

/16-17/ Erste Allgemeine Verwaltungsvorschrift zum Bundes-Immissionsschutzgesetz, TA Luft 02 – Technische Anleitung zur Reinhaltung der Luft. In: GMBl. Nr. 25 – 29 vom 30.7. 2002 S. 511 vom 24. Juli 2002

/16-18/ Figueroa, R.A.: Gasemissionsverhalten abgedichteter Deponien. In: Hamburger Berichte Band 13, Stegmann, R. (Hrsg.), Economica Verlag, Bonn, 1996

/16-19/ Gendebien, A.; Pauwels, M.; Constant, M.; Ledrut-Damanet, M.-J.; Nyns, E.-J.; Williumsen, H.-C.; Butson, J.; Farby, R.; Ferrero, G.-L.: Landfill gas: From environment to energy. Office for Official Publications of the European Communities, Luxembourg, 1992

/16-20/ Hartmann, H.; Angeldaki, I.; Ahring, B.K.: Increase of anaerobic degradation of particulate organic matter in full-scale biogas plants by mechanical maceration; Water Science and Technology 41(2000), 3, S. 145-155

/16-21/ Hermann, T.; Karsten, N.; Pant, R.; Plickert, S.; Thrän, D.: Einführung in die Abfallwirtschaft – Technik, Recht und Politik; Verlag Harri Deutsch. Frankfurt, 1997, 2. Auflage

/16-22/ Hofmann, F.; Plättner, A.; Lulies, S; Scholwin, F.: Evaluierung der Möglichkeiten zur Einspeisung von Biogas in das Erdgasnetz; Hrsg.: Fachagentur Nachwachsende Rohstoffe e.V.; Gülzow, 2005

/16-23/ Huber-Humer, M.; Lechner, P.: Ausführung und Leistungsfähigkeit von Methanoxidationsschichten. In: DepoTech 2006, Tagungsband zur 8. DepoTech Konferenz. Lorber, K.E.M.; Staber, W.; Menapace, H.; Kienzl, N.; Vogrin, A. (Hrsg.), VGE Verlag GmbH, Essen, 2006, S. 439 – 446

/16-24/ IWA TASK Group for Mathematical Modelling of Anaerobic Digestion Processes: Anaerobic Digestion Model No.1 (ADM 1). IWA Publishing, London, 2002

/16-25/ Kroeker, E.J.; Schulte, D.D.: Anaerobic treatment process stability in Journal water pollution control Federation Washington D.C. 51 p. 719-72, 1979

/16-26/ KTBL: Faustzahlen Biogas; Hrsg.: Fachagentur Nachwachsende Rohstoffe Gülzow 2007

/16-27/ Liebetrau, J.: Regelungsverfahren für die anaerobe Behandlung von organischen Abfällen; Dissertation an der Fakultät Bauingenieurwesen der Bauhaus Universität Weimar, 2006

/16-28/ Lorenz, H.: Phytohygiene der biologischen Abfallbehandlung bei Kompostierung und Vergärung. Dissertation, Verlag Mensch und Buch, Berlin, 2006

/16-29/ Möller, K.; Leithold, G.; Michel, J.; Schnell, S.; Stinner, W.; Weiske, W.: Auswirkungen der Fermentation biogener Rückstände in Biogasanlagen auf Flächenproduktivität und Umweltverträglichkeit im ökologischen Landbau. DBU – AZ 15074, 2006

/16-30/ Rettenberger, G.: Die Bedeutung der Methan-, Kohlendioxid- und HKW-Emissionen von Deponien für die Atmosphäre. In: Rettenberger, G. und Stegmann, R. (Hg.): Erfassung und Nutzung von Deponiegas. Trierer Berichte zur Abfallwirtschaft. Bd. 2. Economica Verlag, Bonn, 1991, S. 9 – 25

/16-31/ Rettenberger, G.; Stegmann, R.: Landfill gas components. In: Christensen, T. H.; Cossu, R.; Stegmann, R. (Hrsg.): Landfilling of Waste: Biogas. E & FN Spon, London, 1997, S. 51 – 58

/16-32/ Rettenberger, G.: Grundsatzvortrag Vergärung-Biogase-Deponiegase. In: Trierer Berichte zur Abfallwirtschaft, Bd. 11 (Hrsg.: Rettenberger, G.; Stegmann, R.) Economica Verlag, Bonn, 1997, S. 69 – 81

/16-33/ Scholwin, F.; Gattermann, H.; Schattauer, A.; Weiland, P.: Anlagentechnik zur Biogasbereitstellung; in: FNR (Fachagentur Nachwachsende Rohstoffe) (Hrsg.): Handreichung Biogasgewinnung und -nutzung; erstellt von: Institut für Energetik und Umwelt, Bundesforschungsanstalt für Landwirtschaft, Kuratorium für Technik und Bauwesen in der Landwirtschaft e. V.; Gülzow, 2005

/16-34/ Schulze, D.; Block, R.: Ökologische und ökonomische Bewertung von Fermenterabwasseraufbereitungssystemen auf der Basis von Praxisversuchen und Modellkalkulationen für das Betreiben von Biogasanlagen; Endbericht eines durch das Ministerium für Umwelt und Naturschutz, Landwirtschaft und Verbraucherschutz des Landes Nordrhein Westfalen geförderten Projektes, 2006

/16-35/ Schleiss, K.: Kompostier- und Vergärungsanlagen im Kanton Zürich; Amt für Abfall, Wasser und Energie, Zürich, 1998

/16-36/ Stegmann, R.; Heyer, K.-U.; Hupe, K.: Landfill gas extraction and utilization. In: Sevilla 2006, Conference proceedings

/16-37/ TASi (1993): Dritte Allgemeine Verwaltungsvorschrift zum Abfallgesetz, Technische Anleitung zur Verwertung, Behandlung und sonstigen Entsorgung von Siedlungsabfällen - TA Siedlungsabfall. Vom 14. Mai 1993, Banz. S. 4967 und Beilag.

/16-38/ Theilen, U.; Kirchner, R.: Entgasung von Altablagerungen. In: Abfallwirtschaftsjournal 7/8, 1994, S. 520–528

/16-39/ Tilche, A.; Rozzi, A. (Hrsg.): Fifth international symposium on anaerobic digestion (Proceedings), Monduzzi Editore, Bologna, 1988

/16-40/ Urban, W.; Girod, K.; Lohmann, H.: Technologien und Kosten der Biogasaufbereitung und Einspeisung in das Erdgasnetz; Ergebnisse der Markterhebung 2007/2008; Hrsg.: Fraunhofer Institut Umsicht; Oberhausen, 2008

/16-41/ VDI 4631: Gütekriterien für Biogasanlagen, Gründruck , VDI-Verlag, 2008

/16-42/ Vogt, R.; Reinhardt, G.; Scholwin, F.; Daniel, J.; Brohmann, B.; Fritsche, U.; Peters, W.; Klinski, S.: Optimierungen für einen nachhaltigen Ausbau der Biogaserzeugung und –nutzung in Deutschland; Endbericht eines durch das Bundesministerium für Umwelt geförderten Projektes; Förderkennzeichen 03277544; Berlin, 2008

/16-43/ VDI (Hrsg.): Umweltmeterologie. Entstehung von Gasen, Gerüchen und Stäuben aus diffusen Quellen. Deponien. VDI-Richtlinie 3790 Blatt 2. Beuth Verlag, Berlin, 2000

/16-44/ Wilderer, P.; Faulstich, M. (Hrsg.): Prozessabwasser aus der Bioabfallvergärung; Berichte aus Wassergüte und Abfallwirtschaft, TU München, 1999

/16-45/ Wirtz, A. (2000): Grundlegende Ermittlungen zur Umweltbeeinträchtigung durch Siedlungsabfalldeponien, Dissertation, in: Abfall - Recycling - Altlasten, Institut für Siedlungswasserwirtschaft, RWTH Aachen, Band 24, ISBN: 3-932590-68-6

/16-46/ Wulf, S.: Untersuchung der Emissionen von NH_3, N_2O und CH_4 nach Ausbringung von Kofermentationsrückständen in der Landwirtschaft. Dissertation an der Universität Bayreuth, 2002

/16-47/ www.pro-2.net

Sachverzeichnis

2,3,7,8-TCDD 438
3-T-Regel 465
6 R 171

Abbaubarkeit 852
Abbaucharakteristik 860
Abbaugeschwindigkeit 873
Abbaugrad 871
Abbauleistung 869, 872, 873
Abbauphase 869
Abbauprozess 711, 902
Abblasventil 808
Abdeckung 296
Abfall 25, 135, 157
Abfallablagerungsverordnung 148, 162
Abfallbehandlungsanlage 162
Abfallrecht 144
Abfallschlüssel 145
Abfüllanlage 275
Abgasbestandteil 402
Abgasfahne 409
Abgaskondensation 409, 534, 548, 549, 550, 603
Abgasnachbehandlungstechnologie 761
Abgaspartikelfiltersystem 758
Abgasreinigung 534
Abgasrezirkulation 422, 436
Abgastaupunkt 406
Abgastemperatur 406, 538
Abgasturbolader 915
Abgaszüge 477
Abhitzekessel 577, 615, 656
Abiotischer Schaden 90
Ablagerungsverbot 148
Ablängen 189, 223
Ablation 675
Abpressen 211
Abreife 105
Abrieb 275, 365
Abriebfestigkeit 268, 373
Absätzige Verfahren 195, 227

Absatzweise Fermentation 816
Absaugung 209, 927
Abscheideleistung 636
Abscheideprinzip 539
Abscheider 541
Abscheidetechnik 454, 631
Abscheideverfahren 436
Abscheideverhalten 586
Abscherarbeit 260
Abschnittsaushaltung 86
Absetzbehälter 730, 744
Absetzverfahren 730
Absolute Filterfeinheit 732
Absoluter Alkohol 847
Absolutierkolonne 833
Absolutierung 819
Absorber 791
Absorption 47
Absorptionskolonne 898
Absorptionstechnologie 659
Abspaltungsprozess 403
Absteigende Vergasung 606
Absterberate 878
Abtriebsteil 819, 822
Abwasser 167, 168
Abwasserbehandlung 852
Abwasserreinigung 547, 855
Aceton/Butanol-Gärung 782
Acetyl-Xylanesterase 785
Achäne 116
Ackerbohne 154
Ackerfutterbau 68
Ackergrasanbau 65
Ackerholzstreifen 70
Acrolein 817
Adaptationszeit 862, 867
Adaptive Regelung 527
Additivierung 755
Adenosindiphosphat 48, 774
Adenosintriphosphat 44, 48, 51, 774, 794
Adiabate Verbrennungstemperatur 404

Adsorption 831, 841
Adsorptionsbehälter 831
Adsorptionsbett 831
Adsorptionskolonne 895, 898
Adsorptionsmittel 723
Adsorptionsschritt 832
Adsorptive Bleichung 723
Adsorptives Verfahren 642
Aerobe Atmung 51, 776
Aerobe Nachbehandlung 919
Aerobe Phase 925
Aerosolbeeinflussung 436
Aerosolbildung 437, 446
Aerosolentstehung 430
Aerosolfracht 435
Aerosolfraktion 444
Aflatoxin 711
Agroasche 461
Agroforstsystem 69
Aktive Biomasse 873
Aktivierungsenergie 672
Aktivkohle 697, 705, 897, 898, 929
Aktivkohlefilter 900
Aldehydkondensator 826
Aldehydkühler 826, 827
Aldehydrückfluss 827
Aldol-Reversion 385
Alge 770
Alkalialkoholat 739
Alkalichlorid 340
Alkalihydroxid 739
Alkalimetall 739
Alkalimetalldampf 634
Alkalisulfat 340
Alkalivorbehandlung 811
Alkoholdampf 826
Alkoholerzeugung 43
Alkoholfermentation 815
Alkoholgewinnung 793
Alkoholische Gärung 779, 793
Alkoholkonzentration 820, 824
Alkoholvorlage 826
Alkoholyse 737
Alkylbenzolstruktur 337
Allmetall Trieur 712
Allotherme Vergasung 395
Allzweckkipper 279
Altdeponie 924
Alterungsgrad 754
Altfett 745

Altholz 13, 143, 144, 187
Altholzkategorie 145
Altholzrecyclingunternehmen 144
Altholzstrom 148
Altholzverordnung 144, 145
Altpapierrecycling 166
Altspeisefett 162
Altspeiseöl 743
Alttextilien 161
Aluminiumhydrosilikat 723
Aluminium-Toxizität 451
Amin 419
Aminosäuren 45, 47
Aminwäsche 899
Ammoniak-Eindüsung 420
Ammoniakschlupf 545
Ammoniumfracht 852
Amylase 791
Amylolytische Aktivität 797
Amylopektin 46, 783, 794
Amylose 46, 783, 794
Anaerobe Abwasserbehandlung 167
Anaerobe Atmung 777
Anaerobes Archaeon 770
Anaerobfilter 886, 893
Anbauhacker 255
Anbau-Mähhacker 192
Anbaupause 64, 67
Anbausystem 64
Anderson-Schulz-Flory-Verteilung 661
Anhängehacker 255
Anhänger 277
Anhängeverfahren 213
Anhydrozucker 385
Animpfung 815, 869
Anlagenbemessung 860
Anmaischen 875
Anmaischöl 683
Anschwemmfiltration 732
Anstelltemperatur 805, 816
Anströmboden 610
Anströmgeschwindigkeit 492
Antagonismus 864
Antibiotika 852
Antioxidant 752, 754, 755
Anwelken 112
Anzapfturbine 560
Anzündfeuer 498
Arabinose 337
Arbeitsgas 567, 569

Arbeitsmaschine 553, 558
Arbeitsmedium 564
Arbeitszylinder 568
Archeabakterie 770
Arkenolprozess 813
Arrheniusgesetz 393, 400
Artenmischung 68
Aschealuminiumgehalt 451
Ascheanfall 454
Ascheanfall Mitverbrennung 592, 597
Ascheaufbereitung 454
Ascheaufbereitung 454
Ascheaufbringungsverbot 460
Ascheausbrand 410
Ascheausbringung 455, 461
Ascheausbringungsmengen 456
Ascheaustrag 455
Aschebestandteile 432
Ascheeluatverhalten 451
Ascheerweichung 341, 359, 362, 613
Aschegehalt 352, 358, 359
Aschegemisch nach Anfall 454
Asche-Klärschlamm-Gemisch 458
Ascheleitfähigkeit 449
Asche-Mitkompostierung 456
Aschenährstoffgehalte 445
Aschenährstoffgehalte 445
Aschepartikel 688
Asche-PCDD/F-Konzentration 448
Asche-pH-Wert 449
Aschequalität 348
Ascheschmelzverhalten 359
Ascheschwefelgehalt 451
Ascheschwermetallgehalt 446
Aschesiliziumgehalt 450
Ascheverbindung 432
Ascheverwertung 452
ASF-Verteilung 661
Aspartatprotease 787
Assimilation 48
Asthaufen 192
Astholz 81
Astschere 231
Asynchron-Generator 916
Atmosphärische Destillation 746
Atmosphärische Vergasung 614, 650
Atmung 47, 51
Atmungsstoffwechsel 776
ATPase 775
Aufarbeitungsgrenze Holz 83

Aufbau Buch 39
Aufbauhacker 255
Aufenthaltszeit 869, 870, 871, 874, 876, 878, 884, 885
Aufheizung und Trocknung 384, 605
Auflösewerkzeug 261
Aufsammelpresse 236, 237
Aufschaukelungsprozess 865
Aufsteigende Vergasung 604
Ausblasventil 808
Ausbrand 410, 414, 416, 427, 440, 448, 468, 470, 472, 491, 505, 507, 520, 544, 583, 587, 588, 597
Ausbrandbedingung 416
Ausbrandqualität 409, 411, 416, 421
Ausgasung 891
Auslassventil 562
Auspressung 712
Aussaattechnik 70
Ausschlagsfähigkeit 75
Austragsfräsen 304
Austragsschnecken 304
Auswaschungseffekt 206, 340, 870
Auswinterungsverlust 96
Auswurfrutsche 237
Autoamylolytischer Quotient 797
Autobahn 155
Autobahnmeisterei 138
Autogas 917
Autohydrolyse 810, 811
Autoklavensystem 683
Automatisch beschickte Feuerungen 492
Autotherme Reformierung 659
Autotherme Vergasung 394, 395
Autotropher Organismus 47, 773
Autoxidation 751, 752, 755
Axiales Rührwerk 892
Axialgebläse 328
Axialturbine 560
Axt 218
Azeotroper Punkt 821, 831
Azeotroprektifikation 831, 841
Azidität 689

Backhefe 779
Backwarenindustrie 163, 164
Bagasse 123, 801
Bahntransport 284
Bakterienagglomerat 862, 883, 885
Bakterienbiomasse 855

Bakterienbiozönose 887
Bakterienpopulation 873
Bakterienproduktivität 788
Bakterienschlamm 883
Bakterienwachstum 871
Balgpumpe 880
Balkenmähwerk 233
Ballen 201
Ballenauflöser 260, 262, 515
Ballenernte 236
Ballenfeuerung 514
Ballengreifergestänge 202
Ballenkette 201, 208
Ballenladewagen 203
Ballenpresse 197, 201, 202
Ballensammelwagen 239
Ballenteiler 514
Balsampappel 91
Band-Rechwender 234
Bandsäge 246
Bandspritzung 138
Bandtrockner 270
Bartgrasgewächs 95
Batch-Fermentation 818
Batchprozess 697, 742
Batchverfahren 838, 882, 888
Baumhöhe 76
Baumholz 81
Baumschnitt 139
Befruchtung 43
Begleitflora 73
Belebtschlammverfahren 907
Belüftungskühlung 290, 323
Belüftungstrocknung 323
Belüftungswiderstand 325
Bentonit 723
Benzinmotor 849
Bepflanzungsdichte 138
Beregnung 73
Bereitstellungskonzept 42, 187, 195
Bergekette 239
Bergequote 153, 214
Bergius-Pier-Verfahren 683
Bergius-Verfahren 812
Bergungsverlust 206
Beschickungshilfe 248
Beschickungsrinne 249
Beschickungssystem 515
Bestandesformzahl 81
Bestandesführung 64

Bestandesmitteldurchmesser 81
Bestandsdichte 118, 137
Bestäubung 43
Bestockungstrieb 106
Beta-Rübe 114
Betonfermenter 890
Betriebssicherheit 902
Bettmaterial 395, 519, 603, 610, 615, 626,
  641, 831
Beutelfilter 735
Bevölkerungsentwicklung 17
Bewässerung 73
Bewegtrostfeuerung 507
Biegewiderstand 233
Bienenkorb-Meiler 693
Bierherstellung 165
Big Bag 199, 275
Bildanalyseverfahren 366
Billet 215
Bindeapparat 251, 458
Bindemittel 691
Bindungseigenschaft 271
Binnenschiff 214, 284
Bioabfall 160
Bioabfallverordnung 72, 459
Biobrennstoff-Einzugsgebiet 182
Biodiesel 24, 31, 737
Biodieselaufbereitung 740
Biodieselherstellung 736, 791
Bioerdgas 669
Bioethanol 24, 31, 657, 793
Bioethanolanlage 839
Biofenster 931
Biofilmreaktor 791
Biofilter 931
Biogas 8, 23, 30, 843, 853, 914
Biogasanlage 24, 838
Biogasbereitstellung 43
Biogasbestandteile 911
Biogaseigenschaften 911
Biogaseinspeisung 917
Biogaserzeugung 766, 851
Biogasnutzung in BHKW 916
Biogasproduktion 790
Biogasproduktivität 874
Biogassubstrat 211
Biogaszusammensetzung 911
Biogene Festbrennstoffe
  Abriebfestigkeit 373
  Ascheerweichungsverhalten 359

Aschegehalt 359
Brennwert 350
Brückenbildungsneigung 367
Chlorgehalt 344
Elementarzusammensetzung 338
Feinanteil 365
Größenverteilung 365
Hauptelemente 339
Heizwert 352
Kaliumgehalt 340
Kalziumgehalt 341
Kohlenstoffgehalt 339
Kohlenstoffgehalt 339
Lagerdichte 368
Magnesiumgehalt 341
Molekularer Aufbau 336
Phosphorgehalt 343
Physikal.-mech. Eigenschaften 362
Rohdichte 372
Sauerstoffgehalt 339
Schwefelgehalt 343
Spurenelemente 345
Stickstoffgehalt 339
Stückigkeit 363
Wasserstoffgehalt 339
Bioheizöl 762
Biokatalysator 791, 792
Biolime 691
Biologische Entschwefelung 896
Biologischer Abbau 709
Biologischer Sauerstoffbedarf 168, 861
Biomasseanfall 175
Biomasseangebot 75
Biomasseasche 441, 456
Biomassebereitstellung 171
Biomasseeinsatz 181
Biomasseentstehung 41
Biomasseertragspotenzial 77
Biomasseerzeugung 41
Biomassekoks 379
Biomassekraftwerk 23
Biomasselogistik 171
Biomassenutzung 35
Biomassepotenzial 12, 22, 24, 30, 36
Biomasseproduktivität 76
Biomasseschüttung 708
Biomassestrom 12
Biomasseversorgungskette 40
Biomassewandlungsmöglichkeit 6
Biomassezuwachs 855

Biomethan 669, 897
Biomüll 160
Bioneer-Vergaser 644
Bioöl
  Charakterisierung 685
  Einsatz in Dieselmotoren 689
  Einsatz in Gasturbinen 690
  Einsatz in Heizkesseln 689
Bioölaufbereitung
  Chemische Methode 688
  Physikalische Methode 688
BioTherm-Prozess 675
Biotischer Schaden 90
Biotoperhalt 156
Biotoppflege 138, 157
Black Liquor 166
Black-Box-Verfahren 789
Blasenapparat 826
Blattapparat 121
Blättermulchschicht 205, 207
Blattfederrührwerke 303
Blattflächenindex 56
Blattfleckenkrankheit 122
Blattfrucht 66
Blattlaus 92, 127
Blattmasse 120, 154
Blattrost 91, 93
Blatt-Rüben-Verhältnis 121, 122
Blattvorfrucht 107
Blattzelle 42
Bleicherde 723, 768
Bleichung 720, 723, 724, 741
Blühstrauch 70
Blütenboden 116
Bodenbearbeitung 64, 70
Bodenbedeckung 105
Bodenbiomasse 63
Bodendegradation 18
Bodeneigenschaften 62
Bodenerosion 98
Bodenevaporation 59
Bodenfruchtbarkeit 67, 150
Bodengüte 76, 107, 121
Bodenheutrocknung 320
Bodenlagerung 296
Bodenleben 67
Bodenmikroorganismus 62
Bodennitratgehalt 110
Bodenpilz 122
Bodenplatte 296, 297

Bodenpunktzahl 91
Bodenruhe 100, 102
Bodenstruktur 67
Bodentrocknung 204, 233, 320
Bodenverbesserer 143
Bodenverbesserungsmittel 877
Bodenverlust 230
Bodenwasserspeichervermögen 61
Bodenwasservorrat 74
Bogensieb 807
Bombenkalorimeter 350
Borkenkäfer 90, 188, 321
Botrytisfäule 117
Boudouard-Reaktion 390, 391, 395, 414
Brachfläche 25
Brachfliege 111
Branntkalk 271
Brassicaceae 114
Braumalz 796
Braunfäulepilzen 287
Braunrostbefall 125
Brechschnecke 258
Bremer Gemenge 69
Brennerei 165
Brenngas 378, 389
Brennholz 25, 28, 34, 75, 82, 86
Brennholzbereitstellung 185
Brennholzmaschine 186, 249
Brennkammervolumen 417
Brennmalz 796
Brennmulde 759
Brennraumgestaltung 412
Brennschale 498
Brennstoffeigenschaft 177
Brennstoffeinlagerung 301
Brennstofffeuchte 356
Brennstofffüllhöhe 471
Brennstoffkennzeichnungssystem 335
Brennstofflogistik 151
Brennstoffmerkmal 356
Brennstoffpartikel 432
Brennstoffqualität 178
Brennstoffstickstoff 340, 421
Brennstoffstufung 422, 425, 426, 591
Brennstoffvolumenstrom Mitverbr. 585
Brennstoffzelle 634, 651
Brenntopf 498
Brennwert 350, 897, 900
Brennwertanpassung 900
Brennwertbestimmung 350

Brennwertgerät 406
Brennwertkessel 349
Brennwertmessgerät 900
Brikettherstellung 264
Brikettieranlage 210, 265
Bröckelverlust 203, 206
Bruchleiste 221
Brückenbildung 366, 607
Brüden 719, 836, 842
Bruttophotosynthese 54
Bruttoprimärproduktion 54
BSB5-Wert 861
BTA-Prozess 888
BTO-Technologie 677
Buche 78, 89
Bündelkette 192, 197
Bündelmaschine 197
Bündelscheidenzelle 51
Bundesstraße 155
Bundeswaldgesetz 76
Bundeswaldinventur 89
Bunkerverfahren 193
Buschmaterial 138
Butandiol-Gärung 782

C/N-Verhältnis 851, 920
C_3-Pflanze 50, 51, 52, 57, 58
C_4-Pflanze 51, 53, 57
C5-Zucker 799
C6-Zucker 799
Calvin-Benson-Zyklus 50
Carbonatatmung 777
Carotinoide 42, 48
Cellobiohydrolase 784
Cellulase 812, 844
Cellulose 44, 45, 46, 783, 799, 809
Celluloseabbau 793
Celluloseaufschluss 845
Cellulosehydrolysat 844
Cellulosemikrofibrillen 46
Cellulosemolekül 812
Cellulosepyrolyse 691
CEN/TS 14 148 355
CEN/TS 14 774-1 356
CEN/TS 14 775 358
CEN/TS 14 918 348, 350
CEN/TS 14 961 364, 374
CEN/TS 15 103 368
CEN/TS 15 149-1 366
CEN/TS 15 150 372

CEN/TS 15 210-1 374
CEN/TS 15 210-2 374
CEN/TS 15 370-1 361
Cetanzahl 747, 755, 848
CFPP-Wert 755
Champignonproduktion 163
Chargenabbrand 469
Chargenweise Retortenverkohlung 695
Chargenweise Verbrennung 466
Chemische Raffination 721
Chemischer Sauerstoffbedarf 168, 861
Chemolithotrophe 772
Chemoorganotrophe 772
Chemosorption 315
Chinaschilf 95
Chlorauswaschung 344
Chloreinbindungsrate 344
Chlorfracht 344
Chlorophyll 42, 44, 48
Chloroplast 42, 48, 52, 55
Chlorwasserstoff 344, 427
Chlorwasserstoff-Minderung 546
Chromosom 769
CISR-Lambiotte-Retorte 699
Citratzyklus 775
Clostridium 782, 818
CO/Lambda-Diagramm 414
CO/Lambda-Regelung 424, 532
CO_2-Akzeptor 50
CO_2-Aufnahme 55
CO_2-Kompensationspunkt 55
CO_2-Konzentration 55
CO_2-Partialdruck 55
CO-Abbau 411
Coenzym 44, 778
CO-Gehalt 421
Cold Filter Plugging Point 755
Common-Rail-System 761
Compressed Natural Gas 917
Corn-Cob-Mix 153
Corona-Entladung 539
Co-Vergärung 887, 920
Crabtreeeffekt 780
Crackreaktion 641
Crackreaktor 641
CSB-Konzentration 852, 861
Cuticula 59
Cutin 59
Cyanobakterie 773
Cyclohexan-Kolonne 833

Cyclo-Reversion 385
Cysteinprotease 787
Cytoplasma 770

Dammformblechgerät 127
Dampfanteil 828
Dämpfapparat 808
Dampfblasen 808
Dampfblasenbildung 851
Dampfdruck 432, 848
Dampfentspannung 558
Dämpfer 808
Dampfinjektoren 842
Dampfkolbenmotor 561
Dampfkraftprozess 553, 646
Dampflinie/Taulinie 820
Dampfmotor 558, 561
Dampfnässe 564
Dampfparameter 561
Dampfpermeation 831, 833, 834
Dampfphase 820
Dampfreformierung 651, 659
Dampfschraubenmotor 563
Dampfturbine 556, 559, 561
Dämpfung 723, 724
Dampfvergasung 615
Darrdichte 353
Dauerhumus 63
DDGS 837
Deacon-Prozess 438
Decarbonylierungs-Reaktionen 385
Definition
  Brennstoff-Feuchte 356
  Brennwert 349
  Entgasung 378
  Feinstflugasche 441
  Flüchtiger Bestandteil 355
  Grobasche 441
  Heizwert 348
  Luftüberschusszahl 376
  Rostasche 441
  Verbrennung 377
  Verflüssigung 379
  Vergasung 378
  Verkohlung 379
  Zyklonasche 441
Degumming 721
Dehydratation 671
Dehydrations-Katalysator 672
Dehydrierkolonne 833

Sachverzeichnis

Deinkingschlamm 166
Dekantation 806
Dekanter 716, 731, 835
Dekanterzentrifuge 922
Dekompressionskraft 803
Delignifikation 811
Demister 638
Denitrifikation 777, 920
Denovo-Synthese 438, 548
DeNO$_x$-Verfahren 420, 591
Deoxygenierungsreaktion 681
Dephlegmator 823, 824, 825, 826, 828
Depolimerisation 709
Deponiebetrieb 925
Deponieentgasung 927
Deponiegas 24, 923
Deponiegasabsaugstation 928
Deponiegasbildung 924, 925
Deponiegasfackel 930
Deponiegasfassungssystem 928
Deponiegasproduktion 927
Deponiegasqualität 930
Deponiekörper 924
Depotdüngemittel 691
Derbholz 81, 89
Desinfektionsmittel 852
Desintegration 873
Desodorierung 720, 723, 724
Desolventizer-Toaster 719
Desorption 831
Desoxyhexose 337
Destillation 719, 819
Destillationskolonne 823
Destillationsrückstand 835
Destillierapparat 805
Deutsches Weidelgras 102
Dextrin 796
D-Glukosemolekül 336
DGS 836
Diagonalstuhl 714
Dibenzo-Furan 437
Dibenzo-p-Dioxine 437
Dichtlagerung 62, 119, 139
Dicksaft 801
Dickschlempe 806
Dieselgasmotor 914, 930
Dieselmotor 648
Diffusionskoeffizient 400
Diglycerid 748
Dimerisierung 752

Dimethylether 657, 671
DIN 51 730 361
DIN 51 731 352, 358, 373
DIN plus-Pellets 275
Dioxin 427, 438, 440, 538, 548
Direktdrusch 240
Direkte Trocknung 837
Direkteinspritzer 759
Direktextraktion 712, 713
Direktsaat 137
Direktverflüssigungsverfahren 685
Disaccharid 46
Diskontinuierliche Bleichung 723
Diskontinuierliche Sedimentation 730
Dispergier-Maischverfahren 804, 806
Dispergierwirkung 803
Dissimilation 51
Dissoziationsgleichgewicht 418, 867
Dissoziationsmechanismen 386
Distillers Grains with Solubles 836
DME-Synthese 671
DNA 771
Doldengewächs 112
Dolomit 613, 640
Doppelbrandkessel 485
Doppel-Duotherm-Verfahren 759
Doppelfeuervergaser 603, 608, 609
Doppelmembranspeicher 901
Doppelmessermähwerk 207, 233
Doppel-Null-Qualität 113
Doppel-Null-Rapssorte 764
Doppelrohrkühler 842
Doppelschnecken-Mischreaktor 680
Dormanz 99
Dörren 705
Dosiereinrichtung 727
Douglasie 80, 89
Down flow-Reaktor 885
Draht-Röhren-Elektroabscheider 640
Drahtwurm 138
Drawinol-Verfahren 832
Drehkolbenpumpe 880, 893
Drehkolbenverdichter 927
Drehrohrtrockner 331, 837
Drehrost 506, 644
Drehschnecken 303
Dreiseitenkipper 279
Dreiwege-Katalysator 915
Dreizug-Rauchrohrkessel 523
Dreizug-Wasserrohrkessel 524

Sachverzeichnis

Dreschwerk 241
Dried Distillers Grains with Solubles 837
Drillsaatverfahren 100
Drosselorgan 560
Druckaufgel. Wirbelschichtvergasung 610
Druckgebläse 484
Druckmethanolyse 745
Druckpyrolyse 683
Druckverflüssigung 681
Druckvergasung 614, 650
Druckverhältnis 602
Druckwasserwäsche 897
Druckwechseladsorption 659, 674, 897
Druckwind-Sieb-Reinigung 241
Druschfähigkeit 136
Düngemittel 72, 445, 459, 919, 921
Düngemittelbegleitstoff 339
Düngemittelgesetz 72
Düngemittelverordnung 72, 459
Düngerstreuer 455
Dunkelatmung 51
Dunkelkeimer 41
Dunkelreaktion 48, 49
Dünnsaft 801
Dünnschichtverdampfer 719
Dünnschlempe 806, 807, 835, 842
Duotherm-Verfahren 759
Durchbrandfeuerung 469
Durchbrandprinzip 470, 476
Durchflussrate 857, 871, 904
Durchforstungsholz 137, 185, 188
Durchforstungsmaßnahme 217
Durchlaufkessel 524
Durchlauftrockner 329
Durchmischte Reaktoren 882
Durchströmlänge 318
Durchwurzelbarkeit 62, 114
Dürrfleckenkrankheit 127

E5-Mischkraftstoff 850
E85-Mischkraftstoff 850
Economiser 566
Effektiver Wurzelraum 60
Eiche 78, 89
Eichgesetz 81
Eigenerwärmung 323, 855
Eigenwärmebedarf 870
Einachsanhänger 279
Einblasfeuerung 520
Einhäusige Pflanzenart 43

Ein-Kraftstoff-System 760
Einloch-Zapfendüse 759
Einschlag 25, 28
Einschlagsort 83
Einspritzdruck 758
Einspritztechnik 759
Einspritzverlauf 758
Einspritzzeitpunkt 758
Einstrahlung 55
Einstreu 150, 158
Einströmgeschwindigkeit 416
Ein-Tank-System 760
Einwegplane 297
Einzeldichte 372
Einzelfeuerstätten 466, 470, 471, 473, 474, 475, 479, 480, 484, 486, 497, 498, 521
Einzelkerzenfilter 735
Einzelöfen 475
Einzugsgebiet 180
Einzugsradius 179, 183
Eisenatmung 777
Eisenchelaten 896
Eisenchlorid 341
Eisenerzindustrie 704
Eisen-Redox-Reaktion 897
Eiserne Öfen 476
Eiweißfuttermittel 764, 852
Eiweißgehalt 339
Elektroabscheider 637
Elektrofilter 538, 637
Elektronenakzeptor 777
Elektronendonor 778
Elektronen-Transport-Phosphorylierung 774, 778
Elektronentransportsystem 776
Elektrosorption 315
Elektrostatischer Abscheider 637
Elementarzusammensetzung 333, 351
Elementbindungspotenzial 453
Elsbett-Motor 759
Eluierbarkeit 452
Emissionen Mitverbrennung 589, 597
Emissionsentstehung 407
Endeindampfung 719
Endenergie 6, 8, 9
Endfiltration 729, 735
Endo-Enzym 794
Endoglucanase 784, 812
Endosperm 43

Endoxidase 776
Endoxylanase 785
Endreinigung 735
Endstück 198
Endzerkleinerung 186
Energie 9
Energiebasis 10
Energiebegriffe 8
Energiedichte 176, 371
Energieeinsatz 8, 35
Energiefluss 11
Energiegetreide 108
Energiegras 102
Energieinhalt 9, 173
Energiemais 137
Energienachfrage 31, 36
Energiepflanze 15, 41, 64
Energiepflanzenanbau 16, 26
Energiepflanzenfruchtfolge 66
Energiepflanzenpotenzial 22, 26, 30
Energieproblem 8
Energiequelle 1, 10
Energiestrom 1, 11
Energievorrat 10
Energiewaldernte 226
Entalkoholisierung 829
Entastung 190, 222, 225
Enterobakterie 781
Entfärbung 705, 723
Entgasung 378
Entgasungseinrichtung 927
Entgasungsteil 828
Entgasungszeitraum 924
Entgeistung 829
Entgranner 241
Entmethanolisierung 744
Entnahme-Kondensations-Turbine 557
Entnahmeschnecke 303
Entnahmeturbine 560
Entsäuerung 722, 724
Entschleimung 720, 721, 741
Entschwefelungsverfahren 896
Entsorgungsfahrzeug 917
Entsorgungsfläche 73
Entspannungsprinzip 561
Entstaubungsgrad 535
Entstickungskatalysator 761
Entwässerung Klärschlamm 583
Entzug 72
Enzym 42, 44, 45, 782

Enzymat. Entschleimung 721, 722, 724
Enzymat. Hydrolyse 799
Enzymat. Stärkeverflüssigung 794, 796
Enzyminaktivierung 720
Enzymkombination 806
Enzymkomplex 797
Enzympräparat 905
Epidermis 59
Erdgasersatz 669
Erdkruste 61
Erdmeiler 692
Erhaltungsdüngung 457
Erhitzer-Wärmeübertrager 569
Erholungsfunktion Wald 80
Ernährungsgewohnheit 18
Erntefenster 175
Erntefestmeter 81
Ernteintervall 93
Ernteleistung 229
Erntemaschine 214
Ernteprozess 334
Ernteprozesskette 213
Ernterückstand 149
Erntevariante 214
Ernteverfahren 75, 217
Erntezeitpunkt 101
Erosion 18, 70, 100, 102, 119, 125, 134
Erschließbares Potenzial 13
Erstdurchforstung 217
Erstfrucht 68, 74
Erstkultur 211
Erstreinigung 636
Ertragsdepression 112
Ertragspotenzial 61, 93, 97, 125
Ertragssicherheit 74
Ertragssteigerung 19
Erucasäure 113
Erweichungstemperatur 359, 361, 362
Erweiterter Kachelofen 477, 481
Erweiterter Kamin 481
Erweiterter Zeldovich-Mechanismus 418
Erzverhüttung 704
Essigsäure/Buttersäure-Gärung 782
Essigsäurebildung 853
Esterase 787
Esterphase 744
Etagenreaktor 672
ETBE 852
Ethanol 7, 793, 842, 847
Ethanoleigenschaften 848

Ethanolgärung 779
Ethanolgetreideproduktion 133
Ethanolproduktion 838
Ethanol-Wasser-Mischung 820
Ethanthiol 913
Ethin-Radikale 413
Ethylalkohol 793
Ethyl-Tertiär-Butyl-Ether 852
Eubakterie 770
Eukaryota 769
Eutrophierung 72, 116
Evapotranspirationskoeffizient 59
Exaktfeldhäcksler 234
Excenter-Schneckenpumpe 805
Exkrement 15, 25, 28, 158
Exoenzym 796, 873
Exoglucanase 784
Exotherme Reaktion 384
Expansionsmotor 567
Expansionsvorgang 563
Extrakteur 713, 716, 717, 720
Extraktionsgut 716, 717
Extraktionsraum 717
Extraktionsschrot 165, 717, 719, 720
Extraktionsturm 801
Extraktionsverfahren 717
Extraktstoff 336, 356
Extremophile 787
Extruder 266, 877
Exzenterschneckenpumpe 880, 893

Fahrsilo 213
Fakultativer Aerobier 777
Fäll-Bündel-Maschine 194, 225, 227
Fälleinrichtung 228
Fällersammler 225
Fallfilmverdampfer 740
Fällheber 220, 221
Fällkeile 220
Fallkerb 221
Fäll-Lege-Maschine 194, 227
Fallrohr 500
Fallschacht 500
Fällschnitt 221
Fällvorgang 218
Färberdistel 112
Fasersättigungspunkt 369
Faserschlamm 166
Fatty Acid Methyl Ester 736
Fäulnisbildung 204

Fäulnisprozess 853
Faulraumbelastung 866
Federzahnhacke 138
Feedkonzentration 823
Fehlcharge 164
Fehlschnitt 230
Feinabrieb 295
Feingasreinigung 658
Feinstaub 428, 432, 447
Feinstflugasche 453
Feinzerkleinerung 259
Feldaufgangsrate 114
Feldgemüse 154
Feldgrasanbau 65
Feldhäcksler 199, 212, 229, 234
Feldhecke 138
Feldkapazität 60
Feldkraftabscheidung 534
Feldmaus 115
Feldmiete 202, 215, 216
Feldrand 137
Feldtrocknung 103
Feller-Buncher 225
Femelschlag 77
Fermentation 815, 816, 842
Fermentationsverfahren 840
Fermenter 889
Fermenteraustrag 893
Fermenterbeheizung 893
Fermenterbeschickung 893
Fermenterdach 901
Fermenterdruck 868
Fermenterdurchmischung 870
Fermentergrund 868
Fermenterkonstruktionsmerkmale 815
Fermentermaterial 890
Fermentertemperatur 879
Fermentertyp 862, 907
Fermentervolumen 816
Ferredoxin 49, 776
Fertigpresse 712
Fest/Flüssig-Trennung 888, 922
Festbett Definition 602
Festbettreaktor 667, 670, 791, 907
Festbettvergaser 602, 603
Festbettvergasersonderbauformen 609
Festdruckbetrieb 561
Festmeter 82, 370
Festmist 158, 853
Festrostfeuerung 507

Feststoffabscheidung 731
Feststoffabtrennung 875
Feststoffausbrand 410
Feststofffermentation 881
Feststoffpartikelsuspension 861
Feststoffprozesse 883
Feststoffschicht 611
Feststoffvergärungsanlage 908
Feststoffvergasung 414
Fettabscheiderrückstand 162
Fetthärtung 751
Fettsäure 46, 711, 748
Fettsäurebiosynthese 749
Fettsäuremethylester 737, 757
Fettsäuremuster 749
Fettspaltung 751
Feuchte 356
Feuchte Abgasmenge 402
Feuchtemessgerät 900
Feuchtgut 199, 211
Feuchtkonservierung 309
Feuchtmaterial 155
Feuermulde 502
Feuerraumasche 442
Feuerraumbelastung 421
Feuerung mit Rotationsgebläse 508
Feuerungsprinzipien 469, 492
Fibrille 799
Fichte 79, 89
Filmdiffusion 400
Filteranlage 716
Filterapparat 732
Filterart 537
Filterfeinheit 732
Filterhilfsmittel 732
Filterkerze 735
Filterkohle 705
Filterkuchen 537, 731
Filtermaterial 537, 731
Filtermedium 636
Filtermittel 733
Filternde Abscheider 536
Filterplattenpaket 733
Filterporen 537
Filterrückstand 164
Filtertuch 733
Filterwirkung 636
Filtration 705
Filtrationsverfahren 731
Filtrationszyklus 732

Fingermähwerk 233
Fischer-Tropsch-Diesel 664
Fischer-Tropsch-Reaktion 661
Fischer-Tropsch-Rohprodukt 661
Fischer-Tropsch-Synthese 635, 657, 660
Fischer-Tropsch-Synthesereaktor 664
Fixlängenaushaltung 86
Flächendeponie 73
Flächenkompostierung 138
Flächenmehrverbrauch 17
Flächenminderverbrauch 20
Flachfeuerung 480
Flachgründigkeit 114
Flachlager 206
Flachmatrizenpresse 271
Flachtrocknungsanlagen 327
Flammenbildung 355
Flammenfront 418
Flammenrückschlagsicherung 910
Flammentemperatur 416
Flammenwanderungsgeschwindigkeit 911
Flammpunkt 688, 755, 756
Flammrohr 507
Flash-Karbonisierung 700
Flash-Pyrolyse 388, 671
Flavoprotein 776
Fliehkraftabscheider 636
Fliehkraftabscheidung 534
Fließbettkühler 597
Fließeigenschaft 365
Fließfähigkeit 366, 367
Fließtemperatur 359, 361, 362
Flockierwalze 714, 716
Flüchtige Bestandteile 355, 356
Flüchtigengehalt 356, 587, 589, 594
Flugasche 592, 593
Flugaschebestandteile 435
Flugaschenfraktion 444
Flugaschepartikel 348
Flügelradmesser 243
Flugstaubreaktor 700
Flugstromverbrennung 494, 520
Flugstromvergaser 602
Flugstromvergasung 618
Fluidisierung 611
Flüssigaroma 698
Flüssig-Flüssig-Phasengleichgewicht 738
Flüssigraucharoma 675, 690
Flüssigvergärung 922
Foliengasometer 901

Folienhaube 901
Folienspeicher 901
Förderband 255
Fördergebläse 515
Förderschnecke 880, 893
Fördersysteme 301, 306
Formiat 781
Forstasche 461
Forstbereifung 227
Forstbetrieb 87
Forstfläche 453
Forstrecht 459
Forstspezialmaschine 190
Forsttechniken 194
Fortpflanzungsorgane 42
Forwarder 197, 226
Fossil biogener Energievorrat 10
Fossil mineralischer Energievorrat 10
Fossiler Energievorrat 10
Frachtenlimitierung 457
Frakt. Schwermetallabscheidung 454
Fraktionierung 690
Freilagerung 290
Freiraum 612
Freischneider 208, 218
Freizeittierhaltung 150
Fremdbefruchtung 43
Fremdstoffabscheider 261
Fremdstoffabtrennung 877
Fremdzündmotor 914
Friedhof 137, 139, 155, 156
Frischdampfbereitstellung 917
Frischdampfdrücke 560
Frischkompost 919
Frischmasse 356
Frischmasseaufwuchs 156
Frischmassedichte 369
Frischmaterial 855
Fritfliege 109, 111, 138
Frontköpfer 243
Frontlader 202, 303
Frostresistenz 91, 134
Fruchtfolge 64, 66, 73
Fruchtknoten 43
Fruchtreife 43
Fructose 46, 779, 794
Fructosephosphat 50
Füllmenge 869
Fumaratatmung 777, 781
Fumaratreduktase 781

Fünfwalzenstuhl 714
Fungizideinsatz 111, 134
Furanbildungsbeeinflussung 440
Furanemissionsreduktion 440
Furanentstehung 438
Furanminderung 548
Furanverbindung 437
Fusarium 110, 138
Fuselöl 823, 829
Fuselölabscheider 828
Fuselölkolonne 829
Fußkrankheit 107
Futtergras 101, 102
Futterhirse 123
Futterpflanze 64, 66
Futterwert 72
Fuzzy Logic Regelung 527

Gabelstapler 203, 303
Galactose 337
Galakturonsäure 786
Gallmücke 91
Gänsefußgewächs 120
Ganzballenfeuerung 513
Ganzbaumernte 194, 227
Ganzbaumnutzung 82, 84
Ganzpflanzenernte 203
Garagenfermenter 883, 908
Gärbehälter 815
Gärkompost 918, 919
Gärprodukt 919
Gärrest 921
Gärsubstrat 819
Gärtemperatur 864, 868
Gartenabfall 156, 161
Gartenbauwirtschaft 137
Gärung 7, 778
Gärungsprozess 853
Gärverfahren 907
Gasabsaugung 927
Gasaufbereitungsverfahren 897
Gasausbeute 874
Gasbrunnen 927
Gasdifferenzdruck 733
Gasdrainage 927
Gas-Druck-Regel-und-Messstation 900
Gasdurchmischung 417
Gaseinspeisung 918
Gas-Feststoff-Reaktion 390
Gas-Gas-Reaktion 390

Gasgemisch 695, 911
Gasgrenzschicht 392, 398
Gaskonditionierung 649, 658
Gaskühlung 895
Gasliftverfahren 892
Gasmenge 874
Gasmotor 571, 633, 648, 677, 915, 930
Gasnutzungstechnik 643
Gasometer 900, 901
Gasphasenoxidation 414, 465
Gasphasenreaktion 414
Gasproduktionsrate 872, 904
Gasreformierung 652
Gasregelstation 928
Gasreinheit 633
Gasreinigung 626, 658
Gasreinigungstechnik 607, 630, 632, 895
Gasspeicherung 890, 900
Gastrocknung 895
Gasturbine 615, 634, 649, 650, 656, 690
Gasturbinenprozesse 571
Gasverweilzeit 417
Gasviskosität 416
Gaszusammensetzung 868, 927
Gebäudelagerung 297
Gebläsebetrieb 323
Gebläseleistungsbedarf 325
Gebläsestreuer 456
Gebrauchtholz 143
Gegendruckbetrieb 556, 557
Gegendruck-Dampfturbine 557, 559
Gegenschneide 262
Gegenstromkühler 274
Gegenstromprinzip 505, 603, 652
Gegenstromverfahren 717, 813
Gegenstromvergaser 604, 644
Gegenstromwäscher 654
Gehölzschnitt 138
Gelbreife 138
Gemauerter Meiler 693
Gemischte Säuregärung 781
Gemüseproduktion 154
Generatorgas 599
Geruchsemission 901, 920
Gerüstsubstanz 336
Gesamtascheanfall 442
Gesamtenergieverbrauch 33, 36
Gesamtkinetik 400
Gesamtluftüberschuss 424
Gesamttrockenmasse 861

Gesamtwaldfläche 76
Gesamtwasserverbrauch 59
Gesättigte Fettsäure 749
Geschlossener Kamin 475
Geschwindigkeitskonstante 399
Gesträppmaterial 155
Gestufte Verbrennung 422
Getreide 150, 163
Getreideanbau 131
Getreideart 108
Getreideernte 241
Getreidefußkrankheit 136
Getreidekorn 106
Getreidenematode 136
Getreidestroh 150
Gewebefilter 636
Gewichtsbruch 821
Gewichtsdifferenz 374
Gewichtsmaß 81
Glatthafer 102
Glattwalze 714
Gleichgewichtsdampfdruck 432
Gleichgewichtskurve 391
Gleichgewichtsreaktion 388
Gleichgewichtszustand 358, 390, 395, 623, 624, 625
Gleichstromprinzip 505
Gleichstromreaktor 654
Gleichstromvergaser 603, 606
Gleitdruckbetrieb 561
Gleitzellenextrakteur 718
Glockenboden 823
Glucoamylase 783, 795, 796, 797, 842
Glucose 46, 337, 794, 795, 796, 797, 812, 817
Glucose-Phosphat 50
Glucosinolate 45
Glucosinulatgehalt 113, 764
Glühzündungsverfahren 850
Glukoseeinheit 385
Glutbett 607
Glycerin 737, 766
Glycerin-Aldehyd-Phosphat 50
Glycerinansäuerung 745
Glycerinaufbereitung 740
Glycerineindampfung 740
Glycerinphase 739, 744
Glycerinvorlagentank 741
Glycerol 46, 766
Glycolipide 721

Sachverzeichnis 1005

Glycolyse 775
Glykogen 772
Glykolwäsche 899
Gram-negativer Organismus 772
Gram-positiver Organismus 772
Grasschnitt 155
Grauschimmel 118, 130
Greifzange 198, 224, 248
Grenzbelastung 872
Grenzdextrin 795, 797
Grenzdextrinase 797
Grillholzkohle 702
Grobasche 453
Grobklärung 729
Großballenkette 200
Großbund 187, 199
Großflügelrührwerk 892
Großhacker 255
Großwasserraumkessel 523
Grünabfall 161
Grünäste 217
Grundofen 477
Grünfläche 156
Grüngutsammelplatz 137
Grünland 64
Grünschnittroggen 107
Grünstreifen 138, 208
GuD-Anlage 577, 650
Gülle 71, 158, 919
Güllegrube 853
Gutart 318
Güteklassengrenze 85

H,x-Diagramm 316
H_2/CO-Verhältnis 659
Hacken 190
Hackertechnik 253
Hackfrüchte 154
Hackgutlagerung 188
Hackgutlinie 192
Hackgutvollernter 229
Hackorgan 229
Hackschnitzel 142, 188, 225
Hackschnitzelharvester 256
Häckselkette 199, 206, 208
Häcksler 234, 235, 242
Hackzeitpunkt 191
Haftkraftabscheidung 534
Halbkugeltemperatur 359, 361
Halmbruchkrankheit 110

Halmdichte 373
Halmgutbrennstoff 149, 351
Halmgutfeuerungen 509
Halmgutvollernter 232
Halogenverbindung 630
Hammermühle 258, 259, 270, 802, 804, 806, 877
Handbeschickte Feuerungen 468
Handelsdünger 457
Handelsklassensortierung 85
Handpackzange 220, 225
Handpflanzmaschine 92
Hanfgewächs 112
Harboore 652
Harpfen 322
Hartholz 358
Harvester 186, 190, 218, 223, 256
Harz 336, 691
Häufler-Netzeggen-Kombination 127
Haufwerk 291, 692
Hauptelement 338, 339
Hauptkondensator 826
Hauptnährelement 62
Hauptnährstoff 339
Hauptstickstoffgabe 110
Hauptverzuckerung 797
Hausmüll 159, 161
Hausmüllähnlicher Gewerbeabfall 159
Hausmülldeponie 853
HCl-Emissionen 427, 597
HCl-Minderung 546
Heatpipe 617
Hebehaken 220, 225
Hebelfällkarre 220, 222
Heckanbau-Feldhäcksler 234
Heckenschere 231
Heckrodelader 243
Hefe 711, 769, 770, 793, 797, 805, 807, 815, 816, 818, 842
Hefefermentation 815
Hefegefäß 815
Hefekonzentrat 841
Hefemaische 815, 816
Hefesatz 815, 816
Hefestamm 818
Hefezellzahl 818
Heißabscheider 683
Heißgasfilter 637, 655, 688
Heißgaskorrosion 628
Heißgasmotor 567

Heißgasreinigungssysteme 631
Heißluftturbine 575, 646
Heißluftwärmeübertrager 647
Heißtrub 165
Heizbetrieb 479
Heizcheminée 475
Heizflächenverschmutzung 522
Heizkamin 475
Heizkessel 689
Heizwert 348, 352
Heizwertberechnung 357
Heizwertbestimmung 350
Heizzone 696
Hemicellulose 336, 382, 799
Hemmstoff 852, 862
Hemmstoffausfällung 876
Hemmungsfaktor 856
Henze-Dämpfer 808
Herbizid 73, 118, 138
Herd-Kachelöfen 480
Herzfäule 122
Hesston-Ballen 238
Heterofermentative Milchsäuregärung 781
Heterogene Feststoffvergasung 414
Heterogene Wassergasreaktion 390, 395
Heteropolymer 784
Heterotropher Organismus 773
Hexan 713, 716
Hexose 46, 51, 337, 794, 799, 844
Hexuronsäure 337
Hiebort 186
Hiebsreife 80
Hiebssatz 88
High-Dust-Schaltung 545, 591
High-Oleic-Sonnenblume 116
Hirseanbau 124
Hobelspäne 199
Hochbehälter 298
Hochdruckautoklav 683
Hochdruckballenpresse 237
Hochdruck-Dämpf-Prozess 799, 845
Hochdruckeinspritzsystem 758, 761
Hochdruckextraktion 725
Hochdruckspeicherung 902
Hochdrucksynthese 667
Hochdruckumesterung 745
Hochdruckverdichtung 201, 209
Hochkippcontainer 191
Hochkipper 280
Hochlandtyp 99

Hochlastverfahren 907
Hochleistungsprozess 888
Hochleistungsreaktor 169
Hochtemperaturbrennstoffzelle 634, 652
Hochtemperaturchlorkorrosion 341, 435
Hochtemperaturfackel 930
Hochtemperaturflugstromvergasung 623
Hochtemperaturkorrosion 361, 589
Hochtemperatursynthese 663
Hochtemperaturwärmeübertrager 616
Hochtemperatur-Winkler-Verfahren 613
Hochwald 75, 76
Hofdünger 158
Hog fuel 258
Höhenzonierung 78
Hohlwalze 273
Holzabbau 382
Holzabnehmer 80
Holzbodenfläche 76
Holzbrennstoff 351
Holzdestillat 687
Holzdichte 353
Holzextraktstoff 351
Holzfeuchte 356
Holzgas 599
Holzhackgut 188, 366
Holzkohle 384
Holzkohle 696, 700, 701
Holzkohlebrikett 702, 704
Holzkohledichte 702
Holzkohleherstellung 43, 702
Holzkohlemeiler 692
Holzmasse 353
Holzmatrix 381
Holzpartikel 398
Holzpolter 82
Holzpotenzial 13
Holzpressling 359
Holzrauch 687
Holzschutzmittelbehandlung 147
Holzstapel 82
Holzstaubmotor 571
Holzstaubturbine 572
Holzstoff 46
Holzvollernter 256
Holzvolumen 81
Holzvorrat 87
Holzweiterverarbeitung 13
Holzwerbung 185
Holzwerkstoffindustrie 147

Holzzuwachs 13, 87, 88
Homofermentative Milchsäuregärung 781
Homogene Gasphasenoxidation 414
Homogene Wassergasreaktion 391
Homogenisator 725
Hopfenproduktion 154
Horizontalsiebung 366
Horizontalspalter 248
HTU-Verfahren 684
HTW-Verfahren 613
Hubhöhe 303
Hubschwinge 248
Hühnerexkrement 158
Hüllmembran 48
Hülsenfrucht 66, 112
Humusabbau 65, 198
Humusanreicherung 116, 920
Humusbilanz 63
Humusdefizit 63
Humusgehalt 149
Humusgehalt 62
Humushaushalt 67
Humusmehrer 63
Humuszehrer 63
HVO (Hydrotreated Vegetable Oils) 746
Hybridroggen 107
Hydratation 725
Hydraulische Aufenthaltszeit 870
Hydrierende Vergasung 390
Hydriertes Pflanzenöl 746, 758
Hydrocracken 665, 681, 688, 746
Hydro-Deoxygenierung 688
Hydrolase 783, 786
Hydrolysat 814, 843
Hydrolyse 804, 845, 846, 853, 873
Hydrolyseenzym 799
Hydrolyseprozess 800, 809, 810, 814
Hydrolysestufe 884
Hydrolysezeit 861
Hydroperoxid-Gruppe 752
Hydropyrolyse 681
Hydroselektionskolonne 830
Hydrostatischer Auftrieb 372
Hydrothermale Vergasung 378, 396
Hydrotreaterverfahren 747
Hydrozyklon 719
Hygienisierung 875, 878
Hygroskopische Eigenschaft 709
Hystereseeffekt 315
Hythan 657, 673, 674

Ideale Trennstufe 822
Idealer Rohrreaktor 412
Idealer Rührkessel 412
IGCC-Technologie 615, 650
Iltisaxt 218
Impfmaterial 883
Indirekt befeuerte Gasturbine 646
Indirekte Trocknung 837
Indirekter Gasturbinenprozess 575
Industrieabfall 162
Industrieabwasser 169, 921
Industriegasmotor 916
Industrieholz 82, 86, 89, 143
Industrierestholz 184, 187
Industrieschichtholz 86
Industrieturbinen-Baukastensystem 560
Inertmaterial 493, 611
Infektionspotenzial 878, 879
Inline-Rotor-Stator-Maschine 802
Insektizide 73
In-Situ Entschwefelung 519, 596
Instabile Methangärung 926
Integrierter Pflanzenbau 66
Intensivkühler 683
Intervallbetrieb 893
Interzellularen 50
Inulin 129
Inverser Gasturbinenprozess 573
Iogen-Prozess 845
Ionentauscherharz-Kügelchen 813
ISO 1 171 358
Isoamylase 783
Isolierung 890, 894
Isomerisierungsvorgang 751

Jauche 158
Jodzahl 753
Jungpflanzenentwicklung 110

Kachelgrundofen 477
Kachelofenheizeinsatz 479
Kaffeeverarbeitung 163
Kahlhieb 191
Kahlschlag 77
Kalamität 83
Kaliumdüngung 115
Kaliumhydroxid 739, 741, 742
Kaliummethylat 739
Kaliummethylsulfat 767

Sachverzeichnis

Kaliumsulfat 428, 435
Kalkdünger 73
Kalkersatz 458
Kalkmilch 805, 843
Kalkstein 613
Kalkung 457
Kalkversorgung 45
Kalkvorbehandlung 811
Kalorimetrisches Verfahren 350
Kaltabscheider 683
Kaltanfahrverhalten 851
Kaltbelüftung 323
Kalte Zone 608
Kältereiz 106
Kälteverhalten 755
Kaltfiltration 688
Kaltgepresstes Pflanzenöl 725
Kaltmaischverfahren 797
Kamineinsatz 474
Kaminkassetten 475
Kaminofen 476
Kammerfilterpresse 733
Kanalbildung 607
Kapillarsorption 314
Kappholz 195
Karbonatisierung 450
Karbonisationseinheit 698
Kartoffel 125, 154, 243
Kartoffelkäfer 128
Kartoffelkrebs 127
Kartoffellegemaschine 130
Kartoffelnematode 128
Kartoffelroder 244
Kartoffelschorf 127
Kartoffelwaschwasser 164
Karussellextrakteur 717
Kaskadenverfahren 818
Kastenpressverfahren 237
Katalysator 591, 613, 620, 640, 641, 651, 683, 684, 737, 739, 788
Katalysatorgift 657
Katalytisch aktives Bettmaterial 613
Katalytische Teerentfernung 640
Katalytisches Cracken 640
Keilarbeit 218
Keilspalter 247
Keimlingsphase 121
Keimruhe 99
Keimstimmung 127
Keimtemperatur 99

Keramikfilter 637
Kernholz 138, 358
Kernwuchs 76
Kerzenfilter 637
Kettenbremse 219
Kettenlänge 337
Kettensäge 219, 246
Kettenschmierung 219
Kettenschwerter 223
Kettenwachstums-Wahrscheinlichkeit 661
Kiefer 78, 79, 89
Kiesersatz 458
Kinematische Viskosität 754
Kinetischer Bereich 400
Kipprost 500
Klammerstamm 85
Kläranlage 169
Klärgas 24
Klarphase 836
Klärschlamm 25, 28, 71, 169 582, 583, 584, 585, 586, 589, 590, 591, 592, 593, 594, 597
Klärschlammverordnung 72
Klassifizierungsschema 335
Klassifizierungssystem 365
Kleegrasmischung 105
Kleie 163
Kleinballenkette 201
Kleinbrennerei 838
Kleisterbildung 794
Klemmbankschlepper 225
Klimawandel 18
Klon 91
Klopfbremse 915
Klopfeinrichtung 539
Klopffestigkeit 648, 665, 848, 851, 915
Knaulgras 102
Knick 138
Knickschlepper 225
Knolle 42
Knollenertrag 128
Knollenfäule 127
Knollenfrischmasse 130
Knollennassfäule 128
Knospe 42
Koagulation 432, 433
Koaleszenz 433
Kobaltmolybdän 747
Kochgas 918
Kohlenhydrat 45

Sachverzeichnis

Kohlenstoffaufnahme 55
Kohlenstoffausbrand 410
Kohlenstoffcluster 431
Kohlenstoffdioxidabscheidung 900
Kohlenstoffkreislauf 70
Kohlenwasserstoffemission 411
Kohlenwasserstoff-Reformierung 659
Kohlepartikel 688
Köhlerei "Neue Hütte" 695
Kohleverflüssigung 681
Kohlgut 692
Kohlhernie 115
Kohlschotenmücke 115
Koksablagerung 640
Koksschicht 607
Kolbenansatzhöhe 136
Kolbenbeschicker 504
Kolbendampfmaschine 561
Kolbenstrangpresse 265
Kollergangpresse 271
Kolonnendestillation 823
Kolonnenkopf 823, 833
Kolonnensumpf 823, 829
Kolonnenwäscher 542
Kombibrandanlagen 471
Kombination Pressung/Extraktion 713
Kommunal-Abwasser 168
Kompostierung 8, 139, 456, 788, 922
Kompoststreuer 456
Kompostverordnung 459
Kompostwendemaschine 456
Kompression 728
Kompressionszylinder 569
Komprimat 728
Kondensatabscheidung 895, 910, 912
Kondensatbildung 895, 915
Kondensationsaerosol 414
Kondensationsbetrieb 556
Kondensationsdruck 560
Kondensationseffekte 317
Kondensationskeim 429
Kondensationskern 433
Kondensationsreaktion 681
Kondensationsturbine 560
Kondensationswärme 349, 823
Kondensatmenge 912
Kondensator 719
Kondensatsammelbehälter 929
Kondensatschlamm 550
Kondenswasserbildung 350

Konditionierung 270, 715, 900
Konservierungsmittel 309
Konstantkammerpresse 239
Kontaktprozess 861, 862, 885
Kontaktverfahren 907
Kontinuierliche Bleichung 723
Kontinuierliche Fermentation 818
Kontinuierliche Retortenverkohlung 695
Kontinuierliche Sedimentation 730
Kontinuierliche Verbrennung 466
Kontinuierliche Fermentation 841
Konusreaktor 677
Konusschnecken 303
Konvektionstrocknung 315
Konzentrationsmaß 820
Kopfdüngung 122
Köpfroder 243
Kopfstrom 820
Korbblütler 112, 116, 128
Körnerleguminose 154
Körnermais 135, 137, 216
Körnermaisernte 242
Körnermaissilage 135
Körnerverlust 240
Korngrößenverteilung 270, 365, 435, 436, 444, 853
Korngrößenwachstum 433
Kornsitz 108
Korn-Spindel-Gemisch 153
Korn-Stroh-Verhältnis 119, 138, 152
Körnungsgröße 62
Kornverlust 111, 204
Korrosion Mitverbrennung 589, 596
Korrosionsvorgang 340
Kot 158
Kraftstoffsensor 758
Kraftstoffsynthese 657
Kraft-Wärme-Kopplung 551, 552, 554, 559, 560, 565, 571
Krambe 112
Krananlagen 305
Kranbeschickung 255
Kratzboden 261, 281, 880
Kratzkette 228
Krautfäule 127
Krautminderung 128
Kreiselmäher 205, 233
Kreiselpumpe 880
Kreiselschwader 234
Kreiselzettwender 233

Kreislaufgaserhitzung 708
Kreislaufmedium 565
Kreisprozesse 553
Kreissäge 194
Kreuzblütler 112
Kristallbildung 740
Kritische Tageslänge 43
Kronenderbholz 81
Küchenabfall 160, 161
Kuchenbildende Filtration 731
Küchenherd 479
Kugelregen 524
Kühleinrichtung 816
Kühlschlange 828
Kühlschnecke 708
Kühltrub 165
Kühlwasserverbrauch 816
Kühlzone 617
Kultivierungsparameter 774
Kulturlandschaftsfläche 157
Kunststofffermenter 890
Kurzholz 86
Kurzholzrückewagen 226
Kurzschlussströmung 882
Kurztagcharakter 130
Kurztagspflanze 43
Kurzumtriebsplantage 90, 192
Kurzzeitlagerung 300
k-Wert 857

Laccase 785
Lachgas 920
Ladebunker 255
Ladedichte 648
Ladefahrzeuge 302
Ladekran 225
Ladewagen 200
Lagerbeschickung 302
Lagerdichte 368
Lagerlogistik 456
Lagernotwendigkeit 5
Lagerraumbedarf 181
Lagerräume 301
Lagerstrategie 175
Lagerung Biodiesel 751
Lagerung Ölsaat 711
Lagerung Pflanzenöl 751
Lagerungsrisiken 289
Lagerungstechniken 295
Laktat 781

Lambda-Regelung 531
Landsberger Gemenge 68
Landschaftsbau 143, 461
Landschaftsbewuchs 141
Landschaftspflege 137, 148, 155, 157, 171, 172, 205
Landschaftspflegeheu 201
Landschaftspflegeholz 137, 138
Landschaftspflegematerial 137, 155
Landschaftsschutz 156
Langachsrührwerk 892
Langbündel 197, 228
Langgutkette 200
Langholz 85
Langsame Pyrolyse 388
Langtagspflanze 43
Lanze 608
Lassreitel 77
Lastvariabilität 486
Laubholz 75, 77
Laufrad 559
Lävoglucosan 691
LBL-Prozess 682
LCV-Gas 599, 621
Lebensmittelabfall 161
Lecithin 750, 768
Lederverarbeitung 163
Legemaschine 127
Leguminose 105
Leindotter 112
Leistungseinbuße 903
Leistungsregelung 486, 527, 529
Leitrad 559
Leitunkräuter 124
Lichtatmung 51, 52
Lichtaufnahme 56
Lichtdefizit 57
Lichtenergie 47
Lichtkeimer 41
Lichtnutzungseffizienz 57
Lichtraumprofil 138
Lichtreaktion 48
Lignin 45, 46, 336, 337, 382, 385, 799, 814, 868
Lignin-Peroxidase 785
Ligninsulfonate 271
Lignocelluloseaufschluss 809
Lignocellulosepflanze 90
Linolsäureanteil 116
Lipase 751, 787, 791

Lipide 45, 46, 771
Lipolyse 751, 752
Lipolytisches Enzym 786
Lippenblütler 112
Liquid smoke 675, 690
Lkw-Transporte 282
Lochfläche 272
Lochlängenverhältnis 273
Lochseiher-Schneckenpresse 727
Lochsieb 802
Lockerungsgeschwindigkeit 612
Logistik 171, 175
Lösemittelabscheidung 719
Lösungs-Diffusions-Mechanismus 834
Low-Dust-Anordnung 591
Low-Dust-Schaltung 545
Low-NO_x-Betrieb 424
Low-NO_x-Vorschubrostfeuerung 424
Luftdurchtrittswiderstand 366
Luft-Gas-Gemisch 914
Luftkanal 692
Luftmenge 401
Luftstufung 423, 591
Luftüberschuss 376, 414, 466
Luftüberschusszahl 376, 389, 401
Luftvergasung 623
Lungenbläschen 429
Luzernegrasmischung 105
Lyase 786

Magerbetrieb 915
Magerwiese 157
Magnetabscheider 712, 727, 877
Mähaufbereiter 206
Mähbalken 233
Mähbündler 227
Mähdrescher 213, 216, 236, 240, 241, 242
Mähdruschernte 203
Mähhacker 229
Mahlaufwand 711
Mahlkammer 802
Mahlmaischprozess 804
Mahltrockner 584
Mahlzerkleinerung 259
Mähtechnik 206
Mähverfahren 233
Maisbeulenbrand 138
Maischapparat 805, 808, 809, 816
Maischeansäuerung 818
Maischebereitung 842

Maischebrei 802
Maischedestillationskolonne 819
Maischekolonne 824, 830
Maischekühler 816
Maischeverflüssigung 796
Maischprozess 817
Maisgebiss 207
Maishäcksler 208
Maiskorn 135
Maismaische 817
Maispflückvorsatz 242
Maisschlempe 838
Maisstärke 271
Maisstroh 153, 216
Maiswurzelbohrer 136
Maiszünslerbefall 125, 138
Makronährstoff 43, 773
Maltose 794, 797
Maltotriose 797
Malz 165, 796, 797
Mammutpumpe 891
Mangan-Peroxidase 785
Mangelerscheinung 851
Mannose 337
Manuelle Holzernte 218
Mark V 694
Marktfrüchte 66
Massenabfalldeponie 459
Massenkonstanz 356
Massenreduktion 709
Massenspektrometer 383
Massenspezifischer Energieertrag 875
Massenvollauslastung 177, 278
Massenwachstum 71
Massivholz 371
Materialdichte 372
Materialdurchsatzleistung 273
Matrize 271
Mäusefraß 92, 292
Max Planck 9
Maximale Verbrennungstemperatur 405
Mazerator 877
McCabe-Thiele-Diagramm 821
MCFC 634, 652
MDEA 642
Mechanisches Rührwerk 891
Mechanisierungsgrad 188
Medianwert 366
Mehltau 110
Mehrertrag 20

Mehrfacheinspritzung 758
Mehrfachkerzenfilter 735
Mehrfachspaltklinge 247
Mehrfachzucker 772
Mehrklonsorte 96
Mehrstufen-Druck-Destillation 830
Mehrzweckfahrzeug 232
Meilerverfahren 692
Melanoidin 819
Melasse 164
Melioration 345
Membranlipid 771
Membrantechnologie 923
Membrantrennprozesse 899
Membrantrennverfahren 833
Meristem 42
Mesophile Bakterien 773, 864
Mesophyllzelle 51
Messerradspalter 249
Messertrommel 243
Metalldetektor 261
Metallgewebe 637
Metalloprotease 787
Metallsegment 694
Metallseife 745
Metallurgie 704
Methan 853, 911
Methanbildner 873
Methanbildung 854
Methanertragspot. 108, 116, 123, 138
Methangärung 855
Methanisierung 635
Methanisierungsreaktion 390
Methanisierungsstufe 670
Methan-Luft-Gemisch 911
Methanogenese 770, 777
Methanol 737, 738, 742, 756
Methanolabtrennung 829
Methanolbildungsreaktion 672
Methanolerzeugung 667
Methanolkolonne 829
Methanolrektifikation 740
Methanolsynthese 635, 657, 667
Methanol-Wasser-Gemisch 740
Methanoxidation 930
Methanproduktivität 874
Methanreaktion 391
Methansensoren 910
Methanthiol 913
Methoxylgruppe 337

Methylreduktasekomplex 778
Methyl-Tertiär-Butyl-Ether 667, 852
Mietenbewässerung 922
Mikrobieller Holzabbau 287
Mikrofaser 735
Mikrofibrille 784, 799
Mikrofiltration 791
Mikrogasnetz 917
Mikrogasturbine 650, 916
Mikronährstoff 43, 44, 339, 773
Mikroorganismengesellschaft 855
Mikroorganismenkonzentration 855, 858
Mikroorganismus 7, 769, 787
Milchreife 107, 111
Milchsäurebakterium 817
Milchsäuregärung 781
Milchverarbeitung 165
Mindestabgasmenge 402
Mindestbodentemperatur 117
Mindestflächengröße 76
Mindestluftbedarf 401
Mindeststücklänge 85
Mindesttrocknungsdauer 318
Mineralienkreislauf 453
Mineralisierung 63
Minimalbodenbearbeitung 114, 133
Minimumsiedepunkt 831
Miscanthus 95
Miscella-Destillation 719
Mischabwasser 168
Mischfruchtanbau 68, 69
Mischkalk 457
Mischkraftstoff 849
Mitochondrium 51
Mitteldestillatentschwefelung 747
Mitteldruck-Synthese 667
Mittelholz 86
Mittellauf 827
Mittelstromprinzip 505
Mittelwald 76
Mittendurchmesser 86
Mittenstärkesortierung 86
Mitverbrennung
  Abgasreinigung 591
  Abgasvolumenstrom 585
  Ascheanfall 592, 597
  Ascheverwertung 592, 597
  Biomasseaufbereitung 582
  Brennstoffvolumenstrom 585
  DeNO$_x$-Anlage 591

Emissionen 589, 597
Korrosion 589, 596
REA 592
Verbrennungsverlauf 587, 594
Verschlackung 588, 595
Verschmutzung 588, 595
Wirbelschichtfeuerung 594
Mobilkran 255
Moderfäule 287
M-Oktanzahl 851
Molekularsieb 831, 895
Molekülcluster 432
Molke 165
Monocarbonsäure 46, 749
Monod-Kinetik 856, 866
Monod-Konstante 856
Monoensäure 749
Monoglycerid 748
Monokultur 67
Monomer 853
Monosaccharid 46
Monosubstrat 851
Monovergärung 904
Montmorillonit 723
Moosknopfkäfer 122
Motorenabwärme 917
Motorsäge 189, 219
Motorsense 194, 208
Motortankschiffe 284
MTBE 852
Muffeleinblasfeuerung 520
Mühle 260, 584
Mulch 139, 143
Mulchfräse 94
Mulchsaat 137, 121
Müllverbrennungsanlage 24, 30, 162
Multienzymkomplex 784
Multifeedstock-Anlage 742
Multifeedstock-Verfahren 846
Multivariable Robust-Regelung 526
Multizyklon 536, 674, 688
Mureinschicht 772
Mutterrhizomfeld 96
Mykoallergosen 294
Mykosen 294
Mykotoxicosen 295
Mykotoxin 111, 133, 164, 711

Nachauflauf 127

Nachbrennkammer 410, 412, 417, 424, 465, 470, 502, 503, 507, 543
Nachentschleimung 722
Nachfrucht 67, 124
Nachgärraum 893
Nachhaltige Forstwirtschaft 75
Nachhaltigkeitsprinzip 62
Nachheizkasten 479
Nachhydrolyse 813
Nachkompostierung 919
Nachlauf 823, 827
Nachreaktionszone 417
Nachreinigung 852
Nachrotte 919
Nachtschattengewächs 125
Nachverzuckerung 797
Nachzerkleinerungseinrichtung 254
Nadelholz 77
Nadelvlies 735
NADH-Dehydrogenase 776
Nagetierfraß 204
Nährelement 62
Nährhumus 63
Nährstoffgehalt 62, 446
Nährstoffkreislauf 70, 150, 453
Nährstoffpuffersystem 97
Nährstoffspektrum 904
Nährstoffüberschuss 159
Nährstoffverlust 119
Nahrungsmittelindustrie 164
Nahrungsmittelproduktion 25
Nahrungspflanze 64
Nahrungsreserve 46
Nahwärmenetz 917
Nanofiltration 170
Nassaufbereitung 877
Nassbasis 356
Nasse Gasreinigung 631
Nasse Oxidation 811
Nasser Elektroabscheider 540 637
Nassfermentationsverfahren 881, 887
Nassgasometer mit Glocke 901
Nasslaufender Schraubmotor 563
Nassvergärungsverfahren 881
Nassvermahlung 802
Nasswäsche 637
Naturbelassener Pflanzenölkraftstoff 758
Naturschutzfläche 155, 205
Naturwaldreservat 76
Naturzug 471, 484

Nebenkammermotor 759
Nematoden 114, 127
Nettobiomassegewinn 54
Nettoeinstrahlung 56
Nettophotosynthese 54
Nettoprimärproduktion 54
Nettovolumen 870
Neutralalkohol 829
Neutralisationsbehälter 741
Neutralisationsprozess 739
Neutralisationszahl 754
Neutralölverlust 722
NExBTL-Verfahren 747
NH-Radikal 420
Nichtholzboden 76
Nichtwirtschaftswald 76
Nichtzyklische Phosphorylierung 49
Nicotinamin-Dinucleotid 776
Niederdruckumesterungsverfahren 745
Niedertemperaturbrennstoffzelle 634, 652
Niedertemperatursynthese 662
Niedertemperaturwärmenachfrage 917
Niederwald 76
Nitratatmung 777
Nominale Filterfeinheit 732
Normaldruckverfahren 238
NO-verbrauchende Reaktion 420
NO_x-Reduktion 420
NO_x-Speicherkatalysator 762
Nucleotid 44
Nukleation 432
Nüsschen 106
Nussschale 149
Nutzbare Feldkapazität 60
Nutzeffekt 53
Nutzenergie 4, 6, 8, 9
Nutzfläche 25
Nutzholz 186
Nutzungskaskade 142
Nutzvolumen 869

Oberer Abbrand 470, 471, 477
Oberflächenabdichtungssystem 928
Oberluft 608
Obstplantage 137, 140
Odorierung 900
Offener Gasturbinenprozess 647
Offener Kamin 474
Offline-Messtechnik 904
Oktanzahl 848, 851, 852

Ölalterung 729, 755
Ölausbeute 674, 682
Ölbasierter Wäscher 639
Ölfrucht 153
OLGA-Prozess 639
Ölgewinnungsverfahren 711
Oligosaccharid 46, 795, 812
Oliven 140, 149
Olivin 613
Ölmühle 43, 214, 712, 726
Ölpflanze 112
Ölpreiskrise 33
Ölpresse 727
Ölreinigung 729
Ölrettich 112
Ölsaat 711
Ölsaatenernte 764
Ölsaatenverarbeitung 712
Ölsäure 46, 113
Ölsuspension 729
Ölverwendung 686
Ölwäsche 635
Online-Messtechnik 904
Online-Sensor 904
ÖNORM M 7 133 371
Optimale Luftüberschusszahl 416
ORC-Prozess 564, 567, 646
Organisch belastetes Abwasser 167
Organische Dünger 71
Organische Hausmüllfraktion 157
Organischer Abfall 159
Organochlor-Verbindung 427
Organosolv-Verfahren 811
Originalschlempe 806
Ottokraftstoff 848, 850
Ottokraftstoff-Ethanol-Gemisch 850
Overhead-Schubstange 880
Oxidationsgrad 868, 869
Oxidationskatalysator 649, 758, 761
Oxidationsmittel 378, 392
Oxidationsreaktion 402, 416
Oxidationsschutz 750
Oxidationsstabilität 754, 755
Oxidationszone 604, 606
Oxygenasereaktion 52

Paddelreaktor 707
Paddelrührwerk 891, 892
PAFC 634, 652
PAK 448, 467, 602

Papierindustrie 142, 166
Pappel 90
Pappelblattkäfer 92
Parallelernteverfahren 193
Parenchymzellen 286
Parkabfall 156, 161
Partielle Kohlenstoffoxidation 390
Partielle Oxidation 395
Partikelabscheidung 633, 762
Partikelausstoß 345
Partikelfilter 758, 761, 762
Partikelgehalt 605, 626, 635
Partikelgröße 635
Partikelgrößenverteilung 688
Partikelmasse 758
Partikelseparator 536
Pasteureffekt 779
Pasteurisation 818
PCB/PCT-Abfallverordnung 145
PCDD 437, 438
PCDD/F 344, 448
PCDF 437, 438
Pektin 786
Pellet 364
Pelletbrenner 499
Pelletherstellung 264
Pelletieranlage 209
Pelletierhilfsmittel 275
Pelletierprozess 274
Pellet-Kaminofen 498
Pelletkette 200, 209
Pelletofen 483, 498
Pelletzentralheizungskessel 504
PEM-FC 652
Pensky-Martens 755
Pentosan 798
Pentosanase 798
Pentosan-Rast 798
Pentosen 46, 337, 779, 844
Peptidoglykan 772
PERC-Prozess 682
Perkolationsverfahren 814
Permanenter Welkepunkt 60
Permeatseite 834
Peroxidzahl 755
Pervaporation 831, 833
Pfeifengraswiese 157
Pfirsichblattlaus 122
Pflanzdichte 96
Pflanzenart 64

Pflanzenaufbau 41
Pflanzenbauliche Maßnahme 64
Pflanzenmasse 3, 12, 41
Pflanzennährstoff 43, 44, 922
Pflanzenöl
  Charakterisierung 748
  Definition 751
  Elementarzusammensetzung 748
Pflanzenölgewinnung, großtechnisch 712
Pflanzenölgewinnung, kleintechnisch 725
Pflanzenölherstellung 164
Pflanzenölmethylester 7, 748
Pflanzenölweiterverarbeitung 736
Pflanzenschutzgesetz 96, 100
Pflanzenschutzmaßnahmen 73
Pflanzenschutzmittel 94, 112
Pflanzentranspiration 59
Pflanzentrockenmasse 43
Pflanzenzahl 134
Pflanzenzüchtung 19
Pflanzenzusammensetzung 41
Pflegekonzept 156
Pflegeschnittholz 137
Pfropfenstromfermenter 882, 907
Pfropfenstromverhalten 869
Pharmazeutisches Glycerin 741, 766
Phasen-Dekanter 740
pH-Bereich 864
Phenylpropanderivat 46, 785
Phenylpropan-Einheit 338
Phomopsis 118
Phosphatid 720, 724, 768
Phosphoenol-Brenztraubensäure 51
Phospholipid 711, 721, 750, 768
Phosphordüngung 115
Phosphorsäureanhydrid-Bindung 774
Phosphorsäure-Enolester 775
Phosphorylierung 49
Photophosphorylierung 48
Photorespiration 52
Photosynthese 2, 41, 47, 48, 54, 58, 76
Phototrophe 773
pH-Regulierung 876
pH-Wert 62, 864, 904
Physikalische Raffination 720, 724
Physikalische Teerentfernung 639
Phytomasse 3, 41
Phytosterin 754
Pick-up 196, 237
Pilzkrankheit 110

Pilzsporen 294
Pilzwachstum 287
Planrost 504
Plansieb 262
Plasmid 771
Plastochinon 48
Plättchenwalzwerk 714
Plattenelektroabscheider 540, 640
Plattformwagen 277
Plenterwald 77
PME-Charakterisierung 748
Polizeifilter 636, 726
Polterplatz 225
Polychlorierte Biphenyle 145
Polyensäure 749
Polygalacturonase 786
Polygalakturonsäure 786
Polygenerationsanlage 658
Polymerisationsgrad 336, 385, 795, 799
Polymerisationsreaktion 686
Polymerisationsvorgang 751
Polysaccharid 46, 336, 772, 794
Porendiffusion 399
Post-methanogene Phase 926
Potenzialbegriff 11
Prallplatte 259
Prallrippe 254
Prallteller 714
Prallzerkleinerung 258, 259
Precoatisierung 640
Precoat-Materialien 636
Precoatschicht 732
Press/Extraktions-Verfahren 713
Pressbündel 197
Pressdruck 236
Pressdüse 727
Pressgut 728
Presshilfsmittel 268
Presshilfsstoff 271
Presskammerverfahren 267
Presskanal 273
Presskolben 237, 893
Presskopf 727
Presskuchen 712, 715, 716
Pressling 237, 364, 374
Presslingsstrang 265
Pressöl 716
Pressprinzip 236
Presssaft 211
Pressschlamm 211

Pressstempel 273
Pressvorgang 715
Presswasser 211, 922
Primärenergie 9
Primärenergieverbrauch 32, 36
Primärer Partikel 430
Primärluft 416
Primärluftzahl 424
Primärmaßnahme 436
Primärproduktion 47
Primärstoffwechsel 45
Privatgarten 137, 155
Probekörperprofil 361
Produktgas – externe Verbrennung 646
Produktgas – interne Verbrennung 648
Produktgasanforderungen 632
  Brennstoffzelle 634
  Gasturbine 634
  Methanolsynthese 635
  Motoren 633
  Wärmebereitstellung 633
Produktgaseigenschaften 620
Produktgasheizwert 621
Produktgaspartikel 626
Produktgasqualität 617
Produktgasreinigung 630
Produktgasverunreinigungen 625
Produktgaszusammensetzung 395, 620
  Einfluss Druck 624
  Einfluss Temperatur 623
  Einfluss Vergaserart 622
  Einfluss Vergasungsmittel 621
Produktkühler 828
Produktöl 684
Produktspektrum 387
Prokaryota 769, 770
Promptes Stickstoffoxid 417
Propellerrührwerk 891
Propenal-Bildung 818
Protease 786
Protein 44, 45, 47, 336, 419
Proteinkette 771
Protonenpotenzial 775
Prozessauftrennung 884
Prozessbiologie 855, 902
Prozessgaschromatograph 900
Prozesshilfsmittel 905
Prozesskinetik 855
Prozessorkopf 223
Prozessphase 884

Prozessregelung 424
Prozessstabilität 851
Prozessstufe 884
Prozesstechnische Kenngröße 860
Prüfkammer 374
Psychrophile Bakterien 864
Pufferbehälter 876
Pufferkapazität 865
Pufferspeicher 486
Pullulanase 783
Pulper 888
Pultdachhalle 297
Pumpe-Düse-System 761
Pumpfähiges Substrat 880
Pumpprozess 213
Pumpwagen 283
Purifikation 705
Purisol 642
PXDD 437
PXDF 437
Pyrolyseanlage 379
Pyrolyseölaufbereitung 687
Pyrolyseflüssigkeit 686
Pyrolysegas 680, 697
Pyrolysekoks 392, 616, 677, 680
Pyrolyseöl 43, 382, 678, 680, 689, 690
Pyrolyseölaufbereitung 687
Pyrolyseölcharakterisierung 685
Pyrolyseölheizwert 687
Pyrolyseölmischbarkeit 686
Pyrolyseölviskosität 686
Pyrolyseölwassergehalt 686
Pyrolyseölzusammensetzung 685
Pyrolyseprodukt 388, 431, 677, 686
Pyrolysereaktor mit
  ablativer Wirkung 675
  heißer rotierender Scheibe 676
  horizontalem Zylinder 678
  rotierendem Konus 677
  stationärer Wirbelschicht 672
  Vakuum 679
  zirkulierender Wirbelschicht 675
Pyrolysezone 606
Pyrolytische Zersetzung 377, 384
Pyruvat-Decarboxylase 780

Quaderballenkette 201
Quaderballenpresse 237
Qualitätsmanagement 174, 178, 275, 335
Qualitätsrel. Brennstoffeigenschaft 333

Quench 416, 550, 648, 674
Querstromfiltration 731
Quetschwalze 233

Radbagger 232
Radialdruckprinzip 238
Radialgebläse 328
Radialstromwäscher 542
Radialturbine 560
Radlader 303, 880
Raffer 237
Raffination, chemische 721
Raffination, physikalische 724
Raffinationsgrad 754
Rahmenfilterpresse 733
Rankine-Prozess 553, 646
Ranzidität 755
Rapid Thermal Processing 675
Raps 112, 113
Rapserdfloh 115
Rapsernte 239
Rapsextraktionsschrot 764
Rapsglanzkäfer 115
Rapspresskuchen
  Biogaserzeugung 766
  Brennstoff 765
  Düngemittel 765
  Stoffliche Nutzung 766
Rapsschwärze 115
Rapsstängelrüssler 115
Rapsstroh 153
Raseneisenerz 896
Raucharoma 690
Räucherkammer 687
Rauchrohrkessel 523
Raumbelastung 852, 871, 872
Raumdichte 82
Raumgewicht 353
Raummaß 81
Raummeter 370
Raupenfahrzeug 225
REA-Gips 592
Reaktionsgeschw. 392, 399, 400, 623
Reaktionsgeschwindigkeitskonstante 393
Reaktionsgleichgewicht 391, 624
Reaktionskinetik 387, 392, 399
Reaktionsrate 856, 858
Reaktorausmaß 610
Reaktoreffluent 748
Reaktoreinbauten 707

Reaktoren mit Anaerobfilter 886
Reaktortemperatur 882
Reaktortyp 602
Reaktorvolumen 870
Rebfläche 140, 141
Rebschnitt 141
Reburning 426
Rechteckiger Meiler 693
Rectisol-Verfahren 635, 659
Redoxpotenzial 865, 926
Reduktionsäquivalent 775
Reduktionsbrennstoff 425
Reduktionsgas 426
Reduktionskammer 423, 424
Reduktionsmittel 543, 703, 704
Reduktionszone 605, 606
Refiner 682
Reflexionskoeffizient 56
Regelalgorithmus 902
Regelkolben 561
Regelung Automatikfeuerungen 527
Regelung Stückholzfeuerungen 491
Regenerationskonzept 636
Regenerative Energien 11
Regenerator 568
Reibearbeit 260
Reichert-Retorte 697
Reifebunker 271
Reifenabrieb 155
Reifephase 919
Reifestadium 112
Reifezahl 138
Reifezeit 135
Reihenhacker 232, 256
Reihenteilerschnecke 228
Reinalkoholmotor 849
Reinglycerin 766
Reinigungsband 215
Reinigungskolonne 829
Reinigungslader 215
Reinkraftstoff 668, 849
Reinöltank 726
Reinzuchthefe 815
Reisholz 81, 82
Reisigmatratze 218
Reißtrommel 261
Reißwalze 261
Rekombinationsreaktion 681
Rektifikation 745, 819, 820, 823, 826
Rektifizieranlage 828

Rektifizierblase 826
Rektifizierkolonne 823, 826, 828, 830
Rekultivierungsmaßnahme 94, 97, 458
Rekultivierungsschicht 931
Rekuperator 565
Relaxation 728
R-Enzym 797
Reproduktionsprozess 63
Reservestoff 42
Respiration 47
Restholzfraktion 184
Restkohlenstoffgehalt 448
Restmüll 160
Restölgehalt 713
Restschlempe 842
Retentatstrom 834
Retorte 502
Retortenverkohlung 695
Retourware 164
Reverse Flow Reaktor 641
Rezenter Energievorrat 10
Rhizom 41, 42, 95, 97, 98
Ribose 46
Ribulose-1,5-Diphosphat 50
Rieselbettreaktor 898
Rieselfähigkeit 366, 367
Riffelwalze 714
Rinde 86, 143
Rindenmulch 198
Rinderexkrement 158
Rinderhaltung 15
Ringmatrizenpresse 271, 272
RME-Charakterisierung 748
RNA 771
Robinie 91
Rodefräse 94
Rodelader 244
Rodeprozess 128
Rodung 140, 141
Roggen 106, 107, 132, 798
Rohalkohol 819, 826
Rohbenzin 664
Rohbrenngerät 824
Rohdichte 372
Roh-DME 672
Rohglycerin 739, 766
Rohholz 82, 85, 89, 226
Rohholzessig 698
Rohholzpotenzial 25
Rohmethylester 739

Rohrbündelreaktor 663, 670
Röhrenfilter 540
Röhrenkondensator 826
Röhrenreaktor 682
Rohrglanzgras 100
Rohrschwingel 102, 103
Rohsaft 801
Rohstoffbett 603
R-Oktanzahl 851
Rolltischkreissäge 246
Rosette 114
Rosin-Fehling 405
Rostaschedefinition 441
Rösten 705
Rostfeuerung 505
Rostkrankheit 110
Rostluft 608
Rotation 66
Rotationsgebläse 508
Rotationswäscher 638
Rotierendes Mähwerk 233
Rotor 563
Rotorreaktor 676
Rotorschwader 234
Rotor-Stator-Dispergiermaschine 802
Rottegut 922
Rübenabfall 164
Rübenblatt 214
Rübenfliege 122
Rübenkopfälchen 122
Rübenkörper 120, 214
Rübennematode 121, 136
Rübenqualität 121
Rübenrodeverfahren 242
Rübenschnitzel 164
Rübenwäsche 164, 801
Rübsen 112
Rückbrandschleuse 514
Rückefahrzeug 224
Rückegasse 186, 188, 191, 218, 223, 225
Rückflussverhältnis 828
Rückhalt aktiver Biomasse 883
Rückkondensation 344, 357
Rückverfolgbarkeit 334
Rückzugsweg 221
Rührapparat 715
Rührintervall 893
Rührkessel 861, 882
Rührkesselprinzip 892
Rührwerk 891, 892

Rührwerksreaktor 742
Rundballenkette 201
Rundballenpresse 238
Runder Meiler 693
Rundholz 142
Rundholzbergehalle 297
Rundholzpultdachhalle 297
Rundsilo 298
Rungenaufbau 226
Ruß 403, 414, 431
Rußbläser 524
Rußpartikel 414
Rutenhirse 99
Rüttelsieb 274

Saatbett 101, 108, 114
Saatfördereinrichtung 726
Saathülse 714
Saatlager 726
Saatvorwärmung 726
Saatzwischenbehälter 726
Saccharose 46, 50, 779, 794
Saflor 112
Sägeband 246
Sägekettenöl 220
Sägenebenprodukt 142
Sägeschnitt 221
Säge-Spaltmaschine 186, 250
Sägespäne 142, 199
Salzbad 680
Salzpartikel 444
Salzsäurebehandlung 813
Salzschäden 122
Salzschmelze 679
Samenpflanze 41
Samenreife 43
Samenschale 43
Sammelnachläuferwagen 239
Sammelroder 215, 244
Sammelwagen 229
Sandwirbelschicht 674, 675
Sappiaxt 218
Sappihaken 218
Sattelkipper 282
Sättigungsgrad 432, 753
Sättigungsgrenze 432
Sättigungspunkt 55
Sättigungstemperatur 406
Satztrockner 326, 327
Sauerfällung 320

Sauergas 633
Sauermolke 165
Sauerstoff/Dampf-Vergasung 657
Sauerstoffgehalt im Feuerraum 421
Saugzug 484
Saumschlag 77
Saure Gärung 925
Säurebildner 854
Säureentschleimung 721, 724
Säurehemmung 866
Säurekatalysierte Hydrolyse 800
Säurekatalysierte Vorbehandlung 810
Säure-Leaching 454
Säureneutralisierung 450
Säureverteilung 866
Säurezahl 754
Schachtbildung 367
Schadstoffeintragsrisiko 348
Schadstoffgrenzwert 633
Schadstoffselektierung 454
Schaftderbholz 81
Schalenfestigkeit 128
Schalenwachs 714
Schälrückstand 164
Scheibenhacker 253
Scheibenmäher 208, 233
Scheibenradfeldhäcksler 234
Scheibenradhacker 253
Scheibenreaktor 707
Scheibensieb 262
Scheibentrennprinzip 260, 514
Scheibentrockner 707
Scheitholz 363, 692
Scheitholzaufbereitung 245
Scheitholzkessel 485
Scherenschnitt 233
Schergeschwindigkeit 802
Schichthöhenregelung 532
Schichtholz 86
Schienentransport 284
Schimmelbildung 204
Schimmelpilz 287, 770
Schirmschlag 77
Schlachthofabfall 157, 166
Schlackenbildung 588, 607
Schlagabraum 83, 188
Schlägerrad 260
Schlaghammer 258, 259
Schlagradmühle 259
Schlagweiser Hochwald 77

Schlammaufkommen 921
Schlammbettprozess 887
Schlammbettreaktor 885, 892
Schlegelfeldhäcksler 234
Schlegelmäher 208, 233
Schlegelwelle 261
Schleifstaub 142, 199
Schleimstoff 716, 723, 768
Schlempe 164, 165, 805, 806, 807, 817,
  835, 842, 847, 852, 855, 856
Schlempe-Recycling 806, 807, 817, 852
Schlempetrocknung 852
Schlempeverwertung 853
Schlepperanbaukran 303
Schleppmittel 831, 832
Schleppschlauchtechnik 920
Schleuderrad 507
Schließzelle 52
Schlitzsieb 802
Schlupf 544
Schlupfwespe 138
Schlusskolonne 829
Schmälerungsschnitt 222
Schmelztemperatur 428
Schmelzverhalten 428
Schmierfähigkeit 757
Schneckenhacker 255
Schneckenmühle 877
Schneckenpresse 211, 715, 726, 727, 919
Schneckenreaktor 707
Schneckentrog 305
Schneckenverdichtung 266
Schneeschimmel 104, 107, 110
Schneidmesser 249
Schneidmühle 259
Schneidpumpe 877
Schneidrührwerk 877
Schneidwerkzeug 259
Schnellkäfer 138
Schnellpyrolyseanlage 690
Schnelltestverfahren 345
Schnellwachsende Baumart 90
Schnitthäufigkeit 104
Schnittholz 138, 198
Schnittlänge 254
Schnittschutzhose 220
Scholler-Verfahren 814
Schosser 120
Schote 113
Schrägförderer 241

Schraubenmotor 563
Schrebergarten 137, 155
Schredder 198, 252, 258, 366
Schröpfschnitt 93, 100
Schrotbett 720
Schrot-Entbenzinierung 719
Schrotqualität 714
Schrumpfungsbeginn 361
Schubbodenausträge 304
Schubbodenprinzip 305
Schubstange 221
Schüttdichte 176, 181, 206, 368, 369
Schüttgut 365
Schüttgut-Brikett 200
Schüttgutvolumen 371
Schüttler 241
Schüttmaß 81
Schüttraummeter 370
Schüttschichtfilter 636
Schutzgebietskategorie 76
Schutzhecke 138
Schutzhelm 220
Schwachgas 599, 621, 643, 926, 930
Schwachholz 86, 188
Schwadaufnahme 203
Schwaddruschverfahren 213, 240
Schwadmäher 204, 234, 236
Schwarte 142, 195, 199
Schwarzbeinigkeit 110, 127
Schwarze Hackschnitzel 195
Schwarze Pumpe 619
Schwarzlauge 166
Schwarzpappel 91
Schwebegeschwindigkeit 612, 614
Schwefelascheeinbindung 427
Schwefelatmung 777
Schwefelbakterien 896
Schwefeldioxid 340, 344, 427, 589, 597
Schwefeleinbindung 427
Schwefelpurpurbakterie 773
Schwefelsäure 682, 810, 813, 843
Schwefelwasserstoff 629, 630, 896, 913
Schwefelwasserstoffreduzierung 897
Schweineexkrement 158
Schweinehaltung 15
Schwelgas 692
Schwelzone 605
Schwemmholz 137, 141
Schwemmrinne 803
Schwerkraftabscheidung 534

Schwermetall 345, 432, 864, 922
Schwermetallabscheidung 454
Schwermetallakkumulation 447
Schwermetallbelastung 919
Schwermetalleintrag 345
Schwermetallgehalt 345, 446
Schwermetallgrenzwert 457, 922
Schwermetallkonzentration 446, 453, 922
Schwermetalllöslichkeit 345
Schwertlänge 219
Schwimmabsaugung 730
Schwimmschicht 891
Schwindmaß 372
Schwungscheibe 253
SCR-Katalysator 762
SCR-Verfahren 544
Sedimentation im Erdschwerefeld 730
Sedimentation im Zentrifugalfeld 730
Sedimentationsstufe 885
Sedimentationstank 818
Seetransporte 284
Seife 722
Seiherscheiben-Schneckenpresse 727
Seiherstab-Schneckenpresse 727
Seilschlepper 225
Seilwinde 190, 222, 223, 225
Seitenkanalverdichter 927
Seitenwagenfeldhäcksler 234
Seitlicher Unterbrand 471, 479
Sekundärbrennstoff 148
Sekundärenergie 5, 6, 9
Sekundärer Partikel 430
Sekundärluftzugabe 424
Sekundärmaßnahme 466, 534
Sekundärreaktion 388, 390, 391
Sekundärrohstoff 452
Sekundärrohstoffdünger 73
Sekundärstoffwechsel 45
Sekundärverschmutzung 198, 209, 295, 353, 359
Selbstbefruchtung 43
Selbstentzündung 292, 293, 357
Selbsterhitzung 286, 292, 357
Selbstfahrhacker 255
Selbstverträglichkeit 67
Selbstwerber 186, 219
Selbstzündungsmotor 914
Selexol-Verfahren 659, 899
Senf 112
Senkrechtspalter 186, 248

Separator 731, 835
Seriendieselmotor 760
Serinprotease 786
Seveso-Dioxin 438
SHF-Verfahren 812
Shiftreaktion 651, 670
Sicherheitsfilter 726, 735
Sicherheitssieb 801
Sicherheitswärmeübertrager 481
Sickerwasser 71, 926
Sieb 712, 714, 861, 877
Siebanalyse 366
Siebboden 826
Siebeinrichtung 262
Siebkasten 262
Siebtrommel 263, 803
Siedlungsabfall 135, 157, 159, 924, 926
SIFIC-Prozess 698
Silagekette 199
Silagekonservierung 211, 212, 233, 311
Silieranhänger 280
Silierung 103, 105
Silofahrzeug 275
Silomais 212, 242
Silomaissorte 137
Siloreifezahl 137
Siloxan 913, 929, 930
Silvoarables System 69
Silvopastorales System 69
Simulated-Moving-Bed 813
Sinkgeschwindigkeit 731
Sinkschicht 891
Sinterbeginn 361
Siphon 893
Sklerotienkrankheit 117, 130
Slurry-Reaktor 664, 667
SNCR-Verfahren 543, 544
SNG (Synthetic Natural Gas) 669
SOFC 634
S-Oktanzahl 851
Solarenergie 1
Solarenergie 34
Solid Retention Time 870
Sollzustand 903
Sommerkulturen 211
Sommerraps 113
Sommerung 68
Sommerzwischenfrucht 68
Sondermülldeponie 459
Sonnenblume 112, 116, 117, 711

Sonnenblumenernte 240
Sonnenblumenrost 118
Sonnenblumenstroh 153
Sorptionsisothermen 315
Sorptionsmittel 537, 547
Sortenmischung 68
Spaltaxt 247
Spaltfilter 719
Spalthammer 247
Spaltkeil 247, 249
Spaltkreuz 247
Spaltöffnung 42, 52
Spaltprodukt 386
Spaltungsrate 385
Spaltwerkzeug 248
Spanngurt 250
Spanplatte 142
Spätfrost 117, 127
Specksteinofen 477
Speicheranlage 893
Speicherflasche 902
Speicherladepumpe 487
Speicherofen 477
Speicherorgan 42, 112
Speichertank 902
Speichervolumen 488, 901
Speiserest 160, 162
Spelze 163
Sperrmüll 159
Spiralkegelspalter 248
Splintholz 138, 358
Sporenbildung 287
Spreißel 142, 195, 199
Sprossachse 41, 42
Sprossknolle 129
Sprossorgane 42
Sprosspol 42
Sprosssystem 41
Sprossteil 42
Spülgasretorte 698
Spülgasverfahren 697
Spülluft 498
SSF-Verfahren 812
Stabile Methanphase 926
Stahlfermenter 890
Stalldung 71
Stammabschnitt 224
Stammholz 82, 85, 89, 143, 186
Stammstück 85
Standardkatalysator 747

Sachverzeichnis

Standardlängenhaltung 86
Standardschlepper 255
Standardwaggon 284
Standortfaktor 55
Standortwahl 64
Stängelfäule 115, 138
Stängelstück 215, 243
Stangenholz 291
Stapelanhänger 205
Stapelbares Substrat 880
Stapeldichte 368
Stapelgut 363
Stapelrad 251
Stapelrahmen 250
Stapelraumtrockner 326
Stärke 44, 46, 794, 795, 796, 797, 798, 807, 808, 809, 817, 856
Stärkeabbau 793, 795
Stärkeaufschluss, drucklos 804
Stärkeaufschluss, unter Druck 807
Stärkekartoffel 126
Stärkeverflüssigung 792, 794, 805
Stärkeverkleisterung 805
Stärkeverzuckerung 796
Starkholz 86
Stationäre Wirbelschicht 492, 603, 611
Stationäre Wirbelschichtvergasung 612
Staubabscheideraum 535
Staubabscheidung 437, 534, 592
Staubbeläge 588
Staubblatt 43
Staubbrenner 521
Staubemission 428, 436
Staubentwicklung 374
Staubfeuerung 494
Staubfracht 428, 430
Staubgehalt 915
Staubmotor 571
Staubreduktion 550
Staub-Teer-Kuchen 636
Staunässe 95, 107
Steam Explosion 799, 810
Steckholz 91
Steinabscheider 803
Steinfangmulde 241
Steinsammler 97
Sterilisation 818
Sternhackgerät 127
Sternrad-Rechwender 234
Sternsieb 262

Stickstoffdüngung 71, 104, 110
Stickstoffkreislauf 70
Stickstoffoxid 417, 649, 913
Stickstoffoxidbildung 340, 590
Stickstoffoxidminderung 590
Stiellänge 218
Stirlingmotor 567, 646
Stockverletzung 226
Stockverlust 230
Stofftransport 392, 398, 399
Stoffumsatz 610
Stoffwechselaktivität 867
Stoffwechselprodukte 45
Stolone 125
Stoma 42
Stoppelweizen 133
Störstoffabtrennung 919
Strahlwäscher 638, 674
Strahlwirkung 456
Strangpressverfahren 237, 265
Straßenbegleitholz 137
Straßengrasschnitt 155, 156
Straßenkilometer 155
Straßenmeisterei 138
Straßenrandpflege 137, 138
Straßentransporte 277
Straßentyp 138
Strauchmaterial 138
Streunutzung 80
Streuobstwiese 69, 140
Striegel 138
Strippdampf 723
Stripperkolonne 719
Stripperteil 822
Stroh 108, 149, 150, 152
Strohballen 510, 512
Strohhäcksler 241
Strohleittrommel 241
Strohmühle 262
Strohnodien 593
Strohpartikel 588
Strohverfahrenskette 208
Strohwassergehalt 204
Stromerzeugungstechniken 551
Strömungsführung 421
Strömungsmaschinen 558
Strömungswiderstand 318
Strukturverbesserer 139
Stubben 84, 140, 197
Stückgut 363

Stückgutbrennstoff 184
Stückholz 184
Stückigkeit 269, 362, 363, 607
Stufenanzahl 559
Stufenbrennstoff 425
Substratabbau 855
Substrataufbereitung 869, 875
Substrataufschluss 804
Substratbeschickung 882
Substratkettenphosphorylierung 774, 780
Substratkonzentration 856
Substratmengenänderung 856
Substratmilieu 873
Substrattransport 879
Substratzusammensetzung 873
Succinat 781
Sudangras 124
Sulfatatmung 777
Sulfidfällung 896
Sulfitablauge 271
Sumpfprodukt 826
Sumpfstrom 833
Süßgräser 95, 106, 123, 134
Süßmolke 165
Switchgras 99
Synchrongenerator 916
Synchronisationsgetriebe 564
Synthesegas 389
Synthesegaserzeugung 635
Synthesemechanismus 410
Syntheseprodukt 430, 431
Synthetic Natural Gas 657
Synthol-Verfahren 660

Tageswasserverbrauch 60
Tarpaulin-Plane 296
Tauchmotorrührwerk 892
Taupunkttemperatur 406
Tausendkorngewicht 99
TCDD-Äquivalenzfaktor 438
Technisches Glycerin 766
Technisches Potenzial 12
Teerabscheidung 633, 641
Teerbildung 627
Teerentfernung 639
Teergehalt 606, 609, 611, 626, 627
Teerreduktion 627
Teerreduktionsrate 640, 641
Teerspaltung, katalytisch 640
Teerspaltung, thermisch 641

Teerverbindung 606, 626
Teeverarbeitung 163
Teigreife 107, 111
Teigrest 164
Teilkarbonisierung 709
Teilkondensator 823
Teilschritte Verbrennung 397
Teilverbrennung 378, 390
Teleskoplader 202, 303
Tellerseparator 744
Temperaturgradient 387
Temperaturoptimum 58
Temperaturproblem 426
Temperaturspitze 404
Temperatursumme 137
Tensid 691, 852
Ternäres Gemisch 832
Tertiärstruktur 771
Tetrachlor-Dibenzo-P-Dioxin 438
Textur 62
Theoretisches Potenzial 12
Thermisches Cracken 641
Thermisches Stickstoffoxid 417
Thermo-chemische Umwandlung 599
   Aufheizung und Trocknung 381
   Grundlagen 375
   Oxidation 397
   Phasen 380
   Pyrolytische Zersetzung 382
   Vergasung 389
Thermodruckhydrolyse 799, 877
Thermogravimetriekurve 381
Thermolabilität 689
Thermoöl-Kessel 565
Thermophile Anlage 882
Thermophile Bakterien 864
Thylakoid 48
Tiefenfiltration 731, 733
Tiefenschichtenfilter 735
Tieffräse 98
Tieflandtyp 99
Tieftemperaturwäsche 635
Tierfett 166, 743
Tiermehl 166
Time-Temperature-Turbulence 465
Tischkreissäge 246
Toasterstufe 721
Tocopherol 725, 750, 751, 752, 754
Toluol 913
Topinambur 128, 129

Topinamburernte 244
Topinamburknolle 216
TOP-Pellet 711
Topper 243
Torrefizierung 379, 705
Torrefizierungsreaktor 706
Totraum 732
Totreife 134, 240
Trägergas 610
Trägerkörper-Verfahren 883
Trägheitsentstauber 536
Tragluftdach 901
Tragrückeanhänger 224
Tragrückeschlepper 226
Tragschlepper 255
Transglykosylierung 385
Transpiration 52, 59
Transpirationskoeffizient 59, 91, 95, 114, 117, 121, 124, 126, 135
Transport Ölsaat 711
Transportabler Meiler 694
Transportgeschwindigkeit 392, 399
Transportgespann 229
Transportlogistik 456
Transporttechnik 177
Transportvorgänge 277
Treber 165
Treibhauseffekt 8, 409
Trennkolonne 819
Trennschnitt 221
Trennstufe 823
Trennverfahren 729
Treppenrost 504
Trester 164, 165
Triebzahl 93
Trieur 712
Triglycerid 46, 716, 722, 737, 739, 748
Trinkalkohol 793
Triticale 106, 107, 132
Trockenaufbereitung 877
Trockene Abgasmenge 402
Trockene Gasreinigung 631
Trockenelektroabscheider 540, 637
Trockenfäule 122
Trockenkammer 143
Trockenlaufender Schraubmotor 564
Trockenmassegehalt 881
Trockenmasseverlust 290
Trocken-Reinzuchthefe 815
Trockenschlempe 165, 837

Trockenschrank 356
Trockensorption 547
Trockenstarre 124
Trockenvergärungsverfahren 881
Trockner 326, 716
Trocknerboden 327
Trocknerfläche 325
Trocknung 5, 186, 270, 583
Trocknungseinrichtungen 326
Trocknungsleistung 317
Trocknungsmedium 315
Trocknungspotenzial 317
Trocknungsverfahren 320
Trommelfeldhäcksler 234
Trommelhacker 254
Trommelmäher 233
Trommelmühle 877
Trommelreaktor 707
Trommelreißer 252
Trommelschneidmaschine 801
Trommelsieb 263
Trommeltrockner 270, 707, 837
Tröpfchenverteilungsspektrum 754
Tropfkörperanlage 896
Trub-Abscheider 716
Trüböltank 726
Trubstoffabscheidetrichter 731
Trubstoffentnahme 731
Tub Grinder 261
Turbinen 559
Turbinenbrenner 649
Turbinenbrennkammer 634, 656
Turbinenstufe 559
Turbosatz 559
Turbulator 523
Turbulenz 416
Turgor 338
TVA-Madison-Verfahren 814
TVA-Verfahren 813

UASB-Fermenter 907
UASB-Prozess 883, 885
Übersättigung 432
Überschirmung 76
Überschussschlamm 169, 921
Überwachungsalgorithmus 902
Ubiquinon 776
Umbruch 93, 97, 98
Umesterung 720, 736, 737, 741, 745, 748, 766, 768

Umesterungsprodukt 737
Umesterungsreaktion 739, 745
Umesterungsverfahren 745
Umhängeverfahren 193
Umkehrflamme 505
Umkehrosmose 170
Umlaufkessel 524
Umlaufverdampfer 719
Umlenkschaufel 559
Umstellbrandkessel 485
Umtriebszeit 92, 345
Umwandlungsverlust 10, 705
Umweltschutzvorgabe 4
Ungesättigte Fettsäure 749
Universal-Forstaxt 218
Universalrodemaschine 244
Unkrautbekämpfung 73, 92, 98, 100, 127, 130
Unkrautdruck 96, 108
Unkrautsamen 878
Unterabbrandprinzip 472
Unterbauhäcksler 242
Unterbrandfeuerung 484
Unterdruckregelung 527
Unterdrucksysteme 474
Unterer Abbrand 471, 484
Unterluft 608
Untersaat 139
Unterschubfeuerung 502
Unterstöchiometrische Verbrennung 377
Unverseifbarer Anteil 754
Unvollständige Verbrennung 378
Upflow-Betrieb 886
Upstream Processing 800

Vakuumdestillation 741, 743, 746
Vakuumgasöl 746
Vakuumkammer 679
Vakuumpumpe 680
Vakuumverdampfung 813
Van Soest 852
Variokammerpresse 239
Värnamo-Anlage 655
VCC-Prozess 688
Vegetationskegel 42
Venturiwäscher 542, 638
Verblasegerät 455
Verbrennung 375, 377
Verbrennungsablauf 588
Verbrennungsanlage 378

Verbrennungsgeschwindigkeit 915
Verbrennungskammer 609
Verbrennungsluft 416, 417
Verbrennungsluftregelung 485
Verbrennungsmotor 633, 914, 930
Verbrennungsparameter 689
Verbrennungsprodukt 407
Verbrennungsreaktor 618
Verbrennungsrechnung 400
Verbrennungsregelung 529
Verbrennungstemperatur 403, 417
Verbrennungstemperaturregelung 531
Verbrennungswärme 348
Verbrennungswirbelschicht 615, 616
Verdampferanlage 836
Verdampferstufe 836
Verdampfungsenthalpie 381
Verdampfungswärme 348, 848
Verdaulichkeitskoeffizient 103
Verdoppelungszeit 870
Verdorbenheitsgrad 755
Verdrängerpumpe 880
Verdrängungsmaschinen 558, 562
Verdünnungseffekt 445
Vereinfacht. Zeldovich-Mechanismus 418
Veresterung 745
Verflüssigung 842, 919
Verflüssigungsbehälter 842
Verflüssigungsenzym 794, 798, 804, 842
Verflüssigungsphase 806
Verflüssigungsrast 805, 807
Verformungstemperatur 361
Vergärung 873
Vergaserbauart 622
Vergasertyp 600, 606
Vergasung 6, 377, 378, 392, 394
Vergasungskonzept 601
Vergasungsmedium 604
Vergasungsmittel 389, 390, 600, 602, 603, 606, 610, 620, 621
Vergasungsprozess 394
Vergasungsreaktion 390, 600, 613, 623
Vergasungsreaktor 618, 620, 644
Vergasungsstufen 394
Vergasungstechnik 600
Vergasungstemperatur 613, 620
Vergasungswirbelschicht 615, 616, 617
Vergasungswirkungsgrad 711
Vergilbungskrankheit 122
Vergorenes Material 918

Verharzungsneigung 751
Verjüngungsverfahren 80
Verkehrswegeränder 208
Verkleisterung 794, 798, 808, 842
Verkohlung 7, 379, 691
Verkohlungseinrichtung 693
Verkohlungsphase 693
Verkohlungsprozess 695
Verkohlungsverfahren 702
Verkohlungszeit 693
Verkohlungszyklus 693
Verkokung 756
Vermahlungsgrad 268
Vermischungseinrichtung 416
Vernalisation 43, 106
Versalzung 18
Versauerung 865
Verschlackungsneigung 510
Verschlackungsrisiko 607
Verschlämmung 139
Verseifungsreaktion 740
Verseifungszahl 753
Versintern 359
Versorgungskette 3
Verstärkerkolonne 824
Verstärkerteil 822
Verstärkungsfaktor 820
Verstopfungsneigung 608
Verteilungsverluste 10
Vertical Flow Converter 700
Verticilliumwelke 115
Vertikal-Druckkerzenfilter 733
Vertikal-Druckplattenfilter 733
Verweilzeit 169, 388, 416, 870, 878, 882
Verweilzeitspektrum 417
Verwirbelungszonen 507
Verzögerungsphase 817
Verzuckerung 795
Verzuckerungsbehälter 842
Verzuckerungsenzym 805, 807, 809, 842
Verzuckerungsmittel 796
Verzuckerungsrast 798, 805
Verzuckerungstemperatur 805
Vibro-Rinne 263
Viereck-Silo 298
Viertaktgasmotor 915
Viskosität 416, 736, 758
Viton 757
Vollbaumnutzung 82, 84, 188, 190
Vollentschleimungsverfahren 721

Vollerntemaschine 223, 233
Vollernteprozess 192
Vollernteverfahren 193, 204, 227
Vollgülle 158
Vollraffinat 723
Vollreife 134
Vollständige Kohlenstoffoxidation 390
Vollständige Verbrennung 377
Volumenänderungsarbeit 567
Volumenkontraktion 847
Volumenmaß 81
Volumenstrommesser 900
Volumenvergrößerung 372
Volumenvollauslastung 177, 278
Volumetrische Energiedichte 709
Vorauflauf 118, 127
Vorauflaufherbizid 100
Vorbehälter 876
Vorbehandlung Ölsaat 714
Voreindampfung 719
Vorfluter 921, 922
Vorfrucht 67, 108, 124, 126
Vorfruchtanspruch 104
Vorfruchtwert 67, 126
Vorhydrolyse 814
Vorkammerverfahren 759
Vorkonzentration 225, 227
Vorlage 826, 827
Vorlagebehälter 882
Vorlauf 823, 827
Vorlaufkolonne 829
Vorlaufspitze 827
Vorliefern 189, 223, 225
Vorofenfeuerung 507
Vorpresse 716
Vorratsbunker 228
Vorratsfestmeter 81, 88
Vorreinigungsstufe 721
Vorschubrostfeuerung 504
Vorstufe 876
Vortex-Reaktor 678
Vorwelkmittel 203
Vorwinterentwicklung 101, 109

Waagerechtspalter 248
Wabenelement 536
Wacholderheide 138
Wachsfraktion 665
Wachstumsgeschwindigkeit 872
Wachstumsrate 789

Wachstumsverlauf 76
Wagentrocknung 327
Waggontypen 284
Wald 75, 76, 87
Walddefinition 76
Waldentrindung 86, 198
Waldfläche 182
Waldfriedhof 139
Waldhackschnitzel 188
Waldlager 186
Waldrestholz 25, 84, 89, 137, 185, 188
Waldstraße 186, 191
Waldverwüstung 75
Waldwachstum 78
Waldwirtschaft 75
Walzenpresse 801
Walzenpressverfahren 267
Walzenrost 504
Walzwerke 714
Wanderbettreaktor 707, 708
Wanderrost 504
Wanderschichtreaktor 699
Wanderschneckenausträge 305
Wärmeeinbringung 394
Wärmeerzeugung 22
Wärmefreisetzung 399
Wärmekapazität 404
Wärmekraftwerk 553
Wärmepfanne 715
Wärmepumpe 917
Wärmespeicher 486
Wärmeübergangskoeffizient 618
Wärmeübertragungseigenschaft 612
Warmlufterzeuger 329
Warmluftkachelofen 478
Warmlufttrocknung 325
Warmwassererzeugung 643
Wäscher 542, 637, 639
Waschflüssigkeit 541, 637
Waschmedium 639
Waschseparator 744
Waschturm 638
Waschverfahren 659
Waschwasser 164
Wasseraufnahmefähigkeit 59
Wasserausnutzungsrate 59
Wasserdampfbrüde 697
Wasserdampfdestillation 723
Wasserdampftafel 406
Wasserdampfvergasung 657

Wasserentschleimung 721
Wassererosion 19
Wassergasreaktion 414, 682
Wassergasshiftreaktion 390
Wasserhaltekapazität 78
Wasserhaushalt 59, 67
Wasserkraft 32, 33, 37
Wasserquenche 708
Wasserregister 482
Wasserrohrkessel 524
Wasserspeicherfähigkeit 60
Wasserstoffdonor 682
Wasserstoffdruck 681
Wasserstoffeinbindung 747
Wasserstoffpartialdruck 853, 866
Wasserstoffperoxid 923
Wasserstoffproduktion 782
Wasserstraße 137, 155
Wasserstraßenrandgehölz 137
Wasserstress 57
Wasserverbrauch 91, 114
Wasserverwertungseffizienz 59
Wasserwäsche 639, 743
Wechselbrandkessel 485
Wechselcontainer 282
Wechselgrünland 65
Weender 852
Weichfäule 130
Weichholz 358
Weide 90
Weidelgras 102, 105
Weidenblattkäfer 92
Weidenhackgut 231
Weihnachtsbaumproblematik 161
Weinberg 137, 141
Weiße Hackschnitzel 195
Weißfäulepilz 287, 785
Weißhosigkeit 127
Weißstängeligkeit 115
Weizen 106
Weizenschlempe 838
Weizenselbstfolge 67
Weizenstärke 271, 798
Welkepunkt 59
Welsches Weidelgras 102
Weltbevölkerung 17
Wendehaken 220, 222
Wendekammer 523
Wenderahmen 252
Wendeverfahren 233

Werksentrindung 86, 198
Wickelverfahren 238
Wickroggen 69
Wiederaustrieb 94, 97
Wiederbefeuchtung 295
Wiesenfuchsschwanzwiese 157
Wildpflanzencharakter 129
Wildverbiss 91, 92
Windenergie 34
Windschutz 70
Windschutzhecke 138
Windsichten 144, 712, 714, 877
Winkler-Vergaser 613
Wintergerste 132
Wintergetreideart 106
Winterisierung 720, 741, 755
Winterraps 113
Wintertauglichkeit 755
Winterweizen 106
Winterzwischenfrucht 67, 107
Wippkreissäge 246
Wirbelbettreaktor 886
Wirbelgas 674
Wirbelkammerverfahren 759
Wirbelschicht Definition 602
Wirbelschichtbrennkammer 617
Wirbelschichtdampfvergasung 623
Wirbelschichtreaktor 664, 670, 700
Wirbelschichttechnologie 672
Wirbelschichtvergaser 602, 610
Wirbelschichtvergasung
  atmosphärisch 610
  druckaufgeladen 610
  stationär 611, 612
  zirkulierend 611, 614
Wirbelschichtverkohlung 700
Wirbelschichtzustand 612
Wirbelwäscher 638
Wirrlage 252
Wirtschaftsdünger 138, 158, 159
Wirtschaftsgrünland 65
Wirtschaftswald 76
Wobbe-Index 897, 900
Wuchsstoff 44
Wurfbeschickung 507
Wurfbeschleuniger 235
Wurfschaufeln 254
Wurzel 41
Wurzelbärtigkeit 122
Wurzelbrand 122

Wurzelfäule 115, 138
Wurzel-Harke 198
Wurzelstock 84, 197

X-Holz 84
Xylan 784
Xylanase 785
Xylem 46
Xylenol 682
Xylol 913
Xylose 337, 779

Zahnradpresse 267, 273
Zangenapparat 198
Zangenschlepper 225
Zeiligkeit 134
Zeldovich-Mechanismus 418
Zellkern 769
Zellstoffplatte 142
Zellstoffwechsel 788
Zelluloseherstellung 166
Zellverband 791
Zellverdopplung 776
Zellwandaufbau 772
Zementklinkerherstellung 645
Zentralheizungsherd 481
Zentralheizungskessel 481, 484, 485
Zentrifugalkraft 678
Zentrifuge 722, 818, 835, 919
Zeolith 688, 831
Zerfaserung 877
Zerkleinerungsaggregat 262, 877
Zerkleinerungsstufe 714
Zerquetschung 877
Zerreißtrommel 262
Zerreißwalze 262
Zersetzungsmechanismus 382, 385
Zersetzungsprodukt 431
Zersetzungsreaktion 378
Zersetzungsvorgang 382
Zerspaner 252, 258
Zerstäubungsdüse 689
Zette 234
Ziehbrunnen 927
Zielstärkennutzung 77
Zierpflanzenproduktion 154
Zigarrenabbrandfeuerung 512, 513
Zimmeröfen 475
Zinkenkreisel 233
Zinkoxid-Bett 642

Zirkulierende Wirbelschicht 493, 519
Zirkulierende Wirbelschichtvergas. 614
Zitrusfrucht 140
Zoomasse 3, 41
Zopf 223
Zopfdurchmesser 83, 85
Zopfen 189
Zuckerabbau 215
Zuckerherstellung 164
Zuckerhirse 123, 215, 243
Zuckerlösung 813, 840
Zuckerrohr 801, 840
Zuckerrohrerntemaschine 215, 229, 243
Zuckerrübe 120, 121, 801
Zuckerrübenernte 214, 242
Züge 523
Zuluftdüse 499
Zuluftkanal 692
Zumischkomponente 668
Zündeigenschaft 848
Zündhilfe 849
Zündstrahldieselmotor 648, 916, 930
Zündstrahlverfahren 850
Zündwilligkeit 648, 755, 758
Zündzeitpunktverstellung 849
Zuschlagsstoff 309, 904
Zuwachs 25
Zuwachswert 89
Zwangsbelüftung 322, 323
Zwangsumlauf-Verdampfer 836
Zweiachsanhänger 279
Zweibettwirbelschicht 611, 615
Zweibettwirbelschichtvergasung 615
Zweibrennstoffmotor 914
Zweihäusige Pflanze 43
Zwei-Kraftstoff-System 760
Zweikulturnutzungssystem 68, 74, 125, 211
Zweiphasiger Prozess 884
Zweiseitenkipper 279
Zweistoffgemisch 819
Zweistufenprozess 861, 879, 884
Zweistufiger Abbau 876
Zweistufiger Prozess 884
Zwei-Tank-System 760
Zweitbrennstoff 425
Zweitfrucht 68, 74, 112
Zwischenfrucht 67, 150
Zwischenlagerung 186, 188, 195
Zyklische Phosphorylierung 49

Zyklisierung 752
Zyklon 535, 611, 614, 636, 655, 675
Zyklonasche 453

α-Amylase 783, 794, 795, 796, 797, 805, 809, 842, 855, 856
α-Glucosidase 783
α-Grenzdextrin 795
α-L-Arabinofuranosidase 785
β-Amylase 783, 797, 798, 855
β-Glucosidase 784, 812
β-Xylosidase 785

Printing: Krips bv, Meppel, The Netherlands
Binding: Stürtz, Würzburg, Germany